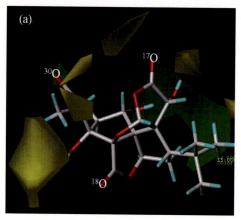 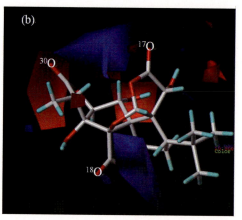

（a）绿色区域表示若以较大体积基团取代而获得的新化合物的生物活性将会提高，黄色区域则提示小体积基团更有利于活性提高

（b）蓝色区域表示若以正电性基团取代则会提高新化合物的活性，红色区域则提示负电性基团更有利于活性提高

彩图1　银杏内酯B的CoMFA轮廓图
（摘自 Zhu W, Chen G, Hu L, et al. Bioorg Med Chem, 2005, 13: 313-322.）

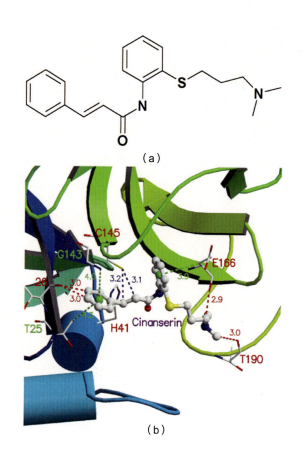

彩图2　肉桂硫胺的化学结构式（a）及肉桂硫胺与SARS-CoV Mpro活性位点的作用方式（b）

(绿线表示－NH…π或－CH…π相互作用；红线表示－CH…O氢键相互作用；蓝线表示C145的巯基（－SH）与肉桂硫胺的C＝C双键作用)

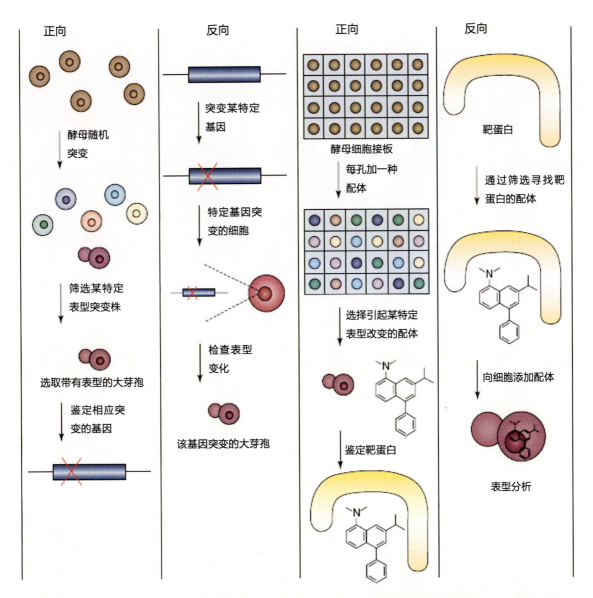

(a) 正向遗传学通过导入随机突变以筛选某特定表型改变的突变株从而鉴定出相应的突变基因。如图所示，酵母细胞随机突变后选取带有大的芽孢的表型以鉴定相应突变的基因。反向遗传学则通过使某特定基因突变从而研究相应的表型变化。如图所示，导入到酵母中的某特定点突变导致了一个大芽孢的表型

(b) 正向化学遗传学通过筛选外源性配体，找到引起某特定表型改变的配体后寻找相应的靶蛋白。反向化学遗传学通过某特定蛋白的过表达以筛选该蛋白的配体，从而决定该蛋白功能改变带来的细胞表型变化。如图所示，某特定蛋白的配体可引起大芽孢表型

彩图3 遗传学和化学遗传学途径都用于鉴定调节生物过程的基因和蛋白

(摘自Stockwell B R. Nat Rev Gen，2000，1:116-125.)

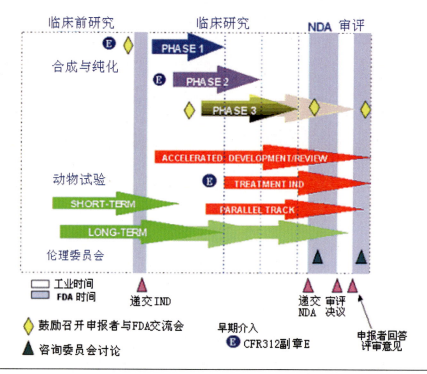

彩图4 新药发展过程示意图

（1）动物试验中SHORT-TERM和LONG-TERM分别为动物的短期试验和长期试验；
（2）临床研究中PHASE 1, PHASE 2和PHASE 3分别为临床试验Ⅰ期、Ⅱ期和Ⅲ期；
（3）ACCELERATED DEVELOPMENT/REVIEW为加速开发/审评；TREATMENT IND 为治疗性 IND；PARALLEL TRACK为平行双轨制

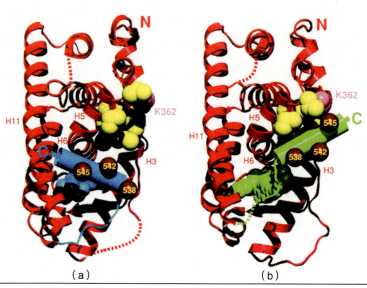

彩图5 雌激素配体结合域与雌激素(a)和雷洛昔芬(b)的复合物
(蓝色和绿色圆柱代表螺旋12)

(摘自Brzozowski A M, et al. Nature, 1997, 389：753-758.)

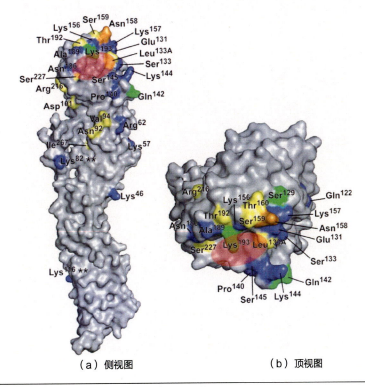

(a) 侧视图　　　　　　　　(b) 顶视图

彩图6　抗原性变异H5N1 Viet04的血凝素单晶结构

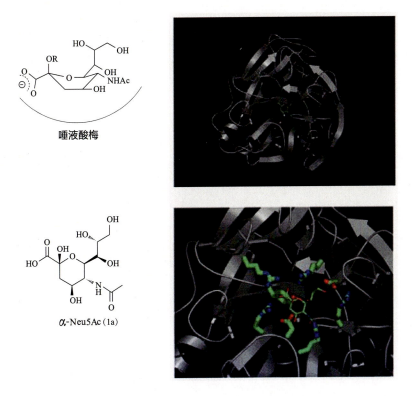

唾液酸梅

α-Neu5Ac（1a）

彩图7　神经氨酸酶的晶体结构

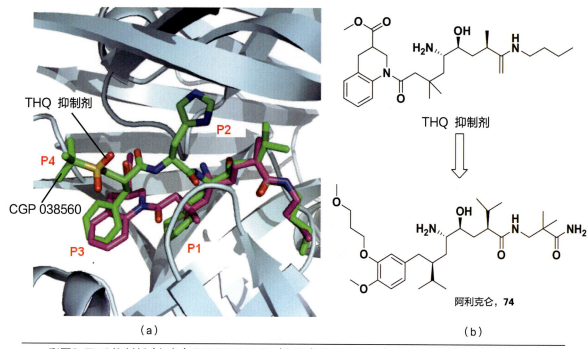

彩图8 THQ抑制剂（红色）和CGP038560（绿色）的叠合构象（a）及THQ结构修饰（b）

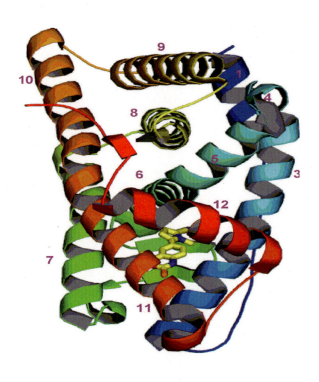

彩图9 Tanaproget与PR的配体结合域结构[58]
（α螺旋用数字1~12表示，配体Tanaproget用黄色表示）

Advanced Medicinal Chemistry

高等药物化学

白东鲁　陈凯先　主编

化学工业出版社
·北京·

这是一部全面介绍药物化学各种原理、研究方法和技术，反映药物化学学科在 20 世纪末和 21 世纪初的发展水平的权威著作。全书分成总论和各论两大部分。总论部分就有关药物研究开发的理论、方法、技术、战略战术以及相关学科对本学科的推动等方面的内容进行了比较全面、系统、深入的介绍；对新药研发的法规，药物经济学，药物的知识产权保护，糖类、蛋白质、趋化因子类药物和手性药物均有专章介绍。本书反映了药物化学与管理科学和经济学的紧密结合。各论部分以各类药物分子设计、结构与活性的关系和作用原理为重点，阐述了各类药物近 15 年的新进展，同时对临床上重要的药物作了总结性的回顾。每章末均附有最新、最重要的参考读物和文献，以便读者根据这些文献对相关领域作更深入的调研。

本书可供从事药物化学教学、科研和生产以及临床药学、药剂学、药理学、药物分析等专业的科技人员，以及高等院校化学和药学专业高年级本科生、研究生学习参考。

图书在版编目（CIP）数据

高等药物化学/白东鲁，陈凯先主编 .—北京：化学工业出版社，2011.5
"十二五"国家重点图书　国家科学技术学术著作出版基金资助出版
ISBN 978-7-122-10409-0

Ⅰ. 高… Ⅱ.①白…②陈… Ⅲ. 药物化学 Ⅳ.O6

中国版本图书馆 CIP 数据核字（2011）第 007806 号

责任编辑：成荣霞　　　　　　　　　　文字编辑：丁建华
责任校对：周梦华　　　　　　　　　　装帧设计：王晓宇

出版发行：化学工业出版社（北京市东城区青年湖南街 13 号　邮政编码 100011）
印　　装：北京虎彩文化传播有限公司
787mm×1092mm　1/16　印张 77　彩插 2　字数 2000 千字　2011 年 11 月北京第 1 版第 1 次印刷

购书咨询：010-64518888　　　售后服务：010-64518899
网　　址：http://www.cip.com.cn
凡购买本书，如有缺损质量问题，本社销售中心负责调换。

定　价：298.00 元　　　　　　　　　　　　　　　　　　版权所有　违者必究

《高等药物化学》撰稿人员名单（按姓氏汉语拼音排序）
Contributors to "Advanced Medicinal Chemistry"

白东鲁	中国科学院上海药物研究所	龙亚秋	中国科学院上海药物研究所
陈代杰	上海医药工业研究院	罗小民	中国科学院上海药物研究所
陈冬冬	中国科学院上海药物研究所	马兰萍	中国科学院上海药物研究所
陈桂良	上海市食品药品监督管理局	孟　韬	中国科学院上海药物研究所
陈凯先	中国科学院上海药物研究所	南发俊	中国科学院上海药物研究所
陈　伟	上海市食品药品监督管理局	邱　宏	中国科学院上海药物研究所
程　刚	中国科学院上海药物研究所	沈竞康	中国科学院上海药物研究所，上海医
程建军	中国科学院上海药物研究所		药集团股份有限公司中央研究院
丁　侃	中国科学院上海药物研究所	王　嘉	中国科学院上海药物研究所
董　群	中国科学院上海药物研究所	王　江	中国科学院上海药物研究所
方建平	中国科学院上海药物研究所	王麟达	上海市食品药品监督管理局
冯恩光	中国科学院上海药物研究所	王小宁	山东大学药学院
冯　松	罗氏中国研发中心	王　洋	复旦大学药学院
付利强	中国科学院上海药物研究所	夏广新	上海医药集团股份有限公司中央研究院
贺　茜	中国科学院上海药物研究所	谢　欣	中国科学院上海药物研究所
胡定宇	中国科学院上海药物研究所	熊　兵	中国科学院上海药物研究所
胡善联	复旦大学公共卫生学院	徐明华	中国科学院上海药物研究所
胡有洪	中国科学院上海药物研究所	许佑君	沈阳药科大学
胡永洲	浙江大学药学院	杨春皓	中国科学院上海药物研究所
黄　河	中国科学院上海药物研究所	杨玉社	中国科学院上海药物研究所
黄少胥	中国科学院上海药物研究所	叶德泳	复旦大学药学院
李付营	中国科学院上海药物研究所	俞娟红	上海医药集团股份有限公司中央研究院
李洪林	中国科学院上海药物研究所	岳建民	中国科学院上海药物研究所
李　佳	中国科学院上海药物研究所	张　翱	中国科学院上海药物研究所
李静雅	中国科学院上海药物研究所	张　彬	沈阳药科大学
李　宁	中国科学院上海药物研究所	张　静	中国科学院上海药物研究所
李树坤	中国科学院上海药物研究所	张　屹	中国科学院上海药物研究所
柳　红	中国科学院上海药物研究所	郑明月	中国科学院上海药物研究所
刘　滔	浙江大学药学院	钟大放	中国科学院上海药物研究所
刘学军	上海医药集团股份有限公司中央研究院	周　宇	中国科学院上海药物研究所
刘子宁	中国科学院上海药物研究所	朱维良	中国科学院上海药物研究所

前言 FOREWORD

20世纪50年代，已故蒋明谦教授写过一本《高等药物化学》，这是当时国际上专门讨论药物设计和结构活性关系的早期专著之一。以后近50年来，国内曾出版过数种供药学院系本科生和硕士生用的药物化学教材，但未有一本全面阐述药物分子设计原理方法，药物的作用机理和各大类药物研发新进展的高级读物和中型参考书。

20世纪80年代后，药物化学的研究对象和内容有了很大的扩充和延伸。目前药物的化学合成、制造工艺及药物化学分析均已发展成独立的药学分支学科。而一些管理和经济学科正融入到药物化学中，使药物设计、研发与全球和各国的社会经济发展水平以及医疗保险紧密结合。另一方面药物作用机理和体内过程的研究也已成为药物化学涉及的重要领域。本书的内容及时反映了药物化学学科的这一变迁。

本书内容覆盖了药物化学中的各个领域，是一本系统性强，原理和实践并重的药物化学参考书。在体裁上它有别于已出版的同类书籍。总论部分对药物研究开发的理论、方法、技术、战略战术以及相关学科对本学科的推动等方面的内容进行了比较全面、系统、深入的介绍。对新药研发的法规、药物经济学、药物的知识产权保护，糖类、蛋白质、趋化因子类药物和手性药物均有专章介绍。反映了药物化学最新进展以及与管理科学和经济学的紧密结合。各论部分重点讲述各类药物近15年的新进展，同时又对临床上重要的药物作总结性的回顾。各论中以各类药物分子设计，结构与活性的关系和作用原理为重点。限于篇幅，一些近十年进展不大或应用面不广的药物，例如抗寄生虫病药物、抗甲状腺药物、维生素、造影剂、放射性同位素药物和光敏治疗药物等，则被略去。

各章撰写者都是从事该领域研究的专家，熟悉该领域最新动态。每章末均有最新、最重要的参考读物和文献，以便读者根据这些文献对相关领域作更深入的调研。

由于本书有数十位作者，各人文笔和各章体裁不尽相同，望读者谅解。2008年开始，国家对新药研发投入巨资，我国新药研发正面临新的契机。希望本书的出版对推动我国新药研发，对从事药物化学和新药研发的各类人员的工作有所裨益。

本书是一本集体编著的中型学术参考书，而药物化学学科又进展迅速，其研究领域不断扩大，这使我们在全书内容的安排上难免有疏漏和不尽合理之处，还望读者不吝批评指正。

主编和全体作者对化学工业出版社相关工作人员在本书出版过程中付出的努力，对上海医药集团和国家科学技术学术著作出版基金的资助出版，深表谢意。

白东鲁　陈凯先
2011年5月

目录 | CONTENTS

第1部分　总论 ……………………… 1

- 第1章　绪论 …………………………… 1
- 第2章　药物的化学结构、理化性质与生物活性 ……………………… 8
- 第3章　药物代谢与新药研发 ………… 43
- 第4章　药物作用靶标、化合物的活性筛选 ……………………… 63
- 第5章　组合化学和高通量合成 ……… 94
- 第6章　分子模拟与药物设计 ………… 142
- 第7章　化学信息学与药物发现 ……… 179
- 第8章　先导物的发现途径和优化策略 ……………………… 218
- 第9章　天然产物与新药的研究开发 ……………………… 243
- 第10章　药物合成的化学与工艺研究 ……………………… 267
- 第11章　手性药物 ……………………… 290
- 第12章　生物技术与新药研究 ………… 320
- 第13章　糖类药物的化学与生物学 ……………………… 380
- 第14章　肽、蛋白质药物的化学与生物学 ……………………… 414
- 第15章　趋化因子受体调节剂 ………… 457
- 第16章　药物的专利保护 ……………… 484
- 第17章　新药研发与法规管理 ………… 504
- 第18章　新药上市前后的药物经济学研究 ……………………… 533

第2部分　各论 ……………………… 560

- 第19章　麻醉药物 ……………………… 560
- 第20章　镇静催眠和抗癫痫药物 ……… 575
- 第21章　镇痛药物 ……………………… 590
- 第22章　非甾体抗炎药物 ……………… 612
- 第23章　中枢兴奋药物 ………………… 632
- 第24章　抗精神失常药物 ……………… 644
- 第25章　抗帕金森病和阿尔茨海默病药物 ……………………… 671
- 第26章　抗糖尿病药物 ………………… 694
- 第27章　抗骨质疏松药物 ……………… 714
- 第28章　抗过敏和抗溃疡药物 ………… 731
- 第29章　作用于胆碱能系统药物 ……… 753
- 第30章　作用于肾上腺素能系统药物 ……………………… 774
- 第31章　作用于5-羟色胺、多巴胺和GABA系统药物 ……… 794
- 第32章　抗生素 ………………………… 830
- 第33章　抗菌和抗真菌的合成药物 ……………………… 861
- 第34章　抗肿瘤药物 …………………… 883
- 第35章　抗艾滋病药物 ………………… 931
- 第36章　抗病毒药物 …………………… 963
- 第37章　抗高血压药物和利尿药物 ……………………… 989
- 第38章　止血药物和抗血栓药物 ……………………… 1016
- 第39章　心脏疾病和血脂调节药物 ……………………… 1038
- 第40章　呼吸系统药物 ………………… 1067
- 第41章　皮质激素类药物 ……………… 1090
- 第42章　免疫抑制剂与器官移植药物 ……………………… 1102
- 第43章　减肥有关药物 ………………… 1123
- 第44章　性激素和生育调节药物 ……………………… 1141

中文索引 ……………………………… 1162

英文索引 ……………………………… 1195

PART ONE
第1部分 总 论

第1章

绪论

白东鲁,陈凯先

目 录

1.1 药物化学学科近50年的演变 /2
1.2 药物化学的定义和研究内容 /3
1.3 新药研发的现状和存在问题 /3
1.4 药物化学展望 /6
推荐读物 /7

1.1 药物化学学科近 50 年的演变

在 20 世纪的上叶和中叶，药物化学是化学大学科中从事药物研发的一门应用性学科，也是药学大学科中进行药物的化学研究的最重要学科。它是一门医学、药学与化学的交叉学科。当时药物化学应用植物化学、有机合成化学和分析化学的理论、方法和技术，研究天然和合成药物的物理化学性质、制备方法和工艺以及药物质量控制的定性定量检测方法。巴比妥类催眠药和由可卡因结构简化的局部麻醉药，是早年药物化学研究的经典性案例。30 年代的磺胺药、40 年代的抗生素和 50 年代的甾体激素类药物的问世，是药物化学学科发展史上的重要里程碑，由此开始了药物化学结构与生物活性关系和药物作用的生化机理的研究。随着众多的各类新药的发现和药物的化学结构与生物活性关系研究资料的积累，在 20 世纪 60 年代借助物理有机化学和计算机科学技术，药物化学中出现了药物设计理论和方法的研究，包括早期的 Hansch 分析研究，定量构效关系研究。到 20 世纪 90 年代，基于药物靶标结构、药物作用机理、生物信息学和化学信息学的药物设计迅速发展，同时推出了很多用于分子模拟、配体-受体对接试验和虚拟筛选的计算方法和软件。

20 世纪 50 年代时，药物化学已成为与医学、药理学、生物化学等学科紧密结合的一门交叉学科。原来作为药物化学主要研究对象的药物合成和药物分析后来也分别发展成药物合成化学和药物分析化学两个独立的分支学科，而药物的作用机理和药物设计理论和方法则成了药物化学研究的新热点。

美国化学会在 1909 年建立药物化学分会时采用 Pharmaceutical Chemistry 一词，1920 年改名 Medicinal Products 分会，而在 1948 年后正式采用 Medicinal Chemistry 作为分会的名称，并一直沿用至今。这也反映了药物化学学科研究对象和内容的变迁。第二次世界大战后的 30 年是药物化学学科飞速发展的时期。1964 年临床应用的药品中，有 90% 是在 1938 年后发现和上市的。

1951 年由 Alfred Burger 编著的经典两卷本 "Medicinal Chemistry" 一书，到 2003 年第 6 版时已成为由众多不同专业的学者合著的六大卷，并将书名改为 "Burger's Medicinal Chemistry and Drug Discovery"。1990 年出版的另一巨著 "Comprehensive Medicinal Chemistry" 在 2006 年第二版时也扩充成洋洋 8 大卷。该书内容涉及发达国家和发展中国家影响药物研究开发的社会、经济和政治因素，药物研发的战略策略和组织形式，新药研发的各种新技术、新方法、计算机辅助药物设计，药物在体内的过程和各类新药的进展及新药发展史中的重要案例。药物化学近 50 年来的快速发展从上述两本巨著的首版和新版的内容更新和研究领域的不断扩充可见一斑。两书突出了药物化学在寻找新药和药物研究开发中的重要作用。

20 世纪的后 30 年是药物化学学科发展的成熟期。随着医学、生物化学、分子生物学、药理学、化学、物理学、计算机科学技术、管理科学和各种新的实验技术和方法的出现和发展，药物化学成了上述诸多相关学科交叉渗透的会聚领域，获得了快速发展的强大推动力。它已由早期的对各类药物的分散描述发展成有完整的理论体系，以发现新先导物和创制新药为根本目标的药学学科群中的一门主导性和支柱性的二级学科。人类基因组和蛋白质组学的研究为药物化学研究提供了大量新的药物靶标，其数目已由 2001 年的 200 余个增至目前的 600 多个。结构生物学、生物信息学和计算机科学技术的发展，使计算机辅助的药物分子的设计有了长足的进步，它也能用于药物吸收、分布、代谢和排泄以及毒性的预测。组合化学、并行合成、高通量筛选和手性合成技术的日益完善，使先导物和各种类似物、衍生物的合成以及生物活性测试更为快捷。另外新药研发是项非常复杂的系统工程，当前药物化学学科内容已与新药研发的管理、法规政策和药物经济学等紧密相关，因此药物化学已由早期的"化学-药学"简单模式发展成"化学-生物学-医学-药学"的复合模式。

1.2 药物化学的定义和研究内容

在近年出版的国内外药物化学教科书和各种专著中，对药物化学所下的定义往往不尽相同。这是由于近年生物学、化学、物理学、医学和计算机科学技术的新成就交叉融入，使本学科的研究内容和范围得以不断充实和扩展。参照 IUPAC 专门委员会、各种百科全书和权威书籍中所下的定义，药物化学的定义可概括如下：药物化学是研究用于疾病诊断、预防和治疗的药物的先导化合物的发现和优化、新药分子设计和化学合成，并将候选药物开发成上市新药的，由化学、药学、生物学、医学和计算机科学的各分支学科交叉融合的一门学科。由于药物化学学科在近 30 年的迅猛发展，它的研究内容和范围也在不断扩充，其主要研究内容包括：生物活性天然产物的分离和结构鉴定；各种活性分子和先导化合物的类似物的设计和化学合成；药物的合成路线和制备工艺；药物的理化性质与化学结构的关系；药物的化学结构与生物活性关系；生物活性分子（配体）和药物分子与受体的相互作用；药物的体内转运和代谢途径；药物作用的分子机理；计算机辅助的药物分子设计以及与剂型改进有关的化学问题。

现代药物化学家的根本任务或目标是：应用各种有关的新知识、新技术为新药研究开发探索新的途径、方法和理论指导；创制更多更好的高效、低毒和可控的新药；同时也为原料药的生产提供经济、合理、环保的合成路线和工艺。

1.3 新药研发的现状和存在问题

20 世纪 70～90 年代是新药研发的黄金时期，一系列全新药物和所谓重磅炸弹式新药先后上市。天然药物中青蒿素类抗疟药、喜树碱、三尖杉酯碱和紫杉醇类抗癌药的发现，使原来已沉寂多年的天然药物的研究从先导物的结构多样性和作用机理的新颖性角度，再次成为研究的热点。在此期间，合成药中首个 β-肾上腺素能阻滞剂创造了全新药物独占市场周期的时间记录。组胺 2 受体阻滞剂成了市场上重磅炸弹式新药的首例。喹诺酮类合成抗菌药、血管紧张素转化酶和血管紧张素Ⅱ受体抑制剂以及二氢吡啶类钙拮抗剂类的各种降血压新药先后问世，而一系列他汀类 3-羟基-3-甲戊二酰辅酶 A（HMG-CoA）还原酶抑制剂的出现开辟了调脂药的新时代。90 年代后为加速先导物的类似物、衍生物的合成和生物活性筛选的速度，出现了组合化学和高通量筛选两大关键技术并得到快速发展。人们曾对它们寄予厚望，但至今组合化学和高通量筛选方法和技术在先导物的结构多样性和活性筛选的准确性上不尽人意。新药研发的速度和命中率并未提高，新药研发成本不但未降反而大幅上升。在经历了近 10 年的实践检验后，人们又发现生物活性天然产物仍是先导物发现的重要途径而传统的行之有效的药物化学理论和方法其活力依旧。

虽然新药研究在理论、方法和技术上有很大发展和提高，一些新方法和技术得到广泛应用，可是近 10 年全球新药研究开发出现明显衰退趋势。以美国为例，每个新药研发的平均投资高达 5 亿～8 亿美元，是 10 年前的两倍，而每年推出的上市新药却不到一半。

新药平均研发周期则长达 12～15 年。为了支撑新药研发的巨大资金投入和同行激烈的竞争，全球制药企业并购成风。然而每年经 FDA 批准的新的化学实体数却逐年递减，到 2007 年只有 16 只，创近十年新低（图 1-1）。制药行业面临的挑战和问题是缺乏创新，这已是不争的事实。由于原创性新药研发的风险高，资金投入大，一些大型制药公司的工作重点已由原创型新药转移到模仿性新药（me-too），或开发已上市药品的新的剂型和新的适应证，以缩短研发周期和减少资金投入。此类模仿性新药由于市场早已被分割，难以形成 20 世纪 70～90 年代涌现的重磅炸弹式新药。

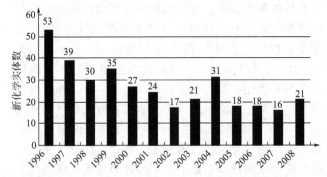

图 1-1 1996～2008 年间每年 FDA 批准新化学实体数（Hughes B，2009）

当前全球新药研发面临的另一个严峻问题是一些大公司主要产品的专利保护在 2006～2012 年间陆续到期，但又缺乏后续的原创性的具有市场独占权的新产品。这使一些制药业巨人的经营情况在今后几年中日益困难，再加上巨额的市场营销费用，使今后投入原创新药研发的资金明显不足。

由于公众和 FDA（美国食品药品监督管理局）对上市新药疗效和安全性的严格要求，药物安全问题带来的不确定性也使制药行业忧心忡忡。FDA 将对销售量大的药品进行风险评估，提高对公众健康的保护。美国国会通过的"2007 年度食品与药品管理法修正法案"中提出的约 200 条新的条文，授予 FDA 更多新的权利来进行药物安全审查，包括要求生产商在药品上市后进行额外的临床研究，如果检测到安全问题则需更换标签和仿单说明。这种临床 IV 期跟踪使新药研发费用不断增加。例如 10 年前，COX-2 抑制剂曾作为非甾体抗炎镇痛的新药，默克公司的罗非昔布（Rofecoxib，Vioxx）和辉瑞公司的塞来昔布（Celecoxib，Celebrex）曾风光一时。后发现此类药物能增加患者心血管疾病及中风危险，使罗非昔布撤出市场，现在此类药物必须严格控制使用。

近几年，全球新药研发失利的著名案例有：2006 年因安全原因辉瑞公司终止了提高高密度脂蛋白的调脂药 Torcetrapib 的临床试验。此药在患者用药 2 年后发现动脉粥样硬化的形成与对照组无显著差异，公司为临床研究已花费 8 亿美元；2007 年阿斯利康合作伙伴 AtheroGenics 宣布，原希望减少心脏动脉壁上细胞和脂肪堆积，防止动脉狭窄的新药 AGI-1067 临床试验失利，导致了阿斯利康公司股票狂跌 60%。由于各国药政法规对新药的安全性要求和上市后的监控越来越严，导致新药临床试验的淘汰率升高。目前每 10 个开始临床试验的新药，平均只有一个能获得新药证书后上市。这是使制药公司对原创新药的研究持非常谨慎的态度的又一个原因。

因缺乏原创性新药，模仿性新药成了研发重点，由此导致上市新药的市场独占时间越来越短。回想 1968 年首个 β-肾上腺素能受体阻滞剂普萘洛尔（Inderal）作为降压药曾独领风骚，占领市场长达 10 年。它的第一只 me-too 药美多洛尔（Betaloc）在 1978 年才上市。首个组胺 2 受体阻滞剂西咪替丁（Tagamet）作为抗溃疡药在 1977 年上市后，过了 6

年才上市重磅炸弹式 me-too 新药雷尼替丁（Zantac）。他汀类调脂药是 me-too 类药物激烈竞争的一个例子，首个他汀类上市药品是 1987 年默克公司的洛伐他汀（Laovastatin），第二年辛伐他汀（Simvastatin），接着氟伐他汀（Fluvastatin），阿托伐他汀（Atorvastatin），西里伐他汀（Crivastatin）和普伐他汀（Pravastatin）相继问世。目前不少新药上市后不足一年，即有类同产品分享市场。

由于大量创新药物专利陆续到期，新的专利药物又上市维艰，使普药市场的分割出现新的态势。2007 年全球十大制药公司所占的市场份额跌至 32%，事实上这些公司至少有 1/3 的产品是通过授权，从兼并一些小公司或技术转让后获得的。从新药研发的管理模式来看，20 世纪 80 年代以前，小公司、大学和研究所的科技人员独立于赞助商之外。大型制药公司除按协议提供资金，不直接参与实验管理。然而现在这些大公司却直接插手参与实验工作的细节管理，包括从研究设计到数据分析，直到决定是否将研究结果发表。这种直接的市场利益驱动的管理模式，往往对在研新药的利弊判断缺乏客观性和公正性。在临床试验阶段，赞助商的监控力不断加强，为了使新药尽快上市，常使一些不利的结果未能及时公开，形成上市后的安全性隐患。

原创性新药出现衰退也有学术上原因，因为一些重大疾病的发病机理，例如对神经退行性疾病、免疫系统和遗传性疾病以及病毒引起的疾病等至今未能完全阐明其发病的分子机制，确证其不同层次的药物靶标，使针对这些疾病的药物分子设计缺乏足够的科学根据。另外，有些疾病已有针对发病机理的不同环节的相应药物，再要发现更好的新药难度就很大。降压药物就是一例，目前临床上已有包括利尿药、α_1-肾上腺素能受体阻滞剂、中枢作用降压药、β-肾上腺素能受体阻滞剂、血管紧张素转化酶抑制剂、血管紧张素Ⅱ受体拮抗剂、钙离子通道阻滞剂以及血管舒张药等共 8 大类 20 余种常用降压药，再要发现作用机理新颖的或优于现有这些药物的新降压药的难度自然就很大。

从学术和商业的结合点考虑，一只理想的新药应具备下列条件：有明确的靶标；动物模型有效；无遗传毒性；急慢性毒性实验清楚可靠；有优良的药动学性质；容易制备、成本可行；无药物相互作用，最好不经 $P_{450}3A4$ 酶代谢；一般医生都能使用而非专科医生才能处方；作用机理新颖，因此有很好的竞争优势，并能使药政部门加速审批；在市场上只有少数几种作用于同一靶标或同样适应证的竞争性药物；最后是要有足够长的专利保护期。显而易见研发一个候选药物要满足上述全部或大部分条件实在是一个高难度、高投入、高风险的事业。

图 1-2 描述了新药发现和开发的全过程及各期平均所花的时间，它清楚地表明新药研发是费时、费力、费钱的风险事业。

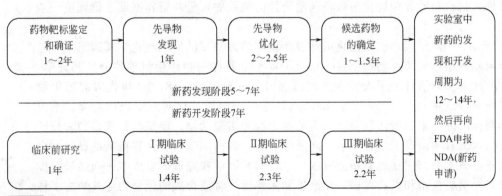

图 1-2 新药研发各阶段所需的时间和总的周期（Bartfai T，2006）

根据药物研发使用的关键技术、方法和途径，近50年的新药发现可分成20世纪50~80年代的生物化学、80~90年代的生物技术和本世纪开始的基因组学和蛋白质组学三个阶段。这三种不同途径在实践中又相互补充渗透。

今后新药的发现将主要依靠生物信息学、化学信息学、基因组学和蛋白质组学的方法和技术。图1-3描述了基因组学和蛋白质组学辅助的新药发现的过程。这是一条新药研发的新途径，但它还须接受实践进一步的验证和修正，使之更为完善。当然，对靶标明确的药物研究仍可沿用行之有效的传统途径。

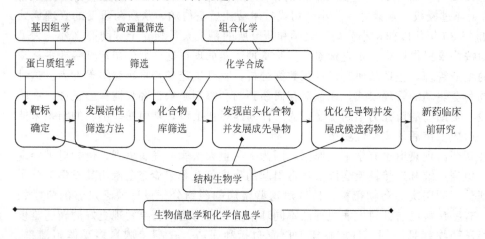

图1-3 基因组学和蛋白质组学时代的新药发现过程（Bartfai T，2006）

1.4 药物化学展望

综观药物化学学科的发展史，尤其是近50年新药发现的历史，药物化学依然是新药研究开发的最重要的支柱学科。随着其他学科的不断融入，药物化学研究的内容和范围也在不断变化和扩充，它已成了化学、生物学、医学、计算机科学和药学中其他分支学科多门学科的交叉领域。分子生物学、结构生物学、分子药理学的新发现，组合化学、平行合成以及手性合成技术的不断改进，将使药物化学的药物分子设计和合成建立在日臻完善的新理论、新方法和新技术基础之上。

药物化学中已被实践证明行之有效的传统的或经典的药物设计理论和方法，例如先导物的优化和类似物的设计，将在总结近年新药与各种活性分子的化学结构与生物活性，化学结构与毒性，化合物的各种物化参数与药动药代的关系的大量新资料基础上得到进一步发展。

在20世纪60~80年代，根据生化机理设计新药的方法现已发展成化学基因组学，它是药物化学与基因组学交叉互动的平台。在分子水平上研究药物作用机理的分子药理学，使药物化学和药理学在活性分子设计和作用机理研究方面融为一体。80年代兴起的生物技术革命已形成合成生物学（synthetic biology）这一新学科。它研究用靶标克隆、重组蛋白表达和靶标的突变来建造药物筛选所需的细胞株和实验动物，使新药筛选模型和分子设计更接近疾病的真实情况。组合化学、高通量筛选、高内涵筛选、计算机辅助设计和虚拟筛选等这些新技术新方法在加速新药发现、缩短研发周期和降低研发成本方面还未发挥出预想的效果。这些技术和方法在进一步改进和完善后，将使合成的化合物更具结构多样性，使体外活性筛选的分子最终成为临床前候选药物的命中率不断提高。

当前基因组学和蛋白质组学的研究开辟了新药研究的新模式、新途径，然而要对新药发现有实质性的推动还有待相关基础研究和关键技术的突破。这些新学科、新技术的发展必将使药物分子设计建立在可靠的药物靶标和疾病机理之上，更接近名副其实的合理药物设计，提高新药研发的命中率。

由于人体疾病发病机理的复杂性，一种病常与多种疾病基因相关，治疗某一疾病也常与多种药物靶标有关，而一种药物也常作用于多个靶标。近年来选择性很高的作用于单靶标药物在临床应用中出现的各种问题，使今后双靶标和多靶标药物又成了新药研发的热门领域。今后药物化学研究重点之一是那些干扰与基因表达有关的信号分子的药物。基于疾病信号网络通路的药物研究，例如与信号转导有关的各种蛋白激酶、细胞因子和趋化因子的调控剂的研究将是今后新药研究的热门领域，是攻克自身免疫性疾病、神经退行性疾病和肿瘤等重大疾病的重要途径。

应用现代新分离纯化技术和方法，从天然产物、内源性活性物质和深海细菌中获得含量极微的、活性特异的、化学结构独特的先导物，提供更多的药物新资源，仍是药物化学研究的重要方向。天然生物活性物质始终是化学结构多样性的新先导物的重要的不可替代的源泉。

在应对目前临床上尚缺少有效药物的各类疾病中，恶性肿瘤、心脑血管病、神经退行性疾病、糖尿病、精神性疾病、自身免疫性和各种遗传性疾病以及病毒和耐药性微生物感染的传染病仍是药物化学和新药研发的攻坚领域。

随着诊断医学和转化医学（translational medicine）的快速发展，生物标记物和诊断试剂的设计和制备将是药物化学的又一个崭新领域。人类功能基因组研究的不断进展，使许多与疾病相关的蛋白质被鉴定，蛋白质类药物将成为今后的新星。药物基因组学揭示了药物代谢酶系的多态性以及由此引起的药物作用的个体差异，因此个性化用药也将是药物分子设计的新领域。

近年化学合成技术的进展和日益流行的化合物合成的外包服务，使药物化学家的工作重点转向药物分子设计。他们在新药研发中的作用已不像从前那样，能在一段时间内独自进行学术性研究并显示出药物化学家自己的独特贡献。当前的新药研发已发展成复杂的由商业因素起重要影响的系统工程。药物化学家必须不断扩大和深化自己的知识面并必须与整个研发团队的其他专业人才紧密合作，才能成为团队中的关键参与者，发挥他们在新药研发中的重要作用。另外过分依赖现代药物研发的各种自动化的技术与方法也会不自觉地压抑科学家的发明创造精神。药物化学家的经验、灵感、直觉和抓住偶然发现的艺术和技巧，仍将在今后的新药尤其是 me-too 型新药研发中继续发挥不可替代的作用。

推荐读物

- Lombardino J G, Lowe Ⅲ J A. The role of the medicinal chemist in drug discovery—then and now. Nature Reviews Drug Discovery, 2004, 3: 853-862.
- Krogsgaard-Larsen P, Pelliciari R, De Souza N et al. Medicinal chemistry education: What is needed and where is it going? Drug Develop Res, 2006, 66: 1-8.
- Angell M. The Truth about the Drug Companies. New York: Random House, 2004.
- Bartfai T, Lees G V. Drug Discovery, from Bedside to Wall Street. Amsterdam: Elsevier, 2006.
- Kennewell P D, ed. vol 1. Global Perspective//Taylor J B, Triggle D J, ed. Comprehensive Medicinal Chemistry Ⅱ. Amsterdam: Elsevier, 2006.
- Moss W H, ed. vol 2. Strategy and Drug Research//Taylor J B, Triggle D J, ed. Comprehensive Medicinal Chemistry Ⅱ. Amsterdam: Elsevier, 2006.
- Hughes B. 2008 FDA drug approvals. Nature Reviews Drug Discovery, 2009, 8: 93-96.
- Imming P, Sinning C, Meyer A. Drugs, their targets and the nature and number of drug targets. Nature Reviews Drug Discovery, 2006, 5: 821-834.

第 2 章

药物的化学结构、理化性质与生物活性

刘 滔，胡永洲

目 录

- 2.1 引言 /9
- 2.2 药物的化学结构 /9
  - 2.2.1 药物的基本结构 /9
  - 2.2.2 药物分子的整体性 /12
- 2.3 药物的化学结构与理化性质 /14
  - 2.3.1 药物的解离度 /14
    - 2.3.1.1 药物的酸碱性 /14
    - 2.3.1.2 药物的解离度 /16
  - 2.3.2 药物的脂-水溶解性 /16
    - 2.3.2.1 药物的分配系数 P /17
    - 2.3.2.2 药物的水溶性 /18
  - 2.3.3 药物理化性质的预测 /19
    - 2.3.3.1 预测水溶性的经验法 /19
    - 2.3.3.2 预测水溶解度的计算法 /20
    - 2.3.3.3 分配系数预测法 /20
- 2.4 药物的化学结构与生物利用度 /21
  - 2.4.1 化学结构对吸收、转运的影响 /21
    - 2.4.1.1 亲脂性的影响 /22
    - 2.4.1.2 解离度的影响 /23
  - 2.4.2 化学结构与分布 /23
    - 2.4.2.1 分子量的影响 /23
    - 2.4.2.2 脂溶性的影响 /23
    - 2.4.2.3 解离度的影响 /24
    - 2.4.2.4 化学结构与蛋白结合的关系 /24
- 2.5 药物的化学结构与生物活性 /25
  - 2.5.1 药物与受体的键合方式 /25
    - 2.5.1.1 共价键 /26
    - 2.5.1.2 离子键 /27
    - 2.5.1.3 离子-偶极和偶极-偶极作用 /28
    - 2.5.1.4 氢键作用 /28
    - 2.5.1.5 电荷转移复合物 /29
    - 2.5.1.6 疏水相互作用 /29
    - 2.5.1.7 范德华力或伦敦色散力 /30
  - 2.5.2 药物-受体相互作用学说 /30
    - 2.5.2.1 占领学说 /30
    - 2.5.2.2 速率学说 /31
    - 2.5.2.3 诱导契合学说 /32
    - 2.5.2.4 大分子微扰学说 /33
    - 2.5.2.5 活化-聚合学说 /33
    - 2.5.2.6 受体活化的二相（多相）模型 /34
  - 2.5.3 药物的立体化学及其他化学因素 /34
    - 2.5.3.1 药物和受体的手性 /34
    - 2.5.3.2 几何异构体 /38
    - 2.5.3.3 构象异构体 /38
- 2.6 讨论 /39
- 推荐读物 /40
- 参考文献 /40

2.1 引言

药物的化学结构、理化性质与生物活性的关系,一直是新药研发过程中人们探索的主要问题。药物从给药到产生药效是一个非常复杂的过程,主要包括了机体对药物的作用和药物对机体的作用。其中,机体对药物的作用既包括物理处置,也可使药物分子发生化学变化的反应。而药物对机体的作用,表现为药效与毒性,本质上是与体内的生物靶标相互作用,发生物理或化学的变化,直接导致生理功能的改变,或通过级联反应、信号转导或网络调控而间接产生生理效应。同时,由于药物分子化学结构的不同,甚至是微小的变化,可引起不同的生物活性,影响机体的平衡。显然,药物与机体发生复杂相互作用过程中表现的各种属性,都凝集在药物的化学结构中,即药物的分子结构决定了药理活性、药代性质和毒副作用。不同结构的化学药物,由于其物理化学性质如:分子量、酸碱性、水溶性、分配系数、晶体结构和空间构型等的不同决定了药物的吸收、分布、代谢、排泄及生物活性和毒副作用。因此,在新药研发过程中,不仅要考虑影响药物药理活性的结构因素和物理化学性质,同时更应该关注与生物药剂学、药代动力学及毒理学参数相关的结构因素和物理化学性质。

2.2 药物的化学结构

2.2.1 药物的基本结构

一般讲,药物的理化特性和生物活性之间是互相关联的,两者都是由药物的化学结构所决定的,是一个统一体的两个方面。任何药物的作用都与其化学结构特性分不开,只是有的药物的生物活性与其化学结构关系密切,而另一部分药物的生物活性与其化学结构不大相关,仅与它的某些物理化学性质有关。

早在1939年,Ferguson考察了某些同系物的物理性质及其在不相溶的两相间的分配系数的变化与药理活性的关系,认为引起某特定生物活性的药物摩尔浓度主要由这两相间分布的平衡点所决定。并提出了热力学活性(thermodynamic activity)的概念,即药物在生物相和外环境相(细胞外液)之间达到平衡时,虽然在两相中的浓度不同,但从各相离移的趋势是相同的。利用该法,可推断药物的作用是与理化性质相关还是与化学结构相关。

按药物生物活性与其化学结构改变的依赖关系,即按药物生物活性和化学结构专属性程度不同可将药物分成两种类型:一类为生物活性和化学结构之间关系较少而仅与其物理化学性质较为密切的药物,称为结构非特异性药物,如全身吸入麻醉药、酚和长链季铵盐类杀菌药等;另一类为结构特异性药物。

结构非特异性药物常常具有以下三个特征:一是该类药物的生物学作用与其热力学活性直接相关,因此常常只在较大剂量才发生作用;二是这些药物的化学结构虽然不同,但只要在体内具备某种相同的物理化学性质,就能产生相同的生物活性,这些物理化学性质包括吸附性、溶解度、解离常数、氢化还原电位等,它们往往影响膜的通透性和去极化作用、蛋白质的凝固和复合物的形成等;三是稍改变其化学结构,对其生物活性的影响不明显。如某些有机化合物对伤寒杆菌的杀菌浓度与热力学活性的关系(表2-1)。

表 2-1　某些有机化合物对伤寒杆菌的杀菌浓度与热力学活性的关系

化合物	杀菌浓度 S_e/(mol/L)	溶解度(25℃) S_o/(mol/L)	相对饱和度比值 S_e/S_o	化合物	杀菌浓度 S_e/(mol/L)	溶解度(25℃) S_o/(mol/L)	相对饱和度比值 S_e/S_o
甲酚	0.039	0.23	0.17	环己醇	0.18	∞	0.33
间苯二酚	3.09	6.08	0.54	丙醛	1.08	2.88	0.37
麝香草酚	0.0022	0.0057	0.38	丙酮	3.89	∞	0.40
苯酚	0.097	0.90	0.11	甲乙酮	1.25	3.13	0.40
苯胺	0.17	0.40	0.44	甲丙酮	0.39	0.70	0.56

注：S_e 为产生活性时的药物摩尔浓度；S_o 为实验温度下的溶解度（摩尔浓度）。

从表 2-1 可见，虽然它们的化学结构各不相同，有酚、醇、醛、酮、胺等，杀菌浓度和溶解度的差别甚大，但它们的相对饱和度比则比较接近，在 0.11～0.56 之间。显然，它们属结构非特异性药物。

目前，临床上应用的药物大多数属于结构特异性药物，该类药物产生的生物活性具结构特异性，其化学反应性、分子形状、大小、立体化学、功能基的配置、电荷分布以及与受体结合的可能性状况等都对生物活性有决定性影响。稍改变其化学结构就会改变其重要生物活性。一般认为，对于结构特异性的药物而言，当它们进入体内与受体结合时，通常是药物分子中的某些特定的基团或结构片段与受体结合，而不是整个分子与受体结合。药物分子中与受体结合的部分称为药效团（pharmacophore）或药物的基本结构。它们是药物呈现活性的必需基团或结构片段，而分子的其他部分称为辅助基团（auxophore）。它们虽然不直接和受体结合，但影响整个药物分子的体内过程（即：吸收、分布、代谢、排泄）。例如降低胆固醇的 HMG-CoA 还原酶抑制剂"他汀"类药物洛伐他汀（Lovastatin，**1**）和阿托伐他汀（Atorvastatin，**2**）对结构的基本要求是 1S,3R-二羟基戊酸片段，是与酶活性中心结合的药效团，其余部分是与酶的疏水腔结合的基团。疏水部分虽然也构成了药效团的一部分，但更重要的是作为分子的骨架，调节分子的物理化学性质，因此二者有不同的药代行为，同样影响了药物的效力。

洛伐他汀 **1**　　　　阿托伐他汀 **2**

药效团是药物分子与受体结合产生药效作用的最基本的结构单元。是已知的具有生物活性的分子中必要的结构特征和它们的空间排布[1]。其阐释了分子中哪种功能团和结构特性的最小集合和空间排布产生了生物活性[2]。药效团的特征是具有物理或化学功能的单元，用原子、基团或化学结构片断来表示，大致可分为 6 种：正电中心、负电中心、氢键给予体、氢键接受体、疏水中心和芳环质心，这 6 种特征可以不同的组合和距离，形成特定的药效团。分析上市药物的药效团特征一般有以下特点[3]：①不少于 3 个药效团特征，只有两个特征的化合物不能成为药物；②不多于 6 个药效团特征，超过 6 个特征的化合物不具有类药性；③至少有一个芳环或脂环，没有环系的化合物不具类药性；④一般不含有相同或相异的两个电荷。药效团可以被用来确定与其相符的活性化合物，也可以通过校正、优化化合物与其叠合的方式来提高化合物的活性。药物化学家通过已知的构效关系（SAR）和积累的经验来构建药效团。数据库系统和对建立的 SAR 的利用可以辅助对化合物亚结构趋势的推导。有经验的药物化学家可以通过广泛深入的构效关系研究或一些化合物的活性数据来获知哪些特定的药效团是配体与某一受体或同类的不同受体结合所必需的，这些结构骨架或亚结构也被称为"特许结构"（privileged structures）[4]，这一概念在组合化合物库的设计中得到了进一步的发展。药效团主要有两种应用：①寻找具有相似生物活性的类似化合物；②提高化合物的生物活性及改善其药代动力学性质。以上两个目标均可通过将一个药效团用另一相似药效团代替或对非药效团部分进行修饰来实现。近年来，各种数据库和数以百万计的可购买得到的化合物的出现使得药效团模拟的应用大量地增加。基于蛋白靶点的药效团鉴定和应用是现代药物发现中的常规程序[5,6]。至今，虽然对某一特定药理作用药物的药效团或基本结构尚无精确的定论，但在长期的新药研发过程，人们已发现用于治疗特定疾病的某些结构特异性药物具有一类或几类明确的药效团或基本结构（表 2-2）。

表 2-2 部分药物的药效团或基本结构

药物类别	基本结构	药物	
局麻药	Ar—C(=O)—X—(C)$_n$—NRR^1 n = 2～3 X = CH$_2$, NH, O 等	普鲁卡因(Procaine)	卡可罗宁(Dyclonine)
阿片样镇痛药	(苯基-氮杂环丁烷-N-甲基结构)	吗啡(Morphine)	哌替啶(Pethidine)
M 受体拮抗剂	R^2—C(R^1)(R^3)—X—(C)$_n$—N$^+$R^{4}R^5 X = COO, O 等 n = 2～4	溴丙胺太林(Propantheline Bromide)	奥芬那群(Orphenadrine)
肾上腺素激动剂	R^2—(苯基)—CH(R^1)—CH(NR^{3}R^2)	肾上腺素(Epinephrine)	麻黄碱(Ephedrine)
二氢吡啶钙拮抗剂	H$_3$C—(二氢吡啶)—CH$_3$ R^{3}OOC—、—COOR^2 R^1、R^4	硝苯地平(Nifedipine)	氨氯地平(Amlodipine)

续表

药物类别	基本结构	药物	
血管紧张转移酶抑制剂	$R^1-X-\underset{R}{\underset{|}{CH}}-CO-N\text{（脯氨酸）}-COOH$	卡托普利(Captipril)	依那普利(Enalapril)
芳基烷酸类抗炎药	$Ar-\underset{CH_3}{\underset{|}{CH}}-COOH$	布洛芬(Ibuprofen)	酮洛芬(Ketoprofen)
H_1 受体拮抗剂	$\underset{Ar^2}{\overset{Ar^1}{>}}X-(CH_2)_n-N\underset{R^2}{\overset{R^1}{<}}$ X = CHO, C, N等 n = 2～3	氯苯那敏(Chlorophenamine)	苯海拉明(Diphenhydramine)
H_2 受体拮抗剂	$R-\text{咪唑}-S-CH_2CH_2-X=C<\underset{NHR'}{}$	西咪替丁(Cimetidine)	法莫替丁(Famotidine)
磺酰脲类降血糖药	$R-\text{苯基}-SO_2-NH-CO-NH-R'$	格列吡嗪(Glipizide)	氯磺丙脲(Chlorpropamide)

近年来,人们在研究药效团、分子相似性的过程中,提出了最大共同亚结构(maximal common substructure,MCS)的概念,最大共同亚结构是指一个临近相互联接的共有的亚结构,存在于所有分子的特定片断中。利用 MCS 不通过区分生物活性就可以对结构进行分类,亦可以被用来寻找类药化合物中最为普遍的化学代替基团(生物电子等排体)[7,8]。

人们在对以激酶为靶标的抗肿瘤药物的研发中,利用 Pipeline Pilot 模块和 Class Pharmer 对 MDDR 数据库中的激酶配体的化学结构进行了分类,以寻找包含与激酶结合的关键结构片段(如含有 H 键供体或受体)的分子,得到了一些与已知的激酶结合概率较大的结构片段及虽不与激酶结合但影响药物动力学性质的结构片段,部分结构见图 2-1[9]。

2.2.2 药物分子的整体性

前面提到在结构特异性药物中,药效团或药物的基本结构单元是药物分子与特异性受体结合产生生物活性的最基本的结构要素。显然,一个有机分子要产生预期的生物活性,除了具备特定的药效团外,分子的其他原子、基团的种类及其与药效团的连接方式和空间分布等不仅可以影响药物分子的物理化学性质,同时亦影响药物的吸收、分布、代谢和排

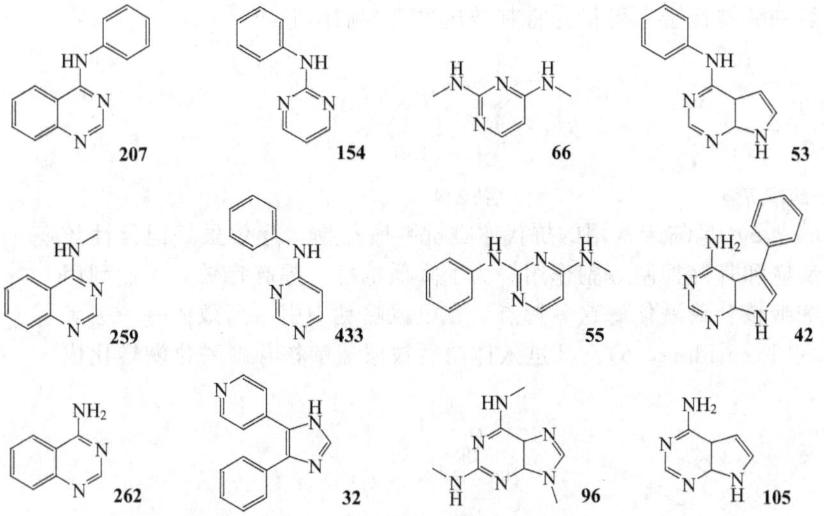

(a) 图中的例子表示源于一系列激酶配体特定区域的最大共同亚结构；
数字表示有多少个分子含有此结构

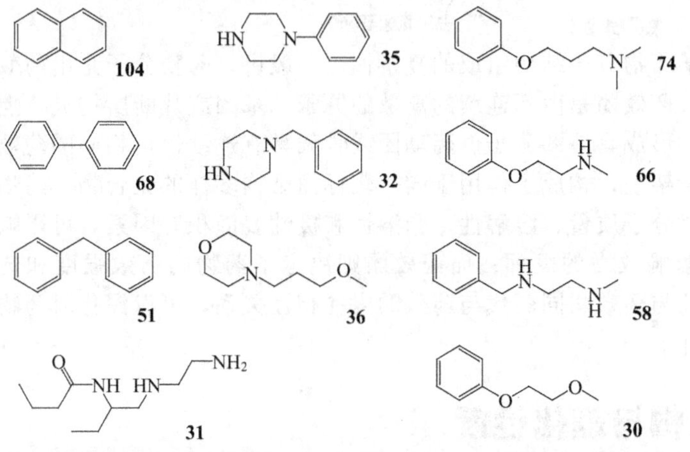

(b) 分子结构图表示与配体铰链结合亲和力无关的最大共同亚结构，通常用于
改善药物动力学性质，因为这些结构单元本身不具有激酶抑制活性

图 2-1 来自于已知的激酶配体的最大共同亚结构（MCS）

泄过程。在药物分子中，这些决定药物分子代谢动力学性质的基团常称为药动团（kinetophore）。据统计，在临床进行试验的候选药物中，约有40%的候选药物因为药代动力学性质不适宜而不能成为新药。因此，一个药物的安全有效性不仅取决于特异性的药效团，也在很大程度上受药动团性质的影响。显然，分子的完整统一性势必使药效团和药动团的物理化学性质和立体性质等发生相互影响，同时或交叉影响其对应的药效学和药代动力学性质。由于药物分子的多样性和机体的复杂性，有些药物甚至很难区别药效团和药动团。

在药物分子中，药动团通常是模拟生物代谢的基本物质，如氨基酸、磷酸基、糖基和胆酸等，使药物分子易被转运至作用部位，故药动团也称为药物载体。例如盐酸氮芥（Mechlorethamine Hydrochloride，**3**）是最早应用于临床的生物烷化剂类抗肿瘤药物，其药效团为 N-双氯乙基，但选择性差，毒副作用大。根据肿瘤细胞在某个发育阶段合成蛋白质的速度较快，要求某些氨基酸在肿瘤细胞中快速浓集这一现象，将药效团 N-双氯乙基连接在苯丙氨酸的苯环上，得到了美法仑（Melphalan，**4**），即苯丙氨酸氮芥。其中，L-型苯丙氨酸氮芥的抗肿瘤作用强于 D-型，原因是由于分子中的药动团 L-苯丙氨酸的存在，肿瘤细胞膜上特殊的氨基酸转运蛋白可优先将其转运进入肿瘤细胞[10]。

盐酸氮芥 3　　　　美法仑 4

氟尿嘧啶（Fluorouracil，5）是临床常用的抗代谢类抗肿瘤药物，疗效虽好但毒性较大，可引起严重的消化道反应和骨髓抑制等副作用。为了降低毒性，提高疗效，人们利用肿瘤细胞内含有较多的尿嘧啶核苷磷酰化酶这一特点，在氟尿嘧啶中引入药效团——去氧核糖，得到了去氧氟尿苷（Floxuridine，6）。其进入体内后被尿嘧啶核苷磷酰化酶转化成氟尿嘧啶而发挥作用。

氟尿嘧啶 5　　　　去氧氟尿苷 6

药物分子的多样性决定了药物分子结构组成的复杂性。一般讲，药物分子是由药效团和药动团或分子骨架构成的，药效团是由不连续的离散的原子、基团或片断所构成，但需结合在药动团或分子骨架上，形成具体的分子。药动团或骨架具有连续性，相同的药效团附着在不同的药动团或分子骨架上，构成了作用于同一靶标而结构多样的化合物。药物分子的整体性体现了药物的相对分子质量、溶解性、脂溶性和极性表面积等因素，可影响体内的药代行为和制剂质量，影响效力的发挥；而药效团则决定了药物的药效强度和选择性。因此，认识药物的整体性与药效团同药代与药效的内在相互关系，可以深化对药物作用的认识，指导药物分子设计。

2.3　药物的化学结构与理化性质

药物以它的化学结构为基础，由此表现一定的理化性质，从而决定药物的药动学行为以及所产生的药理作用。但用于不同治疗目的药物的理化性质具有显著的不同，认识到这一点非常重要。化合物的性质可根据治疗目的进行归纳。如：中枢神经系统（CNS）药物和外周及局部药物的亲脂性就有很大的差别[11,12]。这是因为 CNS 药物需要穿越血脑屏障来到达它们的分子靶点。而且，在 CNS 药物中，安定药物（平均 $\lg P=4.1$）比抗抑郁药（平均 $\lg P=3.1$）和催眠药（平均 $\lg P=2.2$）的疏水性更大。CNS 药物比抗肿瘤药、心血管药和抗感染药的亲脂性更大。

2.3.1　药物的解离度

2.3.1.1　药物的酸碱性[13]

药物分子中的酸性或碱性基团是极性基团，对药物的理化性质影响较大，因此对生物活性有决定性作用。酸性或碱性基团常常参与药物-受体相互作用，往往是药物呈现生物活性的必需基团。

根据 Brönsted-Lowry 理论，酸碱反应的实质是质子从一个物质向另一物质的转移。任何能产生质子（H^+）的物质即为酸，能接受质子的物质即为碱。

酸是质子给予体，失去质子的酸即成为这个酸的共轭碱，如式（2-1）所示。类似的，碱是质子接受体，接受质子后它就成为该碱的共轭酸，如式（2-2）所示。酸碱反应包括质子迁移的过程：

$$HA + H_2O \rightleftharpoons A^- + H_3O^+ \qquad (2\text{-}1)$$

$$B + H_2O \rightleftharpoons BH^+ + OH^- \qquad (2\text{-}2)$$

酸碱强度的测定，多在溶剂中进行，需选用一对共轭酸碱（溶剂）作为比较标准。水是最广泛应用的溶剂，H_3O^+ 与 H_2O 及 H_2O 与 OH^- 为标准的共轭酸碱。

酸失去质子成为离子，它多了一对电子，带有电荷，具水溶性。许多不同的官能团表现为酸的行为（见表2-3）。当碱转变为共轭酸，它也是一个离子，由于多了一个质子，它带有正电荷。碱性药物多为一级、二级或三级胺，作为碱的有机官能团见表2-4。

表 2-3 常见的酸性化合物及其 pK_a 值

化合物	结构式	pK_a	化合物	结构式	pK_a
硫醇	R—SH	10～11	N-芳基磺胺	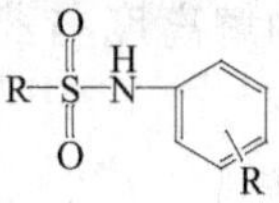	6～7
酚	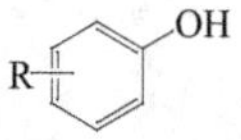	9～11	磺酰亚胺	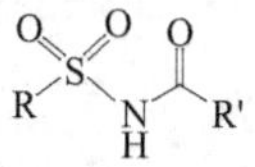	5～6
苯硫酚	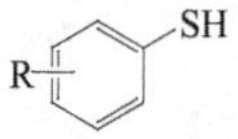	9～10	脂肪酸	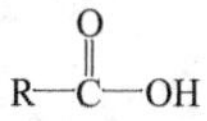	5～6
磺胺	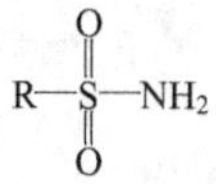	9～10	芳酸	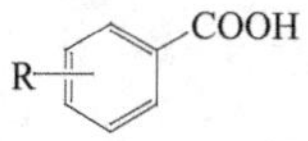	4～5
二酰亚胺	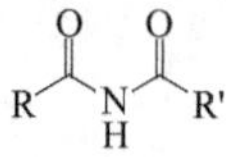	9～10	磺酸	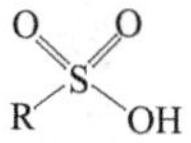	0～1

表 2-4 常见的碱性化合物及其 pK_a 值

化合物	结构式	pK_a	化合物	结构式	pK_a
胍	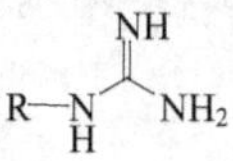	10～11	氮杂环	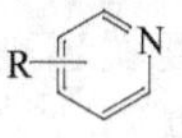	5～6
脒	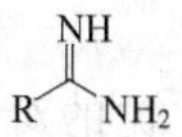	10～11	芳基胺	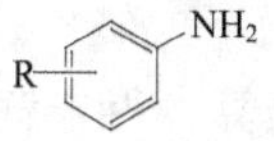	4～5
脂肪胺	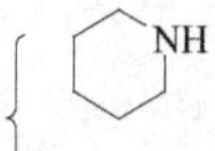	10～11 / 9～10	亚胺	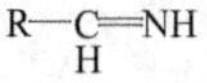	3～4

在生物活性物质中引入酸性基团，其最大的效应是提高溶解度，而且成盐后溶解度进一步增加。但由于生物膜一般只能通过非离子型分子，所以易离子化的强酸性药物除通过主动转运外，不易透过生物膜，并很快被排出体外。而弱酸性药物较易被吸收，并与机体内的碱性氨基酸，特别是血清白蛋白、酶或受体中的赖氨酸产生很强的离子型相互作用。

同理，在分子中引入碱性基团可提高溶解度。易离子化的碱性化合物一般不易透过生物膜,故活性很低。$pK_a>10$ 的药物难以经被动扩散进入中枢神经系统。一般认为,伯胺类化合物的生物活性常常较仲胺、叔胺弱,二胺和多胺类化合物的活性比单胺类化合物高。

认识这些官能团及其酸碱性强度是很重要的。它有助于判断药物的生物活性与吸收、分布、代谢和排泄及药物之间的相容性等。既不能给予质子也不能接受质子的有机官能团被认为是中性的。

2.3.1.2 药物的解离度[14]

大多数药物具有弱酸或弱碱性,这些药物在水或体液中可以部分解离,以离子型和分子型(非离子型)两种形式存在。由于生物膜(消化道上皮)具有脂质膜的功能,所以只允许分子型药物通过,在膜内的水介质中解离成离子型再起作用。离子型药物由于脂溶性极弱而不能通过生物膜,这是因为一方面水是极化分子,与离子型药物产生静电引力而形成水合离子,该水合离子体积增大、水溶性增大,更难以透过生物膜,另一方面,生物膜是由带电荷的大分子组成,因此能与离子型药物产生吸附或排斥作用,从而阻碍离子型药物的迁移。因此,弱酸或弱碱性药物的吸收并不取决于它们的总浓度,而和它们的解离度密切相关。药物的解离度与药物的 pK_a 值(药物本身的酸碱性)及药物所处环境的 pH 有关。其关系如下。

酸性药物的解离:

$$HA + H_2O \rightleftharpoons A^- + H_3O^+$$

解离常数 K_a 为

$$K_a = \frac{c_{H_3O^+} c_{A^-}}{c_{HA}} \tag{2-3}$$

两边取对数

$$-\lg K_a = -\lg c_{H_3O^+} - \lg \frac{c_{A^-}}{c_{HA}} \tag{2-4}$$

由 $-\lg K_a = pK_a$,$-\lg c_{H_3O^+} = pH$,则得

$$pK_a = pH - \lg \frac{c_{A^-}}{c_{HA}} \tag{2-5}$$

整理得未解离药物浓度 c_{HA} 与解离药物浓度 c_{A^-} 之比的对数值为

$$\lg \frac{c_{HA}}{c_{A^-}} = pK_a - pH \tag{2-6}$$

由式(2-6)可知,对酸性药物而言,环境 pH 越小(酸性越强),则未解离药物即分子型药物 HA 的浓度就越高。

碱性药物的解离:

$$B + H_2O \rightleftharpoons BH^+ + OH^-$$

按类似方法演算,得未解离药物浓度 c_B 与解离药物浓度 c_{BH^+} 之比的对数值为

$$\lg \frac{c_B}{c_{BH^+}} = pH - pK_a \tag{2-7}$$

对碱性药物而言,环境 pH 越大(碱性越强),则未解离药物 B 的浓度就越高。因此,未解离的酸性药物主要在 pH 较低的胃内吸收,而碱性药物则相反[15]。

常见的酸性或碱性化合物的 pK_a 见表 2-3 和表 2-4。

2.3.2 药物的脂-水溶解性

在药物研发中,化合物的脂-水溶解性是重要的物理化学性质,由于生物膜的脂质性质,要求药物分子有一定的亲脂性,以保障穿越细胞膜;但又应有足够的亲水性以确保药

物分子在水相中的分配。所以，理想的药物应具有亲水性和亲脂性的良好匹配。

2.3.2.1 药物的分配系数 P[14]

药物的分配系数是该药物在生物相中的物质的量浓度与其在水相中物质的量浓度之比。

$$P = \frac{c_{生物相}}{c_{水相}} \tag{2-8}$$

由于药物在生物相中的浓度难以测定，人们常用有机相和水相来模拟，用各种模拟系统所测得的分配系数来表示药物的分配系数。最常用的是正辛醇/水系统，并用 $P_{o/w}$ 表示在该系统测得的分配系数。P 值越大，则药物的脂溶性越高。它是药物对生物相及水相相对亲和力的度量。由于不同化合物的 P 值差别很大，所以常用它的对数 $\lg P$ 表示。

药物的分配系数与化学结构密切相关。由于药物的化学结构可看成各取代基按一定方式的组合，所以可用疏水常数 π 来表示取代基的疏水性。其定义如式(2-9)所示：

$$\pi_X = \lg P_X - \lg P_H \tag{2-9}$$

上式表明，取代基 X 对取代后分子的分配系数的贡献等于该分子的分配系数 $\lg P_X$ 与取代前分子的分配系数 $\lg P_H$ 之差。π 值大于零，表示取代基具疏水性；π 值小于零，表示取代基具亲水性。在不同的骨架上，同一取代基对疏水性贡献有差异，应注意区别。表2-5 是常见取代基的 π 值。氢原子的 π 值为零。芳香取代基、饱和或不饱和脂肪取代基、卤素的 π 值都大于零，它们都是非极性基团，具疏水性。氨基、羧基、硝基和氰基等基团的 π 值都小于零，它们都是极性基团，具亲水性。

π 值具有加和性，化合物分子的分配系数 $\lg P$ 等于母体的 $\lg P_H$ 与各取代基 π 值之和：

$$\lg P = \lg P_H + \sum_{\lambda=1}^{n} \pi_{X_i} \tag{2-10}$$

当脂肪链有分支、成环及双键等结构因素时，还必须加上校正值，它们依次为 -0.20，-0.09 及 -0.30。

表 2-5 芳香和脂肪系统中取代基的疏水常数 π

取代基	芳香系统	脂肪系统	取代基	芳香系统	脂肪系统
$-C_6H_5$	2.13	2.13	$-C\equiv CH$	—	0.48
$-n\text{-}C_4H_9$	2.00	2.00	$-F$	0.13	-0.17
$-sec\text{-}C_4H_9$	1.80	1.80	$-H$	0.00	0.00
$-t\text{-}C_4H_9$	1.68	1.68	$-N(CH_3)_2$	-0.18	-0.32
$-n\text{-}C_3H_7$	1.50	1.50	$-NO_2$	-0.28	-0.82
$-(CH_2)_4-$	1.39	—	$-COOH$	-0.28	-1.26
$-I$	1.15	1.00	$-COCH_3$	-0.55	-0.71
$-CF_3$	1.07	—	$-CN$	-0.57	-0.84
$-(CH_2)_3-$	1.04	—	$-OCOCH_3$	-0.64	-0.91
$-C_2H_5$	1.00	1.00	$-OH$	-0.67	-1.16
$-CH=CH_2$	—	0.70	$-NHCOCH_3$	-0.97	
$-Br$	0.94	0.60	$-NH_2$	-1.23	-1.19
$-Cl$	0.76	0.39	$-SO_2NH_2$	-1.82	
$-CH_3$	0.50	0.50	$-\overset{+}{N}(CH_3)_3$	-5.96	

2.3.2.2 药物的水溶性[16,17]

水溶性是药物的重要物理化学性质。在药物研发中，水溶性可影响体外筛选和体内的活性评价。活性筛选需要化合物有一定的水溶性，否则不易测定，或难以重复，结果不可靠。难溶物质可能是与分子有较强的亲脂性和疏水性相关，容易发生聚集作用，形成聚集体（aggregate）。这些聚集体可与靶蛋白发生相互作用，出现假阳性结果[18]。

药物的水溶性也是口服吸收的前提，是药物穿透细胞膜的必要条件。口服药物经胃肠道黏膜吸收，需要呈高度分散的状态，水溶性的重要意义在于使药物成分子分散状态。溶解度数据也用于估计在体内的吸收、分布、代谢、排泄等临床前试验的参数和初期临床试验的前景。

影响药物水溶性的因素主要包括分子本身的 pK_a、脂溶性、分子量和形成氢键的能力及数目等，以及溶剂的某些特性，如 pH、缓冲液、离子强度等[19]。

（1）氢键（hydrogen bonds）

能够给予或接受氢原子的每一个官能团都影响化合物的水溶性，这样的官能团会增加分子的亲水性。相反，不能生成氢键的官能团会增加分子的疏水性。例如：当分子中引入极性较大的羟基时，药物的水溶性加大，而引入一个卤素原子时，水溶性降低。

氢键是偶极-偶极键的一种特例。共价键原子之间电子的不均等分布导致偶极，并由此引起电负性，产生永久偶极。共价键一端的电子密度高于另一端，当两个偶极分子互相靠近时，偶极的正端由于静电与另一偶极的负端相互吸引，当偶极的正端是氢原子时，它们的相互作用即为氢键。在氢键中，氢原子像一座桥处于两个电负性之间，一边是共价键原子，另一边是与之发生静电力的原子。电负性原子可以是氧和氮原子等。

虽然每个氢键的能量较低，其大小为 4～42kJ/mol，但多个氢键对水溶性的贡献具有加和性。氢键的概念对药物的水溶性及药物-受体相互作用都很重要。图 2-2 显示一些有机官能团与水生成氢键的类型。表 2-6 列出若干常见的有机官能团及其可形成的氢键数。一般认为，化合物可生成的氢键越多，分子的水溶性越大。这里没有考虑形成分子内氢键的可能性。

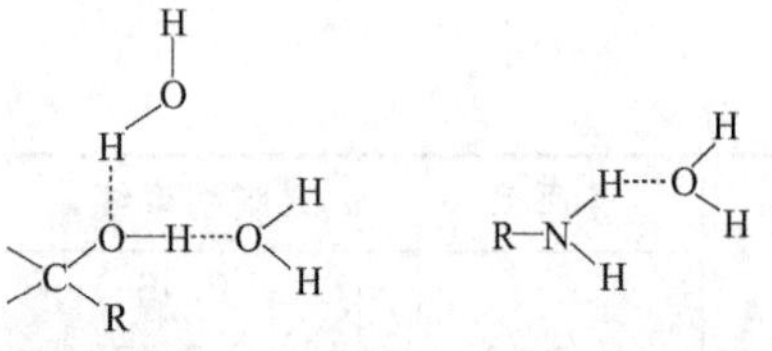

图 2-2 有机官能团与水生成氢键的类型

表 2-6 一些有机官能团的氢键数

官能团	R—OH	R—CO—R'	R—NH$_2$	R—NH—R'	R—N(R')—R"	R—CO—O—R'
可形成的氢键数	3	2	3	2	1	2

（2）离子化（ionization）

除了氢键，决定分子水溶性的另一种重要的键是离子-偶极键。离子-偶极键是由一个阳离子或阴离子与经典偶极（如水）之间生成的键。阳离子因电子缺失，会与高电子密度区域相互吸引（图 2-3）。当它与水相遇时，阳离子就会与水分子中的氧（偶极的负端）相互作用。阴离子则与低电子密度区域即偶极的正端相互吸引。

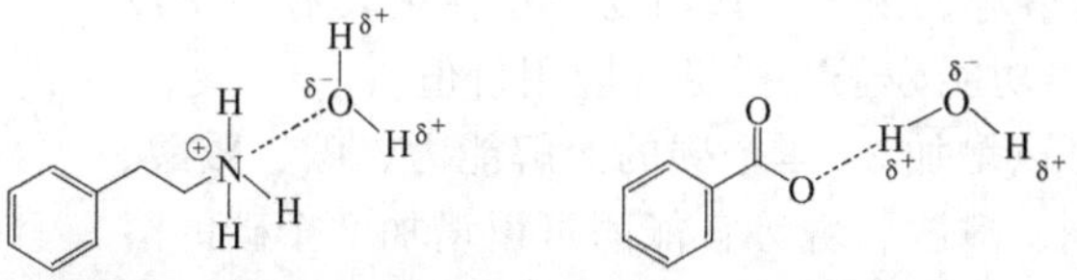

图 2-3 离子-偶极相互作用

不是所有的有机盐都有很好的水溶性，只有高度解离的盐才有高的水溶性。高解离的盐必须是由强酸-强碱、弱酸-强碱或强酸-弱碱生成的盐，弱酸-弱碱生成的盐不会完全解离，因此水溶性也不大。

当考虑离子化分子水溶性问题时，还需注意分子内离子键的可能性。有的化合物带有多个可解离的官能团，而且能产生相反的电荷，这些官能团有可能互相作用而不与水分子作用，那么这样的化合物就不溶于水，如酪氨酸就是一个典型的例子（图 2-4）。它的溶解度仅为 0.45g/L。因为氨基和羧酸能够相互作用，以致生成很强的离子-离子内盐，阻止各个基团分别与周围的水分子生成离子-偶极键，故导致酪氨酸的水溶性很差。不是所有的两性或多电荷分子都有这种表现。只有含很靠近的解离官能团并能生成离子-离子键的分子才会导致水溶性很低。电荷分得越开，分子的水溶性越高。

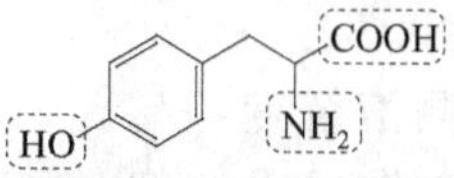

图 2-4 酪氨酸的结构

2.3.3 药物理化性质的预测

2.3.3.1 预测水溶性的经验法[20]

对于药物的水溶性可以通过简单官能团进行判断，即根据官能团的增溶势预测分子的水溶性。如果分子官能团的增溶势超过构成分子的碳原子总数，则该分子是具水溶性的。否则，是水不溶的。如果产生分子内氢键或离子-离子相互作用，那么这些官能团的增溶势都会下降。虽然对上述相互作用很难用定量的方法判断其对增溶势的下调作用，但有助于解释一些水溶性异常的结果。

表 2-7 单或多官能团分子中官能团的水增溶势

官能团	单功能分子(碳原子数)	多功能分子(碳原子数)
醇	5～6	3～4
酚	6～7	3～4
醚	4～5	2
醛	4～5	2
酮	5～6	2
胺	6～7	3
羧酸	5～6	3
酯	6	3
酰胺	6	2
脲,碳酸酯,氨基甲酸酯		2
电荷(阳离子或阴离子)		20～30

表 2-7 列出了许多药物中常见官能团的水增溶势。由于多数药物分子往往具有一个以上的官能团（即多功能分子），因此表 2-7 中"多功能分子"栏更有应用价值。

在含有多官能团的化合物中，醇或酚羟基可以增加 3~4 个碳的溶解能力，胺、羧酸、酯基等可以增加 3 个碳的溶解能力，醚、醛、酮、酰胺、脲等官能团可以增加 2 个碳的溶解能力。当分子中每增加一个电荷（正或负）时，可以增加 20~30 个碳的溶解能力。

以镇痛药物阿尼利定（Anileridine，图 2-5）为例，该分子有 22 个碳原子，有 3 个水溶性官能团（芳香胺、三级脂肪胺和酯），三个官能团的增溶势为 9 个碳原子，所以推断阿尼利定不溶于水（美国药典报道，它的溶解度为 10^{-4} g/mL，或 0.01%）。而当其成盐酸盐后，增溶势变为 29~39 个碳原子，高于该分子中含有的 22 个碳原子数，成为水溶性化合物。事实上该化合物的溶解度达 0.2g/mL，或 20%。

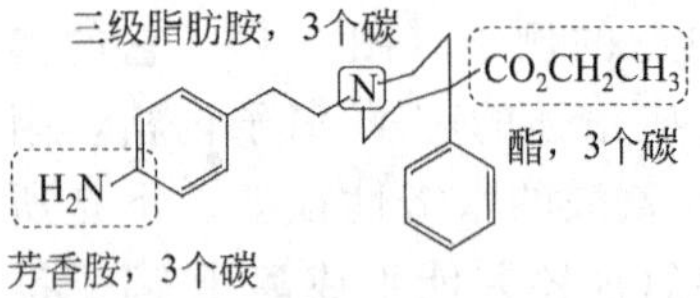

图 2-5 阿尼利定的结构

2.3.3.2 预测水溶解度的计算法[21]

迄今为止，虽然有许多的方法报道，但尚无准确可靠的计算方法预测溶解度[22]。这里介绍一种改良的溶解能测定法，可从实验数据或分子结构预测化合物的水溶解度（lg S_W）。

具体方法——收集多种结构类型的 664 个化合物，删除其中偏差太大的 5 个化合物。对其中 594 个化合物建立回归方程：

$$\lg S_W = 0.518 - 1.004 R_2 + 0.771 \pi_2^H + 2.168 \sum \alpha_2^H + 4.238 \sum \beta_2^H \\ - 3.362 \sum \alpha_2^H \sum \beta_2^H - 3.987 V_X \tag{2-11}$$

$$n = 594, \quad SD = 0.557, \quad r^2 = 0.920, \quad F = 1256$$

式中，R_2 为剩余摩尔折射率（$cm^3 \cdot mol^{-1}/100$）；π_2^H 为偶极矩/极化度；$\sum \alpha_2^H$ 为氢键酸度总和；$\sum \beta_2^H$ 为氢键碱度总和；$\sum \alpha_2^H \sum \beta_2^H$ 为分子中酸性基团碱性基团之间的氢键相互作用；V_X 为 McGowan 特征体积（$cm^3 \cdot mol^{-1}/100$）；n 为样本数；SD 为标准偏差；r^2 为相关系数；F 为方差。

用上述方程计算剩余的 65 个化合物的水溶解度（lg S_W），对比实验测定值，SD=0.56。相关方程表明，一个化合物的氢键能力有助于提高水溶性，虽然溶质分子中酸碱基团的相互作用导致降低水溶性，增加分子的偶极矩或极化度能提高水溶性，而增加分子的剩余摩尔折射率或体积，则降低水溶性。

2.3.3.3 分配系数预测法

除了上述的水溶度预测及计算可得到有关化合物的水溶性信息外，分配系数也能预测药物的水溶性。根据药典关于水溶度的定义，溶解度大于 3.3% 为溶解，相当于 lg P 值为 0.5。因此 lg P 小于 0.5 的化合物为水溶性的，lg P 大于 0.5 的化合物为水不溶性的。利用式(2-10) 和表 2-5 中各取代基的 π 值，可以估算化合物的 lg P，进而可预测其水溶性。

药物溶解度的预测不仅有助于了解药物分子的溶解行为，也有助于理解药物分子在动力相和药效相的行为，因此药物溶解度预测方法的开发很有必要。由于缺乏在同一条件下足够的实验数据，人们仍无法提供可靠预测的成熟方法。尽管如此，随着高通量数据的发展使得模型的构建成为可能，希望能尽快得到可用于溶解度预测的优化模型。

2.4 药物的化学结构与生物利用度[23]

2.4.1 化学结构对吸收、转运的影响

药物常用的给药方式主要有两种：口服和静脉注射。静脉注射是一种较为特殊的给药方式，由于其吸收是百分之百的，所以这种给药方式能获得决定药物半衰期的2个主要参数——清除率和分布容积。对应于静脉注射，口服给药是一种重要的给药途径，这种给药方式最为方便，因此，极有可能是患者顺应性最好的给药途径（1999年全球十大畅销药均属口服给药剂型这一事实也印证了这一点）。

与静脉给药相比，口服给药需要考虑更多的因素，包括胃肠道转运、转运蛋白介导的分泌、在胃肠道的化学稳定性及在胃肠道和肝脏中的首过效应。所有这些因素均会导致口服给药后到达体循环的药物量减少。

以口服药物为例，药物口服后到达靶部位过程中的各重要阶段如图2-6所示。首先，制剂在口服后必须先到达吸收部位——胃肠道。药物在进入胃肠道后，由制剂中释放出来进入溶液中时，吸收过程就开始了。在这个过程中，药物必须穿过胃肠道壁。这个过程可能是被动扩散过程或是胞间扩散吸收或是主动吸收过程。一般认为，大多数分子质量小于1000Da的药物分子都是通过被动扩散过程吸收的。胞间扩散吸收途径未经过细胞，药物分子通过胞间的紧密或非紧密联结直接进入门静脉血。这种吸收方式对于分子体积小的药物以及极性较大的药物是很重要的。天然化合物如糖、氨基酸和二肽、三肽等常以主动转运方式吸收。

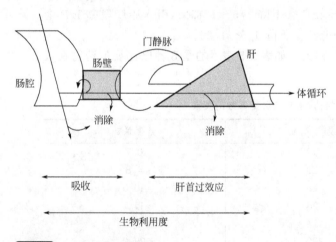

图 2-6 吸收和生物利用度

门静脉血中的化合物被转运入药物代谢的主要场所——肝脏。肝脏对药物分子有3种处置方式，即代谢、胆汁排泄或返回血液向身体其他组织分布。一般而言，在肝脏中药物分子会被一种或一种以上的作用方式所处置。

在此，生物利用度和吸收的概念常常会被误用或混淆使用，因此有必要将两者区分开来。

FDA把生物利用度定义为：从药品中吸收的活性成分或活性组分到达作用部位的速度和程度[24]。由于测定作用部位的药物浓度有一定难度，所以口服生物利用度常用体循环中药物的浓度来替代。口服生物利用度（%F）是口服给药获得的AUC（血药浓度-时

间曲线下面积）值与以相同剂量直接给药进入体循环（常选择静脉给药）所获得的 AUC 之比。口服生物利用度（%F）可用式(2-12)求得：

$$\%F=\frac{AUC_{oral}}{AUC_{iv}}\times 100\% \tag{2-12}$$

式(2-12)中 AUC_{oral} 和 AUC_{iv} 分别为口服和静脉给药的血药浓度-时间曲线下面积。

Sinko[25]把吸收定义为通过胃肠道进入肝门静脉的药物量。经口服的药物要达到体循环，不仅要经过胃肠道，而且要经过有首过代谢作用的肝脏。由于肝摄取的程度不同，相应地也影响肝药物浓度和生物利用度。所以，口服生物利用度与吸收是不同的，它是吸收和消除共同作用的结果。

生物利用度在新药筛选过程中是一项重要参数，它反映了该化合物在特定给药部位转运入体循环的效能，只能通过体内试验来评价，但可以使用一些方法来预测其在人体内的情况。

2.4.1.1 亲脂性的影响

细胞膜是由磷脂双分子层构成，上面镶嵌有球蛋白。磷脂分子主要是卵磷脂、鞘磷脂、磷脂酰丝氨酸和磷脂酰乙醇胺，每个磷脂的两个疏水烷烃链由膜的两边指向内侧，形成膜的中心层。极性的磷脂头构成膜的内外两侧，经静电引力与球蛋白结合，形成镶嵌结构。由于细胞膜具有上述双酯层的特殊镶嵌结构，因此对药物吸收而言，关键是药物要具有合适的脂溶性。表征化合物的水溶性和脂溶性的物理量是分配系数 P，其定义已在第 2.3 节中阐述。

分子结构改变对分配系数有显著的影响。分子中引入脂溶性原子或基团，分配系数会增大，如引入卤原子 $\lg P$ 会增大 4～20 倍，引入—CH_2—$\lg P$ 会增大 2～4 倍，而引入水溶性基团，分配系数会下降，如引入羟基 $\lg P$ 会下降 1/5～1/150，引入脂肪氨基 $\lg P$ 会下降 1/2～1/100，以—O—替代—CH_2—$\lg P$ 会下降 1/5～1/20。

药物的分配系数与吸收过程一般呈正相关。如表 2-8 表示的是 8 种巴比妥类药物在大鼠结肠的吸收率与分配系数的关系。

表 2-8 巴比妥类药物在大鼠结肠的吸收率（氯仿/水）与分配系数的关系

巴比妥类药物	吸收率/%	分配系数
巴比妥	12	0.7
苯巴比妥	20	4.8
异丁巴比妥	23	10.5
正丁巴比妥	24	11.7
环己巴比妥	24	13.9
戊巴比妥	30	28.0
司可巴比妥	40	50.7
己巴比妥	44	>100

药物体内吸收的部位主要有：胃肠道、肺、皮肤、口腔、眼等。体内不同部位对药物吸收所需的分配系数不同，如胃肠道吸收，适宜的 $\lg P=0.5\sim 2.0$，口腔吸收 $\lg P=4\sim 5.5$，血脑屏障 $\lg P=1.4\sim 2.7$，皮肤吸收 $\lg P>2$。

对于一些极性大、脂溶性差的药物，通过结构修饰增加其脂溶性，从而能促进其在胃肠道的吸收。如抗病毒药物阿德福韦（Adefovir，**7**），由于分子具有 1 个游离的磷酸基，极性过大而影响吸收，口服生物利用度仅仅为 10%。将其结构中的磷酸基酯化制成前药阿德福韦酯（Adefovir Dipivoxil，**8**），由于增加了脂溶性，有利于吸收，口服生物利用度可达 30%～45%[26]。

阿德福韦酯 **8**   阿德福韦 **7**

2.4.1.2 解离度的影响

多数药物为弱酸或弱碱，在体液中以离子型和分子型共存。弱酸或弱碱性药物在体液的解离程度以解离常数的负对数 pK_a 表征。pK_a 的大小取决于介质的 pH 值和体液中分子型和离子型的比例，如第 2.3 节中式(2-5) 和式(2-7) 所示。

一般而言，药物的解离度越大，吸收就越差。弱酸性药物如水杨酸等，在酸性的胃液中几乎不解离，故易在胃中吸收。弱碱性的药物如奎宁等，在胃液中几乎全部解离成离子型，故胃中不吸收，在 pH 较高的肠道吸收。完全离子化的季铵盐，由于脂溶性差，故胃肠道的吸收均很差，也不易透过血脑屏障。

阿托品（Atropine，**9**）具 M 胆碱受体的拮抗作用，但由于作用广泛而副作用较多。将其制成季铵盐，因难以透过血脑屏障，不能进入中枢神经系统，从而不呈现中枢作用。如溴甲阿托品（Atropine Methobromide，**10**）主要用于胃及十二指肠溃疡、痉挛性大肠炎等的治疗。

阿托品**9**   溴甲阿托品**10**

2.4.2 化学结构与分布[27]

在大多数情况下，药物只有从血液循环进入组织或器官后，才能发挥药理作用。身体由不同的组织构成，药物与各种组织的亲和力是不同的，因此，药物的组织分布必然对其生物活性产生巨大的影响。分布过程是药代动力学的重要环节，特异性分布是药物具有选择性作用的前提。药物的特异性分布在很大程度上取决于药物的理化性质，主要与下述因素有关：①药物分子与脂肪组织的亲脂性；②药物分子的解离程度；③与血清和组织成分的结合程度；④蛋白结合和分布的相互依赖关系。

2.4.2.1 分子量的影响

药物分子若水溶性较强，相对分子质量<100，可自由地穿过毛细血管壁上的小孔；相对分子质量<300 可穿越毛细血管壁。一旦药物分子与血浆蛋白结合，则不能穿越细胞膜或血管壁。

2.4.2.2 脂溶性的影响

药物穿越细胞膜，向组织内分布，要求有一定的脂溶性。

药物在中枢神经系统分布的决定因素之一是脂溶性。在血液与脑、脑脊液之间有一脂质屏障，药物通过血脑屏障的速度与分配系数成正比。药物的分配系数小，其透过血脑屏障的速度及能力均较低。

药物在血浆与脂肪之间的分布取决于分配系数，这种分布情况直接影响到药物的作用强度和药效的持续时间。如果药物分布的部位离作用部位很远，那么作用部位的血药浓度就难以达到所需的治疗浓度。以镇静催眠药硫喷妥（生理 pH 下 $\lg P=2$）为例，静注该药物几分钟内，能在中枢神经系统达到较高的药物浓度，从而催眠起效，但在 10min 后即失去催眠作用。究其原因是药物通过再次分布，从中枢转向外周，在脂肪和肌肉组织中积累，从而导致中枢的血药水平迅速下降，催眠作用消失。

药物的分布还可以透过胎盘。一般而言，药物通过胎盘屏障也主要取决于脂溶性。

2.4.2.3 解离度的影响

药物呈解离状态或带有电荷时，较难透过细胞膜和血脑屏障，因而成为分布过程的限制因素。对于作用于外周神经的药物，可在药物结构中引入解离性基团，使之只作用于细胞表面，不穿越细胞膜，从而不产生中枢的作用。反之，作用于中枢神经系统的药物，透过血脑屏障是重要前提，因此这类药物结构中不宜存在完全解离的基团。

有机酸性药物，如含羧基的硫辛酸（Thioctic Acid, **11**），在生理 pH 条件下可完全解离成阴离子（pK_a 5.4），因此不能透过血脑屏障而不产生中枢的作用[28]。

硫辛酸 **11**

药物中有强酸性基团，如磺酸基，在生理 pH 条件下可完全解离成阴离子，在肠内吸收较慢，但由于该药物极性较大，肾脏排泄较快，故药物结构中引入磺酸基可降低其毒性、致癌性和蓄积性。如奶油黄（Butter Yellow, **12**）为强致癌剂，而在该结构中引入磺酸基得甲基橙（Methyl Orange, **13**），则无致癌作用。

奶油黄 **12**　　　　　　甲基橙 **13**

2.4.2.4 化学结构与蛋白结合的关系

这里所描述的药物与组织成分或蛋白的结合主要是指它们之间的非特异性结合，这种结合作用，虽不直接影响疗效，但影响药代过程，因而间接地影响受体部位的药物有效浓度。药物一旦与蛋白质或脂质结合后，就不能透过毛细血管，不能扩散进入细胞，也不能被肾小球过滤，故影响了药物的分布容积、生物转化和排泄速度。但这种结合是可逆的，结合药物与游离药物分子间存在动态平衡。因此，若调整分子中非药效团的"次要"结构，有可能使这种平衡有利于药效的发挥。药物与血清蛋白的结合，对于转运、分布和维持血药浓度有重要意义。从某种意义讲，药物与血清蛋白的结合对血药浓度起缓冲作用。

亲脂性强的药物与组织蛋白或脂肪组织的亲和力高，结合较强。这也可看成是药物蓄积的一种方式，往往起到长效的作用或引起蓄积中毒。如某些杀虫剂因亲脂性较高，在体内的脂肪组织分布后几乎不能再进入水相，因而会产生蓄积毒性。

药物分子中引入烷基、芳环、卤素等疏水性基团，会增加与蛋白结合的亲和力；极性基团如羧基、羟基和氨基的引入，会降低与蛋白结合能力。一般而言，随着分配系数（脂溶性）的增加，药物与血浆蛋白的结合作用也加大。

虽然已得到多数药物的血浆蛋白结合数据，但在对先导物进行多方位优化时，对该参数的判断就不是那么容易和直接了。因此，Nicole 等人就提出了一种新的预测药物血浆蛋白结合的方法，采用药效团相似性概念（pharmacophoric similarity concept）和偏最小二乘分析法（partial least square analysis）构建了定量构效关系，有助于合成过程的优化分析[29]。

值得注意的是，药物一旦与蛋白结合，所形成的复合物不易通过细胞膜，因此药物的分布会受到限制。另外，该复合物无药理活性，不能发挥治疗作用。

2.5 药物的化学结构与生物活性

药物的化学结构与生物活性间的关系一直以来都是药物研究中的一个重要课题。当药物被摄取后，经体内转运到达特定的靶部位，并与之发生相互作用才能发挥药效。因此，药物的生物活性是药物分子与靶部位生物大分子的理化性质和化学结构间相互匹配和作用的综合结果。

1897 年，Paul 提出了受体假说，认为机体细胞上存在一些特殊基团，可与细菌毒素发生结合。Ehrlich 把这些特殊基团定义为受体。如今，人们普遍认为受体大都是与膜结合的蛋白质，能够选择性地与小分子（配体）结合，从而产生特定的生理学效应。

2.5.1 药物与受体的键合方式

药物-受体复合物较低的能级被认为是产生药物-受体相互作用的动力，其中 k_{on} 是药物-受体复合物的形成速率常数，主要取决于药物与受体的浓度，k_{off} 是药物-受体复合物的解离速率常数，不但取决于药物-受体复合物的浓度，也与其他作用力有关。

$$药物 + 受体 \underset{k_{off}}{\overset{k_{on}}{\rightleftharpoons}} 药物\text{-}受体复合物$$

药物的生物活性与其对受体的亲和力，即药物-受体复合物的稳定性有关，该稳定性是通过复合物解离的难易程度来衡量的，以药物-受体复合物的解离常数 K_d 值表示，如式(2-13)：

$$K_d = \frac{C_{药物} C_{受体}}{C_{药物\text{-}受体复合物}} \tag{2-13}$$

K_d 值越小，意味着药物-受体复合物的浓度就越高，药物-受体复合物就越稳定，即药物对受体的亲和力就越高。药物-受体复合物的形成是一个复杂的平衡过程。溶剂化的配体（药物）和溶剂化的蛋白（受体）都以几种构象存在，并且几种构象之间存在动态平衡。形成复合物时，药物与受体之间的相互作用必须远大于溶剂分子与药物、溶剂分子与受体的相互作用，使得药物分子可以替代溶剂分子占据受体的结合位点[30]。

药物-受体复合物间的相互作用和有机分子之间的作用力一样，包括共价键、离子键、离子-偶极键、偶极-偶极键、电荷转移复合物、氢键、疏水相互作用和范德华力。原子间作用力的形成伴随着自由能的降低，即 $\Delta G°$ 是负的。自由能的变化与结合平衡常数 K_{eq} 有如下的关系：

$$\Delta G° = -RT \ln K_{eq} \tag{2-14}$$

因此，在生理温度（37℃）时若自由能改变几千卡/摩尔（kcal/mol，1kcal=4.184kJ），就可以对二级作用的形成有很大影响。

一般而言，药物和受体间形成的作用力大多是非共价键，所以这种过程也是可逆的。

正因为此，细胞外药物浓度的降低就会导致药物失效，所以药物分子常被设计成仅在有限的时间内起效后就失效。以中枢神经激动剂或抑制剂为例，延长药物作用时间会产生很大的副作用。然而，有时药物又需要保持长效，甚至是不可逆的作用。例如，对选择性作用于肿瘤细胞的化疗药物，如果能与受体形成不可逆的复合物，对肿瘤细胞的毒性作用就将长时间发挥。此时，共价键是理想的结合方式。表 2-9 列出了药物与受体形成复合物的作用力类型和大小以及典型的实例。

表 2-9 药物-受体相互作用的类型

键的类型	键能 ΔG°/(kcal/mol)	举例
共价键	50～150	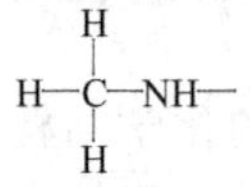
增强的离子键	−10	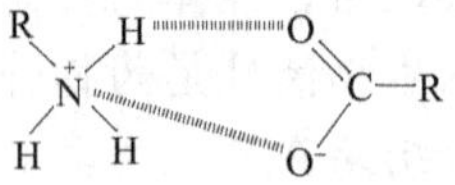
离子键	−5	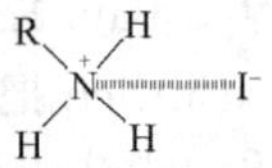
离子-偶极键 偶极-偶极键	−(1～7)	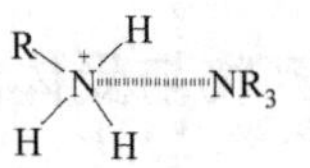 
氢键	−(1～7)	
电荷转移	−(1～7)	
疏水相互作用	−(0.5～1)	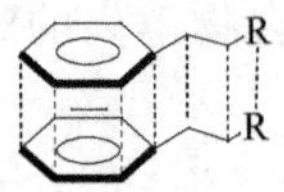
范德华力	−(0.5～1)	

2.5.1.1 共价键

来自药物的一个原子和来自受体的一个原子之间通过共用一对电子而形成的共价键是最稳定的键，键能高达到 50～150kcal/mol，因此，使药物与受体不可逆地结合，最终导致受体功能的破坏。细胞功能的恢复必需合成新的受体。

通过与受体共价结合产生药效的典型例子是有机磷类乙酰胆碱酯酶的抑制剂，如杀虫剂对硫磷（Parathion）和马拉硫磷（Malathion）等，它们能对参与神经递质乙酰胆碱代谢的酶的活性位点进行烷基化，这种共价结合的形式很稳定且不可逆，因此被抑制的乙酰胆碱酯酶的活性就不能恢复。

氮芥（Nitrogen Mustard）类生物烷化剂的抗癌作用是在 DNA 的碱基或磷酸基部位发生了烷化作用，形成交叉连接。烷化的 DNA 发生了变形或链断裂而丧失功能，起到杀伤癌细胞作用，过程如图 2-7 所示。

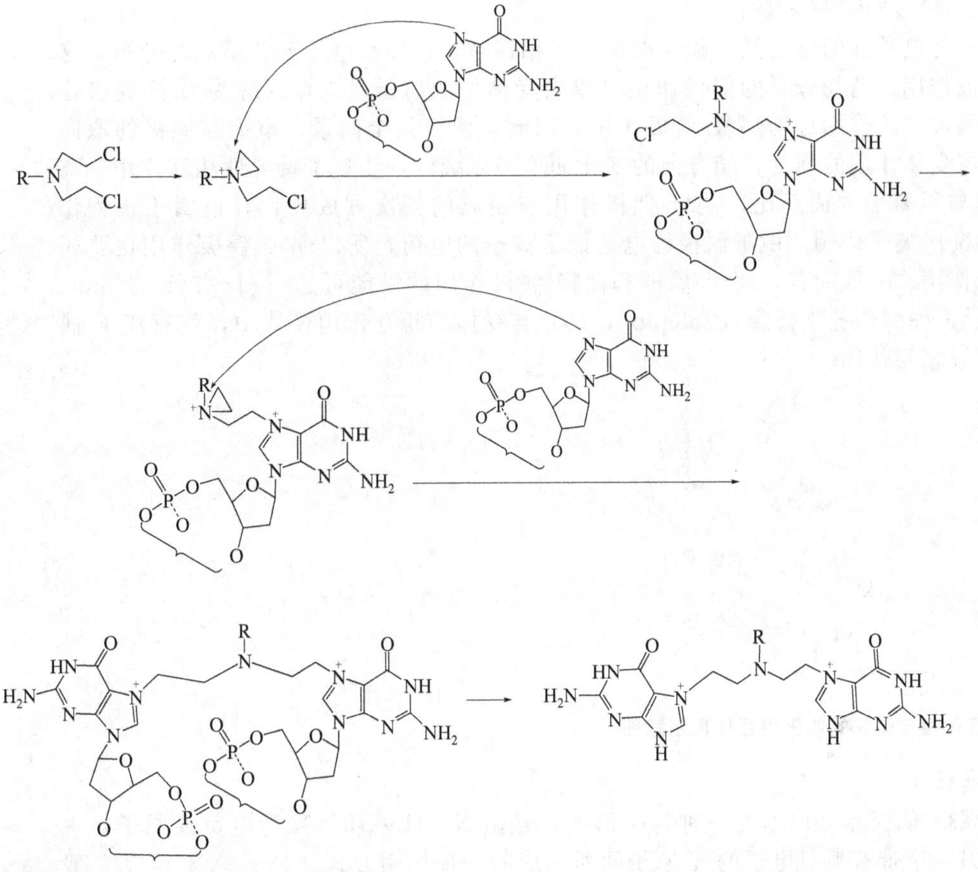

图 2-7 氮芥与 DNA 作用机理

2.5.1.2 离子键

蛋白质受体在生理 pH 条件（pH 7.4）下，精氨酸、赖氨酸及组氨酸侧链的碱性基团易质子化，形成阳离子中心。天冬胺酸和谷氨酸侧链的羧基易解离，形成阴离子。这些离子可与具有相反电荷的药物分子产生离子-离子相互作用。离子键一般可提供 $\Delta G° = -5\text{kcal/mol}$，但随着离子间距离变大，能量会迅速减少，因此药物通过离子键与受体结合的能力随着离子间距离的缩短而迅速增强。当离子键与其他键同时存在时，作用就会增强（$\Delta G° = -10\text{kcal/mol}$）。如图 2-8 所示，抗震颤麻痹药匹伐加宾（Pivagabine，**14**）就是通过末端的羧基阴离子与精氨酸残基形成离子键而起效的。

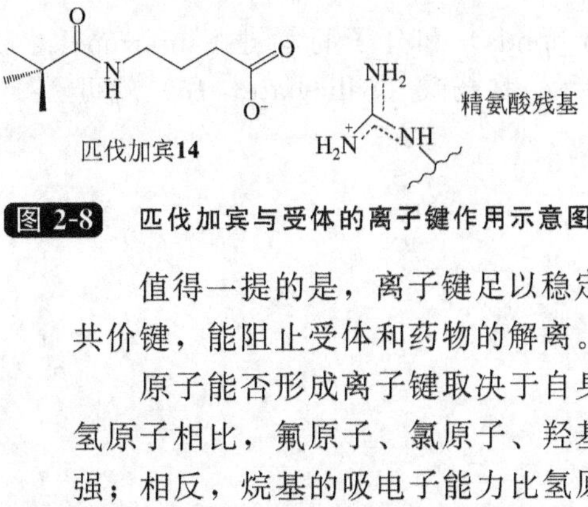

图 2-8 匹伐加宾与受体的离子键作用示意图

值得一提的是，离子键足以稳定最初的受体和药物之间短暂的相互作用，但它并不像共价键，能阻止受体和药物的解离。

原子能否形成离子键取决于自身的电负性。以氢原子为标准，其电负性值为 2.1。与氢原子相比，氟原子、氯原子、羟基、巯基和羧基具有更强的吸电子能力，因此离子键更强；相反，烷基的吸电子能力比氢原子更弱，因此不能形成离子键。

2.5.1.3 离子-偶极和偶极-偶极作用

当碳原子与电负性的氧、氮、硫和卤素原子相连时，将导致电子云的不对称分布，这就产生了偶极作用。药物分子的偶极作用可以由受体中的离子（该作用称为离子-偶极作用）或其他偶极（该作用称为偶极-偶极作用）引起。偶极是个向量，电荷与偶极的取向会影响药物与受体作用的强度，随方向的变化而增强或减弱，体现了特异性相互作用。离子-偶极作用与距离平方成反比，偶极-偶极作用与距离的三次方成反比，也属于长程作用，但弱于离子-离子作用。由于偶极的电荷低于离子的电荷，所以偶极-偶极作用也要弱于离子-偶极作用。一般而言，离子-偶极和偶极-偶极作用的键能可达$-(1\sim 7)$kcal/mol。如图 2-9 所示，失眠药扎来普隆（Zaleplon, **15**）与受体的相互作用模式中，就有离子-偶极和偶极-偶极相互作用。

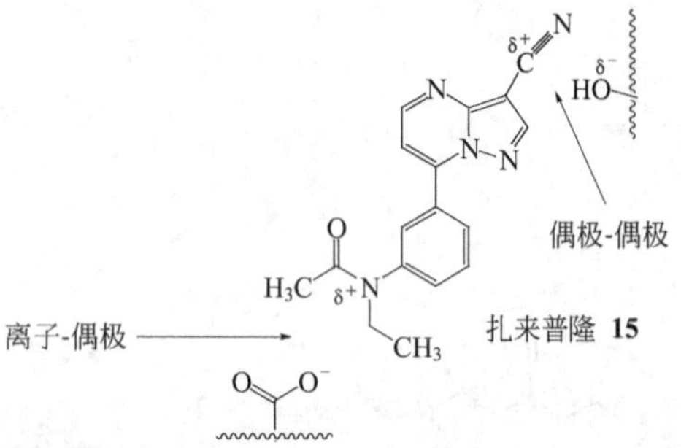

图 2-9 扎莱普隆与受体的偶极相互作用示意图

2.5.1.4 氢键作用

氢键是偶极-偶极相互作用的一种特殊形式，是由 X—H 基团（X 为电负性原子）中的氢质子与另一个带有孤对电子的 Y 原子间所形成的一种作用方式。分子中 X 和 Y 一般为氮、氧或氟原子。X 原子将电子云密度从氢原子转移到自身，所以 H 带有部分正电荷，被 Y 的非键电子强烈地吸引。氢键一般用点线表示，如 —X—H⋯Y—，表示当 Y 与 H 产生氢键作用时，X 与 H 的共价键依然存在。当 X 与 Y 原子的电负性和离子化程度相同时，氢原子的电子平均分配给 X 和 Y 两个原子，这种氢键形式（—X⋯H⋯Y—）称为低能障氢键（low-barrier hydrogen bond）[31]。

氢键的键能（$\Delta G°$）为$-1\sim -7$kcal/mol，一般在$-3\sim -5$kcal/mol。单独一个氢键的作用是较弱的，不足以维持药物-受体的相互作用。一旦在药物和受体间形成多个氢键，该相互作用就更稳定了。因此氢键被认为是多数药物-受体作用所必需的。

氢键对于维持肽和蛋白的 α-螺旋（α-helix, 3.5）和 β-片层（β-sheet, 3.6）构象以及 DNA 的双螺旋（3.7）结构的完整性至关重要。

氢键可分为分子内氢键（intramolecular hydrogen bonds）和分子间氢键（intermolecular hydrogen bonds），前者作用较强。如图 2-10 所示，水杨酸（Salicylate, **16**）就可同时形成分子内和分子间氢键。

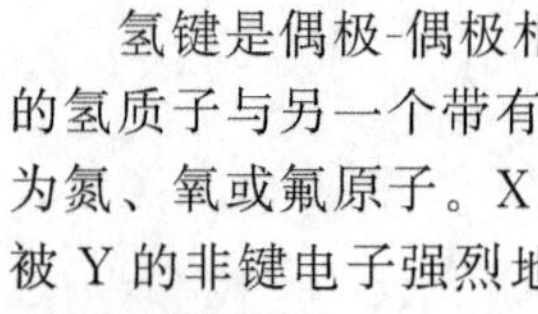

图 2-10 水杨酸（**16**）的氢键作用示意图

分子内氢键是分子的一个重要性质，在先导化合物的结构修饰中具重要作用。一般而言，分子的生物活性构象（适合与受体结合的构象）是最理想的构象。当一个化合物含有氮和/或氧原子时，就有可能形成含分子内氢键的 5 或 6 元环的构象，那么该构象就较稳定，可能是活性构象。如果将醚结构中的氧原子（能形成强的氢键）用生物电子等排体硫原子（形成弱氢键或无氢键）替代而成硫醚时，这种分子内氢键的变化，很可能改变了分子的构象，将极大地影响化合物的作用强度乃至活性。同样的，氧或氮原子与硫原子的差别在药物和受体的分子间氢键中也有重要影响。另外，分子内氢键也能掩蔽药效基团，如水杨酸甲酯（**17**），作为多数肌肉止痛药和一种抗菌药的活性成分，本身却是一种很弱的杀菌剂。但其异构体对羟基苯甲酸甲酯（Methyl *p*-Hydroxybenzoate，**18**）却具有很好的抗菌活性，被用作食品防腐剂。人们认为 **18** 的抗菌活性主要来自酚羟基，而 **17** 中的羟基由于形成了分子内氢键，故抗菌活性很弱[32]。

水杨酸甲酯 17　　对羟基苯甲酸甲酯 18

2.5.1.5 电荷转移复合物

具有电子供体特性的分子与电子受体的分子作用时，供体可能会将部分电荷转移给受体，这就形成了电荷转移复合物，就本质而言，电荷转移复合物就是分子的偶极-偶极作用。这种作用能量的大小取决于电子供体的离子化倾向和受体的电子亲和力。图 2-11 显示了抗真菌药物百菌清（Chlorothalonil，**19**）与受体酪氨酸残基之间的电荷转移作用。

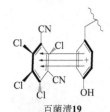

百菌清 19

图 2-11　百菌清与受体酪氨酸残基之间的电荷转移示意图

电子供体含有 π-电子，如烯、炔和具给电子基取代的芳香环，或具非键电子的基团，如氧、氮和硫原子。电子受体包括缺 π-电子体，如具吸电子基取代的芳香环以及弱酸性的质子。当受体上有酪氨酸的芳香环和天冬氨酸的羧基时就可作为电子供体，而具半胱氨酸时可以作为电子受体，当具组氨酸、色氨酸和天冬氨酸时，既是电子供体又是电子受体。

2.5.1.6 疏水相互作用

由于非极性分子或局部非极性区域的存在，外界水分子在其他水分子包围下呈定向排列，从而保持一种高能状态。当两种非极性基团，如药物的脂溶性基团和受体的非极性基团，当分别被定向的水分子包围而靠近时，这些水分子就形成无序状态而试图相互结合。因此，体系中熵增加，导致自由能减少，从而使药物-受体复合物稳定。这种稳定性就称为疏水相互作用。当然，这不是两个非极性基团相互"溶解"的一种吸引力，而是由于环境水分子的熵增加，使非极性基团的自由能降低所致。

非极性分子间的疏水相互作用也是受体与药物结合的作用力之一，瞬间的二极结构的存在是形成这种作用的必要条件。Jencks[33]认为疏水作用力可能是在水溶液中产生非共价分子内相互作用的唯一重要因素，这一点也得到 Hildebrand[34]的证实。

疏水相互作用一般比较弱（0.5～1kal/mol），疏水相互作用能量的高低取决于疏水基团的大小、烷基链的长短，如每增加一个能占领受体结合口袋的甲基，使结合能提高 0.7kal/mol[35]。在蛋白质或酶分子表面有很多非极性链区域，除了某些氨基酸残基的烷基链可参与生成疏水相互作用外，一些芳香氨基酸（如苯丙氨酸）的芳环侧链也可与药物分子的芳香环形成疏水相互作用。

2.5.1.7 范德华力或伦敦色散力

非极性分子中的原子能产生瞬间的电子云密度的不对称分布，从而导致瞬时偶极的产生。当不同分子（如药物和受体）的原子相互接近时，具瞬时偶极的分子会诱导接近分子形成相反的偶极，因此产生了分子间的吸引力，即范德华力。这些微弱的作用力只有当原子存在非常接近的表面接触时，才会变得重要，然而，当存在分子互补性，无数原子相互作用的结果（每个相互作用为 $\Delta G°$ 贡献 -0.5 kcal/mol）就能对药物-受体的结合产生重要影响。

大多数药物与受体的相互作用是基于非共价键的形式，由于非共价结合作用通常都比较微弱，且作用结果可逆，故药物分子中不同类型相互作用的协同作用就显得非常重要，在某一药物分子与受体相互作用中通常都是几种非共价作用并存的结果；药物分子中不同的官能团或不同的结构单元会以不同的作用方式与受体相互作用，图2-12 给出了局部麻醉药二丁卡因（Dibucaine，**20**）与受体可能发生键合的各种情况。

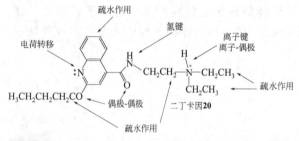

图 2-12 二丁卡因与受体形成多重键合的作用模式

2.5.2 药物-受体相互作用学说

受体是能与具高度结构选择性的内源性配体或药物结合，并产生特定生理效应的生物大分子或其复合物。关于药物与受体相互作用及引起生物效应的能力，这些年来提出了一些学说，这些学说都在某种程度上能对各种现象进行解释，包括最早的占领学说和较新的多相模型学说。

2.5.2.1 占领学说

占领学说（occupancy theory）的基础是化学平衡。该学说最初是由 Gaddum 和 Clark 提出的，其内容主要是：药物的药理活性强度直接由被药物所占据的受体个数决定，受体分子被占据越多，药理作用的强度越大，如式(2-15)。

$$R + D \underset{k_2}{\overset{k_1}{\rightleftharpoons}} RD \overset{k_3}{\longrightarrow} E \tag{2-15}$$

R 是游离受体（未被占据），D 是药物，RD 为药物-受体复合物，E 为生物效应；k_1 和 k_2 分别代表药物与受体的吸附和解吸附作用。根据该学说，当全部受体被占据时，出现最大效应；当药物-受体复合物解离时，药物的效应即消失。

该学说的提出，使得原本定性的受体概念推进到定量科学的水平。但仍无法解释部分激动剂、可逆激动剂达不到最大生物效应的原因。并且无法合理解释为何能作用于同一受体的药物可能呈现完全相反的效应，即激动或拮抗的活性。

Ariëns[36]和Stephenson[37]用修正的占领学说来解释部分激动剂。他们认为药物-受体相互作用包括两个阶段：首先，药物与受体结合形成药物-受体复合物。这一阶段他们都认为与药物和受体的亲和力（affinity）有关；其次，所形成复合物会进一步引发生物活性，对此，Ariëns称之为内在活性（intrinsic activity），而Stephenson称之为功效（efficacy）。

所谓的亲和力是用于衡量药物与受体的结合能力，这取决于药物与受体间的分子互补性。内在活性（常用 α 表示）是指相对于已知的对照化合物，所用化合物所引发的最大响应，而功效是指一个化合物产生最大效应的特性或药物-受体复合物产生效应的能力。事实上由于二者的差别较小，现在一般采用功效来表示一个化合物产生生物反应的能力。图2-13是有关药物与受体的亲和力和功效的关系例子。图2-13(a)表示五种对受体具有相同亲和力（$pK_d=8$）的药物的理论量效曲线，但它们的最大效应从20%～100%不等，该例子表明具有100%功效的药物是完全激动剂，其他的是部分激动剂。图2-13(b)表示具有相同功效的四种药物（都是完全激动剂）的量效曲线，它们的亲和力从pK_d为9～6不等。

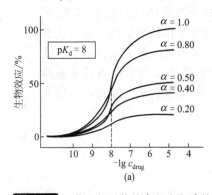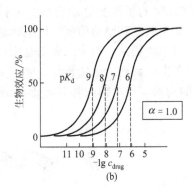

图2-13 药物与受体的亲和力和功效对生物效应的影响

一个特定的受体一般都有其内在的最大效应，这是配体作用于该受体所产生的最大程度的效应。能引起最大效应的化合物称为完全激动剂；不能引起最大效应的药物称为部分激动剂，该效应的大小取决于药物的结构。完全激动剂或部分激动剂都能引起正效应，拮抗剂为零效应，而完全或部分反向激动剂则引起负效应。

拮抗剂由于亲和力很强，故能与受体紧密结合，但是无内在活性。强效的激动剂也许比部分激动剂或拮抗剂对受体的亲和力低，因此，药物与受体的亲和力和功效两者并不成正比。而且，激动剂、部分激动剂、拮抗剂和反向激动剂具有生物系统依赖性，如某一化合物是一个受体的激动剂，也可能成为另一个受体的拮抗剂或反向激动剂。

Sawada等以占领学说为基础，建立了药物药效和毒副反应的定量评价体系，能为今后新药物的合理剂量制定提供有益的参考[38]。

修正的占领学说能解释部分激动剂和拮抗剂的存在，但仍不能较好地解释为什么两种药物能结合在同一个受体却产生相反的结果，如激动剂和拮抗剂。

2.5.2.2 速率学说

速率学说（rate theory）认为，药物与受体相接触即产生生物效应。效应的大小与每个单位时间内药物与受体相接触的总数目成正比[39]。因此,生物活性是药物与受体分子间结合速率和解离速率综合作用的结果,而不是占领学说认为的生物效应由被占领的受体数量所决定。

激动剂与受体的结合与解离都很快,而且解离速率大于结合速率($K_2 > K_1$),因此在单位时间内对受体产生多次刺激,具有激动活性。拮抗剂与受体的结合速率很快,但是解离速率很慢,结合速率远大于解离速率($K_1 > K_2$),受体逐渐被药物分子封闭,因而产生拮抗作用。部分激动剂的药物-受体复合物的解离速率介于二者之间。总之,根据该学说,激动剂的特征是有较高的解离速率,部分激动剂有中等的解离速率,而拮抗剂的解离速率很小。

与占领学说类似,速率学说同样也不能解释为什么不同类型的化合物显示了不同的作用特性。

2.5.2.3 诱导契合学说

诱导契合学说(induced fit theory)最初是基于底物-酶的相互作用而提出的,但也可以用于解释药物-受体的相互作用[40]。根据该理论,受体或酶无需保持其与药物(底物)结合时所需的最佳构象。当药物或底物接近受体(酶)时,后者会发生构象改变以适应药物(底物)与之结合,受体一旦发生构象的改变就能引起特定的生物效应。当然,这一构象改变的现象并不仅仅局限于受体(酶),同样的,药物(底物)也能发生变构以适应结合。图 2-14 为底物与酶结合时的诱导契合示意图。人们一般认为受体或酶是有弹性的,当药物(底物)被释放后又能回复其原始构象,即该构象的诱导变化是可逆的。酶与底物的结合,不是单纯的锁与钥匙的关系,因为二者都是刚性的。而酶或受体为柔性结构,通过自身的构象变化,从而产生一系列的生物活性。如 Choi 等采用纳米技术使鸟苷酸激酶处于"开放"(无底物)的构象,当单磷酸鸟苷接近该酶时,激酶构象发生变化,随后与底物结合[41]。

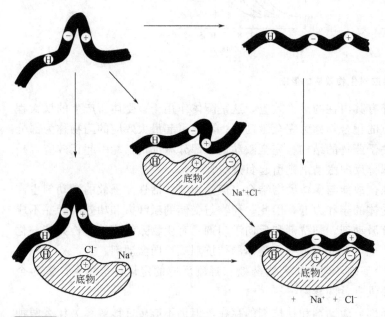

图 2-14 底物与酶结合时的诱导契合示意图

根据该理论,激动剂与受体诱导契合后,使受体构象变化引起生物活性;拮抗剂虽与受体结合,但不能诱导同样的构象变化;部分激动剂能引起部分的构象改变。

在某种程度上，诱导契合学说与速率学说类似。激动剂能引起受体的构象改变，因而使之不能紧密结合于此改变的构象而更易于解离。如果药物-受体的结合没有引起受体构象的改变，那么就会形成稳定的药物-受体复合物，该药物即为拮抗剂。

2.5.2.4 大分子微扰学说

由于受体构象的柔韧性，大分子微扰学说（macromolecular perturbation theory）认为在药物与受体相互作用的过程中会产生两种微扰作用：特异性构象微扰，是激动剂与大分子结合的过程；非特异性构象微扰，是拮抗剂与大分子的结合过程。如果药物分子同时发生以上两种大分子微扰作用，则为部分激动剂[42]。

该理论为解释包括受体在内的分子现象提供了物理化学基础，但未涉及反向激动概念。

2.5.2.5 活化-聚合学说

大分子微扰学说（也是基于诱导契合学说）的扩展产生了由Monad、Wyman、Changeux和Karlin所总结的活化-聚合学说（activation-aggregation theory）[43]。根据该学说，即使在没有药物存在的情况下，受体也处于一种可以产生生理效应的活化态（R_0）和非活化态（T_0）之间的动态平衡。激动剂与活化态的受体（R_0）结合，使平衡向生成活化态受体方向移动。拮抗剂则使平衡向生成非活化态受体方向移动，而部分激动剂能与R_0和T_0两种构象的形态相结合（图2-15）。

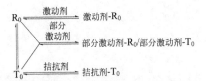

图2-15 活化-聚合学说受体结合模式

在此模型中，激动剂与R_0构象的结合位点可以不同于拮抗剂与T_0构象受体的结合位点。因此如果受体存在两个不同的结合位点和构象，就可以说明为何激动剂可以产生生物效应，而拮抗剂却不能。该理论能解释同时具有激动和拮抗能力的部分激动剂，如图2-16所示。在图2-16(a)中，部分激动剂与未结合的受体作用，随着部分激动剂浓度的增加，激动剂效应持续上升，最终达部分激动剂的最大效应。在图2-16(b)中，部分激动剂与神经递质竞争受体位点。当部分激动剂取代神经递质后，R_0和T_0形态的受体数量发生了改变（T_0增加，效应降低），直至所有的受体都与部分激动剂结合。同样，该理论也未涉及反向激动剂。

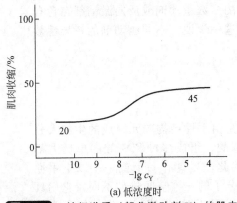

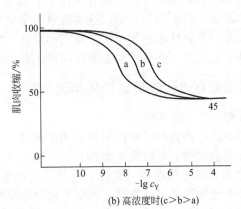

(a) 低浓度时　　　　　　　　　　(b) 高浓度时(c>b>a)

图2-16 神经递质（部分激动剂Y）的肌肉收缩效应

2.5.2.6 受体活化的二相（多相）模型

由 Monod-Wyman-Changeux 提出的活化-聚合学说就已经包含受体活化的二相模型，然而该学说对二相模型阐述不够深入。

修正的受体活化二相模型 [the two-state (multistate) model of receptor activation][44] 内容：在没有天然配体或激动剂的情况下，受体处于能产生生物效应的活化态（R^*）和不能产生生物效应的静止态（R）之间的动态平衡（用平衡常数 L 表示，见图 2-17）。在缺乏天然配体或激动剂时，R^* 和 R 之间的平衡说明了受体的基本活性。药物与一个或两个受体形态结合分别取决于形成静止态（D·R）和活化态（D·R^*）药物-受体复合物的平衡常数 K_d 和 K_d^*。完全激动剂通过与活化态的受体结合使平衡完全移向活化态，从而引起最大效应；部分激动剂优先与活化态结合，但程度低于完全激动剂，所以不能达到最大效应；完全反向激动剂通过与静止态的受体结合，将平衡完全移向静止态，从而引发负效应，也称为受体的基本活性降低；部分反向激动剂优先与静止态的受体结合，但程度不如完全反向激动剂；拮抗剂与受体的两种形态都有亲和力，即对受体不同形态间的平衡和受体的基本活性没有影响，因此拮抗剂本身既不体现正效应也不体现负效应，但竞争性拮抗剂能将激动剂或反向激动剂从受体置换出来。

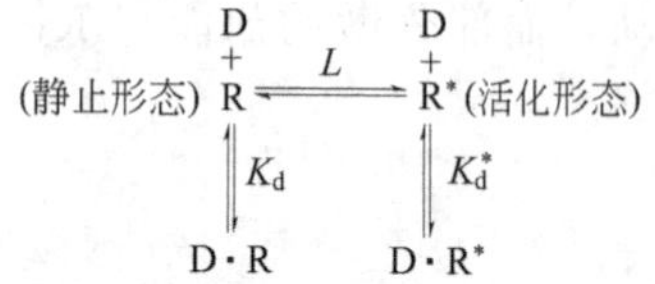

$$\begin{array}{ccc} \text{D} & & \text{D} \\ + & L & + \\ \text{R} & \rightleftharpoons & R^* \\ \text{(静止形态)} & & \text{(活化形态)} \\ \Big\updownarrow K_d & & \Big\updownarrow K_d^* \\ \text{D·R} & & \text{D·}R^* \end{array}$$

图 2-17 受体活化的二相模型

（D 为药物，R 为受体，L 为受体活化态和静止态之间的平衡常数）

受体活化的二相（多相）模型的修正主要源于对鸟嘌呤核苷结合调整蛋白（G-蛋白）偶联受体的研究发现，众所周知，G-蛋白偶联受体是已知最大的一个受体家族，能够被许多配体如多肽、激素、神经递质、趋化因子、脂质、糖蛋白、二价阳离子和光所激活。一旦与配体结合，细胞表面的 G-蛋白偶联受体的构象就发生改变，促进受体与 G-蛋白家族成员发生作用。G-蛋白被活化后造成细胞内信号传导通路的激活，继而引起离子通道和酶活性的改变，从而使细胞内第二信使的产生速率发生改变。因此，G-蛋白偶联受体影响人们的活动和多种生理功能，与许多疾病如心血管疾病、精神紊乱、视网膜病变、癌症和艾滋病等密切相关。事实表明，半数以上的药物都是通过激活或抑制 G-蛋白偶联受体而发挥作用的。

Leff 及其合作者进一步将二相受体模型扩展为三相受体模型[45]，他们认为至少存在两种活性构象和一种无活性构象，这种假设与实验发现的多数激动剂或反向激动剂在含有同种受体的不同生物体系起作用这一事实相符合。根据这一学说，不同激动剂的特异性效应主要取决于它们对不同活性形态受体间的亲和力差异。

2.5.3 药物的立体化学及其他化学因素

2.5.3.1 药物和受体的手性

一般讲，由于药物分子所作用的受体或靶位蛋白质是由手性结构单元组成的生物大分子，如组成蛋白质的氨基酸除少数例外，大多是 L-氨基酸；组成多糖和核酸的单糖大都是 D 型，从而决定了蛋白质（受体）也是手性物质。因此，当具有一个或一个以上手性中心的药物与受体形成复合物时，由于不同立体异构体分子的三维空间排列不同，它们具有不同的结合能、化学性质及结合位点。而且，对映异构体药物-受体复合物的解离常数亦可能不同。从而常常反映出不同的生物效应、代谢过程、代谢速率及毒性等。例如：H1-受体拮抗剂氯苯那敏（Chlorpheniramine，**21**）分子中有一手性中心，其 S-(＋)-异构体的作用强度是 R-(－)-异构体的 200 倍[46]。

S-(+)-氯苯那敏**21**

根据 Ariëns 规则[47]，当对映异构体与受体作用存在立体选择性时，作用强的异构体称为优对映体（eutomer），作用较弱则称为劣对映体（distomer）。二者的比例叫优劣比（eudismic ratio）。优对映体常常与受体具有高互补性，特别是当药物的药效团具有手性中心时，就会出现很高的优劣比，因为其异构体往往不具有受体互补性。

消旋体中的劣对映体可被看作是杂质，或者说是对映体垃圾（isomeric ballast）。有时可产生副作用和毒性。例如，氯胺酮（Ketamine，**22**）的 S-(＋)-异构体具麻醉作用，而其 R-(－) 可引起幻觉、情绪不稳、心理失调、呕吐等副作用。对映异构体产生毒性最可怕的例子是沙利度胺（Thalidomide，**23**），它在 20 世纪 50～60 年代初曾被用作镇静剂治疗妊娠期呕吐，但孕妇服用后却造成数千例畸胎。原因是其 S-(－)-异构体不仅有镇静作用，而且还具有很强的胚胎毒性和致畸作用，而且其 R-(＋)-异构体在体内被转化为 S-(－)-异构体[48]。这个悲剧导致了 FDA 规定药物临床试验必须经历三个阶段。尽管这个药物有潜在的危险性，但它在 20 世纪 90 年代重新作为治疗中度和严重麻风病及癌症在临床使用，但孕妇禁用。

S-(+)-氯胺酮**22**　　沙利度胺**23**

某些手性分子的两个光学异构体除有同一生物活性外，其中一个异构体还可能有其他的生物活性。如：局麻药布比卡因（Bupivacaine，**24**）的两个光学异构体的麻醉作用无明显差异，但其 R-(－)-异构体还同时具血管收缩作用，为了降低消旋布比卡因的副作用，左布比卡因已于 2000 年在美国上市。利尿药茚达立酮（Indacrinone，**25**）的 R 型异构体具利尿和尿酸滞留的双重作用，而 S 型异构体具有减少尿酸的作用。有趣的是，研究表明其最佳效果比是 1∶8（S∶R），而不是外消旋体中的 1∶1[49]。

布比卡因**24**　　茚达立酮**25**

在某些情况下，手性药物的两种对映体可产生类型不同的生物效应[50]。右丙氧芬（Dextropropoxyphene，**26**）具镇痛作用，其对映体左丙氧芬（Levopropoxyphene，**27**）无镇痛作用但却是有效镇咳药。

右丙氧芬**26**　　左丙氧芬**27**

左旋咪唑（Levamisole，28）有驱虫和免疫刺激作用，而右旋咪唑（Dextramisole，29）有抗抑郁作用。

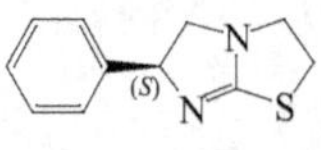

左旋咪唑28 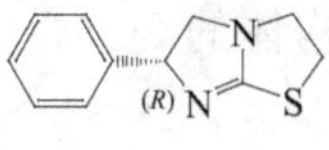　　　　右旋咪唑29

有些手性药物两种对映体具有相反的生物效应[51]。如：巴比妥类药物 1-甲基-5-苯基-5-丙基丙二酰脲的 R-(－)-型具镇静催眠作用，而 S-(＋)-型具惊厥作用。多巴酚丁胺（Dobutamine）的 R-(－)-型（30）对映体对 α₁ 受体的激动作用强于 S-(＋)-型（31），而对 β 受体呈拮抗作用；反之 S-(＋)-型对映体对 β 受体呈激动作用。

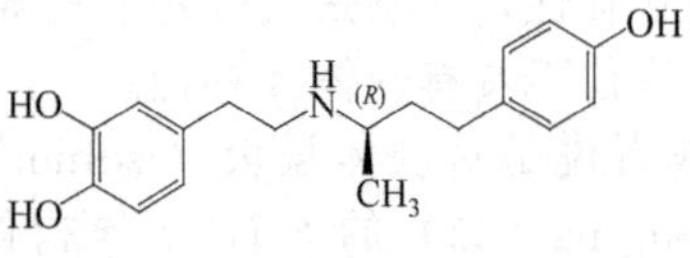

R-(-)-多巴酚丁胺30 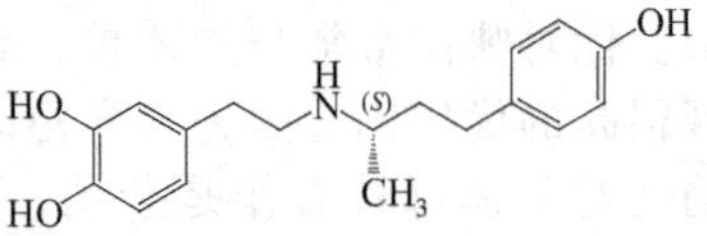　　　　S-(+)-多巴酚丁胺31

有些手性药物的两个对映体的生物效应和强度，以及与消旋体之间没有明显差别。如：抗心率失常药氟卡尼（Flecainide，32），R 和 S 型异构体的抗心律失常和对心肌钠通道作用相同，吸收、分布、代谢、排泄性质也无显著区别，综合评价两者分不出优劣，同时也与消旋体差不多，所以临床使用消旋的氟卡尼。亦有某些两个对映体的生物效应类型相同但强度不同。如喹诺酮类抗菌药氧氟沙星其 S-(－)-型对映体左氧氟沙星（Levofloxacin，33）抑制细菌拓扑异构酶 II 的活性是 R-(＋)-型的 9.3 倍，是消旋体的 1.3 倍。对各种细菌的抑菌活性 S 型强于 R 型 8～128 倍。

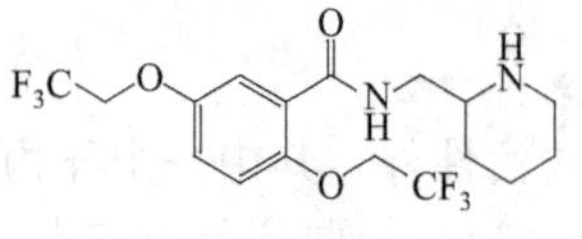

氟卡尼32 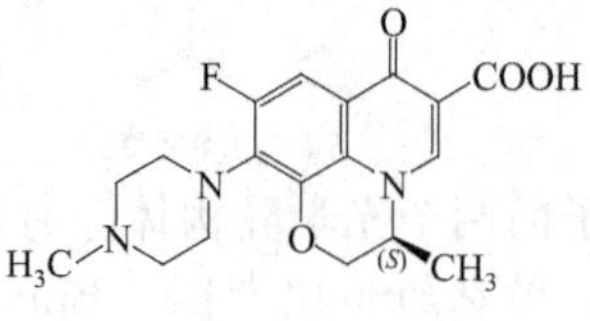　　　　左氧氟沙星33

亦有些手性药物的两个对映体中一个有生物活性，另一个无活性或几无活性。如：止吐药昂丹司琼（Ondansetron，34），其 R-(－)-型异构体是活性异构体，其有效剂量为消旋体的一半。西替利嗪（Cetirizine）为高选择性受体拮抗剂，其 R-(－)-异构体左西替利嗪（Levocetirizine，35）对 H₁ 受体的亲和力为 S-(＋)-异构体的 30 倍[52]。左西替利嗪已正式上市。

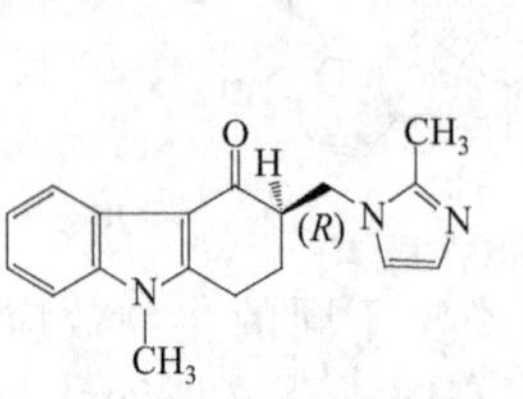

R-(-)-昂丹司琼34 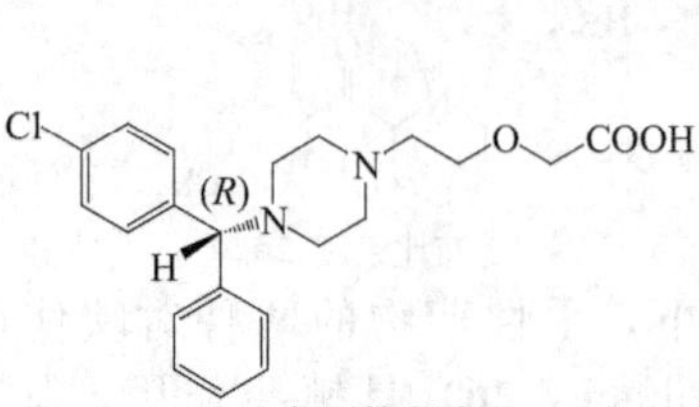　　　　左西替利嗪35

当药物分子中含有两个或两个以上手性中心时，其多种光学异构体可能产生不同的生物效应。抗高血压药拉贝洛尔（Labetalol，36）分子中含两个手性中心，有四个光学异构体（图 2-18），每种异构体可显示不同的活性，其中 R，S 及 S，S-型几乎没有 α 或 β 受体拮抗活性；S，R-型几乎没有 β 受体拮抗作用，而对 α₁ 受体的拮抗作用最强；R，R-型的 β 受体阻断活性约为 α 受体阻断活性的 3 倍。临床应用的 Labetalol 为消旋体，它与单纯 β 受体拮抗剂相比，能降低卧位血压和外周阻力。

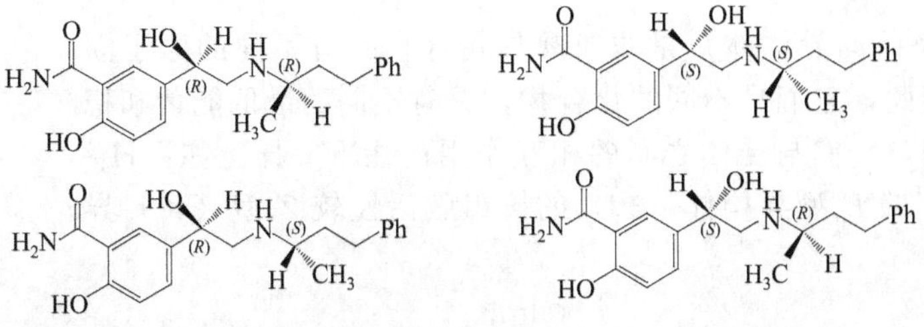

图 2-18 拉贝洛尔的四个光学异构体

上述例子说明,手性药物中不同对映异构体对生物效应的影响大致可分为四种类型:对映体有相同的药理活性或活性类型相同但强度不同;只有一个对映体有药理活性;对映体有不同或相反的药理活性及两个对映体一个有活性,另一个产生毒副作用。

同时,由于受体等生物大分子多为手性分子,对对映体的识别、结合和处置是不同的,造成手性药物对映体的吸收速率、与血浆蛋白的结合程度、分布状态、与运载蛋白的结合特异性、被药物代谢酶生物转化的方式和速率、以及排泄的方式和速率等有不同程度的差异[53]。如:抗肿瘤药甲氨蝶呤(Methotrexate,MTX,**37**)是极性分子,被动扩散吸收量较少,S-MTX 含天然谷氨酸,能够被特异蛋白结合,经主动转运,在低浓度下胃肠道也会吸收,而 R-MTX 只能经被动扩散,在较高浓度下被吸收,其口服生物利用度只有 S-MTX 的 2.5%。

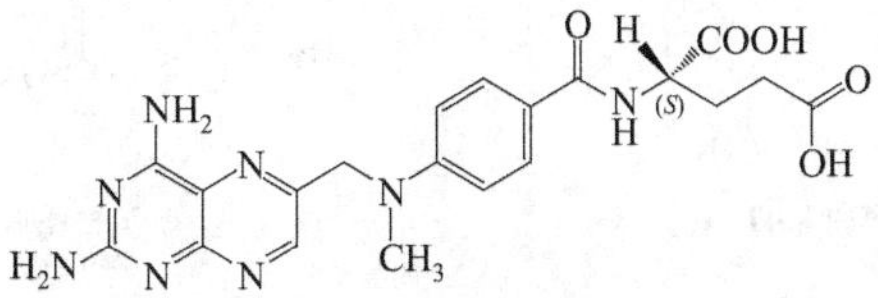

甲氨蝶呤 **37**

非甾体抗炎药布洛芬(Ibuprofen,**38**)的 S 和 R 型异构体对环氧合酶的体外抑制活性差别很大,S 型活性强于 R 型约 160 倍。但在体内的活性差异却很小,仅相差 1.4 倍。其原因是布洛芬进入体内后,可发生单向的手性翻转(chiral inversion)代谢转化(图 2-19),即 R-(−)-异构体与辅酶 A 反应,经辅酶 A 合成酶催化生成酰化辅酶 A 硫酯,再经辅酶 A 消旋酶催化发生消旋化,生成烯醇化中间体,然后被辅酶 A 水解酶水解,生成 R-(−)-和 S-(+)-型各半的代谢产物。而 S-(+)-异构体不能生成酰化辅酶 A 硫酯,因此手性翻转只限于由 R 型转变成 S 型的单向代谢转化。其他芳基丙酸类抗炎药如酮基布洛芬、萘普生等的代谢也有类似现象[54]。

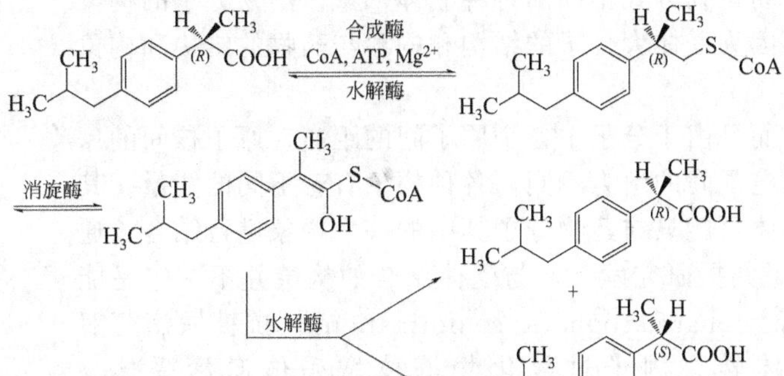

图 2-19 布洛芬异构体的体内手性翻转代谢转化

2.5.3.2 几何异构体

几何异构体（E-和 Z-异构体以及差向异构体）是非对映异构体，具有不同的原子立体排列，彼此之间不是镜像分子；因此，它们是不同的化合物，具有不同的最低能量和稳定性。正是由于它们具有不同的构型，它们与受体之间的相互作用往往不一样。如：H_1-受体拮抗剂曲普利啶（Triprolidine）的 E-型异构体（**39**）的抗组胺活性较 Z-型（**40**）异构体活性高 1000 倍[55]。

E-曲普利啶 **39**　　　　　　*Z*-曲普利啶 **40**

抗精神失常药氯普噻吨（Chlorprothixene）Z-型异构体（**41**）的精神抑制作用是相应的 E-型异构体（**42**）的 12 倍。其原因是 Z-型异构体与多巴胺能较好地部分重叠，可选择性作用于多巴胺受体，而 E-型异构体不能重叠。

Z-氯普噻吨 **41**　　　　　　*E*-氯普噻吨 **42**

抗肿瘤药物己烯雌酚（Diethylstilbestrol）E-型异构体（**43**）的雌激素活性是对映的 Z-型异构体（**44**）的 14 倍，引起这种现象可能是因为整个分子的结构不同以及 E-型异构体的两个羟基之间的距离与雌二醇更加接近。

己烯雌酚 *E*-型异构体 **43**　　　　　　己烯雌酚 *Z*-型异构体 **44**

2.5.3.3 构象异构体

构象是分子中单键的旋转而形成空间排列方式不同的各种立体形象。药物分子的构象变化与生物活性间有着重要关系，这是因为受体大分子的结构和构象与药物的结构和构象在诱导契合中具有互补性。

一个药物分子常常存在多种构象，而且由于分子中各个原子间的距离、原子核间的斥力、各电子间的相互作用力及原子核与电子间的引力不同，各种构象有着不同的能量。其最低能量构象即是优势构象。但一个受体可能只与药物分子其中的一个构象进行结合，通过药物-受体复合物的 X-射线衍射和核磁共振研究发现，与受体结合的构象并不一定是能量最低的构象，这种构象称为药效构象（pharmacophoric conformation）。抗糖尿病药罗格列酮（Rosiglitazone，**45**）与其受体转录因子过氧化物酶体增殖体激活受体 γ（PPARγ）的共结晶体表明，罗格列酮与受体结合的生物活性构象呈倒置的 U 形，而不是一个伸展的构象（图 2-20）。

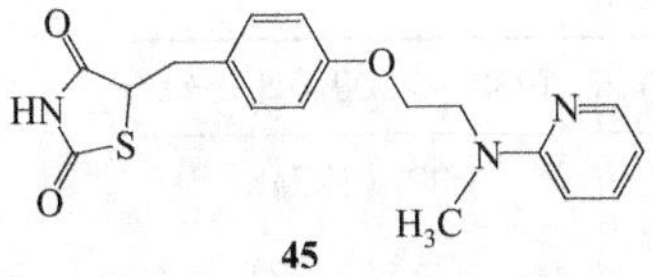

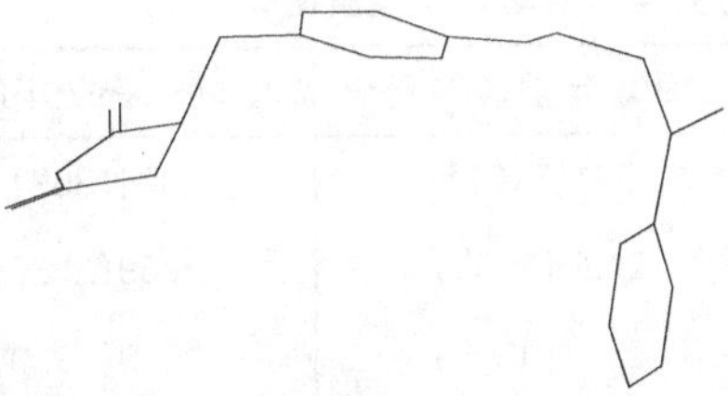

图 2-20　罗格列酮的药效构象

有时一个先导化合物活性低的原因可能是因为其在溶剂中优势构象的比例较少所致。构象的能量高低决定了其在所有构象中所占的比例。如果构象能量较高，可能导致其在所有构象中所占比例较低。因此，如果一个化合物的生物活性构象是一种能量较高的构象，由于其在众多构象中的比例低而表现出与受体亲和力差。

药物在药物受体复合物中的活性构象可以根据柔性分子合成相应的具有一定构象的刚性类似物的方法进行确定。潜在的药效团通过环状或不饱和的结构片段以特定的构象嵌入到药物分子中，通过测试这些刚性构象类似物的活性，选择活性最好的作为进一步优化的原型化合物。刚性构象类似物还可以测定药物分子的药效构象，这是因为一些药效团中关键的功能基团在刚性构象类似物中具有特定的空间取向。这种方法的主要缺点是为了合成柔性化合物的刚性类似物常常需要在原来的结构中引入额外的原子或化学键的作用，而这些原子和化学键的引入很可能会影响化合物的物理化学性质。因此，刚性构象类似物和药物分子在大小、形状和质量上都应尽可能一致。

2.6　讨论

药物对机体的作用，表现为药效与毒性，本质上是药物（小）分子与生物大分子在三维空间中的物理和化学过程的结果，是药物的特异性表现，是药物分子的个性行为，其根本是药物的化学结构所决定的。因此，无论是在药物分子设计或优化时，除了要注意发现具有特定药理活性的新型结构外，同时需要兼顾药物的物理化学性质和药代动力学性质，过分地强调药效强度和选择性，追求高活性，而忽略物化和药代性质，会导致药物的效力低下，达不到治疗效果，这往往也是体外有活性而体内无效的原因。药物的物理化学性质不仅决定了药代动力学的某些性质，而且还影响制剂的质量。良好的物化性质，会使剂型设计更加自如，获得高质量的剂型。不良的物化性质可使药物先天不足，因为通过制成适宜的制剂只在一定程度上改善溶出性、吸收性和在体内的分布与存留时间，不能从根本上解决问题。另一方面，理想和不理想的类药化合物结构和性质的知识对苗头化合物的富集、先导物的识别和优化是有价值的。也就是说在大多数成功化合物的理化性质的范围内寻找具有相同结构特征或相似特征的化合物将会大大提高从苗头化合物到先导物再到最佳候选药物的成功率。例如：有人分析了 1983 年以前，1983～1992 年以及 1993～2002 年三个不同时间段上市口服药物理化性质的平均值（表 2-10），发现口服药物的性质均值没有实质性的变化，认为这些保持不变的性质是口服类药分子中最重要的理化性质[56]。

在预测化合物的药物相似性方面，人们已经进行了大量的尝试和努力。通过这些研究，Lipinski 五原则已成为指导药物化学家预测药物潜在的水溶性、穿透性和药物体内吸收的一种简单的方法。人们通过神经网络或其他统计学方法开发了适用于类药分子和抑制剂预测的商业化分子模型软件，以预测化合物的药代动力学和理化性质，有效地区分药物分子和一般的化学分子[57]。一些研究小组提出了通过原子的理化性质来评价分子相似的

表 2-10 不同时期上市口服药物的主要物理学化学性质比较

理化性质	1983 年前(864)[①]	1983~1992 年(175)	1993~2002 年(154)
相对分子质量	331(310)[②]	374(359)	382(357)
ClgP(计算值)	2.27(2.31)	2.39(2.36)	2.61(2.38)
极性表面积占总表面积比例/%	21.1(18.5)	20.9(19.0)	21.2(19.97)
OH 和 NH 数目	1.81(1)	1.75(1)	1.80(1.5)
O 和 N 原子数目	5.14(4)	6.33(6)	6.32(6)
氢键受体数	2.95(2)	3.66(3)	3.82(4)
可旋转键数	4.97(4)	6.29(6)	6.58(6)
环数	2.56(3)	2.77(3)	3.02(3)

① 括号内为口服药物数量。
② 括号内为中位数 (median)。

方法[58]。MCS 软件应用于虚拟筛选中等。然而，化合物的反应性并不是总能根据分子中的官能团得到准确的预测，同样，这种情况也会出现在化合物的其他性质上[59]。

药物研发是一个复杂但却可以接近的科学，偶然因素也在其中起着重要的作用。虽然计算预测分子理化学性质的方法、药效团模型、分子相似性模型以及 MCS 模型等已广泛应用，但其准确性和可靠性仍是尚待解决的问题。因此，通过融入基于经验设计的新方法，使药物开发的进程更趋向成功，并有可能减少其中不利因素的影响。

推荐读物

- Lemke T L, Williams D A. Foye's Principles of Medicinal Chemistry. 6th ed. Baitimor: Lippincott Williams & Wilkins, 2008: 26-53.
- Silverman R B. The Organic Chemistry of Drug Design and Drug action. 2nd ed. Amsterdam: Elsevier Inc, 2004: 121-168.
- Taylor J B, Triggle D J. Comprehensive Medicinal Chemistry II. Amsterdam: Elsevier Ltd, 2007: 939-957.
- Kerns E H, Di L. Drug-like Properties: Concepts, Structure Design and Methods. Amsterdam: Elsevier Inc, 2008: 37-99.
- Wermuth C G. The Practice of Medicinal Chemistry. 3th ed. Amsterdam: Elsevier Ltd, 2008: 210-277, 767-785.
- 郭宗儒编著. 药物化学总论. 第 2 版. 北京: 中国医药科技出版社, 2003: 72-148.

参考文献

[1] Gund P. Evolution of pharmacophore concept in pharmaceutical research//Guner O F. In Pharmacophore perception, development and the use in drug design. La Jolla: IUL-press, 2000: 3-12.
[2] Takeuchi Y, Shands E F, Beusen D D, et al. Derivation of three-dimensional pharmacophores model of substance pantagonists bound to the neurokinin-1 receptor. J Med Chem, 1998, 41: 3609-3623.
[3] 郭宗儒. 药物分子设计的策略: 分子的宏观性质与微观结构的统一. 药学学报, 2008, 43: 227-233.
[4] Patchett A A, Nargund R P. Privileged structures-an update//Doherty A M. In Annual reports in medicinal chemistry: Vol. 35. Amsterdam: Elsevier, 2000: 289-298.
[5] Klabunde T, Hessler G. Drug design strategies for targeting G-proteincoupled receptors. ChemBioChem, 2002, 3: 928-944.
[6] Prien O. Target-family-oriented focused libraries for kinases-conceptual design aspects and commercial availability. ChemBioChem, 2005, 6: 500-505.
[7] Raymond J W, Willett P. Maximum common subgraph isomorphism algorithms for the matching of chemical structures. J Comput-Aided Mol Design, 2002, 16: 521-533.
[8] Schnur D M, Hermsmeier M A, Tebben A J. Are target-family privileged substructures truly privileged? J Med

Chem, 2006, 49: 2000-2009.

[9] Ghose A K, Herbertz T, Salvino J M, et al. Knowledge-based chemoinformatic approaches to drug discovery. Drug Discovery Today, 2006, 11: 1107-1114.

[10] Goldenberg G J, Lee M, Lam H Y, et al. Evidence for carrier-mediated transport of melphalan by L5178Y lymphoblasts in vitro. Cancer Res, 1977, 37: 755-760.

[11] Ghose A K, Viswanadhan V N, Wendoloski J J. Prediction of hydrophobic properties of small organic molecules using fragmental methods: an analysis of AlogP and ClogP methods. J Phys Chem, 1998, 102: 3762-3772.

[12] Lipinski C A. Filtering in drug discovery//Spellmeyer D C. In Annual reports in computational chemistry: Vol. 1. Amsterdam: Elsevier, 2005: 155-168.

[13] Lemke T L, Williams D A. Foye's principles of medicinal chemistry. 6th ed. Philadelphia: Lippincott Williams & Wilkins, 2008: 37.

[14] Remko M. Theoretical study of molecular structure, pK_a, lipophilicity, solubility, absorption, and polar surface area of some hypoglycemic agents. Journal of Molecular Structure: Theochem. , 2009, 897: 73-82.

[15] Rowland M, Tozer T. Clinical pharmacokinetics: concepts and application. 2nd ed. Philadelphia: Lea and febiger, 1989.

[16] Kerns E H, Di L. Profiling drug-like properties in discovery research. Current Opinion in Chemical Biology, 2003, 7: 402-408.

[17] Edward H K, Li D. Drug-like properties: Concepts, structure design and methods. Amsterdam: Elsevier, 2008: 56-85.

[18] Mcgovern S L, Caselli E, Grigorieff N, et al. A common mechanism underlying promiscuous inhibitors from virtual and high-thoughput screening. J Med Chem, 2002, 45: 1712-1722.

[19] Kerns E H, Di L. Physicochemical profiling: overview of the screens. Drug Discovery Today: Technologies, 2004, 1: 343-348.

[20] Lemke T L. Review of organic functional groups: introduction to medicinal organic chemistry. 4th ed. Philadelphia: Lippincott Williams & Wilkins, 2003.

[21] Abraham M H, Le J. The correlation and prediction of solubility of compounds in water using an amended solvation energy relationship. J Pharm Sci, 1999, 88: 868-880.

[22] Balakin K V, Savchuk N P, Tetko I V. In silico approaches to prediction of aqueous and DMSO solubility of drug-like compounds: Trends, problems and solutions. Current Medicinal Chemistry, 2006, 13: 223-241.

[23] Turner J V. In Silico Prediction of Oral Bioavailability//Taylor J B, Triggle D J. In Comprehensive Medicinal Chemistry Ⅱ: vol 5. 29. Amsterdam: Elsevier, 2007: 699-724.

[24] Chen M L, Shan V, Patniak R, et al. Bioavailability and bioequivalence: an FDA regulatory overview. Pharm Res, 2001, 18: 1645-1650.

[25] Sinko P J. Drug selection in early drug development: screening for acceptable pharmacokinetic properties using combined in vitro and computational approaches. Curr Opin Drug Disc Dev, 1999, 2: 42-48.

[26] Dando T, Plosker G. Adefovir dipivoxil: a review ofits use in chronic hepatitis B. Drugs, 2003, 63: 2215-2234.

[27] 郭宗儒编著. 药物化学总论. 第2版. 北京: 中国医药科技出版社, 2003: 34-39.

[28] Chng H T, New L S, Neo A H, et al. Distribution study of orally administered lipoic acid in rat brain tissues. Brain Research, 2009, 1251: 80-86.

[29] Nicole A, Kratochwil W H, Francis M, et al. Predicting plasma protein binding of drugs: a new approach. Biochemical Pharmacology, 2002, 64: 1355-1374.

[30] Ringe D. Hat makes a binding site a binding site? Curr Opin Struct Boil, 1995, 5: 825-829.

[31] Cleland W W, Frey P A, Gerlt J A. The low barrier hydrogen bond in enzymatic catalysis. J Biol Chem, 1998, 273: 25529-25532.

[32] Korolkovas A. In Essentials of Molecuar Pharmacology. New York: Wiely, 1970: 159.

[33] Jencks W P. In Catalysis in Chemistry and Enzymology. New York: McGraw-Hill, 1969: 393.

[34] Hildebrand J H. Is there a "hydrophobic effect"? Proc Natl Acad Sci (USA), 1979, 76: 194.

[35] Andrew P R, Craik D J, Martin J L. Functional group contributions to drug-receptor interactions. J Med Chem, 1984, 27: 1648-1657.

[36] Ariëns E J. Affinity and intrinsic activity in the theory of competitive inhibition. Ⅰ. Problems and theory. Arch Intern Pharmacodyn Ther, 1954, 99: 32-49.

[37] Stephenson R P. A modification of receptor theory. Brit J Pharmacol Chemother, 1956, 11: 379-393.

[38] Sawada Y, Yamada Y, Iga T. Quantitative evaluation of pharmacological effects and adverse effects based on receptor occupancy theory. Yakugaka Zasshi-J Pharm Soc (Japan), 1997, 117: 65-90.

[39] Paton W D M. A theory of drug action based on the rate of drug-receptor combination. Proc R Soc Lon B, 1961, 154: 21-69.

[40] Koshland D E Jr. Application of a theory of enzyme specificity of protein synthesis. Proc Natl Acad Sci (USA), 1958, 44: 98-102.

[41] Choi B, Zocchi G. Guanylate kinase, induced fit, and the allosteric spring probe. Biophys J, 2007, 92: 1651-1658.

[42] Belleau B, Lacasse G. The chemical basis for cholinomimetic and cholinolytic activity. III. Aspects of the chemical mechanism of complex formation between acetylcholinesterase and acetylcholine-related compounds. J Med Chem, 1964, 7: 768-775.

[43] Monad J, Wyman J, Changeux J P. On the nature of allosteric transitions: a plausible model. J Mol Biol, 1965, 12: 88-118.

[44] (a) Leff P. The two-state model of receptor activation. Trends Pharmacol Sci, 1995, 16: 89-97; (b) Bond R, Milligan G, Bouvier M. Inverse agonism. Handbook of Exp Pharmacol, 2000, 148: 167-182.

[45] Leff P, Scaramellini C, Law C, et al. A three-state receptor model of agonist action. Trends Pharmacol Sci, 1997, 18: 355-362.

[46] Roth F E, Govier W M. Comparative pharmacology of chlorpheniramine (chlortrimeton) and its optical isomers. J Pharmacol Exp Ther, 1958, 124: 347-349.

[47] (a) Ariëns E J. Stereochemistry: a source of problems in medicinal chemistry. Med Res Rev, 1986, 6: 451-466; (b) Ariëns E J. Stereochemistry in the analysis of drug action. Part II. Med Res Rev, 1987, 7: 367-387.

[48] Winter W, Frankus E. Thalidomide enantiomers. Lancet, 1992, 339: 365.

[49] Tobert J, Cirillo V, Hitzenberger G, et al. Enhancement of uricosuric properties of indacrinone by manipulation of the enantiomer ratio. Clin Pharmacol Ther, 1981, 29: 344-350.

[50] Drayer D E. Pharmacodynamic and pharmacokinetic differences between drug enantiomers in humans: an overview. Clin Pharmacol Ther, 1986, 40: 125-133.

[51] Knabe J//Alan R. Chirality and Biological Activity. New York: Liss, 1990: 237-246.

[52] Gillard M, Van Der P C, Moguilevsky N, et al. Binding characteristics of cetirizine and levocetirizine to human H_1 histamine receptors: contribution of Lys 191 and Thr194. Mol Pharmacol, 2002, 16: 391-399.

[53] Wu C Y L, Benet L Z. Predicting Drug Disposition via Application of BCS: Transport/Absorption/Elimination Interplay and Development of a Biopharmaceutics Drug Disposition Classification System. Pharm Res, 2005, 22: 11-23.

[54] Hutt A J, Caldwell J. The metabolic chiral inversion of 2-arylpropionic acids-a novel route with pharmacological consequences. J Pharm Pharmacol, 1983, 35: 693-704.

[55] Casy A F, Ganellin C R, Mercer A D, et al. Analogs of triprolidine: structural influences upon antihistamine activity. J Pharm Pharmacol, 1992, 44: 791-795.

[56] Leeson P D, Davis A M. Time-related differences in the physical property profiles of oral drugs. J Med Chem, 2004, 47: 6338-6348.

[57] Manallack D T. Selecting screening candidates for kinase and G protein-coupled receptor targets using neural networks. J Chem Inf Comput Sci, 2002, 42: 1256-1262.

[58] Wildman S A, Crippen G M. Evaluation of ligand overlap by atomic parameters. J Chem Inf Comput Sci, 2001, 41: 446-450.

[59] Feng B Y, Shoichet B K A detergent-based assay for the detection of promiscuous inhibitors from virtual and high-throughput screening. Nature Protocols, 2006, 1: 550-553.

第3章

药物代谢与新药研发

钟大放

目 录

3.1 药物的氧化、还原和水解代谢 /44
  3.1.1 药物代谢酶的一般性质 /44
  3.1.2 氧化代谢 /45
    3.1.2.1 细胞色素 P450（P450，CYP） /45
    3.1.2.2 黄素单加氧酶（FMO） /47
    3.1.2.3 单胺氧化酶（MAO） /47
    3.1.2.4 醛氧化酶和黄嘌呤脱氢酶 /48
    3.1.2.5 过氧化物酶 /48
    3.1.2.6 醇脱氢酶（ADH） /48
    3.1.2.7 醛脱氢酶（ALDH） /49
  3.1.3 还原代谢 /49
    3.1.3.1 P450 还原酶和醇脱氢酶（ADH） /49
    3.1.3.2 NADPH-P450 还原酶 /49
    3.1.3.3 醛-酮还原酶（AKR） /49
    3.1.3.4 醌还原酶（NQO） /50
    3.1.3.5 谷胱甘肽过氧化酶（GPX） /50
  3.1.4 水解代谢 /50
    3.1.4.1 环氧化物水解酶 /50
    3.1.4.2 酯酶和酰胺酶 /50
3.2 药物的结合代谢 /51
  3.2.1 UDP-葡萄糖醛酸转移酶 /51
    3.2.1.1 结合反应 /51
    3.2.1.2 在细胞内的位置 /52
    3.2.1.3 内源性底物 /52
    3.2.1.4 酶的多样性 /52
    3.2.1.5 诱导和抑制 /53
  3.2.2 胞浆硫酸转移酶 /54
    3.2.2.1 结合反应 /54
    3.2.2.2 细胞内分布和组织表达 /54
    3.2.2.3 胞浆酶的 SULT 超家族 /54
    3.2.2.4 药物-药物相互作用与硫酸酯化 /55
  3.2.3 谷胱甘肽-S-转移酶 /55
    3.2.3.1 谷胱甘肽结合物 /55
    3.2.3.2 分类、存在部位与表达 /56
    3.2.3.3 GSTs 催化的反应 /56
    3.2.3.4 孵化条件和分析方法 /57
  3.2.4 乙酰化以及与氨基酸的结合 /57
3.3 现代制药工业中的药物代谢研究 /57
  3.3.1 研究目的 /58
  3.3.2 体内药物动力学试验 /58
  3.3.3 代谢试验 /59
    3.3.3.1 放射性标记化合物的使用 /59
    3.3.3.2 药物代谢物的色谱分离和定量 /59
    3.3.3.3 用于体内 ADME 试验的动物模型 /60
    3.3.3.4 物料平衡和排泄途径研究 /60
    3.3.3.5 实验动物和人体内代谢物追踪 /60
    3.3.3.6 反应性代谢物研究 /61
    3.3.3.7 酶的诱导和抑制试验 /61
  3.3.4 讨论与展望 /61
推荐读物 /62
参考文献 /62

就在若干年前，临床候选化合物的药物动力学、药物代谢和毒理学试验还主要在临床前和临床开发阶段进行。那时药物化学家的使命是发现和提供非常强效的化合物，而对它们在体内的行为兴趣不大。然而从20世纪70年代起，特别是90年代中期以来，制药工业中研究开发的概念发生了巨大变化。高通量生物学分析方法被开发，大批量化合物筛选得以实现，其驱动力来自于专有化合物库的不断扩大、新试剂以及新检测技术的不断涌现。

对新药开发阶段损耗的根本原因进行的严格分析显示，缺乏药效、存在毒性以及不佳的吸收、分布、代谢和排泄（absorption, distribution, metabolism and excretion, ADME）性质是候选物失败的决定性因素。如果缺乏药效，除了靶标响应不足之外，还可能是由吸收不良、分布不足以及迅速代谢引起，导致药物在靶部位浓度太低。到20世纪90年代，在药物发现阶段收集ADME数据已成为良好规范，用来选择和决定最佳的临床候选物。今天，药物发现过程已经强烈依赖于药物代谢和药物动力学（drug metabolism and pharmacokinetics，DMPK）数据的指导。

DMPK研究对药物发现研究的主要贡献在于能够设计具有足够的而不是最佳的药物动力学性质的化合物，使其能够作用于难以达到的靶标。但是，由于存在物种差异，尽管有临床前的大量工作，最终仍须通过临床药物动力学，才能确保上市新药有安全的给药方案。

ADME试验的目的是早期估计人体药物动力学和代谢模式。然而药物在机体内的行为是一个高度复杂的过程，涉及众多因素。ADME试验本身反映了这种多样性和复杂性，包括吸收、生物利用度、清除及其机理、血浆半衰期、涉及的主要代谢酶、代谢物的结构和含量、估计剂量和给药间隔、潜在的药物-药物相互作用等。

药物代谢是药物的生物化学转化过程。随着药物和生物学环境的不同，代谢差异非常大。少数药物可能不经过代谢转化。生物转化可能发生下述一个或多个反应：

一相反应（官能团化反应），即通过氧化、还原或水解创造出一个官能团，或对已有官能团进行修饰；

二相反应（结合反应），即向药物或代谢物分子上结合一个内源性分子，如葡萄糖醛酸、硫酸、醋酸、谷胱甘肽等。

从物理化学角度，药物代谢一般产生比母体药物水溶性更高的代谢物，例如加入一个可离子化的基团。因此，代谢物通常比母体药物排泄快，但也有例外。从药理学角度，应该考察这些代谢物的药效学性质。生物转化经常导致去活化或去毒性，但这远非全部情况。

一些参与药物代谢反应的酶具有遗传多态性，将患者根据其表型分成不同的群体，即超快速、正常和慢代谢者，这属于药物遗传学领域。不论在任何病理状态下，都应鉴别出超快速和慢代谢者，并调整他们的剂量。

3.1 药物的氧化、还原和水解代谢

3.1.1 药物代谢酶的一般性质

氧化、还原和水解反应是常见的药物代谢反应。在本章中，简要介绍这三种类型的酶促反应，根据相应的酶进行简要分析。

药物代谢酶几乎都存在多个复杂性不同的基因族。在这些酶中，各个基因和蛋白被划分为特定的族，使用字母和数字的系统命名。这里考虑的大部分酶系重点是对不同反应的选择性。

酶蛋白（最终是它的氨基酸序列）的本质决定了它的底物选择性和反应选择性。这种选择性在药物开发中有非常重要的意义。在某些情况下，一种酶可能有非常严格的选择性，例如，只有 P450 2D6 催化异喹胍的 4-羟基化。然而在另外一些情况下，尽管可能通过不同的化学机理，一组酶中的几种，甚至是不同组的酶能够催化同一反应。例如，某些 P450 酶和黄素单加氧酶（FMO）都能产生 N-氧化物。

更进一步的问题是，所有这些酶（事实上是基因）都显示出遗传多态性，能够影响表达水平、酶稳定性和催化性质。在某种意义上，每一个等位基因变异都导致一个独特的酶，但编码序列的大部分多态性不影响酶的催化性质。在杂合子中，第二个拷贝应该是相当常见的。然而在治疗指数窄的情况下，催化活性的改变可能有显著影响，例如 P450 2C9 的 R144C 和 I359L 多态性对华法林代谢的影响[1]。

许多药物代谢酶是可被诱导的。诱导可能由被代谢的药物自身引起，也可能由另外的药物或特定食物或吸烟引起。大部分药物代谢酶也可以被抑制。对于一个新药，需要考虑它是否抑制其他药物的代谢，并引起不希望的（和不可预料的）药物相互作用。一个并不少见的特殊问题是，某些抑制剂是机理性的和不可逆的，特别是作用于 P450 的抑制剂。

对于现代药物开发，需要对新药候选物进行早期筛选，确定代谢物的类型、鉴定涉及的酶、发现诱导和抑制。总的目标是希望药物的最初代谢涉及几种酶，代谢足够缓慢以保证可接受的生物利用度和消除半衰期，并且代谢酶的诱导和抑制程度有限；不希望一种高度多态性的酶起主要作用。

最后一点是，大部分反应使药物失活。在少数情况下，代谢产物的药理活性更强（前药）。值得担心的是某些反应生成亲电的"反应性"代谢物，可能导致毒性。

药物代谢涉及的酶数目很大，药物分子发生代谢反应的数目可能令人吃惊。图 3-1(a) 所示为各种酶系的作用比例。在参与药物代谢的酶中，主要是 P450 酶（约占 75%），其次是 UDP-葡萄糖醛酸转移酶（UGT）和酯酶。这些反应合计约占药物代谢的 95%。图 3-1(b) 将 P450 进一步细分，其中 5 个 P450 酶约占反应的 90%。P450 3A4 参与大约一半的反应。虽然其他酶的贡献较少，但在许多情况下可能起关键作用，因此不能被忽略。图 3-1 所显示的总体模式近年来没有明显变化，但将来随着药物开发策略避免 2C19 和 2D6 的选择，P450 多态性的作用可能会有所降低。表 3-1 概括了人体内催化药物代谢的主要氧化还原酶的一般性质。

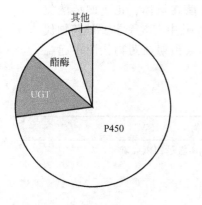
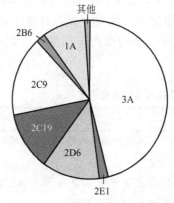

(a) 药物被各种酶系代谢的比例　　(b) 作为P450底物的药物被各种P450酶代谢的比例

图 3-1　药物代谢酶在药物代谢中的作用比例[2]

3.1.2　氧化代谢

3.1.2.1　细胞色素 P450（P450，CYP）

P450（cytochrome P450）反应的基本化学计量式是混合功能氧化，其中 R 为底物。

$$CYP + O_2 + RH + 2e^- + 2H^+ \longrightarrow CYP + ROH + H_2O$$

在某些情况下，例如由于产物的重排（N-去烷基生成的醇胺），或总机理的变化（例如去饱和），这一计量式不明显。

表 3-1 人体内催化药物代谢的主要氧化还原酶的一般性质

酶系	位置	辅助因子	主要底物	攻击位点
CYP450（3个亚族的多种形式）	内质网，主要在肝中	NADPH，血红素，CYP还原酶	亲脂性药物	主要是C原子，还有S和N原子
黄素单加氧酶（6种形式）	内质网，主要在肝中	FAD，NADPH	含杂原子亲脂性药物	亲核杂原子，如N，S，P等
单胺氧化酶（2种形式）	线粒体膜外侧；肝、脑、肠、肾	FAD	儿茶酚胺	N
黄嘌呤氧化还原酶（2种形式）	主要在肝和肠的胞浆中	含钼蝶呤，Fe-S中心，FAD	嘌呤，含氮杂环	环上C原子
醛氧化酶	胞浆中	含钼蝶呤，Fe-S中心，FAD	醛，嘌呤，含氮杂环	羰基C原子，环上C原子
醛脱氢酶（多种形式）	胞浆，微粒体，线粒体	NAD，NADP	醛	羰基C原子
醇脱氢酶（超家族）	胞浆中	Zn，NAD	醇	连接氧的C原子
醛-酮还原酶（超家族）	主要在肝的胞浆中	NADPH	醛，酮	羰基C原子
羰基还原酶（超家族）	胞浆中	NADPH，NADH	醛，酮	羰基C原子

人类基因组含有 57 个 P450 基因。对于基因和多态性的更新，参见相关网址。表 3-2 列出了人类主要细胞色素 P450 酶及其特异性底物。许多 P450 酶在甾体、花生四烯酸类和脂溶性维生素的代谢中有特殊作用。大约 1/4 参与药物代谢，其中有 5 个主要的药物代谢酶［图 3-1(b)］。大约 1/4 的 P450 酶功能尚未明确，它们不被预期在药物代谢中起主要作用。

表 3-2 人类主要细胞色素 P450 酶及其特异性底物[3]

P450 酶	特异性底物
CYP1A2	非那西丁，7-乙氧异吩噁唑酮，茶碱，咖啡因，9-氨基四氢吖啶
CYP2A6	香豆素，尼古丁
CYP2B6	依法韦仑，丁氨苯丙酮，异丙酚，S-美芬妥英
CYP2C8	阿莫地喹，紫杉醇，罗格列酮
CYP2C9	甲苯磺丁脲，双氯芬酸，S-华法林，氟比洛芬，苯妥英
CYP2C19	S-美芬妥英，奥美拉唑，氟西汀
CYP2D6	右美沙芬，丁呋洛尔，异喹胍
CYP2E1	氯唑沙宗，p-硝基酚，月桂酸，苯胺
CYP3A4/5	睾酮，咪达唑仑，红霉素，右美沙芬，特非那定，硝苯地平

P450 酶氧化的一般性催化循环如图 3-2 所示。步骤①~③以及步骤⑨可以被研究，但步骤④~⑧的细节比较难于直接观察，或只是推论。电子从接近的酶中被转移，多为 NADPH-P450 还原酶，也可能是细胞色素 b_5。其反应化学一般被分为涉及 FeO^{3+} 的几个过程。另外，双氧配合物（FeO_2^+，FeO_2H^{2+}）和多重 FeO^{3+} 化学被认为对 P450 反应有贡献。然而在一组相似的化合物中，决定催化反应选择性的主要因素被公认为是底物与酶蛋白的氨基酸相互作用，以及夺取一个氢原子或非键合电子的难易程度。某些 P450-底物配合物的结构现在已经可以获得，并且很有用[4]。尽管如此，仍不清楚氧化发生的步骤是否同等重要（图 3-2）。

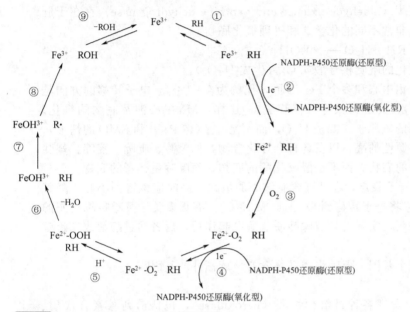

图 3-2 P450 酶氧化的一般性催化循环

主要的 P450 反应类型具有共同的化学特点，可以被归类为奇电子氧化。该机理可以被扩展为多种其他反应。许多有趣的新反应出现在制药工业研究新药候选物代谢的实际问题中。

3.1.2.2 黄素单加氧酶（FMO）

该反应在细胞内（内质网）进行，其化学计量式与 P450 相同，也是混合功能氧化，但其底物较有限。这些底物通常是软亲核物质，几乎总是 N，S 和 P 原子（在 P 的情况下为磷化氢）。在归属 P450 的反应中，FMO（flavin-coutaining monooxygenase）通常限制在杂原子加氧。

$$NADPH + O_2 + RX + H^+ \longrightarrow RXO + NADP^+ + H_2O$$
$$(X = N, S, P)$$

在人体（以及几种实验动物体内）发现了 5 种形式的 FMO。尚未确认重要的生理学底物，尽管已经提出了几种可能性。一个重要的多态性是缺乏 FMO_3，引起三甲胺代谢缺陷，导致"鱼腥味综合征"。与 P450 不同，黄素单加氧酶不被诱导，也不容易被抑制。

FMO 是单一蛋白组成的混合功能氧化酶，这一点也与 P450 不同。黄素（FMN）既起到电子进入点的作用，也是终端氧化剂。在处理组织样品中碰到的实际困难是 FMO 酶对热不很稳定，特别是在缺少吡啶核苷酸的情况下，所以要小心处理，以免忽略该酶的可能贡献。FMOs 能够使活化的苯环发生羟基化，例如苯酚和苯胺。

3.1.2.3 单胺氧化酶（MAO）

MAO（monoamine oxidase）催化胺类氧化，特别是作为神经递质的生物来源胺类。

它和FMO都是黄素蛋白氧化酶，但机理不同：

$$RCH_2NH_2 + O_2 + H_2O \longrightarrow RCHO + H_2O_2 + NH_3$$

已知A和B两种形式的MAO，它们略有不同。这些酶存在于肝或某些神经生成组织的外线粒体膜。

该酶的内源性底物是生物来源胺类，如多巴胺和色胺，并且MAO是药物失活的靶标之一。虽然很长时间以来认为该酶仅以伯胺为底物，但后来发现，N-甲基-4-苯基-1，2，5，6-四氢吡啶的氧化毒害脑灰质中的线粒体，导致帕金森综合征。

3.1.2.4 醛氧化酶和黄嘌呤脱氢酶

醛氧化酶和黄嘌呤脱氢酶（aldehyde oxidase and xanthine dehydrogenase）存在于肝或其他组织的胞浆中，也以非常不同的化学式和机理氧化底物：

$$RH + H_2O \longrightarrow ROH + 2e^- + H^+$$

两个电子可被转移到氧化的吡啶核苷酸或O_2（生成H_2O_2）。

这些酶含有黄素、一个钼中心和多个Fe—S群，比例为1∶1∶4。电子转移的方向是从Mo到Fe—S，再到FAD（黄素腺嘌呤二核苷酸）。这样，Mo中心涉及底物的氧化。在这一机理中，插入底物中的氧原子来源是H_2O，而不是O_2（像P450和FMO的情形）。其底物包括某些内源性和外源性的醛，以及各种杂环化合物，如嘌呤、吡啶、嘧啶、蝶啶等。黄嘌呤是黄嘌呤脱氢酶的底物，而不是醛氧化酶的底物，而嘌呤是二者的底物。

像FMO一样，该酶本身不稳定，在处理含有该酶的组织样品时应该特别小心。醛氧化酶是真正的"氧化酶"，它将电子转移到O_2上形成H_2O_2。有很多关于黄嘌呤氧化酶的文献报道，但后来的研究表明，实际上是黄嘌呤脱氢酶在起作用，后者通过酶解或二硫键修饰，很容易转化为氧化酶。

人类只有这里提到的两个基因，但啮齿类动物含有该族额外的基因[5]。

3.1.2.5 过氧化物酶

在不同哺乳动物细胞中发现各种过氧化物酶（peroxidase），包括前列腺素合成酶、髓过氧化物酶、脂肪氧化酶和曙红细胞过氧化物酶。所涉及的反应与P450化学类似之处是，它们都涉及高价FeO化学。过氧化物酶非常迅速地将氢过氧化物还原为醇。对于药物代谢，感兴趣的基本反应是

$$RX + RX \cdot \longrightarrow \cdots$$

自由基$RX \cdot$的反应包括自由基增殖、形成二聚体、去烷基等。其他可能的反应包括加氧（$R \rightarrow RO$）和生成反应性卤化物，如$X^- (+H^+) \rightarrow HOX$，可发生各种形式的化学反应。其他过氧化物酶作用于对乙酰氨基酚（产生醌亚胺）、伊索昔康、环磷酰胺、普鲁卡因胺以及芳香胺类。这些反应通常在肝外进行。某些产物可能导致狼疮和自身免疫疾病。

这些反应从生成高价铁配合物FeO_3^+开始（像P450一样），对这些酶系的理解多从植物和微生物模型获得，例如辣根过氧化物酶和（真菌）氯过氧化物酶。

3.1.2.6 醇脱氢酶（ADH）

醇脱氢酶（alcohol dehydrogenase，ADH）的一般性反应是可逆的：

$$RCH_2OH + NAD^+ \rightleftharpoons RCH=O + NADH + H^+$$

ADHs集中于肝中，约占肝总蛋白量的3%。这些酶对于伯醇和某些仲醇有较宽的底物专一性。ADHs对人体内乙醇的代谢起主要作用。

ADHs是由40kDa亚单位组成的异二聚体或同二聚体。需要Zn^+的参与。已知人体至少有7个ADHs基因，还有其他脱氢酶的报道。不同的ADH亚单位区别在于它们的专一性。此外，已知几种多态性使其功能衰减。某些多态性与种族有关。ADHs被吡唑和一些类似化合物抑制。

3.1.2.7 醛脱氢酶（ALDH）

ALDHs（aldehyde dehydrogenases）催化醛氧化为羧酸，通常是不可逆的：

$$RCHO + NAD^+ + H_2O \longrightarrow RCO_2H + NADH + H^+$$

相比较，醛氧化酶（参见上文）的反应是

$$RCHO + H_2O + O_2 \longrightarrow RCO_2H + H_2O_2$$

ALDHs 集中于肝中，主要在线粒体中[6]。人类基因组含有 19 个可能的 ALDH 基因[7]。在动物模型中，一些 ALDHs（例如 ALDH3）可被巴比妥类或芳香烃受体配基诱导。已经确认了一些多态性，导致催化活性衰减。与 ADH 一样，这些多态性很多与种族有关。

反应机理是有序的二-二反应，NAD（P）$^+$首先键合，然后 NAD（P）H 是脱离酶的最后产物。抑制剂包括双硫仑和其他能够覆盖 ADH 和 P450 2E1 的化合物，后两者是乙醇和乙醛另外的代谢酶。

ALDH 对药物代谢主要贡献的例子是代谢环磷酰胺和甲基苄肼。

3.1.3 还原代谢

3.1.3.1 P450 还原酶和醇脱氢酶（ADH）

这些酶的主要倾向是氧化底物，但它们也催化还原反应。

涉及 ADH 的反应比较直接，从醛或亚胺上去掉两个电子。

$$RCHO + NAD(P)H + H^+ \longrightarrow RCH_2OH + NADP^+$$

P450 催化的还原肯定不像氧化那样常见，问题是既然 P450 的二价铁倾向和 O_2 反应，还为什么发生还原反应。由于机体的某些部位氧化性低，例如肝静脉区，因此可以发生还原反应。报道涉及 P450 酶的还原反应包括：

$$RNO_2 \longrightarrow R-N=O$$
$$R-N=O \longrightarrow RNHOH$$
$$RNHOH \longrightarrow RNH_2$$
$$R_3N^+O^- \longrightarrow R_3N$$
$$R-N=N-R' \longrightarrow R-NH_2 + H_2N-R'$$
$$CCl_4 \longrightarrow CCl_3 \cdot + Cl^-$$

苯并［α］芘-4，5-氧化物 $\longrightarrow$ 苯并［α］芘

三氟氯溴乙烷 $\longrightarrow$ 三氟氯乙烷 + 二氟氯乙烷

3.1.3.2 NADPH-P450 还原酶

这种黄素蛋白的正常功能是从 NADPH 向 P450 转移电子，以及向血红蛋白加氧酶转移电子，后者使血红蛋白分解。然而，该酶能够与氧化的分子反应，使它们还原，这种反应一般可能是次级反应。某些还原底物与上面所述 P450 酶的含氮分子底物重叠。

由于这种蛋白中黄素存在电子转移过程的性质，它能够催化单电子或双电子还原。如后面在 NAD（P）H-醌还原酶项下指出的，重要之处在于单电子还原过程能够产生自由基。例如，NADPH-P450 还原酶使除草剂 Paraquat（百草枯）还原为自由基，后者迅速与 O_2 反应，生成超氧化物阴离子。

3.1.3.3 醛-酮还原酶（AKR）

AKRs（aldo-keto reductases）包括一大类涉及各种醛和酮的还原酶：

$$H^+ + NAD(P)H + 羰基化合物 \longrightarrow 羟基化合物 + NAD(P)^+$$

该反应通常有利于还原，与 ADHs 酶不同。在为数众多的这组酶中，约 40％的氨基

酸序列相同。底物包括内源性生物分子和外源化合物。这些蛋白大小通常为 30～40kDa。机理是有序的二-二反应，辅酶 NAD（P）H 首先结合，最后离去，与 ADH 和 ALDH 的情形一样。目前已经了解一些晶体结构。值得注意的是，甚至"管家"酶，如乳酸脱氢酶、D-甘油醛-3-磷酸酯脱氢酶都被纳入该超家族成员。

该酶的底物包括糖醛，某些（如醛糖还原酶）被作为治疗糖尿病和青光眼的靶标。其他底物包括甾体化合物、前列腺素、脂醛、黄曲霉毒素 B_1 二醛、烟草专有的亚硝胺，以及多环芳烃二氢二醇。这些反应多数起解毒作用，但在后一种情况，由于生成 $O_2^{-}\cdot$ 和反应性儿茶酚醌而活化。

某些 AKR 酶可被诱导[8]。

3.1.3.4 醌还原酶（NQO）

醌还原酶（quinone reductase，NQO）催化醌还原为氢醌，既包括对位，也包括邻位结构。

$$H^{+} + NAD（P）H + 醌 \longrightarrow 氢醌 + NAD（P）^{+}$$

类似地，亚胺醌也能被还原，该酶还能还原硝基化合物和偶氮染料。

3.1.3.5 谷胱甘肽过氧化酶（GPX）

谷胱甘肽过氧化酶（glutathione peroxidase，GPX）系还原潜在的毒性有机过氧化氢，包括 H_2O_2：

$$2GSH + ROOH \longrightarrow GSSG + ROH$$

该反应与谷胱甘肽还原酶再生谷胱甘肽相结合

$$NADPH + H^{+} + GSSG \longrightarrow NADP^{+} + 2GSH$$

总的过程可被写为

$$NADPH + H^{+} + ROOH \longrightarrow NADP^{+} + ROH$$

已经鉴定了 6 种人体 GSH 过氧化酶。

3.1.4 水解代谢

3.1.4.1 环氧化物水解酶

由于环氧化物环的张力以及位点的变化，而具有亲电反应活性，使它们的稳定性和反应性差异很大。P450 将很多烯烃和芳香化合物转化为环氧化物，它们如果不发生水解或结合，将与组织中的亲核基团反应而造成损伤。

环氧化物水解酶（epoxide hydrolase）催化水与环氧化物的简单加成：

$$环氧化物 + 水 \longrightarrow 反式二氢二醇$$

这一过程与催化结合反应的酶关联较密切，而与催化氧化和还原的酶关系不大。主要的环氧化物水解酶是一种肝微粒体酶，在肝和许多其他组织微粒体中浓度相对较高。该酶通常被简单地称为微粒体环氧化物水解酶。在内质网中，也发现至少 3 种环氧化物水解酶，但它们都有专一的功能，并不与外源性化合物反应。

还有一种可溶性环氧化物水解酶，是一种特殊的蛋白。该酶水解某些模型化合物和外源性环氧化物，但其底物范围有限。该酶水解角鲨烯环氧化物、羊毛甾醇氧化物以及某些多不饱和脂肪酸的环氧化物。研究也显示，在某些多环烃类的活化中，需要微粒体环氧化物水解酶。

这些环氧化物水解酶的机理最初是通过微粒体酶建立的，令人意外地涉及一种酰基中间体，更近似于酯酶，而不是一个水或氢氧化物的活化体系。通过单一的 ^{18}O 转化实验建立了反应机理，在第一步产物中没有 H_2O 的介入，只能说明有酰基中间体。其后的研究表明，酰基中间体消失的速度是该机理的限速步骤。

3.1.4.2 酯酶和酰胺酶

酯酶和酰胺酶（esterase and amidase）是很大的一族不同来源的蛋白，来自多个基因族。它们构成了催化药物代谢反应的第三大酶类,仅次于 P450 酶和 UGT 酶。这些酶共同存在于许多部位,包括肝和血浆。一组酯酶具有 α,β 折叠,主要存在于肝胞浆中。乙酰胆碱酯酶、丁酰胆碱酯酶和脂肪酶已经被用作这些酯酶的模型。酯酶一般也有酰胺酶的活性(由于其作用机理,反之亦然)。所有酯酶似乎都通过一个催化的三元配合物,使亲核基团活化,形成酶-酰基中间体。该三元配合物包括一个亲核基团、一个呈碱性的催化剂和一个羧酸残基。

某些酯酶松散地键合在内质网上,从而构成单独的一族,以酯和酰胺作为底物。至少报道了人体内 6 种这样的酯酶。有证据表明某些酯酶可被诱导和其他类型的调控。可溶性酯酶一般不被诱导。

酯的裂解并不都通过酯酶进行。例如,P450 酶可以通过催化氧化裂解酯,即碳原子羟基化。在药物和农药的代谢中,酯酶反应占主导。酯酶抑制剂通常是强亲电性化合物,某些是农药代谢产生的中间体(例如,乙酰胆碱酯酶是该领域的经典情形)。

上述这些酶的来源非常不同,必须分别对待每一种反应。掌握这些酶系的知识是明确药物开发如何进行的基础。应该强调,在该领域仅根据药物结构进行预测是困难的。对于确定代谢途径和代谢酶,实验仍然是必不可少的过程。

3.2 药物的结合代谢

3.2.1 UDP-葡萄糖醛酸转移酶

3.2.1.1 结合反应

葡萄糖醛酸化是葡萄糖醛酸向各种官能团的加成(结合)。化合物可以被直接葡萄糖醛酸化,也可以在氧化代谢之后发生。反应可以发生于醇(ROH)、酚(Ar—OH)、胺(RNH_2)、叔胺和杂环胺(RNR'R″)、酰胺(R—CO—NH_2)、硫醇(RSH)以及碳原子(图 3-3)。葡萄糖醛酸加成产生的结合物特点是:

① 极性更大;
② 在生理 pH 下离子化(pK_a 约为 4);
③ 分子量增加(+176)。

这些特点使葡糖苷酸更容易经肾排泄,经肾小球滤过或主动分泌,或二者兼有。此外,葡糖苷酸通常经肝分泌,经胆汁到小肠。葡糖苷酸极性太大,难于通过细胞膜,因此必须经特殊的转运体才能实现跨膜转运。

单葡糖苷酸通常是最终代谢物,但有研究表明,某些非甾体抗炎药的葡糖苷酸可能是 CYP2C9 的氧化底物。胆红素、某些甾体以及吗啡被证明也可以生成二葡糖苷酸。

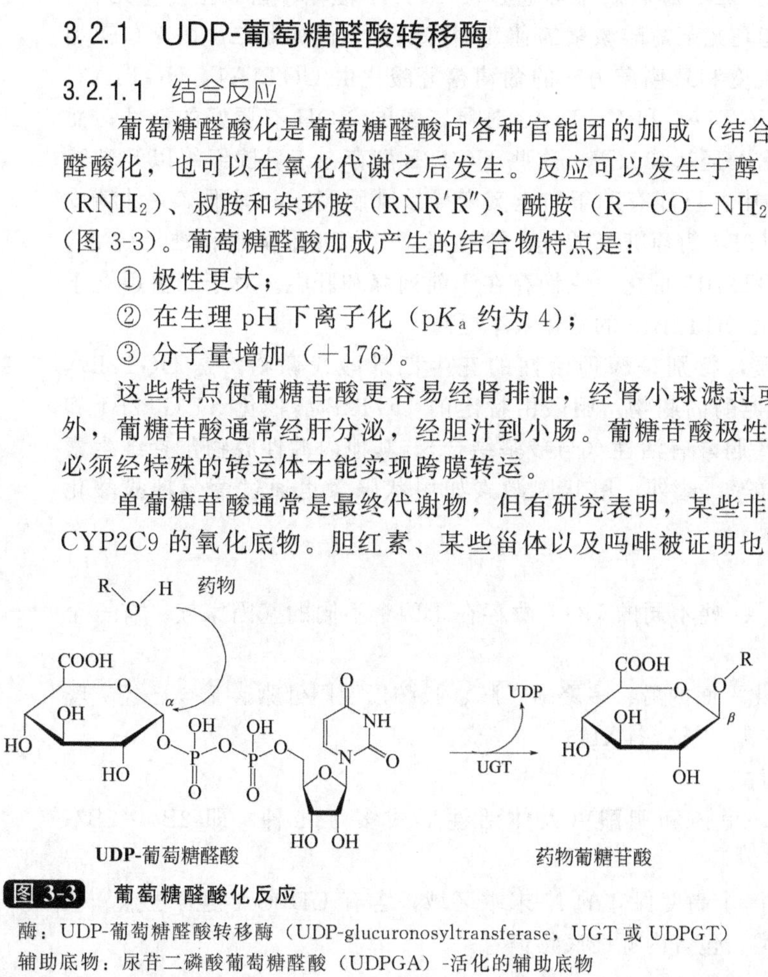

图 3-3 葡萄糖醛酸化反应

酶:UDP-葡萄糖醛酸转移酶(UDP-glucuronosyltransferase,UGT 或 UDPGT)
辅助底物:尿苷二磷酸葡萄糖醛酸(UDPGA)-活化的辅助底物

3.2.1.2 在细胞内的位置

UGT 酶的活性部位面向内质网的腔侧，有一个跨膜区和 25 个氨基酸羧基尾段在胞浆中，而同为微粒体酶的 P450 酶活性部位面向胞浆侧。非极性底物能够扩散穿过内质网膜，在内质网腔中发生结合。然而，UDPGA 必须被转运到内质网中，生成的葡糖苷酸产物通常需要被转运出内质网进入胞浆。UDP-N-乙酰葡萄糖胺、UDP-木糖和 UDP-葡萄糖可以刺激 UDPGA 的反向内流。在肝细胞窦状膜、胆小管膜和肾小管都鉴定了葡糖苷酸的转运蛋白。在肝细胞中，葡糖苷酸被 MRP3 转运通过窦状膜。在胆小管膜上，主要转运体是 MRP2。根据底物动力学，在内质网膜上似乎有多重葡糖苷酸转运体，通过促进扩散（不依赖 ATP），使葡糖苷酸产物从腔中转移到胞浆中。

3.2.1.3 内源性底物

UGT 酶有许多内源性底物。它们包括胆红素，即血红素的初级分解产物。在初始状态，胆红素的分子内氢键隔绝两个羧基，处于高度非极性构型。一旦 UGT1A1 键合囊袋，则羧基即可被葡萄糖醛酸化。8 位或 12 位的单葡糖苷酸以及二葡糖苷酸是主要产物。该酶也能与相应的 UDP-糖生成木糖和葡萄糖结合物。

雌激素、雄激素和孕激素都是该酶的底物。雌激素可在 3-OH 和 17-OH 与葡萄糖醛酸或硫酸结合。这些结合物（特别是硫酸酯）是主要的循环形式，可以作为身体的储库。葡糖苷酸被排泄到尿和胆汁中。雌二醇和炔雌醇通过 UGT1A1 催化，在 3 位发生结合。UGT 酶的一个重要的解毒功能是儿茶酚雌激素的葡萄糖醛酸化，例如雌二醇的 2-OH 和 4-OH。儿茶酚雌激素（有致突变和致癌潜力）的葡萄糖醛酸化由 UGT1A1，UGT1A3，UGT2B4 和 UGT2B7 催化。UGT1A1 和 UGT1A3 对雌二醇的 2-OH 有更好的活性，而 UGT2B4 和 UGT2B7 优先催化 4-羟基雌二醇。这些 UGT2B 酶存在于乳腺组织以及乳腺肿瘤细胞系（如 MCF-7）细胞中，可能有助于防止突变导致乳腺癌。醛固酮（一种糖皮质激素）及其代谢物通过 UGT2B7 葡萄糖醛酸化。雄性激素（例如雄甾酮和雄甾烷-3α, 17β-二醇）由 UGT2B15 和 UGT2B17 催化，它们存在于前列腺和肝中。对于二氢睾丸素的葡萄糖醛酸化，UGT2B17 比 UGT2B15 的催化效率更高。

其他内源性底物包括脂质，特别是药理活性的花生四烯酸代谢物，是 UGT2B7，UGT2B10，UGT2B11 以及其他酶的底物。胆酸由特定的 UGT2B 酶催化（UGT2B4 和 UGT2B7）。UGT1A3 也对某些胆酸有活性（与羧基结合）。其他内源性底物包括维生素 D 及其代谢物、维生素类似物等。此外，甲状腺激素如甲状腺素也通过葡萄糖醛酸化失活。

3.2.1.4 酶的多样性

像 P450 多基因家族一样，一些不同的 UGT 酶存在于两个不同的基因家族。有三个主要类别：

UGT1——各种形式，催化平面的酚、多聚酚、胺、叔胺以及胆红素。至今已经克隆了人体内 9 种活性形式，即 1A1，1A3～1A10；

UGT2A——鼻腔 UGT 酶；

UGT2B——外源化合物，甾体和胆酸（人体活性形式多于 4 种，即 2B4，2B7，2B10，2B15，2B17）。

在两个基因族中，都发现一个高度保守的 N-末端区域，含有 UDPGA 键合位点。表 3-3 定义了两个主要家族的分类，包含内源性底物信息。

表 3-3　人体内与药物代谢相关的 UDP-葡萄糖醛酸转移酶及其主要底物[9]

族和亚族	酶	主要底物
UGT1A	1A1	胆红素,雌激素,酚
	1A3	雌激素,酚,羧酸,胺
	1A4	甾体,伯胺,仲胺,叔胺
	1A6	酚,伯胺
	1A7	酚
	1A8	雌激素,酚
	1A9	脂肪醇,雌激素,酚,甲状腺激素,羧酸,伯胺
	1A10	酚,杂环胺
UGT2A/B	2A1	脂肪醇,酚,甾体,羧酸
	2B4	儿茶酚雌激素,酚,甾体
	2B7	脂肪醇,雌激素,吗啡,羧酸
	2B15	酚,甾体
	2B17	雄激素
	2B28	胆酸,天然酚,甾体

3.2.1.5　诱导和抑制

像 P450 基因家族一样，UGT 基因也被独立调控。似乎负责细胞色素 P450 诱导的调控因素也存在于 UGT 基因。该酶的诱导是一些药物-药物相互作用的原因[10]。

3-甲基胆蒽和 β-萘黄酮能诱导 UGT1A6 和 UGT1A7 对平面结构酚类（特别是多环芳烃酚）的代谢。苯巴比妥和苯妥英诱导 UGT1A1，UGT1A9 和 UGT2B7 对胆红素、多环酚、吗啡和类固醇的代谢。孕烷 X 受体（pregnane X receptor，PRX）激活剂如利福平和胆酸能增加多种药物在人体的葡萄糖醛酸化，如齐多夫定和吗啡（通过 UGT2B7）、对乙酰氨基酚（通过 UGT1A6）。

在所有 UGT 酶中都发现了遗传多态性，最显著的是 UGT1A1。

测量肝微粒体中药物的葡萄糖醛酸化速度有 3 种主要方法[11]：

① 放射计量法，采用放射性标记底物 ^{14}C-UDPGA；

② 荧光消失法，采用荧光底物；

③ 色谱方法，如 LC/MS/MS。

与 P450 酶相比，葡萄糖醛酸化引起的药物-药物相互作用重要性一般不大。其原因是多个酶催化同一个反应，并且对于许多底物，K_m 值相对较高。

葡萄糖苷酸的肾清除值得关注。随着代谢物分子量大小的不同，葡萄糖苷酸可以通过胆汁或肾清除。胆汁分泌葡萄糖苷酸主要由转运体 MRP2 介导，而肾清除则是肾小球滤过和肾小管主动分泌的共同结果。利尿酸药丙磺舒是一种阴离子转运抑制剂，可以抑制葡萄糖苷酸在肾小管的分泌，导致循环系统中葡萄糖苷酸浓度升高。在某些情况下，特别是酰基葡萄糖苷酸，血浆酯酶或组织中 β-葡萄糖苷酸酶可以将其裂解为母体药物，导致表观清除率下降，母体药物浓度升高。在肾功能不全的患者中也观察到这种可逆代谢。当存在 MRP2 抑制剂时，肝中的葡萄糖苷酸向胆汁分泌受阻，也会出现类似的现象。

葡萄糖醛酸化是许多内源性和外源性化合物的一个关键的结合反应，UGT 酶超家族催化这一反应。关于这些酶的药物遗传学知识在迅速增加，一些重要的抗癌和抗 HIV 药物的清除受到其多态性的影响。在努力减少 P450 酶对候选药物清除的贡献，以避免药物-药物相互作用时，必须意识到这一重要的结合途径的相互作用可能导致的问题。

3.2.2 胞浆硫酸转移酶

3.2.2.1 结合反应

硫酸酯化是一常见的结合反应，发生于各物种。在人体内，许多内源物质和外源物质被硫酸酯化[12]。这一硫酸酯化过程是从尿中分离苯酚硫酸酯结合物发现的，后来发现了辅助底物 3′-磷酸腺苷-5′-磷酸硫酸酯（PAPS）（图3-4）。硫酸转移酶（sulfotransferase, SULT）超家族目前已在很大程度上被表征。

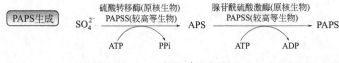

图 3-4 硫酸酯化总反应及辅助底物 PAPS 生成过程

化合物的硫酸酯化涉及底物与磺酸基（SO_3^-）的结合（图3-4）。辅助底物 PAPS 作为磺酸基的供体，该反应被 SULT 酶催化。结合可发生在—C—OH，—N—OH 以及—NH 侧链，生成 O-硫酸酯和 N-硫酸酯。PAPS 由无机硫酸盐和 ATP 合成，在原核生物由磺酰化酶和腺苷-5′-磷酸硫酸酯激酶催化，在高等生物（包括人体）由双功能酶 PAPS 合成酶催化。硫酸酯化反应依赖于底物和 SULT 酶的专一性，属于 SN2 取代反应。硫酸酯的转移不经过中间体生成。在高底物浓度条件下，常常观察到底物抑制，可能由于生成终止的配合物。

硫酸酯化通常是解毒途径，结合产物水溶性更大，因此更容易从体内排泄。然而，已证明某些化合物通过硫酸酯化生成致突变和致癌的反应性亲电物质。此外，少数药物的硫酸酯结合物显示生物活性。

3.2.2.2 细胞内分布和组织表达

胞浆中 SULTs 以溶解的同型二聚体或异型二聚体存在。胞浆中 SULTs 催化内源性底物的结合，如甾体、胆酸、神经递质以及某些外源性物质。膜键合的 SULTs 存在于细胞的高尔基体中，催化多肽、蛋白、脂质、氨基葡聚糖的硫酸酯化和翻译后修饰。硫酸酯化活性最高的部位是肝和小肠，但其他器官也表达 SULTs。在大多数哺乳动物组织中，内源性甾体被硫酸酯化，肾上腺组织、肾和脑中酶活性较高。

3.2.2.3 胞浆酶的 SULT 超家族

胞浆 SULTs 构成一个大的基因超家族。根据氨基酸同源性，将其成员分为家族和亚家族。如此，一个家族内至少 45% 的氨基酸序列相同，而一个亚家族内至少 60% 相同。目前已经在人体内发现了 11 个 SULT 酶，列于表 3-4。

表 3-4　人类 SULT 亚型的底物

人类 SULT	底物
SULT1A1	简单酚类,17β-雌二醇,碘化甲腺氨酸,对乙酰氨基酚,米诺地尔,17α-炔雌醇,异黄酮,羟泰米芬
SULT1A2	儿茶酚雌激素,简单酚类
SULT1A3	多巴胺(儿茶酚胺类),3-对羟苯基乙胺,5-羟色胺,沙丁胺醇,异丙肾上腺素,多巴酚丁胺,羟基替勃龙,4-羟基普萘洛尔
SULT1B1	简单酚类,儿茶酚,碘化甲腺氨酸,O-去甲基甲氧萘普生
SULT1C2	N-羟基-2-乙酰胺基芴
SULT1C4	N-羟基-2-乙酰胺基芴
SULT1E1	雌酮,17β-雌二醇,17α-炔雌醇,去氢马烯雌酮,己烯雌酚,甲状腺素,O-去甲基甲氧萘普生,3-羟基苯并芘,植物雌激素
SULT2A1	脱氢表雄酮,抗炎松,胆固醇,皮质醇,睾酮,胆汁盐,多环芳烃类,羟泰米芬
SULT2B1	脱氢表雄酮,孕烯醇酮,3β-羟基类固醇类

3.2.2.4　药物-药物相互作用与硫酸酯化

关于 SULT 基因的调控和组织专一性表达目前知之甚少。主要有 3 种方法检测硫酸酯代谢物:

① 采用 ^{35}S 标记 PAPS 的放射性分析;

② HPLC-UV 检测;

③ LC/MS 检测。

蛋白来源可以是组织胞浆,也可以是重组 SULT 蛋白。

已经报道了人肝中和十二指肠中 SULT 活性被抑制引起的药物-药物以及药物-食物相互作用。水杨酸抑制沙丁胺醇硫酸酯化在肝中比在十二指肠中更强烈。食物中的黄酮化合物槲皮素抑制多巴胺、米诺地尔、沙丁胺醇、对乙酰氨基酚、阿扑吗啡的代谢。阿扑吗啡和沙丁胺醇硫酸酯化还受到甲芬那酸(甲灭酸)的抑制。水杨酸和阿扑吗啡以相似的方式相互作用。

硫酸转移酶是重要的二相代谢酶,催化很多内源性物质和一些外源性物质的结合。SULTs 显示出组织专一性表达,但它们的基因调控尚未明确。SULT 的药物遗传学研究表明其可能引起外源化合物暴露的个体间差异。已知某些化合物抑制 SULTs,导致一些药物-药物和药物-食物相互作用[13]。

3.2.3　谷胱甘肽-S-转移酶

3.2.3.1　谷胱甘肽结合物

谷胱甘肽-S-转移酶(glutathione-S-transferase,GST)催化内源亲核剂谷胱甘肽进攻亲电性分子。谷胱甘肽是由甘氨酸-半胱氨酸-谷氨酸组成的三肽,是机体内主要的保护性亲核剂。谷胱甘肽也催化卤代烷烃和芳香烃上卤素的 SN2 取代反应。该酶活化半胱氨酸巯基为亲核性更强的巯基负离子,然后攻击位于该负离子附近的亲电中心。谷胱甘肽转移酶在其二聚体形式时具有活性,它既可以形成同型二聚体,也可以形成异型二聚体,具有两个催化中心。异型二聚体的活性介于两个同型二聚体之间。谷胱甘肽-S-转移酶分为几个主要类别。一般说来,谷胱甘肽起到抵抗多种致癌剂的作用,但在某些情况下也能活化化合物。例如 1,2-二溴乙烷和七氟醚，后者的肾毒性是通过 GST-硫醇尿酸-β-裂解酶途径产生的[14]。谷胱甘肽结合物通过转运体分泌到胆汁中，或转化为硫醇尿酸衍生物（N-乙酰半胱氨酸结合物）并分泌到尿中。GST 酶底物范围宽，也在花生四烯酸代谢中发挥重要作用，导致生成白三烯。一些含 α,β 不饱和酮的前列腺素也是 GST 酶的底物。

谷胱甘肽（GSH）结合物是强极性的离子型结合物，不能被动扩散通过生物膜。它们可以被代谢 GSH 的二肽酶继续代谢。分解产物是谷氨酸、甘氨酸和半胱氨酸结合物。在肝中，谷胱甘肽结合物和半胱-甘氨酸结合物可被直接转运到胆汁。半胱氨酸结合物可被 ABC 转运体转运到胆汁或血中。它可被特异性的 N-乙酰半胱氨酸转移酶继续乙酰化，生成硫醇尿酸结合物（N-乙酰半胱氨酸结合物，图 3-5），该反应主要在肾中发生。硫醇尿酸常常是分泌到人尿中的谷胱甘肽相关的主要代谢物。半胱氨酸结合物的另一主要代谢途径是通过 β-裂解酶，使结合物裂解释放出游离的硫醇。半胱氨酸 β-裂解酶以高浓度存在于肾中。

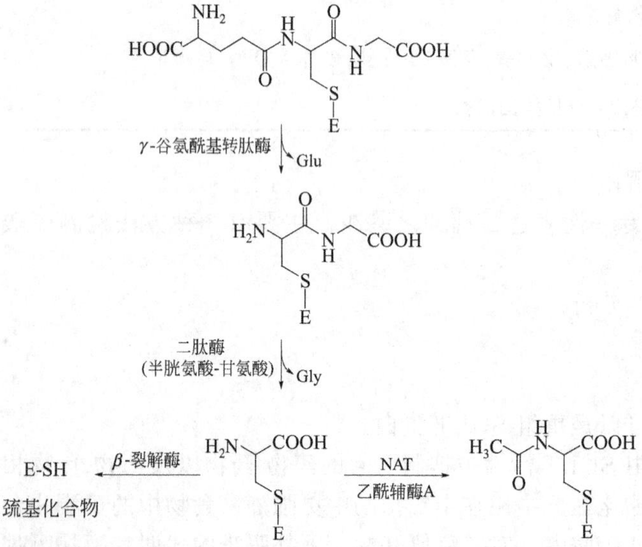

图 3-5 谷胱甘肽结合代谢

3.2.3.2 分类、存在部位与表达

GST 酶族以大写罗马字母标示，每个成员则以数字标示，每族中可能多于一个成员。人胞浆 GST 酶分为 6 个主要族类，即 A，M，O，P，T，和 Z[15]。S 族参与前列腺素代谢（PGH_2 到 PGD_2 的异构化）。K 族在线粒体中表达。GST 酶是水溶性胞浆蛋白，以同型或异型二聚体存在，每个单体重约 25000Da。例如，GST A1 有 221 个氨基酸，分子质量 25500Da。异型二聚体根据其亚单位组成命名，例如 GST A1-2。每族内的氨基酸序列一致性大于 50%。

可溶性谷胱甘肽-S-转移酶存在于体内大部分细胞中。它们是胞浆酶，所有 GSTs 都已经被结晶出来。在肝中，它们占胞浆蛋白很大比例（可达 5%）。

3.2.3.3 GSTs 催化的反应

谷胱甘肽-S-转移酶通过将谷胱甘肽的巯基活化为反应性更强的硫醇盐负离子，催化它与亲电物质的反应，例如环氧化物、醌、醌甲基化物等，生成谷胱甘肽结合物。这极大地提高了硫原子的亲核性，显著提高反应速率。药物的反应性亲电代谢物常由细胞色素 P450 产生，通常是 GSTs 的底物。GSTs 也催化卤素原子被谷胱甘肽取代的 SN2 反应，例如氯二硝基苯或二氯硝基苯是两个常见的底物。此外，某些抗癌烷化剂，例如氮芥、白消安、美发兰和环磷酰胺也都是这些酶的底物。新鉴定的 Z 族（GST Z1）功能是马来酰乙酸乙酯异构酶，通过活化卤乙酸使酪氨酸分解代谢的一个生化步骤。两个典型的反应见图 3-6。

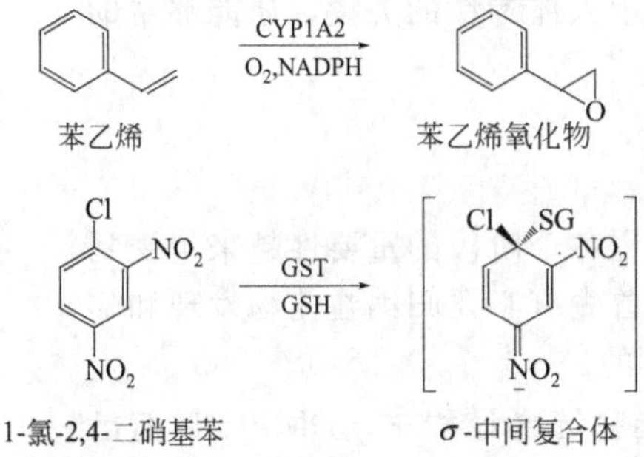

图 3-6 谷胱甘肽转移酶催化的两个典型反应

3.2.3.4 孵化条件和分析方法

对于大部分一般性实验，在胞浆存在下孵化底物并加入谷胱甘肽。可通过亲和色谱制备肝胞浆中主要 GSTs 的纯品，如 GSTA，GSTM，GSTP。

谷胱甘肽结合物是强极性的离子化结合物，一般通过 HPLC 或 LC/MS 分析。在有机/水流动相中，此类结合物将在溶剂前沿流出。在含乙酸或三氯乙酸的流动相中，氨基酸羧基是非离子化的，质子化的氨基可与有机酸形成离子对，导致明显的保留。通过 LC/MS/MS 可以检测药物的谷胱甘肽结合物。虽然断裂模式可能很复杂，但一般可以观察到典型的肽键断裂，并容易跟踪。特别当使用离子阱质谱仪时，可通过 MS^n 分析最容易断裂的键，例如从谷胱甘肽中性丢失 γ-谷氨酰基（M-130）和甘氨酸残基。

3.2.4 乙酰化以及与氨基酸的结合

乙酰化反应涉及的辅助因子是乙酰辅酶 A。乙酰基通过硫酯桥与辅酶 A 连接，处于活化状态。该基团被转移到底物的亲核官能团上，如氨基、羟基或巯基。氨基是外源性底物乙酰化的最佳靶点。

催化乙酰化反应的各种酶包括：
① 芳香胺-N-乙酰转移酶是药物乙酰化涉及的主要酶系，在人体内有 NAT1 和 NAT2 两种形式；
② 芳香羟胺-O-乙酰转移酶和 N-羟基芳香胺-O-乙酰转移酶也参与芳香胺和羟胺的乙酰化。

乙酰化反应的外源性底物主要是中等碱性的伯胺，即芳香胺、肼和酰肼。药物的例子包括对氨基水杨酸、磺胺类、异烟肼和肼苯哒嗪。

外源性芳香羟胺也能被乙酰化，但属于 O-乙酰化。

另一种不同类型的反应是外源性醇与脂肪酸的结合，生成高度脂溶性的代谢物，在组织中蓄积。

此外，氨基酸的结合是许多羧酸化合物的主要代谢途径，外源性底物的羧基被活化，与氨基酸生成酰胺键。甘氨酸和谷氨酰胺常常与芳香羧酸结合。

3.3 现代制药工业中的药物代谢研究

在现代药物发现和开发的各个阶段，都需要考察候选药物的代谢和处置，获取关键性的信息。在药物发现阶段早期,药物代谢信息能够帮助指导药物化学家优化结构,改善临床前安全性和有效性。在开发阶段,药物代谢信息对于设计毒理学试验非常重要,确保代谢物的安全性得到足够的考察,也可能是动物毒性能否预示人体毒性的关键,还能够帮助指导药物-药物相互作用和特殊群体临床试验。

3.3.1 研究目的

近年来,药物动力学和代谢数据在药物发现和开发过程各个阶段的重要性越来越受到重视。为更好地理解体内药物代谢和药动学试验的作用,首先有必要归纳在药物发现和临床前开发阶段DMPK(药物代谢与药物动力学)试验的目的。

支持药物发现 在先导化合物鉴定、优化和临床候选物选择过程中,DMPK目前已经是一项日常工作。在这些不同阶段,DMPK评价与其他"可开发性"评价同步进行。因此,选择体内和体外方法是以透彻理解DMPK相关性质为基础,而不是简单地以处理更多化合物的能力为基础。

支持药物代谢研究 机体代谢药物的主要目标是通过尿和胆汁清除可能有害的外源物。这通常被认为是分步进行的,常常是亲脂性的药物分子被代谢为一般非活性、无毒和亲水性强的产物,后者容易随尿和胆汁排泄。然而在某些情况下,药物的代谢物可能有毒,或可能代表活化的产物(如酰基葡糖苷酸),可能导致器官毒性或免疫介导的毒性。因此,需要药物代谢的广泛知识,以全面理解新药分子的药理学性质和安全性。

支持药效动力学研究 回答临床前开发中一系列问题的关键是监测暴露的药效动力学试验,以及严格设计的动物药动学/药效学(pharmacokinetics/pharmacodynamics,PK/PD)试验。包括:①确定动物模型潜在的药效动力学终点;②开发药效的机理依赖性模型;③确定体内强度和固有活性,并预测人体情况;④优化剂型和给药方案;⑤支持临床一期的剂量选择。因此,在临床前开发早期,应用PK/PD模型定义剂量-浓度-药理效应关系和剂量-浓度-毒性关系,以及结合体外与体内数据,将这些结果外推到人体,可能对临床一期确定适当的给药方案特别有帮助。临床前PK/PD试验也可能促进一系列重要的机理试验,探索血浆浓度和药理学效应持续之间的任何离异(例如,活性代谢物或药效室的长半衰期等)。

支持毒理学研究 动物DMPK试验的一项重要功能是支持临床前安全性评价。因此,在毒理学试验中测定PK和暴露是解释毒理现象的关键。例如,必须比较毒理学试验的暴露与期待或测得的人体暴露,以确保足够的安全余地。此外,应当比较毒理学试验动物的代谢模式与人体的代谢物模式。在此情况下,重点放在人体和毒理试验动物代谢物模式的定性相似上,以确保两者都暴露于母体药物以及任何可能引起毒性的相同代谢物。

支持剂型研究 在发现和开发阶段,药剂学家开发剂型,以保证早期DMPK、安全性和药效动力学试验有合适的给药方式。当体内血浆浓度-时间曲线需要扩展到控制释放剂型,或需要改善口服生物利用度时,也需要考察各种剂型。在此情况下,有优良体外性质的剂型被用于动物体内口服吸收试验。一旦在动物体内获得有利的血浆浓度-时间曲线,则该剂型被开发为人体试验用。在此阶段十分关键的是认真选择支持剂型研究的动物种类。为此,需要了解动物和人体胃肠道生理的异同。事实上,犬已经成为考察剂型生物利用度试验最常用的物种。由于人和犬的物种差异,从犬得到的结果与人体的相关性需要谨慎评估。

3.3.2 体内药物动力学试验

近年来,一些制药公司报道了向一只动物同时给予几种化合物(合并给药,N-in-

One）的方法。以它们的体内 PK 性质为基础，对化合物快速排序。与通常的 PK 试验相比，该法的优点是速度快，因为动物给药、采血和样品分析这些慢步骤都最小化了。另一优点是大幅度减少了动物用量。使上述方法可行的技术是 LC/MS/MS，可以同时测定许多种化合物。

尽管据报道，合并给药在筛选中得到了有用的结果，特别是对药物候选物进行排序，但最近从理论上和实验上都发现存在很大误差的可能性。因此，建议非常小心地解释合并给药得到的 PK 参数。

一项 PK 试验涉及动物或人体的给药或采样，生物样品（如全血、血浆，组织）分析，以及用非室 PK 方法或房室方法对获得的全血、血浆或血清浓度-时间数据进行的分析。低水溶性分子在给药前常常需要很多剂型方面的工作。生物样品分析通常需要有机溶剂提取和 LC/MS/MS 分离和检测。在药物发现阶段，PK 试验最常用啮齿类动物和评价体内药效的物种。因此，大动物如犬和猴被用于进一步表征感兴趣的化合物，以支持毒理学试验，产生可用于人体 PK 的数据。化合物最常见的给药途径是口服和静脉注射。

3.3.3 代谢试验

在药物代谢试验中，两个方面最重要。一是代谢物与安全性相关的化学本质。所有生成并在人体循环中检测到的代谢物，理想地也应该在一种临床前毒性试验用动物中产生，并达到至少相似的系统暴露。二是初级代谢清除步骤相关的主要酶可能具有物种专一性表达模式、诱导或抑制潜力。许多具有临床意义的药物-药物相互作用来自酶的诱导和抑制，或药物代谢和消除中的其他主动过程（如转运体）。

虽然有许多体外工具可以研究药物代谢的主要过程和生成的代谢物，但常常难于在体外和体内代谢中建立定量的相关性。在先导物早期优化过程中，通常用适当的体外工具研究新化学实体（NCEs）的代谢稳定性、生物转化和代谢物结构，例如用表达的人体代谢酶或细胞系（如肝细胞）[16]。通常，根据代谢稳定性和生成代谢物对化合物进行排序就足以作为这些体外试验的结果。此后，在药物开发阶段，必须研究代谢物的系统暴露和总体排泄途径的差别。由于化合物的代谢稳定性越来越被优化，所以在动物和人的体内试验中，也常见肝外代谢途径和原型药物分子直接排泄的情况。使用放射性标记药物，相继在所有毒性试验动物，最后在人体研究排泄的完全性、排泄途径，以及血浆和代谢物中的排泄模式。

3.3.3.1 放射性标记化合物的使用

在大多数体外和体内药物代谢试验中都可以使用放射性标记药物分子。容易定量在不同生物介质中所有药物相关分子的总和，并且可以确定样品处理步骤的回收率。通过放射性标记同位素，还大大有助于各种代谢物的色谱分离，容易对没有化学标准品的未知代谢物进行定量和检测。因此，放射性标记化合物被用于大部分体内 ADME 试验；^{14}C-标记化合物被优先用于这些试验，因为该同位素在分子中的代谢稳定性高于 ^3H 标记物。该同位素通常被置于分子的代谢稳定母核上。然而对于更特殊的问题，或依赖于涉及的代谢步骤，可能对稳定和不稳定基团二者都进行标记。此外，可以合成采用不同同位素（$^{13}C/^{14}C$ 或 $^3H/^{14}C$）的双标记化合物，以帮助鉴定和定量特定分子的代谢物。

3.3.3.2 药物代谢物的色谱分离和定量

采用放射性标记化合物进行体外药物代谢研究或体内动物试验时，HPLC 都是分析和定量母体药物和任何代谢物的主要方法。一项灵敏度极高的检测 ^3H 和 ^{14}C 同位素的新技术是加速器质谱（AMS），在人体 ADME 试验中潜力很大[17,18]。可以用非常低比活度的放射性剂量进行人体 ADME 试验，总放射性剂量可在 nCi 范围。在药物开发很早阶段，即可获得关于排泄完全性（物料平衡，mass balance）和排泄途径的信息，以及生成代谢物的有限信息。

3.3.3.3 用于体内 ADME 试验的动物模型

体内药物代谢试验使用许多不同的动物模型。非手术的首次试验动物用于排泄平衡试验，并估计血浆、尿和粪中的代谢物模式。对于代谢物经胆汁清除比例高的化合物，需要额外使用胆道插管动物。在这种动物模型中，可以估计药物经胃肠道的总吸收、首关代谢的比例以及药物和代谢物向胃肠道中的分泌（静脉给药后）。

然而，手术的大鼠常常显示炎症反应，导致细胞色素 P450 酶和葡糖醛酸转移酶的诱导和抑制，因此显著改变代谢能力。对于特殊问题，基因敲除动物以及缺乏某些代谢酶或转运体的品系可用作体外试验的补充。P-糖蛋白基因敲除小鼠被用于研究该转运体对脑摄取的限制，以及在一定程度上对胃肠道吸收药物的影响。人源化小鼠可被用于研究相应细胞色素 P450 酶对代谢和药物-药物相互作用在体内环境下的影响力。

3.3.3.4 物料平衡和排泄途径研究

通常在开发的不同阶段，用安全性试验动物，即大鼠、犬或猴，进行在动物体内完整的尿和粪的平衡试验。这些结果被用于准备人体放射性标记化合物的 ADME 试验，后者一般在临床一期开发阶段进行。

一般在启动临床一期试验之前，在大鼠体内进行物料平衡试验，以评价动力学和排泄完全性，以及在该物种的排泄途径。对于大部分化合物，口服和静脉给药都进行试验，通常每种给药方式试验 3~5 只动物。选择剂量应在药理活性范围内，一般每只动物约 $20\mu Ci$ 放射性剂量即可保证足够的定量灵敏度。未标记和标记药物 1:1 混合物用于其后 LC/MS/MS 鉴定代谢物最为理想。如果在 5~7 天内排泄不完全（<90%~95%回收率），则分析尸体中残存放射性。对于第二种动物（犬或猴），排泄平衡试验一般在晚些进行，与临床一期试验平行，以准备人体物料平衡试验。大鼠和非啮齿类动物试验的尿和粪样可进一步用于代谢物模式分析。大鼠一般不采血浆样品，以免影响试验的主要目标，即物料平衡的完全性；然而对大动物可以采样，用于进一步分析。

3.3.3.5 实验动物和人体内代谢物追踪

体内 ADME 试验的主要目标之一是评价血浆和排泄物中的代谢物模式，并考察物种差异。

母体药物和主要代谢物的血浆暴露及其相关的物种间差异，对于解释毒性试验或致癌性试验有特殊意义。然而，只有放射性标记的人体 ADME 试验才能最终建立所有相关代谢物的安全余地，也才能获得人体生成代谢物的系统利用度。采用新型的更灵敏和选择性技术，如 LC/MS/MS，从最初临床试验的血浆样品中可能检测到已知的或推测的代谢物。然而该技术不能对所有没有对照品的代谢物定量。此外，LC/MS/MS 检测全未知的代谢物极为困难。

应该特别关注人体内的主要代谢物，它们与母体药物相比，占 AUC 的比例很大，以及那些仅在人体内发现的代谢物。对于这两种类型的代谢物，应建立定量分析方法，以评价它们在动物和人体内的暴露。对于人体特有的代谢物，以及在至少一种毒性试验动物中没有达到相应系统暴露的代谢物，应考虑进行单独的毒性试验。

血浆中的主要代谢物不一定就是总代谢中的主要代谢物，因为代谢物的生成和消除速度，以及其他动力学参数都是重要因素。

分析排泄物中的代谢物，主要目的是定量评价不同排泄途径和代谢途径对受试药物总清除和代谢的贡献。这一信息用于估计不同途径所占的比例。此外，可以纯化尿中的代谢物,用于结构解析。尽管胆汁和粪中的代谢物较难纯化,但也可能成功。

对于大部分肾清除的相关物质,通常为小分子量化合物或某些结合型代谢物,在大多数情况下容易实现分析和定量。对于主要经胆汁和粪清除的化合物,应对二者都进行代谢模式研究,以便对排泄的药物代谢物的本质和途径进行总体评价。这可以通过排泄平衡试验样品,进行排泄物中每个代谢物的定量分析。从静脉给药和口服给药胆道插管的动物胆汁,应平行分析试验胆汁和粪样。这将帮助理解胆汁清除代谢物的本质、它们在粪中的稳定性、吸收分数、首关代谢程度和生物利用度,以及药物和代谢物直接分泌到粪中的潜力。对犬和猴可以采用上述相似的方法,而对人排泄物的分析一般限定在尿和粪。然而必须强调,胆道插管动物的代谢活性通常会改变,或在试验周期内排泄不完全。因此,与初次试验动物的观察结果进行比较非常重要。

药物代谢的物种差异限制了临床前体内代谢试验的价值。这些差异可以是定量的,即代谢途径相同,但相对速度不同;或定性的,即不同的代谢途径,生成不同的代谢物。没有哪种体内动物模型被认为最适于人体。

动物模型的另一种局限是常常观察到手术动物的炎症反应。可以观察到插管后急性期响应标志物,如 α_1-酸糖蛋白和肿瘤坏死因子(TNF)。作为这些不同组别的后果,药物代谢酶可被诱导或抑制,导致药物动力学和代谢途径的明显改变。

3.3.3.6 反应性代谢物研究

尽管大部分药物生成的代谢物是稳定的,但有一些代谢物存在的时间短,属于反应性中间产物。对于这些代谢物,必须采用其他检测方法,例如用谷胱甘肽捕获或测量稳定的分解产物。在细胞中,这些反应性产物通常被谷胱甘肽捕获。这些高度反应性的代谢物容易与蛋白反应,生成药物-蛋白共价键加合物,也能引发免疫介导的过敏毒性。这些反应也可能在谷胱甘肽耗尽的情况下发生。一般在药物发现早期和开发阶段,用适当的体外分析方法考察这些潜在的过程。体内试验可以帮助评价这些结果在体内情况下的重要性。放射性标记药物与血浆、肝或微粒体蛋白的共价结合能够被定量,并将结合程度与剂量进行相对比较,并与相同条件下阳性化合物的共价结合比较。

3.3.3.7 酶的诱导和抑制试验

考察候选药物诱导和抑制代谢酶的潜力,一般用专一性体外试验进行,因为这两种机理的动物试验对于预测人体的价值有限。

使用人肝微粒体制备物或重组人 P450 酶,研究被试药物对细胞色素 P450 家族主要代谢酶的抑制。然后根据结果,进行体内试验,评价体外发现的重要程度。可用选择性标志底物专门抑制受影响的酶,或使用"鸡尾酒"方法,在一项试验中考察所有主要的细胞色素 P450 酶[19,20]。一般不考虑用动物试验来代替人体试验,因为底物专一性存在显著的物种差异。

可能在多剂量毒性试验中观察到候选药物对酶的诱导,即随着时间的推移,药物暴露降低。然而,动物和人体内药物代谢酶的调控不同,故动物不是药物代谢酶诱导的良好模型。此外,如果被试化合物不明显地被某些酶代谢,则可能导致忽略对这些酶的诱导。因此,一般用人肝细胞来研究新被试药物的酶诱导性质。在药物开发的早期通常需要这些信息,以排除在临床一期试验中同时用药可能造成的伤害。

3.3.4 讨论与展望

药物代谢研究的基本目标是表征药物在生物体内的处置。排泄途径和总体分子转化是该学科的最重要方面。在最近 20 年里,技术进展程度、科学知识积累以及该领域的影响范围的扩大程度都是过去无法预测的。

药物代谢学家的作用是表征药物的处置，评价其对总体安全性和药效的影响。需要全面表征代谢的信息范围太宽，没有一位科学家能够独自完成全部的表征。然而至关重要的是，透彻理解整个代谢过程，然后把它与药物行为的其他适当方面有机整合。现代制药工业的历史充满例子，由于缺乏基础科学知识（例如酶诱导的机理和影响），对代谢的影响认识不足（例如代谢活化为有毒的反应性代谢物），或对已有知识的整合不完整（例如药物-药物相互作用），导致药物研发的失败。可以认为，恰当地整合信息比搜集数据本身更困难，也更重要。因此，今天对科学家的挑战是能够领会数十年来积累的科学知识，掌握一系列复杂的技术，整合不同领域的信息，从而充分认识药物的最终临床行为。

推荐读物

- Zhang D L, Zhu M S, Humphreys W G. Part I: Basic concepts of drug metabolism. In: Drug Metabolism in Drug Design and Development. Hoboken, New Jersey: John Wiley & Sons, 2008.
- Guengerich FP. Common and uncommon cytochrom P450 reactions related to metabolism and chemical toxicity. Chem Res Toxicol, 2001, 14: 611-665.
- Kalgutkar A S, Gardner I, Obach R S, et al. A comprehensive listing of bioactivation pathways of organic functional groups. Curr Drug Metab, 2005, 6: 161-225.
- Hayes J D, Flanagan J U, Jowsey I R. Glutathione transferases. Annu Rev Pharmacol Toxicol, 2005; 45: 51-88.
- Testa B, van der Waterbeemd. ADME-Tox Approaches//Taylor J B, Triggle D J. Comprehensive Medicinal Chemistry II. Vol. 5. Amsterdam: Elsevier, 2006.

参考文献

[1] Daly A K, Day C P, Aithal G P. Br J Clin Pharmacol, 2002, 53: 408-409.
[2] Williams J A, Hyland R, Jones BC, et al. Drug Metab Dispos, 2004, 32: 1201-1208.
[3] Bjornsson T D, Callaghan J T, Einolf H J, et al. Drug Metab Dispos, 2003, 31: 815-32.
[4] Strushkevich N, Usanov S A, Plotnikov A N. J Mol Biol, 2008, 380: 95-106.
[5] Kurosaki M, Terao M, Barzago M M, et al. J Biol Chem, 2004, 279: 50482-50498.
[6] Panoutsopoulos G I, Kouretas D, Beedham C, et al. Chem Res Toxicol, 2004, 17: 1368-1376.
[7] Vasiliou V, Nebert D W. Hum Genomic, 2005, 2: 138-143.
[8] Wang X J, Hayes J D, Henderson C J, et al. Proc Natl Acad Sci (USA), 2007, 104: 19589-19594.
[9] Burchell B, Lockley D J, Staines A, et al. Methods Enzymol, 2007, 400: 46-57.
[10] Jeong E J, Liu X, Jia X B, et al. Curr Drug Metab, 2005, 6: 455-68.
[11] Patten C J. Drug Discovery Today: Technologies, 2006. 3: 73-78.
[12] Glatt H. Chem Biol Interact, 2000, 129: 141-170.
[13] Waring R H, Ayers S, Gescher A J, et al. J Steroid Biochem Mol Biol, 2008, 108: 213-220.
[14] Goldberg M E, Cantillo J, Gratz I, et al. Anesth Analg, 1999, 88: 437-445.
[15] Hayes J D, Flanagan J U, Jowsey I R. Annu Rev Pharmacol Toxicol, 2005, 45: 51-88.
[16] Fura A, Shu Y Z, Zhu M, et al. J Med Chem, 2004, 47: 4339-4351.
[17] White I N H, Brown K. Trends Pharmacol Sci, 2004, 25: 442-447.
[18] Vogel J S, Palmblad N M, Ognibene T, et al. Nuclear Inst and Methods in Physics Research B, 2007, 259: 745-751.
[19] Turpeinen M, Jouko U, Jorma J, et al. Eur J Pharm Sci, 2005, 24: 123-132.
[20] Youdim K A, Lyons R, Payne L, et al. J Pharm Biomed Anal, 2008, 48: 92-99.

第4章

药物作用靶标、化合物的活性筛选

李 佳，南发俊

目 录

- 4.1 药物靶标和治疗领域选择的多样性及针对性 /64
  - 4.1.1 定义 /64
    - 4.1.1.1 针对治疗疾病领域与靶标分类 /64
    - 4.1.1.2 治疗靶标与分子靶标的区别 /64
    - 4.1.1.3 靶标的"类药性" /64
  - 4.1.2 基因组学对药物发现的影响 /64
  - 4.1.3 药物靶标的分类 /65
    - 4.1.3.1 G蛋白偶联受体 /67
    - 4.1.3.2 蛋白激酶 /67
    - 4.1.3.3 离子通道 /67
    - 4.1.3.4 知识产权前景 /67
- 4.2 药物靶标 /68
  - 4.2.1 G蛋白偶联受体 /68
    - 4.2.1.1 G蛋白偶联受体家族的结构特点 /68
    - 4.2.1.2 G蛋白偶联受体信号传导通路 /68
    - 4.2.1.3 潜在的G蛋白偶联受体药物靶标 /69
  - 4.2.2 离子通道 /71
    - 4.2.2.1 离子通道的一般结构和功能特点 /71
    - 4.2.2.2 细胞膜离子通道蛋白作为靶标 /72
  - 4.2.3 核受体 /73
    - 4.2.3.1 细胞核受体的分类及一般结构特点 /73
    - 4.2.3.2 细胞核受体作为新药发现的靶标 /74
  - 4.2.4 酶 /74
    - 4.2.4.1 信号转导通路中的蛋白激酶及蛋白磷酸酶 /74
    - 4.2.4.2 磷酸二酯酶 /77
  - 4.2.5 核糖核酸和脱氧核糖核酸 /77
    - 4.2.5.1 脱氧核糖核酸药靶 /77
    - 4.2.5.2 核糖核酸药靶 /78
  - 4.2.6 展望 /79
- 4.3 化合物活性筛选 /79
  - 4.3.1 化合物的保存与管理 /79
    - 4.3.1.1 化合物的收集和加工 /79
    - 4.3.1.2 样品的保存与检索 /80
    - 4.3.1.3 备用化合物 /82
  - 4.3.2 筛选模型的建立 /84
    - 4.3.2.1 生化检测 /84
    - 4.3.2.2 细胞水平检测 /87
    - 4.3.2.3 基于小动物筛选模型 /87
  - 4.3.3 展望 /91
- 推荐读物 /91
- 参考文献 /91

4.1 药物靶标和治疗领域选择的多样性及针对性

4.1.1 定义

4.1.1.1 针对治疗疾病领域与靶标分类

近十年来国际领先制药公司和生物技术公司在如何开展药物发现研究的靶标选择上存在两种主要方式。其一，针对治疗领域，即集中在某个特定疾病或治疗领域（如炎症或心血管疾病），这种方式深入地关注某种疾病领域的生物学过程和治疗方式，但是对不同类型药物分子靶标的了解相对较浅。其二，针对靶标分类，即集中研究某个特定类型的靶标（如激酶或蛋白酶）。这种方式被大部分生物技术公司采用，他们集中有限的研发力量关注新发现的蛋白靶标，包括阐明靶标的相关信号途径，以及与疾病的关系等。该类生物技术公司的研发队伍必然对特定类型的靶标有深入的理解，只需对小范围的治疗领域有所掌握。

4.1.1.2 治疗靶标与分子靶标的区别

任何新药发现的最终目标都是新发现的药物能有效针对某一疾病指征（即治疗靶标），对于这一疾病指征，目前市面上还没有针对性的药物，或者相对于已有药物，新药能够通过一种新的机制起到实质的治疗优势，这些优势包括减少副作用，提高安全性等。例如，用于治疗慢性骨髓性白血病的化合物 imatinib，即新分子靶标激酶 bcr-abl 的选择性抑制剂。

运用特定分子靶标进行新药发现的目标是发现一个对特定疾病产生整体上影响的大分子蛋白的调控剂，这是基于被选择的分子靶标与特定疾病在病理生理学上存在密切联系的假设。这种基于分子靶标的研究方法还有益于新药发现、高通量筛选以及候选药物前期安全性评价。

4.1.1.3 靶标的"类药性"

"药物靶标"是有可能结合小分子有机化合物的生物大分子。需要强调，这一定义只意味着化合物应该能够结合特定靶标，但是并没有保证这种结合能够调控基本生物学过程或者对靶标有选择性。另一方面，靶标的类药性，主要是指蛋白的一个家族，针对这个家族的某个成员，市场上已有具代表性且有效的疗法。

严格地定义，只有调节某靶标的药物已经上市，这种靶标才可以被确证为有效的分子靶标。利用这一概念，就可以判断新的靶标是否可以被确定为潜在的类药靶标。基因序列已知，却对该基因的生物学功能丝毫未知的蛋白是最不可能被确证的类药靶标。目前，在制药及生物技术工业中已经开展的几乎所有项目都在研究某种程度上混淆这两者界限的靶标。

4.1.2 基因组学对药物发现的影响

"基因组革命"对药物发现产生了巨大的影响。DNA 序列测定技术的进步让科学界不仅可以快速地得到特定序列而且有可能得到特定有机体的全部基因序列，由此，很多公司快速鉴定出众多对疾病的致病或持续机制有重要作用的基因，这不得不让人乐观地以为制药业很快就会发生巨大变化。这种想法虽然有些天真，但是关于人类基因组计划和基因组革命的宣传确实有利于促进其中很多科研项目的进展和研究基金的立项。

与此同时，众多制药公司采用申请基因序列专利使大量基因序列信息商品化。然而专利仅仅包括基因序列本身或序列片段，却不提及特定序列的作用。这段时间内，制药公司都迫切想成为"基因组革命"中的一员（作为直接参与者或者购买到筛选特定基因产品的权利），否则他们将丧失基因组革命带来的后续优势。因此，大型制药公司努力参加款项较多的合作，从中他们可以得到一部分基因组上的"靶标"。在某种程度上，这种趋势使小型的生物技术公司获得了大量的潜在药物靶标。在整个20世纪90年代，这种模式支撑了基因组公司的生存发展并同时提高了他们在某些治疗领域的药物发现能力。

大量药物靶标的发现对新活性化合物发现概率的提高工作提出新的挑战。在基因组革命到来之前，药物发现领域已经开始着手提高高通量筛选能力，也开始提倡利用固相合成法快速合成化合物库（如 Alanex，Trega，Pharmacopeia 公司）。但是，利用基因组革命成果的方式不仅仅局限于提高筛选能力和建立更大的化合物库。随着大量序列信息的出现，提高信息处理和解释说明这些数据的生物信息产业技术成为必要，以便使基因组序列数据有可能与文献中报道的功能数据相对应，也将序列数据与疾病及疾病的分子特征相联系。另外对已有软件的改善升级及新程序的设计也成为必要手段，以产生新的生物学数据库，以新的方式提出各种假说。

上述基因组技术进步的确促进了生物技术的极大发展，但是最初鉴别的新基因序列信息包含很少关于他们在正常或病理状态的生物学功能。在现阶段能够帮助理解特定基因产物的生物学功能的工具却滞后于药物靶标蛋白的确证，生物信息学、系统生物学、生物信息技术的方法能否加速这一工具的有效化，现在尚未知。

目前，把从基因组上找到的药物靶标转变成被认可的治疗剂的速度还很有限。这主要是因为从针对特定疾病的大量潜在靶标中找到有效靶标，或者利用从基因组靶标上获得的信息去筛选最好的分子靶标都具有相当大的难度。最近评估表明，与临床上已证明的有效靶标相比，新靶标的成功概率要降低50%。再结合日益提高的成本，就不难理解直接针对新靶标的治疗剂少之又少的状况。

为此制药公司需设立一些研究小组专门研究从基因组（现在更多的是蛋白质组）上得到的药物新靶标，以使它们更快被确证。随着对这些药物靶标的理解日益深入，这些靶标在新药发现中将会发挥更大的作用。运用遗传模型加速了新分子靶标确证的过程。申请运用这些模型系统（包括从酵母、线虫这类简单的有机体到基因敲除及转基因鼠）研究基因产物在发育和疾病中作用的大公司纷纷成立。同时，公立研究院的小规模团体研究成果发表后所产生的更大公共数据库也完善了这些公司的工作。分子靶标确证研究领域的一个明显进步体现在 RNA 干扰技术（siRNA 或 RNAi），这种技术已经被广泛应用于选择性基因的表达，它既用在细胞系统中，又用在体内模型中，更有一些公司已经运用这种技术开展了临床试验。新研究技术的引入使得选择性基因表达的速度及所分析的不同有机体数量都在持续提高，加之复杂生物信息学工具的运用，特定分子靶标的确证速度已经得到很大程度的提高。

4.1.3 药物靶标的分类

治疗性药物在机体内调节的生物大分子主要有四种类型：蛋白质、多糖、脂质、核酸，但是绝大多数药物都是通过与蛋白质结合并调节它们发挥作用。因此，蛋白质为药物靶标提供了最好的资源。依据蛋白质的结构，近一半的药物靶标可以分成七大基因家族：G-蛋白偶联受体（GPCRs）、离子通道、蛋白激酶、锌金属蛋白酶、丝氨酸蛋白酶、核受体以及磷酸二酯酶[1]。据推测，人类基因组中药物作用的靶标有5000~10000个，甚至可能更多[2,3]。但是目前，现有治疗药物的靶标大约 500 个。尽管药物靶标的数量非常巨大，但是仍然不清楚这些靶标中到底有多少与疾病相联系。因为现在，建立疾病与靶标的联系的唯一方式是对新靶标的调节剂进行临床评价。

20 世纪 80 年代，分子生物学技术使蛋白靶标的克隆用于新药发现的生物筛选。这些新技术使从事蛋白靶标研究的公司的数量剧增，这些公司或者将蛋白靶标本身作为治疗剂，或者试图发现这些蛋白靶标的小分子调节剂。为了取得与众不同的优势，很多生物技术公司选择针对特定靶标类别，甚至集中在一个靶标上。这种针对性有很多优势，可以使公司更深刻地探讨靶标与疾病的生物学联系，集中研究某一靶标的医学化学特性及结构特征，而且可以从很多治疗领域中选择出与某类靶标相关的领域。表 4-1 列举出了部分公司及他们所针对的特定治疗靶标。

表 4-1 生物技术公司及其所针对的特定治疗靶标

靶标类型	公司	治疗领域
G 蛋白偶联受体	Arena[4]	代谢型疾病、中枢神经系统、心血管和炎症
	Acadia[5]	中枢神经系统
	ChemoCentryx[6]	炎症
	Synaptic Pharmaceuticals[7]	中枢神经系统
	Affectis[8]	中枢神经系统
激酶	Vertex[9]	癌症、炎症、抗病毒
	Sugen[10]	癌症
	Signal[11]	癌症、炎症
	Ariad[12]	癌症、炎症
	OSI[13]	癌症
	Onyx[14]	癌症
	Ambit Biosciences[15]	癌症、中风
核受体	Xceptor[16]	代谢型疾病
	Ligand[17]	癌症、代谢型疾病
	Tularik[18]	心血管、代谢型疾病、癌症
	KaroBio[19]	代谢型疾病
离子通道	Icagen[20]	镰刀型细胞疾病、中枢神经系统
	Hydra Biosciences[21]	心血管
	Biofocus[22]	疼痛
	Scion[23]	中枢神经系统
	Targacept[24]	中枢神经系统
	Lectus[25]	传染病、中枢神经系统、炎症
	Vertex[26]	癌症、炎症、抗病毒
	Celltech[27]	炎症、气管疾病
磷酸二酯酶	ICOS[28]	炎症、气管疾病、勃起功能障碍
	Inflazyme[29]	炎症、气管疾病
	Memory[30]	中枢神经系统
蛋白酶	Khepri[31]	炎症
	Collagenex[32]	骨病
	Chiroscience/Celltech[33]	炎症
	Vertex[34]	癌症、炎症、抗病毒

4.1.3.1 G蛋白偶联受体

据估计,目前50%的药物以及未来药物销售最好的前200种药物中大约25%都调节G蛋白偶联受体(GPCR)[35]。以GPCR为靶标的药物能治疗心血管疾病、中枢神经系统疾病、肠胃疾病、哮喘、变态反应及癌症等多种疾病。已发现的GPCR家族成员有800～1000种,已知的具有内源配体的约210种[36,37]。因此,针对这些孤儿受体(orphan receptors)开展功能和生物活性研究,探索它们在生理病理状态中的作用,将具有重要意义。GPCR靶标数目的增长及GPCR与配体反应机制的阐明,将有助于发现更多的正向激动剂、拮抗剂、反向激动剂及变构调节剂。

4.1.3.2 蛋白激酶

蛋白激酶诱导的胞内蛋白磷酸化是调控细胞生理过程的普遍机制,它能够诱导细胞生长、分化、代谢、膜运输和凋亡等。蛋白激酶家族主要可以分为两大亚家族:蛋白酪氨酸激酶(PTK)亚家族和丝氨酸苏氨酸激酶亚家族。以PTK为靶标已经研制出了治疗癌症的重要药物,包括Imatinib和Erlotinib。在人类基因组中已经鉴别出530多个激酶相关序列,而且其中一些已经获得三维结构信息[38]。这促进了激酶抑制剂的发现。所有激酶都包含一个保守的催化结构域,ATP结合位于催化结构域两个主要部分(N端和C端)的裂缝中,目前发现的大部分激酶抑制剂都是ATP竞争型的。ATP结合位点的共同特征也增加了研制具有选择性的激酶抑制剂的难度。但是,一些直接与ATP结合位点相结合并且具有高度选择性的抑制剂已初露端倪,并且很多激酶抑制剂也处于被研发的过程中,这些针对治疗癌症的激酶抑制剂,能够调控激酶家族的多个成员。

4.1.3.3 离子通道

离子通道是细胞内普遍存在并调控离子(如Na^+、K^+、Ca^{2+}、Cl^-)跨细胞膜被动运输的孔洞性蛋白装置。人类已经被确定的离子通道约有650个。这些蛋白的信息储存在靶标特异性数据库——配体门离子通道数据库(Ligand-Gated Ion Channel Database)中[39]。目前有很多治疗剂都是通过调节离子通道的功能发挥作用。全球销售最好的前100种药物中,有15种以离子通道为靶标,其中包括抗高血压药物(如Ca^{2+}通道阻滞剂氨氯地平、硝苯地平)以及抗癫痫药(Na^+通道阻滞剂氨甲酰苯)。这些离子通道调节药物是在离子通道亚家族被定义以前偶然发现的。而现阶段以这些离子通道作为靶标研制药物具有高度挑战性,但是最近高通量电生理学技术的应用及靶标蛋白结构信息的积累促进了这方面的研究,更多以离子通道为靶标的药物将进入临床试验阶段。如BioFocus公司已经开发了离子通道配体药物设计工具——螺旋区识别分析工具(Helical Domain Recognition Analysis),这将促进这类靶标小分子库的设计。同时天然产物(特别是蜘蛛、蜜蜂、蝎子、蛇、河豚及珊瑚的毒素)也有助于离子通道亚型的分类及功能的研究。

除上述3类药物靶点外,针对其他类型靶标的公司不断涌现,如:ProScript(以蛋白激酶为靶标);MA(现在属于Millennium)和Conforma(以热休克蛋白90为靶标);CA和MethylGene(以热组氨酸去乙酰化酶为靶标);Idun(以Caspase半胱氨酸蛋白酶家族为靶标);Coley Pharmaceutical Group(以钟形受体toll-like receptors为靶标)等。这些及其他生物技术公司希望他们选择的靶标不久将在临床研究中得到确认并希望这些靶标的调节剂能够最终走向临床应用。

4.1.3.4 知识产权前景

基因序列专利很好地鼓励了后续投资,并且已经成为生物技术业发展的中心。据统计,美国国立生物技术信息中心(National Center for Biotechnology Information)基因数据库中23688个基因中的4382个基因专利属于美国,这就意味着,约20%的人类基因知识产权属于美国[40]。而这些专利的拥有者主要集中在加利福尼亚大学、ISIS Pharma、人类基因组科学公司（Human Genome Sciences Inc）、Incyte Pharmaceuticals/Incyte Genomics 等研究团体。基因组中很多基因还没有专利，但是有些基因已经有很多专利，这些专利涉及基因的使用权、所在细胞株及包含基因的载体等。

4.2 药物靶标

4.2.1 G 蛋白偶联受体

4.2.1.1 G 蛋白偶联受体家族的结构特点

比较不同 G 蛋白偶联受体的氨基酸序列会发现，不同序列的各亚家族 G 蛋白偶联受体都包含一个共同的核心区域结构：七条跨膜双股螺旋链（7TM，TM Ⅰ～Ⅶ）。在细胞内侧面，7TM 经由 3～4 条长短不一的环形短链（i1，i2，i3 或 i4）相连，在细胞外侧面，则有三条环形短链与之相连（e1，e2，e3）。G 蛋白偶联受体的 e1 和 e2 各有一个半胱氨酸残基，他们之间形成了二硫键，对维系受体的 7TM 构象起到重要作用。此外，不同的 G 蛋白偶联受体其细胞外 N 端区域和细胞内 C 端区域结构呈现不同的氨基酸序列和长度，与这些受体各有不同的特异功能有关。研究已证明，7TM 构象改变与受体激活有关。配基与受体结合使 7TM 由无活性的构象转变为活性的构象。而不同构象的改变是由 7TM 中的 TM-Ⅲ、TM-Ⅵ 的 α-螺旋相对方向决定的。G 蛋白偶联受体核心区域结构的构象改变常常导致胞内 i2 和 i3 环形短链的构象改变，这是 G 蛋白偶联受体辨认和激活 G 蛋白的关键位置（图 4-1）。

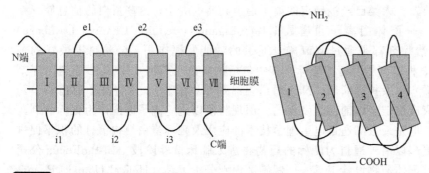

图 4-1 GPCR 的跨膜结构及 7TM 构象

4.2.1.2 G 蛋白偶联受体信号传导通路

由于具有重要的理论意义和极大的应用价值，G 蛋白偶联受体介导的细胞生物学反应和 G 蛋白偶联受体的信号传导机制是最近二十年生命科学的热门研究领域。G 蛋白偶联受体的内源性激动剂（第一信使）包括激素、细胞/体液因子和神经递质。激动剂首先必须与受体结合，通过 Gs 蛋白激活腺苷酸环化酶，增加细胞内第二信使环一磷酸腺苷（cAMP）。环一磷酸腺苷激活蛋白激酶 A（PKA），蛋白激酶 A 能使细胞内许多蛋白磷酸化，进一步引起相应的细胞生物学反应。另一方面，某些激素如儿茶酚胺、血管紧张素 Ⅱ、内皮素-1、抗利尿素等，与相应受体结合后，通过 Gq 蛋白介导，可激活磷脂酶 C（PLC），进而将细胞内的磷脂酰肌醇（PIP_2）水解成第二信使 IP_3 和 DG。当 IP_3 与内质网膜上的 IP_3 受体结合后使细胞内游离的 Ca^{2+} 离子升高，Ca^{2+} 离子通过与钙调蛋白结合，然后再激活钙调蛋白依赖性蛋白激酶（PK*Ca^{2+}*CaM），进而磷酸化靶蛋白，引起一系列细胞反应。在这里磷酸化的蛋白质或 Ca^{2+} 被称为第三信使。DG 是细胞在受到信号刺激后，肌醇磷脂水解的瞬间产物。DG 能激活蛋白激酶 C（PKC）。活化的蛋白激酶 C 可引起其底物蛋白磷酸化，引发各种细胞反应，包括细胞分泌、肌肉收缩、蛋白质合成及细胞生长等。

4.2.1.3 潜在的 G 蛋白偶联受体药物靶标

目前已经发现的人类 G 蛋白偶联受体至少超过 300 个，这还不包括感受不同气味的 G 蛋白偶联嗅觉受体。估计人类基因组有一个包含 2000~3000 个以上的 G 蛋白偶联受体成员的大家族（大约为基因组的 1%），其中 500~1000 个以上 G 蛋白偶联受体成员与感受气味的受体无关，可能成为寻找新药的潜在药靶。表 4-2 列出了与人类疾病相关的 GPCR 潜在药物靶标。

表 4-2 与人类疾病相关的 GPCR 潜在药物靶标

GPCR	相 关 疾 病
α_{1A}-肾上腺素	阿尔茨海默病(早老性痴呆,老年痴呆)
α_{2A}-肾上腺素	注意力缺陷多动症、运动病
α_{2B}-肾上腺素	高血压、冠状动脉疾病、肥胖
α_{2C}-肾上腺素	心脏衰竭
腺苷-A_{2A}	恐慌症
促肾上腺皮质激素	家族促肾上腺皮质激素抵抗
血管紧张素 AT_1	糖尿病肾病
血管紧张素 AT_2	恐慌症
β_1-肾上腺素	肥胖、焦虑、心脏衰竭、高血压、阿尔茨海默病
β_2-肾上腺素	β 阻断治疗所引起的心脏衰竭、哮喘、肥胖、代谢综合征、青光眼、高血压、心肌梗死、慢性阻塞性肺病、风湿性关节炎、Ⅱ型糖尿病、囊肿性纤维化、心律不齐
GPCR	相关疾病
β_3-肾上腺素	肥胖、Ⅱ型糖尿病、高血压
缓激肽 B1	冠状动脉疾病
缓激肽 B1	冠状动脉疾病、哮喘
$GABA_A$	癫痫
Ca^{2+} 感受型 GPCR	良性抵尿钙性高钙血症、新生儿甲状旁腺机能亢进
降钙素	高血压、骨质疏松症
大麻素 CB_1	物质滥用、精神分裂症
大麻素 CB_2	自身免疫病易感性
CCK_A	肠易激综合征、恐慌症、帕金森病、精神分裂症、物质滥用、胆石形成、Ⅱ型糖尿病
CCK_B	恐慌症、帕金森病、Ⅱ型糖尿病
趋化因子 CCR2	Ⅰ型糖尿病、子宫内膜异位、动脉硬化、高血压、骨质疏松症
趋化因子 CCR3	哮喘
趋化因子 CCR5	HIV、高血压、糖尿病肾病
CRTH2	哮喘
CRF1	肥胖
趋化因子 CX3CR1	黄斑变性、急性冠状动脉综合征、动脉硬化
趋化因子 CXCR6	HIV
白细胞三烯 CysLTR	哮喘

续表

GPCR	相 关 疾 病
多巴胺 D_1	情感性精神病
多巴胺 D_2	精神分裂症、物质滥用、肥胖、高血压
多巴胺 D_3	强迫障碍、迟发性运动障碍、精神分裂症、人格障碍
多巴胺 D_4	强迫障碍、注意力缺陷多动症、精神分裂症、人格障碍、抽动症
多巴胺 D_5	注意力缺陷多动症、睑痉挛
内皮素 ETA	偏头痛
内皮素 ETB	先天性巨结肠(肠管无神经结细胞症)
FPR1	牙周炎
FSH	不育症
GHRH	生长激素缺陷
胰高血糖素	肥胖、高血压
GnRH	低促性腺激素性性腺功能减退症(central hypogonadism)
GPR10	高血压
GPR50	情感性精神病
GPR54	促性腺激素分泌不足所引起的性腺功能减退症(hypogonadotropic hypogonadism)
GPR56	双侧额顶多小脑回畸形(bilateral frontoparetal polymicrogyria)
GPR154	哮喘
Ghrelin	Ⅱ型糖尿病
组胺 H_1	自免疫病
$5HT_{1A}$	焦虑、抑郁
$5HT_{1B}$	注意力缺陷多动症
$5HT_{1D}$	注意力缺陷多动症、神经性厌食
$5HT_{2A}$	肠易激综合征、早老性痴呆、瘾、强迫障碍、恐慌症、心肌梗死、净胜分裂症、高血压、迟发性运动障碍、秽语综合征
$5HT_{2C}$	迟发性运动障碍、精神抑制药引起的体重增加、精神分裂症、神经性厌食、肥胖、偏头痛、恐慌
$5HT_{5A}$	精神分裂症
$5HT_6$	精神分裂症、帕金森病、阿尔茨海默病
IL-8	慢性阻塞性肺病、哮喘
LH	男性假两性畸形
黑皮质素 MC_1	皮肤癌
黑皮质素 MC_3	肥胖
黑皮质素 MC_4	肥胖
褪黑素浓缩激素(melatonin concentrating hormone, MCHR1)	肥胖
褪黑素 MT1a	风湿性关节炎
毒蕈碱 M_1	阿尔茨海默病
毒蕈碱 M_2	抑郁、物质滥用
毒蕈碱 M_3	哮喘
δ-阿片剂	神经性厌食
μ-阿片剂	强迫障碍、药物滥用、癫痫症
后叶催产素	孤独症
甲状旁腺激素 PTH/PTHrP	布洛姆斯特兰软骨发育异常

续表

GPCR	相　关　疾　病
嘌呤能 P2Y1	血栓形成
嘌呤能 P2Y12	动脉硬化
视紫质	视网膜色素变性
生长激素抑制素	情感性精神病
血栓烷 A_2	哮喘、特应性皮炎
尾加压素Ⅱ	Ⅱ型糖尿病
抗利尿激素 1B	抑郁
抗利尿激素 V2	肾原性尿崩症
GPR39[41]	肥胖
组胺 H_4[42]	过敏炎症
NOP[43]	疼痛、物质滥用、心血管疾病、免疫
TGR5[44]	代谢相关疾病
FPR_SC[45]	代谢相关疾病

4.2.2　离子通道

4.2.2.1　离子通道的一般结构和功能特点

离子通道可以被分为非闸门性离子通道、直接闸门性离子通道和第二信使控制的离子通道三大类。直接闸门性离子通道又可以分为电压敏感型离子通道和配基敏感型离子通道。配基控制的离子通道受体多属于G蛋白偶联受体家族，已在前一节讨论，本节主要讨论电压敏感型离子通道。

电压敏感型离子通道包括钾离子通道、钙离子通道和钠离子通道，基本上都是由一个形成离子孔洞的α-亚基和一个或几个辅助性亚基组成。这几种电压敏感型离子通道的α-亚基都包含四个均一性的区域结构（Ⅰ～Ⅳ），每一区域结构又是由六个跨膜片断组成（S1～S6）。这几个离子通道的α-亚基基本上都在第五和第六跨膜片段之间形成离子孔洞。第四跨膜片断（S4）则常常因为含有碱性氨基酸残基成为高度带电荷的电压感受器，感受细胞动作电位变化而引起离子通道蛋白发生构象改变，致使离子通道闸门开启、关闭或失活（图4-2）。四个α-亚基组装成功能性电压敏感的离子通道。除了离子通透功能和闸门功能，α-亚基也含有离子通道激动剂或拮抗剂的结合位点。钾离子通道家族、钙离子通道家族和钠离子通道家族中的每一个成员α-亚基都具有不同的结构和功能。例如，至少有十个不同的电压敏感型钙离子通道α-亚基基因已经被克隆，他们中的每一个都与特异性的钙离子电流相关，常常表达在不同的组织细胞，介导不同的细胞生物学功能。类似地，不同离子通道有不同数目的辅助性亚基，这些辅助性亚基也有不同的结构和功能。一般而言，辅助性亚基通过调节离子通道在细胞膜表面的表达和离子通道蛋白复合物组成，或者通过改变电压/动力学依赖的离子流等方式影响α-亚基的功能，因此也称为调节性亚基。

电压敏感性阴离子通道如氯离子通道具有与上述电压敏感型阳离子通道完全不同的结构。不同电压敏感型氯离子通道含650～1000个氨基酸不等，分子质量为75～130kDa。研究发现每一个氯离子通道含8～12个跨膜片段（D1～D3和D5～D12）。与前述阳离子通道比较，氯离子通道并没有类似于阳离子通道跨膜片段中S4电压感受器的跨膜片段存在。另有D4片段位于细胞膜外面和D13片段位于细胞膜内。D4片段功能目前仍不清楚，但是，切除D13片段可导致氯离子通道功能完全丧失，提示其具有重要功能。

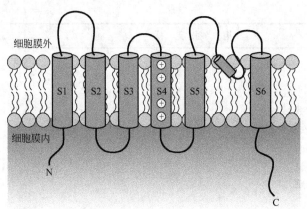

图 4-2　细胞膜阳离子通道结构模式图：α-亚基

(图采自 F Ashcroft, et al, Nature Review Drug Discovery, 2004)

4.2.2.2 细胞膜离子通道蛋白作为靶标

发现多种疾病是由于离子通道基因缺陷引起的离子通道蛋白功能异常所致。人类和其他种属基因组测序中发现的大量新的离子通道基因，以及成功建立的钾离子通道三维晶体结构，不但极大地增加了人们对离子通道的研究兴趣，也为获得治疗这些疾病的方法提供了可能性。特别重要的是这些研究提示各种离子通道具有广泛的生理和病理调节功能，因此，以各种离子通道蛋白或其辅助亚基为药靶，进行新药发现具有广阔的前景（表 4-3、表 4-4）。

表 4-3　以钾离子通道为药靶的潜在治疗药物

作为药靶的钾通道类型	治疗适应证	潜在药物或化合物
钾通道开启物		
ATP-敏感型钾通道	高血压	Pinacidil
	缺血性心脏病	Diazoxide, BMS180448
	心衰	Nicorandil
	哮喘	Aprikalim
	秃头症	P1075, Minoxidil
	尿失禁	ZM244085, ZD6169, WAY133537
	勃起功能异常	PNU83757
钙敏感型钾通道	脑缺血	BMS-204352, NS2004
	缺血性心脏病	NS1608, NS1619
	安定药、尿失禁、尿频	NS8
KCNQ2/KCNQ3	癫痫	Retigabine
钾通道阻滞剂		
ATP-敏感型钾通道	室性心律失常、心衰	HMR1098, HMR1883
	Ⅱ型糖尿病	Tolbutamide, Chlorpropamide, Glibenclmide, Glipizide, Nategliniide, Repagliniide
电压敏感型钾通道(Kv1.3)	免疫抑制剂	CP30308408, UK78282
电压敏感型钾通道(Kv1.5)	心房纤维颤动	CP30308408, UK78282
其他敏感型钾通道(Kv)	多发性硬化病	Fampridine
	癫痫、脑缺血	BIIA0388

续表

作为药靶的钾通道类型	治疗适应证	潜在药物或化合物
钾通道阻滞剂		
hERG/Ikr	心房纤维颤动/扑动 心律失常	Dofetilide Ibutilide、Almokalant、E4031、MK499
Iks 和 Ikr	心律失常,心绞痛	Ambasilide、Azimilide
I_{TO}	心律失常	Clofilium
KCNQ3/KCNQ4	阿尔茨海默病	DMP543
TREK1	抑郁症	SSRIs（selective serotonin-reuptake inhibitors）

表 4-4 以其他离子通道为药靶的潜在治疗药物

作为药靶的离子通道类型	治疗适应证	潜在药物或化合物
TRP[46]	疼痛	辣椒素、Icilin
TRPV1[47]	偏头痛、牙痛、骨关节炎、神经痛	AMG517、GRC6211、NGD8243、SB-705498
M2 离子通道蛋白[48]	流行性感冒	Rimantidine、Amantadine

注：TRP：瞬时受体电位（transient receptor potential）。

4.2.3 核受体

4.2.3.1 细胞核受体的分类及一般结构特点

细胞核受体，也称核激素受体，是细胞内介导甾体激素、维生素 A 或维生素 D 衍生物、甲状腺激素和脂肪代谢中间产物等脂类物质生物学反应的大家族。他们在调节细胞生长、分化、发育、生殖、体内物质代谢和机体生理功能方面发挥了关键作用。

根据系统发生分析结果，核受体可以分成三大类。第一类包括雌酮受体（ER）、孕酮受体（PR）、雄性激素受体（AR）、糖皮质激素受体（GR）和盐皮质激素受体（MR）。第二类核受体包括甲状腺激素受体（TR）、维生素 D3 受体、全反式黄酸和 9-顺式黄酸受体。第三类主要由所谓孤立性核受体组成。

尽管细胞核受体大家族成员引起的生理学反应多种多样，迄今为止所有被发现的细胞核受体都有相似的结构。根据蛋白质序列相似性，细胞核受体蛋白分子可以被分成 A~F 六个区域结构（图 4-3）。从氨基末端开始是 50~500 个氨基酸残基的氨基末端变异区 A/B。这一部位主要与各种蛋白激酶相互作用，与受体控制基因的转录激活有关。接着是由大约 70 个氨基酸残基组成的，氨基酸序列高度保守的苏氨酸富集区 C，这个部位常常是 DNA 结合部位（DBD）。再接下来是由 45 个氨基酸残基组成，功能仍不明确的 D 区。最后是氨基酸中度保守的羧基末端 E/F 区，长度大约是 200~250 个氨基酸。这一区是所谓多功能区，它包含受体的配基结合部位（LBD）。这一区也含有使核受体从胞浆到胞核转位功能和受体二聚化反应有关的信号。LBD 还被发现作为分子开关吸引辅助活化因子参与核受体控制的基因转录调节。此外，许多核受体的羧基末端也包含一个具有 DNA 结合功能的锌指状结构。核受体 DNA 结合区域结构的第一个锌指状结构的氨基酸形成 α 螺旋并在 DNA 分子大凹槽与相应的 DNA 共有序列发生分子接触和结合。

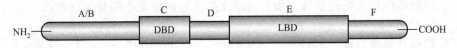

图 4-3 核受体结构模式

4.2.3.2 细胞核受体作为新药发现的靶标

几乎所有天然细胞核受体的配基早已广泛应用于临床治疗各种内分泌、代谢、炎症、自身免疫等相关疾病或临床综合征。而细胞核受体也是发展抗激素治疗的优良药靶。另外,随着孤立性细胞核受体的发现,为孤立性细胞核受体寻找配基并且以它们作为潜在药靶,也成为研究的热点。表 4-5 列出了目前已确定的细胞核受体靶标及相关疾病。

表 4-5 以细胞核受体为药靶的潜在治疗药物

核受体类型	治疗适应证	潜在药物或化合物
孤立性细胞核受体 Nur77[49]	癌症、低血糖	壳囊孢酮 B(Cytosporone B)
LXR[50]	动脉硬化症	GW3965
ERα	乳腺癌	它莫西芬
	骨质疏松症	雷洛西芬
	绝经期综合征	结合型马雌激素(Conjugated Equine Estrogens)
PR	避孕	诺孕酯
	避孕	炔诺酮
AR	前列腺癌	卡鲁胺(Bicalutamide)
	前列腺癌	氟他胺
GR	抗炎症	地塞米松
MR	高血压	依普利酮(Eplerenone)
RXRα,RXRβ,RXRγ	顽固性皮肤 T 细胞淋巴瘤	蓓萨罗丁(Bexarotene)
PARα,PARβ,PARγ;RXRα,RXRβ,RXRγ	卡波西(Kaposi)肉瘤	阿维 A 酸胶囊(Alitretinoin)
RARα,RARβ,RARγ	急性早幼粒细胞白血病	全反维生素 A 酸
	严重结节性痤疮(severe nodular acne)	异维甲酸
维生素 D 受体	由于慢性肾衰竭及甲状旁腺功能减退所引起的低血钙症	骨化三醇
	家族性低磷酸盐血症,甲状旁腺功能减退,抗维生素 D 佝偻病	麦角骨化醇
TRα,TRβ	甲状旁腺功能减退,甲状腺肿,桥本甲状腺炎	左旋甲状腺素
PPARγ	糖尿病	吡格列酮
	糖尿病	罗格列酮
PPARα	Ⅱa、Ⅱb、Ⅳ及Ⅴ型高脂血症	非诺贝特
	Ⅱb、Ⅳ及Ⅴ型高脂血症	二甲苯氧庚酸

4.2.4 酶

4.2.4.1 信号转导通路中的蛋白激酶及蛋白磷酸酶

蛋白质磷酸化是细胞生命活动的重要过程,可以调节很多信号转导通路,从而进一步调节细胞增殖、分化、代谢、存活、运动及基因转录。蛋白质磷酸化是一种很复杂的现象,需要分子引发、补偿机制、细胞腔隙及短暂出现的因子,最终导致了细胞微环境中生物学功能的特异性。蛋白质磷酸化由蛋白激酶、蛋白磷酸化酶及胞内催化性和非催化性蛋白磷蛋白相互作用结构域调控。

(1) 蛋白激酶药物靶标及药物发现

目前,已经从人类基因组中鉴别出了 500 多个蛋白激酶的基因,大约占人类基因的

2%。染色体图谱显示,244 个蛋白激酶与疾病及癌症相关[51]。更为有趣的是,与所估计的利用 ATP 的蛋白激酶相比,更多蛋白激酶磷酸化时需要 ATP。然而,蛋白激酶是人类基因组中具有结构同源性的最大蛋白家族。大多数蛋白激酶的催化结构域是由 250~300 个氨基酸组成的 ATP 或底物蛋白结合口袋。根据催化结构域的序列比较,蛋白激酶可以分为 AGC(如,PKA,PKG,PKC 家族蛋白激酶),CaMK(如,钙调蛋白),CMGC(如,CDK 家族蛋白激酶,MAPK,GSK,及 CKII 蛋白激酶),TK(如,EGFR 及 Src 酪氨酸激酶)及 OPK(如,其他蛋白激酶)[51,52]。自 Src 酪氨酸激酶被发现后,大量生物学研究逐步揭示了细胞信号转导通路的复杂机制[53~57]。例如,生长因子受体酪氨酸激酶(如,EGFR 家族,VEGFR 家族,PDGFR 家族,FGFR 家族),非受体型酪氨酸激酶(如,Abl,FAK),生长因子受体丝氨酸/苏氨酸激酶(如,TGFβB),非受体型丝氨酸/苏氨酸及双特异性激酶的研究(如,CDK 家族,Raf,MEK,MAPK,PI3K,PKC,PKB/Akt 及 mTOR)。这些激酶中的很多成员成为了抗癌药物发现中的重要靶标(表 4-6)。

表 4-6 已用于临床试验的小分子蛋白激酶抑制剂

化合物	蛋白激酶	相关疾病
STI-571	Bcr-Abl,PDGFR,Kit	慢性骨髓性白血病(CML),肠胃间质细胞瘤(GIST)
AMN-107	Bcr-Abl,PDGFR,Kit	CML,慢性淋巴细胞白血病(ALL)
BMS-354825	Bcr-Abl,SFK	CML
SKI-166	Bcr-Abl,SFK	CML,实体瘤
AZD-530	SFK,Bcr-Abl	实体瘤
ZD-1839	EGFR	非小细胞肺癌(NSCLC)
OSI-774	EGFR	NSCLC
CI-1033	EGFR,HER2	多种实体瘤
PKI-166	EGFR,HER2	实体瘤
EKB-569	EGFR,HER2	NSCLC,直肠癌
GW-572016	EGFR,HER2	NSCLC,实体瘤
PTK787/ZK222584	VEGFR,PDGFR,Kit	直肠癌,实体瘤
AMG-706	VEGFR,PDGFR,Kit,RET	NSCLC,直肠癌,GIST
SU-6668	VEGFR,PDGFR,Kit	实体瘤
SU-11248	VEGFR,PDGFR,Kit,Flt-3	GIST,实体瘤,急性骨髓性白血病(AML)
CGP53716	PDGFR	脑瘤
ZD-6474	VEGFR,Kit	实体瘤
CEP-7055	VEGFR	实体瘤
CP-547632	VEGFR,FGFR	卵巢癌,NSCLC
MLN-518	Flt-3,PDGFR,Kit	AML
PKC-412	Flt-3,VEGFR,PDGFR,Kit	AML,骨髓增生异常综合征
GEP-701	Flt-3,VEGFR,Trk	AML
BAY-43-9006	Raf	肾癌、乳腺癌、肺癌
PD-184352	MEK	乳腺癌,胰腺癌
Flavopiridol	CDK	头颈部肿瘤,实体瘤
CYC202	CDK	NSCLC,淋巴瘤
BMS-387032	CDK	转移性难控制实体瘤
UCN-01	PKC,CDK	难控制的实体瘤及淋巴瘤
AP23537	mTOR	恶性血液病,多种实体瘤
CCI-779	mTOR	肾癌,乳腺癌,前列腺癌
RAD001	mTOR	GIST,易复发或难控制的 CML 或 AML

(2) 蛋白磷酸酶药物靶标及药物发现

人类基因组中已经鉴别出了 100 多个蛋白磷酸酶[58~61]，这些磷酸酶组成了包括酪氨酸磷酸酶（如，PTP1B，SHP2，PEST，PTPH1，PTPα 及 CD45）、双特异性蛋白磷酸酶（如，VHR，CDC25，PTEN 及 MKP-4）及丝氨酸/苏氨酸磷酸酶（如，PP1，PP2A）在内的磷酸酶超家族。受体型及非受体型酪氨酸磷酸酶在信号转导通路中都发挥着关键作用，调节细胞生长、增殖、细胞周期、细胞骨架解聚、细胞分化及代谢。典型例子是 PTP1B，PTP1B 基因敲除实验证明酪氨酸磷酸酶 PTP1B 能够去磷酸化已活化的胰岛素受体激酶。其他研究也证明了 PTP1B 在胰岛素信号通路中的负调控作用[59,60]。这些研究成果表明新的小分子抑制剂可能提高 II 型糖尿病中胰岛素的敏感性或者可以有效地治疗肥胖[61~63]。双特异性磷酸酶可以归为酪氨酸磷酸酶家族的一个亚类，它们能够特异性地水解底物磷蛋白酪氨酸、丝氨酸及苏氨酸残基的磷酸酯键。双特异性磷酸酶在胞内信号转导通路中发挥着重要作用，已经证明其调节有丝裂原活化蛋白激酶（mitogen activated protein kinase，MAPK）信号转导通路及细胞周期。由于蛋白磷酸酶在细胞生命活动中的重要作用，以这些酶为靶标研发药物，对人类疾病的治疗具有重要意义。表 4-7 列出了蛋白磷酸酶的部分潜在药物靶标。

表 4-7 蛋白磷酸酶潜在药物靶标[61~68]

靶标	人 类 疾 病
PTP1B	糖尿病,肥胖症
PTPα	糖尿病,癌症
LAR	糖尿病,创伤性神经损伤(神经保护)
SHP2	肥胖症
CDC25A	癌症
CDC25B	癌症
FAP-1	癌症
CD45	自身免疫性疾病/炎症/器官移植
HePTP	骨髓增生异常综合征和髓细胞白血病
PTPε	骨硬化症
PTP-SL/STEP	创伤性神经损伤(神经保护)
MKP-3	创伤性神经损伤(神经保护)
Yersinia PTP	斑块
Salmonella PTP	食物源性疾病(沙门菌感染和伤寒样发热)
PTEN	癌症
PRL-3	癌症
MKP-1	风湿性关节炎
MKP-3	癌症
PRL-1	癌症
PRL-2	癌症
MTM1	X 连锁肌管肌病
MTMR1	先天肌强直性营养不良
MTMR5	男性不育,癌症

4.2.4.2 磷酸二酯酶

(1) 磷酸二酯酶分类及结构

磷酸二酯酶（Phosphodiesterase，简称 PDE）具有水解细胞内第二信使（cAMP，环磷酸腺苷或 cGMP，环磷酸鸟苷）的功能，降解细胞内的 cAMP 或 cGMP，从而终结这些第二信使所传导的生化作用。

人和动物组织中，包含 11 个 PDE 家族的 21 个基因通过选择性剪切转录为 60 余种功能特异的同工酶。各种组织中均含有多种 PDE 同工酶，但通常个别 PDE 同工酶占优势[62]。同时，中枢神经各部位 PDE 活性也存在很大差异。PDE 活性大小顺序依次为：大脑、小脑、延脑、脊髓。在中枢神经系统，PDE 分布和活性大小存在的这种差异可能是中枢神经组织各部位特定功能存在的物质基础。这些同工酶参与不同的信号转导，从而调节特定的生理和病理生理过程，如阴茎勃起、哮喘、T 细胞活化、视觉反应、平滑肌松弛、血小板聚集及心肌收缩等。

PDE 分子包含三个主要的功能结构域：N 端剪接区、调节区和近 C 端的水解区。11 个 PDE 家族 30%~50% 氨基酸保守区在水解区，约 300 个氨基酸。PDE 家族的 N 端剪接区功能尚不清楚，可能涉及变构调节（如钙调素、环核苷酸、金属离子结合的磷酸化位点）和膜定位[63]。调节区包含各种结构域，可能与调节 PDE 水解活性或与其他信号系统相互作用有关。PDE 超家族成员对底物有选择性。PDE5、PDE6 和 PDE9 的特异性底物为 cGMP，PDE4、PDE7 和 PDE8 的特异性底物为 cAMP，而 PDE1、PDE2、PDE3、PDE10 和 PDE11 对两种核苷酸都具有水解作用。

(2) 磷酸二酯酶抑制剂及相关疾病治疗

随着磷酸二酯酶基因的克隆，及相关结构的阐明，很多磷酸二酯酶抑制剂被发现，并且有些已经应用于疾病的治疗。表 4-8 列出了部分已经被批准用于疾病治疗的 PDE 抑制剂。

表 4-8 PDE 抑制剂

PDE 类型	抑制剂类名	相关疾病治疗
PDE3,PDE4	茶碱	哮喘、肺气肿、支气管炎
PDE3,PDE4	氨茶碱	哮喘、肺气肿、支气管炎
PDE3	奥普利侬(Olprinone)	急性心功能不全
PDE3	米立农	急性心脏衰竭
PDE3	氨联吡啶酮	高血压、急性心脏衰竭
PDE3	西洛他唑	间歇性跛行
PDE5	西地那非(Sildenafil)	勃起功能障碍、肺动脉高血压
PDE5	伐地那非(Vardenafil)	勃起功能障碍
PDE5	他达拉非(Tadalafil)	勃起功能障碍
PDE1,PDE5	迪普莱达莫(Dipyridamole)	血小板聚集

4.2.5 核糖核酸和脱氧核糖核酸

4.2.5.1 脱氧核糖核酸药靶

从药靶的角度看脱氧核糖核酸结构，脱氧核糖核酸是以脱氧腺嘌呤-胸腺嘧啶（dA-dT）或脱氧鸟嘌呤-胞嘧啶（dG-dC）重复配对的二核苷酸相连形成华生-克拉克双股螺旋链形分子。在碱基配对的二核苷酸经磷酸二酯键相连时形成交替出现的脱氧核糖核酸分子"凹槽"。这些大小凹槽是序列特异性脱氧核糖核酸结合蛋白的辨识结构。一些序列选择性的药物常常是通过与该部位的辨识结构相互作用产生药理作用。DNA 分子在大小凹槽内的辨识和非辨识序列结构之间的区别是序列相关的脱氧核糖核酸分子构象变化。在细胞核内，脱氧核糖核酸是以基因组的形式存在。基因组脱氧核糖核酸常常与非特异性蛋白分子如组蛋白和特异性蛋白分子如转录因子以及其他调节蛋白结合，装配成染色体。基于脱氧核糖核酸的结构特点，主要从以下方面选择药靶。

(1) 以脱氧核糖核酸二级结构为药靶

脱氧核糖核酸分子内的二级结构常常出现在与脱氧核糖核酸转录功能有关的部位，例如启动子和上游调节成分结合部位。这些二级结构常常以发夹或十字形结构形式出现，为蛋白质转录因子与脱氧核糖核酸的相互作用提供特异性辨识部位和高亲和力结合部位。研究已经证明单链脱氧核糖核酸形成的二级结构是几个常用的小分子转录抑制剂的药靶。如抗肿瘤药 Actionomycin D（AMD）通过妨碍转录因子对单链 DNA 区的辨认，阻断转录因子 SP1 与原癌基因 c-myc P1 启动子结合。另一方面，以 DNA 二级结构为药靶的小分子也可能通过稳定这些二级结构增加转录因子与启动子的结合，导致上述调节基因转录。

(2) 以脱氧核糖核酸四股螺旋结构为药靶

染色体的末端（即端粒区以及某些原癌基因的转录调节区）部位的脱氧核糖核酸序列是嘌呤富集区并形成连续的鸟嘌呤链（GGGG），后者可以形成 DNA 四股螺旋结构，称为 G-4 螺旋（G-quadruplex）。G-4 螺旋的出现常常与几个重要的细胞生物学功能包括复制、重组、转录和端粒 DNA 分子延长等相关。已经发现几个不同类型结构的化合物可以同 G-4 螺旋结构相互作用，进而影响相关的 DNA 分子生物学功能。如 2,6-diamidoanthraquinone，二奈嵌苯（perylene）和 porphyrins。

(3) 基于双股链脱氧核糖核酸特殊序列为药靶-加合物的作用

寡核苷酸链能够以序列特异性方式结合到双股螺旋脱氧核糖核酸分子内形成三股螺旋脱氧核糖核酸链。适合引入第三条链的结构是脱氧核糖核酸分子内的大口袋区。利用其序列辨识特性在脱氧核糖核酸分子内加入额外一条核酸链形成三股螺旋正在成为涉及抗基因药物的新靶点。同时，也可为分子生物学研究基因表达提供新的方法。

4.2.5.2 核糖核酸药靶

核糖核酸在许多重要的细胞生物学过程包括蛋白质合成、信使核糖核酸剪接、转录调节和反向复制等方面发挥了关键作用。天然或化学合成的小分子通过与核糖核酸相互作用，可以阻止其他生物大分子如蛋白质或核糖核酸与其结合；或通过抑制核糖核酸的催化活性或改变核糖核酸的三维结构构象而影响核糖核酸的生物活性。因此，核糖核酸成为疾病治疗中的重要靶标。

(1) 以信使核糖核酸（mRNA）作为药靶

信使核糖核酸药靶十分具有吸引力。选择信使核糖核酸作为药靶不仅具有无限多的选择性而且所开发出的药物比传统药物更具选择性和特异性。研究表明，至少有四种主要方法可以利用信使核糖核酸作为药靶达到抑制基因表达的效果。①利用寡核苷酸提供替换性结合位点（所谓"圈套"），使正常与信使核糖核酸相互作用从而稳定信使核糖核酸的蛋白质分子被该寡核苷酸封闭，导致信使核糖核酸的稳定性降低，最终被降解破坏。②核糖核酸干预（RNA interference，RNAi）法或转录后基因静止法，即将基因特异性的双链核糖核酸引入细胞，导致该基因的信使核糖核酸降解，妨碍基因表达。③利用蛋白体酶的催化切割性质攻击信使核糖核酸靶,从而特异性地抑制基因表达。④将反义核酸或反义寡核苷酸引入细胞,以华生-克拉克杂交互补的形式相互作用,与所攻击的信使核糖核酸某些区域的序列形成互补的双股信使核糖核酸链。由于双链信使核糖核酸不能被翻译成蛋白质,导致该基因的表达被抑制或封闭。

(2) 以核糖体核糖核酸作为药靶

核糖体是细胞内蛋白质合成的重要细胞器,由核糖核酸和蛋白质组成。不同种属细胞的核糖体由大小不同的亚单位组成。真核细胞核糖体由 30S 和 50S 两个亚基组成,某些原核生物核糖体则由 16S 和 24S 两个亚单位组成。由于核糖体在蛋白质合成中的重要作用,将核糖体核糖核酸作为药靶似乎不太合适。但是原核生物与真核生物核糖体结构上的微妙差异,使核糖体核糖核酸成为抗菌治疗的首选药靶。大多数以核糖体核糖核酸为药靶的抗生素都是通过阻止细菌蛋白的合成抑制细菌生长而发挥作用的。这些抗生素包括四环素、氯霉素和大环内酯物。虽然不同药的作用机制不同,但是它们都干扰核糖体的功能从而阻止蛋白质的合成,最终导致细菌生长的减慢或停止。而氨基糖苷则可以引起细菌的快速死亡。

4.2.6 展望

近年来,随着计算机技术、现代合成技术的应用以及药物化学与结构生物学、分子生物学、遗传学、计算机和信息科学等学科的交叉渗透与发展,越来越多与人类疾病相关的药物靶标被发现,并且其中一些已经得到确证,基于这些靶标发现和发展创新药物已成为现代新药研制的主流和新经典模式。据介绍,现有的治疗药物靶标不超过 500 个,因此有效的靶标成为创新药物研究的重要瓶颈,寻找和发现新靶标是当代新药和基础研究的热点。20 世纪 90 年代,人类和其他生物基因组测序计划以及后续的功能基因组等组学计划的实施,为靶标发现和新药开发研究提供了前所未有的机遇,国际上开始利用生物信息学的方法和功能基因组学技术,从庞大的基因组数据中发现药物靶标。据估计,从可作为药物靶标的角度推测人类基因组中的药物作用的靶标有 3000 个,结合疾病相关的基因,估计可用的药物靶标数量仍有 1500 个。然而,几年来的研究工作证明,这种靶标发现和确证的模式是极为艰难的。目前,大部分制药公司放弃了用基因组技术发现和确证靶标的工作。如何充分利用"组学"的研究成果,综合运用化学基因组学、基因操作、RNA 沉默技术和生物信息学、系统生物学、疾病病因学和药理学等方法发现和确证新药物靶标仍是世界范围面临的重要挑战。

4.3 化合物活性筛选

4.3.1 化合物的保存与管理

化合物的保存与管理是整个药物发现过程中最基本的内容,它不仅可以为筛选提供高质量的化合物,而且还可以保证化合物在适宜的条件下长期保存,再按照一定标准进行分组和筛选。

4.3.1.1 化合物的收集和加工

大多数制药公司内部自己合成化合物,至少他们筛选的一部分化合物是内部合成的。明确而详细地记录化合物信息,可以更合理地利用化合物,保证其精确再合成。管理自己合成的化合物信息相对容易些,但管理外来化合物信息就相对困难,而且管理的工作量也会更大。对于化合物供应量较大的外部供应者,最好要求他们熟悉标准的化合物储存数据款项及格式。但是,对于提供少量化合物的合作者,他们就可能因缺少经验,而不能提供完整的化合物信息,这样,最好将熟悉标准的化合物储存数据款项及格式作为合作项目中的一部分。从一个供应者到另一个供应者,化合物的信息在内容和精确度上都会有变化,因此,有必要最初就建立清晰的基本标准。如:怎样确定已给出的化合物结构?能接受的最小纯度是多少?溶液的浓度会被检验吗?怎样检验?能接受的化合物浓度变化范围是多少?通过内部随机抽样或检验程序确定供应者所提供的化合物数据也很重要。与化合物供应者建立良好的信任关系,保证他所提供的化合物与所提供的数据相一致需要花很长时间,因此就不再愿意接受新的供应者所提供的化合物。

尽管这样,但是当供应者所提供的化合物的价格很低时,也可以冒险尝试。当内部化合物合成量不能满足筛选要求时,就有必要从外面购买。从外面购买化合物使公司在合成能力与技术掌握上有一定的灵活性。以前美国和欧洲国家的供应商信用度较高,他们的技术和制造能力也较高。但是最近几年,发展中国家的化合物生产能力及生产量日益提高,如中国、印度及其他亚洲国家所提供的产品质优价廉[64]。这种扩大的生产力及激烈的竞争给美国和欧洲市场带来了压力。在当今学术界一再强调技术创新与提高的大背景下,化合物生产能力和技术必将得到更进一步提高。

4.3.1.2 样品的保存与检索

(1) 固态样品的保存与供给

随着初筛和复筛中化合物活性信息的增多,筛选者通常需要使用固体态化合物配制新鲜溶液或用其他溶剂溶解化合物,以替换通常液态化合物储存时所用的溶剂 DMSO。更进一步合成也需要以固态化合物作为媒介。

在 Pfizer 公司三维治分公司,自动化固态样品储存库(Automated Dry Sample Bank,ADSB)储存了 500000 多个样品,并且每个样品都独立分装于 4 英钱(约 $12cm^3$)的小瓶中。这种储存设备由 REMP AG 公司生产并安装[65]。ADSB 大大提高了工作效率,从申请到得到化合物所需要的时间从以前的四天减少到现在的不到 24h。ADSB 包括两个自动化储存室,一个可以重复称量和盖瓶盖的自动化装置,一个在软件控制下自动操作天平的储存室,以及一个将这些设备集中管理的软件。图 4-4 展示了这个操作系统的流程。去瓶盖、称量、盖瓶盖工作站(the decapping, weighing, and capping station,DWCS)称量空瓶的皮重,然后把它送到化学实验室。

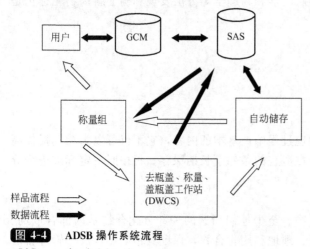

图 4-4 ADSB 操作系统流程

SAS: sample administration system

当提交新合成的样品时，被提交样品的重量在 DWCS 被检测，然后样品被储存。如果已经有这种化合物的需求信息，那么这个化合物就会在被储存之前先被转到称量组，被称量后，再回到 DWCS 重复以上程序。这种健全的检测步骤保证了所储存化合物库存量的准确性。

除了能够储存 4 英钱（1 英钱≈1.56g）样品的这个主要储存库外，还有另外一个储存库，相对于主要储存库，这个库较小，能够容纳 26000 个 30mL 的瓶子，用来储存"大量"的固态样品。一些较大的制药公司都拥有相似的固态样品储存供给系统，除了 REMP AG 公司，其他很多公司的系统操作程序也可用。

（2）液态样品的储存和供给

最初的自动化 比较老的液体储存库是由曼彻特公司生产的自动化液态样品储存库（Automated Liquid Sample Bank，ALSB）。这套系统与当时为 Eli Lilly HTS Operation Sphinx 设计的系统有相似性，都是－20℃储存，并且整合了液体解冻及处理加工的程序。ALSB 在 Pfizer 新药发现中发挥了巨大作用，但是随着时间推移，也暴露出了缺陷。Pfizer 的大量筛选都采用 384 孔板，而 ALSB 只能分装 96 孔板，这样大多数样品必须手工重新分装。由于样品储存在可以多次使用的小管中，分装的过程中必然会反复冻融，这有损于样品的完整性，甚至可能致使样品沉淀。而且这个程序能分装的最小液体体积是 $10\mu L$，远大于很多筛选所需的最小体积，这时这个程序就失去使用价值。这些缺陷，远不能满足 Pfizer 的需求，因此，第二代新的自动化液态样品储库应运而生。

现在的自动化 2004 年 4 月，第二个自动化液态储存库 SREMP 投入使用，由 REMP AG 公司生产。样品也是－20℃储存于 100% 的 DMSO 中，但是这个库的工作模式与 ALSB 完全不同，可以将样品分装入 384 孔板，而且分装管仅单次使用。

在 SREMP 储藏库中，每个可以重复加样 17 次的样品被装在一个封闭的微管中，这个微管安装在 16×24（384）矩阵支架上，这个矩阵与标准的 SBS 微孔板配套。

每个多次重复加样的样品都以两种体积储存，$2\mu L$、4mmol/L，足够单点复筛，及 $10\mu L$、4mmol/L，可以满足多点 IC_{50} 的检测。因为每次用于筛选的化合物都来自于一次性管子，就不会再出现反复冻融的问题。使用 SREMP，样品的传递要比 ALSB 快得多，而且可以直接分装到用于筛选的 384 孔板中。

（3）样品储存条件的基本原理

很多制药公司储存液态化合物，但是并不是所有的液态化合物都储存在－20℃。实验室中，样品一般保存在冰箱冷藏室或冷冻室中，分别维持在 4℃ 和－20℃。正是针对这种使用方式，ALSB 及 REMP 公司设计了具有功能针对性的储存库。瑞士 Novartis 的液态样品储存方式有所不同，他们储存在 4℃，90% 的 DMSO 中[66]。样品储存在 4℃，使用时不需要解冻，可是在相对较高的温度下，样品稳定性有可能下降。但是 Novartis 的样品储存时间确实超过 5 年。有的液态样品为了保存更长时间，储存在－80℃，在这种极低的温度下，手工取化合物还相对容易些，但是机器自动化系统操作起来就很困难。

前几年，很多学术期刊强调最佳储存条件的问题。如，Kozikowski 等[67]关于室温下化合物稳定性的报道表明在 DMSO 中，化合物至少可以存 6 个月。对于储存在－20℃，经过反复冻融的样品，特别是经过 10~25 次冻融的样品，其质量有所损坏。对解冻过程中在空气中暴露 2h 以上的化合物进行组分分析显示，样品并没有出现多余的峰，但是很多样品出现了沉淀，因此可以推断，这一过程中化合物量的减少是由于沉淀而不是降解。但是沉淀产生的原因是，暴露在空气中，DMSO 的浓度由于吸收水分发生了变化，而不是因为反复冻融。实验室内部资料显示，存放于多次使用容器中的样品，由于吸取的过程中多次接触空气，也出现了明显沉淀。而且，以前的研究也显示当存放样品的小管在样品冻融的过程中一直处于封闭状态时，即使样品经过 20 多次反复冻融，样品的浓度也没有改变。因此，引进样品制备、使用及储存的过程中可以减少水分吸入的仪器应该可以解决这个问题。

(4) 化合物溶液质量的控制

在适宜温度下，储存于干燥、密封、避光的环境中，固态化合物很稳定，可以存放很多年。但是保存在溶液中，特别是溶解在 DMSO 中的化合物，其稳定性就不同了。Lipinski[68,69]及其他研究人员[70]已经发表了大量关于少量水分对 DMSO 中化合物影响的文献，特别是对经过反复冻融的化合物溶液的影响。因此，保持 DMSO 的无水状态很重要，但是这种状态很难维持，因为，在化合物溶解及分装的过程中由于 DMSO 的吸水特性总会不可避免地吸入少量水分。而且，很多公司的陈旧设备在当时设计的时候根本就没有考虑这些，因为直到现在人们才认识到 DMSO 吸水对化合物储存质量的影响。

已经公布的结果（尤其是 Popa-Burke[71]及 Carmody[72]的）表明，所检测到溶解在的 DMSO 中的化合物浓度远低于所标注的浓度，而且其他研究[73,74]也揭示了这一现象。但是他们都没有解决这一问题。从 Amphora、GSK 及 Pfizer 公司抽调的具有代表性的不同批次化合物都存在这一问题。利用激发光散射检测技术（evaporative light scattering detection）[75]对新配制的样品检测，发现所检测出的样品浓度与标注值之间的差异是在样品制备时引入的，而不是因为不恰当的储存条件。

因此，化合物实际浓度与所要配制浓度间的差异来自于化合物的质量、样品的制备以及用 DMSO 对化合物的再稀释等过程中。如果化合物是从信誉较高的供应商那里买到的晶体材料，那么化合物经过称量、溶解后，其浓度可能与所要求配制的浓度非常接近。但是对化合物组分分析表明，化合物中有高达 30% 的杂质。再加上常规操作中，管中会有 3mg 的滞留，所以就导致了化合物的浓度低于所要求配制的浓度。现在，Pfizer 研究小组正致力于研究一种更实用的设备，以减少称量误差，提高浓度的精确性，确保使用者得到质量可靠的液态化合物。

4.3.1.3 备用化合物

(1) 初筛样品分配：BasePlate

SREMP 和 GREMP 储存库可以提供初筛后复筛的液态样品。而 CoE 模型（the center of emphasis model）直接提供包含筛选中每种样品的储存板，这些储存板上的每个发现点（discovery site）能够提供初筛样品。图 4-5 是 Pfizer 公司三维治分公司（Pfizer's Sandwich site）所用的样品分装过程流程。三维治分公司初筛的样品由 BasePlate（由 Automation Partnership, Royston, UK 公司开发的一种微孔板快速重复加样装置）分配。分配时，以 4mmol/L 浓度，于 −20℃ 储存在 384 孔板中的样品先被稀释到 200μmol/L 的母板（"mother" plate）上，然后从这些较低浓度的母板中分配到用于高通量筛选的子板（"daughter" plate）中。4mmol/L 的储液可以存放数年，200μmol/L 的母板储液可以存放数月，而用于初筛的子板储液只是随时使用。通过详细的使用说明，Pfizer 公司所有的分公司都采用这种分配方法，只是不同的地点所使用的设备有所不同。

(2) 化合物子库及压缩式筛选

Pfizer 公司的化合物库中有数百万个样品，从这个巨大的库中挑选一部分进行筛选可以大大减少工作量。虽然这个巨大样品库中化合物的最可靠代表仍然是库中全部化合物，但是已有的很多工具可以通过分析化合物的选择性从整体上研究化合物的多样性及具有代表性的化学特征。

另外也有为不同目的而汇集到一起的化合物子库，并且已在 Pfizer 的所有分公司使用。这些化合物子库当然也包括所有化合物中通过随机取样而得到的随机化合物库。另外，也有特定化合物所组成的子库，如，针对 G-蛋白偶联受体或激酶的，选择可能对这些生物学靶标有活性的样品而组建的子库。另一种化合物子库对不同化学特性或传统化学

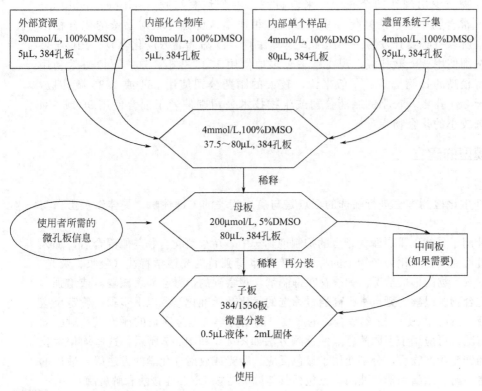

图 4-5 高通量筛选微孔板样品分装过程流程

特性具有广泛代表性。这个广泛代表性化合物子库（Global Diverse Representative Subset，GDRS），是通过电脑技术最大限度地集合具有不同化学特性的样品而建立的。GDRS 又可以进一步分为有重叠的部分，如，低分子量"片段"，类药，Lipinski "rule of five" 化合物，碱性，中性等，这样可以针对特定靶标选择一个化合物子库，从而找到更多靶标特异性的有效信息。利用 GDRS 所筛选出的有确定活性的化合物，不仅可用于进一步研究，而且可以围绕这一化合物研究与之结构类似的化合物，然后再从筛到的化合物中研究与之结构类似的化合物，直到鉴别出合适的先导化合物。研究数据表明，利用这种方式筛选，只需要筛选化合物总库中 5% 的化合物，就可以得到 40% 的活性化合物。另一种可能，如果最初筛到的活性化合物恰好是化合物库系列中的一个，那么所要筛选的化合物就可以直接从母板上挑取，而不需要单个从总库中挑取。

BasePlate 与专利软件包 Mosaic[76] 联合工作，还可以把整个库中的一部分样品分配到新的库中。除了上面所描述的化合物子库外，组成一个化合物子库的化合物还可以是来自特定供应者的化合物，也可以是化合物合成计划中所合成的一批化合物，或者是针对某一特定生物学靶标的化合物。Mosaic 能够在同一个储存装置（Platesafe 储料匣，一次可以存 26 块装有化合物的微孔板）中将来自同一化合物子库的微孔板合并，这样可以以储料匣的方式快速选择化合物子库，而不再以单个微孔板的方式。当需要单个微孔板的时候，Mosaic 目录可以通过 BasePlate 将所需要的单个微孔板放置到适当的化合物库中。Platesafe 储料匣能避免溶剂蒸发，所以微孔板不需要密封，这样可以快速有效地将样品分装到 384 或 1536 孔板中。

筛选化合物子库可以降低筛选成本，但它不能筛选到化合物总库中的每一个样品。Pfizer 公司还使用另一种筛选方式——压缩式筛选（compression），即每个孔中有多个化合物，每个化合物至少出现在两个孔中。采取自我去卷积运算法则（self-deconvoluting algorithm）鉴别混合物中单个活性化合物。目前这种压缩式筛选方案对筛选的化合物浓度有一定限制，所以有必要开发另一种压缩式运算法则，以筛选高浓度化合物。Pfizer公司的大多数筛选都使用384微孔板，现在越来越多地使用1536孔板，这样可以有效利用试剂，合理维持较高的日筛选量。一般来说，较大的制药公司使用384或1536微孔板，有些仍然偏爱于384孔板，较小的制药公司或生物技术公司则偏爱于混合使用96或384孔板，用来筛选较小的化合物库[77]。

4.3.2 筛选模型的建立

4.3.2.1 生化检测

通常用体外生化检测方法进行筛选的靶点是与疾病相关的关键性酶、受体以及蛋白与蛋白相互作用。

在专门设计用于寻找以蛋白酶为靶点的抑制剂筛选中，待检测化合物与酶混合后，加入特殊底物，通过检测底物转化为产物上的标记或产物本身独特的光谱学特性（吸收、荧光、化学发光等）观察产物的形成情况。如果存在抑制剂，观察到的信号会显著减弱（或增强），证实为一活性化合物。以酶为靶点进行高通量筛选的优化及标准化涉及以下步骤：确定反应条件（如缓冲液、pH、温度）、天然或合成的底物、酶动力学、信号窗口的评价以及对已知抑制剂的反应情况。可应用于不同酶靶点的检测方法如图4-6和图4-7所示，这些均相生化检测方法在底物转变为产物后，分别使用了显色反应、荧光或放射性化学的方法等。适用的靶点不仅包括蛋白酶、激酶和磷酸酯酶，也包括其他酶类，如DNA连接酶和解旋酶。

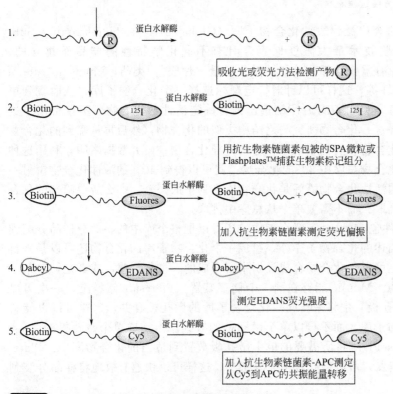

图 4-6 常用的蛋白水解酶检测模型示意图

简单的"混合、测量"模式，便可以适合于高通量筛选

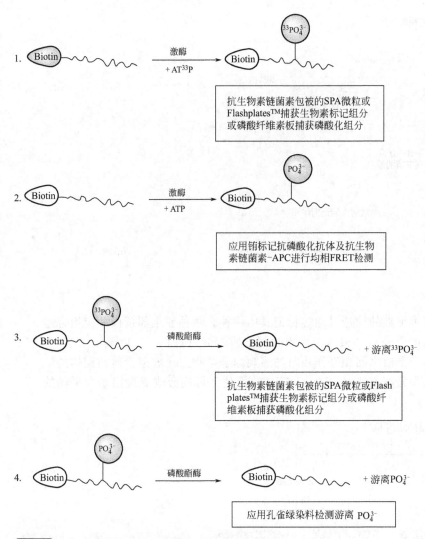

图 4-7 常用的激酶和磷酸酯酶检测模型示意图

同样,简单的"混合、测量"模式,便可以建立起高通量筛选模式

经典的受体结合实验通过使用放射性同位素标记的配体完成,如 ^3H 和 ^{125}I 等。膜类受体可从自身表达该受体的细胞或组织中获得,也可以从可以高效表达该受体的工程细胞株中获得。但无论通过何种方式,关键还是要建立起合适的条件,从而产生可溶的并且保留与天然配体相结合的受体或膜悬液。制备受体过程中的差异经常会严重影响其与配体的亲和力。这些过程差异包括工程细胞株的生长条件、天然组织的来源及收集、缓冲液、pH、离子强度以及缓冲液添加剂等。典型的受体结合实验是放射性物质标记的配体和受体的拮抗剂或激动剂的竞争性结合。与受体结合的配体经过与自由的配体分离步骤后,通过测定同位素的强度(代表了结合的强度)便可以确定激动剂或拮抗剂的活性。目前实现受体结合高通量筛选时的检测方法是通过膜过滤(异相生化检测)或近距离闪烁检测技术(SPA)(图 4-8)完成的。方法是检测结合与未结合但同时标记配体的比例,两者都可通过 96 或 384 孔板完成。目前已有文献报道使用 1536 孔板通过成像技术进行检测的方法。

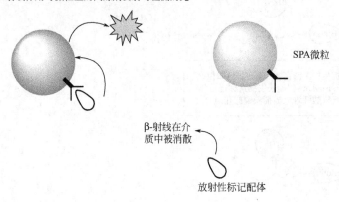

图 4-8　SPA 工作原理

蛋白与蛋白的相互作用靶点的筛选可通过标记其中一种、两种或全部蛋白并应用合适的检测技术测定其结合程度而完成。SPA、均相时间分辨荧光（HTRF）以及 ELISA 方法都能实现这类筛选。由于蛋白之间相互作用时的表观结合亲和力比典型受体与配体的结合亲和力相对较弱，均相非分离方法（SPA、HTRF）要优于可能会改变蛋白结合平衡的 ELISA 和膜过滤方法。

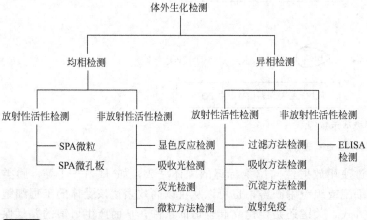

图 4-9　体外生化检测方法

以上方法多属于均相检测方法，体外生化检测方法除均相检测方法外，还包括异相检测方法（图 4-9）。异相检测包括非放射活性和放射活性两种检测方法。非放射活性检测主要指酶联免疫吸附实验（ELISAs），放射活性异相检测方法包括过滤检测、吸收检测、沉淀检测、放射免疫。异相检测为多步检测，涉及多次加样、孵育、洗涤、转移、过滤和信号读取等步骤。这些检测方法相对较费人力、步骤多，实现自动化和进行高通量筛选有一定的困难。

体外生化检测方法包括从简单到复杂的多个系统，这一方法的优点在于化合物更容易接近靶点、化合物的作用靶点和作用机制非常明确、筛选易于降低成本、易于使用更新的技术、易于微量化和自动化。

4.3.2.2 细胞水平检测

细胞水平的检测实验非常接近活细胞的环境，因此被广泛用于验证经初级体外生化检测得到的先导化合物，也用于暂时无法通过体外生化方法进行检测的高通量筛选靶点。除用于寻找抗生素的筛选模型外，涉及信号传导及转录调节的 G 蛋白偶联受体和其他蛋白也是这一筛选方式的主要靶点。即使是应用体外生化检测筛选的靶点（受体和酶），95%以上的二级和三级筛选仍然需要进行细胞水平的检测。以前，由于繁琐的步骤，细胞水平检测通量较低，因而筛选通常以中通量或低通量的方式运行。但随着分子技术、检测技术、仪器水平的发展，均相细胞水平的筛选已经进入到高通量筛选时代。细胞水平的筛选不仅可以揭示细胞膜的通透性、细胞毒性及靶点作用机理与假说之间的相关性，同时也可以得到有关细胞和化合物相互作用以及化合物稳定性的信息。

很明显，细胞水平筛选系统的特点使其较体外生化筛选得到的化合物能够更快地开发成为药物，由于细胞表面或细胞中有数千个药物作用的潜在靶点，这些靶点可能与不同的疾病的相关性使得经细胞水平筛选得到的活性化合物对目的靶点往往有一定程度的选择性。这样的活性化合物往往能够很快地优化成先导化合物分子，并被选为进入临床前研究的药物候选物。

与体外生化检测相同，细胞水平检测也分为异相检测和均相检测两种，如图 4-10 所示。

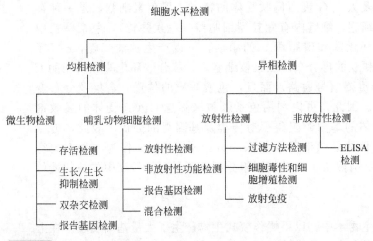

图 4-10 细胞水平检测

4.3.2.3 基于小动物筛选模型

自 20 世纪初期，生物学家就已经尝试利用简单且易处理的生物体建立实验体系，以研究复杂生物学过程的基本问题，如基因调控、细胞增殖、组织及胚胎发育。细菌和噬菌体是最早被用于实验的生物，很多重要的发现都是通过研究这些原核生物和病毒的生物化学和遗传特性而产生的。将遗传和生物化学技术相结合，在分子水平上分析细菌和噬菌体的代谢、生理信号通路及形态学特征，产生了很多基础生物学发现。这些发现已经成为现代分子生物学的基石，而现代分子生物学又为人们认识更复杂生物的遗传、生物化学及生理特性奠定了基础。现在，几种生物已经成为模式生物被广泛用于生物学相关的基础及应用研究。

由于生长快，繁殖期短，营养要求低，遗传信息少，简单的真核生物模型，如酿酒酵母、丝状真菌（脉孢菌）、阿米巴（盘基网柄菌）、线虫（秀丽隐杆线虫）及果蝇（黑腹果蝇)已经被广泛用于科研。

更复杂的生物,如脊椎动物斑马鱼(*Danio rerio*),非洲爪蟾(*Xenopus laevis*),小家鼠(*Mus musculus*)也已经被作为模式生物广泛用于科学研究。最近,几种模式生物已跨越了基础研究的界限,进入了药物研究及开发领域。很多制药公司已经将这些模式生物应用于药物发现的各个阶段,包括从新药靶标的发现到药物毒理的研究。

将模式生物用于药物发现,直接影响了与疾病相关靶标的发现及确证研究。这些研究包括过表达或敲除某特定基因,然后通过观察转基因生物的表型来确定这些基因的功能。这种解释基因功能的方式被称为逆遗传。在过表达中,一个包含特定基因的质粒被转入动物,然后,通过分析这些动物来确定这一特定基因在动物生命活动中的作用。在基因敲除中,基因通过随机化学基因突变或 siRNA 及吗啉而丧失本应具有的功能。吗啉是一种用来修饰基因表现的分子,由 18~25 个碱基组成,具有比 DNA 及 RNA 更好的反义特征。

(1) 筛选工具——非洲爪蟾

非洲爪蟾的研究为生物学很多领域(如胚胎细胞生物学、生物化学等)的研究奠定了基础。胚胎生物学家已经将非洲爪蟾作为模式生物广泛用于研究脊椎动物早期胚胎发育和器官形态发生的复杂机制。但是在药理学及药物发现中,人们主要利用它的细胞——卵母细胞及黑色素细胞进行科学研究。总体上来说,这些细胞主要被用于研究和筛选离子通道及 G 蛋白偶联受体。由于在表达哺乳动物膜蛋白上的多功能性,非洲爪蟾卵母细胞已经被广泛用于表达和表现离子通道及人类 G 蛋白偶联受体的特点。黑色素细胞,是一种存在于鱼类及两栖类动物中较大的细胞,细胞内有颗粒型细胞器(色素颗粒),色素颗粒中包含黑色素。在细胞内,腺苷酸环化酶和磷脂酶 C 的激活,可以产生甘油二酯,cAMP 与甘油二酯的浓度可以调节色素颗粒的再分布。在真核细胞内,腺苷酸环化酶和磷脂酶 C 信号通路都是 GPCR 受体下游的重要信号通路。而且,色素颗粒的位置、富集及分布变化可以直接通过光透过率来检测。因此,可以利用色素颗粒来筛选 GPCR 受体的显效剂及拮抗药物。但是非洲爪蟾四倍体的基因组阻碍了遗传学及基因组的分析,因此,近年来,体积相对较小,基因组为二倍体的热带爪蟾(*Xenopus tropicalis*)作为一种新的脊椎动物模式生物已经被用于科研。对热带爪蟾的基因组分析完善了以前研究中欠缺的遗传及基因组信息。

(2) 筛选工具——黑腹果蝇

遗传学已经渗入到现代分子生物学中,以果蝇作模式生物产生了大量基础发现。在上个世纪初,果蝇就已经成为生物学家青睐的模式生物。很多诺贝尔得主都利用果蝇开展研究,更突出了这一模式生物的重要性。2000 年,伯利克果蝇基因组计划(Berkeley Drosophila Genome Project)与 Celera genomics 公司合作,完成了黑腹果蝇基因组测序。黑腹果蝇基因组测序通过鸟枪法测序快速完成,在鸟枪法测序中,随机产生的复杂基因组片段通过电脑软件重组[78]。鸟枪法测序成了一种普遍使用的方法,而且这种方法后来被成功地用于人类基因组测序。更为重要的是,将黑腹果蝇整个基因组与人类疾病基因对比,发现果蝇 287 个基因中有 178 个是保守的,保守率为 62%[79]。因此,黑腹果蝇也是研究人类多种疾病(如癌症、神经及代谢疾病等)基因的一种首选的模式生物。以前,由于很多能够处理基因组的强有力技术,黑腹果蝇促进了研究基因功能研究的进展。现在,很多基因组的处理方法,如转基因动物的产生,将可换位元件用于基因组筛选,都是在黑腹果蝇的研究中建立起来的。

在黑腹果蝇中遗传相互做用及遗传筛选的研究,加深了人们对人类复杂疾病(如癌症和糖尿病)的认识。黑腹果蝇遗传学突出了很多在生长因子受体酪氨酸激酶和胰岛素/类胰岛素生长因子受体下游的分子成分的重要性。

最近，数个研究小组已经利用黑腹果蝇遗传筛选来揭示人类抑癌基因的作用。抑癌基因突变失活，会导致细胞生长和增殖的失控。剖析哺乳动物抑癌基因的作用非常复杂，因为控制细胞生长的关键基因发生纯和突变会产生致死效应。利用先进的遗传工具进行眼睛、头部等组织的纯和突变，发展了黑腹果蝇的遗传筛选。

(3) 筛选工具——斑马鱼

斑马鱼是最早用于药物发现的模式生物。与秀丽线虫相似，斑马鱼也具有非常适合表现型的特点：表型明显、个体小（胚胎可生长于96孔板中），可规模化培养（每个雌鱼可产卵300个）。作为模式生物的一个最大优点是，斑马鱼为脊椎动物，能够用来研究特定发育及疾病的过程，而这种研究在前述的模式生物中是无法进行的。斑马鱼也是大规模迅速遗传（large forward genetic screen）筛选中用到的第一个脊椎动物[80]。这种筛选大部分集中在发育生物学，产生了数千个不同的突变[81,82]。另外，附加筛选主要集中在疾病生物学，包括多囊肾疾病[83,84]，胆固醇加工处理[85]，组织再生[86]，心脏病[87,88]、贫血[89,90]、癌症[91,92]及神经错乱[93,94]。

斑马鱼基因组的测序由Sanger Center完成。人类基因与斑马鱼基因组有80%以上的相似性。同黑腹果蝇和秀丽线虫一样，不同物种间的基因保守性使人们可以在斑马鱼上研究人类疾病。在RAF激酶家族成员之一BRAF的直接功能研究中，为获得痣及黑色素瘤发育中的功能性突变，将人类野生型基因BRAF或基本激活突变BRAF^{V600E}转入斑马鱼形成了转基因斑马鱼。转基因斑马鱼是通过显微注射或者BRAF或者BRAF^{V600E}而产生的。结果显示野生型BRAF斑马鱼没有生长痣，但是10%的BRAF^{V600E}型转基因斑马鱼八周后生长了痣。组织学显示这些痣发育良好，无局部组织侵袭性。当BRAF^{V600E}转基因斑马鱼同时缺少肿瘤抑制因子P53时，这种损伤就会发展成为具有组织侵袭性的黑色素瘤。这种新的转基因黑色素瘤模型证明了BRAF^{V600E}在斑马鱼痣及黑色素瘤发生中的作用。

除了用于遗传筛选及动物模型上的靶标确证，斑马鱼还用于小分子筛选。在小分子筛选中，利用自动化显微术检测表型的变化，这样可以来检测大量化合物。这种检测方式在其他任何一种动物模型中是不存在的。例如，筛选可以拯救患有血管缺陷的斑马鱼胚胎躯干和尾部缺血的化合物。这种筛选在96孔板中进行，在解剖显微镜下通过形象地评价血流循环来检测化合物的活性。同样，斑马鱼筛选也用于化合物毒性的评价[95]。新药发现的当今潮流是在药物发现的早期进行药物毒性检测，以提高化合物的质量。斑马鱼毒理学方法在体外方法中占有优势，因为他们与生理相关，而且在体外高通量检测时就可以反映出代谢中的毒性。用于检测心脏毒性的两个斑马鱼毒理学筛选模型已经建立。这两种筛选都利用显微术来检测经药物处理后的斑马鱼心脏跳动，并且可以分辨诱导引起的心动过缓[96,97]。

(4) 筛选工具——鼠

虽然啮齿动物的成本和个体大小限制了他们在药物发现初期的大规模应用，但是啮齿动物与人类的相似性使他们更利于评价针对特定药理学特征（如药效、毒性、药代动力学）的小分子库。非常典型地，啮齿动物可以用于体外预筛选之后，进一步分析已经在细胞水平证明有效的化合物，也可以在预测模型上证明药物的潜在药性及生物利用率。然后，可以在小鼠模型上从一大类相关化合物中筛选最有希望的候选药物。

在小鼠和大鼠上进行化合物的药代动力学检测经常成为制约药物发现进程的瓶颈，因此有必要寻找加速这种检测的方法。复合生物流体（complex biological fluid）中化合物检测的提高使"盒子（cassette）式"研究或者"多进一"的定量（"N-in-one" dosing）给药方式成为可能。在这种方式中，多种化合物溶解在一种溶剂中，同时用到小鼠或大鼠上，进行药代动力学行为的平行检测[98]。正如样品中的每个化合物可以单独评价一样，这种方法使很多化合物同时被检测。虽然这样在同一代谢通路中，不同的化合物之间会形成干扰，导致其中一些化合物药代动力学特征上的假象，但是很多情况下，这一问题可以通过初步研究包含在其中的化合物特征而减少到最小。

药效学或有机体上的化合物效果评定，是评价药物功效和毒性的重要标准。更容易得到的药效替代物标志的确证加速了化合物药代动力学评价。例如，临床上越来越多的证据表明，癌症患者经表皮生长因子受体（EGFR）抑制剂治疗后会产生皮疹，这与抗肿瘤反应率（antitumor response rates）的提高相关[99]。如果这一现象被证实，皮疹就可以作为药物起作用的早期标志。同样，在利用小鼠上进行的化合物筛选中，替代物标志的证明也可以加速候选小分子化合物的筛选，以选择那些最后可能具有药物疗效的化合物。在一个小鼠异种移植模型中，植入纤维素内瘤中EGFR磷酸化的抑制与较远表皮角质化细胞中EGFR的磷酸化水平相关[100,101]。因此，治疗后，通过简单的皮肤活体检查就可以快速预测药物对肿瘤的效果。将来，这种相对简单的方法将用于支持预临床模型上的药物筛选及预测病人接受治疗后的药物疗效。

毒理基因组学利用微阵列技术评价外源性化合物对靶器官（如肝脏）内成千上万基因表达的影响[102]。通过候选药物靶基因表型与已知的毒性化合物之间的对应关系，可以观察到药物潜在毒性的早期信号。这种技术最后终将取代药物发现中正在使用的基于信号通路的笨重且高成本的药物毒性研究方式。代谢组学是相对较新的一种技术，可以在实验动物上快速筛选对代谢混乱有作用的化合物。这一技术的应用是基于这样一个事实——内源性及外源性因子可以打破很多可预测的代谢通路中的自身稳定。通过质谱及核磁共振波谱分析得到生物流体（如血清、尿液）的代谢表型，可以进一步得到某一特定因子代谢产物的肽链图谱[103]。虽然这一技术的潜在作用目前尚不十分明确，但是它很有可能成为快速评价药物安全性和毒性的强有力工具。

在具有特定功能的化合物筛选中，小鼠遗传模型很快成了一种有用的工具。对小鼠进行遗传修饰，使他们的基因型及表型与人类疾病相一致，可以在跟疾病更相关的模型系统中评价化合物。在与临床指征有遗传相关性的模型上起作用的化合物，在病人中将获得更高的成功率。在这一技术中，将包含在人类慢性骨髓白血病中的基因转入小鼠骨髓细胞中，然后将这些细胞转入小鼠中，会产生白血病胚细胞危象。非常重要的是，这些胚细胞对一种可能成为癌症靶向治疗的小分子——ST1671敏感。小鼠遗传模型的主要缺点是成本很高，而且如果没有明显的替代物生物标志，筛选量就只能依赖于体外筛选，从而使筛选量受到限制。其他遗传模型依赖简单的检测点，更有利于更高通量化合物的筛选。将高度敏感的荧光检测与表达荧光素酶的转基因鼠结合，开辟了候选药物评价的新途径。例如，血管内皮细胞生长因子受体2启动子可启动转基因鼠中荧光素酶的表达。地塞米松在损伤-修复模型（wound-healing model）中可以抑制荧光素酶的表达及新生血管生成。利用这些生物影像学（biophotonics imaging technology）技术，化合物药效、生物分布、毒性的平行检测将可能在活体动物上进行。

虽然利用小鼠进行药物筛选的优缺点并存，但是在用于支持药物发现的新靶标筛选中小鼠的运用是非常关键的。选择性删除或敲除小鼠中某特定已知的基因所产生的表型与抑制这一基因蛋白表达的药物所引起的表型相似。条件性基因敲除（在这种方法中，被敲除的基因与可被切除的LOXP序列相邻）鼠已经用于检测特定组织或发育中基因敲除后的效果，这可以避免许多问题如传统基因敲除所引起的新生致死效应。这种技术通过环化重组酶（cyclization recombinationase enzyme，CRE）完成，CRE 可以识别并切除 LOXP 序列及干涉序列（intervening sequences）。通过控制特定组织或可诱导的启动子系统中 CRE 基因的表达，可以控制小鼠中靶基因的敲除。啮齿动物中选择性下调基因表达的更先进方法是 RNA 沉默或 RNAi。RNA 沉默或 RNAi 与编码目的蛋白的不稳定 RNA 转录本相互作用。利用基于小发夹 RNAs 的慢病毒载体（lentiviral vector）产生了转基因鼠，在这种转基因鼠中，目的基因可以被有效地沉默。与传统的基因敲除技术不同，RNA 干扰不能完全抑制靶蛋白的表达。因此可以更有效地模拟药物作用。在这些小鼠中利用条件启动子系统甚至可以在合成化合物之前就预测它们的药物效果。目前，正在开发将遗传学与药理学结合的技术，以支持小鼠模型上靶标的确证。ATP 类似物敏感激酶等位基因编码有生物活性的野生型激酶变异体，这种野生型激酶变异体经修饰后对特定小分子抑制剂敏感。利用这种方法，可以在选择性抑制剂筛选之前评价野生型激酶被抑制的效果。基因陷阱（gene trap）及基因化学突变已经被用于研究疾病表型中包含的但目前不知道或没有被重视的基因。如利用 N-乙基-亚硝基脲随机诱导小鼠胚胎的点突变。与经典基因敲除技术相比，这一技术的优势是很多情况下，被改变基因的功能只是部分丧失，这可以避免新生致死。但是，其缺点是通过表型的改变不能准确地确定靶基因。

4.3.3 展望

自 20 世纪 90 年代以来，特别是近几年来，化合物活性筛选技术进入到一个前所未有的快速发展阶段。基因组学提供了如此多的靶点，以至于还无法及时确证靶点的可靠性。而组合化学技术也已经提供了大量的化学实体，以至于无法及时地筛选它们。同时，现代技术的进步已经使新的筛选模型、新的检测方法、新的数据处理方式、自动化系统等不断地涌现。作为一个现代药物研究者，如何有效地运用这些资源，提高筛选的效率将是一件非常有挑战性的工作。

作为医药产业的源头，化合物活性筛选在药物发现过程中举足轻重的地位也越来越受到国内注重创新的医药研究机构和企业的广泛认同。尽管"药物发现"作为"产业"在国内的形成还有待时日，但令人欣喜的是随着医药产业近年来的快速发展和国家对创新研究的不断倡导及持续支持，"药物发现"已经拥有形成产业的资本、技术、人才、市场等基本要素。因此随着"药物发现"的发展，化合物活性筛选必将得到更进一步提高。

推荐读物

- P Jeffrey Conn, Arthur Christopoulos, Craig W Lindsley. Nat Rev Drug Disc，2009，8：41-54.
- Menelas N Pangalos, Lee E Schechter, Orest Hurko. Nat Rev Drug Disc，2007，8：521-532.
- John P Overington, Bissan Al-Lazikani, Andrew L Hopkins. Nat Rev Drug Disc，2006，5：993-996.
- Charles Thomas, Roberto Pellicciari, Mark Pruzanski, Johan Auwerx, Kristina Schoonjans. Nat Rev Drug Disc，2008，7：678-693.
- Hinrich Gronemeyer, Jan-Åke Gustafsson, Vincent Laudet. Nat. Rev. Drug Disc，2004，3：950-964.
- Rafael Pulido, Rob Hooft van Huijsduijnen. FEBS Journal，2008，275：848-866.
- Mark von Itzstein. Nat Rev Drug Disc，2007，6：967-972.

参考文献

[1] Knowles J, Gromo CR. Nat Rev Drug Disc，2003，2：63-69.
[2] Bailey D, Zanders E, Dean P. Nat Biotechnol，2001，19：207-209.
[3] Drews J. Science 2000，287：1960-1964.
[4] Arena. http：//www.arena pharm.com
[5] Acadia. http：//www.acadia-pharm.com

[6] Chemo Centryx. http://www.chemocentryx.com
[7] Synaptic Pharmaceuticals. http://www.lundbeck.com
[8] Affectis. http://www.affectis.com
[9] Vertex. http://www.vrtx.com
[10] Sugen. http://www.pfizer.com
[11] Signal. http://www.celgene.com
[12] Ariad. http://www.ariad.com
[13] OSI. http://www.osip.com
[14] Onyx. http://www.onyx-pharm.com
[15] Ambit biosciences. http://www.ambitbio.com
[16] Xceptor. http://www.exelixis.com
[17] Ligand. http://www.ligand.com
[18] Tulatik. http://www.amgen.com
[19] Karobio. http://www.karobio.com
[20] Icagen. http://www.icagen.com
[21] Hydra Biosciences. http://www.hydrabiosciences.com
[22] Biofocus. http://www.biofocus.com
[23] Scion. http://www.scionresearch.com
[24] Targacept. http://www.targacept.com
[25] Lectus. http://www.lectustherapeutics.com
[26] Vertex. http://www.vrtx.com
[27] Celltech. http://www.ucb-group.com
[28] ICOS. http://www.icos.com
[29] Inflazyme. http://www.inflazyme.com
[30] Memory. http://www.mermorypharm.com
[31] Khepri. http://www.celera.com
[32] Collagenex. http://www.collagenex.com
[33] Chiroscience/Celltech. http://www.celltechgroup.com, http://www.ucb-group.com
[34] Vertex. http://www.vrtx.com
[35] Behan DP, Chalmers DT. Curr Opin Drug Disc Dev, 2001, 4: 548-560.
[36] Lander ES, Linton LM, Birren B, et al. Nature, 2001, 409: 860-921.
[37] Venter JC, Adams MD, Myers EW, et al. Science, 2001, 291: 1304-1531.
[38] Manning G, Whyte DB, Martinez R, et al. Science, 2002, 298: 1912-1934.
[39] Ligand-Gated Ion Channel Database. http://www.ebi.ac.uk/compneur-srv/LGICdb/LGICdb.php
[40] Ghobrial IM, Rajkumar SVJ. Support Oncol, 2003, 1: 194-205.
[41] Zhang JV, Ren PG, Avsian-Kretchmer O, et al. Science, 2005, 310: 996-999.
[42] Thurmond RL, Gelfand EW, Dunford PJ. Nat Rev Drug Disc, 2008, 7: 41-53.
[43] Lambert DG. Nat Rev Drug Disc 2008, 7: 694-710.
[44] Thomas C, Pellicciari R, Pruzanski M, et al. Nat Rev Drug Disc, 2008, 7: 678-693.
[45] Heurteaux, C, et al. Nature Neurosci, 2006, 9: 1134-1141.
[46] Patapoutian A, Tate S, Woolf CJ. Nat Rev Drug Disc, 2009, 8: 55-70.
[47] Szallasi A, Cortright DN, Blum CA, et al. Nat Rev Drug Disc, 2007, 6: 35-375.
[48] Wintermeyer SM, Nahata MC. Ann Pharmacother, 1995, 29: 299-310.
[49] Zhan Y, Du X, Chen H, et al. Nat Chem Biol, 2008, 4: 548-556.
[50] Linsel-Nitschke P, Tall AR. Nat Rev Drug Disc, 2005, 4: 193-208.
[51] Manning G, Whyte DB, Martinez R, et al. Science, 2002, 298: 1912-1937.
[52] http://www.kinase.com/human/kinome
[53] Hahn WC, Weinberg RA. Nat. Rev. Cancer, 2002, 2: 331-341.
[54] Hnaahan D, Weinberg RA. Cell, 2000, 100: 57-70.
[55] Hunter T. Cell, 2000, 100: 113-127.
[56] Cohen P. Nat Rev Drug Disc, 2002, 1: 309-315.
[57] Blunme-Jensen P, Hunter T. Nature, 2001, 411: 355-365.

[58] Alonso A, Sasin J, Bottini N, et al. Cell, 2004, 117: 699-711.
[59] Elchebly M, Payette P, Michaliszyn E, et al. Science, 1999, 283: 1544-1548.
[60] Ahmad E, Azevedo JL, Cortright R, et al. J Clin Invest, 1997, 100: 449-458.
[61] Pulido R, Hooft van Huijsduijnen R. FEBS, 2008, 275: 848-866.
[62] Kuthe A, Wiedenroth A, Magert HJ, et al. J Urol, 2001, 165: 280-283.
[63] Conti M, Richter W, Mehats C, et al. J Biol Chem, 2003, 278: 5493-5496.
[64] Wong JF, Gen Eng News, 2005, 25: 46-47.
[65] REMP AG. http://www.remp.com
[66] Schopfer U. Podium Presentation. 1QPC Meeting on Compound Management and Sceening. London, 2004.
[67] Kozikowski BA, Burt TM, Tirey DA, et al. J Bkomol Screen, 2003, 8: 210-215.
[68] Lipinski CA. Podium Presentation. 1QPC Meeting on Compound Management and Sceening. London, 2004.
[69] Oldenburg K, Pooler D, Scudder K, et al. Comb Chem HTS, 2005, 8: 499-512.
[70] Cheng X, Hochlowski J, Tang H, et al. J Biomol Screen, 2003, 8: 292-304.
[71] Poppa-Burke IG, Issakova O, Arroway JD, et al. Anal Chem, 2004, 76: 7278-7287.
[72] Carmody C, Blaxill Z, Besley S, et al. Poster Presentation. ELRIG Meeting: Advances in High Content Screening, High Throughput Sxreening and Compound Management. Stevenage, UK, 2004.
[73] Kozikowski BA, Burt TM, Tirey DA, et al. J Bkomol Screen, 2003, 8: 210-215.
[74] Cheng X, Hochlowski J, Tang H, et al. J Biomol Screen, 2003, 8: 292-304.
[75] Mathews BT, Higginson PD, Lyons R, et al. Chromatographia, 2004, 60: 625-633.
[76] Titian Softsare Plc. http://www.titian.co.uk.
[77] Comley J. Drug Disc World, 2005, 6: 59-78.
[78] Adams MD, Celniker SE, Holt RA, et al. Science, 2000, 287: 2185-2195.
[79] Fortini ME, Skupski MP, Boguski MS, et al. J Cell Biol, 2000, 150: 23-30.
[80] Eisen JS. Cell, 1996, 87: 967-977.
[81] Driever W, Solnica-Krezel L, Schier AF, et al. Development, 1996, 87: 969-977.
[82] Haffter P, Granato M, Brand M, et al. Development, 1996, 87: 1-36.
[83] Sun Z, Amsterdam A, Pazour GJ, et al. Development, 2004, 131: 4085-4093.
[84] Otto EA, Schermer B, Obara T, et al. Nat Genet, 2003, 34: 413-420.
[85] Farber SA, Pack M, Ho SY, et al. Science, 2001, 292: 1385-1388.
[86] Poss KD, Keating MT, Nechiporuk A. Dev Dyn, 2003, 226: 202-210.
[87] Gerull B, Gramlich M, Atherton J, et al. Nat Genet, 2002, 30: 201-204.
[88] Xu X, Meiler SE, Zhong TP, et al. Nat Genet, 2002, 30: 205-209.
[89] Donovan A, Brownlie A, Zhou Y, et al. Nature, 2000. 403: 776-781.
[90] Njajou OT, Vaessen N, Joosse M, et al. Nat Genet, 2001, 28: 213-214.
[91] Amatruda JF, Shepard JL, Stern HM, et al. Cancer Cell, 2002, 1: 229-231.
[92] Langenau DM, Traver D, Ferrando AA, et al. Science, 2003, 299: 887-890.
[93] Li L, Dowling JE. Proc Natl Acad Sci (USA), 1997, 94: 11645-11650.
[94] Peitsaro N, Kaslin J, Anichitchik OV, et al. Neurochem, 2003, 86: 432-441.
[95] Spitsbergen JM, Kent ML. Toxicol Pathol, 2003, 31: 62-87.
[96] Langheinrich U, Vacun G, Wagner T. Toxicol Appl Pharmacol, 2003, 193: 370-382.
[97] Milan DJ, Peterson TA, Ruskin JN, et al. Circulation, 2003, 107: 1355-1358.
[98] White RE, Manitpisitkul P. Drug Metab Dispos, 2001, 29: 957-966.
[99] Perez-Soler R. Oncology (Williston Park), 2003, 17: 23-28.
[100] Bucana CD, Fidler IJ. Int J Oncol, 2004, 24: 19-24.
[101] Pennie WD, Kimber I. Toxicol In Vitro, 2002, 16: 319-326.
[102] Nuwaysir EF, Bittner M, Trent J, et al. Mol Carcinogen, 1999, 24: 153-159.
[103] Keun HC. Pharmacol Ther, 2006, 109: 92-106.

第5章

组合化学和高通量合成

沈竞康，胡定宇，熊 兵

目 录

- 5.1 引言 /95
- 5.2 固相合成化学 /95
  - 5.2.1 概论 /95
  - 5.2.2 固相载体 /96
  - 5.2.3 连接链 /96
    - 5.2.3.1 普通连接链 /97
    - 5.2.3.2 无痕迹连接链 /97
    - 5.2.3.3 安全阀连接链 /98
  - 5.2.4 固相有机反应 /98
    - 5.2.4.1 碳-碳偶联反应 /99
    - 5.2.4.2 杂环反应 /99
    - 5.2.4.3 Mitsunobu-Fukuyama 反应 /100
    - 5.2.4.4 环加成反应 /101
    - 5.2.4.5 烯醇烷基化 /101
- 5.3 固相高通量合成 /102
  - 5.3.1 概论 /102
  - 5.3.2 混合-均分合成法 /102
  - 5.3.3 "一珠一化合物"法 /103
  - 5.3.4 编码合成法 /104
  - 5.3.5 多针同步合成技术 /106
- 5.4 液相高通量合成 /107
  - 5.4.1 概论 /107
  - 5.4.2 液相平行合成法 /108
  - 5.4.3 参与反应的固载试剂 /109
  - 5.4.4 可溶性载体 /110
  - 5.4.5 氟标记 /111
- 5.5 小分子化合物库 /112
  - 5.5.1 概论 /112
  - 5.5.2 多样性导向合成(diversity-oriented synthesis, DOS) /112
    - 5.5.2.1 基本概念 /112
    - 5.5.2.2 DOS 化合物的多样性 /113
  - 5.5.2.3 DOS 化合物的复杂性 /115
  - 5.5.3 基于类天然产物的小分子化合物库 /116
    - 5.5.3.1 概论 /116
    - 5.5.3.2 基于天然产物核心骨架的化合物库 /116
    - 5.5.3.3 基于类天然产物的特殊子结构 /118
  - 5.5.4 基于优势结构的小分子化合物库 /119
    - 5.5.4.1 优势结构的概念和特征 /119
    - 5.5.4.2 基于优势结构的组合学库举例 /120
- 5.6 计算机辅助组合库设计 /123
  - 5.6.1 计算机技术在组合化学研究中的作用 /123
  - 5.6.2 结构多样性发现库 /124
  - 5.6.3 特定靶点的集中库 /124
  - 5.6.4 组合库优化搜索策略 /124
- 5.7 组合化学和高通量合成新方法 /125
  - 5.7.1 动态组合化学 /125
    - 5.7.1.1 动态组合化学的原理 /125
    - 5.7.1.2 动态组合化学在药物研究中的应用 /126
  - 5.7.2 微波辅助组合合成化学 /127
    - 5.7.2.1 微波辅助的固相反应 /127
    - 5.7.2.2 微波辅助固载化试剂的反应 /128
    - 5.7.2.3 微波辅助平行合成 /128
  - 5.7.3 组合化学中的多组分反应 /129
    - 5.7.3.1 概论 /129
    - 5.7.3.2 多组分反应构建优势结构化合物库 /130
    - 5.7.3.3 多组分反应构建复杂结构化合物库 /130
    - 5.7.3.4 多组分反应构建药物开发化合物库 /131
    - 5.7.3.5 多组分反应构建类天然产物化合物库 /132

推荐读物 /133
参考文献 /134

5.1 引言

先导化合物是具有特定分子骨架结构和特定生物活性的化合物，其发现和优化是新药研究开发的重要环节。发现先导化合物的成功概率直接取决于化合物的结构、数量，以及活性筛选的效率和准确性。随着生命科学和疾病机理研究的深入，发现了越来越多的与疾病密切相关的生物大分子，如酶、受体、离子通道等，揭示了其在疾病发生、发展和调控中的重要作用，逐步被确认为研究开发新型作用机理的新药靶标。综合应用分子生物学、细胞生物学、生物化学、计算机和自动化技术，检测小分子化合物调控这些药物靶标的作用，大大提高了药物筛选的速度，在较短的时间内能筛选成千上万个化合物成为可能，由此产生了高通量筛选（high throughput screening），所需要的化合物数量越来越多。药物化学家应对这一挑战，发展快速制备大规模的化合物组群——化合物库（chemical library）的方法，于是组合化学（combinatorial chemistry）应运而生。组合化学是高速、有效构建化合物库的方法，由此设计、合成的化合物表现出有规律的组合。

组合化学基于化合物结构多样性和相似性的平衡，设计、合成具有一定规律的化合物库。研究发现，众多药物仅存在于特定的化学空间，具有某些频繁出现的基本骨架和基本的性质，通过药物输送体系，到达药物作用部位，与药物靶标结合，发挥药效作用；对于不同药物靶标，基本骨架结构和特定药效基团的有效组合，产生选择性作用于特定靶标的药物。迄今为止，对于结构信息较少的新型药物靶标，发现小分子配体的主要手段仍然是随机的高通量筛选，除了陆地和海洋植物、动物、微生物次生代谢产物之外，规模合成的化合物库是化合物的主要来源。

组合化学推动高效合成方法研究，成为药物研发的关键性技术之一，大大提高了发现和优化先导化合物的速度。组合化学采取组合合成的策略，在同一时刻进行多个相类似的反应，最后得到一批结构上相类似性的化合物的集合。组合化学突破了传统的化学反应后处理技术，大大简化了化学合成中最耗费时间的分离、纯化等工作。

组合化学与类药性、靶向性理念结合，在活性化合物发现、先导化合物结构优化中得到推广和拓展。组合化学与计算机辅助药物设计、高通量筛选的有机结合，促进了新药研究领域的创新性发展，创造了与基因功能组研究相适应的药物研究模式。

组合化学是一个多学科集合的新兴研究领域，涉及有机化学、药物化学、计算机技术、自动化技术等学科的交叉。组合化学起源于固相有机合成技术的建立，发展了固相组合合成和液相平行合成等方法，并拓展了高通量合成（high throughput synthesis）的新概念。同时，经历了由随机组合到理性设计的发展过程，已经成为新药研发过程中十分重要的技术手段。

5.2 固相合成化学

5.2.1 概论

1963 年美国化学家 Merrifield 用固相树脂为载体，发明了在树脂上合成肽类化合物的方法，开辟了有机合成化学的一个崭新的领域——固相合成化学，对化学和生命科学的发展产生了重要的影响，于 1984 年获得诺贝尔化学奖[1]。固相合成化学经历了从肽类到小分子化合物等复杂分子合成的发展过程，成为组合化学发展的重要技术支持。

固相合成就是通过某种方式连接在固相载体上的化学组分通过溶剂介质同其他组分进行的化学反应。固载化的化学组分通常是指反应底物，但有时也指反应试剂（将在 5.4.3 介绍）。在固相反应中（图 5-1），首先把反应底物连接到表面经过官能化修饰的固相载体上，然后置于溶剂中同其他非固载化化学组分（试剂）于固-液相交界处进行化学反应。反应结束后经过简单的过滤、洗涤和干燥后，就可进行下一步反应或经过适当的反应把最终产物从固相载体上切割下来。

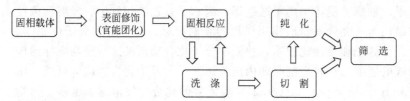

图 5-1 固相反应流程示意图

同传统的液相化学反应相比，固相合成简化了反应后处理过程，经过滤和洗涤就能除去溶液中残留的化学试剂和可溶性杂质；其次，可应用大大过量的反应试剂，提高转换率，或通过重复相同的反应，使反应趋于完全；第三，反应底物通过连接基团固定在固相载体上，限制了底物分子间相互碰撞，也称为"假稀释效应"，避免了底物分子间反应产生的副产物。由于上述特点，固相合成因而成为组合化学中的重要合成手段。

5.2.2 固相载体

固相载体和连接链是固相合成的两大要素。所谓固相载体就是通过连接链使反应底物固定化的基础物质。理想的固相载体应具备化学稳定性，不参与反应；具有较好的溶胀性，使液相中的试剂易于进入固相载体内部；具有一定的机械强度，在反应中不易破碎；具有合适的颗粒大小，兼顾比表面和易于固相操作。可用作固相载体的材料很多，如树脂，氧化硅，甚至棉花和滤纸等，最常用的是聚苯乙烯树脂（polystyrene resin，PS）。

PS 树脂具有较高的化学稳定性，能适合较多的反应溶剂，它的形状常为球形，抗磨损和抗挤压能力强。固相合成中使用二乙烯基苯（divinyl benzene，DVB）为交联剂的聚苯乙烯树脂，通常交联度为 1% 或 2%，机械强度、稳定性、均匀性、溶胀性（swelling）均较理想。树脂的溶胀性是影响固相反应的重要因素，因为在固相合成中反应物通过自由扩散进入树脂内部的过程是反应的主要限速步骤。1% DVB 交联的聚苯乙烯树脂具有很强的疏水性，在甲苯、二氯甲烷等非极性溶剂中可溶胀到自身体积的 4～6 倍。

由于 PS 树脂具有很强的疏水性，在甲醇和水等溶剂中的溶胀系数很小，不适合在亲水性极性溶剂中进行反应。因此，以聚苯乙烯树脂为骨架引入聚乙二醇（PEG），以增加亲水性。这样的树脂称为 Tenta Gel 树脂[2]，具有亲水和亲脂双重功能，大大增加了其应用范围。

PS 和 Tenta Gel 是目前在固相合成中应用最广泛的两类树脂。随着固相合成的不断发展，新的固相载体不断出现，如聚乙二醇（PEG）可溶性树脂和聚苯乙烯/聚丙烯嫁接树脂 Crown/Pins（PC）等。

5.2.3 连接链

连接链（linker）是固相载体和反应底物之间的连接部分。它本身含有双官能团，一端通过相对稳定的化学键（如 C—C 键，醚键等）与固相载体连接，另一端与底物分子连接。与底物分子连接的化学键应在反应条件下稳定，又能在特定条件下裂解出目标化合物，类似于有机反应中的官能团保护基。作为一个好的连接链，与底物的固载化反应和目标化合物的释放应在温和条件下进行，并具有较高的转换率和纯度；同时，连接链与底物形成的化学键在固相合成目标化合物过程中，对各步反应条件均有较好的稳定性，不会发生化学反应。选择合适的连接链是固相反应的重要因素之一，直接影响到最后产生化合物库的质量。

5.2.3.1 普通连接链

普通连接链（general linker）大多借鉴于有机合成中的官能团保护基，大多数连接链在切割（cleavage）后会在目标化合物上留下一个残基官能团，如羟基、酰胺基、羧基、羰基或杂环等。针对不同的官能团，有各种各样的连接键可供选择，用于不同的固相反应。如某个官能团是该化合物的重要药效基团，在合成该类化合物库的时候，就可把它作为固载化连接点。最后在特定条件（酸、碱或光照等）下切割，把需要的官能团释放出来[3,4]。

Merrifield 树脂是最早用于固相多肽合成的固相载体，常常由它引进官能团，产生新的连接链。Wang 树脂[5]就是在 Merrifield 树脂的基础上引入对苄氧基，苄醚增加了苯环的供电子性，提高了连接链对酸的敏感性，在温和的酸性条件下，就可裂解释放出目标产物。Rink[6]树脂则是 Wang 树脂中引入 2,4-二甲氧基苯基，使裂解后的碳正离子更稳定，增加了该树脂对酸的敏感性。

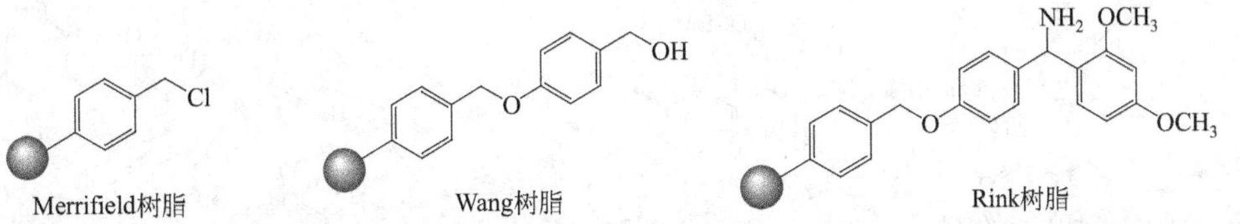

碱性条件下的切割通常经过亲核加成或消除反应的方式进行。光敏感连接链的使用不如酸、碱敏感树脂普遍。常见的光敏感连接链带有邻位硝基苯单元，经光照射，出现1,5夺氢，然后经过重排、消除、释放出底物分子。

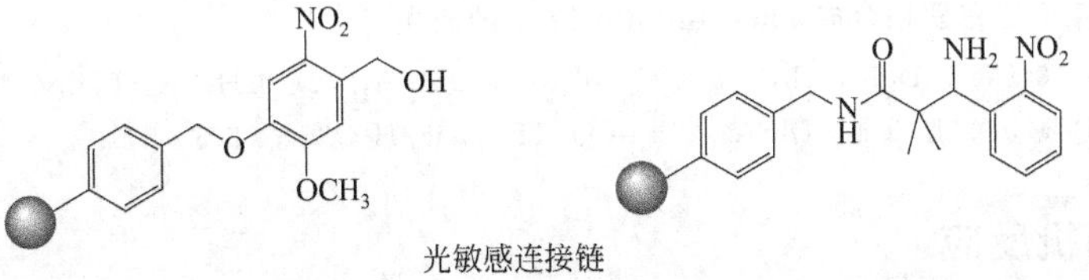

5.2.3.2 无痕迹连接链

无痕迹连接链（traceless linker）[7,8]在固相合成后不在连接位点残留不需要的官能团。狭义的无痕迹连接链指在切割部位形成新的 C—H 或 C—C 键的那一类连接链；而广义的无痕连接链则扩大其定义，只要在切割点没有引入杂原子（如氧、氮、硫等），都可以称为无痕迹切割。因此，在切割过程中发生诸如环加成这样的反应的连接链也可以归入无痕迹连接链的范畴。如图 5-2 所示，Nicolaou 研究小组采用溴化硒连接链策略，最后经无痕迹切割，得到10000 个化合物的 2,2-二甲基苯并吡喃组合库[9,10]。

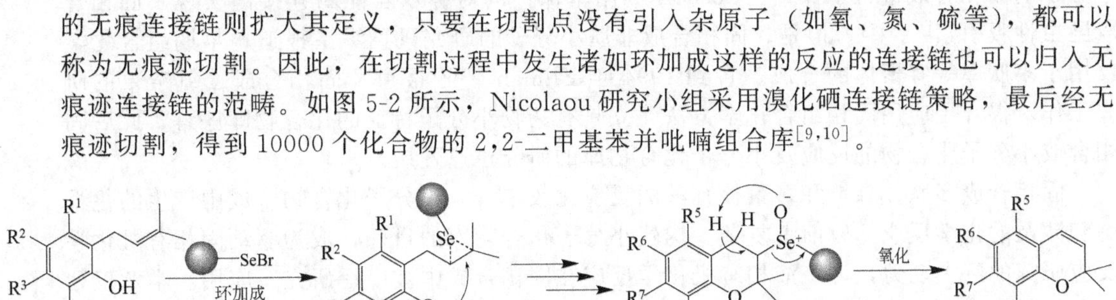

图 5-2 无痕迹连接链在合成 2,2-二甲基苯并吡喃组合库中的应用

5.2.3.3 安全阀连接链

安全阀连接链（safety-catch linker）的原理是，连接链与底物最初生成的化学键在构建化合物库的整个反应过程中是稳定的，反应结束后通过简单的化学反应将该化学键转化成易于切割的化学键，然后再实施真正意义上的切割[11,12]（图 5-3）。

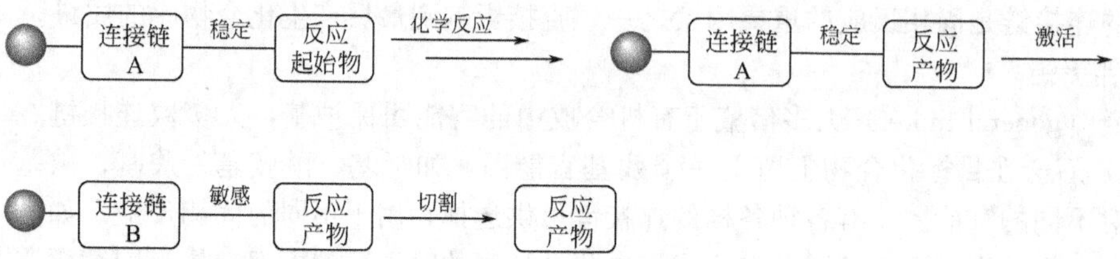

图 5-3 安全阀连接链原理

最近，Farzana Shaheen 等报道了应用此策略固相合成 Phakellistatin 12（图 5-4）[13]。

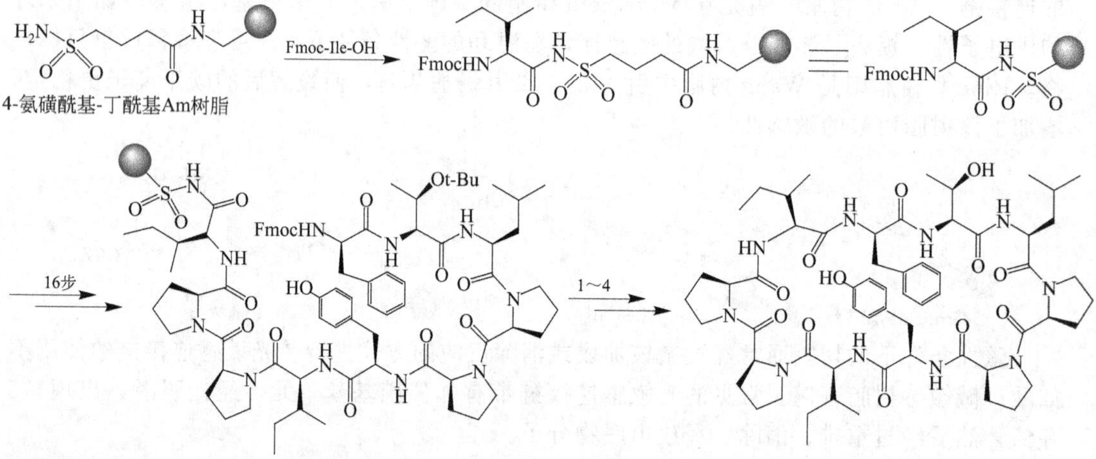

图 5-4 安全阀连接链在固相合成 Phakellistatin 12 中的应用

反应条件：(1)(ⅰ) 20%哌啶/DMF, 1h, (ⅱ) 三苯甲基氯，DIPEA；(2) ICH_2CN, DIEA, NMP, 20h；(3)(ⅰ) 5%TFA/DCM, 0.5h, (ⅱ) DIEA, 20h；(4) $TFA/TIS/H_2O$ 9.5：2.5：2.5

5.2.4 固相有机反应

固相合成肽类化合物始于 20 世纪 60 年代，此后 30 年间固相有机反应主要集中于多肽、寡糖和寡聚核苷酸的合成。尽管在 20 世纪 70 年代，Leznoff 和 Frechet 就对非肽类小分子的固相合成进行了探索，Leznoff 利用单保护的对称双官能团连接链实现了固相合成昆虫性吸引素[14~16]。但是，固相合成非肽小分子的研究只见零星报道，早期组合化学仅用于多肽库等寡聚体的合成。直到 1994 年 Ellman[17,18]报道了固相合成二氮杂䓬的研究工作，揭开了应用固相组合化学方法建立具有药物小分子特征的化合物库序幕，此后固相合成小分子化合物的反应及小分子化合物库的研究迅速发展。

固相合成多肽、寡糖和寡聚核苷酸的反应比较单一，小分子化合物合成中产生的化学键和涉及的化学反应远较前者复杂。构建小分子化合物库的目标，成为驱动固相有机化学反应研究的巨大动力，许多液相有机化学反应在固相合成中被广泛研究、应用。本章仅列举若干与复杂小分子化合物合成相关的反应，如碳-碳偶联、杂环反应、环加成反应、烯醇烷基化反应、手性合成和多组分反应等。

5.2.4.1 碳-碳偶联反应

Stille 反应[19]是 Pd(0) 催化的卤代芳烃与有机锡化合物的碳-碳偶联反应，形成取代联苯或苯乙烯衍生物，是较早在固相上研究的钯催化碳-碳偶联反应。Deshpande 等[20]分别以 Wang 树脂和 Rink 树脂为载体，将固载化的碘苯衍生物在 Pd(0) 的催化下进行反应，得到一系列联苯和苯乙烯衍生物（图 5-5）。

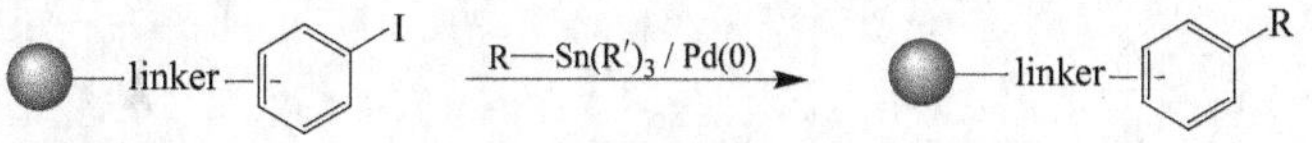

图 5-5　Pd(0) 催化的碳-碳偶联反应

Heck 反应是制备芳基取代烯烃和炔烃的重要偶联反应[21]。Yu 等[22]在 1994 年报道了利用 Heck 反应在固相上制备双取代烯烃的方法。1996 年，Yun 等利用固相 Heck 反应，得到一系列苯并呋喃衍生物（图 5-6）[23]。

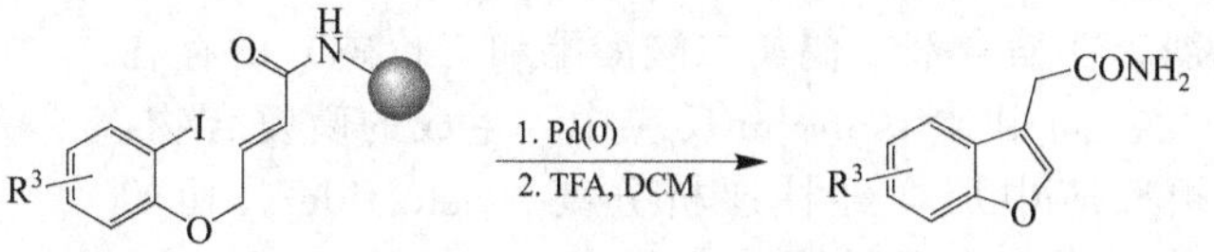

图 5-6　固相 Heck 反应合成苯并呋喃衍生物

Triesen[24]首先在 1994 年报道了固相 Suziki 偶联反应，此后由于 Suziki 偶联反应条件温和，产物的收率和纯度较高，且市售硼酸试剂种类多，该反应成为固相合成组合化合物库的常用方法（图 5-7）。

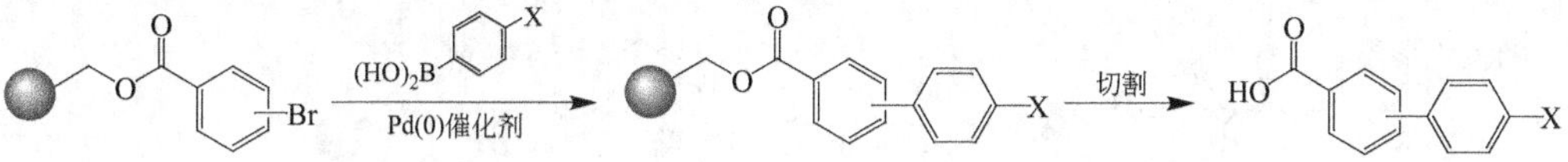

图 5-7　固相 Suziki 偶联反应

Homsi[25]等利用有机硅试剂，在 Pd(0) 的催化下，与固载于 Wang 树脂上的 4-碘苯甲酸偶联，得到取代的联苯衍生物（图 5-8）。

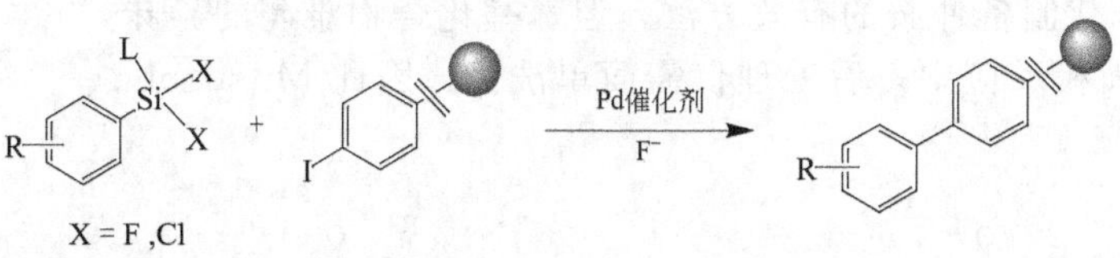

$X = F, Cl$

图 5-8　利用有机硅试剂固相合成联苯衍生物

5.2.4.2 杂环反应

由于许多药物分子中含有杂环母核，固相合成杂环引起相当的关注。如前述 Yun 等利用分子内 Heck 反应，关环得到苯并呋喃类化合物。同样，Zhang 等利用固相分子内 Heck 反应构建了具有结构多样性的吲哚化合物库[26]。

喹诺酮是一类具有广谱抗菌活性的化合物，环丙沙星（Ciprofloxacin）是临床常用喹诺酮类抗菌药物。MacDonald[27]在 1996 年报道了利用固相 Pictet-Spengler 反应，在四甲基胍的催化下，与哌嗪发生分子内取代环化反应，得到喹诺酮骨架，接着，4 位的氟被哌嗪亲核取代，生成环丙沙星（图 5-9）。

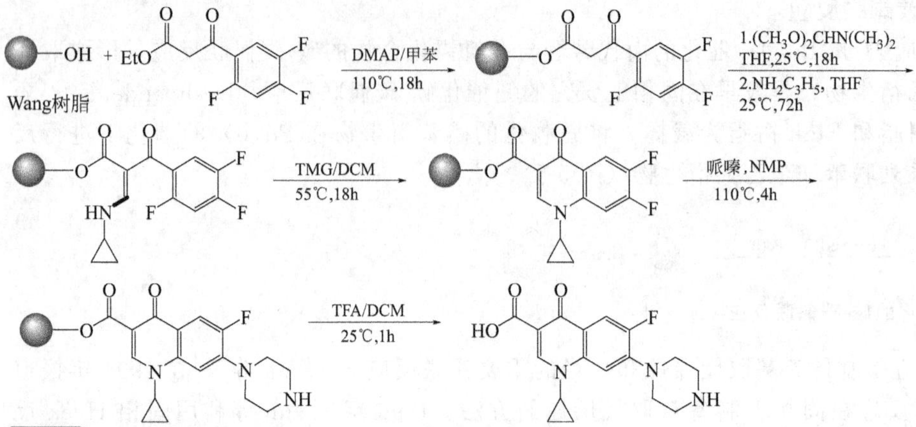

图 5-9　固相合成环丙沙星

5.2.4.3　Mitsunobu-Fukuyama 反应

Mitsunobu 反应即以醇作为烷基化试剂，在缩合剂（偶氮二羧酸酯和三价磷）的存在下，使芳香羟基或带有活泼氢的氨基烷基化。固相 Mitsunobu 反应中，生成的磷复合物，可以通过简单的过滤除去，不需要在液相反应中那样经柱层析分离。Selectide 公司的 Krchnak 等[28]用 20 种天然氨基酸，10 种含芳香羟基的羧酸衍生物和 21 种醇，采用"一珠一化合物"组合化学策略，经酰胺化和 Mitsunobu 反应，得到一个含有 4200 个组分的化合物库（图 5-10）。

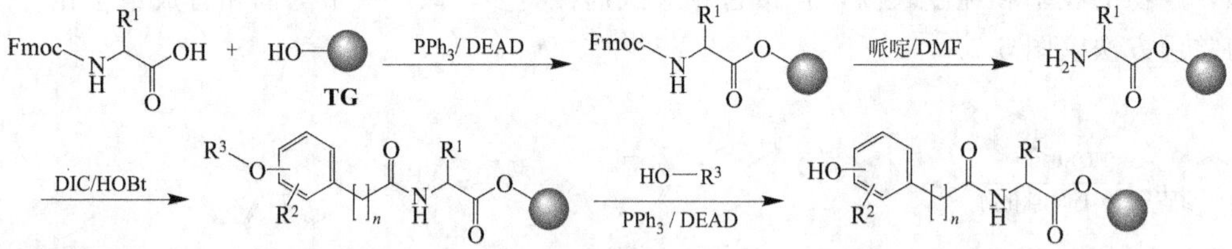

图 5-10　Mitsunobu 反应在固相合成中的应用

Mitsunobu-Fukuyama 反应，即以邻-硝基苯磺酰基或 2,4-二硝基苯磺酰基保护伯胺，经 Mitsunobu 反应引入烷基单取代，在有机巯离子的作用下，很容易除去磺酰保护基得到仲胺产物。此反应是由伯胺上单取代制备仲胺的有效方法，但巯基化合物难闻的异味，给液相反应后处理带来麻烦。但在固相反应中，后处理仅需简单洗涤，因此 Mitsunobu-Fukuyama 反应得到广泛的应用（图 5-11）[29]。

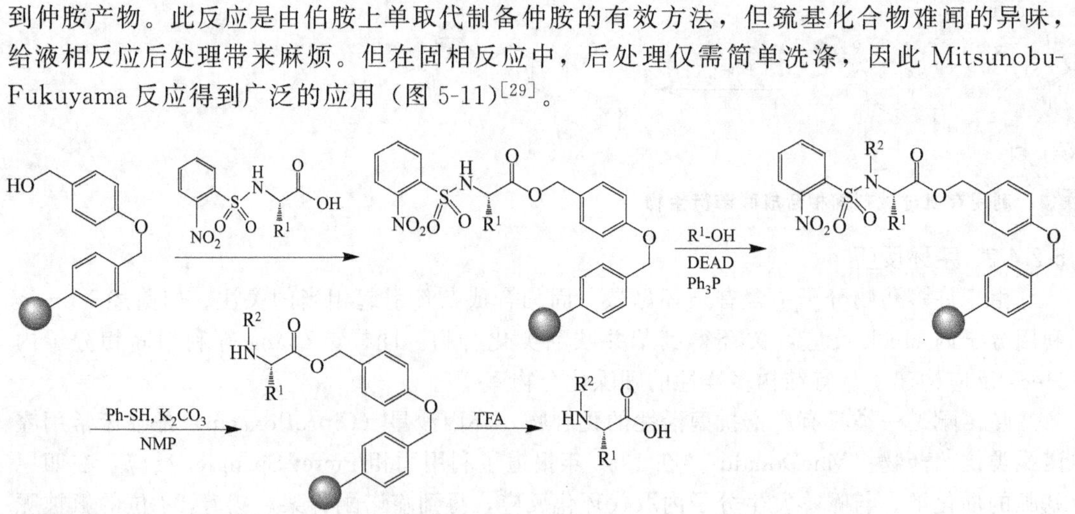

图 5-11　Mitsunobu-Fukuyama 反应在固相合成中的应用

5.2.4.4 环加成反应

Staudiner 环加成反应,即烯酮和亚胺的 [2+2] 环加成反应是最经典的 β-内酰胺合成方法之一,广泛应用于 β-内酰胺抗生素合成和结构修饰研究。Gollop[30]成功地开展了固相 Staudiner 环加成反应研究,得到带有多种取代基的 β-内酰胺衍生物。在采用光敏感树脂作为载体时,产率为 71%~90%,并且产物多为顺式化合物(图 5-12)。

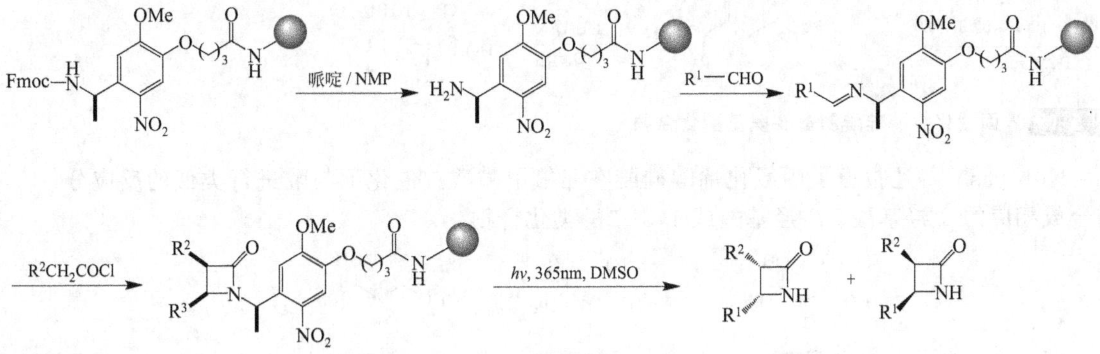

图 5-12　固相 Staudiner[2+2] 环加成反应

哌啶环和吡咯环是药物分子中常见的骨架结构。Murphy 和他的同事们[31]在 Tenta Gel 树脂上进行甲亚胺 yilide 与烯烃的 1,3-偶极环加成反应研究,区域和立体选择性地得到约 480 个在其酰化侧链末端含有巯基的脯氨酸骨架的化合物库。经生物活性筛选,得到了具有很强活性的 ACE 抑制剂(图 5-13)。

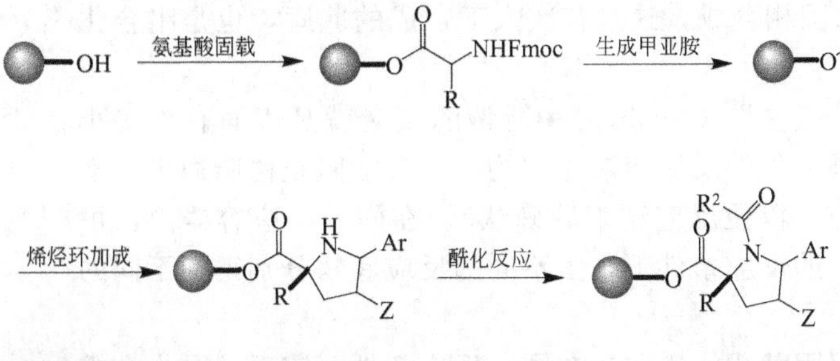

图 5-13　固相 1,3-偶极环加成反应

5.2.4.5 烯醇烷基化

烯醇烷基化是形成碳-碳的重要方法之一。Backes 和 Ellman 等[11,12]采用 Kenner 的 Acylsulfonamide 连接链,用 LDA 处理获得烯醇负离子中间体,经烷基化得到单取代的产物(图 5-14)。

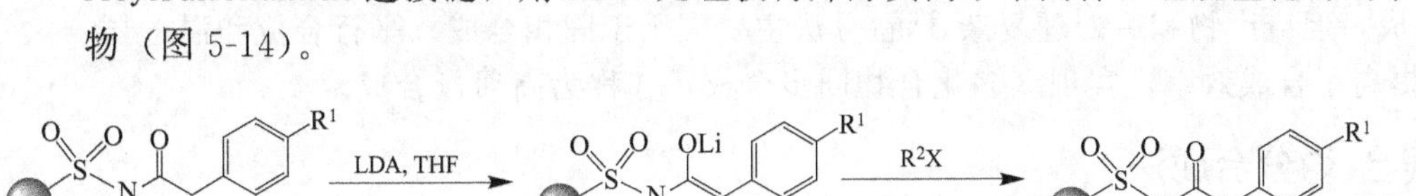

图 5-14　固相烯醇烷基化反应

Kobayashi[32,33]等研究了固载化烯醇硅醚在三氟甲磺酸钪催化下与亚胺的反应,得到 β-氨基硫酯衍生物,进而还原切割,由此制备 β-氨基醇化合物库(图 5-15)。

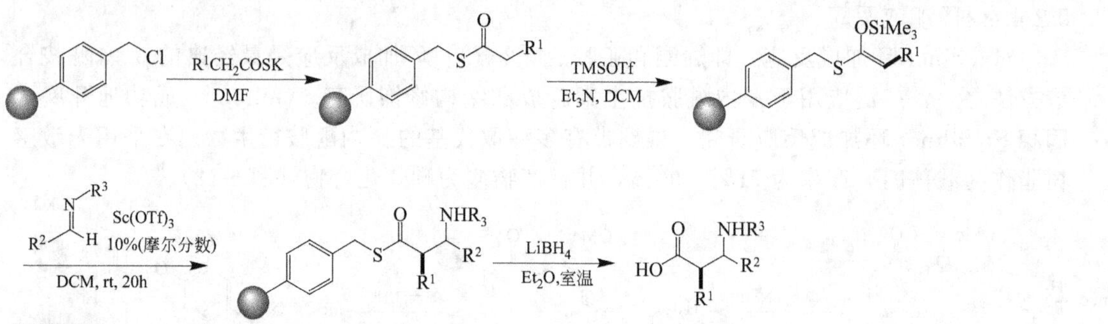

图 5-15 固载化烯醇硅醚制备 β-氨基醇化合物

Kobayashi 等还报道了固载化烯醇硅醚在三氟甲磺酸钪催化下与醛进行类似的反应分别合成相应的 β-羟基酸、β-羟基醛或 1,3-二醇类化合物。

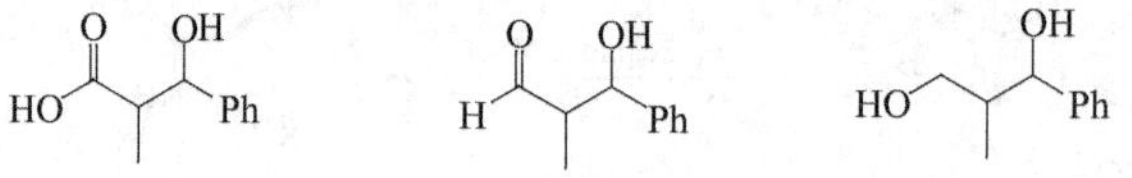

β-羟基酸　　　　β-羟基醛　　　　1,3-二醇

5.3 固相高通量合成

5.3.1 概论

1984 年，Geysen[34]等在固相合成化学的基础上发展了多针同步合成技术（multipin），利用 96 孔板的排列方式进行多肽固相合成，这是首次人工合成的肽库，也是组合化学的最初模式。

1985 年，Houghten[35]发明了"茶袋法"（tea bag）。所谓的茶袋就是表面有许多小微孔的聚丙烯小口袋，该小微孔能让袋内外的反应溶液达到均一，又能阻止树脂逸出。把将要反应的树脂放入袋内，封口，标记（以便反应结束后确认）。在同一反应容器内，可放置装有数种不同底物的茶袋，在相同的反应条件下，由不同的反应底物分别得到不同的反应产物。

多针同步合成技术和茶袋法均采用固载化的方法，在同一反应条件下实现了同步合成不同多肽，经过简单的后处理获得较高纯度的产物，简化操作，节省时间。多针同步合成是平行合成法（parallel synthesis）最初的组合化学范例，平行合成法进一步发展为应用固载化底物或固载化试剂同步合成，也可在特殊设备中进行液-液平行合成。在茶袋法基础上发展了混合-均分合成法（mix-split synthesis，简称"混-分法"），虽然曾经尝试液-液混-分合成，但应产物和后处理复杂，混-分法主要应用于固相合成。平行合成和混-分合成均大大提高了合成效率，实现众多化合物同步合成，亦称为高通量合成。

5.3.2 混合-均分合成法

1988 年 Furka 提出混合-均分合成法（mix-split synthesis）的组合合成策略，并用该方法合成含有 27 个四肽的混合物[36,37]。混-分法即通过"混合"和"均分"交替的方式，以较少的反应步骤获得众多化合物的高通量合成策略。例如，M 个底物 $A_1 \sim A_M$ 分别固载化后，合并充分混合，等量分成 N 份，分别同 N 个合成砌块 $B_1 \sim B_N$ 反应，所得产物再合并充分混合，等量分成 P 等份，分别同 P 个合成砌块 $C_1 \sim C_P$ 反应，这样就得到 P

个亚库，每个亚库含有 $M \times N$ 个化合物。所得化合物总数为 $M \times N \times P$。

"混-分法"过程如图 5-16 所示，当 $M=N=P=3$ 时，经第一步三个固载化反应得到 $A_1 \sim A_3$ 的 3 个化合物，经第二步反应得到末端为 $B_1 \sim B_3$ 的三组 9 个化合物，经第三步反应得到了末端为 $C_1 \sim C_3$ 的三组 27 个化合物。三个不同的合成砌块反应若重复四次混合-均分操作，可得到 $3^4=81$ 个化合物，而反应数为 $3 \times 4=12$，远远少于传统的化学合成。以 20 种天然氨基酸为例，重复七次混合-均分操作，可得到 $20^6=64000000$ 个不同的 7 肽化合物。由于固相载体的利用，"混-分法"不仅减少了反应的数量，而且简化了操作，大大提高了合成效率。

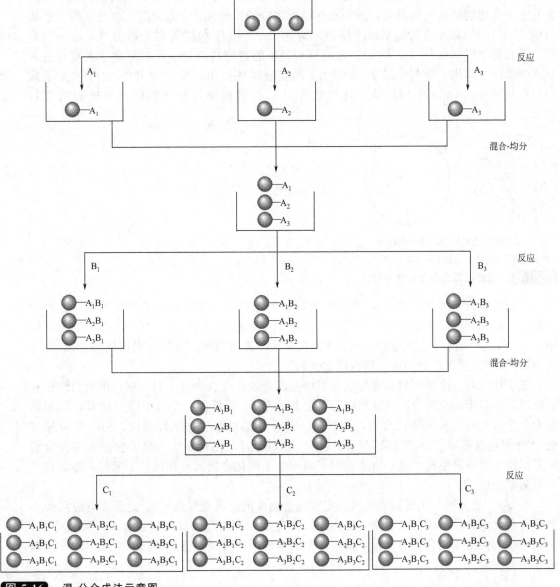

图 5-16　混-分合成法示意图

5.3.3　"一珠一化合物"法

Lam[38]等于 1991 年提出了"一珠一化合物"法（one bead one compound）的策略。

"一珠一化合物"法直接混合均分树脂,通过混-分合成步骤,在短时间内构建众多化合物的组合化学库。利用固相反应的特点使用过量的试剂或反复多次反应,尽可能使反应趋于完全。尽管多个树脂含相同的化合物,但是每一个树脂都只载有同一种化合物。该研究使用 Tenta Gel 树脂作为固相载体,固载量约为 0.27mmol/g,即每个树脂固载约 10^{13} 个化合物分子(约 100pmol)。Tenta Gel 树脂的特点,既能适合有机合成反应,又能适应水相生物筛选。连在树脂上的化合物既可切割后用于筛选,也可直接用于筛选。如采取直接筛选方法,不需切割,把可溶性受体分子与某种酶(如碱性磷酸酶)或荧光剂偶联放入"一珠一化合物"组合化学库中。由于染料分子在磷酸酶催化下的修饰反应,或荧光剂的淬灭原理,那些载有能与受体结合的特定多肽序列的树脂珠,因颜色发生变化而被识别。把颜色发生变化的树脂珠挑选出来,洗去相连的受体分子,通过分子量测定,就可推测其多肽结构。Lam 等选用十九种氨基酸为原料,构建了一个几乎包括所有五肽的"一珠一化合物"组合化学库($19^5 = 2476099$),采用与酶偶联的色度检测法,首次从含庞大数目的组合化学库中分离出 6 个与 anti-β-endorphin 单克隆抗体作用,75 个(其中 28 个测定了肽序列)与 streptavidin 作用的肽配体树脂珠[38]。固载树脂直接生物活性筛选如图 5-17 所示。

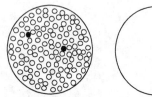

1.通过树脂珠颜色来确认呈阳性化合物作用
2.把着色树脂珠挑选出来测序并合成用于进一步筛选

图 5-17 固载树脂直接生物活性筛选

切割后筛选的方法通常在 96 孔板或更高通量上进行。最初采取正交切割策略,每个亚库的树脂珠置于固定的位置,呈现阳性反应的化合物可以被追踪[39]。正交切割策略如图 5-18 所示,经高通量筛选后,为了确定先导化合物的结构,通常采用用回溯合成[40]方法确定其结构," "处为显示活性的化合物。

正交切割对每个亚库的化合物数有严格限制,较多化合物处于同一亚库中时因结果复杂难以适用。于是发展为同一亚库中每个树脂置于 96 孔板的一个孔中进行切割,切割后每个孔中仅含有一种同质化合物,取其中一部分样品进行生物活性测试,另一部分通过色-质连用色谱测定其分子质量和样品纯度,进而通过活性化合物的分子质量和回溯合成确定活性化合物的结构。这一方法在同一亚库中不同化合物具有相同分子量时,导致结果分析的复杂性。

"一珠一化合物"法最初主要用于多肽化合物库的合成与筛选[41],此后亦有应用于小分子化合物库的报道[42]。"一珠一化合物"法应用少量树脂和试剂快速合成众多化合物,但是,单个树脂上化合物的含量很低,活性结构确认需要经过复杂的回溯合成过程,逐渐被其他方法取代。

5.3.4 编码合成法

为了直接标记树脂同其所载化合物之间的关系,组合化学家发明了各种编码方法,标记相对应的化合物结构[43]。

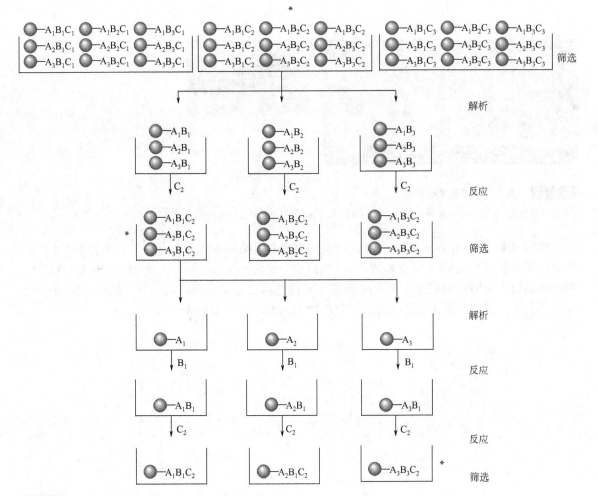

图 5-18 正交切割策略和回溯合成示意图

编码合成法的基本思路是在构建组合化合物库时，每一步反应植入相应的标记，根据该标记可识别相对应分子的结构信息。编码方法通常可分为化学编码和非化学编码，其中化学编码包括寡核酸标记[43,44]、多肽标记[45]、分子二进制标记[46]等；非化学编码方法最初的例子是 Houghten 在 1985 年创建的"茶袋法"（tea bag）。

广泛应用的非化学编码包括基于射频（radiofrequency，Rf）编码的定向分类策略（directed sortting strategy）。Nicolaou 等研究的射频技术[47]，由惰性材料制成的微反应容器装载树脂，作为一个反应单元（如图 5-19）。按反应容器体积分成数种规格，其中最大的反应容器（Macrokan）可容纳约 300mg 树脂，较小的（Microkan）约装载 30mg 树脂。该反应容器壁上密布筛孔（70μm），可以让反应试剂和溶液自由通过，但阻止树脂珠（75μm）逸出。微反应容器内设置射频标签（radiofrequency tags Rf），依据定向分类策略通过计算机预设数据库管理，跟踪反应，即可获得化合物库的相关结构信息。微反应容器具有较好的流动性，并可耐受机械搅拌，在通常的反应容器或震荡器中完成反应。反应结束后经简单洗涤、过滤、切割获得产物。每步混合-均分均在射频扫描监控下定向分类，避免了普通混-分法的盲目性，且每个化合物可获得一定量的样品，以利化合物库长期使用。

微反应容器　　　　　　　　　　　射频标签

图 5-19　微反应容器射频标签

微反应容器左 1 至左 3 分别为 Macrokan、Microkan 和 Minikan；左 4 和左 5 为 X-Kan

Xiao 等在 1997 年首次用 microkan 微反应容器和射频标签技术，合成了一个含 400 个组分的紫杉醇（Taxoids）化合物库[48]，获得每个最终产物 2～4mg，经 NMR 和 MS 检测产物结构与预期结构完全一致，未经进一步纯化纯度达到 50%～100%。同年，Nicolaou 等报道了利用射频标签技术合成天然产物 Epothilone 类似物库[49]。

Taxoid库　　　　　　　　　　　Epothilone库

理想的编码技术具有如下特点：①容易编码和识别；②不干扰化学反应和反应过程；③不影响反应物和产物的化学性质；④不干扰筛选；⑤操作简便，经济可行。射频编码技术具备上述主要优点，但对于大规模化合物库制备而言，价格不菲。改进后的二维标签编码技术（2D bar-code laser-etched），直接在微反应器盖上标记激光刻读二维标签，不仅扩大了数据编码范围，而且省却了射频标签，进一步降低了成本，如图 5-19 所示（X-Kan）。

5.3.5　多针同步合成技术

Geysen 在 20 世纪 80 年代发明的多针同步合成技术（multipin）[34]，使用表面经放射-嫁接的官能化针状聚合物（图 5-20），按 96 孔板的排列形式（12×8）固定，每一个针头对准反应板上一个相应的深孔。在实际操作中，先向 96 孔反应板的深孔中加入不同的氨基酸溶液、偶联剂和活化剂，然后将固定在载体板上的 96 个针头浸入相应的深孔内反应，反应完成后的洗涤也在同一孔内进行。重复以上反应、洗涤的过程，直至完成多肽合成。多针同步技术合成的多肽可以切割到 96 孔板中或仍然连在针上进行活性筛选，每个针头上具有一个可定位的结构明确的化合物。

图 5-20 多针同步合成 96 孔反应板[50]

多针同步合成技术在非肽类化合物库的制备中也得到广泛的应用。1994 年 Ellman 和他的同事[51,52]报道了固相 β-转角模拟化合物库合成,利用 Mimotopes 的多针技术合成了高纯度的 9 元环和 10 元环化合物。

β-转角　　　　　　　　转角模拟化合物

5.4 液相高通量合成

5.4.1 概论

固相高通量合成具有高效、操作简便的优点,但也有一定的局限性。如,固相反应研究不如液相反应深入,适用反应受到限制;固相反应是两相或两相以上的反应,反应速率受到影响;固相反应检测不如液相反应方便,影响反应跟踪;固相反应增加固载化和切割步骤,延长反应路线;固相反应的温度和溶剂受到固相载体理化性质的限制,妨碍合成条件的优化;固相反应需要使用特殊的固相载体,往往价格比较昂贵。

与固相高通量合成相比,液相高通量合成化学具有若干显著的长处。如,液相高通量合成反应与传统的有机合成相同,不受反应条件的限制,形成成熟、系统的反应工艺和方法;不受反应规模的限制,可大量合成,长期保存,用于广泛筛选;反应及产物检测方便,方法成熟,容易跟踪反应过程;反应中不需要使用大大过量的试剂,有利于节约资源、绿色环保;随作自动合成仪器的应用,反应及后处理操作日趋方便。尤其对于结构比较复杂,试剂比较昂贵的化合物合成,更倾向于应用液相高通量合成。

液相平行合成是液相高通量合成的主要方法,结合固载试剂、清洁剂、捕获剂,以及可溶性载体、氟标记等技术的发展和应用,逐步克服液相反应后处理繁复的瓶颈。

5.4.2 液相平行合成法

曾经试图探索液相混合合成，但因混合反应中底物和试剂结构不同导致反应速率差异，反应条件、反应终点难以控制，且检测和纯化复杂产物的混合物亦比较困难等原因，未能扩大应用。反之，应用平行合成法（parallel synthesis），各反应底物分别在各自的反应器内反应，互不干涉，不仅适用于固相反应，也适合于液相合成反应。如图 5-21 所示，一个 4×4 平行合成反应，其中 A 和 B 分别为两类具有不同官能团的合成砌块。即，将底物 A 的 4 种同类物 A_1～A_4 各分置于 4 个反应器内，分别在装有不同底物的反应器内加入试剂 B_1～B_4，同步反应获得 16 个不同的产物，其结构呈与底物和试剂结构相关的排列组合。

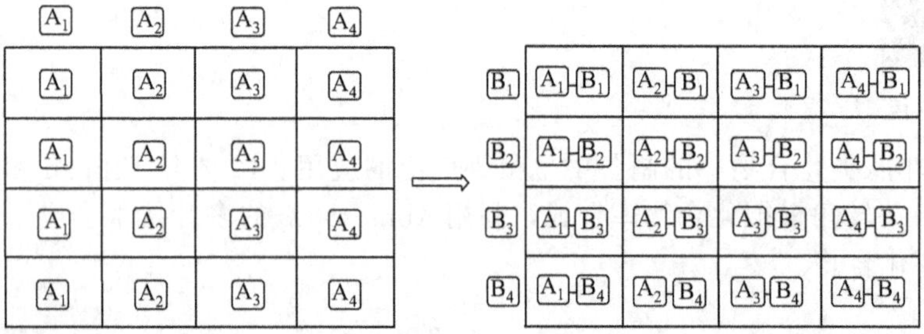

图 5-21 平行合成示意图

液相平行合成是固相混-分法合成大规模化合物库的重要补充。通常液相平行合成方便、灵活，易于合成结构较复杂的产物，适合构建活性化合物的结构改造化合物库。平行合成法中各个反应产物是单一的，平行合成反应器位置定位产物结构的信息无需标记，产物经纯化后很容易进行结构测定和活性筛选。

液相平行合成法有别于普通有机合成反应的同步操作，尽可能提高通量、简化操作，实现高效合成的目的。应用成熟的反应和较少的步骤构建化合物库，是液相平行合成最常采用的策略。葛兰素-威康（Glaxo-Wellcome）公司的化学家[53]报道了一个典型的液相组合化合物的构建过程，即 5 个硫脲和 4 个 α-溴代酮经 Hantzsch 反应平行合成，得到 20 个 2-氨基噻唑衍生物，该化合物库构建过程只有一步反应，涉及两个变量。反应在排成 4×5 矩阵并有氮气保护的玻璃小瓶中进行，反应组分的当量比为 1∶1，由机械手完成液体加样。反应结束后，用氮气流吹去 DMF 溶剂，得到产物。经 LC-MS 分析，产物纯度均在 82%～98%之间，无需纯化，可直接用于筛选（图 5-22）。

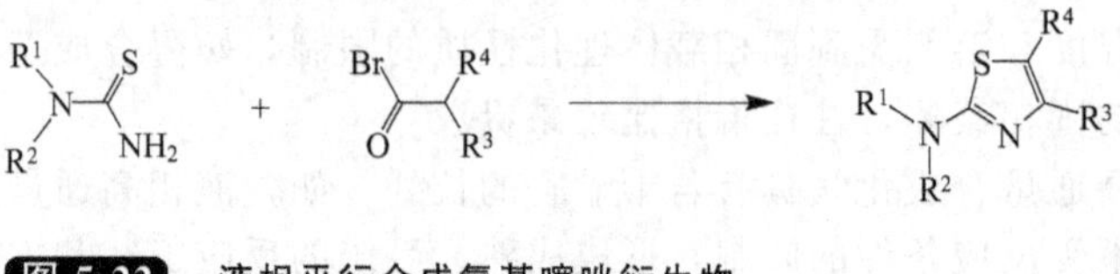

图 5-22 液相平行合成氨基噻唑衍生物

在多步反应的过程中（图 5-23），为了提高反应中间体或产物的纯度，一种简便有效的方法就是利用化合物之间物化性质的差异，通过结晶、萃取等简便操作，达到纯化的目的。Boger 等报道，二羧酸化合物经过酸酐中间体四步液相平行反应构建含有三个变量的化合物库，巧妙地利用每步反应中原料与产物在酸、碱溶液中的溶解度差异，经简单酸-碱萃取得以纯化[54]。

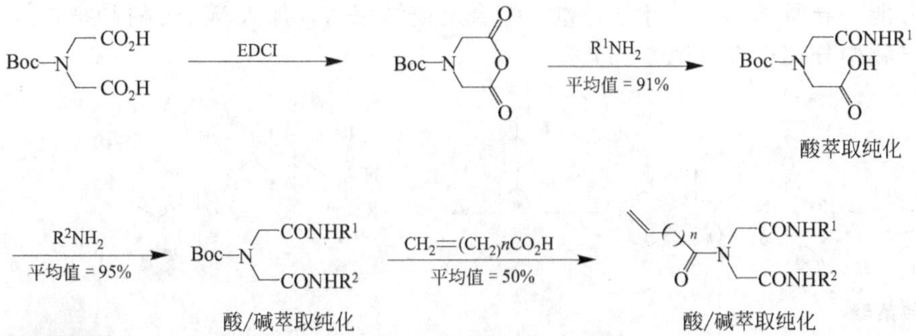

图 5-23　液相反应过程中经简单酸/碱萃取纯化反应产物

5.4.3　参与反应的固载试剂

并非所有的液相平行反应经过简单的结晶或萃取就能达到纯化的目的，反应后处理的繁琐乃是制约高通量液相平行合成发展的瓶颈。解决这一问题的方法之一是使用固载试剂，所谓固载试剂包括固载反应试剂、固载清除剂和固载捕获剂。虽然早在 1946 年固载试剂已见报道[55]，但是随着高通量合成化学的发展，才引起广泛的关注。

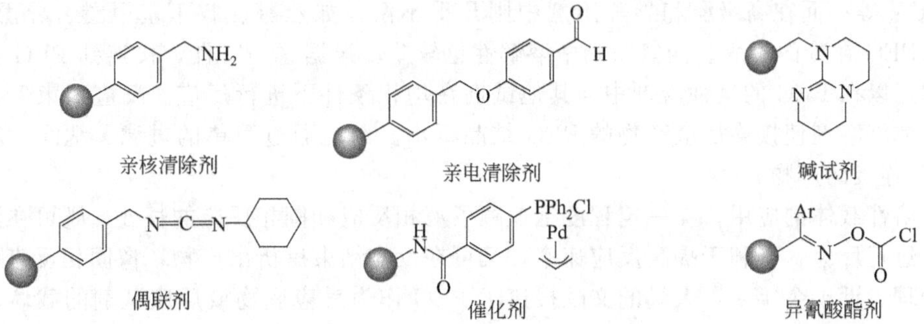

亲核清除剂　　　　亲电清除剂　　　　碱试剂

偶联剂　　　　催化剂　　　　异氰酸酯剂

液相平行合成使用固载反应试剂具有明显的优点，即反应过程中可过量使用固载反应试剂，促使反应趋于完全；多余的固载反应试剂通过简单的过滤就可除去，大大方便了液相反应的后处理过程。固载反应试剂种类繁多，其中常用的如酸、碱、氧化剂、还原剂、催化剂、偶联剂、有机膦试剂和多功能试剂等。

如图 5-24 中反应式所示，固载化碱试剂参与制备三氟甲磺酸取代苯酯的反应。反应中使用过量固载化碱试剂，与反应生成的对硝基苯酚成盐后滤去。此法高收率制备高纯度的三氟甲磺酸酯，不需进一步纯化，可直接用于钯催化的 Suzuki 偶联反应[56]。

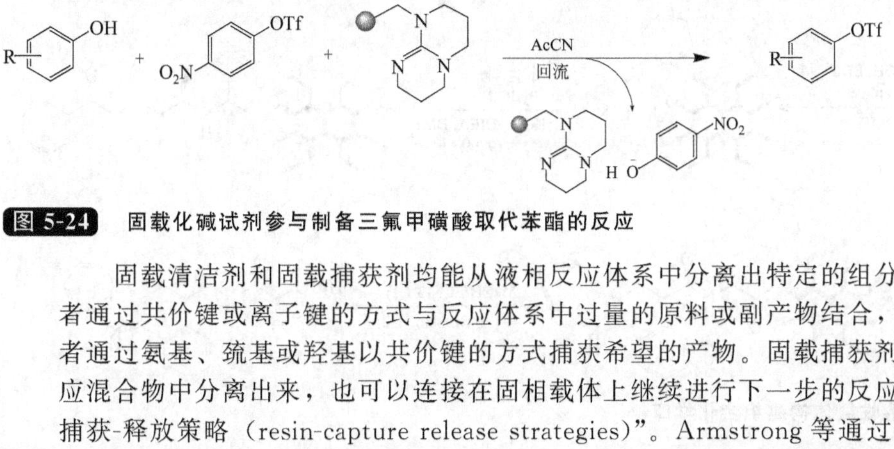

图 5-24　固载化碱试剂参与制备三氟甲磺酸取代苯酯的反应

固载清洁剂和固载捕获剂均能从液相反应体系中分离出特定的组分，不同之处在于前者通过共价键或离子键的方式与反应体系中过量的原料或副产物结合，然后过滤除去；后者通过氨基、巯基或羟基以共价键的方式捕获希望的产物。固载捕获剂把希望的产物从反应混合物中分离出来，也可以连接在固相载体上继续进行下一步的反应，故亦称为"树脂捕获-释放策略（resin-capture release strategies）"。Armstrong 等通过液相 Ugi 反应构建化合物库时,采用"万能"异氰试剂——环己异氰。缩合反应结束后,加入 Wang 树脂把产物从多种原料和副产物中分离出来(图 5-25)[57]。

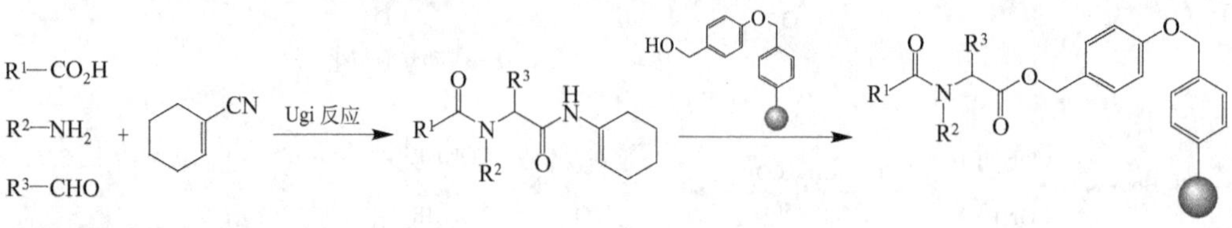

图 5-25 树脂捕获-释放策略

5.4.4 可溶性载体

1972 年 Bayer 和 Mutter 首次成功地将聚乙二醇(PEG)作为可溶性载体合成了多肽化合物。其后,Janda 等于 1995 年利用羟甲基化的线性可溶性聚乙二醇(MeO-PEG)合成了一个多肽化合物库和一个芳香磺酰胺(arylsulfonamide)化合物库[58]。

PEG 与通常的固相载体不同,它在许多常用溶剂中具有良好的溶解性,如水、二氯甲烷、氯仿、甲醇、乙腈、丙酮、N,N-二甲基甲酰胺(DMF)、甲苯、二甲基亚砜(DMSO)等;而在高级醇和醚等溶剂中则几乎不溶,如乙醚、叔丁基甲醚、异丙醇等。此外,PEG 在冷的乙醇、四氢呋喃中溶解性也较差。根据这一特性,接连到 PEG 上的反应底物可以在 PEG 的良性溶剂中与其他试剂在均相条件下进行反应。反应结束后,加入高级醇或醚溶剂使接连反应产物的 PEG 结晶析出。由此通过简单的过滤、洗涤,就可得到 PEG 连接的产物。

可溶性载体的应用,在一定程度上兼顾了液相反应和固相反应的长处,既可在溶液均相条件进行反应,有利于提高反应速率,又可在反应结束后析出产物,像固相反应那样简化后处理。近十余年来,大量的文献报道了 PEG 作为反应底物或反应试剂的载体,成功应用于化合物库合成[59~62]。

作为载体的 PEG 的相对分子质量通常在 2000 以上,负载量很低,一般不超过 0.5mmol/g。为了解决这一问题,发展了树枝状(dendrimer)可溶性载体,它从一个中心延伸出许多分支,因而提高了负载量,且反应中间体可通过常用的分析方法如 NMR、UV、TR 和 MS 进行表征。1996 年 Kim 等报道应用树枝状可溶性载体构建组合化学库[63],其通过 Fisher 吲哚合成法构建了一个含 27 个吲哚衍生物的化合物库(图 5-26)。由于树枝状可溶性载体的分子量比较大,所以经凝胶色谱进行纯化,纯度在 84%~99%之间。

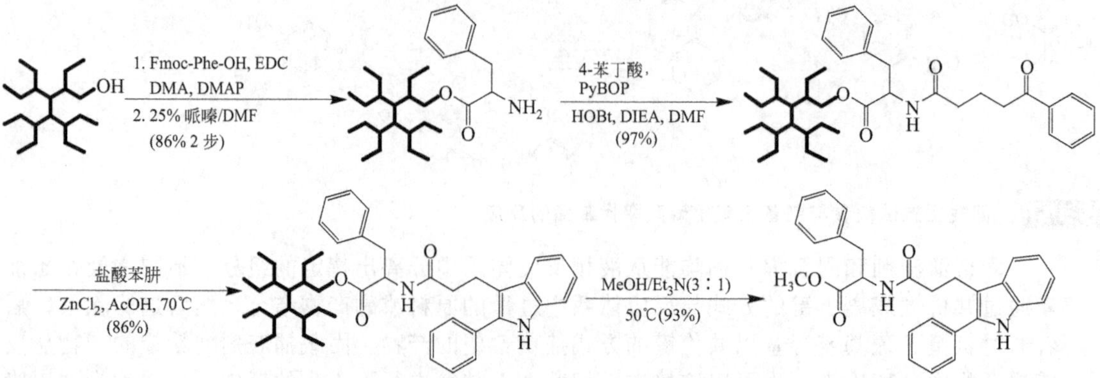

图 5-26 树枝状可溶性载体构建组合化学库

5.4.5 氟标记

氟原子极强的电负性赋予氟碳化合物特殊的理化性质，通常高氟或全氟液体与其他传统的有机溶剂或水互不相溶，形成独立的第三相，称为氟相。根据氟化合物的这一特性，可用氟相溶液从有机相或水相溶液中萃取氟取代的化合物。化合物特定的官能团上引入氟链得到的化合物称为氟标记化合物（fluorous tags），用氟标记化合物来进行的反应称为氟相有机合成（fluorous phase organic synthesis，FPOS），通过全氟溶剂相的萃取称为氟相萃取（fluorous extraction）。

Curran 等在钯的催化下，使用氟标记的有机锡试剂，进行 Stille 偶联反应[64,65]。反应结果生成三相体系，产物溶于有机相，无机盐溶于水相，生成的氟标记物溶解在碳氟溶剂中（图 5-27）。

$$(C_6F_{13}CH_2CH_2)_3SnAr + R-X \xrightarrow[\text{LiCl(3 eq.), DMF}]{\text{PdCl(PPh}_3)_2\ (2\%)}_{80°C, 1天} R-Ar + LiX + (C_6F_{13}CH_2CH_2)_3SnCl$$

有机相　有机相　　　氟相

图 5-27　氟标记化合物的 Stille 偶联反应

Curran 最早把氟标记和氟萃取的策略应用于组合化学库合成，为液相高通量合成提供了简化后处理操作的新方法，并应用于多组分 Ugi 缩合反应[66]（图 5-28）。

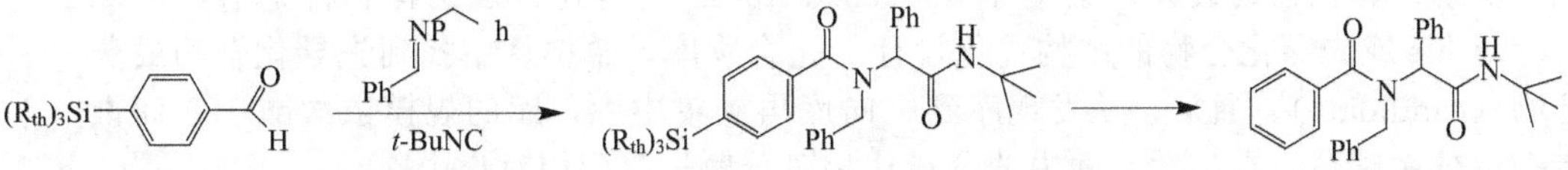

$R_{th} = C_{10}F_{21}CH_2CH_2$— 或 $C_{10}F_{21}CH_2CH_2$—

图 5-28　氟标记化合物的多组分 Ugi 缩合反应

早期氟标记技术主要通过液-液相萃取，分离高氟标记（heavy fluorous tag）化合物。近年来发展了氟固相萃取技术（fluorous solid-phase extraction，FSPE），利用氟标记和未标记化合物与氟化硅胶亲和力的差异，对低氟标记的化合物也能实现高效分离。氟固相萃取依次用疏氟溶剂，如甲醇和水的混合溶剂把未标记的化合物从氟化硅胶上洗脱下来，然后用亲氟溶剂，如甲醇、丙酮、乙腈等洗脱氟标记化合物。最近发现，普通硅胶也能用于氟标记化合物的分离，称为反相氟固相萃取法（reverse fluorous solid-phase extraction，RFSPE）[67,68]。即把含氟混合物上载到极性层析柱（如硅胶层析柱）上，用氟溶剂或氟混合溶剂洗脱氟标记化合物，再用适当的有机溶剂把未标记的化合物洗脱下来。氟标记片段、氟溶剂均可回收，反复使用。

（—）-dictyostatin 来源于海洋海绵体，显示潜在的抗癌活性。2006 年 Curran 报道了采用混合氟标记策略，合成了（—）-dictyostatin 和其他三种异构体[69]。首先合成了关键中间体的四种异构体，并分别引入不同的氟标记，然后经 22 步反应得到四种氟标记的（—）-dictyostatin 异构体混合物。该混合物用半制备 FluoroFlash PF-C8 柱分离，含 20% 四氢呋喃的乙腈洗脱，最后在酸性条件下脱除标记，得到（—）-dictyostatin（$6R$，$7S$）和其他三种异构体（$6R$，$7R$；$6S$，$7S$；$6S$，$7R$）的最终产物，如图 5-29 所示。

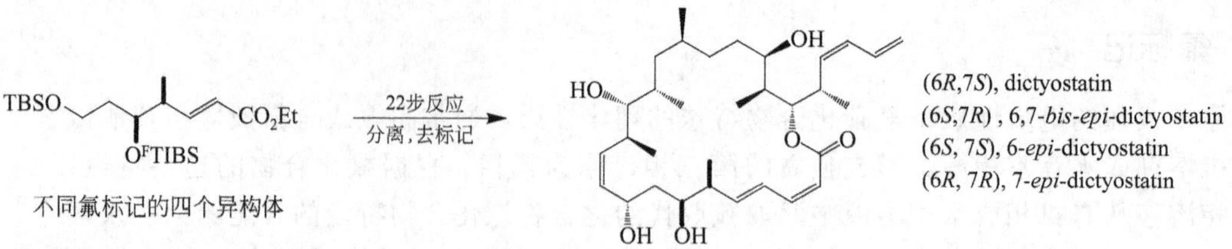

图 5-29 混合氟标记策略合成（一）-dictyostatin 及其异构体

5.5 小分子化合物库

5.5.1 概论

药物化学在药物发现的不同阶段承担不同的任务。"苗子"化合物（hit）的发现至今主要来源于化合物库的随机筛选，这类化合物库称为发现库（discovery library）[70]。以 hit 发现为目的的化合物库一般规模比较大，在类药性前提下强调结构的多样性，也被称为多样性库（diversity library）[71]。先导化合物（lead compound）的发现主要有两条途径，一是通过 hit 的优化；二是通过靶向库（targeted library）的筛选。靶向库是指所设计的化合物库适合于特定的一类蛋白质，如激酶、G 蛋白偶联受体、离子通道等，或者针对某个特定的药物靶标。靶向库的规模远小于发现库，针对性更强，常依据药物信息和靶标信息，借助计算机辅助设计。集中库（focused library）是在特定结构和特定活性的基础上，针对 hit 或先导化合物的结构优化设计的化合物库，希望从中找到先导化合物或药物候选物（candidate）。通常，从发现库到靶向库再到集中库，库的规模依次减小，而设计的专一性越来越高，在化学空间中的分布从相对分散过渡到相对集中。

根据化合物库组分的结构特征，可以把它分成肽库、寡糖库、寡核酸库和小分子化合物库等[72]。与肽类化合物相比，小分子化合物具有较高的亲脂性，容易透过细胞膜，与细胞内的靶点结合；有机小分子具有较低的分子量且多样性结构，能与大分子底物选择性结合；多数有机小分子，不易被体内的水解酶水解，生物利用度比肽类高。因此，小分子化合物库在药物研究中备受重视。

组合化学和高通量合成作为一种新的思维方式和研究模式，已经在医药、农药、材料、催化剂等领域中广泛应用。虽然少有药物确认直接源于组合化学开发上市[73]，据报道治疗晚期肾癌的靶向药物索拉非尼（Sorafenib）是第一个真正从组合化合物库中筛选，并最终被美国 FDA 批准的药物。但是纵览跨国制药企业，几乎找不到完全依赖传统化学合成手段开展药物研究的研究机构。组合化学、高通量筛选在经历了萌发阶段的骚动之后，已经与计算机辅助设计、高通量筛选、早期评价等新兴技术融为一体，形成了药物研究开发的新模式。

5.5.2 多样性导向合成（diversity-oriented synthesis，DOS）

5.5.2.1 基本概念

传统的有机合成的目标通常是结构明确和性质预知的单个化合物，称为目标物导向合成（target oriented synthesis），目标化合物在三维化学空间中仅占据了某一个点。美国化学家 E. J. Corey 于 1967 年提出了逆合成分析（retrasynthetic analysis），作为设计合成目标物的系统原理[74~76]。逆合成分析的核心是，从复杂的目标分子出发，逐步推演出最佳起始物和合成路线。分析的关键是从目标化合物出发，找到其主要的结构转换点，假设这个转换点在合成上是可行的，由此逆推到上一步反应物结构。重复这一过程，直至到可获原料为止。逆合成分析是一个从"复杂"演变到"简单"的过程，它要回答的问题是，什么是最佳的起始物和合成路线。

人类基因组测序工作的完成，以及近年来生命科学和化学研究的交叉和融合，迫切需要快速建立骨架多样、构造复杂、立体化学丰富的化合物库，满足药物发现和化学生物学研究的需求。目标导向合成已无法满足制备这类化合物库，于是，哈佛大学的 Schreiber 教授在 2000 年提出了多样性导向合成（diversity-oriented synthesis）的概念[77,78]。多样性导向合成没有明确的目标分子，而是一组具有结构多样性和复杂性化合物的簇集（cluster），它们占据了一定范围的化学空间。多样性导向合成遵循正向合成分析法（forward synthetic analysis）[71]，按照合成路线进行的方向，从已有的起始原料出发，通过有限的反应步骤尽量引入多样化的官能团，构建不同的分子骨架，并希望最终建立的小分子化合物库最大程度具备化合物结构的复杂性（complexity）和多样性（diversity），以满足不同的筛选需要[79,80]。正向合成分析是一个从"简单"演变到"复杂"的过程，它要回答的问题是，通过怎样的反应能使化合物集合达到最大的多样性和复杂样（图 5-30）。

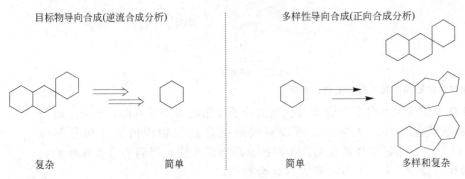

图 5-30 目标物导向合成和多样性导向合成的比较

5.5.2.2 DOS 化合物的多样性

复杂性和多样性是 DOS 化合物库的两大特征。自然界的许多生物学过程都与蛋白质-蛋白质之间的相互作用有关，而能阻断它们作用的已知天然化合物一般都有复杂的化学结构，复杂性是多样性导向合成必须考虑的重要方面之一。多样性与复杂性同样重要，因为多样性化合物库所针对的不是一个特定的靶点，所以多样性大的化合物库在类基因筛选和表型筛选（genetic-like screens and phenotypic screens）[81,82]的成功率要大得多。所谓多样性通常由三个要素构成，即取代基、立体构型和分子骨架的多样性。

一般而言，小分子化合物在与生物大分子作用时，小分子的骨架只起到辅助支撑作用，只有通过骨架上的取代官能团与生物大分子的某些部位产生微电场作用，才会表现出生物活性。增加化合物取代基的多样性来提高与大分子作用的可能性，是多样性合成中最常用的方法之一，也是正向分析法中最有效的途径。对于骨架不同而反应官能团相同的底物，利用固相高通量合成的"混-分法"可得到数量庞大的化合物库。哈佛大学 Shair 等报道了天然产物加兰他敏（Galanthamine）类似物的化合物库（图 5-31）[83]。加兰他敏含有一个刚性的多环母核，与蛋白质结合的能量较低；环上多个官能团，有利于结构多样性修饰。Shair 等利用仿生合成的方法得到了一个与天然产物加兰他敏相类似的核心骨架，然后采用固相"混-分法"，通过 Mitsunobu 烷基化、N-乙酰化或烷基化、Michael-type 加成，形成腙和肟的反应，引进四个变量，整个化合物库含有 2527 个结构明确的组分。利用基于细胞的表型筛选方法并使用荧光融合蛋白 VSVG2 GFP 检测，评价此类化合物抑制蛋白质从内质网（ER）经过高尔基体（GA）向质膜分泌的能力，筛选表明化合物 Secramine（750nmol/L）是 VSVG2 GFP 从 GA 转移到质膜的强抑制剂。进一步的实验确证 Secramine（2μmol/L）还有阻断蛋白质从高尔基体向质膜转移的能力，而加兰他敏（100μmol/L）本身对此分泌途径无活性。

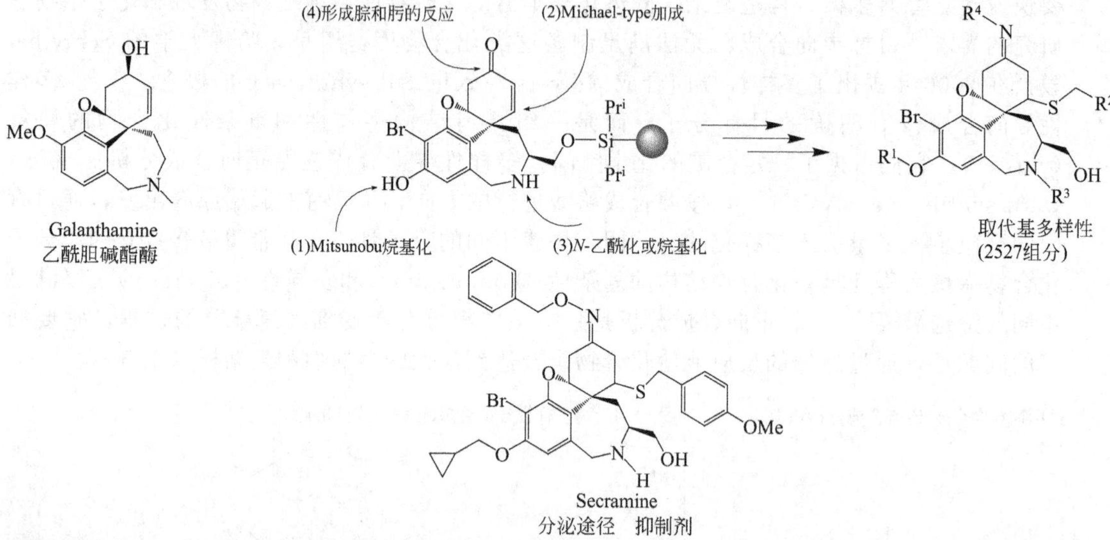

图 5-31　天然产物加兰他敏和以其为模板的化合物库

取代基的多样性不能满足小分子化合物与生物大分子作用时的空间取向，于是，组合使用立体多样性和取代基多样性的模式，可以有效地提高化合物库的立体构型多样性[77,84]。如图 5-32 所示，通过手性催化剂选择性控制环加成反应，得到一组多样性的立体结构，然后经取代基反应，得到结构多样性的化合物库。

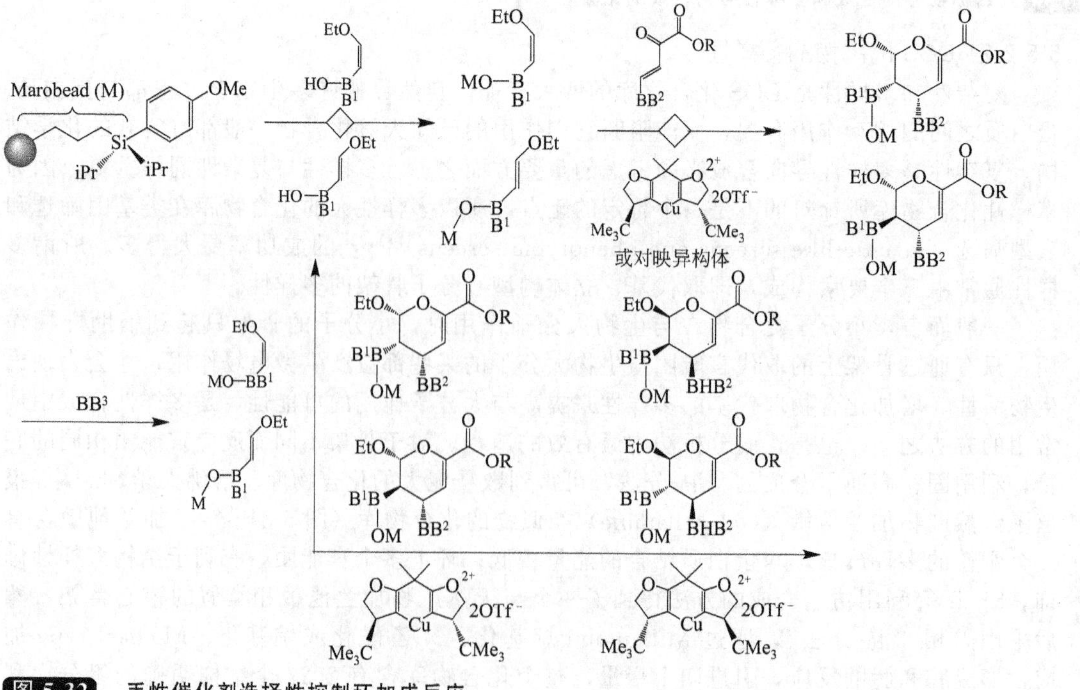

图 5-32　手性催化剂选择性控制环加成反应

实现骨架多样性有两种基本方法，一是同一底物分别与不同的试剂反应而得到一组骨架各异的产物。含有多功能基团三烯的化合物就是一个典型的例子（图 5-33），在和不同的试剂反应后，得到一组骨架多样性的产物[85]。

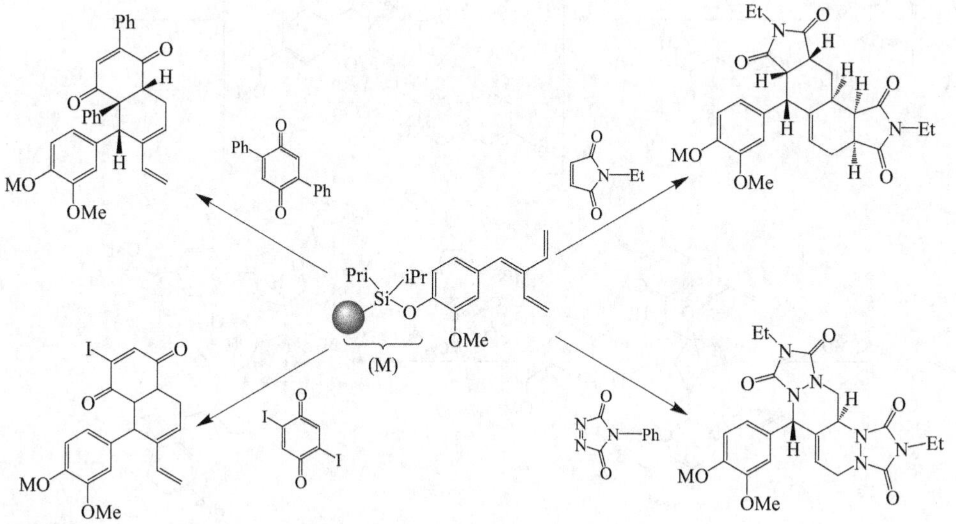

图 5-33 同一底物与不同试剂反应合成多样性骨架

另一种方法是单一骨架的分子在不同的反应条件下通过特异的重排而产生不同的结构[81]。如图 5-34 所示，官能团化的十二元环经过过氧化或经过烷基化、过氧化和碱性条件下重排而得到不同骨架的产物。

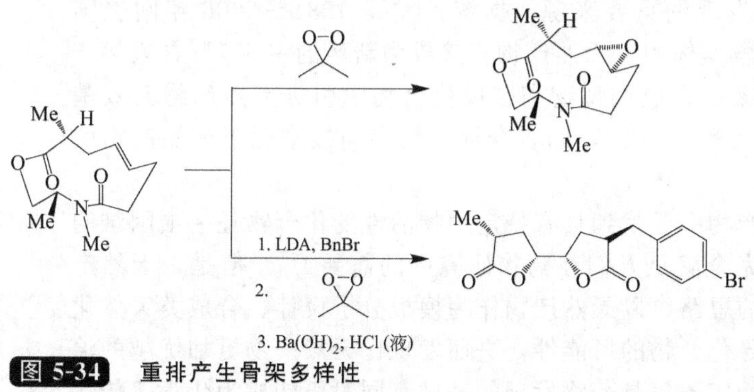

图 5-34 重排产生骨架多样性

5.5.2.3 DOS 化合物的复杂性

正向合成分析由简单起始物出发设计合成复杂产物，合成中应用能形成复杂产物的反应将有效提高化合物的复杂性，常用反应如，串联反应、环加成反应、多组分偶联反应等。

串联反应（tandem reaction），即前一步反应的产物作为下一步反应的底物，连续生成复杂结构的反应。环加成反应能产生具有刚性结构的环状分子，每一次成环能形成两个手性中心，有些环加成反应可以有选择性地达到立体控制。多组分偶联反应是三个或三个以上简单的合成砌块同步反应，得到结构相对复杂产物的反应。在 DOS 中，可通过上述反应的组合或串联，得到结构更为复杂的产物[77]。Schreiber 通过固相合成，把 Ugi 四组分缩合反应，分子内 Diels-Alder 环加成反应和置换反应串联组合，得到结构复杂的产物，如图 5-35 所示。

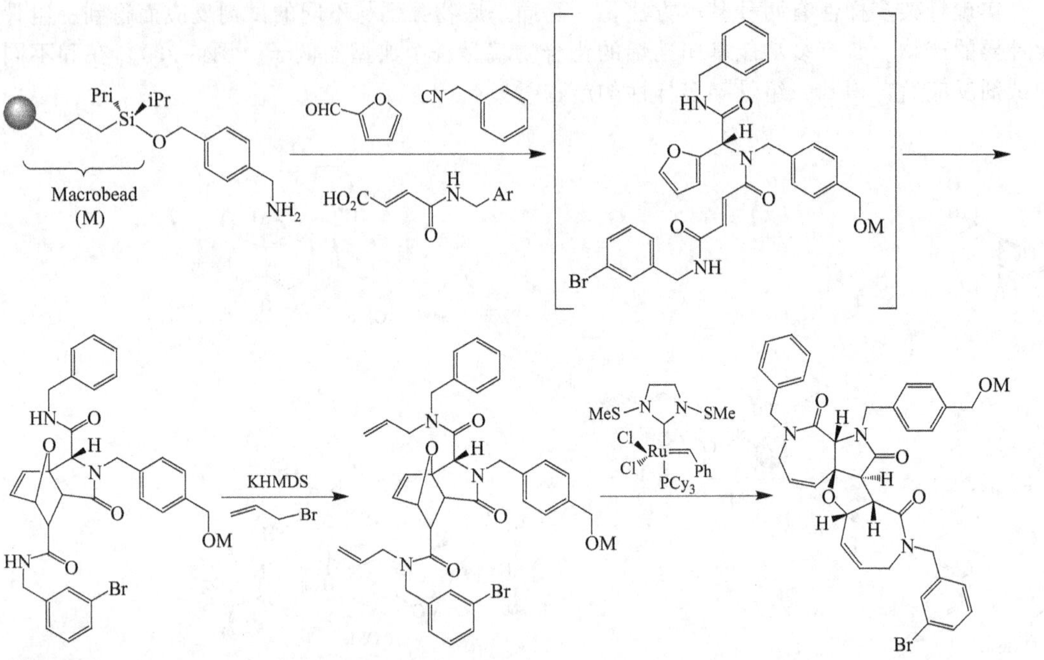

图 5-35 多种反应组合以得到结构更为复杂的产物

5.5.3 基于类天然产物的小分子化合物库

5.5.3.1 概论

天然产物及其结构信息是药物发现的重要来源。据统计[86]，1981～2006 年间美国 FDA 批准上市的 983 个小分子新化学实体中，天然产物直接成为新药的占 5.7%，天然产物衍生物占 27.6%，含天然产物骨架的合成类似物和合成化合物中引进天然产物药效基团的化合物分别占上市药物的 12.6% 和 11.8%，四者合计直接和间接来源于天然产物的化合物占上市药物的 57.7%。

从种类繁多、结构复杂的天然产物中寻找到具有特定生物活性的化合物是一项困难的工作，天然产物的资源限制并不能完全满足人们在药物研究中的需要[87]。但是，天然产物独特的化学结构拓展了药物研究的思路，以天然产物作为模板分子设计、合成类天然化合物库大大提高了发现新型结构先导化合物的可能性，进而发现比天然产物更加优越的治疗药物。类天然产物的小分子化合物库不仅是药物发现的基础，同时可能成为化学遗传学研究的探针，通过对蛋白质的修饰来研究生物大分子的生物功能，探知化学和生物学之间联系，发现新的药物作用途径和靶标。

5.5.3.2 基于天然产物核心骨架的化合物库

活性天然产物的核心骨架是结构多样性化合物库的重要启示，由此产生的化合物库可能发现结构新颖的先导化合物和新型药物靶标[88]。

Spirotryprostatin B 是 1996 年 Osada[89] 等人首次从菌类 *Aspergillus fumigatus* 的发酵液中分离得到的一种吲哚类生物碱，具有哺乳动物细胞周期抑制作用，显示良好的抗肿瘤活性。2004 年，Schreiber 研究小组[90]采用固相混-分法合成策略，以 Spirotryprostatin B 为模板，通过立体选择性三组分缩合反应，构建了以氧代吲哚-四氢吡咯螺环为母核的化合物库，如图 5-36 所示。对 3520 个化合物进行筛选，发现 19 个肌动蛋白（actin）聚合抑制剂 Latrunculin B 的增强子，其中最有效的增强子的 $EC_{50}=(550\pm50)$ nmol/L。

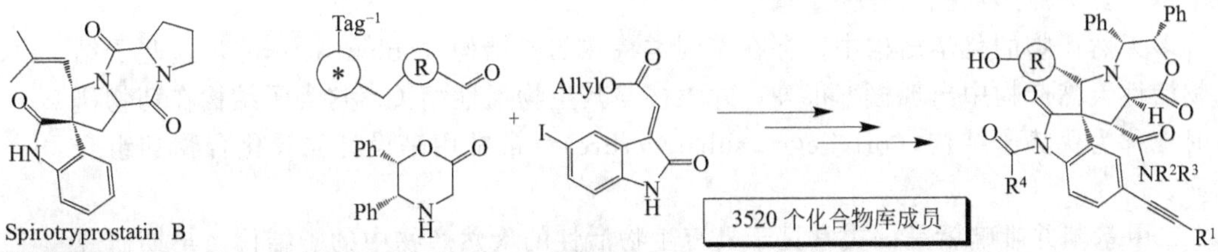

图 5-36 Spirotryprostatin B 为模板构建化合物库

多环结构的天然产物，尤其是多联环（interlocked rings）天然产物是对构建类天然产物化学库的挑战。除了按常规的方法合成多环骨架，然后进行多官能团取代组合合成的策略[91]，游离基联级环合反应（radical cascade annulation）是一种很有效的合成多联环的方法。2000 年，匹兹堡大学的 Curran 教授通过游离基联级环合反应，分别构建了天然生物碱 Mappicine 衍生物组合库（含 64 个化合物）和 Mappicine 酮衍生物组合库（含 48 个化合物）。

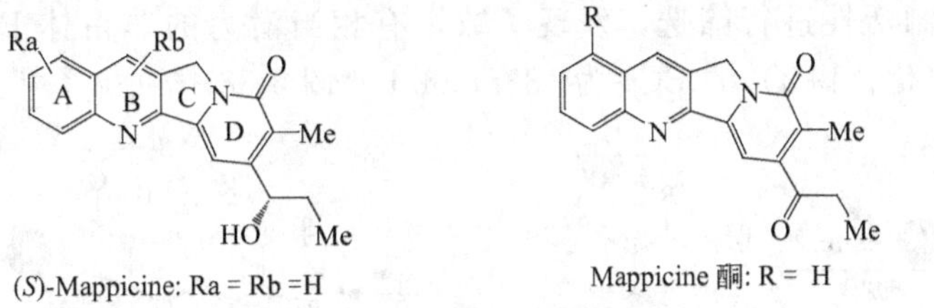

(S)-Mappicine: $R_a = R_b =$ H

Mappicine 酮: R = H

2003 年，Curran 与报道了高喜树碱（Homocaptothecin，hCPT）化合物库的合成[92]。高喜树碱是抗癌剂喜树碱（Camptothecin，CPT）的七元环类似物。生物学研究显示，七元环类似物提高了药物在人体血浆中的稳定性；7 位和 10 位双取代的喜树碱消弱了与人血清白蛋白（HAS）的结合作用；10 位经修饰的 Homosilatecans（7 位含硅取代基的 Homocaptothecin）在血液中表现出非常高的稳定性。于是 Curran 等决定合成 7 位被硅取代的各种 7，10 双取代高喜树碱衍生物，研究其构效关系。以 3-甲酰基-4-碘-5-三甲硅基-2-甲氧基吡啶为起始原料，经四步反应得到关键中间体碘代吡啶酮后，分别在氮上引入 13 种取代丙炔基团，接着与 7 个异氰平行反应，经自由基偶联环合得到五联环目标化合物，如图 5-37 所示。

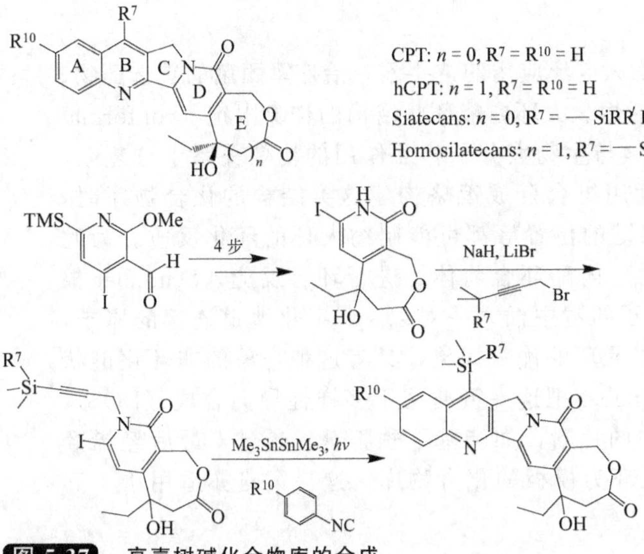

CPT: $n = 0$, $R^7 = R^{10} =$ H
hCPT: $n = 1$, $R^7 = R^{10} =$ H
Siatecans: $n = 0$, $R^7 = $ —SiR'R''
Homosilatecans: $n = 1$, $R^7 = $ —SiR'R''

图 5-37 高喜树碱化合物库的合成

5.5.3.3 基于类天然产物的特殊子结构

在许多天然产物的化学结构中，存在着同类特殊的子结构（substructure），这些子结构在生物活性天然产物中出现概率很高，并大多与其生物活性相关。这类子结构在药物研究中有时也称为优势子结构（privileged substructure），常常用来设计先导化合物和组合化合物库。

2,2-二甲基苯并吡喃就是一类常见于具有生物活性的天然产物中的子结构。早期研究发现，它们对 NADH：辅酶 Q 氧化还原酶有抑制作用[93,73]。

Nicolaou[73]研究小组采用硒功能化树脂（selenium functionalized resin）作为载体和 IRORI 射频编码技术，固相构建了含有 10000 多个组分的 2,2-二甲基苯并吡喃化合物库[9,94,95]。这些化合物经泛醌氧化还原酶（NADH）抑制剂[93]、抗菌活性等筛选，发现化合物 b 对 6 个不同的 MRSA 菌珠的最低抑制浓度为 $5\mu m$，抗菌能力与万古霉素大致相当[96]；用报告基因（reporter gene assay）法分别对非甾体法尼酯 X 受体（FXR）激动活性和 HIF-1a 抑制活性进行筛选，发现了数个有相当潜力的非甾体 FXR 激动剂，其中 Feachloramide（化合物 a）的 EC_{50} 为 188nmol/L（图 5-38）[97]。

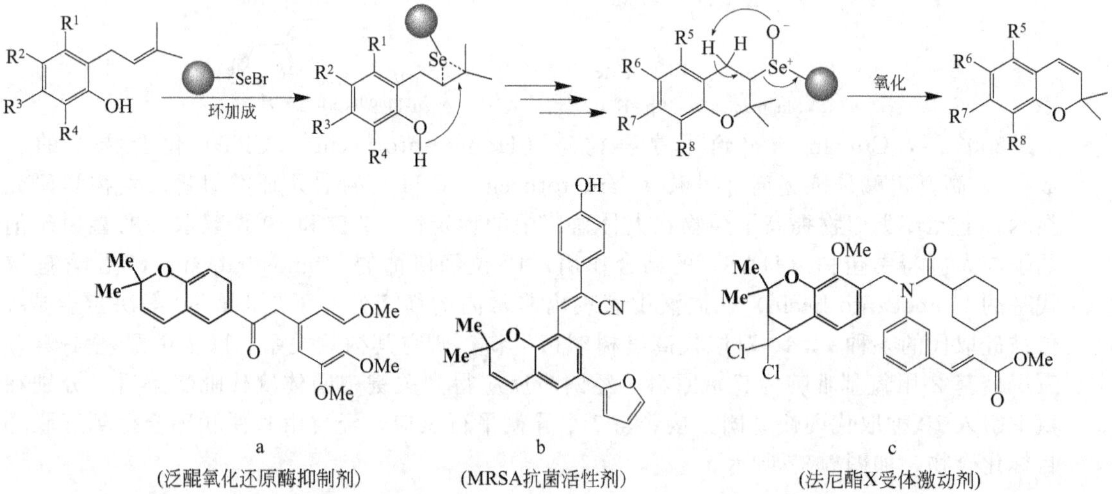

图 5-38 构建 2,2-二甲基苯并吡喃化合物库

在聚酮类天然产物中，大环内酯是临床广泛应用的抗生素，治疗军团菌的首选药物。此外，还发现了大环内酯有许多新生理活性。大环内酯环状结构的构象限定（conformational constraint）以及取代基的立体化学与生物大分子相互作用的构效关系十分复杂，长期以来引起药物学家广泛的兴趣。运用组合合成策略构建这类结构的化合物库时，环化前体物上取代基的种类、构型、双键的位置等都可能制约大环的环化反应。为此设计符合环合所需的优势构象的长链大环内酯环合前体，进行环合反应。Schreiber 根据六元环的稳定性，设计在每隔一个原子的键中插入一对以 sp^2 杂化轨道连接的原子，形成没有 trans-环张力和扭转张力的十二元环的优势构象，具有这种构象的非环化链状化合容易发生环化反应（图 5-39）。Schreiber 把这一策略用于多样性导向合成（DOS），通过嵌入三个带有不饱和以及不同结构的片断，如酯基、酰胺键、烯键，最后经烯烃复分解关环反应，构建了一个以十二元环为模板的化合物库，这一策略亦适用于十和十四元环的合成[81]。

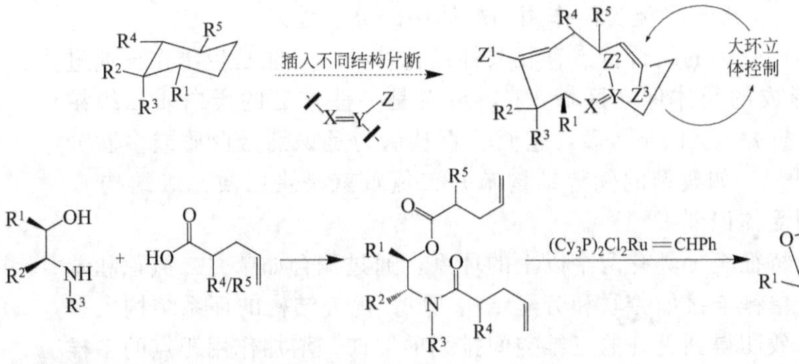

图 5-39 大环内酯环的构建策略

Epothilones 是从黏菌（*Myxobacteria*）中分离得到的大环内酯类天然产物，具有与紫杉醇类似的抗癌机理，即通过诱导微管蛋白的聚合以及抑制微管蛋白的解聚而达到抗癌的目的。Nicolaou 首次报道用固相合成方法获得 Epothilone A，进而采用 ISIS 的射频技术和固相混分法策略，构建了含有 4 类 112 个 Epothilone 类似物的化合物库（图 5-40），并研究了其构效关系[49]。

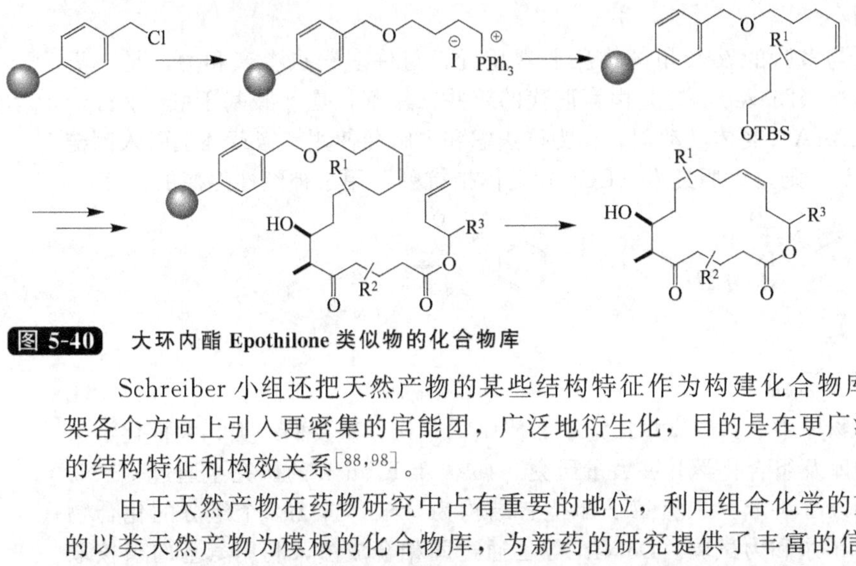

图 5-40 大环内酯 Epothilone 类似物的化合物库

Schreiber 小组还把天然产物的某些结构特征作为构建化合物库的依据，即在原有骨架各个方向上引入更密集的官能团，广泛地衍生化，目的是在更广泛意义上发掘天然产物的结构特征和构效关系[88,98]。

由于天然产物在药物研究中占有重要的地位，利用组合化学的方法已合成了多种类型的以类天然产物为模板的化合物库，为新药的研究提供了丰富的信息。DOS 方法具有合成简便，结构多样等优势，推动了类天然产物化合物库的研究。可以预计，随着新的方法和技术的发展，越来越多的类天然产物为模板的化合物库将被合成，为药物研究创造更广阔的空间。

5.5.4 基于优势结构的小分子化合物库

5.5.4.1 优势结构的概念和特征

研究发现，众多药物分子仅存在于某些特定的化学空间，某些特定的化学结构频繁出现在不同药理作用的药物分子中[99]。例如，Ariëns 等发现在许多生物胺拮抗剂中存在疏水双环结构，如二苯甲基等，由此推论这类受体中必定有相似的附加疏水结合位点[100,101]。接着，Andrews 与 Lloyd 描述了生物胺拮抗剂共有的拓扑结构[102]。

1988 年，Evans 在研究胆囊收缩素（Cholecystokinin，CCK）受体拮抗剂时发现，作为抗焦虑、抗惊厥药物和阿片受体的配体的 1,4-苯并二氮䓬酮类化合物对 CCK，胃泌激素和中枢苯并二氮䓬受体都有结合作用，因此提出了优势结构（privileged structure）的概念[103]，并定义为，一种能衍生出与多类受体作用的配体中的分子骨架。

优势结构的现象反映了不同受体的结合位点存在共性结构特征，可能是生物在长期进化过程中，经过自然选择而形成的受体保守区域[104]，或者是一些常见的蛋白质二级结构，如β-折叠（β-turn）和γ-折叠（γ-turn）等，它们一直被认为是识别蛋白质或多肽分子的重要的拓扑结构元素[105,106]。如典型的优势结构苯并二氮䓬就是蛋白质二级结构β-折叠的拟似结构，可以被不同受体识别[107,108]。

一般认为优势结构的结构特征至少具有两个以上的环系，通过稠合如苯并二氮䓬和苯并呋喃，或者通过一个或两个单键连接如芳联和芳醚结构[109]。优势结构的环系结构大多具有一定的刚性，所连接的药效团得到更好的三维空间排列的取向，增加作用靶点的多样性，产生较好的生物利用度。

优势结构以它独特的结构特征而成为组合化学的重要来源之一，基于优势结构设计和合成的化合物库能针对多个靶点，如受体、酶、离子通道等，尤其是对 GPCR、PTK 等进行筛选，寻找先导化合物和药物候选物。例如，Nicolaou[9,94,95]和他的同事们合成的苯并吡喃骨架库，以及 Schultz[110,111]等合成的嘌呤骨架库等。

5.5.4.2 基于优势结构的组合学库举例

（1）苯并氮䓬结构

苯并氮䓬在结构上与多肽的β-转角的构象非常相近，与许多靶点有亲和力，是一类典型的优势结构。地西泮（Diazepam）是卤素取代的苯并二氮䓬，是γ-胺基丁酸（γ-amino butyric acid A，GABAA）受体激动剂，作为抗焦虑和失眠药使用。当䓬环上引入侧链的地伐西匹（Devazepide）则是缩胆囊素（CCK）受体拮抗剂，用于神经性疼痛的治疗。

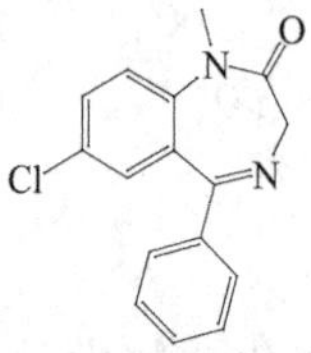

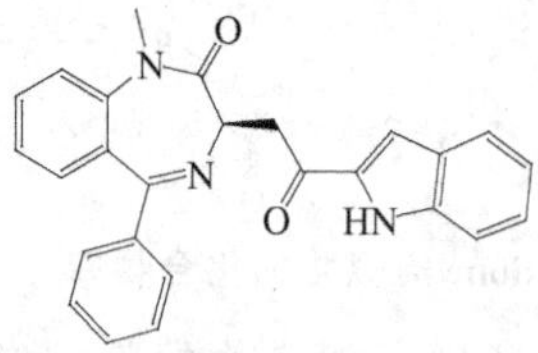

Diazepam   Devazapide

在苯并氮䓬类化合物库中，1,4-苯并二氮䓬-2-酮结构是比较重要的一类，大批化学家对苯并二氮䓬类化合物库及组合化学开展大量研究。1994 年 Ellman 的研究组通过 C5-N4 关环的策略，固相合成以 1,4-苯并二氮䓬-2-酮优势结构为母核，含 192 个组分的化合物库[17]，对 CCK A 进行了亲和力试验。DeWitt 等也通过固相合成法，利用氨基的亲核取代性，在酸性加热条件下经 N1-C2 关环，同时完成连接键切割，得到有 40 个组分的化合物库[112]。Bhalay 以 Wang 树脂为载体的固相合成反应，最后经 C3-N4 的 7-外三角（7-exo-trig）环合，同步树脂切割得到 1,4-苯并二氮䓬-2-酮化合物库[113]（图 5-41）。Lattmann 等固相合成含 168 个组分的 1,4-苯并二氮䓬组合化合物库，从中发现胆囊收缩素 2 型受体的选择性配体[114]。

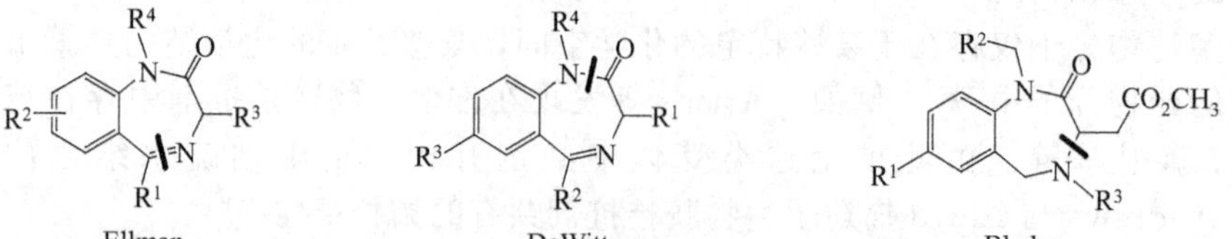

Ellman   DeWitt   Bhalay

图 5-41 Ellman，DeWitt 和 Bhalay 分别合成的 1,4-苯并二氮䓬类化合物库

（结构中的短曲线表明环合的位置）

葛兰素-史克（GlaxoSmithKline，GSK）公司的一个研究小组采用双连接键策略，合成1,4-苯并二氮䓬类化合物库，含1296个组分，从中发现了对于催产素受体有非常好的活性的化合物GW405212X[115]。

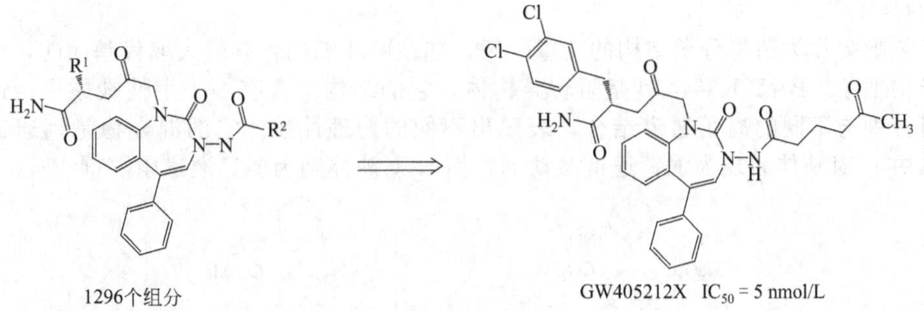

1296个组分

GW405212X $IC_{50} = 5$ nmol/L

（2）联芳基结构

据统计，在已上市的药物中含有联芳结构的约占4.6%左右[116]，是药物化学中很重要的一类化学结构。Hajduk等利用统计学方法分析与11种蛋白靶标结合化合物的核磁共振数据，发现联苯基与蛋白质的结合要优于其他芳环类结构，因此设计合成含有联苯结构的化合物库可能增加高通量筛选的命中率[116]。

玻连蛋白（Vitronectin）受体 $\alpha_V\beta_3$ 为一跨膜异二聚体糖蛋白复合物，其中Arg-Gly-Asp（RGD）肽序列是细胞外基质与玻连蛋白受体 $\alpha_V\beta_3$ 特异性识别的结合位点。研究表明，3-D结构已知的环肽 c (RGDfV) 分子中 β-转角并不是环肽与受体的识别部位，它主要起着支撑定位的作用，这些都给设计玻连蛋白拮抗剂提供了很好的思路[117~119]。1998年，Neustadt 根据Kessler 环肽 c (RGDfV) 设计了联苯结构的组合库（图5-42），但活性只达到毫摩尔级[120]。

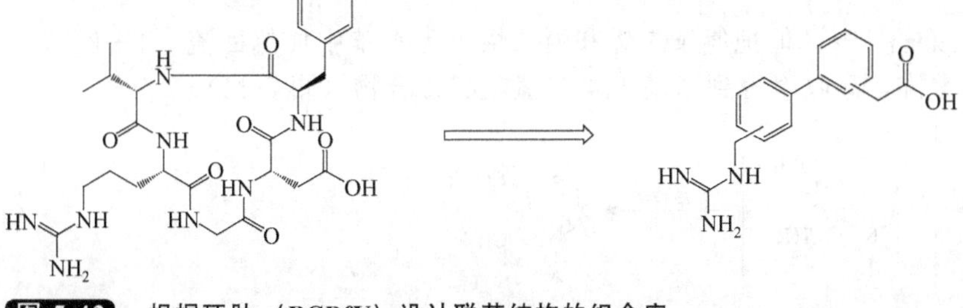

图 5-42 根据环肽 c(RGDfV) 设计联苯结构的组合库

2002年Urbahns报道了[121]小分子肽拟似物 $\alpha_V\beta_3$ 拮抗剂的研究，认为设计RGD拟似物的关键在于精氨酸和天冬氨酸残基正确的空间取向。Urbahns采用3,3-、3,4-、4,3-、4,4-联苯作为RGD肽中 β-转角的拟似物，以保持药效团空间取向的多样性。合成了3500个化合物，发现了一批玻连蛋白受体的抑制剂。这些化合物表现出清楚的构效关系。其中，化合物**1**的对玻连蛋白受体的选择性大于血小板 GPⅡbⅢa 受体的300倍，在抑制SMC迁移的功能活性 IC_{50} 为30nmol/L。之后，Urbahns又报道了[122]联苯类化合物库的构建，docking 实验表明，这类结构，如化合物**2**与环六肽 c-RGDf（N-Me）V 有相类似的结合模式。

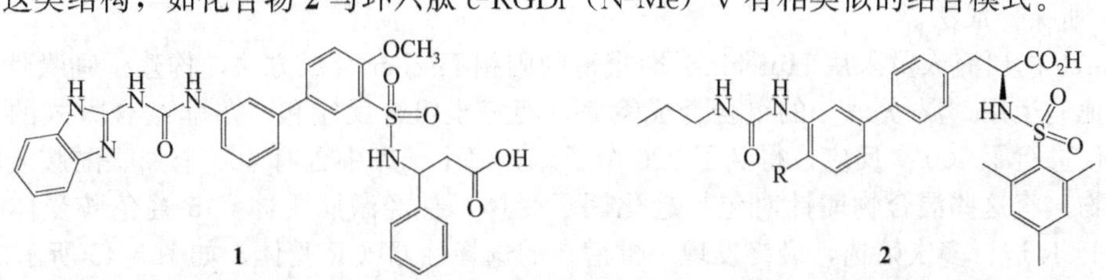

1

2

(3) 二氢吡啶结构

二氢吡啶类化合物具有广泛的生物活性，人们所熟悉的硝基地平（Nifedipine）二氢吡啶钙通道阻滞剂，从 1975 年就开始用于临床心血管疾病如高血压，心率失常，心绞痛等的治疗[100]。

二氢吡啶作为药物分子结构的支撑骨架，如在两环邻侧含有较大取代基团时，会产生阻转异构现象。BAY K8644 就是阻转异构体，它的结构中含有一个手性碳原子。这对对映体可分别与不同的离子通道结合，表现出不同的药理性质。它的混合物是钙通道激动剂，其中 L-对映体表现为强钙通道激动剂，而 R-对映体则为弱钙通道阻滞剂[123]。

硝基地平

BAY K8644

2000 年，Breitenbucher[124] 和他的同事们利用固相合成策略经过 Hantzsch 多组分缩合反应[125]，构建了一个 272 组分的苯基 1,4-二氢吡啶化合物库（图 5-43）。

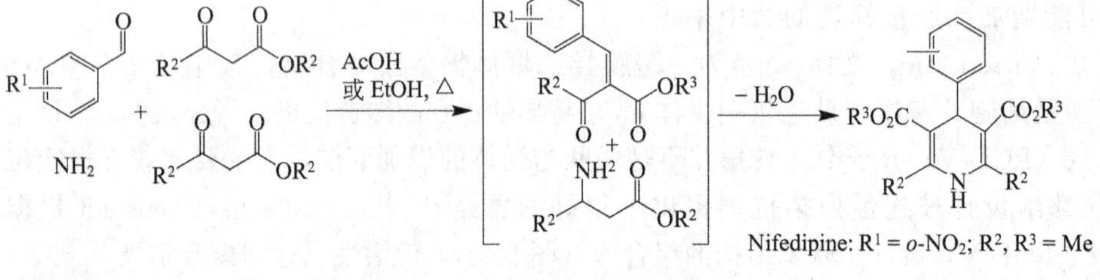

Nifedipine: $R^1 = o\text{-}NO_2$; $R^2, R^3 = Me$

图 5-43 Hantzsch 反应构建苯基 1,4-二氢吡啶化合物库

Ishar 提出另一个构建策略[126]，他把氮杂二烯和丙二烯在无水苯中加热回流 [4+2] 环合后，再经 1,3-氢转移重排，高收率得到苯基 1,4-二氢吡啶化合物（图 5-44）。

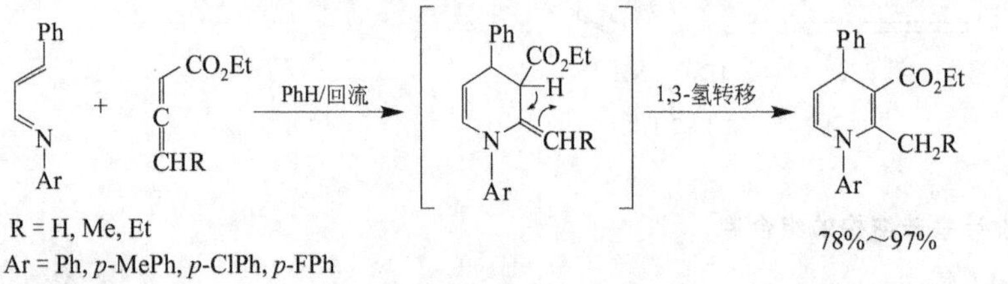

R = H, Me, Et
Ar = Ph, p-MePh, p-ClPh, p-FPh

78%～97%

图 5-44 [4+2] 环合和 1,3-氢转移重排合成苯基 1,4-二氢吡啶

(4) 吲哚结构

在自然界有许多 [5-6] 稠环化合物如吲哚、苯并呋喃、苯并噻吩和苯并咪唑等，它们都表现出良好的生物活性，所以常常以这些优势结构作为构建组合库的模板。其中，吲哚结构是比较有代表性的一类化合物。为了获得更合适的吲哚衍生物，许多研究小组还是选择从简单的原料开始合成吲哚化合物库。构建吲哚环的方法很多，但采用较多的还是 Fischer 吲哚合成法。

Merck 的研究人员采用 Hutchins[127] 报道的固相 Fischer 合成方法，构建了吲哚骨架化合物库。他们运用"混-分法"的组合合成策略，经三步组合反应和一步非组合方式的还原反应，仅仅进行了 400 次反应，得到了 320 个子库，每个子库中含有 400 个吲哚酰胺或吲哚胺的混合物。将这些混合物库针对包括趋化因子受体、神经激肽受体和 5-羟色胺受体在内的 16 个 GPCR 进行多次筛选，最终发现一批潜在的选择性 GPCR 受体，如图 5-45 所示。

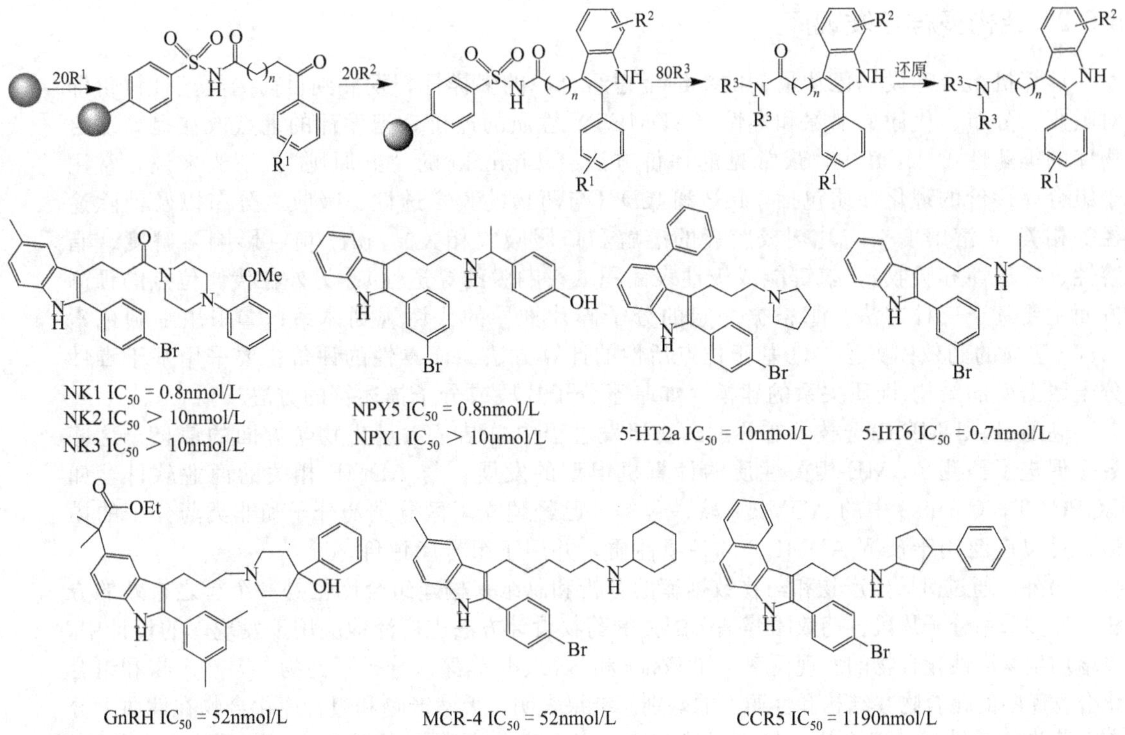

图 5-45 固相构建吲哚化合物库及其部分活性化合物

5.6 计算机辅助组合库设计

组合化学自诞生以来已经过了近 20 年，以其快速发展的势头，冲击了原有的化学合成理念，在新药研发领域中掀起了一场新方法、新技术和新成果的革新浪潮[128]，并以其高通量、高效率合成的技术和方法渗透到药物研究开发的各个领域，融合药物研究其他新兴技术，进入更加理性发展的阶段。组合化学和计算机辅助药物设计两大新技术，在药物研究中互为补充，互为支撑，促进了各自领域的发展，并将继续推动药物研究的创新。

5.6.1 计算机技术在组合化学研究中的作用

计算机技术在组合化学研究中主要发挥两大作用，一是通过计算机辅助设计虚拟组合库（virtual combinatorial library），并对虚拟库进行评价，提高实际构建化合物库效率，大大节省了新药研究的人力和财力[129]；二是直接对化合物库构建过程和获得数据进行管理。计算机技术在化合物库数据管理方面贯穿于路线设计与优化、试剂管理、反应条件控制，以及结构、质量、活性测试等信息储存、分析、管理等全过程。

按照化合物库的性质，计算机辅助组合库的设计及评价分为两大类：对发现库或称多样性库的设计，主要涉及结构多样性和类药性；对于靶向库和集中库的设计，除同样评价结构多样性和类药性外，更加关注化合物库中各组分潜在的生物活性。对两类化合物库均对经济性和可合成性进行评价，针对这两类不同目的的组合库设计具有不同的策略和评价指标[130]。

5.6.2 结构多样性发现库

计算机组合库设计已从最初的单纯考虑组合库的多样性，发展到目前的类药性评价即对吸收、分布、代谢、消除和毒性（ADMET）性质的评价，把设计的重点放在提高化合物库的类药性[131]。其中，最常见的评价方法有 Lipinski 的"五原则"。一般来说，常用于组合库评价的理化性质包括：lgP 和 lgD（与药物的膜穿透性、吸收、分布以及消除途径等相关），溶解度（与片剂或胶囊的溶解和口服吸收相关），pK_a 值（影响溶解度、脂溶性、穿透性和吸收），氢键能或极性表面积（影响膜的穿透性）。另外在代谢位点的预测方面主要基于三种方法，①根据一定的分子碎片推导的代谢规则体系；②采用细胞色素 p450s 建立的药效团方法；③基于位点活性的计算方法。而毒性的评价主要采用基于毒性分子数据库的结构-性质关系的建模，如基于分子片段或分子描述符的方法。

高通量 ADME 筛选技术在早期药物研发过程中总结了大量生物学方面的信息，这些数据促进了预测 ADME 相关性质的计算机模型的发展。与 ADME 相关的商业软件，如 TOPCAT，Ceruis2 中的 ADMET 软件包等，已经建立了区分类药分子和非类药分子的模型，可以广泛用于预测 ADMET 的各项性质，并用于组合库评价。

另外，通过对天然产物和药物数据库的分析和总结来构建组合库也是一个行之有效的方法。许多采用分子片段、药效团等基于配体的药物设计方法也广泛地应用于发现库的设计中，以增加生物活性化合物的发现概率。如 Feher 和 Schmidt 等深入分析了药物、天然产物和组合化合物库中的化合物在结构和性质上的差别。结果表明，天然产物和组合库化合物在性质上分布于药物的两端。一般来说，较之天然产物，组合库化合物有以下特性：①手性中心较少；②芳环结构较多；③复杂环（桥、螺、骈）体系较少；④饱和度较大；⑤杂原子数目不同（组合库化合物含 N 原子数是天然产物的 3 倍）；⑥可转动化学键较多，刚性差；⑦亲水性较高。Feher 和 Schmidt 等根据分析获得的多样性差异，指出了在设计组合库时，应融入一些天然产物的结构性质，以此来提高组合库中活性和选择性更好的化合物的出现概率[132]。

5.6.3 特定靶点的集中库

由于有明确的目标，集中组合库的主要评价指标为库中分子与靶蛋白的结合能力，同时也兼顾组合库的多样性、类药性等。分子对接是计算机辅助药物设计的一种方法，广泛应用于评价化合物分子同已知三维结构靶蛋白的结合能力[133]。同时，基于药效团构建和分子相似性评价等基于配体的药物设计方法也常用于评价已知先导化合物的组合库。如在对雄激素受体激动剂的研究中，葛兰素-史克（GlaxoSmithKline）公司的一个研究小组采用他们自行设计的分子对接程序结合分子形状相似性比较方法设计了一个 1300 个分子的组合库，经过细胞生物功能测试方法，从中发现了 352 个微摩尔级活性化合物和 17 个纳摩尔级活性化合物[134]。另外，Zhao 等人在寻找 FKBP 抑制剂的过程中，也采用了基于结构的方法来设计了组合库。最初他们建立了一个含 57120 个化合物的虚拟库，然后采用了三个打分评价方法从中选择了 500 个化合物的子库。最后用合成方法建立了一个 43 个化合物的小库，通过筛选，发现了一个高活性的化合物，在 10mg/kg 的剂量动物体内试验中表现出明显活性[135]。

5.6.4 组合库优化搜索策略

在药物发现过程中，影响化合物成药性的因素很多，因此在组合库设计中的评价标准也较多。在组合库的优化中综合评价这些指标，发展了许多方法[136]。通常采用的优化算法为遗传算法和模拟退火等全局随机优化方法。对于评价指标，一般采用加权的组合来设定一个单一的评价函数,从而通过变换组合库的反应物来优化组合库,以达到选择子库的目的。但该类方法也存在着一定的局限性,如对于评价函数中加权参数的确定就是一个非常困难的问题;另外通过这样的评价函数,优选出来的子库通常具有单一性;评价指标的不同组合仅体现相对的合理性,需要进一步深入评价。为此,一些研究组正在发展新的多元优化方法以便更有效地进行组合库的设计。如 Gillet 等报道了名为 SELECT 的多元优化程序,通过评价加权总数确认单一优化方案。此后,另一系列更有效率的新型算法——多目标进化算法(MOEAs)也得到了发展。Gillet 等提出以多目标遗传算法(MOGA)进行组合库的设计。依照该算法,他们编写出另一套优化程序,命名为 MoSELECT[137]。该程序可以弥补加权总数评价方法的许多局限。这一算法体系可以为多元库的设计提供一整套优化方案,化学家可以根据已提供的信息来选择其中的一个或几个方案,这就比由 SELECT 程序仅能提供的唯一方案更具有参考性,由此大大提高化合物库设计的优越性。

5.7 组合化学和高通量合成新方法

起源于固相合成的组合化学以快速、有效的高通量合成方法,不仅仅发展了一门新兴的技术,同时引进了组合思维的概念。它从根本上改变了化学家、生物学家以及相关学科研究人员的思维和研究方式,对科学的发展产生了革命性的影响。这种组合的模式也明显地表现在组合化学自身发展极大地依赖于其他学科的需求和促进,并在这种需求和促进中达到自身完善。组合化学从最初构建简单的化合物库到当今利用复杂的反应构建结构复杂多样的化合物库,应用于药物开发和探索生物大分子之间的关系。组合化学和高通量合成发展的新方法、新技术是多方位的,本文仅简单介绍动态组合化学、微波辅助反应和多组分反应等方面进展。

5.7.1 动态组合化学

5.7.1.1 动态组合化学的原理

动态组合化学(dynamic combinatorial chemistry)是近年来发展起来的以可逆化学反应为基础产生化合物库的一种分子识别与自组装的方法[138,139]。与传统上的组合化学不同之处在于,动态组合化学库中各合成砌块(building block)之间通过可逆反应而形成一个处于动态平衡的组合库。如图 5-46 所示,当一个外加因素作用于这个体系,平衡就会发生移动,组合库中各化合物所占比例就会发生变化,形成一个新的平衡。这个外加因素称为模板(template),它对库中的化合物有筛选作用。当一个模板加入库中时,某些化合物可以选择性地与该模板键合,使平衡反应发生移动。因此,库中键合强的组分得以富集,键合弱的组分逐渐减少,这是一个分子识别与自组装的过程[140,141]。

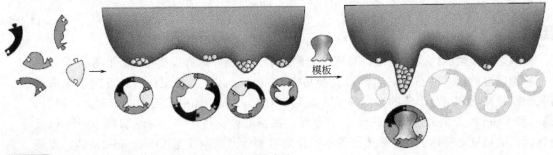

图 5-46 动态组合化学中分子识别与自组装的过程[140]

动态组合化学的引人之处在于通过模板来放大动态组合库中的某些化合物,达到筛选的目的。在药物研究过程中,把酶、受体等蛋白作为模板加到动态组合库中,某些与酶或受体结合力强的组分就会放大,这些组分就是该库中有可能成为先导的化合物。当模板为酶或受体等生物分子时,所采用的可逆反应条件必须满足生物分子的要求,非水相或高温的可逆反应都不能采用。能满足生物体系的可逆共价键反应有亚胺和腙交换、羟醛缩合、酯交换、硼酸酯化、氨基转移、二硫交换、烯烃复分解反应、Diels-Alder 反应、Michael 加成、氢键形成、静电作用、金属螯合等[140]。

5.7.1.2 动态组合化学在药物研究中的应用

对位取代的苯磺酰胺是碳酸酐酶Ⅱ (carbonic anhydrase Ⅱ) 的良好抑制剂。Lehn[142]等采用胺和与对位被磺酰胺类似结构取代的醛类反应,生成亚胺作为可逆过程,制备了一个含有三个醛,四个胺的动态组合库。反应是在碳酸酐酶的水相溶液中进行的,控制 pH 值为 6,平行进行两个反应,一个含酶,一个不含酶。在含酶的反应液中加入 $NaBH_3CN$ 作为还原剂,亚胺在 $NaBH_3CN$ 存在的条件下被不可逆地还原,把平衡产物不可逆地转移出来。通过对照两个反应液的组成就可判定对碳酸酐酶有抑制作用的分子。该分子的结构与已知的碳酸酐酶抑制剂 1 非常相似(图 5-47)。

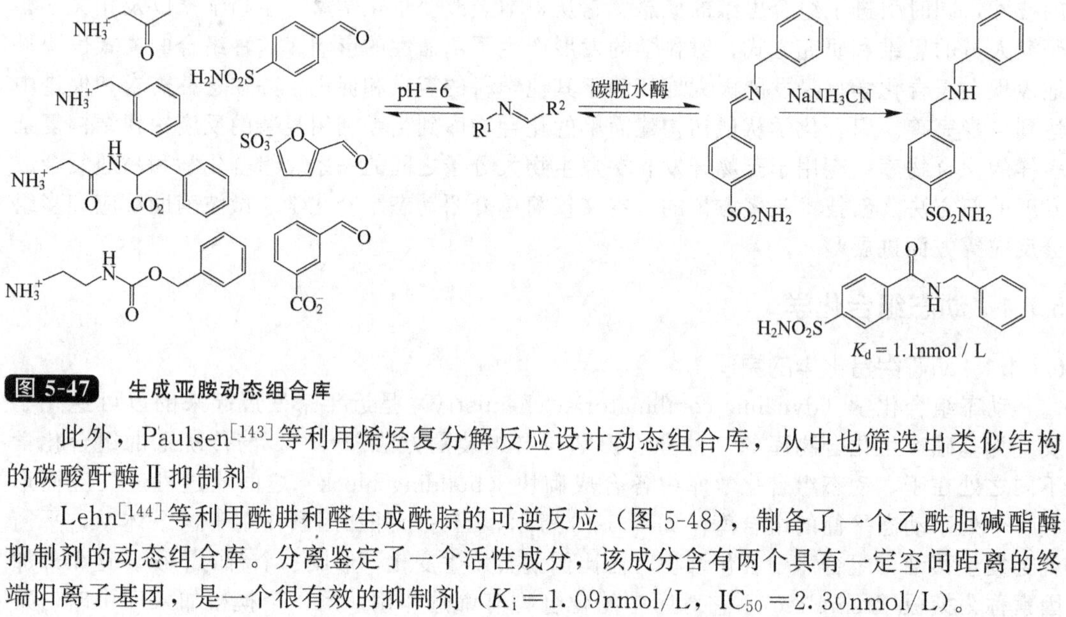

图 5-47 生成亚胺动态组合库

此外,Paulsen[143]等利用烯烃复分解反应设计动态组合库,从中也筛选出类似结构的碳酸酐酶Ⅱ抑制剂。

Lehn[144]等利用酰肼和醛生成酰腙的可逆反应(图 5-48),制备了一个乙酰胆碱酯酶抑制剂的动态组合库。分离鉴定了一个活性成分,该成分含有两个具有一定空间距离的终端阳离子基团,是一个很有效的抑制剂(K_i=1.09nmol/L,IC_{50}=2.30nmol/L)。

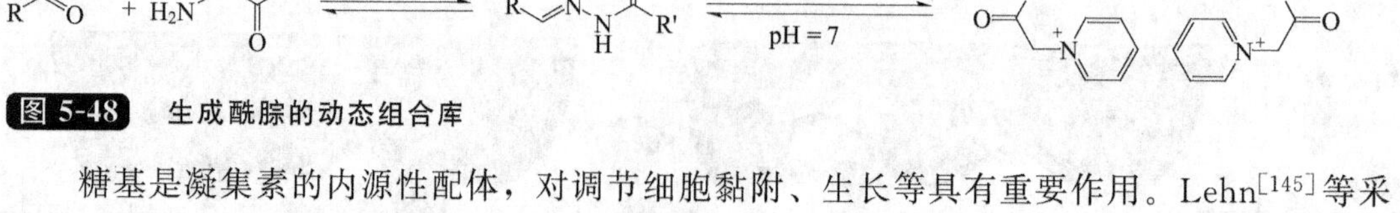

图 5-48 生成酰腙的动态组合库

糖基是凝集素的内源性配体,对调节细胞黏附、生长等具有重要作用。Lehn[145]等采用二硫键连接的糖基动态库筛选伴刀豆凝集素 Concanavalin A 的配体时,发现平衡向着有利于双甘露糖苷组分形成的方向移动,显示出对 Concanavalin A 极大的亲和力。同时,Sakai 和 Lehn 等分别采用不同的动态组合库,如糖基酰腙库[146]、糖基肽库[147,148]以及金属配位的糖联吡啶库[149]等筛选出了不同凝集素如伴刀豆凝集素 Concanavalin A,麦胚凝集素(Wheat Germ Agglutinin),内源性配体 Galectin-3,花生凝集素(Peanut Lectin)

和 B4 凝集素等的配体。

万古霉素主要抑制细菌细胞壁的合成。研究发现，细胞壁前体基本单元肽 D-Ala-D-Ala 是万古霉素的作用靶点。万古霉素的二聚体比单体有更强的结合力，与细菌细胞壁前体基本单元肽 D-Ala-D-Ala 形成复合物。Nicolaou[150]等分别采用二硫交换和烯烃复分解可逆反应，得到一个万古霉素分子的二聚体动态组合库。在模板 L-Lys-D-Ala-D-Ala 存在下，筛选更有效的万古霉素二聚形式，已经得到了最小抑制浓度比万古霉素小一个数量级的万古霉素二聚体。

Danieli 等[151]在研究秋水仙素和鬼臼毒素等微管抑制剂时，利用二硫键交换作用设计了秋水仙素和鬼臼毒素的二聚体的动态组合库。实验结果表明，二聚体不仅活性比单个分子的活性强，而且细胞毒性大幅下降。利用微管等更多的靶分子，设计动态组合库，研究肿瘤细胞的增殖等行为，为寻找活性更好的微管抑制剂提供了崭新的思路。

此外，动态组合化学在多个酶底物的研究中也取得了成功[152~156]。动态组合化学凭着强大的识别、筛选和放大功能，提出了将药物先导物的发现、筛选和合成动态地一步完成的新思路，加快了药物先导物的发现和筛选过程。随着更多的适合生物体系筛选的可逆反应的发现，以及更多快捷灵敏的分析检测技术的发展[157]，动态组合化学在药物设计及其先导物的结构优化等各个方面将发挥越来越重要的作用。

5.7.2 微波辅助组合合成化学

微波（MW.）辐射技术在有机合成上的应用虽然早就有报道，但在当代技术促进下，出现了能精确控制反应温度和压力的微波反应器，它在有机合成中的应用才真正引起人们的关注。微波辅助有机合成中的应用，最显著特点是可以大大加快常规反应的速率到好几个数量级。

随着微波辅助有机反应类型的扩大，已经成为高通量高效组合合成的一个重要手段。它不但加快了化合物库的合成为药物发现和化学生物学提供更多的机会，而且缩短了化合物库探索合成条件的时间。微波作为一种有机反应热源技术完全不同于传统的热力学方式的加热，如油浴或电热煲。传统的加热体系是热源通过反应瓶壁把热传到反应液，是一个不均匀的加热体系。而微波是强电子波，经它照射的分子将产生偶极振动和离子电导，也就是通过分子的摩擦产生一个均匀的加热体系。由于可精确控制反应的物理条件，不但提高了反应的重复性，而且减少了反应的副产物和提高了反应的产率。微波在有机合成中的作用并不仅仅是一个加热源，作为一种强电子波，可以使一些热力学上不能发生的反应得以进行，由此增加了合成化合物库的多样性。以致有人把微波反应器称为加快多样性合成的"发动机"[158]。

5.7.2.1 微波辅助的固相反应

Stadler 和 Kappe 应用微波反应器，有效地进行了苯甲酸衍生物在碳酸铯的作用下，固载到氯甲基聚乙烯树脂（PS）上的反应。同样的反应在传统加热条件下，需要 80℃反应 12~48 小时；而在微波辅助的条件下，选择 NMP 为溶剂，瞬时加热到 200℃反应，只需 5~15min 即可完成。不但缩短了反应时间，而且提高了产物的上载率。更重要的是，在微波加热的条件下，没有发现聚乙烯树脂发生降解[159]。适合微波辅助反应的固相载体不限于 Merrifield 树脂、Wang 树脂和 Tenta Gel 树脂，Blackwell[160]以纤维素为载体利用斑点合成（dot synthesis）和微波辐射技术，平行合成了嘧啶衍生物库，如图 5-49 所示。

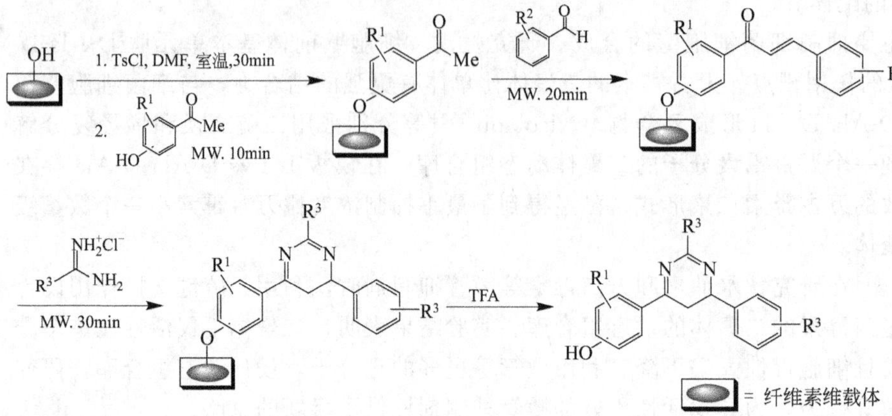

图 5-49 微波辐射在纤维素载体上嘧啶衍生物库的合成

5.7.2.2 微波辅助固载化试剂的反应

同微波辅助固相反应一样，固载化试剂的微波辅助反应也发展得很快。Danks 报道了以 Amberlite 衍生物树脂固载的甲酸盐作为氢原子供体，在 Wikinson 试剂 RhCl(PPh$_3$)$_3$ 催化下，把双键还原成单键的转移氢化反应，在单模微波的辐射下，反应仅需 30s 就可完成。树脂固载的甲酸盐可以简单地重复使用[161]（图 5-50）。

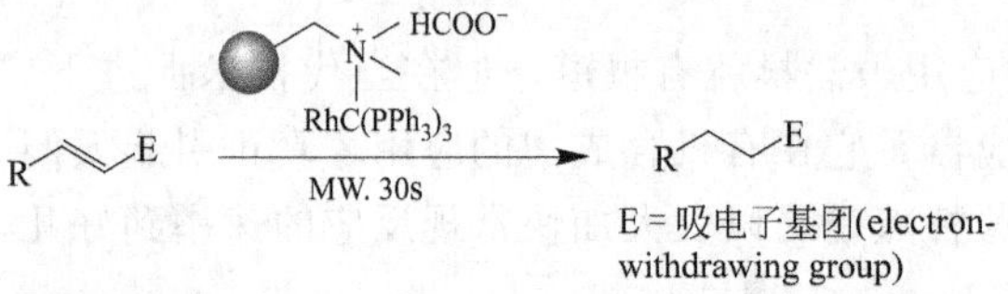

图 5-50 固载化试剂的微波辅助转移氢化反应

Westman[162] 报道了利用树脂固载的三苯基磷结合微波辐射的 Wittig 反应。在密封体系中三步反应"一锅煮"，数分钟就得到希望的烯键产物（图 5-51）。

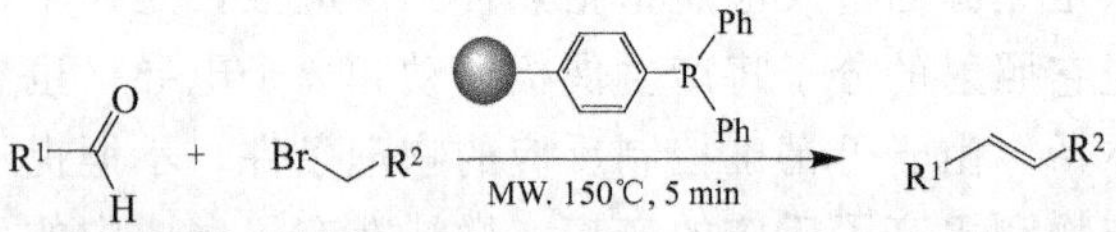

图 5-51 固载化三苯基磷在微波辐射下的 Wittig 反应

5.7.2.3 微波辅助平行合成

微波辐射的平行合成最早见于 Khmelnitsky 的报道[163]，他在 96 孔反应器里进行了以斑脱土和硝酸铵为支撑物的无溶剂反应，通过三组分 Hantzsch 反应，得到一个吡啶衍生物库（图 5-52）。

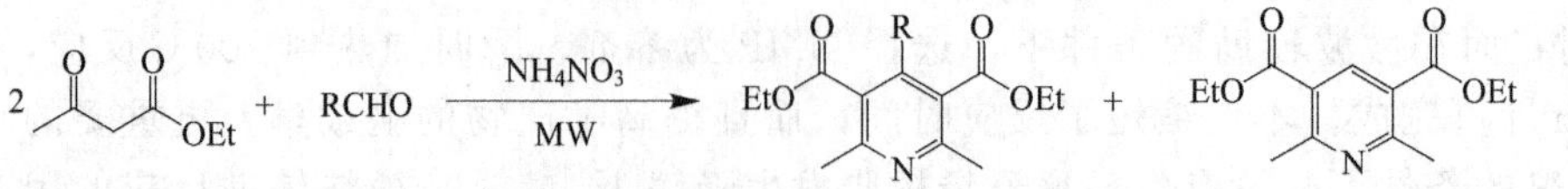

图 5-52 微波辐射三组分 Hantzsch 反应

Glass 和 Combs[164] 报道了家用微波器用于树脂切割。固载在 4-氨基磺酰基丁酰（一种保险阀连接链）树脂上的 N-酰化氨基酸，经溴代乙氰活化后，可用不同的胺把它切割下来。在微波的辐射下，一般条件下没有反应活性的苯胺也能在 140℃ 15min 完成反应。他们把这一方法用于平行库的合成，选用了 10 种不同的氨基酸，88 种不同的胺，在 96 孔反应器上合成了含有 880 个组分的化合物库（图 5-53）。

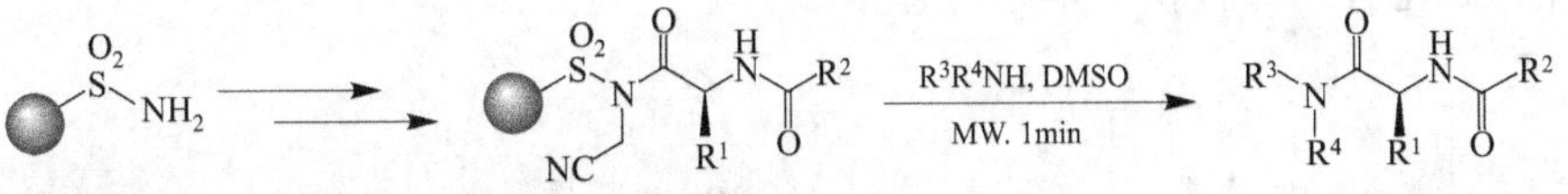

图 5-53 微波辅助保险阀连接链的切割

带有机械臂装置的微波反应器可以按设定程序连续操作，依次把各个反应瓶送入微波反应器内进行辐射。每个反应的温度、辐射强度和时间都可预先设定。这不但大大提高了合成库的质量，而且节省了探索反应条件的时间。Stadler 和 Kappe[165,166]等使用带有连续进样装置的微波反应器，由 Biginelli 多组分缩合反应，合成了一系列二氢嘧啶（DH-PM）化合物。在所有合成砌块可能的 3400 个组合中，挑选了有代表性的 48 个进行反应。每个反应微波辐射 120℃ 快速加热 10min，结果 52% 二氢嘧啶衍生物的纯度大于 90%（图 5-54）。

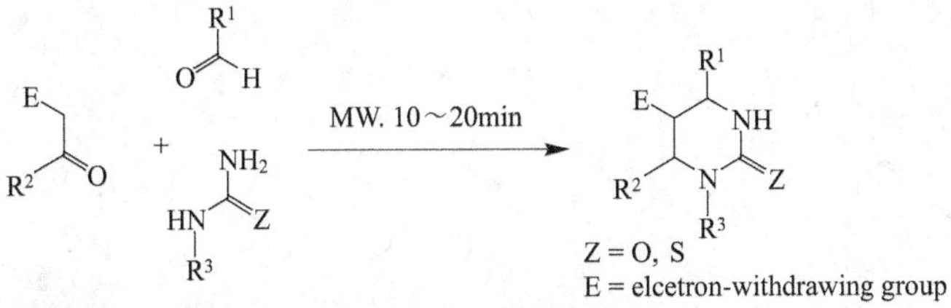

图 5-54 微波辅助 Biginelli 多组分缩合反应

微波辅助反应不但缩短了反应的时间，减少了反应的副产物，而且使一些通常条件下难以进行的反应成为可能。在一些无溶剂的反应中，微波反应器的作用更为明显，表现出对环境的友好。微波辅助和组合化学，从不同的侧面加快了化合物的产出，为药物发现和化学生物学提供结构多样且复杂的化合物来源。

5.7.3 组合化学中的多组分反应

5.7.3.1 概论

1850 年 Strecker[167]把醛，氰氢酸和氨等三个组分放在一起反应，得到 α-氨基酸称为 Strecker 反应，也是最早的多组分反应（multi-components reaction，MCR）。一般来说，人们把三个或三个以上的反应物采用同步反应的方式生成复杂结构产物的反应称为多组分反应（multi-components reaction，MCR）。1921 年，Passerini[168]首次把异氰引进多组分反应，与羧酸、醛（酮）缩合，生成 α-酰氧基羧酸酰胺（Passerini 反应）。1962 年德国化学家 Ugi[169]在 Passerini 反应基础上增加了伯胺，和另外三个组分同步反应，生成 α-酰胺基羧酸酰胺（Ugi 反应）。参与反应的异氰是一类很特殊的分子，在同一个原子上兼有亲电性和亲核性，这是其他分子所不的具备的性质。此后，异氰参与的多组分反应占了很大一部分，它们都是在 Passerini 或 Ugi 反应基础上发展起来的。尽管异氰的气味令人反感，但异氰参与的反应是多组分反应中非常重要的一大类，自问世近半个多世纪以来是有机合成中发展最快，应用最广的反应之一。多组分反应的出现已有很长的历史，但由于增加了反应的变量，而大大增加了产物复杂性和多样性，近年来，广泛应用于组合库的合成。

5.7.3.2 多组分反应构建优势结构化合物库

吲哚是一类常见的天然生物碱母核，也是药物中的优势结构。Kalinski 采用 Ugi 四组反应结合 Heck 反应"一锅煮"的策略，合成了可以多位点取代的吲哚和二氢吲哚衍生物（图 5-55），为构建吲哚骨架化合物库提供了很好的思路[170]。

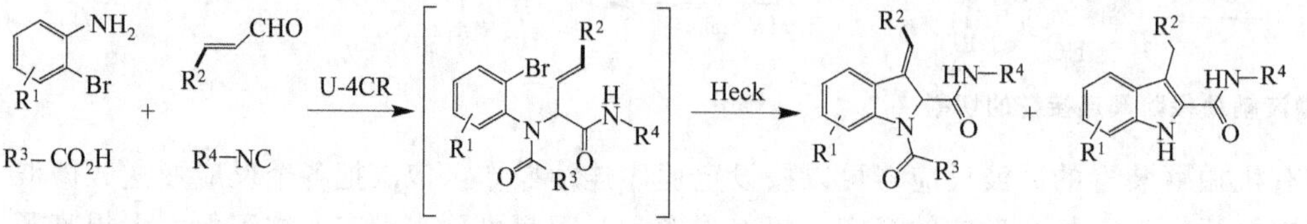

图 5-55 Ugi 多组分反应和 Heck 反应"一锅煮"构建吲哚骨架化合物库

将四组分中的两个组分固定在一个分子上，在三个合成砌块上进行四组分反应，可以得到不同的杂环。如将含有羰基与羧基的化合物与异腈和胺进行固相或液相 Ugi 反应（图 5-56），可以较高收率得到苯并䓬类化合物[171]。

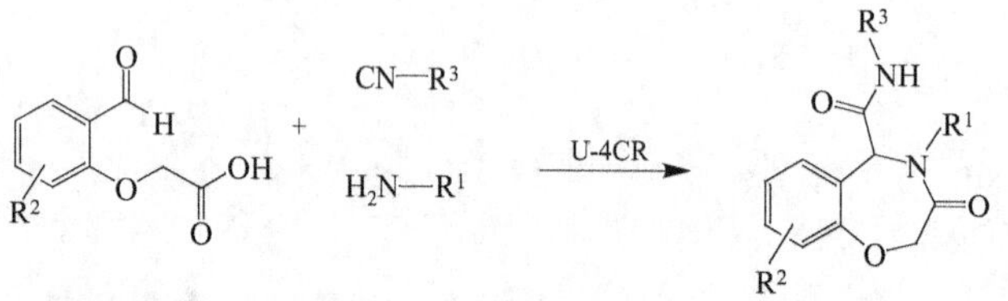

图 5-56 三合成砌块上进行的 Ugi 反应

最近，Shaw 报道了一级胺、马来酸酐、醛和硫醇四组分同步反应高立体选择（三个手性中心）得到多取代的 γ-内酰胺[172]（图 5-57）。

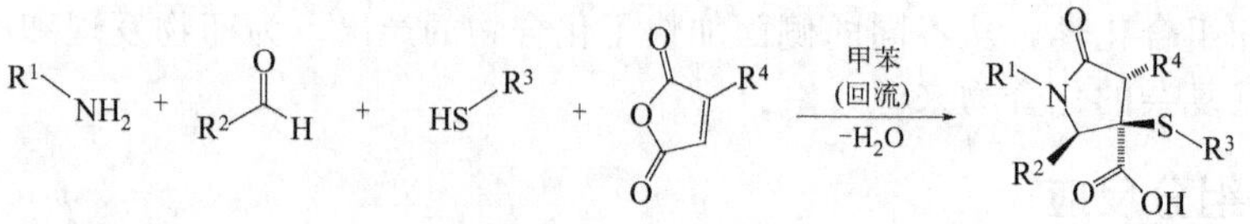

图 5-57 四组分反应合成 γ-内酰胺

5.7.3.3 多组分反应构建复杂结构化合物库

化合物结构的复杂性是 DOS 化合物库的重要特征之一。Schreiber 和他的同事们利用 petasis 三组分反应（硼酸 Mannich 反应）得到 β-氨基醇衍生物，然后在氨基上引进了炔官能团，得到含有多种官能团结构的关键中间体 3，如图 5-58 所示。从此关键中间体 3 出发，经过各类分子内成环反应，如钯催化的环异构体化反应、[5＋2] 加成反应、Pauson-Khand 反应、Diels-Alder 环化反应以及 enyne metathesis 等反应，得到一系列骨架刚性，结构复杂多样的化合物[173]，如图 5-59 所示。Schreiber 等采用同样的方法，经 petasis 三组分反应得到另外两个关键中间体 4 和 5，并借以合成得到一组结构复杂，多取代的产物。

分子骨架和立体化学复杂并且多取代的化合物对于小分子筛选是非常重要的。通过这种方法合成得到的化合物分子具有骨架刚性、结构复杂的特征，它可以供人们通过筛选来研究不同来源（如天然和非天然的）和不同特征化合物之间的区别。

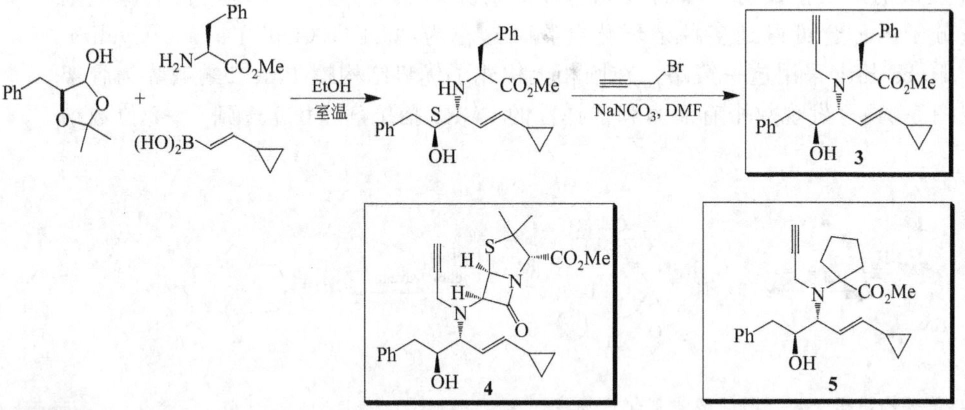

图 5-58 关键中间体 3 的合成以及 4 和 5 的结构

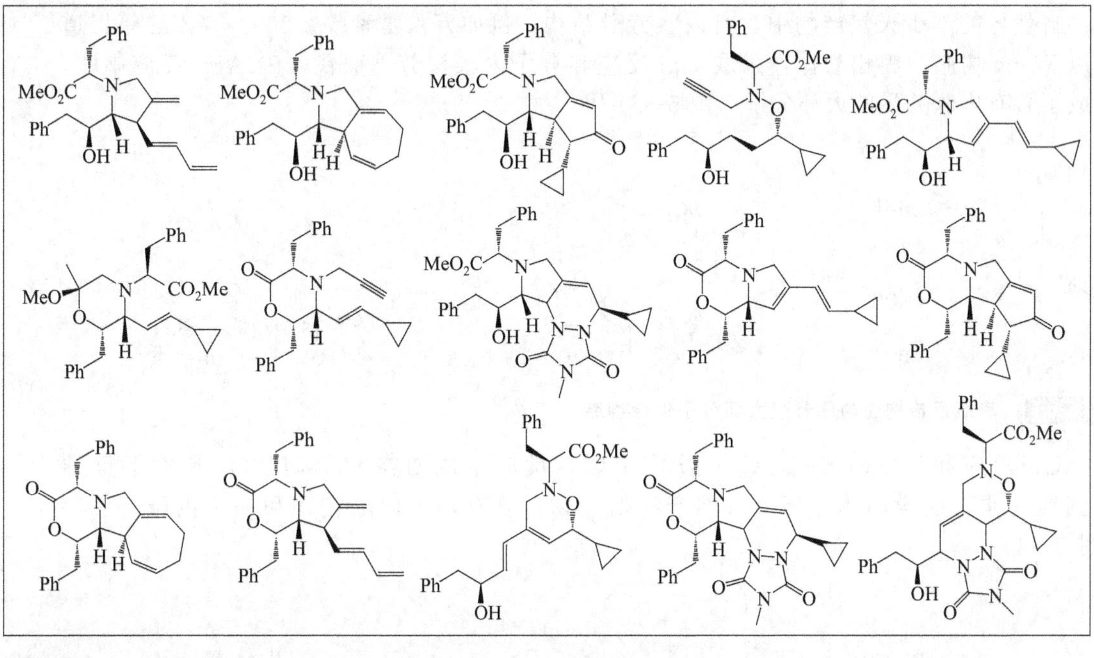

图 5-59 从关键中间体 3 得到的一系列骨架刚性，结构复杂多样的化合物

5.7.3.4 多组分反应构建药物开发化合物库

Domling[174]等应用 Passerini 三组分反应和 Dieckmann 环合串联反应，在 96 孔板中构建了非肽类 HIV 蛋白酶抑制剂化合物库。经筛选，从中发现数个纳摩尔级的化合物（图 5-60）。

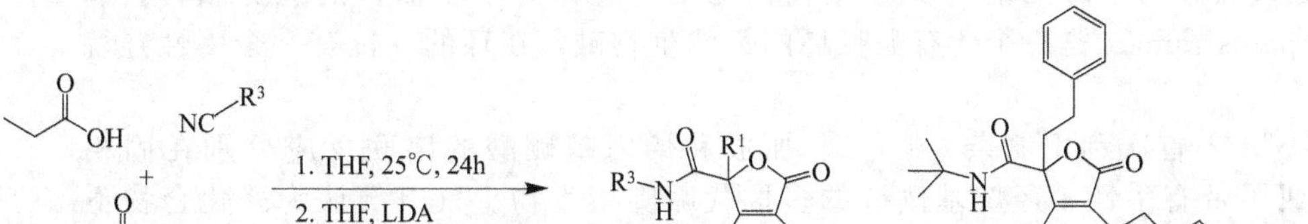

图 5-60 串联反应构建非肽类 HIV 蛋白酶抑制剂化合物库

IC_{50} = 1nmol/L

参与 Ugi 反应的双官能团分子中含有氨基时,可先用 Boc 保护,反应后再脱除氨基保护基,通过分子内环合可得到多种杂环化合物,这称为 "UDC(Ugi/De-Boc/Cyclization)策略"。Habashita 采用这一策略,在固相上构建了优势结构螺 1,4-二酮哌嗪为骨架的化合物库(图 5-61),发现数个有潜力和选择性的 CCR5 拮抗剂,IC_{50} 达到 1~2 位数纳摩尔级[175]。

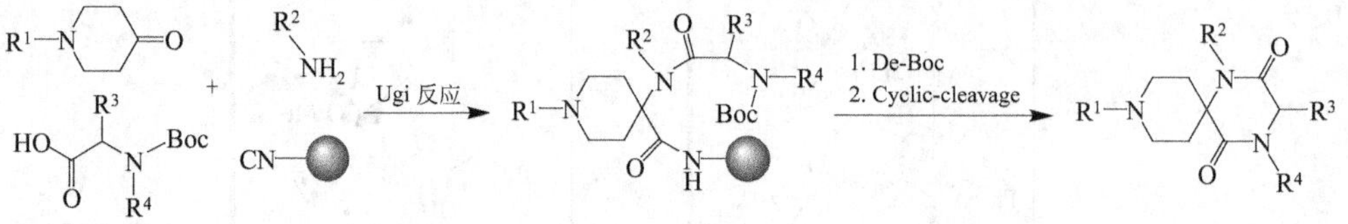

图 5-61 UDC 策略构建螺 1,4-二酮哌嗪骨架化合物库

5.7.3.5　多组分反应构建类天然产物化合物库

自然界的不少天然产物中含有内联芳醚结构,例如万古霉素等。2006 年 Zhu 等报道了以 Wang 树脂为固相载体,采取 Ugi 反应和分子内亲核芳香取代(SNAr)反应串联,合成了含有内联芳醚的大环分子(图 5-62)[176,177]。

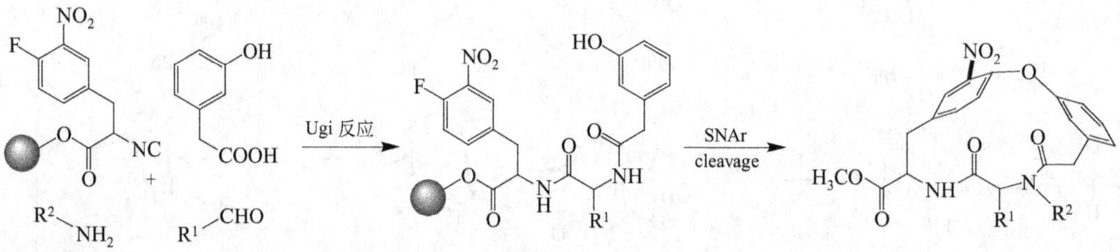

图 5-62 串联反应构建内联芳醚大环分子化合物库

Ugi 反应和分子内 Diels-Alder 反应串联,反应生成物在 85% H_3PO_4 条件下重排得到纯的非对映异构体三环类天然产物衍生物,含有两个内酰胺环和一个内酯环[178](图 5-63)。

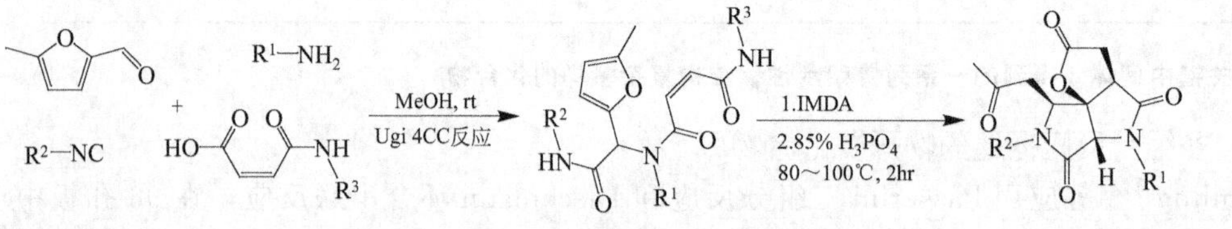

图 5-63 串联反应构建三环类天然产物衍生物库

哌啶环是天然产物中常见的一类子结构,也是一类具有生物活性的优势结构。如(−)-methyl palustramate 是一个含哌啶环的天然生物碱,在环的 α 位有一个手性羟烷基侧链。

Hall 等[179,180]首次利用氮杂[4+2]加成和烯丙基硼酸的串联反应分别在固相和液相上合成了带有手性 α-羟烷基侧链的多取代哌啶衍生物。Hall 等认为醛化合物不会对[4+2]环加成反应造成干扰。于是设计了 1,3-二烯硼酸氮杂[4+2]环加成和下一步醛的烯丙基硼酸化两步反应,采用"一锅煮"的串联反应得到最终产物(图 5-64)。

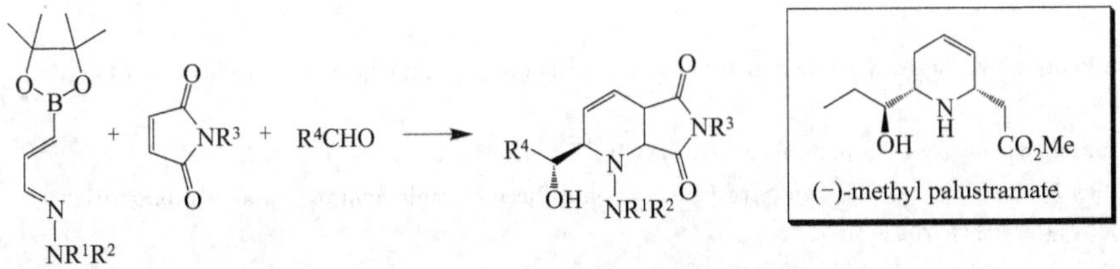

图 5-64 三组分氮杂 [4+2] 加成和烯丙基硼酸的串联反应

此后，Hall 等进一步改进上述"一锅煮"的串联反应，在液相条件下采用四组分的"一锅煮"串联反应，得到最终产物，避免了之前关键中间体 1,3-二烯硼酸氮杂的合成。同时用液相和固相的方法合成了含有 α-羟烷基的多取代氮杂环化合物库（图 5-65）。

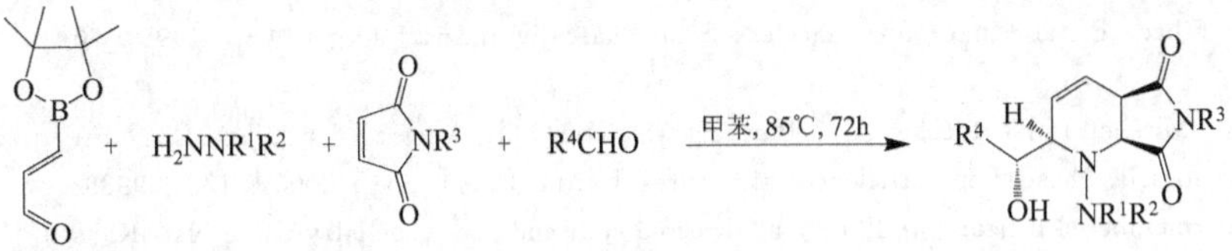

图 5-65 四组分氮杂 [4+2] 加成和烯丙基硼酸的串联反应

其中具有代表性的 244 个化合物针对一组蛋白酪氨酸磷酸酯酶进行筛选，发现数个有一定活性的化合物，如图 5-66 所示[181]。

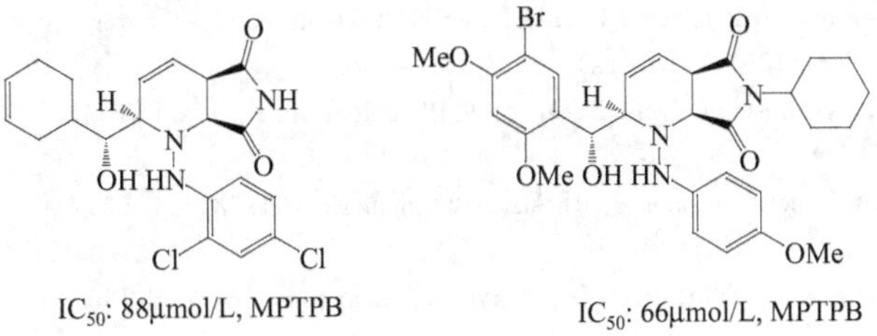

IC_{50}: 88μmol/L, MPTPB IC_{50}: 66μmol/L, MPTPB

图 5-66 有一定活性的 α-羟烷基多取代哌啶衍生物

经过近 20 年的发展，组合化学和高通量合成正在成为比较成熟的研究领域，许多复杂的化合物逐步在较短时间内快速合成，为新药研究提供了有益的思路和手段。然而，新药研究是一项多学科交叉的艰巨而复杂的工作，组合化学和高通量合成技术有待与药物研究的其他学科进一步有机结合，理性发展。

推荐读物

- Burke M D, S L Schreiber. A planning strategy for diversity-oriented synthesis. Angew Chem Int Ed, 2004, 43 (1): 46-58.
- Newman D J. Natural products as leads to potential drugs: an old process or the new hope for drug discovery? J Med Chem, 2008, 51 (9): 2589-99.
- Horton D A, G T Bourne, M L Smythe. The combinatorial synthesis of bicyclic privileged structures or privileged substructures. Chem Rev, 2003, 103 (3): 893-930.
- Ramström O, J M Lehn. Drug discovery by dynamic combinatorial libraries. Nat Rev Drug Discov, 2002, 1 (January): 26-36.
- 刘刚, 萧晓毅. 寻找新药中的组合化学. 北京: 科学出版社, 2003.
- Nicholas K T, 组合化学. 北京: 北京大学出版社, 1998.
- Roland E Dolle 从 1998~2005 年每年在 J Comb Chem 发表题为 "Comprehensive Survey of Combinatorial Library Synthesis" 的综述，自 2006 年更名为 "Comprehensive Survey of Chemical Libraries for Drug Discovery and Chemical Biology"。
- Curr Opin Chem Biol 每年的第 3 期通常为有关组合化学的专辑。

参考文献

[1] Merrifield R B. Solid Phase Peptide Synthesis. I . The Synthesis of a Tetrapeptide. J Am Chem Soc, 1963, 85 (14): 2149-2154.

[2] Bayer E. Towards the Chemical Synthesis of Proteins Angew Chem Int Ed, 1991, 30 (2): 113-216.

[3] Guillier F, Orain D, Bradley M. Linkers and Cleavage Strategies in Solid-Phase Organic Synthesis and Combinatorial Chemistry. Chem Rev, 2000, 100 (6): 2091-2157.

[4] James I W. Linkers for solid phase organic synthesis. Tetrahedron, 1999, 55 (16): 4855-4946.

[5] Wang S S. p-Alkoxybenzyl Alcohol Resin and p-Alkoxybenzyloxycarbonylhydrazide Resin for Solid Phase Synthesis of Protected Peptide Fragments. J Am Chem Soc, 1973, 95 (4): 1328-1333.

[6] Rink H. Solid-phase synthesis of protected peptide fragments using a trialkoxy-diphenyl-methylester resin. Tetrahedron Lett, 1987, 28 (33): 3787-3790.

[7] Plunkett M J, Ellman J. A. Germanium and Silicon Linking Strategies for Traceless Solid-Phase Synthesis. J Org Chem, 1997, 62 (9): 2885-2893.

[8] Plunkett M J, Ellman J A. A Silicon-Based Linker for Traceless Solid-Phase Synthesis. J Org Chem, 1995, 60 (19): 6006-6007.

[9] Nicolaou K C, Pfefferkorn J A, Mitchell H J, Roecker A J, Barluenga S, Cao G Q, Affleck R L, Lillig J E. Natural product-like combinatorial libraries based on privileged structures. J Am Chem Soc, 2000, 122: 9939-9953. 2. Construction of a 10 000-membered benzopyran library by directed split-and-pool chemistry using NanoKans and optical encoding. J Am Chem Soc, 2000, 122 (41): 9954-9967.

[10] Nicolaou K C, Pfefferkorn J A. Solid phase synthesis of complex natural products and libraries thereof. Peptide Science, 2001, 60 (3): 171-193.

[11] Ellman J A, Backes B J. Carbon-Carbon Bond-Forming Methods on Solid Support. Utilization of Kenner's "Safety-Catch" Linker. J Am Chem Soc, 1994, 116 (24): 11171-11172.

[12] Backes B J, Virgilio A A, Ellman J A. Activation Method to Prepare a Highly Reactive Acylsulfonamide "Safety-Catch" Linker for Solid-Phase Synthesis. J Am Chem Soc, 1996, 118 (12): 3055-3056.

[13] Ali L, Musharraf S G, Shaheen F. Solid-Phase Total Synthesis of Cyclic Decapeptide Phakellistatin 12. J Nat Prod, 2008, 71 (6): 1059-1062.

[14] Leznoff C C. The use of insoluble polymer supports in general organic synthesis. Acc Chem Res, 1978, 11 (9): 327-333.

[15] Worster P M, McArthur C R, Leznoff C C. Asymmetric Synthesis of 2-Alkylcyclohexanones on Solid Phases. Angew Chem Int Ed, 1979, 18 (3): 221-222.

[16] Leznoff C C, Yedidia V. The solid phase synthesis of tertiary hydroxyesters from symmetrical diacid chlorides using organomanganese reagents. Can J Chem, 1980, 58 (3): 287-290.

[17] Bunin B A, Plunkett M J, Ellman J A. The combinatorial synthesis and chemical and biological evaluation of a 1,4-benzodiazepine library. Proc Natl Acad Sci (USA), 1994, 91 (11): 4708-4712.

[18] Plunkett M J, Ellman J A. Solid-Phase Synthesis of Structurally Diverse 1, 4-Benzodiazepine Derivatives Using the Stille Coupling Reaction. J Am Chem Soc, 1995, 117 (11): 3306-3307.

[19] Stille J K, Tanaka M. Palladium-catalyzed carbonylative coupling of aryl triflates with organostannanes. J Am Chem Soc, 1988, 110 (5): 1557-1565.

[20] Deshpande M S. Formation of Carbon-Carbon Bond on Solid Support-Application of the Stille Reaction. Tetrahedron Lett, 1994, 35 (31): 5613-5614.

[21] Plevyak J E, Heck R F. Palladium-catalyzed arylation of ethylene. J Org Chem, 1978, 43 (12): 2454-2456.

[22] Yu K L, Deshpande M S, Vyas D M. Heck Reactions in Solid-Phase Synthesis. Tetrahedron Lett, 1994, 35 (48): 8919-8922.

[23] Yun W Y, Mohan R. Heck reaction on solid support: Synthesis of indole analogs. Tetrahedron Lett, 1996, 37 (40): 7189-7192.

[24] Frenette R, Friesen R W. Biaryl Synthesis Via Suzuki Coupling on a Solid Support. Tetrahedron Lett, 1994, 35 (49): 9177-9180.

[25] Homsi F, Hosoi K, Nozaki K, Hiyama T. Solid phase cross-coupling reaction of aryl (halo) silanes with 4-iodobenzoic acid. J Organomet Chem, 2001, 624 (1-2): 208-216.

[26] Zhang H C, Maryanoff B E. Construction of Indole and Benzofuran Systems on the Solid Phase via Palladium-Mediated Cyclizations. J Org Chem, 1997, 62 (6): 1804-1809.

[27] MacDonald A A, DeWitt S H, Hogan E M, Ramage R. A solid phase approach to quinolones using the DIVERSOMER (R) technology. Tetrahedron Lett, 1996, 37 (27): 4815-4818.

[28] Krchnak V, Flegelova Z, Weichsel A S, Lebl M. Polymer-Supported Mitsunobu Ether Formation and Its Use in Combinatorial Chemistry. Tetrahedron Lett, 1995, 36 (35): 6193-6196.

[29] Orain D, Ellard J, Bradley M. Protecting Groups in Solid-Phase Organic Synthesis. J Comb Chem, 2002, 4 (1): 1-14.

[30] Ruhland B, Bhandari A, Gordon E M, Gallop M A. Solid-Supported Combinatorial Synthesis of Structurally Diverse-Lactams. J Am Chem Soc, 1996, 118 (1): 253-254.

[31] Murphy M M, Schullek J R, Gordon, E M, Gallop M A. Combinatorial Organic Synthesis of Highly Functionalized Pyrrolidines: Identification of a Potent Angiotensin Converting Enzyme Inhibitor from a Mercaptoacyl Proline Library. J Am Chem Soc, 1995, 117 (26): 7029-7030.

[32] Kobayashi S, Hachiya I, Suzuki S, Moriwaki M. Polymer-supported silyl enol ethers. Synthesis and reactions with imines for the preparation of an amino alcohol library. Tetrahedron Lett, 1996, 37 (16): 2809-2812.

[33] Kobayashi S, Hachiya I, Yasuda M. Aldol reactions on solid phase. Sc (OTf)$_3$-Catalyzed aldol reactions of polymer-supported silyl enol ethers with aldehydes providing convenient methods for the preparation of 1,3-diol, [beta]-hydroxy carboxylic acid, and [beta]-hydroxy aldehyde libraries. Tetrahedron Lett, 1996, 37 (31): 5569-5572.

[34] H M Geysen, R H M, S J Barteling. Use of peptide synthesis to probe viral antigens for epitopes to a resolution of a single amino acid. Proc Natl Acad Sci (USA), 1984, 81 (13): 3998-4002.

[35] Houghten R A. General method for the rapid solid-phase synthesis of large numbers of peptides: specificity of antigen-antibody interaction at the level of individual amino acids. Proc Natl Acad Sci (USA), 1985, 82 (15): 5131-5135.

[36] Furka A, Sebestyen F, Asgedom M, Dibo G. In Highlights of Modern Biochemistry, Proceedings of the 14th International Congress of Biochemistry. Utrecht, 1988: 47.

[37] Furka A, Sebestyen F, Asgedom M, Dibo G. In More peptides by less labour, Poster presented at Xth International Symposium on Medicinal Chemistry. Budapest 1988.

[38] Lam K S, Salmon S E, Hersh E M, Hruby V J, Kazmierski W M, Knapp R J. A new type of synthetic peptide library for identifying ligand-binding activity. Nature, 1991, 354 (6348): 82-84.

[39] S E Salmon, K S L, M Lebl, A Kandola, P S Khattri, S Wade, M Pátek, P Kocis, V Krchnák, D Thorpe, et al. Discovery of biologically active peptides in random libraries: solution-phase testing after staged orthogonal release from resin beads. Proc Natl Acad Sci (USA), 1993, 90 (24): 11708-11712.

[40] Thompson L A, Ellman J A. Synthesis and Applications of Small Molecule Libraries. Chem Rev, 1996, 96 (1): 555-600.

[41] 刘刚, 萧晓毅. 寻找新药中的组合化学. 北京: 科学出版社, 2003.

[42] Lam K S, Lebl M, Krchnak V. The "One-Bead-One-Compound" Combinatorial Library Method. Chem Rev, 1997, 97 (2): 411-448.

[43] Lerner R A. Encoded combinatorial chemistry. Proc Natl Acad Sci (USA), 1992, 89 (12): 5381-5383.

[44] Nielsen J, Brenner S, Janda K D. Synthetic Methods for the Implementation of Encoded Combinatorial Chemistry. J Am Chem Soc, 1993, 115 (21): 9812-9813.

[45] Youngquist R S, Fuentes G R, Lacey M P, Keough T. Generation and screening of combinatorial peptide libraries designed for rapid sequencing by mass spectrometry. J Am Chem Soc, 1995, 117 (14): 3900-3906.

[46] Ohlmeyer M H, Swanson R N, Dillard L W, Reader J C, Asouline G, Kobayashi R, Wigler M, Still W C. Complex synthetic chemical libraries indexed with molecular tags. Proc Natl Acad Sci (USA), 1993, 90 (23): 10922-10926.

[47] Nicolaou K C, Xiao X Y, Parandoosh Z, Senyei A, Nova M P. Radiofrequency Encoded Combinatorial Chemistry. Angew Chem Int Ed, 1995, 34 (20): 2289-2291.

[48] Xiao X Y, Parandoosh Z, Nova M P. Design and Synthesis of a Taxoid Library Using Radiofrequency Encoded Combinatorial Chemistry. J Org Chem, 1997, 62 (17): 6029-6033.

[49] Nicolaou K C, Vourloumis D, Li T H, Pastor J, Winssinger N, He Y, Ninkovic S, Sarabia F, Vallberg H, Roschangar F, King N P, Finlay M R V, Giannakakou P, VerdierPinard P, Hamel E. Designed epothilones: Combinatorial synthesis, tubulin assembly properties, and cytotoxic action against taxol-resistant tumor cells. Angewandte Chemie-International Edition, 1997, 36 (19): 2097-2103.

[50] 小林修. 现代化学, 1996 (7): 26-33.
[51] Ellman J A. Simultaneous Solid-Phase Synthesis of beta-Turn Mimetics Incorporating Side-Chain Functionality. J Am Chem Soc, 1994, 116 (25): 11580-11581.
[52] Souers A J, Ellman J A. β-Turn mimetic library synthesis: scaffolds and applications. Tetrahedron, 2001, 57 (35): 7431-7448
[53] Bailey N, Dean A W, Judd D B, Middlemiss D, Storer R, Watson S P A convenient procedure for the solution phase preparation of 2-aminothiazole combinatorial libraries. Bioorg Med Chem Lett, 1996, 6 (12): 1409-1414.
[54] Cheng S, Comer D D, Williams J P, Myers P L, Boger D L. Novel solution phase strategy for the synthesis of chemical libraries containing small organic molecules. J Am Chem Soc, 1996, 118 (11): 2567-2573.
[55] Sussman S. Catalysis by Acid-Regenerated Cation Exchangers. Ind Eng Chem, 1946, 38: 1228.
[56] Boisnard S, Chastanet J, Zhu J. A high throughput synthesis of aryl triflate and aryl nonaflate promoted by a polymer supported base (PTBD). Tetrahedron Lett, 1999, 40: 7469-7472.
[57] Keating T A, Armstrong R W. Postcondensation modifications of Ugi four-component condensation products: 1-Isocyanocyclohexene as a convertible isocyanide. Mechanism of conversion, synthesis of diverse structures, and demonstration of resin capture. J Am Chem Soc, 1996, 118 (11): 2574-2583.
[58] Han H, Wolfe M M, Brenner S, Janda K D. Liquid-phase combinatorial synthesis. Proc Natl Acad Sci (USA), 1995, 92: 6419-6423.
[59] Huang K T, Sun C M. Liquid-phase parallel synthesis of ureas. Bioorg Med Chem Lett, 2001, 11 (2): 271-273.
[60] Wang J K, Zong Y X, An H G, Xue G Q, Wu D Q, Wang Y S. Liquid-phase parallel synthesis of 2-aryl-5-methoxylcarbonyl-dihydropyrones using soluble polymer support. Tetrahedron Lett, 2005, 46 (22): 3797-3799.
[61] Sauvagnat B, Kulig K, Lamaty F, Lazaro R, Martinez J. Soluble polymer supported synthesis of alpha-amino acid derivatives. J Comb Chem, 2000, 2 (2): 134-142.
[62] Grether U, Waldmann H. An Enzyme-Labile Safety Catch Linker for Combinatorial Synthesis on a Soluble Polymeric Support This work was supported by the Bundesministerium fur Bildung und Forschung and BASF AG. Angew Chem Int Ed, 2000, 39 (9): 1629-1632.
[63] Kim R M, Manna M, Hutchins S M, Griffin P R, Yates N A, Bernick A M, Chapman K T. Dendrimer-supported combinatorial chemistry. Proc Natl Acad Sci (USA), 1996, 93 (19): 10012-10017.
[64] Larhed M, Hoshino M, Hadida S, Curran D P, Hallberg A. Rapid fluorous Stille coupling reactions conducted under microwave irradiation. J Org Chem, 1997, 62 (16): 5583-5587.
[65] Curran D P, Hoshino M. Stille Couplings with Fluorous Tin Reactants: Attractive Features for Preparative Organic Synthesis and Liquid-Phase Combinatorial Synthesis. J Org Chem, 1996, 61 (19): 6480-6481.
[66] Studer A, Jeger P, Wipf P, Curran D P. Fluorous Synthesis: Fluorous Protocols for the Ugi and Biginelli Multicomponent Condensations. J Org Chem, 1997, 62 (9): 2917-2924.
[67] del Pozo C, Keller A I, Nagashima T, Curran D P. Amide bond formation with a new fluorous carbodiimide: separation by reverse fluorous solid-phase extraction. Org Lett, 2007, 9 (21): 4167-4170.
[68] Matsugi M, Curran D P. Reverse fluorous solid-phase extraction: a new technique for rapid separation of fluorous compounds. Org Lett, 2004, 6 (16): 2717-2720.
[69] Fukui Y, Bruckner A M, Shin Y, Balachandran R, Day B W, Curran D P. Fluorous mixture synthesis of (−)-dictyostatin and three stereoisomers. Org Lett, 2006, 8 (2): 301-304.
[70] Dolle R E. Comprehensive survey of combinatorial library synthesis: 1999. J Comb Chem, 2000, 2 (5): 383-433.
[71] Spaller M R, Burger M T, Fardis M, Bartlett P A. Synthetic strategies in combinatorial chemistry. Curr Opin Chem Biol, 1997, 1 (1): 47-53.
[72] Nicholas K T. 组合化学. 北京: 北京大学出版社, 1998.
[73] Newman D J. Natural products as leads to potential drugs: an old process or the new hope for drug discovery? J Med Chem, 2008, 51 (9): 2589-2599.
[74] Corey E J. The Logic of Chemical Synthesis: Multistep Synthesis of Complex Carbogenic Molecules. Angew Chem Int Ed, 1991, 30 (5): 455-465.
[75] Corey E J. General methods for the construction of complex molecules. Pure Appl Chem, 1967, 14 (1): 19-38.
[76] Corey E J, Wipke W T. Computer-Assisted Design of Complex Organic Syntheses. Science, 1969, 166 (3902): 178-192.
[77] Burke M D, Schreiber S L. A planning strategy for diversity-oriented synthesis. Angew Chem Int Ed, 2004, 43 (1): 46-58.

[78] Schreiker S L. Target-oriented and diversity-oriented organic synthesis in drug discovery. Science, 2000, 287: 1964-1969.
[79] Burke M D, Lalic G Teaching target-oriented and diversity-oriented organic synthesis at Harvard University. Chem Biol, 2002, 9 (5): 535-541.
[80] Stockwell B R. Exploring biology with small organic molecules. Nature, 2004, 432 (7019): 846-854.
[81] Lee D, Sello J K, Schreiber S L A strategy for macrocyclic ring closure and functionalization aimed toward split-pool syntheses. J Am Chem Soc, 1999, 121 (45): 10648-10649.
[82] Lokey R S Forward chemical genetics: progress and obstacles on the path to a new pharmacopoeia. Curr Opin Chem Biol, 2003, 7 (1): 91-96.
[83] Pelish H E, Westwood N J, Feng Y. Kirchhausen T, Shair M D. Use of biomimetic diversity-oriented synthesis to discover galanthamine-like molecules with biological properties beyond those of the natural product. J Am Chem Soc, 2001, 123 (27): 6740-6741.
[84] Stavenger R A, Schreiber S L. Asymmetric Catalysis in Diversity-Oriented Organic Synthesis: Enantioselective Synthesis of 4320 Encoded and Spatially Segregated Dihydropyrancarboxamides. Angew Chem Int Ed, 2001, 40 (18): 3417-3421.
[85] Woo S. Squires N, Fallis A G. Indium-mediated gamma-pentadienylation of aldehydes and ketones: Cross-conjugated trienes for diene-transmissive cycloadditions. Org Lett, 1999, 1 (4): 573-575.
[86] Newman D J. Natural products as leads to potential drugs: an old process or the new hope for drug discovery? J Med Chem, 2008, 51 (9): 2589-2599.
[87] Spring D R. Diversity-oriented synthesis: a challenge for synthetic chemists. Org Biomol Chem, 2003, 1 (22): 3867-3870.
[88] 刘刚, 李裕林, 南发俊, 多样性导向的"类天然产物"化合物库合成. 化学进展, 2006, 18 (6): 734-742.
[89] Cui C B, Kakeya H, Osada H. Novel mammalian cell cycle inhibitors, spirotryprostatins A and B, produced by Aspergillus fumigatus, which inhibit mammalian cell cycle at G2/M phase Tetrahedron, 1996, 52 (39): 12651-12666.
[90] Lo M M, Neumann C S, Nagayama S, Perlstein E O, Schreiber S L. A library of spirooxindoles based on a stereoselective three-component coupling reaction. J Am Chem Soc, 2004, 126 (49): 16077-16086.
[91] de Frutos O, Curran D P. Solution phase synthesis of libraries of polycyclic natural product analogues by cascade radical annulation: synthesis of a 64-member library of mappicine analogues and a 48-member library of mappicine ketone analogues. J Comb Chem, 2000, 2 (6): 639-649.
[92] Gabarda A E, Curran D P. Solution-phase parallel synthesis of 115 homosilatecan analogues. J Comb Chem, 2003, 5 (5): 617-624.
[93] Nicolaou K, Pfefferkorn J, Schuler F, Roecker A, Cao G, Casida J. Combinatorial synthesis of novel and potent inhibitors of NADH: ubiquinone oxidoreductase. Chem Biol, 2000, 7 (12): 979-992.
[94] Nicolaou K C, Pfefferkorn J A, Roecker A J, Cao G Q, Barluenga S, Mitchell H J. Natural product-like combinatorial libraries based on privileged structures. 1. General principles and solid-phase synthesis of benzopyrans. J Am Chem Soc, 2000, 122 (41): 9939-9953.
[95] Nicolaou K C, Pfefferkorn J A, Barluenga S, Mitchell H J, Roecker A J, Cao G Q. Natural product-like combinatorial libraries based on privileged structures. 3. The "libraries from libraries" principle for diversity enhancement of benzopyran libraries. J Am Chem Soc, 2000, 122 (41): 9968-9976.
[96] Nicolaou K C, Roecker A J, Barluenga S, Pfefferkorn J A, Cao G Q. Discovery of novel antibacterial agents active against methicillin-resistant Staphylococcus aureus from combinatorial benzopyran libraries. Chembiochem, 2001, 2 (6): 460-465.
[97] Nicolaou K C, Evans R M, Roecker A J, Hughes R, Downes M, Pfefferkorn J A. Discovery and optimization of non-steroidal FXR agonists from natural product-like libraries. Org Biomol Chem, 2003, 1 (6): 908-920.
[98] Shang S, Tan D S. Advancing chemistry and biology through diversity-oriented synthesis of natural product-like libraries. Curr Opin Chem Biol, 2005, 9 (3): 248-258.
[99] 郭宗儒, 肖志燕. 优势结构及其在药物发现中的作用. // 彭司勋. 药物化学进展. 北京: 化学工业出版社, 2005: 1-22.
[100] Horton D A, Bourne G T, Smythe M L. The combinatorial synthesis of bicyclic privileged structures or privileged substructures. Chem Rev, 2003, 103 (3): 893-930.
[101] Ariëns E J, Beld A J, Rodrigues de Miranda J F, Simonis A M. in The Receptors: A Comprehensive Trea-

tise. New York: Plenum, 1979: 33-91.

[102] Andrews P R, Lloyd E J. Molecular conformation and biological activity of central nervous system active drugs. Med Res Rev, 1982, 2 (4): 355-393.

[103] Evans B E, Rittle K E, Bock M G, DiPardo R M, Freidinger R M, Whitter W L, Lundell G F, Veber D F, Anderson P S, Chang R S, et al. Methods for drug discovery: development of potent, selective, orally effective cholecystokinin antagonists. J Med Chem, 1988, 31 (12): 2235-2246.

[104] Bondensgaard K, Ankersen M, Thogersen H, Hansen B S, Wulff B S, Bywater R P. Recognition of privileged structures by G-protein coupled receptors. J Med Chem, 2004, 47 (4): 888-899.

[105] Freidinger R M, Veber D F, Perlow D S, Brooks J R, Saperstein R. Bioactive conformation of luteinizing hormone-releasing hormone: evidence from a conformationally constrained analog. Science, 1980, 210 (4470): 656-658.

[106] Andrianov A M. The immunodominant epitope of HIV-1 protein gp120 forms a double beta-turn in solution. Mol Bio, 1999, 33 (4): 534-538.

[107] Fecik R A, Frank K E, Gentry E J, Menon S R, Mitscher L A, Telikepalli H. The search for orally active medications through combinatorial chemistry. Med Res Rev, 1998, 18 (3): 149-185.

[108] Ripka W C, Delucca G V, Bach A C, Pottorf R S, Blaney J M. Protein Beta-Turn Mimetics. 1. Design, Synthesis, and Evaluation in Model Cyclic-Peptides. Tetrahedron, 1993, 49 (17): 3593-3608.

[109] Veber D F, Johnson S R, Cheng H Y, Smith B R, Ward K W, Kopple K D. Molecular properties that influence the oral bioavailability of drug candidates. J Med Chem, 2002, 45 (12): 2615-2623.

[110] Chang Y T, Gray N S, Rosania G R, Sutherlin D P, Kwon S, Norman T C, Sarohia R, Leost M, Meijer L, Schultz P G. Synthesis and application of functionally diverse 2,6,9-trisubstituted purine libraries as CDK inhibitors. Chem Biol, 1999, 6 (6): 361-375.

[111] Ding S, Gray N S, Ding Q, Schultz P G. Expanding the diversity of purine libraries. Tetrahedron Lett, 2001, 42 (50): 8751-8755.

[112] DeWitt S H, Kiely J S, Stankovic C J, Schroeder M C, Cody D M, Pavia M R. "Diversomers": an approach to nonpeptide, nonoligomeric chemical diversity. Proc Natl Acad Sci (USA), 1993, 90 (15): 6909-6913.

[113] Bhalay G, Blaney P, Palmer V H, Baxter A D. Solid-phase synthesis of diverse tetrahydro-1,4-benzodiazepine-2-ones. Tetrahedron Lett, 1997, 38 (48): 8375-8378.

[114] Lattmann E, Billington D C, Poyner D R, Arayarat P, Howitt S B, Lawrence S, Offel M. Combinatorial solid phase synthesis of multiply substituted 1,4-benzodiazepines and affinity studies on the CCK2 receptor (part 1). Drug Des Discov, 2002, 18 (1): 9-21.

[115] Evans B, Pipe A, Clark L, Banks M. Identification of a potent and selective oxytocin antagonist, from screening a fully encoded differential release combinatorial chemical library. Bioorg Med Chem Lett, 2001, 11 (10): 1297-1300.

[116] Hajduk P J, Bures M, Praestgaard J, Fesik S W. Privileged molecules for protein binding identified from NMR-based screening. J Med Chem, 2000, 43 (18): 3443-3447.

[117] Wermuth J, Goodman S L, Jonczyk A, Kessler H. Stereoisomerism and biological activity of the selective and superactive alpha (v) beta (3) integrin inhibitor cyclo (-RGDfV-) and its retro-inverso peptide. J Am Chem Soc, 1997, 119 (6): 1328-1335.

[118] Haubner R, Finsinger D, Kessler H. Stereoisomeric peptide libraries and peptidomimetics for designing selective inhibitors of the alpha (V) beta (3) integrin for a new cancer therapy. Angew Chem Int Ed, 1997, 36 (13-14): 1374-1389.

[119] 邓勇. 整合素 $\alpha_v\beta_3$ 受体抑制剂的分子设计、合成及生物学活性研究. 成都: 四川大学, 2001.

[120] Neustadt B R, Smith E M, Lindo N, Nechuta T, Bronnenkant A, Wu A A, L Kumar C. Construction of a family of biphenyl combinatorial libraries: Structure-activity studies utilizing libraries of mixtures. Bioorg Med Chem Lett, 1998, 8 (17): 2395-2398.

[121] Urbahns K, Harter M, Albers M, Schmidt D, Stelte-Ludwig B, Bruggemeier U, Vaupel A, Gerdes C. Biphenyls as potent vitronectin receptor antagonists. Bioorg Med Chem Lett, 2002, 12 (2): 205-208.

[122] Urbahns K, Harter M, Vaupel A, Albers M, Schmidt D, Bruggemeier U, Stelte-Ludwig B, Gerdes C, Tsujishita H. Biphenyls as potent vitronectin receptor antagonists. Part 2: biphenylalanine ureas. Bioorg Med Chem Lett, 2003, 13 (6): 1071-1074.

[123] 郭宗儒. 药物分子设计. 北京: 科学出版社, 2006.

[124] Breitenbucher J G, Figliozzi G. Solid-phase synthesis of 4-aryl-1, 4-dihydropyridines via the Hantzsch three component condensation. Tetrahedron Lett, 2000, 41 (22): 4311-4315.

[125] Hantzsch A Ann, 1882, 215: 1.

[126] Ishar M P, Kumar K, Kaur S, Kumar S, Girdhar N K, Sachar S, Marwaha A, Kapoor A. Facile, regioselective [4+2] cycloaddition involving 1-aryl-4-phenyl-1-azadienes and allenic esters: an efficient route to novel substituted 1-aryl-4-phenyl-1, 4-dihydropyridines. Org Lett, 2001, 3 (14): 2133-2136.

[127] Hutchins S M, Chapman K T. Fischer indole synthesis on a solid support. Tetrahedron Lett, 1996, 37 (28): 4869-4872.

[128] Persson M A. Combinatorial libraries. Int Rev Immunol, 1993, 10 (2-3): 153-163.

[129] Floyd C D, Leblanc C, Whittaker M. Combinatorial chemistry as a tool for drug discovery. Prog Med Chem, 1999, 36: 91-168.

[130] Hobbs D W, Guo T. Library design concepts and implementation strategies. J Recept Signal Transduct Res, 2001, 21 (4): 311-356.

[131] Schneider G Trends in virtual combinatorial library design. Curr Med Chem, 2002, 9 (23): 2095-2101.

[132] Feher M, Schmidt J M. Property Distributions: Differences between Drugs, Natural Products, and Molecules from Combinatorial Chemistry. J Chem Inf Comput Sci, 2003, 43: 218.

[133] Green D V. Virtual screening of virtual libraries. Prog Med Chem, 2003, 41: 61-97.

[134] RP T, JB B, EL S, PJ B, M C, DW G, WJ H, TM W, B H, P T. Design and synthesis of an array of selective androgen receptor modulators. J Comb Chem, 2007 9 (1): 107-114.

[135] Zhao L, Huang W, Liu H, Wang L, Zhong W, Xiao J, Hu Y, Li S. FK506-binding protein ligands: structure-based design, synthesis, and neurotrophic/neuroprotective properties of substituted 5, 5-dimethyl-2- (4-thiazolidine) carboxylates. J Med Chem, 2006, 49 (14): 4059-4071.

[136] Gillet V J. New directions in library design and analysis. Curr Opin Chem Biol, 2008, 12 (3): 372-378.

[137] Gillet VJ, K W Willett P, Fleming PJ, Green DV. Combinatorial library design using a multiobjective genetic algorithm. J Chem Inf Comput Sci, 2002, 42 (2): 375-385.

[138] Lehn J M, Eliseev A V. Chemistry-Dynamic combinatorial chemistry. Science, 2001, 291 (5512): 2331-2332.

[139] Ganesan A. Strategies for the dynamic integration of combinatorial synthesis and screening. Angew Chem Int Ed, 1998, 37 (20): 2828-2831.

[140] Ramström O, Lehn J M. Drug Discovery by Dynamic Combinatorial Libraries. Nat Rev Drug Discov, 2002, 1 (January): 26-36.

[141] Otto S, Furlan R L, Sanders J K. Recent developments in dynamic combinatorial chemistry. Curr Opin Chem Biol, 2002, 6 (3): 321-327.

[142] Huc I, Lehn J M. Virtual combinatorial libraries: dynamic generation of molecular and supramolecular diversity by self-assembly. Proc Natl Acad Sci (USA), 1997, 94 (6): 2106-2110.

[143] Poulsen S A, Bornaghi L F. Fragment-based drug discovery of carbonic anhydrase II inhibitors by dynamic combinatorial chemistry utilizing alkene cross metathesis. Bioorg Med Chem, 2006, 14 (10): 3275-3284.

[144] Bunyapaiboonsri T, Ramstrom O, Lohmann S, Lehn J M, Peng L, Goeldner M. Dynamic deconvolution of a pre-equilibrated dynamic combinatorial library of acetylcholinesterase inhibitors. Chembiochem, 2001, 2 (6): 438-444.

[145] Ramstrom O, Lehn J M. In situ generation and screening of a dynamic combinatorial carbohydrate library against concanavalin A. Chembiochem, 2000, 1 (1): 41-48.

[146] Ramstrom O, Lohmann S, Bunyapaiboonsri T, Lehn J M. Dynamic combinatorial carbohydrate libraries: probing the binding site of the concanavalin A lectin. Chem Eur J, 2004, 10 (7): 1711-1715.

[147] Hotchkiss T, Kramer H B, Doores K J, Gamblin D P, Oldham N J, Davis B G. Ligand amplification in a dynamic combinatorial glycopeptide library. Chem Commun, 2005 (34): 4264-4266.

[148] Sando S, Narita A, Aoyama Y. A facile route to dynamic glycopeptide libraries based on disulfide-linked sugar-peptide coupling. Bioorg Med Chem Lett, 2004, 14 (11): 2835-2838.

[149] Sakai S, Shigemasa Y, Sasaki T. A self-adjusting carbohydrate ligand for GalNAc specific lectins. Tetrahedron Lett, 1997, 38 (47): 8145-8148.

[150] Nicolaou K C, Hughes R, Cho S Y, Winssinger N, Smethurst C, Labischinski H, Endermann R. Target-accelerated combinatorial synthesis and discovery of highly potent antibiotics effective against vancomycin-resistant bacteria. Angew Chem Int Ed, 2000, 39 (21): 3823-3828.

[151] Danieli B, Giardini A, Lesma G, Passarella D, Peretto B, Sacchetti A, Silvani A, Pratesi G, Zunino F. Thiocolchicine-podophyllotoxin conjugates: dynamic libraries based on disulfide exchange reaction. J Org Chem, 2006, 71 (7): 2848-2853.

[152] Hochgurtel M, Kroth H, Piecha D, Hofmann M W, Nicolau C, Krause S, Schaaf O, Sonnenmoser G, Eliseev A V. Target-induced formation of neuraminidase inhibitors from in vitro virtual combinatorial libraries. Proc Natl Acad Sci. (USA), 2002, 99 (6): 3382-3387.

[153] Li H, Williams P, Micklefield J, Gardiner J M, Stephens G. A dynamic combinatorial screen for novel imine reductase activity. Tetrahedron, 2004, 60 (3): 753-758.

[154] Shi B, Stevenson R, Campopiano D J, Greaney M F. Discovery of glutathione S-transferase inhibitors using dynamic combinatorial chemistry. J Am Chem Soc, 2006, 128 (26): 8459-8467.

[155] Lins R J, Flitsch S L, Turner N J, Irving E, Brown S A. Generation of a dynamic combinatorial library using sialic acid aldolase and in situ screening against wheat germ agglutinin. Tetrahedron, 2004, 60 (3): 771-780.

[156] Valade A, Urban D, Beau J M. Target-assisted selection of galactosyltransferase binders from dynamic combinatorial libraries. An unexpected solution with restricted amounts of the enzyme. Chembiochem, 2006, 7 (7): 1023-1027.

[157] Poulsen S A. Direct screening of a dynamic combinatorial library using mass spectrometry. J Am Soc Mass Spectrom, 2006, 17 (8): 1074-1080.

[158] Shipe W D, Wolkenberg S E, Lindsley C W. Accelerating lead development by microwave-enhanced medicinal chemistry. Drug Discov Today: Tech, 2005, 2 (2): 155-161.

[159] Stadler A, Kappe C O. High-speed couplings and cleavages in microwave-heated, solid-phase reactions at high temperatures. Eur J Org Chem, 2001, (5): 919-925.

[160] Bowman M D, Jeske R C, Blackwell H E. Microwave-Accelerated SPOT-Synthesis on Cellulose Supports. Org Lett, 2004, 6 (12): 2019-2022.

[161] Desai B Danks, T N. Thermal-and microwave-assisted hydrogenation of electron-deficient alkenes using a polymer-supported hydrogen donor. Tetrahedron Lett, 2001, 42 (34): 5963-5965.

[162] Westman J. An Efficient Combination of Microwave Dielectric Heating and the Use of Solid-Supported Triphenylphosphine for Wittig Reactions. Org Lett, 2001, 3 (23): 3745-3747.

[163] Cotterill I C, Usyatinsky A Y, Arnold J M, Clark D S, Dordick J S, Michels P C, Khmelnitsky Y L. Microwave assisted combinatorial chemistry synthesis of substituted pyridines. Tetrahedron Lett, 1998, 39 (10): 1117-1120.

[164] Glass B M, Combs A P. Rapid parallel synthesis utilizing microwave irradiation//High-Throughput Synthesis. Principles and Practices. I S, ed. New York: Marcel Dekker Inc. 2001: 123-128.

[165] Stadler A, Kappe C O. Automated library generation using sequential microwave-assisted chemistry. Application toward the Biginelli multicomponent condensation. J Comb Chem, 2001, 3 (6): 624-630.

[166] Kappe C O, Stadler A. Building dihydropyrimidine libraries via microwave-assisted Biginelli multicomponent reactions. Methods Enzymol, 2003, 369: 197-223.

[167] Strecker A. Ueber die künstliche Bildung der Milchsäure und einen neuen, dem Glycocoll homologen Körper Annalen der Chemie und Pharmazie, 1850, 75 (1): 27-45.

[168] Passerini M, Simone L G Chim Ital, 1921, 54: 126-129.

[169] Ugi I. The α-Addition of Immonium Ions and Anions to Isonitriles Accompanied by Secondary Reactions. Angew Chem Int Ed, 1962, 1 (1): 8-21.

[170] Kalinski C, Umkehrer M, Schmidt J, Ross G, Kolb J, Burdack C, Hiller W, Hoffmann S D. A novel one-pot synthesis of highly diverse indole scaffolds by the Ugi/Heck reaction. Tetrahedron Lett, 2006, 47 (27): 4683-4686.

[171] Zhang J, Jacobson A, Rusche J R. Unique Structures Generated by Ugi 3CC Reactions Using Bifunctional Starting Materials Containing Aldehyde and Carboxylic Acid. J Org Chem, 1999, 64 (3): 1074-1076.

[172] Wei J, Shaw J T. Diastereoselective Synthesis of ç-Lactams by a One-Pot, Four-Component Reaction. Org Lett, 2007, 9 (20): 4077-4080.

[173] Kumagai N, Muncipinto G, Schreiber S L. Short Synthesis of Skeletally and Stereochemically Diverse Small Molecules by Coupling Petasis Condensation Reactions to Cyclization Reactions. Angew Chem Int Ed, 2006, 45 (22): 3635-3638.

[174] Yehia N A, Antuch W, Beck B, Hess S, Schauer-Vukasinovic V, Almstetter M, Furer P, Herdtweck E,

Domling A. Novel nonpeptidic inhibitors of HIV-1 protease obtained via a new multicomponent chemistry strategy. Bioorg Med Chem Lett, 2004, 14 (12): 3121-3125.

[175] Habashita H, Kokubo M, Hamano S, Hamanaka N, Toda M, Shibayama S, Tada H, Sagawa K, Fukushima D, Maeda K, Mitsuya H Design, synthesis, and biological evaluation of the combinatorial library with a new spirodiketopiperazine scaffold. Discovery of novel potent and selective low-molecular-weight CCR5 antagonists. J Med Chem, 2006, 49 (14): 4140-4152.

[176] Vorsb I, Zhu J. Solid-phase synthesis of natural product-like macrocycles by a sequence of Ugi-4CR and SNAr-based cycloetherification. Tetrahedron Lett, 2003, 44 (30): 5575-5578.

[177] Cristau P, Vors J P, Zhu J P. Rapid and diverse route to natural product-like biaryl ether containing macrocycles. Tetrahedron, 2003, 59 (40): 7859-7870.

[178] Ilyin A, Kysil V, Krasavin M, Kurashvili I, Ivachtchenko A V. Complexity-Enhancing Acid-Promoted Rearrangement of Tricyclic Products of Tandem Ugi 4CC/Intramolecular Diels-Alder Reaction. J Org Chem, 2006, 71, 9544-9547.

[179] Tailor J, Hall D G. Tandem Aza [4+2]/Allylboration: A Novel Multicomponent Reaction for the Stereocontrolled Synthesis of r-Hydroxyalkyl Piperidine Derivatives. Org Lett, 2000, 2 (23): 3715-3718.

[180] Toure B B, Hoveyda H R, Tailor J, Ulaczyk-Lesanko A, Hall D G. A three-component reaction for diversity-oriented synthesis of polysubstituted piperidines: solution and solid-phase optimization of the first tandem aza [4+2]/allylboration. Chem Eur J, 2003, 9 (2): 466-474.

[181] Ulaczyk-Lesanko A, Pelletier E, Lee M, Prinz H, Waldmann H, Hall D. Optimization of three-and four-component reactions for polysubstituted piperidines: application to the synthesis and preliminary biological screening of a prototype library. J Comb Chem, 2007, 9 (4): 695-703.

第6章

分子模拟与药物设计

朱维良, 李 宁, 李洪林, 陈凯先

目 录

6.1 引言 /143
6.2 基于配体的药物分子设计 /144
  6.2.1 定量构效关系（QSAR） /144
    6.2.1.1 Hansch法 /144
    6.2.1.2 HQSAR法 /145
    6.2.1.3 CoMFA法 /146
    6.2.1.4 CoMSIA法 /147
    6.2.1.5 其他三维定量构效关系方法 /148
    6.2.1.6 应用及评价 /148
  6.2.2 药效团模型 /149
    6.2.2.1 药效团与药效团因子 /149
    6.2.2.2 药效团的构建 /149
    6.2.2.3 药效团的应用 /150
6.3 基于受体的药物分子设计 /150
  6.3.1 分子对接 /150
    6.3.1.1 发展历史 /150
    6.3.1.2 方法原理 /150
    6.3.1.3 常见程序简介与特点比较 /151
    6.3.1.4 应用实例 /155
    6.3.1.5 发展趋势 /155
  6.3.2 全新药物设计 /156
    6.3.2.1 受体结合位点分析 /156
    6.3.2.2 分子的生成和优化 /156
    6.3.2.3 分子生物活性的计算预测 /156
  6.3.3 靶标集中组合库 /157
    6.3.3.1 碎片库的构建 /157
    6.3.3.2 集中库的结构多样性 /158
    6.3.3.3 集中库的类药性 /160
    6.3.3.4 活性评价 /161
    6.3.3.5 集中库的优化 /161
  6.3.4 靶标蛋白三维结构模建 /161
6.4 基于信号通路的药物分子设计 /163
6.5 药物分子设计的基本理论和方法 /165
  6.5.1 分子力学方法 /165
    6.5.1.1 分子力学基本原理 /165
    6.5.1.2 力场势函数表达式 /165
    6.5.1.3 分子力学的优化方法 /169
  6.5.2 分子动力学模拟 /169
    6.5.2.1 分子动力学基本原理 /169
    6.5.2.2 分子动力学常用积分方法 /170
    6.5.2.3 分子动力学模拟的其他问题 /171
  6.5.3 量子化学方法 /171
    6.5.3.1 薛定谔方程 /172
    6.5.3.2 量子力学基本近似 /172
    6.5.3.3 基函数 /173
    6.5.3.4 量子化学常用方法简介 /174
6.6 讨论与展望 /176
推荐读物 /177
参考文献 /177

6.1 引言

分子模拟（molecular modeling）运用数学、物理、化学及计算机等多种理论和计算方法来研究分子体系的行为及性质，包括构建分子的三维结构、计算分子的性质、研究分子的结构与性质之间的关系或模拟分子的动态行为及其参与的化学反应过程等。分子模拟的目的不仅要在原子水平上研究分子的结构和性质，而且要在结构与性质关系的基础上设计新的功能材料分子。药物设计（computer-aided drug design，CADD）是分子模拟方法在新药研发中的应用，是药物先导化合物分子结构发现、设计和优化最常用的理论研究方法。

虽然 Hansch 方程[1]的提出是新药研发从随机筛选过渡到合理设计的重要标志，但分子模拟在药物设计中的大规模应用主要归功于药效团模型（pharmacophore model）[2,3]、分子对接（molecular docking）和三维定量构效关系（three dimensional quantitative structure-activity relationship，3D-QSAR）[4]等方法及相应应用软件的发展。

目前，CADD 已经成为新药研发过程中不可或缺的重要理论工具[5]，不仅用来开展基于靶标蛋白三维结构或活性化合物构效关系的药物设计，而且可预测化合物的类药性和 ADME/T（吸收、分布、代谢、排泄和毒性）等性质，贯穿了新药研发的整个过程[6]。近年来，随着计算生物学和生物信息学技术不断和新药研发技术相结合，CADD 也发生了革命性的变化，研究的领域进一步拓展到活性化合物结合靶标的预测、疾病信号通路的模拟分析、靶标蛋白动态行为及功能构象的计算模拟等[7]。如果说新药可以完全通过计算机进行设计而不需要通过实验验证是过于乐观的话，未来的药物研发工作将主要通过计算而进行是毫无疑问的[8]。

近 10 多年来，CADD 已经在许多疾病的新药研发中发挥了重要作用。如，在作为蛋白酶抑制剂的抗 HIV 药物 Saquinavir 及 Crixivan 的开发、抗流感病毒药物扎那米韦的设计、阿尔茨海默病药物多奈哌齐等药物的研发过程中，CADD 都发挥了重要作用（表 6-1）。而且随着计算机技术和生命科学知识的不断发展和积累，由 CADD 参与而研发出的新药必将不断增加。国内有关 CADD 的应用研究也取得了一系列阶段性结果，发现了一系列较好的药物先导化合物。如，成药性较好的钾离子通道阻滞剂、乙酰胆碱酯酶抑制剂及 β 分泌酶抑制剂等活性化合物（中国科学院上海药物研究所），作用于 BCL-2 的抗肿瘤药物先导结构（军事医学研究院药物研究所），潜在的治疗关节炎药物先导结构磷脂酶 A2 抑制剂（北京大学）等。

表 6-1 国外计算机辅助药物设计部分成功实例

药物	靶标	公司
杜塞酰胺	碳酸酐酶	默克制药公司
茚地那韦	HIV 蛋白水解酶	默克制药公司
萘非那韦	HIV 蛋白水解酶	Agouron Pharmaceuticals
AG85，AG337，AG331	胸腺核酸合成酶	Agouron Pharmaceuticals
沙奎那维	HIV 蛋白水解酶	罗氏制药公司
扎那米韦	神经氨酸苷酶	葛兰素-史克公司
Ro466240	凝血酶	罗氏制药公司
伊马替尼	Abl-酪氨酸激酶	诺华制药公司
多奈哌齐	乙酰胆碱酯酶	辉瑞制药公司
吉非替尼	EGFR 酪氨酸激酶	阿斯利康公司
利托那韦	HIV 蛋白水解酶	雅培制药公司
厄洛替尼	EGFR 酪氨酸激酶	基因泰克/OSI 公司
卡托普利	血管紧张素转化酶	百时美施贵宝公司

目前，CADD面临的挑战主要是生物体系的高度复杂性，还没有严格的数理方法可以精确地计算模拟和预测生物体系的性质，也没有可行的数理方法对疾病的发生及调控机制进行定量描述。但经过三十多年的努力，CADD已经发展了一系列的策略，并在新药研发的过程中得到广泛应用。本章将主要介绍基于配体和基于受体的药物分子设计方法及相应的基本理论，并简单介绍药物设计的最新动态。

6.2 基于配体的药物分子设计

药物多是通过和生物体内大分子的相互作用而发挥功能的，这些大分子就是药物设计的靶标。如果可以获得靶标三维结构，就可以开展基于靶标结构的药物设计研究。但对于部分有确定生物活性的化合物，它们作用的靶标是不清楚的。在这种情况下，可以采用基于配体的药物设计方法来设计和优化药物先导化合物。这种方法主要包括定量构效关系（quantitative structure-activity relationship，QSAR）和药效团模型（pharmacophore model）。

6.2.1 定量构效关系（QSAR）

所谓QSAR是指利用理论计算和统计分析工具来研究系列化合物结构与其生物效应（如分子的活性、毒性、药物代谢动力学和生物利用度等）之间的定量关系，并进一步预测新类似物的生物效应。根据方法原理是否涉及分子的三维结构，又将QSAR分为二维定量构效关系（2D-QSAR）和三维定量关系（3D-QSAR）。前者以Hansch法为代表，后者以CoMFA为典型。

6.2.1.1 Hansch法

Hansch法是Hansch于20世纪60年代初提出，以生理活性物质的半数有效量作为活性参数，以分子的电性参数、立体参数和疏水参数作为线性回归分析的变量，并经Hansch、Fujita及Yoshimoto等人通过引入指示变量、抛物线模型和双线性模型等修正进一步提高了方程的预测能力，成为影响较大的二维定量构效关系方法之一。Hansch方程有多种不同的表达式，但基本形式相似，式（6-1）是常见的一种表达式[9]。

$$\lg(1/C) = a\pi + b\pi^2 + c\sigma + dE_s + k \tag{6-1}$$

$$\pi = \lg(P_X/P_H) \tag{6-2}$$

其中，C为给定时间内产生某种生物效应的化合物浓度（如半数抑制浓度IC_{50}，半数有效浓度EC_{50}，半数致死浓度LC_{50}等），单位为摩尔浓度；P是化合物的油水（正辛醇/水）分配系数，P_H是取代基为氢原子的母体化合物的油水分配系数，而P_X是取代基为X的衍生物的油水分配系数；σ是Hammett取代基电子参数，用以表征取代基团对分子整体电子分配的影响，其数值对于取代基具加和性；E_s为Taft立体参数，描述分子取代基的空间立体效应对生物活性的影响；而a, b, c, 及d为上述各项通过回归得到的权重系数、k为常数项。油水分配系数是一个既可以实测也可以预测的物理量，用来描述化合物穿过细胞膜的能力。亲水性太强的化合物将难以穿透细胞膜，亲脂性过强的化合物会溶解在脂膜中而难以与靶标结合。

二维定量构效关系使得人们对构效关系的认识从传统的定性水平上升到定量水平，也在一定程度上揭示了药物分子与生物大分子结合的模式，受到了药物化学家的高度重视。例如，人们从萘啶酸（Nalidixic Acid）出发运用Hansch法开展结构优化，成功地开发出了诺氟沙星（氟哌酸，Norfloxacin）等喹诺酮类抗菌药。

尽管Hansch法获得了比较广泛的应用，但该法有其固有的缺点，如方法假设了所有类似物和靶标作用的机制和模式相同,不直接考虑分子的三维结构信息等。实际上,不同的生物活性往往需要和不同的分子参数或描述符来关联,如各种拓扑参数、热力学参数、及通过量子化学方法计算得到的与电子相关的参数等。因此在实际应用过程中,应该尽量选择最佳参数来建立最有效的模型,而不必局限于 Hansch 方法中列举的参数。

6.2.1.2 HQSAR 法

分子全息定量构效关系(hologram QSAR,HQSAR)方法是基于分子结构全息采用偏最小二乘法(partial least squares,PLS)研究分子全息和活性之间关系的 QSAR 方法,可归属于 2D-QSAR 法。所谓分子全息实际上是一种分子结构表征方法,本质上是分子碎片数目的排列。避免了 3D-QSAR 方法中活性构象搜寻和叠合规则难以确定等困难,具较广泛的应用前景。

建立 HQSAR 模型有 2 个基本步骤,即分子全息的产生和 PLS 分析。

分子全息的产生　如图 6-1 所示,首先根据预定的碎片长度(M 与 N 个原子之间,M 与 N 一般为 4 和 7),将目标化合物分子结构对照所有分子碎片类型(约 1000 种)进行拆分,然后统计每个分子碎片在分子结构中出现的频度,得到分子的指纹。根据定义的全息长度(hologram length,HL)将分子指纹拆分成指纹信息条,最后将信息条累加求和就可以获得分子全息。

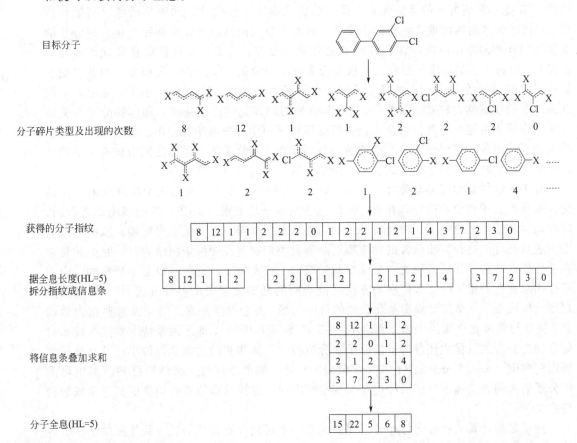

图 6-1　分子全息的生成原理示意图(摘自 Wang X,Tang S T,Liu S L,et al. Chemosphere,2003,51:617-632)

HQSAR 建模与表示　对 N 个分子以全息长度为 L 计算各分子全息,可得到一个 $N \times L$ 的数据矩阵。HQSAR 法使用 PLS 产生一个统计模型,将分子全息和实验观察数据(如

pIC$_{50}$）关联起来，用 r^2（非交互检验拟合相关系数）和 q^2（交互检验拟合相关系数）评价 QSAR 模型的质量。其中，q^2 来自"留一法"（leave-one-out，LOO）交互检验（cross validation），用来测试模型的稳定性。由于 HQSAR 方法将每个分子都拆分成千百个碎片，故可反映分子结构中不同原子对整个分子活性的贡献，通过用不同的颜色可显示这种贡献的大小，如用红色系表示贡献较小，蓝绿色系表示贡献较大，而白色表示贡献中等。

值得注意的是，一些对特定生物活性贡献较大的分子碎片可能会映射到同一位点上，而 PLS 法不能加以区别，导致模型质量较差，这种现象称为碎片碰撞（fragment collision）。为了克服这个缺点，HQSAR 通过改变 HL 来建立较好的模型。研究发现 12 个 HL 通常能产生高质量的预测模型[10]，它们分别为素数 53、59、61、71、83、97、151、199、257、307、353 和 401。另一方面，由于分子结构的多样性，在分子全息产生过程中，可加入更多的信息，如原子类型、化学键类型、原子杂化状态、连接性、氢原子及手性等来进一步提高 HQSAR 模型的质量。

6.2.1.3 CoMFA 法

比较分子力场分析（comparative molecular field analysis，CoMFA）[11]方法是过去 20 年中应用最广泛的一种三维定量构效关系（3D-QSAR）方法，主要研究化合物的生物活性与分子的静电场及立体场之间的关系，也是以 Hansch 法为代表的二维 QSAR 研究法过渡到三维 QSAR 研究法的重要标志。该方法首先确定活性化合物的生物活性（药效）构象，再依据合理的匹配规则将化合物叠合，然后在空间网格点上计算探针与化合物分子的立体作用势和静电作用势，最后用 PLS 进行统计处理，用交互验证选取具最佳预测能力的模型，以得出的最佳组分数目对变量进行常规回归分析，拟合 QSAR 模型。通常以交互检验得出的相关系数 q^2 作为衡量 CoMFA 模型预测能力的判据。当 q^2 小于 0.4 时，一般认为模型的预测能力较差。CoMFA 法有其合理的物理化学作用基础，即药物分子与受体之间的作用为可逆的非共价结合，包括范德华相互作用、静电相互作用、氢键相互作用和疏水相互作用等。作用于同一个受体的一系列活性化合物分子与受体之间应该有相似的作用模式，也就是各个分子周围的各种作用场与其活性应该有定量关系。

分子活性构象的搜寻与叠合 CoMFA 法研究的第一步也是对结果影响最大的一步是化合物活性分子构象的搜寻与叠合，传统方法是基于均方根（RMS）匹配规则而进行的。即在均方根最小的原则下，将所有分子的活性构象按骨架（包括关键官能团）取向一致的原则进行叠合。这种方法隐含的物理模型是所有类似物与其靶标蛋白结合时，它们的骨架在活性位点中占据相同的位置、采取相同的取向。但实际上，这种假设是不严格的。由于活性构象叠合的重要性，人们在均方根匹配规则的基础上发展出多种方法[12]，如场匹配规则（field fit）[13]，即计算出各化合物的分子力场，叠合时经平移、转动及某些扭力角调整，使其与模板化合物的力场差别最小；SEAL 匹配规则[14]，即运用蒙特卡罗搜寻技术对化合物的叠合进行优化使各分子的原子部分电荷与空间体积的差别达到最小；及互补受体场匹配规则（complementary receptor field）[15]等。如果受体的三维结构已知，则也可采用分子对接的方法确定分子活性构象及其空间取向，这样获得的叠合构象更具有明确的物理意义[16]。

分子场的计算 在叠合好的分子周围定义一个可包容所有分子且与最外围原子至少保持 4Å（1Å=10^{-10}m）距离的空间范围，并按一定的距离（称为网格步长 grid spacing，一般为 1~2Å）均匀地产生众多的网格点（图 6-2）。选取合适的探针原子置于每个网格点上计算探针与分子场的非共价作用能（CoMFA 法主要为立体作用和静电作用）。立体作用能一般以 sp^3 杂化的碳原子为探针，用 Lennard-Jones 6-12 公式求得（6-3），而静电作

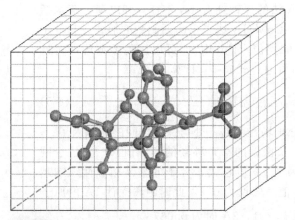

图 6-2 CoMFA 网格原理示意图

天然产物银杏内酯 B 的分子结构置于一个矩形盒子内，在这个三维空间内共有 1638 个格点（18 × 13 × 7）

用能则可以用 +1 价的离子（如 H^+）作探针由库仑函数式进行计算（6-4），用类似的方法也可以计算每个网格点的氢键及疏水场等性质。

$$E_{vdW} = \sum_{i=1}^{n}(A_{ij}r_{ij}^{-12} - C_{ij}r_{ij}^{-6}) \tag{6-3}$$

$$E_C = \sum_{i=1}^{n}\frac{q_i q_j}{Dr_{ij}} \tag{6-4}$$

式中 A，C 及 D 是常数；r_{ij} 为探针 j 到原子 i 间的距离；q_i 及 q_j 分别是探针 j 与原子 i 所带的电荷。计算得到的每个化合物的分子场性质及其生物活性都保存在一个表格里供 QSAR 分析用。

QSAR 模型的建立 由于网格点数目众多，自变量数目远大于因变量数，故 CoMFA 选用偏最小二乘法（PLS）对变量与活性间关系进行统计处理。首先用交互验证选取有最佳预测能力的模型，再以得出的最佳组分数目对变量进行常规回归分析，拟合 CoMFA 模型通常以交互校验得出的相关系数作为衡量 CoMFA 模型预测能力的判据。

CoMFA 轮廓图 由于分子场的数据量大，回归方程中的系数众多，一般用轮廓图（contour map）表示（彩图 1）。从轮廓图上可以清楚地看到立体场和静电场对分子的生物活性影响，据此可以设计新化合物。更进一步，根据 CoMFA 模型可以推演出受体-配体结合作用模型，可开展基于作用机理的新化合物设计或先导化合物结构改造等研究。

CoMFA 作为一种 3D-QSAR 研究方法获得了广泛应用，然而它要求搜寻每个化合物的活性三维构象，并需要与其他分子的活性构象进行"适当"的叠合。这个过程不仅耗时，而且获得的结果可因人而异，带有一定的主观性和偶然性。为了克服这个问题，人们发展了 Topomer CoMFA 方法[17]，该法能自动且快速地产生比较客观的叠合结构，得到的结果和传统的 CoMFA 相似。

6.2.1.4 CoMSIA 法

比较分子相似因子分析（comparative molecular similarity indices analysis，CoMSIA）法是在 CoMFA 法的基础上发展起来的另一种获得广泛应用的 3D-QSAR 方法[18,19]。CoMSIA 法的基本思想和研究步骤与 CoMFA 方法相似，不同的是在计算分子场的能量时，CoMSIA 不使用传统的 Coulomb 及 Lennard-Jones 6-12 势函数形式，而采用与距离相关的高斯函数的形式。CoMSIA 法共定义了五种分子场的特征：立体场、静电场、疏水场、氢键给体场和氢键受体场。因此，CoMSIA 法的探针拥有 1Å 半径，和电荷、疏水指数、氢键给体及受体强度皆为 +1 的特征。由于 CoMSIA 法采用高斯函数的形式，其分子场能量在格点上迅速衰减，故不需要定义能量的阈值（Cutoff），可以避免参数选择对计算结果的影响。CoMSIA 法的分子相似因子 A_F 可通过式(6-5) 计算。

$$A_{F,k}^{q}(j) = -\sum_{i=1}^{n} w_{\text{probe},k} w_{ik} e^{-\alpha r_{iq}^2} \tag{6-5}$$

式中，$A_{F,k}^{q}(j)$ 为第 j 个分子的第 k 种分子场在网格 q 处与探针之间的相似因子；i 为分子 j 中的原子序号；w_{ik} 及 $w_{\text{probe},k}$ 为原子 i 及探针的第 k 种场的实际值；r_{iq} 为位于网格点 q 上的探针与原子 i 间的距离；α 为衰减因子。α 值越大，分子的整体相似性影响越小；α 值越小，分子的整体相似性影响越大。α 值一般设为 0.3，此时距离探针 1Å 的原子对相似性的贡献度（$e^{-\alpha r_{iq}^2}$）为 0.741，2Å 时为 0.301，3Å 时为 0.067。

CoMFA 和 CoMSIA 两种方法结果表明，CoMFA 法对不同的格点大小值以及叠合分子不同的空间取向非常敏感，回归系数的差值最大可以达到 0.3，甚至更大。而 CoMSIA 方法在计算不同格点大小取值以及分子空间取向下得到的结果要稳定得多，可得到更加满意的 3D-QSAR 模型。

6.2.1.5 其他三维定量构效关系方法

除 CoMFA 和 CoMSIA 法外，常见的 3D-QSAR 法还有距离几何法（distance geometry，DG）[4]、分子形状分析法（molecular shape analysis，MSA）[20] 和 4D-QSAR 方法[21] 等。

DG 3D-QSAR 法将药物分子划分为若干功能区块，并将其定义为药效的活性位点，直接和受体中相应结合位点作用，决定分子的生物活性。该方法先计算分子在其低能构象时各个活性位点之间的距离，形成距离矩阵，由此可定义受体分子的结合位点，获得结合位点的距离矩阵，构建起 QSAR 模型。然后通过评价活性位点和结合位点的匹配和作用情况来预测分子的生物活性。

MSA 认为，尽管柔性分子有多种可能的构象，但只有与受体活性位点结构相吻合的构象才是该分子的活性构象。MSA 使用可以表征分子形状的参数，如与体系参照构象的重叠体积比例、体积差、分子势场积分差异等，经统计分析求出 QSAR 关系式。因此，MSA 在进行 QSAR 研究时首先必须获得用于分子构象叠合的参照构象，其他所有分子的构象都将叠合到这个参照构象上来计算各分子的分子形状参数。因此，参照构象的选择将决定 MSA 模型的成败。MSA 一般选取多个高活性化合物的 n 个低能构象，分别作为系统的参照构象进行分子形状分析，根据所建立的模型质量高低最终确定体系的参照构象，可保证找到正确的参照构象，从而提高 MSA 的成功率。

4D-QSAR 法对化合物低能构象进行采样，作为化合物的低能构象集合，采用遗传算法（genetic algorithm，GA）和 PLS 来产生最佳的定量构效关系模型。因此，4D-QSAR 中的活性构象并非最低能量构象，而是低能构象群。所以，4D-QSAR 中的第四维参数实际上就是构象系综取样。因此，该方法有可能克服常见 3D-QSAR 的两个问题：活性参考构象选择及构象叠合。

6.2.1.6 应用及评价

QSAR 方法已经在新药研究过程中获得了广泛应用。如，Carroll 等在对可卡因类似物作了 CoMFA 分析后，得到了较好的定量构效关系模型[22]，并用于类似物的改造。同时，他们也进行了 11 个 Hansch 途径的 QSAR 分析，但相关性均很差。据推测，这类药物与受体作用时，分子的三维结构性质起主要作用，而分析药物的三维构象性质与活性的关系正是 CoMFA 的特长[23]。总之，在受体结构未知的情况下，定量构效关系方法是人们最常用的合理药物设计方法之一，可指导药物化学家更有目的性地对生理活性物质进行结构改造。在 20 世纪 80 年代计算机技术迅速发展之前，QSAR 是应用最广泛也几乎是唯一的合理药物设计手段。但是 QSAR 方法不能明确给出回归方程的物理意义以及药物-受体间的作用模式。另外 QSAR 研究中大量使用了实验数据和统计分析方法，所得模型的预测能力很大程度上受到试验数据精度的限制。

6.2.2 药效团模型

6.2.2.1 药效团与药效团因子

药物化学家在进行化合物结构改造时，发现改变某些原子或基团对化合物的活性影响很大，而另外一些的影响较小。一系列化合物中所共有的对某一特定生物活性起重要影响的某原子或基团就是这些化合物的活性药效基团，药效团模型的概念也就因此而诞生[23]。药效团的概念在不同的参考文献中有不同的表述方式，如药效团、药效团模型、药效基团、活性基团、药效团元素、pharmacophore 及 pharmacophores 等。IUPAC 推荐的定义为，药效团（pharmacophore）是指可以确保与特定的可触发或阻止一定的生物学响应的靶标之间的最佳超分子作用的必要的立体和电子特征的集合。药效团并不代表一个真实的分子或官能团或骨架的简单结合，而纯粹是一个抽象的概念，它解释了一组化合物与其靶标作用的最大共同特征，也就是一组化合物在三维空间上与靶标互补的化学特征[24]。而用来描述药效团的药效团因子可包括氢键、疏水、芳香、正电荷中心、负电荷中心等位点，这些位点可由原子、环中心及虚原子等来定义。为了进一步提高药效团模型的可靠性，还可以结合分子的三维形状及体积，排除那些虽然符合药效团要求但无法进入靶标结合位点的化合物。药效团可以通过多种方法从一系列活性化合物或靶标结构出发进行构建[25,26]。

6.2.2.2 药效团的构建

常见的构建药效团的软件包括 Catalyst (http://www.accelrys.com)、Phase (http://www.schrodinger.com)、Sybyl (http://www.tripos.com)、MOE (http://www.chemcomp.com)，和 Ligandscout[27]等。其中，Catalyst 和 Sybyl 可开展基于活性小分子的药效团模型研究，而 Ligandscout 还可用来开展基于靶标三维结构的药效团模型建立。有关基于活性小分子化合物的药效团模型建立一般由四个基本步骤组成，依次为数据准备、构象分析、构象叠合、模型优化。

数据准备 药效团模型质量的高低主要由实验数据决定。因此，实验数据要经过仔细挑选。生物活性数据最好是取自同一实验的同一批数据，从中选择一个分子子集作为训练集（约含 15 个化合物，不同的方法程序要求的化合物数目可以不同），训练集中分子活性的差异最好要达到 3 个数量级以上，而分子骨架要有较高的刚性，可降低构象数目。然后确定这些分子中的药效团因子。

构象分析 对训练集中的每一个化合物进行构象搜寻（构象分析），得到一定范围内的低能构象（通常的能量范围为 20kcal/mol，1kcal=4.2kJ）。分子的可旋转键越多，可能的低能构象也就越多，会给构象叠合带来极大的计算工作量。

构象叠合 用分子叠合方法选择高活性化合物的低能构象为参照，以药效团因子为叠合点，将训练集中的分子进行叠合，建立化合物的三维药效团模型。由于作为参照的活性化合物有多个可能的低能构象，根据一个训练集可建立起多个药效团模型，需要结合实验数据及计算结果对这些药效团进行校验，选择最合理的药效团模型。

模型优化 当一个确定的三维药效团模型建立后，那些无活性或低活性的化合物即被用来"勘探"受体结合位点"空腔"的结构性质，寻找出药物小分子与受体结合时的排斥（receptor-excluded）体积和重要（receptor-essential）体积。

6.2.2.3 药效团的应用

研究药效团的目的是发现具有相同药效团的新化学结构，或对现有的化合物进行结构改造以获得更好的先导化合物结构。前者就是常见的基于药效团的数据库搜寻[28]，而后者即为基于药效团的结构修饰。

基于药效团的数据库搜寻 该搜寻过程一般包含三个基本步骤：初筛、二维子结构匹配及三维药效团因子匹配。初筛的目的是根据药效团的要求，从化合物结构数据库中尽量剔除那些根本不可能具有药效团特征的化合物，降低进一步精确筛选的工作量。二维子结构匹配的目的是确定待计算的分子结构中的药效因子间的连接方式是否和药效团模型的要求相吻合。这个计算过程是一个比较复杂且费时的过程，详细描述可参见有关文献[29,30]。三维结构搜寻的目的是计算分子低能构象和药效团中的药效因子是否满足空间限制条件。如果满足，则该分子是一个潜在的活性化合物。

基于药效团的结构修饰 根据药效团的特征和要求，对一些理化（包括分子的ADMET）性质较好但活性较弱的化合物开展结构改造，使得新化合物更好地与药效团相匹配，从而可提高化合物的生物活性，可通过手工或程序自动完成。需要对获得的新化合物结构进行生物活性及作用机制研究，以确认所设计的化合物的活性并验证药效团模型的合理性。

6.3 基于受体的药物分子设计

6.3.1 分子对接

最常见的基于靶标三维结构的药物发现方法是分子对接（molecular docking），就是通过计算方法预测受体和配体之间相互结合的可能性与强度，也称为虚拟筛选（virtual screening）。

6.3.1.1 发展历史

20世纪80年代，Kuntz等人根据"锁钥原理"发展了第一个分子对接程序DOCK[31]。此后，人们又发展了一系列方法，如FlexX[32]、AutoDock[33]、及GOLD[34]等。早期的分子对接方法由于计算条件的限制都是刚性对接（对接过程中不考虑配体和受体的柔性）。20世纪90年代后期，发展了考虑小分子柔性的对接方法[32~35]。近年来，人们发展了同时考虑配体和受体柔性的分子对接方法[36]。

6.3.1.2 方法原理

分子对接可分为两种基本类型：一种是整体分子对接法，即运用一种特定搜索算法考察配体分子在受体结合部位的能谱，通过打分函数发现最优结合方式；另一种是基于片段对接法，即配体分子被视为若干片段的集合，先将其中的基本片段放入结合口袋，然后在活性部位构建分子的其余部分，通过打分函数发现最优结合方式。总的来说，分子对接方法需要解决3个问题，即结合位点的识别、有效的构象优化方法及打分函数[37]。大多数分子对接程序都要求事先定义结合位点，然后将已知三维结构的小分子化合物放入靶标分子的结合位点，优化小分子化合物的位置、方向以及构象，寻找小分子与靶标生物大分子作用的最佳结合构象，进一步计算其与生物大分子的相互作用能，最后根据相互作用能来筛选出潜在的活性化合物。

作用能的计算是分子对接中的核心问题。在平衡条件下，溶液中蛋白质受体（P）与配体（L）的非共价可逆反应表示为：

$$[P]_{aq} + [L]_{aq} = [P'L']_{aq} \tag{6-6}$$

配体与受体的结合强弱取决于结合过程的自由能变化，

$$\Delta G = -RT\ln K_A \quad K_A = K_i^{-1} = \frac{c_{P'L'}}{c_P c_L} \tag{6-7}$$

式中，T 是热力学温度；R 为摩尔气体常数（8.3145 J·mol^{-1}·K^{-1}）；K_A 为结合常数（K_i 为解离常数），实验上测得的 K_i 通常在 $10^{-2} \sim 10^{-12}$ mol/L 范围内，对应的结合自由能为 $-10 \sim -70$ kJ/mol。在热力学平衡条件下，反应的结合自由能 ΔG_{bind} 由焓变（ΔH）和熵变（$T\Delta S$）组成：

$$\Delta G_{bind} = \Delta H - T\Delta S = G_{complex} - (G_{receptor} + G_{ligand}) \tag{6-8}$$

结合自由能计算的最有效方法是自由能微扰（free energy perturbation，FEP）和热力学积分（thermodynamic integration，TI）等方法[38]，但由于计算时间花费太长而不适合于高通量虚拟筛选。因此，分子对接实际多采用打分函数方法来评估受体-配体的结合能力，可分为基于力场、基于经验和基于知识三大类。大部分打分函数忽略了或只粗略估计熵效应，焓变项中也只考虑配体与受体的相互作用能。配体与受体的非键相互作用能 E_{int} 包括范德华作用 E_{vdw}、静电作用 E_{ele} 和氢键相互作用 E_{H-bond}：

$$E_{int} = E_{vdw} + E_{ele} + E_{H-bond} \tag{6-9}$$

很多情况下，氢键作用被隐含地包括在静电作用能中。因此配体（Lig）与受体（Rec）之间作用强度可近似地用分子力场打分函数表示为：

$$E_{int} = \sum_{i=1}^{Lig}\sum_{j=1}^{Rec}\left(\frac{A_{ij}}{r_{ij}^a} - \frac{B_{ij}}{r_{ij}^b} + 332\frac{q_i q_j}{D r_{ij}}\right) \tag{6-10}$$

式中，r_{ij} 是配体原子 i 和受体原子 j 之间的距离；A_{ij} 与 B_{ij} 是范德华排斥项和吸引项系数，a，b 是范德华排斥项和吸引项指数；q_i 和 q_j 是配体原子 i 和受体原子 j 的原子电荷；D 为介电常数；而 332 是能量量纲转换系数。分子对接过程中有许多近似计算，打分函数只适合用来对配体与受体的结合强度进行排序。

6.3.1.3 常见程序简介与特点比较

目前，已有近 70 余种分子对接程序及 40 余种打分函数发表[39,40]。其中用到比较多的程序有 DOCK，AutoDock，GOLD，Glide，FlexX 等。

DOCK

DOCK 是目前应用最为广泛的分子对接程序之一，最新版本为 DOCK6.2。DOCK 1.0 考虑的是配体与受体间的刚性形状对接，DOCK 2.0 采用"分而治之"策略提高了计算速度，DOCK 3.0 采用分子力场势能函数作为评价函数，DOCK 4.0[41] 是现在仍然比较常用的版本，它考虑了配体的柔性。DOCK6 版本软件不仅增加了新的打分函数，而且实现了蛋白质部分关键残基的柔性对接功能。DOCK 的算法主要包括三个方面：形状匹配、柔性对接和能量打分[42]。

形状匹配 配体和受体结合位点的分子表面能够比较好地反映配体与受体结合位点的形状匹配，但由于表面点数量太多，直接通过表面点进行分子对接有一些困难[31]。DOCK（SPHGEN 程序）通过受体结合位点分子表面生成的许多负像球体集合来表征结合口袋形状，这些球体就如同虚拟的配体原子一样填充于受体表面的口袋或凹槽

(groove)。图 6-3 显示了与两个表面点相切的负像球体以及活性口袋中互相叠合的两个负像球体。配体同样也可用球集来表示，但与受体不同的是，此时球体被置于配体分子表面的内侧，球体的大小则反映的是配体表面局部区域凸起（ridge）程度，因而整个球集表征的是配体将要进入受体结合口袋时占据的空间体积[30,43~45]。

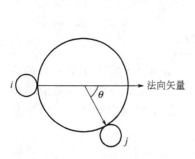 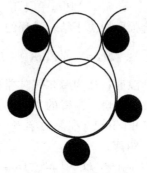

(a) 由两个表面点 i 和 j 生成的球体　　　　(b) 活性位点中两个重叠的球体

图 6-3　分子对接中的球体表示原理示意图

（1）球体的产生与选择

对于由 n 个表面点组成的分子表面，每个球体与表面上的两个点 (i, j) 接触，并且其球心位于点 i 的法向矢量上；受体的球体位于受体表面之外（图 6-4）；配体的球体位于配体表面内。球集的大小直接关系到对接时计算量的大小，DOCK 采用如下策略以减少球体数目：

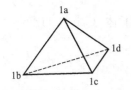 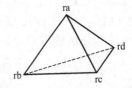

图 6-4　配体与受体的匹配至少需要四个对应的点

① 每个表面点有 $n-1$ 个球体，只取其中半径最小的球体，因为更大球体都会与表面相交；

② 只取 $\theta < 90°$ 的球体，这样的球体更像是跨越了凹陷的部位，而更大角度的球体倾向于位于狭窄的凹槽中；

③ 对于受体另有两个限制：只接受 i, j 所在氨基酸序列相差 4 以上的球体，以减少由于 α 螺旋形成的凹陷；删除半径大于 5Å 的球形，以防止受体结合部位延伸到溶剂中去；

④ 每个原子只保留接触表面中半径最大的球体。

（2）配体和受体的球簇匹配

配体和受体利用球体进行刚性的形状匹配。此时不考虑球体的大小，用一个点来描述球体的中心位置。4 个对应点即可确定一个配体在活性位点的取向[图 6-4，图 6-5(a)]，其中 3 个点可以唯一确定一个叠合，第 4 个点可以考虑手性。对于第一个点，可以系统地比较所有组合 (i, k)，其中 i, k 分别为配体和受体的球体；第二个点则需满足

$$abs(d_{ij} - d_{kl}) < \varepsilon, \quad \varepsilon = 1 \sim 2\text{Å}(0.1 \sim 0.2\text{nm}) \tag{6-11}$$

式中，d_{ij}, d_{kl} 分别为配体和受体中第二个球心与第一个球心的距离；第三个点又须满足两个距离限制（与前两个球心的距离限制）。以上过程一直进行到找不到更多的匹配点为止，如果能够匹配的点数小于 4，则放弃这一叠合。为防止配体过多地伸展到溶剂中，只接受对应球心到各自质心距离近似相等的匹配。

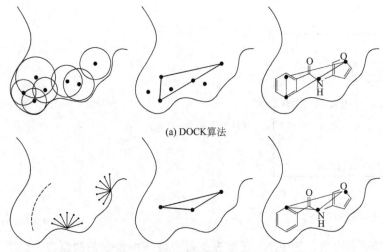

图 6-5 DOCK 算法（a）与 FlexX 算法（b）原理示意图
(摘自 Schneider G, Bohm H J. Drug Discov Today, 2002, 7: 64-70.)

(3) 优化配体在受体结合位点的位置

通常一个具有较好作用能的对接，几何结构具有以下一些性质：①受体与配体的原子之间的距离大于其范德华半径之和；②配体中能形成氢键的原子，都有一个受体的氮原子或氧原子在其 3.5Å 范围之内。

通过以上过程得出的配体与受体的匹配，由于内部距离还比较粗糙，还需要进一步优化它们之间的位置。优化时，利用最小二乘法确定配体相对于受体的坐标，接受标准是球体的 $RMSD < \varepsilon_1$（ε_1 是一个预先设定的值），然后计算球体的叠合误差：

$$E_{overlap} = \sum (r_i + r_k - d_{ik}) \tag{6-12}$$

式(6-12)中，r_i，r_k 分别为配体、受体原子的范德华半径；d_{ik} 是原子之间的距离，这一项只取正值，相当于范德华排斥力；以配体原子最邻近的受体球心为目标移动配体原子，以减小 $E_{overlap}$，反复迭代直至收敛。

柔性对接 DOCK 4.0 以前的版本都没有考虑配体的柔性，这不符合真实的情况，因为一般来说，配体在复合物中的结构并不是全局最优构象，甚至也不是局部最优的构象。为提高 DOCK 法的合理性及其结果可靠性，在进行分子对接时必须考虑配体分子的柔性[46,47]。

(1) 确定刚性片段

柔性分子可以看成由刚性分子片段组装而成，刚性片段中的原子由不能旋转的键连接，而相邻的刚性片段则由可旋转的键连接。将所有的环设定为刚性片段是一个比较粗略的近似，因为非芳香环有一定的柔性。

(2) 柔性搜寻

DOCK 4.0 有两种柔性搜寻方法：一种是锚优先搜寻（anchor-first search）；另一种是同时搜寻（simultaneous search）。

锚优先搜寻。锚优先搜寻算法是一种有效的分而治之算法（图 6-6），包括下面几个步骤。

① 将锚（最大的刚性片段）对接到受体结合位点，得到 N_0 个取向；

② 加一个刚性片段，先加内层的片段，后加外层的片段；在同一层中先加大的片段，后加小的片段；

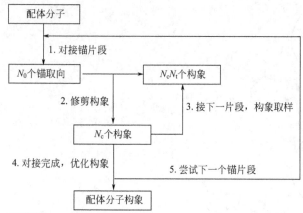

图 6-6 锚优先搜寻算法示意图

③ 进行构象搜寻，得到 N_cN_t 个构象，其中 N_c 近似等于每个循环中设定的构象数，N_t 为每一个二面角对应的平均构象数；

④ 根据构象的能量及差异性，采用一种修剪算法（pruning algorithm）排除一些不合理的构象，选择 N_c 个构象，从而降低问题的复杂度并保证构象的多样性，选择标准是能量及加权均方根偏差函数；

⑤ 同时使用经典的单纯形优化方法（simplex method），进行每一层的优化；

⑥ 再回到②，直到得到完整的分子；

⑦ 如果还有其他锚片段，再回到①，直到所有的锚片段都对接过；最后，配体分子整体重新进行最优化并记录最终的得分（图6-7）。

同时搜寻。先进行构象搜寻，然后将搜寻得到的构象分别对接到受体的结合位点中。根据参数设置不同，可以进行系统搜寻或随机搜寻。

能量打分 DOCK 将活性位点分割成网格（网格点之间的距离默认值为 0.25Å），然后计算不同的原子在各个网格点与受体的相互作用能（包括范德华能、静电势能和氢键作用能），并将他们储存在网格文件中[44]。采用 AMBER 力场参数，但只包含静电作用和范德华作用，氢键作为静电作用处理。在计算配体与受体的相互作用时，将配体坐标转换成网格坐标（这里用最邻近的网格坐标表示配体原子坐标）。这样，配体原子与受体的相互作用能也就可以表示成相同的原子在网格点上与受体的相互作用能。配体与受体的总的相互作用能用式(6-10) 计算。

FlexX

FlexX 是另一个常用的分子对接程序[32,48,49]，也采用片段生长的系统搜索方法，与 DOCK 不同之处在于核心片段的放置 [图 6-5(b)]。FlexX 在安放核心片段时主要是基于片段与受体分子之间的相互作用（化学互补），考虑与受体有直接作用（如氢键、盐桥等）的核心基团，采用姿态聚类分析算法（pose clustering）进行核心片段的放置。将核心片段放入活性位点后，其他小片段在核心片段周围依次生长，与受体原子重叠的分支将被删除；同时进行优化与打分，并对分子片段进行排序，直至整个配体生长结束。DOCK 用球集来填充活性点，球中心对应于配体原子，而 FlexX 用活性点上的三角形来匹配配体原子。如图 6-5 所示，实线表示受体口袋的表面，点线表示潜在的亲脂作用点，扇形结构表示潜在的氢键结合点。

AutoDock

AutoDock[50]是第一个采用模拟退火法进行构象优化的分子对接程序。首先在结合位点处随机地产生配体的一个构象,开始在一个较高的温度下改变配体的构象,然后降温,并在新的温度下继续改变配体的构象,如此反复进行直到温度达到一个指定值。由于算法的随机性,为了增加到达全局最小值的可能性,一般要反复迭代。AutoDock3.0[33]采用拉马克遗传算法(Lamarckian genetic algorithm)进行局部优化以提高精度,优化由传统 GA 选择操作产生的解。当且仅当映射函数逆转时,将局部优化结果的表现型转化为相应的基因型(通过改变基因中配体的坐标),并代替原来的基因型。在拉马克遗传算法中,突变操作的作用与传统的操作有所不同,除了主要起到局部优化的作用外,对仅仅依靠交叉操作和选择操作不能达到的结果进行进一步优化,同时保证了个体的多样性,避免过早成熟而收敛。由于其计算时间花费过长,一般用于虚拟筛选的复筛。AutoDock4.0 则通过蛋白质侧链变化在对接的过程中考虑蛋白质柔性。

GOLD

GOLD[34](genetic optimization for ligand docking)是一种采用遗传算法同时考虑配体柔性及受体局部柔性(只考虑几种残基上羟基和氨基)的分子对接程序。GOLD 程序中遗传算法采用子种群策略(sub-populations),初始的 500 个个体被等分为 5 个子种群,每个子种群之间允许个体迁移。有关受体与配体构象信息分别被封装在两条二进制字符串中,字符串中每个字节代表一个旋转键,每个旋转键的允许变化范围在 −180°~180°之间,步长为 1.4°,受体与配体之间的氢键信息则被封装在两条整型字符串中。GOLD 采用轮盘赌策略选择优势个体,进行下一代的杂交、突变及迁移操作,最后按照达到预设的操作次数(默认为 100000)结束迭代。GOLD 是一个相对快速、精确的分子对接程序,并且能处理共价键及少数金属离子。但 GOLD 有一个局限,如果配体与受体之间没有形成氢键,将无法进行计算[51]。

6.3.1.4 应用实例

分子对接已经作为常规方法用于高通量虚拟筛选。只要获得靶标受体结构,就可以通过分子对接筛选化合物库。已有许多相关的综述和应用报道,这里不作介绍。值得一提的是分子对接还可为老药新用和活性化合物靶标发现提供预测信息。2003 年 SARS 爆发期间,根据 SARS 冠状病毒(SARS-CoV)蛋白水解酶(Mpro)的同源蛋白模拟结构[52],用分子对接方法虚拟筛选了现有药物库 MDL/CMC,从中发现具有抗精神分裂和抗炎作用的老药肉桂硫胺是 SARS-CoV Mpro 的抑制剂(彩图 2),在酶水平和细胞水平(MTT 测试结果)都表现出了抑制 SARS-CoV 的活性。对于活性天然产物或作用机制不清的活性化合物,还可以用活性小分子做探针,利用分子对接方法从蛋白质数据库中搜寻可能结合靶标供实验验证。这种策略称为反向分子对接方法,比较成功的反向对接方法有 TarFisDock[53]等。蒋华良等人利用该方法发现了抗幽门螺旋杆菌天然产物的作用靶标[54]。

6.3.1.5 发展趋势

分子对接方法在药物发现研究中已经取得了很大的成功,但仍然有不足之处,主要表现在两个方面。一是对接速度,即实现大规模化合物库筛选的可行性;另一是计算精度,即结合强度及结合构象预测方面的准确性。片段对接法一般较整体分子对接法快,但前者在对接过程中考虑的只是受体结合部位和构建片段的局部相互作用,较难评价所确定的配体结合构象是否为全局最优解。此外,片段法对接结果易受基本片段的选择和初始配置位置的影响。特别是当结合口袋为疏水性残基为主的浅口袋,对接结果可能会严重偏离真实的结合模式。整体分子对接法需要大量计算来寻找最优结构,对于柔性键较多的分子,也很难在较短的时间里找到全局最优结合模式。另外,大多数分子对接程序为了降低问题的复杂度都忽略了蛋白质的柔性,造成对接得到的结合模式的不合理。仅有的几个蛋白质柔性分子对接程序都是基于局部或是建立构象库的方法,也不是真正意义上的蛋白质柔性对接。计算结果的可靠性还与打分函数有关,目前应用的打分函数都是不精确的,有这样那样的近似或拟合。今后,需要发展更加快速、有效、精确的优化方法,和更加快速、可靠的打分函数[55]来解决分子对接面临的问题。另外,发展针对单个特殊体系的打分函数也是打分函数的一个研究方向,如 Laederach 和 Reilly 发展的针对蛋白质-糖的打分函数[56]、Raha 和 Merz 利用量子力学方法发展的可处理金属离子的打分函数等[57]。

6.3.2 全新药物设计

全新药物设计（de novo drug design）方法根据靶标蛋白三维结构而设计出与其相匹配的具有全新结构的配体分子结构。通俗地说,全新药物设计就好比为已知锁芯结构的锁打造钥匙,而虚拟筛选是在一堆钥匙中寻找可以打开某一把锁的钥匙。因此,虚拟筛选是在已知分子中寻找有某种生物活性的化合物,不具有化合物创新性;而全新药物设计所得到的结构多具有化学结构创新性。靶标蛋白的三维结构既可通过实验方法（如 X-射线衍射和 NMR 等方法）获得,也可运用同源模建等方法构建。全新药物设计方法由 3 个步骤组成,即分析靶标蛋白活性部位的各种势场和关键残基的分布、在活性位点中配置基本构建单元（原子或原子团）并生成完整的分子、分子生物活性的计算预测。

6.3.2.1 受体结合位点分析

由于配体分子与受体之间存在着互补作用的关系,根据受体分子的三维结构,就可以推演出配体小分子所应该具有的三维结构及其与受体结合作用的应有特征。受体结合位点分析的目的就是在受体结合位点三维结构的基础上,通过分析结合部位的不同性质（氢键作用位点、疏水场分布、静电场分布、溶剂效应等）,提取出受体活性位点的结构及作用场特征。目前分析和确定结合位点的常见方法主要有基于分子间作用场和基于统计经验规则两种方法。基于分子间作用场方法利用各种经验方程来计算受体结合位点的作用场分布。如 GRID 软件利用经验势函数计算受体活性位点区域网格点上各种探针分子作用场,从而探索各种探针分子的最佳作用区域,作为配体活性原子或原子团在网格点上配置的依据。基于统计经验规则是通过对各种现有的分子结构库的统计分析,得到一系列分子相互作用的经验规则。常见的分子结构数据库包括剑桥结构数据库（Cambridge structural database, CSD）和蛋白质晶体结构数据库（protein databank, PDB）。从这些库中可以获得常见的各种非键相互作用对,如氢键作用、静电作用、疏水作用等。根据这些作用规则,可以在靶标蛋白活性位点中配置合适的原子或原子团。

6.3.2.2 分子的生成和优化

根据受体结合位点分析结果,可以在活性位点上配置一系列合适的原子或原子团,它们是配体分子构建的生长点,然后通过各种算法生成完整的分子。目前所采用的算法主要有组合搜寻法（combinatorial search）、连续生长法（sequential growth）、连接搜寻法（linker search）、随机搜寻法（stochastic search）等。这些方法的目的就是搜寻和构建分子骨架来连接和支撑所配置的原子或基团,从而获得结构全新的化合物。分子的优化处理是从结构、空间构象、原子类型等方面对分子进行结构优化,使分子结构趋于合理化,提高化学合成的可行性。如,可用分子力场或量子力学方法对得到的初始结构进行优化,比较优化前后的构象和能量的差异,只有那些构象和能量差异较小的结构才是比较合理的结构。

6.3.2.3 分子生物活性的计算预测

全新药物设计会生成大量的初始结构,需要通过快速计算方法评估它们的活性,剔除那些没有活性或活性较低的结构，降低结构数目到可接受范围。常见的活性评价方法有力场势函数打分、经验结合自由能评估、基于知识的平均势函数评价等方法。所谓力场势函数是指用分子力学方法来估算配体和受体之间的结合能，包括范德华作用、静电作用、氢键作用、疏水作用等。经验结合自由能评估是采用不同的统计学方法对实验值进行统计回归拟合，估计静电作用项、氢键项、冻结的内旋转自由度、包埋表面项等不同作用项的贡献，从而建立结合自由能的经验公式。还可以进一步从分子量、溶解度、疏水性、结构类药性、分子毒性等方面进行考察，筛选出成药可能性高的分子供进一步研究。

全新药物设计的最大特点是结构的新颖性，最大的问题是结构的可合成性。尽管一些全新结构的预测活性很好，但如果无法通过现有的合成策略和技术进行合成，这些结构将是无意义的。为了克服这个缺点，可以将结构可合成性评价方法整合到全新药物设计的过程中去，提高目标分子的可合成性。

6.3.3 靶标集中组合库

长期以来，化学家们一直沿着"化合物逐一合成—纯化—结构鉴定—生物活性测试"的研究模式开展先导化合物发现研究。但由于需要合成的化合物众多，导致新药开发周期长，成本高。特别是从 20 世纪 80 年代以后，高通量筛选（high throughput screening, HTS）技术获得了极大发展，针对一个药物靶标的 HTS 每天可筛选上万个化合物。因此，化合物样品成为 HTS 发现药物先导化合物的瓶颈[58]。组合化学（combinatorial chemistry, combichem）是以构建单元（building block）的组合、连接为特征，平行、系统地合成大量化合物，形成组合化学库（combinatorial library）[59~61]。因此，组合化学的发展为 HTS 提供了数目庞大的候选化合物而深受欢迎。另一方面，规模庞大的组合库也会给活性筛选带来难以承担的巨大工作量。事实已经表明，大规模的组合库并没有明显地提高新药研发的成功率。原因之一是由于在设计组合库时并没有考虑靶标的信息，导致泛泛合成的组合库的活性分子命中率极低。为此，考虑靶标信息的组合库，称为靶标集中组合库（target-focused combinatorial library）应运而生。和分子对接相结合，计算机辅助靶标集中组合库（简称为集中库）设计已经成为一种常用的药物设计方法[62,63]。

集中库设计过程就是在给定受体大分子三维结构信息的基础上，由指定分子碎片库（building block library）随机提取分子碎片或药效团经预定的化学反应步骤，生成相应的给定数目的初始集中库（focused libraries），然后对各集中库用分子对接（docking）、分子多样性、分子类药性、ADME/T 等方法进行评价，并应用遗传算法使各集中库不断优化到大部分得分高的集中库所含分子碎片相同，得到最佳的集中库（图 6-7）。

6.3.3.1 碎片库的构建

碎片库的质量直接影响最终的集中库的质量，集中库方法中碎片库一般包含 2~5 个子碎片库。子碎片库的数目及碎片的特征由配体与靶标结合作用的特征及机制所确定。如配体-靶标复合物具有图 6-8 所示的作用机制，那么这种作用可以分成 3 个区域：以形成氢键作用为主要特征的 A 区、以疏水作用为主要特征的 C 区、及以具有形成氢键能力的连接链（linker）作为主要特征的 B 区。所以，针对这个靶标的配体都应该由这三个部分组成。相应地，应该构建 3 个子碎片库 A、B 和 C。子碎片库 A 中的碎片应该同时具有作为氢键受体和供体的基团，可形成较强的氢键作用。子碎片库 B 中的碎片应该是可以起链接作用的比较细长的结构，同时具有形成氢键作用的能力。而子碎片库 C 中的碎片应该具有和活性位点形成较强疏水作用的能力。

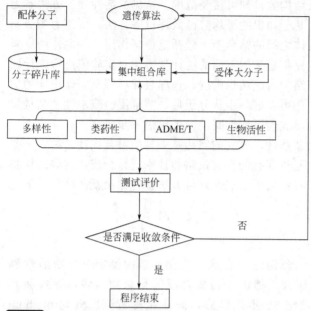

图 6-7　集中库设计过程原理

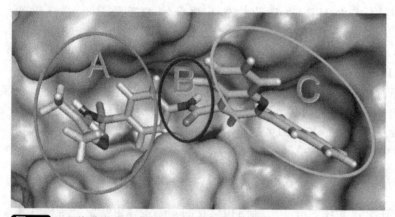

图 6-8　配体-靶标复合物作用机制与碎片划分策略

有三种途径来构建子碎片库，第一种为基于现有药物及活性化合物结构的碎片库构建方法。如果已知一个靶标的三维结构及相应的上市药物或活性化合物，则可以采用这种方法。将收集到的分子按配体-靶标作用模式拆分成结构碎片，构建起相应的子碎片库。第二种方法为基于现有药物碎片库的碎片库构建方法，适用于活性化合物数目较少的情况。集中组合库程序 LD1.0 提供这样的碎片库供直接使用[63]。第三种方法是基于靶标同源蛋白活性化合物结构的碎片库构建方法，这种方法比较适用于没有活性化合物的情况。一般而言，同源性高的两个蛋白往往有很相似的结构和功能。因此，可参考靶标同源蛋白活性配体的结构特征及其与靶标的可能作用模式构建碎片库。

6.3.3.2　集中库的结构多样性

分子结构多样性是组合库设计过程中的重要问题。人们认为，多样性丰富的组合库可以覆盖尽可能大的生物活性空间，提高先导化合物发现的成功率[64]。在计算分子多样性的过程中，最关键的步骤是分子结构的描述方法和多样性计算方法的选择与确定。目前已有多种评价组合库分子多样性的商业程序，例如 Barnard Chemical Information（BCI）的

Diversity Analysis Package、Chemical Design Ltd.（CDL）的 ChemDiverse、Cerius2 的 Diversity、Daylight 以及 Tripos 公司的 Diversity Manager 和 DiverseSolutions，Flower 开发的 DISSIM 等[64~72]。可根据原理分为下列几大类。

距离法（distance measures）：在多维描述变量空间中，两个分子的差异性在数值上是这两个分子的欧几里德空间距离（Euclidian distance）。

相联测量（association measures）：用来计算两个二进制描述符表示的分子之间的差异性。广泛用于 Tanimoto 描述符的分子多样性计算[73]。

相关法（correlation measures）：用两个集合之间相关性的统计显著性计算来代替两个集合之间的实际空间距离计算。这种方法类似于距离法。

概率法（probabilistic measures）：通过考察设定变量出现频率的不同表征两者间的差异性。

MMDDI/IMDDI/VR 法：交互分子库多样性标准（mutual molecular dataset diversity index，MMDDI）使用结构描述因子和主成分分析直接计算组合库多样性；个别分子库多样性标准（individual molecular dataset diversity index，IMDDI）可进一步反映库内化合物聚类情况；而 VR（称为体积比例）引入了一个组合库相对于参考库的分子多样性标准。这 3 个标准的联合使用能够比较精确地评估分子多样性[74]。

陈刚等运用分子结构描述符发展了快速易行的分子多样性算法，可实现对集中库之间相对分子多样性的评价[63]。方法采用了 40 个参数作为分子结构多样性描述符，包括 19 个结构参数，20 个拓扑指数及 1 个分子极化表面积（PSA）参数。在此基础上，应用距离法计算多样性。距离法首先将所有描述变量归一化，再依据各描述变量的权重构成一个欧几里德距离空间。这样分子之间的相似性（或差异性）可以用此空间里的距离来表示。两个分子的距离 d_{ij} 定义为：

$$d_{ij} = \sqrt{\sum_k (\hat{x}_k^i - \hat{x}_k^j)^2} \tag{6-13}$$

式中，$\hat{x}_i^j$ 是归一化后第 j 个分子的第 i 个描述变量，可由式(6-14)计算得到：

$$\hat{x}_i^j = w_i \left(\frac{x_i^j - \overline{x}_i}{\sigma_i} \right) \tag{6-14}$$

而 x_i^j 是归一化前的描述变量；$\overline{x}_i$ 是第 i 个描述变量的平均值；σ_i 是第 i 个描述变量的标准偏差；w_i 是第 i 个描述变量的权重。

这样，第 k 个集中库的分子多样性的数值 D_k 就可以定义为库中所有分子两两之间的权重距离之和，由式(6-15)计算得到。

$$D_k = \frac{1}{n(n-1)} \sum_{i=1}^{n} \sum_{j=1}^{j \leq i} d_{ij} \tag{6-15}$$

根据子碎片库组合得到的各集中库之间的分子多样性的差异并不很显著，用式(6-15)计算得到的各组合库的 D_k 值相近。为了解决这个问题，在计算集中库的分子多样性得分后，再将各集中库的得分进行归一化，式(6-16)可计算归一化后的组合库分子多样性。

$$D_{k,\text{Nor}} = \frac{D_k - D_{\min}}{D_{\max} - D_{\min}} \tag{6-16}$$

$D_{k,\text{Nor}}$ 是集中库 k 的最终分子多样性得分；$D_{\max}$ 和 $D_{\min}$ 分别是某一代集中库的最大和最小得分。因此，具有最大分子多样性的集中库的最终得分为 1，而其他集中库的最终分子多样性得分在 0~1 之间。这样就较好地解决了组合库结构差异无论是很大还是很小的情况下，最终分子多样性得分都在一定范围并具有相对区分度，达到了定量描述分子多样性的目的[63]。

6.3.3.3 集中库的类药性

集中库的类药性是集中库设计时应该考虑到的另一个关键问题。据统计,约 40% 的药物先导化合物由于类药性的问题而在后期研发中被淘汰[75]。因此,有必要在集中库设计时引进类药性参数将那些不可能成为药物的化合物从库中剔除,从而提高后期开发的成功率,降低研发的成本,加快研发的进程。Lipinski 等提出的五规则是药物化学家比较熟悉的类药性判据[76]。该规则认为如果一个化合物符合以下两条性质:氢键供体(—OH + —NH—)多于 5、氢键受体(O+N)多于 10、相对分子质量大于 500、$ClgP$ 大于 5,则它的吸收性可能会很差。但如果用这个规则对 MDDR(MACCS-Ⅱ drug data report)和 ACD(available chemical directory)两个数据库进行类药性评价,结果表明这个规则不能有效地区分 ACD 和 MDDR 这两个类药性很不同的库[77]。为此,人们先后发展了一些新方法来提高 Lipinski 五规则的评价效果[78~80]。如基于扩展的连接性指纹信息的类药性预测方法可以比较准确地计算分子的类药性[81]。

分析发现,一般类药性判据用的描述符是绝对描述符,计算值与分子大小有关。郑苏欣等发展了分子相对描述符,可显著提高判据的可靠性(表 6-2)[82]。他们发现了两个相对描述符(表 6-3),分别是普通分子描述符的比值,可克服一般类药性判据受分子大小影响的缺点。

表 6-2 部分描述符的定义(Zheng S,Luo X,Chen G,et al. J Chem Inf Model,2005,45:856-862.)

描述符	定义
UNSATP	UNSAT/BDUH
UNSAT	RNG + BD2 + 2 * BD3 + (BDAR + 1)/2
BDUH	不包含氢和卤素原子的化学键的数目
RNG	五元环、六元环和七元环的数目
BD2	双键的数目
BD3	三键的数目
BDAR	芳香键的数目
NO_C3	(N+O)/C3
N	氮原子的数目
O	氧原子的数目
C3	杂化类型为 sp^3 的碳原子的数目

研究表明,将这两个相对描述符进行组合得到的类药性判据不仅可以有效地区分化合物库的类药性(表 6-3),而且具有快速的特点,特别适用于集中库的优化计算。

表 6-3 分子相对描述符的取值范围以及在不同数据库的化学空间分布(Chen G,Zheng S,Luo X,et al. J Comb Chem,2005,7:398-406.)

描述符	取值范围	ACD	MDDR	CMC[①]
UNSATP	0.15<UNSATP≤0.40	31.76%	57.17%	62.73%
NO_C3	0.2<NO_C3≤1.2	39.35%	68.09%	63.38%
类药性判据	0≤UNSATP≤0.43,0.10≤NO_C3≤1.8	39.09%	69.05%	70.39%

① CMC:综合药物化学数据库(Comprehensive Medicinal Chemistry)。

6.3.3.4 活性评价

组合库中化合物活性评价可通过分子对接而进行。但对接得到的结果（结合能或结合自由能等）没有上下限，如 DOCK 4.0 程序输出的结合能通常在 $-10 \sim -60 \text{kJ/mol}$ 的范围内（图 6-9），需要进行归一化，可采用 Sigmoid 函数获得归一化的活性评价值 y，如式(6-17)所示：

$$y = \frac{1 - e^{ax}}{1 + e^{ax}} \tag{6-17}$$

其中，a 为常数项；x 为靶标与配体间的结合能。对任一对接结果，y 值都在 $0 \sim 1$ 范围内。这样就解决了将无界限数值——对应地映射到一个有限区间。图 6-9 是 $a = 0.05$ 时的归一化活性评价函数与对接得到的作用能之间的关系。如当结合能为 $0 \text{kJ} \cdot \text{mol}^{-1}$，$y$ 值为 0，说明受体与配体不结合；当结合能为 -60kJ/mol 时，y 为 0.9096，说明化合物活性较高。

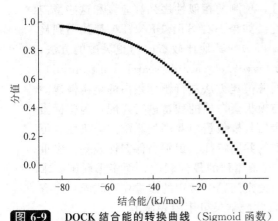

图 6-9 DOCK 结合能的转换曲线（Sigmoid 函数）

6.3.3.5 集中库的优化

如图 6-7 所示，集中库方法首先根据参数创建随机的初始集中库群（集中组合库），然后用分子对接、类药性、分子多样性等对各个集中库进行评价，运用遗传算法产生下一代集中库群，再根据设定的终止条件判断遗传算法是否继续，最后输出最优集中库信息。

6.3.4 靶标蛋白三维结构模建

虽然蛋白质是由氨基酸的线性序列组成，但是它们只有折叠成特定的空间构象才具有相应的活性和生物学功能。因此，获得蛋白质功能构象的三维结构是基于靶标的药物设计的基础。目前，UniProtKB/Swiss-Prot v56.2 已收集了近 40 万条蛋白质序列信息，但 Protein Data Bank（蛋白质数据库，PDB）中收录的已经被实验测定了的大分子三维结构相当少，只有不到 5.4 万个（包括核酸、蛋白质及各种复合物，其中相当一部分结构是冗余的）。部分原因是通过实验方法确定蛋白质结构的过程相当复杂和昂贵，还有部分原因是一些蛋白质，如膜蛋白，难以表达、提纯和结晶。为了能够迅速开展基于靶标结构的药物设计，需要发展理论方法来预测蛋白质的结构。目前有三大类理论预测方法可以用来模建靶标蛋白的三维结构，即同源模建、折叠模式识别及从头预测，其中同源模建（homology modeling）方法是最常用的蛋白质结构预测方法。

同源模型也称为比较模建法（comparative modeling），是通过与靶标蛋白的氨基酸序列相似的已知蛋白结构来构建靶标蛋白的立体结构的一种方法，该已知结构的蛋白称为模板。如果靶标蛋白有多于一个的同源蛋白且相似性相近，则由于可选择不同的模板，将可能产生不同的模型，获得的模型可能有一定的差异。

同源模建的过程一般由以下六个步骤组成。

同源蛋白搜寻 目的是要在已知三维结构的蛋白序列中发现与靶标蛋白序列相似的蛋白质，作为模建靶标蛋白三维结构的模板。常用来进行序列相似性比对的方法有 BLAST 和 FASTA。BLAST（basic local alignment search tool）方法，如美国国立生物技术信息中心（National Center for Biotechnology Information，NCBI）的 BLASTP，是基于匹配短序列片段来确定未知序列与数据库序列的最佳局部联配；FASTA 使用的是 Wilbur-Lipman 算法的改进算法，进行整体联配，重点查找那些可能达到匹配显著的联配。BLAST 的重要特性就是所报告的匹配序列的统计学显著性评分。这一统计学显著性评分是用 Karlin-Altschul 算法确定的，所算出的 Poisson 概率表明所得到的序列相似性随机出现的可能性。选取模板蛋白时还应该考虑结构的可靠性，一般原则为模板蛋白的分辨率在 3Å 以内且结构完整。无论采用 FASTA 或 BLAST，预测的相似性序列都应该和这些蛋白的生物学功能联系起来而确定蛋白质之间的同源性。如果 BLAST 和 FASTA 都找不到显著匹配的序列，为了防止由于算法不完善而漏筛，可选择其他比较费时但更灵敏的方法，如基于 Smith-Waterman 算法的搜索程序 BLITZ（www.ebi.ac.uk/searchs/blitz.html）。如果仍然找不到序列相似的蛋白质，则无法运用同源模建方法进行靶标蛋白的结构模建。

序列联配 目的是将靶标蛋白的氨基酸残基与模板蛋白质的残基进行匹配，为靶标蛋白残基的原子坐标赋值提供依据。为了克服靶标蛋白与模板蛋白双序列联配的随机性，可以采用多重序列联配的方法，更好地捕捉蛋白序列的共同特征、识别高保守性残基。多重联配的算法和 BLAST 相似，但 BLAST 只是求得两条序列的最佳联配，而多重联配要求得到所有序列联配后的最佳匹配，是一个多维空间搜索问题。常用的多重序列联配程序有 Clustal W（ftp://ftp.ebi.ac.uk/pub/software），联配结果可用图表显示。

初始骨架构建 根据序列联配的结果，对于保守区域主链结构，将模板中那些和靶标蛋白相匹配的残基的坐标赋值于靶标蛋白的相应残基。对于非保守区域主链结构，通常采用数据库查询和系统构象搜索方法。数据库查询方法的出发点在于假定具备相似末端的等长片断，其结构相似。系统构象搜索方法一般是对待定的二面角进行格点搜索。

侧链组装 对于不完全匹配的残基，其侧链是不同的，不能通过坐标赋值的方法来构建侧链的结构，而主要是通过理论模拟和数据库搜寻方法进行模建。前者按照一定的规则产生构象，然后进行进一步的筛选，可以找到比较合理的构象，但计算工作量比较大。数据库搜寻一般采用侧链转子库（Rotamer Library）方法，选取一些侧链二面角具有确定取向的优势代表构象进行计算，从而大大减小了计算量，也能得到比较可靠的结果。Rotamer 库含有所有已知结构蛋白质中的侧链取向，模建时先选取一定长度的氨基酸片段（对于螺旋和折叠取 7 个残基，其他取 5 个残基），在靶标蛋白的骨架上平移等长的片段，从 Rotamer 库中找出那些中心氨基酸与平移片段中心相同的片段，并且两者的局部骨架要求尽可能相同，在此基础上从数据库中拷取局部结构数据。

构建目标蛋白质的环区（loop regions） 在第 2 步的序列比对中，可能加入空位，这些区域常常对应于二级结构单元之间的环区，对于环区需要另外建立模型。一般也是采用经验性方法，从已知结构的蛋白质中寻找一个最优的环区，拷贝其结构数据。如果找不到相应的环区，则需要用其他方法。

优化模型 通过上述过程为目标蛋白质建立了一个初步的结构模型，但可能存在一些不相容的空间坐标，因此需要进行改进和优化。一般采用分子力学、分子动力学、模拟退火等方法进行结构优化。

如果能够找到一系列与目标蛋白相近的蛋白质结构，得到更多的结构模板，则能够提高预测的准确性。通过多重序列比对,发现目标序列中与所有模板结构高度保守的区域,同时也能发现保守性不高的区域。将模板结构叠加起来,找到结构上保守的区域,为要建立的模型形成一个核心,然后再按照上述方法构建目标蛋白质的结构模型。

对于具有 60% 序列相似性的靶标蛋白,可用同源模建方法建立十分可靠的三维模型;如果序列的相似性大于 30%,则可以期望得到比较好的预测结果;如果序列的相似性小于 30%,得到的靶标蛋白模型可靠性较低,当序列相似性低于 20%,则同源模型结果不可靠。

6.4 基于信号通路的药物分子设计

基于靶标结构的药物发现和设计方法已经获得广泛应用,发现了许多针对某靶标的活性化合物,但最终成功上市药物总数在过去 20 年中并没有显著的提高。因此,需要分析新药研发的整个过程,对整体策略进行优化,特别要注重成药性的问题。这应该包括两个方面,即化合物的成药性,包括 ADME/T(吸收、分布、代谢、排泄与毒性)性质(本书第 7 章),及靶标的成药性[83]。靶标成药性可理解为针对某靶标开发出的(ADME/T 性质优良的)活性化合物成为上市药物的可能性。近年来的研究结果表明,生物系统有很强的调节稳定性,当针对某靶标蛋白的活性化合物扰动生物体系时,生物体系往往会通过自身的网络调节功能来补偿并降低或消除这种影响,导致活性化合物(潜在药物)不能发挥预期的作用[84]。针对生物信号网络调控通路的特征可将疾病分成 3 个类型。类型 I,网络中的关键点或脆弱点出现问题的简单疾病;类型 II,可以有效利用人体网络机制的病毒细菌等导致的传染性或扩散性疾病;类型 III,网络系统出现问题的系统性疾病。可见,并不是所有疾病都可以通过针对某一个特定靶标蛋白进行有效的药物干扰,所以全面考虑疾病信号网络通路的药物设计思想越来越受到人们的关注。基于网络通路的药物设计可以通过两个途径开展,一是分析网络的动力学特征,发现疾病信号网络通路关键点或脆弱点,确定靶标蛋白,然后开展基于靶标的药物发现与设计研究。另一个途径是根据网络的多个关键点,开展基于多靶标的药物发现与设计研究。可以乐观地预见,基于网络通路的药物具有疗效好、出现抗药性概率低及副作用低的特点[85]。由于这些特点,基于疾病信号网络通路的药物设计将是药物发现与设计研究领域的主要发展方向和研究热点之一。

肿瘤可以看成是第 II 类疾病,是由于肿瘤细胞高效地利用人体自身信号网络机制大量复制繁殖肿瘤细胞而导致的。蛋白质的磷酸化与去磷酸化过程在细胞的生物学活动中发挥重要作用。一系列的蛋白激酶(Protein Kinase,PK)及其磷酸化构成了信号传导的级联反应。丝裂原活化蛋白激酶(Mitogen Activated Protein Kinase,MAPK)是细胞内一类丝氨酸/苏氨酸 PK,存在于真核生物的大多数细胞内,该通路对细胞生长、发育、增殖、分化以及细胞间的功能同步和细胞恶性转化等多种生理、病理过程十分重要。通路上有 3 个比较重要的蛋白质(RAF,MEK 和 ERK),曾经被认为对抗癌药物的研发具有同等重要的作用。因为生物学研究表明,RAF 可激活 MEK,MEK 可激活 ERK,而 ERK 将调控下游的转录调控过程,因此只要抑制其中任何一个激酶的功能都可以获得相同的细胞表型。但 Ohren JF 等人发现干扰不同的激酶有不同的细胞表型,说明这三个蛋白激酶在这个网络通路中的角色或重要性是不同的[86],表明应该有选择性地针对通路上关键的蛋白开展新药研发。免疫系统疾病和 II 型糖尿病等属于第 III 类疾病。II 型糖尿病是由于胰岛素抵抗而引起的血糖持续升高的疾病。在人类进化的历史上,胰岛素抵抗系统可以帮助人们保持一定的血糖水平,这个强大的系统帮助人类的祖先在饥饿等险恶的环境里生存下来[87]。因此,对于糖尿病的治疗应该针对整个网络系统或多靶标,而不是某一个靶标蛋白。

多靶点药物治疗主要有两种策略，一种是采用多个药物的组合疗法，另一种是开发能同时作用于多个靶点的多靶点化合物。与组合药物疗法相比，多靶点药物具有一些优势，比如两个药物之间可能会存在直接或者间接的相互作用，降低药物的疗效，甚至增加药物的毒性。若采用能同时作用于多个靶点的多靶点药物，则可克服这种药物相互作用引起的问题。另外一个很重要的原因在于，很多制药公司都不愿意采用其他公司的产品进行组合药物治疗，因此制药公司在一个新的治疗领域中想开发多个作用于不同多靶点的新药，并组合起来进行治疗，是非常困难的。这样，开发多靶点药物成为一条新的捷径。目前多靶点药物研究主要集中在癌症、糖尿病、抗病毒等多基因治疗领域，尤其是在酪氨酸激酶抑制剂（TKIs）的研究上，已有BAY43-9006和SU11248等药物获FDA批准[88,89]，它们可能同时作用于C-RAF、VEGFR-2、PDGFR-b、Flt-3和c-kit等多个激酶，显示出良好的抗肿瘤活性。为了提高基于网络通路的药物发现与设计研究的新要求，人们发展了一些新的计算策略。如Samudrala等提出一套计算方案可帮助发现多靶标的活性化合物、降低副作用并提高类药性[85]。

龚珍等开发了一个多靶标药物设计平台（图6-10），可有效地发现多靶标药物先导化合物。假设在一信号通路中有 n 个与某一疾病相关的关键蛋白，称为药效靶群。同时，该通路中还有 m 个蛋白质，不能受到干扰，否则会产生明显的毒副作用，称为毒效靶群。因此，多靶标药物设计平台的目的就是寻找或设计出能同时与 n 个药效靶标结合而不影响任何毒效靶标的小分子化合物。

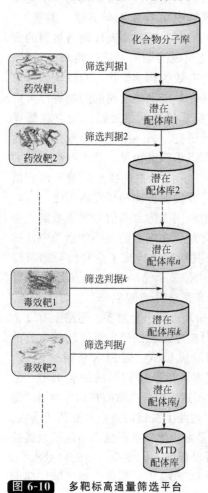

图 6-10　多靶标高通量筛选平台

磷酸化和去磷酸化是调节蛋白生理功能的主要方式。细胞的信号转导、凋亡、转录调节、细胞周期的变化、蛋白的降解等过程都与蛋白的磷酸化和去磷酸化有密切的关系。蛋白酪氨酸激酶（protein tyrosine kinase，PTK）使蛋白磷酸化，而蛋白酪氨酸磷酸酶（protein tyrosine phosphatase，PTP）的作用正好相反，使蛋白去磷酸化。该家族存在一个序列保守的 PTP 结构域（domain），在水的存在下，PTP 结构域能将磷酸化的酪氨酸或者丝氨酸和苏氨酸水解、去磷酸化，因此这个结构域是去磷酸化作用的活性中心。在体内这两种酶的作用处于动态平衡之中，它们相互制约，共同调节蛋白的生理功能。PTP 是一个庞大的家族，目前在人体内发现一共有 107 个成员。龚珍等根据 PTP 家族中各成员的同源性分类，通过多靶标分子对接筛选平台，从 SPECS 小分子化合物库中预测到 138 个小分子化合物可能具有抑制 PTP1B 活性，而与 CD45，CDC25B 及 SHP1 蛋白结合能力较弱。生物活性测试结果表明，有 6 个化合物具有 PTP1B 抑制活性（$IC_{50} \leqslant 10\mu g/mL$），但抑制 CD45，CDC25B 及 SHP1 作用较弱（$IC_{50} \geqslant 100\mu g/mL$）。

6.5 药物分子设计的基本理论和方法

理论上，第一原理方法，或称量子力学方法，已经能解决与分子的电子结构相关的所有问题，从而可以计算预测分子的各种性质。但对于大分子体系，如高分子、蛋白质、原子簇等，由于计算量太大，计算机资源有限，实际上难以完成这样的计算。对于这些体系，目前可行的方法是采用分子力学或分子动力学模拟。

6.5.1 分子力学方法

6.5.1.1 分子力学基本原理

分子力学（molecular mechanics）的基本思想可追溯到 20 世纪 30 年代，D. H. Andrews 等认为在分子内部，化学键都有"自然"的键长和键角值，分子要调整它的几何形状（构象），以使其键长和键角值尽可能地接近自然值，同时也使非键作用（范德华力，van der Waals force）处于最小的状态。1946 年 T. L. Hill 提出了分子的经典力学模型：①基团或原子相互靠近时将相互排斥；②为了减少这种排斥作用，基团或原子就趋于相互离开，但是这将使键长伸长或键角发生弯曲，又引起了相应的能量升高，最后的构象将是这两种力折衷的结果，并且是能量最低的构象。因此，分子力学在本质上是经典力学方法，针对的最小结构单元不是电子而是原子。因原子的质量比电子大很多，量子效应不明显，这样的近似有一定的合理性。

所谓力场（force field）就是事先构造出的一些简单体系的势能函数，这些简单体系可以是化学键或官能团等不同的分子结构片段。分子力学方法根据分子的结构，利用力场势能函数组合得到整个分子的势能表达式，求得体系的能量。

6.5.1.2 力场势函数表达式

分子力学方法通常将分子的力场势函数表达式 E_{total} 分成两大部分：共价键作用（E_c）和非共价键作用（E_{nc}）。而共价键作用部分又可以分为化学键伸缩振动（E_s）、键角弯曲振动（E_b）、二面角转动（E_{tor}）等，非共价键部分可分为静电作用（E_{ele}）、范德华作用（E_{vdW}）及氢键作用（E_{H-bond}）等。

$$E_{total} = E_c + E_{nc} \qquad (6-18)$$

$$E_c = E_s + E_b + E_{tor} + \cdots \qquad (6-19)$$

$$E_{nc} = E_{ele} + E_{vdW} + E_{H-bond} + \cdots \qquad (6-20)$$

(1) 键伸缩振动

当化学键进行伸缩振动时,化学键的能量随原子之间的距离发生变化。如图 6-11(a) 所示,当原子间距离处于平衡距离(化学键键长)时,体系的能量最小。数学上可用以键长为变量的 Morse 函数来描述这种形式的能量变化 [图 6-11(b),式(6-21)]。

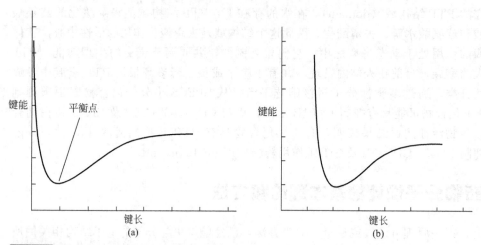

图 6-11 化学键的能量与原子间距离的关系

$$E_s = D_e \{1 - \exp[-c(r-r_0)]\}^2 \tag{6-21}$$

式中,D_e 是势阱深度;r 为键长;r_0 为平衡键长;c 是包含原子质量的常数。如果分子较大(如蛋白质等生物大分子),由于所含化学键数目众多,求解 Morse 函数形式的键伸缩振动势函数相当费时,实际上不能使用。因此,一些力场伸缩振动项采用了式(6-22) 所示的谐振势函数(Hooke 定律)形式。

$$E_{bond} = \frac{1}{2} k_{bond} (r-r_0)^2 \tag{6-22}$$

式中,k_{bond} 为伸缩振动力常数。谐振势函数是对称的,在势阱底部与 Morse 势函数基本一致,可代替非谐振势函数。由于谐振势函数计算方便,所以被许多力场,特别是一些计算生物大分子的力场所采用。但总体上,Morse 函数是不对称的,用谐振势函数模拟 Morse 函数(键的伸缩振动)在远离平衡位置时的能量误差较大。为了提高分子力学计算结果的准确性,人们在谐振势函数式中加入高阶项以校正非谐振动引起的误差。Allinger 等在建立有机小分子力场 MM2 时,用如式(6-23) 所示的势函数拟合伸缩振动的非谐振性(实际上相当于 Morse 函数的二级泰勒展开)。

$$E_s^{MM2} = 143.88 \frac{k_b}{2} (r-r_0)^2 [1 - 2.00(r-r_0)] \tag{6-23}$$

但在分子的初始结构极不合理时,会导致原子距离趋于无限大的错误,可通过在键伸缩振动势能公式中加入四次方项而获得进一步的改进(MM3 力场的伸缩振动形式),但会大大增加计算工作量。

平衡键长可由高分辨率 X-射线结晶学方法测定,精度可达 0.001Å,也可由电子衍射和微波光谱测定,还可用高精度量子化学方法优化获得。力常数可由振动光谱测定。优化力场参数时,一般选择一定数量的模型化合物,根据原子和键所处的化学环境不断修正力场参数,使得力场参数不但能重现分子的结构、能量,而且能重现分子的振动光谱。

(2) 键角弯曲振动能

键角弯曲振动能 E_b 也可用 Hooke 定律描述。如式(6-24) 所示,k_b 是弯曲振动力常数，θ 为键角，θ_0 为平衡键角。

$$E_b = k_b(\theta-\theta_0)^2 \qquad (6-24)$$

当键角过分小时，如含有三元环和四元环的化合物，非谐振现象就很明显，这时谐振模型就要作相应的修正，与键伸缩振动类似，加入高阶项是常用的修正方法。如 MM2 力场就是在谐振模型的基础上加入 4 次方项来校正键角弯曲非谐振动的影响［式(6-25)］。

$$E_b^{MM2} = 0.043828\frac{k_b}{2}(\theta-\theta_0)^2[1+7\times10^{-8}(\theta-\theta_0)^4] \qquad (6-25)$$

除了常见的平面内键角弯曲振动外，还有一种平面外键角弯曲振动［也称为非常规扭曲振动（improper torsion）］。如羰基碳，因其氧原子为了减轻键角的扭曲振动，存在平面外弯曲振动，这就意味着 π 键会发生扭曲。平面外弯曲振动的平衡键角为 0°，也可用 Hooke 定律描述这种振动的能量。

(3) 二面角扭曲转动能

如图 6-12 所示，在双氧水及乙烷取代物等分子中存在二面角 ω，有着明显的旋转势垒，这一能量项通常认为是由范德华作用之外的键相互排斥引起的，主要由电子离域作用产生。多重键的旋转势垒很高，显然是由于分子在旋转过程中破坏了 π 键的缘故。在分子力学中，常用 Fourier 级数模拟旋转势垒 E_{tor}。

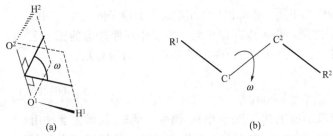

图 6-12 双氧水 (a) 及乙烷取代物 (b) 的二面角示意图

$$E_{tor} = \sum_j \frac{V_j}{2}[1+\cos(j\omega-\nu)] \qquad (6-26)$$

式中，j 为势垒的周期；V_j 是势垒的高低；ω 为二面角；ν 是相位差。在实际应用时，通常取级数的前三项，如 MM2 力场的二面角旋转能垒用公式(6-27) 计算。

$$E_{tor} = \frac{V_1}{2}(1+\cos\omega) + \frac{V_2}{2}(1-\cos 2\omega) + \frac{V_3}{2}(1+\cos 3\omega) \qquad (6-27)$$

(4) 交叉相互作用项

研究发现，当化学键收缩时，往往伴随键角的张开，表明在分子中，各振动之间不是孤立而是相互协调的。分子力场采用所谓的交叉相互作用项（cross terms）来描述这种作用（图 6-13）。比较常见的有伸缩-伸缩交叉作用［式(6-28)］、伸缩-弯曲交叉作用［式(6-29)］、伸缩-扭曲交叉作用［式(6-30)］、弯曲-扭曲交叉作用［式(6-31)］。交叉作用项是衡量一个力场先进性的标志。第一代力场的特征是仅仅由谐振势函数构成，没有交叉作用项；第二代力场包含非谐振项及较精确的交叉作用项，可用来模拟振动光谱，研究张力较大的分子体系；第三代力场还可以研究诸如电负性及超共轭效应等化学效应[90,91]。

$$E_{bond-bond} = \frac{k_{r_1} \cdot k_{r_2}}{2}[(r_1-r_{1,0})(r_1-r_{2,0})] \qquad (6-28)$$

$$E_{sb} = k_{abc}^{sb}[(r-r_0)_{ab}+(r-r_0)_{bc}](\theta-\theta_0) \qquad (6-29)$$

$$E_{ts} = k_{ts}[(r-r_0)(1+\cos 3\omega)] \qquad (6-30)$$

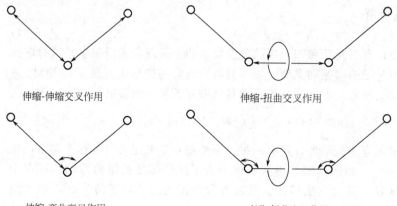

图 6-13 交叉相互作用示例（摘自 Dinur U, Hagler A T. New Approaches to Empirical Force Fields//Lipkowitz K B, Boyd D B, eds. Reviews in Computational Chemistry. VCH Publisher: New York, 1991: 99-164.）

$$E_{tb} = \frac{k_{tb}}{2}(\theta - \theta_0)(1 - \cos\omega) \tag{6-31}$$

（5）静电相互作用

和上面讨论的通过化学键介导的各种作用不同，非键相互作用项是一类原子间通过空间的相互作用，既可以存在于两个独立的分子之间，也可以存在于同一分子中相距较远的原子之间。静电作用就是这样的一种作用，可将原子作为点电荷处理，用式(6-32)计算作用强度。

$$E_{elec} = \sum_{i=1}^{N_A}\sum_{j=1}^{N_B}\left(\frac{q_i q_j}{4\pi\varepsilon_0 r_{ij}}\right) \tag{6-32}$$

在更加精确的力场中，静电作用能表示成电荷-电荷、电荷-偶极、偶极-偶极相互作用以及其他高级项的级数之和。但计算较为复杂，一般不用于生物大分子的计算研究中。

（6）范德华相互作用

惰性气体在低温时可以凝聚为液体，说明惰性气体原子之间也存在相互作用。实际上是因瞬间偶极而产生的相互作用，称为范德华相互作用，一般用 Lennard-Jones 公式拟合这种作用，如式(6-33)所示：

$$E_{vdW} = \varepsilon\left[\left(\frac{r_{eq}}{r}\right)^{12} - 2\left(\frac{r_{eq}}{r}\right)^6\right] \tag{6-33}$$

式中，ε 是势阱的深度；r_{eq} 是最小能量的核间距；r 是原子核间距。第二项（r^{-6}项）表示吸引作用，而第一项（r^{-12}项）表示近距离时强烈的排斥作用。这一模型是从研究稀有气体相互作用发展来的，用于计算有机化合物时，第一项（r^{-12}项）会过高地估计排斥作用，因此有人使用9次方或10次方项来描述排斥作用。

（7）氢键相互作用

一些力场对氢键作用采用式(6-34)进行高精度计算。

$$E_{HB} = [(A/r)^{12} - (C/r)^{10}]\cos^2\theta\cos^4\omega \tag{6-34}$$

式中参数的物理意义见图 6-14。

图 6-14 氢键作用的描述参数

分子力场常用 AKMA（angstrom-kcal-mol-atomic mass unit）单位。在上述力场势函数表达式的基础上，根据式(6-18)可以获得一个完整的分子力学力场表达式。力场的性能，即它的计算结果的准确性和可靠性，主要取决于势能函数及相应的参数。确定这些参数的过程称为力场的参数化。参数化的过程要在大量的热力学、光谱学实验数据的基础上进行，有时也需要由量子化学计算的结果提供数据。各类键长、键角的"标准值"一般取自晶体学、电子衍射或其他的谱学数据，键伸缩和键弯曲振动力常数主要由振动光谱数据确定，扭转力常数经常要从分子内旋转位垒来推算。对于不同的力场，不仅力场参数不同，函数形式也可能不同。因此，在将一个力场中的参数应用于另一个力场时应十分小心。一个好的力场不仅能重现已被研究过的实验观察结果，而且有一定的可拓展性，能用于计算模拟未被实验测定过的分子的结构和性质。

6.5.1.3 分子力学的优化方法

分子力学主要用来模拟分子的三维结构，计算分子的一些性质。而可靠的三维结构是所有计算的基础。通常希望得到分子的低能构象，即分子势能面上的极小值对应的构象。这一问题可用能量优化的方法来解决，常用的优化方法有单纯形方法、使用一阶导数的最陡下降法和使用二阶导数的 Newton-Raphson 法。

单纯形方法（simplex method）是一种非求导方法，它是用逐个调整原子位置的方法改进分子的几何构型，直到每个原子所受的力低于某一数值。扭曲较大的分子（如含有螺环的分子），因势能面和能量对坐标的微分是不连续的，可用单纯型方法处理此类问题。该法一般用来对初始结构进行快速优化，但当体系所含的原子数较多时，速度较慢，且所找到的一般不是局部极小值。实际操作时，一般是用单纯型法对体系进行有限步的快速优化，然后采用其他方法进行精确优化。

最陡下降法是一次求导方法，利用当前位置的导数作为直线搜寻的方向，进行直线搜索求势能面的极小值。这种方法优化速度较快，能迅速调整扭曲分子的起始结构，缺点是在极小值附近收敛性较差。

牛顿-拉弗森（Newton-Raphson）方法是一种二级微商算法，需要求解二阶导数矩阵（Hessian 矩阵），并要求相应的逆矩阵，这一操作比较费时。该法的优化结果比较准确，收敛也较快，但每一步的计算工作量较大。可在用其他方法优化到极小值附近后再用该法进一步优化结构。实际上，不同的软件和程序应用的力场和优化方法往往有所不同，详细理论基础和数学方法可参阅有关专著。

6.5.2 分子动力学模拟

分子动力学（molecular dynamics，MD）模拟在原子水平上研究化学、物理及生物等体系的微观动态行为，或者说模拟体系随时间的变化。分子动力学模拟方法可以获得体系在平衡态附近的一系列的构象及构象分布，基于这些构象可以求得体系的统计力学性质。目前，分子动力学方法已成了常用的计算生物学研究方法，广泛应用于生物大分子 NMR 或 X-射线衍射结构的优化、生物大分子结构预测、蛋白质折叠动力学机制、生物膜模拟、自由能计算等研究中。

6.5.2.1 分子动力学基本原理

分子动力学模拟的出发点是假定粒子（原子）为刚性球，粒子的运动服从牛顿运动方程：$F=ma$。对一个由 N 个粒子构成的孤立体系，由于粒子在势场所受的力可由势函数对位置求导获得，则有式(6-35)：

$$-\frac{dV}{dr_i} = m_i \frac{d^2 r_i}{dt^2} \tag{6-35}$$

该式表示了在时刻 t 处作用于某个原子 i 上的力 (F_i) 和加速度 (a_i) 与原子的位置的关系。式中，m_i 是原子 i 的质量，r_i 是原子 i 的坐标。动力学模拟的核心问题就是在已知时间 t 时粒子的位置和速度为 $r(t)$ 和 $v(t)$ 时，求 ($t+\delta t$) 时粒子的位置 $r(t+\delta t)$ 和速度 ($v+\delta v$)。所以分子动力学模拟在设定粒子的初始位置和速度后，由三个步骤循环组成，先根据位置和势函数求粒子的受力，然后求粒子新的位置和速度，最后更新粒子的位置和速度。可见，核心问题是如何求粒子的新位置和速度，也就是微分方程的数值积分问题。有许多不同的积分方法，它们的效率和方便程度各异，常用的有 Verlet 算法和"蛙跳"（Leap-frog）算法等。

6.5.2.2　分子动力学常用积分方法

Verlet 算法是在 20 世纪 60 年代后期出现的，它运用 t 时刻粒子的位置和加速度来预测 $t+\delta t$ 时的位置，其积分方法以 Taylor 级数展开为基础，即：

$$r(t+\delta t) = r(t) + v(t)\delta t + \frac{1}{2}\delta t^2 a(t) + O(\delta t^3) + \cdots \tag{6-36}$$

$$r(t-\delta t) = r(t) - v(t)\delta t + \frac{1}{2}\delta t^2 a(t) - O(\delta t^3) + \cdots \tag{6-37}$$

则有：

$$r(t+\delta t) = 2r(t) - r(t-\delta t) + \delta t^2 a(t) \tag{6-38}$$

那么，Verlet 法的速度可以按微分的基本法则以式(6-39)求得：

$$v(t) = [r(t+\delta t) - r(t-\delta t)]/2\delta t \tag{6-39}$$

由此可以确定体系在不同时间的位置及速度，从而获得体系的运动轨迹，即体系运动随时间的变化。在 Verlet 方程中，δt 称为模拟的时间步幅（time step）。时间步幅往往定在飞秒（fs）数量级，相当于化学键的振动频率（C—H 键的振动频率约为 10fs）。如果在整个模拟过程中，欲保持体系的温度不变，则每一步都需对体系中原子的速率进行线性调整以使体系的温度和设定的温度始终相一致。

该法的优点是占用计算机的内存小，但它的位置 $r(t+\delta t)$ 要通过小项（δt^2）与非常大的两大项 $2r(t)$ 和 $r(t-\delta t)$ 的差相加得到，容易造成精度损失。Verlet 方法的一个重要特点是它可以在相当多的时间步骤后很好地保持能量守恒。这一点对生物大分子体系是非常重要的，这是因为研究生物大分子体系的运动需要进行较长时间尺度的动力学模拟。其他一些方法（如 Euler-Cromer 方法）在这个模拟尺度内所积累起来的误差太大，超出了许可范围。

Hockey 提出的"蛙跳（leap-frog）算法"是 Verlet 算法的变化，这种方法涉及半时间间隔的速度，即：

$$v\left(t+\frac{1}{2}\delta t\right) = v\left(t-\frac{1}{2}\delta t\right) + a(t)\delta t \tag{6-40}$$

则下一时间步的位置为：

$$r(t+\delta t) = r(t) + v\left(t+\frac{1}{2}\delta t\right)\delta t \tag{6-41}$$

那么 t 时刻的速度则为：

$$v(t) = \frac{1}{2}\left[v\left(t-\frac{1}{2}\delta t\right) + v\left(t+\frac{1}{2}\delta t\right)\right] \tag{6-42}$$

这种算法与 Verlet 算法相比，没有二次微分项，计算的精度比较高，并且具有显速度项和收敛速度快的优点，计算量也较小，但该法的位置和速度不同步，在 t 时刻的速度计算是近似值。其他积分方法还有 1982 年 Swope 提出速度相关的 Verlet 算法、1976 年 Beeman 提出的类似算法等。

6.5.2.3 分子动力学模拟的其他问题

模拟体系的初始坐标 $r(0)$ 一般取自 X-射线晶体衍射及 NMR 实验结果（PDB 数据库），也可以使用同源模建等分子模拟的方法构建体系的初始三维结构。需注意实验测定结构的检查确认，必要时作一定的修饰与补充，并添加氢原子和合适的电荷。为了尽量模拟蛋白质等生物大分子体系的真实环境，一般还需要在蛋白质外加水或磷脂层，并考虑 pH 值影响。MD 模拟前，一般需要采用分子力学方法对体系进行能量优化。

速度的初始化一般根据 Maxwell-Boltzman 分布随机生成，如式(6-43)：

$$P(v)\mathrm{d}v = \left(\frac{m}{2\pi k_b T}\right)^{\frac{1}{2}} \exp\left[-\frac{mv^2}{2k_b T}\right]\mathrm{d}v \tag{6-43}$$

式中，$P(v)$ 表示温度 T 时，一个质量为 m 的粒子速度为 v 的概率，或 $P(v)$ dv 为粒子在 $(v, v+\mathrm{d}v)$ 范围内的概率。

如果不考虑化学键的振动，模拟的时间步长就可以从 5×10^{-16} s 变为 2×10^{-15} s，从而明显地加快模拟的速度，可采用约束方法实现这种近似，即在模拟的过程中固定一些化学键的长度。在迭代过程中，每一步调整原子位置时，都调整所有约束原子间的距离以满足约束条件。

一个粒子受到的力等于体系势函数对粒子坐标的一阶导数，而势能函数表达式可通过分子力场确定。由于大分子势能函数表达式项数较多，如果包含非谐振项，则计算工作量很大，可占整个计算时间的 90% 以上。这也是生物大分子力场必须尽量简洁的主要原因。

若模拟的体系是连续的，如溶液，由于溶质分子均匀分散于溶剂中，因此可引入周期性边界条件。以一个溶质分子（如蛋白质或核酸）所处的环境作为一个单元，可将整个溶液体系看作这个单位的周期性重复。任何一个单元如果通过平移操作可以占据整个空间，这个单元就可以用作为周期性边界条件。这个周期性重复的单元就是动力学模拟的单元，如某个蛋白质及其周围的环境水分子构成的模拟体系。满足这个条件的单元有五种：立方体、六方柱、截顶八面体（truncated octahedron）、菱形十二面体（rhombic dodecahedron）及延伸十二面体（elongated dodecahedron）。最简单的模拟单元是立方体，也是最简单的周期性边界条件，每一个单元外围有 26 个相同的立方体。截顶八面体或菱形十二面体单元可用来模拟球形蛋白质分子，而核酸可以用六方体单元周期边界条件来模拟。

6.5.3 量子化学方法

量子化学（quantum chemistry）是用量子力学原理研究原子、分子或晶体等体系的电子层结构、化学键、分子间作用力、化学反应理论、各种光谱、波谱和电子能谱的理论，以及无机和有机化合物、生物大分子和各种功能材料的结构和性能关系的科学。普朗克（Max Karl Ernst Ludwig Planck）在 1900 年第一次提出了能量子的概念（$\varepsilon=h\nu$，$h=6.6\times10^{-27}$ erg·s，1erg$=10^{-7}$ J）。20 世纪 20 年代，人们在实验基础上，提出了微观粒子的波粒二象性。物理学家薛定谔（Schrödinger）在 1926 年建立了量子力学的波动力学体系，为数学上解决原子物理、核物理、固体物理和分子物理等理论问题提供了一种有力的工具，所得方程称为薛定谔方程。1927 年 Heitler 和 London 用量子力学研究氢分子，提出了共价键的量子力学解释，标志着完整量子力学体系的建立。

随着量子化学理论方法及计算机技术的不断进步，目前的量子化学计算方法可以十分精确地计算预测有机小分子化合物的各种物理化学性质,但对于由成千上万个原子组成的生物大分子还不能进行有效的量子化学计算研究。由于量子化学方法是第一原理方法,可以在电子水平上研究分子的各种性质,包括化学键的断裂或生成,因此是计算生物学及药物设计工作者十分感兴趣的方法,有许多量子化学理论工作者在尝试各种策略和新方法以实现生物大分子体系的量子化学计算研究。可以预见,随着新方法和策略的诞生,加上计算机技术的进步,终有一天将实现用量子化学方法研究生物大分子及基于生物大分子的量子药物设计这一理想。

6.5.3.1 薛定谔方程

薛定谔（Schrödinger）方程具有如式(6-44)的形式：

$$\hat{H}\psi = E\psi \tag{6-44}$$

式中，$\hat{H}$ 为哈密顿算符（Hamiltonian Operator），一个对应于体系总能量的微分算符，ψ 是体系的完全波函数。ψ 是笛卡尔坐标［可以是（$-\infty$，$+\infty$）间的任何数值］和自旋坐标（只能取一些特定的值，这些值取决于一定方向上自旋角动量的组分）的函数，波函数的平方（$|\psi|^2$）表示粒子在空间出现的概率密度。求解复杂体系的 Schrödinger 方程可得到对应于不同态的能量值 E_1，E_2，$\cdots$，以及相应的波函数 ψ_1，ψ_2，$\cdots$。能量 E_i 称为哈密顿算符的本征值，而相应的波函数 ψ_i 则称为本征函数。如果两个或多个本征函数具有相同的本征能量，则这样的本征函数称为简并的本征函数。

6.5.3.2 量子力学基本近似

直接求解复杂体系的 Schrödinger 方程是非常困难的，需要引入一些基本近似，包括非相对论近似、核固定近似（born-oppenheimer approximation）及分子轨道近似。

(1) 非相对论近似

电子在核外必须高速运动，以免被原子核俘获。根据相对论，速度为 v 的电子的质量 μ 应不同于静止时的质量 μ_0，为：

$$\mu = \mu_0 \bigg/ \sqrt{1 - \frac{v^2}{c^2}} \tag{6-45}$$

非相对论近似不处理这种差异，认为运动着的电子的质量仍然为 μ_0。在氢等原子中，这种近似是成立的，但对于重原子体系会导致明显的误差，需要做相对论校正。

(2) 核固定近似

由于电子在核外保持高速运动，而原子核的质量比电子大 1000 倍以上。因此，可以将电子看作在一个固定的原子核场中运动，这就是 Born-Oppenheimer 近似。由于原子核形成的势场为常数，整个体系的势能表达式 V 就可以简化为式(6-46)。

$$\begin{aligned} V &= \sum_{A<B} \frac{Z_A Z_B e^2}{r_{AB}} + \sum_{p<q} \frac{e^2}{r_{pq}} - \sum_{A} \sum_{p} \frac{Z_A e^2}{r_{Ap}} \\ &\approx \sum_{p<q} \frac{e^2}{r_{pq}} - \sum_{A} \sum_{p} \frac{Z_A e^2}{r_{Ap}} \end{aligned} \tag{6-46}$$

因此，体系的哈密顿算符就可以简化为电子哈密顿算符，$\hat{H}^{el}$：

$$\begin{aligned} \hat{H}^{el} &= -\frac{h^2}{8m\pi^2} \nabla^2 + V \\ &= -\frac{h^2}{8m\pi^2} \sum_{p} \nabla_p^2 - \sum_{A} \sum_{p} \frac{Z_A e^2}{r_{Ap}} + \sum_{p<q} \frac{e^2}{r_{pq}} \end{aligned} \tag{6-47}$$

式中，$-\frac{h^2}{8m\pi^2} \nabla^2$ 为哈密顿算符的动能项表达式，其中

$$\nabla^2 = \frac{\partial^2}{\partial x^2} + \frac{\partial^2}{\partial y^2} + \frac{\partial^2}{\partial z^2} \tag{6-48}$$

称为拉普拉斯算符（Laplacian Operator），本质上为动能算符。

根据电子哈密顿算符可以写出体系的新薛定谔方程，即

$$\hat{H}^{el}\psi_i^{el} = \varepsilon_i \psi_i^{el} \tag{6-49}$$

ψ_i^{el} 为不涉及原子核的纯电子波函数，ε_i 为体系在 ψ_i^{el} 态时的电子能量。因此，体系的总能量为电子能量与核间作用能之和。

(3) 分子轨道（molecular orbital，MO）近似

轨道近似认为，N 个电子体系的波函数 $\Psi(1,2,\cdots,N)$ 可以表示成 N 个单电子波函数的乘积：

$$\Psi(1,2,\cdots,N) = \psi_1(1)\psi_1(2)\psi_2(3)\psi_2(4)\cdots\psi_m(N) \tag{6-50}$$

式中，$m = N/2$；这个乘积称为 Hartree 乘积。因此，概率密度为

$$\Psi(1,2,\cdots,N)^2 = \psi_1(1)^2 \psi_1(2)^2 \psi_2(3)^2 \psi_2(4)^2 \cdots \psi_m(N)^2 \tag{6-51}$$

根据概率论，这种情况对应于与每一种概率 $\psi(i)^2$ 相关联的事件彼此独立地发生。因此，简单的轨道近似所隐含的物理模型是一种独立电子模型。根据 Pauli 不相容原理，轨道波函数必须是反对称的，即：

$$\Psi(1,2,\cdots,i,j,\cdots,N) = -\Psi(1,2,\cdots,j,i,\cdots,N) \tag{6-52}$$

但式(6-50)中的波函数不具有这样的性质。对于双电子体系，可以通过式(6-53)构建具有反对称性的轨道波函数：

$$\Psi(1,2) = \psi_1(1)\alpha(1)\psi_1(2)\beta(2) - \psi_1(2)\alpha(2)\psi_1(1)\beta(1) \tag{6-53}$$

同理，N 个电子体系的具有反对称性的轨道波函数可表示为：

$$\Psi = \begin{vmatrix} \psi_1(1)\alpha(1) & \psi_1(1)\beta(1) & \psi_2(1)\alpha(1) & \cdots & \psi_m(1)\beta(1) \\ \psi_1(2)\alpha(2) & \psi_1(2)\beta(2) & \psi_2(2)\alpha(2) & \cdots & \psi_m(2)\beta(2) \\ \vdots & \vdots & \vdots & \ddots & \vdots \\ \psi_1(N)\alpha(N) & \psi_1(N)\beta(N) & \psi_2(N)\alpha(N) & \cdots & \psi_m(N)\beta(N) \end{vmatrix} = |\psi_1 \psi_1 \cdots \psi_m \psi_m| \tag{6-54}$$

这样的自旋轨道行列式称为 Slater 行列式。

那么，如何获得某个分子轨道 ψ_i 呢？常见的方法是用一组原子轨道 Φ 的线性组合表示分子轨道 ψ_i：

$$\psi_i = \sum_{\mu=1}^{n} c_{\mu,i}\phi_\mu = [\phi_1, \phi_2, \cdots, \phi_n] \begin{bmatrix} c_{1i} \\ c_{2i} \\ \vdots \\ c_{ni} \end{bmatrix} \tag{6-55}$$

这一方法称为原子轨道线性组合法（linear combinations of atomic orbital，LCAO），用来构建分子轨道的原子轨道称为基函数 Φ。

6.5.3.3 基函数

原子轨道由角度部分和径向部分构成。作为基函数，它们的角度部分都是类同的，而径向部分往往不同。目前有三种比较常用的基函数：Slater 型基函数集（Slater-Type Orbital，STO）、高斯型基函数集（Gaussian-Type Orbital，GTO）和高斯型基函数展开的 Slater 型基函数集（STO Expanded in GTO's，STO-GTO）。

(1) Slater 型基函数集

Slater 提出一种无节点型的简化径向函数如式(6-56)，只与主量子数 n 有关而与角量子数 l 无关，ζ 称为轨道指数，习惯上将这样的基函数称为 STO 基。

$$R_n(r,\zeta)=N_{n,\zeta}r^{n-1}\mathrm{e}^{-\zeta r} \tag{6-56}$$

Slater 函数无径向节点，一般互不正交，与电子运动的真实图像相差较大，可用若干个 STO 的线型组合来表示一个量子数为 l,m 的原子轨道（基函数）。如要得到高精度的波函数和能量，需要用 3～5 个 STO 作为一个基函数。一般在量子化学计算时，用两个 STO 作为基函数就可得到有价值的结果，这种基称为双 ζ 基。总的来说，STO 轨道计算较方便，但 STO 收敛慢，包含 3 中心以上的多中心积分十分困难。

(2) 高斯型基函数集（GTO）

Boys 提出用归一化球 Gaussian 函数（式 6-57）作为基函数描述分子轨道，称为 GTO 基。与 STO 基相似，GTO 基径向分布也无节点，但 GTO 基函数值随距离 r 的衰减比 STO 快得多，且变量可分离，能实现将多中心积分化为单中心积分而简化计算，一般计算一个 GTO 积分比 STO 积分快 4 个数量级。

$$R_n(r,\alpha)=c_n r^{n-1}\mathrm{e}^{-\alpha r^2}$$
$$c_n=2^{n+1}[(2n-1)!!]^{-1/2}2\pi^{-1/4} \tag{6-57}$$

(3) 高斯型基函数展开的 Slater 型基函数集（STO-GTO）

由于 STO 基的物理图像比 GTO 好，而 GTO 的计算速度比 STO 快。若用数个 GTO 的线性组合来近似 1 个 STO，可使两类基函数取长补短，称为 STO-GTO 系基组。如用 3 个 GTO 的线性组合来近似 1 个 STO 就称为 STO-3G。目前量子化学计算中常用的基组有 n-31G 及 n-311G 系列基组（$n=4\sim 6$），称"价层劈裂基组"（split-valent basis set），表示价层电子用双 ζ 基或叁 ζ 基，而非价层电子用 n 个 GTO 表示，常见的有 6-31G 或 6-311G 基组。

(4) 极化函数基集（polarized basis sets）及弥散函数基集（basis sets incorporating diffuse functions）

为了描述电子云极化变形，可向基集中加入角量子数更高的基函数。如 n-31G* 与 n-311G* 基集是在 n-31G 与 n-311G 的基础上向 Li～Ar 原子 p 轨道加入 6 个 d-型的 STO-1G 极化函数；而 n-31G** 与 n-311G** 基集是在此基础上再向 H 和 He 原子加入 3 个 p-型的 STO-1G 极化函数。

在计算负离子时，过量的电子使电子云弥散度增加，加入小 ζ 的弥散函数使基函数能正确反映电子云的物理图像。如 6-31+G* 表示在 6-31G* 的基础上加入 4 个 ζ 值特小的 s，p_x，p_y 及 p_z 基函数所构成的基函数集，可用于计算阴离子、分子极化率和分子间弱作用力。20 世纪 90 年代还发展了精度更好的带弥散函数基集 D95* 和 D95**。

6.5.3.4 量子化学常用方法简介

(1) Hartree-Fock 方法

在量子化学三个近似和原子轨道线性组合成分子轨道的基础上，运用变分法，并假设多电子体系的哈密顿算符（简记为 $\hat{H}$）可近似表示为各电子的哈密顿算符之和：

$$\hat{H}\approx\hat{H}^{\mathrm{HF}}=\sum F_i=\sum[-\nabla_i^2+V_i] \tag{6-58}$$

式中，$\hat{H}^{\mathrm{HF}}$ 称为 Hartree-Fock 哈密顿算符；F_i 为第 i 个电子的哈密顿算符；V_i 为电子 i 在以原子核及其余电子产生的平均势场中运动的势能函数。因此，要求解 V_i 必须要知道其他电子的空间分布，即分子轨道（包括电子自旋状态）。故无法用普通的方法求解 Hartree-Fock 方程，必须用所谓迭代的方法：先假设一组单电子波函数构造出平均势场 V_i，然后求解 HF 方程，若得到的分子轨道和原先假设的一样（相近），则求解结束，否则重复进行，直到两者相近。这个轨道称为自洽场轨道，而这种方法称为自洽场方法。在此基础上，从头算自洽场 Hartree-Fock 方法（ab initio SCF Hartree-Fock 方法）不再引入任何经验参数而精确求解 Schrödinger 方程。因此，该方法是最常用的量子化学方法之一。然而，轨道近似所隐含的独立电子模型忽略了电子的相关作用，尽管这种相关能不是很大，但在高精度的量子化学研究体系的某些性质时（如分子间的相互作用力等），这种近似将导致理论计算结果与实测值之间的较大误差。此时普通的 Hartree-Fock 方法就暴露出方法本身固有的缺点。

（2）Møller-Plesset 微扰理论

对于 Schrödinger 方程，假设体系的哈密顿算符 $\hat{H}$ 可按参量 λ 的幂级数展开：

$$\hat{H} = \hat{H}^0 + \lambda \hat{H}' + \lambda^2 \hat{H}'' + \Lambda \tag{6-59}$$

式中，$\lambda \hat{H}' + \lambda^2 \hat{H}'' + \cdots$ 称为微扰项（perturbation）。同时，微扰体系的能量和波函数也有相应的展开：

$$E = E^0 + \lambda E' + \lambda^2 E'' + \Lambda \tag{6-60}$$

$$\Psi = \Psi^0 + \lambda \Psi' + \lambda^2 \Psi'' + \Lambda \tag{6-61}$$

在实际应用中，可以截去展开式中的高阶项，得到不同的近似表达式。

Møller-Plesset 方法认为，在分子体系中，相关能误差是因单电子近似而导致对电子运动的相关性考虑不足。欲校正相关能，可把双电子作用项设为微扰算符。Møller-Plesset 提出了一种在 SCF-MO 基础上进行基态相关能微扰校正的方法——MP 法，即将自洽场求得的波函数 $\Psi^{(SCF)}$ 设为 $\Psi^{(0)}$，则有：

$$\hat{H} = \hat{H}^0 + \hat{H}' = \sum_i \left(-\frac{1}{2} \nabla_i^2 - \sum_p \frac{Z_p}{r_{pi}} \right) + \sum_{i<j} \frac{1}{r_{ij}} = \hat{H}^0 + V \tag{6-62}$$

$$\Psi = \Psi^{(SCF)} + \Psi^{(1)} + \Psi^{(2)} + \Lambda \tag{6-63}$$

$$E = E^{(0)} + E^{(1)} + E^{(2)} + \Lambda \tag{6-64}$$

其中：

$$E^{(SCF)} = E^{(0)} + E^{(1)} \tag{6-65}$$

也就是一级微扰校正的 MP 能量就是 $E^{(SCF)}$。可见，MP1 不能修正相关能，但波函数校正项 $\Psi^{(1)}$ 可修正 Ψ，从而可改善对电子密度分布和分子单电子性质的预测，同时 $\Psi^{(1)}$ 可以求解二级微扰能 $E^{(2)}$。

$$E^{(2)} = \langle \Psi^{SCF} | \hat{V} | \Psi^{(1)} \rangle \tag{6-66}$$

更高阶的微扰校正有 MP3、MP4 和 MP5，其中 MP2 和 MP4 是常用的方法。

（3）密度泛函（density functional theory，DFT）

泛函是一个数学概念，意为函数的函数。量子化学中的密度泛函方法将体系的电子能量和物理性质表示为单电子密度函数的函数。理论上，由于用三维的单电子密度函数 $\rho(r)$ 代替 3N 维的波函数 Ψ 描述分子并确定其性质可使计算量大为约简。

密度泛函的 Kohn-Sham 方程与自洽场 Hartree-Fock 方法有相似的数学表达式，都须通过自洽叠代求解，可采用相同的 AO 基集。不同之处是总能量表达式中包含交换-相关能（E_{XC}），与电子相关能有关，较好地克服了 MO 法单电子近似的局限，但交换-相关能是难以严格求解的。为此，发展了多种近似方法，在 Gaussian 98 软件中提供了 9 种杂化的 E_{XC} 方案供用户选择，分别为 B3LYP、B3P86、B3PW91、B1B96、B1LYP、MPW1PW91、

G961LYP、BHandH 和 BHandHLYP。如，由 Becke 提出的三参数 B3LYP 方案就是常用的方法之一，其交换-相关能表达式为：

$$E_{XC}^{B3LYP}=AE_X^{LDA}+(1-A)E_X^{HF}+B\Delta E_X^{Becke}+CE_C^{LYP}+(1-C)E_C^{VWN} \qquad (6-67)$$

总的来说，DFT 方法不依赖于单电子近似，计算量大约以 N^3 增长（N 为基函数的数目），比 Hartree-Fock 方法的计算工作量小（以 N^4 增长）。对中等大小的分子，DFT 方法可获得与 MP2 相仿的精度，而所用时间与从头算 Hartree-Fock 方法相近，明显快于 MP2 方法。因此，DFT 方法愈来愈受到计算化学、分子模拟等研究人员的欢迎。

6.6 讨论与展望

虽然基于结构或配体的药物发现与设计方法已经成功地用于发现和设计了许多活性化合物，但多数新药研发活动停留在活性化合物（hits）或先导化合物（leads）的发现阶段，难以为临床研究提供成药性高的药物候选化合物（candidates）。因此，应该分析药物设计及优化所面临的问题，调整相应的研究策略，才可能为临床研究提供更多的药物候选化合物。目前，药物设计所面临的问题主要表现为如下几个方面。

没有高度重视生物体系的复杂性，忽视了单一靶标成药性问题。研究结果已经清楚地表明，生物系统有很强的调节稳定性，当针对某功能蛋白的活性化合物扰动生物体系时，生物体系会通过自身的网络调节功能来补偿并降低或消除这种影响，导致活性化合物（潜在药物）不能发挥预期的作用。可见，并不是所有疾病都可以通过针对某一个特定靶标蛋白进行有效的药物干扰。对于一些复杂的疾病，如糖尿病及肿瘤等，必须全面考虑疾病信号网络通路，针对通路中的多个关键点，开展基于多靶标的药物发现与设计研究，获得疗效好、抗药性概率低及副作用小的全新药物。

没有高度重视先导化合物结构的本身的品质，忽视了结构的后期可优化性。研究表明，先导化合物骨架往往决定了后期结构优化的成败。目前的先导化合物发现多注重体外活性，而对化合物结构本身的类药性、可合成性等后期可优化性关注不够。从而导致后续研发的失败，造成极大的浪费和损失。这主要是因为没有简单可靠的方法来预测或评价活性化合物基本骨架的类药性、可优化性及可合成性等性质，不能在结构优化之前就排除那些注定不能成药的"伪"先导化合物。

先导结构优化过程中过分关注新化合物的活性而忽略了成药性。先导化合物的优化过程必须是一个多目标优化过程，需要综合考虑优化结构的成药性，具体包括化学结构的类药性、化合物的 ADME/T 性质、可合成性等方面的性质。

虽然基于经验的先导化合物结构改造仍然为一部分药物化学家所采用，但实验与理论计算相结合的先导化合物优化已经成为最常用的研究手段。20 世纪 90 年代以来的创新药物研究结果表明，和普通的组合化学及高通量筛选等技术相比较，基于靶标蛋白结构以及基于片段分子的药物设计（structure-based drug design, SBDD; fragment based drug design, FBDD）是先导化合物发现和优化的两种最有效的技术手段，因此受到了各大医药公司和科研院所研究人员的高度重视和广泛应用。在 SBDD 中，靶标集中组合库可以高效地开展先导化合物的优化研究，但如何获得高品质的分子骨架或关键片段及如何评价组合库成药性等问题仍然是目前的重大挑战与研究热点。在 FBDD 中，如何合理地组装骨架、片段及官能团而生产完整的活性化合物分子结构，如何可靠地评价分子结构的成药性也是人们关注的核心问题。因此，将 SBDD、FBDD 及成药性评价方法有机地结合起来，将是未来药物分子发现、设计与优化研究的发展趋势。

推荐读物

- 陈凯先等. 计算机辅助药物设计——原理、方法及应用. 上海：上海科学技术出版社，2000.
- 徐筱杰，侯廷军，乔学斌等. 计算机辅助药物分子设计. 北京：化学工业出版社，2004.
- Andrew R L. Molecular Modelling: Principles and Application. 2nd Edition. Delhi: Pearson Education Limited，2001.
- Taft C A, Da Silva V B, Da Silva C H. J Pharm Sci，2008，97：1089-1098.
- Keseru G M, Makara G M. Drug Discovery Today，2006，11：741-748.
- Chen Y P, Chen F. Expert Opin Ther Targets，2008，12：383-389.
- Hansch C. Accounts of Chemical Research，1969，2：232-239.
- Cramer R D, Patterson D E, Bunce J D. J Amer Chem Soc，1988，110：5959-5967.
- Kapetanovic I M. Chem Biol Interact，2008，171：165-176.
- Villoutreix B O, Renault N, Lagorce D, et al. Curr Protein Pept Sci，2007，8：381-411.
- Chen G, Zheng S, Luo X, et al. J Comb Chem，2005，7：398-406.
- Zhu W, Li J, Gong Z, et al. Focused Library Design Based on Hit and Target Structures: Method and Application in Drug Discovery//Ziwei Huang ed. Drug Discovery Research. Hoboken: John Wiley & Sons Inc，2007：108-126

参考文献

[1] Fujita T, Iwasa J, Hansch C. J Am Chem Soc，1964，86：5175-5180.
[2] Kier L B, Aldrich H S. J Theor Biol，1974，46：529-541.
[3] Gund P, Wipke W, Langridge R. Comput Chem Res Educ Technol，1974，3：5-21.
[4] Crippen G M. J Med Chem，1979，22：988-997.
[5] Taft C A, Da Silva V B, Da Silva C H. J Pharmacol Sci，2008，97：1089-1098.
[6] Keseru G M, Makara G M. Drug Disco Today，2006，11：741-748.
[7] Chen Y P, Chen F. Expert Opin Ther Tar，2008，12：383-389.
[8] Shekhar C. Chem Biol，2008，15：413-414.
[9] Hansch C. Accounts Chem Res，1969，2：232-239.
[10] Seel M, Turner D B, Willett P. Quantitative Structure-Activity Relationships，1999，18：245-252.
[11] Cramer R D, Patterson D E, Bunce J D. J Am Chem Soc，1988，110：5959-5967.
[12] 朱杰，盛春泉，张万年. 化学进展，2000，12：203-207.
[13] Clark M, Cramer III R D, Jones D M, et al. Tetrahedron Computer Methodology，1990，3：47-59.
[14] Kearsley S K, Smith G M. Tetrahedron Computer Methodology，1990，3：615-633.
[15] Waller C L, Oprea T I, Giolitti A, et al. J Med Chem，1993，36：4152-4160.
[16] Zhu W, Chen G, Hu L, et al. Bioorgan Med Chem，2005，13：313-322.
[17] Jilek R J, Cramer R D. J Chem Inf Comput Sci，2004，44：1221-1227.
[18] Klebe G, Abraham U, Mietzner T. J Med Chem，1994，37：4130-4146.
[19] Good A C, So S S, Richards W G. J Med Chem，1993，36：433-438.
[20] Hopfinger A J. J Am Chem Soc，1980，102：7196-7206.
[21] Hopfinger A J, Wang S, Tokarski J S, et al. J Am Chem Soc，1997，119：10509-10524.
[22] Carroll F I, Gao Y G, Rahman M A, et al. J Med Chem，1991，34：2719-2725.
[23] 陈凯先等. 计算机辅助药物设计——原理、方法及应用. 上海：上海科学技术出版社，2000.
[24] Kapetanovic I M. Chem-Biol Interact，2008，171：165-176.
[25] Funk O F, Kettmann V, Drimal J, et al. J Med Chem，2004，47：2750-2760.
[26] Krovat E M, Langer T. J Med Chem，2003，46：716-726.
[27] Wolber G, Langer T. J Chem Inf Model，2005，45：160-169.
[28] Sun, H. Curr Med Chem，2008，15：1018-1024.
[29] Barnard J M. J Chem Inf Comput Sci，1993，33：532-538.
[30] 徐筱杰，侯廷军，乔学斌等. 计算机辅助药物分子设计. 北京：化学工业出版社，2004.
[31] Kuntz I D, Blaney J M, Oatley S J, et al. J Mol Biol，1982，161：269-288.
[32] Rarey M, Kramer B, Lengauer T, et al. J Mol Biol，1996，261：470-489.
[33] Morris G M, Goodsell D S, Halliday R S, et al. J Comput Chem，1998，19：1639-1662.
[34] Jones G, Willett P, Glen R C, et al. J Mol Biol，1997，267：727-748.
[35] Li H, Li C, Gui C, et al. Bioorg Med Chem Lett，2004，14：4671-4676.
[36] Wei B Q, Weaver L H, Ferrari A M, et al. J Mol Biol，2004，337：1161-1182.
[37] McConkey B J, V S, M E. Curr Sci，2002，83：845-855.
[38] Kollman P A. Chem Rev，1993，93：2395-2417.

[39] Moitessier N, Englebienne P, Lee D, et al. Brit J Pharmacol, 2008, 153 (Suppl 1): S7-26.
[40] Villoutreix B O, Renault N, Lagorce D, et al. Curr Protein Pept Sc, 2007, 8: 381-411.
[41] Ewing T J, Makino S, Skillman A G, et al. J Comput Aid Mol Des, 2001, 15: 411-428.
[42] 罗小民. 分子对接在药物设计中的应用 [学位论文]. 上海: 中国科学院上海药物研究所, 2000.
[43] Shoichet B K, Bodian D L, Kuntzt I D. J Comb Chem, 1992, 13: 380-397.
[44] Meng E C, Shoichet B K, Kuntz I D. J Comb Chem, 1992, 13: 505-524.
[45] Meng E C, Gschwend D A, Blaney J M, et al. Proteins, 1993, 17: 266-278.
[46] Ewing T J A, Kuntz I D. J Comb Chem, 1997, 18: 1175-1189.
[47] DOCK4.0 Manual. California: Regents of the University of California, 1997.
[48] Schneider G, Bohm H J. Drug Disco Today, 2002, 7: 64-70.
[49] Rarey M, Wefing S, Lengauer T. J Comput Aid Mol Des, 1996, 10: 41-54.
[50] Goodsell D S, Olson A J. Proteins, 1990, 8: 195-202.
[51] Nissink J W, Murray C, Hartshorn M, et al. Proteins, 2002, 49: 457-471.
[52] Xiong B, Gui C S, Xu X Y, et al. Acta Pharmacol Sin, 2003, 24: 497-504.
[53] Li H, Gao Z, Kang L, et al. Nucleic Acids Res, 2006, 34: W219-224.
[54] Cai J, Han C, Hu T, et al. Protein Sci, 2006, 15: 2071-2081.
[55] Raha K, Merz K M Jr. J Med Chem, 2005, 48: 4558-4575.
[56] Laederach A, Reilly P J. J Comput Chem, 2003, 24: 1748-1757.
[57] Raha K, Merz K M Jr. J Am Chem Soc, 2004, 126: 1020-1021.
[58] Gallop M A, Barrett R W, Dower W J, et al. J Med Chem, 1994, 37: 1233-1251.
[59] Dolle R E. J Comb Chem, 2001, 3: 477-517.
[60] Schreiber S L. Science, 2000, 287: 1964-1969.
[61] Geysen H M, Schoenen F, Wagner D, et al. Nat Rev Drug Discov, 2003, 2: 222-230.
[62] Drewry D H, Young S S. Chemometrics and intelligent laboratory system, 1999, 48: 1-20.
[63] Chen G, Zheng S, Luo X, et al. J Comb Chem, 2005, 7: 398-406.
[64] Jorgensen A M, Pedersen J T. J Chem Inf Comput Sci, 2001, 41: 338-345.
[65] Matter H, Potter T. J Chem Inf Comput Sci, 1999, 39: 1211-1225.
[66] Flower D R. J Chem Inf Comput Sci 1998, 38: 379-386.
[67] Flower D R. J Mol Graph Model, 1998, 16: 239-253.
[68] Ashton M J, Jaye M C, Mason J S. Drug Disco Today, 1996, 1: 71-78.
[69] Pearlman R S, Smith K M. Perspectives in Drug Discovery and Design, 1998, (9-11): 339-353.
[70] Pearlman R S, Smith K M. J Chem Inf Comput Sci, 1999, 39: 28-35.
[71] Schnur D. J Chem Inf Comput Sci, 1999, 39: 36-45.
[72] Menard P R, Mason J S, Morize I, et al. J Chem Inf Comput Sci, 1998, 38: 1204-1213.
[73] Willett P, Winterman V. Quantitative Structure-Activity Relationships, 1986, 5: 18-25.
[74] Golbraikh A. J Chem Inf Comput Sci, 2000, 40: 414-425.
[75] Stanton R V, Mount J, Miller J L. J Chem Inf Comput Sci, 2000, 40: 701-705.
[76] Lipinski C A, Lombardo F, Dominy B W, et al. Adv Drug Deliver Rev, 1997, 23: 3-25.
[77] 郑苏欣. 类药性评价方法发展和结合自由能计算方法在药物设计中的应用 [学位论文]. 上海: 中国科学院上海药物研究所, 2004.
[78] Galvez J, Julian-Ortiz J V, Garcia-Domenech R. J Mol Graph Model, 2001, 20: 84-94.
[79] Xu J, Stevenson J. J Chem Inf Comput Sci, 2000, 40: 1177-1187.
[80] Ajay A, Walters W P, Murcko M A. J Med Chem, 1998, 41: 3314-3324.
[81] Li Q, Bender A, Pei J, et al. J Chem Inf Model, 2007, 47: 1776-1786.
[82] Zheng S, Luo X, Chen G, et al. J Chem Inf Model, 2005, 45: 856-862.
[83] Hellerstein M K. Metab Eng, 2008, 10: 1-9.
[84] Kitano H. Nat Rev Drug Discov, 2007, 6: 202-210.
[85] Jenwitheesuk E, Horst J A, Rivas K L, et al. Trends Pharmacol Sci, 2008, 29: 62-71.
[86] Ohren J F, Chen H, Pavlovsky A, et al. Nat Struct Mol Biol, 2004, 11: 1192-1197.
[87] Kitano H, Oda K, Kimura T, et al. Diabetes, 2004, 53 Suppl 3: S6-S15.
[88] Mendel D B, Laird A D, Xin X, et al. Clin Cancer Res, 2003, 9: 327-337.
[89] Wilhelm S M, Carter C, Tang L, et al. Cancer Res, 2004, 64: 7099-7109.
[90] Allinger N L, Chen K, Katzenellenbogen J A, et al. J Comput Chem, 1996, 17: 747-755.
[91] Allinger N L, Chen K, Lii J H. J Comput Chem, 1996, 17: 642-668.

第7章

化学信息学与药物发现

罗小民，郑明月，陈凯先 （中国科学院上海药物研究所）

目 录

7.1 引言 /180
7.2 ADME/T 相关物理化学性质及类药性
　　评价 /180
　7.2.1 ADME/T 筛选 /180
　7.2.2 酸碱电离常数的预测 /181
　　7.2.2.1 基于第一性原理的方法 /181
　　7.2.2.2 经验方法 /182
　　7.2.2.3 生物大分子 pKa 预测 /183
　7.2.3 水溶性的预测 /183
　　7.2.3.1 经验方法 /183
　　7.2.3.2 基于分子模拟的方法 /185
　7.2.4 油水分配系数的预测 /185
　　7.2.4.1 基于片段加和的模型 /185
　　7.2.4.2 基于分子性质的模型 /186
　7.2.5 化合物类药性、类先导性的预测 /186
　　7.2.5.1 简单模型 /186
　　7.2.5.2 复杂模型 /187
7.3 吸收 /188
　7.3.1 口服吸收的预测 /189
　　7.3.1.1 Caco-2 细胞渗透性预测模型 /189
　　7.3.1.2 小肠吸收预测模型 /190
　　7.3.1.3 生物利用度预测模型 /191

　7.3.2 药物与药物转运体作用预测
　　　　模型 /192
　7.3.3 经皮肤吸收的预测 /193
　7.3.4 血脑屏障渗透性的预测 /194
7.4 分布 /196
　7.4.1 药物分布体积、药物组织-血浆分配
　　　　系数的预测 /196
　7.4.2 药物与血浆、组织蛋白结合的
　　　　预测 /198
　　7.4.2.1 线性模型 /199
　　7.4.2.2 复杂模型 /200
7.5 代谢 /201
　7.5.1 一相代谢 /201
　7.5.2 二相代谢 /203
　7.5.3 代谢预测 /204
7.6 毒性 /206
　7.6.1 常见药物毒性分类 /206
　7.6.2 常见毒性引发机制 /208
　7.6.3 毒性信息学 /210
7.7 展望 /211
推荐读物 /211
参考文献 /211

7.1 引言

化学信息学（chemoinformatics）这一名词是在近些年才出现的，但其相关的研究在 20 世纪 60 年代就已经开始。化学信息学是化学计量学、计算机化学等学科的融合。

化学信息学研究：化学结构及化学反应的表示，化学数据库，化学结构及化学反应检索，化学结构的阐明，合成路线设计，理化性质及描述符计算，定量结构-性质关系（quantitative structure-property relationship，QSPR）或定量构效关系（quantitative structure-activity relationship，QSAR）等数据分析。

化学信息学在药物发现研究中具有广泛的应用。在先导化合物发现阶段，各种化合物数据库（如 available chemicals directory，ACD）可以为虚拟筛选提供数以万计的化合物三维结构；在先导化合物优化阶段，需要进行定量构效关系研究，构建药效团模型，进行药效团搜寻、相似性搜寻、类药性分析及合成路线设计；在药物候选化合物发现阶段，吸收、分布、代谢、排泄和毒性（absorption，distribution，metabolism，excretion and toxicity，ADME/T）预测等工作可以节省大量人力、物力和时间。

本书第 6 章介绍了定量构效关系研究、药效团等内容，本章主要介绍与 ADME/T 相关的部分。

7.2 ADME/T 相关物理化学性质及类药性评价

7.2.1 ADME/T 筛选

20 世纪 90 年代后期，药物研究人员逐渐认识到药代动力学性质不良及毒性是造成药物在开发后期失败的重要原因（见图 7-1）。这种药物开发后期的失败代价非常大，常常导致前功尽弃，使得药物研发项目被迫放弃，或者寻找新的先导化合物从头再来，使制药公司或科研机构承受巨大的经济损失。因此，有必要在药物研发的较早阶段进行化合物的药代动力学性质及毒性研究。另一方面，高通量筛选技术和组合化学的发展，使得需要进行药代动力学性质评估的化合物数量急剧增加，也推动了体外高通量吸收、分布、代谢、排泄以及毒性（ADME/T）筛选技术的发展。因此，进行这方面的研究具有重要的科学意义和广阔的应用前景。

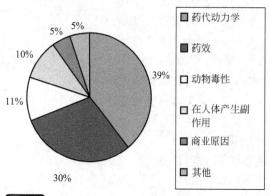

图 7-1 造成药物开发失败的原因分析

然而药代动力学（PK）评价、毒性测试是非常耗时的工作，将 ADME/T 研究提前到药物发现的早期，又必须对成千上万个化合物进行 ADME/T 评价。因此，发展预测化合物 ADME/T 的计算方法和理论模拟就显得十分迫切。采用理论模型对化合物进行 ADME/T 筛选有如下优势：①缩短化合物 ADME/T 筛选的时间，加速新药发现的进程；②可以用 ADME/T 理论模型预测虚拟库或新设计化合物的 ADME/T 性质，有目标地合成具有较好 ADME/T 性质的化合物，减少药物发现后续工作的盲目性；③能更好地理解化合物结构与 ADME/T 性质的关系，设计出类药性更好的化合物。因此，发展新的 ADME/T 预测方法，已经成为药物发现和优化研究的重要研究方向，进行这方面的研究对于加速创新药物研究的进程具有重要意义。

7.2.2 酸碱电离常数的预测

化合物的酸碱电离常数（ionization constant）pK_a 与其离解自由能有如下关系：

$$\Delta G_{ion} = -RT\ln K_a$$
$$= -2.303RT\lg K_a = 2.303RT pK_a \qquad (7-1)$$

药物分子的酸碱电离常数（pK_a）是影响药物溶解度（$\lg S$）、油水分配系数（$\lg D$）、受体结合的重要性质。油水分配系数 $\lg D$ 是决定药物肠吸收、生物利用度、分布和毒性的重要属性之一。对于中性分子，其 $\lg D$ 与 $\lg P$ 相同。而对于酸或碱，必须考虑其解离状态，所以 $\lg D$ 与分子中性状态下的油水分配系数 $\lg P$ 不相同。对于最简单的一元酸来说：

$$\lg D = \lg P - \lg(1 + K_a/[H^+]) \qquad (7-2)$$

因此，pK_a 是一项与药物 ADME 性质密切相关的指标。

7.2.2.1 基于第一性原理的方法

直接计算酸碱在水溶液中的离解自由能比较困难，可采用图 7-2 所示热力学循环将其分解成相对容易计算的量。

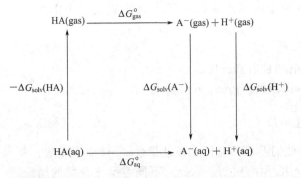

图 7-2 计算 HA 在水溶液中离解自由能的热力学循环

$$\Delta G^\circ_{aq} = \Delta G^\circ_{gas} + \Delta G_{solv}(A^-) + \Delta G_{solv}(H^+) - \Delta G_{solv}(HA) \qquad (7-3)$$

$$\Delta G^\circ_{gas} = G_{gas}(A^-) + G_{gas}(H^+) - G_{gas}(HA) \qquad (7-4)$$

式中，$G_{gas}(A^-)$ 和 $G_{gas}(HA)$ 通过量子化学方法计算；$\Delta G_{solv}(HA)$ 和 $\Delta G_{solv}(A^-)$ 通过量子化学方法和溶剂模型计算；$G_{gas}(H^+)$ 和质子的溶剂化自由能 $\Delta G_{solv}(H^+)$ 从实验推得。Liptak 等[1]利用多种量子化学计算方法和 CPCM（conductor polarized continuum model，导体极化连续介质模型）溶剂模型计算了蚁酸、乙酸、氰基乙酸、氯乙酸、草酸和三甲基乙酸共六种酸的离解自由能和 pK_a。量子化学 CBS-QB3 方法计算得到的 pK_a 值与实验值的 MUE（mean unsigned error，误差绝对值的均值）是 0.24。而 CBS-

APNO 方法的 MUE 为 0.19，但因缺乏氯的参数，没有计算氯乙酸，另外三甲基乙酸计算失败。

7.2.2.2 经验方法

(1) 线性自由能关系

1935 年，Hammett[2]首先发现苯甲酸和它的对位取代物（S）的 pK_a 之间有如下关系：

$$\lg\left(\frac{K_a^S}{K_a^0}\right)=\sigma_S \tag{7-5}$$

式中，σ_S 是取代基的 Hammett 常数。Taft[3]在链烃体系也观察到类似的关系。

由于化合物的 pK_a 与其离解自由能成正比，因此称为线性自由能关系（linear free-energy relationship，LFER）。公式(7-5)推广到其他体系（省略 S 标志）：

$$pK_a=pK_a^0-\rho\sum\sigma \tag{7-6}$$

pK_a^0 和 pK_a 分别对应化合物母体和取代物；ρ 为体系对应的常数（苯甲酸对位取代体系相应的值为1）；σ 为取代基的 Hammett-Taft 常数。值得注意的是，线性自由能关系是一种基于微扰的方法，如果取代基效应太强，以至取代后的化合物跟母体差别太大，根据线性自由能关系所得结果误差会比较大。因此，基于线性自由能关系的预测方法只适用于同系列化合物。

(2) 定量构效关系

Parr 等[4]在量子化学密度泛函理论体系中提出分子亲电性指数（electrophilicity index）：

$$\omega=\frac{\mu^2}{2\eta} \tag{7-7}$$

式中，$\mu\approx-(I+A)/2$，为分子的化学势；$\eta=(I-A)/2$，为分子的硬度；I 为垂直电离势；A 为电子亲和势。

Chattaraj 等[5]提出亲性（philicity）的广义概念，几乎包含目前已知的所有全局或局部反应性和选择性描述符的信息。结合压缩到原子的福井函数（f_k^a），可以定义分子中某一位置 k 的亲性：

$$\omega_k^a=\omega f_k^a \tag{7-8}$$

其中 $a=+$，$-$ 或 0，分别对应亲核、亲电和自由基进攻。

通过加和反应中心周围原子的亲性得到基团亲性（group philicity）

$$\omega_g^a=\sum_{k=1}^n \omega f_k^a \tag{7-9}$$

式中，n 为反应中心原子键连的原子数。他们[6]利用基团亲核性指数 ω_g^+ 建立了羧酸、苯酚、苯胺、磷酸和醇（共63个化合物）的 pK_a 预测模型。除针对不同类型化合物的局部模型外，他们还分别利用二次模型和双曲线模型建立了针对所有类型化合物的全局模型（删除了20个异常值）。其中双曲线模型结果为：

$$pK_a=3.58\times\frac{1}{\omega_g^+}$$
$$n=43, r=0.97, s=1.41 \tag{7-10}$$

Zhang 等[7]利用诱导效应描述符、空间效应描述符和原子轨道电负性等为参数，采用多元线性回归（multiple linear regression，MLR）方法，分别建立了脂肪羧酸和醇的 pK_a 预测模型。脂肪羧酸（1122个）的5倍交叉验证相关系数 $q^2=0.810$，$s=0.426$。醇（288个）的5倍交叉验证相关系数 $q^2=0.805$，$s=0.780$。

Milletti 等[8]利用 GRID 程序产生的分子作用场参数，采用偏最小二乘（partial least squares，PLS）方法建立了 33 种不同体系的 pK_a 预测模型（24617 个化合物）。其方法分为四步：首先建立一个碎片库，并用 GRID 力场计算各碎片与不同探针（probe）的分子作用场（molecular interaction fields，MIFs）；利用碎片库中的 MIFs 描述分子中的各个原子；将与离解中心原子拓扑距离相等的原子的二进制 MIFs 值加和，然后按拓扑距离从小到大组成一个矢量，作为描述符，描述符的个数取决于探针的个数；为不同类型的离解位点建立包含描述符合的统计表。其中酸性氮化合物的模型结果为：

$$R^2=0.97, RMSE=0.41, NC=8, Q^2=0.87, RMSE_{PRED}=0.91, N=421$$

对含氮六元杂环化合物的结果为：

$$R^2=0.93, RMSE=0.60, NC=10, Q^2=0.85, RMSE_{PRED}=0.86, N=947$$

其中 NC 为主成分数。对 28 个测试集化合物的 39 个 pK_a 值测试结果为：$r^2=0.85$，$RMSE=0.90$。

(3) 基于数据库搜寻的方法

Kogej 等[9]建立了一种基于数据库搜寻方法的 pK_a 预测方法，该方法分为三部分：参考化合物的结构及 pK_a 数据库；基于离解中心多级近邻描述的结构指纹评价化合物相似性的方法，该方法根据与离解中心的距离（键的数目），分成多个层次，每层列出各种原子类型出现的次数；相似性比较及预测，逐层比较待预测化合物与数据库化合物的结构指纹，取指纹相同层数最高的数据库化合物 pK_a 值作为预测值，如有多个参考化合物，则取其平均值。

7.2.2.3 生物大分子 pK_a 预测

Bashford 等[10]发展了根据静电状态计算蛋白质中可滴定基团的 pK_a 值

$$pK_a = pK_{model} + \frac{1}{2.303RT}[\Delta G_{env}(A^-) - \Delta G_{env}(HA)] \tag{7-11}$$

即通过计算环境对模型化合物 pK_{model} 的影响（ΔG_{env}）来预测蛋白质的 pK_a。该方法有多种实现方式，主要区别是 ΔG_{env} 的计算方法，以及是否考虑蛋白质柔性。

Li 等[11]发展了一种半经验的蛋白质 pK_a 预测方法

$$pK_a = pK_{model} + \Delta pK_a \tag{7-12}$$

式中，ΔpK_a 通过考虑氢键、去溶剂化效应和电荷-电荷作用得到。

7.2.3 水溶性的预测

药物分子的水溶性（aqueous solubility）是影响其 ADME 性质和高通量筛选中可筛选性（screenability）的重要物理性质。药物分子要通过生物膜，必须有足够的水溶性。如果一个药物分子的水溶性很差或溶解速度很慢，那么这个分子很难从胃肠管进入心血管系统。化合物水溶性通常表达为 $\lg S$，S 为分子在饱和溶液中的浓度（mol/L）。85% 的药物分子的水溶性一般在 [-5，-1] 之间。当化合物的水溶性大于 -1 时，其极性很大，透膜能力会比较差，比如糖类和小肽。药物水溶性太差还会影响药理测试，Lipinski 指出组合化学库研究中遇到的很多困难都与所产生的化合物水溶性差有关。

化合物的水溶性取决于三个因素：①混合熵；②溶质-水的作用能和溶质-溶质作用能、水-水作用能之和的差；③晶体形态溶质与晶格能相关的额外作用能[12]。基本的水溶性预测方法应该考虑以上三方面的因素。

7.2.3.1 经验方法

水溶性的理论预测方法主要包括：基于片断加和方法的预测模型；基于分子参数的预

测模型。

(1) 基于片段加和方法的模型

从原理上讲，lgS 被假定为组成这个分子的所有基团（或原子）贡献的加和：

$$\lg S = \sum_i a_i A_i + \sum_j b_j B_j + C_0 \tag{7-13}$$

式中，A_i 是第 i 种片段在化合物中出现的次数；B_j 是第 j 种校正因子在化合物出现的次数；a_i 是第 i 种片段的贡献值；b_j 是第 j 种校正因子的贡献值；C_0 为常数。

Klopman 等[13]利用 1168 个具有多样性化合物数据，构建了三种 lgS 预测模型。模型 1 有 171 个参数，结果为：$r^2=0.953$，$s=0.49$，$F=109.865$。模型 2 有 71 个参数，其中一个是 KlgP，结果为：$r^2=0.905$，$s=0.68$，$F=56.6$。他们指出了线性模型的不足，比如含亲水基团的化合物，亲水基团随着数量的增加对溶解度的贡献逐渐减小。模型 3 进行非线性转换，采用 118 个参数，结果为：$r^2=0.951$，$s=0.50$，$F=171.8$。改进后的模型对 120 个测试集化合物的预测标准偏差为 0.79。

(2) 线性预测模型

基于分子参数的预测模型是最为常见的一类水溶性预测模型。早在 1968 年，Hansch 等[14]就注意到液态有机化合物的水溶性和脂水分布系数之间呈现很好的线性关系，但不适于对于固态有机化合物水溶性的预测。后来使用的与水溶性有关的分子参数主要包括：熔点、摩尔折射率、氢键、分子体积、分子与溶液的平均非键相互作用、平均溶剂可及表面积、氢键数目以及其他拓扑参数。

Abraham 等[15]针对 594 个训练集化合物，建立如下模型：

$$\lg S = 0.510 - 1.020 R_2 + 0.813 \pi_2^H + 2.124 \sum \alpha_2^H$$
$$+ 4.187 \sum \beta_2^H - 3.337 \sum \alpha_2^H \times \sum \beta_2^H - 3.9861 V_x$$
$$n = 594, r^2 = 0.918, s = 0.562, F = 1089 \tag{7-14}$$

式中，R_2 是过量摩尔折射率；π_2^H 是偶极/极化率参数；$\sum \alpha_2^H$ 和 $\sum \beta_2^H$ 分别是溶质的氢键酸度和碱度；V_x 是 McGowan 特征体积。对测试集 65 个化合物的预测标准偏差为 0.50。对方程分析显示，化合物氢键能力有利于其水溶性，偶极矩/极化率对增加水溶性有利，而过量摩尔折射率和体积增加将降低水溶性。

Meylan 等[16]对 817 个化合物利用 lgP 计算值、熔点实验值、MW 以及 15 个针对各种基团的校正因子建立了 lgS 预测模型：

$$\lg S = 0.693 - 0.960 \lg P - 0.00314\,MW - 0.0092(t_m - 25) + \sum_i f_i \tag{7-15}$$

式中，t_m 为化合物熔点；f_i 为校正因子。拟合结果为：$r^2=0.90$，$s=0.62$。

Jorgensen 等[17]通过在水中的蒙特卡罗（Mont Carlo，MC）模拟获得了 150 个化合物（包括 70 个药物）的 11 个描述符的平均值，其中比较重要的描述符是溶质-水静电和范德华作用平均值（ESXL），体积，溶剂可及性表面积（SASA）以及其疏水、亲水和芳香性成分，氢键受体数 HA，氢键供体数 HD。所得方程为：

$$\lg S = 0.32\,ESXL + 0.65\,HA - 2.19 \# amine$$
$$- 1.76 \# nitro - 162\,HA \cdot HD^{1/2} / SASA + 1.18 \tag{7-16}$$

式中，$\#amine$ 是非共轭氨基数；$\#nitro$ 是氮原子总数。结果为：$r^2=0.88$，$q^2=0.87$，$s=0.72$。

(3) 复杂模型

Huuskonen 等（18）以分子中原子的电子拓扑状态指数（electrotopological state，

E-state）和 9 个其他拓扑指数为参数，利用人工神经网络（artificial neural networks，ANN）（结构为 23-5-1）等方法建立了 lgS 预测模型。该模型对 160 个训练集化合物的拟合结果为：$r^2=0.90$，$s=0.46$；对 51 个测试集化合物的预测结果为：$r^2=0.86$，$s=0.53$。

7.2.3.2 基于分子模拟的方法

Klamt 等[19]利用量子化学 COSMO-RS（conductor-like screening model and real solvents simulation，连续介质溶剂模型和真实溶剂相结合的模拟方法）模型计算化合物的溶解自由能，如下式：

$$\lg S_S^X = \lg\frac{MW^X \rho_S}{MW_S} + \frac{\ln(10)}{kT}[\Delta_S^X + \min(0, \Delta G_{fus}^X)] \tag{7-17}$$

式中，上标 X 指溶质，下标 S 指溶剂。ρ_S 为溶剂密度。$\Delta_S^X = \mu_S^X - \mu_X^X$，是化合物 X 在溶剂中和纯 X 中的化学势之差，通过模拟得到。最后一项，当 X 为液体时取 0；为固体时，取其熔化自由能 ΔG_{fus}^X，由基于已知化合物建立的 QSAR 模型预测得到。对 Jorgensen 等[17]采用的 150 个化合物拟合结果为：$s=0.66$。对 107 个测试集化合物预测结果为 $s=0.61$。

7.2.4 油水分配系数的预测

油水分配系数（oil-water partition coefficient）P 指某一物质 A 在正辛醇（或橄榄油等）和水之间的分配达到平衡时的浓度之比。

$$P = \frac{[A]_{oct}}{[A]_w} \tag{7-18}$$

一般采用其对数（$\lg P$）。通常将分子在水-正辛醇体系中的分配系数 $\lg P$ 作为疏水性的度量，选择水-正辛醇体系的重要原因是该体系与生物体系相似。

油水分配系数在药物研发方面具有重要意义。它是影响药物经口、经皮吸收，血脑屏障渗透性的重要因素，对药物在体内的分布起决定性的作用，并且与毒性等也具有相关性。

Hansch 等在 1964 年利用 Hansch-Taft 参数建立了第一个 $\lg P$ 预测模型，此后 $\lg P$ 预测方法得到了蓬勃发展。$\lg P$ 预测方法主要分为：基于片段（原子或基团）加和的模型；基于分子性质的模型。

7.2.4.1 基于片段加和的模型

基于片段加和的模型通过加和所有片段及校正因子的贡献得到给定化合物的 $\lg P$ 值。

$$\lg P = \sum_i a_i A_i + \sum_j b_j B_j \tag{7-19}$$

式中，a_i，A_i 是第 i 种片段在化合物中出现的次数和对 $\lg P$ 的贡献值；b_j，B_j 是第 j 种校正因子在化合物中出现的次数和贡献值。a_i 和 b_j 通过对已知实验值的化合物训练集进行拟合得到。

为了获得精确的结果，基于原子加和模型的方法常常将碳、氢、氧、氮、硫和卤素等元素根据其分子内环境分成多种原子类型。基于原子的模型的优点是原子类型种数不多，因此不太会发生因缺乏相关参数而无法计算的情况，其缺点是不如碎片加和模型精确。目前该类方法中应用比较广泛的是王任小等[20]发展的 X$\lg P$，比较常用的还有 A$\lg P$。

C$\lg P$ 是目前应用最广泛的基于碎片加和模型的 $\lg P$ 预测方法，其他还有 K$\lg P$、KOWWIN、ACD/$\lg P$ 等。一般来说，基于碎片的模型比基于原子的模型更精确，但有时会遇到一些不常见的基团，从而无法计算。Leo 等[21]在 ClgP 4.0 中作了一些改进，从而避免了因缺乏基团参数而无法计算的情况。其方法为：①将化合物的结构拆分成化学碎片，然后根据各碎片及其与周围碎片的键连情况查找其值；②对于数据库中已有，但没有合适的键连情况的碎片，估计差异并导出其值；③对于数据库没有的碎片，根据结构预测其贡献值。然后加和所有碎片的贡献值，并对相邻的基团进行相互作用校正（如形成内氢键，基团净电荷的变化和分子内张力破坏共轭体系），得到给定化合物的 lgP 值。

7.2.4.2 基于分子性质的模型

化合物在正辛醇-水中的分布系数由其在正辛醇和水中的自由能的差决定：

$$\lg P = \frac{1}{2.303} \ln P = -\frac{1}{2.303RT} \Delta G°_{water \to oil} \tag{7-20}$$

而相转移中的自由能变化很大一部分与溶质在溶剂中造成的空腔有关。基于此，Bodor 等[22]发展了 QlgP 方法。该方法以化合物分子的范德华体积等为参数，其方程如下：

$$\lg P = 0.032(\pm 0.0002)V - 0.723(\pm 0.007)N + 0.010(\pm 0.0007)VI \tag{7-21}$$

式中，V 是计算得到的有效体积，该体积为范德华体积，以避免溶剂的影响。N 为一个正整数，是分子中各个基团对应的数值（均为正整数）的加和。I 是一个指示变量，对于饱和、未取代的烃为 1，对其他化合物为 0。

其他基于分子性质的 lgP 预测模型还有 ALOGPS、QikProp、ScilogP、SLIPPER 等。

7.2.5 化合物类药性、类先导性的预测

类药性（druglikeness）指化合物在结构、理化性质上具有药物的一些共性，使其具有合适的 ADME/T 性质。Lipinski[23]对类药性的定义是：具有如此性质的化合物具有足可接受的 ADME 性质和毒性性质，使其能够通过 I 期临床试验。Walters 等[24]对类药性化合物的定义是，带有官能团，并且/或者具有与大部分药物一致的物理属性的化合物。

Oprea 等[25,26]通过分析药物与先导化合物的差别发现，与药物相比，先导化合物：①结构复杂度小（分子量小，环和柔性键数少）；②疏水性小［ClgP 和 lgD (7.4) 小］；③类药性差（类药性得分低）。因此，在药物研发的不同阶段，应该采用不同的评判标准。

7.2.5.1 简单模型

Lipinski 等[27]分析了 2245 个 WDI (world drug index) 中的化合物的分子属性，发现药物一般分子量比较小，亲脂性较好，于 1997 年提出判断化合物类药性的五规则。五规则指出，一般来说，具有以下性质的化合物可能吸收或穿透性质较差：①分子质量大于 500Da；②lgP 大于 5；③氢键供体数大于 5；④氢键受体数大于 10。分析表明，符合这些规则两项以上的药物所占比例较小。

Ghose 等[28]人分析了 6304 个 CMC (Comprehensive Medicinal Chemistry) 化合物，建立了 CMC 中药物的分布范围（80%）：油水分配系数（$-0.4 \leqslant AlgP \leqslant 5.6$）；摩尔折射率（$40 \leqslant MR \leqslant 130$）；分子量（$160 \leqslant MW \leqslant 480$）；原子数（$20 \leqslant N \leqslant 70$）。

Kelder 等[29]分析 1590 个口服非中枢神经药和 776 个中枢神经药物后发现，90%的口服非中枢神经药物的极性表面积小于 120Å^2（$1Å = 10^{-10}$ m），而 90%的中枢神经药物的极性表面积小于 80Å^2。

Oprea[30]通过分析 MDDR (MACCS-II Drug Data Report)、Current Patents Fast-alert、CMC、Physician Desk Reference、New Chemical Entities，和 Available Chemical

Directory (ACD) 等化合物数据库在化学空间中的分布（如表 7-1），提出了一个类药性分子分布的化学空间：RNG≤2，RGB≤17，RTB≤5 为非类药性化合物；RNG≥3，RGB≥18，RTB≥6 为类药性化合物。

表 7-1　化合物在化学空间中的分布百分数

过滤边界值	ACD/%	MDDR/%
0≤RTB≤5；0≤RGB≤18	57.55	20.07
6≤RTB≤39；19≤RGB≤56	8.17	5.81
0≤RNG≤2；0≤RGB≤17	62.68	24.73
3≤RNG≤13；18≤RGB≤56	28.88	61.23

注：RTB (rotable bond) 指可旋转键数，RGB (rigid bond) 指刚性键数，RNG (ring) 指环的数目。

我们[31]在对 MDDR、CMC 与 ACD 进行类药性分析时，采用了一些分子结构性质比率描述符，以消除分子量的影响。其中一个化学空间过滤规则 0≤UNSATP≤0.43 和 0.1≤NO_C3≤1.8（UNSATP 为分子的不饱和度，后者为分子中氮、氧原子数之和与 sp^3 杂化碳原子数之比），将 39.38% 的 ACD，70.18% 的 MDDR 和 70.77% 的 CMC 化合物划分成类药性化合物，具有较好的区分度。应用该规则分析 CNPD（中国天然产物数据库），72.91% 的化合物通过。

Vieth 等[32]通过比较口服药物与其他给药途径药物发现，口服药物分子量小，氢键供体、受体，可旋转键数少。特别是与通过注射给药的药物相比，两者平均值差别更为显著。但 Vieth 等提示，在使用这些描述符应用到单个化合物时要特别谨慎，因为不同类型药物的性质范围事实上有很大程度的重叠。

Teague 等[25]发现，先导化合物的优化常常伴随分子量的增加和亲脂性的增加，所以，先导化合物不仅要满足五规则，而且分子量和亲脂性应更低：①分子质量低于 350Da；②lg$P$ 小于 3；③活性约 0.1μmol/L。他们[26]对更大的数据集分析发现，与药物相比，就平均值来说，先导化合物相对分子质量小（$\Delta MW=69$），分子折射率计算值小（$\Delta CMR=1.8$），环和氢键受体少（$\Delta RNG=\Delta HAC=1$），柔性键少（$\Delta RTB=2$），油水分配系数小 [$\Delta ClgP=0.43$，$\Delta lgD(7.4)=0.97$]，氢键供体相当（$\Delta HDO=0$），daylight 指纹类药性打分（daylight-fingerprint druglike score）低（$\Delta DFPS=0.15$），性质及药效团特征打分（property and pharmacophore features score）低（$\Delta PPFS=0.12$）。

Leeson 等[33]比较了 1983 年前上市的药物（864 个）和 1983～2002 年之间上市的药物（329 个），发现亲脂性、极性分子表面积比率、氢键供体数的平均值相当，而分子量、氢键受体数、可旋转键数和环数上升了 13%～29%。Leeson 等认为亲脂性、极性分子表面积比率、氢键供体数是最重要的口服药物类药性物理属性，极性、非极性性质的平衡是口服药物重要、不变的特征。

7.2.5.2　复杂模型

Ajay 等[34]以 CMC 为类药性化合物库，ACD 为非类药性化合物库，为分别以一组描述符（lg$P$、MW、氢键供体数、氢键受体数、可旋转键数、芳香密度 AR、Kappa 指数 $^2\chi_\alpha$）和 MACCS 分子指纹（共 166 位，表示化合物中是否含有某特定基团）为参数，分别采用贝叶斯神经网络（Bayesian neural network）和决策树（decision tree，DT）方法建立类药性识别模型。其最佳模型可准确判断 90% 的 CMC 化合物，而只将 10% 的 ACD 化合物判别为类药性化合物。而 80% MDDR 中的化合物被判别为类药性化合物。

Sadowski 等[35]以 WDI 化合物为药物，以 ACD 化合物为非药物，以 92 种原子类型为参数，采用前馈网络（feedforward neural network）建立分类模型。所建立的模型将83%的 ACD 化合物判别为非药物，77%的 WDI 化合物判别为药物。

Wagener 等[36]以 ACD 化合物为非药物，WDI 化合物为药物，以分子结构特征（扩展原子类型）为参数，利用决策树建立分类模型。该模型可以准确判别外部测试集中82.6%的化合物。为减少模型的假阴性率，又发展了第二个模型，该模型可以正确判别测试集中91.9%的药物，但同时假阳性率增加到34.3%。对模型的分析发现，只需检查羟基、叔胺或仲胺、羧基、苯酚或烯醇基的存在，就可以正确判别出 3/4 的药物。而非药物的特征是除卤素以外，很少带其他官能团的芳香性基团。

Brüstle 等[37]以 2105 个 WDI 化合物为类药性化合物，以 Maybridge 数据库化合物为非类药性化合物，利用递归分割（Recursive Partitioning）的方法确定了 66 个描述符中区分度最好的 3 个描述符：Q_{sumH}（氢原子上静电势拟合电荷之和），ESP_{min}（最小静电势），$covHB_{ac}$（共价氢键的酸性）。然后利用这 3 个描述符建立了 Kohonen 人工神经网络预测模型。测试结果表明该模型具有较好的区分能力。

Byvatov 等[38]比较了支持向量机（support vector machines，SVM）和人工神经网的类药性识别建模，结果显示支持向量机模型鲁棒性和标准偏差都稍优于人工神经网络模型，同时两者显示出一定的互补性。他们[39]还比较了决策树和支持向量机的识别类药性化合物能力，结果显示两者在所研究体系的表现相当。根据决策树结果制定了设计类药性化合物的指导。他们发现了区分类药性化合物与非类药性化合物的几个关键区别：相对分子质量大于 230；摩尔折射率大于 40；有一个或多个环，以及一个或多个官能团。

Biswas 等[40]利用神经网络抽取药物对某些描述符的分布，然后以

$$\mathrm{DLS} = \frac{1}{N_X} \sum_{\{X\}} \frac{f_X}{f_X^{\max}} \qquad (7\text{-}22)$$

为类药性打分。其中 DLS 为 druglike score（类药性打分）的缩写，$\{X\}$ 为描述符集合，N_X 为集合中描述符总数，f_X 为药物训练集中描述符 X 数值等于给定值的化合物数占总数的百分比，$f_X^{\max}$ 为分布百分比中的最大值。并将 DLS 用于不同生物活性数据库的分析。

Good 等[41]指出，采用随机数据为训练集和测试集可能导致训练集中有测试集化合物的类似物。另外，指出了用 ACD 作为对照库的弊端，由于 ACD 主要用作试剂，所以其大小与 WDI 化合物有系统性差别。通过分析 WDI 与 ACD 限制性子集（以 WDI 中化合物分子量分布为限制，对 ACD 取样得到），Good 等发现两者的 AlgP 分布并无显著区别。他们以 ECFP_4（Extended Class Finger Prints，扩展分类指纹）、AlgP、分子量、可旋转键数、氢键供体数、氢键受体数和 166 个 MACCS 分子指纹为描述符，采用贝叶斯分类方法建立了类药性分类模型。在建立模型时，将 WDI 化合物按靶标分成 17 类，每次将其中一类删除，作为删除测试集（omitted class test set）；其余化合物与 ACD 化合物合并，并随机分成两个集合，分别作为训练集和随机测试集。比较发现，删除测试集分类效果明显不如随机测试集，表明随机测试集结果不能反映模型的真实能力。

7.3 吸收

吸收指的是药物由给药部分进入到循环系统的过程。除静脉注射等直接进入循环系统的给药方式，其他给药方式都存在吸收问题。

7.3.1 口服吸收的预测

口服给药安全、便利和顺应性好,是最主要的给药方式。口服药物需通过肠胃吸收,由门静脉进入肝脏,然后进入循环系统。吸收过程中受到肠胃吸收,肠壁代谢和肝脏代谢的影响,因此进入循环系统的药量要小于口服药量,这种现象称为首关效应(first-pass effect,也称为首过效应)。进入循环系统的药量与口服药量之比称为口服生物利用度(bioavailability)。

7.3.1.1 Caco-2 细胞渗透性预测模型

Caco-2 细胞单层膜是最常用的小肠吸收体外模型,与体内模型有较好的相关性。衡量化合物 Caco-2 细胞渗透性的指标有表观渗透系数 P_{app}(apparent permeability coefficient)和细胞渗透系数 P_c(cellular permeability coefficient)。P_{app} 的定义为

$$P_{app} = \frac{\Delta Q}{\Delta t} \times \frac{1}{AC_0} \tag{7-23}$$

式中,$\Delta Q/\Delta t$ 是运输速度,mol/s;A 是细胞单层膜面积,cm^2;C_0 是每段时间供体一方的化合物起始浓度,mol/mL。P_c 可以通过测试不同搅拌速度时的 P_{app} 利用下式求得

$$\frac{V}{P_{app}} = \frac{1}{K} + \left(\frac{1}{P_c} + \frac{1}{P_f}\right)V \tag{7-24}$$

式中,V 是搅拌速度;K 为常数;P_f 是计算得到的过滤膜基质的渗透系数。

Palm 等[42]研究了 6 个肾上腺激素受体阻滞剂的 Caco-2 细胞渗透性及大鼠回肠渗透性与其动态极性范德华表面积之间的相关性,两者的相关系数 r^2 分别为 0.99 和 0.92,均高于与 pH7.4 时 lgD 的相关性(分别为 0.80 和 0.73)。

化合物以被动扩散方式透过 Caco-2 细胞单层膜等生物膜的渗透性与其亲脂性、大小、形成氢键的能力以及离解程度相关,van de Waterbeemd 等[43]比较了多种与分子大小和氢键相关的描述符对 17 个化合物的建模能力。并提出了一种新的氢键相关描述符:

$$C_{ad} = C_a + C_d \tag{7-25}$$

式中,C_a 和 C_d 分别利用 HYBOT 计算得到的与氢键受体、供体相关的自由能氢键因子。利用该描述符与分子量建立的预测模型具有较好的拟合能力,相关系数 $r=0.883$。

Norinder 等[44]所用的数据与 van de Waterbeemd 等[43]相同,共 17 个化合物,利用最大化化合物之间距离最小值的方法选出其中 9 个为训练集,其余 8 个为测试集。采用 MolSurf 软件计算得到的与亲脂性、极性、极化率和氢键相关的描述符以及 PLS 方法,建立了多个 Caco-2 细胞渗透性预测模型。其中两个模型的预测 RMSE 分别为 0.453 和 0.409。分析发现,与氢键相关的参数对吸收的影响最大,应当保持在最小值以提高化合物的渗透性。而高亲脂性以及化合物表面上电子对提高化合物渗透性有利。他们还发现将氢键受体分成 O 和 N 两种类型可以大大提高模型预测能力。

Camenisch 等[45]研究了 35 个药物的 Caco-2 细胞渗透性与其分子量、lgD 的相关性。他们将化合物按相对分子质量大小分成三类:小于 200 的;介于 200 和 500 之间的;大于 500 的。然后分别以如下方程作非线性拟合:

$$\lg P_e = a \lg \frac{1 + \alpha D_{oct}}{1 + \beta D_{oct}} + b \tag{7-26}$$

式中,D_{oct} 为油水分配系数;a、b、α 和 β 是通过非线性拟合得到的参数。

Kulkarni 等[46]采用 MI-QSAR 分析(membrane-interaction QSAR analysis,膜作用 QSAR 分析)获得化合物与磷脂膜的相互作用信息,来研究化合物 Caco-2 细胞渗透系数。MI-QSAR 的分子动力学研究采用二肉豆蔻酰磷脂酰胆碱为磷脂模型分子。最后用于建模

的描述符包括分子自身的参数以及分子与膜相互作用的参数。训练集包括 30 个化合物。建立了 6 种线性模型（分别包括 1，2，3，…，6 个参数），6 种模型的 q^2 都大于 0.70，其中 6 参数模型的 $q^2=0.77$。对测试集（8 个化合物）的预测误差与交叉验证结果相当。对参数的分析表明，化合物 Caco-2 细胞渗透性主要受化合物的水溶性、化合物与膜的作用以及化合物在膜中的柔性等因素影响。

Fujiwara 等[47]对 87 个化合物建立了 Caco-2 细胞渗透性（$\lg P_{app}$）预测模型。他们利用量子化学 AM1 方法优化化合物结构，并计算了偶极矩、极化率、sum（N）（氮原子电荷之和）、sum（O）（氧原子电荷之和）和 sum（H）（与氮、氧原子相连的氢原子电荷之和）五种描述符。然后采用神经网络建模，所得模型交叉验证 RMSE 为 0.507，而作为对比的线性回归模型和二次回归模型的 RMSE 分别为 0.584 和 0.568。通过预测 139 种口服药物的 $\lg P_{app}$ 分布，发现 90% 的口服药物 $\lg P_{app}$ 大于 -6.0，因此可以作为药物研发早期阶段评判化合物膜渗透性的一个标准。

Marrero Ponce 等[48]采用原子邻接矩阵的二次指数和多元线性回归对 33 个化合物建立了 Caco-2 渗透性预测模型，该模型的交叉验证准确率（LnO，Leave-n-Out）大于 91.0%。对 18 个化合物测试集的预测准确率为 88.88%。

侯廷军等[49]采用疏水性描述符、亲水性描述符、大小描述符和其他描述符，针对 77 个化合物建立多种 Caco-2 渗透性线性回归模型。其中最佳模型为：

$$\lg P_{eff}=-4.358+0.317\lg D-0.00558 HCPSA-0.179 r_{gyr}+1.074 f_{rotb} \quad (7-27)$$

式中，$\lg D$ 为 pH 7.4 条件下的 $\lg D$ 值，这里设置了两个边界值，$-1.8<\lg D<2.0$，当 $\lg D$ 超出边界值范围，取边界值；HCPSA 为净电荷大于 $0.1|e|$ 的原子周围的分子表面积；r_{gyr} 指分子回转半径（radius of gyration），其定义为

$$r_{gyr}=\sqrt{\frac{1}{M_T}\sum_{i=1}^{n}m_i r_i^2} \quad (7-28)$$

式中，M_T 为分子量；n 为分子中原子数；m_i 为第 i 个原子的原子量；r_i 为第 i 个原子与分子质心的距离；f_{rotb} 为分子中可旋转键数与键总数的比值。该模型交叉验证相关系数 $q=0.812$，$s=0.405$。对测试集（23 个化合物）的预测相关系数 $r=0.78$，误差绝对值的平均值为 0.49。

Refsgaard 等[50]将 712 个化合物按 P_{app} 分成两类：小于 4×10^{-6} cm/s；大于或等于 4×10^{-6} cm/s 的，并计算了这些化合物的 $C\lg P$、ROT（可旋转键数）、HA、HD、$M\lg P$、SURF（分子表面积）、VOL（分子体积）、MW 和 PSA。相关性分析表明，$C\lg P$ 和 $M\lg P$ 与渗透性的相关性较差，而 VOL、SURF 和 MW 之间的相关性均大于 0.9。最终选择 ROT、HA、HD、MW 和 PSA 为参数，采用 k 近邻法（最佳 $k=5$）建立了分类预测模型。对测试集（112 个化合物）分类预测结果为：8 个未作分类，有 16 个分类错误，而 53 个预测为不渗透的化合物全部预测正确。

7.3.1.2 小肠吸收预测模型

Palm 等[51]对 20 个具有结构多样性（口服吸收比率 FA 范围为 0.3%～100%，亲脂性、电荷和氢键供体、受体数也覆盖了较大范围）的模型药物进行了吸收预测研究，采用的参数包括动态极性分子表面积 PSA_d，动态非极性分子表面积 $NPSA_d$，氢键供体数 HD、受体数 HA 及总数 HT，$C\lg P$。研究结果表明 FA 与 PSA_d 具有良好相关性，其函数形式为 Sigmoid 函数。

$$FA=\frac{100}{1+\left(\dfrac{x}{x_{50}}\right)^{\gamma}} \quad (7-29)$$

式中，x 为化合物结构参数值；x_{50} 为 $FA=50\%$ 时的 x 值；γ 为斜率。分析表明，PSA_d < 63Å^2 的化合物将完全被吸收（$FA>90\%$），而 $PSA_d>139$Å^2 的化合物 $FA<10\%$。FA 与 HA 和 HT 也有 Sigamoid 函数关系，而与 HD 的相关性稍弱。与 $ClgP$ 的 Sigamoid 关系较差。HT、HA 和 HD 与 PSA_d 也有较好的相关性，但其缺点是没有考虑分子的动态性质（如内氢键），所以不如 PSA_d。没有观察到 $NPSA_d$ 与 FA 之间的相关性。

Clark[52]发展了一种快速计算分子极性表面积的方法，并将其用于吸收预测，所得结果与 Palm 等类似。不过其所采用的不是动态极性表面积，而是单个构象的极性表面积。

Stenberg 等[53]系统地比较了采用单个构象极性表面积代替动态极性表面积，以及以真空中构象代替溶剂中构象的预测效果差异，发现不会引起太多误差。他们还分析了 PSA 与各种量子化学计算得到的参数之间的相关性，发现 PSA 与氢键个数相关性比与氢键强度相关性好。他们还进一步将分子表面分成各种原子类型表面，得到 PTSA（partitioned total surface area model）模型，该模型精度与量子化学参数模型相当。

Wessel 等[54]针对 86 个药物或类药性化合物，以 162 个拓扑、几何和电子描述符，以及多种碎片描述符为参数，利用神经网络建立了%HIA（人小肠吸收百分数）预测模型。建模时利用其中 76 个化合物为训练集，其余 10 个为外部测试集。所建模型对训练集交叉验证 rms 结果为 19.7%HIA 单位，而对外部测试集预测误差为 16.0%HIA 单位。

Klopman 等[55]针对 417 个化合物，以 CASE 软件中 52 个碎片描述符，以及 MW、lgP、氢键供体和受体数为参数，建立多元线性回归预测模型：

$$HIA = c_0 + \sum_i c_i G_i \qquad (7-30)$$

式中，c_0 是常数；G_i 是某一基团在分子中出现与否的指示变量；c_i 是回归系数。最终的模型包括氢键供体数和 36 个结构参数。对外部测试集（50 个化合物）的预测标准偏差是 12.34%。

Norinder 等[56]采用 MolSurf 软件计算得到的与亲脂性、极性、极化率和氢键相关的描述符，以及 PLS 方法，建立了小肠吸收百分率预测模型。他们所用的数据与 Palm 等[51]相同，交叉验证的相关系数 $q^2=0.798$。分析发现，与氢键相关的参数对吸收的影响最大。其余相关参数还有极性、电荷转移性质以及化合物作为 Lewis 碱的强度。

Niwa 等[57]采用与 Wessel 等[54]相同的 86 个药物或类药性化合物，以 2D 拓扑描述符为参数，利用广义回归神经网络（general regression neural network, GRNN）和盖然神经网络（probabilistic neural network, PNN）建立了%HIA 预测模型。建模时利用其中 76 个化合物为训练集，其余 10 个为外部测试集。GRNN 模型对外部测试集预测误差为 22.8%HIA 单位，PNN 对外部测试集中 80% 的化合物判断正确。分析发现与 PSA 相关的是：NH_2/NH，—N＜，=N—，OH，—O—，=O。

7.3.1.3 生物利用度预测模型

Andrews 等[58]采用 85 个结构描述符（structure descriptor）和逐步回归分析，对 591 个化合物建立了口服生物利用度预测模型。模型的 LOO 相关系数 $q^2=0.61$，将其中 20% 作为外部测试集的预测相关系数 $r^2=0.58$（2000 次不同训练集、测试集划分结果的平均）。与五规则结果比较发现，假阴性率从 5% 降到 3%，而假阳性率从 78% 降到 53%。对模型分析表明，非氢原子数的系数为负数，越小对生物利用度越有利，与五规则一致。氢键供体数的系数也为负，而氢键受体数的系数为正。对生物利用度最不利的基团是四唑、4-氨基吡啶和苯醌。而叠氮、1-甲基环戊基、乙醇、水杨酸等对生物利用度有利。

Yoshida 等[59]将 232 个具有结构多样性的药物分子按其生物利用度分成四个级别：①$F \leqslant 20\%$；②$20\% < F < 50\%$；③$50\% \leqslant F < 80\%$；④$80\% \leqslant F$。以 $lgD6.5$、$lgD7.4$，和有无酚羟基、磺酰胺等 15 种基团的指示变量为参数，采用一种自适应最小二乘方法 ORMUCS（ordered multicategorical classification method using the simplex technique，利用单纯形技术的有序多类别分类方法）建立生物利用度预测模型。最终建立的模型的 LOO 交叉验证正确率为 67%（96%在 1 个级别范围），Spearman 排序相关系数（Spearman rank correlation coefficient）R_s 为 0.812。对测试集的 40 个化合物的预测正确率为 60%（95%在 1 个级别范围）。

Pintore 等[60]将两个生物利用度数据集（272 个+235 个）按 Yoshida 等[59]的方法分成四个级别，然后应用 AFP（adaptive fuzzy partition，自适应模糊分割）方法建模。通过一个遗传算法和逐步搜寻相结合的程序，从大量分子描述符中挑选出最相关的描述符。最终建立的模型对测试集的识别正确率是 75%，比对照方法对同一测试集的预测结果提高了 15%。他们还进一步研究了数据集的多样性对模型的影响，通过增加训练集的多样性，使预测的正确率提高了 25%。

Turner 等[61]针对 159 个数据，利用 94 种描述符和逐步回归方法建立了生物利用度预测模型。

$$F(\%) = -45.20 + 5.08(电子亲和性)$$
$$+ 4.09(芳香环数) - 15.83(HOMO)$$
$$- 3.34(lgP) - 0.09(摩尔体积)$$
$$- 0.72(体积\ HLB) - 4.75 \times 10.7(水溶性)$$
$$+ 1.18(Hansen\ 氢键溶解性参数) \tag{7-31}$$

模型包括电子、空间、疏水和结构描述符等 8 个描述符，其中 HLB（hydrophilic-lipophilic balance）指分子中亲水性和亲脂性部分的比率。该模型对测试集 10 个化合物的预测相关系数为 0.72。通过分析发现，可通过平衡水溶性和油水分配系数来设计生物利用度好的化合物。

Turner 等[62]利用神经网络构建生物利用度预测模型，所有模型是针对 137 个数据建立，然后利用 15 个数据测试。其中最好的模型对训练集、测试集的相关系数分别为 0.736 和 0.897。模型最重要的描述符是水溶性参数、电子描述符和拓扑指数。

侯廷军等[63]比较了 768 个化合物口服利用度数据与几种重要性质（MW、总极性表面积 TPSA、可旋转键数 N_{rot}、HA、HD、HB、lgP 和 $lgD7.4$）之间的相关性，他们发现根据这些性质所定的规则无法区分吸收差的化合物与吸收尚可的化合物，认为基于性质的简单规则对口服生物利用度的预测可靠性不高。他们同时比较了基于规则的小肠吸收预测模型，预测结果比口服生物利用度好很多。最主要的原因是上述性质无法考虑口服生物利用度涉及的肝脏代谢。

7.3.2 药物与药物转运体作用预测模型

膜转运体在药物吸收等方面具有重要的影响。P-糖蛋白（P-glycoprotein，P-gp）是最重要一种膜转运蛋白，属于 ATP 结合盒超家族（ATP-binding cassette superfamily）。P-gp 可外排多种多样的药物，引起多药耐药性和药物代谢动力学行为的变化。

Osterberg 等[64]采用 MolSurf 计算得到的与亲脂性、极性、极化率和氢键等理化性质相关的描述符和 PLS 方法，针对 22 种类药性化合物建立了 P-gp（P-glycoprotein，P 糖蛋白）结合活性预测模型。交叉验证的相关系数 $q^2 = 0.695$，标准偏差 $RMSE = 0.470$。分子的表面积、极化率和氢键性质对其与 P-gp 的结合影响最大，这些量越大，越有利于与

P-gp 的结合。

Penzotti 等[65]对训练集 144 个化合物建立了基于多个药效团的 P-gp 底物识别模型，根据每个药效团模型含有的 2、3 或 4 个药效团特征（从氢键供体、氢键受体、疏水基团、带正电、带负电和芳香基团 6 种特征中选取）以及它们相应的距离，该模型对测试集 51 个化合物的预测正确率为 63%。

Pajeva 等[66]在一个多样性很强的、与 P-gp 的维拉帕米（verapamil，戊脉安）结合位点相关的数据集（25 个化合物）的基础上，提出了一个 P-gp 底物识别药效团模型。该药效团模型包括两个疏水团、三个氢键受体和一个氢键供体。发现药物的结合活性与其同时作用的药效团数目相关。在这些研究的基础上，提出了 P-gp 底物结构如此多样的原因可能是：①P-gp 的维拉帕米结合位点有多个可参与疏水作用、氢键作用的点；②不同的药物可以不同的作用方式与 P-gp 不同的点作用。

Gombar 等[67]针对包括 95 个化合物的数据集，采用线性区分方法和电子拓扑状态 E-state 值、与原子大小相关的拓扑形状指数、CMR、MW、氢键等 27 个结构指示变量，建立了 P-gp 底物识别模型。该模型交叉验证敏感性（sensitivity，SE）为 100%，特异性（specificity，SP）为 90.6%。对测试集的 58 个化合物的识别正确率为 86.2%。

$$SE=\frac{TP}{TP+FN}; SP=\frac{TN}{TN+FP} \tag{7-32}$$

式中，TP 为 true positive（真阳性）；FP 为 false positive（假阳性）；TN 为 true negative（真阴性）；FN 为 false negative（假阴性）。

Xue 等[68]对 201 个数据，采用支持向量机方法和 159 个描述符（包括简单分子性质、分子连通性和形状、电子拓扑状态、量子化学描述符、几何性质描述符）建立了 P-gp 底物识别模型。该模型 5 倍交叉验证结果：$SE=81.2\%$，$SP=79.2\%$，正确率为 79.4，稍高于 k 近邻、盖然神经网络和决策树方法的结果。

7.3.3 经皮肤吸收的预测

化合物可以穿透皮肤。它们首先扩散到角质层的脂质或蛋白成分中，然后通过含水分丰富的真皮层进入皮肤的毛细血管。经皮给药也是一种重要的给药方式，其优点是不存在首关效应。

Hatanaka 等[69]比较了几种药物的对离体裸鼠皮肤的渗透性与理化性质的关系以及对典型溶液扩散膜聚二甲基硅氧烷（polydimethylsiloxane，silicone）和典型有孔膜聚 2-羟乙基甲基丙烯酸甲酯 [poly(2-hydroxyethyl)methacrylate，pHEMA] 的渗透性与理化性质的关系，以评价脂质通路和微孔通路对皮肤渗透性的贡献。研究发现，药物的 silicone 渗透系数与其 $\lg P$ 之间有线性关系，而 pHEMA 渗透系数几乎不变，与 $\lg P$ 不相关。而药物对皮肤的渗透性可以分成两类，一类是亲脂性药物，渗透性与其 $\lg P$ 线性相关；另一类是亲水性药物，渗透性几乎是常数。因此，皮肤可以看作具有脂质通路和微孔通路两条平行通路的膜。在此基础上，得到了药物皮肤稳态渗透速率的方程。

ABRAHAM 等[70,71]分析了影响化合物皮肤渗透的因素。他们发现，化合物在角质层和水层之间的分配系数 $\lg K_m$ 与 $\lg P$ 或 Abraham 溶质描述符相关。应用后者的分析表明，溶质的大小和氢键酸性越大越有利于角质层，而溶质的偶极矩/极化率、氢键碱性越大越有利于水层。对化合物的皮肤渗透系数 $\lg K_p$ 的分析表明，$\lg P$ 不能用于大范围的化合物中，而 Abraham 溶质描述符则可以。他们得到如下方程：

$$\lg K_p = -50132 + 0.439 R_2 - 0.489 \pi_2^H - 1.478 \sum \alpha_2^H$$

$$-3.442\sum\beta_2^H + 1.941V_x$$
$$n=53, r^2=0.9577, s=0.213, F=213 \tag{7-33}$$

式中，R_2 是过量摩尔折射率，π_2^H 是偶极/极化率参数，$\sum\alpha_2^H$ 和 $\sum\beta_2^H$ 分别是溶质的氢键酸性和碱性，V_x 是 McGowan 特征体积。$\lg K_p$ 随溶质的大小增加而增加，随偶极矩/极化率、氢键酸性和氢键碱性的增加而减小。并认为，所有的化合物都通过相同的途径穿透皮肤，无法区分为经细胞机理和细胞旁路机理。

Wilschut 等[72]利用 99 个化合物的 123 个 $\lg K_p$ 数据，比较了五种预测模型。

Brown, Rossi (1989):
$$K_p = b_1 \times \frac{K_{ow}^{b_2}}{(b_3 + K_{ow}^{b_2})} \tag{7-34}$$

式中，K_{ow} 为油水分配系数。

Fiserova 等（1990）:
$$K_p = (b_1 + b_2 \times K_{ow}) \times e^{b_3 \times MW} \tag{7-35}$$

McKone, Howd (1992):
$$K_p = \left(b_1 + \frac{0.0025}{(b_2 + b_3 \times K_{ow}^{b_4})}\right)^{-1} \times MW^{b_5} \tag{7-36}$$

Guy, Potts (revised):
$$\lg K_p = b_1 + b_2 \lg K_{ow} + b_3 \times MW^{0.5} \tag{7-37}$$

Robinson (revised):
$$K_p = \frac{1}{\dfrac{1}{K_{psc}+K_{pol}} + \dfrac{1}{K_{aq}}} \tag{7-38}$$

式中，K_{psc} 是角质层脂质渗透系数：
$$\lg K_{psc} = b_1 + b_2 \lg K_{ow} + b_3 \times MW^{0.5} \tag{7-39}$$

K_{pol} 是角质层蛋白质渗透系数：
$$K_{pol} = \frac{b_4}{\sqrt{MW}} \tag{7-40}$$

K_{aq} 是含水丰富的真皮层渗透系数：
$$K_{aq} = \frac{b_5}{\sqrt{MW}} \tag{7-41}$$

分析结果表明，前两种模型的残差（residual variances）分别为 0.9604 和 0.7273；后三种模型的残差分别为 0.5514、0.5412 和 0.5131，结果更为可靠。与 Guy 和 Potts 模型相比，McKone 和 Howd 模型以及 Robinson 模型对高亲水性和高亲脂性化合物的预测值更准确。而 Robinson 模型的残差总是最小。

Değim 等[73]针对 40 个化合物，以化合物的原子净电荷、MW 和 $\lg P$ 为参数，采用 ANN 方法建立了 $\lg K_p$ 预测模型。该模型对训练集的拟合结果为：$r^2 = 0.996$，$s = 0.042$。并用 11 个测试集化合物测试训练模型。

7.3.4 血脑屏障渗透性的预测

血脑屏障（blood-brain barrier, BBB）是血液和脑之间的一个物理屏障，由脑毛细血管内皮细胞和星形胶质细胞、血管周神经元、周皮细胞等周围基质构成。血脑屏障可以选择性让某些物质由血液进入脑，并阻止有害物质进入大脑。

药物通过血脑屏障的形式主要有以下五种：①被动扩散（passive diffusion）；②细胞旁路转运（paracellular transport）；③主动运输（active transport）；④内吞（endocytosis）；⑤主动外排泵（efflux pumps）。

血脑屏障渗透性是药物分子的一个重要性质。作用于中枢神经系统的药物需要有高的血脑屏障渗透性，而作用于非中枢神经系统的药物，其血脑屏障渗透性应该尽可能地低，以减少副作用。

当前的计算模型主要考虑被动扩散方式的 BBB 通透性。药物血脑屏障渗透性指标主要有两种：CNS+/- 和 lgBB。CNS+/- 指中枢神经系统阳性/阴性，是定性数据，其不足之处是 CNS⁻ 可能并不是化合物的血脑屏障渗透性差，而是其不与中枢神经系统靶标作用。lgBB 指稳态时大脑中与血液中的药物浓度之比的对数。

$$\lg BB = \lg \frac{C_{brain}}{C_{blood}} \tag{7-42}$$

Abraham 等[74]构建了包含 65 个化合物的 lgBB 数据集，在删除若干异常值（outlier）后，得到如下方程：

$$\lg BB = -0.038 + 0.198R_2 - 0.687\pi_2^H - 0.715\Sigma\alpha_2^H - 0.698\Sigma\beta_2^H + 0.995V_x \tag{7-43}$$

$$n=57, r=0.9522, s=0.197, F=99.2$$

式中，R_2 是过量摩尔折射率；π_2^H 是偶极/极化率参数；$\Sigma\alpha_2^H$ 和 $\Sigma\beta_2^H$ 分别是溶质的氢键酸性和碱性，V_x 是 McGowan 特征体积。

van de Waterbeemd 等[75]利用 CNS+/- 数据讨论了化合物的理化性质，如亲脂性、氢键、分子大小和形状对其血脑屏障渗透性的影响，他们认为药物要穿过血脑屏障，其 MW 应小于 450，PSA 应小于 90Å²。

Clark[76]针对 55 个化合物，利用多元线性回归（multiple linear regression，MLR）方法，以 PSA 和 lgP（ClgP、MlgP）为参数，建立 lgBB 预测模型。两个方程如下：

$$\lg BB = -0.0148 PSA + 0.152 ClgP + 0.139 \tag{7-44}$$

$$n=55, r=0.887, s=0.354, F=95.8$$

$$\lg BB = -0.0145 PSA + 0.172 MlgP + 0.131 \tag{7-45}$$

$$n=55, r=0.876, s=0.369, F=86.0$$

两个方程对第一个测试集（7 个化合物）的预测平均误差绝对值分别为：0.37 和 0.40，对第二个测试集（6 个化合物）的预测平均误差绝对值分别为：0.24 和 0.23。

Crivori 等[77]针对 110 个化合物血脑屏障渗透性定性数据（BBB+/-），以 VolSurf 从分子三维结构计算得到的分子大小，形状，分子疏水部分和亲水部分的大小和形状，以及它们的差值、氢键、两性矩（amphiphilic moments）等为参数，采用 PLS 方法建立血脑屏障渗透性预测模型。对 120 个测试集化合物的预测结果（删除了 5 个异常值）：BBB+ 化合物（44 个）的预测正确率为 90%；BBB- 化合物（71 个）的预测正确率为 65%。将训练集和测试集合并后（229 个），改进模型拟合结果为正确率大于 90%。

Kaznessis 等[78]针对 76 个化合物，采用蒙特卡罗模拟得到的分子溶剂可及性表面积以及其亲水、疏水及两亲成分、HA、HD 和偶极矩为参数，采用逐步回归方法建立了 lgBB 预测模型：

$$\lg BB = -0.2339 HA + 0.00147 MVOL - 31.6099 HA\sqrt{HD}/SASA - 0.04579 \tag{7-46}$$

$$n=76, r=0.97, s=0.173, F=311.307$$

式中，MVOL 为分子体积。

Rose 等[79]针对 102 个化合物，采用电子拓扑指数和多元线性回归方法，建立了 lgBB 预测模型：

$$\lg BB = -0.202 HS^T(HBd) + 0.00627[HS^T(arom)]^2 - 0.105[d^2\chi^v]^2 - 0.425 \tag{7-47}$$

$$r^2=0.66, s=0.45, F=62.4, n=102, q^2=0.62, s_{press}=0.48$$

式中，$HS^T(HBd)$ 是氢键供体的氢 E-state 值；$HS^T(arom)$ 是芳香 CH 基团的氢 E-state 值，$d^2\chi^v$ 反映分子的支链度。该模型对 28 个 CNS+/- 测试集化合物的分类结果

(lgBB 预测值大于 0 即设置为 CNS+）27 个正确。

Iyer 等[80]采用 MI-QSAR 分析建立 lgBB 预测模型，其方法与他们[46]建立 Caco-2 细胞渗透性预测模型所用方法类似。训练集包括 56 个化合物。建立了 6 种线性模型（分别包括 1，2，3，…，6 个参数），后 5 种模型的 q^2 都大于 0.70，其中 6 参数模型的 $q^2=0.792$。对测试集（7 个化合物）的预测误差与交叉验证结果相当。对参数的分析表明，化合物血脑屏障渗透性主要受化合物的 PSA、lg$P$、化合物柔性以及化合物与膜的作用等因素影响。

Li 等[81]研究了选择描述符对模型的影响，他们分别采用逻辑回归（logistic regression）、线性区分分析（linear discriminate analysis）、k 近邻、C4.5 决策树（C4.5 decision tree）、概率神经网络和 SVM 方法建立 BBB+/− 预测模型，采用递归特征消除（recursive feature elimination，RFE）选择描述符。结果显示，RFE 有助于提高统计学习方法的建模能力。在几种模型中，SVM 模型稍好于其他模型，该模型 5 倍交叉验证的结果为：$SE=88.6\%$，$SP=75.0\%$，正确率为 83.7%。

7.4 分布

药物分布指药物在机体不同部位的分配情况，药物的分布性质影响其在机体各组织的浓度，对药效和毒性起到关键作用。药物分布的一个重要参数是分布体积，它和清除率决定药物的半衰期。通过预测药物分布体积，结合药物清除率的预测，可以估计药物的半衰期。药物分布的预测在新药的研发过程中有重要意义，并能指导临床试验时确定给药次数、剂量。

7.4.1 药物分布体积、药物组织-血浆分配系数的预测

药代动力学中的稳态分布体积 V_{ss}（单位体重分布体积）可通过以下方程计算[82]：

$$V_{ss}=(\sum V_t \times P_{t:p})+(V_e \times E:P)+V_p \tag{7-48}$$

式中，V_t、V_e 和 V_p 分别指单位体重所含组织（t）、血细胞（e）和血浆（p）的体积，L/kg；$E:P$ 是药物的红细胞-血浆分配系数；$P_{t:p}$ 是药物的组织（t）-血浆分配系数。方程中物种特异性的参数（V_t，V_e，V_p）可从文献中获得，所以，只要能获得药物特异性的参数（$P_{t:p}$，$E:P$），就可以计算药物的分布体积。

回归分析[82,83]表明，药物的亲脂性和血浆蛋白结合是 V_{ss} 的两个重要决定因素。Poulin 等[84,85]得到了药物的组织/水分配系数：

$$P_{nlt:w}=P_{o:w}, P_{pht:w}=0.3P_{o:w}+0.7 \quad （对于非脂肪组织）$$
$$P_{nlt:w}=D^*_{o:w}, P_{pht:w}=0.3D^*_{o:w}+0.7 \quad （对于脂肪组织） \tag{7-49}$$

式中，$P_{nlt:w}$ 指药物的中性脂-水分配系数；$P_{pht:w}$ 指药物的磷脂-水分配系数；$P_{o:w}$ 是药物在正辛醇-pH 为 7.4 的缓冲液的分配系数；$D^*_{o:w}$ 是药物在橄榄油-pH 为 7.4 的缓冲液的分配系数，可通过实验测定。

将以上结果应用到器官水平，同时考虑药物与组织、血浆蛋白的结合，Poulin 等导出下式

$$P_{t:p}=\frac{[P_{o:w}\times(V_{nlt}+0.3V_{pht})]+[1\times(V_{wt}+0.7\times V_{pht})]}{[P_{o:w}\times(V_{nlp}+0.3V_{php})]+[1\times(V_{wp}+0.7\times V_{php})]}\times\frac{fu_p}{fu_t}（对于非脂肪组织）$$

$$P_{t:p}=\frac{[D^*_{o:w}\times(V_{nlt}+0.3V_{pht})]+[1\times(V_{wt}+0.7\times V_{pht})]}{[D^*_{o:w}\times(V_{nlp}+0.3V_{php})]+[1\times(V_{wp}+0.7\times V_{php})]}\times\frac{fu_p}{1}（对于脂肪组织）$$

$$\tag{7-50}$$

式中，V_{nlt}，V_{pht} 和 V_{wt} 分别指器官含中性脂、磷脂组织和水的体积分数；V_{nlp}，V_{php} 和 V_{wp} 分别指血浆含中性脂、磷脂组织和水的体积分数；fu_t 和 fu_p 分别指器官和血浆中游离（unbound）药物的比率。fu_p 通过实验得到。实验表明哺乳动物的多种组织和血浆中白蛋白、球蛋白和脂蛋白等药物结合蛋白浓度比介于 0.3～1.0 之间，而 0.5 是最常见的比值。假定药物结合蛋白在组织和血浆之间的浓度比为 0.5，则 fu_t 可通过

$$fu_t = \frac{1}{1+0.5\left[\dfrac{1-fu_p}{fu_p}\right]} \tag{7-51}$$

估算。

Poulin 等[86]对 123 种结构不相关的药物（酸、碱、中性）预测大鼠和人的 V_{ss} 值。并与实验数据进行对比，大鼠和人的 V_{ss} 的预测与实验的比值平均为 1.06（$SD=0.817$，$r=0.78$，$n=147$）。80% 的预测数据都在实验值的 2 倍范围内（平均比值 1.01，$SD=0.39$，$r=0.93$，$n=118$），但 25 种药物 V_{ss} 的预测值与实验值相差 2 倍以上（平均 1.32，$SD=1.74$，$r=1.42$，$n=29$）。该模型对一些阳离子两性碱预测效果较差。

Rogers 等[87, 88]在 Poulin 研究的基础上进行改进，考虑了碱性药物以及两性离子与酸性磷脂［磷脂酰丝氨酸（PS），磷脂酰甘氨酸（PG），磷脂酰肌醇（PI）和磷酸（PA）］的作用，并分开处理药物中性部分和离子化部分。以下所有量均指稳态时的量，其下标省略。组织-血浆游离药物浓度之比

$$K_{pu} = \frac{C_T}{C_{up}} \tag{7-52}$$

式中，C_T 为组织药物浓度；C_{up} 为血浆中游离药物浓度。

组织药物浓度可以表示

$$C_T = \frac{C_{EW}V_{EW} + C_{IW}V_{IW} + C_{NL}V_{NL} + C_{NP}V_{NP} + C_{AP}V_{REM}}{V_T} \tag{7-53}$$

或者写成

$$C_T = C_{EW}f_{EW} + C_{IW}f_{IW} + C_{NL}f_{NL} + C_{NP}f_{NP} + C_{AP}f_{REM} \tag{7-54}$$

式中，f 是指各相所占的体积百分比，下标 EW，IW，NL，NP 和 AP 分别代表细胞内水、细胞外水、细胞内中性脂、细胞内中性磷脂、细胞内酸性磷脂。

在血浆中，游离药物浓度 C_{up} 为 [DH$^+$]（离解部分）和 [D$_p$]（未离解部分）的总和，因此有：

$$C_{up} = [D_p] + [DH_p^+] = [D_p](1 + 10^{pK_a - pH_p}) \tag{7-55}$$

组织水中的药物有同样的关系，只是 pH 值不同。在稳态时，所有水中未离解游离药物的浓度相等。

$$[D_p] = [D_{EW}] = [D_{IW}] \tag{7-56}$$

中性脂和中性磷脂中的药物浓度与水中未离解的游离药物浓度关系参照 Poulin 的方法处理。

$$C_{NL} = \frac{C_{up}P}{1 + 10^{pK_a - pH_p}} \tag{7-57}$$

式中，P 为药物未离解部分在正辛醇-水中的分配系数，但对于脂肪组织，则选用在橄榄油-水中的分配系数。

$$C_{NL} = \frac{C_{up}}{1 + 10^{pK_a - pH_p}}(0.3P + 0.7) \tag{7-58}$$

式中，P 为药物未离解部分在正辛醇-水中的分配系数。

酸性磷脂中的药物浓度以下式处理

$$C_{AP} = K_{AP}[AP^-]_{REM}[DH^+]$$
$$= \frac{K_{AP}[AP^-]_{REM} C_{up} 10^{pK_a - pH_{IW}}}{1 + 10^{pK_a - pH_p}} \quad (7-59)$$

式中，K_{AP} 为碱性药物阳离子与酸性磷脂的结合常数；$[AP^-]_{REM}$ 为酸性磷脂的浓度。

这样，组织-血浆游离药物浓度之比可表示为

$$K_{pu} = \frac{C_T}{C_{up}}$$

$$= \begin{bmatrix} f_{EW} + \dfrac{1 + 10^{pK_a - pH_{IW}}}{1 + 10^{pK_a - pH_p}} f_{IW} \\ + \dfrac{P f_{NL} + (0.3P + 0.7) f_{NP}}{1 + 10^{pK_a - pH_p}} \\ + \dfrac{K_{AP}[AP^-]_T 10^{pK_a - pH_{IW}}}{1 + 10^{pK_a - pH_p}} \end{bmatrix} \quad (7-60)$$

式中，$[AP^-]_T = [AP^-]_{REM} f_{REM}$。

采用这一方程对药物的分布进行预测，准确度有所提高。De Buck 等[89,90]对 Rogers 和 Poulin 的方法进行了比较，发现前者更为精确。Rogers 等[91]又将该方法用于分布体积的预测。

Lombardo 等[92]利用 Oie-Tozer 方程[93]计算 V_{ss}：

$$V_{ss} = V_p (1 + R_{E/I}) + f u_p V_p (V_E/V_p - R_{E/I}) + \frac{V_R f u_p}{f u_t} \quad (7-61)$$

式中，$R_{E/I}$ 指血管外与血管内药物结合蛋白的比率（只考虑白蛋白），其值约为 1.4；V_E 指单位体重细胞外液的体积，为 0.151L/kg；V_p 的值为 0.0436L/kg；V_R 指药物分布的物理体积减去细胞外空间的体积，其单位体重值为 0.380L/kg。由[61]，只要得到 fu_t 和 fu_p，就可以计算出分布体积。fu_p 可通过实验得到。Lombardo 等通过对 64 个化合物的回归分析，获得了 $\lg fu_t$ 与实验测得的 $E\lg D(7.4)$、$f_i(7.4)$（化合物离子化比率）和 $\lg fu_p$ 的线性回归方程。该方法对测试集（14 个）的预测结果大部分在实验值的 2 倍范围内。他们[94]后来又将该方法与几种利用动物药代动力学数据的方法比较，进一步证实了其可靠性。

7.4.2 药物与血浆、组织蛋白结合的预测

人体内血浆中与脂肪酸、药物小分子结合的蛋白质主要是人血清白蛋白（human serum albumin，HSA）、α_1-酸性糖蛋白（α_1-acid glycoprotein，AGP 或 AAG）和脂蛋白（lipoprotein）。

HSA 是血浆中含量最丰富的蛋白质，约占血浆蛋白总量的 60%，在血浆中的浓度为 40mg/mL[95]。HSA 的主要功能是输运没有酯化的脂肪酸，另外，HSA 可以与许多种药物结合。HSA 含有 585 个残基，由三个同源的结构域（Ⅰ，Ⅱ和Ⅲ）组成，每个结构域又包括两个子结构域（A 和 B），这两个子结构域也有部分同源性[96]。

HSA 有七个主要脂肪酸结合位点，可与不同链长和不饱和度的脂肪酸结合[97,98]。中等链长的脂肪酸（10 个碳原子以下）还可以和另外四个结合位点结合[99]。HSA 有两个主要药物结合位点[95,100]，这两个药物结合位点为：①结合口袋Ⅰ，或称为华法林位点；②结合口袋Ⅱ，或称为吲哚苯二氮平位点[101,102]。位点Ⅰ倾向与带负电的、大的杂

环化合物结合，位点Ⅱ倾向与小的芳香羧酸化合物结合。

AGP 在血浆中的正常浓度为 1mg/mL[103]。AGP 由三种相似的基因编码，包含大约 200 个氨基酸残基。其功能尚不完全清楚。AGP 采用典型的脂质运载蛋白（lipocalin）方式折叠，其核心模体是由八股 β 片（β-strands）构成的 β 桶（β-barrel），β 桶侧面是一个 α 螺旋（α-helix）(104)。AGP 的结合口袋位于桶结构中，连接 β 片的 4 个回转结构（loop）组成了配体结合口袋的入口。由于结合口袋形状复杂，开口部分的回转结构柔性较大，所以 AGP 可以与许多碱性和中性化合物结合。

酸性药物主要与 HSA 结合。碱性和中性药物与 AGP 结合活性较高[103]，但由于 HSA 的浓度高，所以也必须考虑与 HSA 的结合。脂蛋白主要与亲脂性高的药物结合。

7.4.2.1 线性模型

Gunturi 等[105]将 94 个与 HSA 结合的化合物分成训练集（84 个化合物）和测试集（10 个化合物）。然后利用蚁群算法优化多元线性回归方程，从总共 327 个描述符中确定基于 5 个和 6 个描述符的最好模型。所得模型具有很好的预测能力，其中 5 个描述符的模型 $r=0.8942$，$q=0.86790$，$F=62.24$，$s=0.2626$。6 个描述符的模型 $r=0.9128$，$q=0.89220$，$F=64.09$，$s=0.2411$。对描述符分析结果表明，疏水作用、溶解性、大小和形状是影响化合物与 HSA 结合活性的主要因素。

Hervé 等[106]采用比较分子力场分析（comparative molecular field analysis，CoMFA）方法建立了 35 个化合物与 AGP（包括 A 变种，F1 变种和 S 变种混合物两个体系）结合活性的预测模型。其中 A 变种模型稍好，F1 变种和 S 变种混合物模型较差。

Gleeson 利用[107]PLS 方法建立了化合物与人血浆蛋白结合预测模型和化合物与大鼠血浆蛋白结合预测模型。对描述符的分析表明，亲脂性、大小和带电类型/电离程度是主要影响因素。

Liu 等[108,109]基于分子相似性和聚类分析将 HSA 结合数据集（115 个）分成训练集（98 个）和测试集（17 个）。然后分别采用四维指纹（4D-fingerprint）相似性和 Kier-Hall 价连通性指数相似性为描述符，通过四种方案（SM，SA，SR 和 SC）进行预测。其中 SM 用训练集中最相似的化合物的结合活性作为测试集化合物的预测值，效果较差。其他三种方案将 10% 最相似化合物的结合活性分别赋予各种权重，预测效果较好。SA 方案用训练集中 10% 最相似化合物的结合活性的平均值（$\lg k_{\text{jth-similar}}$）作为测试集化合物的预测值（$\lg k_{\text{predicted}}$）。SR 和 SC 方案在 SA 的基础上增加了权重因子：

$$\lg k_{\text{predicted}} = \sum_{j=1}^{n} w_j \lg k_{\text{jth-similar}} \tag{7-62}$$

SR 的训练集化合物的权重因子 w_j 为该化合物与待预测化合物相似性值与 10% 最相似化合物相似性值加和之比

$$w_j = \frac{S_j(t)}{\sum_{i=1}^{n} S_i(t)} \tag{7-63}$$

式中，n 是 10% 最相似化合物的个数；$S_j(t)$ 是训练集中的化合物 j 与待预测化合物的相似性。

SC 建立在对训练集化合物的聚类基础上，每一类的权重相同，但同一类中各化合物的权重和其与待预测化合物的相似性成正比。其计算公式为

$$w_j = \frac{1}{n} \times \frac{S_j(t)}{\sum_{i=1}^{m} S_i(t)} \tag{7-64}$$

式中，n 为分类数；m 为化合物 j 所在分类中化合物的个数。该方案预测效果最好。

Saiakhov 等[110]将 154 个化合物按其血浆蛋白结合的百分率（%PPB）分成三类：①结合（%PPB＞32%）；②微量结合（32%＞%PPB＞19%）；③不结合（19%＞%PPB）。然后利用 MCASE 软件建模。结果显示血浆蛋白结合的百分率与 $\lg P$ 的相关性不好。确定了 8 个与血浆蛋白结合的百分率具有较好相关性的子结构。其中 7 个可以在其他指标的协同下建立 QSAR。有趣的是，在所有模型中都有 $\lg P$。

Wichmann 等[111]采用 5 个 COSMO-RS 所得 σ 矩为参数，针对 84 个化合物（训练集）建立了 HSA 结合活性多元线性回归预测模型。结果为：$r^2=0.66$，$s=0.33$；$q^2=0.61$，qms=0.36。对测试集（10 个）结果为：$r^2=0.80$，$s=0.32$。

7.4.2.2 复杂模型

Yamazaki 等[112]假定：①1/(1-PBR) 是结合药物与非结合药物的浓度比的线性函数，并且按化合物的质子化状态分成中性和碱性药物、酸性药物两类；②结合药物与非结合药物的浓度比是 $\lg P$ 或 $\lg D$ 的函数。从而得到如下关系：

$$PBR=\frac{k'\times\exp(\lg D)+k_2'}{k'\times\exp(\lg D)+k_2'+1} \tag{7-65}$$

然后分别利用非线性回归对中性和碱性药物（90 个）、酸性药物（89 个）建模。对中性和碱性药物的分析发现，pH 7.4 时的 $\lg D$ 回归效果最好，但有 6 个化合物偏差比较大。去除这 6 个化合物后，回归的相关系数 $r^2=0.803$，但所得模型对两性化合物（53 个）的预测效果不好（$r^2=0.490$）。酸性化合物的回归效果不好（$r^2=0.416$），而对两性化合物（71 个）更差（$r^2=0.194$）。利用一个两中心药效团将酸性化合物分成两类，其中含有该药效团的化合物（44 个）具有较好的回归效果（$r^2=0.786$），而其余的 45 个化合物与 $\lg D$ 或 $\lg P$ 没有相关性。

Colmenarejo 等[113]用遗传算法搜寻训练集化合物（84 个）与 HSA 结合活性的非线性拟合方程及变量，其中最好的拟合方程为：

$$\lg K'_{hsa}=-0.607873+0.06784(HBondDon-3)^2-$$
$$(9\times10^{-6})(JursTPSA)-0.028261(E_{HOMO}+7.4076)^2+$$
$$(0.005697)(AM1dip^2)+(0.182595)(ClgP)+(2.33529)(^6\chi_{ring}) \tag{7-66}$$

式中，HBondDon 为氢键供体数；JursTPSA 为总极性表面积；E_{HOMO} 为最高占有轨道能量；AM1dip 为 AM1 计算得到的偶极矩；ClgP 为油水分配系数，$^6\chi_{ring}$ 为六阶环类型 Kier 和 Hall 拓扑指数（sixth-order, ring type kier and hall topological index）。模型的留一法交叉验证相关系数 $q^2=0.79$，PRESS/SSY=0.20；对外部测试集（10 个）的相关系数 $r^2=0.85$。通过分析遗传算法所得较好模型中描述符的出现频率，发现疏水作用是影响药物与 HSA 结合的最重要因素；另外，结构因素 $^6\chi_{ring}$、Jurs 描述符等也是出现较多的描述符。

薛春霞等[114]分别利用启发式线性回归和支持向量机方法，针对训练集（84 个）建立 HSA 结合预测模型，启发式线性回归和支持向量机拟合结果分别为：$r^2=0.86$，$s=0.212$；$r^2=0.94$，$s=0.134$。而对测试集（10 个）结果分别为：$r^2=0.71$，$s=0.430$；$r^2=0.89$，$s=0.222$。

Deeb 等[115]采用主成分人工神经网络以及 QSAR 方法对 94 个化合物构建了 HSA 结合预测模型。与 QSAR 相比，主成分人工神经网络采用的主成分数更少，而建立的回归模型的预测效果更好。主成分神经网络的主成分数为 6，最佳模型的相关系数 $r=0.9218$，对外部测试集的预测相关系数 $r=0.8302$。

假定位于模型空间相同区域的化合物具有相似的预测误差,那么在知道这些误差之后,可以利用其提高预测能力。Rodgers 等[116]根据已建立血浆蛋白结合预测模型对待预测化合物的预测值,对校正库化合物的预测误差,以及待预测化合物与校正库化合物的相似性,确定校正后的预测值。经比较分析发现,与原模型和包括校正库化合物的更新模型相比,利用校正库的模型的预测能力显著提高。

7.5 代谢

药物和新化学实体在体内的代谢是其吸收分布最重要的决定性因素之一。在大多数情况下,异源物质的代谢转化都是从体内消除的序曲,任何可以调节代谢速率和水平的因素都可能改变该异源物质的整体分布。药物代谢最常见的作用是导致药物失去生物活性。然而,代谢转化有时也可能产生具有生物活性的代谢物,起到全部或部分的药理作用;抑或是产生反应性或毒性的中间体和代谢产物,给机体带来潜在的毒性效应。因此,在药物发现过程中获得对新化学实体的代谢信息是非常必要的。药物候选物的主要缺陷中有很多因素都与代谢相关,如可形成反应性中间体(导致共价修饰细胞内生物大分子),主要代谢酶具有明显的多态性,或由于对代谢酶抑制或诱导作用造成的潜在药物-药物相互作用等。随着对各种代谢酶体系表达和调控研究的逐渐深入,人们对代谢在早期药物开发中地位和作用的认识也越来越深刻。

7.5.1 一相代谢

药物代谢反应主要分为两大类:一相反应和二相反应。一相反应主要是在分子结构上引入极性基团的官能团反应。例如酯类或酰胺水解转化为相应的酸和醇或胺,芳香碳和脂肪碳的羟基化,杂原子(二级、三级胺、醚、硫醚等)的脱烷基化,杂原子氧化(N-氧化、硫-氧化)。一相代谢产物可以直接,或经过二相代谢后排出体外。一相代谢中最重要的酶就是细胞色素 P450 超家族酶,除此之外还有黄素单胺氧化酶,酯酶和酰胺酶等。

细胞色素 P450(CYP450) CYP450 是一类具有多重底物特异性的含铁卟啉单氧化酶超家族。CYP 酶催化多种内源物质(如胆酸、甾体、胆固醇等)和异源物质(如药物、环境污染物和食物等)的生物转化。CYP 酶参与的生物转化包括脂肪烃和芳香烃羟基化,芳香环或烯族双键的环氧化,杂原子的氧化、脱烷基、脱氢反应等[117~119]。

根据序列同源性 CYP 又可以分成多种亚家族,有关药物代谢的 CYP 酶主要局限于亚家族 1,2,3 和 4;进一步可将这些 CYP 亚家族分为各种亚型,其中主要的药物代谢亚型是:CYP1A2,2C9,2C19,2D6 和 3A4(表 7-2)。表中还列出了人类肝脏中 CYP 各种亚

表 7-2 CYP450 酶各亚型的底物、抑制剂和诱导剂[119]

亚型	所占比例/%	特征性代谢底物	抑制剂	诱导剂
1A2	13	咖啡因	呋拉茶碱	奥美拉唑
2A6	4	香豆素	4-甲氧基-补骨脂素	
2B6	0.2	安非拉酮	邻甲苯海拉明	苯巴比妥
2C8、2C9、2C19	18	红豆杉醇、甲苯磺丁脲、S-美芬妥英	槲皮黄酮、磺胺苯吡唑、反苯环丙胺	利福平
2D6	1.5	Bufarolol	奎尼丁	
2E1	7	氯唑沙宗	双脱氧胞苷	乙醇
3A4	29	咪达唑仑	甲酮康唑	利福平

型的含量组成。除了 CYP 亚型之间（如 3A4 和 2E1）广泛的个体间表达差异，有些亚型（如 2C9、2C19 和 2D6）的表达具有多态性，这也是造成人类药物代谢过程中显著个体差异性的主要原因。在药物发现和开发过程中，CYP 亚型的多态性可能会导致某些个体或人群出现严重的医疗事故或毒副反应问题。

CYP1A2 可代谢食品中的杂环芳香胺类化合物成为致突变剂和致癌剂，如药物和食物中的咖啡因和非那西丁成分等。多环芳烃类化合物是 1A2 的原型诱导剂，可以通过芳烃受体（AhR）诱导该亚型的表达（非 AhR 依赖的通路可能在诱导过程也会起作用）。分子模拟和结构活性关系分析显示 1A2 的大部分底物都包含有可以与酶活性位点的芳香性残基形成 π-π 相互作用的平面芳环区域。

CYP2A6 和 2B6 在肝中表达量较小，特征性代谢底物分别是香豆素和安非拉酮。CYP2C8 在代谢抗癌药物红豆杉醇过程中具有重要作用。CYP2E1 与挥发性的麻醉剂、对乙酰氨基酚、乙醇和少量医疗制剂的代谢有关，在许多组织中都有分布，但在肝中表达量不是最高。2E1 在肝细胞 P450 总量中占大约 7%，但个体之间的差异可能会超过 20 倍之多；其诱导剂包括乙醇、氯贝丁酯（安妥明）、地塞米松等。生理水平和疾病状态的变化可以改变该酶的表达和活性。

CYP2C9 一般代谢弱酸性药物，如苯妥英、甲苯磺丁脲、洛沙坦等。大量的基因型实验表明 2C9 有两个等位基因具有相当高的突变率（高加索人约为 10%，而中国和非洲美洲人种小于 2%），因此该亚型具有显著的多态性。在临床或药物研发过程中这种 2C9 的多态性经常可引起复杂的副反应。例如，在洛沙坦的药物开发过程中具有 CYP2C9 3 等位基因的患者身上可以观测出明显的药代动力学反常现象。多态性引起的副反应在临床上经常表现为药物清除率下降，半衰期延长等。有些由 2C9 代谢的药物具有较低的治疗指数（如苯妥英和甲苯磺丁脲）。因此，抑制 2C9 可能导致严重的临床药物相互作用。磺胺苯吡唑、氟康唑和胺碘达隆都会抑制 2C9 催化的 S-华法林的代谢。同样地，药物对 2C9 的诱导（如利福平和苯巴比妥）可以通过增加清除率而减少服用药物的有效性，在临床上同样具有重要作用。

CYP2C19 也是一种多态性亚型，代谢包括奥美拉唑，地西泮和普萘洛尔在内的重要药物。在 2%~5% 的高加索人和 12%~23% 东方人体内这种酶是缺失的，所以对这些人群 2C19 底物药代动力学具有显著的差异。

CYP2D6 在肝中的表达水平较低，只占 P450 总量的大约 2%。然而，2D6 是一种非常重要的药物代谢亚型，可以代谢包括抗心律失常药、中枢神经药和抗癌药物等。2D6 也显示了一定的基因多态性，在高加索人种中大约 5%~9% 是缺失的，而在东方人种中这一比例下降到约 2%。因为 2D6 可以代谢许多具有狭窄治疗指数范围的药物，缺少该种亚型会导致药代动力学性质改变甚至产生毒性。因此，药物研发机构经常把评价新化学实体是否是 2D6 的底物或抑制剂的可能性作为一项常规评价。基于分子模拟和药效团研究发现，与 2D6 的活性位点的结合需要配体结构具有：①至少一个碱性氮原子；②在氧化位点附近具有一个平面疏水区域；③两个潜在的氢键基团。

CYP3A4 是 CYP3A 亚家族中的一个主要亚型，表达量在肝 CYP 酶中占 30% 以上。3A4 在小肠（大约是肝中酶水平的 50%）中也有很高的表达，因此其底物一般都具有较强的首关效应。3A4 与 50% 以上的药物代谢有关，具有广泛的底物特异性，从小分子量的对乙酰氨基酚（MW 151）到大分子量的环孢菌素（MW 1200）都可以被该亚型所代谢。另外，由于表达水平的不同，3A4 的个体间差异性也比较高。3A4 可以被甲酮康唑和立托那韦强效抑制，同时可以被利福平、苯巴比妥和大环内酯类抗生素等诱导；除此之外，α-萘黄酮对 3A4 具有协同作用，进一步加深了 3A4 代谢的复杂性。由于 3A4 与大多数药物的清除都有关系，其底物在共同给药时药物清除率的改变需要引起高度注意。在药物研发过程中评价新化学实体是否是 3A4 抑制剂也是一项常规检测实验。

其他一相代谢酶 除了在一相代谢生物转化中起支配作用的 CYP450，还有一些其他酶体系对异源物质代谢起到重要作用，简要总结于表 7-3。

表 7-3 涉及药物代谢的常见一相代谢酶体系[120]

酶	反应类型	底物
羧酸酯酶	酯水解	酯类前药
酰胺酶	酰胺水解	酰胺类前药,普鲁卡因酰胺
环氧化物水解酶	环氧化物水解成邻二醇	苯乙烯环氧,萘环氧化物
苯醌还原酶	苯醌还原成对苯二酚	甲萘醌
醇、醛脱氢酶	醇、醛氧化成羧酸	乙醇,伯醇
黄嘌呤氧化酶	嘌呤氧化	黄嘌呤
含黄素单胺氧化酶	杂原子氧化	尼古丁,甲氰咪胍

7.5.2 二相代谢

二相代谢反应通常是衍生化反应，在化合物原型结构或者一相代谢产物结构上引入极性官能团。二相反应的代谢终产物称为轭合物，通常比前体化合物具有更高的极性，因此更容易从体内清除。最普遍的二相反应包括：葡糖醛酸化、硫酸化、谷胱甘肽轭合等。本身具有极性官能团的前体化合物（如布洛芬）可以直接发生轭合反应。二相代谢过程中最重要的两个酶分别是二磷酸尿苷（UDP）-葡糖醛酸转移酶和谷胱甘肽-S-转移酶。

UDP-葡糖醛酸转移酶（UGT） UDP-葡糖醛酸转移酶介导的葡萄糖醛酸化反应是异源物质代谢的一条主要通路。差速离心分析显示二磷酸尿苷葡萄糖醛酸（UDPGA）亚家族酶系主要存在于微粒体中，其内源性底物包括胆红素、甲状腺素和类固醇类荷尔蒙；外源物质包括吗啡、阿司匹林、叠氮胸苷（AZT）、布洛芬和对乙酰氨基酚等。葡糖醛酸轭合物通常比其前体化合物极性更高，因此更易于从胆汁或尿液中排除体外。β-葡糖醛酸酶由肠道微生物群落产生，可以将由胆汁排泄到肠道内的葡糖醛酸类轭合物水解成为原型化合物，从而进行重复吸收。UGT 酶系可根据氨基酸同源性分成两类，与药物代谢密切相关的主要亚类是 UGT1A1（代谢胆红素、雌甾二醇、炔雌醇和丁丙诺啡），UGT1A4（三级胺类化合物如丙咪嗪、Doxipen、阿米替林和氯丙嗪），UGT1A6（平面苯酚类如萘酚和对硝基苯酚），UGT1A9［大体积苯酚类如异丙酚、普萘洛尔和拉贝洛尔（柳胺苄心定）等］和 UGT2B7（非甾体抗炎药萘普生和布洛芬，丙戊酸、降固醇酸、苯并二氮和吗啡）。UGT 的这些亚型可以被苯巴比妥、苯妥英和氯苯丁酯等异源物质诱导。

谷胱甘肽-S-转移酶（GST） 异源物质与三肽（Gly-Cys-Glu）的谷胱甘肽（GSH）发生的轭合反应也是一种主要的二相反应。具有亲电子中心的化合物对谷胱甘肽硫醇盐阴离子的亲荷攻击非常敏感，可以发生反应得到三肽轭合物。有些情况下，谷胱甘肽轭合物可以发生连续的水解反应，逐步脱去谷氨酸和甘氨酸直到最后剩下原型化合物的半胱氨酸衍生物，随后在排泄出体外之前还可以进一步发生酰基化反应。具有亲电子中心的异源物质可以直接发生谷胱甘酸轭合反应（如可作为 Michael 加成反应受体的含有 α,β-不饱和酮的化合物）。由 CYP 和其他一相代谢酶产生的反应性中间体也可以被 GST 所捕捉（如对乙酰氨基酚代谢产生的 NAPQI 中间物），谷胱甘肽在二相反应中扮演亲电性异源物质和反应性代谢物淬灭剂的角色，起到非常重要的宿主保护机制。谷胱甘肽轭合可以阻止反应性异源物质对细胞内生物大分子共价修饰作用（一种重要的毒性发生机制，见 7.6.2 节）。

7.5.3 代谢预测

药物的代谢行为既依赖于其理化性质，又与参与代谢的生物体系性质密切相关，而这些生物体系在体内的表达又受到一系列遗传和环境因素的影响，所以，代谢也是最难以预测的复杂药代动力学之一。新化合物实体最重要的代谢行为包括代谢转化位点（区域选择性，regioselectivity）、底物选择性（substrate selectivity）、代谢比率/程度、代谢抑制与诱导等。这些方面的性质在药物设计和药物开发过程中具有显著的重要性。例如：快速代谢的化合物很难在体内维持其药效，代谢抑制、诱导和/或同一条代谢通路的竞争都会在临床上产生严重的药物/药物相互作用等。理论上讲，代谢是体内药物清除体外后后续抑活的重要途径，但同时代谢有时也可形成具有药理活性或产生毒性的物质。所有这些方面的评估都必须在尽量早的药物开发阶段对其进行评价。在这个意义上，代谢计算工具可以用于避免潜在的代谢问题或是确定药物候选物的开发优先级。由于细胞色素 P450 是药物代谢过程中最重要的一相代谢酶体系，制药工业界主要把精力集中于评价药物候选物的 CYP450 相关代谢指标。在过去很长一段时间，人们对 CYP 结构机制方面的理解都主要来自于细菌 CYP 酶的三维结构。尽管与哺乳动物 CYP 酶的同源性较低，但这些不同种属的酶的活性位点区域（铁卟啉和氧结合位点）同源性较高。最近，许多哺乳动物 CYP 晶体结构已经得到解析，有关体外（重组 CYP、肝微粒、肝实质细胞、切片等）代谢稳定性和抑制性数据也越来越多。这些结构、活性和调控数据的积累一方面会使人们对代谢机制方面的理解也越来越深入，另一方面也将会为开发预测代谢指标的计算工具提供新的推动力。

预测 CYP 活性和底物选择性的方法可以分为三种：基于配体（底物）结构、基于受体（酶）结构、和基于配体/受体相互作用的方法。基于配体的方法主要是根据（与特定靶酶相作用的）小分子结构信息，使用包括：量子力学（QM）、定量结构-活性/性质关系（QSAR、QSPR）、三维定量构效关系（3D-QSAR）和药效团等方法研究代谢的相关性质。量子力学方法使用从头算或半经验量化计算，得到配体分子的电子结构表征并用以计算特定催化反应的活化能。QSAR 方法是以定量的方式建立化学结构（编码为计算得到的描述符）与代谢性质之间的数学关系，各种线性和非线性统计方法结合各种不同的分子描述符产生方法都可以用于该目的的模型建立。3D-QSAR 是 QSAR 方法中的一种，主要使用配体分子三维电子、空间和疏水性质与一系列（预先以特定规则叠合在一起的）分子的生物活性建立定量关系。药效团的产生是一个从一系列以相似代谢性质、共同结构特征和三维空间位置的分子中，识别并提取出与其代谢活性相关信息的过程。基于受体的方法依赖于从 X-射线衍射晶体结构和/或同源模建结构获得的信息，同时也包括使用分子对接研究底物分子与给定酶结构活性位点间的结合模式。基于配体-受体相互作用的方法结合前述两种方法，在建立代谢性质预测模型过程中同时整合配体和受体结构信息。

代谢区域选择性预测 预测药物候选物结构中可能的代谢位点是代谢预测中首要解决的问题之一，相关信息可以直接用于指导先导化合物的优化，从而降低代谢速率或避免形成潜在毒性的代谢物。以甲苯磺丁脲为例（图 7-3），该化合物的主要代谢通路是苯甲基被 CYP2C9 催化氧化，如果在该位置引入一个氯原子形成氯苯磺丁脲可以使该代谢途径抑活。这样的修饰可以有效减少血浆清除率，提高半衰期（大约从 5h 提高至 35h）和药物作用时间[121]。另外，在代谢实验中（如质谱），虚拟代谢位点预测也可以帮助确定代谢物结构。代谢选择性预测模型实例见表 7-4。

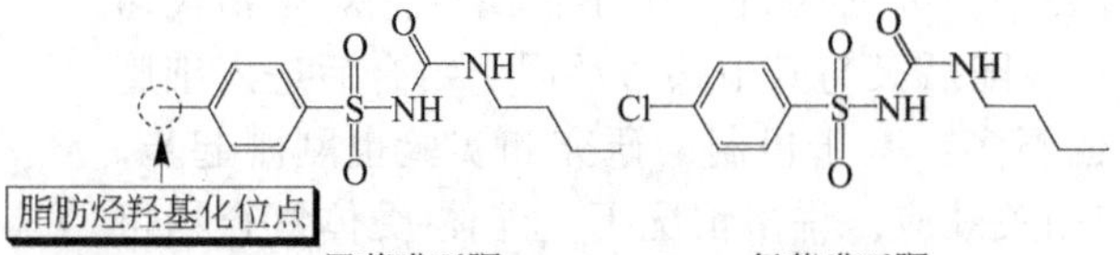

图 7-3 甲苯磺丁脲和氯苯磺丁脲分子结构

表 7-4 代谢选择性预测模型实例

类型	代谢指标	方法描述	参考文献
配体	CYP 催化芳香烃氧化位点	半经验量化计算	[122]
受体	CYP 催化代谢位点	分子对接	[123～126]
混合	CYP2D6 催化羟基化 O-脱烷基化位点	分子对接、药效团、分子轨道计算	[127]
	CYP2C9 催化脱氢反应位点	基于网格扫描的催化位点表征、化合物结构相似性分析	[128]

底物特异性预测 识别 CYP-介导的代谢位点的模型并不能预测一个化合物是不是某种 CYP 亚型的底物或抑制剂，而代谢酶的特异性和选择性也是代谢预测中的一个重要课题。例如，某先导化合物如果仅能够被 CYP2D6 选择性代谢，那该化合物很有可能会在药物发现过程中被降低开发的优先级别，因为 2D6 的特异性代谢底物很可能在后续研发过程中遇到严重的多态性和药物相互作用问题。单独使用 QSAR 方法或与基于受体结构的方法相结合的方法在预测 CYP 底物方面都有成功应用，简单总结见表 7-5。

表 7-5 底物特异性预测实例

类型	代谢指标	实验数据	方法描述	参考文献
配体	CYP3A4 底物	K_m	药效团、PLS-QSAR	[129]
	CYP2D6 底物	K_m	CoMFA	[130]
混合	CYP1A2、2D6、3A4 底物	底物类别	半经验量化计算、底物-酶同源模建复合物	[131]

代谢速率和程度预测 许多制药公司都把代谢稳定性筛选作为药物开发过程中的一个步骤。然而，关于代谢速率和程度的预测在文献中报道得却非常少，明显落后于其他 CYP 相关性质的预测模型。而且，对于这样一个明显多因素的复杂性质，大多数现有模型还只是停留在基于配体方法的阶段。除了高质量的实验数据，缺乏全面考虑配体和受体结构信息、活化能、生物转化产物的排出速率等因素是目前代谢速率预测滞后的主要原因。代谢速率和程序预测实例见表 7-6。

表 7-6 代谢速率和程度预测实例

代谢指标	实验数据	方法描述	参考文献
固有清除率	清除率数据	药效团、QSAR	[132]
CYP3A4 代谢稳定性	CYP3A4 代谢稳定性分类数据	PLSD-QSAR	[133]
体外 CYP3A4、2D6 N-脱烷基速率	V_{max}	NN-QSAR	[134]

代谢酶抑制剂和诱导剂预测 对药物代谢酶具有强抑制作用的化合物可能会造成致命的药物药物相互作用。例如同时服用他汀类降血脂药和 CYP 抑制剂，会导致严重的横纹

肌溶解症。因此，抑制 CYP 也是药物发现过程中需要避免的一个不良属性。对药物代谢酶的诱导主要是由于配体激活转录因子的活化，随后又与其他共激活因子结合后进入细胞核，激活基因表达。在这一领域发表的工作也不多，基于机制的研究和实验也刚刚起步。许多受体已经被证实会参与调节 CYP 转录和相关效应。许多情况下，配体-受体复合物可能涉及多重结合模式或一个受体可以同时结合多个配体，这些因素都会给模拟过程带来困难。代谢抑制预测实例见表 7-7。

表 7-7 代谢抑制预测实例

类型	代谢指标	实验数据	方法描述	参考文献
配体	CYP3A4、2D6 抑制剂	抑制百分率	递归分割	[135]
受体	CYP2D6 抑制剂	K_i	同源模建、分子对接（GOLD）	[136]
混合	CYP2C9 抑制剂	K_i	3D-QSAR(GRID)、同源模建	[137]

7.6 毒性

药物毒性反应是指在药物治疗期间发生在部分病人中间的与药物的药理作用不相关的不良反应。药物审批要求进行的毒性评价主要包括：致突变毒性、急慢性毒性、生殖发育毒性和致癌毒性等研究内容。据统计，在 1975～1999 年撤出市场的药物中有 31% 是与毒性相关，如抗糖尿病药曲格列酮（Troglitazone）、抗肝炎药非阿尿苷（Fialuridine）等[138]。这种在药物上市后才出现的毒性反应对制药工业造成的损失非常巨大，不仅表现在药物撤出市场所造成的巨额经济损失上，还表现在企业信誉的无形损毁上。因此，如何提高药物候选物的安全性一直是制药工业界最关注的研究重点。目前，从花费的时间方面分析，毒理学研究和评价几乎贯穿于新药研发的整个过程。从药政审批的角度，"安全"无疑是各国药政管理监督机构审批新药的首要考虑。虽然理论上讲新药的评审主要是围绕着"安全"和"有效"两个方面来进行的，但现实是，作为管理机构的政府部门，从来都是把"安全"放在审批的首位，这一方面是有关法律法规的反应，另一方面也是政府本身职能所决定。因此，在药物开发早期即排除那些可能导致毒性的新化学实体，发展相应的毒性筛选模型与方法具有特别重要的现实意义。

7.6.1 常见药物毒性分类

常见的药物毒性可以根据其对受损组织系统产生的效应分为化学致癌性、基因毒性、发育毒性、血液和骨髓抑制毒性、免疫系统毒性、肝脏毒性、肾脏毒性、呼吸系统毒性、神经系统毒性、行为毒性、心脏毒性、皮肤毒性、生殖毒性和内分泌毒性十四种，分别简要介绍如下。

化学致癌性 致癌作用是一种多步骤、渐进性的过程。引发机制包括烷基化试剂、自由基活性氧和放射性等因素，这些因素造成的损伤也可导致基因毒性。目前机制研究的热点集中于致癌因素对细胞生长调控的破坏问题上。

基因毒性 基因毒性和化学致癌性范畴有较大的重叠，这是因为肿瘤形成的逐步变化过程中包含了造成受损组织生长调节改变的基因突变步骤。对基因毒性一种更为普遍的理解就是遗传基因中变化的部分，这些变化是细胞 DNA 不可修复损伤造成的结果，在多数情况下是有害的。目前，药物研发过程中涉及致癌性和基因毒性的安全性评估需求非常巨大。

发育毒性 胚胎发育一连串高度保守，受到高度调控的事件序列，其中许多进程必须以正确的顺序启动或停止。目前，对于控制胚胎发育成为胎儿直至最后生产这一过程中的信号和信使的研究尚处于起步阶段。许多物质可能会干扰这一进程而产生胚胎毒性或致畸作用。最常见的致畸物就是酒精，孕期饮酒可能会造成发育迟缓，即所谓的"胎儿酒精综合征"。另外，血管紧张素Ⅱ是一种生长调节剂，通过对血管紧张素转化酶的抑制，或直接阻断血管紧张素受体，可干扰血管紧张素Ⅱ的作用，从而治疗充血性心衰和高血压造成的心血管生长和重塑不良。然而，这些阻断作用也可能导致严重的胎儿毒性。致畸性的例子还很多，因此，在药物发现中筛选副作用是必不可少的一个环节。

血液和骨髓抑制毒性 血液毒性（hematotoxicity）是另外一个活跃的研究领域，例如，苯是一种具有骨髓毒性的物质，长期接触苯可能导致白血病和再生障碍性贫血。另外，铅和氯化芳基化合物如六氯苯也可以导致骨髓抑制。有些药物毒性反应中就包括粒性白细胞缺乏和再生障碍性贫血。贫血与血的构成元素缺乏有关，如肝素一个已证实副作用就是血小板缺乏。

免疫系统毒性 免疫系统的功能是保护体内环境免受外界攻击。由于外界攻击的特性千差万别，细菌的、真菌的、病毒的或者是来自外源蛋白的等，免疫系统也因此是一个非常复杂的体系。抗体介导和细胞介导的免疫都存在，这个体系的应激反应特征和所需的控制机制也非常复杂。免疫下降可能导致对感染的敏感，也可能导致细胞缺乏控制其增长的能力。相反，过分活性可能造成免疫系统攻击宿主器官。这两种副反应都可以通过接触异源物质造成。造成免疫下降的药物包括甾体抗炎药、环孢霉素、他克莫司（Tacrolimus）等。某些化合物可以用作阻止移植排斥反应，但也有可能同时带来感染发生的风险。致敏反应是非正常性免疫激活的一个例子。另外就是可能导致风湿性发热和心血管损伤的 β-溶血性链球菌感染。这可能是由于链球菌组织和人类的心血管具有共同的抗原，抑制前者免疫反应的发生也导致了后者的损伤。

肝脏毒性 肝脏在体内有两个主要功能：一是通过促进脂质吸收和中间物质代谢保持内部营养的静态平衡；二是通过代谢和胆汁分泌处理各种内源性底物和通过饮食带来的异源物质。有些毒性是与这个功能紊乱有关的，一个例子是四氯化碳和其他氯化碳化合物的氧化脱氯反应，产生的自由基代谢物可以结合并损伤肝组织。代谢激活造成毒性的另一个著名的例子是对乙酰氨基酚[139]。对乙酰氨基酚的代谢物中包括痕量但反应活性相当高的醌亚胺。在用于镇痛的正常使用剂量之内，这种代谢产物会被体内还原性谷胱甘肽捕捉并抑活。但当过量服用对乙酰氨基酚或体内代谢酶活性下降时，保护性谷胱甘肽将会被耗尽，活性代谢产物累积从而通过共价结合对肝实质造成损伤。肝硬化是长期过量饮酒的一个副反应。用于降低胆固醇水平的他汀类药物也必须经常检查以避免肝脏毒性。

肾脏毒性 肾脏毒性的引发原因与肝脏毒性相同，重金属和可转化为活性代谢产物的化合物对肾脏也有毒。对于某些醌类化合物，还原性谷胱甘肽可能会增加其毒性而并不是起到保护作用。庆大霉素和其他氨基糖苷类抗生素对肾脏有毒性副作用。使用这些化合物时须反复根据血药浓度调节使用剂量。

呼吸系统毒性 与皮肤毒性相同，肺也时刻与外界环境接触。吸烟产生的毒素是呼吸系统充血和障碍性损伤最常见的原因。职业性接触石棉和医疗性接触药物诸如环磷酰胺和氯氮芥，也会造成肺损伤。吸入煤炭粉尘和棉织物纤维是另外常见的肺部职业病病因。

神经系统毒性 中枢神经系统是生命体系中最复杂的器官。神经毒性根据毒物定义的范围也有所不同。例如，MPTP（哌替丁/杜冷丁的类似物）引发的毒性非常专一，该化合物通过损伤大脑黑质，造成严重的帕金森综合征。而铅中毒（以及其他重金属中毒）与多种脑部疾病相关，定义比较广泛。

发育迟缓与接触金属有关，这要求在汽油和室内油漆中降低铅含量。怀孕期间饮酒可能会表现为胎儿酒精综合征。金属磷酸盐可能导致与乙酰胆碱累积相关的急性伤害，三邻苯基磷酸盐可能造成神经元退化。木防己苦毒素、樟脑和马钱子碱是强效的惊厥剂。麻醉剂和镇痛剂经常会导致呼吸抑制和缺氧。一氧化碳和氰化物会导致脑部全面缺氧的同时给体内其他组织带来高氧伤害。文献中报道具有神经毒性的物质非常多。

行为毒性　有些毒物可以干扰智力和推理能力，导致行为异常。精神毒性包括苯环利定、麦角酰二乙胺（LSD）和真菌毒素。比较不常见的，如可卡因和安菲他明等兴奋剂也可导致精神问题。大量使用皮质甾类造成精神问题也有过报道。除了发育迟缓，某些研究者认为认知缺陷，多动症，甚至反社会行为等都与童年接触铅有关。公开讨论这些敏感的毒性效应是高度政治化的，因为在贫民区儿童接触铅仍然是危险因素。

心脏毒性　与其他器官相比，心脏一方面必须持续保持跳动，另一方面又基本无法储存能量。因此维持心跳的能量必须在心脏内实时产生。降低心脏产生ATP能力的药物对心脏是有害的。这种毒性机制的例子包括氰化物，糖酵解抑制剂如依米丁（土根碱）和克雷伯氏循环代谢抑制剂如阿霉素。除了持续产生能量的需要，心脏必须终身保持节律功能。可卡因和环丙烷等物质可以降低去甲肾上腺素的再摄取，易于造成致命的心律紊乱。另外，能够改变血液中离子通道功能的药物也可能造成心律紊乱。最近有文献报道了通过延长QT-间隔而产生心脏毒性的药物，包括一些抗微生物制剂、抗抑郁药、治疗偏头痛药。深入研究这些由于不同毒理学作用产生的心脏毒性对药物发现过程具有指导意义。

皮肤毒性　皮肤是机体和环境接触之间的首要器官。由于医疗和化妆用品的受关注程度皮肤毒理学及其安全评价具有巨大市场。有些皮肤毒性本质上是过敏反应，如对橡树或常春藤类植物的过敏反应。皮肤腐蚀性伤害可能由多种家用物品造成。皮肤对药物的反应包括危险的剥落性皮炎和Stevens-Johnson综合征。

生殖毒性　除了化学致癌性，致畸性是引起公众注意的另一种毒性反应。对反应停（沙利度胺）的公众反应是如此强烈以至于到现在为药物批准新的适应证仍十分困难。一旦知道毒性反应是什么，毒理学家在开发动物模型筛选这种效应方面是十分有效的。如Accutane（爱优痛）和血管紧张素反转酶抑制剂等都是在筛选研究中发现会产生胎儿毒性的。像反应停这样大规模的致畸事件应该永不再发生。

内分泌系统毒性　内分泌激动剂、拮抗剂和干扰剂都会造成内分泌紊乱而产生毒性效应。二乙基己烯雌酚和二氧杂芑是雌激素激动剂，丙基硫脲嘧啶是甲状腺拮抗剂，肾上腺皮质激素是激动剂和拮抗剂也有报道。口服避孕药是增加血凝和中风的危险因素，雌激素是乳腺癌和子宫癌的危险因素，目前对环境雌激素污染造成的相关风险研究兴趣也比较大。

7.6.2　常见毒性引发机制

如上所述，人体的各种细胞和组织都可能被药物毒性所伤害，但这些毒性发生的基本机制类型并不太多，尽管每种类型涉及的范围可能很广。常见的毒性机制包括与重金属配位结合、共价修饰、活性氧带来的氧化压力、代谢抑制、药理作用的扩展、细胞信号干扰等。

重金属的配位结合　在大多数酶的活性位点都可以发现亲电配体如巯基，氨基和羟基等。这些配体对许多不同的金属（例如Hg、As、Pb、Sb）都有很强的亲和性，吸收和结合这些金属会使这些酶失活。这种效应依赖于有关组织中酶表达的位置和功能。组织的代谢活性越强，越易于受到这些金属的影响。肝、肾、胃肠黏膜和中枢神经系统尤其易于受到这种影响。有毒金属的致畸效应也是一个问题。不同金属之间毒性的差别主要在于药代动力学差异而非引发机制上的差异。

重金属的解毒剂被称为螯合剂类药物。这些药物结构中一般包含有易于与金属结合的配位基团，因此可以与内源性组织上的一些配体竞争而有效地抑制金属毒性。

共价修饰生物大分子 这种毒性机制与化合物代谢后形成自由基和其他高活性分子有关，在20世纪70年代末80年代初研究非常活跃。这些自由基可以烷基化周围的生物大分子，包括蛋白、细胞膜和遗传物质如DNA和RNA。如果这些大分子的代谢关键区域被共价修饰，这些大分子即会失活。根据被抑活大分子的生物功能不同，表现出来的毒性效应也各不相同。例如，四氯化碳在肝细胞色素P450氧化后产生氯仿自由基，可以共价结合周围的肝实质，导致经典的四氯化碳肝中毒现象。在1980年以后对共价结合引发毒性的研究兴趣逐渐下降，主要的原因是很难确定体内何种自由基结构导致了最终的毒性。

氧化压力 氧化压力是活性氧过度产生和相关生物反应的一个通用术语。活性氧包括的类型众多：如氧分子、单线态氧、过氧阴离子自由基、过氧化氢、羟基自由基和羟基阴离子等。活性氧一般作为正常氧化代谢的副产物产生于细胞内。发生这种过程的位置包括细胞色素P450、线粒体、溶酶体和过氧化酶体。和前述的自由基代谢残留物通过共价修饰造成伤害一样，一些活性氧化合物可以对生物大分子产生毒性。

活性氧可以导致脂质发生过氧化反应，因此可以氧化代谢所必需的一些脂质分子，从而损坏细胞膜的结构完整性。氧化压力增加与活性氧过量产生，或体内的还原保护不足等原因有关。常见毒性包括四氧嘧啶对胰腺β细胞的毒性、6-羟基多巴胺的神经毒性、蒽环糖苷类抗生素的心脏毒性以及除草剂百草枯对肺部的毒性等。

单线态氧是活性氧的一种特殊形式，一般与光毒性反应有关。由于吸收光子的能量，氧分子中成对电子中的一个会跃迁到较高的轨道能级。在严格意义来讲这并不是一种自由基，但是其作用与活性氧的其他形式类似。某些化合物如四环素和胺碘达隆（Amiodarone）在皮肤接触紫外线照射的情况下可能会捕捉光子而活化。随后，这些光子激活的化合物可将能量传递到分子氧上，转化为单线态氧。相应的，单线态氧继续将过多的能量传递到皮肤组织，导致组织损伤。

代谢抑制 代谢抑制剂可与正常的内源性底物竞争，从而导致需要这些底物的生物进程发生抑制。例如嘌呤和嘧啶的拮抗剂，可以在癌症化疗中用于阻止核苷酸复制和细胞分化；甲氨蝶呤可以抑制叶酸代谢。

蛋白质变性 蛋白变性剂可以破坏蛋白的三级结构，酒精的消毒作用就是使细胞蛋白质变性。意外接触腐蚀性物质也可以造成蛋白质变性而给相关组织带来损伤。

药理作用扩展 这是一类广泛的毒性作用，是指药物过量使用时其治疗作用被放大而产生的毒副作用。例如，全身麻醉剂同时也是呼吸抑制剂，高浓度使用会有生命危险。许多降血压药物如果过量服用可能导致血管破裂和中风。过量服用抗心律失常药本身就可导致严重的心率失常，毒性机理与药理作用机理相同都与对离子通道的作用相关。

干扰细胞信号传导 细胞信号传导也是目前毒理研究中比较活跃的一个领域。本不应该产生但实际产生了细胞信号，或是正常应当产生而实际没有产生都可能是毒性发生的原因。例如，不正确的炎症信号也可导致过度炎症反应；而炎症反应本身是一种保护性反应，如果缺乏可能导致病灶区感染。与细胞凋亡信号失调有关的毒性反应也很多：高血压诱发的心血管细胞凋亡信号会造成心血管塑形不良；酒精肝中毒也与细胞凋亡进程关系密切。

7.6.3 毒性信息学

毒性信息学（toxicoinformatics）是一个以计算方法阐明化学毒性引发机制的新型学科。这一术语的出现最早开始于 2002 年美国食品药品监督局-国家毒性研究中心建立毒性信息学中心（US FDA-NCTR[140]），该中心的首要职责就是发展毒性信息学方法以用于"组学"研究和传统的毒理学研究。广义来讲，毒性信息学使用生物信息学方法和计算工具（包括数据库和预测模型）整合多重生物水平（分子、细胞、器官、组织）的知识和信息，通过应用基因组技术（基因组学、转录组学、蛋白质组学、代谢组学）、细胞生物学（细胞组学）和生理学方法、联合计算化学（化学信息学）方法，以增进研究人员对毒性发生机制（系统毒理学、计算毒理学）的理解并对这些机制加以定量描述。狭义而言，毒性信息学是化学信息学的一个专业领域分支，旨在使用计算化学的原理和方法在分子结构性质与化合物潜在毒性之间建立关联。

结构毒性关系模型 结构毒性关系（STR）与化学信息学和药物设计中最常见的结构活性关系（SAR）模型在定义上是基本一致的，即建立一种化学子结构和包含有该子结构的化合物具有的某一特定生物学效应（在 STR 中这种效应为毒性指标）之间的一种关联[141]。定量结构毒性关系（QSTR）则是量化这种关系的数学模型。

QSTR 模型在制药工业应用广泛，主要用于先导化合物发现和优化过程。相应地，由于在降低研发开销和为大规模昂贵试验评价之前设定测试优先级方面非常有效，QSTR 在毒理学研究和质量管理领域中也应用较多[142]。

构建结构毒性关系模型 与传统 QSAR 方法类似，构建结构毒性关系模型也包括三个基本步骤：①收集包含有毒性数据的化合物构建训练集，在前面已经提到，有些毒性指标（end points）可能涉及一种或多种毒性发生机制，在单次的 QSTR 模建过程中需要尽可能地集中研究一种机制引发的毒性效应；②根据毒性发生机制，选择能够正确关联化合物结构和该毒性指标的描述符；③应用统计学习方法使化合物结构变化与目标属性之间建立关联。最后对 QSTR 模型进行验证，如内部验证可以使用留 N 法（LnO）交叉验证，外部验证可以使用未用于模建的化合物和毒性数据另外构建一个测试集对其进行预测。通过验证之后，就可以认为该模型（在训练集和测试集的化学空间之内）对预测化合物的某一种毒性是有用的。

QSTR 模型可以根据其构建和用途广义地定义成三种类型：聚类、分类和回归模型。聚类应用无监督的学习技术根据描述符研究数据模式，而并不将这些模式归因于某个特定的类别指标。相反的，分类方法是有监督的学习方法，将化合物归类到已知的分类指标上（如，高毒性、中等毒性、无毒等）。回归模型试图建立结构和数值型毒性数据（如 DC_{50}）之间的一种数学关系，如多重线性回归、人工神经网络等。

在选择描述符、适用范围（有效的化学空间）和训练集数据质量等方面，毒性预测模型必须经过充分的验证。如果有高质量的数据集，QSTR 方法经常能够在分子水平（如通过描述毒性化合物与生物大分子之间的共价和非共价相互作用）有效地预测各种毒性反应。出于时间、经费开销和动物实验等因素的考虑，用于毒性预测的 QSTR 模型可以使动物测试的需要降到最少，因此应用相当广泛。随着可靠的体内、体外数据的逐渐积累，毒性预测模型也将会提高其预测性能，在药物先导物筛选和安全性评价过程中扮演越来越重要的角色。

7.7 展望

目前影响 ADMET 预测的主要因素有以下三个：①缺乏完备的定量实验数据，并且现有的数据准确性和一致性还不够好，例如，吸收方面的数据、血浆蛋白结合率等数据特别少，类药性分析时都是以 ACD 等一般化学品库为非类药性化合物，但其实这类化合物作为类药性化合物和非类药性化合物的并集更为合适；②对药代动力学及毒性的分子机制还不够了解；③模型考虑的因素还不够周全，如预测 $\lg P$ 时，对分子内氢键、变构现象、构象变化等的处理还不够完善。

因此，未来药物的 ADME/T 性质预测研究重点是积累高质量的 ADME/T 实验数据，并将对相关分子机制的最新进展整合到预测模型中。在预测算法方面：①探索新的、更加先进的预测算法，以进一步提高预测的准确率；②基于数据库的预测策略将进一步完善，该类方法在 pK_a、$\lg S$ 和 $\lg P$ 等积累了大量、高质量实验数据的性质预测方面特别有用，而随着实验数据的积累，该策略对其他性质的预测也将可行；③发展确定预测方法精度及适用范围的方法，当预测模型用于预测新化合物时，不仅提供预测数值，还提供预测数值的精度，或者提示新化合物是否在预测模型的适用范围之内，这样便于用户选择对新化合物最可靠的方法。

推荐读物

- Gasteiger J, Engel T. Chemoinformatics: A Textbook. 1st ed. Wiley-VCH, 2003.
- Gasteiger J. Chemoinformatics: a new field with a long tradition. Anal Bioanal Chem, 2006, 384: 57-64.
- Engel T. Basic overview of chemoinformatics. J Chem Inf Model, 2006, 46, 2267-77.
- Chen W L. Chemoinformatics: past, present, and future. J Chem Inf Model, 2006, 46: 2230-2255.
- van de Waterbeemd H, Gifford E. ADMET in silico modelling: towards prediction paradise? Nat Rev Drug Discov, 2003, 2: 192-204.
- van de Waterbeemd H, Testa B, Mannhold R, et al. Drug Bioavailability: Estimation of Solubility, Permeability, Absorption and Bioavailability. 2nd ed. Wiley-VCH, 2008.
- Testa B, van de Waterbeemd Han, eds. Comprehensive Medicinal Chemistry Ⅱ: Vol5. 2nd ed. Elsevier Science, 2006.
- Sean Ekins. Computational Toxicology: Risk Assessment for Pharmaceutical and Environmental Chemicals. 1st ed. Wiley-Interscience, 2007.

参考文献

[1] Liptak M D, Shields G C. Accurate pK_a Calculations for Carboxylic Acids Using Complete Basis Set and Gaussian-n Models Combined with CPCM Continuum Solvation Methods. J Am Chem Soc, 2001, 123: 7314-7319.

[2] Hammett L. Linear Free Energy Relationships in Rate and Equilibrium Phenomena. Trans Faraday Soc, 1938, 34: 156-165.

[3] Robert W, Taft Jr, Irwin C. Lewis Evaluation of Resonance Effects on Reactivity by Application of the Linear Inductive Energy Relationship. Ⅴ. Concerning a σR Scale of Resonance Effects 1,2. J Am Chem Soc, 1959, 81: 5343-5352.

[4] Parr R G, Szentpaly L V, Liu S. Electrophilicity Index. J Am Chem Soc, 1999, 121: 1922-1924.

[5] Chattaraj P K, Maiti B, Sarkar U. Philicity: A Unified Treatment of Chemical Reactivity and Selectivity. J Phys Chem A, 2003, 107: 4973-4975.

[6] Parthasarathi R, Padmanabhan J, Elango M, et al. pK_a prediction using group philicity. J Phys Chem A, 2006, 110: 6540-6544.

[7] Zhang J, Kleinöder T, Gasteiger J. Prediction of pK_a values for aliphatic carboxylic acids and alcohols with empirical atomic charge descriptors. J Chem Inf Model, 2006, 46: 2256-2566.

[8] Milletti F, Storchi L, Sforna G, et al. New and original pK_a prediction method using grid molecular interaction

fields. J Chem Inf Model, 2007, 47: 2172-2181.

[9] Kogej T, Muresan S. Database mining for pK_a prediction. Curr Drug Discov Technol, 2005: 2: 221-229.

[10] Bashford D, Karplus, M. pK_a's of ionizable groups in proteins: atomic detail from a continuum electrostatic model. Biochemistry, 1990, 29: 10219-10225.

[11] Li H, Robertson A D, Jensen J H. Very fast empirical prediction and rationalization of protein pK_a values. Proteins, 2005, 61: 704-721.

[12] Yalkowsky S H, Valvani S C. Solubility and partitioning I: Solubility of nonelectrolytes in water. J Pharm Sci, 1980, 69: 912-922.

[13] Klopman G, Zhu H. Estimation of the aqueous solubility of organic molecules by the group contribution approach. J Chem Inf Comput Sci, 2001, 41: 439-445.

[14] Hansch C, Quinlan J E, Lawrence G L. Linear free-energy relationship between partition coefficients and the aqueous solubility of organic liquids. J Org Chem, 1968, 33: 347-350.

[15] Abraham M H, Le J. The correlation and prediction of the solubility of compounds in water using an amended solvation energy relationship. J Pharm Sci, 1999, 88: 868-880.

[16] Meylan W M, Howard P H, Boethling R S. IMPROVED METHOD FOR ESTIMATING WATER SOLUBILITY FROM OCTANOL/WATER PARTITION COEFFICIENT. Environmental Toxicology and Chemistry, 1996, 15: 100-106.

[17] Jorgensen W L, Duffy E M. Prediction of drug solubility from Monte Carlo simulations. Bioorg Med Chem Lett, 2000, 10: 1155-1158.

[18] Huuskonen J, Salo M, Taskinen J. Aqueous solubility prediction of drugs based on molecular topology and neural network modeling. J Chem Inf Comput Sci, 1998, 38: 450-456.

[19] Klamt A, Eckert F, Hornig M, et al. Prediction of aqueous solubility of drugs and pesticides with COSMO-RS. J Comput Chem, 2002, 23: 275-281.

[20] Wang R, Fu Y, Lai L. A New Atom-Additive Method for Calculating Partition Coefficients. J Chem Inf Comput Sci, 1997, 37: 615-621.

[21] Leo A, Hoekman D. Calculating log P (oct) with no missing fragments: The problem of estimating new interaction parameters. Perspect Drug Discovery Des, 2000, 18: 19-38.

[22] Bodor N, Buchwald P. Molecular Size Based Approach To Estimate Partition Properties for Organic Solutes. J Phys Chem B, 1997, 101: 3404-3412.

[23] Lipinski C A. Drug-like properties and the causes of poor solubility and poor permeability. J Pharmacol Toxicol Methods, 2000, 44: 235-249.

[24] Walters W P, Murcko M A. Prediction of 'drug-likeness'. Adv Drug Deliv Rev, 2002, 54: 255-271.

[25] Teague, Davis, Leeson, et al. The Design of Leadlike Combinatorial Libraries. Angew Chem Int Ed Engl, 1999, 38: 3743-3748.

[26] Oprea T I, Davis A M, Teague S J, et al. Is there a difference between leads and drugs? A historical perspective. J Chem Inf Comput Sci, 2001, 41: 1308-1315.

[27] Lipinski C A, Lombardo F, Dominy B W, et al. Experimental and computational approaches to estimate solubility and permeability in drug discovery and development settings. Adv Drug Deliv Rev, 1997, 23: 3-25.

[28] Ghose A K, Viswanadhan V N, Wendoloski J J. A knowledge-based approach in designing combinatorial or medicinal chemistry libraries for drug discovery. 1. A qualitative and quantitative characterization of known drug databases. J Comb Chem, 1999, 1: 55-68.

[29] Kelder J, Grootenhuis P D, Bayada D M, et al. Polar molecular surface as a dominating determinant for oral absorption and brain penetration of drugs. Pharm Res, 1999, 16: 1514-1519.

[30] Oprea T I. Property distribution of drug-related chemical databases. J Comput Aided Mol Des, 2000, 14: 251-264.

[31] Zheng S, Luo X, Chen G, et al. A new rapid and effective chemistry space filter in recognizing a druglike database. J Chem Inf Model, 2005, 45: 856-862.

[32] Vieth M, Siegel M G, Higgs R E, et al. Characteristic physical properties and structural fragments of marketed oral drugs. J Med Chem, 2004, 47: 224-232.

[33] Leeson P D, Davis A M. Time-related differences in the physical property profiles of oral drugs. J Med Chem, 2004, 47: 6338-6348.

[34] Ajay A, Walters W P, Murcko M A. Can we learn to distinguish between "drug-like" and "nondrug-like" mole-

cules? J Med Chem, 1998, 41: 3314-3324.

[35] Sadowski J, Kubinyi H. A scoring scheme for discriminating between drugs and nondrugs. J Med Chem, 1998, 41: 3325-3329.

[36] Wagener, van Geerestein V J. Potential drugs and nondrugs: prediction and identification of important structural features. J Chem Inf Comput Sci, 2000, 40: 280-292.

[37] Brüstle M, Beck B, Schindler T, et al. Descriptors, physical properties, and drug-likeness. J Med Chem, 2002, 45: 3345-3355.

[38] Byvatov E, Fechner U, Sadowski J, et al. Comparison of support vector machine and artificial neural network systems for drug/nondrug classification. J Chem Inf Comput Sci, 2003, 43: 1882-1889.

[39] Schneider N, Jäckels C, Andres C, et al. Gradual in silico filtering for druglike substances. J Chem Inf Model, 2008, 48: 613-628.

[40] Biswas D, Roy S, Sen S. A simple approach for indexing the oral druglikeness of a compound: discriminating druglike compounds from nondruglike ones. J Chem Inf Model, 2006, 46: 1394-1401.

[41] Good A C, Hermsmeier M A. Measuring CAMD technique performance. 2. How "druglike" are drugs? Implications of Random test set selection exemplified using druglikeness classification models. J Chem Inf Model, 2007, 47: 110-114.

[42] Palm K, Luthman K, Ungell A L, et al. Correlation of drug absorption with molecular surface properties. J Pharm Sci, 1996, 85: 32-39.

[43] Waterbeemd H V D, Camenisch G, Folkers G, et al. Estimation of Caco-2 Cell Permeability using Calculated Molecular Descriptors. Quantitative Structure-Activity Relationships, 1996, 15: 480-490.

[44] Norinder U, Osterberg T, Artursson P. Theoretical calculation and prediction of Caco-2 cell permeability using MolSurf parametrization and PLS statistics. Pharm Res, 1997, 14: 1786-1791.

[45] Camenisch G, Alsenz J, van de Waterbeemd H, et al. Estimation of permeability by passive diffusion through Caco-2 cell monolayers using the drugs' lipophilicity and molecular weight. Eur J Pharm Sci, 1998, 6: 317-324.

[46] Kulkarni A, Han Y, Hopfinger A J. Predicting Caco-2 cell permeation coefficients of organic molecules using membrane-interaction QSAR analysis. J Chem Inf Comput Sci, 2002, 42: 331-342.

[47] Fujiwara S, Yamashita F, Hashida M. Prediction of Caco-2 cell permeability using a combination of MO-calculation and neural network. Int J Pharm, 2002, 237: 95-105.

[48] Marrero Ponce Y, Cabrera Pérez M A, Romero Zaldivar V, et al. A new topological descriptors based model for predicting intestinal epithelial transport of drugs in Caco-2 cell culture. J Pharm Pharm Sci, 2004, 7: 186-199.

[49] Hou T J, Zhang W, Xia K, et al. ADME evaluation in drug discovery. 5. Correlation of Caco-2 permeation with simple molecular properties. J Chem Inf Comput Sci, 2004, 44: 1585-1600.

[50] Refsgaard H H F, Jensen B F, Brockhoff P B, et al. In silico prediction of membrane permeability from calculated molecular parameters. J Med Chem, 2005, 48: 805-811.

[51] Palm K, Stenberg P, Luthman K, et al. Polar molecular surface properties predict the intestinal absorption of drugs in humans. Pharm Res, 1997, 14: 568-571.

[52] Clark D E. Rapid calculation of polar molecular surface area and its application to the prediction of transport phenomena. 1. Prediction of intestinal absorption. J Pharm Sci, 1999, 88: 807-814.

[53] Stenberg P, Norinder U, Luthman K, et al. Experimental and computational screening models for the prediction of intestinal drug absorption. J Med Chem, 2001, 44: 1927-1937.

[54] Wessel M D, Jurs P C, Tolan J W, et al. Prediction of human intestinal absorption of drug compounds from molecular structure. J Chem Inf Comput Sci, 1998, 38: 726-735.

[55] Klopman G, Stefan L R, Saiakhov R D. ADME evaluation. 2. A computer model for the prediction of intestinal absorption in humans. Eur J Pharm Sci, 2002, 17: 253-263.

[56] Norinder U, Osterberg T, Artursson P. Theoretical calculation and prediction of intestinal absorption of drugs in humans using MolSurf parametrization and PLS statistics. Eur J Pharm Sci, 1999, 8: 49-56.

[57] Niwa T. Using general regression and probabilistic neural networks to predict human intestinal absorption with topological descriptors derived from two-dimensional chemical structures. J Chem Inf Comput Sci, 2003, 43: 113-119.

[58] Andrews C W, Bennett L, Yu L X. Predicting human oral bioavailability of a compound: development of a novel quantitative structure-bioavailability relationship. Pharm Res, 2000, 17: 639-644.

[59] Yoshida F, Topliss J G QSAR model for drug human oral bioavailability. J Med Chem, 2000, 43: 2575-2585.

[60] Pintore M, van de Waterbeemd H, Piclin N, et al. Prediction of oral bioavailability by adaptive fuzzy partitioning. Eur J Med Chem, 2003, 38: 427-431.

[61] Turner J V, Glass B D, Agatonovic-Kustrin S. Prediction of drug bioavailability based on molecular structure. Analytica Chimica Acta, 2003, 485: 89-102.

[62] Turner J V, Maddalena D J, Agatonovic-Kustrin S. Bioavailability prediction based on molecular structure for a diverse series of drugs. Pharm Res, 2004, 21: 68-82.

[63] Hou T, Wang J, Zhang W, et al. ADME evaluation in drug discovery. 6. Can oral bioavailability in humans be effectively predicted by simple molecular property-based rules? J Chem Inf Model, 2007, 47: 460-463.

[64] Osterberg T, Norinder U. Theoretical calculation and prediction of P-glycoprotein-interacting drugs using MolSurf parametrization and PLS statistics. Eur J Pharm Sci, 2000, 10: 295-303.

[65] Penzotti J E, Lamb M L, Evensen E, et al. A computational ensemble pharmacophore model for identifying substrates of P-glycoprotein. J Med Chem, 2002, 45: 1737-1740.

[66] Pajeva I K, Wiese M. Pharmacophore model of drugs involved in P-glycoprotein multidrug resistance: explanation of structural variety (hypothesis) . J Med Chem, 2002, 45: 5671-5686.

[67] Gombar V K, Polli J W, Humphreys J E, et al. Predicting P-glycoprotein substrates by a quantitative structure-activity relationship model. J Pharm Sci, 2004, 93: 957-968.

[68] Xue Y, Yap C W, Sun L Z, et al. Prediction of P-glycoprotein substrates by a support vector machine approach. J Chem Inf Comput Sci, 2004, 44: 1497-1505.

[69] Hatanaka T, Inuma M, Sugibayashi K, et al. Prediction of skin permeability of drugs. I. Comparison with artificial membrane. Chem Pharm Bull (Tokyo), 1990, 38: 3452-3459.

[70] Abraham M H, Chadha H S, Mitchell R C The Factors That Influence Skin Penetration Of Solutes. J Pharm Pharm Sci, 1995, 47: 8-16.

[71] Abraham M H, Chadha H S, Martins F, et al. Hydrogen bonding part 46: a review of the correlation and prediction of transport properties by an lfer method: physicochemical properties, brain penetration and skin permeability. Pesticide Science, 1999, 55: 78-88.

[72] Wilschut A, ten Berge W F, Robinson P J, et al. Estimating skin permeation. The validation of five mathematical skin permeation models. Chemosphere, 1995, 30: 1275-1296.

[73] Değim T, Hadgraft J, Ilbasmis S, et al. Prediction of skin penetration using artificial neural network (ANN) modeling. J Pharm Sci, 2003, 92: 656-664.

[74] Abraham M H, Chadha H S, Mitchell R C. Hydrogen bonding. 33. Factors that influence the distribution of solutes between blood and brain. J Pharm Sci, 1994, 83: 1257-1268.

[75] van de Waterbeemd H, Camenisch G, Folkers G, et al. Estimation of blood-brain barrier crossing of drugs using molecular size and shape, and H-bonding descriptors. J Drug Target, 1998, 6: 151-165.

[76] Clark D E. Rapid calculation of polar molecular surface area and its application to the prediction of transport phenomena. 2. Prediction of blood-brain barrier penetration. J Pharm Sci, 1999, 88: 815-821.

[77] Crivori P, Cruciani G, Carrupt P A, et al. Predicting blood-brain barrier permeation from three-dimensional molecular structure. J Med Chem, 2000, 43: 2204-2216.

[78] Kaznessis Y N, Snow M E, Blankley C J. Prediction of blood-brain partitioning using Monte Carlo simulations of molecules in water. J Comput Aided Mol Des, 2001, 15: 697-708.

[79] Rose K, Hall L H, Kier L B. Modeling blood-brain barrier partitioning using the electrotopological state. J Chem Inf Comput Sci, 2002, 42: 651-666.

[80] Iyer M, Mishru R, Han Y, et al. Predicting blood-brain barrier partitioning of organic molecules using membrane-interaction QSAR analysis. Pharm Res, 2002, 19: 1611-1621.

[81] Li H, Yap C W, Ung, C Y, et al. Effect of selection of molecular descriptors on the prediction of blood-brain barrier penetrating and nonpenetrating agents by statistical learning methods. J Chem Inf Model, 2005, 45: 1376-1384.

[82] Sawada Y, Hanano M, Sugiyama Y, et al. Prediction of the volumes of distribution of basic drugs in humans based on data from animals. J Pharmacokinet Biopharm, 1984, 12: 587-596.

[83] Ritschel W A, Hammer, G V. Prediction of the volume of distribution from in vitro data and use for estimating the absolute extent of absorption. Int J Clin Pharmacol Ther Toxicol, 1980, 18: 298-316.

[84] Poulin P, Theil F P. A priori prediction of tissue: plasma partition coefficients of drugs to facilitate the use of physiologically-based pharmacokinetic models in drug discovery. J Pharm Sci, 2000, 89: 16-35.

[85] Poulin P, Schoenlein K, Theil F P. Prediction of adipose tissue: plasma partition coefficients for structurally unrelated drugs. J Pharm Sci, 2001, 90: 436-447.

[86] Poulin P, Theil F. Prediction of pharmacokinetics prior to in vivo studies. 1. Mechanism-based prediction of volume of distribution. J Pharm Sci, 2002, 91: 129-156.

[87] Rodgers T, Leahy D, Rowland, M. Physiologically based pharmacokinetic modeling 1: predicting the tissue distribution of moderate-to-strong bases. J Pharm Sci, 2005, 94: 1259-1276.

[88] Rodgers T, Rowland M. Physiologically based pharmacokinetic modelling 2: predicting the tissue distribution of acids, very weak bases, neutrals and zwitterions. J Pharm Sci, 2006, 95: 1238-1257.

[89] De Buck S S, Sinha V K, Fenu L A, et al. The prediction of drug metabolism, tissue distribution, and bioavailability of 50 structurally diverse compounds in rat using mechanism-based absorption, distribution, and metabolism prediction tools. Drug Metab Dispos, 2007, 35: 649-659.

[90] De Buck S S, Sinha V K, Fenu L A, et al. Prediction of human pharmacokinetics using physiologically based modeling: a retrospective analysis of 26 clinically tested drugs. Drug Metab Dispos, 2007, 35: 1766-1780.

[91] Rodgers T, Rowland M. Mechanistic approaches to volume of distribution predictions: understanding the processes. Pharm Res, 2007, 24: 918-933.

[92] Lombardo F, Obach R, Shalaeva M, et al. Prediction of Volume of Distribution Values in Humans for Neutral and Basic Drugs Using Physicochemical Measurements and Plasma Protein Binding Data. J Med Chem. 2002, 45: 2867-2876.

[93] Oie S, Tozer T N. Effect of altered plasma protein binding on apparent volume of distribution. J Pharm Sci, 1979, 68: 1203-1205.

[94] Lombardo F, Obach R S, Shalaeva M Y, et al. Prediction of human volume of distribution values for neutral and basic drugs. 2. Extended data set and leave-class-out statistics. J Med Chem, 2004, 47: 1242-1250.

[95] Carter D C, Ho J X. Structure of serum albumin. Adv Protein Chem, 1994, 45: 153-203.

[96] McLachlan A D, Walker J E. Evolution of serum albumin. J Mol Biol, 1977, 112: 543-558.

[97] Bhattacharya A A, Grüne T, Curry S. Crystallographic analysis reveals common modes of binding of medium and long-chain fatty acids to human serum albumin. J Mol Biol, 2000, 303: 721-732.

[98] Petitpas I, Grüne T, Bhattacharya A A, et al. Crystal structures of human serum albumin complexed with monounsaturated and polyunsaturated fatty acids. J Mol Biol, 2001, 314: 955-960.

[99] Colmenarejo G. In silico prediction of drug-binding strengths to human serum albumin. Med Res Rev, 2003, 23: 275-301.

[100] He X M, Carter D C. Atomic structure and chemistry of human serum albumin. Nature, 1992, 358: 209-215.

[101] Sudlow G, Birkett D J, Wade D N. The characterization of two specific drug binding sites on human serum albumin. Mol Pharmacol, 1975, 11: 824-832.

[102] Sudlow G, Birkett D J, Wade D N. Further characterization of specific drug binding sites on human serum albumin. Mol Pharmacol, 1976, 12: 1052-1061.

[103] Kremer J M, Wilting J, Janssen L H. Drug binding to human alpha-1-acid glycoprotein in health and disease. Pharmacol Rev, 1988, 40: 1-47.

[104] Schönfeld D L, Ravelli R B G, Mueller U, et al. The 1.8-A crystal structure of alpha1-acid glycoprotein (Orosomucoid) solved by UV RIP reveals the broad drug-binding activity of this human plasma lipocalin. J Mol Biol, 2008, 384: 393-405.

[105] Gunturi S B, Narayanan R, Khandelwal A. In silico ADME modelling 2: computational models to predict human serum albumin binding affinity using ant colony systems. Bioorg Med Chem, 2006, 14: 4118-4129.

[106] Hervé F, Caron G, Duché J C, et al. Ligand specificity of the genetic variants of human alpha1-acid glycoprotein: generation of a three-dimensional quantitative structure-activity relationship model for drug binding to the A variant. Mol Pharmacol, 1998, 54: 129-138.

[107] Gleeson M P. Plasma protein binding affinity and its relationship to molecular structure: an in-silico analysis. J Med Chem, 2007, 50: 101-112.

[108] Liu J, Yang L, Li Y, et al. Prediction of plasma protein binding of drugs using Kier-Hall valence connectivity indices and 4D-fingerprint molecular similarity analyses. J Comput Aided Mol Des, 2005, 19: 567-583.

[109] Liu J, Yang L, Li Y, et al. Constructing plasma protein binding model based on a combination of cluster analysis and 4D-fingerprint molecular similarity analyses. Bioorg Med Chem, 2006, 14: 611-621.

[110] Saiakhov R D, Stefan L R, Klopman G. Multiple computer-automated structure evaluation model of the plasma

protein binding affinity of diverse drugs. Perspect Drug Discovery Des, 2000, 19: 133-155.
[111] Wichmann K, Diedenhofen M, Klamt A. Prediction of blood-brain partitioning and human serum albumin binding based on COSMO-RS sigma-moments. J Chem Inf Model, 2007, 47: 228-233.
[112] Yamazaki K, Kanaoka M. Computational prediction of the plasma protein-binding percent of diverse pharmaceutical compounds. J Pharm Sci, 2004, 93: 1480-1494.
[113] Colmenarejo G, Alvarez-Pedraglio A, Lavandera J L. Cheminformatic models to predict binding affinities to human serum albumin. J Med Chem, 2001, 44: 4370-4378.
[114] Xue C X, Zhang R S, Liu H X, et al. QSAR models for the prediction of binding affinities to human serum albumin using the heuristic method and a support vector machine. J Chem Inf Comput Sci, 2004, 44: 1693-1700.
[115] Deeb O, Hemmateenejad B. ANN-QSAR model of drug-binding to human serum albumin. Chem Biol Drug Des, 2007, 70: 19-29.
[116] Rodgers S L, Davis A M, Tomkinson N P, et al. QSAR modeling using automatically updating correction libraries: application to a human plasma protein binding model. J Chem Inf Model, 2007, 47: 2401-2407.
[117] Rendic S, Di Carlo F J. Human cytochrome P450 enzymes: a status report summarizing their reactions, substrates, inducers, and inhibitors. Drug Metab Rev, 1997, 29: 413-580.
[118] Wrighton S A, Stevens J C. The human hepatic cytochromes P450 involved in drug metabolism. Crit Rev Toxicol, 1992, 22: 1-21.
[119] Shimada T, Yamazaki H, Mimura M, et al. Interindividual variations in human liver cytochrome P-450 enzymes involved in the oxidation of drugs, carcinogens and toxic chemicals: studies with liver microsomes of 30 Japanese and 30 Caucasians. J Pharmacol Exp Ther, 1994, 270: 414-423.
[120] Kumar G N, Surapaneni S. Role of drug metabolism in drug discovery and development. Med Res Rev 2001, 21: 397-411.
[121] Smith D A, Jones, B C, Walker D K. Design of drugs involving the concepts and theories of drug metabolism and pharmacokinetics. Med Res Rev, 1996, 16: 243-266.
[122] Jones J P, Mysinger M, Korzekwa K R. Computational models for cytochrome P450: a predictive electronic model for aromatic oxidation and hydrogen atom abstraction. Drug Metab Dispos, 2002, 30: 7-12.
[123] Koymans L, Vermeulen N P E, Van Acker S A B E, et al. A predictive model for substrates of cytochrome P450-debrisoquine (2D6). Chem Res Toxicol, 1992, 5: 211-219.
[124] Modi S, Paine M J, Sutcliffe M J, et al. A Model for Human Cytochrome P450 2D6 Based on Homology Modeling and NMR Studies of Substrate Binding. Biochemistry, 1996, 35: 4540-4550.
[125] Vilia Ann Payne, Y-T C, Gilda H Loew, . Homology modeling and substrate binding study of human CYP2C9 enzyme. Proteins: Structure, Function, and Genetics, 1999, 37: 176-190.
[126] Lewis D F V. Molecular modeling of human cytochrome P450-subustrate interactions. Drug Metabolism Reviews, 2002, 34: 55-67.
[127] de Groot M J, Ackland M J, Horne V A, et al. Novel Approach To Predicting P450-Mediated Drug Metabolism: Development of a Combined Protein and Pharmacophore Model for CYP2D6. J Med Chem, 1999, 42: 1515-1524.
[128] Zamora I, Afzelius L, Cruciani G. Predicting Drug Metabolism: A Site of Metabolism Prediction Tool Applied to the Cytochrome P450 2C9. J Med Chem, 2003, 46: 2313-2324.
[129] Ekins S, Bravi G, Wikel J H, et al. Three-dimensional-quantitative structure activity relationship analysis of cytochrome P-450 3A4 substrates. J Pharmacol Exp Ther, 1999, 291: 424-433.
[130] Haji-Momenian S, Rieger J M, Macdonald T L, et al. Comparative molecular field analysis and QSAR on substrates binding to cytochrome p450 2D6. Bioorg Med Chem, 2003, 11: 5545-5554.
[131] De Rienzo F, Fanelli F, Menziani M C, et al. Theoretical investigation of substrate specificity for cytochromes P450 IA2, P450 IID6 and P450 IIIA4. J Comput Aided Mol Des, 2000, 14: 93-116.
[132] Ekins S, Obach R S. Three-dimensional quantitative structure activity relationship computational approaches for prediction of human in vitro intrinsic clearance. J Pharmacol Exp Ther, 2000, 295: 463-473.
[133] Mason K, Patel N M, Ledel A, et al. Mapping protein pockets through their potential small-molecule binding volumes: QSCD applied to biological protein structures. J Comput Aided Mol Des, 2004, 18: 55-70.
[134] Balakin K V, Ekins S, Bugrim A, et al. Quantitative structure-metabolism relationship modeling of metabolic N-dealkylation reaction rates. Drug Metab Dispos, 2004, 32: 1111-1120.
[135] Ekins S, Berbaum J, Harrison R K. Generation and validation of rapid computational filters for cyp2d6 and

cyp3a4. Drug Metab Dispos, 2003, 31: 1077-1080.

[136] Kemp C A, Flanagan J U, van Eldik A J, et al. Validation of model of cytochrome P450 2D6: an in silico tool for predicting metabolism and inhibition. J Med Chem, 2004, 47: 5340-5346.

[137] Afzelius L, Zamora I, Ridderstrom M, et al. Competitive CYP2C9 inhibitors: enzyme inhibition studies, protein homology modeling, and three-dimensional quantitative structure-activity relationship analysis. Mol Pharmacol, 2001, 59: 909-919.

[138] Kola I, Landis J. Can the pharmaceutical industry reduce attrition rates? Nat Rev Drug Discov, 2004, 3: 711-715.

[139] Kaplowitz N. Idiosyncratic drug hepatotoxicity. Nat Rev Drug Discov, 2005, 4: 489-499.

[140] NCTR's Center for Toxicoinformatics <http://www.fda.gov/nctr/science/centers/toxicoinformatics>.

[141] Dearden J C. In silico prediction of drug toxicity. J Comput Aided Mol Des, 2003, 17: 119-127.

[142] Bradbury S P, Russom C L, Ankley G T, et al. Overview of data and conceptual approaches for derivation of quantitative structure-activity relationships for ecotoxicological effects of organic chemicals. Environ Toxicol Chem, 2003, 22: 1789-1798.

第8章

先导物的发现途径和优化策略

冯 松, 白东鲁, 李树坤

目 录

- 8.1 引言 /219
  - 8.1.1 苗头化合物和先导物的定义及标准 /219
  - 8.1.2 从苗头到先导物的过程 /220
- 8.2 苗头和先导物的发现途径 /220
  - 8.2.1 高通量与高内涵筛选 /220
  - 8.2.2 天然产物 /222
  - 8.2.3 基于生物大分子结构的药物分子设计 /222
    - 8.2.3.1 分子对接技术和虚拟筛选 /223
    - 8.2.3.2 药效团模建和数据库搜索技术 /223
    - 8.2.3.3 从头设计方法 /224
  - 8.2.4 基于片段筛选和组装 /224
    - 8.2.4.1 片段组装发现单靶点先导物 /225
    - 8.2.4.2 片段组装设计双靶点先导物 /226
  - 8.2.5 化学基因组学 /228
    - 8.2.5.1 靶点发现 /228
    - 8.2.5.2 组合化学 /228
    - 8.2.5.3 生物信息学 /229
    - 8.2.5.4 化学基因组学的应用 /229
  - 8.2.6 文献、专利基础上的创新 /230
- 8.3 先导物的优化 /230
  - 8.3.1 先导物的优化目的 /230
  - 8.3.2 先导物结构简化 /231
  - 8.3.3 先导物结构衍生化 /231
  - 8.3.4 生物电子等排体 /231
    - 8.3.4.1 经典生物电子等排体 /232
    - 8.3.4.2 非经典生物电子等排体 /232
  - 8.3.5 药物分子拼合物和杂化物 /234
    - 8.3.5.1 拼合的方式 /235
    - 8.3.5.2 异分子孪生药物 /235
    - 8.3.5.3 拼合和杂化药物实例 /235
  - 8.3.6 前药 /236
    - 8.3.6.1 增大药物水溶性 /237
    - 8.3.6.2 改善药物亲脂性 /238
    - 8.3.6.3 增强药物靶向性 /238
    - 8.3.6.4 降低细胞毒性 /239
  - 8.3.7 软药 /240
- 8.4 讨论与展望 /241
- 推荐读物 /241
- 参考文献 /241

8.1 引言

在现代药物研发中，苗头化合物验证、先导物发现和候选药物选择，是现代药物研发中的三个重要阶段。其中苗头（hit）和先导物（lead）的发现是整个研发体系里非常关键的环节。最初发现的苗头或先导物与最终开发出的药物往往具有惊人的相似性，因此在苗头或先导物的发现阶段若能提供更多、更好的先导物，将会大大增加药物研发的成功概率[1]。

先导物的质量直接影响研发的速度和成败，这可由上市的新药与其先导物有很高的结构相似性加以佐证。Proudfoot 等分析比较了 29 个上市新药和它们的先导物结构，发现多数具有结构相似性，而且分子量和 lgP 值变化不大[2]。因此，由苗头向先导物的过渡，仅是化合物逐步显示出类药性的过程。大家熟知的 Lipinski 规则是根据化合物的油水分配系数和对细胞膜渗透性来评估先导物的一种简明方法。

8.1.1 苗头化合物和先导物的定义及标准[1]

通常情况下，新药研发是从苗头化合物的发现开始的。苗头化合物是指对药物靶点有初步活性的化合物。它是在先导物发现之前被初步证实有潜力成为先导物的化合物。先导物又称原型（prototype）或母体（parent）化合物，是通过各种物理和化学途径与方法获得的具有某种生物活性的分子。与苗头化合物相比先导物含有一些成药的显著特征，其中包括适度的生物或药理活性，同时也具有某些不利成药的因素，例如毒副作用大、吸收度低、溶解度差或代谢方面存在问题等。所谓先导物的优化就是通过化学的方法和手段对其分子结构进行修饰改造以减少并消除这些不利因素，增加其对特定靶点的生物活性，提高生物利用度，进而达到候选药物的标准，以便顺利进行下一步的动物或临床研究。活性强度不是判断苗头化合物的唯一指标，多数苗头化合物在除活性外的其他方面可能存在固有的缺陷，例如在作用特异性、药代动力学、物化性质、安全性、作用机理和获得专利的可能性等方面存在问题，导致成药性质较差。这些缺陷有的是由于其分子本身性质所决定，很难通过结构修饰得到改进，因此仅有很少数的苗头化合物能最终发展成为先导物。然而由苗头演化成先导物（hit-to-lead）是新药研发必须经过的阶段，一个好的苗头化合物只有达到先导物的标准才具备进一步优化的前景。

先导物无统一的绝对标准，不同类别的药物其标准也不尽相同。作为先导物须具有类药特征（drug-like），即在药效学、药代动力学和物理化学性质上应达到一定的标准。

在药效学上，先导物首先要具有活性。先导物的活性强度一般在 $1\mu mol/L$（酶）～$0.1\mu mol/L$（受体）范围内，并在细胞水平上呈现活性。酶（或受体）和细胞试验的区别在于后者涉及过膜、多靶点和特异性作用。其次先导物要有明确的作用机理、方式和环节，也应存在剂量（浓度）和活性的相关性。此外先导物还要有明确的构效关系（SAR），以表明其活性是特异性作用。

先导物在药代动力学性质上，应达到吸收、分布、代谢和排泄（ADME）的基本要求。例如大鼠口服生物利用度（F）大于 10%，以确保基本的口服吸收效果，消除半衰期（$T_{1/2}$）大于 30min；大鼠静脉注射的清除率低于 $35mL/(min·kg)$，肝细胞的清除率低于 $14\mu L/(min×10^6)$ 细胞；对人肝微粒体的清除率低于 $23\mu L/(min·mg)$，以显示与细胞色素 P450 有较弱的作用，而不是它的底物、抑制剂或诱导剂，从而保障先导物有基本的代谢稳定性等[3]。

在物理化学性质上,先导物的相对分子质量宜低于 400,以便在优化过程中有较大化学空间添加原子、基团或片断和增加相对分子质量;水溶解度应大于 $10\mu g/mL$;脂水分配系数 $clgP$ 或分布系数 lgD 在 $0\sim 3.0$,以确保被优化的分子的溶解性。

在化学结构上,先导物一般含脂肪或芳香环数 1~5 个,可旋转的柔性键 2~15 个,氢键给予体不超过两个,氢键接受体不多于 8 个。偏离这些结构因素则不能保障上述的药效、药代和物化性质。此外,先导物的结构及其类型还应有新颖性,能获得专利保护研发药物的知识产权。

8.1.2 从苗头到先导物的过程

由苗头化合物演变成先导物 (hit-to-lead) 是筛选和评估苗头化合物以鉴定出先导物的过程。符合一定标准并具备优化前景的苗头化合物才能被确定为先导物,随后进入先导物的优化阶段 (lead optimization)。经验显示,许多高通量筛选出的苗头化合物,只有很少一部分有机会进入下一轮先导物的优化阶段[4]。

8.2 苗头和先导物的发现途径

20 个世纪 70 年代以前,不少先导物是在偶然或意外的情况下发现的,另有不少先导物是依据内源性活性物质或药物作用的生化机理设计发现的,还有许多来自传统的民族、民间药物或根据某些药物的临床副作用。随着 20 世纪后期基因组学和蛋白组学、计算机辅助药物设计 (CADD) 和分子生物学等学科的发展及相关技术的进步,先导物发现的途径和优化策略也趋于多样化。目前,应用较为广泛的方法是通过随机筛选 (random screening) 或高通量筛选 (high throughput screening,HTS) 各类合成化合物库和天然产物库,以获得具有初步活性的苗头或先导物。这种筛选方式速度快、通量大,可以在较短时间内发现活性化合物,从而提高研发效率。天然产物依然是苗头或先导物的重要来源。然而随着可供发掘的自然资源日趋减少,这种来源受到较大的局限性。另一类发现先导物的途径是合理设计的方法包括基于靶点结构分子设计、片段筛选与组装、化学基因组学和虚拟筛选等。这些新方法发展虽快,还需经实践的检验[5]。此外在文献、专利基础上的创新也是发现苗头或先导物的重要途径。

8.2.1 高通量与高内涵筛选

高通量筛选产生于 20 世纪 80 年代后期,是以药物作用靶点为主要研究对象的分子水平的筛选,是根据样品和靶点结合的表现,判断化合物生物活性的一种技术。近年来,随着组合化学的发展以及生物化学、分子遗传学、分子生物学和基因组学等的进展,新的靶分子的数量以几何级数增加,促进高通量筛选技术不断发展。高通量筛选采用不同密度的微孔平板 (96 孔或更多孔板) 作为实验载体,通过快速灵敏的检测装置,在同一时间内对大量样品进行生物活性测定,采集实验数据和数字化分析处理,并以相应的信息管理软件支持整个系统正常运转。具有微量、快速、灵敏、准确,同步筛选量大等特点。目前该技术已经成为药物筛选的主要手段之一。

对库存化合物的高通量筛选,是目前应用最为广泛的一种苗头和先导物发现模式。许多大型制药企业每年都花费大笔经费用来获取、维持或者更新他们的化合物库存,以应对新研发项目开展时,有足够的化合物库供筛选以产生最初的苗头或先导物。现阶段拥有超过百万化合物库的筛选在一些大型的研发组织里已经较为普遍。高通量筛选过程中,初始苗头化合物的确证通常是由活性的阈值所决定，活性阈值的界定及活性结构的确证是至关重要的环节。许多研发组织都改进了由苗头到先导物的发展环节以获得更为合理且具备优化潜质的先导物。

高通量筛选的靶点包括酶、受体、离子通道等，根据待测样品的种类分为细胞相筛选、非细胞相筛选，生物表型筛选。但随着对筛选规模和质量的不断提高，高通量筛选的单靶点筛选方法不能适应药物发现中对化合物的综合评价，因此，近年出现了高内涵筛选技术。

高内涵筛选（high content screening，HCS）最初是作为高通量筛选的次级筛选发展起来的，其创立是近年来药物研究领域中一项重大的技术突破[6]。高内涵筛选是指在保持细胞结构和功能完整的前提下，尽可能同时检测被筛选样品对细胞形态、生长、分化、迁移、凋亡、代谢途径及信号转导等多个环节的影响。从单一实验中获取大量有关信息，确定其生物活性和潜在毒性。高通量筛选结果是单一的，而高内涵筛选的结果是多样化的。它以多指标、多靶点共同作用为主要特点，涉及的靶点包括胞内成分、细胞的膜受体、细胞器等。从筛选载体上看，高内涵筛选与高通量筛选并没有显著的区别，也在微孔板上进行。其优点是它的检测体积并未因检测指标增加而增加，操作步骤同样简单可行。在技术层面上，高内涵筛选是一种应用高分辨率的荧光数码影像系统，在细胞水平上检测多个指标的多元化、功能性筛选技术，旨在获得被筛选样品对细胞产生的多维立体和实时快速的生物效应信息。通过同步应用报告基因、荧光标记、酶学反应和细胞可视等高内涵筛选常规检测技术，研究人员可以在新药研究的早期阶段获得活性化合物对细胞产生的多重效应的详细数据，包括细胞毒性、代谢调节和对其他靶点的非特异性作用等，从而显著提高发现先导物的速度（图 8-1）。

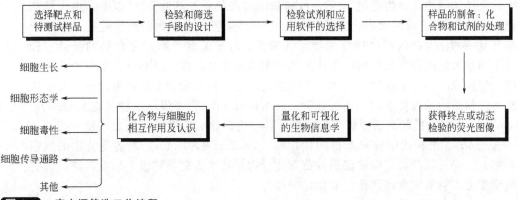

图 8-1 高内涵筛选工作流程

比如 G 蛋白偶联受体（GPCR）是最大的细胞表面受体家族，是小分子调节剂治疗干预的众多靶点来源。通过用荧光生物传感器对 GPCR 活化进行高内涵筛选，可以平行得到与 GPCR 本身或与它相连的第 2 个偶联蛋白在细胞中的位置、数量、运转情况等多种信息数据。在 GPCR 高内涵筛选中使用最多的标记物是绿色荧光蛋白。绿色荧光蛋白是一个来自水母的天然蛋白，它可与 GPCR 的 C 末端结合。高内涵筛选可根据标记的荧光蛋白提供细胞组成成分和其过程中的动态变化。除了绿色荧光蛋白对 GPCR 标记检测方法以外，还可用 pH 敏感花青苷染色法，其染色团只有当 GPCR 内化，配体激活 GPCR 后 pH 值下降时才能发出荧光。该方法在高内涵筛选中具有广泛用途。高内涵筛选在研究双特异性磷酸激酶抑制剂、寻找促进肿瘤细胞凋亡的抗肿瘤药、筛选新的凋亡诱导剂等方面已被广泛应用。

在高通量筛选和高内涵筛选的发展过程中，筛选能力、筛选量及化合物库的选择都是影响其效率的重要因素。在高通量筛选发展的初期，天然产物和内源性化合物是其筛选的主要对象。20世纪80年代后期，许多制药公司大力发展组合化学等高通量的有机合成来构建巨大的化合物库，然而建立并筛选这样的库开支巨大。最近倾向于考虑化合物库的多样性和质量，以及类药或类先导的性质。这样的化合物库要有足够复杂的结构以涵盖理想的物化性质，另一方面还要有尽可能多样性的结构，同时还需要有一定的相关性以阐释一个系列化合物的结构与生物活性关系。通过计算的方法对这些化合物的类药或者类先导的性质进行初步的评估，以便获得更为合理、有用的化合物库。

通过高通量和高内涵筛选特定的化合物库是发现先导物的一个重要策略。这样的化合物库可以是在某些化学信息学基础上根据一定标准选取的部分化合物，或者是基于生物学靶点设计和合成的化合物库。这种方法不同于任意筛选庞大的化合物库，而是通过把药物发现知识与特殊靶点所需要的化学分子性质与结构有机结合起来，可以大大减少筛选化合物的数量，显著增加发现先导物的概率。有关各类化合物库通过高通量筛选获取先导物的成功范例可以参考相关综述[7]。

另外高通量筛选与多样性导向合成（diversity-oriented synthesis，DOS）[8]相结合也是获取苗头或先导物的重要方式之一。多样性导向合成是由多步或多组分化学合成获取各类分子。通常这样得到的分子虽然不是靶点导向的化合物但因在结构上有较大的差别和变化，很有可能提供更多有用的信息，继而从中发现苗头或先导物[9]。

8.2.2 天然产物

天然产物及其衍生物在创新药物研究中具有重要的地位。统计显示现代医学应用的化学药物中，天然来源的化合物超过30%，目前临床应用的化学药物50%以上是由天然产物结构修饰产生的[10]。长期以来，天然产物筛选一直是获取先导物的重要途径。多数天然产物具有复杂的化学结构和多样性生物活性特征。由于天然产物纯化合物的量通常较少，不同于那些大量的合成化合物，因此天然产物的筛选必须仔细计划好。能产生生物活性物质的天然资源广阔，从植物、动物、海洋生物以至无机矿物和微生物发酵液。其中植物是天然活性物质的最主要来源。如青蒿素（Artemisinin）是从菊科植物黄花蒿（Artemisia Annua Linn）中提取的新型倍半萜内酯，具有优良的抗疟作用。又如从短叶红豆杉（Taxus brevifolia）的树皮中分离获得的紫杉醇（Paclitaxel，Taxol）是备受关注的抗癌新药。近期，一些天然产物相继被发现为苗头化合物并转变为先导物进入后期的研究。更多的实例请参见本书第9章和其他相关综述[11]。

青蒿素(Artemisinin)　　紫杉醇(Paclitaxel,Taxol)

8.2.3 基于生物大分子结构的药物分子设计

随着基因组学、蛋白质组学、分子生物学以及分离、提取技术的发展，科学家获得能用于结构解析实验的生物大分子样品速度大大提高。X-射线晶体学、核磁共振技术的进步令高通量结构测定成为可能。人类在1959年解开胰岛素结构时用了整整22年的时间，而在 2003 年，解析出 SARS 病毒蛋白的结构只用了不到 3 个月的时间。近年来，预测生物大分子结构的软件方法也得到蓬勃发展，帮助人们更深入了解生物大分子的结构。对于生物学家和药学家来说，越来越多的生物大分子结构信息将把全新的活性先导物的发现带入了一个新的时代。

人们一旦获得与配体相关键合部位或底物的分子生物学信息后，药化学家就可以运用基于结构的药物分子设计（structure-based drug design，SBDD）来发现或发展先导物。这种策略在寻找血管紧张肽原酶（renin）和 HIV 蛋白酶抑制剂，以及基质金属蛋白酶抑制剂或蛋白酪氨酸磷酸激酶 1B 抑制剂方面都有广泛的应用[12]。

基于结构的药物分子设计可定义为应用靶分子在原子水平上的三维结构信息，指导和辅助药物的设计。在现阶段，基于结构的分子设计只有借助其他药物发现的方法和技术才能设计出新的药物。以基于结构的分子设计为主的药物开发过程包括对实验测得的结构信息进行一系列战术推断，进而合成中间先导化合物，再经实验证实这些化合物的预期性质。

基于结构的分子设计研究主要集中在酶抑制剂。在理想条件下，酶或酶-抑制剂复合物的结构可以解释与设计体外有效的抑制剂有关的分子间相互作用，这种抑制剂仅需抑制酶的催化活性，比设计受体激动剂的难度要小。

基于结构的分子设计过程包括起始阶段和延续阶段。在起始阶段，首先要鉴别出所需的大分子"药物靶点"。靶点与治疗的相关性是整个过程成功的关键。实际应用基于结构的分子设计研究的绝大多数靶分子是蛋白质，但也可用于任何能够测定结构的其他靶分子。在分离得到足够数量和纯度的靶分子后，便可进行结晶并用 X-射线衍射法测定结构。还可能需用同位素标记蛋白或药物以便用核磁共振法研究溶液中药物-靶点的相互作用，以得到足够精度的结构信息。

在获得用 X-射线衍射或核磁共振技术测定靶分子与先导物形成的复合物结构后，再通过系统的分子模拟法检测其结构，并根据以往经验得到一系列渐进的导向设计物。如果这些化合物有效就继续合成。当然生物化学和生物学研究要贯穿于基于结构的分子设计全过程，以便进一步了解靶分子在疾病过程中的作用，改进得到的靶分子的质量、纯度和数量，提高分析方法的可靠性和有效性。

目前，基于生物大分子结构进行先导物发现研究的主要技术手段有：基于分子对接的虚拟筛选（docking and virtual screening）、药效团模建和数据库搜索（pharmacophore modeling and database search）以及从头设计方法（de novo drug design）等。

8.2.3.1 分子对接技术和虚拟筛选

分子对接技术是指在计算机中将生物大分子模型与有潜在生物学效应的分子模型进行形状和能量的互相匹配，并且使用一定的评价函数对二者之间的形状、能量、化学环境的匹配程度进行评价。通过对二者相互作用的精细研究，药物化学家能够了解某个化合物与生物大分子相互作用的细节。分子对接技术逐步衍生出虚拟筛选技术，虚拟筛选技术通过快速的分子对接，将化合物数据库中的所有分子与目标生物大分子进行亲和能力评价，再用一系列基于知识的滤片筛选虚拟库，以浓缩出能够满足预定标准的化合物，帮助发现苗头或先导物。

8.2.3.2 药效团模建和数据库搜索技术

基于生物大分子结构的药效团模建和数据库搜索技术是另一种能够对大型数据库进行搜索和评判以发现先导物的工具。所谓药效团模建，通常是对一系列作用于相同靶点的小分子建立模型，提取与生物活性相关的抽象的特征，这些抽象特征包括亲水、疏水性，氢键供体、受体、富电基团等。根据这些药效团信息，可以构建三维的药效团模型，对化合物数据库进行搜索。2002年，Patel等对多个药效团分析工具进行了分析和比较，最终认定catalyst的计算结果最为理想[13]。药效团模建和数据库搜索通常应用于未知受体的药物研究。

8.2.3.3 从头设计方法

从头设计又称为全新药物设计，分为基于结构的直接药物设计和间接药物设计。从头设计方法能够根据生物分子的活性位点特征产生一系列的结构片段，通过连接这些结构片段可以构成一个全新的分子；或者在结合腔内对一个已知的结构骨架进行化合物的衍生化。从头设计方法与前面提到的两种能够对化学结构数据库进行搜索或筛选的方法有明显的不同。前两种方法是对数据库中的每个分子进行匹配和评价，但无法改变其化学结构；而从头设计方法则可以生成全新的分子结构，帮助快速发现先导物。

从头设计方法一般包含以下几个步骤。

① 活性位点分析：对结合位点的具体的化学信息进行扫描、分析和归类。结合位点的疏水性、亲水性、氢键供体和受体的位置和方向等的三维空间相互关系都必须被充分考虑。

② 配体分子构建：采用不同的片段选择和分子构建方法，产生相应的分子结构。

③ 评价：使用特定的评分系统将新构建的分子与活性位点的匹配性进行排序，可以选择其中优良的结果作为合成的对象。也可以作为新一轮计算的起点进行进一步的优化。

8.2.4 基于片段筛选和组装

常规的高通量筛选常常需要筛选大量的化合物库，但也仅能发现一些亲和力较弱，分子较大的苗头化合物，后期优化或改造的空间非常有限。为了提高新药发现的效率，科学家们一直致力于寻找新的药物设计和筛选的方法。在长期的新药研究过程中，人们发现药物分子中的每个结构片段都发挥着自己的作用。基于此认识，目前已发展了一种新的药物发现技术——基于片断筛选和组装（fragment-based screen and assemble）的先导物发现。此方法就是通过灵敏的生物技术寻找有较弱结合力（例如 $100\mu mol/L$）的分子结构片段，再将这些不同活性结构片断用各种方式组合或者延伸来发现高亲和力的活性分子，以此来发现先导物并提高其发现的效率[14]。近年来，这种药物发现技术迅猛发展，并得到一个时髦的名称"片段组学"（fragonomics）。

片段组学的主要研究工作包含两个部分：①筛选得到可与靶点结合的片断以及这些片断的结构构象；②将这些片断延伸或者合理连接成为先导物或药物分子。

在与靶点结合的片断的筛选中，首先得到受体和小分子量的片段（通常是相对分子质量100~250的小分子）的结合物。这可以通过类似配体垂钓的方法得到，也可做配体、受体结合试验得到。然后将其置于合适的溶液中，利用核磁共振技术测定片段与受体结合的具体部位，以及片段的结合构象，并以此构象指导构效关系的研究。接着片段与受体共结晶得到晶体复合物，再通过X-射线衍射获得片段与受体结合的信息。

在片段进行延伸或合理连接时，需要添加或者组合另外的一些片段才能成为药物候选分子。其他片段的引入有以下几种方式：第一种称为片段连接法，就是将能够与受体结合且结合位点不同的两个或者两个以上片段通过某种方式连接起来，形成药物候选分子。这种方式是片段组学最合适的连接方式，因为各个片段都可以与受体结合，可以发挥片断与受体结合力的加合效应。然而如何选取一个连接方式，保持各个片段的结合构象、结合方式，从而发挥加和效应却存在巨大的挑战。第二种方法称为片段生长法，就是在一个片段的基础上进行结构延伸，加入新的结构片段。这个方法的自由度大，可以用片段生长的方式生成自己所设计的药物候选分子。但是，这个方法的难点在于自由度太大，如何选取片段，选取什么样的片段难以把握。鉴于无论是片段连接法还是片段生长法都存在各自的难点，因此，人们常将基于片段药物设计方法和计算机辅助药物设计结合起来，运用分子模拟的手段解决这些难题。

通常这样筛选获得的活性结构片段都源自较小的分子库（相对分子质量在100～250），这种方法可能有几点优势：

① 与高通量药物筛选相比，片段组学在于筛选结构片段而不是分子结构，得到能与受体结合的结构片断的概率比得到分子结构的更大。此外，片段组学对片断的活性要求不如高通量筛选对化合物分子的高。同时，片段组学得到结构片断后，再进行结构衍生，得到的分子将具有高通量筛选得到的药物分子所不具有的新颖性。

② 与组合化学相比，片段组学是一种基于受体结构的药物设计技术，其目的性更强，效率更高。在分子多样性方面，根据受体结构需要，运用片断生长法，片段组学也可以达到分子多样性的目的。

③ 与计算机虚拟筛选相比，片段组学的结构片段与受体的结合方式和构象是确切的，可以避免单纯的计算机虚拟筛选的假阳性现象。然而，片段组学自身难点的解决仍需计算机辅助药物设计的帮助。

④ 由于片段组学最初筛选的对象是结构片段，这些片段的选择具有很大的自由度。既可以是结合于同一受体不同部位的活性片段，也可以是结合于生理相关的不同受体的活性位点的活性片段。通过对这些片段进行合理连接，既可以得到结合力得到加强的作用于单靶点的先导物，也可能得到作用于不同靶点的先导物。

8.2.4.1 片段组装发现单靶点先导物

本方法通过将作用于同一靶点不同位点的药效团片断联结后，获得对特定靶点高亲和力和高选择性的先导物。半个世纪前，药物化学中的拼合原理（principle of hybridization）是药物分子设计的一个经典方法。当时着眼于治疗同一疾病的两种药物在化学结构上互相拼合，希望这些兼具两者结构特征的拼合分子具有比原来两种药物更优异的药理活性。随着分子药理学的发展和对药物靶点的深入研究，对单一靶点的选择性作用成了新药设计的焦点。人们认为药物分子对靶点的作用愈专一，选择性愈高，则药物的活性愈强，同时副作用也愈低。通过将作用于同一靶点不同位点的小分子片断进行有效连接，来寻找高选择性、高活性的作用于单靶点的化合物是最实用的一种方式。如 Swayze 等[15]通过质谱方法确定了两个可以结合于细菌 23S rRNA 的 1061 区的药效片断 **1**（$K_d>100\mu mol/L$）和 **2**（$K_d>100\mu mol/L$），体外亲和实验表明这两个片断分别结合在 RNA 的不同活性位点。通过将这两个片断连接得到了一个亲和力大为提高的先导物 **3**。

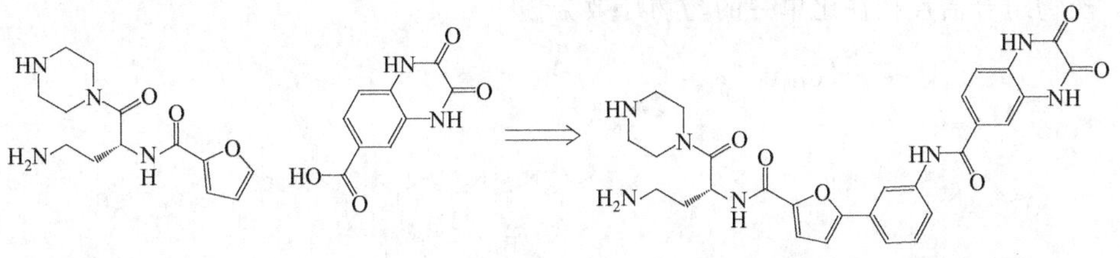

$K_d>100\mu mol/L$　　　$K_d>100\mu mol/L$　　　$K_d=6.5\ \mu mol/L$

1　　　　　　　　　　**2**　　　　　　　　　　**3**

Shuker 等[16]利用核磁共振方法筛选了包含 1000 个小分子片断的化合物库，从中发现两个对 FK506 亲和蛋白有抑制活性的化合物哌啶甲酸酯 4（$K_d=2\mu mol/L$）和二苯酰胺 5（$K_d=100\mu mol/L$）。将此两个片断连接后得到一个抑制活性达 49nmol/L 的新抑制剂 6。

$K_d=2\mu mol/L$ $K_d=100\mu mol/L$ $K_d=49nmol/L$
       4   5   6

Boehm 等[17]将一种称为针头筛选的片段筛选方法用于寻找作用于细菌 DNA 促旋酶 ATP 结合位点的抑制剂。经过体外生物测试结合核磁共振、表面等离子共振、X-射线结晶衍射等生物物理技术确定 14 种不同类型的活性片段。然后根据 X-射线结晶衍射提供的 ATP 结合位点生物信息指导片段结构的优化，通过片段生长最终得到一个 DNA 促旋酶抑制活性比起始吲唑片段 7 提高将近 10000 倍的先导化合物 9（最大无作用浓度 MNEC=30ng/mL）。Boehm 等认为"针头筛选法"是寻找起始活性片段的优良途径，通过针头筛选找到的起始片段没有多余的官能团，减少了分子的毒性和代谢的不稳定性。

                    7   8   9
DNA 促旋酶 $K_i=10mmol/L$（采用NMR）   MNEC=8μg/mL   MNEC=30ng/mL
抑制活性   MNEC>250μg/mL

8.2.4.2 片段组装设计双靶点先导物

通过作用于相关但不同靶点的药效片断的联结可获得作用于双或多个靶点的先导物。

当今以疾病相关靶点为切入点的药物研究模式占主导地位，但多数研发的新药都是作用于对单个靶点。而近年来，一些特异性很高的只作用于某一受体亚型的新药在临床中出现的各种副作用以及对其作用机理的深入研究，使双或多靶点药物成了新药研发的新热点。

同时作用于疾病几个环节的药物往往有较好的效果，例如多数中枢神经系统和心脑血管的药物都是作用于多种靶点。奥氮平（Olanzapine，10）对至少 10 个受体亚型的拮抗作用达到纳摩尔水平，是销量最大的抗精神病药物。非甾体抗炎药阿司匹林、降血糖药二甲双胍和抗白血病药物伊马替尼（Imatinib，11）等也都作用于多个靶点。事实上在临床实践中，药物组合治疗往往比单一的药物疗效为佳[18]。

        10   11

双靶点药物可以是两个受体的调节剂，两个酶的抑制剂，也可以是同时作用于酶和受体或作用于受体和离子通道或转运蛋白的双功能性分子。从药物分子设计的视角，构建双靶点药物分子可以将两个活性分子片断或其药效团用连接基连接，构成连接型分子；也可将两个活性分子的部分结构或药效团融合或并合成融合型或并合型分子，以便控制分子的大小和相对分子质量，使得分子结构的药效空间与药代动力学空间有较大的重叠，提高成药的概率。

在设计双靶点药物时，不仅要平衡对靶点的活性和选择性，还要兼顾优化分子的物理化学和药代动力学性质[19]。

（1）连接型双靶点分子

连接型双靶点分子是用不同长度的连接基将两个药效片段或药效团连接起来。若连接基是代谢稳定的，则新分子的两个药效团，能够分别与两个靶点或一个靶点的两个部位结合，产生双重作用。在昔布类 COX-2 抑制剂中引入一氧化氮供体，可降低因过强的选择性致使前列环素减少引起的心血管事件。如西米昔布（Cimicoxib，**12**）的甲氧基用乙二醇连接基代替，再经亚硝酸酯化得到的化合物 **13**，仍保持了对 COX-2 酶的选择性抑制，同时有较强的扩张血管作用[20]。

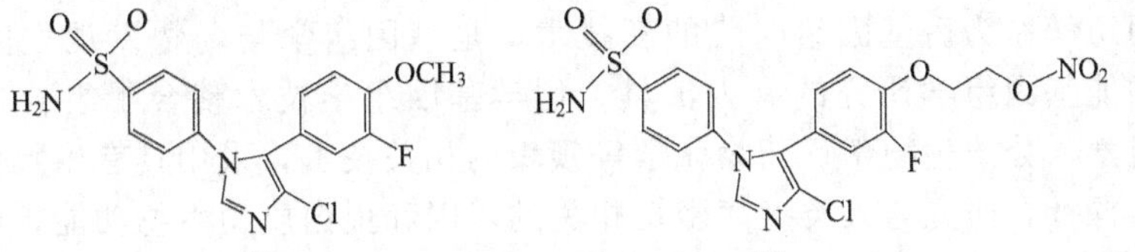

12　　**13**

（2）融合型双靶点分子

如果两个药效片段或药效团结构有部分相似性，则可通过相似部分使两者融合成一个分子。融合的部位不应干扰药效团与靶点的结合。如 Mewshaw 等将哌啶烷基取代的吲哚类 5-羟色胺（5-HT）重摄取抑制剂 **14** 和芳氧乙胺类 5-羟色胺抑制剂 **15** 通过共用叔氮原子融合拼接，设计合成了双重抑制剂 **16**。**16** 对 5-羟色胺重摄取转运蛋白的抑制和对 5-羟色胺 A1（5-HT_{A1}）受体的拮抗均有作用，体外活性可达到纳摩尔水平。但这类化合物还对肾上腺能 α_1 受体有较高的亲和力，尚需作进一步改进[21]。

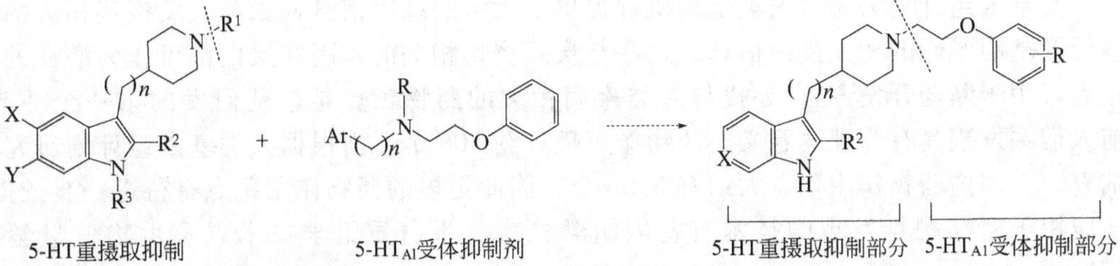

5-HT重摄取抑制
14

5-HT_{A1}受体抑制剂
15

5-HT重摄取抑制部分　5-HT_{A1}受体抑制部分
16

（3）拼合型双靶点分子

拼合型分子系将已知的两个活性分子的药效团，无需连接基而合并成一个新的分子。它比连接型分子分子量更小，是设计多靶点药物分子的常用策略。

如化合物 **17** 对肾上腺能 α_2 受体和 5-羟色胺转运蛋白（SERT）具有双重抑制作用，结构中隐含了抑制两个靶点的药效团，对 α_2 受体活性较高（K_i＝3.2nmol/L），而对 5-羟色胺转运蛋白抑制活性较弱（IC_{50}＝160nmol/L）。以 **17** 作为起始物，通过拼入 5-羟色胺转运蛋白抑制剂帕罗西汀（Paroxetine，**18**）的亚甲二氧苯基药效团，并进一步用苯并呋喃置换亚甲二氧苯基，最终发现了对肾上腺能 α_2 受体和 5-羟色胺转运蛋白均有强抑制作用的先导物 **20**[22]。

8.2.5 化学基因组学

化学基因组学作为后基因组时代的新技术,是基因组学与药物发现之间的桥梁和纽带,将成为功能基因组学研究的有力工具。化学基因组学技术整合了组合化学、基因组学、蛋白质组学、分子生物学、药物化学等领域的相关技术,采用具有生物活性的化学小分子配体作为探针,研究与人类疾病密切相关的基因和蛋白质的生物功能,同时为新药开发提供具有高亲和性的药物先导物。它是后基因组时代药物发现新模式。

化学基因组学结合靶点基因序列的相似性,提供一种工具用来设计和发现一系列可能对新靶点有活性的新化合物。它能够提供简单、快速的途径发现先导结构,加速发现先导物的过程。已有相关综述报道了这方面的成功例子[23]。

化学基因组学药物发现模式的一般程序包括靶点发现、高通量筛选、组合化学合成和生物学功能测试等。其中高通量筛选是化学基因组学技术平台的关键技术,而组合化学合成则为高通量筛选提供大量化合物。

8.2.5.1 靶点发现

人类基因组计划为揭示人类疾病机理提供了大量的基因信息,如与人类疾病相关的疾病基因及基因编码的相关蛋白信息。这些与疾病密切相关的基因和蛋白都可作为潜在的药物靶点,用于新药开发[24]。寻找与人类疾病相关的药物靶点是新药研发的第一个环节。目前人们共发现具有药理学意义的药物作用靶点约 500 个,而根据人类基因组计划研究成果估算,人体内药物作用靶点大约有 5000 个,因此更多的药物作用靶点有待进一步挖掘。目前应用于新药靶点发现的技术有基因组学技术、蛋白质组学技术以及生物信息学技术等。

8.2.5.2 组合化学

药物开发过程中首先要发现先导物并对其进行结构优化,而传统化学合成方法不能适应高通量快速筛选众多药物靶点的要求。组合化学采用适当的化学反应,借助组合合成仪,在特定的分子母核上引入不同的基团,产生大量的新化合物,构建不同的化合物库。在药物筛选研究中,不同分子结构的化合物库可以用于不同疾病、不同模型的筛选。多组分反应则通过多种原料同时反应,产生复杂性的结构多样性反应产物,也是一种快速有效的小分子合成方法。组合化学合成方法可以为高通量筛选提供物质基础,扩大了药物发现的范围,适应了化学基因组学快速筛选的需求。组合化学与高通量筛选技术已经成为新药发现和优化过程中的重要技术。

8.2.5.3 生物信息学

生物信息学是一门综合运用数学、信息科学、计算机技术等对生物学、医学的信息进行科学的组织、整理和归纳的一门新学科。在新药研究中，药物作用靶点的发现、新药的筛选和发现、药物的临床前研究以及临床试验等各个环节，都与生物信息学有着密切的关系。基因组学、高通量筛选、组合化学等技术在化学基因组学中的应用，积累了大量不同类型的生物和化学信息数据，有效地存储、管理、分析及整合这些数据是保障药物研发顺利进行的关键。

生物信息学就是实现从数据到知识的转化，从单一信息到可利用资源的转化。不仅要从复杂无序的信息海洋中搜索有用的数据，还要实现不同学科间信息的广泛交流，避免重复研究。同时，在对先导物结构进行优化过程中，生物信息学可以为组合化学的分子设计和化合物库的设计提供必要的生物信息，如功能蛋白质的结构信息、药物靶点的活性部位和立体结构信息等，使组合化学具有更强的目的性，从而提高了先导物和药物发现的成功率。

生物信息技术目前主要有三个信息服务平台：NCBI、EMBL 和 DDBJ，各自都提供搜索和分析服务。现代药物的研制已离不开生物信息技术的参与，从事药物研制的科技人员必须能熟练运用生物信息学的软件。但由于生物信息学技术本身还有许多的不足，一些算法本身存在缺陷，这使得它在药物研发中的运用受到了限制。随着生物统计学、计算机技术以及其他相关学科的发展，生物信息学技术将进一步完善，在药物研发中的作用也将与日俱增[25]。

8.2.5.4 化学基因组学的应用

小分子配体由于分子体积小可以自由进入细胞内部，并与靶蛋白具有特异性的亲和作用。这些特点使得小分子配体广泛应用于与药物靶点相关的基因表达谱、蛋白表达谱和基因相互作用的全功能分析等研究[26]。

孤儿核受体（orphan nuclear receptors）作为转录因子，其功能可以通过疏水小分子来调节。化学基因组学方法可应用于孤儿核受体在胆酸代谢过程中的功能分析，同时提供具有潜在药用价值的小分子化合物[27]。如 Willson 等以 GW4064（**21**）作为分子探针，用化学基因组学方法确认了肝组织中核胆酸受体（FXR）调控的基因。同时还发现了另一种核胆酸受体（PXR），这种受体也参与控制胆酸的生物合成和代谢过程。这表明 FXR 和 PXR 共同控制胆汁和尿胆酸的分泌过程。通过对 FXR 和 PXR 的功能分析为淤胆性肝炎提供了新的治疗方法。

21 GW4064　　　　　　　　　　**22** 3-氨基-6-苯基-哒嗪的骨架结构

Watterson 等[28]应用化学基因组学方法，从合成化合物中寻找抑制神经炎症反应的小分子药物。发现在相关合成化合物的作用下，白介素-1β、一氧化氮酶和 β-淀粉样蛋白（Aβ-42）的作用被抑制，而有益的载脂蛋白 E（ApoE）不被抑制，COX-2 和 p38MAPK 的活化作用也没有改变，表明该化合物比现有的药物有更好的潜在药用价值。通过分析发现新合成化合物的结构框架是 3-氨基哒嗪（**22**）并已用于中枢神经系统疾病的治疗，而且此类结构具有潜在的多样化衍生物，可进一步优化以便发现更为有效的药物。

8.2.6 文献、专利基础上的创新

相关的专利和科学文献提供了丰富的信息源，有助于寻找并发现模仿（me-too）型的新的先导物。出于保护知识产权的原因，一些研发组织不可能提供非常具体的细节，阐述如何在竞争对手公开的信息基础上发现先导物并得到进一步发展。这种方法的好处是发现的先导物有更好的类药性。20世纪70~90年代，一些重磅炸弹型模仿新药多系采用这一策略。然而这种方式在及时产生或保护新的知识产权上会受到较大的限制，因为其相应的竞争对手也可能会采取同样的策略。

8.3 先导物的优化[29]

8.3.1 先导物的优化目的[1]

先导物由于活性不强、药代动力学性质不符合要求、副作用太强等原因，不能直接作为药物使用，而须经过一定的优化。先导物的优化（lead optimization）是将有活性的化合物转化成候选药物或药物的过程，是通过药物化学方法将临床对药物的要求体现在结构优化和改造中。优化过程是使药物在安全性、药效学、药动学、代谢稳定性和药学等性质方面同步地优化于一个在多维空间中通往候选药物的分子操作。先导物的成功优化可以显著改善药物的各方面性质，提高其上市的可能性并降低后期开发的风险与投入。

药物在体内的作用过程分为药剂相、药代动力相和药效相。药剂相包括剂型的崩解、药物的释放或溶出，以给药剂量被吸收的百分率为其优劣的衡量标准。药代动力相包括药物的吸收、分布、代谢和排泄。能否把药剂运送到所期望的部位，这种运送的专一性如何是其衡量标准。药效相包括药物与靶组织的相互作用及其效果，由先导物的生物活性决定。先导物在体外试验有效只说明其药效相有效。如果药剂相与药代动力相效率差，一个体外有活性的先导物最终同样表现为体内活性差。因此先导物的优化往往包括对三个相和安全性的同步优化。

① 对药剂相的改进包括改善先导物溶解性和化学稳定性。可在分子的非药效团部位引入极性基团，消除化学不稳定原子或基团。根据药物的作用部位调节化合物的脂-水分配性等。

② 对药代动力相的改进有助于提高化合物的代谢稳定性和改进整体动物的药代动力学性质。代谢稳定性对于保障化合物的活性，避免药代动力学的复杂性和降低毒副作用很重要。先导物的口服生物利用度、在血浆中浓度、作用时间、消除半衰期和清除率等药动学指标要达到一定标准，对于药物在体内发挥药理作用有非常重要的影响。

③ 对药效相的改进包括提高先导物对靶点分子的选择性或特异性。由于许多靶点在体内都有同源蛋白存在，靶点与同源蛋白之间有结构与功能相似性，导致一些先导物对靶点的药理作用不具有特异性，这是许多活性化合物产生不良反应的根源。通过对先导物的结构优化可以提高其靶点特异性，降低毒副作用。

④ 提高先导物体内安全性。一个药效强的药物必须同时具有良好的安全性，才能应用于临床。药效与毒性的关系，通常用治疗指数（therapeutic index）表示，一个药物的治疗指数越大，它的安全性、有效性越有保证。先导物往往具有较强的毒副作用。提高先导物动物体内安全性，也是其发展为候选药物之前需要优化的一个重要方面。

先导物的优化是获得候选药物的必经阶段。其策略包括先导物的结构简化、类似物衍

生物制备、生物电子等排原理的应用以及前药和软药的设计这些经典手段，而药物化学家个人的经验和直觉，仍将在先导物优化中发挥不可替代的作用。近年来先导物优化中将已知药物的两个药效团互相连接或杂合的经典的拼合原理也已大大发展，在双靶点分子和前药的设计中获得广泛应用。

8.3.2 先导物结构简化

结构简化法常用于一些天然来源的先导化合物的改造。从自然界得到的先导物往往来源十分有限，同时这些天然化合物的结构相当复杂，手性中心多，化学合成难度大。往往因人工合成这些药物的成本十分高昂而失去市场开发价值。通过对这些先导物结构进行简化，去除部分官能团、结构单元或环，由此获得具有同样甚至更强生物活性及优良理化性质的类似物分子，以解决天然资源短缺和成本高昂的问题。通过此法，可以从复杂的母体分子中发现生物活性所必需的结构片段，然后在保留这些结构片段的基础上进行更灵活的结构修饰和优化。

如镇痛药吗啡（**23**，Morphine）是从罂粟中分得的生物碱，化学结构中含有 5 个稠环。经结构简化发现，吗啡分子中五个环并非活性完全必需，仅苯环和哌啶环是必要的药效团结构，最终发现了结构大为简化的镇痛药哌替啶（**26**）（图 8-2）。

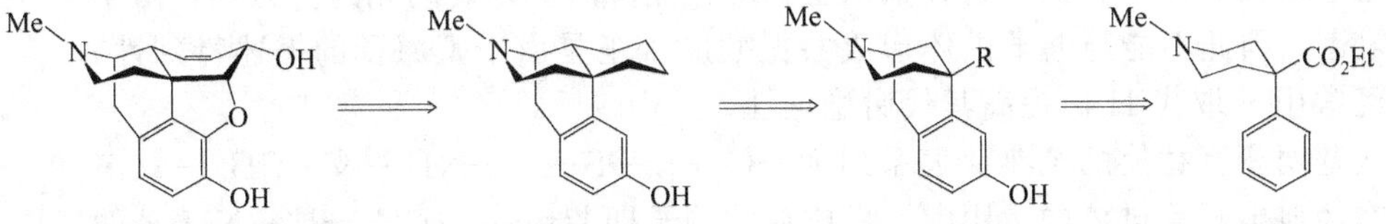

图 8-2 由吗啡经结构简化得到哌替啶

其他通过结构简化法而获得的药物分子的例子可参考表 8-1。

表 8-1 结构简化法所获得的药物

先导物	结构简化衍生物	先导物	结构简化衍生物
可卡因（Cocaine）	普鲁卡因（Procaine）	氨苯蝶啶（Triamterene）	阿米罗利（Amiloride）
筒箭毒碱（Tubocurarine）	十甲季铵（Decamethonium）	蛇毒（Bothrops Jaraca）	替普罗肽（Teprotide）
阿的平（Atebrine）	氯喹（Chloroquine）	肾素（Renin）	卡托普利（Captopril）
曲林菌素（Asperlicine）	二氮杂酮（Diazepinone）		

8.3.3 先导物结构衍生化

药物化学中最常见的优化方法是在先导物结构基础上进行衍生化制备类似物。首先是引入先导物的同系物或插烯物，即通过增减先导物分子中亚甲基或共轭双键的数目来获得新的衍生物。对含有环系的先导化合物，可以用多种方法对其环进行结构修饰，如环的扩大和缩小、开环或者清除环体系。此外还可以通过改变取代基或官能团来获取性能优良的先导物衍生物。这方面内容可以参阅有关药物化学教材，这里不再赘述[29]。

8.3.4 生物电子等排体

生物电子等排取代是对先导化合物进行合理优化的有效策略之一。这种方法利用生物电子等排原理取代先导化合物中的某些结构单元，以提高其活性及选择性，并降低毒性。实践证明，运用生物电子等排原理进行药物先导化合物优化，可大大加快由药物先导物到药物候选物的转化[30]。

生物电子等排（bioisoterism）这一术语是 Fridman 在 1954 年提出的。生物电子等排体即为外围电子数目相同或排列相似，具有相同生物活性的原子、基团或部分结构。等排性概念应用于药物化学领域后，已大大超出了它原来的含义。Thorber 提出了生物等排体的更广义定义：生物等排体是具有相似物理和化学性质并能产生广泛相似生物效应的基团和分子。

8.3.4.1 经典生物电子等排体

经典的生物电子等排体包括 Grimm 的氢化物取代规律及 Erlenmeyer 定义所限定的电子等排体。经典的生物电子等排体可分为：一价、二价、三价、四价及环等同体五种类型。

一价生物电子等排体在药物先导化合物优化中的例子很多，主要包括 F 替代 H，NH_2 替代 OH，SH 替代 OH，F、OH、NH_2 和 CH_3 之间的相互替换和 Cl、Br、SH、OH 之间的相互替换等。F 取代 H 为一价生物电子等排替换中最常用的。F 原子空间大小像 H，两者范德华力半径分别为 1.2 Å 及 1.35 Å。其次，氟为卤素中电负性最强的原子，与碳形成非常稳定的键，这一特点可解释氟衍生物对代谢降解更稳定的原因。另外，由于 F 没有空的 d 轨道，因此不能与电子供体形成共振效应。正是由于氟原子的上述特殊性，在药物设计中经常用 F 取代 H 以提高其代谢稳定性。

二价原子或基团相互替换的经典代表系列为—O—、—S—、—NH—及—CH_2—；三价原子或基团在经典电子等排体的运用中，最成功的例子即芳环中 —CH＝被—NH＝的替代；四价取代中最常用的为季铵盐中氮原子与季碳原子的替换。

将经典的电子等排替换运用于环系时，则产生各种环等同体。最成功的例子之一为芳环中 —CH＝CH—被—S—，—CH＝被—NH＝的替代。早期的例子为磺胺类抗菌药磺胺吡啶、磺胺噻唑及磺胺嘧啶的发展。经典生物电子等排体在众多文献和教科书里都有介绍[29]。

8.3.4.2 非经典生物电子等排体

非经典生物电子等排体不符合经典生物电子等排体在立体及电性方面的定义。这一类电子等排体通过模拟分子或基团的空间排列、电性或其他对于保持生物活性至关重要的物理化学参数而被成功运用于药物先导化合物的优化。

27　　**28**

非经典生物电子等排体不必含相同的原子数，也不必符合经典电子等排体空间和电子规则，但需要产生相似的生物活性。这类官能团等排体的例子可参考表 8-2。环-链变化也可看作是等排体互换。生物电子等排体也可能导致化合物活性或效力的改变。例如安定类药吩噻嗪（Phenothiazine，27）中的硫原子为—CH＝CH—或—CH_2CH_2—生物电子等排体所替代后得到的二苯氮杂䓬（Dibenzazepine 28）具有抗抑郁活性。生物电子等排变换对酶亲和力也能产生影响而导致选择性发生变化。例如选择性抗炎化合物 29 中噻唑酮环被噁唑酮环替代成化合物 30 后，对两种环氧化酶（cyclooxygenase-1 和 cyclooxygenase-2）的选择性被反转过来[31]。

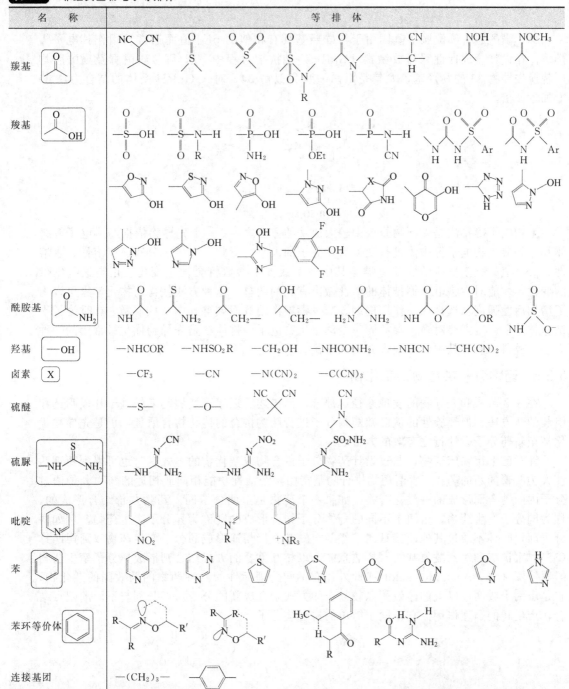

表 8-2 非经典生物电子等排体

在开发细胞周期依赖蛋白激酶 2（CDK2）抑制剂过程中[32]，高通量筛选得到的化合物 **31** 为一选择性的 CDK2 高活性抑制剂，但由于其酯基代谢的不稳定性，产生羧酸后丧失了酶抑制活性。为了提高化合物 **31** 的代谢稳定性，将乙酯替换为电子等排体噁唑基团的化合物 **32**，在保持对 CDK2 选择性的基础上，呈现出更高的酶抑制活性，同时能抑制癌细胞增生。

脲、磺酰脲、磺酰胺等基团由于与酚羟基具有相似的 pK_a 值而通常被用作其电子等排体。在设计合成促性腺释放激素（GnRH）拮抗剂过程中[33]，脲、磺酰脲及磺酰胺均可替换先导物 **33** 的酚羟基，尤其是甲磺酰胺类似物 **34**，对人 GnRH 受体的结合力比 **33** 增加近 3 倍。

生物电子等排法是先导物修饰中较为成功的方法之一。一个先导物依据经典电子等排体和非经典生物电子等排体进行变换后，分子的大小、形状、电子云分布、脂溶性、水溶性、pK_a 值、化学反应活性及氢键等其中一个或多个参数将会发生变化。正是这些细微的变化，才能对生物电子等排体的活性做出有利的调整。这种方法使得药物化学家可以为了增加活性强度、选择性、作用周期、减少毒副作用等而调整其中一些参数。有时为了平衡整体效果，也需要对多个参数同时变动。生物电子等排体法是先导物优化最常用的一种方法，教科书和文献中已有很多介绍和案例。

8.3.5 药物分子拼合物和杂化物[29]

在 8.2 苗头和先导物的发现途径这部分，已描述了近年才发展起来的基于片段筛选和组装的新方法。但经验性的从已知药物分子进行结构拼合的传统拼合原理，仍是先导物优化甚至新药分子设计行之有效的方法之一。

针对已上市临床药物，通过设计药物分子拼合物或杂化物的方式有时也可得到药理活性大为改善的新的药物。所谓药物拼合物是指由两个活性功能相同或相近的药物分子通过分子内的键合而形成的一类化合物。如果一个药物是由两分子同一药物共价结合形成的，称为同分子孪生药物。由两个不同的药物分子结合形成的则称为异分子孪生药物。例如两分子阿司匹林不通过其他连接基团，经两个酰基直接相连形成同分子孪生药物双阿司匹林（**35**）。水杨酸和对乙酰氨基酚（扑热息痛）以相互重叠的方式结合则形成异分子孪生药物醋氨沙罗（**36**，Acetaminosalol）。此外还有不同药理活性的两种药物的药效团的杂化物，它是由两个或两个以上的药效团以较复杂的方式杂合成新的分子。可分别与不同的靶点结合，产生新的药理作用。它不同于简单的拼合物分子[34]。

35 双阿司匹林　　　　**36** 醋氨沙罗

8.3.5.1 拼合的方式

构成同分子孪生药物的两个相同的药物分子可有不同的连接方式。每个药物分子可有形式上的头部和尾部。因此两个分子间头对头、尾对尾或头对尾的结合方式均是可能的。第一种和第二种连接方式形成对称性化合物如乙二醇水杨酸酯，文献中记述的同分子孪生药物大部分属于这类化合物。

8.3.5.2 异分子孪生药物

异分子孪生药物是一种化学结构上杂化的药物。这类药物中的两个来自不同药物分子的药效结构可分别与不同的靶点结合，产生不同的药理作用。例如氯苯磺酰胺通过亚甲基连接基团与一个肾上腺素能 β 受体阻滞剂的吲哚衍生物结合，生成一个兼具 β 受体阻滞剂和利尿剂双重作用的分子 **37**。

37

与两种药物合并给药相比，这些双效作用药物的优点在于药代动力学方面不存在药物的相互作用。能以适当的平衡同时发挥两种药理作用。另外，也要考虑到有些异分子孪生药物给药后可在体内代谢为原来的成分，此时孪生药物可看作是前体药物。如果孪生药物在体内不分解，则异分子孪生药物既可与两个不同的靶点结合，也可能与新的靶点结合，从而产生新的药理活性。

8.3.5.3 拼合和杂化药物实例

同分子孪生药物作为受体的配体与相应的单体药物相比，往往能提高对受体的亲和性和选择性。石杉碱乙（Huperzine B）是从石松科植物蛇足石松（又名千层塔）中提取石杉碱甲时的副产物，其对乙酰胆碱酯酶（AChE）抑制活性比石杉碱甲弱数十倍，但选择性较高。白东鲁组根据乙酰胆碱酯酶活性中心的双区理论开展了双分子或双药效团石杉碱乙衍生物的研究。发现了一系列高活性、高选择性的双分子或双药效团衍生物。其中活性最高的化合物 **38** 比母体化合物石杉碱乙高出 1000 多倍，比石杉碱甲还要高 2~4 倍，对乙酰胆碱酯酶的选择性也提高了数百倍[35]。此种石杉碱乙同分子孪生化合物的活性与连接链的长度密切相关。

38

Piceatannol（**39**）是一种抗血友病成分，对蛋白酪氨酸激酶（protein tyrosine kinase，PTK）具有抑制作用。以该化合物为先导物进行构效关系分析，发现对称的 5-羟基异构体（**40**）对 PTK 的抑制活性是 Piceatanno 的 4 倍。最近报道的 Tyrophostine（**41**）对 PTK 的抑制作用，在变成双分子化合物 bis-Tyrophostine（**42**）后其抑制活性提高了 150 倍（图 8-3）[36]。

孪生药物氯己定（Chlorohexidine，**43**）是一种非常有效的防腐药物，应用于消毒皂。六氯酚（Hexachlorophene，**44**）是由 2,4,5-三氯苯酚形成的孪生药物，用作杀菌剂，其活性比单体大幅提高而毒性降低。舒布硫胺（Sulbuthiamine，**45**）和吡硫醇（Pyritinol，**46**）分别被用作维生素 B_1 和 B_6 类的孪生药物[37]。

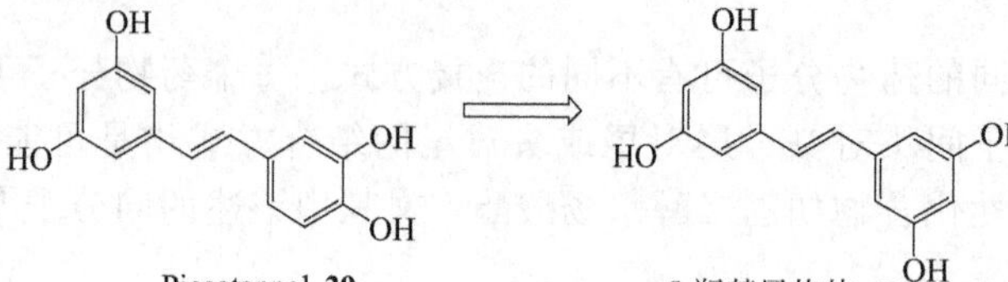

图 8-3 同分子孪生蛋白激酶抑制剂

双喹啉类化合物如哌喹（**47**，Piperaquine）[38]，对抗氯喹性疟疾疗效高和作用持久。对具有不同连接基团的双氨基吖啶衍生物的抗寄生虫活性进行评价后，发现这些化合物的活性主要取决于两个杂环之间的连接基团的性质和长度[39]。

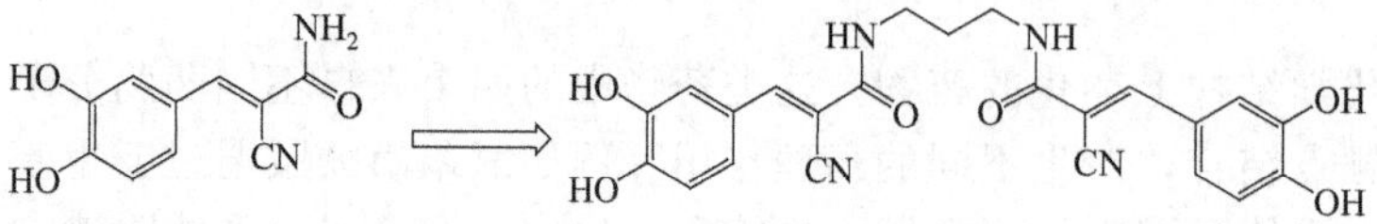

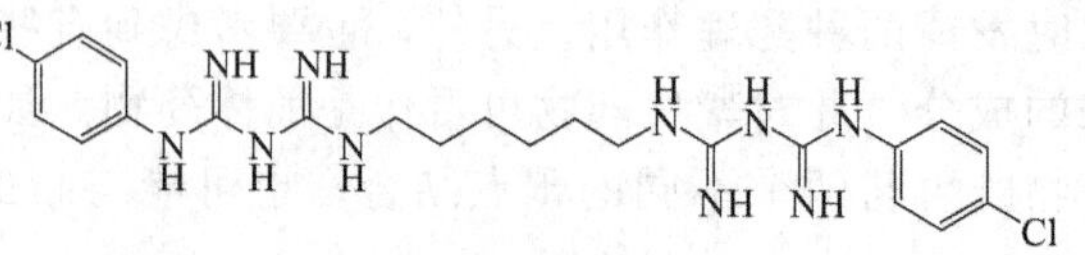

乙酰胆碱酯酶抑制剂是治疗阿尔茨海默病的一类经典药物，此种酶与 β-淀粉样蛋白形成的关系也已被证实。新的高效和选择性好的乙酰胆碱酯酶抑制剂 **50** 由两种用于临床的该酶抑制剂他克林（**48**）和石杉碱甲（**49**）进行结构杂化而得[40]。另一个异分子孪生药 **51** 是由两个能分别与该酶的活性中心部位和外周部位作用的药效基团连接而成（图 8-4）。

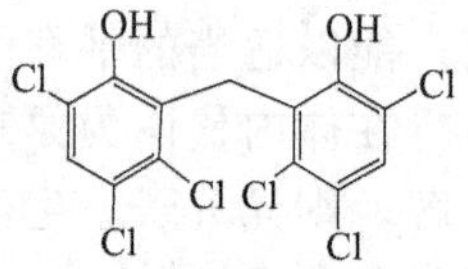

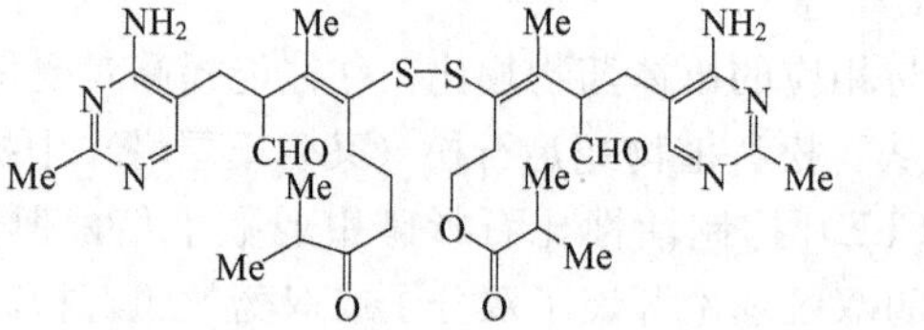

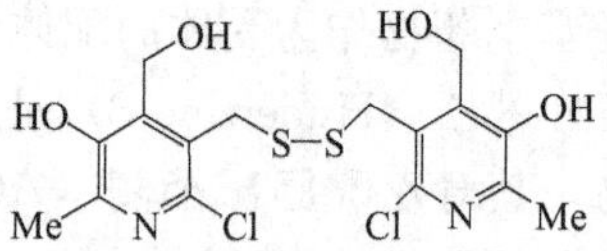

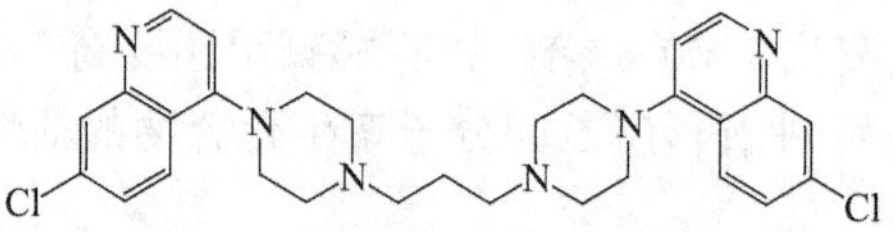

8.3.6 前药[41]

前药是一类体外活性较小或无活性，在体内经酶或非酶作用，释出活性物质而发挥药理作用的化合物。前药的结构通常分为原药和载体两部分，起连接作用的化学键在体内酶或水解作用下可逆地断裂释放出原药。许多先导物在研发早期忽视了药剂学和药代动力学性质的改进，导致临床用药时存在各种问题：主要有化学稳定性差，水溶性差，脂溶性不好，口味或嗅味差等药剂学问题；口服吸收差，首关效应强，作用时间短和体内分布不理想等药代动力学问题；以及安全性问题等。设计前药的目的主要是克服口服用药中的障碍，如增加原药脂溶性以改善口服吸收和分布、提高水溶性、增加药物的化学稳定性和代

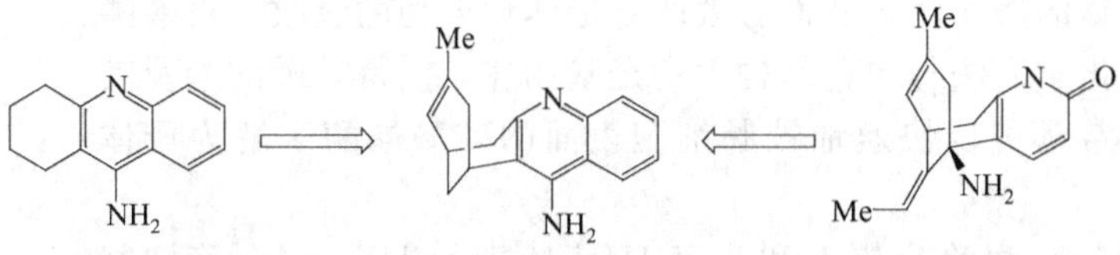

他克林 48　　杂化物 50　　石杉碱甲 49

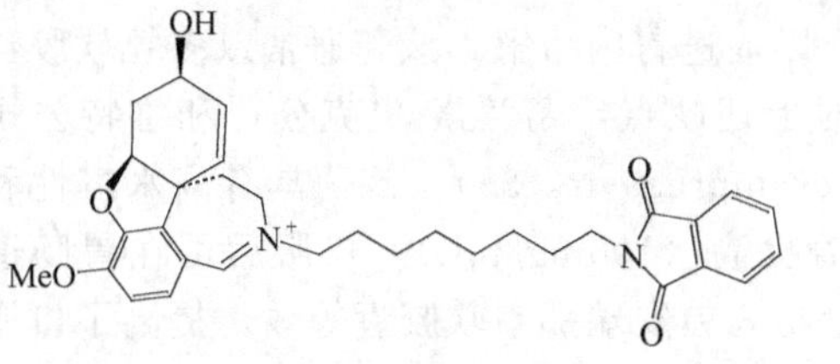

51

图 8-4　乙酰胆碱酯酶抑制剂杂化物

谢稳定性、增加生物利用度、消除原药不适宜的制剂性质或者延长作用时间、提高靶向性及减少药物的副作用或毒性等。

前药的分子设计近年有长足进步，当前全球批准上市的药物有 5%～7%可归入前药一类[42]。2001 及 2002 年被 FDA 批准的新药中大约 15%是前药。

按照化学结构，前药可分为载体连接前药、生物前药、大分子前药和药物抗体结合物四类，读者可参见相关读物[43]。许多抗癌药物在开发前期表现出相当高的抗癌活性，但由于其亲水性或亲脂性问题、靶向性低、细胞毒性大等缺点，使制剂开发很困难。为克服此类困难，近期开发的一些前药，能改善原药的溶解性和亲脂性、增强靶向性或降低细胞毒性等。

8.3.6.1　增大药物水溶性

水溶性差是限制药物口服吸收的重要原因，也是药剂学者经常面对的挑战。一些水溶性极低的抗癌药物通过结构修饰，如连接小分子可溶性基团、水溶性化合物或大分子聚合物，即可增大亲水性，改善药物跨膜能力，提高生物利用度。

抗炎药舒林酸（Sulindac，53）与吲哚美辛相似，是活性极小的生物前体药。进入人体后经生物转化代谢为硫化物 52。该硫化物为活性成分，能显著抑制环氧化酶，减少前列腺素合成，具有消炎、镇痛、解热的作用，对环氧化酶的抑制作用较前药强 500 倍。然而舒林酸硫化物 52 水溶性差，不利于口服吸收，而相应的硫氧化物 53 即舒林酸的水溶性却增加 100 倍，因而是临床的首选药物。这种非活性的生物前体口服后，在胃和肠中代谢成活性药物而发挥作用[44]（图 8-5）。

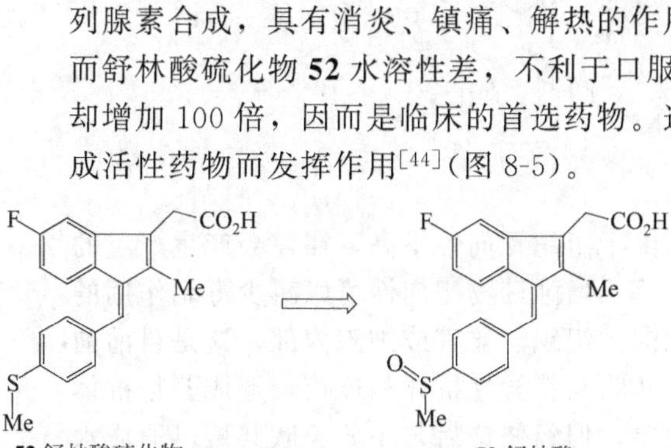

52 舒林酸硫化物　　53 舒林酸

图 8-5　舒林酸的还原性生物活化

磷酸基作为核酸的组成部分大量存在于人体内，作为对人体无害的内源性物质，它能帮助药物提高水溶性并向细胞内转运，故可作为优良的载体分子。磷酸酯被广泛用作羟基功能团的前药来增加低水溶性化合物的溶解度,从而有效改善母体化合物的吸收。磷酸酯类前药就是以磷酸基为载体,通过化学方法与原药结构中的羟基相连,制得其磷酸酯及其盐的一类前药。口服磷酸酯前药通常都可以快速地被肠细胞表面的磷酸酯酶水解为母体药物。

例如安瑞那韦(Amprenavir,**54**)为治疗成人和儿童 HIV 感染的 HIV 蛋白酶抑制剂,该药水溶性差(溶解度仅为 0.04 mg/mL),以晶状固体给药时限制了其总生物利用度。该药制剂中必须含有高比例有机赋形剂,以促进胃内溶解。该药通常以多粒软胶囊和多片剂方式给药,给患者用药带来不便。针对上述缺点,葛兰素-史克公司和维特公司联合开发了安瑞那韦的磷酸酯前药夫沙那韦(Fosamprenavir,**55**),该药具有高水溶性和固态稳定性。将该前药制成钙盐片剂溶解度显著提高(100mg/mL),口服后可在胃肠道上皮快速而完全地转变成安瑞那韦,其 2 片剂量与 8 粒安瑞那韦软胶囊等效,提高了口服生物利用度,降低了用药量,减轻了患者的用药负担[45]。需要注意的是在增加前药水溶性时需要协同考虑前药的脂溶性,因脂溶性太差的前药口服吸收也不佳。

8.3.6.2 改善药物亲脂性

在药物的多种理化性质中,除了分子大小、离子化程度以外,药物的亲脂性是控制其在体内吸收、代谢的最重要因素之一。增加药物脂溶性而提高在小肠的被动吸收是最常用的前药设计策略。通过酯化反应、酰化反应引入小分子脂溶性基团或长碳链均可提高药物的亲脂性。

Oseltamivir(**56**)是口服 Oseltamivir 酸(GS4071,**57**)的前药,为流感病毒 A 和 B 神经氨酸苷酶糖蛋白选择性抑制剂。**57** 改造成乙酯后,可以很快被吸收,其生物利用度从 5% 增加到 79%[46]。Oseltamivir 能被人体羧酸酶 1 快速转化为游离酸[47]。

8.3.6.3 增强药物靶向性

癌症化疗过程中,大多数药物在有效剂量下由于组织靶向性不高,往往会产生严重的不良反应,如骨髓抑制、胃肠道反应、心脏毒性等。增强药物靶向性可以减少毒副作用的发生,提高靶点药物浓度。靶向给药要将药物靶向到组织、器官或细胞内部,这是目前前药设计中引人关注的目标。通常采取的方法是将药物与特异性抗体相连接,形成药物抗体结合物。如胡萝卜素本身对前列腺癌细胞选择性差,但经修饰后与小分子肽共聚可形成水溶性前药,是前列腺特异性抗原(PSA)作用底物的类似物。它能选择性地被 PSA 水解,且在高 PSA 浓度的人血浆中稳定,因此该前药具有靶向传递特点[48]。

另一种常用方法为利用特异性的酶切位点设计前药以达到靶向性的目的。如秋水仙碱(Colchicine,**58**)主要用于乳腺癌、皮肤癌、食管癌的治疗。Zyn-Linkers(**59**)是一种特殊的亲脂性分子，能快速与细胞壁特异性结合[49]，不破坏细胞膜的通透性。由于其在各组织中结合和滞留的程度不同，可以用于药物的定向传递。秋水仙碱与 Zyn-Linkers 通过可水解或酶切的含腙键或亚胺键的间隔臂相连的共聚物，具有可控性的传递系统。由于癌变组织 pH 值较低，碳氮双键在酸性条件下断裂加速，使药物释放具有选择性[50]。

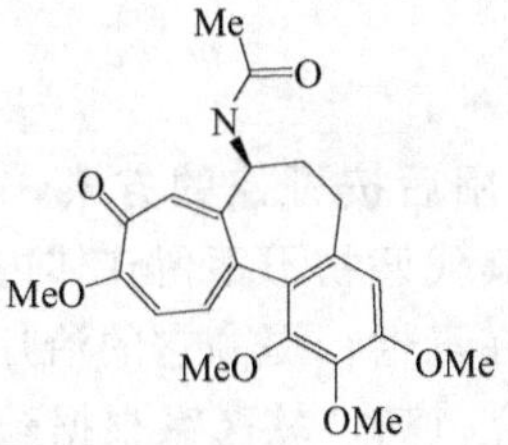
58

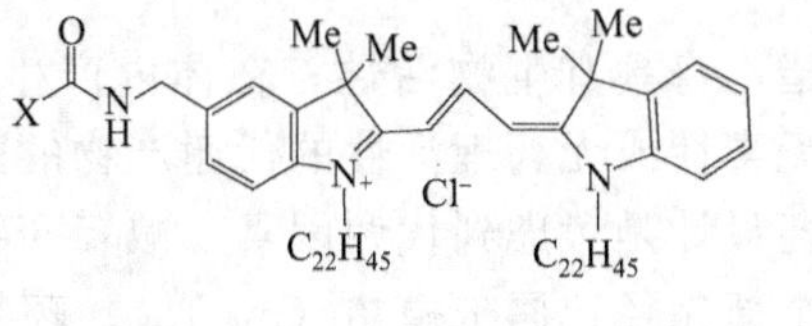
59

卡培他滨（**60**，Capecitabine）是 5-氟尿嘧啶（5-FU）的三级靶向前体药物，口服后经过三步活化于肿瘤组织中释放出原药。首先在肝脏中经过羧酸酯酶水解，其次位于肝脏和肿瘤组织中的胞嘧啶核苷脱氨酶氨解，最后在肿瘤细胞内胸腺嘧啶核苷磷酸酶代谢成 5-氟尿嘧啶（**63**）(图 8-6)[51]。

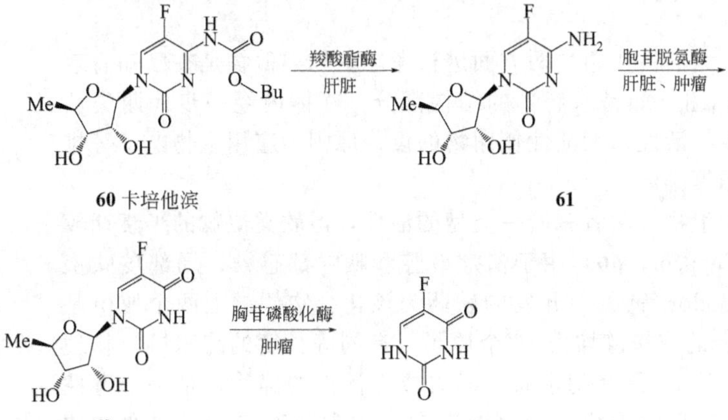

60 卡培他滨　**61**　**62**　**63** 5-氟尿嘧啶(5-FU)

图 8-6　卡培他滨的体内活化过程

8.3.6.4　降低细胞毒性

部分抗癌药物由于细胞毒性过高，在发挥药效的同时对正常组织细胞也产生了可逆甚至不可逆的损伤，限制了药物的临床应用。对药物进行前药化后，除了增大药物水溶性，提高靶向性，同时也能降低细胞毒性。

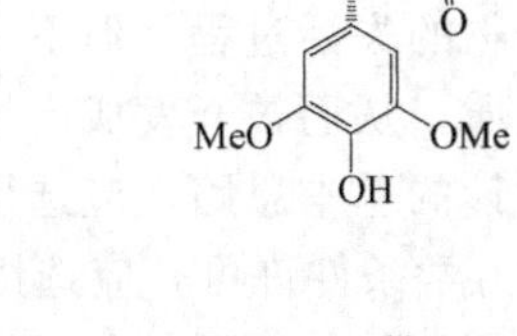
64

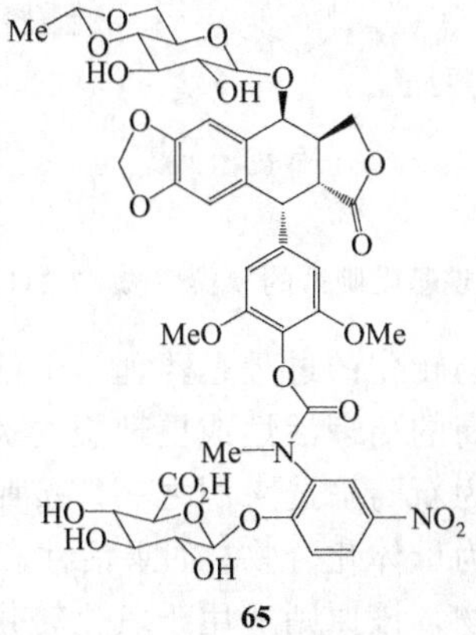
65

例如依托泊苷（Etoposide，**64**）经酚羟基与含 β-D-葡萄糖醛酸的氨基甲酸结合，形成的前药 **65** 其水溶性比依托泊苷大 200 倍。针对 L1210 细胞株，前药细胞毒性约为原药的 1/50，且在 pH7.2 缓冲液中稳定。由于肿瘤细胞存在 β-葡萄糖苷酸酶，所以该前体药可在肿瘤坏死区选择性释放依托泊苷[52]。

8.3.7 软药

软药是指本身具有生物活性，在体内产生药理作用后按可控的方式，经一步代谢反应，转变为无毒性或无药理活性的代谢产物的药物，其代谢物不蓄留在体内发生有害的后续反应。软药设计是考虑到代谢因素，减轻药物的内在毒性，提高它的治疗指数。这是开发新药的一个新途径，属于模仿（me-too）药物的研究范畴。软药系根据药物在体内的代谢过程中，代谢酶与药物分子结合的规律性和选择性对先导化合物进行结构改造。筛选得到的软药可提高安全系数和治疗指数，降低不良反应，尤其是减少药物蓄积的副作用。

软药和前药的不同主要在两个方面：①它们的先导物不一样，前药是以原药为先导物，而软药的先导物既可是原药也可是原药的代谢物；②它们的作用方式不一样，前药在体外无活性，只有到达体内或靶点释放出原药才有活性，而软药是有活性的，它们到达靶点发挥治疗作用后再代谢失活。

软药的设计可以从软类似物及无活性代谢物两方面进行考虑。软类似物是在已知有效药物结构的非活性中心，引入易代谢（如易水解）的结构部分，在体内经一步代谢失活后，代谢产物不具明显的毒性和生物活性。无活性代谢物的设计原则为应用生物电子等排原理，设计先导化合物的生物电子等排体。

软药是其相应硬药的不稳定衍生物。两者有同一类型的活性，但软类似物的半衰期较短。例如氯化十六烷基吡啶盐（Cepacol，**66**）用于治疗口腔和咽喉部感染、局部皮肤疾病及皮肤伤口和黏膜的消毒。由 Bodor 等[53,54] 开发的软药为该化合物侧链上两个亚甲基被酯键取代的电子等排体 **67**。两者的季铵链均为 16 个原子，有同等长度的疏水链，物理性质近似，都有良好的杀菌活性。酯 **67** 易受酶水解，断裂成无活性的碎片，是一个毒性只有母体 1/40 的软类似物，具有较高的治疗指数（图 8-7）。软类似物有一个代谢的软点——酯基官能团，易经快速的水解失去活性，同时导致带正电荷的季铵盐头部被破坏并失去表面活性。当然，酯基的引入要不影响此化合物与受体的结合。

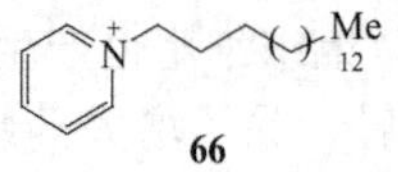

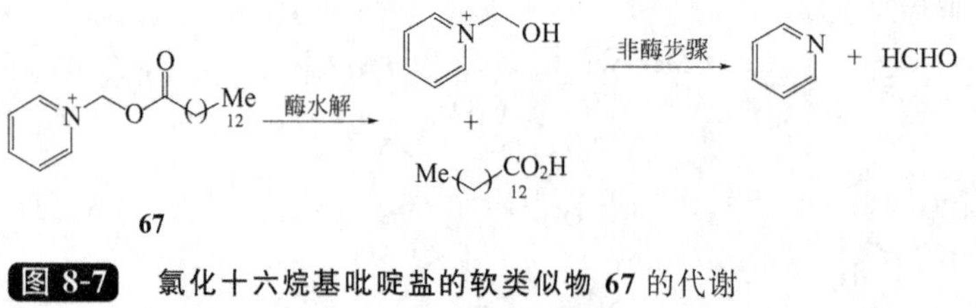

图 8-7 氯化十六烷基吡啶盐的软类似物 **67** 的代谢

通常药物生物转化的过程是药理学上活性化合物的失活过程，但不少药物的代谢产物却具有较原药更高的药理活性或更理想的药动学性质，从而被开发成高效低毒的新药。活性代谢产物可作为新药筛选来源之一。按照软药设计的基本思路，应选用只经一步代谢失活的活性化合物为母体化合物。如果活性和药代动力学条件许可，应选用最高氧化态的活性代谢物为先导物，该原则适用于氧化转化，也适用于其他代谢转化。

设计无活性代谢物的方法之一是对活性药物的无活性代谢物进行化学修饰，获得其结构类似物；后者经一步代谢就能产生无活性的代谢物，而不经有毒中间代谢物阶段[55]。例如滴滴涕（DDT，**68**）曾是一种应用广泛的杀虫剂，但其毒性和致癌性强，在体内可直接氧化成无活性代谢物 **69**。后者可作为设计无活性代谢物的先导化合物。将 **69** 中的羧基酯化为乙酯即成为软类似物，具有良好的杀虫作用，但其毒性和致癌性比原药小得多。其原因是分子中的羧基已为最高氧化态，代谢中不再产生高度反应活性中间体；另外它经一步酯水解，即可失活排出体外，无后续代谢反应带来的隐患。显然，该酯是比 DDT 更安全的杀虫剂。

软药要通过合理的设计调控药物的分布、代谢和消除，获得高效低毒的安全药物。以软药为基础的安全药物的设计，为将药物的活性和毒性分离提供了有效的方法，开拓了提高治疗指数的另一途径。

8.4 讨论与展望

高质量先导物的发现已成为药物研发过程中的关键阶段。在早期的药物发现过程中，活性往往是人们主要的关注点。目前已经兼顾考虑其他的类药性能，例如分子的物化性质、药物代谢及动力学性质以及安全性问题等。事实上不少化合物临床试验失败是由于不利的药代、药动学因素所致。文献所描述的各种各样的先导物发现策略，在不同的研发单位已经或多或少被模式化。至今在药物化学文献上仍反映出对活性的过度关注。大部分描述新化合物系列的文献着重阐述苗头和先导化合物的产生和最初的构效关系，而较少报道如何改善化合物溶解度或者药物代谢动力学性能。构效关系信息对一个特定的活性化合物系列和不同靶点通常是各不相同的，而用来改善类药性能或提高安全指数的策略则常是通用的。对大量结构迥异的化合物库进行高通量筛选是发现新化学类型的有效方式之一。在有靶点蛋白晶体结构的情况下，可用结构信息来指导现有先导物的优化，而不必设计全新的系列。基于结构的从头药物设计有可能成为今后先导物发现的重要方法。一旦这些先导物发现的新途径和方法日益成熟并为大家所采用，药物研发的形势会有所好转。近年来全球被批准的新化学实体数不断减少的颓势也有望得以逆转。

推荐读物

- Taylor J B, Triggle D J, ed. Comprehensive Medicinal Chemistry Ⅱ. Vol 1，2，3. Elsevier，2006.
- Wermuth C G, ed. The Practice of Medicinal Chemistry. 3rd Ed. Academic Press，2008.
- Congreve M, Murray C W, Carr R, Rees D C. Fragment-based lead discovery in Annual Reports in Medicinal Chemistry//Vol 42. Macor J E, ed. Elsevier，2007：431-448.
- Silverman R B. The Organic Chemistry of Drug Design and Drug Action. 2nd ed. Elsevier，2004：7-105.
- 王明伟，谢欣. 高通量与高内涵筛选方法//药物筛选——方法与实践. 司书毅，张月琴主编. 北京：化学工业出版社，2007：168-179.
- Stella V J, Borchardt R T, Hageman M J, et al. Prodrugs：Challenges and Rewards. Part 1. New York：Springer，2007.

参考文献

[1] 郭宗儒. 药学学报. 2008，43：898-904；2009，44：209-218.
[2] Proudfoot J R. Bioorg Med Chem Lett，2002，12：1647-1650.
[3] Baxter A, Bennion C, Bent J, et al. Bioorg Med Chem Lett，2003，13：2625-2628.

[4] Malamas M S, Sredy J, Moxham C, et al. J Med Chem, 2000, 43: 1293-1310.
[5] Goodnow R A, Gillespie J R, Gillespie P. Prog Med Chem, 2008, 45: 1-60.
[6] Abraham V C, Taylor D L, Haskins J R. Trends Biotech, 2004, 22: 15-22.
[7] Constantino L, Barlocco D. Curr Med Chem, 2006, 13: 65-85.
[8] Chen C, Li X, Neumann C S, et al. Angew Chem Int Ed, 2005, 44: 2249-2252.
[9] Tan D S. Nature Chem Biol, 2005, 1: 74-84.
[10] Koehn F E, Carter G T. Nature Rev Drug Discov, 2005, 4: 206-220.
[11] Newman D J, Cragg G M, Snader K M. J Nat Prod, 2003, 66: 1022-1037.
[12] Kubinyi H. Curr Opin Drug Discov Dev, 1998, 1: 4-15.
[13] Patel Y, Gillet V, Bravi G, Leach A. J Comput Aid Mol Des, 2002, 16: 653.
[14] Erlanson D A, McDowell R S, O'Brien T. J Med Chem, 2004, 47: 3463-3482.
[15] Swayze E E, et al. J Med Chem, 2002, 45: 3816-3819.
[16] Shuker S B, Hajduk P J, Meadows R P, Fesik S W. Science, 1996, 274: 1531-1534.
[17] Boehm, H. J. Boehringer M Bur D, et al. J Med Chem, 2000, 43: 2664-2674.
[18] Moore N A, Calligaro D O, Wong D T, et al. Curr Opin Invest Drugs, 1993, 2: 281-293.
[19] Morphy R, Rankovic Z. J Med Chem, 2005, 48: 6523-6543.
[20] Chegaev K, Lazzarato L, Tosco P, et al. J Med Chem, 2007, 50: 1449-1457.
[21] Mewshaw R E, Meagher K L, Zhou P, et al. Bioorg Med Chem Lett, 2002, 12: 307-310.
[22] Meyer M D, Hancock A A, Tietje K, et al. J Med Chem, 1997, 40: 1049-1062.
[23] Jacobsen M P, Sali A. Ann Rep Med Chem, 2004, 39: 259-276.
[24] Reiss T. Trends Biotechnol, 2001, 19: 496-499.
[25] Papin J, Subramaniam S. Curr Opin Biotech, 2004, 1: 78-81.
[26] Zheng X S, Chart T F. Drug Discov Today, 2002, 7: 197-205.
[27] Willson T M, Jones A, Moore J T, et al. Med Res Rev, 2001, 21: 513-522.
[28] Watterson D M, Haiech J, Van Eldik L J. J Mol Neurosci, 2002, 19: 89-93.
[29] Wermuth C G, ed. The Practice of Medicinal Chemistry, 3rd ed. Academic Press, 2008.
[30] Olesen P H. Curr Opin Drug Disc Develop, 2001, 4: 471-478.
[31] Rastelli G, Sirawaraporn W, Sompornpisut P, et al. Bioorg Med Chem, 2000, 8: 1117-1128.
[32] Kim K S, Kimball S D, Misra R N, et al. J Med Chem, 2002, 45: 3905-3927.
[33] Lin P, Marino D, Lo J L, et al. Bioorg Med Chem Lett, 2001, 11: 1073-1076.
[34] Cecchetti V, Fravolini A, Schiaffella F, et al. J Med Chem, 1993, 36: 57-161.
[35] Feng S, Wang Z F, Bai D L, et al. J Med Chem, 2005, 48: 655-657.
[36] Levitzki A, Gilon C. Trends Pharmacol Sci, 1991, 12: 171-174.
[37] Fröstl W, Maître L. Pharmacopsychiatry, 1989, 22 (Suppl): 54-100.
[38] Vennerstr M J L, Ellis W Y, Ager Jr A L, Ander S L, et al. J Med Chem, 1992, 35: 2129-2134.
[39] Girault S, Grellier P, Berecibar A, et al. J Med Chem, 2000, 43: 2649-2654.
[40] Camps P, El Achab R, Gorbig D M, et al. J Med Chem, 1999, 42: 3227-3242.
[41] Valentino J S, Ronald T B, Michael J H, et al. Prodrugs: Challenges and Rewards, Part 1. New York: Springer, 2007.
[42] Jarkko R, Hanna K, Tycho H, et al. Nature Rev Drug Discov, 2008, 7: 255-270.
[43] Testa B. Biochem Pharmacol, 2004, 68: 2097-2106.
[44] Davies N M, Watson M S. Clin Pharmacokinet, 1997, 32: 437-459.
[45] Wire M B, Shelton J, Studenberg S. Clin Pharmacokinet, 2006, 45: 137-168.
[46] Bardsley-Elliot A, Noble S. Drugs, 1999, 58: 851-860.
[47] Denmeade S R, Jakobsen C M, Janssen S, et al. J Nat Cancer Inst, 2003, 95: 990-1000.
[48] Jensen B D, Schmitt T C, Slezak S E. Prog Clin Biol Res, 1990, 355: 199-207.
[49] Baker M A, Gray B D, Ohlsson-Wilhelm B M, et al. J Control Release, 1996, 40: 89-100.
[50] Schmidt F, Monneret C. Bioorg Med Chem, 2003, 11: 2277-2283.
[51] Hwang J J, Marshall J L. Expert Opin Pharmacother, 2002, 3: 733-743.
[52] Levitzki A, Gilon C. Trends Pharmacol Sci, 1991, 12: 171-174.
[53] Bodor N S, Kaminski J J. J Med Chem, 1980, 23: 566-569.
[54] Bodor N S, Woods R, Raper C, et al. J Med Chem, 1980, 23: 474-480.
[55] Oprea T L. Molecules, 2002, 7: 51-62.

第9章

天然产物与新药的研究开发

岳建民, 王小宁

目 录

9.1 引言 /244
9.2 天然产物在新药研究开发中的地位 /244
9.3 天然产物的来源 /245
9.4 天然产物的检测、提取与分离纯化 /247
    9.4.1 天然产物的检测 /247
    9.4.2 天然产物的提取与分组 /247
    9.4.3 天然产物的分离纯化 /247
9.5 天然产物的结构鉴定 /248
    9.5.1 波谱方法 /248
    9.5.2 化学方法 /248
    9.5.3 天然产物绝对构型的确定 /250
        9.5.3.1 旋光光谱和圆二色谱法 /250
        9.5.3.2 Mosher 方法 /252
        9.5.3.3 X-射线单晶衍射方法 /252
9.6 基于天然产物的药物先导结构的发现和
研究开发 /253
    9.6.1 生物活性筛选和药理学研究 /253
    9.6.2 药物先导结构的确定、结构优化和
构效关系研究 /253
    9.6.3 药物候选结构的确定和研究开发 /256
9.7 基于天然产物进行创新药物研究开发的
实例 /256
    9.7.1 抗感染药物（包括抗疟疾）/256
    9.7.2 抗肿瘤药物 /258
    9.7.3 治疗心脑血管疾病的药物 /261
    9.7.4 治疗神经系统疾病的药物 /262
9.8 讨论 /263
推荐读物 /264
参考文献 /264

9.1 引言

天然产物包括一切源自动物、植物和微生物的代谢产物。在过去的一百多年里，结构多样化的天然产物对药物研究做出了重要的贡献，如目前临床使用的抗生素、免疫抑制剂、抗肿瘤、降血脂和降胆固醇等药物大多数与天然产物有关。与合成化合物或组合化学库相比，天然产物在结构骨架和立体化学两个方面更富有多样性，而且天然产物的分子量和脂水分布系数范围更宽广。在天然化合物库中，违背 Lipinski 五条规则（rule of five）[1]中两条或两条以上的化合物比例非常小（约 10%），这一点与已上市的药物非常相似。

现代药物发现在很大程度上是基于对小分子化合物与特定生物大分子结合或抑制其功能的筛选。在目前的技术条件下，利用组合化学等手段可产生小分子的数目可以说是无穷无尽的，但为了提高筛选的命中率，要求被筛选的化合物库首先应具有化学多样性，同时还应具有生物相关性和类药性。为了提高与靶蛋白的结合能力，所筛选的化合物就应符合"优势结构"（privileged structure）的要求[2]。天然产物可以看作是一类经过自然界长期进化而形成的优势结构，能够优先与多种蛋白或药物靶点作用而产生特定的活性。根据天然产物这种"优势结构"的性质，可以其基本骨架作为模板，或以其结构片段为特定的药效基团进行化合物库的设计。例如，在 20 世纪 90 年代，根据育亨宾[3]、紫杉醇[4]和万古霉素[5]等化合物的结构特征，设计合成了许多特定的化合物库（focused library）；最近几年，以苯并吡喃为药效基团，成功合成了一系列高质量的化合物库[6,7]。

天然产物除了与酶或受体的活性部位结合发挥抑制作用外，还可以与蛋白的某些结构域或折叠模式结合，这种作用可调节蛋白质-蛋白质相互作用，这些天然小分子可成为免疫应答、信号转导、有丝分裂和细胞凋亡等生命过程的有效调节剂。与进入蛋白质内部和其活性部位结合的酶抑制剂不同，这些天然小分子调节剂是与蛋白表面结合，其有效结合需要有较大的表面积和较多的作用位点。由于天然产物经过长期的自然选择而形成了特定的蛋白结合能力和具有较大的分子体积，使其有效调节蛋白质-蛋白质相互作用的可能性增大。结构多样化的天然产物对同一过程的调节，其作用机理也具多样性。如紫杉醇和 Discodermolide 与微管结合后促进其聚合[8,9]；长春碱类、Spongistatin[10]和 Hemiasterlin[11]则与长春碱结合域结合而抑制微管聚合；而秋水仙碱、鬼臼毒素、Steganacin 和 Combretastatin 等则是和不同与长春碱结合域的另一结合域作用而干扰微管聚合[12]。天然小分子在生命过程中所表现出的这些重要作用，赋予了其在新药发现中不朽的生命力。

9.2 天然产物在新药研究开发中的地位

自 20 世纪 80 年代以来，由于组合化学和高通量筛选技术的发展，天然产物在新药研究中的地位受到了挑战，曾一度萧条，许多制药企业对天然产物失去了兴趣。普遍认为从天然产物中发现新药既费时又成本高；而通过组合化学可以在短时间内合成大量结构相对简单且成药性更好的多样性化合物，并利用高通量筛选技术可以发现大量的药物先导结构或候选药物，快速而节省费用。然而近几十年的实践使人们逐渐认识到事实并非如此，组合化学和高通量筛选并没有预期想象的那样高效和快捷。事实上，尽管在组合化学方面投入的人力和物力很大，迄今为止利用这一途径发现的新化学实体的药物（new chemical entity，NCE）却只有一个，即 FDA 于 2005 年批准用于治疗肾细胞癌的索拉非尼（Sorafenib）[13]。几十年的实践使人们重新认识到天然产物在创新药物研究中的地位和作用是不能被忽视和替代的。事实也确实如此，据世界卫生组织统计，全世界有 80％的居民主要依靠传统药物作为初级卫生保健措施；另据 Newman 和 Cragg 等统计，在 1981 年 1 月至 2006 年 6 月间全世界批准上市的 1184 个新化学实体药物中，其中 52％ 来源于天然产物或与天然产物有关（图 9-1）。如果不考虑其中的生物制品和疫苗，在 974 个新化学实体药物中，天然产物或与天然产物有关的占 63％[14]。因此，天然产物在新药研究和开发中具有重要和不可替代的地位和作用。

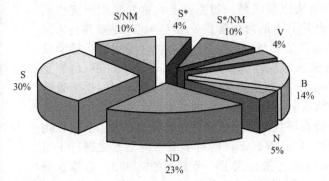

图 9-1 各种来源的新化学实体（1981.1～2006.6，N＝1184）.
B—biological，生物制品；N—natural product，天然产物；ND—derived from a natural product，天然产物衍生物；S—totally synthetic drug，合成药物；S*—Made by total synthesis, but the pharmacophore is/was from a natural product，合成天然产物；V—vaccine，疫苗；NM—natural product mimic，类天然产物

9.3 天然产物的来源

陆地动植物自古以来就是天然药物的重要来源，世界各国传统的草药绝大多数来源于陆生动植物，这些药物经过长达数千年的应用，部分药用植物已被证明具有确切的疗效，因此有针对地对其进行化学和药理学研究，从中发现药物先导化合物的概率很高。占地球表面 71％的海洋孕育了丰富和多样性的海洋生物，是发现天然药物的另外一个重要宝库。海洋生态环境的特殊性（高盐度、高压、缺氧和避光等）造成了海洋生物独特的生物合成途径和酶反应机制，从而能够产生化学结构新颖、多样化的生物活性化合物。近年来，海洋天然产物研究与开发的速度迅猛，取得了许多重要的研究成果，已有多个化合物进入临床前研究或临床研究[14]。到目前为止，进行过系统化学研究的陆地和海洋动植物所占的比例仍然很小，具有很大的研究潜力。

除了动植物以外，陆地和海洋中还存在着大量微生物。从陆地微生物中发现了一系列的抗生素类药物，众所周知，如青霉素和链霉素等，这些抗生素的临床应用挽救了无数的生命。从海洋微生物中发现新药或药物先导化合物也有广阔的前景，特别是近年来对海洋微生物培养技术有了很大的发展。海洋中营养的缺乏使许多海洋微生物与富含营养成分的海洋动物或植物共生以获得生存所必需的营养物质，这种共生具有很高的特异性，不同微生物之间争夺宿主的竞争也很激烈，导致海洋微生物产生丰富的次生代谢产物用以争夺营养和进行防御，海洋微生物代谢产物往往结构新颖和多样化，并具有显著的生物活性，已成为不可忽视的新药研发的资源。

植物共生菌也是近年来研究的热点，共生菌是指生活在植物组织内或其生存过程中的某一段时间在植物组织内，对植物组织不引起明显病害症状的菌类。1993 年，美国科学家从短叶红豆杉的树皮中获得了一株能够产生紫杉醇的内生真菌安德氏紫杉霉（*Taxomyces andreanae*）[15]，从此掀起了对植物内生真菌及其活性物质研究的热潮。按照协同演化（co-evolution）的理论，宿主植物与其内生真菌长期共生，相互影响，由于内生真

菌在进化过程中发生了基因重组，获得了宿主植物的某些基因，能够产生与宿主植物相同的代谢产物。对这类内生菌进行研究，对扩大药用天然产物资源，保护生物多样性具有重要意义。由于内生菌自身的特点，内生菌同时还能产生不同于其宿主植物的其他类型结构独特的化合物，对发现新的天然先导结构具有重要意义[16]。

需要指出的是在新药研发过程中，随着研究的深入，特别是进入开发阶段之后，对化合物的需求量急剧增长，必须有足够的来源以满足研究的需要。对易培养的微生物或易种植的植物，可以采取大规模培养或种植以解决原料问题，如工业上大量发酵生产抗生素等。但对于生长缓慢或稀有的植物，则可利用其中的内生菌或采用植物组织培养等技术解决原料问题，如采用悬浮细胞或组织培养生产紫杉醇[17]。对于化合物含量很低且资源获得非常困难的情况，可采用有机合成的方法来解决原料问题，如 Discodermolide（**1**）是一来源于加勒比海绵（*Discodermia dissoluta*）的聚酮类天然产物，具有显著促进微管聚合和稳定微管的作用，对多药耐药肿瘤细胞有效，且具有较好的水溶性，是一个值得深入开发的抗肿瘤先导化合物。但由于难以获得足够量的产生该化合物的海绵，为了获得该化合物，有多个研究组对其进行了全合成[18]。后经 Novartis 的科学家将以上方法进行了组合，先以 Roche 酯（**2**）为原料，采用 Smith 的方法合成了一个共同的前体 **3**，前体 **3** 分别经过数步反应得到三个关键中间体 **4~6**，再利用 Marshall 和 Paterson 等的合成方法，经过多步反应得到（+）-Discodermolide（图 9-2）[19~23]。该合成路线可以制备千克级的（+）-Discodermolide，完全能够满足新药开发的需要。

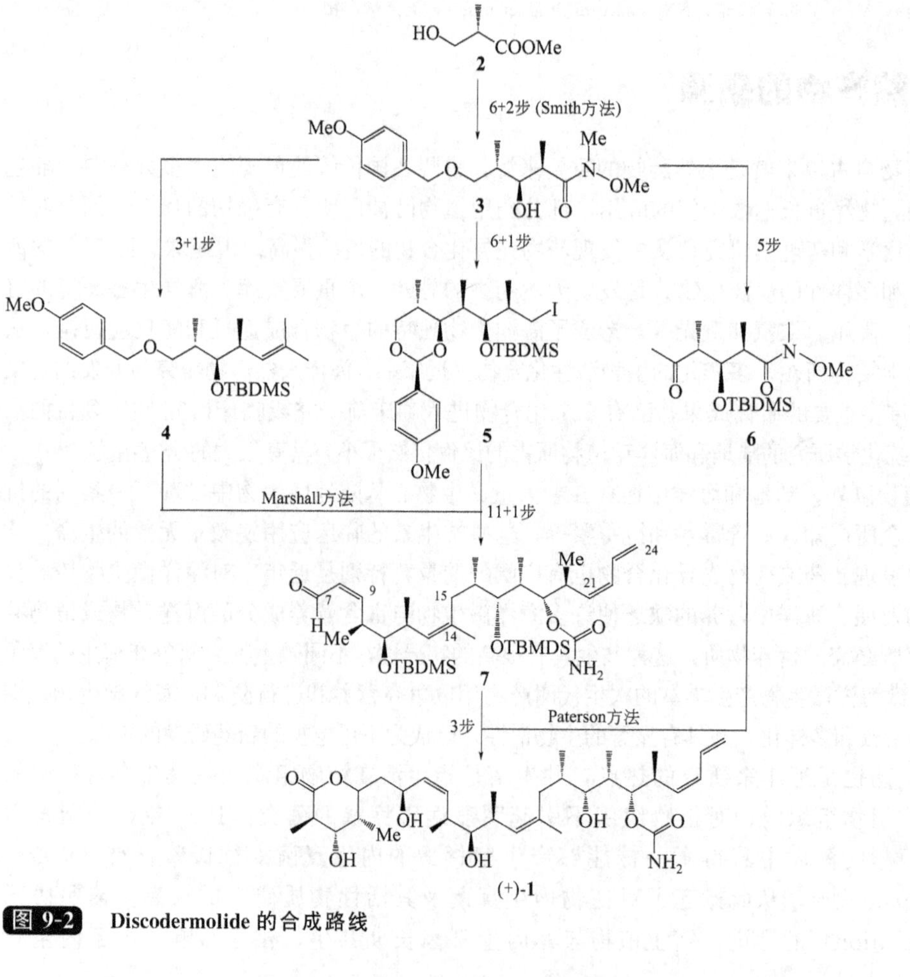

图 9-2 Discodermolide 的合成路线

9.4 天然产物的检测、提取与分离纯化

9.4.1 天然产物的检测

天然产物研究中常用的检测方法有薄层色谱法（TLC）、气相色谱法（GC）、高效液相色谱法（HPLC）、色谱-质谱联用法（GC/LC-MS）和液相色谱-核磁联用法（LC-NMR）等，这些方法虽然操作方式各不相同，但都是以色谱分离为基础，同时利用颜色反应或分析仪器来进行检测。采用这类检测方法的优点是，经过色谱分离之后，可以对化合物的纯度作出判断，并且可以了解复杂体系的组成，正确选择有专属性的检测方法，可以对化合物的类别进行判断。在现代天然产物研究中，为避免重复劳动，经常需要对已知成分或不感兴趣的成分进行快速检测识别，即所谓的排除重复（dereplication）。HPLC-MS 和已知天然产物 MS 数据库相结合，已成为天然产物排除重复的重要手段[24]。此外，利用 LC-NMR 技术[25]，可以获得各组分的 NMR 谱，能够提供更多的结构信息，为天然产物结构研究提供了便利。

9.4.2 天然产物的提取与分组

实验室传统上主要采用溶剂萃取法，水蒸气蒸馏法适用于挥发油类成分的提取，超临界流体萃取法（supercritical fluid extraction，SFE）是利用溶剂在超临界条件下流体的特殊性能对样品进行提取的技术。固相萃取法（solid-phase extraction，SPE）是目前常用的提取和富集方法，利用该法也可以将不同类型的化合物分组。

提取物在进行活性筛选或进一步分离之前，一般需要适当分组。对非生物碱类化合物进行分组最常用的方法是溶剂法，即根据被分离物质极性的不同，采用不同溶剂进行分配，可快速得到有效部位，同时除去大量不需要的物质。膜分离法利用小分子物质在溶液中可通过具有一定孔径的膜，而大分子物质不能通过而达到分离的目的，常用于蛋白质、多肽、多糖等大分子化合物与小分子化合物的分离。利用色谱方法也可以实现非生物碱化合物的分组，如大孔吸附树脂和 MCI 树脂等，可以将提取物分成几个部分，并能有效去除其中的叶绿素等杂质。生物碱类成分主要根据碱性和溶解度的差异来分组。一般是先将提取物溶解在酸水中，使生物碱充分形成盐而溶解在水中，再以适当的有机溶剂（如乙酸乙酯和氯仿）等萃取，以除去非生物碱。水相再用碱（如碳酸钠）调节，在不同 pH 值下，进行两相（水和有机溶剂）萃取可分为强碱性、中等碱性和弱碱性的生物碱。不同生物碱在有机溶剂中的溶解度不同，可据此设计分离方法。除以上方法外，也可采用离子交换树脂获得生物碱。

9.4.3 天然产物的分离纯化

分离和纯化是天然产物化学研究的必要步骤，分离纯化常用的手段有传统的柱色谱和制备型薄层色谱；随着现代分离技术的发展，如制备 HPLC、超临界流体色谱和高效毛细管电泳（high-performance capillary electrophoresis，HPCE）等大大提高了分离的效率，缩短了分离时间。在对初筛显示重要生物活性的提取物进行进一步研究时，需要将分离纯化和活性追踪配合进行；对复杂的成分进行分离纯化，可能需要重复进行多次，因此分离纯化仍然是现代天然产物药物发现过程中的一个瓶颈。

为了节省分离和活性测试的时间，人们利用天然产物与生物靶标相作用的原理发展了

在线生物检测技术，例如，通过一个分流装置将 HPLC 的流出液分为两个部分，一部分通过可连续流动的酶促反应检测装置以测试其对酶的抑制情况，另一部分采用 MS 检测。将酶反应检测到的峰与 MS 检测中的峰相对应，即可识别活性成分。通过这种手段还可以快速识别有活性的已知化合物，并且能够将化合物的活性测试与理化参数（如 MS 特征、保留时间、UV 吸收等）联系起来，在后续的分离过程中，可以利用这些理化特征代替生物测试进行追踪分离。前沿亲和色谱（frontal affinity chromatography，FAC）-质谱联用技术已有效地用于复杂提取物中活性物质的追踪[26]，该方法是将靶标蛋白固定在色谱柱上，提取物流过色谱柱时，具有较强亲和力的成分将延缓流出，采用 MS 法检测这些成分，可确定其结构特征；结合在线多级质谱（MS^n）和 NMR 检测[27]，有时可完全确定新化合物的结构。由此可见，随着新技术的不断发展，将会提高天然产物分离纯化的效率。

9.5 天然产物的结构鉴定

9.5.1 波谱方法

核磁共振谱（NMR）是当今进行天然产物结构鉴定最简便可靠的方法，包括 ^{1}H 和 ^{13}C-NMR 等一维波谱技术和各种二维 NMR 技术，特别是近年来，2D-NMR 技术在结构解析中凸显出重要作用。2D-NMR 包括两种类型：一种是通过共价键的标量偶合，另一种是通过空间的偶极相互作用，又叫 NOE 效应。检测通过化学键的标量偶合就能建立核与核通过化学键的连接关系，如 ^{1}H-^{1}H COSY、HMQC 和 HMBC 谱，通过解析这些偶合相关信号就可确定分子的平面结构；检测和解析核与核之间通过空间的偶极相互作用（NOE 效应），可以获得分子的立体化学信息，是认识分子构型、构象和分子运动的重要手段[27,28]。此外，超低温探头和微量探头的发展，使得 NMR 技术能够更好地用于微量物质的结构鉴定[29]。

天然化合物分子量的确定主要依赖于高分辨质谱，电子电离质谱（EIMS）能够提供较多与结构密切相关的碎片信息，对推测未知化合物结构具有重要意义。一系列新型的质谱软电离技术，如快原子轰击（FAB）、基质辅助激光解析（MALDI）和电喷雾（ESI）等的迅速发展，使分子稳定性差或难以气化的样品能够获得满意的分子离子峰。在现代质谱中，傅里叶变换离子回旋共振质谱仪（FT-ICR/MS）具有高灵敏度和高分辨率等特点，仅需几微克样品就能直接提供天然化合物及其碎片离子的精确分子量，为确定化合物化学结构提供了极其重要的数据[30]。可以说，通过紫外、红外、高分辨质谱与核磁共振谱结合，能够解决绝大部分微量成分的结构解析。此外，X-射线单晶衍射、圆二色散光谱（CD）和化学沟通仍然是解决绝对构型和结构确证的重要手段。

9.5.2 化学方法

随着波谱技术的广泛应用，化学方法在天然产物结构确定中的地位不像以前那么重要。尽管如此，化学方法仍是天然产物结构研究中不可或缺的组成部分，波谱技术与化学方法的有机结合能使天然产物的结构研究变得更加严谨，经过化学降解和化学转换等与已知结构相沟通，能够大大提高结构的可靠性。如从木果楝（*Xylocarpus granatum*）分离获得了四个具有新颖骨架的柠檬苦素 Xylogranatins A～D（**8～11**），其中化合物 **8** 的结构经过 X-射线单晶衍射确定。根据波谱推导，化合物 **9～11** 的结构具有很多相似之处，用纯波谱的方法难以确定，最后通过化学转化确定了其结构（图 9-3）。化合物 8 在酸性条件下发生半缩酮水解和烯醇的异构化得到化合物 9；化合物 9 在乙腈中经 Et_3N 催化发生酯消除反应即得含有 α,β-不饱和酮结构的 10；化合物 10 在 N_2 保护下加热至 140℃，即发生 α-羟基酮的重排反应，得到新骨架产物 11[31]。

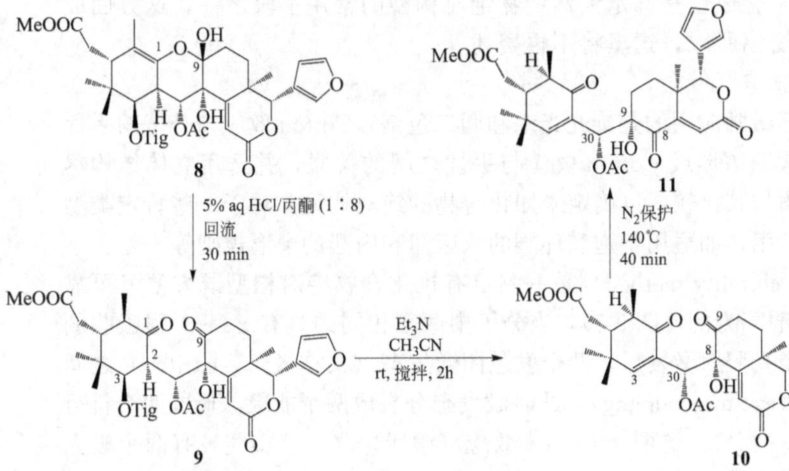

图 9-3 Xylogranatins A～D（8～11）之间的化学转化

在对中药千金子（*Euphorbia lathyris*）进行化学研究时，获得了一个具有裂环新骨架的二萜化合物 Lathyranoic acid A（12）和一个新的二萜 Euphorbia factor L_{11}（13）。化合物 12 的平面结构可通过二维核磁解决，但其相对立体构型却不能通过二维核磁完全确定。为了解决化合物 12 的立体结构，将结构已确定的化合物 13 经 *m*-CPBA 和 $NaIO_4$ 氧化之后，分别以 24% 和 35% 的产率获得化合物 12，从而确定了化合物 12 的立体构型（图 9-4），并据此提出了化合物 12 的生物合成假设，即化合物 12 是由化合物 13 经酶催化的 Baeyer-Villiger 氧化反应而生成[32]。

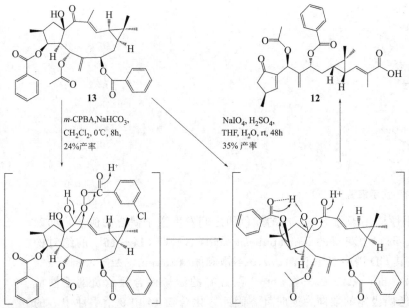

图 9-4 由 Euphorbia factor L_{11}（13）氧化生成 Lathyranoic acid A（12）

9.5.3 天然产物绝对构型的确定

在天然产物绝对构型的研究中，圆二色谱（circular dichroism，CD）、旋光光谱（optical rotatory dispersion，ORD）、Mosher 方法、X-射线单晶衍射和化学沟通是解决绝对构型的主要手段。通过手性全合成也是确定天然产物绝对构型的常用手段之一，这方面成功的范例非常之多，但由于篇幅所限，这里将不再赘述。

9.5.3.1 旋光光谱和圆二色谱法

手性光学法测定绝对构型最常应用的是旋光光谱和圆二色谱，Cotton 效应与分子的手性密切相关。判断方法是首先认识谱形或 Cotton 效应与手性之间的关联，并选用立体结构尽可能相似或相反的模板化合物与其比较，以确定未知化合物的绝对构型。对于一些特定类型的化合物，有许多经验规则可用，如适用于饱和环酮的八区律和内酯的扇形规则等[33]。

CD 激子手性法（exciton chirality method）是一测定有机化合物绝对构型既方便又可靠的方法[33]，以邻二醇二苯甲酸酯为例（图 9-5），当分子中两个相同的具有 $\pi \rightarrow \pi^*$ 强吸收的发色团都处于手性位置时，经光照射激发后，两个发色团激发态（又称激子，exciton）之间的相互作用就称为激子偶合（exciton coupling），此时激发态分裂成两个能级，形成两个符号相反的 Cotton 效应（Davydov 裂分）。这两个 Cotton 效应（虚线）之和（实线）有两个极大值。处于长波长和短波长的极大值，分别被称为第一和第二 Cotton 效应。如果两个发色团的电子跃迁偶极矩右旋（即顺时针）时，为正激子手性（图 9-6），其第一 Cotton 效应为正值，第二 Cotton 效应为负值。反之，当两个偶极矩左旋（即反时针）时，为负激子手性，第一、第二 Cotton 效应的符号也与以上相反。如果确定了发色团中跃迁偶极矩的方向，根据这两个 Cotton 效应的符号便可决定两个发色团在空间的绝对立体化学。这种 CD 激子手性也适用于具有三个或三个以上发色团的化合物，还适用于发色团不同的化合物。

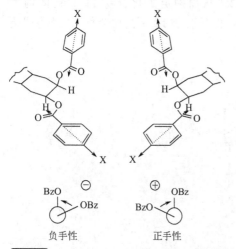

图 9-5 邻二醇二苯甲酸酯的手性示意图

下面是一个 CD 激子手性法用于分子中不同的发色团之间发生激子偶合的例子，如确定从杜楝（*Turraea pubescens*）中获得的 Turrapubesic acids A～C（**14～16**）的绝对构型。以化合物 **14** 为例，在其 CD 谱中（图 9-7），α,β-不饱和酮（234nm，$\Delta\varepsilon-3.31$，$\pi \rightarrow \pi^*$ 跃迁）和 $\Delta^{8(30)}$ 双键（200nm，$\Delta\varepsilon+2.36$，$\pi \rightarrow \pi^*$ 跃迁）的激子偶合显示负的手性征 Cotton 效应，表明二者跃迁偶极矩的取向为逆时针，因此，化合物 **14** 中 9 个手性中心的绝对构型可确定为 $5R$，$9R$，$10S$，$11R$，$12R$，$13R$，$14S$，$15R$ 和 $17R$[34]。

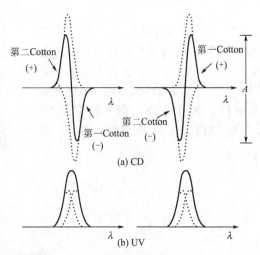

图 9-6　Davydov 裂分示意图

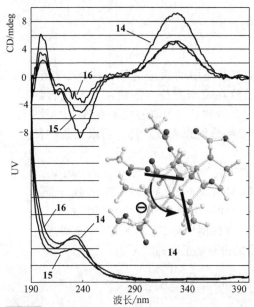

图 9-7　Turrapubesic acids A~C（14~16）的 CD 和 UV 谱
（加粗的黑线表示发色团电子跃迁偶极矩）

14　R = A
15　R = B
16　R = C

除了 CD 激子手性法，还可以采用量子化学方法计算化合物或其立体异构体的 ECD 或 VCD 谱，然后与实验结果进行比较，从而确定复杂天然产物的绝对构型，这方面的例子的报道也越来越多[35~37]。

9.5.3.2 Mosher 方法

化学法中以采用 α-甲氧基-α-三氟甲基苯乙酸（MTPA）酯的 Mosher 方法最为常用[38]，该方法是将手性醇或胺转化成一对 MTPA 的酯或酰胺，然后对产物进行 NMR 测定。在溶液中，MTPA 酯中母体的 α-质子、酯羰基和三氟甲基在同一个平面中，该平面也称作 Mosher 平面［图 9-8(a)］。由于苯环的抗磁屏蔽效应，当用两种构型的 Mosher 酸与底物分别成酯后，R-MTPA 酯的 $H_{A,B,C\cdots}$ 信号较 S-MTPA 酯中相应的信号处于高场；对于 $H_{X,Y,Z\cdots}$ 则有相反的情况。通过计算 $\Delta\delta=\delta_S-\delta_R$，在 MTPA 平面 A 右侧的质子，其 $\Delta\delta>0$，而在该平面左侧的质子则 $\Delta\delta<0$。

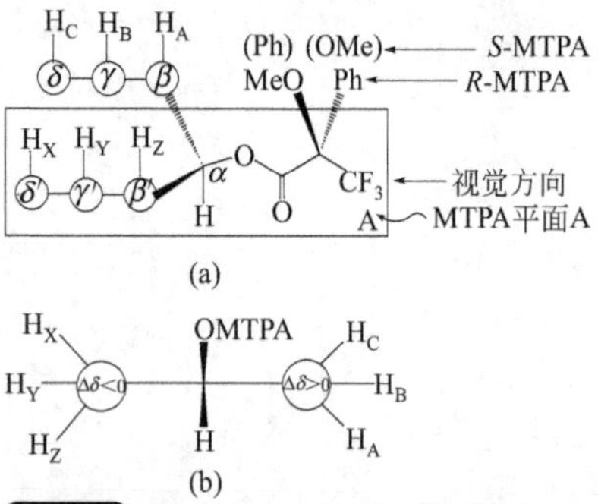

图 9-8 Mosher 方法测定仲醇绝对构型的模型

在进行结构解析时，首先归属 R-MTPA 和 S-MTPA 酯中的质子信号，计算 Δδ 值，将具有正的 Δδ 质子放在模型右侧，具有负的 Δδ 质子放在模型左侧，搭建所研究化合物的分子模型［图 9-8(b)］，确认所有已归属的具有正 Δδ 值和负 Δδ 值的质子在 MTPA 平面的右侧和左侧都确实可以找到，Δδ 绝对值与 MTPA 部分的距离成正比。当以上条件都满足，就可以利用该模型确定化合物绝对构型了。

采用该方法确定天然产物绝对构型的例子非常多，如从炭角菌属真菌（*Xylaria multiplex*）的培养物中分离获得的具有抗真菌活性的大环内酯化合物 Multiplolides A（**17**）和 Multiplolides B（**18**）[39]，根据 **18** 的 R-MTPA 酯（**18a**）和 S-MTPA 酯（**18b**）中质子化学位移变化规律，可推断 C-7 的绝对构型为 S，并由此进一步可推断 C-8 和 C-10 构型均为 R。后来 Ramana 等通过全合成得到了 Multiplolide A（**17**）[40]，证明 Mosher 方法的推断是正确的。

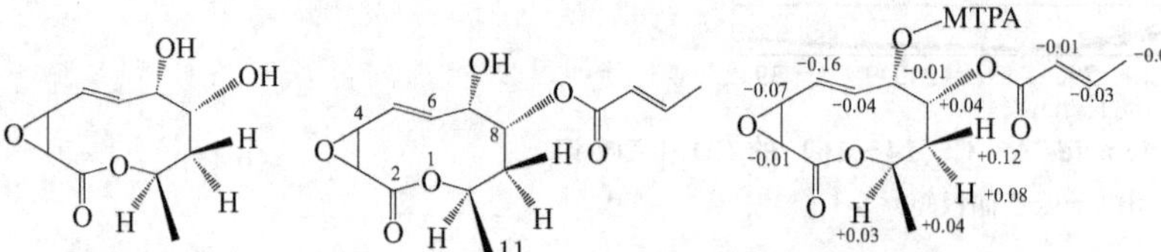

17 **18** **18a** R-MTPA **18b** S-MTPA

9.5.3.3 X-射线单晶衍射方法

普通的 X-射线单晶衍射不能区分对映体，对于含有重原子的化合物，如果射线波长和重原子的吸收边缘重合，就会产生吸收，并在实验中可观察到衍射和相位滞后，由于这种相位滞后或非常规散射，干涉图像就不仅取决于原子间的距离，还取决于它们在空间的相对排列，从而可以测定含有重原子化合物的绝对构型，称为反常 X-射线散射法。该方法被广泛用于天然产物绝对构型的测定，是目前最可靠的绝对构型的测定方法。如从脉叶虎皮楠（*Daphniphyllum paxianum*）种子中分得了一个新骨架、高度笼状结构的 19-降虎皮楠生物碱 Paxdaphnine A（**19**）[41]，为了确定其绝对构型，将该生物碱与 MeI 反应，并培养得到了含有碘离子的季铵盐单晶 **19a**，利用晶格中碘原子核的反常散射，成功地确定了该化合物的绝对构型，其 Flack 参数为-0.01（3）。又如从杜楝（*T. pubescens*）中获得的含有氯原子的柠檬苦素类化合物 Turrapubesin A (**20**)[42]，利用该化合物 C-30 所联氯原子的反常散射，经 X-射线单晶衍射的方法确定了其绝对构型，Flack 参数为 0.04（13）。

9.6 基于天然产物的药物先导结构的发现和研究开发

9.6.1 生物活性筛选和药理学研究

天然产物研究的目的不仅仅是为了发现结构新颖的天然化合物，更重要的是发现具有重要生物活性的天然物质或药物先导结构。随着高通量筛选技术的发展和广泛应用，发现天然活性化合物的模式也在发生变化，曾经较为流行的活性跟踪分离技术似乎已不能满足现代药物研究的步伐。为了适应高通量筛选的需求，建立了一系列的天然产物库，包括粗提物库、组分库和纯化合物库。对纯天然化合物库的筛选，其结果相对可靠；但对于混合物库的筛选，由于样品的不均一性和一些干扰物质（如单宁）存在，经常会产生假阳性的结果，需要进行重复验证，往往是既费时又不省力。例如对蛋白激酶抑制剂的筛选，以往的方法是通过检测放射性（^{32}P 或 ^{33}P）的磷酸基从 ATP 到蛋白或肽类底物的转移来进行的，直观可靠，但是不能实现高通量筛选；现今采用表达和纯化的激酶建立了许多高通量筛选方法，其原理是基于对荧光、时间分辨荧光和荧光极化等的检测来实现。在进行高通量筛选时，应注意以下两个方面的问题：首先，在筛选与底物竞争性抑制剂时，被筛化合物浓度最好接近酶所催化底物的 K_m。对天然提取物和组分来说，很难准确知道其中各成分的相对浓度，各成分含量甚至相差百倍。因此，无论样品浓度有多高，其中含量极低的活性成分的浓度可能都达不到发挥作用的水平，而发生漏筛；相反，其中含量较大的非活性成分则可能通过非特异性的结合，以及改变体系的 pH 值或其他物理性质等方式表现出活性。这一问题可以通过一些新的技术得到解决，如定量高通量筛选（QHTS），该筛选是一种基于滴定的筛选方法，能够对成分的活性和含量差别较大的提取物或组分库进行有效筛选，该方法在初筛时即能给出浓度-反应曲线，例如针对丙酮酸激酶抑制剂的筛选[43]。其次，天然产物样品本身可能具有荧光，或者在荧光团的吸收或发射波长有吸收，某些不溶性成分可能引起光的散射，这些因素均可影响筛选结果。在针对激酶、蛋白酶和磷酸酶的筛选中，可以通过提高荧光团的浓度、采用波长红移的染料[44]和寿命识别的极化技术（lifetime discriminated polarization）[45]等方法克服荧光物质和散射的干扰。为了避免干扰，并提高发现活性物质的效率，应尽量采用经过纯化或分组处理后的样品进行筛选。一般经过分组处理，样品的复杂性降低，各成分之间的相互干扰减小，并且使微量活性成分的相对浓度提高，以便发现新颖的活性化合物。

9.6.2 药物先导结构的确定、结构优化和构效关系研究

一旦筛选发现结构确定、具有重要生物活性的天然化合物（hit），一系列药理学和毒理学等的评价是必需的，以确定其有效性、作用机制、生物利用度、药代动力学和毒性

等。并在整体动物水平对药效等进行评价,以确定该活性化合物是否可以作为新药开发的先导化合物或候选物。

天然产物往往是以一组结构类似的同系物出现,对其同系物进行分离,并进行结构和活性的研究将有助于初步认识其构效关系,为进一步的先导化合物的结构优化提供指导。如 Mannopeptimycins α~ε (21~25)[45] 是 20 世纪 50 年代从链霉菌(Streptomyces hygros)的 LL-AC98 菌株分离得到的抗革兰阳性菌的抗生素,由于最初的样品是 5 个化合物混合物,较难分离,且缺乏广谱性,因而没有受到重视。后来在寻找抗万古霉素耐药菌株的化合物的过程中,发现它们可有效对抗耐甲氧西林的金黄色葡萄球菌、耐青霉素的肺炎链球菌和耐万古霉素的肠球菌等病原微生物,从此受到关注。药理研究表明该类化合物通过与膜表达的细胞壁前体 lipid Ⅱ(C35-MurNAc-peptide-GlcNAc)结合而抑制细菌细胞壁的生物合成,其作用机制的独特之处是这种结合方式与其他的 lipid Ⅱ 结合剂,如万古霉素等有很大差别[46];该类化合物还可以与脂磷壁酸结合,使药物浓集于细胞膜。

Mannopeptimycins α-ε (21~25) 具有一个环六肽的母核,其包含一个新的氨基酸,α-氨基-β-[4′-(2′-氨基咪唑烷基)]-β-羟基丙酸(Aiha) 的 D-和 L-异构体,且 D-Aiha 残基上的一个 N 原子与甘露糖成苷;在化合物 21 和 23~25 中,酪氨酸残基的酚羟基与甘露双糖成苷,其中,化合物 23~25 的末端甘露糖的不同位置各连有一个异戊酯[45]。

在发酵产物中,含量较高的是不含有异戊酯的 Mannopeptimycin α (21) 和不含有甘露双糖链的 Mannopeptimycin β (22)。活性测试表明化合物 21 和 22 的活性较弱,而 23~25 的活性较强,其中以异戊酯在甘露糖的 C-4 位的 25 活性最强。由此便可初步认识这类化合物的构效关系,以此为指导,对化合物 21 进行结构优化,获得了 30 个衍生物,活性测试表明,丝氨酸或 N-甘露糖残基上接疏水性酯基之后,抗菌活性降低;而 O-甘露糖残基上接疏水性酯之后,抗菌活性增强,尤其以末端甘露糖成酯基时,其活性最强,这与在天然产物中获得的构效关系是一致的[47]。后来又合成了一系列 21 的疏水性缩醛和缩酮、醚化、卤化和苯并噁唑衍生物[48~51],发现金刚烷缩酮化合物 26 具有很强的抗菌活性[48]。

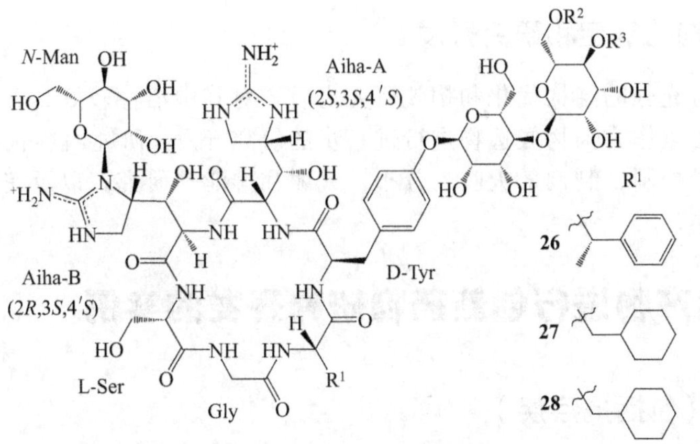

在进行半合成的同时,采用生物合成技术获得了 Aiha 脱羟基的产物,活性测试表明当两个 Aiha 残基脱羟基后,其活性大大降低。采用前体定向生物合成的方法,在产生菌培养时,通过饲喂环己基丙氨酸获得了化合物 **27**,结果表明环己基取代苯环后活性增强。后来又制备了 **27** 的金刚烷缩酮 **28**,体内外活性试验均表明该化合物具有很强的抗菌活性[52,53],可以进行进一步的研究开发。

又如从中药土槿皮分离获得了二萜类化合物土槿皮乙酸(Pseudolaric acid B,PAB,**29**)及其同系物[54],活性筛选显示该化合物对多种肿瘤细胞具有细胞毒活性,并且发现该化合物具有显著的抗肿瘤新生血管形成的作用,其作用机制是通过加速蛋白酶体降解新生血管生成关键因子 HIF-1,减少其蓄积,从而抑制新生血管生成。肿瘤新生血管系统是目前抗肿瘤药物研究领域的热点和重要靶标,因此,开展对 PAB 的结构修饰和构效关系研究具有重要的学术意义和实际应用价值。经过对 **29** 进行结构修饰,获得了三个系列的衍生物,分别为 C-7 侧链修饰的衍生物、C-4 酯基改变的衍生物和 18-羧基成酰胺的衍生物[55]。其中多个衍生物的活性明显提高,如衍生物 **30**,**31** 和 **32** 对 HMEC-1 细胞的抑制活性 IC_{50} 分别为 $0.199\mu mol/L$,$0.238\mu mol/L$ 和 $0.195\mu mol/L$(PAB:$IC_{50}=0.803\mu mol/L$);体外细胞迁移实验表明 PAB 衍生物具有显著的细胞迁移抑制作用。通过对 PAB 的多个天然同系物和 40 余个衍生物的结构和活性进行研究,得到了明确的 PAB 类化合物抗肿瘤作用的构效关系(图 9-9):①所有的活性化合物均为双亲分子,具有一个疏水环系和一个亲水的侧链,该侧链具有两个共轭双键,末端具有羧基;②C-7 位的疏水基团 R 和 Δ^7-双键对活性是必要的,R 的空间位阻与活性也有关系;③侧链的长度和共轭双键的存在对活性是必要的,一旦发生改变,活性将降低或消失;④七元环结构发生改变,活性消失;⑤C-4 位的乙酰基对活性是关键的,消除或被其他较大酯基替换,活性降低;⑥亲水侧链末端的羧基对活性是必要的,被亲水性或亲脂性基团酰化或成酰胺之后,活性降低或消失。土槿皮酸类化合物抗肿瘤活性显著、作用机制新颖,作为抗肿瘤药物的先导结构值得进一步的研究[55]。

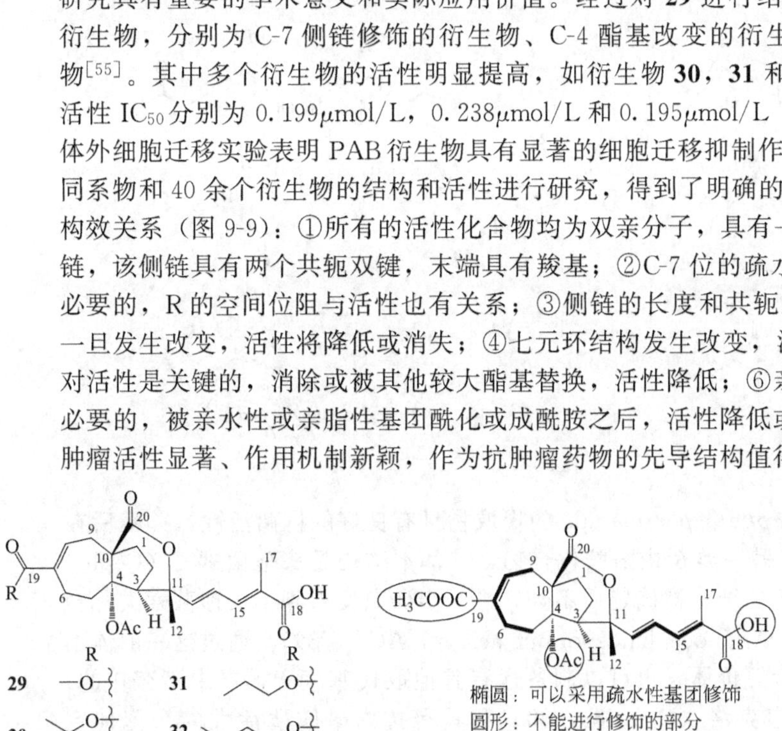

椭圆:可以采用疏水性基团修饰
圆形:不能进行修饰的部分

图 9-9 土槿皮乙酸衍生物及构效关系

9.6.3 药物候选结构的确定和研究开发

对先导化合物进行充分的结构优化和构效研究之后，对其中活性较好、毒性小且生物利用度高的化合物，可以作为药物候选物进行进一步的研究开发。研究内容包括药效综合评价、理化性质、质量控制、制剂、吸收、分布、代谢和排泄等研究，以及完成专利申请和药物注册登记等工作。

9.7 基于天然产物进行创新药物研究开发的实例

9.7.1 抗感染药物（包括抗疟疾）

天然产物是抗感染药物的重要来源，在临床上发挥了重要作用，这里仅列举其中的一些典型的例子。半合成 β-内酰胺药物可能是一类数量最多的半合成药物，如青霉素类（penicillins）、头孢菌素类（cephalosporins）和单环 β-内酰胺（monobactams）。弗莱明在 1929 年偶然发现了青霉菌（*Penicillium notatum*）能抑制革兰阳性葡萄球菌的生长，到了 20 世纪 40 年代初，便有了青霉素 G（Penicillin G，**33**）在美国和英国用于临床。此后不久，便发现细菌对青霉素 G 有耐药性，而且该药对某些人群会产生过敏性反应，于是便开始着手对其进行改良。随后的研究表明，青霉素类化合物的前体均为 6-氨基青霉烷酸（6-Aminopenicillanic acid，6-APA，**34**），该化合物可以通过酶解青霉素 G 而得到，这一发现使得以 **34** 为原料制备大量的青霉素半合成衍生物成为可能，其中进入临床应用的有氨苄西林（Ampicillin，**35**）、甲氧西林（Methicillin，**36**）和苯唑青霉素（Oxacillin，**37**）等[56]。

1948 年 Brotzu 报道了 *Cephalosporium* sp. 的提取物具有良好的抗菌活性，并随后在 20 世纪 50 年代末从中发现了另一类 β-内酰胺化合物，其基本结构是头孢菌素 C（Cephalosproin C，**38**）。在头孢菌素 C 结构被确定后不久，进一步研究便得到了头孢菌素类化合物的前体 7-氨基头孢烷酸（7-Aminocephalosporanic acid，7-ACA，**39**）。通过这一前体不仅可以制备青霉素的头孢菌素等价体，也可以制备含有其他取代基（青霉素中不存在的）的衍生物，如 3-氯衍生物头孢克洛（Cefaclor，**40**）和具有抗内酰胺酶活性的头孢他定（Ceftazidime，**41**）[57]。

克拉维酸（Clauvulanic acid，**42**）是由棒状链霉菌 *Streptomyces clavuligerus* 产生

的，为氧青霉烷类化合物，是一种高效的 β-内酰胺酶抑制剂，常与青霉素类合用[58]。硫霉素（Thienamycin，**43**）为碳青霉烯类的代表，这是一类得自链霉菌 S. cattleya 的抗生素，由此也半合成了一系列衍生物，如亚胺培南（Imipenem，**44**）和美罗培南（Meropenem，**45**）等，具有广谱抗菌效果，还可以抵抗多数 β-内酰胺酶的水解。亚胺培南可被肾肽酶水解灭活，因此，多与该酶的抑制剂西司他丁（Cilastatin，**46**）合用[59]。从 Chromobacterium violaceum 中分离获得的单环 β-内酰胺类化合物 SQ26180（**47**），结构简单，容易进行化学合成，其衍生物氨曲南（Aztreonam，**48**）对革兰阴性菌具有很好的抗菌作用[60]。

目前，药物化学家和能产生 β-内酰胺酶的耐药微生物之间的斗争还在进行，新的 β-内酰胺衍生物的报道还将不断出现。

红霉素类（Erythromycins）是由 Saccharopolyspora erythraea 培养液中提取获得的大环内酯类抗生素，商品用红霉素以红霉素 A（**49**）为主，含有少量红霉素 B（**50**）和 C（**51**），用于治疗革兰阳性菌、青霉素耐药金黄色葡萄球菌和嗜肺军团菌感染。红霉素通过抑制敏感菌的蛋白质合成发挥作用，可逆地与细菌核糖体 50S 大亚基结合，阻断多氨基酰 tRNA 从氨基酰位向肽位的转位过程。红霉素在酸性条件下易分解，其半合成类似物增加了稳定性，最常用和最著名的有克拉霉素（Clarithromycin，**52**）和阿奇霉素（Azithromycin，**53**）[61]。

在研究克服耐药菌的进程中，研究的重点主要集中在作用于新靶点的抗微生物化合物的发现，并取得了一定的进展，如 Mannopeptimycin 类化合物的发现[45~53]。平板霉素（Platensimycin，**54**）是 Merk 公司的研究人员从 Streptomyces platensis 中获得的一类新抗生素[62]，该化合物通过选择性地抑制 β-酮脂酰 ACP 合酶（β-ketoacyl acyl carrier synthase）Ⅰ/Ⅱ（FabF/B）而抑制细菌脂类的合成，进而发挥抗菌作用[63]。该化合物具有独特的作用靶点和很强的抗菌作用，其对耐甲氧西林的金黄色葡萄球菌和耐万古霉素肠球菌的 MIC 在 $0.1\sim1.0\ \mu g/mL$；在小鼠模型中，以 $100\mu g/h$ 连续 24h 滴注该药后，金黄色葡萄球菌的对数减少值为 4[63]。该化合物已经引起了广泛关注，目前全世界已有几个研究组完成了其全合成并制备了一些衍生物[64,65]。

天然产物在抗真菌领域也有重要应用，如两性霉素 B（Amphotericin B，**55**）就是从

Streptomyces nodosus 培养液中提取得到的具有抗真菌活性的药物[66]，它可与真菌细胞膜甾醇类物质结合，破坏细胞膜结构而发挥抗真菌作用，该药物的缺点是毒副作用较大。灰黄霉素（Griseofulvin，**56**）是来源于 *Penicilliun griseofulvin* 的抗真菌药物，其作用机制是通过作用于有丝分裂的纺锤体，干扰真菌有丝分裂，抑制真菌生长，该药毒副作用较小，主要用于皮肤真菌感染[67]。

在疟疾的治疗中，传统应用的有来自金鸡纳树皮的奎宁（Quinine，**57**），在众多的合成药物中，氯喹（Chloroquine，**58**）和伯胺喹（Primaquine，**59**）等都是以奎宁为先导结构合成的抗疟药物[68]。青蒿素（Artemisinin，**60**）是中国科学家在 20 世纪 70 年代从中药黄花蒿（*Artemisia annua*）中获得的新型带过氧基团的倍半萜内酯化合物，该化合物作用机制独特[69]，打破了以前抗疟药均是含氮杂环化合物的框架，在疟疾治疗史上是继氯喹之后又一重大突破。青蒿素对氯喹敏感株和抗药株的恶性疟和间日疟均有很好的效果，开辟了抗疟药物设计的新思路。为了提高其药效和改善其溶解性，对青蒿素进行了结构修饰。青蒿素用 NaBH₄ 还原可得二氢青蒿素（**61**），其过氧键不受影响，以此为起始原料，半合成了一系列青蒿素衍生物，主要包括三种类型：醚类、酯类和碳酸酯类等，蒿甲醚（Artemether，**62**）和青蒿琥酯（Arteannuinum Succinate，**63**）发展成抗疟新药，前者油溶性极好，易制成油针剂；后者水溶性好，可制成粉针剂，并且两者 28 天复燃率均显著下降[70]。

9.7.2 抗肿瘤药物

在抗肿瘤药物研究领域，最引人注目的是来源于植物的紫杉醇（Paclitaxel，**64**），该化合物最初是从产于美国西北部的短叶红豆杉（*Taxus brevifolia*）的树皮中分离得到的。Horwitz 研究组在后来的研究中发现该化合物在多种新的体内评价试验中均显示很强的抗肿瘤活性，且具新颖的稳定细胞微管蛋白聚合的作用机制。化合物 64 及其衍生物 Docetaxel（65）是目前临床上常用的抗肿瘤药物，主要用于治疗卵巢癌和乳腺癌等。另外，作为多种癌症的组合化疗的组分之一，很多研究小组正在对其疗效进行研究。以紫杉醇为先导结构，已合成了数百种衍生物，其目的是为了发现性能和药效更好的衍生物。最近 Kingston 等对紫杉醇衍生物的合成及生物活性进行了综述报道[71]，Altmann 等则对天然产物中的微管蛋白稳定剂进行了系统论述[72]。

长春花（*Catharanthus roseus*）中的生物碱长春碱（Vinblastine，66）和长春新碱（Vincristine，67）是在从动植物中寻找降血糖药物的过程中偶然发现的复杂生物碱类化合物[73]。长春碱和长春新碱是微管蛋白聚合抑制剂，但其对细胞微管蛋白的作用位点不同于紫杉醇类化合物。到目前为止，已合成了大量长春花生物碱衍生物，其中长春瑞滨（Vinorelbine，68）已在美国和欧洲批准上市，用于治疗肺癌；另一个衍生物长春地辛（Vindesine，69），也已作为抗肿瘤药物。

鬼臼毒素（Podophyllotoxin，70）最初是从盾叶鬼臼（*Podophyllum pealtatum*）中分离得到的细胞毒性成分[74]，临床试验发现该化合物的毒性很大，因而终止了对它的临床应用。后来通过其天然异构体 *epi*-Podophyllotoxin 进行结构修饰，得到了半合成衍生物依托泊苷（Etoposide，71）和替尼泊苷（Teniposide，72），并被广泛应用于临床。最近日本化药（Nippon Kayaku）的研究者通过在糖环中引入一个二甲氨基，得到了化合物 71 的水溶性的衍生物 NK-611，已进入临床试验阶段。有趣的是，虽然鬼臼毒素是微管蛋白聚合抑制剂，而其衍生物 71 和 72 则是 DNA 拓扑异构酶 II（DNA Topoisomerase II）的抑制剂[75]。

喜树碱（Camptothecin，**73**）最初是由 Wani 和 Wall 从中国产喜树（*Camptotheca acuminata*）中分离得到的生物碱类化合物，与紫杉醇的发现属于同一时期[76]。动物试验显示该化合物具有很强的抗肿瘤活性，20 世纪 70 年代以内酯环开裂后形成钠盐的形式在 NCI 进行了临床试验，但由于其具有很强的膀胱毒性，不得不终止了对该药的开发。后来发现该化合物具有抑制 DNA 拓扑异构酶 I（Topoisomerase I）的独特作用，并由此合成了一系列衍生物，其中拓扑替康（Topotecan，**74**）和伊立替康（Irinotecan，**75**）已用于临床治疗卵巢癌及其他癌症，另外两种衍生物 9-氨基喜树碱（9-Aminocamptothecin）和 9-硝基喜树碱（9-Nitrocamptothecin）正在新药申报之中。

73 $R^1 = R^2 = R^3 = H$
74 $R^1 = OH, R^2 = CH_2N(CH_3)_2, R^3 = H$
75 $R^1 = $
$R^2 = H, R^3 = CH_2CH_3$

海洋资源也是发现抗肿瘤活性化合物的重要资源，从中发现了大量的具有抗肿瘤作用的化合物，部分已进入临床研究，如前面介绍过的 Discodermolide（**1**），此外，还有从海鞘（*Ecteinascidia turbinate*）中获得的 ET-743（**76**），其作用机制复杂，包括 DNA 烃化作用、减少微管纤维和拓扑异构酶 I 抑制等活性，是一类崭新的抗肿瘤活性化合物[77]。Aplidine（**77**）是从地中海海鞘（*Aplidium albicans*）中得到的化合物，具有较好的体内和体外抗肿瘤活性，目前正在进行进一步试验[77]。Bryostatin 1（**78**）是从苔藓虫（*Bugula neiritina*）中分离得到的一个大环内酯化合物，后来又从中获得了一系列同系物，作为其代表，化合物 78 可阻断佛波酯所启动的促癌反应，产生抗癌作用，目前已进入 II 期临床阶段[78]。Squalamine（**79**）是从鲨鱼（*Squalus acanthias*）中获得的氨基甾醇类化合物，具有抑制内皮细胞增殖和新生血管生成的作用，作为抗肿瘤药物已进入临床研究[79]。KNR7000（**80**）是以得自海绵（*Agelas mauritianus*）的一种以鞘糖酯 Agelasphin 为先导结构而合成的化合物，通过激活机体的免疫系统发挥抗肿瘤作用，也已进入临床研究[80]。

由以上可见，海洋天然产物在抗肿瘤药物的研究中具有重要地位，微生物来源的天然产物在抗肿瘤药物研究领域也非常重要，除了临床上已经使用的阿霉素、柔红霉素和博来霉素等药物[81]，从纤维堆囊菌（*Sorangium cellulosum*）培养液中得到的埃博霉素 A 和埃博霉素 B（Epothilone A、Epothilone B，**81**、**82**）也备受关注，其作用机制与紫杉醇类似，但活性比紫杉醇强 2000~5000 倍，是极具潜力的抗肿瘤药物，以此为先导，也合成了大量衍生物[82,83]。

81 R=Me
82 R=H

9.7.3 治疗心脑血管疾病的药物

利血平（Reserpine，**83**）是从萝芙木中得到的吲哚类生物碱，是肾上腺素能神经元阻滞剂，通过干扰儿茶酚胺的储存来减少神经递质的水平，从而起到抗高血压和镇静作用，已在临床上使用。另一个降血压药卡托普利（Captopril，**84**）是根据 1965 年 Ferreira 对巴西毒蛇（*Bothrops jararaca*）毒液的研究结果而合成的，该蛇毒可抑制血管舒缓激肽（bradykinin）的降解，其主要活性成分是一个简单的九肽替普罗肽（teprotide）[84,85]，临床试验显示该九肽对血管紧张素转化酶（ACE）具有特异的抑制作用，并且还具有降压作用。由于其口服无效，故以此为基础合成了一系列羧基链烷醇和巯基链烷醇的脯氨酸酯，均显示了良好的 ACE 抑制活性，其中化合物 SQ14225 被最先开发成 ACE 抑制剂，即卡托普利（**84**）[84,85]。根据这一研究思路，又发现了作用更强的依那普利（Enalapril，**85**）和喹那普利（Quinapril，**86**），这两个药物均被认为是前药，在体内酯键裂解释放出活性部分。

另一类作用于心血管的天然药物是他汀类降血脂药物。血液中胆固醇升高是心脏病和高血压症的重要危险因子，因此降胆固醇药物对预防心血管疾病具有重要作用。人类所需胆固醇的 50% 是自身合成的，胆固醇合成的限速步骤是在 HMG-CoA 还原酶的作用下，从羟甲基戊二酸单酰 CoA（HMG-CoA）还原成 3,5-二羟基-3-甲基戊酸（mevalonic acid）的阶段。Compactin（**87**）是日本三共制药株式会社从（*Penicillium brevicomactum*）的发酵液中首次得到的 HMG-CoA 还原酶抑制剂，一年后 Brown 等人也报道了该化合物的抗真菌作用。利用 HMG-CoA 还原酶抑制试验追踪，Endo 等从真菌（*Monascus ruber*）

中获得了 Compactin 的 7-甲基衍生物 Mevinolin，即洛伐他汀（Lovastatin，**88**）；同时，Merck 公司利用类似的筛选方法，从真菌（*Aspergillus terreus*）的提取物中也得到了同一化合物。1987 年该化合物（**88**）作为第一个 HMG-CoA 还原酶抑制剂被投向市场[86]。通过对其进行化学修饰或生物转化，将 2-甲基丁酸酯侧链转化为 2,2-二甲基丁酸酯，得到了辛伐他汀（Simvastin，**89**）；将外向环内酯变成游离羟基酸，得到了普伐他汀（Pravastatin，**90**）。对其进行进一步研究，又得到以下 3 种全合成药物：氟伐他汀（Fluvastatin，**91**）、西立伐他汀（Cerivastatin，**92**）及阿托伐他汀（Atrovastatin，**93**），这三个化合物的重要结构特征是它们都包含了天然先导结构中的二羟基庚烯酸侧链的药效基团。其中，阿托伐他汀在 2000 年的销售额超过了十亿美元。

87 $R^1=R^2=H$
88 $R^1=CH_3, R^2=H$
89 $R^1=CH_3, R^2=CH_3$
90
91
92
93
94

除了降压和降血脂之外，天然产物在其他方面也有广泛应用，如奎尼丁（**94**），是奎宁的对映异构体，在临床上用于治疗心率失常。还有洋地黄毒苷（Digitoxin）、地高辛（Digoxin）、西地兰（Deslanoside）和毛花洋地黄苷 C（Lanatoside C）等为代表的一大类强心苷类的天然化合物，是临床上治疗心力衰竭不可缺少的药物[87]。

9.7.4 治疗神经系统疾病的药物

吗啡（Morphine，**95**）是 Serturner 于 1806 年从鸦片中分离得到一个生物碱，1832 年 Robiquet 又分离得到了可待因（Codeine，**96**）。吗啡是强效镇痛剂，具有成瘾性，而可待因的镇痛效果为吗啡的 1/10，但可有效地抑制咳嗽中枢，具有镇咳作用。以吗啡为模版，合成了许多镇痛药物，如哌替啶（Pethidine，**97**）、芬太尼（Fentanyl，**98**）、曲马朵（Tramadol，**99**）和美沙酮（Methadone，**100**）等。这些药物有一个共同特征，即一个芳环和一个在手性中心保持特定立体构象的哌啶环相联接，构成了中枢镇痛药物的母核[88]。由于鸦片类镇痛剂的成瘾性，促使人们寻找新的非成瘾性的镇痛药物，最典型的例子是海洋芋螺（*Conus magus*）产生的非麻醉性镇痛药 Ziconotide（**101**），该药物选择性地阻断 N-型电压门控钙通道，已获得批准用于治疗恶性疾病导致的疼痛和神经性疼痛[89]。

古柯叶中的可卡因（Cocaine，**102**）具有强效抗疲劳作用，可作为局部麻醉药物和血管收缩剂，但其能引起中枢神经系统的兴奋作用，具有成瘾性。可卡因的主要药效团是芳香羧酸酯和碱性氨基，中间通过亲脂性烃链连接，基于可卡因的这些特点，人们对其进行结构改造，获得了许多优良的局部麻醉药物，如普鲁卡因（Procaine，**103**）、利多卡因（Lidocaine，**104**）、罗哌卡因（Ropivacaine，**105**）、阿替卡因（Articaine，**106**）和美西律（Mexiletene，**107**）等[90]。

石杉碱甲（Huperzine A，**108**）是我国科学家从蛇足石杉（*Huperzia serrata*）中获得的生物碱[91]。药理研究证明该化合物是高选择性的乙酰胆碱酯酶抑制剂，对脑内 AChE 的抑制和提高 ACh 水平的作用持续 6h；该化合物提高脑内 ACh 水平主要是通过抑制 AChE，进入脑内后在后脑皮层及海马区有较高浓度分布，不抑制脑皮层 ACh 释放，能改善脑功能谱和老年大、小鼠或各种实验损伤产生的学习、记忆障碍[92]。1986 年首先应用于治疗重症肌无力症，取得很好的效果；1995 年应用于脑血管硬化、血管性或阿尔茨海默病引起的记忆障碍，均有改善作用。由此而衍生的希普林（**109**）是具有席夫碱结构的石杉碱衍生物，正在进行临床研究[93]。

9.8 讨论

天然产物的结构多样性和具有与生物大分子结合的独特的结构优势，以及可以参与生命过程多环节的调节，这些特点和优势赋予了天然产物在药物研究领域的重要地位，是发现药物先导结构的重要源泉。随着现代分离和结构鉴定技术不断提高，以及现代生物技术的快速发展，特别是高通量和高内涵筛选技术的广泛应用，加速了天然产物研究的步伐和提高了天然药物先导化合物发现发效率。对海洋资源和微生物资源的深入研究，并利用组合生物合成等手段，使天然产物研究的资源和范围不断扩大，这些变化和发展将进一步促使天然产物在新药研究中发挥更大的作用。

天然产物在未来的研究中,除了利用各种现代分离技术和先进的分离材料以加速天然化合物的分离纯化和结构鉴定外,更重要的是要加强天然化合物结构与功能的研究,内容包括:①精细立体结构和溶液中的构象;②活性天然产物的结构优化和构效关系;③天然化合物与酶或受体的相互作用;④天然产物介导的蛋白质-蛋白质的相互作用;⑤在以上基础上,对具有重要活性的天然化合物在细胞、离体器官和动物水平进行活性验证,以发现药物先导或药物候选化合物。

总而言之,天然产物研究的最终目标应该是物尽其用,使其为提高人类的生活和健康质量服务。

推荐读物

- Clardy J, Walsh C. Lessons from natural molecules. Nature, 2004, 432: 829-837.
- Newman D J, Cragg G M. Marine natural products and related compounds in clinical and advanced preclinical trials. J Nat Prod, 2004, 67: 1216-1238.
- Koehn F E, Carter G T. The evolving role of natural products in drug discovery. Nat Rev Drug Disc, 2005, 4: 206-220.
- Baker D D, Chu M, Oza U, et al. The value of natural products to future pharmaceutical discovery. Nat Prod Rep, 2007, 24: 1225-1244.
- Newman D J, Cragg G M. Natural products as sources of new drugs over the last 25 years. J Nat Prod, 2007, 70: 461-477.
- Newman D J. Natural products as leads to potential drugs: an old process or the new hope for drug discovery? J Med Chem, 2008, 51: 2589-2599.
- Butler M S. Natural products to drugs: natural product-derived compounds in clinical trials. Nat Prod Rep, 2008, 25: 475-516.
- Sticher O. Natural product isolation. Nat Prod Rep, 2008, 25: 517-554.
- Koehn F E. New strategies and methods in the discovery of natural product anti-infective agents: the mannopeptimycins. J Med Chem, 2008, 51: 2613-2617.
- Zhang W J, Tang Y. Combinatorial biosynthesis of natural products. J Med Chem, 2008, 51: 2629-2633.

参考文献

[1] Lipinski C A, Lombardo F, Dominy B W, et al. Adv Drug Del Rev, 1997, 23: 3-25.
[2] Evans B E, Rittle K E, Bock M G, et al. J Med Chem, 1988, 31: 2235-2246.
[3] Atuegbu A, MacLean D, Nguyen C, et al. Bioorg Med Chem, 1996, 4: 1097-1106.
[4] Xaio X Y, Parandoosh Z, Nova M P. J Org Chem, 1997, 62: 6029-6033.
[5] Nicolaou K C, Winssinger N, Hughes R, et al. Angew. Chem Int Ed, 2000, 39: 1084-1088.
[6] Nicolaou K C, Pfefferkorn J A, Roecker A J, et al. J Am Chem Soc, 2000, 122: 9939-9953.
[7] Nicolaou K C, Pfefferkorn J A, Roecker A J, et al. J Am Chem Soc, 2000, 122: 9954-9967.
[8] Kingston D G I. J Nat Prod, 2000, 63: 726-734.
[9] Kowalski R J, Giannakakou P, Gunasekera S P, et al. Mol Pharmacol, 1997, 52: 613-622.
[10] Bai R, Cichacz Z A, Herald C L, et al. Mol Pharmacol, 1993, 44: 757-766.
[11] Loganzo F, Discafani C M, Annable T, et al. Cancer Res, 2003, 63: 1838-1845.
[12] Sackett D L. Pharmacol Therap, 1993, 59: 163-228.
[13] Ravaud A, Wallerand H, Culine S, et al. Eur Urol, 2008, 54: 315-325.
[14] Newman D J, Cragg G M. J Nat Prod, 2004, 67: 1216-1238.
[15] Stierle A, Strobel G A. Science, 1993, 260: 214-216.
[16] Gunatilaka A A L. J Nat Prod, 2006, 69: 509-526.
[17] Khosroushahi A Y, Valizadeh M, Ghasempour A, et al. Cell Biol Int, 2006, 30: 262-269.
[18] Paterson I, Florence G J. Eur J Org Chem, 2003: 2193-2208.
[19] Mickel S J, Sedelmeier G H, Niederer D, et al. Org Proc Res Dev, 2004, 8: 92-100.
[20] Mickel S J, Sedelmeier G H, Niederer D, et al. Org Proc Res Dev, 2004, 8: 101-106.

[21] Mickel S J, Sedelmeier G H, Niederer D, et al. Org Proc Res Dev, 2004, 8: 107-112.
[22] Mickel S J, Sedelmeier G H, Niederer D, et al. Org Proc Res Dev, 2004, 8: 113-121.
[23] Mickel S J, Sedelmeier G H, Niederer D, et al. Org Proc Res Dev, 2004, 8: 122-130.
[24] Strege M A. J Chrom B, 1999, 725: 67-68.
[25] Exarchou V, Godejohann M, van Beek T S, et al. Anal Chem, 2003, 75: 6288-6294.
[26] Schriemer D C, Bundle D R, Li L, et al. Angew Chem Int Ed, 1998, 37: 3383-3387.
[27] Silverstein R M, Webster F X, Kiemle D. Spectrometric Identification of Organic Compounds. 7th ed. New York: Wiley-VCH, 2005: 1-512.
[28] Kwan E E, Huang S G. Eur. J Org Chem, 2008: 2671-2688.
[29] Sandvoss M, Preiss A, Levsen K, et al. Magn Res Chem, 2003, 41: 949-954.
[30] 陈耀祖，涂亚平. 有机质谱原理及应用. 北京：科学出版社，2001: 1-266.
[31] Yin S, Fan C Q, Wang X N, et al. Org Lett, 2006, 8: 4935-4938.
[32] Liao S G, Zhan Z J, Yang S P, et al. Org Lett, 2005, 7: 1379-1382.
[33] Berova N, Nakanishi K, Woody R W. Circular Dichroism: Principles and pplications. 2nd ed. New York: Wiley-VCH, 2000: 337-382.
[34] Wang X N, Yin S, Fan C Q, et al. Tetrahedron, 2007, 63: 8234-8241.
[35] Ding Y Q, Li X C, Ferreira D. J Org Chem, 2007, 72: 9010-9017.
[36] Stephens P J, Pan J J, Devlin F J. J Org Chem, 2007, 72: 2508-2524.
[37] Stephens P J, Pan J J. J Org Chem, 2007, 72: 7641-7649.
[38] Sullivan G R, Dale J A, Mosher H S. J Org Chem, 1973, 38: 2143-2147.
[39] Boonphong S, Kittakoop P, Isaka M, et al. J Nat Prod, 2001, 64: 965-967.
[40] Ramana C V, Khaladkar T P, Chatterjee S, et al. J Org Chem, 2008, 73: 3817-3822.
[41] Fan C Q, Yin S, Xue J J, et al. Tetrahedron, 2007, 63: 115-119.
[42] Wang X N, Yin S, Fan C Q, et al. Org Lett, 2006, 8: 3845-3848.
[43] Inglese J, Auld D S, Jadhav A, et al. Proc Natl Acad Sci (USA), 2006, 103: 11473-11478.
[44] Turek-Etienne T C, Small E C, Soh S C, et al. J Biomol Screen, 2003, 8: 176-184.
[45] He H, Williamson R T, Shen B, et al. J Am Chem Soc, 2002, 124: 9729-9736.
[46] Ruzin A, Singh G, Severin A, et al. Antimicrob Agents Chemother, 2004, 48: 728-738.
[47] He H, Shen B, Petersen P J, et al. Bioorg Med Chem Lett, 2004, 14: 279-282.
[48] Ashcroft J S, Graziani E I, Koehn F E, et al. J Med Chem, 2004, 47: 3487-3490.
[49] Sum P E, How D, Torres N, et al. Bioorg Med Chem Lett, 2003, 13: 1151-1155.
[50] Sum P E, How D, Torres N, et al. Bioorg Med Chem Lett, 2003, 13: 2805-2808.
[51] Sum P E, How D, Torres N, et al. Bioorg Med Chem Lett, 2003, 13: 2607-2610.
[52] Petersen P J, Wang T Z, Dushin R G, et al. Antimicrob Agents Chemother, 2004, 48: 739-746.
[53] Weiss W J, Murphy T, Lenoy E, et al. Antimicrob Agents Chemother, 2004, 48: 1708-1712.
[54] Yang S P, Wu Y, Yue J M. J Nat Prod, 2002, 65: 1041-1044.
[55] Yang S P, Cai Y J, Zhang B L, et al. J Med Chem, 2008, 51: 77-85.
[56] Nathwani D, Wood M J. Drugs, 1993, 45: 866-894.
[57] Bryskier A. J Antibiot, 2000, 53: 1028-1037.
[58] Baggaley K H, Brown A, Schofield C. J Nat Prod Rep, 1997, 14: 309-333.
[59] Coulton S, Hunt E. Prog Med Chem, 1996, 33: 99-145.
[60] Orlicek S L. Semin. Pediatr Infect Dis, 1999, 10: 45-50.
[61] Kirst H A. Prog Med Chem, 1993, 30: 57-88.
[62] Singh S B, Jayasuriya H, Ondeyka J G, et al. J Am Chem Soc, 2006, 128: 11916-11920.
[63] Wang J, Soisson S M, Young K, et al. Nature, 2006, 441: 358-361.
[64] Nicolaou K C, Tang Y, Wang J, et al. J Am Chem Soc, 2007, 129: 14850-14851.
[65] Zou Y, Chen C H, Taylor C D, et al. Org Lett, 2007, 9: 1825-1828.
[66] Odds F C, Brown A J P, Gow N A R. Trends Microbiol, 2003, 11: 272-279.
[67] Dewick P M. Medicinal Natural Products: A Biosynthetic Approach: 2nd ed. Chichester: Wiley-VCH, 2004: 77.
[68] Goodyer L. Pharm J, 2000, 264: 405-410.
[69] Eckstein-Ludwig U, Webb R J, van Goethem I D A, et al. Nature, 2003, 424: 957-961.
[70] Luo X D, Shen C C. Med Res Rev, 1987, 7: 29-52.

[71] Kingston D G I. Phytochemistry, 2007, 68: 1844-1854.
[72] Altmann K H, Gertsch J. Nat Prod Rep, 2007, 24: 327-357.
[73] Boble R L. Biochem Cell Biol, 1990, 68: 1344-1351.
[74] Canel C, Moraes R M, Dayan F E, et al. Phytochemistry, 2000, 54: 115-120.
[75] Chen G L, Yang L, Rowe T C, et al. J Biol Chem, 1984, 259: 13560-13566.
[76] Cragg G M, Newman D J. J Nat Prod, 2004, 67: 232-244.
[77] Rinehart K L. Med Res Rev, 2000, 20: 1-27.
[78] Wender P A, Hinkle K W, Koehler M F, et al. Med Res Rev, 1999, 19: 388-407.
[79] Hao D, Hammond L A, Eckhardt S G, et al. Clin Cancer Res, 2003, 9: 2465-2471.
[80] Hayakawa Y, Rovero S, Forni G, et al. Proc Natl Acad Sci (USA), 2003, 100: 9464-9469.
[81] Dewick P M. Medicinal Natural Products: A Biosynthetic Approach. 2nd ed. Chichester: Wiley-VCH, 2004: 93-94; 427-428.
[82] Nicolau K C, Roschangar F, Vourloumis D. Angew Chem Int Ed, 1998, 37: 2014-2045.
[83] Feyen F, Cachoux F, Gertsch J, et al. Acc Chem Res, 2008, 41: 21-31.
[84] Ondetti M A, Rubin B, Cushman D W. Science, 1977, 196: 441-444.
[85] Cushman D W, Cheung H S, Sabo E F, et al. Biochemistry, 1977, 16: 5484-5491.
[86] Alberts A W, MacDonald J S, Till A E, et al. Cardiovas Drug Rev, 1989, 7: 89-109.
[87] Hauptman P J, Garg R, Kelly R A. Prog Cardiovasc Dis, 1999, 41: 247-254.
[88] Herbert R B, Venter H, Pos S. Nat Prod Rep, 2000, 17: 317-322.
[89] Schroeder C I, Smythe M L, Lewis R J. Mol Divers, 2004, 8: 127-134.
[90] Dewick P M. Medicinal Natural Products: A Biosynthetic Approach. 2nd ed. Chichester: Wiley-VCH, 2004: 301-304.
[91] Liu J S, Zhu Y L, Yu C M, et al. Can J Chem, 1986, 64: 837-839.
[92] Tang X C. Acta Pharmacol Sin, 1996, 17: 481-484.
[93] Zhu D, Tang X C, Lin J L, et al. Huperzine A derivatives, their preparation and their use. Patent: EP 0806416; JP 1998511651; US 5929084; WO 9620176.

第10章

药物合成的化学与工艺研究

徐明华

目 录

10.1 引言 /268
10.2 合成路线的设计 /268
10.3 反应的优化和路线方法的改进 /274
    10.3.1 反应的优化 /274
    10.3.2 路线方法的改进 /276
10.4 药物合成的生产工艺研究 /279
    10.4.1 反应的放大工艺研究 /279
    10.4.2 生产工艺的评价标准 /281
    10.4.3 生产工艺改革 /282
10.5 手性药物的不对称合成研究 /283
    10.5.1 化学不对称合成 /283
    10.5.2 生物催化不对称合成 /285
10.6 药物合成的未来发展趋势 /287
推荐读物 /288
参考文献 /288

10.1 引言

药物的合成是药物化学中一个非常重要的研究内容，就化学合成药物而言，从药物活性分子的最初发现到基于结构的化合物改造到工艺路线的研究到最终药物的工业化生产，始终贯穿。

药物合成的历史可以追溯到一百多年前，如 1899 年诞生的解热镇痛药阿司匹林 (Aspirin)，1907 年发现的用于治疗梅毒等感染的药物胂凡纳明 (Salvarsan)。1935 年高效抗菌的磺胺类药物百浪多息 (Prontosil) 的问世，实际上标志了人类医药史上化学药物治疗的一大胜利，使得化学药物的研发进入了一个新时代。随着合成化学、药理学和医学等相关学科以及化学工业的发展，化学合成药的研究获得了突破性的进展。尤其是进入 20 世纪 80 年代以来，化学合成药物已经成为临床应用的主体药物。据一个不完全统计，在临床使用的 1850 种药物中，天然药物为 517 种，占 28%；合成药物为 1333 种，占到全部比例的 72%[1]。

1992 年，美国 FDA 发布了手性药物指导原则，要求具有手性因素的药物以单一对映体形式上市。自此，手性药物的研究受到世界各国药政部门和制药公司的重视，如何高效率、低成本地合成手性药物已经吸引了学术界、工业界的广泛关注，成为当前和未来药物合成研究的热点。可以预测的是，今后上市的化学合成新药中，单一对映体的手性药物将作为主导。

药物合成研究的整个过程，通常包括活性化合物的合成，路线方法的优化，反应的放大以及生产工艺研究等。本章围绕这些内容展开，力图通过一些有代表性的药物或药物活性分子的合成例子来使读者对药物合成研究有一个全面的认识，同时对当前手性药物的不对称合成的进展作了简要概括，并展望了药物合成的未来发展趋势。

10.2 合成路线的设计

药物合成路线的设计是药物研究和开发最基本的环节，是药物合成工作的第一步。基于合适的化学合成路线，药物的生产工艺研究和工业化生产才能实现。

对于大部分化学结构明确的药物分子的合成路线设计，一般来说，有机合成中常用的逆向合成分析及逆向切断的方法仍是最有效的策略。通过各种逆向变换，灵活运用各类化合物、官能团之间的转化关系和有机反应，进行逻辑推理、分析比较，最后选择适宜的合成路线进行有效的合成。需要指出的是，在药物分子的合成路线设计的过程中，还必须考虑整个路线将来的生产可行性，效率和成本等问题。当然，在新药研究的发现阶段和实验室合成阶段，这些问题可以暂时不予过多关注。

很多药物分子中都有手性，手性药物的制备已经成为当前药物合成研究的热点。在这些分子的合成路线设计中，除了一般的化合物骨架构建、官能团转化、化学选择性控制等问题，如何高效高立体选择性地建立分子手性是其中的关键。

化合物 1 是美国葛兰素-史克 (GlaxoSmithKline) 正在研制的治疗人类乳头状瘤病毒 (human papillomavirus，HPV) 感染的药物（图 10-1）[2]。分子结构并不复杂，含有一个 2,3,4,9-四氢咔唑骨架，是一个手性胺化合物。对这个分子进行反合成分析，可以很容易地想到通过羰基的官能团转化来构建氨基，而相应的四氢咔唑骨架则可以利用 Fisher-吲哚合成法用对氯苯胺和 2-羟亚甲基环己酮通过相应的腙反应得到。

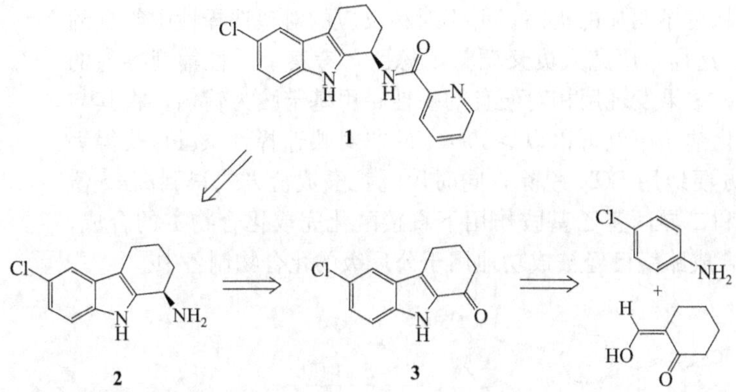

图 10-1 化合物 1 的反合成分析

如图 10-1 所示，化合物 2 中的氨基可以很方便地通过羰基官能团的还原氨化得到，但是如何构建氨基的手性是整个合成的关键。事实上，在最初的合成路线设计中，这个氨基的手性是通过制备型手性超临界流动色谱（SFC）对消旋胺进行手性拆分得到（图 10-2）。

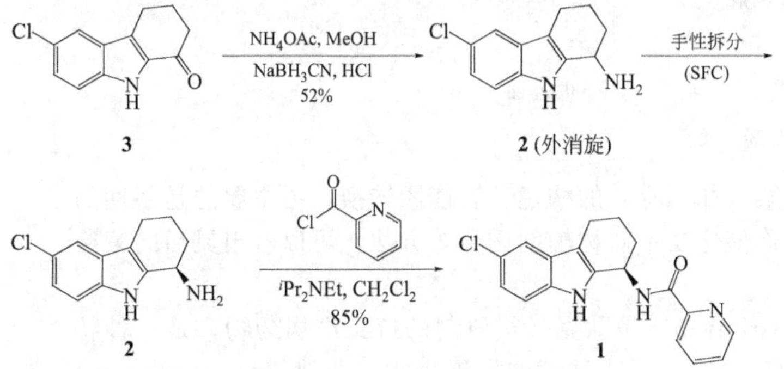

图 10-2 化合物 1 的手性拆分合成路线

合成步骤虽然不长，但整体合成效率却不高，主要是手性色谱拆分很不方便也不经济，而且有 50% 的对映体浪费，因此不适合用于反应的放大试验。一个最理想的策略是通过催化不对称还原氨化直接构建所需要的氨基手性。研究人员进行了很多尝试，他们发展了两个不同的对映选择性氢转移还原氨化的方法（图 10-3）。

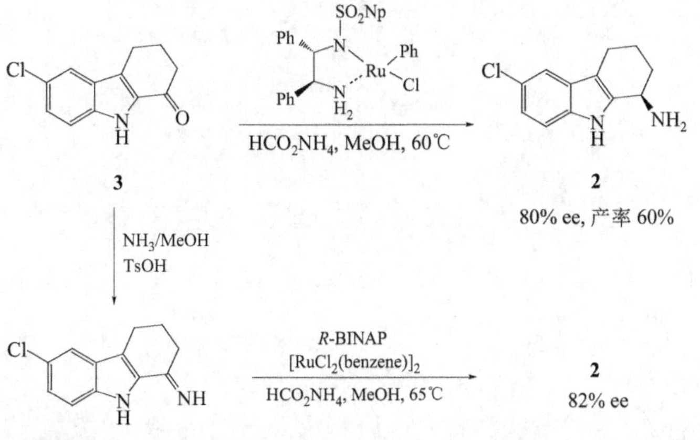

图 10-3 催化不对称还原氨化方法合成手性胺 2（ee—对映体过量）

虽然与最初拆分方法相比,结果有了明显的提高,但不对称反应的对映选择性中等(约 80% ee),仍然有待于进一步提高。这样,研究人员又调整了思路,考察了手性辅剂参与的不对称诱导策略。经过一系列摸索,结果发现用相对便宜的手性 α-甲基苄胺为辅剂,将其与酮 3 缩合得到手性亚胺 4 后,硼氢化钠还原就可以以＞99：1 的非对映选择性(dr)获得手性胺化合物 5,而手性辅基则可以方便地用 BCl_3 脱除,同时用吡啶酸成盐方式得到高 ee 值的晶体 6,最后在三缩磷酸酐 T_3P 和二异丙基乙基胺作用下直接酰化完成化合物 1 的合成,ee 值达到 99.5%(图 10-4)。这条合成路线已经被成功地用于公斤级的化合物制备中。

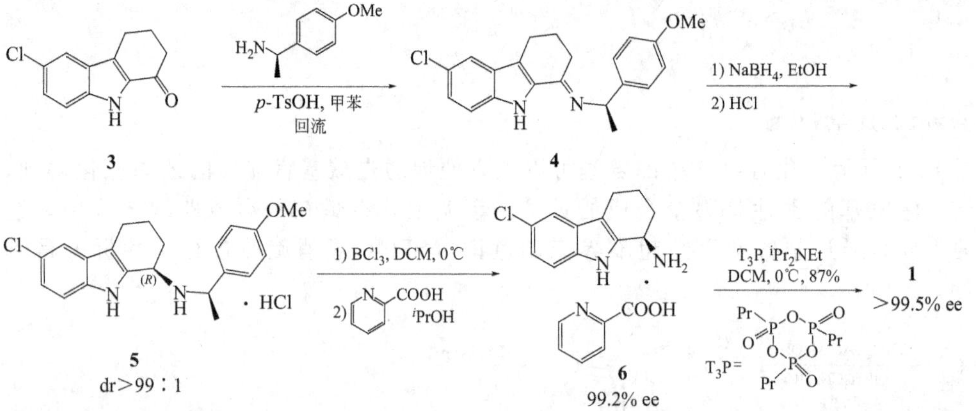

图 10-4 化合物 1 的不对称诱导合成路线

这个例子包含了常见化合物骨架(如吲哚)的构建,官能团转换,更主要的是手性的控制,其中尝试了手性拆分、不对称催化及不对称辅剂诱导等方法,可以看出灵活的策略运用是合理路线设计的重要保证。

茚地那韦(Indinavir,商品名 Crixivan)是默克公司研制的抗艾滋病药物,是一种特异性蛋白酶抑制剂,能有效对抗 HIV-1,减缓艾滋病的发展进程。茚地那韦(Indinavir)分子结构相对复杂,包含 5 个手性中心,可以有 32 个光学异构体,因此要设计一条高效高立体选择性的合成路线非常具有挑战性。

对这个分子进行反合成分析,用逆向切断的方法可以得到两个手性片断,分别是哌嗪 7 和环氧化合物 8 (图 10-5)[3]。这样,Indinavir 的合成就可以期望通过哌嗪中的裸露的氨基对化合物 8 的立体选择性环氧开环实现。

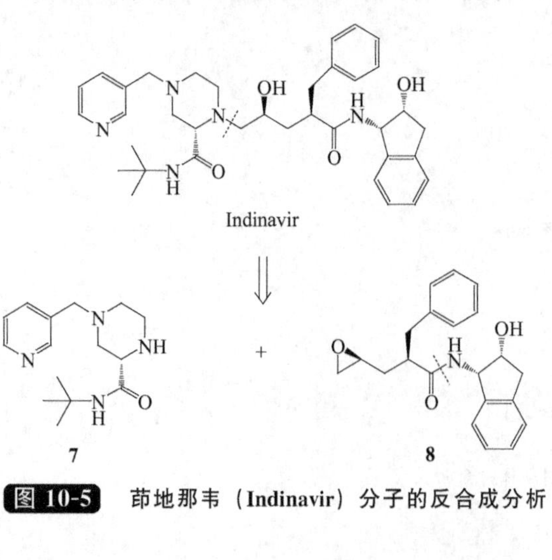

图 10-5 茚地那韦(Indinavir)分子的反合成分析

在实际合成中，哌嗪的另一个氨基先用 Boc 保护，从简单的 2-吡嗪酸出发，经过酰化、还原、拆分和氨基保护四步反应得到哌嗪片断 **9**（图 10-6）。其中，所需的 S-构型的手性哌嗪 **10** 用 L-焦谷氨酸拆分得到[4]。默克的研究人员还成功地设计了不对称氢化的合成路线[5]，但是相对步骤较长，在生产中优势不明显。

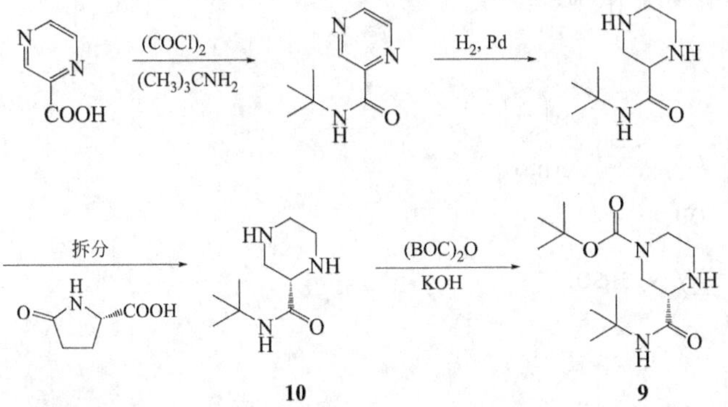

图 10-6　哌嗪片断的合成

环氧片断 **8a** 的合成路线如图 10-7 所示。这里，高光学纯度顺式手性氨基醇 **13** 的合成是关键。以茚为起始原料，通过 Jacobsen 不对称环氧化、Ritter 反应、水解得到。非常巧妙的是，在之后的合成中，这个手性氨基醇片断扮演了手性辅基的角色，以 LiN[Si(CH$_3$)$_3$]$_2$ 为碱，酰胺 **14** 和烯丙基溴反应高选择性地引入烯丙基，再经过碘正离子对双键加成以及环氧关环两步反应成功地实现手性环氧片断 **8a** 的不对称合成。

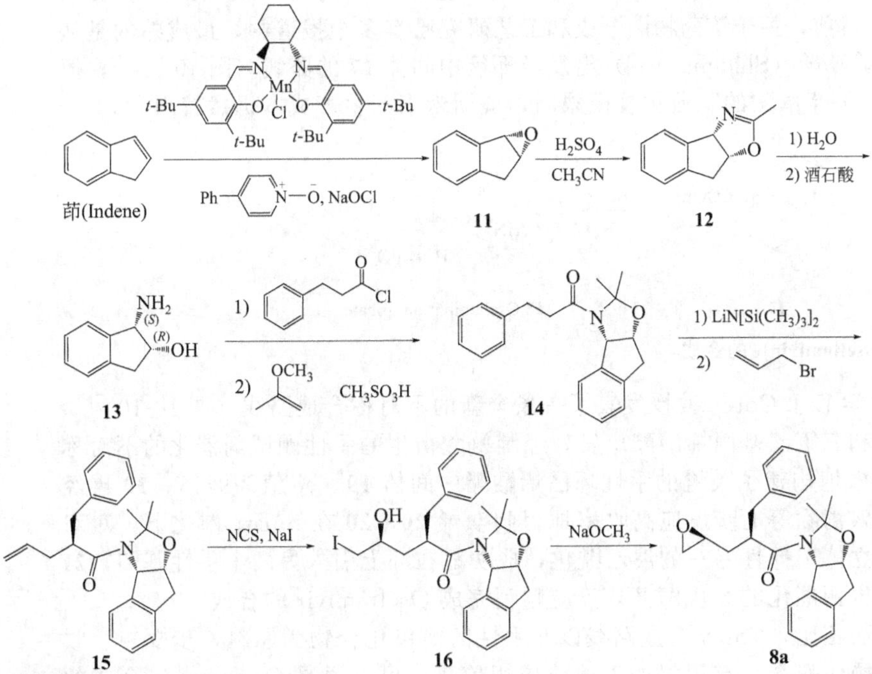

图 10-7　手性环氧片断 **8a** 的合成

将哌嗪片断 **9** 和环氧片断 **8a** 在加热条件下进行组装，酸处理脱去 Boc 和亚丙酮基保护，再和 3-氯甲基吡啶作用，硫酸成盐就得到了最终药物硫酸茚地那韦（Crixivan）（图 10-8）。

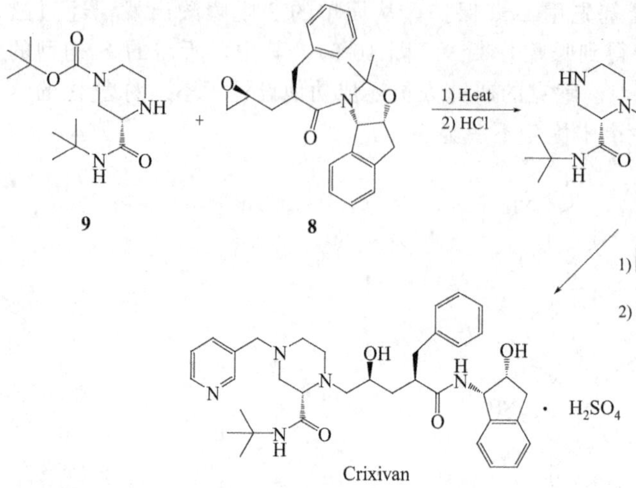

图 10-8 硫酸茚地那韦 (Crixivan) 的合成

从茚地那韦 (Indinavir) 的合成路线可以看出,对于结构复杂的分子的合成,采用汇聚式合成路线往往是更好的选择。另外,与前面化合物 1 的合成例子不同,对于有多个手性中心的药物分子的合成,需要综合考虑如何逐个构建,在环氧片断 8 的合成中,后两个手性的引入完全是通过分子中自身顺式氨基醇骨架的手性诱导实现,在设计中融入了很多对各个反应机理的深刻理解,非常巧妙,具有普遍的指导意义。

另一个例子是抗流感药物奥斯米韦 (Oseltamivir,商品名 Tamiflu) 的合成路线设计。奥斯米韦 (Oseltamivir) 由 Gilead 公司研制,后转让给罗氏集团 (Roche),于 1999 年 10 月在瑞士上市。目前,关于该药物的合成和工艺研究已有多个报道[6],最成熟的是从 (-)-奎尼酸或 (-)-莽草酸 (Shikimic acid) 出发经环氧中间体 17 的路线 (图 10-9)[7],但受 (-)-奎尼酸和 (-)-莽草酸的工业化规模限制,奥斯米韦的生产成本仍然较高[8]。

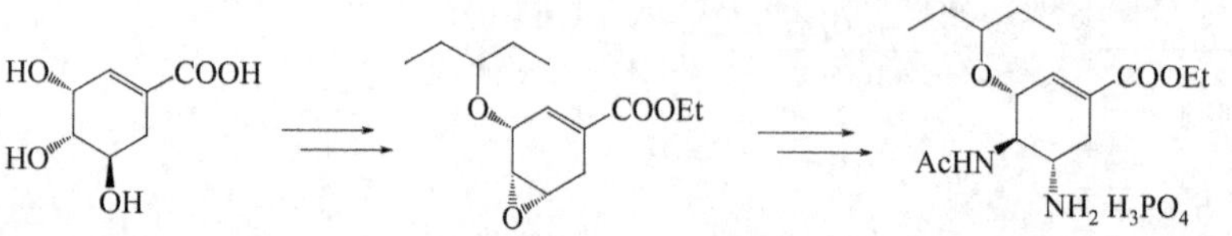

图 10-9 奥斯米韦 (Oseltamivir) 的合成

2006 年,哈佛大学 E. J. Corey 教授发表了一条全新的不对称合成路线 (图 10-10)[9]。从简单易得的丁二烯和三氟乙基丙烯酸酯出发,经脯氨酸衍生的手性硼试剂催化的不对称 Diels-Alder 反应,高效地构建了关键的手性环己烯酸酯中间体 19,ee 值>97%。19 再经氨解、碘内酰胺化、碘消除等七步反应高收率地得到双烯 20,20 在 $SnBr_4$ 催化下,对双键发生区域选择性和立体选择性专一的溴乙酰化,成功地在环上引入另两个手性基团,21 经吖丙啶中间体,二价铜催化的 3-戊醇开环反应顺利完成 Oseltamivir 的合成。

与传统莽草酸方法相比,Corey 合成路线以非手性的简单化合物为原料,步骤短、收率高、选择性好,且操作安全,有很好的工业化应用前景,可以说是 Oseltamivir 合成的经典。值得一提的是,这条路线没有申请专利。在这个例子中,对有机反应的熟练掌握和合理运用是路线成功的最大关键。

对于一些结构特别复杂、路线设计困难的药物分子的合成,通常可以考虑采取半合成的策略,即寻找具有基本结构骨架的有一定来源的天然产物或组分为原料设计相应的合成

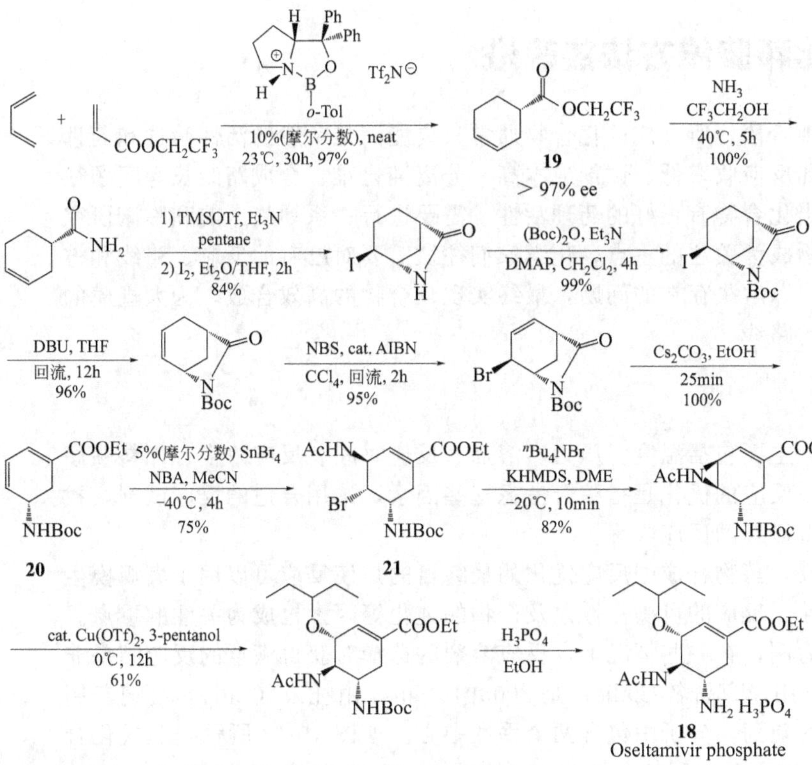

图 10-10 奥斯米韦（Oseltamivir）的 Corey 合成路线
（cat.—催化剂）

路线。一个典型的例子是抗肿瘤药物紫杉醇（Taxol）的合成。

紫杉醇是红豆杉属植物中的一种次生代谢产物，属于二萜类化合物，母核部分包含 9 个手性中心，为高度官能团化的复杂四稠环结构，其合成非常具有挑战性。在过去的二十多年里，虽然国际上一些研究小组完成了紫杉醇的全合成[10]，但由于步骤冗长，很多反应的立体选择性控制仍不够理想等原因，难以用于大规模工业合成。采取半合成策略，佛罗里达州立大学的 Holton 小组发展了一条可用于商业化生产的路线[11]，如图 10-11 所示，从 10-去乙酰基巴卡亭Ⅲ（10-Deacetylbaccatin Ⅲ）出发，只需经过四步反应即可实现紫杉醇的合成。其中，半合成的主要原料"巴卡亭Ⅲ"从可再生的红豆杉枝叶中提取。这样，紫杉醇（Taxol）才最终由百时美施贵宝（Bristol-Myers Squibb）于 1993 年成功推向市场。

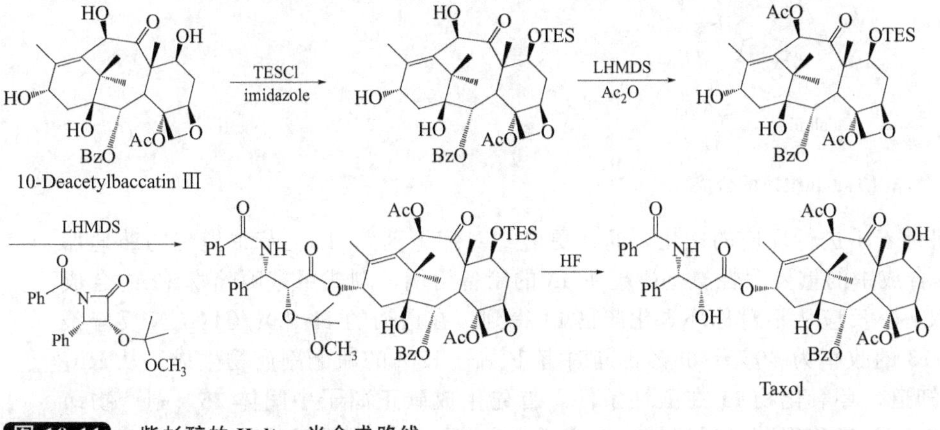

图 10-11 紫杉醇的 Holton 半合成路线

10.3 反应的优化和路线方法的改进

在药物研究的最初发现阶段，所合成的化合物通常只要能满足一般的活性筛选和药理试验即可，因此对一些诸如反应收率低、试剂成本高、分离纯化难、合成路线长等问题往往不会过多地进行关注。当化合物有很好的药理活性，需要进行一系列临床前和临床研究时，如何制备大量的化合物成为关注的重点，化学家们往往需要对已有的反应、路线和方法等重新进行评估和优化，以解决存在的问题，最终实现化合物的高效合成，为大规模的工业化生产提供一条合理的路线。

10.3.1 反应的优化

影响反应的因素很多，主要包括温度、压力、溶剂、反应时间、反应浓度、加料顺序以及催化剂等，一般来说，反应的优化是指综合考虑这些因素，选用合适的反应试剂，找到最佳的反应条件，以获得最好的反应收率。

不同于一般的有机合成，药物合成中反应优化的最终目的是使反应可以用于大规模生产，因此试剂成本、安全性、反应的可操作性以及产物的纯化等因素也成为关注的重点。

以溶剂对反应的影响为例，在一些情况下，反应溶剂的选择对获得满意的反应结果非常关键。他达拉非（Tadalafil，商品名 Cialis）是 2003 年上市，由礼来（Lilly）公司研制的治疗男性勃起机能障碍的新药，分子中包含两个手性中心。如图 10-12 所示，顺式化合物 R,R-**24** 是合成他达拉非的重要中间体，通过 D-色氨酸甲酯 **22** 和醛 **23** 的 Pictet-Spengler 反应得到，这里溶剂异丙醇的选择是反应成功的关键。在反应过程中，由于顺式产物 R,R-**24** 在异丙醇中溶解性不好，容易成晶体析出，使得反应最终可以以 92% 的高收率实现结晶诱导的高效不对称转化[12]。在最初的发现研究阶段，该反应以二氯甲烷为溶剂，顺式和反式产物即 R,R-**24** 和 R,S-**24** 的比例是 3∶2[13]。

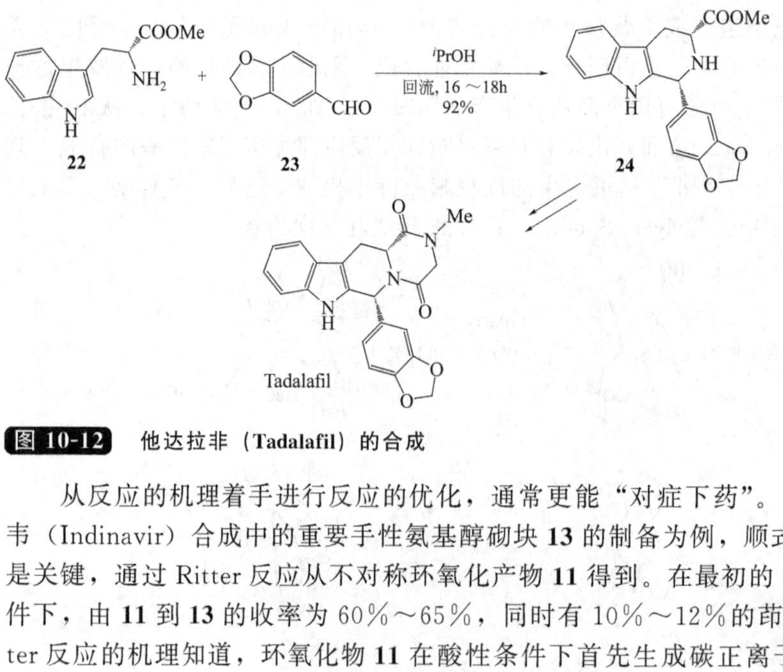

图 10-12 他达拉非（Tadalafil）的合成

从反应的机理着手进行反应的优化，通常更能"对症下药"。以上节中提到的茚地那韦（Indinavir）合成中的重要手性氨基醇砌块 **13** 的制备为例，顺式甲基哌嗪啉 **12** 的合成是关键，通过 Ritter 反应从不对称环氧化产物 **11** 得到。在最初的 H_2SO_4/CH_3CN 反应条件下，由 **11** 到 **13** 的收率为 60%~65%，同时有 10%~12% 的茚酮副产物生成。从 Ritter 反应的机理知道，环氧化物 **11** 在酸性条件下首先生成碳正离子中间体 **25**，副产物茚酮是由 **25** 发生 1,2-氢迁移得到。低温核磁发现反应在 -40℃ 时生成甲基哌嗪啉 **12** 和硫酸

酯 **27** 的 1∶1 混合物，在室温情况下，**27** 转化为甲基呃唑啉 **12**。要提高反应的收率，就需要想办法抑制 **27** 的生成，稳定中间体 **25**（图 10-13）。

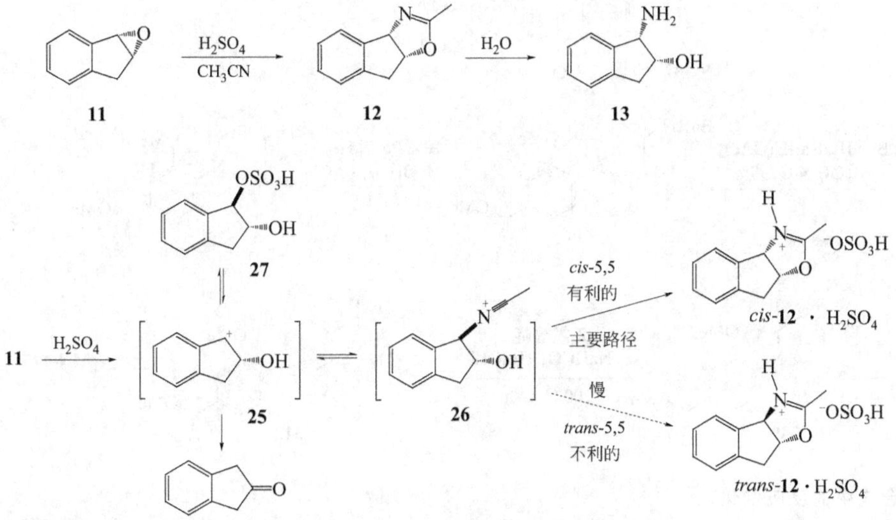

图 10-13 茚地那韦（Indinavir）手性氨基醇砌块合成的反应机理

研究人员想到了在体系中加入 SO_3，这样，由于环氧化物 **11** 在反应条件下优先生成环状硫酸酯 **28**，就有效避免了副产物茚酮的生成（图 10-14）。实际上，当直接用含 21% SO_3 的发烟硫酸为反应试剂时，就完全没有观察到茚酮的生成。产物甲基呃唑啉 **12** 经过水解，得到顺式氨基茚醇 **13**，这样，两步反应的收率经过优化提高到 78%～80%[14]。

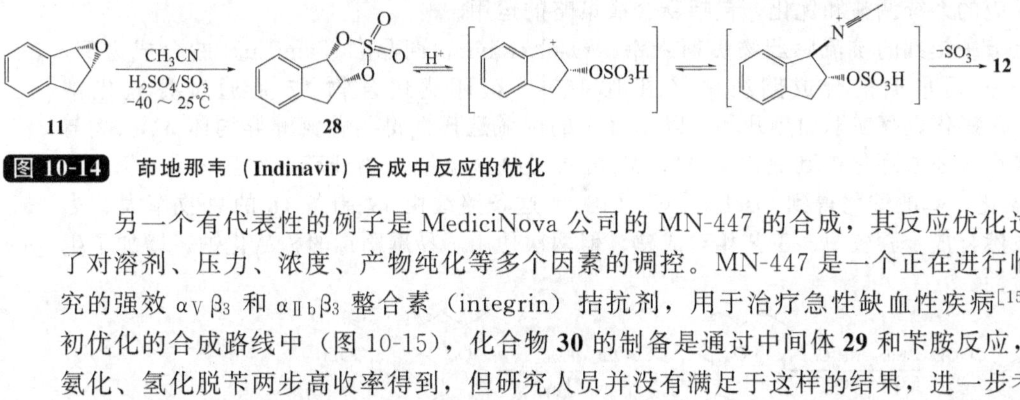

图 10-14 茚地那韦（Indinavir）合成中反应的优化

另一个有代表性的例子是 MediciNova 公司的 MN-447 的合成，其反应优化过程包含了对溶剂、压力、浓度、产物纯化等多个因素的调控。MN-447 是一个正在进行临床前研究的强效 $α_Vβ_3$ 和 $α_{IIb}β_3$ 整合素（integrin）拮抗剂，用于治疗急性缺血性疾病[15]。在最初优化的合成路线中（图 10-15），化合物 **30** 的制备是通过中间体 **29** 和苄胺反应，经还原氨化、氢化脱苄两步高收率得到，但研究人员并没有满足于这样的结果，进一步考虑是否可以用一步还原氨化反应直接实现从 **29** 到 **30** 的制备。在考察了各种不同的氨源和还原剂之后，他们发现 NH_4OH 和 Pd/C 条件下，反应可以顺利进行，以甲醇为溶剂，产物 **30** 的收率为 70%，但同时也有 23% 左右 **30** 和原料 **29** 进一步发生还原氨化的仲胺副产物生成。改变反应压力、浓度以及溶剂，最终发现以 dioxane 和水为溶剂时反应的收率可以提高到 90%，副产物仲胺仅为 8%，并可以很方便地在后处理中通过调节水溶液的 pH 除去。这样，通过优化，将原先的两步反应缩减为一步，进一步简化了步骤，提高了效率，从而更加有利于反应的放大。

在接下来的 **31** 的合成中，由于需要使用较贵的 2-溴嘧啶，这步反应同样有待优化，一个理想的选择是用便宜的 2-氯嘧啶代替 2-溴嘧啶。经过对反应溶剂、碱、温度的详细考察，发现在 $NaHCO_3$，^nBuOH 和 100℃ 条件下，反应可以获得与 2-溴嘧啶为试剂时相当的结果，大大降低了合成的成本。

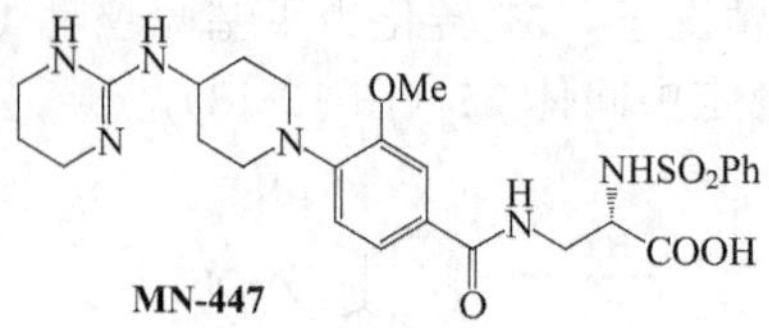

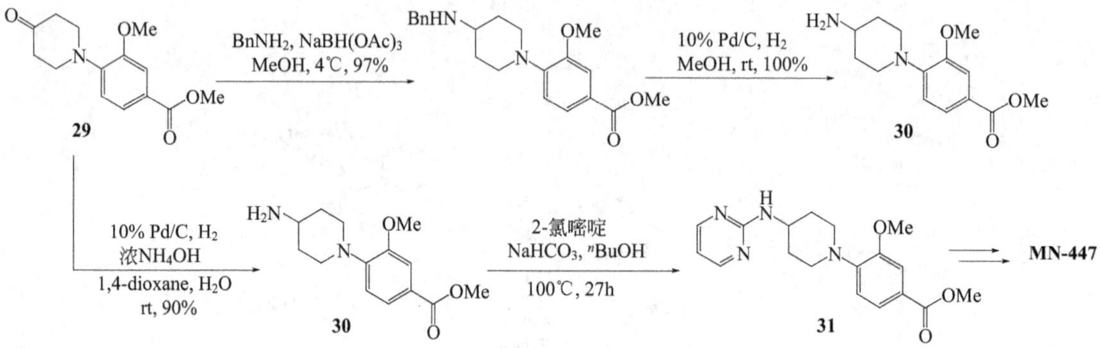

图 10-15　MN-447 合成中的反应优化

10.3.2　路线方法的改进

在一些情况下,虽然对合成路线中的每步反应都尝试了优化,但由于种种原因,仍然不能达到理想的最终药物高效合成的目的,这就需要考虑对化合物合成的整体或部分路线方法进行改进,设计新的合成路线。区别于上述单个反应的优化,这里路线方法的改进是对多步反应的系统调整和优化,包括新合成策略的运用。

以上节中提到的抗流感药物奥斯米韦(Oseltamivir,商品名 Tamiflu)的合成为例,在 Gilead 公司早期的合成路线中(图 10-16)[16],环氧化合物 17 是通过叠氮化钠(NaN_3)在氯化铵存在下加热开环,以 10:1 的区域选择性得到叠氮醇异构体 32,32 与三甲基膦反应还原环化得到氮丙啶 33,33 再次经叠氮化钠加热开环,然后酰化、Raney Ni 催化氢化、磷酸酸化得到 Oseltamivir (18)。这条路线由 17 制备 18 的总收率大约为 26%,虽然合成步骤较短、工艺相对成熟,但两次使用了易爆剧毒的叠氮化钠,增加了生产的危险性。

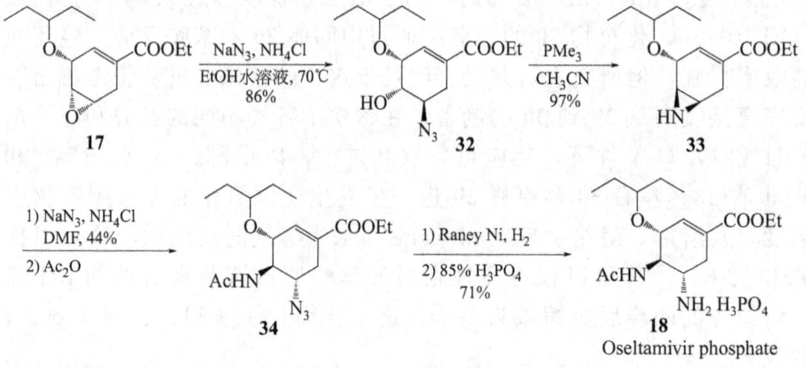

图 10-16　奥斯米韦(Oseltamivir)的早期叠氮合成路线

为了避免使用叠氮化钠,需要对环氧开环的路线方法进行调整、优化,一个可能的解决方案是选择其他胺或相应的氮亲核试剂代替叠氮化钠。经过仔细的尝试,Roche-Basel 的研究人员发现在溴化镁乙醚($MgBr_2$-OEt_2)催化下,用烯丙基胺在 t-BuOMe/MeCN

（9∶1）混合溶剂中可以高效地实现对 **17** 的环氧开环，以 97％的收率得到氨基醇化合物 **35**。**35** 在 Pd/C 催化下脱去烯丙基，经简单的四步反应，不需分离中间体得到二胺 **37**，**37** 再经酰化、脱烯丙基、磷酸酸化三步完成 Oseltamivir（**18**）的合成（图 10-17）[17]。这条路线从 **17** 开始的总收率大约为 35％～38％，较叠氮路线提高 10％左右，而且安全实用，操作简单。

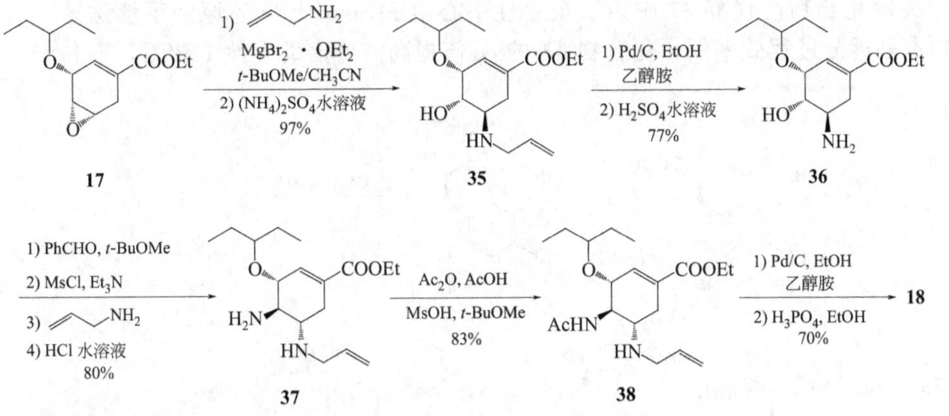

图 10-17 奥斯米韦（Oseltamivir）的第一条非叠氮合成路线

2004 年，Roche-Colorado 的研究人员又进一步对上述路线进行了改进优化，发展了第二条非叠氮路线（图 10-18）[18]。他们发现叔丁胺-氯化镁复合物可以对环氧化合物 **17** 进行开环，改变反应的加料顺序为氯化镁、叔丁胺、环氧化物则能加快 **39** 的生成并减少副产物的生成，收率高达 96％。对氨基醇化合物 **39** 进行选择性 O-甲磺酰化，碱性条件下环化成氮丙啶 **40**，**40** 用二烯丙基胺开环，再经乙酰化、脱叔丁基、Pd 催化的烯丙基脱除、磷酸酸化等反应以 61％的总收率完成 Oseltamivir（**18**）的合成。相比前两条路线，这条合成路线收率更高，更加高效，极大地降低了成本。

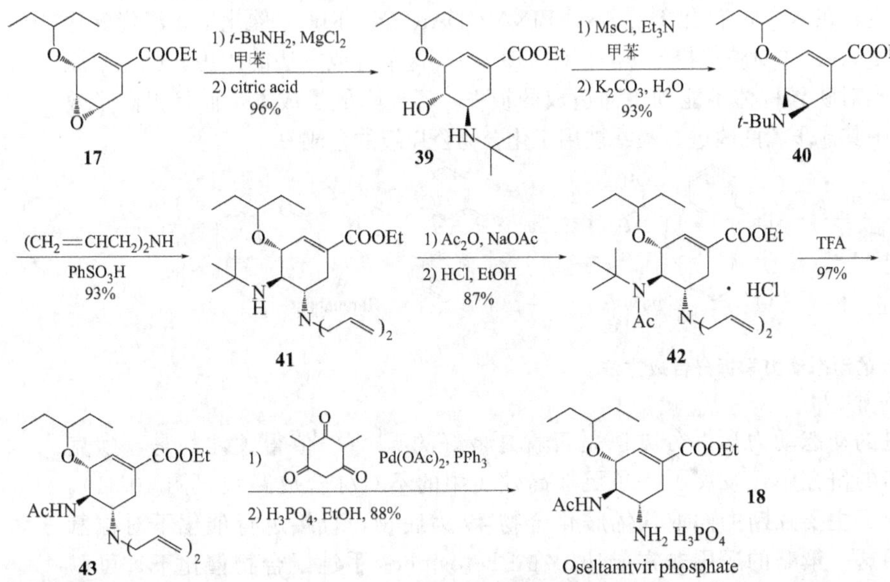

图 10-18 奥斯米韦（Oseltamivir）的第二条非叠氮合成路线

另一个例子是默克研制的减肥药物 Taranabant 的合成研究。Taranabant 属于大麻素-1 受体阻滞剂，通过减少人们的食物摄取和促进全身新陈代谢起作用，Ⅱ期临床表明能够显著减轻人们体重[19]，但 2008 年 10 月最新的 III 期临床试验数据显示，疗效、负作用与药剂量有正相关，药剂量越高，越有减肥效果，但副作用也更多。为慎重起见，默克已决定不提交 Taranabant 的上市申请，并中断第三阶段临床研究。虽然 Taranabant 作为新药的开发最终没有获得成功，但其化学合成研究的工艺优化过程仍然值得借鉴。

如图 10-19 所示，Taranabant 早期的合成路线中，手性酸 45 是通过消旋化合物 44 的拆分得到，其中关键化合物溴代醇 47 中第二个手性中心由 L-Selectride 还原经手性诱导建立。路线的缺点是拆分过程效率低，化合物 47 的 ee 值提高需要借助手性 HPLC，不利于放大[20]。

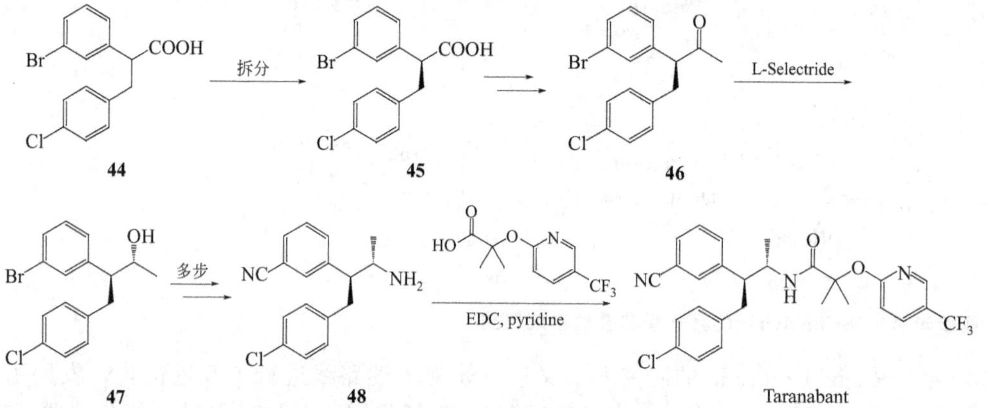

图 10-19 Taranabant 的早期拆分合成方法

为了解决存在的问题，研究人员考虑能否直接对消旋的酮 46 进行动态动力学拆分，即如果酮 46 的两个对映异构体存在一个消旋平衡，在合适的手性催化剂作用下，其中一个被还原的速度大大快于另一个，就可以方便地一步构建两个手性中心，得到高光学纯度的溴代醇 47。研究发现，酮 46 在 20% （摩尔分数）KO-t-Bu 的异丙醇溶液中发生快速异构化，引入手性催化剂对其进行不对称氢化，在 Noyori 催化剂 [S-xyl-BINAP/DAIPEN] $RuCl_2$ 催化下，溴代醇化合物 47 最好能获得 94% ee，非对映选择性 9∶1（图 10-20）。这个合成方法的改进，避免了原先传统拆分方法中一半对映异构体不能利用而造成的损失，不但降低了成本，而且提高了效率，结合对原有路线中其他步骤的改进，最终被用于化合物公斤级的合成[21]。

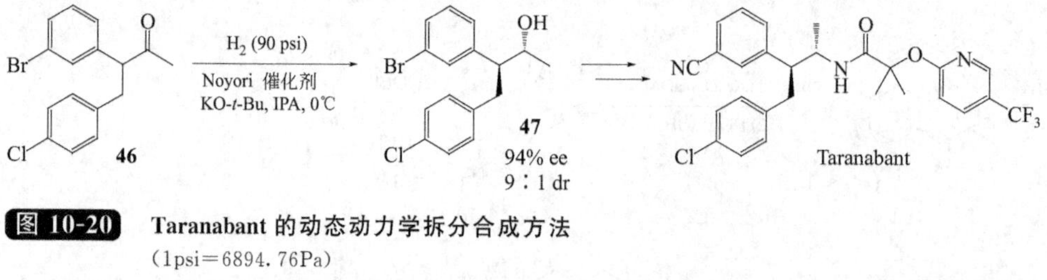

图 10-20 Taranabant 的动态动力学拆分合成方法
（1psi=6894.76Pa）

那么，通过改进的动态动力学拆分方法是否就是最好的呢[22]？值得关注的是，默克的化学家们在进一步的研究中，发展了一条更加高效实用的不对称合成路线（图 10-21）。他们以相应的包含分子主要片断的四取代烯胺化合物 49 为底物，直接进行催化不对称氢化的研究。结果表明这一策略的运用非常成功，在 Rh-Josiphos 手性配合物催化下，可以以 98% 收率和 96% ee 顺利得到化合物 50。其中，在 2,2,2-三氟乙醇（TFE）存在下，手性催化剂的使用量可以降低至 0.15%（摩尔分数）。50 再经重结晶、脱水就能方便地得到光学纯度为 99.5% 的最终产物 Taranabant[23]。

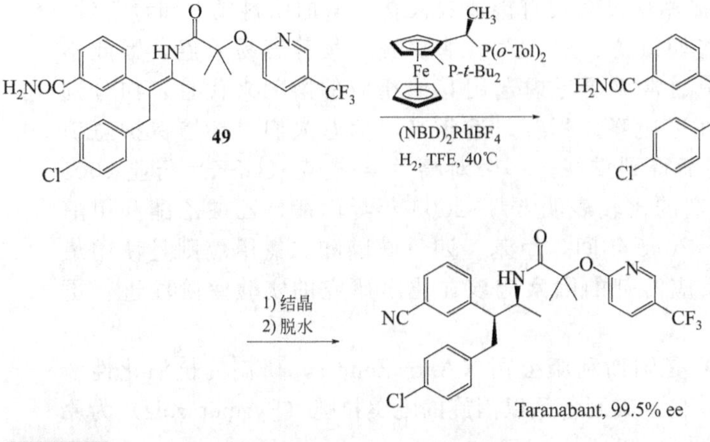

图 10-21　Taranabant 的催化不对称氢化合成方法

由以上两个例子可以进一步看出，很多药物的化学合成路线，从最初的设计到最后形成工艺都需要经过很多调整、实践和完善。一个药物的多条合成路线，可能各有特点，至于哪条路线最为合理，可以发展成为适于工业化生产的工艺路线，则必须通过深入细致的综合比较和论证。基于合适的化学合成路线，药物的生产工艺研究和工业化生产才能最终实现。

10.4　药物合成的生产工艺研究

生产工艺研究就是对药物的总合成路线进行生产规模的系统研究，是药物工业化生产的基础。不同于实验室小规模合成研究，在化合物合成放大的工艺研究中，需要很严谨地综合考虑已有合成方法的可操作性、经济性、高效性、安全性以及对环境的友好等。实际上，生产工艺的研究包括了合成化学、分析化学以及化学工程等多个学科的交叉，是一个复杂的过程。

10.4.1　反应的放大工艺研究

在药物合成的生产工艺研究中，反应的放大试验是最重要的一个环节，直接决定了之前经过优化的合成路线和反应是否适合大规模生产。近年来，为了加快将药物推向市场，以缓解新药开发面临的强大资本和技术压力，很多制药公司都愈发重视放大生产工艺的研究[24]。与实验室小规模合成相比，反应的放大研究需要考虑更多复杂的因素，除了需要进一步考察反应试剂、溶剂、温度、浓度和配料比例等的影响，同时还需要考虑很多的物理因素和参数如设备的大小、特殊要求、加料顺序和速率、传热速率、搅拌效率、反应内外的温度函数及反应动力学等的影响，以减少副反应的发生，获得最优的反应收率。为了最大程度地降低成本，提高可操作性和安全性等，除了要避免使用难以得到、昂贵或剧毒的试剂，还需要详细研究反应的后处理过程，尽可能减少后处理步骤，避免大量溶剂的多次萃取和蒸馏等，同时，产物的提纯、催化剂的分离和回收等也很重要。

以反应溶剂在生产工艺研究中的影响为例，一般来说，在合成路线的前期化学研究阶段，对每步反应，化学家们考虑更多的是反应原料的价格、是否容易得到、试剂的毒性以及反应的选择性、收率等，溶剂通常只是反应的介质，因此很少考虑溶剂的性质和用量等。但在放大试验中，很显然溶剂的用量过大会直接造成浪费、增加原料成本和毒害性；一些溶剂如乙醚易燃易爆，另一些如氯仿、苯、六甲基膦酰三胺等容易致癌，因此不宜大规模使用，在生产工艺研究中通常需要考虑选用其他相应的溶剂来代替，如分别用 MTBE、二氯甲烷、甲苯和 N-甲基吡咯烷酮等。近年来，随着人们对环境保护意识的提高，"绿色溶剂"的概念也逐渐得到重视。一个对葛兰素-史克（GSK）药业 2005 年和 1990～2000 年生产中使用溶剂的比较表明[25]，2005 年异丙醇、乙酸乙酯和甲醇的使用已经居前三位，而在 1990～2000 年间，甲苯、四氢呋喃和二氯甲烷则是使用最多的溶剂，这也从一个侧面说明反应溶剂的因素应该在化学研究的实验室阶段进行更多合理的考察。

左旋奥美拉唑（Esomeprazole）是阿斯利康公司（AstraZeneca）研制的抗消化性溃疡及胃动力药，2007 年销售额为 50 亿。其制备是以消旋的吡美拉唑（Pyrmetazole）为原料通过催化不对称氧化反应实现（图 10-22）[26]。

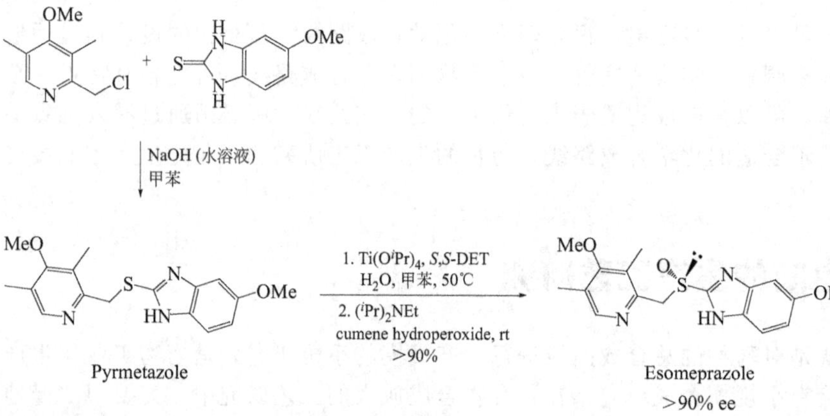

图 10-22 催化不对称氧化制备左旋奥美拉唑

为获得最佳的生产工艺，研究人员在优化的反应基础上，又花了一年半多的时间对放大过程中的溶剂、碱、试剂比例、催化剂稳定性及反应温度等多个因素的影响进行了详细的考察。在溶剂的考察中，发现用甲苯或乙酸乙酯可以代替小规模合成中使用的二氯甲烷；考虑成本、易得性及环境等因素，在一系列可用的碱添加剂中最终选择了二异丙基乙基胺；反应条件中 Ti：酒石酸酯：H_2O 的比例为 1：2：0.5 最好，并且发现胺的存在会影响催化剂配合物的形成，因此需要采取先制备催化剂再加碱（胺）的加料顺序；反应体系中酒石酸酯（tartrate ester）的含量过少（<2 equiv.）或水的含量过多（>1.5 equiv.）都会导致产物过度氧化成砜；对反应温度的考察发现，适当升高温度并不会破坏催化剂配合物，在 50℃左右保持 1h 反而可以使催化剂配合物的制备达到最佳平衡，避免了原先－20℃的低温制备过程。综合所有的考察，又经过很多完善，最终才形成了左旋奥美拉唑的完整生产工艺。制备其镁盐的相应生产工艺流程如图 10-23 所示。

如前面提到，在反应的放大和生产工艺研究中，另一个需要考虑的因素是反应的物理参数。与化学参数不同，反应的物理参数往往随着设备、反应规模的变化而变化，如果对这些研究不充分，以温度参数为例，可能造成反应剧烈放热，引起副反应甚至爆炸。因此，化学工程专家的共同参与也是保证反应的放大研究成功的关键。这方面更详细的内容，感兴趣的读者可以参阅相关的综述文章[27]。

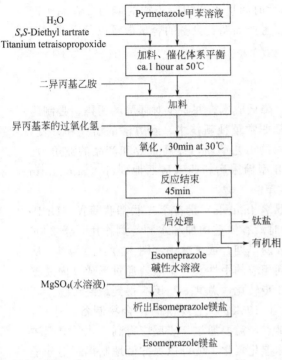

图 10-23　催化不对称氧化制备左旋奥美拉唑镁盐的工艺流程

10.4.2　生产工艺的评价标准

在前面的内容中，讨论了药物合成的路线设计、反应的优化、路线方法的改进以及反应的放大等，基于这些研究，一条合理的药物合成生产工艺才有望形成。2006 年，阿斯利康（AstraZeneca）、葛兰素-史克（GlaxoSmithKline）和辉瑞（Pfizer）的化学家们总结了一个药物合成生产工艺的"SELECT"评价标准[28]，其中"SELECT"六个字母分别代表"safety，environmental，legal，economics，control 和 throughput"。这里对相关内容简单概括如下。

（1）安全性（safety）　生产工艺的安全性是最重要的原则，主要包括合成路线中反应的安全性和原料、试剂等的安全性两方面，如一些反应容易放热、爆炸；试剂对工人有致癌、致过敏等健康危害。

（2）对环境友好（environmental）　随着人们对环境保护的意识的增强以及相关政策、法规的出台，开发绿色环保的生产工艺，减少对天然资源的破坏，减少有毒有害废料的排放已经成为各大制药公司努力的方向。

（3）合法性（legal）　主要是指生产工艺中的关键反应、方法等拥有自主知识产权，没有侵犯他人有效专利。另外，生产所需的原料、试剂等的使用必须遵守政府相关部门制定的化学品管理规则。

（4）经济性（economics）　生产工艺的经济性是对药物生产成本、市场销售价格及潜在销售收益等的综合评价结果，要求成本尽可能低，经济效益最好。因此，工艺合成路线简短、反应高效、操作简便、原材料价廉等非常重要。

（5）可控性（control）　从合成化学的角度，可控性通常是指生产过程中反应重复性好，中间体稳定，化合物的纯度、晶型及杂质含量等可控，要求最终药品的质量符合药政部门颁布的药用标准。

(6) 生产能力（throughput） 主要是指单元时间里生产相应药物的能力。影响生产能力的因素很多，包括反应收率、合成的步骤、生产周期、设备的容量数量以及原辅材料的供应量、易得性等。

10.4.3 生产工艺改革

如何进一步提高原有生产工艺的合成效率，降低成本，并减少对环境的污染，是制药行业长期面临的一个挑战。很多制药公司因此都非常重视新技术、新方法的研究和开发，一个关键合成技术的突破，往往会促成一次成功的工艺革新，提高企业和产品的竞争力。一个有代表意义的例子是最近上市的默克公司Ⅱ型糖尿病新药磷酸西他列汀（Sitagliptin phosphate，商品名Januvia）的化学合成工艺改革。

磷酸西他列汀（Sitagliptin phosphate，商品名Januvia）是首个二肽基肽酶Ⅳ（DDP-4）抑制剂，能够很好地降低人体血糖含量，同时没有体重增加和水肿等副作用，于2006年10月获得美国FDA批准上市。在Sitagliptin的早期合成工艺中［图10-24(a)］[29]，从三氟苯基取代的β-酮酸酯出发，经2步反应得到相应的手性β-羟基酸，通过形成β-内酰胺中间体制得关键的手性β-氨基酸酯片断，再经3步转化，总共8步反应得到最终产物。利用这条工艺路线，默克的化学家们成功地进行了100kg以上规模的化合物制备。这里，关键的手性β-氨基酸片断的构建是整个合成的难点，需要通过5步反应得到。化学家们注意到如果能实现相应的烯胺化合物的直接不对称催化氢化，就可以很方便地制得药物分子中的β-氨基酸骨架，从而大大减少Sitagliptin的合成步骤。但是，烯胺化合物尤其是氨基没有保护的烯胺化合物的高选择性不对称催化氢化，文献中并没有成功的报道，这方面的研究仍是有机合成中的一个非常具有挑战性的课题。经过努力，默克的化学家们成功地发展了一个从未保护的烯胺化合物不对称氢化高效合成β-氨基酸衍生物的方法[30]。将这一方法用于Sitagliptin的合成，仍然以三氟苯基取代的β-酮酸酯为原料，首先经2步简单的转化得到相应的烯胺化合物，以Joshiphos为手性配体，通过铑催化的不对称氢化就直接方便地得到了Sitagliptin［图10-24(b)］[31]。新路线与原有路线相比，合成步骤由8步减为

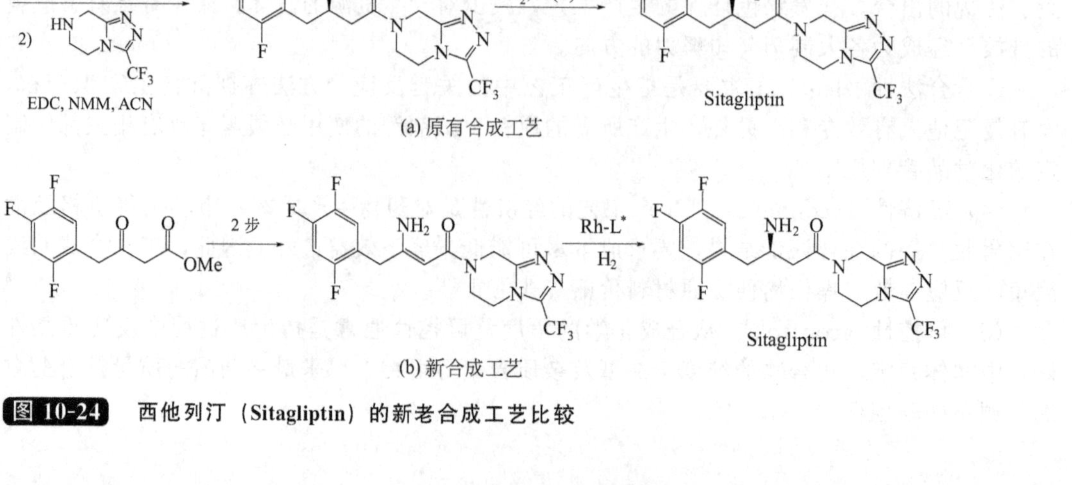

图 10-24 西他列汀（Sitagliptin）的新老合成工艺比较

3步，总收率提高将近50%，极大地降低了生产成本，同时新工艺操作简便，也更为绿色和环保。值得一提的是，这项工艺革新获得了美国环保总署（EPA）颁发的2006年度"绿色化工总统奖"。据EPA资料表明，新的生产工艺使得每合成1磅（lb）（1lb＝0.4536kg）原料药可以减少220磅废料的产生，在Januvia的整个生产销售生命周期内，预计总共可以减少3亿3千万磅废料，其中包括1亿1千万磅的废液[32]。

10.5　手性药物的不对称合成研究

由于消旋药物所含的对映体各自的药理作用、毒性和临床效果可能有很大不同，20世纪90年代以来，美国、欧洲和日本的药政部门均发布了相应的手性药物指导原则，要求手性药物以单一对映体形式上市。自此，手性药物市场快速增长，研究和开发光学纯的单一对映体药物迅速成为制药工业发展的新方向。长期以来，在光学活性化合物及手性药物的制备中，对外消旋体进行拆分是最广泛应用的方法。随着手性技术的发展，化学不对称合成和生物催化合成已经成为当前手性药物合成研究的亮点。由于篇幅有限，本节结合若干实例，仅对相关内容作一简单概述。

10.5.1　化学不对称合成

与传统的拆分方法相比，不对称合成是获得光学活性化合物更为有效的方法，因此受到国际上许多研究机构和制药公司的重视，不对称催化更是成为该领域最受关注的热点。一些方法如不对称催化氢化、不对称催化氧化等均已成功地应用于重要手性药物如L-多巴Monsanto公司）、茚地那韦（Merck公司）、S-奥美拉唑（AstraZeneca公司）等以及相关中间体的工业生产中。另一方面，相对于不对称合成研究的海量文献报道，真正能应用于大规模药物生产的方法仍不多。归纳起来，主要的原因有：手性试剂或催化剂价格昂贵，或制备困难，本身难以满足大规模生产需要；反应条件苛刻，规模放大后，选择性降低或受影响；由于专利保护，一些好的方法或手性配体/催化剂的应用受到限制等。这就需要化学家们不断创新，发展条件温和、高效高选择性的新反应和价廉易得、合成方便、性能优越的新手性配体、辅剂、催化剂，研究手性催化剂的结构、不对称反应机理及应用。

近十年来，不对称合成的研究取得了很大的进展，新反应、新方法、新概念以及手性配体、催化剂等不断涌现，为制药行业应用于手性药物或手性药物中间体的制备提供了更多的可能。本章前述内容中已经包括了一部分不对称合成的应用例子，这里不再详细展开，仅选择两个新药阿瑞吡坦（Aprepitant）和普瑞巴林（Pregabalin）的化学不对称合成例子作为补充，其中生物催化内容另外单述。

阿瑞吡坦（Aprepitant，商品名Emend）是默克公司研制的第一个神经激肽1（NK1）受体拮抗剂类止吐药，通过阻断神经传导因子P物质的结合位点，有效抑制由细胞毒性类化疗药物引起的恶心和呕吐，2003年由美国FDA批准上市。其分子中包含3个手性中心，为顺式取代的吗啉缩醛结构。图10-25所示为阿瑞吡坦的合成工艺[33]。

如图10-25所示，内酰胺半缩醛 **51** 和光学活性的 (R)-1-芳基乙醇 **52** 在路易斯酸三氟化硼乙醚条件下缩和，高收率地得到一对非对映异构体 **53**，其中 (R,R)∶(S,R)＝55∶45。利用异构体 R,R-**53** 容易结晶，S,R-**53** 熔点较低的特点，研究人员设想通过动力学拆分的方法来得到所需的 R,R-**53**。经过一些条件的摸索，发现选用合适的碱和溶剂，并加入 (R,R)-**53** 晶种，反应能实现结晶诱导的高效不对称转化。在－10～－5℃反应5h，最终能以83%～85%的收率得到光学纯度为99%的 R,R-**53**。R,R-**53** 和相应的格氏试剂加成，

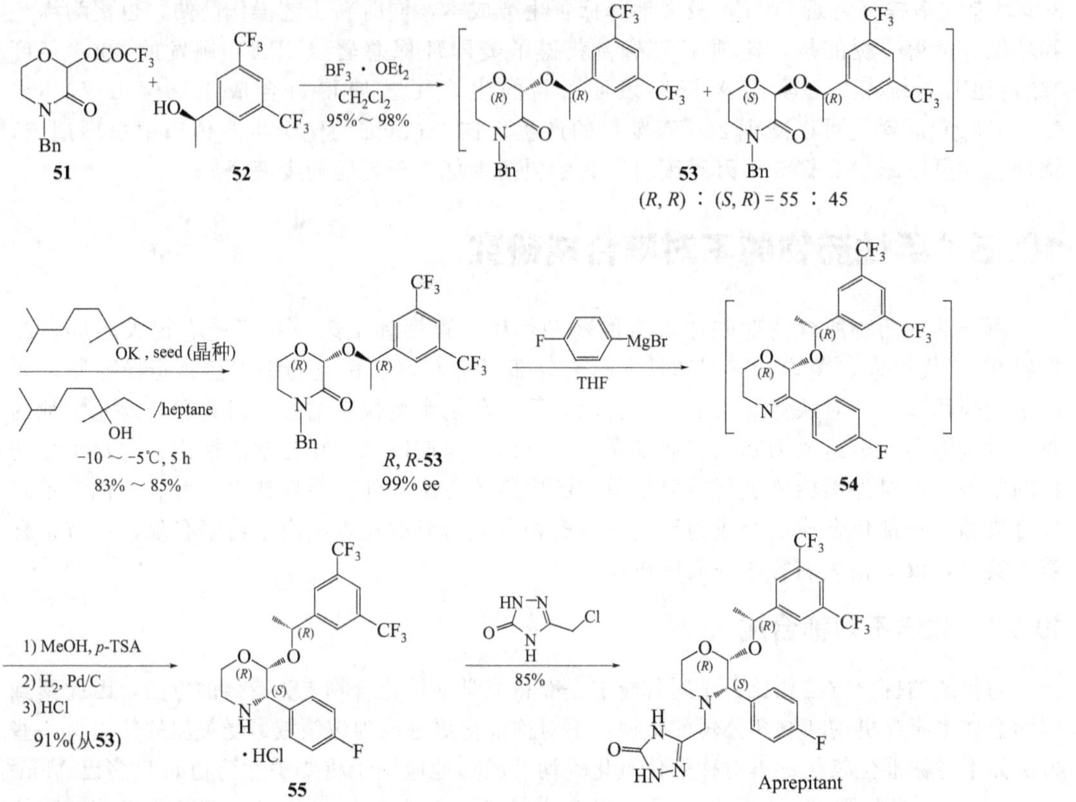

图 10-25　阿瑞吡坦（Aprepitant）的不对称合成路线

反应用甲醇淬灭后经 Pd/C 氢化、酸化、烷基化得到产物 Aprepitant。这里，环状亚胺 **54** 是关键的中间体，在分子内的手性环境诱导下，Pd/C 氢化的选择性高达 300∶1。

值得一提的是，手性原料醇 **52** 是通过不对称催化还原的方法得到。在合成中，吗啉环上第二个手性碳的构建是通过结晶诱导的不对称转化策略实现，相邻的第三个手性碳则是通过底物控制的高效不对称氢化构建。可以说，整个合成设计巧妙、路线简捷、操作简单、成功地运用了多种不对称合成策略，反应高效、高立体选择性，是一个有代表性的例子。

普瑞巴林（Pregabalin，商品名 Lyrica）是辉瑞制药公司（Pfizer）研制的用于治疗纤维肌痛综合征的新药。2004 年底上市，是 FDA 批准的第一种神经病变性疼痛药物。2007 年销售额为 18 亿美元。普瑞巴林的早期合成路线中[34]，活性组分 S-对映体是通过常规的手性拆分方法得到，另一半（R）-对映体不能被回收利用，因此非常有必要发展一条高效的不对称合成路线。

采用不对称催化氢化的策略，辉瑞的研究人员最终成功地实现了普瑞巴林的高对映选择性合成。如图 10-26 所示，从简单的异丁醛和丙烯腈出发，经 5 步转化得到重要的烯烃中间体化合物 **58**，**58** 在 R,R-Rh-Me-DuPhos 催化下不对称氢化，当底物和催化剂的摩尔比（s/c）为 2700 时，产物 **59** 的光学纯度仍可高达 97%[35]。值得关注的是，在进一步的研究中，他们又自主发展了一个拥有知识产权的新的手性双膦配体 TriChickenfootPhos[36]，在 Rh-TriChickenfootPhos 配合物催化下，不对称氢化反应可以给出更好的结果（s/c 27000，98% ee）。这样，在提高合成效率、降低反应成本的同时，又避免了原先使用手性配体（R,R）-Me-DuPhos 的可能的专利费用。

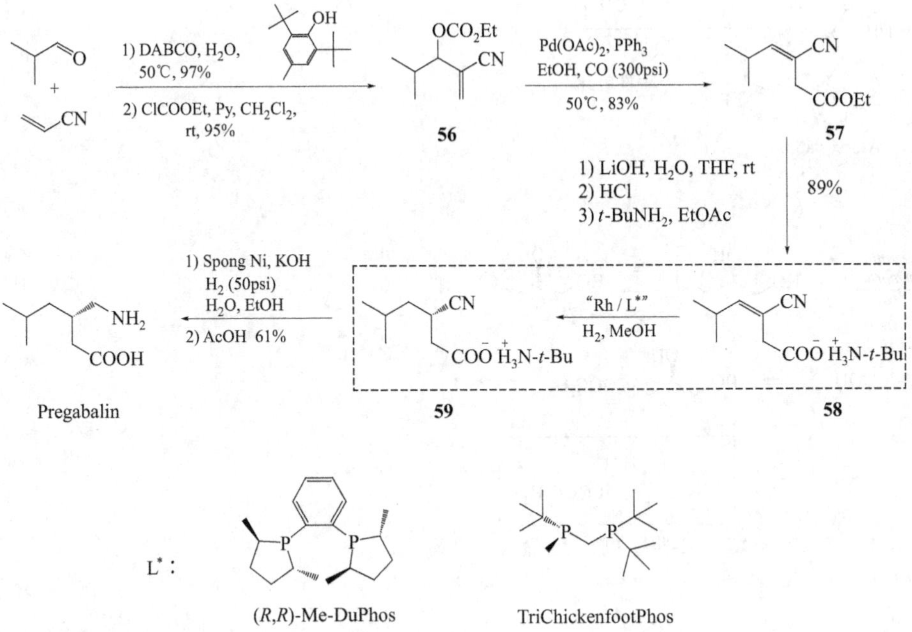

图 10-26 普瑞巴林（Pregabalin）的不对称合成

随着人们对手性科学研究的深入和不对称合成技术的成熟，可以预见的是，越来越多的化学不对称合成方法会被成功地用于今后的手性药物或手性药物中间体的工业化生产中[37]。

10.5.2 生物催化不对称合成

生物催化（biocatalysis）通常是指利用酶或者相应的生物有机体（全细胞）作为催化剂进行化学转化的过程。一般来说，生物酶催化的反应，具有条件温和、高效、高选择性和清洁反应的特点，尤其是可以合成一些用传统化学方法难以得到的化合物，因而在化学合成工业及药物生产中具有很大的应用潜力。根据酶催化的反应类型，生物酶可以分为：氧化还原酶、转移酶、水解酶、裂合酶、异构酶和联结酶等六类。

近年来，随着生物工程技术如基因工程技术、蛋白质工程技术等的发展，设计并获得高效的酶催化剂用于各类生物转化反应取得了很大的进展，特别值得关注的是，生物催化反应为药物合成中的一些关键手性中间体的对映选择性合成提供了新的方法，已经成功地应用于一些重要手性药物的合成中。这里列举两个重磅炸弹药阿妥伐他汀和氯吡格雷的生物催化合成新方法的例子。

降胆固醇药阿托伐他汀（Atorvastatin，商品名 Lipitor）是全球销售额最大的药之一，由美国 Warner-Lambert［现并入辉瑞（Pfizer）公司］研制，于 1997 年上市，2005 年有约 130 亿美元的收入。(R)-3-羟基-4-腈丁酸乙酯是合成该药物手性边链 3R,5S-二羟基己酸的重要中间体，传统的合成方法，从简单的 2,3-二羟基氯丙烷出发，通常需要 6 步反应得到；而采用 Diversa 的生物催化技术，以氯甲基环氧乙烷为原料，用腈水解酶催化 3-羟基丙二腈合成该中间体则只需 3 步反应（图 10-27）[38]。这一突破也引起整个制药行业的关注，很多制药公司都投入大量力量进行相关技术的研究。到 2006 年，已经有多家公司成功地开发了自己的生物酶催化方法，形成竞争（图 10-28）[39]。其中，最有代表

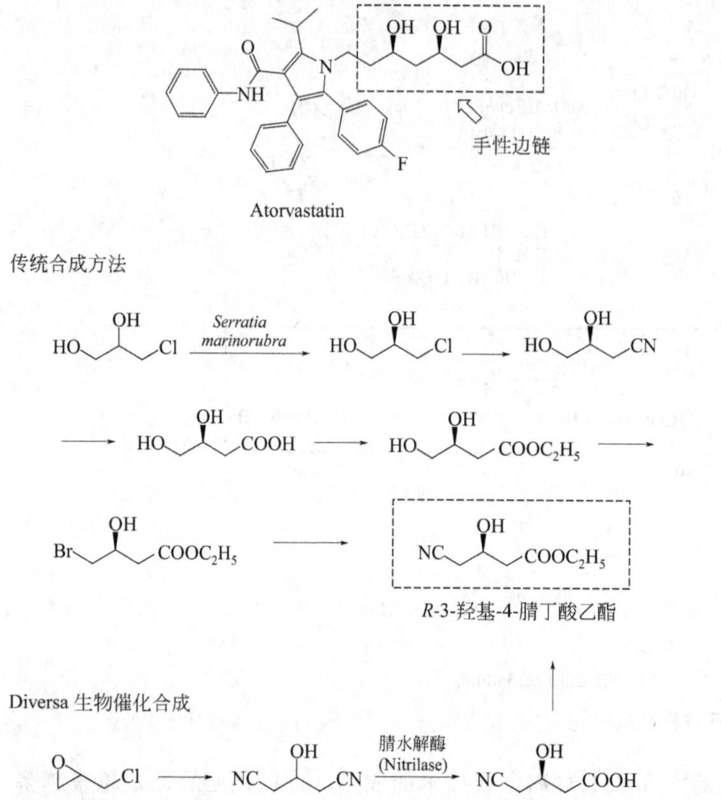

传统合成方法

图 10-27 阿托伐他汀（Atorvastatin）手性边链的传统合成方法和生物催化合成比较

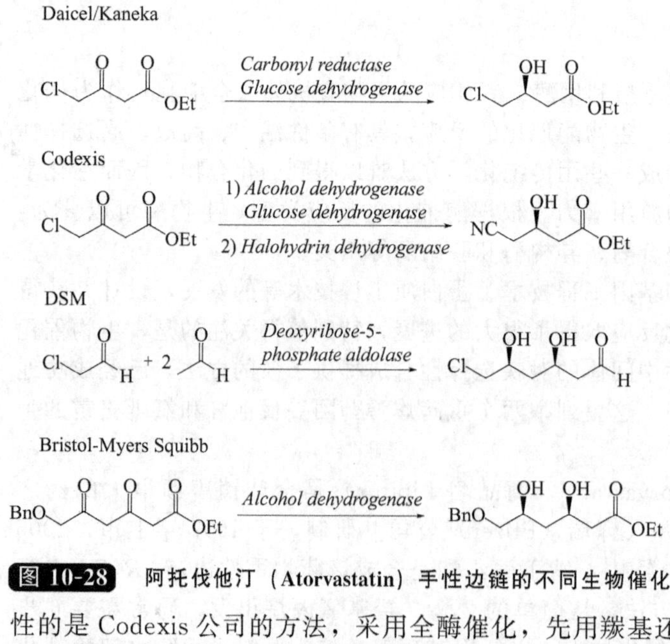

图 10-28 阿托伐他汀（Atorvastatin）手性边链的不同生物催化合成方法

性的是 Codexis 公司的方法，采用全酶催化，先用羰基还原酶和葡萄糖脱氢酶将 4-氯乙酰乙酸乙酯转化成相应的氯代醇，再用卤代醇脱卤酶进一步将产物转化为所需的手性中间体腈醇化合物，每步反应收率都在 90% 以上，对映选择性高，是一个理想的生物催化过程。

另一个例子是抗血栓药氯吡格雷（Clopidogrel，商品名 Plavix）的生物催化合成。氯吡格雷最初由赛诺菲-安万特（Sanofi-Aventis）公司研制，百时美施贵宝（Bristol-Myers Squibb）公司获得该药在美国市场的销售权。2007年，该药两家公司联合销售额达到82.55亿美元，仅次于阿妥伐他汀。R-邻氯扁桃酸盐甲酯 1 是合成该药物的关键中间体，通常由相应的手性扁桃酸衍生得到[40]。最近，日本学者报道了一个利用重组大肠杆菌从 α-酮酸酯 60 高效实用地合成 61 的生物催化还原方法（图 10-29）。在大肠杆菌（recombinant E. coli）、葡萄糖（glucose）和辅酶Ⅱ（NADP$^+$）的条件下，α-酮酸酯 60 被羰基还原酶 SCR 还原，以 80% 以上的收率和 >99% 的对映选择性得到 R-61。这也是首个直接用不对称方法高效合成光学纯 R-61 的成功例子，有望用于工业生产[41]。

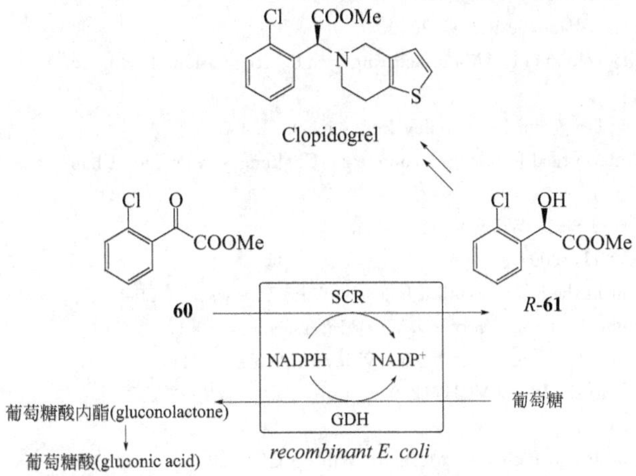

图 10-29 氯吡格雷（Clopidogrel）关键中间体的生物催化还原

可以确信的是，随着相关生物技术的进一步发展和完善，越来越多的生物催化过程有望被应用于制药工业[42]，一些方法与手性催化剂催化的不对称反应相比也更加高效、环保。

10.6 药物合成的未来发展趋势

在过去的三十年里，国际上合成药物尤其是化学合成药物的研究和开发获得了巨大的进展，发现和发明了很多临床上效果理想的创新药物，但是高效实用的药物合成的方法学研究依然有待深入，特别是适于工业化生产的高"原子经济性"的药物合成方法和反应还不多。毫无疑问，未来的药物合成必须是更加经济的、快速的、环境友好的以及节约能源的。随着现代合成技术的发展，越来越多的新方法、新反应、新试剂以及新策略将被成功用于药物的合成和工艺开发中，一方面使得原来难于合成的复杂药物分子的合成变得容易实现，另一方面也将促进已有药物生产工艺的技术改造，实现大幅度降低成本，减少对环境污染，提高药品质量。

在新药研究的发现阶段，组合化学技术、多样性导向的合成策略及高通量筛选等的运用将大大加快先导化合物发现和结构优化的进程。一些新近发展起来的合成方法如微波合成、固相合成、模板合成、多组分反应、多米诺反应、金属促进的偶联反应等以及计算机辅助合成设计则为化合物创新和合成路线、方法的改进提供了新的工具。

手性药物是未来新药的主导。进入20世纪90年代以来，研究和开发光学纯的单一对映体手性药物已经成为全球制药工业发展的重点，世界各大制药公司和药物研究机构均加大投资力度，积极发展新的手性合成技术和手性分离技术用于各种手性药物的制备。可以预见的是，随着人们对手性科学和手性技术的研究的深入，不对称合成尤其是不对称催化（包括手性催化剂催化和生物催化）将被广泛应用于手性药物的合成中。值得提到的是，在相当长一段时间里，传统的手性金属催化的不对称合成仍将发挥最重要的作用，近年来发展起来的有机小分子催化方法则有望在一些手性药物的合成中逐步获得应用，而随着生命科学领域相关生物技术的发展和成熟，设计并获得高效的酶催化剂变得更加容易，人们有理由相信生物催化的大规模工业合成将为未来手性药物的制备提供广阔的前景。

推荐读物

- Gadamasetti K G. Process Chemistry in the Pharmaceutical Industry. CRC Press，1999.
- Anderson N G. Practical Process Research & Development. Academic Press，2000.
- Nusim S H. Active Pharmaceutical Ingredients: Development, Manufacturing, and Regulation. Taylor & Francis, 2005.
- Li J J, Johnson D S, Sliskovic D R, et al. Contemporary Drug Synthesis. Wiley-Interscience，2004.
- Gadamasetti K，Braish T. Process Chemistry in the Pharmaceutical Industry，Volume 2：Challenges in an Ever Changing Climate. CRC Press，2007.
- Schmidt E，Blaser H U. Asymmetric Catalysis on Industrial Scale. Wiley-VCH，2004.
- Johnson D S，Li J J. The Art of Drug Synthesis. Wiley-VCH，2007.
- Walker D. The Management of Chemical Process Development in the Pharmaceutical Industry. Wiley-Interscience，2008.
- Chorghade M S. Drug Discovery and Development，Volume 1：Drug Discovery. Wiley-Interscience，2006.
- Chorghade M S. Drug Discovery and Development，Volume 2：Drug Development. Wiley-Interscience，2007.
- Mikami K，Lautens M. New Frontiers in Asymmetric Catalysis. Wiley-VCH，2007.
- Bommarius A S，Riebel B R. Biocatalysis. Wiley-VCH，2004.
- Enders D，Jaeger K-E. Asymmetric Synthesis with Chemical and Biological Methods. Wiley-VCH，2007.

参考文献

[1] Moore K A，Levine B//Aboul-Enein H Y. Separation Techniques in Clinical Chemistry. Marcel Dekker，2003：142.

[2] Boggs S D，Cobb J D，Gudmundsson K S. Org Process Res Dev，2007，11：539-545.

[3] (a) Askin D. Current Opinion in Drug Discovery & Development，1998，1：338-348；(b) Hudlický T，Reed J W. The Way of Synthesis: Evolution of Design and Methods for Natural Products. Wiley-VCH，2007，908-916；(c) Zurer P. Chem Eng News，2005，83 (25)：http://pubs.acs.org/cen/coverstory/83/8325/8325crixivan.html.

[4] Askin D，Eng K K，Rossen K，et al. Tetrahedron Lett，1994，35：673-676.

[5] (a) Rossen K，Weissman S A，Sager J，et al. Tetrahedron Lett，1995，36：6419-6422；(b) Rossen K，Pye P J，DiMichele L M，et al. Tetrahedron Lett，1998，39：6823-6826.

[6] (a) Johnson D S，Li J J. The Art of Drug Synthesis. Wiley-VCH，2007，95-114；(b) Bromfield K M，Graden H，Hagberg D P，et al. Chem Commun，2007：3183~3185；(c) Mita T，Fukuda N，Roca F X，et al. Org Lett，2007，9：259-262.

[7] (a) Abrecht S，Harrington P，Iding H，et al. Chimia，2004，58：621-629；(b) Federspiel M，Fischer R，Hennig M，et al. Org Process Res Dev，1999，3：266-274；(c) Bischofberger N W，Kim C U，Lew W，et al. US 1998/5763483；(d) Kim C U，Lew W，Williams M A，et al. J Am Chem Soc，1997，119：681-690.

[8] (a) Abbott A. Nature，2005，435：407-409；(b) Farina V，Brown J D. Angew Chem Int Ed，2006，45：7330-7334；(c) Enserink M. Science，2006，312：382-383.

[9] Yeung Y Y，Hong S，Corey E J. J Am Chem Soc，2006，128：6310-6311.

[10] (a) Nicolaou K C，Dai W M，Guy R K. Angew Chem Int Ed Engl，1994，33：15-44；(b) Mukaiyama T，Shiina I，Iwadare H，et al. Chem Eur J，1999，5：121-161；(c) Kingston D G I. J Nat Prod，2000，63：726-734.

[11] Jacoby M. Chem Eng News，2005，83 (25)：http://pubs.acs.org/cen/coverstory/83/8325/8325taxol.html.

[12] Orme M W，Martinelli M J，Doecke C W，et al. WO 2004/011 463.

[13] (a) Daugan A，Grondin P，Ruault C，et al. J Med Chem，2003，46：4525-4532；(b) Daugan A，Grondin P，Ruault C，et al. J Med Chem，2003，46：4533-4542.

[14] (a) Senanayake C H，Roberts F E，DiMichele L M. Tetrahedron Lett，1995，36：3993-3996；(b) Reider J

P. Chimia, 1997, 51: 306-308.
[15] Ishikawa M, Tsushima M, Kubota D, et al. Org Process Res Dev, 2008, 12: 596-602.
[16] Rohloff J G, Kent K M, Postich M J, et al. J Org Chem, 1998, 63: 4545-4550.
[17] Karpf M, Trussardi R. J Org Chem, 2001, 66: 2044-2051.
[18] Harrington P J, Brown J D, Foderaro T, et al. Org Process Res Dev, 2004, 8: 86-91.
[19] (a) Cole P, Serradell N, Rosa E, et al. Drugs of the Future, 2008, 33: 206-212; (b) Addy C, Li S S, Agrawal N, et al. J of Clinical Pharmacology, 2008, 48: 418-427; (c) Addy C, Wright H, Van Laere K, et al. Cell Metabolism, 2008, 7: 68-78.
[20] Lin L S, Lanza T J, Jewell J J P, et al. J Med Chem, 2006, 49: 7584-7587.
[21] Chen C Y, Frey L F, Shultz S, et al. Org Process Res Dev, 2007, 11: 616-623.
[22] Kim M-a, Kim J Y, Song K-S, et al. Tetrahedron, 2007, 63: 12845-12852.
[23] Shultz C S, Krska S W. Acc Chem Res, 2007, 40: 1320-1326.
[24] Federsel H-J. Nature Reviews Drug Discovery, 2003, 2: 654-664.
[25] Constable D J C, Jimenez-Gonzalez C, Henderson R K. Org Process Res Dev, 2007, 11: 133-137.
[26] (a) Federsel H J, Larsson M. Asymmetric Catalysis on Industrial Scale: Challenges, Approaches and Solutions. Wiley, 2004, 413-436; (b) Cotton H, Elebring T, Larsson M. Tetrahedron: Asymmetry, 2000, 11: 3819-3825.
[27] (a) Caygill G, Zanfir M, Gavriilidis A. Org Process Res Dev, 2006, 10: 539-552; (b) Zanfir M, Gavriilidis A. Org Process Res Dev, 2007, 11: 966-971.
[28] Butters M, Catterick D, Craig A, et al. Chem Rev, 2006, 106: 3002-3027.
[29] Thornberry N A, Weber A E. Curr Topics Med Chem, 2007, 7: 557-568.
[30] (a) Hansen K B, Balsells J, Dreher S, et al. Org Process Res Dev, 2005, 9: 634-639; (b) Kim D, Wang L, Beconi M, et al. J Med Chem, 2005, 48: 141-151.
[31] Hsiao Y, Rivera N R, Rosner T, et al. J Am Chem Soc, 2004, 126: 9918-9919.
[32] Merck & Co Inc. 2006 Greener Synthetic Pathways Award. http: //www.epa.gov/gcc/pubs/pgcc/winners/gspa06.html.
[33] Brands K M, Payack J F, Rosen J D, et al. J Am Chem Soc, 2003, 125: 2129-2135.
[34] Hoekstra M S, Sobieray D M, Schwindt M A, et al. Org Process Res Dev, 1997, 1: 26-38.
[35] Burk M J, de Koning P D, Grote T D, et al. J Org Chem, 2003, 68: 5731-5734.
[36] Hoge G, Wu H-P, Kissel W S, et al. J Am Chem Soc, 2004, 126: 5966-5967.
[37] (a) Thayer A M. Chem Eng News, 2008, 86 (31): 12-20; (b) Thayer A M. Chem Eng News, 2007, 85 (32): 11-19; (c) Rouhi A M. Chem Eng News, 2004, 82 (24): 47-62; (d) Schmidt E, Blaser H U. Asymmetric Catalysis on Industrial Scale. Wiley-VCH, 2004.
[38] Rough A M. Chem Eng News, 2002, 80 (7): 86-87.
[39] (a) Muller M. Angew Chem Int Ed, 2005, 44: 362-365; (b) Thayer A M. Chem Eng News, 2006, 84 (33): 26-27.
[40] Bousquet A, Musolino A. WO 9918110.
[41] Ema T, Okita N, Ide S, et al. Org Biomol Chem, 2007, 5: 1175-1176.
[42] (a) Thayer A M. Chem Eng News, 2006, 84 (33): 29-31; (b) Thayer A M. Chem Eng News, 2006, 84 (33): 15-25; (c) Susan J A. Chem Eng News, 2005, 83 (23): 21-29; (d) Gotor V, Alfonso I, García-Urdiales E. Asymmetric Organic Synthesis with Enzymes. Wiley-VCH, 2008.

第 11 章

手性药物

李树坤，白东鲁，冯　松

目　录

11.1　引言　/291
　　11.1.1　手性药物　/292
　　11.1.2　手性药物作用机理　/292
　　11.1.3　有关手性药物的政策法规　/292
　　11.1.4　手性药物发展现状　/293
11.2　手性药物的药理学　/293
　　11.2.1　对映体的药效学及毒理学差异　/295
　　　　11.2.1.1　两对映体药理作用相同　/295
　　　　11.2.1.2　只有一个对映体具有药理作用　/295
　　　　11.2.1.3　两个对映体有强度不同的药理作用　/296
　　　　11.2.1.4　两对映体具有相反的药理作用　/297
　　　　11.2.1.5　两对映体具有不同的药理作用　/297
　　　　11.2.1.6　对映体间的毒副作用差异　/298
　　11.2.2　手性药物的药动学和药代学的立体选择性　/300
　　　　11.2.2.1　手性药物的吸收　/300
　　　　11.2.2.2　手性药物的分布　/300
　　　　11.2.2.3　手性药物的代谢　/302
　　　　11.2.2.4　手性药物的排泄　/305
11.3　手性药物的制备　/306
　　11.3.1　外消旋体的拆分　/306
　　　　11.3.1.1　结晶法拆分　/306
　　　　11.3.1.2　动力学拆分　/309
　　　　11.3.1.3　色谱法拆分　/310
　　11.3.2　手性药物合成　/311
　　　　11.3.2.1　利用手性源　/312
　　　　11.3.2.2　利用手性辅助试剂　/312
　　　　11.3.2.3　利用手性催化剂　/312
　　　　11.3.2.4　利用酶催化　/313
11.4　手性药物开发的策略　/315
　　11.4.1　去除手性中心　/315
　　11.4.2　外消旋体优先研究　/316
　　11.4.3　外消旋体转换　/316
　　11.4.4　手性药物的组合物　/316
　　11.4.5　外消旋体的利用　/316
11.5　讨论与展望　/317
推荐读物　/317
参考文献　/318

11.1 引言

当一个物体实物与镜像彼此不能重合时,该物体就具有手性。在立体化学里,具有单个手性中心的化合物,其两个异构体相互为对映关系,称为"对映体"。例如乳酸的两个对映体 **1a** 和 **1b**,都是由 H、COOH、OH 和 CH_3 连接在同一个碳原子上构成。然而 **1a** 和 **1b** 就像人的左手和右手一样,相互不能完全重叠,彼此为实物和镜像的关系(图 11-1)。两个对映体可使偏振光向不同的方向偏转,一个把偏振光向左旋,另一个向右旋。根据旋光方向分别被命名为 d-型(右旋,+)或 l-型(左旋,-)。应当指出的是,化合物的左旋和右旋仅表明其旋光方向,与该化合物的绝对构型并无直接的关系。手性化合物的绝对构型通常用 R、S 来表示,碳水化合物和氨基酸的绝对构型习惯上用 D、L 表示。

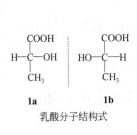

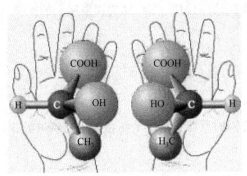

图 11-1 乳酸手性结构

除了上述中心手性外,还有一种常见的不对称因素称为轴手性,例如避孕药棉酚(**2**,Gossypol)[1]是有空间位阻的联萘酚类化合物,其手性是由于连接两个萘环的 C—C 单键旋转受阻而产生的,存在左旋和右旋两种异构体,又称为阻转异构体(图 11-2)。具有两个或多个手性因素的化合物,存在多个立体异构体,其中互相不为实物和镜像关系的立体异构体称为"非对映体"。

图 11-2 棉酚两对映体

手性是生命体系的本质特征。在生物体中,具有重要生理意义的大分子(如蛋白质、多糖、核酸和酶等)都是由手性化合物构成的,并仅以一个对映体存在。例如构成蛋白质、酶的氨基酸都是 L 型的,组成多糖、核酸的单糖都是 D 型的。配体(内源性物质如激素、神经递质和外源性物质如药物等)通过与受体发生相互作用而产生效应,调节细胞的生理功能。由于体内受体等生物大分子自身都具有手性,导致它们优先结合特定的手性小分子配体。生物大分子与手性化合物两个对映体的结合作用就像手与手套的关系,左手只能套进左手套,而与右手套却不匹配,这种现象称为手性识别(图 11-1)。

11.1.1 手性药物

手性药物（chiral drugs）是指具有药理活性的手性化合物组成的药物。手性药物分子的两个对映体的理化性质相同，仅仅是旋光性相反。分子骨架中有一个或多个不对称碳原子的药物皆称为手性药物，然而含有两个或两个以上手性中心的光学异构体包含对映体和非对映体。非对映体间的化学性质、物理性质皆不相同，本质上是属于不同的化合物。本章将主要讨论互为对映体的手性药物。

很多药物含有手性，它们通过与体内受体、酶和核酸等大分子之间严格的手性匹配与分子识别而产生药理作用。而在这些受体、酶和核酸等所形成的手性内环境中，手性药物分子的两个对映体所呈现的药理活性常常是不同的。它们在生物活性上的差异可用不对称化学反应的原理来说明。手性药物分子（F）的对映体进入机体后，分别与受体（R）、药物代谢酶和生物膜上有关酶结合时，形成非对映异构体的反应速率不同，形成的复合物的稳定性亦各异，由此导致对映体在药理作用（E）性质和强度上的差异（图 11-3）。

$$[d\text{-}F]+[R] \underset{k_2}{\overset{k_1}{\rightleftharpoons}} [d\text{-}FR] \overset{k_3}{\longrightarrow} E$$

$$[l\text{-}F]+[R] \underset{k'_2}{\overset{k'_1}{\rightleftharpoons}} [l\text{-}FR] \overset{k'_3}{\longrightarrow} E'$$

图 11-3 对映体在体内与受体等形成非对映异构体

这一形成非对映异构体复合物的反应可发生于药物分子在体内吸收、分布、效应、转运和代谢排泄各个环节。

11.1.2 手性药物作用机理

药物在体内通过与受体等生物大分子中固有的结合位点产生诱导契合，抑制或激活该大分子的生理活性，达到治疗的目的。外消旋药物的两个对映异构体进入体内后，将由体内的受体、酶、载体等作为不同的分子处理，从而表现出不同的生理活性。具有手性的药物，它的两个对映体在体内往往以不同的途径被吸收活化或降解，因而它们的体内药理活性以及在体内的吸收、分布、代谢过程及毒性有明显的差异。如左旋苯丙胺（**3**，Amfetamine）是精神兴奋药，而其对映体右旋苯丙胺却是减肥药。沙利度胺（**4**，Thalidomide）的两种对映均有镇静作用，但只有 S 型对映体具有很强的胚胎毒性和致畸作用。所以外消旋体药物不能认为是单一化合物，也不能认为其中活性较低或无活性的对映体为无效成分，事实上并不排除有其他尚未发现的药理活性或毒性。以前由于对药物手性问题认识的不足，许多药物都是以外消旋体上市，由此带来了许多用药安全的问题。

3 苯丙胺 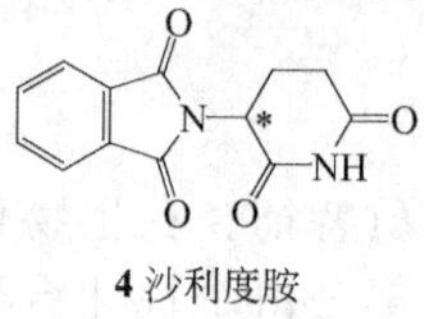   **4** 沙利度胺

11.1.3 有关手性药物的政策法规

近年来，人们对用药安全问题日益重视。为解决因使用外消旋体药物所带来的一系列问题，许多国家的药政部门先后发布了有关立体异构体药物开发的导向性指南或政策报告，以使制药企业的决策者对未来开发手性药物的形势有清楚的认识。1992 年美国 FDA 首先正式公布了题为"新立体异构药物开发政策声明"的手性药物法规管理指南[2]，随

后欧盟于 1994 年也公布了"手性物质研究"的文件[3]。美国 FDA 的手性药物新规定要求手性的药物倾向于发展单一对映体产品。对于新的外消旋药物申请，则要求对两个对映体都必须提供详细的报告，说明各对映体的药理作用、毒理数据和临床效果，而不得作为相同物质对待。这表明申请外消旋药物时至少得做 3 组药理、临床数据，这无疑加大了研究费用和工作量。如果开发的是对映纯药物，只需做一组试验即可，所以选择对映纯药物开发显得更为合算。

我国药品管理法也已经明确规定，对手性药物必须研究对映纯异构体的药代、药效和毒理学性质，择优进行临床研究。

这些指南或政策法规支持、鼓励但不强制开发单一对映体药物。仅仅要求对外消旋体和两种对映体的药理、毒理和药代分别做出细致的研究，最后决定以单一对映体还是以外消旋体上市。

11.1.4 手性药物发展现状

许多手性药物只有一个对映体具有药理活性，另一个对映体无活性或者产生副作用，相当于杂质。如果将无效或有害的对映体从外消旋体药物中剔除，只服用单一有效对映体，则药效学上可减少用药剂量和代谢负担。单一对映体的药物还可减少药物的相互作用，提高药效和选择性，降低由另一对映体可能引起的毒副作用，提高治疗指数。因此手性药物的研发是临床合理用药的必然要求。

近年来，手性制备技术日臻成熟，许多立体特异性的催化剂的发现促进了手性合成的蓬勃发展，目前已经能选择性地合成单一对映体；另外，随着现代分析技术的进步，手性分离方法不断涌现，技术上分析单一手性药物已成为可能。1992 年 FDA 发布的新规定对手性药物的发展提供了强大的推动力，经过短短十几年，世界手性药物市场以前所未有的速度迅猛发展。手性药物在研发新药中所占比例逐年增加，单一对映体形式手性药物的销售额持续增长。单一对映体药物制剂的市场份额从 1996 年占世界药物市场的 27% 增加到 2002 年的 39%[4]。

目前全世界正在开发的 1200 种药物中，有 816 种是手性的，其中 612 种以单一对映体在开发，占正在开发药物总数的 51%。204 种以消旋体在开发，占 17%。而非手性的为 384 种，占 32%。可见有 2/3 开发中的药物是手性的。目前正处在 Ⅱ/Ⅲ 期临床试验的化合物，80% 是单一对映体产品。

随着立体定向有机合成化学及分析技术的发展，人们对对映体间的药效差异有了进一步的认识。单一对映体药物比外消旋体有疗效好和安全性好的优点。当前手性药物的不断增加正改变着化学药物的构成，成为制药工业的新亮点。

11.2 手性药物的药理学

手性药物的一对对映体在生物体内的药理活性、代谢过程、代谢速度及毒性等往往存在显著的差异，表现出立体选择性。对映体活性的强弱有无，往往是由于其与受体间亲和力的不同所致。Ariens 将手性药物中与受体有较强亲和力或有较高药理活性的对映体称为优映体（eutomer，Eu），与受体有较弱亲和力或有较低药理活性的对映体称为劣映体（distomer，Dis）。有时劣映体不仅没有药效，而且还会部分抵消优映体的药效，有时甚至产生严重毒副反应。对映体药理作用的立体特异性可用优劣比（eudismic ratio，优映体活性与劣映体活性的比值）来度量（表 11-1），优劣比值越大，立体特异性越高。如尼古丁（**7**，Nicotine）与大鼠丘脑烟碱受体结合的优劣比为 $S(-)/R(+)=35$，表明大鼠丘脑烟碱受体优先特异性结合天然构型的 S-$(-)$-尼古丁。

表 11-1 两对映体亲和力的优劣指数[5]

药 物	生物活性	优劣指数
塞奥芬 5	抑制中性肽链内切酶	$S/R = 1.2$
去甲肾上腺素 6	对大鼠主动脉 α_1-受体的激动活性	$R(-)/S(+) = 33$
尼古丁 7	与大鼠丘脑位点烟碱受体的结合	$S(-)/R(+) = 35$
氯苯那敏 8	抑制甲氧苄二胺与人脑额叶位点的结合	$S(+)/R(-) = 83$
欧普替林 9	抑制大鼠脑突触体对去甲肾上腺素摄入	$S(+)/R(-) = 1000$
右苄替米特 10	与大脑毒蕈碱受体的结合	$S(+)/R(-) = 2000$

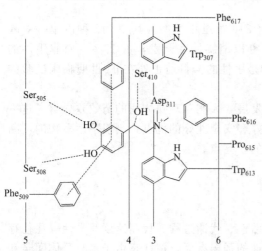

5 塞奥芬　　6 去甲肾上腺素　　7 尼古丁

8 氯苯那敏　　9 欧普替林　　10 右苄替米特

分子生物学的发展已经使得一些药物分子-受体结合的模式逐渐明朗。药物与受体在结合位点往往形成多个相互作用。如天然 R-$(-)$-肾上腺素与肾上腺素 β_2 受体在活性位点的多个氨基酸残基处形成结合，计算机对接模型显示（图 11-4）：

图 11-4 天然 R-$(-)$-肾上腺素与肾上腺素 β_2 受体结合的计算机模拟[6]

① R-$(-)$-肾上腺素的两个酚羟基分别与受体的 Ser_{505} 和 Ser_{508} 形成氢键；

② 苯环与 Phe_{509} 和 Phe_{617} 形成 π-π 相互作用；

③ N 正离子与 Asp_{311} 羧基负离子产生库仑作用，并处在一个由 Trp_{307}、Phe_{616} 和 Trp_{613} 组成的疏水腔中；

④ 苄位的仲羟基与 Ser_{410} 形成氢键。

而其对映体 S-(+)-肾上腺素的苄位手性中心上的仲羟基取向相反,不能与 Ser_{410} 形成氢键。这两个对映体与受体的结合实际上仅存在微小的差异,然而正是这种差异导致了药物作用的立体选择性。

11.2.1 对映体的药效学及毒理学差异

当一对对映体进入人体后,会产生不同强度的药效或不同类型的药理作用。根据它们所表现出的在生物活性上的差异,可分为几种情况,分别在以下各节中介绍。

11.2.1.1 两对映体药理作用相同

当药物分子结构中包含手性中心的部分对药物与受体的结合几乎不产生影响时,药物的两个对映体则表现出等同或近似的药理活性。通常所说的等同的药理活性是针对同一受体而言,对其他生物膜、载体或者酶仍可能表现出不同的亲和力,从而表现为代谢方面或毒性的差异。

11 多奈哌齐　　**12** 异丙嗪　　**13** 莫吉司坦

14 普罗帕酮　　**15** 盖替沙星

如多奈哌齐(**11**,Donepezil)是一种长效的阿尔茨海默病的对症治疗药。研究表明其左旋体和右旋体都能同乙酰胆碱酯酶有效结合,通过增强胆碱能神经的功能发挥治疗作用。在治疗阿尔茨海默病方面具有同等的疗效。各对映体与外消旋体之间也没有明显差别,故临床上以外消旋体供药。异丙嗪(**12**,Promethazine)的两个对映体都有抗组胺活性,它们对组胺 H_1 受体的拮抗活性以及它们的毒性都相同[7]。非麻醉性镇咳药莫吉司坦(**13**,Moguisteine)是以外消旋体形式进行开发的。药理学研究证实,在等摩尔剂量时两对映体的镇咳效果与消旋体相同。毒理学(急性毒性、重复给药毒性和遗传毒性)评价也表明,两种对映体和消旋体的毒性作用相同。由于两种对映体在药理和/或毒理行为方面相同,并不优于消旋体,因此临床上以外消旋体给药。抗心律失常药普罗帕酮(**14**,Propafenone)的两个异构体也具有类似的药理活性。盖替沙星(**15**,Gatifloxacin)分子中,由于哌嗪中甲基的取代而成为手性分子,但其左旋体和右旋体的抗菌活性差别不大。如果手性药物分子的两个对映体的药理活性相当,毒副作用的差别也不大,与外消旋体之间也没有明显差别时,从科学的观点和经济的角度考虑,无需开发成单一对映体药物[8]。

11.2.1.2 只有一个对映体具有药理作用

手性药物中最常见的是只有一个对映体有显著的药理作用,而另一种无作用。有时其中一种对映体有很微弱的作用,往往是由于光学纯度不够,含有微量的另一种有治疗作用的对映体。值得一提的是无治疗作用的含义仅指已被试验的那些特定的受体,并不排除尚未发现的治疗作用或副作用。

16 α-甲基多巴
17 L-抗坏血酸
18 环己巴比妥

19 芬氟拉明
20 美托咪啶
21 布洛芬

如 α-甲基多巴（**16**，Methyldopa）只有 S-对映体有降血压作用。维生素 C 的 4 种异构体中只有天然维生素 C：L-抗坏血酸（**17**，L-Ascorbic acid）具有抗坏血作用。（+）-环己巴比妥（**18**，Cyclobarbital）是催眠药，而其（−）-对映体几乎没有催眠作用。芬氟拉明（**19**，Fenfluamine）是食欲抑制药。作为减肥药物，它的药理活性主要由 S-(+)-对映体产生，而 R-(−)-对映体无活性。外消旋美托咪啶（**20**，Metomidine）是常用的兽用麻醉剂，最近研究表明其活性成分为右旋体（Dexmedetomidine），是一个有较强及较高专一性的 $α_2$-肾上腺素能受体激动剂。该化合物具有镇静、镇痛、抗焦虑和交感神经抑制等作用，有希望成为麻醉辅助药物，而其左旋体无作用。布洛芬（**21**，Ibuprofen）是常见的解热镇痛药，以前以消旋体上市。它的活性成分是 S-(+)-布洛芬，无效的 R-(−)-对映体在体内酶的作用下，可转化为有活性的 S-(+)-对映体。研究表明这种代谢转化并不在所有人体内发生，很大程度取决于病人的机体条件。因此，S-(+)-对映体已于 1994 年推上市场，它对慢性炎症和风湿病的疗效与外消旋体相当，但剂量仅为外消旋体的一半[9]。

11.2.1.3 两个对映体有强度不同的药理作用

有些药物两个对映体与受体均有亲和力，一个对映体亲和力较强，而另一个较弱，表现为强度不同的药理活性。

西酞普兰（**22**，Citalopram）是选择性 5-HT_3 再摄取抑制剂，是目前以外消旋体上市的抗抑郁药物，其 R-和 S-体均有抗抑郁作用，但 S-体的抗抑郁作用是 R-体的 30 倍以上[10]。S-西酞普兰已于 2002 年在欧洲首次上市，2002 年 8 月获得美国 FDA 批准。S-西酞普兰被认为是最纯的 5-羟色胺再摄取抑制剂，很少引起药物相互作用和不良反应[11,12]。氧氟沙星（**23**，Ofloxacin）为外消旋体药物。其左、右旋两个对映体都能作用于细菌拓扑异构酶Ⅱ，表现出相同的抗菌谱和毒性，但其抗微生物作用主要是由左旋体产生的。左旋体的体外抗菌活性比右旋体强 8～128 倍。临床上，左氧氟沙星的抗菌活性比氧氟沙星强 2 倍，使用剂量为氧氟沙星的 1/2[13]。哌醋甲酯（**24**，Methylphenidate）是治疗儿童多动症的常用药物，R-对映体抑制大鼠过度兴奋的强度是消旋体的 3.3 倍[14]，R-对映体的抗精神过度兴奋活性是 S-对映体的 5～38 倍[15]。

22 西酞普兰
23 氧氟沙星
24 哌醋甲酯

表 11-2 列举了其他几种常见手性药物对映体活性强度差异,从 2 倍到 100 倍不等。

表 11-2 两对映体活性强度对比[16]

药 物	药理活性	对映体活性强度对比
萘普生(Naproxen)	消炎、解热、镇痛	解热、镇痛活性 S-体比 R-体强 10～20 倍;抗炎强 28 倍
华法林(Warfarin)	抗凝血	S-体比 R-体强 5 倍
噻吗洛尔(Timolol)	β-肾上腺素能受体阻滞	S-体比 R-体强 80～90 倍
环磷酰胺(Cyclophosphamide)	抗肿瘤	S-体比 R-体强 2 倍
维拉帕米(Verapamil)	钙通道拮抗	S-体比 R-体强 10 倍
妥卡胺(Tocainide)	抗心律失常	S-体比 R-体强 3 倍
氯苯那敏(Chlorphenamine)	组胺 H_1 受体拮抗	S-体比 R-体强 100 倍

11.2.1.4 两对映体具有相反的药理作用

这类药物大多是由于一种对映体与受体结合后对另一种对映体的结合形成抑制,表现出竞争性拮抗作用。由于两对映体与同一受体结合力存在差异,它们不可能呈现化学计量的拮抗关系,常常表现为部分拮抗关系(表 11-3)。

表 11-3 两对映体具有相反的药理活性[16]

手性药物	一对映体产生药理作用	另一对映体产生相反作用
扎考必利(Zacopride)	R-体,5-HT$_3$ 受体拮抗剂	S-体,5-HT$_3$ 受体激动剂
依托唑啉(Etozolin)	左旋体,利尿	右旋体,抗利尿
异丙肾上腺素(Isoprenaline)	R-体,β-受体激动剂	S-体,β-受体拮抗剂
哌西那朵(Picenadol)	右旋体,阿片受体激动剂	左旋体,阿片受体拮抗剂
多巴酚丁胺(Dobutamine)	S-体,β-受体激动剂	R-体,β-受体拮抗剂

如哌西那朵(**25**,Picenadol)的右旋体是阿片受体激动剂,而左旋体却是阿片受体拮抗剂,两对映体药理作用相反。因右旋体的激动作用较左旋体拮抗作用强,所以外消旋体仍表现为激动作用。美沙酮(**26**,Methadone)两个对映体可竞争与受体结合,S-美沙酮能显著减弱 R-美沙酮的缩瞳作用[8]。5-(1,3-二甲基丁基)-5-乙基巴比妥(**27**,DMBB)是常见的镇静、催眠及抗惊厥药,目前临床使用的仍是其外消旋体。左旋体具有中枢神经系统镇静作用而右旋体具有中枢神经系统兴奋作用,因左旋体的镇静作用比右旋体的兴奋作用要强得多,其外消旋体仍表现为镇静作用。BAY K 8644(**28**)是一种新的二氢吡啶类药物,现已发现 S-(−)-对映体对 L-型电压依赖性钙通道有强激动作用,而 R-(+)-体是其竞争拮抗剂[17]。

25 哌西那朵　　**26** 美沙酮　　**27** DMBB　　**28** BAY K 8644

11.2.1.5 两对映体具有不同的药理作用

两个对映体与不同受体分别结合时,可表现出不同药理活性或毒副作用。

(1) 两对映体都产生需要的药理活性　如丙氧芬(**29**,Propoxyphene)右旋体的镇痛作用十分明显,其强度为左旋体的 6 倍。而左旋体却有很强的镇咳作用,右旋体则无此活性。因此丙氧芬的两个对映体分别用作镇痛药和镇咳药。普罗帕酮(**14**)的右旋体有止咳作用,而左旋体有止痛作用。索他洛尔(**30**,Sotalol)的 S-对映体是钾通道阻滞剂,具抗心律失常作用,而 R-对映体有 β-阻滞作用[18]。两对映体曾分别开发上市。后发现 S-(+)-体有明显致心率失常作用而停用。

29 丙氧芬 **30** 索他洛尔

(2)两对映体药理活性有协同性或互补性 一种对映体具有药理作用,另一种对映体的生物活性或有利于其对映体药理作用的发挥,或能克服其毒副作用,表现出药理活性的协同性或互补性。

如降压药萘必洛尔(**31**,Nebivolol)的右旋体为 β-受体阻滞剂,而左旋体能降低外周血管的阻力,并对心脏有保护作用。抗休克药多巴酚丁胺(**32**,Dobutamine)临床上以外消旋体供药,其左旋体为 α-肾上腺素能受体激动剂,对 β-受体激动作用轻微;而右旋体为 β-受体激动剂,对 α-受体激动作用轻微。由于右旋体和左旋体药理作用互补,该药以外消旋体给药能增加心肌收缩力,但不加快心率和升高血压[19]。反式曲马朵(**33**,*trans*-Tramadol)是一种作用机制独特的镇痛药。(+)-反式曲马朵主要抑制 5-HT 的再摄取和加强 5-HT 的基础释放,(一)-反式曲马朵主要抑制去甲肾上腺素的再摄取和诱发去甲肾上腺素释放。在醋酸诱发小鼠腹部收缩实验中,(+)-反式曲马朵,(一)-反式曲马朵和外消旋体反式曲马朵的 ED_{50} 分别为 14.1,35.0 和 8.9,表明(+)-反式曲马朵较(一)-反式曲马朵作用强,而外消旋体活性最高,表明两对映体间有协同镇痛作用[20]。

31 萘必洛尔 **32** 多巴酚丁胺 **33** 反式曲马朵

11.2.1.6 对映体间的毒副作用差异

药物的毒副作用本质上也都是与体内的酶、离子通道、受体等靶标相互作用的结果,因此手性药物对映体间的毒副作用也存在着立体选择性差异。手性药物对映体毒副作用差异主要有以下两种情况。

(1)两对映体之一有毒副作用 毒副作用通常是活性较弱或无活性对映体引起的(表 11-4)。如喷他佐辛(**34**,Pentazocine)是一种强效镇痛药,最初临床上是以外消旋体供药。研究表明该药的镇痛作用主要是由左旋体所引起的,并可使病人愉快和安详。右旋体几无镇痛作用,但可产生一些副作用,如增加出汗和使病人紧张烦恼,因此,以左旋体供药能减少喷他佐辛副作用的发生。羟苯哌嗪(**35**,Dropropizine)最早以外消旋体上市,是中枢性非成瘾性镇咳药,其中枢系统副作用主要是由 R-(+)-异构体引起的。最近上市的 S-(一)-异构体与外消旋体相比,几无中枢系统副作用,为一种较理想的镇咳药。抗风湿药青霉胺(**36**,Penicillamine)的 D-型体是代谢性疾病和铅、汞等金属中毒的良好治疗剂,无毒性,但其 L-对映体则会导致骨髓损伤、嗅觉和视觉衰退以及过敏反应等,并且具有潜在的致癌作用。

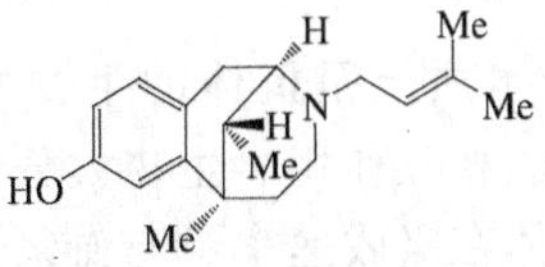

34 喷他佐辛 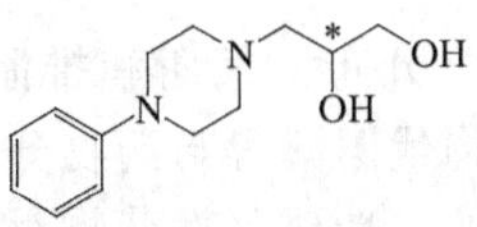　　**35** 羟苯哌嗪 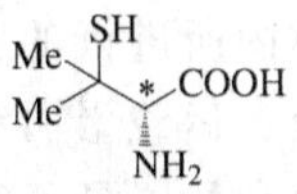　　**36** 青霉胺

（2）对映体之一生物转化产生毒副作用　一些手性药物的对映体本身无毒副作用，但其体内代谢物对人体有害。如局麻药丙胺卡因（**37**，Prilocaine）两种对映体的局麻作用相近，其 S-(＋)-型水解缓慢，但 R-(−)-对映体可迅速水解生成导致高铁血红蛋白症的邻甲苯胺，具有血液毒性。司来吉兰（**38**，Selegiline）是单胺氧化酶抑制剂，用于抗抑郁，其治疗作用来源于左旋体。右旋体不但无治疗作用，而且其代谢物（＋)-苯丙胺（**3**）有中枢兴奋作用，因此临床以 R-(−)-体供药。

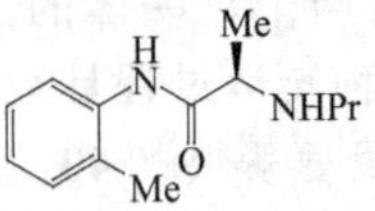

37 丙胺卡因 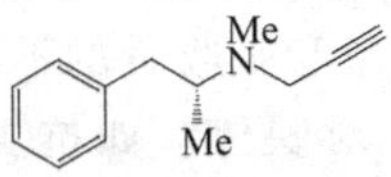　　**38** 司来吉兰

表 11-4 列举了一些手性药物对映体产生毒副作用的例子。

表 11-4　对映体或代谢物产生毒副作用[16]

手性药物名称	起治疗作用的对映体	产生毒副作用的对映体
沙利度胺(Thalidomide)	R-体,减轻妊娠呕吐,镇静	S-体,胚胎毒性和致畸作用
青霉胺(Penicillamine)	D-体,治疗铅、汞等中毒	L-体,致骨髓损伤,嗅觉和视觉衰退及过敏反应等
司来吉兰(Selegiline)	左旋体,单胺氧化酶抑制剂,抗抑郁	右旋体无治疗作用,其代谢物有中枢兴奋作用
四咪唑(Tetramisole)	左旋,驱虫和生物反应调节剂	右旋体产生呕吐反应
羟苯哌嗪(Dropropizine)	S-体,中枢非成瘾性镇咳药	R-体,中枢系统副作用
氯胺酮(Ketamine)	S-体,全身麻醉作用	R-体,手术后呈现幻觉
丙胺卡因(Prilocaine)	S-体,局部麻醉作用	R-体,其代谢物具有血液毒性
芬氟拉明(Fenfluramine)	S-体,减肥	R-体,头晕,催眠
米安色林(Mianserin)	S-体,抗忧郁	R-体,细胞毒作用

药物在体内与受体的作用是错综复杂的，一种对映体有时能同多种受体结合，从而表现出多重活性或毒副作用。针对不同类型的药理活性，一种药物的两对映体可能会有不同的表现。如抗心率失常药普萘洛尔（**39**，Propranolol）是 β-受体阻滞剂，同时还具有杀灭精子的作用。两种对映体杀灭精子的作用近似，都可作为避孕药，然而它们的抗心率失常作用却相差 100 倍。而 R-(＋)-异构体对钠通道有抑制作用，又表现出与 S-(−)-异构体 β-受体阻滞作用的互补性[21]。

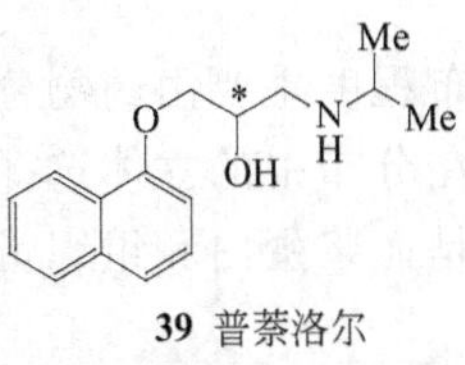

39 普萘洛尔

11.2.2 手性药物的药动学和药代学的立体选择性

药物在体内所进行的吸收、分布、代谢和排泄，本质上是机体的生物大分子如细胞膜、血浆蛋白、运载蛋白和药物代谢酶等与药物分子的相互作用。生物大分子对各对映体的识别、结合和处置是不等同的，造成手性药物对映体在吸收速率、与血浆蛋白的结合程度、分布状态、与运载蛋白的结合特异性、被药物代谢酶生物转化的方式和速率、以及排泄方式和速率等方面均有不同程度的区别。这些因素导致对映体间在药理活性、代谢过程、代谢速率及毒性等方面的差异。

11.2.2.1 手性药物的吸收

药物可经被动扩散和主动转运被机体吸收。大多数药物的透膜吸收都是通过被动扩散机理，吸收程度和吸收速率取决于药物的浓度和脂溶性，无立体选择性。氨基酸、糖和肽以及一些结构类似的药物在体内是通过主动转运或载体转运机制吸收的。主动转运是经与特异性蛋白结合而输送到细胞内的。运载蛋白对两个对映体的分子识别和结合能力的不同，导致两对映体吸收速率和吸收量的不同。这种转运过程具有立体选择性，往往对一个对映体的吸收优于另一个对映体。如抗真菌药甲氨蝶呤（**40**，Methotrexate）是极性分子，通过被动扩散吸收量较少，而 L-甲氨蝶呤分子中含天然谷氨酸，能够被细胞膜中特异蛋白结合，经主动转运进入细胞内，即使在低浓度下胃肠道也能完全吸收。D-甲氨蝶呤只能经被动扩散进入细胞，必须在较高浓度下才能被吸收。左旋多巴（**41**，L-Dopa）与天然酪氨酸结构相似，口服后通过氨基酸泵主动转运过程，迅速由肠道吸收。左旋多巴通过肠内壁的速度比右旋多巴（D-Dopa）要迅速得多[22]。美法仑（**42**，Melphalan）分子中含 L-苯丙氨酸结构，也可经氨基酸泵主动转运吸收，而 D 型不能被主动转运，所以美法仑的口服生物利用度高于外消旋的苯丙氨酸氮芥——溶肉瘤素（Sarcolysin）。

40 甲氨蝶呤　　　　**41** 左旋多巴

42 美法仑　　　　**43** 头孢氨苄

一些手性 β-内酰胺类抗生素在小肠内通过双肽转运机制吸收，也存在立体选择性。如头孢氨苄（**43**，Cephalexin）的 D-对映体经肠的二肽转运系统被主动吸收，二肽转运系统对 D-对映体的转运具有饱和性和专一性，而 L-对映体能抑制 D-对映体的吸收。肾上腺素能 β-受体阻滞剂普萘洛尔（**39**）的左右旋体之间，在以亲酯性前药作透皮吸收时，皮肤酯酶倾向于水解 R-普萘洛尔而吸收 S-普萘洛尔，也具有吸收的立体选择性[23]。

11.2.2.2 手性药物的分布

一个药物被吸收后在体内的分布程度主要由药物分子的跨膜分配系数、与血浆蛋白和组织的结合能力所决定。手性药物在分布中的立体选择性主要表现在与血浆蛋白和组织的结合能力上。这种结合能力的差异是血浆蛋白和组织蛋白对对映体手性识别的结果，直接影响到药物在体内的分布情况。

（1）血浆蛋白的结合作用　血浆蛋白与药物的结合会影响药物的代谢转化。大多数药物在一定程度上可逆地与血浆蛋白结合。与血浆蛋白结合的药物不能穿越毛细血管壁，只有呈游离状态的药物才能进入组织细胞内被药物代谢酶生物转化。与血浆蛋白结合力强的对映体，由于进入组织细胞的速率慢，被代谢清除的速率较低。与药物结合的血浆蛋白主要为白蛋白（albumin）和 α_1-酸性糖蛋白（α_1-acid glycoprotein）。前者主要与酸性药物结合，后者通常与碱性药物结合。

如抗凝药华法林（**44**，Warfarin）为酸性药物，主要与白蛋白结合。其 S-(−)-对映体的体外抗凝血活性为 R-(+)-对映体的 6～8 倍，由于 S-(−)-对映体的白蛋白结合率较 R-(+)-对映体高，体内抗凝活性仅为 2～5 倍。

α_1-酸性糖蛋白的血清含量只有白蛋白的 3%，但在疾病状态其含量显著增加，从而对一些易与 α_1-酸性糖蛋白结合的药物的分布产生重大影响。与 α_1-酸性糖蛋白结合的药物种类较多，并能呈现不同的立体选择性。如在肾脏病人中，随着 α_1-酸性糖蛋白的增加，阿普洛尔（**45**，Alprenolol）两对映体的蛋白结合率显著增高，S-(−)-对映体结合率增高更明显，导致对映体的游离浓度比（R/S）从健康人的 1.2 提高到 1.6[24]。

44 华法林　　**45** 阿普洛尔

有些药物可同时与血清白蛋白和 α_1-酸性糖蛋白发生程度不同的结合。如 S-普萘洛尔（**39**，S-Propranolol）是有效对映体，R-普萘洛尔与 α_1-酸性糖蛋白的结合小于 S-异构体，而 R-普萘洛尔与血清白蛋白的结合大于 S-异构体。α_1-酸性糖蛋白是与普萘洛尔结合的主要血浆蛋白，中国人与高加索人血浆中 α_1-酸性糖蛋白水平低于世界其他民族，因此这些人群对普萘洛尔的敏感性较高。

（2）组织结合作用　手性药物与组织结合的立体选择性除了与血浆蛋白结合的立体选择性有关外，还与组织对药物摄取和储藏机理的立体选择性有关。例如优映体 S-布洛芬分布在关节腔膜液的浓度高于 R-对映体，这是因为在血浆内游离的 S-布洛芬浓度较高。反之，脂肪细胞优先摄取 R-布洛芬。此外，一些特定组织对某种对映体具有选择性结合作用。例如 S-亚叶酸（**46**，S-Folinic acid）向癌细胞中的浓集程度高于非天然的 R-亚叶酸。

人口服普罗帕酮（**14**）后，(−)-对映体优先分布到红细胞内，致使其血浆浓度下降较迅速。大鼠静注氯胺酮（Ketamine）后，血浆中的 R-对映体比 S-对映体的浓度高，是由于 S-对映体比 R-对映体有较大的组织分配系数。

手性药物两对映体在不同组织中的分配比例是不同的。如尼莫地平（**47**，Nimodipine）在大鼠中药代动力学的研究发现，在心脏和大脑中 S-(−)-尼莫地平的浓度分别是 R-(+)-尼莫地平的 2.23 和 1.97 倍，在小脑中几乎全是 S-(−)-尼莫地平。而在肾、脾、肝这些主要的代谢清除器官中 R-(+)-尼莫地平的浓度是 S-(−)-尼莫地平的 1.57、3.69 和 4.20 倍。证明在各组织分布过程中，尼莫地平的两对映体之间都存在显著差异[25]。

46 S-亚叶酸　　**47** 尼莫地平

11.2.2.3 手性药物的代谢

药物的代谢主要是在肝中进行的,代谢过程涉及与药酶系统的相互作用。手性药物的两个对映体分子的原子或基团在空间的不同取向,导致酶的活性中心易于识别、匹配和结合其中一个对映体,呈优势代谢。对映体间代谢速率的差异一般为 1~3 倍。细胞色素 P450(CYP450)是体内主要的药物代谢酶,具有广泛的底物。药物代谢酶对药物的生物转化在 I 相和 II 相均表现出立体选择性,这种选择性包括对底物(原药物)和产物(代谢物)的手性要求、手性中心的转化和对映体之间的相互作用等。根据药物在代谢过程中的立体选择性不同,手性药物代谢的立体选择性可分为三类:底物立体选择性;产物立体选择性;底物-产物立体选择性。

(1)底物立体选择性 底物立体选择性是指在相同条件下,两个对映体的代谢表现出质(代谢途径)和量(代谢速率)的差异。在已研究的手性药物中,绝大多数表现出不同程度的底物立体选择性。有关该方面的研究主要集中在 CYP450 所参与的氧化还原反应。一种药物不同代谢途径的立体选择与受不同的 CYP450 同工酶催化密切相关。例如新型抗抑郁药米尔塔扎平(**48**,Mirtazapine)的主要代谢途径是由 CYP2D6 催化进行 C8 的羟基化以及 CYP3A4,CYP1A2 催化 N-去甲基反应(图 11-5)。不同的酶对 R-米尔塔扎平和 S-米尔塔扎平的选择性不同。体内研究表明,给予米尔塔扎平的病人若同时服用 CYP2D6 的抑制剂氟西汀,则 S-米尔塔扎平的血药浓度较高。说明 S-米尔塔扎平主要由 CYP2D6 代谢生成 S-8-羟基-米尔塔扎平,而 R-米尔塔扎平则倾向于由 CYP3A4 和 CYP1A2 催化进行 N-去甲基化代谢[26]。

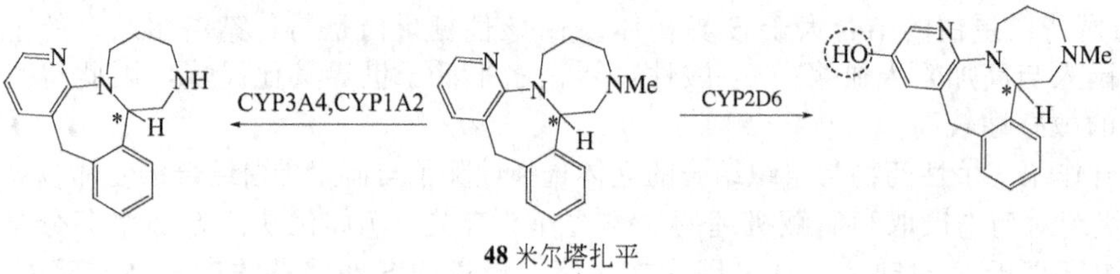

48 米尔塔扎平

图 11-5 米尔塔扎平的代谢途径

另一方面,有些对映体尽管是由相同的酶代谢,但由于同一种酶对对映体的亲和力有大小,或者对映体分别由几种酶代谢时其比例不同,都将导致两者在体内代谢速度和代谢量的不同。如奥美拉唑(**49**,Omeprazole)的两种对映体由 CYP2C19 分别代谢成 5-羟基-奥美拉唑和 $5'$-O-去甲基奥美拉唑,以及由 CYP3A4 催化生成 3-羟基-奥美拉唑和奥美拉唑砜(图 11-6)。虽然参与代谢的酶相同,但 98% 的 R-异构体是由 CYP2C19 代谢,仅 2% 被 CYP3A4 代谢,而 S-异构体中有 27% 经 CYP3A4 代谢。由于 CYP3A4 酶在体内的催化代谢速度很慢且饱和性高,故 S-奥美拉唑的代谢速率远远低于 R-奥美拉唑,总清除率仅为后者的 1/3,最终导致抑酸效应的不同[27]。

人体实验表明 β-受体阻滞剂普罗帕酮(**14**)的 5 位羟基化对 R-异构体有较高的选择性,且呈浓度依赖性(图 11-7)。生成的活性产物 5-羟基-PPF 在与葡萄糖醛酸和硫酸酯结合时,优先于 S-和 R-异构体[28]。Zhou Q 等人通过使用人 CYP1A2 的转基因细胞系来研究普罗帕酮的 N-去丙基代谢,证明该代谢过程的立体选择性取决于底物的浓度。对于普罗帕酮消旋体,低浓度时可以发生立体选择性的代谢,而高浓度时则没有;对于单一对映体,则在高浓度时 S-(+)-普罗帕酮比 R-(-)代谢得快,而在低浓度时则相反[29]。

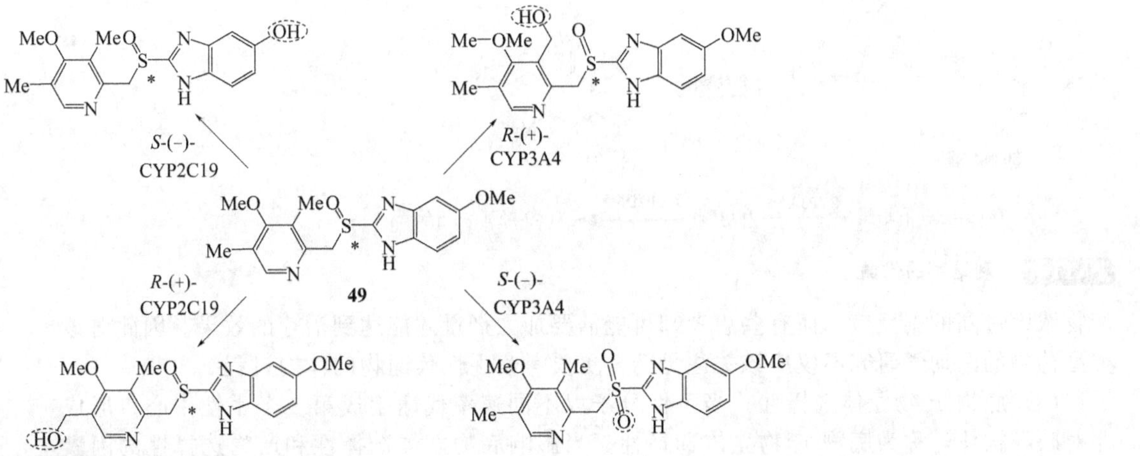

图 11-6　奥美拉唑的代谢途径

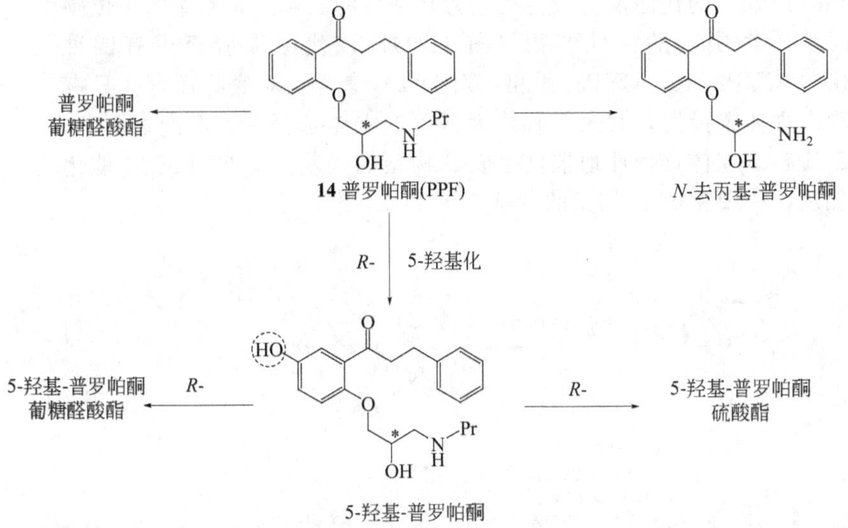

图 11-7　普罗帕酮代谢途径

（2）产物立体选择性　由含前手性中心的母药经体内选择性的代谢生成一个新的手性中心，并以不同速率形成对映体的过程，称为产物立体选择性。

前手性药物的体内代谢可发生立体特异性转化，产生手性代谢物。前手性药物的代谢是一个复杂的较为随机的过程，且催化酶的基因型对对映体的生成影响程度也不同。如反式曲马朵（**33**）的活性代谢产物反式氧去甲基曲马朵对映体在受试者体内和大多数取血时间点，（−）-反式曲马朵的浓度高于（＋）-反式曲马朵的浓度；在不同受试者体内，血清中反式曲马朵对映体的比值差别较大，两对映体的峰值浓度（c_{max}）和最小有效浓度（c_{min}）有显著性差异，表现出手性药物代谢的产物立体选择性[30]。

抗精神病药物利培酮（**50**，Risperidone），主要代谢途径为 9 位氧化生成活性代谢产物 9-羟基-利培酮。Yasui-Furukori 等[31]认为（＋）-9-羟基-利培酮主要由 CYP2D6 催化生成，而（−）-9-羟基-利培酮则主要与 CYP3A4 有关，且血浆中（＋）-9-羟基-利培酮的浓度远远高于（−）-9-羟基-利培酮（图 11-8）。由于前手性药物的代谢具有难以预测的特点，产物的多少仅取决于原药与酶的活性部位结合的方向，且个体差异非常之大，这对于给药方案和剂量的确定是一个不利的因素。在治疗窗内的血药浓度也有可能发生活性代谢

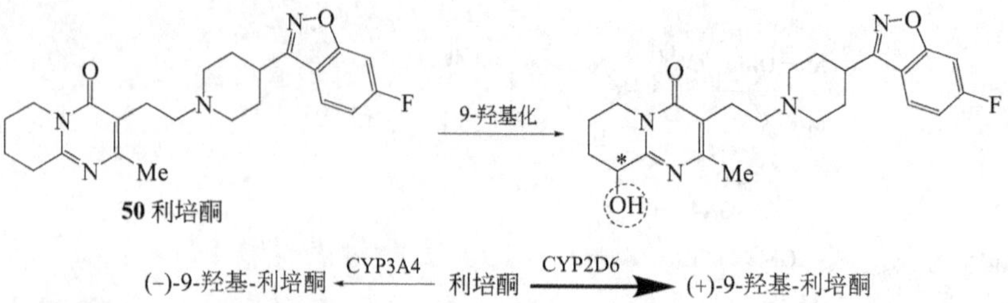

图 11-8 利培酮的代谢

产物浓度过高的副反应，而有些患者却可能需要加大剂量才能达到治疗的效果。因此对该类型药物的药动学研究不仅应该关注母药，更要考察手性代谢物的体内过程。

（3）底物-产物立体选择性　当手性分子以不同速率代谢生成第二个手性中心，形成非对映异构体，称为底物-产物立体选择性。当影响底物立体选择性和产物选择性的因素同时存在时，就会导致复杂的底物-产物立体选择性。

如丁呋洛尔（**51**，Bufuralol）的代谢反应发生在其芳环 7 位的乙基上，乙基的 1 位碳经羟化代谢生成具有两个手性中心的活性产物（图 11-9）。该代谢反应至少有四种CYP450 同功酶（CYP2D6，CYP2C19，CYP3A4 和 CYP1A2）参与。对底物而言，只有CYP2D6 催化的反应表现出立体选择性，其余三种均无显著的立体选择性。对产物而言，CYP2D6，CYP3A4 和 CYP1A2 立体选择性地催化生成 S-构型的羟基，而 CYP2C19 催化代谢的立体选择性方向相反，主要生成 R-构型的羟基（图 11-9）[32]。

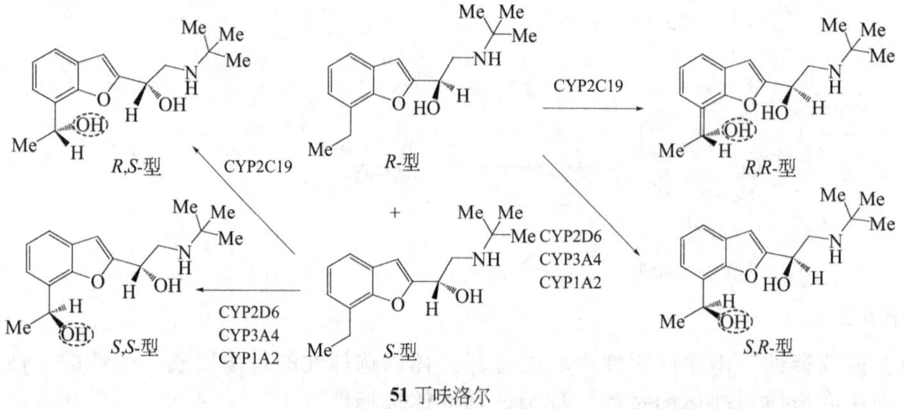

图 11-9　丁呋洛尔代谢途径

类似的，戊巴比妥的 $3'$ 位羟化代谢，R-华法林的酮基还原代谢以及非甾体类药物氟罗布芬（Flobufen）[33]、伊曲康唑（Itraconazole）[34] 等药物的代谢，均表现出显著的底物-产物立体选择性。

（4）手性翻转　手性药物被代谢成它的对映体的现象，称作手性翻转（chiral inversion）。手性翻转是一种特殊的代谢途径，通常与差向立体异构有关。主要有两种机制可引起差向立体异构化，一是存在能可逆结合的基团，引起结合中间体的差向立体异构化；二是两种代谢途径具有相反的结果，如氧化与还原，也可引起差向异构化，最终导致一种对映体向另一种对映体的转化。然而，大多数的代谢过程是不可逆的。

手性翻转有单向翻转和双向翻转两种类型。大多数 2-芳基丙酸类非甾体抗炎药（2-APA）的代谢均存在单向翻转的现象，即由 R-对映体转化为 S-对映体。例如 S-布洛芬（**21**）体外抑制环氧合酶（LOX）作用强于 R 型 160 倍，但在体内只相差 1.4 倍。这是由于 R-布洛芬在体内发生了手性转化，由低活性的 R 构型转变成 S 构型的结果。近年来也发现个别 2-芳基丙酸类药物在某些种属中表现出双向转化[35,36]。如对 CD-1 小鼠分别给 R-酮洛芬和 S-酮洛芬单个对映体，结果发现血浆中均出现了 R-对映体和 S-对映体。在鼠肝细胞中，氟罗布芬（Flobufen）两对映体的转化也是双向的。此外，布洛芬在豚鼠中，噻洛芬酸（Tiaprofenic Acid）在鼠中以及某些 2-芳基丙酸类在狗中均被发现有显著的双向转化。

通常认为，2-芳基丙酸类药物手性翻转（R-S 为例）的机制包括以下几步：R-对映体经酰基辅酶 A 合成酶催化生成 R-2-芳基丙酸-酰化辅酶 A 硫酯，再经辅酶 A 消旋酶催化发生差向异构化生成 S-2-芳基丙酸-酰化辅酶 A 硫酯，然后再分别被辅酶 A 水解酶水解，生成 R-2-芳基丙酸和 S-2-芳基丙酸各半的产物。

对普拉洛芬（**52**，Pranoprofen）在猎犬与大鼠中的立体选择性处置的研究中，发现 R-(−)转化为 S-(+)-对映体的程度可达到 14%，这种手性转化在减慢 S-(+)-对映体在犬中的消除起重要的作用。研究还发现这种手性转化的器官主要发生在肝，其次在肾和胃肠道[37]。在研究手性药物的代谢时，研究对映体在体内的相互转化是很重要的，可了解是否由于对映体转化为另一对映体而减慢另一对映体的消除甚至使其蓄积而发生毒副反应。

52 普拉洛芬

（5）对映异构体代谢的相互作用　如果对映体竞争同一代谢酶，就会发生对映体间的代谢抑制作用，这种抑制作用可以是单方向的，也可以是相互的。抗心律失常药普罗帕酮的药代动力学研究表明，以外消旋体或单一对映体给药，普罗帕酮（**14**）的体内处置存在明显的差别[38]。给予外消旋体普罗帕酮后，S-普罗帕酮的清除率小于 R-普罗帕酮，可能是 R-体竞争性抑制 S-体的体内消除所致。因为 R-普罗帕酮与代谢酶有较强的结合力，当给予消旋体时，R-普罗帕酮先与代谢酶结合，自身代谢增加，并降低了 S-体与酶的结合，使其消除减慢。分别给予两对映体时，S-体的清除率大于 R-体，可能是 R-体易达到饱和产生饱和首关代谢效应而出现非线性特征，导致清除率降低。

大鼠肝微粒体与反式曲马朵（**33**）外消旋体，（+）-反式曲马朵和（−）-反式曲马朵分别孵育后发现，外消旋体中（+）-反式曲马朵的代谢速率减慢 19.73%，（−）-反式曲马朵的代谢速率减慢 4.76%；（+）-反式曲马朵的活性代谢产物（+）-氧去甲基曲马朵的生成速率减慢 60.15%，（−）-氧去甲基曲马朵的生成速率减慢 9.54%。这表明，（−）-反式曲马朵能显著抑制（+）-反式曲马朵的代谢及（+）-氧去甲基曲马朵的生成，而（+）-反式曲马朵对（−）-反式曲马朵的代谢及（−）-氧去甲基曲马朵生成的抑制作用不显著。由于（+）-氧去甲基曲马朵具有较高的药理活性，这种相互作用会影响反式曲马朵的活性[8]。

11.2.2.4　手性药物的排泄

药物及其代谢产物的主要排泄途径有肾清除和胆汁排泄。这两种途径都涉及主动和被动机理，它们的主动转运过程具有立体选择性。药物的肾清除是主要排泄途经。手性药物的肾脏排泄通过肾小球滤过，肾小管主动分泌与重吸收。其立体选择性主要表现在肾小管主动分泌、主动转运和肾代谢过程。

由于肾小管上皮细胞上含有负离子或正离子的转运蛋白，它们与手性药物的两个对映体有不同的选择性作用，所以肾小管的主动分泌与重吸收的净结果具有立体选择性。由于转运蛋白有饱和性，外消旋药物的两个对映体会竞争蛋白结合位点，致使两个对映体的排泄性质不同。例如，在消旋氧氟沙星（**23**）的清除过程中，R-(+)-体抑制了肾脏对 S-

(—)-体的清除，与单纯给 S-氧氟沙星相比，降低了肾脏的消除率。

手性药物同血浆蛋白结合的选择性会影响肾脏清除作用。肾小球的滤过作用与血浆中游离型药物或代谢产物的浓度成正比。对映体与血浆蛋白的结合程度不同，则二者被肾小球滤过的速率和总量有差别，因而肾清除有立体选择性。例如 S-(—)-维拉帕米（**53**，Verapamil）及其代谢产物 S-去甲基维拉帕米，与血浆蛋白的结合率较低，肾小球滤过较强，其肾清除作用高于 R-(+)-体。

索他洛尔（**30**）的 R-对映体减少肾血流量，导致消旋体给药后 S-对映体的系统清除率下降。奎尼丁与奎宁互为对映体，肾清除率之比为 4，这与肾小管主动分泌功能有关。在人体内，对羟基氯喹的 S-(+)-对映体的肾清除率是 R-(—)-对映体的 2 倍。酮洛芬（**54**，Ketoprofen）的代谢物酮洛芬葡糖醛酸苷主要经肾排泄，R-对映体优于 S-对映体。然而在大鼠体内，酮洛芬的代谢物酮洛芬葡糖醛酸苷主要经胆汁排泄，胆汁中 S-对映体与 R-对映体浓度的比值是血中的 2 倍，表明胆汁分泌中也存在立体选择性。

53 维拉帕米   **54** 酮洛芬

11.3 手性药物的制备

随着对手性分子认识的不断深入，人们对单一手性物质的需求量越来越大，对其纯度的要求也越来越高，以单一对映体形式进入市场的手性药物的种类和销售额也逐年增加。如何高效率、低成本地制备手性药物已吸引了学术界、工业界的高度关注。

目前获得手性药物的途径主要有三种：①从天然产物提取；②外消旋体的拆分；③不对称合成。

天然产物是手性药物尤其是手性中间体的重要资源，从生物体内分离提取手性化合物是最直接、最原始的方法。在所有的手性药物中，来自天然产物或由天然产物衍生的药物占有一定的比例，例如吗啡、奎宁、紫杉醇、喜树碱、青蒿素、长春西汀、石杉碱甲等都是由天然产物提取分离得到的。然而受生物资源匮乏，天然化合物含量较低等的限制，此法已无法满足人类对某些有价值的手性化合物日益增长的需要。

11.3.1 外消旋体的拆分

应用拆分技术对外消旋体药物的两个对映体进行分离，获得单一对映体，或通过不对称合成技术直接制备有效对映体，是当今医药工业研究的热点。外消旋体拆分成本较低，应用广泛，大约有 65% 的非天然手性药物是由外消旋体或中间产物拆分得到的，是工业化生产光学纯手性药物的主要方法。手性化合物的拆分主要有结晶拆分法，动力学拆分法和色谱拆分法。

11.3.1.1 结晶法拆分

用结晶的方式进行外消旋体的分离，是手性化合物拆分最常用的方法。按结晶过程的不同，有直接结晶法和间接结晶法。

（1）直接结晶法　直接结晶法拆分是利用外消旋体具有形成聚集体的性质，直接将其从溶液中结晶析出。整个过程只利用两对映体的物理性质差异，不涉及任何化学变化，故又叫物理结晶拆分。直接结晶法包括自发结晶法、优先结晶法、逆向结晶法。自发结晶拆分是指当外消旋体在结晶的过程中，自发地形成聚集体晶体。聚集体晶体是对映纯的，晶体间互为镜像关系，可在放大镜下用人工的方法将两个对映体分开。这是巴士德最早报道的拆分方法。

优先结晶法也称诱导结晶法，是在饱和或过饱和的外消旋体溶液中加入其中一个对映体的纯晶体作为晶种，使该对映体稍稍过量而造成不对称环境。于是溶液中该种对映体就在晶种的诱导下优先结晶析出，结晶按非平衡的过程进行。将这种结晶滤出后，再加入外消旋体制成过饱和溶液，于是另一种对映体优先结晶析出。如此反复结晶，就可以把一对对映体分开。优先结晶法是在巴士德的研究基础上发现的。文献最早报道的优先结晶法是用于肾上腺素的拆分。实际生产中，常利用优先结晶法进行循环往复的结晶分离。利用此法进行拆分的实例有抗高血压药物 L-甲基多巴等。

逆向结晶法是在外消旋体的饱和溶液中加入可溶性的某一种构型近似化合物，添加的化合物就会吸附到外消旋体溶液中的同种构型异构体结晶的表面，从而抑制了这种异构体结晶的继续生长，而溶液中相反构型的异构体就会加快结晶速度，形成晶体析出。例如在外消旋的酒石酸钠铵盐的水溶液中溶入少量的 S-(－)-苹果酸钠铵或 S-(－)-天冬酰胺时，可从溶液中结晶得到 R,R-(＋)-酒石酸钠铵。逆向结晶拆分法主要用于一些氨基酸及衍生物的拆分，一些应用实例见表 11-5。

表 11-5 逆向结晶法拆分实例[16]

外消旋体	手性添加物	优先结晶对映体
苏氨酸	S-谷氨酸,S-谷酰胺,S-天冬氨酸,R-半胱氨酸,S-苯丙氨酸,S-组氨酸,S-赖氨酸,S-天冬酰胺	R-苏氨酸
谷氨酸盐酸盐	S-赖氨酸,S-鸟氨酸,S-组氨酸,S-丝氨酸,S-苏氨酸,S-半胱氨酸,S-酪氨酸,S-亮氨酸	R-谷氨酸
天冬酰胺水合物	S-谷氨酸,S-天冬氨酸,S-丝氨酸,S-赖氨酸,S-谷酰胺,S-鸟氨酸,S-组氨酸	R-天冬酰胺
对羟基苯甘氨酸对甲苯磺酸盐	S-苯甘氨酸,S-酪氨酸,S-对甲氧基苯甘氨酸,S-色氨酸,S-苯丙氨酸,S-赖氨酸,S-多巴,S-甲基多巴	R-对羟基苯甘氨酸
组氨酸盐酸盐	S-色氨酸,S-苯丙氨酸	R-组氨酸
苯基羟基丙酸	S-苯丙乳酸	R-苯基羟基丙酸

在结晶法拆分过程中，若将优先结晶法中加入某种单一对映体晶体可诱导相同构型结晶生长的原理和逆向结晶法中加入另一个构型近似化合物溶液可抑制相同构型的对映异构体生长的原理相结合，可使结晶拆分的效率大大提高。

由于三种直接结晶拆分方法都要求外消旋体必须能形成聚集体，但实际情况只有大概 5%～10% 的有机手性化合物能形成聚集体，因此其应用有很大的局限性。

(2) 间接结晶法 间接结晶法又称化学拆分法，是利用外消旋体（dl-A）的化学性质使其与某一光学纯手性拆分剂（d-B）反应，生成两种非对映异构体的盐或其他复合物，然后利用非对映异构体的盐的溶解度差异，使其中一个非对映体结晶析出，最后再脱去拆分剂，即可得到一种对映体。

这是一种经典的应用最广的方法。适用于这类拆分方法的外消旋体有酸、碱、醇、酚、醛、酮、酰胺及氨基酸等。此方法存在费事、费时、收率较低、拆分剂消耗大及在拆分的化合物类型上受到限制等缺点。

对上述拆分方法进行的一个重要改进是"相互拆分"（mutual resolution）的方法。这一新的方法采用外消旋体 dl-(±)-B 来代替光学纯对映体（－）-B 或（＋）-B 作为拆分剂。这样拆分剂和待拆分的化合物都是外消旋体，同时形成四个非对映异构体 d-A·d-B，d-A·l-B，l-A·d-B 和 l-A·l-B。在拆分过程中，当两个外消旋体溶解在溶液中时，有两对对映体相互平衡着，利用其中一对对映体，如当 d-A·d-b/l-A.l-B 对映体溶解度较小时，可以加入 d-A·d-B 或 l-A·l-B 的晶种，使其中相同构型的盐优先析出。分步加入四个对映体的晶种就可以分别得到四个光学纯的化合物。这种改进的相互拆分法不需提供光学纯的拆分剂，省去了繁琐的操作，使拆分方法变得更经济实用。

使用拆分剂对外消旋体进行拆分时，常用碱类化合物如生物碱、萜类化合物、氨基酸及其碱性的衍生物等来拆分酸和内酯。用手性羧酸如酒石酸及其酰基衍生物、扁桃酸及其衍生物等来拆分外消旋的胺类化合物等。Colberg 等在舍曲林（**56**，Sertraline）的合成工艺中以（S）-扁桃酸（**55**，Mandelic acid）作为拆分剂拆分消旋的舍曲林，所得产物的 ee 值达 99%（图 11-10）[39]。

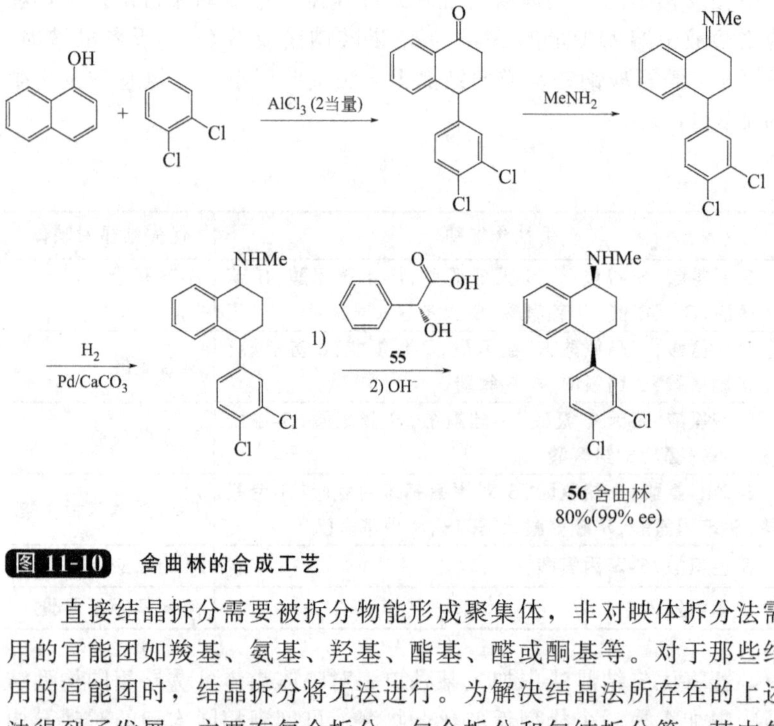

图 11-10 舍曲林的合成工艺

直接结晶拆分需要被拆分物能形成聚集体，非对映体拆分法需要被拆分物中存在可利用的官能团如羧基、氨基、羟基、酯基、醛或酮基等。对于那些结构中不存在明显的可利用的官能团时，结晶拆分将无法进行。为解决结晶法所存在的上述缺点，一些新的拆分方法得到了发展。主要有复合拆分、包合拆分和包结拆分等。其中包结拆分由于其拆分效率高、操作简单及适用条件广泛等优点而受到重视。包结拆分的基本原理如图 11-11 所示，手性主体化合物通过氢键或分子间的 π-π 作用力，选择性地与外消旋客体分子中一个对映体形成稳定的包结络合物析出，从而实现对映体的分离。

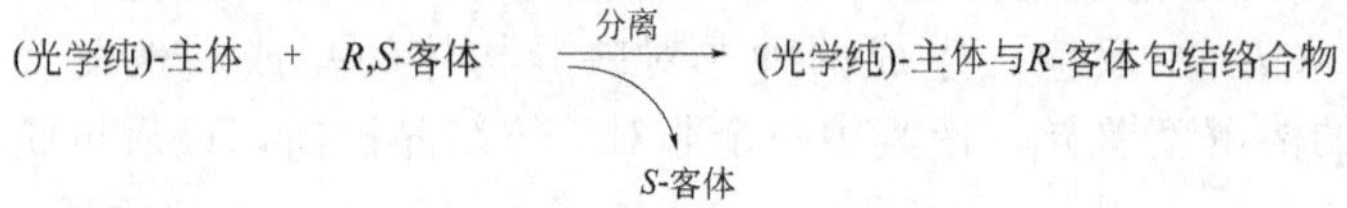

(光学纯)-主体 + R,S-客体 —分离→ (光学纯)-主体与R-客体包结络合物
　　　　　　　　　　　　　　　　↘ S-客体

图 11-11 包结拆分原理示意图

甾类化合物是最优良的包结主体之一，因为其化学结构中富含多种功能基且刚性很强，其中胆汁酸类衍生物 **57** 广泛地应用于手性醇、酮及手性亚砜类化合物的拆分[40]。

Hisakazu 等利用一种酒石酸衍生物 **58** 作为包结主体拆分了外消旋的甲基取代环丙烯等一系列化合物，经蒸馏后，得到光学纯度为 28%～75% 的包结络合物[41]。

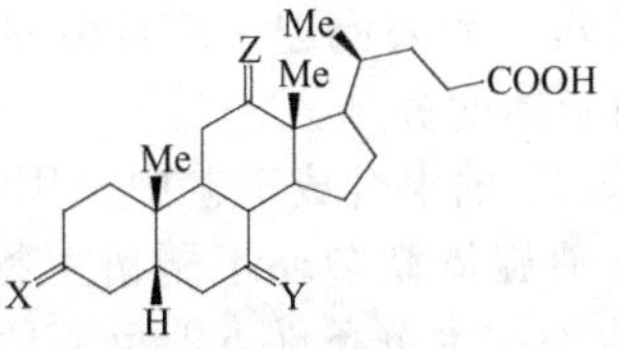

57 胆汁酸衍生物 X=Y=Z=OH, H或O

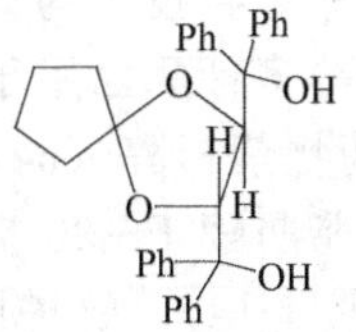

58 R,R-酒石酸衍生物

由于包结拆分中主体分子与客体分子间不发生化学反应，只是通过分子间作用力来实现拆分，很容易地通过如柱色谱、溶剂交换以及逐级蒸馏等手段与客体分离和循环使用。因而这种方法具有较好的工业应用前景。

11.3.1.2 动力学拆分

动力学拆分是利用两个对映体和一个手性试剂反应速率的不同而进行的拆分（图 11-12）。手性试剂可以是化学或生物催化剂。

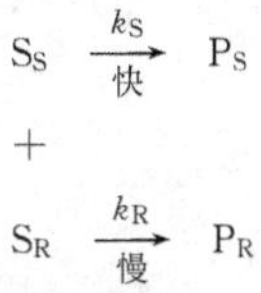

$$S_S \xrightarrow[\text{快}]{k_S} P_S$$
$$+$$
$$S_R \xrightarrow[\text{慢}]{k_R} P_R$$

图 11-12　动力学拆分示意图
(S—底物，P—产物，下标 S, R 为构型)

（1）化学催化的动力学拆分　化学催化的动力学拆分如 Sharpless 不对称环氧化反应，用于二级烯丙醇的拆分（图 11-13）。Sharpless 环氧化反应本质上有利于生成 1,2-反式产物。当使用外消旋的烯丙基甲基仲醇 **59**，以（-）-酒石酸二异丙酯作为手性诱导试剂进行 Sharpless 不对称环氧化时，由于新形成的环氧为 R, R-型，因此 R-对映体由于生成能量有利的 1,2-反式环氧仲醇，反应较快，于是 R-对映体选择性被环氧化生成 **60**，S-对映体不发生反应，从而保留下来。以（+）-酒石酸二异丙酯作为手性诱导试剂，则 S-对映体发生反应生成 **61**，R-对映体不反应，从而将两个对映体分开。

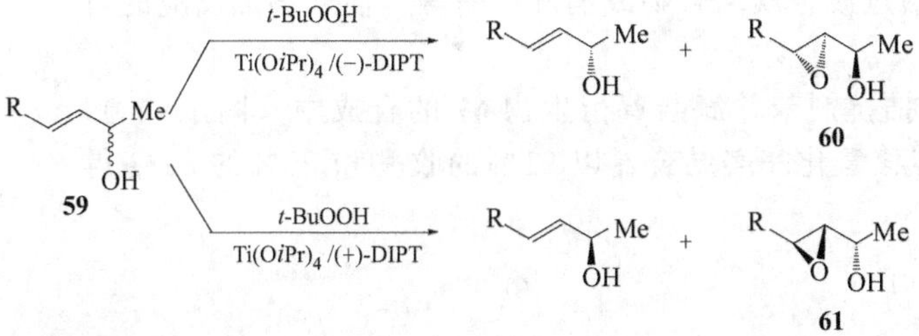

图 11-13　烯丙基仲醇的动力学拆分

（2）酶催化动力学拆分　用生物酶做催化剂进行的拆分，可得到光学纯度很高的单一对映体药物，这一方法比结晶法有明显的优越性，因而得到更多的发展。酶的活性中心具有手性，对底物的不同对映体有识别能力。能与酶的活性中心匹配的对映体反应速率高于不匹配的对映体。酶催化的动力学拆分就是根据酶和底物的这一特点，将某一对映体选择性地转化为产物，而其对映体则不变，或者反应速率慢，从而实现对外消旋体的拆分，反应产物的 ee 值常可达 100%。用催化效率高、专一性强的酶拆分外消旋体是获取对映体纯化合物的捷径。

酶催化的反应大多在温和的条件下进行，温度通常不超过 0~50℃，pH 值接近中性；而且酶无毒，不会造成环境污染，可以弥补结晶拆分法的许多不足，适于大规模生产。酶固定化技术、多相反应器等新技术的日趋成熟，大大促进了酶拆分技术的发展。脂肪酶、酯酶、蛋白酶、转氨酶等多种酶已用于外消旋体的拆分。

Patel 等在抗肿瘤药物紫杉醇（**64**，Taxol）的半合成工艺中，用吸附固定在聚丙烯树脂珠上的葱头假单胞菌脂肪酶 PS-30 拆分外消旋体氮杂环丁酮衍生物 **62**，以制备紫杉醇侧链前体化合物 **63**（图 11-14）。这种固定化酶在水解条件下能反复使用 10 次而未见酶活性丧失[42]。

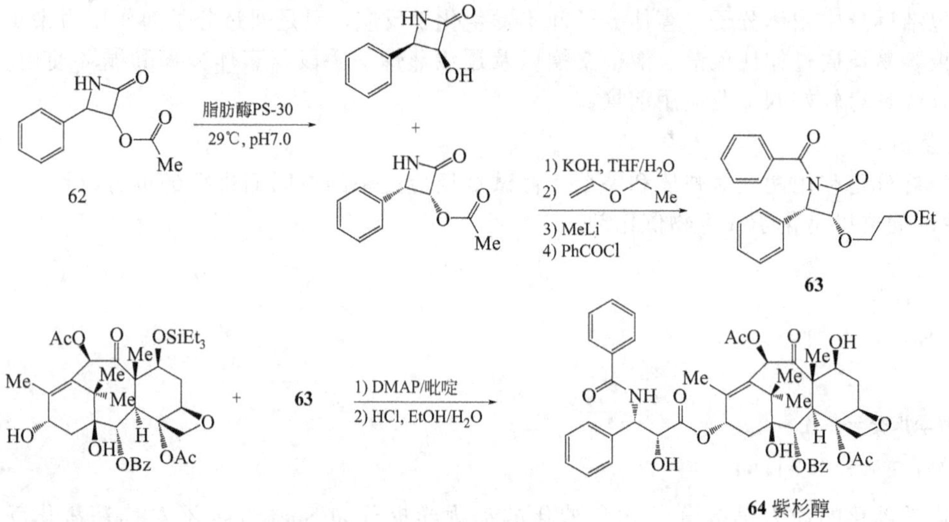

图 11-14 紫杉醇中间体的酶催化拆分半合成工艺

（3）动态动力学拆分　动力学拆分的理论产率仅为 50%，有一半的对映体被作为废物抛弃，不仅造成大量原料的浪费、提高了生产的成本，还容易造成污染。如将对映体的消旋化和动力学拆分结合起来则可以克服上述缺陷。动态动力学拆分就是这样一种拆分技术，其理论产率可以达到 100%。动态动力学拆分类似于结晶诱导不对称转化，其技术的关键是在动力学拆分反应进行的同时，通过改变反应条件（如 pH 值、反应温度等）或加入能够产生消旋化反应的催化剂（包括过渡金属络合物或消旋化酶等）使未参加反应的对映体进行消旋化。

Martin Wills 等在多巴胺 D1 受体拮抗剂苯并氮杂䓬衍生物 **67** 的合成中（图 11-15），将手性前体 **65** 的外消旋化和不对称转移氢化完美结合，以 91% 的收率和 95% 的 ee 值得到其关键中间体顺式醇 **66**[43]。

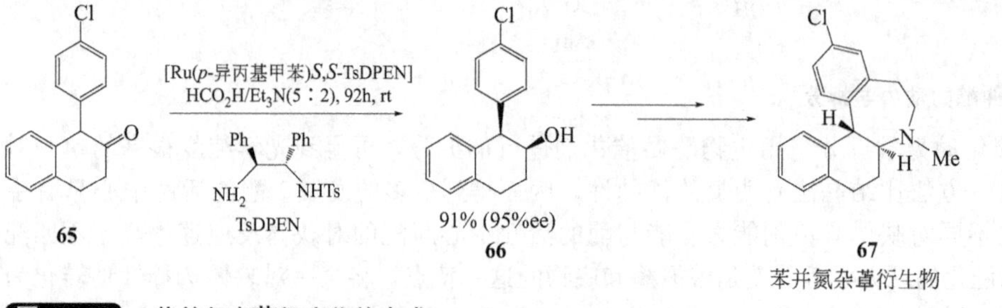

图 11-15 苯并氮杂䓬衍生物的合成

11.3.1.3　色谱法拆分

用色谱方法进行手性化合物或手性药物的分离的文献报道很多。然而绝大多数仅限于对手性化合物的分析和纯度测定。近年来，对于色谱在制备拆分中的应用，也已发展出多种技术和方法。除了早期发展的分批洗脱色谱法和闭环循环色谱法外，近年又发展出模拟移动床色谱法和超（亚）临界流体色谱法等。这些拆分技术成本较高，仅限于价格昂贵的手性药物的拆分，并且大多尚处于小试阶段。只有模拟移动床色谱法（simulated moving-bed chromatography）发展较快，近年已发展出吨级生产工艺，在商业规模的外消旋体拆分中发挥了重要的作用。

常规的色谱是液体携带样品向前流经一个填料固定床，各组分根据其与填料的相对亲和力被分离。模拟移动床的运行像在同一时间内填料在向后移动。实际过程中填料床并不移动，而是将柱子首尾两端连接成为一个闭路循环，操作人员改变样品与溶剂的注入点和混合组分的移出点。模拟移动床手性拆分系统在运行过程中，旋转阀间歇性地开关，控制外消旋体在不同时间的进样、新溶剂的注入和两个对映体的提取位置。模拟移动床色谱的流程装置是由数根色谱柱串联，由一循环泵将最后一根柱子中的溶液泵回到第一根形成环路。将外消旋体在两根柱子之间加入，经一段时间后，保留时间小的组分在前面，保留时间长的组分在后面，在预定的时间和位置，分别将其取出小部分。反复注入和取出的时间与位点都是由微型计算机软件控制的。因为流动相的运动和固定相是相反的，因此这种逆流色谱性质使得传质驱动力达到最大，这样就减小了洗脱剂的消耗量。

模拟移动床技术在手性拆分中的应用已有不少综述报道[44,45]。最近，Chen等用中等规模的模拟移动床成功地拆分了奥美拉唑，使用纤维素三苯基氨基甲酸酯涂敷型的手性固定相，以乙醇作为流动相，得到S-奥美拉唑，光学纯度达96.4%[46]。

49 奥美拉唑

表11-6列举了一些手性化合物应用模拟流动床色谱拆分的实例。

表11-6 手性药物模拟流动床色谱拆分实例[16]

外消旋药物	手性固定相(CSP)	分离量	每克对映体所需流动相
Hetrazepine	微晶纤维素三乙酸酯(CTA)	119g/(h·kg-CSP)	94mL
吡喹酮	纤维素三乙酸酯	4.7g/(h·kg-CSP)	56mL
曲马朵	Chiralcel AD	50g/(h·kg-CSP)	500mL
联萘酚	Pirkle-type 3,5-DNB&G	2000g/d	
普萘洛尔	Chiralcel OD	3.83g/(h·L-CSP)	200mL
愈创甘油醚	Chiralcel OD	10.0g/(h·kg-CSP)	380mL
福莫特罗	Chiralcel OJ	1.2g/(h·kg-CSP)	515mL

色谱拆分法目前国内只用于小量拆分，国外的模拟移动床色谱已成功应用于大规模生产，使手性物质的大量分离变得切实可行。随着对各种对映体拆分机制的更加深入的研究，手性色谱拆分技术必将得到进一步完善和发展。

11.3.2 手性药物合成

手性合成是利用手性试剂与前手性中心的底物反应生成光学活性化合物的过程。手性合成法可以直接合成光学纯化合物，再无需进行拆分，其优点是显而易见的。手性合成依据手性产生的方式有利用手性源、手性辅助试剂、手性催化剂和酶催化等几类方法。

11.3.2.1 利用手性源

手性源合成法最常用,但合成步骤繁多,产物成本高。以来源丰富,光学纯度高的天然产物为原料,可以方便地合成新的光学活性化合物。氨基酸、羟基酸、萜烯、糖类、生物碱等天然产物是最常用的手性源,不但在合成中用作原料,并可衍生出许多手性试剂和配体。同时,有机合成的发展也为手性合成提供了醇、胺、环氧化物等非天然手性源。

Tamagnan等在瑞波西汀(**69**,Reboxetine)的合成中以 S-3-氨基-1,2-丙二醇(**68**)作为起始原料引入吗啉环2位的手性(图 11-16),并以此手性诱导2-位支链上手性中心的形成。整个合成共9步反应,总产率大于30%,最终产物的光学纯度达99%以上,起始原料的手性在合成过程中得到全部的保留[47]。

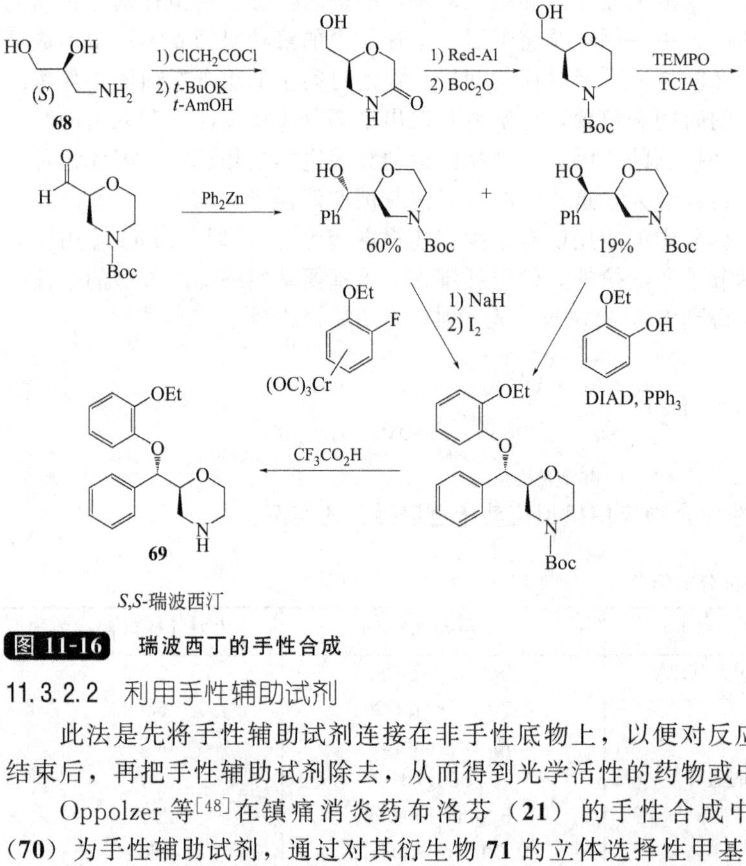

图 11-16 瑞波西丁的手性合成

11.3.2.2 利用手性辅助试剂

此法是先将手性辅助试剂连接在非手性底物上,以便对反应进行不对称诱导,当反应结束后,再把手性辅助试剂除去,从而得到光学活性的药物或中间体。

Oppolzer等[48]在镇痛消炎药布洛芬(**21**)的手性合成中用 S-2,10-坎烷磺内酰胺(**70**)为手性辅助试剂,通过对其衍生物 **71** 的立体选择性甲基化得到 **72**,经水解除去手性辅助试剂得到布洛芬,ee值95%,**70** 可回收利用(图 11-17)。

11.3.2.3 利用手性催化剂

该法是利用手性催化剂来诱导非手性底物与非手性试剂间的反应,生成光学活性产物。手性催化剂通常是过渡金属络合物,在反应中作为手性模板控制反应物的构型,将前手性底物选择性地转化成特定产物。

20世纪70年代,美国孟山都公司将不对称催化氢化反应用于 L-多巴的合成,这是工业上第一次使用不对称催化反应生产手性药物。自 Knowles 和 Horner 发现的手性膦-铑催化剂用于不对称催化氢化反应以来,不对称催化反应得到极大发展。人们抓住不对称催化反应的关键——新型手性配体的设计和合成,得到了许多新型的手性配体。这些配体用于各种含双键化合物的不对称氢化,不对称氧化,不对称环丙烷化和羰基的不对称还原等反应,有很高的立体选择性。酮的不对称催化还原,不对称催化烷基化反应、不对称催化

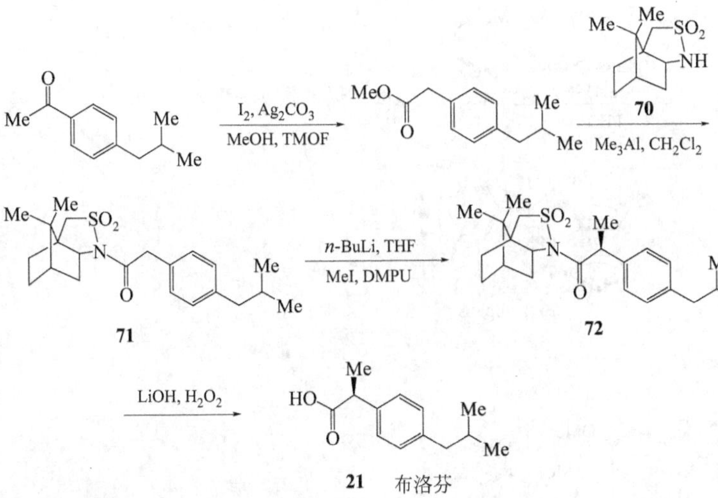

图 11-17 布洛芬的手性合成

Heck 反应、不对称 Reformatsky 反应及不对称催化加成反应等，也都在药物合成中得到了大量应用。手性催化剂法所需手性试剂仅为催化量，立体控制性好，产率和产品纯度较高。由于以上优点，这些催化反应被用于许多手性药物的合成，取得了极大的成功。表 11-7 列出了不对称催化反应在手性药物合成中的一些成功应用的实例。

表 11-7 已用于工业生产的不对称催化反应

生产公司	金属/反应类型	终产品
孟山都	Rh/氢化	L-多巴
住友	Cu/环丙烷化	西司他丁
Anic, Enichem	Rh/氢化	L-苯丙氨酸
T. T. Baker	Ti/环氧化	环氧十九烷
ARCO	Ti/环氧化	缩水甘油
高砂	Rh/重排异构化	L-薄荷醇
默克	B/羰基还原	MK-0417
E. Merck	Mn/环氧化	色满卡林类药物
高砂	Ru/氢化	碳青霉烯类药物
诺华	Ir/氢化	S-精异丙甲草胺

如诺华公司应用铱/手性膦化合物 73 作为催化剂合成了单一对映体的除草剂精异丙甲草胺（74，S-异丙甲草胺），生产规模每年 1000t[49,50]。其工艺路线如图 11-18 所示。

Von Ungeb 等将 Sharpless 不对称环氧化条件用于手性亚砜的制备，发展了一条很有效的奥美拉唑 49 的手性合成路线（图 11-19）。以 Ti(O^{i}Pr)$_4$：S,S-酒石酸二乙酯（S,S-DET）：水复合物作为手性配体，催化硫醚的不对称氧化，光学纯度可达 94% 以上。经成盐和重结晶可得光学纯的奥美拉唑钠盐。该生产工艺可达吨级生产规模[51~53]。

11.3.2.4 利用酶催化

此法是指利用酶促反应和微生物转化的高度立体和区域选择性，将化学合成的外消旋体、前体和潜手性化合物转化成单一对映体活性产物。此法具有反应条件温和、产物单一、立体选择性高、副产物少、收率高、无污染等优点。酶催化手性合成可分成直接酶催化合成和微生物细胞催化合成两种。

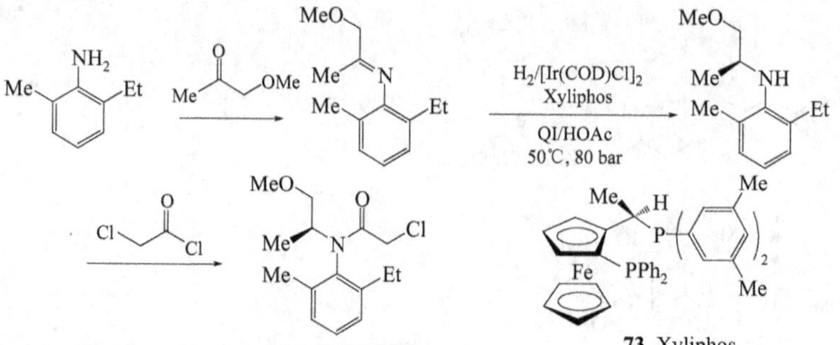

74 *S*-异丙甲草胺　　**73** Xyliphos

图 11-18　精异丙甲草胺的合成工艺

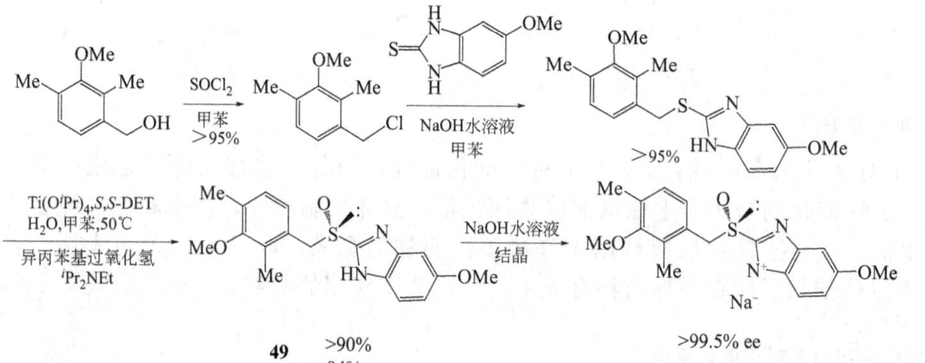

49　>90%　>94% ee　　　>99.5% ee

图 11-19　奥美拉唑的不对称合成路线

（1）酶催化　酶是天然的手性催化剂，用于手性药物的合成颇具应用潜力。利用酶的高度立体选择性，能将前手性的底物转化为手性化合物。所得产物光学纯度高，转化率几乎可接近 100%。以转氨酶为例，其特点是反应速率快，无需辅因子，已被用于大规模生物合成非天然氨基酸，以满足生产手性药物的需要。例如降压药依那普利结构中含有的 L-高苯丙氨酸（L-Homophenylalanine）属非天然氨基酸；另外，非天然氨基酸 D-苯丙氨酸和 L-叔丁基亮氨酸也分别是一些抗血栓药和抗艾滋病药的组成部分[54]。

羟脯氨酸是药物合成中的重要手性原料，尤其是反 4-羟基-2-脯氨酸，它是羟脯氨酸的 8 种异构体之一，是生产抗炎药 *N*-乙酰羟脯氨酸、碳青霉烯类抗生素（carbapenem）、血管紧张素转化酶抑制剂（ACEI）的重要前体。Shibasaki 等[55]分别从指孢囊菌（*Dactylosporangium* sp. RH1）和链霉菌（*Streptomyces* sp. TH1）中发现了重要的脯氨酸-4-羟化酶和脯氨酸-3-羟化酶。前者能催化生产反-4-羟基-L-脯氨酸，后者能催化生产顺-3-羟基-L-脯氨酸，这两种酶均已在大肠杆菌中克隆表达成功，并已用于工业生产（图 11-20）。

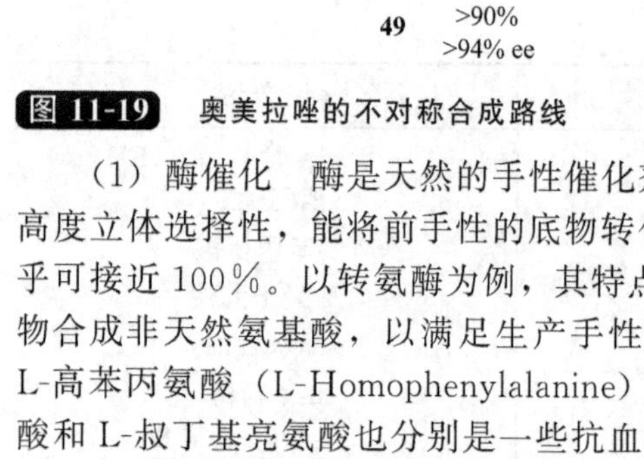

图 11-20　羟脯氨酸的酶催化合成

(2) 微生物细胞催化　酶也可不经分离，直接以微生物细胞作为手性催化剂制备手性药物。如 Mazzini 等[56]在对 GABA 受体激动剂 R-(−)-巴氯芬（**77**，Baclofen）的合成中，用刺孢小克银汉霉菌细胞内加氧酶，使前手性化合物 3-对氯苯基-环丁酮 **75** 经不对称 Baeyer-Villiger 反应一步生成对映纯的 R-3-对氯苯基-4-丁内酯 **76**，反应收率为 31%。内酯 **76** 经进一步氨解等反应得到 R-(−)-巴氯芬（图 11-21）。

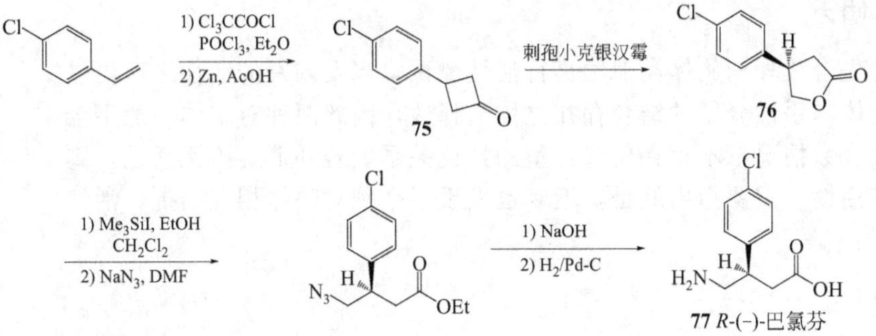

图 11-21　巴氯芬的生物催化合成

利用手性源和手性辅助试剂的不对称合成要使用化学计量的光学活性物质，虽然有时可以回收利用，但是整体上价格昂贵，生产成本高。利用手性催化剂的不对称合成，只使用催化量的试剂就能合成大量的药物，立体控制性好，产率和产品纯度也高。但用手性的金属络合物做催化剂时，手性配体价格昂贵，手性产物与催化剂的分离困难。利用酶催化合成手性化合物成本低廉，立体选择性高，反应条件比较温和。但可利用的酶品种有限，而且酶比较娇嫩，容易失活。尽管如此，酶催化手性合成仍显示了非常诱人的发展前景。各种新的方法与技术正在不断出现，例如抗体酶、交联酶晶体、反胶束酶、固定化酶、酶的修饰及非水相酶学等都是当今研究的活跃领域[57]。通过生物及化学方法对酶进行改造，使酶具有更高的稳定性和可操作性，随着更为廉价的、稳定的、适用于多种底物和高度选择性的酶的不断开发，酶在手性药物合成中的应用面将不断扩大。

11.4　手性药物开发的策略

开发新型单一对映体药物是制药公司实施手性战略的基点，在手性药物研发过程中，了解正确的研究策略，对研发工作的规范有序以及提高研发效率将大有帮助。

11.4.1　去除手性中心

手性分子的外消旋体和其两种对映体是药理作用不同的三种分子实体，必须对它们分别进行深入的药理、毒理研究方能决定是以外消旋体还是以单一对映体成药为好。这就要求做三组药理、毒理研究，工作量是非手性药物的三倍。如果能找到具有相同或更高药效的非手性药物分子，相应的研发工作量就会减至原来的 1/3。理论上，手性并不是药理活性所绝对必需的，如抗阿尔茨海默病药石杉碱甲（**78**，Huperzine A）是手性分子，(−)-石杉碱甲的乙酰胆碱酯酶抑制活性是其对映体的 38 倍[58]。然而与其药效相似的它克林 **79** 却没有手性中心，而对乙酰胆碱酯酶抑制活性与石杉碱甲相当。同为乙酰胆碱酯酶抑制剂的多奈哌齐 **11** 虽有一个手性中心，却对药理活性没有影响，两个对映体表现出相同的药理作用。吗啡分子中有 5 个手性中心，它的合成代用品芬太尼无手性，活性却更强。因此，在新药研发过程中，可以首先考虑去除或部分去除先导物中的手性中心。

78 石杉碱甲   **79** 它克林

11.4.2　外消旋体优先研究

一个手性先导物可首先合成外消旋体类似物进行活性测试，当发现好的活性之后再进行单一对映体的研究。受体与手性分子的结合存在立体选择性，因此两种对映体一般不会与受体有等强度结合，大多数情况下不存在化学计量的拮抗关系。若外消旋体无活性，则单一对映体一般也就没有活性。需要指出的是，近年也发现了个别对映体相互拮抗，活性抵消的情况。

11.4.3　外消旋体转换

外消旋体转换就是将已经以外消旋体形式上市的药物转化成单一对映体。在手性药物研发领域，总的发展趋势是将外消旋体转换成单一对映体，这不仅提高药品的质量，还可大大延长药品的保护期。现在各国有关法规承认单一对映体是不同于外消旋体的新化学实体，因此当一种对映体本身或其代谢物具有毒副作用，两种对映体间在体内也不存在有利的互补作用和相互转化的问题时，应以单一对映体申报新药。

近年，许多制药公司将手性作为一种工具，通过外消旋体手性转换策略延长其"重磅炸弹"药品的专利保护期，从而延长产品的生命周期。一个突出的例子是 AstraZeneca 公司对其抗溃疡药物奥美拉唑的二次开发。该公司申请了 S-异构体的专利，并于 2000 年在欧洲和美国上市，商品名 Nexium。

11.4.4　手性药物的组合物

这是将两种手性药物组成复方上市。制药公司为了加强其自身地位，除了通过外消旋体转换，对其单一活性对映体申请专利以延长保护期外，还可以将一种手性老药与一个新的取得专利的治疗同样疾病，但具有不同作用机制的手性药物组成复方上市。如默克公司上市的一个组合物，就是由该公司的辛伐他汀（Simvastatin）和先灵公司的依析替林（Ezetimibe）组成的。这两种单一对映体都能降低血清胆固醇，不同的是辛伐他汀抑制体内调控胆固醇生物合成的 HMGCoA 还原酶，而依析替林则抑制饮食中的胆固醇自小肠吸收。先灵公司也上市了由该公司的氯雷他定（Loratadine）和默克的孟鲁司特（Montelukast）组成的组合物，用于治疗哮喘。两者均为单一对映体化合物。氯雷他定是一种非镇静的抗组胺药物，而孟鲁斯特则是一种选择性白三烯 D_4 受体拮抗剂。组胺和白三烯两者均为炎症介质。

11.4.5　外消旋体的利用

尽管各国的药政部门都在鼓励开发单一手性药物，然而实际上单一对映体药物并不总是优于外消旋体药物。如果两种对映体的药效和药代过程相似，那么拆分外消旋体可能就没有必要。有时由于两对映体的药理作用相互辅助，外消旋体的活性比单独使用任一对映体都好。或者一种对映体在体内可以转化为另一个时，则应当考虑使用外消旋体。

11.5 讨论与展望

随着部分外消旋体药物所引发的临床毒副作用越来越受到关注，单一对映体的手性药物逐渐得到公众的青睐。分子药理学和手性合成技术的发展有力地支持了手性药物的开发，手性药物和手性中间体研究已经成为当今世界医药研究的热点领域。

20世纪90年代欧美各国药政部门关于手性药物开发的政策法规的制定，极大地推动了全球范围内手性药物的研究与开发。手性药物合成技术迅速发展的同时也对对映体的药效学、药动学和药代学研究提出了更高的要求。随着化学合成和分析测试技术的不断发展，开发单一手性药物必将成为药物研发的主流。手性药物究竟该以单一对映体形式还是外消旋体形式开发上市，取决于两对映体的药效学、药动学和药代学研究结果。两对映体在药效学和毒理学上的差异，药代学各个环节的不同，以及体内代谢过程中是否有手性转化和相互作用等，都是一个手性药物在选择以何种形式上市前需要综合考虑的重要因素。

目前，大多数手性药物仍在以外消旋体给药。这些外消旋药物在临床上已证明是安全有效的，继续以外消旋体给药是可以接受的。然而对于在开发中的候选手性药物，考虑到手性药物对映体间药理活性可能存在质和量的差异，优先考虑开发单一对映体药物是更可取的。

手性药物开发能得到快速发展无疑得益于手性合成技术的日益成熟，从而使得制药工业可以致力于已上市外消旋体药物手性单体的生产。近20年手性合成技术最重要的突破之一是不对称催化反应的实际应用。自1966年Wilkinson研制出第一个高效均相加氢催化剂Rh(PPh$_3$)Cl，以及1968年Korpiumt提出合成手性膦新方法以后，Horner和Knowles几乎同时将手性膦配体引入铑催化剂，成功地实现了不对称催化氢化。此后许多手性膦配体分别在环氧化、环丙烷化、烯烃异构化、氢氰化、氢硅烷化、双烯加成和烯丙基烷基化等几十种反应中得到广泛应用[59]。

手性合成取得突破的另一个动力是生物催化的快速发展。酶的修饰方法及非水相酶学的发展使得酶催化合成变得更稳定和更具操作性。由于生物催化的反应可在温和的条件下进行，催化过程污染较少、能耗和水耗也相对较低，是一种环境友好的合成方法，因此更易受工业界青睐。可以断言，生物催化技术是未来手性药物合成大力发展的重要领域之一[60]。

我国在手性药物合成方面起步晚，无论是在基础研究还是工业应用上与发达国家存在较大差距。在手性化合物的规模化生产上，国内大多采用光学活性天然化合物提取和外消旋体的化学拆分法，手性催化工艺几乎是空白。我国手性药物的药动学、药代学研究力量薄弱，因此加强我国手性技术和手性药物的研究和开发，是当前我国新药研发的重大课题之一。

推荐读物

- Wainer I W. Drug stereochemistry：analytical methods and pharmacology. 2nd ed. New York：CRC, 1993.
- 白东鲁，卜运新，徐振荣. 光学活性药物//化工百科全书编委会. 化工百科全书第6卷. 北京：化学工业出版社，1994：301-321.
- Challener C A. Chiral Drugs. Ashgate, 2001.
- Wermuth C G. Optical Isomerism in Drugs//The Practice of Medicinal Chemistry. 2th ed. Elsevier, 2003.
- 郭宗儒. 手性药物//药物化学总论. 第2版. 北京：中国医药科技出版社，2003：353-370.
- 尤启东，林国强. 手性药物——研究与应用. 北京：化学工业出版社，2004.
- 唐意红，曾苏. 手性药物代谢的研究进展//白东鲁，陈凯先主编. 药物化学进展. 北京：化学工业出版社，2005：

99-134.
- Federsel H-J. Chiral Drug Discovery and Development-From Concept Stage to Market Launch//Taylor JB, Triggle D J, ed. Strategy and Drug Research. Elsevier, 2006: 713-736.
- Francotte E, Lindner W. Chirality in Drug Research. Wiley-VCH, 2007.

参考文献

[1] Terreaux C, Hostettmann K. Stereochemical issues in bioactive natural products//Stereochemical Aspects of Drug Action and Disposition. Springer-Verlag, 2003: 77-90.
[2] Food and Drug Administration. FDA's policy statement for the development of new stereoisomeric drugs. 57 Fed. Reg. 22 249, 1992.
[3] Committee for Proprietary Medical Products. Working parties on quality, safety and efficacy of medical products. Note for guidance: investigation of chiral active substances. III/3501/91, 1993.
[4] Caner H, Groner E, Levy L, et al. Drug Discovery Today, 2004, 9: 105-110.
[5] Wermuth C G. Optical isomerism in drugs//The Practice of Medicinal Chemistry. Elsevier, 2003: 275-288.
[6] Hibert M F, Trumpp-Kallmeyer S, Bruinvels A, et al. Mol Pharmacol, 1991, 40: 8-15.
[7] 华维一. 药物手性及其生物活性//彭司勋主编. 药物化学进展 (1). 北京: 化学工业出版社, 2001: 18-38.
[8] 顿彬, 刘含臣. 中国临床药理学杂志, 2005, 22: 66-69.
[9] Kaehler S T, Phleps W, Hesse E. Inflammopharmacology, 2003, 11: 371-383
[10] Owens M J, Knight D L, Nemeroff C B. Biol Psychiatry, 2001, 50: 345-350.
[11] Owens M J, Rosenbaum J F. CNS Spectrums, 2002, 7: 34-39.
[12] Gorman J M, Korotzer A, Su G. CNS Spectrums, 2002, 7: 40-44.
[13] Stahlmann R. Toxicol Lett, 2002, 127: 269-277.
[14] Davids E, Zhang K, Tarazi F I, et al. Psychopharmacology, 2002, 160: 92-98.
[15] Prashad M, Hu B. US Patent 6162919, 2000.
[16] 尤启东, 林国强主编. 手性药物的生物活性研究//手性药物——研究与应用. 北京: 化学工业出版社, 2004: 26-49.
[17] Zheng W, Stoltefuss J, Goldmann S, et al. Mol Pharmacol, 1992, 41: 535-541.
[18] Agranat I, Caner H, Caldwen J. Nat Rev Drug Discov, 2002, 1: 753-768.
[19] Anderson S, Refsun H, Tanum L. Tidsskr Nor Laegeforen (Norwegian), 2003, 123: 2055-2056.
[20] Rafa R B, Ffidefichs E, Reimann W, et al. J Pharmacol Exp Ther, 1993, 267: 331-340.
[21] Kuzef R M, Mecheva R P, Topashka-Ancheva M N. Forsch Komplementarmed Klass Naturheilkd, 2004, 11: 14-19.
[22] Qian M R, Zeng S, Asian J. Drug Metab Pharmacokinet, 2003, 3: 99-103.
[23] Ahmed S, Imai T, Otagiri M. Enantiomer, 1997, 2: 181-191.
[24] Imamura H, Komori T, Ismail A, et al. Chirality, 2002, 14: 599-603.
[25] 贺浪冲, 王嗣岑. 药学学报, 2003, 38: 603-608.
[26] Pans E, Jonzier-Perey M, Cochard N, et al. Ther Drug Monit, 2004, 26: 366-376.
[27] KaIlagawa H, Okada A, Higaki M, et al. J Pharm Biomem Anal, 2003, 30: 1817-1824.
[28] Chen X, Zhong D, Blumeb H. Eur J Pharm Sci, 2000, 10: 11-16.
[29] Zhou Q, Yao T W, Yu YN, et al. Pharmazie, 2003, 58: 651-653.
[30] Liu H C, Liu T J. Acta Pharmacol Sin, 2001, 22: 91-96.
[31] Yasui-Furukori N, Hidesand M, Spina E, et al. Drug Metab Dispos, 2001, 29: 1263-1268.
[32] Narimatsu S, Takemi C, Kuramoto S, et al. Chirality, 2003, 15: 333-339.
[33] Skálová L, Szotáková B, Lamka J, et al. Chirality, 2001, 13: 760-764.
[34] Breadmore M C, Thormann W. Electrophoresis, 2003, 24: 2588-2598.
[35] Wsól V, Král R, Skálová L, et al. Chirality, 2001, 13: 754-759.
[36] Castro E, Soraci A, Fogel F, et al. Drug Metab, 2000: 265-271.
[37] Imai T. Chirality, 2003, 15: 312-317.
[38] Gong J, Chen Y, Li G. Chin J Clin Pharmacol, 2000, 16: 31-35.
[39] Taber G P, Pfisterer D M, Colberg J C. Org Process Res Dev, 2004, 8: 385-388.
[40] Bertolasi V, Bortolini O, Fogagnolo M, et al. Tetrahedron: Asymmetry, 2001, 12: 1479-1483.
[41] Miyamoto H, Sakamoto M, Yoshioka K, et al. Tetrahedron: Asymmetry, 2000, 11: 3045-3048.
[42] Patel R N, Banerjee A, Ko RY, et al. Biotechnol Appl Biochem, 1994, 20: 23-33.
[43] Alcock N J, Mann I, Peach P, et al. Tetrahedron: Asymmetry, 2002, 13: 2485-2490.

[44] Kniep H, Mann G, Vogel C, et al. Chem Eng Technol, 2000, 23: 853-856.
[45] Schulte M, Strube J. J Chromatogr A, 2001, 906: 399-416.
[46] Wei F, Shen B, Chen M. Ind Eng Chem Res, 2006, 45: 1420-1425.
[47] Brenner E, Baldwin R M, Tamagnan G. Org Lett, 2005, 7: 937-939.
[48] Oppolzer W, Rosset S, De Brabander J. Tetrahedron Lett, 1997, 38: 1539-1540.
[49] Blaser H-U. Adv Synth Catal, 2002, 344: 17-31.
[50] Blaser H-U, Hanreich R, Schneider H-D, et al. Asymmetric Catalysis on Industrial Scale. Challenges, Approaches and Solutions. Weinheim: Wiley-VCH, 2004: 55-70.
[51] Federsel H-J. Curr Opin Drug Disc Dev, 2003, 6: 838-847.
[52] Federsel H-J. Nat Rev Drug Disc, 2003, 2: 654-664.
[53] Federsel H-J, Larsson M. Asymmetric Catalysis on Industrial Scale. Challenges, Approaches and Solutions. Weinheim: Wiley-VCH, 2004: 413-436.
[54] Taylor P P, Pantaleone D P, Senkpeil R F, et al. Tibtech, 2003, 16: 412-418.
[55] Ogawa J, Shimizu S. Tibtech, 2005, 17: 13-20.
[56] Mazzini C, Lebreton J, Alphand V, et al. Tetrahedron Lett, 1997, 38: 1195-1196.
[57] 张玉彬编著. 生物催化剂的手性合成. 北京: 化学工业出版社, 2002: 44-50.
[58] Mckinney M, Miller J H, Yamada F, et al. Eur J Pharmacol, 1991, 203: 303.
[59] Federsel H-J. Nat Rev Drug Disc, 2005, 4: 685-696.
[60] Bommarius A S, Riebel B R. Biocatalysis. Weinheim: Wiley-VCH, 2004: 1-18.

第12章

生物技术与新药研究

李 佳，李静雅

目 录

- 12.1 功能基因组学 /321
  - 12.1.1 功能基因组学在模式生物中的应用 /321
  - 12.1.2 数量性状位点的遗传学基础 /323
  - 12.1.3 为药物靶点开发人类细胞 /324
  - 12.1.4 小结 /324
- 12.2 蛋白和蛋白组学 /324
  - 12.2.1 蛋白和蛋白组学的定义 /324
  - 12.2.2 蛋白组的复杂性 /325
  - 12.2.3 蛋白组学实验技术 /325
  - 12.2.4 蛋白质组学在药物发现和开发中的应用 /327
  - 12.2.5 前景——从蛋白组到系统生物学 /328
- 12.3 药物遗传学与药物基因组学 /329
  - 12.3.1 简介 /329
  - 12.3.2 研究内容与目标 /329
  - 12.3.3 研究方法 /330
  - 12.3.4 推动新药开发 /330
  - 12.3.5 药物基因组学遇到的挑战 /330
  - 12.3.6 小结 /331
- 12.4 生物标记物 /331
  - 12.4.1 生物标记物在靶点确认中的运用及评估标准 /331
  - 12.4.2 生物标记物运用的技术 /332
  - 12.4.3 生物标记物在药物毒理学、临床和药代动力学上的应用 /333
  - 12.4.4 小结 /334
- 12.5 微阵列 /335
  - 12.5.1 简介 /335
  - 12.5.2 DNA 微阵列实验 /335
  - 12.5.3 常见的微阵列技术 /336
  - 12.5.4 小结 /337
- 12.6 基因重组及蛋白质表达 /337
  - 12.6.1 载体构建 /338
  - 12.6.2 蛋白表达系统 /339
- 12.7 化学生物学 /342
  - 12.7.1 定义 /342
  - 12.7.2 表型导向筛选 /342
  - 12.7.3 靶点导向筛选 /344
  - 12.7.4 小结 /344
- 12.8 基因工程动物 /345
  - 12.8.1 简介 /345
  - 12.8.2 药物发现和研制中使用工程啮齿类动物的基本原理 /345
  - 12.8.3 药物研究中工程动物的用途 /346
  - 12.8.4 对药物研发中使用工程动物的告诫 /350
  - 12.8.5 小结 /351
- 12.9 小型干扰核糖核酸 /352
  - 12.9.1 简介 /352
  - 12.9.2 RNAi 的分子机制 /352
  - 12.9.3 RNAi 的技术问题与局限 /353
  - 12.9.4 RNAi 在靶点鉴定与确证中的应用 /355
  - 12.9.5 RNAi 在治疗中的应用 /356
  - 12.9.6 小结 /357
- 12.10 治疗性抗体 /357
  - 12.10.1 治疗性抗体的现状 /358
  - 12.10.2 治疗性抗体的种类 /358
  - 12.10.3 临床应用 /359
  - 12.10.4 小结 /360
- 12.11 结构基因组学 /361
  - 12.11.1 简介 /361
  - 12.11.2 蛋白质靶标选择 /362
  - 12.11.3 基因克隆和蛋白质表达纯化 /363
  - 12.11.4 结构确定 /363
  - 12.11.5 同源模建 /364
  - 12.11.6 从结构到功能 /365
  - 12.11.7 结构基因组学与新药开发 /365
- 12.12 生物信息学 /366
  - 12.12.1 针对基因 DNA 与基因组学 /366
  - 12.12.2 针对 mRNA 的结构预测 /367
  - 12.12.3 蛋白质功能预测 /367
  - 12.12.4 小结 /369
- 12.13 化学信息学 /369
  - 12.13.1 化合物在数据库中的呈现和检索 /369
  - 12.13.2 三维结构的检索和药效团 /370
  - 12.13.3 虚拟筛选 /371
  - 12.13.4 化合物吸收、分布、代谢和排泄的预测 /374
  - 12.13.5 小结 /375
- 推荐读物 /375
- 参考文献 /375

12.1 功能基因组学

人类基因组序列测序的完成为更深入分析人类生理基础及新治疗靶点发现提供了可能，同时为病理基础研究和药物研发扩展了无限的空间。科学家估计有 5000~10000 个新的药物靶点[1]，将能通过认识全基因序列从而被发现，因此更多的靶点可供制药公司进行有效地选择，而另一方面，膨胀的靶点数目，可能会延缓新药发现周期，增加研究发展的经费，最终使药物发现效率降低。所以制药公司必须权衡机会成本，以便做更多的早期研究来验证靶点。事实上，整个制药行业平均每年仅有两到三个基于新靶点的药物上市[2]，表明成功确认靶点是一个相当困难的过程。

新药开发的关键在于如何了解和掌握基因组从而找到有效的靶点，并最终在不牺牲效率的情况下开发出针对新靶点的药品。因此对基因组发现的可能靶点进行有效验证，成为了药物发现行业的新挑战。这种新挑战包含有两层含义：第一，化学家关注的靶点"成药可能"，即开发能够有效与靶点结合的并且调节靶点功能的小分子化合物；第二，生物学家关注的靶点"有效性"验证，证明靶点与疾病或症状之间的切实联系。例如，众所周知的用于治疗移植排斥的免疫抑制药物环孢素 A，其作用为调节 FK506 结合蛋白的活性[3]；而针对抗糖尿病药物二甲双胍的靶点的研究发现，其能通过调节单磷酸腺苷活化蛋白激酶（AMPK）和乙酰辅酶 A 羧化酶的活性达到治疗糖尿病的效果[4]；对许多成功的抗生素，如 β-内酰胺类，甚至青霉素都有发现各自的靶点[5]，对这些药物的进一步开发也是以靶点为基础展开的。在这种情况下，成药性和靶点的有效性的问题能同时满足。但是评估新的潜在靶点，需要分开这两个要求，综合平衡"好"的药物靶点、系统处理和分析基因组，以找到优化靶点的机会。

① 成药可能　首先，一个有成药可能的靶点必须在生理上具有结合化合物的能力，且化合物具备类药性的利平斯基"五规则"（Chris Lipinski-"rule-of-five"）特征[6]；其次，"好"的药物靶点应该拥有对靶点具有选择性的小分子调节剂。制药公司通过检测感兴趣的化合物在其他侧面的相关指标来检验化合物可能的毒性或发现新的机会，例如确定一些可能的交叉反应靶点，一个家族或酶亚家族，从而能更完整地评估化合物的选择性及优劣性。

② 靶点"有效性"验证　对靶点进行有效性的评估，主要是针对不同的人类疾病模型进行靶点识别，以及通过人类细胞进行功能验证。通过全基因组水平发现的人类基因，逐一在哺乳动物载体中表达来确定基因功能、建立细胞报告基因系统、过表达测试基因功能、全面的短干扰 RNA 技术等生物技术在靶点的有效性验证工作中发挥了至关重要的作用。

自从完成人类基因组测序以来，许多所谓的"后基因组"技术作业已建成。许多模式生物的基因组测序已在人类基因组测序之前完成。本节的重点首先在生物体基础上的遗传模型介绍，它们在药物发现工业中具有很长的历史，且已作为靶点识别及确证工作中的重要手段；其后就是药物研究领域内功能基因组在人源细胞系统的应用。

12.1.1 功能基因组学在模式生物中的应用

在完成人类基因组测序之后，人们起初认为用传统模式生物来识别和表现基本生物过程特点和途径可能会过时，事实上研究人员使用的酵母、线虫、果蝇、斑马鱼、小鼠等模式生物模型等，为全基因组基因功能的评估提供基础。目前这些技术和模型系统正在被制药工业的靶点识别研究领域广泛采用。

一般而言，作为模式生物具有以下特点：①其生理特征能够代表生物界的某一大类群；②该生物容易获得并易于在实验室内进行饲养繁殖；③容易进行实验操作，特别是遗传学分析。

12.1.1.1 酵母

特点：①是单细胞生物，可在基本培养基上生长，可通过改变物理或化学环境完全控制其生长；②在单倍体和二倍体的状态下均可生长，并可在实验条件下控制单倍体和二倍体之间的相互转换，这对其基因功能的研究十分有利；③近31%编码蛋白质的基因或开放阅读框（ORF）与哺乳动物编码蛋白质的基因高度同源。

12.1.1.2 线虫

特点：①通身透明，长不过1mm；②身体中所有细胞能被逐个盘点并各归其类；③生命周期短，仅为三天半，使得不间断地观察并追踪每个细胞的演变成为可能；④把线虫浸泡到含有核酸的溶液中可实现基因导入。

12.1.1.3 果蝇

主要用于遗传和发育研究。其特点为：繁殖迅速，染色体较大，易于进行基因定位。由14个体节构成的躯干完全对称，一套基因控制了这些体节从上到下的发生过程，这套基因普遍存在于从昆虫到人的基因组中，是决定机体左右对称布局形成的最基本因素。

12.1.1.4 斑马鱼

是目前最常用的两种低等脊椎模式动物之一。特点：①产卵多，繁殖迅速；②胚胎通体透明，是进行胚胎发育机理和基因组研究的好材料。

12.1.1.5 小鼠

从17世纪始用于解剖学和动物实验，经长期人工饲养选择培育，已育成千余个独立的远交群和近交系，是生物医学研究中广泛使用的模式生物，是当今世界上研究最详尽的哺乳类实验动物。

（1）转基因小鼠模型

在细胞系统中，可以通过改变基因表达水平来了解功能基因。这种方法有助于研究的疾病，如癌症，可通过激活突变的基因，分析疾病的病理。转基因模型通过注入DNA（通常是cDNA）到小鼠受精卵，DNA随机整合到小鼠基因组，受精卵随雌性小鼠的妊娠生长。最后大约有10%~20%的幼鼠含外源DNA插入到它们的基因组，每只可以用来建立一个独立的转基因品系。这些转基因动物的每一个细胞含有外源DNA导入，但表达编码蛋白质取决于启动子。如果要在一个组织中的所有细胞表达，主要是用病毒来实现。如猴病毒40（SV40），单纯疱疹病毒（HSV），和鼠乳腺肿瘤病毒（MMTV）[7]。

如果要在特异组织里表达，则是用该部分特有的启动子/增强子来实现的。例如，CD19蛋白几乎只在B细胞中表达，于是CD19的启动子可以严格限制外源基因只在B细胞中表达[8]。另外，转基因还可以"诱导"表达，即启动子被外来物质激活。如金属硫蛋白、MMTV-LTR、OAS启动子，它们分别被重金属、糖皮质激素和干扰素激活[9~11]。通常由于插入的外源DNA是随机整合到小鼠基因组的，于是它是受临近染色体元件的调控。这个问题使人们难以实现完整的时间和/或空间的限制表达。但如果采用了这些技术，无论是在整个动物水平，或在选定的组织，或在选取的时间，小鼠遗传学家都可以实现基因的直接表达。转基因模型作为一种体内实验系统，对生物学发现和人类疾病都是非常有用的。例如，通过转基因模型首次明确表明，bcr-abl基因的Philadelphia染色体导致慢性髓白血病[12]。然而，由于这种方法的基因表达是在非生理背景下及使用了合成启动子，生物学家必须深入研究每个转基因模型是否忠实地代表其生物学功能。

（2）功能缺失分析：敲除

在20世纪80年代后期，科学家们发展了一种新技术，即在胚胎干细胞（ES）有选择性删除基因组中的某一个基因，这个过程被称为基因打靶。这种被修饰的干细胞就可以转入囊胚，生长成一个单倍体基因失活小鼠。通过后代近亲繁殖，结果得到一小部分缺失目的基因的纯合子，使科学家能够研究该基因缺失在整个动物上的影响。与转基因不同，这个方法利用修饰基因与目的基因有同源片段的特点，加入选择标记和翻译终止序列。这种DNA片段显微操作到胚胎干细胞，并通过同源重组过程，使修改后DNA取代内源序列。因此，染色体和启动子的基因背景得以维持，但没有蛋白产品生产。以这种方式的变异能包括微小的变异，而不是完全敲除的基因产物。这种方法可以用来在体内评估目的氨基酸或结构域对蛋白质功能的贡献。例如，要模拟亨廷顿症，该疾病与相关基因中的存在过多重复的谷氨酰胺有关。Detloff和同事用这种技术在小鼠中插入一段CAG重复序列到亨廷顿症基因中[13]。此外，还有"敲入"技术，采用类似的方法，可以将cDNA接在一个内源性启动子后面。虽然这一方法比转基因需要耗费更多的时间和劳动，但可以控制转基因时空表达。

在某些情况下，干扰一个基因会导致胚胎致死，从而不能在成年的生物体中研究其功能。为了规避这种情况，遗传学家发明了称为有条件敲除的技术。在此方法中，在同源目标中构建两个重组位点，需要不影响表达编码蛋白到表达重组蛋白。用同源插入的小鼠与表达重组蛋白的转基因小鼠杂交，如Cre或Flp，特别是在成体或特定的组织里[14~15]。因此，该基因在胚胎发育过程中不变，但是，在重组酶作用下能切除重组位点之间的序列，得以时间或空间限制的表达。这样就能在特定细胞或在适当的时候实现基因功能缺失，从而避免了胚胎死亡的结果。

（3）正向遗传学：小鼠的化学致突变

鉴定的遗传基础上的模式生物遗传突变表型是一个功能强大的方法，可以用来确定基因功能与生物学特性的关系。例如，孟德尔的小鼠毛色遗传表明，该性状是由一个或多个基因控制的。在大多数小鼠品系，大部分动物除了肚子上有黄色带状皮毛，其他部分以黑色或褐色色素沉着为主。某些小鼠突变品系，称为"致命黄色"和"非致命黄色"则具有完全黄色皮毛。该表型遗传位点已被确定为Agouti，其编码蛋白质造成毛囊合成黄色色素。

为了充分利用正向遗传方法，已经建立了有效诱变和筛选突变小鼠品系，它们的独特表型与疾病发生或疾病抑制相关。例如，要加快建立遗传突变，遗传学家通常使用化学试剂，如乙基甲烷磺酸盐（EMS）或N-乙基-N-亚硝基脲（ENU）诱导祖细胞遗传病变，如男雄性生殖细胞。EMS和ENU诱导DNA点突变，可能会导致改变一个基因的功能，包括功能获得、功能缺失、功能减少或功能更改。这些诱变试剂作用于雄性小鼠，然后与雌性交配，他们的幼崽就遗传了具有突变的基因组。然后在这些动物中筛选目标表型（例如，高胆固醇、高血压或肥胖）。一旦选定突变，就要确定突变基因在染色体上的位点。例如，Wen和同事采用全基因组隐性筛查方法确定了三磷酸肌醇（1,4,5）3激酶B（Itp-kb）基因在T细胞激活中起到了重要作用，可作为一个潜在免疫抑制的治疗靶点。虽然一些新技术为筛选确定基因组序列突变提供了便利，但确定致病突变的表型仍然是一个具有挑战性的工作。

12.1.2 数量性状位点的遗传学基础

数量性状位点测定（QTL）是一个识别染色体区域的技术，用于研究多基因的表型。

这种方法充分利用了自然发生的基因变化（例如，品系小鼠）。首先选择感兴趣的表型，然后用小鼠杂交测定整个基因组中选择性状的染色体标记。例如，Plum 和同事执行 QTL 测定了在糖尿病中发病率很高的自交系肥胖小鼠品系（新西兰）。迭代完成这些小鼠和一种瘦小鼠的近交系（SJL）的交配，并一代接一代监测血糖水平。利用统计分析，他们能够确定在小鼠 4 号染色体区域为一个高血糖的易感位点。数量性状位点测定为基因组提供的资料，有助于研究特定的表型，但是这些区域往往包含 500 个或更多的基因。尽管小鼠基因组测序信息和单核苷酸多态性（SNP）数据提供了一些便利，但了解个别分子机制对 QTL 的影响仍然是一个重大挑战。

12.1.3　为药物靶点开发人类细胞

前文中简要概括了功能基因组背景下的模式生物和应用于识别药物靶点的基于基因功能组学的技术。另外还有一些方法，如正向遗传学，即从表型到基因的研究方法，和反向遗传学，即从基因到表型的研究方法。所有这些方法和技术虽然都具有各自的优缺点，但无疑都能在一定程度上帮助人类从基因水平上理解基因的功能，应该说这些技术的发展对于人类生物的发展和影响是巨大的。但针对人的机体研究方面，目前明显受制于人类道德和技术方面的原因而不能继续进行。但幸运的是，组织遗传学可用于人体细胞，为药物创新提供识别靶点的重要机会。基因后工具已经制定并开始注释人类基因组功能，包括 cDNA，siRNA 的功能、集中小分子文库筛选、基因表达谱、蛋白质组的应用等。与此同时，先进的 HTS、自动化、细胞生物学、影像学、组合库和计算，在人类细胞中的新运用令人振奋，使确定今后新一代的疗法和靶点成为可能。

12.1.4　小结

人类基因组序列表明，药物靶点的数目可能相当庞大。需要对潜在药物靶点进行验证，涉及多学科领域，包括遗传学、分子生物学、化学、计算机和自动化科学。在功能基因组发现的大框架可能性靶点清单内，通过从酵母到小鼠等模式生物，结合应用后基因组时代新开发的研究方法，最终应用功能基因组学技术，将增加和拓宽人类对基因功能的认识，同时也将有助于发现新的靶点获得新的治疗方式。目前研究人员已计划组合使用这些方法，例如，应用功能基因组学建立了一个平行的 RNA 干扰平台和果蝇细胞筛选模型，得到了小分子 Aurora B 激酶的抑制剂。这种方法提供了一种新的研究模式，即小分子可以在哺乳动物细胞中与同源靶点相联系，通过化学生物学和功能基因组学研究的有机结合成功获得先导化合物的事实进一步表明了基于功能基因组学研究方法的价值和可行性。

12.2　蛋白和蛋白组学

12.2.1　蛋白和蛋白组学的定义

从原核生物到哺乳动物，生物体都拥有一套相同的机制和元件保存遗传信息，以将其遗传给下一代，并将这些信息翻译成蛋白质。其中，核苷酸 DNA 和 RNA 是最主要的信息载体，而蛋白在所有的生物过程中发挥功能。在 1994 年的 Siena 会议中，人们将蛋白组定义为对基因组的补充，是在特定时间点存在于细胞、组织、或器官的一系列蛋白，而蛋白组学则主要用来研究蛋白组[16]。Patterson 和 Aebersold 提供了更为精确的定义，认为蛋白组学用于系统研究在健康和疾病中构建、作用、控制生物系统蛋白的一系列特性。

其与蛋白生物化学的差别在于：蛋白组学平行研究一系列蛋白，而蛋白生物化学则是单个地研究某个蛋白。这一章节主要讨论蛋白组学中的蛋白表达和功能研究，关于结构部分会在其他章节进行介绍。

12.2.2 蛋白组的复杂性

各个不同种属的基因信息决定了能表达的蛋白数量，一系列中间步骤又决定了蛋白最终成为功能蛋白的概率，而蛋白的种类与生物自身的复杂性也密切相关。在哺乳动物中，不同的肽段通过不同的剪切形成多种不同的多肽形式[17,18]；蛋白翻译后的修饰，如磷酸化、糖基化，以及蛋白在特定时间空间内的表达谱，使得蛋白组变得复杂，这对蛋白组学技术提出了挑战。

12.2.3 蛋白组学实验技术

12.2.3.1 蛋白组学样品的准备

样品制备是蛋白质组研究的第一步，它直接影响后期的研究结果。蛋白质组学的样品主要来源于组织和整体细胞，由于生物体内蛋白在不同时间和空间行使的功能不相一致，蛋白组学样品的制备存在很大的难度和复杂性。样品来源不同，制备方法也会有所不同，但都需遵循以下几个基本原则：①尽可能采用简单方法进行样品处理，以避免蛋白丢失；②细胞和组织样品的制备应尽可能减少蛋白的降解；③尽可能地提高样品的溶解度，并保持在整个电泳过程中蛋白质的溶解状态；④防止溶液介质对蛋白质的人为修饰；⑤破坏蛋白质与其他生物大分子之间的相互作用，以产生独立的多肽链；⑥有的研究中必须保持蛋白质的活性；⑦去除非蛋白杂质。

对于蛋白组学样品而言，首先要进行样品分级处理。样品分级主要是根据蛋白质的溶解性和蛋白质在细胞中不同的细胞器定位来进行的。样品分级不仅可以提高低丰度蛋白的上样量和检测率，还可以针对某一细胞器的蛋白质组进行研究。如对那些定位于细胞核、线粒体或高尔基体等细胞器的蛋白质，可以应用超速离心的方法富集；对那些疏水性强的蛋白质通常采用分级提取的方法。还有对临床组织样本进行研究时，临床样本往往是各种细胞或组织混杂，而且状态不一。如肿瘤组织中，发生癌变的往往是上皮类细胞，而这类细胞在肿瘤中总是与血管、基质细胞等混杂。激光捕获显微切割（LCM）可以通过细胞类型和细胞形态选择性分离细胞，能被应用于分离癌变上皮类细胞，为之提供了一个解决的方式[19]。

样品分级处理后便要对目的蛋白进行进一步的纯化，在此步骤中要严格避免杂蛋白的污染，同时要防止样品在冻融、储存等过程中带来的蛋白变性。一般实验者要根据蛋白质的溶解特性，选择不同的溶剂提取，如水溶液提取法、根据蛋白pH值或盐浓度特性提取法以及有机溶剂提取法。另外蛋白质沉淀技术也被广泛运用于蛋白标本的预处理纯化，它可以除去样品中的盐离子、小分子、离子去污剂、核酸、多糖、脂类和酚类杂质，可以富集低浓度蛋白质。如果蛋白聚集和杂质难以去除，则沉淀清除步骤是必需的。常用的蛋白质沉淀方法有硫酸铵沉淀（盐析）、TCA沉淀（三氯醋酸沉淀）、丙酮沉淀法等。

预处理后的蛋白质组学样品能够通过二维凝胶电泳和色谱分离技术进一步被纯化，这些技术将在下文详细叙述。

12.2.3.2 蛋白的质谱分析

质谱已成为连接蛋白质与基因的重要技术，质谱技术的发展开启了大规模自动化的蛋白质鉴定之门。用来分析蛋白质或多肽的质谱有两个主要的部分：样品的离子化装置和测量离子分子量的装置。首先是基质辅助激光解吸附电离飞行时间质谱（MALDI-TOF）为一脉冲式的离子化技术，它从固相标本中产生离子，并在飞行管中测其分子量；其次是电喷雾质谱（ESI-MS），是一连续离子化的方法，从液相中产生离子，联合四极质谱或在飞行时间检测器中测其分子量。近年来，质谱的装置和技术有了长足的进展，在 MALDI-TOF 中，最重要的进步是离子反射器（ion reflectron）和延迟提取（delayed ion extraction），可达相当精确的分子量。在 ESI-MS 中，纳米级电雾源（nano-electrospray source）的出现使得微升级的样品在 30～40min 内分析成为可能，将反相液相色谱和串联质谱（tandem MS）联用，可在数十 picomole（皮摩尔）的水平检测；若利用毛细管色谱与串联质谱联用，则可在低 picomole 到高 femtomole（飞摩尔）水平检测；当利用毛细管电泳与串联质谱连用时，可在小于 femtomole 的水平检测，甚至可在 attomole（渺摩尔）水平进行。目前的质谱技术多为蛋白酶解、液相色谱分离、串联质谱等的联合应用鉴定蛋白质，下面以肽段指纹术和肽片段的测序来说明怎样通过质谱来鉴定蛋白质。

① 肽段指纹术（peptide mass fingerprint，PMF）是由 Henzel 等人于 1993 年提出。用酶（最常用的是胰酶）对由 2-DE 分离的蛋白在胶上或在膜上于精氨酸或赖氨酸的 C 末端处进行断裂，断裂所产生的精确的分子量通过质谱来测量（MALDI-TOF-MS，或为 ESI-MS），这一技术能够完成的肽质量可精确到 0.1 个相对分子质量单位。所有的肽质量最后与数据库中理论肽质量相配比（理论肽是由实验所用的酶来"断裂"蛋白所产生的），配比的结果是按照数据库中肽片段与未知蛋白共有的肽片段数目作一排行榜，"冠军"肽片段可能代表一个未知蛋白。若冠亚军之间的肽片段存在较大差异，且这个蛋白可与实验所示的肽片段覆盖良好，则说明正确鉴定的可能性较大。

② 碰撞诱导解离（collision-induced dissociation，CID）与串联质谱技术　尽管肽段指纹术很有效，序列信息还是分析蛋白最有效的方式。为进一步鉴定蛋白质，出现了一系列的质谱方法用来描述肽片段。采用酶解或化学方法获得肽段指纹质谱信息的基础上，在质谱仪内应用源后衰变（post-source decay，PSD）和碰撞诱导解离（目的是产生包含有仅异于一个氨基酸残基质量的一系列肽峰的质谱），一个有意义的肽片段在质谱仪被选作"母离子"，在飞行至离子反应器的过程中降解为"子离子"，在离子反应器内肽离子片段基本沿着酰胺键的主架被轰击产生梯形序列，连续的片段间差异决定此序列在那一点的氨基酸的质量。这样，联合肽片段母离子的分子量和肽片段距 N、C 端的距离将足以鉴定一个蛋白质的全部序列。

12.2.3.3　二维聚丙烯酰胺电泳

二维电泳技术的建立迄今已经有 30 年，是目前蛋白组研究的主要技术之一[20]。蛋白质样品中的不同类型的蛋白质可以通过二维电泳进行分离。二维电泳可以将不同种类的蛋白质按照等电点和分子量差异进行高分辨率的分离。成功的二维电泳可以将 2000～3000 种蛋白质进行分离。电泳后对胶进行高灵敏度的染色如银染和荧光染色。如果是比较两种样品之间蛋白质表达的异同，可以在同样条件下分别制备二者的蛋白质样品，然后在同样条件下进行二维电泳，染色后比较两块胶。现在用得较多的是多态胶电泳方法（DIGE），可以将二者的蛋白质样品分别用不同的荧光染料标记，然后两种蛋白质样品在一块胶上进行二维电泳的分离，避免了胶与胶之间的差异，最后通过荧光扫描技术分析结果[21,22]。

通过专门的蛋白质点切割系统，可以将蛋白质点所在的胶区域进行精确切割。对胶中蛋白质进行酶切消化，经脱盐/浓缩处理后就可以通过点样系统将蛋白质点样到特定材料表面，最后这些蛋白质就可以在质谱系统（MALDI-TOF）中进行分析，从而得到蛋白质的数据。这些数据可以用于构建数据库或和已有的数据库进行比较分析。实际上像人类的血浆、尿液、脑脊液，乳腺、心脏、膀胱癌和磷状细胞癌及多种病原微生物的蛋白质样品的二维电泳数据库已经建立起来，研究者可以登录 www.expasy.ch/www/tools.html 等网站进行查询，并和自己的同类研究进行对比分析。

12.2.3.4 液相色谱/质谱法（HPLC/MS）

不管一个蛋白的疏水性、大小、电荷特性多不适合分离，总有一部分多肽是可以用 HPLC 分离并用质谱分析的，那样的情况下 LC/MS 不会局限于可溶性多肽。简单地说，组合了 HPLC 和 MS 作为 LC/MS，它的工作进程可以自动化，一天运行 24h 但是所需要的操作却很少。所以随着技术的发展，以多肽为基础的方法在蛋白质组学会有越来越多的应用。为了获得最佳分辨率，还可以使用二维 HPLC 加上 MS-MS 的组合。如鸟枪蛋白质组学就是一个很好的例子，第一次就完成了对 3000 多种酵母蛋白的分析测定[23]。

12.2.3.5 蛋白翻译后修饰的鉴定

由于 MS 的长足发展，蛋白鉴定已经不再是蛋白质组学的瓶颈。然而，最理想的蛋白质组学实验不仅仅是鉴定出蛋白的序列，而且要关注到具有重要功能的修饰，如磷酸化。当从蛋白数据库中获得多肽信息时，并不能获得它的翻译后修饰，因为数据库中只包含了蛋白质的氨基酸序列。通常情况下，在二维电泳分离基础上看到的点包含相同蛋白的不同亚型，结合 MS 方法和不同的蛋白水解法，可以鉴别一系列不同的磷酸化修饰的蛋白亚型。目前这些基于翻译后修饰方法的鉴定开发都集中在磷酸化、糖基化（glycosylation）和组蛋白乙酰化[24~26]。但是转译后修饰有 100 多种，高通量策略开发只是在起步阶段。毋庸置疑，MS 的分辨率和准确率的不断改进，也将加快这一发展，但是对于蛋白组学样品的制备和预分离的生化方法也同样重要。

12.2.3.6 蛋白-蛋白相互作用

蛋白组学自概念提出的 10 年来关于蛋白谱可用性的问题远远超过人们已经解决的问题。为解答这个问题，一个常规的方法是确定相关蛋白之间的相互作用模式，以建立它们在细胞通路网络中的联系。目前研究方法主要有酵母双杂交系统、表面等离子共振技术、亲和层析免疫沉淀等。酵母双杂交技术自建立以来已经成为分析蛋白质相互作用的强有力的方法之一。该技术的优点是操作过程可极大程度地自动化，使工作效率明显提高，其不足是通过双杂交观察到的蛋白质的相互作用在真实情况下不一定发生，即假阳性率比较高。所以，酵母双杂交技术必须与其他技术如蛋白质芯片技术结合才能有利于对实验结果做出更为完整和准确的判断。自然存在的许多生物学相关的相互作用是非常短暂的。为了捕捉那些蛋白，化学或酶学交联法可能成为研究蛋白-蛋白相互作用的重要补充。

12.2.4 蛋白质组学在药物发现和开发中的应用

蛋白质组学，已经从最初对蛋白体现机体生物学功能的简单描述，扩展到蛋白相关的各个领域。如何应用蛋白质组学进行药物开发？下面将结合蛋白质组学的技术介绍在药物发现领域和临床分子诊断方面的重要应用。

12.2.4.1 靶点发现和确定

在药物蛋白质组学中，与药物靶点相关的问题可以分为两大类：化合物与靶点的作用模式和疾病的病理机制。通过表型筛选获得一个活性化合物或是一个化合物家族，但是具体的作用靶标不明了，这势必会影响药物化学家对该化合物的设计和构效优化过程。近年来发展起来的化学蛋白质组学方法可以满足这一需求：对化合物本身进行适当的化学修饰（比如亲和标签），通过该亲和诱饵可从适当的细胞或组织提取物中成功捕捉相互作用靶点蛋白[27]。另外，通过比较药物处理后的蛋白组，其中显著改变的蛋白将可能成为靶点蛋白。鉴定蛋氨基氨肽酶（MetAP）作为 bengamide 的靶点就是一个很典型的利用蛋白质组学确定作用靶点例子。Bengamide 是从海绵中分离的一种天然产物，具有强抗肿瘤作用。在一系列的肿瘤细胞株上证明它的抑制机制不同于其他抗肿瘤化合物，暗示 bengamide 作用的是一个新的作用靶点。用 bengamide 的衍生物 LAF389 处理 H1299 肺小细胞癌细胞株分析其蛋白表达，用 2D 电泳分析有 20 种蛋白表达差异。进一步生物化学和质谱分析显示，LAF389 阻碍了 14-3-3γ 的 N 端甲硫氨酸转移，说明它直接或间接与 MetAP 有关。进一步实验显示，该化合物确实特异性地干扰 MetAP 对 14-3-3γ 蛋白的 N 端修饰，通过体外化合物抑制和 MetAP 共结晶最终证实了这一点。发现 MetAP 作为 bengamide 的作用靶点是药物化学家们的重要一步，这将为他们进一步优化化合物，寻找基于靶点的先导化合物甚至创新药物奠定了重要的基础。

随着大规模表达谱方法的进步，蛋白质组学能够帮助科研人员更好地了解疾病病理机制[28]，尤其是目前还没有特异性治疗方法或只有症候的复杂疾病，比如精神分裂症。精神分裂症具有明显的遗传成分，在该病盛行的家族成员中，其染色体上突变点很多。但因为疾病的复杂性和异质性，没有一个突变能清晰地阐明其与疾病机制之间的相关性。这些不一致可能是因为对这些联系的研究只局限在遗传易感人群，没有将环境考虑在内。许多蛋白组学研究已经承担起了描述精神疾病的任务，包括对疾病进行定义、讨论可能的新治疗方法等。但利用蛋白质组学研究疾病机制依然存在一定的困难，因为样品获得具有难度，首先从病人中取得的样品处理很困难，其次样品有特异性的问题存在，包括病人的各个方面（年龄、诊断、治疗状况）和样品本身（不同部位、离体后的作用、不同细胞类型的混合）。在动物模型上，许多异质问题得到明显解决，但这也需要进一步研究动物模型和人体信号通路之间的异同点。随着信号通路知识越来越多，从动物模型追溯越来越容易，表达谱方法也越来越有用。

12.2.4.2 生物标记及分子诊断

蛋白在一个特定环境中的每一个不同点都可以认为是那个特定环境中的标记，生物的特异性使得一个生物标记变成有用的诊断工具，经常可以用于跟踪生物体不同的生理情况如血液循环中不同蛋白质的表征，而生物标记本身不影响机体。体液，特别是血液的蛋白组分析已经引起广泛关注。尽管用来发现靶标和标记的技术手段是一样的，但分析深度却不一样。换言之，一个成功的靶标的发现需要很多蛋白组分析，而标记却不需要同样的研究。所以建立了一些生物标记平台，用来发现一些适合质谱分析的蛋白组，比如多肽和小分子。这些方法都说明诊断可以建立在一系列的蛋白表达变化、蛋白组标记上。随着特异抗体的发现，高通量诊断试验能够用于分析不同蛋白组成的标记。那将为基于多标准的复杂疾病的诊断分析提供可能性。

12.2.5 前景——从蛋白组到系统生物学

蛋白质组学正处于一个慢慢走向成熟的阶段，它将影响生物系统的研究，很难预测下一步将会出现什么。不过有一点可以确定，随着基因组和蛋白组的相继出现，一个整合的时代已经到来。仅仅是基因水平、蛋白水平、代谢水平的数据整合已经促使人们在生物系统的描述和最终的理解上有了一个重大进步。蛋白质组学涉及各个生命科学领域，也涉及各种重要生物学现象，发展速度相当快，对蛋白质组学的研究方法也出现了多种技术并用，集中各种方法的优势，弥补各种方法所存在的局限性。随着技术和方法的不断创新与发展，蛋白质组学研究将在揭示诸如生长、发育和代谢调控等生命活动规律上有所突破，最终也将成为人类重大疾病机制阐明和诊断、防治中的有力武器。在新药的开发上，它作为好的指导思想，可以加快药物专一作用靶点的探测速度，增加新药临床试验通过率。目前已有数十种蛋白质芯片系统问世，为蛋白质组学研究提供了强有力的手段。可以预期，作为一门新兴学科，蛋白质组学给人类展示了一幅美好的前景，这必将作用于人类生活质量水平的提高和人类寿命的延长。

12.3 药物遗传学与药物基因组学

12.3.1 简介

药物遗传学和药物基因组学是位于药理学和遗传学/基因组学之间的交叉学科，这两者预示着医学革命性的进步，正是这一进步使得药物研究从"化学模式"转到"生物模式"。

药物遗传学（pharmacogenetics）是研究遗传因素对药物代谢的影响，特别是由于遗传因素引起的异常药物反应，是药理学与遗传学相结合的边缘学科。药物基因组学（pharmacogenomics）是研究基因序列的多态性与药物效应多样性之间关系，是药理学和基因组学相结合的一门科学。虽然药物遗传学和药物基因组学都是以核酸标记和核酸技术来评估药效，但是前进的方向是截然不同的：药物遗传学所关注的是一种药物在一个群体中所展示的个体差异；然而药物基因组学所研究的是一系列药物对一个基因组表达谱所展示的药效[29]。

12.3.2 研究内容及目标

药物基因组学有别于一般意义上的基因组学，它不是研究疾病的遗传因素，而是探讨药物作用的遗传分布，相对简单地利用已知的基因理论改善患者的治疗，以快速增长的人类基因组中所有基因信息来指导新药开发。因遗传多样性对个体差异、临床症状和临床疗效等有决定性作用，药物基因组学要求药物的生产要考虑药物投放地区人群中有关等位基因的频率，医疗处方也将趋向个体化。药物基因计划是研究对包括药物在内的外界化学物质（有毒外源物质）反应的遗传多样性，其主要内容包括：①支持对药物反应的个体多样性的重要机理研究；②建立决定个体药物反应的蛋白质多样性的数据库；③鉴定重要序列的多样性，重点研究对药物反应表现型相关的基因型。其中，基因多态性是药物基因组学的基础和重要研究内容，主要包括药物代谢酶、药物转运蛋白、药物作用靶点等基因多态性。药物代谢酶多态性是由于同一基因位点上具有多个等位基因引起的，决定着表型多态性和药物代谢酶的活性，并呈显著的基因剂量-效应关系，从而造成不同人体间药物代谢反应的差异，是药物产生毒副作用、药效降低或丧失的主要原因之一；转运蛋白在药物的吸收、分布、转运、排泄等方面起重要作用，其变异对药物吸收和消除具有重要意义；大多数药物与其特异性靶蛋白相互作用后产生效应，药物作用靶点的基因多态性靶蛋白对特定药物有不同亲和力，导致药物疗效的不同[30]。其次，药物效应基因所编码的酶、受体、离子通道及基因本身作为药物作用的靶，也是药物基因组学研究的关键所在，是确定药物如何产生疗效、疾病亚型分类的依据、药物毒副作用的基础。这些基因大致上可分为3类，第1类基因编码一系列肝脏酶，它们与药物的代谢有关，被称为细胞色素P或CYP酶。第2类基因是和疾病本身联系的，很明显这一组遗传成分引起了疾病；第3类基因表达的产物蛋白质，既不和疾病本身相关，也不和药物代谢相关，而是在患者服药过程中引起副作用。

12.3.3 研究方法

药物基因组学研究不需要发现新的基因，它主要选择药物起效、活化、排泄等相关过程的候选基因进行研究，以鉴定基因序列的变异。这些变异既可以在生化水平进行研究，估计它们在药物作用中的意义；也可以在人群中进行研究，用统计学原理分析基因突变与药效的关系[31]。

药物基因组学将基因组技术如基因测序、统计遗传学、基因表达分析等用于药物的研究开发及更合理的应用。基因检测等技术的发展已经给鉴定遗传变异对药物作用的影响提供了前提条件。用高效的测定手段如凝胶电泳技术，包括聚合酶链反应、等位基因特异的扩增技术、荧光染色高通量基因检测技术，来检测一些与药物作用的靶点或与控制药物作用、分布、排泄相关的基因变异。随着人类基因组计划（human genome project，HGP）、DNA 阵列技术（DNA array technology）、高通量筛选系统及生物信息学的发展，为药物基因组学研究提供了多种手段和思路。近几年发展起来的以高度并行性、高通量、微型化和自动化为特点的 DNA 芯片（DNA chip）技术及质谱分析已作为基因检测的最新技术开始广泛应用于药物基因组学研究。

12.3.4 推动新药开发

药物基因组学以快速增长的人类基因组中所有基因信息指导新药开发，在整体基因组水平上研究遗传因素对药物治疗效果的影响，适用于药物设计、临床试验、批准上市、临床使用等药物开发的整个周期，这将使药物开发进入以基因为基础的新工艺历史阶段，从而改变"一种药物适宜于所有人"的传统药物开发模式和观点。根据基因的特性为某个特定群体甚至个体设计药物，推动革新药物开发的全过程，使药物开发周期缩短、费用降低[32]。目前应用药物基因组学的研究结果指导临床研究已经取得了比较理想的效果。在新药 Ⅱ 期临床试验期间运用 SNPs 连接不均衡性分析，可发现与药物作用和不良反应相关的基因片段；在 Ⅲ 期临床试验中运用基因组学技术可以使试验规模更小、速度更快、更有效。药物基因组学为靶向药物的研究提供了新内容。一方面，医生使用遗传学试验来选择适当的药物，抛弃低效、不良反应大的药物，使药物发挥最佳疗效；另一方面，改进那些疗效或副作用个体差异较大的"问题"药物，如 1% 的患者服用氯氮平后会出现严重的粒细胞缺乏症，但在粒细胞缺乏症的药物效应基因被确定后，除极少数敏感患者不能服用外，氯氮平将成为 99% 的患者的一线治疗药物。在药物开发的实际过程中，依据药物基因组学，从 Ⅰ 期临床试验开始，临床试验的对象应该被划分为不同的基因型；在进入 Ⅲ 期临床试验时，就可根据试验数据和结果确知这些药物适合哪些患者，或选择哪些患者作为试验对象；但同时也意味着，这些药物一旦进入市场将获得多少目标市场份额。

12.3.5 药物基因组学遇到的挑战

综合性疾病（目前为止这些疾病占社会的医疗付出以及公众和个人的健康花费的主要部分）都是多病因引起的，也就是说，是由一定的内在易患病体质或易感性与外在环境因素的影响共同引起的。通常复杂疾病和罕见的经典的单基因的疾病作用不同，后者基因突变的影响在自然界中是典型的、绝对的、具有决定性的，而综合性疾病相关的基因突变只是可能的一个因素，并且找到致病靶点更加困难。

现在药品中缓和剂仍然占很大一部分，虽然这些药品并不以疾病的病因为靶点，而是以缓解疾病的症状为目的。一个经典的例子是，β 肾上腺素能的阻滞剂用于甲状腺毒性的急性治疗，尽管交感神经系统紊乱不是甲状腺亢进引起的心动过速、血管紧张的原因，但是通过这种快速起效的药物降低交感神经系统紧张的基准，能有效地减轻心血管的症状和该病病情，有效阻止有冠心病病人的心脏病发作。

药物基因组学以药物效应及安全性为目标。但是能够产生相当高的疗效而仅适应于少数患者的药物，仍然缺少市场开发的价值，仅仅受到罕见病用药指南的保护。药理遗传学主要用来改善药物的安全性，特别是避免严重的不良反应，但对于适用于肿瘤学等领域以及艾滋病的药物，因为属于"救命"药物，所以仍然要接受药物所致的严重不良反应。

药物基因组学所面临的社会伦理、法律、公共教育问题：建立遗传信息管理和处理系统，并且数据保护要和"个人隐私保护"相结合，政府需要制定相应的法规或法律来规范管理使用的个人医疗信息、数据，病人、医生、保险公司、雇主等利益攸关者达成共识，必须合法使用医疗信息，以保护病人的利益不受侵害。另外要加强公众对个性化用药的正确认识。

12.3.6 小结

遗传学和基因组学将是一个了解疾病病理和药物的作用的重要的途径，并且能够提高患者的治疗成功率，这是医学史的一大跨越。但是，遗传学并不适用于所有疾病，药物遗传学信息具有不确定性和相对性，而不是决定性和绝对性。遗传学和基因组学能有助于药物发现和发展，但并非灵丹妙药。重要的是，整个社会需要找到方法保护私人医疗信息的正确使用，以造福患者。要加强宣传和教育，使广大公众正确了解遗传学的进步所带来的利害关系。

12.4 生物标记物

生物标记物是指可以客观地通过正常的生物学和病理学途径检测或评价的信号，或医学治疗后的药理反应。它涉及生物系统和疾病领域，包括任何用于基础生物学和临床研究的技术。生物标记物的发现和应用在药物研发的过程中起着越来越重要的作用和地位，推进了药物研发的进程。如加快发现疾病治疗的新靶点、及早排除药理学活性较差的候选药物、更直观地了解治疗效果和药物靶点等。每种生物标记物在疾病中诊治和治疗后的终点数据可以被检测，从而反映治疗干预的效果。由于基因组、蛋白质组和生物信息组学领域的突破性进展，新药研发过程的精密性与日俱增，以及对特异分子通路中有效靶点的不断重视，生物标记物的发现与应用也突飞猛进。

12.4.1 生物标记物在靶点确认中的运用及评估标准

运用合适的生物标记物能加快对特定靶点药理干预后的生物学效果的评价，包括候选药物对已知靶点的评价，和对潜在靶点的检测。细胞体系中靶点和药物的相互作用的关键点是由生物标记物反映的，除了能对生物靶点进行基本的描述，还能最终反映治疗效果和对潜在靶点的毒性，以及对靶点功能的调控作用。

为了使生物标记物分析成为最有效的描述靶点和药物治疗后生物结果的工具，需要考虑一系列的标准，包括可检测的靶点蛋白活性的特异性；可检测的药理干预阻断效果（或诱导不同效果）的范围；模型的敏感性和稳定性；生物标记物在不同的生物系统和环境中可检测的难度（临床应用时最重要）。与毒理、疾病状态相关的生物标记物的评价标准，应具体情况具体对待。

12.4.2 生物标记运用的技术

12.4.2.1 分子生物学技术

(1) 蛋白检测方法

最常用的生物标记物种类就是可检测的来自细胞、细胞提取物和体液的大分子（最典型的就是蛋白和 mRNA）。蛋白检测手段之一——抗体试剂的发展可检测蛋白上特定的修饰，从而评价在相应信号传导通路中的潜在靶点。抗体可以识别蛋白抗原决定簇上特定位点的磷酸化，可免疫亲和纯化蛋白激酶底物，或通过蛋白印迹方法间接监测细胞内蛋白激酶的活性[33]。磷酸化位点特异抗体运用的几个关键问题应当被考虑在内：内源蛋白和重组蛋白可能存在的差异，针对同一磷酸化决定簇的单克隆抗体和多克隆抗体的特异性差异。

蛋白检测手段之二——亲和抗体最近也日趋成熟。亲和抗体可能提高亲和效率，但在复杂的生物体系中，是否代替广泛运用的特异性检测蛋白试剂还是一个未知数。另外，表面离子共振（surface plasmon resonance，SPR）技术可以无需标记和检测试剂，只根据亲和性检测蛋白间的相互作用。生物传感芯片和质谱的联合运用也将在确定新颖靶点和生物标记物的相互作用中起着越来越重要的作用。

(2) 蛋白生物标记物在靶点调节、信号传导和下游生物学效应中的运用

蛋白修饰的丰度和特异性的改变可以提供两个方面的有用信息：靶点调控的评估和下游效应的描述，如靶点活性和药理学调节。靶点的调节可以用蛋白的药理学拮抗剂（或激动剂）来改变蛋白自身的修饰[34,35]，也可通过分析靶蛋白对下游信号通路的影响（介入点随后"下游"）。总的来说，为了确定下游分子作为一个可靠的生物标记物，它和所研究的靶点之间的关系要被确证，至少在某些特定细胞模型上对靶点和药物筛选进行特别的研究。和蛋白修饰相似，由于基因转录的下调，导致的下游特定蛋白丰度信号的改变，核蛋白复合体形成的阻断也同样可以作为生物标记物。

一般地，对于体外的小规模筛选来说，免疫印记是最直接有效的检测方法。其次是酶联免疫吸附方法（ELISA）[36]。在器官和组织中原位检测蛋白生物标记物，典型的是免疫荧光和免疫组化方法。流式细胞计数法，用来检测悬浮培养和经降解的固体介质或组织中各种细胞的生物标记物。这些方法的选择需综合考虑各种因素[37]，且必须能可靠地检测出在同一背景条件下处理组和对照组之间的区别[38]。

12.4.2.2 蛋白组学、基因组学和代谢组学技术

对一个已知通路或药物家族，新颖的生物标记物的发现，是对诸多检测药理学和生物生理现象方法的成功整合。一个蛋白要成为潜在的药物靶点，需要与之紧密相连的，反映其生理功能和下游信号通路的生物学标记物。近来蛋白组学、基因组学和代谢组学技术的突破大大地推动了分子生物标记物的发现与发展。

蛋白质组绘图方法用于鉴定药物靶点和生物标记物时有很多假设条件，需要细心应用，准确解释，精细实验。而基于微阵列的基因表达谱和其他的基因组学/转录组学技术产生大规模的数据[39]，使研究的重点由假设验证向假设产生转移，或者向生物标记物产生转移。通过转录组学方法发现的生物标记物将会运用到更聚焦的生物实验中，特别是如果这些生物标记物能被一些生物仪器有效地识别的情况下。最常用的是定量逆转录 PCR（qRT-PCR）技术。另外疾病组织中基因组缺失和基因组扩增可能是癌症发生的候选靶点，可通过基因组杂交比较和相关的基因组技术发现类似的候选靶点，如组织矩阵[40,41]。

代谢组学技术着重于低分子量成分的测量，主要是尿液和血清等生物液体中的组

分[42,43]，因此在可能成为药物靶点的蛋白质或核苷酸生物标记物的检测中并非直接相关，但也是发现生物标记物的重要工具[44]。最简单的方法依赖于核磁共振（NMR）^{1}H 谱，得到低分子量代谢物的相关峰度的光谱图。代谢组学的最常见应用是在毒理学领域客观地评价毒性压力的代谢指标[45]。

12.4.2.3 功能成像技术

将成像技术应用于细胞或小动物模型，对分子水平的和细胞水平的过程实现实时地可视化与定量化，拓宽了生物标记物在药物发现和发展方面的应用范围。

（1）正电子发射 X-射线断层照相术（PET）和磁场共振成像（MRI）

PET 成像扫描仪可以监测活体组织内同位素的位置与浓度，而且可以合成跟踪探测器以动态地监测分子转运体或酶催化过程。而磁场共振成像（MRI）对肿瘤形态和内容物非穿刺成像，检测组织中生理磁场特征。

（2）荧光或发光探针的光学成像

绿色荧光蛋白（green fluorescent protein，GFP）及其变异体作为体内蛋白荧光探针[46,47]，可作为报告信号，实时光学跟踪感兴趣的融合靶标的亚细胞定位，并动态地观测其空间形态。另一用途是荧光共振能量转移（FRET）[48,49]，它能提供两个荧光探针之间距离十分接近的分子间相互作用信息。但荧光蛋白的激发/发射光波的穿透深度相对较浅（2mm 或更少），生物发光基团成像特别依赖于生物发光酶 luciferase 的活性监测，可弥补这一缺陷，尤其是全身成像以跟踪细胞在全身的运动情况或者给以实验试剂干预后肿瘤的反应。荧光蛋白和发光基团体内成像都需要转染报告基因，都能非穿刺实时监测细胞信号和生物状态。

12.4.3 生物标记物在药物毒理学、临床和药代动力学上的应用

12.4.3.1 发现药物毒性的早期标记中的生物标记方法

药物安全和毒理学的发展得益于最近几年生物标记物的使用。随着药物和药物靶点不断增多，对能提供大量副作用信息的早期指标进行实时监测的标记物的需求也不断增大，以尽可能早地反映药物对特定靶点，以特定路径产生的潜在毒性[50]。

12.4.3.2 平移研究应用：临床中的生物标记物

生物标记物在药物发展和临床研究中的影响深远。在临床试验I期应用生物标记可确定候选药物（缩短了临床试验II、III期时间，节约了成本）。由于疾病的生物标记，潜在的诊断或预测标记的数量随着分子生物学技术的进步而不断增加，人们开始关注于平移生物学领域，它建立生物信号的意义与相关性，并在实验室实验和临床研究中对其加以评价。

12.4.3.3 生物标记信号的选择和分析

临床试验人群的年龄，身体状态等参差不齐，样品的处理、预保存、存放和运输较困难，由此临床研究中的生物标记分析的标准更严格。生物标记信号的选择最重要的标准是确定生物标记是否适合于该特殊目的，即该生物标记是否有效。因为生物标记物越来越广泛地使用，评价生物标记有效性变得越来越重要，尤其是在临床试验中。评价实验的两个重要参数是：分析有效性和临床/生物有效性。所有的生物分析实验都要考虑特异性、灵敏度、稳定性、精密度和准确度等参数，但具体试验有其特殊性。

12.4.3.4 生物标记作为临床活性的代理

与某一特殊疾病紧密的发展相联的生物标记常被称为代理信号或代理标记，作为疾病状态的标记，并对治疗做出应答。经过几年的大范围控制性临床试验之后，有时可使用相关性较好的代理信号作为常规证据的基础，而不需要大量基于实际临床试验的证据。从靶

点确定和早期生物标记确认到临床上用作代理信号的道路有可能漫长而且弯曲，但是临床前实验设计精细可以成为一个好的起点。

12.4.3.5 药物代谢-药物动力模型应用中的生物标记信号

生物标记物分析最广泛的应用应该是临床前和临床中的候选药物的药物代谢学和药物动力学效应。药物代谢学（PK）描述的是机体对药物做出的反应，而药物动力学（PD）描述的是药物对机体的反应。反应被观测血浆或组织中药物浓度（药物代谢学 PK）和所观测的药学效应（药物动力学 PD）的数学模型被称为 PK/PD 模型。该模型能提供药物随时间变化的动态细节，最后如果药物动力学数据测量准确，且与药物作用机制紧密相关，则可指导药物剂量的应用。如果代理信号、生物标记物与药物动力学中的临床效应存在至少初步的相关性，则有可能预测获得足够生物活性而副作用很小的药物剂量；这就是最佳生物剂量（optimal biological dose），不同于传统的而不是最大耐受剂量（maximum tolerated dose），使得药物的治疗剂量方案更优化。将这一概念广泛地用于临床的一个必要条件是生物标记物的药物动力学信号，药物用量和临床效应之间的相关性必须准确，最好能用于多个临床研究。生物标记物还可用于某一药物的特定代谢物 PK/PD 关系的确定，如检测最大代谢组分而非原始药物的药学和生物学活性。图 12.1 基本描述了与 PK/PD 关系相关的两个概念的假定模式，一个反映药物水平与生物标记信号水平变化的时间关系，另一个反映了一个生物效应信号和两个药物动力学生物标记物之间的剂量关系，其中一个生物标记物与效应信号之间存在剂量依赖关系，因而在确定最佳生物剂量时更有用。

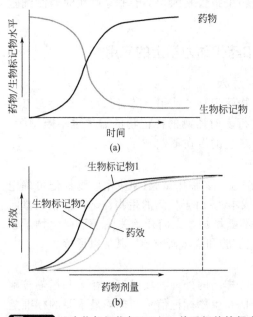

图 12-1 生物标记物与 PK/PD 关系相关的假定模式

12.4.4 小结

将生物标记物仔细、连贯地应用于靶点和药物的发现以及临床试验中已经成为药物发展进程必不可缺的一部分。应用生物标记物的优点包括更完全地鉴定和理解靶点的生物活性和药物的作用机制；增进对药物动力学性质以及 PK/PD 关系的评价；尽早获知药物的毒性；尽早确定药物试剂对其靶点是否表现出适当的作用，以便于尽早有效地进行临床试验。尽管生物标记物这一概念新近才提出，但随着潜在药物靶点数目的增多，对新颖的更合理的靶点试剂的需求也不断增多，生物标记物越来越显示其重要性。如果分子生物标记物在研究早期阶段就直接与靶点活性或者下游效应相关，那么它的用途最大。早期研究大都依赖于蛋白检测方法或其他的大分子检测分析方法。生物标记物终点（biomaiker endpoints）通常指翻译的生物标记物或可翻译的生物标记物（translational biomarkers or perhaps translatable biomarkers），它们可用于从实验室体外模型研究到临床研究整个过程中，因而应用广泛。生物标记物发现研究的重要性不应被忽视，这是一个不断扩展的领域，并为组学技术的突破而推进；蛋白质组学方法不断增多，可用于发现生物标记物，或许在早期阶段鉴定新靶点应用最广。

12.5 微阵列

12.5.1 简介

对于制药行业而言，现代基因组学革命所带来的最诱人的前景，无疑是它有望促成药物靶标的鉴定。药物靶标是一种存在于人体内的分子（通常为蛋白质），与某种特定疾病有直接关系，可以通过特定药物对其靶向产生作用，从而达到预期的治疗效果。靶标的鉴定、分类和验证是一项长期又艰难的工作——它要求对疾病的病因学和生物过程有深刻理解，并伴随着大量的尝试和实验失败。事实上，截至目前，已开发出的药物只能对几百种已知的药物靶点产生作用。而另一方面，可以预期的是现在基因组学和蛋白质组学的研究将会产生数以千计的新药物靶点，针对这些药物靶点所开发出的新药可能会比现有临床上的药物更加特异和有效。现在的许多药物被偶然发现有大量副作用，虽然在某些情况下需要一些特异性较差的药物，但是为了避免不利事件，还是倾向那些对各自的靶标特异性尽可能强的药物。运用对蛋白以及蛋白间的相互作用加深理解，预计针对特定疾病的最佳分子治疗靶点将能被精确鉴定。为此，需要能够同时捕捉到所有相关反应模式的实验方法，比如利用 DNA 微阵列分析基因活性图谱技术，在基因组学、蛋白质组学、代谢组学以及脂质组学等一些相关领域的应用已经开始逐渐成形。

1995 年，Schena 的研究论文预示着 DNA 微阵列的诞生[51]——他提出了微量 DNA 碎片玻璃基片固定概念。Golub 随后于 1999 年成功展示了微阵列可以用来区分临床相似癌症、急性髓细胞性白血病和急性淋巴细胞白血病，并订立了分类相关的基因名单[52]。从此开启的 DNA 微阵列技术提供了一种高通量的手段，能够同时筛选不同条件下成千上万基因的差异表达。尽管事实上它可能没有足够的灵敏度去检测微妙的表达变化，如调控基因，但是一个设计良好，执行正确的芯片实验能够探测到其对下游的影响等变化。由于这些影响与靶标最终能否成药有密切关系，DNA 微阵列已经成为确定药物靶点的重要工具之一。

12.5.2 DNA 微阵列实验

DNA 微阵列由小型固体支持（如玻璃镜幻灯片，硅芯片、珠，或尼龙膜）和其上的自动排列成矩形阵列格式的核酸序列（探针）组成。一般来说，所排列的探针数目非常大，并和被研究基因组的一个重要代表形成对应，这正符合了这种技术基本上是一种对转录组学的高通量筛选的概念。探针通常由小的单链 DNA 序列［或寡核苷酸或变性聚合酶链反应（PCR）的产品］组成，其中与荧光标记的单链目的探针完全匹配的目标最终应用于芯片。标记的目标是从生物样本中提取的 mRNA，mRNA 以 oligo dT 作为引物反转录，线性扩增，使用附着有荧光染料的 Cy5 或 Cy3 脱氧核苷酸或生物素标记的脱氧核苷酸进行荧光标记，溶解于杂交缓冲液，然后分散在微阵列的表面。芯片随即放入到一个密封的杂交小室，让芯片上的相应序列（即探针）和样品（即标记目标）发生杂交反应。孵育完成后，芯片用特异和非特异的缓冲液进行冲洗，以去除芯片上多余的样品和减少交叉杂交。最后利用激光共聚焦显微镜或其他类似的仪器测量测定芯片上的荧光强度来判断探针间任何的杂交差异，即代表基因表达之间的差异。图 12.2 展示了一个典型的微阵列实验的关键步骤。

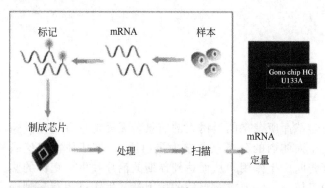

图 12.2 一个典型的微阵列实验的关键步骤

一些供应商可以提供几种不同的商用微阵列技术，如 Affymetrix 公司和 GE 医疗集团，同时某些内部实验室也可以提供。

12.5.3 常见的微阵列技术

涉及 cDNA 微阵列的实验既可以是单通道也可以是多通道。双通道的实验是最普遍的。在双通道的实验，两个用于不同杂交实验的样本（例如，分别来自对照组织和病变组织）用不同的荧光染料标记。它们组合后一起与芯片进行杂交。两个样品将竞争性地与芯片上的探针进行杂交，两次荧光强度分别记录于两次扫描。

在 cDNA 芯片中，探针是由长的 DNA 片段（几百个碱基到几千个碱基）组成，它们的序列与感兴趣的基因或者有代表性的基因相互补。其中一些低复杂性区域通常被排除，因为它们可以降低杂交特异性。cDNA 探针可以从商业 cDNA 文库得到，或者使用 PCR 技术扩增基因组 DNA 中的特定基因以制成 cDNA 探针。获得序列后，使用双链 DNA 探针变性产生单链探针，然后将其自动点到玻片上。

另一种类型的 DNA 芯片技术是寡核苷酸芯片。Affymetrix 公司生产了一种特殊类型的寡核苷酸微阵列[53]，其中一个基因是由一组 11～20 25-mer 寡核苷酸探针组成，即所谓的完美匹配（PM）探针。PM 探针精确要求与其他基因没有交叉反应，从而使非特异性杂交降到最低程度。然而，一些非特异性杂交还是会发生。第二种探针称为错配（MM）探针，它除了几个中心不匹配的碱基外与 PM 探针是相同的。将 MM 探针放在与 PM 探针相邻的地方，以对抗这种非特异性杂交。这个实验的原理是从 PM 探针信号中减去在 MM 探针信号中测到的任何背景杂交信号。Affymetrix 在硅芯片上原位合成探针采用了专有的光刻技术[54]。这种方法的优点是阵列设计（定制芯片）更加灵活、芯片设计与实际制造之间周期更短[55]。

其他平台也使用了寡核苷酸而不是 cDNA，在这些平台中存在一种使用中等长度的寡核苷酸的倾向，因为它们被认为可以更好地提供敏感性和特异性之间的平衡。长寡核苷酸具有较高的敏感性，因为它们发出更强的信号，因此有能力检测到丰度较小的基因。另一方面，短寡核苷酸具有较高的特异性，同时交叉杂交也随着长度增加更为严重。这使得选择一套合适的寡核苷酸极为具有挑战性，它要保证相似序列间的交叉杂交要尽可能地少，但又可以给出足够强大和明确的信号。最合适的平衡仍是一个引起争议的问题。在这些平台上，核苷酸是预先合成的，而不是像往常一样在原位合成。此外，除玻璃或硅以外的材质可能用于固定它们。例如，在GE医疗公司的Codelink芯片中，预先合成的30-mer寡核苷酸被点到三维聚丙烯酰胺凝胶基质上。聚丙烯酰胺凝胶与传统的玻璃表面相比，可以结合更多的寡核苷酸分子，而且其表面的三维性质增强了该方法的敏感性。已应用的生物系统的表达阵列系统则采用化学发光法杂交信号化学方法，60-mer寡核苷酸探针固定在一个三维多孔尼龙基材上。安捷伦也生产了一种双通道60-mer寡核苷酸阵列，它采用了专有的配药过程，类似目前电脑打印机中的喷墨技术。

每个芯片平台都有自己的优点和缺点[56]。cDNA微阵列上越长的探针可以保证它们更强地和杂交样品序列相结合，而且受微小变异影响较小，但它们敏感性较低，因为越长的序列越有较高的可能性产生非特异性结合。它们批量生产时相比商业现成的阵列是比较便宜的，而且可以提供一定的灵活性，它有进行定制生产的能力。但是接下来，在制造、克隆保持、PCR工作和质量控制中，它们往往需要更多的时间和劳力密集的工作。商业寡核苷酸芯片往往产生较多的可重复性结果，而且还有较高的特异性[57]。使用这种平台的缺点当然是高昂的价格，而且还有必须依靠专用设备带来的组织问题。

其他应用DNA微阵列在药物靶点方面的研究方法最近引起了很多的注意，但是并没有在此章中被提及，因为它们需要自身的实验设计和分析技术。其中一些新的应用比如比较基因组杂交技术（CGH）[58]，可用于检测基因组中较长片断的缺失和或倍增；重复对单一DNA序列以高通量方式测序；单核苷酸多态性（SNP）[59]，用以分析研究个体间基因组中单核苷酸差异等。

12.5.4 小结

无论是在学术实验室或在制药业，基因芯片技术的普遍应用都证明它是分子生物学家的宝贵工具。运用设计良好的实验和严格的标准作业程序，芯片可以同时对转录水平的数以千计的基因提供有效的评估。随着芯片技术的成熟，特别是过去几年里芯片具体数据分析技术的制定，芯片已经可以非常全面地分析复杂的生物样品。虽然技术本身一定能够得到进一步优化（比如关于敏感性和重复性），但其现在生成的数据已经是高质量的[60]。

典型微阵列实验中，基因表达数据中的数据分析和生物学解释被看作是最耗时的部分，未来的DNA微阵列的发展前景必将进一步增加数据量，所以必须继续大力投资于开发适合的统计算法和生物信息学工具，以避免被埋没于大量的数据中。

最后，除确定药物靶点，基因芯片及相关技术可用于鉴别生物标志物，以支持药物开发。生物标志物可以对药物的疗效提供基因级别的证据。分组标志将确定病人的分组，他们将会从给定的治疗中获益最大，进而促使"个性化医学"的诞生。毒性标志将预测不良事件，并将用于化合物筛选等。不断创新的基因组学和数据分析技术正在为寻求安全有效药物的研究人员提供令人兴奋的新的战略。

12.6 基因重组及蛋白质表达

大多数药物通过结合特定蛋白质来达到治疗的目的，因此蛋白质研究对新药开发极为重要。目前，获得特定蛋白质的最常用的方法是利用基因重组技术，先构建目标蛋白的表达载体，再将载体导入宿主细胞，大量表达出目的蛋白，然后经纯化步骤取得目标蛋白。本章将重点介绍用于蛋白表达的载体工具以及表达系统。

12.6.1 载体构建

载体是将目的基因运载到宿主细胞内所必需的工具，它可以是能自主复制的质粒、噬菌体、病毒等，其基本特性包括：复制起始点、筛选标记、拷贝数目及宿主范围等。载体可以在宿主细胞内短暂性地表达目的基因，或者可以融入宿主染色体长期表达目的蛋白。下面，简要介绍构建表达载体时应该考虑到的问题。

12.6.1.1 启动子和基因的转录调控

能够在特定时间点有效地诱导表达，不仅可以降低细胞内代谢负担，同时也可以减少某些潜在的蛋白产物的毒性。因此，为获得高产量的重组蛋白，载体的表达盒内通常含有一个可诱导的强启动子。诱导条件一般采用低成本的化学试剂，如非水解的乳糖类似物异丙基-β-D-硫代半乳糖苷（IPTG），或突然变化的生长条件，如改变温度等。IPTG可调控来源于噬菌体T7的启动子P_{T7}和从大肠杆菌阿拉伯糖操纵子来源的P_{BAD}启动子等；而λ噬菌体来源的P_L和P_R的起始可以在30～42℃被温度严格控制。

12.6.1.2 SD序列和mRNA的翻译调控

在原核生物中，5′末端非翻译区的调节序列是控制mRNA翻译起始的最主要决定因素。其中，位于起始密码子上游的（9±3）bp的SD序列通过与16S rRNA的3′端互补，决定了核糖体的结合，从而保证翻译的有效起始。Ringquist等[61]对SD序列的研究表明：①在间隔相同的情况下，SD序列UAAGGAGG比AAGGA能使蛋白质的产量提高3～6倍；②对于同一SD序列，与起始密码子的间隔也影响翻译效率。例如AAGGA的最佳间隔为5～7个核苷酸，而UAAGGAGG的最佳间隔为4～8个核苷酸。不同表达载体使用的SD序列不同，因此应该根据实验目的，选择合适的载体，将目的基因置于合适的SD序列下游的合适位置。

12.6.1.3 稀有密码子和蛋白质表达

不同物种对密码子的偏好不同，例如人源的脯氨酸和精氨酸密码子在 E. coli 中的翻译就很低。由于稀有密码子对应的tRNA比较少，因此那些编码稀有密码子（特别是其重复出现的情况下）的序列在大肠杆菌内的表达量就会比较低。稀有密码子的存在除了导致提前终止，还可能引起在稀有密码子位点上赖氨酸残基取代精氨酸的错配，导致样品中存在不需要的异源蛋白。针对以上现象的办法是：①根据宿主细胞偏好密码子修改编码序列；②也可以在大肠杆菌中引入提供tRNAs稀有密码子的互补质粒；③采用专门用于高表达含有稀有密码子基因的菌株，如 BL21 CodonPlus（Stratagene，La Jolla，CA）和 Rosetta-2 derivatives of BL21（Merck，Darmstadt，Germany）。

12.6.1.4 融合标签和蛋白质表达

通常，可以将目标蛋白连接到另一个已经很明确的蛋白进行融合表达。融合表达的优点包括：提高表达水平；利用融合部分进行亲和层析快速分离纯化；增加目标蛋白质正确折叠的概率，防止包涵体的形成和保护目标蛋白不被降解[62]。

融合标签可分为小肽标签和较大的蛋白质。小肽标签可以连接到目标蛋白的任何一端，其优点是一般不会影响重组蛋白的结构和活性，通常不需要被除去。与较大的蛋白质融合表达，能提高目标蛋白质的溶解性和稳定性，如谷胱苷肽-S-转移酶（GST）、硫氧还蛋白、泛素、大肠杆菌麦芽糖结合蛋白（MBP）和其他一些蛋白标签都能显著提高偶联的目标蛋白质的产量。将小肽标签与大的融合蛋白一起使用，可以快速优化重组蛋白的纯化步骤。如果希望纯化后的目标蛋白没有融合标签，可以使用能够高度识别两个蛋白连接区域的限制性内切酶对标签进行去除（表 12.1）。

表 12.1　去除融合标签常用的限制性内切酶

限制性内切酶	识别位点[①]
肠激酶(Enterokinase)	D-D-D-D-K-↓
Xa 因子(Factor Xa)	I-E/D-G-R-↓
凝血酶(Thrombin)	L-V-P-R-↓-G-S
烟草蚀纹病毒蛋白水解酶[Tobacco etch virus (TEV) protease]	E-N-L-Y-F-Q-↓-G
前切割蛋白酶(PreScission protease)	L-E-V-L-F-Q-↓-G-P

① 字母表示识别的序列；箭头表示切割位点。

12.6.2　蛋白表达系统

设计和建立一个理想的表达系统，取决于多种因素，可以根据具体要求选择（表12.2）。多数情况下，大肠杆菌具有其他系统没有的快速简单和成本低廉的优势。然而，其他原核和真核表达系统也存在各自独特的优点。

表 12.2　表达系统的对比评价[①]

参数	表达系统				
	细菌	酵母	哺乳动物	病毒	无细胞
系统特征					
成本优势	+++	++	+	+	+[②]
载体和宿主种类	+++	++	++	++	+
生产蛋白速度	+++	++	+	+	+++
反应装配	+++	++	+	+	++
表达水平	+++	+++	+	++	++
包涵体形成	++	+	+	+	+
重组蛋白的稳定性[③]					
特殊性质					
翻译后修饰	-	++	++	++	+
蛋白的分泌	++	++	++	++	-
标记蛋白	++	+	±	+	+++
膜蛋白	+	+	+	±	+++
二硫键蛋白	+	++	++	++	++
对宿主细胞毒性	±	-	-	++	+++
辅助因子的需求	+	+	+	+	+

① 评价结果"+++"认为是最好的，"-"一般不推荐使用。
② 商业化的操作系统还是比较昂贵的。
③ 稳定性是指下面的情况：内在蛋白酶水平较低，共表达一些额外的蛋白或者添加起稳定作用的化合物。

12.6.2.1　蛋白质在大肠杆菌中的表达

蛋白质在大肠杆菌中的表达一般比较容易，现在有很多低成本和高产量的方案可供选择（表12.3）。但是，外源蛋白质在大肠杆菌细胞中表达也会遇到问题，如形成包涵体、被蛋白酶降解、难以表达膜蛋白以及氧化性蛋白等。

表 12.3 原核表达系统设计的一些策略

参数	策略选择
系统组成	
宿主种类	大肠杆菌(一般选择),枯草杆菌(分泌蛋白),乳酸杆菌(膜蛋白)
宿主菌株	蛋白酶缺失,细胞质氧化环境,基因工程菌(如 $DE3, lacI^q$)
表达载体	拷贝数,选择标记,宿主范围,兼容性
表达盒	启动子,诱导条件,可用的克隆位点,多肽标签,融合伴侣
发酵条件	培养基组成,辅助因子的添加,培养温度,氧气供应
目的基因序列	
翻译起始	翻译起始密码子的最佳环境
密码子	沉默诱变,共表达稀有密码子 tRNAs
定位	添加转运信号序列
翻译融合	为了纯化的方便和蛋白稳定,添加多肽标签或融合蛋白
蛋白质特性	
低溶解性\稳定性	防止包涵体形成(如共表达伴侣,添加溶解性标签)
膜蛋白	构建融合蛋白,选择特别的菌株
蛋白酶降解	构建融合蛋白,选择特别的菌株
二硫键蛋白	共表达分子伴侣,选择可在细胞周质中表达的基因工程菌
修饰	共表达修饰酶,加入辅助因子

在大肠杆菌中,蛋白质常会因变性和错误折叠而形成包涵体。该问题的解决策略有:①共表达分子伴侣或其他有利于重组蛋白的稳定性的"辅助"蛋白,帮助目的蛋白正确折叠,例如 GroEL/GroES 形成的多亚基体能通过三磷酸腺苷途径促进蛋白质的正确折叠[63,64],DnaK/DnaJ/GrpE 系统通过与新生肽链的疏水性区域相互作用,防止新生蛋白质在形成天然构像前聚集沉淀[65];②在目标蛋白质 N 末端融合高度稳定的融合标签,提高目的蛋白的溶解度和稳定性,例如,MBP、硫氧还蛋白、GST、λ 噬菌体蛋白 D、DsbA衍生物等可以提高共价连接的目标蛋白的溶解性,防止包涵体的形成[66];③优化表达诱导条件,例如发酵温度也能显著影响重组蛋白质的产量、折叠和稳定性[67]。

外源蛋白往往容易被蛋白酶降解,因此可以使用一些蛋白酶缺失的菌株进行目的蛋白的表达。另外,将目的蛋白融合到一个高表达的稳定蛋白质,也可以保护目的蛋白不受蛋白酶降解。

由于原核细胞缺少真核细胞的信号识别蛋白和膜定位的一般机制,所以膜蛋白很难在原核表达系统中表达。BL21(DE3)改造而来的突变株 C41(DE3)和 C43(DE3)含有扩散膜,可以用于膜蛋白的表达[68]。

大肠杆菌细胞中的还原环境和存在的硫氧还蛋白(TrxA)和谷氧还蛋白(GrxA-C)减少了瞬时二硫键的形成,所以阻止了大量氧化蛋白质的形成[69]。因此,使用一些缺少还原酶的缺陷菌株可以有效地生产氧化性重组蛋白。

12.6.2.2 非大肠杆菌的其他细菌表达系统

非大肠杆菌的其他细菌表达系统的应用受到了基因操作工具和相关表达载体的缺乏的限制。然而,选择非大肠杆菌宿主在某些方面也具有其明显的优势:密码子偏好性不同于大肠杆菌,有利于提高某些蛋白的表达效率;重组蛋白的生产可以在认为较安全的有机体内进行;增加目的蛋白的分泌效率。例如,枯草芽孢杆菌和霉菌生物具有的高效分泌系统,因此特别适合表达分泌型蛋白质[70]。

12.6.2.3 酵母表达系统

酵母是低等真核生物，具有细胞生长快，易于培养，遗传操作简单等原核生物的特点，又具有真核生物对表达的蛋白质进行正确加工、修饰、合理的空间折叠等功能，能有效克服大肠杆菌系统缺乏蛋白翻译后加工、修饰等不足，同时培养成本远低于哺乳动物细胞。因此酵母表达系统受到越来越多的重视和利用。

转化的酵母细胞可通过一些基于营养缺陷选择标签进行筛选，如 HIS3，LEU2，LYS2，TRP1 和 URA3[71]。酵母细胞常用的启动子有可用甲醇诱导的醇氧化酶 1（AOX1）和乙醇脱氢酶启动子（ADH2）、金属硫蛋白启动子和半乳糖诱导的启动子（GAL1，GAL7，GaL10）[72,73]。

12.6.2.4 哺乳动物表达系统

与其他系统相比，哺乳动物细胞表达系统的优势在于能够指导蛋白质的正确折叠，提供复杂的 N 型糖基化和准确的 O 型糖基化等多种翻译后加工功能，因而表达产物在分子结构、理化特性和生物学功能方面最接近于天然的高等生物蛋白质分子。

表达载体和宿主细胞是哺乳动物细胞表达系统的两个基本组成部分。载体可以通过转染涂层或包裹 DNA 的粒子，再通过细胞的内吞作用转入哺乳动物细胞；也可通过相对简单高效的磷酸钙或二乙氨乙基葡聚糖沉淀的方法进入细胞；紧凑型脂质体/核酸复合物和细胞电穿孔也是很好的方法。

哺乳动物细胞表达系统分为瞬时表达系统、稳定表达系统和诱导表达系统。瞬时表达系统是指宿主细胞在导入表达载体后不经选择培养，载体 DNA 随细胞分裂而逐渐丢失，目的蛋白的表达时限短暂。稳定表达系统是指载体进入宿主细胞并经选择培养，载体 DNA 稳定存在于细胞内，目的蛋白的表达持久、稳定。诱导表达系统是指目的基因的转录受外源小分子诱导后才得以开放。早期实验常使用糖皮质激素、重金属离子等诱导体系来调控基因表达[74]。

哺乳动物细胞表达系统中，重组蛋白的表达水平与许多因素相关，如转录和翻译调控元件、RNA 剪接过程、mRNA 稳定性、基因在染色体上的整合位点、重组蛋白对细胞的毒性作用以及宿主细胞的遗传特性等。

12.6.2.5 病毒表达系统

病毒表达系统充分利用了病毒的天性，将外源 DNA 高效地感染宿主细胞，并在病毒强大的启动子作用下，进行高效率的复制。它可分为杆状病毒表达载体系统和 Semliki forest 病毒表达系统。

杆状病毒（BEVS）是具有大的环状基因组（120～180kbp）的双链 DNA 病毒。约 600 种节肢动物细胞能够被杆状病毒感染。杆状病毒在昆虫细胞中生产蛋白质的优势在于培养简单，而且可以高水平表达产物。最常用的杆状病毒是苜蓿夜蛾核多角体病毒（AcNPV），而最常用的昆虫细胞株来自草地夜蛾（如 SF9 和 SF21）和夜蛾（如 HI5 和 MGI）。

Semliki forest 病毒表达系统是一个能快速和高水平表达基因的甲病毒载体系统。由于该系统的病毒能够在宿主的细胞质内高效、高拷贝的复制 RNA，因此可实现极高的表达水平。最常用的载体是 SFV 以及 Sindbis 病毒、Venezuelan equine encephalitis 病毒。这些病毒能广泛地感染来源于哺乳动物、两栖动物、爬行动物、昆虫、禽、鱼类的细胞株。

12.6.2.6 无细胞蛋白表达系统

以上介绍的蛋白生产技术依赖于细胞的完整性，并且仅仅适用于表达那些不会影响宿主细胞的蛋白质。而无细胞（CF）表达系统可用于制备那些常规方法难以得到的蛋白。

无细胞（CF）表达系统是独立的非细胞生理系统。在该系统中，基因表达和蛋白合成的所有成分，包括 DNA、高效 RNA 合成酶（如 T7 噬菌体编码的酶）、NTPs、rRNA、tRNA、氨酰 tRNA 合成酶、核糖体、转录和翻译因子、氨基酸、能量来源 ATP 和 GTP 以及最适 pH 值和浓度的酸、碱、盐等，都被加入到反应混和液中，以便完成转录和翻译。常用的无细胞表达系统通常基于大肠杆菌、小麦胚芽和兔网织红细胞的裂解液。另外，任何有助于重组蛋白表达和稳定的添加剂都可以直接加入到反应中。

如上所述，膜蛋白以及含二硫键的蛋白质很少在传统表达系统中成功表达。然而，近期开发出来的无细胞翻译系统可以获得活性形式的膜蛋白，如药物转运蛋白、GPCR 蛋白、Light-harvesting 膜蛋白和离子通道蛋白等。在无细胞表达系统中，通过联合使用碘乙酰胺处理的提取物、合适的谷胱甘肽还原缓冲液和二硫键穿梭分子伴侣如 Skp 和 DsbC[15]，也可以实现含二硫键蛋白的表达。

12.7　化学生物学

12.7.1　定义

化学生物学是利用化合物研究生物大分子功能的一门新兴学科，核心内容是研究化合物与生物大分子的相互作用及效应。化学生物学学科的发展促进了新药筛选靶点鉴定研究以及获得先导化合物的新药研究与开发。

化学生物学也被称为化学遗传学，分为正向化学遗传学和反向化学遗传学（彩图 3）[76]。正向遗传学（从表型到基因）是一种以研究随机突变基因来筛选表型从而确定基因与表型关系的方法。类似的，正向化学遗传学是应用干扰基因功能的小分子化合物来研究基因与表型关系的方法。反向遗传学（从基因到表型）是创造含有一个遗传突变或遗传缺失基因的细胞或生物体，从而研究表型变化以确定基因表型关系的方法。反向化学遗传学是从基因或蛋白质与小分子化合物的相互作用来研究基因或蛋白质对表型的影响从而确定其功能。

以下篇幅中将从正向化学遗传学（即表型导向筛选）和反向化学遗传学（即靶点和小分子导向筛选）来介绍化学生物学在现代新药研究中的应用。

12.7.2　表型导向筛选

表型导向筛选是指通过高通量筛选发现能将特定表型引入细胞或生物体的小分子化合物并鉴定其分子靶点和作用特异性。目前用于表型导向筛选的生物模型主要包括培养的哺乳动物细胞、微生物、斑马鱼、果蝇和蠕虫，甚至来自于供体的人体细胞。

化学生物学被成功应用于细胞功能研究的例子已经很多，比如发现 monastrol 是有丝分裂纺锤体两极化的抑制剂[77]、对多功能小鼠细胞系 P19 细胞分化进行筛选得到的 TWS119 作用于 GST-3β[78]，另外通过对人血小板的高通量筛选，发现的 JF959602 抑制了磷酸二酯酶 3A[79]。同样化学生物学也用于多细胞生物，如斑马鱼发育过程的研究。一个在受精后 14h～26h 之间与斑马鱼胚胎一起孵育导致耳石发育受抑制的化合物被发现，这表明该化合物作用于发育调控基因产物[80]。突变的斑马鱼被用来寻找能够逆转表型异常的小分子，运用荧光微动脉造影术筛选得到 2 个小分子能够抑制突变的 *gridlock* 斑马鱼表现出的与大动脉收缩相类似的大动脉异常表型，且这 2 个化合物能够增强 VEGF 的表达，并在 *gridlock* 斑马鱼模型上过表达 VEGF，抑制了大动脉的异常[81]。

12.7.2.1 表型导向筛选的检测手段

表型导向筛选的检测手段分为一致性读值（uniform readout）和高内涵筛选两种方式。一致性读值可用于微生物生长监测、酶学分析、免疫化学发光检测及 GFP 融合蛋白转录检测[82~85]。高内涵筛选则在细胞水平检测过程中可同时读取多个参数，运用自动化显微镜分析能很容易地获得荧光强度信号和亚细胞定位信号，许多检测方法被用于自动化显微镜分析，如用荧光探针标记的细胞可以检测 DNA 或者 actin；此外可以进行不同抗原的免疫学检测。目前这些技术用于细胞分裂、胞浆移动、细胞迁移、有丝分裂纺锤体形成及中心体复制的研究[86]。

12.7.2.2 活性小分子靶点的鉴定

活性小分子靶点的鉴定常基于亲和层析及遗传分析。

亲和层析就是将细胞裂解液与固定在固相载体上的小分子接触，与之相结合的靶蛋白可进一步洗脱并鉴定。该方法的局限性在于通过高通量表型筛选出来的小分子主要是疏水性小分子，这些小分子会非特异性地与细胞裂解液中含量较高的蛋白相作用，此外该法仅适用于 K_D 值介于低至中纳摩尔/升（nmol/L）范围的化合物[87]。亲和层析中另一个影响因素是靶蛋白在细胞裂解液中的浓度，当靶蛋白的浓度相对较高时亲和层析就容易成功[87]。此外还需寻找适合与支持物交联且不影响该小分子活性的反应基团以进行交联，当某个小分子不存在上述合适的反应基团时将不适用于化学交联策略。为克服该局限性而发展出的带标签的小分子能有效与支持物交联而无需寻找适于交联的反应基团。如 Khersonsky 等人将合成的基于三嗪铰链结构的小分子通过接头固定在琼脂糖磁珠上，筛选到的一个化合物可抑制斑马鱼中脑/眼的形态发生[88]。

另一个靶蛋白亲和鉴定方法是使用蛋白微阵列。蛋白微阵列是将不同蛋白以高密度印在一张玻片上并进行亲和层析的方法[89]。其优点是将感兴趣的化合物与高浓度高纯度的蛋白相作用，避免了细胞裂解液中高浓度非靶蛋白的干扰。

遗传分析的一个常用方法是通过遗传手段导入药物抵抗或者药物敏感的突变以鉴定靶点。为了对药物诱导的单倍剂量不足（haploinsufficiency）进行研究，杂合突变细胞株在药物处理下生长，通过对野生型和杂合突变型细胞株的生长差异的比较找出对药物作用抵抗或敏感的突变[90]。

遗传分析的另一个方法酵母三杂交报告基因系统是基于将 2 个小分子化合物交联从而使 2 个单独的靶蛋白二聚化或者寡聚化[91]。该方法使用一个能与引入 DNA 结合结构域（BD）的已知受体具有强结合能力的小分子配体 A，而配体 A 能与所研究的小分子（即配体 B）共价结合。哺乳动物细胞来源的 cDNA 表达成待研究靶蛋白含有一个转录激活结构域（AD），若配体 B 与靶蛋白-AD 相互作用时报道基因开始转录[92]。该技术已被用于发现细胞周期相关激酶抑制剂的靶蛋白[93]。

12.7.2.3 活性小分子的特异性评价

评价某个小分子的特异性可以检测其对纯化蛋白而非预测靶蛋白活性的影响，该方法的局限性是不能测试所有的潜在靶点，此外体外实验的结果很依赖于实验条件并且不一定能准确地反映体内情况。

另一个评价手段是检测化合物对靶点基因突变的生物体的活性变化。特异性的化合物对靶点基因突变过的生物表型没有影响，否则存在其他靶点。运用 DNA 微阵列的表达分析使得进行全面表型分析成为可能，除了可应用在酵母上，还可用在哺乳动物如基因敲除小鼠模型上。

12.7.3 靶点导向筛选

靶点导向筛选是通过高通量筛选得到影响已知靶点结合力或者功能的化合物，并将化合物引入生物系统中以评价靶点生物学功能的方法。

12.7.3.1 受体-配体直接结合的分析

采用亲和选择的方法将蛋白与化合物孵育并进一步鉴定活性化合物[94]，或者以小分子微阵列的方法将小分子高密度固定形成微阵列，标记的靶蛋白与微阵列孵育，洗去未结合蛋白并用自动微阵列扫描加以检测。

12.7.3.2 蛋白相互作用的分析

与蛋白直接结合的小分子可能会通过抑制蛋白之间的相互作用影响生物过程。许多化学遗传学筛选已被用于筛选影响特定蛋白质与蛋白质相互作用的小分子。此外，该方法也可以检测其他小分子如蛋白质-DNA、蛋白质-脂质、蛋白质-糖类之间的相互作用。

荧光偏振技术是评价蛋白质-蛋白质相互作用的常用技术。该技术基于溶解状态下的小分子旋转与其分子大小成比例，分子越小旋转越快。荧光探针（已标记蛋白）在平面偏振光作用下被激发，检测蛋白质-蛋白质不同结合状态下检测探针的激发光，有其他蛋白质结合时与可溶自由状态时相比，已标记蛋白旋转变慢，而作为竞争性抑制剂的小分子能够抑制蛋白质-蛋白质相互作用时导致的已标记蛋白的旋转速度变慢。此外，该技术还可以寻找影响蛋白质 DNA 相互作用的小分子抑制剂。

12.7.3.3 酶活性分析

许多成功的化学遗传学技术都是依赖于酶活性检测而非筛选生物活性小分子，通过高通量筛选进行酶活性评价，通常需要检测底物消耗或者产物生成，以发色团或者荧光基因为底物，通过传感器进行检测是常用的手段。当酶活性难以用发色团或者荧光底物进行测定时，可使用放射标记同位素进行测定。

12.7.4 小结

许多化学生物学的技术和工具与新药开发中的技术和工具相同，虽然两者强调的有所差别，但是运用化学探针研究复杂生物系统（化学生物学）与鉴定新治疗靶点和药物（新药开发）两者明显存在重叠。

这些现状对运用化学生物学的研究所和致力于新药开发的制药公司提出了一个"如何更好合作"的挑战。美国 NIH 的领导者预想科研单位化合物库的发展及早期阶段新药开发过程会找出新的生物学靶点和有用的化学探针，并提供给生物制药公司进行进一步优化和发展，这将是生物制药公司在新药开发早期阶段以低成本获得化合物的新途径[95]，但 NIH 资助发起的此研究是否会对联邦基金资助的新药开发研究机构产生竞争尚无法确定。如美国国家生物技术信息中心（NCBI）启动了 PubChem，该数据库有将近 100 万个化合物的数据库，美国化学会（ACS）认为这个数据库会和美国化学文摘（CAS）的数据库形成竞争[96,97]。

目前在研究所和制药公司，化学生物学领域和新药开发领域间有了更多合作。人类基因组大约 30000 个基因预计在疾病相关基因产物中大概有 5000～10000 个潜在药物靶点[98]，而现有治疗手段仅涉及 500 个，这将促使制药公司大力研发新靶点的新药。但最近几年，伴随着用于进一步改进的新化合物数量减少，新药靶点也在减少[99]。此外，商业意图束缚了生物制药公司关注的靶点类型，罕见病及主要存在于发展中国家的疾病的基因产物并没引起生物制药公司的兴趣[100]。对之前不是很明确且有高风险的基因产物的深入研究可能是一个增加对生命基础认识的有效方式。研究所实验策略和技术的发展也将会增强生物制药公司的新药开发能力。

12.8 基因工程动物

12.8.1 简介

过去三十年分子生物学的变革促使了人们对于疾病的了解和治疗的巨大进步。基因工程技术的发展使动物模型更好地服务于人类疾病，大大加快了生物医学的研究，其中包括传统制药公司和生物制药公司更快地发现并确证新的药物靶点，从而最终研制出新的治疗药物。在药物发现阶段，基础研究需要确认并验证引起疾病发生和发展的分子机制，故一般使用基因工程小鼠（GEM）或大鼠（GER）。临床前研究则需要确证候选治疗药物的疗效和毒性，工程动物的选择就取决于具体的受试化学实体。

药物研发中工程动物通常仅用于新化合物的发明和试验，而不是用来生产药物，故本章节主要着力于 GEM 和 GER 在药物研发过程中的应用。药物研发过程中用到的工程动物模型，主要用来预测具有类似遗传异常的人类基因突变后产生的效应。过去十年已充分证明，销售量排名前一百的药物在人体内产生的生理效应与缺少这些药物靶标的基因工程小鼠所产生的生理效应具有很好的关联性。目前通过将 GEM 运用到药物研发各个环节，对其他新药物靶标和化合物进行确证，这一趋势将得以持续并不断加快。因此，这些模型必然为前期以及后期的药物研发阶段增添可观的价值。

12.8.2 药物发现和研制中使用工程啮齿类动物的基本原理

在遗传工程领域中，越来越多地可用于不同种属的新技术，为外源遗传物质可靠而高效地引入生物体基因组提供了方法。

12.8.2.1 转基因和基因敲除

药物研发中，GEM 和 GER 模型主要通过两种标准技术进行构建：随机引入外源基因（转基因）和精确靶向敲除（即 knockout）某一内源基因。通常构建转基因动物的方法是将修饰遗传物质直接显微注射入一个杂合子中（单细胞胚胎），或者运用基因治疗法凭借化合物或病毒载体打入多细胞胚胎或成年动物体内。内源基因也可以通过反义核苷酸、小干扰 RNA 或核酶失活。这三种方式都是通过干扰内源基因表达蛋白来达到基因失活的目的。与基因靶向敲除导致的永久性可遗传突变不同的是，这三种方法只是以表观遗传学的机制暂时性不可遗传地降低基因活性。此外，表观遗传修饰一般只暂时性产生 knockdown 效应而不是完全敲除效应。由于目前还缺少较明确的大鼠胚胎干细胞系，故传统基因靶向敲除技术仅限于小鼠。

12.8.2.2 条件性和组织特异性转基因 GEM

另外一个重要的新方法是构建条件性转基因 GEM。这些动物的修饰基因上包含一个组织特异性启动子，受控于一个配体诱导的增强元件或抑制元件，这将修饰基因的作用限制于某个发育期或器官，或者是某区域或某个细胞类型。类似构建 GEM 新策略是时间特异性或组织特异性去除基因。这一方法要求构建两个 GEM 品系，一个基因敲除品系包含功能性目的基因，该基因的侧翼区有两个剪切位点，另一个转基因品系包含可以识别并删除剪切位点的重组酶基因，该重组酶基因受控于某一（时间和/或组织特异性）启动子。两个亲代为表型正常型，但两方交配后，子代某些细胞会表达重组酶，则目的基因两个侧翼区被切除。为了增加特异性，含有重组酶基因 GEM 系可再改造为条件性转基因系。多重组织特异性、条件性敲除，或者将 RNA 干扰技术与条件性转基因技术合并的 GEM 可能存在更多优势。

12.8.2.3　人源化转基因 GEM

另一个对于药物研发具有重要意义的改进是将某小鼠基因替换为人的同源序列，或者将功能性的人源细胞植入突变啮齿类动物体内，对衰竭器官进行再造。这一基因工程小鼠模型为前期药物研发提供了平台，无需进行人体临床试验，即可体内评价外源物质对人源目的蛋白的影响。这一策略部分解决了小鼠生理反应与人类生理反应不等效性的问题。必须要注意的是，对插入修饰人源基因或未插入修饰人源基因后产生的 GEM 表型，应视为经基因修饰后人类表型的类似型，而不是等同于人的表型。不过许多项目中人源化的动物模型仍可作为一般毒理学试验中野生型动物模型的替代模型。这类模型尤其适用于那些只能与人源蛋白作用的人源生物活性分子药物试验。将人源化的 GEM 用于临床前药效学毒理学试验，为查明候选药物在体内的潜在作用方式提供了最有效的方法。

12.8.2.4　基因工程动物模型的生产和评价

基因工程动物模型的生产和评价速度对未来的药物研发进程会产生重大影响，所以需要对基因工程动物模型的生产评价方案进行设计。一种策略是同时建立几个含有多重基因修饰的 GEM 品系，可以同时对几个基因产生的表型进行筛选。当发现一个含有多重基因突变动物出现某个表型后，立即进行育种并对转有单独外源基因的模型系进行分析，确定哪个基因的改变诱发了这种表型；如果某单转基因的模型系未见该表型变化，则提示该多重突变表型源于两个以上外源基因间的相互作用。另一可缩短药物研发初期 GEM 和 GEM 鉴定时间的方法是对亲代小鼠的表型进行分析而不是对子代进行分析。这一策略预先假定了修饰基因会产生明显的表型，并且在不同亲代间表型存在重现性。这一方法的优势在于培育中心无须为药物研发花费很多人力物力，而主要劣势在于表型可能会丢失。一些药物研发小组为了避免丢失表型，已经实现了一种快速产生表型的改良模式，在分析前将每种建系亲代进行育种或者仅仅评价雌性亲代（因为短时间内即可产生较多类似表型的子代）。

最近比较受青睐的技术方法是条件性和组织特异性转基因品系或基因敲除品系、人源化基因工程小鼠模型，以及高通量分析建系亲代的方法。这些方法将有助于研究者更快地建立用于药物研发的基因工程小鼠和大鼠模型，以及对其有效的质量控制。

12.8.3　药物研发中工程动物的用途

12.8.3.1　一般使用原则

GEM 和 GER 通常用来解决药物研发中三类问题，包括该蛋白在健康状态和疾病状态分别是起什么作用？其次，候选药物对于靶分子是否具有活性？最后，如果该药物具有活性，那么它是否也会引起毒性？

对于药物研发项目中功能基因的研究，一般先创建一个简单的转基因模型，因为针对同一个基因构建转入基因比构建基因靶向模型或条件性转基因模型快很多，所需的代价也低得多。这一高通量转基因模式可以在短时间内筛选许多基因，从而为研究潜在药物靶点以及发现有效的治疗药物省去很多时间。但这也意味着转基因筛选的效率通常是很低的。一般只有不到 10% 的带有 EST 标签的转基因工程小鼠会出现特别显著的临床表型。这种低灵敏度的转基因分析促使许多公司更倾向于基因靶向敲除技术。因为某信号通路的全阻断比起基因过表达更有可能产生明显的表型，而该表型恰能适用于药物研发。尽管许多敲除模型是胚胎致死性的,不能立即作为药物研发模型,但30%~40%的敲除模型都会出现可辨别的表型。另外随着条件性敲除技术的发展,未来的药物研发可能用条件性敲除法构建动物模型来避免胚胎致死这一缺陷。

目前药物研发使用GEM和GER主要基于两种策略。第一个也是最普遍的策略是改造某个新基因,然后从头构建一系列模型,以筛选出某个有用的表型,这一方法通常用于初期研发阶段。这一阶段用GEM和GER主要来确定某基因在疾病发展过程中的病因学作用或者用GEM和GER来评估之前未定性的基因功能。另一种策略是早前已经进行过充分的表型分析,现需要进行其他表型评估。GEM已用于评估机制[101]、致突变性[102~104]、致癌性[105,106]以及外源化学物质特异性[107]。目前转基因小鼠模型比转基因大鼠模型使用频繁。不过基于大鼠的生物学性状比小鼠更类似人类在一些疾病(癌症、高血压)过程中的生理效应,以及具有广泛的行为学数据和较大的体形(适合手术操作和血样反复采集),大鼠的基因工程模型将越来越多。

药物研发中选择创建新动物模型还是选择已有模型受到物力和时间的限制。大多数药物研发公司为了获得并保护关于靶标分子的知识产权常于前期研发中使用新基因工程小鼠或大鼠。许多基本机制使用相对未明确的GEM或GER品系可以得到快速解决,而且为整个研究项目趁早作出"继续"或"停止"的决策提供有力依据。不过一般在作出最终决定前需要更多的数据,包括用上述方法进一步鉴定新GEM和GER模型;而完成一个完整的评估过程通常需要数月或数年。相反地,鉴定疗效及毒性的后期临床前试验往往使用已商品化的GEM模型。因为这样省去了从头自主培育一种新模型所需的时间,同时关于现有模型有关外源化学物质刺激的文献已经积累了很多,而且也越来越被一些监管机构所接受。

12.8.3.2 基础性研究

目前药物研发项目将GEM和GER运用到广泛的基础研究中,典型用途是鉴定并确认靶标以及确定计划治疗方案的有效性[107]。这些考查的项目是进行下一步药物研发的前提,故一般会采用具有自主知识产权的新模型。

基础研究中主要运用GEM和GER来探索基因在生理和病理状态间调节平衡的关键机制。采用这一方法的前提条件是了解引发阳性表型的生理机制,因为这将为模型是否能被用于进一步的药物研发工作给出依据。例如,在确定一个既定生物模型时,会利用激活破骨细胞的RANK通路来确定GEM和GER的表型与敲除受体或配体的相关性,并且用该动物模型,来预测根据通路所设计药物的疗效(系统性转入外源基因的效果对应于静脉蛋白注射[108])。如果GEM和GER模型揭示基因功能与疾病的关系,那么通常会在早期就终止该药物研发项目。

另一个GEM和GER模型用途是考查药物干预的影响。动物模型一般要解决以下两个基本问题:长期药物治疗是否会引起副作用?为什么会有这种效应?目前用来评价长期药物治疗影响的一个GEM模型是β-分泌酶敲除小鼠模型。β-分泌酶被认为是大脑负责产生具有神经毒性的β淀粉样蛋白的主要蛋白分子。在阿尔茨海默病患者体内β淀粉样蛋白高表达。已证实β-分泌酶敲除小鼠可以有效抑制β淀粉样蛋白的产生,但是β-分泌酶在神经外组织也是广泛存在的,那么如果长期抑制β-分泌酶可能会产生系统性不良反应。不过通过老年基因敲除鼠的验证并未发现大脑或外周系统临床畸变或解剖学畸变[109]。第一个在药物研发中发现副作用的GEM模型是在小鼠体内过表达artemin。Artemin是一种类似GDNF的外周神经营养因子,被认为是治疗神经病变的潜在疗法[110]。在一个关于重组artemin的临床前疗效研究中发现,注射artemin后,肾上腺髓质会多发性增生,通过胚胎注射 artemin 和系统性基因治疗的方法培育出 artemin 转基因小鼠，来确定该神经营养因子是否确实会引起肾上腺增生性病变。结果在胚胎阶段引发明显神经嵴发育不良症状，成体阶段引发自主神经系统包括肾上腺髓质增生性病变，说明过表达 artemin 后自主神经系统很可能会产生不良反应。因此这些 GEM 数据将助于在早期药物研发阶段就可确定潜在分子靶标的可行性。

此外在基础药物研发中还有许多方面会采用 GEM 和 GER。包括确定内源性配体的特性，解释由受体或传导级联异常引起的细胞信号通路畸变，以及评价新陈代谢诱发毒性的机制。还可以利用模型动物来区分外源化学物质依赖性效应或非依赖性效应。如果要证明外源化学物质非依赖性效应，即已知病变不是反复使用候选化合物（设为化合物 A，其被假定可以抑制 B 酶）后的结果，则可以培育一种 B 酶缺乏的工程小鼠。若给予化合物 A 后出现了与野生型同样的变化，那么可以确定该效应并非来自 A 和 B 的相互作用，即毒性并非来自化合物 A。在基础性药物研发应用中采用 GEM 和 GER 模型将为早期研发过程和后期临床前药效学和毒理学试验提供桥梁作用，从而为候选新药的风险-利润评估提供有效的参考。

12.8.3.3 应用性研究

现代药物研发项目针对小分子药物已经开发了一些商品化的 GEM 及一种商业化 GER 模型，用于晚期临床前研究，评价外源性化合物的遗传破坏能力。主要两个用途包括致突变性试验和致癌性试验，而致癌性试验更为常用。

(1) 遗传毒性

因为 GEM 模型和 GER 模型活体试验需要高昂的代价，故这种致突变性生物学分析只能作为传统细菌快速筛选分析的补充而不是替代。不过用 GEM 或 GER 评价遗传毒性也有体外试验所不具备的优越性，包括获得关于目的分子易感性数据（如脊髓运动神经元），以及产生外源性化合物所致的基因损伤的药物代谢学、药效学和药代动力学机制。GEM 和 GER 致突变性分析，连同常规的致癌性分析或基于 GEM 的致癌性分析可以大大提高新化合物有关遗传毒性评估的确证性。

对于一般标准致突变性试验 GEM 和 GER 模型，其编码 DNA 修复酶的基因是被修饰过的，或者在其体内转入编码标记蛋白的细菌基因[102~104]。第一个用于致突变试验的敲除小鼠模型，其腺嘌呤磷酸核糖转移酶（Aprt）或次黄嘌呤磷酸核糖转移酶（Hprt）基因的一个拷贝被敲除，即修复 DNA 的嘌呤补救途径被破坏。在没有外源性化合物刺激时，这种内源基因引起的自发突变率是很低的，主要与动物年龄有关。第二种模式的致突变模型现已有商品化模型。该转基因小鼠或大鼠在原有基因组上带有许多细菌 lacI 基因（如 Big Blue Mouse；Big Blue Rat；Stratagene, La Jolla, CA, USA）或细菌 lacZ 基因（Muta Mouse；Covance Research Products, Denver, PA, USA）。这些细菌插入子的自发性突变频率也很低（$10^{-6} \sim 10^{-5}$），近似于或只是稍高于内源基因的突变频率。因为引入细菌基因可通过体外比色读数来进行定量和定性分析，所以这种模型利用价值较高（图 12-3）。

设计体内致突变实验一般会考虑给药时间、给药途径以及选择合适的阳性对照诱变剂。而 GEM 模型不同遗传背景的选择又会影响到下一步实验设计。因为在许多情况下同一品系既可用于致突变分析也可用于致癌性分析。许多实验室在为期两年的小鼠致癌性试验中使用 B6C3F1 或 C57BL/6 小鼠，而 Big Blue 小鼠是它们的细菌转基因变种品系，所以致突变试验就会普遍选择 Big Blue 小鼠。致突变试验和致癌试验采用同一遗传背景可减少一个药物安全性评估中一个考虑因素。

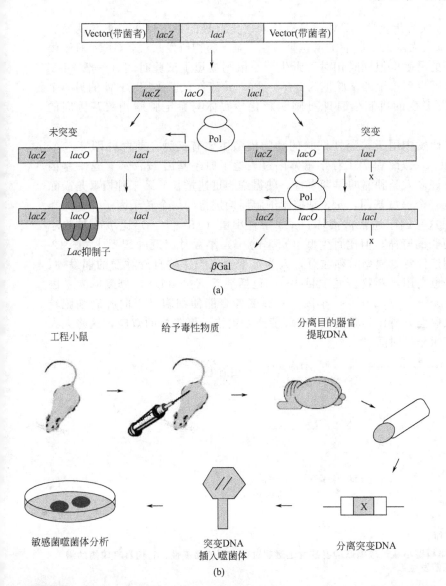

图 12-3 利用 GEM 的 Big Blue 致突变性分析

(a) 图即试验分子机制。第一条即插入小鼠基因组的外源基因拷贝构成；*lacI* 基因来自细菌，其编码一种抑制蛋白，*lacZ* 编码 β-半乳糖苷酶（βGal）。第二条即细菌 DNA 的基因组成；*lacO* 是操纵子基因，其可结合 *lacI*，*lacI* 基因失活突变子命名为 X。当给予遗传毒性药物后可能（右栏）或可能不会（左栏）在 *lacI* 基因内部诱发某种。分离出 DNA 后将其转入细菌［(b) 图］，即被翻译成蛋白。当药物无法诱发 *lacI* 突变（左栏），则 lac 抑制子结合到 *lacO*，从而阻止 *lacZ* 转录。相反地，如果药物在 *lacI* 基因内诱发突变（右栏），那么 lac 抑制子不能产生，使聚合酶（Pol）得以结合到 *lacO* 基因，继而转录出 *lacZ*。如果给予适当的底物，*LacZ* 会将其转化为蓝色物质。(b) 图说明了 Big Blue 分析的流程。一个带有 Big Blue 序列的转基因小鼠给予遗传毒性药物 7～28 天。然后，取出潜在的目标器官，匀浆，分离 DNA，将其包装入噬菌体内，DNA 能够进入细菌。经过合适的培养后，转有突变 DNA 的细菌会表达 *lacZ*，该菌落会在平板上呈现蓝色

（2）致癌性

用于药物研发致癌性试验的 GEM 模型，它们的肿瘤抑制基因经突变后都是受到抑制的，或者某原癌基因是过表达的，或者抑制基因和原癌基因均经过改造。这些基因的缺失使得动物处于"第一击"的状态下，从而提高了所有器官对外源性物质的致癌易感性。因此致癌性风险评估采用 GEM 模型的合理性在于模型动物诱导出突变的模式模拟了许多人

类肿瘤的发生机制[106]。实际上这些 GEM 比具有相同遗传背景的野生型小鼠更易诱发肿瘤（图 12-4），基因修饰大大降低了肿瘤的潜伏期[112]。对于药物研发来说，GEM 对于候选药物致癌性具有更高的灵敏度但同时相对于野生型小鼠则缩短了试验时间（一般 GEM 的试验期为 6 个月，而野生型小鼠的试验期为 2 年）[105]。致癌性试验采用 GEM 的另一个优势在于能够获得引发癌变的机制信息即可阐明新化学实体与特定肿瘤相关基因间的关系[111]。

目前文献报道药物研发中用于致癌性试验的动物模型主要有三种。前两种即 $Tg.Ac$ 和 $rasH2$ 基因工程小鼠，$rasH2$ 基因工程小鼠体内过表达了原癌基因 Ha-ras，这一基因的过表达被认为是诱发许多人类肿瘤的早期事件，使得细胞迅速增长。第三种模型是敲除了肿瘤抑制基因 $p53$ 的一个等位基因，$p53$ 是控制细胞周期进行的一个转录因子，在人类和啮齿类自发性肿瘤中这一因子通常被损坏。$p53$ 杂合小鼠（$p53+/-$）比 $p53$ 敲除小鼠（$p53-/-$）具有更长的寿命，但比野生型（$p53+/+$）早数月出现肿瘤[112]（图 12-4）。但在选择具有不同遗传背景模型时须注意，人为突变会大大影响自发肿瘤的偶发性。其他一些模型可能将来也会用于药物研发项目[113]，包括缺乏 Xpa（DNA 修复酶）基因双拷贝的 GEM 以及 $Xpa-/-/p53+/-$ 小鼠。双突变各自能使细胞易于向肿瘤细胞转化，将这一模型用于致癌性分析比起单突变 GEM 能产生更快、更明显的效应，这将大大提高分析灵敏度，并缩短分析时间。

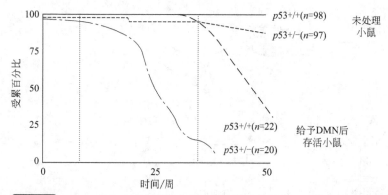

图 12-4　($p53+/-$)缺陷模型小鼠对致癌原的易感性远远超过野生型的易感性，它们具有较短的潜伏期和较高的癌症发生率

未给药的小鼠没有发生肿瘤，而从 8 周龄开始在饮水中给予 0.0005% 二甲基亚硝胺的小鼠发生了肿瘤。只有 $p53+/-$ 小鼠在给药 6 个月后出现肿瘤，GEM 致癌性试验通常的周期即 6 个月。以上所有小鼠具有相同的遗传背景：75% C57BL/6 和 25% 129/Sv（摘自 Goldsworthy T L, Recio L, Brown K, Donehower L A, Mirsalis J C, Tennant R W, Purchase I F H. Fundam Appl Toxicol，1994，22：8-19；Basic Clin Pharmacol Toxicol，2004，95：154-161）

这些 GEM 模型对致癌性的检测能力还取决于受试药物的性状。修复损伤 DNA 能力缺失的模型（$p53+/-$，$Xpa-/-/p53+/-$）仅对遗传毒性致癌剂具有敏感性，而细胞增殖能力组成型激活模型（$rasH2$，$Tg.Ac$）对遗传毒性药物和非遗传毒性药物都存在易感性。因此，要完整鉴定某新药物的致癌性需要一系列涉及多个 GEM 模型的阶段性试验计划，方能全面评定药物的致癌风险。低假阳性率和相对标准的 GEM 致癌性试验都意味这些模型在未来的药物研发中被越来越多地采用。

12.8.4　对药物研发中使用工程动物的告诫

正如任何用于药物研发的技术工具，在解释 GEM 和 GER 数据时，也必须要考虑一些可能会影响到实验结果的次要因素。首先，每个基因工程小鼠或大鼠本身就是个独特的

"种类"。这一限制是现有遗传工程技术缺陷带来的，包括外源基因插入随机性以及通过同源重组后跟随敲除基因产生的外侧小卫星序列微弱差异性[114]。当不同研究组将它们的突变引入不同的遗传背景品系时，情况会变得更加复杂[115]。不过其他因素也会影响宿主对修饰基因的表达，包括交配体位和妊娠位置以及母系应激水平都会影响激素水平，而激素水平又会影响子宫内环境[114]。虽然一般都假定带有既定修饰基因的所有 GEM 或 GER 都会呈现出相同的表型，而且在实践中通常可以支持这一假定，但是这一关联也不是必然的。敲除基因小鼠的修饰基因是相同的，但遗传修饰的确切性状却是不同的。以缺少细胞色素 P450 1A2（CYP1A2，在人和小鼠体内 N-羟基化许多药物、环境污染物以及少数内源性分子的肝药酶）的小鼠为例，在一个实验室中，敲除（knockdown）单个 CYP1A2 外显子得到了不同的敲除表型，前几代许多鼠仔出现致命性的肺缺失，而后几代在无药物刺激下均未见表型；在另一个实验室中，敲除 CYP1A2 所有外显子或部分外显子的小鼠仅仅出现了上述后一种表型。另一个说明表型不一的现象的例子是部分 $Tg.Ac$ 小鼠而非全部 $Tg.Ac$ 小鼠在给予 12-O-十四法波醋酸酯（一种肿瘤促进剂）后并未诱发肿瘤[116]。从这些例子可以得出，并不是同一基因经修饰的 GEM 或 GER 都会呈现相同的基因型或者表型，意外的表型漂移随时都会发生。所以必须对 GEM 和 GER 进行谨慎的鉴定。而且要明确的是人源化的 GEM 和 GER 毕竟仍属啮齿类，即使它们已经带有人的遗传物质或人的细胞，仍要对它们进行评估。而来自这些模型的数据充其量只能提供一种药物研发的工具，而不能替代人类临床试验。

在解释 GEM 和 GER 数据时还要考虑实验中所用的野生型遗传背景因素。比如，如果用来培育 GEM 的小鼠品系带有某种偶发病变，那么可能会掩盖真正表型诱发的变化。FVB 小鼠有时会出现品系特异性的癫痫症状；在某些 129 小鼠品系中存在畸胎瘤高发性[113,115]。不同的 129 次代品系还会出现胼胝体萎缩或发育不全，但这一缺陷的外显率并不是绝对的。遗传背景间的差异还会影响到表型表达（具有不同遗传背景的亲代会产生不同种类和潜伏期的肿瘤），所以遗传工程中对所用到的品系其背景病变必须进行鉴定，使得药物研发中可以排除这些干扰表型。在开始遗传工程项目之前对啮齿类品系的选择也须谨慎。

最后需要注意的是药物研发中 GEM 和 GER 的数据仅可作为机制研究的一部分。许多公司常利用从尚未充分确证的新模型得到的数据来推测某个既定靶标或潜在疗法的可行性，药物研发组一般会犯两种错误：一，将某一临床畸变归于基因相关的表型，但实际上这一状况是由某些混淆因素导致的。举例来说，缺乏某神经元特异性蛋白的 GEM 出现脑积水和共济失调，但实际原因是 β-溶血性链球菌败血症和早产继发性脑炎。二，遗漏了发生于其他器官（非目的器官）的真正表型。以上两个错误可以通过配备强大的目的分子相关数据库来避免。目前大多数产业化药物研发项目创建的 GEM 或 GER 数据库一般包含两种不同类型的信息。第一种信息来自基础性研发阶段，用转基因或敲除模型来具体确定已知目标受体及其配体，以及相关信号通路中多个分子间的关系。第二种信息来自后期临床前研究，用已经明确的商品化 GEM 模型来考查候选治疗药物的致突变性和致癌性。理想的药物研发方案是前期阶段的机制研究数据可以预测给药后疗效。然而，候选药物通常并不能重现基因敲除后的效果，这可能是终生敲除某基因与暂时性地抑制（药物抑制）在生物学状态上的差异导致的。将来的药物研发工作将越来越多地使用条件性遗传修饰技术和间断性表观遗传学干扰技术，这将有效地弥补上述差异并加快药物研发的速度。

12.8.5 小结

近几年遗传工程技术已经有了长足的进步，而且已经成为药物研发过程中的主要组成部分。许多已经明确的基因工程小鼠和越来越多的基因工程大鼠可被作为基础性研究和应用性研究的模型。利用这些模型将大大促进我们了解生理状态和病理状态的分子生物学机制，并且加快针对以前不治病症的新合理化药物的开发。

12.9 小型干扰核糖核酸

12.9.1 简介

核糖核酸干扰（RNA interference，RNAi）是生物体抵抗外来核酸入侵的一种古老而高效的机制。1990 年，Jorgensen 等在构建查耳酮合成酶（chaltone synthase）转基因矮牵牛花时发现该基因的 mRNA 水平降低[117]。Mello 将这一现象称为 RNA 干扰；1998 年 Fire 等证明 RNAi 依赖于双链 RNA（dsRNA）。2001 年 Elbashir 用 21bp 的 dsRNA 在哺乳动物细胞中有效降低了目的基因的表达并避免了干扰素反应（interferon response）引发的蛋白翻译抑制和转录后基因沉默（post-transcriptional gene silencing，PTGS）[118]。从此，RNAi 技术得到广泛关注与应用。同时，RNAi 的机制也得到了阐明，其中核糖核酸诱导的沉默复合体（ribonucleic acid-induced silencing complex，RISC）和 RNaseⅢ家族成员 DICER[119]发挥了重要作用。

RNAi 技术已成为当今多数分子生物学实验室的常规技术手段和研究热点。应用 RNAi 的药物靶点鉴定与确证环节，是当今药物靶点高质量鉴定的必须步骤，RNAi 相关药物有希望直接应用于临床治疗。本部分针对药物研发与临床治疗，对 RNAi 技术的应用作一简要介绍。

12.9.2 RNAi 的分子机制

12.9.2.1 RNaseⅢ家族成员（DICER）

dsRNA 分子进入细胞后，被 DICER 酶切割成 21～23bp 的小型干扰核糖核酸（siRNA）[119]。DICER 包含四个结构域：N 端 DExH/DEAH RNA 解链酶结构域、PAZ（Piwi-Argo-Zwille/Pinhead）结构域、RNaseⅢ催化结构域和 C 端 dsRNA 结合基序。PAZ 结构域特异识别配对的 siRNA 或 miRNA 的黏性末端，保证了 siRNA 被传递到 RISC 复合体。

12.9.2.2 核糖核酸诱导的沉默复合体 RISC 和其活化形式

siRNA 的 5′端磷酸化是进入 RISC 复合体所必需的。只有在双链 siRNA 解旋之后，RISC 才能在 ATP 参与下转化为活性形式 RISC*。RISC* 仅与 siRNA 反义链结合，通过碱基配对识别目的 mRNA，在 siRNA5′端起第 10 和 11 个核苷酸之间切断目的 mRNA。

在非哺乳动物细胞中，被解链的 siRNA 可作为 RNA 依赖的 RNA 多聚酶（RNA-dependent RNA polymerase，RdRP）引物，RdRP 以 mRNA 为模板合成 dsRNA，dsRNA 又可被 DICER 切割，从而引发级联的 RNAi。RNAi 的分子机制如图 12-5 所示。

12.9.2.3 miRNA

miRNA 是细胞内 siRNA 的另一种来源。细胞核内转录的 pri-miRNA 经 RNaseⅢ家族成员 Drosha 切割成为 60～70nt 颈环结构 pre-miRNA，pre-miRNA 在胞质内被 DICER 切割成为 21～23nt 的反义单链 miRNA，进入 RISC 复合物中。

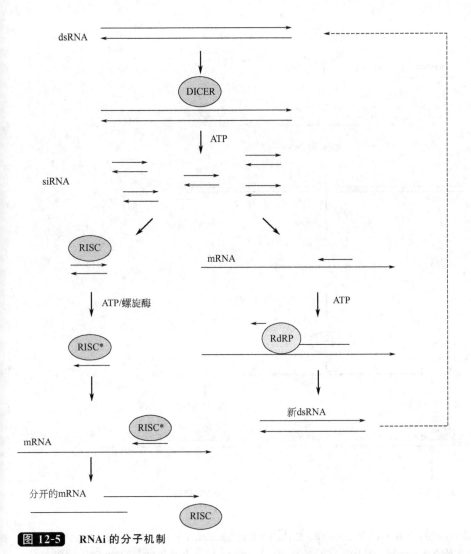

图 12-5 RNAi 的分子机制

DICER 切割长链 dsRNA 成为 21~25bp 的 siRNA，siRNA 进入 RISC 复合物，解链后活化 RISC，RISC 识别并切割目的 mRNA。在线虫中，siRNA 作为 RdRP 的引物以 mRNA 为模板合成 dsRNA，引发新一轮 RNA 干扰

miRNA 通常可与目的 mRNA3′非翻译区（untranslated region，UTR）的一段或多段序列配对，如含有错配碱基，可导致翻译抑制（图 12-6）。大型 DNA 病毒如 EBV、SV40 或 HCMV 都编码 miRNA。人体内已发现 300 种以上 miRNA。

12.9.3　RNAi 的技术问题与局限

12.9.3.1　siRNA 实验的主要影响因素

（1）靶序列选择

因为可能含有 5′UTR 蛋白结合调控序列，应去除 mRNA 前 75~100 个核苷酸；应使用 BLAST 程序与基因组序列比对，防止 siRNA 与其他基因发生交叉反应；另外，应考虑基因的遗传多态性和不同剪切形式。

（2）siRNA 的设计原则

人工合成的 siRNA 通常形式是 AA(N19)TT，其双链应该包含 3′突出的黏性末端，其最佳长度为 19~21nt[120]。反义链 5′端设计应符合热力学低稳定型，如富含 AU 或有

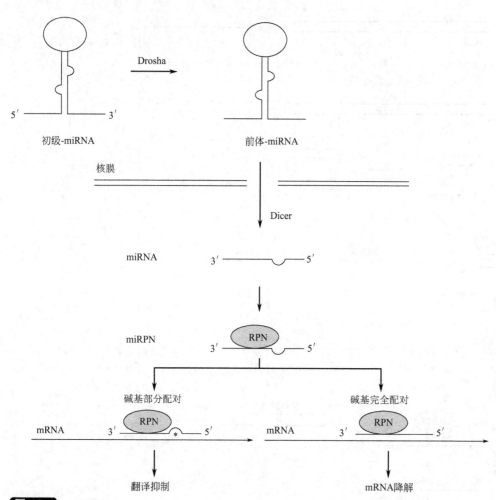

图 12-6 miRNA

初级-miRNA 被 Drosha 切割成前体-miRNA，转运入胞质，经 DICER 切割为 miRNA。miRNA 进入 miRNA-核糖核蛋白复合体（miRNA-ribonuclear protein complex，miRPN）与目的 mRNA3′UTR 区域配对，引发 mRNA 降解（完全配对）或翻译抑制（部分配对）效应

错配碱基以便 RISC 识别[121]。siRNA 序列中段热力学低稳定性利于 RISC 切割目的 mR-NA。反义链 3′端热力学高稳定性可防止正义链进入 RISC。应避免回文序列、串联重复序列和大于 7～8bp 的连续 GC 序列。人源基因的 siRNA 设计应考虑单核苷酸多态性。

12.9.3.2　siRNA 导入细胞

siRNA 转染方式为脂质体转染和电转等。RNAi 在细胞中能维持 3～5 个分裂周期。在目的蛋白稳定和细胞周期长的情况下，应注意检测时间对检测结果的影响。

DNA 载体表达的小型发夹 RNA（shRNA）有助于延长干扰时间。该质粒包含 RNA 多聚酶Ⅲ启动子，如 U6 启动子和 H1 启动子，转录出的 RNA 为带有 3～9nt 间隔的反向重复序列，折叠成 shRNA，被 DICER 切割为 siRNA[122]。用不同的两个启动子分别转录 siRNA 的正义链和反义链的干扰效率低于 shRNA。

逆转录病毒或慢病毒介导的 shRNA 应用范围广，干扰效率高。腺病毒介导的 shRNA 表达效率很高，但只能用于瞬时转染。

RNAi 阴性对照通常采用无关干扰序列（scrambled sequence），或在干扰条件下过表达目的蛋白。针对同一目的基因的不同 siRNA 序列，可增加 siRNA 实验结果的可信度。

12.9.3.3 RNAi 的检测

RNAi 的效果可以在转录和翻译水平通过 RT-PCR、基因芯片技术以及免疫印记技术检测。为避免由于基因序列的高同源性引发的脱靶效应，siRNA 的工作浓度一般不超过 100nmol/L。

12.9.4 RNAi 在靶点鉴定与确证中的应用

12.9.4.1 全基因组范围 RNAi 筛选

(1) 线虫

线虫仅含 959 个功能明确的细胞，繁殖时间短，生理背景清晰。Kamath[123]等利用大肠杆菌建立了线虫 siRNA 文库，包含 16757 个克隆，范围覆盖基因组的 86%，线虫以大肠杆菌为食实现 RNAi。该文库对繁殖能力、致死性、生长速度、形态和行为缺陷等表型进行了分析，鉴定了 1722 个基因。Sonnichsen 等以双细胞胚胎分裂能力为表型，对 20326 条 dsRNA 进行了筛选，范围覆盖基因组的 98%，并将 45 个亚表型与不同生化途径相联系，建立了公共数据库[124]。

(2) 果蝇

果蝇细胞可从培养基中摄取 dsRNA 而不产生干扰素效应。研究者利用含有 19470 条平均长度为 408bp dsRNA 的文库，以细胞存活率和生长状况为表型进行筛选，鉴定了 438 个基因，其中 80% 功能尚不明确[125]。

Echard 等在上述文库中，选择了 7216 个最保守基因，观察 siRNA 对胞质分裂的影响，并对 51000 个小分子化合物进行了平行筛选，得到 214 个与胞质分裂相关的基因和 50 个小分子抑制剂[126]。更重要的是，他们分析 RNAi 文库和化合物库的筛选结果，鉴定出一个小分子化合物的信号通路，确定了其分子机制。

(3) 人

面向激酶家族、磷酸酯酶家族或全基因组的 siRNA 筛选都在人细胞系上得以开展。针对 7914 个基因、包含 23742 个逆转录病毒载体的 RNAi 文库已用于 p53 通路的细胞增殖抑制筛选；针对 9610 个基因的筛选也应用于鉴定蛋白酶体相关基因。

Kittler 等构建了包含 5000 个基因的 cDNA 文库，其转录产物被核糖核酸酶切割为 siRNA，用于鉴定与 HeLa 细胞分裂有关的靶点，获得了 37 个基因，与果蝇 RNAi 文库筛选结果相比较，发现其中 72% 具有同源性[125]。该筛选方式比直接用 siRNA 或逆转录病毒更为经济和特异。MacKeigan 等在 HeLa 细胞上筛选了 650 个针对潜在激酶基因的 siRNA，发现其中 73 个基因下调后引起了细胞凋亡；在低浓度化疗物质存在下对 HeLa 细胞进行了重筛选，鉴定了可能影响癌症发生的靶点。

siRNA 筛选将变得更接近化合物高通量筛选。与转基因和基因敲除动物模型不同，RNAi 的基因沉默效率通常不能达到 100%，因此 RNAi 数据需要更多的分析工作。

12.9.4.2 miRNA 与疾病的联系

miR-375 降低 myotrophin 的表达，抑制胰岛素分泌，与糖尿病密切相关。miR-143 在脂肪细胞分化过程中表达增加，是治疗肥胖症的潜在靶点。miRNA 多顺反子簇序列 miR-17-92 在 B 细胞淋巴瘤中普遍扩增，该簇与原癌基因 c-myc 共表达加速肿瘤增殖。c-myc 转录因子激活 6 种 miRNA 的表达，其中 miR-17-5p 和 miR-20a 抑制与增殖调控相关的 E2F1。在心脏发育过程中 miR-1 调控了细胞的分化-增殖平衡。

12.9.4.3 与小分子化合物的差异

针对同一基因的 siRNA 与小分子抑制剂通常引发不同的表型。首先，小分子抑制剂作用于靶蛋白的某位点，并不影响该蛋白与其他蛋白形成复合物。第二，siRNA 通常会引起脱靶效应。第三，小分子化合物与 siRNA 引发不同的应激反应。在解释 RNA 干扰的实验结果时，以蛋白的无活性突变体形式作为对照很重要。如 Aurora-B 激酶的失活突变降低其底物组蛋白 H3 的磷酸化水平，但 siRNA 并无此现象，可能是由于痕量 Aurora-B 仍然对底物有较高的磷酸化活性。

12.9.4.4 动物模型中的靶点确立

（1）人工合成 siRNA 的局部或全身给药

在小鼠模型中，针对眼血管上皮生长因子的 RNAi 抑制眼部新血管化[127]，由于未经化学修饰的 siRNA 在血液中降解周期只有数分钟，临床前动物实验通常借助水力转染，从尾静脉注射大体积 siRNA。针对 Fas 基因的 siRNA 以该方式给药时对肝脏损伤起到保护作用[128]，其中 80% 的给药动物存活了 10 天以上，而注射 Fas 抗体药会导致动物在 3 天之内死亡。在临床试验中，大体积静脉注射可行性较低，借助气溶胶经由呼吸系统给药可克服静脉给药的这一缺陷[129]。血红素加氧酶的 siRNA 肺部局部给药就是通过这种方式进行的，该 siRNA 增强了缺血再灌注引发的细胞凋亡。

（2）DNA 介导的体内基因沉默

第一项以 DNA 载体介导的体内 RNAi 工作是向小鼠肝脏注射针对虫荧光素酶报告基因的 shRNA 载体。该载体使用 RNA 聚合酶Ⅱ的启动子，表达缺失出核信号的 siRNA，使 siRNA 定位在细胞核内，从而避免了长链 dsRNA 在胞质中引发的干扰素效应。用 shRNA 方式干扰转录抑制因子 Ski 表达，动物表型与 Ski 基因敲除动物是很类似的[130]。

shRNA 转基因动物模型也得到了发展。在生殖细胞基因组内构建的 shRNA，其干扰效果与体外培养的 ES 细胞的 siRNA 转染方式相当[131]。

病毒介导的 shRNA 表达比 siRNA 有更长的干扰持续时间，但临床应用困难较大，因保证病毒用量和防止脱靶效应之间的平衡较难控制。腺病毒和慢病毒载体使用较广。Hommel 等[132]用病毒载体 shRNA 成功干扰了中脑多巴胺合成中的关键酶酪氨酸羟化酶的表达。

12.9.5 RNAi 在治疗中的应用

siRNA 在临床应用中的主要问题是吸收差、在血液中稳定性低、组织分布局限和非特异性免疫反应。当前解决这些问题的主要方法是化学修饰。如在 siRNA 5′端的 2′-O-烯丙基修饰增加其稳定性、多聚-2′-O-2,4-二硝基苯基修饰增强细胞通透性、分子内部的 2′-O-甲基修饰抵抗血清中核酸酶的切割等，且这些在特定位点的修饰不影响基因沉默的活性。

LNA 是 RNA 分子 2′氧原子和 4′碳原子以亚甲基连接的一类衍生物。对 siRNA 加以 LNA 修饰增加热力学稳定性，3′端 LNA 修饰增加其血液稳定性，正义链 5′端 LNA 修饰使 RISC 复合物更偏向使用反义链。2005 年，针对抗凋亡蛋白 Bcl-2 的 LNA 药物治疗慢性淋巴球白血病进入临床阶段，这一药物是通过反义 RNA 机制而非 RNAi 机制起作用，而这一工作将有助于证明 LNA 作为 RNA 干扰药物的安全性。

将 siRNA 连接在组织特异性受体的配体上，有助于其组织定位。如将针对血管上皮细胞生长因子受体-2（vascular endothelial growth factor receptor-2，VEGFR-2）的 siRNA 与 RGD 肽连接并组装在纳米颗粒[133]中，静脉注射小鼠，颗粒识别 RGD 肽受体 integrin，定位于肿瘤上皮细胞表面，从而特异性地对肿瘤组织的 VEGFR-2 进行基因沉默，抑制肿瘤上皮血管生成与肿瘤生长。另一项技术将 siRNA 结合于特异性抗体上[134]，如针对人 HIV-1 病毒核壳体蛋白 Gag 的 siRNA 与 T 细胞表面受体蛋白的抗体连接，使该 siRNA 定位于 T 细胞。

Soutschek 等的工作应用了上文提到的多项技术。针对阿朴脂蛋白 B（apolipoprotein B，ApoB）设计合成 siRNA，正义链 3′端连接胆固醇分子以便被肝细胞吸收[135]，糖基骨架加入 2′-O-甲基修饰抵抗核酸酶切割。该 siRNA 在血浆中的半衰期从 6min 提高到 95min，使小鼠肝组织和空肠组织的 ApoB mRNA 水平分别降低 57% 和 73%，且 mRNA 的切割位点与预期一致。这项工作显示了 RNAi 技术的改进对临床治疗应用的帮助。

12.9.6　小结

研究者在现有的 siRNA 筛选平台基础上拓展了功能性筛选体系，丰富了 RNA 干扰的功能性数据。在转基因和基因敲除动物模型基础上，RNAi 提供的蛋白下调信息对深入了解信号通路的交叉作用和基因功能的冗余性提供了线索。siRNA 与基因芯片技术结合将加速基因功能信息的积累，使复杂的基因功能网络变得清晰化，也对数据分析和计算能力提出了更高的要求。新的研究进展将不断证明 RNAi 技术在分析小分子化合物作用机制中的重要作用。

提高 siRNA 的类药性仍需大量工作。siRNA 在临床上的应用前景是乐观的。与传统药物相比，不同 siRNA 药物结构优化的类似性很高，对某一 siRNA 药物的结构修饰很容易推广到针对其他基因甚至不同疾病领域的 siRNA 药物中，这是 siRNA 相对于传统药物的巨大优势。

siRNA 治疗手段的前景诱人，从 siRNA 发现到现在短短几年时间内，第一个 RNAi 药物 Bevasiranib（Acuity 公司）已经诞生，应用于治疗湿性老年性黄斑变性（AMD）。Alnylam 开发的 RNAi 药物用来治疗呼吸道合胞病毒、流行性感冒、帕金森病和高胆固醇血症等，其中治疗呼吸道合胞病毒感染的 RNAi 药物 ALN RSV01 已进入 I 期临床；Sirna 开发的治疗老年性黄斑变性的 RNAi 药物 Sirna-027 已经进入 II 期临床；另外，PTC Therapeutics 公司开发的用来治疗实体瘤的以 VEGF 为靶点的 siRNA 药物 PTC-299 也已经进入 I 期临床。其他方面的应用如治疗乙肝和丙肝、Huntington 病、帕金森病、II 型糖尿病、囊性纤维化疾病、HIV/AIDS 淋巴瘤、哮喘以及 COPD 也进入临床前研究阶段。

12.10　治疗性抗体

1975 年，杂交瘤细胞技术的诞生开辟了一片新的生药制备领域，其分泌的单克隆抗体（monoclonal antibody，mAb）可以作为一种药物，如 Erhlich 比喻的"魔弹"一样与靶分子特异结合而发挥作用。为了适合临床应用，对 mAb 必须进行适当的改造或修饰，以降低或去除人体对 mAb 的免疫反应，并增强 mAb 的功能。在降低免疫原性方面，mAb 经历了鼠源单抗、鼠/人嵌合单抗、人源化单抗、人源性单抗等四个阶段，鼠源性蛋白的成分逐步减少，最终下降为零。mAb 免疫原性下降延长了在体内的半衰期，使长期治疗成为可能。对 mAb 改造的另一个方向是让其携带某种特定的分子，如同位素、细菌毒素、炎性细胞因子、趋化因子或药物前体分子等，起到靶向杀伤肿瘤细胞的作用。此外，对 mAb 分子结构进行改造，增加与抗原的结合能力和抗体效应功能，也是新型治疗性抗体研究的重要方向[136]。

12.10.1 治疗性抗体的现状

三十多年来，随着鼠单抗人源化技术的发展成熟、基因工程抗体研究的进展、人源抗体制备技术的突破、抗体生产技术的改进以及相应治疗靶点研究的深入，20 世纪 90 年代中期，FDA 批准了多种抗体类药物，嵌合抗体有英夫利昔单抗、利妥昔单抗、阿昔单抗等，人源化抗体有曲妥珠单抗、帕利珠单抗等。应用噬菌体显示技术和转基因小鼠 Xeno-Mouse 技术可以制备人源抗体。这些技术使治疗性抗体的研究与开发又上了一个新台阶。截至 2005 年 1 月，FDA 已批准了 21 种治疗性抗体，两种受体-Fc 融合蛋白，6 种体内诊断用单克隆抗体。治疗性抗体已成为品种最多的一类生物技术药物[137]。

12.10.2 治疗性抗体的种类

12.10.2.1 免疫血清

抗毒素血清：是将外毒素给马进行多次免疫后取得的免疫血清，血清中含有能中和该外毒素的大量抗体，叫作抗毒素。抗毒素血清主要用于治疗和紧急预防外毒素所致的疾病。常用的有白喉抗毒素、破伤风抗毒素等。但由于马血清是异种蛋白，使用过程中有可能发生血清病或血清过敏性休克。

胎盘（丙种）球蛋白：胎盘球蛋白是从健康妇女胎盘中提取的。若来自正常人血清，则称为人血清丙种球蛋白。这些制剂主要用于预防麻疹、传染性肝炎等疾病。

抗菌免疫血清：是用细菌免疫动物血清制成的免疫血清，主要用于该菌引起病症的防治。

抗病毒免疫血清：是由病毒免疫产生的血清，现有抗麻疹免疫血清、抗狂犬病免疫血清、抗乙型脑炎免疫血清等。主要用于病毒性疾病的紧急预防和治疗。

抗淋巴细胞丙种球蛋白：是用 T 淋巴细胞免疫动物制成的免疫血清，可抑制 T 细胞的作用。主要用于治疗某些自身免疫性疾病或器官移植时的排斥反应。

12.10.2.2 单克隆抗体

由识别一种抗原决定簇的细胞克隆所产生的均一性抗体称为单克隆抗体（monoclonal antibody，mAb），可视为第二代抗体。由于其具有特异性高、亲和力强、效价高、血清交叉反应少等优点，已经在基础研究、临床诊断及治疗、免疫预防等领域发挥了重要作用。在治疗上，单克隆抗体主要用于抗肿瘤、抗器官移植排斥反应、抗感染、解毒等。近年来将单抗与核素、各种毒素（如白喉外毒素或蓖麻毒素）或药物通过化学偶联或基因重组制备成导向药物，用于肿瘤的治疗成为研究的重点。对大多数杂交瘤来说，现已可用体外方法生产单克隆抗体而无需应用动物。体外单克隆抗体生产系统已有多种，但大规模生产治疗性单克隆抗体需用中空纤维系统，其成功与否取决于杂交瘤的固有特性，如细胞生长和单克隆抗体生产能力等。因此，大量生产以供临床研究应用还有困难，但有几种方法可以解决这些问题，如嵌合单克隆抗体、人源化单克隆抗体和全人单克隆抗体[138]。

(1) 鼠源抗体的人源化

单克隆抗体药物也存在一些问题，主要是鼠源性抗体用于人体后产生人抗鼠抗体（HAMA）。鼠单抗是异源蛋白，在体内很快就被清除，并且抗体分子较大，到达靶部位的量不足，再加上抗体本身的效应功能不强等，使抗体治疗的效果不理想。人源化抗体是从鼠源单抗到全人抗体的过渡形式，在鼠单抗的基础上，用人抗体恒定区置换鼠抗体的相应部位，形成人鼠嵌合抗体。利用 DNA 重组技术将鼠单抗的轻、重链可变区基因插入含有人抗体恒定区的表达载体中，转化哺乳动物细胞表达人鼠嵌合抗体，其人源化程度可达到 70% 左右[139]。

（2）全人源化抗体

全人源化抗体的形成始于 20 世纪 90 年代，目前获得全人源化抗体的方法有抗体库筛选技术、基因工程小鼠制备全人抗体、转染色体牛。虽然人源化抗体解决了最重要的问题，即鼠源抗体的免疫原性，但它也有本身难以克服的困难，如人源化过程繁复、昂贵，须通过大量的电脑模拟，须取代不同的氨基酸以恢复选择性和亲和力，因此工作量非常大，而且它仍含有少量鼠源性成分。目前最热门的是完全的人源化抗体，即人源性抗体，主要通过 2 种途径来研制，即抗体库筛选人抗体和基因工程小鼠制备全人抗体。这 2 种主要的人抗体制备技术竞争至今，孰优孰劣尚未可知。

抗体库筛选技术主要包括噬菌体抗体库和核糖体展示技术。

① 噬菌体抗体库技术　从免疫或未被免疫的 B 细胞中分离抗体可变区基因；PCR 扩增抗体全套基因片段（如 VH、VL），将体外扩增的 VH、VL 基因片段随机克隆入相应载体，形成组合文库；将基因组合文库插入噬菌体编码膜蛋白的基因Ⅲ或基因Ⅷ的先导系列的紧靠下游，使外源基因表达的多肽以融合蛋白的形式展示在外壳蛋白 gpⅢ或 gpⅧ的 N 端。用固相化抗原经"亲和结合—洗脱—扩增"数个循环直接、方便、简捷、高效地筛选出表达特异性好、亲和力强的抗体噬菌体库。与传统的杂交瘤技术相比，噬菌体抗体库技术具有明显的优越性：a. 简便易行，节省时间；b. 筛选的容量大，用杂交瘤技术只能在数月内筛选数千个克隆，而噬菌体抗体库技术则可以在数周内筛选 $10^6 \sim 10^8$ 个克隆；c. 抗体库技术可直接得到抗体基因，避免了杂交瘤细胞克隆不稳定的缺点；d. 抗体库抗体可用原核细胞表达，无需组织培养，可大大降低单克隆抗体生产的成本。因此有理由认为，噬菌体抗体库技术将有可能取代杂交瘤技术。

② 核糖体展示技术　将基因型和表型联系在一起，编码蛋白的 DNA 在体外进行转录与翻译，由于对 DNA 进行了特殊的加工与修饰，如去掉 3′末端终止密码子。核糖体翻译到 mRNA 末端时，由于缺乏终止密码子，停留在 mRNA 的 3′末端不脱离，从而形成蛋白质-核糖-2mRNA 三聚体，将目标蛋白特异性的配基固相化，如固定在 ELISA 微孔或磁珠表面。含有目标蛋白的核糖体三聚体就可在 ELISA 板孔中或磁珠上被筛选出，对筛选分离得到的复合物进行分解，释放出的 mRNA 进行逆转录酶链聚合反应（RT-PCR），PCR 产物进入下一轮循环，经过多次循环，最终可使目标蛋白和其编码的基因序列得到富集和分离[140]。

目前抗体库技术还受两方面的因素影响：一是从未经免疫动物获得的抗体亲和力不高；二是受外源基因转化率的限制，抗体库的库容不足以涵盖某种动物的抗体多样性。

12.10.2.3　基因工程抗体

基因工程小鼠抗体技术包括人外周血淋巴细胞严重联合免疫缺陷小鼠、转基因小鼠和转染色体小鼠制备人抗体技术。前者仍存在不少问题；后两者始于 20 世纪末期，技术难度较大，但因可制备整分子高亲和力的完全人抗体，故备受关注，发展极为迅速。1997 年，Abgenix 公司在这方面取得了重大突破，研制成功了 Xenomouse，利用这种小鼠可制备高亲和力的人源化抗体全抗。这项技术的基本原理就是将小鼠的全套抗体基因去除，同时将人的部分轻链、重链基因插入到小鼠的染色体当中，这样用抗原刺激小鼠时就可以发生人抗体基因的重排，从而产生人源化抗体[141]。

12.10.3　临床应用

12.10.3.1　肿瘤治疗

由于血液系统恶性肿瘤如淋巴瘤、白血病等在化疗、放疗后疗效不佳或复发，于是人们开始对该类疾病进行诊疗方面的研究，并取得了不少成果。如 FDA 批准的治疗慢性白血病的 CAMPATH21H[142]和 Mylota2ry[143]疗效明显。FDA 批准 90Y 标记的抗 CD20 鼠源性抗体 Ibritumomab，用于治疗 Non2Hodgkin 淋巴瘤，成为第 1 个肿瘤放射免疫治疗剂。放射性核素标记的抗体治疗具有很好的靶向，利用抗体的特异性，可使核素很好地在肿瘤组织浓聚，大大地减少药物的毒副作用，具有很好的疗效。其介导的放射免疫治疗药物的杀伤作用为早期微小病灶和肿瘤的复发和转移治疗提供了有效的手段，是肿瘤治疗的新方向。亚分子抗体具有分子量小，渗透力强，易被体内清除，显像本底低等特点。人们可以在这些抗体分子连接细胞毒素、破坏细胞结构的酶、药物或放射性同位素等，从而形成对肿瘤具有杀伤作用的复合物。其对早期肿瘤的诊疗、手术及化疗后晚期癌症辅助治疗具有广泛的应用价值。

12.10.3.2　器官移植

器官移植中的排斥反应往往导致器官移植手术的失败，因此，抑制术后排斥反应是移植物成活的关键因素。抗淋巴细胞受体的抗体可有效地抑制免疫系统的活力。近年来研究表明，基因工程抗体在器官移植方面取得了不少成果。Woodle 等利用基因工程抗体 OKT3 进行肾移植术后急性排斥反应的临床Ⅰ期研究表明，在实验的 7 例患者（5 例为肾移植，2 例为肾胰联合移植）中，5 例患者急性排斥反应被逆转，只有 1 例出现再次排斥反应[144]。

12.10.3.3　自身免疫性疾病

美国已将抗肿瘤坏死因子的嵌合单克隆抗体（inflixi）和人源化单克隆抗体 CDP571 用于克罗恩病（Crohn's disease，CD）和类风湿性关节炎（rheumatoid arthritis，RA）的临床研究，inflixi 能够有效地改善 CD 和有瘘管并发症的 CD 病情；而且 inflixi 和 CDP571 对活动期的 CD、RA 均有效。目前，美国 FDA 已批准用 inflixi 对 CD 进行治疗。

12.10.3.4　病毒感染

众所周知，病毒感染几乎无特效药物，因此免疫治疗就显得特别有意义。近年来研究表明[145]，抗体药物在 HBV、HCV、HIV 等病毒感染性疾病中，显示了较好的应用前景。

12.10.4　小结

抗体应用于人类疾病的治疗已有很长的历史，但其发展历程是曲折的，自单克隆抗体-杂交瘤技术宣告诞生以来，历经多年反复。目前，FDA 已经批准 21 个治疗性单抗上市[146]。近年来，科学界和医药产业界都对治疗性抗体的研究表现出越来越多的关注。人源化抗体和人抗体的出现为治疗性抗体的广泛应用带来了新的希望。但人抗体是否可以解决鼠抗体临床应用中出现的所有问题，还有待大量临床试验的检验。影响抗体免疫原性的因素很多，如抗原呈递方式、次级信号系统以及患者的个体差异性等，而抗体的人源化只能解决一个方面的问题。同样，抗体衍生物也会面临诸如免疫原性、毒副作用等自身固有的问题，所以可行的发展方向是在完善人抗体技术的同时，推进治疗性小分子抗体衍生物的研究。根据临床实际设计灵活的治疗方案，使人源化抗体和抗体衍生物互为补充，达到最佳治疗效果。从已上市的抗体药物，最大程度地克服鼠源单抗的缺陷，使抗体药物得到更为深入和广泛的应用。

随着抗体工程技术的进步，抗体药物的研究开发正方兴未艾，开发的产品已占所有正在开发的生物技术药品的 1/4。目前抗体的研究已经发展到了一个重要的阶段，从抗体的稳定性、产量和纯度来说，有不少已基本满足了临床要求。基于抗体的药物设计，近年来已取得了很多成功的经验，既可以直接将抗体作为治疗剂用于治疗，也可以将抗体作为载体介导靶向治疗，甚至还可将抗体用于基因治疗和细胞因子治疗领域。

12.11 结构基因组学

12.11.1 简介

蛋白质、蛋白质复合物及其组装体完整的三维结构的测定，是研究生命活动中分子结构与功能关系、揭示生命现象中物理化学本质的科学基础。结构基因组学是世界各国科学家努力的领域，其目的为在基因组水平上获得蛋白质的结构，并在此基础上阐明遗传、发育、进化、功能调控等基本生物学问题，以及进一步解决与医学、环境保护和农业密切相关的问题[147]。美国及世界范围内已经建立了由多个公共机构合作的结构基因组中心。由国家健康协会中的国立医学科学协会所建立的蛋白质结构创新工程（Protein Structure Initiative，PSI），旨在通过实验和计算模拟方法获得生物圈内所有蛋白质的结构和功能信息。在这些研究计划中，科研人员通过研发新的技术和方法使蛋白质结构的确定工作流程化、自动化，并且将这些方法融合到从 DNA 序列信息到高分辨率的蛋白质三维结构高通量筛选的流程中[148]。当 2005 年 7 月 PSI 第一期计划完成的时候，1100 多个蛋白质的结构已经被解析，这些结构信息放在 PDB（Protein Date Bank）中，包括 700 多个单一结构（与已有结构信息的蛋白质相比，具有 30% 以下的序列同源性的结构）。伴随着 10 个新的结构基因组研究中心的宣布，PSI 在 2005 年 7 月进入了它的第二个阶段——一个蛋白质结构信息快速产出的阶段。PSI-2 包括两种类型的研究中心和四个大规模结构基因组学研究中心（预期在 5 年确定 3000~4000 个蛋白质结构的信息）：结构基因组学联合研究中心（Joint Center for Structural Genomics，JCSG），结构基因组学中西部研究中心（Midwest Center for Structural Genomics，MCSG），纽约结构基因组 X 研究中心（New York Structural GenomiX Research Consortium，NYSGXRC），及东北结构基因组学联合会（Northeast Structural Genomics Consortium，NESG）。表 12.4 概括了四个大规模结构基因组学研究中心在 PSI-1 中的研究进展。

表 12-4 四个大规模结构基因组学研究中心在 PSI-1 中的研究进展

进展	中心			
	JCSG	MCSG	NESG	NYSGXRC
靶标选择	6678	15331	12262	2306
克隆	3270	5681	5197	1685
表达	2951	4255	3291	1375
纯化	1339	2150	1669	1068
结晶	1180	841	—	391
结构（X-射线）	226	281	109	191
结构（NMR）	—	—	91	—
存于 PDB	193	281	109	191
精确模型	—	—	—	11021

注：JCSG, Joint Center for Structural Genomics 结构基因组学联合研究中心；MCSG, Midwest Center for Structural Genomics 结构基因组学中西部研究中心；NESG, Northeast Structural Genomics Consortium 东北结构基因组学联合会；NYSGXRC, New York Structural GenomiX Research Consortium 纽约结构基因组 X 研究中心。

结构基因组学中蛋白质结构的确定包括以下步骤：①初步分析氨基酸序列，选择靶标蛋白质；②基因克隆、载体构建；③在细菌或其他表达系统中表达蛋白；④纯化蛋白质；⑤蛋白质结晶；⑥通过X-射线晶体学或核磁共振波谱学（NMR）解析蛋白质结构；⑦结果确证，存放于蛋白质数据库PDB中；⑧用新结构作模板进行同源模建（comparative computational modeling）；⑨靶标蛋白质的结构-功能分析（图12-7）。下文将分节讨论。

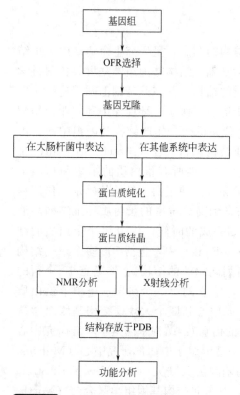

图 12-7 从DNA信息到蛋白的三维立体结构确定流程

12.11.2 蛋白质靶标选择

在蛋白质结构基因组学研究中，靶标选择是最重要的步骤。主要包括三方面：①选择结构差异大的蛋白质，这样能够最大限度地展示蛋白质结构的多样性，为以后蛋白质结构分析奠定基础；②以蛋白质大家族作为整体研究靶标被普遍认为是靶标选择的有效策略，因为这些蛋白质在进化上很保守，而且功能重要；③选择与生物医学相关的蛋白质开展研究，这将对药物发现产生直接影响。

PSI-1中所确定的蛋白质结构主要是原核生物蛋白质的单一结构域。原因包括以下方面：①原核生物基因中没有内含子，而且有很容易识别的启动子和终止子，容易克隆；②低等生物的基因产物通常由小的、可溶性蛋白组成，在细菌系统中很容易表达和纯化；③PSI-1中的很多结构都是通过X-射线衍射得到的。与之相比，真核生物蛋白质的表达和结晶相对困难[149,150]。

为提高获得靶标蛋白质结构的可能性，结构基因组研究中心普遍采用从几个物种中寻找靶标蛋白质的同源物的策略。但是，一旦蛋白质的结构被解析出来，其同源物的结构信息就显得冗余。蛋白质性质包括蛋白质长度、带电荷及极性残基的组成、疏水性、COG序列等在结构确定中发挥着重要作用，因此在选择靶标蛋白时需要考虑这些因素[151]。

12.11.3 基因克隆和蛋白质表达纯化

基因克隆技术在结构基因组学中已经运用得非常成熟，在此不再赘述。高浓度、高纯度蛋白质的获得对于蛋白质结构分析而言，是个至关重要的步骤，分为表达和纯化两部分。

随着研究的进展，蛋白质表达也趋于自动化。自动诱导方法（auto-induction protocol）是一种在大肠杆菌中过表达蛋白的新技术，它能够自动诱导细菌中蛋白质的表达。与传统方法相比，这些方法能够提高大约10倍的表达量。自动诱导方法也能够接种多个平行培养基，并在细菌生长到饱和状态后进行诱导，成为表达克隆自动筛选的有力工具。很多实验室已经利用自动诱导工具，其中一些技术已经商业化，如Novagen的过夜表达自动诱导系统。结构基因组研究中所建立的其他蛋白质表达新技术还包括用于高通量克隆和表达的基于SUMO的蛋白质表达系统和基于荧光融合的哺乳动物表达系统。融合的荧光可用于检测目的蛋白是否正确折叠，是否处于溶解状态。这两种方法都用于结构基因组中目的蛋白的过表达[152,153]。

蛋白质纯化是一个非常重要的步骤，它为X射线衍射晶体学分析或NMR分析提供足量且高纯度的蛋白质。为使目的蛋白与表达系统中其他组分分开，目的蛋白的末端通常加标签，六个组氨酸标签是最常用的蛋白质末端标签，这种亲和标签有时候需要从已纯化的蛋白质上切下来。由于蛋白质的纯度关系到蛋白质结晶的成败，有时候在组氨酸亲和纯化后还需要进行其他的层析步骤（如经分子筛、离子交换）以除去其中的杂蛋白[154]。

在大规模结构基因组研究中心，利用工业自动化平台，目的基因克隆和蛋白质表达纯化已经高度自动化。

12.11.4 结构确定

蛋白质纯化后，要通过核磁共振波谱或X射线晶体学分析确定其结构。

用于核磁共振波谱分析的蛋白质样品需要标记同位素，这可以通过向细胞培养基中加入所需的标记化合物实现。利用核磁共振NMR图谱解析蛋白质和蛋白质/脂质复合物的结构已经达到一个高精确性水平，且应用范围也很广。NMR也能为一些不够纯净，以至于不能结晶的生物分子系统提供信息，如糖基化蛋白分子、蛋白质集合体或溶解的非折叠蛋白。尽管不同研究采用的方法不同，用NMR解析结构的工作流程却十分相似。因为结构信息是从核或核对的NMR参数得到的，核的分布就是先决条件。用相同的实验，如在蛋白结构解析pre-triple共振阶段使用的NOESY和COSY，可以同时完成核分布过程和结构相关的NMR参数的测量。然而自从3D-NMR光谱和^{13}C、^{15}N标记技术的引入，过去15年的策略已经只被用于某些实验的核分布过程，这些实验严格依赖于键直接相连的原子间NMR相互作用。在第二阶段的实验中，基于结构性NMR参数的结果会被记录下来，然后转化成结构。通过核磁共振进行蛋白质结构确定的主要缺陷是它要求蛋白质的分子质量最大为30kDa，而新的光谱计将这种限制提高到60kDa。另外，核磁共振数据收集的速度比X射线晶体学分析慢得多[155]。

相比于核磁共振，结构生物学家更倾向于使用X射线衍射来研究生物大分子的结构。X射线晶体学可在原子或接近原子的水平上分析蛋白质的精细三维结构。3Å以上分辨率的蛋白质精细结构可提供丰富的信息，如特定原子的位置、它们之间的相互关系（如氢键等）、溶剂的亲和性及分子内柔性的变化等。蛋白质晶体学也是一门发展很快的新兴学科。蛋白质晶体学不仅与生物学、医学有着密切联系，它的发展也需要物理学、化学、数学等学科以及计算机科学作为它的基础。目前，应用 X 射线晶体学技术可以测定分子量达到 10^7D 级的全病毒和 $2.5×10^6$D 级的核糖体，其关键在于是否能够获得高度有序的蛋白质晶体[156]。

过去，限制蛋白质结构确定的主要瓶颈是如何得到能够进行 X-射线衍射的晶体。科学家已经致力于提高蛋白质结晶技术及对结晶机制的认识。目前已经研发了新技术，并且应用到蛋白质结晶中。一种被称为限制蛋白质降解联合质谱（limited proteolysis combined with mass spectrometry）的方法已经用于实践。应用这种技术处理的 164 个靶标蛋白质中，其中 50% 的没有降解，45% 降解为一个稳定的结构域，5% 降解成多个片断。据显示，没有发生降解的蛋白质是晶体学分析的良好候选蛋白，其中 27% 的未降解蛋白产生了三维晶体结构，而部分降解的蛋白中仅有 9% 产生了三维晶体结构。

为了快速得到蛋白质结晶的条件，已经设计了稀疏矩阵取样方法，它能够将以前成功进行蛋白质结晶的条件有效地组合起来。基于这一方法，很多公司已经研发并且使结晶筛选的试剂盒商品化。这些试剂盒能有效地筛选一大类蛋白质的结晶条件。

在蛋白质结晶过程中，需要检验很多不同的结晶条件，使找到成功结晶条件的可能性最大化。在这一过程中，高纯度蛋白需求量大、所需时间长。为了攻破这一技术难关，很多结构基因组研究中心利用自动化机器人装置进行 96 孔板结晶，这样，最小样品体积仅为 5nL。点一块结晶板仅需 2min，这就意味着每小时可以筛选 2880 个不同的结晶条件。结晶板的跟踪、成像、分析自动化已经被用于蛋白质结晶数据的管理。一旦找到成功结晶的初始条件，就需要进一步优化这些条件，以得到能够进行 X 射线晶体学分析的高质量晶体。

近年来，在蛋白质结晶方法和美国同步加速器辐射来源中大分子晶体学数据收集仪器方面取得了很大进展，如阿尔贡国家重点实验室先进光子源、布鲁克海文国家实验室国立同步加速器光源、斯坦福同步加速器辐射实验室、劳伦斯伯克利先进光源实验室，以及许多遍布世界各地的同步加速器辐射中心。同步加速器辐射源因其亮度及其可调性对结构生物学的研究做出了重大贡献。

在许多情况下，相对于实验室的旋转阳极发生器，同步辐射加速器 X-辐射源的高亮度显著提高了从小的弱衍射晶体中所收集到的数据的分辨率。它还缩短了小的弱衍射晶体在数据收集时的曝光时间。利用同步辐射加速器源，加上在电荷耦合器件（CCD）探测器和低温结晶中的先进技术，小至 $10\sim30\mu m$ 的单晶就可以用来解析蛋白质结构。

同步加速器辐射也是解决相问题（phase problem）最有价值的工具，相的问题仍是一个利用 X 射线晶体学分析测定大分子结构的限制步骤。同步加速器辐射源的宽带性质使收集数据可以在反常散射的吸收边周围进行，最大限度地发挥每一个可以方便提取相信息衍射线的优势。因此，通过单一或多波长反常色散技术，单一类型的异常散射合并，可以高效地进行结构测定。异常信号的优化也显著提高了通过传统同形取代方法计算所得到的图像质量。结构基因组学中大多数蛋白的结构，可利用单个或多个反常色散方法与硒蛋氨酸取代蛋白质得到。

晶体封固及筛选机器人已经被应用到很多同步加速器光束中，以自动化地筛选高质量晶体。并且方便在结构基因组学中所需要的自动化、高通量数据收集。X 射线晶体学结构测定中最耗时的步骤可能是电子密度图解释。结构测定的自动化软件，包括电子密度解释、完善和 PDB 存放，已经被研发并且将加强高通量结构测定[157]。

蛋白结构一旦被解析和完善，就要进一步确证，并且将它储存于 PDB 中。这些信息储存后，这一蛋白和相关的实验数据及结构通常会向公众公开。

12.11.5 同源模建

蛋白质的结构，可以通过比较其一级氨基酸序列与已知结构模板（同源蛋白的高分辨率三维结构）而模拟建立。将同一蛋白的模拟结构与实验中所得到的结构相比较，如果它们的同源性大于 30%，这种模拟模型就比较可信。蛋白质结构模型模拟包括三个步骤：第一步，在 PDB 中找出与要预测蛋白相关的已知结构，列出预测蛋白质的一级氨基酸序列；第二步，比较建模，根据模板的结构和序列，产生目的蛋白的三维结构模型；最后，利用结构和能量标准评价所得到的模型。一般情况下，所建立模型的精确性取决于模型序列与模板序列之间的同源性[158,159]。

12.11.6 从结构到功能

结构基因组学的目的是通过实验方法和计算机模拟（computational modeling）获得所有蛋白质的结构。这些结构信息可用于蛋白质的分子、细胞功能评价及基于结构的药物设计（structure-based drug design）。蛋白质的功能通常可以通过将其结构与已知功能蛋白质的结构相比较而得到。常见的结构比较方法（common structure comparison methods）包括 DALI 和 VAST。这些结构比较方法有两个主要缺点：①结构基因组中所选蛋白大多彼此结构不同，因此结构比较方法在这个数据库中通常不能找到任何联系；②如果新的结构有一个 TIM 桶状折叠，就很难预测这一蛋白的结构。有时候，未知功能蛋白结构中的一个意料之外的配基可能预示着特定生物学功能，而这一假设可以通过后面的生物化学实验得以证实[160~162]。

12.11.7 结构基因组学与新药开发

结构基因组学已变为现实的学科，其不仅成为配基设计的基础，而且对于基于结构比较的同源性识别也很有帮助。在细胞色素 P450 上取得的进展就是一个很好的例子。人 P450 负责大多数药物分子的初级代谢。与代谢相关的哺乳动物 P450 是一种膜相关蛋白，其结构直到 2000 年才被阐明。其后确定了人 P450 3A4 的晶体及其相关配体复合物的结构。P450 3A4 涉及约 50% 已上市药物的代谢，其结构的确定为基于结构的药物设计提出了调整候选药物分子代谢性质的新任务。在激酶抑制剂的开发中，结构基因组学也紧密参与其中。目前，在人类基因组中已确定了 500 多种激酶，确定结构的只有约 50 种。在结构未知的情况下，同源模建对于优化抑制剂的亲和性十分有用。基于抑制剂结合位点区域结构同源性的选择性筛选，不仅包括增加抑制剂与激酶靶标的亲和性，也包括降低与相关非靶标激酶的亲和性。同源模建也可用于虚拟筛选。在文献中已有虚拟筛选发现新的中靶物的成功例子。DNA 解旋酶是一个抗菌靶点，筛选方法的建立依赖于对已知配体-蛋白质复合物结构中关键相互作用的分析。分析发现，侧链 Asp73 和保守水（wat45）的氢键是重要的。根据这些信息，提出了计算机筛选的药效团，确定了 600 个小分子化合物。在高浓度的 ATP 酶评价筛选中，确定了 150 个活性物质，它们分属于 14 类化合物。为了验证中靶物，进一步使用了多种分析手段对 14 类中靶物中的 7 个化合物，根据蛋白质-配体复合物的信息进行了结构优化。这一策略最终确定了一个吲唑类衍生物，它比 DNA 解旋酶抑制剂新生霉素活性强 10 倍[163]。

结构基因组学与新药开发相互结合已经成为当前药物设计的黄金准则。先进的科学仪器、X 射线源和探测器、计算机，以及日益发展的分子生物学方法，使得利用三维结构发现设计药物不再是梦想。

12.12　生物信息学

生物信息学（bioinformatics）是一门融合了统计学、数学、计算机科学、分子生物学和有机结构化学等多学科的综合交叉科学。对于现代生物学，伴随着基因组学和蛋白质组学的兴起，人类已经获得大量的生物学数据，而如何高效地处理、储存、分析并检索这些数据，且从其中得到有价值的信息，已成为目前生物学最热门的研究领域之一。而在短短十几年中，由于生物信息学的不断发展，目前它已经渗入到了生物学的各个领域和不同研究方向中，并对于整个生物学发展有着巨大的推动作用。

本章节的内容就是依据该学科所研究对象的三个方面对生物信息学进行简要的介绍：

① 针对基因组与基因 DNA，寻找 DNA 编码中所包含的信息，主要包括全基因组的测序序列分析、不同物种同源基因发现鉴定、新基因的找寻、非转录区的表达调控功能和基因表达信息分析（包括基因组的甲基化分析）等；

② 针对 mRNA，同样从序列开始，包括 mRNA 的碱基序列分析、mRNA 的二级结构的预测以及与 mRNA 相互作用大分子的预测；

③ 针对蛋白质，包括蛋白质一级结构序列分析、不同物种同源蛋白进化树分析、保守结构域或新功能区的发现、蛋白质二级结构测序、基于已知蛋白质晶体结构的同源模建和蛋白质与蛋白质相互作用预测等。

12.12.1　针对基因 DNA 与基因组学

位于细胞中的核酸是所有生物体绝大部分遗传信息的载体，这些遗传信息在细胞内转录翻译，最终合成为蛋白质并行使功能。而全基因组包含有这些所有的 DNA 碱基编码信息，解读其序列，将有利于深入理解基因表达调控的过程。

事实上，基因组测序是沿着基因组 DNA 的碱基序列来进行阅读，测序遇到的主要问题是随着 DNA 片段的长度不断加大，基因测序准确度会下降。因为单次序列测定最多只能阅读到 1000 个左右的碱基信息，该实验技术限制了通读基因组的可能性，如果需要读取整个基因序列，必须进行多次测序[164]。

生物学、药物研究以及药物应用都不仅仅需要序列信息，而且需要理解这些序列所附着的功能，特别是对于人类自身基因而言。随着人类基因组计划的完成，基因组中大量基因及基因表达调控区待被研究，此外在单独个体的生物体中的遗传与基因变异也待被解析，以支持并进一步深入研究个体基因与疾病之间的关系。

生物信息学的应用之一，即是通过不同物种的基因组比对，找寻在进化中保守的同源基因，或预测新基因和新物种的存在；也可以在非翻译区寻找转录因子结合的特定区域，并预测其表达调控模式。

生物信息学的应用之二，对于细胞中的基因表达信息的分析，可以提供除基因组序列之外的信息。对于拥有相同基因组的所有细胞来说，细胞的分化决定了它们的基因表达的不同，因此可以通过基因表达的变化来推测它们对于细胞的需要程度，以及它们在细胞内的功能。分析在同一个组织的不同状态细胞的基因表达信息差异，对了解细胞状态有很重要的意义。对于基因表达谱的研究开始于 20 世纪 90 年代，这一研究开拓了一条完全崭新的方法来分析与诊断疾病。主要来说，表达谱的分析可以通过几个不同层次来进行研究，包括 mRNA 转录水平、蛋白质产物水平和翻译后修饰的蛋白质水平。前者非常容易完成，因为 mRNA 转录可以被逆转录为 DNA（cDNA），而其能够以目前已有的手段在实验室非常容易地获得。另一方面，mRNA 表达水平不直接显示成熟蛋白质表达水平的信息，只有蛋白质才能够最终显示生物学功能。mRNA 表达水平与蛋白质表达水平的不一致，可能是由于蛋白质的翻译后修饰或者蛋白质的胞内降解带来的。mRNA 的表达数据能够提供一些非常有趣的分子共性，比如说形态相似或分类相近的细胞有比较一致的表达谱[165]。

12.12.2 针对 mRNA 的结构预测

RNA 做为 DNA 与蛋白质之间信使传导的中介，有着非常重要的作用。RNA 分子的三维结构对于理解其相互作用与功能很重要，但由于 RNA 结构非常难解析，往往形成很复杂的二级结构，所以并没有太多已知的 RNA 结构。RNA 结构推测遇到的问题与蛋白质类似，而得到 RNA 分子的序列比得到它们的结构容易得多。目前对于 RNA 二级结构推测的方法主要有两种：一是比较序列分析，在多序列中寻找同源 RNA 序列，从这个多序列比对中，在假定的碱基对中相关的点突变会被鉴定；借助这些分析碱基对，可以确定目标 RNA 的二级结构；这项技术传统上用手工完成，但最近计算机分析也可以对多序列的 RNA 进行二级结构的分析[166]。第二种方法是依照能量法则，通过计算碱基对的自由能值的变化，分析能量最优化的二级结构，达到预测的目的[167]。

通过对 RNA 二级结构预测的基础上，可推测与其相互作用的大分子。

12.12.3 蛋白质功能预测

蛋白质是细胞内功能最终的体现者，对蛋白质结构的了解对于理解其纷繁复杂的功能非常有帮助。

利用蛋白质的一级氨基酸序列来预测它们的天然构像，这一领域一直是生物信息学中最热门之处。通过氨基酸序列来预测蛋白质三维结构的方法非常多。由于蛋白质三维结构包含三种二级结构：alpha 螺旋、beta 折叠和无规则卷曲。通过发现特定的氨基酸在各种二级结构中的偏好性，利用神经网络处理，并结合进化的观点，可以将二级结构预测的准确度提高到 70%[168]。二级结构的数据通常被导入做为三级结构预测的基础，或者也用来作为实现三级结构预测的手段。

而相反的，通过已经解析的三级结构蛋白质来推导未知蛋白质的二级结构是一项非常简单的任务，这种方法已经可以使蛋白质二级结构预测的结果可信度达到 90% 以上。如果两个蛋白质的序列有大于 20% 的相似性，那么它们很可能会有非常相似的二级结构（当然，也可能是折叠成相似的三级结构），其可信度已经被非常多的例子所证明。通过已知的结构，可以为模拟未知蛋白质结构提供有一定可信度的模板[170]。

对于蛋白质功能的理解，无论在细胞还是在整个生物体中都是最基本的问题。随着各种不同生物物种基因组的完成，大量蛋白质序列信息被提供，但对于这些蛋白质的功能依然了解得非常有限，通常片面或者不准确，或者完全错误。这一现状的存在，势必只有通过生物信息学以不同的方法和模型，来分析瞄准这些蛋白质序列与它们功能之间的关系，从而为整个人类基因功能组学的完善提供有意义的网络信息。

12.12.3.1 从蛋白质序列到功能

蛋白质结构主要由它编码的基因决定。由于蛋白质的结构决定了它的功能，由此蛋白质的功能很大一部分程度可以归因于它的一级结构序列。这些观察结果可以直接引出一个结论：如果两个基因编码了相似的序列，那么它们必定编码了功能相似的蛋白质。一个基因被一代接一代地传递下去，它的氨基酸序列会慢慢地改变，但它的总体功能并不会改变。

这样的一种祖先与后代之间的遗传关系在学术上称为直系同源。同时，在同一物种中，由于基因复制，能够引起一个物种中拥有两套完全一致的基因，其中一个拷贝的正常基因维持正常功能，以逃避不利的突变带来的生存压力，而另外一个基因则会通过变异而获得新功能。这样基因通常拥有相同的进化源头，但由于基因的复杂而分道扬镳，这样产生的基因被称为旁系同源。

直系基因比对的方法不仅仅适用于完全基因与蛋白质序列，同样也可以用于特定的基因片段，或者蛋白质的一些特征性区域的比较。可以从中选择找出含有某些特定功能的一些蛋白质，而这些蛋白质可能会拥有短小的特征序列，这些特征序列可以叫做 motif。第一个能够分析这一类型数据库的网站被称为 PROSITE。然而由于 motif 的不精确，可能产生很多假阳性的结果，例如蛋白质被认为含有这些序列，但并没有其对应的功能，这种情况也可能会发生。总的来说，不同 motif 可以组合在一起搜索，以确保其中至少有一个真实的保守 motif。EMOTIF 数据库包含有这种方法产生的各种 motif[170]。旁系基因由于缺乏原始的自然选择的力量，繁殖出的基因副本可以自由地变异并获得新的功能。事实上，以目前的技术很难精确鉴定两个同源基因是同系或旁系。

PSSM 或者 HMM 是另外一种可以为蛋白质保守区域确定功能的方法。它们更适合于长片段的序列，甚至于整个蛋白质序列，它们也可以非常容易地进行多序列比对[171]。

结构域或者 motif 数据库，最后可以由神经网络补充和监管。神经网络可以通过这些数据库来预测蛋白质的功能，比如亚细胞定位（通过分析信号肽和预测跨膜结构域）以及一些翻译后修饰的性质（如糖基化和磷酸化位点）。丹麦技术大学生物序列分析中心拥有一个服务器提供以上所述的这些方法，并将其整合到 ProFun 方法中。这个方法可以将蛋白质依照预测功能而将其分类。总体蛋白质功能预测仅仅依赖于一级结构序列，利用各种方法分析、推测并预测其功能的。这种方法预测的一些功能分类可信度可以达到 90% 以上。

12.12.3.2　蛋白质-蛋白质相互作用网络

对于分析分子间相互作用（蛋白质大分子、蛋白质-蛋白质和蛋白质-DNA）是生物信息学的中心。分子相互作用是生物体生命活动最关键的要素之一。理解细胞工厂里连贯流水作业，依赖于更多对于胞内相互作用网络的了解。用一好的模型来研究生物化学网络是系统生物学中最紧要的领域之一。

代谢网络是指各种小分子在蛋白质酶类的帮助下进行的各种化学反应。代谢途径是一个连续不断的过程，将底物不断地转化为一个或者多个产物。如果一个底物在一个代谢途径中最后的产物是自身，那么这样的代谢过程就叫做代谢循环。沿着代谢途径，可以看到代谢可能是从小分子重组为大分子，或者大分子分解为小分子的过程。代谢途径可以生成能量，也可以释放能量。针对特定物种的代谢网络数据库目前已形成，比如大肠杆菌、流感病毒和假单胞杆菌，还有其他非常多的生物体，甚至于跨生物类别的数据库也已经出现，比如 KEGG、MPW 和 MetaCye 等[172]。这些数据库可以有助于理解在跨越不同物种之间代谢途径的相似性。利用这一点，甚至可以参考已经测序完全的基因组数据，将在某个物种的代谢途径中还没发现的酶或将缺口补齐。

调控网络会对内部或外界信号刺激做出反应，同代谢网络一样，它也一样是基于分子与分子间的相互作用，但是它的作用不是转化分子，而是控制这些细胞内的反应过程或者转达信息。信号转导通路与调控基因转录的蛋白质-蛋白质相互作用网络组成了调控网络最关键的部分。大体来说，它们之间的差异非常大，因为蛋白质互相调控的方式非常多，比如拮抗、反拮抗、激活、失活和抑制等。这样就组成了一个非常复杂的调控关系网络，目前还没有完全了解这些网络组成的基本法则。目前对于调控网络了解到的大部分知识还都仅仅在于书本。对于调控网络的数据库，目前已经有不少。但对于这些调控网络的理解和发展，远远不及代谢网络[173]。

12.12.4 小结

综上所述，生物信息学目前已经被广泛应用于基因组学分析、蛋白质组学分析、结构预测、大分子相互作用、细胞内复杂的代谢及调控网络分析。熟悉并利用这些资源，使得人类可以更全面地认识自己，理解各种领域的疾病机制等。

12.13 化学信息学

化学信息学是为了鉴定和优化活性化合物，而将数据转化为信息，并从信息中获取知识的学科。其核心内容包括：化学结构数据库管理的技术、化学结构信息的储存和检索技术、结构特点预测的方法、虚拟筛选方法（即优先次序的化合物的高通量筛选）、相似性和多样性分析、组合库设计以及化学反应数据库、专利文献、数据库设计、Web 应用程序、甚至实验室信息管理系统（LIMS）[174]等。在此将重点介绍药物和农药的发现中的常用技术，特别是适合处理大型化合物数据库的一些方法。

12.13.1 化合物在数据库中的呈现和检索

最简单的检索是从数据库中找到某特定化合物的信息，例如该化合物是否已经合成、有多少量可以使用、哪些特性已经被测定等。子结构检索则是用来寻找数据库中包含某特定子结构的所有相关化合物的检索类型，例如含有青霉素环系统的所有化合物。

化合物在计算机中的简单有效呈现是实现检索的前提。虽然化合物的图像、化学术语系统及线符号等都可以实现化学结构在屏幕上的可视化和在硬盘上的存储，但由于其复杂性和计算难度，它们都不适合在数据库中的应用。

化学结构图示可看作是一种由边缘相连的节点组成的数学对象，数据库检索系统用它来编码化合物分子。在分子图示中，节点对应于原子类型，边缘对应于化学键类型。在计算机内部，分子图示表现为一个记录分子中的原子、原子特性及原子之间化学键的连接表。连接表包含原子的 x，y 坐标，使分子图示可以转化为网页或屏幕上类似的化学结构图。图 12-8 的 (d) 和 (e) 是以化学结构图示和连接表呈现的阿司匹林。

如果数据库中的所有分子结构都以 Morgan 标准连接表存储[175]，那么把待检索结构也转化为标准连接表，再与数据库中的连接表相比较，就可以实现精确检索。而通过散列算法，把每个结构-连接表-散列键-磁盘位置相对应，就可以实现结构的直接检索。

子结构检索的目的是找出包含某结构片段的数据库结构信息，即搜索含有相同子图的所有图形。但是子图同构算法难以快速检索大型数据库，因此子结构检索由两个阶段组成：首先，通过快速筛选系统消除不符合条件的结构；然后，以图形同构算法匹配先前筛选出的子集。

快速筛选系统是基于以二进制向量片段表示的字符串系统，每个字符串对应特定的分子片段，如羧基或氨基酸基团。使用最广泛的字符串字典系统是 MDL 信息系统的 MACCS 和 ISIS[176]，以及 Barnard 化学信息的 BCI[177]指纹。对于一个特定的数据库分子，如果缺少待检子结构的片段，就不再进一步比较。在一个设计良好的筛选系统，该阶段可以排除 95% 的数据库。只有那些通过筛选阶段的结构，才能进入子结构检索的匹配阶段。

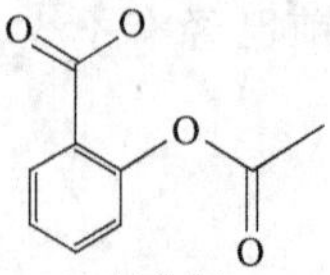

(a) 结构图
乙酰水杨酸(acetyl salicylic acid)
(b) 系统名称
OC(=O)c1ccccc1OC(=O)C
(c) SMILES 线符号

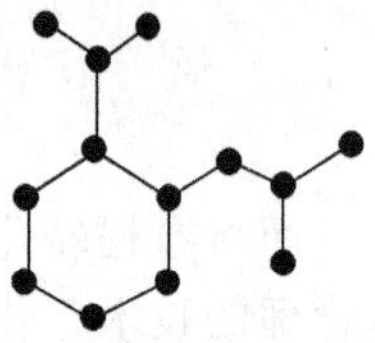

(d) 示意图

```
-ISIS-    09270222202D
 13 13  0  0  0  0  0  0  0  0999 V2000
   -3.4639   -1.5375    0.0000 C   0  0  0  0  0  0  0  0  0  0  0  0
   -3.4651   -2.3648    0.0000 C   0  0  0  0  0  0  0  0  0  0  0  0
   -2.7503   -2.7777    0.0000 C   0  0  0  0  0  0  0  0  0  0  0  0
   -2.0338   -2.3644    0.0000 C   0  0  0  0  0  0  0  0  0  0  0  0
   -2.0367   -1.5338    0.0000 C   0  0  0  0  0  0  0  0  0  0  0  0
   -2.7521   -1.1247    0.0000 C   0  0  0  0  0  0  0  0  0  0  0  0
   -2.7545   -0.2997    0.0000 C   0  0  0  0  0  0  0  0  0  0  0  0
   -2.0413    0.1149    0.0000 O   0  0  0  0  0  0  0  0  0  0  0  0
   -3.4702    0.1107    0.0000 O   0  0  0  0  0  0  0  0  0  0  0  0
   -1.3238   -1.1186    0.0000 O   0  0  0  0  0  0  0  0  0  0  0  0
   -0.6125   -1.5292    0.0000 C   0  0  0  0  0  0  0  0  0  0  0  0
   -0.6167   -2.3542    0.0000 O   0  0  0  0  0  0  0  0  0  0  0  0
    0.1000   -1.1125    0.0000 C   0  0  0  0  0  0  0  0  0  0  0  0
  1  2  2  0  0  0  0
  6  7  1  0  0  0  0
  3  4  2  0  0  0  0
  7  8  2  0  0  0  0
  7  9  2  0  0  0  0
  4  5  1  0  0  0  0
  5 10  1  0  0  0  0
  2  3  1  0  0  0  0
 10 11  1  0  0  0  0
  5  6  2  0  0  0  0
 11 12  2  0  0  0  0
  6  1  1  0  0  0  0
 11 13  1  0  0  0  0
M  END
```

第一个原子是碳

第一个键位于原子1和2之间，是双键

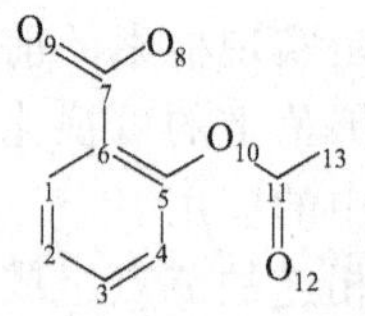

(e) MDL格式的连接表

图 12-8 不同呈现形式的阿司匹林

匹配阶段通过子图同构算法，搜索能被待检索子结构映射的所有数据库结构。Ullmann算法是常用的化学图匹配程序，它是结合了细化步骤的跟踪返回程序。其流程是：首先，以待查分子的各个原子为横轴，各个数据库结构原子为纵轴，构建待查结构和数据库结构之间的匹配矩阵；然后，检索待查结构的第一个原子（横轴）在数据库结构中（纵轴上）的所有匹配位置；再进入细化阶段，检查第一个匹配位置的临近原子的情况；如果不匹配，则返回，检查另一匹配位置的临近原子的情况；如果匹配，则扩展到邻近的原子，直到全部原子都已经匹配，则记录为匹配。

12.13.2 三维结构的检索和药效团

化学二维结构的图示法很容易扩展到三维结构的呈现。不同的是，三维图示呈现的是包含所有的原子之间的连接以及其间距的完全连接图，因此边缘代表原子之间的距离而非二维图示中的化学键。三维结构通常由一个距离矩阵代表，由 N 个原子组成的分子的距离矩阵是一个 N 的 N 矩阵，原子之间的距离是矩阵的组成部分。由于含有原子的 x, y, z 坐标，连接表可以轻易编码三维信息。

三维检索的主要应用是鉴别三维药效团。三维药效团是能够结合特定生物靶标的某种三维特性，由一组具有相对空间定位的特征组成。典型的特征包括氢键供体和受体、带正电荷和负电荷的基团、疏水区、芳香环；特征的空间定位（是指通过定义特征的位置及其容忍距离（通常描述为球形容忍区）而限定的特征之间的距离或距离范围）；也可能包括其他几何特征，如质心、平面、角度等。药效团可用于数据库检索，以筛选含有其结构的其他活性分子；药效团也可以作为一种辅助手段形象化配体和受体之间的相互作用；也可以用作定量构效关系（QSAR）研究的比对模板。

确定药效团有两种方法：①受体结构未知时，一般通过使用一组活性化合物的结构来确定药效团，如图 12-9 所示的 5HT1D 受体激动剂的三维药效团；②当受体结构已知时，可以利用受体的结构来确定药效团，例如 LigandScout 程序[178]。

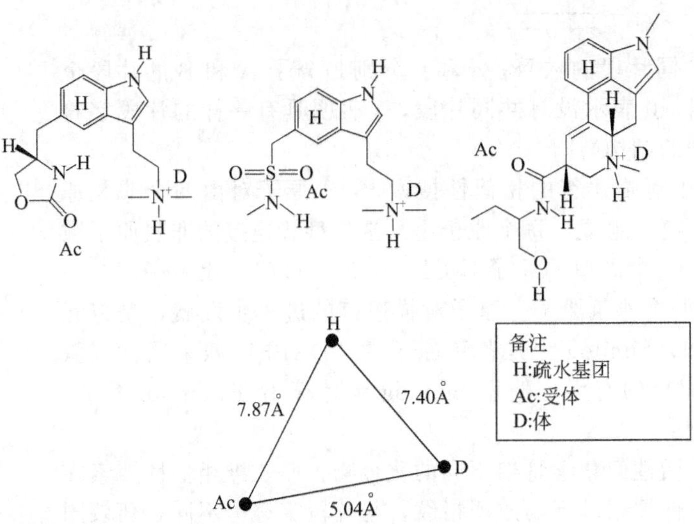

图 12-9 5HT1D 受体激动剂的三维药效团

$1Å = 10^{-10}m$

三维药效团检索如同二维的子结构检索一样，涉及两个阶段。初步筛选阶段的基础字符串代表一对原子或一组原子之间的距离，例如一个字符可能对应某个羰基氧与氨基氮之间的距离是 3Å。子图同构的阶段使用改进的 Ullman 算法。通过限定原子的可能几何范围来定义分子构象的灵活性，同时可以方便检索多种构象，从而解决分子构象的灵活性问题。

12.13.3 虚拟筛选

化合物数量的激增（据估计，现存具有类药性的化合物已超过 10^{60}[179]）、高通量筛选（HTS）的低成功率、以及测试大量样品的高成本，使得现在筛选的重点是质量而非数量，即通过精心设计以增加筛选到先导化合物的机会。虚拟筛选就是为提高生物活性筛选的效率，利用计算机技术从已合成的化合物库或者虚拟化合物库中，筛选活性化合物的技术。

虚拟筛选技术可以分为两大类：基于配体的虚拟筛选和基于结构的虚拟筛选。基于配体的虚拟筛选又有三种不同的情景：①在仅有某个活性化合物的情况下，相似性搜索是最常用的技术；②若干活性化合物信息已知时，可以总结药效团，再进行数据库检索；③已知若干活性和非活性化合物的信息时，可以通过模式识别和机器学习技术建立区分化合物的模型[180]。

12.13.3.1 相似性搜索

在信息有限的药物发现早期，相似的方法最有用，其活性化合物信息可以来源于文献或专利。通过量化比较目标化合物与数据库化合物之间的相似性，把数据库化合物进行排序，排名靠前的化合物进入生物测试。

量化比较两个分子首先需要用量化的描述符来呈现化合物分子，其次需要由一个相似系数来量化该描述符基础上的相似度。最初的基于片段描述符的相似性搜索，是由子结构检索的初步筛选阶段的片段字符串发展而来。根据相似片段字符串的个数，计算 Tanimoto 系数就可量化相似性：

$$S_{AB} = \frac{c}{a+b-c}$$

式中，c 是分子 A 和 B 之间的共同片段的数目；a 和 b 分别是分子 A 和 B 的片段个数。Tanimoto 系数的值在 0～1 之间，0 表示没有共同片段，1 表明具有一样的片段字符串（但是并不一定意味着它们是相同的结构）。

稍后，Carhart 等提出了基于原子对描述符的相似性搜索[181]。原子对由两个非氢原子及其间最短键距离（也称为拓扑距离）组成。每个原子由元素类型、连接的非氢原子数目及 π-键合电子数目来定义。例如，一个简单的原子对 CX2—(2)—CX2，代表序列为—CH$_2$—CH$_2$—，其中 X2 表明周边有两个非氢原子。原子对描述符的进一步发展，是将元素类型替代为原子的结合特性。例如，Similog 键是基于原子的 "DABE" 四个属性（氢键供体、氢键受体、大体积、带电荷）的有无，使用 Similog 键计算出 Tanimoto 系数，就可以量化两个分子之间的相似性[182]。

片段检索难以鉴别新的具有同样活性但化学骨架不同的化合物，而三维相似性搜索在这方面则具有明显的优势。三维相似性搜索基于药效团指纹，与片段字符串不同，药效团指纹不考虑分子中的原子，而是记录功能团如氢键供体、氢键受体、阴离子、阳离子、芳香环和疏水中心等的空间排位。

12.13.3.2 机器学习方法

机器学习方法适用的情形是，已知若干活性和非活性化合物的信息（例如已完成一轮高通量筛选），而希望找到一个预测未知化合物活性的模型。高通量筛选（HTS）的数据的特点是量大、存在假阳性和假阴性、涉及多种特性的化合物以及可能存在多种结合模式。因此，难以使用如多元线性回归和部分最小二乘法等线性方法建立模型，而需要使用子结构分析、回归分割和支持向量机器等机器学习方法。

子结构分析假设分子中的每个片段对化合物活性具有独立的、恒定的贡献[183]。因此，某个片段在活性和非活性分子中的出现频率可反映其贡献度（权重）。即：

$$\omega_i = \frac{act_i}{act_i + inact_i}$$

式中，ω_i 是片段 i 的权重；act_i 是包含片段 i 的活性分子的数目；$inact_i$ 是包含片段 i 的非活性分子的数目。根据已知化合物信息生成一套权重方案后，就可以通过总和各片段权重，对新的化合物库进行评分和排序。

回归分割技术涉及构建决策树，即通过某种规则把数据库的化合物分隔为子集，规则可对应于是否存在某种功能团或某个描述符[184]。其基本方法是先把数据库作为根节点，然后找出某种描述符或变量，把数据库转化为两个或两个以上子集的最好分割。最好分割是指导致化合物的最大分离，可通过改进的 t 检验来衡量，然后将同样程序回归应用到每个子集,并依此类推,直至最高分离。最后,根据其内容,把终端节点列为活性或无活性。标准回归分割的结果是一个单一的决策树。决策树的好处是它们是可解释性,因为它们是由一系列特定分子特征与生物活性相联系的"规则"组成的。另外,决策树还可以鉴别多种结合模式的化合物。使用集成决策树可以得到更准确的模型。集成决策树是通过引导样本,使训练集生成多种决策树,再通过随机挑选的子集的功能来评价每种分割,其预测则是通过多数表决或平均而整合的多种决策树的结果。

支持向量机器(SVM)是目前流行的二元分类技术,它是以代表化合物的描述符作为向量,使用支持向量(训练集),通过内核功能把不能线性分离的训练集变换至更高层面而线性分割,从而确定分开两类化合物的边界,如活性和非活性化合物。SVM 中,边界之外的训练集样本将被忽略,从而降低了过度训练的可能性,同时保持了较好的归纳性。SVM 的缺点是,作为神经网络,它是一个黑盒子,难以像其他方法(如决策树)那样对结果做出解释。

12.13.3.3 基于结构的虚拟筛选

当靶标的三维结构已知时,对接技术(docking)可用于确定化合物的结合能力,决定其进入生物测试的优先次序。对接是指把小分子放入蛋白质的受体位点,以预测二者的相互作用。对接主要由两部分组成:搜索和评分。搜索部分通过探寻一个分子相对于另一分子的翻转和旋转以及配体和蛋白质的构象自由度,找到最低自由能的配体和蛋白质的相对定位。评分通常有两个目的:一是评定搜索结果的正确性;二是对不同的配体针对同一蛋白质排序。

最初的搜索算法基于配体与蛋白质结合位点之间的形状互补性,它仅限于刚性对接。后来,出现了考虑化学互补性和配体构象灵活性的对接程序。其中一些使用集成的办法,即先计算每个配体的构象,再把每个构象作为刚性进行对接[185];替代办法则是使用随机模拟退火算法,或者使用片段化的方法快速改变构象[186~188]。随机方法,使用由分子力学计算得到的配体构象自由能和分子间相互作用能构成的得分函数,来指导搜索。片段化的方法是通过配体的旋转键把它分解成较小的片段,然后将选定的基础片段对接到结合位点,再逐步把整个配体重建到结合位点。在重建过程中,通常要考虑几种不同的起始位置,并对每个搭建步骤都进行系统的构象搜索,从而实现许多不同的构象和姿态的对接。现在的对接搜索,通过允许蛋白质侧链的旋转或者通过蛋白质构象集,允许蛋白的部分灵活性。然而,现在的方法还不能使蛋白质完全灵活。

评分方法可以分为三类:力场方法、基于回归的方法和基于知识的方法[189]。①力场方法通过计算各种分子力学贡献,来量化结合力。②基于回归的方法是通过使用蛋白-配体复合物的实验数据,导出氢键相互作用、离子相互作用、亲脂相互作用以及配体构象自由度的权重,再通过 Bohm 线性函数计算配体和蛋白之间相互作用的权重之和。③基于知识的方法是通过对已知的蛋白-配体复合物中的原子连接模式的统计分析,得到以原子接触的分布计算的原子对的平均力,即用其分离函数表示的相互作用自由能,然后计算蛋白-配体的原子对相互作用。该方法的好处是自动考虑了其他方法难以涵盖的物理效应。

评估对接程序的典型方法是从 PDB 调出某个蛋白-配体复合物,移去配体,最小化自由能,然后尝试将配体对接回到蛋白质上。通过测定实验构象和预测姿态之间的根均方偏差,就可判定对接是否成功。尽管目前的对接程序的评分功能可以相当不错地预测配体的正确姿态,评分对不同配体的排名能力仍相当有限。因此,在虚拟筛选中,通常是结合不同评分程序的结果,以得到较为可信的排序。

12.13.4 化合物吸收、分布、代谢和排泄的预测

在药物发现过程中，尽早准确预测化合物的吸收、分布、代谢和排泄（ADME）性质，找出并解决其中的问题，可以有效避免时间和资源的浪费。测量 ADME 性质的实验方法不能分析大量化合物，而且实验费用都很昂贵。此外，它们也不能用于尚未合成的虚拟化合物。

用于药物发现的早期阶段的计算技术包括预测一般"类药性"和计算过滤的方法，以消除具不良属性的化合物。先导化合物优化阶段则需要更具体的方法，以建立化合物的口服吸收、溶解度和血脑屏障渗透性等属性的模式。

12.13.4.1 计算过滤方法

最简单的计算过滤方法是用于消除含有不良功能团的化合物的子搜索，如含有毒性功能团的化合物或者含有可能干扰合成的子结构的化合物。其他常用的过滤方法是基于化合物功能特征的计数，如旋转键的数目、分子量和 $\lg P$ 等理化性质等。例如，Lipinski 等研究了 2000 个进入临床的化合物后，提出的"五规则"标准表明[190]，满足以下标准中的任何两个的分子不太可能被口服吸收：

* 相对分子质量＞500
* 氢键供体数目＞5
* 氢键受体数目＞10
* 计算出的 $\lg P$＞5.0

更先进的过滤方法，使用已知的药物和非药物作为训练集，将代表化合物的分子描述符输入到训练集后，通过遗传算法、神经网络和决策树等分类方法建立分类规则，并对该规则进行"学习"后，就可以用于预测未知的化合物[191]。药物信息可从世界药品目录、MDL 药物数据报告（MDDR）或综合药物化学数据库等中提取；非药物信息可从现有化学品数据库（ACD）和 SPRESI 数据库中的假定无效的化合物中选择。

12.13.4.2 化合物理化性质的预测

ADME 特征可以通过定量预测理化性质如疏水性和溶解性等来描述。预测方法一般是基于 QSAR 中的技术，例如多元线性回归和部分最小二乘法（PLS）。

疏水性是决定透膜性、吸收度、溶解度等药物活性和转运属性的关键因素[192]。通常用化合物在正辛醇与水中的分配系数的对数（$\lg P$）来表示疏水性。由于实验测定 $\lg P$ 比较困难，目前大约仅 30000 个化合物有疏水性的实验数据。因此，化合物的疏水性主要通过计算分子中的片段或原子的 $\lg P$ 贡献总和来评估[193]。首先，对实验分配系数已知的化合物组成的训练集进行回归分析，消除片段之间的相互作用后，得到单个片段的贡献；然后总和各个片段值，得到分子的计算 $\lg P$。

预测溶解度也使用总和基团或原子贡献的方法。即通过对训练集化合物进行统计分析和机器学习，应用多元线性回归、部分最小二乘法、神经网络、支持向量机器和遗传算法等各种建模技术，对 $\lg P$、氢键数目、拓扑描述符和三维描述符等各种不同的分子描述符进行计算，从而得到模型预测未知化合物。

化合物通常需要通过一个或多个生理屏障，如肠细胞膜或血脑屏障（BBB），才能够到达作用部位。基于理化性质以及基于极性表面区（PSA）和 Volsurf 等三维描述符的模型，都可用于预测血脑屏障渗透性[194,195]。

由于公布的数据匮乏，ADME 特征预测仍然进展缓慢。同时，由于导出 ADME 预测模型的数据集往往比较异质，因此需要评估并验证其适用范围。例如，不能期望一个模型

能够预测训练集描述符范围之外的化合物。

12.13.5 小结

20世纪90年代初期至中期，随着自动化技术在化合物合成和高通量筛选（HTS）中的使用，化合物及其属性的数据开始爆炸性地激增，化学信息学应运而生。幸运的是，计算机硬件的发展，使处理大型化学结构数据库成为可能。本章描述了广泛应用于药物发现过程中的主要化学信息学方法，但是限于篇幅，并不包括化学信息学的其他许多议题，如化学反应数据库、化学专利、立体化学和异构化的呈现以及数据可视化等。

推荐读物

- Comprehensive Medicinal Chemistry Ⅱ：Volume Ⅵ. Drug Discovery Technologies：Part A. Amsterdam，New York：Elsevier，2007.
- Zambrowicz BP, Sands AT, Nat Rev Drug Disc, 2003, 2：38-51.
- Fivash M, Towler EM, Fisher R. J Curr Opin Biotechnol, 1998：97-101.
- Nedelkov D, Nelson RW. Trends Biotechnol, 2003：301-305.
- Wick I, Hardiman G. Curr Opin Drug Disc Dev, 2005, 8：347-354.
- Stockwell BR. Nat Rev Genet, 2000, 1：116-125.
- Jager S, Brand L, Eggeling C. Curr Pharm Biotechnol, 2003, 4：463-476.
- Cragg MS, French RR, Glennie MJ, et al. Curr Opin Immunol, 1999, 11：541-547.
- Peleg M, Yeh I, et al. Bioinformatics, 2002：825-837.
- Martin YC, DeWitte RS. Perspect Drug Disc Des, 2000, 18：A5-A6.

参考文献

[1] Bailey D, Zanders E, Dean P. Nat Biotechnol, 2001, 19：207-209.
[2] Zambrowicz BP, Sands AT. Nat Rev Drug Disc, 2003, 2：38-51.
[3] Handschumacher R. E, Harding MW, Rice J, et al. Science, 1984, 226：544-547.
[4] Zhou G, Myers R, Li Y, et al. J Clin Invest, 2001, 108：1167-1174.
[5] Ghuysen JM. J Gen Microbiol, 1977, 101：13-33.
[6] Lipinski CA, Lombardo F, Dominy BW, et al. Adv Drug Deliv Rev, 2001, 46：3-26.
[7] Lopez C, Chesnay AD, Tournamille C, et al. Gene, 1994, 148：285-291.
[8] Wenger RH, Moreau H, Nielsen PJ, et al. Anal Biochem, 1994, 221：416-418.
[9] Urlaub G, Chasin LA. Proc Natl Acad Sci, 1980, 77：4216-4220.
[10] Graham FL, van der Eb AJ. Virology, 1973, 52：456-467.
[11] Vaheri A, Pagano JS. J Virology, 1965, 27：434-436.
[12] Wong TK, Neumann E. Biochem Biophys Res Commun, 1982, 107：584-587.
[13] Felgner PL, Gadek TR, Holm M, et al. Proc Natl Acad Sci, 1987, 84：7413-7417.
[14] Makrides SC. Protein Expr Purif, 1999, 17：183-202.
[15] Novina CD, Roy AL. Trends Genet, 1996, 12：351-355.
[16] Patter S D, Aebersold R H. Nat Genet, 2003, 33：311-323.
[17] Karchin R, Diekhans M, Thomas DJ, et al. Bioinformatics, 2005, 21：2814-1820.
[18] Nakao M, Barrero RA, Mukai Y, et al. Nucleic Acid Res, 2005, 33：2355-2363.
[19] Emmert MR, Bonner RF, Smith PD, et al. Science, 1996, 274：998-1001.
[20] Farrell PH. J Biol Chem, 1975, 250：4007-4021.
[21] Karp NA, Lilley KS. Proteomics, 2005, 5：3105-3115.
[22] Show J, Rowlinson R, Nickson J, et al. Proteomics, 2003, 3：1181-1195.
[23] Washburn MP, Wolter D, Yates JR. Nat Biotechnol, 2001, 19：242-247.
[24] Mann M, Ong SE, Gronborg M, et al. Trends Biotechnol, 2002, 20：261-268.
[25] Zaia J. Mass Spectrom Rev, 2004, 23：161-227.
[26] Tackett AJ, Dilworth DJ, Davey MJ, et al. J Cell Biol, 2005, 417：399-403.
[27] Anderson NL, Polanski M, Pieper R, et al. Mol Cell Proteomics, 2004, 3：311-326.
[28] Zhang J, Goodlett DR, Peskind ER, et al. Neurobiol Aging, 2005, 2：207-227.

[29] John B Taylor, David J Triggle. Comprehensive Medicinal Chemistry II Volume 3 : Drug Discovery Technologies. 2006.
[30] 张迎辉,毛军文,王升启等.药物基因组学及其应用.国外医学(药学分册),2000,29:18-21.
[31] 华允芬,明镇寰.药物基因组学研究进展.药学学报,2002,37:668-672.
[32] 杨继章,杨树民.药物基因组学与新药开发.上海医药,2003,24:252-256.
[33] Frackelton AR, Ross A H, Eisen HN. Mol Cell Biol, 1983:1343-1352.
[34] Kitagawa M, Higashi H, Jung HK, et al. EMBO J, 1996:7060-7069.
[35] Lu H, Taya Y, Ikeda M, et al. Proc Natl Acad Sci (USA), 1998:6399-6402.
[36] Renberg B, Nygren PK, Eklund M, et al. Biochem, 2004:72-80.
[37] Fivash M, Towler EM, Fisher R. J Curr Opin Biotechnol, 1998:97-101.
[38] Nedelkov D, Nelson RW. Trends Biotechnol, 2003:301-305.
[39] Templin MF, Stoll D, Bachmann J, et al. Chem High Throughput Screen, 2004:223-229.
[40] Gerber SA, Rush J, Stemman O, et al. Proc Natl Acad Sci (USA), 2003:6940-6945.
[41] Khan SS, Smith MS, Reda D, et al. Cytometry Part B Clin Cytom, 2004:35-39.
[42] Taxman DJ, MacKeigan JP, Clements C, et al. Cancer Res, 2003:5095-5104.
[43] Griffin TJ, Gygi SP, Ideker T, et al. Mol Cell Proteomics, 2002:323-333.
[44] Oh P, Li Y, Yu J, Durr E, et al. Nature, 2004:629-635.
[45] Zhang J, Campbell RE, Ting AY, et al. Mol Cell Biol, 2002:906-918.
[46] Weissleder R, Ntziachristos V. Nat Med, 2003:123-128.
[47] Rehm M, Dussmann H, Janicke RU, et al. Biol Chem, 2002:24506-24514.
[48] Sato M, Ozawa T, Inukai K, et al. Nat Biotechnol, 2002:287-294.
[49] Suter L, Babiss LE, Wheeldon EB. Chem Biol, 2004:161-171.
[50] Gerhold D, Lu M, Xu J, et al. Physiol Genomics, 2001, 5:161-170.
[51] Schena M, Shalon D, Davis RW, et al. Science, 1995, 270 :467-470.
[52] Golub TR, Slonim DK, Tamayo P, et al. Science, 1999, 286:531-537.
[53] Fodor SP, Read JL, Pirrung MC, et al. Science, 1991, 251:767-773.
[54] Lockhart DJ, Dong H, Byrne MC, et al. Nat Biotechnol, 1996, 14:1675-1680.
[55] Singh-Gasson S, Green RD, Yue Y, et al Nat Biotechnol, 1999, 17:974-978.
[56] Yauk CL, Berndt ML, Williams A, et al. Nucleic Acids Res, 2004, 32:e124.
[57] Wick I, Hardiman G. Curr Opin Drug Disc Dev, 2005, 8:347-354.
[58] Harding MA, Arden KC, Gildea JW, et al. Cancer Res, 2002, 62:6981-6989.
[59] Chee M, Yang R, Hubbell E, et al. Science, 1996, 274:610-614.
[60] Owens J. Nat Rev Drug Disc, 2005, 4:459.
[61] de Smit MH, van Duin J. Proc Natl Acad Sci (USA). 1990, 87:7668-7672.
[62] LaVallie ER, McCoy JM. Curr Opin Biotechnol, 1995, 6:501-506.
[63] Sigler PB, Xu Z, Rye HS, et al. Annu Rev Biochem, 1998, 67:581-608.
[64] Wang JD, Weissman JS. Nat Struct Biol, 1999, 6:597-600.
[65] Feldman DE, Frydman J. Curr Opin Struct Biol, 2000, 10:26-33.
[66] Pryor KD, Leiting B. Protein Expr Purif, 1997, 10:309-319.
[67] Baneyx F. Manual of Industrial Microbiology and Biotechnology. 2nd ed. ASM Press: Washington DC, 1999:551-565.
[68] Miroux B, Walker JE. J Mol Biol, 1996, 260:289-298.
[69] Aslund F, Beckwith JJ, Bacteriol, 1999, 181:1375-1379.
[70] Lam KH, Chow KC, Wong WK. J Biotechnol. 1998, 63:167-177.
[71] Romanos MA, Scorer CA, Clare JJ. Yeast, 1992, 8:423-488.
[72] Cereghino JL, Cregg JM. FEMS Microbiol Rev, 2000, 24:45-66.
[73] Hensing MCM, Rouwenhorst RJ, Heijnen JJ. Antonie van Leeuwenhoek, 1995, 67:261-279.
[74] 刘定燮,周晓巍,黄培堂.生物技术通讯,2003,4:308-310.
[75] Yin G, Swartz JR. Biotechnol Bioeng, 2004, 86:188-195.
[76] Stockwell BR. Nat Rev Genet, 2000, 1:116-125.
[77] Mayer TU, Kapoor TM, Haggarty SJ, et al. Science, 1999, 286:971-974.
[78] Ding S, Wu TY, Brinker A, et al. Proc Natl Acad Sci (USA), 2003, 100:7632-7637.

[79] Sim DS, Merrill-Skoloff G, Furie BC, et al. Blood, 2004, 103: 2127-2134.
[80] Peterson RT, Link BA, Dowling JE, et al. Proc Natl Acad Sci (USA), 2000, 97: 12965-12969.
[81] Peterson RT, Shaw SY, Peterson TA, et al. Nat Biotechnol, 2004, 22: 595-599.
[82] Liu B, Li S, Hu J. Am J Pharmacogenomics, 2004, 4: 263-276.
[83] Jager S, Brand L, Eggeling C. Curr Pharm Biotechnol, 2003, 4: 463-476.
[84] Silverman L, Campbell R, Broach JR. Curr Opin Chem Biol, 1998, 2: 397-403.
[85] Sittampalam GS, Kahl SD, Janzen WP. Curr Opin Chem Biol, 1997, 1: 384-391.
[86] Mitchison TJ. Chem Bio Chem, 2005, 6: 33-39.
[87] Burdine L, Kodadek T. Chem Biol, 2004, 11: 593-597.
[88] Khersonsky SM, Jung DW, Kang TW, et al. Am Chem Soc, 2003, 125: 11804-11805.
[89] MacBeath G, Schreiber SL. Science, 2000, 289: 1760-1763.
[90] Armour CD, Lum PY. Curr Opin Chem Biol, 2005, 9: 20-24.
[91] Spencer DM, Wandless TJ, Schreiber SL, et al. Science, 1993, 262: 1019-1024.
[92] Licitra EJ, Liu JO. Proc Natl Acad Sci (USA), 1996, 93: 12817-12821.
[93] Becker F, Murthi K, Smith C, et al. Chem Biol, 2004, 11: 211-223.
[94] Blom KF, Larsen BS, McEwen CN. J Comb Chem, 1999, 1: 82-90.
[95] Austin CP, Brady LS, Insel TR. Science, 2004, 306: 1138-1139.
[96] Kaiser J. Science, 2005, 308: 774.
[97] Marris E. Nature, 2005, 435: 718-719.
[98] Drews J. Science, 2000, 287: 1960-1964.
[99] Drews J. Drug Disc Today, 2003, 8: 411-420.
[100] Couzin J. Science, 2003, 302: 218-221.
[101] Gonzalez FJ, Kimura S. Cancer Lett, 1999: 199-204.
[102] Friedberg EC, Meira LB, Cheo DL. Mutat Res, 1998: 217-226.
[103] Mirsalis JC, Monforte J A, Winegar RA. Crit Rev Toxicol, 1994: 255-280.
[104] Suzuki T, Hayashi M, Sofuni T. Mutat Res, 1994: 489-494.
[105] Maronpot RR. Toxicol Pathol, 2000: 450-453.
[106] Tennant RW, French JE, Spalding JW. Environ Health Perspect, 1995: 942-950.
[107] Piwnica-Worms D, Marmion MJ. Clin Pharmacol, 1999: 30S-33S.
[108] Bekker PJ, Holloway D, Nakanishi A, et al. Bone Miner Res, 2001: 348-360.
[109] Luo Y, Bolon B, Damore MA, et al. Neurobiol Dis, 2003: 81-88.
[110] Masure S, Geerts H, Cik M, et al. Eur J Biochem, 1999: 892-902.
[111] Contrera JF, DeGeorge JJ. Environ Health Perspect, 1998: 71-80.
[112] Goldsworthy TL, Recio L, Brown K, et al. Fundam Appl Toxicol, 1994: 8-19.
[113] Harvey M, McArthur MJ, Montgomery CAJ, et al. FASEB J, 1993: 938-943.
[114] Lathe R. Genes Brain Behav, 2004: 317-327.
[115] Simpson EM, Linder CC, Sargent EE, et al. Nat Genet, 1997: 19-27.
[116] Weaver JL, Contrera J F, Rosenzweig BA, et al. Toxicol Pathol, 1998: 532-540.
[117] Napoli C, Lemieux C, Jorgensen R. Plant Cell, 1990: 279-289.
[118] Elbashir S M, Harborth J, Lendeckel W, et al. Nature, 2001: 494-498.
[119] Bernstein E, Caudy AA, Hammond SM, et al. Nature, 2001: 363-366.
[120] Bass BL. Nature, 2001: 428-429.
[121] Khvorova A, Reynolds A, Jayasena SD. Cell, 2003: 209-216.
[122] Tabara H, Sarkissian M, Kelly WG, et al. Cell, 1999: 123-132.
[123] Kamath RS, Fraser AG, Dong Y, et al. Nature, 2003: 231-237.
[124] PhenøBank Database. http://www.worm.mpi-cbg.de/phenobank2/cgi-bin/MenuPage.py.
[125] Boutros M, Kiger AA, Armknecht S, et al. Science, 2004: 832-835.
[126] Eggert US, Kiger AA, Richter C, et al. PLoS Biol, 2004, 2: e379.
[127] Reich SJ, Fosnot J, Kuroki A, et al. Mol Vis, 2003: 210-216.
[128] Song E, Lee SK, Wang J, et al. Nat Med, 2003: 347-351.
[129] Zhang X, Shan P, Jiang D, et al. J Biol Chem, 2004: 10677-10684.
[130] Shinagawa T, Ish ii S. Genes Dev, 2003: 1340-1345.

[131] Carmell MA, Zhang L, Conklin DS, et al. Nat Struct *Biol*, 2003: 91-92.
[132] Hommel JD, Sears RM, Georgescu D, et al. Nat Med, 2003: 1539-1544.
[133] Schiffelers RM, Ansari A, Xu J, et al. Nucleic Acids Res, 2004: e149.
[134] Song E, Zhu P, Lee SK, et al. Nat Biotechnol, 2005: 709-717.
[135] Lorenz C, Hadwiger P, John M, et al. Bioorg Med Chem Lett, 2004: 4975-4977.
[136] Husten IS, Ceorge AJ. Human Antibodies, 2001, 10: 127-142.
[137] Fishelson Z, Donin N, Zell S, et al. Mol Immunology, 2003, 40: 109-123.
[138] 史久华. 国外医学（预防、诊断、治疗用生物制品分册），2001, 24: 19-23.
[139] 陈志南, 刘民培. 抗体分子与肿瘤. 北京：人民军医出版社, 2002: 160
[140] Schaffitzel C, Hanes J, Jermutus L, et al. J Immunol Methods, 1999, 231: 119-135.
[141] 马大龙. 生物技术药物. 北京：科学出版社, 2001: 80.
[142] Hudson PJ, Souriau C. Nat Med, 2003: 129-140.
[143] Cragg MS, French RR, Glennie MJ, et al. Curr Opin Immunol, 1999, 11: 541-547.
[144] Wood le ES, Xu D, Zivin RA, et al. Transplantation, 1999, 68: 608-616.
[145] 董志伟, 王琰. 抗体工程. 北京：北京医科大学出版社, 2002: 260-262.
[146] Hudson PJ, Souriau C. Nat Med, 2003: 129-134.
[147] Chance MR, Bresnick AR, Burley SK, et al. Protein Sci, 2002, 11 : 723-738.
[148] Lesley SA, Kuhn P, Godzik A, et al. PNAS, 2002, 99 : 11664-11669.
[149] Baker D, Sali A. Science, 2001, 294 : 93-96.
[150] Vitkup D, Melamud E, Moult J, et al. Nat Struct Biol, 2001, 8 : 559-566.
[151] Chandonia JM, Brenner SE. Proteins, 2005, 58 : 166-179.
[152] Huang RY, Boulton SJ, Vidal M, et al. Biochem Biophys Res Commun, 2003, 307 : 928-934.
[153] Acton TB, Gunsalus KC, Xiao R, et al. Methods Enzymol, 2005, 394 : 210-243.
[154] Kim Y, Dementieva I, Zhou M, et al. Struct Funct Genomics, 2004, 4: 1-8.
[155] Jancarik J, Kim SH. J Appl Crystallogr, 1991, 24: 409-411.
[156] Mayo CJ, Diprose JM, Walter TS, et al. Structure, 2005, 13: 175-182.
[157] Scott RA, Shokes JE, Cosper NJ, et al. Synchrotron Rad, 2005, 12: 19-22.
[158] Pieper U, Eswar N, Braberg NH, et al. Nucleic Acids Res, 2004, 32: D217-D222.
[159] Database of Comparative Protein Structure Models. http: //modbase.compbio.ucsf.edu/modbase-cgi-new/index.cgi.
[160] Wallace AC, Borkakoti N, Thornton JM. Protein Sci, 1997, 6: 2308-2323.
[161] Kleywegt GJ. J Mol Biol, 1999, 285: 1887-1897.
[162] Stark A, Shkumatov A, Russell RB. Structure, 2004, 12: 1405-1412.
[163] Tao P, Lin W. Foreign Medical Sciences (Section of Pharmacy), 2006, 33: 56-58.
[164] Gelinker SE, Wheeler DA, et al. Genome Biol, 2001: 860-921.
[165] Adam MD, Kelley JM, Gocayne JD, et al. Science, 1991: 1651-1656.
[166] Han K, Byun Y. Nucleic Acids Res, 2003: 3432-3400.
[167] Zucker M, Stiegler P. Nucleic Acids Res, 1981: 133-148.
[168] Albrecht M, Tosatto SC, et al. Protein Eng, 2003: 459-462.
[169] Rost B, Sandet C. J Mol Biol, 1993: 584-599.
[170] Huang JY, Brutlag DL. Nucleic Acids Res, 2001: 202-204.
[171] Mulder NJ, Apweiler R, Attwood TK, et al. Nucleic Acids Res, 2003: 315-318.
[172] Romero P, Karp P. Mol. Microbiol. Biotechnol, 2003: 230-239.
[173] Peleg M, Yeh I, et al. Bioinformatics, 2002: 825-837.
[174] Bajorath J. Drug Disc Today, 2004, 9: 13-14.
[175] Morgan HJ. Chem Doc, 1965, 5: 107-113.
[176] MDL Information Systems, Inc. 14600 Catalina Street, San Leandro, CA 94577, USA. http: //www.symyx.com.
[177] Barnard Chemical Information Ltd. (BCI), 46 Uppergate Road, Stannington, Sheffield S6 6BX, UK. http://www.bci.gb.com.
[178] Wolber G., Langer TJ. Chem Inf Model, 2005, 45: 160-169.
[179] Valler MJ, Green D. Drug Disc Today, 2000, 5: 286-293.
[180] Wilton D, Willett P, Lawson K, Mullier GJ. Chem Inf Comput Sci, 2003, 43: 469-474.

[181] Carhart RE, Smith DH, Venkataraghavan RJ. Chem Inf Comput Sci, 1985, 25: 64-73.
[182] Schuffenhauer A, Floersheim P, Acklin P, et al. Chem Inf Comput Sci, 2003, 43: 391-405.
[183] Cramer RD, Redl G, Berkoff C E. J Med Chem, 1974, 17: 533-535.
[184] Hawkins DM, Young SS, Rusinko A. Quant Struct-Act Relat, 1997, 16: 296-302.
[185] Friesner RA, Banks JL, Murphy RB, et al. J Med Chem, 2004, 47: 1739-1749.
[186] Goodsell DS, Olson A. J Proteins Struct Funct Genet, 1990, 8: 195-202.
[187] Jones G, Willett P, Glen RC. J Mol Biol, 1995, 245: 43-53.
[188] Rarey M, Kramer B, Lengauer T, Klebe G. J Mol Biol, 1996, 261: 470-489.
[189] Ewing TJA, Makino S, Skillman AG, et al. J Comput-Aided Mol Des, 2001, 15: 411-428.
[190] Lipinski CA, Lombardo F, Dominy BW, et al. Adv Drug Deliv Rev, 1997, 23: 3-25.
[191] Egan WJ, Walters WP, Murcko MA. Curr Opin Drug Disc Dev, 2002, 5: 540-549.
[192] Martin YC, DeWitte RS. Perspect Drug Disc Des, 2000, 18: A5-A6.
[193] Leo AJ, Hoekman D. Perspect Drug Disc Des, 2000, 18: 19-38.
[194] Clark DE. J Pharm Sci, 1999, 88: 807-814.
[195] Crivori P, Cruciani G, Carrupt PA, Testa B. J Med Chem, 2000, 43: 2204-2216.

# 第13章

糖类药物的化学与生物学

丁 侃，董 群，邱 宏，方建平

目 录

13.1 引言 /381
13.2 糖类药物 /381
  13.2.1 抗感染药物 /381
    13.2.1.1 抗菌药物 /381
    13.2.1.2 疫苗药物 /382
    13.2.1.3 抗病毒药物 /383
  13.2.2 抗血栓和止血药物 /384
  13.2.3 糖尿病治疗药物 /385
  13.2.4 抗炎药物 /386
  13.2.5 神经系统疾病治疗药物 /386
  13.2.6 胃肠道疾病的药物 /388
  13.2.7 抗肿瘤药物 /388
    13.2.7.1 疫苗类药物 /388
    13.2.7.2 多糖免疫调节剂药物 /390
    13.2.7.3 寡糖、多糖及糖类衍生物 /391
  13.2.8 糖类相关遗传病治疗药物 /392
13.3 寡核苷酸类药物 /394
  13.3.1 三链形成寡脱氧核苷酸 /394
  13.3.2 催化活性的寡核苷酸 /395
  13.3.3 反义寡核苷酸 /395
  13.3.4 富含CpG寡脱氧核苷酸 /397
  13.3.5 小干扰RNA /398
  13.3.6 核酸配体 /398
13.4 糖化学 /399

  13.4.1 糖类天然产物的提取、分离和纯化 /400
  13.4.2 糖类药物分析 /401
    13.4.2.1 糖类药物的含量测定 /401
    13.4.2.2 糖类药物的结构测定 /401
13.5 糖生物学 /402
  13.5.1 概论 /402
    13.5.1.1 糖的多样性及进化 /402
    13.5.1.2 聚糖与蛋白的相互作用 /402
    13.5.1.3 聚糖生物学功能的研究方法 /403
  13.5.2 糖组学 /404
  13.5.3 聚糖的类型、合成和代谢 /404
    13.5.3.1 糖复合物 /404
    13.5.3.2 唾液酸 /405
    13.5.3.3 细菌多糖 /405
    13.5.3.4 糖基转移酶 /405
    13.5.3.5 聚糖的降解和循环 /406
  13.5.4 识别聚糖的蛋白质 /407
    13.5.4.1 凝集素 /407
    13.5.4.2 糖胺聚糖结合蛋白 /408
    13.5.4.3 微生物的聚糖结合蛋白 /408
  13.5.5 糖基化与疾病 /409
13.6 展望 /410
推荐读物 /411
参考文献 /411

13.1 引言

糖类药物目前主要来源于单糖、寡糖和多糖及其修饰的化合物或衍生物,也包括其相应的疫苗。相对于由模板控制的核酸和蛋白质来说,生物体内糖的合成是由各种特异性糖基转移酶控制的,因此其结构的确定至今都极具挑战性,这为其功能研究带来困难,使得其相关糖类药物活性筛选的选择性不多;而即使生物体内糖的功能明确,又由于其生物合成的量的限制而不能为糖类药物研究带来便利。从菌、藻或动植物中分离纯化直接得到寡糖或多糖用于药物研究是目前糖类药物研发重要的方法和方向之一,由于寡糖或多糖分离纯化较天然小分子化合物要困难得多,其结构确定特别是多糖也因其不均一性而面临诸多挑战。虽然近年来寡糖的化学合成已取得长足的进步,但糖类化合物的合成仍是合成化学中的难题,迄今还无法化学合成多糖,所以,结构明确的糖类化合物的获得性问题是制约糖类药物研发的主要瓶颈。

虽然糖类药物在所有 FDA 批准的上市药物中大约只占 0.2%左右,但由于作为糖类药物研究的化合物合成原料便宜、易得,具有天然的手性及结构多样性,此外糖类药物的毒副作用相对来说较低,更由于近 20 年来生物体内糖的功能的不断揭示为相应疫苗的制备明确了方向,使得糖类药物研制已受到国际上许多科研机构特别是各大制药公司的青睐。如现在世界上包括辉瑞(Pfizer),强生(Johnson & Johnson)和赛诺菲-安万特(Sanofi-Aventis)等排名前十大制药公司中的九大公司都有糖类药物研发。有统计表明,目前在市场上销售的糖类药物大约有 500 多种,根据 Thomson Pharma 数据库,现正在进行临床前和临床Ⅰ~Ⅲ期研发的糖类药物有 137 种,分布在 63 个国家和地区。由此可见,糖类药物研究已受到许多国家特别是西方制药发达国家的重视。

糖的生物学功能机制阐明是糖类药物研发的重要基础。正因为如此,继基因组学,蛋白组学后,美欧和日本等国家自 2001 年起相继发起了多项与疾病相关的功能糖组学研究,如雄心勃勃的美国的 Consortium for Functional Glycomics,欧洲的 EuroCarbDB 和日本的 Human Disease Glycomics/Proteome Initiative 组织必将对糖的生物学功能的研究起极大的推动作用。目前研究表明糖的功能已涉及人体八大系统,因此可以相信将来糖类药物决不会仅仅停留在现在的抗血栓、抗菌、抗炎、抗肿瘤、糖尿病治疗、抗病毒等领域。本章就目前上市的常用糖类药物、在研糖类药物、寡核苷类药物以及其相应的基于糖的创新药物研究所依赖的糖化学和糖生物学基础作一简要介绍。

13.2 糖类药物

13.2.1 抗感染药物

细菌和病毒感染是两类主要的感染性疾病,糖类物质是细菌和病毒感染宿主过程中的一类重要的媒介分子。感染过程中糖类物质与蛋白质之间的相互作用是抗感染药物开发的主要靶标之一,外源性的糖类物质可以通过干预这一过程而抑制细菌和/或病毒感染宿主。

13.2.1.1 抗菌药物

糖类物质,尤其是氨基糖苷,是抗菌类药物的一个重要来源,它们广泛地用于感染性疾病的治疗。这类药物有庆大霉素、链霉素、卡那霉素和阿拜卡霉素(Arbekacin)[1]等。它们的抗菌谱包括需氧的革兰氏阴性菌、金黄色葡萄球菌和肠球菌,其抑菌作用是通过抑制细菌蛋白质的合成而实现的。容易出现耐药性是这类抗生素最大的缺点，为了对抗耐药性，需要不断地开发出新一代的抗生素。而开发新抗生素最有效的途径就是制备已有抗生素的衍生物。

晚霉素（Everninomycin）属于 Orthosomycin 家族的一类结构复杂的寡糖类抗生素，对耐青霉素的葡萄球菌和耐万古霉素的肠球菌有良好的抑制作用，正在进行用于革兰氏阳性感染抵抗的Ⅲ期临床试验研究，但是出于药效和安全性之间平衡的考虑，该化合物的开发前景不是很好已终止临床研究。其他几个开发中的药物也因各种原因而终止，比如小儿科耳朵感染治疗药物 NE-1350 因与安慰剂组没有显著的区别而终止，而抗幽门螺杆菌药物 NE-0080 则因Ⅰ期临床研究出现安全问题而终止。

万古霉素（Vancomycin）[2]是从土壤丝菌属 *Amycolatopsis orientalis* 分离得到的抗生素，对革兰氏阴性菌链球菌（*Steptococci*）、棒状杆菌（*Corynebacteria*）、梭状芽孢杆菌（*Clostridia*）、李斯特菌属（*Listeria*）及芽孢杆菌属（*Bacillus*）等有很好的抑制作用。对万古霉素结构修饰是提高对万古霉素产生耐药菌株抗菌作用的一种有效方法。

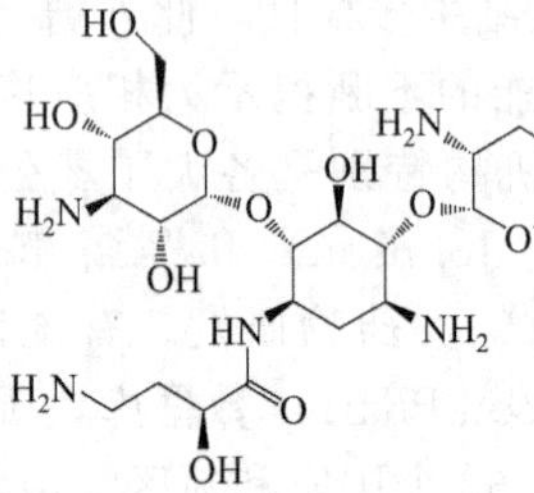

1 阿拜卡霉素 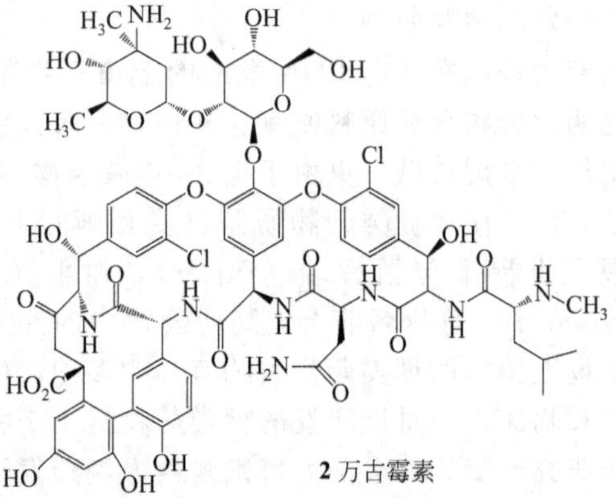　　**2** 万古霉素

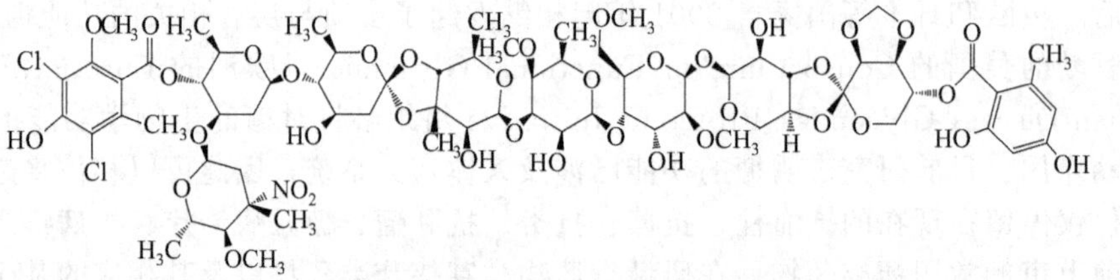

3 晚霉素

13.2.1.2　疫苗药物[3]

疫苗是通过刺激机体产生特异性的抗体或激活免疫细胞抵御外来病毒、寄生虫和细菌等病原性物质的侵入。尽管已经有多种临床有效的抗生素上市，但是病原性物质也往往快速产生耐药性，药物研发的速度难于跟上耐药性的发展。虽然疫苗类药物的理论还有待完善和发展，但是疫苗无疑是感染性疾病的最后一道防线。用于感染性疾病预防和治疗的糖类疫苗抗原多为细菌的荚膜多糖，也有一些别的抗原比如丙酰基聚唾液酸（np-polySA）能够产生针对 B 型脑膜炎奈色菌的抗体，poly-N-succinyl-β-1-6-glucosamine（PSG）抗原在兔体内得到的抗体活性至少可以持续 8 个月，而且可以抵抗 18 种不同的金黄葡萄球菌，其中包括对万古霉素耐药的菌株。

Pneumovax 23 是默克公司针对 2 岁儿童及所有成年人的肺炎球菌荚膜多糖疫苗，用于预防肺炎感染，国内的成都生物科技公司也成功开发了类似产品。葛兰素-史克开发的伤寒疫苗 SB 2006 年在英国上市销售用于伤寒沙门氏菌的预防，临床研究显示该疫苗具有很好的耐受性和免疫原性，它的抗原是一种纯化的 V 型荚膜多糖。NeisVac-C 是 Baxter 在欧洲开发和上市的一种针对 C 型脑膜炎球菌的疫苗，2000 年在欧洲上市。赛诺菲-安万特开发的多价脑膜炎奈色菌（*Neisseria meningitidis*）A、C、W135、Y 多价疫苗 Menactra2005 年于美国上市，用于 11～55 岁年龄段脑膜炎的预防，2007 年适用人群扩至 2～11 岁儿童。

目前有多个脑膜炎奈色菌（*Neisseria meningitidis*）A、C、W135、Y 多价疫苗正处于Ⅲ期临床研究，比如诺华的 Meningococcal ACWY、赛诺菲-安万特的 Meningococcal ACYW-135 和葛兰素-史克的 Men-ACWY-TT。*E. coli* 0157 疫苗是一种原型疫苗，对老年和小孩易感人群具有良好的预防作用，该疫苗由两部分组成，一部分是来自 *E. coli* 0157 的多糖，另一部分是蛋白质，来自雏鸡铜绿假单胞菌（*Pseudomonas aeruginosa*），用于治疗 *E. coli* 0157 引起的感染。StaphVAX 是 Nabi 生物制药公司开发的针对金色葡萄球菌 5 型和 8 型荚膜多糖的一种多糖疫苗，用于治疗接受过腹膜透析的肾病后期病人和心胸手术或整形手术后的葡萄球菌感染。

13.2.1.3　抗病毒药物

与抗生素相比，抗病毒药物的开发更为棘手，一方面是因为对病毒的致病机制的理解尚不够深刻，另一方面是还没有找到适合的靶标。而糖类物质在病毒性感染中担当了相当重要的角色，无疑是抗病毒药物开发的一个重要方向。流感病毒、乙肝病毒和艾滋病毒是目前威胁人类生命健康的三种主要病毒。

抗流感病毒药物　目前开发成功的基于糖类的抗病毒药物主要是抗流感病毒药物，流感病毒感染宿主细胞需要唾液酸（Sialic Acid，4）的介导，现在上市销售的扎那米韦（Zanamivir，5）和奥司他韦（Oseltamivir，6，又名 Tamiflu，达菲）均为唾液酸的类似物，它们都是神经酰胺酸酶的抑制剂。神经酰胺酸酶（NA）可以切除宿主细胞和病毒表面的末端唾液酸，病毒侵染宿主和在宿主细胞中包装成熟的病毒离开宿主细胞时均需与这些唾液酸结合，成熟的病毒离开宿主细胞时需要在神经酰胺酸酶的帮助下切割与其连接的唾液酸而从宿主细胞表面释放，进行下一轮的感染[4]。NA 是抗流感药物的一个重要靶点[5]，NA 抑制剂的研发是构效关系和理性药物设计在药物研发中应用的一个典型例子。最早制备的底物类似物是 2-脱氧-2,3-二脱氢-*N*-乙酰神经氨酸（DANA），虽然 DANA 是神经氨酸酶的强抑制剂，但其抑制作用不仅限于流感病毒的 NA，故而副作用大。对 DANA 进行了大量结构修饰，但相关衍生物在动物体内试验中均是无效的。1983 年流感病毒 NA 三维结构的测定为有关研究带来突破[6]，对催化位点的计算机模拟显示对 DANA 的 4-OH 若代之以氨基能够提高活性，由此合成在 4 位取代有胍基的衍生物，即扎那米韦，它能在纳摩尔水平抑制 A 型及 B 型流感病毒的 NA。由于胍基的正离子特性，扎那米韦需要通过鼻腔或吸入给药，口服给药的生物利用度低。故而又研制了扎那米韦的碳环类似物，奥斯他韦羧酸 GS 4071，它在 NA 抑制活性上类似于扎那米韦，生物利用度也较低，故而后来又改变为其乙酯，即达菲（Tamiflu，6），口服生物利用度大为提高[7]。这是一种前药，它在肝脏中被酶解，转变为羧酸型的活性形式。

4 唾液酸　　　　**5** 扎那米韦　　　　**6** 奥司他韦　　　　**7** 帕拉米韦

帕拉米韦（Peramivir，**7**）也是一神经酰胺酶抑制剂，对 A 型和 B 型流感病毒均具有良好的疗效和安全性，口服有效，可以制成液体剂型，老年人和未成年人均可服用。

抗艾滋病毒药物 艾滋病是用人类免疫缺陷病毒引起的一类疾病，目前针对艾滋病的药物和疫苗开发均未取得成功，糖类药物也不例外，糖类药物中多糖硫酸酯是一类很重要的抗艾滋病毒药物，但是以目前的结果而言，它们作为抗艾滋病毒药物的前景不容乐观，以下是几个相关的例子。

Carraguard 是一卡拉胶类（Carrageenan，**9**）多糖硫酸酯，在非洲开展了大规模的艾滋病预防作用的临床试验研究，但是在 2007 年完成的Ⅲ期临床研究显示 Carraguard 对艾滋病没有显著的预防作用[8]。DS4152 是另一具有抗艾滋病毒作用的多糖硫酸酯，从 1999 年至 2005 年进行Ⅰ期临床试验，至今无后续的报道。香菇多糖的硫酸酯也有抗艾滋病毒作用，2000 年进入Ⅲ期临床研究，但在 2001 年 5 月后公司方面拒绝公布研究进展情况，目前为止没有后续的报道。小分子化合物 SC-48384 也是前期表现良好但是在Ⅱ期临床无显著疗效的化合物代表。

抗乙肝病毒药物 乙型肝炎感染是世界性的，特别是在我国接近总人口数目 1% 的人群成为乙肝病毒携带者，是人类健康的一大威胁。现在的治疗的药物包括干扰素和核苷抑制剂类（如拉米夫定，Lamivudine，替比夫定，Telbivudine），但严格意义上来说，这些药物只能说是改善肝炎患者症状，并不能彻底消灭病毒，因此有必要开发更有效的药物以彻底清除体内病毒。N-nonyl deoxynojirimycin（NN-DNJ，**8**）可以抑制乙肝病毒在肝细胞中形成 M 包衣蛋白，它可以剂量依赖地抑制病毒分泌形成有感染力的病毒，这一作用可能与一种细胞运输蛋白和一种未正常折叠的高度糖基化的包衣蛋白的相互作用有关[9]。

8 N-nonyl dexynojirimycin (NN-DNJ)

9 Carrageenan

13.2.2 抗血栓和止血药物[10]

肝素早在 1937 年就开始应用于临床治疗血栓，至今仍是应用最广泛的抗血栓药物，它是从动物的血管内壁或小肠黏膜中分离纯化的一种糖胺聚糖类（glycosaminoglycan），通过增强抗凝血酶的作用而抑制凝血酶和血友因子 Xa 的活性来抑制凝血，进而抑制血栓的形成。肝素经过化学或酶降解得到平均分子质量 4~6.5kDa 的低分子量肝素，这些低分子量的肝素具有与肝素类似的抗血栓作用，但是其抗凝血作用远弱于肝素，高剂量时对不稳定的咽炎、肺栓塞和缺血性中风具有与肝素同等疗效。低分子量肝素主要有 Dalteparin、Enoxaparin、Nadroparine、Ardeparin、Reviparin 和 Danaparoid。进一步的研究发现，肝素的抗血栓作用主要是与其糖链中跟抗凝血酶具有高亲和力的五糖序列有关，在活性五糖片段中，葡萄糖胺 2 位的磺酰胺基是不可缺少的，2-硫酸化的艾杜糖醛酸也对提高抗凝血活性有重要作用，因为若换成葡萄糖醛酸则活性大为降低，这可能是因为艾杜糖醛酸具有独特的 $^1C_4$ 构象，使活性片段保持与 AT 结合的高亲和构象。Fondaparinux（**10**）是第一个合成的五糖，是 Xa 选择性的抑制剂，对整形外科手术引起的肺栓塞的预防作用显著地好于低分子量肝素 Enoxaparin。

10 Fondaparinux

除上述已上市的肝素类药物外，仍有多种肝素来源的化合物正在进行临床研究。AVE-5026（Octaparine）、Idrabiotaparinux、Idraparinux、SR-123781 为赛诺菲-安万特公司开发的用于抗血栓的肝素类似物，现均开展了Ⅲ期临床研究。AVE-5026（Octaparine）是超低分子量肝素，能够直接抑制血友因子 Xa 和活化的凝血酶，主要通过皮下给药用于癌症患者急性冠心病和深度静脉血栓的预防。Idraparinux Sodium 是一合成的肝素五糖，是血友因子 Xa 的长效抑制剂（每周皮下给药一次），用于预防和治疗深度静脉栓塞和肺栓塞病人中的静脉血栓，Idrabiotaparinux 则是 Idraparinux 的生物素化衍生物，作为其后备药物而开发的，是一血友因子 Xa 的非直接抑制剂，用于不可逆地消除血栓和中枢缺血，也是一长效制剂，一周只需皮下给药一次。SR-123781 则是一合成的六糖，功能与 AVE-5026 类似，可以直接抑制血友因子 Xa 和活化的凝血酶，用于急性冠脉综合征中栓塞的预防和治疗。

Sulodexide 是中分子量的糖胺聚糖铁盐，由 Alfa Wasserman 公司开发，具有抗血栓和促纤溶作用，适于梗塞后的患者使用，2007 年还开始了糖尿病肾病治疗的Ⅲ期临床试验，不过该试验没有成功。

13.2.3 糖尿病治疗药物[11]

糖尿病是一种因糖代谢紊乱导致血糖浓度过高的疾病，分为两型，胰岛素依赖的Ⅰ型，非胰岛素依赖的Ⅱ型。目前上市销售的治疗糖尿病的糖类药物有三种，即阿卡波糖（Acarbose, 11）、伏格列波糖（Voglibose, 12）和米格列醇（Miglitol, 13），它们均为 α-糖苷酶的抑制剂。

阿卡波糖是真菌 *Actinoplanes utahensis* 的发酵产物，口服有效。对Ⅰ和Ⅱ型糖尿病均有效，是目前Ⅱ型糖尿病的主要治疗药物。其不良反应主要为疼痛、腹泻、肠胃气胀等，不适于肾脏功能不全的人群，而且剂量不能太高，否则导致肝脏酶活性的异常。井岗霉素产生菌 *Streptomyces hygroscopicus* var. *limoneus* 能够产生一种麦芽糖酶和蔗糖酶的双重抑制剂井岗霉醇胺（Valiolamine）。通过合成各种不同的 N-取代衍生物以增强其对 α-葡萄糖苷酶的抑制作用，其中最简单的衍生物 Voglibose 通过用二羟基丙酮还原胺化制备，被作为治疗糖尿病的药物，它对麦芽糖酶和蔗糖酶的 IC_{50} 达到 $0.015\mu mol/L$ 和 $0.0046\mu mol/L$。Voglibose 与阿卡波糖类似主要用于Ⅱ型糖尿病的治疗，但是效果不如阿卡波糖。Tan 等通过 N-烷基化修饰 1-脱氧野尻霉素，N-烷基化增强了其对内质网葡萄糖苷酶的抑制活性，进而干扰细胞内糖链的合成。Wang 等在 1-脱氧野尻霉素的 4 位引入两个氟原子，发现修饰后的衍生物对糖苷酶的抑制活性减弱，但在 pH 5.0 时氟代衍生物的抑制活性更强，这是由于氟原子的吸电效应使亚胺基不发生质子化，而在 pH 6.8 时对 β-葡萄糖苷酶显示选择性的抑制作用[12]。Miglitol 是 1-脱氧氮杂-D-葡萄糖（deoxynojirimycin）的衍生物，这一家族具有抗病毒和抗肿瘤作用，但是它也和阿卡波糖及 Voglibose 一样能够通过抑制 α-糖苷酶来治疗Ⅱ型糖尿病。

11 阿卡波糖

12 伏格列波糖 **13** 米格列醇 **14** β-D-Tagatose

Tagatose（**14**）是 Spherix 公司开发的一种果糖差向异构体，通过异构化半乳糖制得，口服有效，用于Ⅱ型糖尿病的治疗。它可能通过调节糖原的代谢和抑制蔗糖酶和麦芽糖酶而发挥作用。2007 年在美国和澳大利亚同时开始了Ⅲ期临床试验研究，有望在 2009 年结束临床试验。它作为低热量糖类替代品已经获得美国 FDA 批准并用于饮料和食品当中多年。不像其他Ⅱ型糖尿病治疗药物引起体重增加、低血糖和水肿等副作用，它既能减肥又能引起高密度脂蛋白胆固醇水平的升高而不引起低血糖。除此之外，它还具有抗氧化作用，同时还是一种益生元（prebiotic），但缺点是它须大量食用，这样会引起胃肠道的不适。

DYN12 是一小分子，它能降低糖尿病大鼠血浆中 3-脱氧葡萄糖酮（3-deoxyglucosone，3-DG）的浓度，降幅为 50%。3-DG 具有强反应活性，可以与蛋白质交联，从而引起它们的改变或者功能 63 丧失，很多酶在与其交联之后失去活性。3-DG 也是一被证实了的引起高聚糖最终产物（advanced glycation end product，AGE）形成的因子之一，而 AGE 参与了糖尿病肾病、动脉粥样硬化和一些其他的疾病。

13.2.4 抗炎药物

透明质酸在临床中可以用于骨关节炎的治疗，也可在眼科和外科手术中作为组织空隙填充物。Drotrecognin alfa 是一经过基因改造的人源活性蛋白质 C，临床用于败血症的治疗。蛋白质 C 是一丝氨酸类蛋白酶，是一天然的抗凝血因子，可以通过灭活血友因子Ⅷa 而抑制凝血酶的生成从而抑制凝血，它作用的发挥需要其中四个 Asn-连接的寡糖的存在[13]。

细胞之间的黏附在免疫系统中相当重要。癌症、细菌感染、炎症、过敏及自身免疫疾病包括风湿、过敏反应及再灌注损伤。选凝素是一种糖蛋白，能够介导白细胞与血小板或者血管内皮之间的黏附。选凝素有 E-、L-和 P-三种亚型，它们均含有一个糖结合识别区域，该区域介导它们与相应的受体上的糖类物质结合，它们识别的糖类物质是唾液酸化的寡糖。能够干扰这一结合过程的化合物可以用作上述疾病的治疗物质，比如唾液酸化寡糖的类似物就可以抑制这一结合，因此唾液酸化寡糖类似物可以用于选凝素相关的疾病的治疗，3-(O-carboxymethyl)-β-D-galactopyranosyl-α-D-mannopyranoside（**15**）就是这样的一个类似物，与 E-、L-和 P-三种选凝素均可结合。

13.2.5 神经系统疾病治疗药物

神经系统疾病包括神经退行性疾病（如帕金森综合征、阿尔茨海默病等）、精神类疾病和神经损伤等。多种糖类物质正用于或者正在开发成为上述疾病的治疗药物。

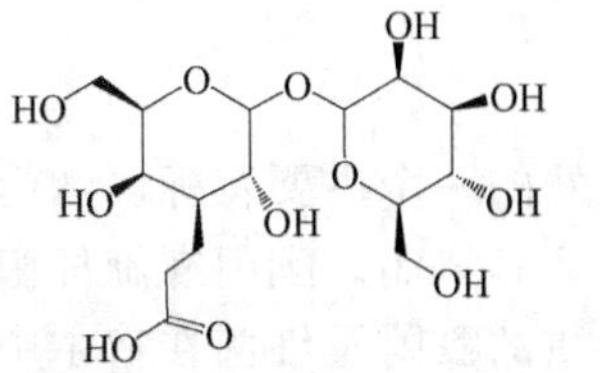

15 (3-O-carboxymethyl)-β-D-
galactopyranosyl-α-D-mannopyranoside

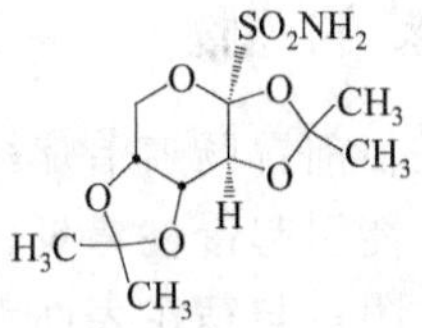

16 托吡酯

托吡酯（Topiramate，16）是一经二丙酮基修饰和硫酸化修饰的单糖，具有抗痉挛作用，也可用于治疗癫痫。作为新一代的癫痫治疗药物，它主要用于辅助治疗儿童部分癫痫发作（partial-onset seizure）。后来它还被批准用于儿童和青年的癫痫大发作。该药还用于周期性偏头痛的治疗，不过该用途没有被批准。在使用的过程中也发现，服用该药的病人会产生近视相关的青光眼。最近发现受皮质素补充治疗的病人在服用托吡酯后引起肾上腺功能减退，持续使用还会引起黄斑病[14]。

中枢神经系统因为有着血脑屏障，因而要求中枢神经活性物质具有较好的脂溶性，因此基于糖脂开发中枢神经药物成了一种自然的选择，但是问题随之而来，糖脂不易得到，难于保证临床试验的顺利进行。Sygen（17）是一种糖基鞘磷脂，从1997年开始进入Ⅱ期临床试验治疗急性脊索损伤和中风，尽管疗效尚可，但是存在许多问题，一是制剂不纯，二是有副作用。从1999年开始进入治疗Parkinson病的Ⅱ期临床研究，至今仍未结束。

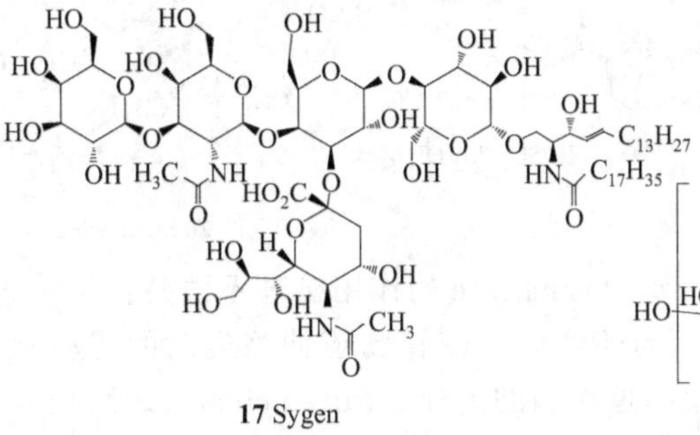

17 Sygen

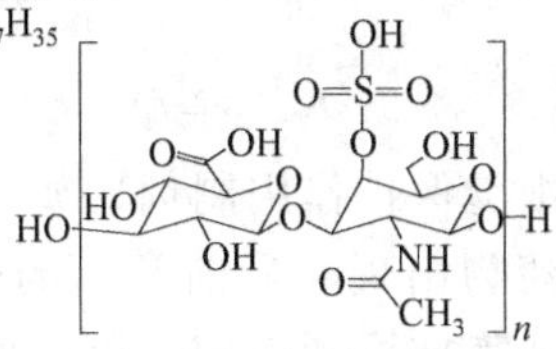

18 硫酸软骨素

朊病毒的表面几乎全由一种唾液酸化的糖蛋白PrP组成，这一蛋白约30kDa，由145个氨基酸组成，可以聚集成棒状，形成的棒状物质结构上与淀粉类似，可以引起阿尔茨海默病等多种中枢神经系统疾病。

PrP蛋白要经历多种翻译后修饰，包括181和197位的糖基化和C末端磷脂酰肌醇的添加。PrP蛋白正常状态以α-螺旋的形式存在，当构象不可逆地变成β-sheet之后会聚集形成淀粉类纤维（amyloid fibrils），这种纤维会诱导丘脑神经元凋亡进而引起神经退行性疾病。而硫酸化的糖胺聚糖可以抑制淀粉类纤维的神经毒性，这种作用可能是通过抑制PrP多糖聚集形成纤维而产生的。基于这一机理，硫酸化的多糖可以开发成为所有与淀粉类纤维有关疾病的治疗药物[15]。

硫酸软骨素（Chondroitin sulfate，18）蛋白聚糖是糖胺聚糖蛋白聚糖中的一种，在中枢神经系统有表达，与中枢神经系统损伤修复关系密切且作用多样而复杂，在损伤的初期促进神经细胞的生长、抑制免疫反应和阻止损伤的扩散，呈现的是一种损伤修复促进作用，但后期它却抑制轴突细胞的生长，呈现损伤修复抑制效应，因而总体来说硫酸软骨素是抑制中枢神经损伤修复的，因此有必要减少或者清除硫酸软骨素，办法之一就是补充硫酸软骨素酶（chondroitinase），在动物实验中已经证实硫酸软骨素可以促进中枢神经的损伤修复，有望开发成新一代的中枢损伤修复药物[16]。

13.2.6 胃肠道疾病的药物

幽门螺旋杆菌是目前胃肠道治疗药物开发的一个主要靶标。幽门螺旋杆菌是一种特异性的胃肠道致病源，能引起慢性胃炎、胃溃疡和胃癌。幽门螺旋杆菌感染像所有的细菌感染一样要经历细菌黏附素与宿主表面糖类物质的黏附及细菌在宿主中的移植。唾液酸、硫酸酯、硫酸乙酰肝素、岩藻糖、黏蛋白、鞘糖脂、乳糖酶基（神经）鞘氨醇、monhexyl-ceramide、鞘糖脂、磷脂酰乙醇胺、磷脂、Lews[b] 寡糖及血型抗原等多种糖类物质参与了细菌与宿主的黏附。细菌和宿主表面糖类物质的黏附于是成了抗菌的理想靶标之一。正在进行的糖组学将提供参与这一黏附的糖类物质的详细信息，将为新型的糖类胃肠道疾病治疗药物开发提供物质保证。已经上市销售和正在研发的这类多与幽门螺旋杆菌无关[17]。

多司马酯（Dosmalfate，**19**）是一种口服的细胞保护药物，用于胃、十二指肠和食管溃疡。除此之外它还可用于预防慢性服用非甾体类抗炎药引起的损伤。该药胃肠保护作用的机制复杂，其中包括前列腺素的调节和包裹作用，该药临床耐受性好。最近还发现它能抑制磺酸三硝基苯和右旋糖苷引起的结肠炎[18]。

19 多司马酯

20 Mitemicinal

因为口服细胞保护作用制剂比如 Dosmalfate 的作用机理不清楚，尽管它们疗效很好，但是没有后续药物出现。目前开发的药物以控制胃肠道伸缩运动的胃动素（motilin）为靶标，设计筛选其拮抗剂，用于胃肠道疾病的治疗。Mitemcinal（**20**）是胃动素的一拮抗剂，是红霉素 A（Erythromycin A）的衍生物。刺激胃肠蠕动本是红霉素 A 的一个副作用，这里却成了治疗作用，EM574 是另一种红霉素的类似物，也正在开发成为胃肠道疾病的治疗药物。

13.2.7 抗肿瘤药物

糖类物质对肿瘤细胞的生长、迁移、转移及细胞与细胞之间的黏附均有重要的影响，外源性糖类物质的加入可以调控体内糖类物质的作用。对肿瘤细胞的生长、迁移、转移或者细胞与细胞之间的黏附产生抑制作用的外源性糖类物质可以作为药物开发。糖类可以以多种形式用于肿瘤的预防和治疗，如用作肿瘤疫苗或者糖类免疫调节剂，当然也可以基于其他机制抗肿瘤，比如抑制血管生成、细胞毒性作用等。

13.2.7.1 疫苗类药物[19]

肿瘤细胞表面抗原包括 Tn、T、唾液酸化的 Tn（STn）5、GM2、Globo-H、GD2、GD3 等。这些抗原正被用于制备肿瘤疫苗，但是它们只能引起微弱的免疫反应。不过当将它们和载体分子如 keyhole limpet hemocyanin（KLH）连接在一起时，它们可以诱导强烈的免疫反应。免疫佐剂例如 QS-21A 也可与糖类抗原及增敏剂一起用于增强免疫响应。肿瘤相关细胞表面糖类抗原可能不限于前述几种，比如在乳腺癌、结肠癌和皮肤癌中

β-1,6-乙酰葡萄糖胺分枝的 N-聚糖、层粘连蛋白结合聚糖等。

一些基于糖类抗原的疫苗（**21～28**）现在正在开发或者已经进入临床试验，初步的结果显示前景喜人（表 13-1）。2007 年瑞士批准了世界上第一个治疗性的肿瘤疫苗 DCVax-brain，至今为止没有治疗性的糖类肿瘤疫苗被批准上市，而作为预防性的肿瘤疫苗如乙肝疫苗和人乳头瘤病毒疫苗 Gardasil 已被批准分别用于肝癌和慢性乙肝以及子宫癌的预防。

表 13-1 研究中的肿瘤糖类疫苗

疫苗	用途	临床状态
GMK(GM2 conjugate)(Progenics)	恶性黑色素瘤	Ⅲ期临床
Theratope(sTn-KLH conjugate)(Biomira)	乳腺癌	Ⅲ期临床
Globo H conjugate(Optimer)	乳腺癌	Ⅰ期临床
Globo H-KLH	前列腺癌	Ⅱ/Ⅲ期临床
Multiple vaccine treatment strategy; glycosylated MUC1-32mer, GM2, Globo H, Tn (c),TF (c) and Le^y	前列腺癌	Ⅱ期临床
Tn(c)-KLH	前列腺癌	Ⅰ期临床
L-BLP25 (Biomira): liposomal uMUC1 peptide vaccine	非小细胞肺癌	Ⅱ期临床
Fucosyl-GM1	小细胞肺癌	Ⅰ期临床
PSA-KLH, PrPSA-KLH	小细胞肺癌	Ⅰ期临床
Le^y-KLH	宫颈癌	Ⅰ期临床
GMK (GM2 KLH/QS-21 conjugate vaccine) progenic	恶性黑色素瘤	Ⅲ期临床终止
MGV (GM2/GD2 KLH QS-21 conjugate vaccine)	结肠癌、胃癌和小细胞肺癌	终止于Ⅱ期临床

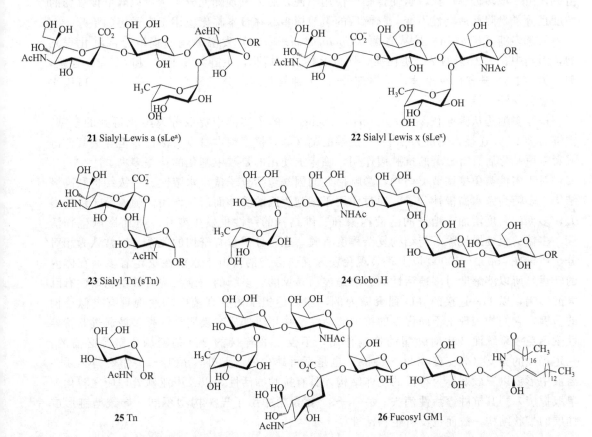

21 Sialyl Lewis a (sLe^a)　　**22** Sialyl Lewis x (sLe^x)

23 Sialyl Tn (sTn)　　**24** Globo H

25 Tn　　**26** Fucosyl GM1

27 Polysialic acid(PSA)   (n=10～50)

28 Lewis y (Le^y)

13.2.7.2 多糖免疫调节剂药物

多糖特别是 β-葡聚糖可以激活体内的免疫系统而引起肿瘤细胞的清除。多种葡聚糖已经在临床治疗中辅助用于肿瘤的治疗，包括香菇多糖、裂皱褶多糖、云芝多糖和茯苓多糖。

香菇多糖是从人工培养的伞菇科真菌 *Lentinus edodes*（Berk）的子实体中提取分离纯化得到的多糖，相对分子质量 40 万～80 万，重复结构中每 5 个 β(1-3) 连接的葡萄糖残基连接的直链上有 2 个 β(1-6) 连接的侧链，用于胃癌、直肠癌、结肠癌和乳腺癌等肿瘤的治疗，常与化学药物联合使用。香菇多糖最先由日本科学家开发使用于临床，在 2003 年中国科学院上海药物研究所方积年老师课题组突破日本专利在中国研制成功香菇多糖注射液。

裂皱褶多糖是从高等裂皱菌（*Schizophyllum commune*）中提取分离纯化得到的多糖，相对分子质量 4 万～7 万，主链为 β(1-3) 葡聚糖，侧链为 β(1-6) 连接的葡萄糖残基组成，由于该多糖黏度大，这使得临床使用不便，后来发现降低分子量可以降低该多糖的黏度且分子量降低后活性不变，降解后的裂皱褶多糖在日本临床应用于宫颈癌的治疗。

云芝多糖（Krestin）是从真菌（*Coriolus versicola*）发酵菌丝中提取分离纯化得到的，因其中含有 15% 的结合蛋白质，所以又称云芝糖肽，主链为 β(1-4) 和 β(1-3) 连接，侧链为 β(1-6) 连接的葡聚糖，蛋白部分含 17 种氨基酸，分子量为 5 万～12 万。口服用于治疗食管癌、结肠癌、乳腺癌等。

茯苓多糖是从真菌茯苓 *Poria cocos*（Schco）的子实体中提取分离纯化得到的多糖，主链为 β(1-3) 连接，侧链为 β(1-6) 连接的葡聚糖，该多糖本身没有活性，但除去其侧链或者羧甲基化后具有显著的抗肿瘤作用，临床上使用的是羧甲基化的茯苓多糖。

对于多糖类免疫调节类药物，影响活性的因素包括分子量、水溶性、一级结构和高级结构。多糖为亲水高极性分子，通过作用于细胞表面的受体而产生作用。随着分子量的增大，多糖的黏度增加，糖链的溶液构象和三维结构的刚性也发生变化，进而影响生物活性。多糖的免疫原性除了与结构复杂程度有关，也与分子量有密切的关系，通常认为相对分子质量在 45000～50000 以上是表现免疫原性所必需的。由于水溶性决定着多糖在体内的转运，所以溶解度对多糖活性的影响是显而易见的。多糖的三维结构对其生物活性有巨大的影响，以 1,3-连接的 β-D-葡聚糖为例，在多种担子菌类真菌中均发现具有类似结构的多糖，它们均表现出不同程度的抗肿瘤活性。作用机理研究表明，这类多糖通过非特异性激活免疫系统而产生对肿瘤的抑制作用，不仅 1,3-连接的 β-D-葡聚糖主链是必需的，一定程度的分支（分支度 0.20～0.33）也是不可缺少的。此外，β-(1→3)-葡聚糖必须在溶液中形成以三股螺旋为特征的立体结构才具有抗肿瘤活性，以二甲亚砜处理使之转化为单股螺旋，则其抗肿瘤活性消失。α-(1→3)-葡聚糖中由于异头构型不同，导致糖链形成伸展的带状结构，故而也没有生物活性。

13.2.7.3 寡糖、多糖及糖类衍生物

目前有多种糖类物质进入了肿瘤治疗的临床研究，有些失败了，有些仍在临床中，也有一些即将上市，下面是一些相关的个例。

GCS-100 是柑橘果胶（*Citrus* pectin）的酸降解产物，是一混合物，是半乳糖凝集素-3(galectin-3)的抑制剂，在体外可以抑制血管生成也可引起细胞凋亡。自 1999 年前后开展了治疗治疗前列腺癌、结肠癌和胰腺癌等多种癌症的临床试验研究，但在 2006 年这些实体瘤的临床试验终止，原因尚未见报道[20]。2007 年 Prospect Therapeutics 公司开始了它对慢性淋巴细胞性淋巴瘤的 Ⅰ 期临床试验，随后进入了 Ⅱ 期临床试验，预期 2009 年结束，同时也分别开始了它对多发性骨髓瘤、难治或复发的弥散性大 B 细胞淋巴瘤的 Ⅰ 期、Ⅰ/Ⅱ 期临床研究。

DAVANAT 是美国 Pro-pharmaceutical 公司开发的一（半乳糖）凝集素靶向的半乳甘露聚糖多糖制剂，可以影响肿瘤细胞的生存、肿瘤血管生成和肿瘤侵袭。已开展它与 5-氟尿嘧啶（通用名氟尿嘧啶）或者 Avastin 等联合用于晚期结肠癌等多种癌症的临床试验研究。它与 5-氟尿嘧啶联合治疗晚期结肠癌已完成了 Ⅱ 期临床试验，并通过 FDA 审查，公司已于 2006 年 3 月在西欧开始 Ⅲ 期临床试验[23]。

PI-88（**29**）是一从酵母里提取分离纯化得到的甘露多糖经降解和硫酸化的产物，是报道的第一个乙酰肝素酶抑制剂，同时也是血管生成抑制剂，由澳大利亚 Progen 制药公司开发。现已开展了黑色素瘤、非小细胞肺癌、前列腺癌和术后肝癌等多种肿瘤的 Ⅰ/Ⅱ 期临床试验研究。试验结果显示该化合物的成药前景良好，但是该化合物能引起血小板出血，这会限制它在临床中的使用[21]。

29 PI-88, $n=0\sim4$, R=SO$_3$Na 或 H, R^1=PO$_3$Na$_2$

30 ZP103

CM101 和 DS-4152 是两个临床试验失败的糖类抗肿瘤药物。CM101 是一从 B 型链球菌中分离纯化得到的一种细菌多糖，结构不是很明确。它能够抑制病理性的血管生成，比如它可抑制损伤修复中病理性血管生成而不影响正常的损伤修复，当然它也可抑制肿瘤血管生成，进而抑制肿瘤生长。它对血管生成的抑制与 bFGF、TNFa、TGFβ 和 PDGF 相关。它的临床治疗效果可以用病人可溶性的选凝素的含量来定量。它作为肿瘤血管生成抑制剂已经完成了 Ⅰ 期临床试验，但是目前未见有后续的研究报道。DS-4152 是另一种天然来源的硫酸化的多糖类血管生成抑制剂。它是日本科学家从一株节杆菌属细菌中分离纯化的 D-葡萄糖-D-半乳聚糖，也叫作 Tecogalan sodium。可以抑制血管内皮细胞的生长、也可以抑制 bFGF 和 VEGF 单独或者联合使用诱导的血管内皮细胞生长、迁移和管腔形成。在体内它也能抑制血管生成，当然也抑制肿瘤生长。它进行了肿瘤治疗的 Ⅰ 期临床试验，但是其肿瘤治疗用途没有后续的研究报道。

唾液酸化的 x 型路易斯酸寡糖（sLe^x）与肿瘤细胞的侵袭密不可分，它通过介导肿瘤细胞与细胞外基质和其他细胞的黏附而促进肿瘤细胞的侵袭，ZP103（**30**）是 Zacharon 制药公司筛选得到的可以抑制参与合成 sLe^x 的糖基转移酶活性的糖苷，目前 Zacharon 正

在进行相关的开发研究[22]。

13.2.8　糖类相关遗传病治疗药物[23～26]

先天性糖代谢异常是一种罕见的遗传病，它由体内负责糖基化修饰的糖基转移酶功能异常引起，基于"损有余，补不足"的思想，这种疾病一般采用体外给予相应的酶制剂以补充体内糖类物质代谢之需，比如 Gaucher's 和 Farby's 疾病的治疗。

Gaucher's 病是由于患者先天性地出现葡糖脑苷脂酶（glucocerebrosidase）功能的缺失而导致患者脾、肝、肺和骨髓当中葡糖脑苷脂/葡糖苷（脂）酰鞘氨醇（glucocerebroside/glucosylceramide）的蓄积，葡糖苷（脂）酰鞘氨醇蓄积引起 Gaucher's 病，Imiglucerase 是一重组的 glucocerebrosidase，在临床中用于Ⅰ型 Gaucher's 病的治疗，且疗效显著，但是治疗的花费过高。Gaucher's 病也可以用减少底物的方法治疗，减少底物可以通过抑制底物合成酶活性来实现，葡糖脑苷脂酶的底物是葡糖脑苷脂/葡糖苷（脂）酰鞘氨醇，由葡糖脑苷脂/葡糖苷（脂）酰鞘氨醇合成酶合成，D-葡萄糖衍生物 N-Butyl-deoxynojirimycin（**31**）是葡糖苷（脂）酰鞘氨醇合成酶的一个抑制剂，目前在临床中用于Ⅰ型和Ⅲ型 Gaucher's 病、C 型 Niemann-Pick 症及家族性黑蒙痴呆症（迟发性 Tay Sach 病）。

31 N-Butyl-deoxynojirimycin

Farby's 病由于患者体内溶酶体酶 α-galactosidase 的遗传性功能缺失引起，该酶的缺失引起神经酰胺三己糖苷（globotriaosylceramide，Gb3）在肾、心脏、神经系统和血液中的蓄积。Agalsidase alfa 是一重组 α-galactosidase，病人可以在家每两周静脉灌注 40min 用于治疗 Farby's 病。

黏多糖储积症（Mucopolysaccharidosis，MPS）是另一类糖苷酶先天性的糖代谢缺陷疾病，目前已发现不下六种这类疾病，其中Ⅰ型和Ⅱ型分别由 α-艾杜糖苷酶和艾杜糖 2-硫酸脱脂酶的异常而引起，α-艾杜糖苷酶和艾杜糖 2-硫酸脱脂酶已经可以体外重组制备，现二者已开始分别用于临床治疗Ⅰ型和Ⅱ型黏多糖储积症。

临床中应用、临床研究及临床前研究中的糖类药物参见表 13-2～表 13-4。

表 13-2　临床中应用的部分糖类药物

通用名（商用名）	用途	公司	批准国家及时间
Acarbose(Precose,Glucobay,Prandase)	糖尿病	拜耳制药	美国,1995
Voglibose(Basen,Glustat,AO-128)	糖尿病	雅培制药和武田制药	日本,1994
Miglitol(Glyset,Bay m 1099)	糖尿病	拜耳制药	美国,1996
Dolsamate(Flavalfate,F3616M)	胃肠道溃疡	Faes	西班牙,2000
Topiramate(Topamax)	抗痉挛	Ortho-McNeil	美国,1996
Topiramate(Topamax)	抗癫痫	强生制药	美国,1999
Arbekacin(Habekacin)	抗菌	Meiji Seika	日本,1997
Zanamivir(Relenza GG167)	抗病毒	葛兰素-史克	美国,1999
Oseltamivir(Tamiflu)	抗病毒	Hoffmann-La Roche,Gilead	美国,1999
Pneumococcal(Heptavalent Vaccine,Prevnar)	结合疫苗	惠氏	美国,2000
Haemophilus b(ActHIB,OmniHIB)	结合疫苗	史克必成,Pasteur Merieux	法国,1996
Typhois Vi(Typhim Vi)	结合疫苗	Pasteur Merieux	美国,1995
Drotrecogin alfa	败血症	礼来	美国,2001

续表

通用名(商用名)	用途	公司	批准国家及时间
Reviparin	抗血栓	Knoll GmbH (Abbott)	德国,1993 法国,1995 英国和爱尔兰,1999 其他 16 国,2001
Dalteparin(Fragmin)	抗凝,抗血栓	Pharmacia Upjohn	美国,2000
Enoxaparin(Lovenox)	抗凝,抗血栓	安万提斯	美国,1998
Nadroparine(Fraxiparine)	抗凝,抗血栓	Sanofi-synthelabo	法国,1998
Ardeparin(Normiflo)	抗凝,抗血栓	Organon	美国,2000
Danaparoid(Orgaran)	抗凝,抗血栓	Organon	美国,2000
Fondaparinux(Arixtra)	抗凝,抗血栓	Organon, Sanofi-synthelabo	美国,2001
Hyaluronic acid(Orthovisc)	黏弹性补充剂	Anlka, Zimmer Europe	欧洲和加拿大,1998
Imiglucerase(Cerezyme)	Gaucher's 综合征	Genzymer	美国,1994
Agalsidase alfa(Replaga)	Fabry's 综合征	Transkaryotic Therapies	欧洲,2001
N-Butyl-deoxynojirimycin(Miglustat)	I/III 型 Gaucher's 综合征,C 型 Niemann-Pick 病,迟发性 Tay Sach 病	Acetelion	美国,2003 欧洲,2006
Alpha-L-iduronidase(Aldurazyme)	I 型黏多糖病	BioMarin, Genzyme	美国,2003
Naglazyme(Galsulfase)	VI 型黏多糖病	BioMarin	美国,2005 日本,2008
Lentinan	胃癌	中国科学院上海药物研究所	中国,2003

表 13-3 临床研究中的糖类药物

通用名(编码)	用途	公司	研发状态
Mitemcinal(GM-11)	胃轻瘫;胃食管回流	Chuai	II 期临床
EM-574	慢性胃食管回流	武田,Kitazato	II 期临床
Sygen(GM-1)	帕金森综合征,脊髓损伤	Fidia	II 期临床
Everninomicin(Ziracin SCH 27899)	抗生素	Schering-Plough	终止于 II 期临床
NE-1530	小儿耳朵感染	Neose	终止于 II 期临床
NE-0080	幽门螺杆菌	Neose	终止于 I 期临床
Synsorb Pk	E. coli O157: H7 溶血性尿毒综合征	Synsorb	终止于 III 期临床
Synsorb Cd	C. Difficile 相关痢疾	Synsorb	终止于 III 期临床
Peramivir (RWJ-270201)	抗病毒	强生 Biocryst	已终止
SC48334 (N-Butyl-deoxynojirimycin)	艾滋病/ARC	Searle	终止于 II 期临床
Celgosivir (MDL-28574, DRG-0202)	艾滋病	安万提斯	终止于 II 期临床
E. Coli O157 Vaccine	大肠杆菌 O157	NICHHD	I 期临床
Deligoparin (OP2000)	抗血栓,炎症性肠病	Opocrin, Incara, Elan	III 期临床
Cylexin	再灌注损伤	Cytel	终止于 II 期临床
rPSGL-Ig, PSGL-1	侵袭性的结肠癌和乳腺癌	惠氏	终止于 II 期临床
PI-88	黑色素瘤等多种恶性肿瘤	Progen, Medigen	II 期临床
GCS 100 (GBC-590)	多发性骨髓瘤慢性淋巴球性白血病	Prospect Therapeutics, Inc.	I/II 期临床
GD0039	肾癌、结肠癌和乳腺癌	GlycoDesign	II 期临床

表 13-4　临床前研究中的糖类药物

通用名(编码)	用途	作用机制	研发机构
DYN 12	糖尿病	Amadorase/fructoseamine-3-kinase 抑制剂	Dynamis Therapeutics
Vancomycin analoges	抗菌	抑制细胞壁合成	普林斯顿大学
Olivomycin A	抗菌,抗肿瘤	DNA 窄沟结合	密歇根大学
S. Aureus vaccine, (NSG, poly-N-succinyl-β-1-6 glucosamine)	抗菌	疫苗	哈佛医学院,NIAID
Polysialic acid,nppoly SA,KLH,QS-21	脑膜炎,癌症	疫苗	纪念斯隆-凯特琳癌症中心
N-nonyl Deoxynojirimycin(NN-DNJ)	抗病毒	抑制糖蛋白 IgX 的折叠,肝炎	牛津大学
Tn MBR1 Lewis Y KLH	抗肿瘤	多抗原单分子疫苗	纪念斯隆-凯特琳癌症中心
Galactopyranosyl-α-D-mannopyranoside	抗炎	白细胞移动	加州大学圣迭戈分校
Lewis y epitope	抗肿瘤	Lewis y 抗原积聚疫苗	纪念斯隆-凯特琳癌症中心
β-1,6-GlcNAc-branched N-glycan	抗肿瘤	干预乙酰葡萄糖转移酶功能	多伦多大学
ManLev	抗肿瘤	毒素或者免疫识别	Glyco Design UC Berkeley

13.3　寡核苷酸类药物

核酸作为生命体的遗传物质，在生物体的生命活动中起着决定性的作用。由于核酸是一切生物功能的决定者，因而通过核酸类药物干预或者修正一些疾病靶标就成为治疗的重要手段之一。癌症和病毒感染都可以说是由基因的突变或者外源基因的入侵导致的（癌症也是一种赘生物），因而核酸类药物的治疗主要用于这两个领域。

50 多年前核碱基类似物 5-氟尿嘧啶（5-FU）用于癌症的化疗。至今 5-FU 及其前体药物还是作为最重要的抗癌药物之一广泛用于临床。而今，随着一些新的核酸技术不断的出现，越来越多的核酸类药物被开发和批准在临床上使用，伴随着基因工程技术的出现促进了基因治疗以及 DNA 疫苗的发展。根据作用的机理和方式不同，核酸类药物主要分为以下三类：①核苷以及核苷酸类似物（nucleoside and nucleotide analogues，NNAs）；②寡核苷酸类药物；③多聚核苷酸类似物。本节将集中对近来经常应用的抗癌和抗病毒领域的寡核苷酸类药物进行描述。

寡核苷酸类药物（oligonucleotide therapeutics）由短的经过修饰的或者未修饰的寡核苷酸片段组成，并且主要通过干扰基因信息的传递来达到治疗疾病的目的。寡核苷酸类药物主要包括：①三链形成寡脱氧核苷酸（triplex-forming oligodeoxyribonucleotides，TFOs）阻断基因转录；②催化活性的寡核苷酸（catalytic oligonucleotides）（核酶以及脱氧核酶）以及反义寡核苷酸（ASO）抑制 mRNA 的翻译；③CpG 寡脱氧核苷酸（CpG-ODNs）刺激免疫系统；④小干扰 RNA（siRNA）抑制翻译；⑤RNA 以及 DNA 配体（Aptamers）抑制蛋白的功能。

13.3.1　三链形成寡脱氧核苷酸

三链结构的核酸第一次被报道是在 1957 年。10 年后，三链结构的生物学功能才第一次被发现。TFOs 通过结合序列特异性的 DNA 片段，进而抑制细胞内调节蛋白同 DNA

的结合，DNA 的复制，转录以及特定位点的 DNA 损伤。因此 TFOs 是在基因组 DNA 水平上调控细胞的功能（抗基因技术）。但是由于目前仅在人以及啮齿类动物的 37 个基因中发现了能结合 TFO 的序列，所以限制了 TFO 的应用[27]。

13.3.2 催化活性的寡核苷酸

核酶（ribozyme）是具有催化活性的寡核苷酸 RNA，不仅能催化 RNA 的断裂、连接，还能催化小分子化合物的聚合反应。核酶不依赖于宿主细胞内的其他分子的帮助就能降解靶 mRNA。因此，核酶有希望成为一种删除有害基因的工具。核酶是 1987 年 Cech 等人在嗜热四膜虫中首先被发现的，理论上来说，生物体的任何 RNA 都可以通过设计识别序列特异的核酶加以清除，因而，核酶作为一种工具很快被应用到沉默病毒基因、控制病毒繁殖上面。病毒基因组的调控序列非常保守，这些序列成为很好的核酶靶标[28]。但由于脱氧核酶具有吸收效率低以及在体内易被核酸酶降解等缺点而限制了其作为药物的应用，迄今还没有 DNAzyme 进行临床研究的报道。

13.3.3 反义寡核苷酸

反义寡核苷酸（anti-sense oligonucleotides，ASOs）是一种同目的基因 mRNA 互补的单链脱氧寡核苷酸（一般为 20 bp 左右）。通过同目的 mRNA 形成沃森-克里克碱基对进行杂交进而抑制基因的表达。目前 ASO 不仅是通过沉默来研究基因功能以及靶标确认的工具，而且也已经成为了一些因基因表达失调导致疾病的新的治疗手段。ASO 通过内吞方式进入细胞后主要通过以下几种方式抑制目的基因的蛋白表达：①细胞质中，形成 ASO-mRNA 杂合体，诱导 RNase H 对杂合体中的靶 mRNA 特异性的降解；②干扰核糖体同 mRNA 的结合；③细胞核中，抑制 pre-mRNA 的剪辑和修饰以及激活 RNase H（图 13-1）。

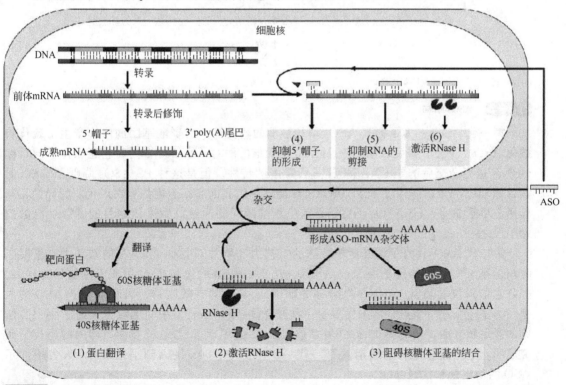

图 13-1　ASOs 作用机理

未经修饰的 ASO 能迅速被体液中的核酸酶降解，同时带负电荷的性质又使得 ASO 不能渗透跨过细胞膜进入胞内。因此发展了各种化学修饰方法用于增强 ASO 对核酸酶的耐受性，延长它在组织中半衰期，增加 ASO 对靶向序列的亲和力以及降低非序列特异性结合引起的毒性。由此 ASO 的发展经历了三个阶段[29]（图 13-2）。

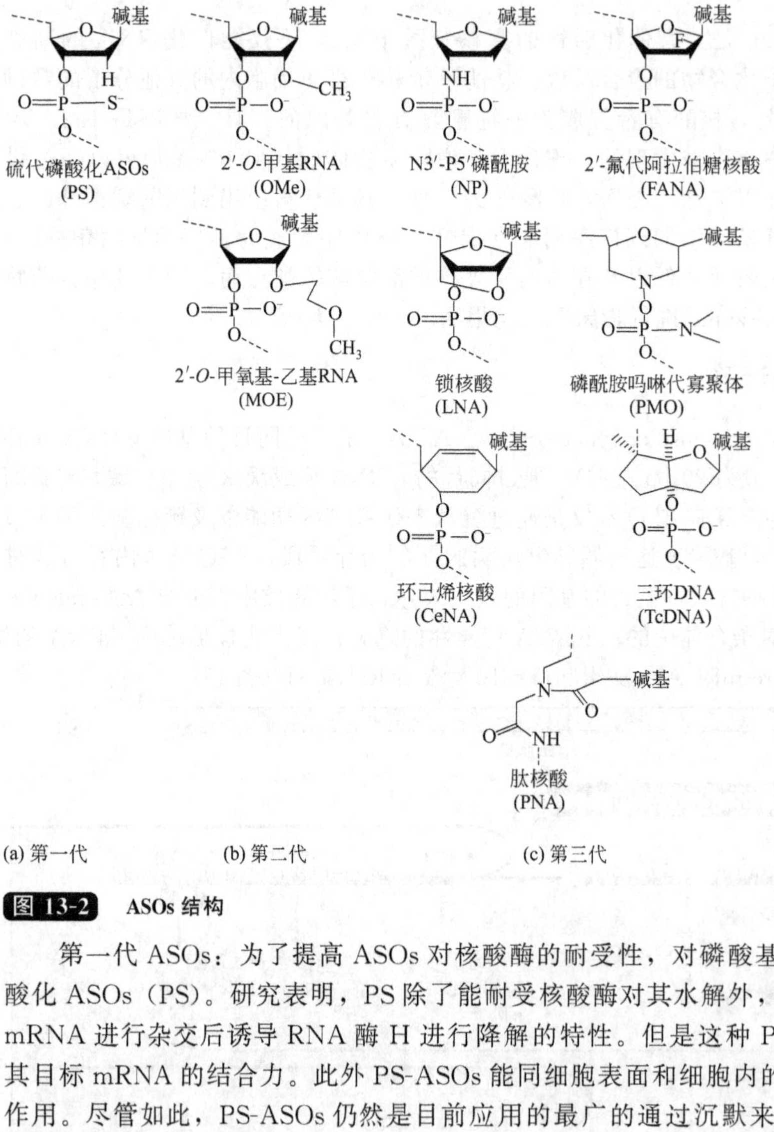

(a) 第一代　　　　　(b) 第二代　　　　　(c) 第三代

图 13-2　ASOs 结构

第一代 ASOs：为了提高 ASOs 对核酸酶的耐受性，对磷酸基团的修饰产生了硫代磷酸化 ASOs（PS）。研究表明，PS 除了能耐受核酸酶对其水解外，同时它还保持了同目标 mRNA 进行杂交后诱导 RNA 酶 H 进行降解的特性。但是这种 PS-ASOs 降低了 ASO 对其目标 mRNA 的结合力。此外 PS-ASOs 能同细胞表面和细胞内的蛋白产生非特异性相互作用。尽管如此，PS-ASOs 仍然是目前应用的最广的通过沉默来研究目的基因功能的技术手段之一。

第二代 ASOs：为了增强对核酸酶的抵抗力和增加对目标 mRNA 的亲和力，发展了对核糖基 2′位进行修饰的第二代 ASOs。以 2′-O-甲基取代和 2′-O-甲氧乙基取代为代表。但是它们形成的 ASO-mRNA 杂合体并非 RNase H 的有效底物，因而减弱了 ASO 的效率。为了克服这一缺点，后来发展了一种嵌合体"gapmer"，中间区域为大约 10 个 PS 修饰的脱氧核苷酸，两侧再加 2′-O-甲基取代和 2′-O-甲氧基-乙基核苷酸。体内的药代学研究表明，这种嵌合体的半衰期从第一代 ASO 的 40~60h 提高到了约 30d，大大增加了 ASO 的稳定性和代谢性能。

第三代 ASOs：为了增强对靶点的亲和性，对核酸的耐受性，生物活性以及药物动力学，通过化学修饰核苷酸的呋喃糖五元环产生了第三代 ASOs。其中肽核酸（peptide nucleic acid，PNA）、锁核酸（locked nucleic acid，LNA）、磷酰胺化的吗啉代寡聚体（phosphoroamite morpholino，PMO）研究得最多[30]。

PNA 是合成的 DNA 类似物，其磷酸二酯骨架被柔软的伪肽多聚物 [N-(2-胺乙基)甘氨酸] 所代替，并且通过亚甲基羰基和碱基相连。PNA 是非带电的核苷酸类似物，体液中具有很高的生物稳定性，还能主要通过与 mRNA 形成序列特异的二聚体从而阻止核糖体对 mRNA 进行的蛋白翻译而并非诱导 RNase H 的降解，因为它并非 RNase H 的底物。大量的数据表明 PNA 在体外模型上能有效产生基因沉默，但是在体内的效果仍然需要研究。

LNA 是在一种构象上受限制的核苷酸。在 β-D-核酸呋喃糖上包含一个 $2'$-O, $4'$-C-亚甲基桥。这种修饰大大增加了它与目标 mRNA 和 DNA 的杂交亲和能力。LNA 能抵抗核酸酶的降解。在 9 个 LNA 分子家族当中，α-L-LNA 是 β-D-LNA 的立体异构体，研究发现，它不管在体内体外都具有最高的 mRNA 敲除活性，使得它成为其中前景最好的 LNA 之一。PMO 代表着一类非电荷的 ASO 试剂，它们的核糖被六元吗啡环取代，其磷酸二酯键被磷酸酰胺键取代。如同其他的 $2'$-O 修饰的 ASO，PMO 也不具有 RNases H 活性，它的 ASO 作用主要也是依靠对核糖体的立体阻碍，导致翻译受阻。这种修饰的 ASO 在体内也具有很好的核酸酶和蛋白质酶的耐受力。PMO 很难吸收进入哺乳动物细胞内，但是最近发现多精氨酸肽（ARP）偶合 PMO 能大大增加细胞的吸收。PMO 的活性已在动物模型的体内实验和人临床试验中得到证实。

目前上市 PS-ASOs 药物 Fomivirsen（ISIS-2922，Vitravene）是由 Isis 公司在 1998 年开发上市的第一个 PS-ASO 药物，用于治疗 AIDS 病患者继发感染 CMV 引起的视网膜炎。Fomivirsen 寡核苷酸序列能够与巨细胞病毒 IE2（immediate-early region 2）基因的 mRNA 互补结合，使 IE2 不能翻译成蛋白质。IE2 编码一类重要的调控蛋白，这些蛋白能够调控病毒复制基因的表达。因此 Fomivirsen 有抑制病毒复制的作用[70]。Genasense（Oblimersen sodium；G-3139）由 Genta 公司开发，主要用于治疗慢性淋巴细胞白血病，它能抑制 Bcl-2 的表达，增加病人对化疗的敏感性[31]。最近可能就要获批准上市。第一个 ASO 药物 Fomivirsen 成功上市是反义技术的重要里程碑，他表明反义技术药物能有效地用于疾病的治疗。现在又有越来越多的 ASOs 进入临床试验（主要是第一代 ASO 药物），用于治疗癌症、病毒感染、自身免疫紊乱以及过敏性哮喘等疾病。

ASOs 的局限性：几乎所有的 ASOs 都只能依靠吸附内吞的方式进入细胞，所以效率非常低。可以引起暂时性补体激活以及抗凝血反应，还具有一定的与序列有关的免疫刺激亚慢性毒性。同时进入细胞后的 ASOs 一般要 24~48h 候才能起效，这限制了它们在治疗一些诸如败血症以及心血管疾病等急症上的应用。

随着更好的理解 ASO 的设计、化学修饰、给药方式以及人类药代动力学和代谢模式，在临床前和临床试验中针对多种肿瘤检验大量的 ASO 候选物，ASOs 将有可能成为主要的癌症治疗方法。

13.3.4 富含 CpG 寡脱氧核苷酸

富含 CpG 寡脱氧核苷酸（CpG-ODNs）是一种至少 10nt 长包含未甲基化 CpG 基序的具有免疫刺激能力的单链寡脱氧核苷酸 TLR-9 激动剂。根据其结构以及引起的免疫刺激反应的不同，主要分为 A，B，C 三类。研究表明 CpG-ODNs 通过结合模式识别受体 TLR-9 而刺激免疫反应，一般的激活组成型表达 TLR-9 受体的 B 细胞以及树突细胞。目前 CpG-ODNs 已经被作为治疗性核苷酸正在开发用于癌症，感染性疾病，哮喘等疾病的治疗[31]。

13.3.5　小干扰 RNA

RNA 干扰（RNAi）是自然界中存在的一种转录后基因沉默现象，于 1998 年由 Fire 等人在线虫中第一次发现。长双链 RNA 在 Dicer 酶的切割下生成 21~23nt 的短核酸片段。这些短片段小干扰 RNA（siRNA）与靶 mRNA 互补结合，并与其他蛋白形成 RNA 诱导的沉默复合物（RISC），从而降解靶 mRNA。SiRNA 的发现，提供了一种简单快速有效的体外、体内研究靶向基因功能的基因沉默手段，并且为疾病的治疗提供了新的方向。Alnylam 公司研发的 ALN-RSV01 正在进行治疗呼吸道合胞病毒（RSV）感染的 II 期临床试验。Sirna Therapeutics 公司的候选药物 AGN-211745（AGN-745）已经进入临床 II 期试验阶段。该药物靶向 VEGFR-1，破坏其 mRNA，从而关闭了由 VEGF 信号通路引起病理性的血管生成，用于治疗与年龄相关的退行性黄斑为病变（AMD）[32]。而另一个 siRNA 化合物 Bevasiranib（Cand5）由 Opko Health 公司（合并前叫 Acuity Pharmaceuticals 公司）开发，通过靶向干扰 VEGF 用于治疗湿性黄斑病变（AMD)[33]。目前正在进行临床 III 期试验。

13.3.6　核酸配体

核酸配体（aptamer）也称作诱饵（decoy）或化合物抗体（chemical antibody），是一种短的（<100nt）、单链的 DNA 或者 RNA 寡核苷酸片段，通过折叠形成特异的球形结构从而互补识别和结合到靶标上。也是因为这一特点将 aptamer 与其他寡核苷酸类药物区别开来。大多数的传统意义上的治疗性的寡核苷酸通过破坏靶 mRNA 来破坏靶基因的翻译。Aptamer 却直接与靶蛋白结合，调控该蛋白的功能，主要作用机制有以下几个[34]：①aptamer 结合到目标蛋白的活性位点上抑制该蛋白的活性；②干扰目标蛋白和其他蛋白、DNA 或者受体的相互作用；③结合多亚基蛋白的一个结构域而抑制其功能。

用天然的核酸 aptamer 来调节蛋白功能的想法始于对病毒和宿主的相互作用的研究。20 世纪 80 年代，在对腺病毒和 HIV 的研究中，研究者发现这些病毒能通过编码一些小结构 RNAs，结合病毒或者宿主细胞的蛋白从而调节一些对病毒复制必需蛋白的活性而抑制细胞抗病毒蛋白的活性。这些现象表明，天然 RNA 配体都可能具有同蛋白相互作用的功能并可能用于治疗药物。

自从 aptamer 的概念从 1990 年引入至今，aptamer 已经在靶标验证、药物发现、蛋白筛选、疾病诊断、药物输送等诸多领域显示了无比的优越性，如 aptamer 可以作为抗体的替代品，共价结合荧光标记的 aptamer 就可以作为分子信标探针或生物传感器使用，还可作为一种亲和配基将靶标从复杂的混合物中分离出来[35]。

Aptamer 的另外一个潜在的用途就是可以作为一种核酸药物来治疗疾病，因为特异性的 aptamer 可以结合到靶蛋白上而抑制其功能。虽然 aptamer 也是寡核苷酸，但不同于一般的 siRNA、ASO 等寡核苷酸药物，aptamer 寡核苷酸并不需要吸收进入细胞通过基因沉默来发挥作用，而是可以直接靶向细胞外的蛋白或者整个细胞，这样就避免了寡核苷酸类药物难以跨膜吸收的弊端。同时，aptamer 也能够通过化学修饰提高对核酸酶的稳定性以延长在体内的停留时间，并且也不会像 siRNA 和 ASO 那样由于 CpG 基序的存在而产生免疫原性。目前被用于筛选 aptamer 的靶点包扩：膜受体蛋白、激素、神经肽、凝血因子等。同时也通过转染质粒在细胞内表达 aptamer（intramer），通过结合细胞内的靶标分子，进而干扰信号转导级联反应。

对于 aptamer 作为治疗药物使用，一个非常优越的特点是：由于经过 SELEX 方法筛选出的 aptamer 对靶点具有非常高的结合能力，aptamer 能够专一结合同一蛋白家族的某一亚型而不干扰其他亚型的功能。目前已有一种 aptamer 药物 Pegaptanib（Macugen）上市用于治疗老年性黄斑病变（AMD）。虽然 Pegaptanib 既不是抗癌也不是抗病毒药物，但它的上市成为了 aptamer 的重要里程碑。同时 Pegaptanib 的开发过程可以给此类药物的开发提供一个典型的案例。Pegaptanib 是利用 $VEGF_{165}$ 靶点利用 RNA 随机库通过 SELEX 筛选得到的候选化合物在 1994 年就已经获得，当筛选到的寡核苷酸片段进入候选药物的阶段时，一些后续的加工过程就成为必要，首先是引入 $2'$-F-取代的嘧啶以增加其稳定性和对靶点的结合能力，对两端聚合脱氧胸苷的硫代磷酸化使 Pegaptanib 在尿液中的半衰期由 1.4h 延长到 17h。再将其中的嘌呤 $2'$ 甲氧化，半衰期延长到 131h。而通过 PEG 化修饰则进一步增加了其同靶点的结合力，同时延长了在组织内的停留时间以及延长了肾脏对其的排除时间，从而在 Miles assay 动物模型评价抗血管生成效果上，抑制率从 48% 提高到了 83%[36]。

寡核苷酸与脂质分子结合而成的跨膜系统目前为止是最好的选择，最近实验显示，siRNA 与低密度脂蛋白（LDL）共价结合，主要被输送到肝脏，而与高密度脂蛋白（HDL）结合，主要被输送到肝脏、肾脏和小肠等器官中，因此与不同的脂质载体结合，可以将寡核苷酸运送到不同的目的器官。Milani 等人使用磷脂来运送寡核苷酸，因为使用阳性脂质分子能与血液中带负电的血清蛋白结合而具有毒性作用。总之，许多的制药公司因为没有找到很好的 Aptamer 输送系统而对其敬而远之，但仍需知道 aptamer 还能与胞外的靶标作用，这与其他寡核苷酸技术有显著的不同。

13.4 糖化学

糖类又称为碳水化合物，是结构上具有鲜明特点的一类生物分子。单糖是多羟基的醛或酮，故而可分为醛糖（aldose）和酮糖（ketose），按碳原子的数目可分为戊糖（pentose）、己糖（hexose）等。单糖之间通过糖苷键连接形成糖聚合物，即寡糖或多糖。广义的糖类包括单糖、寡糖、多糖及由它们形成的衍生物，如糖醇、糖醛酸、脱氧糖、氨基糖、硫代糖等。糖类和蛋白质或脂类形成的共价结合物叫糖缀合物或糖复合物。

在生物体内的糖缀合物中，具有生物活性的寡糖通常含量很少，通过分离纯化的方法难以获得足够量以进行生物学研究，故而，寡糖的合成成为糖化学家必须解决的问题，如结构明确的肝素寡糖片段[37]、各种选择素的配基或拮抗剂[38]。

现有寡糖合成研究大多是在各种液相条件下进行，由于糖基中的各个羟基在反应活性上相差不大，为了达到化学选择性、位置选择性和立体选择性的要求，要借助于各种保护基，所以选择合适的保护基是糖合成的首先要考虑的问题。寡糖合成的关键是糖苷键的形成，糖供体的异头羟基则要进行活化，以利于糖苷键的形成。活化的方式通常是引入一个易于离去的取代基，常用的取代基为卤基、硫苷、亚磷酸酯、三氯乙酰亚胺酯等。寡糖的一釜式合成是寡糖液相自动化合成的一种尝试，应用程序选择适当反应活性的合成块按顺序加至反应器中[39,40]。用生物信息学研究了哺乳动物中寡糖的连接方式，发现自然界只是利用所有可能连接方式中的一小部分[41]，只需要 36 种合成块就能构建 75% 的已知哺乳动物寡糖。Seeberger 等按照多肽和核苷酸类似的方法，对寡糖进行了基于固相合成的自动化研究[42]。

利用专一性的酶催化进行糖合成具有巨大的优势，目前可以利用的酶有两类，一类是糖苷酶，第二类是糖基转移酶（glycotransferase）[43]。糖苷酶在体内的生物活性主要是促进糖苷键的水解，但在供体糖基高浓度的条件下，也能催化逆向的糖苷键形成的反应，该方法的主要缺点是逆向转化的反应率低。利用突变技术改变酶的活性中心的结构，增强糖苷酶的糖基转移活性，减少糖苷键水解活性，这样形成的工程化酶称为糖合成酶（glycosynthase）[44]。糖基转移酶催化糖链形成具有选择性强，产率高的优点，但其反应底物必须是单糖的活性前体，即各种核苷化的单糖。目前已有将糖基核苷循环再生的系统，为寡糖的酶法合成带来了新的突破[45]。使用基因工程化的细胞，比如酵母，进行 N-糖基化蛋白质的生产具有重要的应用价值[46,47]，有望用于产生通常哺乳动物细胞无法获得的一些修饰的糖化合物。

13.4.1 糖类天然产物的提取、分离和纯化

水是常用于糖类提取的溶剂。此外，糖类的提取可使用一些非质子性溶剂，如二甲亚砜、甲酰胺等。不同浓度的碱溶液也经常用于多糖提取，特别是对难以被水提取的 β-(1→4)-木聚糖和 β-(1→4)-甘露聚糖等半纤维素类的多糖。为了获得生物材料中不同类型的多糖，通常要采用不同的溶剂进行分步提取。

用于糖类分离的技术主要有溶剂分级沉淀、各种色谱（层析）法、膜分离法（透析、超滤）、电泳等方法。

溶剂沉淀法是向糖的溶液中加入可互溶的不能溶解糖的溶剂，使糖类逐渐沉淀出来。甲醇、乙醇或丙酮是常用的沉淀溶剂。通过控制加入溶剂的量可以选择性地沉淀某些糖类，通常糖的分子量越大，越容易被沉淀出来，所以采用分级加入不能溶解糖的溶剂的方法时，先沉淀的是大分子量的多糖，然后是小分子多糖，最后是寡糖和单糖。通过这种方法可以实现对不同分子量的糖类进行初步分级。

膜分离指以选择性透过膜为分离介质，利用膜两侧的压差、浓度差使某种组分选择性通过，从而达到分离的目的。早期使用的主要是再生纤维素或醋酸纤维素膜，目前使用的膜分离材料则以合成高分子为主，如聚砜膜、聚丙烯腈膜等。透析用于将多糖与寡糖、单糖及小分子杂质分离，它利用不同孔径的半透膜在浓度差驱动下使小分子透出去，而大分子多糖被截留于透析袋内。超滤与透析法类似，也是一种膜分离操作，其优点不仅在于可选择不同规格的滤膜达到按分子量初步分离的目的，还通过加压操作使溶液得以浓缩。

色谱技术广泛应用于各种大分子及小分子的分离纯化，依照分离的机理或使用的固定相类型可将色谱法分为多种类型。在糖类的分离中色谱法也具有非常重要的作用，从早期的纸色谱、活性炭吸附色谱到现代的高效阴离子交换-脉冲安培法检测（HPAEC-PAD）、高效反相离子对色谱（HPRIP）方法，都已应用于糖类的分离纯化。吸附色谱主要用于寡糖的分离，通常使用活性炭、纤维素作为固定相。离子交换色谱根据糖类的电荷属性进行分离，凝胶过滤色谱则根据分子量大小导致的保留性能差异进行分离。糖链与其他分子的可逆性专一性非共价结合是进行糖类亲和色谱的基础，最常应用的是糖与凝集素之间的作用，从原理上来看，大分子间的任何非共价相互作用都可以作为亲和色谱的基础，如木葡聚糖在纤维素柱上的作用源于二者相同主链间的作用，也可作为亲和分离的基础。

电泳法很早就应用于糖类的研究中，经典的方法有醋酸纤维素膜电泳、聚丙烯酰胺电泳，主要用于纯度的鉴定。由于糖类分子，特别是多糖类，具有多分散性的特点，使它们在电泳时呈现一个宽泛的区带，分离效果较差，另外糖类缺乏紫外吸收也使其在电泳法检测中遇到困难。Linhardt 用梯度胶进行了不同聚合度的肝素片段的分离，使用 Alcian 蓝

进行显色[48]，取得较好的分离效果。近年来毛细管电泳（CE）技术的发展给糖的电泳分离带来了生机，CE 具有很好的分离效果，检测上辅以荧光标记技术，大大提高了检测灵敏度，从而使该技术可应用于糖复合物中糖链的分离及定量[49]。

13.4.2 糖类药物分析

13.4.2.1 糖类药物的含量测定

天然的糖类化合物大多没有紫外吸收、荧光等易于检测的特征，所以在含量测定、结构分析中存在较大的困难。目前用于糖的含量测定的经典方法是各种比色测定法，如经常应用于中性糖测定的硫酸-苯酚法，用于糖醛酸测定的间苯基苯酚法或卡唑法。另一类方法是基于糖的还原端醛基各种反应，如用于还原糖测定的 3,5-二硝基水杨酸比色法、Somogyi-Nelson 法，用于氨基糖测定的 Elson-Morgan 法。

各种色谱方法在糖的鉴定和含量测定中发挥着越来越重要的作用，如气相色谱（GC）、高效液相色谱（HPLC）。GC 主要用于单糖的测定，由于糖类属于极性非挥发性分子，进行 GC 分析前必须转化为各种可挥发的衍生物，常用的衍生物有糖醇乙酸酯、糖腈乙酸酯等。用于单糖和寡糖分析的 HPLC 通常是以键合氨基的硅胶柱进行的，以示差法进行检测。为了解决示差法检测灵敏度低，不能使用梯度洗脱的缺点，出现了各种柱前或柱后进行衍生化的方法，使糖类可用紫外或荧光法进行检测。高效阴离子交换-脉冲安培法（HPAEC-PAD）进行糖类的分离表现出更好的分离效果和检测灵敏度，由于使用了新型检测仪，可以采用梯度洗脱的方式，克服了氨基柱对酸性糖吸附过强、不易洗脱的问题。对于多糖或寡糖药物测定纯度或含量常常采用高效凝胶过滤色谱法（HPGPC），使用用已知分子量多糖/寡糖标定色谱柱，还可以测定样品的分子量。

13.4.2.2 糖类药物的结构测定

糖类结构分析的化学方法包括糖基组成分析、连接分析和糖基序列分析等内容。糖基组成分析是指测定样品所含糖基的种类、含量及构型。测定的方法通常是将样品用酸进行完全水解，然后用 HPLC 或高效阴离子交换（HPAEC）等方法测定，也可以转变为可挥发的衍生物，如糖醇乙酸酯，然后用 GC 法测定。连接分析是指糖苷键取代的位置，经典的测定方法是甲基化分析，其原理在于通过甲基化反应使所有自由羟基甲基化，完全水解后，制备成衍生物，用 GC-MS 法鉴定甲基取代的位置，进而可确定糖苷键的取代位点。用于连接分析的方法还有过碘酸氧化和 Smith 降解，前者根据多糖被过碘酸盐氧化后生成产物的类型推测连接位点，后者则根据 1,3-连接糖基不被氧化的特点，对过碘酸盐氧化产物进行稀酸水解，获得具有连接识别意义的结构片段。

近年来各种新型仪器分析技术不断应用于糖类的结构鉴定，大大提高了分析的效率和灵敏度，应用最多的技术主要是核磁共振谱（NMR）、质谱（MS）、红外光谱（IR）。

核磁共振法可以提供与糖类结构有关的多方面信息，如异头碳构型、糖环的大小、糖苷键取代位置、糖基的顺序。糖类的 ^1H NMR 信号分布在 $\delta 3.2 \sim 5.5 ppm$ 相对狭窄的范围中，其中易于识别的主要是异头氢，通常位于 $\delta 4.5 \sim 5.5 ppm$。根据异头氢信号可以确定重复单元中糖残基的数目和比例、糖连接的异头构型等信息。糖类的 ^{13}C NMR 信号主要分布在 $\delta 110 \sim 60 ppm$ 之间，故而各信号较少重叠。从糖的 ^{13}C NMR 谱不仅可以了解异头构型、糖环等信息，还可以确定糖连接的位置。应用 ^{13}C NMR 谱确定糖苷键的取代位点的主要依据是发生了糖基化的碳的化学位移通常会向低场移动 $6 \sim 10 ppm$，根据这一规则，对照标准单糖或寡糖的化学位移数据就可归属各个碳的信号，进而确定发生了取代的碳的位置。虽然这一方法在原理上很简单，但对于存在多个糖基的寡糖或多糖，由于并不知道某信号是来源于何种糖基,要进行完全归属仍就十分困难,需要借助于各种二维 NMR 技术。

随着软电离技术的迅速发展,质谱法在糖类结构的鉴定中的应用越来越广泛。快原子轰击质谱(FAB-MS)是 20 世纪 80 年代发展起来的软电离技术,使用高速的原子或离子轰击溶液中的样品,使之电离,故而可以直接应用于极性强、非挥发性的糖类化合物。主要产生因糖苷键断裂而形成的碎片离子,可以得到关于糖链顺序和分子量的信息。电喷雾质谱(ESI-MS)和基质辅助激光解析飞行时间质谱(MALDI-TOF-MS)是在糖类研究中近年来广为应用的新质谱技术。ESI 是一种非常温和的电离方式,形成的碎片离子很少。ESI-MS 常常配备以碰撞诱导解离(collision-induced dissociation,CID)为基础的连续质谱(MS/MS)系统[50],可选择性地对初级质谱中的分子离子峰用 CID 方法进行再次电离,根据碎片峰可以了解糖分子的连接信息。MALDI-TOF-MS 是现有软电离质谱技术中灵敏度最高的,这种电离方式几乎不产生碎片离子,所以是获得分子离子峰的最佳手段[51]。

13.5 糖生物学

13.5.1 概论

糖生物学是运用分析化学、合成有机化学、生物化学与分子生物学、遗传学和细胞生物学等多学科手段研究体内糖类物质结构和功能及其生物合成与代谢的一门交叉学科[52]。因糖类在结构上固有的复杂性以及其不依赖于模板的酶促合成等特性,在现代分子生物学出现的早期,曾一度不被科学界重视。20 世纪末期,糖类在生命活动中的重要性被重新认识,但是仍然没有给予足够的重视。美国著名糖生物学家 J. D. Marth 最近撰文认为生命的基本构成原件主要包括四大类 68 种,包括 4 种核酸,20 种基本氨基酸,8 种脂肪和 32 种单糖。他认为在以蛋白质为中心的生物学时代,糖类的研究依然没有得到足够的重视,而人们也被糖类物质的复杂性而悲叹,但与此同时越来越多的证据表明糖类在生命活动中不可或缺[53]。为此,继基因组学、蛋白组学之后,20 世纪末以来,欧美国家和日本相继开展了糖组学的研究,目前已经取得了丰硕的成果,有人预言,21 世纪糖类将取代蛋白质成为生物学研究的中心。

13.5.1.1 糖的多样性及进化[54]

糖类主要以糖缀合物的形式存在,与蛋白质、脂类缀合分别形成糖蛋白和糖脂。与蛋白结合的聚糖根据缀合方式的不同分为 N-聚糖和 O-聚糖两种。如前所述,构成生命的糖类基本单元主要有 32 种单糖,单糖具有比核酸和氨基酸更多的连接方式,多种的连接方式使得聚糖的结构复杂多样。更为复杂的是,现有研究结果表明不同的物种中所含有的单糖种类不一致,因而在不同的物种中聚糖也不一样,产生了物种的多样性。糖类的多样性是其一大特征,多样性产生的原因还不清楚。从进化的角度去探索和解释可能是目前最有效的一条途径。为此,著名糖生物学家 Varki AP 在 "Cell" 上撰文认为如果不从进化的角度研究,糖生物学将一无是处。

13.5.1.2 聚糖与蛋白的相互作用[55]

聚糖与蛋白质能够特异性地相互识别,聚糖与蛋白质的相互作用是糖生物学研究的中心课题之一,也是聚糖参与生命活动调控的主要方式之一。病毒和细菌侵染宿主,细胞外信号由外向内的传递等诸多生理过程都与聚糖与蛋白质的相互作用直接相关。目前已经解析出将近 100 个聚糖-蛋白质复合物的晶体结构，还有一些是通过 NMR 分析得出。

聚糖与蛋白质相互作用的研究方法多种多样。X-射线衍射法和 NMR 通过解析聚糖和蛋白质形成的复合物结构可以知道聚糖与蛋白质相互作用的细节。平衡渗透和滴定量热法可以测定聚糖与蛋白质相互作用的动力学过程。而亲和色谱及表面等离子共振技术（surface plasmon resonance，SPR）可以用于糖相互作用蛋白或者蛋白相互作用聚糖的发现。新近发展的石英晶体压电微天平技术（quartz crystal microbalance，QCM）也开始用于聚糖与蛋白质相互作用的研究。

13.5.1.3 聚糖生物学功能的研究方法

多数聚糖功能的发现是偶然的。在大多数情况下，特异聚糖的结构和生物合成等细节已经阐明，但是对聚糖的功能却知之甚少。为此必须建立一些方法或者设立一些原则以指导研究并确认某一特定聚糖的功能。目前已建立的方法或者设立的原则有 8 种，分述如下。

应用凝集素或抗体对特异聚糖的定位或干扰　目前有大量的能够特异性地识别聚糖的凝集素被发现，大量的特异性识别聚糖的抗体也被开发出来，这使得探索聚糖在细胞中的定位和聚糖在组织中的定位成为了可能。在获得了聚糖的确切定位之后可以进一步观察细胞对加入的外源性凝集素或者抗体的反应，这样有可能得出聚糖的生物学功能。这一技术在蛋白质功能确定的研究中取得了巨大成功。但是对于聚糖而言，聚糖抗原产生的抗体是低亲合力的 IgM 型而不是高亲合力的 IgG 型，与聚糖结合的凝集素也不能完全保证有特异性，抗体和凝集素和聚糖的结合都是以多价的形式出现的，这些限制了聚糖抗体和凝集素用于揭示聚糖功能的应用。目前正在开发重组、单价和高亲和力的凝集素，用于研究聚糖的功能。

糖链的代谢和改变　有许多药物制剂可代谢性抑制或者改变整体细胞或者动物的糖基化。尽管代谢性抑制剂是生物合成途径研究的有力武器，但是因为它的使用一方面可能引起一些无关途径的抑制，另一方面抑制剂使用之后造成聚糖结构过度的改变以至于改变糖缀合物和/或膜的物理性质，这样使得结果不好解释。而低分子量的糖基化前体是另一种有效地改变细胞或者动物糖基化的方法，比如糖胺聚糖糖链的改变可以加入木糖的类似物。不过这一方法也有局限，在生成不完全聚糖的同时也可能生成具有完整聚糖生物学功能的聚糖。

发现特异性受体的天然聚糖配体　根据凝集素与其聚糖配体特异性结合的原理，很多技术可以用于发现特异性受体的天然聚糖配体，目前使用的方法有表面等离子共振仪（surface plasmon resonance）、亲和色谱、石英晶体压电微天平分析仪和凝集素芯片。

发现识别特异聚糖的受体　这一方法其实跟上述的方法原理是一致的，只是探针不一样，这里探针是聚糖。使用到的技术也是上述提到的研究聚糖和蛋白质相互作用所使用的常用技术。

可溶性聚糖或结构模拟物的干扰　可溶性聚糖或者聚糖的结构模拟物也可用于聚糖功能的研究，在可溶性聚糖或者聚糖结构模拟物加入受试体系之后，体系固有的一种平衡被打破，从而可以表现出与相应聚糖功能相关的表型。但是这种方法确定的聚糖功能有时也是不准确的。比如有些情况下，某一特定表型的出现需要过高的聚糖浓度或者需要同类聚糖的多价结合，这些都会引起结果的误判。

应用糖苷酶去除特异的聚糖结构　糖苷酶是探明聚糖功能的一有效工具。因为糖苷酶底物的特异性，使得得出的结果相对地准确。比如肽：N-糖苷酶（peptide：N-glycanase）就是一种研究 N-聚糖结构与功能的良好工具。

对天然或遗传工程的聚糖突变株的研究 天然或遗传工程聚糖突变株是研究聚糖功能的最有力工具,很多聚糖的功能在整体动物水平能够很好地体现,但是在细胞水平上由于差别过于细微很难观察到表型的改变。特别是模式动物遗传工程突变株的建立对于聚糖功能的解析意义重大,比如果蝇是研究神经功能很好的模式动物,目前已经得到了多种聚糖突变的果蝇品系,使得绘出果蝇中参与神经功能调节的聚糖谱成为可能。再如 β-1,6-乙酰葡萄糖胺分枝的 N-聚糖功能就是通过建立敲除编码 N-乙酰半乳糖胺转移酶 V 的基因 Megat5 的基因敲除鼠而发现的。

对天然或遗传工程的聚糖受体突变株的研究 天然或者遗传工程的聚糖受体突变株与聚糖突变株同样重要,它们可以间接地提示聚糖的生物学功能。

13.5.2 糖组学[56]

糖组学是继基因组学和蛋白质组学之后兴起的又一组学,是系统研究生物体内糖类物质结构和功能的一门学科。目前面临主要的研究任务有三:一是讲清聚糖多样性的成因;二是探明聚糖和蛋白质相互作用特异性的物质基础;三是揭示细胞表面聚糖如何通过与蛋白质的多价结合调控细胞外信号的传导和细胞与细胞之间的通讯。

糖组学研究借助多学科的方法和手段。先进的分离和分析手段的发展是表征糖类物质的基础,随着高效分离技术和质谱等鉴定技术的发展,糖类物质结构的表征日趋容易。聚糖与蛋白质的相互作用是糖功能研究的重要方面,不同的技术正应用于这一研究,如糖芯片技术、糖的特异性标记探针技术等。当然生物学手段也应用于糖与蛋白质的相互作用研究(图 13-3)。

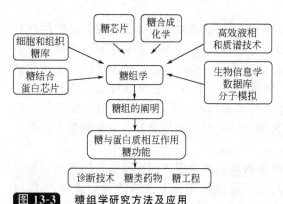

图 13-3 糖组学研究方法及应用

13.5.3 聚糖的类型、合成和代谢

13.5.3.1 糖复合物

糖类物质可与蛋白质和脂类通过共价键键合形成不同种类的聚合物,这里主要介绍糖类物质与蛋白质和脂类形成的复合物。糖类物质与脂类形成的复合物为糖脂,其与蛋白质形成的复合物相对比较复杂。根据复合物中糖链长短可以分成蛋白聚糖和糖蛋白,一般而言,在蛋白聚糖中糖链较长,为多糖,目前发现的蛋白聚糖主要为 O-连接于糖胺聚糖。糖蛋白中的糖链相对较短,多为寡糖,糖链通过 N-或者 O-连接于蛋白质。N-聚糖合成的生化途径分成三个步骤:①多萜醇等脂连接的寡糖前体的形成;②寡糖前体整体迁移至多肽 Asn-X-Ser/Th 序列中的天冬酰胺(Asn)上;③寡糖的加工。多萜醇等脂连接的寡糖前体、寡糖向蛋白质的转移和寡糖的初始剪切反应都在糖面内质网发生,而随后的加工则

在新生糖蛋白通过高尔基体的迁移过程中发生。O-聚糖的合成不须多萜醇等脂类连接寡糖前体的合成，而是在特定的酶催化下直接与蛋白质上的丝氨酸、苏氨酸或羟基赖氨酸残基连接，如 N-乙酰半乳聚糖胺（GalNAc）、岩藻糖（Fucose）、N-乙酰葡萄糖（GlcNAc）、甘露糖（Mannose）、木糖（Xylose）和半乳糖（Galactose）就是通过它们相应的转移酶直接与糖蛋白上的上述氨基酸残基直接连接，与 N-聚糖不同的是，O-聚糖在蛋白质序列上的连接位点不像 N-聚糖一样明确，相对而言 O-聚糖的研究远不够 N-聚糖深入。

糖脂是聚糖与脂质头部基团连接，根据嵌入脂双层脂质部分结构的不同可以分成糖鞘脂（glycosphingolipid）和糖基磷脂（glycophospholipid）两类。糖鞘脂是建构在脑酰胺（ceramide）上的，脑酰胺是鞘氨醇与脂肪酸之间通过酰胺键连接形成的，主要提供参与细胞和细胞相互作用的潜在识别标志，同时也在特殊膜结构域的组成中起作用。它有两种主要的亚族，它们的区别在于跟鞘氨醇连接的第一个单糖残基的不同，如果是半乳糖则称为半乳糖鞘脂（galactosphinglipid），半乳糖的三位常以硫酸酯的形式存在。如果该单糖残基是葡萄糖则称作葡萄糖鞘脂（glucosphingolipid），它头部基团较半乳糖鞘脂精致，且常与糖蛋白上的末端聚糖相同。糖基磷脂是建构在磷脂酰甘油（phosphotidylglycerol）上的，大量脂连接膜蛋白通过糖基磷脂与质膜细胞外表面结合。这种结合蛋白质的糖基磷脂一般称为糖基磷脂酰肌醇锚［glycosylphosphatidyl inositol（GPI）anchor］

13.5.3.2 唾液酸[57]

唾液酸（Sialic Acid）最早发现于 20 世纪 50 年代，随后其结构和生物合成均被阐明，目前已经发现了 40 多种唾液酸，唾液酸大多以细胞特异性和发育调控方式表达的，结构多样，与流感病毒有关，常见于 N-聚糖、O-聚糖和糖鞘脂的末端。唾液酸的基本结构类型有 N-乙酰神经氨酸（2-keto-5-acetamido-3，5-didoxyl-D-glycero-D-galactononulosonic acid）和 KDN（2-keto-3-deoxyl-D-glycero-D-galactononulosonic acid）两种，二者的区别在于 5 位取代基的不同，是所有其他唾液酸的代谢前体。唾液酸可以在 C1、C4、C5、C7、C8 和 C9 上发生取代，这是唾液酸多样性产生的原因之一，唾液酸 C2 可以在糖链中形成多样的 α-连接，常与半乳糖（Gal）残基 C3 位和 C6 位或者乙酰半乳糖胺（GalNAc）残基 6 位连接，此外还可以通过与唾液酸 C8 连接形成聚唾液酸。唾液酸结构的多样性可以决定或者改变抗体和内源性及外源性唾液酸结合凝集素的识别。与唾液酸结合的凝集素有多种，如表 13-5 所示。

13.5.3.3 细菌多糖

细菌多糖主要有肽聚糖、胞壁周质葡聚糖、脂多糖和荚膜多糖。

肽聚糖（peptidoglycan）也称胞壁质，是革兰氏阴性菌中的主要结构成分，形成的交联结构赋予细胞一定的机械强度和形状，也提供了一个保持胞内渗透压的屏障。它由 β-1,4 连接的乙酰半乳糖胺和 N-乙酰胞壁酸组成的重复单元。

脂多糖主要存在于革兰氏阴性菌的外膜，包括脂肪部分脂 A 和糖链部分，糖链部分称为 O-抗原，一般由 2~8 个糖残基组成一个结构重复单元，重复次数不超过 50 次。是与细菌相关的热稳定毒素。

荚膜多糖也称 K 抗原，与脂多糖（LPS）中的 O-抗原和菌毛（fimbrae）及鞭毛（flagella）中的 F-抗原一样是一种毒力因子，目前发现 3 种，即 K1、K5 和 B 型链球菌。其中 K5 荚膜结构与硫酸肝素类似。

13.5.3.4 糖基转移酶

聚糖的生物合成是糖基转移酶催化完成的。目前已知的糖苷键超过一百种，但是由于糖基转移酶并不是以一酶催化一键的模式履行聚糖合成功能，一个酶往往有多种同工酶的

表 13-5　识别唾液酸的凝集素

来　源	种　类
脊椎动物	C-型：选凝素 Ⅰ-型：Siglec 未分类：补体因子 H、层粘连蛋白
节肢动物	血凝激素 龙虾和长脚虾凝集素：L-凝集素 蝎凝集素；钩状蝎凝集素 其他昆虫凝集素
软体动物	蜗牛凝集素 牡蛎凝集素
原生动物	寄生虫凝集素
植物	SN 凝集素、TJ 凝集素、MA 凝集素、麦胚凝集素
细菌	细菌黏附素：S-黏附素、黏附素Ⅰ和黏附素Ⅱ 细菌毒素：霍乱毒素、破伤风毒素、肉毒毒素、百日咳毒素 支原体凝集素：肺炎支原体血凝素
病毒	血凝素：A 型和 B 型流感病毒、灵长类多瘤病毒、轮状病毒 血凝素-神经氨酸酶：新城疫病毒、仙台病毒、禽瘟病毒 血凝素酯酶：C 型流感病毒、人与牛冠状病毒

存在，据估计糖基转移酶基因大约占基因组的 1%～5%。自从 1986 年第一个糖基转移酶发现以来，更多的糖基转移酶被发现，大多数是日本科学家发现的，日本产业技术综合研究所医用糖科学研究中心建立了一容纳 184 个糖基转移酶的糖基因数据库 GGDB，该库的建成有利于建立商用或者药物开发研究之用的寡糖化合物库。

一般而言，糖基转移酶的功能是将糖基供体转移至糖基受体底物上，糖基供体多以高能核苷酸糖的形式存在，但也有以多萜醇-磷酸连接的单糖和聚糖，糖基受体多为寡聚糖，也可以是单糖、蛋白质或者脑酰胺。蛋白质和脑酰胺作为糖基受体在糖基转移酶的作用下起始糖蛋白和糖脂的合成。

13.5.3.5　聚糖的降解和循环

大多数糖缀合物都在溶酶体中降解，释放出单糖的一部分重新用于糖缀合物的合成。聚糖降解是有序并且经常是高度专一的过程。它与最终释放单糖的内切和外切糖苷酶直接相关，有时需要非催化性蛋白质的帮助。聚糖降解和周转的知识主要来自对溶酶体储积症的理解。

到达溶酶体的绝大部分 N-和 O-连接的寡糖链仅含有 β-N-乙酰葡萄糖（β-GlcNAc）、α/β-N-乙酰半乳糖（α/β-GalNAc）、α/β-半乳糖（α/β-Gal）、α/β-甘露糖（α/β-Man）、α-岩藻糖（α-Fuc）和 α-唾液酸（α-Sia）六种糖。它们在溶酶体的降解酶有 α/β-甘露糖苷酶、天冬酰胺葡糖胺酶、唾液酸酶、α-岩藻糖苷酶、β-半乳糖胺酶、β-己糖胺酶和 α-N-乙酰半乳糖胺酶等。

有些 N-聚糖也可在细胞质里降解，多肽：N-糖苷酶、β-乙酰葡萄糖胺内切酶和 α-甘露糖苷酶目前被证实参与了这一降解过程，更详细的机制和过程有待进一步的研究。

13.5.4 识别聚糖的蛋白质

13.5.4.1 凝集素[58]

凝集素是一类糖结合蛋白，在 100 多年前首次被发现，广泛存在于自然界。以种属不同可以分为植物凝集素和动物凝集素。动物凝集素在发现的初期是以其糖序列结合能力的强弱来分类的。现在主要是根据凝集素氨基酸序列的同源性和进化上的相关性来分类的。目前动物凝集素主要可以分为 C 型、P 型、S 型和 I 型四种。C 型凝集素是 Ca^{2+} 依赖的凝集素大家族，整个家族成员的糖识别区域是同源的，该区域由 115~130 个氨基酸组成，包括许多与内吞作用相关的受体、蛋白聚糖、胶原凝集素和选凝素。C 凝集素参与多种免疫功能，诸如炎症和对肿瘤和病毒的细胞免疫。

P 型凝集素目前只发现两种，也就是甘露糖-6-P 受体的两种亚型，是一种溶菌酶转运体，专一性识别甘露糖-6-P 聚糖。

S 型凝集素又称半乳糖凝集素，能够识别 β-半乳糖基缀合物，它们的糖识别区域一般在 130 个氨基酸左右，而且序列高度保守，目前已报道的有 10 种。大多数的半乳糖凝集素是通过异常途径分泌的可溶性蛋白。它们功能多样，比如可能参与细胞与细胞或者细胞与细胞外基质之间的黏附；影响细胞的生长和存活，比如 Galectin-3 被证明参与细胞凋亡的调控，现在正在进行临床研究的 GCS-100 正是通过对该凝集素的干预而发挥作用的。它们还可能参与肿瘤的侵袭和转移，比如 Galectin-3 被报道与肿瘤血管生成相关。

I 型凝集素是近年发现的一类新凝集素，它属于免疫球蛋白超家族，主要有两类，一类能与唾液酸结合，另一类则不能。能与唾液酸结合的 I 型凝集素主要有 6 种，包括 CD22、CD33、CD170、MAG、唾液酸黏附素和髓鞘蛋白，能特异性地识别不同连接方式的唾液酸。不能与唾液酸结合的 I 型凝集素主要有 PECAM、ICAM-1、CD48、N-CAM 等。I 型凝集素主要参与机体免疫反应。

选凝素是 C 型凝集素的一个家族，这个家族有三个成员，即 L-选凝素、E-选凝素和 P-选凝素，这些分子具有共同的整体结构和氨基酸序列，而且它们键合的能够影响它们黏附功能的相关聚糖在结构上也具有类似性，它们都参与了血细胞和内皮细胞之间相互作用的介导。

L-选凝素是一种 I 型跨膜糖蛋白，在血液单核细胞、血液嗜中性细胞、天然杀伤细胞的一些亚群，B 细胞和 T 细胞以及血液和淋巴结中所有"幼稚"表型均表达 L-选凝素。而呈现"记忆"表型的淋巴细胞一般不表达 L-选凝素。骨髓中的早期和成熟的造血细胞也都表达 L-选凝素，而 B 淋巴细胞系的细胞似乎只在发育过程的晚期才表达 L-选凝素。人 L-选凝素与小鼠 L-选凝素的糖识别结构域高度同源、二者的配体识别特性可能一致。目前已发现 GlyCAM-1、CD34 和 MAdCAM-1 三种 L-选凝素配体。L-选凝素是白细胞与微血管内皮细胞之间黏附所必需的，在小鼠中的缺失会导致小鼠不能建立迟发的接触性超敏反应。粒-巨噬细胞集落刺激因子（granulocyte/macrophage-colony stimulating factor，GM-CSF）、干扰素 α（interferon α）和白介素-8（interleukin-8，IL-8）均可激活 L-选凝素，不过这跟细胞类型有关。肾上腺素（adrenalin）和切应力也可以激活 L-选凝素。游离形式的 L-选凝素（soluble form of L-selectin）是有功能的，高浓度时它能抑制白细胞与血管内皮之间的黏附。蛋白激酶 C 酪氨酸的磷酸化和去磷酸化均与游离形式的 L-选凝素浓度升高有关。而且 L-选凝素和游离形式的 L-选凝素表达水平升高与过敏反应、HIV

感染、胰岛素依赖的糖尿病、多发性硬化、败血症和脑膜白血病等多种疾病相关。

E-选凝素（CD62E，ELAM-1，LECAM-2）也是Ⅰ型跨膜糖蛋白。含有 CRD 和 EGF 样结构域的 E-选凝素重组片段的晶体结构已经得到。E-选凝素是内皮细胞特异性合成的一种选凝素，但是它在内皮细胞中的表达不是组成性的，它的表达受多种转录因子的调控比如肿瘤坏死因子α（TNF-α）、白介素-1（interleukin-1）、核转录因子κB（nuclear factor κB，NF-κB）和激活蛋白-1（activator protein 1，AP-1）。在细胞表面表达后，E-选凝素能够缓慢内吞并转移至溶酶体降解。从损坏或者活化的内皮细胞上它还可被酶切释放成游离形式，游离形式的 E-选凝素（soluble E-selectin）的浓度与其在内皮细胞上的表达水平是相关的，因此血浆中游离形式的 E-选凝素可以作为内皮细胞损害状态或活化水平的一个标记物。E-选凝素与多种疾病相关比如脓毒、肾脏炎症、类风湿关节炎和器官移植等。

P-选凝素（CD62P，LECAM-3）最早是从血小板中纯化出来的，后来发现它在内皮细胞中也有表达，和 E-选凝素和 L-选凝素一样它也含有 CRD 和 EGF 样结构域。P-选凝素的表达是组成型的，在血小板中表达后储积在血小板的 α 分泌囊里，在内皮细胞表达后储积在 Weibel-Palade 体中。在凝血酶或者组胺等的刺激下这些分泌囊将与浆膜融合会引起 P-选凝素在细胞表面的快速表达。IL-4 和 IL-13 等可以增加 P-选凝素在内皮细胞中 mRNA 和蛋白质水平的表达，而 TNF-α、脂多糖与 IL-1 却不能增强 P-选凝素在 mRNA 和蛋白质水平的表达。这可能是因为人的 P-选凝素的启动子区域没有 NF-κB 结合区的原因。鼠的 P-选凝素启动子区域则含有 NF-κB 结合区，所以在鼠中 P-选凝素的表达受 TNF-α 和脂多糖等的调控。在内皮细胞膜上表达后，P-选凝素可以迅速地被内吞。在急性炎症中 P-选凝素可以 E-选凝素协同地调节白细胞与活化的血管内皮之间的黏附。血小板膜上表达 P-选凝素后可以将白细胞招募至血小板聚集体位置形成白细胞-血小板聚合物，这一过程与血管稳态、动脉粥样硬化和炎症性白细胞外渗相关。

13.5.4.2 糖胺聚糖结合蛋白

糖胺聚糖是一种线性的带负电荷的聚糖。目前主要有硫酸乙酰肝素聚糖、硫酸软骨素聚糖、硫酸皮质素聚糖、硫酸角质素聚糖及透明质酸，除透明质酸以自由的形式存在以外，其余四种均是通过与蛋白结合形成蛋白聚糖，存在于细胞膜、基底膜或者细胞外基质。许多生理病理过程中起重要调控作用的蛋白质可以与它们结合。比如病毒或者细菌在进入宿主细胞时需要与细胞表面的硫酸乙酰肝素糖链结合。CD44 通过与透明质酸的结合参与炎症的调控和肿瘤的侵袭和转移。凝血酶与硫酸乙酰肝素的结合参与凝血的调控。作为生长因子共受体（co-receptor），硫酸乙酰肝素和碱性成纤维生长因子（bFGF）结合可以调控细胞的生长及参与血管生成的调节。

13.5.4.3 微生物的聚糖结合蛋白

许多微生物和动物宿主的相互作用都涉及暴露在环境中的呼吸道或肠胃道表面上皮细胞内衬的黏附。细菌、病毒和寄生虫必须穿过围绕在细胞表面的糖被，结合在细胞表面或暴露的细胞外基质和定植于组织中才能产生感染。过程的第一步就必须经由微生物表面专一性蛋白质介导的黏附，这些蛋白质称为细胞黏附素，或称为病毒血凝素，其在宿主细胞表面的配体称为受体。有许多黏附素和血凝素已经被描述、克隆和鉴定。许多黏附素是凝集素，并且可能含有与内源性哺乳动物凝集素一样结合相同糖的糖识别区域。某些情况下它们与蛋白质，但是更多的是与糖蛋白、糖脂和蛋白聚糖上的复合糖结合。例如霍乱毒素（cholera toxin）、大肠杆菌肠毒素（*Escherichia coli* enterotoxin）、百日咳毒素（pertussis toxin）、志贺毒素（Shiga toxin）和 Vero 细胞毒素（Verotoxin）等凝集素类细菌毒素均能与宿主细胞表面的糖类特异性地结合。再如大肠杆菌Ⅰ型菌毛顶端黏附素 FimH 通过与宿主细胞含甘露糖的结构结合而使大肠杆菌与宿主细胞黏附；P 型菌毛上的黏附素 PapG 通过与含有 GalNAc 和半乳糖残基及红细胞糖苷的头部基团结合介导大肠杆菌与肾上皮结合。流感病毒中的三聚血细胞凝集素（haemaglutin）中的三个唾液酸识别区域与宿主细胞 α-2,3 或者 α-2,6 连接或者其他连接方式的唾液酸结合介导流感病毒对宿主细胞的感染。

13.5.5 糖基化与疾病

聚糖具有广泛的生物学功能，参与与其缀合的生物大分子的生物合成、稳定性、作用和周转的调控，也特异性地被凝集素识别参与一些重要的生理、病理过程，如细菌性感染等。因此聚糖生物合成的异常对正常人体的生理功能无疑会产生巨大的影响，目前已经有多种疾病被证实是由聚糖生物合成的改变而引起的，而且这些功能的改变都是在动物水平上观察到的。这些改变必定具有重要的诊断和治疗意义，而发现和鉴定这些改变顺理成章地是糖生物学的主要课题之一，目前最有效的研究方式就是利用基因打靶技术制造遗传缺陷的活体模型以观察改变引起的相应结果，最适合和使用最多的模式动物是小鼠，当然也有其他的一些模式动物。但是基因打靶技术并不是唯一的选择，随着单分子标记技术的进步，有更多更便捷的方式可以用来标记聚糖，结合基因打靶技术可以实时地检测病理过程中聚糖的改变。

N-连接聚糖合成中酶的突变导致糖基化先天性失常 先天性糖基化失常（cogenital disorders of glycosylation，CDGs）是一种遗传性疾病，其分子基础已经得到了证实，是病人的血清糖蛋白产生变化的结果。先天性糖基化失常主要分为两类。第一种类型的 CDGs 是因为多萜醇连接的高甘露糖前体集合体中作为 N-糖基化第一步供体的减少而引发的。这一类型有两种分子形式的缺陷 CDG-1a 和 CDG-1b，分别是磷酸甘露糖变位酶（phosphomannomutase）和磷酸甘露糖异构酶（phosphomannose isomerase）的缺陷引起。第二种类型 CDGs 是由糖基化途径中其他一些缺陷所引起，其中一种就是负责在复合聚糖 1,6-臂上添加 GlcNAc 的 N-乙酰葡萄糖胺转移酶 II 的缺失。

糖尿病中出现的蛋白质糖化 糖尿病患者体内因葡萄糖水平非常高，糖与蛋白质能够直接进行化学反应，这一过程称作糖化（glycation）。这一过程与正常的蛋白质糖基化过程不一样。尽管目前其详细的机制不是很清楚，但是已知的是这些反应中小量未环化葡萄糖与通常的吡喃糖之间存在动态平衡。开环形式葡萄糖中的醛基能够与蛋白质上的氨基形成 Schiff 碱。当蛋白质与葡萄糖温育时，Schiff 碱产物能够发生 Amadori 反应。Amadori 反应产物能够进一步地与另一氨基反应，从而可以介导蛋白质的交联。蛋白质交联后对机体功能产生损害，例如糖化反应介导的胶原蛋白交联是糖尿病常见并发症肾脏和血管损伤发病的原因。

类风湿性关节炎中免疫球蛋白（immunoglobulin G，IgG）分子糖基化的变更是研究糖基化变化与疾病关系的最好例子。在所有人的 IgG 重链 Fc 区发现有一个保守的 N-糖基化位点。在未患类风湿性关节炎个体的这一位点，常被未唾液酸化二天线复合 N-连接聚糖占据。在血清糖蛋白中缺失唾液酸化的这种不正常现象可能表现出聚糖在免疫球蛋白结构中的位置。半乳糖末端结构适合进入由相近的 CH_2 结构域形成的口袋。因此，聚糖的隔离可能使末端半乳糖残基无法接近唾液酸转移酶以及脱唾液酸糖蛋白受体，否则，它们会结合和清楚一半乳糖为末端聚糖的蛋白质。

表现类风湿性关节炎症状的病人，Ig 铰链区的聚糖常缺少其中一个或两个半乳糖残基。正常情况下缺失这些末端半乳糖残基，就会丧失 CH_2EA 结构域口袋内聚糖的某些相互作用。丧失这些相互作用使聚糖更加暴露。类风湿性关节炎的症状与 IgG 聚糖改变的相关性已是既定的事实，但是还不清楚疾病症状和聚糖结构变化这两种表型的产生似乎源自相同的原因，也不清楚糖基化改变是否参与了引发这种疾病的发病。

肿瘤特别是恶性肿瘤是人类健康的一大威胁，在恶性肿瘤中检测到了包括 N-聚糖分枝的变更、糖胺聚糖表达的变更、半乳糖凝集素和聚乳糖胺的表达变更等多种聚糖的改变，这些结构的改变与一种或多种糖基转移酶的活性改变相互关联。在这类改变中有三点令人感兴趣：①糖基化的改变可以说明肿瘤细胞中表型的某些改变；②利用糖基化的专一性改变作为某种类型肿瘤的诊断标志；③有望利用这种改变开发治疗癌症的方法。

目前肿瘤生物学研究的结果排除了糖基化改变在正常细胞向肿瘤细胞转化的初始过程中改变的可能性。现在的问题是糖基化改变是否成为联系遗传性改变和肿瘤细胞非控制性生长和转移能力的一种因素。

细胞表面糖胺聚糖与细胞表面生长因子有重要的相互作用，糖胺聚糖的结构改变可以影响细胞对生长因子的反应，也可以影响它们的复制能力。同样，细胞表面聚糖的结构可以影响细胞的黏附从而影响细胞的迁移等过程。

13.6 展望

众所周知，药物研究首先需要大量化合物供活性筛选，然而由于糖类化合物合成效率低，生物合成量较少，天然糖化合物分离纯化困难，解析非常费时，使得糖类化合物获得性问题是制备糖类药物研发的一大瓶颈。糖类化合物大量获得现主要有以下三种途径：①化学合成；②生物合成；③天然产物中的分离提取。除了客观实际的困难，国内还存在一些影响糖类药物研发的主观因素，如对多糖功能的怀疑，即多糖功能的"万金油"之说"，认为多糖无所不能，也就没有特异性了。但事实上多糖是一类分子，而非一个分子。目前动植物体内共发现常见单糖大约有三十多种，可以组成不同种多糖。由于单糖上可以组成聚糖的连接点多，排列序列千变万化，每种单糖还可以有 α,β 构型之差异，多糖分子大小多样，这些因素决定多糖的种类完全可以超过生物体内蛋白种类。已知蛋白功能的多样性，而同等数量的糖要远较氨基酸承载更多的结构信息，这样多糖具有多种功能也就不足为奇了。

寡糖的合成方法学研究发展相对较慢，而酶促生物合成应是一重要发展方向，但首要解决的是如何大量获得具有生物活性专一性的酶。随着基因工程技术的应用，各种糖基化转移酶、合成和修饰酶的获得都可以为特异性糖链结构的酶促合成带来方便。此外，从天然产物中如海洋动植物中也可得到大量特异性结构多糖。随着化学和酶降解方法的成熟，假以时日，将使得大量获得各种糖化合物成为可能。

由于细胞膜表面覆盖有厚厚的糖层，因此糖在细胞与细胞间、细胞与基质间信号转导，微生物对宿主细胞的侵袭中均发挥重要功能，因此糖与蛋白、糖与糖之间相关作用的研究也将为糖类药物设计与发现提供更有价值的理论基础。与糖相关的国际前沿领域如miroRNA、RNA 非编码区域研究的不断推进，基因工程的应用都将有利于糖生物学功能不断揭示。这些无疑将促进一些药物新靶标的发现，此外随着糖化合物获得性问题的逐渐解决，糖类药物构效关系的研究也将获得突破性的进展。质谱技术的应用、未来糖类化合物的丰富也将使得糖芯片技术发展和应用成为可能。

总之，随着各国政府的重视和投入、越来越多的科学家对糖生物学与糖化学兴趣增加、基因工程技术的应用等都将为糖的获得性问题带来很大推动作用，而糖的获得性问题的逐渐解决也会为糖的功能研究带来便利。如前所述,天然糖的生物功能已涉及人体八大系统,但其详细功能及其机制还远未清楚,糖功能的重要性促使西方发达国家对糖生物学和糖化学研究开始重视,国际各大制药公司也纷纷投入,这些使人们坚信糖类药物研发具有巨大潜力和美好前景。

推荐读物

- A P Varki, R D Cummings, J Esko, H Freeze, P Stanley, C R Bertozzi, G Hart, M E Etzler, eds. Essentials of Glycobiology. New York: Cold Spring Harbor Laboratory Press, 2008.
- C H Wong, ed. Carbohydrate-Based Drug Discovery. Weinheim: Wiley-VCH Press, 2003.
- J P Kamerling, ed. Comprehensive glycoscience: From Chemistry to Systems Biology. Elservier Ltd, 2007.
- J H Musser. Carbohydrate-Based Therapeutics. //M A Wolff, ed. Burger's Medicinal Chemistry and Drug Discovery. 6th ed. Vol 2. New York: John Wiley and Sons, 2003: 203.
- 张惟杰. "糖复合物生化研究技术. 第2版. 杭州: 浙江大学出版社, 1994.
- 蔡孟深, 李中军. 糖化学: 基础、反应、合成、分离及结构. 北京: 化学工业出版社, 2007.
- [英] 莫琳·E·泰勒等著. 糖生物学导论. 马毓甲译. 北京: 化学工业出版社, 2006.
- 陈惠黎. 糖复合物的结构与功能. 上海: 上海医科大学出版社, 1997.
- 金由辛. 核糖核酸与核糖核酸组学. 北京: 科学出版社, 2005.

参考文献

[1] Watanabe T, Ohashi K, Matsui K, et al. Comparative studies of the bactericidal, morphological and post-antibiotic effects of arbekacin and vancomycin against methicillin-resistant Staphylococcus aureus. J Antimicrob Chemother, 1997, 39: 471-476.

[2] Stevens D L. The role of vancomycin in the treatment paradigm. Clin Infect Dis, 2006, 42 Suppl 1: S51-57.

[3] Pozsgay V. Recent developments in synthetic oligosaccharide-based bacterial vaccines. Curr Top Med Chem, 2008, 8: 126-140.

[4] von Itzstein M. The war against influenza: Discovery and development of sialidase inhibitors. Nat Rev Drug Discov, 2007, 6: 967-974.

[5] Asano N. Glycosidase inhibitors: update and perspectives on practical use. Glycobiology, 2003, 13: 93R-104R.

[6] Varghese J N, Laver W G, et al. Structure of the influenza virus glycoprotein antigen neuraminidase at 2.9 Å resolution. Nature, 1983, 303: 35-40.

[7] Li W, Escarp P A, Eisenberg E J, et al. Identification of GS 4104 as an orally bioavailability prodrug of the influenza virus neuraminidase inhibitor GS 4071. Antimicrob Agents Chemother, 1998, 42: 647-653.

[8] Skoler-Karpoff S, Ramjee G, Ahmed K, et al. Efficacy of Carraguard for prevention of HIV infection in women in South Africa: a randomised, double-blind, placebo-controlled trial. Lancet, 2008, 372: 1977-1987.

[9] Block TM, Lu X, Mehta AS, et al. Treatment of chronic hepadnavirus infection in a woodchuck animal model with an inhibitor of protein folding and trafficking. Nat Med, 1998, 4: 610-614.

[10] Bounameaux H. The novel anticoagulants: entering a new era. Swiss Med Wkly, 2009, 139: 60-64.

[11] Lu Y, Levin GV, Donner TW. Tagatose, a new antidiabetic and obesity control drug. Diabetes Obes Metab, 2008, 10: 109-134.

[12] Wang R W, Qiu X L, Bols M, et al. Synthesis and biological evaluation of glycosidase inhibitors: gem-difluoromethylenated Nojirimycin analogues. J Med Chem, 2006, 49: 2989-2997.

[13] Altman R D, Moskowitz R. Intraarticular sodium hyaluronate (Hyalgan) in the treatment of patients with osteoarthritis of the knee: a randomized clinical trial. Hyalgan Study Group. J Rheumatol, 1998, 25: 2203-2212. Erratum in: J Rheumatol, 1999, 26: 1216.

[14] Jacob K, Trainer P J. Topiramate can induce hypoadrenalism in patients taking oral corticosteroid replacement. BMJ, 2009, 338: a1788.

[15] Beyenburg S, Weyland C, Reuber M. Presumed topiramate-induced maculopathy. Epilepsy Behav, 2009, 14: 556-559.

[16] Bergman M, Del Prete G, van Kooyk Y, Appelmelk B. Helicobacter pylori phase variation, immune modulation and gastric autoimmunity. Nat Rev Microbiol, 2006, 4: 151-159.

[17] Villegas I, La Casa C, Orjales A, et al. Effects of dosmalfate, a new cytoprotective agent, on acute and chronic trinitrobenzene sulphonic acid-induced colitis in rats. Eur J Pharmacol, 2003, 460: 209-218.

[18] Caughey B, Baron G S. Prions and their partners in crime. Nature, 2006, 443: 803-810.
[19] Rolls A, Schwartz M//Nicola Volpi ed. Chondroitin Sulfate: Structure, Role and Pharmacological Activity (Advances in Pharmacology, Vol. 53). Burlington: Academic Press, 2006: 357.
[20] Dube D H, Bertozzi C R. Glycans in cancer and inflammation--potential for therapeutics and diagnostics. Nat Rev Drug Discov, 2005, 4: 477-488.
[21] Rosenthal M A, Rischin D, McArthur G, et al. Treatment with the novel anti-angiogenic agent PI-88 is associated with immune-mediated thrombocytopenia. Ann Oncol, 2002, 13: 770-776.
[22] Brown J R, Crawford B E, Esko J D. Glycan antagonists and inhibitors: a fount for drug discovery. Crit Rev Biochem Mol Biol, 2007, 42: 481-515.
[23] Jeyakumar M, Dwek R A, Butters T D, et al. Storage solutions: treating lysosomal disorders of the brain. Nat Rev Neurosci, 2005, 6: 713-725.
[24] Butters T D, Dwek R A, Platt F M. Imino sugar inhibitors for treating the lysosomal glycosphingolipidoses. Glycobiology, 2005, 15: 43R-52R.
[25] Platt F M, Jeyakumar M, Andersson U, Dwek R A, Butters T D. New developments in treating glycosphingolipid storage diseases. Adv Exp Med Biol, 2005, 564: 117-126.
[26] Butters T D. Pharmacotherapeutic strategies using small molecules for the treatment of glycolipid lysosomal storage disorders. Expert Opin Pharmacother, 2007, 8: 427-435.
[27] Wu Q, Gaddis S S, MacLeod M C, Walborg E F, Thames H D, DiGiovanni J, Vasquez K M. High-affinity triplex-forming oligonucleotide target sequences in mammalian genomes. Mol Carcinog, 2007, 46: 15-23.
[28] Kaur G, Roy I. Therapeutic applications of aptamers. Expert Opin Investig Drugs, 2008, 17: 43-60.
[29] Crooke S T. Progress in Antisense Technology. Annu Rev Med, 2004, 55: 61-95.
[30] Frieden M, Ørum H. Locked nucleic acid holds promise in the treatment of cancer. Current Pharmaceutical Design, 2008, 14: 1138-1142.
[31] Wang H, Rayburn E, Zhang R. Synthetic oligodeoxynucleotides containing deoxycytidyl-deoxyguanosine dinucleotides (CpG ODNs) and modified analogs as novel anticancer therapeutics. Current Pharmaceutical Design, 2005, 11: 2889-2907.
[32] Shen J, Samul R, Silva R L, et al. Suppression of ocular neovascularization with siRNA targeting VEGF receptor. Gene Ther, 2006, 13: 25-34.
[33] de Fougerolles A, Vornlocher H P, Maraganore J, Lieberman J. Interfering with disease: a progress report on siRNA-based therapeutics. Nat Rev Drug Discov, 2007, 6: 443-453.
[34] Nimjee S M, Rusconi C P, Sullenger B A. Aptamers: An Emerging Class of Therapeutics. Annu Rev Med, 2005, 56: 555-583.
[35] Romig T S, Bell C, Drolet D W. Aptamer affinity chromatography: combinatorial chemistry applied to protein purification. J Chromatogr B Biomed Sci Appl, 1999, 731: 275-284.
[36] Ruckman J, Green L S, Beeson J, Waugh S, Gillette W L, Henninger D D, Claesson-Welsh L, Janjić N. 2'-Fluoropyrimidine RNA-based aptamers to the 165-amino acid form of vascular endothelial growth factor (VEGF165). Inhibition of receptor binding and VEGF-induced vascular permeability through interactions requiring the exon 7-encoded domain. J Biol Chem, 1998, 273: 20556-20567.
[37] Noti C, Seeberger P H. Chemical approaches to define structure-activity relationship of heparin-like glycoaminoglycans. Chemistry & Biology, 2005, 12: 731-756.
[38] Bertozzi C, Kiessling L L. Chemical glycobiology. Science, 2001, 291: 2357-2364.
[39] Wong C H, Wang R, Ichikawa Y. Regeneration of sugar nucleotide for enzymic oligosaccharide synthesis: use of Gal-1-phosphate uridyltransferase in the regeneration of UDP-galactose, UDP-2-deoxygalactose, and UDP-galactosamine. J Org Chem, 1992, 57: 4343-4344.
[40] Lee J C, Greenberg W A, Wong C H. Programmable reactivity-based one-pot oligosaccharide synthesis. Nature Protocols, 2006, 1: 3143-3152.
[41] Seeberger P H, Werz D B. Synthesis and medical applications of oligosaccharides. Nature 2007, 446: 1046-1051.
[42] Seeberger P H. Automated oligosaccharide synthesis. Chem Soc Review, 2008, 20: 19-28.
[43] Murata T, Usui T. Enzymatic synthesis of oligosaccharides and neoglycoconjugates. Biosci Biotechnol Biochem, 2006, 70: 1049-1059.
[44] Mackenzie L F, Wang Q, Warren R A J, et al. J Glycosynthases: mutant glycosidases for oligosaccharide synthesis. J Am Chem Soc, 1998, 120: 5583-5584.

[45] Gerngross T U. Advances in the production of human therapeutic proteins in yeasts and filamentous fungi. Nature Biotechnol, 2004, 22: 1409-1414.
[46] Koeller K M, Wong C H. Enzymes for chemical synthesis. Nature, 2001, 409: 232-234.
[47] Li H, Sethuraman N, Stadheim T, et al. Optimization of humanized IgGs in glycoengineered Pichia pastoris. Nature Biotechnol, 2006, 24: 210-215.
[48] Vongchan P, Warda M, Toyoda H, et al. Structural characterization of human liver heparin sulfate. Biochem Biophys Acta, 2005, 1721: 1-8.
[49] Volpi N, Maccari F J. Electrophoretic approaches to the analysis of complex polysaccharides. J Chromatogr, 2006, 834: 1-13.
[50] Miller M J C, Costello C E, Malstrom A, et al. A tandem mass spectrometric approach to determination of chondroitin/dermatan sulfate oligosaccharide glycoforms. Glycobiology, 2006, 16: 502-513.
[51] Dell A, Morris H R. Glycoprotein structure determination by mass spectrometry. Science, 2001, 291: 2351-2356.
[52] Rademacher T W, Parekh R B, Dwek R A. Glycobiology. Annu Rev Biochem, 1988, 57: 785-838.
[53] Marth J D. A unified vision of the building blocks of life. Nat Cell Biol, 2008, 10: 1015.
[54] Varki A. Nothing in glycobiology makes sense, except in light of evolution. Cell, 2006, 126: 841-845.
[55] Lowe J B, Marth J D. A genetic approach to Mammalian glycan function. Annu Rev Biochem, 2003, 72: 643-691.
[56] Turnbull J E, Field R A. Emerging glycomics technologies. Nat Chem Biol, 2007, 3: 74-77.
[57] Varki A. Glycan-based interactions involving vertebrate sialic-acid-recognizing proteins. Nature, 2007, 446: 1023-1029.
[58] Kneuer C, Ehrhardt C, Radomski M W, Bakowsky U. Selectins-potential pharmacological targets? Drug Discov Today, 2006, 11: 1034-1040.

第 14 章

肽、蛋白质药物的化学与生物学

龙亚秋，黄少胥

目 录

- 14.1 引言 /415
- 14.2 肽和蛋白药物的主要治疗靶标 /417
  - 14.2.1 G 蛋白偶联受体 /417
  - 14.2.2 生长因子受体 /419
  - 14.2.3 细胞因子受体 /421
  - 14.2.4 整合素 /422
  - 14.2.5 蛋白酶 /424
  - 14.2.6 蛋白激酶和磷酸酯酶 /425
  - 14.2.7 蛋白质-蛋白质相互作用 /427
- 14.3 肽和蛋白药物的种类及应用 /428
  - 14.3.1 蛋白药物的主要类型和医学应用 /428
    - 14.3.1.1 具有酶或调节活性的蛋白药物 /429
    - 14.3.1.2 具有特异靶向活性的蛋白药物 /429
  - 14.3.2 肽和蛋白疫苗 /430
  - 14.3.3 抗肿瘤多肽和蛋白药物 /431
  - 14.3.4 抗病毒、抗细菌肽和蛋白药物 /432
  - 14.3.5 具有免疫调节作用的肽和蛋白药物 /433
  - 14.3.6 多肽和蛋白导向药物 /434
  - 14.3.7 诊断用肽和蛋白药物 /435
- 14.4 肽和蛋白质药物的合成 /435
  - 14.4.1 肽和蛋白质药物的化学合成 /436
  - 14.4.2 重组蛋白药物的生产 /438
- 14.5 肽和蛋白药物生物稳定性增加的策略 /439
  - 14.5.1 蛋白酶水解的抑制 /439
    - 14.5.1.1 N 端和/或 C 端的修饰 /440
    - 14.5.1.2 氨基酸残基的置换 /441
    - 14.5.1.3 环化 /442
    - 14.5.1.4 肽骨架的改换 /443
    - 14.5.1.5 联合使用酶抑制剂（enzyme inhibitor） /444
  - 14.5.2 肾小球滤过作用的抑制 /444
    - 14.5.2.1 调整肽和蛋白的物理性质 /444
    - 14.5.2.2 增大肽和蛋白药物的分子量 /446
- 14.6 肽和蛋白药物的输送 /447
  - 14.6.1 缓释剂 /448
  - 14.6.2 自簇集 /448
  - 14.6.3 鼻黏膜给药 /449
  - 14.6.4 定向吸入 /449
- 14.7 放射性标记和荧光标记的肽和蛋白 /449
  - 14.7.1 放射性标记肽和蛋白 /450
    - 14.7.1.1 用于诊断的放射性标记肽和蛋白 /450
    - 14.7.1.2 用于治疗的放射性标记肽和蛋白 /451
  - 14.7.2 荧光标记的肽和蛋白 /452
- 14.8 讨论与展望 /452
- 推荐读物 /453
- 参考文献 /453

14.1 引言

进入 21 世纪以来，医药市场上发生的一个重大变化，是在最畅销的处方药中，生物技术药物正在崛起。据市场调研和预测公司 EvaluatePharma 估计，到 2014 年，十大畅销药品中有 7 个药品将是生物制剂，即多肽和蛋白药物。分析人士预测，罗氏的阿瓦司汀（Avastin，重组的人源化单克隆抗体，血管内皮生长因子抑制剂，用于治疗结直肠癌、肺癌和晚期乳腺癌）将以 92 亿美元的年销售额傲领群雄，雅培和卫材的阿达木单抗（Adalimumab，商品名 Humira，完全人源化抗体，抑制肿瘤坏死因子-α，用于治疗风湿性关节炎、银屑病关节炎、强直性脊柱炎、克罗恩病和牛皮癣）将以 91 亿美元的年销售额居亚军。不仅如此，EvaluatePharma 认为，到 2014 年，前 100 强热销药品中将有一半是生物制剂，这意味着，届时生物技术药将在全球医药市场占据半壁江山。

生物技术药物分为 3 大类：一是抗体药物，近年来特别是近 4 年来发展比较快，2007 年全球市场达到 258 亿美元，约占生物药物的 1/3；二是疫苗，虽然由于各国政府及世界卫生组织等政府采购和调控使其销售额并不高，约为 163 亿美元，但疫苗产量及品种也占生物技术药物的 1/3；三是其他生物治疗药物，包括基因工程药物、核酸药物、细胞治疗药物、基因治疗药物等，市场规模合计约 400 亿美元。

生物技术药物的畅销与多肽和蛋白在生物体系中的重要性密切相关。多肽和蛋白在人体及所有生物体系中起着至关重要的作用，控制和调节着最基本的细胞过程和生理活动。例如神经递质肽就参与调节人的行为、压力、焦虑、热产生和热调节、睡眠、疼痛、学习、记忆、药物滥用、酒精摄取、厌食、水消耗等。而且不同的肽可能影响同一个生理功能。已知有 100 多种活性肽在中枢和外周神经系统、内分泌系统、心血管系统、免疫系统和消化系统中起作用，具有强大的信号传导和控制的功能，尤其表现出对靶受体极高的活性和选择性[1]。

另一方面，具有更多氨基酸残基（>40）的蛋白是生物体中结构和功能最多样化、最动态的大分子，具有独特的三级结构和相应的立体特异性，催化生化反应，形成膜受体和通道，提供细胞内和细胞外的骨架支撑，在细胞内或从器官之间传递分子，精确而高效地介导体内的各个生理过程。其中，蛋白-蛋白的相互作用是调控细胞活动的主要方式，如免疫反应、细胞-细胞的识别和黏附以及信号从细胞表面到细胞核的传导都涉及蛋白-蛋白相互作用。当这些蛋白发生变异或异常，或者其存在浓度过高或过低，或蛋白-蛋白相互作用发生异常，都将导致功能失调产生疾病。

正因为肽和蛋白在体内发挥着如此重要的作用，所以肽和蛋白类药物在血压、神经传递、生长、消化、生殖以及代谢调节的治疗方面有着巨大的潜力。最为人们所熟知的多肽和蛋白药物是抗体和疫苗，以及干扰素、白介素、胰岛素、生长激素、艾塞那肽（Exenatide，合成的 Exendin-4）、奥曲肽（Octreotide）、依替巴肽（Integrillin）、万古霉素（Vancomycin）、环孢菌素（Cyclosporine）、卡托普利（Captopril）等（代表性结构见图 14-1），来源包括内源性蛋白和多肽、天然多肽和化学修饰肽模拟物。迄今为止，已经有超过 130 种不同的肽和蛋白药物被美国 FDA 批准上市用于临床使用。2004 年，在 200 个用量最大的药物中，肽和蛋白药物占 20%；2006 年全球肽和蛋白类药物总销售额已经超过 600 亿美元，它们在治疗中获得的高额利润是传统小分子药物所无法比拟的。

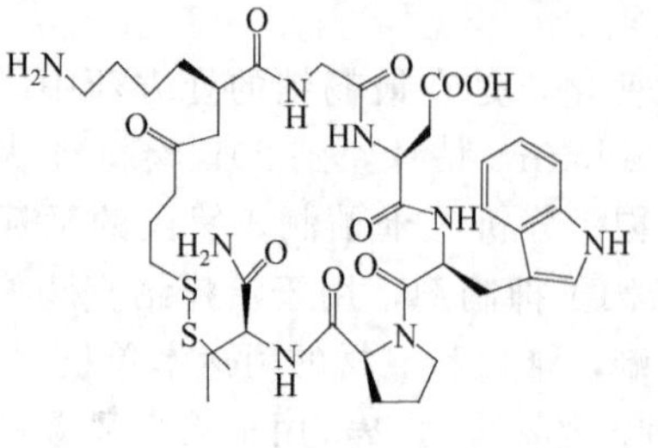

Integrilin

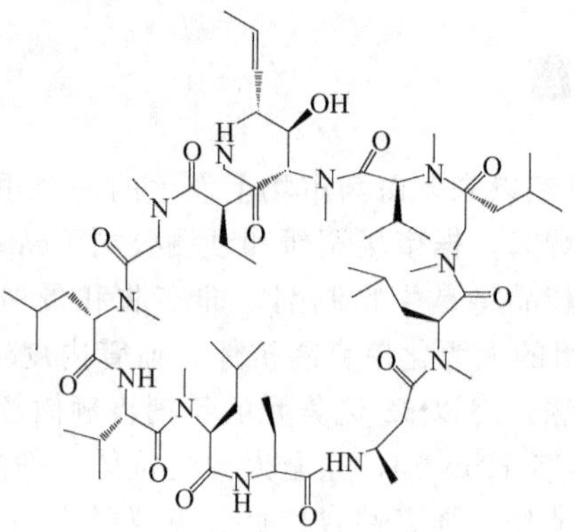

Cyclosporine

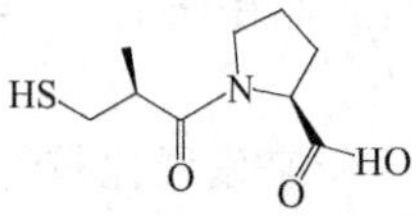

Captopril

HGEGTFTSDLSKQMEEEAVRLFIEWLKNGGPSSGAPPPS
Exenatide(合成的Exendin-4)

Ac-YTSLIHSLIGGSQDQQGKDGQGLLGLDKYASLYDYF-Amide
Fuzeon(Enfuvirtide,T-20)

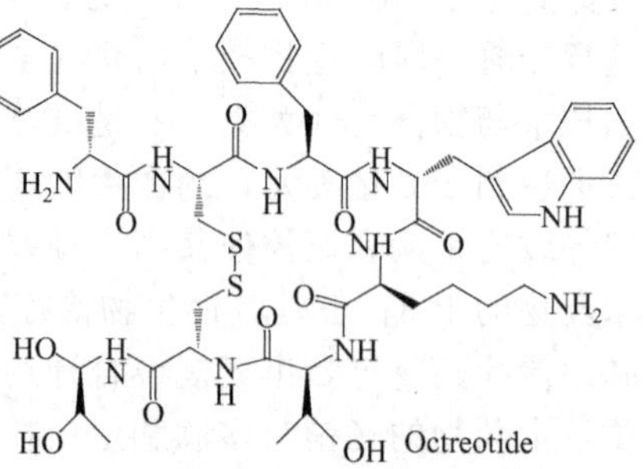

Octreotide

图 14-1 上市的拟肽和多肽药物代表性例子

蛋白药物成功用于临床治疗的一个典型例子是胰岛素，其发现来源于人们对蛋白药物的朴素认知：对于某些激素分泌不足引起的生理紊乱或者疾病，也许能够通过外源性蛋白的补给以达到体内的平衡，从而达到治疗的目的。早在 1922 年，人们就从牛和猪的胰腺中提取胰岛素用于治疗由体内胰岛素不足而导致的糖尿病。然而由于是从动物胰腺中获得，这一治疗方法的成本高且有可能导致有些病人产生免疫反应，造成严重后果。直到重组 DNA 技术的产生，这些问题才得到解决。1982 年，Eli Lilly 公司的重组人胰岛素 Huminsulin™被美国 FDA 批准上市，成为第一个商业化的重组蛋白药物，一直是治疗Ⅰ型和Ⅱ型糖尿病的主要药物。自那以后，为了提高药物疗效，延长体内作用时间，胰岛素的类似物不断被合成出来，包括速效、中效和长效重组胰岛素以及肺吸入型胰岛素纷纷问世，目前已有 12 种制剂，2005 年重组人胰岛素的销售额至少达到 75 亿美元。

与传统的小分子药物相比较，肽和蛋白药物具有许多优点[2]：

首先，肽和蛋白提供高度特异性和复杂的系列功能，这是简单的小分子化合物所无法模拟的；

第二，由于肽和蛋白的作用是高度特异性的，所以肽和蛋白药物很少会干扰正常的生物过程而引起副作用；

第三，由于人体天然产生的许多肽和蛋白被用作药物治疗疾病，所以它们常常具有非常好的耐受性，极少有可能引起免疫应答；

第四，对于某些由于基因的突变或者缺失所引起的疾病，肽和蛋白药物通常能够提供有效的替代治疗而不需要基因治疗，事实上基因治疗目前对绝大多数的遗传障碍是不可行的；

第五，多肽和蛋白药物的临床研发和 FDA 批准所需的时间都比传统的小分子药物要短；

第六，由于肽和蛋白在形式和功能上都是独特的，所以药业公司能够在肽和蛋白药物上获得长期的专利保护，从而获得丰厚的利润。

但是，天然肽和蛋白的生物利用度低、半衰期短、清除率快和缺乏对受体亚型特异性以及生产成本高等缺点也限制了其应用，因此，大量努力集中在设计肽衍生的拟肽化合物以及开发新的制剂和药物转运系统、变革给药途径，以提高其稳定性和选择性。而新型蛋白药物研发技术的出现，如抗体作为载体、基因融合、化学共缀化等，也极大地提高了多肽和蛋白药物的药代动力学稳定性和药物靶向性，将推进更多多肽和蛋白药物的临床使用。

14.2 肽和蛋白药物的主要治疗靶标

多肽和蛋白药物主要来源于内源性的配体、酶、激素或细胞因子等生物活性大分子，调节着失调的生理活动和细胞过程，具有低毒、强效、特异性的优点。但每一个多肽和蛋白药物家族是以多少不同的方式发展起来的，依赖于配体或受体结构的特殊要求、激动剂还是拮抗剂的需求以及行医者的创造性等多因素，因而治疗靶标的结构对于药物的设计就是一个重要的决定因素。因此，下面首先了解一下多肽和蛋白药物主要针对哪些治疗靶标。

14.2.1 G蛋白偶联受体

G蛋白偶联受体（G protein coupled receptor，GPCR）是人体内最大的膜受体蛋白家族，由七个穿越细胞膜的螺旋区域和一个N端区域（细胞外）、一个C端区域（胞内）、胞外和胞内的各三个回环结构（loop）所组成（见图14-2）[3]。它也是最大的药物靶标家族，至少有46个GPCR已被成功开发为临床药物的靶点，还有323个GPCR作为潜在药靶处于研究之中[4]。目前世界药物市场上有1/3的小分子药物是GPCR的激动剂或拮抗剂，在当今前50种最畅销的上市药物中，20%属于G蛋白偶联受体相关药物[5]；作用于GPCR的药物对疼痛、认知障碍、高血压、胃溃疡、鼻炎、哮喘、类风湿性关节炎等各类疾病均具有良好的治疗作用。GPCR的结构多样性和功能重要性使之一直是新药研究和发现的重要和活跃领域。

G蛋白偶联受体的得名来源于这些受体是与细胞的G蛋白（guanine nucleotide-binding protein，鸟苷酸结合蛋白）发生相互作用。与GPCR结合的G蛋白大小约为100kDa，由α、β和γ三种亚基组成，这种异源三聚体以$G\alpha\beta\gamma$表示。磷酸鸟苷结合在G蛋白的α亚基上：非活化状态时，α亚基上连接的是二磷酸鸟苷（guanosine diphosphate，GDP）；当G-蛋白偶联受体与配体作用后，G蛋白排斥α亚基上的二磷酸鸟苷后结合三磷酸鸟苷（guanosine triphosphate，GTP）而达到活化状态（图14-2）。

当某一配体与特定的G蛋白偶联受体的胞外端结合后，就导致受体蛋白组合体构象的变化，进而影响异源三聚体G蛋白与受体胞内端的相互作用，以此来传递信号。因而，一个激动剂性质的配体一定伴随一个结合和一个活化的步骤。GPCR的活化引起GDP分子交换为GTP，异源三聚体$G\alpha\beta\gamma$蛋白从受体上解离成$G\alpha$（18种）和$G\beta\gamma$（β，5种；γ，11种）蛋白。这些蛋白将信号传递至多重活化信号通路，从而引起细胞功能的改变（图14-2）。然后，活化的GPCR与抑制素（arrestin）蛋白结合，在一个脱敏过程中被内在化，这一过程以GPCR最终返回细胞表面而结束。当然，这里所讨论的信号传递过程只是一个通常的活化过程，对于不同的G蛋白偶联受体，还是有其自身"独特"的地方。

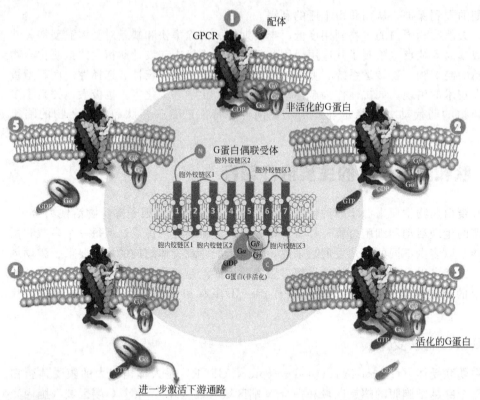

图 14-2 G 蛋白偶联受体的基本机构及其介导的跨膜信号转导

中间为 G 蛋白偶联受体基本结构的示意图。图中仅示意 G 蛋白偶联受体在跨膜区域结构上的相似性，并没有示意跨膜螺旋段的定位取向。事实上，不同类型的 G 蛋白偶联受体 N 端和/或 C 端区域的差别有时是十分显著的，跨膜螺旋段的定位取向也存在着差异。可参考相关的文献[3]。

图 14-2 中①～⑤为 G 蛋白偶联受体介导的跨膜信号转导过程示意图：①G 蛋白偶联受体与配体作用前；②～③G 蛋白偶联受体与配体作用导致偶联在受体上的 G 蛋白的 α 亚基（Gα）构象发生变化，Gα 排斥连接在其上的 GDP 而与 GTP 结合，此时 G 蛋白被活化；④G 蛋白（Gαβγ）解离成 Gα 和 Gβγ 蛋白，Gα 将信号传递至各种信号通路，最终引起细胞活动的改变，至此，G 蛋白偶联受体完成了跨膜信号的转导；⑤～①GTP 连接的 Gα 蛋白与此时的 G 蛋白偶联受体作用，回到未活化的起始状态。

G 蛋白偶联受体大约有 1000～2000 个，根据它们序列的同源性和功能上的相似性大致可划分为五个家族[6]，其中，最吸引药学家兴趣的是视紫红质家族（家族 A）和胰泌素/胰高血糖素家族（家族 B）。家族 A（rhodopsin-like，类视紫红质）是最大的 GPCR家族，含有约 670 个人类受体蛋白，可以与种类繁多的配体结合，诸如肽、胺、嘌呤等，它的受体成为临床使用药物靶点的数量也是最多的。家族 A 又可分为四个亚家族：α，包括视紫红质、β-肾上腺素受体、凝血酶、多巴胺受体、组胺受体以及腺苷受体等，配体主要结合在这类受体的 7 个跨膜 α 螺旋区域中；β，主要是肽结合受体，其结合位点主要位于胞外的 N 端区域和回环区以及跨膜段的上端部分；γ，与多肽和类脂化合物结合的受体，包括三种阿片受体、生长抑素受体、血管紧张素受体、趋化素受体等；δ，主要包括核苷酸结合受体、糖蛋白结合受体和嗅觉受体等。家族 A 的受体通常利用胞外区域与配体相互作用。

家族 B（secretin receptor family，胰泌素受体家族）与家族 A 中的 γ 亚家族具有不同的序列但具有形态学上的相似。这一家族只包含 15 个成员，包括降钙素和类降钙素受体、胰高血糖素受体、促皮质素释放激素受体、胃抑制性多肽受体、生长激素释放激素受体、腺苷酸环化酶活化多肽受体、甲状旁腺激素受体、胰泌素受体和肠血管活性肽受体等。这一家族都具有胞外激素结合区域并结合多肽激素，已有三个激素药品用于临床：降钙素、胰高血糖素和甲状旁腺激素。

对于 GPCR 这个膜蛋白超级家族而言，在每一个家族中都有多个亚家族，在亚家族中又存在亚型（subtype）。不同的亚型可能表达在不同的组织上，对配体表现出不同的亲和力，并且激活不同的信号通路，因此，在多肽配体的研究方面，亚型选择性将是一个重要的方向。

另一个值得一提的特点是多肽配体与这些 GPCR 相互作用的机理。多肽通常是经由 G 蛋白偶联受体的 N 端区域、胞外的回环区和/或跨膜区域与受体发生相互作用。就多肽和激素类 G 蛋白偶联受体而言，具有较短 N 端区域的受体（如家族 A 的肽受体），其配体通常也是较小的多肽，后者与受体胞外的回环区和跨膜核心发生关键的结合和活化作用；而具有较大 N 端区域的受体（如家族 B 的多肽受体），其配体通常也是较大的多肽（或者是蛋白质）。这些比较大的多肽配体据信在它们的 C 端区域与受体的大的 N 端发生重要的相互作用，而其 N 端与受体的跨膜区域相互作用以激活受体。在这里，多肽（或者是蛋白质）配体的 C 端实际上的作用类似于"寻址"，即寻找到要作用的受体，而 N 端在 C 端"寻址"完成后，负责将"信息"传递给受体，因此配体必须包含这两个部分才能顺利完成任务[7]。

因此，倘若某个多肽既含有"寻址"区域（即与受体具有高度亲和力的区域，但不一定是多肽的 C 端），又含有"信息"区域（即活化受体所需的区域，但不一定是多肽的 N 端），那么这个多肽就是激动剂（agonist）；倘若具备"寻址"区域和/或对"信息"区域进行适当的修饰使其不能和相应的区域正确作用，那么这个多肽配体很可能就会成为拮抗剂（antagonist），它通过与受体结合，稳定了受体的非活化构象，从而阻止了信号的传递。根据这样的配体-GPCR 作用机理，药化研究可以根据需要，通过删除、修剪、僵化或者改变特定区域的构象以获得针对特定亚型受体的激动剂和/或更加有效的拮抗剂。

例如，肠血管活性肽（vasoactive intestinal polypeptide，简称 VIP）是一种属于胰高血糖素-胰泌素-肠血管活性肽家族的 28 肽，它作为神经递质和激素广泛分布于外周和中枢神经系统。VIP 的 N 端截短就产生拮抗作用，而将其 N 端乙酰化（即伸长）修饰会导致受体选择性增强或拮抗作用，这取决于酰化基团碳链的长度[8]。因此，N 端被截去的多肽［VIP (10-28)］[9]和 N 端乙酰基豆蔻酰［Lys^{12}］VIP (1-12)-Lys-Lys-Gly-Gly-Thr 或 N-豆蔻酰［Nle^{17}］VIP 是高亲和力的受体结合剂，但只保留部分的激动作用；而 N-乙酰基 VIP 是强效激动剂。在与 VIP 高度同源的垂体腺苷酸环化酶活化多肽（PACAP）中，也存在着类似的现象[10]，即长链酰基产生部分激动作用或拮抗作用，而短链酰化产生具有提高的活性和选择性的激动剂，当然，N 端截短得到高活性的拮抗剂 PACAP (6-38)。

另外，值得注意的是，研究发现许多 G 蛋白偶联受体存在二聚化的现象，其跨膜 α 螺旋段 5 和 6 以及 2 和 3 之间存在功能重要的残基簇，它们对 G 蛋白偶联受体的二聚化起着重要的作用[11]。二聚化（蛋白-蛋白相互作用）在信号传递的过程中发挥着重要的作用，这为新型的多肽拮抗剂的设计拓展了空间。例如药物设计可截取包含二聚化时关键残基簇的肽段以阻止二聚化，从而阻断信号传导通路，调节细胞活动。

14.2.2 生长因子受体

生物体细胞增殖、分化、成熟的调控依赖多种活性蛋白及多肽，统称为生长因子。一些生长因子（growth factor，GF）同时也是细胞因子（cytokine），例如白细胞介素-1

(interleukin-1，IL-1)、白细胞介素-3（interleukin-3，IL-3）和粒细胞集落刺激因子（granulocyte-colony stimulating factor，G-CSF）等。但是生长因子通常对细胞的分裂起到促进的作用，而细胞因子却不一定，它可能对细胞的分裂起到促进作用，也可能抑制细胞的分裂，例如属于细胞因子的肿瘤坏死因子（tumor necrosis factor，TNF）就能够导致细胞凋亡。

各类生长因子都有其相应的受体，称为生长因子受体（growth factor receptor，GFR）。典型的生长因子受体是一个单跨膜的膜内在蛋白，由跨膜区、胞外区和胞内区组成。胞外区包含了与受体相互作用的区域，胞内区则包含了蛋白连接区域。许多生长因子受体的胞内区还含有激酶活性，尤其是酪氨酸激酶活性，这类生长因子受体属于受体（蛋白）酪氨酸激酶［receptor（protein）tyrosine kinase，RPTK 或 RTK］，也是近来被研究得最为广泛的受体之一。受体（蛋白）酪氨酸激酶在没有与配体结合时是以单体存在的，并且没有活性；一旦配体与受体胞外区的相应位点结合，两个单体受体分子在膜上形成二聚体，其胞内区的尾部相互作用，从而激活其蛋白激酶的功能，使得尾部的酪氨酸残基磷酸化（自磷酸化，autophosphorylation）(图 14-3)。磷酸化导致受体胞内区的尾部组装成一个信号复合物（signaling complex），磷酸酪氨酸部位立即成为细胞内信号蛋白（signaling protein）的结合位点，可能有 10～20 种不同的细胞内信号蛋白与受体的磷酸酪氨酸基序（Motif）结合后被激活，引起信号通路下游的细胞生长、分化、增殖、转移等一系列生化反应和细胞的综合性应答。

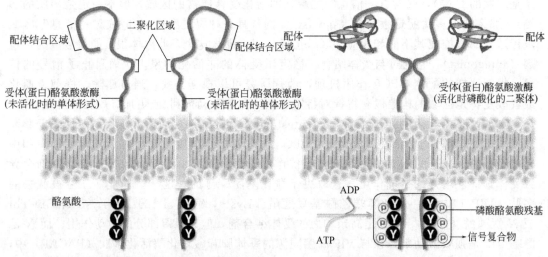

图 14-3 受体（蛋白）酪氨酸激酶非活化（a）和活化（b）状态的示意图

研究发现，生长因子信号传导通路的异常与恶性肿瘤的发生密切相关[12]，如表皮生长因子受体（epithelial growth factor receptor，EGFR，又称 ErbB 受体）家族在多种人类恶性肿瘤中有表达或高表达，已知在 60% 的肿瘤中存在 1 个或多个 ErbB 受体过度表达。尤其在实体瘤中，如肺癌、乳腺癌、胃癌、前列腺癌、卵巢癌、头颈部肿瘤等，ErbB 受体的表达率更高[13]，而且 EGFR 的失调与肿瘤对化疗和放疗的耐受以及预后不良高度相关。因此，以 ErbB 受体为靶点的抗肿瘤药物成为了近年来肿瘤治疗研究中的热点领域。

ErbB 受体家族包括 EGFR（也称作 HER1 或 ErbB-1）、ErbB-2（HER2/neu）、

ErbB-3（HER3）、ErbB-4（HER4）四个成员，HER 指 human epidermal growth factor receptor（人表皮生长因子受体）。同样的，ErbB 受体由胞外的配体结合区、单链跨膜区和胞内的蛋白酪氨酸激酶区三部分组成。ErbB 配体诱导受体酪氨酸激酶的二聚化（包括同源二聚化和异源二聚化），其中 ErbB-2 是杂二聚体首选的搭档，从而激活受体激酶活性。肿瘤细胞中 ErbB 受体的持续激活能够促进细胞不断增殖，因此对 ErbB 受体信号的干扰能够阻断肿瘤细胞的增殖作用[14~16]。目前，临床上主要有两种途径可以成功干预 ErbB/HER 信号传导通路：一种是人工单克隆抗体（MABs），一种是酪氨酸激酶小分子抑制剂（TKIs），前者作用于 ErbB/HER 细胞膜外配体结合区域，后者阻止 ErbB/HER 细胞膜内酪氨酸激酶区域的自身磷酸化作用，两者都已成功应用于临床治疗。

第一个拮抗 HER2 蛋白的单抗药赫赛汀（Herceptin™，又称作 Trastuzumab，曲妥珠单抗）于 1998 年被 FDA 批准用于治疗转移性乳腺癌，在临床治疗上有效地抑制乳腺癌的生长甚至使肿瘤消退。靶向 HER2 胞外结构域的 Herceptin 可能通过以下几个途径抑制 HER2 过度表达的乳腺癌细胞生长[17]：①与 HER2 特异性结合，阻断配体介导的细胞信号传递，影响上皮细胞生长；②加速 HER2 蛋白受体的降解；③通过 ADCC 作用（antibody-dependent cell-mediated cytotoxicity）提高免疫细胞攻击和杀伤肿瘤细胞的能力，增强化疗所致的细胞毒性；④下调血管皮生长因子和其他血管生长因子，抑制肿瘤血管组织的生长。

具有类似作用机理、通过结合 EGFR 胞外域而阻断其信号传导的抗体药西妥昔单抗（Cetuximab，商品名：爱比妥，Erbitux）也成功用于治疗转移性结直肠癌和头颈癌。它是嵌合性鼠/人单克隆抗体，由鼠抗 EGFR 抗体和人免疫球蛋白 IgG_1 的重链和轻链的恒定区域 Fc 组成。值得一提的是，西妥昔单抗与小分子抗癌药物伊立替康（Irinotecan，喜树碱衍生物，DNA 拓扑异构酶抑制剂）联合使用可显著增加结肠癌患者的生存期，这一治疗的协同作用来源于二者都抑制同一个 EGFR 信号传导通路：西妥昔单抗抑制信号通路的引发，伊立替康则抑制通路的下游靶标[18]。

14.2.3 细胞因子受体

近年来，由于细胞因子受体显著的特点以及其缺失与免疫缺陷状态的直接相关性，所以人们越来越多地将目光投向这个因与细胞因子相互作用而得名的受体。根据其结构，细胞因子受体可划分为五个家族，即：

- 免疫球蛋白超家族（immunoglobulin superfamily）：胞膜外区有一个或多个免疫球蛋白样结构域；
- Ⅰ型细胞因子受体家族：胞膜外区有两个不连续的半胱氨酸残基和 WSXWS（X 为任一氨基酸残基）基序，属于单次跨膜蛋白，包含处于胞外的 N 端、胞内的 C 端以及跨膜区，结构组成类似于生长因子受体[19]；
- Ⅱ型细胞因子受体家族：胞膜外区有四个不连续的半胱氨酸残基，主要是干扰素的受体；
- Ⅲ型细胞因子受体家族：有富含半胱氨酸的基序，主要是肿瘤坏死因子受体；
- 趋化性细胞因子受体家族（chemokine receptor）：属于 G 蛋白偶联受体。

很典型的，细胞因子配体引起Ⅰ型和Ⅱ型受体的异源二聚化（或者异源二聚体的二聚体），通过转磷酸化作用引发 Janus 激酶信号传导系统（Jak/Stat）的活化。大多数情形下，异源二聚体由一个"私人"的、Ⅰ型的、配体专一的受体与一个"公众"的、类别专一的信号转导蛋白组成，这个转导蛋白与多个Ⅰ型受体相互作用发挥功能。当然，这些受体以及活化和信号转导是相当多样化的。这些结合大蛋白的配体中最为人所熟知的有生长激素（Growth Hormone，简称 GH）、肿瘤坏死因子 α（Tumor Necrosis Factor，简称 TNF-α）、干扰素（Interferon，简称 INF）和白介素（Interleukin，简称 IL）。在这个巨大的受体家族中，激动剂和拮抗剂都具有现代药学价值；而在提高这些蛋白配体的药学性质（聚乙二醇化、蛋白共缀化）中所获得的经验也广泛应用于小的肽配体。

另外一个重要方面是可溶性细胞因子受体。细胞因子受体除了镶嵌于细胞膜表面的形式外，还有分泌游离的形式，即可溶性细胞因子受体。白细胞介素 IL-1、IL-2、IL-4、IL-5、IL-6、IL-7、IL-8、干扰素 IFN-γ 以及肿瘤坏死因子 TNF 的受体均有其可溶性形式。可溶性细胞因子受体可作为相应细胞因子的载体，也可与相应的膜受体竞争配体而起到抑制作用。例如，IL-6 必须先与其可溶性受体亚单位形成复合物，才能与转导蛋白 GP-130 形成稳定的复合物，从而调节炎症反应。因此，在多发性骨髓瘤（multiple myeloma）、类风湿性关节炎（rheumatoid arthritis）、Castleman 病（Castleman's disease）、银屑病（psoriasis）以及绝经后骨质疏松症（postmenopausal osteoporosis）等 IL-6 过度表达引起的疾病中，通过其他配体与其可溶性受体亚单位紧密连接以阻止 IL-6 与其受体的相互作用是一种有效的治疗方法[20]。

通过阻止细胞因子与其相应的可溶性细胞因子受体结合以治疗免疫调节相关的疾病是行之有效的方法，在这方面最成功的，应属抗肿瘤坏死因子生物制药，已上市的包括 Etanercept、Infliximab、Adalimumab 以及 Certolizumab Pegol，主要治疗克罗恩病和类风湿性关节炎、银屑病等自免疫性疾病，其中最突出的例子是免疫黏附素依那西普（Etanercept，商品名 Enbrel）。依那希普是由人的肿瘤坏死因子受体膜外域和人免疫球蛋白（IgG1）的 Fc 部分嵌合而成的重组融合蛋白。可溶性 TNF-α 受体的作用是对 TNF 去活化以减弱免疫反应。依那希普模拟了天然的人可溶性 TNF-α 受体的抑制效应，通过与 TNF 的结合竞争性地抑制 TNF 与细胞表面的 TNF 受体结合；而且，分子中的 Fc 部分也能靶向 TNF 进行毁坏。另外，由于依那希普是融合蛋白而非简单的 TNF 受体，它在血液中具有更长的半衰期，并具有较低的毒性和免疫原性，因此生物作用较天然的可溶性 TNF 受体要深入和持久许多。自 1998 年上市以来，依那希普的适应症不断增加，销售快速增长，在 2007 年、2008 年全球重组蛋白和单抗药品销售中均排名第一，已成为年销售额超过 40 亿美元的"重磅炸弹"。

14.2.4 整合素

组织和器官要实现某些功能，其细胞必须要能对周围的环境作出判断并给出相应的反应。胞外基质（extracellular matrix，ECM）不仅为细胞的定位提供了物理骨架，而且提供了细胞间相互通信所需要的"接口"。细胞表面的细胞黏附分子（cell adhesion molecule，CAM）就是参与细胞与胞外基质之间及细胞与细胞之间相互作用的分子，包括钙黏素（cadherin）、选择素（selectin）、免疫球蛋白超家族（Ig-superfamily，Ig-SF）、整合素（integrin）及透明质酸黏素（hyaladherin）。

细胞黏附分子都是跨膜糖蛋白，其分子结构由三部分组成，即胞外区（由肽链的 N 端部分组成，带有糖链，负责与配体的识别）、跨膜区（多为一次跨膜）和胞内区（由肽链的 C 端部分组成）。细胞黏附分子的胞内区一般较小，直接与质膜下的骨架成分相连或者与胞内的化学信号分子相连，以活化信号转导途径。多数细胞黏附分子的作用依赖于 Ca^{2+}、Mg^{2+} 等二价阳离子。

整合素为细胞黏附分子家族的重要成员之一，广泛分布于细胞表面，其作用依赖于 Ca^{2+}，主要介导细胞与细胞、细胞与细胞外基质（extracellular matrix，简称 ECM）之间的相互黏附，并介导细胞与 ECM 之间的双向信号传导，对细胞的黏附、增殖、分化、转移、凋亡起着重要的调控作用。整合素是由 α 和 β 两个亚单位通过非共价键组成的异源二聚体，迄今已发现 16 种 α 亚单位和 9 种 β 亚单位，它们按不同的组合构成 24 种整合素。α 和 β 亚单位都属于跨膜糖蛋白，由包含与配体结合区域的长的胞外区、跨膜区和短的胞内区组成（但 $β_4$ 亚基有长的胞内区）[21]（图 14-4）。α 亚单位的 N 端（胞外区）有 4 个结合二价阳离子的重复结构域，胞内区近膜处都有一个非常保守的 KXGFFKR 序列，与整合素活性的调节有关。β 亚单位的胞外区含有至少 4 个富含半胱氨酸的重复结构，它们并列在一起来稳定巨大的 N 端环状结构；而其短的胞内区则包含了能与细胞骨架相关蛋白（将整合素与肌动蛋白细胞骨架系统连接起来的蛋白）连接的区域。这些胞内区短的肽段可以作为扰乱或者终止信号由细胞膜向细胞核转导的重要靶标，反之亦然[22~23]。

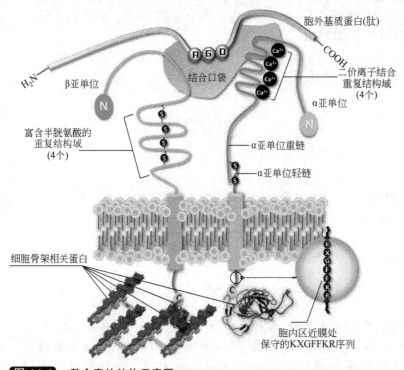

图 14-4 整合素的结构示意图

其中作为配体的胞外基质蛋白（肽）包括纤粘连蛋白（Fibronect）、层粘连蛋白（Laminin）和胶原蛋白（Collage）等；细胞骨架相关蛋白包括踝蛋白（Talin）、桩蛋白（Paxillin）、辅肌动蛋白（Actinin）、黏着斑蛋白（Vinculin）、钙网织蛋白（Calreticulin）以及肌动蛋白丝（Actin filament）等

整合素的大部分配体是胞外基质成分（ECM），如胶原蛋白（Collage）、核纤层蛋白（Lamin）、纤粘连蛋白（Fibronectin）、玻连蛋白（Vitronectin）、胞间粘连分子（ICAMs）等，个别的还能与可溶性的配体如纤维蛋白原（Fibrinogen）和一些细胞表面分子结合，它们与配体的结合对介导胞内反应非常重要。ECM 分子中的精氨酸-甘氨酸-天冬氨酸（RGD）序列，是多种整合素与配体结合的位点。环状 RGD 能封闭此结合点，从而抑制多种整合素包括 αVβ3 和 αVβ5 整合素的功能。整合素和配体结合之后，整合素就单独或者与生长因子共同介导复杂的信号传导。整合素参与诸如细胞的生长、发育、分化、存活、凋亡、止血等多种生理功能[24]，并在多种病理过程中发挥着重要作用，例如在肿瘤的

发生、生长以及转移各个阶段中，细胞异常的活动都与整合素表达紊乱有关[25~26]。

在休眠血管中，整合素与基膜（basal membrane）相互作用以保持血管的休眠状态。而在血管生成（angiogenesis）过程中，整合素对血管内皮细胞的迁移、增殖和存活起着关键作用，因此通过抑制整合素的功能能够有效地抑制血管的生成。另一方面，肿瘤血管生成被认为是促进肿瘤进程的必要事件。缺少这一事件，肿瘤将进入休眠状态（一种细胞增殖和细胞凋亡的平衡状态）[27]。因此，理论上有效地抑制血管的生成就能够制止肿瘤进程。事实上，血管整合素 αVβ3 和 αVβ5 已经作为抑制肿瘤血管生成的靶标进行了临床研究，包括单克隆抗体 Etaracizumab（Ⅱ期临床）、合成肽西仑吉肽（Cilengitide，Ⅲ期临床）等[28]。西仑吉肽是一个环五肽（图 14-5），包含了 RGD 序列，对血管整合素 αVβ3 和 αVβ5 具有高亲和力[29]，它通过与整合素结合以阻止肿瘤血管生成，并能抑制肿瘤的增殖，从而达到治疗癌症的目的。

整合素 αⅡbβ3 由血小板表达，介导凝结过程，涉及血栓形成和心瓣再狭窄。已经上市的对整合素特异的 αⅡbβ3 拟肽拮抗剂有 Integrilin 和 Tirofiban（图 14-5），前者治疗冠状动脉血栓形成，后者是血管形成术的附件。

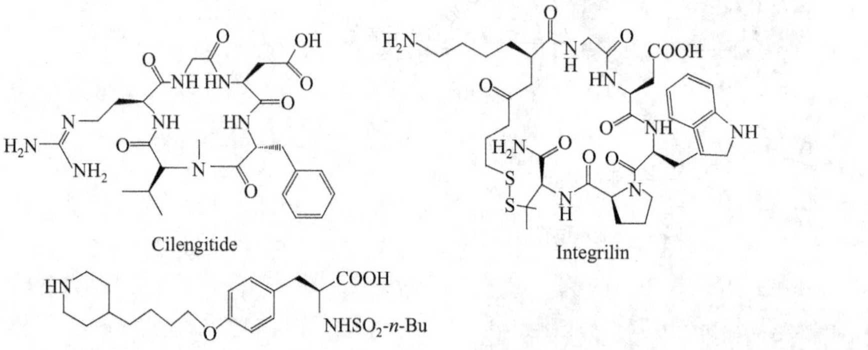

图 14-5 拟肽整合素拮抗剂的结构

14.2.5 蛋白酶

蛋白酶（protease）也叫肽酶（peptidase）或者蛋白分解酶（proteolytic enzyme），包括丝氨酸蛋白酶（serine protease），苏氨酸蛋白酶（threonine protease），半胱氨酸蛋白酶（cysteine protease），天冬氨酸蛋白酶（aspartic acid protease），谷氨酸蛋白酶（glutamic acid protease）以及金属蛋白酶（metalloprotease）六类。这种分类方法是源自蛋白酶在催化区域起关键作用的氨基酸残基或者金属离子[30]。从相对简单的病毒、细菌到动植物的各有机体，从简单的食物中蛋白质的消化到高度协调的串联活动（例如凝血、细胞凋亡通路），蛋白酶通过水解生物分子中最重要的化学键——肽键，发挥着十分关键的作用。蛋白酶是一个十分有效的药物靶标，通过抑制蛋白酶以治疗相应疾病的药物有很多。但是，从已上市的蛋白酶抑制剂来看，这些药物仅是针对相对集中的几个蛋白酶，例如美国 FDA 批准的以 HIV 蛋白酶为靶标的药物就有 10 种（包括一种复方制剂），而针对肽基二肽酶 A（血管紧张素转化酶）的药物更达到 12 种之多。这些药物本身虽然并非肽类药物，但它们中的许多都是源自肽类先导物或者改造自多肽底物，通过结构修饰提高活性和物理性质（影响经肾小球过滤的清除时间）而发展成拟肽药物。

目前作为药物靶标研究得最活跃的蛋白酶是半胱氨酸天冬氨酸酶（Caspase）[31]和二

肽基肽酶-IV (dipeptidyl peptidase-IV, 简称 DPP-IV)[32], 前者介导程序化细胞凋亡, 后者在葡萄糖代谢中起重要作用, 并对肠促胰岛素 (incretins) 诸如胰高血糖素样肽-1 (glucagon-like peptide-1, GLP-1) 的降解负责。因此, Caspase 抑制剂作为抗肿瘤药物已进入临床试验阶段, 而 DPP-IV 抑制剂作为糖尿病治疗药物已进入临床应用, 如磷酸西他列汀 Sitagliptin phosphate (Januvia™, Merck 开发) 2006 年 10 月获得 FDA 批准用于治疗 2 型糖尿病, 成为 DPP-IV 抑制剂的第一个上市产品。针对 DPP-IV 靶标的抗糖尿病药物的另一个研发策略是开发长效的、对 DPP-IV 有抵抗性的 GLP-1 类似化合物。GLP-1 可以在血糖升高的情况下刺激胰岛素的分泌, 增加机体对胰岛素的敏感性, 并能延缓胃排空, 但它在体内迅速被 DPP-IV 所降解。2005 年 4 月, FDA 批准了多肽 GLP-1 受体激动剂 Exenatide (Byetta™; 由 Amylin 和 Eli Lilly 共同开发), 它衍生于美洲一种毒蜥唾液中分泌的天然活性 39 肽, 是肠促胰岛素 GLP-1 的类似物, 但对 DPP-IV 的酶解有抑制性, 因此具有较长的体内半衰期, 有效地降低血糖, 并降低患者体重; 而且, 这类药物只有在血糖升高的情况下才能刺激胰岛素的分泌, 所以引起低血糖的风险较低。

在蛋白酶抑制剂研究领域, HIV 蛋白酶的设计和发现可以为我们提供非常多的药物化学经验。HIV 蛋白酶属于天冬氨酸蛋白酶, 它以同源二聚的方式发挥作用。在 HIV 的复制周期中, gag 和 gag-pol 基因产物被翻译成多聚蛋白。这些多聚蛋白需由病毒编码的蛋白酶水解成 HIV 所需的各种结构蛋白和功能酶[33~34]。HIV 蛋白酶能催化断裂许多特定的肽键, 但对于 gag 和 gag-pol 基因产物中的 Phe-Pro 和 Tyr-Pro 肽键有着高度的特异性。研究人员从 Pol 的片段 L^{165}NFPI^{169} 出发, 用蛋白酶催化过程中出现的过渡态 Pheψ[CH(OH)CH$_2$N] Pro 取代易断裂的二肽键 Phe-Pro, 从而在保留了肽段高亲和力的同时, 又阻止了蛋白酶的裂解作用, 并通过进一步结构优化, 最终得到了第一个靶向 HIV 蛋白酶的抑制剂沙奎那韦[35]。在一些抗 HIV 蛋白酶抑制剂的结构中, 不难发现都包含了 Pheψ[CH(OH)CH$_2$N] 这一结构片段 (或其结构类似物) (图 14-6)。

另外值得一提的, 是作为 26s 蛋白酶体抑制剂的首个含硼拟肽药物硼替佐米 Bortezomib (Velcade™) (图 14-7)。Bortezomib 已被 50 多个国家批准上市用于治疗复发性以及顽固性的多发性骨髓瘤。这个相对非特异性的、二肽硼酸是丝氨酸蛋白酶抑制剂, 它与蛋白酶体 26s 的 K_i 值为 0.62nm, 但与人体中其他酶的结合却很弱。蛋白酶体 26s 的抑制能防止调节蛋白 IκB 的降解。IκB 能阻止核因子 NF-κB 的活化, 而后者则是细胞存活所必需的蛋白。由于 NF-κB 活化的抑制, 细胞很容易启动程序凋亡, 导致肿瘤细胞生长延迟或死亡。非常有趣的是, 蛋白酶抑制的时间长短在这里是一个重要因素。显然, 肿瘤细胞比正常细胞对一般化的蛋白酶抑制更加敏感。当蛋白酶抑制持续 24h 或者更少, 那么这对肿瘤有毒性而对正常细胞无害; 然而, 抑制时间延长就会对正常细胞也产生毒性。

虽然仍有许多研究人员致力于肽类蛋白酶抑制剂的研究[36], 但是由于基于结构药物设计的应用和 X-射线晶体结构的可获得性, 总的来说, 蛋白酶抑制剂似乎还是以非肽的抑制剂比较理想。但是由肽类先导物或者肽类底物进行结构模拟仍是一条合理而有效的药物发现途径。

14.2.6 蛋白激酶和磷酸酯酶

蛋白质的磷酸化及其逆过程的去磷酸化在细胞生命周期的几乎所有方面都起着重要的作用。蛋白质的磷酸化由蛋白激酶 (protein kinase, PK) 催化, 而其逆过程的去磷酸化则由磷酸酯酶 (phosphatase) 催化。蛋白激酶催化腺苷三磷酸 (adenosine triphosphate, ATP) 中的 γ-磷酰基转移到各种各样的关键蛋白质底物中特定的酪氨酸、丝氨酸和/或苏

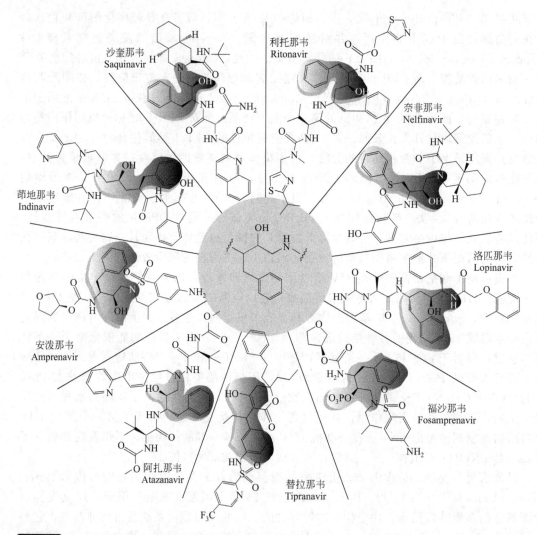

图 14-6 一些抗 HIV 蛋白酶抑制剂的结构

图中展示了一些美国 FDA 批准的用于治疗艾滋病的药物结构。这里给出的都是针对 HIV-1 蛋白酶的药物，从这些结构中，不难发现都包含了 Pheψ[CH(OH)CH$_2$N](图中圆形区域)这一结构片段以及明显的肽痕迹

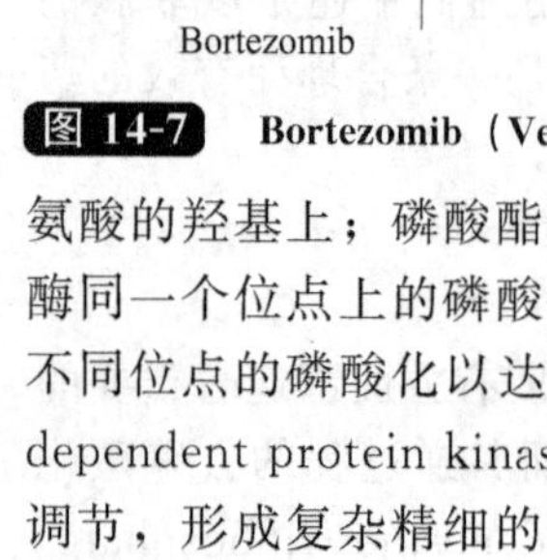

图 14-7 Bortezomib (Velcade™) 的结构式

氨酸的羟基上；磷酸酯酶则催化水解底物上的磷酸酯释放出自由的羟基。值得注意的是，酶同一个位点上的磷酸化或者去磷酸化并不一定对应着酶的活化或者失活，有的酶是通过不同位点的磷酸化以达到活化或者失活的状态，例如细胞周期依赖性蛋白激酶（cyclin-dependent protein kinase, CDK）就存在这种情况。蛋白激酶和磷酸酯酶相互联系，相互调节，形成复杂精细的网络系统，因此不正常的蛋白磷酸化或者去磷酸化常常会导致某些疾病的发生。

大约 2% 的真核生物基因编码蛋白激酶，已知的蛋白激酶超过 500 种[37～39]。虽然分类方法众多[39]，但蛋白激酶常常根据其最终催化的特定目标氨基酸残基分为蛋白酪氨酸激酶（protein tyrosine kinases，PTK）和丝氨酸/苏氨酸激酶（serine/threonine kinase，STK）两类。蛋白酪氨酸激酶（例如 Src 激酶）和许多丝氨酸/苏氨酸激酶［例如丝裂原活化蛋白（mitogen-activated protein，MAP）激酶］在信号转导通路以及调节纷繁复杂的细胞功能方面发挥着至关重要的作用。蛋白酪氨酸激酶据估计大约有 100 种，它又可分为受体酪氨酸激酶（receptor tyrosine kinase，RTK）和非受体酪氨酸激酶（nonreceptor tyrosine kinase，NRTK）两类[40]。受体酪氨酸激酶由胞外区、跨膜区以及胞内区组成。特定的配体连接到胞外区，引起酶结构的变化，使得胞内区活化位点能够连接 ATP 和蛋白质底物。蛋白质底物磷酸化后就导致了一系列事件的发生，最终将胞外的信号转导到胞内。

蛋白激酶已成为第二大药物作用靶标，约 20%～30% 的在研药物就作用于蛋白激酶。由于细胞转化、癌发生以及各种形式的癌症与蛋白激酶的过度表达或者活性升高直接相关，蛋白激酶家族已经成为抗癌药物发现的最重要的靶标之一[41]。

磷酸酯酶可分为半胱氨酸依赖性磷酸酯酶（cysteine-dependent phosphatase，CDP）和金属磷酸酯酶（metallo-phosphatase）。前者在催化水解磷酸酯键时与半胱氨酸形成必需的磷酸-半胱氨酸中间体，后者则必须在活化位点络合两个金属离子以水解磷酸酯键[42]。根据催化底物的特异性，磷酸酯酶还可划分为酪氨酸磷酸酯酶、丝氨酸/苏氨酸磷酸酯酶以及双特异性磷酸酯酶。蛋白酪氨酸磷酸酯酶（protein tyrosine phosphatase，PTP）是一类信号传导酶[43]，它们通过调节细胞内酪氨酸的磷酸化水平来控制细胞的生长、分化、代谢。另外，细胞迁移、基因转录、离子通道开闭、免疫反应、细胞凋亡以及成骨发育也受到蛋白酪氨酸磷酸酯酶的调控。蛋白酪氨酸磷酸酯酶的紊乱可导致多种疾病，如癌症、糖尿病、肥胖症和骨质疏松症。相对于蛋白激酶，磷酸酯酶受到的关注相对较少。但是当人们发现蛋白酪氨酸磷酸酯酶-1B（protein tyrosine phosphatase-1B，PTP-1B）可通过对胰岛素受体底物-1 和胰岛素受体底物-2 的去磷酸化作用下调胰岛素信号时，PTP1B 作为治疗糖尿病和肥胖症的优异靶标受到了广泛的关注[44～46]。另外在某些癌症，例如乳房癌以及结肠癌中也观察到一些磷酸酯酶的过度表达[47]。

14.2.7 蛋白质-蛋白质相互作用

蛋白质-蛋白质相互作用在多肽药物发现领域很有吸引力[48]，它发生在几乎所有的细胞进程中。从细胞周期的调控到细胞宏观结构的形成，从 DNA 的修复、转录、剪接、翻译到复杂酶类的生成，从细胞-细胞识别到免疫应答，处处都是通过蛋白质-蛋白质的相互作用启动或者阻止。前面介绍的 GPCR 与配体的结合也可在总体上归结为蛋白-蛋白相互作用，受体酪氨酸激酶和蛋白配体、细胞因子受体和蛋白配体的结合都涉及蛋白-蛋白相互作用。

不适当的蛋白质-蛋白质相互作用往往会导致某些疾病的产生。发生相互作用的蛋白质表面往往具有独特的结构和性质，其序列也比活化位点更趋于保守。因此，调控引起疾病的不适当的蛋白质间相互作用就成为一种有效的治疗策略，同时也为新药的发现提供了更加广阔的空间。

蛋白-蛋白相互作用的界面（protein-protein interface）是目前很有吸引力的药物发现靶标[49]。通过发现蛋白质-蛋白质发生相互作用的关键区域是获得先导多肽以及了解蛋白相互作用结构信息的有效方法。例如，研究发现 HIV-1 整合酶是以二聚或四聚体形式发挥催化活性的，那么，通过发现寡聚体组合中蛋白-蛋白相互作用界面的关键片段，就能获得整合酶的多肽抑制剂。确实，研究人员从 HIV-1 整合酶的序列出发，应用"序列漫步"的截取策略，发现处于催化核心 α1 螺旋区的 NL-6 肽（序列为 TAYFLLKLAGRW）具有很好的抑制整合酶 3′ 加工和链转移的活性，可能是通过抑制整合酶二聚而起作用的[50]。另一获得先导多肽的方法是通过对受体或者配体的丙氨酸扫描，以详细了解蛋白质表面的相互作用，通过关键氨基酸和/或非关键氨基酸的置换、修饰以获得所需的激动或者是抑制效果。如对生长激素（growth hormone，GH）及其受体的研究发现，单一的生长激素分子与两个生长激素受体结合并形成同源二聚体，但 GH 与两个受体发生作用的结合区域完全不同。因此，对 GH 上与第二个受体结合的位点进行改造，就得到一个 GH 受体的单齿配体，不能与第二个受体结合，于是就产生了一个强效拮抗剂。对受体配体相互作用的分析发现，GH 与受体相互作用的关键只在于少数的几个氨基酸残基，它们构成的疏水补丁产生了绝大部分的结合能，由此提出了"热点（hot spot）"这一概念。

蛋白质的表面积相当大，大大超过了多肽（包括相对小的蛋白质）和小分子化合物的表面积。那么以多肽或者小分子化合物去阻止蛋白质间的相互作用似乎是不可能的。然而，研究发现蛋白质表面高亲和力结合另一蛋白质的区域（这一区域中的氨基酸残基，即热点）实际上是非常小的。作为热点的残基通常都簇拥在一起，周围则是一些在能量上不是十分重要的残基，这些残基能够起到遮蔽溶剂的作用。热点残基所在的区域通常拥有其独特的构象和物化性质，其三维排列对稳定蛋白质-蛋白质的相互作用非常关键。因此，对于多肽而言，采取一些构象限制的方法，来稳定或者模拟这种三维排列，使残基的边链处于合适的伸展方向，就成为多肽药物研究的一个重要方向。

蛋白质-蛋白质相互作用的普遍存在为多肽药物的发现提供了巨大潜力。近年来，研究蛋白质-蛋白质相互作用的方法层出不穷，包括酵母双杂交扫描、噬菌体展示、蛋白微点阵技术、二维电泳偶联质谱等，应用这些方法发现的蛋白质间的相互作用与日俱增，以此为基础发现的先导多肽也随之增加，从中获得的许多合理设计的经验，对多肽药物的发现提供了无限的可能性。

14.3　肽和蛋白药物的种类及应用

目前，已有超过 130 种肽和蛋白药物被美国 FDA 批准用于临床治疗，还有更多的处在临床开发阶段。根据肽和蛋白药物的发现的来源，可以简单地分为内源性和外源性发现途径。前者是指源于人体内的肽和蛋白，经过改造或者直接用于治疗的药物发现途径。将内源性的肽和蛋白作为药物是一个简单而可靠的思路，因为许多疾病的产生正是由于体内某种蛋白的缺陷或不正常而导致的。外源性发现途径包括了非人源性的发现途径，从前通过从天然产物中获取生物活性肽是最主要的方法，现在随着各种新兴技术的发展，这种被动的发现方式，已经不再是占主导的方式，现代基因组学和蛋白质组的研究成果为新功能蛋白药物的发现提供了更多的可能，而组合化学肽库以及噬菌体库展示等方法也被广泛用于生物活性肽的发现。另外，基于肽结构的肽模拟物而开发的各种模版结构，也为肽向小分子化合物的转化提供了越来越成熟的方法。

14.3.1　蛋白药物的主要类型和医学应用

由于蛋白的结构复杂性和功能多样性，蛋白药物在医学的几乎每个领域都起着重要作用，对它的分类也是比较困难的。总的来说，根据功能和治疗范围，现有蛋白药物主要分为四大类[2]：第一类，具有酶或调节活性的蛋白药物，包括取代有缺陷或异常的蛋白、增强已存在的通路和提供新的功能或活性；第二类，具有特殊靶向活性的蛋白药物，包括干预分子或有机体、传递其他化合物或蛋白；第三类，蛋白疫苗，包括保护机体抵御有害的外来物、治疗自免疫疾病和治疗癌症；第四类，蛋白诊断试剂，用来影响临床决定的正确作出。我们将讨论第一类和第二类蛋白药物的代表性应用。

14.3.1.1 具有酶或调节活性的蛋白药物

这类作为酶或调节蛋白的蛋白药物应用范围很广，从提供乳糖酶给缺乏这种胃肠道酶的病人到取代血友病患者性命攸关的凝血因子如因子Ⅷ和因子Ⅸ。最经典的例子就是用于治疗Ⅰ型和Ⅱ型糖尿病的胰岛素，另一个重要例子是胆囊纤维化的治疗。这是一个很常见的致死性基因疾病，CFTR基因编码的氯离子通道有缺陷导致异常厚的分泌物，从而阻止胰酶下行到胰管进入十二指肠，于是，食物不能被适当消化，病人发生营养不良。患有胆囊纤维化的病人是用从猪中分离的胰酶组合进行治疗，包括脂酶、淀粉酶和蛋白酶，可以进行脂肪、糖和蛋白的消化。

用来增强一个特定的正常蛋白的活性和作用时间的蛋白药物，主要用于促进血液和内分泌通路以及免疫反应。在治疗造血缺陷症方面最突出的例子是重组人促红细胞生成素（EPO），这一蛋白激素是由肾分泌来刺激骨髓中的红细胞生成。对于化疗诱导的贫血患者或骨髓发育不良综合征患者，重组红细胞生成素用来增加红细胞的生成，从而改善贫血。而对于肾衰病人，其内源性红细胞生成素水平低于正常值，因此，重组红细胞生成素被服用来修正这一缺陷。另一个成功应用是粒细胞-或粒细胞单核细胞-集落刺激因子（G-CSF或GM-CSF）治疗中性血细胞减少患者，刺激骨髓产生更多的嗜中性白细胞从而抵御微生物感染，适应证是癌症或癌症化疗引发的感染预防和治疗。同样的，血小板减少患者也可以用白介素11（IL11）进行治疗，通过增加血小板的生成来阻止出血并发症。体外受精是这类蛋白药物的另一个应用领域，重组卵泡刺激激素（FSH）可促进成熟卵泡数目的增加和卵母细胞的增加，从而增大体外受精的成功率；而重组人绒毛膜促性腺激素（HCG）能促进卵细胞的捕获，这是卵细胞被转运到输卵管进行受精前的必须步骤。而在血栓形成和止血方面，人血浆蛋白因子中的重组蛋白药物更具有救命效果，如重组组织纤维蛋白溶酶原激活剂 Alteplase 治疗急性心肌梗死，超生理水平的重组人凝血因子Ⅶa可以催化血友病A或B患者的血栓形成因此阻止致命性的出血。用于免疫调节的蛋白药物也属于这一类，如不同种类的干扰素可以治疗慢性乙肝和丙肝、卡波西式肉瘤、黑素瘤和一些白血病和淋巴瘤。

提供新的功能或活性的蛋白药物主要是外源性蛋白，具有人体正常不能表达的功能，或者一些内源性蛋白在一个新颖的时间或地方作用于人体。例如分离于番木瓜中的木瓜蛋白酶就在临床上用于降解伤口里的蛋白碎屑，从溶组织梭菌的发酵液中得到的胶原酶用来消化伤口坏死基质里的胶原。蛋白酶介导的清创或去除坏死组织对治疗烫伤、压力性溃疡、术后伤疤、痈和其他类型的创伤都非常有用。而对医用水蛭的研究发现，它的唾液腺产生的水蛭素是强效的凝血酶抑制剂。于是，这种蛋白的基因被鉴定、克隆和重组表达提供新的蛋白药物，即重组水蛭素（Hirudin），用于治疗肝素诱导血小板减少病人的血栓症。而来源于内源性蛋白的重组人脱氧核糖核酸酶Ⅰ也具有非常有趣的新颖用途。正常存在于人体细胞内的这种重组蛋白可用来降解囊性纤维化病人呼吸道中死亡中性粒细胞遗留的DNA，否则这些DNA会形成黏液栓塞阻塞呼吸道并导致肺纤维化、支气管扩张和复发性肺炎。这样，重组蛋白技术让一个正常的细胞内酶在一个新颖的细胞外环境中发挥了治疗作用。

14.3.1.2 具有特异靶向活性的蛋白药物

靶向性蛋白药物主要通过重组DNA技术利用单克隆抗体和免疫黏附素不同寻常的结

合特异性来实现治疗或输送的作用。总的来说，干扰分子或有机体的蛋白药物使用免疫球蛋白（Ig）分子的抗原识别位点或天然蛋白配体的受体结合域来指导免疫系统去摧毁特异性靶向的分子或细胞。其他单克隆抗体和免疫黏附素通过简单的物理占有该分子的功能重要区域来中和分子。免疫黏附素将蛋白配体的受体结合域和免疫球蛋白的Fc区域结合在一起。Fc区域能够靶向可溶性分子将其毁灭，因为免疫系统的细胞能识别Fc区域，然后内吞所附着的分子，通过化学或酶的方法将该分子裂解。前面提到的治疗炎症疾病的免疫黏附素依那西普就是这一类型的药物，它是肿瘤坏死因子受体和免疫球蛋白Fc片段的融合蛋白。融合蛋白是指不同蛋白的不同功能域通过基因工程手段构建成一个蛋白，希望具有双功能或新的功能。依那希普分子中的TNF受体部分结合血浆中过量的TNF，而分子中的Fc部分就进攻TNF将其摧毁。通过将两个功能结合在一起，这个药就使TNF的有害效果（TNF是一个细胞因子，能刺激免疫系统活性增强）无效因而对发炎性关节炎和银屑病提供有效治疗。这类蛋白药物的另一个成功应用领域是肿瘤治疗，主要是抗体，如前面提到的西妥昔单抗和赫赛汀，以及用于治疗B-细胞型非霍奇金淋巴瘤（Non-Hodgkin's Lymphoma，NHL）的利妥昔单抗（Rituximab）都属此类。

抗体作为载体传送小分子或蛋白药物到特定的治疗靶标是目前蛋白药物的一个重要研究方向[51]。人体正常使用蛋白来获得专门化的分子运输和传递。如果了解了基于蛋白的靶向性的分子输送原理，那么就可以将这些原理应用于现代药物治疗。吉妥单抗奥唑米星（Gemtuzumab Ozogamicin）是这方面的一个成功例子，它是将重组人源化IgG4单克隆抗体（吉妥珠单抗）与细胞毒抗肿瘤抗生素加里刹霉素（Calicheamicin，烯二炔类抗生素）键合而成，通过抗体部分专一地结合到CD33抗原上，将化疗药物选择性地递送到CD33-阳性的急性髓性白血病细胞上，导致这些肿瘤细胞的选择性被杀死，既降低了毒性，又提高了疗效。

蛋白疫苗和蛋白诊断试剂更突出了蛋白在医学领域日益增长的重要性，将结合肽类药物一起在下面的章节进行介绍，根据治疗疾病的种类更加具体地介绍多肽和蛋白药物的特点和应用。

14.3.2 肽和蛋白疫苗

为了有效地抵御外来有机体或者癌细胞，人体的免疫细胞如辅助性T细胞必须被激活。免疫细胞的激活是由抗原呈递细胞介导的，而后者的表面存在着一些特异性的源自外来有机体或肿瘤的寡蛋白。传统的疫苗使用的是减毒或者灭活的病原体，例如脊髓灰质炎疫苗或麻疹疫苗。然而这种疫苗的使用不可避免地会存在着一定的感染或毒副反应风险。通过特异性地注射微生物中的适当的免疫原性（但是非致病性）蛋白成分，疫苗就有可能创造出来为个体提供免疫力，而不用将个体置于被感染和引起有毒反应的危险之中。

肽和蛋白疫苗最重要的应用是抗病毒、抗肿瘤以及抗细菌和寄生虫。由于缺乏蛋白的三维结构、分子量小、半衰期短以及免疫原性差（使机体无法产生免疫反应），肽疫苗的功效比蛋白疫苗要低。虽然目前还没有肽疫苗用于临床免疫，但是由于肽疫苗克服了传统疫苗的许多缺点，包含明确的抗原，能够产生有效的特异免疫反应而没有潜在的风险和毒副作用，并且可以大规模化学合成，代表了疫苗学的发展方向。

目前为止被美国FDA批准的用于免疫疾病或者相应病原体的疫苗达57种，乙肝疫苗是其中的一个成功例子。在一些国家，尤其是在东南亚和非洲，较高比例的人群感染了高传染性的乙肝病毒（即B型肝炎病毒，HBV），导致黄疸，甚至引发肝癌。乙肝疫苗[52~53]的上市使这一情况正在发生好转。这一疫苗包含了重组的乙肝病毒表面抗原

(HBsAg)，是 HBV 病毒的非感染性蛋白。当具有免疫活性的人被这个蛋白刺激再刺激后，绝大部分个体会产生显著的免疫力。同样的原理，包柔氏螺旋体菌 *Burgdorferi* 外表面的无感染性脂蛋白经基因工程改造成了莱姆病（OspA）的疫苗[54~55]。新近批准上市的人类乳头状瘤病毒（HPV）疫苗 Gardasil™ 则是一个四价的 HPV 重组疫苗，包含了四种 HPV 病毒株 6,11，16 和 18 的主要衣壳蛋白[56]。HPV 病毒株 6 和 11 常常导致生殖器疣（genital warts），HPV 病毒株 16 和 18 常常导致子宫颈癌（cervical cancer）。多价疫苗（poly-value vaccine）代表了疫苗发展的一种新的趋势。

除了产生对抗外来入侵者的保护，重组蛋白也能诱导保护作用，抵御过度活化的免疫系统对自身的进攻，即用于治疗自身免疫性疾病的疫苗。有一种理论认为，大量施用这一自身蛋白能引起机体免疫系统通过消除或去活化对该自身蛋白反应的细胞，来发展对该蛋白的耐受性。怀孕期胎儿的免疫接受就代表着此类疫苗的特殊应用。一个典型例子是抗 Rh 免疫球蛋白 G（anti-Rhesus immunoglobulin G，Rhophylac™）[55]可用于消除 Rh 抗原，否则一旦由 Rh 抗原诱导产生的 Rh 抗体出现在 Rh-阴性的个体中，将具有致命的危险。对于 Rh-阴性的怀孕母亲，服用抗 Rh D 抗原免疫球蛋白可以阻止她在分娩 Rh-阳性的新生儿时的过敏反应。因为该疫苗使她不能发展导向 Rh 抗原的抗体，所以即使她怀有携带 Rh 抗原的胎儿，也不会在孕期发生免疫反应和流产。

除了传统的预防性疫苗，治疗性疫苗也在近十年成为一个研究热点。治疗性疫苗（therapeutic vaccine）旨在打破机体的免疫耐受，提高机体的特异性免疫应答，是治疗研究领域的一项新突破，给病毒性疾病、肿瘤等的治疗带来了新希望。根据组成成分的不同，治疗性疫苗主要包括蛋白质复合重构治疗性疫苗、核酸疫苗和细胞疫苗三类。其中，蛋白质疫苗的重构包括蛋白质的修饰，结构或构型上的改造，以及多蛋白的复合及多肽偶联等，重构后的抗原类似而又异于传统疫苗的靶抗原，可唤起患者的功能性免疫应答。核酸疫苗是将编码某种抗原蛋白的外源基因（DNA 或 RNA）直接导入动物体细胞内，并通过宿主细胞的表达系统合成抗原蛋白，诱导宿主产生对该抗原蛋白的免疫应答，以达到预防和治疗疾病的目的。细胞疫苗则是利用肿瘤细胞等细胞的抗原，诱导宿主产生特异性免疫应答。例如，树突状细胞（dendritic cell，DC）疫苗利用 DC 这一抗原递呈细胞的特征，有效地将抗原递呈给 T 淋巴细胞，从而诱导细胞毒性 T 淋巴细胞（CTL）活化。可见，治疗性疫苗通过激发机体本身的防御机制，使其识别细菌或病毒引起的疾病细胞并加以攻击。这种疫苗不仅能够促使机体产生相应的抗体，而且能激活杀伤性 T 细胞，达到治疗的目的。

目前，治疗性疫苗的研究开发主要侧重于针对癌症的治疗，对传染性疾病如艾滋病和乙肝的治疗性疫苗的开发也相对较为活跃。由于肿瘤疫苗的美好前景，许多跨国大药厂和多家生物技术公司纷纷加入到治疗性抗肿瘤疫苗的研发竞争中，如赛诺菲-安万特进行治疗肾癌、直肠癌及前列腺癌的 TroVax 临床试验，葛兰素-史克进行临床Ⅲ期的治疗肺癌的疫苗试验，德国默克通过与加拿大的 Biomira 公司的合作开发的治疗肺癌的疫苗 Stimuvax 已进入Ⅲ期临床试验，Antigenics 的肾癌治疗性疫苗 Oncophage、Pharmexa 公司的胰腺癌治疗性疫苗 GV1001、Genitope 公司的 NHL 淋巴癌治疗性疫苗 MyVax 等也都在开发中。

14.3.3 抗肿瘤多肽和蛋白药物

已经有许多抗肿瘤的多肽和蛋白药物被批准用于临床治疗，主要是抗体类药物。例如用于治疗直肠癌和头颈癌的西妥昔单抗（Cetuximab）是针对表皮生长因子受体（EGFR）

的人源化人/鼠嵌合型（human/mouse chimeric）单克隆抗体（humanized mAb）。西妥昔单抗是由英克隆（ImClone）和百时美施贵宝（Bristol-Myers Squibb）公司联合研发的针对 EGFR 的人源化人鼠嵌合性单克隆抗体，由鼠抗 EGFR 抗体和人 IgG_1 的重链和轻链的恒定区域组成。西妥昔单抗与 EGFR 有很强的亲和力，通过竞争性地抑制表皮生长因子受体与其配体表皮生长因子（epithelial growth factor，EGF）和转化生长因子-α（transforming growth factor α，TGF-α）等的结合，从而阻断 EGFR 的激活及其下游信号蛋白的磷酸化，抑制肿瘤的生长和增殖。另外，西妥昔单抗可促发 EGFR 的内吞降解，减少细胞表面的受体密度，减弱细胞生长信号的转导，抑制肿瘤的生长[58]。同样作用机理的结直肠癌治疗药 Panitumumab（帕尼单抗，商品名 Vectibix）则是第一个完全人源化的单抗（human mAb）[59]。由于啮齿动物的单克隆抗体作为治疗药物遇到的最主要问题就是人体将其当作异物加以排斥，即人体免疫系统可以识别嵌合抗体中的鼠蛋白，从而引起免疫应答，而完全人源化的抗体则可避免这一问题，从而将成为下一代的治疗药物[60]。其他临床使用的抗肿瘤单抗还包括 Bevacizumab（用于直肠癌和非小细胞肺癌的治疗）、Alemtuzumab、Rituximab 和曲妥珠单抗（Trastuzumab，用于乳腺癌的治疗）。曲妥珠单抗的商品名是赫赛汀，是靶向 ErbB-2 胞外结构域的人源化单抗，其作用机理已在 14.2.2 节中介绍。

利妥昔单抗（Rituximab，商品名 Rituxan 和 MabThera）是抗 CD20 的人/鼠嵌合型单克隆抗体，属于导向性治疗抗体。CD20 是一个跨膜蛋白，广泛表达在 B 细胞上，也在超过 90% 的 B-细胞性非霍奇金氏淋巴瘤上高表达。利妥昔单抗通过与 B 细胞及 B 淋巴瘤细胞上表达的 CD20 抗原结合，经 ADCC（antibody-dependent cellular cytotoxicity）、CDC（complement-dependent cytotoxicity）等途径利用人体免疫系统去攻击和杀死作了记号的 B 细胞，发挥其抗肿瘤作用。而骨髓内的干细胞（B 细胞的前期细胞）缺乏 CD20 抗原，从而使健康的 B 细胞能在治疗后重新生成，并在几个月内回复到正常水平。在临床上，利妥昔单抗用于治疗某些复发、难治、CD20 阳性的 B 细胞性非霍奇金氏淋巴瘤，也被批准用于治疗那些对 TNFα 疗法无效的类风湿性关节炎。

衍生于整合素的 ECM 配体序列的西仑吉肽是一个很有希望被批准临床应用的抗肿瘤肽。西仑吉肽的结构是环五肽 cyclo (-RGDfV-)，包含了 RGD 序列，对血管整合素 αVβ3 和 αVβ5 具有高亲和力，它通过与整合素结合以阻止肿瘤血管生成，从而达到治疗癌症的目的。

天然产物来源如海洋生物和微生物提取的多肽和杂键肽，很多都具有细胞毒性和抗肿瘤活性[1]，如已经用于临床的氨肽酶抑制剂 Bestatin 就是一种从橄榄网状链球菌培养液中发现的二肽分子（图 14-8）。Bestatin 通过诱导细胞凋亡对白血病和非小细胞癌具有显著的抗肿瘤活性，临床上 Bestatin 单药或联用其他药物治疗急、慢性白血病，取得很好的疗效。

14.3.4 抗病毒、抗细菌肽和蛋白药物

病毒感染宿主的过程一般要经历吸附（宿主细胞）、穿入、脱壳、核酸复制、转录翻译、组装等多个阶段。理论上，只要阻止其中任一步骤就可抑制病毒复制，从而达到抗病毒的作用。其中最有效的抗病毒药物是作用于病毒复制的早期阶段，即从源头上抑制病毒的感染。病毒一般通过被膜糖蛋白与宿主细胞表面的特异受体结合来附着到细胞上，因此病毒进入过程所涉及到的关键受体就成为理想的药物干预靶标。例如 HIV 病毒入侵 T 细胞就需要病毒被膜上的糖蛋白 gp120 和 gp41 与 T 细胞上的 CD4 受体及其辅助受体 CCR5

和 CXCR4 发生相互作用才能进入，依次经历依附、辅受体相互作用和融合三个步骤。衍生于 gp41 序列的多肽片段恩福韦地（Enfuvirtide，序列见图 14-1）能结合到 gp41 上，阻止 gp41 的构象变化，从而阻止 HIV 病毒侵入人体。恩福韦地称为融合抑制剂，是一个含有 36 个氨基酸残基的多肽，已经能够大规模合成用于艾滋病的治疗。又如呼吸道合胞病毒（respiratory syncytial virus，RSV）是导致婴幼儿下呼吸道感染及免疫缺陷性疾病的重要原因。对呼吸道合胞病毒的研究发现，病毒主要通过 G 糖蛋白黏附于宿主并通过 F 糖蛋白融合于宿主细胞膜。人源化单克隆 IgG 抗体 Palivizumab 能与 RSV 上的 F 糖蛋白结合，可明显抑制 F 糖蛋白上 A 位点抗原决定簇的表达，从而抑制呼吸道合胞病毒的复制[61]。

细胞由于对病毒感染反应而生成的糖原蛋白干扰素能阻断病毒复制的多个步骤，并能对病毒抗原产生抵抗能力，因此有些干扰素也用于抗病毒治疗，例如干扰素 α2a 和干扰素 α2b 用于对抗乙型和丙型肝炎病毒。针对病毒复制后期阶段的多聚蛋白切割的蛋白酶抑制剂是最为成熟和成功的抗 HIV 病毒多肽药物，它是根据多肽底物被酶解时反应过渡态的结构，运用生物电子等排体概念设计出来的，其基本原理是以非剪切的羟基乙基键（hydroxyethylene bond）取代可剪切的肽键。目前已有 10 个 HIV-1 蛋白酶抑制剂被 FDA 批准用于临床治疗艾滋病，其中 8 个是肽类化合物。

抗菌肽大多来源于天然多肽，如蛇毒、昆虫、蟾蜍或毒蛙分泌物、微生物发酵液等都是提供抗菌肽的丰富源泉。目前临床上应用的抗菌肽多来源于微生物发酵，主要有环肽、糖肽和脂肽三类。其中，影响最大的氨基糖肽类抗生素是万古霉素（Vancomycin），由放线菌 *Amycolatopsis orientalis* 的发酵液中分离得到（图 14-8）[62]。万古霉素在临床上广泛用于耐药病原菌引起的严重感染，一度被认为是人类对付细菌的最后一道防线。其主要作用机理是通过与细菌细胞壁的肽聚糖前体的末端二肽结合，抑制其转糖、转肽过程，最终杀死细菌。

另一个很有影响的环脂肽类抗生素是达托霉素（Daptomycin，商品名 Cubicin），是从 *Reseosporus* 链霉菌发酵液中提取得到的（图 14-8），用于治疗由一些革兰氏阳性敏感菌株引起的并发性皮肤及皮肤结构感染，如脓肿、手术切口感染和皮肤溃疡。达托霉素的作用机制与其他抗生素不同，它通过扰乱细胞膜对氨基酸的转运，从而阻碍细菌细胞壁肽聚糖的生物合成，改变细胞质膜的性质；另外，它还能通过破坏细菌的细胞膜，使其内容物外泄而达到杀菌的目的。因此细菌对达托霉素产生耐药性可能会比较困难[63]。

14.3.5　具有免疫调节作用的肽和蛋白药物

具有免疫调节功能的肽和蛋白药物包括干扰素、白细胞介素、生长因子和分化因子。干扰素和白细胞介素是绝大部分动物细胞在应对外来异物如病毒、细菌、寄生虫和肿瘤细胞时所产生的天然多肽和蛋白，都属于细胞因子家族成员。这些多肽和蛋白与他们的重组类似物或衍生物可以提升机体的免疫反应治疗肿瘤疾病、病毒感染和免疫缺陷。

例如，[Ser^{125}] 白细胞介素-2（Proleukin™）被批准治疗晚期肿瘤转移。需要指出的是，未改造的天然 IL-2 毒性很大，其使用受到限制。Chiron 公司将天然 IL-2 中的 Cys^{125} 用 Ser^{125} 替换后，其生物活性不受影响，毒性也大为降低。许多干扰素也被用于临床，然而天然的蛋白药物在体内的半衰期很短，使得使用受到限制。对蛋白药物进行聚乙二醇化修饰，可以提高其血清半衰期，降低血浆清除率，同时屏蔽抗原表位提高药物的安全性，如 PEG-干扰素 α2a 以及 PEG-干扰素 α2b 都已经商品化用于慢性丙型肝炎的治疗。

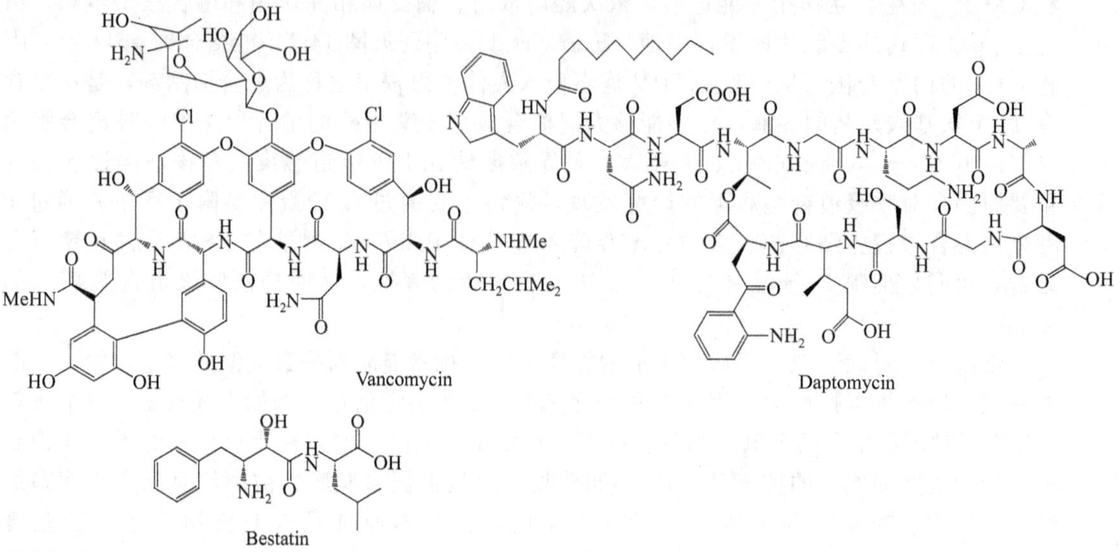

图 14-8 来源于微生物发酵的多肽药物

另一类重要的免疫调节剂是用于治疗类风湿性关节炎的蛋白药物，包括：Adalimumab、Abatacept、Anakinra、Etanercept 和 Infliximab。它们的作用机理不尽相同，其中 Etanercept 是由人的肿瘤坏死因子膜外受体部分和人免疫球蛋白（IgG1）Fc 部分嵌合而成的可溶性重组人肿瘤坏死因子-α（TNF-α）受体融合蛋白。肿瘤坏死因子与 TNF-α 受体结合可导致 TNF 的去活化，从而减弱免疫反应。Etanercept 模拟了人可溶性 TNF-α 受体的抑制效应，通过与 TNF 的结合竞争性地抑制 TNF 与细胞表面的 TNF 受体结合。由于 Etanercept 是融合蛋白，具有相对较大的分子量，其在血液中具有更长的半衰期。Infliximab 则是嵌合的单克隆抗体，它通过与肿瘤坏死因子-α 的结合使其失活。

天然环肽环孢菌素能抑制亲环素蛋白，是一个免疫抑制药物，临床上用于阻止器官移植后的排异反应。环孢菌素是由土壤中的真菌 *Beauveria nivia* 产生的（结构见图 14-1），目前，试剂的便宜、环化率的优化以及有利的色谱分离已使得环孢菌素的化学合成优于微生物的发酵制备。环孢菌素还具有抗真菌、抗寄生虫和抗炎症的活性，表明其具有治疗哮喘、老年银屑病、异位性皮炎和类风湿性关节炎的药学应用前景。

14.3.6 多肽和蛋白导向药物

许多药物长期或大量使用会损伤正常细胞，如果将能与靶标细胞特异结合的多肽或蛋白同药物融合起来，那么导向性的肽或蛋白可将药物特异性地作用于靶细胞，就能降低其对正常细胞的损伤[51]。而人体正是利用特异性的蛋白来运输和投递特定的分子。这一药物治疗策略已经成功应用于临床。例如治疗急性髓性白血病（AML）的蛋白药物吉妥单抗奥唑米星（Gemtuzumab Ozogamicin，商品名 Mylotarg™，美罗他格）就是将重组人源化抗 CD33 单抗与细胞毒药物卡奇霉素融合[51]。美罗他格的抗体部分能专一地与 CD33 抗原结合；CD33 抗原是一种唾液酸依赖性的附着蛋白，大量表达于急性髓细胞白血病（AML）的细胞表面，但是不会出现在正常的造血干细胞上。美罗他格的抗 CD33 抗体部分与 CD33 抗原结合后会形成一内在化的复合体。在内在化过程，在骨髓细胞的溶酶体内，细胞毒药物卡奇霉素会被释放出来。释放出来的卡奇霉素会结合在 DNA 的小凹槽上，造成双股 DNA 断裂和细胞死亡。正是由于抗 CD33 抗体的导向性，美罗他格对表达 CD33 抗原的细胞毒性是不表达该抗原细胞的 7 万余倍，所以应用这一策略，毒性化合物卡奇霉素能够特异性地作用于 CD33 抗原阳性的急性髓细胞性白血病细胞，最终杀灭这些细胞。

又如治疗复发或难治性非霍奇金淋巴瘤的蛋白药物[131]碘-托西莫单抗（[131]I-tositumomab）是将重组鼠源化抗 CD20 单抗与放射性碘（[131]I）相结合，与表达 CD20 抗原的癌变淋巴细胞特异性地作用，从而将具有放射活性的[131]碘带至肿瘤细胞，利用后者的放射性杀死肿瘤细胞。这类导向药物还包括：替伊莫单抗（Ibritumomab Tiuxetan，用于治疗非霍奇金氏淋巴瘤）以及 Denileukin Diftitox（用于治疗皮肤 T 淋巴瘤）。

另外一个有趣的例子来自于单纯疱疹病毒（herpes simplex virus）产生的能够进入人细胞的蛋白 VP22。在体外，VP22 已经被用来将某些蛋白或者化合物递送到细胞核。VP22 还被用来将肿瘤抑制蛋白 p53 传送到骨肉瘤细胞中，由于后者细胞中不含有 p53 基因和对应的 p53 蛋白，重新引入的 p53 蛋白有可能诱导细胞的凋亡[64]。因此，运用基于蛋白的 p53 基因导入被认为是一个新颖而有效的治疗某些癌症的方法。

该领域的一个新的研究方向是将蛋白或大分子传递到中枢神经系统（CNS），这因高度选择性的血脑屏障（BBB）而具有挑战性。但动物实验显示，合并了治疗蛋白和一个天然透过 BBB 蛋白的融合蛋白可以将治疗蛋白成功输送到 CNS。一个激动人心的例子就是破伤风毒素（tetanus toxin）蛋白的一个能自然越过血脑屏障（blood-brain barrier，BBB）的片段，将过氧化物歧化酶（SOD）传递到了中枢神经系统（CNS）[65]，这样的药物具有治疗神经失调症诸如肌萎缩外侧硬化症的潜力，在这些疾病中，中枢神经系统中的氧化物歧化酶水平过低。

14.3.7 诊断用肽和蛋白药物

这类药物不用于治疗疾病，而是用于医学诊断，对于实施疾病治疗和管理前的医学决定过程非常重要。最经典的体内诊断剂是纯蛋白衍生物测试，例如结核菌素纯蛋白衍生物（Purified Protein Derivative Tuberculin）对已受结核杆菌感染或曾接种卡介苗已产生免疫力的机体，能引起特异的皮肤变态反应，因此能够作为结核感染的诊断试剂及卡介苗使用效果检查试剂。另外一些刺激蛋白激素（stimulatory protein hormones）被用于诊断一些内分泌紊乱疾病，包括：生长激素释放激素（growth hormone releasing hormone，GHRH）、胰高血糖素（glucagon）、分泌素（secretin）以及促甲状腺激素（thyroid stimulating hormone，TSH）等。重组人蛋白分泌素用来刺激胰腺分泌物和胃泌素，有助于诊断胰腺外分泌失调或胃泌素瘤，而另一类显像诊断试剂用来帮助确定病理条件的存在或定位，代表了近年来诊断用肽和蛋白药物发展的方向，将在第 14.7 节中详述。

14.4 肽和蛋白质药物的合成

一般多肽药物的合成是采用化学合成、微生物发酵和生物酶解三种方式，而蛋白药物的合成主要是通过 DNA 重组技术产生和从广范围的生物体中纯化，少量是从天然来源纯化得到。酶合成主要应用于具有工业兴趣的多肽制备，通过热力学或动力学控制方式使用核糖体肽基转移酶、非核糖体肽基转移酶和蛋白酶（通常是丝氨酸或半胱氨酸内肽酶）来完成[66]。酶合成的反应条件温和，起始原料很便宜，但需要选择恰当的蛋白酶来合成每一个肽键。

利用化学方法合成多肽已有超过 70 年的历史，而用化学方法合成蛋白质也已经有超过 30 年的历史。随着高效耦合试剂的出现以及对副反应的有效抑制，肽和蛋白质的化学合成变得更加成熟。而且，试剂的便宜、产率的优化以及高效的色谱分离已使得很多多肽药物的化学合成优于微生物的发酵制备。

14.4.1 肽和蛋白质药物的化学合成

多肽的合成通常是将氨基酸逐个加入到序列中，直至目标肽的全部序列组装完成。而蛋白质的化学合成通常要复杂许多，除了极少采用直接线性合成的例子（例如核糖核酸酶A，含 124 残基），许多蛋白的合成运用了片断组装和定向组装的方法。前者是指单独的几个肽链最初采用逐步合成的方式获得，然后再将这几个肽链以共价键连接获得目标肽，经典的例子包括含有 238 个残基的绿荧光蛋白由 26 个保护肽片断汇聚合成而得。定向组装蛋白质指的是单独的几个肽链先采用逐步合成的方式获得，再在非共价键的驱动下联接形成蛋白样结构。化学方法能够加入非天然的因素（例如 N-取代的氨基酸、D-型氨基酸等），并且也能将酰胺的骨架以其他的结构取代，因此化学合成方法是构建新颖类型及结构蛋白质最有力的手段。然而在药用肽和蛋白质中，成本控制始终是一个极其重要的因素。因此在市售的肽和蛋白药物中，一般小于 30 个氨基酸残基的多肽常常使用化学方法合成，而其他的则使用生物方法（例如基因重组技术）合成。

多肽的化学合成一般在固相上进行，固相肽合成（solid phase peptide synthesis, SPPS）由美国化学家 Robert Bruce Merrifield 于 1963 年发明，由此引发了肽化学以及有机化学的革命，也为 Merrifield 赢得了 1984 年的诺贝尔化学奖。固相肽合成的原理很简单，即将肽链连接在一个固相载体上，这种载体在反应溶剂中不溶，因此待反应完成后很容易将带有肽链的载体从溶剂中分离出来，这样就大大简化了肽合成中间的纯化步骤，从而大大提高了肽的合成效率。

固相肽合成的流程如图 14-9 所示。N^α 及侧链保护的氨基酸与树脂连接臂上的官能团反应，从而将第一个氨基酸锚定在树脂上。脱除 N^α 的临时保护基后与另一个 N^α 及侧链保护的氨基酸耦合。然后重复 N^α 的去保护和耦合，直到目标肽的氨基酸组装完成。之后根据需要脱除或者保留 N 端的保护基，边链去保护，将目标肽从树脂上切除下来。通常边链的去保护和树脂的切除是在同一步反应中完成。最后经过分离纯化就能得到所需的目标肽。

根据保护策略的不同，多肽的固相合成分为 Boc 化学方法（Boc chemistry）和 Fmoc 化学方法（Fmoc chemistry）。Boc 化学方法是最早用于多肽固相合成的方法。最初，Merrifield 在合成血管缓激肽时，应用的就是 Boc 化学方法。然而由于使用上的不便，再加上 Boc 化学方法常常由于反应的不完全导致副反应产物的累积，Boc 化学方法在现今的固相合成中已经很少使用，正在逐渐被 Fmoc 化学方法取代。

实际上，复杂多肽的合成经常采用固-液相结合的方法进行，以提高合成产率。例如在合成抗 HIV-1 药恩福韦地（Enfuvirtide，商品名 Fuzeon）时就使用了固/液相合成策略[67]。恩福韦地是一个含有 36 个氨基酸残基的多肽，它能选择性地抑制 HIV-1 与细胞膜的融合，从而阻止 HIV-1 侵入细胞。最初在合成恩福韦地时，研究人员是在树脂上线性地进行氨基酸残基的组装，虽然也能成功地达到目标肽，但整个收率只有 6%~8%。然而随着恩福韦地在临床上的进一步推进到最终的上市销售，其需求量逐步增长。据估算，恩福韦地每年的需求量超过 3t，6%~8% 的收率显然不能满足市场的需要，同时也会导致药物价格高昂。研究人员经过不断的尝试和努力，最终将恩福韦地划分成 4 个片段进行"最大保护的收敛式缩合"（图 14-10）。首先使用酸超敏的 Barlos 树脂（使用 1% TFA/DCM 即可切除树脂，而边链保护基不会被脱除），利用 Fmoc 化学方法先在固相合

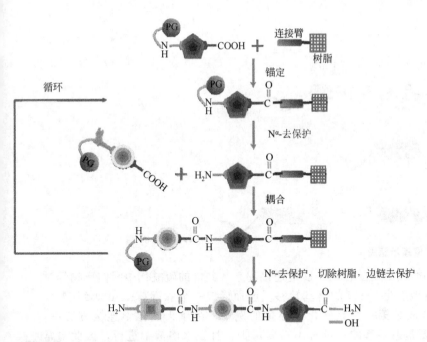

图 14-9 固相肽合成的流程图

PG 为保护基团，一般为 Boc 或 Fmoc

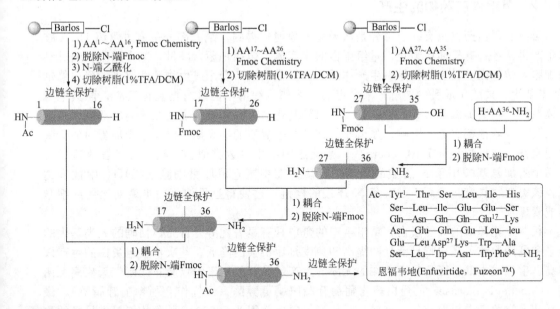

图 14-10 抗 HIV-1 药恩福韦地的合成流程图

成边链全保护的片段 $AA^1 \sim AA^{16}$、$AA^{17} \sim AA^{26}$ 和 $AA^{27} \sim AA^{35}$（AA 表示氨基酸残基）。然后在液相中将边链全保护的片段 $AA^{27} \sim AA^{35}$ 与 AA^{36} 偶联成同样边链全保护的片段 $AA^{27} \sim AA^{36}$，再将片段 $AA^{27} \sim AA^{36}$ 与 $AA^1 \sim AA^{16}$ 和 $AA^{17} \sim AA^{26}$ 依次连接就得到边链全保护的恩福韦地。最后将边链的保护基全部脱除，就得到目标肽，整个过程的收率达到 30% 以上。

另外，在合成较大分子量的多肽或者蛋白质时，常用的化学方法还包括天然化学连接（native chemical ligation）(图 14-11)，这一策略需要进行偶联的两条肽链中，一条肽链的 C 端为硫酯，另一条肽链的 N 端为半胱氨酸。由于半胱氨酸是"天然的"硫酯捕获剂，通

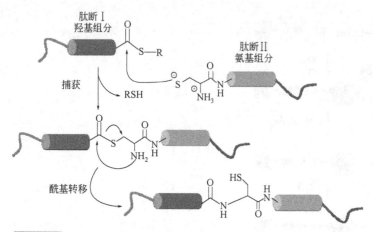

图 14-11 天然化学连接的原理示意图

过转硫酯反应就能形成一个新的硫酯将两条肽链连接起来。共价的硫酰化中间体产物经过一个五元环中间体，自发地发生 S→N 的酰基转移反应而形成一个肽键。Kent 小组[68]发表的人白细胞介素-8 的合成是第一个天然化学连接的例子。由于天然化学连接方法中，肽链的 N 端和 C 端以及氨基酸残基的边链都不需要保护，且在水溶液中进行，因此与常规的方法相比具有相当的优越性。

14.4.2 重组蛋白药物的生产

目前的蛋白药物只有一小部分是从天然来源纯化得到，绝大部分是通过重组 DNA 技术生产再从各种有机体中纯化。重组蛋白的生产体系包括细菌，酵母，昆虫细胞，哺乳动物细胞，转基因动物和植物等。生产体系的选择是由生产费用或生物活性要求的蛋白修饰（如糖基化、磷酸化或蛋白裂解）来决定的。例如，细菌不能进行糖基化反应，而其他生物体系产生不同类型或模式的糖基化。蛋白糖基化的模式对重组蛋白在体内的活性、半衰期以及免疫原性都有重要影响。如天然促红细胞生成素的半衰期可以通过增加蛋白的糖基化而延长。达贝泊汀-α（Darbepoetin-α）是促红细胞生成素类似物，经基因工程改造成含有两个附加氨基酸用于 N-连接的糖基化反应。在中国仓鼠卵巢细胞（CHO）中被表达后，该类似物具有 5 条而不是 3 条 N-连接的糖链，这使得达贝泊汀的半衰期比促红细胞生成素延长了 3 倍。

相对生化提取的天然蛋白，重组生产的蛋白具有显著优势。首先，精确的人类基因的转录和翻译导致了蛋白特异活性的提高和免疫排斥机会的降低。其次，重组蛋白的生产效率高、生产成本低，而且具有潜在的无限的生产量。例如用于治疗脂肪代谢先天疾病戈谢病（Gaucher's disease）的蛋白药物葡糖苷脂酰鞘氨醇酶（又称作 β-葡糖脑苷脂酶），最初是从人类胎盘中提取纯化，这样，每个病人每年就需要 50000 个胎盘才能提供足量的治疗蛋白。而重组的 β-葡糖脑苷脂酶不但可以满足更多病人的治疗蛋白需求量，而且排除了从人类胎盘中提取蛋白所伴随的可传递疾病的风险。这也是重组蛋白的第三个优点，即降低了对动物或人类疾病的接触。第四，重组技术允许对蛋白进行修饰或对一个特定基因的变种进行选择以提高其功能或特异性。例如重组 β-葡糖脑苷脂酶就通过基因工程改变了序列，将精氨酸-495 残基变异成组氨酸，从而允许一个甘露糖残基加到蛋白上。由于甘露糖被巨噬细胞和许多其他类型细胞上的内吞糖受体所识别，所以，修饰过的重组酶就可以更有效地进入这些细胞去裂解病理积累的细胞内脂肪。最后一点，重组技术可以产生具有新功能或新活性的蛋白药物。

哺乳动物细胞和大肠杆菌（E. coli）是重组药物最主要的生产载体。E. coli 用于表达不需要翻译后修饰的重组药物，如胰岛素、生长激素、β-干扰素和白介素等。糖蛋白重组药物几乎都在哺乳动物细胞中表达，其中 CHO 细胞是最为常用的生产体系之一，其糖基化最近似人的糖基化结构，但糖基化产物是不均一的混合物。幼仓鼠肾细胞（BHK）是第二常用的，另外，NSO、HEK-293 和人视网膜细胞表达的蛋白也获得上市许可。2007年，全球销售额最高的 6 大类生物技术药物，分别是肿瘤治疗药物、anti-TNF alfa 药物、促红细胞生成素（EPO）、胰岛素、β-干扰素和凝血因子。这 6 大类中有 5 类都是经哺乳动物细胞表达生产的，只有 β-干扰素是大肠杆菌和酵母表达的。所以，动物细胞大规模培养是当前生物药物生产的主流方式，其需要解决的问题是提高产量、无血清培养基、延迟细胞凋亡和糖基化改进等。

酵母细胞虽然能够糖基化，但与人的糖基化有很大差别，为高度木糖醇型，表达的重组药物在体内半衰期很短，并有潜在的免疫反应。该领域最有可能取得的突破是"人源化" *Pichia pastoris* 酵母，能生产均一、与人糖基化相同的糖蛋白，靶蛋白的产量可达到 15 g/L，是哺乳动物细胞的 3 倍，对哺乳动物细胞表达体系形成有力挑战。

另一个正在取得突破的是植物表达体系，植物糖基化免疫原性低，不易诱发过敏，但有可能改变一些糖蛋白的功能。该体系尚需解决的问题是进一步提高表达产量、通过"人源化"改进糖基化结构以及评价生产体系对环境的影响。已获得突破是转基因动物生产体系，利用转基因牛、山羊和绵羊的乳汁分泌蛋白。美国 FDA 于 2009 年 2 月 6 日首次批准了用转基因山羊奶研制而成的抗血栓药物 ATryn™ 上市，用于治疗遗传性抗凝血酶缺乏症。与目前的生物发酵和细胞培养制药方式相比，这种转基因动物生产抗凝血酶的方式成本更低，生产规模也更大。但由于转基因高等哺乳动物乳液蛋白的糖基化仍有别于人，可能导致抗原性的变化，所以，对于该类生产体系产生的重组蛋白药物的长期安全性有待进一步观察。

14.5 肽和蛋白药物生物稳定性增加的策略

虽然许多天然肽和蛋白在体外显示了优异的药理活性，但在体内，它们的活性常常很低、失活甚至引起有害的生理变化，因此仅有非常有限的天然肽和蛋白能够直接作为药物使用。这其中有许多原因，包括低溶解性、毒性以及免疫原性的产生等。然而一个重要的原因就是大多数天然肽和蛋白在血浆中的半衰期过短，清除率很快，数分钟的体内半衰期很难使药物以足够的量到达其作用的目标靶位。

短的半衰期主要是由下述的两个原因导致的：
- 血液、肾或肝脏中蛋白酶的降解；
- 快速的肾清除。

已经有越来越多的方法、技术被用来弥消肽和蛋白药物的缺点，增加其稳定性，延长其半衰期。

14.5.1 蛋白酶水解的抑制

由于蛋白酶在体内广泛存在，所以，为了以合适的方法修饰肽和蛋白药物以提高其稳定性、延长其体内半衰期，确定降解肽和蛋白的蛋白酶以及其水解的特异性是十分必要的。例如二肽基肽酶-Ⅳ（dipeptidyl peptidase-Ⅳ，DPP-Ⅳ）是一个广泛分布、膜结合的丝氨酸氨基二肽酶，它在血浆中能够裂解许多蛋白激素。胰高血糖素样肽-1（glucagon-like peptide-1，GLP-1）在体内的半衰期仅为 0.9min，就是由于 DPP-Ⅳ 的水解所造成的[69]。研究发现当肽链 N 端的第二个氨基酸是 Ala 或 Pro 时，特别容易被 DPP-Ⅳ 水解。因此，为了抑制 DPP-Ⅳ 对其的水解，将 GLP-1 中这个位置的 Ala^2 残基替换成 $D-Ala^2$ 或 Aib^2，替换后的 GLP-1 类似物能够完全耐受 DPP-Ⅳ 的催化水解[70]。另外将 GLP-1 的 N 端乙酰化或者以焦谷氨酸（pGlu）替换 His^1 都能有效地阻止 DPP-Ⅳ 对其的降解。这实际上也可看作将敏感的 2 位残基的 Ala^2 移至新肽链的 3 位。

已经发展了许多抑制蛋白水解的方法，包括 N 端和 C 端的阻塞、D-丙氨酸的置换以及肽骨架的修饰等。应当指出的是，这些通常的方法对特定的肽或蛋白并非都是有效的。将某些肽中的敏感氨基酸残基置换成 D-氨基酸后，其在体内仍然容易被特定的酶降解，有的置换甚至导致半衰期的进一步缩短。因此，就目前的技术而言，还没有一个普适的方法能够阻止所有肽或蛋白的降解。当然对底物和酶的了解得越多，对提高肽和蛋白稳定性的进一步改造就越为理性和有利。下面就对抑制蛋白水解一般常用的方法进行分述。

14.5.1.1 N 端和/或 C 端的修饰

N 端和/或 C 端的修饰主要针对的是外肽酶（exopeptidase，也称作肽链端解酶）。由胰腺分泌的外肽酶，其主要的作用是催化移除肽链端的氨基酸。根据外肽酶移除的氨基酸的位置可分为氨肽酶（aminopeptidase）和羧肽酶（carboxypeptidase），前者从肽链的 N 端开始降解，后者则是从肽链的 C 端开始降解。应当指出的是，外肽酶虽然能够催化移除肽链端的氨基酸，但是不同的外肽酶具有不同的特异性。例如脯氨酰氨肽酶（prolyl aminopeptidase）只能裂解 N 端为脯氨酸的肽。关于外肽酶的分布及其特异性可参考相应的酶数据库[71]。了解这些分布及特异性对肽和蛋白中敏感氨基酸残基的预测尤为重要。修饰肽或蛋白的 N 端和/或 C 端在许多已报道的实例中都能十分有效地抵御酶的降解，最终延长其半衰期。

肽或蛋白的 N 端和/或 C 端的修饰，最常用和最简单的方法就是 N 端的乙酰化及 C 端的氨基化。例如前述的将 GLP-1 的 N 端乙酰化后，就能抵御 DPP-Ⅳ 对其的降解，也因此而大大延长了其体内的半衰期。除了乙酰化外，许多 4~18 个碳链长度的脂肪酸也被用于修饰肽链的末端。例如将生长抑素的类似物 RC-160 的 N 端以 4~18 碳链长度的脂肪酸酰化，能够大大增强其抗酶解能力[72]。但是需要注意的是，有时酰基链长的不合适会导致活性的丧失或者引起激动/拮抗作用的逆转。例如肠血管活性肽（VIP）能够非选择性地与多个受体（PAC1，VPAC1 和 VPAC2）作用，然而只有活化 VPAC2 才能引起胰岛素的分泌[73]。在以不同链长的酰基修饰肠血管活性肽 N 端的研究中，发现长链的酰基修饰不仅没有提高其活性，反而导致了拮抗作用的出现。而以六碳链长酰基修饰的 VIP（己酰基-VIP）则不仅增加了其对 VPAC2 的选择性，其激动活性也得到增强[74]。因此对酰化碳链长度的考察有时也是十分重要的。

另外，在许多天然肽序列的 N 端发现的焦谷氨酸（pGlu）结构，也被用于 N 端的修饰。这一方法同样被用于 GLP-1 的修饰，如 [$pGlu^1$] GLP-1 能够完全抵御 DPP-Ⅳ 的水解[75]。但是这一方法的运用也应相当注意，因为在血液及肾中就存在着对 N 端的 pGlu 敏感的焦谷氨酰肽酶Ⅰ（pyroglutamyl-peptidase Ⅰ）。

此外，将 PEG（聚乙二醇）连接到肽链的末端也能抵御蛋白酶的水解[76]，但这一方法通常是用于增大肽和蛋白药物的分子量以避免肾小球的滤过。关于肽和蛋白的聚乙二醇化将在本章的 14.5.2.2 节中详述。

通常情况下，为阻止羧肽酶的裂解，一般将肽链或蛋白的 C 端进行酰胺化修饰，在许多天然肽中的 C 端也存在这一结构。有些蛋白酶，例如后脯氨酸裂解酶（post-prolinecleaving aminopeptidase）能够水解 C 端为-Pro-X（X 为任一氨基酸）的肽链，将肽链 C 端的这一结构以-Pro-NH-烷基替换，形成 C 端为烷基酰胺的结构就能够很好地抵御后脯氨酸裂解酶的水解。在下述的促黄体激素释放激素（luteinizing hormone releasing hormone，LHRH）类似物中（图 14-12），不难发现德舍瑞林、亮丙瑞林、阿拉瑞林以及组氨瑞林的 C 端都含有乙氨酰基这一结构。它们的活性都较 LHRH 增加是因为在有效抵御酶解的同时，也增加了疏水的相互作用。另外，以氮杂氨基酸进行替换，也能增加肽对羧肽酶的稳定性，例如戈舍瑞林（图 14-12）。

14.5.1.2 氨基酸残基的置换

氨基酸残基的置换主要针对的是特定蛋白酶水解时敏感的氨基酸残基。例如前述的 DPP-Ⅳ对 GLP-1 中的 Ala^2 敏感，将 Ala^2 替换成 $D-Ala^2$ 得到的 [$D-Ala^2$] GLP-1 能大大提高其对 DPP-Ⅳ的稳定性。

将天然的 L-型氨基酸残基置换成 D-型氨基酸残基通常是肽和蛋白改造时最先考虑用到的方法之一。很多时候，这一方法十分有效，经 D-氨基酸替换后的肽或蛋白不仅活性能够保持甚至提高，其抗蛋白水解的能力也通常得到增加。运用这一方法最成功的例子应当属于促黄体激素释放激素（LHRH）类似物的研究（图 14-12）。促黄体激素释放激素也称作促性腺激素释放激素（gonadotropin releasing hormone，GnRH）。这些 LHRH 的类似物主要是将 LHRH 中易于被蛋白酶水解的 6-位和/或 10-位的氨基酸残基用 D-型氨基酸进行置换。在一些成功的例子里，这些经 D-氨基酸置换后的肽活性不仅得到提高，其半衰期也较 LHRH 进一步延长。

LHRH	pGlu —	His —	Trp —	Ser —	Tyr —	Gly —	Leu —	Arg —	Pro —	Gly — NH_2
曲普瑞林	pGlu —	His —	Trp —	Ser —	Tyr —	**D-Trp** —	Leu —	Arg —	Pro —	Gly — NH_2
得舍瑞林	pGlu —	His —	Trp —	Ser —	Tyr —	**D-Trp** —	Leu —	Arg —	Pro —	NHEt
亮丙瑞林	pGlu —	His —	Trp —	Ser —	Tyr —	**D-Leu** —	Leu —	Arg —	Pro —	NHEt
布舍瑞林	pGlu —	His —	Trp —	Ser —	Tyr —	**D-Ser (-*t*-Bu)** —	Leu —	Arg —	Pro —	NHEt
戈舍瑞林	pGlu —	His —	Trp —	Ser —	Tyr —	**D-Ser (-*t*-Bu)** —	Leu —	Arg —	Pro —	Aza — Gly — NH_2
阿拉瑞林	pGlu —	His —	Trp —	Ser —	Tyr —	**D-Ala** —	Leu —	Arg —	Pro —	NHEt
组氨瑞林	pGlu —	His —	Trp —	Ser —	Tyr —	**D-His (Bzl)** —	Leu —	Arg —	Pro —	NHEt
那法瑞林	pGlu —	His —	Trp —	Ser —	Tyr —	**D-Nal(2)** —	Leu —	Arg —	Pro —	Gly — NH_2

(a) LHRH 及其类似物的序列

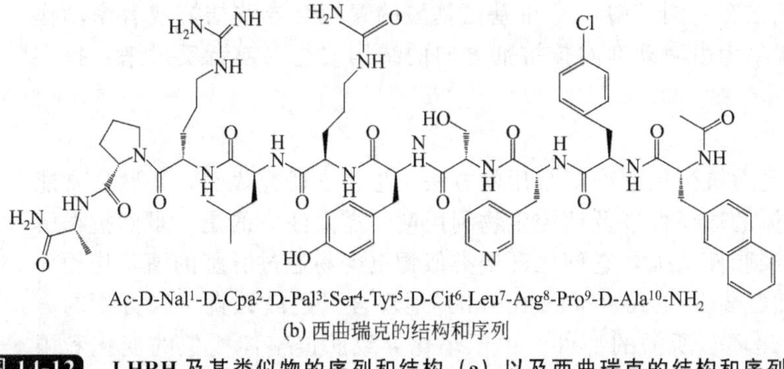

Ac-D-Nal^1-D-Cpa^2-D-Pal^3-Ser^4-Tyr^5-D-Cit^6-Leu^7-Arg^8-Pro^9-D-Ala^{10}-NH_2

(b) 西曲瑞克的结构和序列

图 14-12 LHRH 及其类似物的序列和结构（a）以及西曲瑞克的结构和序列（b）

尤其是其中的西曲瑞克（Cetrorelix）[图 14-12(b)]，它是将 LHRH 中的 1、2、3、6 和 10 位氨基酸残基都用 D-氨基酸进行置换得到的强效 LHRH 拮抗剂，它能够控制卵巢的刺激作用，预防不成熟卵泡过早排出，帮助受孕。另外，对各类激素依赖性疾病如卵巢癌、前列腺癌、子宫内膜异位、卵巢过度刺激综合征等，西曲瑞克可通过下丘脑-垂体-性腺途径抑制依赖性激素的分泌，从而达到间接抑制癌生长或预防、缓解、治疗其他病症的目的。特别对卵巢癌、前列腺癌、子宫纤维瘤等各种肿瘤，西曲瑞克可以结合肿瘤细胞膜上的 LHRH 受体，直接抑制肿瘤细胞的增殖和转移。此外，西曲瑞克还能诱导癌细胞的凋亡。研究表明，西曲瑞克能够高度抵御蛋白酶的水解，而这一稳定性就是得益于 6-位氨基酸残基被 D-瓜氨酸的置换。倘若此处替换为 L-瓜氨酸，其对酶的降解会变得十分敏感[77]。

另一种途径是进行 β-和 γ-氨基酸的置换。绝大多数情况下，β-和 γ-氨基酸对蛋白酶具有很高的稳定性。单个或数个 β-和/或 γ-氨基酸已被用于天然肽的改造中。例如，CFP（图 14-13）在体外是一个强效的 thimet 寡肽酶（thimet oligopeptidase）抑制剂，但在体内 CFP 很容易被脑啡肽酶（neprilysin）水解成 cpp-Ala-Ala 片段。将易断裂处的丙氨酸替换成 β^2Ala，活性虽然有所下降，但其抵御脑啡肽酶降解的能力却大大增强[78]。

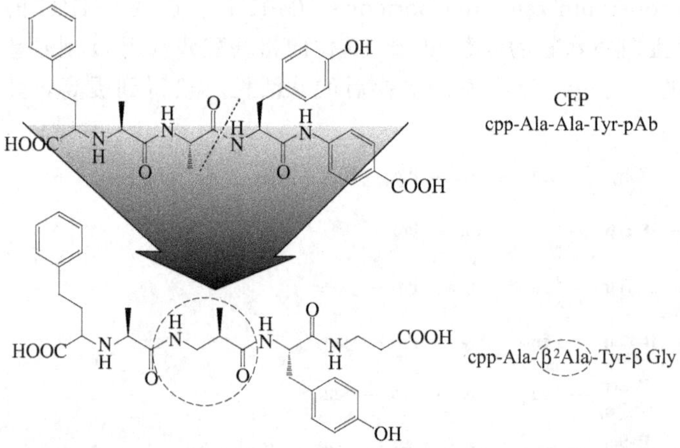

图 14-13 强效 thimet 寡肽酶抑制剂 CFP 的结构及其抗酶解的结构优化

N-甲基氨基酸的置换是另一种增强肽链稳定性的方法。例如 David 等将生长抑素的类似物 Cpa-cyclo（D-Cys-Pal-D-Typ-Lys-Thr-Cys）-Nal-NH$_2$ 分别进行相应 *N*-甲基氨基酸的逐个扫描，结果发现将 *N*-甲基赖氨酸替换得到的肽 Cpa-cyclo（D-Cys-Pal-D-Typ-(***N*-Me-Lys**)-Thr-Cys）-Nal-NH$_2$，抑制小鼠生长激素释放的能力提高了将近 4 倍，在体内的稳定性增加[79]。有趣的是，在有些例子中，*N*-甲基氨基酸的置换会导致拮抗或者激动作用的反转[80]，这一有趣的现象为由激动剂向拮抗剂方向的结构改造（或者反过来）提供了一个可以尝试的方法。

14.5.1.3 环化

将肽或蛋白进行环化也是对抗蛋白酶降解常用的方法。生物学研究表明，环肽通常能够提高代谢稳定性、改善受体的选择性以及调控生物利用度。需要注意的是，虽然抗酶解能力提高，但是由于环肽的亲脂性增强，它们比开链类似物更容易通过肝脏的清除作用而被排泄掉。将肽链的 N 端和 C 端头-尾式（head to tail）地环合，是最为直接和方便的方法，因为它不需要额外地构建环合所需的部件。由于环化导致肽链整体构象的变化和限制，有时对活性和受体选择性的影响还是比较大的。除了头-尾式环肽外，边链-边链的环化也被广泛应用,它需要在肽链中的适当位置构建环化所需的官能团或者合适的氨基酸残基,因此位置的选择以及相关氨基酸的合成是至关重要的。边链-边链通常可通过酰胺键、二硫键、硫醚键、内酯以及碳-碳键等构建环肽。值得注意的是,虽然碳-碳边链的构建相较与其他方法相对困难些,但是由于碳-碳键是非极性键,用这种方法构建的环肽具有更加优异的抵御蛋白酶降解的能力,而且,还可诱导多肽形成稳定的二级结构(例如 α-螺旋)。

肽和蛋白的活性低常常是因为它们容易被蛋白酶降解。一般来说,蛋白酶常常需要目标肽形成 β-折叠股(β-strand)的构象才能对其进行水解[81]。将肽链的构象事先用环合的方式进行约束,使其不易形成 β-折叠股的构象,也可增强抵御对蛋白酶降解的能力。

14.5.1.4 肽骨架的改换

肽骨架的改换现在越来越多地被应用于肽活性物质的改造中。其中 β-肽(β-peptide)或 γ-肽(γ-peptide)和类肽(peptoid)是最常用的方法。它们不仅能够强有力地抵御蛋白酶的水解,有些还能自动折叠成稳定的二级结构,这为制备出具有预定三维结构及特定化学、生物活性和催化活性的人工肽和蛋白提供了一个有广阔前景的方向。

β-肽或 γ-肽是指将肽链中的 α-氨基酸全部换成 β-氨基酸或 γ-氨基酸,其二级结构较相应的 α-肽具有很大的不同。Gellman 等[82]和 Seebach 等[83]深入研究了一系列具有明确构象的不同 β-肽的构象行为,发现所有这些化合物都采用了可预测的重复螺旋构象。α-肽形成稳定的 α-螺旋常常需要 10~12 个以上的氨基酸残基;而 β-肽和 γ-肽最少仅需要 4 个残基就能形成稳定的二级结构。因此这一确定的独特的性质,为药物设计提供了极富吸引力的骨架结构。

另外,β-肽和 γ-肽对酶的降解也表现出极好的耐受性。Seebach 等在这一方面进行了广泛而深入的研究[84],包括对 β-肽和 γ-肽边链的取代位置以及构型的改换等方面,结果表明,无论是以何种方式,β-肽和 γ-肽都显示了极好的抗酶解能力。更为有趣的是,通过调节 β-肽和 γ-肽上边链的取代位置会导致不同的稳定的二级结构的形成。例如在 β-肽中,如果边链都在 $C^β$ 的位置(即 $β^3$-肽),则通常会形成 3_{14}-螺旋的结构,而通过将个别残基的 $C^β$ 取代换成 $C^β$ 取代形成 $β^2/β^3$-肽,则会导致其他例如 β-转角、发夹等结构的形成[85]。

类肽是以 N-取代的甘氨酸为构建单元形成的寡聚物[86],即将正常肽(α-肽)中各个氨基酸残基的侧链由 $C^α$ 位移到氨基的 N 原子上(图 14-14)。类肽并不像正常肽那样能够依靠氢键形成二级结构,而是依赖空间和电荷的排斥作用。通过巧妙地调节 N 原子上取代基的手性、大小及官能团可以得到可控的预期二级结构[87~88]。与正常肽相比,类肽可以耐受蛋白酶的水解作用,因而具有代谢上的稳定性[89],而且生物活性肽相对应的类肽,具有与天然肽相似的酶抑制活性。类肽在寻找可影响病理过程的新的先导化合物结构中,代表了一种有前景的概念。

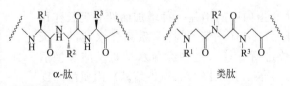

图 14-14 α-肽及其相对应的类肽

一个典型例子来自于 HIV-1 转录活化蛋白(transcription activator protein,Tat)肽序列的类肽化合物 CGP64222,能够抑制 HIV-1 的复制[90]。HIV-1 中的 Tat 蛋白含有 101 个氨基酸残基,它必须与 HIV-1 的 mRNA 分子中转录活化区域(trans-activation region,Tar)相结合,病毒才能进行复制。研究发现,Tat 蛋白中一段富含精氨酸的序列

（49～57）是负责连接 Tar 的主要区域，对 Tat 的 49～57 序列进行的类肽修饰获得的 CGP64222，能够阻止 Tat-Tar 的相互作用，从而抑制 HIV-1 的复制。

14.5.1.5 联合使用酶抑制剂（enzyme inhibitor）

在肽和蛋白给药的同时，联合施以特定酶的抑制剂是一种理论上很容易理解的增加肽和蛋白药物稳定性的方法。已有实例证明，在施以肽或蛋白药物的同时，联合使用酶抑制剂，的确能够提高其生物利用度。例如口服 GLP-1 的同时联合使用易降解其的 DPP-4 抑制剂，能够有效延长 GLP-1 在体内的半衰期[91]。应用这种方法提高肽和蛋白药物的稳定性必须有两个前提条件，一是要确定导致肽或蛋白降解的酶，另一个前提就是存在相关酶的抑制剂。另外，由于增加了药物的成分，同时又抑制了相关酶的活性，这就加大了发生副反应的可能性。剂量的匹配也需要一个复杂的摸索过程。但是在相关肽或蛋白药物没有有效的方法抵御蛋白酶的水解的情况下，应用特定的酶抑制剂也不失为一种有效的方法。

14.5.2 肾小球滤过作用的抑制

一般来说，分子质量小于 5kDa 的物质，如果没有连接在血浆蛋白上，就会通过肾途径被完全排出体外；而分子质量大于 50kDa 的物质则不会或者很少地被肾小球滤过（glomerular filtration）。因此，除了酶降解，另一个导致肽和蛋白药物短半衰期的原因就是通过肾途径的快速清除。即便是一个对蛋白酶不敏感的肽或蛋白，也可能由于其低的分子量而被肾快速清除排出体外。所以肾小球的滤过作用是肽和蛋白药物设计中必须要考虑的重要方面。

已经有许多方法用来防止肽和蛋白药物被肾快速清除，大致分为两种策略：
- 对肽和蛋白进行适当的修饰（例如替换氨基酸残基）以调整肽和蛋白的物理性质；
- 增大肽和蛋白药物的分子量，使其整体不被或很少被肾小球滤过。

14.5.2.1 调整肽和蛋白的物理性质

（1）疏水储存

"疏水储存（hydrophobic depoting）"可能是最早被用于解决肽和蛋白药物被肾快速清除这一问题的。其原理是通过非天然氨基酸的修饰以增强肽和蛋白的疏水性，从而使其在注射位点或体内形成"储藏库"。肽和蛋白药物从"储藏库"中缓慢地溶解释出，可逆地与细胞膜以及疏水载体蛋白（hydrophobic carrier protein）结合。当肽或蛋白药物与疏水载体蛋白，例如血清白蛋白（serum albumin，66kDa）结合，其整体分子质量增大（>50kDa），被肾小球滤过的机会就降低。"储藏库"中的肽和蛋白药物能够在一段时间内持续地将肽和蛋白释放入血浆中，因此作用时间大大增加。为了达到疏水储存的效果，一方面可以通过将肽链或蛋白中的氨基酸残基置换成疏水性氨基酸，也可以在肽或蛋白药物的末端以长链疏水性的酰基修饰。

将疏水性氨基酸以适当的方式和位置置入肽和蛋白中的确是一种增加活性和延长作用时间的可行方法[92]。运用"疏水储存"这一概念，Nestor 等[93]将一系列疏水性的非天然氨基酸对促黄体素释放激素（LHRH）的 6-位进行置换。这些经疏水性氨基酸置换后的 LHRH 类似物活性比原 LHRH 提高了 80～200 倍。其中以 D-3-(2-萘基)丙氨酸 [D-Nal(2)] 替换 6-位得到的 [D-Nal(2)^6] LHRH 就是后来上市的那法瑞林（图 14-12）。LHRH 在人体内的半衰期仅为 27min，而那法瑞林则达到了约 180min，其作用强度为 LHRH 的 200 倍。通过平衡透析试验证实那法瑞林确实与血清白蛋白相结合，这也正是其不容易被肾小球滤过的原因。

另一增加疏水性的方法是以长链疏水酰基修饰蛋白的 N 端。血清白蛋白作为一个载体蛋白能够载运包括脂肪酸在内的许多分子,将蛋白的 N 端以脂肪酸修饰就能因为与血清白蛋白与脂肪酸的结合延长其半衰期。例如 2005 年被美国 FDA 批准的降糖药 Levemir 正是运用这一策略成功的例子。Levemir([LysB^{29}-十四烷酰基-des-(B^{30})] insulin)是在胰岛素的 N 端以十四烷酰基修饰(包括其他一些修饰)得到的长效、基础胰岛素常用药。作为新一代的以肠促胰岛素为基础的降糖药利拉鲁肽(Liraglutide),它是 GLP-1 的类似物,但拥有一个十六碳棕榈酰脂肪酸侧链,在保留天然 GLP-1 功效的同时克服了其易被二肽基肽酶-Ⅳ(DPP-Ⅳ)降解的缺点,因此只需每天服用一次就能有效降低糖尿病患者的血糖水平。利拉鲁肽Ⅲ期临床试验结果显示,与使用格列美脲相比,该药每天使用一次显著并持续地降低血糖水平与患者体重,疗效优秀,于 2009 年 7 月被欧盟批准上市用于治疗成人 2 型糖尿病。

"疏水储存"是一种非常有效的能够延长肽和蛋白药物作用时间的方法。然而并没有相当的讨论和分析出现在文献中。但是可以预见,随着 Levemir 和利拉鲁肽这些药物的陆续上市和广泛使用,疏水氨基酸替换以及蛋白的长链脂肪酸修饰将会成为增长肽和蛋白药物作用时间的"常规"方法。

(2)亲水储存

为了改善水溶性,Schally 等[94]将极性的氨基酸(Glu,Arg,Lys)置换 LRHR 类似物的 6-位氨基酸残基[图 14-15(a)]。当 D-Arg^6 被替入时,不仅观察到活性的大幅提高,半衰期也大大延长。这一发现似乎和上述的疏水储存有些矛盾,但随后 Nestor 等提出了"亲水储存(hydrophilic depoting)"这一概念,从理论上解释了产生这一"矛盾"现象的原因。Nestor 等认为活性的提高和半衰期的延长主要是由于正电性的精氨酸残荷与细胞膜磷脂上带负电的磷酸发生了相互作用[图 14-15(b)]。

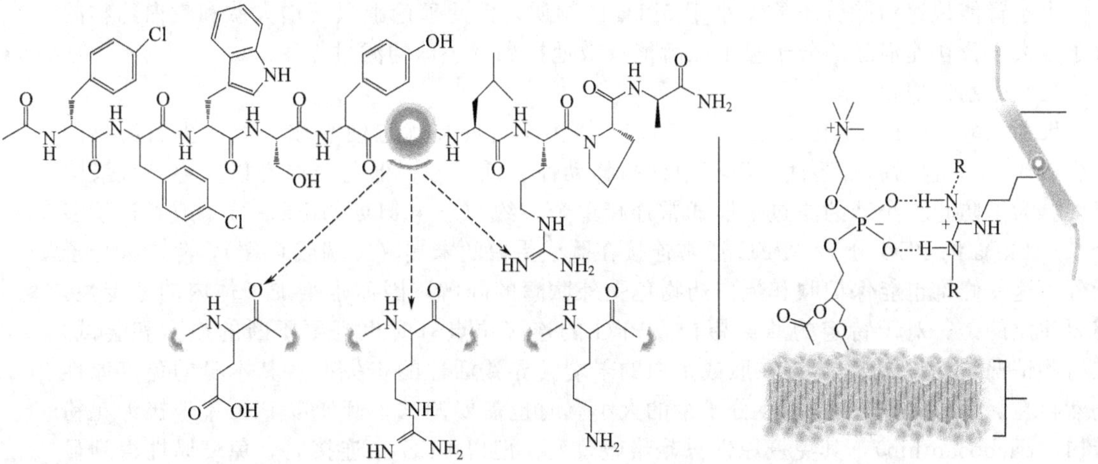

图 14-15 用极性的氨基酸置换 LRHR 类似物的 6-位氨基酸残基及亲水储存的可能原理

(a)将极性的氨基酸(Glu,Arg,Lys)置换 LRHR 类似物的 6-位氨基酸残基,其通式为 [N-Ac-D-pCl-Phe^1,D-pCl-Phe^2,D-Trp^3,D-X^6,D-Ala^{10}] LRHR。其中用 D-精氨酸替换 6-位残基后,活性大幅提高,半衰期大大延长。(b)亲水储存的可能原理。图中示出精氨酸与细胞膜磷脂可能存在的相互作用。这种相互作用可能是 [N-Ac-D-pCl-Phe^1,D-pCl-Phe^2,D-Trp^3,D-Arg^6,D-Ala^{10}] LRHR 较 LRHR 半衰期大大延长的主要原因

如果这种相互作用确实存在,那么不难理解,在精氨酸的胍基上引入推电子的烷基就能够进一步稳定这种相互作用。事实证实了这一假设,也因此得到了一类新型的有趣的非天然氨基酸:N_g,N_g'-二烷基精氨酸和 N_g,N_g'-二烷基高精氨酸(图 14-16)。这类氨基

酸可以由脒基化赖氨酸和鸟氨酸的 ω-氨基方便地得到[95]。另外 N_ε-烷基赖氨酸也被用于这一目的。用这些氨基酸残基替换 LHRH 中本身存在的 8-位的精氨酸残基，肽在体内的作用时间同样也大大增长。

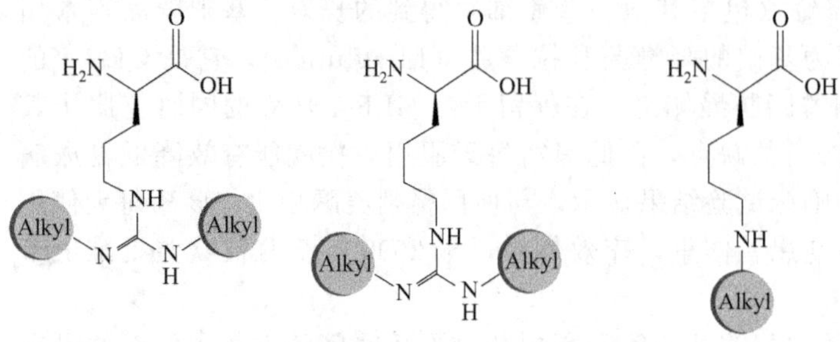

图 14-16 N_g,N_g'-二烷基精氨酸、N_g,N_g'-二烷基高精氨酸以及 N_ε-烷基赖氨酸的结构

已上市的垂体激素释放抑制药地肽瑞里（Detirelix）就含有 D-hArg（Et$_2$）^{6} 这一独特的氨基酸残基。皮下注射 1mg 地肽瑞里，即便在 72h 后仍能在血液中检测到（$t_{1/2}$ = 29h）。地肽瑞里如此长的作用时间可能正是由于 D-hArg（Et$_2$）^{6} 的引入所导致的药物"全身储存"以及在注射位点的储存。另一上市的垂体激素释放抑制药加尼瑞克（Ganirelix）更是包含两个这一类型的精氨酸残基 [D-hArg（Et$_2$）^{6} 和 hArg（Et$_2$）^{8}]，其半衰期为 15h，而最大血药浓度（C_{max}）更是强于地肽瑞里 3 倍以上，水溶性也更好。这类氨基酸在血管紧张素转化酶抑制剂依那普利（Enalapril）的类似物中进行了替换试验，其活性和半衰期都较依那普利要好[92]。

14.5.2.2 增大肽和蛋白药物的分子量

由于肾能快速清除分子质量小于 5kDa 的物质，因此理论上只要增大肽和蛋白药物的分子量大于肾快速清除的分子量上限就能有效地抵御肾小球的滤过作用。

（1）聚乙二醇化

聚乙二醇（polyethylene glycol，PEG）因为具备许多优点使它成为肽和蛋白药物的理想载体[96]，包括高水溶性、溶液中的高移动性、低毒性、低免疫原性以及容易被清除体外。为了防止肾小球的滤过，肽通常连接单个大约 30~40kDa 的 PEG 分子或者连接多个 5~12kDa 的 PEG 分子。PEG 通常连接在肽或蛋白的末端（N 端或 C 端），除增大分子量外，这一修饰也能保护肽和蛋白药物免受外肽酶的降解，因而也增加了体内的稳定性。需要注意的是，对于特定的肽或蛋白，PEG 的连接位点有时也需要不断的摸索和尝试。在有些情况下，将 PEG 连接在肽或蛋白的末端会导致活性的丧失或者其本身的免疫原性仍然存在。另外，连接的 PEG 分子量的大小有时也需要调试。例如以 PEG$_{5K}$ 连接天花粉蛋白（trichosanthin），其免疫原性只是略微改变；但以 PEG$_{20K}$ 连接时，免疫原性得到显著降低[97]。由于 PEG 在体内的水合作用，使其分子量能够增加数倍。因此理论上，分子质量大于 35kDa 的 PEG 就不会被肾快速清除。

PEG 化的肽和蛋白对延长体内的作用时间以及提高活性的效果是十分显著的。例如 PEG$_{2,40K}$ 化的干扰素 α-2b，其血浆半衰期比天然干扰素 α-2b 增加了 330 倍[98]，抗病毒活性也提高了 12~135 倍。已经有许多 PEG 化的蛋白药物上市销售，包括先灵葆雅公司用于治疗丙型肝炎的聚乙二醇-干扰素 α-2b（PEG-Intron）、罗氏公司用于治疗慢性乙型肝炎的聚乙二醇-干扰素 α-2a（Pegasys）以及治疗中性粒细胞减少症的重组人粒细胞集落刺激因子（G-CSF）非格司亭（Filgrastim）的聚乙二醇化物培非司亭（Pegfilgrastim，Neulasta^{TM}）等。

不过分子量较大的 PEG 化大的蛋白仍然会引起诸如渗透性方面的问题，也因此使得某些药物的活性下降[99]。有趣的是，由于上述的药物能够通过肿瘤有漏隙的脉管系统透入作用位点，这似乎又成为靶向肿瘤的有益特性[100]。

(2) 蛋白共缀

将肽和蛋白药物与高分子量的蛋白载体连接起来形成共缀物是又一种能够阻止肾快速清除的有效方法。

将肽或蛋白通过基因融合连接到人免疫球蛋白的 Fc 段是最常用的方法之一。例如重组人可溶性 TNF-α 受体融合蛋白依那西普（Etanercept）就是将可溶性 TNF-α 受体与 IgG 的 Fc 段融合得到的一种抗炎症药物。在人体内，依那西普能够紧密连接 TNF-α，具有长效的高活性，一周只需两次给药用于治疗风湿病。其他通过基因融合 IgG 的 Fc 段的药物还包括用于治疗中重度慢性银屑病的阿来法塞（Alefacept）以及阿巴西普（Abatacept）。

由于 Fc 段融合得到的是一个二聚体，倘若蛋白本身比较大，那么巨大的体积可能会降低其药效。因此单体融合到二聚的 Fc 段或者优化连接臂的长度都是解决这一问题的有效方法[101、102]。

将许多肽或蛋白药物融合到血清白蛋白上也能防止肾小球的滤过，同时活性保持。例如用于治疗 II 型糖尿病的 Albugon 就是 GLP-1 类似物与血清白蛋白的融合体；而用于治疗丙型肝炎的 Albuferon 则是将干扰素 α 融合到白蛋白的 C 端，不仅其半衰期较干扰素 α 大大延长，活性也增强许多。另外，通过化学方法也可以将肽共价地连接到白蛋白 34 位自由的半胱氨酸边链上。在这种方法中，肽的某个边链往往事先构建成一个自由的顺丁烯二酰亚胺官能团，后者负责与半胱氨酸残基边链的巯基反应，从而将肽和血清白蛋白共价连接起来[103]。正在临床试验中的 CJC-1131（GLP-1 类似物）就是采用这一方法与白蛋白共价连接的[104]。

与聚乙二醇化的肽或蛋白药物相比较，蛋白共缀这一方法更容易引起免疫原性的产生，刺激机体产生免疫应答反应。但是通过特定的单个位点的连接，这种免疫原性通常能够被避免。

聚乙二醇化和蛋白共缀已经成为提高肽和蛋白药物半衰期最常用的两种方法。除此之外，也有将肽和蛋白药物与聚唾液酸（polysialic acid）连接以延长药物半衰期的方法[105]。相较于聚乙二醇，聚唾液酸能够生物降解，这是其最突出的优点。

14.6　肽和蛋白药物的输送

肽和蛋白药物所面临的最大的问题之一就是如何在体内达到治疗效果所需要的生物利用度。药物输送技术的发展为这一问题的解决提供了有效的途径。肽和蛋白药物作用时间的延长以及受体选择性的提高可以通过结构的修饰以及增加其稳定性等途径解决（参考本章的第 14.5 节）。然而人体会自动将其所不需要的物质排出体外，这一生理屏障正是肽和蛋白药物有效进入体内的阻碍之一。物质透过黏膜通常是经由跨膜（transmembrane）、细胞旁路（paracellular）或者主动转运（active transport）这三种方式实现。例如具有均衡的疏水/亲水性质的小分子量药物通常能够顺着浓度梯度跨过胞膜，小分子或盐则可由细胞旁路透过黏膜屏障，而一些极性的分子，包括氨基酸、二肽和三肽等则是由主动转运到达细胞内。但是体积庞大的肽和蛋白药物无法通过上述的三种途径进入到细胞中，因此肽和蛋白药物通常是经由注射（injection）或者吸入（inhalation）等方式给药。本节将着重叙述一些效果明显且很有可能成为主流的给药方式,包括缓释剂、自簇集、鼻黏膜吸入以及定向吸入。

14.6.1 缓释剂

近年来多肽和蛋白质类药物的缓释或控释给药系统发展很快,倾向于使用以生物可降解聚合物(biodegradable polymer)制成的毫微球剂、微球剂为载体来制备长效注射剂。其中,微球剂的研究更为深入,应用更为广泛。

微球(microspheres)是一种用适宜高分子材料为载体包裹或吸附药物而制成的球形微粒,一般制成混悬剂供注射或口服用。微球很小,一般为 $1\sim500\mu m$,其中粒径小于 $500\mu m$ 的又称为毫微球(nanospheres)。微球的大小直接影响微球中药物的利用度、微球的载药量以及体内分布的靶向性。静脉注射用微球,其粒径在 $0.1\sim0.2\mu m$ 时,主要分布在肝、脾等器官,粒径在 $7\sim12\mu m$ 范围的微球则分布在肺。生物可降解聚合物作为微球、毫微球的骨架材料,在生物大分子药物长效注射剂领域中都得到广泛、成功的应用。它是指一些能够在水、酶作用下降解的高分子聚合物。其中最常用的是聚乳酸(polylactic acid,PLA)和聚乳酸-乙醇酸共聚物(poly-D,L-lactic-co-glycolic acid,PLGA)。PLA 和 PLGA 降解主要为骨架溶蚀(bulkerosion),即整个骨架中的聚合物分子同时降解,PLA 和 PLGA 水解的最终产物是水和一氧化碳,中间产物乳酸也是体内的正常糖代谢产物,因此该类聚合物无毒,无刺激性,并具有很好的生物相容性。

聚乳酸-乙醇酸共聚物的微球系统释药速率与其骨架降解速率有关,而降解速度又与聚合物基体的疏水性有关,因此可以通过调节乳酸的含量以改变药物释放的持续时间。另外,聚乳酸-乙醇酸共聚物的微球系统释药速率还与聚合物基体的分子量以及使用的乳酸是单一手性或者消旋有关。

14.6.2 自簇集

自簇集是设计作用长效的药物的一个相对较新的方法。实现自簇集的一种方法是应用溶解了的聚合物库(solublilized polymeric depot),当注射入人体后,随着溶解试剂的流失,这一聚合物库将在注射位点固化;另一种方法则是将上述的性质设计进药物的结构中,这种活性试剂通常能够形成分子间的聚集(intermolecular aggregate)。

在早前延长作用时间的活性试剂研究中,发现那法瑞林和 Detirelix 这些高疏水性的 LHRH 类似物能够在溶液中形成液态结晶(liquid crystal)。这些 LHRH 类似物长的作用时间,一方面是因为它们能够沉淀在血清白蛋白和细胞膜上,另一方面则是因为它们在注射位点的储存。例如给猴静脉注射 Detirelix(0.08mg/kg),显示其半衰期达到 7h;然而改为皮下注射(1mg/kg),其半衰期陡然升至 32h,因此药物在注射位点的储存是其半衰期延长的一个重要原因。

疏水性的生长抑素类似物兰瑞肽(Lanreotide,cyclo[D-Nal(2)-Cys-Tyr-D-Trp-Lys-Val-Cys-Thr-NH$_2$])是将奥曲肽(Octreotide)的 1-位替换为 D-Nal(2)[1]。兰瑞肽与奥曲肽相同,也对 SST2 具有选择性。虽然这一替换使得活性急剧下降,但是兰瑞肽的作用时间大大延长,这可能是因为其在注射位点的缓慢释放。进一步研究揭示了其自簇集形成的详细过程:兰瑞肽先是形成 β-片层的结构,然后聚集形成一个大的纳米管(nanotube)。自簇形成的纳米管是由 β-片层的两亲性和系统的芳香/脂肪边链分布所驱动的。这一物理状态与浓度相关,纳米管正是在高浓度下形成的。这一非聚合物形式、非缓释剂型的药物由于形成了稳定的纳米管,使得其通过深度皮下注射在人体内的半衰期达到 4 周。

除上述由疏水性质引起的簇集现象，在一些含有脲官能团边链（例如瓜氨酸）的肽类化合物中，也观察到簇集现象。例如上市销售的 GnRH 类似物西曲瑞克（D-Cit⁶）似乎就在一定程度上延长了作用时间。另一些含有酰脲官能团的化合物，例如 Azeline B 也同样能在注射点"胶化"，作用时间大大增长。这可能是由于脲官能团拥有一种独特的性质能够使药物缓慢地从皮下注射位点扩散。

因此，将能够形成自簇集的结构特性通过精心设计置入活性肽中大大延长药物的作用时间、提高药物的生物利用度。

14.6.3　鼻黏膜给药

跨黏膜给药已经被用于许多已经上市的肽和蛋白药物。1978 年，Hirai 等[106]将含表面活性剂的胰岛素制剂经狗和大鼠鼻腔给药，吸收显著提高。此后胰岛素的鼻用制剂在美国上市销售。其他上市销售的以鼻黏膜吸入的药物还包括去氨加压素（Desmopressin）、那法瑞林以及 T-肽等。由于鼻黏膜上众多的细微绒毛可大大增加药物吸收的有效表面积，能够保证药物的迅速吸收。药物被吸收后，直接进入体循环，无肝脏首关效应。另外，由于部分药物滴入鼻腔后进入脑脊液，鼻腔给药可能是向脑输送药物的一种新途径。例如经鼻黏膜给予胰岛素样生长因子（IGF-1）可有效治疗病灶大脑局部缺血性损害，IGF-1 可被优先传送入脑，减少不必要的全身效应[107]。同时，鼻腔黏膜免疫方式可以避免目前注射免疫的许多不良反应，FDA 新近批准了第一个鼻腔喷雾式流感疫苗 FluMist 用于预防 A 型和 B 型流感病毒引起的流感。必需指出的是，鼻黏膜吸入也有许多缺点，其中生物利用度低是其最主要的缺点。通过加入吸收促进剂、提高药物的亲脂性以及改变剂型都能够在一定程度上提高药物的生物利用度。例如胰岛素不用促进剂经鼻腔给药时的生物利用度小于 1%，用葡萄糖胆酸酯作吸收促进剂，其生物利用度可提高 10%～30%，将胰岛素制成淀粉微球，其作用时间延长至 4h，生物利用度约为 30%。

鼻黏膜给药是目前研究、应用最多的黏膜给药途径，虽然用药没有口服方便，而且会刺激鼻黏膜，但由于采取适当的方式鼻黏膜给药有较高的生物利用度以及快速吸收、长时有效的特点，目前它将是最常用的多肽和蛋白类药物非侵害性给药途径。鼻黏膜给药途径也是研究最多的肽和蛋白药物的给药方式之一。

14.6.4　定向吸入

肺泡吸收面积很大（140m²），血液循环丰富，其上皮细胞的通透性很高，肽类水解酶的活性也很低，而且还能避免肝脏的首关效应，同时能够耐免疫，这些都有益于多肽类药物的吸收。粉雾剂是肺部给药的主要剂型，采用超微粉化技术制备的脂质体干粉吸入制剂由于粒径小、不影响药物在肺泡内的溶解和释放、剂量范围广、制备方法简单正越来越受到人们的重视。目前，有关胰岛素肺部吸入制剂的研究已较为成熟。干粉胰岛素的生物利用度达到 6%～10%，起效迅速[108]。2006 年，由 Pfizer 和 Aventis 公司研发的肺吸入型胰岛素制剂 Exubera 被美国 FDA 批准上市，这也证实了肽甚至蛋白药物吸入给药途径的可行性。

14.7　放射性标记和荧光标记的肽和蛋白

放射性标记和荧光标记的肽和蛋白在药学研究中的应用十分广泛。在医学上，它们作为诊断和治疗试剂使用。放射性标记和荧光标记的肽和蛋白不仅能够检测疾病的发生，还能够定位病灶。有些放射性标记的肽和蛋白还用于疾病的治疗，如癌症的放射性治疗。

放射性标记和荧光标记的肽和蛋白主要是依赖肽或蛋白特异性结合靶组织的性质来实现其检测疾病、定位病灶的目的。例如放射免疫显像（radio immuno imaging，RII）就是以放射性核素标记的单克隆抗体作为显像剂，它能与相应的抗原形成特异性结合物，使含有该抗原的病变显像，临床多用于恶性肿瘤的定位诊断。例如 Capromab Pendetide（Prostacint™）[109]是^{111}In 标记的鼠源性 IgC 抗体，它能与前列腺癌细胞浆内的抗原相结合，用于前列腺癌的诊断。利用受体与配体特异性结合的显像称为放射受体显像（radio receptor imaging，RRI），如美国 FDA 批准的静脉血栓检查用造影剂阿西肽锝［^{99m}Tc］（Apcitide，Acutect™）[110]，就是利用锝标记的合成多肽能够特异性地与活化血小板上的糖蛋白 IIb/IIIa 受体结合，用于急性静脉血栓形成的造影。另外放射性标记的纤维蛋白也可以特异性地集聚在血栓部位，是探测深血栓的有效方法。

单光子发射计算机断层成像术（single-photon emission computed tomography，SPECT）和正电子发射断层成像术（positron emission tomography，PET）是现今使用的利用放射性核素释出的 γ 射线进行成像的技术。SPECT 是利用发射单光子的核素药物如^{99m}Tc、^{133}I、^{67}Ca、^{153}Sm 等进行检查的方法；而 PET 则是利用发射正电子的核素药物如^{18}F、^{11}C、^{13}N、^{15}O 等进行检查的方法。这两种方法都属于发射型计算机断层成像术（emission computed tomography，ECT）。虽然 PET 技术可以三维、定量、动态地观察放射性药物在活体内的生理、生化过程，探测灵敏度和空间分辨率也很高，但由于建立 PET 中心耗资巨大，从而限制了它的广泛使用；而 SPECT 的成本远较 PET 低，并可以在分子水平上探测到人体重要器官的形态、功能和代谢，从而成为当前核医学临床诊断中使用最广泛的手段。

放射性元素标记的肽和蛋白进行疾病的治疗是通过肽和蛋白的定靶作用将放射性元素递送到病变细胞或器官，利用放射性核素在衰变过程中发射出来的射线（主要是 β 射线），在病变部位进行照射产生辐射生物效应，这样，受到大剂量照射的细胞因繁殖能力丧失、代谢紊乱、细胞衰老或死亡，从而抑制或破坏病变组织，达到治疗目的。

荧光标记的肽和蛋白也包括类似的荧光免疫显像和荧光受体显像，但通常不用于疾病的治疗。

14.7.1 放射性标记肽和蛋白

14.7.1.1 用于诊断的放射性标记肽和蛋白

肽和蛋白的放射性标记方法主要分为直接法和间接法。

直接法主要用于蛋白质的标记，一种做法是将分子内的二硫键断裂后形成的巯基直接与放射性核素连接。这种方法需要分子内含有二硫键，且即便含有二硫键，后者的断裂常常会导致肽和蛋白整体构象、活性、药代学等诸多无法预料的变化，因此较少使用。另外还有将放射性核素直接与多肽中的 N 端、C 端或者边链的官能团相连接的方式，由于合成以及纯化上的困难，这种方式也较少使用。

间接法标记肽和蛋白是现今普遍使用的方法，它是通过双功能螯合剂（bifunctional chelating agent，BFCA）将肽和蛋白与放射性核素连接起来。双功能螯合剂中既含有能与放射性核素络合的官能团，同时又包含能与肽或蛋白共价连接的基团。应用间接法标记，可以先用放射性核素标记双功能螯合剂，再与肽或蛋白共价连接；也可以先将双功能螯合剂与肽或蛋白共价连接，再用放射性核素标记。

医药学上所用放射性核素主要是通过核反应堆（nuclear reactor）、核裂变产物（nuclear fission)、放射性核素发生器（radionuclide generator）和回旋加速器（cyclotron）产生获得。根据有效性、花费、光子能量及用户熟悉度，^{99m}Tc 被认为是最适于用作显像的放射性核素。在已有的临床应用诊断试剂中，^{99m}Tc 标记药物占到80％以上。就肿瘤显像剂而言，^{99m}Tc 标记的单克隆抗体很多，已上市的包括用于结肠和乳房癌诊断的 Arcitumomab（CEA-scan™）[111]以及用于小细胞肺癌（small-cell lung cancer）诊断的 Nofetumomab（Verluma™）[112]等。

由于单抗标记物分子量大，寻靶时间长，研究人员越来越多地把目光转向了相对较小的多肽标记物的研究上。在许多情况下，小分子肽与受体的亲和力比抗体和抗体片段更强，且更易于合成，易于结构修饰；另外，小分子肽很少引起免疫反应；其快速的血清除可以提供高的靶/本底比，特别适于半衰期不长的^{99m}Tc 标记。例如上述的静脉血栓检查用造影剂阿西肽锝[^{99m}Tc]（图14-17）就是这一方面成功的例子。

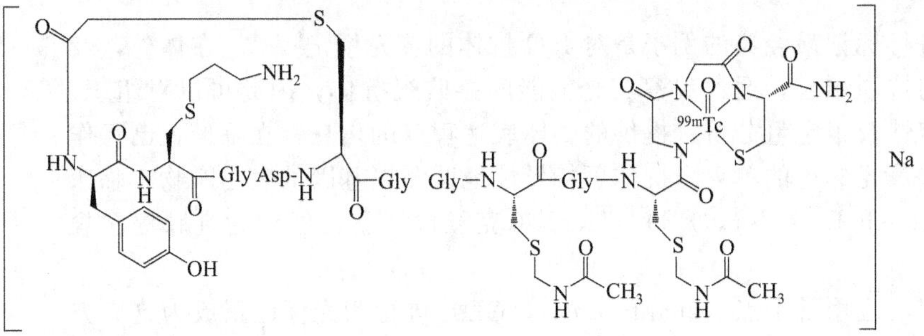

图 14-17 阿西肽锝[^{99m}Tc] 的结构

14.7.1.2 用于治疗的放射性标记肽和蛋白

治疗用放射性标记肽和蛋白主要用于肿瘤的治疗。恶性肿瘤靠单一治疗手段往往难以达到根治效果，放射性核素内照射治疗与外科手术、化疗、放疗等手段一起，在肿瘤治疗中逐渐被广泛使用。

内照射治疗通常需要能够释出高能量α或β射线的放射性核素。α或β射线的能量不同，它们对组织的穿透程度也不同。另外，放射性核素在电子俘获或内转换过程中有俄歇电子（auger electron）发射，而那些能发射俄歇电子的放射性核素（例如^{99m}Tc、^{114m}In、^{115m}In、^{123}I 以及 ^{125}I 等）现在越来越受到关注，因为俄歇电子可以作用于细胞核而导致细胞死亡[113]。利用发射俄歇电子的核素治疗肿瘤，主要是发挥俄歇电子的高线性能量转换和在生物组织中短射程的优点，达到提高疗效，减少毒副作用的目的。

治疗用放射性标记肽和蛋白主要是利用肽或蛋白高度特异性的特点进行"定靶"，再由放射性核素于靶位处释出α射线、β射线或俄歇电子以达到杀死肿瘤细胞的目的。治疗用放射性标记肽和蛋白根据其"定靶"的原理主要分为免疫导向和受体导向两类。

放射免疫导向治疗剂主要是将放射性核素标记的单克隆抗体引入体内，后者与相应的抗原进行特异性的结合，使放射性核素大量浓集于肿瘤，从而达到杀死癌细胞的目的。如治疗难治性CD20阳性的非霍奇金氏淋巴瘤的放疗蛋白药物替伊莫单抗（Ibritumomab Tiuxetan），就是由抗CD20抗体携带放射性同位素^{90}Y，高选择性地杀死CD20高表达的肿瘤细胞。目前临床上用于治疗肿瘤的放射性核素仍以^{131}I 为主，主要是因为其来源方便，经济成本相对低廉。^{90}Y 和 ^{188}Re 的应用也在不断增加。

放射受体导向治疗剂主要是利用配体和肿瘤表达的特异性受体相结合的原理，将相应的配体进行放射性标记。应用^{188}Re、^{131}I 和 ^{90}Y 标记的奥曲肽治疗肿瘤是这方面最经典的例子，可起到放疗、化疗双重疗效。但这一方面累积的经验仍然相对较少，但鉴于单克隆抗体一些先天性的缺点，而放射受体导向治疗剂一般都以小肽作为"定靶"部件，因此已经引起了广泛的重视，取得突破性的进展也只是时间的问题。

14.7.2　荧光标记的肽和蛋白

　　荧光物质是具有共轭双键体系化学结构的化合物，受到紫外光或蓝紫光照射时，可激发成为激发态，当从激发态恢复至基态时，发出荧光。荧光标记具有非放射性、操作简便、高稳定性、高灵敏度和高选择性等特点，且荧光标记染料种类多、方法灵活，可应用于多种生物大分子，包括肽和蛋白药物的标记。荧光标记示踪技术的基本原理是将荧光物质与待测物通过化学反应以共价键连接，通过荧光显微镜、激光共聚焦显微镜、流式细胞仪等仪器的检测，达到定位和示踪的目的。肽和蛋白质的荧光标记，就是将蛋白质中氨基酸的一些官能团通过共价键与荧光物质连接起来。其中最常采用的衍生化位点是氨基(N 端)。

　　应用传统荧光染料进行标记最经典的例子是对 IgG 抗体的荧光标记[114]。在体外，荧光标记的抗体特异性地与抗原结合，通过观察荧光就能间接监视抗体，因此可以对组织、细胞等结构进行定位、定性及半定量分析；提供的受体表达程度的信息，在临床上已经作为诊断和治疗指标。例如荧光标记的单克隆抗体可特异性地监测癌基因的表达产物，临床常用的雌激素受体（Estrogen Receptor，ER）、Her2 单克隆抗体就已经作为乳腺癌常规诊疗指标之一[115]。

　　随着纳米技术的发展，应用量子点（quantum dot，QD）进行荧光标记正成为这一方面的热点，可以说是荧光标记技术革命性的进步。量子点是准零维（quasi-zero-dimensional）的纳米材料，由少量的原子所构成。其三个维度的尺寸都在 100 nm 以下，导致其内部电子在各方向上的运动都受到局限，因此其量子限域效应（quantum confinement effect）特别显著。量子点比有机荧光染料发射光强 20 倍，稳定性强 100 倍以上，它可以经反复多次激发，而不像有机荧光染料那样容易发生荧光淬灭。目前研究较多、用于生物分子标记的量子点通常是以 CdSe 为核，CdS 或 ZnS 为壳的核-壳型纳米体，这样的结构能够得到较高的发光产率和较好的光化学稳定性。与传统的有机染料相比，量子点其独特的性质在于较大的斯托克位移和狭窄对称的荧光谱。目前量子点的生物连接方式主要有两种：一种方法是依靠静电吸引力使生物分子连接到量子点表面包覆的一层带负电荷的游离基团上；另一种方法是采用共价偶联的方法将量子点包覆一层聚丙烯酸，然后修饰成疏水性的聚丙烯酸酯，再将抗体、链霉亲和素或其他蛋白共价偶联到量子点上。

14.8　讨论与展望

　　多肽和蛋白药物正在进入一个在基因和蛋白信息水平上治理疾病的新时期，并在医学的各个领域起着越来越重要的作用。在 FDA 批准的生物技术药中，重组人蛋白已占据了绝大多数，包括单克隆抗体、天然干扰素、疫苗、激素、修饰的天然酶和各种各样的细胞疗法。重组蛋白不仅为一些特殊疾病提供了替代（或者唯一）的治疗方法，而且可以和小分子药物联合使用提供附加或者协同的益处。如小分子药物伊立替康（Irinotecan）和重组抗体西妥昔单抗（Cetuximab）的组合疗法有效延长了结直肠癌患者的生存期，就源自二者的协同作用，这也将是多肽和蛋白药物的新的发展方向。当然，利用多肽和蛋白特异性的识别作用而发展的或者以肽和蛋白为输送骨架或者利用肽和蛋白药物的协同效应的共缀药物，都是蛋白药物非常吸引人的新的应用前景。

随着阻碍多肽和蛋白药物进入临床使用的问题如体内半衰期、亚型选择性、生物相容性被药物化学和药物递送体系有效解决,加之基因改造的重组蛋白生产体系和优化的多肽合成工艺逐渐降低生产费用、扩大生产规模,以及给药途径的多样化、蛋白数量的巨大化和种类的多样化,因此,尽管多肽和蛋白药物的发展仍面临着种种挑战,但可以预测在不久的将来,多肽和蛋白药物将快速发展,将在医学上扮演多方延伸的重要角色。

推荐读物

- Norbert Sewald, Hans-Dieter Jakubke. Peptides: Chemistry and Biology. Wiely, 2002.
- Nestor J J. Peptide and Protein Drugs: Issues and Solutions//Comprehensive Medicinal Chemistry II Volume 2. Editors-in-Chief: John B Taylor, David J Triggle. ISBN: 0-08-044513-6, Elsevier, 2006: 573-601.
- Leader B, Baca Q J, Golan D E. Protein therapeutics: a summary and pharmacological classification. Nat Rev Drug Discov, 2008, 7: 21-39.
- Lagerstrom M C, Schioth H B. Structural diversity of G protein-coupled receptors and significance for drug discovery. Nat Rev Drug Discov, 2008, 7: 339-357.
- Bray B L. Large-scale manufacture of peptide therapeutics by chemical synthesis. Nat Rev Drug Discov, 2003, 2: 587-593.
- Mikhail Soloviev, Chris Shaw, Per Andrén. Peptidomics. Wiely, 2007.
- Bommarius B, Kalman D. Antimicrobial and host defense peptides for therapeutic use against multidrug-resistant pathogens: New hope on the horizon. IDRUGS, 2009, 12: 376-380.
- Magliani W, Conti S, Cunha R L O R, Travassos L R, Polonelli L. Antibodies as Crypts of Antiinfective and Antitumor Peptides. Curr Med Chem, 2009, 16: 2305-2323.
- Gentilucci L, Tolomelli A, Squassabia F. Peptides and peptidomimetics in medicine, surgery and biotechnology. Curr Med Chem, 2006, 13: 2449-2466.

参考文献

[1] Gentilucci L, Tolomelli A, Squassabia F. Curr Med Chem, 2006, 13: 2449-2466.
[2] Leader B, Baca Q J, Golan D E. Nat Rev Drug Discov, 2008, 7: 21-39.
[3] Ji T H, Grossmann M, Ji I J Biol Chem, 1998, 273: 17299-17302.
[4] Lagerström M C, Schiöth H B. Nat Rev Drug Discov, 2008, 7: 339-357.
[5] Filmore D. Modern Drug Discovery (American Chemical Society), 2004 (November): 24-28.
[6] Bockaert J, Pin J P. EMBO J, 1999, 18: 1723-1729.
[7] a) Schwyzer R. Biochemistry, 1986, 25: 6335-6342; b) Schwyzer R. Biopolymers, 1995, 37: 5-16.
[8] Gourlet P, Rathe J, De Neef P, Cnudde J, Vandermeers-Piret M C, Waelbroeck M, Robberecht P. Eur J Pharmacol, 1998, 354: 105-111.
[9] Turner J T, Jones S B, Bylund D B. Peptides, 1986, 7: 849-854.
[10] Robberecht P, Gourlet P, De Neef P, et al. J Eur J Biochem, 1992, 207: 239-246.
[11] Dean M K, Higgs C, Smith R E, et al. J Med Chem, 2001, 44: 4595-4614.
[12] Blume-Jensen P, Hunter T. Nature, 2001, 411: 355-365.
[13] Normanno N, Maiello M R, Luca A D J Cell Physiol, 2003, 194: 13-19.
[14] Mendelsohn J, Baselga J. Oncogene, 2000, 19: 6550-6565.
[15] Ciardiello F, Tortora G. Clin Cancer Res, 2001, 7: 2958-2970.
[16] Mendelsohn J. Endocr Relat Cancer, 2001, 8: 3-9.
[17] Hudis C A N Engl J Med, 2007, 357: 39-51.
[18] Cunningham D, et al. N Engl J Med, 2004, 351: 337-345.
[19] Grötzinger J. Biochimica et Biophysica Acta, 2002, 1592: 215-223.
[20] Simpson R J, Hammacher A, Smith D K, Matthews J M, Ward L D. Protein Sci, 1997, 6: 929-955.
[21] De Melker A A, Sonnenberg A. Bioessays, 1999, 21: 499-509.
[22] Diaz-Gonzalez F, Forsyth J, Steiner B, Ginsberg M H. Mol Biol Cell, 1996, 7: 1939-1951.
[23] Du X, Gu M, Weisel J W, Nagaswami C, Bennett J S. J Biol Chem, 1993, 268: 23087-23092.
[24] Giancotti F G, Ruoslahti E. Science, 1999, 285: 1028-1033.
[25] Heino J. Ann Med, 1993, 25: 335-342.
[26] Fawcett J, Harris A L. Curr Opin Oncol, 1992, 4: 142-148.

[27] Folkman J. Semin Oncol, 2002, 29: 15-18.
[28] Alghisi G C, Ruegg C. Endothelium, 2006, 13: 113-135.
[29] Smith J. Curr Opin Investig Drugs, 2003, 4: 741-745.
[30] Barrett A J, Rawlings N D, Woessner J F. The Handbook of Proteolytic Enzymes. 2nd ed. Academic Press, 2003.
[31] Reed J C. Nat Rev Drug Disc, 2002, 1: 111-121.
[32] McIntosh C H S. Frontiers in Bioscience, 2008, 13: 1753-1773.
[33] Ratner L, Haseltine W, Patarca R, et al. Nature, 1985, 313: 277-284.
[34] Pearl L, Taylor W. Nature, 1987, 329: 351-354.
[35] Roberts N A, Martin J A, Kinchington D, Broadhurst A V, et al. Science, 1990, 248, 358-361.
[36] Johansson P O, Lindberg J, Blackman M J, Kvarnstrom I, et al. J Med Chem, 2005, 48: 4400-4409.
[37] Parang K, Sun G. Protein kinase inhibitors in drug discovery. Chapter 26//Shayne Cox Gad. Drug Discovery Handbook. wiely,
[38] Hunter T. Cell, 2000, 100: 113-127.
[39] Manning G, Whyte D B, Martinez R, Hunter R, Sudarsanam S. Science, 2002, 298: 1912-1934.
[40] Hubbard S R, Till J H. Annu Rev Biochem, 2000, 69: 373-398.
[41] Biscardi J S, Tice D A, Parsons S J. Adv Cancer Res, 1999, 76: 61-119.
[42] Barford D. Trends Biochem Sci, 1996, 21: 407-412.
[43] Alonso A, Sasin J, Bottini N, Friedberg I, Friedberg I, Osterman A, Godzik A, Hunter T, Dixon J, Mustelin T. Cell, 2004, 117: 699-711.
[44] Liu G, Szczepankiewicz B G, Pei Z, Janowick D A, Xin Z, et al. J Med Chem, 2003, 46: 2093-2103.
[45] Elchebly M, Payette P, Michaliszyn E, Cromlish W, Collins S, et al. Science, 1999, 283: 1544-1548.
[46] Klaman L D, Boss O, Peroni O D, Kim J K, Martino J L, Zabolotny J M, et al. Mol Cell Biol, 2000, 20: 5479-5489.
[47] a) Lee S W, Reimer C L, Fang L, Iruela-Arispe M L, Aaronson S A. Mol Cell Biol, 2000, 20: 1723-1732; b) Pestell K E, Ducruet A P, Wipf P, Lazo J S. Oncogene, 2000, 19: 6607-6612; c) Saha S, Bardelli A, Buckhaults P, et al. Science, 2001, 294: 1343-1346.
[48] Fry D C. Biopolymers, 2006, 84: 535-552.
[49] Wells J A, McClendon C L. Nature, 2007, 450: 1001-1009.
[50] Li H Y, Zawahir Z, Song L D, Long Y Q, Neamati N. J Med Chem, 2006, 49: 4477-4486.
[51] Woodnutt G, Violand B, North M. Current Opinion in Drug Discovery & Development, 2008, 11: 754-761.
[52] Szmuness W, Stevens C E, Harley E J, Zang E A, Oleszko W R, William D C, Sadovsky R, et al. N Engl J Med, 1980, 303: 833-841.
[53] Crosnier J, Jungers P, Couroucé A M, Laplanche, A, Benhamou E, Degos F, et al. Lancet, 1981, 1: 455-459.
[54] Sigal L H, Zahradnik J M, Lavin P, Patella S J, Bryant G, et al. N Engl J Med, 1998, 339: 216-222.
[55] Steere A C, Sikand V K, Meurice F, Parenti D L, Fikrig E, Schoen R T, et al. N Engl J Med, 1998, 339: 209-215.
[56] Shi L, et al. Clin Pharm Ther, 2007, 81: 259-264.
[57] MacKenzie I Z, Bichler J, Mason G C, Lunan C B, Stewart P, et al. Eur J Obstet Gynecol Reprod Biol, 2004, 117: 154-161.
[58] Baselga J. Eur J Cancer, 2001, 37: S16-S22.
[59] Wainberg Z, Hecht J R. Clin Colorectal Cancer, 2006, 5: 363-367.
[60] van Dijk M A, van de Winkel J G. Curr Opin Chem, Biol, 2001, 5: 368-374.
[61] Meissner H C, Long S S. Pediatrics, 2003, 112: 1447-1452.
[62] Nicolaou K C, Boddy O N C, Bräse S. Angew Chem Int Ed Engl, 1999, 38: 2096.
[63] A Raja, et al. Nature Rev Drug Discov, 2003, 2: 943-944.
[64] Phelan A, Elliott G, O' Hare P. Nature Biotechnol, 1998, 16: 440-443.
[65] ArticleFrancis J W, Hosler B A, Brown R H Jr, Fishman P S. J Biol Chem, 1995, 270: 15434-15442.
[66] Kumar D, Bhalla T C. Applied Microbial Biotechnol, 2005, 68: 726.
[67] Bray B L. Nat Rev Drug Discov, 2003, 2: 587-593.
[68] Dawson P E, Muir T W, Clark-Lewis I, Kent S B. Science, 1994, 266: 776-779.

[69] Zhu L, Tamvakopoulos C, Xie D, Dragovic J, Shen X, Fenyk-Melody J E, et al. J Biol Chem, 2003, 278: 22418-22423.

[70] a) Deacon C F, Knudsen L B, Madsen K, Wiberg F C, et al. Diabetologia 1998, 41: 271-278; b) Green B D, Mooney M H, Gault V A, Irwin N, et al. J Endocrinol, 2004, 180: 379-388.

[71] 酶信息数据库 BRENDA. http://www.brenda-enzymes.orgl.

[72] Dasgupta P, Singh A, Mukherjee R. Biol Pharm Bull, 2002, 25: 29-36.

[73] Tsutsumi M, Claus T H, Liang Y, Li Y, Yang L, Zhu J, Dela Cruz F, et al. Diabetes, 2002, 51: 1453-1460.

[74] Langer I, Gregoire F, Nachtergael I, De Neef P, Vertongen P, Robberecht P. Peptides, 2004, 25: 275-278.

[75] Darlak K, Benovitz D E, Spatola A F, Grzonka Z. Biochem Biophys Res Commun, 1988, 156: 125-130.

[76] Salhanick A I, Clairmont K B, Buckholz T M, Pellegrino C M, Ha S, Lumb K J. Bioorg Med Chem Lett, 2005, 15: 4114-4117.

[77] Pinski J, Schally A V, Yano T, Groot K, Srkalovic G, Serfozo P, et al. Int J Pept Protein Res, 1995, 45: 410-417.

[78] Steer D L, Lew R A, Perlmutter P, Smith A I, Aguilar M I. J Pept Sci, 2000, 6: 470-477.

[79] Rajeswaran W G, Hocart S J, Murphy W A, Taylor J E, Coy D H. J Med Chem, 2001, 44: 1305-1311.

[80] Reissmann S, Schwuchow C, Seyfarth L, Pineda De Castro L F, Liebmann C, et al. J Med Chem, 1996, 39: 929-936.

[81] Tyndall J D, Nall T, Fairlie D P. Chem Rev, 2005, 105: 973-1000.

[82] Appella D H, Christianson L A, Klein D A, Powell D R, Huang X, Barchi J J Jr, Gellman S H. Nature, 1997, 387: 381-384.

[83] a) Seebach D, Ciceri P E, Overhand M, Jaun B, Rigo D, Oberer L, Hommel U, Amstutz R, Widmer H. Helv Chim Acta, 1996, 79: 2043-2066; b) Seebach D, Matthews J L. Chem Commun, 1997: 2015-2022.

[84] Frackenpohl J, Arvidsson P I, Schreiber J V, Seebach D. Chembiochem, 2001, 2: 445-455.

[85] Gademann K, Kimmerlin T, Hoyer D, Seebach D. J Med Chem, 2001, 44: 2460-2468.

[86] a) Simon R J, Kania R S, Zuckermann R N, Huebner V D, Jewell D A, et al. Proc Natl Acad Sci (USA), 1992, 89: 9367-9371; b) Tjandra S, Zaera F. J Am Chem Soc, 1992, 114: 10646-10647.

[87] Armand P, Kirshenbaum K, Falicov A, Dunbrack R L J, Dill K A, Zuckermann R N, Cohen F E. Fold Des, 1997, 2: 369-375.

[88] Kirshenbaum K, Barron A E, Goldsmith R A, Armand P, Bradley E K, et al. Proc Natl Acad Sci (USA), 1998, 95: 4305-4308.

[89] Miller S M, Simon R J, Ng S, Zuckermann R N, Kerr J M, Moos W H. Drug Devel Res, 1995, 35: 20-32.

[90] Hamy F, Felder E R, Heizmann G, Lazdins J, Aboul-Ela F, Varani G, et al. Proc Natl Acad Sci (USA), 1997, 94: 3548-3553.

[91] Pauly R P, Demuth H U, Rosche F, Schmidt J, White H A, Lynn F, et al. Metabolism, 1999, 48: 385-389.

[92] Nestor J J Jr. Improved Duration of Action of Peptide Drugs.//Taylor M D, Amidon G L, Eds. Peptide-Based Drug Design. Washington DC: American Chemical Society, 1995: 449-471.

[93] Nestor J J Jr, Ho T L, Simpson R A, Horner B L, Jones G H, McRae G I, Vickery B H. J Med Chem, 1982, 25: 795-801.

[94] Coy D H, Horvath A, Nekola M V, Coy E J, Erchegyi J, Schally A V. Endocrinology, 1982, 110: 1445-1447.

[95] Nestor J J Jr, Tahilramani R, Ho T L, Goodpasture J C, Vickery B H, Ferrandon P. J Med Chem, 1992, 35: 3942-3948.

[96] Delgado C, Francis G E, Fisher D. Crit Rev Ther Drug Carrier Syst, 1992, 9: 249-304.

[97] He X H, Shaw P C, Tam S C. Life Sci, 1999, 65: 355-368.

[98] Ramon J, Saez V, Baez R, Aldana R, Hardy E. Pharm Res, 2005, 22: 1375-1387.

[99] Caliceti P. Dig Liver Dis, 2004, 36: S334-S339.

[100] Seymour L W, Miyamoto Y, Maeda H, Brereton M, Strohalm J, Ulbrich K, Duncan R. Eur J Cancer, 1995, 31: 766-770.

[101] Dumont J A, Low S C, Peters R T, Bitonti A J. BioDrugs, 2006, 20: 151-160.

[102] Dumont J A, Bitonti A J, Clark D, Evans S, Pickford M, Newman S P. J Aerosol Med, 2005, 18: 294-303.

[103] Léger R, Thibaudeau K, Robitaille M, Quraishi O, van Wyk P, et al. Bioorg Med Chem Lett, 2004, 14:

4395-4398.
[104] Giannoukakis N. Curr Opin Investig Drugs, 2003, 4: 1245-1249.
[105] Fernandes A I, Gregoriadis G. Biochim Biophys Acta, 1997, 1341: 26-34.
[106] O'Donnell P B, Wu C, Wang J, Wang L, Oshlack B, Chasin M, et al. Euro J Pharm biopharm, 1997, 43: 83-89.
[107] Liu X F, Fawcett J R, Thorne R G, DeFor T A, Frey II W H. J Neurol Sci, 2001, 187: 91-97.
[108] Odegard P S, Capoccia K L. Ann Pharmacother, 2005, 39: 843-853.
[109] Sodee D B, Malguria N, Faulhaber P, et al. Urology, 2000, 56: 988-993.
[110] Taillefer R, Edell S, Innes G, Lister-James J. J Nucl Med, 2000, 41: 1214-1223.
[111] Goldenberg D M, Abdel-Nabi H, Sullivan C L, Serafini A, Seldin D, et al. Cancer, 2000, 89: 104-115.
[112] Balaban E P, Walker B S, Cox J V, Bordlee R P, Salk D, et al. Clin Nucl Med, 1992, 17: 439-445.
[113] Mariani G, Bodei L, Adelstein S J, Kassis A I. J Nucl Med, 2000, 41: 1519-1521.
[114] Southwick P L, Ernst L A, Tauriello E W, Parker S R, et al. Cytometry, 1990, 11: 418-430.
[115] Tsutsui S, Ohno S, Murakami S, Hachitanda Y, Oda S. J Surg Oncol, 2002, 79: 216-223.

第15章

趋化因子受体调节剂

谢　欣

目　录

- 15.1　引言　/458
- 15.2　趋化因子的分类　/458
- 15.3　趋化因子受体的分类　/460
- 15.4　趋化因子受体介导的信号转导　/460
- 15.5　趋化因子及其受体的生物学功能　/461
  - 15.5.1　趋化因子与淋巴系统的发育　/461
  - 15.5.2　趋化因子与T细胞的募集　/462
  - 15.5.3　趋化因子与树突状细胞　/462
- 15.6　趋化因子及其受体与疾病的关系　/462
  - 15.6.1　艾滋病　/462
  - 15.6.2　肿瘤　/463
  - 15.6.3　呼吸道疾病　/464
- 15.7　趋化因子受体拮抗剂　/465
  - 15.7.1　CCR1拮抗剂　/465
  - 15.7.2　CCR2拮抗剂　/467
  - 15.7.3　CCR5拮抗剂　/471
  - 15.7.4　CXCR4拮抗剂　/475
- 15.8　展望　/477
- 推荐读物　/477
- 参考文献　/478

15.1 引言

趋化因子是一组具有趋化作用的细胞因子，能吸引免疫细胞到免疫应答局部，参与免疫调节和免疫病理反应。它们属于小分子的分泌蛋白超家族，多为小于 100 个氨基酸（分子质量为 8～12kDa）的多肽，对嗜中性粒细胞、淋巴细胞、单核细胞等多种细胞均有趋化作用。根据结构可将趋化因子主要分为 4 个亚家族：CXC、CC、C 及 CX_3C 家族。目前至少已发现了 50 个趋化因子及 18 个人源的趋化因子受体。趋化因子受体是能够特异性结合趋化因子的细胞膜蛋白，属于 7 次跨膜的 G 蛋白偶联受体超家族。近年来，趋化因子及其受体的研究越来越受到重视，目前已知它们在机体发挥重要的生理和病理效应，参与炎症、肿瘤、自身免疫病、AIDS 等疾病的发生和发展。重组趋化因子、趋化因子抗体及小分子趋化因子受体调节剂已经进入临床研究，成为新的生物治疗热点。本章将从生理功能、与疾病关系及现有趋化因子小分子调节剂等几方面介绍趋化因子及其受体在疾病防治中的应用。

15.2 趋化因子的分类

根据结构中保守的半胱氨酸残基的数量及其相对的位置，趋化因子主要可分为 4 类：CXC、CC、C 及 CX_3C 家族。趋化因子的系统命名也是基于这个分类方法的（表 15-1）。CXC、CC 及 CX_3C 家族的趋化因子均具有 4 个保守的半胱氨酸残基，而 C 家族的只有 2 个半胱氨酸，其在序列中的位置相当于其他趋化因子的 2 号及 4 号半胱氨酸（图 15-1）。另有一小部分 CC 家族的趋化因子具有 6 个半胱氨酸。CXC 和 CX_3C 家族趋化因子在前两个半胱氨酸残基之间分别有 3 个和 1 个其他类型氨基酸，而在 CC 家族中，前两个半胱氨酸是相邻的。CC 及 CXC 家族有许多成员，C 家族仅有 Lymphotactin α 和 β 两个趋化因子[1]，而 CX_3C 家族仅有 Fractalkine 一个成员[2]。

根据 ELR 结构域的存在与否，CXC 趋化因子还可以被细分为 ELR＋和 ELR－两类。ELR 是三个氨基酸（谷氨酸-亮氨酸-精氨酸）的缩写，位于第一个保守半胱氨酸残基的 N 端。绝大多数 ELR＋趋化因子对嗜中性粒细胞有强烈的趋化活性[3]，但不能趋化单核细胞；而 ELR－趋化因子是淋巴细胞或造血细胞的高效趋化剂，对嗜中性粒细胞没有趋化作用。实验证实，CXC 家族趋化因子参与血管形成，其中绝大多数 ELR＋CXC 趋化因子能够直接趋化内皮细胞，促进血管的生成，而 ELR－CXC 趋化因子则对血管的生成起抑制作用[4,5]。

另一种分类方法是基于功能及表达的差异。趋化因子主要可分为炎性/可诱导表达型和组成性表达型两类，某些趋化因子则介于两者之间。炎性/可诱导型趋化因子的表达主要受 LPA、IL-1、TNF 等炎性因子的调控，并与炎性因子一起来调节先天性免疫及获得性免疫反应。组成性表达型趋化因子则对淋巴细胞和树突状细胞的正常转移起重要作用[6,7]。大多数编码炎性/可诱导型趋化因子的基因定位集中在 4 号（CXC）及 17 号（CC）染色体上，而编码组成性表达型趋化因子的基因则分散在染色体 1、2、5、7、9、10 和 16 号染色体上。相对应地，炎性趋化因子的受体主要有 CXCR1、CXCR2、CXCR3、CCR1、CCR2、CCR3、CCR5 和 CCR6，而组成性表达型趋化因子受体分别为 CXCR4、CXCR5、CCR4、CCR7 和 CCR9。

```
CX₃C:  ......CXXXC ................C ................C ......
CXC:   ......CX__C ................C ................C ......
CC:    ................C__C ................C ................C ......
CC:    ................C ................C ................C ......
```

图 15-1 趋化因子保守半胱氨酸残基相对位置

表 15-1 趋化因子及受体

分类	趋化因子		趋化因子受体
	系统命名	人源趋化因子习惯命名	
CXC 家族	CXCL1	GROα/MGSA-α	CXCR2＞CXCR1
	CXCL2	GROβ/MGSA-β	CXCR2
	CXCL3	GROγ/MGSA-γ	CXCR2
	CXCL4	PF4	未知
	CXCL5	ENA-78	CXCR2
	CXCL6	GCP-2	CXCR1, CXCR2
	CXCL7	NAP-2	CXCR2
	CXCL8	IL-8	CXCR1, CXCR2
	CXCL9	Mig	CXCR3
	CXCL10	IP-10	CXCR3
	CXCL11	I-TAC	CXCR3
	CXCL12	SDF-1α/β	CXCR4
	CXCL13	BLC/BCA-1	CXCR5
	CXCL14	BRAK/bolekine	未知
	CXCL15	未知	未知
	CXCL16	CXCLG16/SRPSOX	CXCR6
C 家族	XCL1	Lymphotactin/SCM-1α/ATAC	XCR1
	XCL2	SCM-1β	XCR1
CX₃C 家族	CX₃CL1	Fractalkine	CX₃CR1
CC 家族	CCL1	I-309	CCR8
	CCL2	MCP-1/MCAF	CCR2
	CCL3	MIP-1α/LD78α	CCR1, CCR5
	CCL4	MIP-1β	CCR5
	CCL5	RANTES	CCR1, CCR3, CCR5
	CCL6	未知	未知
	CCL7	MCP-3	CCR1, CCR2, CCR3
	CCL8	MCP-2	CCR3
	CCL9/10	未知	未知
	CCL11	Eotaxin	CCR3
	CCL12	未知	CCR2
	CCL13	MCP-4	CCR2, CCR3
	CCL14	HCC-1	CCR1
	CCL15	HCC-2/Lkn-1/MIP-1δ	CCR1, CCR3
	CCL16	HCC-4/LEC	CCR1
	CCL17	TARC	CCR4
	CCL18	DC-CK1/PARC AMAC-1	未知
	CCL19	MIP-3β/ELC/Exodus-3	CCR7
	CCL20	MIP-3α/LARC/Exodus-1	CCR6

续表

分类	趋化因子		趋化因子受体
	系统命名	人源趋化因子习惯命名	
CC 家族	CCL21	6Ckine/SLC/Exodus-2	CCR7
	CCL22	MDC/STCP-1	CCR4
	CCL23	MPIF-1	CCR1
	CCL24	MPIF-2/Eotaxin-2	CCR3
	CCL25	TECK	CCR9
	CCL26	Eotaxin-3	CCR3
	CCL27	CTACK/ILC	CCR10

15.3 趋化因子受体的分类

与其他细胞因子相似，趋化因子通过与相应的受体结合而发挥作用。尽管许多趋化因子受体可以识别和结合多个趋化因子，但这些趋化因子几乎都属于同一家族。因此根据结合配体的不同，趋化因子受体也可分为四类：CXC 趋化因子受体（CXCR），CC 趋化因子受体（CCR），CX$_3$C 趋化因子受体（CX$_3$CR）及 XC 趋化因子受体（XCR）。趋化因子与受体结合，具有不同的特异性。另根据结合配体的特异性不同，趋化因子受体可分为三类：特异性趋化因子受体，一种受体只能结合一种配体，例如 CXCR4 仅能结合 CXCL12/SDF-1；共享性趋化因子受体，一种受体能结合 CC 趋化因子家族或 CXC 家族中多个成员，但不能结合跨家族的趋化因子，大多数的趋化因子受体属于此类；杂合性趋化因子受体，即既能与 CC 家族趋化因子结合，也能与 CXC 家族趋化因子结合，Duffy 抗原是此受体家族的唯一成员。

15.4 趋化因子受体介导的信号转导

趋化因子受体属于 G 蛋白偶联受体超家族（G-protein coupled receptors，GPCRs），具有典型的七次跨膜结构。受体胞内区与 G 蛋白偶联。G 蛋白由 α、β、γ 三个亚单位组成，β、γ 亚单位通常形成紧密的二聚体，共同发挥作用。G 蛋白结构上的差别主要表现在 α 亚单位上，α 亚基可分为四类：Gαs，Gαi/o，Gαq 和 Gα12[8]。趋化因子受体主要与 Gαi 类 G 蛋白相偶联。当外环境中不存在趋化因子等激动剂时，G 蛋白的三个亚单位呈聚合状态，α 亚单位与 GDP 结合；当趋化因子与受体结合时，GTP 取代 GDP，与 α 亚单位结合，同时形成游离的 βγ 二聚体，分别活化下游效应物。

目前对趋化运动的精确机制尚不完全清楚。初期研究显示百日咳毒素可以完全抑制趋化运动，这说明 Gαi 类 G 蛋白在其中起了重要作用。进一步研究显示并非 Gαi 亚基本身起作用，关键步骤是 βγ 二聚体的释放[9]。βγ 二聚体可以直接作用于并激活磷脂酶 C（PLC），导致 3,4,5-三磷酸激醇（IP3）的产生和胞内钙离子水平的升高。然而在某些细胞的趋化运动中，并检测不到钙离子水平的升高，这提示可能有其他生化改变在趋化过程中起更为重要的作用[10]。PLC 的活化也会导致胞内甘油二脂（DAG）水平升高，从而激活蛋白激酶 C（PKC）。PKC 几乎可以被所有膜受体活化，因此并非趋化因子特异性的反应。但 PKC 的活化可导致趋化因子受体的磷酸化及脱敏，这对于中止趋化因子的信号转导有着重要的作用[11,12]。

另一个重要的 βγ 二聚体的效应器是肌醇磷脂-3 激酶 γ（PI3Kγ）。PI3Kγ 活化后，快速产生大量的 3,4,5-三磷酸激醇，活化蛋白激酶 B（PKB）。在趋化因子受体活化后，PKB 也被迅速活化并转位到细胞运动的膜前沿[13]，而 PI3K 的拮抗剂 wortmannin 或 LY294002 则可以抑制 PKB 的活化[14]。然而进一步实验表明，虽然 PI3Kγ 敲除的白细胞的 PKB 不能被趋化因子激活，其趋化能力并未完全消失[10]。其他实验也表明即使完全抑制 PI3K 的活性，中性粒细胞仍旧可以在趋化因子刺激下定向移动[15]。这表明趋化因子及其受体是通过多条通路来调控细胞的定向运动的。Gαi 亚基的作用不仅是通过与 GTP 或 GDP 的结合调控 βγ 二聚体而发挥间接作用，还能通过活化酪氨酸激酶而发挥作用。当 GTP 水解后，Gα-GDP 与 βγ 二聚体重新结合，结束信号转导过程[16]。

15.5 趋化因子及其受体的生物学功能

趋化因子通过与其受体结合而发挥作用，趋化因子与受体的作用具有多样性，绝大多数趋化因子都有一种以上受体，而同一受体可识别多种配体，一种细胞可产生多种趋化因子，不同细胞可表达相同的趋化因子或趋化因子受体。趋化因子及其受体的多样性决定了其生物活性的广泛性。

15.5.1 趋化因子与淋巴系统的发育

在发育和分化过程中，T 细胞和 B 细胞需要在特定时间到达特定的器官。尽管已经知道一些趋化因子和表面黏附分子在这个过程中起重要作用，但对这个复杂的细胞循环体系的精确调控还了解得很少。近期研究发现 TARC、ELC、SLC 和 DC-CK1 等趋化因子在胸腺、淋巴结及其他淋巴组织中有很高的组成性表达。这些趋化因子可以吸引表面表达 CCR4、CCR6 或 CCR7 的 T 细胞或 B 细胞[17]。DK-CK1 主要由次级淋巴器官的生发中心和 T 细胞区域的树突状细胞产生，能诱导未至敏的 T 细胞的趋化，显示其在免疫反应的启动方面有重要作用[18]。TECK 由胸腺的树突状细胞表达，能趋化巨噬细胞、树突状细胞及 T 细胞等[19]。这种特定淋巴器官的组成性高表达显示趋化因子及其受体在淋巴系统的正常发育及生理功能的执行方面有重要作用。

CXC 趋化因子 SDF-1 最初被认为是 B 细胞前体细胞的生长因子[20]。胚胎期，B 淋巴细胞在肝脏中发育，出生后迁移到骨髓。SDF-1 在胎肝和骨髓中高表达，其受体 CXCR4 在造血祖细胞及 B 淋巴细胞前体细胞中高表达。CXCR4 或 SDF-1 基因敲除小鼠的 B 淋巴细胞发育严重受损，骨髓的髓系造血功能几乎完全缺陷，并伴有心脏发育异常[21]。给 CXCR4 基因敲除小鼠输入正常功能和数量的 B 淋巴细胞前体细胞，也不能弥补由 CXCR4 基因缺陷所造成的异常，因此，SDF-1 和 CXCR4 在 B 淋巴细胞发育中作用是不可替代的。另一个与 B 细胞发育相关的趋化因子受体是 CXCR5。CXCR5 敲除的小鼠没有腹股沟淋巴结，而且其脾脏和派氏集合淋巴结的初级淋巴小结和生发中心均发育异常。缺失 CXCR5 的 B 细胞错误进入上述淋巴组织的 T 细胞区域，而不能正常定位到 B 细胞区域。

T 淋巴细胞在胸腺内发育成熟，SDF-1 和 TECK 能够调控 $CD4^+CD8^+$ 双阳性 T 淋巴细胞的发育，但 SDF-1 和 CXCR4 基因敲除小鼠的 T 淋巴细胞发育正常，可能因为 TECK 在早期胸腺的发育中起更为重要的作用。在从 $CD4^+CD8^+$ 双阳性 T 淋巴细胞向 $CD4^+$/$CD8^+$ 单阳性 T 淋巴细胞的分化过程中，MDC、SLC、ELC 等发挥重要作用。这些趋化因子能趋化单阳性 T 淋巴细胞，但与双阳性 T 淋巴细胞不发生反应。

15.5.2 趋化因子与T细胞的募集

尽管科学家们早就知道淋巴细胞会在炎症部位聚集，而其中起作用的诱导因子也是近期才发现的[22]。RANTES、MIP-1α和MIP-1β是最早被报道的具有趋化淋巴细胞作用的趋化因子。单核细胞趋化蛋白（MCP-1，2，3，4）也能够强烈诱导T细胞、自然杀伤细胞和树突状细胞的迁移[23]。趋化因子受体在淋巴细胞上的表达水平各异，IL-2可以上调CCR1、CCR2和CCR5的表达[24,25]，而其他刺激如CD3和CD28的抗体则下调受体表达及趋化反应。许多CC趋化因子除了趋化T细胞，还可以诱导单核细胞、嗜酸性粒细胞及嗜碱性粒细胞的趋化反应。而CXC趋化因子IP10和Mig则不同，它们只能趋化IL-2活化后的T细胞，因为它们唯一的受体CXCR3只表达在T细胞上[26]。IP10和Mig在IFN-γ刺激下上调，而IFN-γ同时又下调许多其他的趋化因子[22]，这使IP10和Mig诱导T细胞趋化的作用更加专一。在病毒感染或迟发型过敏反应中，IFN-γ局部上调IP10和Mig来诱导下游效应T细胞的聚集。

Th细胞是根据功能分类的一个T细胞亚群，其中Th1和Th2是最主要的两个亚型。Th1细胞主要分泌IL-2、IFN-γ、IFN-α和TNF-β等，主要介导细胞毒和局部炎症有关的免疫应答，辅助抗体生成，参与细胞免疫及迟发型超敏性炎症的发生。Th2细胞主要分泌IL-4、IL-5、IL-6和IL-10等，主要功能为刺激B细胞增殖并产生IgG和IgE抗体，与体液免疫有关。因此招募不同的Th细胞将导致不同的局部炎性反应。Th1细胞高表达CXCR3、CCR1、CCR2和CCR5；Th2细胞高表达CCR3、CCR4和CCR2，他们分别在不同的免疫应答过程中发挥作用。

15.5.3 趋化因子与树突状细胞

树突状细胞（dendritic cells，DC）是一种强有力的抗原呈递细胞。DC能分泌数种趋化因子，包括TARC、PARC、TECK、MDC及MIP3β等[27]。其中最具有DC分泌特异性的是TARC，其受体为CCR4，表达在Th2细胞上。不成熟的DC活动性很强，能有效摄取和加工抗原，定位于非淋巴组织。接触活性信号后DC成熟，并进入淋巴组织，趋化因子在DC的迁移和功能成熟过程中发挥重要作用。不成熟DC表达CCR1、CCR2和CCR5等多种炎性趋化因子受体，在炎症反应时，迅速聚集到炎性反应区域，摄取抗原、活化并产生大量的趋化因子，趋化更多的不成熟DC到反应部位。伴随大量趋化因子的产生，DC下调非成熟阶段高表达的炎性趋化因子受体，上调CCR7[28]，并伴随功能成熟。淋巴管上皮细胞高表达CCR7的配体SLC，可诱导成熟DC进入淋巴组织，从而使DC可以激活更多的抗原特异性的T细胞[29]。

15.6 趋化因子及其受体与疾病的关系

15.6.1 艾滋病

在HIV发现后的12年内，病毒入侵的确切过程并不完全清楚。在1995年末和1996年初，两个独立的研究组从两方面报道了HIV入侵与趋化因子之间的关系。来自美国国立癌症研究所（National Cancer Institute）的Cocchi等研究人员发现由$CD8^+$ T细胞分泌的HIV抑制因子的主要成分是RANTES、MIP-1α和MIP-1β等三个趋化因子[30]。而来自美国国立变态反应与感染性疾病研究所（National Institute of Allergy and Infectious

Diseases）的 Feng 等人发现除了 CD4 以外，HIV 还与一个属于 GPCR 家族的类趋化因子共受体结合，这个受体后来被命名为 CXCR4[31]。此后的一年中，该领域取得了一系列的突破，首先是有五个独立的研究组同时报道了第二个 HIV 共受体 CCR5 的发现[32]。然后科学家发现一部分正常人群中，CCR5 的基因有 32 对碱基的缺失从而导致细胞表面无 CCR5 表达。这些人对 HIV 的感染具有天然抗性[33,34]。随后科学家发现 CXC 趋化因子 SDF-1 是 CXCR4 的配体。这一系列的发现为 HIV 入侵细胞机制的研究及后期抗 HIV 融合抑制剂的开发打下了良好的基础。

HIV-1 感染宿主细胞除需要细胞上的 CD4 为受体外，还需要趋化因子受体的辅助才能实现。融合过程（图 15-2）的第一个步骤即病毒包膜糖蛋白 gp120 与细胞表面的 CD4 结合。随着结合，gp120 的构象发生变化，暴露出与共受体 CCR5 或 CXCR4 结合的区域[36]。CD4 和共受体与 gp120 的结合导致病毒表面另一组糖蛋白 gp41 的构象变化，使 gp41 的融合肽暴露出来并插入到细胞膜中[37]，从而启动病毒膜与细胞膜的融合及病毒基因的注入。根据病毒利用共受体的不同可以将 HIV 主要分为两类：单核细胞/巨噬细胞嗜性的病毒株利用 CCR5 侵染细胞，称 R5 嗜性；T 淋巴细胞嗜性的病毒株则利用 CXCR4 侵染细胞，称 X4 嗜性；还有一些病毒株既能利用 CCR5，也能利用 CXCR4 侵染细胞，故称为 R5X4 嗜性，该类病毒可以在 2 个受体间进行转型[38,39]。一些 HIV 病毒株还可将其他趋化因子受体作为共受体，如双嗜性的 89.6 病毒株，不仅利用 CCR5 和 CXCR4，还可以利用 CCR2、CCR3、CCR8、CX3CR1 和 CXCR6 等受体。另有几个 R5 株，如 Ba-L、JR-FL，虽不能利用 CXCR4，但可以有效利用 CCR3。

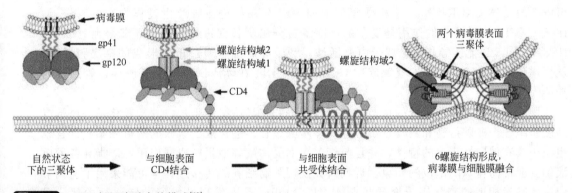

图 15-2 HIV 与细胞融合的模式[35]

共受体作用机理的明朗化使抗 HIV 入侵药物的开发又多了一个选择。最直接的共受体阻滞剂应该就是它们相应的天然配体，即趋化因子了。实验证明 CCR5、CXCR4 及其他趋化因子的天然配体确实具有抑制 HIV 融合的功能[30,40]。但是对于趋化因子的应用也产生了一些担心，原因是趋化因子会激活受体及其下游的信号通路，可能在一定条件下加快病毒的复制[41,42]。研究人员开始对天然配体进行改造，使其活性降低，但对于阻断 gp120 结合的能力加强。也有报道显示针对共受体的抗体也有抑制 HIV 的作用。但抗体类或肽类拮抗剂在临床应用上有很大不便，这促使各大药厂开发小分子的共受体拮抗剂。有关小分子拮抗剂将在以下章节叙述。

15.6.2 肿瘤

趋化因子最初被定义为在炎症反应中诱导白细胞定向运动的可溶性多肽，然而近期研究表明趋化因子的作用可以被延伸到其他细胞体系，包括肿瘤细胞。2001 年，Mantovani

等人报道在 T 细胞或自然杀伤细胞缺失的动物中移植肿瘤会导致典型的炎性细胞的浸润,这表明肿瘤细胞能够自身分泌趋化因子或刺激周边的细胞分泌趋化因子[43]。这个发现使人们真正开始关注肿瘤与趋化因子之间的关系。目前人们已经认识到趋化因子及其受体在肿瘤的生长、迁移及血管新生方面都起着重要的作用。

对于一些肿瘤细胞,趋化因子不仅能用于召集炎性细胞,还对其生长增殖有促进作用。如黑色素瘤(Melanoma),能自分泌 GROα/CXCL1、GROβ/CXCL2、GROγ/CXCL3 和 IL-8/CXCL8 等趋化因子并调节自身的增殖[44]。在体外阻断 GROα 或 CXCR2 可以抑制黑色素瘤细胞的生长,而高表达 GROα、GROβ 和 GROγ 可以促进多种肿瘤细胞形成集落或增强它们在裸鼠中的成瘤性[45,46]。其他的 CXCR2 的配体在胰腺癌、头颈部肿瘤及非小细胞性肺癌中都有类生长因子的作用。MIP-3α/CCL20,一种 CC 家族的趋化因子也在胰腺癌中高表达,它不仅能诱导肿瘤相关的巨噬细胞的迁移,并促进肿瘤生长[47]。

血管新生是肿瘤发生过程中一个重要步骤。血管新生是一个高度复杂有序的过程,它是在已存在的血管上又长出新的毛细血管的过程,包括内皮细胞活化、细胞体外基质和基底膜降解及内皮细胞定向迁移和增生。目前已经比较清楚 ELR+趋化因子是促血管新生因子,而 ELR-趋化因子是血管新生抑制因子[5,6]。ELR 是三个氨基酸(谷氨酸-亮氨酸-精氨酸)的缩写,位于 CXC 结构域的 N 端。其中 ELR-类趋化因子有 PF-4/CXCL4、MIG/CXCL9 和 IP-10/CXCL10;而 ELR+趋化因子有 CXCL8 和 SDF-1/CXCL12 等。与内皮细胞生长因子(VEGF)相比,SDF-1 仅有有限的有丝分裂效应但却有较强的趋化作用。但有趣的是 SDF-1 可诱导内皮细胞表达 VEGF,VEGF 反过来可上调内皮细胞表达 SDF-1 的受体 CXCR4[48]。这表明 SDF-1 和 VEGF 在促进血管产生过程中有协同作用。IL-8/CXCL8 在肿瘤中的作用是复杂的,除了自分泌生长促进作用外,还刺激血管新生。IL-8/CXCL8 还能诱导基质金属蛋白酶活性,利于肿瘤细胞通过重新形成的基底膜迁移,从而增强转移性[49,50]。CC 亚家族中 CCL1 和 CCL11 在体内试验中也有诱导血管形成的功能[51,52]。

肿瘤细胞具有一些特殊的性质使其能够入侵并在异位组织生长。肿瘤转移是一个具有高度组织性,非随机性和具器官选择性的多步骤过程。趋化因子家族的成员在某些器官或组织中具有偏向性表达的特性,并且与细胞表面受体或其他蛋白协同作用,以指导各种血液细胞亚群向特殊的部位的归巢。近期研究发现肿瘤细胞的转移过程也可能采用了与调节白细胞转运相似的趋化因子介导机制[53,54]。Muller 等人发现乳腺癌的转移至少部分受 CXCR4 及其配体 SDF-1/CXCL12 的调控。SDF-1/CXCL12 是一个比较特殊的趋化因子,在许多器官中有基础水平的表达,而在乳腺癌易转移的器官中高表达[53]。而它的受体 CXCR4 在包括乳腺癌、前列腺癌、B-细胞淋巴瘤、神经胶质瘤等至少 23 种肿瘤细胞表面高表达[55]。在体内,抑制 CXCL12/CXCR4 的相互作用可导致乳腺癌的淋巴结和肺转移的明显降低。因此,在肿瘤细胞上表达的趋化因子受体将成为干预治疗的一个潜在的靶点。

15.6.3 呼吸道疾病

从趋化因子的定义来看即可知道它在免疫性疾病即炎症中所起的重要作用。限于本书的篇幅,本节将重点讨论趋化因子及其受体在炎症性呼吸道疾病中的作用。呼吸道疾病,包括哮喘、过敏性鼻炎、慢性阻塞性肺疾病(chronic obstructive pulmonary disease,COPD)以及慢性支气管炎等已成为西方社会的沉重负担。大约有 10% 的儿童和 5% 的成人受到哮喘困扰[56],而 COPD 已成为美国第四大致死疾病。

炎性细胞大量涌入呼吸道是炎症性呼吸道疾病的共同特征。哮喘病人往往有嗜酸性粒细胞、Th2 细胞和肥大细胞的浸润，而慢性支气管炎和 COPD 病人则有中性粒细胞、巨噬细胞和 CD8+ T 细胞的聚集[57]。这些细胞释放的炎性细胞因子是导致疾病发展的重要因素。

大多数 CC 家族的趋化因子受体都在炎性呼吸道疾病相关的细胞上有表达，包括 CCR1、CCR2、CCR3、CCR4、CCR7 和 CCR8，其中 Eotaxin 和其受体 CCR3 在哮喘中的作用可能是最为广泛研究的。CCR3 主要表达于嗜酸性粒细胞，也表达在嗜碱性粒细胞、肥大细胞和一部分 Th2 T 细胞中，能结合 RANTES、MIP-1、MCP-2/3/4 以及 Eotaxin-2/3 等趋化因子，它是嗜酸性粒细胞趋化反应的最主要介导者[58]。针对 Eotaxin 或 CCR3 的抗体均能有效地阻止嗜酸性粒细胞向肺部的浸润[59,60]。CC 类趋化因子 N 末端是受体活化的重要区域，N 末端微小的改变不影响配体结合但却不能激活受体，从而产生拮抗剂的作用。在卵清蛋白诱导的小鼠哮喘模型中，应用 N 端修饰的 Met-RANTES 不仅可以阻断嗜酸性粒细胞的浸润，也大大降低了 Eotaxin 和 RANTES 的表达[59,61]。

Eotaxin 在肺部的多种细胞中均有表达，在受到过敏源刺激后主要由上皮细胞分泌[62]，而 Th2 细胞分泌的 IL-4 和 IL-13 可导致 Eotaxin 表达上调[63]。单核细胞来源趋化因子 (MDC) 是导致 Th2 细胞向肺部迁移的主要因素，这类趋化因子只结合 CCR4 受体。目前尚无针对 CCR4 的抗体或小分子拮抗剂，但阻断 MDC 可以显著降低嗜酸性粒细胞向肺部的浸润、减少支气管的过敏反应并调控 IL-4 的表达[64,65]。Th2 细胞表达另一个趋化因子受体 CCR8，但其确切的生理功能还有待研究。

趋化因子受体 CCR2 在呼吸道疾病相关的细胞中都有表达，如单核细胞、T 细胞、B 细胞和嗜碱性粒细胞等。尤为值得关注的是它在活化的中性粒细胞和单核细胞高表达[66]，这使它成为治疗 COPD 的另一个药靶。在卵清蛋白诱导的小鼠哮喘模型中，MCP-1 抗体可以有效抑制支气管的超敏感反应、降低嗜酸性粒细胞的聚集，并几乎完全阻止了 T 细胞的浸润。这些动物肺部的 IgE、IL-4 和 IL-5 也都有显著降低[67,59]。

15.7 趋化因子受体拮抗剂

趋化因子通过与受体的结合及下游的信号转导，在某种程度上促进了炎症反应、肿瘤及艾滋病等重大疾病的发生和发展。因而通过抑制趋化因子与其受体结合可在一定程度上抑制相关疾病的发生。趋化因子或趋化因子受体的抗体可以有效阻断趋化因子和其受体的结合，但抗体类药物使用不便，而且其生产和储存成本非常昂贵。本章将围绕 CCR1、CCR2、CCR5 和 CXCR4 几个受体，重点讨论趋化因子受体的小分子拮抗剂的发现、结构优化改造及应用。

15.7.1 CCR1 拮抗剂

4-羟基哌啶类化合物对与 CCR1 的结合活性最初由 Berlex 公司报道[68]。他们通过同位素受体竞争结合实验筛选了 200000 个化合物，发现了化合物 **1**（图 15-3）对 ^{125}I-MIP-1α 与 CCR1 的结合有较强的拮抗作用，其 K_i 值为 44nmol/L。有意思的是类似物 **2** 也在受筛化合物中，其连接二苯并花青和 4-羟基哌啶的碳链只比 **1** 少了一个碳，但它对 CCR1 的结合就非常微弱。通过一系列的结构改造获得了 BX-513 (**3**)，其对 CCR1 的结合活性与 **1** 接近，K_i 值为 53nmol/L。BX-513 能剂量依赖性地抑制 MIP-1α 和 RANTES 诱导的 PBMC 的趋化，但对于 MIP-1β, MCP-1 或 SDF-1α 诱导的趋化却无影响。这表明 **3** 是

CCR1 选择性抑制剂，而对其他趋化因子受体 CCR2、CCR5 以及 CXCR4 等都没有作用。然而更多的受体选择性实验发现 BX-513 与很多生物胺类受体，如肾上腺素受体、多巴胺受体及 5-羟基色胺受体等有交差反应。实验证明要通过结构改造来提高这类化合物的受体选择性是比较困难的，因此 Berlex 公司放弃了这类化合物的进一步开发。另据 Meina Liang 等[69]报道，**1** 的类似物 **4** 也是一个较强的且具有选择性的功能性 CCR1 受体拮抗剂。化合物 **4** 与人类、兔类以及狨的 CCR1 受体具有较高的亲和力，而对鼠类 CCR1 受体的亲和力较低。另一个类似物 **5** 是由 Takeda 公司报道的，它对 RANTES 结合 CCR1 受体具有抑制作用，但对 MIP-1α 结合 CCR1 受体的抑制作用却很弱，显示该化合物与其他几个类似物的结合位点有所不同。

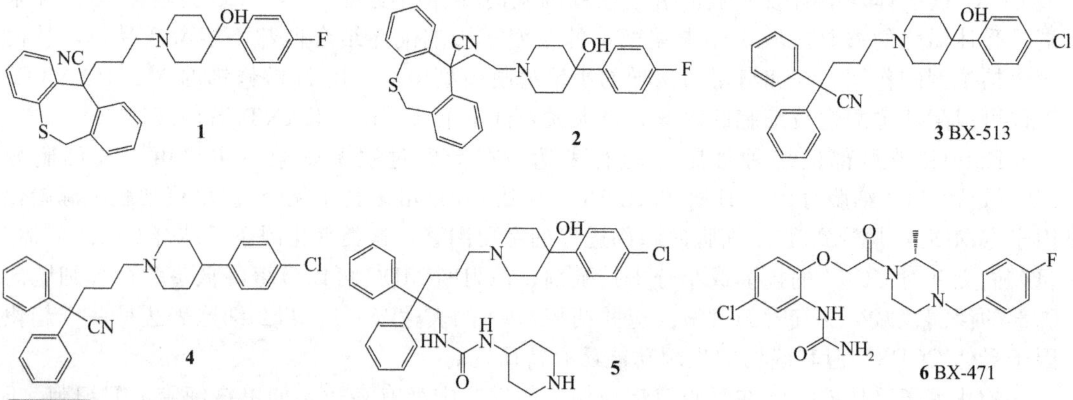

图 15-3 4-羟基哌啶类 CCR1 拮抗剂

不同受体间选择性低及不同物种间同一受体选择性高的问题使 CCR1 受体拮抗剂的开发更加复杂化。尤其是很多化合物只与人源 CCR1 受体结合，而不与鼠类 CCR1 受体结合，这对于临床前的动物模型研究非常不利。Berlex 公司放弃了 BX-513 以后，转向了 BX-471（**6**）的研究[70]。对于人源 CCR1 受体，BX-471 可以有效抑制 ^{125}I-MIP-1α、^{125}I-RANTES 和 ^{125}I-MCP-3 与受体的结合，K_i 值分别为 2.8nmol/L、1.0nmol/L 和 5.5nmol/L。BX-471 对鼠类受体的结合能力就弱很多，对抑制 ^{125}I-MIP-1α 结合大小鼠 CCR1 的 K_i 值分别为 121nmol/L 和 215nmol/L。功能实验结果显示，BX-471 可以抑制 MIP-1α、RANTES 和 MCP-3 引起的钙流反应，且自身不引发钙流。在单核细胞中，BX-471 也可以抑制 MIP-1α 刺激引起的整合素 CD11b 上调。BX-471 也可以抑制 MIP-1α 和 RANTES 诱导的淋巴细胞和单核细胞的趋化运动，但对其他趋化因子介导的趋化运动没有影响。通过与其他 28 种 GPCR 的结合实验发现，BX-471 对 CCR1 的选择性超过其他受体 10000 倍以上。BX-471 可以口服利用，在狗体内的代谢半衰期为 3h。在大鼠 EAE 多发性硬化症模型（Multiple Sclerosis）、大鼠心脏移植排异模型及小鼠肾纤维化模型中，BX-471 均表现出了良好的疗效[71~73]。BX-471 目前正在临床 II 期试验用于治疗多发性硬化症。

Merck 公司在 CCR1 拮抗剂开发初期也曾获得过 4-羟基哌啶类化合物，由于该类化合物存在受体及物种选择性等问题，Merck 公司转向了三环酰胺类化合物的开发。这类化合物的先导化合物 **7**（图 15-4）最初由 Banyu 公司经高通量筛选获得[74]，对 ^{125}I-MIP-1α 与人源 CCR1 的结合有一定的拮抗作用，IC_{50} 约为 500nmol/L。化合物 **8** 用一个环辛烷取代了 N 上的脂肪链，其对人 CCR1 的拮抗活性有所提高，IC_{50} 值为 140nmol/L，但对小鼠的 CCR1 的活性并未改善。进一步改造发现，对哌啶环上的 N 进行四级取代获得的季铵类化

合物 **9** 不仅对人源 CCR1 的结合活性有很大提高（IC$_{50}$ = 14nmol/L），而且对小鼠 CCR1 也具有了一定的活性（IC$_{50}$ = 2100nmol/L）。后期对哌啶 N 上的取代基进行了筛选，发现环辛烯取代化合物 **10** 的活性最高，对人和鼠源受体的拮抗 IC$_{50}$ 值分别达到 1.2nmol/L 和 12nmol/L。由于四级取代的 N 具有手性结构，化合物 **10** 又被拆分为 **10a** 和 **10b**。**10a** 和 **10b** 的绝对立体构型尚未确定，但其中一个化合物 **10a** 在人和鼠源受体的拮抗 IC$_{50}$ 值分别达到了 0.9nmol/L 和 5.8nmol/L，而 **10b** 的活性要低 50~120 倍。对于绵羊的 CCR1 受体，**10a** 也显示了很强的拮抗作用，IC$_{50}$ 值为 1.5nmol/L。在胶原蛋白诱导的小鼠关节炎模型及蛔虫诱导的绵羊哮喘模型中，**10a** 显示了良好的疗效[75]。但是这类化合物对 CCR3 也有很强的结合，并且季铵盐普遍存在口服利用度差及代谢快等缺点，限制了它的临床应用。

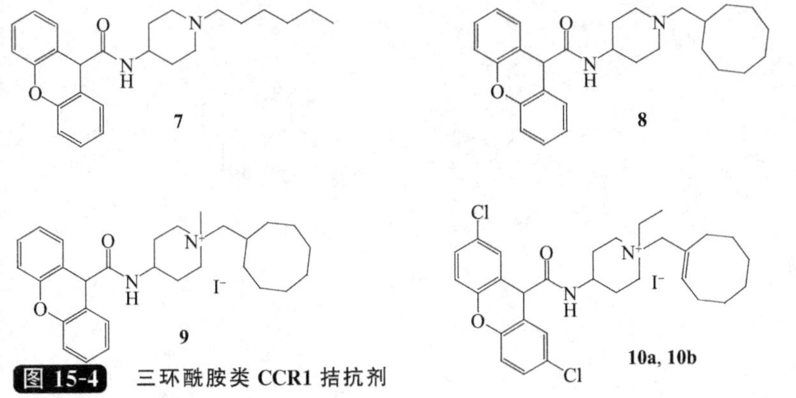

图 15-4 三环酰胺类 CCR1 拮抗剂

Pfizer 公司在其专利里也公开了一类 CCR1 拮抗剂结构[76,77]。这类结构通常包括一个双芳香杂环体系，通过一个酰胺键连接一个取代的 5-氨基戊酸，羧基端通常形成酰胺结构（**11**，**12**）（图 15-5）。有关化合物的结合数据没有公开，但功能实验显示它们可以有效抑制 MIP-1α 诱导的细胞趋化，IC$_{50}$ 在 25nmol/L 左右。Takeda 公司还宣称化合物 **13**，**14** 均可以拮抗 CCR1，但它们的活性远不如上述的几类结构。**15** 是由 Rhone-Poulenc Rorer 公司报道的一个 CCR1 拮抗剂[78]，但其活性也不是非常突出，而且它的结合位点与天然配体不同。Merck 公司在专利中[79~81]也公开了一系列结构，其骨架包含了一个 4-氨基-2-甲基喹啉，在 6 位带一个酰胺结构（**16**）。专利称这类化合物在 CCR1，CCR2，CCR3，CCR4，CCR5，CXCR3 及 CXCR4 等多个趋化因子受体上有活性，但具体数据并未披露。

15.7.2 CCR2 拮抗剂

Roche 公司是较早进行 CCR2 拮抗剂开发的公司之一。在 1998 年，他们就报道了一类螺环哌啶类化合物（**17**~**19**）（图 15-6）具有 CCR2 结合活性[82]，其中 RS-504393（**19**）拮抗 ^{125}I-MCP-1 与 CCR2 结合的能力较强，IC$_{50}$ 为 89nmol/L。然而后期的功能性实验[83]显示，RS-504393 只能微弱地拮抗 MCP-1 诱导的 THP-1 细胞趋化（IC$_{50}$ = 330nmol/L），而对 RANTES 诱导的 THP-1 细胞趋化几乎没有抑制作用（IC$_{50}$ = 61μmol/L）。受体选择性研究[83]表明 RS-504393 的选择性不强，对 α1a 肾上腺素受体也有较强的结合，IC$_{50}$ 为 72nmol/L，几乎与 CCR2 的结合能力一致。Takeda 公司在进行 CCR5 拮抗剂研究的时候发现了化合物 **20**（TAK-779），该化合物强效拮抗 ^{125}I-RANTES 与 CCR5 的结合，IC$_{50}$

为 1.4nmol/L；而对 CCR2 与配体的结合抑制的 IC$_{50}$ 也可以达到 27nmol/L[84、85]。但 TAK-779 的季铵盐结构使其口服利用度受到质疑，因此研究人员希望它的碱性结构（**21**）能在这方面得到改善。然而出乎意料的是 **21** 对 CCR2 的结合能力比 **20** 弱了 10 倍，显示两个化合物与受体的结合方式不尽相同。

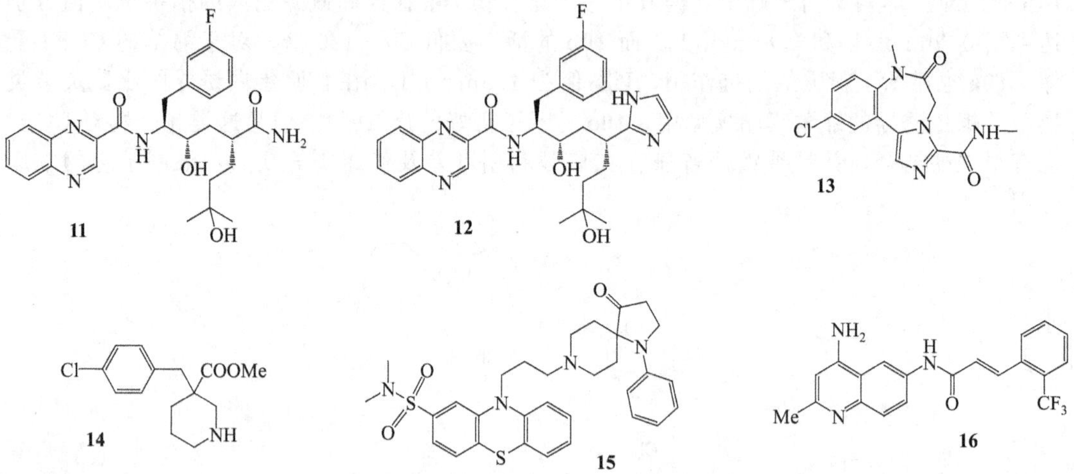

图 15-5 其他类型 CCR1 拮抗剂

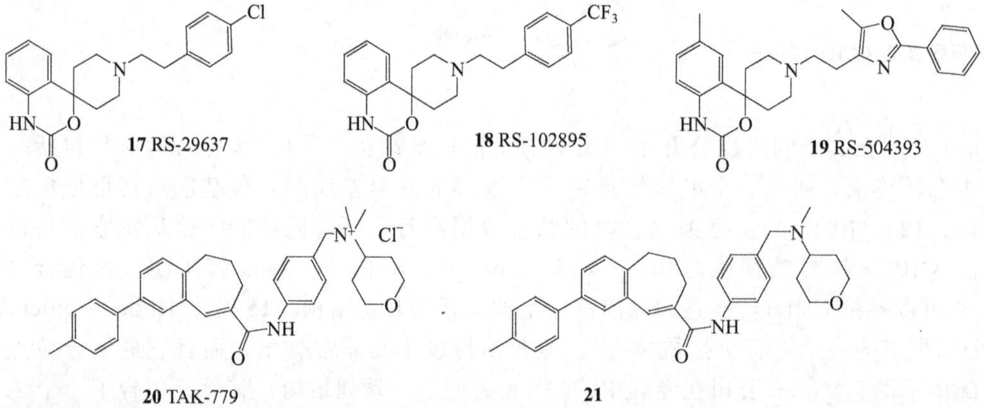

图 15-6 螺环哌啶类及苯并环烯类 CCR2 拮抗剂

SmithKline Beecham 公司在开发 CCR2 拮抗剂的同时希望能解决上述的结合、功能不一致及对 CCR5 的选择性问题。他们通过高通量筛选获得了一个具有弱结合活性的吲哚哌啶类衍生物 **22**（图 15-7），其结合常数 K_i 为 5.6μmol/L。构效关系研究[86]发现肉桂酰胺连接对化合物活性至关重要，化合物 **23** 的结合常数 K_i 随即提高到了 420nmol/L。进一步研究发现哌啶 N 上的碳链长度及吲哚环 5 位的羟基取代都对活性有明显的影响，最后获得了化合物 **24**（SB-282241），其 K_i 值达到 50nmol/L。功能性实验也证明 SB-282241 能有效抑制人单核细胞中 MCP-1 激起的钙流反应，也能抑制 MCP-1 诱导的趋化现象，K_b 值分别为 26nmol/L 和 25nmol/L。然而由于 SB-282241 对 5-HT 受体也有较强的结合，该化合物没有进行进一步开发。

最近，在 SB-282241 的基础上，Johnson & Johnson 公司进行了一系列结构改造[87]。他们首先用一个取代的苯环替代了吲哚环，获得化合物 **25** 及其类似物，但这类化合物结合活性都比较低，IC$_{50}$ 值＞1μmol/L。然后他们改变了两个 N 原子直接的 C 链长度，并

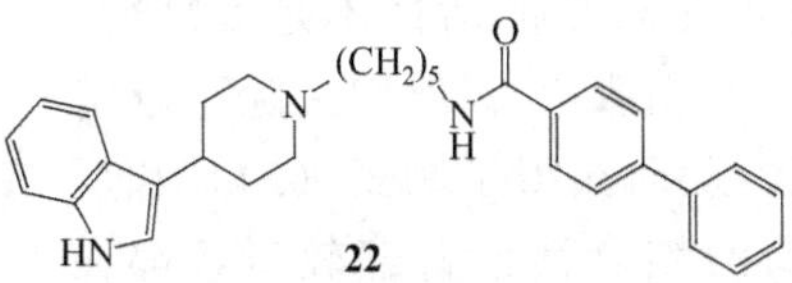

图 15-7 吲哚哌啶类 CCR2 拮抗剂

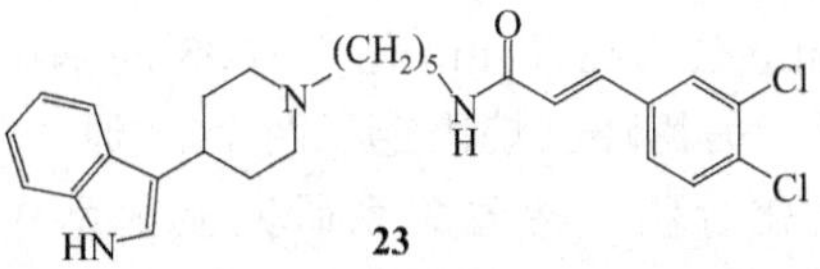

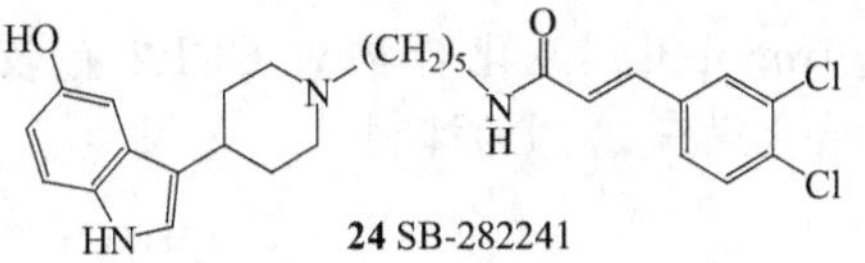

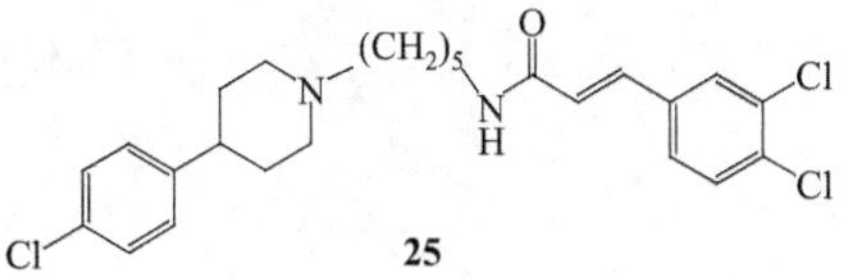

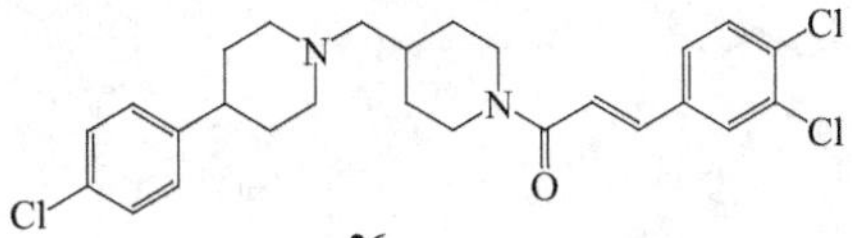

把戊胺链改成了更刚性的哌啶环。由此获得的化合物 **26** 的结合活性有了很大提高，IC$_{50}$ 值为 300nmol/L。**26** 对 CCR1、CCR3 及 5-HT 受体没有明显的结合，功能实验显示 **26** 能拮抗 MCP-1 诱导的细胞趋化。初步药代实验表明 **26** 能口服利用，对细胞色素 P450 无明显抑制作用。在硫鸟嘌呤诱导的小鼠腹膜炎模型中，**26** 对于单核细胞的聚集有一定抑制作用。为进一步提高活性，研究人员用环戊胺替代了哌啶环，并改变了两端苯环上的取代基，所得化合物 **27** 的结合活性又有所提高，IC$_{50}$ 达 80nmol/L。研究人员又在连接两个哌啶环的 C 原子上引入了羧基（**28**），发现化合物结合活性大大提高。由于羧基的引入，该 C 原子具有手性，其中一个对映体的结合 IC$_{50}$ 值达到了 4nmol/L，另一个为 210nmol/L[88]。**28** 可以有效抑制 MCP-1 引发的钙流及趋化反应，IC$_{50}$ 在 2nmol/L 左右。该化合物对 CCR2 选择性良好，在 25μmol/L 浓度下对 CCR1、CCR3、CCR4、CCR5、CCR6、CCR7 和 CCR8 均无明显结合，在 1μmol/L 浓度下（是对 CCR2 结合 IC$_{50}$ 的 250 倍），该化合物对大多数受体都不结合，但对 H1、5-HT1B、5-HT2A 和 NK3 受体仍有部分抑制作用。

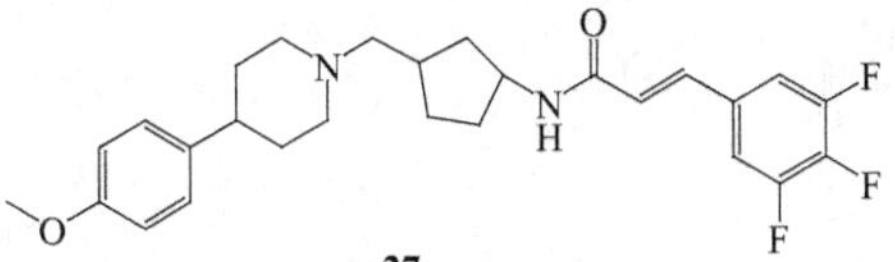

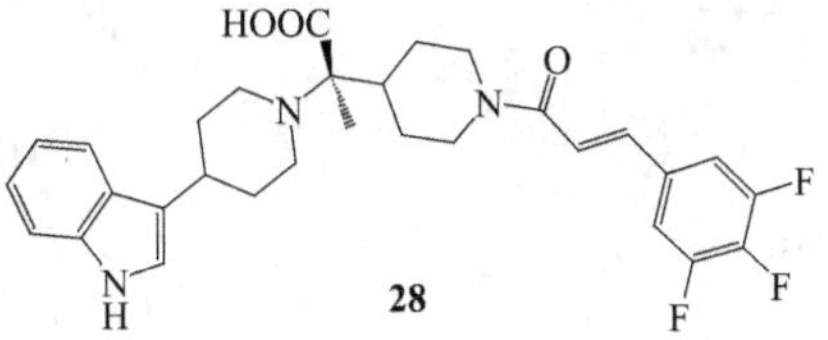

Teijin 公司在 2004 年报道了一类高哌嗪（homopiperazine）衍生物具有微弱的 CCR2 结合活性[89]。起始化合物 **29**（图 15-8）也是通过高通量筛选获得，其拮抗 CCR2 与配体结合的 IC$_{50}$ 值为 13μmol/L。对这类化合物进行传统意义上的结构改造进展并不顺利，获得的 800 多个衍生物中只有 **30** 和 **31** 具有微弱的结合活性（IC$_{50}$ 分别为 0.71μmol/L 和 7.4μmol/L）及相对独特的结构特征。于是研究人员希望通过一个称为 Drug Discovery Engine™ 的计算化学过程来辅助化合物设计[90]。他们把高哌嗪类化合物的筛选数据及其他近 200 种 GPCR 的筛选数据综合起来开发了一个计算模型，用于药效团的组合及虚拟筛选。最后获得化合物 **32**，其拮抗 CCR2 与配体结合的 IC$_{50}$ 为 180nmol/L，而阻断 MCP-

1 诱导的趋化反应的 IC_{50} 达到 24nmol/L。但总体来讲，这类化合物的活性不是太理想。Bristol-Myers Squibb 公司在 Teijin 化合物 **33** 的基础上进行了改造[91]，他们去除了吡咯烷环中两个 C 原子，另用环己烷固定了两个 N 原子的角度，从而获得了顺式（**34**）和反式（**35**）两类取代化合物。构效关系研究显示反式化合物的结合活性普遍较低，都在 μmol/L 级水平，而顺式化合物活性较好。最后通过对两端苯环上取代基的改造获得化合物 **36**，它拮抗 ^{125}I-MCP-1 与 CCR2 结合的 IC_{50} 为 5nmol/L，而拮抗 MCP-1 诱导的钙流和趋化反应的 IC_{50} 分别为 18nmol/L 和 1nmol/L。该化合物对 CCR2 有较好选择性，在 10μmol/L 浓度下对 CCR3 及其配体的结合只有 37% 的抑制。

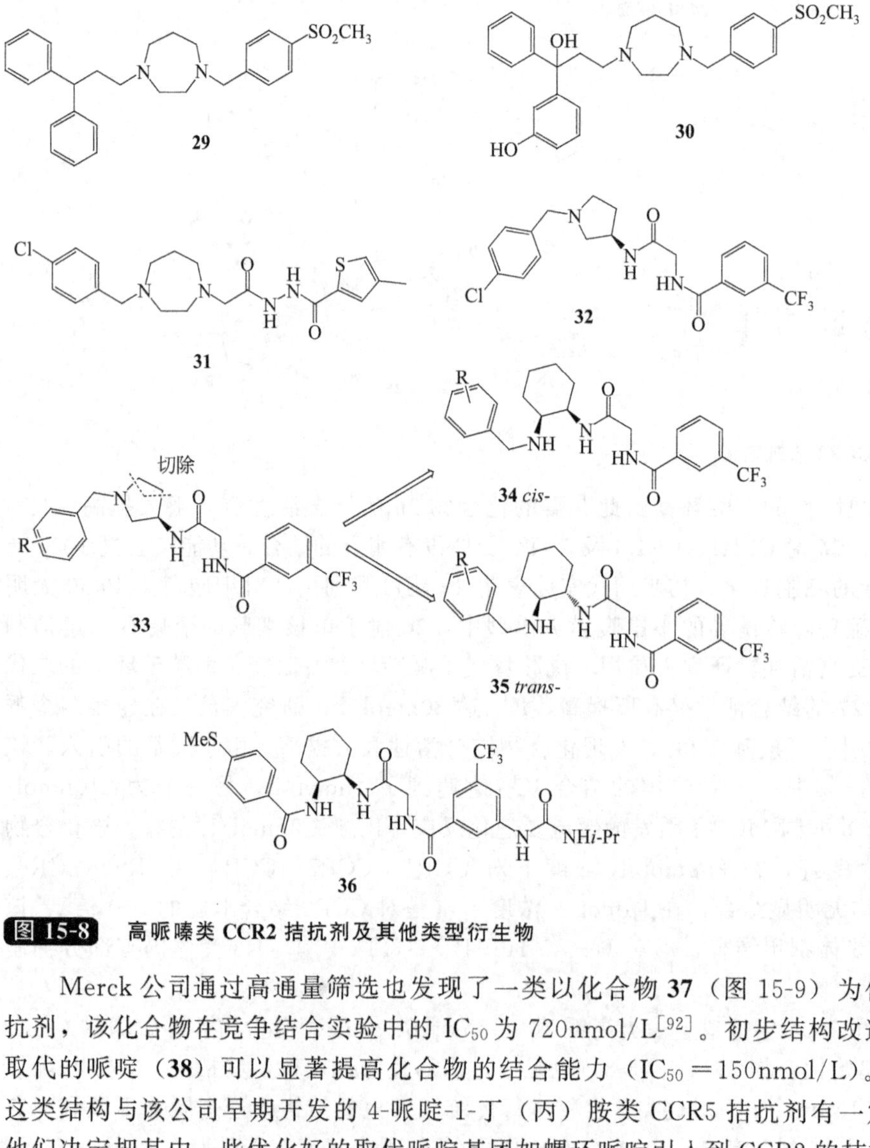

图 15-8 高哌嗪类 CCR2 拮抗剂及其他类型衍生物

Merck 公司通过高通量筛选也发现了一类以化合物 **37**（图 15-9）为代表的 CCR2 拮抗剂，该化合物在竞争结合实验中的 IC_{50} 为 720nmol/L[92]。初步结构改造发现引入一个取代的哌啶（**38**）可以显著提高化合物的结合能力（IC_{50}=150nmol/L）。研究人员发现这类结构与该公司早期开发的 4-哌啶-1-丁（丙）胺类 CCR5 拮抗剂有一定类似性[93、94]，他们决定把其中一些优化好的取代哌啶基团如螺环哌啶引入到 CCR2 的拮抗剂中，得到的化合物 **39** 和 **40** 活性都有进一步提高，它们在结合实验中的 IC_{50} 分别为 80nmol/L 和 59nmol/L，在抑制趋化的实验中也有相近的活性[95]。由于最初的化合物 **37** 是从 NK1 受体拮抗剂中筛选获得，因此这类化合物对 NK1 的选择性一直是一个问题。结构改造增加了化合物对 CCR2 的结合能力，但对 NK1 的结合并没有减弱，化合物 **40** 在 NK1 受体结

合实验中的 IC_{50} 仍达到 28nmol/L。由于结构类似性，**40** 对 CCR5 也有较强结合，但对其他主要趋化因子受体包括 CCR1，CCR3，CXCR3，CCR4，CXCR4，CCR8 等均无明显结合。CCR2/CCR5 的双重拮抗剂可能也有良好的应用前景，因为在一些自身免疫病中，如类风湿性关节炎等，两个受体都起了重要作用。

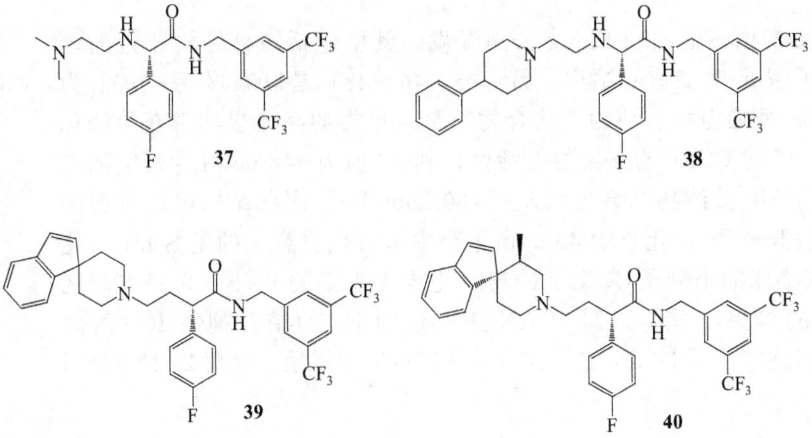

图 15-9　哌啶丁胺类 CCR2 拮抗剂

15.7.3　CCR5 拮抗剂

由日本 Takeda 公司开发的苯并环烯类化合物 TAK-779（**42**）（图 15-10）是第一个公开报道的小分子 CCR5 拮抗剂[96]。它的前体（**41**）是由高通量受体竞争结合实验筛选获得。通过一系列结构优化改造，TAK-779 显示了良好的 CCR5 结合活性。它能强烈抑制 $[^{125}I]$-RANTES 与表达 CCR5 的 CHO 细胞的结合，IC_{50} 值为 1.4nmol/L。它也能抑制 CCR5 介导的钙离子信号转导，并能抑制 R5 型 HIV-1 在外周血单核细胞（PBMC）中的增殖，EC_{50} 值为 1.6～3.7nmol/L。TAK-779 对 CCR5 具有一定的选择性，除与 CCR2b 有结合（IC_{50}=27nmol/L）外，它与 CCR1、CCR3、CCR4 和 CXCR4 等其他趋化因子受体没有明显作用。

但是临床研究发现 TAK-779 口服利用度差，且对皮下注射部位也有局部毒性。武田

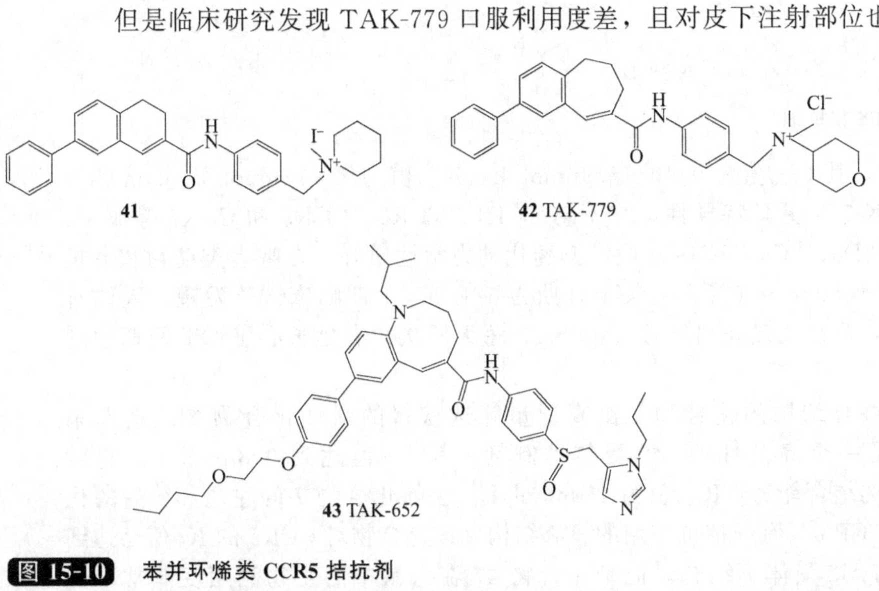

图 15-10　苯并环烯类 CCR5 拮抗剂

公司用一个亚砜基取代 TAK-779 中的季铵盐侧链，同时增大并环的尺寸，芳基上取代醚链获得了 TAK-652 （**43**）[97]。该化合物受体结合活性得到保持（$IC_{50}=2.3nmol/L$），而且口服生物利用度得到提高，在 R5-HIV 病毒临床分离株上的抗病毒活性得到大幅提高（$EC_{50}=0.061nmol/L$），在临床志愿者身上的单次最大安全耐受量达到 100mg，TAK-653 现处于临床Ⅱ期。

哌啶类 CCR5 拮抗剂最初由 Schering-Ploug 公司开发，其中包括两种结构相近的母核。一类（**44**，**45**）包含了哌啶-哌啶核心结构，另一类（**46**~**48**）是以哌嗪-哌啶核心为基础的（图 15-11）。以哌啶-哌啶为核心结构的化合物都是由最初的高通量筛选获得的化合物 **45** 改造而来。化合物 **45** 对 CCR5 有一定结合活性，其 K_i 值为 64nmol/L，但它的选择性较差，尤其表现在它对 M2 受体的结合上（$K_i=230nmol/L$）。因此结构改造主要围绕提供结合能力和选择性展开[98,99]。化合物 **45** 的衍生物中最有代表意义的是 Sch-C（化合物 **44**），它是第 1 个进入临床的小分子 CCR5 拮抗剂。它与 CCR5 的 1，2，3，7 跨膜区结合，改变 CCR5 胞外区的构象，对 [125I]-RANTES 与 CCR5 的结合抑制 IC_{50} 值为 9.0nmol/L。它也可以抑制绝大多数的 R5 型 HIV-1 在 PBMCs 中增殖。在对 21 种 HIV-1

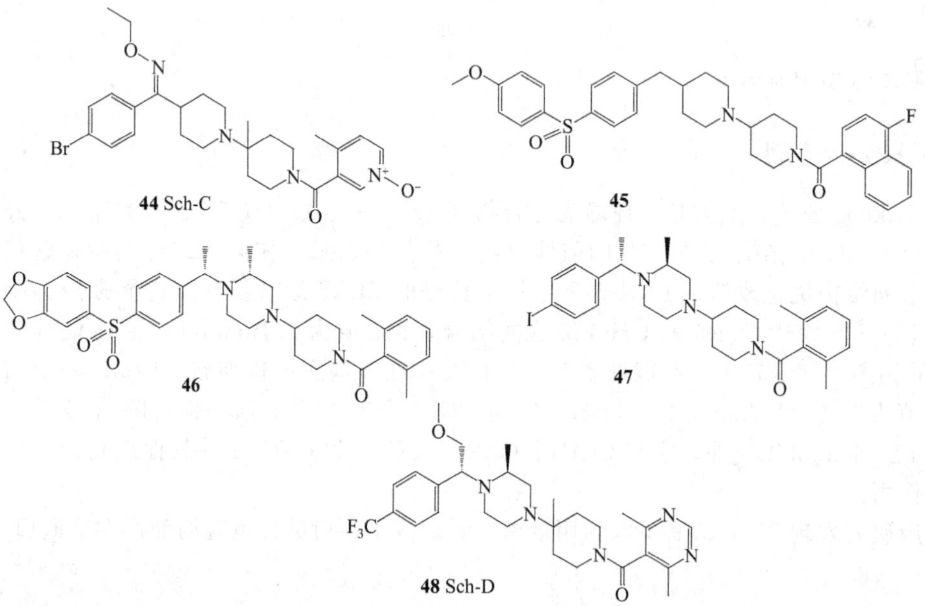

图 15-11 哌啶类 CCR5 拮抗剂

病毒株进行的实验中，其 IC_{50} 值为 0.40~8.9nmol/L，IC_{90} 值为 3~78nmol/L。Sch-C 与 CCR5 的结合比 TAK-779 更具特异性，它不与 CCR1、CCR2、CCR3 和 CCR7 等作用，也不抑制 CYP3A4、2D6、2C9、2C19 等酶。其药代动力学性质好，在啮齿类动物和灵长类动物中口服利用度为 50%~60%，血浆半衰期为 5~6h。Ⅰ期临床试验发现，人体对 Sch-C 的耐受性很好，只是在最高剂量时（400mg，每天两次）有延长心脏 QT 间期的副作用。

以哌嗪-哌啶为核心结构的化合物是由高通量筛选获得的活性化合物 **7** 改造而来的[100]。化合物 **46** 是一个高活性的 M2 受体抑制剂，其 K_i 值达到 0.8nmol/L。它对 CCR5 只有中等强度的结合能力，IC_{50} 值为 440nmol/L。去除化合物 **7** 的左边部分后的化合物 **47** 才是真正对 CCR5 具有强拮抗作用的核心结构。该化合物对 CCR5 的 K_i 值已达到 20nmol/L，而几乎与 M2 受体不结合。但是化合物 **47** 在大鼠中的生物利用度非常不理想。以双甲基嘧啶取代化合物 **47** 右方的双甲基苯环（**48**，Sch-D，Vicriviroc）不仅保留了化合物对 CCR5 的高结合能力和高选择性，而且大大增强了生物利用度[101、102]。体外实验证明 Sch-D 的抗病毒活性比 Sch-C 高近 10 倍，对 R5 型病毒的各种亚型，尤其是对耐受抗逆转录病毒药物的病毒株以及对 Sch-C 不敏感型 G 亚型分离株 RU570 都具有很好的活性。此外，Sch-D 还与其他抗病毒药物有协同作用，表明其可以用于抗 HIV-1 的联合用药治疗。啮齿类和灵长类动物的体内实验表明，该化合物在血清中稳定性高，其口服生物利用度为 50%～55%，血浆半衰期为 6～7h。临床试验表明 Sch-D 耐受性极好，在高浓度时对 QT 间期无影响，目前正处于Ⅲ期研究。

辉瑞公司最初也是通过高通量随机筛选获得了一个含有哌啶结构的活性化合物 **49**（图 15-12）。化合物 **49** 虽然能有效抑制 MIP-1β 与 CCR5 的结合（$IC_{50}=4nmol/L$），但它却没有抗病毒的活性，而且该化合物对细胞色素 P450 2D6 有抑制作用。为了解决上述问题，辉瑞公司进行了一系列的结构改造，获得了一类托品烷类拮抗剂。其中化合物 **50** 对 CCR5 具有高选择性和高拮抗活性。但是该化合物的代谢性质不尽人意，在人和狗中的肝清除率非常高，分别为 14mL/(min·kg) 和 27mL/(min·kg)。进一步的改造获得了化合物 **51**（UK-427,857,Maraviroc）。Maraviroc 具有高效、广谱抗 R5 型 HIV-1 的活性，IC_{90} 在 0.5～13.4nmol/L[103]。Ⅰ期临床试验显示，Maraviroc 的口服生物利用度较好，半衰期为 17h，且不呈剂量依赖。Ⅱ期临床试验显示，其对 R5 HIV-1 潜伏期患者进行短期单一治疗时，可使患者的病毒载荷量显著下降，并呈现良好的耐受性，未见严重不良反应发生。更为重要的是，停止治疗 10 天后，R5 HIV-1 病毒的载荷量仍然受到抑制，这表明，用 Maraviroc 治疗 HIV 感染时无需频繁给药[104]。两项Ⅲ期临床研究都表明其可以将患者血液中的 HIV-1 病毒降低到无法检测的水平。该药已在 2007 年 8 月通过美国 FDA 审批，成为第一个上市的抗艾滋病 CCR5 拮抗剂。

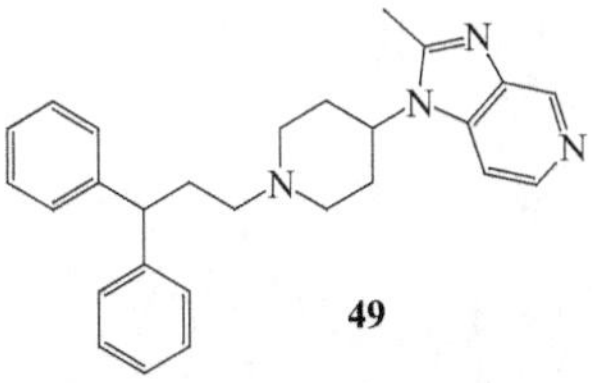

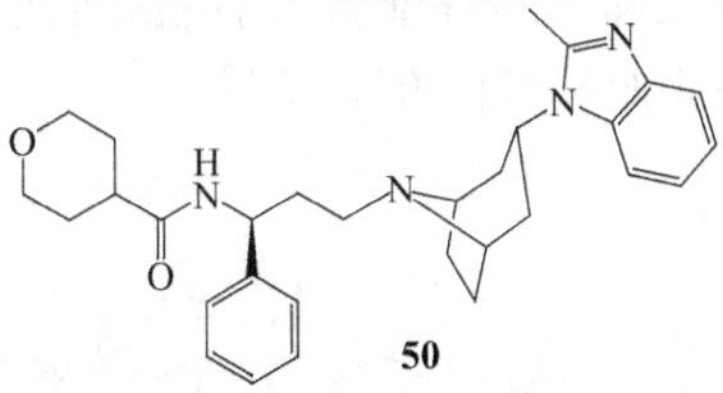

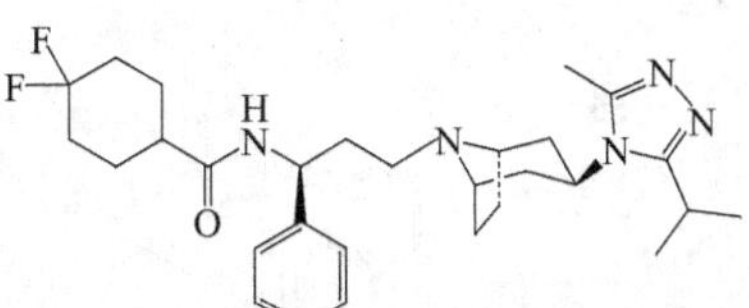

图 15-12 托品烷类 CCR5 拮抗剂

Aplaviroc（**53**）是有日本小野公司和葛兰素-史克公司联合开发的螺环二酮哌啶类 CCR5 拮抗剂（图 15-13），它是由 E-913（**52**）改造而来的[105、106]。E-913 能强烈抑制 MIP-1α 与 CCR5 的结合，并对各种 R5 型 HIV-1 病毒均有抑制作用，其 IC_{50} 值为 30～60nmol/L。进一步结构优化改造而来的 Aplaviroc 对病毒的抑制作用是 E-913 的两倍。针对健康成人的随机、双盲、安慰剂对照临床试验证明，Aplaviroc 在单次或多次给药时均表现出良好的耐受性，且无严重不良反应发生，包括心电图无明显改变。在每天口服两次 600mg 的剂量下连续给药 10 天，Aplaviroc 能降低病毒载量达 1.5Log。然而在近期的Ⅱb/Ⅲ期临床试验中发现，该化合物会对大约 1% 的患者引发特异体质性肝中毒，因此该化

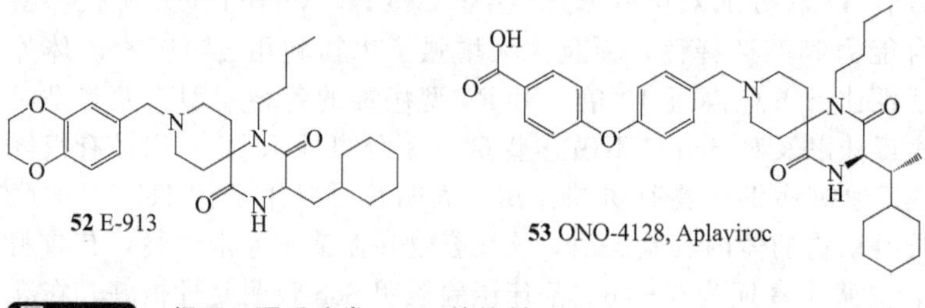

图 15-13 螺环二酮哌啶类 CCR5 拮抗剂

合物已停止临床研究。

4-哌啶-1-丁（丙）胺类化合物 默克公司也在小分子 CCR5 拮抗剂的开发中做了很多研究，他们早期的工作主要围绕先导化合物 54 展开[107]（图 15-14）。化合物 54 具有 N-甲基丁胺骨架，在 4 位上连接一个螺环哌啶，在 2 位上带有一个 S 构型的芳香基。构效关系研究证明化合物 54 的苯磺胺部分及 2 位上的立体构型对其活性是非常重要的。该化合物对 CCR5 有较好的结合活性，对 [^{125}I]-MIP-1α 与 CCR5 的结合抑制 IC_{50} 值为 40nmol/L。但是在 HIV 感染 PBMC 的试验中，化合物 54 的抗病毒活性很低（IC_{95}＝6～12μmol/L）。通过对化合物 54 的哌啶基部分的结构改造，化合物 55～57 对 CCR5 的结合活性都有显著提高，其 IC_{50} 值分别为 22nmol/L，7nmol/L，0.1nmol/L。其中化合物 57 在抗病毒细胞实验中也有良好活性，IC_{95} 值在 10nmol/L 左右。化合物 57 在大鼠中有很好的口服利用度，但在犬中有所下降。此类化合物有很高的受体选择性，对 CCR1、CCR2、CCR3 都不发生作用。

日本武田公司则以 4-派啶-1-丁胺类化合物为先导开发了一类 4-哌啶-1-丙胺类化合物，其中 TAK-220（58）具有很好的 CCR5 拮抗作用（IC_{50}＝3.5nmol/L）。TAK-220 的选择性高，它在 10mmol/L 浓度下也不与 CCR1、CCR2b、CCR4 和 CCR7 发生作用。对 6 种 R5 型 HIV-1 病毒感染 PBMC 的 IC_{50} 和 IC_{90} 分别为 1.1nmol/L 和 13nmol/L。该化合物且药代动力学性质很好，目前已经进Ⅱ期临床研究[108,103]。

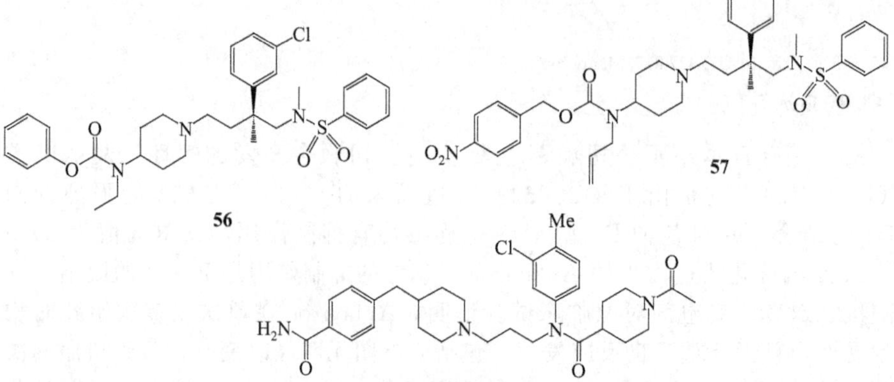

图 15-14 4-哌啶-1-丁(丙)胺类 CCR5 拮抗剂

吡咯烷类化合物　在化合物 **15** 的基础上，默克公司通过合理药物设计获得了一类 1,3,4-三取代吡咯烷类化合物（**59~61**）（图 15-15）。最早改造得到的化合物 **59** 拮抗 CCR5 的 IC_{50} 值为 26nmol/L[109]。这类化合物中，哌啶基 4 位上的取代基的构效关系与 4-哌啶-1-丁胺类化合物基本一致。而吡咯烷环内的 N 原子与直链胺类化合物中的 N 原子相比可结合更多类型的取代基，构效关系研究发现 2-氯苯甲酰基取代可以有效提高其生物活性（$IC_{50}=0.8$nmol/L）。默克公司还开发了双环类吡咯烷化合物[110]，其中代表性化合物 **61** 具有良好的 CCR5 拮抗活性，其 IC_{50} 值为 0.13nmol/L。由吡咯烷的结构又可以衍生出一类基于环戊烷的化合物（**62**）。该化合物可有效拮抗 CCR5 与 MIP-1α 的结合（$IC_{50}=1.1$nmol/L），并在 HIV 感染 PBMC 的实验中显示良好的病毒抑制活性，其 $IC_{95}<8$nmol/L。动物实验证明化合物 **62** 在大鼠中有良好的口服利用度，并且能有效降低恒河猴中 SIV 的病毒滴度。

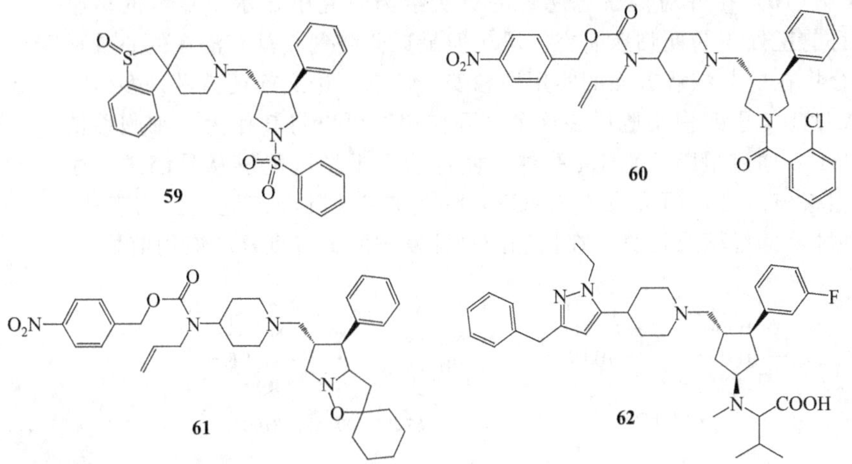

图 15-15　吡咯烷类 CCR5 拮抗剂

15.7.4　CXCR4 拮抗剂

作为 HIV 入侵的共受体之一，CXCR4 拮抗剂的开发也受到关注，然而其研究进展较 CCR5 抑制剂慢。以 AMD3100（**65**）为代表的双四氮杂环十四烷衍生物是开发最早的一类 CXCR4 拮抗剂（图 15-16），这一类化合物只对应用 CXCR4 作为共受体的 X4 型病毒具有抑制作用。

在 HIV 病毒发现后不久，科学家就发现多金属氧酸盐具有一定的抗 HIV 活性[111]。这个发现促使人们去合成或寻找其他类型的金属螯合物来作为抗 HIV 药物。四氮杂环十四烷由于其相对简单的结构及环中心的四个可能与金属离子相互作用的氮原子而成为合成金属螯合物的原料之一。为证明螯合物中的金属离子对于抗 HIV 活性的必要性，科学家们首先需要证明合成原料中的四氮杂环十四烷是没有活性的。然而在抗病毒实验中，有一批四氮杂环十四烷显示出了一定的抗 HIV 活性。经过进一步分离提纯，科学家们发现是这批四氮杂环十四烷中的一个杂质（JM1657，**63**）在起作用。JM1657 的两个四氮杂环十四烷环通过 C-C 桥直接连接，纯化后的 JM1657 对 HIV-1 和 HIV-2 的抑制活性在 0.1~1μmol/L 范围内，并且即使在高浓度对宿主细胞也无毒性。

然而研究表明 JM1657 无法再次合成，科学家开始用脂肪链连接两个四氮杂环十四烷环来合成 JM1657 的衍生物。其中 JM2763（**64**）的抗病毒活性与 JM1657 相当。但是对于治疗来讲，0.1~1μmol/L 的抗病毒活性仍有待提高。研究发现用芳香桥替代脂肪链可以提高活性，如 JM3100，其抗 HIV-1 和 HIV-2 的活性达到 0.005μg/mL，而它在 500μg/mL 的浓度下仍无明显毒性。其治疗指数达到 10000 以上，是目前抗 HIV 感染的药物中治疗指数最高的药物之一。当 AnorMED 公司从 Johnson Matthey 那里接手该化合物的开发，JM3100 更名为 AMD3100。

由于 AMD3100 的高极性，该化合物的口服生物利用度非常低。理论上讲，低分子量且只有一个四氮杂环十四烷环的化合物应该有更好的药理性质。确实 AMD3465（**66**）及其他几个含有不同杂环或芳香环的类似物 **67** 和 **68** 都显示了强效的抗 HIV 活性，EC_{50} 值在 0.008～0.2μg/mL 范围。进一步的结构改造获得了一类双胺类化合物，如化合物 **69**[112,113]。这类化合物由于极性有所降低，因此其口服利用度有所改进。

有关 AMD3100 的在抗艾滋病的临床研究终止于早期阶段，其主要原因为该品不能口服，而且存在血液不良反应，如白细胞增多和血小板减少症。AnorMED 公司另一个未公开结构的衍生物 AMD070（**70**）在针对健康志愿者的单次给药研究中显示出良好的口服生物利用度和耐受性，目前正处于Ⅱ期临床研究阶段。但最近监测到其具有潜在的心脏毒性，因此，在对该类化合物在抗艾滋病方面的实用性和安全性下结论之前还需做许多研究工作[114]。然而利用 AMD3100 引起白细胞增多这个“副作用”可以将其作为干细胞移植的辅助药物使用。AMD3100 通过阻断 CXCR4 受体，使得造血干细胞能够从骨髓进入血液，便于收集用于干细胞移植。另，研究发现 CXCR4 受体在多种肿瘤细胞表面高表达，AMD3100 能够抑制多种肿瘤的增殖及迁移，在抗癌药物开发方面也有良好的应用前景。

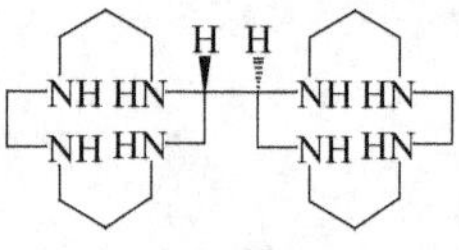

63 JM1657

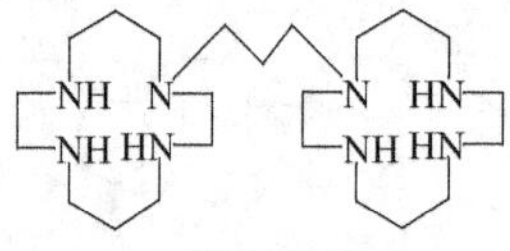

64 JM2763

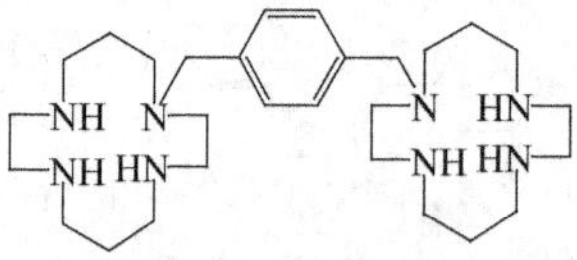

65 JM3100, AMD3100

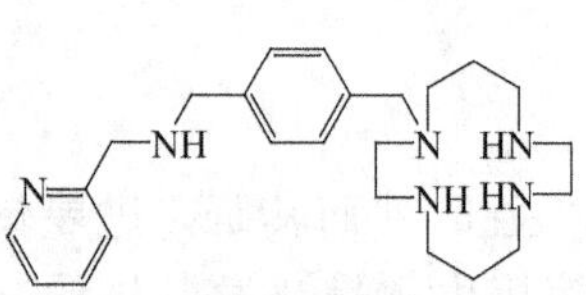

66 AMD3465

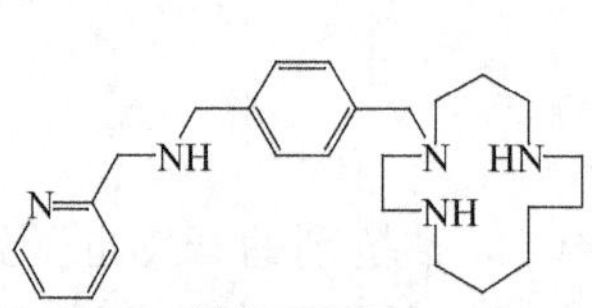

67 AMD7049

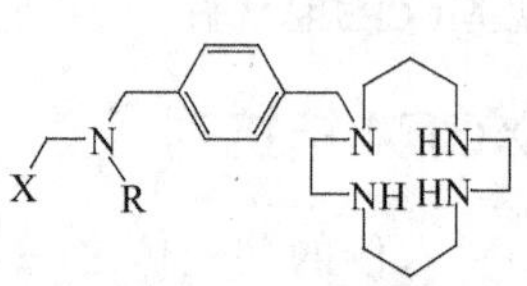

68 R=H,Me; X=2-、3-或4-吡啶基，噻吩基，氨基苯基等

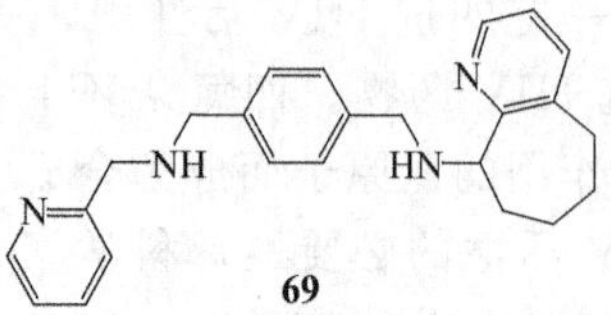

69

?

70 AMD070

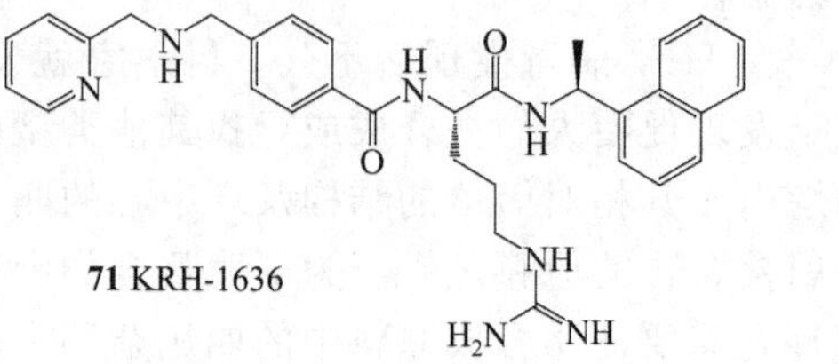

71 KRH-1636

图 15-16 小分子 CXCR4 拮抗剂

除小分子化合物外，另有一类高活性的肽类 CXCR4 拮抗剂，如 T22（**72**）、T134（**73**）、T140（**74**）和 ALX40-4C（**75**）（图 15-17）。对 T22 的构效关系研究发现，半胱氨酸形成的双硫键对维持肽段的 β-折叠结构及抗病毒活性是必须的，N 端和 C 端的几个 Arg 对抗病毒活性密切相关[115,116]。T22 含有 5 个 Arg 和 3 个 Lys，是一个非常碱性的多肽，这有可能影响其生物利用度，因此后期的改造中，其中一些碱性氨基酸被逐步替代。如

T134 和 T140[117、118]，都以 L-citrulline（Cit）替代了 T22 中的一个 Lys。ALX40-4C 是另一类的多肽 CXCR4 抑制剂。事实上在 HIV 的趋化因子共受体被发现之前，ALX40-4C 已经在 Ⅰ/Ⅱ 期临床试验中用于抗 HIV 感染的检测，因此它是第一个在人体上应用的 HIV 共受体抑制剂[119]。ALX40-4C 可以与 CXCR4 第二个胞外环结合，直接阻断 CXCR4 和病毒的相互作用。

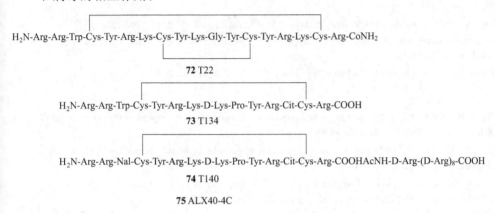

图 15-17　短肽类 CXCR4 拮抗剂

最近 Ichiyama K 等报道了一个新型的介于小肽及小分子化合物之间的 CXCR4 拮抗剂，KRH-1636（**71**）[120]。该化合物通过拮抗 CXCR4 受体而有效抑制 X4 型病毒的复制，而对利用 CCR5 的 R5 型病毒无作用。KRH-1636 在小鼠体内能通过十二指肠吸收，在免疫缺陷鼠中显示良好的抗 HIV 活性。

15.8　展望

近年来，趋化因子及其受体的研究越来越受到重视，目前已知它们在机体发挥重要的生理和病理效应，参与炎症、肿瘤、自身免疫病、AIDS 等疾病的发生和发展。重组趋化因子、趋化因子抗体及小分子趋化因子受体调节剂已经进入临床研究，成为新药研究的热点。由于整个领域的研究起步较晚，虽有众多的趋化因子受体拮抗剂进入临床阶段的研究，但 CCR5 拮抗剂 Maraviroc 是目前唯一一个获准上市的小分子药物，用于治疗 HIV 感染。

成功的新药研发往往包括以下几个要素：一个有效的生物学靶点、一个有改造前景的先导化合物、可靠的活性筛选模型、明确的药效评价指标等。本章中提到的许多进入临床研究阶段的趋化因子拮抗剂的开发过程均符合上述几个条件。虽然取得了相当的进展，目前趋化因子受体拮抗剂的开发还面临着一些挑战，如不同物种间同一受体对化合物的选择性有很大的差异，造成动物体内药效学研究的困难；又如不同嗜性的 HIV 病毒利用不同的辅受体，使病人在使用趋化因子拮抗剂类药物治疗艾滋病前必须接受病毒嗜性的检测，从而增加了治疗成本；再如各类趋化因子及其受体的功能有一定的交叉和重复，对一个受体功能的阻断会否引起其他受体功能上的取代目前也并不清楚。相信随着对趋化因子及其受体功能的进一步研究，及药理学、药物化学以及计算机辅助药物设计等领域的发展，基于趋化因子受体的药物研发将实现更大的突破。

推荐读物

- Berger E A, Murphy P M, Farber J M. Chemokine receptors as HIV-1 coreceptors: roles in viral entry, tropism, and disease. Annu Rev Immunol，1999，17：657-700.

- Coussens L M, Werb Z. Inflammation and cancer. Nature, 2002, 420 (6917): 860-867.
- Balkwill F. Cancer and the chemokine network. Nat Rev Cancer, 2004, 4 (7): 540-550.
- Murphy P M, Baggiolini M, Charo I F, Hébert C A, Horuk R, Matsushima K, Miller L H, Oppenheim J J, Power C A. International union of pharmacology. XXII. Nomenclature for chemokine receptors. Pharmacol Rev, 2000, 52 (1): 145-176.
- Moore J P, Doms R W. The entry of entry inhibitors: a fusion of science and medicine. Proc Natl Acad Sci (U S A), 2003, 100 (19): 10598-10602.
- De Clercq E. New approaches toward anti-HIV chemotherapy. J Med Chem, 2005, 48 (5): 1297-1313.
- Palani A, Tagat J R. Discovery and development of small-molecule chemokine coreceptor CCR5 antagonists. J Med Chem, 2006, 49 (10): 2851-2857.
- De Clercq E. The bicyclam AMD3100 story. Nat Rev Drug Discov, 2003, 2 (7): 581-587.

参考文献

[1] Kelner G S, J Kennedy, K B Bacon, et al. Lymphotactin: a cytokine that represents a new class of chemokine. Science, 1994, 266 (5189): 1395-1399.

[2] Bazan J F, K B Bacon, G Hardiman, et al. A new class of membrane-bound chemokine with a CX_3C motif. Nature, 1997, 385 (6617): 640-644.

[3] Hebert C A, R V Vitangcol, J B Baker. Scanning mutagenesis of interleukin-8 identifies a cluster of residues required for receptor binding. J Biol Chem, 1991, 266 (28): 18989-18994.

[4] Vicari A P, C Caux. Chemokines in cancer. Cytokine Growth Factor Rev, 2002, 13 (2): 143-154.

[5] Strieter R M, P J Polverini, S L Kunkel, et al. The functional role of the ELR motif in CXC chemokine-mediated angiogenesis. J Biol Chem, 1995, 270 (45): 27348-27357.

[6] Cyster J G. Chemokines and the homing of dendritic cells to the T cell areas of lymphoid organs. J Exp Med, 1999, 189 (3): 447-450.

[7] Cyster J G. Chemokines and cell migration in secondary lymphoid organs. Science, 1999, 286 (5447): 2098-2102.

[8] The state of GPCR research in 2004. Nat Rev Drug Discov, 2004, 3 (7): 575, 577-626.

[9] Neptune E R, T Iiri, H R Bourne. Galphai is not required for chemotaxis mediated by Gi-coupled receptors. J Biol Chem, 1999, 274 (5): 2824-2828.

[10] Li Z, H Jiang, W Xie, et al. Roles of PLC-beta2 and -beta3 and PI3Kgamma in chemoattractant-mediated signal transduction. Science, 2000, 287 (5455): 1046-1049.

[11] Orsini M J, J L Parent, S J Mundell, et al. Trafficking of the HIV coreceptor CXCR4. Role of arrestins and identification of residues in the c-terminal tail that mediate receptor internalization. J Biol Chem, 1999, 274 (43): 31076-31086.

[12] Signoret N, J Oldridge, A Pelchen-Matthews, et al. Phorbol esters and SDF-1 induce rapid endocytosis and down modulation of the chemokine receptor CXCR4. J Cell Biol, 1997, 139 (3) 651-664.

[13] Servant G, O D Weiner, P Herzmark, et al. Polarization of chemoattractant receptor signaling during neutrophil chemotaxis. Science, 2000, 287 (5455): 1037-1040.

[14] Tilton B, L Ho, E Oberlin, et al. Signal transduction by CXC chemokine receptor 4. Stromal cell-derived factor 1 stimulates prolonged protein kinase B and extracellular signal-regulated kinase 2 activation in T lymphocytes. J Exp Med, 2000, 192 (3): 313-324.

[15] Thelen M, M Uguccioni, J Bosiger. PI 3-kinase-dependent and independent chemotaxis of human neutrophil leukocytes. Biochem Biophys Res Commun, 1995, 217 (3): 1255-1262.

[16] Thelen M. Dancing to the tune of chemokines. Nat Immunol, 2001, 2 (2) 129-134.

[17] Yoshie O, T Imai, H Nomiyama. Novel lymphocyte-specific CC chemokines and their receptors. J Leukoc Biol, 1997, 62 (5): 634-644.

[18] Adema G J, F Hartgers, R Verstraten, et al. A dendritic-cell-derived C-C chemokine that preferentially attracts naive T cells. Nature, 1997, 387 (6634): 713-717.

[19] Vicari A P, D J Figueroa, J A Hedrick, et al. TECK: a novel CC chemokine specifically expressed by thymic dendritic cells and potentially involved in T cell development. Immunity, 1997, 7 (2): 291-301.

[20] Nagasawa T, H Kikutani, T Kishimoto. Molecular cloning and structure of a pre-B-cell growth-stimulating factor. Proc Natl Acad Sci (USA), 1994, 91 (6): 2305-2309.

[21] Nagasawa T, S Hirota, K Tachibana, et al. Defects of B-cell lymphopoiesis and bone-marrow myelopoiesis in mice lacking the CXC chemokine PBSF/SDF-1. Nature, 1996, 382 (6592): 635-638.

[22] Baggiolini M, B Dewald, B Moser. Interleukin-8 and related chemotactic cytokines CXC and CC chemokines. Adv Immunol, 1994, 55: 97-179.

[23] Baggiolini M, B Dewald, B Moser. Human chemokines: an update. Annu Rev Immunol, 1997, 15: 675-705.

[24] Loetscher P, M Seitz, M Baggiolini, et al. Interleukin-2 regulates CC chemokine receptor expression and chemotactic responsiveness in T lymphocytes. J Exp Med, 1996, 184 (2): 569-577.

[25] Bleul C C, L Wu, J A Hoxie, et al. The HIV coreceptors CXCR4 and CCR5 are differentially expressed and regulated on human T lymphocytes. Proc Natl Acad Sci (USA), 1997, 94 (5): 1925-1930.

[26] Loetscher M, B Gerber, P Loetscher, et al. Chemokine receptor specific for IP10 and mig: structure, function, and expression in activated T-lymphocytes. J Exp Med, 1996, 184 (3): 963-969.

[27] Zlotnik A O Yoshie. Chemokines: a new classification system and their role in immunity. Immunity, 2000, 12 (2): 121-127.

[28] Sallusto F, P Schaerli, P Loetscher, et al. Rapid and coordinated switch in chemokine receptor expression during dendritic cell maturation. Eur J Immunol, 1998, 28 (9): 2760-2769.

[29] Kellermann S A, S Hudak, E R Oldham, et al. The CC chemokine receptor-7 ligands 6Ckine and macrophage inflammatory protein-3 beta are potent chemoattractants for in vitro-and in vivo-derived dendritic cells. J Immunol, 1999, 162 (7): 3859-3864.

[30] Cocchi F, A L DeVico, A Garzino-Demo, et al. Identification of RANTES, MIP-1 alpha, and MIP-1 beta as the major HIV-suppressive factors produced by $CD8^+$ T cells. Science, 1995, 270 (5243): 1811-1815.

[31] Feng Y, C C Broder, P E Kennedy, et al. HIV-1 entry cofactor: functional cDNA cloning of a seven-transmembrane, G protein-coupled receptor. Science, 1996, 272 (5263): 872-877.

[32] Berger E A, P M Murphy, J M Farber. Chemokine receptors as HIV-1 coreceptors: roles in viral entry, tropism, and disease. Annu Rev Immunol, 1999, 17: 657-700.

[33] Liu R, W A Paxton, S Choe, et al. Homozygous defect in HIV-1 coreceptor accounts for resistance of some multiply-exposed individuals to HIV-1 infection. Cell, 1996, 86 (3): 367-377.

[34] Samson M, F Libert, B J Doranz, et al. Resistance to HIV-1 infection in caucasian individuals bearing mutant alleles of the CCR-5 chemokine receptor gene. Nature, 1996, 382 (6593): 722-725.

[35] Moore J P, R W Doms. The entry of entry inhibitors: a fusion of science and medicine. Proc Natl Acad Sci (USA), 2003, 100 (19): 10598-10602.

[36] Rizzuto C D, R Wyatt, N Hernandez-Ramos, et al. A conserved HIV gp120 glycoprotein structure involved in chemokine receptor binding. Science, 1998, 280 (5371): 1949-1953.

[37] Doms R W, J P Moore. HIV-1 membrane fusion: targets of opportunity. J Cell Biol, 2000, 151 (2): F9-14.

[38] Zhang Y J, J P Moore. Will multiple coreceptors need to be targeted by inhibitors of human immunodeficiency virus type 1 entry? J Virol, 1999, 73 (4): 3443-3448.

[39] Zhang Y, B Lou, R B Lal, et al. Use of inhibitors to evaluate coreceptor usage by simian and simian/human immunodeficiency viruses and human immunodeficiency virus type 2 in primary cells. J Virol, 2000, 74 (15): 6893-6910.

[40] Bleul C C, M Farzan H Choe, et al. The lymphocyte chemoattractant SDF-1 is a ligand for LESTR/fusin and blocks HIV-1 entry. Nature, 1996, 382 (6594): 829-833.

[41] Kelly M D, H M Naif, S L Adams, et al. Dichotomous effects of beta-chemokines on HIV replication in monocytes and monocyte-derived macrophages. J Immunol, 1998, 160 (7): 3091-3095.

[42] Kinter A, A Catanzaro, J Monaco, et al. CC-chemokines enhance the replication of T-tropic strains of HIV-1 in CD4 (+) T cells: role of signal transduction. Proc Natl Acad Sci (USA), 1998, 95 (20): 11880-11885.

[43] Mantovani A, M Muzio, C Garlanda, et al. Macrophage control of inflammation: negative pathways of regulation of inflammatory cytokines. Novartis Found Symp, 2001, 234: 120-131; discussion 131-135.

[44] Richmond A, H G Thomas. Purification of melanoma growth stimulatory activity. J Cell Physiol, 1986, 129 (3): 375-384.

[45] Norgauer J, B Metzner, I Schraufstatter. Expression and growth-promoting function of the IL-8 receptor beta in human melanoma cells. J Immunol, 1996, 156 (3): 1132-1137.

[46] Balentien E, B E Mufson, R L Shattuck, et al. Effects of MGSA/GRO alpha on melanocyte transformation. On-

cogene, 1991, 6 (7): 1115-1124.

[47] Kleeff J, T Kusama, D L Rossi, et al. Detection and localization of Mip-3alpha/LARC/Exodus, a macrophage proinflammatory chemokine, and its CCR6 receptor in human pancreatic cancer. Int J Cancer, 1999, 81 (4): 650-657.

[48] Homey B, A Muller, A Zlotnik. Chemokines: agents for the immunotherapy of cancer? Nat Rev Immunol, 2002, 2 (3): 175-184.

[49] Singh R K, M Gutman, R Radinsky, et al. Expression of interleukin 8 correlates with the metastatic potential of human melanoma cells in nude mice. Cancer Res, 1994, 54 (12): 3242-3247.

[50] Inoue K, J W Slaton, P Perrotte, et al. Paclitaxel enhances the effects of the anti-epidermal growth factor receptor monoclonal antibody ImClone C225 in mice with metastatic human bladder transitional cell carcinoma. Clin Cancer Res, 2000, 6 (12): 4874-4884.

[51] Bernardini G, G Spinetti, D Ribatti, et al. I-309 binds to and activates endothelial cell functions and acts as an angiogenic molecule in vivo. Blood, 2000, 96 (13): 4039-4045.

[52] Salcedo R, H A Young, M L Ponce, et al. Eotaxin (CCL11) induces in vivo angiogenic responses by human CCR3+endothelial cells. J Immunol, 2001, 166 (12): 7571-7578.

[53] Muller A, B Homey, H Soto, et al. Involvement of chemokine receptors in breast cancer metastasis. Nature, 2001, 410 (6824): 50-56.

[54] Scotton C J, J L Wilson, D Milliken, et al. Epithelial cancer cell migration: a role for chemokine receptors? Cancer Res, 2001, 61 (13): 4961-4965.

[55] Balkwill F. The significance of cancer cell expression of the chemokine receptor CXCR4. Semin Cancer Biol, 2004, 14 (3): 171-179.

[56] J G Matthews, I M Adcock. New drugs for asthma. Drug Discovery Today, 1998, 3: 395-399.

[57] Jeffery P K, Pathology of asthma and COPD: a synopsis. Eur Respir Rev, 1997, 7: 111-118.

[58] Heath H, S Qin, P Rao, et al. Chemokine receptor usage by human eosinophils. The importance of CCR3 demonstrated using an antagonistic monoclonal antibody. J Clin Invest, 1997, 99 (2): 178-184.

[59] Gonzalo J A, C M Lloyd, D Wen, et al. The coordinated action of CC chemokines in the lung orchestrates allergic inflammation and airway hyperresponsiveness. J Exp Med, 1998, 188 (1): 157-167.

[60] Uguccioni M, C R Mackay, B Ochensberger, et al. High expression of the chemokine receptor CCR3 in human blood basophils. Role in activation by eotaxin, MCP-4, and other chemokines. J Clin Invest, 1997, 100 (5): 1137-1143.

[61] Proudfoot A E, C A Power, A J Hoogewerf, et al. Extension of recombinant human RANTES by the retention of the initiating methionine produces a potent antagonist. J Biol Chem, 1996, 271 (5): 2599-2603.

[62] Lilly C M, H Nakamura, H Kesselman, et al. Expression of eotaxin by human lung epithelial cells: induction by cytokines and inhibition by glucocorticoids. J Clin Invest, 1997, 99 (7): 1767-1773.

[63] Doucet C, D Brouty-Boye, C Pottin-Clemenceau, et al. Interleukin (IL) 4 and IL-13 act on human lung fibroblasts. Implication in asthma. J Clin Invest, 1998, 101 (10): 2129-2139.

[64] Gonzalo J A, Y Pan, C M Lloyd, et al. Mouse monocyte-derived chemokine is involved in airway hyperreactivity and lung inflammation. J Immunol, 1999, 163 (1): 403-411.

[65] Lloyd C M, T Delaney, T Nguyen, et al. CC chemokine receptor (CCR) 3/eotaxin is followed by CCR4/monocyte-derived chemokine in mediating pulmonary T helper lymphocyte type 2 recruitment after serial antigen challenge in vivo. J Exp Med, 2000, 191 (2): 265-274.

[66] Johnston B, A R Burns, M Suematsu, et al. Chronic inflammation upregulates chemokine receptors and induces neutrophil migration to monocyte chemoattractant protein-1. J Clin Invest, 1999, 103 (9): 1269-1276.

[67] Campbell E M, I F Charo, S L Kunkel, et al. Monocyte chemoattractant protein-1 mediates cockroach allergen-induced bronchial hyperreactivity in normal but not CCR2-/-mice: the role of mast cells. J Immunol, 1999, 163 (4): 2160-2167.

[68] Ng H P, K May, J G Bauman, et al. Discovery of novel non-peptide CCR1 receptor antagonists. J Med Chem, 1999, 42 (22): 4680-4694.

[69] Liang M, M Rosser, H P Ng, et al. Species selectivity of a small molecule antagonist for the CCR1 chemokine receptor. Eur J Pharmacol, 2000, 389 (1): 41-49.

[70] Horuk R, BX471: a CCR1 antagonist with anti-inflammatory activity in man. Mini Rev Med Chem, 2005, 5

(9): 791-804.

[71] Liang M, C Mallari, M Rosser, et al. Identification and characterization of a potent, selective, and orally active antagonist of the CC chemokine receptor-1. J Biol Chem, 2000, 275 (25): 19000-19008.

[72] Horuk R, C Clayberger, A M Krensky, et al. A non-peptide functional antagonist of the CCR1 chemokine receptor is effective in rat heart transplant rejection. J Biol Chem, 2001, 276 (6): 4199-4204.

[73] Anders H J, V Vielhauer, M Frink, et al. A chemokine receptor CCR-1 antagonist reduces renal fibrosis after unilateral ureter ligation. J Clin Invest, 2002, 109 (2): 251-259.

[74] Naya A, Y Sagara, K Ohwaki, et al. Design, synthesis, and discovery of a novel CCR1 antagonist. J Med Chem, 2001, 44 (9): 1429-1435.

[75] Saeki T, A Naya. CCR1 chemokine receptor antagonist. Curr Pharm Des, 2003, 9 (15): 1201-1208.

[76] Brown M F, Kath J C, Poss, C S. Heteroaryl-hexanoic acid amide derivatives, their preparation and their use as selective inhibitors of MIP-1-alpha binding to its CCR1 receptor. World (PCT) Patent, WO-9838167, 1998.

[77] Brown M F, Poss C S. World (PCT) Patent, WO-00157023, 2001.

[78] Bright C, T J Brown, P Cox, et al. Identification of a non peptidic RANTES antagonist. Bioorg Med Chem Lett, 1998, 8 (7): 771-774.

[79] Mills S G, Springer M S, MacCoss M. Spiro-Substituted azacycles as modulators of chemokine receptor activity. World (PCT) Patent, WO-9825605, 1998.

[80] Mills S G, Springer M S, MacCoss M. Substituted aryl piperazines as modulators of chemokine receptor activity. World (PCT) Patent. WO-9825617, 1998.

[81] Hagmann W K, Springer M S. Substituted aminoquinolines as modulators of chemokine receptor activity. World (PCT) Patent, WO-9827815, 1998.

[82] Lapierre J M 26th National Medicinal Chemistry Symposium. Richmond, VA, USA, 1998.

[83] Mirzadegan T, F Diehl, B Ebi, et al. Identification of the binding site for a novel class of CCR2b chemokine receptor antagonists: binding to a common chemokine receptor motif within the helical bundle. J Biol Chem, 2000, 275 (33): 25562-22571.

[84] Shiraishi M K, T, Aramaki Y, Honda S. Anilide deriv., production and use thereof. World (PCT) Patent, WO-9932468, 1999.

[85] Baba M, O Nishimura, N Kanzaki, et al. A small-molecule, nonpeptide CCR5 antagonist with highly potent and selective anti-HIV-1 activity. Proc Natl Acad Sci (USA), 1999, 96 (10): 5698-5703.

[86] Ian T F, D G C, Emma K D, et al. CCR2B receptor antagonists: conversion of a weak HTS hit to a potent lead compound. Bioorganic & Medicinal Chemistry Letters, 2000, 10 (16): 1803-1806.

[87] Mingde Xia, C H, Scott Pollacka, et al. Synthesis and biological evaluation of phenyl piperidine derivatives as CCR2 antagonists. Bioorganic & Medicinal Chemistry Letters, 2007, 17 (21): 5964-5968.

[88] Xia M, C Hou, D E DeMong, et al. Synthesis, structure-activity relationship and in vivo antiinflammatory efficacy of substituted dipiperidines as CCR2 antagonists. J Med Chem, 2007, 50 (23): 5561-5563.

[89] Minoru Imai T S, Ken-ichiro Kataoka, et al. Small molecule inhibitors of the CCR2b receptor. Part 1: Discovery and optimization of homopiperazine derivatives. Bioorganic & Medicinal Chemistry Letters, 2004, 14 (21): 5407-5411.

[90] Wilna J Moree, K -i K, Michele M Ramirez-Weinhouse, et al. Small molecule antagonists of the CCR2b receptor. Part 2: Discovery process and initial structure-activity relationships of diamine derivatives. Bioorganic & Medicinal Chemistry Letters, 2004, 14 (21): 5413-5416.

[91] Cherney R J, R Mo, D T Meyer, et al. Discovery of disubstituted cyclohexanes as a new class of CC chemokine receptor 2 antagonists. J Med Chem, 2008, 51 (4): 721-724.

[92] Yang L, C Zhou, L Guo, et al. Discovery of 3, 5-bis (trifluoromethyl) benzyl L-arylglycinamide based potent CCR2 antagonists. Bioorg Med Chem Lett, 2006, 16 (14): 3735-3739.

[93] Finke P E, L C Meurer, B Oates, et al. Antagonists of the human CCR5 receptor as anti-HIV-1 agents. Part 2: structure-activity relationships for substituted 2-Aryl-1- [N-(methyl) -N- (phenylsulfonyl) amino] -4- (piperidin-1-yl) butanes. Bioorg Med Chem Lett, 2001, 11 (2): 265-270.

[94] Finke P E, B Oates, S G Mills, et al. Antagonists of the human CCR5 receptor as anti-HIV-1 agents. Part 4: synthesis and structure-activity relationships for 1- [N- (methyl) -N- (phenylsulfonyl) amino] -2- (phenyl) -4- {4- [N- (alkyl) -N- (benzy loxycarbonyl) amino] piperidin-1-yl} butanes. Bioorg Med Chem Lett, 2001, 11

(18): 2475-2479.

[95] Pasternak A, D Marino, P P Vicario, et al. Novel, orally bioavailable gamma-aminoamide CC chemokine receptor 2 (CCR2) antagonists. J Med Chem, 2006, 49 (16): 4801-4804.

[96] Shiraishi M, Y Aramaki, M Seto, et al. Discovery of novel, potent, and selective small-molecule CCR5 antagonists as anti-HIV-1 agents: synthesis and biological evaluation of anilide derivatives with a quaternary ammonium moiety. J Med Chem, 2000, 43 (10): 2049-2063.

[97] Baba M, K Takashima, H Miyake, et al. TAK-652 inhibits CCR5-mediated human immunodeficiency virus type 1 infection in vitro and has favorable pharmacokinetics in humans. Antimicrob Agents Chemother, 2005, 49 (11): 4584-4591.

[98] Palani A, S Shapiro, J W Clader, et al. Discovery of 4-[(Z)- (4-bromophenyl) - (ethoxyimino) methyl] -1'-[(2,4-dimethyl-3-pyridinyl) carbonyl] -4'-methyl-1,4'-bipiperidine N-oxide (SCH 351125): an orally bioavailable human CCR5 antagonist for the treatment of HIV infection. J Med Chem, 2001, 44 (21): 3339-3342.

[99] Strizki J. M, S Xu, N E Wagner, et al. SCH-C (SCH 351125), an orally bioavailable, small molecule antagonist of the chemokine receptor CCR5, is a potent inhibitor of HIV-1 infection in vitro and in vivo. Proc Natl Acad Sci (USA), 2001, 98 (22): 12718-12723.

[100] Tagat J R, S W McCombie R W Steensma, et al. Piperazine-based CCR5 antagonists as HIV-1 inhibitors. Ⅰ: 2 (S) -methyl piperazine as a key pharmacophore element. Bioorg Med Chem Lett, 2001, 11 (16): 2143-2146.

[101] Tagat J R, S W McCombie, D Nazareno, et al. Piperazine-based CCR5 antagonists as HIV-1 inhibitors. Ⅳ. Discovery of 1-[(4, 6-dimethyl-5-pyrimidinyl) carbonyl] -4- [4- [2-methoxy-1 (R) -4- (trifluoromethyl) phenyl] ethyl-3 (S) -methyl-1-piperaz inyl] -4-methylpiperidine (Sch-417690/Sch-D), a potent, highly selective, and orally bioavailable CCR5 antagonist. J Med Chem, 2004, 47 (10): 2405-2408.

[102] Strizki J M, C Tremblay, S Xu, et al. Discovery and characterization of vicriviroc (SCH 417690), a CCR5 antagonist with potent activity against human immunodeficiency virus type 1. Antimicrob Agents Chemother, 2005, 49 (12): 4911-4919.

[103] Dorr P, M Westby, S Dobbs, et al. Maraviroc (UK-427, 857), a potent, orally bioavailable, and selective small-molecule inhibitor of chemokine receptor CCR5 with broad-spectrum anti-human immunodeficiency virus type 1 activity. Antimicrob Agents Chemother, 2005, 49 (11): 4721-4732.

[104] Shaheen F, Collman Ronald G. Co-receptor antagonists as HIV-1 entry inhibitors. Curr Opin Infect Dis, 2004, 17 (1): 7-16.

[105] Takaoka Y, Okamoto, Masaki, Yamagishi, Mikuni-cho, Sakai-gun, Fukui, et al. Novel crystals of triazaspiro [5.5] undecane derivative. World (PCT) Patent, Wo-2004026874, 2004.

[106] Maeda K, K Yoshimura, S Shibayama, et al. Novel low molecular weight spirodiketopiperazine derivatives potently inhibit R5 HIV-1 infection through their antagonistic effects on CCR5. J Biol Chem, 2001, 276 (37): 35194-35200.

[107] Mills S G, J A DeMartino. Chemokine receptor-directed agents as novel anti-HIV-1 therapies. Curr Top Med Chem, 2004, 4 (10): 1017-1033.

[108] Nishikawa M, K Takashima, T Nishi, et al. Analysis of binding sites for the new small-molecule CCR5 antagonist TAK-220 on human CCR5. Antimicrob Agents Chemother, 2005, 49 (11): 4708-4715.

[109] Lynch C L, C A Willoughby, J J Hale, et al. 1,3,4-Trisubstituted pyrrolidine CCR5 receptor antagonists: modifications of the arylpropylpiperidine side chains. Bioorg Med Chem Lett, 2003, 13 (1): 119-123.

[110] Lynch C L, A L Gentry, J J Hale, et al. CCR5 antagonists: bicyclic isoxazolidines as conformationally constrained N-1-substituted pyrrolidines. Bioorg Med Chem Lett, 2002, 12 (4): 677-679.

[111] Rozenbaum W, D Dormont, B Spire, et al. Antimoniotungstate (HPA 23) treatment of three patients with AIDS and one with prodrome. Lancet, 1985, 1 (8426): 450-451.

[112] Scozzafava A, A Mastrolorenzo, C T Supuran. Non-peptidic chemokine receptors antagonists as emerging anti-HIV agents. J Enzyme Inhib Med Chem, 2002, 17 (2): 69-76.

[113] De Clercq, E, D Schols. Inhibition of HIV infection by CXCR4 and CCR5 chemokine receptor antagonists. Antivir Chem Chemother, 2001, 12 (Suppl 1): 19-31.

[114] Wilkin A, Feinberg, Judith. New targets in antiretroviral therapy 2006. Current Opinion in HIV & AIDS, 2006, 1 (15): 437-441.

[115] Tamamura H, T Murakami, M Masuda, et al. Structure-activity relationships of an anti-HIV peptide,

T22. Biochem Biophys Res Commun, 1994, 205 (3): 1729-1735.

[116] Tamamura H, M Imai, T Ishihara, et al. Pharmacophore identification of a chemokine receptor (CXCR4) antagonist, T22 ([Tyr (5, 12), Lys7] -polyphemusin Ⅱ), which specifically blocks T cell-line-tropic HIV-1 infection. Bioorg Med Chem, 1998, 6 (7): 1033-1041.

[117] Arakaki R, H Tamamura, M Premanathan, et al. T134, a small-molecule CXCR4 inhibitor, has no cross-drug resistance with AMD3100, a CXCR4 antagonist with a different structure. J Virol, 1999, 73 (2): 1719-1723.

[118] Tamamura H, Y Xu, T Hattori, et al. A low-molecular-weight inhibitor against the chemokine receptor CXCR4: a strong anti-HIV peptide T140. Biochem Biophys Res Commun, 1998, 253 (3): 877-882.

[119] Doranz B J, L G Filion, F Diaz-Mitoma, et al. Safe use of the CXCR4 inhibitor ALX40-4C in humans. AIDS Res Hum Retroviruses, 2001, 17 (6): 475-486.

[120] Ichiyama K, S. Yokoyama-Kumakura, Y Tanaka, et al. A duodenally absorbable CXC chemokine receptor 4 antagonist, KRH-1636, exhibits a potent and selective anti-HIV-1 activity. Proc Natl Acad Sci (USA), 2003, 100 (7): 4185-4190.

第16章

药物的专利保护

刘学军,白东鲁

目录

16.1 专利及专利制度发展史 /485
16.2 专利的种类与专利权的特点 /485
    16.2.1 专利的种类 /485
    16.2.2 专利权的特点 /486
16.3 专利的国际公约和协议 /487
    16.3.1 《保护工业产权巴黎公约》 /487
    16.3.2 《专利合作条约》 /487
    16.3.3 《欧洲专利授权公约》 /488
    16.3.4 《专利法条约》 /488
16.4 专利机构和专利保护体系 /489
    16.4.1 欧洲各国专利体系 /489
    16.4.2 美国专利体系 /489
    16.4.3 中国的专利体系 /490
    16.4.4 日本专利体系 /490
    16.4.5 世界知识产权组织及专利合作条约 /490
16.5 专利申请和授权程序 /491
    16.5.1 发明主体可否专利性的条件 /491
    16.5.2 专利申请书的内容与形式 /492
    16.5.3 中国专利申请 /493
    16.5.4 按专利合作条约专利申请 /494
    16.5.5 美国专利申请 /494
    16.5.6 欧洲国家专利申请 /494
16.6 新药专利保护的策略及案例 /495
    16.6.1 申请时间的选择 /495
    16.6.2 交叉许可策略 /496
    16.6.3 强制许可策略 /496
    16.6.4 挑战现专利策略 /497
    16.6.5 工艺专利和新技术改进策略 /499
    16.6.6 延展保护期策略 /499
    16.6.7 专利网保护策略 /501
    16.6.8 专利侵权的判定 /501
16.7 讨论 /502
推荐读物 /502

16.1 专利及专利制度发展史

专利是专利权的简称,专利(Patent)一词来源于拉丁语 Litterae Patentes,原意是公开的信件或公共文献,是中世纪的君主用来颁布某种特权的证明。现代专利是由专利机构依据发明申请所颁发的一种文件,这种文件叙述发明的内容,并且产生一种法律状态,即授予发明人的排他权利。也可表述为发明人在有限的期限内对被保护内容享有独占的权利(包括制造、使用、销售与进口等),专利保护具有时间和地域限制。

众多的专利文件已经形成了各种专利文献库,据世界知识产权组织(World Intellectual Property Organization,WIPO)的有关统计资料表明,全世界每年90%~95%的发明创造成果都可以在专利文献中查到,其中约有70%的发明成果从未在其他非专利文献上发表过。

美国前总统林肯曾说:"在没有专利法以前,随便什么人,随便什么时间,都可以使用别人的发明,这样发明人从自己的发明中就得不到什么特别的利益了。专利制度改变了这种状况,保证发明人在一定时期内对自己的发明独占使用,因此给发明和制造实用新物品的天才之火添加了利益之油。"

修订后的《中华人民共和国专利法》第1条指出:"为了保护发明创造的专利权,鼓励发明创造,有利于发明创造的推广使用,促进科学技术进步和创新,适应社会主义现代化建议的需要,特制定本法。"

专利保护的目的是通过保护自然人或法人因投入人力、物力和财力所创造的某项技术或改进的某项技术,来保护专利权人的利益,以此鼓励个人或企业重视并投入更多的资源进行技术创新,使人类的科技财富随之增加,社会经济随之发展,人类所享有的物质财富得到不断地增多。

世界专利制度的发展历史可分为三个阶段,萌芽阶段、现代阶段和国际化阶段。

专利制度的萌芽阶段可追溯到1474年,威尼斯联邦共和国颁布了仅有一条法律条文的世界上第一部专利法。以后专利制度在欧洲逐渐建立和强化,现在已成为全世界通行的知识产权保护(protection of intellectual property)制度之一。

现代阶段的标志是1624年英国颁布的《垄断法案》(Statute of Monopolies),这是现代化雏形的第一部专利法。

国际化阶段始于1883年《巴黎公约》(Paris Convention),接着世界知识产权组织和专利合作条约(PCT),提供了国际间的合作,而世界贸易组织(WTO)的"与贸易有关的知识产权协定(TRIPS)"规定了知识产权保护的最低标准及争端解决机制。

中国专利制度的发展历史很短。1984年3月制定了中华人民共和国历史上第一部专利法,1985年4月1日专利制度在中国正式实施。之后,为了适应国家发展和加入WTO的需要,我国对专利法进行了三次修改,2008年通过并发布了专利法及其实施细则的第三次修改。

16.2 专利的种类与专利权的特点

16.2.1 专利的种类

我国专利法将专利分为三种,即发明、实用新型和外观设计专利。

(1) 发明专利（invention patent）　发明专利是指对产品、方法或者其改进所提出的新的技术方案。所谓产品是指工业上能够制造的各种新制品，包括有一定形状和结构的物品，也可以是没有固定形状的产品，如化合物等。所谓方法是指对原料进行加工，制成各种产品的方法和使用方法及用途。自申请日（application date）起计算，发明专利保护期（terms of patent protection）为 20 年。

(2) 实用新型专利（utility model patent）　实用新型是指对产品的形状、构造或者其结合所提出的适于实用的新的技术方案。同发明一样，实用新型保护的也是一个技术方案，但实用新型专利保护的范围较窄，它只保护有一定形状或结构的新产品，不保护方法以及没有固定形状的物质。自申请日起计算，实用新型专利保护期为 10 年。

(3) 外观设计专利（industrial design patent）　外观设计是指对产品的形状、图案或者其结合以及色彩与形状、图案所做出的富有美感并适于工业上应用的新设计。外观设计与发明和实用新型相比有着明显的区别，外观设计注重的是设计人对一项产品的外观所做出的富于艺术性、具有美感的创造，但这种具有艺术性的创造，不是单纯的工艺品，它必须具有能够为产业上所应用的实用性。自申请日起计算，外观设计专利保护期为 10 年。

发明专利和实用新型专利保护的是技术思想，而外观设计专利实质上是保护美术思想。实用新型的技术方案更注重实用性，其技术水平较发明专利低一些，可称"小发明"。

药品研究与开发以及市场营销等涉及三种类型的专利，但药品研究与开发过程主要涉及发明专利，属于高科技的竞争范畴。药物发明专利可再分为产品即化合物专利和方法专利。方法发明专利还包括药物制造方法和使用方法（即用途）发明专利。药物发明专利是各种法律和规章中对创新药物保护力度最大的一种形式。

16.2.2　专利权的特点

(1) 排他性（exclusion）　排他性即独占性或专有性。"独占"是指法律授予专利权人在一段时间内享有排他性的独占权利，它是指同一发明在一定的地域范围内，只有专利权人才能在一定期限内享有对其的制造权、使用权和销售权，其他任何人未经许可都不能对其进行制造、使用和销售，否则属侵权（infringement）行为。

(2) 时间性（timeliness）　时间性是指专利只在法律规定的期限内才有效。专利权的有效保护期限结束，专利权人所享有的专利权则自动丧失，一般不能续延。一项发明过了保护期就成为了社会公有财富，其他人便可以自由地使用该发明来制造产品，如非专利药药品（generic drug），也称专利到期药品。专利的法律保护期限由各国的专利法或有关国际公约规定，世界各国的专利法对专利的保护期限有差异。一般国际上对发明专利保护的有效期应不少于自提交申请之日起的第二十年年终。

(3) 地域性（regionality）　地域性是指专利权是一种有区域范围限制的权利，专利法是一种国家法，其保护力度仅在制定该法律的国家领土内有效。除依据保护知识产权的国际公约，以及个别国家承认另一国批准的专利权有效之外，技术发明在哪个国家申请专利，则由该国授予专利权，并只在专利授予国的范围内有效，对其他国家不具有法律的约束力，其他国家也不承担任何保护义务。对于外国专利，只要通过检索发现其没有在本国申请相同的专利，该技术即可无偿地使用。

(4) 实用性（utility）　除美国等少数几个国家外，绝大多数国家都要求专利权人必须在一定期限内，在给予保护的国家内实施其专利权，即利用专利技术制造产品或转让其专利。

(5) 公开性（publicity）　以"公开"换取"独占"是专利制度最基本的核心，代表了权利与义务的对等；"公开"是指技术发明人作为对法律授予其独占权的回报而将其技术公之于众，使社会公众可以通过正常的渠道获得有关专利技术的信息。公开的形式有出版物公开，即通过出版物在国内外公开披露技术信息，公开的程度以所属技术领域一般技术人员能实施为准；使用公开，即在国内通过使用或实施方式公开技术内容等。专利公开有利于推动社会技术的进步，促进科技的发展，这是专利法的立法宗旨之一。

（6）法律性（legality） 专利是受法律规范保护的发明创造，某项发明创造向国家审批机关提出专利申请，经依法审查合格并一旦向专利申请人授权后，即具有在该地域内的一定时期内的法律保护。

综上所述，专利权是权利人和国家进行某种交换后获得的权利，权利人将技术完全公开，每年缴纳年费，同时国家通过审查后，赋予权利人在一定时限、一定范围内对专利内容的垄断权利。

16.3 专利的国际公约和协议

16.3.1 《保护工业产权巴黎公约》

19世纪中叶，工业产权（Industrial Property Rights）已经常要跨越国界。为了促进技术转让，于1878年在巴黎召开了一次有关工业产权的国际性会议。会后，法国准备了一份提议建立保护工业产权"国际联盟"的最终草案，它大体上包含有那些至今仍然表现为《保护工业产权巴黎公约》主要特征的实质性条款。

1883年，比利时、法国、巴西、萨尔瓦多、意大利等11个与会国通过并签署了《保护工业产权巴黎公约》（简称《巴黎公约》），1884年7月7日公约生效。以后《巴黎公约》经过七次修订，现行的是1980年2月在日内瓦修订的文本。

《巴黎公约》规定参加国组成保护工业产权同盟，简称巴黎同盟。同盟设有三个机关，即大会、执行委员会和国际局。中国于1984年交存加入该公约1967年斯德哥尔摩修订文本的加入书，1985年对中国生效。至1997年1月1日，该联盟已经发展到了140个成员。

《巴黎公约》的保护范围是工业产权，包括发明专利权、实用新型、工业品外观设计、商标权、服务标记、厂商名称、产地标记或原产地名称以及制止不正当竞争等。

《巴黎公约》的基本目的是保证成员国的工业产权在所有其他成员国都得到保护。但由于各成员国间的利益矛盾和立法差别，《巴黎公约》未能制定统一的工业产权法，而是以各成员国内立法为基础进行保护，因此它没有排除专利权效力的地域性。

《巴黎公约》的基本原则和重要条款有：①国民待遇原则；②优先权原则；③独立性原则；④强制许可专利原则；⑤商标的使用；⑥驰名商标的保护；⑦商标权的转让；⑧展览产品的临时保护。

《巴黎公约》其他内容还有：建立管理工业产权的主管机关；发明人有权在专利书上署名；各成员国不准以国内法规定不同为理由，拒绝给某些够批准条件的发明授予专利权或宣布专利权无效，以及对未经商标权人同意而注册的商标等问题作出规定。这些是公约对成员国的最低要求。

16.3.2 《专利合作条约》

《专利合作条约》（Patent Cooperation Treaty，PCT）是1970年6月19日，由78个国家和22个国际组织在华盛顿召开的《巴黎公约》外交会议上签订，1978年1月24日生效。它是在《保护工业产权巴黎公约》原则指导下产生的一个国际专利申请条约。条约主要内容是统一缔约国的专利申请手续和审批程序以及就专利文献的检索工作和批准专利权的初步审查工作等方面进行合作，以使一项发明通过一次国际申请便可同时在申请人选定的几个或全部成员国获得批准。《专利合作条约》的主要意义在于简化了成员国国民在成员国范围申请专利的手续。一份申请，以一种语言向一个受理局提出，在进入各国家阶段以前可代替多份外国申请。以最小的花费，向各成员国提出申请的决定可以推迟到自优先权日起 30 个月。减轻了条约各成员国专利局的工作量，也加快了专利情报的传播速度，扩大了传播范围。

《专利合作条约》规定所有成员国的居民或国民均可向受理局提出国际申请，同时应表明其发明打算在哪些缔约国获得专利。申请文件应先提交成员国的专利局，由专利局将申请文件复制两份后提交世界知识产权组织日内瓦国际局和条约国大会认定的国际检索单位和国际初步审查单位。条约国大会认定的国际检索单位和国际初步审查单位是澳大利亚、美国、英国、日本、瑞典、中国、欧洲专利局以及俄罗斯国家发明与发现委员会。他们负责申请案中的发明创造的检索和初步审查工作，对发明的新颖性、创造性和实用性提出意见。如果这些机构的检索结果对申请人有利，就写成"检索报告"两份，一份送达申请人，一份呈送世界产权组织国际局。对一项国际申请，由国际局统一办理申请、检索、公布等手续，并进行初步实质性调查。国际局将已登记的申请连同检索报告复印若干份，转交申请人希望得到保护的指定国的专利局，由各国的专利局分别按其本国法律的要求，决定是否授予专利权。

我国于 1994 年 1 月 1 日加入《专利合作条约》。截至 2004 年 12 月 31 日，参加该条约的国家已达 124 个国家，

16.3.3 《欧洲专利授权公约》

《欧洲专利授权公约》（EPC）是国际专利保护领域中一项重要的国际公约，该公约为建立统一的欧洲专利制度起了很大的作用。欧洲专利有三大优点特性：①有效性，专利权人不必在各不同的欧洲国家申请，可节省大量的时间和经费；②一元性，即欧洲专利保护的期限和范围等在所有欧洲缔约国中均相同；③缜密性，每项欧洲专利都是经过严格的实质性审查后才被授权。

于 2000 年修改的该公约（简称 EPC2000）在欧洲专利授权程序及其他方面有很多细微变化，主要有以下几方面。①延长要求优先权的期限，申请人只要在先申请日起 12 个月内提交申请，提出优先权请求的期限可以延长到自在先申请日起 16 个月内。②无须递交在先申请的说明书或权利要求书。申请人在提交申请时，可以不递交在先申请的说明书或权利要求书，而只引用在先申请，即告知在先申请的申请日、申请号以及申请受理局等信息即可。③延长递交权利要求书的期限。申请人在提交申请时，申请文件中可暂不包含权利要求书，待欧洲专利局（EPO）要求后，在两个月内递交即可。而对于说明书或附图，如果递交申请时有遗漏，申请人可随后补交，但这对申请日会有所影响。④增加新的专利说明书种类——B3 文献。新增的授权后撤回及限制性修改程序将允许专利权人在专利授权后对其专利提出撤回或限制性修改的请求。如果专利权人请求做限制性修改，EPO 将公布修改后的专利说明书。为使这种新增的专利说明书区别于异议程序中修改的说明书（B2 文献），EPO 将采用新的文献种类标识代码 B3 表示此类文献。

16.3.4 《专利法条约》

《专利法条约》（Patent Law Treaty，PLT）是在 2000 年 6 月在日内瓦召开的外交会

议上通过，同时通过的还有《专利法条约实施细则》以及《外交会议的议定声明》。参加这次会议的有 130 多个国家、4 个政府间国际组织及 20 多个非政府间国际组织。根据《专利法条约》规定，该条约应在 10 个国家向总干事交存了批准书或加入书后 3 个月生效。2005 年 1 月 28 日，罗马尼亚成为第 10 个向 WIPO 递交加入《专利法条约》文书的国家。为此，《专利法条约》于 2005 年 4 月 28 日生效。

《专利法条约》共 27 条，旨在协调国家专利局和地区专利局的形式要件并简化取得和维持专利的程序。其规范的主要内容有：①取得申请日的要件和避免申请人因未满足形式要求而失去申请日的有关程序；②适用于国家和地区专利局的一套单一的国际标准化形式要求，该要求与 PCT 的形式要求一致；③各局均应接受的标准申请表格；④简化的审批程序；⑤避免申请人因未遵守期限而非故意丧失权利的机制；⑥适用电子申请的基本规则。另外，还规定了缔约方专利局可以适用的最高要求，除了申请日条件是例外外，缔约方专利局对本条约规定的事务，不得增加任何形式条件。因此，缔约方有自由从申请人和权利人的角度规定对他们更有利的要求。

目前，WIPO 正在进行《实体专利法条约》（SPLT）的制定工作，协调各国专利法中关于授予专利权的实质性标准。经过几年的协商，现阶段首先集中在现有技术的定义、新颖性标准、创造性标准、新颖性宽限期、遗传资源来源的披露、充分公开要求等六项议题上。尽管还没有达成正式的条约，但协调统一的前景已经明朗。

16.4 专利机构和专利保护体系

16.4.1 欧洲各国专利体系

欧洲专利局（EPO）是根据欧洲专利公约，于 1972 年正式成立的一个政府间组织。其主要职能是负责欧洲地区的专利审批工作。

依照欧洲专利公约规定，一项欧洲专利申请可以在任何一个或所有成员国中享有国家专利的同等效力。在这种情况下，可以简化在多国单独提交专利申请的手续，节约开支，方便申请人。因欧洲专利是按照统一的法律审查批准的，不会因为各国专利法在程序和审查要求的不同而造成不同后果，给申请人以安全感。欧洲专利审批的效率和质量，要比逐个国家申请程序既快又节省开支，特别是商业上能提高发明的价值。欧洲专利局采用英、法、德三种语言，对申请人有较大的选择使用语言的自由，从而也减少了逐一国家以不同语言申请的费用。最后欧洲专利局采用检索与审查分开进行的程序，既有利于申请人及时处理专利申请，也有利于 PCT 的协调，方便提交国际专利的申请人。

欧洲专利局是世界上实力最强、最现代化的专利局之一。拥有世界上最完整的专利文献资源，先进的专利信息检索系统和丰富的专利审查、申诉及法律研究方面的经验。

16.4.2 美国专利体系

美国是世界上最早实行专利制度的国家之一，美国专利局于 1802 年成立。1975 年，经国会批准美国专利局更名为美国专利商标局（USPTO）。2000 年 11 月，根据《美国发明人保护法》，USPTO 被确立为商务部下属的绩效单位，但行政职能上享有实质性的自治管理权。现有专利局、商标局、总法律顾问部、国际部、行政管理部、财务部、信息部、专利公共咨询委员会和商标公共咨询委员会等部门，其中专利局负责专利审查及相关事务。

16.4.3 中国的专利体系

1984年3月制定了中华人民共和国第一部专利法。1985年4月1日专利制度在中国正式实施。为了适应国家发展和加入WTO组织需要，我国对专利法进行了三次修改，分别是1992年对专利法及其实施细则的第一次修改，2000年的第二次修改，2008年通过并颁布专利法实施细则的第三次修改。

我国专利法主要内容包含总则、授予专利权的条件、专利的申请、专利申请的审查和批准、专利权的期限、终止和无效、专利实施的强制许可、专利权的保护等。新修改的专利法，进一步加强对专利权的保护力度，提高了专利授权的门槛。激励自主创新，促进专利技术的实施，缩短转化周期。其次，根据世贸组织多哈《宣言》和《议定书》允许世贸组织成员突破《与贸易有关的知识产权协定（TRIPS）》的限制，在规定条件下给予实施药品专利的强制许可等。另外，《生物多样性公约》对利用专利制度保护遗传资源做了规定，我国作为遗传资源大国，需要通过修改现行专利法，行使该公约赋予的权利。

中国国务院的专利行政部门是国家知识产权局。它对专利申请的受理、审查、复审、授权以及各种审查业务委托国家知识产权局属下的专利局承担。

中国于1980年6月3日加入世界知识产权组织，成为它的第90个成员国。以后在1985年加入《保护工业产权巴黎公约》，1989年加入《商标国际注册的马德里协定》，1992年加入《保护文学和艺术作品伯尔尼公约》，1994年1月1日加入《专利合作条约》（PCT）。

世界知识产权组织（WIPO）发表2008年《世界专利报告》称，中国、韩国和美国专利申请量的增长促进了世界专利申请量的增长。由于国内提交的专利申请量显著增长，中国在世界专利申请总量中的份额大大提高，2000~2006年，中国所占份额已从1.8%增至7.3%。

16.4.4 日本专利体系

日本专利局（JPO）的前身是1885年设立的"专卖特许所"，现为隶属于经济产业省的政府机构。JPO的主要职责为：工业产权申请受理、审查、授权或注册；工业产权方针政策拟订；工业产权制度的修订；工业产权领域国际合作和为促进日本产业发展，对工业产权信息的完善。

日本明治早期，政府在研究欧美各国的工业产权制度后，于19世纪80年代颁布《商标条例》、《专卖特许条例》、《外观设计条例》和《实用新型法》，建立了日本工业产权制度。日本于1899年加入《保护工业产权巴黎公约》，1978年加入《专利合作条约》。日本于1921年改"先发明制"为"先申请制"，奠定了现行日本《专利法》的基石。在广泛参考国外立法的基础上，1959年，日本又全面修订《专利法》，采用共同申请制；新增对发明专利创造性的规定和原则上复审请求时效制。1994年对《专利法》的修订实行授权后异议制，以实现早期确权。2008年2月，日本内阁会议确定了《专利法》、《实用新型法》、《外观设计法》和《商标法》等一系列法律的修改草案，2008年国会讨论通过，已于2009年1月实施。

16.4.5 世界知识产权组织及专利合作条约

1967年，"国际保护工业产权联盟"（巴黎联盟，Paris Union）和"国际保护文学艺术作品联盟"（伯尔尼联盟，Berne Union）的51个成员在瑞典首都斯德哥尔摩共同建立了世界知识产权组织（WIPO），以便进一步促进全世界对知识产权的保护，加强各国和各知识产权组织间的合作。1970年,《建立世界知识产权组织公约》(Convention Establishing the World Intellectual Property Organization) 生效。1974年,该组织成为联合国系统的一个知识产权专门机构。世界知识产权组织、世界贸易组织和联合国教科文组织是现今三个最主要的管理知识产权条约的国际组织,但后两个国际组织不是知识产权专门机构。世界知识产权组织的总部设在瑞士日内瓦,在纽约联合国大厦设有联络处。至2004年10月,共有成员国181个。

世界知识产权组织的宗旨是:通过国家之间的合作,必要时通过与其他国际组织的协作,促进全世界对知识产权的保护。确保各知识产权联盟之间的行政合作。该组织管理着一系列知识产权条约,其中包括《保护文学和艺术作品伯尔尼公约》《保护录音制品制作者防止未经许可复制其录音制品公约》等条约。世界知识产权组织在日内瓦每年发表《世界专利报告》,对各国申请专利的情况进行统计。

根据PCT的规定,专利申请人可以通过PCT途径递交国际专利申请,向多个国家申请专利。专利申请人只能通过PCT申请专利,但不能直接得到专利。专利申请人必须履行进入指定国家的手续,由该国的专利局对该专利申请进行审查,符合该国专利法规定的,才能授权。

PCT申请会使申请人获得很多的方便:①只需提交一份国际专利申请,就可以向多个国家申请专利,而不必向每一个国家分别提交申请,为专利申请人申请国外专利提供了方便;②通过PCT,专利申请人可在首次提交专利申请之后的20个月内办理进入每一个国家的手续,由此延长了8个月,如果进行了国际初步审查,还可延长首次提交专利申请之日后的30个月内办理申请进入每一个国家的手续,使申请时间又延长了10个月;③有助于对申请专利的新颖性进行进一步判断,如果申请经过了国际初步审查,可以得到一份国际初步审查单位给出的高标准的国际初审报告,如果审查报告表明该发明不具备新颖性、创造性和工业实用性,则不再进入国家阶段,以便节省费用;④简化缴费手续,只需向受理局而不是向所有要求获得专利保护国家的专利局缴纳专利申请费用;⑤申请费用低,某些国家对国际专利申请的国家费用比普通申请要低;⑥避免语言翻译问题,国际专利申请的语言可以是中文、英语、法语、德语、日语、俄语、西班牙语等。

16.5 专利申请和授权程序

16.5.1 发明主体可否专利性的条件

发明或者实用新型专利的授权条件是必须具有新颖性、创造性和实用性。

(1) 新颖性 (novelty) 新颖性是指在申请日以前没有同样的发明或者实用新型在国内外出版物上公开发表过、在国内公开使用过或者以其他方式为公众所知。也没有同样的发明或者实用新型由他人向专利局提出过申请并且记载在申请日以后公布的专利申请文件中。申请专利的发明或者实用新型满足新颖性的标准是必须不同于现有技术,同时还不得出现抵触申请。

所谓现有技术是指在申请日以前已经公开的技术。技术公开的方式有三种,即出版物公开、使用公开和其他方式的公开。

通过出版物在国内外公开披露技术信息,其地域标准是国际范围。这里的出版物,是指记载有技术或设计内容的独立存在的有形传播载体,可以是印刷、打印、手写的,也可以是采用电、光、磁、照相等其他方式制成的。其载体不限于纸张,也包括各种其他类型的载体，如缩微胶片、影片、磁带、光盘、照相底片等。公开披露技术信息，是指技术内容向不负有保密义务的不特定相关公众公开。公开的程度以所属技术领域一般技术人员能实施为准。使用公开指在国内通过使用或实施方式公开技术内容。其地域标准是在我国境内。其他方式的公开指以出版物和使用以外的方式公开，主要指口头方式公开，如通过口头交谈、讲课、作报告、讨论发言、在广播电台或电视台播放等方式，使公众了解有关技术内容。其地域标准是在国内。

抵触申请是指一项申请专利的发明或者实用新型在申请日以前，已有同样的发明或者实用新型由他人向专利局提出过申请，并且记载在该发明或实用新型申请日以后公布的专利申请文件中。先申请被称为后申请的抵触申请，它会破坏新颖性，防止专利重复授权。

申请专利的发明、实用新型和外观设计在申请日以前 6 个月内，有下列情形之一的，则不丧失新颖性：①在中国政府主办或者承认的国际展览会上首次展出的；②在国务院有关主管部门和全国性学术团体组织召开的学术会议或者技术会议上首次发表的；③他人未经申请人同意而泄露其内容的。

（2）创造性（creativity）　创造性是指同申请日以前已有的技术相比，该发明有突出的实质性特点和显著的进步，该实用新型有实质性特点和进步。申请专利的发明或实用新型，必须与申请日前已有的技术相比，在技术方案的构成上有实质性的差别。必须是通过创造性思维活动的结果，不能是现有技术通过简单的分析、归纳、推理就能够自然获得的结果。发明的创造性比实用新型的创造性要求更高。创造性的判断以所属领域普通技术人员的知识和判断能力为准。

（3）实用性（practicability）　实用性是指该发明或者实用新型能够制造或者使用，并且能够产生积极效果。它有两层含义：①该技术能够在产业中制造或者使用，产业包括了工业、农业、林业、水产业、畜牧业、交通运输业以及服务业等行业，产业中的制造和利用是指具有可实施性及再现性；②必须能够产生积极的效果，即同现有的技术相比，申请专利的发明或实用新型能够产生更好的经济效益或社会效益，如能提高产品数量、改善产品质量、增加产品功能、节约能源或资源、防治环境污染等。

16.5.2　专利申请书的内容与形式

各国的专利申请书基本内容和形式有一定的差异，关于专利申请书的内容和形式仅以中国专利为例进行简短的描述。

专利申请文件（application documents）包括：①请求书（patent request）；②说明书（patent specification）；③权利要求书（patent claim）；④附图（drawing）；⑤摘要（patent summary）；⑥外观设计图片、照片（drawings or photographs of the product）；⑦外观设计简要说明（a brief explanation of the design）。

请求书实际上是国家知识产权局印制的一种统一表格。申请发明专利的，使用"发明专利请求书"；申请实用新型专利的，使用"实用新型专利请求书"。

请求书中应写明发明或者实用新型的名称。名称应当简短，能清楚地表明申请专利的主题。发明或者实用新型的名称只应当表明其技术内容，不应含有非技术性用语，例如人名或者商业宣传用语等。

说明书内容包括：①名称；②技术领域；③背景技术；④发明内容；⑤附图说明；⑥具体实施方式。

在说明书中对发明做出清楚、完整的说明，以所属技术领域的技术人员能够实现为准。技术内容充分公开，发明或者实用新型说明书不得使用"如权利要求…所述的…"一类的引用语，也不得使用商业性宣传用语。发明内容包括：发明目的；技术方案；发明的优点。后者是指与本发明相比，"最近"的、已有的同类技术。叙述时要有针对性。选好这项技术至关重要，一般要以文献检索为依据，客观地指出已有技术中的缺陷，既不要缩小，也不要扩大。最好能提供检索文献的出处和复印件。

权利要求书中则用技术特征的总和来表示发明或实用新型，反映要求保护的技术方案与现有技术之间的联系和区别，作为判断专利性的依据；用来确定发明或者实用新型专利权的保护范围。权利要求书中应当以说明书为依据，说明发明或实用新型的技术特征，清楚、简要地表述要求专利保护的范围。

另外根据专利的类型附上图、外观设计图片、照片及外观设计简要说明。

在摘要中简明扼要地描述技术发明的内容。

16.5.3　中国专利申请

专利的申请采用书面请求原则、先申请与先发明原则和单一性原则，专利局依照法律规定的程序进行形式审查制、实质审查制、早期公开延迟审查等审查方式审查后决定是否合格并授予专利权。

中国发明专利的申请审批程序：专利申请——初步审查（合格）——公布专利申请（自申请日或优先权日起18月内予以公布）——实质审查（3年内）——授权公告、授予专利权。

专利发明人必然是自然人，而申请人和专利权人可以是自然人，也可以是单位法人。当发明人完成了一项创造发明以后，可以委托具有资质的专利代理机构代理专利申请事项，也可自己申请。由于专利申请的流程相当复杂，又必须同时满足形式、程序、费用三方面的要求，不具备相当专利知识的非专业人员是很难完成一项专利申请的，因此建议委托代理机构申请。

发明人要将发明创造的技术交底书交给专利代理人。技术交底书包括以下内容：发明名称、技术背景（相关文献资料）、现有技术存在的不足、本发明的内容、实施本发明后所能产生的有益效果等。代理人将完成一份合格的专利申请文件。也可按照专利法的形式要求自己撰写一份专利申请文件后交由代理人进行修改。

完成了专利申请文件和其他文件的准备后，代理机构会将这些文件代为送交到国家知识产权局或者各地的专利代办处。

申请文件经初步审查符合要求的，当局将发出《受理通知书》，其中有一个申请号和申请日。通常申请号和申请日不再改变，以后所有的通知书和意见陈述书都将标明这个号和日。申请日的确定非常重要。专利局受理了申请，申请人缴纳了申请费以后，专利申请进入初步审查阶段，进行形式上和文件内容的审查。

初步审查通过后，对于实用新型和外观设计专利申请，直接发出授权通知书；而对于发明专利，专利局会发出《初步审查合格通知书》，该专利申请文件自申请日起满18个月即行公开。

通常情况下实质审查请求必须由申请人自申请日起3年内主动提出，否则该申请被视为撤回，审查程序即自动终止。在申请人提出实质审查请求并缴纳了审查费后，专利局会发出《进入实质审查程序通知书》。为了加快审查程序及早授权，申请人可以在递交申请文件的时候要求提前公开和提前实质审查。进入实质审查程序后，审查员将在全世界范围内检索各类文献，包括专利文献和各种公开出版物，并按照《中华人民共和国专利法》、《中华人民共和国专利法实施细则》和《专利审查指南》的有关规定审查该申请能否授予专利权。认为存在问题的,将发出《第一次审查意见通知书》,指出申请文件的缺陷,并要求申请人陈述意见,或修改申请文件。申请人答辩后,审查员认为符合要求的,发出《授权通知书》和《办理登记手续通知书》。申请人在 2 个月内缴纳了规定的各类费用(等级费、年费、维持费等)后,大约再过 2 个月即可拿到专利证书。至此,一项专利申请的全部流程基本完成,以后每年缴纳专利年费,以维持专利权的继续有效。

16.5.4　按专利合作条约专利申请

首先由专利申请人向其主管受理局提交申请,由世界知识产权组织的国际局进行国际公开,并由国际检索单位进行检索。如果申请人要求,该国际专利申请可由国际初步审查单位进行初步审查。国际检索的目的是提供与该国际专利申请有关的现有技术资料,目的是为该国际专利申请提供有关其新颖性、创造性和工业实用性的初步审查意见。经过国际检索、国际公开以及国际初步审查这一国际阶段之后,专利申请人办理进入国家阶段的手续。

中国知识产权局专利局是中国国民或居民的主管受理局,同时也是国际检索单位和国际初步审查单位。中国申请人提出国际专利申请,应当经中华人民共和国国务院有关主管部门同意,并应委托涉外专利代理机构办理。中国申请人可以向中国专利局也可以向世界知识产权组织的国际局提交国际专利申请。

16.5.5　美国专利申请

美国专利申请有四大要素:①说明书,即对发明创造的说明和至少一项权利要求;②附图;③誓词或声明;④费用。其中,前两个要素是能否获得申请日的基本条件。专利申请应当自申请日(application date)或优先权日(priority date)起满 18 个月后立即公布,申请人也可以要求提前公布。

美国专利优先权日确定是在他国第一申请案之申请日起 12 个月内提出优先权之申请案。申请后 4 个月内或优先权日起 16 个月内可补主张优先权。国内优先权于暂时申请案申请日起 12 个月内主张。

美国审查专利采行先发明原则,专利申请案于申请日(优先权日)起 18 个月后公开。专利维持费分别于发证日起第 3 年半、7 年半及 11 年半需缴纳维持费。申请人所知道的所有相关前案技术资料(Information Disclosure Statement,IDS,信息揭露书)必须提供给美国专利局。任何创作发明,如果在申请专利日期的一年以前曾经公开发表、公开使用、买断或出卖销售过,则此发明创作属于大众所拥有,不得再申请专利。

专利申请案在递交后,两个月左右将会取得受理通知书。申请提交后,需向美国专利局提供其他在先近似权利的信息,在取得申请日后,在一年半左右将会有审查结果。审查结果包括了准予专利(Allowance)与驳回专利(Rejection);申请人对于美国专利局所提出的核驳通知书,通常会有两次答辩的机会,例外的可能会有三到四次。一经核准,申请人须先支付领证费用,才可于核准日后 3~4 个月左右收到专利证书。若未在期限内缴纳领证费,则申请案将视同放弃。

16.5.6　欧洲国家专利申请

要在欧洲国家获得专利保护有四种途径。①直接向被要求提供专利保护的国家提出专利申请。EPO 成立前唯一可行的申请途径,目前只有在要求专利保护的国家数量极有限时才有吸引力,其优点是在那些不对专利申请进行审查的国家可以很快获得专利,但专利的有效性不稳定。②直接向 EPO 提出专利申请。当一件专利寻求 3 个或 3 个以上 EPO 成员国保护时，与前者相比，这一途径就显得简捷且成本更低。但其适用范围仍然有限，一旦申请人同时需要在 EPO 之外的国家寻求专利保护，这种途径就不适合了。由于我国是巴黎公约及专利合作条约（PCT）成员国，因此事实上目前国内申请人主要通过下面③、④两种途径向欧洲国家申请专利。③巴黎公约途径：申请人在国内提出专利申请后，在申请日起（有优先权的自优先权日起）12 个月届满前向单个欧洲国家或 EPO 提出专利申请，即可以享受 12 个月的优先权待遇。④PCT 途径：申请人可以在申请日起（有优先权的自优先权日起）12 个月内向中国国家知识产权局提出 PCT 国际申请，指定向包括欧洲专利局在内的 PCT 成员国申请专利，并在自申请日起（有优先权的自优先权日起）30 个月内进入 EPO 程序。

欧洲国家（EPO）的专利申请和授权程序如下。①申请人可以选择以英语、法语以及德语这三种官方语言之一向 EPO 提出申请。自 EPO 发出受理通知书之日起一个月内，申请人可以递交权利要求书的修改，此期限不可延长。②EPO 将对与申请的专利性有关的现有技术进行检索并将检索结果通知申请人，通常申请人需要根据检索结果评估其发明的专利性和获得授权的可能。③EPO 将自申请日起（有优先权的自优先权日起）18 个月内公布专利申请，并尽量在公布之前做出检索报告，以便申请人能做出是否继续申请程序的选择。④申请人应在申请的同时或在检索报告公布之日起 6 个月内提出实审请求并指定具体的成员国，同时缴纳相应的审查费和指定费。如果指定 7 个以上的国家即被视为全部指定，但延伸国的指定费需单独缴纳。审查员通常在 1 至 3 年内发出审查意见并要求申请人在指定期限答复，即进行争辩或修改申请文件。若答复被驳回则申请人将获得参加 EPO 举行的由 3 名办案人员主持的口审程序以陈述意见。当申请在口审阶段被驳回，申请人还有权提交至 EPO 的上诉委员会。⑤实审通过后 EPO 发出授权通知，申请人支付授权费并递交权利要求书的其他两个语种的翻译文本。经查询已经提交优先权证明文件译文后则正式授予专利权并发出授权证书。⑥在收到授权通知书后申请人必须在指定国名单中选择生效国并通知 EPO，一般需要将授权的专利文件的全文翻译成生效国的官方语言，并提交给相应的生效国登记从而生效。一般 EPO 成员国要求在授权公告起 3 个月内完成翻译工作并在各国生效。

中国申请人若通过上述途径将其在国内完成的发明创造向欧洲国家申请专利，过去要先申请国内专利，2008 年专利法修改后，可直接对外申请。

16.6 新药专利保护的策略及案例

新药保护的专利的策略包括防御型专利策略和进攻型专利策略。防御型专利策略目的是在国际公约和专利法规的范畴内，更好地保护发明人的权利和获得尽可能长的专利有效保护期；进攻型专利策略目的是合理地利用国际公约和专利法规对已有专利进行规避和挑战，以获取相应的市场以及新的专利保护。有关新药专利保护的具体策略很多，本节主要介绍最具代表性的几个防御型和进攻型专利策略，如申请时间的选择、交叉许可、强制许可、挑战原专利、工艺专利和新技术改进发明、延展保护期及用专利网保护发明等。

16.6.1 申请时间的选择

专利制度允许发明者或专利所有者在一定时间内有市场专有权。从商业角度看，上市以后的实际市场保护期越长，越有利于企业收回投资，获取最大的利润回报。发明专利从申请日算起保护期为 20 年，但一个新药从发现到上市，多数历时 8~12 年，因此新药所获得的实际市场保护期大大少于 20 年，甚至有些只有几年。1995 年 6 月 8 日美国的专利保护期被修改为从最早提交申请日起 20 年，由于申请期间的文件处理及所需的数据补充消耗较多时间，实际较之过去从专利公布日算起的 17 年保护期限要明显缩短。

制药企业选择何时进行新药专利申请，对保证其商业利益最大化、使新药研发可持续发展极为重要。从理论上讲，等到新药项目进展到成熟、越接近上市时申请专利，所获得的实际市场保护时间将越长。

新药的研发通常人员多、环节多、过程复杂，新药研究的特殊性造成其研发越接近后期越难保密。新药研发到后期必须进行临床试验等研究，需经国家有关部门的审评和批准方可实施，此时必须提供完整的技术细节。临床试验时还要与临床受试者签署知情同意书等。另外还有参与研究的科研人员之间的技术交流与流动等诸多因素造成一些技术的泄密或公开。而一旦此种情况发生，技术将失去新颖性，专利的申请将难以授权，因此一般专利申请选在新药研究的发现阶段。

国际上往往有多家制药公司同时从事同一疾病治疗新药的研究，此时作用于热点靶标的药物更会有多家相互竞争。除美国等少数国家采用的是"发明优先"（first to invent）外，世界上大多数国家对专利新颖性的审查是按"申请优先"（first to file）的原则。如果两家公司有相同的研究项目，尽管其中一家在研发成熟度等方面占优势，但另一家由于率先申请专利，按"申请优先"原则，该项目的专利权应属于后者。即使如按美国的发明优先法则，也会拖入一个繁琐漫长的法律程序来判定谁是该项目的最先发明者，因此这种专利申请应在新药研究的发现阶段的早期进行。如果某一研究课题同行竞争不很激烈，则国际上通常是在临床前研究结束后申请创新药的核心专利新化合物专利。

创新药的核心专利申请完后，还应对开发中的药物作更深入的研究，如在晶型、制剂和制备工艺等方面。在该药物进行Ⅲ期临床研究阶段时，再申请晶型专利、组合物、制剂专利和前药。甚至在该药上市以后，还不断研究开发各种新工艺、光学异构体、与生物利用度相关的药剂学和新的适应证等，继续申请相关专利形成该药品的专利系列，以取得滚动式全方位的法律保护。

16.6.2　交叉许可策略

交叉许可也称相互实施许可，是指企业以专利技术、专有技术的输出换取对另一个企业的专利技术、专有技术的使用。如果企业拥有一些自主专利权，而竞争对手的专利对本企业技术实施构成障碍，就可以采取交叉许可。交叉许可策略使公司有可能以交换的方式使用外部技术，专利库共享则是两个以上公司之间专利许可的交换，其目的是得到库中专利技术的自由使用权。

按照专利法，发明专利授权后，将禁止他人未经专利权人许可而以生产经营为目的实施其专利。但并不禁止他人以科学研究为目的进行深入的研究和改进，其获得的新技术同样可申请专利。因此很多公司包括大的跨国公司都投入力量研究其他公司的专利和技术，在其原专利权覆盖面中寻找漏洞和特定的区域，进行研究以获取新的有价值的发明，以求限制原专利权人在某些地区应用新的发明，由此达到交叉许可的目的。

这种从原创发明内部限制其专利权，从而获得新的专利保护和相应的市场的策略，其优点在于资金投入少，风险较低，见效快。

16.6.3　强制许可策略

药品专利强制许可是指政府专利部门依照法律规定，不经药品专利权人的同意，直接许可具备实施条件的申请者实施药品发明或实用新型的一种行政措施,是一种非自愿许可。强制许可是对知识产权的权利专有性的限制,在国际法中,最早确立强制许可是在《保护工业产权巴黎公约》中。在该公约中,强制许可是一项旨在防止专利权人滥用专利权、阻碍发明的实施和利用、继而阻碍科学技术进步与发展的原则。

据世界卫生组织(WHO)报道,95%以上的艾滋病感染者在发展中国家,多数感染者因无法支付昂贵的药品费用而死亡。2001年底,世界卫生组织在第四届部长级会议上达成了《关于TRIPS协定与公共健康的多哈宣言》,赋予成员国在公共健康危机下对药品专利行使强制许可权。随后就宣言的实施达成《关于TRIPS协议和公共健康的多哈宣言第六段的执行决议》,决议规定发展中成员和最不发达成员因艾滋病、疟疾、肺结核及其他流行疾病而发生公共健康危机时,可在未经专利权人许可的情况下,在其内部通过实施专利强制许可制度,生产、使用和销售有关治疗导致公共健康危机疾病的专利药品。

中国属于发展中国家,受流行性疾病的威胁时可以享受WTO赋予的该权利。《中华人民共和国专利法》第三次修改版中,明确规定"为了公共健康目的,对取得专利权的药品,国务院专利行政部门可以给予制造并将其出口到符合中华人民共和国参加的有关国际条约规定的国家或者地区的强制许可"。

世界有些国家已开始享受药品专利强制许可的好处。从2003年起,一些发展中国家开始运用TRIPS协议对艾滋病药物专利进行强制许可,但大多为1996年以前发明的"第一代"艾滋病药物。2005年,一些国家对治疗禽流感的药品专利签发强制许可。2006年,先是泰国,随后是印度尼西亚和巴西,对较新的"第二代"艾滋病治疗药物签发了强制许可。2007年,泰国对一种治疗心血管疾病的药物也签发了强制许可。发达国家也在利用强制许可条款,如2005~2007年,意大利对三种药品实行了强制许可,分别是一种抗感染的抗生素、一种治疗偏头痛的药和一种治疗前列腺炎的药。"9.11事件"后不久,美国一度出现炭疽病毒恐慌,德国拜耳公司的抗炭疽药物西普洛(Cipro)作为被美国FDA批准的唯一用以治疗炭疽病毒的药品,美国卫生部成功地将"强制许可"作为谈判砝码,迫使拜耳公司大幅度降低西普洛的价格。

在专利成功的商业使用中,除了专利本身还包括需要附带转让的技术诀窍(Know-how),而强制许可条款往往不能控制这种技术的转让。所以实施强制许可有时并不能生产出同专利药物一样安全有效、质量可控的产品,还必须要进行一些必要的补充研究。前几年当一些国家的政府表示将对Roche(罗氏)公司的禽流感治疗药品——达菲(Tamiflu)专利药实行强制许可时,Roche公司立刻向仿制药公司表示愿意接受政府的要求,自愿许可该专利。在中国达菲的生产和销售被授权给上海医药集团等两家中国公司,但不提供工艺技术。上药集团与中科院上海药物所和上海有机所等集中科研力量经过一段时间的努力,掌握了罗氏正用于生产的"叠氮法"工艺和更安全的但从未被用于生产的"非叠氮法"两条生产工艺的中的各种技术诀窍,最终顺利生产出与专利药物一样安全有效、质量可控的产品。

总之,强制许可是把双刃剑,正如美国最高法院在一个案例中所述:"强制许可在我们的专利制度中是稀罕之物,它经常被人提议,却从未在广泛的范围内获得立法通过"。在实践中,强制许可的使用必须很好地控制,要同时兼顾到专利权人和社会公共健康两者的利益,在防止专利权人滥用专利权的同时也要鼓励创新,保证社会整体利益最大化。

16.6.4 挑战现专利策略

挑战专利就是寻找原专利中的漏洞,对其有效性发起进攻和挑战。挑战专利成功后既消除了专利障碍，也防范了专利侵权。通常在欧美等国家，在被仿制对象专利有漏洞的前提下，一些地方法院和贸易委员会往往支持仿制药企业。专利挑战者将根据自身的商业利益选择通过直接挑战专利的漏洞抢占市场先机的策略，或用专利无效证据等与专利权人进行谈判，获得补偿或获取一定范围制造和销售权的策略。

对仿制药企业而言，很重要的是如何挑战品牌药专利赢得官司，争取首家进入市场赢得 180 天的行政保护期。例如全球仿制药行业的老大 Teva 公司，其市值高达 380 亿美元，2008 年销售额达 110 亿美元，占据全球仿制药近 20% 的市场。过去十几年中，Teva 的仿制药报批无论在数量上和速度上始终处于绝对领先的位置。目前有数百个药物在市场上销售，等待审批上市的仿制药有 197 个，其中 134 个产品系挑战专利，84 个产品为首家申报。它是个挑战专利的高手，专挑重磅药下手，而且屡屡得手。最近，它挑战 Wyeth 公司（已并入 Pfizer 公司）一种治疗胃溃疡的质子泵抑制剂专利药泮托拉唑（Protonix）。该药品专利原本在 2010 年 7 月到期，但它大胆挑战专利。2007 年 8 月，美国 FDA 预准 Teva 的仿制药上市。由于是第一个被批准上市泮托拉唑仿制药的企业，所以拥有 180 天的独家销售权，这期间的价格是品牌药的 80%。但在短期销售获得 3~4 亿美元的收入后，为避免更大的冲突，同意通过对话与 Wyeth 解决纠纷。

出于对专利挑战成功之后众多其他仿制药厂商也会马上对该药品进行仿制的考虑，以及原制药公司往往不愿被拖入专利纠纷而影响到代理商及资本市场的信心等因素，专利挑战者更多地选择获得补偿或一定范围制造销售权的方案。最著名的专利挑战者之一——Barr 实验室（已被 Teva 公司兼并）主要是寻找并攻击容易被宣告无效或者被宣告不可执行的专利下手，与原公司谈判获得各种补偿。它已经挑战成功多个跨国医药公司的新药专利，如 Lilly 公司的专利药百忧解（Prozac）每年的销售收入超过 10 亿美元，2006 年为 26 亿美元。为了让 Barr 实验室从法院撤回其针对该药物的专利无效申请，Lilly 公司于 1999 年向 Barr 实验室支付了 400 万美元。同样，Bayer 公司为了让 Barr 实验室放弃针对 Bayer 公司的一个药物专利的无效申请，承诺每年支付大笔费用。在它莫西芬（Tamoxifen）药物的专利挑战中，Zeneca 公司最后允许 Barr 实验室的母公司 Barr 制药公司免费使用该药物的美国专利。

挑战专利有风险，是专门寻找专利药品的专利漏洞发起攻击的行为，一旦在专利权官司中输掉，被诉侵权方将遭受巨额罚款，足以使一家中小医药企业破产。为了降低一旦败诉的巨额赔偿风险，一些小公司还采取一些特殊手段，如 Alpharma 公司通过与仿制药巨头 Teva 合作，在加巴喷丁（Neurontin）仿制中如果 Alpharma 败诉，Teva 将承担部分赔偿金。作为回报，Teva 将享有 Alpharma 的加巴喷丁仿制药分销权。

国内企业也有一些专利挑战的案例，其中比较有影响案例之一是对 Pfizer "万艾可（Viagra）" 的专利挑战，过程一波三折，最后挑战未能成功。具体过程如下，2001 年 9 月，国家知识产权局正式授予万艾可专利，就在专利授权的同时，自然人潘华平提出无效宣告请求。接着，广州白云山制药、上海双龙高科技开发公司等 12 家国内企业联合提出无效宣告请求。经两年零九个月的漫长审议，国家知识产权局专利复审委员会宣告辉瑞万艾可专利无效，其依据是根据我国专利法第二十六条第三款，认定辉瑞公司专利说明书公开不充分。具体理由为专利说明书虽然提到一种活性比较好的化合物数据，但这个数据与专利要求保护的化合物缺少联系。辉瑞对国家知识产权局专利复审委员会撤销专利决定不服，并向法院提起诉讼。辉瑞认为这个化合物与要保护的化合物有联系，并且证明了两者的联系，据此法院认为国家知识产权局专利复审委员会的决定缺乏依据，支持原告的诉讼请求。辉瑞胜诉之后，国内企业不服，向北京市高级法院提起二审诉讼，2007 年 10 月，北京市高级法院终审做出撤销国家知识产权局专利复审委员会的对辉瑞万艾可专利无效的判决。

另一较有影响的成功案例是上海三维制药、浙江万马和重庆太极集团等国内多家企业对 GlaxoSmithKline 公司的盐酸罗格列酮（Rosiglitazone Hydrochloride）专利的挑战。罗格列酮属噻唑烷酮类糖尿病治疗药物，葛兰素-史克公司早在 1993 年就开始通过向国家知识产权局专利局提出 ZL98805686.0 等 20 多件专利申请而逐步形成关于该产品的专利保护网。经过对其深入分析终于找到了直接影响该授权专利独立权利要求合法性的证据，并向国家知识产权局专利复审委员会就 ZL98805686.0 专利不符合《中华人民共和国专利法》第二十二条，提出无效宣告请求，最终获得成功。GlaxoSmithKline 公司也放弃已授权中国专利 ZL98805686.0。

16.6.5 工艺专利和新技术改进策略

工艺专利包含化合物的制备工艺和一些药物制剂方法工艺等的专利。工艺专利既作为化合物核心专利的外围专利对化合物作进一步保护，也可降低非专利药成本为占有市场创造机会。工艺改进保护产品的例子不胜枚举，如 GlaxoSmithKline 公司的畅销药物氟替卡松（Fluticasone Propionate），在其专利即将到期前又申请了一些新的制备工艺，提高了收率降低成本，同时也提高仿制药进入的门槛，以保证其销售额的相对稳定。

国内在这方面案例较多，如钙离子通道阻滞剂类非专利药马来酸桂哌齐特（Cinepazide Maleate），北京四环药厂巧妙地变换了溶剂，申请了合成工艺改进专利，提高了其他药厂仿制的难度。该药在国内独家生产，单品种销售额 2007 年已达 7 亿元人民币。

另一案例是在医药和饲料等行业被广泛应用的维生素 H（Coenzyme R）。自 1949 年 Roche 公司采用 Sternbach 合成法首次实现维生素 H 工业化生产以来，各国化学家对其合成方法开展了许多研究，但均未能实现工业化。我国陈芬儿开发出以不对称催化合成为核心的维生素 H 工业全合成路线，获得 5 项发明专利保护。该路线工业化后，产品质量符合 USP（美国药典）、EP（欧洲药典）等标准，成本只有国外的 1/3，具有明显的竞争优势，这不但结束了国内维生素 H 依赖进口的局面，产品已远销德国、美国等市场。

16.6.6 延展保护期策略

专利具有时效性，只在法律规定时间内，专利权人对其发明创造拥有法律赋予的专有权。药物的开发过程十分漫长，新药申报和临床试验相当复杂繁琐，因此当药物上市后开始盈利时，所剩专利保护期往往很短。制药公司最关心如何延长专利药物的保护期，使企业利润最大化。目前常用的延长专利药物保护期的方法有：①分案申请；②利用从属专利；③利用优先权；④利用国外法律法规。

(1) 分案申请延长专利药物的保护期　一个药物不同的主题专利具有不同的保护角度，起到不同的保护作用。如新药发明中，化合物本身、化合物的制备方法、含有该化合物的药物组合物以及该化合物在制备药物中的用途等既可在一个专利（合案）中提出申请，也可以分成几个专利（分案）分别申请。适当的时候提出分案往往会有意想不到的效果，一个十分典型的案例是拉米夫定（Lamivudine）。拉米夫定的基本专利是 1990 年申请的，当时只保护制备方法而不保护化合物，该专利是合案申请。Glaxo Wellcome 公司以此专利为依据，为拉米夫定片剂和口服液申请了我国的行政保护，于 1999 年 4 月 10 日获批准，保护期到 2006 年 10 月 10 日。中国对化合物实施专利后，Glaxo Wellcome 于 1994 年再将组合物的制备方法分案申请并获授权，保护期到 2014 年，结果达到了延长该药品专利保护期的目的。

(2) 利用从属外围专利延长专利药物的保护期　从属外围专利是指围绕基本专利技术所做出的改进发明专利。当一个新化学实体药物申请了专利保护之后，其保护的范围和时间是很有限的，必须有后续技术发明不断地申请新专利。例如从药物化合物的基本专利到选择好的异构体，再到寻找好的盐或晶体。纵向深度开发则包括对药品的药代动力学或副作用情况的改善，包括赋形剂的改变、缓释形式、药品复方和体内转运的形式等。AstraZeneca的奥美拉唑（Omeprazole），在其专利快到期时推出了其光学异构体专利并上市，延长了药物在市场上的保护期。申请制剂专利也应有后续改进专利，如硝酸甘油舌下片实现了快速产生药效而缓解心绞痛的作用，但维持时间短。硝酸甘油注射剂通过连续输注，解决了代谢快的问题，但使用不便。而硝酸甘油贴剂则实现了持续方便给药的目标。此外，一个产品应进行全方位保护，从药物制剂组成到外形、从外包装到产品的标志等多方面，通过申请专利保护知识产权。

(3) 利用优先权延长专利药物的保护期　申请人在首次申请后，在优先期限届满前提出一个要求在先申请优先权的在后申请，申请批准后，专利权期限从在后申请的申请日起计算，从而使专利保护期限延长了自在先申请的申请日至在后申请的申请日这样一个时段。

(4) 利用国外法律法规延长专利药物的保护期　美国的药品价格竞争和专利权期限补偿法（也称为Hatch-Waxman法案），提供了申请因临床试验、等待上市许可和上诉专利被侵权等原因补偿延长所持专利的市场保护期。

由于专利药需要经过临床试验等一系列复杂程序，真正上市获利时的独占期大约只剩六、七年，而多数药品要上市几年后才进入旺销期。为补偿由此造成的损失，美国国会于1984年颁布了"药品价格竞争和专利权期限补偿法"。该法第二条规定：人用药品、医疗器械、食品添加剂和色素添加剂发明的专利权人可补偿部分因其专利产品等待联邦售前批准而失去的专利权保护时间。美国的专利延长期由临床试验所需时间的1/2加上申报阶段时间组成，延长期一般不超过5年。1992年，欧洲议会通过了《补充保护证书规定（SPC）》，用于补偿制药企业等待上市许可而损失的专利保护期。欧盟延长新药专利保护期限为自药品开始销售后的6~10年，将有望进一步统一为10年。一旦某种药品被发现具有某种新用途，或获准成为非处方药，制药公司可以申请延长1年的专利保护期。日本的规定与美国类同。1987年开始设立专利期限补偿制度，1999年进行了修订。日本专利补偿期限起算于专利登记日、临床试验开始日中较后的日期，终止于获得"日本卫生、劳动和福利局"的行政许可之日，日本专利保护期可多次延长，总补偿期限不得超过5年。在已经批准产品与几个专利发明相关的情况下，可以一次审批延长多个专利保护期，但只有专利所有人可以提出申请延长专利保护期。

如果一个生产厂商完成专利药品一次儿科临床试验，FDA给予该种药品的市场独占期自动延长6个月。另外新药临床试验期每增加一天，专利权期限补偿半天。FDA新药上市许可申请等待期每增加一天，专利权期限补偿一天。无论临床试验和监管审查耗费多长时间，药品自获得许可之日起总专利期限（包括补偿期限）不得超过14年，而药品的专利期限补偿最多不能超过5年。

如果原制药企业对企图将其产品申报为非专利药品的企业提出侵权上诉时，FDA必须在长达30个月的时间内暂停对该非专利药品的审批。即专利药商在每提出一项专利侵权诉讼后，将使该专利自动延展30个月，在此期间，FDA将无法受理其他仿制药的申报。过去专利药商多在仿制药商向FDA申请上市时，控告仿制药商侵害其专利。只要发生诉讼，FDA 就会延缓考虑通用名药上市 30 个月，而专利药商可提出多次诉讼，使通用名药上市延缓多次 30 个月。

AstraZeneca 公司保护奥美拉唑（Omeprazole）市场独占权的方法就是一个例子。通过对该化合物的一次成功的儿科试验和提出多种违反专利权的诉讼，反对非专利生产者进入其市场，AstraZeneca 获得了该药品市场独占权很长时间的延长。FDA 于 2003 年在一项最新规定中对专利药商向仿制商提出专利侵权诉讼事宜做出了限制，规定专利药商对于一项仿制申请只能获得一次 30 个月的专利自动延期。

16.6.7 专利网保护策略

新药研制需大量资金投入，合成的衍生物不少具有类似生物活性，这使得申请人在申请专利保护时，希望保护的范围尽可能广。为此使用族性结构方法进行药物化学结构的描述，在药品研究、开发、生产和销售等各环节中，衍生多个专利，形成专利网，构建较为完善的专利防御体系。

专利网结构是最普遍的专利策略，被认为是避免冲突与诉讼的预防措施。采用专利网既可保护自己的基础发明不会受到外围的攻击，同时又尽可能地覆盖了未来的应用。反过来，专利网策略还具有诱捕作用。如果竞争者持有基础专利，通过专利网，就可以剥夺其技术迁移的机会。对处于临床前、临床和上市产品等进行备份研发（backup），申请相关新专利，扩大专利保护范围，或者收购他人同一药物靶点的具有一定特点和优势的在研药物专利，形成新药的专利网络结构，甚至其中很大部分专利保护的发明并不一定被进一步开发，仅用于维护其主要核心发明的战略目的。

以 GlaxoSmithKline 公司的罗格列酮（Rosiglitazone）为例，其在欧洲申请专利 EP306228 和 EP419035 公开具有降血糖活性的噻唑烷二酮化合物的基础上，进一步研究从上述公开的通式化合物中进行选择。开发出水溶性好、生物利用度高的罗格列酮马来酸盐，并于 1993 年向中国专利局提出了申请号为 CN93119067.3 的发明专利申请，获得罗格列酮马来酸盐制备方法专利权。之后为了更全面地保护有极好市场前景的该药品，葛兰素-史克公司又对罗格列酮马来酸盐，含有该化合物的药物组合物及其制备方法以及罗格列酮马来酸盐在制备治疗和预防高脂血症和高血压等疾病的药物中的应用，又提出了申请号分别为 CN97122518.4，CN97122520.6 和 CN97122519.2 的三个分案申请。该公司分别于 1998 年获得了罗格列酮马来酸盐的制备方法的专利权，2000 年获得了罗格列酮马来酸盐化合物以及其在制备治疗和预防高血糖症的药物中的应用的专利权。在中国获得专利权的同时，该药品于 1999 年获得美国 FDA 的批准，因此葛兰素-史克公司的该药品一上市便得到强有力的专利保护。

总之专利保护的力度要强，范围要广，既保护产品本身，又保护产品的制备工艺和新用途，同时对他人开发相近产品而进行的专利申请造成一定的破坏性。对于具有新结构的化学物质在获得化合物的专利权后，从光学异构体到特定晶型、前药、各种制剂类型、单方、复方、该化合物相关的制备方法、各种用途和适应症等方面均应不断申请专利保护，其保护范围不仅包括专利产品的生产和使用，还包括专利产品各环节中的其他知识产权保护的内容，使之形成一个专利和知识产权保护的网络系统。

16.6.8 专利侵权的判定

专利侵权（infringement）行为是指在专利权有效期内，行为人未经专利权人许可又无法律依据，以营利为目的实施他人专利的行为。专利拥有者应该在法律范畴内，使自己的产品保护最大化。而对一些仿制药厂家来说，则要尽可能地找到对方专利的漏洞和破绽挑战专利，避免侵权行为发生，由此找到最快最好的非专利药生产销售切入点。

关于专利侵权行为的构成，我国专利法规定了以下两项基本规则。①凡未经专利权人许可，实施其专利即侵犯其专利权。因此，只要未经专利权人许可，都不得实施其专利。②不得实施其专利是指不得为生产经营目的制造、使用、许诺销售、销售、进口其专利产品或者使用其专利方法。实践中，这种未经许可的使用的最常见形式是仿制，其主要特点是仿制产品的技术特征与被仿制的专利产品的技术特征基本相同。

专利侵权与否的核心的问题是专利侵权的判定标准。简单的仿制一般都构成侵权，表现为两者技术特征完全相同，或等同替换，至多在原有基础上再增加一个技术特征。但复杂的仿制则不一定构成侵权，例如对原有技术的改进，因此实践中也确实存在着合法仿制或避免侵权的仿制。

从技术特征上分析，有不改变技术特征和改变技术特征两种仿制情况。不改变技术特征即两者技术特征完全相同，被告完全仿照原告专利产品的技术特征仿制，此时一定构成侵权。改变技术特征又分为：①减少必要的技术特征，即仿制的产品比专利产品缺少一个或两个技术特征，将不构成侵权；②增加技术特征仍将构成侵权，即被告在原告的专利产品上增加具有改进效果的新技术创造或特征；③替换部分技术特征，若等同替换则构成侵权，技术变劣也构成侵权，技术改进不作为侵权。

16.7 讨论

专利是医药企业保护自身产品与技术的重要法宝。新药研究投资大、难度高、周期长，有朝一日药品上市又将面临被侵权、被仿制、市场被瓜分的危险，因此，制药企业必须提高知识产权保护意识。由于专利保护有地域性，真正具有自主知识产权的我国新药，必须在世界的主要药品生产国和市场进行专利保护。专利又具有时效性，只有在法律规定的时限内，专利权人对其发明创造拥有法律赋予的专有权，开发商在新药研制过程中需选择时机及时申请专利保护。跨国制药公司均设有强力的知识产权部门，在立项之前将对该项目是否会侵犯他人的专利权以及能否获得专利保护进行充分的调查和论证，为立项把握正确的方向。在项目进行过程中要运用好各种专利保护策略，不给竞争对手任何可乘之机。同时随时监控本公司的专利权是否遭他人侵犯。只有建立完善的知识产权体系，制药公司才能更好地保护自己的产品，占有市场的优势地位，形成和保持公司新药创制的良性发展状态。生产非专利药厂家也要建立自己的知识产权部门，对拟仿制的药物进行充分的分析，寻找原专利的突破口，找到最佳生产非专利药的时机，避免发生侵权。

总之，专利和专利制度是新药研究开发不可或缺的推进剂，保证了对研究开发的投资成为可能。而没有大量资金的源源投入，新药研发将陷入绝境。

推荐读物

- Kaba R A, Maloney T P, Krueger J P, et al. Intellectual Property in Drug Discovery and Biotechnology in Burger's Medicinal Chemistry and Drug Discovery 6th ed. Vol Ⅱ. Abrham D J ed. John Wiley&Sons, 2003：703-782.
- Souleau M. Legal Aspects of Product Protection What a Medicinal Chemist Should Know About Patent Protection in the Practice of Medicinal Chemistry. 3rd ed. Wermuth C G ed. Academic Press, 2008：878-893.
- Bodeyhausey G H C. Guide d'application de la Convention de Paris pour la Protection de la Propri t industrielle BIRPI Gen ve, 1969.
- Cockbain J. Intellectual Property Rights and Patents in Comprehensive Medicinal Chemistry Ⅱ. Taylor J B, Triggle D J ed. Elsevier, 2007：779-815.

- Maskus K E. Intellectual Property Rights in the Global Economy. Institute for International Economics,2000.
- Lincoln A. The Collected Works of Abraham Lincoln. Basler R P ed. Rutgers University Press,1953.
- Wegner H G. Patent Law in Biotechnology,Chemicals & Pharmaceuticals. Stockton Press,1992.
- WIPO. Paris Convention for the Protection of Industrial Property. WIPO:Geneva,1991.
- WIPO. Patent Cooperation Treaty (PCT). Geneva:WIPO,2004.
- Granstrand O ed. Economics,Law and Intellectual Property. Kluwer,2003.
- Gervais D. The TRIPS Agreement:Drafting History and Analysis. 2nd ed. Sweet & Maxwell,2003.
- Webber P M. Protecting Your Inventions:The Patent System. Nature Review,Drug Discovery,2003,2(10):823-830.
- Webber P M. Oppositions and Appeals at the EPO. Drug Discovery,2004,3(11):903.
- Webber P M. Priority patent applications. Drug Discovery,2005,4(11):877.
- EPO. Convention on the Grant of European Patents (European Patent Convention). 11th ed. Munich:EPO,2002.
- US. Title 35 of the United States Code (http://www.law.cornell.edu/uscode/html/uscode35/usc sup 01 35.html).
- EPO. Guidelines for Examination in the European Patent Office. EPO:Munich,2003 (http://www.european-patent-office.org/legal/gui lines/index.htm).
- US. H. R. 2795 The Patent Reform Act of 2005 (http://www.govtrack.us/congress/billtext.xpd?bill¼h109-2795).
- Druck R. European Patent Convention. European Office,2002.
- Jacob R,et al. A Guidebook to Intellectual Property. 5th ed. Sweet & Maxwell,2004.
- De Forest Radio Telephone Co. v. United States,273 U.S. 236 (1927).
- Trait de Coopèration en matière de brevets (PCT) et règlement d'exècution du PCT (1998) Geneva:Organization Mondiale de Proprit Industrielle:1998.
- Oponion of the Enlarged Borad of Appeal G1/92,18 Dec,1992. Official Journal of the European Patent Office,1992,5/93:277.
- Rosenberg P. Patent Law Fundamentals. Clark Boardman,1975.
- 中华人民共和国专利法（2008）.北京：知识产权出版社,2009.
- 中华人民共和国专利法.北京：中国法制,2005.
- 中华人民共和国专利法（第一次修正）.北京：法律出版社,1998.
- 中华人民共和国专利法实施细则.北京：法律出版社,1985.
- 唐广良,董炳和.知识产权的国际保护（修订版）.北京：知识产权出版社,2006.
- 王炳和,萨哈恩,索特洛.药物传递——原理与应用.金义光,杜丽娜译.北京：化学工业出版社,2008.
- 尹新天.专利权的保护.第2版.北京：知识产权出版社,2005.
- 国家知识产权局条法司.新专利法详解.北京：知识产权出版社,2001.
- 汤宗舜.专利法解说（修订版）.北京：知识产权出版社,2002.

第 17 章

新药研发与法规管理

王麟达，陈　伟，陈桂良

目　录

17.1　新药研发过程　/505
　　17.1.1　新药研发过程概述　/505
　　17.1.2　新药的发现　/505
　　　　17.1.2.1　临床发现　/505
　　　　17.1.2.2　新药筛选、合成与纯化　/505
　　17.1.3　新药的临床前研究　/506
　　　　17.1.3.1　药学研究　/506
　　　　17.1.3.2　药理毒理研究（动物试验）　/507
　　　　17.1.3.3　生物统计学　/509
　　　　17.1.3.4　伦理委员会　/509
　　17.1.4　新药的临床研究　/509
　　17.1.5　新药的上市后研究　/510
17.2　我国新药研发的法规与管理　/510
　　17.2.1　概述　/510
　　　　17.2.1.1　《药物非临床研究质量管理规范》（GLP）　/511
　　　　17.2.1.2　《药物临床试验质量管理规范》（GCP）　/511
　　　　17.2.1.3　《药品生产质量管理规范》（GMP）　/511
　　　　17.2.1.4　指导原则与技术要求　/512
　　17.2.2　我国药品注册管理制度　/512
　　　　17.2.2.1　药品注册分类　/513
　　　　17.2.2.2　新药申报程序　/514
　　　　17.2.2.3　仿制药申报程序　/515
　　　　17.2.2.4　特殊审批程序　/515
　　　　17.2.2.5　药品注册与专利　/516
　　17.2.3　药品质量标准　/516
　　　　17.2.3.1　国家药品标准　/516
　　　　17.2.3.2　其他药品标准　/517
17.3　美国的药品审批制度与法规管理　/517
　　17.3.1　美国药品管理及新药研发过程中的法律法规概述　/518
　　17.3.2　美国新药研究、申请与批准　/518
　　　　17.3.2.1　新药研究申请（IND）　/519
　　　　17.3.2.2　新药上市申请（NDA）　/520
　　　　17.3.2.3　新药分类　/521
　　　　17.3.2.4　新药审核　/522
　　　　17.3.2.5　简化新药申请（ANDA）简介　/522
　　17.3.3　药品主文件（DMF）　/523
　　17.3.4　美国药典和国家处方集（USP-NF）　/524
17.4　欧洲药品评审制度与法规　/525
　　17.4.1　欧盟机构和法律制度　/525
　　17.4.2　欧洲药品评审局（EMEA）　/525
　　17.4.3　人用药品评审部（CPMP）与人用药品的评价　/525
　　17.4.4　欧洲药品认证程序　/526
　　　　17.4.4.1　集中程序　/526
　　　　17.4.4.2　分散程序　/526
　　17.4.5　欧洲药品主文件（EDMF）简述　/527
　　　　17.4.5.1　概述及分类　/527
　　　　17.4.5.2　欧盟 EDMF 的内容　/527
　　17.4.6　《欧洲药典》适用性证书（COS）　/528
　　17.4.7　COS 与 EDMF 的比较及《欧洲药典》　/529
17.5　讨论与展望　/530
　　17.5.1　国内外新药研究现状　/530
　　17.5.2　新药研究的技术要求——ICH简介　/530
　　17.5.3　展望　/531
推荐读物　/531

17.1 新药研发过程

17.1.1 新药研发过程概述

药品，是指用于预防、治疗、诊断人的疾病，有目的地调节人的生理机能并规定有适应症或者功能主治、用法和用量的物质，包括化学原料药及其制剂、抗生素、生化药品、放射性药品、血清、疫苗、血液制品、中药材、中药饮片、中成药和诊断药品等。不断研究、开发并生产出疗效更好和毒副作用更低的药品，以满足人类不断增长的疾病防治和提高健康水平的需求，是各国医药工业持续发展的宗旨。药品是一种特殊商品，和人们的身体健康、生命安全关系密切，鉴于历史上发生的一系列危害人类健康造成致残、致死、致畸等严重恶果的药害事件，迫使各国政府对新药的审批都采取慎重的态度并以立法的形式进行严格管理。新药必须证明安全、有效和质量可控，并经各国药品管理部门批准后方可上市。

为保证药品的安全、有效，新药的研究工作均围绕如何有效地获得人体应用的安全性和有效性证据。而在新药进行临床试验之前，又必须有足够的实验室和动物试验数据以证明受试者不会承担过度的风险。药品从研发到上市，一般包括以下几个阶段：目标化合物发现、临床前研究、临床研究。一般需经历十年以上的时间，需花费约 5 亿～8 亿美金。新药上市后，还要开展不良反应监察等研究。

彩图 4 所示为美国 FDA 提供的新药发展过程示意图，解释了新药发展过程的一个基本轮廓，重点说明了由新药研究人员进行的临床前研究和临床研究，我国和其他国家的过程基本相似。

17.1.2 新药的发现

药物的发现同其他科学的发现一样，既有偶然性，又有自身的规律性。发现新药的途径主要有临床发现和新药筛选。

17.1.2.1 临床发现

古代，人类发现新药，常通过"尝试"方法积累各种药物知识。如我国古代神农氏尝百草，明代李时珍总结广大劳动人民亲身实践经验而成《本草纲目》。其他国家也有类似的代表人物。虽然，这种发现新药的手段比较原始，但在临床治疗实践中依靠经验积累发现新药，这一过程至今还在延续。如氯丙嗪的抗精神失常作用，丙磺舒的抗痛风作用，磺脲类化合物降血糖作用，金刚烷胺的抗帕金森病，都是在临床应用中发现的新用途。传统药物（中药）的应用，既是临床治疗的需要，也是新药发现的过程。

通过这一途径发现新药，毕竟不是一种高效率的手段，要付出很大的代价，要花漫长的时间积累，而现代科学水平的发展，新药发现的手段发生了重大的变化。

17.1.2.2 新药筛选、合成与纯化

在药物研究过程中，没有标准的途径，制药公司可能根据特定的疾病或病理状况决定开发一种新药，有时科学家根据兴趣或有前景的发展方向进行研究，有时大学院校、政府或其他实验室的一些新发现可为制药公司提供新药研究的方向。

现代科学技术的发展，使人们从细胞和分子层次弄清疾病发生的机制与防治的机理，发现并确证药物作用的靶标，然后有的放矢地寻找药物。筛选的方式常有随机筛选、经验式重复筛选、药物合理设计与筛选。

随机筛选，即用一种或多种生物试验手段筛选化合物。随着分子生物学技术的进步和自动化技术的应用，特别是组合化学的发展，为高通量筛选提供了有力的技术支撑。新药研究的起点首先需要理解人体在最基本水平下正常状态和病理状态的功能。随着研究的进行，出现的问题将有助于了解药物预防、治疗疾病或病理状态的机理，进而给研究者指明研究的方向。有时科学家能很快发现有效的化合物，但大多情况下，需要筛选成千上万种化合物。在这一系列的试验中，试管实验被称为测试，在实验室中化合物被加入到酶、细胞培养物或生长的细胞物质中，观察其产生的作用。通常需对几百种化合物进行这一过程的试验，这些试验为化合物的结构改造及改善药物的疗效指明方向。

经验式重复筛选，经重复性试验过程，根据构效关系，不断对化合物进行结构修饰，以找到苗头化合物。

药物合理设计与筛选，将基于机制的筛选与药物合理设计融为一体。其过程是以靶标生物大分子的三维结构为基础，运用量子化学、分子力学等方法，设计出从空间形状和物理化学性质两方面都能很好的与靶标分子相匹配的药物分子。计算机能用于模拟化合物或设计有用的化学结构；细胞膜一定位置上附着的酶可能致病，而计算机能指示科学家受体的形状并设计一个化合物去阻断细胞膜上酶的吸附。另一个试验化合物的方法是微生物法，候选物包括病毒、细菌和霉菌，如由其产生的青霉素和其他抗生素。科学家在一种培养基中培养一种微生物，有时100000及更多的培养基用于培养，以发现微生物产生的有效的化合物。

20世纪下半叶以来，生命科学和生物技术取得的研究成果，推动药物研究与医药产业进入了一个大变革的新时代。人类基因组计划的完成以及后续功能基因组（结构基因组、蛋白质组和代谢组等）计划的实施，深刻地改变了药物研究与开发的思路和策略，形成了新药研究的新模式——从基因组到药物。计算化学（包括化学信息学）和计算生物学（包括生物信息学）已经介入到药物发现与开发的各个阶段，特别是药物先导结构和新靶标的发现。虚拟筛选这一药物发现新方法，近年来引起了研究机构和制药公司的高度重视，并且已经成为一种与高通量筛选互补的实用化工具。虚拟筛选的介入改变了药物筛选的模式，从原先的"体外筛选→体内（*in vivo*）筛选"变为"虚拟筛选→体外筛选→体内"。与传统高通量筛选相比，虚拟筛选具有高效、快速和经济等优势。

筛选出来的苗头化合物，经进一步结构优化、药效和早期毒理学评价后，方可成为目标化合物，进一步开展新药开发研究。

17.1.3　新药的临床前研究

在临床前药物研究过程中，申报者需通过体外、体内实验室动物试验评估药物的毒理和药理作用，基因毒性以及药物的吸收、代谢，代谢物的毒性，药物及其代谢物的排泄速度等。临床前阶段，申报者一般至少需解决下列3个问题：①药物的药理学概述；②药物在至少两种动物身上的急性毒性；③根据药物临床试验的周期，进行2周到3月的短期毒性试验。

17.1.3.1　药学研究

通过药效学筛选和其他有关基础研究工作，确定所需要进行研发的目标化合物后，化学家一般根据目标化合物的结构特性，参考国内外相关文献，综合分析，确定一条工艺简单、成本合理、收率相对较高、终产品易于纯化、符合环保要求的合成路线。通过对中试、工业化生产工艺路线的研究，确定稳定、可行的工艺，为产品进行结构确证、质量控制等药学方面的研究，以及药理毒理研究和药物制剂的生产提供合格的样品。在原料药制备研究的过程中，中间体的研究和质量控制是不可缺少的部分，其结果对原料药制备工艺的稳定具有重要意义，也可以为原料药的质量研究提供重要信息，同时也可以为结构确证研究提供的重要依据。样品制备后，一般采用常规方法如元素分析、紫外-可见分光光度方法（UV-Vis）、红外分光光度法（IR）、核磁共振法（NMR）、质谱（MS，必要时采用高分辨质谱）、热分析（差热分析或热重分析）、X-射线粉末衍射法（XRPD）等即可确证药物的结构。对于结构比较特殊的药物，也可采用制备衍生物的方法间接证明药物的结构。对于存在顺反异构的药物、手性药物：除进行上述各项化学结构确证和比旋度测定工作外，还应增加其他有效的测试方法进行研究，如比旋度测定、手性柱色谱（手性HPLC和GC）、核磁共振（NMR）、X-射线单晶衍射法（XRSD）以及旋光色散（ORD）、圆二色谱（CD）等。

药物必须制成适宜的剂型才能用于临床。制剂研发的目的就是要保证药物的药效，降低毒副作用，提高临床使用的顺应性，并确定制剂贮藏和临床应用情况下的稳定性。研究者通过对原料药理化性质及生物学性质考察，根据临床治疗和应用的需要，选择适宜的剂型、适宜的辅料，进行处方筛选和优化，初步确定处方。根据剂型的特点，结合药物理化性质、稳定性情况、大生产设备情况等，进行工艺研究及优化。

在上述研究的同时，还要进行药品的质量研究，并制订合适的质量标准。药品质量标准是否科学、合理、可行，直接关系到药品质量的可控性，以及安全性和有效性。研发药物需对其质量进行系统的、深入的研究，制订出合理的、可行的质量标准，并不断地修订和完善，以控制药品的质量、保证药品的安全有效。另外，通过对原料药和制剂在不同条件（如温度、湿度、光线等）下稳定性的研究，掌握药品质量各指标随时间变化的规律，为药品的生产、包装、贮存条件和有效期的确定提供依据，以确保临床用药的安全性和临床疗效。

杂质的研究是药品研发的一项重要内容。它包括选择合适的分析方法，准确地分辨与测定杂质的含量并综合药学、毒理及临床研究的结果确定杂质的合理限度。这一研究贯穿于药品研发的整个过程。由于药品在临床使用中产生的不良反应除了与药品本身的药理活性有关外，还与药品中的杂质有关。例如，青霉素等抗生素中的多聚物等高分子杂质是引起过敏的主要原因。所以规范地进行杂质的研究，并将杂质控制在一个安全、合理的范围之内，将直接关系到上市药品的质量及安全性。

新药能否获准临床开展试验，还应有药理毒理试验数据证明新药的安全、有效。

17.1.3.2　药理毒理研究（动物试验）

各国药物研究机构如制药公司努力使用尽量少的动物试验以保证人类的健康和达到实验的目的。一般使用两种或以上的动物（一为啮齿动物另一为非啮齿动物），因为药物对不同的动物其影响可能不一样。使用动物试验测定药物吸收、体内破坏、毒性及其代谢产物，药物及其代谢产物的排泄速度等。非临床动物安全性实验的目的是帮助评估人体使用的最小剂量和描述关于目标器官、部位、药物依赖性和可逆的毒性影响。一系列研究提供的信息关注单次用药和重复用药的毒性、再现毒性、遗传毒性、局部耐受性研究，对于有特殊考虑或需要长期服用的药品，还要关注致癌性。其他动物的非临床研究应关注药物对重要器官系统的安全性影响以及药动学（ADME）。非临床研究的时间对于保证临床研究的最佳与最安全地进行也很重要。

动物的短期试验一般为2周到3月，取决于药物的使用目的。

动物的长期试验可几周到几年，有些动物试验在人体试验开始后才发现长期使用可能致癌及生育缺陷。药品管理部门要求申报者提供需要进行人体临床试验所需的大量信息，并审核临床前数据以决定是否允许进行临床试验。

(1) 药理学研究　药理学（pharmacology）是研究药物与机体相互作用规律的一门科学。主要研究两方面问题：①药物效应动力学（pharmacodynamics）简称药效学，它研究药物对机体（包括病原体）作用的规律，阐明药物防治疾病的作用机制；②药物代谢动力学（pharmacokinetics）简称药动学，它研究机体对药物的吸收、分布、生物转化及排泄过程的动态变化及其规律，特别是血药浓度随时间变化的规律。药理学是一门为临床合理用药提供基本理论的基础医学学科。药理学试验的目的是建立临床试验用药方案，如给药方式、给药剂量及给药时间。

药效学研究包括主要药效学、次要药效学和安全药理学。一般药理学是对主要药效学作用以外进行的广泛的药理学研究，包括次要药效学和安全药理学的研究。①次要药效学：主要研究药物非期望的、与治疗目的不相关的效应和作用机制。②安全药理学：研究药物治疗范围内或治疗范围以上的剂量时，潜在不期望出现的对生理功能的不良影响。通过一般药理学的研究，确定药物非期望药效性质，它可能关系到人的安全性；评价药物在毒理学和/或临床研究中所观察到的药物不良反应和/或病理生理作用；研究所观察到的和/或推测的药物不良反应机制。

非临床药代动力学研究的目的，是揭示新药在动物体内的动态变化规律，阐明药物的吸收、分布、代谢和排泄的过程和特点，并根据数学模型提供重要的药代动力学参数。非临床药代动力学研究在新药研发和评价过程中起着重要的桥梁作用，为药效学和毒理学评价提供了药物或活性代谢物浓度数据，是产生、决定或阐明药效或毒性大小的基础，是提供药效或毒性靶器官的依据，也是药物制剂学研究的主要依据和工具，并为设计和优化临床研究给药方案提供有关依据。临床药理信息（内因如遗传多样性、年龄、性别、身高、人群和组成，以及器官不良机能；外因如饮食、抽烟、喝酒、同时服用其他药物）可以帮助调整给药剂量。

(2) 毒理学研究　毒理学研究是新药临床前重要的研究内容之一，揭示受试物可能的毒性作用，预测可能对人体的不良反应。毒理学研究包括急性毒性试验、长期毒性试验、致癌性试验、生殖毒理和致畸性试验、遗传毒性试验（基因毒性）和致诱变性试验、毒理动力学等以及其他毒性试验如免疫毒性、光毒性等与评价药物安全性有关的其他试验，如局部毒性试验、免疫原性试验、依赖性试验等。

动物急性毒性试验是指动物一次或24h内多次给予受试物后，一定时间内所产生的毒性反应。所有拟用于人的药物通常需要进行动物急性毒性试验。急性毒性试验处在毒理研究的早期阶段，所获得的信息有助于重复给药毒性试验的剂量选择，初步揭示受试物可能的毒性作用靶器官，同时也会暴露一些迟发的毒性反应。另外，急性毒性试验的结果有时可用作I期临床试验起始剂量选择的参考，并能提供一些与人类急性药物中毒相关的信息。

长期毒性研究（反复给药毒性研究）是药物非临床安全性评价的核心内容，目的是通过重复给药的动物试验表征受试物的毒性作用，预测其可能对人体产生的不良反应，降低临床受试者和药品上市后使用人群的用药风险。它与急性毒性、生殖毒性以及致癌性等毒理学研究有着密切的联系，是药物从实验室研究进入临床试验的重要环节。

非口服制剂常需进行药物刺激性、过敏性和溶血性试验，观察局部毒性和对全身产生的毒性。毒理学研究还包括生殖毒性研究，目的是通过动物试验反映受试物对哺乳动物生殖功能和发育过程的影响，预测其可能产生的对生殖细胞、受孕、妊娠、分娩、哺乳等亲代生殖机能的不良影响，以及对子代胚胎-胎儿发育、出生后发育的不良影响。遗传毒性研究，目的是通过一系列试验来预测受试物是否有遗传毒性，在降低临床试验受试者和药品上市后使用人群的用药风险方面发挥重要作用。

中药新药临床前研究，通常还包括原药材的来源、加工及炮制等的研究；新生物制品临床前研究还包括菌毒种、细胞株、生物组织等起始原材料的来源、质量标准、保存条件、生物学特征、遗传稳定性及免疫学的研究等。

新药进行临床前研究，取得安全、有效证据，经药品监管部门批准后，方可进入临床研究阶段。

17.1.3.3 生物统计学

研究中制剂的非临床与临床研究要求有一系列足够统计分析的试探性和确定性研究。需要谨慎关注关于试验设计的许多方面以确保关于安全性和有效性没有偏离，结论可靠。统计分析的方法和原理在各个国家颁布的技术指导原则中可以找到。

17.1.3.4 伦理委员会

伦理委员会（IRB）用于保证临床试验的受试者在临床前及临床期间的权利和福利，医院及研究机构的 IRB 必须保证在试验前参加者完全知情并书面同意，与美国 FDA 一样，我国药品监督管理部门监督 IRB 确保试验参加者的安全。IRB 必须由 5 名以上具有不同背景的专家组成，以确保研究机构的活动得到充分全面的评审。除应有为评审具体活动所需的专业知识外，IRB 必须能根据机构的使命、相应的法律法规、专业行为的标准以及社团的态度来确认是否能接受申请和建议，因此，IRB 必须由相关领域的人员组成。

17.1.4 新药的临床研究

临床研究（clinical trial），是新药上市前完成的最重要的研究项目，其结果是新药能否上市的重要依据。临床研究，指任何在人体（病人或健康志愿者）进行药物的系统性研究，以证实或揭示试验药物的作用、不良反应及/或试验药物的吸收、分布、代谢和排泄，目的是确定试验药物的疗效与安全性。新药的临床研究主要分为四个阶段，简称为Ⅰ期临床试验、Ⅱ期临床试验、Ⅲ期临床试验、Ⅳ期临床试验。表 17-1 列出了美国Ⅰ期临床试验到Ⅲ期临床试验的要求和目的，Ⅳ期临床试验一般指新药上市后应用研究阶段，如药物监测。与我国的临床研究要求基本一致。

表 17-1 新药临床研究的要求与目的

临床阶段	试验人数	持续时间	目的和方法
Ⅰ期临床试验	20~100 个健康人	数月	主要考察安全性,耐受性,用药范围,给药途径,药物动力学,副作用与剂量的关系
Ⅱ期临床试验	100~200 个患者	数月~2 年	随机对照,主要是对适应证(针对疾病)的有效性考察,外加进一步确定短期安全性 对特殊药物需附加动物试验
Ⅲ期临床试验	2000 个以上患者	1~4 年	扩大临床试验范围,特殊临床试验,补充临床试验和不良反应监测,进一步考察安全性,最佳剂量,有效性,副作用,多中心研究,每个中心有多个临床单位参加,试验一般应为具有足够样本量的随机盲法对照试验

新药研究和仿制药临床试验研究中常需进行生物等效性试验，是指用生物利用度研究的方法，以药代动力学参数为指标，比较同一种药物的相同或者不同剂型的制剂，在相同的试验条件下，其活性成分吸收程度和速度有无统计学差异的人体试验。

大部分口服制剂，需要进行生物利用度和生物等效性研究，测定如血浆浓度-时间曲线（AUC）和最大血药浓度（c_{max}）等。药品的生物利用度和生物等效性研究文件应可靠，各个国家都颁布口服药品生物利用度和生物等效性研究的指导原则，其重要性不仅仅是作为新药批准过程的一部分，而且出现在已批准药品原料来源或生产方法发生变化后的审批中。生物利用度和生物等效性信息，有时和药效及其他数据一起，用于比较不同剂型治疗的指数，并且确信有可比的临床结果。

17.1.5 新药的上市后研究

药品开发研制，虽然经过了药学研究、药理毒理学研究以及系统的临床评价，得以批准生产上市，但鉴于上市前研究的局限性，药品上市后在大样本人群中应用的有效性、安全性、以及可影响药品疗效及安全性的各种因素等（治疗方案、患者年龄、生理状况、合并用药和食物等）都需要继续进行研究；药品在临床广泛应用中的罕见不良反应，必须在药品上市后经大样本人群的应用才可能进行评价。

上市后临床研究通常指Ⅳ期临床试验，即新药上市后应用研究阶段。其目的是考察在广泛使用条件下的药物的疗效和不良反应，评价在普通或者特殊人群中使用的利益与风险关系以及改进给药剂量等。

新药上市后，药品生产、经营、使用及监管部门发现新药存在严重质量问题、严重或者非预期的不良反应时，应及时报告，并妥善处置。

新药研发是一个系统工程，贯穿于药物的整个生命周期，具有系统性、阶段性、风险性特点。因药物性质各一、特点不同，所以没有固定的研发模式，药学、药理毒理和临床试验等各项试验随着研究基础的深入陆续展开，相互关联。药物研发的目的是设计一个高质量的产品和能持续生产质量均一产品的工艺。药品研发过程中获得的信息和知识为建立质量标准和生产控制要点提供依据，也是进行质量风险管理的依据。应当充分认识到药品质量不是检验出来的，也不是生产出来的，而是通过设计所赋予的。在药品的整个生命周期中，研究人员需不断监测产品生产、供应和临床应用中的风险，通过研究（包括人体临床研究和非人体临床研究），持续改进药品的质量。

17.2 我国新药研发的法规与管理

17.2.1 概述

为了保证新药研究单位的申报资料和试验结论的科学、公正、真实、可靠，我国对药物研制的各个方面均制定了明确的要求。药品申报单位应当提供充分可靠的研究数据，证明药品的安全性、有效性和质量稳定可控性，并对全部资料的真实性负责。药物研究机构应当具有与试验研究项目相适应的人员、场地、设备、仪器和管理制度，并保证所有试验数据和资料的真实性；所用实验动物、试剂和原材料应当符合国家有关规定和要求。申请人委托其他机构进行药物研究或者进行单项试验、检测、样品的试制等的，应当与被委托方签订合同，并在申请注册时予以说明。药品注册过程中，药品监督管理部门对非临床研究、临床试验进行现场核查、有因核查，以及批准上市前的生产现场检查，以确认申报资料的真实性、准确性和完整性。

药物临床前研究中安全性评价研究必须执行《药物非临床研究质量管理规范》(GLP)。药物的临床试验（包括生物等效性试验），必须经过国家食品药品监督管理局批准，且必须执行《药物临床试验质量管理规范》(GCP)。临床试验用药物应当在符合《药品生产质量管理规范》（GMP）的车间制备，制备过程应当严格执行《药品生产质量管理规范》的要求。申报生产的样品应当在取得《药品生产质量管理规范》认证证书的车间生产；其样品生产过程应当符合《药品生产质量管理规范》的要求。药物研究参照国家药品监督管理部门发布的有关技术指导原则进行，新药注册申请人采用其他评价方法和技术的，应当提交证明其科学性的资料。国家对药物临床前安全性评价机构、药物临床试验机构实行资格认定制度，对其他药物研究机构进行登记备案。为规范药物研究行为，药品监督管理部门还发布了《药品研究实验记录暂行规定》、《药品临床研究的若干规定》、《麻醉药品和精神药品实验研究管理规定》、《药品注册现场核查管理规定》等，还正在起草《药物研究监督管理办法》。

17.2.1.1 《药物非临床研究质量管理规范》（GLP）

《药物非临床研究质量管理规范》（GLP），是关于药品非临床研究实验设计、操作、记录、报告、监督等一系列行为和实验室条件的规范。其目的在于通过对药品研究的设备设施、研究条件、人员资格与职责、操作过程等的严格要求，来保证药品安全性评价数据的真实性和可靠性。

世界上发生的一系列药害事件使得药品的安全性成为社会关注的焦点，促使各国政府意识到药品安全性评价的重要性，各国陆续进行 GLP 立法。我国从 1991 年起开始起草 GLP，1993 年原国家科委颁布了《药品非临床研究质量管理规范》，于 1994 年 1 月生效。我国现行 GLP 是国家食品药品监督管理局于 2003 年 8 月 6 日颁布，同年 9 月 1 日实施，共分 9 章 45 条。内容主要包括总则、组织机构和人员、实验设施、仪器设备和实验材料、标准操作规程、研究工作的实施、资料档案、附则等部分。截至 2008 年 6 月全国共有 27 家药物非临床研究机构通过了 GLP 认证。自 2007 年 1 月 1 日起，未在国内上市销售的化学原料药及其制剂、生物制品，未在国内上市销售的从植物、动物、矿物等物质中提取的有效成分、有效部位及其制剂，从中药、天然药物中提取的有效成分及其制剂，以及中药注射剂的新药非临床安全性评价研究，都必须在通过 GLP 认证的实验室进行。

17.2.1.2 《药物临床试验质量管理规范》（GCP）

《药物临床试验质量管理规范》（GCP），是临床试验全过程的标准规定，包括方案设计、组织、实施、监查、稽查、记录、分析总结和报告。制定 GCP 的目的在于保护受试者的权益并保障其安全，保证临床试验过程的规范，结果科学可靠。20 世纪 60 年代的"反应停事件"也使得人们对必须加强新药临床试验的管理有了进一步的认识，同时促使各国政府开始重视对新药临床试验的法规管理。世界上的大多数国家都已制定并实施 GCP。所有以人为对象的研究必须符合《世界医学大会赫尔辛基宣言——人体医学研究的伦理准则》，即公正、尊重人格、力求使受试者最大程度受益和尽可能避免伤害。我国自 1986 年起就开始了解国际上 GCP 发展的信息；1998 年 3 月 2 日卫生部颁布了《药物临床试验质量管理规范》（试行）；国家药品监督管理局成立后对该规范进行了进一步的讨论和修改，于 2003 年 6 月 4 日发布新修订的《药物临床试验质量管理规范》，自 2003 年 9 月 1 日起施行，共分十三章七十条。内容主要包括总则、临床试验前的准备与必要条件、受试者的权益保障、试验方案、研究者的职责、申办者的职责、监查员的职责、记录与报告、数据管理与统计分析、试验用药品的管理、质量保证、多中心试验、附则等部分。截至 2007 年底，全国通过 GCP 资格认定的药物临床试验机构共计 178 家。药物 GCP 资格认定工作推动了中国药物临床试验质量大幅度提高，越来越多的国际多中心临床试验在中国开展。

17.2.1.3 《药品生产质量管理规范》（GMP）

《药品生产质量管理规范》（GMP）是世界各国对药品生产全过程监督管理普遍采用

的法定技术规范。GMP 是 20 世纪 70 年代中期发达国家为保证药品生产质量管理的需要而产生的,为世界卫生组织向各国推荐采用的技术规范。监督实施 GMP 是药品监督管理工作的重要内容,是保证药品质量和用药安全有效的可靠措施。我国 20 世纪 80 年代初引进了 GMP 概念,并于 1988 年由卫生部颁布了第一个 GMP,逐步开始在药品生产中实施。现行《药品生产质量管理规范(1998 年修订)》于 1999 年 3 月 18 日经国家药品监督管理局发布,自 1999 年 8 月 1 日起施行。我国药品生产企业必须按 GMP 要求组织生产。GMP 是药品生产和质量管理的基本准则,适用于药品制剂生产的全过程、原料药生产中影响成品质量的关键工序。药品生产质量管理规范(1998 年修订)共分十四章八十八条,内容主要有总则、机构与人员、厂房与设施、设备、物料、卫生、验证、文件、生产管理、质量管理、投诉与不良反应报告、自检、附则等部分。

17.2.1.4 指导原则与技术要求

指导原则,根据目前的认知提出一些观点和建议,旨在引导和推动我国药物研究与评价的发展,并帮助研发者理解对药物各项研究的一般技术要求,并非强制性要求。研发人员可根据品种的具体特点和基础研究情况,采用其他适宜的方法,但应对采用的方法及其可靠性进行说明。指导原则,是根据法规,结合药物研究、技术审评工作实际,为药物研发或注册申请提供技术参考以及用以评价药品安全、有效和质量可控性的指导性技术要求,不具备法律效应。

1985 年,首部《药品管理法》颁布实施,卫生部组织专家着手编写新药研究的各类技术指导原则。随着 2002 年《药品注册管理办法》(试行)的实施,以及科学技术水平的飞速发展,药物研发、生产和注册的形式和要求均发生了较大变化,国家食品药品监督管理局启动了新一轮指导原则起草工作。此次起草和颁布药品研究技术指导原则,参考国外指导原则的先进经验,如 ICH,又充分考虑我国药物研发的实际水平,目的就是要通过事前的辅助和指导,规范药品研发行为,实现促进医药事业健康发展和保障人民用药安全有效的目标。截至 2008 年 6 月,我国药品监管部门陆续制定并颁布实施了 54 项药品研究技术指导原则,涉及药学、药理学、毒理学、临床试验和资料撰写要求等各个方面,供研究人员在新药研究开发中参考。

技术要求,主要针对目前药物研发、生产和使用中存在的突出问题,在遵循一般评价原则的基础上,通过分析可能影响药物临床使用安全性的主要因素,结合品种的上市基础等,提出药物审评中的重点关注点和相应的技术要求。现国家食品药品监督管理局已发布注射剂类相关技术要求。

国家食品药品监督管理局根据需要不断组织起草、发布相应的新药研究技术指导原则,具体内容可查阅国家食品药品监督管理局网站(www.sfda.gov.cn)或国家食品药品监督管理局药品审评中心网站(www.cde.org.cn)。

17.2.2 我国药品注册管理制度

我国一直对新药进行严格管理。《药品管理法》第二十九条"研制新药,必须按照国务院药品监督管理部门的规定如实报送研制方法、质量指标、药理及毒理试验结果等有关资料和样品,经国务院药品监督管理部门批准后,方可进行临床试验。完成临床试验并通过审批的新药,由国务院药品监督管理部门批准,发给新药证书。"第三十一条"生产新药或者已有国家标准的药品(仿制药)的,须经国务院药品监督管理部门批准,并发给药品批准文号。"国家药品监督管理局成立以后,对药品注册管理的规章进行了修订,颁布了《新药审批办法》、《新生物制品审批办法》、《仿制药品审批办法》等。根据 2001 年新修订的《药品管理法》，国家药品监督管理局于 2002 年 10 月 30 日发布了《药品注册管理办法》（试行），并于 12 月 1 日起施行，构筑了我国药品注册管理的基本法律框架。按照《行政许可法》的要求，国家食品药品监督管理局（SFDA）对《药品注册管理办法》（试行）进行修订，于 2005 年 2 月 28 日发布了《药品注册管理办法》，并于 2005 年 5 月 1 日实施。同时根据国内药物研制的新特点，2007 年 6 月 18 日再次修订《药品注册管理办法》，并于 2007 年 10 月 1 日实施，对规范药物研制秩序，保证上市药品的安全、有效，提出了更为科学、合理的要求。

药品注册，是指国家食品药品监督管理局根据药品注册申请人的申请，依照法定程序，对拟上市销售药品的安全性、有效性、质量可控性等进行审查，并决定是否同意其申请的审批过程。国家食品药品监督管理局主管全国药品注册工作，负责对药物临床试验、药品生产和进口进行审批。

17.2.2.1 药品注册分类

药品注册申请包括新药申请、仿制药申请、进口药品申请及其补充申请和再注册申请。

境内申请人申请药品注册按照新药申请、仿制药申请的程序和要求办理，境外申请人申请进口药品注册按照进口药品申请的程序和要求办理。

新药申请，是指未曾在中国境内上市销售的药品的注册申请。

对已上市药品改变剂型、改变给药途径、增加新适应证的药品注册按照新药申请的程序申报。

仿制药申请，是指生产国家食品药品监督管理局已批准上市的已有国家标准的药品的注册申请；但是生物制品按照新药申请的程序申报。

进口药品申请，是指境外生产的药品在中国境内上市销售的注册申请。

补充申请，是指新药申请、仿制药申请或者进口药品申请经批准后，改变、增加或者取消原批准事项或者内容的注册申请。

再注册申请，是指药品批准证明文件有效期满后申请人拟继续生产或者进口该药品的注册申请。

化学药品注册分以下 6 类。

(1) 未在国内外上市销售的药品
① 通过合成或者半合成的方法制得的原料药及其制剂；
② 天然物质中提取或者通过发酵提取的新的有效单体及其制剂；
③ 用拆分或者合成等方法制得的已知药物中的光学异构体及其制剂；
④ 由已上市销售的多组分药物制备为较少组分的药物；
⑤ 新的复方制剂；
⑥ 已在国内上市销售的制剂增加国内外均未批准的新适应证。

(2) 改变给药途径且尚未在国内外上市销售的制剂。

(3) 已在国外上市销售但尚未在国内上市销售的药品
① 已在国外上市销售的制剂及其原料药，和/或改变该制剂的剂型，但不改变给药途径的制剂；
② 已在国外上市销售的复方制剂，和/或改变该制剂的剂型，但不改变给药途径的制剂；
③ 改变给药途径并已在国外上市销售的制剂；
④ 国内上市销售的制剂增加已在国外批准的新适应证。

（4）改变已上市销售盐类药物的酸根、碱基（或者金属元素），但不改变其药理作用的原料药及其制剂。

（5）改变国内已上市销售药品的剂型，但不改变给药途径的制剂。

（6）已有国家药品标准的原料药或者制剂。

中药及天然药物注册分类、生物制品注册分类、药品补充申请注册事项的具体内容可参见《药品注册管理办法》的有关附件。

17.2.2.2 新药申报程序

（1）申请临床研究 申请人完成临床前研究后，应当填写《药品注册申请表》，向所在地省、自治区、直辖市药品监督管理部门如实报送有关资料。

省、自治区、直辖市药品监督管理部门应当对申报资料进行形式审查，符合要求的，予以受理。省、自治区、直辖市药品监督管理部门应当自受理申请之日起5日内组织对药物研制情况及原始资料进行现场核查，对申报资料进行初步审查，提出审查意见。申请注册的药品属于生物制品的，还需抽取3个生产批号的检验用样品，并向药品检验所发出注册检验通知。省、自治区、直辖市药品监督管理部门应当在规定的时限内将审查意见、核查报告以及申报资料送交国家食品药品监督管理局药品审评中心，并通知申请人。

接到注册检验通知的药品检验所应当按申请人申报的药品标准对样品进行检验，对申报的药品标准进行复核，并在规定的时间内将药品注册检验报告送交国家食品药品监督管理局药品审评中心，并抄送申请人。

国家食品药品监督管理局药品审评中心收到申报资料后，应在规定的时间内组织药学、医学及其他技术人员对申报资料进行技术审评，必要时可以要求申请人补充资料，并说明理由。完成技术审评后，提出技术审评意见，连同有关资料报送国家食品药品监督管理局。

国家食品药品监督管理局依据技术审评意见作出审批决定。符合规定的，发给《药物临床试验批件》；不符合规定的，发给《审批意见通知件》，并说明理由。

（2）申请生产 申请人完成药物临床试验后，应当填写《药品注册申请表》，向所在地省、自治区、直辖市药品监督管理部门报送申请生产的申报资料，并同时向中国药品生物制品检定所报送制备标准品的原材料及有关标准物质的研究资料。

省、自治区、直辖市药品监督管理部门应当对申报资料进行形式审查，符合要求的，予以受理。省、自治区、直辖市药品监督管理部门应当自受理申请之日起5日内组织对临床试验情况及有关原始资料进行现场核查，对申报资料进行初步审查，提出审查意见。除生物制品外的其他药品，还需抽取3批样品，向药品检验所发出标准复核的通知。省、自治区、直辖市药品监督管理部门应当在规定的时限内将审查意见、核查报告及申报资料送交国家食品药品监督管理局药品审评中心，并通知申请人。

药品检验所应对申报的药品标准进行复核，并在规定的时间内将复核意见送交国家食品药品监督管理局药品审评中心。

国家食品药品监督管理局药品审评中心收到申报资料后，应当在规定的时间内组织药学、医学及其他技术人员对申报资料进行审评，必要时可以要求申请人补充资料，并说明理由。

经审评符合规定的，国家食品药品监督管理局药品审评中心通知申请人申请生产现场检查，并告知国家食品药品监督管理局药品认证管理中心；经审评不符合规定的，国家食品药品监督管理局药品审评中心将审评意见和有关资料报送国家食品药品监督管理局，国家食品药品监督管理局依据技术审评意见，作出不予批准的决定，发给《审批意见通知件》，并说明理由。

申请人应当自收到生产现场检查通知之日起 6 个月内向国家食品药品监督管理局药品认证管理中心提出现场检查的申请。

国家食品药品监督管理局药品认证管理中心在收到生产现场检查的申请后，应当在 30 日内组织对样品批量生产过程等进行现场检查，确认核定的生产工艺的可行性，同时抽取 1 批样品（生物制品抽取 3 批样品），送进行该药品标准复核的药品检验所检验，并在完成现场检查后 10 日内将生产现场检查报告送交国家食品药品监督管理局药品审评中心。

药品检验所应当依据核定的药品标准对抽取的样品进行检验，并在规定的时间内将药品注册检验报告送交国家食品药品监督管理局药品审评中心。

国家食品药品监督管理局药品审评中心依据技术审评意见、样品生产现场检查报告和样品检验结果，形成综合意见，连同有关资料报送国家食品药品监督管理局。国家食品药品监督管理局依据综合意见，作出审批决定。符合规定的，发给新药证书，申请人已持有《药品生产许可证》并具备生产条件的，同时发给药品批准文号；不符合规定的，发给《审批意见通知件》，并说明理由。

改变剂型但不改变给药途径，以及增加新适应证的注册申请获得批准后不发给新药证书；靶向制剂、缓释、控释制剂等特殊剂型除外。

17.2.2.3　仿制药申报程序

申请仿制药注册，应当填写《药品注册申请表》，向所在地省、自治区、直辖市药品监督管理部门报送有关资料和生产现场检查申请。

省、自治区、直辖市药品监督管理部门对申报资料进行形式审查，符合要求的，予以受理。省、自治区、直辖市药品监督管理部门应当自受理申请之日起 5 日内组织对研制情况和原始资料进行现场核查，并应当根据申请人提供的生产工艺和质量标准组织进行生产现场检查，现场抽取连续生产的 3 批样品，送药品检验所检验。省、自治区、直辖市药品监督管理部门应当在规定的时限内对申报资料进行审查，提出审查意见。符合规定的，将审查意见、核查报告、生产现场检查报告及申报资料送交国家食品药品监督管理局药品审评中心，同时通知申请人；不符合规定的，发给《审批意见通知件》，并说明理由，同时通知药品检验所停止该药品的注册检验。

药品检验所应当对抽取的样品进行检验，并在规定的时间内将药品注册检验报告送交国家食品药品监督管理局药品审评中心。

国家食品药品监督管理局药品审评中心应当在规定的时间内组织药学、医学及其他技术人员对审查意见和申报资料进行审核，必要时可以要求申请人补充资料，并说明理由。

国家食品药品监督管理局药品审评中心依据技术审评意见、样品生产现场检查报告和样品检验结果，形成综合意见，连同相关资料报送国家食品药品监督管理局，国家食品药品监督管理局依据综合意见，做出审批决定。符合规定的，发给药品批准文号或者《药物临床试验批件》；不符合规定的，发给《审批意见通知件》，并说明理由。

申请人完成临床试验后，应当向国家食品药品监督管理局药品审评中心报送临床试验资料。国家食品药品监督管理局依据技术意见，发给药品批准文号或者《审批意见通知件》。

17.2.2.4　特殊审批程序

国家食品药品监督管理局对下列申请可以实行特殊审批：

① 未在国内上市销售的从植物、动物、矿物等物质中提取的有效成分及其制剂，新发现的药材及其制剂；

② 未在国内外获准上市的化学原料药及其制剂、生物制品；

③ 治疗艾滋病、恶性肿瘤、罕见病等疾病且具有明显临床治疗优势的新药；

④ 治疗尚无有效治疗手段的疾病的新药。

符合前款规定的药品，申请人在药品注册过程中可以提出特殊审批的申请，由国家食品药品监督管理局药品审评中心组织专家会议讨论确定是否实行特殊审批。

特殊审批的具体办法尚在起草中。

17.2.2.5 药品注册与专利

我国药品注册制度，充分重视对专利的保护。申请人在注册时，应当对其申请注册的药物或者使用的处方、工艺、用途等，提供申请人或者他人在中国的专利及其权属状态的说明；他人在中国存在专利的，申请人应当提交对他人的专利不构成侵权的声明。药品注册过程中发生专利权纠纷的，按照有关专利的法律法规解决。

对他人已获得中国专利权的药品，申请人可以在该药品专利期届满前 2 年内提出注册申请。国家食品药品监督管理局按照本办法予以审查，符合规定的，在专利期满后核发药品批准文号、《进口药品注册证》或者《医药产品注册证》。

为防止仿制药无偿利用新药开发研究数据，损害新药开发的原动力，我国认真履行加入世界贸易组织的承诺，实施药品数据保护制度。2002 年，修订《中华人民共和国药品管理法实施条例》，规定对获得生产或者销售含有新型化学成分药品许可的生产者或者销售者提交的自行取得且未披露的试验数据和其他数据，给予 6 年保护期限。

17.2.3 药品质量标准

现行《药品管理法》规定：药品必须符合国家药品标准，取消地方药品标准。明确"国务院药品监督管理部门颁布的《中华人民共和国药典》和药品标准为国家药品标准"。

17.2.3.1 国家药品标准

(1)《中国药典》 1949 年 10 月 1 日中华人民共和国成立以后，我国政府十分关怀人民的医药卫生保健工作，当年 11 月卫生部召集有关医药专家研讨药典编撰工作。第一部《中华人民共和国药典》（简称《中国药典》）1953 年版由卫生部编印发行。1965 年 1 月卫生部公布《中国药典》1963 年版，收载品种 1310 种，分一、二两部。一部收载中医常用的中药材 446 种和中药成方制剂 197 种；二部收载化学药品 667 种。1966 年后的十年，药典编撰工作陷于停顿。1979 年 10 月卫生部颁布《中国药典》1977 年版、1985 年版。1985 年 7 月 1 日《药品管理法》正式执行，该法规明确"国务院卫生行政部门颁布的《中华人民共和国药典》和药品标准为国家标准"。随后卫生部分别颁布了《中国药典》1990 年版、1995 年版。新修订《药品管理法》实施后，国家药品监督管理局分别颁布了《中国药典》2000 年版、2005 年版和 2010 年版。现行版为 2010 年版。其中《中国药典》2005 年版将《中国生物制品规程》并入药典，设为三部。该版药典收载的品种有大幅度的增加。共收载 3214 种，其中一部收载品种 1146 种，二部收载 1967 种，三部收载 101 种。

(2) 其他国家药品标准 除了药典外，原卫生部、国家食品药品监督管理局颁布的标准均为国家药品标准。卫生部将历版药典遗留品种、民族药、地方标准整顿品种等进行清理，并对相关标准完善与提高，陆续颁布了一系列《卫生部药品标准》。国家食品药品监督管理局颁布了《化学药品地方标准上升国家标准》、《国家中成药标准汇编》（中成药地方标准上升国家标准部分）。

根据原新药审批的规定，新药批准上市以后，发布注册标准，一般为试行标准。按规定，试行标准应及时转为正式标准。原卫生部、国家食品药品监督管理局不定期颁布新药转正标准，以利于全国药品监管部门加强对新药质量的监督。

① 部版（局版）标准　从1989年起，我国卫生部连续颁布了《卫生部药品标准》抗生素药品第一册、生化药品第一册、化学药品及制剂第一册、二部第一册至第六册。我国有约9000个药品的质量标准，过去是由省、自治区和直辖市的卫生部门批准和颁发的（常称为地方性药品标准）。目前，国家药品监督管理局已对其中临床常用、疗效较好、生产地区较多的品种进行质量标准的修订、统一、整理和提高工作，并编入《化学药品地方标准上升国家标准》、《国家中成药标准汇编》（中成药地方标准上升国家标准部分），称为地方标准上升国家标准，其中化学药品共16册，中成药按外科、妇科等分为13册。

② 新药试行标准和转正标准　我国2007年10月1日前新药批准上市，同时发布注册标准，一般为试行标准。试行标准试行期结束后将向国家药典会申请转正，由此形成新药转正标准。卫生部发布新药转正标准第一册至第十五册；到2008年6月，国家食品药品监督管理局已发行新药转正标准第十六册至七十五分册。2007年10月1日新的《药品注册管理办法》实施后，新药批准上市后直接取得药品注册标准，不再有新药试行标准和转正标准。

③ 进口药品注册标准　国外医药公司需要在我国销售药品，应按我国的进口药品管理办法进行申请，并按规定进行临床试验、药品质量标准复核等工作，取得进口许可证后才能进口药品；复核后的药品质量标准称为进口药品注册标准。本标准也属于国家药品质量标准，但不对外公开，仅供口岸药品检验所对进口药品进行检验时使用。

④ 其他　从1989年起，我国卫生部还连续颁布了《卫生部药品标准》中药材第一册、中药成方制剂第一册至二十册（包括保护品种分册）、藏药第一册、维吾尔药分册、蒙药分册等。

17.2.3.2　其他药品标准

根据我国药品管理法的规定，已在研制的新药，在进行临床试验或使用之前应先得到国家药品监督管理部门的批准。为了保证临床用药的安全和使临床的结论可靠，还需由新药研制单位制订并由国家药品监督管理部门批准的一个临时性的质量标准，即所谓的临床研究用药品质量标准。该标准仅在临床试验期间有效，并且仅供研制单位与临床试验单位使用。

由药品生产企业自己制订并用于控制其药品质量的标准，称为企业标准或企业内部标准。它仅在本厂或本系统的管理上有约束力，属于非法定标准。而药典、国家食品药品监督管理局（SFDA）颁布的药品标准属于法定标准。企业标准一般有两种情况：一种是因为检验方法尚不够成熟，但能达到某种程度的质量控制；另一种是高于法定标准的要求，主要是增加了检验项目或提高了限度标准。企业标准，在企业创优、企业竞争，特别是对保护优质产品本身以及严防假冒等方面均起到了重要作用。国外较大的企业均有企业标准，对外保密。

我国医疗机构根据临床需要申请医院制剂，由地方食品药品监督管理局批准并颁布其质量标准，供医疗机构本身使用及各地药品检验所抽验时使用；此外，各地还有中药材炮制规范。这些质量标准和规范在一定范围内也具有法律作用。

17.3　美国的药品审批制度与法规管理

美国公共健康与社会福利部（DHHS）是政府最大的管理部门之一，负责11个工作部门，其中包括食品药品管理局（FDA）。FDA的工作是确保：①饮食的安全，药品、兽药、生物制品和医疗器械的安全有效，化妆品的安全，以及放射产品的安全；②药品管理公正、正确,并具有丰富的信息;③药品管理遵照 FDA 规章与指导,将任何不安全或非法的产品清除出市场。美国的药品审批制度与法规管理由 FDA 负责。

17.3.1 美国药品管理及新药研发过程中的法律法规概述

FDA 依照美国联邦《食品、药品和化妆品法》(FDCA)、公共健康服务法和其他法规进行工作。美国国会于 1906 年通过了美国第一个医药法规《纯食品和药品法》(pFDA),广泛关注在美国的专利药品和食品的质量;由于发生了磺胺酏剂惨案而于 1938 年颁布了 FDCA。1938 年 FDCA 法规采用的新药申请方法是以通告为基础,而不是以审批为形式的。假如申请人在 60 天内未收到 FDA 的回音,那么产品就能上市。新药的概念在 1938 年 FDCA 法规中才提出,对于 1938 年以前在美国市场销售的已有药物,如被认为是公认安全物质(GRAS)和公认有效物质(GRAE),则 FDA 允许其继续销售。

1938 年以后 FDCA 进行了多次的修正,其中最重要的修正是 1962 年因反应停事件而做的《Kefauver-Harris 修正案》,通过修正建立了许多规范,构成了现代药品规章的基础。在 1938 年和 1962 年法规颁布以后,所有新药在上市前都必须经过审查与批准。FDA 很少为了提供管理意见而自己研究数据,但是常常对未经批准和批准的产品取样分析。建立上市前进行审评的法规使 FDA 能够确保药品的安全性和有效性。法规也提出了对研究中的新药申请必须遵守的要求,使未经批准的新药能够得到研究。1962 年提出的修正法规还规定了药品生产必须遵守现行《药品生产质量管理规范》(cGMP),产品标签应充分详细叙述药品的信息。

《公共健康服务法》是联邦法律中的重要部分,是比 FDCA 还早的一个药品法规,对生物制品也进行了规定。在 12 名儿童死于劣质的白喉抗毒素后,联邦法律于 1902 年要求生产生物制品须持有许可证。生物制品一般来源于活的生物体,目前 FDA 参照《公共健康服务法》进行管理。由于生物制品也定义为"药品"和/或"医疗器械",所以也需要遵守 FDCA 的有关规定。

FDA 根据各种规章执行 FDCA 和《公共健康服务法》以及相关法律的法定规则。过去几十年 FDA 颁布了很多重要的规章,涉及受试者知情同意书、伦理委员会、受试者保护委员会等内容,还有为了加快研究和批准能治疗威胁生命疾病的药品而制订的规章,如治疗 HIV 感染和癌症的新药审批。FDA 规章随联邦法规(CFR)出版并每年更新。

17.3.2 美国新药研究、申请与批准

新药的发现、研究、批准的管理评估与上市后的生产、分发和销售是一系列复杂的行为。现代药物发现与研究主要在药品生产企业的实验室、科研院校和政府研究中心。药品开发的风险很大,最早的实验研究和动物实验中有数千种药物,只有其中的小部分能够进行人体实验。早期发现及临床前动物研究的信息都需要递交报告给药物评价与研究中心(CDER)。如果机构在递交申请后的 30 天没有收到回音,申请人可以进行人体的临床研究。新药研究(IND)过程的规章可以在 21 CFR 312 和其后的指导原则中获得。CDER 每年收到大约 1500 份 IND,约 400 份来自药品研发生产商。

申请人应对目标化合物进行临床前和临床研究,以确定研究中新药的安全性、有效性和质量,完成 IND 研究,收集各类研究的信息,进行新药申请(NDA),递交 FDA 审查。

大部分 NDA 和 ANDA(简化新药申请)由 FDA 的 CDER 批准,CDER 每年要批准

100 份 NDA，其中约 30% 是以前从未批准过的原创新药（NME）。剩下的为用药范围的拓展，如新剂型、新给药途径等。另外，CDER 每年批准数千份 NDA 的补充件，大部分是变更生产，也有许多为补充新用途（疗效补充）或提供新的安全信息。CDER 分为几个主要部分，其中最重要的部分是审查管理办公室，负责检查 5 个药物评价办公室的工作。这几个办公室轮流负责 15 个审查部门的工作，审查部门基本根据治疗组和药品分类划分组成，如心-肾药物部门审查用于治疗心血管和肾脏疾病药物的申请。审查管理办公室由生物统计学办公室和上市药品危险评估办公室组成。前一个办公室审查申请和补充中的统计分析，后一个负责上市药品的不良反应报告。CDER 的另一个基础部门是药学科学办公室，负责新药化学、临床和生物制药办公室、检验和研究办公室以及通用名药办公室。加上 CDER 的行政和管理工作，包括涉及的协调问题，都由中心处理。CDER 与 FDA 的其他许多中心密切联系，包括生物制品评价和研究中心（CBER）和医疗器械和放射健康中心（CDRH），也与管理事务办公室合作，共同负责确认药品生产符合 cGMP。CDER 还执行其他的检查，确认符合《药物非临床研究质量管理规范》（GLP）和《药物临床试验质量管理规范》（GCP）。

17.3.2.1 新药研究申请（IND）

新药研究者进行新药筛选、化合物的合成和纯化以及进行动物试验（药理、毒理）后，向 FDA 提交 IND 资料，申请进行临床试验（人体试验）；按 FDA 的要求，申报者首先应根据临床前的要求提交数据，表明新药用于小规模临床是安全的：①编辑化合物在体外实验室或动物实验的非临床数据；②编辑在美国或与美国人口有关国家的药物上市或临床试验前的数据；③执行新的临床前试验，以提供化合物对人体安全的必要证据。

证明新药安全有效是 IND 过程的总目标。从科学技术的观点来看，最近几十年关于 IND 过程，在概念上已经得到了较好的理解，通过 IND 过程最终能获得安全有效质量良好的新药。药品由药物本身（包括活性物质和非活性成分，如杂质、残留溶液等）和赋形剂组成，应详细说明鉴别、规格强度、质量、纯度和疗效等。药品性能由药品质量、生物利用度和相对生物利用度（生物等价性）研究做出评定。从管理角度看，可首先设置一些很简单的问题，以备回答，如新药是否有良好的质量、是否安全、是否有效等。这些问题在 IND 期间促进非临床和临床特性的研究，得到了一系列数据可在 NDA 中递交。图 17-1 所示为 CDER 评审新药研究申请的过程，CDER 根据临床前研究资料决定是否可以进行临床试验。

FDA 鼓励在 IND 期间经常与申报者开会，良好的信息沟通是 FDA 所需要的。最后的分析信息应能使机构审查人员确信，已有足够的和受到良好控制的研究为新药的有效性提供了可靠的证据，且研究结果能显示产品在标签建议的使用条件下是安全的。总之，新药使用中得到的效益必须大于风险。对于风险或效益的判断经常挑战申报者、FDA 和所有公众。假如药物能够在可控的条件下使用，这种低风险是可以容忍的；程度较大的风险在药物用于治疗严重的或威胁生命的疾病时可以被接受。在药品的批准期间和获得批准后，许多法律规章都要求新药具有安全信息。IND 过程中，规定了许多的要求，这不仅是为了提供不良反应的信息，还为了保护临床试验中被试验人的安全。药品获得批准后，FDA 进一步要求生产商和医疗机构提供不良反应报告。为此 FDA 开发了药物监测程序（MedWatch program），提供了常用的报告表格与联系点，以方便医疗人员和消费者可以报告严重的不良反应。药物监测不仅指 CDER 管理的新药，也指生物制品和医疗器械。安全性报告的信息可以写在药品标签上，否则会影响专业人员和消费者对新药的判断。一

IND评审过程

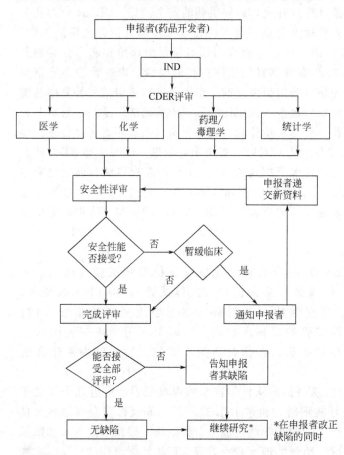

图 17-1 CDER 对 IND 的评审过程

且药品生产商和 FDA 认为药物的效益不再大于风险的时候,已获批准的新药就会从市场上被召回,但这种情况较为少见。

IND 可分为研究者 IND、紧急用途 IND、治疗性 IND、探索性 IND(Guidance for Industry, Investigators, and Reviewers: Exploratory IND studies),以及商业性 IND,平常称 IND 均指商业性 IND。

17.3.2.2 新药上市申请(NDA)

申请者将临床前研究及临床研究的详细内容汇总、总结,可向 FDA 提交 NDA,经 FDA 批准后,申报者可以进行药品生产上市及上市后监察。

NDA 是指新药申报者向美国 FDA 正式申请新药在美国上市所必须遵循的程序。经临床试验证明为安全有效的药品可以向 FDA 申请 NDA。FDA 新药审批的原则性要求为:药品有效性带来的效益大于其副作用带来的风险。图 17-2 所示为 CDER 新药评审过程。

递交的 NDA 文件包括 6 大技术部分:①临床;②药物动力学和生物利用度;③化学、制造和控制(CMC);④微生物学;⑤非临床药理学和毒理学;⑥统计学。详细信息将在 FDA 管理文件和因特网及书刊出版物中提供,如 CDER 手册和文件——《从试管到患者:通过人体用药改善健康》等。

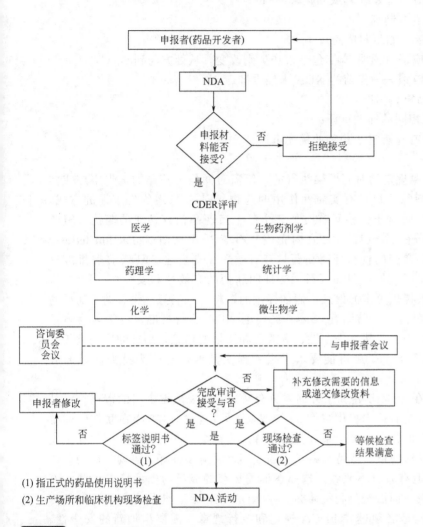

图 17-2　CDER 新药评审过程

在提交给 CDER 的 NDA 文件中，具有大量信息和数据，每份间的差异都很大，但 NDA 的组成大部分是相同的，主要是药物的自然本质和试验信息。根据 FDA-356h 格式，人用新药或人用抗生素申请上市的 NDA 主要由 15 个不同部分组成，即索引；摘要；化学、制造和控制；取样，方法认证，包装和标签；非临床药理学和毒理学；人体药物动力学和生物利用度；微生物学（仅对抗微生物药物）；临床数据；迄今安全性报告（一般在 NDA 完成后 120 天提交）；统计学；案例报告表格；案例报告格式（Forms）；专利信息；专利证书；其他信息。

NDA 内容和格式要求：FDA 有多个与 NDA 内容和格式有关的指导原则，可以从 CDER's Drug Information Branch（DIB）获得〔见 DIB's Guidance Documents (http://www.fda.gov/cder/guidance/index.htm)〕。

17.3.2.3　新药分类

CDER 将新药用编号进行分类，以反应药物类型及其用途，总共分为 7 类，分别为：

① 新化合物；
② 已批准药物的新盐基（非新化合物）；
③ 已批准药物的新处方（非新盐基或新化合物）；
④ 两个或多个药物的复方制剂；
⑤ 已上市药品——仿制（如新制造商）；
⑥ 已上市药品的新适应证（说明书）（包括市场类别改变，从处方药到OTC）；
⑦ 已上市药品的重新申请——先前的NDA未经批准。
下列字母编号表明药品审评情况：
S——与目前一般审评相同的标准审评；
P——表明比现有治疗有显著进步药物的优先审评。

17.3.2.4 新药审核

NDA的审核是根据法律规定的时间框架执行的，所需时间根据药品的优先审核或标准审核而不同。对于有些特殊治疗具有实质性作用的药物，FDA采用优先审评的方式，承诺在6个月内完成审核；而对于一些具有类似某个已上市药品治疗性质的药物，FDA采用标准审评的方式，承诺在10~12个月之内完成。FDA采用反馈信（action letters）的方式告知审评结果，假如递交的资料证明新药具有有效性和安全性，FDA签署批准反馈信，允许申请的新药在美国销售；假如资料无法证明新药的有效性和安全性，FDA将签署不批准反馈信，并要求提供更多的信息；假如提供的资料令人满意，将有助于随后的FDA审评及批准反馈信的获得。以前约有60%~80%的NDA获得批准，可能因为申报者已经能够很好地理解申请中关于建立安全性、有效性和质量的信息，批准的比例近年来还在上升。作为批准的一部分，FDA可能要求申报者提供其他信息作为批准注释部分（如Ⅳ期临床研究资料）。

为了帮助审评，FDA在1964年建立了咨询委员会系统，开展数据资料的审核，对是否批准新药以及采用的反应是否适当提供咨询。机构咨询委员会于1972年在联邦咨询委员会下开始合法运行。现有的咨询委员会系统包括了许多委员会，开会讨论新药的安全性和有效性、已批准药品的新适应证，或特殊科学主题或不良反应事件等。咨询委员会只提供建议，FDA一般照做，但有时也不照做。选择咨询委员会的成员为熟悉特定主题的人员，包括消费者和工业代表，但需避免利益冲突。在NDA批准后，药品生产商可以宣传批准的新药并且做广告，但是必须遵守FDCA规定和执行规章。需要添加新的安全性、功效或生产信息可以补充批准申请。

17.3.2.5 简化新药申请（ANDA）简介

在1984年，药价竞争与专利期恢复法案（Waxman-Hatch法案）获得通过。本法案通过制定程序，延长专利权来鼓励原创药物的发展，同时也加快了FDA批准仿制药品的过程。为了鼓励原创药物的发展，该法案设立了一个机制为原创新药制造厂商延长专利保护期，批准后一般可确保5年的市场保护；而为加快批准仿制药品的过程而降低药品价格，该法案为1962年后的仿制药申请制定了ANDA的批准程序。与之前经完整申请程序批准的药物化学上相等的药物只需证明其生物等效，而不需证明临床等效。根据药物本身的性质（具有相同的活性成分、规格、剂型和给药途径等），生物等效性证明可通过体外溶出度实验研究、体内单剂量生物利用度研究、体内多剂量生物利用度研究或者综合这些研究来进行。当然，为了ANDA，单独的体外溶出研究并不足以证明药物的生物等效。一般申请者递交ANDA信息给FDA进行审核，假如可以接受，申请将被批准。

17.3.3 药品主文件（DMF）

DMF（Drug Master File）是向美国 FDA 提交的文件，可用来提供一般对其他机构或个人保密的详细资料，说明用于生产、加工、包装和贮藏一个或多个人用药品的生产设施、加工过程和各种物料。美国的法律法规并没有规定要呈报 DMF，而由资料的所有者决定是否呈报。

一家公司如果想对一个已批准的原料药制成的药品进行临床研究，应提交 IND 文件，制药企业若想上市一种新药或对已批准的药品用新的容器或处方应提交 NDA，一家公司若想上市一种通用名药应提交 ANDA，某家公司想出口在美国市场未被批准的药品，应依据 FDCA802 进行出口申请。在审阅申请过程中 DMF 是关键的一部分，许多药品的申请者不再选择没有 DMF 文件的供应商，申请者所提供的药品申请中的 DMF 对申请的支持程度与 DMF 的完善或不足有关。DMF 原先是 DMF 提供方所使用的一种方式，将有限的机密性或有知识产权的信息内容提交给 FDA 以支持申请。这些信息对于最终使用者和竞争对手而言都是保密的。

有关 DMF 的规则列在 21CRF/314.420 中，另外，CDER 已颁布了有关格式的指南及提供了书写内容的建议，该指南可在 FDA 的网站中找到（www.fda.gov）。

DMF 通过参考资料提供信息，允许持有者授权他人披露信息资料以帮助药品申请。通常，只有在药品申请者提交授权书给 FDA 时，DMF 才有可能被 FDA 审阅，授权信手写，两份复印件，上面写有日期、DMF 号、持有者姓名、材料名称、特殊产品、参考数/卷、页数、授权人姓名和证明 DMF 是现行版的承诺声明。附在 DMF 中的这些信件应有原始签名、印刷体名字，信笺抬头有该人的头衔，信件的复印件可提供给药品申请者提交申请。

申请者并不是在每次提交时都需要新的信件，DMF 持有者通常并不知道申请者为哪种药物活性成分提交了 DMF 信，管理 DMF 的法规是综合全面的。对于所有的 DMF，下列内容必须提供：DMF 持有者的名字和地址、公司总部、制造及生产厂、还有与 FDA 通讯联系人的名字、地址、电话及传真号码及如有代理人则需其联系信息。在以上内容中每个人的职责必须列入，标有职务头衔的组织机构图有助于表达此信息，承诺声明是必须的，持有者签字的声明可证实 DMF 是现行的，持有者将按照 DMF 中所叙述的去执行。承诺信、确定美国代理人的委托信和任何执行 cGMP 的声明均应分页全部提供。

当指定了美国代理商后，DMF 持有者需在 DMF 中提交信函的两份复印件，信函中包括了代理商的姓名、地址和职责范围（管理的和/或科学的），DMF 持有者并不是必须要有代理商，但鼓励国外的 DMF 持有者这样做。持有者或代理人被要求提交档案及副本，并将变更、增加和删除的信息通报给授权的每一个人，持有者应依照 DMF 所描述的进行操作。DMF 中应包括持有者的名字、地址和电话号码，DMF 题目，构成材料列表及构成材料的来源，检测购入材料、生产过程及放行的标准有时是不同的。在 21CRF/S314 中列出了五种 CDER 的 DMF 类型。

第一类：生产地点、厂房设施及人员（于 1995 年 7 月 3 日取消）。
第二类：药物活性成分、中间体和药品制备中使用的材料。
第三类：包装材料。
第四类：药物辅料。
第五类：其他经 FDA 认可后申请的内容。

第一、三、四、五类的 DMF 不再介绍，而第二类 DMF 主要是针对于药物，也就是常说的活性成分或活性药物成分。每个活性成分都要有单独的 DMF，DMF 中必须包括设施的简要描述、地址、联系人、电话号码和传真号码，制造设备必须编码登记，列出。若公司不在美国本土，美国的代理商需要列出活性成分且将公司登记在册，所填写的地址应与 FDA 注册表上的地址一致。DMF 应有制造或合成（如果是合成的）的流程图，包括列出关键工段、过程控制和取样方案。必须要提供所有原材料的测试、过程控制、包装、放行和稳定性实验，杂质档案、粒度分布、有机挥发性杂质和残留溶剂的测试结果也很重要，这些测试方法应参照现行的美国药典（USP）和国际协调组织（ICH）的指南，在 FDA 审阅时，这些测试结果常与从最终用户获得的数据相比较，验证可靠性。多晶现象的实验也日趋重要，经常有关于药品吸收、药品稳定性的问题，专利纠纷也不断增加。如果不是采用 USP 的方法，试验方法要验证。残留溶剂、方法验证、合成路线变更和分析方法的指南都应当被列入 DMF 中，并生成文档。当指南和测试方法改变，DMF 应当为该变化的内容作修正，并作更新。未能在 DMF 中说明变更或未通知最终用户，将会不利于 DMF 持有者的影响，FDA 可以对国外公司实行禁运，阻止进口活性成分，如果 DMF 持有者没有依照联邦法典的要求去做，FDA 可以取消 DMF。所有 DMF 都需要连续的工作，DMF 持有者要求作年度汇报，将 DMF 中的变更告知药品申请者，如果 DMF 中有增加、删除或变更，DMF 持有者必须通知每一个授权参考 DMF 的公司；如果持有者改变了工艺或 DMF 中所列的文件，则 DMF 也必须要改变。

在每年准备文件时，持有者要更新 DMF，包括授权名单、制造程序、设计、供应商、检测和至其他 DMF 的授权信等的变更，并提供更新的已发出授权信的名单，未能更新这些内容会导致药品审批的延迟。FDA 在申请者未能提供每年的经授权可阅览信息的人员名单，未能提供变更情况，未能提供证明 DMF 是现行的声明等情况下可停止 DMF。

药品主文件是支持药品申请的关键文件，DMF 有缺陷可能会导致药品申请的延误。DMF 应及时地提交，其是药品申请的补充，当所需要的 DMF 信息应用到药品申请时，那么药品审评过程将进展顺利。

17.3.4 美国药典和国家处方集（USP-NF）

美国药典（United States Pharmacopeia，USP）和国家处方集（National Formulary，NF）收载的标准是关于药品的质量、纯度、规格、包装和标签等的规定。USP-NF 是公开的，并定期公布新的标准或修订过的标准。与分析测定的步骤必须符合标准一样，确定药物正式的名称和定义也很重要。

USP 和 NF 收载的药品及药品的质量标准均具有法律效力。由于两者在内容上经常需要交叉引用，为了减少重复、方便读者使用，1980 年起 USP 和 NF 合并为一册，由美国药典委员会出版，并统一了两者的目录和索引，省去了正文中的重复部分。1980 年出版的为 USP20-NF15。USP 主要收载原料药和制剂，而 NF 则主要收载制剂中的附加剂。

USP-NF 2000 年版为 USP24-NF19，收载 3777 个正文和 164 个附录，在 5 年一个周期中，有 3941 个修订项是通过《药典论坛》（Pharmacopeial Forum，PF）进行的。在 USP24-NF19 中删除了一些过时的章节，包括 130 个 USP 正文，12 个 NF 正文和 4 个附录。从 2002 年后，USP 每年出版，2008 年为 USP31-NF26。

USP-NF 内容包括前言（Front Matter）、凡例（General Notices）、USP 及 NF 正文（USP Monograph，NF Monographs）、通则（General Chapters）、食品补充剂综合信息（Dietary Supplements Chapters）、试剂（Reagents）、参考图表（Reference Tables）、食品补充剂（Dietary Supplements）等。

USP-NF 原料药质量标准的组成为：英文名，结构式，分子式，分子量，化学名与 CA 登记号，含量限度，包装和贮藏，USP 参考标准品，鉴别，物理常数，检查，含量测定。

制剂质量标准的组成为：英文名，含量限度，包装与贮藏，USP 参考标准品，鉴别，检查，含量测定。

如为兽用药，在包装和贮藏项之后，应给出标示（labeling）项。

17.4 欧洲药品评审制度与法规

17.4.1 欧盟机构和法律制度

欧洲药品法案是根据 1965 年发布的欧洲经济共同体（ECC）65/65 号提案建立的，当时只对最初六个成员国生效。在此法案中，规定了药品的定义，并提出了申报药品所要提供的数据。这一原始的法案虽然历经更新、修正和条文的补充，仍然是后来药品法案的基础。

法案发布后的十年内，又发布了三项新的法案，来进一步保证公众健康和确保药品在成员国之间的自由流通：欧洲经济共同体理事会（EEC）/75/318 号法案要求制定个人诊断试剂的分析、药理毒理、临床应用标准；EEC/75/319 提案要求建立药学委员会，以监控个人用药，以及部分药物的认证；EEC/75/320 号提案要求药学委员会负责制定药品法案中所遇到的问题。

17.4.2 欧洲药品评审局（EMEA）

EMEA 的任务为采取一些措施来确保和提高公众和动物的健康水平，这些措施包括：
- 在整个欧盟范围内共享科学研究数据，以便更好地对药品进行评价，对药品研发工作给出建议，向药品使用者和卫生专家提供准确有用的信息；
- 通过欧洲市场的权威调查可以获得消费者对于创新药物及时、有效、结果明了的反馈；
- 控制人用药和动物用药的安全性，特别是通过药物安全监控网络确立供食用动物中的药物安全残留量。

17.4.3 人用药品评审部（CPMP）与人用药品的评价

CPMP 成员依据集中程序作为委员会报告起草人或辅助起草人，CPMP 决定是否批准药品上市，而 EMEA 管理该程序直到药品被批准上市。EMEA 还要准备将 CPMP 的意见翻译成多种欧盟官方语言。根据科学建议设立质量管理标准，并根据集中批准产品的生命周期建立跟踪系统。递交再批准、变更、扩大审批申请时，委员会报告起草人起到关键作用。EMEA 还设立不良反应及时报告、药品的周期性安全数据更新报告和其他跟踪报告。委员会报告起草人和辅助起草人还要参与制订紧急安全限制程序。

新药申报者会就其研发项目向 CPMP 征求建议。CPMP 设立了一个科学建议审查团，以扩大 CPMP 的科研力量，CPMP 还采取了一套为新药研发者提供科学建议的标准操作程序。CPMP 部门主要从事生物技术、有效性、安全性和药物警戒。此外生物技术部门负责生物技术和生物制品的生产及控制，并提出科学建议；有效性部门负责探讨特殊疾病治疗的临床试验方法和指南；药物警戒部门应 CPMP 和各成员国当局的要求，负责药品安全性相关事宜，协调总结药品的特性与上市药品的包装宣传。安全性部门负责临床前的安全性事宜，并与生物技术部门合作，制订并实施质量管理指南、转基因产品的非临床试验及临床试验指南。此外还成立了赋形剂专家委员会、脂肪代谢障碍专家委员会、抗转录病毒药品专家委员会等。

欧盟委会联合研究中心在 EMEA 建立了技术办公室负责管理电信网络和其他计算机技术来确保药品信息顺利分享。同时它还负责管理 EMEA 的英特网站。

17.4.4 欧洲药品认证程序

欧盟有两套在不同国家获得上市批准的程序。分别是集中程序和分散程序（也称互认程序）。

17.4.4.1 集中程序

集中审批程序是针对生物制品、一些高科技产品和新的活性药物成分的产品（比如从未上市过的药品）。集中程序是根据 EEC/N2309/93 和 EEC/93/41 法规建立的。集中程序规定，全欧洲只需要一个上市批准，原则上只需要进行一次审批。委员会报告起草人和辅助起草人是 CPMP 的成员，他们被指定负责撰写 CPMP 的特定文件。每一个 CPMP 成员都要轮流成为起草人。

提交文件之前，申办单位要向 CPMP 表明自己要提交注册申请的意图，并预约指派一位委员会报告起草人。如果申办方向本国卫生部门提出这样的申请，它可以要求委派一名 CPMP 成员作为起草人。CPMP 没有义务满足它的要求，但大多数情况下指派的起草人都是申办单位要求的人选。

提交文件以后，起草人和辅助起草人有 120 天时间对文件进行审查，并撰写评估报告草稿。然后各合作方将会对两份评估报告进行讨论，并就其中突出的问题列表反馈申办方。申办方提交问题的答案后，起草人将花 30 天时间完善评估报告，并提交给 CPMP。CPMP 成员将得到档案文件的第一部分的复制版，并且可以要求得到档案文件的完整版。该过程将花费 210 天，CPMP 将做出批准或不批准的决定。

若 CPMP 批准，将进入集中程序的第二阶段，委员会将检查药品审批当局是否遵守区域法律，并保证所有成员国都接受审批当局的决定。若 CPMP 不批准，申办方可以进行上诉，60 天内 CPMP 要准备第二份意见。

CPMP 将用 11 种欧盟官方语言向欧盟委员会的药品部门提交审批意见、药品的特性总结、药品生产商详情和药物原料生产商详情、标签及包装样本。欧盟委员会有 30 天时间准备决定草案。30 天内，欧盟委员会将听取委员会各部门的意见。

决定草案将提交给药品常务委员会或兽药常务委员会。成员国可以持有不同意见，如果反对意见是科学的，常委会发回 CPMP。如果意见不是科学的，将举行一次投票，然后由委员会按投票情况做出决定。每个成员国依据国家大小和重要程度拥有不同的投票数，票数多的意见将被采纳。如果 30 天内没有反对意见，决定草案将上报欧盟委员会秘书处，由企业和信息委员宣布最终决定。最终决定将刊登在欧盟官方杂志上。

17.4.4.2 分散程序

分散程序是基于互相承认的基础上的。依据 EEC/65/65 和 EEC/75/319 指令，理事会 EEC/93/39 指令将在各成员国实施。申办者向一个成员国的卫生当局提交申请，并申请文件互认。210 天之内，被申请国（RMS）应批准该申请，并出具评估报告。这段时间内，申办方将不会获得更多的信息。

申办者可以向任何一个或几个成员国提交互认申请。被申请国将评估报告的复印版送交相关成员国。90 天内，成员国可以提出反对意见，如果 90 天内没有反对意见，相关成员国将宣布该国的上市批准。

为了推动互认程序，建立了互认促进工作组（MRFG）。工作组将在每一次 CPMP 之前举行一次会面，就反对意见进行组内讨论，被申请国希望就文件和标签的审批意见达成一致。如果有必要，还可以与申办方一起讨论标签的细节。

若 MRFG 内部不能达成一致，将向 CPMP 上报。此后的程序和集中程序相同——30 天内必须做出批准与否的决定。

17.4.5 欧洲药品主文件（EDMF）简述

17.4.5.1 概述及分类

同其他国家一样，欧洲药品上市申请需要提交实验室研究资料、药品生产的有关资料以及临床研究资料等，其中与 EDMF（European drug master file）有关的部分主要列于原料药的第二部分资料。EDMF 通常适用于原料药生产厂家，为了保护原料药生产过程中关键的技术，有关活性物质的信息可以按 EDMF 形式提交给药品管理当局，其中申请者部分应附入药品上市申请者的上市申请文件中。EDMF 文件包括下列信息，即生产者如何达到申请者所提出的原料药质量规格标准。因此申请人必须与递交 EDMF 的人合作，以保证提供所有有关的信息。此外，必须保证，EDMF 的申请人部分内容包括申请者对制备负完全责任所需的资料。

欧洲 EDMF 中共有三种类型的活性物质：
① 仍在专利期未收载于《欧洲药典》或成员国药典中的新活性物质；
② 已过专利期但未在《欧洲药典》或其成员国药典上收载的活性物质；
③ 已在《欧洲药典》或其成员国药典上收载的活性物质，但其制造方法易于产生杂质，并且此种杂质在药典专论中未注明，而且药典专论对于适当控制它们的质量也无能为力。

17.4.5.2 欧盟 EDMF 的内容

EDMF 的内容主要有两部分：申请者按药品上市许可的①第Ⅱ部分 C，原料药的质量控制；②第Ⅱ部分 F，稳定性——对活性物质的稳定性试验。

EDMF 资料包含原料药生产的关键技术的信息，是保密的，只能提供给主管当局。因而 EDMF 应该分为两部分，即申请者部分和生产厂家保密部分，申请者部分应由生产者直接提供给申请者并且作为上市申请资料的一部分，提供给主管当局的包括保密部分及申请者部分。申请者的 EDMF 也仍然有保密性，如没有活性物质生产厂家的书面同意，不可以交给第三方。

(1) EDMF 的申请者部分　活性物质生产厂家应提供给 EDMF 申请者足够的资料以使评价活性物质的规格适合于控制该物质的质量。通常应包括生产方法，以及生产、提纯和降解的潜在杂质的信息，必要时还应提供特殊杂质的毒性资料。

(2) 活性物质生产厂家的保密部分　活性物质 EDMF 中有关申请者限制部分包括：厂家的名称和位置，规格和常规试验（C.1.1），命名（C.1.2.1），性状描述（C.1.2.2），生产方法（C.1.2.3，活性物质的不同而产生的生产方法不同，可进行调整），简要叙述（流程图），发展化学（C.1.2.5，如果需要可提供结构证明、化合物可能的异构现象说明及其理化性质、分析方法的验证等），杂质情况（C.1.2.6，包括来源、分布、潜在的毒性等），批检验报告书（C.1.2.7，包括杂质），稳定性试验（需要的项目）（F.1）等。

生产方法各步骤的详细信息，比如说反应条件、湿度、验证和对生产方法关键步骤的评价数据等,和生产中的质量控制,包括有关关键技术等,只能提供给主管当局。因此,EDMF 中生产厂家的限制部分包括:厂家的名称和位置,详细叙述生产过程,生产中的质量控制（C.1.2.4）,生产过程验证和数据评价等。

（括号中的数字是指可参照申请者通知中第二部分 C 或第二部分 F 中的相关内容）

（3）杂质潜在毒性的讨论　活性物质生产厂家应在 EDMF 的申请者部分包含关于杂质潜在的毒性资料,这些资料是通过查阅文献或从为证明其所提出的限度是合理的而提供的资料中得到的。如果这份资料不完整,申请者就需要提供更多的信息才能使产品上市。

17.4.6　《欧洲药典》适用性证书（COS）

欧洲药品管理与保健局（EDQM）隶属于 1949 年创立的欧洲理事会（Council of Europe, Directorate General Ⅲ Social Cohesion）,位于法国 Strasbourg,这里同时也是欧洲理事会和欧洲议会（Parliament of Europe）的总部。EDQM 是由欧洲药典技术秘书处发展而来的,主要负责《欧洲药典》的各项事务和药品质量管理,成立于 1996 年。EDQM 主要由 Division Ⅰ、Ⅱ、Ⅲ、Ⅳ和 QA 组成,另外还有 PRD（Purchasing, Receiving and Dispatching）、CEP 证书（Certificate of Suitability of European Pharmacopoeia）、公共关系和图书馆、翻译部门、行政事务及财政和秘书处等 6 个部门。

自从欧洲实行原料药的登记注册制度以来,EDMF 文件注册就成为原产药进入欧盟国家的必经之路。但从 1992 年以来,欧洲药典委员会又开始颁发《欧洲药典》适用性证书（COS, Certificate of Suitability）,即 CEP 证书,凡取得证书的原料药都可以进入欧洲市场。COS 是向 EDQM 申请批准进入欧洲市场的药品的第一个步骤所需的文件。

按照欧盟的相关法规,原料药用于欧洲的药物制剂生产,需要提交和登记 EDMF 或 COS 的复印件。对于欧洲药典上已刊载的药物,通过一次登记注册,便能够将产品顺利地销到欧洲多个国家。COS 申请文件更注重的是药物本身的性质,包括化学结构及结构解析、化学性质、杂质及其限度、质量控制、稳定性和安全性研究等。要取得此证书,生产商需要提交一份详细的档案,包括机密资料。此证书表明通过应用欧洲药典有关专论,及证书上所列出的必要方法,能够检查药物原料和辅料是否适用于药品的生产。也就是说,从这一特殊方法（包括原材料）生产的药物中的所有可能杂质和污染能够由有关专论的要求来完全控制。截至 2008 年 1 月底,共接受了 3400 多个申请,签发了 2380 多张证书,涉及 750 多种物质和来自 43 个国家的 560 多家生产企业；已经检查了 115 个生产场地,涉及 22 个国家（包括中国,印度,墨西哥,加拿大,欧洲）,其中因重大或关键缺陷或拒绝现场检查而暂停 CEP 证书的有 20% 以上,一些证书已在复查之后得到"恢复"（同时修订 CEP 证书）。

目前,各国申请首次评审后而未获证书的主要缺陷为如下十点,提示申请者必须对申请文件和准备材料进行充分的认识和理解。

- 起始物质信息不全：没有说明合成途径,没有说明杂质或杂质数据资料不全（相关物质、试剂、溶媒、催化剂）,没有讨论起始物质杂质进入成品的可能性；
- 成品不含某个试剂（如催化剂、烷基化试剂等）的证据不足；
- 起始物质质量标准没有建立杂质的限量；
- 残留溶媒——没有证明合成途径使用的所有溶媒在成品中完全除去、或建立了合理限量；
- 没有说明最大/典型批量及收率；
- 杂质限量既不符合《欧洲药典》个论规定,也不符合总论中"药用物质"的规定

(错误地理解了药典个论杂质清单的意图);
- 没有规定所有试剂、溶媒的质量标准,或标准不完整;
- 参考标准品特性不正确;
- 杂质讨论不充分——潜在杂质,来源,与药典杂质清单的关系,单一杂质检验结果,应证明药典正文品种方法与限量是否适合检测相关物质;
- 描述不详细(中间控制)及没有分析结果或数据不完整。

欧洲的药品注册经历了很多变化。最初,药品出口到欧洲各国都要分别注册,后来欧盟成员国之间相互承认注册,即"成员国互认",后来发展到"互为成员",现在为 COS(或称 CEP)。在没有 COS 之前,由于各国的要求不同、货币不同、语言不同、关税不同,欧盟以外的国家又不同,药品出口到欧洲国家非常麻烦。有了 COS 以后,药品出口到欧洲只需进行 COS 认证,大大简化了各种手续,协调和简化了各国对原料药供应的程序。

17.4.7 COS 与 EDMF 的比较及《欧洲药典》

COS 得到欧洲药典委员会的 36 个成员国的承认,它与 EDMF 在程序和作用上相类似但又有不同,见表 17-2。

表 17-2 COS 与 EDMF 的比较

比较	COS(CEP)	EDMF
相同点	都是一种支持性材料,用于支持使用该原料药的制剂产品在成员国的上市申请;都是用于证明制剂产品中所使用的原料药质量的文件,是其他国家原料药品进入 36 个欧洲药典委员会成员国市场所必需提交的文件;都可作为原料药进入欧洲市场的申请程序,可任选取其一,没有必要重复申请	
不同点	由原料药生产商独立申请,不需要事先找到欧洲代理商	必须与使用该原料药的制剂的上市申请(MAA)同时进行,事先需找到使用该原料药的生产厂或欧洲代理商
	申请文件是由有关当局组成的专家委员会集中评审的,评审结果将决定是否发给证书	由单个国家的机构评审的,是作为制剂上市许可申请文件的一部分而与整个制剂的上市许可的申请文件一起进行评审,只给一个参考号
	一旦拿到证书,该原料药就可以用于整个的所有制剂生产厂家的制剂生产;将 COS 证书复印件提供给欧洲方面的中间商或终端用户,对方就可以购买到该原料药	有了登记号之后,如果欧洲药典委员会其他成员国的原料药的制剂厂家要使用,则要重新评审
	证书的范围是《欧洲药典》已收载的原料药和生产制剂所用的辅料	适用于所有的原料药品,不论是否已收入《欧洲药典》
	需要有专家评估报告(包括化学纯度评估等),但不强求详细的文件	要求必须提供一些详细文件,如药物的稳定性研究资料,但不需要有专家评估报告(包括化学纯度评估等)

《欧洲药典》是欧洲药品质量标准一致化的来源。《欧洲药典》在 1964 年由比利时、法国、德国、意大利、卢森堡、荷兰、瑞士以及英国等国创立,下属于欧洲理事会。目前《欧洲药典》在欧洲药典委员会的 36 个成员国中具有强制性,可取代其成员国任何现存的国家药典等法典。虽然有些成员国可以继续出版本国的药典,但《欧洲药典》在各成员国内都具有法律效力,《欧洲药典》2008 年版为第六版。EEC/75/318 号法规要求欧盟的药

品生产者进行市场授权时遵从这些条令。EMEA 受欧盟委托参与欧洲药典委员会的工作。因此，在制剂药品的上市许可申请的文件中，出具原料药的 COS 复印件足以代表 EDMF 或作为有关的原料药部分的资料。证书持有人出示相应的某原料药或药用辅料的 COS 证书，即说明其提供了关于产品质量管理的适应性证明。对于欧洲的制剂生产商而言，他们只需要采用可以出具符合法律规定的、对产品质量起到说明和确认作用的 COS 证书的原料药或药用辅料生产厂家的产品。

17.5 讨论与展望

本章介绍了我国新药发现、开发研究、注册等的一般步骤、法律法规和我国药品管理的历程，同时介绍了欧美国家药品管理的法律法规和新药审评的一般步骤和要求；从中可以发现，各国对药品的管理和新药的审批都有各自的特点和要求，同时随着人类社会的不断发展和科学技术的进步，各国的药品管理和新药审批要求不断发生变化，有逐渐趋同的趋势，具体表现为 ICH（人用药物注册技术要求国际协调会议，International Conference on Harmonization of Technical Requirements for Registration of Pharmaceuticals for Human Use）的发展，使得在保证全人类健康的基础上能够加快新药的开发和批准，以适应现代社会的快速发展。

17.5.1 国内外新药研究现状

目前在欧美国家新药研究开发的主体是制药企业的研究所和国家实验室等，医药企业的发展比较成熟，基本上形成了以新药研发、市场开拓、面向终端消费者的大型医药集团为主，以主要从事技术开发、改进，专长于某项先进技术的小型医药技术开发公司为辅的医药产业经济结构。两类企业相辅相成，特别是后者的快速发展极大地推动了新药研究开发及医药经济的发展。在美国上市一种新药平均需花费 5 亿～10 亿多美元，耗时 8～15 年，在所研制的新药中，只有不到 5% 能够进入临床前研究阶段，有约 2% 能够进入临床试验阶段。开展 I 期临床试验的全部药物中有约 80% 将被淘汰。因此，新药研究开发周期变化将以缩短上市时间和改进筛选方法为主要趋势。近年来新药在临床试验上所花费的时间在缩短，同样，新药审批花费的时间也在缩短，不过，新药研究开发周期的长短会因药物种类的不同而存在很大的差异。我国新药开发的主体呈多样化发展，有高校、研究所、私人公司、各类企业等，从药品研究和新药申报的数量和质量情况来看，我国是制药大国，而不是制药强国，新药研究开发还是以仿制为主，低水平重复的根源之一是新药研究的分散性，缺乏大资金的投入。但随着法律法规的完善，医药企业创新意识的加强，药品研究和开发工作者的努力，以及国际化进程的加快，我国也必将成为制药强国。

在欧美发达国家，新药审批制度中 DMF 制的原辅料管理模式已经发挥出了极大的优势，特别是欧盟的 COS 或 CEP 证书的管理实现了这种共同体药物管理的统一性，这些制度为我国的原辅料管理提供了参考。

17.5.2 新药研究的技术要求——ICH 简介

新药研究和开发、审批的技术要求随着 ICH 被世界各国的不断接受而呈现全球统一的趋势，这将减少各国新药审批的费用和手续，为药品研发的国际化打下基础。

对药品的研制、开发、生产、销售、进出口等进行审批是各国严格管理药品的行政技术职能，即为药品的注册制度。许多国家在 20 世纪六七十年代分别制定了药品注册的法规、条例和指导原则。但不同国家对药品注册要求各不相同，这不仅不利于病人在药品的安全性、有效性和质量方面得到科学的保证及国际技术和贸易交流，同时也造成制药工业和科研、生产部门人力、物力的浪费，不利于人类医药事业的发展。为了降低药价并使新药能早日用于治疗病人，各国政府纷纷将"新药申报技术要求的合理化和一致化的问题"提到议事日程上来。因此，美、日、欧开始了双边对话，研讨协调的可能性，直至1989年在巴黎召开的国家药品管理当局会议（ICDRA）后，才开始制定具体实施计划，三方的政府药品注册部门和制药行业在1990年发起了ICH，讨论了ICH协议和任务，成立了ICH指导委员会。会议决定每两年召开一次ICH会议，由三方轮流主办。第一次指导委员会协调了选题，一致认为应以安全性、质量和有效性三个方面制定的技术要求作为药品能否批准上市的基础，并决定起草文件。同时，每个文件成立了专家工作组（EWG），讨论科学技术问题。后来，随着工作的深入开展，认为电子通讯和术语的统一，应作为互读文件的基础，因此，增加了"综合学科"。截至2008年6月，颁布了四个方面各有多个主题的文件。

① 安全性（Safety，包括药理、毒理、药代等试验），以"S"表示，分为S1～S8等8个主题。

② 质量（Quality，包括稳定性、验证、杂质、规格等），以"Q"表示，分为Q1～Q10，最新的主题Q10为药品质量系统（Pharmaceutical Quality System）。

③ 有效性（Efficacy，包括临床试验中的设计、研究报告、GCP等），以"E"表示，分为E1～E15等15个主题。

④ 综合学科（Multidisciplinary，包括术语、管理通讯等），以"M"表示。在本学科文件中，与新药审批资料格式最为密切的文件是通用技术文件（CTD），美国DMF及欧洲的COS的主要格式与要求和CTD基本一致，在编写DMF和COS时，参考CTD的基本要求将起到事半功倍的作用。详见ICH M4（Common Technical Document）及M2（eCTD：Electronic Common Technical Document Specification）。

17.5.3 展望

1985年的《中华人民共和国药品管理法》标志着我国新药研制和注册进入了法制化阶段，2001年《中华人民共和国药品管理法》及2002年《中华人民共和国药品管理法实施条例》和《药品注册管理办法》从国情出发，使得各项制度更趋规范化、科学化；随后的一系列补充规定加强了对药品注册的管理，实现了对行政审批制度的进一步改革，促进了新药注册速度的加快。随着我国改革开放的不断深入和市场经济体制的建立与完善，药品研究及生产的国际化趋势越来越明显，为了适应与国际药品行业接轨的形势，学习和了解发达国家的新药审批制度和药品管理的法律法规，对于我国建立科学的药品审评机制有着重要的参考价值，可以更多地引入国外先进的管理模式，降低新药研发和审批管理成本，实现与国际惯例的接轨，使得药品注册运作更加国际化。

医药产业属于知识密集型产业，从研究到注册的要求很高。因此为了我国的新药研究开发尽可能融入市场经济的洪流，赶超世界先进水平，应当加快新化合物的筛选、药理和药效研究，积极开展国际间的医药技术和注册管理间的合作，扩大我国医药事业在国际上的影响，从而提高我国医药科技和管理在国际上的地位，为我国科研的创新服务。

推荐读物

- 中华人民共和国药品管理法（1984年第六届全国人大常委会第七次会议通过，2001年第九届常委会第二十次会议修订）。

- 中华人民共和国药品管理法实施条例（国务院令第360号）.
- 药品注册管理办法（国家食品药品监督管理局令第28号）.
- 秦伯益主编. 新药评价概论. 第2版. 北京：人民卫生出版社，1999.
- 国家食品药品监督管理局药品审评中心网站 http：//www.cde.org.cn.
- 国家药典委员会编. 中华人民共和国药典. 北京：化学化工出版社，2005.
- http：//www.fda.gov/cder/handbook/index.htm.
- 王建英 编著. 美国药品申报与法规管理. 北京：中国医药科技出版社，2005.
- C Jeanne Taborsky, Brian James Reamer. DRUG MASTER FILES//Encyclopedia of Pharmaceutical Technology. Third Edition. Edited by JAMES SWARBRICK PharmaceuTech, Inc., Pinehurst, North Carolina, U.S.A, 2006：1401-1405.
- http：//www.emea.eu.int.
- 曹立亚，张承绪主编. 邵明立主审. 欧盟药物警戒体系与法规. 北京：中国医药科技出版社，2006.
- David M. Jacobs. EUROPEAN AGENCY FOR THE EVALUATION OF MEDICINAL PRODUCTS (EMEA)//Encyclopedia of Pharmaceutical Technology. Third Edition. Edited by JAMES SWARBRICK PharmaceuTech, Inc., Pinehurst, North Carolina, U.S.A, 2006：1593-1599.
- 周海钧主译. 药品注册的国际技术要求. 北京：人民卫生出版社，2006.
- Lee T Grady, Jerome A Halperin. HARMONIZATION OF PHARMACOPEIAL STANDARDS// Encyclopedia of Pharmaceutical Technology. Third Edition. Edited by JAMES SWARBRICK PharmaceuTech, Inc., Pinehurst, North Carolina, U.S.A, 2006：1955-1966.
- 国家食品药品监督管理局网站 http：//www.sfda.gov.cn.
- http：//www.fda.gov/cder/guidance.
- Roger L Williams. Food and Drug Administration：Role in Drug Regulation//Encyclopedia of Pharmaceutical Technology. Third Edition. Edited by JAMES SWARBRICK PharmaceuTech, Inc., Pinehurst, North Carolina, U.S.A, 2006：1779-1790.
- Lee T Grady. PHARMACOPOEIAL STANDARDS：THE UNITED STATESPHARMACOPEIA AND THE NATIONAL FORMULARY//Encyclopedia of Pharmaceutical Technology. Third Edition. Edited by JAMES SWARBRICK PharmaceuTech, Inc., Pinehurst, North Carolina, U.S.A, 2006：2841-2858.
- 李洪林，沈建华等. 虚拟筛选与新药发现. 生命科学杂志，2005，17（2）：125-131.
- http：//www.fda.gov/cder/about/whatwedo/testtube.pdf.
- http：//www.fda.gov/cder/guidance-clinical/medical.
- Mitsuru Uchiyama. PHARMACOPEIAL STANDARD：JAPANESE PHARMACOPOEIA//Encyclopedia of Pharmaceutical Technology. Third Edition. Edited by JAMES SWARBRICK PharmaceuTech, Inc., Pinehurst, North Carolina, U.S.A, 2006：2836-2840.
- Albert I Wertheimer, Sheldon X Kong. Health Care Systems：Outside the United States//Encyclopedia of Pharmaceutical Technology. Third Edition. Edited by JAMES SWARBRICK PharmaceuTech, Inc., Pinehurst, North Carolina, U.S.A, 2006：1977-1984
- Henri R Manasse Jr. Health Care Systems：Within the United States//Encyclopedia of Pharmaceutical Technology. Third Edition. Edited by JAMES SWARBRICK PharmaceuTech, Inc., Pinehurst, North Carolina, U.S.A, 2006：1985-1995.
- Agne's Artiges. PHARMACOPEIA STANDARDS：EUROPEAN PHARMACOPOEIA//Encyclopedia of Pharmaceutical Technology. Third Edition. Edited by JAMES SWARBRICK PharmaceuTech, Inc., Pinehurst, North Carolina, U.S.A, 2006：2829-2835.

第18章

新药上市前后的药物经济学研究

胡善联

目录

- 18.1 药物经济学及相关学科的介绍 /534
  - 18.1.1 药物经济学（pharmacoeconomics）/534
  - 18.1.2 结果研究 /534
  - 18.1.3 卫生技术评估 /536
  - 18.1.4 药物流行病学 /537
  - 18.1.5 循证医学 /537
- 18.2 上市前的药物经济学研究 /537
  - 18.2.1 成本的含义 /538
  - 18.2.2 成本的分析（cost analysis）/538
  - 18.2.3 效果与效用的测算 /539
  - 18.2.4 药物经济学评价的方法 /540
  - 18.2.5 最小成本分析方法 /541
  - 18.2.6 成本效果分析 /541
  - 18.2.7 成本效用分析 /542
  - 18.2.8 增量成本效果比值（incremental cost-effectiveness ratio, ICER）/542
  - 18.2.9 成本效益分析 /543
  - 18.2.10 成本效果的模型研究 /544
  - 18.2.11 质量调整生命年的评价标准 /546
  - 18.2.12 敏感度分析（sensitivity analysis）/547
- 18.3 上市后的药物经济学研究 /548
  - 18.3.1 病例结果测定研究 /548
  - 18.3.2 效益风险分析 /549
  - 18.3.3 药物预算影响分析 /549
  - 18.3.4 系统分析和荟萃分析 /551
- 18.4 药物经济学研究对新药研究与开发的作用 /551
  - 18.4.1 药物经济学评价的设计 /551
  - 18.4.2 药物经济学评价的指南 /552
  - 18.4.3 基本药物目录与医院用药目录 /553
  - 18.4.4 药物经济学在新药研究与开发中的贡献 /555
    - 18.4.4.1 新药的市场可及性（market access）/555
    - 18.4.4.2 新药的价值和可承受性（new medicines value and affordability）/555
    - 18.4.4.3 药品的定价 /555
    - 18.4.4.4 新药的补偿 /557
- 18.5 讨论与展望 /557
- 参考文献 /559

18.1 药物经济学及相关学科的介绍

18.1.1 药物经济学 (pharmacoeconomics)

国际药物经济学与结果研究协会（International Society for Pharamacoeconomics and Outcomes Research，ISPOR）在2003年组织Berger等专家编写了《卫生保健的成本、质量和结果》词汇一书[1]，对药物经济学的定义为："**药物经济学是一门科学，它评价医药产品、服务及规划的总的价值。它强调在预防、诊断、治疗和疾病管理干预措施中的临床、经济和人文的结果，药物经济学提供最优化配置卫生资源的信息**"。由此可见，ISPOR的药物经济学定义的研究范围涉及卫生经济学、临床评价、技术评估、风险分析、流行病学、卫生服务研究、决策科学等多种学科。

药物经济学作为一个独立学科，它包括经济学和医学两门知识。经济学的特点是以假设检验为"金标准"的，应用非实验设计或运用回顾调查构建模型，研究对资源和预算的影响。与医学相比，医学也是以假设检验为"金标准"的，但多用前瞻、随机、对照的临床试验（RCT），运用循证医学和系统分析的方法，研究结果可应用到患者的身上。经济学与医学研究是有明显差异的。经济学是强调系统水平，观察药品的整个生命周期，比较增量的成本和效果差异。而医学则是强调个人水平，比较临床功效，研究干预结果和资源利用（即IV期临床试验的效果研究）。因此，药物经济学兼有经济学和医学的特点。

以往研究药物只注重它的疗效（有效性），以及它的副作用（安全性）。近年来，药物的经济性（成本效果）愈来愈受到重视，提出了三者结合的ECHO模式（图18-1）。欧洲各国在药物经济学研究的经验中总结出药物研究具有六大障碍因素（hurdles），大致可分为：①药品的质量；②药品的安全性；③药品的功效/效果（efficacy/effectiveness）；④药品的成本；⑤药品价格的可承受性（affordability）；⑥药品使用的适宜性（appropriateness）。这些因素在今后的药物经济学研究中值得考虑。

18.1.2 结果研究

结果研究（outcome research）也是一门新兴的学科，它是评价与患者相关的卫生保健干预措施的结果。也可称为卫生结果研究（health outcomes research），特别是用于非药物的治疗过程和预防策略的评价，如外科手术，疾病筛检技术，对疾病管理项目（disease management program）的分析与评价特别重要。其内容与药物经济学评价研究有重叠。它是研究日常治疗过程中医学的、社会的和经济的结果，结果研究的不仅仅是健康的结果，它包括广义的结果（consequences），即指经济的（economic）、临床的（clinical）和人文的（humanistic）结果，所以简称为ECHO模式（ECHO model）。

临床结果的测定是指疾病治疗后发生的医学事件（如脑卒中、失能、住院），或可用临床评价患者生理或生物医学状态的中间替代指标（clinical intermediary），如血压、呼吸量。人文结果的测定是指患者自我评价疾病和治疗对其生活和幸福的影响（如满意度、生存质量），下面还要谈到用一般的或特异的量表（questionnaires）来测定生存质量（quality of life），如SF-36，糖尿病的DQLCTQ表。根据临床结果应用生命质量调整年（QALY）或计算挽救一个生命年需要的费用来表示（cost per QALY）。也同样可采用人文的替代中间指标（humanistic intermediary），如影响患者疾病和治疗对生活的因素，价值、规范和意向。经济结果的测定是指花费的直接和间接成本比较治疗结果的比值。如测

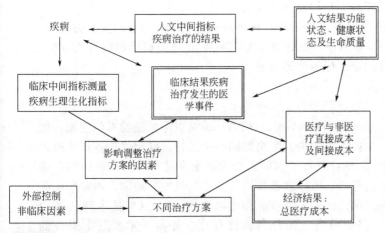

图 18-1　药物研究的 ECHO 模型[2]

量包括患者因病治疗增加或减少的成本（费用），对临床死亡率（病死率）、患病、失能、治疗疗效或预防效果的影响。所以药物经济学常与结果研究结合在一起。因此，国际药物经济学与结果研究协会将这两门学科有机地联系在一起。

近年来在药物经济学研究中，在临床结果研究方面根据证据的重要性和优先的层次，依次为随机对照试验（RCT）、非随机干预试验、流行病学研究（观察研究）。临床结果观察包括患病的结果（症状、急性疾病、副反应），死亡结果。人文的结果采用病例报告的结果（patient-reported outcomes，PRO），包含症状改善、功能状态的恢复和与健康相关的生活质量的提高、治疗满意度、患者的偏好和依从性。资料来源可根据患者直接提供的意见，临床报告的文献和通过国家卫生服务调查获得的资料。

药物经济学研究的内容涉及较广，包括：①疾病的经济负担，研究新药的相关适应证，对治疗疾病后对社会造成减轻的疾病经济负担，这也是药学研究者在申报新药时应该强调的重点；②药品的需求和供给——这是经济学上的一对矛盾，需求是患者、医生的需求，供给则是医药工业系统和流通企业来供给；③药品市场——企业比较重视的研究重点；④药品价格——政府微观角度研究的重点；⑤药品政策——政府宏观角度研究的重点。

药品的生命周期包括：药品的发现（discovery）、药品的研究与开发（research & development）、药品的补偿（reimbursement）和药品的营销（marketing）。

药物经济学是实用性很强的一门学科，常应用于：①新药Ⅱ、Ⅲ、Ⅳ期临床试验时进行药物经济学评价；②通过成本效果的评价来筛选和制定药品目录和处方集（formulary）；③制订基本药品目录及医疗保险的药品报销目录（注重临床疗效及成本效果分析）；④指导药物的补偿（pharmaceutical reimbursement）；⑤政府与药厂之间的价格谈判；⑥用于制定临床诊疗常规和循证药学决策；⑦药厂利用药物经济学的研究结果帮助药品市场营销，甚至申报新药的单独定价；⑧进行国家药品费用及药品政策的研究，包括宏观药品政策研究、药品的定价研究，有效配置药品资源。

药物经济学评价是药物经济学中的一个研究手段和工具。药物经济学评价是从 20 世纪六七十年代发展起来的，它结合流行病学、决策学、生物统计学等多学科研究成果，识别、测量和比较不同药物、治疗方案及卫生服务项目的成本和社会经济效果，有效提高医药资源的配置和利用效率的评价技术，是药物经济学研究的基本内容。国际上越来越多的国家开始将药物经济学评价用于药品定价、报销目录遴选、临床合理用药、疾病防治策略以及新药研发等卫生决策领域。了解药物经济学评价技术在全球的发展趋势及应用，有利于我国进一步提高药物经济学研究水平并加强其政策应用。

药物经济学在我国的发展已有 10 余年的历史，在国内仍然属于一门新兴发展的学科。不同学科背景的研究者对药物经济学有不同的理解。研究结果正逐渐被应用到药品定价、医疗保险药品目录的制定、促进临床合理用药等领域。

18.1.3 卫生技术评估

卫生技术评估（health technology assessment，HTA）是对卫生保健技术的性质、效果和其影响进行系统的评价。卫生技术评估是卫生决策的一个过程，确定优先重点和投入的决策。欧盟卫生技术评估网络 EUnetHTA（2007）提出的定义是"用一个系统的，透明的，无偏的，有根据的方式，在患者、医疗服务提供者、卫生机构、地区、国家和国际水平上，总结一种卫生技术有关医学、社会、经济、和伦理的信息"。卫生技术评估的内容很广，包括药品、生物技术、仪器设备、内外科诊疗程序、外科手术、卫生服务的组织管理和服务提供系统（急诊、免疫规划、疾病管理项目、社区服务、健康计划等）、卫生技术传播（HTT）等。评估的内容不仅是卫生技术的临床、经济和人文的结果，还包括对社会、立法、伦理、支付补偿和政治的影响。因此，它与药物经济学的内容是有交叉的。目前 ISPOR 组织正在扩大这方面的联系，意图扩大组织，包含技术评估的内容。

卫生技术评估是应用卫生保健技术后的短期和长期结果（效果和安全性）的一种政策研究。为卫生决策者提供是否值得推广、使用或停止使用某项技术的信息。迄今，全球已有 30 多个国家推行卫生技术评估工作。如美国卫生保健市场有公立（Medicare，Medicaid）和私立的医疗保险，各占 50%。但还没有强制性卫生技术评估的国家指南。目前美国有民间的卫生技术评估 AMCP 指南（Academy of Managed Care Pharmacy）2005 年出版第 3 版。Wellpoint 是美国最大的（健康维持组织）（HMO），它也提出了一个药物经济学评价指南。其内容包括两类，一类是对新产品的评价，第二类是对上市后已有产品的再评价，评价临床绩效、成本效果和系统影响。Wellpoint 指南的循证和分析标准是根据临床证据、成本效果测定的结果以及预算的影响三个方面，通过监测的结果来获得证实（图 18-2）。3～5 年后要求再评估，如果没有达到要求需要重新谈判新技术的价格。由于美国是一个自由市场经济的国家，2006 年美国管理公立医疗保险的组织（CMS）提出的国家覆盖决定过程指南（National Coverage Determination Process，NCD）中提到成本效果分析并不是国家考虑是否需要覆盖某项技术的因素，而且并不认为功能相同药物应该进行参考定价，美国提出以价值为基础的技术评估概念（value-based technology assessment），依此推动高新技术的发展。

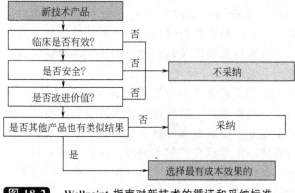

图 18-2 Wellpoint 指南对新技术的循证和采纳标准

全球比较重要的卫生技术评估的国际机构有：美国卫生保健研究和质量机构（AHRQ）卫生保健项目，由美国15个州的低收入人群医疗保险机构（Medicaid）组成药品效果评价项目（DERP）；加拿大药品及卫生技术机构（CADTH）；Cochrane合作中心；英国国立卫生技术评估协调中心（NCCHTA）、英国临床研究院（NICE），英国国家卫生服务评价和转播中心（CRD）和德国卫生保健质量和效率研究所（IQWiG）。

18.1.4 药物流行病学

药物流行病学（pharmacoepidemiology）是从人群群体的角度研究药物治疗的应用、结果和影响。药物流行病学是将药理学、治疗学和流行病学的知识结合起来。如研究不同系统或不同种类药物在人群中利用情况的评价（drug use evaluation），研究药品的正向作用，如对疾病的疗效、预后，以及对生命质量的影响。也可研究药品的负向作用，如安全性，副作用和不良反应、药物的误用和药物的依赖，药品的销售和市场分析等。不同的流行病学设计方法可以用在药物流行病学研究中。如新药或疫苗的随机对照双盲临床试验，严格讲也是一种流行病学前瞻性的实验研究。新药上市前的研究，前者的实验组和对照组的对象是经过高度选择的，两组人群的人口学和其他疾病基础条件是均衡可比的，但不能代表真正疾病的目标人群。临床的结果比较被称为功效（efficacy）。反过来，对临床实际应用后的回顾性调查药物的疗效和不良反应则属于流行病学的回顾性研究性质，是药物上市后的一种研究。这时药物实际临床应用中的疗效，称为效果（effectiveness）。药物流行病学的研究是确保患者和社会的药物安全性和药物的合理使用，也可以认为是药物经济学研究的一个工具。

18.1.5 循证医学

循证医学（evidence-based medicine，EBM）是近年来发展的总结卫生保健最佳实践（best practice）的一种方法学。传统的临床研究是基于专家的经验和一些临床文献的综述研究。现在已处于文献报告快速增长，知识信息爆炸的时代，为了控制医疗费用，需要总结合理的治疗方法。循证医学的概念是要求医生和研究者在临床的实践中，应用循证医学的知识和方法，评价已有的临床干预措施，提供没有偏倚的、最佳治疗结果的临床证据，然后再应用到临床实践中去，制定临床诊疗指南。循证医学采用的是系统分析（systematic reviews）的方法，这种方法首先是由英国的流行病学家Archie Cochrance创导的，对所有相关的临床随机对照双盲实验的文献，包括灰色文献（grey literature），进行系统性的回顾。确定选择和评价所有相关文献，收集和总结有关特殊研究问题的证据。对某一种药物的经济学评价也可以采用循证医学系统分析的方法。如从Cochrance reviews和Campbell reviews文献库中收集有关健康的文献，由全球的Cochrance中心按特殊的方法学进行研究，这就是通常所讲的不同机构之间的合作（Cochrane collaboration）。如英国约克大学的Centre for Reviews and Dissemination（CRD），美国卫生保健研究和质量机构（AHRQ）资助的循证医学实践中心（EPC）就是属于这类机构。

综上所述，药物经济学既是一门独立的学科，又是与结果研究、药物流行病学、卫生技术评估、循证医学在研究内容上互有交叉。在方法学上可以相互借鉴。但药物经济学的评价方法则是药物经济学所特有的。

18.2 上市前的药物经济学研究

药物经济学评价过去一般都集中在药品上市前的研究，对上市后药物的经济学评价研究工作比较滞后，特别是对药物不良反应的研究都属于药物流行病学的研究范畴。近年来，药物经济学研究已扩展到药物的研发（R&D）、补偿和市场营销（marketing）。药物经济学评价也已全面介入到临床前期、Ⅱ期临床、Ⅲ期临床及上市后的Ⅳ期临床观察。

药品上市前应用的药物经济学评价方法主要有四种，即最小成本分析、成本效果分析、成本效用分析和成本效益分析。

18.2.1 成本的含义

成本用货币值表示（包括项目成本、副作用、以后生活年限发生的医疗费用）。药物经济学研究中的成本包括了直接的医疗成本（疾病的诊断、治疗、预防、处方药物、OTC药物等消耗的成本）以及直接的非医疗成本（病人就诊过程中消耗与医疗无直接相关关系的消耗成本）。直接医疗成本具有资料可获得性的特点，当然能否如实地获得，需要医疗机构的全力合作。在药物经济学评价时测定的主要是直接医疗成本，即与疾病有关的医疗成本，也就是归因的成本。这就需要对非归因的、不相关的因素（其他疾病）造成的成本应予剔除。此外由于物价指数（CPI）的影响，如果是长期几年的直接医疗成本累计计算的话还需要进行校正处理。在进行药物经济学相关研究中，不能只看药价的高低（所谓的药品购置成本），而应该考虑药品的价值，是否物有所值（value of money）。

18.2.2 成本的分析（cost analysis）

成本分析是各种药物经济学评价分析方法的基础，也是疾病经济负担研究的基础。常见的药物经济学评价主要是测定直接的医疗成本（direct medical cost），只有在测定疾病对社会影响时才测定间接成本（indirect cost）。直接的医疗成本包括疾病的检测、治疗与预防有关的成本，如初级保健、社区服务、门诊和住院、诊断、试验、药品、手术（包括OTC药物、医用设备）的费用。而直接非医疗成本（direct non-medical cost）是指交通费、病人营养及家属陪护的其他开支。有一点应该注意的是在分析时应只计算与分析疾病的归因成本（attributable cost），不应该包括其他伴随疾病的治疗费用。在进行一年以上的长期成本时需要贴现（discount），或不同年份的医疗成本需要用消费物价指数（CPI）校正。在计算到具体的药物成本时，不仅要包括药品的购置成本即药品价格（acquisition cost），还要考虑注射器等消耗成本（consumables）、药品监测成本、药物副作用治疗的成本、耐药及治疗失败的成本以及住院的成本。因为有的新药使用后可以减少住院天数。间接成本（indirect cost）的计算目前尚未标准化。它是指因病缺勤误工、病休、失能、死亡、提早退休、失业对病人及家属劳动力和收益损失的影响。

表 18-1 中提到了需要收集的不同成本资料。其中无形成本是无法量化的，它是指由于患者因疾病引起的焦急、忧虑、疼痛等情绪方面的变化造成的经济损失。

表 18-1 药物经济学研究中应收集的不同医疗成本的种类

■ 直接成本(医疗与非医疗)	■ 药品购置成本
■ 间接成本	■ 增量成本(incremental cost)
	■ 自费成本(out-of-pocket cost)
■ 无形成本	■ 节省成本(averted)
	■ 辅助检查成本(ancillary cost)
	■ 补助成本(allowable cost)

成本的研究由于研究的角度不同,收集成本的数据也会有差别。如从病人角度出发只要分析直接负担的医疗费用(包括自负费用)及直接非医疗费用就可以了。如从医院角度研究药物经济学一般只计算直接的医疗成本。而医疗保险管理机构关心的是支付的社会统筹基金的费用(不包括病人的自负费用)。如从政府角度考虑成本,则应从全社会角度出发,应计算全部的社会成本,包括直接医疗成本及影响劳动生产力的间接成本。一般来讲,经济学评价时应该从全社会角度来考虑成本和效果。不管是谁出的钱,因此间接的成本(或生产力成本)也应该包含在内。但是主要的争论焦点是间接成本很难被卫生决策者所接受,因为这些间接成本并不落实到卫生部门的卫生预算中。

在药物经济学研究中成本可通过多种方式获得。在国外常用的方法是根据文献报道(通过 Pubmed 及 Embase 检索)、按病种分类支付(DRG)的费用、医院的医疗费用数据库资料,如果没有任何数据可以获得的话,只能通过个案病史的分析、或采用 Delphi 专家咨询的方法获得疾病费用的估计值。不同方法的应用会影响到成本估算的差异和精确度,并且与各国医疗实践和体系有较大的关系。近年来药物经济学研究多采用多国、多中心的研究,成本的分析往往是一个问题。由于卫生资源的利用各国间有很大的不同,因此研究的结果也不能生搬硬套。要改进设计方法和成本资料的收集。在结果分析时需要进行同质性检验、回归分析及采用多水平的模型。

在药物经济学研究中成本计算常见的差错是只计算药品的购置成本(acquisition cost)(既药价的高低),只看成本(费用)高低,不看价值(value of money),或是忽略注射消耗成本(consumables)、药品监测成本、药物副作用治疗的成本、耐药及治疗失败的成本以及住院的成本。

18.2.3 效果与效用的测算

效果的测算一般用自然单位表示,如治愈率、寿命年、并发症和各种生理参数、功能状态。临床的中间结果(如血压,血糖,胆固醇的降低),减少发病的人数、死亡人数、带菌(病毒)者的人数、延长寿命年(years of life saved),以及血清学标志(如乙型肝炎的 HBsAg,HBeAg,DNA)的变化。

由于近 30 年来健康状况及生存质量的调查已被广泛应用,为临床实践、患者的保健管理和卫生政策的确定都提供了良好的信息。对研究健康的公平性是必不可少的。

效用(utility)是指病人对自身健康的满意程度和偏好,反映人体的健康状况。效用值为 0~1 之间的数值。0 表示死亡,1 表示完全健康。早在 1987 年 Torrance 就提出根据健康状况,判定效用值(表 18-2)。

表 18-2 不同健康状况的效用值

健康状况	效用值	健康状况	效用值
健康	1.00	严重心绞痛	0.50
绝经期综合征	0.99	焦虑、压抑、孤独感	0.45
高血压治疗副反应	0.95~0.99	盲、聋、哑	0.39
轻度心绞痛	0.90	长期住院	0.33
肾移植	0.84	假肢行走、失去听力	0.31
中度心绞痛	0.70	死亡	0.00
中度疼痛生理活动受限	0.67	失去知觉	<0.00
血液透析	0.57~0.59	四肢瘫痪伴有严重疼痛	<0.00

常用的效用测定有多种方法，EuroQoL（EQ-5D）是 15 年前由 EuroQoL 组首先建立的一种测量与健康有关的生存质量（HRQL）的通用量表，现在全世界已翻译成 50 多种文字，用作病人自我测量健康结果的一种方法（patient-reported outcome，PRO）。包括五个方面的评价内容（运动、自我照料、一般活动、疼痛不适、顾虑忧郁），每种健康状况分成三个等级（1~3 分），1 分最好，3 分最差。假设五个方面的得分为 21111，即可查得效用值分数为 0.85。帮助医师对患者的生存质量做出临床决策。EQ-5D 量表还可用于人群健康的调查（www.euroqol.org）。但这种方法存在着不少问题，如病人的认知水平，评价结果的信度和效度，打分标准等均会影响到调查的结果。也可应用 WHO-QoL，SF（Short form）-36，SF-12，HUI1 或 HUI2，Nottingham health profile（NHP），Rosser index，Sickness impact profile（SIP）等量表来测定生存质量。功能状态可分为认知、心理功能、疲劳、生理活动、性功能、社会活动和一般健康。

不同疾病还可使用疾病特异的生存质量量表，如总体精神健康指数（PGWB）、胃肠道症状分级体系（GSRS）。Mapi 研究机构是在法国的一个国际性公司，致力于病人报告健康结果的测量。拥有各类疾病的生存质量量表 530 多种，可参阅网站 www.proqolid.org 的资料。

生存质量的评价在新药及新的医疗设备的临床试验中已成为主要的内容。常在临床试验的Ⅱ期和Ⅲ期时收集生存质量的资料，测量患者的受益程度。生命质量调整年（quality-adjusted life-year，QALY）是一种常用的结果测定的指标。将病人的健康状况换算成经过生命质量校正后的生命年来比较。从经济学理论（增量效益）来说明它的意义。最后从改善或提高每一个 QALY 需要的机会成本，应用这些证据来进行是否需要批准新药的决策。

生命质量调整年（QALY）是综合生命的质量与数量（寿命年）的一个指标。图 18-3 表示有 A 及 B 两人，A 存活 6 年，生命的质量（效用值）为 0.7，而 B 存活 9 年，生命的质量（效用值）只有为 0.6。如两人均换算成生命质量调整年（QALY）的话，A 为 4.2QALY，B 为 5.4 QALY。两人虽然存活的时间相差 3 年，但两人的生命质量不同，QALY 只相差 1.2 年。

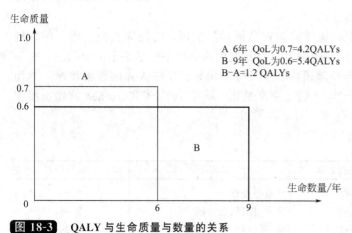

图 18-3　QALY 与生命质量与数量的关系

18.2.4　药物经济学评价的方法

药物经济学评价中需要研究的问题包括成本研究、临床结果研究、效用研究、生存质量研究、患者偏好和依从性等。药物经济学是运用描述和分析技术评价在卫生保健系统中药品干预的作用，为卫生决策者配置稀缺药物资源提供有价值的信息。药物经济学评价研究的方法有以下几种：疾病的成本（cost of illness，COI）、最小成本分析（cost minimization analysis，CMA）、成本效果分析（cost-effectiveness analysis，CEA）、成本效用分析（cost-utility analysis，CUA）、成本效益分析（cost-benefit analysis，CBA）和成本结果分析（cost-consequence analysis，CCA）、决策分析、敏感度分析、成本和效果的贴现等技术方法。

药物经济学评价中主要的研究方法可以归纳为成本效果评价、成本效益评价和成本效用评价三种方法。尽管有时将最小成本分析方法（CMA）也列为药物经济学评价方法之一，其实这种最小成本评价分析只能代表成本效果评价分析的一个特例，因为在比较不同干预措施时，假设效果是相同的，或没有统计学上的显著差异时，这时只要比较成本的大小就可以了。哪个药物的成本最小，就是最有成本效果。

另一个问题是人们经常混淆临床功效（clinical efficacy）和临床效果（clinical effectiveness）的概念，而把成本功效研究误称为成本效果研究。前者是把治疗的结果放在理想的情况下，如在临床随机对照试验中，患者是经过高度选择的，根据方案的设计需要排除患有伴随疾病发生的患者，试验患者需要定期随访和监测，治疗过程中的依从性是比较高的。但在实际的情况下，这种理想的状况是很少遇到的，临床的功效也没有这么高，结论容易产生误导。一个真正的成本效果研究应该考虑到上述各种因素，如伴随的疾病、药物依从的行为等。

18.2.5 最小成本分析方法

现以头孢噻肟和头孢噻肟加用头孢布烯序贯疗法治疗下呼吸道感染的经济学评价为例。后者在静脉滴注头孢噻肟3天后，如病情好转后改用口服头孢布烯治疗5~11天。作者将141例下呼吸道感染病人分组进行前瞻性临床随机对照研究和药物经济学成本效果分析。头孢噻肟静脉滴组病例73例，头孢噻肟和头孢布烯序贯疗法组病例68例，两组病例在人口学、医疗保险制度、病情严重程度、并发症发生率以及住院前2周用过其他抗生素者的情况是相同的。2组的治疗总有效率分别为89%和91%，差别无显著意义（$P>0.05$）。头孢噻肟静脉滴注组平均住院费用均为（12179±8621）元，而头孢噻肟和头孢布烯序贯疗法组平均住院为（9194±10928）元，两者相差3000元左右。这是一个典型的最小成本分析方法，结论是头孢噻肟和头孢布烯序贯疗法重度下呼吸道感染比头孢噻肟静脉滴注更具成本效果[3]。

18.2.6 成本效果分析

成本效果分析的指标是计算成本（C）效果（E）的比值（CER=C/E），即计算每一个取得的健康结果的自然单位成本，或也可计算边际成本效果比值（ICER）。ICER=$(C_1-C_2)/(E_1-E_2)=\Delta C/\Delta E$

现以磷酸奥司他韦治疗流行性感冒的成本效果分析为例。作者报告一项随机对照开放的多中心临床试验。经临床诊断的流感样病例共118例，试验组58例，对照组60例。磷酸奥司他韦剂量为75mg，每日二次，连续5天。对照组仅用新康泰克对症治疗。治疗效果根据临床症状恢复情况（表18-3）

表18-4无论是流感样病例或是经过病毒和血清学证实的流感病例，试验组的直接医疗费用可减少200元左右（表18-4）。节省545~610元的社会成本（包括直接成本和间接成本）。平均发热缓解时间缩短60h（2.5天），平均症状缓解时间108h（4.5天）减少非卧床时间2~2.5天。恢复到基础状态的时间要比对照组缩短5天。而且缓解了因高烧、头痛、全身关节酸痛等症状，产生了明显的无形效益（intangible benefit）[4]。

表 18-3　两组流感样病例的治疗效果比较（$\bar{x} \pm s$）

组别	平均发热缓解时间/h	平均症状缓解时间/h	恢复到基础状态天数/天	症状总评分下降（AUC）
试验组($n=58$)	56±41	84±91	5.8±2.9	777±454
对照组($n=60$)	102±89	155±97	10.7±5.8	1359±989
P 值	0.0004	<0.0001	<0.0001	<0.0001

表 18-4　两组流感病毒学确诊病例的成本比较（$\bar{x} \pm s$）

组别	住院率/%	平均总医疗费用/元	挂号费/元	治疗费/元	药品费/元	检查费/元	总费用(直接费用+间接费用)/元
试验组($n=27$)	7.4	587±463	7±3	16	462±307	77±75	1059±609
对照组($n=29$)	17.2	787±761	10±6	40	553±535	125±128	1668±938
P 值	1.21	0.246	0.0517	0.0031	0.4661	0.0982	0.0088

18.2.7　成本效用分析

成本效用分析是成本效果分析的一种，只是效果用健康有关的生存质量来衡。效用测量、健康相关的生存质量评价、由病人自我测量健康结果（patient-reported outcome methodology，PRO）和病人偏好均属于人文的结果。经济结果则用医学和非医学资源利用（resource utilization，RU）的相关成本来比较。在成本效用评价中干预的结果通常用生命质量调整年（QALY）来表示，即延长一个生命质量调整年需要的成本，用提高一个QALY，需要的成本（元/QALY），提高一个伤残调整生命年（DALY）需要的成本（元/DALY），或挽救一个生命年（year of life saved，YOLS）需要的成本（元/YOLS）来表示。

18.2.8　增量成本效果比值（incremental cost-effectiveness ratio, ICER）

一般来讲，新药或新的仪器设备均优于老药或老的设备，但费用一般也要贵一些。这里就有一个增量（边际）的概念。也就是说增加的成本是不是值得，是不是物有所值。增量成本效果分析如图 18-4 所示。

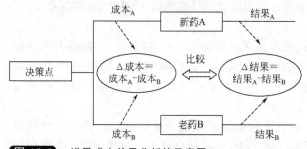

图 18-4　增量成本效果分析的示意图

现将 Oh. PI（2000）研究的治疗糖尿病药物的增量成本效果分析为例。比较曲格列酮与原有的磺脲类、双胍类降糖药进行药物经济学评价。结果见表 18-5。

表 18-5 曲格列酮与磺脲类、双胍类降糖药的增量成本效用比较

项目	曲格列酮	磺脲类	双胍类
治疗成本/美元	7781	3667	3655
存活年数	6.254	6.161	6.181
边际成本	—	44237	56888

计算新药曲格列酮的增量成本效用比值（ICUR）时，可将表 18-5 中曲格列酮的治疗成本与磺脲类和双胍类的治疗成本相减，除以延长的存活年数，求出每延长一个质量调整存活年（QALY）所需的成本，在药物更新换代中，比值越小越好。磺脲类药物的增量成本效用比值（ICUR）=（7781－3667）/（6.254－6.161）=44237

双胍类药物的增量成本效用比值（ICUR）=（7781－3655）/（6.254－6.181）=56888

新药增量成本效果可接受的范围如图 18-5 所示。

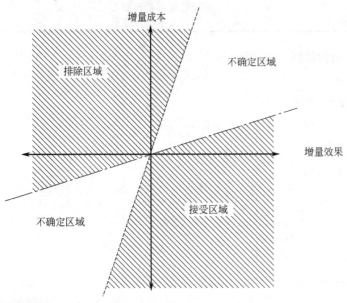

图 18-5 新药增量成本效果可接受的范围（Laupacis 等，1992）

18.2.9 成本效益分析

成本效益分析的特点，取得的健康效果可以转化成货币。因此，无论是成本，还是效益均用货币单位表示。可计算成本（B）效益（C）比值（BCR=B/C），或可计算净效益（效益－成本＝$B-C$）或也可计算边际成本效益比值（IBCR）

$$IBCR=(B_1-B_2)/(C_1-C_2)=\Delta B/\Delta C$$

现以拉米夫定治疗慢性乙型肝炎病毒感染为例计算它的经济效益。作者追踪 336 例门诊病人和 662 例住院病人的医疗费用。计算每人每年不同慢性肝病（慢性乙型肝炎、代偿性肝硬化、失代偿性肝硬化和肝细胞肝癌）的直接医疗费用、直接非医疗费用和间接经济损失。[5]

在进行成本效益分析时采用费用节约模型对拉米夫定治疗组与非拉米夫定治疗组的临床效果进行比较。临床效果包括 HBeAg 血清转换率和肝硬化的进展程度。通过治疗一年后的血清学指标的变化，说明用拉米夫定治疗可减少年治疗费用（表 18-6）。用 15 个国家的临床研究数据库或根据肝功能（ALT）异常情况进行测算。发现在高 ALT 水平和亚洲慢性肝炎人群中用拉米夫定治疗效益更为明显。

表 18-6　拉米夫定治疗后的费用节省情况

分组	试验组血清转阴率	对照组血清转阴率	试验组肝硬化率	对照组肝硬化率	治疗节省费用/元	节省费用占年治疗费用/%
所有病人	0.186	0.063	0.022	0.074	2.906	46
ALT>2X 的病人	0.297	0.086	0.019	0.135	5.698	91
ALT>2X 亚洲病人	0.34	0.071	0.019	0.135	6.703	107

成本效益与成本效果的分析方法的特点比较见表 18-7。

表 18-7　成本效益与成本效果的分析方法的特点比较

成本效益分析	成本效果分析
结果用货币值表示	结果用非货币值表示
投资的最大效益	项目的最小成本
假设有限的资源	假设有足够的资源
比较项目的不同目标(如教育与卫生)	比较项目的相同目标

药物经济学评价投入产出的框架结构如图 18-6 所示。

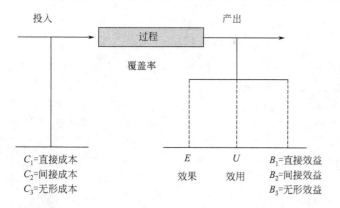

图 18-6　药物经济学评价投入产出的框架结构

18.2.10　成本效果的模型研究

　　模型研究的方法常用于不能进行 RCT 或观察性研究的情况下,特别是当一种新药已有大型的多中心临床研究的结果,有比较丰富的临床治疗功效和疾病转归的概率和数据,在一个地区或国家刚准备上市,但由于各国的新药价格不同,需要有关该新药的长期成本效果资料,可以通过模型方法研究。模拟实际的临床环境和最终的健康结果,较快地得出可否上市或获得医疗保险报销的结论。模拟是在计算机辅助模拟的条件下,用于描述研究疾病临床转归路径、在不同药物或治疗方案下可能获得的预期结果。各阶段疾病转型的概率(Transition probabilities)可通过医学文献检索或对已发表的临床试验荟萃分析、根据流行病学研究的结果或由专家提供的意见分析。成本资料可收集各国当地治疗的费用。

　　模型方法最大的优点是费用低廉,获得研究的结果较快,适用于新技术的经济学评价。但也有明显的缺点,结论来自于各种假设,而不是根据当地临床试验的结果,得出的结论难以使卫生决策者信服和接受。特别是当研究是由医药企业资助时,难以保持结论的客观和公正。常用的模型分析有两种,一种是决策分析模型,另一种是马尔可夫模型(Markov model)。

　　决策分析模型是根据临床转归的途径,将每一种决策选择的事件概率与对应的结果连接起来,形成"决策树"模型(图 18-7)应用于不同治疗方案的比较和选择。每一个可能结果的价值可以用货币值、挽救的生命年、患者偏好等表示。决策树中有3种类型的节点：正方形的选择节点、圆形的机会节点、三角形的结果测量的终点。

另一种是马尔可夫（Markov）模型，能在一个相对较长的时间内对新药的结果进行评估，期间相同事件可以反复发生。马尔可夫模型可构造出一系列的健康状态，模拟状态之间的转移概率不同（图18-8）。不同健康状态之间的可以从文献或临床试验中获得。随着疾病随时间的变化，每一个健康状态都与多种特定结局和成本相关联，可以进行估计。

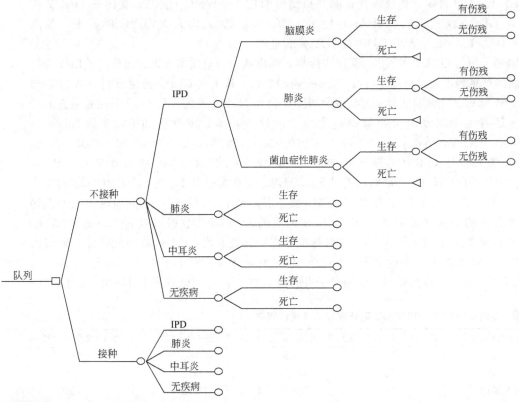

图 18-7 决策树——评估新疫苗的长期成本效果（McIntosh，2005）
IPD—侵袭性肺炎球菌性疾病

短期的试验内模型（within trial model）可用增量成本效果比值（ICER）。而预测终身的临床和经济结果时可采用长期的 Markov 模型（long term model）。

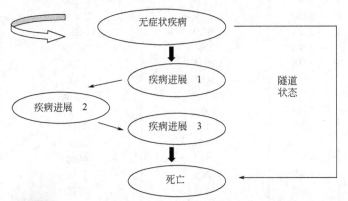

图 18-8 马尔可夫模型——评估某疾病（有4种疾病状态）随时间的变化（Lee，2003）

18.2.11 质量调整生命年的评价标准

一个新药到底花多少成本获得一个质量调整生命年是可以接受的,目前没有结论。这里介绍不同国家的标准,以飨读者。

泰国最近提出一个适合该国情况的标准,即<1人均GDP/QALY的情况下是可以接受的。当一个QALY在1.0~3.0人均GDP之间时,需要对新药进行个别分析。当>3人均GDP/QALY时则新药应该被排除在报销范围之外。WHO(2002)提出每DALY应<3人均GDP,澳大利亚(PBAC)提出1.26~2.29人均GDP/LYG的标准,英国(NICE)认为1.4~2.1人均GDP/QALY是合适的。

韩国则采用每QALY<20000美元为标准,而且认为增量成本效果的比值(ICER)最好根据疾病的严重程度而灵活制定标准。Oriewska(2003)认为在GDP、意愿支付(WTP)与每一个增量QALY之间呈线性关系,按照国际经验0.7~2.3倍的人均GDP是比较适宜的。

其他还有不少国家提出质量调整生命年的评价标准,现举例如下:美国25000~50000美元/QALY,英国(NICE)提出20000~30000英镑/QALY(32000~48000美元/QALY);澳大利亚(PBAC)提出42000~76000澳元/LYG(28200~51000美元/LYG);新西兰提出(PHARMAC)20000新西兰元/QALY;加拿大提出20000~100000加元/QALY(17600~87800美元/QALY)。总之,不同国家经济水平不同,即使在亚洲地区各国的人均GDP也有很大的差异(表18-8)。从表18-8提供的人均GDP数据可以看出,如以WHO(2002)提出每DALY应小于3人均GDP标准,在中国按人均GDP 4000美元计算(购买力平价,PPP)或按获得一个生命年(LYG)8000美元计算,则小于12000美元/QALY或24000美元/LYG是可以接受的。则相当于目前汇率的78000元/QALY和156000元/LYG。

表18-8 亚洲APAC 22个国家和地区计算成本效用的阈值

国家和地区	总GDP/×10亿美元	人均/美元	人均GDP(PPP)/美元	每LYG值(PPP)/美元
文莱	9.5	25754	47465	95000
新加坡	116.7	26879	41478	83000
中国澳门	11.6	24507	37259	75000
中国香港	177.8	26094	35680	71000
澳大利亚	712	34774	32798	66000
日本	4549.2	35604	30290	61000
中国台湾	355.1	15674	26068	52000
新西兰	108.8	26538	24554	49000
朝鲜	791.4	16441	21324	43000
马来西亚	137.2	5250	11466	23000
泰国	176.2	2721	6869	14000
中国	2243.8	1721	4091	8000
不丹	0.8	1318	3694	7000
斯里兰卡	24.0	1218	3481	7000
印尼	287.0	1311	3234	6000
菲律宾	98.7	1158	2932	6000
印度	778.7	707	2126	4000
老挝	10.2	508	1811	4000
越南	52.9	637	2142	4000
孟加拉	61.2	446	1268	3000
柬埔寨	6.3	454	1453	3000
尼泊尔	8.7	343	1081	2000

美国 Wellpoint 指南提出可以接受的新药产品的 ICER 标准为每一个生命年为 20000 美元。许多经济学评价发表的结果均证实成本效果分析结果每 QALY 小于 50000 美元或 50000 欧元或在 30000 英镑以内，都是在可接受的范围内（表 18-9）。

表 18-9 1976～2003 年间发表 800 篇成本效用分析文献的成本效用比值范围/%

分类	成本节省	<50000 美元/QALY	50000～100000/QALY	>100000 美元/QALY	其他	总计
药品($n=571$)	11	54.5	9.8	16.8	7.9	100
总数据库($n=1408$)	9.9	53.6	12.8	17.8	5.8	100

目前中国还没有一个 QALY 应在多少万元人民币的范围内是可以接受的标准，值得进一步研究。每一个 QALY 的价值取决于患者对药品价格的意愿支付，可以认为是意愿支付的阈值（willingness-to-pay threshold）。

不同国家的可接受阈值与经济发展水平、医疗费用的平均水平、年人均收入有关，不能将别国的阈值简单地按照汇率来折算。如英国的特点是国家卫生服务体系，卫生费用由国家税收支付，在药物经济学评估中往往从全社会角度考虑。

不同药物经济学的评价方法的归纳比较见表 18-10。

表 18-10 不同药物经济学的评价方法的归纳比较

方法	成本	结果测量
最小成本分析	货币值(元)	无,结果相同
成本效果分析	货币值(元)	自然单位(存活年数)
成本效用分析	货币值(元)	效用值(QALY)
成本效益分析	货币值(元)	转换成货币值(元)

18.2.12 敏感度分析（sensitivity analysis）

在药物经济学评价时有很多不确定的因素存在，如总住院费用、床日费用、平均住院日、药品价格、治愈率、生存率、贴现率等。新药在进行临床试验时药品还没有上市，价格并没有确定，因此在药品的价格上就是不确定因素。当进行成本效果分析时，药价就是需要进行敏感度分析的一个变量。其次在临床试验时，药物的治愈率或治疗后的生存率是抽样的样本，一般可按照均值来估计，但也有一个变动的范围（95%可信限）。同样，直接医疗成本也是不确定的，如缩短平均住院天数，降低或升高总的住院费用，甚至改变贴现率（5%）。各种参数的来源也可以从文献中获得。

最简单的、最常用的敏感度分析是单向敏感度分析。单向分析时只有一个变量参数发生变化，其他变量固定没有发生变化（表 18-11）。如单纯调整药品价格，提高或降低治愈率。旋风图（tornado diagram）就是集各种单因素的变化在一张图中表达出来（图 18-9）将最有影响的因素放在图的最上方，然后按因素影响的大小依次排列下来。图 18-9 中的垂直虚线是基线调查的结果。影响因素为患者年龄、副反应、贴现率、伴随的用药率和伴随疾病发生率。在这个例子中年龄变量的影响最大。

表 18-11 HIV 疫苗经济学评价的敏感度分析

参数	范围	成本效果/(美元/DALY)
终身感染 HIV 概率	10%～50%	12～2.4
疫苗的效果	40%～80%	5.1～2.6

续表

参数	范围	成本效果/(美元/DALY)
平均感染年龄	20～30 岁	2.7～5.0
改变贴现率	0～7%	1.1～16.6
注射次数	1～3 次	3.4～10.2

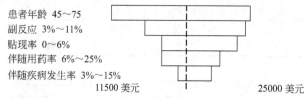

患者年龄 45～75
副反应 3%～11%
贴现率 0～6%
伴随用药率 6%～25%
伴随疾病发生率 3%～15%
11500 美元　　　　25000 美元

图 18-9 两个药物比较每延长一个生命年的增量成本

此外，也可以有 2 个或多个变量同时变化进行双向或多向的敏感度分析。在成本效果分析时也可以用期望成本效果分析来进行情景分析（scenario analysis）。根据研究的基本情况进行一个基线估计分析（base case estimate analysis），然后将各种变量设定在最佳的状态下，称为最好的情景分析（best-case scenario）；另一方面将各种变量设定在最差的状态下，求得最差的情景分析（worst-case scenario）。由于现实的情况比较复杂，甚至可以采用阈值分析（threshold analysis），数学的蒙特卡洛模拟（Monte Carlo simulation），及 bootstrapping 方法等。

目前国内药物经济学评价研究中还存在不少问题，多数的药物经济学评价研究不够规范，没有明确的分析角度。成本测算差异大，研究结果在临床合理用药的运用方面差距更大。此外，用模型法来进行药物经济学评价研究在国内尚不多见，这与我国疾病流行病学、临床疗效或结果研究还没有建立大量实证研究的基础，难以找到相关的参数有关。

近年来国际上应用倾向得分匹配方法（propensity score method，PSM），确定分析变量和病例的纳入和排除标准，根据大规模临床治疗的数据库资料在观察资料中进行两组或多组比较研究，分析药物多种剂量的效果。

18.3　上市后的药物经济学研究

药品上市后的药物经济学研究指药品被药监部门批准上市后的研究（post-marketing commitment study）过程。它要求药品上市后每年继续提供有关药品临床效益（clinical benefit）的基本信息，包括安全性（safety）、效能（efficacy）和最优化的使用（optimal use）。药监部门将有关信息上网公布，每季度更新一次（如 http://www.cder.fda.gov）。

上市后药物经济学研究的范畴包括主动对同类参照药物进行比较研究；新产品的跟踪研究；理解供方的适应性；需方的用药转换情况；药物风险评价；药品的价值研究；商业机遇的评价等。上市后的药物经济学研究的具体内容包括：效益风险分析（benefit-risk analysis）、药物预算影响分析（budget impact analysis）、荟萃分析（meta-analysis）、系统分析（systematic review）、药品价格意愿支付的阈值（willingness-to-pay threshold）、药物经济学研究对新药研究与开发的作用。

18.3.1　病例结果测定研究

病例结果测定研究（patient outcomes measurement study，POMS）是一种治疗结果

多中心的审计。在真实的临床情况下,提供实际治疗的证据(real-world evidence),为政府或准政府组织的决策提供依据。收集前瞻性资料,不设入组条件,观察一年。测量临床资料如生存质量的测定和资源的利用情况(resource utilization)以及药品不良反应的监测。

18.3.2 效益风险分析

近年来国内外发生了不少药害事件,如 2004 年墨克公司"万络"(罗非昔布)引发动脉粥样硬化。2006 年发生鱼腥草素(钠)注射液中加入辅料吐温 80 后引起过敏反应。同年又发生克林霉素磷酸酯葡萄糖注射液(欣弗)因改变灭菌工艺导致死亡等严重不良事件。用工业二甘醇代替药用丙二醇,致使亮菌甲素注射液发生肾毒性反应。总之,凡是药物总有一定的毒性。药物的风险和效益是一个选择的过程。

效益风险分析(benefit-risk analysis)常在药物决策中的应用,是利益相关者的选择,需要在临床实践中发现药物的不良反应。造成药物副反应风险的原因很多,如药品的审批手续不完善,临床试验时间太短,观察对象过少,缺乏连续性的安全警戒(continued safety vigilance)。

测定风险效益分析有两种方法:增量净健康效益法(incremental net health benefit,INHB)和最大可接受风险法(maximum acceptable risk,MAR)。

(1)增量净健康效益法(incremental net health benefits)　是应用临床试验和上市后的监测获得的效益和副反应资料,应用健康效益值权重标化。治疗后的健康效益与风险均用"效益"(权重)表示,与对照药物比较,两者的差值即为增量净健康效益(INHB),阳性结果的药物可以被接受。其计算公式为:

净健康效益(NHB)= Σ 权重的效益 $-\Sigma$ 权重的风险

增量净健康效益(INHB)= 治疗组净效益 $-$ 对照组(标准治疗)净效益

(2)最大可接受的风险法(maximum acceptable risk,MAR)　是指患者主观意愿接受风险的程度(patient preference),为了获得治疗的效益,患者愿意接受最大的风险,比较治疗后实际与期望风险最大可接受风险比(MAR)。该方法是一种患者主观的效益风险自我评价,建立在零效益度的基础上,净效益应为零的阈值。采用选择性实验(choice-experiment)或价值条件分析方法(conjoint analysis method),后者是估计患者、医生和决策者偏好(preference)的一种调查方法,从假设的两个或两个以上的治疗方法中选择。

18.3.3 药物预算影响分析

决策者面临的主要问题是药品预算的不足。尽管一些新药经过药物经济学评价后是具有成本效果的,或是有增量成本效果的,但常遇到卫生系统决定如何合理配置卫生资源,和财政固定预算短缺的问题。因此在新药被列入药品报销目录或补偿前,需要进行预算影响的分析(budget impact analysis,BIA),国外用模型法测定在新药或新疗法引入后,不同药物治疗服务的情景下对财政预算的影响。有助于计划、预测新技术对未来医疗保险费用的影响。

国外新药在审批时药厂要同时递交成本效果分析和预算影响分析的资料。国际药物经济学和结果研究学会(ISPOR)对药物预算影响分析(budget impact analysis)的定义是"实施药品政策的研究工具,常用于选择新药、比较药物的可提供性,以及决定新药是否要由政府部门或医疗保险机构来补偿。预算影响分析是卫生保健技术综合评价的重要组成部分,是一种政策实施的研究工具。它的目的是在有限的卫生资源情况下,对采用和推广一项新的卫生保健技术所产生的财政结果及其影响进行估计分析"。

预算影响分析方法可用于预算规划、预测和计算卫生技术变化对医疗保险费用带来的影响。

药物经济学分析与药品预算影响分析方法的差异见表18-12。

表18-12 药物经济学分析与药品预算影响分析方法的差异

比较项目	药物经济学分析	药品预算影响分析
用途	比较药物的成本效果,常用于新技术及新药的评估	比较药物的可提供性,常用于新技术和新药的选择
成本内涵	广义的社会机会成本	药品价格与市场价值
调查方法	前瞻性队列调查	所有病人的现患调查
政策作用	明确新技术和新药的效果	是否要对新技术或新药进行补偿,研究对财务和预算的影响,作为政策实施的工具
需要资料	成本和健康结果(效果、效用和效益)	流行病学、临床结果及成本效果分析资料

预算影响分析建模中需要输入的六个关键要素:①受影响人群的规模和特征(年龄、性别、观察年份、流行病学资料);②老药干预;③老药的干预成本;④新药干预;⑤新药的干预成本;⑥其他直接医疗成本。

预算影响分析模型需要的信息有以下几个方面:疾病在人群中流行情况的资料(发病率、患病率、死亡率、治疗率等);采用新药后,人群患病情况发生的变化;新药推广需要的时间(diffusion rate);新药干预(治疗)所需的成本(直接医疗成本和非医疗成本、药物费用、管理成本、副作用治疗成本、人员培训等);上市前后药品费用的比较;对新药使用的不同情境的模拟分析(新药与对照药物比较增加或节约的费用,新药在市场不同占有率的情况下对预算的影响)。

预算影响分析同样要进行敏感度分析。如新药的使用可以改变疾病的患病率,反之,如果延误治疗疾病,患病率就会增加,而且等待治疗的病人数也会增加。产出的结果一般可用Markov模型来预计。

预算影响分析的步骤:①分析针对性疾病的患病率;②分析同类药物的价格(drug costs)及其市场占有率前后的变化(market share);③确定新药的报销比例;④应用不同情景对新药进行模拟分析;⑤敏感度分析(改变疾病患病率,新药价格,新药使用率±50%);⑥分析对预算结果的影响(总预算影响、每年增量成本、每人每月增量成本)。

新药替代老药后药品预算的变化见表18-13。

表18-13 新药替代老药后药品预算的变化[7]

项 目	第一年	第二年	第三年
总增量成本/美元	321311	377565	393619
新药替代老药对预算增加的百分比/%	6.18	7.27	7.58
每人每月增加的费用/美元	0.03	0.03	0.03
每例治疗患者增加的费用/美元	545	641	668

总之,药物经济学需要同时研究成本效果分析和预算影响分析,国内在新药预算影响分析方面尚未开展研究,今后应选择一些药物开展试点研究是需要的。医疗保险部门今后在新药列入报销目录前需要药厂提供预算影响分析的报告,了解新药进入市场后对同类药品的预算影响的大小,以及有无替代作用。

18.3.4 系统分析和荟萃分析

循证卫生决策是依据科学证据（evidence）制定医疗卫生的政策和法规，和进行临床卫生实践。卫生决策可分为两类，一类是关于群体的宏观政策（卫生政策和法规），另一类是关于个体的微观决策（临床决策、治疗方案的制定）。实用循证决策方法（pragmatic evidence-based approaches）是一种政策的工具，用于政策的制定，药品政策也不例外。系统分析（systematic review）和荟萃分析（meta-analysis）是常用的循证医学的研究方法。

系统分析（systematic review）是对不同的卫生干预措施的文献库进行系统的回顾。可检索 Cochrane collaboration reviews 和 Campbell collaboration review 的文献库，收集有关健康和卫生保健政策的文献。提供有关干预措施效果的信息，包括方法学、社会经济状况、不同的干预措施。可查阅 http://cochrance.org 网站和 HEED 数据库（Health Economic Evaluation Database），确定卫生政策和研究的优先重点。

荟萃分析（Meta-analysis）是对多种研究和文献报告进行综合的一个统计过程。是卫生科学、社会科学，包括药物应用的循证实践。药厂应用荟萃分析获得新药的验证。临床医生应用荟萃分析，综合众多文献报告的治疗效果，计算每篇文献的比值比（odds ratio）和综合的风险比值（risk ratio）和95%可信限，从而确定最有效的治疗过程。研究工作者利用荟萃分析去计划新的研究，申请项目资助和撰写论文。具体方法和软件可查阅 www.Meta-analysis.com 网站。

18.4 药物经济学研究对新药研究与开发的作用

18.4.1 药物经济学评价的设计

随机对照双盲临床试验是一种流行病学前瞻性的实验研究，常用于新药上市前的研究；实验组和对照组的对象是经过高度选择的，两组人群的人口学和其他疾病基础条件是均衡可比的，但不能代表真正疾病的目标人群，临床的结果比较被称为功效（efficacy）；临床实际应用后的回顾性调查药物的疗效和不良反应则属于流行病学的回顾性研究性质，是药物上市后的研究，实际临床应用中的疗效称为效果（effectiveness）；药物流行病学的研究是确保患者和社会的药物安全性和药物的合理使用，也可以认为是药物经济学研究的一个工具。

随机对照试验的优点为前瞻性设计，有明确的判断终点。设立对照组双盲过程提供无偏倚的测量。有较强的内部效度、有限的外部效度和普遍性（generalizability）。迄今为止，随机对照试验仍然是反映临床效能（clinical efficacy）的金标准。

实际临床资料的优点是实际临床观察资料（又称为 Real World 资料）测定的是效果（effectiveness）而不是效能（efficacy）。可同时比较多种干预措施，估计长期的临床效益和危害。可在不同的人群中检查临床的结果，具有广泛的结果。实际临床观察材料的信息来源可有提供传统的随机对照试验结果，大规模的试验（实际的临床试验）；病例登记；管理资料，健康调查，电子病例健康卡等。

实际临床观察资料的优点是能较好地反映真实的患者情况。便于计算利用资源的成本，能获得临床信息、治疗的依从性，便于作出初步的临床决策、循证为基础的支付政策，病例登记资料。前瞻性资料收集，观察性队列研究，了解疾病的自然史、安全性和效果，评价生活质量和医疗机构的绩效及临床决策，能决定价值和补偿的水平。

其他研究设计还有通过系统回顾（systematic reviews）和用于分析随机对照试验的荟萃分

析（meta-analysis），非随机的干预研究，观察研究，非实验研究和专家意见（Expert opinion）。

药物经济学分析的研究设计包括实验设计（前瞻随机临床研究或评价疾病管理干预模型）和非实验设计两大类。另外一些医疗和药房的处方信息数据库也可作为药物经济学评价的信息来源。

药物经济学的研究设计可有多种方法。①回顾性资料分析；②实验设计（experimental design）将药物经济学评价与临床随机对照试验的方法伴随进行（piggyback RCT）；③观察设计（observational design），即药品上市后的现场观察；④用模型法模拟设计（simulation designs）。

药物经济学评价是一种决策的方法。它可以是前瞻性研究或者是回顾性研究。它需要有药物经济学评价的指南来指导。近年来有不少新的统计研究工具可以用于药物经济学研究。如 logistic 回归分析、人时分析（person-time analysis）、生存分析（Cox 比例风险回归分析）。还可借助计算机及 TreeAge 软件 DATA 来做药物成本效果的决策分析，并进行 Markov 模型及 Monte Carlo 的模拟研究。在卫生经济及结果研究中目前还提倡应用贝叶氏统计分析方法（Bayesian method）于临床试验及成果效果分析。

药物经济学的研究人群应根据药物注册的适应证。试验样本的选择可分为病人组和对照组。病人还可分成不同的疾病亚组，或按疾病严重程度和有无合并症的亚人群分组。注意分组的大小和分析的统计效能。

在对照人群的选择上，对照组通常是采用标准的治疗方法或常用方法，可以是药物或非药物治疗。对照是常规医疗中效果被证明的首选的治疗方法。随着医生的用药行为和治疗方案的变化，对照药品的选择也会不断变化。

18.4.2　药物经济学评价的指南

药物经济学评价指南和参考标准（pharmacoeconomic evaluation guidelines and reference standards）在不少国家已在积极地推行。如澳大利亚、加拿大作为药品准入市场及报销补偿的依据，将药物经济学评价结果作为药品申报和列入药品报销目录的必备申报材料（formulary submissions）。德国和美国虽无国家性的药物经济学评价官方指南，但民间组织在积极研究，如美国的管理保健组织在制定处方集时要求有类似的申报材料指南（managed care formulary submission guidelines），1999 年已有 Regence 蓝盾组织提出了药物经济学评价指南，2000 年 AMCP 又相继发表了指南。在美国的 Colorado 州和 Nevada 州的蓝十字和蓝盾医疗保险组织也对已有的指南进行案例研究，为今后制定美国的药物经济学评价指南作为参考。欧洲的比利时、法国和瑞典已将药品经济学评价列入新药的申请（NDA）要求。荷兰、意大利、芬兰正在制定药物经济学评价指南。英国除制定药物经济学评价指南外，还强调控制药品利润及处方集。其中英格兰王国有 NICE（National Institute for Clinical Excellence）的技术指南。而苏格兰王国也在 2002 年制定了评价指南（Scottish Medicines Consortium Guidelines）。新药评价包括两个阶段。第一阶段由药厂向新药委员会提供临床及卫生经济学资料。由临床学家、经济学家三人组成评审。对新药应用的经济性进行评价为国家卫生服务提供依据。

世界各国药物（药品）经济学评价指南的发展也是不平衡的。一般可以分成三类：第一类是需要强制性执行的，这些正式的药物经济学评价指南，已在澳大利亚、加拿大、芬兰、荷兰、葡萄牙和英国等国实行；第二类是自愿性的非正式的药物经济学评价指南，如丹麦、爱尔兰、新西兰、挪威、美国、瑞士。第三类属于一般性的经济学评价指南，尚在专业组和学会水平上进行的指南研究。

药物经济学评价指南是运用系统的方法对发展处方药的经济学评价提供指南和参考标准。指南的作用是对药物购买者提供详细的信息，对药厂和药品制造商的新药申报提供了模板。因此，药厂的反应是强烈的。

药物经济学评价指南具有三个意义。一是药物经济学评价指南是指导药物经济学研究的设计和报告的一种指南。第二个意义是提供了药物经济学评价报告的一种标准格式，其目的是为了争取新药能够得到国家卫生服务（医疗保险制度）的报销。第三个意义是药物经济学评价指南是一个国家的卫生系统或医疗保险系统为了帮助药品的筹资和管理决策的一种分析工具。

世界各国家和地区的药物经济学评价指南情况见表18-14。

表18-14 世界各国家和地区的药物经济学评价指南（涉及30国家和地区）

名称	大洋洲	东欧	南欧	西欧	北欧	美洲	亚洲
PE指南 (27个)	新西兰	匈牙利 波兰 俄罗斯	意大利 葡萄牙 西班牙	比利时 法国 德国 荷兰 瑞士 瑞典 奥地利	波罗的海诸国（拉脱维亚、立陶宛、爱沙尼亚） 芬兰 爱尔兰 丹麦 挪威 苏格兰 英格兰和威尔士	加拿大 美国 巴西	中国 台湾地区 韩国
药品目录 (7个)	澳大利亚			比利时	英格兰和威尔士	加拿大 美国 古巴	以色列
杂志发表					BMJ		

药物经济学评价的主要内容见表18-15。

表18-15 药物经济学评价的主要内容

序号	主要内容	序号	主要内容
1	分析角度(全社会,卫生部门)	8	时间长短(time horizon)
2	成本(直接成本,间接成本)	9	成本与效果的折旧(discounting)
3	结果测量	10	敏感度分析(sensitivity analysis)
4	分析方法(CMA,CEA,CUA,CBA)	11	价格的选择(price list)
5	治疗对比药物的选择	12	对社会财政的影响
6	资料获得的方法(RCT,meta-analysis)	13	报告格式(template)
7	模型测量(modeling)		

18.4.3 基本药物目录与医院用药目录

自1975年世界卫生组织提出"基本药物"（essential medicines）的概念以来，我国从1979年开始在世界卫生组织的号召下，制订并推行国家基本药物工作。1992年由卫生部牵头，会同财政部、国家医药管理局、国家中医药管理局、总后卫生部成立了基本药物领导小组。1994年已制定了国家基本药物目录（essential drug list），1996年国家公布了第一批包含2398种西药和中成药的国家基本药物目录（表18-16），以后每隔两年调整目录药品品种一次。1998年初再次公布了调整后的目录，西药品种有27类，740个品种入选。并已出台了一系列的政策和措施。包括：①基本药物的生产和供应；②提高基本药物的可获得性；③推广合理用药；④提高基本药物的质量等。2009年我国公布了最新一版的国家基本药物目录，共计307种，其中西药205种，中成药102种。

表18-16 我国历次公布的国家基本药物目录中的药品品种数

年份	西药品种数	中成药品种数	合计品种数
1982	278	—	278
1994/1996	699	1699	2398
1997/1998	740	1333	2073
2000	770	1249	2019
2002	759	1242	2001
2004	773	1260	2033
2009	205	102	309

2000年、2004年和2009年劳动和社会保障部又先后制定了《国家基本医疗保险药品目录》、《国家基本医疗和工伤保险药品目录》，为基本药物的生产、供应、定价、补偿方面提供了依据。尽管有了这两类目录，但缺乏基本药品政策和法律的保障，没有起到"五个优先"的指导作用，即优先生产、优先供应、优先使用、优先支付和优先定价。基本药物的停产或脱销现象时有发生，基本药物目录与临床使用脱节，也缺乏强制性和相应配套的监管措施，使国家基本药物目录形同虚设。我国尚未建立起全国统一的，各部门共识的、协调一致的、有绝对权威的国家基本药物制度。

此外，在城镇职工基本医疗保险制度的配套文件中，"三基二定"中就有基本药物目录。劳动和社会保障部也依此制订了2000年、2004年和2009年的国家基本医疗保险药品目录。目前，农村合作医疗、少年儿童医疗保险、外来劳动力综合保险等也参加了这个药品目录。

基本药物的可及性被认为是基本的人权和健康权的一部分。在世界卫生组织2005年公布的第14版基本药物目录中，包括有27大类的312种药物，远低于目前我国基本药物目录的药品有2033个。全球49个中等收入国家的基本药物目录中，药品的中位数为420个，泰国为372个，菲律宾为241个。在我国现实的情况是：①疗效确切价格便宜的基本药物，医院和医生不愿使用，一是经济利益的原因，二是怕病人不满意或治疗失败后引起医患矛盾；②药品生产企业不愿生产疗效确切，价格便宜的基本药物，使市场上没有基本药物可买；③各级公立医院还没有使用国家食品药品监督管理局、卫生部门与劳动和社会保障部门制定的，必须强制执行的基本药物目录。

迄今为止我国虽然已经建立起一个完整的国家基本药物制度，需要建立起以政府为主导，市场为动力，法律为依据，对基本药品的生产、定价、流通、供应、使用和监管的一系列政策和措施。基本药品的特殊属性决定了药品的生产和流通具有一定的社会公益性。当前建立国家基本药物制度被认为是整顿规范药品生产和流通秩序，治理价格虚高、有效抑制商业贿赂、促进合理用药，减轻群众"看病贵"的一项根本性制度。

要建立国家基本药物制度至少要包含三个方面的内容：①要有一个品种数量适宜的基本药物目录；②对基本药物的生产、流通、采购、定价、使用、报销补偿和药品筹资要有制度性规定和安排；③要有基本药物的立法和标准化、制度化、规范化的管理制度。

按照卫生部2007年全国卫生工作会议上提出的国家基本药物制度的基本内容是："国

家按照安全、有效、必需、价廉的原则,制定基本药物目录;政府招标组织国家基本药物的定点生产、政府定价、采购和统一配送,较大幅度降低群众基本用药负担,提高基本药物的可及性;并逐步规范同种药品的名称和价格,保证基本用药,严格使用管理规范,降低药品费用"。

处方集(drug formulary)是一个不断修订的药品汇编(加上重要的辅助信息),反映了医务人员最新的临床诊断和处理。处方集系统是一种方法,在医疗保健机构内部的医疗人员通过药品技术委员会来评价和选择对病人治疗最有用的药品,只有这些药物可以在医院的药房中找到。处方集是一个有效的工具,保证使用药品的质量,控制它们的成本。处方集系统提供采购、处方、调剂和药品的管理。

18.4.4 药物经济学在新药研究与开发中的贡献

18.4.4.1 新药的市场可及性(market access)

药品市场具有以下几个特点:药品市场除涉及生产商和最终的消费者外,还有众多的第三方(third parties),如包括药品的流通和销售(批发商、零售药房),医疗保险支付的第三方付费者(政府、社会保险、私人保险)、处方医生和药师调剂、财政部门(税收补贴)。

药品市场有不同性质的药品,如处方药、非处方药、商品药(原研药)、通用药。基本药物大量是过了专利期的通用药品。各国通用药品的市场规模也有很大的不同。在欧洲以德国和瑞典使用通用药品较多(表18-17)。

表18-17 欧洲国家的通用药市场(1996)

国家	药品市场/%	价值/百万美元	国家	药品市场/%	价值/百万美元
奥地利	5~6	88	荷兰	12.2	276
比利时	6	360	葡萄牙	1	8.8
丹麦	22~40	197~359	西班牙	1	51
法国	3~4	365~545	瑞典	39	1061
德国	41.3	4600	瑞士	3	84
意大利	1	88	英国	22	1435

18.4.4.2 新药的价值和可承受性(new medicines value and affordability)

国家的药品总费用受到药品的价格(P)、药品配置的数量(Q)和产品结构的改变(M)的影响。2002年欧盟国家对药品消费增长情况进行了调查,总的增长率是7.9%,证明在药费的增长因素中以药品的用量因素影响贡献率最大(5.1%),其次是新产品(2.6%),价格因素对欧洲来讲作用很小(-4.0%),这与中国的感受是不同的。

药品总费用(PE)= 数量(Q)×价格(P)×药品的组成(mix of products)

药品费用同时也受到人口、控制供方和需方政策等因素的影响,供给方的规制(价格、加成率、药物经济学评价),需求方的规制[对处方者合理用药、报销和不能报销目录(positive & negative list)、共付比例、处方指南和治疗指南、处方预算],改变对医生的支付方式、销售系统影响、药剂师的报酬、基本药物政策和国家的其他政策(平行贸易、医院制剂、信息系统、非处方药政策)等。

18.4.4.3 药品的定价

国际上常用的药品定价方法很多,主要的有成本加成(cost plus),制定最高限价(maximum price)、谈判价格(negotiated price)、差别价格(differential price)、参考定价(reference price)、招标价格(bulk purchasing price),以数量为基础的定价政策(volume-based pricing policy)、利润控制、确定批发和零售加成比例（固定或处方费）。不同的价格政策的效果是不同的，其适用的条件也有所不同。我国的药品定价政策主要有平均成本定价，成本加成，制定最高零售价格、招标价格。

采价格谈判定价方法的国家有法国、意大利、荷兰、英国。英国没有直接采用控制价格，而是控制利润或设定最高价格。新药的价格主要依靠成本效果分析的证据，按每增加一个生命质量调整年（QALY）20000～30000欧元。新药如有创新则可获得较高的定价。为了激励提高效率和鼓励药品的创新，目前英国政府的药品价格规制计划（PPRS）每5年与药厂谈判一次间接控制价格。

药品的定价是一个复杂的问题。不同国家有其独特的方法。现以欧洲中等经济发达国家为例，比较它们的定价计算基础（表18-18）。

表 18-18 部分欧洲国家的定价方法

国家	参考国家	计算基础	药价的再测算	转换因子
希腊	欧洲最低价	欧洲最低价	无	兑换率
爱尔兰	丹麦、法国、德国、荷兰、英国	最低平均价和英国价格	无	兑换率
意大利	所有欧洲国家	平均价	有	兑换率
荷兰	比利时、法国、德国、英国	平均价	有	兑换率
葡萄牙	法国、意大利、西班牙	最低价	无	兑换率

目前国际上正在提倡以价值为基础的定价方法。随着新药的不断产生，在定价的观念上已不再是单纯的成本定价，而是从卫生技术的创新和成本效果评价的角度考虑。以药品价值为基础的定价（value-based pricing，VBP）

$$V = R \pm D$$

式中，V 为产品价格；R 为参考价格（最好替代品的价格）；D 为差异的净值，可以是正向或是负向（图18-10）。

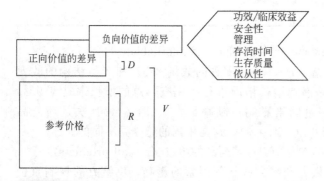

图 18-10 药品价格的价值内涵

根据新药的功效和效果、安全性、生存质量和病人对药物的依从性等因素加权。成本效果分析的结果决定新药的价格谈判和补偿的基础。每 QALY 的增量成本是决定药品能否列入报销范围的主要因素。药品的定价往往会引起整个医疗费用的变化。加拿大在对通用药定价时有一个 70/90 的规则，即第一个通用药的价格不能超过原研药的 70%，第二个通用药的价格不能超过第一个通用药的 90%，形成了价格竞争的局面。药品专利期过后在定价上仍具有原研药与仿制药品的区别（leader-follower model），一般仿制药比较便宜，有时会看到专利期过后的原研药价格不降反升的怪现象，因为一部分患者转向购买便宜的仿制药，而另一部分患者仍然忠于原研药（loyalty）。

药物的定价应该获得双赢的政策。药厂定价根据新药的市场可及性和人均的收入，鼓励进一步的创新，创新药品可以获得溢价（price premium）。另一方面，作为国家或医疗保险的支付方要控制价格为提供更多的基本药物服务，要根据社会意愿支付和支付的能力，合理制定药价。

未来的中国医药卫生体制改革将会对药品的定价产生影响。在《关于深化医药卫生体制改革的意见》中已提到：要健全医药价格监测体系，规范企业自主定价行为；合理调整政府定价范围，改进药品定价方法；对新药和专利药品逐步实行上市前药物经济性评价制度；积极探索建立医疗保险经办机构与医疗机构、药品供应商谈判机制，发挥医疗保障对医疗服务和药品费用的制约。具体的做法有：①实行医药收支分开管理；②改革药品加成政策，实行药品零差率销售；③严格控制药品流通环节差价率；④对医院销售药品开展差别加价；⑤收取药事服务费；⑥加强医用耗材及植（介）入类医疗器械流通和使用环节价格的控制和管理。

药品市场是失灵的。无论是实行以总税收或是社会保险为主的国家，包括发展中的国家，对药品价格的管制和药品费用的控制都是必要的。在研究各国药品定价政策时，需要了解该国的社会、经济状况和卫生体制改革的情况，不能盲目照搬经验。药品定价中要注意药品的分类、质量和创新。药品的定价需要与医疗保险的给付（补偿）政策相联系起来考虑。

18.4.4.4 新药的补偿

药品的定价和药品采购的政策常常决定了支付药品的价格。各国药品补偿的基本措施可以从供方和需方两方面来考虑。前者提到运用经济学评价资料指导药品补偿、药品定价与补偿，制定合理的销售差率（reasonable wholes sale price）药品预算控制（drug budget control）都是针对供应方（supply-side）的措施；而制定药品报销目录（positive list）或不能报销目录（negative list），制定最高补偿价格，增加处费（dispensing fee）则是对需求方的措施。

从欧盟 5 个国家支付方控制药品价格方法的变化可以看出（表 18-19）由原来的药价控制更多地转向运用国际参考定价和提倡使用通用药品替代或与药厂谈判，拟定通过国家大批量采购降低价格的协议（price-volume agreement）。

表 18-19 欧盟 5 国的支付方在控制药品价格措施方面的变化

国家	现在				过去			
	自由定价/直接补偿	使用低价替代药品	国际参考定价	价格-用量协议/回扣	药品降价	控制利润	使用低价替代药品	国家参考定价
德国	√			√			√	
西班牙		√	√		√		√	
意大利		√			√		√	
法国		√						
英国	√				√			

18.5 讨论与展望

自 20 世纪 80 年代有关药物经济学概念引入中国以来，药物经济学已得到了飞速的发展。外资和合资的药厂首先开展上市前药品的药物经济学评价研究工作。近年来药物经济学研究论文开始在期刊杂志上大量涌现（图 18-11）。编写了不少药物经济学的教科书，并将药物经济学列入医学和药学院校的必修或选修课程，作为卫生经济学的一部分教学内容或独立成为单独的学科。2006 年《中国药物经济学杂志》正式出版。根据中国药科大学调查，国内 52 所高等院校中有 16 所大学（31%）在各相关专业的本科生、研究生中开设了药物经济学课程。国内已开始培养出大批药物经济学的硕士生和博士生。

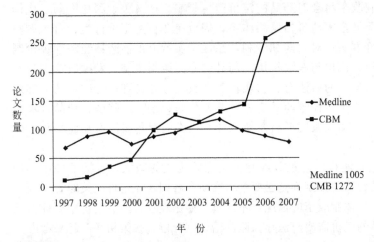

图 18-11 我国历年来发表有关药物经济学评价论文数量的增长

2006 年在上海市举办了第二届国际药物经济学与结果研究（ISPOR）亚太会议。在香港、台湾、北京（中国医师协会的药物经济学与结果研究协会，ISPOR CMDA-PE Chapter）、上海（复旦大学 Fudan Chapter and ISPOR Forum）相继成立 ISPOR 分会。2008 年 1 月中国药学会正式批准成立药物经济学专业委员会，并于 2008 年 10 月召开成立大会。中国学者积极参与亚洲药物经济学与结果研究协会的工作（ISPOR Asia Consortium）。近年来越来越多的药物经济学研究者和政策决策者参加美国、欧洲、亚洲举办的药物经济学年会。药物经济学的知识（基本概念和应用）开始在各类人群中间传播。

与国外相比，中国在药物经济学研究中还有不少差距。首先医疗保险尚未全民覆盖，医疗保险机构还不能真正起到卫生服务购买者的作用；药品监督机构还没有强制要求药品的安全、有效和质量；新药被列入医疗保险报销目录时还没有强制要求提交药物经济学的证据；在注册仿制新药的通用药时，也没有要求生物等效性的证明；在药品定价上尚未建立科学的定价体系；没有通过价格-数量（price-volume）的关系与药厂谈判药品的价格；没有考虑到药品预算影响，将价格谈判基于新药的期望销售量的变化；缺乏全国的医疗保险药物评估服务机构，根据临床疗效、成本效果、预算影响分析以及国家间的价格比较，建全药品报销目录的准入机制；缺乏疾病成本和药品利用的公共信息资料。中国在制定药物经济学评价指南研究过程中没有组织相关利益组织参加，2006 年起步后没有得到进一步的发展。需要加强机构的能力建设和建立政策支持机制。

韩国从 2007 年起自愿进行药物经济学评价研究，2008 年起凡新药在健康保险中要得到报销，已强制要求提交药物经济学的证据。日本在 2005～2007 年间着手制定药物经济学评价指南，2008 年开始又进一步制定医疗器械和诊断试剂的评价指南。

可喜的是中国将实行上市前药物经济学评价制度。在《关于深化医药卫生体制改革的意见》中已明确提出"对新药和专利药品逐步实行上市前药物经济学评价制度"。首先应积极传播药物经济学的理论和知识，以期引起广泛重视和关注。广泛动员、发展我国药物经济学和药物经济学的评价研究。从国外经验看，对药品费用的控制已从单纯的价格控制转向以促进合理用药为主的全方位的综合控制。药物经济学评价能够为药品费用控制的许多关键环节提供重要信息。需要进一步完善《药品报销目录》及科学的药品价格制订、实施《临床治疗指南》。我国实施的药品费用控制政策侧重于对药品生产、流通的管制，轻视促进供需双方合理用药，尤其是对医院供方的约束机制薄弱。因此，我国应借鉴国外经验，尽快制订适合国情的《药物经济学评价指南》，将药物经济学评价应用于新药的研发、《药品报销目录》范围、报销价格和制订临床诊疗规范，有效、合理控制药品费用增长。

药物经济学指南经过30多年的发展已经形成了一套系统而完善的评价体系。我国应根据卫生服务体系现状、医疗保障制度和药品政策制订相应的指南，关于指南的研究不能只是重复国外的方法和经验，而应关注评价方法上还存在争议的领域，提高评价结果的适用性和推广性。在我国，尽管在1999年颁布了《药品临床试验管理规范》，却没有对临床试验中的药品提出经济评价要求。厂商往往基于各自目的进行一些药品的经济中评估，由于缺乏统一的标准，结果难以进行比较和用于决策。为了指导我国的药物经济学研究和为药品报销决策提供有说服力的参考意见，亟需在我国制订一套适合国情的药物经济学评价指南。

未来的挑战包含尽早制定国家级的药物经济学评价指南。鉴于2009年中国药学会已组建了全国的药物经济学专业委员会分会，需要组织中国医师协会、中国药学会等行业组织、医学院校、科研机构以及医药企业等各方面的力量共同研究完成，并争取得到政府行政部门的支持和批准。加强药物经济学评价方法学的研究，建立一批评价机构和队伍，以适应形势发展的需要。在政策决策者、卫生技术人员和研究者中间传播药品循证决策和药物经济学的知识。

参考文献

[1] Berger ML, Smith MD, et al. Health Care Cost, Quality, and Outcomes. ISPOR Book of Terms. ISPOR 2003.
[2] Kozma CM, et al. Economic, clinical, and humanistic outcomes: A planning model for pharmacoeconomic research. Clin Ther, 1993, 15: 1121-1132.
[3] 胡善联,陈文. 头孢噻肟和头孢噻肟加头孢布烯治疗下呼吸道感染的成本-效果比较. 中国新药与临床杂志, 2000, 19 (2): 129-131.
[4] 胡善联等. 磷酸奥司他韦治疗流行性感冒的成本效果分析. 中华医学杂志, 2004, 84 (19): 1664-1667.
[5] 陈兴宝等. 拉米夫定治疗慢性乙型肝炎病毒感染的经济效益. 肝脏, 2002, 7 (2): 79-81.
[6] Eichler H G, et al. Use of Cost-Effectiveness Analysis in Health-Care Resource Allocation Decision-Making: How are cost-effectiveness thresholds expected to emerge? Value in Health, 2004, 7: 518.
[7] Whillans F, et al. A Budget Impact Analysis of Ixabepilone in Treating Metastatic Breat Cancer Patients. ISPOR 13th Annual International Meeting. Toronto, 2008.
[8] 中共中央国务院关于深化医药卫生体制改革的意见（中发[2009]6号），2009.
[9] Jayadev A, Stiglitz J. Two Ideas to Increase Innovation and Reduce Pharmaceutical Costs and Prices. Health Affairs—Perspective: Drugs. Web Exclusive, 2008: 165.

PART TWO
第 2 部分　　各　论

第 19 章

麻醉药物

王　洋

目　录

19.1　全身麻醉药　/561
　19.1.1　全身麻醉药概述　/561
　19.1.2　吸入性全身麻醉药　/561
　　19.1.2.1　研究进展　/561
　　19.1.2.2　代表性药物　/562
　19.1.3　静脉麻醉药　/562
　　19.1.3.1　研究进展　/562
　　19.1.3.2　代表性药物　/563
　19.1.4　全身麻醉药的构效关系和
　　　　　作用机理　/564
　　19.1.4.1　结构非特异性药物　/564
　　19.1.4.2　作用机理　/565
　19.1.5　展望　/565
19.2　局部麻醉药　/566

　19.2.1　局部麻醉药的发展　/566
　19.2.2　局部麻醉药的结构类型　/567
　　19.2.2.1　酯类　/567
　　19.2.2.2　酰胺类　/568
　　19.2.2.3　氨基酮类　/570
　　19.2.2.4　氨基醚类　/570
　　19.2.2.5　氨基甲酸酯类　/570
　19.2.3　局部麻醉药的构效关系和
　　　　　作用机理　/571
　　19.2.3.1　局部麻醉药的构效关系　/571
　　19.2.3.2　局部麻醉药的作用机理　/572
　19.2.4　展望　/573
推荐读物　/573
参考文献　/573

麻醉药（anesthetic agents）是指能使整个机体或机体局部暂时、可逆性失去知觉及痛觉，以便进行外科手术的药物。根据其作用范围可分为全身麻醉药及局部麻醉药，全身麻醉药由浅入深抑制大脑皮层，使人意识、感觉（痛觉）和反射消失，骨骼肌松弛，但仍然维持呼吸、循环等功能。局部麻醉作用于外周神经组织，对神经的膜电位起稳定作用或降低膜对钠离子的通透性，可逆性地阻断神经冲动的传导，使患者在意识清醒状态下局部失去痛觉，产生局部麻醉作用。

需要注意的是，一些对中枢神经有麻醉作用的药品连续使用后易产生身体依赖性、能成瘾癖，属于成瘾药品（habitforming drugs），不属于麻醉药的范畴，应严格管理使用和贮存。2005年9月国家食品药品监督管理局颁布的《麻醉药品品种目录》，共列入121种药品[1]，包括成瘾药物如海洛因、吗啡、阿片、大麻、可卡因、美沙酮等，这些阿片类、可卡因类、大麻类和一些具有麻醉作用的合成药及卫生部指定的其他易成瘾的药品、药用植物及其制剂不属于麻醉药的范畴。

19.1 全身麻醉药

19.1.1 全身麻醉药概述

全身麻醉药（general anesthetics）作用于中枢神经系统，在人体中诱导丧失觉醒意识，对所有的外界刺激（例如：外科切口）的应答和感觉丧失，血液动力和内分泌应答迟钝，呼吸麻痹、缺乏意识和记忆等，用于大型手术或不能用局部麻醉药的患者。这类麻醉剂涉及大脑和脊髓，在许多方面与睡眠相似，被定义为人工（药物）诱导睡眠。两种状态都涉及共同的下丘脑部位，但区别是：一个在睡眠中的人可以很快被唤醒，而一个被麻醉的人只有当药物从大脑中清除后才能被唤醒，抑制的程度和剂量有关，剂量越大，抑制越明显。因此，麻醉和睡眠状态的生理学之间是有争论的，这反映了意识状态的复杂性。

全身麻醉药（简称全麻药）按照给药方式不同分为吸入性麻醉药（inhaled anesthetics）和静脉麻醉药（intravenous anesthetics）。吸入性麻醉药通常是化学性质不活泼的气体或易挥发的液体，又称为挥发性麻醉药（volatile anesthetics），当这些药物以一定比例与空气或氧气混合后，通过呼吸进入肺泡，然后分布至神经组织发挥麻醉作用。而静脉麻醉药通常水溶性较好，大部分是盐类，通过静脉注射进入血液、随血液循环进入中枢神经后产生作用，对呼吸道无刺激，麻醉作用快。

19.1.2 吸入性全身麻醉药

19.1.2.1 研究进展

吸入性麻醉药应用于临床麻醉近170年来，一直在临床麻醉中占主导地位，对它的研究广泛而深入。历史上曾使用的吸入性全麻药有乙醚（$C_2H_5OC_2H_5$，1842年）、笑气（N_2O，氧化亚氮，1844年）、氯仿（$CHCl_3$，1847年）以及一些低级脂肪烃类（如环丙烷等），但由于它们分别具有易燃易爆、易缺氧、诱导期长、苏醒慢、对肝肾的损伤或对呼吸道的刺激性等缺点，除氧化亚氮外，现已较少作为药物应用于临床。

烷烃和醚的卤代对其活性和可燃性的影响，对研究吸入性麻醉药的构效关系和设计有效的药物有很大帮助。在烃类或醚类分子中引入卤素原子，可增强麻醉作用、降低易燃性，但化学性质不够稳定、毒性也比较大。随着氟化学的发展，人们发现氟代烃化学性质稳定，开始了含氟短链烃类和醚类麻醉药的研究，现在几乎完全取代了早期的挥发性麻醉药。

19.1.2.2 代表性药物

目前临床上使用的吸入性麻醉药见表 19-1。从化学结构上看，这些药物均是含有多个卤原子的氟代烃类和醚类，不易燃、化学性质较稳定。

表 19-1 氟代烃类和醚类麻醉药

名称	结构式	作用特点
氟烷 (Halothane)	$F-\overset{\overset{F}{\|}}{\underset{\underset{F}{\|}}{C}}-\overset{\overset{Cl}{\|}}{\underset{\underset{H}{\|}}{C}}-Br$	麻醉作用强,诱导迅速,恢复快,具有良好的催眠活性,但没有止痛作用。对呼吸道刺激性小,对肝、心血管有一定毒性
甲氧氟烷 (Methoxyflurane)	$H-\overset{\overset{H}{\|}}{\underset{\underset{H}{\|}}{C}}-O-\overset{\overset{F}{\|}}{\underset{\underset{F}{\|}}{C}}-\overset{\overset{Cl}{\|}}{\underset{\underset{F}{\|}}{C}}-Cl$	在吸入性麻醉药中活性最强,且在血中溶解度最高,反应和恢复较慢。化学性质不稳定,给药剂量的 50% 被代谢。代谢产物易产生肾毒性,极大地限制了它作为一般麻醉药的使用
恩氟烷 (安氟烷) (Enflurane)	$H-\overset{\overset{F}{\|}}{\underset{\underset{F}{\|}}{C}}-\overset{\overset{F}{\|}}{\underset{\underset{F}{\|}}{C}}-O-\overset{\overset{F}{\|}}{\underset{\underset{F}{\|}}{C}}-Cl$	通常作为维持剂作用,不作为诱导剂,且作用比其他吸入性麻醉药强。由于正性肌力副作用,产生动脉血压剂量依赖性降低。在血中溶解度中等,从脂肪组织中释放速度快,诱导时间长,苏醒慢
异氟烷 (Isoflurane)	$H-\overset{\overset{F}{\|}}{\underset{\underset{F}{\|}}{C}}-O-\overset{\overset{Cl}{\|}}{\underset{\underset{H}{\|}}{C}}-CF_3$	为恩氟烷的同分异构体,其效能、不可燃性、适中的血溶性等性质相似,比氟烷和恩氟烷麻醉快,但是异氟烷的心血管作用更小。具有良好的麻醉作用。因刺激性臭味,通常在诱导后给药。单独使用会导致咳嗽和窒息阶段,因此与其他静脉麻醉药联合用药,也可静脉给药
七氟烷 (Sevoflurane)	$H-\overset{\overset{F}{\|}}{\underset{\underset{H}{\|}}{C}}-O-\overset{\overset{CF_3}{\|}}{\underset{\underset{H}{\|}}{C}}-CF_3$	麻醉作用强。因为血中溶解度较低,使得在不使用静脉麻醉药的情况下,麻醉诱导快速、恢复也非常快,优于异氟烷和氟烷,可以在门诊中使用。引起气道刺激较少,在诱导中较少产生咳嗽,肝肾毒性也比较小
地氟烷 (Desflurane)	$H-\overset{\overset{F}{\|}}{\underset{\underset{F}{\|}}{C}}-O-\overset{\overset{F}{\|}}{\underset{\underset{F}{\|}}{C}}-CF_3$	组织溶解度较低,使得药物消除迅速、觉醒迅速,可在门诊中用。沸点与室温接近,需用独特装置,与氧气或氧化亚氮混合使用,也可静脉注射给药。不易代谢,肝肾毒性小

尽管在短期不规则给药过程中几乎没有观察到毒性现象，但是这些挥发性全麻药确实存在一些毒性作用，例如：肝毒性、肾毒性、过热现象以及医护人员低水平长期接触产生的慢性毒性。一般认为肝毒性和肾毒性都与母体化合物的活性代谢产物有关。

19.1.3 静脉麻醉药

19.1.3.1 研究进展

静脉麻醉药是通过静脉注入随血液循环进入中枢神经后产生全麻作用的药物，又称为非吸入性全麻药或肠胃外全麻药（parenteral anesthetics）。

最早应用的静脉麻醉药为一些超短时的巴比妥类药物，比如：海索比妥钠（Hexobarbital Sodium，1932 年）、硫喷妥钠（Thiopental Sodium，1933 年）、硫戊比妥钠（Thiamytal Sodium）和美索比妥钠（Methohexital Sodium）等。这些含硫巴比妥和 N-甲基取代巴比妥具有较好的脂溶性，易通过血脑屏障到达中枢神经系统，通常注射使用，能迅速形成无意识状态，麻醉作用快，用来诱导麻醉。但由于这类药物的脂溶性强，安全范围窄，浓度高会抑制呼吸和循环。由于可迅速由脑组织向其他组织分布，因此麻醉仅能持续数分钟，需使用其他的挥发性麻醉药来维持麻醉作用。

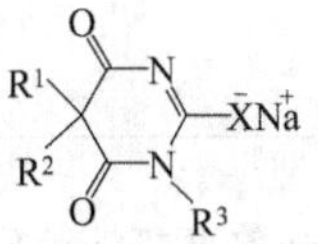

R¹	R²	R³	X	
C_2H_5-	CH_3CH_2CH- $\underset{CH_3}{|}$	S	S	硫喷妥钠
$CH_2=CHCH_2-$	CH_3CH_2CH- $\underset{CH_3}{|}$	S	S	硫戊比妥钠
CH_3-	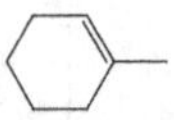 环己烯基	CH_3-	O	海索比妥钠
$CH_2=CHCH_2-$	CH_3CH_2CCH- $\underset{CH_3}{|}$	CH_3-	O	美索比妥钠

还有一些非巴比妥类麻醉药供临床使用，例如：氯胺酮、依托咪酯、丙泊酚、羟丁酸钠以及一些阿片类麻醉性镇痛药，这些药物都可以用来维持全麻药的作用。此外，洋金花总碱（主要成分是东莨菪碱）是中药麻醉的代表药物，对中枢有明显的抑制作用，麻醉效果确实，血压稳定，能改善微循环，增加脑、心、肾等重要组织器官的血液供应，且能兴奋呼吸中枢，具有良好的抗休克作用，安全范围大，作用持久，但麻醉深度不够，镇痛不强，肌松作用不完全，苏醒慢，适用于较长时间的手术和麻醉前给药。

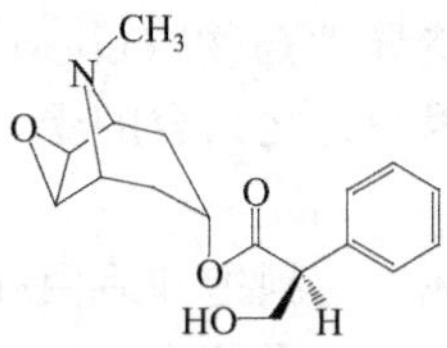

东莨菪碱

19.1.3.2 代表性药物

目前临床上经常使用的静脉麻醉药见表19-2。

表19-2　静脉麻醉药

名称	结构式	作用特点
盐酸氯胺酮（可达明）(Ketamine Hydrochloride)	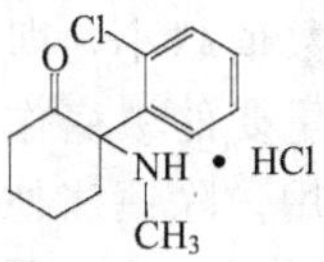	$S-(+)$-对映异构体的镇痛、安眠和麻醉作用分别是 $R-(-)$-体的3倍、1.5倍和3.4倍，且恶梦和幻觉副作用主要由 $R-(-)$-体产生，但临床上常用外消旋体。麻醉作用迅速，维持时间短。无肌松作用。能选择性阻断痛觉，痛觉消失，意识模糊，这种意识和感觉分离的状态称为分离麻醉（或木僵性麻醉或兴奋性麻醉），属于兴奋性麻醉药。代谢产物 N-去甲氯胺酮仍有活性。易产生幻觉，有滥用的可能，属Ⅱ类精神药品
依托咪酯(Etomidate)	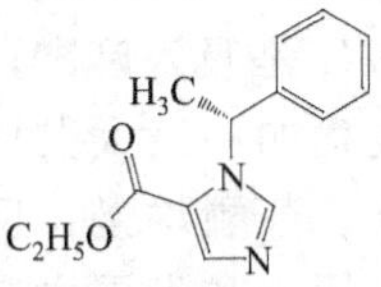	$R-(+)$-异构体，是心血管副作用最小的静脉麻醉药，不产生心脏抑制。全麻作用比硫喷妥钠强12倍，给药20s后产生麻醉，持续时间可达5min，在肝脏中酯水解失活，半衰期4h。连续大剂量应用会抑制氢化可的松的生物合成，用于诱导麻醉
丙泊酚（普鲁泊福）(Propofol)	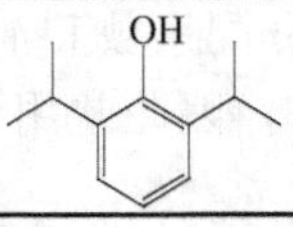	速效、短效、毒性小，麻醉作用比硫喷妥钠强1.8倍，但清除率较大。可用于诱导麻醉或维持全身麻醉，有镇痛作用，在门诊手术中应用广泛

名称	结构式	作用特点
羟丁酸钠 (Hydroxybutyrate Sodium)	HOCH₂CH₂CH₂COONa	麻醉和镇痛作用较弱,作用快而久,肌松不良,毒性甚小,可使呼吸道分泌增加。常与其他药物合用用于诱导麻醉和维持浅麻醉
瑞芬太尼 (雷米芬太尼) (Remifentanil)	(结构式图)	μ阿片受体激动剂,强效麻醉性镇痛药,因结构中酯键能迅速被酯酶水解,作用时间短,大约10min,停药后迅速复原,无累积性阿片样效应。适用于诱导麻醉和维持全麻期间和手术切口的止痛等

19.1.4 全身麻醉药的构效关系和作用机理

19.1.4.1 结构非特异性药物

吸入性麻醉药所产生的麻醉作用与其在脑部作用部位的浓度有关,这取决于药物的理化性质,即药物在脂质和血液中的溶解度。这种活性与化学结构无直接关系、而主要取决于理化性质的药物,被称为结构非特异性药物(nonspecific drug)。大多数药物的活性与其分子结构之间有很大的相关性,因为与之结合的受体是特定的,这些药物属于结构特异性药物(structural specific drug)。

吸入性麻醉药通过呼吸进入肺泡,达到饱和后由肺泡膜交换进入血液,当血液中药物饱和后,再转运至组织(主要包括中枢神经和大脑),经过多个平衡过程药物才能产生麻醉作用。因此麻醉作用的强弱既取决于给药浓度,也与药物的理化性质密切相关。

$$\text{吸入性麻醉药} \underset{}{\overset{\text{呼吸}}{\rightleftharpoons}} \text{肺泡} \underset{}{\overset{\text{交换}}{\rightleftharpoons}} \text{血液} \underset{}{\overset{\text{转运}}{\rightleftharpoons}} \text{组织(包括中枢神经和大脑)}$$

全身麻醉药的有效剂量可用肺泡的最低有效浓度(minimal alveolar concentration, MAC)来比较,指在1atm(101325Pa)下,使50%的成年病人或动物对伤害性刺激不再产生体动反应(逃避反射)时肺泡气内吸入麻醉药的浓度,单位是%(体积分数),它是评价和衡量吸入麻醉药强度的一个重要参考数据。MAC数值越小,即麻醉药的有效剂量越低,麻醉作用越强。当然,MAC仅代表吸入麻醉药最重要的镇痛作用(麻醉首先要解决的是手术疼痛问题),而不能代表吸入麻醉药的全部作用。除镇痛外,麻醉作用还包括镇静、催眠、安定、遗忘、意识消失、肌松和抑制异常应激反应等。因此,仅用MAC代表吸入麻醉药的麻醉强度是不全面的。

血/气分配系数(blood/gas partition coefficient, B/G)指在血、气两相分压相等(达到动态平衡)时,吸入麻醉药在两相中的浓度比。B/G是吸入麻醉药最重要的理化性质之一,反映了药物在血中的溶解度。B/G大者,血液犹如一巨大贮库,必须摄取或释放较多的吸入麻醉药才能使其分压相应地升降,故诱导、苏醒均慢;反之,B/G小者诱导、苏醒均快。所以,B/G小是吸入麻醉药的一个突出优点和发展方向。新型吸入麻醉药七氟醚和地氟醚的B/G都很小(表19.3)。由于血/气分配系数和油/气分配系数(oil/gas partition coefficient)相关性好,而后者容易实验测定,因此常用油/气分配系数来评价吸入性麻醉药。

表 19.3 常用吸入性麻醉药的理化数据

药物	油/气分配系数①	血/气分配系数①	MAC/%	lgP
氧化亚氮	1.4	0.47	104	0.89
氟烷	224	2.3	0.77	2.30
甲氧氟烷	970	12	0.16	2.21
恩氟烷	98.5	1.19	1.7	2.10
异氟烷	90.8	1.4	1.15	—
七氟烷	53.4	0.60	1.71	2.12
地氟烷	16.7	0.42	6.0	—

① 37℃。

由表 19.3 可以看出,氧化亚氮和甲氧氟烷的 MAC 值分别为 104% 和 0.16%,前者麻醉作用弱而后者最强,但后者的油/气分配系数高达 970,麻醉诱导期长、苏醒也慢;此外,氧化亚氮在低于麻醉浓度时具有显著的止痛作用,而甲氧氟烷的代谢产物易产生肾毒性,因此氧化亚氮还在临床应用而甲氧氟烷近乎淘汰。综合比较,恩氟烷、七氟烷和地氟烷也具有较好的麻醉作用并且诱导和苏醒均快。

吸入性麻醉药的定量构效关系(QSAR)的研究表明,麻醉作用强度与脂/水分配系数之间呈非线性关系,当 lgP 数值在 2 左右时,麻醉作用最强。

氟烷、恩氟烷、异氟烷和地氟烷都含有一个不对称碳原子,对这些有手性的吸入麻醉药不同对映异构体的研究发现,麻醉作用的强度与其立体构型有关。例如:在老鼠体内,(+)-异氟烷的活性至少比(-)-异构体强 50%,其 MAC 分别为 1.06% 和 1.62%。而它们对心肌的抑制活性并没有什么不同。这些发现与简单的脂溶性理论相违背,而支持更复杂的机制。目前市场上所有可用的麻醉药制剂都是外消旋体。

19.1.4.2 作用机理

全身麻醉的机理简称全麻原理(mechanism of general anesthesia),是麻醉学重要的基本理论,主要指全麻药的中枢作用机理,包括作用部位和分子机制。阐明全麻原理对提高临床麻醉质量、建立更好的麻醉深度监测方法、研制新型全麻药、扩大全麻药的用途乃至揭示脑的奥秘都有很大意义。一百多年来,人们提出了"类脂质学说"、"临界容积学说"、"相转化学说"、"热力学活性学说"、"突触学说"、"蛋白质学说"等多种学说。

"类脂质学说"认为,全身麻醉药对富含类脂质的脑组织有较大的亲和力,容易进入神经细胞膜的类脂质层,使类脂质膜发生膨胀,导致膜中蛋白质分子扭曲,膜离子通道变形,钠离子转运障碍,故神经传导受阻而出现全身麻醉作用。全身麻醉药脂溶性越大,麻醉作用越强。

"突触学说"发现全身麻醉药阻断轴索传导所需的浓度很高,而阻断突触传递所需的浓度很低,故认为主要是阻断神经冲动在突触的传递。突触联系多的部位则容易发生阻断。

尽管在近 170 年的时间里,麻醉剂的研究日益深入,取得了多方面的实质性进展,但它们的作用机理至今还没有完全清楚阐明,反映在以下几个方面:①全身麻醉剂的结构类型多样;②用来诱导麻醉的麻醉剂用量通常是毫克级;③缺乏麻醉拮抗剂;④复杂的全身麻醉性质,包括记忆缺失、痛觉缺失、意识丧失和行动不能等。

19.1.5 展望

目前临床使用的全身麻醉药治疗指数低,仍不能满足医疗需求。新型麻醉剂的研究在增强麻醉作用的同时，主要还需考虑以下几个方面：①将麻醉的副作用减到最小，如肾脏和肝脏毒性、心血管副作用、术后认知功能障碍和大脑血管舒张等；②优化药物代谢动力学性质，即快速起效和失效；③维持生理内环境稳定；④改善术后结果。

在吸入麻醉后，会发生心理活动的减量，尤其是中老年患者，这种副作用可以持续很长一段时间。体外和动物研究表明吸入麻醉剂可能在脑化学中产生持久的影响，吸入麻醉剂的作用并不完全是可逆的。静脉麻醉药不会产生类似的副作用，无吸入性全麻药的呼吸和中枢抑制、黏膜刺激等副作用和不能维持术后痛觉缺失的缺点，并且诱导快，无环境污染，使用时无需麻醉机等特殊设备。因此，静脉麻醉药作为全麻药优于吸入麻醉药。有人断言，静脉麻醉终将取代吸入麻醉而成为麻醉的主流。但反对这一观点的人认为，静脉麻醉的调节不如吸入麻醉可以方便地通过控制吸入剂量快速改变麻醉深度，并且静脉给药一旦注入体内，便只有经肝脏代谢、肾脏排泄排出体外，不及吸入麻醉可直接以原型从肺内呼出。目前临床麻醉的主流是静脉和吸入的复合麻醉，以静脉麻醉诱导、吸入麻醉维持、再以静脉麻醉来求得平稳的苏醒，即所谓"三明治"麻醉法，获得最佳的麻醉效果。另外，麻醉辅剂（例如：苯二氮䓬类镇静催眠药、镇痛药、α_2-肾上腺素受体激动剂和肌肉松弛药等）与全麻药一同给药，可以降低全麻药的剂量，从而减少药物副作用。在吸入麻醉剂是否具有显著的长期副作用方面需要做更多的研究工作，这对于发展新型麻醉药的方向具有十分深远的意义。

由于吸入麻醉药经气道吸入后，仍要在肺经血液摄取，再随血循环透过血脑屏障进入中枢神经系统，故麻醉药只要能进入血液便可引发麻醉，这使吸入麻醉药经非吸入途径给药成为值得研究的课题。

即使药效学特性没有显著变化，改良药物的代谢动力学特性也会显著改进麻醉剂的效用。丙泊酚和瑞芬太尼可以通过更快速地清除而优于其他药物。全麻药能够快速消退是相当大的优点，可以促使患者从全麻中快速恢复，这在全麻药的发展中是具有重要意义的课题。

19.2 局部麻醉药

局部麻醉药（local anesthetics）作用于神经末梢及神经干，可逆性地阻滞神经冲动的传导，使局部的感觉（主要是痛觉）丧失，便于进行局部的手术和治疗。局部麻醉药（简称局麻药）在口腔科、眼科、妇科和外科小手术中用于暂时解除疼痛。和全麻药相比，除了作用范围不同外，根本区别在于：局麻药与神经膜上钠离子通道的特定部位结合后，降低膜对钠离子的通透性，对神经的膜电位起稳定作用，可逆性地阻断神经冲动的传导，不会导致意识丧失、中枢功能损害、心脏损伤和呼吸功能损伤等；而全麻药则是通过影响神经膜的物理性状（如膜的流体性质、通透性能等）而产生麻醉作用。与镇痛药相比，局麻药不与疼痛受体作用，也不抑制疼痛介质的释放或生物合成。

19.2.1 局部麻醉药的发展

与许多现代药物相似，最初设计临床有效的局麻药是起源于天然资源。早在 16 世纪，秘鲁土著人就知道咀嚼可可树叶可使全身感到舒服并且防止饥饿、缓解伤口疼痛。直到 1860 年，Niemann 从这些树叶中得到了一种晶状生物碱，命名为可卡因（Cocaine），而且指出它对舌头具有麻醉作用。1880 年，Von Anrep 在经过大量的动物实验之后，建议可卡因可作为局麻药用于临床。1884 年，奥地利的眼科医师 Koller 成功地将可卡因首先应用于临床手术。

但是，可卡因具有成瘾性、过敏性反应、组织刺激、在溶液中稳定性较差、在灭菌过程中容易分解等缺点。直到 1924 年，可卡因的化学结构才被确证为 3-苯酰氧基-8-甲基-氮杂［3.2.1］辛烷-2-羧酸甲酯，此前已经进行了大量的可卡因衍生物的研究工作。可卡因经水解后，得到（−）-爱康宁（Ecgonine）、苯甲酸和甲醇，三者均无局麻作用。当用其他羧酸代替苯甲酸与爱康宁成酯后，麻醉作用降低或完全消失，说明苯甲酸酯是可卡因具有局麻作用的主要药效团。从爪哇古柯树叶中分离得到的生物碱托哌可卡因（Tropacocaine），其结构中不含有 2-位的甲酯基而只存在苯甲酸酯结构，同样具有很强的局麻作用，并且没有成瘾性，进一步证实了苯甲酸酯结构的重要性。可卡因类药物的构效关系研究表明，莨菪烷的双环结构并非局麻作用所必需；改变构型会导致活性降低，比如 C2 位从 β 到 α 的差向异构化可使活性降低 30～200 倍；将 2-酯基水解成酸会使活性降低超过 1500 倍，但是酯基上的甲基可以被其他取代基（如苯基、苄基）取代，活性基本不变；碱性 N 原子对活性有利，用其他取代基取代 N8 上的甲基，如较小的烷基或者苄基，活性会略有降低，而季铵化或酰化（去甲可卡因）会使活性分别降低 33 和 111 倍。

可卡因　　　　　　(-)-爱康宁　　　　　　托哌可卡因

这些发现使局麻药得到了巨大发展，人们开始考虑对可卡因结构进行改造和简化。当人们意识到复杂的爱康宁结构只不过相当于氨基醇侧链后，开始了对苯甲酸酯类化合物的研究。1890 年后，陆续证实了苯佐卡因（Benzocaine）、奥索方（Orthoform）和新奥索方（New Orthoform）都具有较强的局麻作用，但溶解度较小，不能注射使用，仅能用于表面麻醉。为了克服水溶性差的缺点，在苯佐卡因结构中引入脂肪氨基侧链，终于在 1904 年使普鲁卡因成功问世。

苯佐卡因　　　　　　奥索方　　　　　　新奥索方

局麻药的发展过程是以天然化合物结构出发设计和发现新药的典型例子之一，说明简化天然产物的结构是寻找新药的一条有效途径。在以后的几十年里，普鲁卡因成为研究局麻药的原型，其他类型的局麻药，如酰胺类、氨基酮类、氨基醚类等，都是以它为模版发展而来的。

19.2.2　局部麻醉药的结构类型

按照化学结构，局麻药可以分为酯类、酰胺类、氨基酮类、氨基醚类、氨基甲酸酯类和脒类，其中以酯类和酰胺类为主。

19.2.2.1　酯类

盐酸普鲁卡因（Procaine Hydrochloride），又名奴佛卡因（Novocaine），化学名为 4-氨基苯甲酸-2-（二乙氨基）乙酯盐酸盐。分子中含有酯键，酸、碱、体内的酯酶均能促使其水解失效，因而稳定性较差，在 pH=3.0～3.5 时最为稳定；另外，芳伯氨基受空气中的氧、pH 值、温度、紫外线和重金属离子的影响均易被氧化变色，所以需加入抗氧化剂。普鲁卡因的麻醉效果确实，价格低廉，毒性和副作用小，但是麻醉作用时间较短（约50min），偶可产生过敏反应，现在临床上有被其他局麻药所代替的趋势。

	R^1	R^2	R^3	R^4	
	H	H	H	C_2H_5-	普鲁卡因
	Cl	H	H	C_2H_5-	氯普鲁卡因
	OH	H	H	C_2H_5-	羟普鲁卡因
	H	$n\text{-}C_4H_9O-$	H	C_2H_5-	奥布卡因
	H	H	$n\text{-}C_4H_9-$	CH_3-	丁卡因

在普鲁卡因问世之后，为了提高普鲁卡因的体内药效和延长作用时间，又制备了数百个结构相关的类似物，并且也测定了它们的麻醉活性。其中，氯普鲁卡因（Chloroprocaine）、羟普鲁卡因（Hydroxyprocaine）和奥布卡因（Oxybuprocaine）因结构中增大空间位阻，酯基水解速度减慢，麻醉作用均比普鲁卡因强，作用时间延长。在这些化合物中，N-丁基取代的丁卡因（Tetracaine）药效最强，较普鲁卡因强50倍，穿透力强，起效较慢（10～20min），作用持久（3h），副作用虽比普鲁卡因大，但使用剂量小很多，故毒副作用实际比普鲁卡因低。

改变侧链长度、或在侧链上引入支链、或改变N-取代的烃基，得到的局麻药布他卡因（Butacaine）、徒托卡因（Tutocaine）和二甲卡因（地美卡因，Dimethocaine），局麻作用均比普鲁卡因强，侧链上的取代烃基加大了酯基的位阻，使酯键不易水解，延长了作用时间。

H_2N-⟨⟩$-C(=O)-OCH_2CH_2CH_2N(C_4H_9)_2$ 布他卡因

H_2N-⟨⟩$-C(=O)-OCH_2CH(CH_3)CH(CH_3)N(CH_3)_2$ 徒托卡因

H_2N-⟨⟩$-C(=O)-OCH_2C(CH_3)_2CH_2N(C_2H_5)_2$ 二甲卡因

普鲁卡因酯基中的氧用其生物电子等排体S或N替换，分别得到硫卡因（Thiocaine）和普鲁卡因胺（Procainamide）。前者脂溶性增大，显效快，局麻作用比普鲁卡因强，但毒性也大，现已少用；后者结构稳定，但局麻作用仅为普鲁卡因的1/100，临床主要用于治疗心律不齐。

H_2N-⟨⟩$-C(=O)-XCH_2CH_2N(C_2H_5)_2$
X=S 硫卡因
X=NH 普鲁卡因胺

19.2.2.2 酰胺类

开发临床有效的局麻药的另外一个重要转折点在1935年，von-Euler和Erdtman偶然发现了具有局麻作用的天然生物碱异芦竹碱（Isogramine）。1946年，Löfgren合成了第一个酰胺类局麻药——利多卡因（Lidocaine），它可以看作为Isogramine的开链类似物或生物电子等排体，也可以看作是以较稳定的酰胺键代替酯键的普鲁卡因的生物电子等排体。利多卡因的局麻作用比普鲁卡因强2倍，作用时间延长1倍，组织穿透力强5倍，毒性强1.5倍，用量应比普鲁卡因小1/3～1/2。在水溶液中的稳定性较好，无刺激性，过敏反应少，用于表面麻醉、浸润麻醉、传导麻醉和硬膜外麻醉。由于其作用于细胞膜的钠离子通道，它还是室性心律失常的首选药。其片剂也可用于带状疱疹后神经痛的治疗。

异芦竹碱（Isogramine）　　利多卡因

虽然利多卡因的中枢神经系统的毒性机制还未明确，但实验表明毒性可能与其通过血脑屏障后 N-脱乙基有关。为了使利多卡因的副作用达到最小化，制备了妥卡尼（Tolcainide）和托利卡因（Tolycaine），发现它们都有很好的局麻活性而没有明显的中枢神经系统副作用。妥卡尼没有易脱去的 N-乙基，而伯氨基旁的 α-甲基能抑制伯氨基被胺氧化酶代谢，因而具有较理想的局麻活性。利多卡因的邻位甲基被甲氧甲酰基取代生成托利卡因，甲酯基在组织中稳定而在血液中能迅速被酯酶水解成羧酸，极性增大，难以通过血脑屏障，因此，即使托利卡因保留了 N,N-二乙基，其中枢神经系统副作用仍很低。在临床上妥卡尼和托利卡因作为抗心律失常药使用。

妥卡尼　　托利卡因

其后合成了一系列侧链为 N-取代哌啶甲酰胺类局麻药——甲哌卡因（Mepivacaine）、布比卡因（Bupivacaine）和罗哌卡因（Ropivacaine）。甲哌卡因（又名卡波卡因，Carbocaine）具有作用迅速、可持续 60min、穿透力强、毒副作用小和不扩张血管等特点。布比卡因（又名丁哌卡因）脂溶性高，作用持续时间长（175min），作用快慢与利多卡因相仿，局麻作用比利多卡因强约 4 倍，临床用于各种麻醉及术后镇痛，是最常用的局麻药之一，特别适合费时较长的手术，术后的镇痛时间也较长。布比卡因的心脏毒性也比利多卡因强，过量摄入时会与心脏钠离子通道紧密结合，产生室性心动过速或者心室纤维颤动，甚至造成心跳停止。在尝试寻找与布比卡因持续时间相似、心脏毒性小的局麻药时，发现了罗哌卡因和左布比卡因（Levobupivacaine）。罗哌卡因是 1996 年上市的酰胺类局麻药，结构仅比布比卡因少一个碳原子，脂溶性降低（脂水分配系数分别为 115 和 346），体外研究表明罗哌卡因对心脏的毒性比布比卡因小，安全性更高。除利多卡因外，所有的酰胺类局麻药都含有不对称碳原子，布比卡因通常以外消旋体供药用，2000 年 S-异构体左布比卡因上市，其中枢神经系统和心脏毒性较外消旋体低；而罗哌卡因是第一个以 S-异构体上市的局麻药。

R = CH₃—　　甲哌卡因
n-C₄H₉—　　布比卡因
n-C₃H₇—　　罗哌卡因

临床应用的局麻药溶液中常常加入微量的血管收缩剂肾上腺素 [1∶（200000～400000）]，这样可以延缓局麻药的吸收，加强镇痛效果，延长作用时间，降低毒性反应，减少术区出血，使术野清晰，不会引起血压明显变化，对心血管病、糖尿病患者一般也不会导致不良反应，反而由于良好的镇痛效果，消除了患者恐惧不安情绪，避免了因疼痛而引起的血压急剧波动。例如，口腔科常用的局麻药"碧蓝麻"的成分是加有肾上腺素的盐酸阿替卡因（Articaine Hydrochloride），其主要特点是局部的渗透能力比一般的麻醉药物强，对于一些麻醉效果不理想的牙齿采用碧蓝麻进行麻醉，能够收到令人惊奇的效果。在阿替卡因的结构中，用噻吩代替苯环、用羧酸甲酯代替酰胺基邻位的甲基，这样既能使酰胺基的水解变得困难，又不会生成不良代谢产物邻甲苯胺，并且羧酸甲酯又极易被酯酶水解为极性大的羧酸，很难通过血脑屏障和心脏的脂质膜，降低了阿替卡因的中枢和心脏毒性。

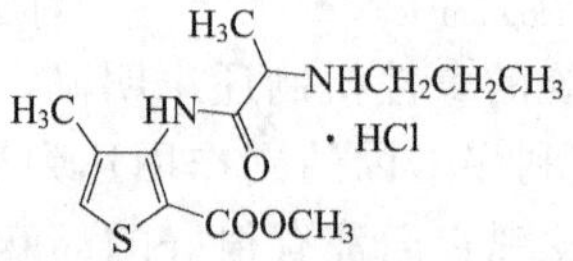

盐酸阿替卡因

19.2.2.3 氨基酮类

酯类局麻药中的酯基—O—以电子等排体—CH_2—替代，得到氨基酮类局麻药，如达克罗宁（Dyclonine），麻醉作用和穿透力强，作用快而持久，毒性较普鲁卡因低，用于表面麻醉。

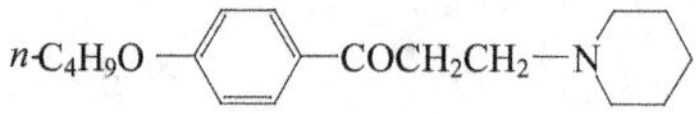

达克罗宁

19.2.2.4 氨基醚类

以稳定的醚键代替局麻药结构中的酯键或酰胺键，得到作用持久的氨基醚类局麻药，如奎尼卡因（Quinisocaine，又名二甲异喹，Dimethisoquin）和普莫卡因（Pramocaine，又名普拉莫辛，Pramoxine）。奎尼卡因的表面麻醉作用比可卡因强 1000 倍，而毒性仅为可卡因的 2 倍。

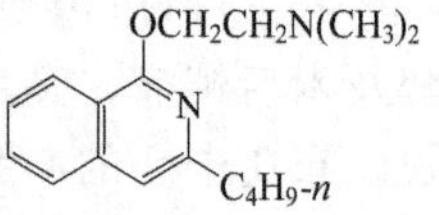

奎尼卡因 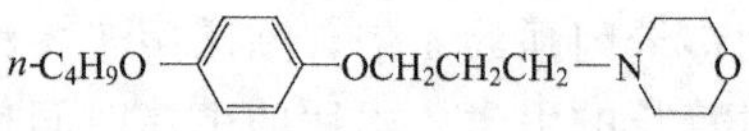　　　　　　普莫卡因

19.2.2.5 氨基甲酸酯类

氨基甲酸酯类局麻药兼有酰胺和酯类两种结构，如卡比佐卡因（Carbizocaine）、地哌冬（Diperodon，又名狄奥散，Diothane）和庚卡因（Heptacaine），它们具有很强的局麻作用。卡比佐卡因用于有炎症组织的麻醉；地哌冬曾作为表面麻醉剂用于临床；庚卡因在动物试验中发现其表面麻醉作用可超过可卡因 100 倍，浸润麻醉作用较普鲁卡因强 170 倍，也有抗心律失常作用。

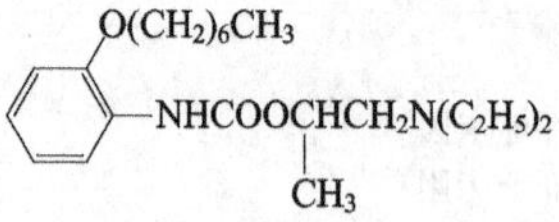

卡比佐卡因 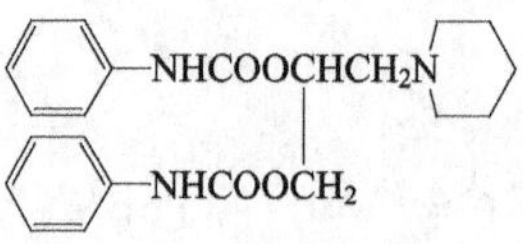　　　　　　地哌冬 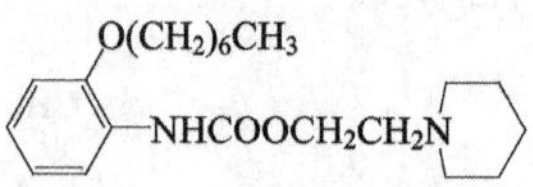　　　　　　庚卡因

除上述几种结构类型外，局麻药还有其他一些类型，如脒类（非那卡因，Phenacaine）、醇类（苯甲醇，Benzyl Alcohol；氯丁醇，Chlorobutanol）和苯酚类（丁子香酚，Eugenol，苯酚，Phenol）等。临床上根据需要和药物特点（如药代动力学类型、运动源阻断和心脏毒性）来选择用药。

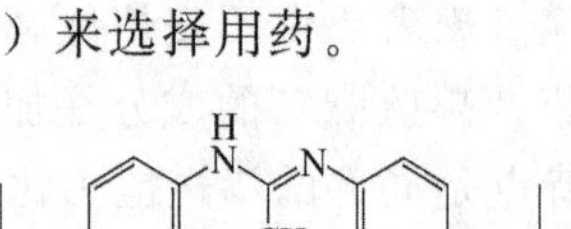

非那卡因 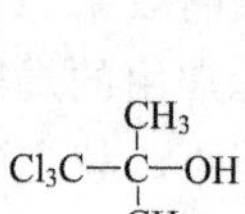　　　　　　氯丁醇 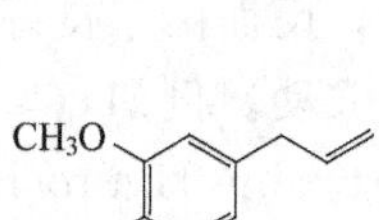　　　　　　丁子香酚

19.2.3 局部麻醉药的构效关系和作用机理

19.2.3.1 局部麻醉药的构效关系

局麻药的作用强弱、持续时间的长短是由其化学结构所决定的，取决于其电离度、脂水分配系数以及与受体的相互作用等。局麻药的结构类型较多，结构特异性较低，按照Löfgren的分类方法可以将局麻药的结构概括为三部分：亲脂性部分，中间连接链，亲水性部分（图19.1）。

H_2N—〈 〉—C(=O)—OCH₂CH₂—N(C₂H₅)₂ 普鲁卡因

（2,6-二甲基苯基）—NH—C(=O)—CH₂—N(C₂H₅)₂ 利多卡因

亲脂性部分　中间连接链　亲水性部分

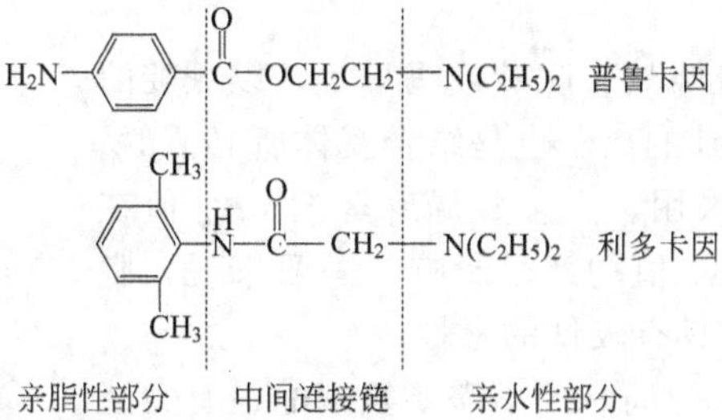

图 19.1　局麻药的结构

（1）亲脂性部分　可为芳烃及芳杂环，以苯环的作用较强，是局麻药活性的必需部分。当酯类药物苯环的对位或邻位或这两个位置都引入给电子基团，如氨基、烷氨基或烷氧基，能通过共轭效应和诱导效应使芳香环电子云密度增加，与受体的亲和力增强，局麻作用较未取代的苯甲酸衍生物强；反之，吸电子基如—NO₂，—CO—和—CN 都会降低局麻药的活性。以丁卡因为例，苯环对位氨基的电子能与羰基氧原子共轭，容易形成两性离子的共振形式；并且 N-丁基通过供电子诱导效应间接地增加了对位的电子云密度，也增加了形成这种共振形式的倾向，这种形式有利于药物和受体之间的结合。当然，N-丁基取代使得药物脂溶性增加，也有利于增强局麻作用。

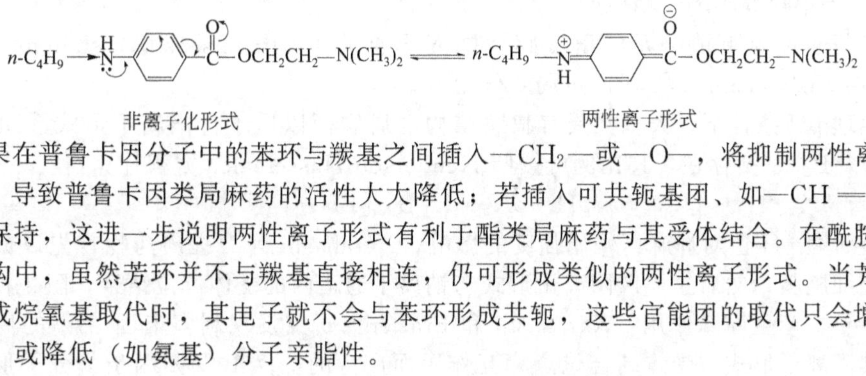

$n\text{-}C_4H_9\text{—NH}$—〈 〉—C(=O)—OCH₂CH₂—N(CH₃)₂ ⇌ $n\text{-}C_4H_9\text{—}\overset{+}{N}H$=〈 〉=C(—O⁻)—OCH₂CH₂—N(CH₃)₂

非离子化形式　　　　　　　两性离子形式

如果在普鲁卡因分子中的苯环与羰基之间插入—CH₂—或—O—，将抑制两性离子形式的形成，导致普鲁卡因类局麻药的活性大大降低；若插入可共轭基团、如—CH=CH—等则活性保持，这进一步说明两性离子形式有利于酯类局麻药与其受体结合。在酰胺类局麻药的结构中，虽然芳环并不与羰基直接相连，仍可形成类似的两性离子形式。当芳环间位由氨基或烷氧基取代时，其电子就不会与苯环形成共轭，这些官能团的取代只会增加（如烷氧基）或降低（如氨基）分子亲脂性。

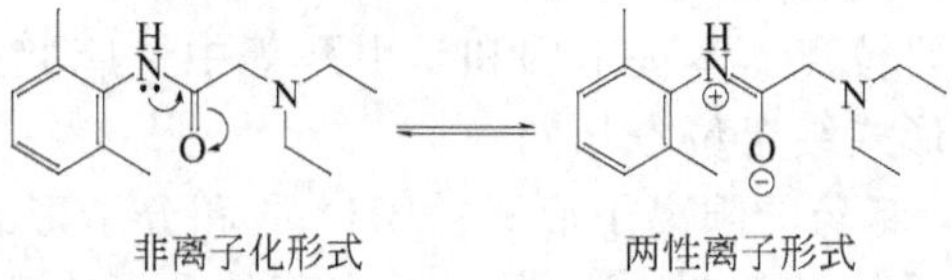

（2,6-二甲基苯基）—NH—C(=O)—CH₂—N(C₂H₅)₂ ⇌ （2,6-二甲基苯基）—⁺NH=C(—O⁻)—CH₂—N(C₂H₅)₂

非离子化形式　　　　　两性离子形式

酰胺类局麻药的 2,6-二甲基取代，由于位阻作用延缓了酰胺键的水解，延长持效时间。氯普鲁卡因与普鲁卡因相比，其活性期更短是由于邻位氯的诱导效应使羰基电子云密度降低，从而更易遭到血浆酯酶的亲核性进攻的缘故。

增加药物的脂溶性能使其易于通过神经细胞膜产生局麻作用，但是也会增加药物通过血管壁的能力，使得药物从被注射处转移进入血液循环的速度更快，这样不仅会减小局麻药的活性，还可能增加系统毒性。另外，减少注射部位的血液流动会显著增加到达神经的

药物量，因而延长麻醉作用时间；同时也会减慢注射处药物的系统吸收，从而使潜在的毒性最小化。

（2）中间连接链　由羰基部分和1～3个碳原子的烷基部分共同组成。羰基部分决定了药物的化学稳定性，进而对作用时间和毒性也有影响。作用持续时间的顺序为：酮＞酰胺＞硫代酯＞酯，麻醉强度顺序为：硫代酯＞酯＞酮＞酰胺。烷基部分的长度为2～3个碳原子为好，当烷基部分为—$CH_2CH_2CH_2$—时，麻醉作用最强。当酯基或酰胺基周围有支链取代时，由于位阻抑制了由酯酶和酰胺酶催化的水解，从而延长了药物的作用时间，毒性也增大。

（3）亲水性部分　大都为叔胺或仲胺或脂环胺（如吡咯烷、哌啶或吗啉等，以哌啶的作用最强），易与无机酸形成可溶性盐类，叔胺质子化得到的离子也是结合受体所必需的。仲胺的刺激性较大，季铵由于表现为箭毒样作用而不被采用。大多数局麻药的pK_a值在7.5～9.0之间，N-取代烷基的大小、长度和疏水性对pK_a值均产生影响。一般来说，脂溶性较强，pK_a值较小的局麻药发挥作用所需时间较短，具有较低的毒性。

亲水部分对局麻药的活性是否必需仍处于争论中。认为局麻药不需要氨基的最有力证据是苯佐卡因，虽然它没有亲水部分，但是仍有很强的局麻活性。因此，普鲁卡因类似物中的叔胺部分也可能仅仅为了形成适合于药物制剂的水溶性盐。

（4）局麻药的立体化学　虽然很多局麻药都有一个手性中心，也有些药物以光学异构体上市，但该类药物与受体结合时很少有特定的立体专一性。虽然有些药物的光学异构体的药理学性质存在一些微小差别，但还不能确定这些差别是由于吸收、分布、代谢的区别或是与受体结合过程的区别造成的。局麻药的立体化学对其毒性和药动学性质表现出明显的影响。例如：布比卡因的心脏毒性是R-(＋)-布比卡因引起的，对映异构体造成差别的准确机制目前仍未可知。Longobardo等研究发现布比卡因、罗哌卡因和甲哌卡因的R-(＋)-异构体能选择性地阻断心脏hKv1.5通道[2]。

19.2.3.2　局部麻醉药的作用机理

局麻药通过阻断神经元电压敏感性钠离子通道［voltage-sensitive sodium channels (VSSCs) or nav channels］而产生局麻作用[3]。

在生理pH条件下，大多数具有叔胺结构的局麻药以质子化阳离子形式［BH^+］和分子形式［B］平衡存在，其比例可按照Henderson-Hasselbalch方程计算：

$$pH = pK_a - \lg[B]/[BH^+]$$

通过研究pH值对局麻药作用强度的影响，Narahashi等[4]提出药物首先以分子形式穿过神经细胞膜，然后主要以阳离子形式与钠离子通道内的受体部位结合，阻止神经冲动产生和传导，产生局麻作用。Narahashi和Frazier[5]研究发现利多卡因90％的局麻作用是由于其阳离子形式与受体结合位点相互作用而产生的，仅10％归因于其分子形式，并且结合位点可能不同于主要位点。苯佐卡因和苯甲醇等中性麻醉药由于没有碱性的氨基，与受体的结合位点与分子形式结合位点相同。

1984年，Hille提出局麻药的阳离子形式［BH^+］和分子形式［B］以及季铵化合物作用于钠离子通道内同一受体的假设[6]。根据局麻药的分子大小、pK_a值和脂溶性以及离子通道状态的电压和依赖频率的调节，药物到达其受体结合部位有多条通路，阳离子形式［BH^+］和季铵化合物仅能在钠离子通道活化时，通过膜外的亲水性通路（图19.2中b通路）进入钠离子通道内，到达受体结合部位与之结合。脂溶性的分子形式［B］进入膜内后，或以质子化的阳离子形式［BH^+］与受体结合，或分子形式［B］经过疏水性通路（图19.2中a通路）与受体结合位点结合，产生局麻作用。苯佐卡因和苯甲醇等中

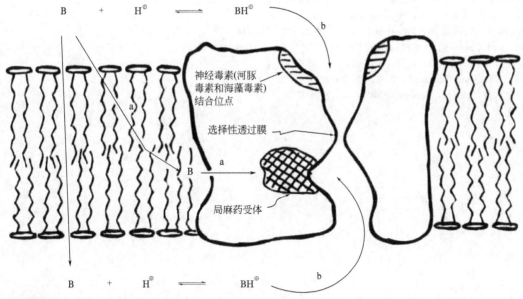

图 19-2　局麻药钠离子通道模型
b 为亲水性通路；a 为亲脂性通路；局麻药可以通过这两条通路达到受体结合部位

性麻醉药也经由疏水性通路与受体同一部位结合。因此，局麻药的脂水分配系数与药物在体内的转运和分布密切相关，亲脂性与亲水性平衡才有利于发挥局麻作用。

19.2.4　展望

理想的局麻药能够可逆性地阻断感觉神经纤维（传入神经元）而不影响运动神经纤维（传出神经元），并且应具备以下条件：①麻醉作用强，起效快，持续时间长；②无明显毒副作用，安全范围大；③选择性作用于神经组织，穿透神经组织能力强；④性质稳定；⑤作用可复性。

目前临床上使用的局部麻醉药是相对安全的药物，但寻找心脏毒性小、强效、长效、速效的局麻药仍是这一领域的研究方向[7]。尤其是起效和持效时间与利多卡因相似、没有短暂神经根刺激的用于脊椎麻醉的局部麻醉药，还不能满足需求。

重建更加精确有效的麻醉药与各种生物膜相互作用的分子模型，运用多分子靶标阐明吸入麻醉剂、静脉麻醉剂和局部麻醉剂不同的机理，对于发现新型麻醉药物至关重要[8]。

另外，局麻药（如利多卡因）是典型的钠离子通道阻滞剂，除了局部麻醉作用外，在临床上应用钠离子通道阻滞剂的全身给药方法，可治疗神经性疼痛。

推荐读物

- Timothy J Maher, General Anesthetics//Thomas L Lemke, David A Williams, Victoria F Roche, S William Zito. Foye's Principles of Medicinal Chemistry. Sixth Edition. Lippincott Williams & Wilkins, 2008, 490-503.
- Matthias C Lu, Inhibitor of Nerve Conduction: Local Anesthetics//Thomas L Lemke, David A Williams, Victoria F Roche, S William Zito. Foye's Principles of Medicinal Chemistry. Sixth Edition. Lippincott Williams & Wilkins, 2008, 462-479.
- T A Bowdle, L J S Knutsen, M Williams. Local and Adjunct Anesthesia // John B Taylor, David J Triggle. Comprehensive Medicinal Chemistry II. Volume 6: Therapeutic Areas I: Central Nervous System, Pain, Metabolic Syndrome, Urology, Gastrointestinal and Cardiovascular. Elsevier, 2006: 351-367.

参考文献

[1]　http://www.legaldaily.com.cn/misc/2005-11/01/content_213625.htm.

[2] Longobardo M, Delpon E, Carballero R, et al. Mol. Pharmaco, 1998, 54 (1): 162-169.
[3] Catterall W A, Goldin A L, Waxman S G. Pharmacol. Rev, 2005, 57: 397-409.
[4] Narahashi T, Yamada M, Frazier D T. Nature 1969, 223: 748-749.
[5] Narahashi T, Frazier D T. J Pharmacol Exp Ther, 1975: 194: 506-513.
[6] Hille B. J Gen Physiol, 1977, 69: 497-515.
[7] Flood P. Curr Opin Pharmacol, 2005, 5: 322-327.
[8] Liu Z, Xu Y, Tang P. Biophys J, 2005, 88: 3784-3791.

第20章

镇静催眠和抗癫痫药物

俞娟红，沈竞康

目 录

20.1 镇静催眠药 /576
  20.1.1 镇静催眠药发展史 /576
  20.1.2 传统镇静催眠药 /576
    20.1.2.1 巴比妥类药物 /576
    20.1.2.2 苯二氮䓬类药物 /576
  20.1.3 新开发的镇静催眠药 /578
    20.1.3.1 唑吡坦 /578
    20.1.3.2 佐匹克隆/右旋佐匹克隆 /579
    20.1.3.3 扎来普隆/茚第普隆 /579
    20.1.3.4 褪黑激素受体激动剂 /580
  20.1.4 小结 /581
20.2 抗癫痫药 /581
  20.2.1 γ-氨基丁酸能药物 /582
  20.2.2 作用于谷氨酸受体的药物 /583
    20.2.2.1 N-甲基-D-天冬氨酸受体拮抗剂 /583
    20.2.2.2 α-氨基羟甲基噁唑丙酸受体拮抗剂 /584
  20.2.3 作用于膜通道的化合物 /584
    20.2.3.1 Na^+ 通道抑制剂 /584
    20.2.3.2 K^+ 通道开放剂 /585
    20.2.3.3 Ca^{2+} 通道抑制剂 /585
  20.2.4 其他作用机制的抗癫痫药 /586
    20.2.4.1 突触泡蛋白2调节剂 /586
    20.2.4.2 作用机制未明的在研抗癫痫药 /587
20.3 讨论与展望 /587
推荐读物 /587
参考文献 /587

20.1 镇静催眠药

20.1.1 镇静催眠药发展史

镇静催眠药是一类对中枢神经系统有广泛抑制作用的药物。主要用于治疗精神活动的轻度病态兴奋状态。镇静药对中枢神经系统有轻度抑制作用，能使兴奋不安和焦虑的病人安静下来，但不催眠。催眠药能使中枢神经进一步抑制而进入睡眠状态，它对失眠病人和正常人都有催眠作用。镇静药和催眠药之间并没有明显界限，只有量的差别。通常，较大剂量的镇静药可以促进入睡，小剂量的催眠药具有镇静效果。

镇静催眠药化学结构类型较多，无明显的共同结构特征。19 世纪 20 年代，乙醚和氯仿被用于催眠；1869 年，第一个卤代镇静药水和氯醛被用于临床；20 世纪初以来，巴比妥类药物是主要使用的镇静催眠药，但是这类药物给药时会产生一系列的副作用和长期并发症，且具有成瘾性；自 20 世纪 60 年代以后，各种苯二氮䓬类药物问世，因其成瘾性小，安全范围大，逐渐替代了巴比妥类药物。20 世纪 90 年代，新型结构的唑吡坦、扎来普隆等药物上市，此后新一代杂环类镇静催眠药逐渐发展成为镇静催眠药的主流品种。

20.1.2 传统镇静催眠药

20.1.2.1 巴比妥类药物

巴比妥类药物属于非特异性结构类型药物，其作用强弱、快慢、作用时间长短，与药物的酸性解离常数（pK_a）、油水分配系数（lgP）及代谢失活过程有关。巴比妥酸为强酸（pK_a 4.12），在生理 pH 条件下，几乎全部解离，不易透过血脑屏障到达中枢，因此无活性。具有催眠活性的巴比妥类药物为 $pK_a 7\sim 8$ 的弱酸，在生理 pH 条件下，未解离的分子约占 50% 或更多，易透过血脑屏障到达中枢，因此有活性。

巴比妥酸（Barbituric Acid，**1**）本身无镇静催眠治疗作用，5 位上的两个氢原子被烃基取代，使分子的亲脂性增加，碳原子总数为 4 时出现镇静催眠作用，7~8 作用最强。5 位取代基的不同差导致各药物的脂溶性和代谢行为的差异，通常当短直链烷基或芳基取代时，在体内不易被氧化代谢，作用时间长，如巴比妥（Barbital）、苯巴比妥（Phenobarbital，**3**）；如为支链烷基或不饱和基时，体内较易被氧化代谢，是中时效镇静催眠药，如异戊巴比妥（Amobarbital，**2**）、环己巴比妥（Cyclobarbital，**4**）；脂溶性较高的化合物易进入脑组织，且因肝脏代谢为主，故具有起效快作用时间短的特点，如戊巴比妥（Pentobarbital，**5**）、司可巴比妥（Secobarbital，**6**）；硫巴比妥类，例如硫喷妥钠（Thiopental Sodium，**7**），均为超短时类。

巴比妥类药物的缺点是中枢抑制作用过强，耐受性和成瘾性作用高，吞服过量药物常能致呼吸麻痹而死亡，现已逐渐淘汰。

20.1.2.2 苯二氮䓬类药物

苯二氮䓬（BDZ）类药物是 20 世纪 60 年代发展的一类药物，因其具有较好的抗焦虑和镇静催眠作用，安全范围大，已几乎完全取代了巴比妥类等传统镇静催眠药。

氯氮䓬（Chlordiazepoxide，Librium，利眠宁，**8**），1960 年首先于用于临床。地西泮（Diazepam，Valium，安定，**9**），作用强于氯氮䓬，对其构效关系研究后，开发了一批类似物。例如，硝西泮（Nitrazepam，硝基安定，**10**）、氯硝西泮（Clonazepam，氯硝安定，**11**）、氟西泮（Flurazepam，氟安定，**12**）、氟地西泮（Fludiazepam，**13**）、氟托西泮（Flutoprazepam，**14**）等。

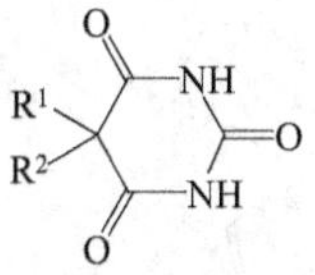

	R¹	R²	
	—H	—H	1
	—C₂H₅	—CH(CH₃)CH₂CH₃	2
	—C₂H₅	—C₆H₅	3
	—C₂H₅	—C₆H₁₁ (环己基)	4
	—C₂H₅	—CH₂CH₂CH₂CH₃	5
	—CH₂CH=CH₂	—CH(CH₃)CH₂CH₃	6

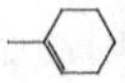

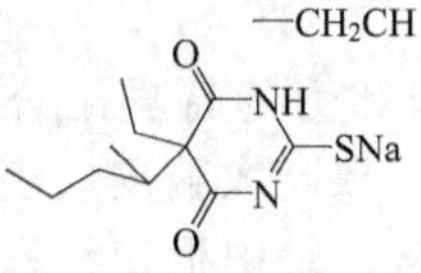

7

地西泮在体内的活性代谢物不仅催眠作用较强，且毒副作用较小，已开发成药。临床应用的类似物还有奥沙西泮（Oxazepam，去甲羟安定，15）、替马西泮（Temazepam，羟安定，16）、劳拉西泮（Lorazepam，去甲氯羟安定，17）等。

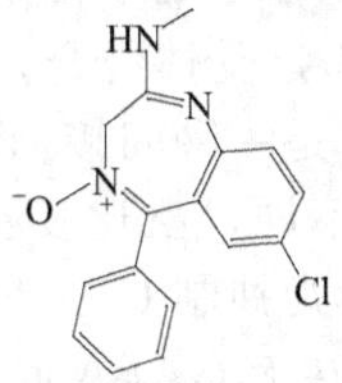

8

在苯二氮䓬环1,2位上并合三唑环，增加了对代谢的稳定性，并可提高其与受体的亲和力。如艾司唑仑（Estazolam，18）、阿普唑仑（Alprazolam，19）、三唑仑（Triazolam，20）等。

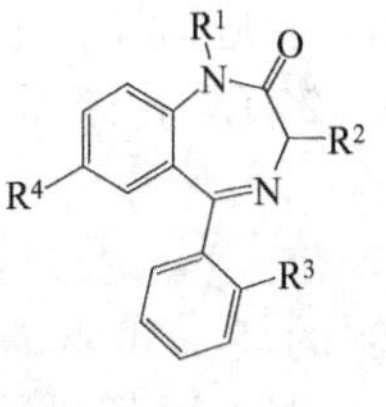

R¹	R²	R³	R⁴	
CH₃	H	H	Cl	9
H	H	H	NO₂	10
H	H	Cl	NO₂	11
(CH₂)₂N(C₂H₅)₂	H	F	Cl	12
CH₃	H	F	Cl	13
H₂C-环丙基	H	F	Cl	14
H	OH	H	Cl	15
CH₃	OH	H	Cl	16
H	OH	Cl	Cl	17

此外，在1,2位并合咪唑环，如咪达唑仑（Midazolam，21）在4,5位并入四氢噁唑环例如卤噁唑仑（Haloxazolam，22）等，均使作用增强。将苯二氮䓬的苯环用噻吩环置换，仍保留苯二氮䓬类的作用，如依替唑仑（Etizolam，23）和溴替唑仑（Brotizolam，24）。

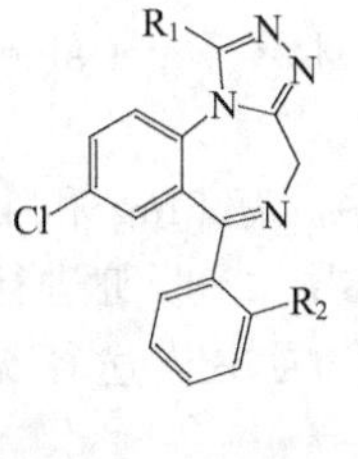

	R¹	R²	
	H	H	18
	CH₃	H	19
	CH₃	Cl	20

放射配体结合试验证明,脑内有地西泮的高亲和力的特异结合位点——苯二氮䓬受体,该受体在脑内的分布与 GABA$_A$ 亚型受体基本一致,大脑皮层密度最高,其次是边缘系统和中脑,以及脑干和脊髓。GABA(γ-氨基丁酸)是中枢神经系统内重要的抑制性递质,有三种受体亚型:GABA$_A$、GABA$_B$、GABA$_C$。脑内主要是 GABA$_A$,由 α、β、γ 三种亚单位组成寡聚体,其中 2 个 α,2 个 β,1 个 γ,该受体与 Cl$^-$ 通道偶联。当 GABA$_A$ 受体激动时,Cl$^-$ 通道开放,Cl$^-$ 内流,使膜电位变为超极化,产生突触后膜抑制效应。BDZ 药物与 GABA$_A$ 类受体结合后,本身对受体没有激动作用,也就是说并不能使 Cl$^-$ 通道开放,而是通过促进 GABA 与 GABA$_A$ 受体结合,使 Cl$^-$ 通道开放频率增加,造成大量 Cl$^-$ 内流,从而发挥其中枢抑制作用(是一种间接抑制方式)。

需要补充说明的是与苯二氮䓬类不同,巴比妥类是通过延长氯通道开放时间而增加 Cl$^-$ 内流,引起超极化。较高浓度时,则抑制 Ca^{2+} 依赖性动作电位,抑制 Ca^{2+} 依赖性递质释放,并且呈现拟 GABA 作用,即在无 GABA 时也能直接增加 Cl$^-$ 内流。

BDZs 与 BZ(BDZ 受体的一种)受体结合没有选择性,它们吸收迅速,血药达峰时间一般为 60~90min,起效快、作用强、毒性低,可小剂量、间歇或短期治疗慢性失眠,但是 BDZs 具有耐药性、停药后反跳现象、依赖性、精神运动损害、残余效应等不良反应。

20.1.3 新开发的镇静催眠药

鉴于苯二氮䓬类药物的上述不足之处,研究开发了一批具有特异性药效,且安全性较高的新一代非苯二氮䓬类镇静催眠药。已上市的代表性药物有:唑吡坦(Zolpidem,**25**)、佐匹克隆(Zopiclone,**26**)、右旋佐匹克隆(Eszopiclone,**27**)、扎来普隆(Zaleplon,**28**)、茚第普隆(Indiplon,**29**)。

20.1.3.1 唑吡坦

唑吡坦(Zolpidem,**25**)是由法国 Synthelabo 公司研制的新一代非苯二氮䓬类镇静催眠药,商品名思诺思(Stilnox),1988 年率先在法国上市。由于用药剂量小,作用时间短,在正常治疗周期内极少产生耐受性和成瘾性,本品现已成为欧美国家的主要镇静催眠药,我国 1995 年开始进口。

唑吡坦的咪唑并吡啶的化学结构可选择性地与苯二氮䓬 $ω_1$ 受体亚型(包括 $α_1$ 亚单位)结合,而与 $ω_2$、$ω_3$(包括 $α_2$、$α_3$ 亚单位)的亲和力很差,BZs 药物无此选择性。本品具有很强的镇静催眠作用,而抗痉挛和肌肉松弛作用较弱。动物实验表明,引起镇静的剂量下,没有肌肉松弛和抗惊厥作用。临床试验证明,本品可缩短睡眠潜伏期,延长睡眠持续时间,几乎不改变睡眠结构,对慢波睡眠(slow-wave sleep)及快速眼动睡眠(rapid-eye-movement sleep,REM sleep)影响小。

临床上使用的是唑吡坦半酒石酸盐薄膜衣片,有 5mg 和 10mg 两种剂量规格,给药后从胃肠道快速吸收,达峰时间(t_{max})均为 1.6h,在肝脏进行首关代谢,生物利用度为 70%,半衰期分别为 2.5h 和 2.6h。代谢以氧化为主,途径见图 20-1,代谢产物均无

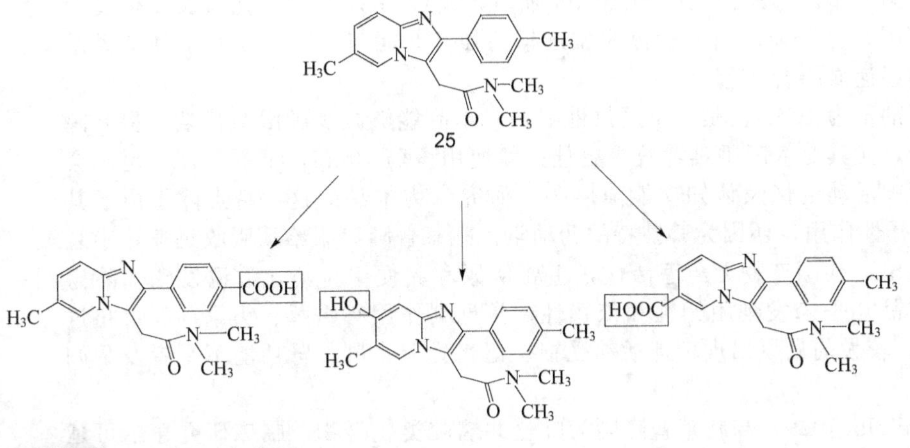

图 20-1　唑吡坦的代谢途径

活性，主要通过肾脏排泄。本品不良反应与个体差异有关，偶致眩晕、头痛、恶心和呕吐，有时引起步态不稳。但其耐受性良好，无依赖性和成瘾性[1]。

20.1.3.2　佐匹克隆/右旋佐匹克隆

佐匹克隆（Zopiclone，**26**）属于环吡咯酮类化合物，是 GABA 受体激动剂，与苯二氮䓬类药物作用于受体同一部位的不同区域。因此，两类药物所产生的功能也有所差别[2]。给小鼠口服佐匹克隆 30 天后，对 GABA 受体并不产生耐受作用，而在大鼠、小鼠长期给予 BZs 时，可见其对 GABA 受体的作用下降[3]。临床研究结果表明，佐匹克隆显示与苯二氮䓬类催眠药及唑吡坦相当或更好的催眠疗效，不仅缩短入睡潜伏期，延长睡眠时间，还可提高睡眠质量，对记忆功能几乎无影响；其催眠时能延长慢波睡眠时相，快波睡眠时相无明显变化；对精神分裂症病人的睡眠改善作用比 BDZ 更好；亦有抗焦虑、抗惊厥和肌肉松弛作用，但其肌松作用较 BDZ 弱[2]，本品耐受性较好，停药后不产生依赖。口服佐匹克隆 7.5mg，2h 后血药浓度达高峰（64ng/mL），半衰期（$t_{1/2}$）约为 5h，生物利用度约 80%，血浆蛋白结合率约为 45%，经肝脏细胞色素 P450 代谢成活性较低的 N-氧化物和无活性的 N-脱甲基物。

最常见的不良反应是余味苦，晨起可出现嗜睡、眼花，长期用药后可能发生反跳现象。因此，一般使用佐匹克隆时间不超过 4 周，间断使用，妊娠和哺乳期妇女禁用。

右旋佐匹克隆（Esopiclone，**27**）是佐匹克隆的活性光学异构体，由美国 Sepracor 公司开发，2005 年在美国首次上市。佐匹克隆是快速短效非苯二氮䓬类镇静催眠药，其右旋体的药效是外消旋体的两倍，但毒性比是外消旋体的一半还要小。

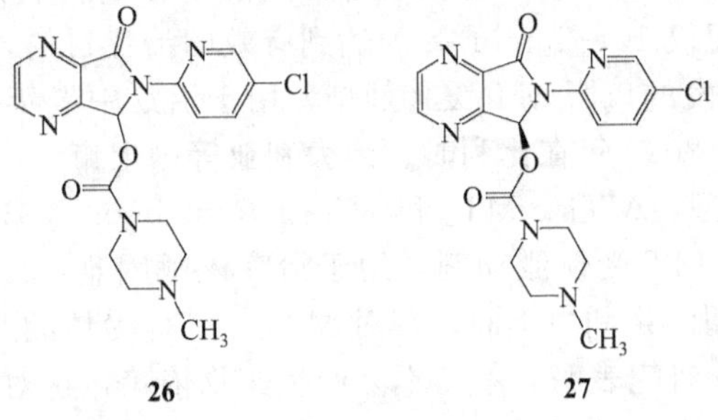

20.1.3.3　扎来普隆/茚第普隆

扎莱普隆（Zaleplon，**28**）为吡唑并嘧啶类化合物，于 1999 年 7 月在丹麦和瑞典率先上市，同年在美国上市。本品作用机制类似唑吡坦，通过 GABA-苯二氮䓬类受体复合物产生中枢抑制作用，对 BDZ_1 (ω_1) 受体亚型选择性强，亦能与 BDZ_2 (ω_1) 受体亚型结合，但不与其他神经递质结合[4]。

扎莱普隆推荐剂量为 10mg，是一个短效催眠药。本品能够减少睡眠潜伏期，提高睡眠时间和睡眠质量，尤其对入睡困难者效果更佳；即使用该药 10mg，1h 后起床，也不会产生显著的损害精神活动记忆及认知功能障碍[5]。研究认为本品的这一特点除了由于其对 BDZ_1 受体的选择性作用，还因为其独特的药动学。扎莱普隆口服给药吸收迅速，半衰期短[6]（0.9～1.1h），代谢产物无药理活性，主要从尿和粪便中排泄，故诱发感知障碍作用小[7]。服用本品几乎未发现耐药性和依赖性，常见副作用有嗜睡、头晕，剂量超过 20mg 时较易出现。较大剂量可出现精神活动受损、记忆力差；肝、肾功能不全者及孕妇慎用。

茚第普隆（Indiplon，**29**）与扎莱普隆同为吡唑并嘧啶类化合物，临床研究显示可延长睡眠时间，缩短睡眠潜伏期，但迄今尚未得到 FDA 批准。本品通过与苯二氮䓬 ω_1 受体亚型的 α_1 亚单位的强效选择性结合，产生 $GABA_A$ 受体介导的中枢抑制作用。由于对受体作用的高度选择性，本品致 $GABA_A$- α_1 受体亚型在神经细胞中产生相等生理作用所需浓度分别是唑吡坦、佐匹克隆、扎来普隆的 1/27、1/62、1/190，可能产生的副作用也远小于这三种药物[8]。本品的药动学特点是血药浓度达峰时间短，半衰期短，且药物容易透过血脑屏障[9,10]。

28　　　　**29**

20.1.3.4　褪黑激素受体激动剂

褪黑激素（Melatonin，MT，**30**）是松果体分泌的肽类激素，化学名为 5-甲氧基-N-乙酰色胺，对许多生理活性具有广泛调节作用，其中对睡眠的调节作用尤为突出[11]。MT 对睡眠的作用机制不十分清楚，目前认为 MT 可刺激边缘系统释放单胺递质[12,13]，产生诱导睡眠、镇静催眠、调节睡眠-觉醒周期的作用。与传统的 BDZ 类催眠药不同的是，MT 不使快速眼动睡眠（REM）时相缩短，因而不影响自然的睡眠规律。但 MT 催眠有效时间短（半衰期短仅 10～20min），为达到有效的治疗目的，临床使用其缓释剂型。Circadin 是由 Neurim 开发的口服 MT 缓释剂型，用于治疗中老年人轻度失眠，有利于其入睡和睡眠症状的持续，2007 年在比利时、澳大利亚等国上市。

MT 受体有三种亚型：MT_1、MT_2 和 MT_3。Ramelteon（**31**）是由日本武田公司（Takeda）开发的选择性 MT 受体激动剂，用于治疗入睡困难，2005 年 9 月在美国上市。本品对 MT 受体各种亚型的亲和力不同，其对 MT_1、MT_2 受体的亲和力较强，对 MT_3 受体的亲和力弱。已有临床研究表明，本品不易产生药物依赖，这对于需要经常使用催眠药的老年患者而言，可能更为安全[14]。Tasimelteon（**32**）是由施贵宝（Bristol-Myers Squibb）公司研究，Vanda 医药公司获得许可的非选择性 MT 激动剂，除了能够缩短睡眠潜伏期，延长睡眠时间，还能调节 MT 本身的生理作用节奏，目前已完成Ⅲ期临床试验。已完成的临床研究结果显示，本品耐受性良好，不影响次日精神活动，短期安全性良好，长期毒性数据还有待进一步验证。

20.1.4 小结

经过多年的研究，逐步对镇静催眠药的药理学、不良反应等加深了解，镇静催眠药正逐步从 BZs 向非 BZs，从非选择性向高效、高选择性、副作用小的方向发展。在美国，临床应用镇静催眠药 20 世纪 70 年代以长半衰期 BZs 为主，80 年代以中短半衰期 BZs 替代，但由于这些药物的副作用和疗效不够满意，90 年代起又开始寻找新的 BZs 类和非 BZs 类催眠药。其中发展较快的镇静催眠新药是唑吡坦、佐匹克隆、扎来普隆和 MT 受体激动剂，它们将可能成为 BZs 药物的替代物。此外，科学家们发现一些神经肽对调节睡眠有着至关重要的作用，如损害神经肽 Orexin 将直接导致病理性睡眠紊乱，但是直接将神经肽物质作为治疗失眠等中枢神经系统疾病药物，则存在稳定性差、中枢穿透性差等缺陷。研究非肽类的神经肽受体拮抗剂、激动剂或肽酶抑制剂是开发此类靶点药物的可能途径[15]，但其临床普及应用，短期内尚难实现。

此外，天然药物也是人们研究的热点之一，许多天然产物的成分具有良好的镇静作用，且不良反应较少，具有广阔的应用前景。近几年，对缬草属植物、柏子仁、灵芝、苦豆子、白芍总苷、钩藤碱、酸枣树根和枣仁、三宝素口服液、安神补脑液等天然药物的镇静催眠作用研究正逐渐深入。

20.2 抗癫痫药

癫痫是一类慢性、反复性、突然发作性大脑机能失调，其特征为脑神经元突发性异常高频率放电并向周围扩散。由于异常放电神经元所在部位（病灶）和扩散范围不同，临床就表现为不同的运动、感觉、意识和植物神经功能紊乱的症状。癫痫临床发作类型可分为全身强直阵挛发作（大发作）、失神发作（小发作）、单纯部分性发作、复杂部分性发作（精神运动性发作）和植物神经性发作（间性发作）。

目前癫痫病临床的主要手段仍然是抗癫痫药物（antiepileptic drugs，AEDs）治疗，通过两种方式来消除或减轻癫痫发作：一是影响中枢神经元，以防止或减少其病理性过渡放电；二是提高正常脑组织的兴奋阈，减弱病灶兴奋的扩散，防止癫痫复发。除传统抗癫痫药苯二氮䓬类（Diazepam，**9**、Estazolam，**18** 等）、苯妥英钠（Phenytoin Sodium，**33**）、卡马西平（Carbamazepine，**34**）、苯巴比妥（Phenobarbital，**35**）和丙戊酸钠（Sodium Valproate，**36**）等外，不同作用机制的新型抗癫痫药物不断问世，包括非氨酯（Felbamate，**37**）、加巴喷丁（Gabapentin，**38**）、拉莫三嗪（Lamotrigine，**39**）、左乙拉西坦（Levetiracetam，**40**）、奥卡西平（Oxcarbazepine，**41**）、噻加宾（Tiagabine，**42**）、托吡酯（Topiramate，**43**）和唑尼沙胺（Zonisamide，**44**）等，为传统药物治疗无效者提供了广泛的选择。

理想的抗癫痫药应该对各种类型的癫痫发作都高度有效，用药后起效快、持续长、不复发，且在有效剂量下可以完全控制癫痫的发作而不产生镇静或其他中枢神经系统的毒副作用。

目前对于癫痫发生、发展的病理生理机理了解得还不是很透彻，而从研究现有药物的作用机理入手很可能为病理生理学的研究提供有益的线索，这在药理学上不乏先例。现有的抗癫痫药作用机理主要分为三类：通过强化 γ-氨基丁酸（GABA）能神经的抑制作用，或者阻断由 N-甲基-D-天冬氨酸盐型谷氨酸受体中介的突触兴奋性，以及通过调节 Na^+、K^+ 以及 Ca^{2+} 膜通道达到治疗癫痫的目的。

20.2.1　γ-氨基丁酸能药物

GABA 在中枢神经系统大量存在，是控制突触传递及神经元兴奋的主要抑制性神经元素，因此 GABA 能神经刺激可以减弱由于细胞的兴奋性升高导致癫痫发作时的惊厥。传统的 GABA 激动剂有巴氯芬（Baclofen，**45**）、蝇蕈醇（Muscimol，**46**）、普罗加比（Progabide，**47**）、丙戊酸钠等已被用于多种疾病的治疗，而氨己烯酸（Vigabatrin，**48**）和加巴喷丁则为新型的抗癫痫药物。

目前已知的 GABA 受体有 GABA$_a$、GABA$_b$、GABA$_c$ 三种，脑内 GABA 受体主要是 GABA$_a$ 受体。GABA$_b$ 受体较少，属 G 蛋白耦联受体家族。GABA$_c$ 受体目前仅在视网膜发现，GABA$_a$ 受体是中枢神经系统的主要抑制性受体，也是与癫痫关系最密切、研究最深入的 GABA 受体。该受体为配体门控性氯离子通道，在 Cl$^-$ 通道周围有 5 个结合位点（γ-氨基丁酸、苯二氮䓬类、巴比妥类、印防己毒素和神经甾体化合物），它的激活可增加神经元细胞膜的氯离子通透性，产生抑制性突触后电位（IPSP），发挥抑制效应。传统抗癫痫药 Phenobarbital、Sodium Valproate 即通过此类作用机制发挥药效；新型广谱抗癫痫药 Topiramate 的作用机制之一就是作用在 GABA 受体非苯二氮䓬位点以增强 GABA 活性。Vigabatrin、Tiagabine 及 Gabapentin 虽然也属 GABA 激动剂，但发挥药效的途径不尽相同[16]。Vigabatrin 通过不可逆地阻断 GABA 氨基酸转移酶（GABA-T），提高脑内 GABA 浓度而发挥作用；Tiagabine 通过选择性地抑制 GABA 转运体（GAT）来抑制 GABA 的再摄取，达到增强 GABA 活性的目的；Gabapentin 通过激活谷氨酸脱羧酶（GAD）活性增加 GABA 浓度[17]（图 20-2）。

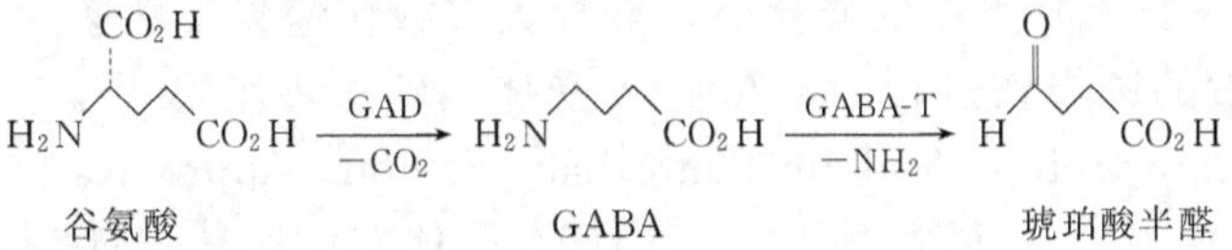

图 20.2 GAGA 主要的生成及降解途径

通过作用于 GABA$_b$ 受体的抗癫痫药物比较少。巴氯芬作为 GABA$_b$ 受体激动剂，在动物模型上能延长脉冲波的交换时间，增加 GABA 到达受体的数量，而一些 GABA$_b$ 受体激动剂则阻断 GABA 与受体的作用[18~21]。

20.2.2 作用于谷氨酸受体的药物

谷氨酸（Glutamic Acid）是哺乳动物中枢神经中的主要神经递质，70% 快兴奋突触都是谷氨酸介导的。在生理状态下，谷氨酸是神经细胞间信息传导的重要媒介，但在病理条件下，谷氨酸通过兴奋谷氨酸受体介导神经毒性作用，产生兴奋性毒性，是神经系统缺血、外伤以及其他原因引起的神经紊乱、神经退行性变的主要原因。谷氨酸受体存在两种类型：离子型谷氨酸受体（intropic glutamate receptors，iGluRs）和代谢型谷氨酸受体（metabotropic glutamate receptors，mGluRs），前者包括 N-甲基-D-天冬氨酸（N-methyl-D-aspartic acid，NMDA，**49**）受体、α-氨基羟甲基噁唑丙酸（α-amino-3-hydroxy-5-methyl-4-isoxazolepropionic acid，AMPA，**50**）受体和红藻氨酸（Kainic Acid，**51**）受体，直接与离子通道相连，中介快速兴奋性突触传递；后者是一个与 G 蛋白耦联的受体亚家族，通过胞内各种信使物质的变化介导多种反应，如神经发育、神经元死亡、突触可塑性、空间学习能力等。

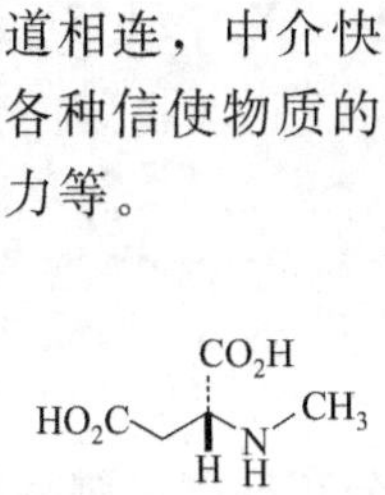

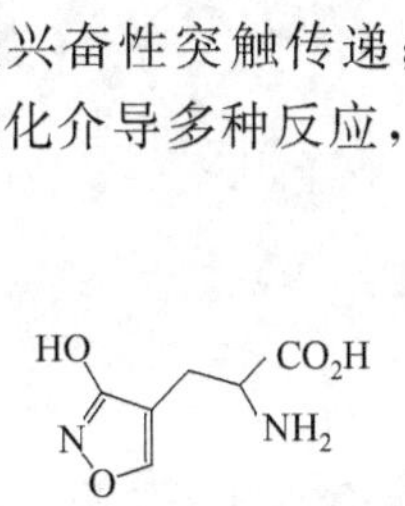

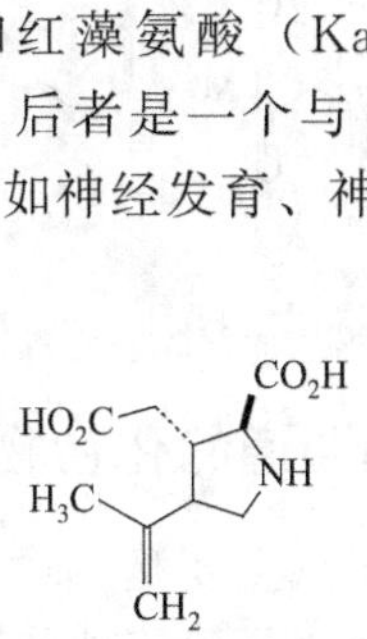

20.2.2.1 N-甲基-D-天冬氨酸受体拮抗剂

谷氨酸受体中的 NMDA 受体在兴奋性毒性损伤中发挥关键作用。NMDA 受体闸门被 Mg^{2+} 以电压依赖方式阻滞，高电导离子通道（如 Na$^+$、K$^+$、Ca^{2+} 等）能激发和延长海马内中长时程的兴奋传递。NMDA 受体激活使兴奋性突触后电位（EPSP）持续时间延长，可引发高频神经元放电，促进癫痫样活动传播。如果 NMDA 受体迅速大量激活（如长时间的癫痫发作、缺血、创伤等），可导致 Ca^{2+} 过度内流，触发可能导致神经元变性、坏死的生化机制，因此 NMDA 受体拮抗剂有保护神经作用。非尔氨酯（Felbamate）是一种广谱抗癫痫药，其作用机制尚不十分明确，除了作用于 GABA 受体，还能在 NMDA 受体处通过阻滞与甘氨酸结合，阻滞 Na^+ 通道及加强 Cl^- 进入达到阻断癫痫发作的目的，但因其存在致再生障碍性贫血风险及肝毒性，目前已退居为抗癫痫二线用药。拉科酰胺（Lacosamide，52）是德国 Schwarz BioSciences 公司研发的治疗癫痫和神经性疼痛的药物，于 2008 年在欧美市场上市。是一种新型 NMDA 受体甘氨酸位点结合拮抗剂，属于新一类功能性氨基酸，为具全新双重作用机制的抗癫痫药物，它可选择性促进 Na^+ 通道慢失活和调节 CRMP-2（塌陷反应介导蛋白-2）[22]，而 CRMP-2 可能减慢甚至阻止癫痫发展以及减轻糖尿病神经性疼痛。

20.2.2.2　α-氨基羟甲基噁唑丙酸受体拮抗剂

AMPA 受体是由 4 种亚单位（GluR1～4）组成的异聚体，介导大多数快速兴奋性递质传递。在癫痫发作过程和因发作引发的脑损伤过程中，AMPA 受体起到重要作用[23]。研究发现，一些常用抗癫痫药物如 Phenobarbital, Sodium Pentothal, Sodium Valproate, Topiramate 均有抑制 AMPA 受体的作用[24]。在很多例子中，AMPA 受体有活性是 NMDA 受体活化的前提条件，AMPA 受体拮抗剂可增强 GABA 激动剂和 NMDA 拮抗剂的抗癫痫发作作用。Perampanel（53）是由 Eisai 公司开发的选择性 AMPA 受体拮抗剂，用于治疗帕金森病、癫痫、神经病理性疼痛及偏头痛，目前处于 III 期临床。在已结束的抗癫痫 II 期临床试验中，Perampanel 耐受性良好，服用该药的癫痫患者 40% 降低了发病率[25]。他伦帕奈（Talampanel，54）是由 Eli Lilly 开发的苯二氮杂䓬类 AMPA 受体拮抗剂，作用于谷氨酸能 AMPA 受体的负调节位点（GYKI 位点），目前处在多中心双盲 II 期临床试验研究阶段。临床前研究证实，对其他经典药物产生治疗抵抗的癫痫发作有效，广谱抗惊厥作用。在临床交叉试验中，Talampanel 治疗组中 80% 病人的癫痫发病率明显降低，能被病人很好地耐受，仅有眩晕和共济失调的副反应[26]。BGG-492 是 Novartis 公司开发的 AMPA 受体拮抗剂，用于抗癫痫治疗，处于临床 II 期开发阶段，但目前还未知其结构及任何临床报告。

52　53　54

20.2.3　作用于膜通道的化合物

细胞膜内外离子（主要是 Na^+、K^+、Ca^{2+} 等）的分布梯度是维持膜生物电活动的基础，破坏这种平衡势必导致膜功能紊乱，其主要表现就是膜兴奋性的改变，进而影响到肌肉收缩、冲动传递、递质释放、激素分泌等许多与癫痫活动有关的生理过程。

20.2.3.1　Na^+ 通道抑制剂

早期关于膜通道与癫痫病发作关系的研究主要集中在 Na^+ 通道方面。研究发现癫痫

神经元的细胞膜对 Na^+ 的通透性明显增加，使大量 Na^+ 流入细胞内，同时由于 Na^+-ATP 酶活性降低（ATP 消耗增加所致）使得 Na^+ 主动外运减少，这样细胞内 Na^+ 浓度升高，其结果是膜的兴奋性增加，此为癫痫主要的病理生理变化。

传统抗癫痫药 Carbamazepine、Phenytoin，新型广谱抗癫痫药 Topiramate、Oxcarbazepine、Zonisamide、Lamotrigine 都能阻断电压依赖性 Na^+ 通道及抑制电压依赖性 Ca^{2+} 通道，稳定细胞膜，防止异常放电的产生。Lamotrigine 还能够稳定突触前膜，从而阻止兴奋性神经递质，尤其是谷氨酸的释放。卢非酰胺（Rufinamide，**55**）是 5-取代-苯烷基-3-氨基甲酰-4H-1,2,4-唑类化合物的先导化合物，具有抗痉挛活性，由 Novartis 公司作为抗癫痫药开发，于 2008 年通过美国 FDA 批准，用于 4 岁以上儿童及成人癫痫 Lennox-Gastaut 综合征的辅助治疗，该药治疗窗口宽，对之前治疗耐受的局部或返还性癫痫病人仍有效[27]。除癫痫外，本品还在进行治疗神经病理性疼痛的 II 期临床开发。Rufinamide 在结构上和已上市的药物不相关，本品发挥药效的途径一部分是通过与处于非激活状态的 Na^+ 通道相互作用，限制在神经元上高频率的开放，减少癫痫的发作频率[28]；另一部分是作为 $GABA_b$ 的拮抗剂来实现的[29]。Elpetrigine（**56**）属于 Lamotrigine 的类似物，由葛兰素-史克（GlaxoSmithKline）公司开发，是电压依赖性的 Na^+ 通道及 Ca^{2+} 通道的双重拮抗剂，用于治疗癫痫及神经性疼痛，目前处于 II 期临床阶段[8]。

20.2.3.2 K^+ 通道开放剂

1998 年发现两种新的罕见的遗传性癫痫的基因（症状表现为良性家族新生儿惊厥），第一次使人们了解到人类自发性癫痫的分子病理学机理。这些疾病基因编码了神经元 M 型的 K^+ 通道的亚单位，而这些 K^+ 通道正是大脑兴奋性的关键调节者，激活 K^+ 通道对控制膜兴奋性和稳定动作电位的形状和频率有重要作用。K^+ 通道开放剂成为治疗兴奋性过高引起的疾病如癫痫、神经性疼痛、急性局部缺血性中风和神经退化性疾病的药物候选者。

瑞替加宾（Retigabine，**57**）是一种具有广谱抗惊厥作用的新型抗癫痫化合物，由 Valeant 及 GlaxoSmithKline 两公司联合开发，目前处于 III 期临床开发阶段，是首个 K^+ 通道开放剂药物，用于治疗成人难治性及部分性癫痫发作。实验证明，本品能抑制 4-氨基吡啶诱导的癫痫发作，激活神经元细胞的 K^+ 内流，增加了 EPSP 的持续时间。ICA-105665（**58**）是由 Icagen 公司研发的 K^+ 通道开放剂，用于治疗多种种类型的癫痫症。该化合物能选择性作用于神经元上电压依赖的非激活性 KCNQ 通道[30]。I 期临床试验显示本品耐受性良好，无严重不良反应。

20.2.3.3 Ca^{2+} 通道抑制剂

近年来关于 Ca^{2+} 与癫痫活动的关系得到了广泛的研究。Ca^{2+} 与膜兴奋性、肌肉收缩等有关，更主要的是它作为细胞内第二信使参与许多细胞功能活动如递质合成和释放，蛋白磷酸化，突触前调控等。Ca^{2+}内流增加导致细胞内钙超载从而引起癫痫发作。目前钙通道主要分为电压依赖型钙通道（VDCC）和配体门控钙通道（LGCC）。VDCC根据化学和药理学特性可分为：高电压激活的钙离子通道（HVA）和低电压激活的钙离子通道（LVA）。其中P/Q、N、L、R等亚型属HVA，T亚型属LVA。

研究证明，临床在用的很多药物均有Ca^{2+}拮抗作用。如Phenytoin Sodium可阻断电压依赖性Ca^{2+}通道，Carbamazepine可抑制高K^+浓度引起的大鼠脑突触体摄取$^{44}CaCl_2$，这种作用存在量-效关系；Sodium Phenobarbital苯巴比妥钠和BZ类可抑制依赖Ca^{2+}/Ca调蛋白的蛋白激酶所催化的蛋白磷酸化，后者与癫痫活动中兴奋性递质释放、肌肉收缩等活动有关。普瑞巴林（Pregabalin，**59**）[31]是神经递质GABA的一种类似物，但研究发现它并不能激活GABA受体，而是通过阻断电压依赖性Ca^{2+}通道，减少神经递质的释放。临床用于治疗外周神经痛、糖尿病性外周神经病引起的疼痛、疱疹后神经痛及部分癫痫发作的辅助治疗。Safinamide（**60**）目前处于Ⅲ期临床研究阶段。本品对于多种化学和机械诱导动物癫痫模型有着广谱的活性，它是一种Na^+和Ca^{2+}通道的拮抗剂，同时又能抑制单胺氧化酶B（MAO-B）活性及谷氨酸的释放[32,33]，除帕金森病之外，正在被研究用于治疗癫痫、疼痛和中风。

20.2.4　其他作用机制的抗癫痫药

20.2.4.1　突触泡蛋白2调节剂

突触泡蛋白2（synaptic vesicle protein 2，SV2）是一类跨膜糖蛋白，存在于所有突触泡和内分泌泡中，脊椎动物中存在3种亚型的SV2蛋白，即SV2A、SV2B和SV2C。对SV2的研究表明其具有多种功能，尤其是与神经冲动的传导密切相关。神经冲动的传导系由神经递质的释放介导，而神经递质的释放依赖于突触泡循环，SV2就属于维持神经递质正常分泌水平的调节蛋白家族。研究证明，SV2是突触传递的正向调节蛋白，在突触泡融合前期起重要作用。SV2敲除的小鼠出生时正常，但不生长，并伴有严重的癫痫，3周内死亡，表明其神经元神经传导异常导致了多发性神经及内分泌缺陷。

左乙拉西坦（Levetiracetam）是比利时UCB公司研制的一种新型抗癫痫药物，2000年在欧美上市，2007年进入中国市场。在癫痫发作的动物模型中有特异的活性谱。实验表明脑膜及缺乏SV2A的纯化小鼠突触囊泡不与氚标记的左乙拉西坦衍生物结合，表明SV2A为左乙拉西坦结合的必须条件。Levetiracetam与SV2A在脑内有很高的亲和性（但与SV2B、SV2C的作用反之），且与抑制痫性放电密切相关，这种发现为以SV2A蛋白作为中枢神经系统药物作用靶标的研究奠定了基础[33]。同为UCB旗下的SV2A蛋白调节剂Brivaracetam（**61**）[34]已获得FDA许可进行临床试验，目前处于Ⅲ期临床阶段。本品与Levetiracetam最大的区别在于它对抗癫痫功效更显著，无论在癫痫、肌阵挛的实验模型，或针对人类的光敏感癫痫症都有正面效果[35]。

61

20.2.4.2 作用机制未明的在研抗癫痫药

尽管经过了一个世纪的药物治疗学和神经学的研究，但是对癫痫病可能的发病机制认识仍然有限，相应的，一些临床在研的抗癫痫药作用机制尚不明确。

T-2000（**62**）属于 barbituratel 类衍生物，由 Taro 公司开发，用于癫痫、肌阵挛的治疗研究，目前处于 Ⅱ 期临床阶段，作用机制尚不明确，推测是通过 GABA 能系统发挥作用[36]。JNJ-26489112（**63**）是由 Johnson & Johnson 公司正在开发的抗癫痫新药，目前处于 Ⅱ 期临床，作用靶点尚不明确，暂时未见相关临床报告。

62 **63**

20.3 讨论与展望

一个理想的抗癫痫药物期望能防止和抑制病理性神经元过量放电，但不影响生理性神经元的活性，而且不产生副作用。在抗癫痫药物研究中，传统药物对认知功能影响较大，尤以苯二氮䓬类药物最严重，可造成注意力障碍和短期记忆困难；苯巴比妥类主要影响认知速度和记忆功能；苯妥英钠和卡马西平易使患者注意力下降。目前国际市场上抗癫痫药物的发展主要集中在高效、低风险和低副作用上。加巴喷丁、拉莫三嗪和氨己烯酸等新型抗癫痫药和以前的传统药物相比，在提高了产品效果、降低了毒副作用的同时，价格也大幅上涨。和老药相比，其单药治疗的有效性和长期安全性还需要更多的临床观察，故抗癫痫新药目前适宜应用于经常规治疗确实无效的难治性癫痫，或虽用常规治疗有效，但难以忍受其不良反应的患者。

抗癫痫药未来的工作在于确定能阻断可逆性慢性癫痫病发作的分子靶点，癫痫治疗的焦点应该集中在防止和治愈这种疾病，而不仅仅是控制症状。已有的抗癫痫药物，从非尔氨酯到左乙拉西坦，使得控制癫痫症状、减少副反应、提高生活质量等方面取得了很大的进步，相信在未来抗癫痫药物的发展一定会有新的重大突破。

推荐读物

- Kenneth R S. Anticonvulsants//Donald J Abraham. Burger's Medicinal Chemistry and Drug Discovery. 6th edition. Wiley-Interscience，2003，Vol. 6：264-320.
- Czapinski P，Blaszczyk B，Czuczwar S J. Mechanisms of action of antiepileptic drugs. Curr Top Med Chem，2005，5：3-14.
- Rogawski M A. Diverse mechanisms of antiepileptic drugs in the development pipeline. Epilepsy Res，2006，69：273-294.
- Lyons K E，Pahwa R. Pharmacotherapy of essential tremor. CNS Drugs，2008，22（12）：1037-1045.

参考文献

[1] Wagner J，Wagner M L. Non-benzodiazepines for the treatment of insomnia. Sleep Med Rev，**2000**，4（6）：

551-581.

[2] Hoehns J D, Perry P J. Zolpidem: a nonbenzodiazepine hypnotic for treatment of insomnia. Clin Pharm, 1993, 12 (11): 814-828.

[3] Noble S, Langtry H D, Lamb H M, et al. Zopiclone, an update of its pharmacology, clinical efficacy and tolerability in the treatment of insomnia. Drugs, 1998, 55 (2): 277-302.

[4] Beer B, Clody D E, Mangano R, Levner M, Mayer P, Barrett J E. A review of the preclinical development of zaleplon, a novel non-benzodiazepine hypnotic for the treatment of insomnia. CNS Drug Rev, 1997, 3: 207-224.

[5] Darwish M, Danjou P, Paty I, et al. Overall peak psychomotor and memory effects of zaleplon in clinical pharmacology studies. the 21st Congress Collegium Internationale Neuropsychologicum (CINP), 1998, July: 12-16.

[6] Zammit G K. The Prevalence, Morbidities, and Treatments of Insomnia. CNS & Neurol Dis Drug Tar, 2007, 6: 3-16.

[7] Greenblatt D J, Harmatz J S, Moltke L L, et al. Comparative kinetics and dynamics of zaleplon, zolpidem, and placebo. Clin Pharmacol Ther, 1998, 64: 553-561.

[8] https://www.thomson-pharma.com.

[9] Foster A C, Pelleymounter M A, Cullen M J, et al. In vivo pharmacological characterization of indiplon, a novel pyrazolopyrimidine sedative-hypnotic. J Pharmacol Exp Ther, 2004, 311 (2): 547-559.

[10] Sullivan S K, Petroski R E, Verge G, et al. Characterization of the interaction of indiplon, a novel pyrazolopyrimidine sedative-hypnotic with the $GABA_A$ receptor. J Pharmacol Exp Ther, 2004, 311 (2): 547-559.

[11] Zisapel N. The use of melatonin for the treatment of insomnia. Biol Signals Recept, 1999, 8 (1/2): 84-89.

[12] Pang S F, Ayre E A, Poon A M, et al. Effects of guanosine 5'-O-(3-thiotriphosphate) on 2-[125] iodomelatonin bingding in the chicken lung, brain and kidney: hypothesis of different subtypes of high affinity melatonin receptors. Biol Signals Recept, 1993, 2 (1): 27-36.

[13] Heuvel C J v d, Noone J T, Lushington K, et al. Changes in sleepiness and body temperature precede nocturnal sleep onset: evidence from a polysom nographic study in young men. Sleep Res, 1998, 7 (3): 159-166.

[14] Conn D K, Madan R. Use of sleep-promoting medications in nursing home residents: risks versus benefits. Drugs Aging, 2006, 23 (4): 271-287.

[15] Fujiki N, Nishino S. Neuropeptides as possible targets in sleep disorders: special emphasis on hypocretin-deficient narcolepsy. CNS & Neurol Disorders - Drug Tar, 2007, 6: 45-62.

[16] Loscher W, Schmidt D. Strategies in antiepileptic drug development: is rational drug design superior to random screening and structural variation? Epilepsy Res, 1994, 17: 95-134.

[17] Taylor C P, Vartanian M G, Andruszkiewicz R, et al. 3-Alkyl GABA and 3-alkylglutamic acid analogues: two new classes of anticonvulsant agents. Epilepsy Res, 1992, 11: 103-110.

[18] Hosford D A, Clark S, Cao Z. The role of GABAB receptor activation in absence seizures of lethargic (lh/lh) mice. Science, 1992, 257: 398-401.

[19] Hosford D A. Models of primary generalized epilepsy. Curr Opin Neurol, 1995, 8: 121-125.

[20] Hosford D A, Wang Y. Utility of the lethargic (lh/lh) mouse model of absence seizures in predicting the effects of lamotrigine, vigabatrin, tiagabine, gabapentin, and topiramate against human absence seizures. Epilepsia, 1997, 38: 408-414.

[21] Snead O C. Presynaptic GABAB-and γ-hydroxybutyric acid-mediated mechanisms in generalized absence seizures. Neuropharmacology, 1996, 35 (3): 359-367.

[22] Freitaga J, Beyreuthera B, Heersa C, et al. Lacosamide has a dual mode of action: Modulation of collapsin response mediator protein 2 (CRMP-2). J Pain, 2007, 8 (4): S31-S31.

[23] Rogawski M A, Donevan S D. AMPA receptors in epilepsy and as targets for antiepileptic drugs. Adv Neurol, 1999, 79: 947-963.

[24] Auberson Y P. Compititive AMPA antagonism: A novel mechanism for antiepileptic drugs. Drugs Fut, 2001, 26: 463-471.

[25] http://www.bio-medicine.org/medicine-technology-1/Status-of-the-E2007-28perampanel-29-Development-Program-1743-1/.

[26] Howes J F, Bell C. Talampanel. Neurotherapeutics, 2007, 4 (1): 126-129.

[27] Hakimian S, Cheng-Hakimian A, Anderson G D, et al. Rufinamide: a new anti-epileptic medication. Expert Opin Pharmacother, 2007, 8 (12): 1931-1940.

[28] Jain K K. An assessment of ralinamide as an anti-epileptic in comparison with other drugs in clinical development. Expert Opin Invetig Drugs, 2000, 9: 829-840.
[29] http://www.science.thomsonreuters.com/press/pdf/tl/OTWQ207.pdf.
[30] http://cn.reuters.com/article/pressRelease/idUS139750+13-Apr-2009+GNW20090413.
[31] Dworkin R H, Kirkpatrick P. Pregabalin. Nat Rev Drug Dis, 2005, 4: 455-456.
[32] Fariello R G, Maj R, Marrari P, et al. Acute behavioral and EEG effects of NW-1015 on electrically-induced afterdiseharge in conseious monkeys. Epilepsy Res, 2000, 39: 37-46.
[33] Lynch B A, Lambeng N, Nocka K, et al. The synaptic vesicle protein SV2A is the binding site for the antiepileptic drug levetiracetam. Proc Natl Acad Sci, USA, 2004, 101 (26): 9861-9866.
[34] Kenda B M, Matagne A C, Talaga P E, et al. Discovery of 4-substituted pyrrolidone butanamides as new agents with significant antiepileptic activity. J Med Chem, 2004, 47: 530-549.
[35] Michael A, Rogawski M D, Carl W, et al. New molecular targets for antiepileptic drugs: $\alpha_2\delta$, SV2A and Kv7/KCNQ/M potassium channels. Curr Neurol Neurosci Rep, 2008, 8: 345-352.
[36] Melmed C, Moros D, Rutman H. Treatment of essential tremor with the barbiturate T2000 (1,3-dimethoxymethyl-5, 5-diphenyl barbituric acid). Mov Disord, 2007, 22: 723-727.

第21章

镇痛药物

李付营，张 翱

目 录

21.1 疼痛的信号传导途径及其与阿片受体关系 /591
 21.1.1 疼痛的信号传导途径 /591
 21.1.2 疼痛与阿片系统的关系 /591
21.2 阿片受体的分类、生物分布及功能 /592
 21.2.1 阿片受体的分类 /592
 21.2.2 阿片受体结构、功能和生物分布 /593
21.3 阿片受体药物研究 /593
 21.3.1 μ阿片受体激动剂和拮抗剂 /593
  21.3.1.1 μ阿片受体激动剂 /593
  21.3.1.2 μ阿片受体拮抗剂 /597
 21.3.2 κ阿片受体激动剂和拮抗剂 /598
  21.3.2.1 κ阿片受体激动剂 /598
  21.3.2.2 κ阿片受体拮抗剂 /601
 21.3.3 δ阿片受体激动剂和拮抗剂 /603
  21.3.3.1 δ阿片受体激动剂 /603
  21.3.3.2 δ阿片受体拮抗剂 /606
21.4 阿片受体二聚或寡聚及其相应的药物设计研究 /607
21.5 讨论与展望 /609
推荐读物 /610
参考文献 /610

21.1 疼痛的信号传导途径及其与阿片受体关系

21.1.1 疼痛的信号传导途径[1]

疼痛[2]是一种与组织损伤或潜在组织损伤密切相关的不愉快的主观感觉、情感体验、以及保护性或病理性应激反应,是一种复杂的生理和心理活动,已被列为第五生命体征。疼痛主要具有两种特征:①疼痛是伤害性刺激作用于机体所引起的应激性痛觉,是机体的一种重要的安全机制;常伴有强烈的情绪反应,并构成复杂的心理活动;②疼痛是一种个人的、主观的、多方面的情感体验,具有经验属性。

机械的、热的或化学的刺激是引起疼痛的主要外源性因素;引起疼痛的内源性因素包括直接从损伤细胞中溢出的 K^+、H^+、5-HT、组胺、由损伤细胞释放出有关的酶,然后在局部合成产生的缓激肽、前列腺素和由伤害性感受器本身释放的 P 物质等。

脊髓是疼痛信号处理的初级中枢,上行和下行疼痛信号均在脊髓处进行调节。初级传入纤维终止于脊髓背角,与位于脊髓背角Ⅰ、Ⅱ、Ⅴ板层内的脊髓中间神经元和/或次级神经元形成突触,释放多种介导伤害性信号的神经递质,激活脊髓次级神经元,再发出纤维交叉到对侧并上行终止于脑部高级中枢。这是痛觉上行传导通路(图 21-1)。

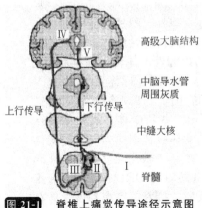

图 21-1 脊椎上痛觉传导途径示意图

Ⅰ—初级传入,C 和 Aδ 纤维;Ⅱ—中间神经元;Ⅲ—次级神经元;Ⅳ—丘脑;Ⅴ—额叶皮质及下丘脑

痛觉下行传导通路(图 21-1)由中脑导水管周围灰质、延髓头端腹内侧网状结构和背外侧脑桥被盖核组成;起始于额叶皮质及下丘脑,终止于脊髓背角。中脑导水管周围灰质(PAG)是在电或化学诱导及动物注射阿片受体拮抗剂时产生抗伤害感受作用的主要位点,大多数由激活更高级中枢所产生的镇痛效应都是通过 PAG 实现的;在该核内发现了内源性阿片肽-脑啡肽,并且阿片受体的每种类型在该区域内都有分布。高级神经中枢对脊髓神经元进行调节主要是通过下行纤维释放去甲肾上腺素(NE)、5-羟色胺(5-HT)、脑啡肽(ENK)和 γ-氨基丁酸(GABA)等神经递质,抑制脊髓神经元的活化,减少外周伤害性信息的传入。

21.1.2 疼痛与阿片系统的关系[3]

内源性阿片系统是机体疼痛抑制系统中最重要的组成部分。阿片样物质在疼痛上行和下行传导通路的不同水平上均起着重要作用,从而影响着疼痛过程的各个方面。在疼痛上行传导通路中,内源性阿片系统可以在脊椎和脊椎上水平对疼痛信号进行调节。脊椎阿片受体位于脊髓背角胶状质的中间神经元的突触前和突触后,抑制兴奋信号的转导,减弱从上行脊椎疼痛转导途径的初级传入神经元传向次级神经元的疼痛信号。脊椎上阿片受体位于导水管周围灰质、脑边缘系统、丘脑核、基底神经节和大脑皮质等脑干的不同区域。大脑皮质和丘脑区域参与对疼痛刺激物的感受,同时,大脑皮质区域还参与对疼痛源的识别;大脑边缘不同区域的阿片样物质减少疼痛的情感成分和疼痛带来的痛苦;网状结构中的阿片样物质抑制疼痛引起的呼吸加快、血压升高和发汗等自主功能的激活,但是这种抑制作用却是阿片样物质产生呼吸抑制、心动过缓和胃肠抑制等副作用的最主要原因。除了对上行疼痛传导通路的抑制作用,阿片样物质可以激活下行的疼痛抑制系统,这些抑制系统起源于脑桥和髓质的不同中心,例如,蓝核、中脑导水管周围灰质区域和中缝核区域。

总之,阿片样物质通过两种机制抑制脊椎疼痛过程,一种是直接突触前和突触后抑制上行疼痛传导通路;另一种是激活中枢介导的下行疼痛抑制系统。

21.2 阿片受体的分类、生物分布及功能[4,5]

21.2.1 阿片受体的分类

阿片受体根据其放射性配体结合情况分为 mu (μ)、delta (δ)、kappa (κ) 三个亚型,各个亚型在神经系统内的分布和对不同阿片配体的结合能力存在差异。阿片受体的每一个亚型已经在药理学上表征和克隆出来,它们的激动剂、拮抗剂以及内源性配体也相继被发现。脑啡肽对 δ 型受体有较强的选择性,被认为是 δ 型受体的内源性配体;而强啡肽对 κ 型受体选择性较强,被认为是 κ 型受体内源性配体;μ 型受体的内源性配体直到 1997[6] 年才被发现,称为内吗啡肽 (4肽),其与阿片肽 N 端 1、4 位相同。1993 年三种阿片受体被先后克隆成功,但 1994 年人们采用分子杂交方法又分离出一些新受体,其共同特征是不编码阿片结合部位,即体内找不到与之结合的配体,但其受体核甘酸序列与阿片受体的同源性大于 50%,说明仍然属于阿片受体家族,因此被称之为"孤儿受体"(orphan opioid receptor, ORL)。有趣的是,1995 年两个独立的实验室同时将 ORL 在 CHO 细胞中表达,然后用各种阿片类受体激动剂予以刺激,结果均无反应。接着,考虑到该受体在脑内表达量较高,研究者转而从大鼠和猪的脑中制备粗提取物,与已转染的 CHO 细胞共孵育,采用抑制腺苷酸环化酶的活性为功能指标,结果从脑中分离到一种强啡肽样物质,可与 ORL 特异性结合,并表现一定的功能,这一物质被确定为 ORL 受体的内源性配体——孤独素或孤啡肽 (orphanin-FQ) 或称伤害感受素 (nociceptin)[7]。它在神经系统中广泛表达,参与一系列重要的生理和行为功能,且与其他经典阿片类受体一样参与疼痛和镇痛过程。因此,ORL 受体被成功地"去孤儿化"。由于 ORL 介导许多不同于经典阿片受体的生理活动,因此这里不作进一步介绍。

近年来,研究发现 μ、κ 和 δ 阿片受体各自还存在几种不同的亚型。根据纳洛肼 (Naloxonazine, NZI) 独特的选择性,μ 受体分为 μ_1 亚型和 μ_2 亚型,μ_1 受体和镇痛作用密切相关,而 μ_2 受体可能和呼吸抑制、胃肠通过抑制以及成瘾有关;但是这种功能分离还没有得到功能性实验证实。δ 阿片受体分为 DPDPE 激动、DALCE 与 BNTX 选择性拮抗的 δ_1 亚型和 [D-Ala^2] Deltorphin Ⅱ 与 DSLET 激动、Naltriben 与 5'-NTII 选择性拮抗的 δ_2 亚型。κ 受体亚型的分类较为复杂,根据对 DADLE 敏感性不同分为 κ_1、κ_2 受体亚型,U-69593 和布马佐辛分别是小鼠 κ_1 和 κ_2 受体亚型的选择性激动剂,κ_2 受体亚型对强啡肽不敏感,性质类似于苯吗啡烷类的结合位点。在牛肾上腺髓质存在 κ_3 受体亚型,对强啡肽和 DADLE 不结合,而对甲七肽有高的亲和性和选择性。

尽管存在药理学定义的多个阿片受体亚型 μ (μ_1, μ_2), δ (δ_1, δ_2), κ (κ_1, κ_2, κ_3),却只有3种阿片受体基因被成功克隆,各亚型的区分和鉴定还悬而未决。同时,阿片受体二聚或寡聚也引起了许多关注。一些研究表明,原来认为由这些受体亚型介导的药理作用事实上是通过激活阿片受体的寡聚体而起的作用。用生物发光共振能量转移(BRET)、时间分辨荧光共振能量转移(FRET)、免疫共沉淀、受体结合和G-蛋白偶联等方法研究发现所有阿片受体亚型都可以参与同源和异源二聚过程。阿片受体二聚化是调节受体功能的另一种机制。阿片受体的同源和异源二聚体有可能成为镇痛和戒毒药物研究的潜在靶标,近年来在这一领域的药物研究十分活跃,极大地拓展了阿片类药物研发的新思路[8]。

21.2.2 阿片受体结构、功能和生物分布[3,9]

阿片受体属于 G-蛋白偶联受体(GPCRs)超级家族的视紫红质亚类,为7螺旋跨膜受体家族的成员。阿片受体具有 GPCRs 蛋白的大多共同结构特征,包括:7次跨膜区,每段跨膜区由 20~30 个氨基酸组成 α 螺旋,一般分子质量在 45~55kDa,有 350~500 个氨基酸残基;各跨膜区之间有亲水的细胞膜内外的肽环相联结;在细胞膜外的 N 末端上,有糖结合位点,在细胞膜内的 C 末端上有丝氨酸和苏氨酸磷酸化位点;与神经递质结合位点位于跨膜区内形成的受体与配体结合袋上;G 蛋白结合位点在联结跨膜第五区段及第六区段的环及 C 末端的部分上。

三种阿片受体所介导的镇痛作用是彼此独立的,各自的作用机制是互不相同的,每一个受体克隆的反义寡聚脱氧核苷酸能阻断各自介导的镇痛作用,而不影响另外两个受体介导的镇痛作用[10]。对 μ 受体克隆的反义寡聚脱氧核苷酸能完全阻断吗啡的镇痛作用,但对 DPDPE (δ)、U50488H (κ) 的镇痛作用无影响,对 δ 受体克隆的反义寡聚脱氧核苷酸能显著减弱 DPDPE、Deltorphin Ⅱ 的镇痛作用,但对 DAMGO (μ)、U50488H (κ) 的镇痛作用无影响。对 κ 受体克隆的反义寡聚脱氧核苷酸能显著减弱 U50488H 的镇痛作用,但对吗啡 (μ)、Deltorphin Ⅱ (δ) 的镇痛作用无影响。

阿片受体分布广泛,在神经系统(外周、中枢)及外周组织、细胞中均有阿片受体分布,体内各型受体分布不均匀,并且存在种属差异。阿片受体在中枢神经系统分布的部位包括:纹状体、杏仁核、伏隔核、丘脑、中脑导水管周围灰质(脚间核、黑质、上下丘)、孤束核(白质和小脑密度低)。μ 受体在脑内的分布与痛觉及感觉运动整合作用的通路相平行。κ 受体在脑内的分布与水平衡调节、摄食活动、痛觉及神经内分泌功能有关。δ 受体在脑内的分布与运动整合作用、嗅觉及识别功能有关,脑内表达水平低。阿片受体在外周神经系统分布的部位包括罗氏胶质区和回肠肌间神经丛。在组织细胞中,豚鼠回肠(GPI)以 μ 受体为主,也存在部分 κ 阿片受体;兔输精管以 κ 为主;小鼠输精管(MVD)以 δ 为主,也有部分 μ 受体和 κ 受体。除了这些外周组织外,一些神经细胞株也富含阿片受体。

21.3 阿片受体药物研究

21.3.1 μ阿片受体激动剂和拮抗剂

21.3.1.1 μ阿片受体激动剂

(1) 阿片样肽类 μ 受体激动剂[11~13] 阿片样肽在痛觉感受及痛觉调控方面的研究一直是神经科学研究的热点之一。阿片肽的研究是随着阿片受体的发现开始的,相继发现了 δ 和 κ 受体内源性配体脑啡肽和强啡肽。但此后很长时间没有发现对 μ 受体专一性高的内源性配体，这也是在过去相当长的时间内阿片肽研究领域的一个悬念，直到 1997 才从牛脑中发现对阿片受体具有高选择性的、强效的内源性配体：内吗啡肽-1（Endomorphin-1，EM-1，**1**）和内吗啡肽-2（Endomorphin-2，EM-2，**2**）（图 21-2）。受体结合实验表明：EM 对 μ 阿片受体的 IC_{50} 值分别为 0.36nmol/L（EM-1）和 0.69nmol/L（EM-2）；EM-1 对 μ 阿片受体的选择性分别是 δ 和 κ 受体的 4000 和 15000 倍；EM-2 对 μ 阿片受体的选择性分别是 δ 和 κ 受体的 13400 和 7600 倍。

1 Endomorphin-1：Tyr-Pro-Trp-Phe-NH_2

2 Endomorphin-2：Tyr-Pro-Phe-Phe-NH_2

3 DAMGO：Tyr-D-Ala-Gly-MePhe-Gly-ol

4 Morphiceptin：Tyr-Pro-Phe-Pro-NH_2

5 PL017：Tyr-Pro-MePhe-D-Pro-NH_2

6 Dermorphin：Tyr-D-Ala-Phe-Gly-Tyr-Pro-Ser-NH_2

7 DALDA：Tyr-D-Arg-Phe-Phe-Lys-NH_2

8 ADAMB：H_2N
　　　　　　＞-Tyr-D-Arg-Phe-MeβAla-OH
　　　　　HN

图 21-2　内源性 μ 阿片受体激动剂

　　早期通过氨基酸置换对脑啡肽进行结构改造得到了高选择性 μ 受体激动剂 DAMGO（**3**），氚标记的 DAMGO 是 μ 受体结合实验中最常用的放射性配体，广泛用于 μ 受体药理学研究。Morphiceptin（**4**）最初是作为 β-酪啡肽的 C 端四肽类似物合成的，后来从牛的 β-酪蛋白的酶催化消化液中分离出来。值得注意的是 Morphiceptin 有吗啡样的生理活性，亲和性与吗啡几乎一样高，对 μ 受体具有高度的选择性。其类似物 PL017（**5**）的 IC_{50} 值处于低纳摩尔范围内（5.5nmol/L），对 δ 受体结合位点不显示任何活性。Dermorphin（**6**）是从南美青蛙 *Phyllomedusa sauvagei* 的皮肤中分离得到的一个七肽，是最有效和高 μ 受体选择性的阿片肽之一。和所有哺乳动物阿片肽相反，Dermorphin 在 2-位含有一个 D-氨基酸，对酶催化降解具有相对的稳定性。在 Dermorphin 类似物中，DALDA（**7**）是对 μ 受体选择性最好的化合物，对 μ 受体选择性是 DAMGO 的 10 倍以上。ADAMB（**8**）显示出长效的镇痛活性，口服抗伤害感受活性是吗啡的 5 倍。

　　（2）非阿片样肽类 μ 受体激动剂[4,9]　吗啡（**9**）是最早的 μ 阿片受体激动剂，具有五个环稠合而成的立体刚性结构（5R，6S，9R，13S，14R），B/C 环呈顺式，C/D 环呈反式，C/E 环呈顺式，D 环为椅式构象，C 环为船式构象，6α-羟基处于平伏键（图 21-3），其生物合成途径如图 21-3 所示[3]。

　　吗啡镇痛作用非常强，用来治疗中等和严重的急性和慢性疼痛，并且治疗伤害性和感染性疼痛比神经性疼痛更有效。可以通过口服、静脉与肌肉注射和椎管内等途径给药，静脉与肌肉注射一般用于手术后疼痛的治疗。但是吗啡具有呼吸抑制、血压降低、恶心、呕吐、便秘、排尿困难及嗜睡等不良反应，更严重的是连续使用吗啡易产生耐受和成瘾。尽管如此，由于其强效的镇痛作用，吗啡依然是世界卫生组织（WHO）三阶梯镇痛药物中的金标准药物，是治疗癌症和外科手术引起的严重疼痛的首选药物。

　　基于已有镇痛剂的构效关系，Beckett 和 Casy 提出了吗啡镇痛作用受体模型。该模型由三个部分组成：①负离子结合位点，和配体中质子化的叔胺缔合；②具有一个平坦区，和配体中的芳香基形成 π-π 作用；③有一个凹槽来包容刚性阿片镇痛剂中的哌啶环。但是这个模型只能解释通过简化吗啡结构而发展的合成镇痛药，而对其他结构则不能给出合理的解释。

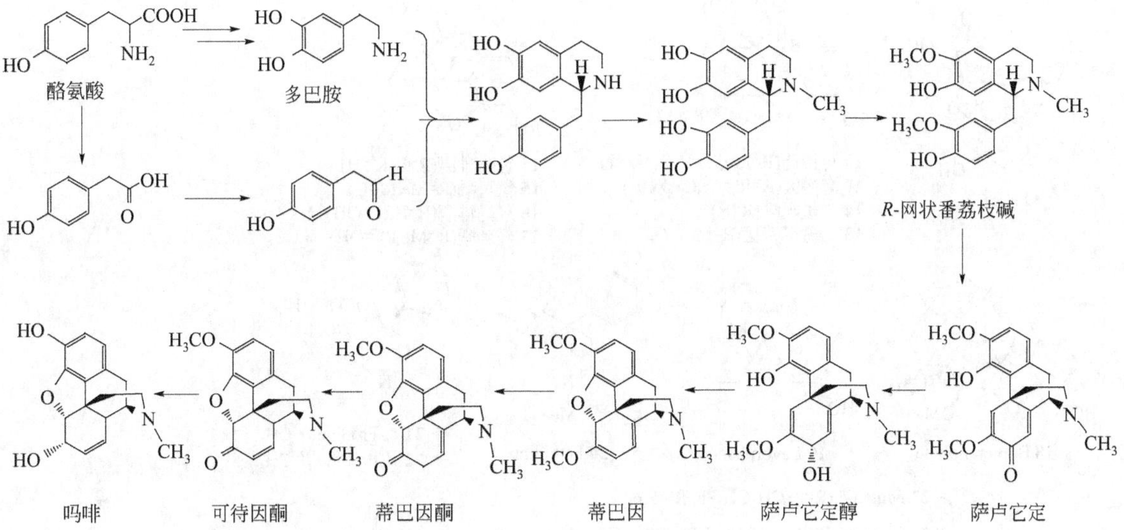

图 21-3 吗啡的生物合成途径

寻找强效、成瘾性小的镇痛药物一直是研究开发新型镇痛药的理想目标。对吗啡分子的结构修饰主要集中在 3 位酚羟基、C 环和 17 位叔胺（图 21-4）。3 位酚羟基烷基化通常导致镇痛活性降低。3 位酚羟基甲基化得到可待因（**10**），其镇痛活性大约是吗啡的 10%～20%。将 3 位、6 位的羟基乙酰化得到海洛因（Heroin，**11**）镇痛作用强于吗啡，约是吗啡的两倍，这是由于酯化后亲脂性增强，更易透过血脑屏障进入大脑，经代谢转化为 6-乙酰吗啡，对 μ 阿片受体激动作用强于吗啡。但是更易成瘾、产生耐受性和身体依赖性。更多的结构修饰工作集中在 C 环，如经氢化还原 $C_{7,8}$ 双键得到二氢吗啡（**12**）和二氢可待因（**13**），镇痛活性与吗啡相当或稍微增加（15%～20%）。将二氢吗啡和二氢可待因的 C_6 羟基氧化成酮得到氢吗啡酮（**14**）和氢可酮（**15**），在氢吗啡酮和氢可酮的 14 位引入羟基得到羟吗啡酮（**16**）和羟考酮（**17**）。氢吗啡酮（**14**）和羟吗啡酮（**16**）的镇痛作用强于吗啡，而氢可酮（**15**）和羟考酮（**17**）则弱于吗啡。在蒂巴因的共轭二烯进行 Diels-Alder 反应生成奥利派文衍生物丁丙诺啡（**18**），是长效和强效镇痛药，其镇痛活性是吗啡的 25～40 倍，作用时间是吗啡的 2 倍。叔丁基的引入使得分子具有很高的脂溶性，对 μ 阿片受体的亲和力非常高（K_i=0.00032nmol/L），是 μ 阿片受体的部分激动剂。

对吗啡的分子骨架进行简化得到新的阿片受体配体的有效途径。吗啡结构中去掉 4,5-醚键称为吗啡喃，立体结构与吗啡相同，其中左啡诺（Levorphanol，**19**）镇痛活性是吗啡的 4～5 倍，增强原因是对 μ 阿片受体亲和力增加和较大的亲脂性。

对吗啡分子进一步简化得到哌啶类。哌啶类是通过激动 μ 阿片受体产生镇痛作用最大一类镇痛药物，又分为 4-苯基哌啶类和 4-苯氨基哌啶类，可以看作是吗啡 A，D 环类似物。其原型哌替啶（Pethidine，Meperidine，**20**）镇痛作用弱于吗啡（10%～20%），作用时间短。将哌替啶 4 位的酯基进行翻转，可使镇痛作用增强 5～10 倍。同时在哌啶 3 位引入甲基得到阿法罗定（α-Prodine，**21**）和倍他罗定（β-Prodine，**22**），动物实验表明阿法罗定作用与吗啡相当，倍他罗定作用强于吗啡 5 倍。哌替啶中哌啶环的 N-甲基被较大的基团取代可增强镇痛作用。对 4-苯基哌啶的修饰导致 4-苯氨基哌啶的芬太尼（Fentanyl，**23**）的发现，镇痛作用是哌替啶的 500 倍，吗啡的 80 倍。其构象为哌啶环呈椅式，4-丙酰苯氨基处于平伏键。在芬太尼结构中哌啶环 4 位引入极性含碳或含氧基团镇痛作用增强，例如，卡芬太尼（Carfentanil，**24**）比芬太尼提高了 27 倍，是吗啡的 7800 倍。氮

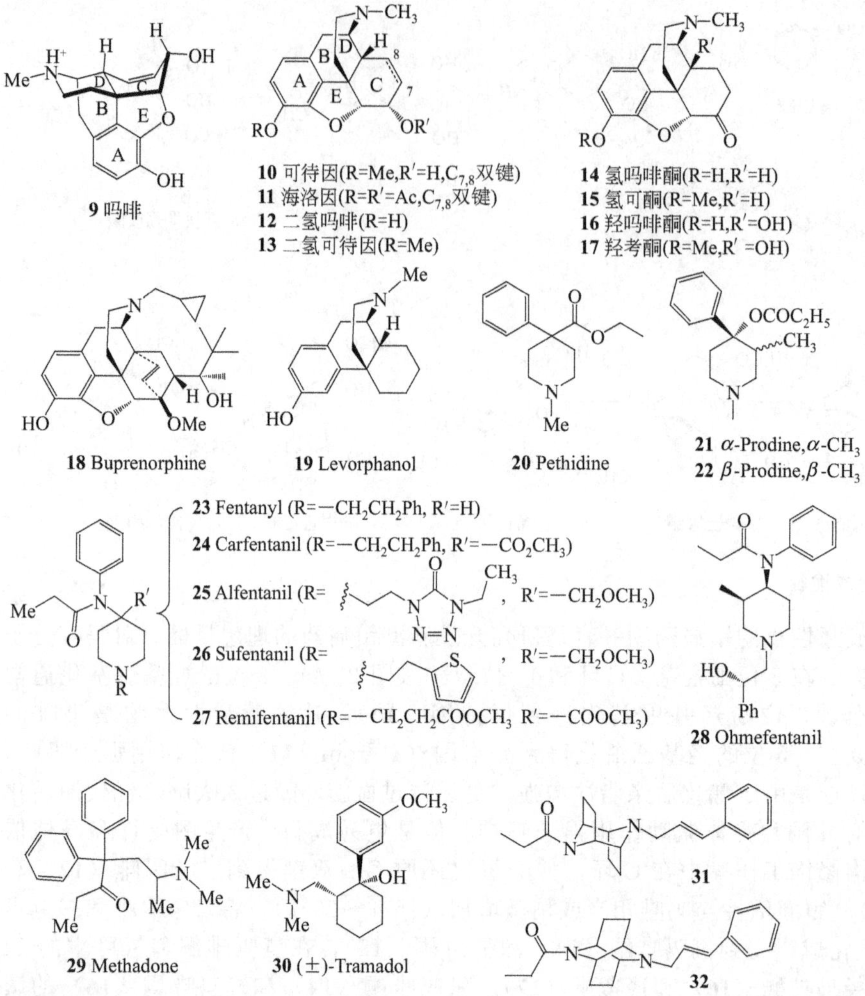

图 21-4 代表性的 μ 阿片受体激动剂

原子和苯基间隔的碳链最佳长度是两个碳原子，以杂芳基取代苯基可以提高活性，如阿芬太尼（Alfentanil，**25**）和舒芬太尼（Sufentanil，**26**），其中舒芬太尼治疗指数最高（LD_{50}/ED_{50} = 25200），安全性好。将苯基以酯基取代得到瑞芬太尼（Remifentanil，**27**）镇痛作用强于阿芬太尼 30 倍，镇痛作用发生快（1.6min），作用时间短（5.4min），无累积性阿片样效应，这可能由于分子结构中的酯键在体内迅速被非特异性血浆酯酶和组织酯酶水解。当在芬太尼的哌啶环 3 位引入甲基后，其镇痛活性显著提高，其中羟甲芬太尼（Ohmefentanil，**28**）是目前亲和力最强、选择性最高的 μ 阿片受体激动剂，其镇痛作用（小鼠热板法）是芬太尼的 58 倍，吗啡的 15000 多倍，具有结构稳定、容易透过血脑屏障等优点，是研究镇痛机理和药物-受体相互作用的工具药物。美沙酮（Methadone，**29**）可以看作是苯基哌啶的开环衍生物，是一个高度柔性分子，左旋体镇痛作用强，右旋体作用弱。其消旋体的镇痛活性是吗啡的两倍，哌替啶的 5~10 倍。美沙酮在临床上用作镇痛麻醉剂，可以口服，耐受性、成瘾性发生较慢，戒断效应略轻，也用作戒毒药。曲马朵（**30**）是非经典镇痛药，通过激动 μ 受体产生镇痛作用，但是亲和力较弱（K_i = 2μmol/L），为吗啡的 1/6000，而镇痛作用是吗啡的 1/10，提示曲马多具有阿片因素和非阿片因素双重作用机。二氮杂三环十烷衍生物 **31** 和 **32**[14] 显示出高的 μ 受体亲和力（K_i = 7~10nmol/L），内在活性是吗啡的 6 倍。

21.3.1.2 μ阿片受体拮抗剂[4,9]

μ阿片受体拮抗剂一般用来缓解吗啡等μ受体激动剂引起的严重副作用（如呼吸抑制、血压降低），还用来治疗使用阿片类药物和酗酒产生的身体依赖，其他潜在的治疗用途包括肥胖、精神性疾病和帕金森病。

(1) 阿片样肽类μ受体拮抗剂[11~13]　具有高μ受体选择性的阿片样肽类拮抗剂是通过对生长抑素（somatostatin）修饰得到的，而非经内源性阿片样肽的结构改造衍生而来。如通过不同的氨基酸取代和构象限制等策略对生长抑素进行修饰来提高对μ受体的亲和力，降低对生长抑素受体的亲和力。八肽CTP（33）就是通过这样的途径得到的，它对酶降解非常稳定，不能透过血脑屏障。进一步修饰得到了目前选择性最高的两个类似物CTOP（34）和TCTAP（35）（图21-5）。

(2) 非阿片样肽类μ受体拮抗剂[4,9]　吗啡喃系列是研究最早、应用最广泛的一类μ阿片受体拮抗剂。吗啡分子中 N-甲基被烯丙基取代后由激动剂变为拮抗剂烯丙吗啡（Nalorphine, 36）（图21-5），烯丙吗啡具有激动-拮抗双重作用，对κ受体激动，对μ受体拮抗。尽管对动物模型无活性，但是烯丙吗啡对人体却有一定的镇痛作用。由于其具有严重的焦虑、致幻等精神症状，因而未能作为镇痛药在临床使用。以烯丙基取代羟吗啡酮的 N-甲基得到第一个纯拮抗剂纳络酮（37），几乎没有激动活性，亲和力是烯丙吗啡的7~10倍。纳络酮作用时间短，临床用于治疗过量使用麻醉药而产生的副作用。N-环丙甲基取代衍生物纳曲酮（38）是比纳络酮亲和力更高的纯拮抗剂，作用时间长，因较好的口服活性使其治疗阿片成瘾更有效。两者是纯拮抗剂，对所用阿片受体均为拮抗剂，对μ阿片受体只有中等的选择性。纳络酮和纳曲酮也是研究鉴定阿片类药物药理作用而广泛使用的工具药物。

阿片样肽类μ受体拮抗剂

33 CTP: 　D-Phe-Cys-Tyr-D-Trp-Lys-Thr-Pen-Thr-NH$_2$
34 CTOP: 　D-Phe-Cys-Tyr-D-Trp-Orn-Thr-Pen-Thr-NH$_2$
35 TCTAP: D-Tic-Cys-Tyr-D-Trp-Arg-Thr-Pen-Thr-NH$_2$

非阿片样肽类μ受体拮抗剂

36 Nalorphine
37 Naloxone
38 Naltrexone
39 β-Funaltrexamine
40 R=Cl, C-CAM
41 R=CH$_3$, M-CAM
42 Cyprodime
43 R=CH$_3$
46 R=C$_6$H$_5$
47 R=C$_6$H$_5$C$_3$H$_6$
44 9β
45 9α
48
49 N-Methylnaltrexone
50 Alvimopan

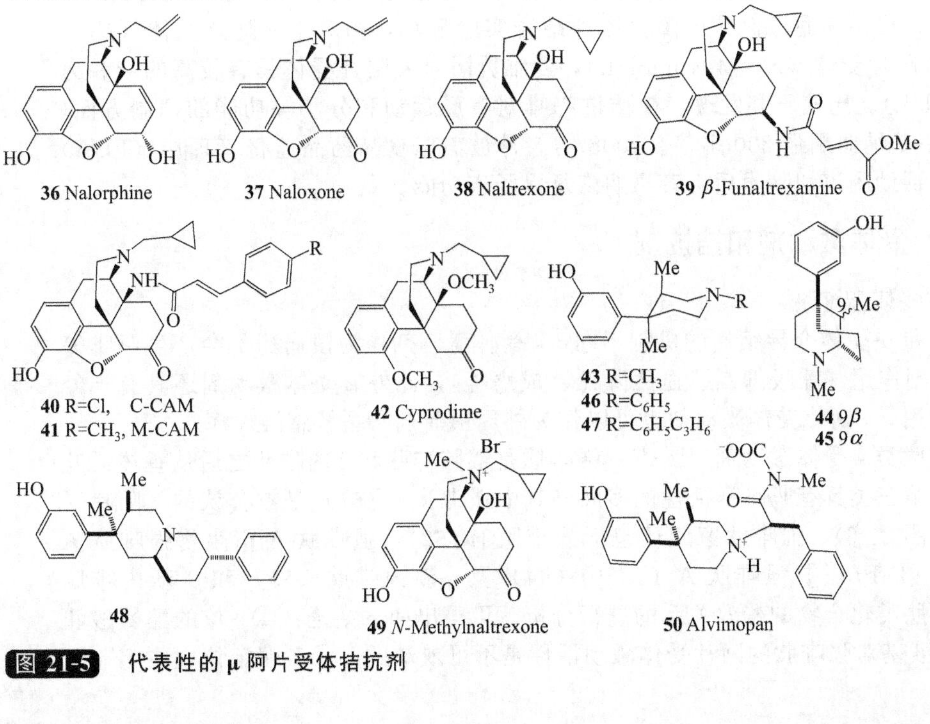

图 21-5　代表性的μ阿片受体拮抗剂

β-FNA（**39**）是第一个选择性的 μ 受体拮抗剂，其含有的一个位点定位的烷基化侧链可以选择性地和 μ 受体以共价键结合，使其成为 μ 受体非可逆拮抗剂，此外 β-FNA 在体外还具有很强的 κ 受体激动活性。Clocinnamox（C-CAM，**40**）和 Methoxinnamox（M-CAM，**41**）[15]是 14-氨基纳曲酮衍生物，和 β-FNA 一样，也是 μ 受体非可逆拮抗剂，但与 β-FNA 不一样的是 C-CAM 和 M-CAM 对所有的阿片受体都显示拮抗活性。这类 14-酰氨基纳曲酮 μ 受体拮抗剂主要的缺点是合成太复杂。打开吗啡喃结构中的呋喃环得到另一类阿片拮抗剂，如 Cyprodime（**42**）。在 [^{3}H] 纳曲酮取代结合实验中，Cyprodime（IC_{50} = 4.5nmol/L）对 μ 受体的亲和力与纳络酮（IC_{50} = 2.0nmol/L）和纳曲酮（IC_{50} = 0.5nmol/L）相当。在小鼠输精管实验中，Cyprodime 显示比纳络酮高的 μ 受体选择性（Cyprodime：κ/μ = 28，δ/μ = 110；Naloxone：κ/μ = 12，δ/μ = 7）。

trans-3,4-二甲基-4-(3-羟基苯基)哌啶（**43**）是新的 μ 阿片受体拮抗剂[16]，镇痛作用主要是由处于平伏键的羟基介导的，这种构型是由于哌啶 3,4-二甲基的反式构象形成的。如化合物（**44**）在 9 位引入甲基后由激动剂转化为拮抗剂，其 9α 异构体（**45**）在体外显示纯拮抗活性，但亲和力比较弱。通过 N-取代基的优化发现，最佳的 N-取代基应包含一个亲脂基团、间隔 2~3 原子和氮原子链接，如 **46**（K_i = 1.5nmol/L）和 **47**（K_i = 0.63nmol/L）。以化合物 **46** 为基础进行构象限制得到了一系列十氢喹嗪衍生物，如 **48**（K_i = 0.62nmol/L）对 μ 阿片受体显示了高的亲和力，与结构柔和的母体化合物 **46** 活性相当；在 [^{35}S] GTPγS 功能实验中，**48** 显示强的 μ 阿片受体拮抗活性（IC_{50} = 0.54nmol/L）。

N-甲基纳曲酮（MNTX，**49**）[16,17]是外周选择性的纯阿片受体拮抗剂，处于三期临床，用于治疗阿片类药物引起的胃肠功能紊乱疾病。由于 N-甲基纳曲酮是一个季铵盐，脂溶性低，不易通过血脑屏障，但它可阻断外周阿片受体，从而不干扰阿片剂的中枢镇痛作用，也不出现阿片类药的戒断综合征。N-甲基纳曲酮是一个相对强效的 μ 阿片受体拮抗剂（IC_{50} = 70nmol/L），与 κ 阿片受体（IC_{50} = 575nmol/L）相比，对 μ 阿片受体具有中等的选择性，对 δ 阿片受体没有作用。爱维莫潘（Alvimopan，**50**）[16,18]是 Adolor 公司开发的外周选择性的阿片受体拮抗剂。因为爱维莫潘具有相对大的分子质量（460.1kDa）和两性离子形式，也不易通过血脑屏障。体外结合实验显示，相对于 κ 阿片受体（K_i = 40nmol/L）和 δ 阿片受体（K_i = 4.4nmol/L），爱维莫潘对 μ 阿片受体具有较高的亲和力（K_i = 0.77nmol/L）。比较研究发现，在拮抗吗啡对胃肠运动和分泌等功能的抑制方面，爱维莫潘比 N-甲基纳曲酮强 200 多倍。2008 年 5 月被美国食品药品监督管理局（FDA）批准上市，用于帮助肠道切除术后患者早期恢复胃肠道功能。

21.3.2　κ 阿片受体激动剂和拮抗剂

21.3.2.1　κ 阿片受体激动剂

由于 κ 受体和 μ-受体介导镇痛的机制不同，κ 受体激动剂作为镇痛药不会产生吗啡等 μ-受体激动剂的副作用（呼吸抑制、血压降低、成瘾等），此外 κ 受体激动剂还具有神经保护和抗惊厥作用。κ 阿片受体激动剂也可以作为外周镇痛剂来缓解感染疼痛。

（1）阿片样肽类 κ 受体激动剂[11~13]　强啡肽是继脑啡肽和 β 内啡肽之后从垂体后叶提取物中找到的第三类具有吗啡样活性的多肽，其中强啡肽 A（**51**）是被公认的 κ 阿片受体内源性配体（图 21-6）。强啡肽家族还包括强啡肽 B（**52**），强啡肽 A 衍生物强啡肽 A（1^{-13}）（**53**）和 [D-Pro^{10}] 强啡肽 A（1^{-11}）（**54**）及 α-新内啡肽（**55**）和 β-新内啡肽（**56**）。对这些多肽类化合物的构效关系的进行分析，可得出如下结论：①1-位的酪氨酸和 4-位的苯丙氨酸残基对强啡肽的阿片受体激动活性是不可或缺的；②C 端定位域决定 κ 阿片受体的选择性,其中 6,7-位是精氨酸、11-位是赖氨酸最好;③9-位的精氨酸可以被非碱性氨基酸取代而不会明显降低 κ 受体选择性;④2-位的甘氨酸被 L-氨基酸取代导致亲和力和活性降低,被 D-氨基酸取代则活性不会降低,但对 μ 和 κ 阿片受体均显示出高亲和力;⑤对 1-位的酪氨酸的 N 端进行单烷基化可以提高 κ 阿片受体的选择性。化合物 57 是运用组合化学方法得到的一个四肽 κ 阿片受体激动剂,显示了很好的 κ 阿片受体活性、$κ_1$ 受体选择性和外周选择性。

51　Dynorphin A：Tyr-Gly-Gly-Phe-Leu-Arg-Arg-Ile-Arg-Pro-Lys-Leu-Lys-Trp-Asp-Asn-Gln
52　Dynorphin B：Tyr-Gly-Gly-Phe-Leu-Arg-Arg-Gln-Phe-Lys-Val-Val-Thr
53　Dynorphin A (1^{-13})：Tyr-Gly-Gly-Phe-Leu-Arg-Arg-Ile-Arg-Pro-Lys-Leu-Lys-Trp-Asp
54　[D-Pro^{10}] Dynorphin A (1^{-11})：Tyr-Gly-Gly-Phe-Leu-Arg-Arg-Ile-Arg-D-Pro-Lys
55　α-Neoendorphin：Tyr-Gly-Gly-Phe-Leu-Arg-Lys-Pro-Lys
56　β-Neoendorphin：Tyr-Gly-Gly-Phe-Leu-Arg-Lys-Tyr-Pro
57　D-Phe-D-Phe-D-Nle-D-Arg-NH$_2$

图 21-6　阿片样肽类 κ 受体激动剂

　　(2) 非阿片样肽类 κ 受体激动剂[4,9]　经典的 κ 受体激动剂包括烯丙吗啡 (36),喷他佐辛 (58),布托啡诺 (59) 等 (图 21-7),在临床上用作镇痛剂,主要通过 κ 受体而发挥作用,它们都具有激动-拮抗双重作用,为 κ 受体激动剂,μ 受体拮抗剂。乙基酮佐辛 (EKC,60) 和布马佐辛 (61) 被用来作为工具药研究 κ 受体,这两个化合物对 κ 受体的选择性也比较低 [EKC,$K_i(μ):K_i(κ)$=1.9;布马佐辛 $K_i(μ):K_i(κ)$=8.3]。在环丙甲基的环丙基上引入甲氧羰基和芳香基团可以提高 κ 受体选择性,如 MPCB (62) 和 CCB (63)。吗啡喃衍生物 TRK-820 (64)[19],也显示了很强的 κ 阿片受体活性和选择性,其镇痛活性是吗啡和 U50488H 的 85 倍甚至更高。以氨基噻唑作为羟基的非经典电子等排体取代吗啡喃的苯酚羟基得到高亲和力和选择性的氨基噻唑吗啡喃衍生物 ATPM (65)[20] [$K_i(κ)$=0.049nmol/L,$K_i(μ):K_i(κ)$= 30],功能性实验显示 ATPM 是 κ 阿片受体完全激动剂和 μ 阿片受体部分激动剂,对 κ 阿片受体的内在活性也明显高于 μ 阿片受体。将 GNTI 中胍基从纳曲吲哚的 5'位移至 6'位可以将强的 κ 阿片受体拮抗剂转变为 κ 阿片受体完全激动剂 6'-GNTI (66)。在豚鼠回肠 (GPI) 离体生物检定中,6'-GNTI 活性强度是吗啡的 51 倍,可以被 norBNI 逆转。这说明,κ 阿片受体跨膜区域Ⅵ的构象变化是 6'-GNTI 起作用的机制。

　　最早的选择性 κ 阿片受体激动剂是苯乙酰胺类衍生物,U50488 (67) [$K_i(κ)$= 0.69nmol/L],相对以于 μ 受体选择性较高 [$K_i(μ):K_i(κ)$=630],在体内通过 κ 阿片受体产生镇痛作用,左旋体比右旋体对 κ 阿片受体选择性高,同时具有神经保护功能。在环己烷环上引入螺环醚基团得到 U69593 (68) 和 (±)-U62066 (Spiradoline,69),U69593 对 κ 阿片受体选择性比 U50488 提高了近 6 倍 [$K_i(μ):K_i(κ)$=3670],氚代的 U69593 被广泛用于放射性标记生物检定实验。同样,U69593 的左旋体比右旋体镇痛作用强 (>30 倍)。早期的构效关系研究发现,在 N-甲基酰胺侧链中,氮原子和芳香环之间的间距对 κ 阿片受体活性是至关重要的。酰胺基团也是非常重要的,翻转或去掉酰胺或转化为酯都会大幅度降低 κ 阿片受体的亲和力。通过连接 α-碳和芳香环或酰胺氮原子形成构象限制的衍生物,可以得到高 κ 阿片受体亲和力的化合物。变换 N-甲基酰胺侧链中的芳香基团可以得到亲和力和选择性均提高的化合物,如以苯并噻吩取代 3,4-二氯苯基得到 (±)-PD 117302 (70),$K_i(κ)$=0.5nmol/L,$K_i(μ):K_i(κ)$=798,与 U50488 相似,其 (−)-S, S 异构体 [$K_i(κ)$=0.39nmol/L] 比 (+)-R, R 异构体的亲和力高。

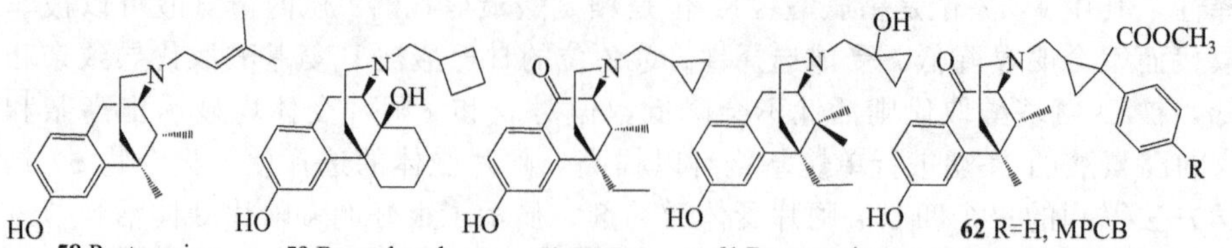

58 Pentazocine
59 Butorphanol
60 EKC
61 Bremazocine
62 R=H, MPCB
63 R=Cl, CCB
64 TRK-820 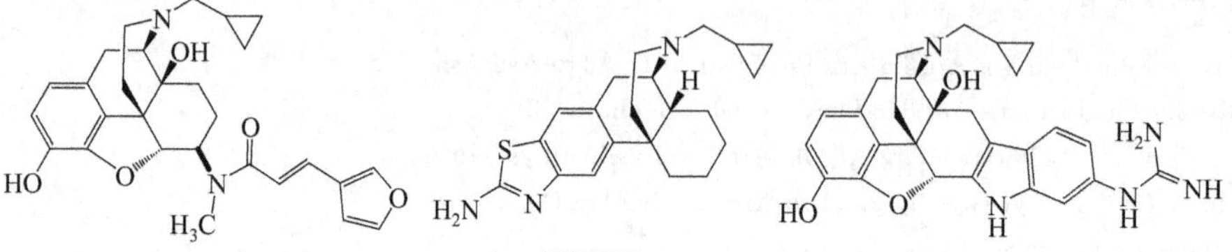
65 ATPM
66 6′-GNTI
67 U50488 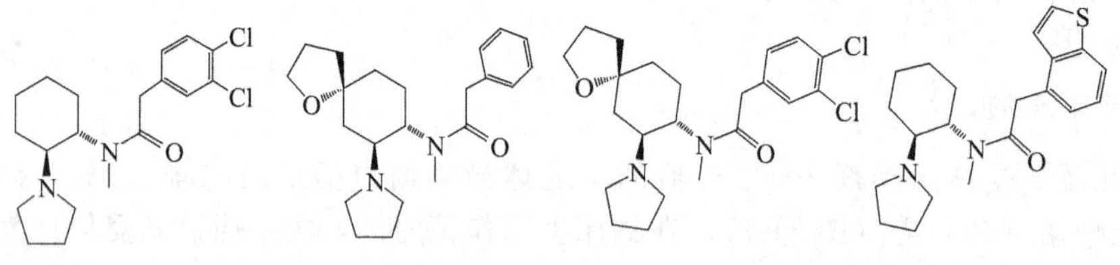
68 U69593
69 (±) U62066
70 (±) PD117302
71 (−)-CI 977 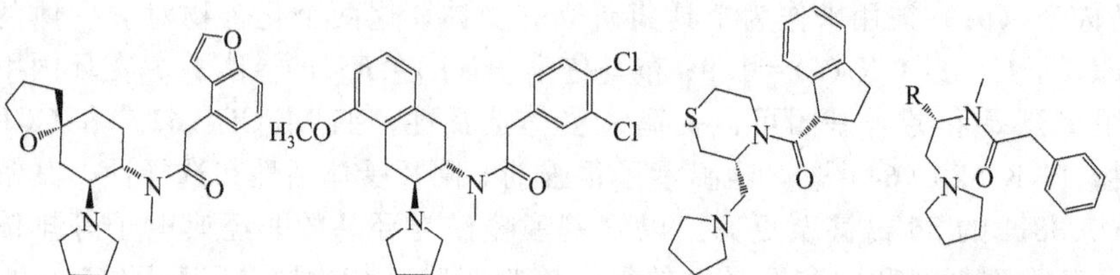
72 (±) DuP747
73 R-84760
74 R=*i*-Pr
75 R=Ph
76 Salvinorin A 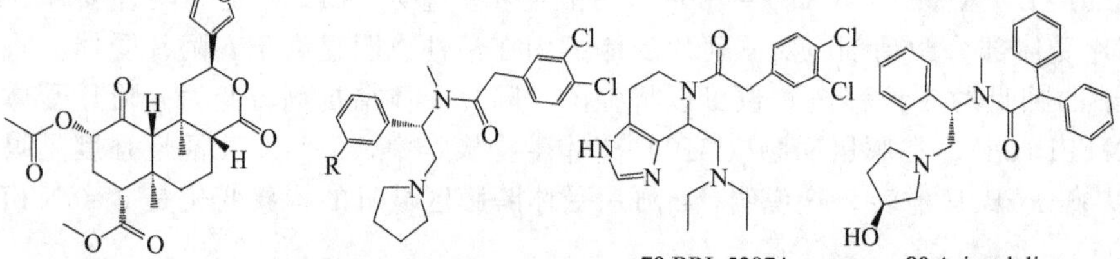
77 R=OCH$_2$CO$_2$H
78 R=NH-L/D-Asp
79 BRL 52974
80 Asimadoline

图 21-7 非阿片样肽类 κ 受体激动剂

以苯并呋喃取代 3,4-二氯苯基得到 (−)-CI 977 (Enadoline, **71**), $K_i(\kappa)$ = 0.11nmol/L, $K_i(\mu):K_i(\kappa)$ = 905, 该化合物作为镇痛药已在临床使用。环己烷环上 1,2-氨基酰胺的反式构型对 κ 阿片受体亲和力和活性也是至关重要的, 顺式构型的亲和力很弱。侧链为取代的氨基中, 吡咯烷是最优取代基, 改变环的大小或打开吡咯环都会降低 κ 阿片受体亲和力和选择性。在环己烷上并芳香基团或改变环己烷的大小也是允许的, 将 2-氨基四氢萘和 U50488 拼合得到 κ 阿片受体激动剂中, 得到 5-甲醚取代的衍生物 [(±)-DuP747, **72**] 具有最好的镇痛活性。并且 N-C- C-NH-COCH$_2$Ar 片断是这一类 κ 阿片受体激动剂共同的药效团, 并且 N—C 键和 C—NH 键绕 C—C 键的二面角是 60°。运用此策略设计出含有一个噻嗪环的 R-84760 (**73**)。R-84760 是一个高强度的 κ 阿片受体激动剂 [$K_i(\kappa)$=0.44nmol/L], 其强度是 (−)-CI 977 的 2.5~20 倍。将环己烷环打开也可以得到 κ 阿片受体激动剂, 但是只用一个乙基链取代环己烷环则导致 κ 阿片受体激动活性大大减弱。在酰胺官能团的α位引入取代基则可以得到高亲和力的κ阿片受体激动剂，并且S构型是活性异构体，而R构型没有活性，构象分析显示S构型采取了类似于U50488的构象。活性最好的两个化合物是ICI 197067（**74**）[$K_i(\kappa)=6.3$nmol/L，$K_i(\mu):K_i(\kappa)=1870$]和ICI 199441（**75**）[$K_i(\kappa)=6.9$nmol/L，$K_i(\mu):K_i(\kappa)=652$]。Salvinorin A（**76**）[21~23]是从天然产物中分离出来的新型的κ阿片受体激动剂，它是在美国被用作致幻剂的鼠尾草（*Salvia divinorum*）提取物的主要成分，产生剂量依赖的镇痛作用，作用时间比较短。值得注意的是，和其他κ阿片受体激动剂不同，Salvinorin A分子中没有氮原子。

尽管κ阿片受体激动剂避免了μ阿片受体激动剂的副作用，但是其本身也有严重的中枢副作用，如疲劳、镇静、多尿、焦虑、烦躁不安及拟精神病作用，这使得研究人员转向研究外周κ阿片受体选择性激动剂。外周κ阿片受体激动剂也可以介导镇痛，特别是炎痛。为了限制透过血脑屏障，外周激动剂多含有极性或者带电荷官能团，如ICI 204448（**77**），在ICI 199441苯环上引入一个羧酸来限制其进入中枢，或者连接一个天门冬氨酸（**78**）；或者在苯乙酰胺侧链的苯环上引入氨基，在吡咯环上引入羟基从而将药物限制在外周；还有BRL52974（**79**），在哌啶环上并咪唑环来增加亲水性。而Asimadoline（**80**）则是在苯乙酰胺侧链的酰胺的α位引入一个苯环，增加了亲脂性，但这个化合物仍然是外周κ阿片受体选择性激动剂。研究发现，Asimadoline是通过P-糖蛋白转运的，正是这种转运限制了其透过血脑屏障的能力，并且这种两亲结构比亲水性化合物具有更好的口服活性。

21.3.2.2　κ阿片受体拮抗剂

（1）阿片样肽类κ受体拮抗剂[9,11~13]　对内源性强啡肽A的1-位的酪氨酸残基修饰是反转激动活性从而获得拮抗剂的一般方法。用D-2,6-二甲基酪氨酸取代酪氨酸，甲基取代N端的氨基得到Dynantin（**81**）（图21-8），对κ阿片受体显示出高亲和力（$IC_{50}=0.823$nmol/L）和选择性[$K_i(\kappa):K_i(\mu):K_i(\delta)=1:259:198$]。对强啡肽A(1-11)-$NH_2$的N端乙酰化得到Arodyn（**82**），同样显示了纳摩尔级的亲和力（$K_i=10$nmol/L）和高κ阿片受体选择性[$K_i(\kappa):K_i(\mu):K_i(\delta)=1:174:583$]。

（2）非阿片样肽类κ受体拮抗剂[3,24,25]　κ受体拮抗剂最初是作为药理工具来逆转κ受体激动剂的作用，后来研究拓展了κ受体拮抗剂的治疗范围，包括可卡因成瘾、抑郁症和摄食行为，还被建议用来治疗精神性疾病如精神分裂症。Mr 2266（**83**）和Win 44441（Quadazocine，**84**）（图21-8）是早期发展的两个κ受体拮抗剂，它们都不是选择性的κ受体拮抗剂。其中，Quadazocine也是μ受体拮抗剂，并且对μ受体选择性高。第一个选择性的非阿片样肽类κ受体拮抗剂是纳曲胺的衍生物TENA（**85**），包含两个纳曲酮药效团，并由三个乙二醇单元组成的砌块连接。尽管TENA不是一个理想的κ受体高选择性拮抗剂，但是它是发展κ受体选择性拮抗剂的先导化合物。通过对连接砌块进行结构改造，包括变换取代基、改变连接砌块的长度、柔性和构象，得到短的刚性的吡咯环为最佳连接砌块的类似物（－）-Binaltorphimine[（－）-BNI，**86**]，对κ受体具有高度的高亲和力和选择性[$K_i=0.14$nmol/L，$K_i(\mu):K_i(\kappa)=79$，$K_i(\delta):K_i(\kappa)=41$]，同时还获得另一个高活性的κ受体拮抗剂（－）-Norbinaltorphimine[（－）-norBNI，**87**][$K_i=0.41$nmol/L，$K_i(\mu):K_i(\kappa)=32$，$K_i(\delta):K_i(\kappa)=49$]。这些化合物，尤其是（－）-norBNI已经成为发展选择性κ受体拮抗剂的模型化合物。

同时，在这些化合物的设计中，"信使-地址"理论和"双齿配体"[26]方法的运用很

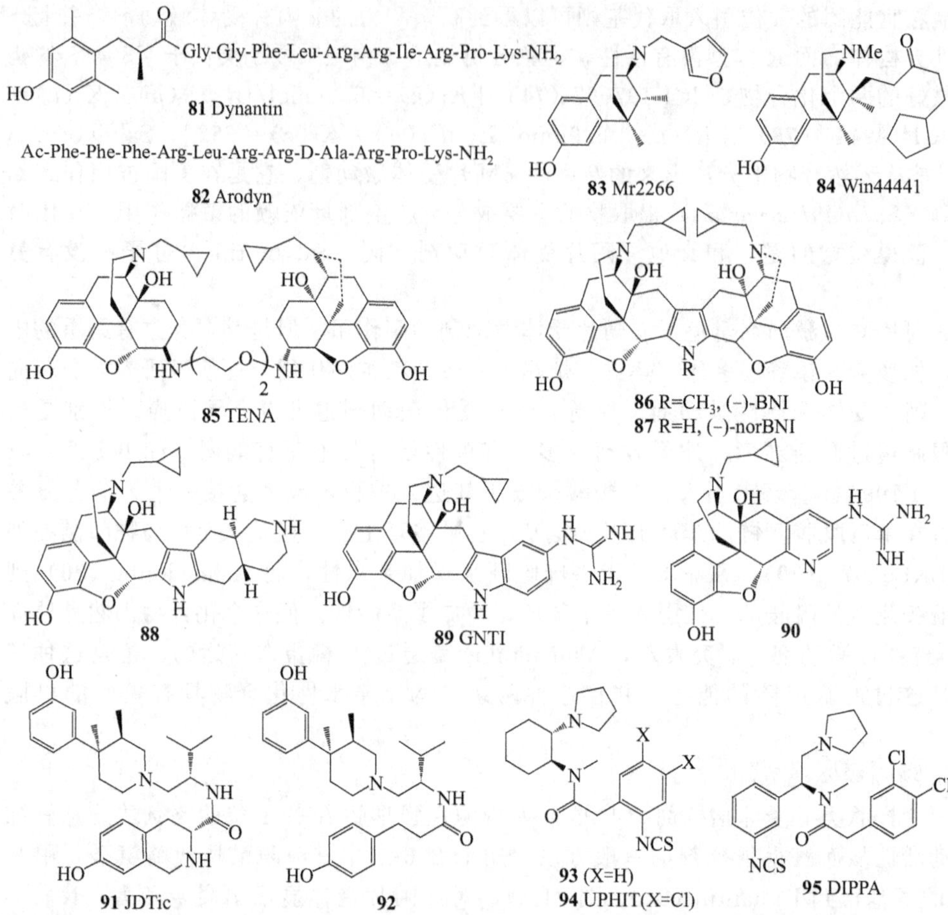

图 21-8 代表性 κ 受体拮抗剂

好解释了配体选择性地结合同一个受体家族的不同亚型，换言之，"信使"部分决定着配体和这一受体家族的亲和力，而"地址"部分则决定对某一受体亚型的特异性结合。以（−)-norBNI 为母体化合物，在保留"信使"部分的同时对"地址"部分进行了结构修饰，包括（+）-norBNI 和（±）-norBNI，其中（+）-norBNI 没有活性，（±）-norBNI 亲和力增加，选择性降低，提示只有一个药效团是 κ 受体拮抗活性所必需的。通过 3,3'-OH 成甲醚或去除一个羟基，去除 14,14'-OH 或甲醚化、乙酰化，改变 17,17'-取代基（甲基、烯丙基等），或以噻酚、吡喃环取代吡咯环并简化结构，可获得包含十氢异喹啉衍生物（88）等系列化合物，并由此建立了对 norBNI 系列化合物的构效关系：①第二个碱性的氮原子对 κ 受体拮抗活性和选择性是必需的，但这个氮原子的功能可能会变化，并且这个氮原子碱性增强，会导致化合物的活性强度增加；②一个酚羟基对 κ 受体拮抗活性是必需的，但第二个酚羟基被屏蔽或去除将导致活性消失；③14,14'-羟基被甲醚化和乙酰化依然可以保持活性；④吡咯连接砌块中的氮原子可以被体积大的原子取代或者被甲基化而不会使活性降低。

在"信使-地址"（message-address）理论的指导下，在纳曲吲哚（NTI）药效团基础上引入 5'-脒基得到一系列脒类化合物，从而将选择性的 δ 受体拮抗剂转化为选择性的 κ 受体拮抗剂。进一步结构修饰得到了比 norBNI 亲和力更高和选择性更好的胍啶类化合物 GNTI（89）。GNTI 对在中国仓鼠卵巢（CHO）中克隆的人类 κ、μ 和 δ 阿片受体的 pK_i

值分别为 10.40，8.49 和 7.81。在这一系列中，胍基取代位置起决定作用，4′-GNTI 对所有阿片受体都没有活性（K_e＞1000）；6′-GNTI 是 κ 受激动剂；7′-GNTI 显示出对 δ 阿片受体选择性，在小鼠输精管（MVD）离体生物检定中，K_e 值为 0.96。κ 受体拮抗剂吡啶并吗啡喃 90 对 κ 受体的选择性不高（[^{35}S] GTPγS 实验，$K_i(κ)$＝1.0nmol/L，$K_i(μ)$＝6.1nmol/L，$K_i(δ)$＝6.5nmol/L），但是它可以作为发展 κ 受体拮抗剂的新型先导化合物。JDTic（91）[27]是第一个 4-苯基哌啶类选择性 κ 受体拮抗剂，是在非选择性化合物 92 的基础上结构修饰得到的。构效关系研究发现：在 [^{35}S] GTPγS 实验中，与 norBNI 和 GNTI 相似，91 分子中的两个碱性氮原子和两个酚羟基是 κ 受体选择性拮抗剂所必需的。这些拮抗剂在作用时间上有两个有趣的特征：①启动时间延迟，μ 选择性拮抗剂 Quadazocine 和 δ 拮抗剂纳曲吲哚不到 1h 就可以达到峰值，而这些 κ 拮抗剂要 24h 才能达到峰值；②持续时间长，norBNI 在不同的动物上通过外周和中枢给药具有从几天到几周的作用时间，GNTI 和 JDTic 也显示较长的作用时间。

在发展位点定位的标记性配体的过程中，基于化合物 93 发现了 κ 阿片受体不可逆拮抗剂 UPHIT（94）。化合物 93 可以不可逆地抑制 [^{3}H] U59693 与 κ 受体的结合，IC_{50} 值为 100nmol/L，但是脑室内给药就无法不可逆地抑制 [^{3}H] U59693 与 κ 阿片受体的结合。在设计 U50488 的基础上，引入异硫氰酸酯乙酰化基团得到 UPHIT（94）。脑室内给药 100 μg，与控制组相比，UPHIT 可以不可逆地抑制 98% 的 [^{3}H] U59693 与 κ 受体的特异性结合。DIPPA（95）是另一个 κ 阿片受体不可逆拮抗剂，它在体外实验中显示不可逆的 κ 阿片受体拮抗活性，在豚鼠回肠（GPI）和小鼠输精管（MVD）生物检定中显示 κ 阿片受体激动活性（IC_{50} 分别为 23.8nmol/L 和 14.9nmol/L）。在体内实验中，DIPPA 也显示 κ 阿片受体激动活性。但是 DIPPA 在甩尾实验中也显示 κ 阿片受体拮抗活性。DIPPA 在体内的作用包括两个阶段，首先是一个短时间的激动活性（1.5h 达到峰值，持续时间小于 4h），紧接着是一个长时间的拮抗作用（4h 达到峰值，持续 48h）。

21.3.3　δ 阿片受体激动剂和拮抗剂

21.3.3.1　δ 阿片受体激动剂

（1）阿片样肽类 δ 受体激动剂[11]　甲硫氨酸脑啡肽（Met-enkephalin，96）和亮氨酸脑啡肽（Leu-enkephalin，97）（表 21-1）是最早分离出来的内源性阿片样肽，被确定为 δ 阿片受体内源性配体，但是这两个阿片肽对 δ 阿片受体只有中等的亲和力，并且代谢很快。为了寻找代谢稳定、选择性高的 δ 阿片受体配体，早期的研究主要集中在运用氨基酸置换、添加和剔除氨基酸残基等经典方法对脑啡肽进行结构修饰。这些尝试得到了三个对 δ 阿片受体选择性较高的激动剂 DADLE（98）、DSLET（99）和 DTLET（100）（表 21-1）。DTLET 和 DSLET 被广泛应用于 δ 阿片受体的表征，如结合性质、在小鼠和人脑里的分布和生理作用等的研究。通过比较从 NMR 谱图和理论计算的 DADLE 的优势构象发现，增大 2 位和/或 6 位残基的大小可以增加 δ 阿片受体的亲和力，如 BUBU（101）。提高受体选择性的另一个方法是对线性阿片肽进行构象限制。在脑啡肽的氨基酸序列中引入青霉胺（Penicillamine）并通过二硫键环合得到环肽 DPDPE（102）、DPLPE（103）和 JOM-13（104），这些化合物显示出较高的 δ 阿片受体高的选择性。此外，DPDPE 和 DSLET 分别是 $δ_1$ 和 $δ_2$ 选择性激动剂，用于区分 $δ_1$ 和 $δ_2$ 受体。

表 21-1 δ 阿片肽类激动剂结构、受体结合亲和力和受体选择性

肽	IC_{50}/(nmol/L)		IC_{50} 比
	μ	δ	μ/δ
Tyr-Gly-Gly-Phe-Met (Met-enkephalin, **96**)	25.2	18.3	1.38
Tyr-Gly-Gly-Phe-Leu (Leu-enkephalin, **97**)	27.7	8.05	3.44
Tyr-D-Ala-Gly-Phe-D-Leu (DADLE, **98**)	11.4	2.31	4.93
Tyr-D-Ser-Gly-Phe-Leu-Thr (DSLET, **99**)	31	3.8	8.2
Tyr-D-Thr-Gly-Phe-Leu-Thr (DTLET, **100**)	25.3	1.61	16
Tyr-D-Ser(O-tBu)-Gly-Phe-Leu-Thr(O-tBu) (BUBU, **101**)	480	1.69	280
Tyr-c(D-Pen-Gly-Phe-D-Pen) (DPDPE, **102**)	421	2.15	196
Tyr-c(D-Pen-Gly-Phe-Pen) (DPLPE, **103**)	3710	10.02	370
Tyr-c(D-Cys-Phe-D-Pen) (JOM-13, **104**)	1210	1.90	637
Tyr-D-Ala-Phe-Asp-Val-Val-Gly-NH$_2$ (Deltorphin Ⅰ, **105**)	387	0.21	1844
Tyr-D-Ala-Phe-Glu-Val-Val-Gly-NH$_2$ (Deltorphin Ⅱ, **106**)	1280	0.41	3122
Tyr-D-Met-Phe-His-Leu-Met-Asp-NH$_2$ (Dermenkephalin, **107**)	344	0.41	839

Deltrophin Ⅰ（**105**），Deltrophin Ⅱ（**106**）和 Dermenkephalin（**107**）（表 21-1）是从两栖动物皮肤中分离得到的，它们和 μ 选择性激动剂 dermorphin 是最早分离得到的动物内源性肽类。值得注意的是这些肽类都含有一个 D-氨基酸，并且位于氨基酸序列的 2 位。D-氨基酸、阴离子残基和独特的氨基酸序列使得它们具有显著的生物稳定性、高的 δ 阿片受体亲和力以及生物活性。其中 Deltrophin Ⅱ 具有最高的 δ 阿片受体选择性。最近 Balboni 等发现在 δ 阿片受体选择性拮抗剂药效团 Dmt-Tic（Dmt=2′,6′-二甲基-L-酪氨酸，Tic=四氢异喹啉-3-羧酸）残基通过不同的连接砌块连接第三个杂芳香基团（如 Bid，苯并咪唑）可以将选择性拮抗剂转变为选择性激动剂。其中，连接砌块的长度至关重要，因为连接砌块的长度决定着化合物的激动或是拮抗活性。这些化合物中，化合物 **108**（图 21-9）保持了高的 δ 阿片受体亲和力（K_i=0.042nmol/L）和 δ 阿片受体激动活性（IC_{50}=0.015nmol/L）。

（2）非阿片样肽类 δ 受体激动剂[9,28,29] 在发现 BW373U86（**109**）（图 21-9）之前，所有的 δ 受体激动剂都是阿片肽类。因此，BW373U86（**109**）是第一个非阿片肽类 δ 受体选择性激动剂［IC_{50}=1.8nmol/L，μ/δ $_{IC_{50}}$=8.3］。在受体结合实验中，BW373U86 对 δ 受体只有中等的选择性；在小鼠镇痛实验中，BW373U86 显示 μ 和 δ 受体部分激动活性，并且其活性依赖于给药途径。在脊椎由 δ 受体介导，而在脊椎上则由 μ 受体介导。在猴模型温水尾部撒药实验中，皮下注射 BW373U86 不产生镇痛作用。BW373U86（**109**）是消旋体，对映异构体手性拆分后发现，（+）-BW373U86 的甲醚衍生物 SNC 80（**110**），无论在受体结合实验还是体外生物检定中都显示出了显著的 δ 受体选择性［IC_{50}=2.88nmol/L，μ/δ$_{IC_{50}}$=856］。在镇痛实验中，SNC 80 比 BW373U86 更有效，这和它的高 δ 受体选择性是一致的，并且 SNC 80 的镇痛作用仅仅是由 δ 受体介导，而没有 μ 受体参与。只有在非常高的浓度时（100mg/kg），才在小鼠身上观测到非致死性癫痫症状，这可能是 SNC 80 代谢为 BW373U86 样化合物所致。在猴模型上，SNC 80 在剂量高达 32mg/kg 时也没有产生惊厥。通过对 SNC 80 进行结构修饰，包括取代甲氧基、改造酰胺官能团、修饰哌嗪环、变换哌嗪环 N^4 的取代基，从而得到 SNC 80 构效关系：①苯环上的甲氧基可以被其他基团取代，同时保持 δ 受体亲和力和选择性，值得注意的是消除甲氧基可得到具有比 SNC 80 更高亲和力和选择性的化合物，卤素取代也是容许的；②N,N-二乙基苯甲酰胺是与受体相互作用的特征结构，可能是作为非芳香性"地址"部分决定着 SNC 80 的受体选择性，对结构修饰非常敏感，单取代和无取代基都降低亲和力；③去除哌嗪环上的甲基或用碳原子

取代 N^1 形成哌啶环仍然可以保持合理的亲和力和选择性。其中，哌啶 4-位含有双键的化合物 **111** 显示了极高的选择性 [$IC_{50}=0.87nmol/L$，$\mu/\delta_{IC_{50}}=4370$]。4-氨基哌啶类化合物 **112** 也显示出了高的 δ 受体亲和力和异常高的 δ 受体选择性 [$IC_{50}=0.4nmol/L$，$\mu/\delta_{IC_{50}}=14000$]；④$N^4$ 烷基取代也是容许的，但饱和的烷基取代表现出降低的亲和力。

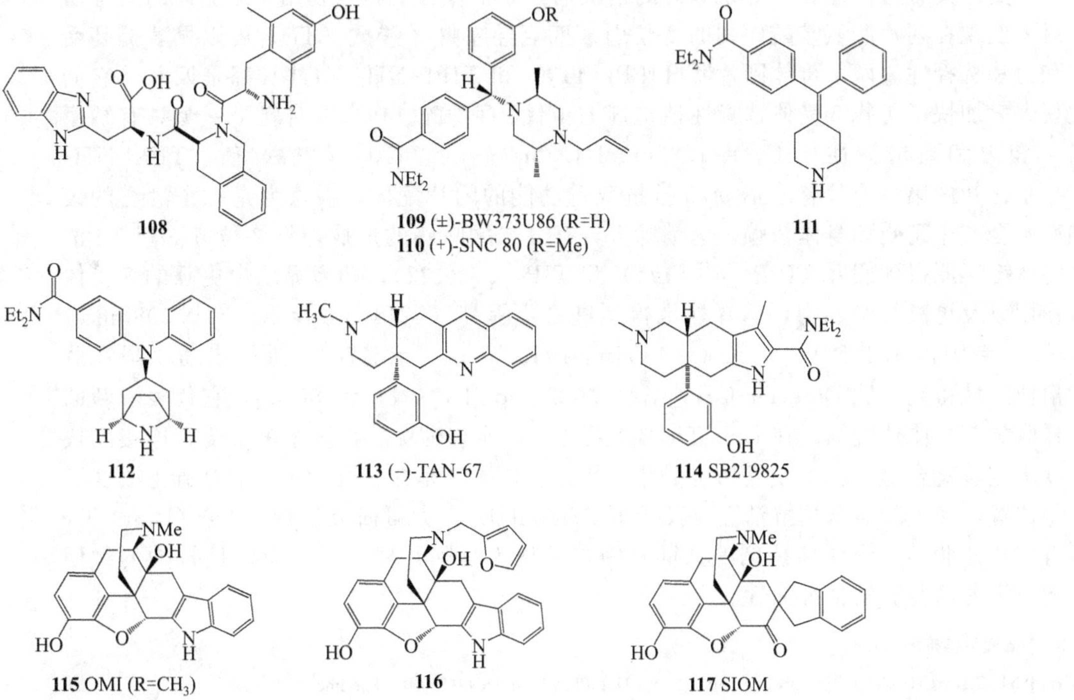

108

109 (±)-BW373U86 (R=H)
110 (+)-SNC 80 (R=Me)

111

112

113 (−)-TAN-67

114 SB219825

115 OMI (R=CH₃)

116

117 SIOM

图 21-9 代表性非阿片样肽类 δ 受体激动剂

(−)-TAN-67（**113**）（图 21-9）是对 4,5-环氧吲哚吗啡喃类分子的结构简化、改变连接砌块而得到的新的强效和高选择性的十氢异喹啉 δ 受体激动剂。消旋的 TAN-67 在体内醋酸扭体实验中显示出镇痛活性，但在正常的小鼠甩尾实验（消旋的 TAN-67 在患有糖尿病的小鼠甩尾实验中是有效的）中无效。体内醋酸扭体实验中显示的镇痛效果可被 BNTX 而不是 Naltriben 拮抗，提示 TAN-67 的镇痛作用是由 δ_1 阿片受体介导的。在两个对映异构体中，（−）-TAN-67 与吗啡有相同的绝对构型，对 δ 受体具有高的亲和力和选择性，在小鼠输精管中显示完全激动活性，而（＋）-TAN-67 在体外则没有活性。在体内小鼠甩尾实验中，无论是脑内给药还是鞘内注射，（−）-TAN-67 都显示镇痛活性。另一个十氢异喹啉吲哚衍生物 SB219825（**114**）也是一个强效高选择性的 δ 受体激动剂。

在对纳曲吲哚进行构效关系研究中，以甲基取代环丙甲基得到的 Oxymorphindole（OMI，**115**）显示 δ 受体部分激动活性，进一步研究发现 N-2-呋喃甲基衍生物 **116** 显示非常高的 δ 受体选择性 [$IC_{50}=1.0nmol/L$，$\mu/\delta_{IC_{50}}>10000$]。以甲基取代环丙甲基可反转化合物的拮抗活性至激动剂，运用这一策略获得一类螺环吗啡喃类似物，其中螺环茚羟考酮 **117**（Spiro-indanyloxymorphone，SIOM）是强效 δ 激动剂（$K_i=1.4nmol/L$）。在小鼠输精管（MVD）中显示出完全激动活性（$IC_{50}=19nmol/L$）。体内实验数据显示 SIOM 表现出异常的特征：在小鼠甩尾实验中，在低剂量时（脑内给药 0.5nmol 每只小鼠），SIOM 充当 δ_1 阿片受体拮抗剂拮抗 DPDPE；在高剂量时（脑内给药，$ED_{50}=1.7nmol$ 每只小鼠），SIOM 充当 δ_1 阿片受体激动剂。

21.3.3.2 δ阿片受体拮抗剂

大量研究证明，无论在急性还是慢性给药模型，δ阿片受体拮抗剂可以抑制μ受体激动剂的耐受、身体依赖和相关副作用而不会影响其镇痛活性。

(1) 阿片样肽类δ受体拮抗剂[11]　脑啡肽类似物 ICI174864 (**118**) (图 21-10) 是第一个对δ受体具有选择性和中等亲和力的拮抗剂，通常作为工具药物用于δ受体的药理研究。后来发现在阿片肽氨基酸序列的 2-位引入四氢异喹啉-3-羧酸 (Tic) 可以显著提高受体亲和力和选择性。两个母体阿片肽 TIPP (**119**) 和 TIPP-NH$_2$ (**120**) 都是四肽，它们的发现大大加快了寻找δ受体选择性拮抗剂的步伐。TIPP (**119**) 本身就是一个具有纳摩尔级亲和力和高选择性 [IC$_{50}$ = 1.22nmol/L，μ/δ$_{IC_{50}}$ = 1410] 的拮抗剂。TIPP-NH$_2$ (**120**) 是已知的第一个具有μ激动/δ拮抗双重功能的阿片配体，被认为是一个潜在的镇痛剂而不会产生耐受和身体依赖。为消除 Tyr-Tic-二酮哌嗪的形成，将 2-位 Tic 和 3-Phe 之间的肽键还原得到假肽 TIPP [φ] (**121**) 和 TIP [φ] (**122**)，两者显示出更强的δ受体拮抗作用以及更高的亲和力，选择性也得到进一步提高 (TIPP [φ]，IC$_{50}$ = 0.308nmol/L，μ/δ$_{IC_{50}}$ = 10500; TIP [φ]，IC$_{50}$ = 1.94nmol/L，μ/δ$_{IC_{50}}$ = 5570)。进一步缩小阿片肽的"信使"域得到二肽 Dmt-Tic-OH [K_i = 0.022nmol/L，μ/δ$_{K_i}$ = 15000]，它代表着新的阿片样肽类δ受体拮抗剂。在 Dmt-Tic-Bid 系列中，连接砌块的长度至关重要，连接砌块的长度决定着化合物的激动或是拮抗活性，如化合物 **123** 是在化合物 **108** 的基础上改变了羧酸的位置，又重新显示拮抗活性 (K_e = 0.27nmol/L)。大量研究发现，Tyr (Dmt)-Tic 是所有阿片样肽类δ受体拮抗剂的共同片断，被认为是阿片样肽类δ受体拮抗剂的"信使"域决定着这些肽的拮抗活性。

阿片样肽类δ受体拮抗剂
118 ICI174864:(CH$_2$=CH—CH$_2$)$_2$-Tyr-Aib-Phe-Leu
119 TIPP:Tyr-Tic-Phe-Phe
120 TIPP-NH$_2$:Tyr-Tic-Phe-Phe-NH$_2$
121 TIPP[ψ]:Tyr-TicΨ[CH$_2$NH]-Phe-Phe
122 TIP[ψ]:Tyr-TicΨ[CH$_2$NH]-Phe

非阿片样肽类δ受体拮抗剂

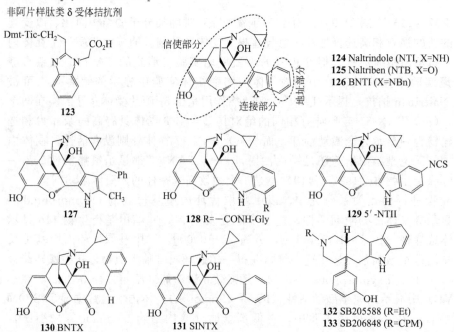

图 21-10　代表性δ受体拮抗剂

(2) 非阿片样肽类δ受体拮抗剂　纳曲吲哚（**124**）（图 21-10）是第一个选择性非阿片样肽类δ受体拮抗剂 $[K_i=0.031\text{nmol/L}, \mu/\delta_{K_i}=127, \kappa/\delta_{K_i}=11000]$，它也是基于"信使-地址"理论设计出来的，活性强度是 ICI174864（**118**）的 500 倍。在纳曲吲哚和受体结合的计算模型中，吲哚片断伸向由第六跨膜域和第七跨膜域的残基组成的疏水口袋，其中第六跨膜域的 Trp^{284} 残基和第七跨膜域 Leu^{299} 残基为δ受体所特有，定点突变研究实验进一步证实了这一结果；另外，吲哚苯环基也阻止药效团和 μ/κ 受体相互作用，从而提高了与δ受体作用的选择性。基于纳曲吲哚结构，在吲哚吗啡喃骨架上进行结构修饰可得到许多纳曲吲哚的类似物。代表性化合物包括苯并呋喃衍生物 Naltriben（NTB，**125**）$[K_i=0.013\text{nmol/L}, \mu/\delta_{K_i}=1446, \kappa/\delta_{K_i}=1200]$ 具有相当高的活性和选择性，是一个具有广泛用途的δ受体选择性拮抗剂。进一步的研究发现 NTB（**125**）是 δ_2 受体拮抗剂。在纳曲吲哚的氮原子上引入苄基得到化合物 BNTI（**126**），也具有较高的活性和选择性，同时与受体的作用时间得到延长。

纳曲吲哚的"地址"部分的苯环基团对δ受体拮抗活性非常重要，消除或还原苯环就会显著降低活性。但是在吡咯吗啡喃的 $2'$，$3'$-位引入取代基，依然可以得到高亲和力和选择性的δ受体拮抗剂 **127**，说明这些取代基的作用和吲哚苯环一样，阻止药效团和 μ/κ 受体相互作用，而对δ受体没有影响，从而提高了对δ受体的选择性。在纳曲吲哚的 $7'$-位引入氨基酸得到一系列外周选择性的δ受体拮抗剂[30]，这些化合物在平滑肌生物检定中显示出极高的亲和力和受体选择性，如化合物 **128**，$K_i=0.005\text{nmol/L}$，$\mu/\delta_{K_i}=38000$，$\kappa/\delta_{K_i}=30000$。在纳曲吲哚的 $5'$-位引入异硫氰基得到不可逆拮抗剂 $5'$-NTII（**129**）。在小鼠输精管中，化合物 **129** 可以不可逆地阻断 DPDPE 和 DALET 的激动活性，并且拮抗 DALET 的活性依赖于其浓度和预处理时间。（E）-7-Benzylidenenaltrexone（BNTX）（**130**）也是一个强效的δ受体选择性拮抗剂 $[K_i=0.10\text{nmol/L}\ (\delta_1), [^3\text{H}]\ \text{DPDPE};$ $K_i=10.8\text{nmol/L}\ (\delta_2), [^3\text{H}]\ \text{DSLET}]$，并且是 δ_1 受体选择性拮抗剂。这些拮抗剂广泛用于δ受体亚型的分类研究。在 **130** 苯环的邻位引入氯原子或甲氧基可以提高活性和选择性，（Z）-异构体也显示比 BNTX 更高的受体选择性。类似于 SIOM，在纳曲酮的 7 位引入螺环得到螺环茚纳曲酮（Spiro-indanylnaltrexone，SINTX，**131**），在小鼠输精管生物检定中显示出较强的δ受体活性（vs DADLE，$K_e=0.78\text{nmol/L}$）。对纳曲吲哚的结构进一步简化得到一系列十氢异喹啉类强效δ受体选择性拮抗剂 SB205588（**132**）$[K_i=11.8\text{nmol/L}, \mu/\delta_{K_i}=1971, \kappa/\delta_{K_i}=493]$ 和 SB206848（**133**）$[K_i=1.2\text{nmol/L}, \mu/\delta_{K_i}=111, \kappa/\delta_{K_i}=55]$，其中，SB205588（**132**）对δ受体保持了较好的亲和力和选择性。

21.4　阿片受体二聚或寡聚及其相应的药物设计研究[8,31,32]

近年来，生物体内各种受体或酶的二聚和多聚越来越受到人们重视，越来越多的二聚或多聚体被相继报道。大量事实证明，受体二聚或寡聚已成为 G-蛋白偶联受体的共同特征。尽管 GPCRs 何时、以何种原因或何种方式在何种环境下进行二聚或寡聚，以及这些受体二聚体是天然存在还是在和配体结合时由单体二聚而成、或者是由寡聚体解聚为二聚体等诸多问题依然不清楚，但二聚或寡聚无疑是近年来 G-蛋白偶联受体最重要的发现和研究的热点之一。这些受体二聚或寡聚的进一步研究必将为进一步探索受体的功能和机制，表征受体亚型显示出巨大的价值，并拓展药物研发的思路。

目前的研究已经证明，所有阿片受体亚型都可以参与同源和异源二聚过程。事实上，阿片受体的同源和异源二聚体已经作为镇痛和戒毒药物的新的潜在靶标，广泛引用于新型药物的开发之中。双齿配体就是一种以受体的二聚体为潜在靶标进行药物设计的策略。双齿配体一般含有两个药效团，并由一个合适的连接砌块连接。同样，双齿配体也可以作为探针来研究受体二聚和寡聚现象。阿片类双齿或双功能药物可能是这一策略运用最成功的领域，迄今已经发现了很多阿片受体拮抗剂，如 κ 受体选择性拮抗剂（—)-BNI（**86**）与（—)-norBNI（**87**）、κ/δ 受体混合拮抗剂 KDN 20（**134**）以及 κ/μ 双齿配体 **135**～**137**（图 21-11），这些药物已在镇痛、药物成瘾等方面显示出较好的潜力。

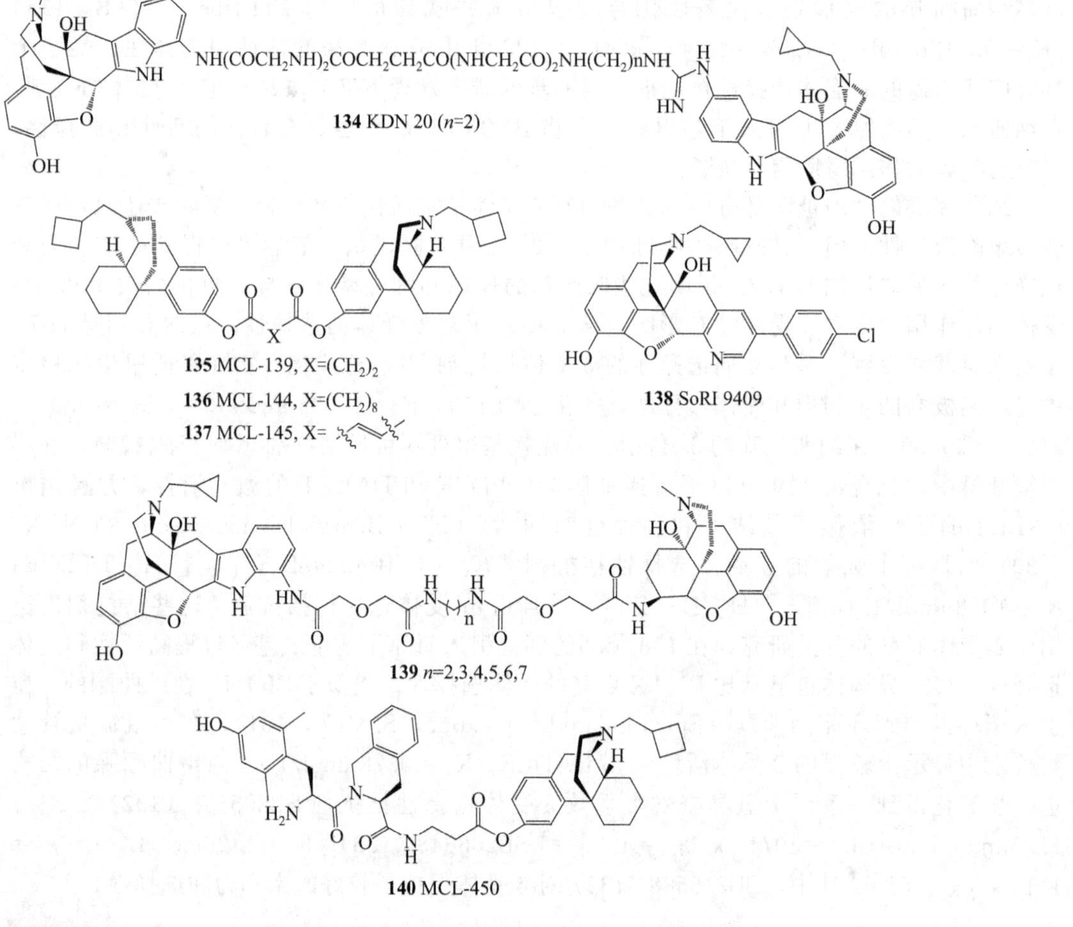
NH(COCH2NH)2COCH2CH2CO(NHCH2CO)2NH(CH2)nNH
134 KDN 20 (n=2)
135 MCL-139, X=(CH2)2
136 MCL-144, X=(CH2)8
137 MCL-145, X=
138 SoRI 9409
139 n=2,3,4,5,6,7
140 MCL-450

图 21-11 代表性阿片受体双齿配体

阿片受体的双齿配体可以有效地减少经典阿片类镇痛剂的中枢副作用而不影响镇痛作用。研究发现，具有一些 μ 受体活性的 κ 受体激动剂比高选择性的 κ 受体激动剂在小鼠镇痛使得的副作用小。因此，具有 κ/μ 双功能的双齿配体可能成为更有效的镇痛剂，如含有两个吗啡喃结构单元的双齿配体 MCL-139（**135**）和 MCL-144（**136**）[26] 在［^{35}S］GTPγS 结合实验中对 κ 受体显示出完全激动活性，而对 μ 受体仅具有部分激动活性或拮抗活性（图 21-11）。其中，连接两个吗啡喃药效中心的链（性质和长度）对活性具有较大影响。当链为二酯基时效果最好，三种阿片受体的活性与链的长短存在相关性。当链为含十个碳原子的二酯链时，在三种受体上的活性达到最高（化合物 **136**）。含有双键的二酯链形成的化合物 MCL-145（**137**）[33] 也显示出较好的活性组合，在体内是一个 κ 充分激动剂和 μ 激动/拮抗剂。δ 阿片受体拮抗剂被证明可以抑制 μ 受体激动剂的耐受、身体依赖和相关副作用而不会影响其镇痛活性，而 μ 激动/δ 拮抗双功能配体除了不产生耐受和身体依赖，还趋向减少呼吸抑制和消化道副作用。如 4-氯取代的吡啶吗啡喃 SoRI 9409（**138**）显示出强的 δ 受体拮抗活性（$K_e = 0.66 \text{nmol/L}$，MVD）和中等的 μ 受体激动活性（$IC_{50} = 163 \text{nmol/L}$，GPI）。和吗啡相反，重复脑内注射这个化合物（剂量为 A_{90}）不产生镇痛耐受。有趣的是化合物 **139**，具有 μ 受体激动剂药效团和 δ 受体拮抗剂药效团，由长度不等的连接砌块连接，在小鼠甩尾实验中，具有比吗啡更强的镇痛活性。当 $n=2$ 时，产生耐受和身体依赖；当 $n=3$ 或 4 时，产生耐受但不产生身体依赖；当 $n=5\sim7$ 时，不产生耐受和身体依赖。κ 激动/δ 拮抗双功能配体 MCL-450（**140**）也代表着新一代从阿片肽和吗啡喃药效团发展而来的具有较弱耐受和身体依赖等副作用的镇痛剂。尽管，近年来针对阿片受体二聚的药物研究发展十分迅速，然而，由于目前对二聚或寡聚的机制不清，导致用以研究这些同源二聚体或异源二聚体的药理学实验的策略还十分有限，药物设计也相对较为盲目，至今，还没有双齿配体药物进入或接近临床试验。

21.5　讨论与展望

　　疼痛是一种因组织损伤或潜在的组织损伤而产生的痛苦感觉和体验，伴有不愉快的情绪或心血管和呼吸方面的变化。它既是机体的一种保护性机制，也是临床常见的疾病。严重的疼痛给病人带来极大的心理和精神压力，并产生焦虑和抑郁等精神方面的疾病。在临床上，大多疼痛都是通过镇痛剂来减轻病人的痛苦。轻微到中等程度的疼痛可以用非麻醉镇痛剂镇痛，但是严重的疼痛还需要阿片类中枢镇痛药。阿片类镇痛药通过激活阿片受体抑制痛觉上行传导途径和激活下行抑制系统产生镇痛作用来治疗严重的疼痛。阿片受体主要包括 mu（μ）、delta（δ）和 kappa（κ）三种受体亚型，广泛分布在中枢和外周神经系统及外周组织、细胞中，并且 μ、κ 和 δ 阿片受体各自还有亚型 μ（$μ_1$，$μ_2$），κ（$κ_1$，$κ_2$，$κ_3$），δ（$δ_1$，$δ_2$），但是至今只有三种主要阿片受体基因被克隆。近年来，阿片受体二聚或寡聚得到越来越多地重视，但其聚合的机制和原因还不明确。

　　μ 阿片受体激动剂仍然主要用于中枢镇痛，传统的药物包括吗啡（**9**）、可待因（**10**），左啡诺（**19**）以及后期的羟吗啡酮（**16**）、羟考酮（**17**）。芬太尼及其结构类似物卡芬太尼（Carfentanil，**24**）、阿芬太尼（Alfentanil，**25**）、舒芬太尼（Sufentanil，**26**）、瑞芬太尼（Remifentanil，**27**）、羟甲芬太尼（Ohmefentanil，**28**）等也是一类高活性和高选择性的 μ 阿片受体镇痛药，但这些药物均具有较大的成瘾性和依赖性。美沙酮（Methadone，**29**）和曲马朵（**30**）也是常用的镇痛药，但成瘾性较低。近年来的 μ 阿片受体激动剂的研究主要仍是以上述传统镇痛药为母体结构进行结构改造，期望在保留镇痛活性同时降低药物的成瘾性，但进展不大。μ 受体拮抗剂一般用来缓解吗啡等 μ 受体激动剂引起的严重副作用（如呼吸抑制、血压降低），还用来治疗使用阿片类药物和酗酒产生的身体依赖，其他潜在的治疗用途包括肥胖、精神性疾病和帕金森病。这类药物仍以早期的烯丙吗啡（Nalorphine，**36**）、纳络酮（**37**）、纳曲酮（**38**）为主，后期开发的还有 β-FNA（**39**）、Clocinnamox（C-CAM，**40**）和 Methoxinnamox（M-CAM，**41**）等。

　　κ 受体激动剂作为镇痛药不会产生吗啡等 μ 受体激动剂的副作用（呼吸抑制、血压降低、成瘾等），同时还具有神经保护和抗惊厥作用。这类药物主要包括经典的喷他佐辛（**58**）、布托啡诺（**59**）、乙基酮佐辛（EKC，**60**）和布马佐辛（**61**）等。苯乙酰胺类衍生物 U50488（**67**）和 U69593（**68**）是常用的标记 κ 受体激动剂的工具药。DuP747（**72**）、R-84760（**73**）、ICI197067（**74**）、ATPM（**65**）、6'-GNTI（**66**）等是新近发现的 κ 受体激动剂，在治疗成瘾和镇痛上显示出较好的潜力。Salvinorin A（**76**）是从天然产物中分离出来的新型的 κ 阿片受体激动剂，由于它和其他 κ 阿片受体激动剂不同，分子中没有氮原子，其镇痛活性以及进一步的结构改造近年来研究较多。κ 受体拮抗剂最初是作为药理工具来逆转 κ 受体激动剂的作用，后来研究拓展了 κ 受体拮抗剂的治疗范围，包括可卡因成瘾、抑郁症和摄食行为，还被建议用来治疗精神性疾病如精神分裂症。这类药物主要包括早期的 TENA（**85**）、（-）-BNI（**86**）和（-）-norBNI（**87**），这些主要作为工具药使用。近期的还有 GNTI（**89**）、JDTic（**91**）和 DIPPA（**95**）等。

δ 受体激动剂中阿片肽类较多，代表性的有 Deltrophin Ⅰ（**105**）、Deltrophin Ⅱ（**106**）和 dermenkephalin（**107**）。近年来，对这些肽类结构改造也较多，如化合物 **108** 保持了高度的 δ 阿片受体亲和力。BW373U86（**109**）是第一个非阿片肽类 δ 受体选择性激动剂，具有一定的镇痛活性。随后结构修饰得到许多选择性和亲和力均较好的 δ 激动剂，主要包括 SNC 80（**110**）、TAN-67（**113**）、SB219825（**114**）等。Oxymorphindole（OMI，**115**）是一个高选择性的 δ 受体部分激动剂，也具有一定的剂量依赖性的镇痛活性。δ 阿片受体拮抗剂主要用于抑制 μ 受体激动剂的耐受、身体依赖和相关副作用而不会影响其镇痛活性。这类药物包括肽类化合物脑啡肽类似物 ICI174864（**118**）、TIPP（**119**）、TIPP-NH$_2$（**120**）、TIPP[ψ]（**121**）和 TIP[ψ]（**122**）等，以及非肽类药物纳曲吲哚（**124**）、Naltriben（NTB，**125**）、BNTI（**126**）、5′-NTII（**129**）和 BNTX（**130**）等。

阿片类双齿或双功能药物是近年来阿片受体研究最活跃的领域，迄今已经发现了很多阿片受体拮抗剂，如 κ 受体选择性拮抗剂（-）-BNI（**86**）与（-）-norBNI（**87**）、κ/δ 受体混合拮抗剂 KDN 20（**134**）、以及 κ/μ 双齿配体 **135**~**137** 等，这些药物已在镇痛、药物成瘾等方面显示出较好的潜力。

总之，阿片受体激动剂主要用于镇痛和治疗药物成瘾，拮抗剂主要是用于逆转激动剂产生的副作用，或与激动剂合用抑制激动剂的副作用。然而，由于大脑系统和成瘾机制的复杂性，要开发一种低或无成瘾的镇痛药是十分艰难的，单一靶向的药物难以达到理想的效果。阿片受体的二聚或寡聚，以及阿片受体亚型的进一步研究有可能为这一领域带来新的契机。

推荐读物

- Friderichs E. Opioids in Analgesics. Edited by H Buschmann, T Christoph, E Friderichs, C Maul, B Sundermann. John Wiley & Sons Inc, 2002：127-263.
- Aldrich J V, Vigil-Cruz S C. Narcotic Analgesics in Burger's Medicinal Chemistry and Drug Discovery. Sixth Edition. Volume 6：Nervous System Agents. Edited by Donald J Abraham. John Wiley & Sons, Inc, 2003：329-481.
- Eguchi M. Recent Advances in Selective Opioid Receptor Agonists and Antagonists. Med Res Rev, 2004, 24（2）：182-212.
- Zhang A, Liu Z L, Kan Y. Receptor Dimerization - Rationale for the Design of Bivalent Ligands. Curr Top Med Chem, 2007, 7：343-345.
- Portoghese P S. From Models to Molecules：Opioid Receptor Dimers, Bivalent ligands, and Selective Opioid Receptor Probes. J Med Chem, 2001, 44（14）：2259-2269.

参考文献

[1] [美]Tollison C D,[美]Satterthwaite J R,[美]Tollison J W. 临床疼痛学. 宋文阁，傅志俭等译. 济南：山东科学出版社，2004：10-24.
[2] 田明清，高崇荣. 疼痛. 2004, 12（1）：44-46.
[3] Friderichs E. Opioids in Analgesics. Edited by H Buschmann, T Christoph, E Friderichs, C Maul, B Sundermann. John Wiley & Sons Inc, 2002：127-263.
[4] Aldrich J V, Vigil-Cruz S C. Narcotic Analgesics in Burger's Medicinal Chemistry and Drug Discovery. Sixth Edition. Volume 6：Nervous System Agents. Edited by Donald J Abraham. John Wiley & Sons Inc, 2003：329-481.

[5] Fowler C J, Fraser G L. μ-, δ-, κ-Opioid Receptor and Their Substypes. A Critical Review with Emphasis on Radi-oligand Binding Experiments. Neurochem Int, 1994, 24 (5): 401-426.
[6] Zadina J E, Hackler L, Ge L J, Kastin A J. Nature, 1997, 386: 499.
[7] Bignan G C, Connolly P J, Middleton S A. Expert Opin Ther Patents, 2005, 15 (4): 357-388.
[8] Zhang A, Liu Z L, Kan Y. Curr Top Med Chem, 2007, 7: 343-345.
[9] Eguchi, M. Med Res Rev, 2004, 24 (2): 182-212.
[10] 邹冈主编. 基础神经药理学. 北京：科学出版社, 1999: 288-322.
[11] Janecka A, Fichna J, Janecki T. Curr Top Med Chem, 2004, 4: 1-17.
[12] Janecka A, Fichna J, Mirowski M, Janecki T. Mini Rev Med Chem, 2002, 2: 565-572.
[13] Janecka A, Staniszewska R, Fichna J. Curr Med Chem, 2007, 14: 3201-3208.
[14] Vianello P, Albinati A, Pinna, G. A, et al. J. Med Chem, 2000, 43: 2115-2123.
[15] Rennison D, Neal A P, Cami-Kobeci G, Aceto M D, Martinez-Bermejo F, Lewis J W, Husbands S M J Med Chem, 2007, 50: 5176-5182.
[16] Goodman A J, Le Bourdonnec B, Dolle R E. Chem Med Chem, 2007, 2 (11): 1552-1570.
[17] Yuan C S, Israel R J. Expert Opin Investig Drugs, 2006, 15 (5): 541-552.
[18] Delaney C P, Yasothan U, Kirkpatrick P. Nat Rev Drug Discov, 2008, 7: 727-728.
[19] Kawai K, Hayakawa J, Miyamoto T, et al. Bioorg Med Chem, 2008, 16: 9188-9201.
[20] Zhang A, Xiong W, Hilbert J E, De Vita E K, Bidlack J M, Neumeyer J L. J Med Chem, 2004, 47: 1886-1888.
[21] Prisinzano T E, Rothman R B Chem Rev, 2008, 108 (5): 1732-1743.
[22] Simpson D S, Katavic P L, Lozama A, et. al, J Med Chem, 2007, 50: 3596-3603.
[23] Kane B E, McCurdy C R, Ferguson D M. J Med Chem, 2008, 51: 1824-1830.
[24] Metcalf M D, Coop A AAPS J, 2005, 7 (3): E704-22.
[25] Husbands S M. Expert Opin Ther Patents, 2004, 14 (12): 1725-1741.
[26] Portoghese P S. J Med Chem, 2001, 44 (14): 2259-2269.
[27] Cai T B, Zou Z, Thomas J B Brieaddy L, Navarro H A, Carroll F I. J Med Chem, 2008, 51: 1849-1860.
[28] Dondio G, Ronzoni S, Petrillo P. Expert Opin Ther Patents, 1999, 9 (4): 353-374.
[29] Dondio G, Ronzoni S, Petrillo P, Expert Opin Ther, Patents, 1997, 7 (10): 1075-1098.
[30] Haris S P, ZhangY, Bourdonnec B L, McCurdy C R, Portoghese P S J Med Chem, 2007, 50: 3392-3396.
[31] Peng X M, Neumeyer J L Curr Top Med Chem, 2007, 7: 363-373.
[32] Ananthan S AAPS J, 2006, 8 (1): E118-E125.
[33] Mathews J L, Peng X, Xiong W, et al. J Pharmacol Exp Ther, 2005, 315: 821-827.

第22章

非甾体抗炎药物

俞娟红，沈竞康

目 录

22.1 非甾体抗炎药的作用机制 /613
  22.1.1 前列腺素与炎症 /613
  22.1.2 COX 的发现和分类 /614
22.2 传统非甾体抗炎药 /615
  22.2.1 水杨酸类 /615
  22.2.2 吡唑酮类 /616
  22.2.3 芳基烷酸类 /617
    22.2.3.1 芳基乙酸类 /617
    22.2.3.2 芳基丙酸类 /618
    22.2.3.3 邻氨基苯甲酸类（灭酸类）/619
  22.2.4 苯并噻嗪类衍生物(昔康类) /619
22.3 选择性 COX-2 抑制剂 /620
  22.3.1 二苯基杂环类（三环类）/620
  22.3.2 磺酰苯胺类 /622
  22.3.3 传统非甾体抗炎药结构改造物 /622
  22.3.4 选择性 COX-2 抑制剂存在的问题 /623
22.4 新型非甾体抗炎药的研究进展 /624
  22.4.1 COX-2/5-LOX 双重抑制剂 /624
    22.4.1.1 COX-2/5-LOX 双重抑制剂作用机制 /624
    22.4.1.2 COX-2/5-LOX 双重抑制剂分类 /624
  22.4.2 一氧化氮供体型非甾体抗炎药(COX Inhibiting Nitric Oxide Donating, CINODs) /626
    22.4.2.1 CINODs 设计的理论依据 /626
    22.4.2.2 CINODs 研究进展 /627
22.5 非甾体抗炎药在其他治疗领域的作用 /628
  22.5.1 防治肿瘤 /628
  22.5.2 防治阿尔茨海默病（Alzheimer disease, AD）/629
22.6 展望 /629
推荐读物 /629
参考文献 /629

炎症（inflammation）是具有血管系统的活体组织对外源性或内源性损伤因子所发生的一种机体的防御性反应。炎症的病理变化为局部组织的变质（alteration）、渗出（exudation）和增生（proliferation），临床表现为红、肿、热、痛和功能障碍；其全身反应包括发热和末梢血白细胞计数增多。炎症早期渗出性和变质性病变较显著，而后期以增生为主。通常情况下，损伤因子直接和间接造成组织和细胞的破坏，人体的自动的防御反应通过炎症充血和渗出反应，稀释、杀伤和包围损伤因子，同时通过实质和间质细胞的再生，修复和愈合受损伤的组织。过于剧烈的炎症反应，可使组织坏死，造成功能障碍。抗炎药物通过抑制炎症因子产生或释放，降低过于强烈的炎症反应，减轻发热疼痛症状，防止功能障碍等不良反应的发生。临床使用的抗炎药物主要有甾体和非甾体两大类。糖皮质激素类甾体药物具有抗炎作用，称为甾体类抗炎免疫药（steroid anti-inflammatory-immunity drugs，SAIDs）主要作用于皮质激素受体（cortisol receptors），但长期使用可产生依赖性和严重的副作用。非甾体抗炎药（nonsterodial anti-inflammatory drugs，NSAIDs）无皮质激素样副作用，是临床上广泛使用的治疗各种急慢性炎症的基础用药，用于治疗骨关节炎、类风湿性关节炎和多种免疫功能紊乱的炎症性疾病，并能缓解各种疼痛症状。

22.1 非甾体抗炎药的作用机制

1898 年自阿司匹林首次合成后，直至 20 世纪 70 年代，非甾体抗炎药物抑制前列腺素（prostaglandins，PGs）生物合成的机理才被揭示。尽管非甾体的抗炎药种类较多，结构各异，但其作用机理均主要通过抑制环氧化酶（cyclooxygenase，COX）活性，阻断花生四烯酸代谢形成前列腺素，抑制了由前列腺素引起的炎症反应，从而发挥解热、镇痛和抗炎的作用。20 世纪 90 年代初，进一步发现了环氧化酶的两个亚型，COX-1 和 COX-2，由此发现了一批选择性 COX-2 抑制剂。

22.1.1 前列腺素与炎症

前列腺素（PGs）在体内由花生四烯酸所合成，是一类含 20 个碳原子的不饱和脂肪酸，分子中含有一个五元环和两条分别含 7 个和 8 个碳原子的侧链，按环戊烷结构的不同可分为 A、B、C、D、E、F、G、H、I 等类型。除红细胞外，哺乳动物的各种细胞都能合成前列腺素。已从各重要组织和体液中分离鉴定十多个天然前列腺素，并经人工合成了许多类型的新衍生物。

前列腺素由花生四烯酸（arachidonic acid，AA）经环氧化酶代谢途径转化生成。在磷脂酶 A2 和磷脂酶 C 的作用下，由细胞膜磷脂释放出花生四烯酸；游离的 AA 在环氧化酶的作用下，形成不稳定的环内过氧化物 PGG_2 和 PGH_2，前者经前列腺素过氧化物酶（PG peroxidase）作用降解为后者。在不同细胞内，PGH_2 进一步转化成前列腺素（PG）、前列环素（PGI_2）和血栓素（thromboxanes，TXs）。TXA_2 在水溶液中不稳定，很快降解为 TXB_2。PGI_2 的性质不稳定，在中性溶液中可水解成 6-keto $PGF_{1\alpha}$，然后在肝脏中进一步代谢为 6-keto PGE_1。而前列腺素一般不在细胞内贮存，仅在受到某些刺激时才合成并释放。前列腺素的半衰期极短（1~2min），除 PGI_2 外，其他的前列腺素经肺和肝迅速降解，故前列腺素不像典型的激素那样，通过循环影响远距离靶组织的活动，而是在局部产生和释放，对产生前列腺素的细胞本身或对邻近细胞的生理活动发挥调节作用。

前列腺素的生理作用极为广泛，各类型的前列腺素对不同的细胞可产生完全不同的作用。例如 PGE 能扩张血管，增加器官血流量，降低外周阻力，并有排钠作用，从而使血压下降；而 PGF 作用比较复杂，可使兔、猫血压下降，却又使大鼠、狗的血压升高。PGE 使支气管平滑肌舒张，降低通气阻力；而 PGF 却使支气管平滑肌收缩。PGE 和 PGF 对胃液的分泌都有很强的抑制作用；但对胃肠平滑肌却增强其收缩。它们还能使妊娠子宫平滑肌收缩。此外，PG 对于排卵，黄体生成和萎缩，卵和精子的运输等生殖功能也有密切关系。

某些前列腺素，如 PGE_2 在炎症组织中有较高浓度。PGE_2 和 PGI_2 能扩张血管，减低血管张力，提高血管通透性，并协同加强别的介质如组胺和缓激肽的活动，导致血管通透性的增加及水肿；刺激白细胞的趋化性，抑制血小板聚集。PGE_2 还是引起发热的一个重要的中枢介质，它本身并不引起疼痛，但可使神经末梢对缓激肽和组胺的痛觉敏感性增强。而 $PGF_{1\alpha}$ 具有提高血管张力，降低血管通透性的能力。在花生四烯酸代谢过程中，生成前列腺素的同时产生各种氧自由基，包括超氧自由基、羟自由基、环氧自由基和过氧化氢等，均可能引起组织的损伤。致热原引起下丘脑 PGE 的合成和释放，可能是导致体温升高的原因。

血栓素 TXA_2 具有提高血管张力和血小板聚集的作用；在钙离子参与下，抑制环甘酸环化酶，降低血小板内 cAMP 水平，导致炎症发展。

由此可见，前列腺素既具有其重要的生理功能，又是重要的炎症介质，所以非甾体抗炎药在发挥其抗炎作用的同时，往往也干扰了生理性的前列腺素合成而产生副反应。由于非甾体抗炎药多呈弱酸性，容易浓集于酸性环境，而体内胃黏膜、肾脏髓质及炎症部位是酸性环境，所以非甾体抗炎药在炎症部位抗炎的同时也干扰了上消化道黏膜和肾脏前列腺素的生理性合成，导致胃肠道反应和肾损害等。因此，开发具有良好选择性抑制作用且安全有效的非甾体抗炎药药物，是推动该类化合物不断更新换代的源动力。

22.1.2　COX 的发现和分类

在环氧化酶催化下，两分子 O_2 插入到花生四烯酸中形成前列腺素 G_2（PGG_2），在花生四烯酸代谢过程中具有十分重要的作用。1971 年 Vane 和他的同事发现，阿司匹林类非甾体抗炎药可抑制环氧化酶的活性，阻断花生四烯酸转换为前列腺素，从而达到治疗炎症的目的[1]。

研究已经确认了环氧化酶的两种同工异构酶，其中 1976 年首次提纯了环氧化酶-1（COX-1）。1991 年，发现了一个与 COX-1 有着大约 60% 同源性的蛋白，称为环氧化酶-2（COX-2）。COX-1 与 COX-2 都有花生四烯酸的结合位点，但是它们在分布、结构和功能上有明显的区别。

COX-1 在正常生理条件下表达于所有细胞中，如内皮细胞、血小板及肾小管细胞。一般情况下，COX-1 的活性较稳定，在应激情况下或受到某些激素和生长因子刺激时，其活性仅轻度增高 2～4 倍。由 COX-1 催化合成的前列腺素主要作用于维持正常的生理功能，如保护消化道黏膜、改变血管张力、调节肾血流量等；由 COX-1 催化产生的血栓素 TXA_2 能使血小板聚集，在出血时可促使血液凝固。COX-2 是一种诱导酶，在机体内存在很少，但当受到生长因子、丝裂原、内毒素等致炎因子或细胞因子刺激后，COX-2 的表达急剧增加，导致前列腺素过度合成，与蛋白酶及其他炎症介质一起引起炎症反应。但近期研究发现 COX-2 也介导部分生理性前列腺素的合成，对维持脑、肾和血管内皮等器官和组织的正常功能和调控生长发育有着重要作用。

22.2 传统非甾体抗炎药

非甾体抗炎药物经历了数个发展过程。从1898年第一个非甾体抗炎药阿司匹林问世，到20世纪40年代，除水杨酸类以外，还有苯胺类和吡唑酮类解热镇痛药开发上市，其中苯胺类为狭义的解热镇痛药，不具备抗炎作用。从1952年保泰松上市，到非甾体抗炎药名称的提出，其中包括1960年吲哚美辛开发上市。1971年，Vane等证明阿司匹林能有效地抑制受伤部位早期炎症阶段前列腺素的合成，提出非甾体抗炎药的抗炎活性是通过抑制环氧化酶活性来实现的，期间芳香烷酸类、苯并噻嗪类（昔康类）药物相继上市。1991年，Herschman等用分子克隆技术证实了COX有两种同工酶，选择性COX-2抑制剂成为非甾体抗炎药物的研究热点，塞来昔布等一批新药于20世纪90年代末期开始陆续上市。2004年，因严重的心血管事件，默沙东公司召回另一个选择性COX-2抑制剂——罗非昔布（万络）。

根据作用机理，将非甾体抗炎药物分为传统非甾体抗炎药物、选择性COX-2抑制剂以及新型非甾体抗炎药三部分。传统非甾体抗炎药物按结构分为：①水杨酸类；②吡唑酮类；③芳基烷酸类；④苯并噻嗪类。

22.2.1 水杨酸类

阿司匹林是最早的消炎镇痛药。阿司匹林的问世，最早可追溯到公元前4世纪，人们开始用柳树叶煮汤以治头痛。到1763年，从植物中分离出白色粉状物质，之后鉴定为水杨酸。1859年化学合成成功，于是开始用水杨酸治疗炎症与止痛。因其为酸性物质，对胃肠不免有刺激性，1898年德国拜耳药厂的Hoffman将其乙酰化得乙酰水杨酸，以减低其酸性，即为阿司匹林。

阿司匹林常用剂量每次0.5g，每日3次，具有明显解热镇痛作用，也可与其他药物配成复方，如APC、去痛片，用于头痛、牙痛、肌肉痛、神经痛、关节痛、痛经及感冒发热等。大剂量每日3~5g，有明显消炎抗风湿，使急性风湿热患者退热，缓解关节红、肿、痛，血沉下降，主观感觉良好，是临床首选药之一。

阿司匹林通过乙酰化COX-1蛋白活性位点上的丝氨酸-120（Arg-120）而阻断其催化活性，从而阻止PGs的产生。由于乙酰基难以脱落，酶活性不能恢复，属于不可逆抑制。使用大剂量的阿司匹林可以将对COX-2的丝氨酸-516（Ser-516）乙酰化，乙酰化后的COX-2将AA代谢成15-R-羟基二十碳四烯酸（15-HETE），15-HETE在5-酯氧酶的作用下产生酯氧素，具有抗炎作用[2]。因此，抗炎抗风湿需要大剂量阿司匹林。阿司匹林还能抑制血小板中TAX_2的合成，减少了血小板的聚集和血管收缩形成血栓的作用，因此服用小量阿司匹林已被用于心血管系统疾病的预防和治疗。

阿司匹林结构中存在游离的羧基（pK_a 3.5），大剂量服用时对胃黏膜有刺激性，甚至引起胃出血，因此将阿司匹林制成了盐、酰胺或酯。临床上应用的有：阿司匹林精氨酸盐（Arginine Acetyl Salicylate，**1**）、阿司匹林赖氨酸盐（Lysine Acetyl Salicylate，**2**）、水杨酸镁（Magnesium Salicylate，**3**）、卡巴比林钙（Carbasalate Calcium，**4**）、水杨酸胆碱（Choline Salicylate，**5**）、贝诺酯（扑炎痛，Benorilate，**6**）、二氟尼柳等（Diflunisal，Dolobid，**7**）。

尽管药物化学家努力寻找"更理想"的阿司匹林衍生物，但尚未发现优于阿司匹林的药物。构效关系（structure and activity relationship，SAR）研究发现：水杨酸的羧基是保持活性的必要结构。对所有含有羧酸基团的 NSAIDs 而言，其羧基与 COX 的精氨酸-120（Arg-120）的胍基形成离子对，而 Arg-120 位点也通过同样的方式与 AA 的羧基产生作用[3]。将 COX-1 上的 Arg-120 通过定向点位突变转换成谷氨酸或谷氨酸酯会使 NSAIDs 对酶的抑制作用或 AA 与酶的结合作用明显下降乃至消失[4,5]。因此改造后的阿司匹林衍生物虽然保持了其镇痛作用，但抗炎活性减小。另外，羧基与羟基的位置若从邻位移到间位或对位，则活性消失。

22.2.2 吡唑酮类

吡唑酮类抗炎药物包括两种结构类型：3-吡唑酮和 3,5-吡唑烷二酮。

1884 年德国化学家 Ludury Knorr 在抗疟疾药奎宁的结构改造中发现了具有解热镇痛作用的安替比林（Antipyrine，Phenezone，**8**），但其毒性大，无法应用于临床。受吗啡结构中有甲氨基的启发，在安替比林分子中引入二甲氨基，得到氨基比林（Aminophenazone，Aminopyrine，**9**），其解热镇痛作用优于安替比林，且对胃无刺激性，曾广泛用于临床，但可引起白细胞减少及粒细胞缺乏症，已被淘汰。在 Aminophenazone 的分子中引入水溶性基团亚甲基磺酸钠，得到了安乃近（Analgin，Metamizole Sodium，**10**），其水溶性大，可制成注射应用，解热镇痛作用迅速而强大，但同样可引起粒细胞缺乏症，故不作首选药物。

1946 年瑞士科学家发现了具有 3,5-吡唑烷二酮结构的保泰松（Phenylbutazone，**11**），其解热镇痛作用较弱，抗炎作用较强，并具有促进尿酸排泄的作用，被认为是治疗关节炎具有里程碑意义的发现，于 1952 年开发上市。但其缺点是对肠胃道副作用较大，长期服用对肝脏、肾脏、心脏和神经系统都有不良影响，也可引起再生障碍性贫血和粒细胞缺乏症。与 3-吡唑酮类化合物相比，3,5-吡唑烷二酮中由于两个羰基的吸电子作用，增强了 4-位氢的酸性，可能是增加其抗炎活性的原因。1961 年发现 Phenylbutazone 在体内的代谢产物羟布宗（Oxyphenbutazone，**12**），同样具有消炎抗风湿作用，且不良反应小。另一代谢产物 γ-酮保泰松（γ-Ketophenylbutazone，**13**）同样具有较强的抗炎镇痛作用和促尿酸排泄作用。该类药物的进一步结构改造，又发现了非普拉宗（Feprazone，**14**），阿扎丙宗（Azapropazone，**15**）等药物，但因具有较严重的毒副作用，受到限制。

Phenylbutazone **11**　　Oxyphenbutazone **12**　　γ-Ketophenylbutazone **13**

Feprazone **14**　　Azapropazone **15**

22.2.3　芳基烷酸类

20 世纪 60 年代后陆续上市的一类非甾体抗炎药，根据其结构特点分成芳基乙酸类和芳基丙酸类。

22.2.3.1　芳基乙酸类

吲哚乙酸类药物吲哚美辛（Indomethacin，**16**），其镇痛消炎药效约为保泰松的 2.5 倍，解热作用优于阿司匹林。吲哚美辛基于 5-羟色胺（Serotonin, 5-Hydroxy Tryptamine, 5-HT, **17**）和色氨酸（Tryptophan, **18**）的结构设计。5-HT 是重要的炎症介质之一，它在生物体内来源于色氨酸，同时发现风湿痛患者体内色氨酸代谢水平较高。由此设计合成 350 多个吲哚衍生物，经抗炎动物筛选，发现了吲哚美辛。后来的研究证实，吲哚美辛并非预期设想的 5-HT 抑制剂，而与其他非甾体抗炎药一样，通过抑制 COX，降低前列腺素的生成。吲哚美辛具有强效抗炎作用，因此尽管其胃肠道、中枢系统的副作用亦较强，迄今仍在使用。

因长期服用吲哚美辛可引起肝脏及造血功能的毒副作用，利用电子等排原理，得到其衍生物舒林酸（Sulindac，**19**）。舒林酸是一个前药，无体外活性。虽然其抗炎活性不及吲哚美辛的 1/2，但其在体内半衰期长，作用持久，且毒副作用较轻。由于吲哚美辛和舒林酸酸性较强（pK_a 分别为 4.5 和 4.7），对胃肠道的刺激性较大。去除吲哚美辛的苯核，同时修饰侧链得到吡咯乙酸类化合物托美丁钠（Tolmetin Sodium，**20**），用于类风湿性关节炎及强直性脊椎炎的治疗，临床应用结果显示其起效快，且安全、低毒。苯乙酸衍生物双氯芬酸钠（Diclofenac Sodium，**21**）用于类风湿性关节炎及骨关节炎的治疗，具有服用剂量低，消炎镇痛作用强，起效快，毒副作用轻的特点。苯并乙酸类衍生物依托度酸（Etodolac，**22**）消炎镇痛作用与阿司匹林相当，但由于其选择性对胃和肾脏的前列腺素合成没有影响，因此胃肠道不良反应小，毒副作用低。萘丁美酮（Nabumetone，**23**）是一个非酸性前药，在体外无 COX 抑制活性，口服经小肠吸收，在体内经肝脏首关代谢为活性物质 6-甲氧基-2-萘乙酸，对 COX-2 有选择性抑制，不影响血小板聚集，且肾功能不受损害，胃肠道副反应也小，主要用于类风湿性关节炎的治疗。芬布芬（Fenbufen）也是一个前药，在体内代谢成联苯乙酸，其消炎作用介于吲哚美辛和阿司匹林之间，但对胃肠道的副反应较小。酮咯酸（Ketorolac，24）可看成对托美丁钠结构的刚性化修饰，在取代的吡咯乙酸 α-位引入亚乙基环合到吡咯环上。其（S）-型为活性异构体，（R）-异构体在体内自动转换为（S）型，口服或注射用于中重度手术后疼痛[6]，眼科用于眼痒、眼睛手术后炎症、手术后囊样黄斑水肿、长期无晶体或人工晶体囊样黄斑水肿，以及减轻屈光眼科手术引起的疼痛和畏光。

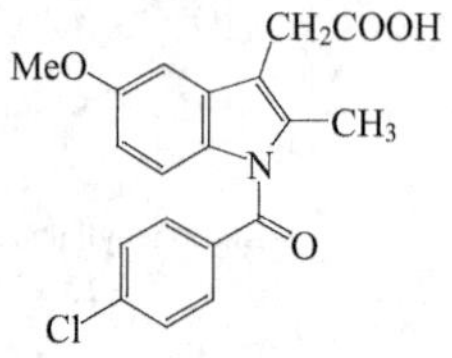

Indomethacin
16

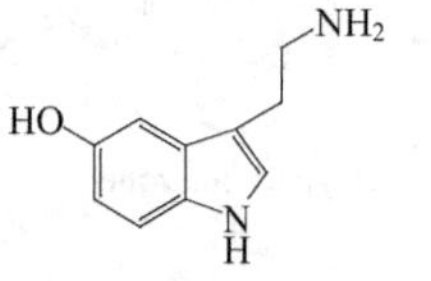

5-Hydroxy Tryptamine
17

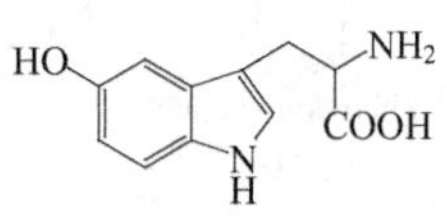

Tryptophan
18

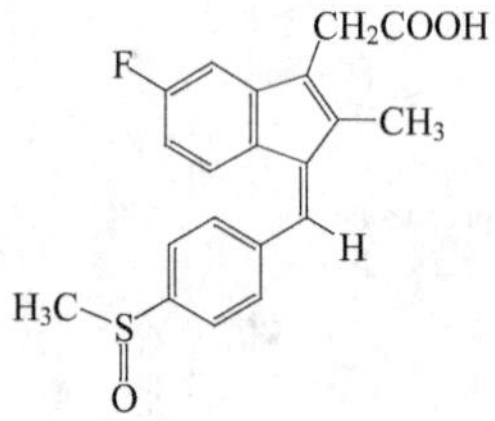

Sulindac
19

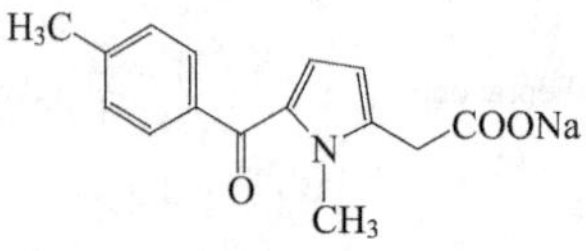

Tolmetin Sodium
20

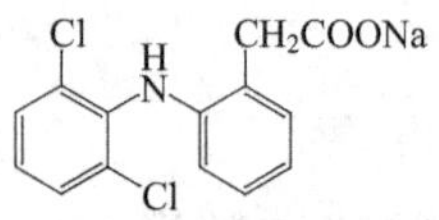

Diclofenac Sodium
21

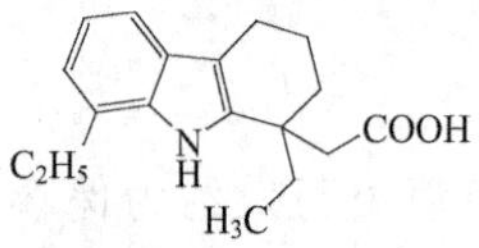

Etodolac
22

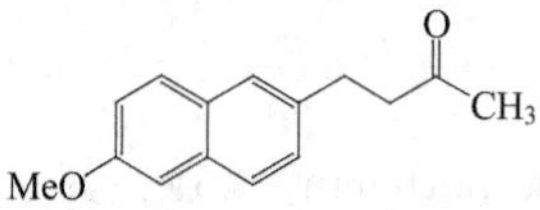

Nabumetone
23

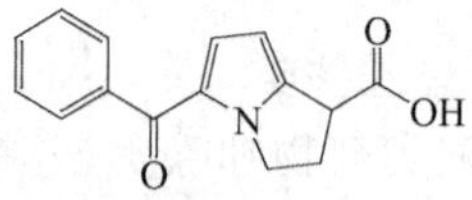

Ketorolac
24

22.2.3.2 芳基丙酸类

在对芳基乙酸类化合物进行结构改造的过程中，研究者发现在苯环上增加疏水性基团可以增强其消炎作用。4-异丁基苯乙酸（Ibufenac，25）具有较好的消炎镇痛作用，但临床使用对肝脏有一定毒性。在 Ibufenac 羧基 α-位引入甲基得到了布洛芬（Ibuprofen，26），不仅增强了消炎镇痛作用，还降低了对肝脏的毒性，临床上用于治疗类风湿性关节炎、强直性脊椎炎、神经炎、咽炎和气管炎等。在布洛芬的基础上经过结构改造，又发现了许多有良好抗炎镇痛效果的药物，如氟比洛芬（Flurbiprofen，27）、菲诺洛芬（Fenoprofen，28）、酮洛芬（Ketoprofen，29）、噻洛芬酸（Tiaprofenic Acid，30）、吡洛芬（Piroprofen，31）、吲哚洛芬（Indoprofen，32）等。通过该类化合物的构效关系研究发现：羧基必须连接在一个具有平面结构的芳环上，中间连接一个或一个以上碳原子；羧基 α-位上引入小体积烷基（如甲基或乙基）限制羧酸基团的自由旋转，使药物分子构型更适合与受体结合，其（S）-异构体的消炎作用强于（R）-异构体；芳基上取代的疏水性基团不同对活性的影响也很明显，取代基可以是烷基、环己基、烯丙基、芳环（苯环或杂环）等，一般处于羧基的对位或间位。萘普生（Naproxen，33）以萘环取代了"洛芬"类药物中羧基 α-位的单芳环，其生物活性是布洛芬的 3～4 倍，且不良反应小。临床上使用的是 Naproxen 的（S）-异构体，其（R）-异构体的活性只有它的对映体的 1/35。

Ibufenac 25

Ibuprofen 26

Flurbiprofen 27

Fenoprofen 28

Ketoprofen 29

Tiaprofenic Acid 30

Piroprofen 31

Indoprofen 32

Naproxen 33

22.2.3.3 邻氨基苯甲酸类（灭酸类）

此类药物是利用电子等排体原理，以氮原子取代水杨酸中氧原子的衍生物。与水杨酸类衍生物比较，没有明显的优点。代表药物有甲芬那酸（Mefenamic Acid，34）、甲氯芬那酸（Meclofenamic Acid，35）、氯芬那酸（Chlofenamic Acid，36）、氟芬那酸（Flufenamic Acid，37）、氯尼辛（Clonixin，38）和氟尼辛（Flunixin，39）等。灭酸类药物临床用于风湿性和类风湿性关节炎的治疗，副作用较多，除了胃肠道障碍，还可引起粒细胞缺乏和神经性头疼等。构效关系研究结果表明，非羧酸取代的苯环在 2，3，6 位上有取代基时，化合物的活性较高，尤其以 2、3 位取代更突出。邻位取代基的存在使两个疏水性芳基具有非共平面结构，更有利于其与受体的结合。

	X	R¹	R²	R³
Mefenamic Acid 34	CH	H	CH₃	CH₃
Meclofenamic Acid 35	CH	Cl	Cl	CH₃
Chlofenamic Acid 36	CH	H	H	CF₃
Flufenamic Acid 37	CH	H	H	Cl
Clonixin 38	N	H	CH₃	Cl
Flunixin 39	N	H	CH₃	F

22.2.4 苯并噻嗪类衍生物（昔康类）

此类药物与前几类 NSAIDs 不同，苯并噻嗪类药物分子中不含羧基，均含有烯醇型结构，也具有弱酸性。该类抑制剂对 COX-2 的抑制作用较强，但在较大剂量时也抑制 COX-1。吡罗昔康（Piroxicam，40）是第一个应用于临床的该类化合物，抗炎作用与吲哚美辛相似，还能抑制多核白细胞向炎症部位迁移并抑制这些细胞中溶体酶的释放。将吡罗昔康 4-位羟基酯化成肉硅酸酯得到辛诺昔康（Cinnoxicam，41），亲酯性比吡罗昔康大，因而吸收慢，血液到达峰值时间晚，肠胃道副反应更小。吡罗昔康的前药安吡昔康（Ampiroxicam，42）具有与母体药相同的药效，但是胃黏膜损伤诱发作用更弱。美罗昔康（Meloxicam，43）慢性风湿性关节炎的抗炎、镇痛效果与萘普生、吡罗昔康相当，但对胃肠道副作用的诱发作用较吡罗昔康弱，肾脏耐受性好。其他的类似衍生物还有替诺昔康（Tenoxicam，44），舒多昔康（Sudoxicam，45）等。这类药物的构效关系研究表明：哒嗪环 N 原子上甲基取代时，化合物活性最高；R² 基团可以是芳核或杂芳环，后者取代时得到更有利的电荷分布，化合物酸性也更强。

		R^1	R^2
Piroxicam	**40**	H	2-吡啶基
Cinnoxicam	**41**	-C(O)CH=CHPh	2-吡啶基
Ampiroxicam	**42**	CH(CH₃)OCOOC₂H₅	2-吡啶基
Meloxicam	**43**	H	5-甲基-2-噻唑基
Tenoxicam	**44**	H	2-吡啶基
Sudoxicam	**45**	H	5-甲基-2-噻唑基

22.3 选择性 COX-2 抑制剂

大部分传统 NSAIDs 为非选择性 COX 抑制剂，在抑制 COX-2 发挥其抗炎作用的同时，也抑制了 COX-1 发挥正常的生理作用，引起胃溃疡、肾毒性等副作用。COX-2 抑制剂在保持消炎镇痛活性的同时，能明显减少由于 COX-1 阻断引起的胃肠道不良反应及肾毒性。

COX-1 与 COX-2 结构上的微小差别是设计选择性 COX-2 抑制剂的理论依据。COX-1 和 COX-2 都属于同源二聚体，在结构上同样有三个独立的区域：N 端类表皮生长因子区、膜结合区和含有环氧化酶作用及过氧化酶作用活性位点的 C 端球状催化区。两种环氧化酶都有一条从催化区中心延伸到膜结合区表面的通道，膜结合区与质膜层的内层是相结合的，可以使游离的花生四烯酸进入通道或到达催化区。在 COX-1 和 COX-2 的通道一侧 120 位是一个精氨酸（Arg）残基，可通过其胍基与 AA 或含有羧基的 NSAIDs 产生氢键或离子对作用；在通道的另一侧，COX-1 434 位及 523 位是异亮氨酸（Ile），COX-2 在相同的位置是缬氨酸（Val-434 和 Val-523），Val 的侧链比 Ile 的侧链相对较小，这两处替换在 COX-2 通道上形成了一个侧袋，扩大了 COX-2 的底物结合通道及抑制剂结合区域，使得具有某种特殊结构的药物分子在此建立共价键结合；在 COX-1 的 513 位是组氨酸（His）残基，而 COX-2 的相同位置上是 Arg-513，可以与特定分子结构形成氢键作用；在通道的顶部，在与 COX-1 503-苯丙氨酸（Phe-503）相同的位置上，COX-2 是体积较小的亮氨酸-Leu（Leu-503）残基，同样又形成了一个疏水性的侧袋，能够容纳体积较大的分子；这些结构上的差别提供了底物对 COX-2 选择性抑制的可能性[7]。

目前研究得较多的 COX-2 选择性抑制剂按结构分主要有四类：①二苯基杂环类（又称三环类）；②磺酰苯胺类；③传统非甾体抗炎药结构改造物。

22.3.1 二苯基杂环类（三环类）

Dup 697（**46**）是较早被发现具有选择性 COX-2 抑制作用的化合物，对 COX-2 的选择性是对 COX-1 的 80 倍，虽然其本身最终没有能发展成药，但二苯基杂环类特征结构却成为设计选择性 COX-2 抑制剂的模板。尽管二苯基杂环类 COX-2 选择性抑制剂结构多样，但这类分子都有一个基本骨架：一个顺式二苯乙烯结构与各种杂环或碳环相结合，顺式二苯乙烯结合的可以是五元环、六元环或各类苯并杂环。其中一个苯环的对位有一个甲磺酰基或者磺酰胺基，是这类分子保持选择性 COX-2 抑制活性的重要药效基团。选择性抑制剂与 COX-2 蛋白复合物的结构研究显示，甲磺酰基或者磺酰胺基作用于 COX-2 通道上由 Val-434 与 Val-523 替代 COX-1 通道上 Ile-434 与 Ile-523 形成的侧袋[8]。

塞来昔布（Celecoxib，**47**）是第一个临床使用的选择性 COX-2 抑制剂药物，在体外对 COX-1 和 COX-2 的 IC_{50} 分别为 15μmol/L 和 0.04μmol/L，在人的全血分析中对 COX-2 的选择性为 COX-1 的 7.6 倍，具有与吲哚美辛相当的抗炎活性，且肠胃不良反应略低。若将塞来昔布苯环上 4-磺酰胺基换成 N,N-二甲基磺酰胺基、甲磺酰基、硝基或三氟乙酰基，则对两种 COX 酶的抑制作用都完全消失；若将 4-磺酰胺基换成氯原子或者甲氧基，则大大提高了其对 COX-1 的选择性；当苯环上的甲基被氟原子取代时，所得化合物在动物体内的代谢时间从 3.5h 延长到 221h[9]。Szabó 等[10]报道了塞来昔布的乳酸衍生物及其钠盐（**48**），虽然其在体外几乎无 COX 抑制活性，但在急、慢性炎症动物模型中，其抗炎和止痛作用均优于塞来昔布，且药效作用时间延长，肠胃道副反应发生率降低。伐地昔布（Valdecoxib，**49**）起效快于塞来昔布，且作用时间较长，并有报道能阻断阿司匹林对 COX-1 的抑制作用[11]。通过分离重组人 COX 同工酶试验，显示伐地昔布对 COX-2 的选择性为 COX-1 的 28000 倍，在人的全血分析中，其对 COX-2 的选择性为 30 倍。在由角叉菜胶诱发的大白鼠脚爪疼痛和水肿实验中，伐地昔布与萘普生的抗炎作用相当，在大白鼠的关节炎试验中与吲哚美辛相当。伐地昔布在正式批准上市后，出现了临床试验未曾观察到的严重的全身和皮肤过敏反应。帕瑞昔布（Parecoxib）是伐地昔布的前药，两者疗效基本相同。该药以钠盐形式（**50**）上市，可注射用药，用于手术后的疼痛治疗。依托昔布（Etoricoxib，**51**）是继罗非昔布（Rofecoxib，Vioxx，**52**）因心血管副作用撤市后，Merck 公司推出的又一个选择性 COX-2 抑制剂，俗称"新万络"，用于治疗强直性脊柱炎、痛经、各类关节炎和急、慢性疼痛。Apricoxib（CS-706，**53**）是由日本三共制药公司开发的抗炎镇痛剂，体外实验显示 Apricoxib 具有与塞来昔布相似的对 COX-2 的选择性抑制，但在治疗牙疼病的随机、双盲对照实验中，其镇痛作用优于后者[12]。

46 Dup 697

47 Celecoxib

48

49 Valdecoxib

50 Parecoxib Sodium

51 Etoricoxib

52 Rofecoxib

53 CS-706 (Apricoxib)

22.3.2 磺酰苯胺类

这类化合物研究报道的不是很多,其结构特点是含有一个甲磺酰苯胺结构,其对位是一个吸电子基团,邻位与苯环或碳环形成氧醚或硫醚。此类结构非甾体抗炎药尼美舒利(Nimesulide,**54**)1985年已在意大利上市,经人全血测定其对COX-2和COX-1的选择性是7.3倍,很少有肠胃道副反应发生。同组实验中,尼美舒利致小鼠胃溃疡的UD_{50}值是106mg/kg,而吲哚美辛是2.9mg/kg。

54 Nimesulide

22.3.3 传统非甾体抗炎药结构改造物

对具有良好抗炎镇痛活性的传统NSAIDs进行结构改造,在保持其治疗作用的同时减少其毒副作用,一直是药物化学家用于开发选择性COX-2抑制剂的途径之一。

在氟比洛芬(Flurbiprofen,**27**)的一个苯环上引入两个呈间位的甲氧基得到的衍生物(**55**),可以大大提高化合物的选择性[13]。酶-抑制剂复合物晶体结构研究结果显示,修饰后的化合物进入COX-2顶部"侧袋",通过与残基Leu-384和Tyr-385的相互作用,提高了对COX-2的选择性抑制。酮洛芬(Ketoprofen,**29**)结构修饰所得衍生物(**56**)则利用了COX-2通道上Val-434和Val-523形成的"侧袋"为依据进行设计。

Flurbiprofen
IC_{50} COX-2/COX-1: 0.01(μmol/L)/0.011(μmol/L)

Flurbiprofen 衍生物 **55**
IC_{50} COX-2/COX-1: 0.32(μmol/L)/25(μmol/L)

Ketoprofen
IC_{50} COX-2/COX-1: 0.026(μmol/L)/0.0020(μmol/L)

Ketoprofen 衍生物 **56**
IC_{50} COX-2/COX-1: 0.20(μmol/L)/18(μmol/L)

Kalgutkar等报道了由阿司匹林结构修饰后得到的COX-2抑制剂(**57**)[14]。通过对COX酶残基定向突变后的结合实验发现,这个阿司匹林的类似物对COX-2选择性的提高有别于前面提到的原因,具体的结合点还不清楚[15]。

Aspirin
IC_{50} COX-2/COX-1: 66(μmol/L)/12(μmol/L)

Hept-2-ynyl derivative, **57**
IC_{50} COX-2/COX-1: 0.8(μmol/L)/17(μmol/L)

由于吲哚美辛具有强效抗炎镇痛活性，药物化学家期望对其进行结构改造，发现有效的 COX-2 抑制剂。Olgen 等发现吲哚美辛酯类似物（**58**）对 COX-2 的选择性优于吲哚美辛。受此启发，Palome 等在其吲哚的苯环上引入甲磺酰基，获得了高选择性的 COX-2 抑制剂（**59～62**）[16]。Biava 等结合"昔布"类药物的三环结构特点，经过进一步的结构改造，也发现了一系列高选择性的 COX-2 抑制剂[17,18]。

Indomethacin
IC$_{50}$ COX-2/COX-1: 0.0059(μmol/L)/0.0030(μmol/L)

Indomethacin 衍生物，**58**
IC$_{50}$ COX-2/COX-1: 0.65(μmol/L)/19(μmol/L)

	R	IC$_{50}$ COX-2/COX-1
59	H	0.04(μmol/L)/>100(μmol/L)
60	4-F	0.01(μmol/L)/>100(μmol/L)
61	3,4-2F	0.02(μmol/L)/>100(μmol/L)
62	4-OMe	0.026(μmol/L)/>100(μmol/L)

罗美昔布（Lumiracoxib，**63**）是双氯芬酸（Diclofenac，**21**）类似物，其中苯环上一个 Cl 置换成 F，体外实验显示其对 COX-2 的选择性比双氯芬酸提高 100 倍，临床试验显示其耐受性优于后者。该药由诺华（Novartis）公司开发，2003 年在首次在墨西哥批准上市，作为骨关节炎、类风湿性关节炎、锐痛和痛经的长期用药治疗，但由于在使用过程中发现具有肝脏毒性，在 2007 年相继从澳大利亚、美国、加拿大等国市场撤离。

63 Lumiracoxib

22.3.4 选择性 COX-2 抑制剂存在的问题

传统的非甾体抗炎药对环氧化酶的 2 种同工酶无选择性，由于同时抑制了具有修复胃黏膜作用的 COX-1，常发生损害胃黏膜或导致胃出血等一系列严重副作用。选择性 COX-2 抑制剂减少溃疡、出血等严重消化道不良事件的效果比传统的非甾体抗炎药更显著，并且可提高患者的耐受性，一度受到青睐。但是，第一个选择性 COX-2 抑制剂上市 4 年后，即因严重的心血管事件导致美国默克的罗非昔布撤出市场，此后一批选择性 COX-2 抑制剂或终止临床试验，或上市后纷纷撤市。究其原因，可能是破坏了两种环氧化酶同工酶的平衡所致。例如，前列环素（prostacyclin，PGI$_2$）是强效的血管扩张剂和血小板聚合抑制剂，主要由血管内皮细胞中的 COX-2 催化产生；TX 是强力的血管收缩剂和血小板积聚促进剂，主要由血小板中 COX-1 合成。选择性 COX-2 抑制剂阻断 COX-2 的生理作用后，减少了 PGI$_2$ 的生成，但它不能阻断血小板中 COX-1 催化合成 TX，由此导致的血管收缩和血小板聚集，可能是造成选择性 COX-2 抑制剂产生心血管副作用的原因[19]。COX-2 对肾正常发育起重要作用，调节水和电解质平衡，并保护肾小球功能，无论传统的 NSAIDs 或新型选择性 NSAIDs，都对 COX-2 具有抑制作用，不利于对肾的保护作用，从而导致药物相关的肾脏不良反应。由此可见，选择性 COX 抑制剂并不能避免引发 NSAIDs 的副作用。

22.4 新型非甾体抗炎药的研究进展

22.4.1 COX-2/5-LOX 双重抑制剂

22.4.1.1 COX-2/5-LOX 双重抑制剂作用机制

AA 有两条代谢途径，一条途径在 COX 催化下发生；另一条途径在脂氧化酶（lipoxygenase）催化下，在 5 位或 12 位氧化，生成过氧化氢二十碳四烯酸，再经代谢生成一系列白三烯（leukotrienes，LTs）类物质。其中，在 5-脂氧酶（5-lipoxygenase，5-LOX）作用下生成 5-过氧化氢二十碳四烯酸（5-HPETE），然后转化成花生四烯酸的 5,6-环氧化合物（LTA_4）。LTA_4 分别在水解酶、谷胱甘肽-S-转移酶作用下转化成 LTB_4 和 LTC_4。LTC_4 可进一步转化，生成一系列肽基白三烯，如 LTD_4、LTE_4、LTF_4 等。

LTs 是许多炎症和过敏性疾病的重要介质，也被认为与心血管疾病和癌症密切相关。LTB_4 是强效粒细胞趋化介质，导致粒细胞和单核细胞在血管内皮积聚和活化，损伤血管内皮细胞，增加血管渗透性。LTs 最重要的生理作用是引起血管和支气管收缩，增加血管渗透性。LTs 也能加速白细胞在血管内皮积聚，诱导平滑肌细胞增生，诱导炎性细胞因子释放。活化的白细胞被认为是动脉粥样硬化、不稳定心绞痛和心肌梗死的易感因素。5-LOX 是花生四烯酸代谢合成 LTs 的关键酶，因此，通过抑制 5-LOX，减少 LTs 合成，有望避免 NSAIDs 引发的心血管副作用[20,21]。另外，LTs 通过诱导胃黏膜损伤、刺激胃酸分泌和炎性细胞因子形成而参与了 NSAIDs 引发的胃肠道副作用[22]。在肾内，白三烯被浸润的粒细胞或巨噬细胞合成，其生理作用与各种肾病的发病机制有关[23]。因此，通过抑制 5-LOX，阻断白三烯的生成，可能有利于避免 NSAID 的肾毒性。尽管 5-LOX 在炎症和过敏性疾病等许多疾病中扮演重要角色，但是作为抗炎药物，5-LOX 抑制剂的抗炎强度不够。

传统的 NSAIDs 和选择性 COX-2 抑制剂都主要通过抑制 COX 减少炎症过程产生的前列腺素而发挥作用。然而，COX 被抑制也减少了对胃肠、肾、心血管等具有保护作用的前列腺素。而且 COX 被抑制后，花生四烯酸经过 5-LOX 代谢代偿性增加，导致强炎性介质白三烯合成增加，进一步促进炎症的形成和 NSAID 引发的副作用。而前列腺素和白三烯有互补作用。因此，COX/5-LOX 双重抑制剂可能具有和 COX 抑制剂等效或增强的抗炎作用，同时避免其胃肠损伤、肾毒性，以及心血管副作用[24]。

目前已知的 COX/5-LOX 双重抑制剂主要有三类：①NSAIDs 衍生物；②二叔丁基苯酚类衍生物；③吡咯里嗪类衍生物。

22.4.1.2 COX-2/5-LOX 双重抑制剂分类

(1) NSAIDs 衍生物　羟基脲或异羟肟酸官能团能够螯合 5-LOX 的非血红素铁离子，用它取代吲哚美辛的羧酸官能团能得到了化合物 **64**，具有良好的 COX-2/5-LOX 双重抑制活性（在 $0.34\mu mol/L$ 浓度，对 5-LOX 抑制活性为 50%；在 $10\mu mol/L$ 浓度，对 COX-1 抑制活性为 9%；在 $10\mu mol/L$ 浓度，对 COX-2 抑制活性为 48%），但其对 COX 抑制活性较吲哚美辛低[25]。

替扑沙林（Tepoxalin，**65**）是将 COX-2 选择性抑制剂的三环结构与异羟肟酸拼合得到的化合物，具有较强的镇痛抗炎作用及良好的胃肠道耐受性，目前作为兽药使用。替扑沙林在人体内代谢很快，血液中检测到大量水解后生成的羧酸产物；后者在体内的存留时间超过 24h，对 COX 呈现抑制作用。因此，替扑沙林在人体内对 COX 的抑制作用比对 5-

LOX 的抑制作用强[26]。另有文献报道，替扑沙林还能抑制其他炎症因子的表达或活化[27]。

64

65 Tepoxalin

将灭酸类 NSAID 甲氯芬那酸（Meclofenamic Acid，**35**）的羧酸基团以 2-巯基氧重氮环或 2-巯基噻重氮环取代得到的化合物（**66**，**67**），它们在保持对 COX 抑制活性的同时，也增强了对 5-LOX 的抑制活性[28]。

66 IC$_{50}$ 5-LOX/COX: 0.74(μmol/L)/0.70(μmol/L)　　**67** IC$_{50}$ 5-LOX/COX: 0.87(μmol/L)/0.85(μmol/L)

（2）二叔丁基苯酚类　　AA 代谢的过程中会产生大量自由基，二叔丁基苯酚类衍生物在体内可以生成苯氧自由基，可作为自由基捕获剂抑制 COX 和 5-LOX 对 AA 代谢的催化作用[29]。这类化合物共同的结构特征是 4 位以五元杂环、六元杂环或链取代 2,6-二叔丁基苯酚化合物。

Darbufelone（CI-1004，**68**）是选择性 COX-2/5-LOX 双重抑制剂，其对大鼠嗜碱性粒细胞的 COX-2 和 5-LOX 的 IC$_{50}$ 分别为 0.7μmol/L 和 0.1μmol/L，对重组人 COX-2 可产生 80％ 的抑制作用，而对 COX-1 几乎无作用。在临床二期，Darbufelone 表现出良好的肠胃道安全性，且不影响已有的胃肠道溃疡的愈合，但在临床Ⅲ期因为肝脏毒性问题停止开发。Tebufelone（**69**）也是 COX-2/5-LOX 双重抑制剂，有趣的是它的体内代谢产物二氢二甲基苯并呋喃衍生物（DHDMBF，**70**）没有苯酚基团，但具有和 Tebufelone 等效的抗炎活性。Tebufelone 和 DHDMBF 在进行体内实验时被发现会导致肝脏副反应，这被认为与分子结构中碳链末端的不饱和键有关。

68 Darbufelone (CI-1004)　　**69** Tebufelone　　**70** DHDMBF

（3）吡咯里嗪类衍生物　　Licofelone（**71**）是由 Merckle GmbH 公司发现，EuroAlliance 开发的新型 COX/5-LOX 双重抑制剂，目前处于Ⅲ期临床试验。其对人血小板 COX 和粒细胞 5-LOX 的 IC$_{50}$ 分别为 0.21μmol/L 和 0.23μmol/L。临床试验结果显示，Licofelone 治疗骨关节炎作用与萘普生和塞来昔布相似，具有良好的耐受性和更好的胃肠道安全性[30]。由于对 COX-1 的抑制作用，该化合物能有效阻止 TXA 生成，具有明显抗血小板积聚活性，不仅具有对心肌的保护作用，而且避免了昔布类药物易发生血管栓塞的危险，可能具有更好的心血管安全性[31]。构效关系研究结果表明，吡咯里嗪环6-位苯环上取代基的不同可以改变化合物对COX与5-LOX抑制的选择性，当苯环上为2-位或3-位取代的Cl时，化合物几乎无COX抑制活性，当4-位上取代基为NH_2或OH时，化合物对5-LOX的抑制活性明显下降[32]。Ulbrich等[33]以吡咯里嗪环为药效团，参照"昔布"类药物的结构特点，设计了化合物72，在体外实验中，对COX-1，COX-2及5-LOX的IC_{50}分别为0.7μmol/L，0.005μmol/L和10μmol/L，动物实验结果显示，具有良好的胃肠道耐受性。进一步药理实验正在进行中。

71 Licofelone   **72**

（4）其他　Jahng等[34]在简化"昔布"类药物分子结构的基础上，设计了一系列查尔酮化合物。其中73具有较强的活性，对COX-1，COX-2和5-LOX的IC_{50}分别为65.3μmol/L，1.89μmol/L和0.37μmol/L，其抗炎作用强于吲哚美辛，但无任何致肠胃道溃疡的副作用[35]。鉴于查尔酮类衍生物本身具有抗炎止痛和抗氧化的作用[36]，Domínguez等[37]合成了一系列苯磺酰脲类查尔酮衍生物，具有较强的COX-2/5-LOX抑制活性[38]，其中化合物74除了能有效抑制PGs和LTs的生成，对COX-2和5-LOX的IC_{50}分别为0.12μmol/L和0.42μmol/L，还能抑制一些溶酶体酶分泌，以及过氧化物的生成。动物实验结果显示，该化合物具有较强的抗炎镇痛活性[36]。Rao等以查尔酮结构为模板，设计了一系列1,3-二芳基-2丙炔-1-酮的化合物，其中化合物75对COX-1、COX-2、5-LOX、12-LOX的IC_{50}分别为9.2μmol/L、0.32μmol/L、0.32μmol/L和0.36μmol/L。

73　**74**

75

22.4.2　一氧化氮供体型非甾体抗炎药（COX Inhibiting Nitric Oxide Donating，CINODs）

22.4.2.1　CINODs设计的理论依据

生物活性分子一氧化氮（nitric oxide，NO），是目前所知最强的血管舒张因子和收缩因子，作为介质、信使或细胞功能调节因子参与机体许多生理活动与病理过程。血管内皮细胞产生的NO，通过细胞膜迅速传递至血管平滑肌细胞，使平滑肌松弛，动脉血管扩张，从而调节血压和血流分布。内源性NO还能调节血管内皮生长，触发血管活性物质，促进血管生长与再生。实验证明，NO作为一种强有力的脑血管扩张剂，参与脑血管基本张力的调节。NO还通过抑制血小板和白细胞聚集以保护脑的血管内皮。基础含量的NO亦能阻止脑动脉对去甲肾上腺素和5-羟色胺等物质所致的收缩效应。生理条件下，NO能引起胃肠道平滑肌和括约肌舒张，过量NO则起抑制作用，从而调节胃肠的运动。同时，

NO 通过对壁细胞、主细胞、黏液细胞及胃肠上皮细胞的影响，调节胃酸、胃蛋白酶原、黏液、HCO-3 等胃肠的分泌功能。

基于 NO 对心血管及胃肠道的保护调节作用，NO-NSAIDs（CINOD）最初的设计思想是将具有 NO 释放性质的基团直接偶联或通过连接基团引入到传统的 NSAIDs 分子中，生成物在体内释放 NO 和原药 NSAIDs，在发挥其抗炎、镇痛作用的同时，可减少或消除 NSAIDs 引起的心血管或肠胃道不良反应。

22.4.2.2　CINODs 研究进展

大多数 NO-NSAIDs 分子的构建是通过 NSAIDs 分子中的羧基与含有羟基或酚羟基的 NO 供体部分（包括连接基团）通过酯键连接，如 Naproxcinod（HCT-3012，AZD3582，76）、NMI1182（77）、NO-Aspirin（NCX4016，78）；还有利用 NSAIDs 分子中的羟基或烯醇羟基与含有羧基的 NO 供体部分连接，如 NO-Paracetamol（NCX701，79），NO-Flurblprofen（HCT1026，80），NCX-2216（81）。

Naproxcinod（HCT-3012，AZD3582）是萘普生的 NO 供体衍生物，由 Nicox 公司开发，是环氧合酶抑制剂 NO 供体药（CINOD）类中最早的 NO 供体抗炎药，体内外研究结果显示它能释放 NO。临床前药理评价显示 Naproxcinod 具有与萘普生相当的抗炎镇痛活性和更低的胃肠道不良反应；Ⅰ期临床研究结果与动物试验是一致的[39]；Ⅱ期临床研究结果也表明，疗效与萘普生相当，但胃溃疡发生率降低 40%[40]；已完成针对骨关节炎的治疗的Ⅲ期临床研究。NMI-1182 是由 Nitromed 公司开发的另一个萘普生的 NO 供体衍生物，在各种实验模型下均显示快速释放 NO，具有更好的胃肠道保护作用，这可能与分子中含有两个亚硝酸酯基团有关，目前该化合物正处于临床前研究[41]。NCX701 是对乙酰氨基酚（Paracetamol，扑热息痛）的 NO 供体衍生物，动物体内实验结果显示其抗软组织炎症及神经性疼痛的效果优于母体药，且安全性更高，Ⅰ期临床试验结果动物实验结果相符[42]。

NO-NSAIDs 结构中的酯键和 NO 供体（包括连接基团），是两个酶敏感的代谢部分。实验证明，硝酸酯型的 NO-NSAIDs 在体内经酯酶裂解酯键，如人口服 NCX 4016 后，血液中可检测到 3-[(硝氧基) 甲基] 苯酚。至于 NO 如何从有机硝酸酯片段中释放出来，目前仍有争议，其中由硫醇介导的作用有较强的说服力，但确切机制仍不清楚。另有报道，NCX4016 和 HCT 1026 与硝酸甘油类似，经细胞色素 P450 代谢，释放 NO。此外，涉及谷胱甘肽转移酶的机制亦见报道。但可以肯定的是 NO-NSAIDs 分子中连接基团的化学性质对 NO 释放的影响也相当重要，如以 Aspirin 的 NO 供体衍生物为例，硝氧基亚甲基在苯酚母核上的 3 种位置（o, m, p）异构体，其代谢速率相差 1～4 倍，它们的体内外活性也有较大差异[43]。

76　Naproxcinod(HCT-3012, AZD3582)

77　NMI-1182

78　NO-Aspirin (NCX4016)

79　NO-Paracetamol (NCX701)

80 NO-Flurblprofen(HCT1026)   **81** NCX-2216

22.5 非甾体抗炎药在其他治疗领域的作用

随着对疾病和 COX 生理作用研究的不断深入，COX 抑制剂在其他疾病领域的应用也越来越受到关注。

22.5.1 防治肿瘤

1983 年 William Waddell 报道 NSAIDs 可减少家族性腺瘤性息肉病（FAP）患者的结直肠腺瘤。现已证明 COX-2 在大肠癌、胃癌、肺癌、宫颈癌及头颈部肿瘤等多种恶性肿瘤及癌前病变中的表达率达 40%～80%，COX-2 与肿瘤的发生、发展、预后与转移关系密切，有学者对 COX-2 抑制剂的抗肿瘤作用进行了研究，发现单独应用或联合放疗、化疗应用 NSAIDs，对乳腺癌、肺癌、胃癌、前列腺癌、胰腺癌等恶性肿瘤具有预防和治疗作用。COX-2 选择性抑制剂抗肿瘤的机制可能有：①抑制新生血管生成。当肿瘤超过 2～3mm 时，就需要新生血管的滋养，肿瘤细胞通过分泌生长因子如血管内皮生长因子（VEGF）刺激血管生成。血管内皮细胞来源的 COX-2 可通过其分泌的 PGs，以旁分泌方式促进血管生成因子分泌，这些因子包括 VEGF、碱性成纤维细胞生长因子（bFGF）、血小板源性生长因子（PDGF）和内皮素-1。有实验证明，用 NS-398（**82**）处理高表达 COX-2 的结肠癌细胞，可以降低这些因子的分泌[44]；在结肠癌动物模型中，Celecoxib 可抑制 bFGF 诱导的血管形成[45]。②诱导肿瘤细胞凋亡。Li 等[46]将 COX-2 抑制剂 NS-398 应用于结肠癌患者发现，它能抑制细胞色素 C 通路，从而诱导肿瘤细胞凋亡。Witters 等[47]将 COX-2 抑制剂 SC-236（**83**）应用于乳腺癌患者发现，它能通过抑制 PGE_2 下调 Bcl-2 表达，引起肿瘤细胞系的凋亡，包括肿瘤生长因子、刺激因子、原癌基因、癌基因。Steffel 等[48]研究证实 Celecoxib 能抑制 C-Juns 终端 NH_2 残基磷酸化，从而抑制 AP_1 (C-fos/C-juns 异聚体) 通路的原癌基因激活。NS-398 能上调 par（前列腺凋亡反应基因），并能抑制 NF-κB 的激活，从而启动肿瘤细胞凋亡。③改变细胞周期。尼美舒利可使胃癌细胞 G_0/G_1 期比例增高，降低 S、G_2/M 期比例，提示选择性尼美舒利有明显的 G_0/G_1 期阻滞作用，使进入 S 期细胞明显减少，从而抑制胃癌细胞生长和诱导其凋亡。④具放射增敏作用。Saha 等[49]证实 NS-398 具有增加 COX-2 超表达的肺肿瘤细胞放射敏感性。

82 NS-398   **83** SC-236

22.5.2 防治阿尔茨海默病（Alzheimer' disease，AD）

研究证实，长期服用 NSAIDs 能减慢 AD 病理发展甚至延迟 AD 发病，其主要的作用机制可能为：①抑制 COX 活性。脑内星形胶质细胞和神经元均能表达 COX-2，在 AD 患者的一些脑区 COX-2 表达增加，继发于 COX-2 升高的 PG 诱导星形胶质细胞产生并释放 IL-6，引起神经元内 AD 和泛素的水平升高，从而促神经元变性及 NP 的形成[50]。②抑制小胶质细胞的活性。小胶质细胞在致炎因子的作用下激活后，分泌炎性细胞因子对神经元起毒性作用，促进神经元变性死亡。临床研究发现长期服用 NSAIDs 的病人，AD 发病率明显低于不用药的对照组；死后尸检也发现长期服用 NSAIDs 的病人脑内小胶质细胞活性明显低于对照组[51]，提示 NSAIDs 可能通过抑制小胶质细胞的活性，抑制其在慢性损伤中的促神经元变性作用。③抑制 NF-κB 的活化。多数流行病学者分析认为，绝经期妇女接受雌激素替代疗法可以降低患 AD 的危险性，推迟发病年龄，并呈一定的量效关系。目前认为雌激素防治 AD，保护神经元的机制之一是抗炎症作用，而其抗炎作用可能与抑制 NF-κB 的活化有关。NF-κB 是炎症反应细胞传导通路的始动因素之一，一旦激活入核，将导致多种炎症因子如 IL-1β、TNFα 的大量表达，启动炎症级联反应[52]。

22.6 展望

从阿司匹林作为抗炎镇痛药应用于临床至今，非甾体抗炎药的使用已经有了一百多年的历史。阿司匹林作用机制的阐明以及 COX 同工酶的揭示，为 NSAIDs 的发展提供了理论依据。传统 NSAIDs 对 COX-1 和 COX-2 的抑制无选择性导致了严重的肠胃道等不良反应，COX-2 选择性抑制剂的出现解决了这个难题，但是 COX-2 选择性抑制剂存在着增加心血管疾病发生率及肾脏毒性等缺陷，限制了这类药物的临床使用。例如，罗非昔布和伐地昔布已经禁用于病人；塞莱昔布有明显证据证明其心血管和脑血管风险，适合在低度风险病人中使用；帕瑞昔布心血管安全性尚未得到充分论证。COX/5-LOX 双重抑制剂及 NO-NADIDs 的研究为克服 COX-2 选择性抑制剂的缺点提供了希望，但是这两类药物临床使用的疗效和安全性还有待时间验证。一些源自自然界的消炎药（如壳聚糖衍生物——氨基葡萄糖、硫酸软骨素和透明质酸等），显示比昔布类药物更有安全保障，值得关注。

COX-2 抑制剂在抗肿瘤和阿尔茨海默病临床的应用，研究尚待深入。对胃癌、大肠癌等防治作用值得关注。对阿尔茨海默病的预防和减慢疾病进展需长期用药，由于潜在的胃肠道副反应和心血管风险，其临床治疗的可行性尚待考查。

NSAIDs 的发展过程体现了认识事物本质的曲折性，也更使人们认识到医药科学的发展必须采取科学、客观、循序渐进的研究方法。

推荐读物

- Ryn J V, Trummlitz G, Pairet M. Curr Med Chem, 2000, 7: 1145-1161.
- Smith W L, Dewitt D L, Garavito R M Ann Rev Biochem, 2000, 69: 145-182.
- Bell R L, Harris R R, Stewart A O. Burger's Medicinal Chemistry and Drug Discovery. 6th Edition. Donald J Abraham Wiley-Interscience, 2003, Vol 4: 203-263.
- Turini M E, Dubois R N. Ann Rev Med, 2002, 53: 35-57.
- Khanapure S P, Garvey D S, Janero D R. Letts L G, 2007, 7, 311-340.

参考文献

[1] Vane J R. Inhibition of prostaglandin synthesis as a mechanism of action for the aspirin-like drugs. Nature, 1971,

231 (25): 232-235.
[2] Awtry E H, Loscalzo J. Aspirin. Circulation, 2000, 101 (10): 1206-1208.
[3] Lawrence J M, Rowlinson S W, Goodwin D C, et al. Arachidonic acid oxygenation by COX-1 and COX-2. mechanism of catalysis and inhibition. J Biol Chem, 1999, 274 (33): 22903-22905.
[4] Mancini J A, Riendeau D, Falgueyret J P, et al. Arginine 120 of prostaglandin G/H synthase-1 is required for the inhibition by nonsteroidal anti-inflammatory drugs containing a carboxylic acid moiety. J Biol Chem, 1995, 270 (49): 29372-29377.
[5] Bhattacharyya D K, Lcomte M, Garavito R M, et al. Involvement of arginine 120, glutamate 524, and tyrosine 355 in the binding of arachidonate and 2-phenylpropionic acid inhibitors to the cyclooxygenase active site of ovine prostaglandin endoperoxide H synthase-1. J Biol Chem, 1996, 271 (4): 2179-2184.
[6] http: //en. wikipedia. org/wiki/Ketorolac.
[7] Khanpure S P, Garvey D S, Janero D R, et al. Eicosanoids in inflammation: biosynthesis, pharmacology, and therapeutic frontiers. Curr Top Med Chem, 2007, 7 (3): 311-340.
[8] Ravi G, Anna M S, James K G, et al. Structural basis for selective inhibition of cyclooxygenase-2 by anti-inflammatory agents. Nature, 1996, 384: 645-648.
[9] Dewitt D L. Cox-2-Selective Inhibitors: The New Super Aspirin. Am Soc Pharma &. Exp Thera, 1999, 55: 625-631.
[10] Szabó G, Fischer J, Kis-Varga Á, et al. New celecoxib derivatives as anti-inflammatory agents. J Med Chem, 2008, 51: 142-147.
[11] Tacconelli S, Capone M L, Sciulli M G, et al. The biochemical selectivity of novel COX-2 inhibitors in whole blood assays of COX-isozyme activity. Curr Med Res Opin, 2002, 18: 503-511.
[12] Moberly J B, Xu J, Desjardins P J, et al. A randomized, double-blind, celecoxib and placebo-controled study of the effectiveness of CS-706 in acute post operative dental pain. Clin Ther, 2007, 29 (3): 399-412.
[13] Bayly C I, Black W C, Léger S, et al. Structure-based design of COX-2 selectivity into flurbiprofen. Bioorg Med Chem Lett, 1999, 9: 307-312.
[14] Kalgutkar A S, Kozak K R, Crews B C, et al. Covalent modification of cyclooxygenase-2 (COX-2) by 2-acetoxyphenyl alkyl sulfides, a new class of selective COX-2 inactivators. J Med Chem, 1998, 41: 4800-4818.
[15] Kalgutkar A S, Kozak K R, Crews B C, et al. Aspirin-like molecules that covalently inactivate cyclooxygenase-2. Science, 1998, 280: 1268-1270.
[16] Park C H, Siomboing X, Yous S, et al. Investigations of new lead structures for the design of novel cyclooxygenase-2 inhibitors. Eur. J Med Chem, 2002, 47: 461-468.
[17] Biava M, Porretta G C, Cappelli A, et al. 1,5-Diarylpyrrole-3-acetic acids and esters as novel classes of potent and highly selective cyclooxygenase-2 inhibitors. J Med Chem, 2005, 48: 3428-3432.
[18] Biava M, Porretta G C, Poce G, et al. Cyclooxygenase-2 inhibitors 1,5-diarylpyrrol-3-acetic esters with enhanced inhibitory activity toward cyclooxygenase-2 and improved cyclooxygenase-2/cyclooxygenase-1 selectivity. J Med Chem, 2007, 50: 5403-5411.
[19] Zhao L, Grosser T, Fries S, et al. Lipoxygenase and prostaglandin G/H synthase cascades in cardiovascular disease. Expert Rev Clin Immunol, 2006, 2 (4): 649-658.
[20] Vial L. Cyclooxygenase and 5-lipoxygenase pathways in the vessel wall: role in atherosclerosis. Med Res Rev, 2004, 24 (4): 399-424.
[21] Jara V R, Baribabu B. Leukotrienes and atherosclerosis: new roles for old mediators. Trend. Immunol, 2004, 25 (6): 315-322.
[22] Martel-Pelletier J, Lajeunesse D, Reboul P, et al. Ann Rheum Dis, 2003, 62: 501-509.
[23] Gambaro G. Strategies to safely interfere with prostanoid activity while avoiding adverse renal effects: could COX-2 and COX-LOX dual inhibition be the answer? Nephral Dial Transplant, 2002, 17 (7): 1159-1162.
[24] Hawkey C J, Dubo L M, Rountree L V, et al. A trial of zileuton versus mesalazine or placebo in the maintenance of remission of ulcerative colitis. Gastroenterolog, 1996, 112 (3): 718-724.
[25] Kolasa T, Brooks C D D, Rodriques K E, et al. Nonsteroidal anti-inflammatory drugs as scaffolds for the design of 5-lipoxygenase inhibitors. J Med Chem, 1997, 40: 819-824.
[26] Depre M, -Hecken A V, Verbesselt R, et al. Therapeutic role of dual inhibitors of 5-LOX and COX, selective and non-selective non-steroidal anti-inflammatory drugs. Int J Clin Pharm Res, 1996, 16: 1-8.
[27] Leval X, Julémont F, Delarge J, et al. New trends in dual 5-LOX/COX inhibition. Curr Med Chem, 2002, 9: 941-962.
[28] Boschelli H D, Connor D T, Borner D A, et al. 1,3,4-Oxadiazole, 1,3,4-thiadiazole, and 1,2,4-triazole analogs of the fenamates: in vitro inhibition of cyclooxygenase and 5-lipoxygenase activities. J Med Chem, 1993, 36:

1802-1810.

[29] Song y, Connor D T, Doubleday R, et al. Synthesis, Structure-activity relationships, and in vivo evaluations of substituted *di*-tert-butylphenols as a novel class of potent, selective, and orally active cyclooxygenase-2 inhibitors. 1. thiazolone and oxazolone series. J Med Chem, 1999, 42: 1151-1160.

[30] Kulkarni S K, Singh V P. Licofelone—a novel analgesic and anti-inflammatory agent. Curr Top Med Chem, 2007, 7 (3): 251-263.

[31] Vidal C, Gomez-Hernandez A, Sanchez-Galan E, et al. Licofelone, a balanced inhibitor of cyclooxygenase and 5-lipoxygenase, reduces inflammation in a rabbit model of atherosclerosis. J Pharmacol Exp Ther, 2007, 320 (1): 108-116.

[32] Laufer S A, Augustin J J, Dannhardt G, et al. (6,7-Diaryldihydropyrrolizin-5-yl) acetic acids, a novel class of potent dual inhibitors of both cyclooxygenase and 5-lipoxygenase. J Med Chem, 1994, 37: 1894-1897.

[33] Ulbrich H, Fiebich B, Dannhardt G. Cyclooxygenase-1/2 (COX-1/COX-2) and 5-lipoxygenase (5-LOX) inhibitors of the 6, 7-diaryl-2, 3-1H-dihydropyrrolizine type. Eur J Med Chem, 2002, 37: 953-959.

[34] Jahng Y, Zhao L -X, Moon Y -S, et al. Simple aromatic compounds containing propenone moiety show considerable dual COX/5-LOX inhibitory activities. Bioorg Med Chem Lett, 2004, 14 (10): 2559-2562.

[35] Lee E S, Park B C, Pack S, et al. Potent analgesic and anti-inflammatory activities of 1-furan-2-yl-3-pyridin-2-yl-propenone with gastric ulcer sparing effect. Biol Pharm Bull, 2006, 29 (2): 361-364.

[36] Araico A, Terencio M C, Alcaraz M J, et al. Evaluation of the anti-inflammatory and analgesic activity of Me-UCH9, a dual cyclooxygenase-2/5-lipoxygenase inhibitor. Life Sci, 2007, 80: 2108-2117.

[37] Domínguez J N, León C, Rodrigues J, et al. Synthesis and evaluation of new antimalarial phenylurenyl chalcone derivatives. J Med Chem, 2005, 48: 3654-3658.

[38] Araico A, Terencio M C, Alcaraz M J. et al. Phenylsulphonyl urenyl chalcone derivatives as dual inhibitors of cyclo-oxygenase-2 and 5-lipoxygenase. Life Sci. 2006, 78 (25): 2911-2918.

[39] Hawkey C J, Jones J I, Atherton C T, et al. Gastrointestinal safety of AZD3582, a cyclooxygenase inhibiting nitric oxide donor: proof of concept study in humans. Gut, 2003, 52: 1537-1542.

[40] Lohmander L S, McKeith D, Svensson O, et al. A randomised, placebo controlled, comparative trial of the gastrointestinal safety and efficacy of AZD3582 versus naproxen in osteoarthritis. Ann Rheum Dis, 2005, 64: 449-456.

[41] Young D V, Cochran E D, Dhawan V, et al. A comparison of the cyclooxygenase inhibitor-NO donors (CINOD), NMI-1182 and AZD3582, using in vitro biochemical and pharmacological methods. Biochem. Pharmacol, 2005, 70 (9): 1343-1351.

[42] Romero-Sandoval E A, Curros-Criado M M, Gaitan G, et al. Nitroparacetamol (NCX-701) and Pain: First in a Series of Novel Analgesics. CNS Drug Rev, 2007, 13 (3): 279-295.

[43] Kashfi K, Borgo S, Williams J L, et al. Positional Isomerism Markedly Affects the Growth Inhibition of Colon Cancer Cells by Nitric Oxide-Donating Aspirin in Vitro and in Vivo. J Pharmacol Exp Ther, 2005, 312: 978-988.

[44] Ramalingam S, Belani C P. Cyclooxygenase-2 Inhibitors in Lung Cancer. Clin Lung Cancer, 2004, 5 (4): 245-253.

[45] Masferrer J L, Leahy K M, Koki A T, et al. Antiangiogenic and anti tumor activities of cyclooxygenase-2 inhibitors. Cancer Res, 2000, 60 (5): 1306-1311.

[46] Li M, WuXu X, Xu X -C. Induction of Apoptosis in Colon Cancer Cells by Cyclooxygenase-2 Inhibitor NS398 Through a Cytochrome C-dependent Pathway. Clin Cancer Res, 2001, 7: 1010-1016.

[47] Witters L M, Crispino J, Fraterrigo T, et al. Effect of the combination of docetaxel, zoledronic acid, and a COX-2 inhibitor on the growth of human breast cancer cell lines. Am J Clin Oncol, 2003, 26 (4): S92-S97.

[48] Steffel J, Hermann M, Greutert H, et al. Celecoxib decreases endothelial tissue factor expression through inhibition of c-jun terminal NH_2 kinase phosphorylation. Circulation, 2005, 111 (13): 1685-1689.

[49] Rohatagi S, Kastrissios H, Sasahara K, et al. Pain relief model for a COX-2 inhibitor in patients with postoperative dental pain. Br J Clin Pharmacol, 2008, 66, (1): 60-70.

[50] Blom M A, Van Twilert M G, De Vries S C, et al., NSAIDs inhibit the IL-1β-induced IL-6 release from human post-mortem astrocytes: the involvement of prostedanin E2. Brain Res, 1997, 777: 210-218.

[51] Mackenzie I R, Munoz D G. Nonsteroidal anti-inflammatory drug use and Alzheimer-type pathology in aging. Neurology, 1998, 50 (4): 986-990.

[52] Dodel R C, Du Y, Bales K R, et al. Sodium salicylate and 17 beta-estradiol attenuate nuclear transcription factor NF-kappaB translocation in cultured rat astroglial cultures following exposure to amyloid A beta (1-40) and lipopolysaccharides. J Neurochem, 1999, 73 (4): 1453-1460.

第23章

中枢兴奋药物

王 洋

目 录

23.1 兴奋大脑皮层的药物 /633
    23.1.1 以咖啡因为代表的天然黄嘌呤类生物碱及其结构修饰药物 /634
    23.1.2 其他合成药物 /636
23.2 兴奋延脑呼吸中枢的药物 /639
23.3 促进大脑功能恢复的药物（促智药）/640
    23.3.1 2-吡咯烷酮类改善脑功能的药物 /640
    23.3.2 其他结构类型的促进大脑功能恢复药物 /641

推荐读物 /642
参考文献 /642

中枢兴奋药物（central stimulants）是指能兴奋中枢神经系统、并提高其机能活动的一类药物，主要作用于大脑、延脑和脊髓。按照作用部位及用途分为：兴奋大脑皮层的药物，又称精神兴奋药，可引起觉醒和精神兴奋，如咖啡因、哌醋甲酯和匹莫林等；兴奋延髓呼吸中枢的药物，又称复苏药，直接作用于延脑内呼吸中枢而使呼吸兴奋或通过刺激颈动脉体化学感受器反射性地兴奋呼吸中枢，常用于救治各种危重疾病及中枢抑制药中毒引起的中枢性呼吸抑制和呼吸衰竭的患者，如尼可刹米、二甲弗林和洛贝林等；主要兴奋脊髓的药物，小剂量能使脊髓反射性的兴奋提高，大剂量时则可引起惊厥，如士的宁等，这类药物因毒性较大，临床应用价值不大，故本章不作介绍。以上分类是相对的，随着剂量的增加，其中枢作用部位也随之扩大，过量均可引起中枢各部位广泛兴奋而导致惊厥，甚至可因衰竭而危及生命，因此用药时须控制剂量。近年来，在本类药物的发展中，又发现了一些改善大脑微循环、促进大脑功能恢复的药物，又称促智药和阿尔茨海默病治疗药物，如吡拉西坦和甲氯芬酯等，成为现代药物化学研究的热点领域之一。

按照化学结构及来源，中枢兴奋药可有如下分类：生物碱类，例如咖啡因、茶碱、可可碱、一叶萩碱、山梗菜碱（洛贝林）、野靛碱、麦角溴烟酯等；烟碱及其类似物也具有中枢兴奋作用；酰胺类，例如尼可刹米、吡拉西坦、阿尼西坦、奥拉西坦、匹莫林等；苯丙胺类，例如安非他明（苯异丙胺）、芬氟拉明、盐酸苯甲曲嗪、盐酸哌甲酯和盐酸哌苯甲醇等；其他类，例如克脑迷、吡硫醇、甲氯芬酯等。

中枢兴奋药能够增加觉醒，增进机能，大剂量可以产生欣快感，突然停药会引起精神上和身体上的不适和严重的情感低落，依赖人群会渴望继续用药，导致下一周期的用药和不良反应。这个循环会反复出现，形成了精神兴奋药的依赖性。一些兼有强中枢兴奋作用和致幻活性（hallucinogenic activity）的药物属于法律严禁的毒品范畴，例如：冰毒和摇头丸等苯异丙胺类中枢兴奋剂都是危险的毒品。

冰毒　　　摇头丸

这些滥用药物成瘾性极强，连续使用有加大剂量的趋势，断药后产生戒断症状，对个人、家庭、社会都会产生极其严重的危害。另外，还有一些运用滥用药物的构效关系发展而来的管制药类似物，即所谓的"策划药（designer drug）"，与禁药具有相似的中枢兴奋和致幻活性，由于未被列入管制药物、或者这类药物兼有多种作用，更易发生滥用。由于部分中枢兴奋药的成瘾性和广泛滥用，很大程度上限制了其应用范围。例如，有些中枢兴奋药还具有抑制食欲（appetite-suppressant）的作用，但由于易产生耐药性而很快失效，所以除了一些特例外，较少用于控制体重（表23.1）。因此，在确定中枢兴奋药是否对症时，必须兼顾其依赖性、耐药性和滥用等多方面问题。

23.1　兴奋大脑皮层的药物

精神兴奋剂的主要临床适应证是注意力缺陷障碍伴多动症（attention deficit hyperactivity disorder，ADHD）和嗜睡（narcolepsy）等睡眠障碍。另外一个不太常用、但越来越重要的用途是治疗晚期或慢性病人的抑郁症。某些职业在必须保持高度警醒和机敏时，也需要精神兴奋剂作为对抗不规律或延长工作时间的措施。

23.1.1 以咖啡因为代表的天然黄嘌呤类生物碱及其结构修饰药物

具有兴奋作用的天然产物，比如阿拉伯茶树叶、古柯叶和中药麻黄等，已经被应用了几千年，尽管当时没有从药理学上正式分类为中枢兴奋药，但这类药物能够缓解疲劳、产生温和的兴奋作用是明确的。麻黄中的有效成分是麻黄碱，左旋赤型异构体（Ephedrine，**1**）在四种立体异构体中活性最好；阿拉伯茶树叶的活性成分是（−）-卡西酮（Cathinone，**2**）。这两个化合物都具有 β-苯乙胺骨架，是许多中枢兴奋药具有的共同结构，它们也具有相似的作用机制。

存在于古柯属植物中的可卡因（Cocaine，**3**）因被广泛滥用，其构效关系研究最为深入。它具有托品烷骨架结构：3-苯酰氧基-8-甲基-8-氮杂［3.2.1］辛烷-2-羧酸甲酯，有 8 种可能的立体异构体，天然化合物是（−）-可卡因，通常简写为可卡因。其构效关系[1]如下：①N-取代烷基对活性影响不大[2,3]；②碱性氮原子不是必需的，可用氧、碳原子或其他基团替换[4~6]；③C2 差向异构化活性减弱约 150 倍，去掉酯基活性降低 1000 倍以上，酯基可被其他基团替换[7,8]；④C3 的构型至关重要，3α 差向异构体活性大大减弱[9]；⑤C3 酯基用芳环取代后活性增强，芳环对位卤素或甲基取代有利[10]；⑥托品烷二环骨架不是必需的药效团[11]。可卡因通过阻断多巴胺转运蛋白，抑制多巴胺的重摄取产生中枢兴奋作用。虽然人多巴胺转运蛋白已经被克隆，但还不清楚多巴胺和可卡因两者与蛋白的结合区域是否相同。除了兴奋作用，可卡因还具有收缩血管的作用，是一种局部麻醉剂，有些局麻药和 5-HT$_3$ 拮抗剂就是以它为模版发展而来的（参见第 19 章 19.2 节）。

人的多巴胺转运蛋白已经被成功克隆，不同结构类型的配基与蛋白的结合位点不同。运用定点诱变和光亲和标记探针技术，发现可卡因和多巴胺两者与蛋白的结合区域可能是不同的[12]，并且不同结构类型的多巴胺摄取抑制剂与蛋白的结合区域也是不同的，转运蛋白结合构象的差异导致抑制机理的不同。因此，开发结合位点不同、对蛋白的转运功能没有显著影响的选择性可卡因阻滞剂有望为治疗可卡因和其他精神兴奋剂成瘾提供一条新途径。

从经济实用的角度讲，在世界上使用最广泛的中枢兴奋药是咖啡因（Caffeine，1,3,7-三甲基黄嘌呤，**4**）。它存在于天然可乐树的坚果（大约占重量的 3.5%）、咖啡豆（大约占重量的 1%~2%）和茶叶（大约占干茶叶重量的 1%~4%）中，咖啡和茶叶早就成为世界性的兴奋型饮料，每年咖啡因的全球消费量大约 12 万吨。咖啡因对大脑皮层有兴奋作用，人服用小剂量（50~200mg）即能使睡意消失、疲劳减轻、精神振奋、思维敏捷、工作效率提高，加大剂量则有兴奋延脑呼吸中枢及血管运动中枢的作用，使呼吸加深加快，血压上升。此外，茶叶中还含有茶碱（Theophyline，**5**），可可豆中含有可可碱（Theobromine，**6**），它们均属天然黄嘌呤类生物碱，具有相似的药理作用，但作用强度不同。中枢兴奋作用，咖啡因＞茶碱＞可可碱；兴奋心脏、松弛平滑肌及利尿作用，茶碱＞可可碱＞咖啡因。因此，咖啡因主要用作中枢兴奋药，作用机理主要是抑制磷酸二酯酶的活性，减少 cAMP 被磷酸二酯酶分解破坏，提高细胞内 cAMP 的含量，用于对抗中枢抑制状态，如严重传染病和麻醉药、镇静催眠药过量引起的昏睡及呼吸、循环抑制等；茶碱的松弛平滑肌作用较强，主要用作平喘药。可可碱现已少用。

临床上还使用一些黄嘌呤类衍生物的药物。为了增加溶解度，可将咖啡因与苯甲酸钠形成复盐，称为苯甲酸钠咖啡因或安钠咖（Caffeine and Sodium Benzoate，**7**），常制成注射液供临床使用。茶碱与乙二胺形成的盐称为氨茶碱（Aminophylline，**8**），可制成口服或注射制剂，对平滑肌的舒张作用较强，主要用于支气管哮喘。

改变黄嘌呤类生物碱的 1,3,7-位取代基，获得了一些有临床治疗价值的衍生物。例如，在可可碱的 1-位引入己酮基，即己酮可可碱（Pentoxifylline，**9**），可改善微循环，抑制血小板聚集，激活脑代谢，临床用于抗血栓和治疗血管性痴呆。于茶碱的 1-位引入己酮基、7-位引入正丙基，即丙戊茶碱（Propentofylline，**10**），可增加脑内氧分压，改善记忆，用于治疗痴呆。二羟基丙茶碱（Diprophylline，**11**）又称喘定，作用与氨茶碱相似，毒性小，副作用小，用于支气管哮喘，能做成中性注射液。在黄嘌呤的 1,3-位分别引入正丁基、7-位引入丙酮基，得到登布茶碱（Denbufylline，**12**），具有舒张血管的活性，用于治疗脑梗死后遗症。茶碱的 7-位与麻黄碱相拼合，称为咖麻黄碱或咖啡君（Cafedrine，**13**），它的中枢兴奋作用优于咖啡因和麻黄碱，且副作用小。

	R^1	R^2	R^3	衍生物
	$CH_3CO(CH_2)_3CH_2$	CH_3	CH_3	**9**
	$CH_3CO(CH_2)_3CH_2$	CH_3	$CH_3CH_2CH_2$	**10**
	CH_3	CH_3	$HOCH_2CHCH_2$ 　　　　OH	**11**
	$n\text{-}C_4H_9$	$n\text{-}C_4H_9$	CH_3COCH_2	**12**
	CH_3	CH_3	$C_6H_5CH(OH)CH(CH_3)NHCH_2CH_3$	**13**

黄嘌呤类药物的口服吸收较好，并且其结构与正常代谢产物相似，因此毒副作用较低。

23.1.2 其他合成药物

最简单的苯异丙胺类中枢兴奋药是 1-苯基-2-氨基丙烷，即安非他明（Amphetamine，**14**），于 1887 年合成，但其中枢兴奋作用直到 1930 年才被发现。安非他明具有中枢兴奋、厌食和拟交感作用，临床用于发作性睡病的治疗，也是儿童多动症的二线治疗药物。安非他明的结构与麻黄碱类似，属于非儿茶酚类的拟交感胺，作用机理为阻断去甲肾上腺素和多巴胺的重摄取，增加它们在大脑皮层和网状激动系统的浓度，抑制单胺氧化酶，导致儿茶酚胺类神经递质的释放，产生中枢神经和呼吸系统的兴奋。常见副作用是体重减轻、抑制儿童生长发育和较强的滥用倾向。

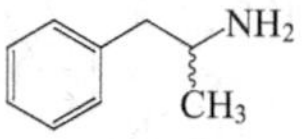

在人体中，（＋）-安非他明的半衰期大约为 7h，其代谢产物如下：

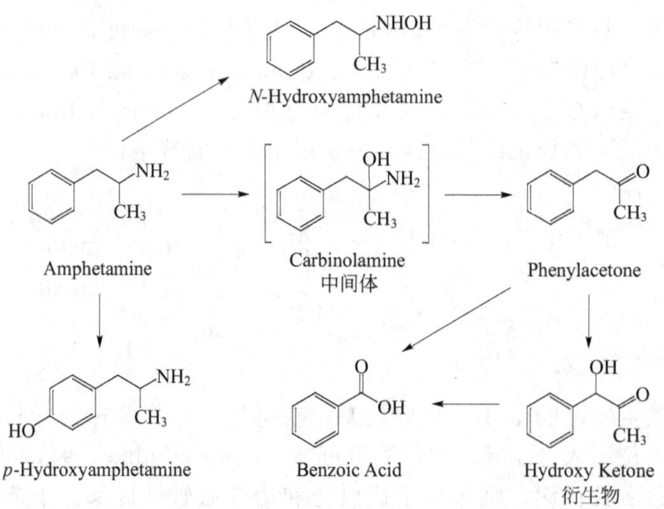

具有苯异丙胺结构骨架的中枢兴奋药还有 N-甲基安非他明 [S-（＋）-Methamphetamine，**15**]、苯叔丁胺（Phentermine，**16**）、苯甲吗啉（Phenmetrazine，Preludin，**17**）和苯甲曲秦（Phendimetrazine，**18**）等。

R	R′		R
CH₃	H	**15**	H	**17**
H	CH₃	**16**	CH₃	**18**

苯异丙胺类中枢兴奋药的构效关系如下[13]：

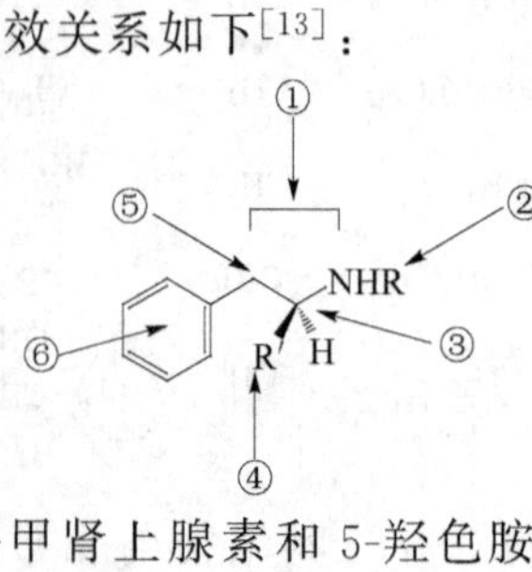

①边链长度：与多巴胺、去甲肾上腺素和 5-羟色胺相似，具有两原子的边链是最佳的母体骨架。②2N-取代基：带有伯氨基（安非他明，**14**）和 N-甲基氨基（甲基苯异丙

胺，15）的化合物活性最强，N-甲基取代有利于增强活性。较大烷基取代或 N,N-二烷基化则活性减弱或完全消失。③α-碳原子的立体化学：α-碳原子如果是手性碳原子，则要求与 S-(+)-安非他明是同手性（homochiral）的。④α-碳原子上的烷基取代：α-碳原子上的烷基取代基不能大于甲基。没有 α-取代基的苯乙胺在体内很快被单胺氧化酶代谢失活，所以无活性。α-甲基的引入可以延缓代谢，得到可以口服的药物安非他明（14）。但较大的取代基，如安非他明和甲基苯异丙胺的 α-乙基类似物，则活性大大减弱。尽管 α,α-二甲基取代的苯（叔）丁胺（16）有活性，但活性减弱。边链换成环状结构也会导致活性下降。⑤边链上的其他取代基：甲基苯异丙胺（15）引入 β-羟基得到麻黄碱（1）。尽管麻黄碱（1）也是中枢兴奋药，但活性要比甲基苯异丙胺（15）弱得多。同样，安非他明（14）引入 β-羟基得到的苯丙醇胺（N-去甲麻黄碱）几乎没有中枢兴奋活性。β-羟基化和 N-去甲基均使中枢兴奋活性降低，可能是药物脂溶性减小、难于通过血脑屏障的缘故。安非他明（14）或甲基苯异丙胺（15）的结构中引入酮基得到卡西酮（2）或其 N-甲基衍生物甲卡西酮，后者比带有伯氨基的 2 活性要强。β-位氧原子可以杂入环内形成苯甲吗啉（17）和苯甲曲秦（18）仍具有活性。⑥芳环上的取代基：芳环上的取代基可以改变该类药物的靶点。多巴胺和去甲肾上腺素载体蛋白对配基有严格的结构要求，苯环上的取代使活性下降。5-羟色胺载体蛋白则对配基的结构要求相对宽松，苯环上的取代能够促进 5-羟色胺的释放，产生与安非他明不同的药理活性。

化学结构和作用机制与安非他明相似的哌醋甲酯（Methylphenidate，19），又名利他林（Ritalin），是 R,R-(+)-立体异构体，其交感作用很弱，中枢兴奋作用较温和，能改善精神活动，缓解轻度抑制及疲乏感。大剂量也能引起惊厥。临床用于轻度抑郁及小儿遗尿症，对儿童多动综合征有效，是 ADHD 的一线治疗药物[14]。ADHD 的发病机理是由于脑干网状结构上行激活系统内去甲肾上腺素、多巴胺、5-羟色胺等递质中某一种缺乏所致，哌醋甲酯能促进这类递质的释放。本药长期应用可引起精神依赖和成瘾，并可导致体重减轻、抑制儿童生长发育，属于Ⅱ类精神药品。构效关系研究表明[15-18]，R,R-(+)-立体异构体的活性比其 (−)-对映异构体强得多，苯环的 3-或 3,4-位卤素取代则活性增强。例如，哌醋甲酯的 3,4-二氯代后得到的化合物抑制多巴胺重摄取的活性提高 32 倍。用 β-萘环替换苯环后的化合物对多巴胺转运蛋白的亲和性提高 8 倍，而 α-萘环替换苯环后的化合物活性则降低 10 倍。这些都说明多巴胺转运蛋白在对应哌醋甲酯芳环 3，4-位置的结合区域具有一个疏水区。哌啶杂环的大小对活性也至关重要，吡咯烷基、氮杂草环和氮杂环丙基替换哌啶环都使活性大大下降，吗啉环替代后与多巴胺转运蛋白的亲和性下降大约 15 倍。

匹莫林（Pemoline，20）于 1975 年上市，其作用及用途与哌醋甲酯相似，但作用维持时间长，只需每日用药一次。临床上用于治疗脑功能轻微失调、轻度抑郁和发作性睡病，也可用于 ADHD 的治疗[19]。常见副作用为失眠，心血管副作用极少。因偶有引起肝衰竭的病例发生，在加拿大市场已经撤销了该药。

莫达非尼（Modafinil，2-二苯甲基亚磺酰基乙酰胺，21）是一种具有非苯丙胺类的新型神经系统兴奋剂[20]，由法国 Lafon 实验室在 20 世纪 80 年代合成，1994 年首次以 Modiodal 的商品名在法国上市，此后陆续在英国、日本、意大利、墨西哥上市，俗称"不夜神"，"莫达非尼"是其通用名，商品名为"保清醒"（Provigil）。1999 年 2 月，该药通过了美国 FDA 的批准,用于治疗发作性睡病和轮班工作睡眠障碍,也是 20 世纪 40 年代以来美国 FDA 首次批准的用于治疗间发性嗜睡症的新药。莫达非尼是中枢神经肾上腺素能激动剂,临床研究证明对自发性嗜睡症和发作性嗜睡症病人有效率分别为 83% 和 71%,显著减少白天睡眠时间和次数,不干扰夜间睡眠时间和质量,耐受性良好,没有外周不良反应,无苯丙胺样的成瘾性、焦虑或困惑感,是很好的睡眠调节药物。

综上所述,精神兴奋药在临床上使用时,必须权衡其依赖性、耐受性和成瘾性等副作用,因此开发无成瘾性等副作用的中枢兴奋药,用于治疗发作性睡病、ADHD 和肥胖,仍是这一领域亟需解决的问题。莫达非尼就是一个成功的例子。最近研究发现,神经调节物质阿立新(苯基二氢喹唑啉)或阿立新受体的基因突变都能导致发作性睡病,为开发特异性更高的药物带来了希望[21,22]。与注意力、学习能力和记忆力有关功能物质的解剖学研究也加快了无成瘾性的 ADHD 治疗药物(例如:多巴胺受体激动药)的发现步伐。另一方面,对经典中枢兴奋药的深入理解和研究也为开发新治疗领域的药物奠定了坚实的基础。表 23-1 列出了一些临床常用的主要精神兴奋药和食欲抑制剂。

表 23-1 精神兴奋药和减肥药结构式一览表

药　物	结　构　式
精神兴奋剂(Psychostimulants)	
盐酸可卡因(3)	
安非他明(苯异丙胺)(14)	
硫酸右旋苯异丙胺	
盐酸甲基苯(异)丙胺(盐酸去氧麻黄碱)(15)	
盐酸哌醋甲酯(盐酸利地林)(19)	
莫达非尼(21)	
匹莫林(20)	
咖啡因(4)	

药　物	结　构　式
食欲抑制剂(Anorexiants)	
苄非他明(甲基苯异丙基苄胺)	
安非拉酮	
苯甲曲秦(苯双甲吗啉)(18)	
苯(叔)丁胺(α,α-二甲苯乙胺)(16)	
减轻充血药和支气管扩张药(Decongestants and Bronchodilators)	
硫酸麻黄碱(1)	

23.2　兴奋延脑呼吸中枢的药物

兴奋延脑呼吸中枢的药物,又称呼吸兴奋药或复苏药,直接作用于延脑内呼吸中枢而使呼吸兴奋或通过刺激颈动脉体化学感受器反射性地兴奋呼吸中枢,用于救治各种危重疾病及中枢抑制药中毒引起的中枢性呼吸抑制和呼吸衰竭的患者。

吡啶酰胺具有突出的呼吸兴奋作用,其中以尼可刹米(Nikethamide,**22**)的作用最强,又称可拉明(Coramine)或烟酰二乙胺,可由烟酸和二乙胺缩合制备,极易溶于水,可静脉给药,能直接兴奋呼吸中枢,也可作用于颈动脉体和主动脉体化学感受器反射性地兴奋呼吸中枢,提高呼吸中枢对二氧化碳的敏感性,使呼吸加快加深。临床上用于中枢性呼吸及循环衰竭、麻醉药及其他中枢抑制药的中毒、一氧化碳及吗啡等中毒的救治,吸收好、起效快,作用温和、短暂,一次注射只能维持作用5~10min,不良反应少、安全范围较大[14]。

同样是酰胺结构的香草二乙胺(Etamivan,**23**),又称益迷奋,具有刺激呼吸中枢的作用,临床上用于治疗巴比妥类药物中毒及其他镇静催眠药所引起的严重呼吸抑制及治疗慢性肺疾引起的肺功能不全[23]。

洛贝林(Lobeline,**24**)是桔梗科植物北美山梗菜和半边莲中所含的生物碱[24],又称山梗菜碱或半边莲碱,它不直接兴奋延髓,而通过选择性刺激颈动脉体化学感受器反射性地兴奋呼吸中枢,作用短暂,仅数分钟,安全范围大,不易引起惊厥。用于新生儿窒息、小儿感染性疾病引起的呼吸衰竭、一氧化碳及吗啡中毒和危重传染病引起的呼吸衰竭等的解救。

二甲弗林（Dimefline，**25**）又称回苏灵，是人工合成的黄酮衍生物，对延髓呼吸中枢的兴奋作用比尼可刹米和山梗菜碱强，用于麻醉药、催眠药等中枢抑制药过量、外伤、疾病和手术等各种原因引起的中枢性呼吸抑制和休克，但易引起肌肉痉挛等不良反应[25]。

贝美格（Bemegreide，**26**），又名美解眠（Megimide），于1901年合成，至1954年发现其具有抗巴比妥类的作用，中枢兴奋作用迅速，维持时间短，临床上用于巴比妥类药物及其他催眠药中毒的复苏药[14]。与巴比妥类药物相似，4-位取代基的变化可对中枢兴奋作用有较大影响，增大取代基的碳原子数目可使药理作用逆反。

总之，呼吸兴奋药的选择性一般都不高，安全范围小，兴奋呼吸中枢的剂量与致惊厥剂量之间的距离小，应用时应严格掌握剂量，局限于短时就能纠正的呼吸衰竭患者，因为采用人工呼吸机维持呼吸远比呼吸兴奋药有效而且安全可靠。

23.3 促进大脑功能恢复的药物（促智药）

促智药（nootropics，smart drugs）是一类增进脑功能、改善学习记忆的药物，又称为认知增强剂（cognitive enhancers），最早由 Giurgea 提出，用于促智和阿尔茨海默病（Alzheimer's disease，AD，早老性痴呆）的治疗。AD是老年人口的多发病，西方国家发病率较高，65岁以上人群AD的患病率为3%～5%，85岁以上老年人患病率高达47%～50%。AD的病因仍不完全明了，研究发现患者脑内皮层及海马区的病变比较明显，前脑基底核胆碱能神经元破坏最多，脑皮层及海马内胆碱乙酰转移酶（CAT）和乙酰胆碱神经递质水平降低，突触前胆碱受体数目减少，脑血流量显著降低等。许多促智药的研究正是以这些病理及生化改变为依据，利用多种动物模型和实验方法，测试药物对实验动物学习记忆过程及对递质和/或受体水平的影响，进而观察其临床疗效，研究其促智活性及作用机制的。此类药物大多通过作用于不同的神经递质传递系统，增强中枢神经系统的高级活动，从而治疗AD症状或延缓AD病程。

23.3.1 2-吡咯烷酮类改善脑功能的药物

大部分吡咯烷酮类化合物具有促智作用[26]，能够明显改善学习记忆能力，增强认知，尤其对血管性痴呆效果明显。吡拉西坦（Piracetam，脑复康，**27**）是最早用于临床的促智药物，化学名为2-吡咯烷酮乙酰胺，又称吡乙酰胺，可以促进大脑皮层细胞代谢，增进线粒体内ATP的合成，提高脑组织对葡萄糖的利用率，保护脑缺氧所致的脑损伤，促进正处于发育的儿童大脑及智力的发展。用于脑外伤后遗症、慢性酒精中毒、老年人脑机能不全综合征、脑血管意外及儿童的行为障碍，有效地改善动物和人的学习记忆过程，常被用作促智药研究的阳性对照药[27]。

吡拉西坦结构衍生物茴拉西坦（Aniracetam，又称阿尼西坦，**28**）对健忘症、记忆减退、阿尔茨海默病及脑血管后遗症等有肯定疗效，未见明显不良反应。此药能改善缺血、缺氧条件下出现的行为及识别功能紊乱。奥拉西坦（Oxiracetam，脑复智，**29**）为合成的羟基氨基丁酸环状吡咯烷衍生物，化学名为 2-(4-羟基吡咯烷-2-酮-1-基)乙酰胺，又称奥拉酰胺、羟氧吡醋胺，由意大利史克比切姆公司于 1974 年首次合成，1987 年上市。本品能改善记忆与智能障碍患者的记忆和学习功能。普拉西坦（Pramiracetam，**30**）具有很强的改善脑功能，增强记忆，促进大脑机敏度的能力，临床试验证明比现有的吡拉西坦、奥拉西坦和茴拉西坦等药物活性高，疗效显著，且毒性低、耐受性好，可用于长期用药。奈非西坦（Nefiracetam，**31**）是处于后期临床研究的吡咯烷酮类益智药，可通过对大脑皮层的作用增强认知能力和防止学习、记忆的损伤，它不具有毒蕈碱受体激动剂和拮抗剂的特性，也不抑制乙酰胆碱酶的活性，因此它的抗遗忘和增强记忆的作用是通过提高大脑皮层乙酰胆碱释放而发生的，它可以使异常的乙酰胆碱、GABA 和单胺神经递质系统恢复正常。用于治疗和阿尔茨海默病症相关的痴呆症以及继发于其他脑血管疾病的痴呆症。

"拉西坦"类（-racetams）药物毒性低，无严重副作用，很有临床应用价值，是发展较快的一类药物，能反转电惊厥休克、缺氧等引起的记忆缺失，对东莨菪碱、巴比妥类中毒有保护作用，治疗轻、中度痴呆病人有效。此类药物尚无公认的作用机制，一般认为，可能是与增强神经传递，调节离子流，增加钙、钠内流，减少钾外流，影响载体介导的离子转运有关[28]。

23.3.2 其他结构类型的促进大脑功能恢复药物

法国国立研究中心通过二甲氨基乙醇和对氯苯氧乙酸的酯化反应，首次合成了甲氯芬酯（Meclofenoxate，又称氯酯醒、遗尿丁，**32**）[29]，它能促进脑细胞代谢，增加对糖类的利用，对处于抑制状态的中枢神经系统有兴奋作用。临床用于颅脑外伤性昏迷、脑动脉硬化及中毒所致意识障碍、新生儿缺氧、儿童精神迟钝、小儿遗尿和酒精中毒等，尚未发现不良发应。但作用出现缓慢，需反复用药效果才较显著。

氨乙异硫脲（Aminoethylisothiourea，**33**），又称克脑迷、抗利痛（Antiradon），在体内能释放具有活性的巯基，参与脑细胞的氧化还原过程，从而促进和恢复脑细胞的代谢，使外伤性昏迷病人迅速恢复脑功能，并对抗中枢抑制药物的作用。适用于外伤性昏迷、脑外伤后遗症、一氧化碳中毒、脑缺氧、巴比妥类及安定药中毒、放射性损伤等[30]。

吡硫醇（Pyritinol，又名脑复新，**34**）为脑代谢改善药，是维生素 B_6 的衍生物，能促进脑内葡萄糖及氨基酸的代谢，增加颈动脉血流量，增强脑功能，能明显改善头胀痛、头晕、失眠、记忆力减退、注意力不集中等症状，临床用于脑震荡和脑外伤后遗症、脑炎和脑膜炎后遗症等[31]。

尼麦角林（Nicergoline，又名麦角溴烟酯，**35**），为半合成麦角碱衍生物，可促进脑细胞能量的新陈代谢，增加氧和葡萄糖的利用，增加神经递质多巴胺的转换，促进神经传导和脑部蛋白质的生化合成，舒张血管，抗缺氧，增强记忆，改善脑功能，副作用小，治疗血管性痴呆优于吡拉西坦[32]。

综上所述，促智药的研究是现代药物化学研究的热点领域之一[33]。除了上述促智药之外，胆碱能系统药物是近年来国内外研究较多的一类促智药，胆碱能药物的促智作用主要通过以下途径来实现：①抑制胆碱酯酶活性，从而减少乙酰胆碱（ACh）的分解；②激活 N 受体（如烟碱，Nicotine）或突触前膜上 M_1 受体或者拮抗突触后膜上 M_2 受体的作用，使 ACh 的释放增加；③补充 ACh 前体，增加 ACh 的合成，从而兴奋胆碱能神经元，增强学习记忆功能。胆碱能药物是很有希望的一类促智药，特别是具有中枢选择性毒蕈碱药物可能有更广阔的临床应用前景。此外，对钙拮抗剂及谷氨酸受体、神经肽类药物的研究也十分活跃，例如尼莫地平可扩张脑血管，增加脑血流量，促进脑能量代谢，对原发性高血压患者记忆减退症状有一定的改善作用。总之，增强药物作用的有效性和特异性、减少毒副反应是许多还处于实验研究阶段促智新药的努力方向。

推荐读物

- David E Nichols. CNS Stimulants//Donald J Abraham. Burger's Medicinal Chemistry & Drug Discovery. Vol. 6. 6th Edition. New York：John Wiley and Sons Inc，2003：167-199.
- E R Bacon，S Chatterjee M Williams. Sleep//Taylor J B. Triggle D J. Comprehensive Medicinal Chemistry II. Vol 6. 影印本．药物化学百科第16册．北京：科学出版社，2007：139-167.
- Richard A Glennon. Hallucinogens, Stimulants and Related Drugs of Abuse//Thomas L Lemke，David A Williams. FOYE'S Principles of Medicinal Chemistry. Sixth Edition. Wolters Kluwer Lippincott Williams & Wilkins，2008：631-651.
- Karl A Nieforth，Gerald Gianutsos. Central Nervous System Stimulants//William O Foye，Thomas L Lemke，David A Williams. Principles of Medicinal Chemistry. Fourth Edition. Williams & Wilkins，1995：270-304.
- R M Pinder，J H Wieringa. Third-generation antidepressants. Med Res Rev，1993，13：259-325.

参考文献

[1] Carroll F I，Lewin A H，Boja J W，et al. J Med Chem，1992，35：969-981.
[2] Ritz M C，Cone E J，Kuhar M J. Life Sci，1990，46：635-645.
[3] Scheffel U，Lever J R，Abraham P，et al. Synapse，1997，25：345-349.
[4] Kozikowski A P，Saiah M K，Bergmann J S，et al. J Med Chem，1994，37：3440-3442.
[5] Meltzer P C，Liang A Y，Blundell P，et al. J Med Chem，1997，40：2661-2673.
[6] Meltzer P C，Blundell P，Yong Y F，et al. J Med Chem，2000，43：2982-2991.
[7] Kozikowski A P，Roberti M，Xiang L，et al. J Med Chem，1992，35：4764-4766.
[8] Kozikowski A P，Eddine Saiah M K，Johnson K M，et al. J Med Chem，1995，38：3086-3093.
[9] Carroll F I，Lewin A H，Abraham P，et al. J Med Chem，1991，34：883-886.
[10] Clarke R L，Daum S J，Gambino A J，et al. J Med Chem，1973，16：1260-1267.
[11] Tamiz A P，Hang J，Flippen-Anderson，J L，et al. J Med Chem，2000，43：1215-1222.
[12] Giros B，Wang Y M，Suter S，et al. J Biol Chem，1994，269：15985-15988.
[13] Young R，Glennon R A. Med Res Rev，1986，6：99-130.

[14] Wax P M. Clinical Toxicology, 1997, 35 (2): 203-209.
[15] Shafi'ee A, Hite G. J Med Chem, 1969, 12: 266-270.
[16] Deutsch H M, Shi Q, Gruszecka-Kowalik E, et al. J Med Chem, 1996, 39: 1201-1209.
[17] Deutsch H M, Ye X, Shi Q, et al. Eur J Med Chem, 2001, 36: 303-311.
[18] Axten J M, Krim L, Kung H F, et al. J Org Chem, 1998, 63: 9628-9629.
[19] Wilens T E, Biederman J, Spencer T J, et al. J Clin Psychopharmacol, 1999, 19: 257-264.
[20] Ferraro L, Antonelli T, O'Connor W T, et al. Biol Psychiatry, 1997, 42: 1181-1183.
[21] De Lecea L, Sutcliffe J G. Cell Mol Life Sci, 1999, 56: 473-480.
[22] Sutcliffe J G, De Lecea L. J Neurosci Res, 2000, 62: 161-168.
[23] Hirsh K, Wang S C J Pharmacol Exp Ther, 1975, 193 (2): 657-663.
[24] Flammia D, Dukat M, Damaj I M, et al. J Med Chem, 1999, 42: 3726-3731.
[25] Amris C J, Quaade F, Sølvsteen P. Acta Anaesthesiologica Scandinavica, 2008, 7 (3): 107-112.
[26] Giurgea C U. Drug Dev Res, 1982, 2: 441-446.
[27] Lebrun C, Pilliere E, Lestage P. Eur J Pharmacol, 2000, 401: 205-212.
[28] Gouliaev A H, Senning A. Brain Res Rev, 1994, 19 (2): 180-222.
[29] Marcer D, Hopkins S M. Age and Ageing, 1977, 6: 123-131.
[30] a) Doherty D G, Shapira R, Brunett W T Jr. J Am Chem Soc, 1957, 79: 5667-5671. b) Hanaki A, Hanaki T, Oya K, et al. Chem Pharm Bull, 1966, 14: 108-113. c) Ohta S, Matsuda S, Gunji M, et al. Biol Pharm Bull, 2007, 30 (6): 1102-1107.
[31] Fischhof P K, Saletu B, Rüther E, et al. Neuropsychobiology, 1992, 26: 65-70.
[32] Saletu B, Paulus E, Linzmayer L, et al. Psychopharmacology, 1995, 117 (4): 385-395.
[33] 管孝鞠. 促智药研究进展. 国外医药——合成药、生化药、制剂分册, 1996, 17 (4): 212-216.

第24章

抗精神失常药物

马兰萍，沈竞康

目 录

24.1　抗精神分裂症药　/645
　24.1.1　经典抗精神病药　/645
　　24.1.1.1　吩噻嗪类　/645
　　24.1.1.2　硫杂蒽类　/646
　　24.1.1.3　丁酰苯类　/647
　　24.1.1.4　二苯丁基哌啶类　/647
　　24.1.1.5　苯甲酰胺类　/647
　　24.1.1.6　其他类　/648
　24.1.2　非经典抗精神病药　/648
　　24.1.2.1　非经典抗精神病药的作用机理　/649
　　24.1.2.2　代表性药物　/649
　　24.1.2.3　其他药物　/652
　24.1.3　展望　/653
24.2　抗抑郁药　/655
　24.2.1　传统抗抑郁药　/656
　　24.2.1.1　单胺氧化酶抑制剂（MAOIs）　/656
　　24.2.1.2　三环类抗抑郁药（TCAs）　/656
　24.2.2　新型抗抑郁药　/657
　　24.2.2.1　选择性 5-HT 再摄取抑制剂（SSRIs）　/657
　　24.2.2.2　5-HT 和 NA 再摄取双重抑制剂（SNaRIs）　/661
　　24.2.2.3　去甲肾上腺素能和特异性 5-羟色胺能抗抑郁药（NaSSAs）　/662
　　24.2.2.4　选择性 NA 再摄取抑制剂（NaRIs）　/663
　　24.2.2.5　可逆性 MAO-A 抑制剂（RIMAs）　/663
　　24.2.2.6　5-HT 受体拮抗剂　/664
　　24.2.2.7　其他药物　/664
　24.2.3　展望　/665
24.3　抗焦虑药　/667
　24.3.1　抗焦虑药概述　/667
　24.3.2　5-羟色胺能抗焦虑药　/668
　24.3.3　展望　/669
推荐读物　/669
参考文献　/669

精神失常（psychiatric disorders）是由多种原因引起的精神活动障碍的一类疾病。主要表现为思维、情感、行为、知觉、智能和意志诸方面的障碍。治疗这类疾病的药物统称为抗精神失常药。根据药物作用的特点和临床应用可将抗精神失常药分为三类：即抗精神病药（antipsychotic drugs）[亦称抗精神分裂症药（antischizophrenic drugs）]，抗躁狂抑郁症药（antimanic and antidepressive drugs）及抗焦虑药（antianxiety drugs）。

24.1 抗精神分裂症药

精神分裂症（schizophrenia）是以基本个性改变，思维、情感、行为发生异常，精神活动和行为与客观现实相脱离为主要特征的一类严重的精神病。其主要症状包括阳性症状、阴性症状和认知障碍。阳性症状（positive symptoms）主要表现为行为怪诞、幻觉、妄想、多疑、思维紊乱等；阴性状症（negative symptoms）主要表现为情感淡漠、社交障碍、缺乏主动性、贫语等；认知障碍早于精神病发作前开始发生，随病情恶化呈加重趋势，表现为广泛的多层面的损伤，如执行功能、注意力、加工、警觉、学习、记忆等。但是，事实上临床精神分裂症的分型远较复杂，同一患者可以同时表现既有阳性症状又有阴性症状，同一患者在不同阶段可以表现为以阳性症状为主或以阴性症状为主。此外，精神分裂症患者的认知障碍症状直至最近才引起关注，并意识到认知障碍的改善，对于精神分裂症治疗，帮助患者重返社会，具有与阳性症状、阴性症状的调整相同或更重要的作用。

精神分裂症病因未明，主要发现与患者脑内的生物化学过程紊乱相关，部分中枢神经介质的出现不平衡，或某些体内的新陈代谢产物在脑内聚集；同时发现精神分裂症具有遗传相关性，但深入研究结果复杂，涉及基因较多，且缺乏规律。

精神分裂症临床采取药物、物理、心理、康复等综合治疗，临床常用药物按其作用机理分为经典（typical）和非经典（atypical）抗精神病药物两大类。

24.1.1 经典抗精神病药

20世纪50年代，偶然发现抗组胺药物异丙嗪对中枢神经的作用，进而通过该类衍生物研究产生了第一个抗精神病药物——氯丙嗪（Chlorpromazine，**1**）。其临床应用显示具有镇静、改善幻觉和妄想的功能，从而使精神分裂症患者脱离了传统的电休克治疗的痛苦，进入了现代药物治疗精神病的崭新时代。

在此三环结构基础上开展了大量的结构修饰，得到一系列作用强弱、作用时间长短和不同不良反应轻重的第一代抗精神病药，又称经典抗精神病药。这类药物主要作用于阻断中枢神经系统多巴胺（dopamine，DA）通路中的多巴胺 D_2 受体（dopamine D_2 receptor，D_2），对治疗精神分裂症阳性症状作用明确，但对阴性症状和认知障碍效果不理想，甚至可能加重阴性症状和抑郁症状，加之药物对中脑-边缘通路和黑质-纹状体通路的作用缺乏选择性，同时产生锥体外系副反应（extrapyramidal syndrome，EPS）、迟发性运动障碍（tardive dyskinesia，TD）[1]等。

按其化学结构将经典抗精神病药分为：①吩噻嗪类（phenothiazines）；②硫杂蒽类（thioxanthenes）；③丁酰苯类（butyrophenones）；④二苯丁基哌啶类（biphenyl piperidines）；⑤苯甲酰胺类（benzamides）及其他类。

24.1.1.1 吩噻嗪类

吩噻嗪类抗精神病药是在氯丙嗪（**1**）的结构基础上发展起来的。其构效关系研究结果表明，吩噻嗪环上取代基的位置和性质与其作用关系密切。此类药物构效关系可分为A、B、C三部分亚结构（图24-1）讨论，显示如下规律：

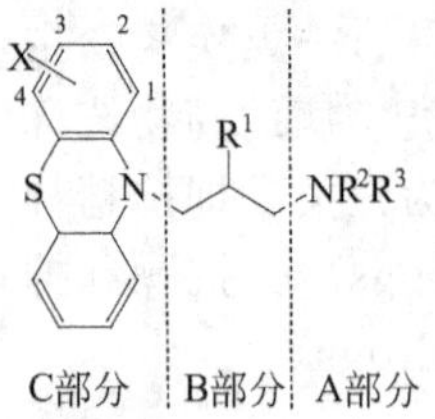

图 24-1 吩噻嗪类抗精神病药的亚结构

(1) A 和 C 部分亚结构之间相隔 3 个碳原子距离（B 部分）是该类化合物具有抗精神病作用的关键；若相隔两个碳原子，其抗精神病作用明显下降，而抗组胺作用加强。例如，抗组胺药异丙嗪（Promethazine，**2**）和双乙嗪（Diethazine，**3**），虽同属吩噻嗪类，却无抗精神病作用。此外，碳链取代基 R^1 为氢时活性较强，若为甲基或其他基团取代时，由于碳链的自由旋转受到限制，抗精神病作用减弱，而抗组胺作用增强。

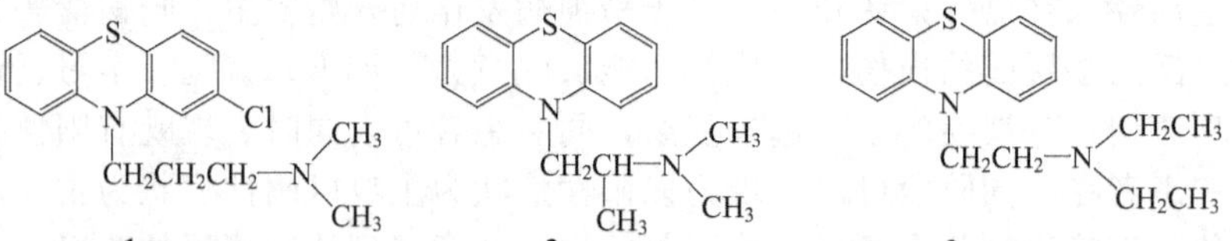

(2) 吩噻嗪环（C 部分）上 2 位取代可增强抗精神病活性，其活性与取代基的性质相关，通常作用强弱变化规律为 CF_3（三氟丙嗪，Trifupromazine，**4**）＞Cl（氯丙嗪）＞H（丙嗪，Promazine，**5**），含硫取代化合物 EPS 副作用较低，如硫利达嗪（Thioridazine，**6**）。当在 1,3,4 位取代时则使活性降低。

(3) 碱性氨基（A 部分）为叔胺类化合物时抗精神病作用最佳，结构差异对抗精神病活性强度及副作用均有影响。若 R^2R^3N 为哌嗪环衍生物，镇静作用较弱，抗精神病作用较强，对心脏的副作用较轻，但 EPS 副作用大，如代表药物奋乃静（Perphenazine，**7**）、氟奋乃静（Fluphenazine，**8**）等；若 R^2R^3 均为脂肪侧链，镇静作用较强，抗精神病作用次之，引起心血管和肝脏的副作用较为明显，如氯丙嗪等；若 R^2R^3N 为哌啶环衍生物，抗精神病作用较弱，EPS 副作用较轻，但心血管副作用较多，如硫利达嗪等。

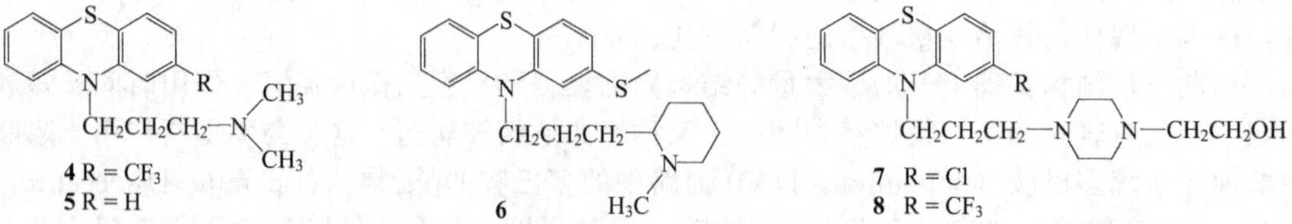

吩噻嗪类药物主要是通过阻断中脑-边缘系统和中脑-皮层系统的 D_2 样受体而发挥疗效。对黑质-纹状体通路的 D_2 样受体的阻断作用是吩噻嗪类药物引起 EPS 反应的主要原因。

24.1.1.2 硫杂蒽类

吩噻嗪环上 10 位的氮原子换成碳原子，并通过双键与侧链相连，5 位硫原子保留，得到硫杂蒽类（亦称噻吨类）。该类化合物因引入双键存在几何异构体，通常顺式异构体抗精神病作用比其反式异构体强，可能因顺式异构体能与多巴胺结构部分重叠所致。氯普噻吨（Chlorprothixene，**9**）、氯哌噻吨（Clopenthixol，**10**）、氟哌噻吨（Flupentixol，**11**）可分别视为氯丙嗪、奋乃静、氟奋乃静的硫杂蒽类类似物，该类药物的药代动力学、药理作用、临床应用和副作用均与吩噻嗪类抗精神病药相似。

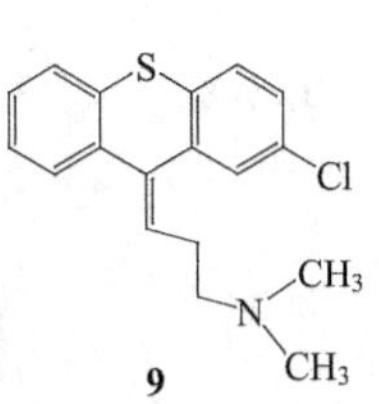

9

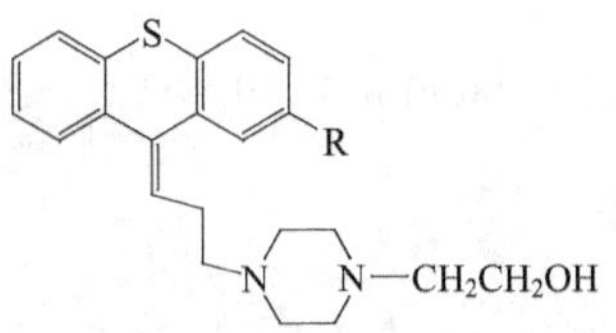

10 R = Cl
11 R = CF₃

24.1.1.3 丁酰苯类

丁酰苯类化合物是在哌替啶类似物镇痛药结构改造过程中发现的一类结构不同于三环结构的抗精神病药物。研究发现以取代苯基丁酮基替代镇痛药哌替啶（Pethidine，12）氮上的甲基，具有类似于氯丙嗪的抗精神病作用，其阻断多巴胺受体的作用比氯丙嗪强，其中代表药物有氟哌啶醇（Haloperidol，13）、三氟哌多（Trifluperidol，14）以及螺哌隆（Spiperone，15）等。

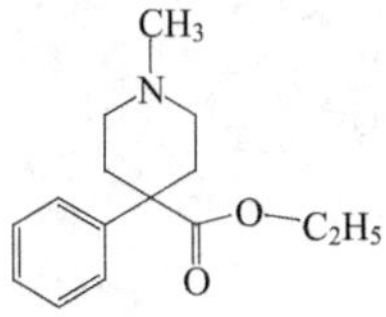

12

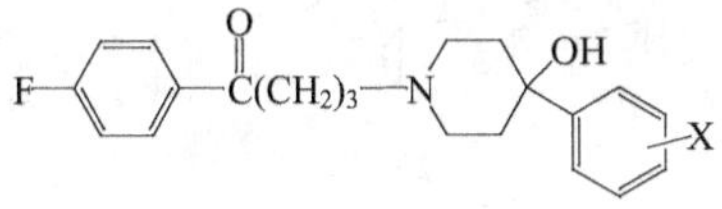

13 X = 4-Cl
14 X = 3-CF₃

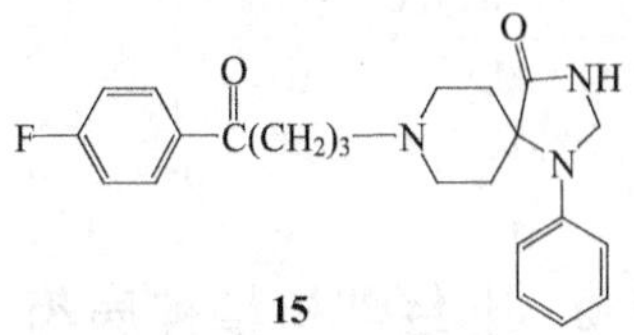

15

丁酰苯类抗精神病药物构效关系研究结构显示：①1-哌啶基-丁酰苯是此类化合物具有抗精神病作用的基本结构；②苯环对位的取代基影响其抗精神病活性，其中氟原子取代作用最强；③羰基若被还原，或被氧、硫原子替代，活性减弱；④羰基与叔胺的氮原子之间以 3 个碳原子链长为最佳，延长、缩短或引入支链均使活性下降。

24.1.1.4 二苯丁基哌啶类

二苯丁基哌啶类抗精神病药物是在丁酰苯类结构改造中发现的一类具有新骨架结构的抗精神病药物，其特点是作用时间长。该类化合物既是多巴胺受体拮抗剂，又是钙离子通道阻滞剂，其代表药物有匹莫齐特（哌迷清，Pimozide，16）、五氟利多（Penfluridol，17）、氟司必林（Fluspirilene，18）等。其中哌迷清和氟司必林是丁酰苯类药物苯哌利多和螺哌隆分子中羰基被 4-氟苯甲基替换后的类似物。

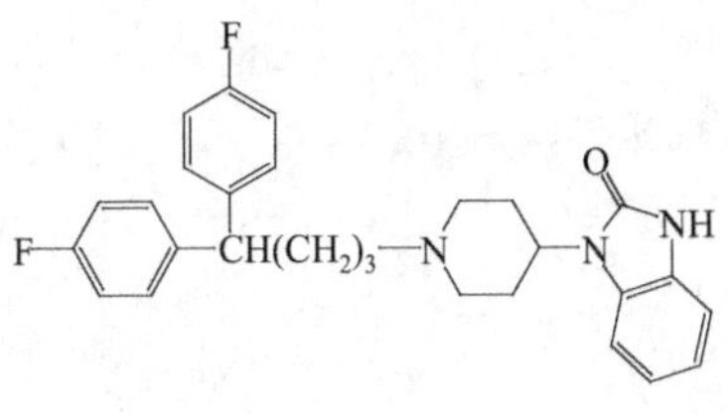

16

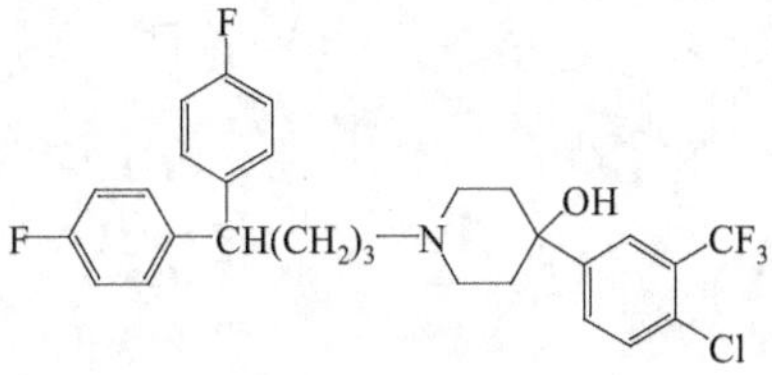

17

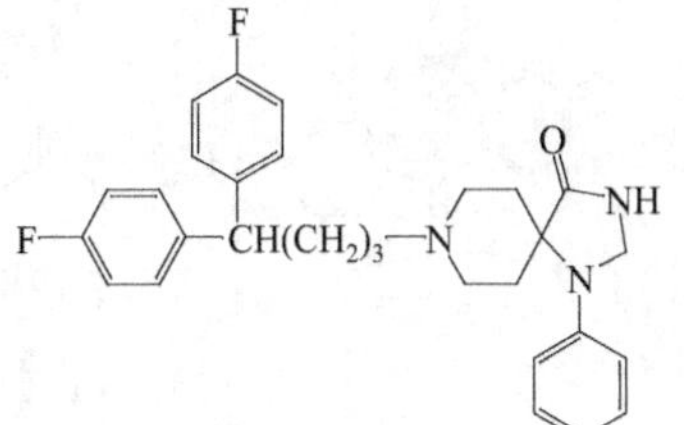

18

24.1.1.5 苯甲酰胺类

苯甲酰胺类药物的发现源于止吐药甲氧氯普胺（Metoclopramide，19，灭吐灵），动物实验表明灭吐灵具有 DA 受体拮抗作用，进一步的构效关系研究发现，2-甲氧基苯甲酰胺结构是其展示抗精神病作用的关键，从而发现了一系列对急慢性及难治性精神分裂症均有疗效，兼具一定抗抑郁作用，且对 EPS 反应较轻的苯甲酰胺类药舒必利（Sulpiride，20）、硫比利（Tiapride，21）等。

24.1.1.6 其他类

其他经典抗精神病药有二氢吲哚类（hydroindolones），如吗茚酮（Molindone，**22**），吲哚烷基苯基哌嗪类，如奥昔哌汀（Oxypertine，**23**）和二苯并氧氮䓬类（dibenzoxazepines），如洛沙平（Loxapine，**24**）等。

24.1.2 非经典抗精神病药

20世纪60年代，一个作用机理与经典的抗精神病药物不同的新药——氯氮平（Clozapine，**25**）上市应用于抗精神分裂症。其对精神分裂症的阳性和阴性症状均有确切的治疗作用，且EPS及TD等副作用较轻。为区别于经典的抗精神病药物，称之为非经典抗精神病药，又称为新型抗精神病药或第二代抗精神病药。

迄今为止，已得到FDA许可上市的非经典抗精神病药除了氯氮平，还有利培酮（Risperidone，**26**）、奥氮平（Olanzapine，**27**）、喹硫平（Quetiapine，**28**）、齐拉西酮（Ziprasidone，**29**）以及阿立哌唑（Aripiprazole，**30**），并有相当数量的这方面药物处于临床研究阶段，成为近二十年来抗精神病药物研究开发始终追求的目标。

24.1.2.1 非经典抗精神病药的作用机理

与经典抗精神病药不同，非经典抗精神病药除了阻断 DA 受体外，同时具有对 5-羟色胺受体（serotonin receptor，5-HT 受体）的拮抗作用。此类药物对 DA 受体阻断作用较经典的抗精神病药弱，而对 5-HT 受体的亲和力相对较高，高的 $5-HT_{2A}/D_2$ 比值是呈现非经典抗精神病药的必要条件[2]。此外，非经典抗精神病药对作用部位具有区域选择性，即主要作用于中脑边缘系统和额叶皮质系统，而很少作用于基底节。

（1）治疗阴性症状的机制　精神分裂症的阴性症状与中枢 5-HT 功能的提高以及 DA 功能尤其是前额叶 DA 功能的下降有关。5-羟色胺（Serotonin，5-HT）是中枢神经系统中最丰富的神经递质，对 DA 系统具有抑制性调节作用。在中枢的腹背盖区、纹状体和前额叶皮质有高密度的 5-HT 受体，非经典抗精神病药与这些部位的 5-HT 受体结合，减弱了 $5-HT_2$ 对 DA 受体的抑制作用，增加 DA 的释放，调节前额叶 DA 使其恢复到正常水平。

（2）减少 EPS 的机制　EPS 发生的机制与阻断黑质纹状体 D_2 受体而使 DA 功能低下有关。非经典抗精神病药选择性地拮抗中脑边缘和皮质区的 DA 受体，因此在发挥抗精神病活性的同时，避免了 EPS。此外，EPS 的发生还与 $5-HT_2$ 阻断有关，$5-HT_2$ 拮抗剂能引起黑质纹状体系统 DA 释放的轻度增加，如利培酮既阻断 D_2 受体，又可通过阻断 $5-HT_2$ 受体使 DA 释放轻度增加，解除 5-HT 对 DA 的抑制，正是 DA 释放的轻度增加抵消了一部分 DA 的拮抗作用，使 EPS 减少。

24.1.2.2 代表性药物

（1）氯氮平（Clozapine，**25**）　氯氮平是诺华（Novartis）公司前身瑞士山德士公司于 1961 年研制成功的抗精神病药物，属于二苯并二氮䓬衍生物类化合物。氯氮平作用于中脑边缘系统的 DA 受体，抑制多巴胺与 D_1、D_2 受体结合，较少影响黑质纹状体的 DA 受体，且具有对 $5-HT_2$ 受体的拮抗作用，故具有较强的抗精神病作用。与经典的抗精神病药物相比，其 EPS 及 TD 等副作用较轻，成为第一个非经典的抗精神病药物。

氯氮平显示对 DA 和 5-HT 受体具有双向调节作用，副作用较轻，受到重视。在此基础上已开展大量结构改造研究，表明若其 5-位氮原子以氧或硫电子等排体取代仍具有抗精神病活性；8-位以氯、溴、甲基等取代可保留非经典抗精神病药物的性质；2-位以氯、溴、甲基等取代则具有经典抗精神病药的抗多巴胺能活性，如洛沙平（**24**）。

临床试验表明氯氮平具有较强的镇静催眠作用，能较快控制各种类型精神分裂症的兴奋躁动、幻觉、妄想、焦虑不安、木僵等症状，而对情感淡漠、逻辑思维障碍等作用差。本品亦用于治疗躁狂症病人，对长期服用经典抗精神病药而引起的迟发性运动障碍有明显改善作用。但约 1% 的患者服用氯氮平后诱发粒细胞减少症，因此通常不作为此类疾病的首选药物。

氯氮平口服吸收快而完全，吸收不受食物影响，吸收后迅速分布到各组织，生物利用度个体差异较大，平均约 50%～60%，有肝脏首关效应。氯氮平通过细胞色素 P450 酶系统代谢，主要代谢酶为 CYP1A2 和 CYP3A4[3]，代谢产物为去甲基氯氮平和 N-氧化氯氮平。

（2）利培酮（Risperidone，**26**）　利培酮是 Alkermes/Janssen 公司在 1993 年得到 FDA 许可上市的第二个非经典抗精神病药。适用于治疗急、慢性精神分裂症，特别是对阳性及阴性症状及其伴发的情感症状，如焦虑、抑郁等具有较好的疗效。

利培酮为苯并异噁唑类衍生物，对 D_2 受体和 $5-HT_2$ 受体的亲和力都比对氯氮平强，低剂量可阻断中枢的 5-HT_2 受体，高剂量可阻断 D_2 受体。本品对于有幻觉、妄想、思维障碍的精神分裂症阳性症状的患者，疗效尤为显著；对于情感退缩、情感迟钝、言语缺乏的精神分裂症阴性症状的治疗也有较好的效果。本品还具有独特的单胺能拮抗作用，但不与胆碱能受体结合。对 DA 和 5-HT 受体的双向拮抗作用，可减少 EPS 不良反应的发生，作用优于氟哌啶醇。

利培酮吸收良好（生物利用度约 70%），吸收不受食物影响。口服后 1h 达血药浓度峰值，血浆蛋白结合率为 90%，消除半衰期约 3h。其主要代谢途径为羟基化作用和 N-脱氢代谢，主要代谢产物为 9-羟基利培酮[4]。代谢产物药理活性与母体相似，其消除半衰期约为 24h。

（3）奥氮平（Olanzapine，**27**） 奥氮平是由礼来（Eli Lilly）公司研发，于 1996 年被 FDA 批准上市的第三个非经典抗精神病药。适应于有严重阳性症状和/或阴性症状的精神病的急性期和维持期治疗。

奥氮平为噻吩苯二氮䓬类化合物，化学结构与药理特征与氯氮平都很相似，与 5-HT_{2A} 和 M_1 受体亲和力较高，而与 D_1、D_2、H_1、α_1 受体的亲和力较低。奥氮平对阴性症状、抑郁症状的作用尤其明显，优于利培酮。由于奥氮平可选择性阻断中脑—边缘通路的多巴胺 D_2 受体而使得 EPS 发生率低，尤其不引起粒细胞缺乏症。但它对 M_1 受体的拮抗作用可导致抗胆碱作用，对 H_1 受体的拮抗作用导致嗜眠、眩晕，对 α_1 受体的拮抗作用导致体位性低血压。

奥氮平口服与肌内注射吸收均较快，达峰时间分别为 3~6h 与 15~30min，半衰期分别为 30~38h 与 34~38h。奥氮平在体内分布甚广，按 AUC 计算，奥氮平在血浆中最低，其次为脑组织（比血浆高 8 倍），最高的是肝和肺组织（比血浆最多高出 32 倍）。奥氮平在肝内有多种代谢途径，其主要代谢途径是通过细胞色素 P450、黄素单氧酶（FMO）和葡萄糖醛基转移酶催化代谢，代谢产物为 N-葡萄糖醛酸奥氮平、2-羟甲基奥氮平、$4'$-N-氧化奥氮平、$4'$-N-去甲基奥氮平[4]。

（4）喹硫平（Quetiapine，**28**） 喹硫平由阿斯利康（AstraZeneca）公司研制，是于 1997 年被 FDA 批准上市的第四个非经典抗精神病药，其片剂为富马酸盐。适应于治疗精神分裂症和分裂情感性精神病的急性期、巩固期和维持期治疗，也适用于帕金森病伴发的精神症状、抗帕金森病药物所致的精神障碍及低 EPS 耐受的精神病患者和伴药源性高催乳素综合征的精神病患者，对器质性精神障碍，躁狂症患者也有疗效。

喹硫平为二苯硫氮杂䓬类衍生物。对大脑多种神经递质受体有拮抗作用，但整体作用强度比氯氮平低。该药对 5-HT_{2A}、5-HT_6、α_1 和 H_1 受体有高亲和力。PET 扫描显示，它能阻断 50% 的 5-HT 受体和 25% 的 DA 受体，成为阻断 DA 受体最少的非经典抗精神病药，故 EPS 很少。与奥氮平一样由于对 H_1 受体的拮抗作用导致嗜眠，对 α_1 受体的拮抗作用导致体位性低血压。

喹硫平口服吸收快，2h 血药浓度可达峰值，血浆蛋白结合率为 83%，半衰期约为 6~7h，主要经肝代谢，主要代谢酶是 CYP3A4，代谢产物为磺氧化物（亚砜）、O-去烷基、N-去烷基代谢产物[4]。

（5）齐拉西酮（Ziprasidone，**29**） 齐拉西酮是由美国辉瑞（Pfizer）制药公司研发，2001 年得到 FDA 批准上市的第五个非经典抗精神病药。本品适用于精神分裂症，双极障碍急性躁狂相和混合相。本品现有注射剂和胶囊两种剂型，可分别用于急性、短期和长期治疗。其甲磺酸盐注射剂于 2002 年上市，是第一个速效肌内注射的非经典抗精神病药物。

齐拉西酮是苯并异噻唑基取代的哌嗪类化合物，是成功地运用结构拼合原理设计得到的非经典抗精神病药物，其 3-苯并异噻唑基哌嗪母核源于对 D_2 有高亲和力的抗精神病药替螺酮（Tiospirone，**31**）。另一部分结构运用杂环替代物分别模拟多巴胺和 5-羟色胺的儿茶酚部分和吲哚部分，当将与氧代吲哚相关的一系列杂环基团引入到芳基哌嗪母核中时得到一系列对 5-HT_{2A} 和 D_2 受体均有亲和力的拮抗剂（如 **32**），动物实验表明该类化合物具有非经典抗精神病药的作用。为了改善化合物对 D_2 受体的亲和力，将这些氧代吲哚基团与抗精神病药替螺酮的结构片段 3-苯并异噻唑基哌嗪拼合，再经结构优化得到对 5-HT_{2A} 和 D_2 受体均有高亲和力的拮抗剂齐拉西酮[5]。

齐拉西酮对多巴胺 D_2、D_3、5-HT_{2A}、5-HT_{1A}、5-HT_{2c}、5-HT_{1D} 和 α_1 肾上腺素受体有强的亲和性。该药除可改善阳性症状外，还可改善阴性症状，提高认知功能，与已广泛使用的奥氮平、喹的平、利培酮等相比，本品对阴性症状疗效更好或相当。该药的独特之处在于其不引起体重增加和血清泌乳素水平升高，并可降低升高的血糖，不良反应特别是 EPS 症状大大减轻，耐受性明显提高。副作用小于现有的所有非经典型抗精神病药。该药延长 QTC 间期的作用强于其他非经典抗精神病药，因而有可能引起心律失常，用药时应进行 ECG 监测。

齐拉西酮呈现线性药代动力学特性，24h 可达到稳态血药浓度，血浆蛋白结合率为 99% 以上，无活性代谢产物。在进食的同时服用齐拉西酮，其绝对生物利用度为 60%，半衰期约为 6~7h。口服后主要经肝脏充分代谢，CYP3A4 对其氧化代谢起主要作用[6]，主要代谢产物为硫氧化物、硫酸思普酮等。

（6）阿立哌唑（Aripiprazole，**30**） 阿立哌唑是由日本大冢（Otsuka）公司研制，于 2002 年获得 FDA 的许可上市的第六个非经典抗精神病药。适于治疗精神分裂症、急性躁狂症，与双极障碍相关的混合相以及抑郁症。

阿立哌唑是一种 3,4-二氢-2(1H)-喹啉酮衍生物。Otsuka 制药公司在研发 2(1H)-喹啉酮衍生物作为抗组胺试剂的过程中，发现 7-(4-苯基-1-哌嗪基)丙氧基 3,4-二氢-2(1H)-喹啉酮（**33**）具有类精神抑制剂的活性，且不发生 EPS。为了寻找具有较少副作用的新型精神抑制药，合成了一系列该类化合物的衍生物，结果发现 OPC-4392（**34**）是一个 DA 自受体激动剂[7]，并且对突触后多巴胺 D_2 受体有弱拮抗作用。临床研究表明，DA 自受体对 DA 神经传导具有负反馈调节功能，其激动剂对治疗精神分裂症的阴性症状有效；而对突触后多巴胺 D_2 受体的拮抗作用很可能是治疗精神分裂症的阳性症状所必需的。为了发现对阴性和阳性症状都更有效，并且副作用较已上市药物小的抗精神病药，以 OPC-4392 为先导，通过改变喹啉酮环的结构、中间侧链的长度、侧链连接到喹啉酮母核上的位置以及在苯基哌嗪环的苯环上各个位置引入不同性质的取代基进行了进一步的结构改造，最后得到阿立哌唑[8]。

该药具有独特的作用机制，主要通过部分激动 D_2 和 $5-HT_{1A}$ 受体以及拮抗 $5-HT_{2A}$ 受体而发挥抗精神分裂症的作用。而且研究认为，阿立哌唑对 $5-HT_{1A}$ 受体的部分激动作用有助于改善焦虑、抑郁及认知障碍。其耐受性和安全性较好，EPS、TD 的发生率明显低于第一代经典抗精神病药物，而体重增加、糖脂代谢障碍明显低于其他第二代非经典抗精神病药。由于其独特的作用机制，也称其为第三代抗精神病的药物。

阿立哌唑口服吸收良好，服用后 3~5h 血药浓度达到高峰，绝对生物利用度可达 87%，食物对该药物吸收无影响，可通过血脑屏障，主要代谢途径为脱氢、羟基化、*N*-脱烷基化，口服后 25% 从尿液中排泄，55% 从粪便中排泄。

24.1.2.3 其他药物

除上述六种被 FDA 认可治疗精神分裂症的药物以外，还有一些药物虽没得到 FDA 的认可，但在一些国家同样许可治疗精神分裂症患者，如氨磺必利（Amisulpride, **35**）、舍吲哚（Sertindole, **36**）、佐替平（Zotepine, **37**）和哌罗匹隆（Perospirone, **38**）。这些药物因毒副作用较大，安全性难以控制而受到限制。

除此之外，伊洛培酮（Iloperidone, **39**）、帕潘立酮（Paliperidone, **40**）和阿塞那平（Asenapine, **41**）均已完成Ⅲ期临床研究，在 2007 年，已得到 FDA 同意审批其上市用于治疗精神分裂症的申请。其中，伊洛培酮和帕潘立酮均为苯并异噁唑类衍生物，帕潘立酮是已上市药物利培酮的活性代谢物。而伊洛培酮是运用生物电子等排原理，以利培酮分子中的药效团 6-氟-3-(4-哌啶基)-1,2-苯并异噁唑替代具有抗精神病活性的化合物（**42**）中的 4-苯甲酰哌啶基设计得到的化合物。阿塞那平则是通过对四环类抗抑郁药米安色林（Mianserin, **43**）进行结构改造而发现的具有抗精神病作用的非经典抗精神病药。其药用形式为马来酸盐，是一外消旋混合物。它们均对 5-HT$_2$ 受体具有较高的亲和力，而对 D$_2$ 受体的亲和力较弱，体内外试验研究表明，其治疗精神分裂症的效力高且发生 EPS 的倾向较小。

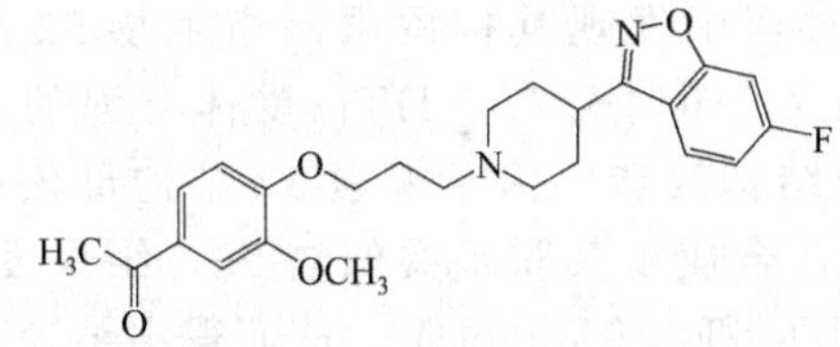

39

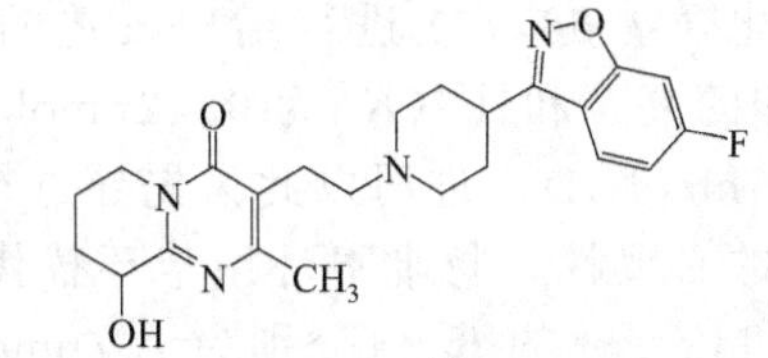

40

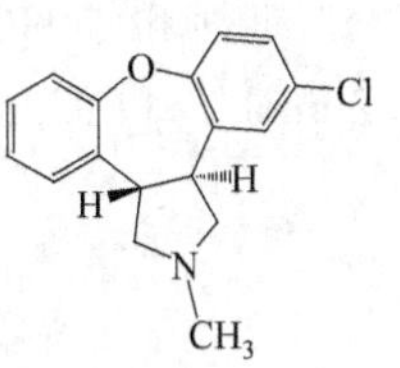

41

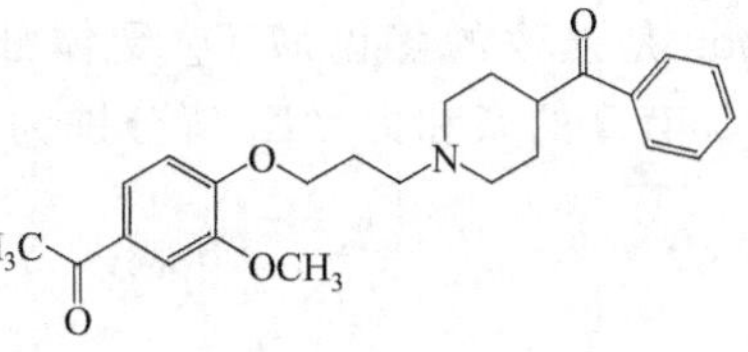

42

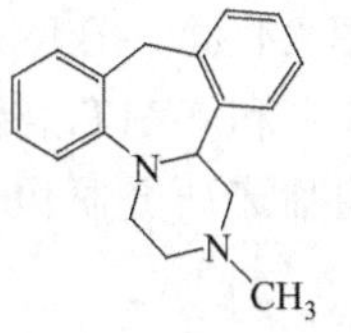

43

24.1.3 展望

迄今，精神病的具体发病机制仍不清楚，因此，进一步研究精神病的发病机制，清楚了解精神病的神经生化基础以找到药物靶点进行针对性治疗，仍然是今后抗精神病药的研发方向之一。此外，非经典抗精神病药虽然在改善精神分裂症患者阴性症状、降低不良反应方面较之经典抗精神病药有较大的优势，但仍不可避免地存在一些不良反应。因此，通过修饰、改变药物结构，设计针对抗精神病靶点，寻找有效性和安全性优于现有药物的新型抗精神病药一直是现今乃至将来世界各大制药公司以及研究机构的努力方向。目前正在开发的药物表现出更广泛的药理学特性和作用机制，处于 II 期临床或更后期临床开发阶段的大部分精神障碍治疗药都有一个共同的特点，就是药物的开发方向已从传统的多巴胺 D$_2$ 和 5-HT 受体拮抗剂向拟 DA 和拟 5-HT 受体转变，其中包括不作用于 DA 受体而作用于神经肽类受体、谷氨酸受体。虽然大多数药物仍处于早期开发阶段，但仍有一些药物进入临床研究阶段，如 Bifeprunox（**44**）、Blonanserin（**45**）、SLV-314（**46**）、LY-2140023（**47**）、奥沙奈坦（Osanetant，**48**）、他奈坦（Talnetant，**49**）。

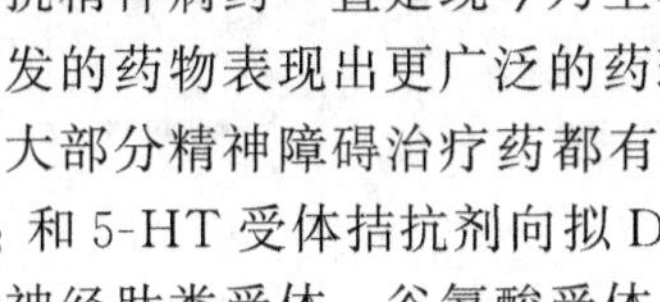

44

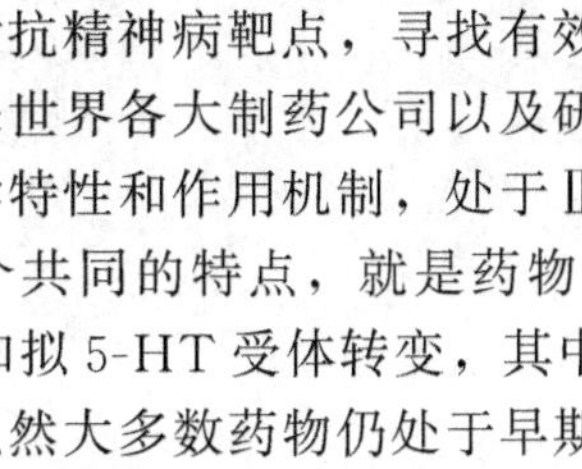

45

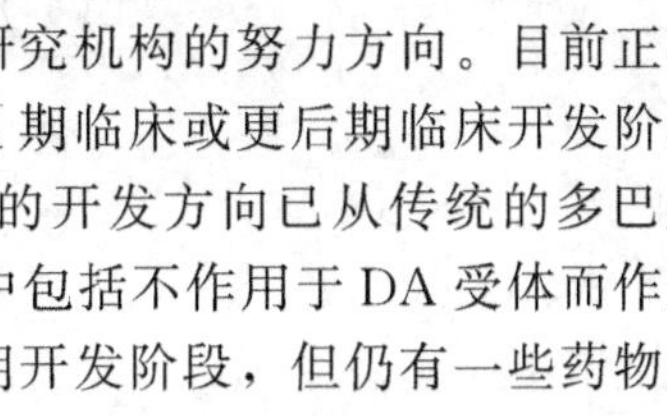

46

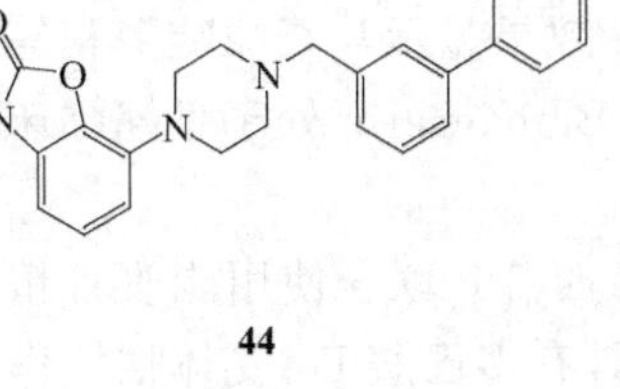

47

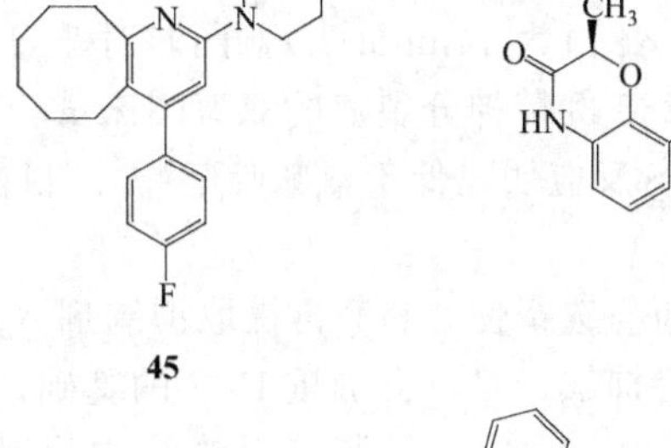

48

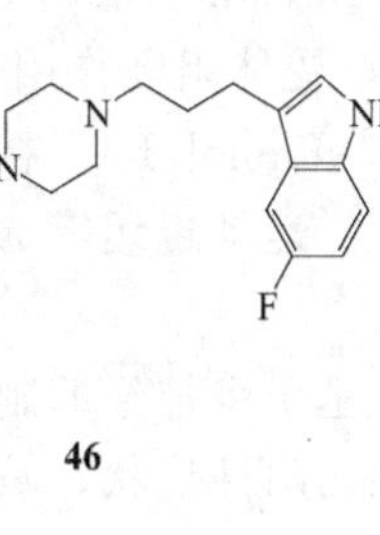

49

Bifeprunox、Blonanserin、SLV-314 都是基于结合 DA 和 5-HT 的活性而设计改造得到的化合物。Bifeprunox 的分子设计过程是在对已知的具有 D_2 受体拮抗活性的苯甲酰胺类化合物 **50**，**51** 进行结构改造的过程中发现其构象限制衍生物 **52** 既保持了对 D_2 受体的高亲和性 (K_i 为 0.42nmol/L)，同时又对 $5-HT_{1A}$ 受体有强的亲和作用 (K_i 为 1.5nmol/L)，进而以此为先导进行结构改造。为了探索 **52** 结构母核中吡咯环上的 NH 的必要性，将吡咯环用苯环替代，合成了其联苯类似物 **53**，结果发现 **53** 对 D_2 和 $5-HT_{1A}$ 受体的 K_i 值分别为 1.7nmol/L 和 0.91nmol/L。从而得出结论，吡咯环 NH 片段并非是结合上述两种受体所必需的。最后将 **51** 和 **53** 进行拼合得到 Bifeprunox（图 24-2）。Bifeprunox 是强效的多巴胺 D_2 受体部分激动剂和 $5-HT_{1A}$ 受体激动剂，对 D_2 和 $5-HT_{1A}$ 受体具有高的亲和力 (K_i 值分别为 2.2nmol/L 和 9.3nmol/L)[9]。现处于Ⅲ期临床研究阶段。

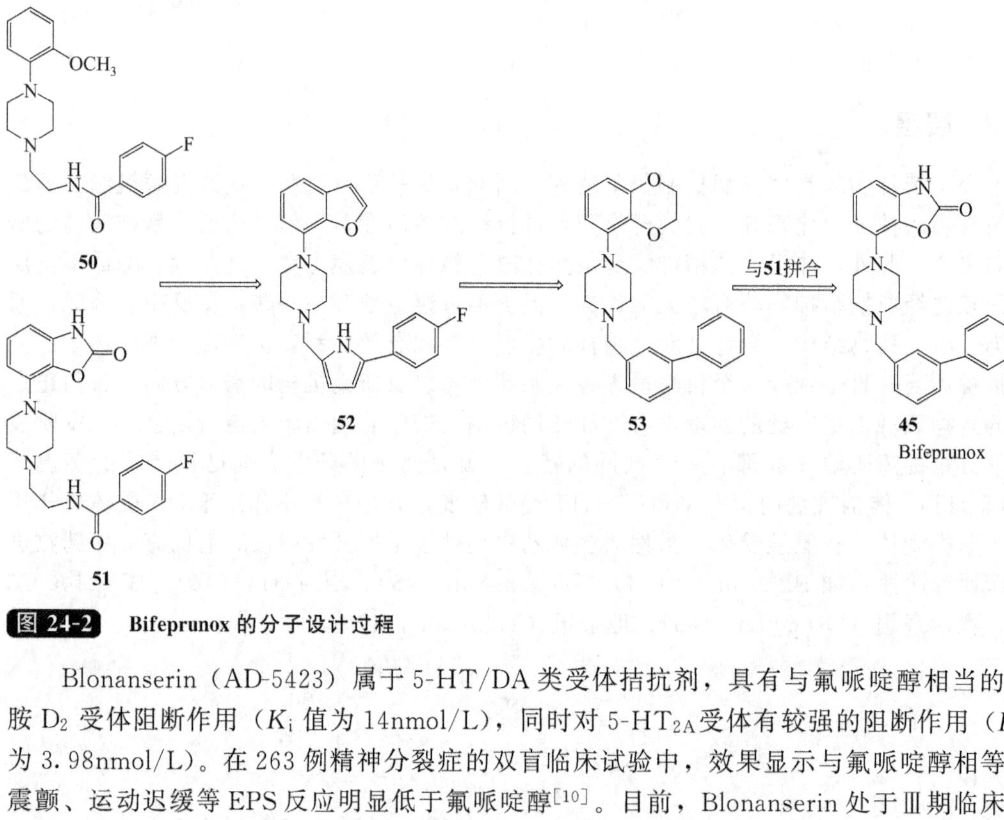

图 24-2 Bifeprunox 的分子设计过程

Blonanserin（AD-5423）属于 5-HT/DA 类受体拮抗剂，具有与氟哌啶醇相当的多巴胺 D_2 受体阻断作用 (K_i 值为 14nmol/L)，同时对 $5-HT_{2A}$ 受体有较强的阻断作用 (K_i 值为 3.98nmol/L)。在 263 例精神分裂症的双盲临床试验中，效果显示与氟哌啶醇相等，但震颤、运动迟缓等 EPS 反应明显低于氟哌啶醇[10]。目前，Blonanserin 处于Ⅲ期临床研究阶段。

基于将神经抑制药与选择性 5-HT 再摄取抑制剂（如氟西汀）联合使用能改善精神分裂症的阴性症状，减轻抑郁，且不会加重 EPS 的基础，将具有多巴胺 D_2 受体拮抗作用的药物依托拉嗪（Eltoprazine，**54**）的芳基哌嗪结构片段与 5-羟色胺再摄取抑制剂吲哒品（Indalpine，**55**）的吲哚片段进行拼合设计了 SLV-314 类化合物（图 24-3）。其结构改造通过三个部分进行：①改变吲哚和芳基哌嗪母核之间的链长；②改变吲哚环上的取代；③双环的杂环部分。经过一系列的优化筛选最终确定 SLV-314 为最有开发前景的化合物[11]。目前，SLV-314 处于Ⅱ期临床研究阶段，初步研究结果显示其对阴性症状、认知缺陷的改善比齐拉西酮有明显提高。

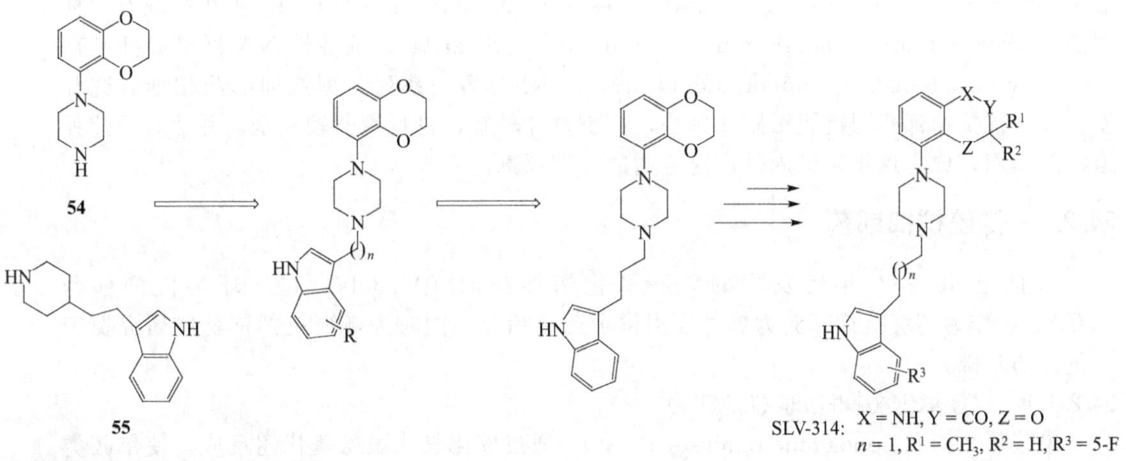

图 24-3 SLV-314 的设计与优化

新一代抗精神病药物期望发现多巴胺 D_2 受体部分激动剂,即在 DA 活动过度时减少 DA 的传递,而非完全阻断;相反在 DA 能活性低下时起刺激作用,达到治疗精神分裂症阳性和阴性症状的显著疗效,进一步减少 EPS 和 TD 等副作用。新型抗精神病药物期望通过双重或多重调节,平衡和纠正 DA、5-HT_{1A}、5-HT_{2A} 等受体的功能,或兼具 5-HT 再摄取抑制作用,以提高对阴性症状的疗效,改善认知障碍,降低副作用。探索性的研究还涉及谷氨酸能、肾上腺素能、胆碱能系统,以及 H_3 受体、离子通道等,从而为研制新抗精神病药开拓了途径,建立起新型非经典抗精神病药的概念。

24.2 抗抑郁药

抑郁症是一种情感性精神病,以情绪低落,思维迟钝,语言行动减少为主要特征,患者常有自卑、自责和自罪的感觉,严重者可出现幻觉、妄想等精神病性症状,并常常伴有自杀倾向。由于现代生活节奏的加快,抑郁症已成为一种常见病症。

抑郁症的发病机制至今仍不清楚,但病理特征与其中枢神经系统功能异常有关。其生物学异常主要表现在神经递质 5-HT 和去甲肾上腺素(norepinephrine,NA)功能下降,以及下丘脑-垂体-肾上腺(hypothalamus-pituitary-adrenal,HPA)轴功能亢进。

抗抑郁药的出现始于 20 世纪 50 年代初,在应用异丙肼治疗肺结核病患者的过程中,发现异丙肼和异烟肼可引起兴奋。研究发现其原因是单胺氧化酶(monoamine oxidase,MAO)受到抑制,脑胺积蓄,从而产生精神振奋作用。此后发现不少单胺氧化酶抑制剂(monoamine oxidase inhibitors,MAOIs),并得到广泛应用,但因发现其有严重的肝损害等毒副作用,到 20 世纪 60 年代已逐渐被淘汰。此后,丙咪嗪及其类似化合物的出现取代了 MAOIs,因这些化合物均具有三环结构,因此统称为三环类抗抑郁药(tricyclic antidepressants,TCAs)。TCAs 抗抑郁药曾一度成为临床治疗抑郁症的首选药物。但 TCAs 一样对心脏有毒副作用和抗胆碱能作用导致的植物神经系统副反应,成为临床的棘手问题。20 世纪 60 年代末,人们开始了新一代抗抑郁药的研发,由于 TCAs 的许多不良反应被认为是对单胺作用谱太广所致,因此研发的重点放在开发高选择性的神经递质再摄取抑制剂。1988 年,美国礼莱公司推出第一个选择性的 5-HT 再摄取抑制剂(selective serotonin reuptake inhibitors,SSRIs),新一代抗抑郁药 SSRIs 的问世,使抑郁症的治疗有了突破性进展。此后,一系列新型抗抑郁药,如 NA 能和特异性 5-HT 能抗抑郁药(noradrenergic and specific serotonergic antidepressant，NaSSAs)、5-HT 和 NA 再摄取双重抑制剂（serotonin noradrenergic reuptake inhibitors，SNaRIs)、选择性 NA 再摄取抑制剂（selective noradrenaline reuptake inhibitors，NaRIs) 等一系列新型抗抑郁药相继研究开发。新一代抗抑郁药因抗胆碱副作用小，心脏毒性较轻，过量用药较安全，并兼有治疗强迫症的作用，成为近年来国内外广泛应用的抗抑郁剂。

24.2.1 传统抗抑郁药

20 世纪 50～60 年代发现的单胺氧化酶抑制剂（MAOIs) 和三环类抗抑郁药（TCAs)，作为传统抗抑郁药为抑郁症提供了药物治疗，同时为新型抗抑郁药物研究奠定了重要的基础。

24.2.1.1 单胺氧化酶抑制剂（MAOIs）

单胺氧化酶（monoamine oxidase，MAO) 通过催化氧化脱氨基代谢反应，使单胺类递质（NA、DA、5-HT 等）降解为相应的去胺物质而失活。MAOIs 通过抑制 MAO 活性，使单胺类递质降解减少，增加突触间隙的递质水平而产生抗抑郁作用。MAO 有 MAO-A 和 MAO-B 两种亚型。MAO-A 主要分布在儿茶酚胺能神经元中，选择性氧化 NA 和 5-HT；MAO-B 主要分布在 5-HT 能神经元、组胺能神经元和神经胶质细胞中，主要氧化苯乙胺和苄胺。

MAOIs 的代表药物有苯乙肼（Phenelzine，**56**)、异卡波肼（Isocarboxazid，**57**) 和反苯环丙胺（**58**)，它们对单胺氧化酶（MAO) 的抑制作用是非选择性和不可逆的。不可逆性的单胺氧化酶抑制剂与酪胺相互作用，可导致高血压危象，且引起肝脏损害等严重不良反应，从而使其应用受到限制。尽管如此，但 MAOIs 对抑郁症病理作用机制的解释，为抗抑郁药的单胺类假说的发展起了重要的作用。目前所用药物大多以单胺学说作为抑郁症发病机制，通过不同方式增加脑内 NA 和 5-HT 浓度而达到治疗目的。

24.2.1.2 三环类抗抑郁药（TCAs）

三环类抗抑郁药（TCAs) 始于对吩噻嗪类经典抗精神病药的结构改造。为了寻找选择性好而副作用小的药物，将氯丙嗪（**1**) 环上 5-位的硫原子用电子等排体—CH＝CH—或—CH₂—CH₂—置换，得到二苯并氮杂䓬衍生物，发现它们具有较强的抗抑郁作用。代表药物有丙咪嗪（Imipramine，**59**) 及其代谢物地昔帕明（Desipramine，**60**)、氯米帕明（Chlorimipramine，**61**)、阿米替林（Amitriptyline，**62**) 及其去甲基代谢物去甲替林（Nortriptyline，**63**)、多塞平（Doxepin，**64**)、多硫平（Dothiepin，**65**) 和普罗替林（Protriptyline，**66**)、阿莫沙平（Amoxapine，**67**) 等。

从结构上看，TCAs 抗抑郁药由两个苯环中间并一个七元碳环或七元杂环构成，在七元环上常带有一个三个碳原子链的碱性末端胺。与吩噻嗪类抗精神病药类似，芳香环上引入一吸电子基团可增强三环类安定药的活性。但吩噻嗪中的 N 原子或噻吨中的 sp^2 杂化碳原子，被一个 sp^3 杂化的碳原子代替，则可增强抗抑郁的能力，如普罗替林（**66**）。三个碳原子链可被缩短为两个碳原子而保持抗抑郁的活性，降低抗精神病的特征。末端胺一般是仲胺或叔胺，并且这个胺上的 N 原子可以是脂环族的一部分。通常，叔胺对 5-HT 和 NA 的再摄取抑制作用是非选择性的，而仲胺更多的则是选择性抑制 NA 的再摄取。然而，在体内，叔胺代谢的主要途径是通过去甲基变成仲胺。此外，该叔胺上的 N 原子所连的取代基不同，其抗抑郁活性与抗精神病活性也不相同，如多塞平（**64**）的结构与安定药哌氧平（Pinoxepin，**68**）类似，然而由于多塞平缺少哌氧平中的 N-羟乙基（一个已知的可增强安定药的官能团）和苯环上吸电子的氯，使得多塞平常作为抗抑郁药使用而不是抗精神病药。

阿莫沙平（**67**）是抗精神病药洛沙平（**24**）的去甲基代谢物，由于仲胺较之叔胺显示更强的抗抑郁活性，所以阿莫沙平具有比洛沙平更强的抗抑郁特征。然而，因在其结构上引入了吸电子的氯，所以阿莫沙平也具有一些抗精神病的特征。

TCAs 均为单胺类神经递质的再摄取抑制剂（monoamine neurotransmitter reuptake inhibitors），通过阻断突触前膜胺泵而减少单胺类递质的摄取回收，使突触部位的单胺类递质水平上升，以治疗抑郁症。TCAs 不仅可抑制脑内突触前膜对 NA 和/或 5-HT 的再摄取，提高 5-HT 和 NA 在突触间隙的浓度，且具有抗胆碱作用，临床适用于各种类型抑郁症的治疗，且疗效明显优于 MAOI。但 TCAs 对单胺受体有广泛的作用，除了影响单胺递质的再摄取，又对很多受体有阻滞或激动作用，是多种单胺受体的拮抗剂，如组胺或乙酰胆碱，从而导致镇静、低血压、视觉模糊和口干，记忆损害和窦性心动过速等副作用，过量时可致生命危险。严重的副作用限制了 TCAs 在临床上的应用。

24.2.2 新型抗抑郁药

由于传统的抗抑郁药物具有抗胆碱能副作用和心脏毒性，从 20 世纪 60 年代末起抗抑郁药研发的重点转向选择性的单胺递质抑制剂。20 世纪 80 年代初起，新型抗抑郁药陆续上市，其在疗效上并没有超越 TCAs，但一般无抗胆碱副作用，心脏毒性较轻，过量使用较安全。

24.2.2.1 选择性 5-HT 再摄取抑制剂（SSRIs）

从 20 世纪 60 年代末开始，抗抑郁药的研发重点趋于开发选择性的神经递质抑制剂，SSRIs 是根据其药理特性研究开发的一类抗抑郁药物。SSRIs 选择性地抑制神经元突触前膜对 5-HT 的再摄取，从而增加突触间隙 5-HT 的浓度，增强 5-HT 系统功能，起到抗抑郁作用。SSRIs 对其他神经递质和受体，如组胺受体、乙酰胆碱受体、肾上腺素受体、快速钠通道、NA 再摄取泵等作用甚微，具有相对的选择性。SSRIs 保留与 TCAs 相似的疗效,同时克服了 TCAs 的诸多不良反应,少见心血管系统综合征,避免了体位性低血压的发生,以及过敏反应、自杀倾向和锥体外系反应等,当药物过量时相对较安全,无论短期还是长期使用,其安全性均高于 TCAs。此类药的共同特点是对细胞色素 P450 有很强的抑制作用,因此与其他该类同工酶代谢的药物合用时,应格外谨慎。SSRIs 是目前临床应用较多的一类新型抗抑郁药物,主要有氟西汀(Fluoxetine,69)、帕罗西汀(Paroxetine,70)、舍曲林(Sertraline,71)、西酞普兰(Citalopram,72)、艾西酞普兰(Escitalopram,73)和氟伏沙明(Fluvoxamine,74)。这些药物在化学结构上差别很大,但其抗抑郁作用未见有明显差异,其差异主要体现在药代动力学上。

(1)氟西汀(Fluoxetine,69) 氟西汀是 SSRIs 药物的经典代表,是由礼来公司研制,1987 年获得 FDA 批准,1988 年在美国上市的第一个 SSRIs 药。用于治疗各种抑郁性精神障碍,包括双相情感性精神障碍的抑郁症、心因性抑郁症及抑郁性神经症、对强迫症也有效。

20 世纪 70 年代,Bryan Molloy 和 Robert Rathburn 开始合作,寻找无 TCAs 心脏毒性及抗胆碱性能的抗抑郁剂。当时,受早期抗组胺剂苯海拉明(Diphenhydramine,75)及其他抗组胺药可增强血管收缩和对单胺类神经递质再摄取有抑制作用的启发,Molloy 以化学结构与苯海拉明类似的 3-苯氧基-3-苯丙胺作为起点,合成了一系列苯海拉明的类似物,动物实验发现其中一个化合物尼索西汀(Nisoxetine,76)在抑制大脑突触体的 NA 再摄取方面与 TCAs 抗抑郁药地昔帕明(60)相当,但是却不能阻断 5-HT 和 DA 的再摄取。考虑到苯氧基苯丙胺系列化合物其结构上的细微差别,有可能改变其选择性,于是合成了一系列在苯氧基的苯环上引入不同取代基的 N-甲基-苯氧基苯丙胺类似物,并通过体外研究其对三种单胺递质(NA、5-HT 和 DA)的再摄取抑制强度。构效关系研究表明:N-甲基-苯氧基苯丙胺母核结构,对于 5-HT 再摄取的 K_i 值为 102nmol/L,对 NA 再摄取的 K_i 值是其二倍(K_i 为 200nmol/L);当在苯氧基的对位引入取代基时,可增加对 5-HT 再摄取的抑制强度,减少对 NA 再摄取的抑制。例如,此类母核中引入三氟甲基得到的氟西汀,对 5-HT 再摄取的抑制增加了 6 倍,而对 NA 再摄取的抑制则减少了约 100 倍。而当在苯氧基的邻位引入取代基时,则显示出对 NA 再摄取的选择性抑制,如引入

CH₃O 得到的尼索西汀，对 NA 再摄取的 K_i 值是 2.4nmol/L，而对 5-HT 再摄取的 K_i 值是 1371nmol/L。相对于 N-甲基-苯氧基苯丙胺母核结构，在苯氧基的间位引入取代基，对 5-HT 和 NA 再摄取的抑制强度均有所降低（表 24-1）。此外，氟西汀的去甲基代谢产物去甲氟西汀（Norfluoxetine）与氟西汀一样也对 5-HT 再摄取具有选择性抑制作用，且抑制活性与氟西汀相当[12]。

表 24-1 N-甲基-苯氧基苯丙胺类化合物对大鼠大脑突触体 5-HT 和 NA 再摄取的抑制作用

R	K_i/(nmol/L)		R	K_i/(nmol/L)	
	5-HT	NA		5-HT	NA
H	102	200	4-F	638	1276
4-CF₃（氟西汀）	17	2703	2-OCH₃（尼索西汀）	1371	2.4
4-CF₃（伯胺，去甲氟西汀）	17	2176	2-CH₃	390	3.4
4-CH₃	95	570	2-CF₃	1489	4467
4-OCH₃	71	1207	2-F	898	5.3
4-Cl	142	568	3-CF₃	166	1328

在氟西汀的分子中有一个手性碳原子，临床使用的氟西汀是其消旋体。对于大脑皮层突触体的 5-HT 再摄取的抑制，R-氟西汀与 S-氟西汀的活性相当，K_i 值分别为 21nmol/L 和 16nmol/L。但其去甲基代谢产物去甲氟西汀，两种异构体的活性相差甚远，S-去甲氟西汀对 5-HT 再摄取的抑制活性大约是 R-去甲氟西汀的 13 倍，K_i 值分别为 20nmol/L 和 268nmol/L。

（2）帕罗西汀（Paroxetine，**70**） 帕罗西汀是 1991 年由葛兰素-史克公司（GSK）推向市场的选择性 5-HT 再摄取抑制药。该药除了治疗抑郁症，还可治疗强迫性神经症、惊恐障碍及社交焦虑症。

帕罗西汀属于苯基哌啶类化合物。它对 NA、DA 再摄取的影响极小。体外放射性配体结合试验表明，对毒蕈碱受体、α₁、α₂、β-肾上腺素受体、DA 受体几乎没有亲和性，相互作用较少，不良反应较小，治疗安全指数较高。

帕罗西汀口服吸收良好，有明显的首关效应，血浆蛋白结合率 93%，分布于全身各组织，包括中枢神经系统，仅 1% 存在于体循环中。其清除半衰期通常为 24h。在肝脏中主要通过氧化进行代谢，主要经肾脏排泄，少量通过乳汁及胆汁从粪中排泄，其代谢物无活性。2003 年专利到期后，葛兰素-史克推出了该药物的控释剂型 Paxil CR。

（3）舍曲林（Sertraline，**71**） 舍曲林是辉瑞（Pfizer）公司在 1991 推向市场的选择性 5-HT 再摄取抑制剂。用于治疗各类抑郁症、强迫症。

早期的研究发现，反式-1-氨基-4-苯基萘满具有抑制 NA 再摄取的活性，如反式-(1R,4S)-4-苯基-甲氨萘满（**77**）[13]，其非对映异构的顺式消旋体未显示对单胺再摄取的阻滞作用（**78**）。通过文献比较多种单胺再摄取抑制剂的分子几何学及其取代基效应，预测在 4-位芳香环上引入取代基可能能增强活性，结果出乎意料地发现，4-取代的芳基非对映顺式异构体类似物具有选择性 5-HT 再摄取抑制作用，在药理学上与反式异构体截然不同。构效关系表明，4-位芳香环取代基的电子效应和几何效应对 5-HT 再摄取的抑制是重要的，而空间位阻的影响相对较弱。如当其 4-位苯环的 4 位带有吸电子取代基（如 Cl、

Br 和 CF₃）时，可增强对 5-HT 再摄取的抑制活性，而对 NA 的再摄取抑制则保持相对不变。3 位 CF₃ 取代也表现出较好的对 5-HT 再摄取的抑制活性及选择性。2 位取代虽然不会使活性下降，但是对 5-HT 的选择性却有所降低。若在 3,4 位同时取代，如舍曲林，则可进一步增强对 5-HT 再摄取的抑制活性及选择性（表 24-2）。

表 24-2 顺式 4-位芳基取代的氨基萘满衍生物对 5-HT 和 NA 再摄取的抑制作用

R	IC₅₀/(μmol/L)		R	IC₅₀/(μmol/L)	
	5-HT	NA		5-HT	NA
H	3.50	1.86	3-CF₃	0.25	2.55
4-Cl	0.26	1.41	2-OCH₃	4.20	2.32
4Br	0.19	1.40	2-Cl,4-Cl	0.50	0.31
4-CF₃	0.82	9.80	3-Cl,4-Cl(舍曲林)	0.07	0.72

舍曲林能高效选择性地抑制 5-HT 的再摄取，并使 β-肾上腺素能受体向下调节，对 DA、NA 的再摄取仅有极轻微的影响。舍曲林不增强儿茶酚胺活性，对胆碱能受体、5-HT 受体、DA 能受体、肾上腺素能受体、组胺受体等均没有明显亲和力，因此没有明显的抗胆碱能和镇静作用。

舍曲林主要首先通过肝脏代谢，血浆中的主要代谢产物去甲基舍曲林的药理活性约是舍曲林的 1/20。

舍曲林在治疗剂量内，不抑制自身代谢、剂量与浓度呈线性关系。该药可增加多巴胺释放，因此它较少引起帕金森综合征、泌乳素增多、疲乏和体重增加，改善病人的认知和注意力。

（4）西酞普兰（Citalopram，**72**） 西酞普兰由丹麦灵北（Lundbeck）公司研发，于 1989 年首次上市，主要用于内源性及非内源性抑郁性精神障碍，也可用于焦虑症的常规治疗。体外研究显示，西酞普兰能有效抑制 5-HT 的再摄取，对 DA 和 NA 的再摄取作用很小，对乙酰胆碱、组胺、γ-氨基丁酸（γ-aminobutyric acid，GABA）、毒蕈碱、阿片类和苯二氮䓬类受体的影响很小甚至无影响。因此，不影响患者的心脏传导系统和血压，不损害认知功能及精神运动，也不增强乙醇导致的抑郁作用，对血液、肝及肾等也不产生影响，适用于长期治疗。

西酞普兰分子中有一手性碳原子，上市药物以外消旋体的形式存在。药理学研究证实，S-异构体艾西酞普兰（Escitalopram）是其产生 5-HT 再摄取抑制作用的活性成分。2002 年，S-构型的异构体艾西酞普兰（**73**）开发上市。临床试验显示，艾西酞普兰是高度选择性的 5-HT 再摄取抑制剂，其抑制 5-HT 再摄取能力是外消旋体西酞普兰的两倍，是右旋对映体的 100 倍，且具有较低的抑制肾上腺素和 DA 受体的活性。与外消旋体相比，艾西酞普兰活性强，起效快，半衰期稍短（27～32h），蛋白结合率较低（56%）。

24.2.2.2　5-HT 和 NA 再摄取双重抑制剂（SNaRIs）

SNaRIs 通过同时抑制突触前膜对 5-HT、NA 的再摄取，使它们在突触间隙有足够的浓度，从而改善情绪，发挥抗抑郁的作用。其对 5-HT 再摄取的抑制弱于 SSRIs，对 NA 的再摄取抑制弱于 TCAs，对 DA 的再摄取仅有轻微的抑制作用，对 M 胆碱受体，肾上腺素 α_1、α_2、β 受体，组胺 H_1 受体无明显亲和力。因此，该类药物不良反应较少，安全性高，耐受性好。虽然与 SSRIs 相比 SNaRIs 疗效没有显著性差异，但是，其具有起效快，与其他药物相互作用少，并能缓解抑郁症伴发的慢性疼痛[14]等特色。

目前临床应用的 SNaRIs 有文拉法辛（Venlafaxine，**79**）、米那普仑（Milnacipran，**80**）和度洛西汀（Duloxetine，**81**）。这三种 SNaRIs 在抑制 5-HT 和 NA 再摄取效应方面具有选择性差异，文拉法辛对 5-HT 再摄取的抑制作用较对 NA 再摄取的抑制作用高 30 倍，米那普仑对二者作用相当，度洛西汀对 5-HT 再摄取的抑制作用较 NA 再摄取的抑制作用高 10 倍。

（1）文拉法辛（Venlafaxine，**79**）　文拉法辛是惠氏（Wyeth）公司于 1994 年推向市场的第一个 5-HT 和 NA 再摄取双重抑制剂。文拉法辛适用于各种类型抑郁症，包括单相抑郁、伴焦虑的抑郁、广泛性焦虑症及双相抑郁，对难治性抑郁也有较好疗效，并且疗效明显优于 SSRIs。

文拉法辛属于一类新的双环苯乙胺衍生物，具有独特化学结构和神经药理学作用，上市药物是其外消旋体混合物。文拉法辛对映异构体的药理活性不同，其右旋体主要抑制 5-HT 时，左旋体同时抑制 5-HT 和 NA 的再摄取。该药在小剂量时主要抑制 5-HT 的再摄取，大剂量时则对 5-HT 和 NA 的再摄取均有抑制作用。

文拉法辛的活性代谢产物 O-去甲基文拉法辛（Desvenlafaxine，**82**）于 2007 年 1 月得到 FDA 的许可[15]，琥珀酸去甲基文拉法辛的作用机制与文拉法辛无明显差异，能同时抑制 5-HT 和 NA 的再摄取。此外，去甲基文拉法辛可以影响脑部化学物质的分泌来改善经期综合征的潮红症状，有望成为第一个非激素类的经期综合征治疗用药。

（2）米那普仑（Milnacipran，**80**）　米那普仑是一种单环类结构，与 5-HT 和 NA 的作用相当，对其他神经递质几乎没有影响，很少产生心血管毒副反应及镇静作用。由于其未参与细胞色素 P450 酶代谢，所以较少产生药物间的相互作用，即使是持久性给药，也未发现引起 β 受体的调节异常。

（3）度洛西汀（Duloxetine，**81**）　度洛西汀是礼莱公司继氟西汀之后开发的又一个治疗抑郁症的药物,其结构与氟西汀非常相似。通过对萘氧丙胺结构(**83**)进行结构改造发现,其萘醚无论是在萘环的 1 位或 2 位,也不管链长是多少($n=1\sim4$),均不产生对 NA 再摄取的抑制作用。氨基醚链上的苯基取代化合物(**84**),改善了对 5-HT 和 NA 转运体的亲和力(对 5-HT 的 K_i 为 2.4nmol/L,对 NA 的 K_i 为 20nmol/L)。与化合物 **84** 相比,苯环上 R 取代基的吸电子或给电子性质,以及取代基的位置,均不能改善其对 NA 转运体的亲和力。用杂环作为电子等排体替代芳环,发现噻吩基(**85**)及呋喃基类似物(**86**),在保持对 NA 再摄取抑制的同时,改善了对 5-HT 的再摄取抑制,显示对 5-HT 的 K_i 分别为 1.4nmol/L 和 0.7nmol/L,对 NA 的 K_i 为 20nmol/L。在此基础上,研究其立体结构对活性的影响,通过手性合成及进一步的动物模型研究,最后得到度洛西汀[16]。

临床前研究表明,度洛西汀($\geqslant$60mg/d)能平衡地抑制 5-HT 和 NA 再摄取,显著提高大脑额叶皮层和下丘脑细胞外 5-HT 和 NA 水平,度洛西汀与 5-HT/NA 转运体有高度亲和力,与其他神经递质没有明显亲和力,并对抑郁症的其他躯体症状,如全身疼痛和胃肠紊乱有疗效。

24.2.2.3 去甲肾上腺素能和特异性 5-羟色胺能抗抑郁药(NaSSAs)

去甲肾上腺素能和特异性 5-羟色胺能抗抑郁药(noradrenergicand specific serotonergic antidepressants,NaSSAs)与前述的 TCA 类、SSRIs 类、SNaRIs 类抗抑郁药作用机制有所不同。无论是 TCA,还是 SSRIs 及 SNaRIs,都属单胺递质摄取抑制剂,其区别在于 TCA 几乎一视同仁地作用于多种递质系统,SSRIs 选择性地作用于 5-HT 递质,SNaRIs 则对 5-HT 递质和 NA 递质具有选择性。而 NaSSAs 对单胺递质摄取无抑制作用,而是对突触前膜 α_2-肾上腺素自调受体有抑制作用。自调受体具有负反馈功能,是中枢神经系统递质自我调节,保持内稳态的一种重要生理机制。自调受体受到药物的抑制或拮抗,则可兴奋神经末梢释放神经递质,最终使突触间隙有效递质含量上升,加速神经信息传导,从而达到和三环类药物相同的抗抑郁效果。NaSSAs 同时通过阻滞某些 5-HT 亚型受体而减少了 SSRIs 等药常见的不良反应,对焦虑有效,而且起效较快。其代表药物有米氮平(Mirtazapine,**87**)。

米氮平由荷兰欧加农(Organon)公司开发,是其早期的四环类抗抑郁药米安色林(Mianserine,**88**)的 6-氮杂衍生物。1994 年首先在荷兰上市,1996 年获 FDA 批准在美国上市,2001 年在中国上市,是目前市场上唯一的对 NA 能和 5-HT 能均有作用的抗抑郁药。

米氮平具有双重作用机理：通过阻滞突触前 NA 能神经末梢的 α_2-肾上腺素自身受体而增加 NA 的释放；通过阻断中枢的 5-HT_2 和 5-HT_3 受体以及激动 5-HT_{1A} 受体，特异性地增强 5-HT_{1A} 介导的 5-HT 能神经传导。米氮平是一外消旋体，其两种对映体均具有抗抑郁活性，左旋体（S-米氮平）可阻断 α_2 和 5-HT_2 受体，右旋体（R-米氮平）阻断 5-HT_3 受体[17]。

米氮平的抗抑郁效能与文拉法辛相当，但对于重症患者有更好的耐受性。由于米氮平独特的作用模式，它不产生许多使用 SSRIs 出现的不良反应，如胃肠道症状、性功能障碍、头痛、无力、焦虑、失眠等。

24.2.2.4 选择性 NA 再摄取抑制剂（NaRIs）

20 世纪 90 年代后期，发现了一些选择性高、不良反应较少、疗效较好的 NA 再摄取抑制剂（NaRIs）。NaRIs 选择性地抑制神经元突触前膜 NA 的再摄取，从而增加突触间隙 NA 的浓度，增强中枢神经系统 NA 功能，发挥抗抑郁作用。其疗效与 TCAs 相当，但与 TCAs 不同，它对肾上腺素 α_1 受体、组胺 H_1 受体、胆碱 M 受体无亲和力，从而避免了因对这些受体的作用而引起的不良反应。代表性药物有瑞波西汀（Reboxetine，**89**）和马普替林（Maprotiline，**90**）。

瑞波西汀是美国法玛西亚普强公司（现已被辉瑞并购）于 1997 年在英国率先上市的选择性 NA 再摄取抑制剂。其结构母核与氟西汀类似，主要区别在于将苯丙胺变成了环状的吗啉，其次，在苯氧基的邻位引入取代基，从而改变了对 NA 的选择性。在瑞波西汀的结构中有两个手性中心，现用药物是 (R,R)-(−) 对映体和 (S,S)-(+) 对映体的外消旋混合物。研究发现，其 (S,S)-(+) 对映体对 NA 再摄取的抑制活性较 (R,R)-(−) 对映体强[18]。临床研究结果表明，该药治疗抑郁症的疗效与 TCAs 或 SSRIs 相当，但在改进患者的行为方面优于氟西汀。而且对重性抑郁或使用其他抗抑郁药物治疗无效的患者疗效较好。由于它不抑制 5-HT 的再摄取，所以，能与 SSRIs 抗抑郁组合使用。

马普替林的分子设计源于三环类抗抑郁药，但不同于其他 TCAs 类抗抑郁药，是一个含四环结构带有仲胺侧链的化合物，对大脑及外周组织的 NA 再摄取有较高的选择性抑制作用。因此，其不良反应比 TCAs 轻，适用于内因性抑郁症、心因性抑郁症、更年期抑郁症和神经症性抑郁症。

24.2.2.5 可逆性 MAO-A 抑制剂（RIMAs）

前述第一代单胺氧化酶抑制剂对 MAO-A 和 MAO-B 缺乏选择性，且产生不可逆抑制作用；与拟交感药物和富含单胺的食物和饮料有广泛的相互作用，可因酪胺的大量吸收而造成血压急剧上升，即所谓的"奶酪效应"。早期的 MAOIs 还有心动过速、呼吸困难、运动失调、高热、精神错乱等副作用，使得制药公司在 20 世纪 60 年代几乎放弃了对其类似物的研究。此后，单胺氧化酶抑制剂的研究转向亚型 MAO-A 和 MAO-B 选择性的抑制剂。研究发现，选择性抑制 MAO-A 显示抗抑郁的活性[19]，而选择性的 MAO-B 抑制剂则可治疗帕金森病[20]。目前已上市的可逆性 MAO-A 抑制剂（reversible inhibitors of MAO-A，RIMA）有吗氯贝胺（Moclobemide，**91**）。

吗氯贝胺是瑞士罗氏（Roche）公司于 1989 年在 MAOIs 基础上研发的, 到 20 世纪 90 年代中期, 已在美国、英国及欧洲国家作为抗抑郁药上市。吗氯贝胺通过选择性抑制中枢 MAO-A, 而使中枢单胺类介质破坏减少, 在突触间隙内的浓度增加, 起到改善抑郁症状的作用。其疗效与传统抗抑郁药相当, 但由于保留了 MAO-B 降解单胺的功能, 以及对其他部位如胃肠道黏膜和肝脏中 MAO 抑制作用轻微而短暂, 从而使奶酪增压效应明显减少, 同时肝脏毒性明显降低。吗氯贝胺还具有起效快的特点, 通常两周即可产生明显的疗效, 短于 SSRIs 类和 TCAs。研究表明, 该药具有广谱抗抑郁作用, 对内源性和外源性抑郁皆有明显改善, 同时适用于社会焦虑症。

吗氯贝胺的主要代谢产物内酰胺（**92**）无 MAO 的抑制活性, 但一级胺（Ro-16-6491, **93**）是 MAO-B 的选择性的可逆抑制剂。以 Ro-16-6491 为先导设计合成了一系列其类似物, 包括选择性 MAO-B 抑制剂 Ro-19-6327（**94**）和选择性 MAO-A 抑制剂 Ro-41-1049（**95**）[21, 22]。

24.2.2.6　5-HT 受体拮抗剂

5-HT 受体拮抗剂是另一类具有临床疗效的新型抗抑郁药。包括米安舍林（Mianserin, **88**）、曲唑酮（Trazodone, **96**）和奈法唑酮（Nefazodone, **97**）。

曲唑酮和奈法唑酮均为长链芳基哌嗪（long-chain arylpiperazines, LCAPs）类化合物。研究表明, 某些 LCAPs 既具有抗焦虑作用, 又有抗抑郁作用[23], 其共同的药理作用特点是可阻断突触前 5-HT 受体和突触后 5-HT$_{2A}$ 受体。正常情况下, 突触前 5-HT 受体对大脑中单胺类神经递质的释放起抑制作用。曲唑酮和奈法唑酮通过阻断突触前 5-HT 受体和突触后 5-HT$_{2A}$ 受体, 增强了产生去甲肾上腺素和 5-羟色胺的功能, 但二者在作用模式上仍有差别。曲唑酮对 5-HT 再摄取的抑制较弱, 但可阻断 H$_1$ 受体, 对 α-肾上腺素受体也有拮抗作用, 所以, 存在镇静与体位性低血压不良反应等。奈法唑酮是在曲唑酮的基础上, 为改善其镇静、体位性低血压等不良反应, 所开发的对 α-肾上腺素受体的亲和力明显降低的化合物, 因而很少出现体位性低血压与镇静作用。奈法唑酮对 5-HT 具有双重作用, 既可抑制 5-HT 的再摄取, 又可阻断突触后的 5-HT$_2$ 受体, 因而具有抗抑郁和抗焦虑的双重作用。奈法唑酮于 1994 年在加拿大率先上市, 用于包括焦虑与睡眠障碍在内的各种类型的抑郁症治疗, 但由于其对细胞素 P450 酶系也具有抑制作用, 因此, 有药物相互作用的可能性, 最终因其肝脏毒性较大, 于 2003 年被撤出市场。

24.2.2.7　其他药物

除上述新型抗抑郁药外, 安非他酮（Bupropion, **98**）和噻奈普汀（Tianeptine, **99**）, 也是临床使用的新型抗抑郁药。

安非他酮（**98**），是氨基酮类化合物，主要通过双重抑制去甲肾上腺素和多巴胺再摄取而发挥抗抑郁作用，而不抑制单胺氧化酶和 5-HT 的再摄取，也不影响突触后受体。安非他酮可用来代替治疗那些不能耐受或对 SSRI 无效的病人。同时安非他酮也是 $α_3β_4$ 烟碱受体的非竞争拮抗剂。1997 年安非他酮作为戒烟辅助药物在美国首次上市，是美国市场上用于戒烟的第一种非尼古丁处方药[24]。

噻奈普汀（**99**）虽然其结构与 TCA 类似，但作用机制上与传统 TCA 及其他抗抑郁药明显不同，属于 5-HT 再吸收促进剂。该药与神经递质受体无亲和力，也不能抑制中枢神经系统 5-HT 和 NA 的再摄取。而是主要作用于 5-HT 系统，促进突触前膜对 5-HT 的再摄取，增加囊泡内 5-HT 的储存。其抗抑郁作用主要是通过对大脑边缘系统结构和功能重塑，以及对多种神经递质系统之间的相互作用来实现，疗效与 SSRIs 相当。此外，与大多数抗抑郁药的代谢不同，它主要不是通过肝脏细胞色素 P450 代谢，很少有肝脏首关效应，生物利用度高，排泄快，药物相互作用较小，适合于老年人用药。

24.2.3 展望

迄今为止，临床上所有的抗抑郁药都是通过增加突触间隙单胺类神经递质的利用率来发挥作用，主要有三种机制：一是抑制单胺类神经递质在神经元内的代谢；二是抑制单胺能神经元的再摄取；三是通过阻断单胺能神经元上的 $α_2$ 自身和异身受体来增加单胺类神经递质的释放。随着对抑郁症病理生理改变的深入认识，神经生物学的发展以及抗抑郁药的作用机制逐步被阐明，发现单胺递质的功能失调难以全部解释抑郁症的病因病理学机制。因为：①现有的抗抑郁药起效时间均有一个滞后期，平均 2～8 周疗效才能显现，而实际上服药一周后，抗抑郁药就能在血浆和脑内达到一个稳定的浓度，药效与稳定的药物浓度的这种在时间上的分离，说明在这个过程中发生了药动学或神经生物学的适应性的反应和变化[25]；②只有 50%～65% 的患者在首次抗抑郁治疗中获得显著的疗效；③有些抗抑郁药并不作用于单胺能神经系统，而一些非药物治疗如电休克治疗同样具有治疗抑郁症的效果，说明单胺能神经系统本身并不能够完全说明抗抑郁药的治疗效果[26]。因此，新型抗抑郁药物研发方向，将扩展适应证和研究新作用机理并行，除了继续针对单胺类系统进行研究开发以外[27,28]，还将针对非单胺类受体[29-34]、神经肽类受体[35,36]等已发现的与抑郁发病相关的作用靶点进行研发。

目前，已有一些具有新作用机制的化合物处于临床试验阶段。如，针对单胺类系统开发的新产品 NS-2359（GSK-372475，**100**）和氮杂双环己烷类化合物 DOV-216303（**101**）作为一个 5-HT、NA 和 DA 的三重再摄取抑制剂目前正处于 Ⅱ 期临床试验中，DOV-216303 的光学对映体 DOV-21947（**102**），于 2008 年 2 月也开始了抗抑郁的 Ⅱ 期临床试验；由默克（Merck）公司研发的 Vilazodone（EMD68843，**103**），是一个 $5-HT_{1A}$ 受体部分激动剂和 5-HT 再摄取抑制剂，正处在 Ⅲ 期临床研究之中。$5-HT_{1A}$ 受体激动剂通过激动突触后膜的 $5-HT_{1A}$ 受体，负反馈抑制海马 5-HT 能神经元上的自主受体而发挥抗抑郁作用，克服了传统抗抑郁药的滞后效应。

NS-2359	DOV-216303	DOV-21947	Vilazodone
100	**101**	**102**	**103**

P 物质 (substance P, SP) 是一种神经激肽 (neurokinin, NK), 广泛地分布在中枢和外周神经。对 G 蛋白偶联 1 型的 NK 受体 (NK_1 受体) 有特异的强亲和力。P 物质-NK_1 受体通路与已知调节情绪有关的神经递质通路 (如 5-TH 和 NA) 存在相互交叉, P 物质-NK_1 受体通路可能在抑郁和焦虑中起重要作用[35]。Merck 公司的 NK_1 受体拮抗剂阿瑞吡坦 (Aprepitant, MK-0869, **104**) 是以 P 物质为目标用于治疗抑郁症的药物, 初步临床研究显示, 其疗效与帕罗西汀相当, 但该药在抗抑郁Ⅲ期临床试验中未能达到预期疗效, 目前仅作为化疗诱发呕吐的癌症患者的一种抗呕吐药上市[37]。葛兰素-史克公司的 Casopitant (GW-679769, **105**) 也是一 NK_1 受体拮抗剂, 现在北美作为一抗抑郁药正处在Ⅱ临床研究阶段。由法国赛诺菲 (Sanofi-aventis) 开发的选择性神经激肽 2 (NK_2) 受体拮抗剂沙瑞度坦 (Saredutant, SR48968, **106**) 显示出抗抑郁样活性[38], 目前正在临床Ⅲ期试验中。

促皮质激素释放因子 (corticotropin releasing factor, CRF) 是由 41 氨基酸组成的神经内分泌肽, CRF 既具有神经递质的性质又具有神经激素的性质。CRF 受体拮抗剂可拮抗其受体在遗传应激小鼠身上表现出来的翻转焦虑, 并且较 SSRI 类抗抑郁药有更多优势。如 CRF 受体拮抗剂 Antalarmin (**107**) 能逆转由慢性应激所造成的 HPA 轴改变, 疗效与氟西汀相当[36]。施贵宝 (Bristol-Myers) 公司的 Pexacerfont (**108**) 也是一 CRF 受体拮抗剂, 目前正在进行抗抑郁Ⅱ期临床试验。

Aprepitant, MK-0869	GW-679769
104	**105**

Saredutant, SR48968	Antalarmin	Pexacerfont
106	**107**	**108**

阿戈美拉汀 (Agomelatine, **109**) 是一个结构与褪黑素相似的褪黑激素受体 1 (MT_1) 和褪黑激素受体 2 (MT_2) 的激动剂, 同时也是 5-HT_{2C} 受体拮抗剂 ($IC_{50}=2.7\times10^{-7}$ g/

mol）。对克隆的人褪黑素受体 MT_1 和 MT_2 亲和力分别为 6.15×10^{-11} g/mol 及 2.68×10^{-11} g/mol[39,39]。临床研究表明，其疗效与目前上市药物帕罗西汀和文拉法辛相近，但很少见后二者的典型不良反应，患者具有良好的耐受性。该药由 Servier 公司开发，目前已向欧盟提交了该药的注册申请，用于治疗成人抑郁症[40,41]。

除此之外，抗孕激素药米非司酮（Mifepristone，**110**）作为糖皮质激素受体（GR）的调节剂，用于治疗精神病性抑郁症，并已获 FDA 加速审批资格，进行Ⅲ期临床试验。Org-34517（**111**）目前正作为糖皮质激素受体拮抗剂进行抗抑郁Ⅱ期临床试验。

Agomelatine
109

Mifepristone
110

Org-34517
111

24.3 抗焦虑药

24.3.1 抗焦虑药概述

焦虑症是一种以广泛和持续性焦虑或反复发作的惊恐不安为主要特征的神经性障碍，常伴有运动性不安和躯体不适感。主要包括五种类型：广泛性焦虑症（general anxiety disorder，GAD）、强迫症（obsessive-compulsive disorder，OCD）、社会焦虑症（social anxiety disorder，SAD）、惊恐症（panic disorder，PD）和创伤后压力综合症（posttraumatic stress disorder，PTSD）。

焦虑反应的病理学基础是交感和副交感神经系统活动的普遍亢进。神经生理和神经生化的研究提示：中枢神经系统环路、海马、大脑额叶及边缘系统与焦虑的发生有关，中枢 NA 能系统、DA 能系统、5-HT 能和 γ-氨基丁酸（GABA）等四种神经递质系统参与了焦虑的发生过程。此外，焦虑的产生还可能与血中皮质类固醇的浓度增高有关。即焦虑反应与中枢单胺类神经递质代谢或神经传递系统紊乱有关。

抗焦虑药是一类主要用于减轻焦虑、紧张、恐惧，稳定情绪，兼有催眠镇静作用的药物。化学类抗焦虑药经历了三代变迁：第一代是氨基甲酸酯（meprobamate）类，代表药物有甲丙氨酯（眠尔通）等，由于毒性较大，极易耐受和产生成瘾性，所以在苯二氮䓬类（benzodiazepines，BZ）药物上市后逐渐退出市场；第二代为 BZ 类药物，即弱安定剂，通过作用于中枢 $GABA_A$ 调节部位，强化 GABA 的抑制功能，启动氯离子通道，产生抗焦虑作用，代表药物有地西泮（Diazepam）、奥沙西泮（Oxazepam）、阿普唑仑（Alprazolam）、劳拉西泮（Lorazepam）、艾司唑仑（Estazolam）、三唑仑（Triazolam）等，BZ 类药物是临床常用的抗焦虑药，对于控制精神焦虑、紧张和伴随的不安，尤其是惊恐障碍有明显的疗效，不良反应相对较小，但同样有易成瘾的缺点，因此近年来其使用受到限制；第三代是 5-羟色胺能抗焦虑药（serotonergic anxiolytics），通过抑制 5-HT 神经传导而起到抗焦虑的效果，代表药物有丁螺环酮（Buspirone）。丁螺环酮克服了耐受性和成瘾性，是目前治疗广泛性焦虑中应用最多的药物。此外，新型抗抑郁药选择性 5-HT 再摄取抑制剂氟西汀等及 5-HT 和 NA 再摄取双重抑制剂文拉法辛也已获准可用于治疗焦虑症。本节重点介绍 5-羟色胺能抗焦虑药。

24.3.2 5-羟色胺能抗焦虑药

5-羟色胺能抗焦虑药主要是选择性作用于大脑边缘系统的 5-HT_{1A} 受体，为 5-HT_{1A} 受体的激动剂。第一个获得美国 FDA 批准上市治疗焦虑的 5-羟色胺能抗焦虑药是丁螺环酮（Buspirone，**112**）。丁螺环酮属于氮杂螺酮（Azapirone）类药物，最初作为非吩噻嗪类抗精神病药开发，通过对先导化合物（**113**）进行结构改造而发现。研究表明，丁螺环酮缺乏抗精神病疗效，但却具有好的抗焦虑活性[42]。药物通过激动 5-HT_{1A} 自身受体，调节从中缝核投射至海马的 5-HT，抑制 5-HT 神经传导，发挥抗焦虑作用。临床试验表明，其疗效与苯二氮䓬类相当，但却无苯二氮䓬类的不良反应。主要适用于广泛性焦虑症，对焦虑伴有轻度抑郁症的患者也有疗效。丁螺环酮除了对 5-HT_{1A} 受体有高亲和力外（IC_{50} 为 31nmol/L），对大脑 D_2 受体也有中等活性（IC_{50} 为 250nmol/L）[43]。通过抑制 5-HT 递质系统进行抗焦虑治疗，突破了长期以来 GABA-BZ 系统涉及焦虑机制理论的统治地位，将抗焦虑药的研究推向一个新的阶段。根据这一理论，发现了一批对该受体有不同活性的丁螺环酮类似物，期望提高对 5-HT_{1A} 受体的选择性，从而发现选择性的抗焦虑药。继丁螺环酮上市 10 年之后，坦度螺酮（Tandospirone，**114**）作为第二个作用于 5-羟色胺能的抗焦虑药，1996 年在日本率先上市。

为了寻找比丁螺环酮抗焦虑选择性更高而抗多巴胺活性更弱的化合物，用其他酰亚胺片段替换对丁螺环酮进行结构改造，设计合成一系列化合物，发现了坦度螺酮，并揭示了其构效关系。研究发现，只要保持亲脂性，酰亚胺侧链可做较大改变；酰亚胺部分与芳基哌嗪之间的链长以饱和的四碳链为最佳，若将四碳链的 2 位变为不饱和的三键，活性大大降低。若将反式双键引入四碳链可维持活性，将顺式双键引入则活性下降；以高哌嗪或 2-甲基哌嗪替换哌嗪导致对 5-HT_{1A} 受体的亲和力急剧下降，但以 3-甲基或 2,5-二甲基哌嗪替换哌嗪所得到的化合物则下降较少；若以苯基或 2-吡啶基替换 2-嘧啶基所得到的化合物则可保持体外和体内活性[44,]。

坦度螺酮为 5-HT_{1A} 受体激动剂，在脑内与 5-HT_{1A} 受体选择性结合，主要作用部位集中在情感中枢的海马、杏仁核等大脑边缘系统以及投射 5-HT 能神经的中缝核。该药物通过激动 5-HT_{1A} 自身受体，调节从中缝核投射至海马的 5-HT，抑制 5-HT 神经传导，发挥抗焦虑作用。其抗焦虑活性与丁螺环酮相当，且因其对 D_2 受体的亲和力（K_i 为 1μmol/L）显著低于丁螺环酮显著提高其抗焦虑选择性。另外，坦度螺酮具有抗抑郁作用，其作用机制在于长期应用坦度螺酮后，使 5-HT_{1A} 受体产生显著的向下调节所致。

5-羟色胺能抗焦虑药无 BZ 类药物的药物依赖反应和停药反跳现象，但起效慢，不适用于急性焦虑患者。

24.3.3 展望

随着现代社会竞争的加剧，焦虑症患者日益增多。临床应用的抗焦虑药虽经历了三代变迁，但仍存在着不同程度的副作用，迫切需要研发疗效高、毒副作用少的抗焦虑药。未来抗焦虑药的发展趋势是：①针对现有靶点，设计抗焦虑作用强，同时又没有 BZ 类药物的镇静、肌松、记忆力减弱以及耐受与成瘾等不良反应的抗焦虑药物，如针对 $GABA_A$-BZ 受体复合物，发展对受体亚型具有高选择性的化合物，以期发现既保持 BZ 类出色抗焦虑效果，又具有更高安全性的新型抗焦虑药[45,46]；②发现新的与焦虑相关的新靶标分子，或同时对介导焦虑的不同受体或受体亚型具有调控作用的化合物。对 BZ 类药物的作用机制研究发现，BZ 类药物通过与 BZ 受体结合，可间接调节 5-HT、NA、GABA、甘氨酸和胆囊收缩素（CCK）等神经递质的传递，提示 BZ 类药物的抗焦虑作用可能与调节这些神经递质有关[47]。因此，在经典 BZ 类抗焦虑药物研究的基础上，发展了同时作用于 GABA 受体、5-HT 和 CCK 等受体的化合物进行抗焦虑治疗。已先后有 $GABA_A$ 受体激动剂[48~51]、$5-HT_{2A}$ 受体拮抗剂[52]、$5-HT_3$ 受体拮抗剂、CCK-B 受体拮抗剂、NMDA 受体拮抗剂[53~55]、代谢型谷胺酸受体（mGluR）激动剂[56,57]、CRF 拮抗剂[58,59]及神经类固醇类似物等抗焦虑临床前、临床研究的报道，虽然其中部分化合物在临床研究中因种种原因而停止开发，迄今尚无此类药物上市，但新的作用机理为寻找新型的抗焦虑药开拓了重要的研究方向。

推荐读物

- Sen S, Sanacora G. Major depression: emerging therapeutics. Mt Sinai J Med, 2008, 75: 204-225.
- Gitlin M J. Augmentation strategies in the treatment of major depressive disorder. Clinical considerations with atypical antipsychotic augmentation. CNS Spectr, 2007, 12 (12 Suppl 22): 13-15.
- Berton O, Nestler E J. New approaches to antidepressant drug discovery: beyond monoamines. Nat Rev Neurosci, 2006, 7 (2): 137-151.
- Hoffman E J, Mathew S J. Anxiety disorders-a comprehensive review of pharmacotherapies. Mt Sinai J Med, 2008, 75 (3): 248-262.
- Sawa A, Snyder S H. Schizophrenia: neural mechanisms for novel therapies. Mol Med, 2003, 9 (1-2): 3-9.
- Leslie Iversen, Richard A Glennon. Antidepressants. Chapter 8//Burger's Medicinal Chemistry and Drug Discovery (Donald J Abraham). Sixth Edition. Volume 6: Nervous System Agents. John Wiley and Sons Inc, Publication, 2003: 483-524.
- Kevin S Currie. Antianxiety Agents. Chapter 9//Burger's Medicinal Chemistry and Drug Discovery (Donald J Abraham). Sixth Edition. Volume 6: Nervous System Agents. John Wiley and Sons Inc, Publication, 2003: 525-598.
- C Anthony Altar, Arnold R Martin. Antipsychotic Agents. Chapter 10//Burger's Medicinal Chemistry and Drug Discovery (Donald J. Abraham). Sixth Edition. Volume 6: Nervous System Agents. John Wiley and Sons Inc, Publication, 2003: 599-672.

参考文献

[1] Miyamoto S, Duncan G E, Goff D C, et al. Neuropsychopharmacology: the fifth generation of progress. Lippincott Williams & Wilkins, 2002: 775-807.
[2] Meltzer H Y, Li Z, Kaneda Y, Ichikawa J. Prog Neuropsychopharmacol Biol Psychiatry, 2003, 27: 1159-1172.
[3] Jeremy G D, Joseph N, Frances B, et al. Drug Metab Dispos, 1997, 25: 603-608.
[4] 秦群，程泽能，李焕德. 中国临床药理学杂志, 2002, 18: 452-454.
[5] Harry R Howard, John A, et al. J Med Chem, 1996, 39: 143-148.
[6] Prakash C, Kamel A, Gummeru S J. Drug Metab Dispos, 1997, 25: 863-872.
[7] Kazuo Banno, Takafumi Fujioka, Tetsuro Kikuchi, et al. Chem Pharm Bull, 1988, 36: 4377-4388.
[8] Yasuo Oshiro, Seiji Sato, Nobuyuki Kurahashi. J Med Chem, 1998, 41: 658-667.
[9] Feenstra R W, de Moes J, Hofma J J, et al. Bioorg Med Chem Lett, 2001, 11: 2345-2349.

[10] Murasaki M. Eur Neuropsychopharmacol, 2002, 12: 5268.
[11] Pieter Smid, Hein K A, C Coolen, Hiskias G Keizer. J Med Chem, 2005, 48: 6855-6869.
[12] Wong D T, Bymaster F P. Life Sci, 1995, 57: 411-441.
[13] Koe B K. J Pharrnacol Exp Ther, 1976, 199: 649.
[14] Stahl S M, Grady M M, Moret C, et al. CNS Spectr, 2005, 10: 732.
[15] Liebowitz M R, Yeung P P, Entsuah R. J Clin Psychiatry, 2007, 68: 1663-72.
[16] Bymaster F P, Beedle E E, Findlay J. Bioorg Med Chem Lett, 2003, 13: 4477-4480.
[17] Anttila S A K; Leinonen E V J. CNS Drugs, 2001, 7: 249-264.
[18] Wong, E H F, Ahmed S, Marshall RC. WO 0101973.
[19] Ives J L, Heym J. Antidepressant Agents. Annu Rep Med Chem, 1989, 24: 21-29
[20] Tetrud V W, Lanston J W. Science (Washington D C), 1989, 245: 519-522.
[21] Nikoi Annan, Richard B Silverman. J Med Chem, 1993, 36: 3968.
[22] Pinder R M, Wieringa J H. Med Res Rev, 1993, 13: 259-325.
[23] Glennon R A. Drug Dev Res, 1992, 26: 251-262.
[24] Roddy E. British J Med, 2004, 328: 509-511.
[25] Zarate C J, Du J, Quiroz J, et al. Ann NY Acad Sci, 2003, 1003: 273-291.
[26] Skolnick P. Eur J Pharmacol, 1999, 375: 31-40.
[27] Phil S, Piotr P, Aaron J, et al. Life Sci, 2003, 73: 3175-3179.
[28] Leah A, Brian L, Ann J B. European Journal of Pharmacology, 2008, 587: 141-146.
[29] Petrie R X, Reid I C, Stewart C A, et al. Pharmacol Ther, 2000, 87: 11-25.
[30] Paul I A, Skolnick P. Ann NY Acad Sci, 2003, 1003: 250-272.
[31] Legutko B, LI X, Skolnick P. Neumpharmacology, 2001, 40: 1019-1027.
[32] Li X, Witkin J M, Need A B, et al. Cell Mol Neurobiol, 2003, 23: 419-430.
[33] Pilc A, Nowak G. Drugs Today (Brac), 2005, 41: 755-766.
[34] Sanacora G, Mason G F, Rothman D L, et al. Psychiatr, 2002, 159: 663-665.
[35] Fiebich B L, Hollig A, Heb K. Pharmacopsychiatry, 2001, 34 (suppl 1): s26-s28.
[36] Ducottet C, Griebel G, Belzung C. Prog Neuropsychopharmacol Biol Psychiatry, 2003, 27: 625-631.
[37] Kramer M S, Cutler N, Feighner J. Science, 1998, 281: 1640-1645.
[38] Steinberg R, Alonso R, Griebel G, et al. J Pharmacol Exp Ther, 2001, 299 (20): 449-458.
[39] Bourin M, Mocaer E, Porsolt R. J Psychiatry Neurosci, 2004, 29: 126-133.
[40] Banasr M, Soumier A, Hery M. BiolPsychiatry, 2006, 59: 1087-1096.
[41] Kennedy S H, Emsley R. EurNeuropsychopharmacol, 2006, 16: 93-100.
[42] Wu Y-H, Rayburn J W, Allen L E, et al. J Med Chem, 1972, 15: 477-479.
[43] New J S. Med Res Rev, 1990, 10: 283-326.
[44] Ishizumi K, Kojima A, Antoku F. Chem Pharm Bull, 1991, 39: 2288-2300.
[45] Dawson G R, Collinson N, Atack J R. CNS Spectr, 2005, 10: 21-27.
[46] Whiting P J. Curr Opin Pharmacol, 2006, 6: 24-29.
[47] Harro J. Amino Acids, 2006, 31: 215-230.
[48] Mirza N R, Rodgers R J, Mathiasen L S. J Pharmacol Exp Ther, 2006, 316: 1291-1299.
[49] Licata S C, Platt D M, Cook J M, et al. J Pharmacol Exp Ther, 2005, 313: 1118-25.
[50] Griebel G, Perrault G, Simiand J, et al. CNS Drug Rev, 2003, 9: 3-20.
[51] Griebel G, Perrault G, Simiand J, et al. J Pharmacol Exp Ther, 2001, 298: 753-68.
[52] Stryjer R, Strous RD, Bar F, et al. Clin Neuropharmacol, 2003, 26: 137-41.
[53] Tomilenko R A, Dubrovina N I. Neurosci Behav Physiol, 2007, 37: 509-15.
[54] Tomilenko R A, Dubrovina N I. Ross Fiziol Zh Im I M Sechenova, 2006, 92: 342-50.
[55] Dere E, Topic B, De Souza Silva M A, et al. Behav Pharmacol, 2003, 14: 245-9.
[56] Aujla H, Martin-Fardon R, Weiss F. Neuropsychopharmacology, 2008, 33: 1818-26.
[57] Lindsley C W, Emmitte K A. Curr Opin Drug Discov Devel, 2009, 12: 446-57.
[58] Todorovic C, Jahn O, Tezval H, et al. Neurosci Biobehav Rev, 2005, 29: 1323-33.
[59] Takahashi L K. Drug News Perspect, 2002, 15: 97-101.

第25章

抗帕金森病和阿尔茨海默病药物

胡有洪

目 录

- 25.1 抗帕金森病药物 /672
  - 25.1.1 抗帕金森病药物的作用机理 /672
  - 25.1.2 作用于多巴胺能系统药物 /673
    - 25.1.2.1 多巴胺合成及代谢过程 /673
    - 25.1.2.2 多巴胺替代物 /673
    - 25.1.2.3 多巴胺代谢过程的抑制剂 /674
    - 25.1.2.4 多巴胺受体激动剂 /676
  - 25.1.3 胆碱受体抑制剂 /677
  - 25.1.4 腺苷受体 A_{2A} 抑制剂 /677
  - 25.1.5 与离子通道受体相关药物 /678
  - 25.1.6 针对其他靶点的药物 /679
- 25.2 抗阿尔茨海默病药物 /680
  - 25.2.1 治疗阿尔茨海默病药物的作用机理 /680
  - 25.2.2 胆碱酯酶抑制剂 /682
  - 25.2.3 胆碱受体激动剂 /683
  - 25.2.4 分泌酶抑制剂 /684
  - 25.2.5 Tau 蛋白抑制剂 /687
  - 25.2.6 离子通道相关的治疗 AD 药物 /687
  - 25.2.7 组氨酸 H_3 受体抑制剂 /688
  - 25.2.8 与 5-HT 相关的治疗途径 /689
  - 25.2.9 其他可能的治疗途径 /689
- 25.3 讨论与展望 /690
- 推荐读物 /691
- 参考文献 /691

神经退行性疾病是一类以神经元退行性病变或凋亡，从而导致个体行为异常乃至死亡为主要特征的疾病。随着人类个体逐渐步入老龄化，神经退行性疾病的发病率不断攀升，目前尚无有效的治疗措施。由于神经元丢失种类的不同，导致不同类型的神经退行性疾病，主要包括帕金森病（Parkinson's disease，PD）、阿尔茨海默病（Alzheimer's disease，AD）、亨廷顿舞蹈病（Huntington's disease，HD）和肌肉萎缩性侧索硬化症（amyotrophic lateral sclerosis，ALS）等。在人类死亡病因中，阿尔茨海默病占第八位，帕金森病占第十四位。

药物社会经济学研究表明神经退行性疾病药物的需求在不断增加，而上市新药却不断减少。过去二十年上市的新药中，仅局限于对相同机理药物的药物代谢性质的改善和副作用的减少，例如治疗阿尔茨海默病药物还停留在乙酰胆碱酶抑制剂，帕金森病药物仅为多巴胺的激动剂。探索新机制新靶点药物，在临床试验中屡屡失败，其原因除了化合物本身理化特性、代谢、毒性的因素外，由于神经、精神活动的复杂性，目前相关的动物模型不能真正有效反映人类神经退行性疾病的病理过程也是一个重要因素。本章主要针对帕金森病和阿尔茨海默病的病理及药物作用机理，综述有效的治疗药物，其中包括临床上已有药物，正在临床评价药物和新靶点药物的研究进展。

25.1 抗帕金森病药物

帕金森病也称震颤麻痹症，一般始发于50～60岁，持续终生。PD病人起病缓慢，逐渐进展，以震颤肌强直及运动减少为主要症状。典型的震颤为静止型震颤，肢体处于静止状态时出现震颤，随意运动时可减轻或暂时停止。疾病进入晚期后，震颤变为经常化，即使随意运动时也不减轻，情绪激动时震颤加重，睡眠时停止。下颌、唇、舌、头部一般最晚波及。强直由于肌张力增高，多由一侧小肢近端开始，渐及远端、对侧和身体，面肌强直，使表情动作和眨目减少，成为"面具脸"。

PD病人的主要病理特征是黑质多巴胺（DA）能的神经元丢失，其他神经递质相关的神经元对其也有影响[1]。导致多巴胺神经元病变的因素很多，有免疫、遗传、病毒、毒素等。研究表明吸毒者因吸进杜冷丁的杂质（MPPP，**1**）转化为1-甲基-4-苯基-1,2,5,6-四氢吡啶（MPTP，**2**）而产生类似震颤麻痹症状。此化合物可经单胺氧化酶B（MAO-B）氧化为季铵结构的1-甲基-4-苯基-二氢吡啶（MPDP，**3**），被黑质细胞摄入神经元内，进一步氧化为毒性物质1-甲基-4-苯基吡啶（MPP$^+$，**4**），使黑质多巴胺神经元受损丢失，黑质纹状体通路受损，多巴胺耗竭。此外，毒素6-羟基多巴胺（6-OHDA，**5**）和鱼藤酮（Rotenone，**6**）也可使多巴胺神经元丢失（图25-1）[2]。

药物诱导也可产生可逆性PD综合征，如抗精神病药物吩噻嗪类、丁酰苯类药物及治疗高血压的多巴胺耗竭剂利舍平，拮抗多巴胺D_2受体等。但停药后，可恢复正常。

25.1.1 抗帕金森病药物的作用机理

多巴胺传导系统中，多巴胺做为抑制型的神经递质与兴奋型神经递质乙酰胆碱之间的平衡，可确保机体正常的生理机能。从帕金森病病人的病理解剖发现，多巴胺神经通路中黑质体病变，使纹状体多巴胺含量下降，导致二者之间失衡。相反胆碱能神经元兴奋性增加，导致肌肉张力亢进、运动障碍等临床表现，进一步可发展为肌强直，最终死于肺栓塞、吸入性肺炎等。现在主要药物的作用机制和研发均以此为依据（图25-2）。

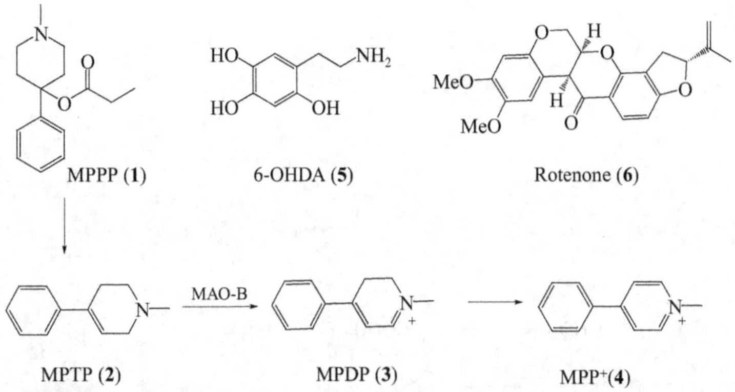

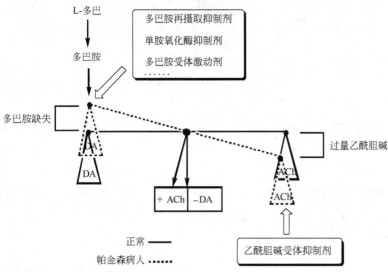

图 25-1 导致多巴胺神经元病变的三种主要毒素及 MPTP 的代谢中毒机制

图 25-2 抗帕金森病药物作用机理

25.1.2 作用于多巴胺能系统药物

25.1.2.1 多巴胺合成及代谢过程

多巴胺在生物体内的合成从酪氨酸开始，酪氨酸（**7**）经羟化酶转化为 L-多巴（**8**），再经脱羧酶生成多巴胺（**9**）。多巴胺（**9**）在 MAO-B 的作用下可代谢为醛（**10**），进一步代谢成酸（**11**）排泄；同时多巴胺（**9**）可被儿茶酚氧位甲基移位酶（COMT）作用生成 3-甲氧基酪胺（MAT，**12**），此化合物可进一步代谢成酸排泄；此外，在多巴胺 β-羟化酶的作用下，代谢成去甲肾上腺素（**13**），以类似的路径最终生成香草扁桃酸（VMA，**16**）（图 25-3）。

25.1.2.2 多巴胺替代物

酪氨酸羟化酶的减少或活性降低，造成纹状体多巴胺明显减少，于是患者黑质神经元及其通路退化。针对此原因，L-多巴（**8**）经脱羧酶作用而转变为多巴胺（**9**）。左旋多巴（**8**）能使 50%～60% 患者的强直、运动迟缓和震颤等症状明显改善（图 25-3）。左旋多巴的酯做为前药也用于 PD 治疗。

这种治疗手段在 20 世纪 70 年代为黄金期，但口服左旋多巴只有 1% 的药物渗入脑内，大部分在进入脑内以前可在外周脱羧生成多巴胺。外周大量的多巴胺（**9**）使 80% 患

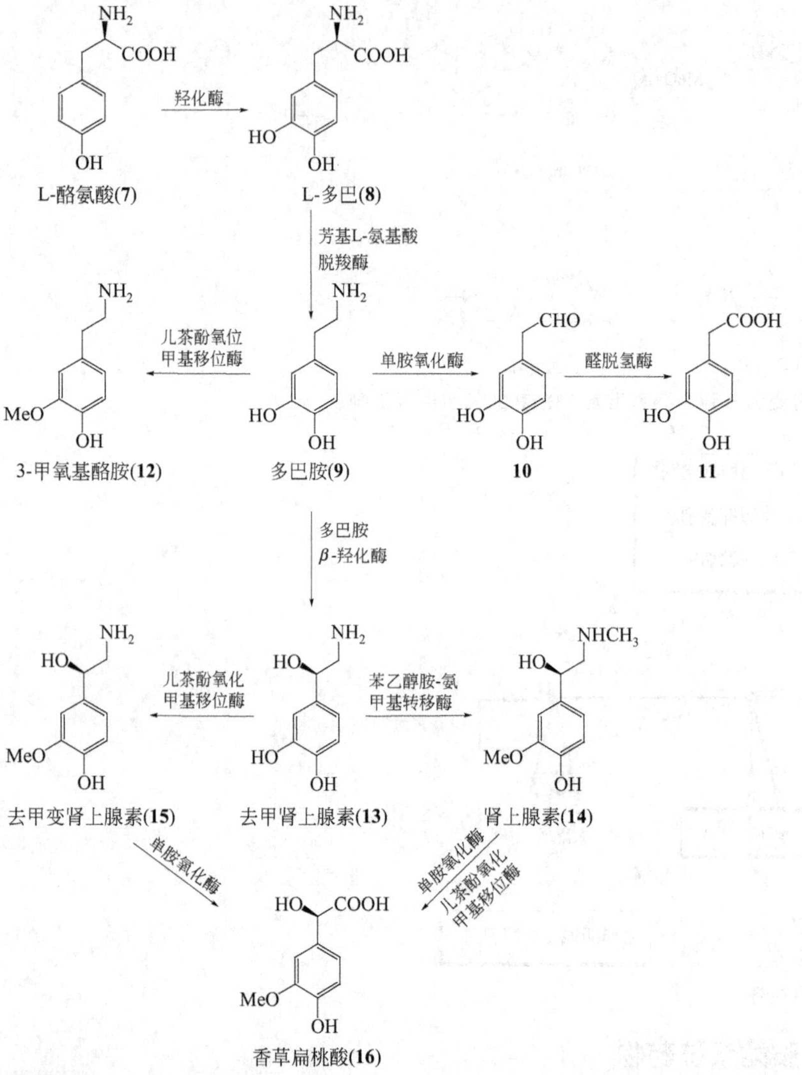

图 25-3 多巴胺合成及代谢过程

者产生恶心、呕吐等肠道副作用，10%的患者出现心律失常，25%的患者出现体位性低血压。为降低这些副作用，L-多巴（**8**）需与脱羧酶的抑制剂合用。这类抑制剂不会渗入脑内，只在外周产生作用。常用的抑制剂有卡比多巴（Carbidopa **17**）和苄丝肼（Benserazide **18**）。

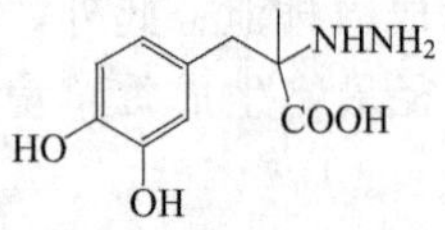

Carbidopa (**17**)

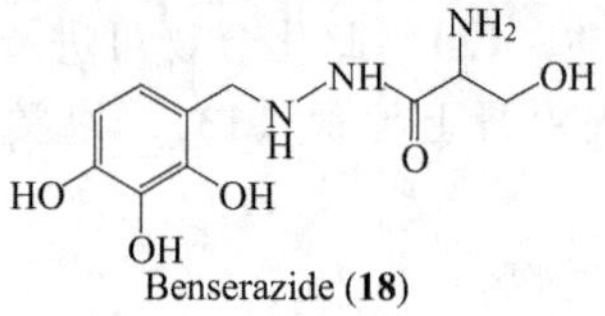

Benserazide (**18**)

25.1.2.3 多巴胺代谢过程的抑制剂

L-多巴（**8**）在进入脑内以前，在外周可被 COMT 催化生成 3-甲氧基化合物。L-多巴的半衰期只有 1h，*O*-甲基代谢产物的半衰期为 15h，要使更多的多巴进入脑内，需进一步抑制外周的 COMT，以便提高药效，减轻副作用。临床上常与 COMT 抑制剂合用，可延长多巴半衰期，使脑内多巴胺的水平稳定。临床上使用药物有恩他卡明（Entacapone，**19**）和托卡明（Tolcapone，**20**），后者的肝毒副作用相比较低。

Entacapone (19)　　　Tolcapone (20)

COMT 抑制剂是根据内源性底物多巴胺设计，其芳香环上的酚羟基和硝基至关重要，近年来通过对另一部分取代羰基基团的结构改造，得到活性更好、毒性更小的化合物 Nebicapone（21），现处于二期临床研究[3]。化合物 BIA 3-335（22）在小鼠上实验中表现出活性好、作用时间长的特点[4]。对硝基取代位置的改变而得到的一系列衍生物中，化合物 23 表现出非常好的选择性和体内代谢稳定性[5]。

Nebicapone (21)　　　BIA 3-335 (22)　　　23

MAO-B 可以使多巴胺氧化脱胺，是 DA 代谢的关键酶之一，此过程又会产生一些自由基，引起氧化应激使神经元死亡。对 MAO-B 的抑制不仅可以提高 DA 水平，还具有神经保护作用。当患者对左旋多巴疗效逐渐减弱时，临床上加用非可逆性 MAO-B 抑制剂司来吉兰（Selegiline 24），可改善疗效。新的非可逆性抑制剂 Rasagiline（25）对 MAO-B 有更高的选择性，其活性为司来吉兰的 5~10 倍[6]。

Selegiline (24)　　　Rasagiline (25)

近年来人们非常关注对 MAO-B 选择性更强的可逆性抑制剂研究。其中沙芬酰胺（Safinamide，26）除为钙离子通道调节剂、钠离子通道阻滞剂及多巴胺再摄取抑制剂外，还对 MAO-B 的选择性抑制比 MAO-A 高 5000 倍，现已进入三期临床[7]。通过固相合成得到其系列衍生物，构效关系结果表明，手性中心的 S-构型对 MAO-B 的选择性至为重要，间位卤素取代活性提高，氯取代化合物 27 比沙芬酰胺活性高，但选择性下降。不同 R 的取代化合物构效关系为 $CH_3 > CH_2OH > H \gg C_6H_5$。环化后的衍生物 29，其 R-构型的化合物表现出更强的抑制活性和选择性（$IC_{50}=17nmol/L$，$SI=2941$）[8]。

Safinamide (26) R = CH_3, R′ = F
27　　　　　　R = CH_3, R′ = Cl
28　　　　　　R = CH_2OH, R′ = Cl

29

从香豆素类化合物中发现的具有可逆性、高选择性抑制剂 30 与沙芬酰胺有一定的结构相似性，并通过与 MAO-B 的复合单晶结构证实他们处于相似的结合模式[9]。新的含有杂环的三稠环结构类化合物对 MAO 有较好的抑制作用，不同杂环化合物对选择性抑制有一定区别，含哒嗪或三氮稠杂环类化合物仅对 MAO-B 有抑制活性，而嘧啶类化合物对两个 MAO 的亚型都有抑制活性。其中化合物 31 对 MAO-B 的抑制活性达 80nmol/L，而对

MAO-A 几乎没有活性[10]。此外，咖啡因类衍生物 **32** 和吡咯类化合物 **33** 也具有较好的 MAO-B 抑制活性和高选择性[11,12]。

25.1.2.4 多巴胺受体激动剂

多巴胺受体分为 D_1 和 D_2 亚型，属于 GPCR 家族成员，仅有 29% 的氨基酸序列同源性。D_1 亚型受体激活后，腺苷酸环化酶活性增强，使细胞内 cAMP 水平升高。D_2 亚型受体激活则使细胞内 cAMP 降低。1990 年以后应用重组 DNA 克隆技术，相继克隆了 D_1、D_2、D_3、D_4、D_5 五种亚型受体基因。其中 D_1 与 D_5 两种受体的氨基酸序列和功能较相近，合称 D_1 样受体；D_2、D_3、D_4 三种受体的氨基酸序列较近，合称 D_2 样受体。在五种受体中，以 D_1 与 D_2 两种受体在脑内数量最多。研究表明，当 D_2 受体功能低下时，可引起胆碱能神经元兴奋性增加而诱发 PD，故 D_2 受体周围 DA 缺乏可能是诱发 PD 的主要病因，所以选择性的 D_2 受体激动剂可补偿多巴胺系统活性的不足，产生治疗作用。

临床上应用的多巴胺受体激动剂从化学结构上可分为：麦角生物碱类化合物（ergolines）和非麦角生物碱类化合物。

麦角生物碱类化合物是临床上应用较早的 DA 受体激动药。溴隐亭（Bromocriptine，**34**）对 D_1 受体有轻微拮抗作用，对 D_2 受体产生激动作用；培高利特（Pergolide，**35**）对 D_1 和 D_2 受体都有激动作用；卡麦角林（Carbergoline，**36**）的作用时间长，选择性地激动 D_2 受体，每天只需服药一次；麦角乙脲（Lisuride，**37**）为 D_1 抑制剂，D_2 激动剂，同时激动 5-HT 受体。α-二氢麦角隐亭（DHEC，**38**）为 D_1 激动剂和 D_2 部分激动剂，相比其他麦角类生物碱副作用小，耐受性好，适用于轻、中度 PD 患者。麦角生物碱类化合物长期使用可引起严重副作用，现对其衍生物的研究少见报道。

为寻找毒性小、选择性好的 D_2 激动剂，非麦角生物碱类化合物被相继发现，逐渐成为临床上一线药物如吡贝地尔（Piribedil，**39**），罗匹尼罗（Ropinirole，**40**）和普拉克索

(Pramipexole，41)。D_2 受体激动剂罗替戈汀（Rotigotine，42）近年在临床上有较好的疗效[13]。现已发现更多专一性强的 D_2 受体激动剂[14]。对罗匹尼罗（40）和普拉克索（41）的后期研究发现，它们也激动 D_3 受体，具有神经保护作用。通过高通量筛选，具有较好选择性 D_3 受体的激动剂 D-74（43）被发现，将其结构与临床上的 D_2 激动剂进行杂合，找到活性更好的双激动剂 44 和 45[15,16]。

Piribedil (39)　　Ropinirole (40)　　Pramipexole (41)　　Rotigotine (42)

D-74 (43)　　44　　45

阿朴吗啡（Apomorphine，46）是早期发现的强效广谱治疗 PD 药物，其结构与多巴胺有一定的类似性，为 D_1，D_2，D_4 激动剂，但不能口服吸收。研究其基本母核的构效关系而寻找具有更好药代性质的药物，一直是人们关注的热点[17,18]。与阿朴吗啡结构类似的阿屈高莱（Adrogolide，47），Dihydrexidine（48）及其衍生物 49 和 Dinapsoline（50）为 D_1 受体激动剂，对 D_2 受体激动活性相比较弱，虽然在 MPTP 损害的猴子和 6-OHDA 损伤的大鼠实验中口服表明较好疗效，但此类化合物在临床试验中失败[19,20]。最近，研究者发现八氢苯并喹啉化合物 51 与阿朴吗啡结构类似而更为简化，为 D_1 和 D_2 激动剂，对 D_2 的激动活性更强，有望进行更为深入的活性评价[21]。

Apomorphine (46)　　Adrogolide (47)　　Dihydrexidine (48) X=CH_2　49 X=O　　Dinapsoline (50)　　51

25.1.3　胆碱受体抑制剂

抗胆碱能药物可以调节多巴胺和乙酰胆碱在脑中的平衡。毒蕈碱受体抑制剂苄托品（Benztropine，52）等（53～55）可与左旋多巴合用，但由于对外周副交感神经阻滞的作用，会造成口干、视力下降、便秘、尿潴留和心动过速等副作用。

Benztropine (52)　　Trieyxphenidyl (53)　　Biperiden (54)　　Metixene (55)

25.1.4　腺苷受体 A_{2A} 抑制剂

腺苷受体 A_{2A} 为近年发展的非多巴胺系统治疗 PD 的重要靶标，属 G 蛋白偶联受体。

对其选择性地抑制可减少突触后多巴胺缺失的影响，间接起到激动多巴胺系统作用，达到治疗帕金森病目的，已在 MPTP 和 6-OHDA 中毒的多巴胺神经元丢失的动物模型中得到验证[22]。目前研究的腺苷受体 A_{2A} 抑制剂主要分为两大类：黄嘌呤类衍生物和含氮多稠杂环化合物。Istradefylline（**56**）是从早期的黄嘌呤 8-位衍生化而来的高选择性腺苷受体 A_{2A} 抑制剂，水溶性好，现已进入三期临床研究[23]。CGS5943（**57**）为非黄嘌呤类腺苷受体抑制剂，对其三稠环结构进行改造，发现活性更优的吡唑三唑嘧啶三稠环结构（化合物 **58** 的母核）。对其吡唑环侧链的各种改造，发现选择性更高的系列化合物，特别是引入哌嗪环后，水溶性增加，其中 SCH-420814（**58**）已发展到 Ⅱ 期临床研究[24]。最近对此类化合物的计算机辅助的蛋白对接实验研究，进一步解释了高选择性结合的原因[25,26]。

Istradefylline (**56**)　　　　CGS 5943 (**57**)　　　　SCH-420814 (**58**)

对三稠环中吡唑环的简化改造，保留呋喃侧链，得到双三环结构 **59**，对腺苷受体 A_{2A} 的抑制活性和选择性均有所保持，动物口服有效[27,28]。基于此结构改造的启发，进一步简化保留嘧啶环得到 2-呋喃-4-吡唑-6-氨基乙酰类化合物 **60**，此化合物理化性质好，活性及选择性高，但对 hERG 有抑制[29,30]。对其侧链 R 的各种改造发现，芳基取代化合物对 hERG 的抑制降低[31]。通过对已有的选择性抑制剂的结构重叠和结合位点分析，设计了新的嘌呤类化合物[32]，对嘌呤各取代位置进行结构改造，找到 ST-1535（**61**）具有好的选择性和药代性质，动物实验表明与低剂量的 L-多巴合用有效，副作用小，现处于 Ⅱ 期临床研究[33]。值得一提的是临床上抗疟疾药物 Mefloquine（**62**）具有精神分裂的副作用，对其机理的研究发现，其中一个手性单体对腺苷受体 A_{2A} 有选择性抑制。不断对其结构改造发现，嘧啶骈噻吩类化合物是非常好的选择性腺苷受体 A_{2A} 抑制剂[34,35]，其中 V-2006（**63**）2008 年进入 Ⅲ 期临床研究。

59　　　**60**　　　ST-1535 (**61**)　　　Mefloquine (**62**)　　　V-2006 (**63**)

25.1.5　与离子通道受体相关药物

金刚烷胺（Amantadine, **64**）最初作为一种抗病毒药投入市场，后来证实可增强突触前 DA 的合成和释放，并减少 DA 再摄取，对 N-甲基-D-天冬氨酸受体（NMDA）有微弱的拮抗作用，易通过血脑屏障，副作用很少，对 PD 有效，但疗效较小且持续时间短。对 PD 病人的脑解剖发现，谷氨酸通路过渡活跃。NMDA 受体分为 NR_1 和 NR_2 亚型，与 PD 相关的受体为 NR_2B 型，NR_2B 型受体抑制剂 Ifenprodil（**65**）及其含有酚羟基类似物在动物模型中效果良好，但在小规模的临床试验中无效[36]。最近通过高通量筛选和结构优化又找到口服生物利用度高，能通过血脑屏障的 2-氨基嘧啶类化合物 66，动物模型有效[37]。此外，与离子通道相关的 α-氨基羟甲基噁唑丙酸受体抑制剂和谷氨酸释放调节剂为靶标的小分子，在临床试验中失败[38]。最近研究揭示亲代谢性谷氨酸受体Ⅲ型（Ⅲ mGluR）可能成为新的治疗 PD 的靶标，其激动剂（1S,2R）-APCPr（67）在动物模型研究表明可以逆转肢体僵硬[39]。

Amantadine (64)　　Ifenprodil (65)　　66　　(1S, 2S)-APCPr (67)

25.1.6　针对其他靶点的药物

阻断突触前 $α_2$ 肾上腺素能受体，可调节 PD 病人由 L-多巴引起的运动障碍及相关行动失调。$α_2$ 肾上腺素受体抑制剂 Fipamezole（68）和 Idazoxan（69）正在Ⅱ期临床试验中[40]，Yohinbine（70）在 MPTP 诱导的小鼠模型中也表现出减轻运动障碍的作用。$α_2$ 肾上腺素受体可分为三种亚型 $α_{2A}$、$α_{2B}$ 和 $α_{2C}$，前两种与调整血压相关。选择性抑制 $α_{2C}$ 受体可能有效调节 L-多巴引起的运动失调，化合物 71 为新报道的 $α_{2C}$ 肾上腺素受体选择性抑制剂[41]。

Fipamezole (68)　　Idazoxan (69)　　Yohinbine (70)　　71

5-HT_{1A} 受体的过渡表达可抑制 5-羟色胺的释放，从而减轻 PD 病人活动异常。Bifeprunox（72）为 D_2 受体和 5-HT_{1A} 双激动剂，但在临床试验中失败。5-HT_{1A} 受体激动剂沙立佐坦（Sarizotan，73）和 Pardoprunox（74），具有较弱的多巴胺 D_2 受体亲和性，用于治疗 PD 病人的临床试验正在进行中[42]。5-HT_{2A} 受体的反向激动剂 ACP-103（75），在动物实验中也表现出减轻震颤和 L-多巴诱导的运动障碍[43]。

Bifeprunox (72)　　Sarizotan (73)　　Pardoprunox (74)　　ACP-103 (75)

随着对药物的多种作用模式的研究，新的机理不断发现。抗精神分裂药布地品（Budipine，76）与 GABA，5-HT，NMDA 等多种受体相关，可调节 DA 水平，成为 PD 辅助治疗药物[44]。Ⅱ期临床化合物 Indantadol（77）具有 NMDA 抑制作用，但同时又对单胺氧化酶有很好的抑制活性。MAO-B 的抑制剂 Selegiline（24）对甘油醛磷酸脱氢酶（GAPDH）有较弱的抑制作用而表现神经保护作用，提出 GAPDH 在神经元凋亡中起关键作用的糖酵解酶，可能成为治疗 PD 病人的新靶点，其中化合物 TCH346（78）对 GAPDH 有更高的亲和性，而对 MAO 没有抑制作用[45]。此外，从免疫抑制剂衍生的神经亲免疫因子配体具有神经营养性质，化合物 GPI1046（79）在 MPTP 小鼠模型中促进酪氨酸羟化酶免疫反应，显示出神经保护作用[46]。

Budipine (76)　　Indantadol (77)　　TCH346 (78)　　GPI1046 (79)

25.2　抗阿尔茨海默病药物

1907 年，德国神经病专家及病理学家 Aloi Alzheimer 通过尸检，首次描述了阿尔茨海默病（AD）病人的脑萎缩、淀粉样蛋白斑、神经纤维缠结和星状细胞神经胶质增生引起的发炎及过多的小神经细胞胶质。对 AD 病人的初步诊断除记忆减退外，还有失语、失认、失用及失调等功能性障碍。早期的记忆减退为 AD 的前兆，六年内 80% 的病人会发展到痴呆。通常只有病人的脑解剖后才可以看到神经纤维缠结程度，准确判定病人的病情，所以了解病情程度与神经纤维缠结的关系，必需发展更新的诊断手段。

现对大脑用计算机体层摄影术（CT）和核磁共振成像（MRI）进行扫描，通过脑体积有可能判断病人病情进展[47]。功能性核磁共振成像（fMRI）、核磁共振氢谱和正电子发射计算机断层照相技术（PET）可评价脑活动和不同的认知阶段，有助于临床诊断。现正研究与淀粉样蛋白斑有亲和性的分子，通过进入血脑屏障，可发展为诊断试剂，例如刚果红和硫磺素的衍生物可检测脑内斑块的形成。此外，通过脑脊液内淀粉样蛋白斑（Aβ）、Tau 蛋白和磷酸化 Tau 蛋白的检测可以提高诊断率，制定治疗方案[48]。

25.2.1　治疗阿尔茨海默病药物的作用机理

胆碱能系统假说：40 年前，发现 AD 病人的大脑中合成乙酰胆碱的胆碱乙酰转移酶和前脑基底的胆碱神经元明显减少。动物模型也表明胆碱能神经元的丢失和去功能化会使动物丧失记忆和认知功能，但具体的关系并不明确。现普遍认为胆碱能系统参与认知（例如：记忆和注意力）和非认知（例如：情感淡漠、抑郁、过激和睡眠失调等）行为。乙酰胆碱在突出前端由胆碱在乙酰辅酶 A 的作用下合成，通过突触的转运蛋白结合，在突触间隙释放。乙酰胆碱作为神经递质作用于毒蕈碱受体和烟碱受体进行信号传导，同时可被乙酰胆碱酯酶水解，产生胆碱和醋酸（图 25-4）。由于乙酰胆碱在自主神经系统中所处的重要位置，所以任何在副交感神经处存在的乙酰胆碱失衡均将导致严重的生理障碍。但乙酰胆碱自身并不能作为一种药物来补充其在体内的不足。因为乙酰胆碱对其受体无选择性，而且在体内的吸收很差，难以通过血脑屏障，会引起严重的副作用。针对其信号传导途径，乙酰胆碱酯酶，毒蕈碱受体和烟碱受体，成为治疗和改善 AD 病人重要靶标。

淀粉样蛋白假说：淀粉样蛋白在脑内神经细胞内外的沉积是 AD 病人的重要病理特征。淀粉样前体蛋白（APP）在神经元和神经胶质中表达合成，进入内质网。主要的 APP 有八种亚型，分别为 677，695，696，714，733，751，752 和 770 个氨基酸。APP 的两种蛋白水解途径（图 25-5）可由多种因素调节，主要的裂解途径是通过 α-分泌酶在 APP 的 lys16 和 leu17 间断裂，产生可溶性的 APPSα 片断和 αC-段片断（αCTF，也称 C83）。αCTF 可再被 γ-分泌酶水解产生不溶性的 P_3，类似于淀粉样沉积。90% 的 APP 通过此途径水解。

APP 的另一水解途径是通过 β-分泌酶（也称 BACE，β-site APP cleaving enzyme）在其淀粉样蛋白（Aβ）的 N 端 Asp_1 和 Met_1 处裂解，产生可溶性的 APPSβ 和 βC 片断（βCTF，也称 C99）。βCTF 可再被 γ-分泌酶水解产生 Aβ 40 或 Aβ 42（39~43 个氨基酸）及不稳定的残基。Aβ 可以在水环境下聚集产生多聚体、可扩散性配体衍生物、初原纤维和纤维而富集在神经细胞表面,产生毒性和神经细胞因子发炎。Aβ 多聚体使记忆力减退,同时 Aβ 的衍生物可激活细胞表面受体诱导神经细胞凋亡。针对 APP 水解过程及 Aβ 的聚集可作为相应的靶标开发新药。

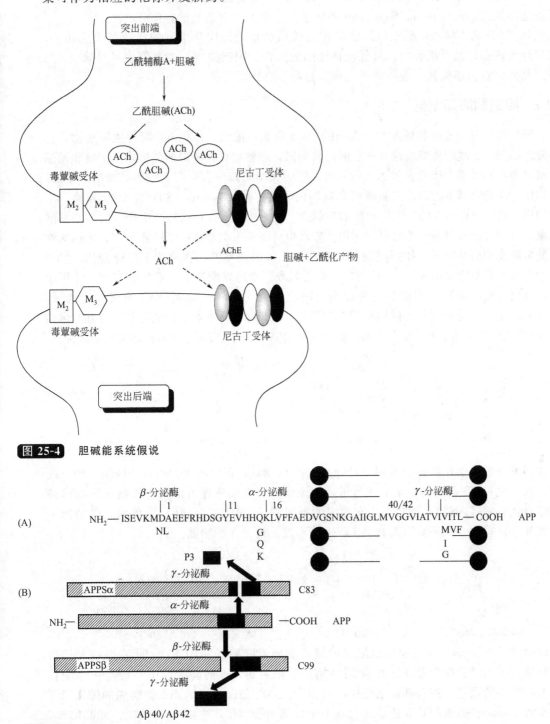

图 25-4 胆碱能系统假说

图 25-5 APP 蛋白水解途径

Tau 蛋白假说:低分子量的微管相关蛋白(Tau)缠结是 AD 及某些其他神经退行性疾病的病理特征。Tau 蛋白对轴突的转运及稳定微管起着重要作用。它可被多个丝氨酸和苏氨酸激酶磷酸化例如：CDK-5、GSK-3、JNK、PKA 及 PKC 等，又可由 PP-1、PP-2A、PP-2B 及脯氨酰异构酶脱磷酸化。如果 tau 蛋白被过度磷酸化，它会从微管表面脱落而聚集产生神经纤维结。在 AD 病人中神经纤维缠结比淀粉样蛋白更为明显，围绕此机理开发选择性激酶的抑制剂，阻止 Tau 的聚集是一个非常有前景的方向。

此外，AD 病人病理解剖发现过多的神经胶质和小神经胶质细胞的活跃与炎症相关，导致神经炎斑和神经纤维缠结，可促使神经细胞死亡。现已发现一些基因也可导致 Aβ 的聚集。此外，自由基氧化、金属离子失调等也与 AD 病理有关。

25.2.2 胆碱酯酶抑制剂

胆碱酯酶可分为乙酰胆碱酯酶（AChE）和丁酰胆碱酯酶（BuChE）两种主要亚型，它们的分布不同。乙酰胆碱酯酶选择性水解乙酰胆碱，在脑内存在四聚体和单体。丁酰胆碱酯酶可水解多种胆碱酯。研究表明 AD 病人的乙酰胆碱酯酶减少会引起丁酰胆碱酯酶的增加。现有临床使用药物基本上为乙酰胆碱酯酶抑制剂。他克林（Tacrine，80）为 1993 年第一个批准的用于治疗 AD 病人的乙酰胆碱酯酶抑制剂，但对少数病人有效且产生严重的恶心和呕吐现象，对肝功能有伤害，现已很少使用。安理申（Donepezil，81）1997 年上市，为选择性的乙酰胆碱酯酶的抑制剂，作用时间长，毒性小，口服剂量低，在临床上广泛应用。2000 年批准上市的艾斯能（Rivastigmine，82），对乙酰和丁酰胆碱酯酶有双重抑制作用，作用时间长，对病人短时间记忆方面有显著提高。加兰他敏（Galantamine，83）为天然生物碱，2001 年批准上市，是可逆性乙酰胆碱酯酶抑制剂，对烟碱受体变构有微调作用，并在突触前端调节谷氨酸、5-羟色胺和去甲肾上腺素的释放，对 AD 病人的日常学习和活动有明显改善。

Tacrine (**80**) (1993)　　Donepezil (**81**) (1997)　　Rivastigmine (**82**) (2000)　　Galantamine (**83**) (2001)

我国发现的天然产物石杉碱甲（Huperzine A，84），在中国成为治疗 AD 病人的一线药物，其衍生物 ZT-1 及其新剂型也已进入临床研究。在临床评价的其他乙酰胆碱酯酶抑制剂还有化合物 TAK147（85），为安理申的类似物。CHF2819（86）为毒扁豆碱的衍生物。此外，这些化合物还具有对抗 Aβ 产生的毒性及神经保护功能。

Huperzine A (**84**)　　TAK147 (**85**)　　CHF2819 (**86**)

1991 年，Sussman 等用加利福尼亚电鳐乙酰胆碱酯酶（TcAChE）的 X-射线晶体衍射分析确定了乙酰胆碱酯酶的三维空间结构。结果表明，通向酶活性中心的是一个细长的、下端扩展的通道。在底部的活性中心有由 Ser200、His440 和 Glu327 组成的催化三联体酯水解中心；在通道的外周边缘还存在一个外周结合部位，主要为 Trp279，此部位与 β 淀粉样蛋白的沉积有关。通过乙酰胆碱酯酶双活性中心理论，设计和合成的乙酰胆碱酯酶抑制剂能同时结合酶的催化中心与酶的外周活性位点，表现出对乙酰胆碱酯酶的抑制作用，提高脑内乙酰胆碱的水平，阻止由乙酰胆碱酯酶所诱导的 β 淀粉样蛋白沉积。基于已有的乙酰胆碱酯酶抑制剂设计的双功能分子成为近年来的研究热点，用不同连接基团和有一定链长的他克林类（**87**）、杂合他克林（**88**）、加兰他敏类（**89**），石杉碱类化合物（**90**），杂合安理申类（**91**）和其他链接的双功能分子化合物，部分化合物对乙酰胆碱酯酶抑制活性明显提高，同时可阻止β淀粉样蛋白的沉积[49~52]。

bis-Tacrine (**87**) Tacrine Hybrid (**88**) bis-Galantamine (**89**)

bis-Huperizne B (**90**) Donepezil-Tacrine Hybrids (**91**)

最近从天然产物中又发现活性优于已知乙酰胆碱酯酶抑制剂的四环三萜类化合物（Oxazine，**92**），通过计算机对接研究发现它同时结合乙酰胆碱酯酶的两个活性位点，选择性高[53]。基于乙酰胆碱酯酶双位点理论，更为简单的多靶点抑制剂陆续有报道，如苯并呋喃杂合芳环类（**93**），双甲氮䓬酚（**94**）及苯醌为连接点的双芳环类化合物（**95**）。它们不仅对胆碱酯酶有很好的抑制，同时抑制Aβ的聚集，成为研发的又一轮热点[54~56]。

Oxazine (**92**) Benzofuran-based Hybrid (**93**)

bis-(-)-nor-meptazinol (**94**) Quinone-bearing Polyamines (**95**)

25.2.3 胆碱受体激动剂

从胆碱能假说中可以发现，胆碱受体与 AD 紧密相关，它可分为毒蕈碱受体（mAChRs）和烟碱受体（nAChRs）。毒蕈碱受体传递所有的神经节后末梢的和自主神经突触前膜的胆碱信号，为 G-蛋白偶联受体；烟碱受体则是传递自主神经突触前膜、自主神经节和躯体神经肌连接处的胆碱信号，为离子通道受体。

毒蕈碱受体可分为五个亚型（$M_1 \sim M_5$）。研究表明 M_1 和 M_3 受体的激动剂可刺激 APP 的 α-分泌酶水解过程，产生大量的 sAPPα，理论上可减少 Aβ 的产生。M_2 的激动剂可抑制 sAPPα 的进一步水解。此外，M_1 的激动剂可减少 Tau 蛋白的磷酸化和过度磷酸化，动物实验表明可提高认知和记忆力[57]。M 受体的激动剂如：Civemiline (**96**)，Xanomeline (**97**) 和 Talsaclidine (**98**)，由于缺乏 M 受体的选择性、较差的生物利用度和有效性，同时对胃肠道有副作用，临床试验失败。仅 Sabcomeline (**99**) 作为 M_1 受体的部分激动剂在Ⅱ期临床试验中。

Civemiline (96) Xanomeline (97) Talsaclidine (98) Sabcomeline (99)

烟碱受体（nAChRs）是人体内一类重要的离子通道受体，存在多种功能各不相同的17种亚型。在中枢神经系统中，主要存在的亚型是 $\alpha_4\beta_2$ 和 α_7 受体。乙酰胆碱可激活烟碱受体引起 Na 和 Ca 快速内流，出现细胞去极化，可改善 AD 患者的认知能力。尼古丁可提高 AD 病人的注意力、语言学习和空间记忆能力。对其配体的设计来源于内源性物质及天然配体的结构优化，主要有胆碱类化合物、尼古丁衍生物、地棘蛙素类（Epibatidine）、金雀花碱类（Cytisine）、喹核碱类（Quinuclidine）及类毒素类化合物（Anatoxin）[58]。从尼古丁衍生的化合物为 5-I-A85380（**100**）为选择性的 $\alpha_4\beta_2$ 激动剂，活性与地棘蛙素相当，具有神经保护作用[59]。进入临床Ⅱ期研究的 $\alpha_4\beta_2$ 激动剂 ABT-089（**101**）显示出有效的提高学习能力，其作用与尼古丁类似。打开尼古丁 5 位的吡咯环得到第二代选择性的 $\alpha_4\beta_2$ 激动剂，TC-1734（**102**）口服有效，现处于Ⅱ期临床研究中。在金雀花碱结构中引入乙烯基，得到比母体活性更好，易于通过血脑屏障的化合物 **103**[60]。

5-I-A85380 (**100**) ABT-089 (**101**) TC-1734 (**102**) **103**

烟碱受体 α_7 与认知和注意集中有关，化合物 GTS-21（**104**）为第一个报道的选择性 α_7 受体部分激动剂，对 $\alpha_4\beta_2$ 无激动作用。喹核碱类化合物 SSR-180711（**105**）及 PHA-543613（**106**）口服吸收较好，并在大鼠迷宫实验中表明明显提高认知能力。A-582941（**107**）为不同结构类型的选择性 α_7 受体激动剂，可激动 MAP 激酶信号通路，显示出广泛的效果，可提高记忆力、短时间的认知能力[61]。现在对 $\alpha_4\beta_2$ 和 α_7 受体激动剂的开发已成为 AD 药物研发的热点之一。

GTS-21 (**104**) SSR-180711 (**105**) PHA-543613 (**106**) A-582941 (**107**)

25.2.4 分泌酶抑制剂

β-分泌酶和 γ-分泌酶在淀粉样蛋白假说中为产生 Aβ 40 或 Aβ 42 的主要水解酶。β-分泌酶已被证实是一种固定于膜上的新型天冬氨酸蛋白酶，与胃蛋白酶 D 族（pepsin family D）密切相关。首次报道的 β-分泌酶抑制剂 OM99-1（**108**）和 OM99-2（**109**）是基于 APP 底物设计，已获得 OM99-2（**109**）与 β-分泌酶的晶体复合物结构，为设计结构更为简化的活性拟肽化合物打下基础[62]。蛋白酶抑制剂的发展给 β-分泌酶拟肽类抑制剂提供了借鉴，以羟基乙胺为母核的衍生物迅速发展，其中化合物 **110** 对 β-分泌酶的抑制活性达 10nmol/L[63]，化合物 **111** 及其衍生物 **112**，不仅对 β-分泌酶抑制达 nmol/L 级，而且膜透性强，可通过血脑屏障[63~65]。最近报道第二代羟基乙胺类化合物 **113** 和 **114** 为新的抑制剂，口服生物利用度高[66]。

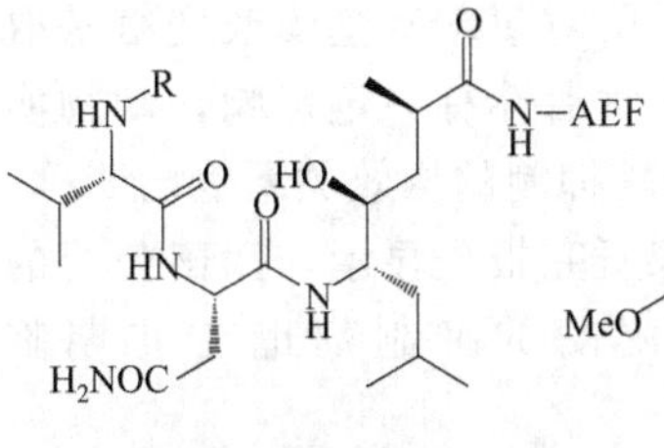

OM99-1 (**108**) R=Glu
OM99-2 (**109**) R=H

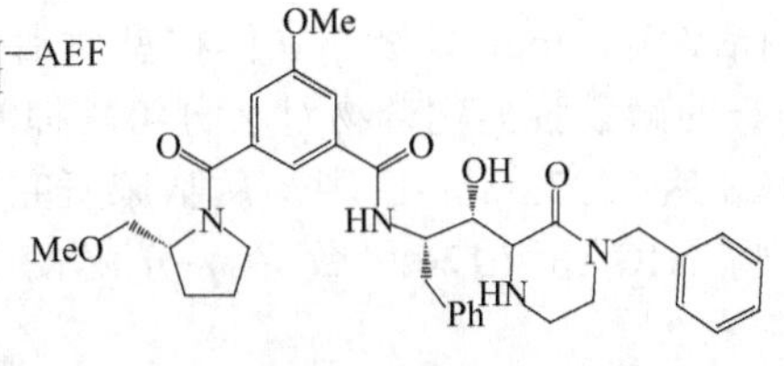

110 IC$_{50}$ = 10nmol/L

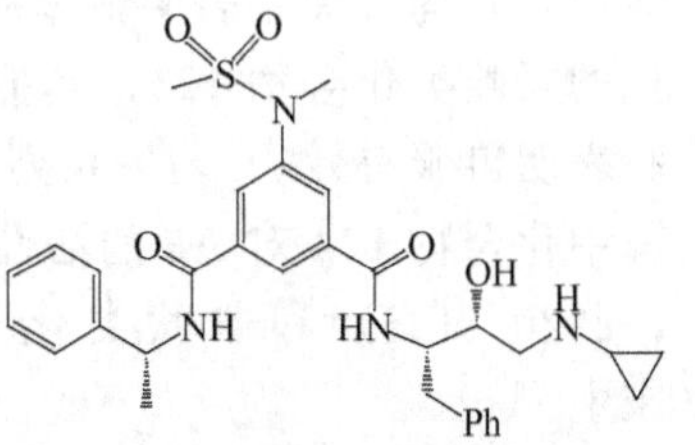

111 IC$_{50}$ = 10nmol/L

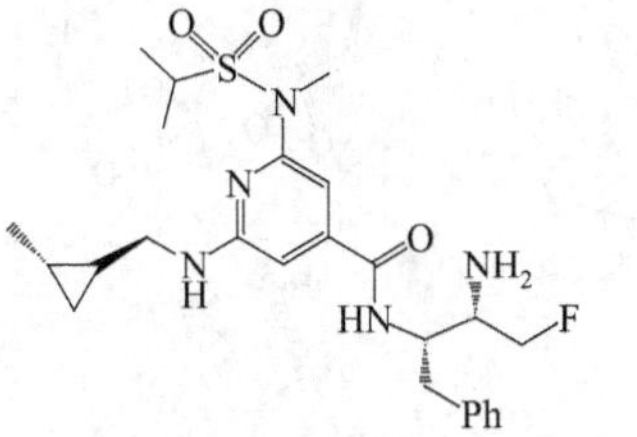

112 IC$_{50}$ = 2nmol/L

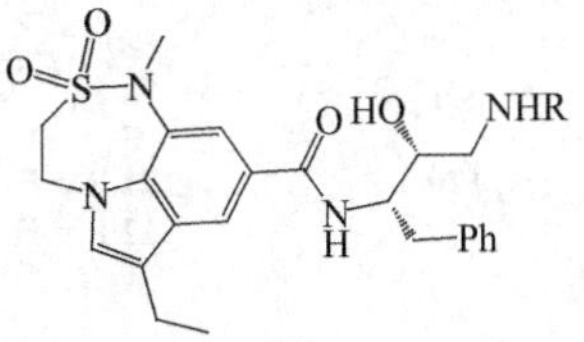

113

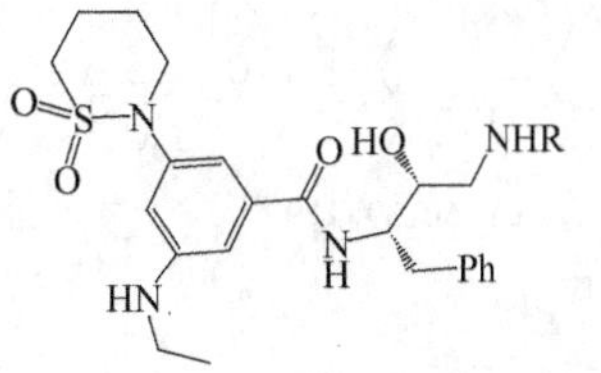

114

为了避免拟肽类抑制剂的缺点，开发新的小分子抑制剂成为热点。日本武田公司第一个报道了非肽抑制剂四氢萘类化合物 **115**，IC$_{50}$ 为 0.25μmol/L。Vertex 公司报道了联芳环萘类化合物 **116**，其 K_i 值小于 3μmol/L[67]。通过分子片段进行的计算机辅助设计，新的小分子抑制剂 2-氨基二氢喹唑啉化合物 **117**，活性达到 nmol/L 级[68]；新型环状脒类化合物 **118**，不仅与 β-分泌酶有很高的结合力，在细胞水平上也表现出 nmol/L 级的活性[69]。

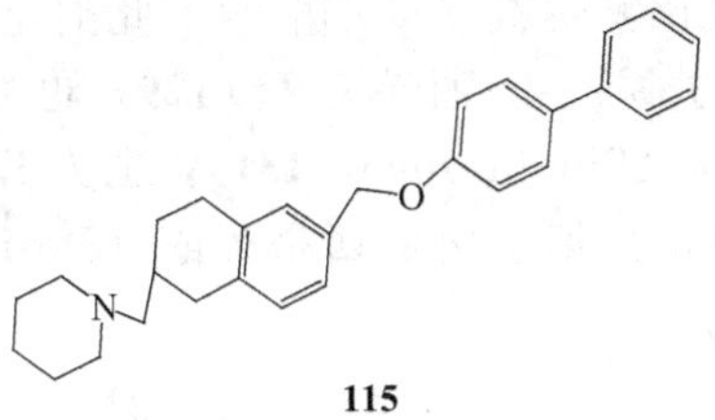

115

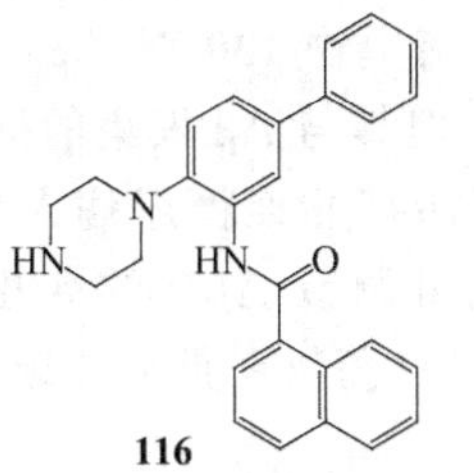

116

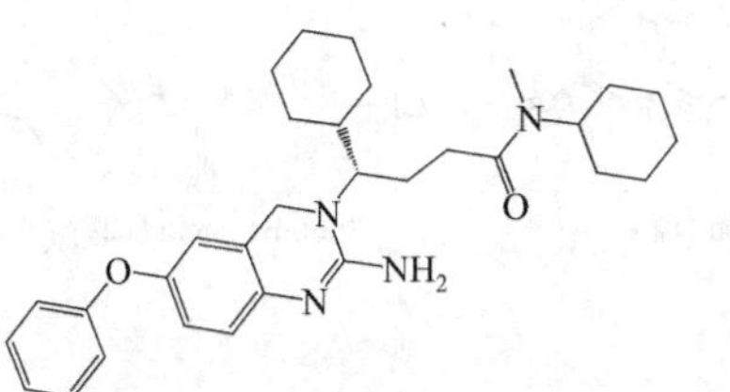

117

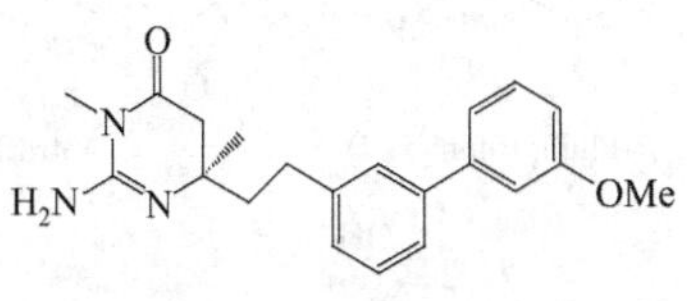

118

γ-分泌酶为复杂的复合体，由多重跨膜早老蛋白（PS）、单过性跨膜蛋白（NCT）、整膜蛋白 APH-1 和 PEN-2 组成，为膜间切割性的天冬氨酸蛋白酶。早期根据模拟 γ-分泌酶发现了一系列拟肽化合物抑制剂，如肽醛类、双氟酮拟肽类等，以后发展到酰胺类、磺胺类等[70]。除肽类抑制剂 MK0752 在 II 期临床外，拟肽酰胺类化合物 LY450139 (**119**) 也在 II 期临床研究中。此化合物在转基因大鼠和狗的试验中表明，可明显阻止 Aβ 的形成，但对病人短时间的认知提高不明显，长期试验正在进行中。以此为基础，新的小分子抑制剂 **120**，不仅在分子和细胞模型上有非常好的活性，大鼠口服实验效果也明显[71]。寻找更为简单的小分子抑制剂已成为各大公司的研究热点。其中，磺酰胺类化合物有非常好的 γ-分泌酶抑制活性，磺酰化氨基己内酰胺化合物 **121** 和 **122**，已达 nmol/L 级的抑制活性，其构效关系表明氯苯基取代官能团至关重要[72~73]。保留对氯苯基基团改变氨基取代的哌啶类化合物 123，其抑制活性达 nmol/L 级，立体构型对活性有一定影响，动物实验表明口服有效[74]。一系列开链的磺酰胺类化合物对 γ-分泌酶抑制的构效关系也已明确，其中化合物 124 对 Aβ 的活性 IC_{50} 达 0.27nmol/L[75]。从临床研究报告显示，武田公司的 E-2020（125）和非肽类化合物 NIC-15（126）做为 γ-分泌酶的抑制剂也在 II 期临床中[76]。

抗炎药物氟比洛芬（R-Flubiprofen，127）正在三期临床试验中，其衍生物硝基氟比洛芬（128）可以减少胃肠道副作用。对此类化合物的深入机理研究发现，可能参与调节 γ-分泌酶切断 APP[77]。消炎止痛药吲哚美辛（Indomethacin，129）表现出延缓 AD 病人病情的作用，其衍生物 130 对 Aβ42 的抑制活性比其提高了 10 倍[78]。此类化合物虽为 COX-2 抑制剂，但其与 Aβ 聚集的抑制没有明确关系[79]。吲哚美辛（129）也为 PPAR-γ 的激动剂，用于治疗 II 期糖尿病人药物吡格列酮（Pioglitazone，131），也为 PPAR-γ 的激动剂，它们也可调节 APP 的淀粉样沉积过程，其衍生物罗西格列酮（Rosiglitazone，132）作为治疗 AD 药物在 III 期临床试验中[80,81]。

减少淀粉样蛋白的沉积也可采用通过阻止 Aβ 的聚集和清除 Aβ 沉淀的策略。Aβ 的聚集与 pH、温度、时间、硫酸肝素、氨基葡聚糖和金属离子等因素有关。模拟 Aβ 疏水区的氨基酸序列得到线形 5~7 肽，可阻止 Aβ 纤维形成，并有已进入临床研究的药物[82]。尼古丁（133）和褪黑激素（Melatonin，134）可影响可溶性 Aβ 的构象而阻断沉积，同时抗氧化剂和单胺氧化酶抑制剂也有同样的功能。有研究表明，香豆素类化合物（135）在

100μmol/L 的浓度下对 Aβ40/Aβ42 的聚集有 70%~80% 的抑制作用。

Aβ 的组氨酸残基与金属离子的络合形成桥连可以稳定聚集，治疗疟疾药物碘羟喹（Clioquinol，**136**）可以选择性螯合锌和铜离子，减少脑内 Aβ 的沉积，Ⅱ期临床试验表明可降低 Aβ42 的水平，但动物行为实验上没有明显改善[83]。此外，2,4-二硝基苯酚，3-硝基苯酚和一些特异性内肽酶可以促进 Aβ 的分解和清除。

Nicotine (**133**)　　Melatonin (**134**)　　Chloroisocoumarins (**135**)　　Clioquinol (**136**)

25.2.5　Tau 蛋白抑制剂

阻止 Tau 蛋白的磷酸化可成为治疗 AD 的另一途径。抑制 Tau 蛋白的微管结合区域（pthr251 和 pser396）的磷酸化，是阻止其聚集和过渡磷酸化的关键。现已表明 CDK-5 和 GSK-3β 与此过程相关。CDK-5 过渡活化会增加 p35 调节蛋白的水解，产生钙蛋白酶（p25），使 AD 病人脑内钙蛋白酶活性增加，诱导神经细胞支架的破坏，导致细胞凋亡[84]。化合物 **137** 和 **138** 为 CDK-5 抑制剂，无临床研究结果报道[85,86]。GSK-3β 为丝氨酸/苏氨酸激酶类的糖原合成酶，海马神经细胞的 Aβ 可激活 GSK-3β 产生 Tau 蛋白多位点的磷酸化（Ser181，Ser199，Ser202，Ser396，Ser404 和 Ser413），此论点已在动物试验上得到验证。过渡表达的 GSK-3β 可引起海马和皮质神经的 Tau 蛋白过渡磷酸化，产生神经细胞死亡和神经胶质增生，造成认知缺失。但此激酶连接多种细胞信号传导通路，可能对其的抑制会产生副作用。已报道的 GSK-3β 抑制剂 NP-12（**139**）现在Ⅰ期临床研究中。此外，还有报道 Azakenpaullone（**140**）及其衍生物 Indirubin（**141**）、Pyrazolopyrimidine（**142**）、Macrocyclic maleimide（**143**）和 Thiazole（**144**）等为新的 GSK-3β 抑制剂[87~89]。

137　　**138**　　NP-12 (**139**)　　Azakenpaullone (**140**)

Indirubin (**141**)　　Pyrazolopyrimidine (**142**)　　Macrocyclic Maleimide (**143**)　　Thiazole (**144**)

25.2.6　离子通道相关的治疗 AD 药物

美金刚（Memantine，**145**）为 NMDA 受体的非竞争抑制剂，在临床上作为口服制剂用于治疗中度到严重的 AD 病人。激动 NMDA 受体会产生过多的谷氨酸和钙离子，导致 AD 病人的神经兴奋毒性，但以此为靶标时，会交叉结合此受体的谷氨酸或甘氨酸位点，引起其他精神障碍，例如苯环利定（PCP，**146**）。美金刚与 NMDA 有较弱的结合，对

5HT$_3$、尼古丁乙酰胆碱受体 α$_4$β$_2$ 和 α$_7$ 也有作用，治疗指数不高。临床评价的许多治疗 AD 药物对 NMDA 受体均有一定的抑制作用。

Memantine (145)   PCP (146)

γ-氨基丁酸受体的亚型 GABA$_B$ 是新的 AD 治疗靶标，为 GPCR 受体，可调节突触前的 γ-氨基丁酸、谷氨酸、各种单胺和神经肽的释放。对 GABA$_B$ 受体的抑制有可能逆转神经递质的释放，提高认知水平。化合物 SGS-742（**147**）为 GABA$_B$ 和 GABA$_C$ 的抑制剂，可增加大鼠皮质和海马的神经生长因子（NGF）及脑衍生神经元因子的蛋白水平，提高认知和记忆水平，现在临床研究中[90]。

SGS-742 (147)

促智药与离子通道有紧密关系，其中 S189861-1（**148**）及其类似物作用于 α-氨基羟甲基噁唑丙酸（AMPA）受体，调节去甲肾上腺素的释放[91]。此外，已有三个 AMPA 的调节剂 CX-717（**149**），Farampator（**150**）和 LY-451395（**151**）进入 II 期临床试验。

S18986-1 (148)   CX-717 (149)   Farampator (150)   LY-451395 (151)

Dimebon（**152**）可通过线粒体孔道上的靶点抑制乙酰胆碱酯酶和 NMDA，保护神经元，2008 年进入 III 期临床研究[92]。此外，与 L-型钙离子通道相关的 MEM-1003（**153**）及与钾、钠离子通道相关的化合物 Nerispirdine（**154**）现也处于 II 期临床研究阶段[93]。

Dimebon (152)   MEM-1003 (153)   Nerispirdine (154)

25.2.7 组氨酸 H$_3$ 受体抑制剂

组氨酸受体有四个亚型，其中 H$_3$ 主要在脑内表达，分布于大脑皮层、杏仁核、海马、纹状体、丘脑和下丘脑。H$_3$ 受体在非组胺能神经末梢的表达可以调节乙酰胆碱、多巴胺、γ-氨基丁酸、谷氨酸和 5-羟色胺的释放。H$_3$ 受体的抑制剂和反向激动剂可以阻止组氨酸的抑制功能，促进多种神经递质的释放，激活尼古丁乙酰胆碱受体。动物试验表明 H$_3$ 受体的抑制剂能增强警惕性，提高觉醒和改善认知功能。H$_3$ 受体的反向激动剂已成为治疗 AD 的重要靶标之一，各大公司开展了广泛研究。基于组胺的结构衍生出系列咪唑化合物，其中反向激动剂 **155** 活性最强[94]。改变咪唑环用其他杂环哌啶和吡咯替代，得到系列新型 H$_3$ 抑制剂 **156** 和 BF-2649（**157**）等[95,96]，其中 JNJ-5207852（**158**）在大鼠上有一定作用[97]。通过氨基取代的改变，合成了新的杂环类化合物，其中化合物 **159** 和 **160** 的抑制剂活性最佳[98]。

25.2.8 与 5-HT 相关的治疗途径

5-HT 受体至少有 16 个亚型，其作用不尽相同。Lecozotan（**161**）作为 5-HT$_{1A}$ 的抑制剂与乙酰胆碱和谷氨酸的释放相关，可以提高认知能力，现在三期临床试验中[99]。5-HT$_4$ 可以调节乙酰胆碱的释放，激活 5-HT$_4$ 可以影响 APP 的代谢过程，阻止 Aβ 的形成和毒性。其激动剂 ML-10302（**162**）和 VRX-03011（**163**）在大鼠实验中可增加大脑海马和皮层中 sAPPα 的水平，保护神经细胞，增强认知能力，5-HT$_4$ 有望成为新的治疗 AD 靶标[100~102]。5-HT$_6$ 的抑制可提高胆碱能的功能[103]，SB-399885（**164**）做为选择性 5-HT$_6$ 的抑制剂，在动物实验中验证可提高认知能力[104]。此外，5-HT$_6$ 抑制剂 SAM-315（**165**）现在 I 期临床试验中。

25.2.9 其他可能的治疗途径

促甲状腺素释放因子（TRH）可以调节神经中枢系统，激活胆碱能系统，其激动剂 Taltirelin（**166**）已在日本上市，用于治疗 AD 病人的脊髓小脑变性，但半衰期仅为 3h。而后根据神经肽 TRH 衍生的类似物 MK-771（**167**）、RX-77368（**168**）和 Posatirelin（**169**）等，半衰期仅有几分钟[105]。

绒促性素释放激素（GnRH）可以通过下调 GnRH 受体，压制黄体产生的激素，阻止淀粉样蛋白毒性和神经细胞死亡，提高认知行为，其激动剂亮丙瑞林（Leuprolide, **170**），现在Ⅲ期临床试验中[106]。

Leuprolide (**170**)

膳食中的胆固醇可以影响 Aβ 的形成，加速 AD 病理症状的出现。他汀类药物可以抑制羟甲基戊二酰辅酶 A 的（HMG-CoA）还原酶，调节胆固醇的生物合成。阿托伐他汀（Atorvastatin, **171**），洛伐他汀（Lovastatin, **172**）和辛伐他汀（Simvastatin, **173**）在临床上也可用于治疗 AD 病人。

Atorvastatin (**171**)　　Lovastatin (**172**)　　Simvastatin (**173**)

此外，神经营养剂虽可以保护神经元，增加神经细胞的存活，但其本身很难通过血脑屏障。寻找小分子的神经营养因子受体的激动剂，调节和释放乙酰胆碱，可成为治疗 AD 的手段。

25.3　讨论与展望

随着人口老龄化的增加，神经退行性疾病的患病率直线上升，至今缺乏有效的治疗手段，基本上只能改善病人的症状以提高生活质量。特别是 PD 和 AD 领域，对其早期诊断还缺乏有效方法，无法有效地根据病人的病情制定给药方案。随着分子医药和生物技术的不断发展，许多与疾病相关的新靶点被发现，相应的抑制剂或激动剂虽在动物模型上有效，但往往临床上表现不佳。由于人类神经系统的复杂性，急需建立有效的动物模型，以准确评价新型药物，为临床用药打下良好基础。

对 PD 治疗，在原有的传统多巴胺系统激动剂为起点，明确各亚型之间的关系，寻找选择性高和成药性好的小分子化合物为药物化学家的目标。新的可逆性选择性高的 MAO-B 抑制剂，不仅具有阻止多巴胺代谢作用，又具有保护神经元的功能，特别是沙芬酰胺（**26**）的出现，不仅选择性强，还具有离子通道调节和多巴胺摄取抑制剂的作用，再次引起研究者对可逆性选择性高的 MAO-B 抑制剂的关注。选择性腺苷受体 A_{2A} 抑制剂，间接调节多巴胺系统功能，动物模型表明有效及多个临床评价药物体现的疗效，使得此靶点已成为治疗 PD 的热点。此外，与神经营养相关的治疗途径，已逐渐开始深入的研究，为治疗 PD 带来新的机遇。

对于 AD 治疗，正在突破原有传统的乙酰胆碱酯酶抑制剂，新的阻止淀粉样蛋白的沉积和毒性及与 Tau 蛋白磷酸化途径相关的策略正展现勃勃生机，特别是研究者对其过程的深入理解和筛选模型的建立，已从多肽和拟肽类大分子抑制剂走向生物利用度高、可口服的小分子化合物。此外，对尼古丁受体 $α_4β_2$ 和 $α_7$ 的选择性激动剂和组氨酸 H_3 受体的反向激动剂及抑制剂，将为治疗 AD 带来新的希望。对神经营养、炎症及胆固醇与 AD 之间关系的研究，将为 AD 的预防和治疗开拓新的领域。

5-HT 受体亚型众多，生物学家正致力于阐明其不同功能，选择性的 5-HT 抑制剂或激动剂，有助于调节多巴胺系统和胆碱能系统，将会给 PD 和 AD 治疗带来新希望。随着治疗策略的改变，从单一靶点到寻找多靶点多功能的药物，越来越受到研究者的关注。从 PD 辅助治疗药物布地品（**76**）与 GABA、5-HT 及 NMDA 有关，到治疗 AD 药物的乙酰胆碱酯酶抑制剂具有阻止淀粉样蛋白的沉积和 Tau 蛋白的磷酸化、NMDA 抑制剂及其他靶点，选择性的多靶点抑制剂有望在临床上体现非常好的疗效。

推荐读物

- Taylor J B, Trggle D J, Williams M. Therapeutic Areas I: Central Nervous System, Pain. Comprehensive Medicinal Chemistry Ⅱ, 2007 (12): 193-229.
- Cavalli A, Bolognesi M L, Minarini A, Rosini M, Tumiatti V, Recanatini M, Melchiorre C. Multi-target-Directed Ligands to Combat Neurodegenerative Disease. J Med Chem, 2008, 51: 347-372.
- Lewitt P A, Taylor D C. Protection Against Parknson's Disease Progression: Clinical Experience. Neurotherapeytics, 2008, 5: 210-225.
- Melnikova. Therapies for Alzheimer's disease. Nature Review (Drug Discovery), 2007, 6: 341-342.
- 王颖，于榕，姚明辉. 阿尔茨海默治疗药物进展. 内科理论与实践, 2007, 2: 351-353.

参考文献

[1] Braak H, Ghebremedin E, Rub U, et al. Cell Tissue Res, 2004, 318: 121-134.
[2] Orth M, Tabrizi S J. Move Disord, 2003, 18: 729-737.
[3] Ferreira J J, Almeida L, Cunha L, et al. Clinical Neuropharmacology, 2008, 31: 2-18.
[4] Learmonth D A, Palma P N, Vieira-Coelho M A, et al. J Med Chem, 2004, 47: 6207-6217.
[5] Learmonth D A, Bonifacio M J, Soares-da-Silva P J. Med Chem, 2005, 48: 8070-8078.
[6] Finberg J P M, Youdim M B H. Neuropharmacology, 2002, 43: 1110-1118.
[7] Onofj M, Bonanni L, Thomas A. Expert Opin Invest Drugs, 2008, 17: 1115-1125.
[8] Leonetti F, Capaldi C, Pisani L, et al. J Med Chem, 2007, 50: 4909-4916.
[9] Binada C, Wang J, Pisani L, et al. J Med Chem, 2007, 50: 5848-5852.
[10] Carotti A, Catto M, Leonetti F, et al. J Med Chem, 2007, 50: 5364-5371.
[11] Berg D, Zoellner K R, Ogunrombi M O, et al. Bio Med Chem, 2007, 15: 3692-3702.
[12] Regina G L, Silvestri R, Artico M, et al. J Med Chem, 2007, 50: 922-931.
[13] Pharm D Q, Nogid A. Clinical Therap, 2008, 30: 81-815.
[14] Heinrich J N, Brennan J, Lai M H, et al. European J Pharm, 2006, 552: 36-45.
[15] Biswas S, Zhang S, Fernandez F, et al. J Med Chem, 2008, 51: 101-117.
[16] Biswas S, Hazeldine S, Ghosh B, et al. J Med Chem, 2008, 51: 3005-3019.
[17] Zhang A, Zhang Y, Branfman A R, et al. J Med Chem, 2007, 50: 171-181.
[18] Si Y, Garder M P, Tarazi F I, et al. J Med Chem, 2008, 51: 983-987.
[19] Cueva J P, Giorgioni G, Grubbs R A, et al. J Med Chem, 2006, 49: 6848-6857.
[20] Sit S, Xie K, Jacutin-Porte S, et al. Bio Med Chem, 2004, 12: 715-734.
[21] Liu D, Di jkstra D, Vries J B, et al. Bio Med Chem, 2008, 16: 3438-3444.
[22] Schwarzschild M A, Agnati L, Fuxe K, et al. Trends in Neurosciences, 2006, 29: 647-654.
[23] Chase T N, Bibbiani F, Bara-Jiminez, et al. Neurology, 2003, 61: 107-111.
[24] Neustadt B R, Hao J, Lindo N, et al. Bio Med Chem Lett, 2007, 17: 1376-1380.
[25] Michielan L, Bacilieri M, Schiesaro A, et al. J Chem Inf Model, 2008, 48: 350-363.
[26] Wei J, Wang S Q, Gao S F, et al. J Chem Inf Model, 2007, 47: 613-625.
[27] Vu C B, Pan D, Peng B, et al. J Med Chem, 2005, 48: 2009-2018.
[28] Peng H R, Kumaravel G, Yao G, et al. J Med Chem, 2004, 47: 6218-6229.

[29] Slee D H, Zhang X H, Mooriani M, et al. J Med Chem, 2008, 51: 400-406.
[30] Slee D H, Mooriani M, Zhang X H, et al. J Med Chem, 2008, 51: 1730-1739.
[31] Moorjani M, Zhang X H, Chen Y S, et al. Bioorg Med Chem Lett, 2008, 18: 1269-1273.
[32] Minetti P, Tinti M O, Carminati P, et al. J Med Chem, 2005, 48: 6887-6896.
[33] Tronci E, Simola N, Borsini F, et al. Eur J Pharm, 2007, 566: 94-102.
[34] Gillespie R J, Adams D R, Bebbington D, et al. Bioorg Med Chem Lett, 2008, 18: 2916-2919.
[35] Gillespie R J, Cliffe I A, Dawson C E, et al. Bioorg Med Chem Lett, 2008, 18: 2920-2923.
[36] Gogas K R. Curr Opin Pharm, 2006, 8: 68-74.
[37] Licerton N J, Bednar R A, Bednar B, et al. J Med Chem, 2007, 50: 807-819.
[38] Johnston T H, Brotchie J M. Curr Opin Investig Drugs, 2004, 5: 720-726.
[39] Sibille P, Lopez S, Brabet I, et al. J Med Chem, 2007, 50: 3585-3595.
[40] Sorbera L A, Castaner J, Bayes M. Durgs Fut, 2003, 1: 14-17.
[41] Hagihara K, Kashima H, Iida K, et al. Bioorg Med Chem Lett, 2007, 17: 1616-1621.
[42] Goetz C G, Damier P, Hicking C, et al. Mov Disord, 2007, 22: 179-186.
[43] Vanover K E, Weiner D M, Makhay M, et al. J Pharm Exp Ther, 2006, 317: 910-918.
[44] Reichmann H J. Neurol Sci, 2006, 248: 53-55.
[45] Waldmeier P, Williams M, Bozyczko-Coyne D, et al. Biochem Pharmacol, 2006, 72: 1197-1206.
[46] Marshall V L, Grosset D G. Curr Opin Investig Drugs, 2004, 5: 107-112.
[47] Villemagne V L, Rowe C C, Macfarlane S, et al. J Clin Neurosci, 2005, 12: 221-230.
[48] Andreasen N, Blennow K. Clin Neurol Neurosurg, 2005, 107: 165-173.
[49] Bolignesi M L, Cavalli A, Valgimigli L, et al. J Med Chem, 2007, 50: 6446-6449.
[50] Elsinghorst P W, Cieslik J S, Mohr K et al. J Med Chem, 2007, 50: 5685-5695.
[51] Feng S, Wang Z F, He X C, et al. J Med Chem, 2005, 48: 655-657.
[52] Camps P, Formosa X, Galdeano C, et al. J Med Chem, 2008, 51: 3588-3598.
[53] Sauvaitre T, Barlier M, Herlem D, et al. J Med Chem, 2007, 50: 5311-5323.
[54] Rizzo S, Riciere C, Piazzi L, et al. J Med Chem, 2008, 51: 2883-2886.
[55] Xie Q, Wang H, Xia Z, et al. J Med Chem, 2008, 51: 2027-2036.
[56] Bolognesi M L, Banzi R, Bartolini M, et al. J Med Chem, 2007, 50: 4882-4897.
[57] Beach T G. Curr Opin Investig Drugs, 2002, 3: 1633-1636.
[58] Jensen A A, Frolund B, Liljefors T, et al. J Med Chem, 2005, 48: 470545.
[59] Ueda M, Lida Y, Kitamura Y, et al. Brain Res, 2008, 1199: 46-52.
[60] Chellappan S K, Xiao Y X, Tueckmantel W, et al. J Med Chem, 2006, 49: 2673-2676.
[61] Faghih R, Gopalakrishnan M, Briggs C A. J Med Chem, 2008, 51: 701-712.
[62] 廖国超, 聂爱华, 肖军海等. 中国药物化学杂志, 2006, 16: 373-379
[63] Cumming J N, Le T X, Babu S, et al. Bioorg Med Chem Lett, 2008, 18: 3236-3241.
[64] Rajapakse H A, Nantermet P G, Selnick H G, et al. J Med Chem, 2006, 49: 7270-7273.
[65] Stanton M G, Stauffer S R, Gregro A R, et al. J Med Chem, 2007, 50: 3431-3433.
[66] Charrier N, Clarke B, Cutler L, et al. J Med Chem, 2008, 51: 3313-3317.
[67] John V, Berk J P, Bienkowski M J, et al. J. Med. Chem, 2003, 46: 4625-4630.
[68] Baxter E W, Conway K A, Kennis L, et al. J Med Chem, 2007, 1: 4261-4264.
[69] Edwards P D, Albert J S, Sylvester M, et al. J Med Chem, 2007, 50: 5912-5925.
[70] 鄢浩, 姜凤超. 化学进展, 2006, 18: 355-362.
[71] Peters J U, Galley G, Jacobsen H, et al. Bioorg Med Chem Lett, 2007, 17: 5918-5923.
[72] Kitas E A, Galley G, Jakob-Roetne R, et al. Bioorg Med Chem Lett, 2008, 18: 304-308.
[73] Parker M F, Bronson J J, Barten D M, et al. Bioorg Med Chem Lett, 2007, 17: 5790-5795.
[74] Josien H, Bara T, Rajagopalan M, et al. Bioorg Med Chem Lett, 2007, 17: 5330-5335.
[75] Bergstron C P, Sloan C P, Lau W Y, et al. Bioorg Med Chem Lett, 2008, 18: 464-468.
[76] http://clinicaltrials.gov/ct2/show/record/NCT00470418.
[77] Narlawer R, Perez-Revuelta B I, Haass C, et al. J Med Chem, 2006, 49: 7588-7591.
[78] Narlawer R, Perez R B I, Baumann K, et al. Bioorg Med Chem Lett, 2007, 17: 176-182.
[79] Kukar T, Murphy M P, Eriksen J L, et al. Nat Med, 2005, 11: 545-550.
[80] Rogers J, Kirby L C, Hempelman S R, et al. Neurology, 1993, 43: 1609-1611.

[81] Watson G S, Cholerton B A, Reger M A, et al. Am J Geriatr Psychiatry, 2005, 13: 950-958.
[82] Cuello A C, Bell K F S. Curr Med Chem, 2005, 5: 15-28.
[83] Huckle R. Curr Opin Investig Drugs, 2005, 6: 99-107.
[84] Monaco E A. Curr Alzheimer Res, 2004, 1: 33-38.
[85] Johnson K, Liu L, Majdzadeh N, et al. J Neurochem, 2005, 93: 538-548.
[86] Kuo G H, Deangelis A, Emanuel S, et al. J Med Chem, 2005, 48: 4535-4546.
[87] Sukenbrock H, Mussmann R, Geese M, et al. J Med Chem, 2008, 51: 2196-2207.
[88] Benbow J W, Helal C J, Kung D W, et al. Annu Rep Med Chem, 2005, 40: 135-147.
[89] Martinez A, Alonso M, Castro A, et al. J Med Chem, 2005, 48: 7103-7112.
[90] Bullock R. Curr Opin Investig Drugs, 2005, 6: 108-113.
[91] Francotte P, Tullio P D, Goffin E, et al. J Med Chem, 2007, 50: 3153-3157.
[92] 范鸣编译. 阿尔茨海默病治疗药 Dimebon. 药学进展, 2007, 31: 332.
[93] Rose G M, Ong V S, Woodruff-Pak D S. Neurobiol Aging, 2007, 28: 766-773.
[94] Govoni M, Lim H D, El-Atmioui D, et al. J Med Chem, 2006, 49: 2549-2557.
[95] Cowart M, Gfesser G A, Browman K E, et al. Biochem Pharmcol, 2007, 73: 1243-1255.
[96] Sun M H, Zhao C, Gfesser G A, et al. J Med Chem, 2005, 48: 6482-6490.
[97] Barbier A J, Berridige C, Dugovic C, et al. Br J Pharmacol, 2004, 143: 649-661.
[98] Dvorsk C A, Apodaca R, Barbier A J, et al. J Med Chem, 2005, 48: 2229-2238.
[99] Schechter L E, Smith D, Rosenzweig-Lipson S, et al. J Pharmacol Exp Ther, 2005, 314: 1274-1289.
[100] Mailler M, Robert S J, Lezoualc'h, F Curr Alzheimer Res, 2004, 2: 79-85.
[101] Cachard-Chastel M Br. J, Pharmacol, 2007, 150: 883-892.
[102] Mohler E G, Shacham S, Noiman S, et al. Neuro Pharmacol, 2007, 53: 563-573.
[103] Garcia-Alloza M, Hirst W D, Chen C P L-H, et al. Neuropsychopharmacology, 2004, 29: 410-416.
[104] Hist W D, Stean T O, Rogers D C, et al. Eur J Pharmacol, 2006, 553: 109-119.
[105] Brown W M. Drugs, 2001, 4: 1389-1400.
[106] Casadesus G, Atwood C S, Zhu X, et al. Cell Mol Life Sci, 2005, 62: 293-298.

(感谢中国科学院上海药物研究所镇学初研究员对本文生物部分的审校)

第26章

抗糖尿病药物

杨玉社，程建军

目录

26.1 糖尿病的发病机理和分型 /695
26.2 传统的糖尿病药物 /695
  26.2.1 胰岛素 /695
  26.2.2 双胍类药物 /696
  26.2.3 磺酰脲类促胰岛素分泌剂 /696
    26.2.3.1 作用机理 /696
    26.2.3.2 构效关系 /697
    26.2.3.3 代表性药物 /698
  26.2.4 非磺酰脲类促胰岛素分泌剂 /698
    26.2.4.1 作用机制 /698
    26.2.4.2 构效关系 /699
    26.2.4.3 代表性药物 /699
  26.2.5 α-葡萄糖苷酶抑制剂 /700
26.3 胰高血糖素样肽-1受体激动剂 /701
  26.3.1 依西纳肽 /701
  26.3.2 非肽类小分子激动剂的研究 /702
26.4 二肽基肽酶-Ⅳ抑制剂 /703
  26.4.1 作用机理 /703
  26.4.2 构效关系 /703

26.4.3 代表性药物 /705
26.5 过氧化物酶体增殖因子激活受体激动剂 /706
  26.5.1 作用机理 /706
  26.5.2 构效关系 /707
    26.5.2.1 噻唑烷二酮类 /707
    26.5.2.2 非噻唑烷二酮类 /708
  26.5.3 代表性药物 /708
26.6 糖尿病治疗的新靶点和新策略 /710
  26.6.1 蛋白酪氨酸磷酸酶-1B抑制剂 /710
  26.6.2 糖原合成酶激酶-3抑制剂 /710
  26.6.3 1型11β-羟基类固醇脱氢酶抑制剂 /711
  26.6.4 钠-葡萄糖共转运体抑制剂 /711
26.7 讨论与展望 /712
推荐读物 /713
参考文献 /713

糖尿病是一种古老的疾病，《黄帝内经》中即有文字记载，中国传统医学称之为"消渴病"。如今，伴随着人们生活水平的不断提高和饮食结构的调整，糖尿病的发病率也不断提高。目前全世界糖尿病人数 2 亿人左右，并以惊人的速度每年递增。中国糖尿病人数为 4 千万，占世界糖尿病人群总数的 1/5。由于糖尿病发病率高，长期的高血糖会引起一系列并发症，导致患者的心血管系统、神经系统等受损而给人类健康带来很大的危害，因此糖尿病的治疗一直是医药工作者的研究热点。

26.1 糖尿病的发病机理和分型

糖尿病是由于人体胰岛素分泌绝对或相对不足，或靶组织细胞对胰岛素敏感性降低而引起的蛋白质、脂肪、水和电解质等一系列代谢紊乱综合征。临床以高血糖为主要标志，常见症状有多饮、多尿、多食以及消瘦等。糖尿病是由遗传和环境因素相互作用而引起的常见病，其发病机理复杂，参与因素多（图 26-1）。各种因素引起的胰腺 β 细胞功能损伤或组织的胰岛素抵抗都会导致血糖的升高，而持续的高血糖会进一步对 β 细胞产生损害，并降低组织对胰岛素的敏感性，从而形成恶性循环而使病情恶化。

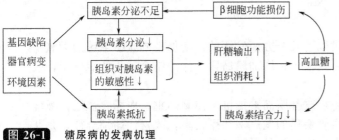

图 26-1 糖尿病的发病机理

目前，根据发病机理的不同，糖尿病可分为四大类型：Ⅰ型糖尿病、Ⅱ型糖尿病、妊娠期糖尿病和特异型糖尿病。

Ⅰ型糖尿病约占糖尿病的 5%。该型糖尿病主要是由于胰腺分泌胰岛素的 β 细胞被大量破坏，导致胰岛素生成明显减少，血糖持续升高而发生。由于胰岛素分泌的绝对不足，这类糖尿病患者需用胰岛素治疗，过去又称胰岛素依赖型糖尿病。

Ⅱ型糖尿病约占糖尿病的 90%。这些病人体内可分泌产生胰岛素但数量相对不足，或产生的胰岛素由于组织敏感性降低或胰岛素抵抗而不能有效发挥作用，因而血液内葡萄糖聚集，水平升高。由于这类糖尿病患者能够分泌胰岛素，一般不需要用胰岛素治疗，仅用饮食调整或口服降糖药即可控制血糖，过去又称非胰岛素依赖型糖尿病。

妊娠期糖尿病，一般在妊娠后期发生，占妊娠妇女的 2%~3%。发病与妊娠期进食过多及胎盘分泌的激素抵抗胰岛素的作用有关。大部分在分娩后可恢复正常。

特异型糖尿病，指的是某些内分泌病、化学品、感染以及其他少见的免疫综合征所致的糖尿病。该种类型较为少见。

26.2 传统的糖尿病药物

26.2.1 胰岛素

所有 Ⅰ 型糖尿病病人均需要胰岛素（Insulin）治疗，Ⅱ 型糖尿病病人用饮食和口服降糖药不能有效控制血糖水平时也可以使用胰岛素。胰岛素是由胰岛 β 细胞分泌的一种蛋白激素。人胰岛素由 51 个氨基酸残基组成，分为 A、B 两条链。A 链 21 个氨基酸残基，B 链 30 个氨基酸残基。A、B 两条链之间通过两个二硫键联结在一起，A 链另有一个链内二硫键。

胰岛素可增加机体对葡萄糖的利用，促进糖原的合成和贮存，并能促进葡萄糖转化为脂肪，抑制糖原分解和糖异生而降低血糖。至今，胰岛素仍然是治疗 I 型糖尿病的唯一药物。临床应用的胰岛素为各种不同的剂型，包括：短效胰岛素、中效胰岛素、长效胰岛素，以及将胰岛素氨基酸序列进行修饰得到的各种胰岛素类似物[1]。

26.2.2 双胍类药物

双胍类药物主要有苯乙双胍（苯乙福明，Phenformin，**1**）、二甲双胍（甲福明，Metformin，**2**）。首例药物苯乙双胍发现于 1957 年，但服药后可使血乳酸水平升高，导致乳酸酸中毒而被淘汰。二甲双胍上市于 1985 年，至今仍作为肥胖和超重患者的一线用药广泛应用于临床。

双胍类药物的降糖作用主要是通过以下几个方面发挥的：增加基础状态下糖的无氧酵解；抑制肠道内葡萄糖的吸收；减少肝糖输出；增加胰岛素受体的结合和受体后作用，改善对胰岛素的敏感性。

二甲双胍除有效的降糖作用外，还可改善胰岛素抵抗，控制体重、血脂、血压，减轻高凝状态，改善血管反应性，降低心血管疾病的发病率和死亡率，改善代谢综合征，是 II 型糖尿病一线治疗的最佳选择。其不良反应主要是胃肠道反应。

26.2.3 磺酰脲类促胰岛素分泌剂

20 世纪 50 年代，临床医生观察到磺胺类化合物治疗伤寒病具有低血糖作用，在此基础上发现了磺酰脲（sulfonylurea，SU）类降糖药。经过半个世纪的发展，磺酰脲类促胰岛素分泌剂已经发展到第三代。由于其降糖作用可靠，该类药物仍是目前广泛应用的口服降糖药物。

26.2.3.1 作用机理

磺酰脲类药物主要通过与胰腺 β 细胞膜上的磺酰脲受体（SUR）结合，促进 β 细胞释放胰岛素而发挥降糖作用。磺酰脲受体与钾通道（ATP 敏感）及钙通道（电压依赖型）相偶联，钾通道的开放与否与胞浆内的 ATP/ADP 比例相关。通常情况下，当机体糖代谢增加时，ATP/ADP 比例随之升高，钾通道关闭，钾离子的外流被阻断，导致细胞膜去极化。这时，电压依赖型钙通道开放，胞外钙离子内流，使胞内的钙离子浓度增加，触发胞吐作用而增加胰岛素的释放。磺酰脲类药物与 β 细胞膜上的磺酰脲受体结合后，会关闭与之相偶联的钾通道，通过上述的过程增加胰岛素的释放，从而产生降血糖作用。

除了直接作用于胰腺 β 细胞外，磺酰脲类药物还能增强靶细胞膜上胰岛素受体的数目及其与胰岛素的亲和力，从而增加胰岛素在肝脏、骨骼肌、脂肪组织等部位的作用；在肝脏组织中，磺酰脲类药物可以降低胰岛素的肝清除率，减少肝糖输出，并刺激肝脏糖酵解而降低血糖水平；在肌肉组织，还可以增强糖原合成酶的活性，加快葡萄糖的摄取利用而降低血糖。

值得注意的是，磺酰脲类药物刺激胰岛素的分泌不依赖于血糖水平，可造成餐后持续的胰岛素分泌，故较易引起低血糖。用药剂量不当、患者的个体差异等常会导致低血糖现象的发生，临床应用中应予以注意。

26.2.3.2 构效关系

经过半个多世纪，磺酰脲类药物现在已发展到第三代。第一代的代表药物有：甲苯磺丁脲（Tolbutamide，**3**）、氯磺丙脲（Chlorpropamide，**4**）、妥拉磺脲（Tolazamide，**5**），由于它们用药剂量大、不良反应多现在已很少使用；第二代主要有格列本脲（Glyburide，**6**）、格列齐特（Gliclazide，**7**）、格列吡嗪（Glipizide，**8**）等，其降血糖活性较第一代强数十至上百倍，口服吸收快，且引发低血糖、粒细胞减少以及心血管不良反应的发生率较小，现在仍广泛应用；第三代磺酰脲药物目前主要有格列喹酮（Gliquidone，**9**）、格列美脲（Glimepiride，**10**）。

从磺酰脲类药物的结构可以看出，苯基磺酰脲结构为该类化合物的基本"药效团"。苯环对位取代基的性质可以影响药物的作用强度和时间。甲基、三氟甲基、卤素、氨基、乙酰基等取代基均可增强降血糖活性，并影响药物的半衰期。这是因为，磺酰脲类药物进入体内后，其主要代谢部位为磺酰脲基的对位，代谢速率受到4位取代基的影响。甲苯磺丁脲的结构中，对位取代基为甲基，在体内易被氧化为醇或酸而失活，半衰期为4～6h；妥拉磺脲也是对位甲基被氧化，但其代谢中间体4-羟基和4-羟甲基衍生物仍具有降血糖活性，因此其作用时间较甲苯磺丁脲长。氯磺丙脲的4位为氯原子，不易被代谢失活，其半衰期延长至24～48h。

脲基上的取代基应具有一定的体积和亲脂性；N-甲基取代无活性；乙基活性较弱；碳原子数为3～6的烷基时降血糖活性最强；但碳原子数超过12时，活性消失。除直链烷基外，该取代基也可以为脂环或含N杂环。

第二代和第三代磺酰脲类药物除格列齐特外均在苯磺酰脲的4位引入β-芳酰胺取代，与第一代药物相比，化合物的降血糖作用更强，毒性降低，吸收更快、起效也更为迅速。

26.2.3.3 代表性药物

格列吡嗪（**8**）

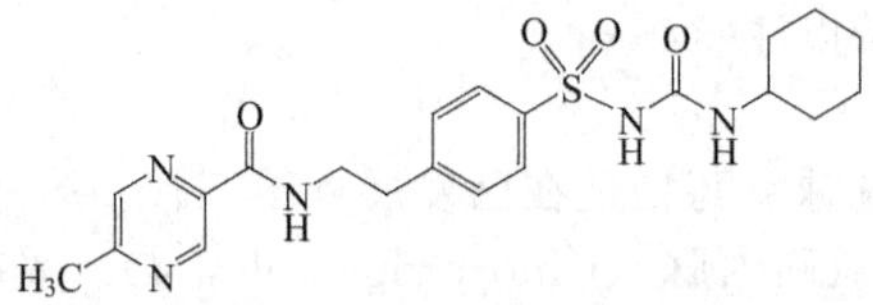

化学名：1-环己基-3-[4-[2-(5-甲基吡嗪-2-酰胺)-乙基]苯磺酰基]脲

本药吸收完全而迅速，服药 30min 起效，在 1~3h 达血糖浓度高峰，半衰期仅 2~4h，药效可维持 6~12h。本品主要由肝脏代谢，在 24h 内经肾脏排出 97%。格列吡嗪是一种短效磺脲类降糖药，最适合餐后血糖居高不下的糖尿病患者。又由于其药效持续时间短，故引起低血糖的风险也很小，所以对老年人比较适宜。

格列美脲（**10**）

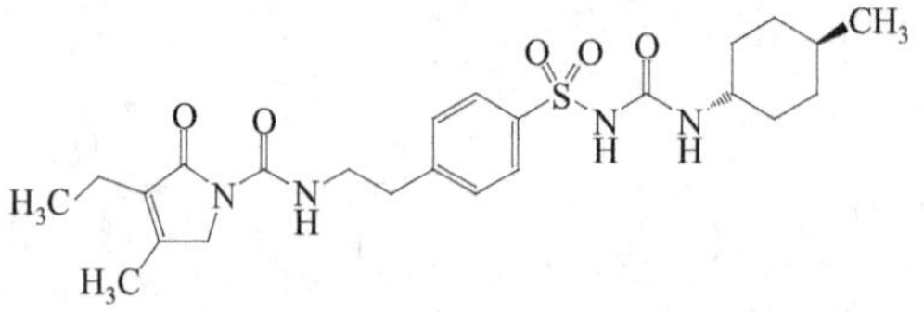

化学名：1-[4-[2-(3-乙基-4-甲基-2-氧代-3-吡咯啉-1-甲酰胺基)-乙基]-苯磺酰]-3-(反式-4-甲基环己基)-脲

本品口服吸收快速，服用后血药浓度 2~3h 达峰值，降糖作用持续 24h 以上，属于长效制剂，每天服用 1 次即可。60%经肾排泄，40%经胆道排泄，由于本药是通过双通道排泄，故可用于轻度肾功能不全的糖尿病患者。

与第一、二代磺脲类降糖药相比，相同剂量的格列美脲降糖活性最高，由于其较低的有效血药浓度和葡萄糖依赖的降糖作用，故低血糖发生率低而且程度较轻。不仅如此，与其他磺脲类药物相比，格列美脲增加体重的作用不明显，对心血管系统的影响很小。此外，该药还具有胰外降糖作用，不会导致高胰岛素血症，在与胰岛素合用时，可减少胰岛素用量。

26.2.4 非磺酰脲类促胰岛素分泌剂

20 世纪 90 年代，一类具氨基酸结构的新型口服降糖药相继上市，这类药物被称为非磺酰脲类促胰岛素分泌剂（non-sulfonylureas）。作为一类新型的促胰岛素分泌剂，该类药物独特的作用机制使其对餐时、餐后血糖有显著的控制作用，被誉为"餐时血糖调节剂"。目前已上市的非磺酰脲类促胰岛素分泌剂有瑞格列奈（Repaglinide，**11**）、那格列奈（Nateglinide，**12**）和米格列奈（Mitiglinide，**13**），因此这类药物也被称为格列奈类（glinides）降糖药。

26.2.4.1 作用机制

格列奈类促胰岛素分泌剂与磺酰脲类药物相似，均作用于 β 细胞上磺酰脲受体，引起钾通道关闭和钙通道开放而促进胰岛素分泌，所不同的是与 SUR 的结合位点不同。格列奈类药物分子结构的不同，其与 SUR 结合位点也存在差异，决定了药物调节胰岛素分泌的不同特点。

与磺酰脲类药物相比，格列奈类药物具有"快开-快闭"的特性，起效快、作用时间短。其"快开"作用刺激胰岛素分泌的模式与食物引起的生理性第一时相胰岛素分泌相似，可以有效地增强第一时相胰岛素分泌，从而控制餐后血糖增高；而它的"快闭"作用不会同时导致第二时相胰岛素分泌的升高，能够预防高胰岛素血症，并减少低血糖倾向。

这种"快开-快闭"的特性，起到模仿生理性胰岛素分泌的目的，可防止对β细胞的过度刺激，起到了保护β细胞的功能。

26.2.4.2 构效关系

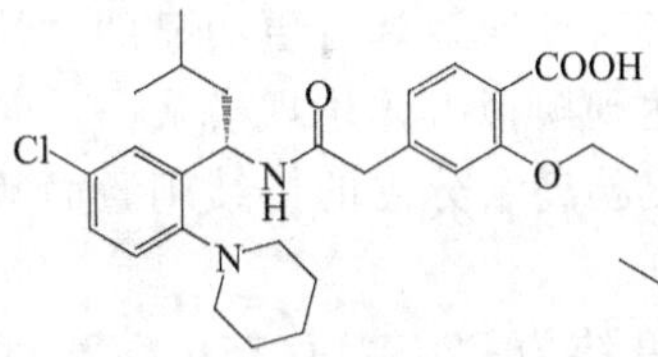

11 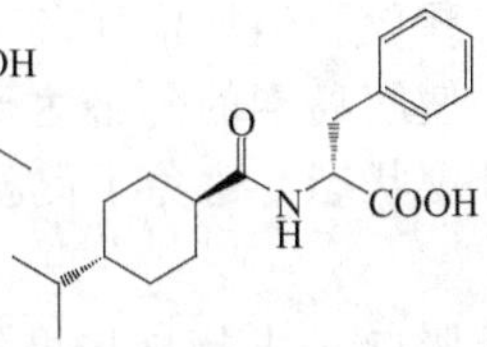　**12** 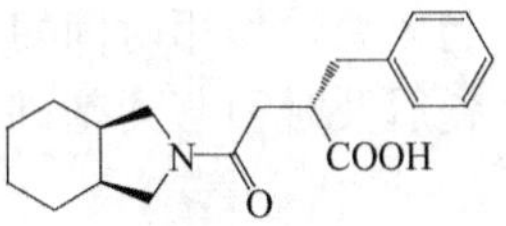　**13**

已上市的"格列奈"类药物中，瑞格列奈为苯甲酸类结构，而那格列奈和米格列奈为苯丙氨酸衍生物。

对瑞格列奈而言：苯甲酸为活性必需的，酸性官能团可以为甲羧基、丙羧基等；酰胺键部分中羰基参与氢键形成，与酰胺键相连的苯环和杂环可以增强其促胰岛素分泌作用。

那格列奈和米格列奈为 D-苯丙氨酸衍生物，苯丙氨酸部分是降血糖活性必需的，羧酸基团以氢原子取代活性消失，羧酸成酯或酰胺活性大大降低；苯丙氨酸手性碳部分的 D 构型是必需的，L 构型活性仅为 D 构型的 1/64；苯环邻位引入烷基取代，活性降低，而对位引入甲基则可以增强降血糖活性；此外，分子中的羰基对活性也是必需的，若以亚甲基取代则活性消失[2,3]。

26.2.4.3 代表性药物

瑞格列奈

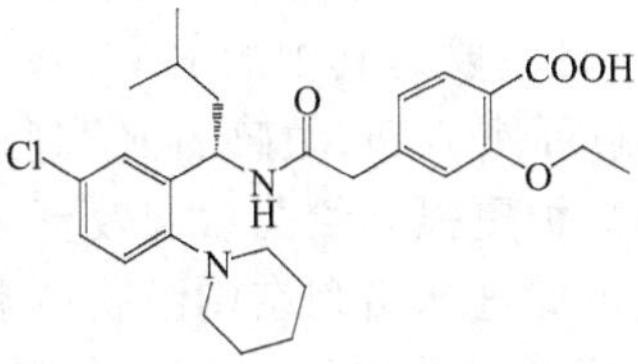

化学名：(S)-α-乙氧基-4-[2-[[3-甲基-1-[2-(1-哌啶基)苯基]丁基]氨基]-2-氧乙基]-苯甲酸

瑞格列奈主要是通过与β细胞上磺酰脲受体结合，促进胰岛素分泌而产生降血糖作用。与磺酰脲类药物不同的是，瑞格列奈与β细胞膜上分子质量为 36kDa 的蛋白质结合，而磺酰脲类药物与β细胞膜上分子质量为 177kDa 的蛋白质相结合。瑞格列奈不直接刺激β细胞的胰岛素胞吐作用，离体动物实验中，瑞格列奈仅在 3～10mmol/L 的葡萄糖浓度下才显著增加胰岛素释放。此外，瑞格列奈还能够保护胰岛素的生物合成。

本品无论空腹或进食时服用均吸收良好，生物利用度为 63%，30～60min 后达血浆峰值。在肝脏内由 CYP3A4 酶系快速代谢为非活性物，大部分随胆汁清除，血浆半衰期约 1h。肝功能损害者血浆药物浓度更高。血浆胰岛素浓度随血清中药物浓度升高而增加，一般在下一次进餐前又回复到基础水平。

本品主要用于通过饮食、运动及其他药物控制不佳的Ⅱ型糖尿病患者，可以单独使用，也可与二甲双胍联合应用。其用药原则为"进餐服药，不进餐不服药"。

那格列奈

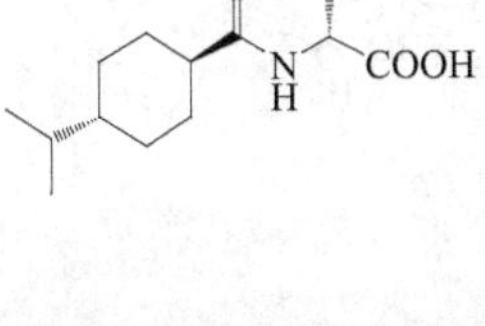

化学名：N-(反式-4-异丙基环己烷羰基)-D-苯丙氨酸

那格列奈是继瑞格列奈后的第 2 个新型非磺酰脲类口服降糖药。其作用机制虽与瑞格列奈相似，均是通过与胰岛 β 细胞膜上的特异受体（SUR-1）结合，通过关闭钾离子通道、开放钙离子通道而促进胰岛素释放。但那格列奈对钾通道具有更明显的"快开"、"快闭"作用，起效快，作用时间短，使胰岛素的分泌达到模拟人体生理模式——餐时胰岛素迅速升高，餐后及时回落到基础分泌状态，避免了促胰岛素分泌的持续刺激而减轻 β 细胞的负荷。

本品口服后在小肠广泛而迅速吸收，生物利用度约为 72%，存在中等程度的首关效应。口服给药后，约 1h 达到血药浓度高峰，血药水平与药物剂量成比例，吸收后的血浆蛋白结合率高。经 2 种以上的细胞色素 P450 同工酶代谢，85% 经肾脏消除，消除半衰期约为 1.3h。约 16% 的药物在尿液中以原型排出；33% 以羟基代谢产物排出；29% 以小分子代谢产物排出。

本品能良好控制 2 型糖尿病患者空腹及餐后高血糖，可以单独应用，也可与其他降糖药联合应用。

米格列奈

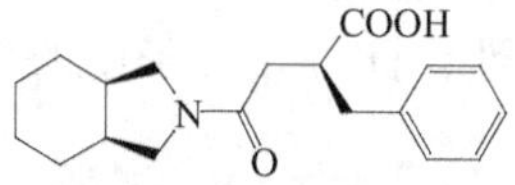

化学名：2(S)-2-苄基-3-(cis-六氢异吲哚啉-2-羰基)-丙酸

米格列奈是继瑞格列奈、那格列奈后第三个格列奈类药物，抑制的是 ATP 敏感型 K^+ 通道中的 Kir6.2/SUR 亚型，且主要是其中的 Kir6.2/SUR-1 亚型。电生理研究表明，在浓度为 $10\mu mol/L$ 时，米格列奈可使 ATP 敏感的 K^+ 通道完全阻断。

米格列奈的降血糖作用较前两种更强，给药后起效更为迅速而作用时间更短。作用主要集中于降低餐后高血糖，血糖可促进米格列奈刺激胰岛素释放，在有葡萄糖存在时，米格列奈促进胰岛素分泌量比无葡萄糖时约增加 50%，故其作用就像是一个"体外胰腺"，只是在需要时提供胰岛素。

26.2.5　α-葡萄糖苷酶抑制剂

α-葡萄糖苷酶抑制剂（α-glucosidase inhibitor）是一类新型的口服降血糖药物。该类药物能竞争性阻滞存在于小肠绒毛上的多种 α-葡萄糖苷酶（葡萄糖淀粉酶、蔗糖酶等），使多糖、寡糖和二糖的水解过程受阻滞，延缓肠道的糖吸收，改善餐后高血糖。值得注意的是，α-糖苷酶抑制剂对碳水化合物的消化和吸收只是延缓而不是完全阻断，最终人体对碳水化合物的吸收总量不会减少，因此不会导致热量丢失；此外，该类药物不抑制蛋白质和脂肪的吸收，故通常不会引起营养物质的吸收障碍。

目前 α-葡萄糖苷酶抑制剂主要有 3 种：阿卡波糖（Acarbose，**14**）、伏格列波糖（Voglibose，**15**）和米格列醇（Miglitol，**16**），其化学结构均为低聚糖结构类似物：

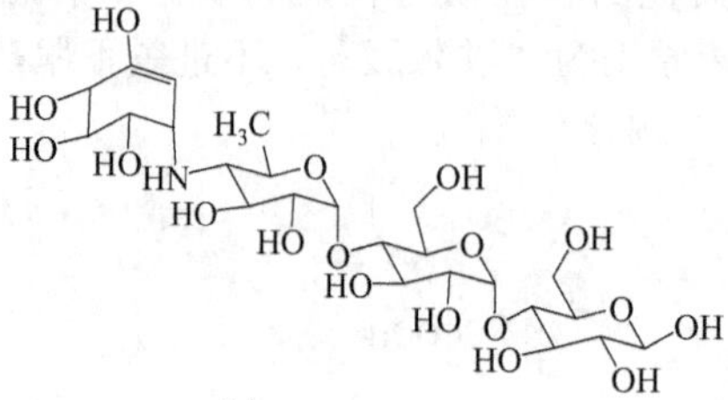

14

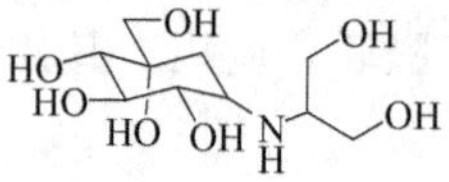

15

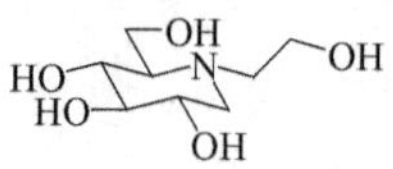

16

3种α-葡萄糖苷酶抑制剂的主要区别在于所抑制的酶谱不同，伏格列波糖对多糖酶类几乎没有影响，米格列醇的抑制作用则更为广泛。该类药物主要适用于以餐后血糖升高为主的Ⅱ型糖尿病患者，尤其是肥胖者及老年人。并可与多种降糖药物如胰岛素促泌剂（包括磺酰脲类和格列奈类）、噻唑烷二酮类药物、二甲双胍等联合应用，提高降糖效果，还有助于减少药物用量，降低胰岛素促泌剂的低血糖发生率。

26.3 胰高血糖素样肽-1受体激动剂

胰高血糖素样肽-1（glucagon-like peptide-1，GLP-1）是一种由肠道分泌的多肽，发现于1983年[4]。该多肽由前胰高血糖素原基因编码，表达于胰岛素α细胞和肠道L细胞。胰高血糖素原基因编码生成的多肽通过翻译后蛋白加工形成多个活性肽，包括GLP-1、GLP-2、GIP（glucose-dependent insulinotropic polypeptide）等，GLP-1只是其中一种。

GLP-1通过与相应受体（GLP-1R）结合并激动该受体发挥生理作用。GLP-1受体是具有七个跨膜区的G蛋白偶联受体，该受体与GLP-1结合后使细胞内cAMP浓度增加，并活化蛋白激酶A（PKA），进而通过一系列胞内过程，促进胰岛细胞的胞吐作用而释放胰岛素[5,6]。除促进胰岛素分泌外，GLP-1还具有其他多种生物活性，包括：诱导β细胞再生，抑制β细胞凋亡；刺激胰岛素的生物合成；抑制胰高血糖素的分泌；抑制胃排空和食物摄入等[7]。

研究表明，糖尿病病人的GLP-1功能较正常人降低，导致摄食后的胰岛素分泌不足[8]，而注射GLP-1可以促进Ⅱ型糖尿病病人的葡萄糖依赖性胰岛素分泌，抑制胰高血糖素分泌和胃排空，降低餐后血糖至正常水平[9,10]。由于GLP-1的促胰岛素分泌作用是葡萄糖依赖的，仅在高血糖时发挥作用，血糖正常时则不产生促胰岛素分泌作用，不会引起低血糖的副作用，这使其较传统的双胍类、磺酰脲药物具有优势。近年来，GLP-1R激动剂已被证明具有治疗Ⅱ型糖尿病的潜力，GLP-1R激动剂作为一个研究热点也越来越受到药物化学家的关注。

GLP-1由30个氨基酸组成，在动物体内，可迅速被二肽基肽酶-Ⅳ（dipeptidyl peptidase-Ⅳ，DPP-Ⅳ）代谢，从N端切除两个氨基酸，由GLP-1（7-37）变为GLP-1（9-37）而失活，半衰期不到2min。由于GLP-1的半衰期极短，其临床应用受到了极大限制，如何延长GLP-1的作用时间而又不影响其生理功能成为药物研究重点。近年来的主要进展可分为两个方面。

① GLP-1R激动剂：包括大分子的GLP-1类似物以及正在开发的小分子激动剂。

② DPP-Ⅳ制剂：通过抑制DPP-Ⅳ对GLP-1的生物降解，增加GLP-1的生理浓度而发挥作用。

26.3.1 依西纳肽

Exentin-4是从一种蜥蜴的唾液中提取的天然GLP-1类似物，含有39个氨基酸，与哺乳动物GLP-1的氨基酸序列53%同源，与GLP-1受体具有高度亲和性，并具有相似的生物学作用[11]，依西纳肽（Exenatide）为人工合成的Exendin-4（图26-2）。

Exentin-4由蜥蜴的一种特殊基因编码，其N端不被DPP-Ⅳ分解，实验证明其对哺乳动物的GLP-1受体具有激动作用。由于不被DPP-Ⅳ分解，依西纳肽的血浆半衰期长达60～90min，一次皮下注射的血浆浓度可以持续4～6h[13]。

哺乳动物 GLP-1：H—A—E—G—T—F—T—S—D—V—S—S—Y—L—E—G—Q—A—A—K—E—F—I—A—W—L—V—K—G—R—NH₂

Exenatide：H—G—E—G—T—F—T—S—D—L—S—K—Q—M—E—E—E—A—V—R—L—F—I—E—W—L—K—N—G—G—P—S—S—G—A—P—P—S—NH₂

图 26-2 哺乳动物 GLP-1 与依西纳肽的氨基酸序列[12]

在人体内，依西纳肽可以模仿 GLP-1 的生理作用，促进葡萄糖依赖的胰岛素分泌，抑制胰高血糖素分泌，延缓胃排空，抑制食物摄入[14]。临床上主要与双胍类和/或磺酰脲类降糖药联用治疗Ⅱ型糖尿病，早餐及晚餐前 1h 内皮下注射给药。临床上最为常见的不良反应为恶心，与其他降糖药联用时应注意避免低血糖的发生。

依西纳肽缓释制剂（Exenatide LAR），仅需一月给药一次，可明显提高临床依从性[15,16]。

Liraglutide 为 GLP-1 酰化衍生物，代谢稳定，由注射部位缓慢释放，作用时间延长，每日用药一次[17,18]。

26.3.2 非肽类小分子激动剂的研究

依西纳肽或其酰化衍生物均为多肽类化合物，虽然临床试验证实它们疗效显著，但必须采取注射方式给药是其一大劣势。近年来，为了获得口服有效的 GLP-1 受体激动剂，药物化学家们致力于非肽类小分子激动剂的开发，取得了一定进展，但尚未有药物上市。

中国科学院上海药物研究所的科学家最近在非肽类小分子 GLP-1 受体激动剂的研究领域取得了重要进展[19]。针对这一靶点，通过对数万个样品进行高通量筛选，发现两个具有环丁烷结构的小分子化合物：S4P（SH7870，**17**）和 Boc5（SH7871，**18**）在细胞模型和活体动物模型上具有良好的类 GLP-1 活性。

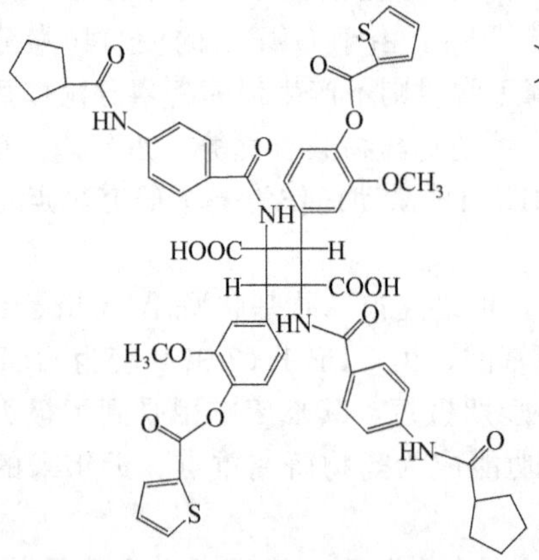

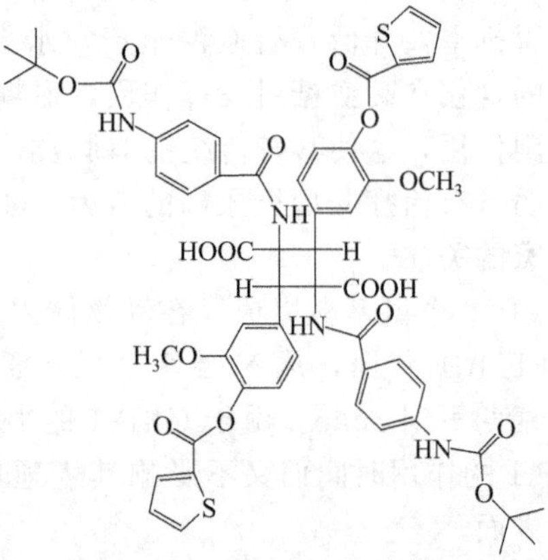

在人工表达的 GLP-1 受体（HEK293 细胞）模型上，S4P 表现为 GLP-1 受体部分激动剂，而 Boc5 表现为完全激动剂，二者都能通过激动 GLP-1 受体增加胞内的 cAMP 浓度，这种激动作用可以被 GLP-1 受体拮抗剂 Exendin（9-39）完全拮抗。在小鼠胰岛上，两个化合物都表现出剂量依赖的促胰岛素分泌作用。

体内外实验显示，这类化合物不仅能够在高糖条件下刺激离体大鼠胰岛细胞分泌胰岛素，而且在急性条件下可以抑制正常小鼠的进食活动，并且口服有效，血中半衰期为 7.4h。将其对Ⅱ型糖尿病 db/db 小鼠进行慢性治疗后，能够剂量依赖性地降低血糖、减少进食及控制体重，治疗 3～4 周后可使糖化血红蛋白（HbA1c）和糖耐量试验正常化，同时具有降低血脂、改善胰岛素敏感性等效应。这类新化学实体的发现为开发 GLP-1R 非肽类小分子激动剂指明了方向。

26.4 二肽基肽酶-Ⅳ抑制剂

近年来,二肽基肽酶-Ⅳ (DPP-Ⅳ) 抑制剂作为糖尿病治疗的一个新方向吸引了药物化学家的普遍关注。2006 年,FDA 批准默克公司的西他格利汀 (Sitagliptin,商品名 Januvia) 上市,是首个上市的 DPP-Ⅳ 抑制剂。诺华公司的维达格利汀 (Vildagliptin,商品名 Galvus),BMS 公司开发的 Saxagliptin (BMS-477118) 等化合物也基本完成临床研究,相信很快就会上市。同时,大量的文献报道了高选择性的 DPP-Ⅳ 抑制剂,越来越多的化合物已经进入临床研究。

26.4.1 作用机理

DPP-Ⅳ 抑制剂治疗糖尿病的机理依赖于 GLP-1 的生理作用,药物对 DPP-Ⅳ 的抑制作用降低其对 GLP-1 的代谢失活,增加糖尿病患者的 GLP-1 水平,使 GLP-1 的促胰岛素分泌作用得到增强,从而发挥降血糖作用。

DPP-Ⅳ 是一种丝氨酸蛋白酶,能迅速裂解和失活 GLP-1、GIP 等肠促胰岛素。它是一种多功能的蛋白水解酶,凡是氨基末端倒数第二位具有脯氨酸或者丙氨酸残基的微量蛋白或者寡肽均可被 DPP-Ⅳ 从其 N 端裂解下二肽,并在体内将其转化为无活性的代谢产物,被降解物质除肠促胰岛素外,还有神经肽、细胞因子等。应用 DPP-Ⅳ 抑制剂能够抑制 GLP-1、GIP 的降解,增强肠促胰岛素和神经肽的活性,降低空腹和餐后葡萄糖浓度及糖化血红蛋白水平,改善胰岛素敏感性和 β 细胞功能。

26.4.2 构效关系

DPP-Ⅳ 抑制剂的设计源于模拟被其降解的二肽结构的二肽类似物。该类结构通常含有一个脯氨酸,模拟二肽结构的 P1 部分,脯氨酸结构中被切断的酰胺键部分则以—CN 代替,—CN 可与活性部位的色氨酸残基的羟基发生共价键作用而提高亲和力。但是,羰基 α 位的—NH_2 也可与—CN 发生亲核加成形成六元环产物,—CN 与色氨酸残基的羟基的作用便会被抑制,这也是导致该类化合物化学稳定性差、作用时间短的原因(图 26-3)。

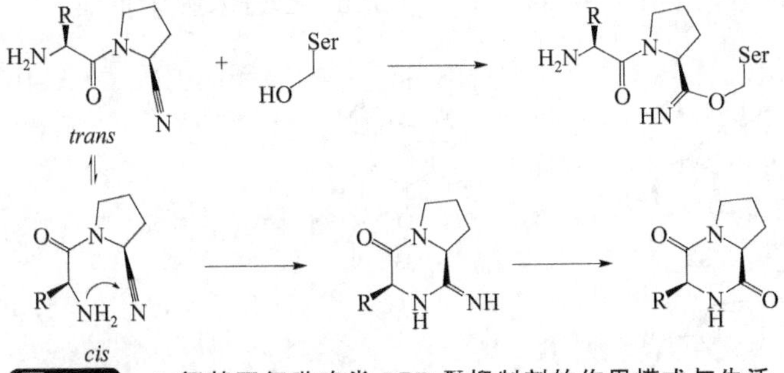

图 26-3 2-氰基四氢吡咯类 DPP-Ⅳ 抑制剂的作用模式与失活

典型的 2-氰基四氢吡咯类 DPP-Ⅳ 抑制剂具有与天然脯氨酸一致的 α 构型,即四氢吡咯环 2 位为 S 构型。P_2 部分 α 位通常有位阻较大的烷基取代,如 **19,20**。将烷基链部分移至伯胺上形成仲胺,也可获得较好的 DPP-Ⅳ 抑制活性,如诺华公司开发的 **21,22** (Vildagliptin,维达格利汀),但若将仲胺再烷基化为叔胺则活性完全丧失。近两年来,研究者在保留 2-氰基四氢吡咯基本结构的基础上对 P_2 部分进行不同策略的优化,获得了很多结构新颖、活性好的化合物(如 **23,24**):

对 2-氰基四氢吡咯部分的结构改造也有很多报道,包括:四氢吡咯环缩环为四元环,保留 2 位氰基,例如 **25**;在四氢吡咯环的 4 位引入硫原子(**26**)或 F 取代(**27,28,29,30**)。其中,只有 4 位 F 原子为 S 构型时活性较好,R 构型或双 F 取代则活性较差。

同时,BMS 公司的研究者发现在四氢吡咯环上并上三元环,使四氢吡咯环在空间上更为平坦,有利于化合物与 DPP-IV 受体的结合。但是,并环的位置和立体构型对结果影响很大,只有 cis-4,5 构型可以保留或提高原化合物的 DPP-IV 抑制活性。下面的 **31** 等化合物的活性均较未引入并环时提高或保持。更为重要的是,引入三元环后,化合物的化学稳定性大大提高,从而使其体内作用时间延长。化合物 **34**(Saxagliptin)已进入临床Ⅲ期试验。

与上述的研究方向不同,默克公司的科学家将 P_1 部分脯氨酸的氰基以酰胺结构代替,同时将 P_2 部分的氨基移至羰基 β 位,得到的化合物 **36** 表现出中等程度的 DPP-IV 抑制活性($IC_{50}=1.9\mu mol/L$)。在另外一个系列的研究中,化合物 **37** 表现出更强的 DPP-IV 抑制活性,但该化合物的药动性质差,口服生物利用度低,半衰期短,这主要是因为哌嗪环的氮原子容易被氧化。因此，将化合物 37 的 2-苄基哌嗪结构以更为稳定的杂环代替，得到了西他格利汀 (38)，表现出优良的 ADME 性质，顺利通过了临床试验，并于 2006 年经 FDA 批准上市。在后来的研究中，默克公司的科学家保留伯胺基团，引入环己基连接链，得到化合物 39；雅培公司的科学家则利用类似的策略获得了化合物 40（ABT-341）；对杂环部分的改造工作也得到很多 DPP-Ⅳ 抑制活性很强的化合物，例如 41。

另外一大类的 DPP-Ⅳ 抑制剂为非肽类结构。例如化合物 42（IC_{50} = 10nmol/L），为强效的 DPP-Ⅳ 抑制剂，但对 hERG 和 CYP3A4 具有较强亲和力而具有毒性。推断认为这是由于其亲脂性太强，因此在苯基取代位置引入极性结构，得到化合物 43，DPP-Ⅳ 抑制活性保留而降低 hERG 和 CYP3A4 亲和力从而降低了其毒性。日本 Takeda 公司在开发非肽类结构 DPP-Ⅳ 抑制剂的过程中，首先得到了化合物 44，该化合物对 DPP-Ⅳ 高亲和力、高选择性，但同样由于其抑制 CYP3A4、阻断 hERG 通道而被放弃。对化合物 44 的进一步改造获得了 Alogliptin（45），DPP-Ⅳ 抑制活性强（IC_{50} < 10nmol/L），CYP3A4、hERG 的抑制作用则被消除。目前，Alogliptin 正处在临床Ⅲ期试验阶段。

26.4.3 代表性药物

维达格利汀

本品为强效、可逆的高选择性竞争性 DPP-Ⅳ 抑制剂[20]，且对 DPP8、DPP9 亲和力低，毒副作用小。通过对 DPP-Ⅳ 的抑制，本品能促进 GLP-1 诱导的餐后胰岛素分泌，有效降低餐后血糖，并降低糖化血红蛋白水平。

本品口服给药后迅速吸收，主要（55%）通过氰基水解进行代谢，22% 的药物以原型药通过肾排泄，极少部分药物通过细胞色素 P450 酶代谢。多剂量给药时未出现药物蓄积现象，肝肾功能不全患者亦无需调整剂量，且药动学结果也不受食物影响[21]。

本品可以单独使用，与二甲双胍联用可以更有效地控制血糖，且耐受良好。研究者认为，其机制是二甲双胍降低血糖的同时能适应性升高 HbA_{1c} 水平，而本品使 HbA_{1c} 水平维持不变。此外，长期使用本品能使 II 型糖尿病患者胰岛素的敏感性增强，并使胰岛 β 细胞的功能有所改善。

西他格利汀

本品 2006 年 10 月由美国 FDA 批准上市，是第一个上市的 DPP-IV 抑制剂类治疗 II 型糖尿病的药物。上市形式为磷酸盐一水合物。

对健康志愿者进行的临床试验表明，服用本品≥50mg 能抑制 80%～90% 的活性 DPP-IV，抑制程度呈剂量相关。同时，体内活性 GLP-1 的浓度增加两倍以上，血糖明显下降，且耐受性好[22]。本品口服吸收完全，平均达峰时间为 3h，药物主要以原型形式经肾脏消除[23]。

对 II 型糖尿病患者进行的临床试验证实本品较安慰剂能明显降低患者的血糖水平，并降低患者的 HbA_{1c} 水平。此外，患者的功能 β 细胞数量增多，胰岛素分泌增加，而低血糖及胃肠道不良反应的发生率与安慰剂组相比则无显著性统计学差异[24]。

适用于依靠饮食和锻炼血糖控制不佳的 II 型糖尿病患者，可单独应用，也可以与二甲双胍、吡格列酮等联用。在有效控制血糖的同时，本品耐受性和安全性好，发生低血糖的情况罕见。

26.5 过氧化物酶体增殖因子激活受体激动剂

20 世纪 80 年代出现的"格列酮"类药物在临床口服降血糖药物中占有举足轻重的地位。该类药物主要作用于过氧化物酶体增殖因子激活受体（peroxisome proliferators activated receptor，PPAR），通过激动 PPAR 发挥胰岛素增敏作用。由于"格列酮"类药物均具有噻唑烷二酮的结构，也被称为噻唑烷二酮类药物（thiazo-lidinediones，TZDs）。

26.5.1 作用机理

PPAR 属于 II 型核激素受体超家族，是一种能被过氧化物酶体增殖物激活的核转录因子，可分为三种亚型，即 PPARα、PPARβ（也称为 PPARδ）、PPARγ。三种亚型与糖尿病的治疗都有关，但研究最多的是 PPARγ 激动剂。

PPARγ 在脂肪组织中有较高表达，而在肝脏及骨骼肌中表达低，噻唑烷二酮类药物与 PPARγ 功能位点直接结合后，激活受体，调节 PPAR 应答基因表达，促进糖代谢关键酶及脂代谢限速酶的合成增加。在脂肪细胞，能刺激前脂肪细胞分化和成熟以及对胰岛素产生应答，并增加成熟脂肪细胞的葡萄糖摄取。在肝脏和骨骼肌，可减少组织甘油三酯积聚。此外，通过纠正高血糖毒性，降低 HbA_{1c} 水平而使胰岛素分泌量下降，噻唑烷二酮类药物还可以保护胰岛 β 细胞。人类 PPARγ 有 PPARγ1、PPARγ2 和 PPARγ3 等几种亚型，近年开发的 PPARγ 激动剂对受体亚型有不同的选择性特征，使其有不同的特点。

20世纪90年代，针对PPARγ先后有曲格列酮（Troglitazone）、吡格列酮（Pioglitazone）和罗格列酮（Rosiglitazone）三个噻唑烷二酮类药物上市。遗憾的是，由于临床应用中发现了罕见的肝毒性，曲格列酮于2000年被撤出市场。同时，临床发现，其他的噻唑烷二酮类药物也有不同程度的增加体重、水肿及低血糖等副作用。但由于其有效的降血糖作用，该类药物具有很大的市场份额。目前，该类药物的研发仍然是全球热点，通过寻找高选择性的PPARγ激动剂以获得安全有效的胰岛素增敏剂已成为研究重点。

另一类药物为最近出现的"他唑类"药物，该类药物具有PPARα/γ双重受体激活作用。由于对PPARα受体的激动作用可以调节脂代谢，该类PPARα/γ双通道激动剂不但能有效地控制血糖的异常变化，还能有效降低血脂，从而对Ⅱ型糖尿病患者的心血管并发症具有防治作用，实现Ⅱ型糖尿病的全新治疗方式。近年已有许多PPARα/γ双重激动剂进入临床研究，但目前还没有上市的药物。

此外，PPAR的部分激动剂、拮抗剂，以及对PPARα、β、γ三种亚型都有激动作用的药物（PPAR pan agonists）也都在研究中。

26.5.2 构效关系

26.5.2.1 噻唑烷二酮类

齐格列酮（Ciglitazone）于1982年被发现，是第一个被发现的噻唑烷-2,4-二酮类药物。其结构可以分为三个部分（图26-4）：A为噻唑烷-2,4-二酮基本结构，为亲水性基团；B为芳环连接部分，与噻唑烷二酮环以亚甲基连接；C为疏水性部分。二十多年来，对齐格列酮的结构改造获得了数以万计的化合物，主要的工作集中在C部分的改造。这类化合物中噻唑烷二酮5位的手性碳均以消旋体开发，这是因为5位碳的对映异构体在生理条件下会相互转化[25]。

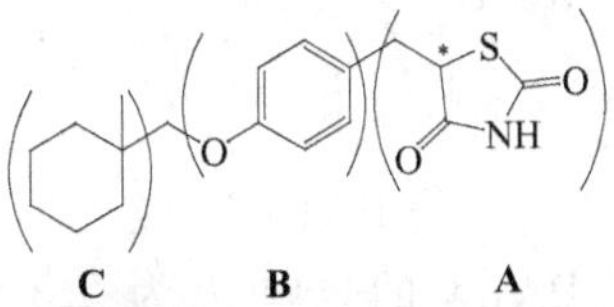

图 26-4 齐格列酮的结构

截至目前，保留A、B两部分，对C部分进行结构优化而得到的化合物有很多都曾进入到临床研究，代表性药物化学结构如下：

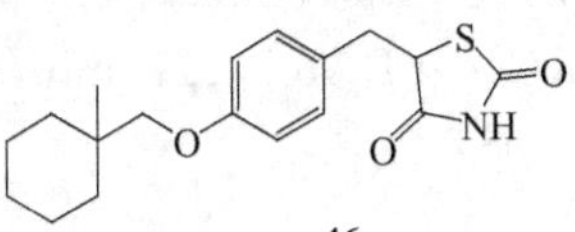

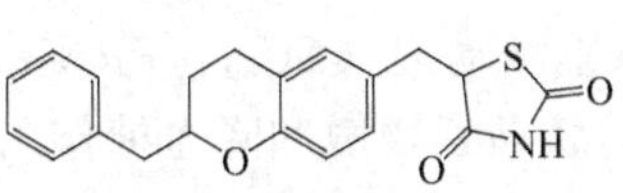

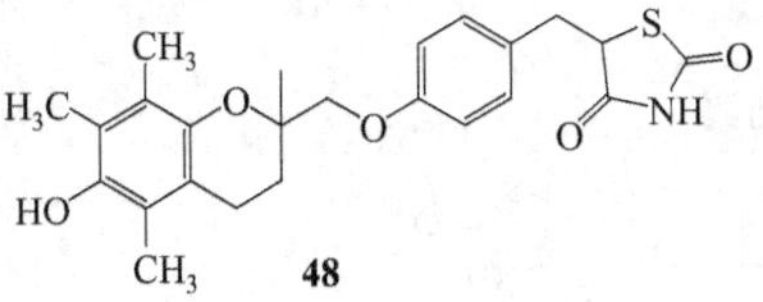

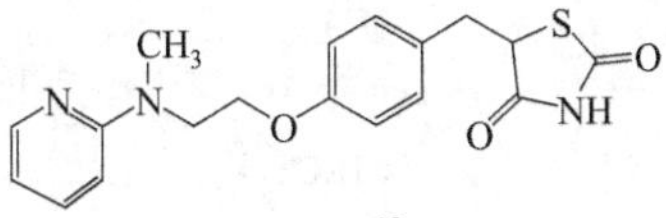

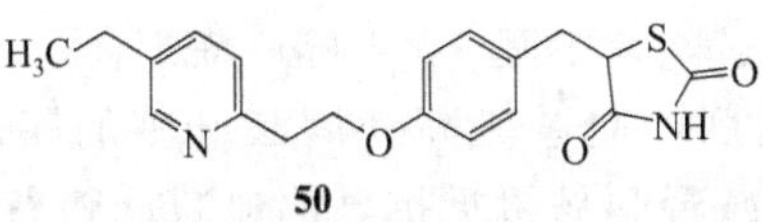

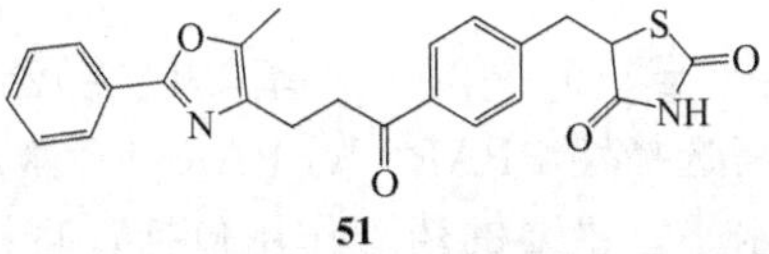

齐格列酮（**46**）和恩格列酮（Englitazone，**47**）是最早被开发的，后因严重不良反应被淘汰。其中，恩格列酮的结构在C部分引入了芳香结构苯环。1995年曲格列酮（**48**）

在日本上市，在齐格列酮的 C 部分中并上多取代的苯环，2000 年因肝毒性最后也被撤出市场。

美国葛兰素-史克公司的罗格列酮（**49**）和日本武田公司的吡格列酮（**50**）是目前临床上正在使用的噻唑烷二酮类药物。日本 Takeda 制药株式会社研发的达格列酮（Darglitazone, **51**）正待上市。三者的 C 结构部分均以芳香性结构取代了环己烷，罗格列酮与吡格列酮为碱性的吡啶环，而达格列酮则为苯基噁唑结构。

26.5.2.2 非噻唑烷二酮类

近年来，由于噻唑烷二酮类药物不断有毒性的报道，人们对该类化合物的噻唑烷二酮环进行结构改造，得到了非噻唑烷二酮类 PPARα/γ 双重激动剂。该类化合物基本延续上述的 B、C 结构部分，而以羧酸或其他羰基结构代替噻唑烷-2,4-二酮结构，代表性化合物如下：

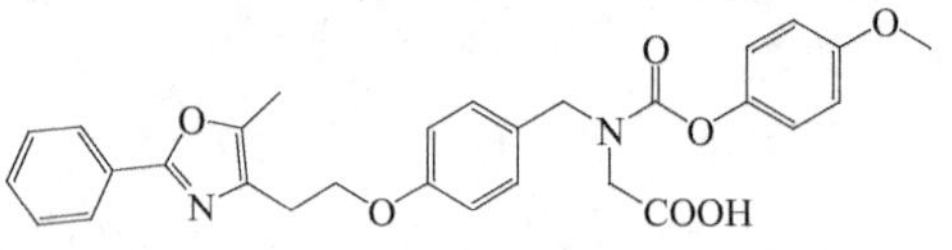

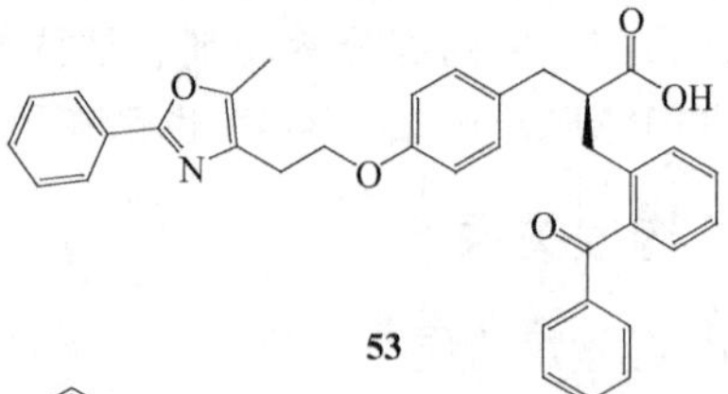

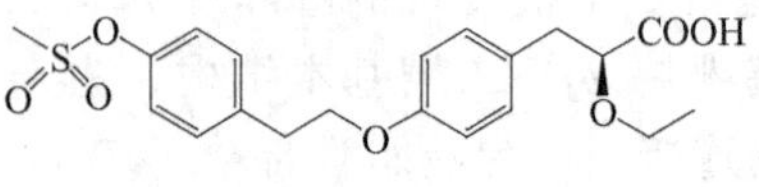

其中，莫格他唑（Muraglitazar, **52**）已经作为第一个非噻唑烷二酮类 PPARα/γ 双重激动剂完成了临床研究，其 PPARα 的亲和力为 $0.25\mu mol/L$，PPARγ 的亲和力为 $0.19\mu mol/L$。Farglitazar（**53**）、Tesaglitazar（**54**）、Ragaglitazar（**55**）、MBX-102（**56**）、T33（**57**）等均处在临床试验阶段，都表现出很好的同时改善患者血糖和血脂水平的双重药理作用。其中，化合物 T33 由中国科学院上海药物研究所的科学家研制[26]，为高亲和性的 PPARα/γ 双重激动剂（EC_{50}：PPARα, 148nmol/L；PPARγ, 19nmol/L），动物模型上表现出很好的胰岛素增敏和降血糖作用，正在进一步开发[27]。

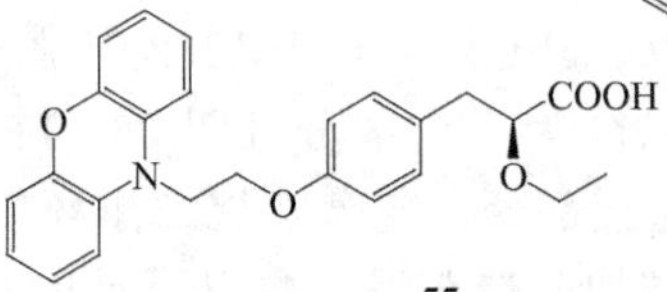

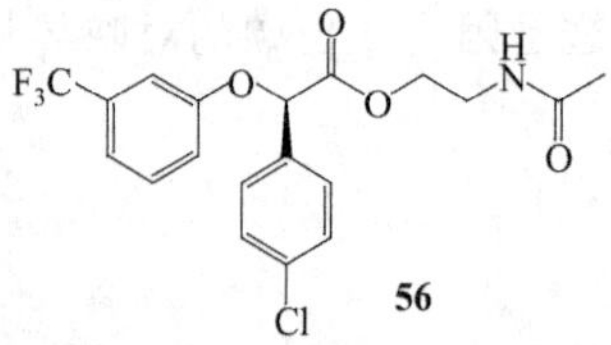

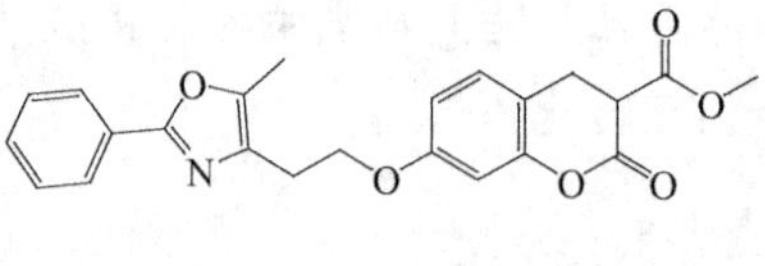

26.5.3 代表性药物

吡格列酮

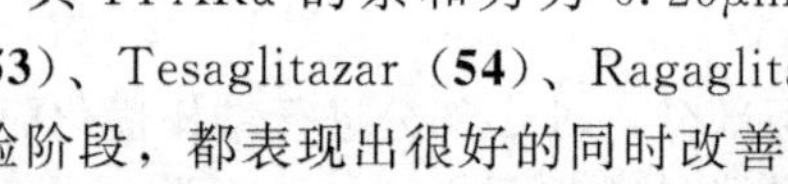

化学名：(±)5-[4-[2-(5-乙基-2-吡啶)乙氧基]苯甲基]-2,4-噻唑烷二酮

本品为高选择性 PPARγ（PPARγ1）激动剂，通过提高外周和肝脏的胰岛素敏感性而控制血糖水平。主要的药理作用包括：直接减轻胰岛素抵抗，明显减低胰岛素水平；降低血糖和糖化血红蛋白；减低血甘油三酯，升高高密度脂蛋白胆固醇；减低尿白蛋白排出量等。

此外，吡格列酮可以改善血管内膜功能和降低心脑血管危险因素，Ⅱ型糖尿病患者应用这类药物有助于降低冠心病、脑卒中等大血管疾病发生的危险。

吡格列酮口服给药后 2h 后达到峰浓度，通过羟基化和氧化作用代谢，代谢产物也部分转化为葡萄糖醛酸或硫酸结合物。大部分口服药以原型或代谢产物形式排泄入胆汁，并从粪便清除，约 15%～30%剂量的吡格列酮或代谢产物在尿中出现。

对于Ⅱ型糖尿病患者，盐酸吡格列酮可与饮食控制和体育锻炼联合以改善和控制血糖。盐酸吡格列酮可单独使用，当饮食控制、体育锻炼和单药治疗不能满意控制血糖时，它也可与磺脲、二甲双胍或胰岛素合用。副作用与不良反应主要是体重增加与水肿，与水、钠潴留有关。未有肝损害情况的报道。

罗格列酮

化学名：(±)-5-[[4-[2-(甲基-2-吡啶氨基)乙氧基]苯基]甲基]-2,4-噻唑烷二酮

本品为 PPARγ2 选择性激动剂。参与调节葡萄糖与脂肪酸的代谢，可降低脂肪细胞中瘦素和 TNF-α 的表达，增加外周组织对葡萄糖的摄取和转运从而提高胰岛素敏感性。

罗格列酮的绝对生物利用度为 99%，血药浓度达峰时间为 1h，空腹或进餐时服用均可。药品吸收后约 99.8%的罗格列酮与血浆蛋白（主要是白蛋白）结合。本品可被 P450 同功酶 CYP2C8 完全代谢，其主要代谢途径为 N-脱甲基和羟基化后与硫酸和葡萄糖醛酸结合，无原型药物从尿中排出。

本品可预防Ⅱ型糖尿病病人的肾脏病变和胰岛 β 细胞功能衰退，并与磺脲类、二甲双胍或胰岛素合用可改善胰岛素敏感性及胰岛 β 细胞的功能。副作用主要有肝毒性、水肿、体重增加、舒张压明显下降，以及低密度脂蛋白胆固醇（LDL-C）水平升高等副作用；不良反应主要为上呼吸道感染，头痛。

莫格他唑

化学名：N-[(4-甲氧苯氧基)羰基]-N-[[4-(2-甲基-4-苯基)噁唑乙氧基]苯甲基]氨基乙酸

本品对 PPARα 的亲和力为 0.25μmol/L，PPARγ 的亲和力为 0.19μmol/L。在 db/db 小鼠实验中，本品能有效降低血浆葡萄糖（54%，至正常水平）、甘油三脂（33%）、脂肪酸（62%）和胰岛素（48%）水平。血糖水平与胰岛素水平的降低，反映了本品有效的胰岛素增敏作用，与其对 PPARγ 的激动作用有关；而甘油三脂和脂肪酸水平的降低则是由 PPARα 激动作用导致的，对改善糖尿病患者的血脂水平有帮助[28]。

本品口服吸收迅速，口服后 30min 内血浆中即可测得。主要经胆道清除。

Ⅲ期临床研究结果显示，本品显著地降低糖化血红蛋白水平。2005 年 9 月，FDA 内分泌及代谢顾问委员会投票表决，通过了莫格他唑与二甲双胍联用或单独使用治疗Ⅱ型糖尿病的推荐议案，但不推荐本品与磺酰脲类药物同时使用。

莫格他唑的主要不良反应有体重增加和水肿，并可能诱发心力衰竭和心血管事件等。本品引起死亡及心血管事件危险性较吡格列酮高[29]，其安全性的进一步评估需要更多的临床数据，并参考其他 PPARα/γ 激动剂临床研究结果来进行。

26.6 糖尿病治疗的新靶点和新策略

由于糖尿病是一种复杂的代谢综合征，影响血糖水平的因素有很多。近年来，随着人们对Ⅱ型糖尿病发病环节的深入研究，糖尿病或代谢综合征的发病机理也不断被更新，治疗糖尿病的新靶点不断涌现。

26.6.1 蛋白酪氨酸磷酸酶-1B 抑制剂

细胞蛋白酪氨酸磷酸酶-1B（protein tyrosine phosphatase-1B，PTP-1B）在胰岛素信号传送途径中，特别在胰岛素受体脱磷酸过程中，通过使下游靶分子失活而起重要作用。在肥胖和Ⅱ型糖尿病患者肌肉和脂肪组织中 PTP-1B 活性增加，提示在胰岛素抵抗发病机理中这些分子起某种作用。研究证明 PTP-1B 抑制剂在糖尿病代谢中起到有益的作用。用 PTP-1B 的反义寡核苷酸治疗糖尿病肥胖 ob/ob 鼠可刺激肝脏和脂肪中胰岛素信息传导途径，从而减低高胰岛素血症，使血浆葡萄糖水平和 HbA_{1c} 正常化。

ISIS 制药公司开发的反义寡核苷酸类化合物 ISIS-113715 在小鼠模型上能有效降低 PTP-1B 的表达水平，并提高组织对胰岛素的敏感性而使血糖浓度有显著的下降。人体试验也表明，ISIS-113715 能够提高用药志愿者体内的胰岛素敏感性。目前，该化合物还在临床试验中[30]。

很多小分子的 PTP-1B 抑制剂也不断被报道。其中，二氟酯甲基磷酯是目前许多 PTPases 抑制剂的设计母核，氟化的磷酯类化合物的活性要比非氟化的同类化合物高 1000 倍左右，化合物上的氟原子能与酶活性中心的重要催化基团形成更紧密的特异性结合。例如化合物 58 为高亲和力的 PTP-1B 抑制剂，其在细胞模型上能明显提高胰岛素信号通路的敏感性[31]。其他结构类型的小分子抑制剂有苯甲酸类（如化合物 59）、苯并呋喃类（如化合物 60）以及化合物 61（ABDF）等。

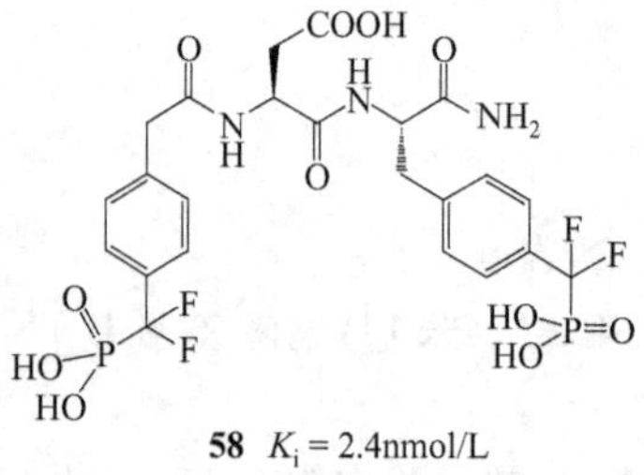

58 K_i = 2.4nmol/L

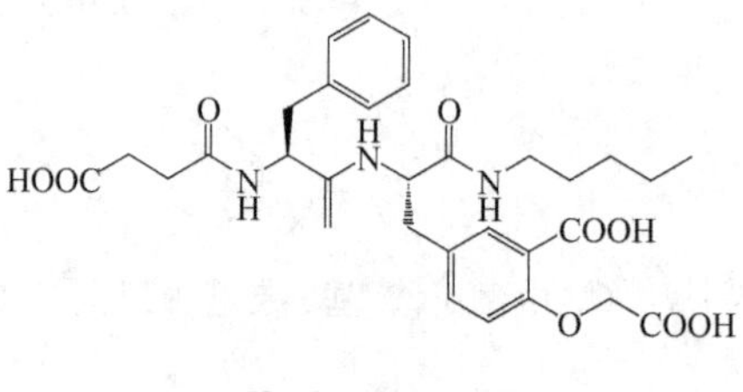

59 K_i = 250nmol/L

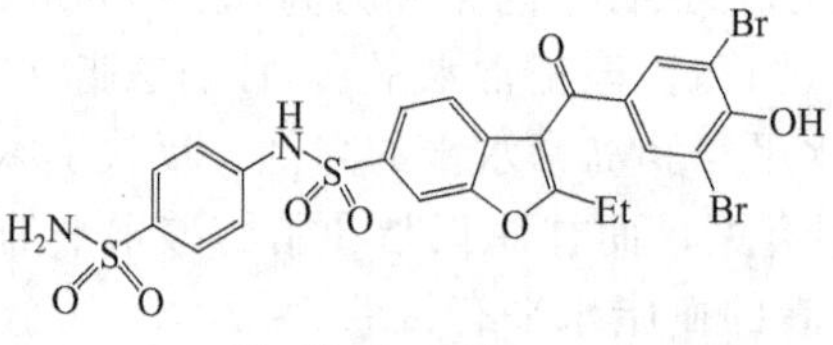

60 K_i = 8μmol/L

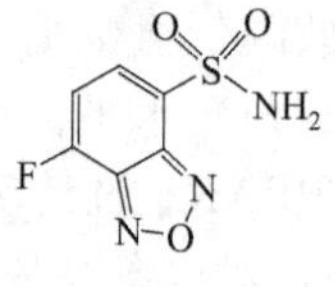

61 ABDF

26.6.2 糖原合成酶激酶-3 抑制剂

糖原合成酶激酶-3（glycogen synthase kinase-3，GSK-3）属丝氨酸/苏氨酸类蛋白激酶，能够使糖原合成酶磷酸化而抑制其活性，还能使胰岛素受体底物-1（IRS-1）磷酸化，从而抑制胰岛素信号传导途径，削弱胰岛素的作用。现已发现Ⅱ型糖尿病患者体内的 GSK-3 活性异常升高，因此 GSK-3 的抑制剂可以通过降低 GSK-3 的活性而影响胰岛素信号传导、葡萄糖代谢及糖原的合成，从而产生降血糖效果。现已找到了一些小分子 GSK-3 抑制剂，主要是通过使 GSK-3 的丝氨酸位点磷酸化，从而抑制其活性。例如下面的 paullone 类化合物：Kentapaullone（**62**）、Alsterpaullone（**63**）、1-Azakentapaullone（**64**），其中 1-Azakentapaullone 为高选择性的小分子抑制剂[32]。

62　　　　　**63**　　　　　**64**

迄今发现的大多数 GSK-3 小分子抑制剂都能增加糖尿病动物模型中糖原合成酶的活性，并且在动物模型上这些 GSK-3 抑制剂可以抑制肝糖输出，促进外周组织对葡萄糖的利用。但目前 GSK-3 抑制剂均处在临床前研究阶段，其原因可能是 GSK-3 被抑制后不仅影响到糖原合成，还可能会影响到其他细胞内的信号通路。作为治疗糖尿病药物时，长期应用 GSK-3 抑制剂可能会产生一定的不良作用，因此将 GSK-3 抑制剂作为一种新型抗糖尿病药物来开发，还需进行更加深入且系统的研究。随着对 GSK-3 在体内影响细胞内信号通路广泛性的了解，以及对其抑制剂抗糖尿病作用机制的深入阐明，以 GSK-3 为靶点来开发新型的抗糖尿病药物将是未来的研究方向之一。

26.6.3　1型 11β-羟基类固醇脱氢酶抑制剂

糖皮质激素在人体的糖、蛋白质、脂肪、水盐代谢中发挥着重要作用，过多或者缺乏都会给机体带来异常。糖皮质激素可以诱导胰岛素抵抗，还与胰岛 β 细胞的功能相关，说明其与糖尿病密切相关。在体内，局部组织器官中糖皮质激素的水平与 11β-羟基类固醇脱氢酶（11β-hydroxysteroid dehydrogenaser，11β-HSD）的活性及 2 种亚型（11β-HSD1、11β-HSD2）的比例有关。其中，11β-HSD1 主要起还原作用，在体内主要负责无活性前体皮质酮向活性皮质醇的转换，皮质醇是体内主要的糖皮质激素；而 11β-HSD2 则催化其逆反应，使皮质醇氧化为无活性的皮质酮。其中，11β-HSD1 主要分布于肝脏、脂肪组织中，其活性的变化与胰岛素抵抗（IR）、Ⅱ 型糖尿病的发展有密切联系[33]。

选择性 11β-HSD1 抑制剂能够改善胰岛素抵抗和胰岛 β 细胞功能。目前关于抑制剂的研究有一定进展[34,35,36]，但是 11β-HSD1 的确切机制及其抑制剂的有效性还需进一步证实。随着其作用机制的日益明确和研究的深入，11β-HSD1 抑制剂可能成为 Ⅱ 型糖尿病及代谢综合征有效的治疗手段。

26.6.4　钠-葡萄糖共转运体抑制剂

钠-葡萄糖共转运体（sodium-glucose cotransporter，GLUT）在人体内分布广泛，对葡萄糖的转运起到重要作用。GLUTs 为一个大的受体家族，有 6 种亚型，由 12 个基因编码[37]。在肾小管，大部分的葡萄糖由 GLUT-2 转运重吸收回血液，一小部分由 GLUT-1 转运重吸收。GLUT-2 抑制剂可以使机体多余的葡萄糖大部分不被重吸收而由尿排出，调整机体的能量平衡负性变化，而起到降低血糖、治疗肥胖的作用。

目前，以 GLUT-2 为靶点设计其选择性抑制剂取得了一定进展，很多化合物进入了临床评价[38]。该类化合物的典型结构如下面所示，Dapagliflozin（**65**）与 Sergliflozin（**66**）均处在临床研究阶段。

65　　　　　　　　　　　　　　**66**

除上述的靶点之外，糖酵解过程的限速酶——葡萄糖激酶（Glucokinase，GCK）[39]，通过干扰肾素-血管紧张素系统（renin-angiotensin system，RAS）改善胰岛素抵抗[40]，以游离脂肪酸（free fatty acid，FFA）受体作为靶点[41]、以 AMP 激酶（AMPK）为靶点治疗代谢综合征[42]等新的治疗方向都取得了一定进展。

26.7　讨论与展望

从 20 世纪 50 年代磺酰脲类和双胍类降糖药问世至今，抗糖尿病药物已经走过了 50 多年的发展过程。现如今，对于不同类型、不同特点的 Ⅱ 型糖尿病病人已经有了多样化、个体化的药物治疗方案。

双胍类、磺酰脲类、α-葡萄糖苷酶抑制剂、列奈类抗糖尿病药物从新药研究的角度看，近年来已经很少有新的药物出现，但它们依然是当前临床用药的基础，一些新的药物和这些老药合用往往可以得到更好的治疗效果。

以 PPAR 为靶点的"格列酮"类药物是一类较新型的降糖药物，其有效的降血糖作用已被临床所证实，但这类药物有增加体重、水肿及低血糖等副作用使这一靶点的安全性受到怀疑。现在还不能肯定这些副作用是和化合物结构有关还是和 PPAR 靶点相关，相信随着 PPAR 亚型功能的深入研究，疗效好、副作用低的新型药物必将造福人类。

"肠降糖素"（incretins）是近年来一个研究热点。由于 GLP-1、GIP 等在高血糖状态下才会发挥促胰岛素分泌的作用，正常状态下则不会发挥作用，这种新的作用模式排除了患者发生低血糖的可能，使得该类药物的研究极为受重视。在目前的两个研究方向中，GLP-1 受体激动剂目前已经有依西纳肽、其缓释制剂（exenatide LAR）以及酰化衍生物 Liraglutide 上市。由于依西纳肽为多肽结构，其给药不方便，开发小分子的 GLP-1 受体激动剂已经成为研究热点。而 DPP-Ⅳ 抑制剂作为另一研究方向也取得了很好的进展，西他格利汀的上市，以及大量正处在临床研究中的化合物都预示着 DPP-Ⅳ 抑制剂必将成为一大类新的、有效的降糖药。这类药物不仅能够显著控制病人血糖，而且至少在动物水平可以促进胰腺 β 细胞再生，恢复受损的 β 细胞功能，如果长期使用后，这一作用在糖尿病患者体内得到证实，那将引起糖尿病药物治疗革命性的进展。

近年来，随着人们对 Ⅱ 型糖尿病机理的深入研究，可能有效治疗糖尿病的新靶点也不断涌现。这些新的治疗靶点共同特点是以降糖为核心，兼具治疗代谢综合征其他指标，它们在降糖的同时几乎都能降低血脂和体重。这些新靶点如 GSK-3 抑制剂、Ⅰ 型 11β-羟基类固醇脱氢酶抑制剂以及肝糖合成酶抑制剂等，虽然目前还处于研究的早期阶段，但已经引起了药物化学家极大的兴趣。相信不久的将来，糖尿病这个古老的疾病将得到很好治疗甚至彻底治愈。

推荐读物

- Deepa Nath, Marie-Thérèse Heemels, Lesley Anson. Obesity and Diabetes. Nature, 2006, 444: 839-888.
- Mona Ashiya, Richard E T Smith. Non-insulin therapies for type 2 diabetes. Nature Reviews, Drug Discovery, 2007, 6: 777-778.
- Mark Sleevi. Insulin and Hypoglycemic Agents//Donald J Abraham. Burger's Medicinal Chemistry and Drug Discovery. 6th Edition. Wiley-Interscience, 2003. Vol. 4: 1-44.
- L Schmeltz, B Metzger. Diabetes/Syndrome X//Comprehensive Medicinal Chemistry II. Eight-Volume Set. John B Taylor, David J Triggle. Elsevier Science, 2006, Vol. 6: 418-458.

参考文献

[1] Levy P. Med Gen Med, 2007, 9: 12.
[2] Shinkai H, Toi K, Kumashiro I, et al. J Med Chem, 1988, 31: 2092.
[3] Shinkai H, Nishikawa M, Sato Y, et al. J Med Chem, 1989, 32: 1436.
[4] Bell G I, Sanchez-Pescador R, Laybourn P J, et al. Nature, 1983, 304: 368.
[5] Lu M, Wheeler M B, Leng X H, et al. 3rd. Endocrinology, 1993, 132: 94.
[6] Yada T, Itoh K, Nakata M. Endocrinology, 1993, 133: 1685.
[7] Arulmozhi D K, Portha B. Eur J Pharm Sci, 2006, 28: 96.
[8] Nauck M, Stockmann F, Ebert R, et al. Diabetologia, 1986, 29: 46.
[9] Nauck M A, Kleine N, Orskov C, et al. Diabetologia, 1993, 36: 741.
[10] Nauck M A, Meier J J. Regul Pep, 2005, 128: 135.
[11] Eng J, Kleinman W A, Singh L, et al. J Biol Chem, 1992, 267: 7402.
[12] Iltz J L, Baker D E, Setter S M, et al. Clin Ther, 2006, 28: 652.
[13] Drucker D J, Nauck M A. Lancet, 2006, 368: 1696.
[14] Doyle M E, McConville P, Theodorakis M J, et al. Endocrine, 2005, 27: 1.
[15] Gedulin B R, Smith P, Prickett K S, et al. Diabetologia, 2005, 48: 1380.
[16] Kim D, MacConell L, Zhuang D, et al. Diabetes care, 2007, 30: 1487.
[17] Nauck M A, Hompesch M, Filipczak R, et al. Exp Clin Endocrinol Diabetes, 2006, 114: 417.
[18] Vilsboll T, Brock B, Perrild H, et al. Diabet Med, 2008, 25: 152.
[19] Chen D, Liao J, Li N, et al. Proc Natl Acad Sci (USA), 2007, 104: 943.
[20] Villhauer E B, Brinkman J A, Naderi G B, et al. J Med Chem, 2003, 46: 2774.
[21] Ahren B. Expert Opin Investig Drugs, 2006, 15: 431.
[22] Bergman A J, Stevens C, Zhou Y, et al. Clin Ther, 2006, 28: 55.
[23] Vincent S H, Reed J R, Bergman A J, et al. Drug Metab Dispos, 2007, 35: 533.
[24] Raz I, Hanefeld M, Xu L, et al. Diabetologia, 2006, 49: 2564.
[25] Sohda T, Mizuno K, Kawamatsu Y. Chem Pharm Bull, 1984, 32: 4460.
[26] Tang L, Yu J, Leng Y, et al. Bioorg Med Chem Lett, 2003, 13: 3437.
[27] Hu X, Feng X, Liu X, et al. Diabetologia, 2007, 50: 1048.
[28] Devasthale P V, Chen S, Jeon Y, et al. J Med Chem, 2005, 48: 2248.
[29] Nissen S E, Wolski K, Topol E. J JAMA, 2005, 294: 2581.
[30] Liu G. Curr Opin Mol Ther, 2004, 6: 331.
[31] Xie L, Zhang Z, Andersen, et al. Biochemistry, 2003, 42: 12792.
[32] Kunick C, Lauenroth K, Leost M, et al. Bioorg Med Chem Lett, 2004, 14: 413-416.
[33] Tomlinson J W, Stewart P M. Best Pract Res Clin Endocrinol Metab, 2007, 21: 607.
[34] Alberts P, Engblom L, Edling N, et al. Diabetologia, 2002, 45: 1528.
[35] Schuster D, Maurer E M, Laggner C, et al. J Med Chem, 2006, 49: 3454.
[36] Johansson L, Fotsch C, Bartberger M D, et al. J Med Chem, 2008, 51: 2933.
[37] Wright E M, Turk E. Eur J Physiol, 2004, 447: 510.
[38] Isaji M. Curr Opin Investig Drugs, 2007, 8: 285.
[39] Desai U J, Slosberg E D, Boettcher B R, et al. Diabetes, 2001, 50: 2287.
[40] Malhotra A, Kang B P, Cheung S, et al. Diabetes, 2001, 50: 1918.
[41] Rayasam G V, Tulasi V K, Davis J A, et al. Expert Opin Ther Targets, 2007, 11: 661.
[42] Misra P. Expert Opin Ther Targets, 2008, 12: 91.

抗骨质疏松药物

杨春皓，贺 茜

目 录

27.1 引言 /715
27.2 临床用药物 /716
　27.2.1 骨重吸收抑制剂 /716
　　27.2.1.1 双膦酸盐 /717
　　27.2.1.2 雌性激素类 /720
　27.2.2 钙类、维生素D、氟化物和
　　　　甲状旁腺激素 /724
　27.2.3 锶盐 /726
　27.2.4 其他类型 /727
27.3 展望 /727
推荐读物 /729
参考文献 /729

27.1 引言

骨质是骨的主要成分，分骨密质和骨松质两种。骨密质质地致密而且坚硬，形成骨的厚壁，主要分布于骨的表层，也称为皮质骨。骨松质是由许多针状或片状的骨小梁交织连接而成的多孔网状结构。骨质由骨的细胞和钙化的细胞外基质组成。骨的细胞可分为骨祖细胞、成骨细胞、骨细胞和破骨细胞。成骨细胞（osteoblast）由骨祖细胞增殖分化而来，其功能是合成和分泌类骨质及无定形基质，并产生基质小泡。基质小泡中富含碱性磷酸酶、焦磷酸酶、类脂质和微小的羟基磷灰石结晶。基质小泡破裂后释放的碱性磷酸酶能使局部的磷酸盐含量增高，钙盐微晶成为钙化中心，类骨质迅速钙化并扩大钙化范围，促进骨形成。此外，在成骨细胞内存在雌激素受体、甲状旁腺激素受体和维生素 D_3 受体，通过这些受体可以调节成骨细胞的活性，并影响类骨质的形成和矿化过程。

破骨细胞（osteoclast）为多核巨细胞，主要分布于骨质表面和骨内血管周围。破骨细胞能分泌酸性离子和蛋白溶解酶，溶解和吞噬骨基质，将钙离子释放到血液中，形成破骨作用。破骨细胞的主要功能就是参与骨的重吸收，它在骨的构建和重建过程中起重要作用。

在人体发育成熟后，骨的代谢依然在不断进行，这就是骨的重建或周转（remodeling or turnover）。在重建过程中，破骨细胞在骨内膜表面通过重吸收作用产生许多小陷窝，随后成骨细胞募集到陷窝表面形成新骨。正常情况下破骨细胞和成骨细胞相互制约，都维持一定的数量，骨形成与骨吸收处于平衡状态。由于各种原因，这种平衡被破坏，骨吸收大于骨形成，就引起骨质疏松症和其他代谢性骨病。

骨质疏松症是一种全身系统性的骨骼疾病，特征是骨量减少，骨组织的微结构破坏，引起代谢紊乱，使得骨脆性增加而易骨折[1]。

骨质疏松症主要分为两大类：即原发性骨质疏松症和继发性骨质疏松症。原发性骨质疏松主要是由于年龄增加和妇女绝经后引起的骨退行性变化，而继发性骨质疏松主要是由于某些疾病（如甲状旁腺功能亢进、骨髓瘤等）或者诱因（如皮质激素、肝素等药物）引起的骨质疏松。通常又将原发性骨质疏松分为两种类型：Ⅰ型即绝经后骨质疏松，Ⅱ型即老年性骨质疏松，原发性骨质疏松症约占骨质疏松症的 90%。骨质疏松症的发生还与许多因素有关，如遗传、饮食（钙的低摄入）、运动（不运动和过量运动）、生活方式（长期抽烟，饮酒）等，甚至性别和种族也有一定影响。

由骨质疏松症引起的骨折不但会使患者致残，生活不能自理，而且能导致死亡。有研究表明超过 20% 的髋部骨折病人会在骨折后六个月之内死亡[2]。由于人口老龄化已成为世界趋势，骨质疏松症已成为一种常见病和多见病，给家庭和社会都带来了沉重的负担。近年来随着对骨质疏松症认识的日益增加，骨质疏松症药物的研发有了长足发展。

目前在临床应用的药物主要有双膦酸盐、选择性雌激素受体调节剂、维生素 D 类、钙剂、雌激素等，按照作用机制可分为抗重吸收药物（雌激素、双膦酸盐、降钙素等）和促进骨形成药物（维生素 D、氟化物、甲状旁腺激素等）两类，部分药物有双重作用（雌激素、维生素 D、锶盐等）。这些上市的以及在研的抗骨质疏松药物作用于骨质疏松发生的各个环节（图 27-1）：雌激素和选择性雌激素受体调节剂（SERMs）能抑制破骨细胞的形成，双膦酸和降钙素能抑制破骨细胞的活性。另外对破骨细胞的形成和活性进行调节的还有护骨素/核因子 κB 受体活化因子配体 RANKL/RANK（OPG/RANKL/RANK）信号通路。其他的靶标包括整合素 $\alpha_v\beta_3$ 受体、组织蛋白酶 K，以及 Src 酪氨酸激酶、碳酸酐酶等。

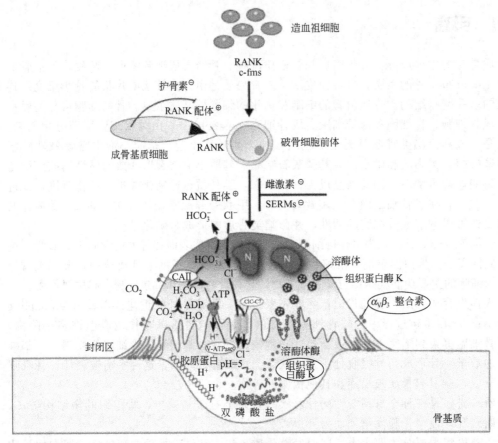

图 27-1 骨质疏松症的治疗靶标

(摘自 Stoch S A, et al. Clin Pharm Ther, 2008, 83: 172-176)

27.2 临床用药物

27.2.1 骨重吸收抑制剂

在抗骨质疏松药物中抗重吸收药物占绝大多数，原因在于骨重吸收的增加是骨质疏松症和许多代谢性骨病的共同特征。像原发性甲状旁腺机能亢进、Paget's 病（变形性骨炎）、骨肿瘤（如骨巨细胞瘤、骨肉瘤、多发性骨髓瘤等）和恶性肿瘤引起的骨转移、骨关节炎等都能增加破骨细胞的数目，增强其破骨活性，使骨吸收增加，骨骼中的钙质大量释放，导致血钙增高，出现骨质疏松，严重时可发生病理性骨折。抗重吸收药物可以作用于骨吸收的各个环节，调节破骨细胞的形成和功能。如雌激素、选择性雌激素受体调节剂能抑制或调节破骨细胞生成的一些细胞因子（cytokines）；RANK（receptor for activator of nuclear factor-κB）受体，肿瘤坏死因子 α，前列腺素 E，白介素-1、6、7、11、13、17 等，从而减少破骨细胞的生成[3]；双膦酸盐能抑制破骨细胞的活性；组织蛋白酶 K 抑制剂则通过抑制破骨细胞中组织蛋白酶 K 的活性减少骨基质的降解。

27.2.1.1 双膦酸盐

自从 1969 年瑞士的 Fleisch 发现双膦酸盐能抑制骨的重吸收以后[4]，双膦酸药物的研究取得了巨大进展。目前上市的双膦酸药物包括第一代的依替膦酸二钠（**1**）、氯屈膦酸二钠（**2**），第二代的帕米膦酸二钠（**4**）、替鲁膦酸二钠（**3**）和第三代的阿仑膦酸钠（**5**）、利塞膦酸钠（**8**）、依班膦酸钠（**7**）、英卡膦酸二钠（**9**）、奈利膦酸钠（**6**）、唑来膦酸（**10**）等。

双膦酸盐药物主要用于骨质疏松症、变形性骨炎、骨肿瘤以及恶性肿瘤骨转移引起的高钙血症的防治，能明显改善患者的生活质量，减少骨痛和骨折的发生，减轻高钙血症并发的恶心、呕吐等症状，是高钙血症、骨痛和变形性骨炎的一线治疗药物。双膦酸盐的口服生物利用度都很差（大约 1%～3%），用药的方式可根据双膦酸盐本身的活性和临床需要而定，阿仑膦酸钠和利塞膦酸钠用于骨质疏松时一般口服，口服时需要空腹并采取立姿和坐姿。依班膦酸钠和唑来膦酸可用输液方式，而对于恶性肿瘤骨转移、变形性骨炎等骨代谢病一般采用输液方式。

用于抗骨质疏松的双膦酸药物主要有依替膦酸二钠，利塞膦酸钠，依班膦酸钠，阿仑膦酸钠，唑来膦酸。

依替膦酸二钠是上市的第一个双膦酸药物，口服制剂，主要用于治疗骨代谢病，在一些国家也用于治疗和预防骨质疏松。依替膦酸二钠在体内并不代谢，血浆半衰期 1～6h。其口服生物利用度约 3%。治疗剂量会降低骨的矿化，所以只能间隙服药，连续用药会导致软骨病。用药时需要补充足量的钙和维生素 D。

阿仑膦酸钠于 1993 年首次在意大利上市，商品名为 Fosamax[5]。FDA 于 1995 年批准用于治疗妇女绝经后骨质疏松症，剂量为每天 10mg；每天 5mg 或者每周 35mg 的剂量可用于预防绝经后妇女的骨质疏松症。同时每天 5mg 的剂量也被用于治疗男性和女性因皮质激素引起的骨质疏松。大规模的临床研究表明绝经后妇女连续服用阿仑膦酸钠两年，其脊椎骨、股骨和总体骨密度分别增加 7.2%、5.3% 和 2.5%，连续用药 3 年可以将髋骨、椎骨、腕骨的骨折发生率降低 50%[6]。阿仑膦酸钠可引起食管炎和胃溃疡，偶见荨麻疹。患者必须空腹用适量的水服药，服药后采取立姿或坐姿半小时。由于服药不方便，Merck 公司开发出每周服用一次的 70mg 和 35mg 剂型，分别用于治疗和预防女性绝经后骨质疏松症。2000 年美国 FDA 对阿仑膦酸钠又追加适应证，用于治疗男性的骨质疏松症（每天 10mg 或者每周一次 70mg），它是第一个用于男性骨质疏松的治疗药物。治疗剂量的阿仑膦酸钠不干扰骨的矿化，可以连续用药。吸收的阿仑膦酸钠 50% 经肾排泄，其余沉积在骨中。阿仑膦酸钠抑制破骨细胞的活性优于依替膦酸二钠和帕米膦酸二钠。本品口服后主要在小肠内吸收，生物利用度低于 1%，食物和矿物质能显著降低吸收。它在骨内的半衰期较长，大概在 10 年以上，少数患者出现下颌骨坏死。

阿仑膦酸钠是一个强效的破骨细胞抑制剂，目前认为其分子靶标是甲羟戊酸通道的法尼基焦磷酸合成酶（FPP 合成酶，farnesyl diphosphate synthase）[7]。FPP 合成酶是类异戊二烯生物合成途径的一个关键酶，法尼基焦磷酸 FPP 是一系列生物活性物质如胆固醇、亚铁血红素、泛醌、类胡萝卜素的重要前体。在转化过程中，异戊烯焦磷酸（IPP, isopentenyl pyrophosphate）在 IPP 异构酶的催化作用下生成亲电的二甲基烯丙基二磷酸（DMAPP, dimethylallyl pyrophosphate），然后 DMAPP 与 IPP 在 FPP 合成酶的作用下发生连续的缩合反应，生成 15 碳的法尼基焦磷酸（图 27-2）。当阿仑膦酸钠抑制 FPP 合成酶（$IC_{50}=460nmol/L$）时，双膦酸基团是通过镁离子与 FPP 合成酶的富含天冬氨酸的结构域作用，而该域是二甲基烯丙基二磷酸（DMAPP）和牻牛儿基焦磷酸（GPP）的作用位

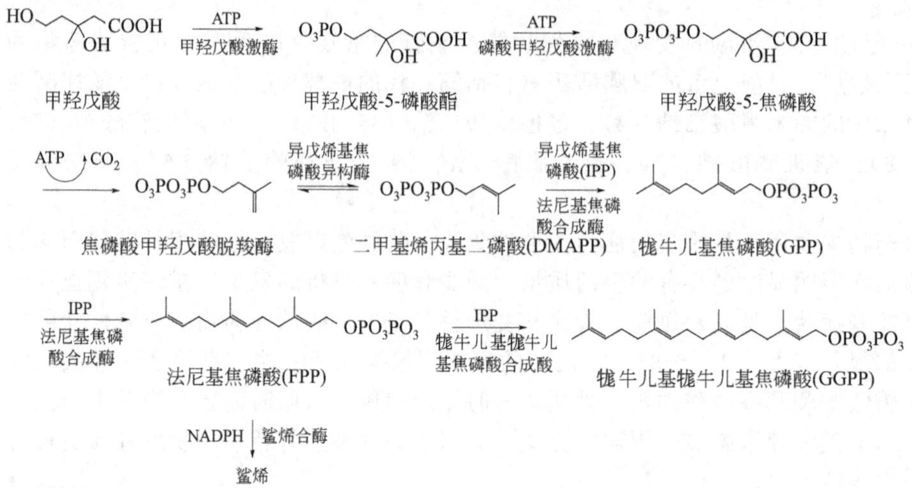

图 27-2 从甲羟戊酸到牻牛儿基牻牛儿基焦磷酸的生物合成途径

点，因而减少了法尼基焦磷酸和牻牛儿基牻牛儿基焦磷酸（GGPP）的合成[8]，干扰了三磷酸腺苷结合蛋白（如 Rho，Rac，Rab）的法尼基化和牻牛儿基牻牛儿基化，而这些蛋白的异戊烯基化对破骨细胞的生存和分化至关重要。

最近的研究表明含氮双膦酸抑制 FPP 合成酶呈时间依赖性，随着时间的延长，其抑制活性可能变得更强。因此将含氮双膦酸定义为"慢结合，紧密结合抑制剂"（slow, tight-binding inhibitor）[9]。当双膦酸与 FPP 合成酶的 DMAPP/GPP 结合位点竞争性结合后，FPP 合成酶发生时间依赖性的异构化，这种异构化状态的保持可能对其显示高活性非常重要[10]。另外 FPP 合成酶已成为疟疾、隐孢子虫病、利什曼原虫病、克鲁斯氏锥虫病等寄生虫病的潜在药物靶标。

依班膦酸钠，1996 年在德国和奥地利上市，商品名 Boniva，主治恶性肿瘤引起的高钙血症。2005 年 FDA 批准了 150mg 的片剂，用于绝经后妇女骨质疏松症的治疗，该药是第一个也是唯一的每月用药一次的治疗药物。另外每天 2.5mg 剂量的片剂也被批准用于绝经后妇女骨质疏松症的预防和治疗。依班膦酸钠对羟基磷灰石有很高的亲和力，被成熟的破骨细胞吸收后作为异戊二烯焦磷酸酯类似物，阻断了小 GTP 酶的法尼基化和牻牛儿基牻牛儿基化，从而选择性地使破骨细胞凋亡。在对妇女绝经后骨质疏松的大规模临床研究中，每天服用依班膦酸钠 2.5mg，连续用药两年，与对照组相比，腰椎骨、髋骨、股骨颈、股骨大转子的骨密度分别增加 3.1%、1.8%、2.0% 和 2.1%。连续用药三年，椎骨骨折发生率下降了 62%。针对不方便口服用药和不能保持坐姿 30~60min 的患者，2006 年 FDA 还批准了每三个月一次的静脉注射液，剂量为 3mg，静脉注射 15~30s，这也是第一个用于绝经后妇女骨质疏松的注射用药[11]。

利塞膦酸钠，由宝洁公司开发，商品名 Actonel，1998 年获准用于治疗和预防绝经后妇女骨质疏松症，在美国还获准用于治疗由类固醇引起的男女骨质疏松症，剂量为每天 5mg。另外每周一次 35mg 的片剂不但用于治疗和预防妇女骨质疏松症，也用于治疗男性的骨质疏松。利塞膦酸钠抗骨吸收作用是依替膦酸钠的 1000 倍，高剂量时也不会抑制骨的矿化。利塞膦酸钠是 DMAPP 和 GPP 的竞争性抑制剂，IPP 的非竞争性抑制剂，对 FPP 合成酶的抑制活性为 $IC_{50}=3.9nmol/L$，远高于阿伦膦酸钠，但体内活性仅为阿伦膦酸钠的两倍。利塞膦酸钠对于骨折危险较高的妇女椎骨骨折、髋部骨折的发生率下降 58%~65%。利塞膦酸钠有良好的耐受性，与阿伦膦酸钠相比，食管炎和胃溃疡的发生率明显降低。但利塞膦酸钠同样必须空腹用水送服药物并保持至少 30min 非卧位和不进食。利塞膦酸钠每天 30mg，连续用药两个月，用于治疗变形性骨炎。2007 年 FDA 还批准了一个月中连续 2 天使用 75mg 的剂量来治疗骨质疏松，使病人更加易于接受[12]。

唑来膦酸，由瑞士诺华研制，其 4mg 静脉注射液（商品名 Zometa）用于治疗癌症引起的骨转移、多发性骨髓瘤和肿瘤引起的高钙血症，活性大概是帕米膦酸二钠的 40～850 倍。唑来膦酸 5mg 静脉注射液被批准用于治疗变形性骨炎。唑来膦酸在体内并不代谢和生物转化，24h 内大约有 40% 的原药从尿中排出，其余的则和骨结合。2007 年，美国 FDA 批准了诺华公司的 5mg 唑来膦酸注射液（商品名 Aclasta，Reclast）用于妇女绝经后骨质疏松症的治疗，这是第一个也是仅有的一个一年用药一次的抗骨质疏松药物。唑来膦酸注射液只需一年静脉输液一次，输液时间为 15min 左右[13~14]。和其他双膦酸盐类药品一样，唑来膦酸可能会导致肾功能减退，并可能进一步导致肾衰。

其他的双膦酸药物如氯屈膦酸二钠、帕米膦酸二钠、替鲁膦酸二钠、英卡膦酸二钠主要用于治疗骨肿瘤和骨转移引起的高钙血症以及变形性骨炎。**帕米膦酸二钠**，由诺华公司研发，于 1994 年获得 FDA 批准，商品名 Aredia。主要用于治疗变形性骨炎和恶性肿瘤转移引起的高钙血症，为静脉注射给药，剂量为 30mg 或者 90mg。**替鲁膦酸二钠**由法国 Sanofi-Synthelabo 公司研发，1995 年在丹麦上市，商品名 Skelid。主治变形性骨炎，剂量为每天 200mg，不良反应主要是胃肠道反应。**英卡膦酸二钠**由日本山之内公司开发，于 1997 年在日本上市。用于治疗恶性肿瘤骨转移及并发的高钙血症，静脉给药，每月 1 次 10mg 即可有效抑制肿瘤骨转移所致的骨溶解、骨痛和高钙血症。骨吸收抑制作用维持时间长，毒副作用小。动物试验显示，用药后有 32.9% 的英卡膦酸二钠进入骨组织，该药物在肋骨中的半衰期长达 351 天，同时不影响软骨组织的正常矿化。**奈利膦酸钠**由意大利 Abiogen 公司研制，2003 年在意大利上市，商品名为 Nerixia，是全球首个治疗成骨不全症的孤儿病药物（Orphan drug）。

双膦酸盐药物的构效关系并不完全清楚，基本构效关系及作用机制如下。

① 双膦酸基团（P—C—P）的存在是具有抗重吸收活性的必要条件[15]。

② 含氮双膦酸盐中偕碳原子上的取代基对双膦酸盐的生物活性影响很大，双膦酸基

团所在的偕碳原子上含有羟基则活性较高，原因在于双膦酸基团和偕碳原子上的羟基能以骨钩的方式快速高效地结合到骨矿物表面。

③ 侧链为氨烷基或者含氮杂环的活性比较高。侧链的长度对氨基直链系列双膦酸的活性非常重要，将帕米膦酸侧链延长一个碳，就成为阿伦膦酸，抗骨吸收活性增加 100 倍；继续增长碳链，活性又有所下降，如奈利膦酸，活性与帕米膦酸二钠相当，但比阿伦膦酸弱。含氮杂环的质子化程度对双膦酸的活性也很重要：pK_a 值太低（2～3），如噻唑、吡唑、三唑等，由于在生理条件下不能质子化，侧链含这些杂环的双膦酸活性就较弱；pK_a 值在 5～9，如氨基吡啶、咪唑、吡啶等，其双膦酸盐活性较强；pK_a 值过高，如氨基咪唑，由于质子化形式非常稳定，影响破骨细胞的吸收，活性也较低。

侧链含氮的双膦酸和侧链不含氮的双膦酸作用机制并不相同：不含氮的双膦酸盐进入血液后迅速结合到骨骼表面，并被破骨细胞摄取代谢成 ATP 类似物，化合物与 ATP 竞争并导致破骨细胞凋亡，破骨细胞数量减少，降低骨吸收的能力。如氯屈膦酸和依替膦酸，由于影响三磷酸腺苷的合成，打断了细胞的能量通路而抑制了骨的重吸收[16]。含氮的双膦酸通过抑制甲羟戊酸通道的法尼基焦磷酸合成酶、鲨烯合酶、异戊烯基焦磷酸异构酶的合成来阻止法尼醇和牻牛儿醇基牻牛儿醇的合成，从而阻断三磷酸腺苷结合蛋白（如 Rho，Rab 蛋白）的法尼基化和牻牛儿基牻牛儿基化，而这些蛋白对破骨细胞的活性和存活至关重要，从而诱导破骨细胞的凋亡[17~19]。

双膦酸盐体外抑制蛋白质异戊烯化与体内抗骨重吸收的活性存在显著的相关性，其体外抑制人重组法尼基合成酶的顺序与抗骨重吸收能力的顺序均为：唑来膦酸＞利塞膦酸＞依班膦酸＞因卡膦酸＞阿伦膦酸＞帕米膦酸[20]。

④ 含氮侧链的化学结构和三维构象会影响化合物和 FPP 合成酶的结合。双膦酸基团、含氮侧链和三维构象决定了药物与特定分子靶标的结合及其活性。最近的研究表明含氮双膦酸能与 FPP 合成酶、异戊烯焦磷酸形成稳定的三元复合物，从而抑制 FPP 合成酶的活性[21~22]。双膦酸盐与骨骼的结合非常稳定，一般双膦酸在成人的骨中半衰期有 8 年左右。

从双膦酸类药物的作用机制可知，由于抑制骨的重吸收，只是减缓了骨质的流失，降低了骨的周转（turnover），并不像正常的骨重建那样，有新生成的骨来替代陈骨，陈旧骨较脆并容易发生微骨折。

27.2.1.2 雌性激素类

（1）雌激素　雌激素可以通过多种途径对骨产生影响：在成骨细胞、骨细胞（osteocytes）和破骨细胞中均存在雌激素受体和雌激素受体 mRNA，雌激素通过成骨细胞的雌激素受体能促进骨形成；雌激素能加强降钙素的分泌，调节破骨细胞的活性，抑制骨吸收；能促进肝、肾 1α，25α-羟化酶的活性，增加维生素 D_3 的合成，促进骨的形成和矿化；能降低甲状旁腺激素 PTH 对骨的敏感性，抑制骨的吸收；能通过成骨细胞分泌的局部因子来影响骨形成和骨吸收；能促进护骨素（osteoprotegerin）的产生，而护骨素能抑制巨噬细胞分化成破骨细胞，调节破骨细胞的重吸收活性。

当雌激素缺乏时，破骨细胞的数目增加，寿命延长，骨骼表面参与重吸收的破骨细胞数目也有所增加，并且骨重建过程的骨吸收周期延长，导致骨质的流失[23]。驱动破骨细胞形成的细胞因子有 RANKL（receptor activator of NFκB ligand）和巨噬细胞集落刺激因子（macrophage colony-stimulating factor，M-CSF），这些因子由骨髓基质细胞、成骨细胞和活化的 T 细胞产生。RANKL 能与破骨细胞和破骨细胞前体表面上的特异性受体 RANK 结合，从而影响破骨细胞的分化。护骨素能拮抗性结合 RANKL，阻断它与 RANK 结合，从而抑制了破骨细胞的分化[24~25]。RANKL 不促进细胞的增殖，但能促破骨细胞前体分化成成熟的破骨细胞,并使其活化,刺激其骨吸收的能力。巨噬细胞集落刺激因子则能使破骨细胞前体融合和增殖,分化成熟的破骨细胞并延长其存活时间。另外还有许多因子如 NF-κB,c-Fos,NFATc1 等能与 RANKL 相互作用调控破骨细胞的功能。

最近的研究表明雌激素缺乏所致的骨质流失与 T 细胞产生的肿瘤坏死因子 TNF 增加有关[26~27]。TNF 能与 NF-κB 等协同作用,增加 RANK 的表达和 RANKL 的活性[28]。当女性绝经后,由于缺乏雌激素,产生"绝经后综合征",包括潮热、情绪波动或者压抑、阴道干燥、尿失禁等一系列生理和心理症状,心血管病和阿尔采默病发病率增加,骨质迅速流失产生骨质疏松。妇女一般在 50 岁左右绝经,一生大概有 30 年时间处于绝经状态。由于绝经后骨量快速丢失,妇女平均寿命又长于男人,所以妇女的骨质疏松尤其值得重视。

激素替代疗法(包括纯雌激素替代疗法 ERT 和荷尔蒙替代疗法 HRT)是非常有效的治疗女性绝经后综合征的手段,能减少绝经后的骨质流失,降低骨质疏松症引起的骨折发生率。激素替代疗法就是以外源性的雌激素替代自身产生的雌激素,所使用的激素可以是天然的,也可以是合成的。激素替代疗法最常用的就是倍美力和雌二醇。雌二醇使用时一般采用透皮吸收的方法,一张激素贴可以维持血液中雌二醇的浓度 3.5 天。

倍美力(Premarin)是从妊娠马尿中提取的一种天然结合型雌激素,其化学成分非常复杂,至今还没有完全搞清楚。其中已知的就有 10 种以上的甾类化合物[29],一般认为它的主要成分有雌酮(**13**)、马烯雌酮(equilin,**11**)和马萘雌酮(equilenin,**12**),其作用与雌酮和雌二醇相似,口服有效,每天 0.625mg 可用于预防骨质疏松。

惠氏公司还采用复方轭合雌激素(Conjugated Estrogens)/甲羟孕酮 0.3mg/1.5mg 的小剂量制剂(商品名 Prempro)治疗绝经后妇女潮热、夜间出汗和阴道干燥等症状,预防绝经后妇女的骨质疏松。

替勃龙是激素替代疗法中预防绝经后妇女更年期综合征和妇女骨质疏松症的又一选择[30]。替勃龙(Tibolone,**14**),即 7α-甲基异炔诺酮,由荷兰欧加农公司研发,兼有雌激素、孕激素和弱的雄激素活性,对减轻更年期症状、情绪的稳定以及性欲的维持都有良好的作用。本品对乳腺和子宫没有刺激,仅有极少数病人出现轻度子宫增生。每天口服 2.5mg,用于妇女更年期综合征和骨质疏松症的防治。它能减轻潮热、出汗等更年期症状,口服吸收迅速。半衰期为 45h,大部分经肝脏和肠道代谢,约 30% 经尿液排出。代谢产物主要有三个:3-α-羟基替勃龙(**15**),3-β-羟基替勃龙(**16**),以及 Δ^4 异构体(**17**)。前两个代谢物对骨骼、阴道和更年期综合征显示出雌激素活性[31~32],后一个代谢物具有孕激素和雄激素活性,而且该代谢物主要在子宫内膜中形成[33]。绝经后妇女每天口服 1.25mg 的替勃龙与口服 60mg 的雷洛昔芬相比,前者的抗骨质疏松效果远优于后者[34],但长期使用替勃龙有增加中风的危险。

曲美孕酮（Trimegestone，**18**），化学名 17β-[2(S)-羟基丙酰]-17-甲基雌-4,9-二烯-3-酮，是有口服活性的新孕激素，对孕激素受体的亲和力是孕酮的六倍。没有雄激素、雌激素和皮质激素活性。含有曲美孕酮的第一个产品是在瑞典上市的 Totelle Cycle，是雌二醇和曲美孕酮复方制剂，用于预防骨质疏松症和缓解绝经期血管舒缩综合征。

长期使用雌激素替代疗法，会明显增加静脉血栓和子宫内膜癌的发病率。虽然荷尔蒙替代疗法——即雌激素和孕激素联用可以将这种风险降到最低，减少对子宫的刺激，但增加了浸润性乳腺癌的发生率。荷尔蒙替代疗法还伴随着子宫出血、乳房疼痛等副作用。因此荷尔蒙替代疗法可以推荐作为绝经后综合征的短期治疗。

激素替代疗法的用药方式有四种途径：口服、透皮吸收、植入和阴道（油膏、栓剂、有机硅环）给药。前三种方式对于骨密度的影响没有明显差别，阴道给药方式血药浓度低，不足以对骨密度产生影响。

(2) 选择性雌激素受体调节剂（SERMs） 尽管激素替代疗法和荷尔蒙替代疗法有许多优点，它补充和纠正了因雌激素不足而发生的病理变化和临床症状，这是别的疗法所不能替代的，但由于激素替代疗法和荷尔蒙替代疗法的副作用，遂发展了选择性雌激素受体调节剂。其选择性表现为组织选择性，它们在骨、肝、心血管系统等组织中表现为激动剂，而在另外一些组织如脑、乳腺中表现为拮抗剂，在子宫中可以是激动剂，也可以是拮抗剂[35]。这与经典的雌激素激动剂如雌二醇的作用方式是不同的。导致组织选择性的原因主要有两个：一是配体对受体亚型的选择性，雌激素受体存在两种亚型——ERα 和 ERβ，这两种亚型在体内各组织的分布和功能并不相同，ERα 主要分布在子宫、卵巢、睾丸、垂体、肾、附睾、肾上腺等组织中，ERβ 主要分布在前列腺、唾液腺、睾丸、卵巢、内皮血管、平滑肌和大脑等组织中，在骨骼中起主要作用的可能是 ERα[36~37]；二是由于配体和雌激素受体结合以后形成特定构象的复合物，不同组织中与该复合物作用的协调因子（活化因子和共抑因子）并不相同，所以产生的活性也不相同。

临床上使用的选择性调节剂分为两类：三苯乙烯类和苯并噻吩类。**他莫昔芬**（Tamoxifen，**19**）是第一个用于临床的雌激素受体调节剂，它对乳腺组织呈拮抗作用，临床上广泛用于预防高危乳腺癌的发生以及治疗雌激素受体阳性的乳腺癌。另外两个三苯乙烯类选择性调节剂为克罗米芬和拖瑞米芬，用于治疗绝经后妇女的转移性乳腺癌。

他莫昔芬在骨骼中是激动剂，能防止卵巢切除小鼠的骨质流失[38]。正是由于这一重要发现导致**雷洛昔芬**（**20**）重新进入临床研究并于 97 年 12 月获得 FDA 批准上市，成为第一个临床上用于预防和治疗绝经后妇女骨质疏松症的选择性雌激素受体调节剂[39]。

雷洛昔芬对雌激素受体亚型没有表现出明显的选择性，但显示了明显的组织选择性：在骨骼中是激动剂，但对下丘脑、子宫和乳腺组织没有激动作用。与对照组相比，每天 60mg 雷洛昔芬，可以有效降低椎骨骨折率 30%，每天 120mg 雷洛昔芬可以使椎骨骨折率下降 50%，但对髋部骨折和非椎体骨折的发生率没有明显影响。雷洛昔芬口服后迅速被胃肠道吸收，并在肝脏中发生 II 相生物转化，酚羟基被葡萄糖醛酸糖苷化，主要代谢物为：雷洛昔芬-4-葡糖苷酸、雷洛昔芬-6-葡糖苷酸和雷洛昔芬-4,6-葡糖苷酸，生物利用度约 2%，所以其剂量高于他莫昔芬（他莫昔芬在体内能迅速转化成活性代谢物 4-羟基他莫昔芬）。雷洛昔酚在乳腺组织中通过与雌激素竞争雌激素受体，呈现拮抗作用并抑制雌激素诱导的乳腺癌细胞增生，2007 年 FDA 已批准雷洛昔酚追加适应证——预防绝经后妇女浸润性乳腺癌。有趣的是，雷洛昔酚即使每天 300mg 的高剂量对癌症患者也只有中等程度的抗癌活性。雷洛昔酚有增加深度静脉栓塞和增加中风病人死亡率的危险。

另外 Bazedoxifene（**21**）已经获得 FDA 的初步许可，有可能成为继雷洛昔酚之后第二个用于骨质疏松防治的雌激素受体选择性调节剂[40]。

选择性调节剂的基本构效关系如下：多数非甾体类选择性雌激素具有两个芳基，由两个原子隔开，就像 1,2-二苯乙烯排列。SERM 还具有 4-氨基乙氧基-芳基的典型结构。据推测，SERM 与雌激素受体结合时，它们的类二苯乙烯母核模拟 17β-雌二醇的作用，其中至少有一个芳基含有酚羟基，覆盖雌二醇 A 环上的酚羟基。含有 4-氨基乙氧基侧链的芳基从雌三烯的 11β 位伸出。他莫昔芬/雷洛昔芬与雌激素受体复合物的 X-射线晶体衍射也得出相同的结论[41~42]。当激动剂雌二醇或己烯雌酚（diethylstilbestrol，DES）与受体结合时，螺旋 12 折叠在螺旋 3、5、6、7、8、11 和螺旋 12 形成的疏水腔上方，配体则完全处于疏水腔中，螺旋 3、4、5、12 形成的空腔（AF-2 区）则是协调因子蛋白的结合点。而当 SERM 与受体结合时，侧链的存在阻止了螺旋 12 折叠在螺旋 3、5、6、7、8、11 形成的疏水腔上方，螺旋 12 移到了 3、4、5 形成的空腔，占据了协调因子的结合位置（彩图 5）。净作用就是 SERM 的侧链替代了螺旋 12 占据受体，阻断了受体与受体协同因子蛋白之间的相互作用。干扰协同因子的作用就干扰了细胞的转录，SERM 就表现为拮抗剂。

（3）植物激素和降钙素　植物雌激素被认为是防治绝经后妇女骨质流失的措施之一。如大豆异黄酮，可以刺激骨形成，减少骨质的流失。但关于大豆异黄酮的临床有效性的研究结果常常相互矛盾，这可能是由于个体肠道细菌代谢大豆异黄酮存在差异，马雌酚（Equol，**22**）的产生随之产生差异，而 S-马雌酚是大豆异黄酮防治骨质疏松的活性代谢物之一[43~44]。

依普黄酮（Ipriflavone，**23**），是一种异黄酮的合成衍生物，在日本和欧洲一些国家用于治疗骨质疏松症。它本身在动物和人体内没有雌激素活性，但能抑制破骨细胞的分化，降低成骨细胞对甲状旁腺激素 PTH 的反应性，抑制钙从骨中溶出，从而表现出抗骨吸收作用。研究表明依普黄酮不但能抑制骨的重吸收，而且能刺激 I 型胶原蛋白、去角蛋白的表达，促进骨基质的矿化和骨形成。依普黄酮还能协同雌激素，增加降钙素（CT）的分泌。长期应用依普黄酮不但可以增加骨密度，而且能预防退行性骨质疏松患者再次发生骨折，其不良反应主要是胃肠道，如消化性溃疡、胃部不适等。

降钙素是由甲状腺 C 细胞产生的一种多肽，能调节钙代谢、拮抗甲状旁腺素。降钙素由 32 个氨基酸组成，不同来源的氨基酸排列顺序不同，但 C 末端均为脯氨酰胺，去除该脯氨酰氨则失去降钙素的活性。已确定化学结构的包括牛、羊、猪、人、大鼠、鲑鱼、鳗鱼、鸡等的降钙素，从鲑鱼、鳗鱼提取的降钙素活性最强。它们都有 3 个结构域：①N 端 1~7 片段以二硫键方式形成环；②8~22 片段是具有两性的 α-螺旋结构；③23~32 片段的无规则亲水结构。临床上的药物主要有密钙息（人工合成的鲑鱼降钙素）、依降钙素（人工合成），通过对骨骼、肾脏和胃肠道的调节降低血钙，其降钙能力比人降钙素强 10~40 倍。降钙素的给药方式是肌注、吸入或者直肠给药。通过破骨细胞上的降钙素受体抑制破骨细胞的活性，减少其数量，抑制骨吸收，使血钙浓度降低，骨形成增加，提高骨骼的强度，从而降低骨折发生率。鲑鱼降钙素能产生一种内在的疼痛，所以一般用于治疗骨质疏松产生的骨折。临床上可以用降钙素治疗变行性骨炎、骨质疏松和癌症的骨转移。降钙素的短期治疗效果明显，长期疗效欠佳。副作用主要是潮红、恶心、呕吐和四肢的刺痛感。

27.2.2 钙类、维生素 D、氟化物和甲状旁腺激素

钙是人体需要最多的矿物质，人体内的钙 99% 存在于骨骼和牙齿。缺钙是骨质疏松的重要原因之一。膳食补钙或者药物补钙是治疗骨质疏松的常用方法。当机体缺钙时，骨形成—骨溶解平衡向负方向移动，而且当血钙浓度下降到阈值将导致甲状旁腺激素分泌增加，使骨吸收增强，钙由骨组织游离出来进入血液。每天口服 500~1500mg 钙剂可以纠正骨代谢的负平衡，抑制甲状旁腺激素的分泌。将钙剂和维生素 D 合并使用可以有效降低老年人的髋部骨折，但肾功能不全者慎用。另外钙的吸收达到一定的阈值后，摄入量增加，吸收也不增加。

维生素 D_3（25）可以通过阳光中的紫外线将皮肤中的 7-脱氢胆固醇转化而来，也可以由膳食中含有的少量维生素 D_2（24）转化而来。维生素 D_3 及其活性代谢物生理功能十分广泛，其靶器官有小肠、骨和肾等。维生素 D_3 和维生素 D_2 在肝脏中代谢为活性较低的 25-羟基维生素 D，该化合物在肾脏中 1α-羟化酶的作用下，得到维生素 D 的最高活性代谢物 1,25-二羟基维生素 D（骨化三醇 1,25（OH）$_2$D）。1,25(OH)$_2$D$_3$ 可促进肠道和肾小管对钙的吸收，增加血钙值，降低甲状旁腺素的水平；还可直接作用于骨，促进骨形成和骨矿化以及加强肌力。维生素 D 对骨骼的作用是双向的，既能促进骨吸收，又能促进骨的形成。维生素 D_3 和钙合用（剂量分别是 800IU，1.2g 每天）连续 18 个月可以将髋骨骨折的发生率下降 50%[45]。

24   25

目前临床上常用的活性维生素 D 主要为阿法骨化醇（1α（OH）D$_3$，**26**）和骨化三醇 [1,25(OH)$_2$D$_3$，罗钙全 **27**]。给予阿法骨化醇后，会迅速在肝脏转化生成骨化三醇，因此阿法骨化醇和骨化三醇的作用相似。以阿法骨化醇治疗时，应尽可能使用最小剂量，增加用量时必须监测血钙水平。骨质疏松症治疗的推荐剂量为每次 0.25μg，每日二次。服药后分别于第 4 周、第 3 个月、第 6 个月监测血钙和血肌酐浓度，以后每六个月监测一

次。高剂量的骨化三醇会促进骨的重吸收和钙的释放。

氟骨三醇（Falecalcitriol，**28**）于 2001 年在日本上市，主要用于治疗代谢性骨骼疾病如高钙血症、佝偻病、骨软化病等。由于氟原子的引入，其对钙的调节代谢能力明显强于骨化三醇。活性增强可能缘于氟骨三醇的代谢物之一 23-S-羟基氟骨三醇活性更高，而且氟骨三醇-维生素 D 受体配合物与 DNA 有很高的亲和力。

维生素 D 类是均含有 19 个碳原子的环状结构，类似于甾类。3 位上有羟基，该羟基被巯基取代或者改造成不易水解的酯或醚均失去活性；在 1 位和 25 位上引入羟基可以明显提高活性；具有特征的三烯体系，17 位上的脂肪侧链与活性密切相关；24 位上没有取代基活性最高，引入甲基或乙基活性下降，引入羧基则失去活性；26，27 位引入氟原子活性增高，如氟骨三醇。

氟离子直接刺激成骨细胞的有丝分裂，并能增加骨小梁的骨量，尤其对中轴骨（如脊椎）的作用明显优于对外周骨（如桡骨）的作用。氟离子替代羟基磷灰石中的羟基，形成氟磷灰石，使骨组织变得更加坚硬，能更好地对抗骨的重吸收。尽管氟化物已经作为骨质疏松的治疗手段之一，但并没有证据表明它能明显降低骨折的发生率。事实上氟化物有可能增加外周骨的应激性骨折。氟化物导致骨强度的降低可能是由于改变了羟基磷灰石结晶的尺寸和堆积方式，或者改变了矿物晶体与骨胶原基质之间的静电吸引[46~47]。

氟化物的治疗剂量范围狭窄，高剂量的氟可以产生外周骨疼痛、恶心、呕吐等严重的副反应。目前氟剂有氟化钠（NaF）、单氟磷酸钠（MFP）和单氟磷酸谷酰胺。

甲状旁腺激素由甲状旁腺主细胞分泌，是一个由 84 个氨基酸组成的多肽激素，其分泌可通过钙敏受体进行调节。甲状旁腺激素 N 端的 1~34 片段几乎保留了 PTH 整个序列的活性，1~6 肽片段是 PTH 受体的结合位点，对活性至关重要，对其改造常导致活性下降。

甲状旁腺激素对骨的调节具有双向性，高剂量时抑制成骨细胞，增强破骨细胞的破骨功能；低剂量时可刺激成骨细胞形成新骨。当血钙浓度较低时，PTH 或者类似物能促进肾小管对钙的重吸收，并刺激 1α-羟化酶的活性，促进骨化三醇的形成，加强小肠对钙的吸收，升高血钙；抑制肾小管对磷酸盐的重吸收，降低血磷，从而调节骨和肾中钙和磷酸盐的代谢。在甲状旁腺素和降钙素协同作用下，体内血钙维持动态平衡。

特立帕肽（Teriparatide）是重组人甲状旁腺激素，由礼来公司研发，商品名 Forteo，2002 年 12 月获得 FDA 批准上市，用于治疗具有高度骨折危险的绝经期妇女和男性患者的骨质疏松症，是促进骨形成的第一个药物。特立帕肽的氨基酸序列与内源性甲状旁腺激素 N 端氨基酸序列 1~34 相同，推荐剂量为每天 20μg，大腿或者腹部皮下注射。在此剂量下，特立帕肽对成骨细胞的作用超过对破骨细胞的作用，能直接刺激成骨细胞的活性，促进成骨细胞的分化并防止其凋亡，从而刺激小梁骨和皮质骨的新骨生成，改善小梁骨的微结构，能明显增加患者腰椎骨的骨密度并显著降低非椎骨骨折。大剂量或长期输注，会产生甲状旁腺激素亢进症状，对破骨细胞的刺激超过对成骨细胞的刺激，并影响骨密度，其长期安全性仍需进一步评估。

另一个同类药物是丹麦 Nycomed 公司的 Preotact，为重组人甲状旁腺激素全部序列的 PTH，2006 年在欧洲上市。处于研发中的此类药物还有 Zelos 公司的 ZT-031，一个含有 31 个氨基酸的甲状旁腺激素类似物，已完成Ⅱ期临床研究；NPS 制药公司的 Preos，已在北美进入Ⅲ期临床。甲状旁腺激素相关蛋白（PTHrP）类似物 BA058（Radius）能调节钙的平衡和骨的重吸收，促进骨形成，目前正处于Ⅱ期临床研究。

由于甲状旁腺激素的作用，钙敏受体因此成为抗骨质疏松药物的新靶标。高浓度的钙可以活化钙敏受体从而抑制甲状旁腺激素的产生。钙敏受体拮抗剂能抑制钙敏受体的活性，促进甲状旁腺激素的分泌，刺激骨形成。目前在研的钙受体拮抗剂有葛兰素-史克的 Ronacaleret (**29**)，其抗骨质疏松处于Ⅱ期临床，还有 NPS 公司的 NPS-2143 (**30**)，正处于Ⅰ期临床。

27.2.3 锶盐

锶离子可替代钙离子沉积于骨骼，低剂量锶盐可以增加骨质疏松患者的骨量，并降低椎骨和非椎骨的骨折发生率，高剂量的锶可致"锶软骨病"。锶能治疗骨质疏松症的分子机制尚不清楚，目前有几种推测[48]。锶可能通过成骨细胞上的钙敏受体或者其他阳离子受体来起作用。例如锶盐能通过活化某些细胞的钙受体产生三磷酸肌醇 PIP3，激活蛋白激酶的信号通道，对骨细胞产生作用[49~50]。

雷尼酸锶[51]（Strontium Ranelate，**31**）是该类药物的代表，由法国施维雅公司研制，商品名 Protelos，2004 年 11 月首次在爱尔兰上市，随后在英国和印度上市。雷尼酸锶是由雷尼酸和非放射性的锶形成的配合物，剂量为每天 2g，服用比较方便，每天临睡前温水冲服一包即可。在体外大鼠破骨细胞实验中，雷尼酸锶抑制破骨细胞的重吸收能力与其剂量呈相关性，同时它也抑制破骨细胞的分化，与抗重吸收药物相当。雷尼酸钙和雷尼酸钠对小鼠的骨重吸收没有抑制。雷尼酸锶能促进成骨细胞中骨胶原蛋白和非骨胶原蛋白的合成以及前成骨细胞的增殖，是骨形成促进剂[52]。雷尼酸锶促进成骨细胞增殖至少有两种不同的途径：一是锶盐直接与钙敏受体作用，激活有丝分裂信号如 p38 的表达；二是释放自分泌生长因子调节成骨细胞增殖[53]。因此雷尼酸锶是具有促进骨形成和抑制骨吸收双重作用的抗骨质疏松药物。雷尼酸锶能增加骨量，但不影响骨的矿化。锶在骨中的分布并不均匀，在皮质骨和新骨中的含量较高。锶主要吸附在羟基磷灰石的表面，便于从骨矿中交换出来。即使在高浓度锶存在时，羟基磷灰石晶体中每 10 个钙原子不到一个被锶原子替代[54]。大规模的临床研究表明，每天服用 2g 雷尼酸锶一年后可以使椎骨骨折发生率下降 41%，腰椎骨密度与对照组相比有大幅提高，外周骨骨折的危险性也下降了 16%[55]。而且雷尼酸锶的耐受性很好，不良反应主要是恶心、腹泻。

27.2.4 其他类型

维生素 K 类能促进骨折愈合，口服维生素 K_2 对原发性和继发性骨质疏松均有一定疗效，但效果不明显。

雄激素和蛋白同化激素均可促进骨形成，对男性的骨质疏松有一定疗效。雄性激素如睾酮和甲睾酮，能较好改善老年男性髋骨和腰椎骨的骨密度，但较少单独作为抗骨质疏松药物。同化激素诺龙（Nandrolone，**32**）能刺激成骨细胞形成新骨，但由于有肝毒性、痤疮、多毛、声音嘶哑、致动脉粥样硬化等副作用，所以该药物只对老年患者所有其他治疗无效时才作为抗骨质疏松药物。它不能降低骨折的发生率，但能增加骨密度。

骨形态发生蛋白 BMP-2 能促进成骨细胞的分化和骨形成。研究表明洛伐他汀、辛伐他汀和氟伐他汀等他汀类药物不但能降低胆固醇，而且能增加骨密度。动物实验结果表明，他汀类药物能显著增加卵巢切除大鼠的骨小梁骨密度。其可能的作用机制是他汀类药物可抑制 HMG-CoA 还原酶，从而降低肝脏胆固醇的生物合成。由于抑制了 HMG-CoA 还原酶，它的代谢产物甲基二羟戊酸也被抑制，而甲基二羟戊酸能抑制骨形态发生蛋白 BMP-2 的启动子。他汀类药物能否有效降低骨折，从目前的研究结果还不能得出肯定的结论[56]。而且他汀类药物对骨的选择性还不理想。

27.3 展望

尽管临床上有上述许多预防和治疗骨质疏松的药物，但多数药物对骨质疏松症的作用依然有限，尤其是对已发生骨质疏松的患者。骨质疏松一旦发生，还没有一种药物能完全有效地预防骨质疏松引起的椎骨和外周骨的骨折。因此近年来抗骨质疏松症的药物研究发展迅猛，抗体药物、双膦酸盐、选择性雌激素受体调节剂等研究依然受到关注。米诺膦酸（Minodronic acid）已完成骨质疏松的Ⅲ期临床研究，其抑制骨吸收的活性是帕米膦酸二钠的 100 倍，阿伦膦酸钠的 10 倍。针对潮热的选择性雌激素受体调节剂 RAD-1901 正在进行Ⅰ期临床研究，临床前研究表明该化合物不但可以减轻潮热，而且可以有效预防骨质疏松。

整合素是由 α 和 β 亚基非共价结合组成的杂二聚体，主要通过配体的 Arg-Gly-Asp（RGD，精氨酸-甘氨酸-天门冬氨酸）三肽序列介导细胞之间、细胞与胞外基质之间的黏附作用，并参与细胞的信号传递与功能调控。在众多的整合素中，$α_vβ_3$ 在破骨细胞中高度表达，是调节破骨细胞重吸收活性的重要分子[57]。破骨细胞在骨吸收中涉及细胞的迁移、聚集、黏附于骨基质表面等过程，$α_vβ_3$ 介导的这种黏附过程能被 $α_vβ_3$ 的拮抗剂阻断，从而抑制破骨细胞的重吸收。研究表明 $α_vβ_3$ 对破骨细胞的迁移也有调节作用。近年来作为 $α_vβ_3$ 拮抗剂的非肽类 RGD 类似物不断被合成出来[58]，部分化合物有很好的口服活性并能有效增加绝经后妇女的骨密度[59]。

Src 酪氨酸激酶是典型的非受体蛋白，能将上游受体如荷尔蒙受体、整合素受体、其他的酪氨酸激酶受体甚至离子通道产生的信号刺激进行传递。当小鼠缺失 Src 酪氨酸激酶时，其破骨细胞的数目虽然有所增加，但不能在骨基质表面形成皱褶边缘（ruffled borders），严重影响破骨细胞的骨吸收能力。Src 在成骨细胞中还有一定的负调节作用，能促进骨形成。APS23451（**33**）是一个骨靶向的、组织选择性的 Src 酪氨酸激酶抑制剂，$IC_{50}=68nmol/L$，能诱导破骨细胞的凋亡，而且该凋亡不能被加入的牻牛儿基牻牛儿醇所阻断，这一点不同于阿伦膦酸。APS23451 能剂量依赖地防止 PTH 诱导的骨吸收和卵巢切除引起的骨量流失[60]。另一个抑制剂是 AstraZeneca 的 AZD0530 (**34**), 是 Src 激酶和 Bcr-Abl 的双重抑制剂, 能显著抑制骨吸收, 目前正在进行抗乳腺癌的Ⅱ期临床研究。由于 Src 抑制剂既能抑制骨吸收, 又能促进骨形成, 因此有可能在将来成为骨质疏松和其他骨代谢疾病如变型性骨炎、高钙血症、骨肿瘤的治疗药物[61]。

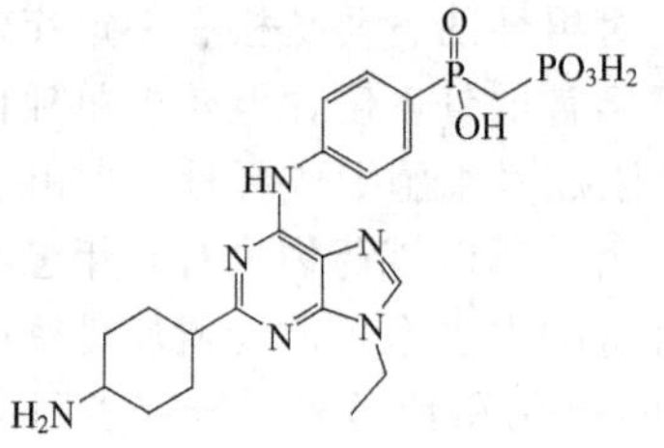

33

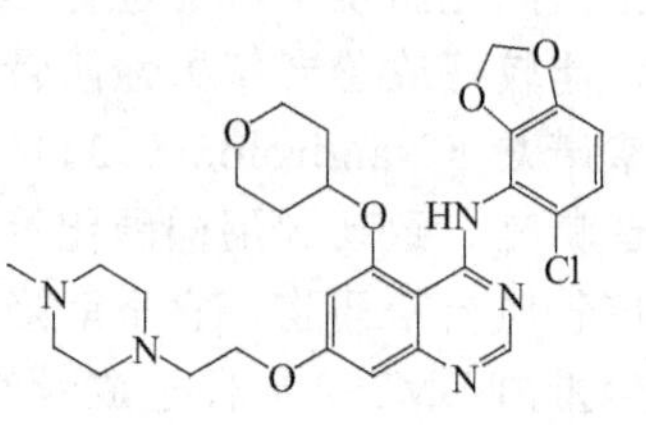

34

组织蛋白酶 K 属于木瓜蛋白酶家族, 是一种半胱氨酸蛋白水解酶。它选择性地高表达于破骨细胞中, 在其他组织如肝、心、肺以及成骨细胞[62]中表达较少。组织蛋白酶 K 是骨吸收的必要条件: 当酸性物质溶解羟基磷灰石等无机质时, 在骨吸收的陷窝和破骨细胞皱褶处的组织蛋白酶 K 能将骨基质中多种有机质降解, 包括Ⅰ型胶原蛋白 (type Ⅰ collagen), 骨桥蛋白 (osteopontin) 和骨连接蛋白 (osteonectin) 等。组织蛋白酶 K 降解胶原蛋白时, 必须先与硫酸软骨素形成复合物, 在复合物作用下才能解聚胶原蛋白[63]。组织蛋白酶 K 的选择性抑制剂, 在体内外均显示了抗骨重吸收作用, 有望成为新一代的抗骨质疏松药物[64]。尽管诺华的 Balicatib (AAE581, **35**) 由于皮疹和皮肤硬斑样变化而中断了Ⅱ期临床研究, 但组织蛋白酶 K 抑制剂的研究依然如火如荼。目前在临床研究的就有葛兰素-史克的 Relacatib (SB-462795, **36**), 处于Ⅰ期临床, 瑞典的 Medivir AB 公司的 MIV-701 也处于Ⅰ期临床。默克公司除了 MK-0773 处于Ⅰ期临床外, 它的 Odanacatib (MK-0822, **37**) 已进入Ⅲ期临床。组织蛋白酶 L 抑制剂对骨质疏松的影响也有不少研究。

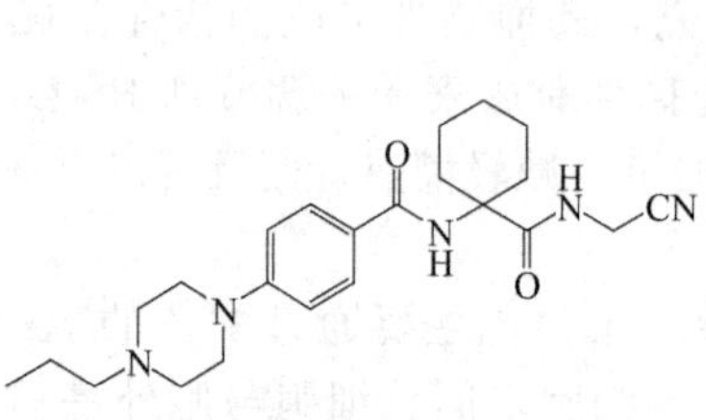

35

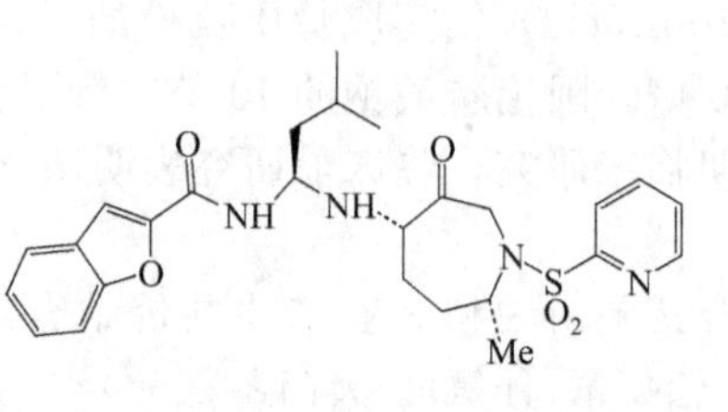

36

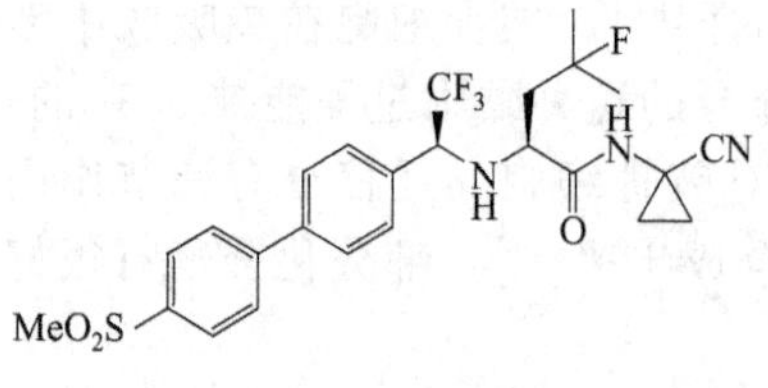

37

除了以上这些研究热点, 骨保护素、骨形态发生蛋白 (BMP)、胰岛素样生长因子 IGFβ、转化生长因子 TGFβ 等也成为抗骨质疏松药物的潜在靶标。

目前抗重吸收药物的研究虽然占有主导地位, 但骨形成促进剂和具有促进骨形成、抑制骨吸收双重作用的药物研究受到越来越多的关注。预计未来几年会有更多的抗骨质疏松药物进入市场, 这些药物在降低椎骨骨折和非椎骨骨折, 以及安全性、服药的方便性和性价比方面会有较大改善。

推荐读物

- 薛延．骨质疏松症诊断与治疗指南．北京：科学出版社，1999：3-7.
- Dunstan C R, Blair J M, Zhou H. Bone, mineral, connective tissue metabolism//Comprehensive Medicinal Chemistry Ⅱ. Elsevier, 2006, Vol. 6：496-520.
- Rodan G A, Martin T J. Science, 2000, 289：1508-1514.
- Cosman F. Medscape General Medicine, 2005, 7：73.
- Stoch S A, Chorev M, Rosenblatt M. New approaches to osteoporosis therapeutics//Osteoporosis. 2 ed. Academic Press, 2001：769-818.

参考文献

[1] Christiansen C. Am J Med, 1993, 94：646-650.
[2] Cummings S R, Kelsey J L, Nevitt M C, et al. Epidemiol Rev, 1985, 7：178-208.
[3] Jilka R L, Hangoc G, Girasole G, et al. Science, 1992, 257：88-91.
[4] Fleisch H, Graham R, Russell G, et al. Science, 1969, 165：1262-1264.
[5] Reszka A A, Rodanc G A. Fosamax//Comprehensive Medicinal Chemistry Ⅱ. Elsevier, 2006, Vol. 8：199-212.
[6] Black D M, Cummings S R, Karpf D B, et al. Lancet, 1996, 348：1535-1541.
[7] Bergstrom J D, Bostedor R G, Masarachia P J, et al. Arch Biochem Biophys, 2000, 373：231-241.
[8] Fisher J E, Rogers M J, Halasy J M, et al. Proc Natl Acad Sci (USA), 1999, 96：133-138.
[9] Opeland R A. Enzymes: A Practical Guide to Structure, Mechanism, and Data Analysis. 2nd ed. New York: John Wiley & Sons, 2000.
[10] Dunford J E, Kwaasi A A, Rogers M J, et al. J Med Chem, 2008, 51：2187-2195.
[11] Bauss F, Schimmer R C, Ther Clin Risk Manag, 2006, 2：3-18.
[12] Delmas P D, Benhamou C L, Man Z, et al. Osteoporosis Int, 2008, 19：1039-45.
[13] Black D M, Delmas P D, Eastell R, et al. N Engl J Med, 2007, 356：1809-1822.
[14] Reid I R, Brown J P, Burckhardt P, et al. N Engl J Med, 2002, 346：653-661.
[15] Geddes A D, D'Souza S M, Ebetino F H, et al. J Bone Miner Res, 1994, 8：265-306.
[16] Frith J C, Monkkonen J, Blackburn G M, et al. J Bone Miner Res, 1997, 12：1358-1367.
[17] Rogers M J, Gordon S, Benford H L, et al. Cancer, 2000, 88：2961-2978.
[18] Van Beek E, Lowik C, Van Der Pluijm G, et al. J Bone Miner Res, 1999, 14：722-729.
[19] Van Beek E R, Cohen L H, Leroy I M, et al. Bone, 2003, 33：805-811.
[20] Dunford J E, Thompson K, Coxon F P, et al. J Pharmacol Exp Ther, 2001, 296：235-242.
[21] Rondeau J M, Bitsch F, Bourgier E, et al. ChemMedChem, 2006, 1：267-273.
[22] Kavanagh K L, Guo K, Dunford J E, et al. Proc Natl Acad Sci (USA), 2006, 103：7829-7834.
[23] Hughes D E, Dai A, Tiffee J C, et al. Nat Med, 1996, 2：1132-1136.
[24] Teitelbaum S L. Science, 2000, 289：1504-1508.
[25] Khosla S. Endocrinology, 2001, 142：5050-5055.
[26] Pacifici R, Cell Immunol, 2007. http://dx.doi.org/10.1016/j.cellimm.2007, 06：008.
[27] Cenci S, Weitzmann M N, Roggia C, et al. J Clin Invest, 2000, 106：1229-1237.
[28] Fuller K, Murphy C, Kirstein B, et al. Endocrinology, 2002, 143：1108-1118.
[29] US Pharmacopeia XXIV, 2000：681-682.
[30] Notelovitz M, MedGenMed, 2007, 9：2.
[31] Moore R A, Br J Obstet Gynaecol, 1999, 106, (Suppl 19)：1-21.
[32] Markiewicz L, Gurpide E, J Steroid Biochem, 1990, 35：535-541.
[33] Tang B G, Markiewicz L, Kloosterboer H J, et al. J Steroid Biochem Mol Biol, 1993, 45：345-351.
[34] Delmas P D, Davis S R, Hensen J, et al. Osteoporos Int, 2008, 19：1153-1160.
[35] Katzenellenbogen B S, Katzenellenbogen J A. Science, 2002, 295：2380-2381.
[36] Barkhem T, Carlsson B, Nilsson Y, et al. Mol Pharmacol, 1998, 54：105-112.
[37] Hall J, McDonnell D. Endocrinology, 1999, 140：5566-5578.
[38] Jordan V C, Phelps E, Lindgren J U. Breast Cancer Res Treat, 1987, 10：31-35.
[39] Lewis-Wambi J, Jordan V C. Raloxifene//Comprehensive Medicinal Chemistry Ⅱ. Elsevier, 2006, Vol. 8：103-121.
[40] Bazedoxifene: Bazedoxifene Acetate, TSE 424, TSE-424, WAY 140424. Drugs R D, 2008, 9：191-196.

[41] Brzozowski A M, Pike A C, Dauter Z, et al. Nature, 1997, 389: 753-758.
[42] Shiau A, Barstad D, Loria P, et al. Cell, 1998, 95: 927-937.
[43] Vatanparast H, Chilibeck P D. Nutr Rev, 2007, 65: 294-9.
[44] Fujioka M, Uehara M, Wu J, et al. J Nutr, 2004, 134: 2623-2627.
[45] Chapuy M C, Arlot M E, Delmas P D, et al. BMJ, 1994, 308: 1081-1082.
[46] Fratzl P, Roschger P, Eschberger J, et al. J Bone Miner Res, 1994, 9: 1541-1549.
[47] Walsh W R, Labrador D P, Kim H D, et al. Ann Biomed Eng, 1994, 22: 404-415.
[48] Marie P J. Osteoporosis Int, 2005, 16: s7-s10.
[49] Coulombe J, Faure H, Robin B, et al. Biochem Biophys Res Commun, 2004, 323: 1184-1190.
[50] Brown E M. Osteoporosis Int, 2003, 14: s25-s34.
[51] Tournis S, Economopoulos D, Lyritis GP. Ann N Y Acad Sci, 2006, 1092: 403-407.
[52] Canalis E, Hott M, Deloffre P, et al. Bone, 1996, 18: 517-523.
[53] Caverzasio J, Bone, 2008, 42: 1131-1136.
[54] Boivin G, Deloffre P, Perrat B, et al. J Bone Miner Res, 1996, 11: 1302-1311.
[55] J Y Reginster, A Sawicki, J P Devogelaer, et al. Osteoporosis Int, 2002, 13: s14-s14.
[56] Toh S, Hernandez-Diaz S. Pharmacoepidemiol Drug Saf, 2007, 16: 627-640.
[57] Nakamura I, Duong le T, Rodan S B, et al. J Bone Miner Metab, 2007, 25: 337-44.
[58] Hutchinson J H, Halczenko W, Brashear K M, et al. J Med Chem, 2003, 46: 4790-4798.
[59] Murphy M G, Cerchio K, Stoch S A, et al. J Clin Endocrinol Metab, 2005, 90: 2022-2028.
[60] Shakespeare W C, Wang Y, Bohacek R, et al. Chem Biol Drug Des, 2008, 71: 97-105.
[61] Boyce B F, Xing L, Yao Z, et al. Clin Cancer Res, 2006, 12: 6291s-6295s.
[62] Mandelin J, Hukkanen M, Li T F, et al. Bone, 2006, 38: 769-777.
[63] Li Z, Hou W S, Escalante-Torres C R, et al. J Biol Chem, 2002, 277: 28669-28676.
[64] Stoch S A, Wagner J A. Clin Pharmacol Ther, 2008, 83: 172-176.

第28章

抗过敏和抗溃疡药物

叶德泳

目 录

- 28.1 引言 /732
- 28.2 抗过敏药物 /733
  - 28.2.1 过敏反应发生机制 /733
  - 28.2.2 H_1 受体拮抗剂 /733
    - 28.2.2.1 发展历史和基本结构类型 /733
    - 28.2.2.2 H_1 受体拮抗剂的构效关系 /735
    - 28.2.2.3 代表性药物 /736
  - 28.2.3 过敏介质释放抑制剂和过敏介质拮抗剂 /737
    - 28.2.3.1 过敏介质释放抑制剂 /737
    - 28.2.3.2 过敏介质拮抗剂 /738
    - 28.2.3.3 代表性药物 /742
  - 28.2.4 讨论与展望 /743
- 28.3 抗溃疡药物 /743
  - 28.3.1 消化性溃疡的发生机制 /743
  - 28.3.2 H_2 受体拮抗剂 /744
    - 28.3.2.1 H_2 受体拮抗剂的发现和发展 /744
    - 28.3.2.2 H_2 受体拮抗剂的构效关系 /745
  - 28.3.3 质子泵抑制剂 /746
    - 28.3.3.1 质子泵抑制剂的发现和发展 /746
    - 28.3.3.2 质子泵抑制剂的构效关系和药物作用机制 /747
  - 28.3.4 代表性药物 /749
  - 28.3.5 讨论与展望 /750
- 推荐读物 /751
- 参考文献 /751

28.1 引言

过敏性疾病和消化道溃疡是人类最常见的疾病，它们的发生都与体内的组胺代谢相关。组胺（histamine）化学名为 4（5）-(2-氨乙基) 咪唑（**1**），是体内的一种自身活性物质（autacoid），具有广泛而重要的生理活性，参与多种生理和病理过程，包括过敏反应、炎症反应、胃酸分泌以及大脑部分神经传递。

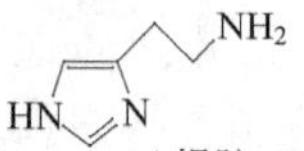

1 组胺

组胺由 L-组氨酸在组氨酸脱羧酶的催化下脱羧合成（图 28-1），组氨酸脱羧酶抑制剂可以作为抗组胺药物。合成后的组胺与肝素、硫酸多糖等形成不具活性的复合物储存于肥大细胞和嗜碱性粒细胞中。当受到内源性或外源性刺激时储存的组胺通过细胞脱颗粒的方式游离和释放，与靶细胞上的组胺受体相互作用而产生系列生物效应。

图 28-1 组胺的生物合成和代谢途径

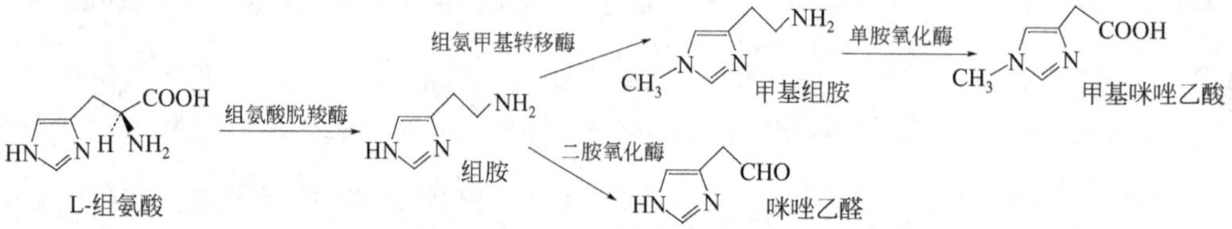

组胺受体（histamine receptor）有 H_1、H_2、H_3 和 H_4 等亚型，它们均为 G 蛋白偶联受体（G protein coupling receptor，GPCR）。各亚型生理作用和分布各不相同（表 28-1）。

表 28-1 组胺受体亚型、分布及功能

受体亚型	发现时间	克隆时间	分布	生理功能
H_1	1966 年	1993 年	广泛组织和器官，如支气管和胃肠道平滑肌，内皮细胞及毛细血管等	平滑肌收缩痉挛,毛细血管扩张,管壁通透性增加,腺体分泌增多
H_2	1972 年	1991 年	广泛组织和器官，如胃和十二指肠壁细胞膜等	胃酸、胃蛋白酶分泌增加
H_3	1983 年	1999 年	肺、中枢神经系统	参与睡眠、觉醒、记忆、心率、血压和体温调控
H_4	1994 年	2002 年	骨髓、白细胞、脾脏、胸腺、肠道等	参与免疫和炎症的调节

H_1 受体和 H_2 受体长期以来作为抗过敏药和抗溃疡药的作用靶点。H_3 受体可作为自身受体，抑制组胺的合成和释放。以 H_3 受体为靶点，已发现了一批有着潜在减少胃酸分泌和治疗哮喘、偏头痛、失眠、心肌缺血等疾病的 H_3 受体激动剂[1,2]，H_3 受体拮抗剂也可能用于治疗注意力不集中、阿尔茨海默病、精神分裂，以及用于治疗肥胖症时控制食欲、进食和体重[3]。从反向遗传学策略，即先通过基因克隆，然后再由传统药理学确证，证实了 H_4 受体的存在。组胺能抑制小肠嗜铬细胞 5-羟色胺的释放，与激动异身受体 H_3 受体和 H_4 受体有关。H_4 受体拮抗剂可能在治疗炎症性疾病中具有潜在作用[4]。通过同源模建方法可以有效地构建各种亚型组胺受体，用于基于结构的药物设计[5,6]。

本章主要介绍作为抗过敏药（antiallergic agents）和抗溃疡药（antiulcer agents）的抗组胺药（anti-histamines），同时一并介绍其他类别的抗过敏药和抗溃疡药。

28.2 抗过敏药物

28.2.1 过敏反应发生机制

过敏是一种即刻的超敏反应,与曾接触过的某外源性抗原再次接触时发生。过敏反应有过敏性休克、支气管收缩、哮喘、荨麻疹等。当抗原与人体 B 细胞结合后,产生免疫球蛋白 IgE,IgE 与人体自身的肥大细胞和血清嗜碱性粒细胞表面的 FcεRI 结合,而成为致敏细胞。当再次遇到抗原时,IgE 占据的 FcεRI 受体被抗原桥接使致敏细胞二聚化,导致细胞膜损伤和细胞脱颗粒,释放出过敏介质(图 28-2)。过敏介质有组胺、白三烯、缓激肽、血小板活化因子、前列腺素、血栓素、内皮素、趋化因子、白介素、细胞因子等。这些体内活性物质均可引发各种过敏反应。

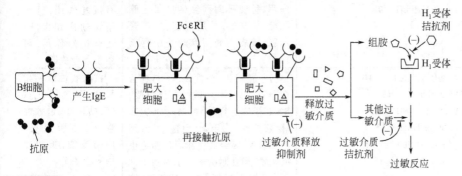

图 28-2 过敏反应发生机制和抗过敏药物作用原理

(—)表示抑制作用

释放的组胺与分布于组织器官的 H_1 受体结合,通过 G 蛋白偶联激活磷脂酶 C(PLC),水解磷脂-4,5-二磷脂酰肌醇(PIP_2)成二酰基甘油(DAG)和 1,4,5-三磷酸肌醇(IP_3),DAG 激活蛋白激酶 C(PKC),IP_3 作用于 IP_3 受体,促使 Ca^{2+} 释放,胞内 Ca^{2+} 浓度增加,导致血管舒张、毛细血管渗透性增加、支气管平滑肌收缩、局部组织红肿等过敏反应症状[7]。H_1 受体拮抗剂、过敏介质拮抗剂、钙通道阻滞剂、过敏介质释放抑制剂等均可产生抗过敏作用。其中 H_1 受体拮抗剂是抗过敏药物的主体。此外,糖皮质激素、$β_2$ 受体激动剂、M 受体阻滞剂、钙剂等可产生与组胺生理作用相反的药理作用,形成生理性拮抗,作为过敏反应的对症治疗药物。

28.2.2 H_1 受体拮抗剂

28.2.2.1 发展历史和基本结构类型

对 H_1 受体拮抗剂的研究始于 20 世纪 30 年代,至今已有数十种 H_1 受体拮抗剂作为临床使用的抗过敏药物(表 28-2)。第一个应用于临床的抗过敏药物为具乙二胺结构的芬苯扎胺(Phenbenzamine)(**2**),对芬苯扎胺进行生物电子等排,衍生得到了一系列 H_1 受体拮抗剂,其基本骨架结构有氨烷醚类(如苯海拉明)、丙胺类(如氯苯那敏)和三环类(如异丙嗪),这些经典的 H_1 受体拮抗剂都有中枢抑制和中枢镇静副作用,还因结构上与局部麻醉药、抗胆碱药、安定药等相似,常伴有抗肾上腺素能、拟交感、抗胆碱能、抗 5-羟色胺、镇痛、局部麻醉等副作用,为第一代抗组胺药物。

2 芬苯扎胺

表 28-2 一些代表性 H_1 受体拮抗剂

发展阶段	代表药物	结构特征,药效和药代动力学	临床用途
第一代 (经典的 H_1 受体 拮抗剂)	苯海拉明(Diphenhydramine) 3 羟嗪(Hydroxyzine) 4 氯苯那敏(Chlophenamine) 5 异丙嗪(Promethazine) 6 赛庚啶(Cyproheptadine) 7 酮替芬(Ketotifen) 8 曲普利啶(Triprolidine) 9	分子量相对较小,与 P-糖蛋白亲和力较小,亲脂性较高,可通过血脑屏障。2~3h 达血药浓度高峰,作用时间较短,一般为 4~6h。经肝代谢后从肾排出,半衰期在十几小时以下。有中枢抑制作用,呈现不同程度的抗肾上腺素能、拟交感、抗胆碱能、抗 5-羟色胺、镇痛和局部麻醉等中枢副作用	抗过敏性疾病,如荨麻疹、过敏性鼻炎、枯草热、皮肤瘙痒等。驾驶和高空作业等禁用。苯海拉明、异丙嗪有镇吐作用,可用于晕动症和止吐;还有镇静作用,可用于治疗失眠
第二代 (非镇静 H_1 受体 拮抗剂)	特非那定(Terfenadine)① 10 西替利嗪(Cetirizine) 11 阿伐斯汀(Acrivastine) 12 氯雷他定(Loratadine) 13 阿司咪唑(Astemizole)① 14 咪唑斯汀(Mizolastine) 15	分子量较大,极性大,与 P-糖蛋白亲和力大,不易透过血脑屏障,对 H_1 受体选择性好。1~4h 达高峰,起效快,作用强,用量小,作用时间较长,因经肝代谢后代谢物也有活性,半衰期从十几小时到十几天。无抗胆碱能、抗 5-羟色胺、抗肾上腺素能等中枢副作用,部分药物有心脏毒性副作用而被淘汰	抗过敏性疾病如荨麻疹、过敏性鼻炎、枯草热、过敏性哮喘、结膜炎等。用药方便,长期使用安全性好
第三代 (多为第 二代的体 内活性代 谢物,或 光学异构 体)	左西替利嗪(Levocetirizine) 16 地氯雷他定(Desloratadine) 17 去甲阿斯咪唑(Desmethylastemizole) 18 诺阿司咪唑(Norastemizole) 19 非索非那定(Fexofenadine) 20 左卡巴斯汀(Levocabastine) 21	选择性更高,起效快,效力强,副作用小,药物相互作用小,很少药物经肝脏代谢,大部分药物以原型排泄	更安全有效

① 已淘汰。

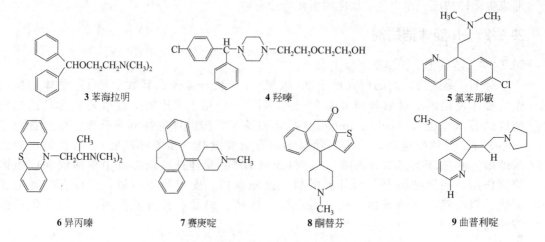

3 苯海拉明　　**4** 羟嗪　　**5** 氯苯那敏

6 异丙嗪　　**7** 赛庚啶　　**8** 酮替芬　　**9** 曲普利啶

10 特非那定　　**11** 西替利嗪　　**12** 阿伐淇汀

13 氯雷他定　　**14** 阿司咪唑　　**15** 咪唑斯汀

16 左西替利嗪　　**17** 地氯雷他定　　**18** 去甲阿司咪唑

19 诺阿司咪唑　　**20** 非索非那定　　**21** 左卡巴斯汀

自 20 世纪 80 年代后开发的第二代抗组胺药具有 H_1 受体选择性高、药物不能进入中枢等特点，为非镇静抗过敏药。特非那定是第一个第二代抗组胺药物，随后又有多个成功上市的第二代药物成为"重磅炸弹"药物。虽然第二代抗组胺药改善了药效动力学和药代动力学性质，H_1 受体的选择性提高，药物进入中枢受限，但仍有一定程度的嗜睡，并还存在心脏毒性。比如特非那定和阿司咪唑因明显的心脏毒性问题，已从市场撤除。

从一些 H_1 受体拮抗剂光学活性体或体内的代谢产物，发现有着 H_1 受体选择性更好、药效更强，起效更快，更持久，无肝脏首关效应，很少与通过肝药酶 P450 代谢的药物发生竞争性拮抗等优点，且无心脏毒性，更安全有效，已开发出一批第三代抗组胺药[8]。

28.2.2.2 H_1 受体拮抗剂的构效关系

上述大多数乙二胺类、氨烷基醚类、丙胺类和三环类化合物均可用图 28-3 通式表示，其骨架含有二芳基、连接段和碱性基团三个基本要素。

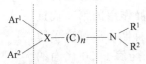

图 28-3　　H_1 受体拮抗剂的基本骨架

两芳基可以是苯环、芳杂环或芳甲基。在芳环上对位引入较小的基团，如甲基、卤素，将提高抗组胺活性，减少抗 M 受体作用；引入邻位取代基会减少抗组胺活性，且增加抗 M 受体作用；两芳环均引入对位取代基则使抗组胺活性大大降低，说明两个芳基与受体结合时有着不同的作用方式；两芳环还可以桥连成三环。连接段 X 可以是 sp^2 或 sp^3 杂化的碳原子、氮原子，也可以是连接氧原子的 sp^3 碳原子。氧原子或氮原子连接于二苯甲基一般比烷基或亚烷基产生更好的活性，连接段碳链 n 数为 2～3，通常为 2。碱性基团多为叔胺，也可以是含氮杂环的一部分，在体内碱性基团形成季铵，与受体蛋白的天冬氨酸残基相互作用。碱性基团也可以是季铵盐或硫正离子。

总结以上构效关系，需有含两个芳环的高亲脂性基团，芳环上有不同种类和位置的取代基，碱性基团周围有体积较大的取代基，亲脂性区域和碱性区域间有固定的距离。此构效关系可在药效基团模型上得以证实。以曲普利啶为例，药效基团含两个芳环和一个碱性基团（图 28-4）。分子中一个芳环与 H_1 受体 Phe433 和 Phe436 残基作用，另一芳环与 Trp167 作用，碱性基团四氢吡咯基上质子化氮原子与 Asp116 形成离子键[9]。

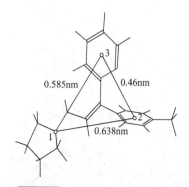

图 28-4 曲普利啶的药效基团模型

通过 QSAR 分析和药效基团模型研究，表明 H_1 受体拮抗剂上两个芳环并不是简单地与受体的疏水口袋结合，它们以各自的特殊作用与受体结合。比如曲普利啶和阿伐斯汀，它们的 E 型几何异构体的活性均高于 Z 型；曲普利啶和阿伐斯汀的结合模型也有不同，阿伐斯汀为非镇静 H_1 受体拮抗剂，可以与 H_1 受体的 Lys200 残基结合，而经典的 H_1 受体拮抗剂曲普利啶却不能，显然阿伐斯汀分子中的羧基在与受体结合中发挥了作用。H_1 受体通过同源蛋白模建构造出其三维空间结构，为基于受体结构的药物设计打下了基础[10]。

28.2.2.3 代表性药物

（1）**非索非那定（20）** 化学名 α,α-二甲基-4-[1-羟基-4-[4-(羟基二苯基甲基)-1-哌啶基]丁基]-苯乙酸，α,α-dimethyl-4-[1-hydroxy-4-[4-(hydroxydiphenylmethyl)-1-piperidinyl] butyl]-benzene acetic acid。美国 Aventis 和德国 Hoechst Mrion Roussel 公司首创，1996 年在美国上市，2000 年专利到期。

$$\text{特非那定} \xrightarrow{\text{CYP3A4}} \text{非索非那定}$$

本品是特非那定在体内由 CYP3A4 代谢所生成的活性物质，呈两性，不能透过血脑屏障，对 H_1 受体具有高度选择性拮抗作用，无中枢副作用，属于无镇静作用的第三代抗组胺药。本品还具有抑制肥大细胞释放各种过敏性介质的作用。本品不抑制心肌钾离子通道，所以无心脏毒性。无肝脏的首关效应，对肝毒性小，很少与通过肝药酶 P450 代谢的药物发生竞争性拮抗。口服吸收好，临床用于治疗过敏性鼻炎和荨麻疹。

(2) 咪唑斯汀（**15**） 化学名 2-[[1-[1-[(4-氟苯基)甲基]-1H-苯并咪唑-2-基]-4-哌啶基]甲氨基]-4（1H）-嘧啶酮，2-[[1-[1-[(4-fluorophenyl) methyl]-1H-benzimidazol-2-yl]-4-piperidinyl] methylamino]-4(1H)-pyrimidinone。比利时 Janssen 公司首创，1996 年在法国上市，2005 年专利到期。

本品为组胺 H_1 受体高度专一性拮抗剂，对脑中 H_1 受体结合力很小，不导致嗜睡作用。本品还可抑制肥大细胞释放组胺及其他过敏介质，同时还具有抗过敏和抗炎作用，通过抑制 5-脂氧化酶（5-LO）的活性，阻止白三烯的合成和花生四烯酸诱发的水肿。本品口服易吸收，起效快，主要在肝脏代谢。具低亲脂性和低心脏组织积聚等特点，不良反应较少。临床用于慢性特发性荨麻疹、过敏性鼻炎、结膜炎和皮炎。

(3) 卢帕他定（Rupatadine，**22**） 化学名：8-氯-6,11-二氢-11-[1-[(5-甲基-3-吡啶)甲基]-4-哌啶亚基]-5H-苯并[5,6]环庚并[1,2-b]吡啶，8-chloro-6,11-dihydro-11-[1-[(5-methyl-3-pyridyl) methyl] piperidin-4-ylidene]-5H-benzo[5,6] cyclohepta[1,2-b] pyridine。由西班牙 Uriach 公司首创，2003 年在西班牙上市。临床使用的制剂形式为其富马酸盐。本品对 H_1 受体有高度亲和力，同时对血小板活化因子（PAF）受体有明显抑制作用，IC_{50} 为 $2.90\mu mol/L$，具抗组胺和抗 PAF 的双重功效，还能抑制肥大细胞颗粒，抑制嗜酸性粒细胞移动，抑制内皮细胞表达黏附分子，减少局部炎症细胞浸润等[11]。口服吸收迅速，细胞色素 P450 酶 3A4 抑制剂可抑制本品的体内代谢。批准适应证为过敏性鼻炎，但对其他过敏性皮肤病治疗也有很好前景。

28.2.3 过敏介质释放抑制剂和过敏介质拮抗剂

拮抗过敏介质可从抑制过敏介质释放和直接拮抗过敏受体考虑。

28.2.3.1 过敏介质释放抑制剂

组胺以组胺复合物颗粒形式储存于肥大细胞和嗜碱性细胞中，它的释放受抗原与抗体反应的影响和 cAMP 浓度的调控，而过敏介质释放抑制剂能稳定肥大细胞或嗜碱性细胞膜，减少过敏介质的游离和释放。

酮替芬（Ketotifen，**8**）为 H_1 受体拮抗剂，同时又具有过敏介质释放抑制作用，通过抑制胞外 Ca^{2+} 摄取和胞内储存 Ca^{2+} 的释放，避免胞内 Ca^{2+} 浓度增高而导致的过敏介质释放信号启动，同时能降低细胞膜的通透性，稳定细胞膜，从而阻止支气管黏膜下肥大细胞、嗜碱性细胞和中性粒细胞释放组胺和其他过敏介质，具有很强的抗过敏作用，但有较强的中枢抑制和嗜睡副作用。

色苷酸（Cromoglicic Acid，**23**）能抑制细胞内腺苷磷酸二酯酶，使胞内 cAMP 浓度增高，抑制 Ca^{2+} 的摄取，增加膜稳定性，抑制过敏介质的释放，作为抗过敏药用于过敏性哮喘和过敏性鼻炎等。

28.2.3.2 过敏介质拮抗剂

过敏的发生是复杂的级联反应,涉及多种过敏介质的参与。过敏介质包括很多种类,除了组胺外,还有白三烯、血小板活化因子、缓激肽、血栓素、内皮素等。

白三烯(leukotrienes,LTs)是花生四烯酸(arachidonic acid,AA)的代谢产物,是一类含有三个共轭双键的二十碳直链羟基酸的总称,它们大多由白细胞合成和释放,故名白三烯。白三烯的结构主要分为两大类,一类是二羟基酸,如 LTB_4;另一类是半胱氨酰白三烯类(cysteinyl leukotrienes,cysLTs),有 LTC_4、LTD_4 和 LTE_4,它们是强效的慢反应过敏物质(slow reacting substance of anaphylaxis,SRS-A)。花生四烯酸在常态时显脂化状,当 IgE 介导的抗原抗体反应导致肥大细胞或嗜碱性细胞内磷脂酶 A_2 活化,裂解为膜磷脂,释放出游离的花生四烯酸,5-脂氧合酶激活蛋白(FLAP)可促进花生四烯酸的转移,并催化 5-脂氧合酶(5-LO)发生生物氧化,再经一系列酶促反应,最后生成白三烯 LTA_4、LTB_4、LTC_4、LTD_4、LTE_4 和 LTF_4 等。白三烯的合成途径见图 28-5。

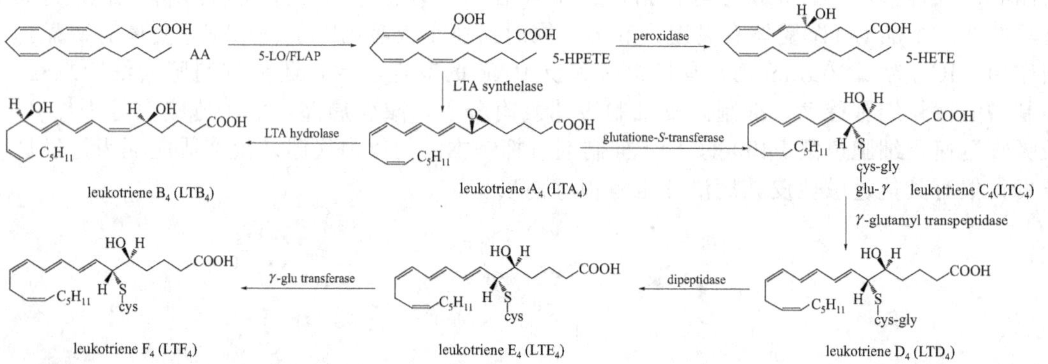

图 28-5 白三烯从花生四烯酸的生物合成途径

AA:花生四烯酸(arachidonic acid);5-LO:5-脂氧合酶(5-lipoxygenase);FLAP:脂氧合酶活化蛋白(lipoxygenase activating protein);5-HPETE:5-羟过氧化二十碳四烯酸(5-hydroperoxy eicosateraenoate) peroxidase:过氧化酶 5-HETE:5-羟二十碳四烯酸(5-hydroeicosatetraenoate);LTA synthelase:LTA 合成酶;LTA:leukotriene A;LTA hydrolase:LTA 水解酶;glutatione-S-transferase:谷胱甘肽-S-转移酶;γ-glutamyl transpeptidase:γ-谷氨酰转移酶 dipeptidase:二肽酶;γ-glu transferase:γ-谷氨酰转移酶

不同类别的白三烯可引起血管舒张或收缩,血浆外渗,支气管收缩、水肿,诱导气道分泌黏液等效应。LTs 通过作用于细胞膜上的 LTs 受体而发挥生物学效应,目前已分离和鉴定出多种 LTs 膜受体。cysLTs 的受体主要有半胱氨酰白三烯 1 受体(cys-LTR_1)和半胱氨酰白三烯 2 受体(cys-LTR_2)。cys-LTR_1 在气道、平滑肌细胞和血管内皮细胞中发现,激活时可促进支气管收缩,上调黏附分子,还能作为尿苷二磷酸受体;cys-LTR_2 发现于肺静脉等,生理意义尚不明了。cys-LTR_1 作为药靶广泛用于白三烯拮抗剂研究[12]。

Cys-LTR_1 属于 7 次跨膜的 G 蛋白偶联受体家族,其三维结构尚未知。根据天然配基 LTD_4(**24**)为模型化合物,经结构衍化,发现了一系列选择性 LTs 受体拮抗剂。如硫鲁司特(**25**,Sulukast)、孟鲁司特(**26**,Montelukast)、扎鲁司特(**27**,Zafirlukast)和普仑司特(**28**,Pranlukast)等。这些药物尽管结构类型和分子骨架各异,但有着与 LTD_4 类似的药效基团分布。

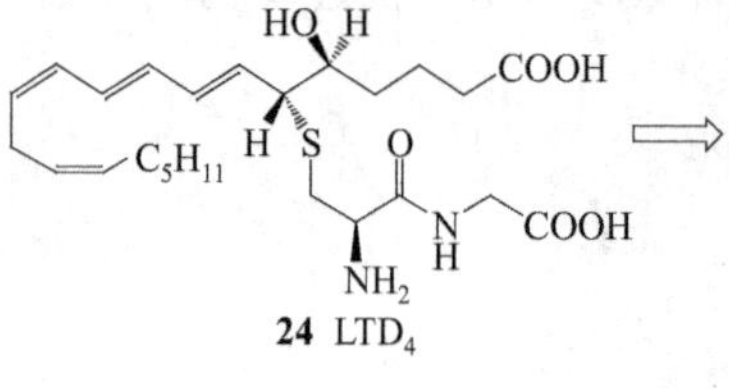

24 LTD_4 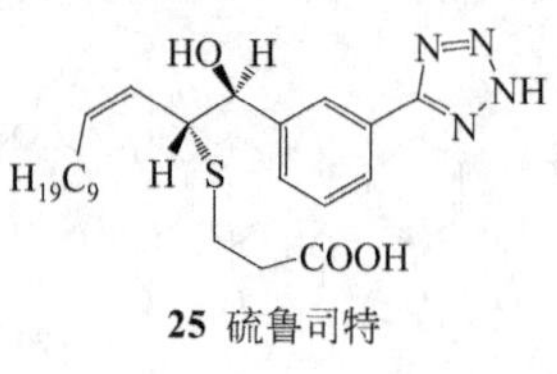   **25** 硫鲁司特 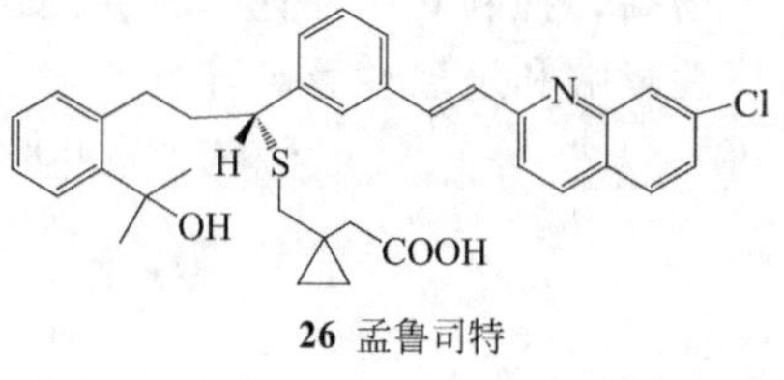   **26** 孟鲁司特

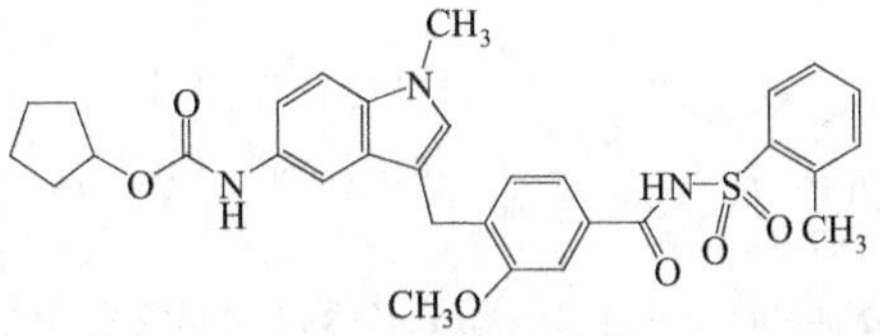

27 扎鲁司特 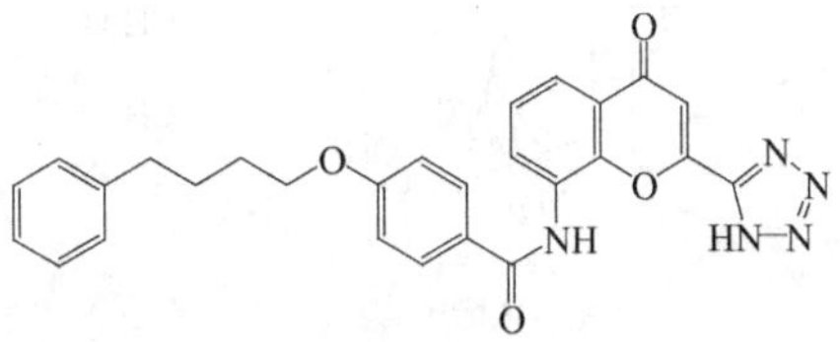　　　　　　　　　　　**28 普仑司特**

除 LTs 受体拮抗剂外，抗白三烯药物的作用靶点还有靶酶 5-LO，FLAP 和磷脂酶 A_2 等。5-LO 抑制剂可分为直接抑制 5-LO 和与 FLAP 结合两种类型。齐留通（**29**，Zileuton）和阿曲留通（**30**，Atreleuton）为 5-LO 抑制剂，临床用于治疗哮喘。

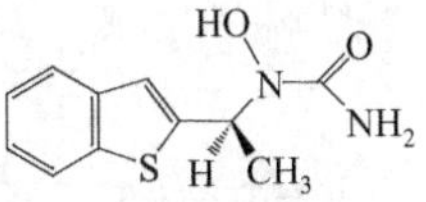

29 齐留通 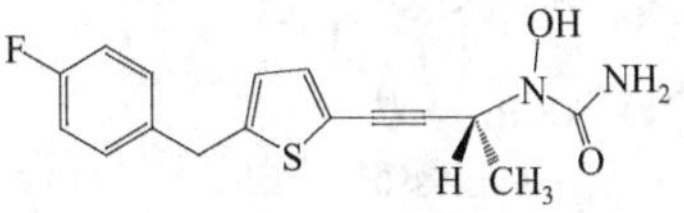　　　　　　　　　　　**30 阿曲留通**

血小板活化因子（platelet activating-factor，PAF）是一种特殊的细胞因子，最初发现有血小板聚集和释放作用，可明显增加血管通透性，强度为组胺的千倍以上，还能收缩支气管，增加气道分泌，是迄今已知活性最强的磷脂类过敏和炎症介质。PAF 的化学名为 1-O-烷基-2-乙酰基-sn-甘油-3-磷脂酰胆碱。PAF 的基本结构为磷酸胆碱甘油酯，其中甘油 sn-1 位和 sn-2 位分别以长链醚基和乙酰基取代，sn-1 位烷氧基的碳原子数依所释放的细胞不同而不同，有十六碳和十八碳两种 PAF，前者活性较强；sn-2 位碳为手性原子，有左旋和右旋两种对映异构体，但只有天然存在的左旋体（R 型）有生物活性。sn-1 位的疏水基团对 PAF 活性发挥重要作用，疏水长链插入细胞膜内，从而导致膜流动性和膜活动性改变；sn-2 位的乙酰基在 PAF 乙酰水解酶（PAF-acetylhydrolase）作用下可水解除去而使 PAF 失活；sn-3 位极性磷酸胆碱基团改变烷基长度将影响活性，以烷基碳原子数 $n = 3$ 为最佳。PAF 在体内可由再修饰和从头合成两条途径合成（图 28-6）。

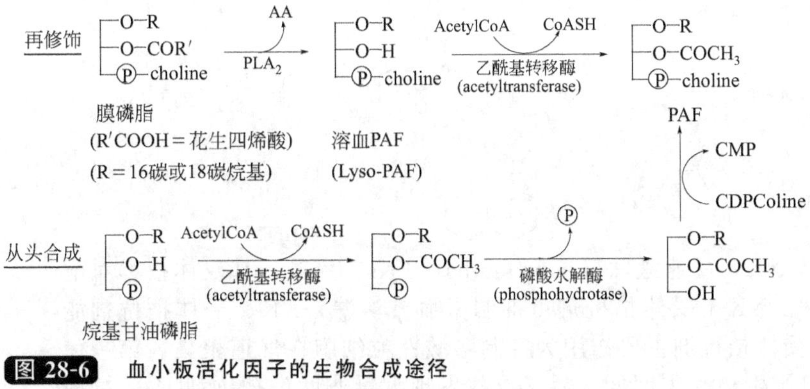

图 28-6　血小板活化因子的生物合成途径

在生理情况下通过从头合成途径合成少量 PAF，维持正常功能；再修饰途径可大量合成 PAF，导致炎症和过敏反应等的发生。PAF 受体含 7 个跨膜片断，与 G 蛋白偶联受体同源。PAF 受体可作为设计抗过敏药物的有效靶点。银杏内酯 B（**31**，Gingolide B）、海风酮（**32**，Kadsurenone）和川芎嗪（**33**，Ligustrazine）为竞争性拮抗 PAF 受体的天然化合物。基于 PAF 结构已发现了大量受体拮抗剂。拮抗剂的化学结构大多具有含氮杂环，杂环氮原子也可为季铵形式。其中一些已进入临床研究或已上市，用于治疗哮喘、缺血性休克或用于抗凝，如 E-5880（**34**），TCV-309（**35**）、阿帕泛（**36**，Apafant）、伊拉帕泛（**37**，Israpafant）和莫地帕泛（**38**，Modipafant）等[13,14]。

31 银杏内酯B   **32** 海风酮   **33** 川芎嗪

34 E-5880   **35** TCV-309

36 阿帕泛   **37** 伊拉帕泛   **38** 莫地帕泛

激肽受体也可作为发现抗过敏、抗炎症药物的有效靶点。激肽（Kinins）是具内源性生物活性的寡肽，可引起气道分泌增加、支气管平滑肌收缩、血管通透性增加。如九肽缓激肽（bradykinin）B_2 受体拮抗剂已成为治疗哮喘的潜在药物。如将缓激肽肽链上残基进行置换，可得到肽类拮抗剂，如艾替班特（**39**，Icatibant）有治疗哮喘效果，但为肽类结构，口服无效。如改换为非肽类结构，则可口服。FR-173657（**40**）为缓激肽的肽拟似物，具高选择性 B_2 受体拮抗活性。

39 艾替班特   **40** FR-173657

神经激肽（neurokinin，NK）属速激肽（tachykinins，TKs）家族，其受体根据对配基选择性不同分为不同亚型。NK-1 受体拮抗剂可抑制微血管渗漏，NK-2 受体拮抗剂能舒张支气管平滑肌，NK-3 受体拮抗剂主要作用为抑制嗜酸性粒细胞在气道聚集。第一代拮抗剂为肽类，易水解，口服生物利用度低，后又寻找发现大量非肽类拮抗剂[15]。抗抑郁药沙瑞度坦（**41**，Saredutant）（SR48968）为选择性 NK-2 拮抗剂，能明显抑制支气管收缩，减少中性粒细胞和淋巴细胞在肺中的浸润。

41 沙瑞度坦

血栓素 A_2（thromboxane A_2，TXA_2）是花生四烯酸代谢产物，经中间体前列腺素 G_2（PGG_2）和前列腺素 H_2（PGH_2）生成（见图 28-7）。TXA_2 具有很强的生物活性，可收缩血管、支气管，并可促使血小板聚集。

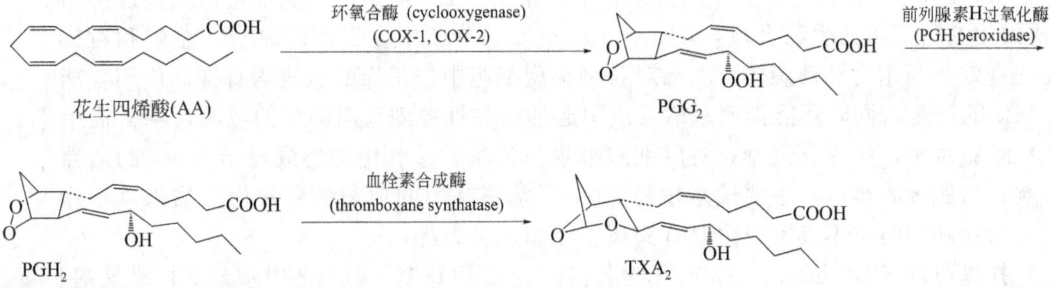

图 28-7 血栓素 A_2 的生物合成途径

应用血栓素合成酶抑制剂（thromboxane synthetase inhibitors，TXSIs）和血栓素 A_2 受体拮抗剂（TXA_2R antagonists）可治疗哮喘和某些心血管疾病，其中后者抗血栓素的效果更强[16]。许多已发现的 TXA_2 受体拮抗剂为 PGH_2 和 TXA_2 的结构类似物，分子均含一个六元环或氧杂六元骨架，环上连有庚烯酸基团。比如 ONO-3708（**42**）化学结构含有与 TXA_2 类似的蒎烷环；多米曲班（**43**，Domitroban）具有与 GPH_2 类似的降菠烷环，已作为抗哮喘和抗过敏药用于临床。经进一步研究，发现一批不具 PGH_2 或 TXA_2 骨架结构和取代基的拮抗剂，如临床使用的抗哮喘药物塞曲司特（**44**，Seratrodast），抗过敏和抗哮喘药物雷马曲班（**45**，Ramatroban）和抗凝药达曲班（**46**，Daltroban）。

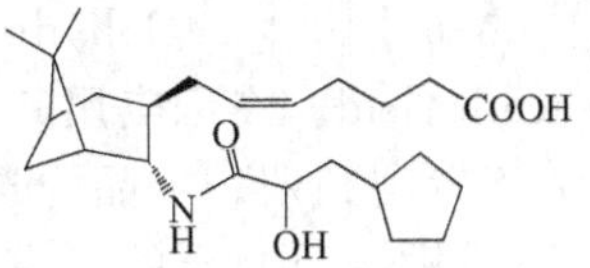

42 ONO-3708

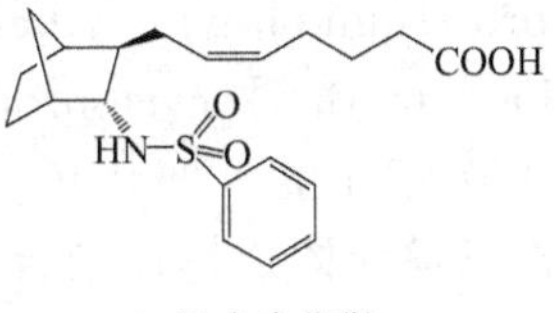

43 多米曲班

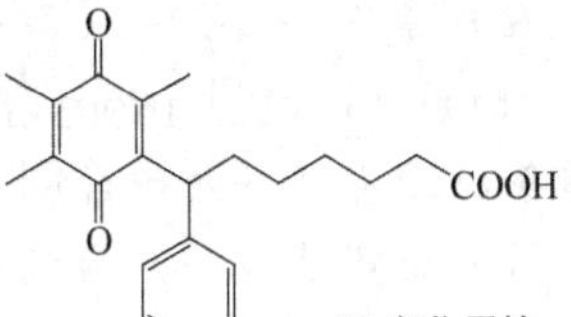

44 塞曲司特

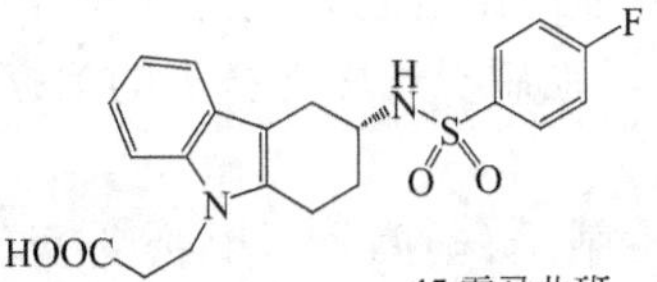

45 雷马曲班

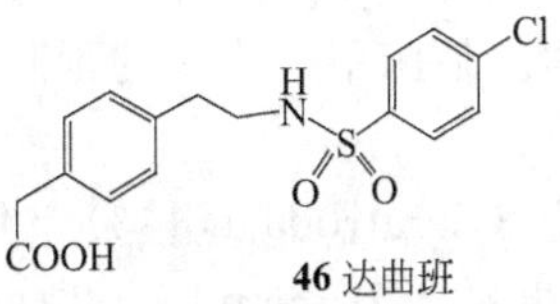

46 达曲班

内皮素（endothelin，ET）可强烈引起支气管收缩，内皮素受体有 ET_A 和 ET_B 两种亚型，阿曲生坦（**47**，Atrasentan）为高度选择性 ET_A 受体拮抗剂，能有效拮抗过敏性哮喘症状，减少嗜酸性粒细胞浸润和巨噬细胞聚集。一批非选择性 ET 受体拮抗剂也有明显的气道收缩效应，提示非选择性 ET 受体拮抗剂可能比选择性拮抗剂疗效更好。

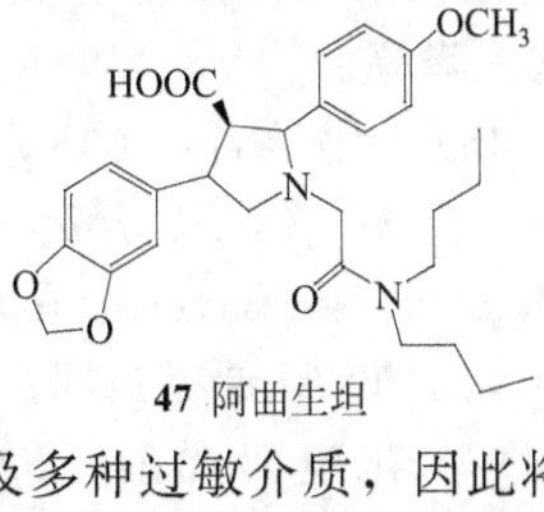

47 阿曲生坦

由于过敏反应病因复杂，涉及多种过敏介质，因此将几种受体拮抗剂拼合，形成双重受体拮抗剂，则有望提高抗过敏效果。现已发现一些药物具有双重受体拮抗作用，比如 PAF 和组胺双重拮抗剂、PAF 和 5-LO 双重拮抗剂、PAF 和 LTs 双重拮抗剂等。

28.2.3.3 代表性药物

（1）齐留通（Zileuton, **29**）　化学名：1-[（1S)-1-苯并[b]噻吩-2-乙基]-1-羟基脲，1-[(1S)-1-benzo[b]thiophen-2-yl-ethyl]-1-hydroxy-urea。由美国 Abbott 公司首创，1997 在美国上市，2007 年专利到期。本品为第一个上市的 5-LO 抑制剂，能剂量依赖性地抑制 5-LO 所催化的白三烯的生物合成，$IC_{50} = 7\mu mol/L$。分子中含手性碳原子，左旋和右旋异构体均有效，药用为外消旋体。本品对各种类型细胞中白三烯的生成均有抑制作用，能抑制 LTB_4 的产生，同时还能抑制过敏反应引起的嗜酸性粒细胞向肺部的浸润，降低血中嗜酸性粒细胞水平，扩张支气管。对巨细胞组胺释放酶、过氧化物酶或磷脂酶 A_2 的活性均无影响。口服吸收迅速，主要代谢途径为 N-羟基脲基团的葡萄糖醛酸化。临床用于哮喘的长期治疗和预防。不良反应主要有头痛、腰痛、无力等。

（2）扎鲁司特（Zafirlukast, **27**）　化学名：[3 [[2-甲氧基-4-[[[（2-甲基苯基）磺酰基]氨基] 羰基] 苯基] 甲基]-1-甲基-1H-吲哚-5-基] 氨基甲酸环戊酯，[3[[2-methoxy-4-[[[(2-methylphenyl) sulfonyl] amino] carbonyl] phenyl] methyl]-1-methyl-1H-indol-5-yl] carbamic acid cyclopentyl ester。由英国 Astra Zeneca 公司首创，1996 年在美国上市，2006 年专利到期。本品为强效、选择性、长效的 LTD_4 拮抗剂，对受体的亲和力约为天然配基的 2 倍。对 LTD_4 激发的支气管收缩、气道水肿和炎性细胞活性改变（如嗜酸性粒细胞的肺浸润）有保护作用，能减少这些过敏介质的作用。经肝细胞色素 P450 2C9（CYP2C9）酶系统代谢。临床用于支气管的预防和治疗。不良反应有头痛、恶心、感染和腹泻。

（3）孟鲁司特（Montelukast, **26**）　化学名：1- [[[(1R)-1-[3-[(1E)-2-(7-氯-2-喹啉基）乙烯基] 苯基]-3-[2-(1-羟基-1-甲基乙基）苯基] 丙基] 硫代] 甲基] 环丙基乙酸，1-[[[(1R)-1-[3-[(1E)-2-(7-chloro-2-quinolinyl) ethenyl] phenyl]-3-[2-(1-hydroxy-1-methylethyl) phenyl] propyl] thio] methyl] cyclopropaneacetic acid。临床应用其钠盐，由美国 Merck & Co 公司首创，1997 年在墨西哥上市，2007 年专利到期。本品为选择性强效 LTD_4 受体拮抗剂，与气道白三烯受体选择性结合，阻断过敏介质介导的气道收缩，气管嗜酸性粒细胞的浸润和支气管痉挛，可改善呼吸道炎症，使气管通畅。主要经肝脏代谢，P450 为主要代谢酶，代谢产物主要为与葡萄糖醛酸的结合物，此外还有亚砜、21-羟基和羟甲基代谢物。临床用于哮喘的预防和长期治疗，也用于过敏性鼻炎的治疗。不良反应有头痛、腹痛等。

（4）塞曲司特（Seratrodast, **44**）　化学名：7-苯基-7-(2,4,5-三甲基-3,6-二氧环己-1,4-二烯-1-基）庚酸，7-phenyl-7-(2,4,5-trimethyl-3,6-dioxo-1-cyclohexa-1,4-dienyl) heptanoic acid。由日本 TakedaChem Ind Lit 公司首创，1996 年在日本上市，2000 年制备方法专利到期。本品是血栓素 A_2 受体拮抗剂，可强烈拮抗 TXA_2 和白三烯等多种介质，还可扩张支气管，在体外可阻断血小板凝集。口服吸收良好，主要经肝代谢。临床主要用于支气管哮喘的预防和治疗，特别在预防哮喘发作有突出优势，作用时间长，副作用较小。不良反应有皮疹、心悸和食欲下降等。

（5）雷马曲班（Ramatroban, **45**）　化学名：(3R)-3-[[(4-氟苯）磺酰基] 氨基]-1,2,3,4-四氢-9H-咔唑基-9-丙酸，(3R)-3-[[(4-fluorophenyl) sulfonyl] amino]-1,2,3,4-tetrahydro-9H-carbazole-9-propanic acid。由 Bayer 公司和 American Home Product 公司共同研制开发，2000 年在日本上市，2009 年专利到期。本品是强效血栓素 A_2 受体拮抗剂，同时还能拮抗前列腺素 PGH_2、花生四烯酸、PAF 等，可降低单核趋化蛋白-1（MCP-1）的表达，从而抑制巨噬细胞渗出，可增加血管通畅。口服生物利用度较高。临床用于治疗过敏性鼻炎。

28.2.4 讨论与展望

虽然在药品市场上一些第二代抗组胺药的光学异构体或体内代谢物如地氯雷他定和非索非那定在医药市场被称为第三代抗组胺药，但从药物化学、药理学和临床应用的角度来看，这些药物归为第三代仍缺乏足够的理由。新一代化合物的产生可从以下方面考虑：第三代抗组胺药应当是一组中性拮抗剂（neutral antagonist）；或具有拮抗其他过敏介质和抗炎作用；特别是同时具有 H_1 和 H_4 受体拮抗活性[17]。

研究发现几乎所有第一代和第二代抗组胺药均为反向激动剂（inverse agonist），即负性拮抗剂（negative antagonist），因此寻找具中性拮抗作用（neutral antagonism）的化合物是发现新的抗组胺药的途径。二苯烷取代组胺衍生物，如希司丙地芬（**46**，Histaprodifen）是一个 H_1 受体部分激动剂，与组胺（$pEC_{50} = 6.8$；相对内在活性 = 1）相比，强度相近。希司丙地芬的同系物希司丁地芬（**47**，Histabudifen）和希司戊地芬（**48**，Histapendifen）亲和力稍小，但无或几乎无内在活性，为 H_1 受体中性拮抗剂。当这些分子中苯环上引入不同的取代基，SAR 分析结果显示其行为不同于经典的 H_1 受体拮抗剂，说明二苯甲基上取代基的 SAR 规律在二苯烷基取代组胺类衍生物中不适用。反向激动作用和中性拮抗作用的识别为产生新一代具中性拮抗作用的抗过敏药奠定了基础[18]。

$n=2$: **46**, 希司丙地芬　　$pEC_{50}=6.4$, 相对内在活性=0.69
$n=3$: **47**, 希司丁地芬　　$pEC_{50}<4$, 相对内在活性=0.02
$n=4$: **48**, 希司戊地芬　　$pEC_{50}<4$, 相对内在活性=-0.09

由于过敏反应除了使靶细胞释放组胺之外，还释放出其他过敏介质，因此单一的 H_1 受体拮抗剂作为抗过敏药仍不能彻底奏效。如同时拮抗其他过敏介质或联合用药则能有效控制过敏反应[19]。

H_4 受体及其拮抗剂的研究表明 H_4 受体与 H_1 受体协同参与过敏、炎症和自身免疫疾病，H_4 受体拮抗剂作用与 H_1 受体重合并互补，可用于治疗使用单一 H_1 受体拮抗剂无效的多种场合，可能产生比作用于 H_1 受体单一靶点更强的增效作用。H_1 受体和 H_4 受体的新功能的发现，对理解过敏反应和发现新的抗过敏药物将产生新的突破[20]。抗组胺药物的研究正向着多靶点作用发展。

28.3 抗溃疡药物

28.3.1 消化性溃疡的发生机制

消化性溃疡是由胃液消化作用引起的胃黏膜损伤，易发生于胃幽门和十二指肠处。消化性溃疡的发病机制尚未完全明了，但公认有三种主要致病因素：幽门螺旋杆菌感染；胃酸分泌过多和/或胃黏膜防御功能缺失。相对应的治疗方法有：消除幽门螺旋杆菌感染（如使用抗菌药物及其三联疗法）；中和胃酸（如抗酸药氢氧化铝）；增强胃黏膜保护（如黏膜保护药枸橼酸铋钾）；减少胃酸分泌。本节主要讨论抑制胃酸分泌的药物。

胃黏膜壁细胞分泌胃酸过程受到组胺、乙酰胆碱（ACh）、胃泌素（gastrin）和前列腺素等调控，其中前三者是最主要的刺激因素[21]。由图 28-8 可见，H_2 受体拮抗剂、前列腺素类药物、抗胆碱药、胃泌素受体拮抗剂和质子泵抑制剂等可作为抑制胃酸分泌药物。组胺刺激胃壁细胞上 H_2 受体，通过 G 刺激蛋白（Gs）激活腺苷酸环化酶（adenylate cyclase，AC），引起第二信使环磷酸腺苷（cAMP）激活蛋白激酶，进而激活胃壁细胞上的 H^+/K^+-ATP 酶 [H^+/K^+-ATPase，质子泵（proton pump）]，将质子泵出细胞外，分泌胃酸。而前列腺素 I_2 和 E_2 与前列腺素受体结合后，可通过 G 抑制蛋白（Gi）抑制腺苷酸环化酶，最终引起胃酸分泌的减少。乙酰胆碱或胃泌素则通过诱导细胞内钙离子浓度也可激活蛋白激酶，从而增加胃酸分泌，但其作用远小于组胺通过 cAMP 活化途径的作用，因此组胺 H_2 受体拮抗剂阻断胃酸分泌作用要强于抗胆碱药和抗胃泌素药。目前临床上常用的抑制胃酸分泌药物为 H_2 受体拮抗剂和质子泵抑制剂[22]。

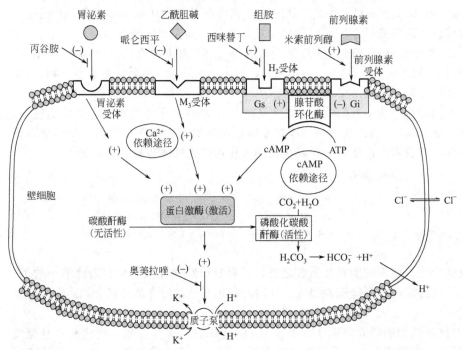

图 28-8 胃酸分泌的调控与药物作用靶点 [（+）正性调节；（-）负性调节]

28.3.2 H_2 受体拮抗剂

28.3.2.1 H_2 受体拮抗剂的发现和发展

1964 年英国史克公司（Smith Kline & French Laboratories）开始寻找 H_2 受体拮抗剂作为抑制胃酸分泌药物。通过改变组胺侧链，发现了胍基取代物 $N^α$-胍基组胺（**49**，$N^α$-Guanylhistamine）和类似于胍基结构的甲基硫脲取代物布立马胺（**50**，Burimamide）。布立马胺具有高度选择性 H_2 受体拮抗活性，成为第一个进入临床试验的 H_2 受体拮抗剂，但由于口服活性较差而难以临床应用。经结构分析，发现布立马胺分子结构中咪唑环的碱性（pK_a = 7.25）强于组胺的咪唑环（pK_a = 5.80），将咪唑环或其侧链上引入合适的取代基来降低布立马胺咪唑环的碱性可能会提高药效。由此得到硫代布立马胺（**51**，Thiaburimamide）（pK_a = 6.25）和甲硫米特（**52**，Metiamide）（pK_a = 6.80），活性比布立马胺提高近 10 倍。

49 $N^α$-胍基组胺

50 布立马胺

51 R=H 硫代布立马胺
52 R=Me 甲硫米特

布立马胺的临床试验发现有粒细胞减少副作用,这可能与药物结构中的硫脲基团有关。将甲硫米特的硫脲基团用电子等排体胍基替代,其体外活性降低了20倍,这可能由于胍基的碱性增强所致。将胍基上引入强吸电子基团以减小其碱性,得到与硫脲基团相近的 pK_a 值。其中氰基胍衍生物西咪替丁的活性高于甲硫米特,且无粒细胞减少副作用,于1976年在英国上市,成为第一个年销售超过十亿美元的重磅炸弹级的药物。继此之后,多个 H_2 受体拮抗剂相继上市(见表28-3)。

表 28-3 代表性 H_2 受体拮抗剂

发展阶段	代表性药物	药效和药代	临床用途
第一代	西咪替丁(Cimetidine)53	口服给药,半衰期较短($t_{1/2}$ = 1.5～2.3h),经肝肾代谢,有抗雄激素副作用	(1)消化性溃疡;(2)胃泌素瘤导致的高胃酸分泌(卓-艾氏综合征);(3)因创伤导致的应激性溃疡;(4)反流性食管炎等
第二代	雷尼替丁(Ranitidine)54	作用强于西咪替丁5～10倍,为长效制剂($t_{1/2}$=2.8～3.1h),无抗雄激素副作用	
第三代	法莫替丁(Famotidine)55 尼扎替丁(Nizatidine)56 罗沙替丁(Roxatidine)57 乙溴替丁(Ebrotidine)58	法莫替丁作用强于西咪替丁20～160倍,更为长效($t_{1/2}$=2.5～3.5h),尼扎替丁作用类似于法莫替丁,生物利用度近100%,副作用更小	

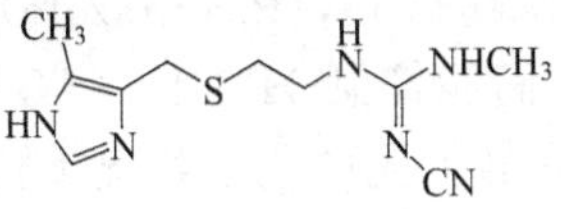

53 西咪替丁

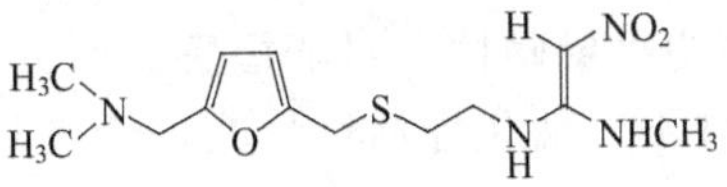

54 雷尼替丁

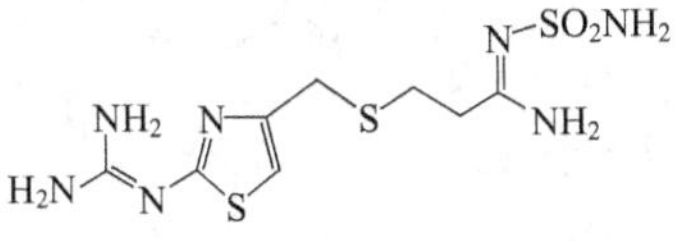

55 法莫替丁

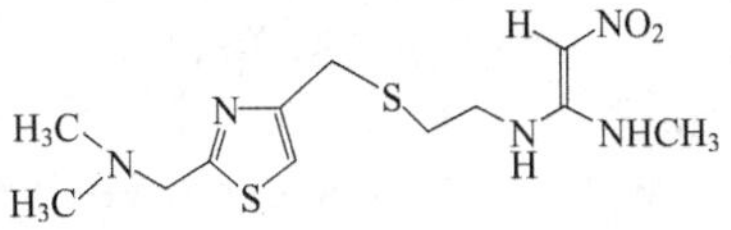

56 尼扎替丁

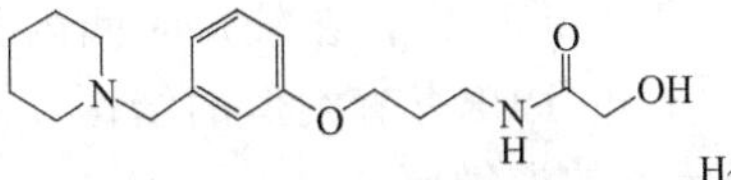

57 罗沙替丁

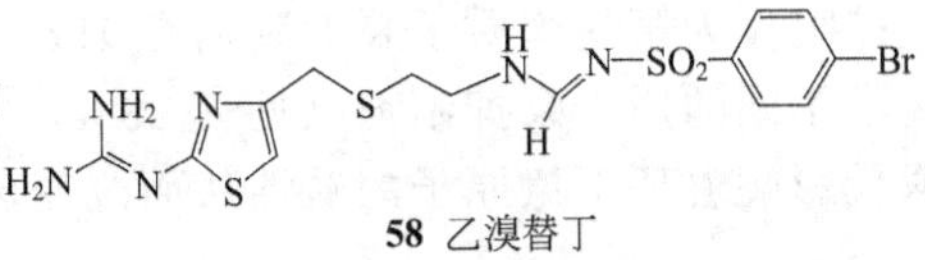

58 乙溴替丁

28.3.2.2 H_2 受体拮抗剂的构效关系

H_2 受体拮抗剂结构上含有两个药效基团:碱性芳环和呈平面的氢键键合极性基团。二者间可通过柔性连接链相连。碱性芳环可以是咪唑类(如西咪替丁),呋喃类(如雷尼替丁),噻唑类(如法莫替丁、尼扎替丁和乙溴替丁)或哌啶甲苯类(如罗沙)。碱性芳环和氢键键合极性基团也可直接相连(如唑替丁,**59**,Zaltidine)或通过刚性芳环相连(如咪芬替丁,**60**,Mifentidine)。该二药物均有高于西咪替丁的活性,但终因肝脏毒性问题而遭临床淘汰。

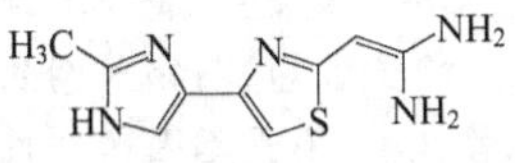

59 唑替丁

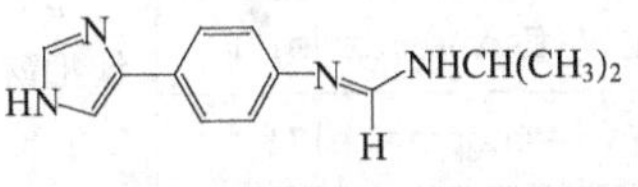

60 咪芬替丁

药物结构中的碱性芳杂环为与受体结合所必需,如降低环上的碱性或增加亲脂性,可导致活性降低。氢键键合的极性基团有:

G = 氰胍(I) / 二氨基硝基乙烯(II) / 氨磺酰脒(III) / 异胞嘧啶(IV) / 氨硝吡咯(V)

这些基团均有着强的偶极和亲水性质，可生成牢固的氢键键合力，各原子形成π电子共轭，结构呈平面状，其偶极定向有利于提高与受体残基进行氢键键合的匹配能力，是提高药效的重要因素。

28.3.3 质子泵抑制剂

28.3.3.1 质子泵抑制剂的发现和发展

质子泵抑制剂（proton pump inhibitors，PPI）的发现属偶然。1976年瑞典公司在研制一种能阻断胃泌素刺激胃酸分泌且在胃部有局部麻醉作用的药物时发现2-吡啶基乙酰胺（61）有抑制胃酸活性，将其修饰为2-吡啶基硫代乙酰胺（62），仍有抑酸活性，但作用机理不明。随着西咪替丁的发现，设想吡啶硫代乙酰胺可能也是H_2受体拮抗剂，于是将其结构改造为2-吡啶基甲基硫代苯并咪唑（63），并进一步修饰为更稳定的亚砜形式替莫拉唑（64，Timoprazole）。药理研究发现替莫拉唑有很强的体内体外抑酸活性，但并无H_2受体拮抗活性。替莫拉唑有较大的毒性，改造为吡考拉唑（65，Picoprazole）则降低了毒性。这些化合物均呈弱碱性，对酸敏感。研究发现它们能抑制H^+/K^+-ATP酶（即质子泵），在酸性条件下可活化为活性形式，于是开发了更易活化的化合物奥美拉唑（66）。

61 X=O: 2-吡啶乙酰胺
62 X=S: 2-吡啶硫代乙酰胺
63 Y=S, $R^1=R^2=R^3=H$：2-吡啶基甲基硫代苯并咪唑
64 Y=SO, $R^1=R^2=R^3=H$：替莫拉唑
65 Y=SO, $R^1=R^2=CH_3, R^3=COOCH_3$：吡考拉唑
66 奥美拉唑

自奥美拉唑作为第一个质子泵抑制剂在1988年上市以来，在较短时间内数家医药公司分别开发了不同的质子泵抑制剂（见表28-4）。这些PPI有着类似的结构，苯并咪唑部分的不同取代影响着环上氮原子的碱性从而改变药物的酸敏感性。

表28-4 代表性质子泵抑制剂

发展阶段	代表性药物	药效和药代	临床用途
第一代	奥美拉唑(Omeprazole)66 兰索拉唑(Lansoprazole)67 泮托拉唑(Pantoprazole)68	有很强的体内外抑酸作用，药效持久，但起效慢，生物利用度较低，易出现夜间酸突破，依赖于CYP2C19酶代谢，个体差异很大	治疗消化性溃疡、卓-艾氏综合征和反流性食管炎等。也能用于非甾体类抗炎药物NSAIDs相关性溃疡和应激性溃疡的治疗
第二代	雷贝拉唑(Rabeprazole)69 埃索美拉唑(Esomeprazole)70 泰妥拉唑(Tenatoprazole)71 艾普拉唑(Ilaprazole)72 雷米拉唑(Leminoprazole)73	起效更快，抑酸效果更强，能24h持续抑酸。夜间酸突破短，药物代谢对CYP2C19依赖性小，不受基因多态性的影响，药代性质改善，个体药效差异减少	

67 兰索拉唑   **68** 泮托拉唑   **69** 雷贝拉唑   **70** 埃索美拉唑

71 泰妥拉唑   **72** 艾普拉唑   **73** 雷米拉唑

PPI 的抑酸作用明显强于 H_2 受体拮抗剂，同时还具有对幽门螺旋杆菌抗菌作用，并能抑制幽门螺旋杆菌的 ATP 酶活性。此外还具有抗炎和抗氧化作用，为治疗消化性溃疡的一线药物[23]。许多 PPI 均制成肠溶片，以防止过早胃酸活化。药物经小肠吸收后分布于胃壁细胞的分泌小管，经酸活化为活性形式。长期使用 PPI 可能增加胃部肿瘤的发生率。

28.3.3.2 质子泵抑制剂的构效关系和药物作用机制

H^+/K^+-ATP 酶是一种存在于胃壁介入到分泌细管膜的微绒毛内的跨膜蛋白，由 α 和 β 两个亚单位组成，α 亚单位作为触酶使 ATP 水解，产生能量输出 H^+ 离子，故 H^+/K^+-ATP 酶又称为质子泵。PPI 是抑制胃酸分泌的最后一个环节，因此可抑制各种原因引起的胃酸分泌过多，抑酸效果很强。表 28-4 中的 PPI 均为不可逆型质子泵抑制剂，它们有着弱碱性，可集中于壁细胞酸性的分泌细管口，在胃部酸性条件下，质子与苯并咪唑环上氮原子结合，进行酸催化，发生分子内的亲核反应，形成螺环中间体，即进行 Smiles 重排，生成活性的次磺酸结构或次磺酰胺结构，进而与质子泵上的巯基发生共价结合，形成丧失酶活性的二硫化酶抑制剂复合物。此复合物在酸性条件下较稳定，因此抑酶作用持久。在体内此复合物可被谷胱甘肽和半胱氨酸等内源性巯基化合物相竞争而复活，生成的代谢物经 Smiles 重排得到硫醚化合物，并进一步在肝脏中氧化回复生成原药。原药可看成是两种活性物的前药，次磺酰胺或相对更不稳定的次磺酸是在体内由前药转化而来。量子化学计算结果表明前药与次磺酰胺存在 $63.76kJ/mol^{-1}$ 的能量差，有利于次磺酰胺的形成[24]。

此类 PPI 的体内循环又称为前药循环，其过程以奥美拉唑为例，见图 28-9。

H^+/K^+-ATP 酶属 P2 型 ATP 酶家族。该酶可经历磷酸化和去磷酸化，同时发生 H^+ 的向外和 K^+ 的向内输送。酶的三维结构可由 SERCA Ca^{2+}-ATP 酶晶体衍射模建得到[25]。图 28-10 显示了胞浆区域和跨膜部分的运动催化质子的输送[21]。在酶的基态 E_1 中，离子结合部位朝向胞浆，E_1P 为输出质子前的磷酸化酶的构象，当分泌出质子后磷酸化酶转化为构象 E_2P，去磷酸化后回复成构象 E_1。箭头表示 PPI 的进入区域。PPI 进入酶跨膜部分与酶的 Cys 813（C813）等残基上巯基发生共价结合（见图 28-11）[26]。不同的 PPI 对酶结合部位的选择性不同。每种 PPI 均与 Cys 813 结合，泮托拉唑还与 Cys 822（C822）结合，奥美拉唑还与 Cys 892（C892）结合，兰索拉唑还与 Cys 321（C321）结合。雷贝拉唑除与 Cys 813、Cys 822 结合外，还与 Cys 321、Cys 892 结合，因此作用更强更持久[27]。

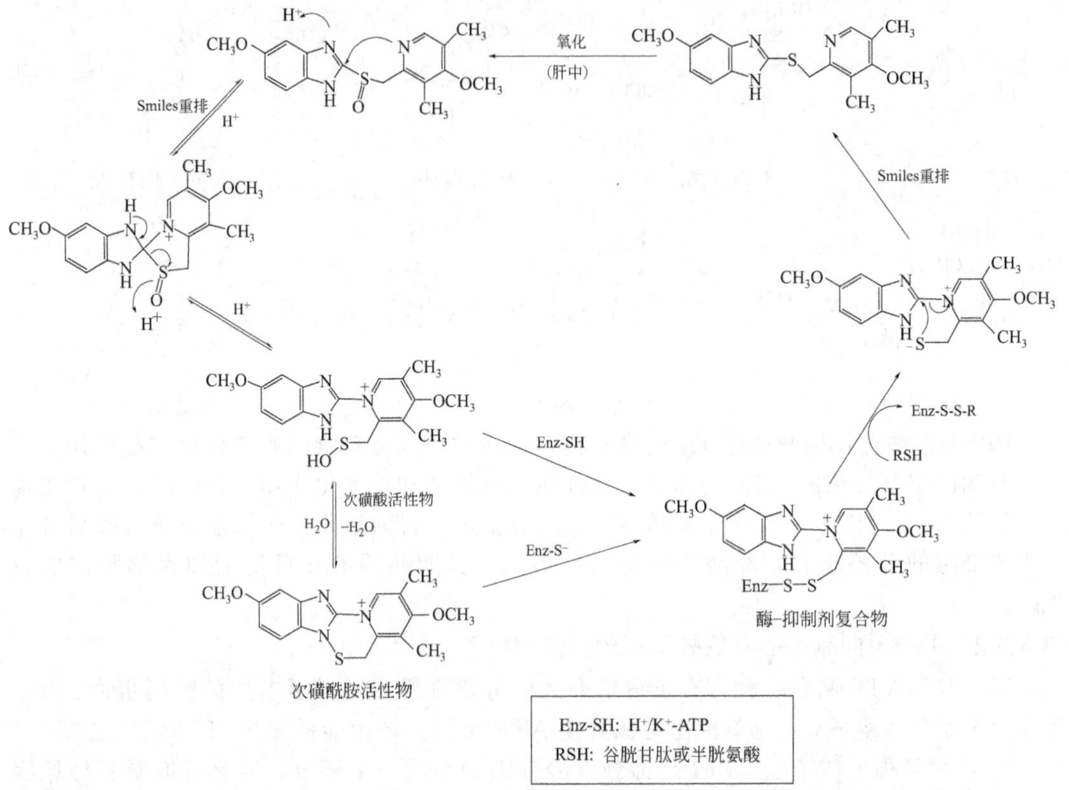

748 | 高等药物化学

图 28-9 不可逆质子泵抑制剂奥美拉唑的作用机制

Enz-SH: H^+/K^+-ATP
RSH: 谷胱甘肽或半胱氨酸

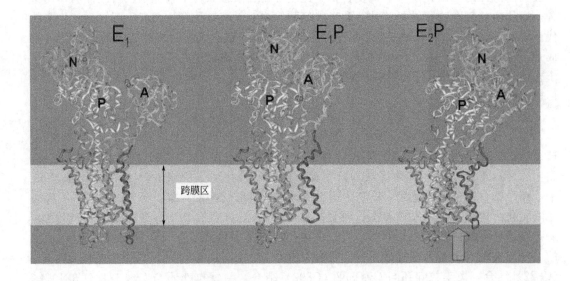

图 28-10 H^+/K^+-ATP 酶的三维结构

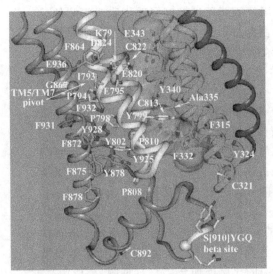

图 28-11 泮托拉唑与 H^+/K^+-ATP 酶的 E_2P 结构中的 Cys 813 和 Cys 822 结合模型（为简明起见省略了跨膜螺旋 TM9 和 TM10）

最简单的不可逆 PPI 的原型药结构是吡啶基甲基亚磺酰基苯并咪唑，可分为三个结构单元：吡啶环、苯并咪唑环和连接链亚甲基亚磺酰基—$SOCH_2$—。吡啶环部分的亲核性增加将利于形成螺环中间体进行 Smiles 重排，增加酶抑制活性；在环上 6′位引入取代基将因空间位阻效应而不利于螺环中间体的形成，在含强推电子基团的 4′-OCH_3 衍生物的活性比 4′-CH_3 衍生物的活性要大数倍；4′位或 5′位引入吸电子的—$COOCH_3$、—NO_2、—$SOCH_3$、—CF_3 等基团则活性大大降低。苯并咪唑环的 5 位引入推电子基活性更强。如引入强的吸电子基团可使 2 位更缺电子，导致吡啶环上氮原子更易对其作亲核进攻，即非酸催化的反应活性增加，从而使大量药物在未进入胃壁细胞前即转化为活性形式，整体活性反而下降。连接链以其他基团如—CH_2CH_2—、—SCH_2—、—SO_2CH_2—、—S—CH_2CH_2—等不同的含碳链或含氧碳链等替代，将失去活性。延长连接链成—$SOCH_2CH_2$—，则生成无活性的酸稳定的化合物。

连接链上硫原子为手性原子，分子存在一对对映异构体。分子的外消旋化的能垒为 $10.41kJ/mol^{-1}$，即使在高温下也不会产生外消旋化[22]。临床使用的外消旋的奥美拉唑的 R 型和 S 型异构体在体内经前药循环生成相同的活性体，产生相同的酶抑制活性。但 S-异构体在体内的代谢比 R-异构体更慢，且经体内循环更易重复生成，引起血药浓度较高，药物代谢动力学性质优，维持时间更长，因此 S-异构体已开发成新一代的 PPI 埃索美拉唑。

28.3.4 代表性药物

(1) 乙溴替丁 (**58**) 化学名：N-[[[2-[[[2-(二氨基亚甲基) 氨基]-4-噻唑] 甲基] 硫代] 乙基] 氨基] 亚甲基]-4-溴-苯磺酰胺，N-[[[2-[[[2-[(diaminomethylene) amino]-4-thiazolyl] methyl] thio] ethyl] amino] methylene]-4-bromo-benzenesulfonamide。由西班牙费尔 (Ferrer) 公司首创，1997 年在西班牙上市，2004 年专利到期。本品具有很

强的特异性 H_2 受体拮抗作用，而对 H_1 受体无作用。还能通过抑制胃壁细胞对组胺的反应减少胃壁细胞分泌胃酸。对 H_2 受体的亲和力为西咪替丁的 2 倍，抑制胃酸分泌作用比西咪替丁强 10 倍。本品能刺激黏液分泌，增加黏液凝胶附着物的质量和增加胃黏膜的血流量，干扰上皮细胞表面受体，从而具有保护胃黏膜功能。此外还有抑制尿素酶活性和抑制幽门螺旋杆菌的蛋白分解和黏液溶解活性，有抗幽门螺旋杆菌活性。在体内 10%～24%原药被代谢成无活性的亚砜类代谢物，原药及代谢物经尿排泄，在体内无积蓄。临床用于治疗十二指肠溃疡、胃癌幽门螺旋杆菌及非甾体抗炎药引起的胃消化性溃疡等。

(2) **埃索美拉唑 (70)** 化学名：S-(−)-5-甲氧基-2-[[(4-甲氧基-3,5-二甲基-2-吡啶基)甲基] 亚硫酰基]-1H-苯并咪唑，S-(−)-5-methoxy-2-[[(4-methoxy-3,5-dimethyl-pyridin-2-yl) methyl] sulfinyl]-1H-benzoimidazole。制剂形式为其镁盐。由英国 Astra Zeneca 公司首创，2000 年上市，2014 年专利到期。本品为奥美拉唑的 S-异构体，是第一个上市的单一异构体不可逆 PPI[28]。两种异构体的代谢途径有立体选择性差异，R-异构体在体内主要经肝细胞色素 P450 系统代谢，98%经由 CYP2C19 催化代谢，而埃索美拉唑对 CYP2C19 依赖性下降，经由 CYP3A4 途径代谢的比例增加至 27%（见图 28-12）[29]。与奥美拉唑相比，本品抑酸作用强 1.6 倍，持续控制胃酸时间更长，肝脏首关效应较小，内在清除率低，代谢速率较慢，血药浓度较高，$t_{1/2}$ 更长，生物利用度较高。

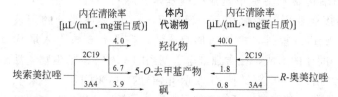

图 28-12 奥美拉唑的两种异构体在离体人肝微粒体中的代谢动力学结果

本品还具幽门螺旋杆菌抑制作用。由于抑酸作用于胃酸形成最后环节，因此对各种因素引起胃酸分泌均可产生有效的抑制作用。临床用于胃十二指肠溃疡、反流性食管炎等。

28.3.5 讨论与展望

在寻找治疗消化性溃疡药物过程中由于质子泵抑制剂的研制成功，对新的 H_2 受体拮抗剂的研究和开发相对放慢步伐，现有的替丁类药物已有较满意的安全性和有效性，许多国家已将西咪替丁和雷尼替丁列入 OTC 药物。目前 H_2 受体拮抗剂发展趋势有：①开发非竞争性抑制的 H_2 受体拮抗剂，现所有的 H_2 受体拮抗剂是可逆性的抑制剂，从作用本质上看均是反相激动剂，其拮抗作用呈剂量依赖性并取决于血药浓度，由此正尝试开发非竞争性抑制的 H_2 受体拮抗剂；②研究 H_1 受体和 H_2 受体双重拮抗剂，恰当比例的 H_1/H_2 受体拮抗活性可用于预防外科麻醉时产生的危及生命的变应性中毒反应；③设计同时具有 H_2 受体拮抗活性和其他药理活性的新的药物分子，比如整合胃泌素受体拮抗分子，用于治疗消化性溃疡[30]。

H_2 受体拮抗剂可有效地抑制胃泌素刺激导致的胃酸分泌，但对胆碱刺激导致的胃酸分泌抑制效果较小，这是由于胃泌素能通过刺激肠嗜铬样细胞分泌组胺，而并非直接作用于壁细胞，而质子泵抑制剂可有效地抑制各种因素导致的胃酸分泌。

虽然质子泵抑制剂自问世以来已成为胃酸相关疾病治疗的主要药物，但尚未达到满意的程度，如会产生夜间酸突破，药物对肝细胞色素 P450 酶代谢依赖性大，个体间 CYP2C19 的基因多态性对药物代谢影响较大等。由于抑酶作用不可逆，作用时间长，长期用药会引起胃酸缺乏，甚至引起嗜铬样细胞增生导致胃部肿瘤的发生[31]。现临床使用的含苯丙咪唑环的不可逆 PPI 虽在各项药理学参数确有不同，并随着新一代 PPI 的问世而有所改善，但整体抑酸效果和临床疗效较接近，第一代与第二代 PPI 的差异并不显著。

理想的 PPI 应能：①有效地控制 24h 胃酸分泌；②具有良好的药代动力学特点，起效快，生物利用度好；③个体差异小；④有良好代谢途径，与其他药物无相互作用和干扰；⑤无严重不良反应，长期用药安全。

新的 PPI 研制方向有：①以优化药效动力学和药代动力学参数为目的，通过前药筛选和结构改良发现新的 PPI；②研发可逆型 PPI 抑制剂。

74 瑞伐拉赞　　**75 索拉拉赞**

可逆型 PPI 又称为钾离子竞争性酸阻滞剂（potassium-competitive acid blockers，PCABs）或酸泵拮抗剂（acid pump antagonists，APAs），多为弱碱性杂环化合物，质子化后能与 K^+ 可逆性地竞争 H^+/K^+-ATP 酶上的 K^+ 高亲和部位，抑制 K^+ 进入壁细胞置换出 H^+，结合选择性更高。由于该类拮抗剂进入酶部位即可发生作用，无需转化为其他形式[32]，所以起效快，呈剂量依赖性。另外由于抑制作用是可逆的，能调节性减少胃酸分泌，而不会造成过度抑制副作用。目前已有多种可逆型质子泵抑制剂进入临床研究或上市，如瑞伐拉赞（**74**）（Revaprazan）已于 2005 年在韩国上市，索拉拉赞（**75**）（Soraprazan）已由德国 Altana 公司完成 Ⅱ 期临床研究。

推荐读物

- Roberts S, McDonald L M. Inhibitors of Gastric Acid Secretion// Abraham D J. Burger's Medicinal Chemistry. Vol 4. 6th Ed. New York：John Wiley and Sons, Inc, 2003：85-127.
- Fischer J, Ganellin R. Analogue-based Drug Discovery. New York：Wiley-VCH, 2006：71-80；81-113；115-136；401-418.
- Silverman R B. Case History of Rational Drug Design of a Receptor Antagonist：Cimetidine// The Organic Chemistry of Drug Design and Drug Action. 2nd Ed. 影印本. 北京：科学出版社，2007：159-165.
- Sachs G, Shin J M. Proton Pump Inhibitors// Taylor J B, Triggle D J. Comprehensive Medicinal Chemistry Ⅱ. Vol 6. 影印本. 药物化学百科第 12 册. 北京：科学出版社，2007：603-612.
- Lindberg P. Omeprazole// Taylor J B, Triggle D J. Comprehensive Medicinal Chemistry Ⅱ. Vol 8. 影印本. 药物化学百科第 16 册. 北京：科学出版社，2007：213-224.
- Jain K S, Shah A K, Bariwal J, et al. Recent advances in proton pump inhibitors and management of acid-peptic disorders. Bioorg Med Chem, 2007, 15：1181-1205.
- Sachs G, Shin J M, Howden C W. The clinical pharmacology of proton pump inhibitors. Alimentary pharmacology & therapeutics, 2006, 23（Suppl 2）：2-8.

参考文献

[1] Berlin M, Boyce C W. Recent advances in the development of histamine H-3 antagonists. Exp Opin Therapeut Pat, 2007, 17（6）：675.

[2] Shigeru T, Kazuhiko T, Hidehito K. Recent Advances in Molecular Pharmacology of the Histamine Systems：Physiology and Pharmacology of Histamine H_3 Receptor：Roles in Feeding Regulation and Therapeutic Potential for Metabolic Disorders. J Pharmacol Sci, 2006, 101：12.

[3] Roche O, Maria R, Sarmiento R. A new class of histamine H_3 receptor antagonists derived from ligand based design. Bioorg Med Chem Lett, 2007, 17：3670.

[4] 陈国林，周宏灏. 组胺相关领域的研究进展// 苏定冯，缪朝玉，王永铭. 药理学进展 2004. 北京：人民卫生出版

社，2004：284.
- [5] Kiss R, Moszal B, Racz A, et al. Binding mode analysis and enrichment studies on homology of the human histamine H_4 receptor. Eur J Med Chem, 2008, 43: 1059.
- [6] Jongejan A, Lim H D, Smits R A, et al. Delineation of Agonist Binding to the Human Histamine H_4 Receptor Using Mutational Analysis, Homology Modeling, and ab Initio Calculations. Comput Chem Inf Model, 2008, 48 (7): 1455.
- [7] Jutel M, Blaser K, Akdis C A. Histamine in allergic inflammation and immune modulation. Internat Archiv Allergy Immun, 2005, 137 (1): 82-92.
- [8] 张罗，韩德民，顾之燕. 抗组胺药物 H_1 受体拮抗剂的临床药理学（一）：组胺、组胺受体和抗组胺药物. 中国耳鼻咽喉头颈外科，2005，12 (1): 61.
- [9] Saxena M, Gaur S, Prathipati P, Saxena A K. Synthesis of some substituted pyrazinopyridoindoles and 3D QSAR studies along with related compounds：Piperazines, piperidines, pyrazinoisoquinolines, and diphenhydramine, and its semi-rigid analogs as antihistamines (H_1). Bioorg Med Chem, 2006, 14: 8249.
- [10] Kiss R, Kovári Z, Keseru G M. Homology modeling and binding site mapping of the human histamine H_1 receptor. Eur J Med Chem, 2004, 39 (11): 959.
- [11] 卜今，陈志强．卢帕他定：新型的组胺 H_1 受体和血小板活化因子受体双重拮抗剂. 中国中西医结合皮肤性病学杂志，2006，5 (3): 182.
- [12] Hui Y, Funk C D. Cysteinyl leukotriene receptors. Biochem Pharmacol, 2002, 64: 1549.
- [13] 杜东红，何云．血小板活化因子的生物学特征及其拮抗剂. 国外医学临床生物化学与检验学分册，2002，23 (3): 137.
- [14] 黄泓. 血小板活化因子的生物学效应和受体拮抗剂研究. 上海第二医科大学学报，2005，25 (1): 89.
- [15] 陈莉莉，张洪泉．速激肽受体拮抗剂在哮喘治疗中的作用. 药学进展，2007，31 (6): 254.
- [16] Dogne J M, Leval X, Benoit P, et al. Therapeutic potential of thromboxane inhibitors in asthma. Expert Opin Investig Drugs, 2002, 11: 275.
- [17] 张厚利，唐泽耀，杨静娴，林原．反向激动剂的药理效应特征. 中国药理学通报，2005，21 (11): 1285.
- [18] Holgate S T, Canonica CW, Simos FER, et al. Consensus group on new generation antihistamines (CONGA): present status and recommendations. Clin Exp Allergy, 2003, 33: 1305.
- [19] Fonquernas S, Miralpeix M. H_1-antihistamines: patent highlights 2000-2005. Exp Opin Therapeut Pat, 2006, 16 (2): 109.
- [20] Thurmond R L, Gelfand E W, Durford P J. The Role of histamine H_1 and H_4 receptors in allergic inflammation: the search for new antihistamines. Nat Rev Drug Discov, 2008, 7: 41.
- [21] Shin J M, Vagin O, Munson K, et al. Molecular mechanisms in therapy of acid-related diseases. Cell Mol Life Sci, 2008, 65: 264.
- [22] 韩英．新型抑制胃酸药物的研究现状及进展. 华北国防医药，2006，18 (4): 284.
- [23] Naito Y. Anti-inflammatory and anti-oxidative properties of proton pump inhibitors. J Clin Biochem Nut, 2007, 41 (2): 82.
- [24] Bruni A T, Miguel M, Ferreira C. Theoretical Study of Omeprazole Behavior: Racemization Barrier and Decomposition Reaction. Internat J Quant Chem, 2008, 108: 1097.
- [25] Toyoshima C, Normura H, Sugita Y. Crystal structures of Ca^{2+}-ATPase in various physiological states. Ann N Y Acad Sci, 2003, 986: 1-8.
- [26] Munson K, Garcia R, Sachs G. Inhibitor and ion binding sites on the gastric H, K-ATPase. Biochem, 2005, 44: 5267-5284.
- [27] 毛煜，余佳红，袁伯俊．苯并咪唑类质子泵抑制剂的药理和临床研究进展. 中国新药杂志，2006，15 (1): 17-21.
- [28] Spencer C M, Faulds D. Esomeprazole. Drugs, 2000, 60: 321.
- [29] Andrson T, Hassan-Alin M, Hasselgren G, et al. Pharmacokinetic studies with esomeprazole, the (S)-isomer of omeprazole. Clin Pharmacokinet, 2001, 40: 411-426.
- [30] Dove S, Elz S, Seifert R, Buschauer A, Structure-activity relationships of histamine H-2 receptor ligands. Mini-rev Med Chem, 2004, 4 (9): 941-954.
- [31] Scarpignato C, Pelosini I, Mario F. Acid Suppression Therapy: Where Do We Go from Here? Dig Dis, 2006, 24: 11-46.
- [32] Shin J M, Sachs G. Gastric H, K-ATPase as a Drug Target. Dig Dis Sci, 2006, 51: 823-833.

第29章

作用于胆碱能系统药物

张 翱

目 录

- 29.1 乙酰胆碱的生物合成、信号转导及生物功能 /754
- 29.2 胆碱能受体分类、生物分布及药理作用 /754
  - 29.2.1 胆碱能 M 受体 /754
  - 29.2.2 胆碱能 N 受体 /755
- 29.3 代表性药物 /756
  - 29.3.1 胆碱能 M 受体药物（$M_1 \sim M_5$）/756
    - 29.3.1.1 胆碱能 M 受体激动剂（$M_1 \sim M_5$）/756
    - 29.3.1.2 胆碱能 M 受体拮抗剂（$M_1 \sim M_5$）/761
  - 29.3.2 胆碱能 N 受体药物 /765
    - 29.3.2.1 胆碱能 N 受体激动剂 /765
- 29.4 讨论与展望 /769
- 推荐读物 /772
- 参考文献 /772

29.1 乙酰胆碱的生物合成、信号转导及生物功能[1]

乙酰胆碱（acetylcholine，ACh）是神经系统胆碱能神经传导的内源性化学递质。在胆碱能神经末梢内，丝氨酸首先经脱羧酶脱除羧基，再经 N-甲基转移酶作用进行 N-甲基化得到胆碱。随后在胆碱乙酰基转移酶催化下，乙酰辅酶 A 的乙酰基转移至胆碱，从而完成乙酰胆碱的生物合成。乙酰胆碱经生物合成后，主要被转运至突触囊泡进行储存，并与 ATP 和囊泡蛋白共存。当胆碱能神经受到外部刺激产生兴奋时，囊泡中储存的乙酰胆碱以胞裂外排方式释放到突触间隙，并与突触前膜和后膜上的乙酰胆碱受体结合产生生理效应，并释放乙酰胆碱。这些乙酰胆碱随后被突触膜上的乙酰胆碱酯酶水解为胆碱和乙酸而失活。这些分解出的胆碱约有 1/3～1/2 又重新被转运至胆碱能神经末梢进行乙酰胆碱的生物合成而得以再利用，而乙酸则可被组织液清除。

乙酰胆碱是大脑中枢神经系统中最早被鉴定的神经递质，是脊椎动物的骨骼肌神经肌肉接头、某些低等动物如软体、环节和扁形动物等的运动肌接头等的最主要的兴奋性递质，同时也是脊椎动物副交感神经与效应器之间的神经递质，但这些神经递质有的是兴奋性的，如消化道内的副交感神经和效应器，在心肌内的副交感神经和效应器则是抑制性的。释放乙酰胆碱神经递质的神经纤维，被称为胆碱能纤维。目前，由于还缺乏能选择性地损毁胆碱能纤维的药物，加之还没有有效方法直接显示和检测乙酰胆碱，因此对中枢神经系统胆碱能信号通路的认识还十分有限。一般认为，中枢神经系统内的胆碱能信号转导通路有如下几种：①由丘脑向大脑皮层投射的神经元；②脑干网状结构上行激活系统，包括丘脑前区、丘脑下部外侧区、外侧视前区、苍白球等结构，其多级神经元之间的联系都是属于胆碱能的；③边缘系统和大脑皮层内部的胆碱能纤维联系；④直接由脑和脊髓发出的运动神经元。

乙酰胆碱在体内分布较广，具有非常重要的生理功能。如由副交感神经末梢释放乙酰胆碱可支配心血管系统功能，包括血管扩张，减慢心率，降低房室结和浦肯耶纤维传导，减弱心肌收缩力，缩短心房不应期，调控心脏离子通道。同时，乙酰胆碱还可激活胃肠道平滑肌，增加泌尿道平滑肌蠕动和膀胱逼尿肌收缩等。

29.2 胆碱能受体分类、生物分布及药理作用

根据对不同天然生物碱反应后的生物效应的差异，胆碱能受体可分为毒蕈碱型受体（muscarinic acetylcholine receptor，mAChR）和烟碱型受体（nicotinic acetylcholine receptor，nAChR）两大类，简称胆碱能 M 受体和胆碱能 N 受体。分子生物学研究表明，这两种受体来自不同的遗传基因，所形成的受体蛋白属于两类不同的受体家族。胆碱能 M 受体属于 G-蛋白偶联的受体家族，而胆碱能 N 受体则属于配体门控的离子通道受体家族。它们还存在不同的受体亚型，体内的生物分布和功能也不相同。

29.2.1 胆碱能 M 受体[2~4]

胆碱能 M 受体是一种由 460～590 个氨基酸组成的单链跨膜糖蛋白，分子质量约 51～66kDa，单链糖蛋白跨膜 7 次，形成 4 个细胞外区域（o1～o4）、7 个跨膜区和 4 个细胞内区域（i1～i4），与其他 G-蛋白偶联受体一样，其 N 端位于细胞外，C 端位于细胞内。胆碱能 M 受体与乙酰胆碱等药物的结合位点位于膜外侧由 7 个跨膜域形成的封闭环状结构的裂隙中。其中 T M Ⅲ、Ⅵ和Ⅶ富含大量疏水氨基酸，是与乙酰胆碱结合的关键部位。

胆碱能 M 受体广泛分布于中枢和外周神经组织、心脏、平滑肌以及腺体等，参与机体多种重要的生理功能。在中枢神经系统，M 受体主要传递神经元的兴奋或抑制冲动，包括大脑的各种功能，如醒觉、注意力、情绪反应、运动及认知功能等；在外周神经系统，M 受体可与不同 G-蛋白偶联，产生一系列生理活动，如血管平滑肌舒张、心率失常、心肌收缩力减慢、胃肠道和膀胱平滑肌收缩力增强、cAMP 活性改变以及离子通道的开启。因此，胆碱能 M 受体与心脏功能以及大脑的运动和认知功能密切相关。胆碱能 M 受体功能紊乱可引起多种疾病，如心率失常、膀胱活动过度、肺或胃部病变以及精神分裂和帕金森病等神经退行性疾病。

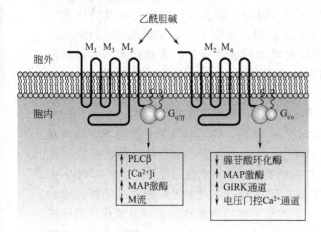

图 29-1 胆碱能 M 受体及其亚型

胆碱能 M 受体在体内具有生物多样性，应用重组 DNA 克隆等分子生物学技术目前已发现 5 种不同亚型的胆碱能 M 受体（图 29-1），按药理学特征分为 $M_1 \sim M_5$，分子生物学上根据相应的同源基因编码又分为 $m_1 \sim m_5$。在体内很多组织和细胞中，这些亚型处于共存状态，在副交感神经支配区又同时发挥着各自不同的作用。M_1 受体常见于神经组织（皮层、海马、交感神经节），也存在于一些腺体，如胃黏膜的壁细胞。M_2 受体主要分布于心脏、脑和平滑肌。M_3 受体主要分布于外分泌腺体、脑和平滑肌。M_4 亚型主要分布于前脑基底部位、纹状体。M_5 基因表达的蛋白质分布局限于脑中独立区域，外周组织表达甚少。M_1、M_3 和 M_5 亚型又称为 M_1 组受体，与 G 蛋白中的 $G_{q/11}$ 偶联，激活效应蛋白磷脂酶 C；M_2 和 M_4 又称为 M_2 组受体，与 G_i 或 G_o 偶联，抑制腺苷酸环化酶。各亚型由于分布位置不同，其生理学功能也不同。

29.2.2 胆碱能 N 受体[2~5]

烟碱型胆碱能受体（胆碱能 N 受体），是由四种不同亚单位（$\alpha, \beta, \gamma, \delta$）组成的一种五聚体糖蛋白，成圆筒形，分子质量约为 25～30kDa。其中 α 亚型为 2 个，其他三种亚型各一个，故可缩写为 $\alpha_2\beta\gamma\delta$。每一个亚基都是一个四次跨膜蛋白，分子质量约 60kDa，约由 500 个氨基酸残基构成。这 5 个棒状亚单位竖直排列组成筒状结构并与膜平面垂直，其中一端穿过细胞膜伸入细胞浆内，另一端穿过细胞膜伸向突触。胆碱能 N 受体的跨膜部分可能为四条 α 螺旋结构，其中一条 α 螺旋含较多的极性氨基酸，从而形成一个亲水区，这样五个亚基共同在膜中央形成一个亲水性的中央孔洞，即离子通道。胆碱能 N 受体通过这个离子通道调控细胞内钾、钠、钙等离子的流入和流出。乙酰胆碱的结合部位位于两个 α 亚基上，结合时间十分短暂，仅几十毫微秒。

胆碱能 N 受体是其他配体-门控性离子通道受体原型，包括兴奋性氨基酸受体、抑制性氨基酸受体以及 5-羟色胺受体。胆碱能 N 受体与抑制性氨基酸受体和 5-羟色胺受体有较大的一致性，主要分布在植物神经节、肾上腺髓质、骨骼肌神经肌肉的接头处以及脑内。其中，神经节和肾上腺髓质上的胆碱受体被称为 N_1 胆碱受体，主要分布在植物神经节的突触后膜，可引起自主神经节的节后神经元兴奋。骨骼肌上的胆碱能受体被称为 N_2 受体，主要位于骨骼肌终板膜，可引起运动终板电位，导致骨骼肌兴奋。哺乳动物内胆碱能 N 受体单克隆抗体和 cDNAs 研究进展显示胆碱能 N 受体不是简单的一个实体，存在多种功能不同的由多种亚基组成的亚型，它们分别位于中枢神经系统、神经节、肌肉以及中枢神经系统的突触前和突触后。这些亚型来自于共同的原始基因，它们的氨基酸序列有 40% 的一致性。迄今为止，已有 11 个亚基基因被识别，包括 $\alpha_2 \sim \alpha_9$ 编码配体结合亚基，和 $\beta_2 \sim \beta_4$ 编码结构亚基。其中，β_2 亚基在中枢神经系统表达最广，而脑内大多数胆碱能 N 受体均含有 α_4 和 β_2 亚基，在基底节区的受体通常是由 $\alpha_2 \sim \alpha_6$ 亚基和亚基组合形成五聚体通道构成。

啮齿动物纹状体内富含 α_3、α_5、α_7、β_2 和 β_4 亚基，而黑质中则主要是 $\alpha_3 \sim \alpha_7$ 和 $\beta_2 \sim \beta_4$。人脑纹状体区被识别的亚基 mRNA 包括 α_4、α_7 和 β_2，在尾状核和壳核黑质中均存在包括特异性 α_7 亚基的受体和含特异性 $\alpha_4\beta_2$ 亚基的受体，含有但不清楚黑质中有否 N 受体亚基的转录。哺乳动物的黑质纹状体区也存在包括特异性 α_7 亚基的受体、含特异性 $\alpha_4\beta_2$ 亚基的受体以及含有 α_6 亚基的受体。特异性 $\alpha_4\beta_2$ 亚基的受体对多巴胺能神经元神经末梢释放多巴胺具有重要的调节作用，与烟碱对运动的激活效应密切相关，同时黑质纹状体损伤导致 $\alpha_4\beta_2$ 受体含量降低直接影响帕金森病的运动功能。α_6 受体在啮齿类和灵长类动物黑质及纹状体中含量较高，可能与 β_2 或 β_3 亚型组成功能受体，介导烟碱的生物效应，以及烟碱引起的多巴胺释放。含特异性 α_7 亚基的受体尽管含量较低，但在啮齿类、灵长类动物及人脑和黑质纹状体中均被识别，参与多巴胺的释放，与神经调节和突触可塑性有关，但不介导烟碱引起的运动改善效应。

29.3 代表性药物

能产生乙酰胆碱药理作用的药物通常被称为拟胆碱药物，主要包括直接作用于胆碱受体的胆碱能 M 受体激动剂和胆碱能 N 受体激动剂。此外，拟胆碱药物还包括通过间接作用药物，如通过抑制乙酰胆碱酯酶的活性减少乙酰胆碱的降解的乙酰胆碱酯酶抑制剂（又称为抗胆碱酯酶药），以及促进乙酰胆碱从神经末梢释放的药物。胆碱能 M 受体激动剂主要用于缓解肌肉无力、降低眼压、舒张胃肠道平滑肌、促进血管扩张以及治疗阿尔茨海默病等神经退行性疾病。胆碱能 N 受体激动剂可用于治疗抑郁、神经退行性疾病以及镇痛和作为杀虫剂等。

具有抑制胰腺胆碱药理作用的药物则成为抗胆碱药物，主要包括通常胆碱能 M 受体拮抗剂和胆碱能 N 受体拮抗剂。胆碱能 M 受体拮抗剂临床上主要用作治疗消化道溃疡、散瞳、平滑肌痉挛产生的心绞痛以及神经精神性疾病；胆碱能 N 受体拮抗剂主要用于骨骼肌松弛、麻醉、以及癫痫等神经变性疾病。

29.3.1 胆碱能 M 受体药物（$M_1 \sim M_5$）

29.3.1.1 胆碱能 M 受体激动剂（$M_1 \sim M_5$）[6~12]

（1）乙酰胆碱衍生物　胆碱受体激动剂，尤其是毒蕈碱受体激动剂最初都是针对乙酰胆碱成药性差而进行结构改造的衍生物。由于乙酰胆碱（**1**）是一个季铵盐结构，难以透过血脑屏障，导致乙酰胆碱无生物利用率。因此，早期的乙酰胆碱类似物主要围绕其季铵盐部分进行结构改造，包括各种直链或支链的季铵盐（—N$^+$R$_3$）、磷盐（—P$^+$R$_3$）、锍盐（—S$^+$R$_3$）、钾盐（—As$^+$R$_3$）以及硒盐（—Se$^+$R$_3$）。这些衍生物中，β-甲基取代的乙酰胆碱，又名氯醋甲胆碱（Methacholine Chloride，2）表现出较好的 M 受体激动活性，而且稳定性好，可以口服，作用时间也较持久。对心血管系统的作用明显强于对胃肠道及膀胱平滑肌的作用，因此，选择性较好。研究进一步发现，该化合物的 (S)/(+)-异构体是主要的活性结构，对 M 受体的亲和力比 (R)/(−)-异构体高数百倍。

为了进一步提高乙酰胆碱及其类似物的化学及生物稳定性，早期的乙酰胆碱衍生物还包括一类针对乙酰氧基改造的化合物，其中较为成功的化合物包括氨甲酰氧基胆碱，卡巴胆碱（Carbachol，3）以及氯贝胆碱（Bethanechol Chloride，4）（图 29-2）。卡巴胆碱对胆碱能 M 受体和 N 受体均有较强作用，属非选择性的 M 受体激动剂。但与乙酰胆碱相比，活性保持但稳定性明显提高。临床上用于腹胀、尿潴留的治疗以及外用滴眼缩瞳治疗青光眼。但其对 M 受体的低选择性导致该药毒性较大，可致恶心、呕吐、腹泻、血压下降、呼吸困难、心脏传导阻滞等，故已很少全身应用。氯贝胆碱具有化合物 2 和 3 的结构特征，化学性质稳定，不易被胆碱酯酶水解，口服和注射均有效。主要作用是促进副交感神经的兴奋，它可增加逼尿肌的紧张力，使膀胱收缩而利排尿，亦可增加胃肠道活动及紧张力，使胃肠蠕动恢复正常。用于手术后、产后的非阻塞性尿潴留、神经性膀胱紧张力减低及尿潴留。由于氯贝胆碱对胆碱能 M 受体具有较高的选择性，对胆碱能 N 受体几乎没有作用，故疗效较卡巴胆碱好。与氯醋甲胆碱一样，氯贝胆碱的 (S)/(+)-异构体活性显著大于 (R)/(−)-异构体。

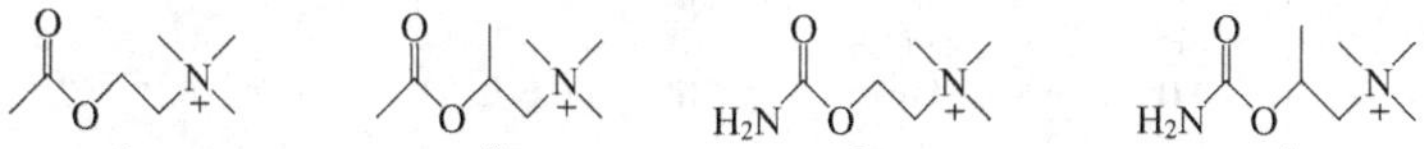

图 29-2 早期的 M 受体激动剂

对乙酰胆碱分子进行结构改造的另一个策略是增加分子的刚性获得构型受限的乙酰胆碱类似物从而使之选择性地与一个或几个亚型结合，得到胆碱能 M 受体亚型选择性配体。尽管增加乙酰胆碱分子刚性的方法很多，但能较好保留胆碱能 M 受体活性的结构主要包括把乙酰胆碱分子中的乙基放入一个环状结构之中，代表性的结构有醋克利定（Aceclidine，5）、他沙利定（Talsaclidine，6）、WAY-131256（7）以及醋克利定的乙酰基生物电等排体 8 和 9（图 29-3）。醋克利定 5 是把乙酰胆碱中的乙基放入并入奎宁环从而获得一个双环类似物，这一化合物较好地保留了胆碱能 M 受体激动活性，但对 $M_1 \sim M_5$ 各亚型的选择性较差。把化合物 5 中的乙酰基用炔丙基代替得到化合物 6。他沙利定 6 对 $M_1 \sim M_5$ 各亚型的亲和力与醋克利定 5 相当，同样对各亚型无选择性，但是功能分析发现化合物 6 对 M_1 受体具有较高的内在激动活性和选择性，对 M_3 受体激动活性较弱，而对 M_2 受体无激动活性。该化合物能引起中枢拟胆碱活性的剂量比其他 M 受体介导的副作用的剂量低 10 倍。临床副作用主要表现为流口水、出汗等，健康受试者比阿尔茨海默病（早老性痴呆）病人更明显。化合物 7 也是一个构型受限的乙酰胆碱类似物，同时其乙酰基还被甲氨基甲酰基取代，该化合物对 $M_1 \sim M_5$ 各亚型均表现出较高的亲和力，但功能分析发现仅对 M_1 和 M_2 受体表现出较好的激动活性。化合物 8 和 9 可以看作是用一个硫氮二唑环取代化合物 5 中的乙酰基得到的构型受限的乙酰胆碱衍生物，具有较高的 M_1 受体激动活性和选择性。

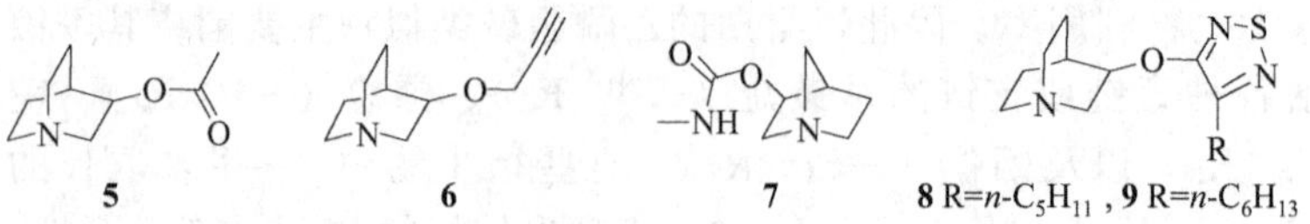

图 29-3 构型受限的乙酰胆碱类似物

（2）槟榔碱（Arecoline）衍生物　由于胆碱能 M 受体最初是根据胆碱能受体与毒蕈碱的作用性质而划分的，因此，天然生物碱也是寻找 M 受体各亚型药物的最主要源泉，尤其是胆碱能 M 受体各亚型被确定后，人们认为天然生物碱中也存在各亚型受体的天然配体（激动剂或拮抗剂）。毒蕈碱是从一种毒蕈（Amanita muscaria）中分出的生物碱，具有胆碱样结构，其作用与兴奋胆碱能神经节后纤维时所致的反应相似，为胆碱能 M 受体激动剂。然而由于其剧毒性，毒蕈碱的研究和应用十分有限。

槟榔碱（Arecoline，10）是从植物槟榔子中的分离出的一种生物碱，对胆碱能 M 受体和 N 受体均具有激动作用，可用于治疗青光眼，能使绦虫瘫痪，所以也用作驱绦虫药，与南瓜仁合用时效果更好。槟榔碱是研发胆碱能受体各亚型选择性药物的最初模型，目前许多处在临床研究阶段的药物均是以此为模板进行结构改造而来的。从结构上讲，槟榔碱由于具有氮杂环状结构和缺少乙酰氧基，因而可看作是乙酰胆碱构型受限的更加稳定的衍生物。对槟榔碱的结构修饰可以概括为以下几个方面：①酯基的杂环生物电子等排体；②酯基的构型受限的杂环生物电子等排体；③用构型更加刚硬的氮杂双环取代四氢吡啶环。因此，许多新型槟榔碱类似物相继被报道，其中许多化合物已经进入临床研究。

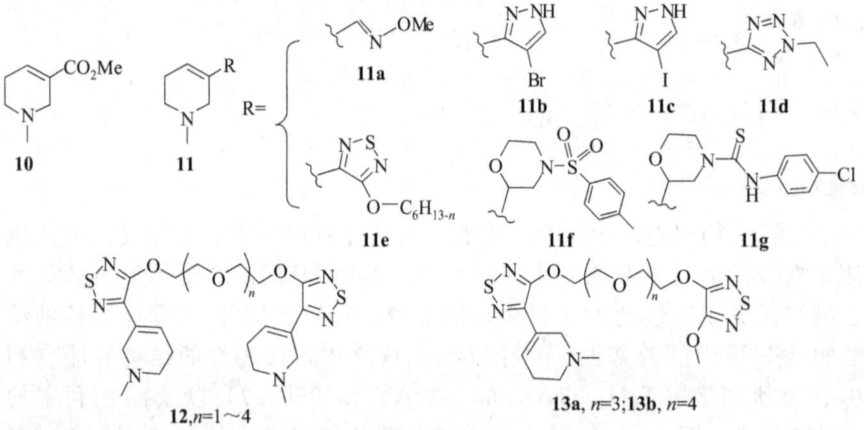

图 29-4 槟榔碱酯基的杂环生物电子等排体

① 槟榔碱酯基的杂环生物电子等排体（图 29-4）。肟基是一个常用的酯基生物电子等排体，化学稳定性稳定较好。米喏美林（Milameline，11a）对 M_1 和 M_2 受体具有部分激动活性，对 M_1 有一定选择性。该化合物口服有效，能通过血脑屏障，生物利用率好，可剂量依赖地促进大鼠皮层组织磷脂酰肌醇的代谢和 ^3H-乙酰胆碱的释放，同时还可提高大鼠皮层 EEG 唤醒，增加皮层血流，降低中心体温，低剂量时可显著逆转基底核损伤所致的大鼠空间记忆障碍及东莨菪碱所致的猴认知缺陷。曾经进入临床研究，后因严重胃肠道副作用（胃痛、呕吐）而终止。为了提高化合物对 M 受体亚型的选择性，一些杂环生物电子等排体 **11b～11g** 相继被报道。卤代的吡唑衍生物 **11b** 和 **11c** 表现出较好的 M_3 受体激动活性，但对 M_1 亚型较弱。乙基取代的四唑衍生物 **11d**（Lu25-109T）在 M_1 亚型转染的细胞和组织上具有明显的激动活性，但在含 M_3 亚型的组织中却表现出 M_2 和 M_3 亚型拮抗活性。动物实验表明，Lu25-109T 口服有效，能通过血脑屏障，生物利用率好，能提

高幼年和老年大鼠在 Morris 迷宫试验中的行为能力，显著减轻脑损伤所诱导的 ChAT 免疫原性降低。该化合物曾作为治疗阿尔茨海默病药物进入临床研究，但因副作用等原因终止继续开发。咕诺美林（Xanomeline，**11e**）是一个含有长链烷氧基取代的噻二唑衍生物，对 M_1～M_5 亚型均有一定的亲和力，对 M_1 亚型有较好的亲和力和选择性。该化合物透过血脑屏障能力较好，在皮质和纹状体的摄取率较高，在体内可促进磷脂酰肌醇水解，增加脑内乙酰胆碱的产生，有利于病人记忆和认知功能的改善。还可剂量依赖地提高大鼠皮层多巴胺代谢产物二羟苯乙酸的含量。曾作为阿尔茨海默病药物进入临床研究，后因消化道症状副作用（呕吐、恶心、消化不良、晕厥）而被迫终止。**11f** 和 **11g** 是最近报道的取代吗啉衍生物，对 M_1 受体的亲和力高于槟榔碱数千倍以上，其 K_i 值均在 0.2nmol/L。这些化合物也能明显促进体内磷脂酰肌醇水解，增加脑内乙酰胆碱的产生，对小鼠的记忆和学习功能有明显改善，因此具有治疗阿尔茨海默病潜力。近年来，对咕诺美林的结构修饰仍有许多报道，如合成其分子二聚体 **12** 或在边链末端引入噻二唑杂环得到化合物 **13a**、**13b**。二聚体 **12** 对 M_1 和 M_4 亚型具有较强的激动活性，而对 M_3 和 M_5 活性较差，然而这些化合物的细胞膜渗透性较差，而且生物利用率也较低，因此应用价值十分有限。化合物 **13a** 对 M_4 亚型具有较好的亲和力和选择性，而 **13b** 对 M_2 亚型具有较好的亲和力和选择性。可见边链长短对亚型的亲和力有较大影响。化合物 **13a** 在阿朴吗啡诱导的感觉运动门控缺陷模型上表现出抗精神分裂作用。

② 槟榔碱酯基的构型受限的杂环生物电子等排体（图 29-5）。化合物 **14**～**16** 是把槟榔碱分子中的酯基用杂环生物电子等排体取代，同时在其与氮杂环间建立刚性环从而获得的槟榔碱酯基构型受限的衍生物。异噁唑啉并氮杂七元环化合物 **14** 对 M_1 受体显示出部分激动活性。稠三环化合物 **15** 和 **16** 对所有 M 受体均显示出一定活性，细胞和功能分析均证明该类化合物没有 M 亚型受体选择性。

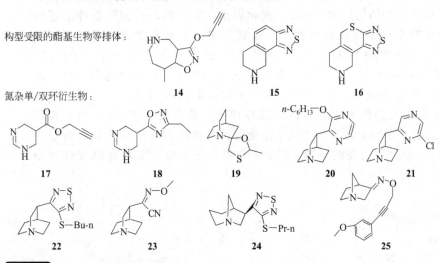

图 29-5 构型受限的槟榔碱衍生物

③ 用构型更加刚硬的氮杂双环取代四氢吡啶环。对槟榔碱分子中的四氢吡啶进行置换可以得到一大类衍生物。其中，同时结合以前对酯基的优化结果而得到的衍生物显示了比单纯进行四氢吡啶置换的衍生物要好，代表性化合物如 **17**～**25**。四氢嘧啶衍生物 **17** 以及 **18** 显示出选择性 M_1 受体激动活性。化合物 **19**～**25** 属于槟榔碱分子中的四氢吡啶被氮杂双环取代得到的化合物。西维美林（Cevimeline，Evoxac，**19**）是一种 M_1 和 M_3 受体混合激动剂，主要与外分泌腺细胞上的毒蕈碱 M 受体结合，刺激腺体分泌。最初用于治疗阿尔茨海默病进入临床，但由于副作用较大（出汗、视力受损、鼻炎、支气管阻塞、恶

心、胃肠道不适、腹泻和血压不稳等）终止。但该药于 2000 年后批准用于治疗原发和继发干燥综合征的口腔干燥。嘧啶衍生物 **20**、**21** 是选择性 M_1 受体部分激动剂，但化合物 **20** 的激动活性比 **21** 高 5 倍，同时化合物 **21** 还具有 M_3 受体激动活性。噻二唑化合物 **22**（LY297802）具有 M_1 受体激动活性，但对 M_2 和 M_3 受体却表现出拮抗活性，该化合物具有镇痛作用。进一步研究表明，化合物 **22** 的镇痛作用并非 M_1 受体介导。化合物 **23** 又名沙可美林（Sabcomeline，SB202026），对 M 受体所有亚型均具有部分激动活性，但对 M_1 亚型的亲和力高于 M_2 亚型的亲和力 100 倍。动物实验表明，在低剂量（0.03～1.0mg/kg）该化合物即可逆转东莨菪碱所致的认知缺陷，提高认知能力，不良反应轻微。在一项为期 14 周的随机双盲试验中，阿尔茨海默病患者服用该药后认知和非认知能力较服用安慰剂患者均有显著提高。沙可美林在后期临床试验中也因副作用等因素推出进一步开发，也有人用此化合物研究 M 受体激动剂对糖尿病的治疗潜力。与化合物 **22** 结构类似的化合物 **24** 显示出 M_2 和 M_4 部分激动活性，而对 M_1、M_3 和 M_5 受体具有拮抗活性。该化合物具有抗精神分裂作用，可能与它具有 M_2 和 M_4 受体拮抗活性有关。肟类化合物 **25**（CI-1017）是一个选择性 M_1 受体激动剂，相对于 M_2 受体的选择性为 8 倍，功能分析显示其对 M_1 和 M_4 激动活性明显高于其他亚型。动物实验表明，在 1.0～3.2mg/kg 和 0.1～0.3mg/kg 剂量下，化合物 **25** 能改善海马缺陷小鼠和 nbM 手术毁损大鼠的空间记忆能力，只有在非常高剂量（100～178mg/kg）才产生副作用。化合物 **25** 除了可以缓解阿尔茨海默病病人的症状外，还可能延缓疾病的进展。该化合物曾进入临床研究，但由于副作用等而被停止研发。

（3）毛果芸香碱衍生物　毛果芸香碱（Pilocarpine，**26**）是 20 世纪 80 年代人们从拉丁美洲产的芸香科植物毛果芸香中分离出的一种生物碱。毛果芸香碱具有 M 受体激动活性，通过直接刺激位于瞳孔括约肌、睫状体及分泌腺上的 M 受体而起作用。

毛果芸香碱由于具有内酯结构（图 29-6），因此容易水解开环，在碱性条件下还易发生差向异构，因而早期有许多结构修饰的衍生物被报道，尤其是把其开环产物的做成各种酯、酰胺等，但成功的例子较少。把毛果芸香碱 **26** 的碳-4 用一个氮原子取代，得到化合物 **28** 不仅可保持对 M 受体的活性，而且还极大地增加了化合物的稳定性。近年来开发的毛果芸香碱类似物较少，但其内酯氧原子被硫取代得到的硫代毛果芸香碱 **27**（SDZ-ENS163）引起了人们极大兴趣并进入临床研究。化合物 **27** 在大鼠颈上神经节表现为 M_1 受体激动剂，在豚鼠回肠上却为 M_3 受体部分激动剂，但在豚鼠心房则为 M_3 受体拮抗剂。同时，该化合物还能介导离子犬隐静脉收缩反应，表现为 M 受体充分拮抗特性。

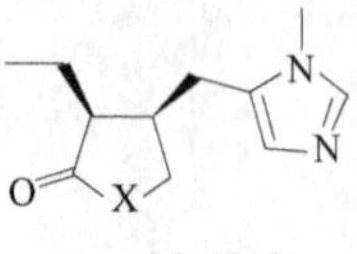

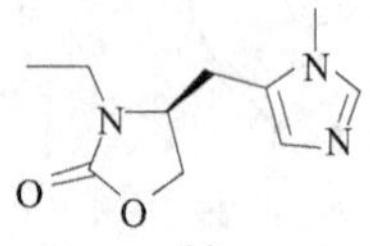

图 29-6　毛果芸香碱及其类似物

（4）其他 M 受体激动剂　化合物 **29**～**31** 代表了一类新型 M 受体激动剂（图 29-7），它们大多是高通量筛选的化合物或其衍生物。化合物 **29** 是一个高选择性的 M_1 受体激动剂，对其他 M 受体亚型几乎无活性。化合物 **30** 也是来自高通量筛选，但结构与构型受限的槟榔碱类似物相似。化合物 **31**（LY-593093）也是一个高选择性的 M_1 受体激动剂，对其他亚型几乎无作用。此化合物具有较好的口服利用率和穿过血脑屏障能力，可用于改善大脑认知功能研究。

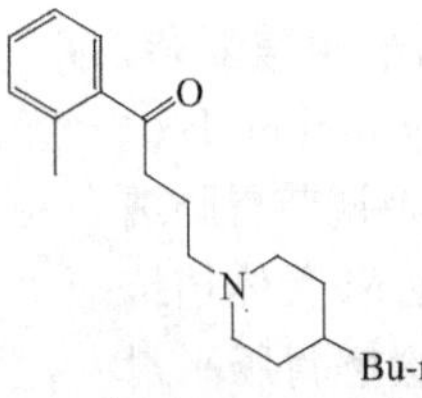

图 29-7 其他类型 M 受体激动剂

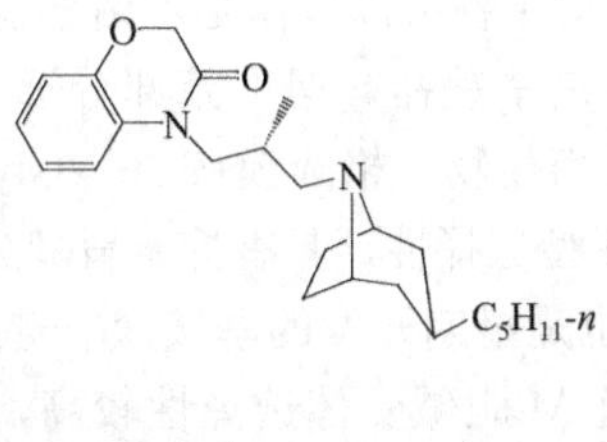

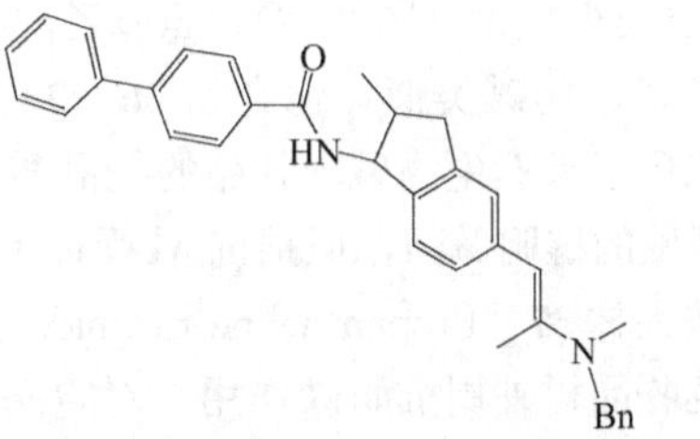

29.3.1.2 胆碱能 M 受体拮抗剂（$M_1 \sim M_5$）[11~24]

与胆碱能 M 受体激动剂一样，M 受体拮抗剂也是从天然生物碱或对乙酰胆碱分子结构改造开始的。然而，由于 M 受体各亚型的同源性较高，对 M 受体各亚型具有高选择性的激动剂或拮抗剂的发展较为困难。目前为止，文献报道的 M 受体拮抗剂基本上都是非选择性的，或具有微弱的选择性。从结构上划分，M 受体拮抗剂可分为：①天然生物碱阿托品类；②阿托品类生物碱衍生物——氨基烷基醇、酯类；③芳基烷基胺类；④苯并二氮䓬衍生物类；⑤哌啶或哌嗪类等。

(1) 天然生物碱阿托品类 M 受体拮抗剂 早期从植物中提取的胆碱能 M 受体拮抗剂有阿托品（Atropine，**32**）、东莨菪碱（Scopolamine，**33**）、山莨菪碱（Anisodamine，**34**）和樟柳碱（Anisodine，**35**）等。从结构上讲，这些化合物均属于托品（tropine）的 α-羟基苯乙酸酯（图 29-8）。

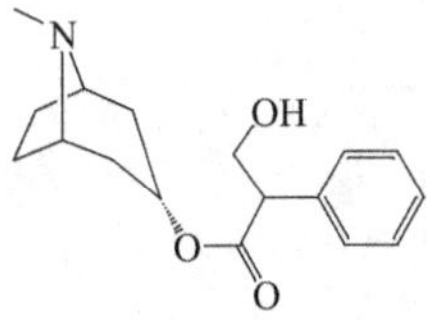

图 29-8 天然生物碱阿托品类 M 受体拮抗剂

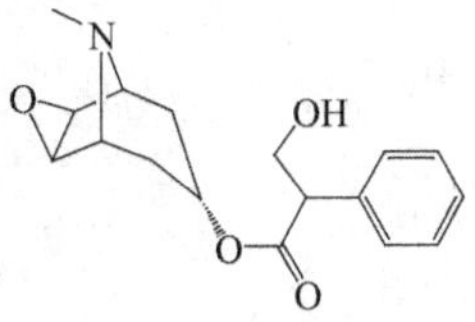

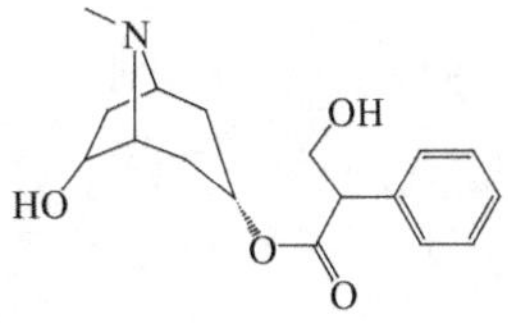

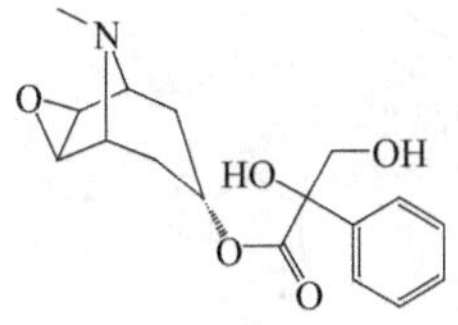

莨菪碱通常以左旋形式存在于天然植物之中，但在提取过程中，容易消旋化，从而得到比较稳定的消旋莨菪碱，即常用的阿托品 **32**。阿托品与胆碱能 M 受体结合的内在活性很弱，几乎无激动作用，但能竞争性阻断乙酰胆碱或胆碱受体激动剂对胆碱能 M 受体产生的激动作用。阿托品对 M 受体有相当高的选择性，但对各种 M 受体亚型的选择性较低，对 M_1、M_2、M_3 受体都有阻断作用，大剂量或中度剂量时也有拮抗神经节 N_1 受体的作用。阿托品的作用非常广泛，各器官对阿托品敏感性不同。天然东莨菪碱 **33** 是左旋异构体，其拮抗 M 受体活性较其右旋体强许多倍。东莨菪碱对中枢神经的抑制作用较强，小剂量时副作用主要表现为镇静，较大剂量时则有致催眠作用，主要用于麻醉前给药。在外周系统，东莨菪碱的作用与阿托品类似，其扩瞳、调节麻痹和抑制腺体分泌比阿托品强，但对心血管作用较弱。山莨菪碱 **34** 是从茄科植物唐古特莨菪中提取的生物碱，其拮抗乙酰胆碱所致的平滑肌痉挛和心血管抑制作用比阿托品 **32** 稍弱，能缓解血管痉挛，促进微循环。樟柳碱 **35** 也是从天然植物种分离的抗胆碱药，对 M 受体有较好的拮抗作用，但对 M 受体亚型不具选择性。有缓解震颤、解痉、平喘、抑制唾液分泌、散瞳、以及对抗有机磷农药中毒的作用，但作用强度弱于阿托品 **32**。

(2) 氨基烷基醇及其酯类 M 受体拮抗剂 上述阿托品类生物碱 **32~35** 也可看作是一类天然的氨基烷基醇酯。为了提高这些化合物对 M 受体亚型的选择性，后来人们对这些化合物进行了结构优化，合成了一大类氨基烷基醇及其酯以及氨基甲酸酯类衍生物。这类化合物根据其氨基醇主链中氨基与羟基间的碳碳键长短可分为氨基乙醇类衍生物和氨基丙醇类衍生物。

① 氨基乙醇类衍生物（图 29-9）。氨基乙醇类衍生物可以看作是乙酰胆碱的类似物，如化合物 36～41。与乙酰胆碱类似，化合物 36～38 也是季铵盐，但氨基部分远比乙酰胆碱复杂，而酯基部分也采用了天然生物碱阿托品的托品酸或衍生物。格隆溴铵 36（Glycopyrronium Bromide）属早期开发的抗胆碱药，但拮抗 M 受体无亚型选择性，具有抑制胃液分泌及调节胃肠蠕动作用。溴丙胺太林 37（Propantheline Bromide）也是早期开发的季铵盐非选择性 M 受体拮抗剂，有较强的阿托品样外周抗胆碱作用，对胃肠道 M 胆碱受体选择性较高，可缓解胃肠平滑肌痉挛。由于该化合物不易通过血脑屏障，故很少中枢作用。克利溴铵 38（Clidinium Bromide）与格隆溴铵 36 相似，但氨基部分为双环结构，属非选择性 M 受体拮抗剂，也是早期开发的抗痉药。早期开发的类似结构的药还有奥芬溴铵、甲溴贝那替嗪等。

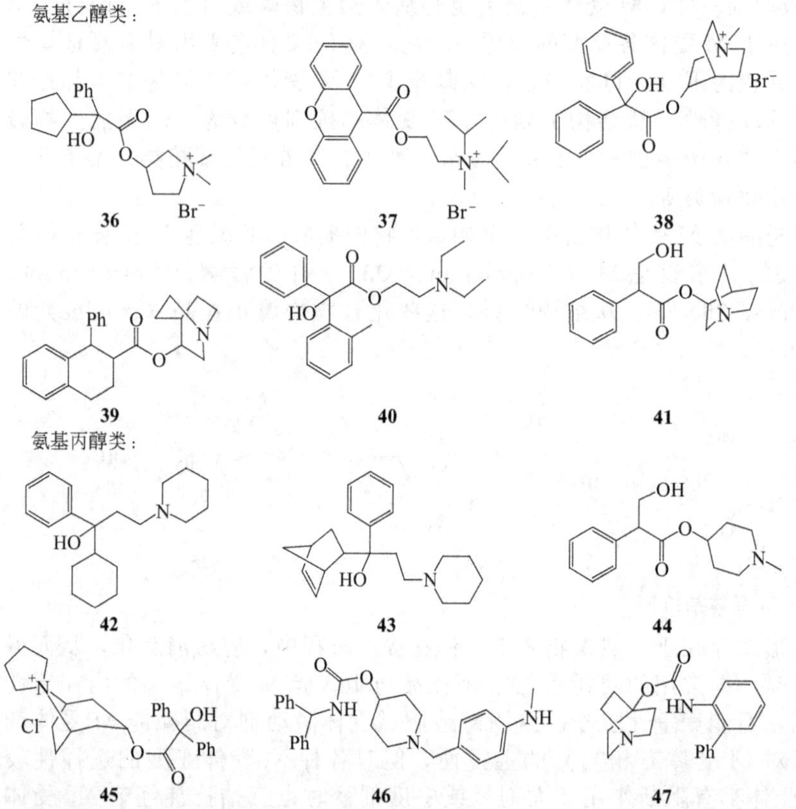

图 29-9 氨基醇及其酯或醚类 M 受体拮抗剂

与化合物 36～38 不同，氨基乙醇酯 39～41 为非季铵盐，也具有 M 受体拮抗活性。化合物 39（YM-53075）具有 M_3 亚型选择性，在尿道口的作用比唾液腺高 10 倍。贝那替嗪（Benactyzine，40）盐酸盐与阿托品活性类似，但作用较弱，有缓解内脏痉挛、减少胃酸分泌及中枢安定作用，可用于焦虑患者及胃及十二指肠溃疡、胃炎、胃痉挛、胆石症等，但因口干和呕吐等副作用很少使用。奎宁环阿托品类似物 41 具有 M_3 亚型选择性，比对 M_4 受体的拮抗作用高 4 倍，对 M_1 和 M_2 受体亲和力较弱。

② 氨基丙醇类衍生物（图 29-9）。化合物 42～47 属氨基丙醇类衍生物。氨基醇类衍生物 42 和 43 属早期开发的 M 受体拮抗剂。盐酸苯海索（Trihexyphenidyl Hydrochloride，42）是一个早期研发的中枢抗胆碱抗帕金森病药，选择性阻断纹状体的胆碱能神经通路，而对外周作用较小，因此有利于恢复帕金森病患者脑内多巴胺和乙酰胆碱的平衡，改善患者的帕金森病症状。相应的"盐酸苯海索片——安坦片"用于帕金森病、帕金森综

合征，也可用于药物引起的锥体外系疾患。比哌立登（Biperiden，**43**）也具有氨基丙醇结构，对 M 受体具有拮抗作用，药理及应用类似苯海索，用于治疗震颤麻痹、药物引起的锥体外系综合征。化合物 **44～47** 属于氨基丙醇的酯。哌啶-4-醇的托品酸酯 **44**（S-ET-126）选择性地拮抗 M_1 受体，比对 M_2 亚型的拮抗活性高 8 倍，对 M_3 受体作用很弱。托烷醇酯 **45**（Trospium，曲司氯胺）是具有四个铵基结构的托品酸衍生物，属副交感神经 M 受体非选择性的阻滞剂，作用类似于阿托品，主要通过与内源性神经递质乙酰胆碱竞争性结合突触后膜 M 受体而起作用，对副交感神经支配的器官起着降低副交感神经张力，去除因副交感神经引起的平滑肌痉挛的作用，对胃肠、胆道和泌尿道也有一定作用。哌啶醇的氨基甲酸酯 **46**（YM-58790）对 M_1 和 M_3 受体的亲和力较高，比对 M_2 受体的亲和力高 12 倍。体内试验表明，氨基甲酸酯 **46** 在膀胱及唾液腺处的选择性较高，对心动过缓无阻滞作用。化合物 **47**（YM-46303）也是一个氨基甲酸酯衍生物，也是一个 M_3 受体拮抗剂，但体内试验表明，其 M_3 受体选择性低于化合物 **46**。

(3) 芳基烷基胺类 M 受体拮抗剂（图 29-10） 芳基烷基胺类代表了一类新的胆碱能 M 受体拮抗剂，这些结构大多较为复杂，但对 M_3 受体具有较好的选择性，因此这些化合物对膀胱过动症有较好的治疗作用，其中许多已经上市使用。代表性化合物包括 **48～51**。化合物 **48**，又名奥昔布宁（Oxybutynin），选择性作用于 M_1、M_3 受体，具有较强的平滑肌解痉作用和抗胆碱能作用，也有镇痛作用，对膀胱逼尿肌选择性作用，可降低膀胱内压，增加容量，减少不自主性的膀胱收缩，为常用解痉药，用于无抑制性和返流性神经源性膀胱功能障碍患者与排尿有关的症状缓解，如尿急、尿频、尿失禁、夜尿和遗尿等。近年来继续开发的有托特罗定 **49**（Tolterodine）、达非那新 **50**（Darifenacin）、素立芬新 **51**（Solifenacin，YM905）等。托特罗定对 M_3 受体的选择性低于奥昔布宁，用于缓解膀胱过

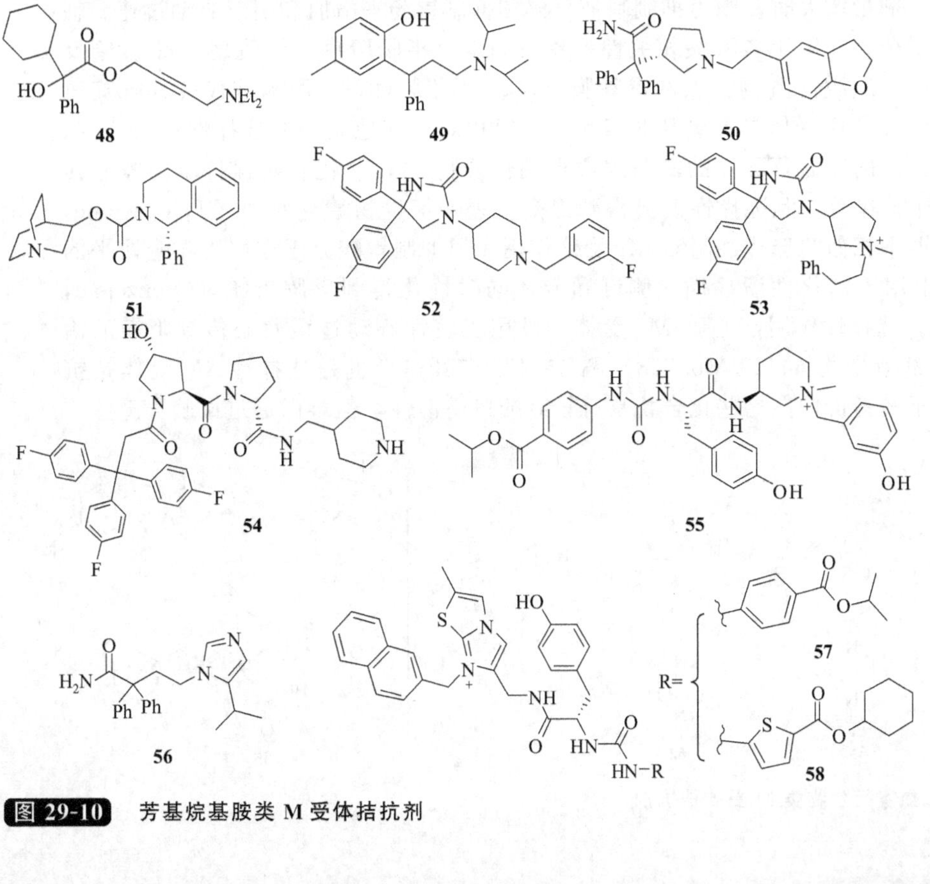

图 29-10 芳基烷基胺类 M 受体拮抗剂

度活动所致的尿频、尿急和紧迫性尿失禁症状。动物试验显示该化合物对膀胱的选择性高于唾液腺。达非那新 **50** 对 M_3 受体选择性抑制,对膀胱逼尿肌作用时不影响与中枢神经系统相关的 M_1 受体及与心血管功能相关的 M_2 受体,与安慰剂相比,该药使尿失禁周发作率减少了 77%,对认知功能、心血管疾病无影响。素立芬新 **51** 也是新近开发的高选择性 M_3 受体拮抗剂,治疗膀胱过动症优于前面几种药物。

由于 M_3 受体拮抗剂在药物研发上的成功,近年来又有人报道了许多新的结构衍生物或具有全新的结构的选择性 M_3 受体拮抗剂。化合物 **52** 对 M_2 受体的亲和力 K_i 值为 5nmol/L 左右,对 M_2 等亚型的选择性高达数百倍。具有类似结构的季铵盐 **53** 对 M_3 受体的亲和力低于 1nmol/L,对于 M_2 受体的选择性较低,体内试验显示出对膀胱逼尿肌较好的作用。进一步结构修饰得到化合物 **54**,具有极高的 M_3 受体选择性和亲和力,K_i 值高达 0.3nmol/L,其 M_3/M_1、M_3/M_2、M_3/M_4、M_3/M_5 选择性为 570、1600、140 和 12000 倍,这可能是迄今文献报道的对 M_3 受体亲和力和选择性最好化合物之一。季铵盐 **55**、**57** 和 **58** 是通过高通量筛选和结构优化发现的 M_3 受体拮抗剂,具有较好的 M_3/M_2、M_3/M_1 选择性,对膀胱逼尿肌较好作用也较明显。化合物 **56** 也是一个选择性 M_3 受体拮抗剂,可看作达非那新 **50** 的衍生物。

(4)苯并二氮䓬衍生物类 M 受体拮抗剂(图 29-11) 苯并二氮䓬环状结构也是胆碱能 M 受体拮抗剂的重要骨架之一,这些化合物主要表现出 M_1 或 M_2 受体活性和选择性。哌仑西平(Pirenzepine,**59**)是最早发现的具有苯并二氮䓬环状的结构之一,具有较高的 M_1 受体拮抗活性,相对于其他亚型的选择性约在 20~50 倍之间。哌仑西平选择性作用于胃壁细胞的 M_1 受体,对平滑肌、心肌和唾液腺等的 M_1 受体的亲和力较低。在一般治疗剂量时,哌仑西平仅能抑制胃酸分泌,故对瞳孔、胃肠平滑肌、心脏、唾液腺和膀胱肌等的副作用较小。剂量增大时,则可抑制唾液分泌和抑制胃肠平滑肌和引起心动过速。临床上主要作为抑酸药,适用于各种酸相关性疾患,如十二指肠溃疡、胃溃疡、胃-食管反流症、高酸性胃炎、应激性溃疡、急性胃黏膜出血、胃泌素瘤等。用苯基代替其吡啶 A 环得到化合物 **60**,对 M_1 受体具有更高的亲和力,但相对于其他亚型的选择性没有改变。相反,去掉哌仑西平的二氮䓬环上的酰胺片段得到化合物 **61**,该化合物保持了与哌仑西平相当的 M_1 受体亲和力,但选择性明显得到提高。噻唑衍生物替仑西平(Telenzepine,**62**)具有与哌仑西平相似的选择性阻断 M_1 受体作用,但抑制胃酸分泌作用为哌仑西平的 4~10 倍。临床上用于消化性溃疡病。侧链和芳环同时优化得到奥腾折帕(Otenzepad,AF-DX116,**63**),选择性作用于心脏 M_2 受体,可用于窦性心动过缓及心传导阻滞的治疗。哌仑西平侧链衍生物 **64**(YM55758)和 **65**(YM59981)也是选择性 M_2 受体拮抗剂,但亲和力高于奥腾折帕。这些化合物具有较好的口服活性,但难以透过血脑屏障。

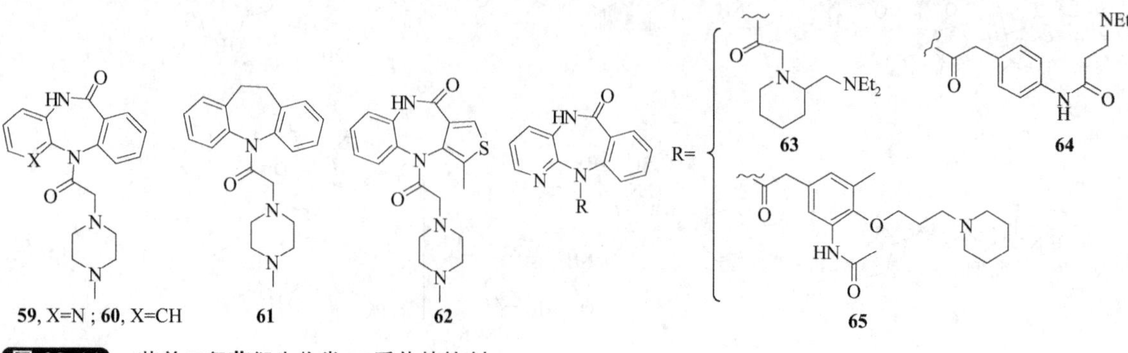

59, X=N;**60**, X=CH **61** **62** **65**

图 29-11 苯并二氮䓬衍生物类 M 受体拮抗剂

(5) 哌啶或哌嗪类 M 受体拮抗剂　近年来，许多制药公司或研究机构报道了一大类含有哌啶或哌嗪结构的 M 受体拮抗剂，这些化合物大多选择性作用于 M_2 亚型，并具有较高的亲和力。部分化合物显示出较好的改善大脑记忆和认知功能活性。代表性化合物 **66**～**69**（图 29-12），它们均具有哌嗪结构单元。随后报道的化合物 **66** 的衍生物有 **67**～**69**，主要区别在于哌嗪上的取代基不一样，它们对 M_2 受体的亲和力 K_i 值分别为 0.03nmol/L、0.2nmol/L 和 0.5nmol/L，相对于 M_1 受体的选择性也得到大大提高，尤其是化合物 **68** 或 **69**，M_2/M_1 选择性在 200 倍以上。化合物 **70**～**72** 属于哌啶类结构，它们也是高亲和力高选择性地作用于 M_2 受体，K_i 值分别为 0.1nmol/L、0.9nmol/L 和 0.9nmol/L，相对于 M_1 和 M_3 受体的选择性也高达数百倍。这些化合物由于具有高度的 M_2 受体亲和力和选择性，可作为分子探针研究 M_2 受体的结构和生物功能。

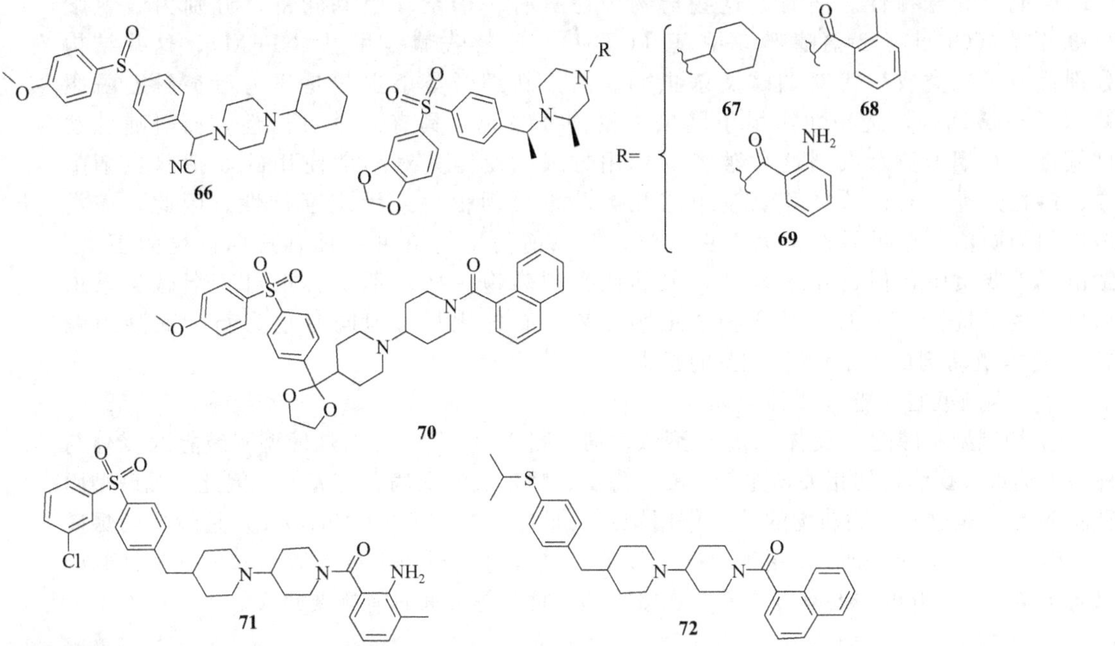

图 29-12　哌啶或哌嗪类 M 受体拮抗剂

29.3.2　胆碱能 N 受体药物

29.3.2.1　胆碱能 N 受体激动剂

烟碱型乙酰胆碱能受体（N 受体，nicotinic acetylcholine receptor，nAChR）属于配体激动剂门控的离子通道受体家族。烟碱和新烟碱是其代表性药物，但两者的离子化能力和对昆虫及哺乳动物的 N 受体选择性不同。烟碱由于在体内易离子化，致使其对昆虫乙酰胆碱 N 受体作用较弱，但对哺乳动物的 N 受体有选择性地激动作用。因此，尽管早期发现烟碱及其衍生物是一个具有杀虫效果的胆碱能 N 受体激动剂，但由于对昆虫 N 受体选择性差而放弃开发。然而，新烟碱的研究大大促进了昆虫胆碱能 N 受体的发展，新的杀虫剂不断出现，目前市场农作物上广泛使用的杀虫剂大部分为胆碱能 N 受体激动剂。

(1) 新烟碱型昆虫胆碱能 N 受体激动剂[25]　新烟碱型昆虫胆碱能 N 受体激动剂是一类具有特征杂环结构的选择性高效杀虫剂。代表性结构有吡虫啉（**73**，Imidacloprid）、噻虫啉（**74**，Thiacloprid）、噻虫嗪（**75**，Thiamethoxam）、噻三嗪（**76**，AKD-1022）和呋虫胺（**77**，Dinotefuran）（图 29-13）。它们大都具有 *N*-硝基亚胺、*N*-腈基亚胺或 2-硝基次

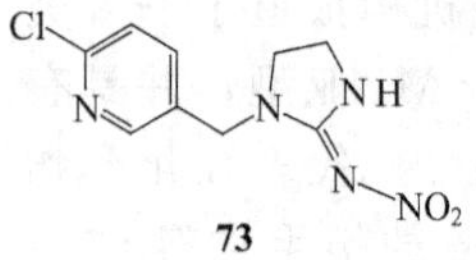

图 29-13 代表性新烟碱类胆碱能 N 受体激动剂

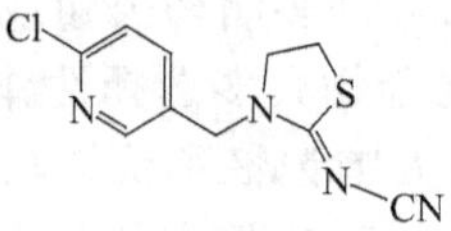

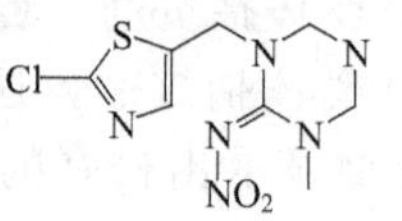

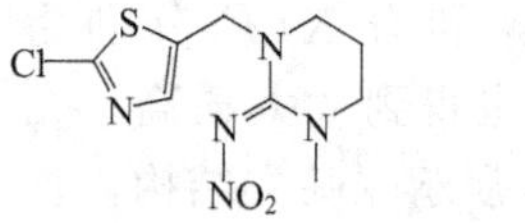

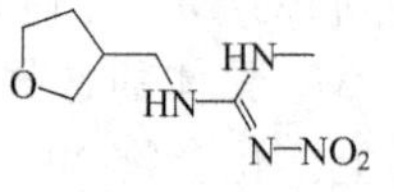

甲基结构，这些结构由于其富电性和难以质子化，因此对昆虫胆碱能 N 受体有高度的结合能力和选择性。同时，这些药物中还具有一个杂环甲基侧链，分别为 6-氯吡啶-3-甲基（CPM）、2-氯噻唑-5-甲基（CTM）、四氢呋喃-3-甲基（TFM），这些结构分别代表了三类或三代新烟碱类杀虫剂。由于新烟碱类杀虫剂是作为后突触乙酰胆碱 N 受体激动剂，选择性作用于昆虫中枢神经系统，具有高杀虫活性，而对哺乳动物低毒。新烟碱类杀虫剂这种独特的作用方式，使得其对早期使用的如拟除虫菊酯类、氯化烃类、有机磷类和氨基甲酸酯类等杀虫剂很少或无交互抗性。因此，该类杀虫剂为防治一些世界性重大害虫（包括对以前使用的杀虫剂具有长期抗性的害虫）做出了重要贡献，但近年来发现，象其他类型药物一样，不少害虫对新烟碱类杀虫剂也产生了抗性，这无疑对这些杀虫剂带来了新的挑战，但同时也为新烟碱型胆碱能 N 受体激动剂的发展带来了新的机遇。

(2) 烟碱型胆碱能 N 受体激动剂

① 烟碱型胆碱能 N 受体 $\alpha_4\beta_2$ 亚型激动剂（图 29-14）[26~29]　烟碱型胆碱能 N 受体与许多人类重大疾病密切相关，尤其是帕金森病、阿尔茨海默病、疼痛等。因此，烟碱型胆碱能 N 受体是这些疾病药物的重要作用靶点。烟碱（**78**，(−)-Nicotine）是最早的烟碱型胆碱能 N 受体激动剂，作用于中枢胆碱能 N 受体时表现为小剂量激动和大剂量抑制的双向机制，是烟叶的主要有毒物质，在吸烟的毒理学等方面具有重要意义。

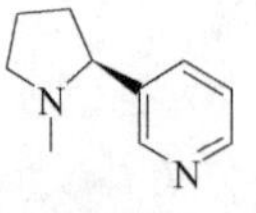

图 29-14 烟碱型胆碱能 $\alpha_4\beta_2$ 受体激动剂

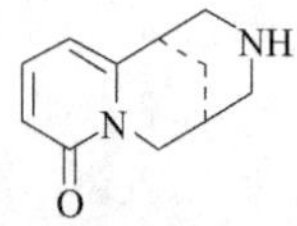

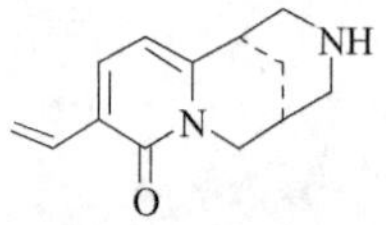

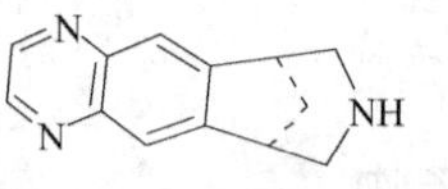

金雀花碱（**79**，Cytisine）也是一个天然的胆碱能 N 受体的 $\alpha_4\beta_2$ 亚型激动剂，亲和力约为 1nmol/L，其 [^{3}H] 标记的放射性药物是鉴定胆碱能受体药物的工具药。其烯基衍生物 **80** 对 $\alpha_4\beta_2$ 受体具有相似的活性，但选择性较高。嘧啶衍生物 **81**（Varenicline）是对生物碱 **79** 结构改造最成功的化合物，作为一种非烟碱产品，选择性作用于脑中的 $\alpha_4\beta_2$ 受体，体内表现为部分激动剂。Varenicline 作为新型戒烟药已在后期临床研究，戒烟的同时可减少戒断症状，疗效优于现有产品。针对其不同剂量在健康吸烟者中的有效性、安全性和耐受性的两项 II 期临床研究结果显示，半数以上吸烟者每天服用 1mg 剂量就停止了吸烟。因此，该产品的开发被认为将为戒烟药物产业带来一场革命。

地棘蛙素（**82**，Epibatidine）是另一个天然分离的烟碱型胆碱能 N 受体激动剂，镇痛作用为吗啡的数百倍，但毒性较大。地棘蛙素的镇痛作用机制不同于传统的阿片受体药物，主要作用于大脑烟碱型胆碱能 N 受体的 $\alpha_4\beta_2$ 亚型，亲和力约为 0.05nmol/L，而对另

一个亚型 α_7 作用较弱。因此,地棘蛙素是发展低成瘾性 $\alpha_4\beta_2$ 受体选择性镇痛药物的最初模型,高选择性和高亲和力的衍生物不断被报道,代表性结构包括化合物 **85～97**(图 29-15)。这些结构分别代表了对地棘蛙素结构中的桥双环庚烷片断 A 和氯代吡啶片断 B 分别进行结构修饰的得到的衍生物。对片断 A 的结构修饰主要是进行生物电子等排体置换,这类化合物(**83～85**)保持了对 $\alpha_4\beta_2$ 受体的选择性和亲和力,但亲和力和激动活性大多低于地棘蛙素。异噁唑啉化合物 **83** 的镇痛活性也大大低于地棘蛙素。嘧啶衍生物 **84** 对 $\alpha_4\beta_2$ 受体的亲和力比化合物 **83** 高,但仍比地棘蛙素低,约为其 1/5。哒嗪化合物 **85** 基本保留了地棘蛙素对 $\alpha_4\beta_2$ 受体和其他亚型受体的激动活性,但选择性有所提高。

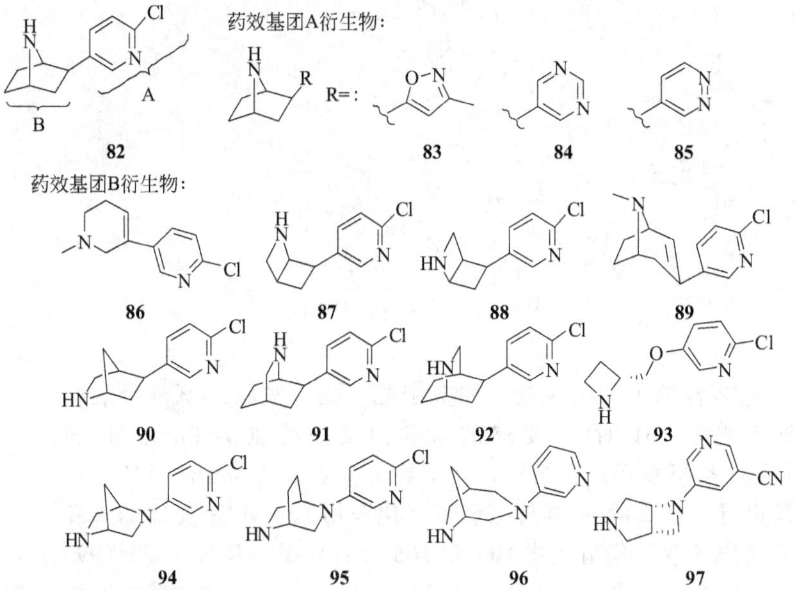

图 29-15 地棘蛙素衍生物

对地棘蛙素结构的 B 片断改造较为成功,部分化合物表现出了较高的 $\alpha_4\beta_2$ 受体亲和力和选择性。结构简化的类似物 **86** 对 $\alpha_4\beta_2$ 受体亲和力约为 2nmol/L。折叠结构 **87** 和 **88** 也是对地棘蛙素结构的 B 片断结构简化的衍生物,但活性比化合物 **86** 低,且镇痛活性很低。扩环化合物 **89** 具有与化合物 **86** 相当的活性。地棘蛙素结构中的氮原子位置异构的衍生物 **90** 表现出了相当高的 $\alpha_4\beta_2$ 受体亲和力,与地棘蛙素基本相当。桥头为两个原子的桥双环衍生物 **91** 和 **92** 也保持了与地棘蛙素相当的亲和力,但在小鼠翘尾镇痛试验中显示出较高的毒性。化合物 **93**(ABT-594)是一个醚类地棘蛙素衍生物,其对 $\alpha_4\beta_2$ 受体亲和力与地棘蛙素相当。ABT-594 的镇痛效能与地棘蛙素相当,而毒副作用明显低于后者。研究发现这一化合物是烟碱受体强激动剂,对烟碱受体 $\alpha_4\beta_2$ 亚型的选择性明显高于地棘蛙素。ABT-594 没有不必要的副作用,例如呼吸抑制以及便秘。它也较地棘蛙素有效得多,同时也不会随着长期使用而使药效减弱。ABT-594 的已有的临床测试显示非常有效,现在在欧洲进行后期临床试验。化合物 **94～97** 代表了一类桥双环二胺新型衍生物,其中化合物 **94～96** 对 $\alpha_4\beta_2$ 受体的亲和力均在 0.1nmol/L 以下,并在镇痛方面表现出了较好的治疗潜力。

② 烟碱型胆碱能 N 受体 α_7 亚型激动剂[30～33]　假木贼因(Anabaseine)及其类似物是最早报道的功能性烟碱 α_7 受体激动剂,对 α_7 受体仅具有部分激动活性,对烟碱 N 受体其他亚型表现为拮抗剂。代表性化合物为 GTS-21(**98**),对 α_7 受体的亲和力约为

200nmol/L，比对 $\alpha_4\beta_2$ 受体的亲和力弱 10 倍。作为 α_7 受体激动剂，GTS-21 选择性较差，其内在激动活性、药代动力学性质以及生物利用率均很低。AR-R17779（**99**）是一个构型受限的喹宁环衍生物，属于文献报道最早的 α_7 受体充分激动剂，亲和力常数为 100nmol/L，与 GTS-21 一样具有较低的激动活性和药代动力学性质，但两者均能改善大小鼠的记忆和认知功能。随后开发的 α_7 受体激动剂种类较多，但最成功的属于各类单取代或双取代的氮杂双环衍生物，代表性结构包括化合物 **100**～**105**（图 29-16）。

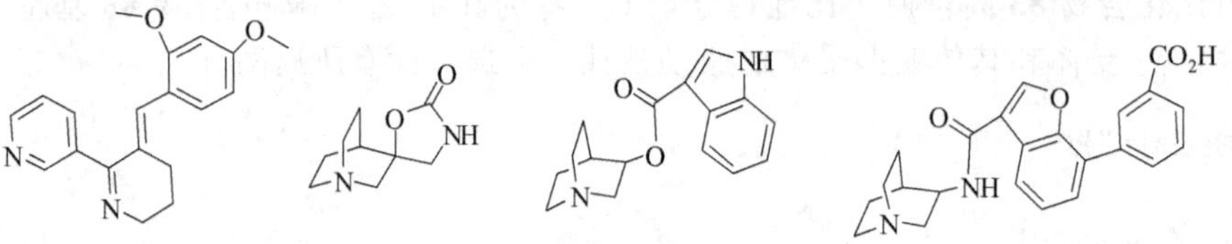

98 **99** **100** **101**

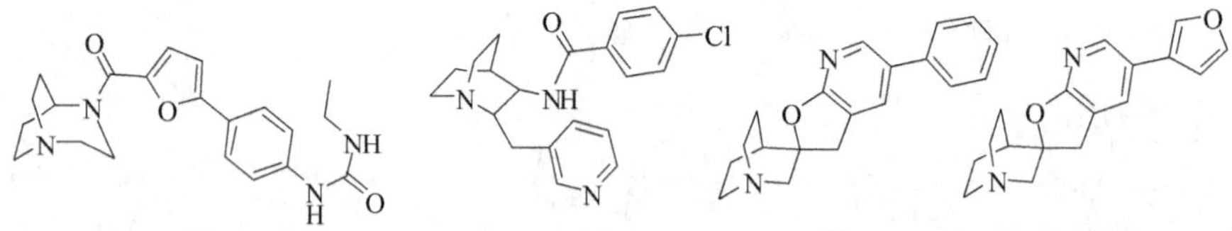

102 **103** **104** **105**

图 29-16 α_7 受体激动剂

单取代的氮杂双环衍生物包括各类奎宁衍生物，如奎宁酯、醚、酰胺或氨基甲酸酯等。化合物奎宁酯 **100** 和奎宁酰胺 **101** 对 α_7 受体的亲和力常数分别为 2nmol/L 和 0.1nmol/L。化合物 **102** 代表了一类桥双环二胺结构，其半数结合浓度约为 1nmol/L。双取代的氮杂双环衍生物大多是也具有很高的 α_7 受体亲和力。化合物 **103** 对 α_7 受体的亲和力常数约为 0.2nmol/L。构型受限的双取代衍生物 **104** 和 **105** 可看作是 AR-R17779（**99**）的衍生物，对 α7 受体的亲和力常数分别约为 0.1nmol/L 和 0.03nmol/L，是文献报道的对 α_7 受体的亲和力常数最高的化合物之一。这些化合物最初设计用于改善大脑的认知和记忆能力，但其临床应用有待于进一步研究。

（3）烟碱型胆碱能 N 受体拮抗剂[27、33]　尽管烟碱 N 受体 $\alpha_4\beta_2$ 和 α_7 亚型激动剂近年来发展十分迅速，但作用于这些亚型的拮抗剂却进展十分缓慢。主要原因在于缺乏一个主要的 $\alpha_4\beta_2$ 或 α_7 受体拮抗剂的基本结构骨架以及难以实现各亚型的选择性。化合物 **106**（图 29-17）是一个从天然产物中分离的刺桐碱类似物，对 $\alpha_4\beta_2$ 受体具有较高的亲和力，

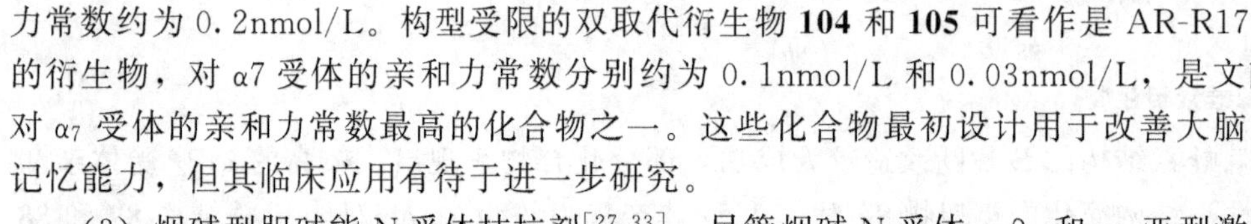

106 **107** **108** **109**

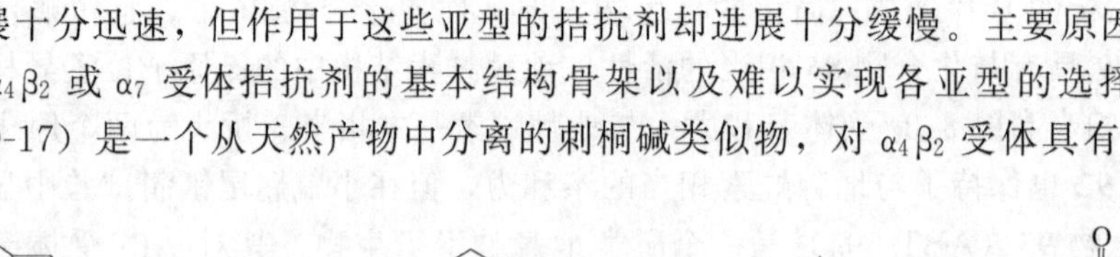

110 **111**

图 29-17 α_7 受体拮抗剂

其 K_i 值约为 5nmol/L，并显示出拮抗活性，可抑制烟碱诱导的多巴胺释放。洛贝林 **107**（α-Lobeline）也是一个天然分离的活性在 nmol/L 级的 $α_4β_2$ 受体拮抗剂，可刺激颈动脉窦和主动脉体 $α_4β_2$ 受体，反射性地兴奋呼吸中枢而使呼吸加快，但对呼吸中枢并无直接兴奋作用。对迷走神经中枢和血管运动中枢也同时有反射性的兴奋作用，对植物神经节先兴奋而后阻断。美卡拉明 **108**（Mecamylamine）是一个早期发现的胆碱受体拮抗剂，对烟碱诱导的多巴胺释放有抑制作用，为神经节阻滞剂，用于重症高血压。安非他酮 **109**（Bupropion）是属于氨基酮类抗抑郁药，是一种多巴胺递质的选择性抑制剂。研究发现这一药物也能阻止烟碱对 $α_4β_2$ 和 $α_7$ 受体的激动活性，但对前者的选择性较高。

甲基牛扁亭 **110**（Methyllycaconitine，Mec）是一早期发现的选择性 $α_7$ 受体拮抗剂，是一种蛇毒素，能显著抑制长时程增强活性（long-term potentiation，LTP），对动物的学习、记忆等认知功能活动有改善作用。MG624（**111**）是一个 4-氧芪衍生物，也是一个选择性 $α_7$ 受体拮抗剂，对癫痫有一定治疗潜力。此外，还有很多蛇环毒素对 $α_7$ 受体也显示出拮抗活性，尤其是能阻断 $α_7$ 异源多聚体的活性。

29.4　讨论与展望

乙酰胆碱（Acetylcholine，ACh）是大脑中枢神经系统中最早被鉴定的神经递质，是脊椎动物的骨骼肌神经肌肉接头、某些低等动物如软体、环节和扁形动物等的运动肌接头等的最主要的兴奋性递质，调节自主神经系统的主要功能。根据对不同天然生物碱反应后的生物效应的差异，胆碱能受体可分为毒蕈碱型受体（M 受体，mAChR）和烟碱型受体（N 受体，nAChR）两大类。胆碱能 M 受体属于 G-蛋白偶联的受体家族，而胆碱能 N 受体则属于配体门控的离子通道受体家族。根据 DNA 克隆等分子生物学技术及药理学特征，胆碱能 M 受体可分为 $M_1 \sim M_5$ 五种亚型。胆碱能 N 受体是其他配体-门控性离子通道受体原型，存在多种功能不同的由多种亚基组成的亚型，其中 $α_4β_2$ 和 $α_7$ 占主导地位。

胆碱能 M 受体广泛分布于中枢和外周神经组织、心脏、平滑肌以及腺体等，参与机体多种重要的生理功能。其激动剂主要用于缓解肌肉无力、降低眼压、舒张胃肠道平滑肌、促进血管扩张以及治疗阿尔茨海默病等神经退行性疾病。胆碱能 M 受体拮抗剂临床上主要用作治疗消化道溃疡、散瞳、平滑肌痉挛产生的心绞痛以及神经精神性疾病。胆碱能 N 受体主要分布在植物神经节、肾上腺髓质、骨骼肌神经肌肉的接头处以及脑内。其激动剂可用于治疗抑郁、神经退行性疾病、以及镇痛和作为杀虫剂等。胆碱能 N 受体拮抗剂主要用于骨骼肌松弛、麻醉以及癫痫等神经变性疾病。

毒蕈碱受体激动剂最初都是针对乙酰胆碱成药性差而进行结构改造的衍生物。代表性的结构有醋克利定（Aceclidine，**5**）、他沙利定（Talsaclidine，**6**）以及 WAY-131256（**7**）。这些化合物对于认知和记忆等功能有较好的疗效，作为治疗阿尔茨海默病药物曾进入临床。槟榔碱（Arecoline，**10**）是从植物槟榔子中分离出的一种生物碱，对胆碱能 M 受体和 N 受体均具有激动作用，可用于治疗青光眼。槟榔碱的结构衍生物米喏美林（Milameline，**11a**）对 M_1 和 M_2 受体具有部分激动活性，对 M_1 有一定选择性。四唑衍生物 **11d**（Lu25-109T）在 M_1 亚型转染的细胞和组织上具有明显的激动活性，但在含 M_3 亚型的组织中却表现出 M_2 和 M_3 亚型拮抗活性。噻二唑衍生物呫诺美林（Xanomeline，**11e**）对 $M_1 \sim M_5$ 亚型均有一定的亲和力，对 M_1 亚型有较好的亲和力和选择性。另一个衍生物西维美林（Cevimeline，Evoxac，**19**）是一种 M_1 和 M_3 受体混合激动剂，主要与外分泌腺细胞上的毒蕈碱 M 受体结合，刺激腺体分泌。噻二唑化合物 22（LY297802）具有 M_1 受体激动活性，但对 M_2 和 M_3 受体却表现出拮抗活性，该化合物具有镇痛作用。沙可美林 23（sabcomeline，SB202026），对 M 受体所有亚型均具有部分激动活性，但对 M_1 亚型的亲和力高于 M_2 亚型的亲和力 100 倍。上述化合物大多作为治疗阿尔茨海默病药物也曾进入临床，但因毒副作用失败。毛果芸香碱（Pilocarpine，26）是 20 世纪 80 年代人们从拉丁美洲产的芸香科植物毛果芸香中分离出的一种生物碱，具有 M 受体激动活性，其衍生物硫代毛果芸香碱 27（SDZ-ENS163）引起了人们极大兴趣并进入临床研究。化合物 31（LY-593093）也是一个高选择性的 M_1 受体激动剂，对其他亚型几乎无作用。

与胆碱能 M 受体激动剂一样，M 受体拮抗剂也是从天然生物碱或对乙酰胆碱分子结构改造开始的。然而，由于 M 受体各亚型的同源性较高，对 M 受体各亚型具有高选择性的激动剂或拮抗剂的发展较为困难。

早期从植物中提取的 M 胆碱受体拮抗剂有阿托品 32、东莨菪碱 33、山莨菪碱 34、和樟柳碱 35 等。这些化合物大多能缓解血管痉挛，促进微循环。基于这些生物碱进行结构改造得到一大类 M 胆碱受体拮抗剂。格隆溴铵 36 属早期开发的抗胆碱药，但拮抗 M 受体无亚型选择性，具有抑制胃液分泌及调节胃肠蠕动作用。溴丙胺太林 37 和克利溴铵 38 也是早期开发的季铵盐非选择性 M 受体拮抗剂，有较强的阿托品样外周抗胆碱作用。早期开发的类似结构的药还有奥芬溴铵、甲溴贝那替嗪等，可作为抗痉药使用。盐酸苯海索 42 是一个早期研发的中枢抗胆碱抗帕金森病药，选择性阻断纹状体的胆碱能神经通路，而对外周作用较小。比哌立登 43 也具有氨基丙醇结构，对 M 受体具有拮抗作用，药理及应用类似苯海索，用于治疗震颤麻痹、药物引起的锥体外系综合征。奥昔布宁 48 选择性作用于 M_1、M_3 受体，具有较强的平滑肌解痉作用、抗胆碱能作用以及镇痛作用。哌仑西平 59 是最早发现的具有苯并二氮䓬环状结构的高活性 M_1 受体拮抗剂，选择性作用于胃壁细胞的 M_1 受体，对平滑肌、心肌和唾液腺等的 M_1 受体的亲和力较低，临床上主要作为抑酸药。替仑西平 62 具有与哌仑西平相似的选择性阻断 M_1 受体作用，临床上用于消化性溃疡病。侧链和芳环同时优化得到奥腾折帕 63，选择性作用于心脏 M_2 受体，可用于窦性心动过缓及心传导阻滞的治疗。哌仑西平侧链衍生物 64（YM55758）和 65（YM59981）也是选择性 M_2 受体拮抗剂，具有较好的口服活性，但难以透过血脑屏障。近年来，许多制药公司或研究机构报道了一大类含有哌啶或哌嗪结构的 M 受体拮抗剂，这些化合物大多选择性作用于 M_2 亚型，并具有较高的亲和力。部分化合物显示出较好的改善大脑记忆和认知功能活性。

烟碱型乙酰胆碱受体（N 受体）又分为新烟碱和烟碱 N 受体，烟碱和新烟碱是其代表性激动剂。烟碱及其衍生物是一个具有杀虫效果的胆碱能 N 受体激动剂，但对昆虫 N 受体选择性差。后期开发得新烟碱药物大大促进了昆虫胆碱能 N 受体的发展，新的杀虫剂不断出现。这些药物均具有特征杂环结构，代表性结构有吡虫啉 73、噻虫啉 74、噻虫嗪 75、噻三嗪 76 和呋虫胺 77（图 29-13）。它们大都具有 *N*-硝基亚胺、*N*-腈基亚胺或 2-硝基次甲基结构。同时，这些药物中还具有一个杂环甲基侧链，分别为 6-氯吡啶-3-甲基（CPM）、2-氯噻唑-5-甲基（CTM）、四氢呋喃-3-甲基（TFM），这些结构分别代表了三类或三代新烟碱类杀虫剂。由于新烟碱类杀虫剂是作为后突触乙酰胆碱 N 受体激动剂，选择性作用于昆虫中枢神经系统，具有高杀虫活性，而对哺乳动物低毒，因此，目前市场农作物上广泛使用的杀虫剂大部分为这类胆碱能 N 受体激动剂。

烟碱型胆碱能 N 受体与许多人类重大疾病密切相关，尤其是帕金森病、阿尔茨海默病、疼痛等。因此，烟碱型胆碱能 N 受体是这些疾病药物的重要作用靶点。烟碱 78 是最早的烟碱型胆碱能 N 受体激动剂。金雀花碱 **79** 也是一个天然的胆碱能 N 受体的 $\alpha_4\beta_2$ 亚型激动剂。其嘧啶衍生物 **81** 是结构改造最成功的化合物,作为一种非烟碱产品,选择性作用于脑中的 $\alpha_4\beta_2$ 受体,体内表现为部分激动剂。化合物 **81** 作为新型戒烟药已在后期临床研究,戒烟的同时可减少戒断症状,疗效优于现有产品。地棘蛙素 **82** 是另一个天然分离的烟碱型胆碱能 N 受体激动剂,选择性作用于 $\alpha_4\beta_2$ 亚型,镇痛作用为吗啡的数百倍,但毒性较大,是发展低成瘾性 $\alpha_4\beta_2$ 受体选择性镇痛药物的最初和广泛应用的结构模型。对地棘蛙素结构改造较为成功的化合物是醚类化合物 **93**(ABT-594),对 $\alpha_4\beta_2$ 受体亲和力与地棘蛙素相当。ABT-594 的镇痛效能与地棘蛙素相当,而毒副作用明显低于后者。研究发现这一化合物是烟碱受体强激动剂,对烟碱受体 $\alpha_4\beta_2$ 亚型的选择性明显高于地棘蛙素。ABT-594 的已有的临床测试显示非常有效,现在在欧洲进行后期临床试验。化合物 **94~97** 代表了一类桥双环二胺新型衍生物,其中化合物 **94~96** 对 $\alpha_4\beta_2$ 受体的亲和力均在 0.1nmol/L 以下,并在镇痛方面表现出了较好的治疗潜力。

化合物 GTS-21(**98**)和 AR-R17779(**99**)早期报道的功能性烟碱 α_7 受体激动剂,能改善小鼠的记忆和认知功能,但激动活性和药代动力学性质较差。随后开发的 α_7 受体激动剂种类较多,但最成功的属于各类单取代或双取代的氮杂双环衍生物,代表性结构包括化合物 **100~105**。其中 AR-R17779(**99**)的衍生物 **104** 和 **105** 对 α_7 受体的亲和力常数分别约为 0.1nmol/L 和 0.03nmol/L,是文献报道的对 α_7 受体的亲和力常数最高的化合物之一。这些化合物最初设计用于改善大脑的认知和记忆能力,但其临床应用有待于进一步研究。

尽管烟碱 N 受体 $\alpha_4\beta_2$ 和 α_7 亚型激动剂近年来发展十分迅速,但作用于这些亚型的拮抗剂却进展十分缓慢。主要原因在于缺乏一个主要的 $\alpha_4\beta_2$ 或 α_7 受体拮抗剂的基本结构骨架以及难以实现各亚型的活性的分离。化合物 **106** 是一个从天然产物中分离的刺桐碱类似物,对 $\alpha_4\beta_2$ 受体具有较高的亲和力,能抑制烟碱诱导的多巴胺释放。洛贝林 **107** 也是一个天然分离的活性在 nmol/L 级的 $\alpha_4\beta_2$ 受体拮抗剂,可刺激颈动脉窦和主动脉体 $\alpha_4\beta_2$ 受体,反射性地兴奋呼吸中枢而使呼吸加快,但对呼吸中枢并无直接兴奋作用。美卡拉明 **108** 是一个早期发现的胆碱受体拮抗剂,对烟碱诱导的多巴胺释放有抑制作用,为神经节阻滞剂,用于重症高血压。

甲基牛扁亭 **110** 是一早期发现的选择性 α_7 受体拮抗剂,是一种蛇毒素,对动物的学习、记忆等认知功能活动有改善作用。MG624 也是一个选择性 α_7 受体拮抗剂,对癫痫有一定治疗潜力。还有很多蛇环毒素对 α_7 受体也显示出拮抗活性,尤其是能阻断 α_7 异源多聚体的活性。

总之,胆碱能受体是许多疾病药物研究的重要靶标,对 M 和 N 两种胆碱能受体各自亚型的分类极大地开拓了选择性激动剂和拮抗剂的研究。同时,许多选择性药物的发现又为进一步确定各亚型的生物功能及结构鉴定提供了有价值的工具。然而,尽管 M 和 N 两种胆碱能受体亚型的划分和确定已被广为接受,但许多亚型的功能还不清楚,许多受体选择性配体还有待进一步发现。此外,乙酰胆碱酯酶抑制剂(AChEI)也是一类十分重要的胆碱能药物,它通过抑制乙酰胆碱酯酶而减少乙酰胆碱的降解并促进乙酰胆碱从神经末梢释放。AChEI 是治疗阿尔茨海默病的最重要一线药物,其疗效确切,是现阶段对这一疾病患者最有效的治疗手段。目前上市的药物包括他克林(Tacrine)、多奈哌齐(Donepezil)、利凡斯的明(Rivastigmine)、加兰他敏(Galantamine)。前两者被称为第一代乙酰胆碱酯酶抑制剂,但多奈哌齐的活性和选择性比他克林高,是中或轻度病人的首选药物。利凡斯的明是第二代乙酰胆碱酯酶抑制剂,对大脑的学习、记忆和认知功能有较好的改进作用。加兰他敏是乙酰胆碱酯酶竞争性可逆抑制剂，选择性好，作用时间长，改善认知能力效果比他克林更有效。其他的乙酰胆碱酯酶抑制剂还包括石杉碱甲（Huperzine A）及其衍生物。石杉碱甲是从我国中药石杉属千层塔中分离得到的有效单体生物碱，是我国开发的最为成功的治疗阿尔茨海默病药物。近年来，对石杉碱甲的结构改造取得来巨大进展，许多新的选择性较好的乙酰胆碱酯酶抑制剂不断涌现，但它们在临床治疗上的效果有待进一步观察。

推荐读物

- Wess J, Eglen R M, Gautam D. Muscarinic acetylcholine receptors: mutant mice provide new insights for drug development. Nat Rev Drug Discov, 2007, 6: 721-733.
- Ishii M, Kurachi Y. Muscarinic acetylcholine receptors. Curr Pharm Des, 2006, 12: 3573-3581.
- Langmead C J, Watson J, Reavill C. Muscarinic acetylcholine receptors as CNS drug targets. Pharmacol Ther, 2008, 117: 232-243.
- Felder C C, Bymaster F P, Ward J, DeLapp N. Therapeutic opportunities for muscarinic receptors in the CNS system. J Med Chem, 2000, 43: 4333-4353.
- Clader J W, Wang Y. Muscarinic receptor agonists and antagonists in the treatment of Alzheimer disease. Curr Pharm Des, 2005, 11: 3353-3361
- Honda H, Tomizawa M, Casida J E. Insect nicotinic acetylcholine receptors: neonicotinoid binding site specificity id usually but not always conserved with varied substituents and species. J Agric Food Chem, 2006, 54: 3365-3371.
- Gotti C, Riganti L, Vailati S, Clementi F. Brain neuronal nicotinic receptor as new targets for drug discovery. Curr Pharm Des, 2006, 12: 407-428.
- Mazurov A, Hauser T, Miller C H. Selective α_7 nicotinic acetylcholine receptor ligands. Curr Med Chem, 2006, 13: 1567-1584.

参考文献

[1] Wess J, Eglen R M, Gautam D. Nat Rev Drug Discov, 2007, 6: 721-733.
[2] Ishii M, Kurachi Y. Curr Pharm Des, 2006, 12: 3573-3581.
[3] Langmead C J, Watson J, Reavill C. Pharmacol Ther, 2008, 117: 232-243.
[4] Gotti C, Clementi F. Prog Neurobiol, 2004, 74: 363-396.
[5] Kalamida D, Poulas K, Avramopoulou V, Fostieri E, et al. FEBS J, 2007, 274: 3799-3845.
[6] Kumar YC, Malviya M, Chandra J N, Sadashiva C T, et al. Bioorg Med Chem, 2008, 16: 5157-5163.
[7] Malviya M, Kumar Y C, Asha D, Chandra J N, et al. Bioorg Med Chem, 2008, 16: 7095-7101.
[8] Scapecchi S, Nesi M, Matucci R, Bellucci C, et al. J Med Chem, 2008, 51: 3905-3912.
[9] Scapecchi S, Matucci R, Bellucci C, Buccioni M, et al. J Med Chem, 2006, 49: 1925-1931.
[10] Cao Y, Zhang M, Wu C, Lee S, et al. J Med Chem, 2003, 46: 4273-4286.
[11] Felder C C, Bymaster F P, Ward J, DeLapp N. J Med Chem, 2000, 43: 4333-4353.
[12] Clader J W, Wang Y. Curr Pharm Des, 2005, 11: 3353-3361.
[13] Böhme T M, Augelli-Szafran C E, Hallak H, Pugsley T, et al. J Med Chem, 2002, 45: 3094-3102.
[14] Wang Y, Chackalamannil S, Hu Z, Greenlee W J, et al. J Med Chem, 2002, 45: 5415-5418.
[15] Böhme T M, Keim C, Kreutzmann K, Linder M, et al. J Med Chem, 2003, 46: 856-867.
[16] Kim M G, Bodor E T, Wang C, Harden T K, Kohn H. J Med Chem, 2003, 46: 2216-2226.
[17] Ikeda Y, Nonaka, Furumai T, Onaka H, et al. J Nat prod, 2005, 68: 1061-1065.
[18] Naito R, Yonetoku Y, Okamoto Y, Toyoshima A. J Med Chem, 2005, 48: 6597-6606.
[19] Dei S, Bellucci C, Buccioni M, Ferraroni M. J Med Chem, 2007, 50: 1409-1413.
[20] Peretto I, Forlani R, Fossati C, Giardina G A. J Med Chem, 2007, 50: 1571-1583.
[21] Peretto I, Fossati C, Giardina G A, Giardini A, et al. J Med Chem, 2007, 50: 1693-1697.
[22] Sagara Y, Sagara T, Uchiyama M, Otsuki S. J Med Chem, 2006, 49: 5653-5663.
[23] Jin J, Wang Y, Shi D, Wang F, et al. J Med Chem, 2008, 51: 4866-4869.
[24] Lewis L M, Sheffler D, Williams R, Bridges T M, et al. Bioorg Med Chem Lett, 2008, 18: 885-890.
[25] Honda H, Tomizawa M, Casida J E. J Agric Food Chem, 2006, 54: 3365-3371.
[26] Chellappan S K, Xiao Y, Tueckmantel W, Kellar K J, Kozikowski A P. J Med Chem, 2006, 49: 2673-2676.

[27] Gotti C, Riganti L, Vailati S, Clementi F. Curr Pharm Des, 2006, 12: 407-428.
[28] Bunnelle W H, Daanen J F, Ryther K B, Schrimpf M R, et al. J Med Chem, 2007, 50: 3627-3644.
[29] Ji J, Schrimpf M R, Sippy K B, Bunnelle W H, et al. J Med Chem, 2007, 50: 5493-5508.
[30] Bodnar A L, Cortes-Burgos L A, Cook K K, Dinh D M, et al. J Med Chem, 2005, 48: 905-908.
[31] Huang X, Zheng F, Chen X, Crooks P A, et al. J Med Chem, 2006, 49: 7661-7674.
[32] Wishka D G, Walker D P, Yates K M, Reitz S C, et al. J Med Chem, 2006, 49: 4425-4436.
[33] Mazurov A, Hauser T, Miller C H. Curr Med Chem, 2006, 13: 1567-1584.

第30章

作用于肾上腺素能系统药物

张 翱

目 录

30.1 肾上腺素、去甲肾上腺素及其在体内的
　　　代谢　/775
30.2 肾上腺素受体分类、分布及药理
　　　作用　/775
30.3 代表性药物　/777
　30.3.1 作用于肾上腺素受体的小分子
　　　　　药物设计　/777
　30.3.2 肾上腺素受体亚型选择性药物
　　　　　研究进展及代表性结构　/778
　　30.3.2.1 α_1 肾上腺素受体激动剂和
　　　　　　拮抗剂　/778
　　30.3.2.2 α_2 肾上腺素受体激动剂和
　　　　　　拮抗剂　/782
　　30.3.2.3 β 肾上腺素受体激动剂和
　　　　　　拮抗剂　/785
30.4 讨论与展望　/791
推荐读物　/792
参考文献　/792

30.1 肾上腺素、去甲肾上腺素及其在体内的代谢[1]

肾上腺由皮质和髓质两部分组成，皮质位于肾上腺的周围，来源于中胚层，约占 80%～90%，而髓质来源于外胚层，位于肾上腺的中央，约占 10%～20%。肾上腺素（Adrenaline，Epinephrine）是肾上腺髓质分泌的一种主要激素，也是一种重要的神经递质，髓质同时也分泌少量去甲肾上腺素（Norepinephrine），去甲肾上腺素主要由交感神经末梢分泌。当肾上腺素能神经兴奋时，末梢和髓质铬细胞中主要形成去甲肾上腺素，然后经苯乙胺-N-甲基转移酶（phenylethanolamine N-methyl transferase）的作用进行甲基化从而形成肾上腺素。去甲肾上腺素生物合成后，主要与 ATP 形成复合物储存在囊泡中，当神经冲动到达肾上腺素能神经末梢时，产生去极化，并导致钙离子（Ca^{2+}）内流，促进囊泡与突触前膜结合而形成裂孔，从而将去甲肾上腺素由此裂孔排除到泡外的间隙中。这些间隙中的激素大部分（75%～90%）将由去甲肾上腺素再摄取转运体（norepinephrine transporter）运回神经末梢储存于囊泡中继续循环，部分将与间隙中的肾上腺素能受体作用引发一系列生理反应，剩余部分将通过一系列的酶（单胺氧化酶、儿茶酚-氧-甲基转移酶等）催化作用而代谢失活。

肾上腺素具有与交感神经兴奋相似的作用，能促进血管收缩，心脏活动加强，从而导致血压升高，临床上被用来作为升压药物，起抗休克作用。肾上腺素在体内主要是调节糖代谢，它能够促进肝糖原和肌糖原的分解，增加血糖和血中的乳酸含量。去甲肾上腺素也有类似作用，但作用较弱。

30.2 肾上腺素受体分类、分布及药理作用[2]

作为主要的交感神经递质——去甲肾上腺素，以及主要的肾上腺髓质激素和中枢神经递质——肾上腺素，参与了中枢和边缘神经系统的许多生物功能的调节，而这些调节作用又是通过肾上腺素受体（adrenergic receptor）的直接和间接参与实现的，肾上腺素受体对这些神经递质的生理功能的发挥起着重要的调节作用。

肾上腺素受体属于 G 蛋白偶联的膜受体家族（GPCR），是目前了解相对最清楚的膜受体之一。肾上腺素受体广泛分布在周边系统的几乎所有组织以及中枢神经系统许多神经元上。它们在心血管、呼吸及内分泌等系统中具有广泛的生理功能。肾上腺素受体是指与肾上腺素和去甲肾上腺素相结合的受体总称。针对对特异性配基的结合和识别能力、激动后信号转导和生物效应的差异以及相应基因的结构和分布特征，Ahlqvist 于 1948 年把肾上腺素受体分为 α 和 β 两大类，前者包括 $α_1$ 和 $α_2$ 两种亚型，后者包括 $β_1$、$β_2$ 和 $β_3$ 三种亚型。

受体 $α_1$ 主要位于神经突触后膜，在大鼠的丘脑部位（包括丘脑外侧核、背侧膝状体及丘脑腹侧核等）、延脑血管运动中枢及许多外周组织如心脏、胃肠道、血管平滑肌等也有高密度分布。$α_1$ 受体与 G_Q 蛋白偶联，激活后通过 G_Q 蛋白引发磷脂酰肌醇的代谢，产生重要的化学信使物质，从而引起血管收缩、肝糖原分解、心脏正性变力。根据各种受体偶联的 G 蛋白不同及信号转导效应的差异，$α_1$ 受体又分为 $α_{1A}$、$α_{1B}$、$α_{1D}$ 三种亚型。所有亚型均可被交感神经递质——肾上腺素和去甲肾上腺素激活，但没有明显的选择性。$α_{1A}$ 和 $α_{1B}$ 受体最初是通过对 phentolamine 和 WB4101 两种配体的亲和力不同所区分。$α_{1B}$ 是第一个被克隆的 $α_1$ 受体亚型。1988 年，Cotecchia 从仓鼠输精管平滑肌细胞 DD_1MF_2 中首次分离到这一受体基因，由 515 个氨基酸残基组成，位于第五对染色体上。α_{1A} 受体是 Schwinn 于 1990 年从牛脑中分离得到，位于第八对染色体上，由 446 个氨基酸组成，跨膜部位与 α_{1B} 受体有 72% 相似性。α_{1D} 受体位于第二十对染色体上编码 560 个氨基酸，跨膜部位与 α_{1B} 受体有 73% 相似性。近年来，也有人提出还有其他 α_1 受体亚型存在，但目前还没有定论。

α_2 受体主要位于突触前膜，在脑内的 NA 或 AD 神经元、延脑血管运动中枢、背根神经节及非神经突触后组织如血小板和胰腺等中也有分布。α_2 受体与 G_i 蛋白偶联，兴奋时腺苷酸环化酶（AC）活性降低，cAMP 的生成减少，蛋白激酶 A 的活性减弱，同时下调去甲肾上腺素的释放，并引起血小板凝聚及血管收缩。α_2 受体在人类和其他哺乳动物中又可表达为 α_{2A}、α_{2B}、α_{2C} 三种亚型。这些受体亚型基因分别位于第十、第二、第四对染色体上，并分别由 450、450、461 个氨基酸组成七次跨膜结构。三种亚型的跨膜部位有 75% 的相似性。尽管，后来从小鼠的基因组中又分离出另外一个受体亚型（α_{2D}），但随后分子生物学研究发现它是人体 α_{2A} 受体的一个分型，仅在第五跨膜区有一个氨基酸残基不同。

β 受体的三种亚型 β_1、β_2 和 β_3 均能被内源性配体肾上腺素和去甲肾上腺素激活并显示出明显的选择性。去甲肾上腺素与 β_1 受体结合较强，而肾上腺素与 β_2 受体结合较强。人胎盘 β_1 受体基因编码 477 个氨基酸，而 β_2 受体基因编码 431 个氨基酸，两者有 54% 的同源性，跨膜区的同源性为 71%。人的 β_3 受体编码 408 个氨基酸，序列与人的前两种亚型（β_1、β_2）分别仅有 50.7% 和 45.5% 的相似性。所用 β 受体均与 G_S 蛋白正偶联，激活腺苷环化酶，导致 cAMP 增加。β_1 受体在脑内分布不均，受体密度差异较大，主要分布与脑内 NA 神经元通路相似，可能与脑内 NA 神经元分布和功能密切相关，在心脏、肾脏等组织也有分布。β_1 受体激活会引起心率增加、心肌收缩力增强、胃肠道平滑肌松弛及血小板凝聚等。β_2 受体在脑内分布较均匀，密度差异较小，分布在胶质细胞、脑血管平滑肌、胃肠道、肝脏、子宫肌等部位。激活 β_2 受体可使血管舒张、支气管扩张、胃肠道平滑肌松弛及肝糖元分解等。β_3 受体主要分布于纹状体，以去甲肾上腺素为神经递质，在胆囊、膀胱、小肠、胃、前列腺等多种组织中也有分布。β_3 受体主要通过脂肪代谢和热量调节引起体内能量代谢的改变。

肾上腺素受体属于 G 蛋白偶联的膜受体家族（GPCR），是一种难以处理的膜蛋白分子，介导许多细胞外信号的传导，包括激素、局部介质和神经递质等。因此，发展作用于肾上腺素受体的药物不仅可作为分子探针研究这些受体具体的功能，还可用于治疗药物治疗肾上腺素受体功能紊乱性疾病[3~9]。由于它们自身具有抵制晶体状结构形成的阻力，因此，这类受体的三维结构长期以来难以获得。2000 年 Palczewski 等[10]报道的分辨率为 2.8Å（1Å=0.1nm）的牛视紫红质受体（rhodopsin）X 衍射晶体结构，是第一个成功测定的 G 蛋白偶联的受体。但由于色素蛋白非常丰富，研究相比较为容易，而其他大部分 GPCR 受体如肾上腺素受体由于含量较低，如何获取足够的受体蛋白并形成晶体结构是这类受体结构研究的主要挑战之一。

2007 年，Stevens 等几个研究小组[3]在对 β_2 肾上腺素受体（β_2 adrenergic receptor）蛋白的自然结晶形态进行大量尝试后，利用蛋白工程学方法，针对这类受体蛋白较松软的缺点，以一个带有更硬的蛋白结构的弹性环，模仿该蛋白的自然膜形态环境，设定相应的技术和环境条件，从而诱使这些"顽固"的蛋白变成微细的晶体，从而获得了一个分辨率为 2.4Å（1Å=0.1nm）的 β_2 肾上腺素受体的详细三维结构图（图 30-1）。这一结构揭示了逆向部分激动剂 Carazolol 与 β_2 肾上腺素受体间的相互作用。从晶体结构可以看出配体（ligand）在该受体上的结合位点与 rhodopsin（视紫红质）的共价结合区相似。但明显不同的是，在 β_2 肾上腺素受体的弯曲跨膜螺旋体及第二个胞外侧环上含有一个不同寻常的二硫键和一个额外的螺旋体。这一链环以及缺乏明显官能团的受体 N 端可能是配体结合的重要区域。

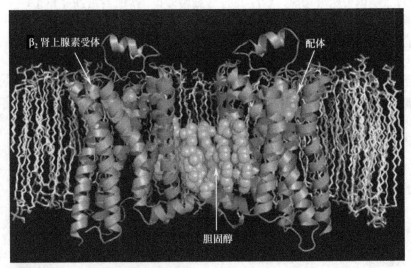

图 30-1 β₂ 肾上腺素受体晶体结构
（摘自 Cherecov V, et al. Science, 2007, 318: 1258-1265）

尽管这一晶体结构提供了 β₂ 肾上腺素受体与一个可扩散的配体间的作用模式，并为新的药物分子设计提供了有价值的信息，但这一结构本身还不足以解释细胞表面的配体与受体作用是如何影响胞内信号转导，因此进一步弄清受体在被配体激活后的构型改变将十分重要。

β₂ 肾上腺素受体晶体结构的测定是科学家第一次真正认识 GPCR 这一重要人体蛋白家族的结构，这项研究是本研究领域多年来的一个重大突破和里程碑。研究中使用的基因工程和结晶技术还可广泛适用于类似的蛋白质研究，从而为破解人类基因组序列图中的数百个 GPCR 结构铺平了道路[10~12]。

30.3 代表性药物

30.3.1 作用于肾上腺素受体的小分子药物设计

随着对肾上腺素受体的结构和生物功能的研究的深入，这些受体与肌体的关系，尤其是与各种疾病的关系越来越受到人们的重视。近年来，针对这些受体或受体各亚型设计小分子激动剂或拮抗剂，以及以这些受体为潜在靶点设计治疗性药物也得到了极大的发展。尽管 β₂ 肾上腺素受体晶体结构的测定将为阐释肾上腺素受体与配体的结合模式以及根据相关结构信息设计与这一受体结合的新一代药物分子提供有价值的信息，但目前靶向肾上腺素受体的药物主要仍是基于其内源性配体——去甲肾上腺素（**1**）或肾上腺素（**2**）的结构而进行设计的，尤其是针对肾上腺素与受体结合的三个关键官能团：儿茶酚结构、R-构型的 β-羟基以及甲基取代的氨基进行结构改造。一般认为儿茶酚的两个羟基通过与受体形成两个氢键对活性的影响很大，单个羟基或无羟基的衍生物活性明显降低。β-羟基的构型直接影响药物与受体的结合能力，只有 R-构型才能与受体有效结合，研究表明 R-肾上腺素的支气管扩张作用比 S-肾上腺素强 45 倍。侧链氨基对活性影响也相当巨大，去甲肾上腺素主要表现为 α 受体活性，甲基或其他小的取代基衍生物主要表现为 β 受体活性，双烷基取代则导致活性下降或毒性增加。

肾上腺素（**2**）作为肾上腺素受体天然激动剂，早在 1899 年就被发现，它具有激动 α 和 β 两种受体的双重作用，主要用于治疗突发性心脏骤停和过敏性休克。去甲肾上腺素主要激动 α 受体，与 β 受体的亲和力稍弱，用于治疗休克或药物中毒引起的低血压。二者由于具有儿茶酚结构，水溶性较高且易被体内酶氧化或分解，二者的自由碱或相应的盐类均不稳定。因此，寻找代谢稳定的肾上腺素类似物是发展肾上腺素能药物的最初出发点，许多结构相似，取代模式不同的肾上腺素衍生物相继被发现（图 30-2），如去掉儿茶酚两个酚羟基的麻黄碱（**3**）具有与肾上腺素相似的生物活性，能同时激动 α 和 β 两种受体，性质稳定，生物利用度高，虽然活性低于肾上腺素，但与肾上腺素受体作用持久，可用于治疗支气管哮喘、鼻塞以及低血压等。

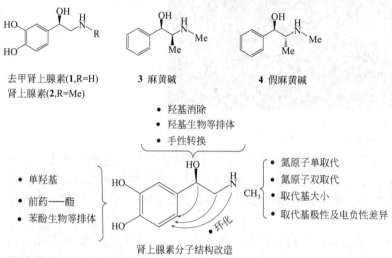

图 30-2 肾上腺素及其类似物

近年来，随着化学合成新方法的发展和药物设计新理念的形成，一些结构变化较大的肾上腺素受体小分子化合物不断涌现，从而发现了许多肾上腺素受体各亚型的选择性激动剂和拮抗剂。这些化合物的发现不仅丰富了对肾上腺素受体与药物作用的关系的认识，同时也为进一步研究这些受体亚型的生物功能，进而发展有治疗前景的新型药物奠定了坚实的基础。

30.3.2 肾上腺素受体亚型选择性药物研究进展及代表性结构

30.3.2.1 $α_1$ 肾上腺素受体激动剂和拮抗剂

α 受体激动剂和拮抗剂主要作用于心脏和血管平滑肌，调控血压和心率以及作为工具药进行受体的药理及功能研究。肾上腺素和去甲肾上腺素是 α 受体内源性激动剂，但对 $α_1$ 和 $α_2$ 两亚型无选择性。随着对这类药物的进一步研究，一些包含肾上腺素的苯乙胺基本结构单元的衍生物相继被开发，其中许多表现出较好的受体亚型选择性[13,14]。

(1) $α_1$ 肾上腺素受体激动剂[5,15~19] 许多 $α_1$ 受体药物早在 $α_2$ 受体亚型被证实前就已经使用，这些药物统称为传统的或早期的 $α_1$ 肾上腺素受体激动剂（图 30-3）。从结构相似性分析，传统的 $α_1$ 肾上腺素受体激动剂大致可归纳为苯乙胺衍生物及咪唑啉类似物两类。前者主要是肾上腺素或去甲肾上腺素类似物，属于构型非受限的苯乙胺衍生物，这些药物包括美布特罗（**5**，Phenylephrine）、间羟胺（**6**，Metaraminol）、美速胺（**7**，Methoxamine）、甲氧胺福林（**8**，Midodrine），主要用于治疗低血压。咪唑啉类 $α_1$ 受体激动剂属于构型受限的苯乙胺类似物，包括丁苄唑啉（**9**，Xylometazoline）、氧甲唑啉（**10**，Oxymetazoline）、萘唑啉（**11**，Naphazoline）、四氢唑啉（**12**，Tetrahydrozoline）等，这些药物主要用于治疗鼻充血或眼充血。

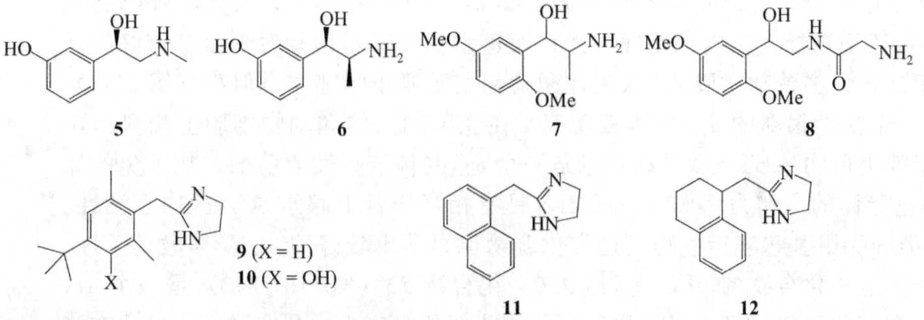

图 30-3 早期 α_1 肾上腺素受体激动剂

由于早期的 α_1 受体激动剂大多对心血管和泌尿生殖器同时具有作用，因此发展 α_1 受体各亚型选择性激动剂的最初目的是希望把这两种作用通过化学结构修饰的方法实现分离，进而获得压迫性尿失禁药物，不具有心血管副作用。对早期的 α_1 受体激动剂进一步研究发现，这些激动剂主要作用在 α_{1A} 亚型受体，而对其他 α_1 受体亚型激动作用较弱。由于腹内压力突增导致尿液不经意排出是压迫性尿失禁最主要症状。这一疾病可导致膀胱颈和尿道肌肉损坏或功能减弱，进而影响人体的正常生理功能。由于 α_{1A} 亚型受体主要分布在人体尿道组织，激活这一受体有利于膀胱颈和尿道肌肉收缩，增强膀胱口的抵抗力，从而分散腹部突发性压力增加，达到治疗压迫性尿失禁的目的，这也是 α_{1A} 亚型受体激动剂的主要功能和用途。

在传统的 α_{1A} 受体激动剂中，美布特罗（**5**）、甲氧胺福林（**8**）等显示出较好的增加尿道压力作用，而对心血管的增压效果较弱，因而显示出较好的尿道/心血管选择性。目前，这些激动剂已经作为治疗尿失禁药物在临床上使用。咪唑啉类 α_1 受体激动剂，如丁苄唑啉（**9**）、氧甲唑啉（**10**）以及可乐定（**13**，Clonidine）、西拉唑啉（**14**，Cirazoline）、Sgd101/75（**15**）、St 587（**16**）均具有较好的 α_{1A} 受体激动活性及选择性（图 30-4）。内源性肾上腺素受体激动剂，肾上腺素和去甲肾上腺素对三种 α_1 受体亚型（α_{1A}、α_{1B}、α_{1D}）具有相似的亲和力及内在激动活性，选择性较差。其他的苯乙胺类似物，如 Amidephrine（**17**）也表现出较高的 α_{1A} 受体激动活性，SKF89748（**18**）也是一个 α_{1A} 受体选择性激动剂，但对 α_{1B} 及 α_{1D} 亚型也具有一定的激动活性。NS-49（**19**）是一个去甲肾上腺素的苯酚结构片段的生物电等排体，对 α_{1A} 受体具有部分激动活性，相对于其他两种 α_1 受体亚型的选择性为 10，但对其他亚型的内在活性很低。这一化合物曾经作为治疗尿失禁药物进入 II 期临床，但由于其体内效能差而被迫停止研究。

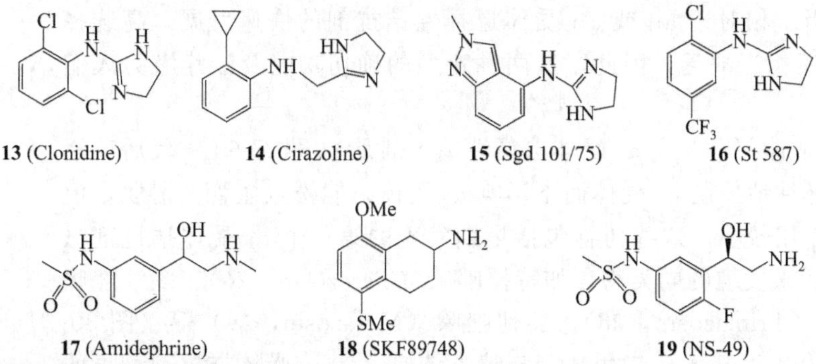

图 30-4 选择性 α_{1A} 受体激动剂

综上所述，在苯乙胺衍生物及咪唑啉类似物两类 α_1 受体激动剂中，大多咪唑啉类似物显示出较好的 α_{1A} 亚型选择性及内在活性，并在尿道组织中显示出相对于血管较好的选择性。因此，近年来，大多数新发展的 α_{1A} 受体激动剂主要属于咪唑啉类似物（图 30-5）。A-61603（**20**）是一个活性很高的 α_{1A} 受体激动剂，在克隆的人体和动物细胞上均显示出高度的选择性。咪唑类似物 ABT-866（**21**）也是一个 α_{1A} 受体选择性激动剂，在家兔的尿道组织细胞上对 α_{1A} 受体的亲和力为 600nmol/L，具有相当于肾上腺素 80% 的内在活性。化合物 **22** 属于一类吲哚甲基咪唑衍生物，这类化合物也显示出较好的 α_{1A} 受体激动活性，在内在功能试验中，这一化合物的 pEC_{50} 高达 9.0。化合物 **23**（Ro115-1240）是一个 α_{1A} 受体部分激动剂，在家兔和猪模型上显示出较好的尿道组织选择性。研究进一步发现在清醒的猪模型上，化合物 **23** 在对尿道组织产生最大压力时，对血管和心率没有明显的影响，这与充分激动剂 **17** 明显不同。由于高活性的 α_{1A} 受体激动剂难以在尿道组织上达到对心血管组织的绝对选择性，因此在运用这些药物治疗尿失禁时难免引起心血管副作用，α_{1A} 受体部分激动剂有可能是减少心血管副作用的一个合理选择。化合物 **24** 属于一类苄基咪唑啉类似物，这些化合物也显示出较好的 α_{1A} 受体激动活性及选择性。在功能性钙流测试中，化合物 **24** 显示出 80% 的去甲肾上腺素反应，pEC_{50} 达到 7.12。

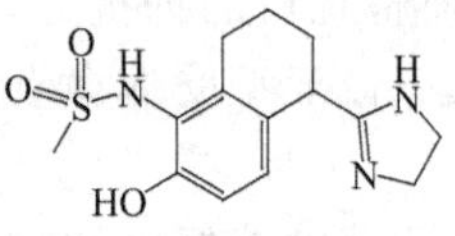

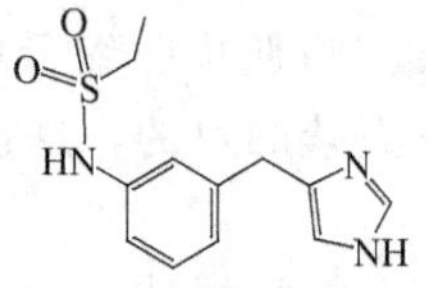

图 30-5 新发展的选择性 α_{1A} 受体激动剂

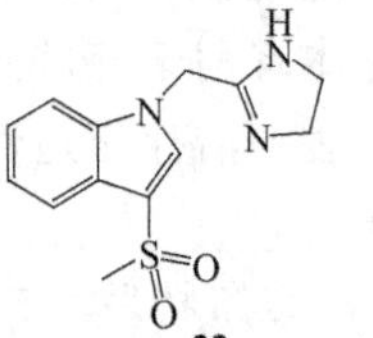

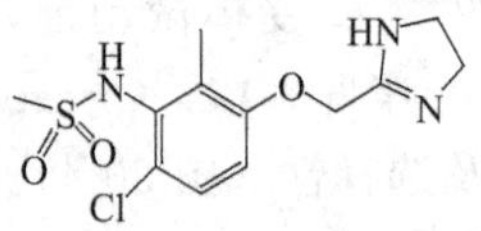

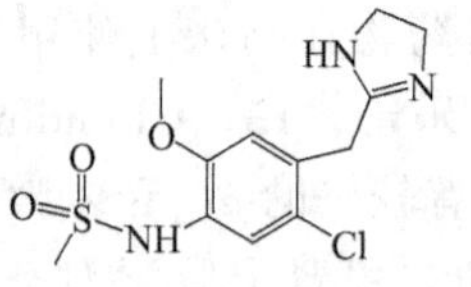

根据 α_{1B} 受体的细胞表达性质以及基因敲除老鼠的表现形式，α_{1B} 受体选择性激动剂可用于治疗嗜睡、癫痫以及各种认知障碍。激动全部三种 α_1 受体亚型可直接影响血压并在多种组织中引起血管收缩，而选择性 α_{1B} 或 α_{1D} 受体激动剂有可能影响局部血管收缩并改善低血压治疗效果。在受体结合力分析中，去甲肾上腺素（**1**）和美布特罗（**5**）等早期儿茶酚胺类的 α_1 受体激动剂对 α_{1D} 亚型表现出约 20 倍的选择性，但功能分析发现这些化合物对三种亚型的内在活性相当。相对于 α_{1B} 或 α_{1D} 受体选择性拮抗剂的快速发展，高选择性 α_{1B} 或 α_{1D} 受体激动剂目前还相当缺乏，因此，这两种亚型的确切功能及治疗潜力人们还未完全认识清楚。

(2) α_1 肾上腺素受体拮抗剂[6,20~23]　α_1 受体选择性拮抗剂是 20 世纪 60 年代后广泛使用的一类降压药，它能选择性地抑制 α_1 受体而不影响 α_2 受体，能松弛血管平滑肌，但不引起反射性心动加速，副作用较小。这些药物包括早期发现的第一个 α_1 受体拮抗剂哌唑嗪（Prazosin，**25**），以及后来发现的同类物，如特拉唑嗪（Terazosin，**26**）、多沙唑嗪（Doxazosin，**27**）、曲马唑嗪（Trimazosin，**28**）、美他唑嗪（Metazosin，**29**）等（图 30-6），这些化合物均具有 2-哌嗪-4-氨基-6,7-二甲氧基喹唑啉结构，是 α_1 受体拮抗剂最早的结构模型。这些化合物对 α_1 受体三种亚型的活性相似，均属于非选择性 α_1 受体拮抗剂，但由于各化合物具有不同性质的边链，因此具有不同的药代特征。特拉唑嗪（**26**）和多沙唑嗪（**27**）由于没有亲水的四氢呋喃侧链，因此其水溶性比哌唑嗪（**25**）小，作用时间较长，这些药物是一类重要的治疗高血压、高血脂和良性前列腺增生药物。早期的 α_1 受体拮抗剂还有酚妥拉明（Phentolamine）及萘哌地尔（Naftopidil）等。

图 30-6 早期非选择性 α_1 受体拮抗剂

选择性 α_{1A} 亚型拮抗剂主要能引起松弛血管平滑肌松弛，因此主要用于治疗良性前列腺增生。α_{1B} 和 α_{1D} 亚型受体拮抗剂主要影响许多主动脉收缩，而 α_{1B} 拮抗剂主要控制小的阻力血管收缩。进一步弄清这两种亚型的功能有赖于发展高选择性的药物，但与 α_{1A} 亚型拮抗剂的发展相比，目前 α_{1B} 和 α_{1D} 亚型选择性拮抗剂还相当有限。

尽管从药理分析方法以及药物分子设计上，实现 α_1 受体各亚型选择性还存在瓶颈有待突破，但近年来 α_1 受体拮抗剂的开发仍然是一个发展十分迅速的领域。除了早期的喹唑啉结构外，苯并二噁烷、芳基哌嗪、1,4-二氢吡啶等也相继被发现可作为发展 α_1 受体拮抗剂的结构模型。其中，许多化合物显示出较好的 α_1 受体亚型选择性。

化合物 **30** 代表了一类苯并二噁烷类衍生物，这些化合物对 α_{1A} 亚型具有高度的亲和力和选择性（图 30-7）。在分子中的 2-位插入一个反式侧链，如化合物 **31** 和 **32**，不仅有效地保持了对 α_{1A} 亚型的亲和力（$pK_i>9$），而且还提高了对 α_2 受体的选择性。进一步结构修饰得到了苯基取代的苯并环己酮 **33**，功能分析发现这一化合物具有比母体化合物 **30** 更高的活性，但相对于 α_{1B} 和 α_{1D} 亚型的选择性稍微降低。化合物 **34**~**37** 代表了一类苯基哌嗪衍生物，这些化合物是目前报道的对 α_{1A} 亚型亲和力最高、对 α_{1B} 和 α_{1D} 亚型选择性最好的化合物。在人体克隆的受体上，这些化合物均具有低于 1nmol/L 的亲和力（K_i），而对 α_{1B} 和 α_{1D} 亚型的亲和力均在几百纳摩尔/升以上。化合物 **38** 代表了一类二氢吡啶衍生物，这类化合物也显示出较好的 α_{1A} 拮抗活性。化合物 **38** 对人体克隆的 α_{1A}、α_{1B} 和 α_{1D} 亚

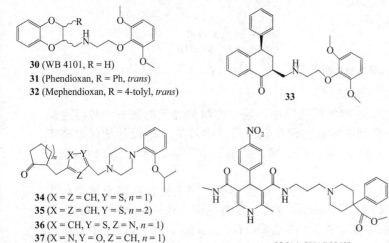

图 30-7 新发展的选择性 α_{1A} 受体拮抗剂

型的亲和力（K_i）分别为2.4nmol/L、3660nmol/L及8710nmol/L。

喹唑啉**39**［(+)-Cyclazosin］是对传统α_1受体拮抗剂哌唑嗪（**25**）进行结构改造得到的衍生物（图30-8），与化合物**25**的非选择性不同，化合物**39**显示出了较高的α_{1B}亚型选择性，因此喹唑啉**39**被许多研究者作为发展α_{1B}亚型选择性拮抗剂的母体化合物，设计和合成了大量的衍生物。然而令人失望的是化合物**39**的衍生物尽管保持了对α_{1B}亚型的高亲和力，但同时也具有较好的α_{1D}亚型活性，因此选择性降低，如化合物**40**，其对人体克隆的α_{1B}和α_{1D}受体的亲和力相同，pK_i均在10以上。而边链改造的类似物**41**更是选择性地作用于α_{1D}受体。边链进一步延伸得到一类二聚体**42**和**43**，二者对α_{1D}受体表现出较强的亲和力和选择性。化合物**44**是一个开环的苯并二噁烷，具有较好的α_{1D}受体拮抗活性，对其他α_1受体亚型以及5-羟色胺受体活性较低。苯基哌嗪**45**～**47**代表了一类高活性的α_{1D}受体拮抗剂，三个化合物对人体克隆的α_{1D}受体均表现出约0.1nmol/L亲和力（K_i），是目前发现的亲和力最高的化合物之一，可作为工具药研究α_{1D}受体的生物功能或作为模板化合物发展治疗性药物。

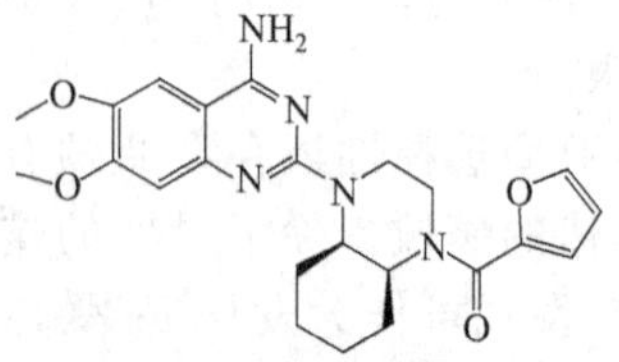

39 [(+)-Cyclazosin]

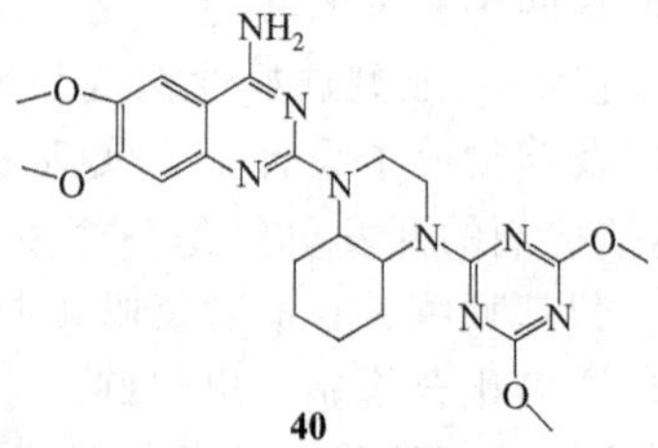

40

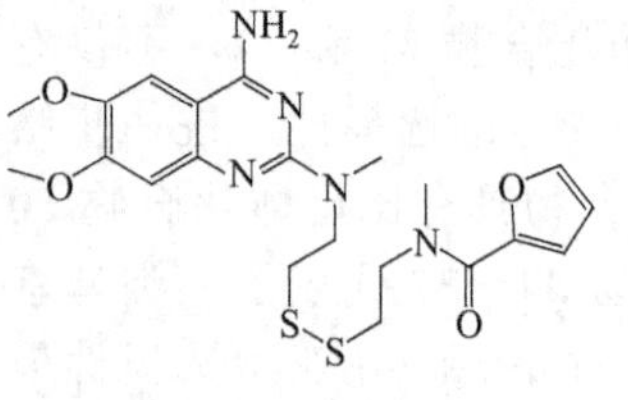

41 (Cystazosin)

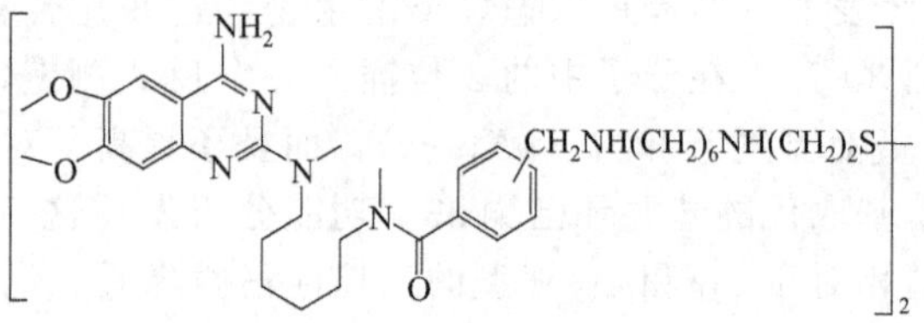

42 (*para*-)

43 (*ortho*-)

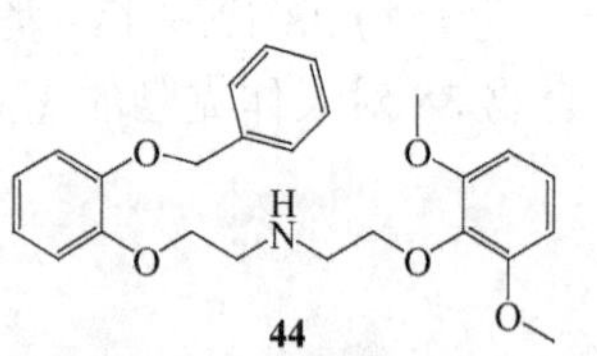

44

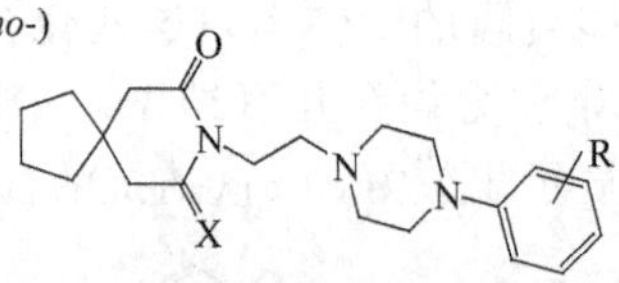

45 (R = 2,5-Cl_2, X = O)

46 (R = 2,5-F_2, X = O)

47 (R = 2,5-Cl_2, X = H,H)

图 30-8 新发展的选择性α_{1B}和$\alpha\alpha_{1D}$受体拮抗剂

30.3.2.2 α_2肾上腺素受体激动剂和拮抗剂

α_2受体广泛分布在中枢神经系统和外周组织中，通过抑制神经元的兴奋和神经递质如去甲肾上腺素等的分泌介导一系列的重要生理反应和药理学效应。α_2受体激动剂临床广泛用于麻醉、疼痛治疗等领域，而α_2受体拮抗剂主要用于治疗高血压、高血脂以及前列腺肥大等疾病[24～26]。

（1）α_2肾上腺素受体激动剂[7,26～29]　代表性α_2受体激动剂主要包括咪唑啉类衍生物，如可乐定（**48**）、阿可乐定（Apraclonidine，**49**）、溴莫尼定（Brimonidine，**50**），以及胍类衍生物，如胍纳苄（Guanabenz，**51**）、胍法辛（Guanfacine，**52**），以及甲基多巴（Methyldopa，**53**）等（图30-9）。可乐定（**48**）能激活外周α_2受体而使血压短暂升高，同时又可激活中枢α_2受体及咪唑啉-I_1受体，从而导致血压持久下降，因而可用于治疗中度高血压，然而这一化合物未能在临床上使用，主要是因为这一化合物能够跨过血脑屏障进入中枢神经系统，从而产生典型的中枢副反应，如镇静和血压降低等。阿可乐定（**49**）和溴莫尼定（**50**）能激活眼内的 α_2 受体，导致房水减少并促进其外流，从而降低眼压，可用于治疗青光眼。胍类衍生物 **51** 和 **52** 可看作可乐定（**48**）的开环类似物，可激活中枢 α_2 受体，其作用和用途与可乐定相似。甲基多巴（Methyldopa，**53**）是一个前药，在体内经酶作用产生 (1S,2R)-1-羟基-去甲肾上腺素（**54**），化合物 **54** 是一个 α_2 受体激动剂，抑制交感神经冲动的传出，促使血压降低，从而达到治疗高血压的目的。

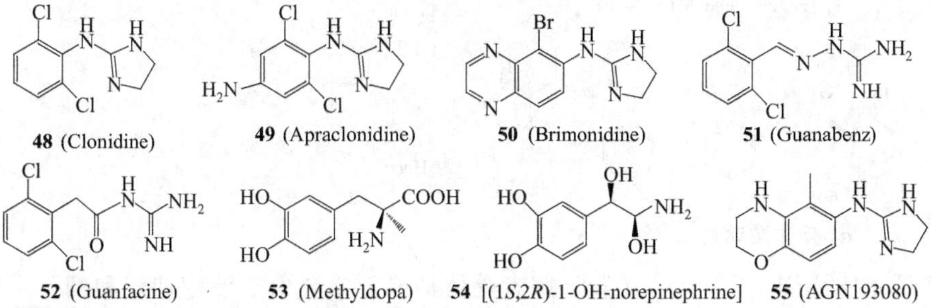

48 (Clonidine)　　**49** (Apraclonidine)　　**50** (Brimonidine)　　**51** (Guanabenz)

52 (Guanfacine)　　**53** (Methyldopa)　　**54** [(1S,2R)-1-OH-norepinephrine]　　**55** (AGN193080)

图 30-9　代表性 α_2 肾上腺素受体激动剂

随着 α_2 受体亚型（α_{2A}、α_{2B}、α_{2C}）的发现和克隆，这些亚型的功能和药理作用得到证实。α_{2A} 受体是在三种亚型中分布最广、含量最高，在许多周边和中枢组织中大量存在，与血压、体温、镇静、癫痫、单胺神经递质的释放与代谢等均有关。α_{2B} 受体主要分布于周边系统，与胎盘血管生长、一氧化氮氧化酶的镇痛等有关。α_{2C} 受体分布更加狭小，与许多中枢神经活动密切相关。因此，各亚型选择性药物有着不同的治疗用途。在对早期的代表性的 α_2 受体激动剂对各亚型的活性及选择性进一步分析发现，大部分 α_2 受体激动剂均对 α_{2A} 亚型表现出较高的亲和力和选择性。可乐定（**48**）和阿可乐定（**49**）对 α_{2A} 亚型的亲和力（K_i）约为 3nmol/L（[^{3}H] prazosin 为同位素配体），但也表现出较好的 α_{2A} 亚型的结合能力（K_i 分别为 8nmol/L 和 5nmol/L），两者对 α_{2C} 受体的亲和力较差，均为 30nmol/L。溴莫尼定（**50**）及 AGN193080（**55**）对 α_{2A} 亚型的亲和力（K_i）较高，分别为 2.7nmol/L 和 1.2nmol/L，对 α_{2B} 亚型均表现出 20 倍以上的选择性，前者对 α_{2C} 受体亲和力也较低，因此是一个较好的选择性 α_{2A} 激动剂，后者对 α_{2C} 受体亲和力稍低，K_i 值约为 9nmol/L。

除了咪唑啉等结构可作为设计和合成 α_2 受体各亚型选择性激动剂外，近年来，各种取代的苯乙胺、环状苯乙胺、喹唑啉、噁唑啉、咪唑、胍等结构也可用来作为基本骨架发展各亚型选择性激动剂。Medetomidine（**56**）是一个 α_{2A} 亚型激动剂，用于人或动物镇静止痛（图 30-10）。其右旋光学异构体（右旋美托咪啶，Dexmedetomidine）是主要的活性异构体，2000 年在美国上市，2004 年 1 月在日本上市，与消旋体相比，右旋美托咪啶对中枢 α_2-肾上腺素受体激动的选择性更强，且半衰期短，用量很小，适用于重症监护治疗期间开始插管和使用呼吸机病人的镇静。Fadolmidine（MPV-2426，**57**）也是一个 α_{2A} 亚型激动剂，但选择性较低，它选择性作用于脊椎 α_{2A} 受体，产生镇痛作用，尤其是对于生理状态及术后超敏状态的镇痛十分有效。化合物 **58**（Meperidine）是一个苯基哌啶衍生物，属于麻醉型镇痛药，但镇痛效果无法被阿片受体拮抗剂阻断，是一个选择性较好的 α_{2B} 受体激动剂，主要用于治疗中到严重疼痛。化合物 **59**、**60** 代表了一类噁唑啉衍生物，这些化合物表现出了明显的 α_{2C} 激动活性和选择性。化合物 **60** 对 CHO-hα_{2C} 的亲和力 pEC$_{50}$ 为 7.6，对其他亚型基本没有作用。化合物 **61** 具有咪唑啉甲基联苯醚结构，对 α_{2A} 和 α_{2C} 活性较好，但对 α_{2C} 活性较差。对其两个立体异构体研究发现，其 S-(−)-型异构体是主要的活性体，而 R-异构体活性较差。化合物 **62** 代表了一类咪唑衍生物，这些化合物在 α_{2D} 受体（α_{2A} 受体的种属变体）上显示很高的亲和力和选择性。化合物 **62** 与 α_{2D} 受体的半数结合常数高达 0.008nmol/L，相对于的 α_1、α_{2B}、α_{2C} 受体选择性高达几千甚至几万倍以上，是进一步研究这一受体亚型的理想工具药。

图 30-10　选择性 α_{2A}、α_{2B}、α_{2C} 受体激动剂

（2）α_2 肾上腺素受体拮抗剂[7,31~33]　α_2 肾上腺素受体拮抗剂主要由于治疗抑郁和糖尿病，同时还对一系列其他疾病或症状具有一定的治疗潜力，包括心血管疾病、肥胖、男性性功能障碍等。许多 α_1 受体拮抗剂如哌唑嗪（**25**）以及传统的 5-羟色胺再摄物抑制剂类抗抑郁药也对 α_2 受体具有较好的作用。代表性的早期 α_2 受体拮抗剂主要包括，具有抗抑郁作用的育亨宾（Yohimbine，**63**）、咪唑克生（Idazoxan，**64**）、米安色林（Mianserine，**65**）、米尔塔扎平（Mirtazapine，**66**）、萘帕咪唑（Napamezole，**67**）等，以及具有抗糖尿病的 α-育亨宾（Rauwolscine，**68**）、阿替美唑（Atipamezole，**69**）和 SL84.0418（**70**）等（图 30-11）。

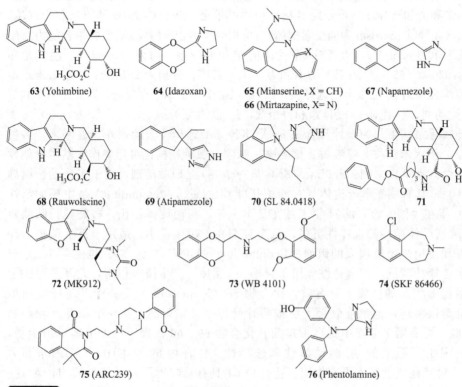

图 30-11　代表性 α_{2A}、α_{2B}、α_{2C} 受体拮抗剂

育亨宾 (**63**) 和哌唑嗪 (**25**) 是最早的 α 受体拮抗剂之一，对受体亚型的区分发挥了重要作用。育亨宾 (**63**) 及其立体异构体 α-育亨宾 (**68**) 代表了一类经典的 α_2 受体拮抗剂，对 α_{2A} 和 α_{2C} 活性稍高于 α_{2B} 亚型，但选择性不大。增加一个酰胺侧链得到类似物 **71**，其对 α_{2C} 活性得到大大提高，选择性也增强，在 CHO-$h\alpha_2$ 受体亚型上的活性 (K_i) 分别为 α_{2C} 0.65nmol/L；α_{2A} 29nmol/L；α_{2B}：1300nmol/L。把育亨宾的吲哚基团替换为苯并呋喃得到化合物 **72** (MK912)，这一化合物同时作用于中枢和周边 α_2 受体，表现出了极高的 α_{2C} 活性 (pK_i，10.1)，以及中等程度的 α_{2A} 和 α_{2B} 活性。化合物 **73** (WB4101) 代表了一类苯并二氧六环结构，对 α_{2C} 受体具有较好的亲和力和选择性，化合物 **73** 早期也用来作为工具药表征 α_{2C} 受体亚型。咪唑克生 (**64**) 和 SKF86466 (**74**) 也是早期研究 α_2 受体拮抗剂，前者为苯并二氧六环类似物，后者具有苯氮䓬结构。进一步分析发现它们对 α_{2A} 亚型具有较好的活性和选择性，可阻滞胰岛细胞上的 α_{2A} 受体，从而具有治疗非胰岛素抵抗糖尿病潜力。选择性 α_{2B} 受体拮抗剂目前报道得十分有限，ARC239 (**75**) 和酚妥拉明 (Phentolamine, **76**) 代表了两类不同结构，它们均对 α_{2B} 受体具有中等活性和选择性。ARC 239 (**75**) 具有苯基哌嗪结构，是一个较好的 α_{2B} 受体拮抗剂，对 α_{2C} 亚型也有一定活性，对 α_{2A} 亚型亲和力最差，其 α_{2B}/α_{2A} 选择性超过 100。酚妥拉明 (**76**) 属于二芳基氨基甲基咪唑啉衍生物，由于咪唑啉基团是 α 受体药物最典型的药效基团，因此这一化合物对 α 受体家族均有作用，对 α_1 和 α_2 受体选择性较差，但具有微弱的 α_{2B} 选择性。临床上作为一种非选择性肾上腺素能受体阻滞剂，有拟交感神经作用、拟副交感神经作用和组胺作用，小剂量可直接扩张血管，大剂量则以 α 肾上腺素能受体阻断作用为主，是一种作用较强的血管扩张药，既扩张动脉，又扩张静脉，减轻心脏的前负荷和后负荷，使慢性充血性心衰病人的心输出量增加和左、右心室充盈压下降，从而改善左心室功能。

30.3.2.3　β 肾上腺素受体激动剂和拮抗剂

自从发现第一个 β 肾上腺素受体拮抗剂以来，β 肾上腺素受体仍然是一个药物设计和发现的重要靶标，新的受体亚型的确证、新的生物功能的发现以及新的激动或拮抗剂的不断涌现，使得这一领域的研究长期成为化学、药理和生物等学科研究的热门课题之一。尽管近年来，新的治疗高血压的方法不断涌现，但 β_1 或 β_1/β_2 受体拮抗剂仍然是一个有效的选择，在充血性心力衰竭病人治疗中，发病率和死亡率明显低于其他治疗药物。吸入 β_2 受体激动剂是治疗哮喘的最主要、最快速有效的方法，而 β_2 受体激动剂与皮质类甾醇联合使用则可进一步改进哮喘治疗的质量并为病人带来方便。β_3 受体激动剂可用于治疗肥胖和糖尿病等，近年来许多药物已经进入临床阶段。许多选择性 β_3 受体拮抗剂也相继涌现，它们的治疗潜力也是肾上腺素受体药物研究的热点之一。

(1) β 肾上腺素受体激动剂[8,34~39]　β 肾上腺素受体激动剂可舒张支气管并增强心脏收缩力，传统上被划分为 β_1 受体激动剂、β_2 受体激动剂以及非选择性激动剂三类。激活 β_1 受体能引起心率增加、心肌收缩能力增强、胃肠道平滑肌舒缓、血小板凝聚以及唾液淀粉酶分泌增强等。激活 β_2 受体能使血管舒张、支气管扩张、胃肠道平滑肌松弛、肝糖元分解以及抑制肥大细胞释放组胺等。

最早用于临床的药物有肾上腺素和麻黄碱，但两者也同时激活 α 受体。内源激动剂肾上腺素和去甲肾上腺素对 β_1 和 β_2 受体均有激动作用，对 β_1 受体两者等效，但对 β_2 受体，肾上腺素比去甲肾上腺素作用强。异丙肾上腺素 (**77**) 是最早的 β 肾上腺素受体非选择性激动剂，对 α 受体基本无活性，但与肾上腺素不同的是，化合物 **77** 可同时激动 β_1 和 β_2 两受体，可见细微的结构变化可以实现较好的 β/α 选择性，临床上利用其 β_2 受体激动能力扩张支气管平滑肌，用以治疗哮喘。进一步延伸氨基侧链可得到一系列类似物，其中，多巴酚丁胺（Dobutamine，**78**）是一个是早期报道的 β_1 受体选择性激动剂，但对 α_1 受体也有活性，手性中心对活性影响较大，S-构型是 β_1 和 α_1 受体双重激动剂，R-构型则表现出 α_1 拮抗 β_1 弱激动。消旋体 **78** 可用于治疗心脏手术后的休克或心肌梗死等，但近年来临床研究发现其作用较为复杂，而且作用不专一。近年来，β_1 受体激动剂的开发进展不大，高选择性的药物不多，这主要是受其临床用途的限制。Ro363 是一个新发现的氧，氧-二甲基保护的儿茶胺与三 3,4-二羟基酚氧乙醇通过一个亚甲基连接而成的链状结构，对 β_1 受体具有较好的亲和力，但内在激动活性不高（图 30-12）。

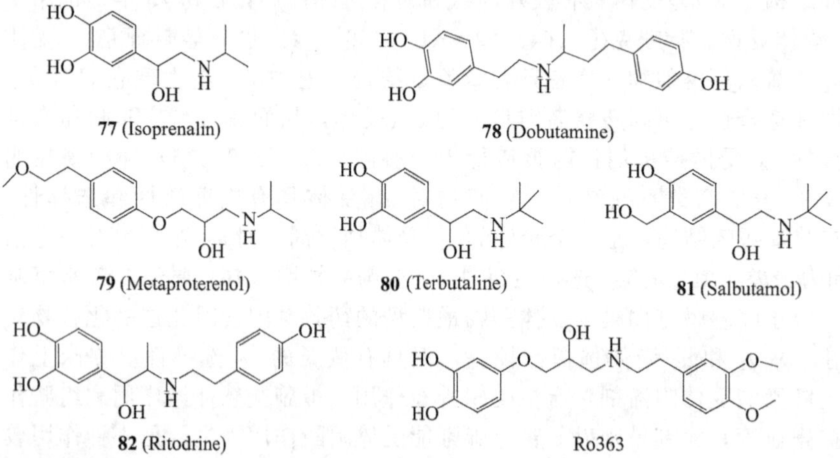

图 30-12 早期的代表性 β_1、β_2 受体激动剂

修饰儿茶酚结构得到间羟异丙肾上腺素（Metaproterenol，**79**），是一个 β_2 受体选择性激动剂，为平喘药，作用与异丙肾上腺素（**77**）相似，适用于支气管哮喘、慢性支气管炎、肺气肿，也可静脉滴注用于房室传导阻滞等。制剂有片剂，注射剂和气雾剂。保留肾上腺素的 2-羟基，改变 N-取代基，得到一系列肾上腺素类似物，包括特布他林（Terbutaline，**80**）、沙丁胺醇（Salbutamol，**81**）、利托君（Ritodrine，**82**）等，这些化合物均表现出较好的 β_2 受体选择性，主要用于支气管平滑肌舒张。特布他林（**80**）对支气管扩张作用比沙丁胺醇（**81**）弱，临床用于治疗支气管哮喘、喘息性支气管炎、肺气肿等。沙丁胺醇（**81**）能选择性激动支气管平滑肌的 β_2 受体，它松弛平滑肌，有较强的支气管扩张作用，其机制为激活腺苷环化酶，促进环磷腺苷生成。口服后 15~30min 生效，2~4h 作用达高峰，持续 6h 以上。而 **82** 主要激动子宫平滑肌中的 β_2 受体，抑制子宫平滑肌的收缩，减少子宫的活动而延长妊娠期，适用于保胎和预防早期流产。

其他的已经上市的 β_2 受体激动剂还有比托特罗（Bitolterol，**83**）、福莫特罗（Formoterol，**84**）、异丙磺喘宁（Soterenol，**85**）、茶丙特罗（Reproterol，**86**）、菲洛特罗（Fenoterol，**87**）等（图 30-13）。比托特罗（**83**）用于缓解支气管哮喘、哮喘型支气管炎和其他呼吸系统疾病所致的支气管痉挛，其疗效与间羟叔丁肾上腺素相等。福莫特罗（**84**）是一种新型长效 β_2 受体选择性更高的激动药，在体内与 β_2 受体结合，能激活气道平滑肌细膜上的腺苷酸环化酶，使细胞内的环磷腺苷合成增多，并能降低细胞内 Ca^{2+} 浓度而舒张支气管平滑肌，其气道扩张作用可维持 12h 以上。另一显著特点是具有较强的抗炎活性，抑制气道血管通透性增高和抗原引起的炎症细胞在气道的浸润。该产品口服吸收良好，服后 30min 起效，约 4h 后达最大效应。吸入给药 5min 即起效，约 2h 达高峰。缓解由支气管哮喘，急、慢性支气管炎，喘息性支气管炎及肺气肿所引起的呼吸困难等多种症状。异丙磺喘宁（**85**）也是一个选择性 β_2 受体激动剂，但对 β_2 受体的选择性作用不及

81。吸入给药时,其支气管扩张作用与异丙肾上腺素相似,但对心脏的兴奋作用较弱。亦因其不被儿茶酚氧位甲基转移酶代谢灭活,故药效持续时间较异丙肾上腺素长。口服时其平喘作用与麻黄碱相似。无论吸入或口服本品均可明显改善肺功能,适用于支气管哮喘和哮喘型支气管炎、慢性支气管炎、肺气肿所致的支气管痉挛。茶丙特罗(**86**)是一种高选择性激动支气管平滑肌 β_2 受体药物,对支气管平滑肌有较强的扩张作用,对心血管系统影响较小。吸入后 1min 左右即可起效,口服后 30min 显效,作用时间至少可维持 4~6h。可解除支气管痉挛,而对心率、心排出量和血压则无明显影响。菲洛特罗(**87**)是一个 β_2 肾上腺素能兴奋剂,同时也是抗胆碱能药物,可作为高效支气管扩张剂,用于治疗支气管哮喘和其他可逆性气道狭窄如慢性阻塞性支气管炎或伴发肺气肿,也可用于预防运动造成的支气管痉挛。

图 30-13 代表性 β_2 受体激动剂

β_3 肾上腺素受体主要存在于具有产热功能的白色和棕色脂肪细胞上,激活该受体可调节人体热量平衡、葡萄糖代谢、能量消耗,临床上可用于治疗糖尿病和肥胖症。近年来,β_3 肾上腺素受体激动剂得到了很大的发展,发现了许多选择性的药物并进入了临床研究,并在动物模型上有较好的作用,但真正对人体有效的化学实体却很少,原因可能是由于人体和啮齿类动物的 β_3 肾上腺素受体的病理生理学特性不同,或药物在人体或啮齿类动物体内的代谢和药代动力学方面的差异引起的。因此,寻找高效、高选择性的人 β_3 肾上腺素受体激动剂是减肥药研究的一个重要方向。

β_3 受体激动剂主要是芳基乙醇胺类(图 30-14),大多不具备 β_1 和 β_2 受体激动剂所特有的儿茶酚结构,同时具有苯并吡喃、四氢异喹啉等结构的选择性激动剂也有报道。芳基乙醇胺类化合物中,大部分结构修饰都集中在左右两边的结构改造,左边的芳基主要是取代的苯环或杂芳基。右边的变化主要包括苯氧乙酸或酯、吲哚乙酸或酯、N-芳磺酰基取

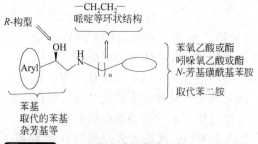

图 30-14 β_3 受体激动剂基本结构

代的苯胺以及取代的对苯二胺类，这些侧链不仅影响 $β_3$ 受体激动活性，而且对受体的选择性也至关重要。这些化合物中活性较好的有 **88**～**95**（图 30-15）。化合物 **88**（N-5984）是一个具有苯并二噁唑烷结构边链的构型受限的苯氧乙酸结构，其 $β_3$ 受体的亲和力和选择性比类似化合物 **89**（SR58611A）、**90**（CL-316243）要高，目前已在临床研究阶段。化合物 **89** 虽然对 $β_3$ 受体的亲和力和选择性较低，但作为抗抑郁药已经上市。化合物 **90**（CL-316243，又称 BTA-243）效果较好，是第一个在人体内具有高度选择性的 $β_3$ 受体激动剂，对 $β_3$ 受体有高度的亲和力（EC_{50}，0.3nmol/L），已进入Ⅱ期临床试验。对健康清瘦男性志愿者的研究表明，化合物 **90** 以血浆浓度依赖方式增加胰岛素的活性和脂肪的氧化，用药 28 天后，胰岛素调节的血糖分解和脂肪氧化明显增加，碳水化合物氧化有所降低，同时，对血浆中葡萄糖、胰岛素和瘦素的浓度没有影响，游离脂肪酸浓度增加较多，对血压、心率没有影响，用药期间没有振颤发生。但由于其生物利用度较低，在应用中受到了限制。为提高其生物利用度和改善药代动力学特性，许多研究小组合成了一系列其酯类化合物作为前药。化合物 **91** 的结构较为特殊，含有苯硫基取代的苯乙酰胺结构，也显示出了较高的 $β_3$ 受体激动活性。化合物 **92**～**94** 含有噻唑或噻唑酮结构，对 $β_3$ 受体亲和力较高，对 $β_1$ 和 $β_2$ 受体基本无活性。化合物 **95** 含有吲哚结构，这类化合物是目前报道的 $β_3$ 受体激动剂中亲和力最高的一类衍生物，但选择性不如其他类型化合物。

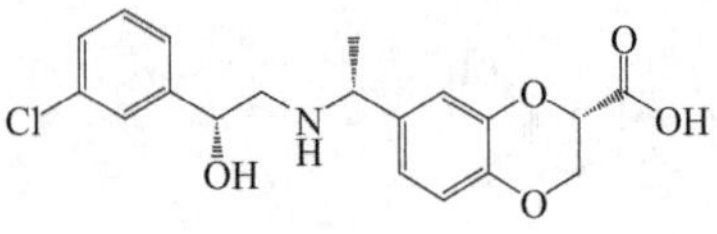

88 N-5984

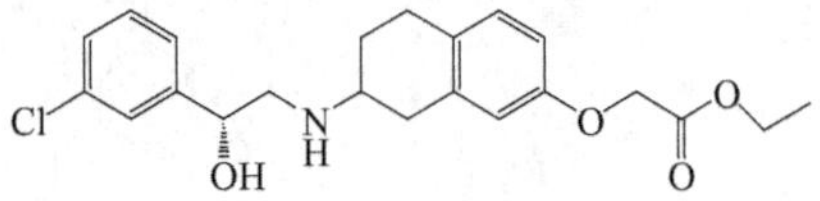

89 SR58611A

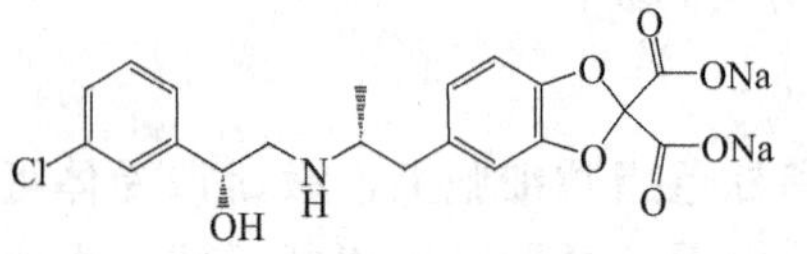

90 CL-316243

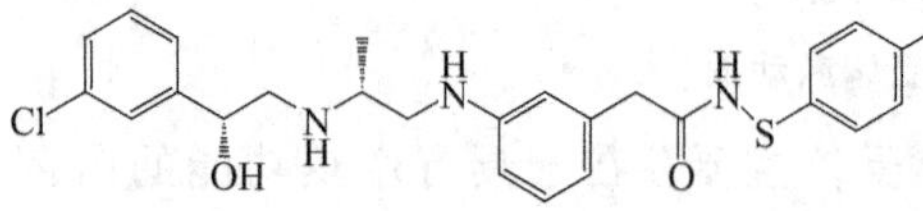

91

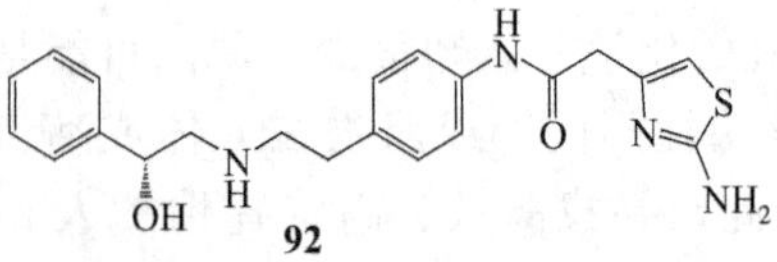

92

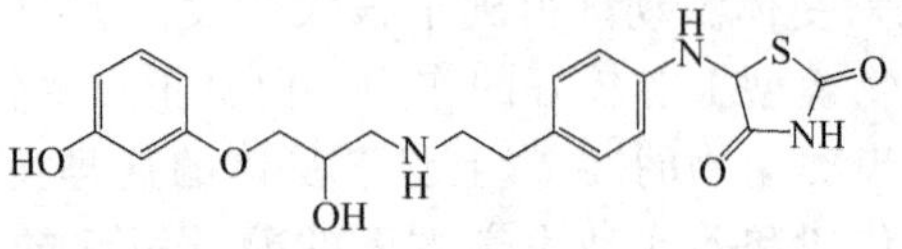

93

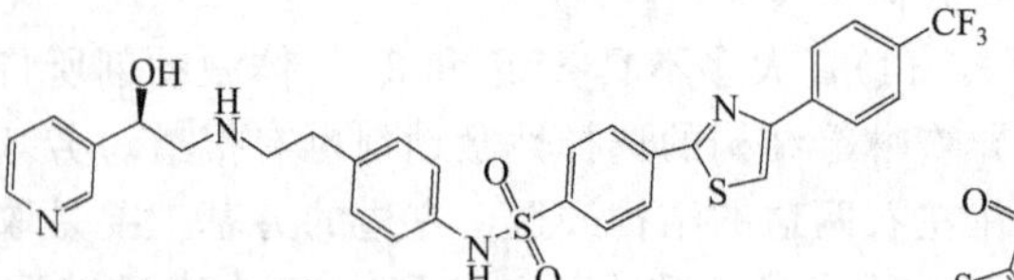

94

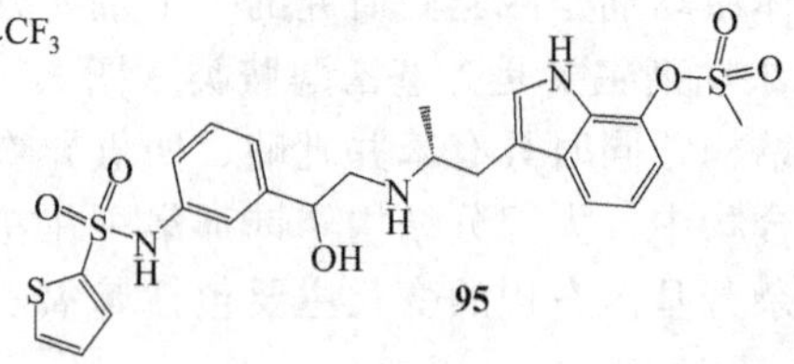

95

图 30-15 $β_3$ 受体激动剂

（2）β 肾上腺素受体拮抗剂[39～42] β 肾上腺素受体拮抗剂竞争性地与肾上腺素 β 受体结合从而抑制内源性 β 受体激动剂如肾上腺素神经递质或其他 β 受体激动剂激活 β 受体而产生的各种效应，如对心脏兴奋的抑制作用、对支气管和血管平滑肌的舒张作用等，从而引起心率减弱、心输出量减少、心肌耗氧量下降，同时延缓心房和房室结的传导。临床上可用以治疗心律失常、心绞痛并降低血压等，是一类广泛使用的治疗心血管病药物。

β 受体拮抗剂最初是从异丙肾上腺素（**77**）结构改造而来的，因此大多早期的 β 受体拮抗剂均具有异丙肾上腺素这一基本骨架，包括 DCI（**96**）、丙奈洛尔（Pronethalol,

97）、索他洛尔（Sotalol，**98**）、拉贝洛尔（Labetalol，**99**）等（图 30-16），这些都属于非选择性 β_1 和 β_2 受体双重激动剂。DCI（**96**）是第一个 β 受体阻滞剂，浓度高时能抑制肾上腺素激动剂引起的心脏兴奋和周围血管扩张，对血管收缩不影响，临床上因其较强的激动作用而弃用。进一步用碳桥取代氯原子并用萘环取代苯环得到丙奈洛尔（**97**），这一化合物几乎没有内源性肾上腺素样激动作用，但有中枢神经系统的副作用及致癌活性。索他洛尔（**98**）无内在的拟交感神经活性、膜稳定作用及心脏选择性，在临床上不仅可以作为抗心律失常药物使用，还可以作为高血压、心绞痛的治疗药物。拉贝洛尔（**99**）兼具 α 和 β 受体阻断作用，有较弱的内在活性及膜稳定作用，阻断 β 受体的作用为阻断 α 受体作用的 4～8 倍，阻断 β_1 受体的作用比阻断 β_2 受体的作用略强，其心率减慢作用较轻，降压作用出现较快，与高选择性的 β 受体阻滞剂相比，该药在立位和运动试验时的降压作用较强。

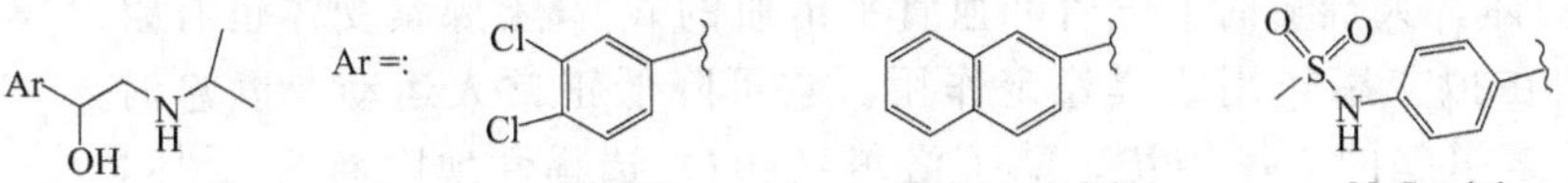

96 DCl　**97** Pronethalol　**98** Sotalol

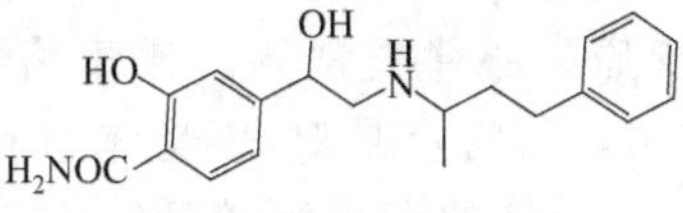

99 Labetalol

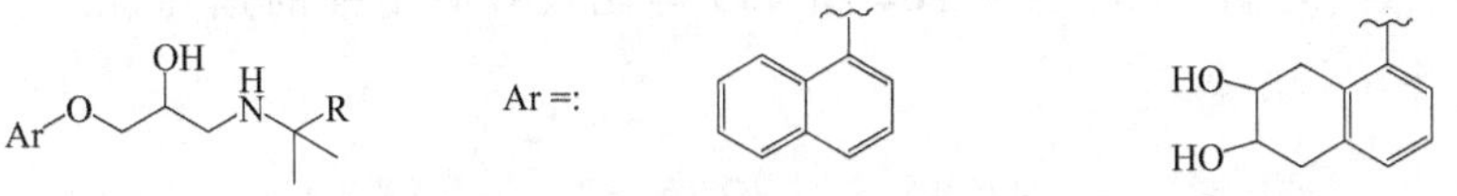

100 (R = H, Propanolol)　**101** (R = Me, Nadolol)

102 (R = H, Timolol)　**103** (R = H, Pindolol)

图 30-16　非选择性 β_1、β_2 受体拮抗剂

在芳基乙醇胺结构的芳环和 β 碳原子间插入一个—OCH_2—结构单元，得到一类具有芳氧丙醇胺类长效的非选择性 β 受体拮抗剂（图 30-16），包括：普萘洛尔（Propanolol，**100**）、纳多洛尔（Nadolol，**101**）、噻吗洛尔（Timolol，**102**）以及吲哚洛尔（Pindolol，**103**）等。普萘洛尔（**100**）具有阻滞肾上腺素或拟交感胺的作用，一方面使心率减慢，心肌收缩力减弱，血压降低，从而使心脏氧耗量减少，有利于心绞痛。另一方面由于加强加心室喷射时间及心室容积而增加氧耗量，又不利于心绞痛。两种作用相互抵消。化合物 **100** 仍是防治心绞痛有效药物。纳多洛尔（**101**）作用类似化合物 **100**，但强 2～4 倍，主要呈现心肌收缩力减弱，心率减慢，心输出量减少，血压降低和血浆肾素活性降低。噻吗洛尔（**102**）是一个活性很高的 β 肾上腺素受体拮抗剂，作用强度为普萘洛尔的 8 倍，但无选择性及膜稳定作用，无内在拟交感活性，无直接抑制心脏作用，无局部麻醉作用，口服后 2h 血浓度达峰值，血浆半衰期约 5h，临床用于治疗高血压病、心绞痛、心动过速及青光眼。吲哚洛尔（**103**）类似化合物 **100**，对 β_1、β_2 受体的拮抗作用无选择性，但作用强 6～15 倍，且有较强的内在拟交感活性，对减少心率及心输出量的作用较弱。

在芳基乙醇胺结构的芳环的对位引入边链可获得 β_1 受体选择性拮抗剂，这些包括：美托洛尔（Metoprolol，**104**）、阿替洛尔（Atenolol，**105**）、艾司洛尔（Esmolol，**106**）、醋丁洛尔（Acebutolol，**107**）、比索洛尔（Bisoprolol，**108**）等（图 30-17），它们主要用于治疗高血压和心绞痛。塞利洛尔（Celiprolol，**109**）既是一个 β_1 受体拮抗剂，同时又是一个 β_2 受体激动剂，两种作用能很好地舒张血管。其中，美托洛尔（**104**）是一种以 β_1 肾上腺素能受体阻滞作用为主（心脏选择性）的药物，无 PAA（部分激动活性），无膜稳定作用，能减慢心率、抑制心收缩力、降低自律性和延缓房室传导时间等，对血管和支气管平滑肌的收缩作用较弱，因此对呼吸道的影响也较小，因此很适合于治疗高血压和心绞痛，减少心肌梗死的发生率，降低心肌梗死后的死亡。阿替洛尔（**105**）是一个选择性较好的 β_1 受体阻滞剂，无膜稳定性作用，无内在拟交感活性，无心肌抑制作用，对心脏选择性强，对血管及支气管影响较小。艾司洛尔（**106**）主要作用于心肌的 β_1 肾上腺素受体，大剂量时对气管和血管平滑肌的 β_2 肾上腺素受体也有阻滞作用。在治疗剂量无内在拟交感作用或膜稳定作用。它可降低正常人运动及静息时的心率，对抗异丙肾上腺素引起的心率增快。醋丁洛尔（**107**）选择性地阻断 β_1 受体，既具有心脏选择作用，也具有一定的内在交感活性和膜稳定性，作用与普萘洛尔相似，但强度仅及 1/2，可用于治疗高血压、心绞痛、心律失常等。比索洛尔（**108**）是高度选择性的 β_1 受体阻滞剂，有可逆性竞争作用，其特点是对 β_1 受体亲和性较高，而对支气管和血管平滑肌 β_2 受体和酶代谢调节的 β_2 受体的亲和性较低。它无内源性拟交感活性，在一般剂量范围也无膜稳定作用，与化合物 **104** 和 **105** 等比较具有更强的选择性 β_1 受体阻断作用。

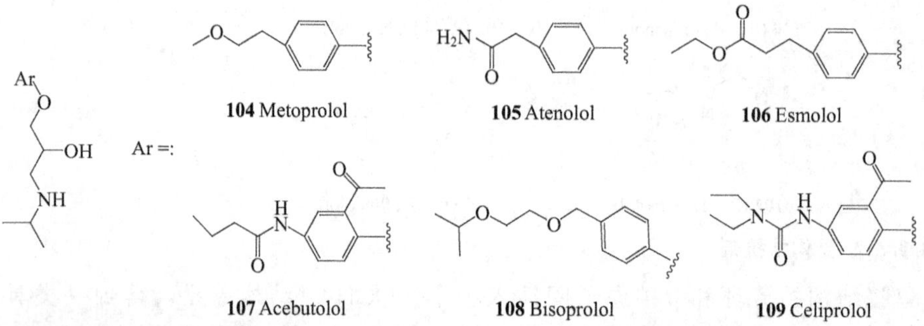

图 30-17 选择性 β_1 受体拮抗剂

选择性 β_2 受体拮抗剂较少，其临床用途也鲜有报道。ICI 118511（**110**）是最近报道的对一个 β_2 受体亲和力和选择性均较好的化合物，其结构与 β_1 受体拮抗剂类似，具有苯氧丙醇胺基本骨架，对 β_1、β_2、β_3 的亲和力分别为 300nmol/L、0.55nmol/L、360nmol/L，是一个研究 β_2 受体的理想药物（图 30-18）。Bupranolol（**111**）和 Carvedilol（**112**）也具有一定的 β_2 受体选择性，但前者对 β_1、β_2 受体均有阻断作用，无内在拟交感活性，后者对三种 β 受体以及 α 受体都有拮抗，是一个混合型 α/β 受体阻滞剂。

β_3 受体拮抗剂的研发比较困难，目前选择性拮抗剂相当有限，以至于药理上鉴定 β_3 受体大多使用化合物 **111** 这一中等活性的化合物作为标准品。化合物 **113** 和 **114** 是两个芳氧丙醇胺类似物（图 30-18），对 β_3 受体的结合常数约为 4nmol/L，对 β_2 受体的选择性为 25 和 50 倍，对 β_1 受体选择性大于 100 倍，可用来作为探针进一步研究 β_3 受体的功能及药理用途。

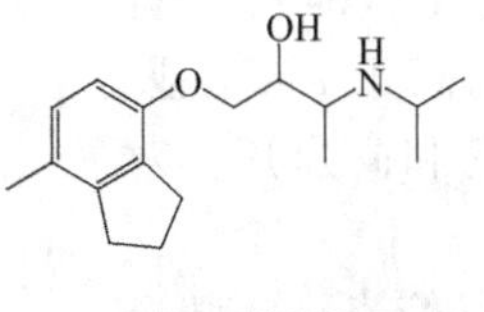

110 ICI 118551

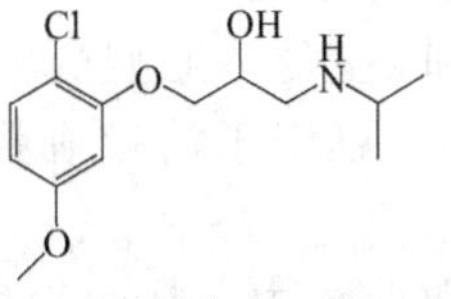

111 Bupranolol

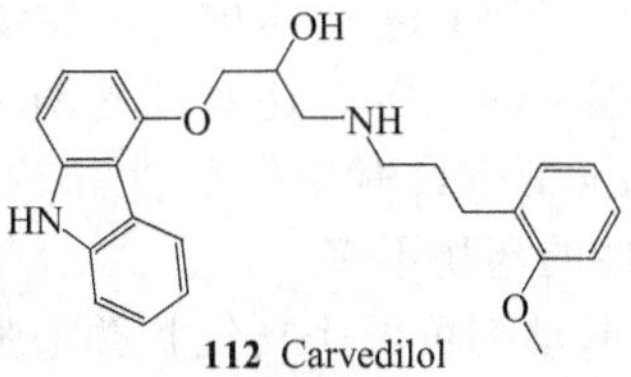

112 Carvedilol

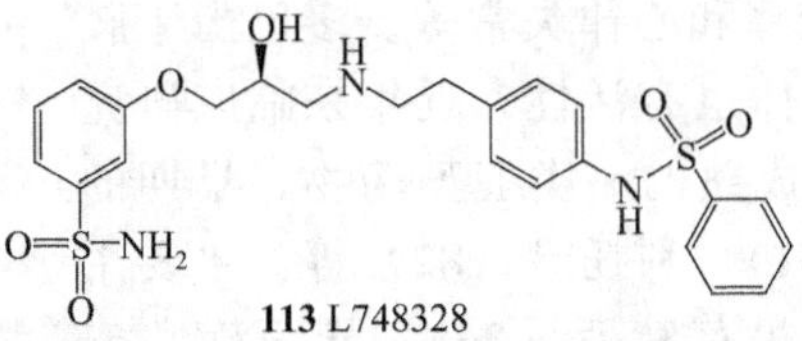

113 L748328

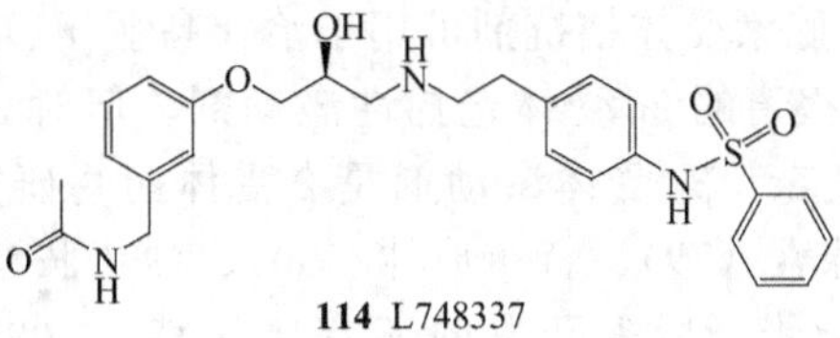

114 L748337

图 30-18 选择性 β_2、β_3 受体拮抗剂

30.4 讨论与展望

肾上腺素和去甲肾上腺素是神经系统的重要神经递质，参与人体许多重要生理活动。肾上腺素受体在体内各组织广泛分布，尤其是心血管、呼吸及内分泌系统，具有广泛的生理功能。肾上腺素受体主要分为 α 和 β 两大类，共有 α_{1A}、α_{1B}、α_{1D}，α_{2A}、α_{2B}、α_{2C}，β_1、β_2、β_3 九个亚型。尽管，其他亚型存在的报道也有不少，但这些亚型大多证明是目前已知受体的分子同类物，这些受体亚型之间的二聚或多聚也有不少报道，但这些复合物的完全确证及其生理功能和药理用途还有待进一步研究。针对肾上腺素受体的药物设计长期以来一直是药物设计和合成的热点之一。这些化合物大多起源于对内源性药物肾上腺素或去甲肾上腺素的结构改造上。早期的 α_1 受体激动剂大多对心血管和泌尿生殖器同时具有作用，因此发展 α_1 受体各亚型选择性激动剂的最初目的是希望把这两种作用通过化学方法进行分离，进而获得压迫性尿失禁药物。由于 α_{1A} 亚型受体主要分布在人体尿道组织，因此发展 α_1 受体激动剂主要集中在发展 α_{1A} 亚型受体选择性药物。A-61603（**20**）和 ABT-866（**21**）是活性较高的 α_{1A} 受体激动剂，在克隆的人体和动物细胞上均显示出高度的选择性。尽管选择性激动 α_{1B} 或 α_{1D} 受体有可能影响局部血管收缩并改善低血压治疗效果，但目前有前景的化合物很少。α_1 受体拮抗剂是 20 世纪 60 年代后广泛使用的一类降压药，由于它能选择性地抑制 α_1 受体而不影响 α_2 受体，能松弛血管平滑肌，但不引起反射性心动加速，副作用较小。典型的药物包括哌唑嗪（**25**），以及同类物，如特拉唑嗪（**26**）、多沙唑嗪（**27**）、曲马唑嗪（**28**）、美他唑嗪（**29**）等，这些化合物是 α_{1A} 受体亚型的代表性药物，目前的研究主要是以这些传统药物作为母体进行结构改造，同它们的激动剂研究一样，选择性 α_{1B} 或 α_{1D} 受体拮抗剂的研究较为困难，主要是难以实现对相应亚型的选择性。

α_2 受体广泛分布在中枢神经系统和外周组织中，通过抑制神经元的兴奋和神经递质如去甲肾上腺素等的分泌介导一系列的重要生理反应和药理学效应。α_2 受体激动剂临床广泛用于麻醉、疼痛治疗等领域，而 α_2 受体拮抗剂主要用于治疗高血压、高血脂以及前列腺肥大等疾病。代表性 α_2 受体激动剂主要包括咪唑啉类衍生物可乐定（**48**）、阿可乐定（**49**）、溴莫尼定（**50**）等，它们主要对 α_{2A} 亚型表现出较好的选择性，新发展的 α_{2A} 受体激动剂还有镇痛药 Medetomidine（**56**），尤其是其右旋光学异构体活性最好，以及 Fadolmidine（MPV-2426，**57**）对于生理状态及术后超敏状态的镇痛十分有效。选择性的 α_{2B} 受体激动剂 **58**（Meperidine）也是一个麻醉性的镇痛药，主要用于治疗中到严重疼痛。选择性的 α_{2C} 受体激动剂也有许多，但其临床应用还十分有限。α_2 受体拮抗剂是治疗抑郁和糖尿病药物研究的热点。早期 α_2 受体拮抗剂主要包括育亨宾（**63**）、咪唑克生（**64**）、α-育亨宾（**68**）、阿替美唑（**69**）等。这些药物对 α_{2A} 和 α_{2C} 受体亚型的活性稍高于 α_{2B} 亚型。酚妥拉明（**76**）对 α_{2B} 受体具有中等活性和选择性，可用于治疗血管病变和高血压。对 α_{2D} 亚型具有高选择性的药物不多。

β 肾上腺素受体激动剂可舒张支气管并增强心脏收缩力，从而治疗支气管炎、哮喘及肺气肿等。β 肾上腺素受体拮抗剂可用于治疗高血压、心绞痛和心律失常等。多巴酚丁胺（**78**）是一个早期报道的 β_1 受体选择性激动剂，但对 α_1 受体也有活性，近年来临床研究发现其作用较为复杂。β_2 受体激动剂是 β 受体药物研究最成熟的一类亚型药物，早期的有间羟异丙肾上腺素（**79**）、特布他林（**80**）、沙丁胺醇（**81**）、利托君（**82**）等，主要用于支气管平滑肌舒张。后来开发的还有比托特罗（**83**）、福莫特罗（**84**）、异丙磺喘宁（**85**）、茶丙特罗（**86**）、菲洛特罗（**87**）等。近年来 β_3 受体激动剂也得到极大的发展，代表性化合物包括 **88**（N-5984）、**89**（SR58611A）以及 **90**（CL-316243），主要用于肥胖、糖尿病及降压。β 受体拮抗剂，如早期的乙醇胺类 DCI（**96**）、丙奈洛尔（**97**）、索他洛尔（**98**）和拉贝洛尔（**99**）以及随后的芳氧丙醇胺类普萘洛尔（**100**）、纳多洛尔（**101**）、噻吗洛尔（**102**）以及吲哚洛尔（**103**）等，这些药物均是混合的 β_1/β_2 受体拮抗剂，是一类广泛使用的治疗心血管药物。选择性拮抗 β_1 受体的有美托洛尔（**104**）、阿替洛尔（**105**）、艾司洛尔（**106**）、醋丁洛尔（**107**）、比索洛尔（**108**）等，它们主要用于治疗高血压和心绞痛。选择性 β_2 及 β_3 受体拮抗剂较少，其临床用途也鲜有报道。

尽管，肾上腺素受体的生理功能和药理用途近年来得到了很大发展，许多肾上腺素受体激动剂和拮抗剂已经在临床上使用。但高选择性地作用于各亚型的药物还十分有限，许多亚型甚至连药理研究的参考化合物都很匮乏。同时，单一选择性的药物和非选择性药物在治疗上的优缺点还不是十分明确，加之近年来肾上腺素受体间的多聚以及与多巴胺等其他受体间形成复合物的可能性使得这一领域研究变得更加复杂。然而，可喜的是最近肾上腺素 β_2 受体亚型的晶体结构的发现，极大地推动了本领域以及整个 GPCR 家族的发展，对进一步阐释药物小分子与受体间的结合模式将提供许多重要的信息。相信随着分子生物学、药理学、蛋白质晶体学、药物化学以及计算机辅助等领域的发展，肾上腺素受体和肾上腺素药物的发展将实现更大的突破。

推荐读物

- Rosol T J, Yarrington J T, Latendresse J, Capen C C. Adrenal gland: structure, function, and mechanisms of toxicity. Toxicol Pathol, 2001, 29: 41-48.
- Hieble J P. Subclassification and nomenclature of alpha-and beta-adrenoceptors. Curr Top Med Chem, 2007, 7: 129-134.
- Cherezov V, Rosenbaum D M, Hanson M A, Rasmussen S G, Thian F S, et al. High-resolution crystal structure of an engineered human beta2-adrenergic G protein-coupled receptor. Science, 2007, 318: 1258-1265.
- Sanders R D, Maze M. Alpha2-adrenoceptor agonists. Curr Opin Invest Drugs, 2007, 8: 25-33.
- Bishop M J. Recent advances in the discovery of alpha1-adrenoceptor agonists. Curr Top Med Chem, 2007, 7: 135-145.
- Rosini M, Bolognesi M L, Giardin D, Minarini A, Tumiatti V, Melchiorre C. Recent advances in alpha1-adrenoreceptor antagonists as pharmacological tools and therapeutic agents. Curr Top Med Chem, 2007, 7: 147-162.
- Gentili F, Pigini M, Piergentili A, Giannella M. Agonists and antagonists targeting the different alpha2-adrenoceptor subtypes. Curr Top Med Chem, 2007, 7: 163-186.
- Hieble J P. Recent advances in identification and characterization of beta-adrenoceptor agonists and antagonists. Curr Top Med Chem, 2007, 7: 207-216.

参考文献

[1] Rosol T J, Yarrington J T, Latendresse J, Capen C C. Toxicol Pathol, 2001, 29: 41-48.

[2]   Hieble J P. Curr Top Med Chem, 2007, 7: 129-134.
[3]   Cherezov V, Rosenbaum D M, Hanson M A, Rasmussen S G, Thian F S, et al. Science, 2007, 318: 1258-1265.
[4]   Sanders R D, Maze M. Curr Opin Invest Drugs, 2007, 8: 25-33.
[5]   Bishop M J. Curr Top Med Chem, 2007, 7: 135-145.
[6]   Rosini M, Bolognesi M L, Giardin D, Minarini A, Tumiatti V, Melchiorre C. Curr Top Med Chem, 2007, 7: 147-162.
[7]   Gentili F, Pigini M, Piergentili A, Giannella M. Curr Top Med Chem, 2007, 7: 163-186.
[8]   Hieble J P. Curr Top Med Chem, 2007, 7: 207-216.
[9]   Hieble J P. Pharmaceu Acta Helv, 2000, 74: 163-171.
[10] Palczewski K, Kumasaka T, Hori T, Behnke C A, Motoshima H, et al. Science, 2000, 289: 739-745.
[11] Gether U. Endocr Rev, 2000, 21: 90 – 113.
[12] Kobilka B, Schertler G F. Pharmacol Sci, 2008, 29: 79-83.
[13] Bruchas M R, Toews M L, Bockman C S, Abel P W. Eur J Pharmacol, 2008, 578: 349-358.
[14] Gericke A, Martinka P, Nazarenko I, Persson P B, Patzak A. J Physiol Regul Integr Comp Physiol, 2007, 293: R1215-221.
[15] MacDougall I J, Griffith R. J Mol Graph Model, 2006, 25: 146-57.
[16] Zhong H, Minneman K P. Eur J Pharmacol, 1999, 375: 261-276.
[17] Ruffolo R R Jr. Drug Des Disc, 1993, 9: 351-367.
[18] Ruffolo R R Jr, Bondinell W, Hieble J P. J Med Chem, 1995, 38: 3681-3716.
[19] Wier W G, Morgan K G. Rev Phys Bio Pharmacol, 2003, 150: 91-139.
[20] Michelotti G A, Price D T, Schwinn D A. Pharmacol Ther, 2000, 88: 281-309.
[21] Lowe F C. Clin Ther, 2004, 26: 1701-1713.
[22] Akduman B, Crawford E D. Urology, 2001, 58: 49-54.
[23] Pallavicini M, Budriesi R, Fumagalli L, Ioan P, Chiarini A, Bolchi C, Ugenti M P, Colleoni S, Gobbi M, Valoti E. J Med Chem, 2006, 49: 7140-7149.
[24] Saczewski F, Kornicka A, Rybczyńska A, Hudson A L, Miao S S, Gdaniec M, Boblewski K, Lehmann A. J Med Chem, 2008, 51: 3599-3608.
[25] Hieble J P, Ruffolo R R, Starke K//Lanier S M, Limbird L E, Eds. α_2-Adrenergic Receptors. Structure, Function and Therapeutic Implications. Amsterdam: Overseas Publishers Association, 1997: 1-18.
[26] Scheibner J, Trendelenburg A U, Hein L, Starke K, Blandizzi C. Br J Pharmacol, 2002, 135: 697-704.
[27] Fagerholm V, Rokka J, Nyman L, Sallinen J, Tiihonen J, Tupala E, Haaparanta M, Hietala J. Synapse, 2008, 62: 508-515.
[28] Jiménez-Mena L R, Gupta S, Muñoz-Islas E, Lozano-Cuenca J, Sánchez-López A, Centurión D, Mehrotra S, MaassenVanDenBrink A, Villalón C M. Eur J Pharmacol, 2006, 543: 68-76.
[29] Corboz M R, Mutter J C, Rivelli M A, Mingo G G, McLeod R L, Varty L, Jia Y, Cartwright M, Hey J A. Pulm Pharmacol Ther, 2007, 20: 149-156.
[30] Pertovaara A. CNS Drug Rev, 2004, 10: 117-126.
[31] Xhaard H, Rantanen V V, Nyrönen T, Johnson M S. J Med Chem, 2006, 49: 1706-1719.
[32] Mayer P, Imbert T. Drugs, 2001, 4: 662-676.
[33] Höglund I P, Silver S, Engström M T, Salo H, Tauber, A, et al. J Med Chem, 2006, 49: 6351-6363.
[34] Koztowska H, Schlicker E, Koztowski M, Siedlecka U, Laudański J, Malinowska B. J Cardiovasc Pharmacol, 2005, 46: 76-82.
[35] Ahmed M, Hanaoka Y, Kiso T, Kakita T, Ohtsubo Y, Muramatsu I, Nagatomo T. J Pharm Pharmacol, 2005, 57: 75-81.
[36] Sugimoto Y, Fujisawa R, Tanimura R, Lattion A L, Cotecchia S, Tsujimoto G, Nagao T, Kurose H. J Pharmacol Exp Ther, 2002, 301: 51-58.
[37] Uehling D E, Shearer B G, Donaldson K H, Chao E Y, Deaton D N, et al. J Med Chem, 2006, 49: 2758-2771.
[38] Uehling D E, Donaldson K H, Deaton D N, Hyman C E, Sugg E E, et al. J Med Chem, 2002, 45: 567-583.
[39] Wood J P, Schmidt K G, Melena J, Chidlow G, Allmeier H, Osborne N N. Exp Eye Res, 2003, 76: 505-516.
[40] Baker J G. Br J Pharmacol, 2005, 144: 317-322.
[41] Sato M, Hutchinson D S, Bengtsson T, Floren A, Langel U, et al. J Pharmacol Exp Ther, 2005, 315: 1354-1361.
[42] Hutchinson D S, Sato M, Evans B A, Christopoulos A, Summers R J. J Pharmacol Exp Ther, 2005, 312: 1064-1074.

第31章

作用于5-羟色胺、多巴胺和GABA系统药物

张 静, 张 屹, 张 翱

目 录

31.1 作用于5-羟色胺系统药物 /795
  31.1.1 5-羟色胺的生物合成、信号转导及生物功能 /795
  31.1.2 5-羟色胺受体分类、生物分布及药理作用 /795
    31.1.2.1 5-羟色胺受体分类（$5-HT_1 \sim 5-HT_7$） /795
    31.1.2.2 5-羟色胺受体的分布及药理作用 /795
  31.1.3 代表性药物 /797
    31.1.3.1 作用于$5-HT_1$受体的药物 /797
    31.1.3.2 作用于$5-HT_2$受体的药物 /801
    31.1.3.3 作用于$5-HT_3$受体的药物 /802
    31.1.3.4 作用于$5-HT_4$受体的药物 /804
    31.1.3.5 作用于$5-HT_5$受体的药物 /806
    31.1.3.6 作用于$5-HT_6$受体的药物 /806
    31.1.3.7 作用于$5-HT_7$受体的药物 /807
  31.1.4 讨论与展望 /807
31.2 作用于多巴胺系统药物 /808
  31.2.1 多巴胺及其信号传导通路 /808
  31.2.2 多巴胺受体的分类及生物分布 /809
  31.2.3 多巴胺受体的生物功能及相应的药物设计 /810
    31.2.3.1 多巴胺受体的生物功能 /809
    31.2.3.2 以多巴胺分子结构为模板的药物设计 /810
  31.2.4 多巴胺受体药物研究进展 /811
    31.2.4.1 多巴胺D_1受体药物发展 /811
    31.2.4.2 多巴胺D_2受体药物发展 /812
    31.2.4.3 多巴胺D_3受体药物发展 /813
    31.2.4.4 多巴胺D_4受体药物发展 /814
  31.2.5 展望 /815
31.3 作用于GABA系统药物 /816
  31.3.1 γ-氨基丁酸的生物合成、信号转导及生物功能 /816
    31.3.1.1 γ-氨基丁酸的分布 /816
    31.3.1.2 γ-氨基丁酸的生物合成与代谢 /816
    31.3.1.3 γ-氨基丁酸的信号转导 /817
    31.3.1.4 γ-氨基丁酸的生物功能 /817
  31.3.2 GABA受体分类、生理分布及其药理作用 /817
    31.3.2.1 GABA受体分类 /817
    31.3.2.2 GABA受体的生理分布及其药理作用 /818
  31.3.3 GABA受体药物的发展 /819
    31.3.3.1 $GABA_A$受体药物 /819
    31.3.3.2 $GABA_B$受体药物 /822
    31.3.3.3 $GABA_C$受体药物 /825
  31.3.4 讨论与展望 /827
推荐读物 /827
参考文献 /828

31.1 作用于 5-羟色胺系统药物

31.1.1 5-羟色胺的生物合成、信号转导及生物功能[1,2]

5-羟色胺（5-hydroxytryptamine，5-HT），又名血清紧张素（serotonin），在中枢神经系统中含量相对较少（＜5%），但却有着举足轻重的作用。5-羟色胺在体内的代谢主要分为重摄取和酶解失活两种。神经元兴奋时，储存在囊泡中的 5-羟色胺被释放到突触间隙，其与受体结合后解离，解离的 5-羟色胺大部分被神经元突触前末梢重摄取，5-羟色胺转运子和去甲肾上腺素转运子都能重摄取 5-羟色胺；另外一部分的 5-羟色胺则被线粒体表面的单胺氧化酶 A 转化为 5-羟吲哚乙醛，进而被醛脱氢酶快速氧化为 5-羟吲哚乙酸。

31.1.2 5-羟色胺受体分类、生物分布及药理作用

31.1.2.1 5-羟色胺受体分类（5-HT_1～5-HT_7）[1]

根据氨基酸序列、基因结构、与其偶连的第二信使和药理学表征，5-羟色胺受体至少可以分为 7 类，16 种亚型。除了 5-HT_3 受体是属于配基-门控离子通道受体外，其余属于 G 蛋白偶联受体家族（表 31-1）。

表 31-1 5-羟色胺受体的分类

受体分类	亚 型	受体类型	效应器通路
5-HT_1	5-HT_{1A}，5-HT_{1B}，5-HT_{1D}，5-HT_{1E}，5-HT_{1F}	G 蛋白偶联受体	抑制腺苷酸环化酶(AC)
5-HT_2	5-HT_{2A}，5-HT_{2B}，5-HT_{2C}	G 蛋白偶联受体	激活磷脂酶 C(PLC)
5-HT_3	5-HT_{3A}，5-HT_{3B}，5-HT_{3C}	配体门控离子通道受体	Na^+，K^+ 通道快速除极化
5-HT_4	5-HT_4	G 蛋白偶联受体	激活腺苷酸环化酶(AC)
5-HT_5	5-HT_{5A}，5-HT_{5B}	G 蛋白偶联受体	未知
5-HT_6	5-HT_6	G 蛋白偶联受体	激活腺苷酸环化酶(AC)
5-HT_7	5-HT_{7A}，5-HT_{7B}，5-HT_{7D}	G 蛋白偶联受体	激活腺苷酸环化酶(AC)

31.1.2.2 5-羟色胺受体的分布及药理作用

(1) 5-HT_1 受体[2] 5-HT_1 受体包括 5 种亚型（5-HT_{1A}，5-HT_{1B}，5-HT_{1D}，5-HT_{1E}，5-HT_{1F}），它们选择性地与 $G^{i/o}$ 蛋白偶联，抑制腺苷酸环化酶的活性，从而降低细胞中环磷腺苷的水平。

5-HT_{1A} 受体是 5-羟色胺受体家族中研究最广泛的一类亚型，主要分为突触前和突触后受体。突触前受体主要分布于中缝神经核的细胞体和树突中，控制着 5-羟色胺细胞的电冲动，调节 5-羟色胺的释放。选择性地激动突触前受体可以减少细胞放电，从而减少 5-HT 的合成和细胞转导。突触后受体在额皮质、海马区和其他的皮质边缘系统中分布较广，被认为与精神分裂症有关。5-HT_{1A} 受体是治疗神经、精神紊乱药物设计的一类重要靶点，最近的研究表明，5-HT_{1A} 受体在神经发育和保护面临退化和凋亡的神经细胞上也有着重要的作用。除此之外，其还被认为与血压、进食、记忆、体温调节有着重要的联系。

与 5-HT_{1A} 受体相似，5-HT_{1B} 受体也可以位于突触前和突触后。突触前受体作为自身受体，分布在 5-羟色胺能细胞的轴突终末，调节多种神经递质的释放，而突触后受体则

是异源受体。5-HT$_{1B}$受体被认为与一系列的生理功能有关，如活动能力、药物的滥用与依赖、偏头痛、焦虑与攻击行为等。

5-HT$_{1D}$受体的基因，最初分为5-HT$_{1D\alpha}$和5-HT$_{1D\beta}$。由于后者产生的蛋白质与5-HT$_{1B}$受体完全同源，故5-HT$_{1D\beta}$受体被称为5-HT$_{1B}$受体，而将5-HT$_{1D\alpha}$受体称为5-HT$_{1D}$受体。5-HT$_{1D}$受体与5-HT$_{1B}$受体的结构有63%的同源性。研究发现5-HT$_{1D}$受体和5-HT$_{1B}$受体在单独表达时，是以单聚体或同质二聚体的形式存在，而共同表达于转录细胞时，则以单聚体或异质二聚体的形式存在。由于大脑中存在5-HT$_{1D}$受体和5-HT$_{1B}$受体共同存在的区域，因此它们有可能以异源二聚体的形式发挥生理作用。

5-HT$_{1E}$受体和5-HT$_{1F}$受体在七个跨膜区域有70%的同源性，对5-羟色胺表现为高亲和力，而对5-CT的亲和力较差，这也是两者区别于其他5-HT受体的地方。在转录细胞中，两者都抑制腺苷酸环化酶。目前5-HT$_{1E}$受体的功能并不明确，而5-HT$_{1F}$受体有望成为抗偏头痛的一个新靶点，它的选择性激动剂可以克服5-HT$_{1B/D}$激动剂所带来的一些副作用。

(2) 5-HT$_2$受体[3,4]　5-HT$_2$受体有3种亚型（5-HT$_{2A}$，5-HT$_{2B}$，5-HT$_{2C}$），它们的基因序列有很高的相似性，在跨膜区域的同源性大于70%。激活5-HT$_2$受体会激活磷酸酯酶C，在其作用下催化水解磷脂酰肌醇为三磷酸肌醇（IP3）和二酰甘油（DAG），这两者都是重要的细胞内第二信使。

5-HT$_{2A}$受体在外周和中枢组织中分布广泛。其与血管平滑肌的收缩有关，同时激动5-HT$_{2A}$受体还可以刺激激素（如肾素、催产素、泌乳素等）的分泌。5-HT$_{2A}$受体拮抗剂在治疗精神分裂症、睡眠障碍的方面也有着重要的作用。5-HT$_{2B}$受体在大脑中主要分布于小脑、侧间隔、下丘脑、内侧杏仁核等区域，同时还分布于胃肠道中。它的功能尚不明确，激动脑膜血管的5-HT$_{2B}$受体可能会引发偏头痛，同时5-HT$_{2B}$受体可能也与肺高压的形成、胚胎的发育过程有关。5-HT$_{2C}$受体主要存在于中枢神经系统，其激动剂在治疗抑郁和强迫症方面有一定作用，拮抗剂则可能具有治疗焦虑障碍的作用。除此之外，5-HT$_{2C}$受体的激动剂还能抑制食欲。

(3) 5-HT$_3$受体[5]　同其他5-羟色胺受体不一样，5-HT$_3$受体是5-羟色胺受体中唯一的配体门控离子通道受体，可分为5-HT$_{3A}$、5-HT$_{3B}$、5-HT$_{3C}$三个亚型。5-HT$_3$受体最初被称为M受体，其是由5个亚基环绕中央的一个离子孔道（ion-conducting pole）所组成的，包括胞外区和跨膜区。前者是与配体结合的位点，也就是激动剂或是竞争性拮抗剂发挥作用的地方；后者主要控制通道内离子的行为。5-HT$_3$受体在外周和中枢神经系统均有分布。在外周神经系统中，其与胃肠道的信号传递有关，同时也调节肠道的蠕动。在中枢神经系统中，它在脑干中分布较多，尤其是与呕吐反射有关的区域，如最后区、延髓孤束等。5-HT$_3$受体激动后可以增强其他神经递质，如多巴胺、胆囊收缩素、γ-氨基丁酸等的释放。5-HT$_3$受体拮抗剂不仅用于抑制恶性肿瘤放疗、化疗诱发的恶心、呕吐，还有可能用于认知功能障碍、精神分裂症、焦虑症、药物滥用、偏头痛、抑郁症以及过敏性肠道综合征的治疗。

(4) 5-HT$_4$受体[6]　在5-羟色胺受体中，有三个亚型与G$_S$蛋白偶联，引起cAMP升高，5-HT$_4$受体是其中之一。这种受体除了对托烷司琼敏感外，对其他传统的5-HT$_1$、5-HT$_2$、5-HT$_3$受体拮抗剂均不敏感。5-HT$_4$受体主要位于中枢神经系统的海马和皮质区，与记忆过程紧密相关调，它的激动剂在治疗肠易激综合征和防止心肌梗死方面有着重要的作用，其拮抗剂能够加强海马区乙酰胆碱的传导，有助于提高认知功能。

(5) 5-HT$_5$受体[7,8]　目前对5-HT$_5$受体的了解相对较少，主要分为5-HT$_{5A}$和5-HT$_{5B}$两个亚型。在人体中，只存在5-HT$_{5A}$受体，不存在5-HT$_{5B}$受体。从人体基因库中得到的5-HT$_{5B}$基因并不能编码一段功能蛋白，因为它的表达被终止子扰乱。5-HT$_{5A}$受体在中枢神经系统分布相对较广，其可能与前脑 5-HT$_5$ 受体的多种功能有关，调节情感状态、认知、焦虑、知觉和神经内分泌。同时，由于 5-HT$_{5A}$ 受体和 5-HT$_{1D}$ 受体有一定的相似性，两者可能会有一些共同的生理功能。

（6）5-HT$_6$ 和 5-HT$_7$ 受体[8,9] 人体 5-HT$_6$ 受体可能只存在于中枢神经系统。由于抗精神病药多数与其亲和力较高，故推测 5-HT$_6$ 受体在某些精神病中可能具有发挥了重要的重要。除此之外，5-HT$_6$ 受体还可能具有调控乙酰胆碱、谷氨酸的功能以及与记忆、焦虑、肥胖、癫痫和学习过程等密切相关。

5-HT$_7$ 受体主要分布在大脑的丘脑、下丘脑和皮质区，在外周也有分布。在小鼠体内，5-HT$_7$ 受体有三种亚型，即 5-HT$_{7A}$、5-HT$_{7B}$、5-HT$_{7C}$；而在人体内有 5-HT$_{7A}$、5-HT$_{7B}$、5-HT$_{7D}$ 三种亚型，其中 5-HT$_{7A}$ 亚型是分布最广的。有证据表明 5-HT$_7$ 受体在视交叉上核也有分布，调节哺乳动物的昼夜节律。

31.1.3 代表性药物

许多神经系统的疾病与 5-羟色胺的信号转导密切相关，尤其是焦虑症、抑郁症、精神分裂症、偏头痛等。应用较广的 5-羟色胺类药物主要有：5-HT$_{1A}$ 受体激动剂用于抗焦虑、抗抑郁药；5-HT$_{1B/D}$ 受体激动剂用于治疗偏头痛；5-HT$_2$ 受体和多巴胺受体双重拮抗拮抗剂用于治疗精神分裂症；5-HT$_3$ 受体拮抗剂治疗呕吐；5-HT$_4$ 受体激动剂治疗肠易激综合征；选择性 5-羟色胺再摄取转运体抑制剂用于抑郁症、焦虑神经症和强迫性障碍症等的治疗。

31.1.3.1 作用于 5-HT$_1$ 受体的药物

（1）作用于 5-HT$_{1A}$ 受体的药物

① 5-HT$_{1A}$ 受体激动剂[10] 传统的作用于 5-HT$_{1A}$ 受体的化合物主要有以下几类：氨基四氢萘类、吲哚类、麦角碱类、芳基哌嗪类。它们大都是激动剂或部分激动剂，主要用于抗焦虑和抗抑郁症。芳基哌嗪类化合物是 5-HT$_{1A}$ 受体药物中最大的一类，丁螺环酮（Buspirone）是这类药物中第一个用于抗焦虑症治疗的药物。这类化合物的结构主要由四部分组成：左右两端分别是两个亲脂性的基团，中间是一个连接基团和哌嗪环。其中左边的基团变化较多，大都是末端含氮的化合物，包含酰胺或三唑环；中间的连接基团大都是直链或支链烷烃；哌嗪环的变化较少，由于这类化合物含有哌嗪环，所以对其他的单胺类受体也会有作用，导致该类化合物的选择性较差；右边的芳环中，以 2-甲氧基苯基效果较好。在这类化合物中，主要有抗焦虑药丁螺环酮（Buspirone）、吉哌隆（Gepirone）、坦度螺酮（Tandospirone）、扎螺酮（Zalospirone）等，如图 31-1 所示。

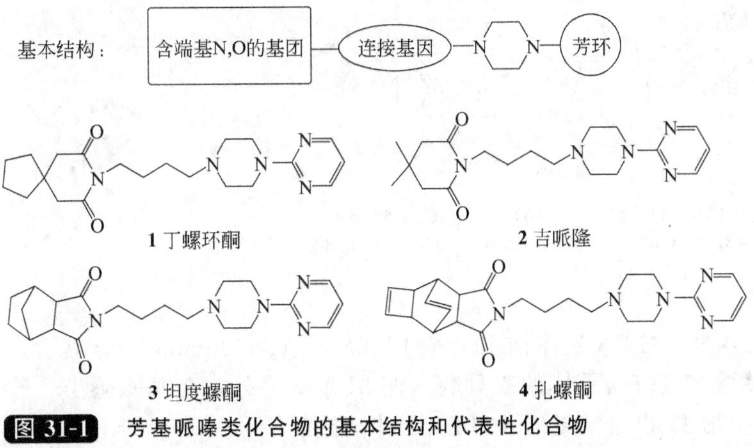

基本结构：含端基 N,O 的基团—连接基因—N⌒N—芳环

1 丁螺环酮
2 吉哌隆
3 坦度螺酮
4 扎螺酮

图 31-1 芳基哌嗪类化合物的基本结构和代表性化合物

2-氨基四氢萘类化合物主要是以 8-OH-DPAT［8-hydroxy-2-(*N*,*N*-di-*n*-propylamino) tetralin］为母核进行结构修饰而得到的（图 31-2）。8-位的羟基对于 5-HT_{1A}活性很关键，在芳环其他位上的取代大都使 5-HT_{1A}活性降低或消失，*N*-上的其他取代基也都使活性下降。在 1-位的修饰可使活性保持或提高，如化合物 **8**。而在 3-位的修饰对于活性是不利的，7,8-位成环对活性的改变不大。

5 8-OH-DPAT ($pK_i = 8.5$)
6 (*R*) 8-OH-DPAT ($pK_i = 8.4$)
7 (*S*) 8-OH-DPAT ($pK_i = 8.2$)

8 ($pK_i = 9.5$)

9 5-CT ($pK_i = 9.7$)

10 ($K_i = 1.97$ nmol/L)

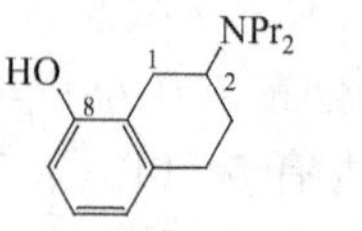

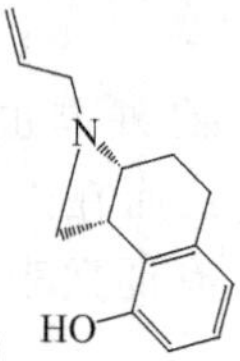

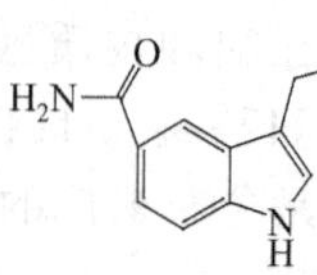

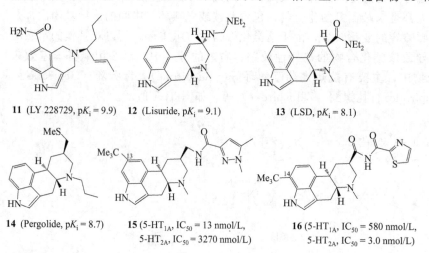

图 31-2 氨基四氢萘类和吲哚类衍生物

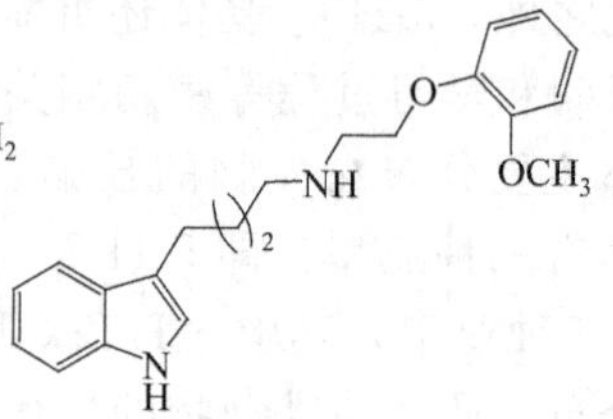

吲哚类化合物主要是基于 5-羟色胺为母核进行修饰的，由于 5-羟色胺本身对 5-HT_{1A}受体有一定的亲和力，在它基础上进行结构修饰有可能发现活性较好的化合物。5-位的羟基被甲氧基或氨甲酰基取代后，活性得到保持或提高，如化合物 **9**（5-CT）（图 31-2）。对吲哚边链的碳长和氨基的取代基进行优化得到化合物 **10**，对 5-HT_{1A}受体具有很高的亲和力。

麦角类生物碱对 5-羟色胺、多巴胺、肾上腺素受体都有着广泛的作用。因此，对这类化合物的改造主要是提高它对 5-羟色胺受体（尤其是 5-HT_{1A}受体）的亲和力，如图 31-3 所示。将氨基四氢萘药效团结合到麦角类化合物中，可以得到三环化合物 **11**（LY 228729），它对 5-HT_{1A}受体的选择性和亲和力都较高。而与其结构相似的四环类化合物，如 **12**、**13**、**14** 虽具有较高的亲和力，但选择性欠佳。四环类化合物的 C-13 和 C-14 用位阻较大的基团（如叔丁基）取代时，得到的化合物对多巴胺的活性大大降低，而对 5-羟色胺的选择性较好，是其他受体的亲和力的 100 倍以上，如化合物 **15** 和 **16**。

11 (LY 228729, $pK_i = 9.9$)

12 (Lisuride, $pK_i = 9.1$)

13 (LSD, $pK_i = 8.1$)

14 (Pergolide, $pK_i = 8.7$)

15 (5-HT_{1A}, $IC_{50} = 13$ nmol/L, 5-HT_{2A}, $IC_{50} = 3270$ nmol/L)

16 (5-HT_{1A}, $IC_{50} = 580$ nmol/L, 5-HT_{2A}, $IC_{50} = 3.0$ nmol/L)

图 31-3 麦角类生物碱衍生物

② 5-HT_{1A}受体拮抗剂　最早的 5-HT_{1A}受体拮抗剂是 **17**（$K_i = 0.029$nmol/L），其衍生物有 **18**、**19** 等，它们主要用做 5-HT_{1A}受体的工具药（图 31-4）。另外，芳基哌嗪类衍生物 **20** 和 2-氨基四氢萘类衍生物 **21** 也是常见的 5-HT_{1A}受体拮抗剂。

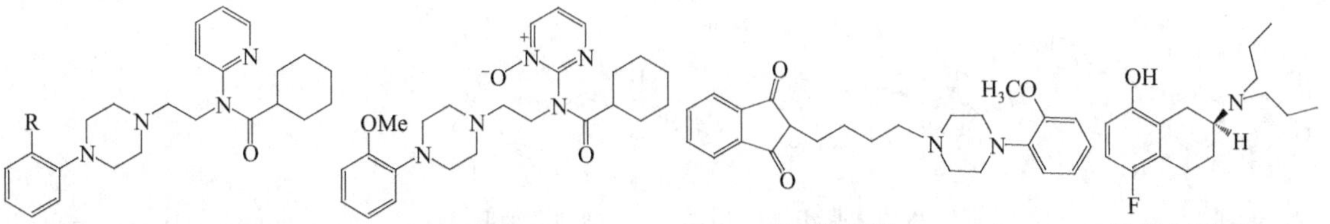

17 WAY100635 (R = OMe)
18 DWAY (R = OH)
19 NOWAY
20 NAN-190
21 S(−)-UH-301

图 31-4 代表性的 5-HT$_{1A}$ 受体拮抗剂

③ 混合的 5-HT$_{1A}$ 受体配体[11] 5-HT$_{1A}$ 受体配体除了传统上的抗焦虑、抗抑郁活性外，近年来的研究发现其还具有神经保护、增强记忆、减少帕金森病治疗中出现的异动症以及缓解疼痛等功能，但这些药物除了具有 5-HT$_{1A}$ 受体活性外，还在其他受体上表现出较好的活性。因此，这类化合物属于混合的 5-HT$_{1A}$ 受体药物。如在缓解帕金森病人的异动症方面，主要有两个代表性的化合物：**22** 和 **23**（图 31-5）。前者为 5-HT$_{1A}$ 受体完全激动剂，对 h5-HT$_{1A}$、hD$_2$、hD$_3$、hD$_{4.2}$ 受体的 IC$_{50}$ 值分别为 0.1nmol/L、17nmol/L、6.8nmol/L 和 2.4nmol/L。但该化合物由于Ⅲ期临床效果不佳，已停止开发；后者也是 5-HT$_{1A}$ 受体激动剂，对 h5-HT$_{1A}$、hD$_2$、hD$_3$ 受体的 pK_i 分别为 8.5、8.1 和 8.6，该化合物正在进行Ⅲ期临床试验。其他的化合物还有：处于临床Ⅱ期用于治疗抑郁和焦虑的化合物 TGW00AD/AA，处于临床前研究用于治疗肥胖的化合物 PSN-602，已上市的非典型抗精神病药 Ziprasidone（齐拉西酮），处在临床Ⅱ期用于治疗疼痛的化合物 **25**（F-13640），处于Ⅰ期临床用于阿尔茨海默病治疗的化合物 AV-965，处在临床Ⅲ期用于治疗膀胱过度活动症和尿失禁的化合物 REC-0545 以及化合物 TGHWO1HP、**26**（Xaliproden）、F-16242 等（图 31-5）。

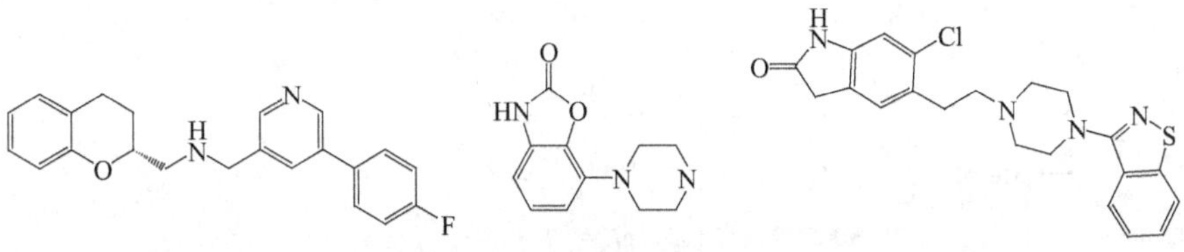

22 Sarizotan
23 SLV-308 (Pardoprunox)
24 Ziprasidone
25 F-13640 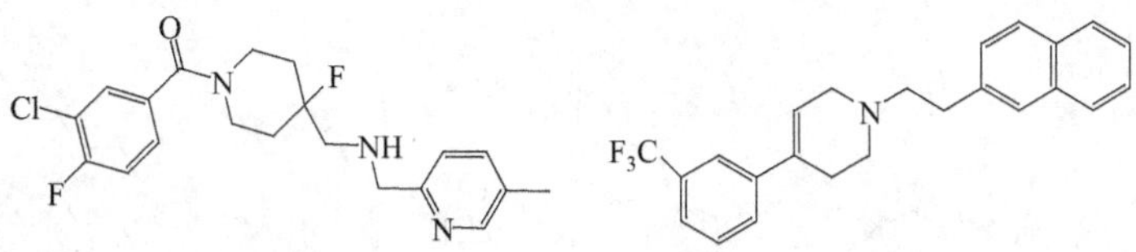
26 Xaliproden

图 31-5 混合的 5-HT$_{1A}$ 受体配体

（2）作用于 5-HT$_{1B/D}$ 受体的药物[1,12] 5-HT$_{1B/D}$ 受体激动剂主要用于治疗偏头痛，代表性化合物为舒马曲坦（**27**，Sumatriptan）。它是一个非选择性 5-HT$_{1B/D}$ 受体激动剂，用于治疗偏头痛的急性发作。后期开发的 5-HT$_{1B/D}$ 受体激动剂还有佐米曲坦（**28**，Zolmitriptan）、那拉曲坦（**29**，Naratriptan）、利扎曲坦（**30**，Rizatriptan）、多尼普曲坦（**31**，Donitriptan）、依立曲坦（**32**，Eletriptan）、阿莫曲坦（**33**，Almotriptan）等（图 31-6），均为部分激动剂，具有更高的生物利用度。化合物 **34** 是第一个 5-HT$_{1B}$ 受体完全激动剂，该化合物的出现将有助于该类受体药物的研究。

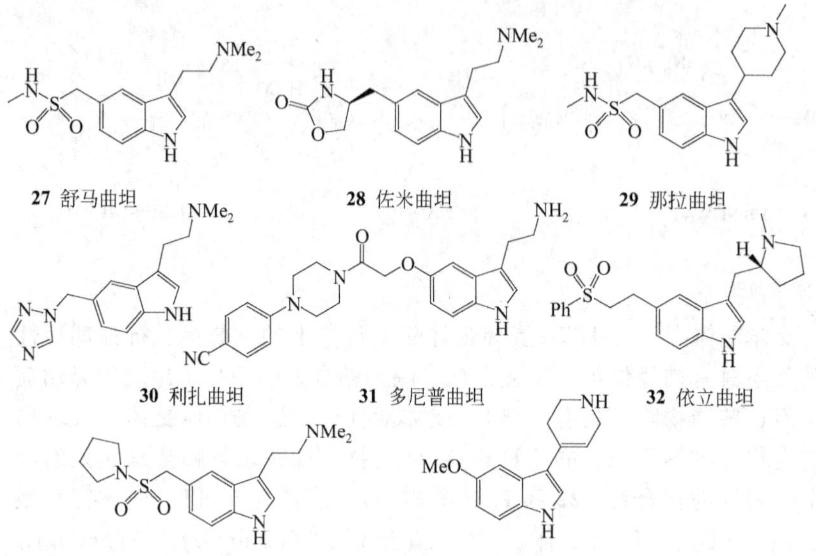

27 舒马曲坦　　　　**28** 佐米曲坦　　　　**29** 那拉曲坦

30 利扎曲坦　　　　**31** 多尼普曲坦　　　　**32** 依立曲坦

33 阿莫曲坦　　　　**34** RU24969

图 31-6　代表性的 5-$HT_{1B/D}$ 受体激动剂

5-HT_{1A} 受体激动剂和 5-羟色胺再摄取转运子抑制剂在用于抑郁症的治疗中会出现滞后效应，它们的起效通常需要 2~3 周的时间，而 5-HT_{1B} 受体抑制剂用于抑郁症的治疗则可能具有更高的疗效和更快的起效时间。第一个选择性的 5-$HT_{1B/D}$ 受体拮抗剂是 **35**，但后来的研究发现其只有微弱的 5-HT_{1D} 受体激动活性和 5-HT_{1B} 受体部分激动活性。在此基础上衍生得到的化合物 **36** 是一个 5-HT_{1B} 受体拮抗剂，而化合物 **37** 则是高亲和力和选择性的 5-$HT_{1B/D}$ 受体拮抗剂（图 31-7）。另一类是芳基哌嗪类，代表化合物为 **38**，具有高的亲和力。

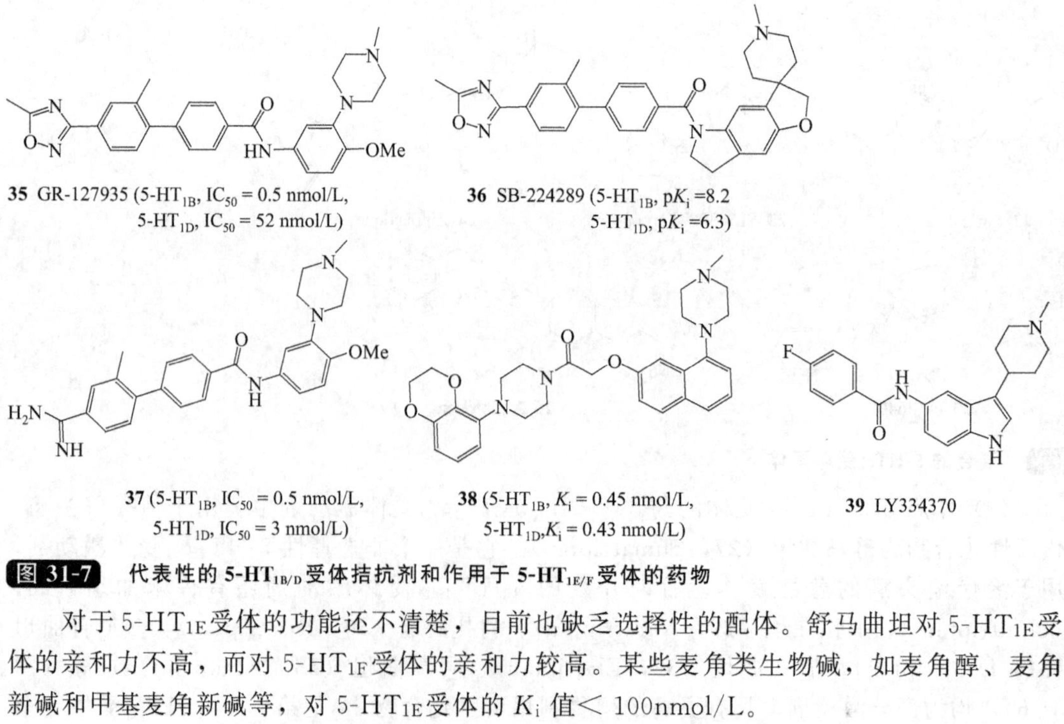

35 GR-127935 (5-HT_{1B}, IC_{50} = 0.5 nmol/L,
5-HT_{1D}, IC_{50} = 52 nmol/L)

36 SB-224289 (5-HT_{1B}, pK_i =8.2
5-HT_{1D}, pK_i =6.3)

37 (5-HT_{1B}, IC_{50} = 0.5 nmol/L,
5-HT_{1D}, IC_{50} = 3 nmol/L)

38 (5-HT_{1B}, K_i = 0.45 nmol/L,
5-HT_{1D}, K_i = 0.43 nmol/L)

39 LY334370

图 31-7　代表性的 5-$HT_{1B/D}$ 受体拮抗剂和作用于 5-$HT_{1E/F}$ 受体的药物

对于 5-HT_{1E} 受体的功能还不清楚，目前也缺乏选择性的配体。舒马曲坦对 5-HT_{1E} 受体的亲和力不高，而对 5-HT_{1F} 受体的亲和力较高。某些麦角类生物碱，如麦角醇、麦角新碱和甲基麦角新碱等，对 5-HT_{1E} 受体的 K_i 值 < 100nmol/L。

曲坦类抗偏头痛药物中，某些（如舒马曲坦、依立曲坦、那拉曲坦）对 5-HT_{1F} 受体有较高的亲和力,而另一些(如多尼普曲坦)则没有亲和力。化合物 **39** 是一个 5-HT_{1F} 受体的激动剂,同时对 5-HT_{1A} 受体有亲和力,它能够抑制三叉血管的激动。

31.1.3.2 作用于 5-HT_2 受体的药物

(1) 作用于 5-HT_{2A} 受体的药物[1, 3, 13]　　目前 5-HT_{2A} 受体的激动剂大多作为工具药,选择性的 5-HT_{2A} 受体激动剂还很少,常用的激动剂有 **40**(DOI)、**41**(DOB)和 **42**(DOM)(图 31-8),它们同时对 5-HT_2 受体其他亚型也有作用。选择性的 5-HT_{2A} 受体拮抗剂也较少。酮舍林(**43**,Ketanserin)是第一个 5-HT_{2A} 受体拮抗剂,用于治疗高血压,但同时也有 $α_1$-肾上腺素受体拮抗作用,所以其是否是通过 5-HT_{2A} 受体拮抗作用发挥抗高血压功能的还存在争议。沙格雷酯(**44**,Sarpogrelate)也是一个 5-HT_{2A} 受体拮抗剂,主要用于治疗心血管疾病。用于抗精神分裂的 5-HT_{2A} 受体拮抗剂主要有:利培酮(**45**,Risperidone)、利坦色林(**46**,Ritanserin)、思瑞康(**47**,Seroquel)、奥氮平(**48**,Olanzapine)等(图 31-8),它们大都对其他的单胺类受体有作用,尤其是 D_2 受体。值得一提的是,选择性的 5-HT_{2A} 受体拮抗剂 **49** 曾进入Ⅲ期临床,用于治疗抗精神分裂症,后因疗效欠佳而终止,但它的同类物还在继续研发中。伊潘立酮(**50**,Iloperidone)和 Asenapine(**51**)均是 5-HT_{2A} 受体拮抗剂和白三烯 D_2 拮抗剂,作为抗抑郁药和抗精神病药进行开发,前者已完成Ⅲ期临床试验,但临床试验不充分未被 FDA 批准上市,后者刚进入Ⅲ期临床试验。

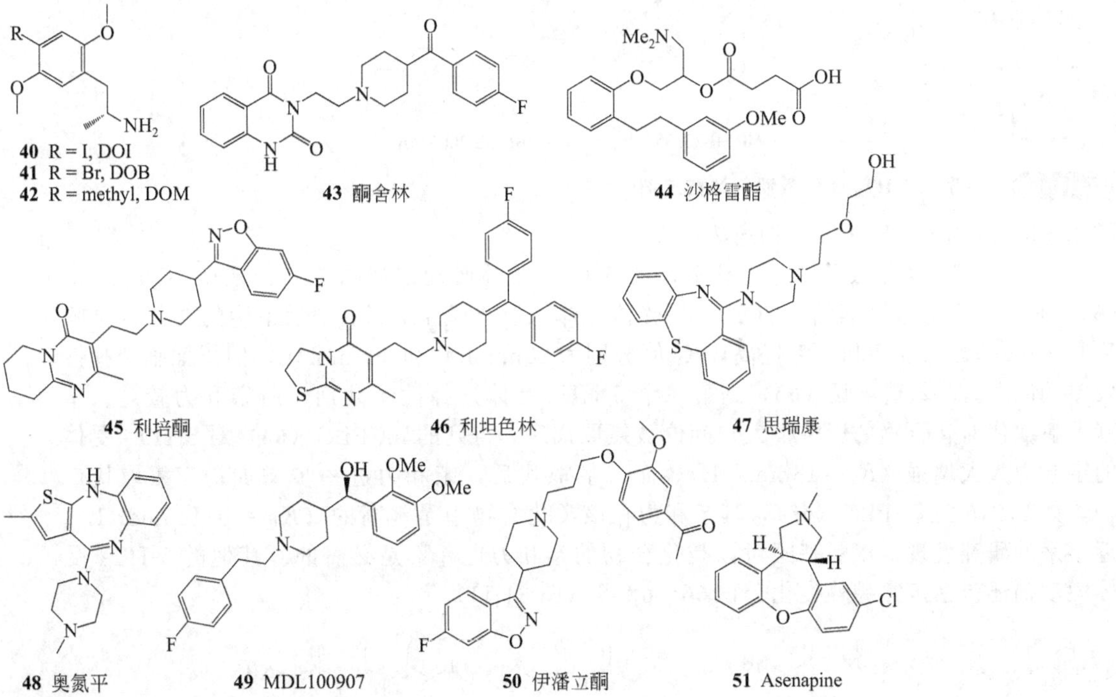

40 R = I, DOI
41 R = Br, DOB
42 R = methyl, DOM
43 酮舍林
44 沙格雷酯
45 利培酮
46 利坦色林
47 思瑞康
48 奥氮平
49 MDL100907
50 伊潘立酮
51 Asenapine

图 31-8　作用于 5-HT_{2A} 受体的化合物

(2) 作用于 5-HT_{2B} 受体的药物[1, 3]　　目前,作用于 5-HT_{2B} 受体的化合物都没能进入临床。化合物 **52** 和 **53** 是 5-HT_{2B} 受体的选择性激动剂(图 31-9),后者还对 5-HT_{2C} 受体有较高的亲和力。SB-200646(**54**)是一个选择性的 5-$HT_{2B/C}$ 受体拮抗剂,在它基础上衍生得到的化合物 SB-206553(**55**)对 5-HT_{2A} 受体的选择性更好(>160 倍)。在动物实验中显示 SB-206553 可以缓解焦虑,但是由于代谢时易被脱甲基而形成无选择性的活性代谢产物,未能进入临床。

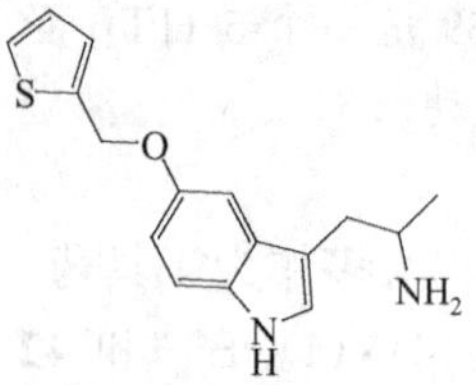

52 BW-723C86

53 Ro-600175

54 SB-200646

55 SB-206553

图 31-9 作用于 5-HT_{2B} 受体的药物

(3) 作用于 5-HT_{2C} 受体的药物[1, 14] 5-HT_{2C} 受体的激动剂在进入临床的主要是用于抑制食欲，如 Lorcaserin (**56**)；而 5-HT_{2C} 受体的拮抗剂则有望在治疗神经性厌食症和恶病质、抑郁综合征方面有所发展。典型的 5-HT_{2C} 受体的激动剂有 DOI (**40**)，MK 212 (**57**)，mCPP (**58**) 和 RS 102221 (**59**)；典型的 5-HT_{2C} 受体的拮抗剂有化合物 **60** 和 **61** 等（图 31-10）。

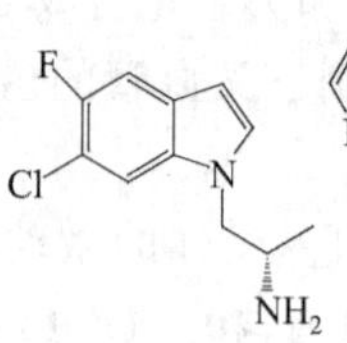

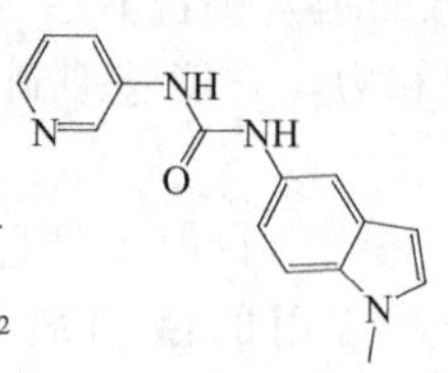

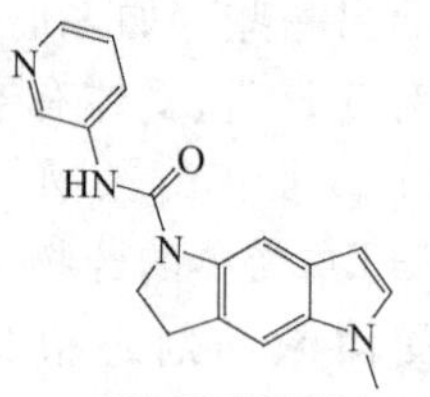

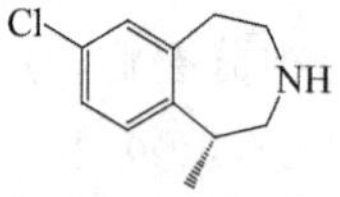

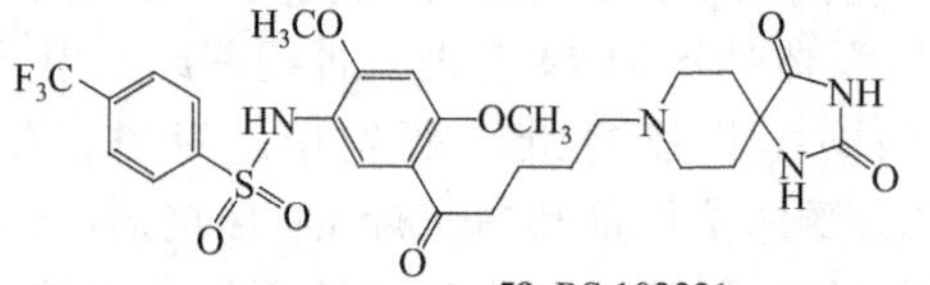

56 Lorcaserin

59 RS 102221

57 MK 212

58 mCPP

60 SB 228357

61 SB 200646A

图 31-10 典型的 5-HT_{2C} 受体激动剂和拮抗剂

31.1.3.3 作用于 5-HT_3 受体的药物

(1) 5-HT_3 受体激动剂[5] 代表性的 5-HT_3 受体激动剂如图 31-11 所示。Quipazine (**62**) 是第一个芳基哌嗪结构的 5-HT_3 受体配体，但选择性不高。随后衍生的 3-氯苯基哌嗪和 2′-萘基哌嗪的亲和力都提高，K_i 值分别为 20nmol/L 和 30nmol/L，但仍面临选择性较差的问题。1-苯基双胍 (**63**) 是第一个 5-HT_3 受体选择性激动剂，但亲和力较差。苯基上氯取代对化合物的影响很大，间位被氯取代后，得到的 mCPBG (**64**) 对 5-HT_3 受体的亲和力大大增强 ($K_i=18\text{nmol/L}$)。而二氯取代后，亲和力进一步增加；三氯取代产物，如 2,3,5-三氯-PBG (**65**)，其亲和力在该类化合物中是最高的 ($K_i=0.44\text{nmol/L}$)。近年来的研究发现，双胍基团对该类化合物的亲和力也并不是必需的。其他的 5-HT_3 受体激动剂还包括苯并噁唑类化合物 **66**～**68** 等（图 31-11）。

62 Quipazine

63 1-苯基双胍

64 mCPBG

65 2,3,5-三氯-PBG

66

67 YM 31636

68 SR 57227

图 31-11 代表性的 5-HT_3 受体激动剂

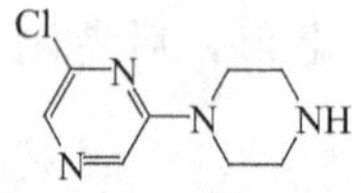

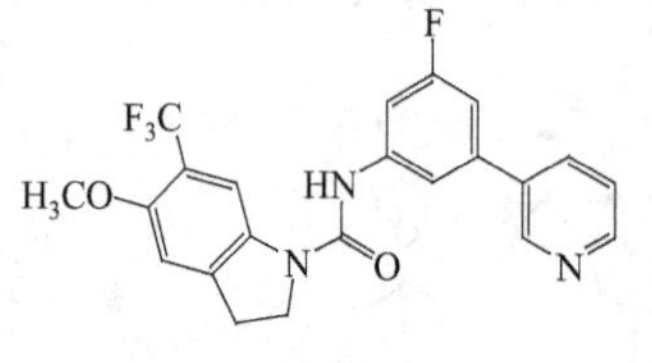

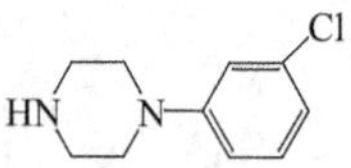

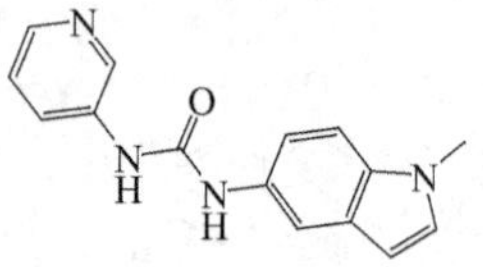

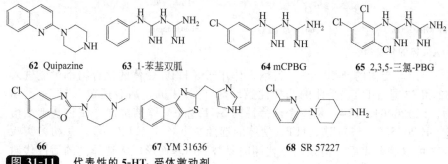

(2) 5-HT$_3$ 受体拮抗剂[5]　5-HT$_3$ 受体拮抗剂通常应用于治疗化疗导致的恶心和呕吐。呕吐产生的原因可能有两个：①某些化疗试剂可激发小肠黏膜嗜铬细胞释放 5-羟色胺，从而特异性刺激迷走传入神经上的 5-羟色胺受体，产生冲动并传递到呕吐中枢、化学感觉器激发区或两者兼有，导致呕吐产生；②化疗药物可能促进局部脑后区的 5-羟色胺神经元释放 5-羟色胺，再刺激化学感受器触发区的 5-HT$_3$ 受体。中枢和迷走神经传入的共同作用可触发催吐反射，5-HT$_3$ 受体拮抗剂可以通过选择性地阻滞外周和中枢的 5-HT$_3$ 受体，从而压制恶心和呕吐反射。

5-HT$_3$ 受体拮抗剂的药效团主要包括：一个亲脂性母核，如芳环或者杂环；一个连在亲脂性母核上的羰基连接基团，如酮、酯、酰胺基或者其生物电子等排体；一个含碱性 N 原子的侧链，N 上的取代基以甲基为优。对 5-HT$_3$ 受体拮抗剂的结构修饰也是主要基于这些片段展开的。5-HT$_3$ 受体拮抗剂可以分为三类：①对亲脂性母核和氨基侧链进行结构修饰而得到的芳基酰胺、芳基酮或芳基酯类；②将羰基连接基团固定于五元或六元环中而得到的一类化合物，主要以四氢咔唑酮为母核；③将羰基用生物电子等排体取代而得到的一类化合物。

第一类化合物主要是基于非选择性的可卡因（**69**）、甲氧氯普胺（**71**，Metoclopramide）、和 5-羟色胺进行结构改造的化合物（图 13-12）。优化可卡因苯环的取代基，并改变托品环的构型，可以得到一系列的化合物，其中贝美司琼（**70**，Bemesetron）为第一个选择性 5-HT$_3$ 受体拮抗剂；甲氧氯普胺是多巴胺 D$_2$ 受体阻滞剂，同时又有弱的 5-HT$_3$ 受体拮抗活性。将侧链上的氨基通过稠环使其构象固定，可以得到对 5-HT$_3$ 受体亲和力更高的化合物，如 Zacopride（**72**）和 Renzapride（**73**）等。对 5-羟色胺的结构改造也是采用同样的策略，将 5-羟色胺中的吲哚母核 3-位成酯，并沿用 Bemesetron 中的侧链，可以得到高选择性的 5-HT$_3$ 受体拮抗剂托烷司琼（**74**）。侧链的氨基若并入到咪唑环中，可以得到雷莫司琼（**75**）。同时，用一系列含氮芳杂环替代吲哚母核，可以得到另一系列强效的 5-HT$_3$ 受体拮抗剂，如格拉司琼（**76**）和吲地司琼（**77**）等（图 13-12）。

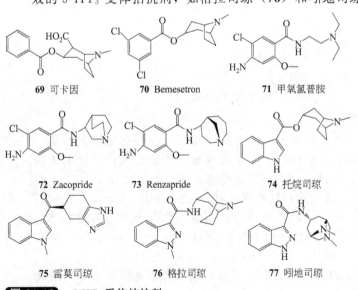

图 31-12　5-HT$_3$ 受体拮抗剂

将上述结构中的羰基直接用环加以固定，可以得到第二类化合物。通过变换氨基侧链，得到一系列 5-HT$_3$ 受体拮抗剂，**78**～**80** 为其中的代表性化合物。将羰基用生物电子等排体取代，可以得到第三类 5-HT$_3$ 受体拮抗剂，代表性化合物如 **81**～**83**（图 31-13）。

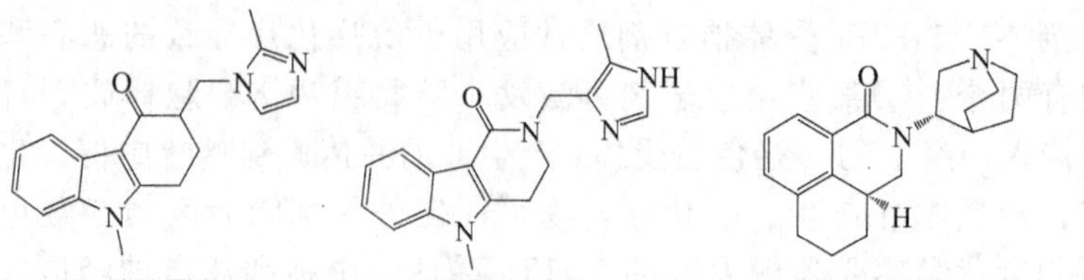

78 昂丹司琼　　**79** 阿洛司琼　　**80** 帕洛诺司琼

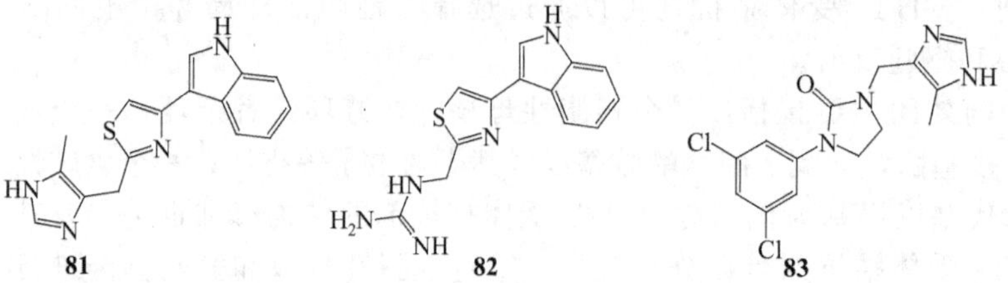

81　　**82**　　**83**

图 31-13　5-HT$_3$ 受体拮抗剂

31.1.3.4　作用于 5-HT$_4$ 受体的药物[1, 6, 15]

作用于 5-HT$_4$ 受体的化合物最初大都来源于 5-HT$_3$ 受体拮抗剂，按结构可分为以下几类：苯并咪唑酮类、苯甲酰胺类、苯甲酸酯类、芳基酮类、吲哚酯类或吲哚酰胺类以及 5-羟色胺类似物。激动剂和拮抗剂的结构很相似，有时仅仅是基团的大小不一样，它们的 SAR 关系并不明确。

苯并咪唑酮类化合物最初是作为 5-HT$_3$ 受体拮抗剂，后来发现其与昂丹司琼不一样，它能够增强肠道的收缩，有促胃动力作用，可能与其激动 5-HT$_4$ 受体有关。据此开发的化合物有 BIMU 1（**84**）和 BIMU 8（**85**），EC$_{50}$ 分别为 360nmol/L 和 72mol/L，具有较好的生物利用率。用哌嗪环取代托品环，同时氮上异丙基取代，得到的化合物 **86**，是一个选择性的 5-HT$_4$ 受体拮抗剂（K_i=6.7nmol/L）。用 3-喹啉酮代替苯并咪唑，得到的化合物 **87**，是一个选择性的 5-HT$_4$ 受体激动剂（图 31-14）。

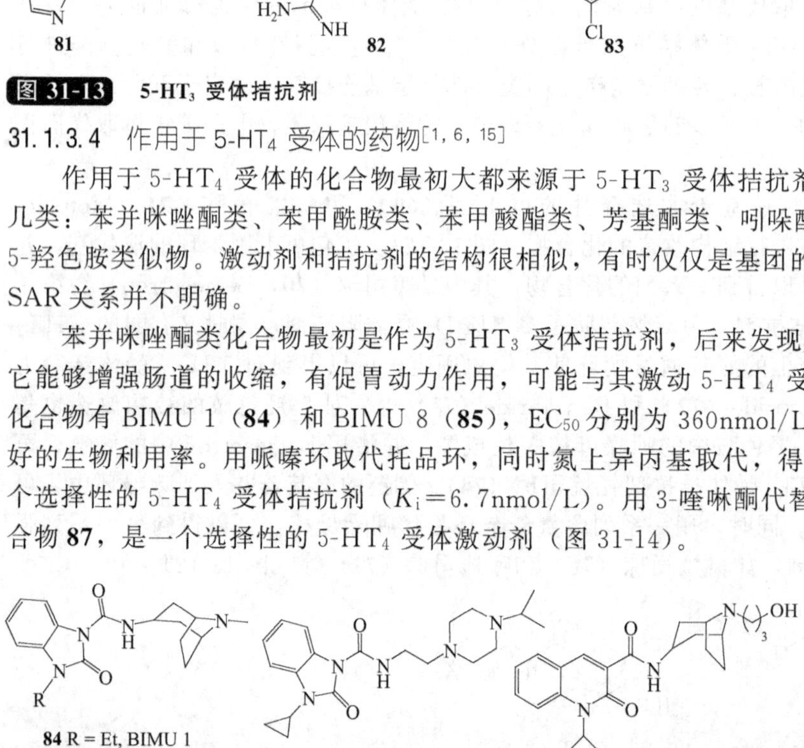

84 R = Et, BIMU 1
85 R = i-Pr, BIMU 8
86
87 TS 951K

图 31-14　苯并咪唑酮类 5-HT$_4$ 受体化合物

苯甲酰胺类化合物主要是基于甲氧氯普胺发展而来的一类 5-HT$_4$ 受体激动剂。第一个选择性的 5-HT$_4$ 受体激动剂是 SC-53116（**88**），它是用双吡咯的结构取代以往的六元环，对 5-HT$_4$ 受体的 K_i 值为 23.7nmol/L，对 5-HT$_3$ 受体的 K_i 值为 152nmol/L。SK-951（**89**）是它的类似物，对 5-HT$_4$ 受体的选择性更强（对 5-HT$_4$ 受体，K_i=14nmol/L；对 5-HT$_3$ 受体，K_i= 420nmol/L）。用线性基团取代侧链氨基可以得到化合物 **90**~**92**。化合物 **92** 对 5-HT$_4$ 受体显示出较高的选择性（对 5-HT$_4$ 受体，K_i= 0.3nmol/L；对 5-HT$_3$ 受体，IC$_{50}$＞1000nmol/L；对 D$_2$ 受体，IC$_{50}$＞1000nmol/L）（图 31-15）。

当苯甲酰胺类化合物用苯甲酸酯替换，对 5-HT$_4$ 受体的亲和力将有所增加，代表化合物是 ML 10302（**93**）和其衍生物 **94**~**96**。但是这类化合物易水解，生物利用度较差，限制了它的应用。在此基础上发展的氨基甲酸酯类或氨基甲酰胺类化合物，不易水解，如化合物 **97** 和 **98**。也有用 1,2,4-噁唑作为酯基的等排体，得到的化合物 YM-53389（**99**）为 5-HT$_4$ 受体激动剂（图 31-16）。

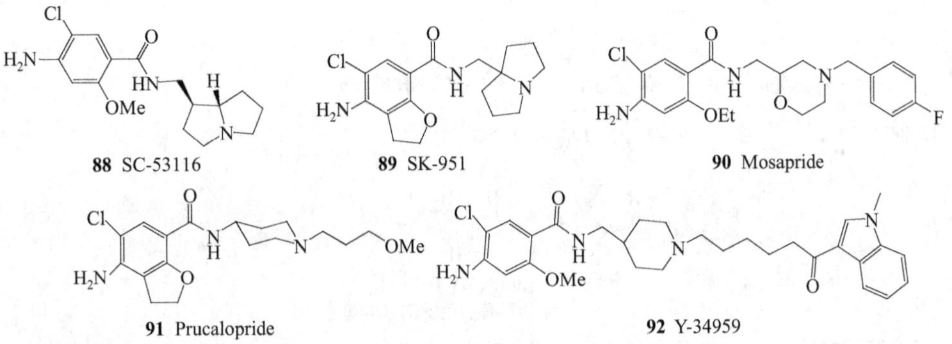

图 31-15 苯甲酰胺类 5-HT$_4$ 受体化合物

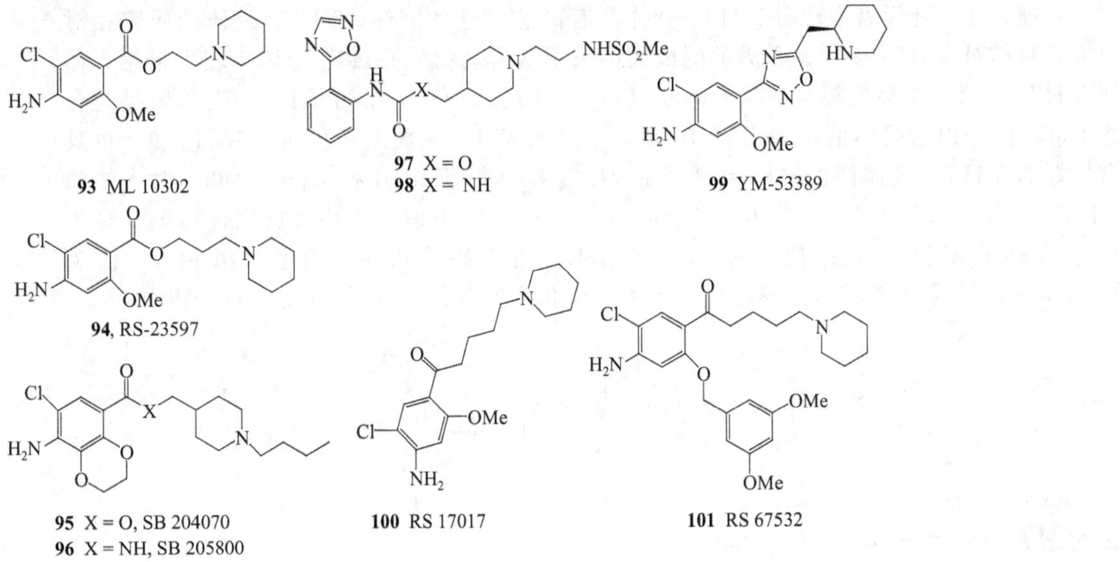

图 31-16 苯甲酸酯类和芳基酮类 5-HT$_4$ 受体化合物

芳基酮类化合物，也是为了改进苯甲酸酯类化合物易水解的缺点而进行结构改造的一类化合物。将 RS-23597（**94**）中的酯基换为羰基，可以得到 RS 17017（**100**），原来的 5-HT$_4$ 受体拮抗活性变为部分激动，亲和力改变不大。对它邻位的甲氧基用 3,4-二甲氧基苄氧基替换，部分激动的活性丧失，又可以得到 5-HT$_4$ 受体拮抗剂 RS 67532（**101**）（图 31-16）。

吲哚酯和吲哚酰胺类化合物来源于托烷司琼，其对 5-HT$_4$ 受体有一定的亲和力。将其侧链的氨基用更为柔性的基团取代，得到的化合物 GR 113808（**102**）（图 31-17），具有纳摩尔级的亲和力，对其他受体的选择性较好，主要用作鉴定 5-HT$_4$ 受体的工具药。在吲哚环的 2 位引入带六元环的杂原子，可以得到化合物 SB 207058（**103**），它的 pIC$_{50}$ 为 10.6，是 5-HT$_4$ 受体拮抗剂。同 5-HT$_3$ 受体拮抗剂一样，对吲哚环用一系列的芳杂环取代，得到一系列的化合物，如化合物 **104**，具有较好的 5-HT$_4$ 受体活性。

5-羟色胺和 5-甲氧基色胺都是较强的 5-HT$_4$ 受体激动剂。对 5-羟色胺侧链的氨基进行结构修饰可得到化合物 **105**，pD$_2$ 值为 8.8（图 31-17）。在此基础上，为提高化合物与 5-HT$_4$ 受体上的次级亲脂性作用位点的作用，在胍基的伯胺上引入了一系列的亲脂性基团，得到化合物 **106**，是一个强亲和力的 5-HT$_4$ 受体完全激动剂，它的 5-甲氧基衍生物替加色罗（**107**）曾用做治疗肠易激综合征。

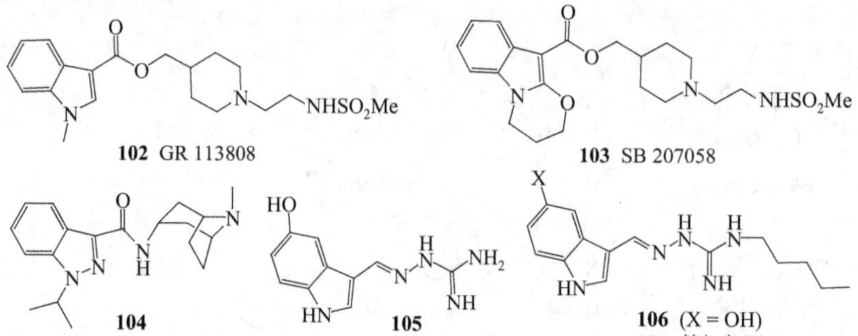

102 GR 113808　103 SB 207058　104　105　106 (X = OH)　107 替加色罗(X=OMe)

图 31-17 吲哚酯和吲哚酰胺类、5-羟色胺类似物类 5-HT_4 受体化合物

31.1.3.5 作用于 5-HT_5 受体的药物[1, 7, 8]

目前为止，还没有发现对 5-HT_5 受体具有高选择性的配体，5-HT_5 受体的研究相对较少。目前对 5-HT_5 受体亲和力的测试大都采用啮齿动物的 5-HT_5 受体，较少采用人体的 5-HT_5 受体。5-羟色胺本身对人体 5-HT_{5A}受体的 K_i 值为 126nmol/L，麦角碱类化合物 LSD 对 5-HT_{5A}受体的亲和力较高，K_i< 10nmol/L。5-羧酰胺色胺（5-CT，**9**）也具有较好的 5-HT_{5A}受体活性（K_i= 20nmol/L）。抗抑郁药 Methiothepin（**108**）对人体的 5-HT_{5A}受体的亲和力也较高，K_i=1nmol/L。值得一提的是 2-萘基哌嗪化合物 **109** 对 5-HT_{5A}受体的亲和力（K_i 值）为 2100nmol/L，而 1-萘基哌嗪化合物 **110** 的 K_i 值为 40nmol/L，7′-羟基-1-萘基哌嗪化合物 **111** 的亲和力更高，K_i 值为 3nmol/L（图 31-18）。

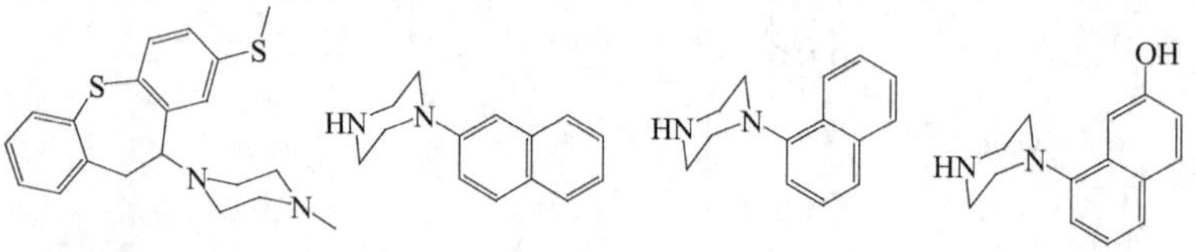

108 Methiothepin　109　110　111

图 31-18 作用于 5-HT_5 受体的化合物

31.1.3.6 作用于 5-HT_6 受体的药物[1,8]

作用于 5-HT_6 受体的选择性化合物也相当有限，早期的选择性 5-HT_6 受体配体是二芳基磺酰胺类化合物 Ro-04-6790（**112**）和 Ro-63-0563（**113**），它们的 K_i 值分别是 47nmol/L 和 12nmol/L，两者均为拮抗剂，对 5-羟色胺其他亚型的选择性大于 100 倍，但缺点是很难进入神经中枢。化合物 **114** 是通过高通量筛选发现的，K_i 值为 5nmol/L，对其他受体的选择性也较高。虽然有 25% 进入中枢，但由于具有很高的血液清除率，所以生物利用度仍很低。将磺酰胺的氨基构象固定，得到一系列的双杂环哌嗪衍生物，其中代表性的是化合物 SB-699929（**115**），它的 K_i 值是 2.5nmo/L，生物利用度高，同时在老鼠体内的脑/血比值为 3∶1（图 31-19）。

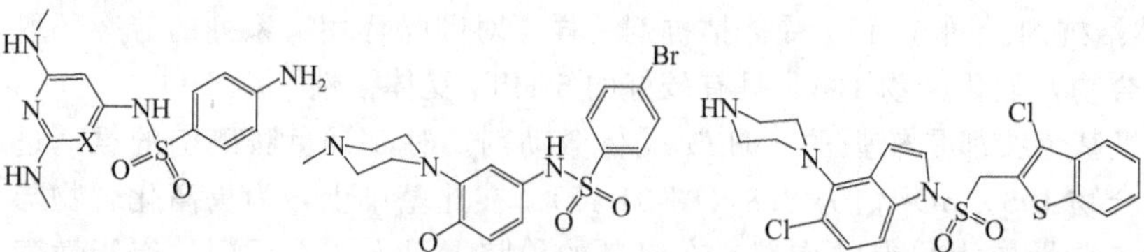

112 X = N, Ro-04-6790
113 X = H,Ro-63-0563
114
115 SB-699929

图 31-19 作用于 5-HT_6 受体的化合物

31.1.3.7 作用于 5-HT$_7$ 受体的药物[1,8,9]

化合物 **116** 是最早报道的 5-HT$_7$ 受体选择性配体（图 31-20），来源于高通量筛选，这个化合物有 4 个异构体，消旋体对 5-HT$_7$ 受体的 K_i 值约为 65nmol/L，每个异构体对 5-HT$_7$ 受体的亲和力均较消旋体低。对它的结构改造得到化合物 **117** 和 **118**。前者的 K_i 值为 32nmol/L，对 5-羟色胺其他亚型的选择性大于 100 倍；后者对 5-HT$_7$ 受体 K_i 值为 1.3nmol/L，对 5-HT$_{5A}$ 受体 K_i 值为 65nmol/L，对 5-羟色胺其他亚型的选择性大于 250 倍。对后者进行结构修饰，用吲哚环取代苯酚环得到的化合物 **119**，既保持了母体化合物的亲和力和选择性，同时又具有更好的生物利用度。四氢苯并吲哚类化合物对 5-HT$_7$ 受体的亲和力较好，但普遍对 5-HT$_2$ 受体有亲和力，所以选择性不高。经过结构优化得到的化合物 **120**，具有较高的亲和力（对 5-HT$_7$ 受体，K_i = 4nmol/L）和选择性（对 5-HT$_2$ 受体，K_i > 1000nmol/L）。除此之外，阿扑吗啡类化合物和联苯类化合物对 5-HT$_7$ 受体都具有较好的亲和力，但选择性不高。

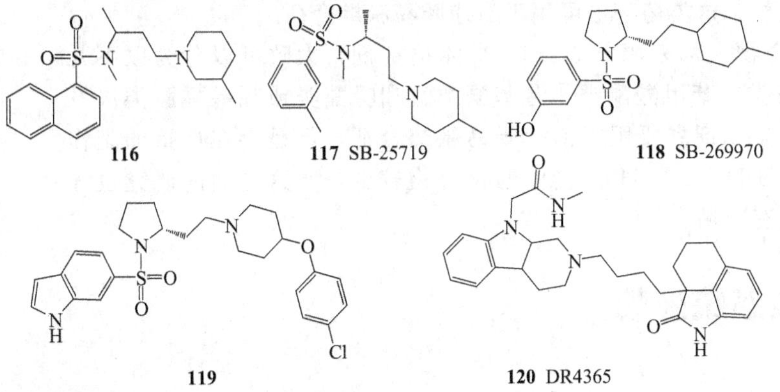

图 31-20 作用于 5-HT$_7$ 受体的化合物

31.1.4 讨论与展望

5-羟色胺是一种重要的神经递质，参与了人体许多的生理活动，尤其是与情感调节相关的方面。根据氨基酸序列、基因结构、与其偶连的第二信使和药理学表征，5-羟色胺受体至少可以分为 7 类共 16 种亚型。除了 5-HT$_3$ 受体是属于配基-门控离子通道受体外，其余的受体均属于 G 蛋白偶联受体家族。5-HT$_1$ 受体包括 5 种亚型（5-HT$_{1A}$、5-HT$_{1B}$、5-HT$_{1D}$、5-HT$_{1E}$、5-HT$_{1F}$），其中 5-HT$_{1A}$ 受体是 5-羟色胺受体家族中研究最广泛的一类亚型，5-HT$_{1E}$ 和 5-HT$_{1F}$ 受体发现较晚，对其的认识还十分有限。5-HT$_2$ 受体包括 3 种亚型（5-HT$_{2A}$、5-HT$_{2B}$、5-HT$_{2C}$），主要用于治疗精神分裂症、抑郁、睡眠障碍等，近年来发现它也可以作为治疗肥胖的一个靶点。5-HT$_3$ 受体可以分为 5-HT$_{3A}$、5-HT$_{3B}$、5-HT$_{3C}$ 三个亚型，在外周和中枢神经系统均有分布。在外周神经系统中，其与胃肠道的信号传递有关，同时也调节肠道的蠕动。在中枢神经系统中，它在脑干中分布较多，尤其是与呕吐反射有关的区域。5-HT$_3$ 受体拮抗剂通常应用于治疗化疗导致的恶心和呕吐。5-HT$_4$ 受体位于海马区和皮质，是治疗肠易激综合征的一个靶点。5-HT$_5$，5-HT$_6$，5-HT$_7$ 受体的发现较晚，受体分布和功能都不明确。

5-HT$_{1A}$ 受体激动剂或部分激动剂在临床的应用主要是治疗抑郁和焦虑，主要有以下几类：氨基四氢萘类，吲哚类，麦角类，芳基哌嗪类。其中芳基哌嗪类是研究最为广泛的一类。5-HT$_{1A}$ 受体拮抗剂在临床的应用较少，主要做为工具药使用。除此之外，混合的

5-HT$_{1A}$受体配体的发展较为迅速，在神经保护、增强记忆、减少帕金森病治疗中出现的异动症以及缓解疼痛等方面都有着重要的作用。5-HT$_{1B/D}$受体激动剂主要用于治疗偏头痛，如曲坦类化合物，而5-HT$_{1B/D}$受体拮抗剂则有望用于抑郁症的治疗，具有更高的疗效和更快的起效时间等潜力。值得一提的是，由于5-HT$_{1B}$、5-HT$_{1D}$受体的同源性很高，目前的化合物很难区分两者。5-HT$_{1E}$和5-HT$_{1F}$受体目前缺乏选择性的配体，可能可以用于治疗偏头痛。

5-HT$_{2A}$受体的激动剂目前大都只是作为工具药。用于抗精神分裂的5-HT$_{2A}$受体拮抗剂主要有：利培酮，利坦色林，思瑞康，奥氮平等，它们大都与D$_2$受体有作用。作用于5-HT$_{2B}$受体的化合物可以缓解焦虑，但是目前没有化合物进入临床。5-HT$_{2C}$受体的应用也不多，它的激动剂主要是用于抑制食欲，如进入Ⅲ期临床的的Lorcaserin。

5-HT$_3$受体激动剂也通常是作为工具药，5-HT$_3$受体拮抗剂主要用于治疗化疗导致的恶心和呕吐，目前上市的药物包括昂丹司琼、格拉司琼、托烷司琼、雷莫司琼、帕洛诺司琼和吲地司琼8种。除此之外，这类药物也可用于治疗肠易激综合征。

作用于5-HT$_4$受体的化合物大都来源于5-HT$_3$受体拮抗剂，大致可以分为以下几类：苯并咪唑酮类、苯甲酰胺类、苯甲酸酯类、芳基酮类、吲哚酯类或吲哚酰胺类以及5-羟色胺类似物。5-HT$_4$受体激动剂主要用于治疗肠易激综合征，但是存在严重的副作用。选择性地作用于5-HT$_5$、5-HT$_6$、5-HT$_7$受体的化合物较少，对这方面的研究也才起步，以之为靶点的药物还没有应用。

31.2 作用于多巴胺系统药物

31.2.1 多巴胺及其信号传导通路[16~18]

多巴胺（DA），化学名为3,4-二羟基苯乙胺，4-(2-乙氨基)苯-1,2-二醇，或4-羟基酪胺，是哺乳动物大脑中含量最丰富的神经递质，在大脑多巴胺能神经元中由L-酪氨酸（L-tyrosine）通过酪氨酸羟化酶（tyrosine hydroxylase）羟化为L-3,4-二羟基苯基丙氨酸（L-DOPA），然后经芳香族氨基酸脱羧酶（L-amino acid decarboxylase）脱羧完成生物合成（图31-21）。

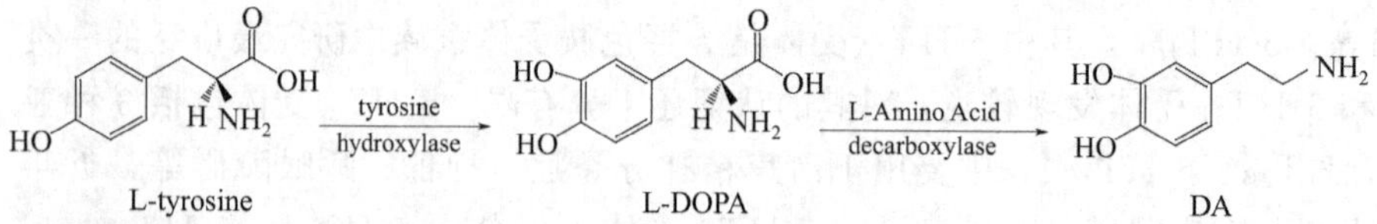

图31-21 多巴胺的生物合成

多巴胺作为神经递质调控中枢神经系统多种生理功能。作为信息传递者，多巴胺能帮助神经细胞传递细胞受外界因素影响产生的神经脉冲。因此，多巴胺与大脑的运动、情感、认知、记忆等多种功能有着直接或间接的关系。多巴胺系统功能障碍是导致帕金森病、精神分裂症、Tourette综合征、注意力缺陷多动综合征和垂体肿瘤等疾病的重要原因。

在哺乳动物的中枢神经系统内，已经发现了四条主要的多巴胺信号传递途径：中脑皮层通路、中脑边缘通路、黑质纹状体通路及结节漏斗通路（图31-22）。

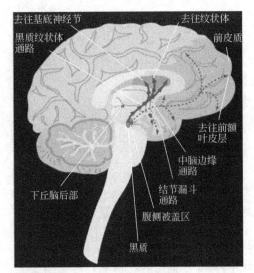

图 31-22 多巴胺信号传递途径

中脑皮层通路是连接腹侧被盖区到大脑额叶,尤其是前额叶皮层的神经环路,与大脑正常的意识、记忆及情感反应等功能密切相关。中脑边缘信号通路连接腹侧被盖区和皮质伏隔核区,调控大脑的兴奋、渴望和奖赏效应等。黑质纹状体通路连接黑质致密区和背侧纹状体(尾壳核)。整个大脑的70%以上的多巴胺分布在这一通路,支配大脑的运动功能。因此,这一区域多巴胺能神经元的丧失会导致明显的多巴胺功能紊乱,如帕金森病等。结节漏斗通路跨越下丘脑和脑下腺,作用于催乳细胞抑制催乳素的释放。

31.2.2 多巴胺受体的分类及生物分布[16~20]

多巴胺对大脑生物功能的调控主要是通过相应的多巴胺受体进行的。多巴胺受体属于G蛋白偶联的膜受体家族,具有七次跨膜结构。现已确定多巴胺受体包含五种主要亚型$D_1 \sim D_5$。根据这些受体的生物化学性质、药理学特征和信号转导的差异,又可划分为D_1样和D_2样多巴胺受体。D_1样受体包括D_1和D_5两种亚型,它们与兴奋性G_s蛋白偶联,激活腺苷酸环化酶(AC),促使环腺苷酸(cAMP)的含量增加,进而激活蛋白激酶A(PKA),引发相应的生理功能。D_2样受体包括D_2、D_3和D_4三种亚型,它们与抑制性G_i蛋白偶联,抑制腺苷酸环化酶(AC)的活性,促使环腺苷酸(cAMP)的含量降低,并通过抑制Ca^{2+}通道,开放K^+通道等引发相应的生理功能。

多巴胺受体基因在哺乳动物脑内广泛表达(图31-23)。D_1受体是哺乳动物前脑内最丰富的多巴胺受体,其mRNA主要分布在尾壳核、视束和伏隔核,但在脑皮层含量最高。D_5受体在脑内的含量及分布相对较低,仅在海马及下丘脑有一定的表达。多巴胺D_2受体是第二个含量最高的多巴胺受体,高度集中在尾壳核、视束和脑垂体,少量表达在丘脑、腹侧被盖部等。D_3受体是近年来克隆的三个新型多巴胺受体之一,其mRNA数量远少于D_2受体,主要分布在与运动功能无关的中脑-边缘系统,特别是中脑-边缘投射区的伏隔核、嗅结节以及Calleja岛,仅少量分布在大脑皮层。D_4受体的mRNA高度表达在海马和前额页皮层,少量表达在纹状体和中脑等D_2受体富集区。

31.2.3 多巴胺受体的生物功能及相应的药物设计

31.2.3.1 多巴胺受体的生物功能[16~17, 20~23]

多巴胺在大脑内生物合成后,少量会储存在脑内,一部分在脑内由单胺氧化酶(MAO)的作用氧化为3,4-二羟基苯乙酸(DOPAC),其余被释放到突触前和突触后神经

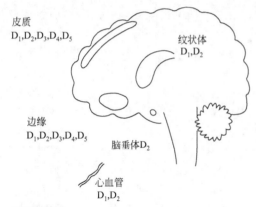

图 31-23 多巴胺受体的生物分布

元之间的缝隙中。其中少量与突触前神经元上的多巴胺自身受体（autoreceptor）作用外，大部分会与多巴胺受体作用，激活或抑制 G 蛋白，进而通过调节腺苷酸环化酶、离子通道等传递神经信号，调控大脑的生理功能。多巴胺含量的增减或多巴胺受体的功能失调直接影响大脑的功能并导致神经性和精神性疾病如帕金森病、精神分裂症、抑郁症等。

20 世纪 80 年代，多巴胺 D_1 和 D_2 受体被发现，随着进一步研究发现：多巴胺 D_1 和 D_2 受体激动剂可以治疗帕金森病并逐步成为主要手段之一；而多巴胺 D_2 受体拮抗剂是治疗精神分裂症的主要选择。

多巴胺 D_3，D_4，D_5 属新发现的多巴胺受体，对它们结构或功能的认识目前还相当有限。起初认为，它们或多或少具有与 D_1 和 D_2 受体相似的功能，如 D_3，D_4 拮抗剂可能具有抗精神分裂作用，而它们的激动剂可能具有抗帕金森病效果。然而，这些观点受到越来越多的质疑。例如，敲除多巴胺 D_3 受体基因的小鼠模型，其多巴胺的基本功能并不受影响，而是多巴胺功能调节受到影响。这一结果说明，多巴胺 D_3 受体是大脑多巴胺系统生物功能的辅助调节器。在特定应激状态或疾病条件下，D_3 受体可通过发挥"平衡缓冲作用"调节其他多巴胺亚型受体的功能。再例如，目前抗精神分裂症药物多为多巴胺 D_2 受体拮抗剂，常伴有运动障碍等副作用，而抗帕金森病药物多为多巴胺 D_2 受体激动剂，常伴有幻觉妄想等精神方面的副作用。如这些药物同时具有 D_3 受体活性，可以利用 D_3 受体的"平衡缓冲作用"消除这些副作用。近年来也发现，D_3 受体激动或部分激动剂可代替可卡因产生兴奋作用，但无明显复吸现象。而 D_4 受体激动剂在多动症方面也显示出一定的治疗潜力。这些研究表明 D_3、D_4 受体药物在精神分裂症和帕金森病治疗中可能不占主导作用，而是作为辅助或缓冲作用协助其他受体药物发挥作用。目前对 D_5 受体的研究还相当有限，这是由于缺乏研究 D_5 受体的结构和功能研究的手段和 D_5 受体特异性药物。

31.2.3.2 以多巴胺分子结构为模板的药物设计[24~26]

多巴胺本身就是一种多巴胺受体激动剂。多巴胺分子具有较高的柔和性，各分子构象间的能垒较低，彼此间可自由转换，因而多巴胺在五种受体亚型上均表现出一定的活性。但因为在与不同多巴胺受体作用时，多巴胺分子可根据不同受体的特点进行构象调整，导致分子与各受体都能有效地结合，所以它对各单一亚型受体的选择性较差。一般认为，多巴胺主要存在三种旋转异构体：*trans*-α rotamer，*trans*-β rotamer 及 *cis*-rotamer（图 31-24）。为了研究三种旋转异构体对多巴胺活性的影响，人们设计了许多具有这些构象的多巴胺受体类似物：具有 *trans*-α rotamer 构象的化合物，如 *R*-阿朴吗啡（*R*-Apomorphine）、S-2-氨基-5,6-二羟基-1,2,3,4-四氢萘（ADTN）；具有 *trans*-β rotamer 构象结构的分子如异阿朴吗啡

(Isoapomorphine)、R-ADTN 以及具有 cis-rotamer 构象的化合物如 1,2-二羟基阿朴菲等。这些结果清楚地表明多巴胺主要是以 trans-构象与多巴胺受体结合，也为研究多巴胺受体与药物分子的作用模式以及进一步设计多巴胺受体药物提供了有价值的信息。

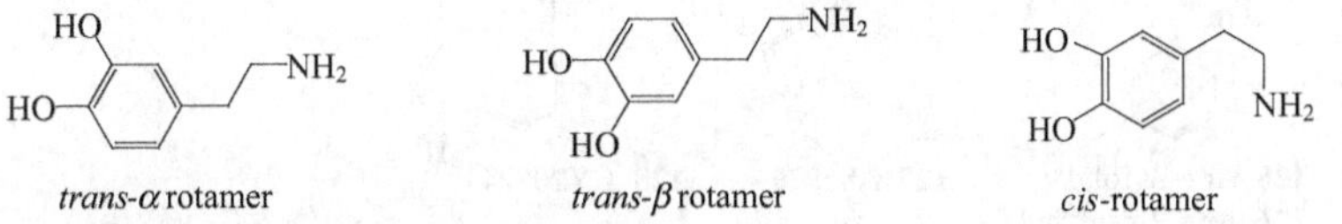

图 31-24 多巴胺主要分子构象

早期的多巴胺受体药物设计主要是基于稳定分子构象而设计的，因此开发了许多多巴胺分子构型受限的结构模拟物，代表性结构有异喹啉、苯氮䓬、四氢萘胺苯基哌啶和苯基哌嗪等。近年来，随着分子生物学，克隆技术，基因组学等的发展，人们对多巴胺各受体的结构以及与相应激动剂的结合特征的认识得到了加深，许多药物研发小组开始利用计算机模拟多巴胺受体的三维结构进行多巴胺受体药物设计。然而，由于多巴胺受体属于 G 蛋白偶联的具有七次跨膜结构的受体家族，其确切的三维结构难以得到。因此，对多巴胺受体结构模拟主要是以非 G 蛋白偶联的细菌视紫红质为模板（bacteriorhodopsin），或以 Palczewski 等 2000 年报道的分辨率为 2.8Å（1Å=0.1nm）的牛视紫红质受体（rhodopsin）X 衍射晶体结构为模板，通过构建多巴胺受体同源模型而进行药物设计，但成功的例子较少，因此这些设计的有效性还有待考察。

31.2.4 多巴胺受体药物研究进展

31.2.4.1 多巴胺 D_1 受体药物发展[18,27~29,38~45]

苯氮䓬类化合物是最早的、最具代表性的多巴胺 D_1 受体药物，其中许多化合物作为 D_1 受体工具药一直沿用至今。SKF38393 是第一个化学合成的选择性的多巴胺 D_1 受体激动剂，也是确定和区分 D_1 受体与 D_2 受体的里程碑，是进一步发展多巴胺 D_1 受体药物的模板和基石。随后发展的结构衍生物包括 SKF81297，SKF82958，SKF83959，A86929 等都具有很高的 D_1 受体活性和选择性（图 31-25）。最近，Zhang 等发现苯氮䓬的 C-6 位存在一个辅助结合区，在该区引入亲脂性较高的基团可大大提高该化合物对多巴胺 D_1 受体的结合能力，如化合物 **125** 和 **126** 的结合常数均在低纳摩尔级。近年来，麦角灵 CY208243 及其类似物 Dihydrexidine，Dinapsoline 等也表现出良好的多巴胺 D_1 受体活性及抗帕金森病活性。尤其是后两者，由于具有 D_1 受体完全激动特性而受到极大关注，有可能成为新兴的抗帕金森病药物。值得一提的是，许多苯氮䓬类化合物多巴胺 D_1 受体激动剂均作为抗帕金森病药物进入临床或邻床前研究，但均因内在活性低或副作用明显而中止。这可能是由于许多多巴胺 D_1 激动剂在体内仅表现为部分激动以及 D_1 激动剂，并常伴随运动障碍等原因所致。SCH23390 是第一个活性好、选择性高的多巴胺 D_1 受体拮抗剂，但其应用因血浆半衰期短而受到限制。随后发展的类似物包括 SCH38840、SCH39166 等，也具有较高的 D_1 受体活性（图 31-25）。

D_1 受体药物大多也具有较好的 D_5 受体活性，尤其是苯氮䓬类化合物。这些结果可能意味着苯氮䓬类分子中同时存在与多巴胺 D_1 和 D_5 受体结合的关键区域，或者是这两种受体在这类分子结构中存在相同的结合区。但是，目前对 D_5 受体的分析方法还不完善，一般采用与 D_1 受体类似的分析方法，这也可能是导致苯氮䓬类化合物同时具有 D_1 和 D_5 高活性的重要原因。

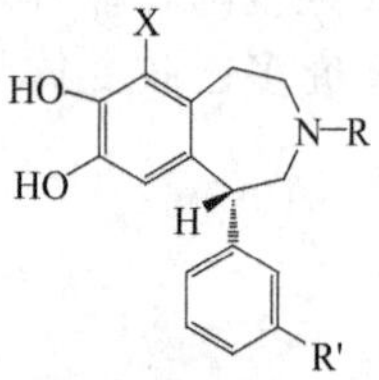

121 (+)-*R*-SKF38393, X = H, R = R′ = H
122 (+)-*R*-SKF81297, X = Cl, R = R′ = H
123 (+)-*R*-SKF82958, X = Cl, R = allyl, R′ = H
124 (+)-*R*-SKF83959, X = Cl, R = R′ = CH$_3$

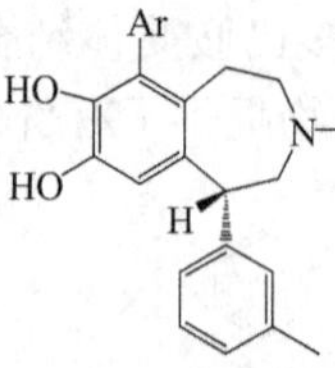

125 Ar = 3-Tolyl
126 Ar = 2-naphthyl

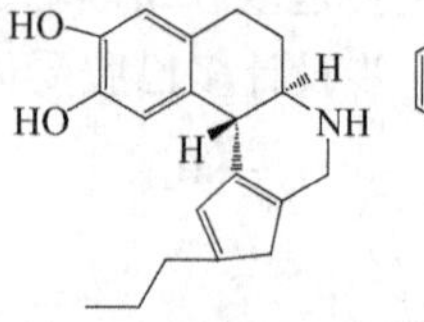

127 A86929

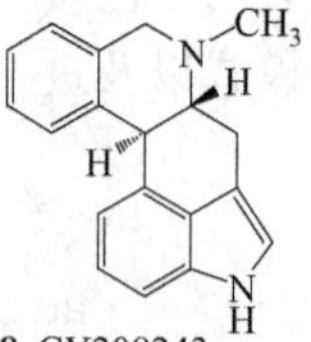

128 CY208243

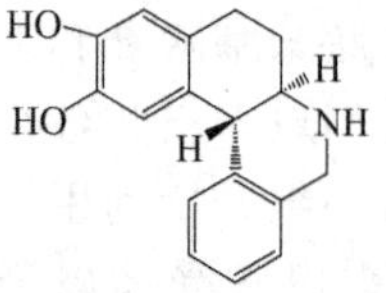

129 Dihydrexidine

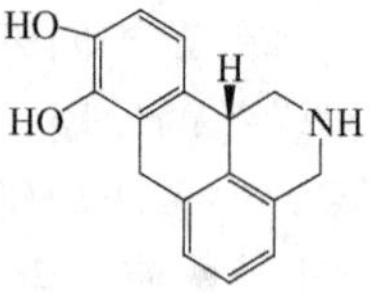

130 Dinapsoline

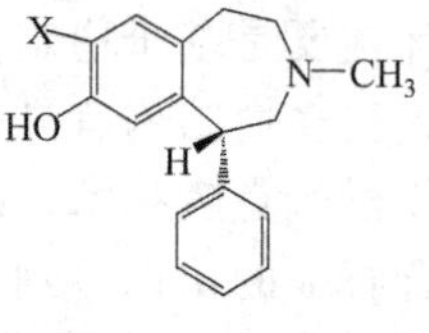

131 (+)-*R*-SCH23390, X = Cl
132 (+)-*R*-SCH38840, X = I

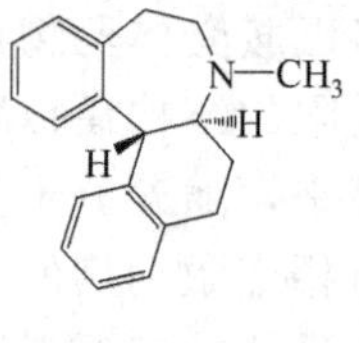

133 (+)-*R*-SCH39166

图 31-25　代表性的多巴胺 D$_1$ 受体激动剂和拮抗剂

31.2.4.2　多巴胺 D$_2$ 受体药物发展[18, 29~31]

多巴胺 D$_2$ 受体药物是应用最广、研究最充分的多巴胺受体药物。这些药物已经广泛用于治疗与大脑有关的神经退行性和神经、精神性疾病之中。由于 D$_2$ 受体与 D$_3$、D$_4$ 受体同属 D$_2$ 样受体，同源性较高，因而，大多数 D$_2$ 受体药物选择性较差。Quinpirole，N0437 是早期发现的 D$_2$ 受体选择性激动剂之一，广泛用来作为鉴定 D$_2$ 受体药物的工具药。D$_2$ 受体激动剂主要用来治疗早期帕金森病或在晚期与左旋多巴联合应用以减少左旋多巴这一常规用药剂量，或缓解长期用药带来的运动障碍及疗效波动等副作用。这些药主要包括麦角碱类药物：溴隐亭（Bromocriptine），培高利特（Pergolide），卡麦角林（Cabergoline），利舒脲（Lisuride）等（图 31-26），但这些药物由于在多巴胺 D$_2$ 受体上的活性和选择性过高，中枢副作用较明显。因此，近年来非麦角碱类选择性稍低的 D$_2$ 受体激动剂受到极大青睐，包括罗匹尼罗（Ropinirole），吡贝地尔（Piribedil），莫达非尼（Modafinil），普拉克索（Pramipexole），阿朴吗啡（Apomorphine）等，其中普拉克索（**140**）具有明显的多巴胺 D$_3$ 受体活性，而阿朴吗啡也具有很高的多巴胺 D$_3$、D$_4$ 受体活性。

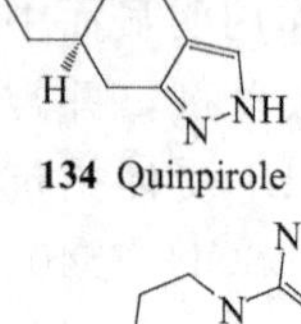

134 Quinpirole
135 N0437 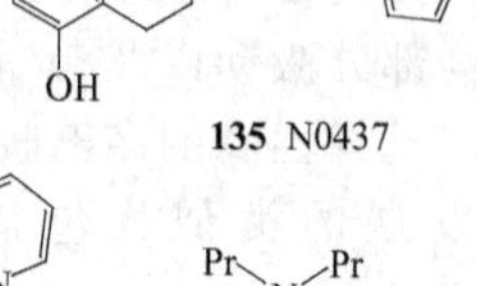
136 Pergolide 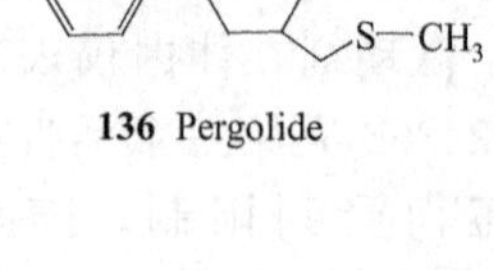
137 Cabegoline 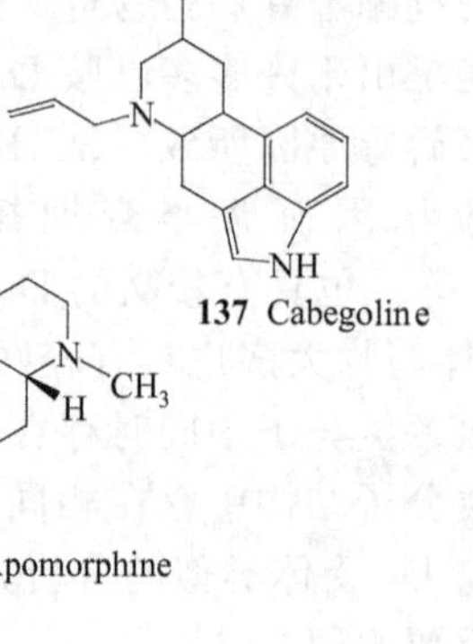
138 Piribedil 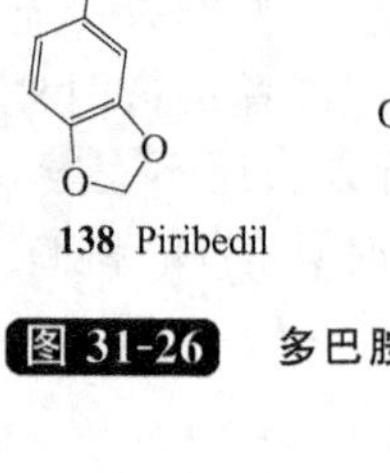
139 Ropinirole 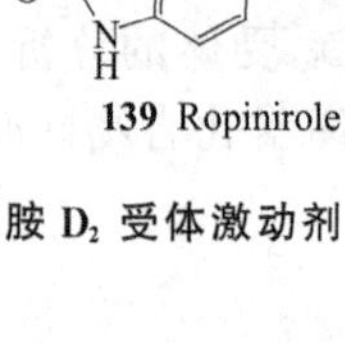
140 Pramipexole 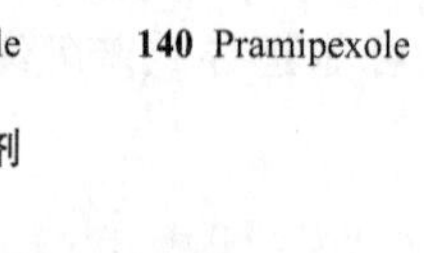
141 Apomorphine 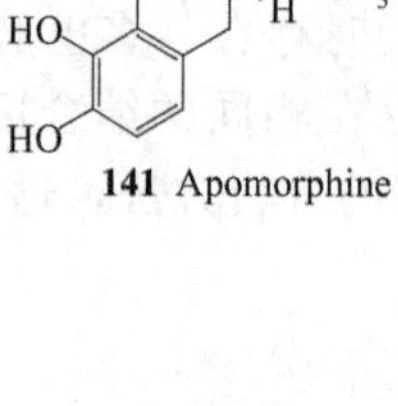

图 31-26　多巴胺 D$_2$ 受体激动剂

多巴胺 D_2 受体选择性拮抗剂代表性化合物是氟哌啶醇（Haloperidol）和螺哌酮（Spiperone），它们是丁酰苯（butyrophenone）类化合物。随后发现的对 D_2 受体选择性更高的化合物如依替必利（Eticlopride）、尼莫纳地（Nemonapride）、雷氯必利（Raclopride）等（图 31-27），这些化合物至今仍是鉴定 D_2 受体药物的理想的工具药，广泛用于与 D_2 受体有关的药理试验之中。目前市面上的治疗精神分裂和癫痫类药物大多是 D_2 受体拮抗剂，包括早期的高选择性的 D_2 受体药物（经典抗精神分裂药）：氯丙嗪（Chlorpromazine），氟哌啶醇（Haloperidol），洛沙平（Loxapine），氟哌噻吨（Flupenthixol），以及同时具有其他受体活性药物（非经典抗精神分裂药）：氯氮平（Clozapine），利培酮（Risperidone），奥氮平（Olanzapine），奎硫平（Quetiapine），齐拉西酮（Ziprasidone），阿立哌唑（Aripiprazole），伊潘立酮（Iloperidone）等（图 31-27）。非经典的抗精神分裂药物由于有其他受体参与，有利于缓解 D_2 受体药物的副作用，因而相对效果较好，其中利培酮和奥氮平 2005 年销量均约为 50 亿美元，名列当年单个药物销量重磅炸弹前十名，从而也使得抗精神分裂类药物总销量 2005 年占整个药物销售市场全球第三名。值得注意的是，2005 年底上市的阿立派唑是第一个作为治疗精神分裂药物上市的 D_2 受体部分激动剂，其前景有待进一步观察。

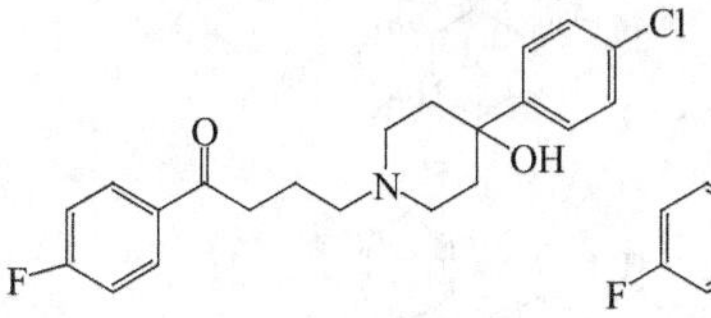

142 Haloperidol 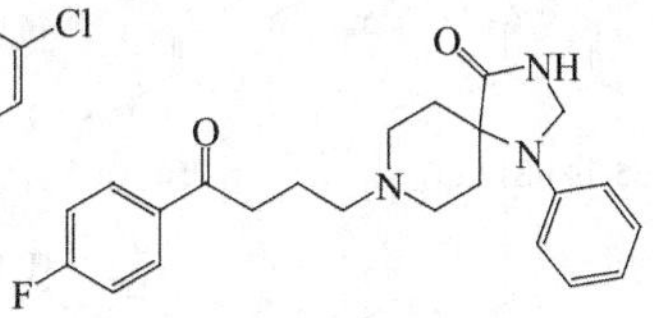　　**143** Spiperone 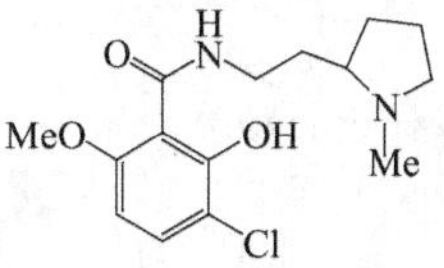　　**144** Raclopride

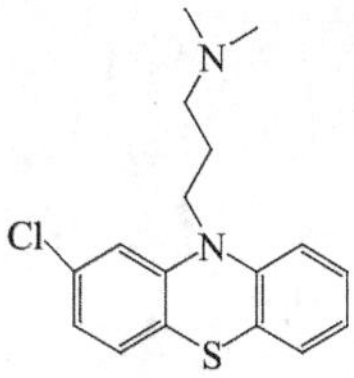

145 Chlorpromazine 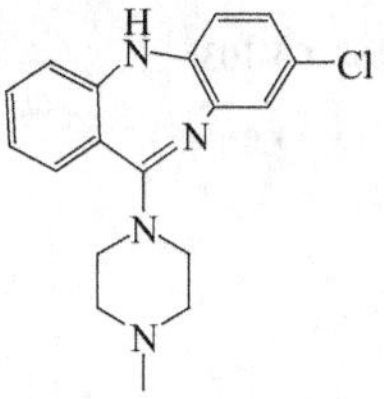　　**146** Clozapine 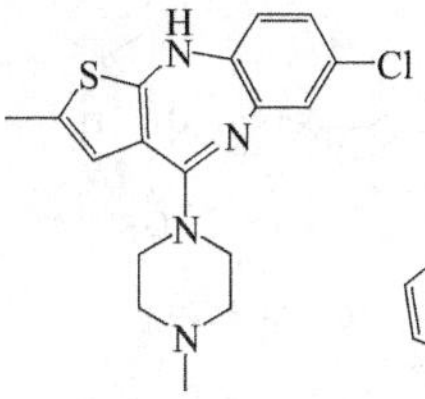　　**147** Olanzapine 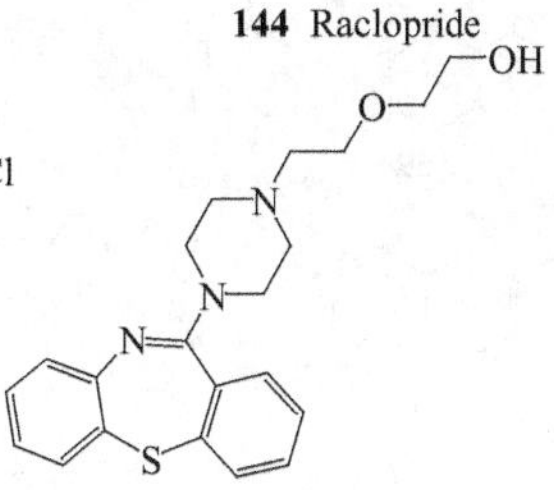　　**148** Quetiapine

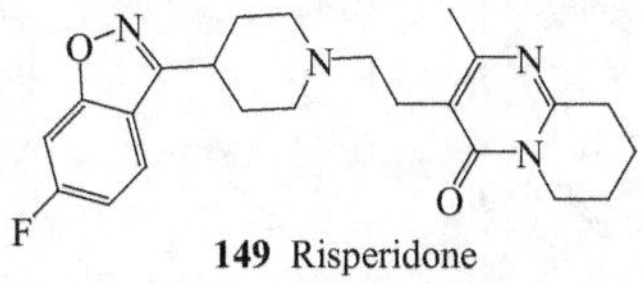

149 Risperidone 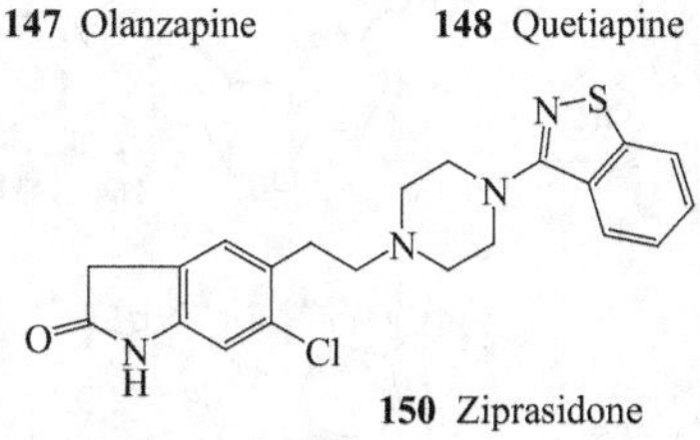　　**150** Ziprasidone

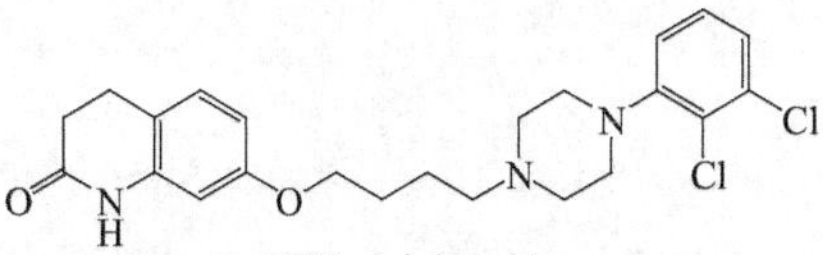

151 Aripiprazole 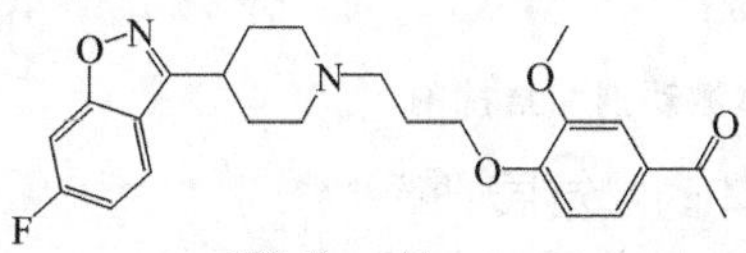　　**152** Iloperidone

图 31-27　多巴胺 D_2 受体拮抗剂

31.2.4.3　多巴胺 D_3 受体药物发展[18, 25, 29~30, 32~39]

多巴胺 D_3 受体激动剂主要是氨基四氢化萘衍生物，但大多具有较好的 D_2 受体活性。代表性化合物包括 7-OH-DPAT，PD128907，S14297 等（图 31-28）。普拉克索（Pramipexole）也是一个典型的多巴胺 D_3 受体激动剂，但同时具有较好的 D_2 受体活性，因而选择性较差。新近发现的 D_3 受体激动剂包括氨基四氢化萘的进一步衍生物 **156**～

158，它们对 D_3 受体的活性和选择性均较好，在大鼠模型上表现出抗帕金森病活性，对帕金森病人的治疗前景还在进一步评价之中（图 31-28）。最近报道的普拉克索衍生物 CJ-1037 和芳基吗啉化合物 **159** 是 D_3 受体部分激动剂，并具有很高的 D_3 受体活性和选择性。

萘甲酰胺衍生物 BP897 是文献报道的第一个多巴胺 D_3 受体选择性拮抗剂药物，其 K_i 约为 1nmol/L，对多巴胺 D_2 受体的选择性为高达 70，并且对 D_1 受体、D_4 受体、$\alpha\alpha$ 受体、5-HT_1 和 5-HT_7 受体的结合力均很低。进一步研究发现它是一个 D_3 部分激动剂，与受体结合较为松散，脱离受体快，产生副反应概率小。动物实验表明，BP897 能够抑制药物强化和奖赏效应，而大多多巴胺激动剂或拮抗剂均有这些作用。当体内多巴胺浓度高时，BP897 表现为多巴胺受体抑制剂，而当体内多巴胺浓度低时，BP897 表现为多巴胺受体激动剂，充分体现了 D_3 受体的"平衡缓冲作用"。因此，BP897 是治疗成瘾及与帕金森病、精神分裂症等精神性疾病的潜在药物。目前，多巴胺 D_3 受体拮抗剂大都是以 BP897 为模板而进行设计的，包括异吲哚酰胺、异喹啉酰胺、2-萘酰胺等，如化合物 **166** 具有低纳摩尔级的 D_3 受体活性并具有很好的选择性。已经或正在进行临床研究的有 AVE5997、PNU177864、A437203、和 S33138（图 31-28）。

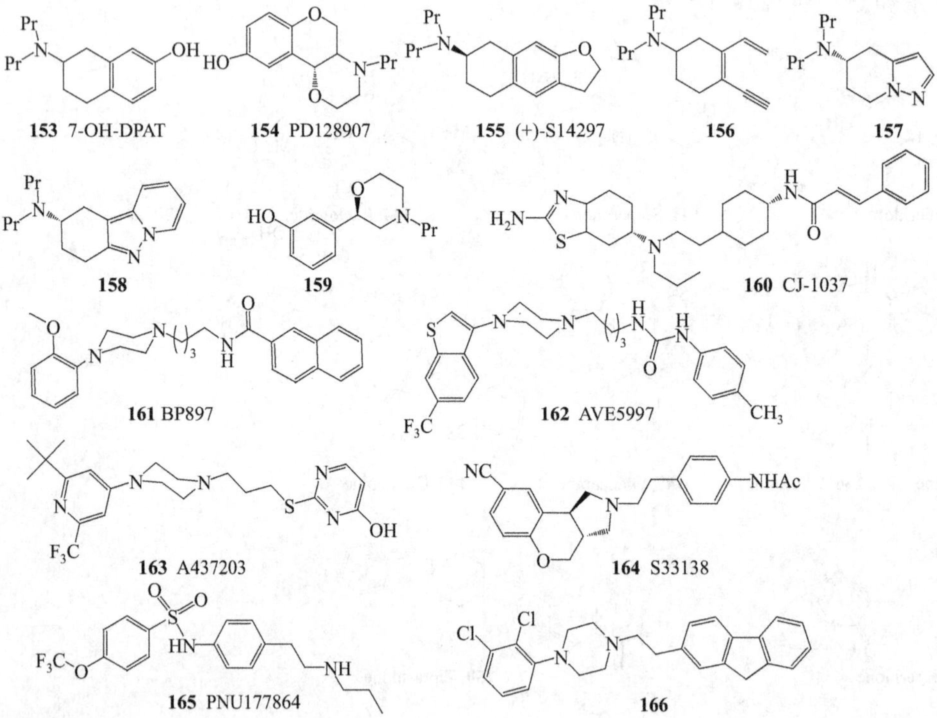

图 31-28 多巴胺 D_3 受体激动剂和拮抗剂

31.2.4.4 多巴胺 D_4 受体药物发展[18, 39~45]

在对非经典抗精神失常药物氯氮平（Clozapine）的研究中发现：它不仅可以有效地治疗精神分裂症，而且中枢副反应较小且椎体外中枢副反应是经典的 D_2 受体拮抗剂治疗精神分裂症时最常见的副反应。进一步研究表明氯氮平具有较好的 D_4 受体活性，而且多巴胺 D_4 受体上的活性比 D_2 受体活性高出 10 倍左右，因而氯氮平的副作用较低。在此基础上，以氯氮平分子结构为模板。人们设计和发展了一系列活性好、选择性高的 D_4 受体激动剂或拮抗剂。早期的 D_4 受体激动剂有阿朴吗啡和喹吡罗，但选择性低。近年来发展的 D_4 受体激动剂包括 ABT-724、PD-168077、CP-226269、FAUC 113 以及 A-412997 等

（图 31-29），这些化合物主要用于帕金森病、多动症、表情失常以及性功能缺陷等疾病的治疗。同时，大量的选择性的 D_4 受体拮抗剂也相继被开发，这些结构大多数为芳基哌嗪衍生物，代表性结构有 RBI257、L745870、L750667、YM43611 和 FAUC 213 等（图 31-29）。但这些药物最近在精神分裂的治疗研究中遇到了困难，高选择性的 D_4 受体拮抗剂在病人体内普遍缺乏治疗效力。这些结果可能进一步暗示 D_4 受体与其他（如 D_1 受体、D_3 受体、5-HT 受体、H_1 受体）受体等一样，在精神分裂症的治疗中并不占主导地位。近年来随着 D_4 受体的多晶型结构与多动症等有密切关系的发现，对 D_4 受体的研究热情又一次被点燃，但其治疗前景还有待进一步观察。

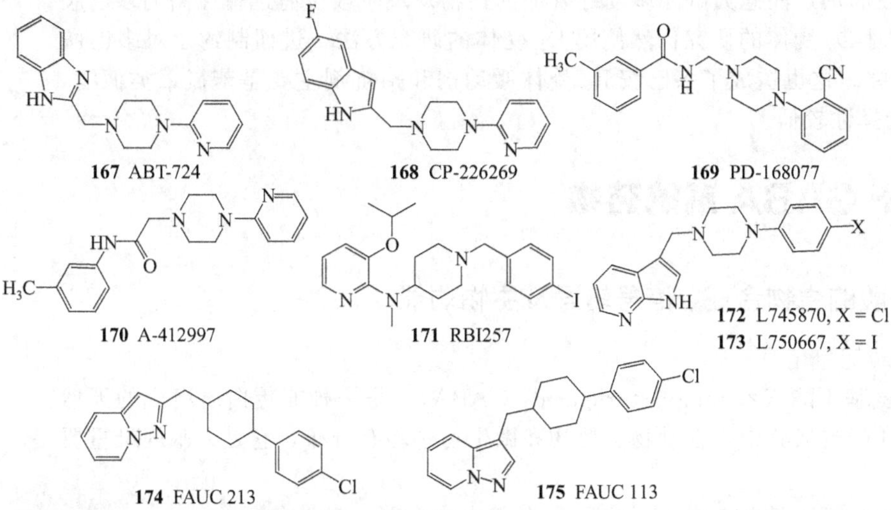

图 31-29 多巴胺 D_4 受体激动剂/拮抗剂

31.2.5 展望

多巴胺受体属于 G 蛋白偶联受体（GPCR），分为 5 种受体亚型，分别为 $D_1 \sim D_5$。但以前不清楚它们的原子、电子密度及分子水平上的三维结构，因而多巴胺受体药物主要是以多巴胺分子结构或早期发现的多巴胺类似物的结构为模板进行设计的。近年来，随着对多巴胺受体的基因序列、生物分布、生物功能等方面的深入研究，一系列多巴胺受体的激动剂或拮抗剂已经被设计并用于帕金森病、精神分裂症、Tourette 综合征、注意力缺陷多动综合征和垂体肿瘤等疾病的临床治疗之中。

D_1、D_2 受体是最早发现的多巴胺受体。早期的 D_1 受体药物在临床应用中缺乏明显疗效。如在治疗帕金森病时，D_1 受体激动剂 SKF 系列疗效较差；在治疗精神分裂症时，D_1 受体拮抗剂 SCH 系列未见明显疗效。最近对 SKF 系列化合物进行重新分析发现，它们实际上是 D_1 受体部分激动或拮抗剂，并非 D_1 受体完全激动剂，这可能是早期 D_1 受体药物临床应用不成功的直接原因。最近发展的多环化合物 Dihydrexidine，Dinapsoline，Dinoxyline 等具有 D_1 受体完全激动活性，它们的临床应用潜力正在评价之中，有望成为新一代 D_1 受体药物。现阶段 D_2 受体仍然是多巴胺受体中最活跃的领域，如 D_2 受体激动剂普拉克索（Pramipexole）和阿朴吗啡（Apomorphine）能有效地缓解帕金森病症状，而新开发的 D_2 受体拮抗剂奥氮平（Olanzapine）、利培酮（Risperidone）和齐拉西酮（Ziprasidone）是抗精神分裂症的支柱药物。但它们对其他神经递质也具有明显的活性，因而属于多靶点药物。

近年来，多巴胺 D_3、D_4 受体药物发展极为迅速，但主要集中在发展相应的拮抗剂作用于治疗精神分裂。它们大部分属于芳基哌嗪类化合物，而且对 D_3、D_4 受体选择性较低，仅有少数化合物仍在临床研究阶段。与数量众多的拮抗剂相比，多巴胺 D_3、D_4 受体激动剂的发展十分有限，结构变化也不多。早期的 D_3、D_4 受体激动剂选择性较差，但有部分已在临床上应用，如 D_3 受体激动剂普拉克索（Pramipexole）已用于临床治疗帕金森病，D_4 受体激动剂阿朴吗啡（Apomorphine）可用以治疗男性性功能障碍。氨基四氢化萘衍生物是新的 D_3 受体激动剂，它们主要具有抗帕金森病活性以及治疗毒物成瘾的潜力，但疗效仍在进一步评价。新的 D_4 受体激动剂主要是取代的乙酰胺和苯甲酰胺类似物，它们可能是潜在的治疗注意力缺陷多动综合征的药物。现阶段没有选择性高的多巴胺 D_5 受体药物，因而对 D_5 受体的研究仍然使用 D_1 受体的研究方法，进而制约了对多巴胺 D_5 受体功能深入研究。这也造成了多巴胺 D_5 受体激动剂和拮抗剂主要是苯氮䓬类似物，而与 D_1 受体相比选择性较低。

31.3 作用于 GABA 系统药物

31.3.1 γ-氨基丁酸的生物合成、信号转导及生物功能

31.3.1.1 γ-氨基丁酸的分布[46]

酪氨酸，即 γ-氨基丁酸（γ-aminobutyric acid，GABA），是一种非蛋白质组成的天然氨基酸，它广泛存在于自然界中，在动物、植物和微生物中均有分布，它是人脑内最重要的抑制性神经递质。

GABA 在人体内广泛并非均匀分布，大脑和脊髓中的含量一般为 $2\sim4\mu mol/g$，且大多存在于中枢神经系统，其中也包括前庭神经系统。解剖研究表明，所有前庭神经核均分布着浓密的 γ-氨基丁酸能神经纤维，除存在于前庭传入神经和前庭核之间的突触外，至少还存在于 3 种与前庭核有关的突触，但在交感神经节、坐骨神经、外周神经组织及非神经组织中则很少。放射性显影实验显示，哺乳类动物脑内约有 30% 的突触以 GABA 为神经递质。脑内 GABA 含量是单胺类神经递质的 200～1000 倍，但在不同脑区 GABA 含量的差别明显。现有资料表明，小脑皮质浦肯耶细胞层是脊椎动物脑内 GABA 能神经元最集中的部位。而在其他部位，GABA 能神经元（包括星状或篮状中间神经元）都呈散状分布，投射范围较小。同时，在皮层、海马和下丘脑等脑区的神经元中还发现 GABA 和 5-羟色胺、多巴胺、组胺、乙酰胆碱、甘氨酸等递质共存，或者和生长抑素、胆囊收缩素、神经肽 Y、脑啡肽、阿片肽、P 物质、血管活性肠肽等神经肽共存。

GABA 能系统的信号传导主要包括两条长轴突投射通路：小脑-前庭外侧核通路，从小脑浦肯耶细胞投射到小脑深部核团及脑干的前庭核；另一通路是从纹状体投射到中脑黑质。

31.3.1.2 γ-氨基丁酸的生物合成与代谢

GABA 主要是在谷氨酸脱羧酶的催化作用下由谷氨酸脱羧生成并参与脑内多种生理和生物作用，然后在 GABA 转氨酶（GABA-transaminase，GABA-T）的催化下脱羧降解为琥珀酸半醛，再由琥珀酸半醛脱氢酶催化生成琥珀酸而排除体外。在 GABA 降解的同时还生成了氨基，该氨基与 α-酮戊二酸结合可以生成谷氨酸。这样，在一分子 GABA 降解的同时又生成了一分子 GABA 前体谷氨酸，保证了 GABA 的生物合成和循环。

在 GABA 生物合成中起重要作用的谷氨酸脱羧酶是以维生素 B_6 为辅酶的专一性的

GABA 合成酶，它最适宜的 pH 值为 6.5。它有分子质量为 65kDa 的 GAD_{65} 和 67kDa 的 GAD_{67} 这两种同工酶，它们在同一神经元中表达，但亚细胞分布和活力区别明显。谷氨酸脱羧酶的活力受谷氨酸和 ATP 调节：ATP 含量减少，谷氨酸脱羧酶活力上升。在 GABA 降解中发挥作用的 GABA 转氨酶分布十分广泛，它主要存在于线粒体中。它也是以维生素 B_6 为辅酶，它最适宜的 pH 值为 8.2，分子质量为 100kDa，由两个亚基组成。脑内 GABA 转氨酶与谷氨酸脱羧酶活力比总大于 1。

31.3.1.3 γ-氨基丁酸的信号转导

当 GABA 神经元兴奋时，GABA 被神经末梢释放到突出间隙。终止递质的作用主要依赖突出前、后神经元和胶质细胞摄取 GABA。GABA 是重要的神经递质，它可作用于 $GABA_A$ 受体（配体门控通道、可选择性地使 Cl^- 通过）和 $GABA_B$ 受体（G 蛋白偶联受体、可降低 cAMP 水平和打开 K^+ 通道），从而将神经信号传递下去，然而这种神经突触间的信号传递需要加以调节和控制才能正常运行。GABA 转运蛋白（GAT）参与了这一突触间信号传递调节过程，尤其是在清除 GABA 递质方面更为重要。GABA 转运蛋白作为高亲和性的 GABA 转运体，它主要存在于神经元和胶质细胞报质膜。到目前为止，已经克隆了四种 GABA 转运蛋白，它们属于 Na^+/Cl^- 转运蛋白家族，具有 12 个跨膜结构，N 端和 C 端均位于胞内，在第 3 和第 4 跨膜区间有一胞外大环，含有糖基化位点。

31.3.1.4 γ-氨基丁酸的生物功能

GABA 在人体内参与多种重要的行为和生理反应，包括调节心血管活动和激素分泌等，并参与癫痫等精神类疾病的发病机制。GABA 还通过和其他神经递质的交互作用，调节众多生理活动，起着极为重要的生物功能。GABA 通过调节脑内 GABA 能系统，能抑制心血管收缩和调节血压的作用，并与起扩张血管作用的突触后 $GABA_A$ 受体和对交感神经末梢有抑制作用的 $GABA_B$ 受体结合，有效促进血管扩张，从而达到降血压的目的。同时，GABA 还可通过抑制血管紧张素转化酶 ACE，进而进行血压调节。由于 GABA 能抑制谷氨酸的脱羧反应，与 α-酮戊二酸反应生成谷氨酸，使血氨降低，而谷氨酸则可与氨结合生成尿素排出体外，解除氨毒，从而增强了肝功能。同时由于 GABA 可以激活利尿作用，体内过剩的盐分可从尿液排出，故 GABA 也有肾功能活化作用。GABA 作为脑内最重要的抑制性神经递质，对中枢神经具有普遍的抑制作用，GABA 能系统功能降低可使中枢神经元兴奋性增高，导致众多精神类疾病，如癫痫、惊厥等。许多升高脑内 GABA 水平的化合物都显示出一定的抗惊厥活性。GABA 还可通过降低神经元活性，使细胞超极化，防止神经细胞过热。另外，GABA 还参与脑循环的调节，提高葡萄糖磷酸酯酶的活性，激活脑内葡萄糖的代谢，促进乙酰胆碱合成，使脑部血液流畅及脑细胞活动旺盛，促进脑组织的新陈代谢和恢复脑细胞功能，改善神经机能。因此，GABA 可从根本上镇静神经，从而起到抗焦虑的效果，同时有利于学习与记忆，以及改善睡眠。除上述功能外，GABA 还能通过下丘脑-垂体-性腺轴系影响垂体和性腺的机能，调节激素的分泌。在改善更年期障碍，促进酒精代谢，高效减肥等领域，GABA 也具有一定的调节作用。

31.3.2 GABA 受体分类、生理分布及其药理作用

31.3.2.1 GABA 受体分类[47~49]

目前，GABA 受体家族中已经发现和克隆了三种亚型，分别为 $GABA_A$、$GABA_B$、$GABA_C$。其中，$GABA_A$ 受体和 $GABA_C$ 受体均属于 GABA 门控的氯离子通道的超级家族，由五种蛋白质亚基组成，每个亚基都是一条多肽链，含有 4 个跨膜区，并在这些亚基中间形成一个中空的氯离子通道（图 31-30）。

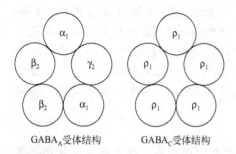

图 31-30 GABA$_A$ 和 GABA$_C$ 受体结构示意图

GABA$_A$ 受体组成相对比较复杂，它是由至少三种不同亚基构成的功能性受体，而从哺乳类动物脑中克隆的 GABA$_A$ 受体亚基至少有 21 种（$\alpha_{1\sim6}$，$\beta_{1\sim4}$，$\gamma_{1\sim4}$，δ，ε，π，θ，$\rho_{1\sim3}$），这些亚基的组间同源性约为 30%，组内同源性约为 70%。而天然的 GABA$_A$ 受体是由 2 个 α 型亚基，2 个 β 型亚基和 1 个其他亚基组成，因此由这些亚基可能形成数千种不同的 GABA$_A$ 受体。但目前为止可以确定的脑内 GABA$_A$ 受体不超过 10 种，其中由 $\alpha_1\beta_2\gamma_2$ 这三种亚基构成的受体约占总数的 60%。

GABA$_C$ 受体相对简单，它是由五个相同的蛋白质大分子构成的功能性受体。现已克隆出 ρ_1、ρ_2 这两种 GABA$_C$ 受体亚基，它们约有 74% 的同源性，主要在 N 端有 20% 的不同。现已成功克隆了三种 GABA$_C$ 受体。GABA$_C$ 受体虽与 GABA$_A$ 受体有约 30% 的同源性，但是它不在任何 GABA$_A$ 受体蛋白上表达，功能性 GABA$_C$ 受体主要表达在视网膜上，它的生理活性和药理作用与非均一亚型构成的 GABA$_A$ 受体有所不同。

GABA$_B$ 受体则是 G 蛋白偶联受体，它由一个具有七个跨膜区间的蛋白质组成，激活后通过胞内信号转导系统调制离子通道活动和激活第二信使。目前已有两个 GABA$_B$ 受体被成功克隆，研究发现它们与 GABA$_A$ 和 GABA$_C$ 受体没有同源性，却与代谢性谷氨酸受体具有高度同源性。因此，GABA$_B$ 受体的药理性质与 GABA$_A$ 和 GABA$_C$ 的药理性质完全不同。它能够与 K^+ 通道或者 Ca^{2+} 通道偶联，抑制 cAMP 的生成。GABA$_B$ 受体作为杂二聚体形式存在。功能性 GABA$_B$ 受体是由两个同源的亚型 GABA$_{B1}$ 和 GABA$_{B2}$ 组成。GABA$_{B1}$ 亚型与细胞外 N 端内源性配体相结合发挥作用而 GABA$_{B2}$ 与 G 蛋白偶联发挥信号传导作用。

31.3.2.2 GABA 受体的生理分布及其药理作用[50]

GABA$_A$ 受体主要分布于中枢神经元胞体部位，激活时氯离子 Cl^- 通道开放，Cl^- 内流使膜超极化，产生抑制性突触后电位（IPSP），抑制突触后神经元兴奋。配体结合试验显示 GABA$_A$ 受体在脑内存在两种结合位点：高亲和性结合位点（主要分布在大脑皮层 I～III 三层、丘脑核和小脑颗粒层）和低亲和性结合位点（主要分布在大脑皮层IV层、扣带皮层、海马 CA1 区和齿状回分子层等部位）。

GABA$_B$ 受体主要分布在丘脑、大脑皮层和小脑等中枢神经系统中，脚间核中 GABA$_B$ 受体的密度最高。GABA$_{B1}$ 和 GABA$_{B2}$ 受体亚型近似交叠分布。而在细胞外 N 端结构有所不同的 GABA$_{B1}$ 受体的两个亚型 GABA$_{B1a}$ 和 GABA$_{B1b}$ 却存在不同分布。GABA$_{B1a}$ 主要分布在纹状体、海马区、齿状回分子层等，而 GABA$_{B1b}$ 主要分布在大脑表皮、内侧丘脑和脊髓中。GABA$_{B2}$ 受体则在脑内广泛分布，包括大脑皮层、所有的海马区、纹状体、小脑浦肯耶细胞和脊髓中。在不同神经元，GABA$_B$ 受体激活时可促进或者抑制 cAMP 的生成，也可促进或者抑制磷酸肌醇（PI）的水解，经过这些胞内信号转导系统产生不同生理效应。

GABA$_C$ 受体主要表达在视网膜双极细胞和水平细胞上。它能在视网膜内、外网状层的信息加工和传导中起重要作用。GABA$_C$ 受体也是氯离子 Cl^- 通道，激活时可引起 Cl^- 内流，产生快速的抑制性突触后电位（IPSP）。

31.3.3 GABA 受体药物的发展

31.3.3.1 GABA$_A$ 受体药物[51,53]

Johnston 在 2000 年通过总结早期的 GABA 受体及小分子药物研究提出作用于 GABA$_A$ 受体的不同作用位点至少有 11 种（图 31-31），分别为：①激动位点，也被认作是竞争性拮抗剂；②印防己毒素作用位点，能同时与 γ-丁酸内酯、己内酰胺和一些杀虫剂作用；③镇静催眠的巴比妥类药物作用位点；④神经甾体位点；⑤苯二氮杂䓬类位点；⑥乙醇位点；⑦吸入性麻醉药的立体选择位点；⑧利尿磺胺位点；⑨Zn^{2+} 位点；⑩其他二价阳离子位点；⑪La^{3+} 位点。另外，还有三种可能的位点：①磷脂位点；②不同蛋白激酶激活的磷酸化位点；③用于和 GABA$_A$ 受体和微管作用的位点，能用于固定突触后膜上的受体簇。

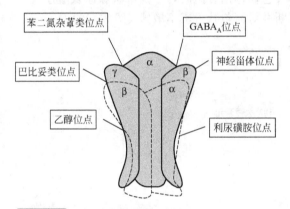

图 31-31 GABA$_A$ 受体的不同作用位点

作用于 GABA$_A$ 受体的化合物的结构差异性表明这些受体具有很多能识别不同化学结构的作用位点。其中一些位点可能与特殊的蛋白亚基相关，如利尿磺胺作用在与 $α_6$ 亚基相关的位点。事实上，发现亚基特异性的药物是非常重要的药物化学研究方向。对涉及妄想的 $α_1$ 和 $α_6$ 亚基研究表明横跨膜区域 1 和 2 内的特定氨基酸残基是特异性 GABA 受体拮抗剂利尿磺胺作用的重要位点。

（1）油酸酰胺及其脂肪酸衍生物　药理实验表明，油酸酰胺可能是导致睡眠的内分泌因子，它能增强 GABA 在老鼠大脑皮层神经元处的作用（图 31-32）。对表达在爪蟾卵母细胞的重组 GABA$_A$ 受体研究表明，油酸酰胺只在包含一个 $γ_2$ 亚基的苯二氮杂䓬受体上的作用较强，对特异性苯二氮杂䓬拮抗剂氟马西尼不敏感。因此，油酸酰胺及其衍生物是治疗失眠的潜在药物。同时，油酸并不直接影响 GABA$_A$ 受体的功能，但二十二碳六烯酸对重组 GABA$_A$ 受体有着多种作用，在 $0.1μmol/L$ 时能加速脱敏作用，在 $1μmol/L$ 时可提高峰值量，而在 $3μmol/L$ 时开始逐渐抑制峰值量。花生四烯酸能模仿二十二碳六烯酸的作用，然而油酸无此作用。13-L-羟基亚油酸（hydroxylinoleic acid）和许多食物添加剂可提高 GABA 在重组 GABA$_A$ 受体上的活性。花生四烯酸代谢物血栓素 A_2 及其类似物能抑制 GABA 对 GABA$_A$ 受体的活性。

176 油酸酰胺

177 氟马西尼

178 二十二碳六烯酸

179 血栓素A_2

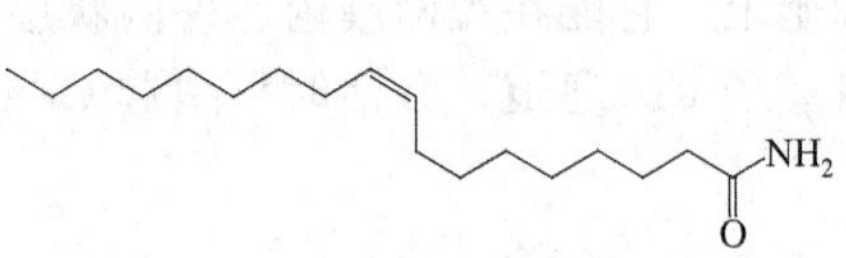

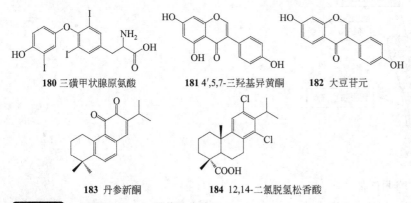

图 31-32 油酸酰胺及其脂肪酸衍生物

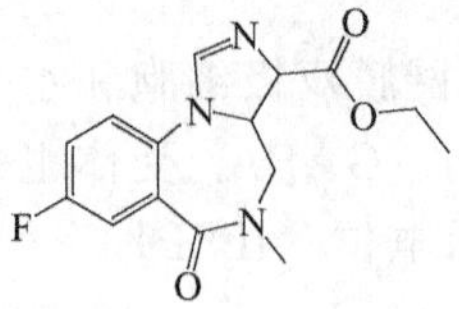

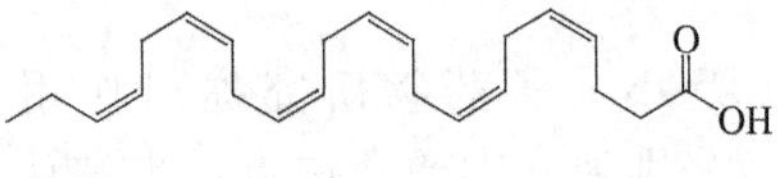

(2) 甲状腺激素　甲状腺激素对 $GABA_A$ 受体功能有拮抗作用。其中，三碘甲状腺原氨酸是一个效果最好的非竞争性抑制剂（IC_{50} 7μmol/L）。重组 $GABA_A$ 受体研究表明它只对含 α_1 和 β_2 的亚基有作用，且不能被苯二氮杂䓬拮抗剂氟马西尼阻断，因此，由神经末梢释放出来的甲状腺激素对 $GABA_A$ 受体有非染色体作用。同时，三碘甲状腺原氨酸还具有直接的门控通道作用，它能被印防己毒素阻断并对荷包牡丹碱不敏感（图 31-33）。

180 三碘甲状腺原氨酸

181 4′,5,7-三羟基异黄酮

182 大豆苷元

183 丹参新酮

184 12,14-二氯脱氢松香酸

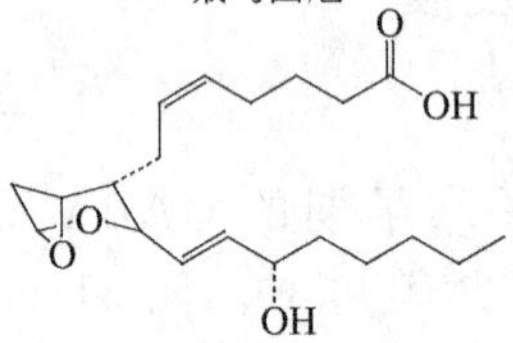

图 31-33 作用于 $GABA_A$ 受体化合物

(3) 多肽和蛋白质　生长激素抑制素和 GABA 都位于一些中枢神经系统神经元上，并能彼此互相调节。对 TBPS 与 $GABA_A$ 受体相结合的研究显示，生长激素抑制素可在微摩尔级浓度下与这些受体相互作用。

蛇毒毒素 Waglerin Ⅰ是一个从 Wagler's pit 毒蛇的毒素中纯化得到的 22 个氨基酸的多肽，可提高 GABA 的活性，并能被苯二氮杂䓬拮抗剂氟马西尼阻断。蛇毒毒素 Waglerin Ⅰ是一个竞争性 $GABA_A$ 抑制剂，与 Zn^{2+} 对 GABA 的抑制效果相关，显示蛇毒毒素 Waglerin Ⅰ对 $GABA_A$ 受体有亚基特异性作用，它在一些受体上表现为类似苯二氮杂䓬的正向调节器，在其他受体上则表现为一个竞争性拮抗剂。

β 淀粉样蛋白是蛋白分解的主要组成部分，它可引起阿尔茨海默病。对海兔神经元的研究表明 β 淀粉样蛋白碎片 1～40 和 25～35（1～16 除外）可抑制 GABA 激活反应，表明这些活性存在于 β 淀粉样蛋白 17～40 氨基酸残基中。在中枢神经系统神经元，胰岛素能提高 $GABA_A$ 受体在突触后膜上的表达。

微管解聚合药物秋水仙碱是重组 $\alpha_1\beta_2\gamma_{2L}GABA_A$ 受体的竞争性拮抗剂。其他解聚合药物，如牢可达唑和长春花碱，不能影响这些 $GABA_A$ 受体，而紫杉醇并不影响秋水仙碱

对GABA受体的抑制作用。

(4) 类黄酮类[54]　类黄酮是一类新型的苯二氮杂䓬受体配体。在传统医学中，从植物中分离得到的类黄酮被用作镇定剂，它对$GABA_A$受体的苯二氮杂䓬位点有特异性作用。和苯二氮杂䓬类药物不同的是，类黄酮类药物具有抗焦虑作用，这与肌肉放松、镇静或遗忘性行为无关。通过结构优化可得到对$GABA_A$受体有高亲和力的类黄酮衍生物，如6,3′-二硝基黄酮和6-溴-3′-硝基黄酮。对重组$GABA_A$受体的构效关系研究显示6-甲基黄酮是一个苯二氮杂䓬类拮抗剂。

异黄酮，4′,5,7-三羟基异黄酮和大豆苷元（图31-33），可直接抑制GABA对重组$GABA_A$受体的作用，该作用与4′,5,7-三羟基异黄酮的酪氨酸激酶抑制作用无关，而大豆苷元也不是酪氨酸激酶抑制剂。

(5) 萜类化合物　大多数萜类化合物可用于调节$GABA_A$受体。丹参新酮是从中国中草药丹参内发现的一系列二萜喹诺酮衍生物，是对$GABA_A$受体正向调节效果最好的化合物。对包括印防己毒素的28种印防己毒萜类定量结构-活性关系（QSAR）研究表明，它们能对老鼠大脑中的$GABA_A$受体进行非竞争性阻断。其中12,14-二氯脱氢松香酸已被证实是一个$GABA_A$受体非竞争性拮抗剂（图31-33）。

(6) 非选择性$GABA_A$受体化合物　大量已知对其他受体有效的治疗药物近年来被发现对$GABA_A$受体也有较好的作用，这些作用可能是由这些药物的副作用引起，但为发展特异性$GABA_A$受体药物提供了先导结构。如研究发现氯氮平和其他抗精神病药物能优先阻断相同亚基的$GABA_A$受体，前者的脱水衍生物吡咪哚是一个$GABA_A$受体拮抗剂。5-HT_3受体拮抗剂恩丹西酮是一个$GABA_A$受体的非竞争性拮抗剂。而喹诺酮类抗菌药物，如环丙沙星，属于具有惊厥副作用的$GABA_A$受体拮抗剂（图31-34）。

185 氯氮平　　**186** 恩丹西酮　　**187** 环丙沙星

图31-34　非选择性作用于$GABA_A$受体的化合物

(7) 作为$GABA_A$受体亚基构象调节器的苯二氮杂䓬类衍生物[55]　自从苯二氮杂䓬类药物对GABA受体的活性被发现后，$GABA_A$受体性质和特异性化合物研究得到了深远的发展。大量具有不同结构的苯二氮杂䓬类衍生物被发现，包括地西泮、氟马西尼、β-咔啉和γ-丁酸内酯等。受体调节作用的内涵和机制也得到极大的丰富，反相激动剂、正向和负向调节器等概念相继被提出，新一代靶向$GABA_A$受体的药物得到了极大发展。

苯二氮杂䓬类对哺乳动物的$GABA_A$受体没有直接的作用，但能通过提高GABA激活的离子通道开启的频率和提高通道的导电性来提高GABA的活性。药物DMCM被发现能减弱GABA对$GABA_A$受体的作用，是一个苯二氮杂䓬类反相激动剂（图31-35）。

临床上常用的苯二氮杂䓬类药物包括地西泮、硝西泮、氯硝西泮、氟硝西泮、氯氮䓬及三唑仑等（图31-35）。其中：①R^1必须是吸电子集团，该环任一碳原子上可被其他取代基取代；②R^2和R^3可变化，内酰胺的氧被硫取代后活性降低；③苯环取代是必须的，但只有卤素取代基允许在R^3位置出现。它们都是苯二氮杂䓬识别位点的激动剂，结合于$GABA_A$受体氯离子通道复合物，可增加GABA与受体结合的亲和力，进而增加氯离子

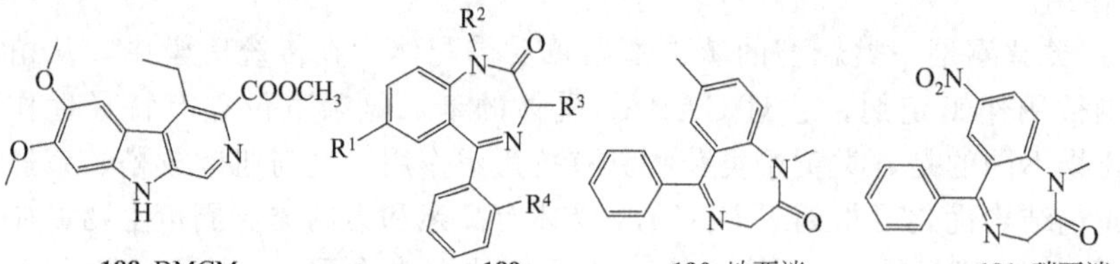

188 DMCM **189** **190** 地西泮 **191** 硝西泮
192 氯硝西泮 **193** 氟硝西泮 **194** 氯氮䓬 **195** 三唑仑 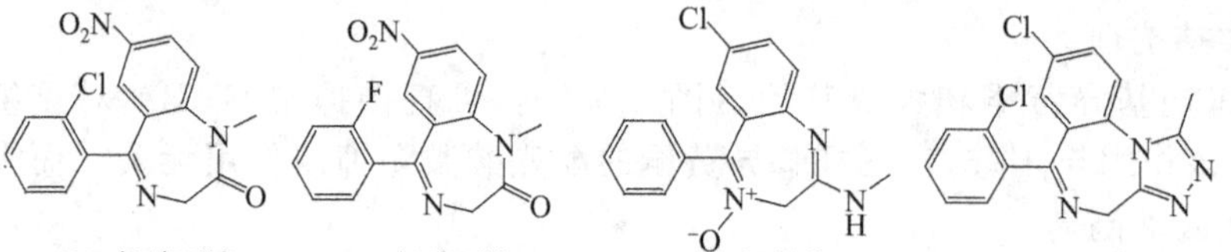

图 31-35 苯二氮杂䓬类衍生物

通道的开放频率，但对平均开放时间无影响。苯二氮杂䓬类药物通过促进 GABA 与 $GABA_A$ 受体的结合易化 GABA 的功能，起到加强 GABA 的抑制效应，产生镇静、催眠、抗焦虑、中枢性肌肉松弛和抗惊厥作用。苯二氮杂䓬类药物与苯二氮杂䓬识别位点以很高的亲和力稳定结合，解离常数 K_d 值为：2.6～3.6nmol/L。苯二氮杂䓬类药物中应用最广泛的是地西泮，该药不仅具有抗焦虑镇静剂和肌肉松弛的作用，同时具有抑郁等副作用。由于苯二氮杂䓬类药物与苯二氮杂䓬受体结合没有选择性，因此在发挥抗焦虑和镇静催眠作用的同时，具有肌肉松弛、记忆力减退、耐受和成瘾性等副作用，使其应用受到很大限制。

(8) 巴比妥类 巴比妥类（BB）药物被广泛用作抗抽搐、镇静催眠和麻醉药物，通常情况下，其对 $GABA_A$ 受体具有如下作用：①加强 GABA 引发的电流反应；②直接激活 $GABA_A$ 受体通道；③在高浓度情况下阻断 $GABA_A$ 受体氯离子通道。巴比妥类在非麻醉剂量时主要抑制多突触反应，减弱易化，增强抑制，常见于 GABA 能神经传递的突触部位，通过增强 GABA 介导的 Cl^- 内流，减弱谷氨酸介导的除极。但与苯二氮䓬类不同，巴比妥类是通过延长氯通道开放时间而增加 Cl^- 内流，引起超极化。较高浓度时，则抑制 Ca^{2+} 依赖性动作电位，抑制 Ca^{2+} 依赖性递质释放，并且呈现拟 GABA 作用，即在无 GABA 时也能直接增加 Cl^- 内流。此类药物在镇静剂量时才显示抗焦虑作用。由于本类药物的安全性远不及苯二氮䓬类，且较易发生依赖性，因此，目前已很少用于镇静和催眠。其中只有苯巴比妥和戊巴比妥仍用于控制癫痫持续状态，硫喷妥偶而用于小手术或内窥镜检查时作静脉麻醉（图 31-36）。

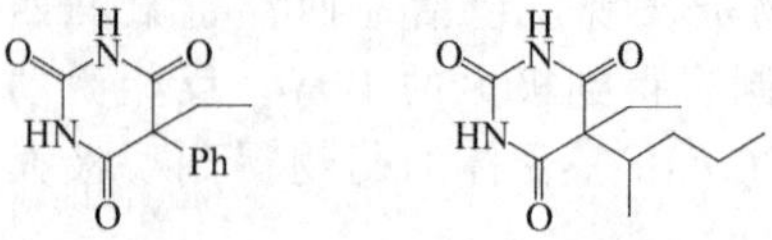

196 苯巴比妥 **197** 戊巴比妥 **198** 硫喷妥

图 31-36 巴比妥类衍生物

31.3.3.2 $GABA_B$ 受体药物

(1) $GABA_B$ 受体的激动剂[52,56]　氯苯氨丁酸是 $GABA_B$ 受体激动剂，对 $GABA_A$ 受体无活性（图 31-37）。它的作用有立体特异性，仅（一）-氯苯氨丁酸是活性形式。构效关系研究发现，GABA 分子中的 β-碳原子上取代基为对氯苯基、羟基或氯原子时保持对 $GABA_B$ 受体激动活性；α-或 β-碳原子或次磷酸类衍生物上的取代明显降低激动活性，氨基被取代导致 $GABA_B$ 受体的亲和性丧失。

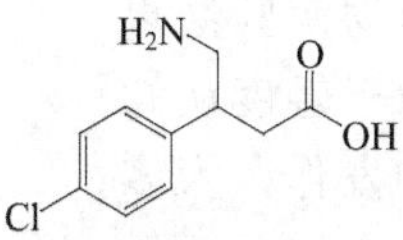

199 氯苯氨丁酸 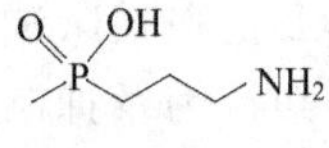　　**200** SKF-97541

图 31-37　GABA_B 受体激动剂

在大鼠社交作用测试中，对扁桃体侧边底部进行中枢注射氯苯氨丁酸后发现对大鼠的焦虑治疗没有任何作用。但氯苯氨丁酸的外围给药却可以检测到不同反应。在一些动物测试中，氯苯氨丁酸表现出类似抗焦虑的作用，能减少大鼠幼仔的超声波呼唤，并在大鼠高架十字迷宫测试中产生抗焦虑作用。氯苯氨丁酸还能显著增加酗酒惩罚，同时又能在大鼠的T迷宫测试表现出对新鲜事物的抗焦虑行为。但是，Zarrindast 等人并没有在大鼠高架十字迷宫测试中发现氯苯氨丁酸的类似抗焦虑效应，激动剂在大鼠的 vogel 冲突实验内没有作用，同样在大鼠高架十字迷宫测试的行为学上也没有作用。

氯苯氨丁酸除了抗痉挛，还有镇静、降低体温和肌肉放松等作用，它们互相之间可能会存在干扰。例如，在大鼠体内 vogel 冲突实验中，中等剂量的氯苯氨丁酸能减少其走动行为及对打斗行为效果的缺失。

氨基丙基磷酸 SKF-97541 也是一个选择性的 GABA_B 激动剂，动物实验表明具有明显镇静作用，广泛用于药物成瘾研究中。

（2）GABA_B 受体的拮抗剂[57]　第一代 GABA_B 选择性受体拮抗剂是氯苯氨丁酸的次磷酸衍生物法克罗芬和磺酸衍生物萨氯酚、2-羟-萨氯酚（图 31-38）。尽管这些药物的亲和性较低，但它们却是判定 GABA_B 受体药理和生理重要性的重要工具。之后，Froestl 等人发现了一类能穿越血脑屏障的 GABA_B 受体拮抗剂，如 CGP-35348、CGP-36742 以及 CGP-55845A。之后还发现了纳摩尔浓度下仍存在亲和性的药物，如 CGP-54626，CGP-56433A。其他拮抗剂如 CGP-52432、CGP-56999A、CGP-61334、CGP-62349、NCS-382、SCH-50911 都很有效（图 31-38）。

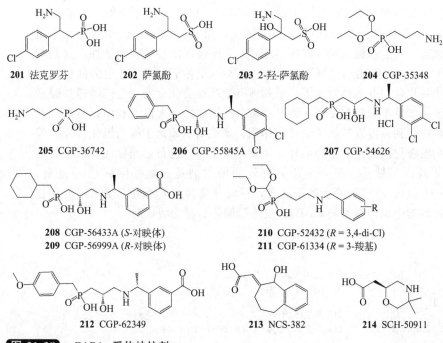

201 法克罗芬　　**202** 萨氯酚　　**203** 2-羟-萨氯酚　　**204** CGP-35348

205 CGP-36742　　**206** CGP-55845A　　**207** CGP-54626

208 CGP-56433A (S-对映体)
209 CGP-56999A (R-对映体)
210 CGP-52432 (R = 3,4-di-Cl)
211 CGP-61334 (R = 3-羧基)

212 CGP-62349　　**213** NCS-382　　**214** SCH-50911

图 31-38　GABA_B 受体拮抗剂

至今还没有 GABA$_B$ 受体拮抗剂被成果开发作为治疗药物使用。大多数动物实验结果表明，GABA$_B$ 受体拮抗剂存在临床使用价值，如 CGP-36742 正在临床试验用于轻度认知修复和治疗阿尔茨海默病。试验表明，这些拮抗剂能改善认知行为及抑制失神发作。大多数药理数据显示 GABA$_B$ 受体拮抗剂没有抗焦虑作用（表 31-2）。

表 31-2 一些选择性 GABA$_B$ 受体药物的发展现状

发展阶段	化合物	机理	结合能力
II 期临床	CGP-36742	拮抗剂	pK_i = 4.84
临床前	CGP-35348	拮抗剂	pK_i = 4.92
临床前	NCS-382	拮抗剂	IC$_{50}$ = 2.50 μmol/L
临床前	CGP-54626	拮抗剂	pK_i = 8.85
临床前	CGP-52432	拮抗剂	pK_i = 7.63
临床前	CGP-55845A	拮抗剂	pK_i = 8.53
临床前	SCH-50911	拮抗剂	pK_i = 6.42
已上市	Baclofen	激动剂	pK_i = 4.57

（3）GABA$_B$ 受体调节剂[58~60]　正向变构调节剂对治疗与 GABA$_B$ 受体有关的疾病具有较大的潜力，可以避免大剂量用药和耐药性的产生。目前，由于 GABA$_B$ 受体药物只在 GABA 功能释放的受体位点处作用，因此会有激活不相关受体和不可预料的副作用。针对 GABA$_B$ 受体临床上唯一有用的激动剂氯苯氨丁酸在剂量过高时出现不可预料的副作用如耐药性、镇静、运动功能障碍等问题而发展的正向变构调节剂，不仅可保持化合物对 GABA$_B$ 受体的激动活性，还可以加强对 GABA$_B$ 受体的调停作用。正向变构调节剂本身是没有任何活性，但却可与 GABA 协同作用并提高 GABA 的药效，比传统的 GABA$_B$ 受体激动剂如氯苯氨丁酸有着更少的副作用。因此，一种激动剂和一种正向变构调节剂联合用药有可能产生比其他任何药物单用时都更好的治疗效果。

GABA$_B$ 受体的正向调节剂包含 CGP-7930 和 GS-39783（图 31-39），功能化实验显示两者都能提高对 GABA$_{B1/2}$ 受体的亲和力和活性。CGP-7930 可通过稳定对 G 蛋白活化作用至关重要区域的活化状态，对七水螺旋状区域内 GABA$_{B2}$ 受体表现出直接激动活性，这是至今第一个被确认的 GABA$_{B2}$ 受体激动剂，属于结合在 GABA$_{B2}$ 受体亚型 7-TM 上的部分激动剂。随后，人们基于先导化合物芬地林发展了一系列芳基烷基胺类化合物，它们同样加强激动剂诱导的活性，增强氯苯氨丁酸对 GABA$_B$ 受体亲和力和效能。在大鼠实验中，芳基烷基胺类化合物包括芬地林能起到调停氯苯氨丁酸极化作用，增强对氯苯氨丁酸的极化反应，但在缺乏氯苯氨丁酸时则没极化反应。对于芬地林 α-甲基苄基上苯环进行适当取代可以显著地改进其对 GABA$_B$ 受体的作用效果。至今为止最有效的增效剂是 3-氯-4-甲氧基-芬地林，EC$_{50}$ 为 30nmol/L（图 31-39）。从构效关系的角度看，芬地林及其相关的芳基烷基胺类化合物代表着一类新颖独特的对中枢神经系统 GABA$_B$ 受体起调停功能的增效剂。

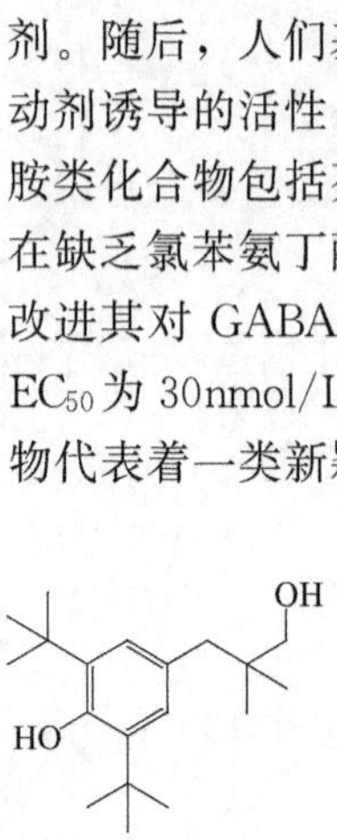

215 CGP-7930 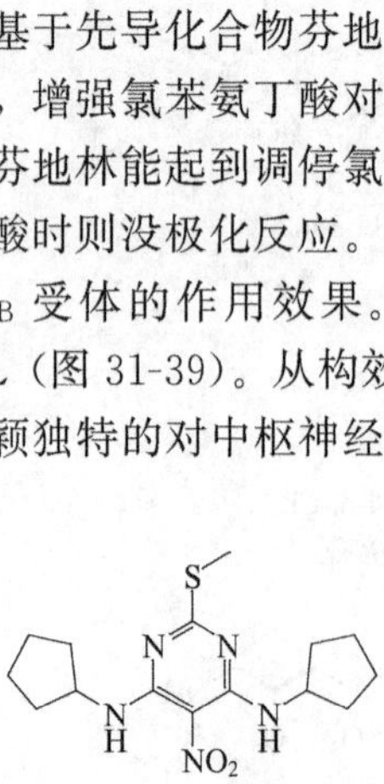　　**216** GS-39783 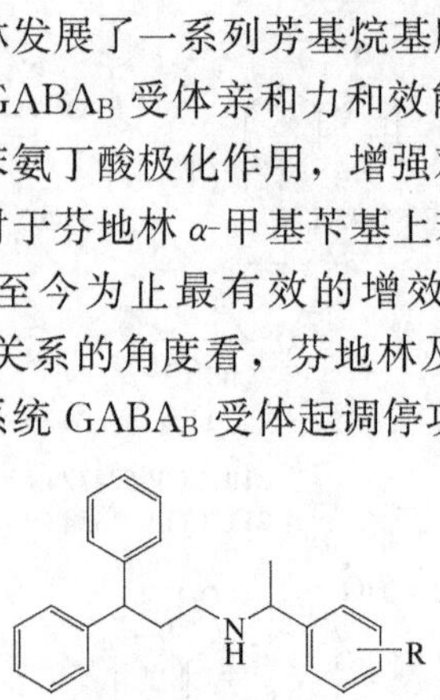　　**217** 芬地林 (R=H)　　**218** 3-氯-4-甲氧基-芬地林 (R=3-Cl, 4-OMe—)

图 31-39　GABA$_B$ 受体调节剂

31.3.3.3 GABA$_C$ 受体药物

(1) GABA$_C$ 受体的激动剂和部分激动剂[61]　通过对 GABA$_C$ 受体在不同体系中的 SAR 研究发现，GABA、TACA、2-FTACA 和（±）-CAMP 为 GABA$_C$ 受体激动剂，而 TAMP、CACA、I4AA、Muscimol、Isoguvacine 和 Homohypotaurine 是 GABA$_C$ 受体的部分激动剂（图 31-40）。激动剂或部分激动剂的活性顺序可以归纳如下：TACA＞GABA＞Muscimol≈2-FTACA＞Homohypotaurine＞I4AA＞TAMP≫（±）-CAMP≈CACA＞Isoguvacine。从构效关系可以看出，激活 GABA$_C$ 受体的部分折叠构象 GABA 与 TACA、CACA 和（±）-CAMP 的结构相似。

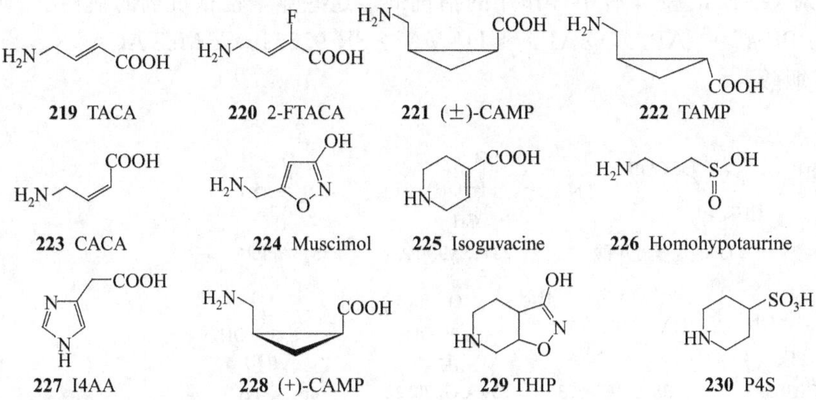

图 31-40　GABA$_C$ 受体激动剂和部分激动剂

第一个在 GABA$_C$ 受体与 GABA$_A$ 受体中有选择性的化合物 CACA，是对人体 ρ_1 和 ρ_2 受体有着中等活性的部分激动剂，它的活性是 GABA 的 70%～80%。而 TACA 的活性是 CACA 的大约 120 倍。对 TACA 的 C2、C3、C4 位置的卤素和甲基取代物对于 ρ_1 GABA$_C$ 受体的作用效果和亲和力会有显著的下降。其中只有 C2 位置可以容忍不同形式的取代。2-FTACA 就是在 C2 位置 F 取代后的产物，是一个强效激动剂（EC$_{50}$：2.43μmol/L），但比参考化合物 TACA（EC$_{50}$：0.44μmol/L）对人体 ρ_1 GABA$_C$ 受体的作用弱。其他在 C2 位置的取代基包括甲烷基团等均会同时降低受体亲和力和激动活性。在 GABA 的 C2 位置进行基团取代，包括氯、甲烷基和亚甲基，同样会降低其对人体 ρ_1 GABA$_C$ 受体的激动活性和亲和力。这些结果说明，C2 位置处的取代基的大小可能会影响其与受体蛋白之间的结合。

TAMP 是一个对表达在爪蟾卵母细胞上的 ρ_1 和 ρ_2 GABA$_C$ 受体亚型有低效的中等活性的部分激动剂。TAMP 激活 ρ_1 和 ρ_2 GABA$_C$ 受体亚型的效果分别为 GABA 的 25% 和 43%。与 TAMP 相反，（±）-CAMP 是一个对 ρ_1 和 ρ_2 GABA$_C$ 受体亚型有中等亲和力的完全激动剂。（±）-CAMP 对 [^{3}H] GABA 的摄取没有任何抑制作用，因此是一个最具选择性的 GABA$_C$ 受体激动剂。（+）-CAMP 对 GABA$_C$ 受体有选择性激动但对 GABA$_A$ 受体无活性。研究发现，GABA$_A$ 受体选择性激动剂对 GABA$_C$ 受体也不一定存在显著的激动或者拮抗活性。然而，THIP 和 P4S 是 GABA$_A$ 受体的部分激动剂以及 GABA$_C$ 受体的竞争性拮抗剂（图 31-40）。

(2) GABA$_C$ 受体竞争性拮抗剂　TPMPA 和 TPEPA 是迄今对 GABA$_C$ 受体具有最高选择性的拮抗剂（图 31-41），被用于研究 GABA$_C$ 受体在视网膜、脊髓、上丘体、内脏，以及对记忆恢复和失眠行为的功能。最初发现的异四氢烟酸，对 GABA$_A$ 受体和 GABA$_C$ 受体都有活性，但对 GABA$_B$ 受体无活性，表明异四氢烟酸中的四氢吡啶环能区分 GABA$_B$ 受体和 GABA$_C$ 受体，但是不能区分 GABA$_A$ 受体和 GABA$_C$ 受体。同时，因为对 GABA$_B$ 受体有激动作用的 3APMPA，即甲基膦酸类物质，对 GABA$_C$ 受体有作用但对 GABA$_B$ 受体无作用。据此推断，将四氢吡啶环和一个甲基膦酸或乙基膦酸部分相结合有可能得到对 GABA$_C$ 受体有选择性拮抗作用的药物，即 TPMPA 或 TPEPA。其中，TPMPA 是 TPEPA 功效的 2 倍，进一步说明烷基膦酸上烷基链长的增加会降低其对 GABA$_C$ 受体的亲和力。

进一步 SAR 研究，发现了许多 GABA$_C$ 受体拮抗剂，代表性的有膦酸 3APPPA 和甲基膦酸 CGP44530 衍生物、DAVA、2-MeTACA、P4S、Strychnine、ZAPA、SR-95331 等（图 31-41），这些都是对 GABA$_C$ 受体有中等作用的拮抗剂。这些竞争性拮抗剂的活性依次为：CGP44530≥3APPPA＞3-APA＞ZAPA≈DAVA＞SR-95331＞2-MeTACA＞Strychnine＞P4S＞异四氢烟酸。

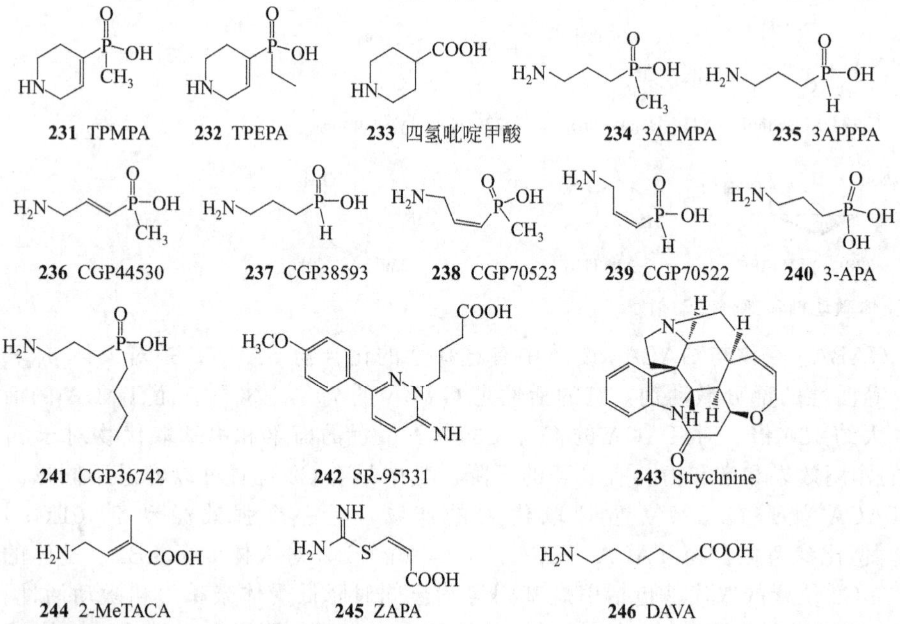

图 31-41 GABA$_C$ 受体的竞争性拮抗剂

GABA 的膦酸类似物，如 3-APA，能区分 GABA$_A$ 受体和 GABA$_C$ 受体，A 是一类对 GABA$_C$ 受体有中等活性的抑制剂。这类化合物对 GABA$_A$ 受体没有明显的激动和拮抗活性，对 GABA$_C$ 受体也没有选择性，对中枢神经系统具有弱的镇静效应，对边缘 GAB-A$_B$ 受体表现为部分激动剂。

对 GABA$_C$ 受体作用较强的拮抗剂是 GABA 的甲基膦酸类似物 3APMPA，然后是 GABA 的膦酸类似物 3APPPA，前者作用比后者强 3 倍。因此，甲基基团可能与结合位点处憎水口袋相结合并改变其 pK_a 来改善配体与受体的结合。研究还发现，甲基膦酸类似物 CGP44530 分别和膦酸类似物 TACA 中的 CGP38593 有类似结果，同时甲基膦酸类似物 CGP70523 还与膦酸类似物 CGP70522 有类似结果。甲基膦酸类似物中的 CGP44530 和 CGP70523 比相应的膦酸类似物 CGP38593 和 CGP70522 有更强的拮抗作用。

3APMPA、3APPPA、CGP44530、CGP38593 和 CGP70523 都并非选择性的 GABA$_C$ 受体拮抗剂，它们对 GABA$_B$ 受体均有一定活性。然而，甲基膦酸或膦酸部分的存在减少了对 GABA$_A$ 受体的亲和力。因此，甲基膦酸和膦酸取代物可以将 GABA$_C$ 受体从

GABA$_A$ 受体中区分出来,但无法从 GABA$_B$ 受体中区分出。这主要是因为羧酸和膦酸的 pK_a 活性不同,以及不同酸基的空间取向不一样。膦酸部分是四面体状,但是羧酸部分是平面的。TACA 的甲基膦酸和膦酸类似物相对弱的选择性和 CACA 类似物的特殊性可通过 C2 和 C3 键之间以及磷原子和 C1 键之间存在高度旋转自由性来解释。因此,这些化合物很有可能具有能同时和 GABA$_B$ 受体和 GABA$_C$ 受体相结合的构象。

随着烷基膦酸部分上烷基基团长度的增加,GABA$_C$ 受体的亲和力下降。CGP36742 是一个中等活性的拮抗剂,而 CGP35348,即 GABA 的二乙氧基甲基类似物,对 GABA$_C$ 受体没有任何作用。

(3) GABA$_C$ 受体的非竞争性拮抗剂 印防己毒素和相应的氯离子通道阻滞剂 TBPS 可以在敲除同类寡聚的 ρ$_1$ GABA$_C$ 受体的爪蟾卵母细胞上表达。但是,这些化合物表达在爪蟾卵母细胞上的 GABA$_C$ 受体的效果要比 GABA$_A$ 受体的效果差 30~250 倍。印防己毒素对源自 ρ$_1$ 和 ρ$_2$ 亚基的 GABA$_C$ 受体敏感性取决于激动剂浓度。此外,研究还表明 ρ$_2$ 亚基 M2 区域上的单个氨基酸残片提高了印防己毒素的敏感性。类似于大鼠视网膜上的天然 GABA$_C$ 受体,共同表现在爪蟾卵母细胞上的 ρ$_1$ 和 ρ$_2$ 亚基使得功能受体与印防己毒素不敏感性增加。因此,非均一亚型的 GABA$_C$ 受体和均一亚型的 GABA$_C$ 受体可能都存在于体内。

31.3.4 讨论与展望

在过去的几十年中,GABA 受体的药物化学和分子生物学的发展得到了长足的进步。大量的药理实验揭示了 GABA 对于人体生理活动起着重要的作用,GABA 能神经系统在人体内作用的机理也得到进一步阐明。GABA$_A$ 受体药物在临床上具有抗治疗镇静、麻醉、焦虑和抗癫痫、解痉、安眠等作用。药理实验提示 GABA$_B$ 受体拮抗剂能抑制 GABA 释放,因此开发新型更有效的 GABA$_B$ 受体拮抗剂对于治疗忧郁症有着重要的应用前景。GABA$_B$ 受体激动剂也被大量应用于肌肉痉挛的治疗研究。GABA$_C$ 受体药物的研究近年来也得到迅速发展,GABA$_C$ 受体药物对于改善记忆和治疗失眠作用明显。然而目前文献报道的 GABA$_C$ 受体药物相对于 GABA$_A$ 受体的选择性不高,因此对于 GABA$_C$ 受体选择性激动剂和拮抗剂的结构特征和作用机理有待进一步研究。

推荐读物
5-羟色胺系统:
- Kitson S L. 5-hydroxytryptamine (5-HT) receptor ligands. Curr Pharm Des,2007,13:2621-2637.
- Nichols D E,Nichols C D. Serotonin receptors. Chem Rev,2008,108:1614-1641.
- Caliendo G,Santagada V,Perissutti E,Fiorino F. Derivatives as 5-HT$_{1A}$ receptor ligands-past and present. Curr Med Chem,2005,12:1721-1753.
- Langlois M,Fischmeister R. 5-HT$_4$ receptor ligands:applications and new prospects. J Med Chem,2003,46:319-344.
- Moltzen E K,Bang-Andersen B. Serotonin reuptake inhibitors:the corner stone in treatment of depression for half a century—a medicinal chemistry survey. Curr Top Med Chem,2006,6:1801-1823.

多巴胺系统:
- Baldessarini R S,Tarazi F I. Pharmacotherapy of Psychosis and Mania//Goodman & Gilman's The Pharmacological Basis of Therapeutics. 11th edition. New York:McGraw-Hill,2006:461.
- Zhang A,Neumeyer J L,Baldessarini R J. Recent Progress in the Development of Dopamine Receptor Subtype Compounds:Potential Therapeutic Agents for Neurological and Neuropsychiatric Disorders. Chem Rev,2007,107:274-

303.
- Palczewski K, Kumasaka T, Hori T, Behnke C A, et al. Crystal structure of rhodopsin: A G protein-coupled receptor. Science, 2000, 289: 739-745.
- Zhang A, Zhang Y, Baldessarini R J, Neumeyer J L. Development of aporphinoids as dopaminergic agents. J Med Chem, 2007, 50: 181-191.
- Joyce J N, Millan M J. Dopamine D_3 receptor antagonists as therapeutic agents. Drug Discov. Today, 2005, 10: 917-925.
- Enguehard-Gueiffier C, Gueiffier A. Recent progress in medicinal chemistry of D_4 agonists. Curr Med Chem, 2006, 13: 2981-2993.

GABA 系统：

- Puppe A, Limmroth V. CNS & Neurological Disorders-Drug Targets, 2007, 6: 247-250.
- Graham A R, Johnston M C, Duke R K, Mewett K N, Mitrovic A D, Vandenberg R J. Drug Dev Res, 1999, 46: 255-260.
- Pilc A, Nowak G. Drugs of Today, 2005, 41: 755-766.
- Emson P C. Progress in Brain Research, 2007, 160: 43-57.
- Goetz T, Arslan A, Wisden W, Wulff P. Progess Brain Research, 2007, 160: 21-41.
- Chebbib M, Graham A, Johnston R. J Med Chem, 2000, 43: 1427-1447.
- MoHler H, Rudolph U. Drug Disc Today: Therapeutic Strategies, 2004, 1: 117-123.

参考文献

[1] Kitson S L. Curr Pharm Des, 2007, 13: 2621-2637.
[2] Nichols D E, Nichols C D. Chem Rev, 2008, 108: 1614-1641.
[3] Leysen J E. Curr Drug Targets CNS Neurol Disord, 2004, 3: 11-26.
[4] Di Giovanni G, Di Matteo V, Pierucci M, Benigno A, Esposito E. Curr Med Chem, 2006, 13: 3069-3081.
[5] Thompson A J, Lummis S C. Curr Pharm Des, 2006, 12: 3615-3630.
[6] Bockaert J, Claeysen S, Compan V, Dumuis A. Curr Drug Targets CNS Neurol Disord, 2004, 3: 39-51.
[7] Nelson D L. Curr Drug Targets CNS Neurol Disord, 2004, 3: 53-58.
[8] Glennon R A. J Med Chem, 2003, 46: 2795-2812.
[9] Thomas D R, Hagan J J. Curr Drug Targets CNS Neurol Disord, 2004, 3: 81-90.
[10] Caliendo G, Santagada V, Perissutti E, Fiorino F. Curr Med Chem, 2005, 12: 1721-1753.
[11] Lacivita E, Leopoldo M, Berardi F, Perrone R. Curr Top Med Chem, 2008, 8: 1024-1034.
[12] Slassi A. Curr Top Med Chem, 2002, 2: 559-574.
[13] Westkaemper R B, Glennon R A. Curr Top Med Chem, 2002, 2: 575-598.
[14] Monck N J, Kennett G A. Prog Med Chem, 2008, 46: 281-390.
[15] Langlois M, Fischmeister R. J Med Chem, 2003, 46: 319-344.
[16] Maharajan P, Maharajan V, Ravagnan G, Paino G. Prog Neurobiol, 2001, 64: 269-276.
[17] Baldessarini R S, Tarazi F I//Brunton L L, Lazo J S, Parker K L, Eds. Goodman & Gilman's The Pharmacological Basis of Therapeutics. 11th edition. New York: McGraw-Hill, 2006: 461.
[18] Zhang A, Neumeyer J L, Baldessarini R J. Chem Rev, 2007, 107: 274-303.
[19] Yang Z Y, Sibley D R, Jose P A. J Recep Sig Transd, 2004, 24: 149-164.
[20] Tarazi F I, Kaufman M J//Tarazi F I, Schetz J A, Ed. Neurological and Psychiatric Disorders from Bench to Beside. Totowa, New Jersey: Humana Press, 2005: 1.
[21] 和友, 金国章. 多巴胺 D_3 受体（D_{3R}）的神经科学新进展. 生命科学, 2005, 17: 170-175.
[22] Bezard E, Ferry S, Mach U, Stark H, et al. Nat Med, 2003, 9: 762-767.
[23] Van Kampen J M, Eckman C B. J Neurosci, 2006, 26: 7272-7280.
[24] Palczewski K, Kumasaka T, Hori T, Behnke C A, et al. Science, 2000, 289: 739-745.
[25] Varady J, Wu X, Fang X, Min J, et al. J Med Chem, 2003, 46: 4377-4392.
[26] Yashar M, Kalani S, Vaidehi N, Hall S E, et al. Proc Natl Acad Sci (USA), 2004, 101: 3815-3820.
[27] Zhang J, Xiong X, Zhen X, Zhang A. Med Res Rev, 2009, 29: 272-294.
[28] Neumeyer J L, Kula N S, Bergman J, Baldessarin R J. Eur J Pharmacol, 2003, 474: 137-140.
[29] Neumeyer J L, Baldessarini R J, Both R G// Abraham D J, Ed. Burger's Medicinal Chemistry and Drug Discovery. 6th Edition. New York: John Wiley & Sons, 2003, Vol. 6, Chapter 12: 711.

[30] Kelleher J P, Centorrino F, Albert M J, Baldessarini R J. CNS Drugs, 2002, 16: 249-261.
[31] Zhang A, Zhang Y, Baldessarini R S, Neumeyer J L. J Med Chem, 2007, 50: 181-191.
[32] Luedtke R R, Mach R H. Curr Pharm Des, 2003, 9: 643-671.
[33] Hackling A E, Stark H. ChemBioChem, 2002, 3: 946-961.
[34] Newman A H, Grundt P, Nader M A. J Med Chem, 2005, 48: 3663-3679.
[35] Joyce J N, Millan M J. Drug Discov Today, 2005, 10: 917-925.
[36] Hübner H, Haubmann C, Utz W, Gmeiner P. J Med Chem, 2000, 43: 756-762.
[37] Elsner J, Boeckler F, Heinemann F W, Hübner H, et al. J Med Chem, 2005, 48: 5771-5779.
[38] Garcia-Ladona F J, Cox B F. CNS Drug Rev, 2003, 9: 141-158.
[39] Grundt P, Prevatt KM, Cao J, Taylor M, et al. J Med Chem, 2007, 50: 4135-46.
[40] Zhang K, Baldessarini R J, Tarazi F I, Neumeyer J L. Curr Med Chem—CNS Agents, 2002, 2: 259-274.
[41] Enguehard-Gueiffier C, Gueiffier A. Curr Med Chem, 2006, 13: 2981-2993.
[42] Brioni J D, Moreland R B, Cowart M, Hsieh G C, et al. Proc Natl Acad Sci (USA), 2004, 101: 6758-6763.
[43] Hsieh G C, Hollingsworth P R, Martino B, Chang R, et al. J Pharmacol Exp Ther, 2004, 308: 330-338.
[44] Moreland R B, Patel M, Hsieh G C, Wetter J M, et al. Pharmacol Biochem Behav, 2005, 82: 140-147.
[45] Prante O, Tietze R, Hocke C, Löber S, et al. J Med Chem, 2008, 51: 1800-1810.
[46] Puppe A, Limmroth V. CNS & Neurological Disorders—Drug Targets, 2007, 6: 247-250.
[47] Graham A R, Johnston M C, Duke R K, Mewett K N, Mitrovic A D, Vandenberg R J. Drug Dev Res, 1999, 46: 255-260.
[48] Pilc A, Nowak G. Drugs of Today, 2005, 41: 755-766.
[49] Emson P C. Progess in Brain Research, 2007, 160: 43-57.
[50] Goetz T, Arslan A, Wisden W, Wulff P. Progess in Brain Research, 2007, 160: 21-41.
[51] Chebbib M, Graham A, Johnston R. J Med Chem, 2000, 43: 1427-1447.
[52] MoHler H, Rudolph U. Drug Disc Today: Therapeutic Strategies, 2004, 1: 117-123.
[53] Krogsgaard-Larsen P, Frolund V, Liljefors T. Chem Rec 2002, 2: 419-430.
[54] Marder M, Paladini A C. Curr Top Med Chem, 2002, 2: 853-867.
[55] Sieghart W. Drugs of the Future, 2006, 31: 685-694.
[56] Zarrindast M, Rostami P, Sadeghi-Hariri M. Pharmacol Biochem Behav, 2001, 69: 9-15.
[57] Davies S, Castaner J, Castaner R M. Drugs of the Future, 2005, 30: 248-253.
[58] Ong J, Kerr D I B. CNS Drug Rev, 2005, 11: 317-334.
[59] Adams C L, Lawrence A J. CNS Drug Rev, 2007, 13: 308-316.
[60] Chen Y, Phillps K, Minton G, Sher E. Br J Pharmacol, 2005, 144: 926-932.
[61] Graham A, Johnston R. Curr Top Med Chem, 2002, 2: 903-913.

第32章

抗生素

陈代杰

目 录

32.1 作用于细菌细胞壁合成的抗生素 /831
    32.1.1 细菌表面结构与抗生素的作用靶位 /831
    32.1.2 β-内酰胺类抗生素 /833
    32.1.3 糖肽类抗生素 /834
    32.1.4 默诺霉素及其类似物 /835
    32.1.5 硫醚类抗生素 /835
    32.1.6 其他类别的抗生素 /836
32.2 作用于细菌蛋白合成的抗生素 /838
    32.2.1 氨基糖苷类抗生素 /838
    32.2.2 MLS类抗生素 /839
        32.2.2.1 红霉素的抗菌作用机制 /839
        32.2.2.2 链阳性菌素类的协同作用机制 /840
    32.2.3 四环素类抗生素 /840
    32.2.4 其他类别的抑制细菌蛋白质合成的抗生素 /840
32.3 作用于细菌其他靶位的抗生素 /841
32.4 细菌对抗生素产生耐药性的作用机制与新药开发 /842
    32.4.1 抗生素分子被修饰的耐药机制与新药开发 /842
        32.4.1.1 β-内酰胺酶介导的细菌耐药性与新药开发 /842
        32.4.1.2 氨基糖苷类钝化酶介导的细菌耐药性与新药开发 /843
        32.4.1.3 其他各种钝化酶介导的细菌耐药性 /843
    32.4.2 抗生素作用靶位发生改变的耐药机制与新药开发 /844
        32.4.2.1 β-内酰胺类抗生素作用靶位发生改变的耐药机制与新药开发 /844
        32.4.2.2 红霉素作用靶位发生改变的耐药机制与新药开发 /845
        32.4.2.3 万古霉素作用靶位发生改变的耐药机制与新药开发 /845
        32.4.2.4 四环类抗生素作用靶位发生改变的耐药机制与新药开发 /846
        32.4.2.5 其他一些抗生素作用靶位改变的细菌耐药机制 /847
    32.4.3 细胞外膜渗透性发生改变的耐药机制与新药开发 /848
    32.4.4 细菌产生外排蛋白的耐药机制与新药开发 /848
        32.4.4.1 主动药物外排的耐药机制 /848
        32.4.4.2 外排泵抑制剂的研究开发 /849
    32.4.5 细菌菌膜形成的耐药机制与新药开发 /849
        32.4.5.1 细菌菌膜形成的机制 /849
        32.4.5.2 BF抗生素耐药的可能机制 /850
        32.4.5.3 细菌BF相关感染防治策略 /852
    32.4.6 细菌耐药机制研究的最新发现 /853
        32.4.6.1 抗生素诱导的SOS反应和细菌耐药性 /853
        32.4.6.2 抗生素诱导的感受态和细菌耐药性 /853
        32.4.6.3 抗生素诱导的热休克反应和细菌耐药性 /854
32.5 展望 /854
    32.5.1 建立新的筛选模型，寻找微生物新药 /855
    32.5.2 扩大微生物来源，寻找微生物新药 /856
    32.5.3 已有微生物药物或先导化合物的化学修饰 /857
    32.5.4 利用组合生物合成原理和技术，创造"杂合微生物新药" /857
    32.5.5 利用宏基因组技术开发难培养的微生物 /858
推荐读物 858
参考文献 858

微生物产生的次级代谢产物具有各种不同的生理活性,抗生素是人们熟悉的具有抗微生物、抗肿瘤作用的微生物次级代谢产物。自从 20 世纪 40 年代初青霉素用于临床以来,抗生素为人类做出了卓越的贡献。随着这一领域的迅速发展,抗生素一词的含义也在不断充实。1942 年链霉素的发现者 Waksman 首先下的定义是:"抗生素是微生物在其代谢过程中所产生的、具有抑制它种微生物生长及活动甚至杀灭它种微生物性能的化学物质。"之后,由于抗肿瘤、抗寄生虫等抗生素的不断发现,这类化合物的作用已远远超出了仅仅对微生物作用的范围。因此,一般认为抗生素的定义应是:"抗生素"是在低微浓度下有选择地抑制或影响它种生物机能的、是在微生物生命过程中产生的具有生理活性的次级代谢产物及其衍生物。"

Fleming 发现青霉素开创了细菌感染疾病治疗的新时代,Waksman 发现链霉素造就了抗生素发展的黄金时代,从而使人类的平均寿命延长了 15 年以上。目前,所发现的抗生素及它们的衍生物已经形成了一个庞大的、其他药物无可替代的大家族。抗生素的发现和应用曾被科学家称为"医学史上的冠冕宝石"(The Crown Jewels of Medicine)。本章重点介绍近年来抗细菌抗生素和抗真菌抗生素的最新研究成果,特别是随着生命科学和生物技术的发展对抗生素作用机制和细菌耐药机制的最新研究成果。

32.1 作用于细菌细胞壁合成的抗生素

32.1.1 细菌表面结构与抗生素的作用靶位

所有的细菌都具有环绕着细胞膜的细胞壁。细胞壁的主要功能是:保持细胞形态,以及保护细胞免受由于环境渗透压变化造成的细胞溶解。细胞膜不仅是细菌很多酶的居住和行使功能场所,也是细菌实现内外物质交流的重要屏障和通道。根据细菌表面结构的组成不同,可以传统地把细菌分为革兰阳性菌、革兰阴性菌和耐酸菌三种。革兰阳性菌的细胞表面结构比较简单,其细胞壁中的肽聚糖(peptidoglycan)层比较厚。革兰阴性菌的细胞壁外有一层厚厚的由脂多糖构成的外膜,里面有一层由磷脂构成的内膜,其细胞壁中的肽聚糖层比较薄。耐酸菌(如铜绿假单胞菌和分枝杆菌)的肽聚糖层比较薄,其外膜结构也与革兰阴性菌不同,由被称为分枝酸的蜡脂组成。这种分枝酸(mycolic acid)与阿拉伯半乳聚糖脂(lipoarabinomannan)可以调节和阻止某些药物或化学物质穿过细胞壁,使细胞具有较高的抗性。构成细菌细胞壁的主要成分是肽聚糖,其由 N-乙酰胞壁酸(N-acetylmuramic acid,NAM)、N-葡萄糖胺(N-acetylglucosamine,NAG)和肽构成。NAM 和 NAG 紧密连接成线状,线与线之间通过连接在 NAM 和 NAG 上的内肽桥的连接成片状,片与片的堆积成为细胞壁的肽聚糖。图 32-1 所示为细菌细胞壁中肽聚糖片层的构成;图 32-2 所示为革兰阳性菌、革兰阴性菌和耐酸菌的细胞表面结构。

肽聚糖的生物合成可分为 3 个阶段。第一阶段:在细胞质中合成胞壁酸(muramic acid)五肽。第二阶段。在细胞膜上由 N-乙酰胞壁酸五肽与 N-乙酰葡糖胺合成肽聚糖单体——双糖肽亚单位脂Ⅱ。第三阶段:已合成的双糖肽被跨膜转移至细胞表面,插在细胞膜外的细胞壁生长点中并交联形成肽聚糖。该阶段分两步:第一步多糖链的伸长——双糖肽脂Ⅱ先是插入细胞壁生长点上作为引物的肽聚糖骨架(至少含 6~8 个肽聚糖单体的分子)中,通过转糖基作用使多糖链延伸一个双糖单位;第二步通过转肽酶(transpeptidase)的转肽作用使相邻多糖链交联。

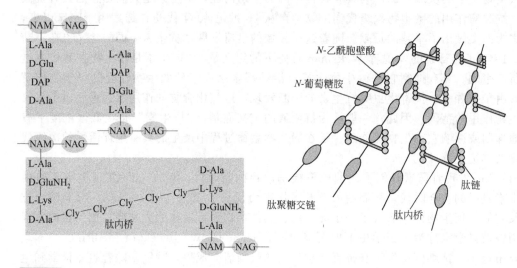

图 32-1 肽聚糖片层的形成

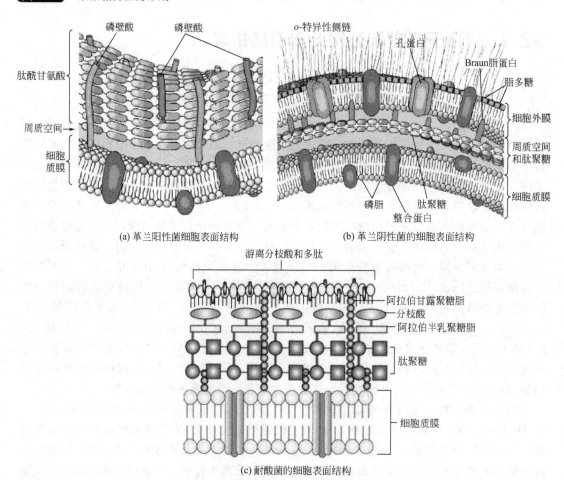

图 32-2 革兰阳性菌、革兰阴性菌和耐酸菌的细胞表面结构

长期以来，对于青霉素结合蛋白（penicilin bonding proteins，PBPs）功能的研究集中在转肽酶上，而对于PBPs N末端转糖基域（糖基转移酶，glycosyltransferase）研究只是近年来才开展。在第三阶段的第一步中，糖基转移酶通过转糖基作用使多糖链延伸一个双糖单位。近年来开展的大量研究表明：很多已知的抗生素是通过抑制糖基转移的机制来达到抗菌作用的。这似乎是一个被遗忘的作用靶标，因此，通过研究不仅能够阐明抗生素的作用机制，也有可能成为新型抗生素筛选的具有吸引力和有潜力的靶标[1,2]。图32-3所示为转肽酶和转糖基酶在细菌细胞壁合成过程中的作用以及各种抗生素的作用位点。对一些已有的具有抑制细菌细胞壁合成的抗生素作用机制的研究发现：其主要机制一是通过直接与转肽酶或转糖基酶的结合来取代合成细胞壁所需的正常底物的结合，从而阻断了细菌细胞壁的合成，因此，这些抗生素与靶位亲和力的大小决定了抗菌活性的大小；二是这些抗生素通过与转肽酶或转糖基酶合成细胞壁所需的正常底物的结合来阻断细菌细胞壁的合成，因此，这些抗生素与底物的结合力的大小决定了抗菌活性的大小。

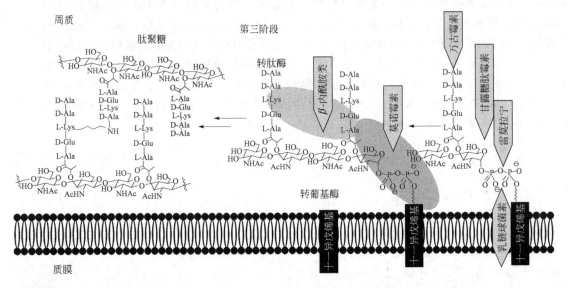

图 32-3 转肽酶和转糖基酶在细菌细胞壁合成过程中的作用以及各种抗生素的作用位点

32.1.2 β-内酰胺类抗生素

参与细菌细胞壁肽聚糖合成的转肽酶和转糖基酶是很多抗生素的作用靶位，由于早期的研究不能把这两种酶分离鉴定，而又是青霉素的结合位点，因而将其称为青霉素结合蛋白（penicilin bonding proteins，PBPs）。这种具有双功能特性的PBPs称为被高分子量青霉素结合蛋白，其C末端域为转肽酶域或羧肽酶域，而N末端域为端转糖基域（糖基转移酶）[3]；低分子量的PBPs只具有单功能的转糖基酶作用。

在细菌细胞壁肽聚糖合成的第三阶段的第二步中，β-内酰胺类抗生素（β-lactam antibiotics）通过PBPs的C末端转肽酶域发挥作用。青霉素等β-内酰胺类抗生素则以它们的结构与供体底物（D-丙氨酰-D-丙氨酸）结构相似（二者都有高度反应性的—C—N—键）而与转肽酶起作用，从而干扰了正常的转肽反应。当转肽酶与β-内酰胺类抗生素结合后，双糖肽间的肽桥无法交联，这样的肽聚糖缺乏应有的强度，结果就形成原生质体或球状体这样的细胞壁缺损的细胞，它们在不利的渗透压环境下极易破裂而死亡。

32.1.3 糖肽类抗生素

第一代糖肽类抗生素以万古霉素（Vancomycin）和替考拉宁（Teicoplanin）为代表。万古霉素是由 Micormick 等于 1956 年从一株东方拟无枝酸菌 *Amycolatopsis orientalis* 的发酵液中分离得到的一种糖肽类抗生素（glycopeptide antibiotics）。替考拉宁又称肽古霉素，是 1978 年 Parenti 等人发现的由游动放线菌 *Actinoplanes teichomyceticus* 产生的一种新的糖肽类抗生素[4]。20 世纪 80 年代，随着 β-内酰胺类抗生素的大量使用，由 MRSA 所引起的感染逐渐流行，万古霉素和替考拉宁成为临床上用于治疗由 MRSA 引起的严重感染疾病的重要药物，愈来愈引起人们的重视。

万古霉素和替考拉宁有一个共同的特征基团是线性七肽主链，侧链至少有五个氨基酸相互连接来支撑肽键的刚性构象。其作用机制已被证实是与脂Ⅱ的 NAM 上的侧链 D-丙氨酰-D-丙氨酸结合，通过七肽骨架与细菌细胞壁合成所需的胞壁酰五肽的 C 端形成高亲和力的复合物，使转肽酶不能与正常的底物结合，阻断了肽聚糖的正常交联，从而抑制了革兰阳性细菌细胞壁糖蛋白链的增长。核磁共振显示，万古霉素与 NAM 上的侧链 D-丙氨酰-D-丙氨酸有五个氢键连接。图 32-4 所示为万古霉素与 D-Ala-D-Ala 产生交互作用时的氢键。同时，研究发现有两种作用机制加强万古霉素中肽骨架与细菌细胞壁合成过程中的 D-Ala-D-Ala 的结合作用：①两个万古霉素分子间糖苷结构通过氢键的作用形成二聚体，万古霉素以这种聚合体形式存在增强了结构的稳定性，同时锁定了万古霉素中与 D-Ala-D-Ala 结合袋呈正确的构象；②万古霉素结构中的亲脂部分使得抗生素位于细菌的表面上从而接近细胞壁合成前体。

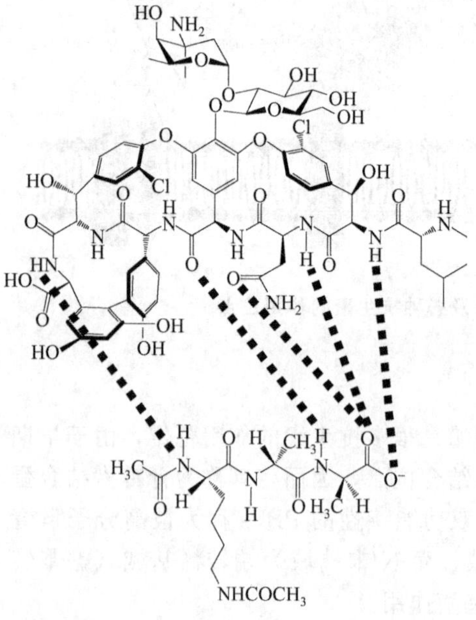

图 32-4 万古霉素与 D-Ala-D-Ala 产生交互作用时的氢键

以糖肽类抗生素作为甲氧西林耐药金葡球菌（methicillin resistant *Staphylococcus aureus*，MRSA）的经验治疗导致了细菌耐药的进一步发展，人们不得不寻找新一代糖肽类抗生素[5,6]。氯古霉素/奥利万星（Oritavancin）、道古霉素（Dalbavancin）是含有附加疏水部分的 N-烷基化糖肽衍生物，对于许多革兰阳性万古耐药菌有很高的活性[7~10]。这些被称为第二代糖肽类的抗生素目前已经完成Ⅲ期临床研究，即将上市。

第二代糖肽类抗生素的结构特征主要是在七肽骨架上增加了疏水基团,但其对万古霉素耐药菌有很强活性,因而引出一个问题——这些化合物的作用机制是否与万古霉素有所不同。因此有了这样一种推测:Oritavancin 和 Dalbavancin 具有更强的二聚化能力,因此导致其在脂 II 末端结合更好;疏水链锚定在细胞膜上,使分子与脂 II 结合更紧密。据推测这些作用都克服了其与 D-丙氨酰-D-丙氨酸结合的问题,因而活性大大增强。Kahne 和其后的一些研究报道延伸了这个理论:这些万古霉素类似物有不同于以上述及的作用机制,即它们能够在转糖基过程中直接与蛋白(即糖基转移酶)结合。随后这些衍生物被证实确实与大肠杆菌的 PBP_{1b} 直接作用,且抑制金黄色葡萄球菌的 PBP_2 的转糖基作用。在将这些糖肽的 N 末端亮氨酸去除之后,损坏的糖肽失去了与脂 II 结合的全部活性,但是仍然维持其良好的抗菌活性,显示其直接抑制金黄色葡萄球菌的 PBP_2 的转糖基作用。Telavancin 也是一个 N-烷基化糖肽衍生物,目前正处于 III 期临床,用于治疗医院获得的肺炎链球菌以及复杂的皮肤与皮肤结构感染[11]。其作用机制可能还涉及细胞膜的去极化。

雷莫拉宁(Ramoplanin)是脂糖缩酚酸肽类抗生素(lipoglycodepsipeptide),对包括 MRSA、万古霉素耐药肠球菌(Vancomycin-resistant enterococci,VRE)在内的很多革兰阳性菌均有较高活性[12],目前正处于 III 期临床,用于治疗难辨梭状芽孢杆菌性肠炎(*clostridium difficile* associated disease,CDAD)。较早的研究预测雷莫拉宁的作用机制是与脂 I 结合后,抑制 MurG 转移至脂 II,从而达到抑制转糖基的作用。最近的研究已表明:当雷莫拉宁在纳摩尔浓度时,通过与脂 II 结合而抑制大肠杆菌 PBP_{1b} 的转糖基作用[13]。

32.1.4 默诺霉素及其类似物

默诺霉素(Moenomycin)是已知的唯一一类直接结合糖基转移酶的天然产物。默诺霉素是磷糖脂类化合物,其最重要的成员——默诺霉素 A(图 32-5)由一个五糖,一端是 25 个碳的异戊二烯链,另一端是一个发色团组成。目前作为动物饲养的生长促进剂,商标名为黄霉素(Flavomycin)。但是,由于近年来发现了这一化合物独特的抗菌机制而开展了大量的研究工作[14,15]。

1987 年,基于结构的相似性,推测默诺霉素通过与底物脂 II 竞争在糖基转移酶上的结合位点而抑制糖基转移过程。2007 年 Lovering 等报道了金黄色葡萄球菌 PBP_2 的三维结构以及 PBP_2 与默诺霉素的复合物的结构[16]。与所预测一致,PBP_2 结构被分成两个单独的裂片:C 末端转肽酶域和 N 末端糖基转移酶域。PBP_2 与默诺霉素复合物的结构清楚表明了二者的作用方式,进一步证实了默诺霉素抑制糖基转移酶的作用机制。糖基转移酶下颌域关闭在抗生素的糖"弹头",和许多氨基酸形成广泛的相互作用,说明了抗生素与酶具有极高的亲和力。默诺霉素的脂部分的尾巴可能将抗生素的弹头集中到膜上与靶点糖基转移酶作用。另外,已证实默诺霉素三糖降解产物仍然维持默诺霉素的全部抗菌活性,二糖降解产物在体外仍然可抑制糖基转移酶活性。

32.1.5 硫醚类抗生素

硫醚类抗生素是具有肽结构,其中含有羊毛硫氨酸或甲基羊毛硫氨酸等类型的硫醚氨基酸。尽管这类抗生素还没有被用于临床,但由于其具有独特的抗菌机制,因而引起了广泛的兴趣。硫醚类抗生素可以分为 A 型和 B 型两种结构类型。

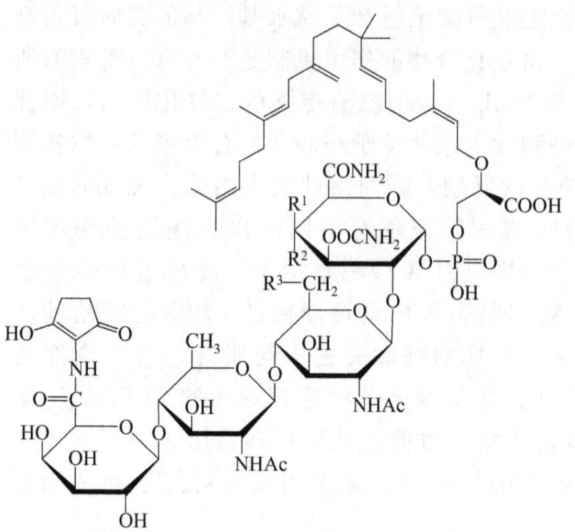

Moenomycin A, $R^1 = CH_3, R^2 = OH, R^3 = OGlc$
Moenomycin A_{12}, $R^1 = OH, R^2 = H, R^3 = OGlc$
Moenomycin C_1, $R^1 = OH, R^2 = R^3 = H$
Moenomycin C_3, $R^1 = CH_3, R^2 = OH, R^3 = H$
Moenomycin C_4, $R^1 = CH_3, R^2 = R^3 = OH$

图 32-5 默诺霉素的化学结构

A 型硫醚抗生素是一个延长的灵活的两亲性分子，其中研究最透彻的是乳酸乳链球菌（*Lactococcus lactis*）产生的乳链球菌素（Nisin）。许多研究已经证实了 Nisin 的抗菌机制是利用脂 II 形成膜上的孔道，并推测了孔道形成的过程：脂 II 的头部基团被 Nisin 的 N 末端所识别，Nisin 的灵活的铰链区域随后发生构象变化，因而 Nisin 从平行转向垂直（相对于膜表面而言）；C 末端移位跨膜，隐藏于膜内部，激活孔道形成——Nisin 和脂 II 继而形成相对稳定的孔道[17]。据推测该孔道包含 8 个 Nisin 和 4 个脂 II 分子（图 32-6）。

B 型硫醚抗生素（如 Mersacidin、Actagardine）相比 A 型有更坚硬的球形外形，通过抑制细胞壁合成而发挥抗菌作用[18]。B 型硫醚抗生素与脂 II 结合[19]，从而阻碍底物与糖基转移酶位点的结合。已证实 Mersacidin 与脂 II 结合的方式与万古霉素不同，这也减少了交叉耐药的可能性。Mersacidin 与脂 II 的作用方式是在脂囊泡中通过高分辨 NMR 光谱研究的，以模拟膜的环境[20]。在脂 II 存在的前提下检测到了 Mersacidin 的构象变化，推测静电电荷可能在 Mersacidin-脂 II 反应过程中起了作用。

32.1.6 其他类别的抗生素

达托霉素（Daptomycin）是一类称为环酯肽类新抗生素家族的第一个产品[21]。它是从玫瑰孢链霉菌（*Streptomyces roseosporus*）发酵液当中提取得到。达托霉素的抗菌谱（antibacterial spectrum）与万古霉素和替考拉宁相似，对许多好氧和厌氧革兰阳性细菌包括甲氧西林耐药金黄色葡萄球菌有效。达托霉素不能透过细胞膜。在钙离子存在的条件下，达托霉素将以非共价键的形式结合到细胞膜蛋白上。细胞膜上的达托霉素结合蛋白（daptomycin bonding proteins，DBPs）为其作用靶位，该蛋白已由 Boaretti 和 Canepari 分离得到，这为筛选新型的抗生素奠定了靶点基础[22]。达托霉素的抗菌机制与糖肽类抗生素的作用机制不同，它的主要作用机制是扰乱细胞膜对氨基酸的转运，从而阻碍细菌细胞壁肽聚糖的磷壁酸脂质（脂磷壁酸，lipoteichoic acid，LTA）的生物合成，改变细胞质膜的性质；另外，它还能通过破坏细菌的细胞膜，使其内容物外泄而达到杀灭细菌的目

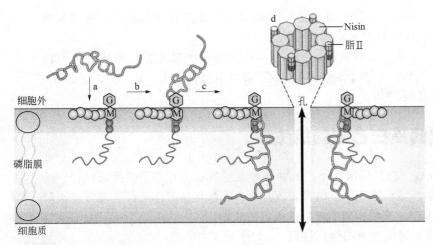

图 32-6 乳链球菌素介导的质膜孔道形成的模型

a—乳链球菌素到达细菌质膜；b—通过抗生素分子中的两个氨基酸末端环与脂Ⅱ结合；
c—随之形成膜孔道，这一过程涉及抗生素分子形成一个稳定的转膜定位；
d—在形成四个1∶1的乳链球菌素-脂Ⅱ复合物的过程中或形成后，另外四个抗生素分子在质膜上形成孔道复合物

的。也有报道是其与细胞膜的结合，导致膜电位的降低，从而破坏胞内 RNA 和 DNA 的合成，最终抑制细菌生长。

磷霉素（Fosfonoycin，Phosphonomycin）是由 Hendin 等从费氏链霉菌（*Streptomyces fradia*）发酵液中分离得到的一种分子量较小的（$M_W = 138.06$）广谱抗生素。磷霉素的作用部位目前尚有争议，可能与磷酸烯醇丙酮酸竞争尿苷二磷酸（uridine diphosphate，UDP）-NAG 转移酶，抑制了黏肽合成的第一步，使 UDP-NAG 不能转化为 UDP-NAMA。由于磷霉素与 UDP-NAG 转移酶的亲和力较小，故必须使用高浓度的磷霉素才能起抑制作用。

磷霉素的抗菌谱很广，对大多数革兰阳性菌和阴性菌有作用，为一种杀菌剂。与一些常用的已知抗生素不产生交叉耐药性，且有协同作用，临床上往往与其他抗生素合并使用，具有很好的治疗效果。磷霉素的毒性低，易通过血脑屏障进入脑脊液，对耐药性金黄色葡萄球菌、大肠埃希菌（*Escherichia coli*）、变形杆菌（*Proteus*）、铜绿假单胞菌（*Pseudomonas. aeruginosa*）、沙门菌（*Salmonella*）等引起的感染均有效，可用于严重的全身性感染如败血症、脑膜炎、肺炎及尿道、肠道、皮肤软组织等的感染。但是，由于磷霉素的抗菌活性比较弱，因此在临床上应用时的剂量比较大，这也使其受到了一定的限制。

杆菌肽（Bacitracin）最早是由 Johnson 等于 1943 年从一个受伤的 7 岁小女孩 Margaret Tracy 身上分离的菌株培养物中发现的，故其名称为 Bacitracin（融合有病孩的名字），目前的生产菌株为枯草芽孢杆菌。杆菌肽在 $50 \sim 500 \mu g/mL$ 时对革兰阳性细菌具有很强的活性。目前临床上作为局部用抗生素来治疗细菌感染，它常与多黏菌素 B（Polymyxin B）和新霉素（Neomycin）一起做成广谱抗菌合剂，作为外用药使用。随后的研究表明，在饲料中添加 $5 \sim 100 \mu g/mL$ 浓度时，它能使许多动物增重和提高饲料的转化率。

杆菌肽的作用机制是阻止细胞膜上脂质体的再生，因而导致 UDP-NAMA-五肽在细胞浆内堆积，从而影响细胞壁黏肽的合成。

D-环丝氨酸（D-Cycloserine）和邻甲氨酰-D-丝氨酸的结构与 D-丙氨酸相似，可干扰

丙氨酸消旋酶（alanine racemase）的作用，使 L-丙氨酸不能变成 D-丙氨酸，并可阻断两分子 D-丙氨酸连接时所需 D-丙氨酸合成酶的作用。

多黏菌素（Colistin，Colimycin，Polymyxin）为一组环肽类抗生素，由多黏芽孢杆菌（*Bacillus polymyxa*）产生。目前已经分离得到了多黏菌素 A、B_1、B_2、C、D_1、D_2、E、F、K、M、P、S 和 T 等物质。

32.2 作用于细菌蛋白合成的抗生素

70S 核糖体是细菌合成蛋白的场所。由 50S 和 30S 亚基组成。作用于细菌蛋白合成的抗生素主要通过或是与 50S 核糖体亚单位结合，或是与 30S 核糖体亚单位结合的方式来阻止具有蛋白质合成功能的 70S 核糖体的形成以达到抗菌的作用[23]。图 32-7 所示为细菌核糖体合成的循环过程以及不同抗生素的作用位点。

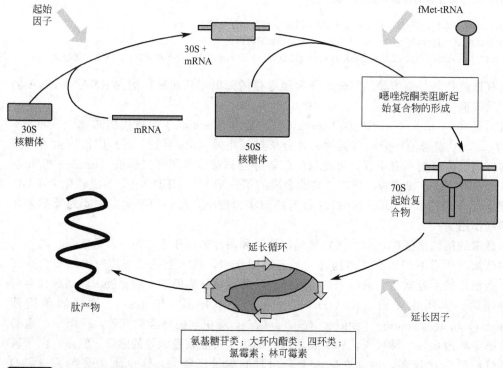

图 32-7　细菌核糖体合成的循环过程以及不同抗生素的作用位点

32.2.1 氨基糖苷类抗生素

氨基糖苷类（aminoglycosides，AGs）抗生素是一类分子中含有一个环己醇型的配基、以糖苷键与氨基糖相结合（有的与中性糖相结合）的化合物，也常被称为氨基环醇类抗生素。链霉素是由 Waksman 等于 1944 年首先发现的由灰色链霉菌（*Streptomyces griseus*）产生的氨基糖苷类抗生素。

卡那霉素等被列为第一代氨基糖苷类抗生素。这一代抗生素的品种最多，应用范围涉及农牧业，其结构特征为分子中含有完全羟基化的氨基糖与氨基环醇相结合，本代抗生素均不抗铜绿假单胞菌。

以庆大霉素（Gentamicin）为代表的第二代氨基糖苷类抗生素的品种较第一代氨基糖

苷类抗生素的品种少。但抗菌谱更广，对上述第一代品种无效的假单胞菌和部分耐药菌也有较强的抑杀作用，有替代部分前者抗感染品种的趋势。结构中含有脱氧氨基糖及对铜绿假单胞菌有抑杀能力是第二代品种的共同特征。它们包括庆大霉素、妥普霉素（Tobramycin）、西梭霉素（Sisomycin）、小诺霉素（Micronomicin）和稀少霉素在内的拟三糖以及包括福提霉素（Astromicin，Fortimicin）、Istamycin、Sporaricin、Sanamycin、Dictimicin 在内的拟二糖药物。

第三代氨基糖苷类抗生素为根据细菌耐药机制设计的、通过化学修饰方法得到的半合成产品，如由卡那霉素 A(Kanamycin A) 获得的丁胺卡那霉素（Amikacin）；由卡那霉素 B 获得的地贝卡星（Dibekacin）和阿贝卡星（Arbekacin）；由庆大霉素 B 获得的异帕米星（Isepamicin）；由庆大霉素 C_{1a} 获得的依替米星（Etimicin）；由西梭霉素获得的奈替米星（Netilmicin）等。

氨基糖苷类抗生素抑制蛋白质合成起始过程的位点有三个：一是特异性地抑制 30S 合成起始复合体的形成，如春日霉素（Kasugamycin）；二是抑制 70S 合成起始复合体的形成和使 fMet-tRNA 从 70S 起始复合体上脱离，如链霉素（Streptomycin）、卡那霉素、新霉素、巴龙霉素（Paromomycin）、庆大霉素等；三是这类抑制 70S 合成起始复合体的抗生素也能引起密码错读。链霉素等抗生素造成密码错读的原因是由于其分子中有造成读错密码的活性中心——去氧链霉胺或链霉胺的缘故，而春日霉素分子中没有这种结构，也就没有造成读错密码的作用。其密码错读的结果影响了 mRNA 的密码子与 tRNA 的反密码子间的相互作用。通过对核糖体-氨基糖苷类复合物的结构的了解，发现这类抗生素主要结合在 30S 核糖体的 A 位点上。

32.2.2 MLS 类抗生素

MLS(macrolides-lincosamides-streptogramins) 是一类包括十四、十五和十六元大环内酯类抗生素、氯林可霉素类抗生素和链阳性菌素类抗生素。十四元大环内酯类抗生素主要为红霉素（Erythromycin）及其衍生物；十五元大环内酯类抗生素主要为阿奇霉素（Azithromycin）；十六元大环内酯类抗生素主要为螺旋霉素（Spiramycin）、麦迪霉素（Midecamycin）、交沙霉素（Josamycin）、柱晶白霉素（吉他霉素)(Kitasamycin)、竹桃霉素（Oleandomycin）、蔷薇霉素（Rosamicin）、泰乐菌素（Tylosin）、罗他霉素（Rokitamycin）和米欧卡霉素（Acetylmidecamycin，Miocamycin）等。

一般认为：MLS 和氯霉素（Chloramphenicol）等抗生素为第 I 类型的蛋白质合成抑制剂，即具有阻断 50S 中肽酰转移酶中心的功能，使 P 位上的肽酰 tRNA 不能与 A 位上的氨基酰 tRNA 结合形成肽键。

32.2.2.1 红霉素的抗菌作用机制

红霉素在细胞中的作用对象就是核糖体，其作用方式有两种：一是抑制 50S 核糖体大亚基的形成，另一个是抑制核糖体的翻译作用。

Champney 小组提出了红霉素抑制核糖体 50S 大亚基形成的作用模型：50S 大亚基是由 23S rRNA、5S rRNA 和二十多种蛋白组装而成的，组装过程中先后有 32S、42S 中间产物产生。当细菌生长环境中存在红霉素时，正在组装中的尚未有功能的 50S 亚单位就可能会和红霉素结合上（结合位点与红霉素在成熟 50S 大亚基上的结合位点相似但不完全相同），于是 50S 大亚基的组装就被停止，而这个无功能的 50S 大亚基中间产物因不能进一步形成有功能的核糖体，最终会被核糖核酸酶（ribonuclease）降解掉。从细胞水平上看，细胞核糖体数量下降，蛋白合成能力降低，细菌的生长被抑制住了。

红霉素抑制核糖体的翻译作用实际上是通过两个效应实现的：一是红霉素可抑制蛋白合成延伸；二是红霉素能促进肽酰 tRNA（peptidyl tRNA，ptRNA）的脱落，也就是当 AA-tRNA 结合到核糖体 A 位并与 P 位上的肽链形成肽键时，红霉素能阻断肽酰 tRNA（ptRNA）从核糖体 A 位到 P 位的转位，并刺激 ptRNA 从核糖体上脱落，脱落下来的 ptRNA 会被 ptRNA 水解酶降解释放出未成熟的肽链。

32.2.2.2 链阳性菌素类的协同作用机制

链阳性菌素具有独特的作用机制，因为它所含有的 A 和 B 两个组分具有协同作用（synergism）。这种协同作用具有明显的定量和定性关系，即当有 A 组分存在时，B 组分的抗菌活力比单独作用时高 100 倍。这是因为单组分链阳性菌素的抗菌机制为抑菌作用（bacteriostasis），而当多组分存在时表现为杀菌作用（bactericidal effect）。另外，链阳性菌素混合物的这种特殊作用机制使细菌产生耐药性的概率大为降低，即对一种药物产生耐药性的概率约如为 10^{-6}，对两种药物的概率则降至 10^{-12}。作用机制研究发现：当 A 组分与细菌核糖体结合就会诱导其构像发生变化，从而增加对 B 组分的特殊亲和力。十四元、十六元大环内酯抗生素以及林可霉素的抗菌作用仅是抑菌作用，因而对细菌蛋白质合成的抑制是可逆的。

链阳性菌素独特的作用机制表现为：①与核糖体非共价结合的强度异常大；②当其 A 组分与 50S 亚基结合后能够诱导产生永久性（即使 A 组分去除）的构像变化，这种变化一直保持到核糖体解离至亚基准备进入第二次循环。

32.2.3 四环素类抗生素

四环素类抗生素通过结合到原核生物核糖体 30S 亚基上抑制蛋白质合成而具有良好的广谱抗菌作用。简单地说，四环素与细菌核糖体 30S 亚基结合后，阻止氨酰-tRNA（aminoacyl-tRNA，aa-tRNA）进入核糖体 A 位点，导致肽链的延伸受阻而使细菌蛋白质无法合成。

四环素有 6 个细菌核糖体结合位点 Tet-1、Tet-2、Tet-3、Tet-4、Tet-5、Tet-6。Tet-1 被认为是四环素发挥作用最主要的位点，位于 16S rRNA 的 31 和 34 螺旋（helix 31 & 34，h31，h34）。而位于 16S rRNA h27 的 Tet-5 也可能和四环素的作用有关，其余的 4 个位点可能对四环素作用无直接影响。Brodersen 等认为四环素结合到 Tet-1 位点后，并不影响（EF-Tu）-（aa-tRNA）-GTP 复合物上的反密码子（anticodon）与 mRNA 上的密码子（codons）的相互作用，但 aa-tRNA 从该复合物释放进入细菌核糖体 A 位点则受到了阻抑。EF-Tu 依赖的 GTP 的水解仍将进行。释放掉 GTP 的 EF-Tu（elongation factor thermo unstable，热不稳定延长因子）再结合下一个 GTP 和 aa-tRNA 生成又一个（EF-Tu)-(aa-tRNA)-GTP 复合物，结果就如此形成了一个不能使肽链得到延伸的循环（nonproductive-cycle）[24]。

32.2.4 其他类别的抑制细菌蛋白质合成的抗生素

甾类抗生素是指具有羧链孢烷骨架的羧链孢酸类化合物和其他一些甾体衍生物，梭链孢酸（Fusidic Acid，夫西地酸）是最重要的一个品种，用于治疗青霉素耐药的金黄色葡萄球菌的感染等。它和青霉素、四环素等其他抗生素还有协同作用。其作用机制是对氨基酸转移酶有选择性抑制作用，从而阻断细菌蛋白质的合成。实验证明，梭链孢酸是延长作用因子 EF-G（原核细胞）或 EF-Z（真核细胞）的选择性抑制剂，因而它抑制氨基酸在核糖体上从氨乙酰基-tRNA 转化成蛋白质。

嘌呤霉素（Puromycin）是由白黑链霉菌（*Streptomyces alboniger*）产生的 3′-脱氧嘌呤核苷抗生素。在结构上它与氨酰-tRNA 的 3′-末端相似。嘌呤霉素是革兰阳性细菌的强烈抑制剂，它是肽合成的一种有效抑制剂，所以对高等动物的毒性也颇大，没有临床应用价值，但它是生物化学和分子生物学研究领域的优秀的不可替代的研究工具，它已被广泛应用于哺乳动物和细菌无细胞核糖体和非核糖体系统中蛋白质生物合成机理的研究。

嘌呤霉素的主要生物化学特性是：嘌呤霉素通过催化不完全肽链从肽酰-tRNA-信使核糖体复合物上释放出来，而起着不依赖密码子的氨酰-tRNA 的作用，并和核糖体的肽酰-tRNA 位上新生多肽反应，起着阻抑蛋白质合成的作用。即它能和结合在 P 位的肽酰-tRNA 反应，生成肽酰嘌呤霉素复合体，并从核蛋白体上游离。

莫匹罗星（Mupirocin）为异亮氨酸的结构类似物，尽管该药物对人体没有太大的毒性，但由于进入人体内的药物被快速地代谢为无活性的形式，因此，临床上以外用制剂形式用于治疗皮肤感染，而难以治疗系统性感染疾病。莫匹罗星的作用机制是抑制细菌异亮氨酰-tRNA 合成酶的第一步氨基酰化反应，即抑制异亮氨酰腺苷酸的生物合成，从而导致 tRNA^{Ile} 的缺失。这种氨基酸的饥饿不仅导致细菌蛋白质的合成受到抑制，同时通过严谨型响应（strigent response）将这种影响扩散到细胞代谢。除了异亮氨酰-tRNA 合成酶，细菌含有连接其他氨基酸至 tRNA 的其他一些氨酰 tRNA 合成酶。因此，这些细菌生长所必须的酶可以说是新抗菌药物有效的作用靶位，且原核生物与真核生物的氨酰-tRNA 合成酶结构上的差异更有利于寻找毒副作用更小的抗菌药物。最近，在研究葡萄球菌细胞壁合成过程中发现：*fem* 基因编码五苷氨酸内肽桥（pentaglycin interpeptide bridge）的生物合成，其有可能成为新的抗葡萄球菌药物的有效作用靶位。

氯霉素类药物在临床上主要用于由革兰阳性菌引起的感染，但对革兰阴性菌和铜绿假单胞菌也有效。氯霉素对大多数厌氧菌（anaerobic bacteria）、立克次氏体（rickettsia）、衣原体（chlamydia）和支原体（mycoplasma）具有活性。特别是由于氯霉素对治疗立克次氏体病和复发型流行性斑疹伤寒等具有特殊疗效而一直具有相当的生命力。氯霉素类抗生素也是通过结合到原核生物核糖体 30S 亚基上抑制蛋白质合成而具有良好的广谱抗菌作用。

32.3 作用于细菌其他靶位的抗生素

安莎环类（ansamacrolides）抗生素又名利福霉素（Rifamycin）类抗生素。利福霉素 SV 和利福霉素 B 均是由地中海拟无枝酸菌（*Amycolatopsis mediterranei*）的不同菌株发酵产生。由于抗菌活力不太强，因此目前这两个品种均未在临床上直接应用，而是分别作为一系列半合成利福霉素品种的起始原料。

利福霉素类抗生素的作用机制是通过抑制 RNA 聚合酶（RNA polymerase）的活性，来干扰细菌 DNA 的正常转录，从而达到抗菌的目的。对耻垢分枝杆菌（*M. smegmatis*）蛋白的体内外研究表明，利福平通过对 RNA 聚合酶全酶（holoenzyme）的交互作用来干扰转录的开始。

依赖于 DNA 的 RNA 聚合酶是一种含有四个不同亚基 α、β、β′和 σ 的大型复合酶。这种酶存在于被称为全酶和核心酶（core enzyme）的酶中。前者（α$_2$、β、β′和 σ）与启动子发生交互作用，由 σ 亚基进行特异性的识别。由于存在有几种不同的 σ 亚基，因此允许不同类别的基因进行独立地转录。当 σ 因子识别转录启动子后，产生一个短寡核苷并从 RNA 聚合酶中分离；而留下的具有催化活性的核心酶（α$_2$、β 和 β′）完成 RNA 的合成。

32.4 细菌对抗生素产生耐药性的作用机制与新药开发

随着各种抗菌药物的广泛使用、临床不断出现的被称为"超级细菌（super bacterial）"的各种耐药菌严重威胁着人类的生命健康，全球每年约1700万病人因细菌感染死亡，尤其是儿童和老年人。其死亡率仅次于心脑血管疾病的死亡率。研究细菌耐药性作用机制的目的有两个：一是指导临床医生更加科学地应用抗生素，以及避免非临床抗生素的滥用；二是指导药物开发研究人员研究开发能够克服细菌耐药性的各种新药。根据目前对细菌耐药机制研究的结果，可以分为特异性和非特异性细菌耐药。前者包括抗生素分子被修饰的耐药机制和抗生素作用靶位发生改变的耐药机制；后者包括细菌产生外排蛋白的耐药机制和细菌菌膜（bacterial film）形成的耐药机制等。细菌耐药性是21世纪全球关注的热点。

32.4.1 抗生素分子被修饰的耐药机制与新药开发

32.4.1.1 β-内酰胺酶介导的细菌耐药性与新药开发

β-内酰胺酶（β-Lactamase）于1940年首次在大肠埃希菌中被确定。1944年明确了产生β-内酰胺酶（青霉素酶，penicillinase）是金葡菌对青霉素耐药的机理，即这种酶能够将β-内酰胺环打开而使抗生素分子失去活性。

20世纪70年代初，开始从微生物中筛选β-内酰胺酶抑制剂（β-Lactamase inhibitors）的研究，使这一研究领域出现了转机。1976年从棒状链霉菌的代谢产物中分离得到了具有强β-内酰胺酶抑制作用的化合物克拉维酸（Clavulanate），它对β-内酰胺酶的活性位点有高亲和力，能与催化中心相结合，以竞争性抑制剂的方式发挥作用。

克拉维酸是第一个被应于临床的β-内酰胺酶抑制剂，它具有氧杂青霉烯的化学结构，它本身所具有的抗菌活性很弱，但它与羟氨苄青霉素（Amoxicillin）组成的复合剂奥格门汀（Augmentin）、与羧噻吩青霉素（Ticarcillin）组成的复合剂替门汀（Timentin）都具有很好的协同作用。青霉烷砜（舒巴坦，Sulbactam）是第二个被应于临床的β-内酰胺酶抑制剂，它与多种β-内酰胺类抗生素联合使用能产生明显的协同作用，从而对大部分耐药菌的最低抑菌浓度降至这些抗生素的敏感范围内。他唑巴坦（Tazobactam）是第三个已被应用于临床的β-内酰胺酶抑制剂，它是青霉烷砜取代甲基衍生物，其特点是抑酶谱广。

另外，通过化学修饰的方法，降低底物对酶的结构适应性，以克服细菌耐药性。向青霉素分子中受β-内酰胺酶攻击部位附近导入障碍性基团，使酶难与之结合，从而保护青霉素免遭分解。如甲氧西林（Methicillin）、萘夫西林（Nafcillin）、苯唑西林（Oxacillin）、氯唑西林（Cloxacillin）、双氯西林（Dicloxacillin）、氟氯西林（Flucloxacillin）等都在β-内酰胺基附近有甲氧基、乙氧基、苯基等空间位阻较大的基团，对青霉素酶稳定，用于治疗产青霉素酶的金黄色葡萄球菌、表皮葡萄球菌感染。向头孢菌素（Cephalosporin）的侧链导入Z-氧亚氨基（肟基）或O-烷基取代的肟基可增强对广谱β-内酰胺酶的稳定性，如头孢呋辛（Cefuroxime）、头孢噻肟（Cefotaxime）与头孢地尼（Cefdinir）等氨噻肟型第三代以及第四代头孢菌素等，但可被超广谱β-内酰胺酶（extended-spectrum β-lactamase, ESBL，也称氧亚胺β-内酰胺酶, oxyimino-β-lactamases）分解。向β-内酰胺环上引入甲氧基或甲酰氨基，增强酶稳定性。如头孢西丁（Cefoxitin）、头孢美唑（Cefmetazole）、头孢替坦（Cefotetan）、头孢拉腙（Cefbuperazo）与头孢米诺（Cefminox)等头霉素（Cephamycin）对超广谱 β-内酰胺酶稳定。

32.4.1.2 氨基糖苷类钝化酶介导的细菌耐药性与新药开发

氨基糖苷类钝化酶介导的细菌耐药性往往是通过细菌产生的酰基转移酶（acetyltransferases，AAC）、腺苷转移酶（adenylytransferases，ANT）和磷酸转移酶（phosphotransferases，APH）对进入胞内的活性分子进行修饰使之失去生物活性[25,26]。图 32-8 所示为各种钝化酶对丁胺卡那霉素分子的修饰位点。

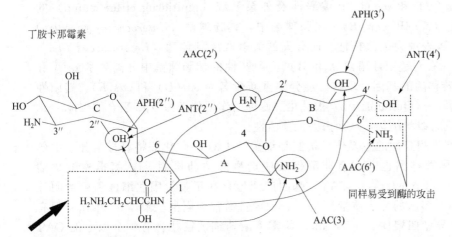

粗体箭头所指基团通过立体隐蔽或折叠保护丁胺卡那霉素分子免遭 AAC (3, 2′)、APH (3′, 2″) 和 ANT (2″) 的攻击

图 32-8 各种钝化酶对丁胺卡那霉素分子的修饰位点

对氨基糖苷类抗生素钝化酶基因结构的研究发现：许多基因与可转移的遗传因子相连。这些抗性基因的两侧为转座子 $Tn21$，这个转座子（transposon），含有特殊的区域如整合子（integron），抗性基因（resisitant gene）镶嵌其中。一个整合子可以携带多个抗性基因，这就可以用来解释细菌的多重耐药性（multiple drug resisitance，MDR）现象。而抗性基因容易嵌入复制子或从其上脱落，这种性质可以用来解释这些抗性基因在细菌间广泛转移的特性。对氨基糖苷类抗生素细菌耐药性调查表明：1983 年度分离到的大多数耐药菌仅对某一种氨基糖苷类抗生素产生抗性，而最近的调查发现大多数耐药菌含有多重耐药机制，其中最多的含有六种耐药机制（即含有多种钝化酶的修饰作用）。

通过化学修饰的方法，选择地消去氨基糖苷分子中的某些羟基、烷化氨基或以羟基氨基酸酰化特定的氨基可有效地克服耐药性。如地贝卡星为双去氧卡那霉素 B；阿贝卡星为地贝卡星的 1 位氨基被 S-4-氨基-2-羟基丁酰化的衍生物；奈替米星为 N-乙基西梭霉素；依替米星为 N-乙基庆大霉素 C_{1a}；阿米卡星为氨羟丁酰卡那霉素；异帕米星为 1-N-(S-3-氨基-2-羟基-丙酰基) 庆大霉素 B。

32.4.1.3 其他各种钝化酶介导的细菌耐药性

已经发现了很多作用于 MLS 类抗生素活性分子的钝化酶。在乳酸杆菌中发现有大环内酯类抗生素钝化酶的存在。通常在使用红霉素治疗的病人中分离的对红霉素具有高度耐受性的肠杆菌中，普遍存在有红霉素钝化酶；也从病人的血液中分离得到含有红霉素钝化酶的大肠埃希菌。在所有红霉素耐药肠杆菌中都存在有红霉素酯酶（erythromycin esterase）。这些酯酶具有酯解红霉素和竹桃霉素的大环内酯部分的功能，且似乎专一性地作用于十四元环的大环内酯类抗生素，因为它们对交沙霉素、麦迪霉素、蔷薇霉素和螺旋霉素都没有作用。

金黄色葡萄球菌 BM4611 和溶血葡萄球菌（Staphylococcus haemolyticus）BM4610 对林可霉素（Lincomycin）的耐受性很高（MIC 64mg/L），而对氯林可霉素（Clindamycin）很敏感（MIC 0.12mg/L）。在这两种细菌中，其耐药机制是通过钝化酶的作用使抗生素分子中的 4 位核苷酰化成为 4(5'-核糖核苷)林可霉素或氯林可霉素。

对链阳性菌素产生耐药性的问题首先在葡萄球菌中发现，其仅对链阳性菌素 A 组分产生耐药性。葡萄球菌中有很多编码对链阳性菌素 A 产生耐药性的基因如，编码酰基转移酶的 vat(A)、vat(B) 和 vat(C)；编码涉及外泵系统（multidrug efflux pump）的 ATP 结合蛋白的 vga(A) 和 vga(B)。在肠球菌中，粪肠球菌（Enterococcus faecalis）对链阳性菌素 A 和 B 表现为天然抗性，而分离的大多数屎肠球菌（Enterococcus faecium）对其是敏感的。在对链阳性菌素 A 和 B 产生耐药性的粪肠球菌中分离到了 satA 和 satG 两个编码酰基转移酶的基因，现在已经分别重新命名为 vat(D) 和 vat(E)。链阳性菌素 B 衍生物喹奴普丁（Quinupristin）被钝化酶修饰的作用位点为 Vgb 裂合酶（lyase），将其环肽结构裂解成为线状结构，从而失去抗菌活性。

细菌对氯霉素产生耐药性的主要作用机制是细菌产生的 O-酰化酶将氯霉素分子中的游离羟基乙酰化，尽管推测也存在有非酶促反应产生的耐药机制[27]。氯霉素酰化酶（chloramphenicol acetyltransferase，CAT）基因广泛地存在于革兰阳性细菌和革兰阴性细菌中。所有的 CAT 多肽的分子质量为 24～26kDa 且通常为同型三聚体 α_3 和 β_3，但有两个 CAT 突变体为异型四聚体 $\alpha_2\beta_3$ 和 $\alpha\beta_2$。氯霉素耐药细菌往往含有一个以上的 CAT 基因。

32.4.2 抗生素作用靶位发生改变的耐药机制与新药开发

32.4.2.1 β-内酰胺类抗生素作用靶位发生改变的耐药机制与新药开发

β-内酰胺类药物的抗菌机制是通过抑制催化肽聚糖交联反应的转肽酶的活性来实现的。细菌在不同细胞周期合成肽聚糖的过程中，有多种不同功能的转肽酶-PBPs。除了细菌在生理上重要的高分子量 PBPs(高 M_r-PBPs) 外，至少还有一种或几种作为 D-丙氨酸羧肽酶（carboxypeptidase）作用的低分子量 PBPs(低 M_r-PBPs)。低 M_r-PBPs 的失活不影响 β-内酰胺类药物的抗菌作用。

从临床分离的青霉素耐药菌往往是由于 β-内酰胺酶的作用所致。较少的一些不具 β-内酰胺酶的青霉素耐药革兰阴性菌的耐药机制有两个：一是细菌细胞外膜对药物的渗透性降低；二是细菌产生与药物亲和力较低的高 M_r-PBPs，而在革兰阳性耐药菌中，仅存在有第二种耐药机制。

对由 PBPs-介导的细菌耐药性的进一步研究表明，高分子量 PBPs 的转肽酶结构域的活性中心发生了某些精细的变化，从而对青霉素的亲和力降低而对正常底物的亲和力没有改变。对淋球菌和其他一些革兰阴性菌来说，较高的耐药性来自于 PBPs 亲和力的微小改变以及细胞外膜的渗透性降低。而对肺炎球菌来说，PBPs 亲和力的明显降低是导致耐药性的主要原因。最高耐药性的肺炎球菌对苯青霉素的耐药性是真正敏感菌的 1000 倍以上。实验室研究表明，单个氨基酸的改变不至于引起 PBPs 对抑制剂和结构类似底物亲和力有很大的差异。因此，由 PBP-介导的耐药性的发展似乎是一个在高 M_r-PBPs 中多个氨基酸发生改变的循序过程。

通过化学修饰的方法，可以增强药物与青霉素结合蛋白的亲和力。向 β-内酰胺类抗生素分子中导入适当的亲脂性取代基，探索既增强 PBP2a 亲和力，又不过分增大血清蛋白结合率的物质。如新头孢菌素 MC-02479 对革兰阳性菌有很强抗菌活性[28]，抗 MRSA、粪肠球菌与肺炎链球菌的 MIC 分别为 $0.25\sim 4\mu g/mL$、$0.06\sim 0.5\mu g/mL$ 与 $0.008\sim 1\mu g/mL$。BMS-247243 对 MRSA 的 MIC_{90} 为 $4\mu g/mL$。NB-2001 抗 MRSA 活性比万古霉素强，S-3578 对 MRSA 疗效与万古霉素相似，TAK-599 对 MRSA 的 MIC 为 $0.88\sim 4.72\mu g/mL$。

32.4.2.2 红霉素作用靶位发生改变的耐药机制与新药开发

红霉素在核糖体上的作用位点主要是 50S 大亚基上的 23S rRNA，具体就在结构域（domain）Ⅱ的发夹环 35 及结构域 V 的肽酰转移酶上。作用位点既有 rRNA 成分也有蛋白成分。细菌对红霉素产生耐药性的另外一个重要机制是改造或修饰核糖体上的红霉素作用位点，也就是通过直接作用核糖体上的红霉素作用位点来影响红霉素抗菌作用[29]。

最广泛的红霉素抗性产生及传播的机制是通过在 A2058 的 N6 上单甲基和双甲基化来降低红霉素与 RNA 的亲和力而产生抗性，这个修饰是由 S-腺苷-L-甲硫氨酸（S-adenosyl-L-methionine，AdoMet）依赖的甲基转移酶 Erm 家族催化的，Erm 家族成员的序列具有 24.6%～85% 的同源性。

核糖体蛋白质 L4 和 L22 突变也能引起红霉素抗性，在大肠埃希菌和肺炎链球菌的抗性菌株中均发现这一现象。对 L4 和 L22 蛋白突变所引起的抗性机制的解释是：一是结合在 23S rRNA 结构域Ⅰ上的 L4 和 L22 突变会造成整个 23S rRNA 的整体结构变化，从而影响了红霉素作用的其他靶位点与红霉素的结合；二是 L4 和 L22 突变降低了红霉素与核糖体的结合作用，因为红霉素是通过结合在肽链释放隧道上 L4 和 L22 形成的狭小门防位置，而促使肽链无法进入才抑制蛋白合成的[30]。

近来发现了一种新的红霉素抗性机制，是通过一些特殊的短肽与核糖体相互作用而产生的。在大肠埃希菌中一些 23S rRNA 片段（均包含碱基 1233～1348）的过量表达能导致产生红霉素抗性的现象，这些片段称为 E-RNA。经缺失分析发现其实只需有小片段（碱基 1235～1268）的表达就足以提供红霉素的抗性了，这个片段称为 E-RNA34。

通过化学修饰的方法，已经获得了以罗红霉素（Roxithromycin）、阿奇霉素、克拉红霉素（Clarithromycin）和地红霉素（Dirithromycin）等为代表的第二代红霉素，其表现出许多新的特点和优点，如抗菌谱扩大、抗菌力增强、体内药代动力学特征改善，以及对一些较难对付的致病原显示出有效活性等。另外，通过在红霉素的大环内酯结构上开辟新的作用点，获得了具有大环内酯——酮内酯两个作用点的第三代红霉素——泰利霉素（Telithromycin），对大环内酯耐药菌尤其对肺炎球菌有很强作用[31]。泰利霉素作为第一个第三代红霉素显示了独特的临床效果，因此，目前有很多第三代红霉素品种正在研究开发中，赛霉（Cethromycin，ABT-773）是进入临床试验的第二个酮内酯，性能与泰利霉素相似，对大环内酯敏感与耐药的肺炎链球菌（*Streptococcus pneumoniae*）、化脓性链球菌（*Streptococcus pyogenes*）有良好作用，对流感嗜血杆菌（*Haemophilus influenzae*）、卡拉莫拉菌（*Moraxella catarrhalis*）、奈瑟菌属（*Neisseria*）、李斯特菌（*Listeria*）、葡萄球菌、肺炎支原体（*Mycoplasm. pneumonia*）、衣原体、军团菌（*Legionella*）、幽门螺杆菌（*Helicobacter pylori*）、棒状杆菌（*Corynebacterium*）与革兰阳性厌氧菌亦有较好作用，对鸟分枝杆菌（*Mycobacterium avium*）有中度作用，$t_{1/2}$ 3.6～6.7h，血清蛋白结合率 90%，预期疗效与泰利霉素相似。A-217213 抗肺炎链球菌包括耐大环内酯的菌株活性比泰利霉素强，对金黄色葡萄球菌亦有较强活性。

32.4.2.3 万古霉素作用靶位发生改变的耐药机制与新药开发

万古霉素等糖肽类抗生素的抗菌作用是通过与肽聚糖前体的末端二肽（细菌细胞壁前

体五肽中的 D-Ala-D-Ala) 结合、抑制细菌细胞壁的合成来实现的。细菌对万古霉素产生耐药性的机制是由于耐药菌能够产生一种分子结构不同于敏感菌的肽聚糖前体末端二肽，D-Ala-D-Lac、D-Ala-D-Ser 或 D-Ala，使万古霉素分子不能与之结合，而细菌能够照样合成其细胞壁。万古霉素与耐药菌细胞壁之间的氢键结合只能形成四个氢键，而与敏感菌之间的结合能够形成五个氢键。

对细菌产生万古霉素耐药性的更为精细的作用机制的研究发现：vanA 基因存在于被称为转座子或跳跃基因（transposable elements）的 Tn1546 中。这一转座子含有 9 个基因：其中两个编码与转座能力有关的功能；另外 7 个通常被称为万古霉素耐药基因的"vanA 基因簇"。由 vanA 基因编码的蛋白包括 VanS 和 VanR，这两种蛋白负责耐药性的诱导作用。其中 VanS 似乎是一种探头（sensor），以探测环境中是否存在有万古霉素，或更像是万古霉素对细胞壁合成的早期影响。当 VanS 探测到环境中有万古霉素后就将信号传递给 VanR，VanR 是一种响应调节物（response regulator），这种调节物最终导致活化或启动其他有关耐药性的蛋白的合成，如 VanH、VanA、VanX 等。

VanH 是一种与 D-乳酸盐合成有关的脱氢酶（dehydrogenase）。VanA 是一种连接 D-乳酸盐和 D-Ala 以形成 D-Ala-D-Lac 的连接酶，这种分子结构被改变的二肽通过细菌自身的酶，将其掺入到三肽前体中以形成一种分子结构发生改变的五肽前体。尽管万古霉素不能与这种结构的五肽前体结合，但如果含有 D-Ala-D-Ala 正常末端的五肽前体在细菌中依然存在，则细菌对万古霉素并不表现出全部的耐药性。细菌为了达到对万古霉素高度耐药性，vanA 基因簇（gene cluster）编码一种二肽酶 VanX，以降解 D-Ala-D-Ala 二肽，这就降低了 D-Ala-D-Ala 掺入到合成正常五肽前体的量，从而达到合成非正常五肽前体量相对增加的目的。再则，虽然一些没有被二肽酶及时破坏的 D-Ala-D-Ala 可以通过补偿系统（backup system）进入到正常的五肽前体中，但 VanY 作为一种羧肽酶，能够将五肽前体的末端部分如 D-Ala 降解以形成一种四肽，从而使万古霉素不能与之结合。但是，这种羧肽酶不同于 VanA 和 VanX，它并非细菌耐药性所必须的，仅是起到辅助的作用来增强细菌对万古霉素的耐药性。由 vanA 基因簇编码的最后一个蛋白是 VanZ，对其功能还不曾了解。尽管当这一基因（vanZ）被克隆后对替考拉宁具有耐药性，但细菌对万古霉素的耐药性不需要这一基因。

32.4.2.4　四环类抗生素作用靶位发生改变的耐药机制与新药开发

革兰阳性菌中最主要也是研究得最清楚的核糖体保护蛋白（ribosomal protection proteins，RPPs）是 TetM 和 TetO[32]。二者有 75% 的序列相同，均为约 71.43ku 的可溶性蛋白。如其他 RPPs 一样，TetM、TetO 引起的四环素类抗性谱比革兰阴性菌 TetB 之外的四环素外排泵的抗性谱都广，对多西环素和米诺环素也有耐药性。序列分析表明，所有核糖体保护蛋白与核糖体转录延伸因子（elongation factor，EF）EF-Tu、EF-G 均有同源性，尤其表现在含有 GTP 结合域的 N 端（第 1~150 个氨基酸残基）。Burdett 的研究表明，TetM 不能代替 EF 在转录中发挥作用，可能是 RPPs 在从 EF 进化而来的过程中失去了本来的功能。目前认为核糖体保护蛋白很可能来源于土霉素（Oxytetracycline）的天然产菌。

四环素结合至细菌核糖体 30S 亚基后，蛋白质合成中的肽链延伸就无法进行。结合有 GTP 的核糖体保护蛋白 TetM/TetO 结合至核糖体，依赖 GTP 的水解将四环素从 30S 亚基上释放出来，TetM/TetO-GDP 随即也从核糖体脱离，使核糖体重新进入正常的肽链延伸反应循环。

Spahn 等用冷冻电镜研究了 TetO 和 EF-G 各自与核糖体相互作用的位点，结果见表 32-1。可见二者主要的作用位点差别在于第Ⅳ域附近。这已经足够解释 EF、RPP 这两种

表 32-1 EF-G、Tet(O) 分别与核糖体的作用域

EF-G、Tet(O)各自的结构域	核糖体与二者的作用部位	
	EF-G	Tet(O)
G	H95	H95
Ⅱ	h5	h5
Ⅲ	S12	S12
Ⅳ	H69	h18/34
Ⅴ	H43/44	H43/44

注：H 表示核糖体 23S rRNA 中的螺旋；h 表示核糖体 16S rRNA 中的螺旋。

同源蛋白在功能上的差异，因为 EF-G 的Ⅳ域与核糖体大亚基 23S rRNA 相互作用，在 tRNA 的移位过程中作为移位酶；而 TetO 的Ⅳ域区与核糖体 30S 亚基 16S rRNA 的 h18/34 相互作用，h34 如前所述，正是四环素最主要的结合位点[33]。

编码核糖体 S12 蛋白的染色体基因 *rpsL* 突变会影响到 TetM、TetO 的功能，减弱由二者引起的四环素耐药性，因为 S12 是 TetM/O 与核糖体作用的位点之一。

根据细菌对四环类抗生素产生耐药性的作用机制，对四环类结构的不同位点进行了化学修饰，发现甘氨酰四环类衍生物不仅对四环类敏感菌有效，且对含有核糖体修饰因子 *tetM* 和 *tetO* 耐药菌和外排蛋白 *tetA-E*、*tetL* 和 *tetK* 耐药菌有效，即具有广谱抗耐药菌的优良特性[34]。这些 9 位甘氨酰氨基取代的衍生物来源于二甲胺四环素（Minocycline）、强力霉素（脱氧四环素，Doxycycline）和脱甲氧四环素（金霉素，Chlortetracycline）。它们对革兰阳性菌和革兰阴性菌都有效，且对二甲胺四环素、万古霉素和 β-内酰胺抗生素的耐药菌也有效。其中一个活性最强的是[(二甲胺)甘氨酰氨基] 6-去甲-6-去氧四环素 [(dimethylamino) glycylamido-6-demethyl-6-deoxytetracycline（替加环素，Tigecycline)][35]。该药物已于 2005 年 6 月 5 日获美国 FDA 按 P 类（比上市品种具有明显的改善）加快审查批准（N021821），商品名 Tygacil；适应证为复杂的皮肤或皮肤结构感染（cSSSI）与内腹腔感染（cIAI）。

32.4.2.5 其他一些抗生素作用靶位改变的细菌耐药机制

临床分离的许多细菌对氨基糖苷类抗生素产生抗性，主要通过如上所述的各种钝化酶对抗生素的修饰作用来实现的，而至今对链霉素抗性的结核分枝杆菌（*Mycobacterium tuberculosis*）的研究还未发现有这种耐药机制。这种细菌对链霉素的抗性是由于链霉素的作用靶位 16S rRNA 的某些碱基发生了突变（编码该核糖体的基因为 *rrs*），或是与核糖体结合的核蛋白 S16（该蛋白起到稳定核糖体三维结构的作用）的某些氨基酸发生了突变所致（编码该蛋白的基因为 *rpsL*）。目前结核分枝杆菌对链霉素耐药性的出现频率很高，且这种耐药性的遗传特性大多为核糖体碱基发生突变或核蛋白氨基酸发生变化。

利福霉素（Rifamycin）类抗生素的作用靶位是 RNA 聚合酶。编码结核分枝杆菌和麻风分枝杆菌（*Mycobacterium leprae*）RNA 聚合酶亚基 α、β、β′ 和 σ 的基因分别为 *rpoA*、*rpoB*、*rpoC* 和 *rpoD*。细菌对利福平和利福布汀产生耐药性的主要原因是由于依赖于 DNA 的 RNA 多聚酶（RpoB）β-亚基的氨基酸发生变异。大肠埃希菌 *rpoB* 基因密码子中的第 146、507～533、563～572 和 687 位，或结核分枝杆菌密码子的 507～533（基因簇区域）位发生变异能够诱导生产细菌耐药性。从对利福平耐药的细菌的研究发现，其 96% 的细菌的 *rpoB* 基因发生了变异。其中有 40% 左右的细菌是由于 RpoB 密码子 531 位的丝氨酸变为亮氨酸所致；有 3% 左右的细菌是由于 526 位的组氨酸变为精氨酸所致。

32.4.3 细胞外膜渗透性发生改变的耐药机制与新药开发

细菌的细胞膜使它们与环境隔离并取得个性。与其他生物膜一样：细菌细胞膜是一种具有高度选择性的渗透性屏障，它控制着胞内外的物质交流；大多数生物膜的渗透性屏障具有脂双层（lipid bilayer）结构；渗透性屏障的特性与细胞膜的流动性成反比。

膜孔蛋白（porin）是小分子亲水性化合物进入细菌的通道，其允许分子量为100～600Da的亲水性物质通过。对亲水性、无电荷的溶质，其通透性取决于分子的大小。就 OmpF 和 OmpC 而言，负电荷明显降低物质的通透性，而正电荷则可促进溶质通过。大部分 β-内酰胺类抗生素可以通过外膜（epineurium）孔蛋白（主要是 OmpF 和 OmpC）而进入细菌胞内，但不同的 β-内酰胺类抗生素通过孔蛋白的速率不同。存在于外膜的孔蛋白一旦缺失或减少，可明显地导致产生对这类抗生素的耐药性，而通透性较高的 β-内酰胺类抗生素如头孢拉定（Cefradine）和头孢唑林（Cefazolin）等在孔蛋白缺失或减少的情况下，仍可以保持较高的抗菌活性。

目前临床上应用的大多数抗菌药物是亲脂性的，这一特性决定了细菌允许它们穿过细胞膜的磷脂双层（有一些是亲水性的，如磷霉素和氨基糖苷类抗生素），而细菌外膜的脂多糖（lipopolysacoharide，LPS）不对称双层结构对这些抗菌药物而言，无疑是一道有效的屏障。但是，具有 LPS 不对称双层结构有效屏障的细菌为了从外界获取基本的营养成分，必需依靠另外一种机制来达到这一目的。细胞外膜上的某些特殊蛋白，即孔蛋白就是一种非特异性的、跨越细胞膜的水溶性扩散通道。一些半合成的 β-内酰胺抗生素还是能够很容易地渗过肠细菌的孔蛋白通道。可对于铜绿假单胞菌这样的革兰阴性细菌而言，情况有所不同。铜绿假单胞菌的细胞外膜上没有大多数革兰阴性细菌所具有的典型的高渗透性孔蛋白，它的孔蛋白通道对小分子物质的渗透速度仅为典型孔蛋白通道的1/100。因此，亲水性抗菌药物只能以极慢的速度渗入至这些细菌的细胞外膜进而进入胞内。这样的细菌通常被认为是"内在性耐药"或称"固有性耐药"（intrinsically resistant），即这种耐药并非是由于任何染色体的突变或是耐药质粒的获得所致。

一些具有高渗透性外膜的对抗菌药物原来敏感的细菌可以通过降低外膜的渗透性而发展成为耐药菌，如原来允许某种抗菌药物通过的孔蛋白通道由于细菌发生突变而使该孔蛋白通道关闭或消失，则细菌就会对该抗菌药物产生很高的耐药性。亚胺培南（Imipenem）是一种非典型的 β-内酰胺抗生素，它对铜绿假单胞菌具有意想不到的活性，这主要是因为它的扩散是通过一个特殊的孔蛋白通道 OprD，其生理意义似乎是转运一些基本的氨基酸。这就意味着一旦这一简单的孔蛋白通道消失，则铜绿假单胞菌对亚胺培南就会产生耐药性[36]。事实上，最近在医院内已经分离到许多具有这种耐药机制的对亚胺培南具有耐药性的铜绿假单胞菌。因此，药物化学家正在设计一些模仿细胞外膜转运离子的（离子载体类，ionophores）新型的 β-内酰胺抗生素药物，以对那些缺乏特异性离子载体机制的耐药菌有效抗生素药物。

另外，如果非特异性孔蛋白基因发生突变而使其表达量降低，同样能使革兰阴性细菌对某些抗菌药物的耐受性大大地增加。这些突变在实验室里很容易地被选择，并在临床上已经分离到了具有这种耐药机制的耐药菌。

32.4.4 细菌产生外排蛋白的耐药机制与新药开发

32.4.4.1 主动药物外排的耐药机制

主动药物外排（active drug efflux）或称外排泵系统（efflux pump system）的耐药机

制的研究源于20世纪80年代大肠埃希菌对四环素耐药机制的研究，随后是金黄色葡萄球菌对镉耐受性机制的研究。

运用遗传学和生物化学方法对铜绿假单胞菌的研究发现，它存在有几个外泵操纵子，这些操纵子由 mex（multiple efflux，多药外排）基因编码。其中对 mexA-mexB-oprM 操纵子的研究比较深入，它能提高细菌对环丙沙星（Ciprofloxacin）、萘啶酸（Nalidixix Acid）、四环素和氯霉素的耐药性。它的作用模式为：包埋在细胞质膜中的 MexB 起着外排的作用；辅助 MexA 起着连接 MexB 至外膜的作用；OprM 为外膜蛋白，当这三种蛋白联合作用时就能够将药物泵出。在野生型铜绿假单胞菌中，这种外泵机制使其对许多抗菌药物产生耐药性；在对喹诺酮类药物和其他新的抗菌药物产生耐药性的铜绿假单胞菌中发现有增强的外泵系统，如 mexCD-oprJ 系统和 mexEF-oprN 系统。

在大肠埃希菌中，外膜的孔蛋白与外排泵相联，孔蛋白的作用是使药物或其他物质能够进入胞内。对其研究发现，降低氟喹诺酮类（fluoroquinolones）药物敏感性的外排泵为 acrAB-tolC 系统，其中 AcrB 为存在于细胞质膜的外排泵蛋白、AcrA 为辅助蛋白、TolC 为外膜蛋白。较早的研究已经发现 mar 操纵子和 sox 操纵子能够提高多药抗菌药物的耐药性。引起增加转译活化子 marA 和 soxS 表达的突变，会影响各种不同基因的表达，如 ompF 和 acrAB 基因。其最终结果是导致 OmpF 蛋白表达降低，从而致使很少的药物能够进入细菌胞内；而 AcrAB 蛋白表达增加，使外泵的作用增强。

32.4.4.2 外排泵抑制剂的研究开发

对于制药工业来说，研究和开发能够克服这种耐药机制的药物具有很大的挑战性，因为某些多药转运系统似乎能够把所有的两性化合物转运至细菌胞外。当然，应该进一步去了解外排转运器是如何与底物结合的，这可能对新的药物的设计更有意义。另外，也可以从如何加快药物进入细胞膜方面来考虑，即如何设计药物具有更大的亲脂性，以使药物进入胞内的速度远高于药物被泵出的速度。

除如上所述的甘氨酰四环类衍生物替加环素对外排蛋白 tetA～E、tetL 和 tetK 耐药菌有效外，喹喏酮类药物的亲脂性衍生物 MC-207、MC-110 也具有外泵抑制剂的功能。该药物单独使用时其本身无活性，但与 β-内酰胺类、大环内酯类和氟喹诺酮类合用时具有增效的作用，如与左旋氧氟沙星合用对耐药的铜绿假单胞菌的 MIC 下降 4～64 倍，与红霉素合用对耐药大肠埃希菌的 MIC 下降 64～128 倍。一些具有外排泵抑制作用的候选药物正在研究开发之中。

32.4.5 细菌菌膜形成的耐药机制与新药开发

32.4.5.1 细菌菌膜形成的机制

1993年底至1994年初，在美国各地有数百哮喘患者受到一种神秘细菌的感染，使用任何抗菌药物都无济于事，最终导致100位患者死亡。其中有50多位死者家属向法院提出了起诉，引起了全美的震惊。详细的调查研究结果表明：所有患者都曾使用过普通的舒喘灵（Salbutamol）吸入剂，因而怀疑在该药物的制备过程中所使用的设备被污染有这种细菌。但制造商认为他们的生产过程是严格按照有关规定，用化学消毒剂进行消毒的。最终的调查研究发现：在药物制备的容器中确实污染有一种特殊的细菌——铜绿假单胞菌，它不仅能够引起肺炎，同时，这种细菌能够分泌黏液相互聚集形成菌膜，形成菌膜后的细菌对化学消毒剂、抗菌药物以及免疫系统都产生抗性。

细菌菌膜（bacterial biofilm，BF）是细菌在生长过程中为适应生存环境而吸附于惰性或活性材料表面形成的一种与浮游细胞（planktonic cell）相对应的生长方式，由细菌和自身分泌的胞外基质组成。研究发现，这类细菌群体耐药性极强，可以逃避宿主免疫作用，且感染部位难以彻底清除，是临床上难治性感染的重要原因之一[37]。

在这菌膜形成的过程中，主要涉及胞外基质（matrix）、密度感应（quorum sensing, QS）信号系统、有别于浮游菌的基因表达和蛋白组成、BF 菌解聚和再定植调控等。

胞外基质被看作 BF 的主要成分，对 BF 形成发展及结构维持非常重要。细菌于表面黏附后分泌产生大量胞外基质，基质量随 BF 的成熟而增加，成分包括胞外多糖、蛋白质、DNA、RNA、死细胞、磷脂等，其中以胞外多糖（exopoly saccharide）和蛋白质研究居多。

QS 系统是细菌通过监测其群体的细胞密度来调控特定基因活化和表达，也就是说，细菌可以感知周围"同伴"的存在，只有达到一定密度才开始表现一定的行为。QS 系统对 BF 的形成及维持有着重要的意义，它可以保证 BF 中营养物质、酶、代谢产物和废物的运输和排出，避免细菌因过度生长而造成空间和营养物质缺乏，更重要的是通过 QS 信号系统可以控制并协调整个细菌群体行为，共同对周围环境刺激做出反应，极大增强了整个细菌群体的生存能力。

研究发现，很多基因在细菌与表面相互作用时受到了双向调节。与浮游菌相比，BF 菌还启动了一些特殊基因的表达（仅占整个基因组小部分）。Whiteley 等发现铜绿假单胞菌形成 BF 时有 1% 基因不同于其浮游状态[38]。Belion 等发现大肠埃希菌 10% 基因表达明显不同于浮游细菌，其中 19% 基因表达活性上调或下调 2 倍以上，这些基因大多与 BF 内细菌处于静止期及相对缓慢期有关。细菌黏附表面生长后，其蛋白合成也与浮游状态不同。Svensater 等通过比较变形链球菌（*Streptococcus mutans*）H7 株浮游状态和 BF 状态蛋白组成发现，有 13 种蛋白仅在 BF 菌中表达，有 9 种蛋白仅在浮游菌中表达。最近，Welin 等还发现变形链球菌 H7 株在 BF 形成早期就有蛋白表达差异，以与碳水化合物代谢有关的酶表达改变较明显，且这种差异随 BF 发展而变化[39]。

BF 本身可能并不致病，但成熟 BF 不断会有脱落，释放出浮游菌，在新的部位定植形成新菌落而致病。关于 BF 细菌解聚播散目前认为可能有三种方式：群游播散（swarming dispersal）、团簇播散（clumping dispersal）和表面播散（surface dispersal），其调控机制尚不清楚。有学者提出这样一种假设，浮游细胞存在一种选择优势（selective advantage）使部分细胞处于"黏附状态"有利于黏附表面形成 BF，同样，BF 群体中也存在一种选择优势使部分细胞处于"非黏附状态"有利于播散和再定植。

研究中发现铜绿假单胞菌Ⅳ菌毛介导的蹭行运动（twitching motility）参与了 BF 形成，当蹭行运动丧失，铜绿假单胞菌就不能启动 BF 形成[40]；BF 还为基因水平交换提供了一个理想的环境，充分的基因交换有利于 BF 结构维持和稳定；部分实验证实 BF 和 rpoS（一种应激反应相关基因调节因子）间的关联性，提示应激反应对 BF 形成成熟有一定作用；此外，BF 的多细胞结构在不同时间和空间发展，并易受外界环境影响。

图 32-9 所示为细菌形成菌膜和浮生细菌从菌膜中游离的过程。

32.4.5.2 BF 抗生素耐药的可能机制

当细菌以 BF 形式存在时耐药性明显增强（10～1000 倍），抗生素应用不能有效清除 BF，还可诱导耐药性产生。对 BF 高耐药性研究发现，BF 通过多种机制参与耐药形成，不同机制间还存在协同作用[41]。

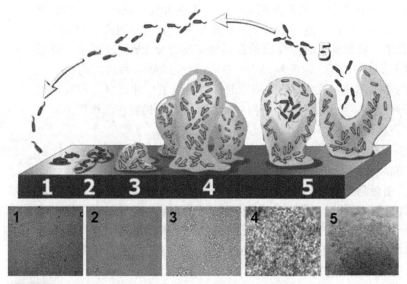

图 32-9 细菌形成菌膜和浮生细菌从菌膜中游离的过程

1—浮游细胞开始吸附在表面；2—细胞-细胞生长，群体生长，形成微菌落；3—细胞分化，产生胞外多糖，编码浮生细胞进入菌膜状态的程序，并不可逆地附着；4—形成复杂的菌膜结构，改变细菌的生理状态，阻止与外界的物质交流；5—菌膜内部分细胞恢复成为浮游细胞，并在某些因素影响下破坏菌膜，浮生细胞进入形成菌膜的第二个循环

(1) 渗透限制 产生胞外多糖是 BF 的一个重要特性，已有很多研究报道多糖被膜形成分子屏障和电荷屏障（大多带负电荷）可阻止或延缓某些抗生素的渗入，且固定在 BF 基质中一些抗生素水解酶可促使进入被膜的抗生素灭活。渗透限制并不是 BF 耐药主要机制，研究发现即使一些抗生素（如氟喹诺酮类）能渗透 BF 也不能完全清除 BF 菌，可能 BF 耐药还有其他机制参与。

(2) 营养限制 细菌在营养物质相对缺乏的状态下生长速度减慢，同时伴有耐药性提高。Walters 等证实细菌代谢低，氧浓度低可参与 BF 耐药的形成；Desai 等通过指数生长期到静止期不同阶段来比较浮游菌和 BF 菌耐药性差别，结果发现两者耐药性均随生长速度减慢而增强，且均在静止期表现最高的耐药性（BF 菌耐药性是浮游菌的 15 倍）。也有研究提出这可能因抗生素不同而异，营养限制并不能完全解释 BF 的耐药性。

(3) 表达耐药表型 BF 的耐药性可能与 BF 内某些细菌采用不同于浮游菌、有独特保护作用的 BF 表型有关，该表型是细菌黏附表面的一种生物学反应。研究表明，BF 中大部分细菌对抗生素敏感，可被有效清除，但部分耐药株存在却可以抵抗抗生素作用而存活下来。Drenkard 等发现铜绿假单胞菌中存在一种调节蛋白（PvrR），该蛋白控制铜绿假单胞菌对抗生素敏感和耐药的转化，该基因在 BF 菌中转录活跃，抑制或激活 PvrR 对铜绿假单胞菌 BF 耐药性意义重大。

(4) BF 环境的不均一性 BF 在结构上存在不均一性，环境中营养物质、代谢产物、信号分子等物质从表到里形成浓度梯度也呈现不均一性，使 BF 菌生理活性及耐药水平也表现不均一性。这种不均一性可能是细菌生存的重要策略，但是细菌群体这种不同的代谢状态，使 BF 无论受到作用于哪个代谢环节的抗微生物因子的攻击，都会有一些细菌存活"重建家园"。

另外，分泌抗生素水解酶（hydrolase），产生 QS 信号，激活应激反应，启动抗生素外泵系统等因素都有助于 BF 耐药性产生。实验发现 $lasI$, $rhlI$ 变异株（mutant）不能形成正常 BF，与野生株（wild type）相比，这些变异 BF 对抗生素的敏感性提高，但 QS 与 BF 耐药间的关系目前还不清楚；数据显示应激反应的激活也可能介导 BF 耐药产生，曾报道 $rpoS$ 上调与耐药性的相关性；还有，BF 内质粒结合，DNA 转化的频率和速度均快于浮游菌，质粒可编码对抗生素的多重耐药，这为 BF 耐药性的传播提供了一种机制。现有资料显示，BF 的高耐药性是多因素参与，而且 BF 发展不同时期可能有不同机制在起作用。

32.4.5.3 细菌 BF 相关感染防治策略

人们已经认识到 BF 相关感染给治疗带来的严峻困难，BF 易在管壁表面（如医疗留置的导管、人工组织器官）或坏死组织上（如坏死骨）形成，也可在活组织上形成（如心内膜），发展缓慢，病变部位细菌耐药性极强而难以清除，导致感染持续存在。

如果一个人不幸吸入了菌膜，则细菌能够在人体肺部 100% 存活。如果细菌在体内植入物如导尿管等上形成菌膜后造成感染，则即使用上千倍剂量的现有药物来治疗也无济于事，而不得不将植入物从体内移出。由细菌菌膜造成的感染，对所有的抗菌药物都产生抗性，因此，对人类的危害极大。

尽管目前已经着手开始研究开发对细菌菌膜具有活性的抗菌药物，但这还需要一个相当的过程。目前对于 BF 相关感染的控制，可能的防治策略有以下几种。

（1）发现现用抗生素抗 BF 特性，或者发展新型抗生素　体外试验证明，大环内脂类抗生素（红霉素、阿齐霉素、克拉霉素、罗红霉素等）本身没有抗铜绿假单胞菌活性，但对其 BF 通透性较好，抑制藻酸盐（alginate）形成，增强吞噬细胞（phagocyte）作用，调节免疫，与其他抗铜绿假单胞菌药物有协同作用，其药理机制可能与十四元环、十五元环的结构特点有关。澳大利亚学者正研究用化学方法合成 60 多种呋喃衍生物来抑制 BF。

（2）发展抗细菌黏附或聚集的生物材料　目前这方面研究主要集中在开发两种生物材料：一种是抗细菌黏附材料，另一种是抗细菌材料。前者如传统生物材料表面修饰及表面连接释放生物活性物质，实验观察到生物材料表面血浆白蛋白预处理后能够明显抑制细菌黏附；后者如材料表面抗生素缓释及连接抗微生物物质，人们利用银的灭菌性能发现聚氨酯导管表面涂敷银后，细菌黏附数量大幅度下降，研究者还开发出一种聚合物，它含有两种强力抗菌药物（利福霉素和克林霉素），用它制造的医疗导管可以抑制大量细菌生长。

（3）在应用抗菌药物治疗的基础上寻找新的抗感染治疗方法　能否通过抑制细菌的致病因子来达到抗感染治疗目的？由于 QS 信号系统在调节细菌致病因子的中心作用，国内外学者设想它可能是一个控制感染性疾病的新靶点，希望通过它来抑制致病菌致病因子表达以达到治疗目的，但其临床意义有待进一步研究。

（4）其他　如增强抗生素的通透性（permeability），用特殊的酶解离胞外基质，以化学药物抑制胞外基质合成，以及基因水平上控制 BF 特异基因表达等都是有希望的方法。藻酸盐单克隆抗体可中和铜绿假单胞菌 BF 主要成分藻酸盐，提高 BF 对抗生素的通透性；最近报道利用脂质体（liposome）包被杀菌剂或抗生素运载进入 BF 中可提高其吸收达到破坏 BF 作用；纤维素酶（cellulolytic enzymes）能通过降解铜绿假单胞菌的胞外多糖成分来抑制 BF 形成，但不能完全阻止其形成；Singh 等发现乳铁蛋白（lactoferrin）通过结合铁离子使细菌进入一种移动状态，在移动时不易形成微菌落（microcolony）从而抑制 BF 发育，但 BF 一旦成熟，其作用也就不明显了。

另外，通入小剂量的电流，能够扰乱聚多糖（polysaccharide）表面的电荷，从而使菌膜内的细菌对抗菌药物变得敏感。在实验室条件下，形成的细菌菌膜首先用电流处理后，其只要用 0.1% 对照组剂量的抗菌药物，就能够达到同样杀死细菌菌膜的效果。这种技术很可能被用于预防或治疗细菌菌膜在人体植入物中形成并造成的感染。

32.4.6 细菌耐药机制研究的最新发现

经典的细菌耐药理论认为：在细菌群体中存在有潜在的耐药菌和耐药因子（drug resistance factor），并能通过质粒（plasmid）传递、转座子转移等基因交流的方式在细菌间传递，或者自然突变获得耐药性。抗生素在耐药菌出现的过程中起到了筛选和排除竞争阻力的作用。

耐药菌出现的速度越来越快，耐药程度越来越高，仅用经典理论中自然突变、抗生素筛选难以圆满解释。有两点理由推测抗生素可能起到压力筛选之外的作用：一是抗生素同离子射线、致癌物质等一样，对于细菌本身造成了损伤，细胞内存在着复杂的修复机制；二是细菌作为一种生物，对于环境压力有着本能的规避和一定的抵御功能。

近年来的研究表明，抗生素对细菌的诱导作用，使细菌在生存的压力环境中，能够引起细胞内的某种响应，以提高压力下的存活率，而这种存活的耐药细菌就是从敏感细菌诱导产生的。经过实验证实，抗生素的诱导作用引起细胞内的三种响应，包括 SOS 反应、感受态（competent）反应和热休克（heat shock）反应，这些都和细胞的突变产生率和细胞耐受有一定的关联[42,43]。

32.4.6.1 抗生素诱导的 SOS 反应和细菌耐药性

SOS 反应也称易错修复（error prone repair），是 DNA 受到损伤或染色体基因的复制受阻时诱导出的一种急救反应。SOS 反应发生时，可使细胞内的损伤修复功能增强，通过 DNA 重组使受损后的细胞突变率提高，存活率也增加。

在大肠埃希菌中，SOS 反应由 recA-lexA 系统调控，当有诱导信号如 DNA 损伤或复制受阻形成暴露的单链时，RecA 蛋白的蛋白酶活力就会被激活，具有蛋白酶活性的 RecA 催化 SOS 抑制因子 LexA 发生自我剪切，解除 LexA 的阻遏作用，从而使 SOS 相关基因得到表达。

丝裂霉素 C(Mitomycin C) 是一种致 DNA 损伤的物质，它能够阻碍复制叉的前进，在基因组上造成了一段 DNA 单链区域，并使 RecA 蛋白得以绑定在其上而得到活化，SOS 抑制因子 LexA 发生自我剪切，从而使 SOS 相关基因得到表达。氟喹诺酮类也能够诱导 SOS 相关基因得到表达。一些作用于核糖体的抗生素不能诱发 SOS 反应。

32.4.6.2 抗生素诱导的感受态和细菌耐药性

SOS 反应并不是细菌内普遍存在的反应。一些不能诱发产生 SOS 反应的细菌如肺炎链球菌（*Streptococcus pneumoniae*）称为非 SOS 型细菌。非 SOS 型细菌在遭受环境压力时，需要采取其他的响应来替代 SOS 反应。据研究证实，肺炎链球菌中的感受态反应正是一种 SOS 反应的替代。

当菌体生长到某一特定的生理状态下时就会具有摄取外源 DNA 片段的能力，这种特殊的生理状态称作感受态。转化（transformation），是一种用于基因交换的程序性机制，最早在肺炎链球菌中发现，现在证明存在于大多数的细菌中。具有转化能力的细菌在其生长的某一阶段能够自然形成感受态，在此状态下的细胞具有吸附、吸收外源裸露的 DNA 片段的能力。因此，具有感受态的细胞容易通过吸收外源的耐药基因产生耐药，或是通过吸收外源的其他基因后由于重组突变而提高产生耐药细菌的频率。

能够产生感受态的细菌中普遍存在着一组受 *com* 调节子严密调控的感受态基因，在感受态刺激因子（competence stimulating peptide, CSP）的作用下开启基因的表达，用于完成吸收并重组外源 DNA 的生命活动。能够产生感受态的细菌中普遍存在着一组感受态基因,它们被组织在相邻的基因簇中,由 Com 调节子共同调控,并呈现出时期性表达特征。

丝裂霉素 C 和氟喹喏酮类在大肠埃希菌中诱发 SOS 反应,在肺炎链球菌中诱发细胞感受态,也可以证明细胞感受态是 SOS 反应的替代[44]。作用于核糖体的抗生素作用位点较多,情况很复杂。氨基糖苷类中的卡那霉素和链霉素可以在肺炎链球菌中诱导出感受态。红霉素和四环素则不能诱导出感受态。

32.4.6.3 抗生素诱导的热休克反应和细菌耐药性

1974 年 Tissieres 和他的同事经过多年的研究发现,生物体细胞在环境温度突然升高时,一组特殊的蛋白质的表达水平迅速升高,在不同的细胞中会产生出某种相似的反应。这一现象被称为热休克反应(heat shock respond,HSR),期间表达特异的蛋白被称为热休克蛋白(heat shock proteins,HSPs)。热休克蛋白在真核和原核生物中普遍存在,其高度保守,分为不同家族。除热损伤以外的各种刺激如缺氧,各种物理化学损伤、肿瘤等均可诱导热休克反应[45,46]。

热休克反应最主要的作用是在外界环境压力下,稳定细胞功能从而起到保护细胞的作用。热休克蛋白在反应中发挥了关键的作用,它们既参与细胞的正常生理活动,又对外界环境变化或刺激做出应答或防御。不同种类的热休克蛋白功能各异,在执行某些功能时又互相协作。在细胞内新合成蛋白的折叠加工及转运的过程中起到了辅助的作用[47],因此又称为"分子伴侣(molecular chaperones)"[48]。

所有的抗生素中,能够诱发热休克反应的抗生素,其作用靶点均集中在核糖体上。卡那霉素和链霉素可以将核糖体中的 A 位点空出来,引发出类似热休克的反应,即诱导出热休克蛋白。但是,核糖体在红霉素和四环素的作用下,氨酰 tRNA 将核糖体 A 位点填满或阻抑,则能够抑制热休克蛋白的表达,这类似于冷休克反应的状况。因此不同的抗生素作为环境压力,传递着截然不同的信号,从而在菌体中诱导出不同的响应。

也有研究报道 Hsp90 作为分子伴侣,能够辅助酿酒酵母(*Saccharomyces cerevisiae*)耐受氮唑类药物(如氟康唑,Fhconazob;伏立康唑,Voriconazole)和棘球白素类(enchinocandins)药物(如卡泊芬净,Caspofungin)。

总之,抗生素作为环境中的压力,能够诱发细菌产生对于抗生素的响应,如 SOS 反应、感受态、热休克反应等,最终的结果是使细菌获得了一定程度的耐药性,提高了抗生素作用下细菌的存活概率。

32.5 展望

自从 20 世纪 30 年代临床开始应用磺胺类药物,特别是 20 世纪 40 年代初青霉素在临床上应用以来,大大地激发了人们研究开发抗感染药物的热情。在随后的 30 年中,发现了大多数至今临床应用的各种结构类别的抗菌药物,基本控制了细菌感染性疾病,使人类的平均寿命延长了 15 年以上。在临床应用的众多的抗菌药物中,绝大多数是来自于微生物的次级代谢产物或其经化学修饰的衍生物。

但是,令人们感到惊讶的是自从 20 世纪 70 年代以来,只有三种结构新颖的抗细菌感染药物被发现:1985 年上市的具有假单胞酸类结构的莫匹罗星、2000 年上市的具有噁唑烷酮类结构的利奈唑酮和 2003 年上市的具有脂肽类结构的达托霉素。

尽管从微生物次级代谢产物中发现新抗生素的黄金时代似乎已经过去,但人们深信微生物仍是产生生理活性物质的取之不竭的源泉。只要人类给予微生物以巨大的厚爱并将这一信念贯彻于科学研究中，它定将给人类以巨大的回报。特别是通过建立新的筛选模型、扩大微生物来源、化学改造，以及基因工程技术的应用，不仅是获得抗生素新品的重要途径，也是获得其他微生物新药的重要途径。

32.5.1 建立新的筛选模型，寻找微生物新药

这是当今世界范围内一个最引人注目的研究领域。建立适合于微生物代谢产物筛选的药物靶标是发现新抗生素和其他微生物新药的关键，因为建立在整体细胞水平的筛选模型往往具有三个难以克服的不足：一是因为在发酵液样品中，所需生理活性物质的含量非常低无法探测到；二是因为一些已知的生理活性物质多次被发现与分离，极大地干扰了全新抗生素的发现；三是发现的很多生理活性物质虽然对病原体具有很强的作用但对人体也同样有毒。一个成功的典型例子是具有脂肪酸生物合成酶抑制作用的新抗生素的筛选模型的建立[53]。这个模型的关键是利用 RNA 干扰技术，构建了能够严格控制脂肪酸生物合成酶 FabF 表达量的金黄色葡萄球菌（S. aureus，fabF AS-RNA）基因工程菌。通过这个设计，他们可以让细胞对作用于 FabF 酶的抗生素的敏感性大幅增强，以便于检测发酵液中浓度极低的一些化合物。利用这个模型，科研人员在 2 年左右的时间内，从 25 万个微生物发酵液样品中筛选获得了结构新颖、抗菌活力极强的平板霉素（Platensimycin）和平板素（Platencin）[54,55]。图 32-10 所示为细菌脂肪酶抑制剂的筛选模型。

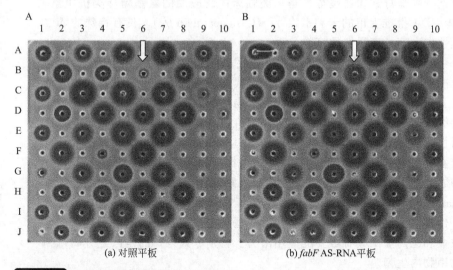

图 32-10　细菌脂肪酶抑制剂的筛选模型

与目前应用的其他许多无细胞的特定靶的筛选技术相比，该模型除了具备一般体外分子靶标模型所具有的敏感度高和选择性强的优点外，同时保留了全细胞筛选的优点，即所获得的活性物质具备进入细胞的能力，避免了应用体外分子模型筛选获得的活性物质往往在细胞水平或整体生物水平难以达到作用靶位的缺点。

目前，各种从微生物代谢产物中寻找除抗生素外的生理活性物质，如小分子量的酶抑制剂、免疫调节剂和受体拮抗剂或激活剂等新的筛选模型不断被建立和应用，并取得了显著的成果。

来自于放线菌和真菌的发酵液以及对照样品（各 20μL）平行加样于预先制备好的两块平板上。硫乳霉素（Thiolactomycin）(9A、9C、9E、9G 孔分别为 1mg/mL、0.5mg/

mL、0.25mg/mL 和 0.125mg/mL 浓度）以及浅蓝菌素（Cerulenin）(10D、10F、10H 孔分别为 1mg/mL、0.5mg/mL、0.25mg/mL 和 0.125mg/mL 浓度）作为阳性对照。具有活性的样品 6B（箭头所指）在 $fabF$ AS-RNA 平板上相对对照平板显示较大的透明圈。透明圈直径的反差反映了选择性 FabH/F 抑制剂作用的存在。

32.5.2　扩大微生物来源，寻找微生物新药

微生物次级代谢产物来源的多样性、生理活性的多样性以及化学结构的多样性，是吸引科研工作者不断发现微生物新药的不竭动力。由 Waksman 建立的新抗生素筛选系统主要是从土壤微生物，且主要是放线菌中的链霉菌属的代谢产物中来寻找新的抗生素。目前这一筛选系统正被大大地扩充，人们在继续从生长在土壤中的放线菌、真菌和细菌的代谢产物中寻找抗生素的同时，注意从生长在土壤中的稀有放线菌（rare actinomycetes）、生长在海洋中的微生物、生长在植物中的内生菌以及生长在极端环境下的微生物的代谢产物中发现微生物新药。从微生物次级代谢产物中获得的活性化合物成为药物的优势可能主要有三点：一是这些由微生物生物合成的活性物质，本身已经对自身的产生菌进行了选择而进化成为次级代谢产物；二是这些次级代谢产物在其进化过程中，已经具备了渗入细胞膜并与细胞的某些靶位发生交互作用的能力；三是这些次级代谢产物具有抑制各种细胞合成靶位的结构多样性和复杂性。

小单孢菌（Micromonosporaceae）是产生的次级代谢产物中最吸引人的稀有放线菌。较早期发现的庆大霉素、福提霉素和西梭霉素是一类临床广泛应用的氨基糖苷类抗生素；最近发现 2001 年美国 FDA 批准上市的卡利霉素 γ_1（Calicheamicin γ_1），具有特殊的烯二炔结构，对急性骨髓性白血病具有很好的疗效。

黏细菌（Myxobacteria）是一类值得关注的能够产生多种生理活性物质的微生物。黏细菌在其分化过程中能够产生具有各种生理活性的次级代谢产物，这一点与细菌和放线菌相似。由于黏细菌具有潜在的产生生理活性次级代谢产物的能力，大大地激发了研究工作者试图从黏细菌的次级代谢产物中寻找新型的具有药用价值产物的热情。从黏细菌中筛选获得的大多数生理活性物质对真菌和细菌有作用，分别达到 54% 和 29%。最为令人兴奋的是从黏细菌纤维堆囊菌（Soarngium cellulosum）的代谢产物中发现了埃坡霉素（epothilone）类抗肿瘤物质，这为利用微生物发酵生产埃坡霉素打下了基础。

植物内生菌（plant endophyte）是一个多样性十分丰富的生物类群，其产生的丰富多样的次级代谢产物，也具有多种生理活性，其中包括一些抗生素类物质、水解酶类、促生长物质等。它们在农业和医药业中具有重要的应用潜力。特别令人兴奋的是已经分离得到了能够产生紫杉醇的植物内生菌。

海洋微生物包括海洋细菌、海洋真菌和海洋放线菌；它们或是存在于沉积物中、或是共栖于其他生物，或是共生于其他生物，海洋微藻（marine microalgae）也是一大类重要的海洋微生物。它们有产生生理活性物质的巨大潜力，目前发现的海洋生理活性物质大多分离自海洋微生物，其化学结构丰富多样，许多分子结构新颖独特，是陆地生物所不具有的。它们大多具有很强的生理活性，包括抗肿瘤、抗病毒、抗菌、降压、抗凝血等，具有广阔的药用前景。因此，海洋微生物是发现微生物新药宝藏。

已有的研究表明：在 1g 土壤中存在有 100 亿个微生物和有 1 万种以上的多样性，而其中的 98.0%～99.8% 的微生物使用目前的培养技术是难以在实验室出现的。利用宏基因组（metagenome technology）技术开发难培养的微生物，是一种不依赖于微生物的培养，将外源的环境 DNA 进行分离、克隆和表达的技术。目前，利用这种技术已经获得了

许多具有新型催化剂特性和其他具有潜在应用价值的物质。

32.5.3 已有微生物药物或先导化合物的化学修饰

根据药物的构效关系（structure-activity relationship）以及体内代谢的特性，对已知次级代谢（secondary metabolism）产物进行结构改造的目的，主要是筛选相对于母体化合物具有如下特点的微生物新药：扩大抗菌谱或作用范围、克服细菌的耐性或改善药物对作用靶的敏感性、改进对细胞的通透性、改善化学和代谢的稳定性、提高血浆和组织浓度、增强与宿主免疫系统的协调作用、能够制备成合适给药方式的结构状态以及减少毒副作用等。

在最近的 20 多年中，美国 FDA 每年批准上市的抗菌药物下降了 56%；在 1995~2005 年中只有 20 个新的抗菌药物批准上市，且通过化学修饰方法批准的药物就有 11 个。这是多年来发现微生物新药成绩斐然的重要途径。

32.5.4 利用组合生物合成原理和技术，创造"杂合微生物新药"

组合生物合成（combinatorial biosynthesis）是一种通过对天然产物生物合成途径中的基因进行中断、置换及重组等操作，改变原来抗生素产生菌或其他天然产物产生菌生物合成代谢产物的途径，产生具有新颖结构的"非天然的天然杂合产物（unnatural natural hybrid compounds）"的技术或方法。1985 年，Hopwood 等首先通过在不同化合物的产生菌间进行基因转移从而产生新的杂合化合物，从此开创了基于抗生素组合生物合成原理，创造"杂合抗生素（hybrid antibiotic）"的新技术。尽管迄今还没有一个通过组合生物合成方法得到的"非天然的天然杂合产物"成为商品，但近 20 多年来取得的研究成果充分显示了其潜在的商业价值，特别是在新药研究和开发的难度日趋增加的今天，利用组合生物合成方法为新药筛选提供了一条有效的途径。

利用组合生物合成方法创造"非天然的天然杂合产物"的必要条件，是对微生物"天然产物"生物合成途径的了解，即对参与编码这些"天然产物"生物合成酶的基因的解码。基于商业性的原因，迄今对一些具有聚酮合酶（polyketide synthases，PKSs）途径的"天然产物"（如红霉素、阿维菌素、泰乐菌素、柔红霉素、阿克拉霉素、西罗莫司和利福霉素等）以及具有非核糖体肽合酶（none ribosomal peptide synthases，NRPSs）途径的环肽或糖肽类"天然产物"（如万古霉素、博莱霉素、环孢菌素 A 和埃坡霉素等）进行了大量的研究工作，并取得了令人注目的成果。

由于对大环内酯类抗生素生物合成基因组成结构的深入了解，使得人们已能理性化地应用基因工程技术，改造这类抗生素。第一个例子是应用有些大环内酯类抗生素 3 或 4″位的羟基酰化酶基因，使某些大环内酯类抗生素在相应的位置酰化如：Epp 等克隆了十六元大环内酯类碳霉素产生菌耐温链霉菌（*Streptomyces thermotolerans*）的部分生物合成基因，并将认为是编码异戊酰辅酶 A 转移酶的 *carE* 基因，转到产生类似的十六元大环内酯类抗生素螺旋霉素产生菌生二素链霉菌（*Streptomyces ambofaciens*）中，其转化子产生了 4″-异戊酰螺旋霉素，这是由于碳霉素异戊酰辅酶 A 转移酶具有识别螺旋霉素碳霉糖（mycarose）对应位置的能力。研究表明，4″-异戊酰螺旋霉素（Isovalerylspiramycin）在体内抗菌活性优由于目前临床使用的乙酰螺旋霉素（Acetylspiramycin）。我国学者王以光等率先在国内将其开发成为药物，被称之为生技霉素（Shengjimycin）或比特螺旋霉素。目前该药物正在进行Ⅲ期临床试验，展现了良好的治疗效果。

32.5.5 利用宏基因组技术开发难培养的微生物

已有的研究表明：在 1g 土壤中存在有 100 亿个微生物和有 1 万种以上的多样性，而其中的 98.0%～99.8% 的微生物使用目前的培养技术是难以在实验室出现的。利用不依赖于微生物培养的"宏基因组技术"，将外源的环境 DNA 进行分离、克隆和表达，以获得基因的多样性。目前，利用这种技术已经获得了许多具有新型催化剂特性和其他具有潜在应用价值的物质。

推荐读物

- 陈代杰. 抗菌药物与细菌耐药性. 上海：华东理工大学出版社，2001.
- 陈代杰. 微生物药物学. 上海：华东理工大学出版社，1999.
- 陈代杰. 微生物药物学. 北京：化学工业出版社，2008.
- 张致平. 微生物药物学. 北京：化学工业出版社，2003.
- Christopher Walsh. Antibiotics: Actions, Origins, Resistance. Washington DC: ASM Press, 2003.
- Bryskier A. Antimicrobial Agents: Antibacterials and Antifungals. Washington DC: ASM Press, 2005.
- Butler M S. Natural products to drugs: natural product derived compounds in clinical trials. Nat Prod Rep, 2005, 22: 162-195.
- Alekshun M N. New advances in antibiotic development and discovery. Expert Opin Investig Durgs, 2005, 14: 117-134.
- Wright, Gerard D. Mechanisms of resistance to antibiotics. Current Opinion in Chemical Biology, 2003, 7: 563-569.

参考文献

[1] Halliday J, McKeveney D, Muldoon C, et al. Targeting the forgotten transglycosylases. Biochem Pharmacol, 2006, 71: 957-967.

[2] Ostash B, Walker S. Bacterial transglycosylase inhibitors. Curr Opin Chem Biol, 2005, 9: 459-466.

[3] Di Guilmi A M, Mouz N, Andrieu J P, et al. Identification, purification, and characterization of transpeptidase and glycosyltransferase domains of *Streptococcus pneumoniae* penicillin-binding protein 1a. J Bacteriol, 1998, 180: 5652-5659.

[4] Parenti F, Schito G C, Courvalin P. Teicoplanin: Chemistry and microbiology. J Chemother, 2000, 12 (suppl 5): 5-14.

[5] Gao Y. Glycopeptide antibiotics and development of inhibitors to overcome vancomycin resistance. Nat Prod Rep, 2002, 19: 100-107.

[6] Van Bambeke F. Glycopeptides in clinical development: pharmacological profile and clinical perspectives. Curr Opin Pharmacol, 2004, 4: 471-478.

[7] Guay D R. Oritavancin and tigecycline: investigational antimicrobials for multidrug-resistant bacteria. Pharmacotherapy, 2004, 24: 58-68.

[8] Malabarba A, Coldstein B P. Origin, structure, and activity *in vitro* and *in vivo* of dalbavancin. J Antimicrob Chemother, 2005, 55 (suppl 2): S15-S20.

[9] Mercier R C, Hrebickova L. Oritavancin: a new avenue for resistant Gram-positive bacteria. Expert Rev Anti Infect Ther, 2005, 3: 325-332.

[10] Lin G, Credito K, Ednie L M, et al. Antistaphylococcal activity of dalbavancin, an experimental glycopeptide. Antimicrob Agents Chemother, 2005, 49: 770-772.

[11] King A, Phillips I, Kaniga K. Comparative in vitro activity of telavancin (TD-6424), a rapidly bactericidal, concentration-dependent anti-infective with multiple mechanisms of action against Gram-positive bacteria. Journal of Antimicrobial Chemotherapy, 2004, 53: 797-803.

[12] Walker S, Chen L, Hu Y, et al. Chemistry and biology of ramoplanin: A lipoglycodepsipeptide with potent antibiotic activity. Chem Rev, 2005, 105: 449-475.

[13] Hu Y, Helm J S, Chen L, et al. Ramoplanin inhibits bacterial transglycosylases by binding as a dimer to lipid II. J Am Chem Soc, 2003, 125: 8736-8737.

[14] Kurz M, Guba W, Vertesy L. Three-dimensional structure of moenomycin A -A potent inhibitor of penicillin-binding protein 1b. Eur J Biochem, 1998, 252: 500-507.

[15] El-Abadla N, Lampilas M, Hennig L, et al. Moenomycin A: The role of the methyl group in the moenuronamide unit and a general discussion of structure-activity relationships. Tetrahedron, 1999, 55: 699-722.
[16] Lovering A L, De Castro L H, Lim D, et al. Structural insight into the transglycosylation step of bacterial cell-wall biosynthesis. Science, 2007, 315: 1402-1405.
[17] Breukink E, Van Heusden H E, Vollmerhaus P J, et al. Lipid II is an intrinsic component of the pore induced by nisin in bacterial membranes. J Biol Chem, 2003, 278: 19898-19903.
[18] Dawson M J. Lantibiotics as antimicrobial agents. Expert Opinion on Therapeutic Patents, 2007, 17: 365-369.
[19] Brötz H, Bierbaum G, Leopold K, et al. The lantibiotic mersacidin inhibits peptidoglycan synthesis by targeting lipid II. Antimicrob Agents Chemother, 1998, 42: 154-160.
[20] Hsu S D, Breukink E, Bierbaum G, et al. NMR Study of mersacidin and lipid ii interaction in dodecylphosphocholine micelles. J Biol Chem, 2003, 278: 13110-13117.
[21] Baltz R H, Miao V, Wrigley S K. Natural products to drugs: daptomycin and related lipopeptide antibiotics. Nat Prod Rep, 2005, 22: 717-741.
[22] Boaretti M, Canepari P. Purification of daptomycin binding proteins (DBPs) from the membrane of Enterococcus hirae. New Microbiol, 2000, 23: 305-17.
[23] Harms J M, Bartels H, Schlünzen1 K, et al. Antibiotics acting on the translational machinery. J Cell Sci, 2003, 116: 1391-1393.
[24] Brodersen D E, Clemons W M Jr, Carter A P, et al. The structural basis for the action of the antibiotics tetracycline, pactamycin, and hygromycin B on the 30S ribosomal subunit. Cell, 2000, 103: 1143-1154.
[25] Wright G D. Aminoglycoside-modifying enzymes. Curr Opin Microbiol, 1999, 2: 499-503.
[26] Magnet S, Smith T A, Zheng R, et al. Aminoglycoside resistance resulting from tight drug binding to an altered aminoglycoside acetyltransfease. Antimicrob Agents Chemother, 2003, 47: 1577-1583.
[27] George A M, Hall R M. Efflux of chloramphenicol by the CmlA1protein. FEMS Mivrob Lett, 2002, 209: 209-213.
[28] Malouin F, Blais J, Chamberland S, et al. RWJ-54428 (MC-02, 479), a New Cephalosporin with High Affinity for Penicillin-Binding Proteins, Including PBP 2a, and Stability to Staphylococcal Beta-Lactamases. Antimicrob Agents Chemother, 2003, 47 (2): 658-664.
[29] Gaynor M, Mankin A S. Macrolide Antibiotics: Binding site, mechanism of action, resistance. Frontiers Med Chem, 2005, 2: 21-35.
[30] Zaman S, Fitzpatrick M, Lindahl L, et al. Novel mutations in ribosomal proteins L4 and L22 that confer erythromycin resistance in Escherichia coli. Mol Microbiol, 2007, 66: 1039-1050.
[31] Felmingham D. Microbiological profile of telithromycin, the first ketolide antimicrobial. Clinical Microbiology and Infection, 2001, 7: 2-10.
[32] Connell S R, Tracz D M, Nierhaus K H, et al. Ribosomal Protection Proteins and Their Mechanism of Tetracycline Resistance. Antimicrob Agents Chemother, 2003, 47: 3675-3681.
[33] Spahn C M T, Blaha G, Agrawal R K, et al. Localization of the ribosomal protection protein Tet (O) on the ribosome and the mechanism of tetracycline resistance. Mol Cell, 2001, 7: 1037-1045.
[34] Chopra I. New developments in tetracycline antibiotics: Glycylcyclines and tetracycline efflux pump inhibitors. Drug Resist Updat, 2002, 5: 119-125.
[35] Pankey G A. Tigecycline. J Antimicrob Chemother, 2005, 56: 470-480.
[36] OchsM M, Mccusker M P, Bains M, et al. Negative regulation of the Pseudomonas aeruginosa outer membrane porin OprD selective for imipenem and basic amino acids. Antimicrob Agents Chemother, 1999, 43: 1085-1090.
[37] Donlan R M. Biofilms: microbial life on surfaces. Emerg Infect Dis, 2002, 8: 881-890.
[38] Whiteley M, Bangera M G, Bumgarner R E, et al. Gene expression in Pseudomonas aeruginosa biofilms. Nature, 2001, 413: 860-864.
[39] Welin J, Wilkins J C, Beighton D, et al. Protein Expression by Streptococcus mutans during Initial Stage of Biofilm Formation. Appl Environm Microbiol, 2004, 70: 3736-3741.
[40] O' Toole G A, Kolter R. Flagellar and twitching motility are necessary for Pseudomonas aeruginosa biofilm development. Mol Microbiol, 1998, 30: 295-304.
[41] Stewart P S. Mechanisms of antibiotic resistance in bacterial biofilms. Int J Med Microbiol, 2002, 292: 107-113.
[42] Prudhomme M, Attaiech L, Sanchez G, et al. Antibiotic stress induces genetic transformability in the human pathogen *Streptococcus pneumoniae*. Science, 2006, 313: 89-92.

[43] Claverys J P, Prudhomme M, Martin B. Induction of competence regulons as a general response to stress in gram positive bacteria. Annu Rev Microbiol, 2006, 60: 451-475.
[44] Prudhomme M, Attaiech L, Sanchez G, et al. Antibiotic stress induces genetic transformability in the human pathogen Streptococcus pneumoniae. Science, 2006, 313: 89-92.
[45] Aertsen A, Vanoirbeek K, De Spiegeleer P, et al. Heat shock protein-mediated resistance to high hydrostatic pressure in Escherichia coli. Appl Environ Microbiol, 2004, 70: 2660-2666.
[46] Matuszewska E, Kwiatkowska J, Kuczynska-Wisnik D, et al. Escherichia coli heat-shock proteins IbpA/B are involved in resistance to oxidative stress induced by copper. Microbiol, 2008, 154: 1739-1747.
[47] Thomas J G, Baneyx F. ClpB and HtpG facilitate de novo protein folding in stressed Escherichia coli cells. Mol Microbiol, 2000, 36: 1360-1370.
[48] Lund PA. Microbial molecular chaperones. Adv Microb Physiol, 2001, 44: 93-140.
[49] Brajtburg J, Powderly W G, Kobayashi G S, et al. Amphotericin B: current understanding of mechanism of action. Antimicrob, Agents Chemother, 1999, 34: 183-188.
[50] Mbongo N, Loiseau P M, Billion M A, et al. Mechanism of Amphotericin B Resistance in Leishmania donovani Promastigotes. Antimicrob Agents Chemother, 1998, 42: 352-357.
[51] Keating G M, Jawis B. Caspofungin. Drugs, 2001, 61: 1121-1129.
[52] Dominguez J M, Kelly V A, Kinsman O S, et al. Sordarins: A new class of antifungals with selective inhibition of the protein synthesis elongation cycle in yeasts. Antimicrob Agents Chemother, 1998, 42: 2274-2278.
[53] Singh S B, Phillips J W, Wang J. Highly sensitive target-based whole-cell antibacterial discovery strategy by antisense RNA silencing. Curr Opin Drug Discov Devel, 2007, 10: 160-166.
[54] Young K, Jayasuriya H, Ondeyka J G, et al. Discovery of FabH/FabF inhibitors from natural products. Antimicrob Agents Chemother, 2006, 50: 519-526.
[55] Wang J, Kodali S, Lee S H, et al. Discovery of platencin, a dual FabF and FabH inhibitor with in vivo antibiotic properties. Proc Natl Acad Sci (USA), 2007, 104: 7612-7616.

第33章

抗菌和抗真菌的合成药物

刘子宁，付利强，杨玉社

目录

33.1 抗感染合成药物的回顾与现状 /862
   33.1.1 磺胺类药物 /862
   33.1.2 喹诺酮类药物 /862
33.2 噁唑烷酮类抗菌药 /865
   33.2.1 作用机理 /865
   33.2.2 构效关系 /865
   33.2.3 化表性药物 /866
      33.2.3.1 体外抗菌活性 /866
      33.2.3.2 体内抗菌活性 /866
      33.2.3.3 临床研究 /866
      33.2.3.4 药代动力学 /867
      33.2.3.5 不良反应及药物相互作用 /867
33.3 截短侧耳素类抗菌药 /868
   33.3.1 作用机理 /868
   33.3.2 构效关系 /868
   33.3.3 代表性药物 /869
33.4 肽脱甲酰基酶抑制剂 /870
   33.4.1 作用机理 /870
   33.4.2 构效关系 /870

34.4.3 代表性药物 /871
33.5 抗真菌药物概述 /872
33.6 氮唑类抗真菌药物 /874
   33.6.1 作用机理 /874
   33.6.2 构效关系 /875
   33.6.3 代表性药物 /876
      33.6.3.1 伏立康唑 /876
      33.6.3.2 泊沙康唑 /876
33.7 棘白菌素类抗真菌药物 /876
   33.7.1 作用机理 /876
   33.7.2 构效关系 /877
   33.7.3 代表性药物 /877
      33.7.3.1 卡泊芬净 /877
      33.7.3.2 米卡芬净 /877
      33.7.3.3 阿尼芬净 /878
33.8 抗真菌药物研究的新靶点 /878
33.9 讨论与展望 /879
推荐读物 /880
参考文献 /880

33.1 抗感染合成药物的回顾与现状

抗菌药是一类抑制或杀灭病源微生物的药物。本章将重点讨论噁唑烷酮、截短侧耳素和肽脱甲酰基酶（PDF）抑制剂等新型抗菌药物。

合成抗菌药的研究可以分为四个时期：①1935～1950年开发了磺胺类药物，开创了化学治疗的新纪元，使死亡率很高的细菌传染病得到控制；②1944～1990年研制了以 β-内酰胺为主的半合成抗生素（青霉素和头孢菌素类），其抗菌力之强，抗菌谱之广，超过磺胺药，因而得到迅速发展；③1963～1990年喹诺酮类药物，已经上市的有二十多个品种，现在仍然是抗菌药物研究的热点；④1980～现在，噁唑烷酮、截短侧耳素、多肽脱甲酰胺酶抑制剂等新型抗菌药物。

33.1.1 磺胺类药物

磺胺类药物是20世纪30年代发展的一类抗菌药物，曾经为人类的健康作出了重要贡献。由于磺胺药物毒副作用较强和临床耐药菌的日益增多，目前世界发达国家已减少使用，发展日趋下降。目前仅磺胺甲噁唑（SMZ, Sinomin, **1**）与甲氧苄胺嘧啶（TMP, Trimethoprim, **2**）组成复合制剂，又称复方新诺明，还在临床应用。

33.1.2 喹诺酮类药物

喹诺酮类抗菌药物是一类经典的合成抗菌药物，它的问世在药物发展史上具有划时代的意义。自1962年Lesher等人合成萘啶酸（Nalidixic Acid, **3**）以来，经过四十多年的发展，特别是20世纪80年代氟喹诺酮的快速发展，使其成为临床应用最广泛的合成抗菌药物（表33-1）。

表 33-1 一些上市的喹诺酮抗菌药物

中文名	英文名	时间	适应证
萘啶酸(3)	Nalidxic Acid	1962	泌尿道感染
吡哌酸(4)	Pipemidic Acid	1975	泌尿道感染
罗索沙星(5)	Rosoxacin	1979	淋病感染
西诺沙星(6)	Cinoxacin	1983	泌尿道感染
诺氟沙星(7)	Norfloxacin	1983	泌尿道感染
培氟沙星(8)	Pefloxacin	1985	综合性感染
氧氟沙星(9)	Ofloxacin	1985	综合性感染
依诺沙星(10)	Enoxacin	1986	综合性感染
环丙沙星(11)	Ciprofloxacin	1986	综合性感染
托氟沙星(12)	Tosufloxacin	1990	泌尿道感染
氟罗沙星(13)	Fleroxacin	1992	综合性感染

续表

中文名	英文名	时间	适应证
芦氟沙星(14)	Rufloxacin	1992	综合性感染
左氧氟沙星(15)	Levofloxacin	1993	下呼吸道感染
那氟沙星(16)	Nadifloxacin	1993	痤疮
莫西沙星(17)	Moxifloxacin	1999	综合性感染,呼吸道感染
巴洛沙星(18)	Balofloxacin	2002	泌尿道感染
普卢利沙星(19)	Prulifloxacin	2002	综合性感染,呼吸道感染
帕珠沙星(20)	Pazufloxacin	2002	综合性感染
吉米沙星(21)	Gemifloxacin	2003	综合性感染,呼吸道感染
西他沙星(22)	Sitafloxacin	2008	综合性感染,呼吸道感染

喹诺酮类药物已由第一代发展到第四代，20 世纪 90 年代末至今，以莫西沙星（Moxifloxacin，**17**）和吉米沙星（Gemifloxacin，**21**）为代表的第四代喹诺酮类药物相继上市，其抗菌谱进一步扩展，对革兰阳性菌（如肺炎链球菌）和厌氧菌的抗菌活性进一步提高；对革兰阴性菌（包括不动杆菌和假单胞菌）的抗菌活性与环丙沙星相似或略优；显示比环丙沙星更好的抗厌氧菌（如脆弱拟杆菌）活性，对甲氧西林敏感和耐药的金黄色葡萄球菌及肠球菌的作用更强；对结核分枝杆菌，肺炎军团菌，幽门螺杆菌等亦有良好活性。这些新的喹诺酮药物都具有很好的生物利用度和比环丙沙星更长的半衰期，临床试验表明其治疗一系列社区获得性呼吸道感染有着良好的疗效[1,2]。

进入 21 世纪以来，喹诺酮类药物研究趋缓，一方面是耐药性的上升和不良反应的不断出现，使得研发成本和风险大幅上升，全球各大制药企业纷纷消减这方面的研究计划。另一方面是经过多年的发展之后，其研究余地变小。通过化合物的结构改造来获得抗菌活性、抗菌谱以及适应证方面的突破会比较困难，但喹诺酮类药物的研究也不会就此停滞不前，现在仍然有一系列化合物处于临床研究阶段（表 33-2）。喹诺酮类药物的发展主要集中在新母核结构的改造、手性侧链的引入和前药化修饰等几个方面。

表 33-2 处于临床研究的喹诺酮抗菌药物

中文名	英文名、研发代号	适应证	研发阶段
	WQ-3034(**23**)	综合性感染，呼吸道感染	Ⅱ期临床
	Nemonoxacin(**24**)	呼吸道感染	Ⅱ期临床
	WCK-771(**25**)	败血症	Ⅱ期临床
	MCB-3837(**26**)	肺炎，皮肤软组织感染	Ⅰ期临床
	Zabofloxacin(**27**)	综合性感染，呼吸道感染	Ⅰ期临床
	DX-619(**28**)	多药耐药菌感染	Ⅰ期临床
	WCK-919(**29**)	呼吸道感染	Ⅰ期临床

33.2 噁唑烷酮类抗菌药

噁唑烷酮类抗菌药是近 30 年新开发的新型抗菌药物，它对革兰阳性菌和部分厌氧菌具有很强的活性[3]，尤其是对耐甲氧西林的金黄色葡萄球菌 MRSA、耐甲氧西林的表皮葡萄球菌 MRSE、耐万古霉素的金黄色葡萄球菌 VRSA、耐万古霉素的肠球菌 VRE、耐青霉素的肺炎链球菌 PRSP 等耐药性革兰氏阳性菌具有较强的活性，显示了其独特优势。

33.2.1 作用机理

噁唑烷酮类抗菌药有不同于其他抗菌药的独特作用机制。虽然还不完全了解，但研究表明核糖体 50S 亚基 23S rRNA 的第五区是噁唑烷酮作用的基本靶位，噁唑烷酮抑制位点在细菌 mRNA 与 50S 亚基核糖体结合的起始转译阶段，通过与靠近核糖体 30S 界面的核糖体 50S 亚基结合，阻止 70S 起始复合物的形成，从而通过抑制细菌在蛋白质合成初始阶段发挥抗菌作用[4~7]。图 33-1 阐述了细菌蛋白质合成过程中利奈唑烷（Linezolid）的作用位点，由于它的作用机制完全不同于现有的抗生素，意味着临床出现交叉耐药性的可能性较小。

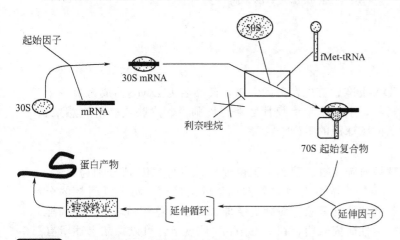

图 33-1 噁唑烷酮抗生素的作用位点及机理

33.2.2 构效关系

把利奈唑烷的结构作为基本骨架，定义噁唑烷酮环为 A 环，苯环为 B 环，吗啉环为 C 环，乙酰胺甲基为 C-5 侧链来对噁唑烷酮类化合物的构效关系进行总结，如图 33-2 所示。

A 环是基本药效团，其中 1 位氧原子以 S 或 NR（R＝H, Me, Bu）代替，或 2 位羰基以砜基、亚砜基代替，以及开环衍生物，其抗菌活性丧失；若将 2 位羰基氧原子以硫原子代

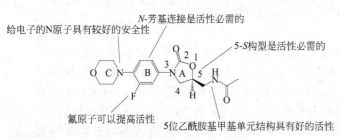

图 33-2 早期噁唑烷酮类化合物的构效关系总结

替，则抗菌活性降低；其中 3 位 N 原子以 CH 代替，活性下降；若在 A 环和 B 环中间插入—CO—或—SO$_2$—，活性消失；A 环 5 位碳原子的立体构型，S 构型具有抗菌活性，其对映体则无活性。

B 环以单氟或双氟苯环活性最佳，B 环为吡啶环时活性也较好；B 环变换为吡咯环和噻吩时，活性下降。A 环和 B 环通过 CH$_2$ 或 C—C 键连接成五元或六元的三环酮和化合物，活性下降。

C 环的结构改造进行得最多，结构多样化，一般来说，吗啉环，取代哌嗪环等非芳香杂环活性较好；取代吡啶环以及其他一些五元或六元含杂原子取代的芳环基团也具有很好的活性；B 环和 C 环并环化合物活性也较好；B 环和 C 环通过碳碳双键、碳碳单键、氧原子、酰胺键等连接方式得到的化合物也具有较好的活性。

C-5 位侧链的研究也比较多，早期构效关系认为乙酰胺甲基是活性必须基团，后来通过大量的构效关系研究，发现氨基甲酰基和一些含氮（或 O）杂原子的五元芳香杂环也具有很好的活性。

33.2.3　化表性药物

利奈唑烷（Linezolid，Zyvox，**30**）

利奈唑烷 2000 年 4 月经 FDA 批准，首先在美国上市，商品名为 Zyvox，成为第一个获准进入临床使用的噁唑烷酮药物，主要用于治疗社区获得性肺炎、皮肤或软组织感染、医院获得性肺炎和万古霉素耐药的肠球菌的感染[8,9]。

33.2.3.1　体外抗菌活性

体外抗菌研究表明，利奈唑烷对肺炎链球菌和金黄色葡萄球菌的 MIC 值分别为 0.5～1μg/mL 和 1～4μg/mL，在≤8 μg/mL 浓度下对耐万古霉素的肠球菌、耐甲氧西林的金黄色葡萄球菌、耐青霉素的肺炎链球菌均有效。对肺炎链球菌、金黄色葡萄球菌、凝固酶阴性葡萄球菌和肠球菌的体外活性研究表明，在≤2μg/mL 浓度下，可以抑制上述所有被试菌株（粪肠球菌除外），且细菌在利奈唑烷和其他抗生素之间不存在交叉耐药性。

33.2.3.2　体内抗菌活性

利奈唑烷在多种组织感染模型中表现出较好的活性，在耐甲氧西林的金黄色葡萄球菌和表皮葡萄球菌感染的小鼠模型中，其活性与万古霉素相当，当两者均静脉给药时，利奈唑烷的活性较万古霉素稍弱。在金黄色葡萄球菌引起的软组织感染小鼠模型中，利奈唑烷同样有效，与万古霉素相比，具有中等活性，其口服同样有效。利奈唑烷对耐青霉素和耐头孢菌素肺炎链球菌引起的小鼠模型有效，其活性与阿莫西林相当。利奈唑烷与其他抗生素联合用药证明同样有效。

33.2.3.3　临床研究

已经对口服和静脉给药治疗皮肤/软组织感染、获得性肺炎以及其他包括多药耐药革兰阳性菌引起的感染进行了多项临床研究。在主要由金黄色葡萄球菌引起的皮肤/软组织感染的住院病人中，用 250mg（tid）或 375mg（bid）低剂量给药和用 375mg（tid）或 625mg（bid）高剂量给药治疗的病人的成功率分别为 87.7% 和 83.3%。对社区获得性肺炎病人的治疗或改善率达到 98%。对由万古霉素耐药屎肠球菌和粪肠球菌、甲氧西林耐药和敏感细菌引起的各种革兰阳性菌感染的临床治愈率为 75.3%。

33.2.3.4 药代动力学

人体药动学研究结果显示，健康人口服利奈唑烷后吸收快速且完全，生物利用度100%，血浆蛋白结合率约为31%。口服与给药达峰时间为1～2h，口服与胃肠外给药，其谷-峰浓度和时间-曲线下面积（AUC）等参数近似。每1～2h口服600 mg利奈唑烷，血清峰浓度和谷浓度分别为16～18μg/mL和3.5～3.8μg/mL，即所有时间间隔内，其体内浓度均大于几乎所有革兰阳性菌的MIC值。服药后进食（特别是高脂饮食）可使血清峰浓度稍降低，t_{max}从1.5 h推迟到2.2 h，C_{max}降低17%，但AUC不变。在成年人中，年龄对药物吸收没有影响，女性的药物分布容积较男性低，但并不具有重要意义。利奈唑烷主要在血浆和组织内通过吗啉环氧化，即非酶途径代谢，与细胞色素P450酶系统无关。主要代谢产物为两种羟酸，即氨基乙酯酸代谢物和羟酰甘氨酸代谢物，均无抗菌活性，通过尿、粪途径排泄。

33.2.3.5 不良反应及药物相互作用

一般来说，利奈唑烷临床应用中耐受性良好，常见的不良反应为心律失常、头痛、恶心、呕吐、头晕、失眠、乏力。比较少见的还会出现贫血与血小板减少症、骨髓抑制以及神经病变。

利奈唑烷不影响肝脏P450酶系，但它是一种可逆的、非选择性的单胺氧化酶抑制剂，因而同肾上腺素类、5-羟色胺类药物有潜在的相互作用。服用利奈唑烷后会可逆性地加强对血管加压药、多巴胺类药物的反应，因此在开始使用肾上腺素类药物，比如多巴胺或肾上腺素时应适当减量。

利奈唑烷可引起可逆性骨髓抑制，并引起血小板减少症和贫血，多发生于长期治疗者。骨髓抑制可能与利奈唑烷抑制线粒体蛋白合成相关，已有文献报道噁唑烷酮化合物通过抑制线粒体蛋白的合成来减缓哺乳动物细胞分化[10,11]。

总之，噁唑烷酮类抗菌药物具有全新结构、全新靶点，对多药耐药菌有很好疗效，其第一个上市药物利奈唑烷已成为临床治疗严重感染的重要手段。20世纪30年代和60年代出现的磺胺类和喹诺酮类抗菌药构成了抗感染药物发展史上两大类最重要的全合成抗菌剂，噁唑烷酮类药物有可能成为第三代全合成抗菌药物，为临床治疗耐药菌感染性疾病提供一条新途径。目前，噁唑烷酮类药物除了已经上市的利奈唑烷外，还有处于Ⅰ期临床的RBX-7644(**31**)、AZD-2563(**32**)、RWJ-416457(**33**)、MCB3738(**34**) 以及处于临床前研究的DA-7687(**35**)，它们极有可能成为新的候选药物。下一代噁唑烷酮药物应具有更广泛的抗菌谱，特别是对革兰阴性菌的活性以及更低的骨髓毒性和单胺氧化酶抑制活性。

33.3 截短侧耳素类抗菌药

1951 年，Kavanagh 等人从两个担子菌属菌株 *Pleurotus mutilus*（Fr.） Sacc. 和 *P. passeckerianus Pil.* 的发酵液中分离得到了一新型结构的化合物——截短侧耳素（Pleuromutilin，**39**），研究发现其对革兰阳性菌有中等强度的体外活性和较弱的体内活性，直到 20 世纪 60 年代 Arigoni 和 Birch 才阐明了截短侧耳素的化学结构和生物合成途径[12]。此后 30 多年，截短侧耳素类化合物研究进展缓慢，直到 20 世纪 90 年代，临床使用的抗菌药的耐药性问题越来越严重，迫使人们对以往发现具有抗菌活性而尚未开发应用于治疗人类细菌感染的化合物进行重新筛选评价，截短侧耳素的开发再次受到重视。2007 年，英国葛兰素-史克公司首个人用截短侧耳素类抗生素瑞他帕姆林（Retapamulin，**36**）获得美国 FDA 批准上市，商品名为 Altabax，作为外用药用于皮肤细菌感染引起的脓疱疮。在此之前，泰妙菌素（Tiamulim，**37**）和沃尼妙林（Valnemulin，**38**）作为兽用药已经上市[13]。

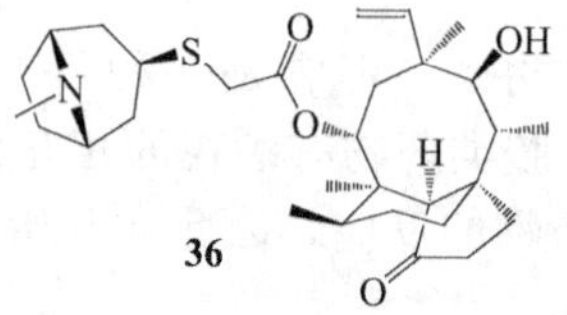

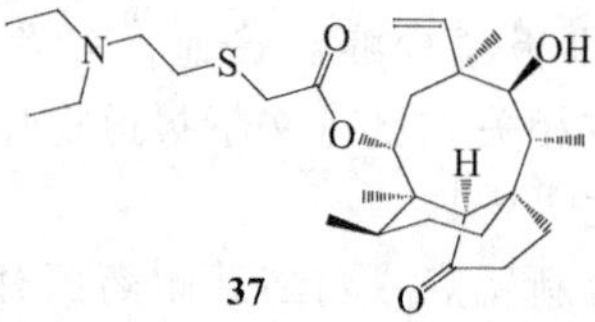

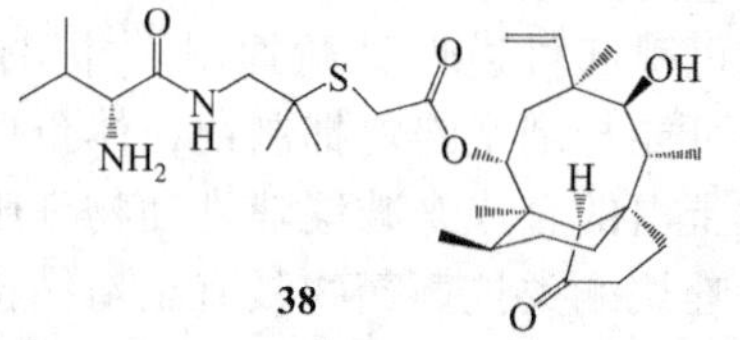

33.3.1 作用机理

截短侧耳素类抗菌药物属于细菌蛋白合成抑制剂，通过与细菌核糖体 50S 亚基上 23SrRNA 结合后，在核糖体上氨酰基-tRNA 结合位点（A 位点）和肽酰-tRNA 结合位点（P 位点）间形成空间位阻，阻止了 A 位点 tRNA 与底物氨基酸 CCA-end 的结合，同时也阻止了 P 位点肽链向 A 位点的转移，从而阻止了肽链延伸的第一步，发挥抑制细菌蛋白质合成的作用。由于该类药物的作用位点与已应用的抗菌药的作用位点不同，因此与其他抗菌药不发生交叉耐药性[14]。

33.3.2 构效关系

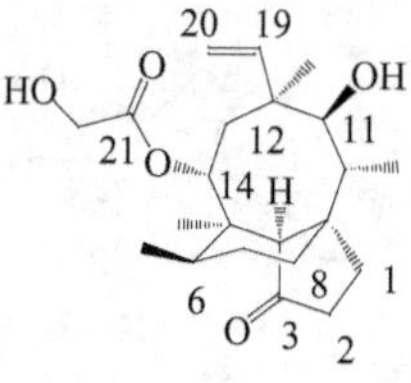

截短侧耳素类药物的构效关系总结如下：

① 截短侧耳素（Pleuromutilin）14 位羟乙酰基水解掉，得到的 14 位游离羟基化合物（Mutilin）完全丧失活性，推断 C-21 位羰基是必需基团，而这一观点后来通过对 Tiamulin 的作用机理的研究得到证实；

② 将 3 位羰基与羟胺成肟后，没有活性；
③ 11 位游离羟基氧化成酮或乙酰化后，活性消失；
④ 19,20 位双键还原对活性影响不大，今后的研究重点集中在 C-14 位的侧链上；
⑤ C-14 位硫醚侧链的截短侧耳素类化合物是所有侧链系列中体外抗菌活性最好的一类，距离硫原子 2～3 碳链处有碱性的叔氮碱性中心通常具有较好的活性，但是该类化合物进入人体内后迅速被肝微粒体中细胞色素 P450 酶系代谢失活，目前只能作为外用药应用于皮肤软组织等感染或作为兽用药；
⑥ 氨基甲酸酯类侧链的截短侧耳素类化合物具有与硫醚侧链化合物可相比的抗菌活性和抗菌谱，芳香酰氨基甲酸酯类侧链通常具有较好的活性，其优点在于改善了截短侧耳素类化合物的代谢动力学，可以口服给药；
⑦ C-2 位为氟或羟基取代时能保留活性并提高代谢稳定性，其中 2(S) 构型的取代能较好地保留活性，而 2(R) 构型的取代活性下降较多；
⑧ 环己烷环上 C-6 位甲基构型翻转后，抗菌活性大大下降。

33.3.3　代表性药物

2007 年美国 FDA 批准了 GSK 公司研发的第一个截短侧耳素类药物瑞他帕姆林，其 1% 的软膏剂（装量分别为 5g、10g、15g）被批准用于局部治疗 ≥9 个月儿童和成人因感染甲氧西林敏感金葡球菌（MSSA）或化脓链球菌所致的脓疱病。同年在欧洲被批准用于治疗脓疱病以及感染性的小面积裂伤、擦伤和缝合伤口，商品名为 Altargo[15]。

体外研究发现，瑞他帕姆林对革兰阳性菌和一些革兰阴性菌菌均有极好的抗菌活性，如金葡菌（$MIC_{90}=0.12\mu g/mL$）、表皮葡萄球菌（$MIC_{90}=0.12\mu g/mL$）、化脓链球菌（$MIC_{90}=0.016\mu g/mL$）、腐生葡萄球菌（$MIC_{90}=0.12\mu g/mL$）、无乳链球菌（$MIC_{90}=0.03\mu g/mL$）、草绿色链球菌（$MIC_{90}=0.12\mu g/mL$）、肺炎链球菌（$MIC_{90}=0.12\mu g/mL$）、流感嗜血杆菌（$MIC_{90}=2\mu g/mL$）以及卡他莫拉菌（$MIC_{90}=0.03\mu g/mL$），抗菌活性是莫匹罗星、夫地西酸、杆菌肽、头孢克洛、阿莫西林、阿奇霉素和左氧氟沙星的数倍至 1000 倍。Rittenhouse 等在动物感染模型中发现，本品每日使用 2 次时，对金葡球菌和化脓链球菌具有抗生素后效应（PAE），时间分别为 3.1～3.4h 和 3.5～4.2h。

局部外部用药，每天两次，其中 11% 的血浆样品可以检测到瑞他帕姆林（检测下限为 0.5ng/mL），平均值为 0.8ng/mL，成人和儿童的 C_{max} 分别为 10.7ng/mL 和 18.5ng/mL。本品约 94% 与人血浆蛋白结合，并且这种结合不依赖于给药浓度。人肝细胞微粒体体外试验证明，本品主要经肝脏细胞色素 P450 3A4（CYP3A4）代谢，其中最主要的代谢途径为单氧化作用和 N-去甲基化。

在患者中进行了瑞他帕林的安全性评估结果显示：使用本品后的不良反应发生率为 5.5%，主要不良反应为用药部位刺激、头痛、恶心、鼻咽炎、腹泻、发热。本品对肝细胞微粒体酶 CYP3A4 有很强的抑制作用，但由于破损皮肤或感染的浅层伤口局部外用后血药浓度很低，因此预期在体内不会发生与临床相关的抑制作用[16]。

展望：截短侧耳素类药物是一类极有开发前景的抗菌药，除了已经上市的瑞他帕姆林外，由 GSK 等公司开发的 SB-565154、SB-742510 和 BC-3205、BC-7013 都处于 I 期临床阶段，其中前三者为口服制剂。相信在不久的将来会有更多的截短侧耳素类抗菌药物上市。

33.4 肽脱甲酰基酶抑制剂

肽脱甲酰基酶（peptide deformylase，PDF）是细菌蛋白质合成过程中的一种关键酶，作用于该酶的抑制剂可以导致细菌生长抑制或死亡，从而可能成为一类新型抗菌药[17]。近年来，随着细菌耐药性越来越严重，临床上迫切需要对耐药菌有效的药物，因此PDF抑制剂的研究受到广泛关注。

33.4.1 作用机理

N-甲酰甲硫氨酰-tRNA（fMet-tRNA$_f$）是细菌蛋白合成的起始物，转甲酰基酶（transformylase）将Met-tRNA$_f$甲酰化，生成 fMet-tRNA$_f$。fMet-tRNA$_f$占据核糖体上的肽酰位点（P位点），空着的氨酰-tRNA位点（A位点）接受另一个氨酰-tRNAe（aa-tRNAe），进行肽链延伸。生成的 N-甲酰甲硫氨酰多肽（fMet-pp）被肽脱甲酰基酶（peptide deformylase，PDF）脱甲酰基后，成为甲硫氨酰多肽（Met-pp）。新合成的Met-pp大部分被甲硫氨酸氨基肽酶（methionine aminopeptidase，MAP）进一步处理，产生成熟的多肽（pp）和游离的甲硫氨酸（Met），甲硫氨酸可以再循环，见图33-3 [18]。

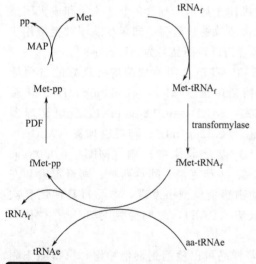

图 33-3　细菌多肽合成的甲硫氨酸循环

PDF活性中心的亚铁离子与2个组氨酸残基、1个半胱氨酸残基和1个水分子络合，其假定的催化机制见图33-4[19]。PDF抑制剂通过形成类似于酶正常催化反应的四面体过渡态结构，或作为底物类似物与酶更稳定地结合，从而影响体内新生成N-甲硫氨酰多肽的脱甲酰基代谢过程，抑制蛋白质的合成，导致细菌生长抑制或死亡。

33.4.2 构效关系

目前合成的PDF抑制剂，按骨架结构可分为线型和环状；按是否含肽键可分为拟肽和非肽小分子。研究最多的是线型拟肽PDF抑制剂，除了线型拟肽类结构外，还有环状拟肽和非肽类两种，但它们的研究很少，没有较明确的构效关系。下面主要讨论线型拟肽PDF抑制剂的构效关系。

基于PDF的功能和结构信息以及对金属蛋白酶抑制剂的结构改造经验，总结出线型

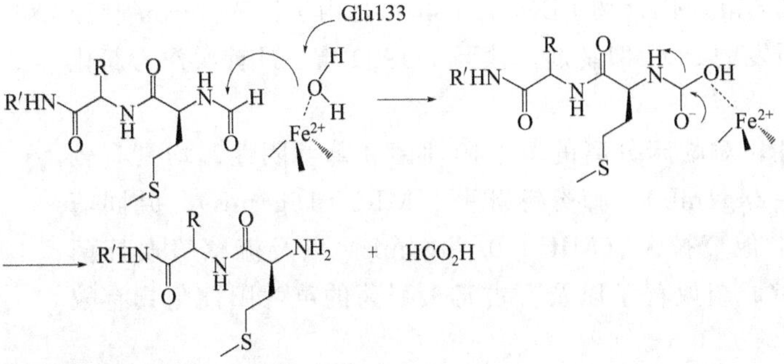

图 33-4 PDF 和底物作用模式

拟肽 PDF 抑制剂的结构通式[20]，如图 33-5 所示。它主要包括以下几个部分：与金属离子结合的基团（metal-binding group，MBG），例如异羟肟酸片段；P_1' 部分，用于拟合甲硫氨酸的侧链，与 PDF 的 S_1' 疏水口袋契合；而 P_2'、P_3' 部分，与 PDF 活性部位处的其他氨基酸残基结合。MBG 部分按与金属离子结合的基团的结构，可以分为异羟肟酸类、N-羟基甲酰胺类、N-甲酰胺类、硫醇类、亚磷酸酯类等。P_0' 通常为氢、羟基、氟等体积较小基团，而对体积较大的基团（如甲氧基、巯基、N-取代的氨基），化合物对 PDF 的亲和力减弱，往往抗菌活性也降低。MBG 与 P_1' 部分之间的间隔通常为 2 个碳原子，间隔太长或太短均不利于抑制剂与 PDF 活性位点的结合。一般 P_1' 所处碳原子为 R 构型时，化合物对 PDF 抑制作用强，P_1' 基团一般含有 4～5 个 CH_2 的碳链，化合物对 PDF 结合作用最有利，而引入含有碱性氮原子的基团或者直接引入芳基时，形成的化合物对 PDF 的抑制力大大降低。P_2'、P_3' 部分可以与酶其他部分形成氢键、范德华力等作用，从而对 PDF 抑制作用和抗菌活性造成影响。P_2' 为叔丁基，P_3' 为烷基、芳香基、取代芳香基、N-烷基取代的氨基或环状脂肪氨基时，化合物活性均较好。如图 33-5 所示的线型拟肽化合物的 P_2' 侧链和它临近酰胺键的 N 原子成吡咯烷、六氢哒嗪或吡唑烷时，活性较好，而形成哌啶和噻唑化合物时，活性较差。

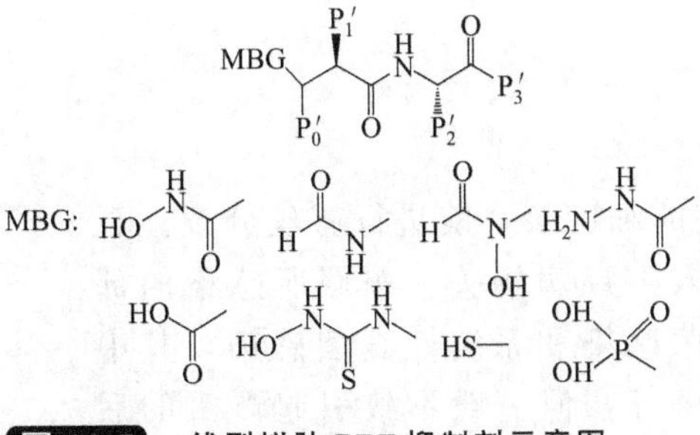

图 33-5 线型拟肽 PDF 抑制剂示意图

34.4.3 代表性药物

LBM-415

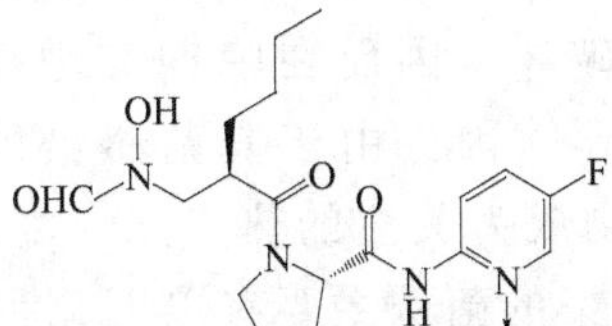

目前还没有肽脱甲酰基酶抑制剂上市。化合物 LBM-415(**40**) 是由美国 Vicuron 制药公司（2005 年被 Pfizer 公司收购）研发的 PDF 抑制剂，该药于 1999 年 2 月首次作为新化合物报道，现处于临床Ⅲ期研究阶段。

LBM-415 具有较广泛的抗菌活性，对临床分离的革兰阳性菌和革兰阴性菌均具有较好的活性[21,22]，如金葡菌（$MIC_{90}=2\mu g/mL$）、肺炎链球菌（$MIC=1\mu g/mL$）、凝固酶阴性葡萄球菌（$MIC=2\mu g/mL$）、卡他莫拉菌（$MIC=0.5\mu g/mL$）以及流感嗜血杆菌（$MIC=4\mu g/mL$）。特别是对利奈唑烷、奎奴普丁以及万古霉素耐药的革兰阳性菌具有较强的活性，MIC 值小于 $4\mu g/mL$。

LBM-415 对 MRSA 和 MSSA 感染的小鼠都有较好的活性[23]，ED_{50} 分别为 2.5mg/kg 和 2.3mg/kg，作用效果与利奈唑烷和万古霉素相当；对青霉素敏感的肺炎链球菌感染的小鼠，ED_{50} 为 14.3mg/kg；对于全身多重耐药肺炎链球菌感染的小鼠口服和皮下注射给药，ED_{50} 分别为 36.6mg/kg 和 <10mg/kg。LBM-415 在这些模型中的体内活性非常明显，并且不与其他抗生素产生交叉耐药性。

临床研究表明[24,25]，给与健康受试者单次口服剂量分别为 100mg，250mg，500mg，1000mg，2000mg 和 3000mg，LBM-415 在体内迅速被吸收，约 1～1.75h 血药浓度达峰值。除了 2000mg 剂量下的半衰期为 4.2h 外，其他剂量的平均半衰期均为 2～3h。早餐后立即给与患者口服 1000mg 的 LBM-415，进食后达峰时间从 0.5h 延迟至 2h，血浆平均峰浓度从 $15.5\mu g/mL$ 降至 $6.7\mu g/mL$。

PDF 在细菌中普遍存在，在细菌生长中起关键作用；真核细胞 PDF 与细菌 PDF 有明显的结构差异，这为开发选择性的广谱 PDF 抑制剂提供了依据。目前对 PDF 具有强抑制力的仍然是肽或拟肽类化合物，对线型拟肽 PDF 抑制剂进一步结构改造，或者改变拟肽骨架，选用另外的与金属配位的药效团，可能开发出新型广谱 PDF 抑制剂。未来 PDF 抑制剂的发展方向在于提高稳定性，改善代谢性能，增强抗菌活性和扩展抗菌谱。

33.5　抗真菌药物概述[26]

真菌属于真核生物，具有高等生物所具有的完整的细胞核，能进行有丝分裂。真菌总类多样，数量超过三十万种，其中约 600 种与人类疾病相关。按照所感染的部位和所引起的后果，真菌感染的类型可分类浅表真菌感染和系统性真菌感染，其中浅表真菌感染的发病率很高，如脚癣、股癣、花斑癣等，但一般不致引起严重的后果，系统性真菌感染又称为深部真菌感染，大部分都发生在免疫功能受损的病人中，特别是近二十年以来，由于器官移植手术的广泛开展，免疫抑制剂的使用大幅度增加，以及恶性肿瘤患者的放、化疗损害了人体的正常的免疫功能，使得真菌感染在临床上成为越来越普遍的问题。特别是近年来艾滋病的发病率大幅度上升，这些患者自身的免疫系统功能被病毒破坏，因而在晚期艾滋病病人中，真菌感染的发病率非常高，而且是主要的直接致死病因。由于真菌感染的高发病率和高死亡率，所以寻找新的、更理想的抗真菌药物成为关注的热点。

在临床上引起系统性真菌感染的菌株主要有以下几种：念珠菌属（*Candida* spp.），念珠菌感染占到真菌感染总数的 95% 以上。在念珠菌中根据发病率依次为白色念珠菌

(C. albicans)、光滑念珠菌（C. glabrata）、热带念珠菌（C. tropicalis）、近平滑念珠菌（C. parapsilosis）、克柔念珠菌（C. krusei）等。非念珠菌感染主要是由新型隐球菌（Cryptococcus neoformans）、曲霉菌属（Aspergillus. spp.）、毛霉菌属（Mucor spp.）以及其他比较罕见的真菌，如毛孢子菌属（Trichosporon spp.）、酵母菌属（Saccharomyces spp.）、红色串状醇母菌属（Rhodotorula spp.）等引起。

目前已经在临床上使用的抗真菌药物分为以下几类。

(1) 多烯类（图 33-6） 这类药物是最早使用的抗真菌药物之一，有制霉菌素（Nystatin，41）、两性霉素 B（Amphotericin B，42）、匹马霉素（Pimaricin，43）等，其中临床上使用最多的是两性霉素 B，其在 1966 年上市，其具有抗菌作用强、抗菌谱广、真菌对其不易产生耐药性等特点。目前对于很多系统性真菌感染的病人来说，仍然是唯一有效的药物。其作用机制是与真菌细胞膜的麦角甾醇结合，形成跨膜的孔洞，改变真菌细胞膜的通透性，使得内容物外泄，发挥杀真菌的作用。两性霉素 B 的副作用较多而且严重，主要有畏寒发热、呕吐、头痛以及严重的肝肾损害、耳毒性等。但是由于其在临床上的不可替代性，研究的重点是开发两性霉素 B 的脂质体，从而提高病人对该药物的耐受性，降低毒副反应。

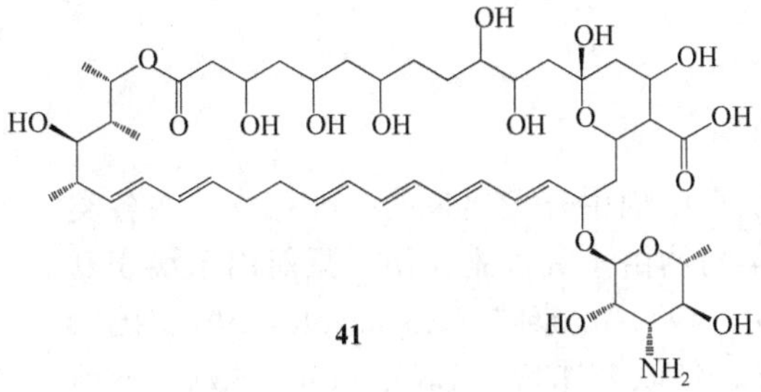

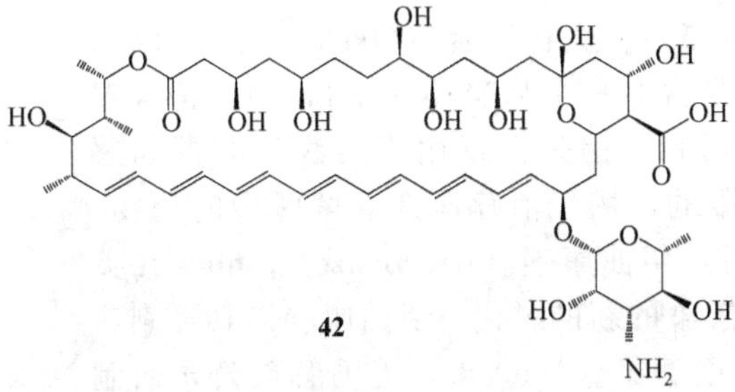

图 33-6　多烯类抗真菌药物

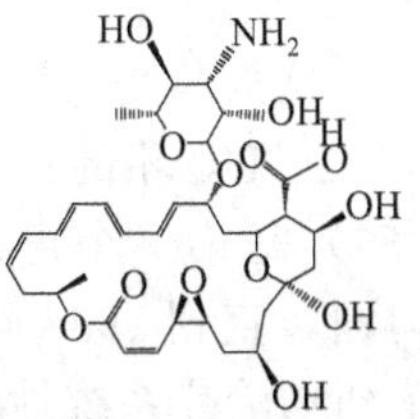

(2) 烯丙胺类（图 33-7） 这类药物主要有萘替芬（Naftifine，44）、阿莫罗芬（Amorolfine，45）、布替萘芬（Butenafine，46）、特比萘芬（Terbinafine，47）、托萘酯（Tolnaftate，48）等。最早是 1981 年发现的萘替芬，具有烯丙胺结构，因此此类药物被称为烯丙胺类抗真菌药物。这类药物都是通过抑制麦角甾醇生物合成过程中的角鲨烯环氧酶而发挥作用。目前主要是外用治疗浅表性真菌感染。

(3) 氮唑类　氮唑类抗真菌药物是临床上使用最广泛的抗真菌药物，通过抑制真菌麦角甾醇生物合成过程中的羊毛甾醇去甲基化酶而发挥作用。

(4) 棘白菌素类　这是一类近年来新开发的抗真菌药物，通过抑制真菌细胞壁的生物合成而发挥作用。

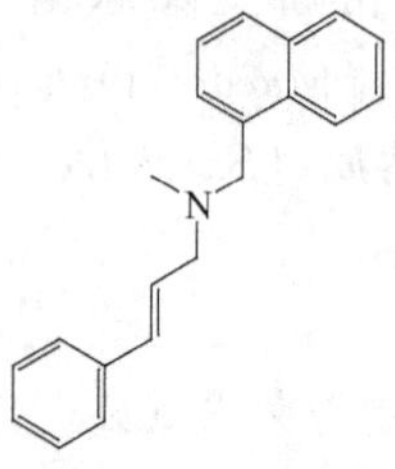

图 33-7 烯丙胺类抗真菌药物

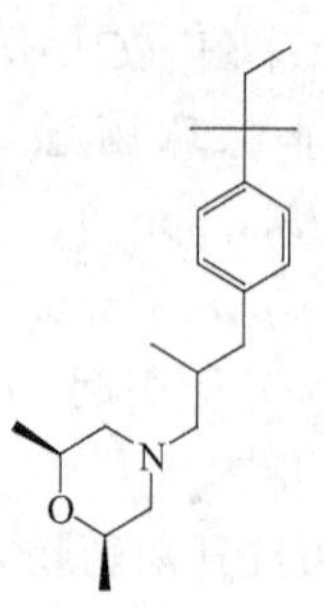

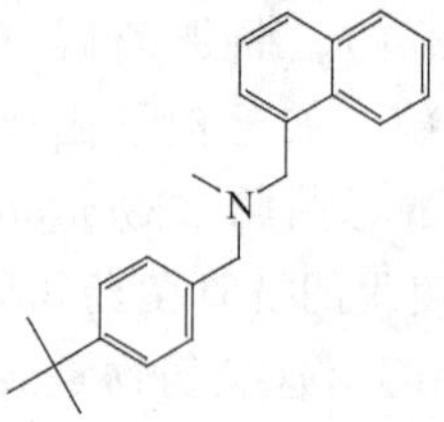

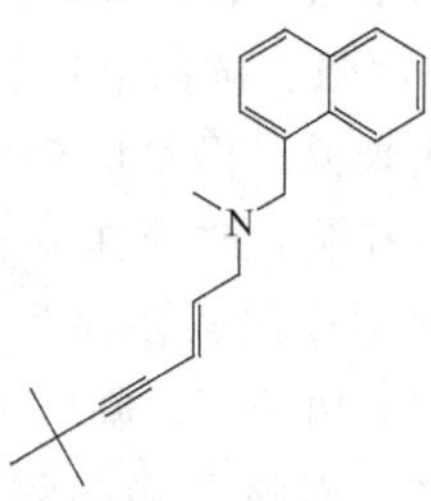

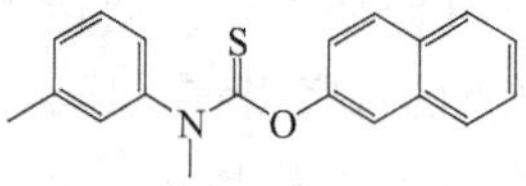

33.6 氮唑类抗真菌药物

氮唑类是在 20 世纪 70 年代从农药中的植物抗真菌剂中开发出来的一类药物，在各类抗真菌药物中是最大的一类，最初的氮唑类抗真菌药物由于其毒副作用，只能用于浅表真菌感染的治疗，这类药物有，咪康唑（Miconazole，**49**）、益康唑（Econazole，**50**）、硫康唑（Sulconazole，**51**）、克霉唑（Clotrimazole，**52**）、联苯苄唑（Bifonazole，**53**）、舍他康唑（Sertaconazole，**54**）、布康唑（Butoconazole，**55**）、奥昔康唑（Oxiconazole，**56**）、噻康唑（Tioconazole，**57**）等。这类药物共同特征是含有一个咪唑环（图 33-8）。特康唑（Terconazole，**58**）是一个具有三氮唑环的抗真菌药物，但是仅仅用于抗浅表的真菌感染。酮康唑（Ketoconazole，**59**）是第一个可以口服的，用于治疗深部真菌感染的药物，但是仍然存在毒副作用大的问题，直到 1988 年 7 月，伊曲康唑（Itraconazole，**60**）在英国上市，开创了氮唑类抗真菌药物治疗系统性真菌感染的新时代。伊曲康唑以其毒副作用小的优点，口服用于治疗浅表真菌感染和深部真菌感染。1990 年，美国辉瑞公司研制的具有叔醇结构的三氮唑类抗真菌药物氟康唑（Fluconazole，**61**）在美国上市，其特点是水溶性好，生物利用度高。但是由于很多真菌对其天然耐药，从而使得人们开发了更多抗菌谱广的药物。

33.6.1 作用机理

麦角甾醇是真菌细胞膜上的必要成分，由真菌细胞从乙酰辅酶 A 经过 11 步的生物合成通路合成。其中一个合成中间体羊毛甾醇经过 14α-去甲基化酶（CYP51）生成酵母甾醇，再经过数步反应，生成麦角甾醇。氮唑类抗真菌药物通过抑制 CYP51 而阻断麦角甾醇的生物合成通路，使得真菌细胞膜上的麦角甾醇缺乏，有毒性的甲基化原料羊毛甾醇过度累积，从而发挥抑制真菌生长的作用。而哺乳动物可以通过食物来摄取麦角甾醇，所以对哺乳动物的细胞影响不大。

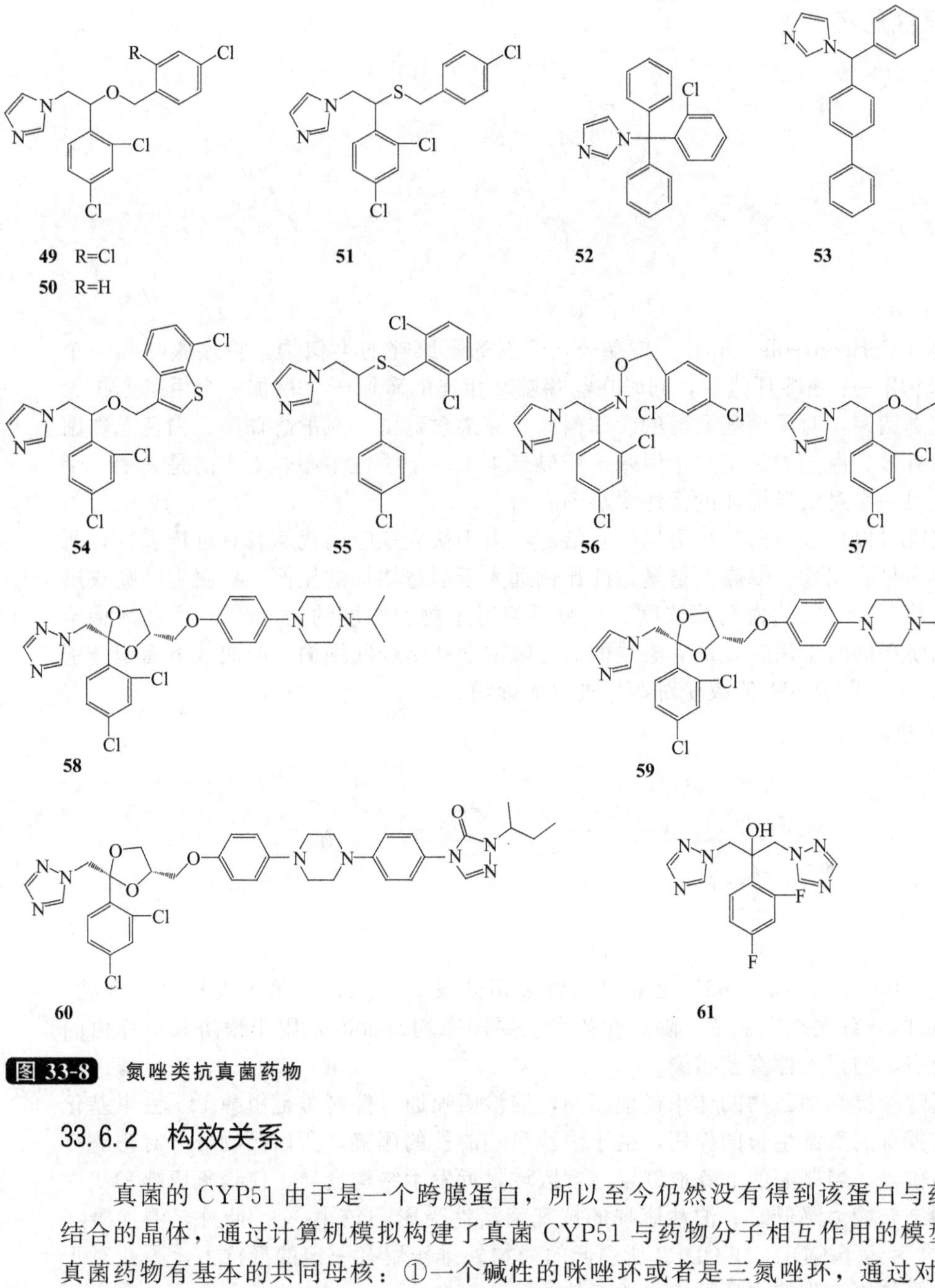

图 33-8　氮唑类抗真菌药物

33.6.2　构效关系

真菌的 CYP51 由于是一个跨膜蛋白，所以至今仍然没有得到该蛋白与药物分子相互结合的晶体，通过计算机模拟构建了真菌 CYP51 与药物分子相互作用的模型。氮唑类抗真菌药物有基本的共同母核：①一个碱性的咪唑环或者是三氮唑环，通过对比研究发现，1,2,4-三氮唑环代替咪唑环可以提高抗真菌活性，咪唑环上 N-3 或者是三氮唑的 N-4 原子与细胞色素 P450 酶系中的亚铁血红素中的铁原子络合，从而发挥抗真菌作用；②被卤素取代的苯环，其中 2,4-双取代的效果最好，取代的卤素可以是 Cl 或者 F，尤以 F 原子效果最好，经过对比研究发现，2 位的卤素取代对保持化合物的抗真菌活性非常重要；③在氮唑环和二卤代苯环之间的连接部分可以是叔醇、1,3-二氧戊环或者是四氢呋喃环；④在叔醇结构中，邻位甲基取代可以提高抗真菌活性，而且该手性中心是固定的；⑤侧链部分，对于伊曲康唑、泊沙康唑等长侧链的化合物，侧链已经不在靶酶的中心部分，而是深入进了底物进出的通道，与通道中的氨基酸残基相互作用。

33.6.3 代表性药物

33.6.3.1 伏立康唑

伏立康唑（Voriconazole，**62**）是辉瑞公司开发的氟康唑的类似物，将氟康唑的一个1,2,4三氮唑环用一个嘧啶环代替，同时在与嘧啶环相连的碳原子上增加一个甲基，扩大了氟康唑的抗真菌谱，对氟康唑耐药的念珠菌属（克柔念珠菌、光滑念珠菌、白色念珠菌耐药株）仍然有效。由于增加了一个甲基，所以产生了一个手性中心，上市的是其中一个光学异构体，另一个对映异构体的活性要小500倍。

伏立康唑既可以口服给药，也可以注射给药，由于伏立康唑的代谢具有可饱和性，所以其药代动力学呈非线性，暴露药量增加的比例远大于剂量增加的比例。口服本品吸收迅速而完全，给药后1~2h达血药峰浓度。口服后绝对生物利用度约为96%。当多剂量给药，且与高脂肪餐同时服用时，伏立康唑的血药峰浓度和给药间期的药时曲线下面积分别减少34%和24%。胃液pH值改变对本品吸收无影响。

33.6.3.2 泊沙康唑

泊沙康唑（Posaconazole，**63**）是先灵葆雅公司开发的第三代三氮唑类抗真菌药物，于2005年在德国被首次批准上市，随后在各个主要国家均被批准，用于预防和治疗由曲霉菌和念珠菌引起的侵入性真菌感染。

与其他氮唑类抗真菌药物的作用机理相同，泊沙康唑通过抑制羊毛甾醇14α-去甲基化酶的活性而发挥抑制真菌生长的作用，由于泊沙康唑的长的侧链，所以药物分子对靶酶有着额外的作用位点，当靶酶的亚铁血红素结合区域附近发生结构变异，使得氟康唑和伏立康唑对靶酶的结合能力降低时，泊沙康唑的抗真菌活性受影响较小[27]。此外，泊沙康唑对ATP结合盒转运子CDR1和CDR2所引起的药物外排作用有一定的抵抗力，因此对于由于药物外排泵作用产生的耐药菌株仍然有效[28]。

与其他氮唑类抗真菌药物相比，泊沙康唑在体外实验和临床治疗中对接合菌都显示出了很好的抗真菌作用[29]，而大多数氮唑类抗真菌药物和棘白菌素对接合菌无效。

33.7 棘白菌素类抗真菌药物

33.7.1 作用机理

棘白菌素类抗真菌药物作用于真菌的细胞壁，β-1,3-D葡聚糖是真菌细胞壁的主要成分,在维持细胞壁完整方面发挥重要作用,β-1,3-D 葡聚糖是由 β-1,3-D 葡聚糖合成酶催化糖部分从激活的供体分子转移至特异性的受体分子,形成糖苷键,该酶由两个亚单位构成 Fks1 和 Rho。棘白菌素类药物通过非竞争性抑制 β-1,3-D 葡聚糖合成酶,导致葡聚糖的合成受阻,细胞壁完整性被破坏,最终导致真菌细胞溶解死亡,由于哺乳动物没有细胞壁,所以对哺乳动物的细胞影响较小。由于新生隐球菌的细胞壁主要是 α-1,3-D 葡聚糖和 α-1,6-D 葡聚糖,因此对棘白菌素类药物天然耐药。

棘白菌素对念珠菌显示出杀真菌作用,对霉菌是通过抑制菌丝的生长而发挥抑制真菌作用。棘白菌素抗菌谱广,对绝大多数致病菌株都有效果,但是对接合菌、新型隐球菌、镰刀菌无效[30]。

33.7.2 构效关系

棘白菌素是一类从一些真菌,如 *Zalerion arboricola*, *Aspergillus nidulans var echinulatus* 的发酵产物中得到的两性脂肽。其结构特征是一个换装的六肽,在 N 端连接了一个脂肪酸的侧链。在棘白菌素类抗真菌药物的先导化合物中,主要的副反应是溶血作用,引起溶血的原因是棘白菌素是一类两性结构,同时有表面活性剂的作用,该侧链也是半合成改造的一个重点,通过改变该侧链,可以减少棘白菌素类药物的溶血副作用,而增强抗真菌活性。

在结构优化的过程中发现当侧链为正辛酰基时,活性最好,此时 $ClgP$ 约为 6。增加侧链上的苯环的数量可以提高化合物的对白色念珠菌的抗菌活性,当用杂环取代苯环时,可以降低侧链的线性,减少副作用[31]。

药物外排泵,如 CDR1、CDR2、MDR1 等对棘白菌素的影响很小,影响棘白菌素抗真菌作用主要是药物与靶点相互之间的作用位点被改变,Fks1(靶酶的一个组成部分)发生突变。

33.7.3 代表性药物

33.7.3.1 卡泊芬净

64

卡泊芬净(Caspofungin,**64**)具有广谱抗真菌活性,对耐氟康唑的念珠菌、曲霉菌、孢子菌等真菌均有较好的活性。

33.7.3.2 米卡芬净

米卡芬净(Micafungin,**65**)是对 *Coleophoma empedri* 的天然产物进行半合成改造得到的。

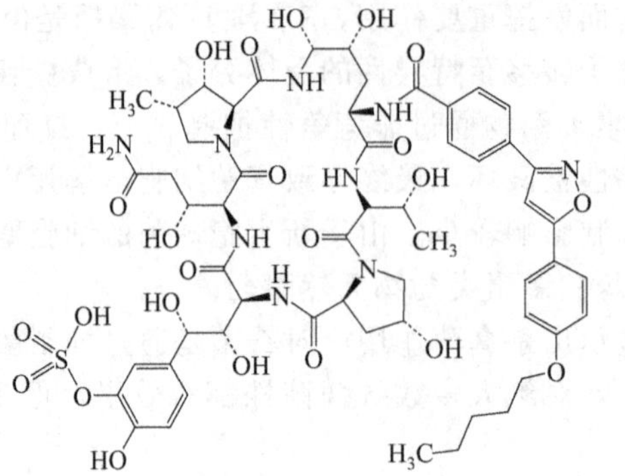

[结构式 65]

与卡泊芬净有着相同的抗菌谱，优点是药物的相互作用小于卡泊芬净。

33.7.3.3 阿尼芬净

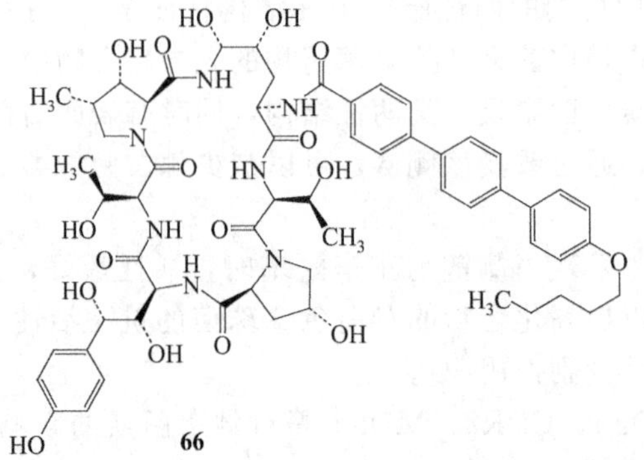

[结构式 66]

阿尼芬净（Anidulafungin，**66**）是一个从 *Aspergillus nidulans* 的发酵产物中经过半合成改造得到的化合物。

阿尼芬净在人体内的代谢与其他两种棘白菌素药物不同，90%以上的阿尼芬净是在血液中经过一个慢的化学降解过程，阿尼芬净的 $t_{1/2}$ 为 24h，其降解产物的半衰期为 4 天。

33.8　抗真菌药物研究的新靶点

近年来通过对具有抗真菌作用的天然化合物的研究发现了一些新的作用靶点。例如肌醇磷酰神经酰胺合酶、N-肉豆蔻酰基转移酶（NMT）等。

NMT 是一种细胞溶质单体酶，催化将肉豆蔻酰基辅酶 A 上的肉豆蔻酰基转移到真核细胞蛋白质甘氨酸的 N 端。如一些肉豆蔻酰化的 G 蛋白，如 Gpa1、Arf1、Arf2 和 Vps15 等，这些肉豆蔻酰化的蛋白在生物信号传导等方面发挥重要作用，如 ADP 核糖基化因子（ADP-ribosylation factor，ARF）在真菌中主要参与囊泡转运，对真菌生长存活起至关重要的作用。实验研究表明 N-肉豆蔻酰基转移酶对于致病真菌如白色念珠菌、新型隐球菌等的生长是必需的。通过抑制该酶，可以有效抑制真菌的生长。

哺乳动物和真菌均有 NMT，但是它们有不同的特异性肽类底物，三维结构也存在着差异，药物作用位点的差异性更加明显，目前已经发现的选择性 NMT 抑制剂对哺乳动物和真菌的 NMT 的差异相差上万倍。

最早的 NMT 抑制剂多为肉豆蔻酸的衍生物，该类抑制剂虽有一定的抑制酶的活性，但对不同的 NMT 没有选择性，NMT 最早的选择性抑制剂是一些多肽，进而发展了一些成肽模拟物，但由于肽类化合物的特性，在生物体内的分子转运比较困难。目前研究主要集中在小分子抑制剂上，包含两类主要的结构：苯并呋喃类、苯并噻唑类。

其他正在研究的新靶点如下。

① 由于哺乳动物没有细胞壁，所以抑制真菌细胞壁的生物合成仍然是抗真菌药物的研究热点，真菌细胞壁包含几类多糖，如 β-葡聚糖、α-葡聚糖、几丁质、半乳糖甘露聚糖和细胞壁甘露糖蛋白等。这些都可能作为抗真菌药物的作用靶点。如，最近发现的甘露聚糖对与真菌细胞壁的生物合成是重要的，通过抑制 UDP-吡喃半乳糖变位酶或者抑制 UDP-呋喃半乳糖转移酶可能有抗真菌的作用[32]。

② 真菌蛋白在真菌的生长中发挥重要作用，而在人体细胞中不含有这些酶，抑制真菌蛋白可以起到抗真菌的作用，同时对人体的影响最小。因此这些酶也成为了研究的热点。通过分子生物学研究发现，乙醛酸循环只存在于真菌细胞中，而动物和人类细胞中并没有该生物合成过程。在乙醛酸循环中，有两个关键的酶：异柠檬酸裂解酶和苹果酸合成酶。异柠檬酸裂解酶催化异柠檬酸裂解成琥珀酸和乙醛酸。苹果酸合成酶将乙醛酸和乙酰辅酶 A 转化为苹果酸，而琥珀酸则用于糖的合成。这两个酶对于真菌细胞生长所依赖的碳源和能量是必须的[33]，因此也将成为研究的一个方向。但是对于不同营养条件下的真菌，异柠檬酸裂解酶是否是必需的酶仍然存在争议，其是否能成为在临床上有价值的抗真菌药物靶点有待进一步的研究。这些研究为设计相应的药物分子建立了理论基础[34]。

③ 海藻糖是一个非还原性的二糖，只存在于藻类、细菌、真菌、线虫等体内，在哺乳动物中未发现有内源性的海藻糖存在。海藻糖经海藻糖酶水解为两分子葡萄糖，对真菌的能量代谢有着很重要的意义。海藻糖的代谢过程也与真菌的二态性、真菌对氧化应激等外界环境变化的保护以及真菌的孢子萌发和感染过程密切相关。过去，对于海藻糖酶抑制剂的研究更多地集中于农药中的新型杀虫剂的研究。近年来，对海藻糖在真菌，如白色念珠菌[35]、新型隐球菌[36]的生命活动中的作用的认识的不断深入，海藻糖酶成为了抗真菌药物新的作用靶点。

33.9 讨论与展望

根据临床统计资料可以预见在未来真菌感染仍然存在持续上升的趋势，新的耐药菌株也将不断增加，因此开发新一代的抗真菌药物仍然是药物开发的一个热点。

尽管毒副作用大，但两性霉素 B 目前仍然是最有效的抗真菌药物，经过近半个世纪的临床应用，研究人员也在试图寻找新的多烯类抗真菌药物，但遗憾的是到目前为止仍然没有发现一个可以替代两性霉素 B 的药物，所以在未来的一段时期，两性霉素 B 很可能还是唯一一个有临床应用价值的多烯类抗真菌药物。对这类药物研究的热点仍然是通过剂型的改造来降低毒副作用，提高病人的耐受性。

烯丙胺类抗真菌药物到目前为止都是作为浅表抗真菌药物来使用，目前尚未见到有突破性的进展，所以本类药物能否出现可以用于系统性真菌感染的药物还依赖于药物化学家的进一步努力。

氮唑类抗真菌药物作为目前最大的一类抗真菌药物，也是临床上使用最广泛的抗真菌药物，不仅仅用于真菌感染的治疗，也用于敏感人群的真菌感染的预防，仍然是研究的热点，有多个候选药物处于不同阶段的临床研究中。在临床前研究阶段的化合物也为数众多，其中很多化合物都显示出优于现有药物的性质，例如扩大了抗菌谱，通过引入亲水性基团改善药物的水溶性等。此外还有多个此类药物的前药也在研究中。可以预见未来该类药物仍将有很大的发展。对于氮唑类抗真菌药物来说，抗真菌作用机理人们已经很清楚了，但是由于作用靶点 CYP51 是一个跨膜蛋白，因此到目前为止仍然没有得到蛋白质与药物的晶体复合结构，现有的计算机辅助药物设计都是基于原核生物细菌的 CYP51 酶的晶体结构进行的，由于真菌是真核生物，两者之间的结构差异限制了计算机辅助设计的应用。对于氮唑类抗真菌药物另外一个需要考虑的问题是毒副作用，其本身是一个肝药酶抑制导剂，如何降低对哺乳动物 CYP3A4 的抑制作用，减少对哺乳动物的胆固醇代谢的影响，减少对其他药物代谢的影响，对于一个候选的氮唑类抗真菌化合物能否成为在临床上应用的药物，仍然是个需要解决的问题。由于真菌细胞的药物外排泵的过度表达降低了很多氮唑类抗真菌药物的效果，这也是很多耐药菌株产生的原因。最近的研究表明光滑念珠菌的锌簇蛋白 Pdr1p 是异生物素包括氮唑类抗真菌药物的受体，该受体被激活以后通过信号通路传导可以诱导药物外排泵的表达。这为开发新的与氮唑类抗真菌药物协同治疗药物提供了新的靶点，可以使用小分子拮抗剂识别、阻断 Pdr1p 序列的活化过程，避免药物外排泵的激活，使得耐药菌株对氮唑类抗真菌药物敏感[37]。

棘白菌素类是 21 世纪新的研究热点，有三个药物相继上市，其独特的抗真菌作用机理、较小的副作用，使其在临床上得到广泛应用。但是对新型隐球菌无效是其比较严重的弱点。对于这类药物的改造目前有两个方向，一个是改变现有药物的侧链，以期能提高抗真菌活性，进一步减少溶血等副作用；另一个是寻找新的多肽母环。但由于其作用机理所决定，对于缺少 β-1,3-D 葡聚糖的菌株，很难有突破性的进展。

近年来也有很多具有抗真菌活性的天然化合物被报道出来，其结构多样，部分化合物的抗真菌活性较强，但是作用机理大部分都尚不清楚，如果作为先导化合物进一步开发，需要研究作用机理，进行结构简化。其中能否出现新的抗真菌药物，前景尚不明朗。

在近年来出现的新的抗真菌的靶点中，NMT 是最有发展前景的靶点，已经有多种 NMT 抑制剂在研究中，其中很有可能出现新的抗真菌药物。另外一些新的靶点尚处于研究的初始阶段，前景尚不明朗。特别是与能量代谢相关的酶的抑制剂的抑制作用与真菌的生长环境和营养环境紧密相关，真菌在不同的环境下，能量代谢的通路会发生很大的改变，从而使这类化合物失去抗真菌作用，所以对这类抑制剂仍然需要进一步研究在普通生理条件下对真菌的抑制作用。

随着免疫抑制病人数量的增加，真菌感染将是未来人类面临的重大威胁，开发新的抗真菌药物仍需要做很多的努力。

推荐读物

- Darren Abbanat, Brian Morrow, Karen Bush, et al. New agents in development for the treatment of bacterial infections, Current Opinion in Pharmacology, 2008, 8: 1-11.
- Gail B. Mahady, Yue Huang, Brian J Doyle, et al. Natural products as antibacterial agents. Studies in Natural Products Chemistry, 2008, Volume 35: 423-444.
- Adam R Renslo, Gary W Luehr, Mikhail F Gordeev. Recent developments in the identification of novel oxazolidinone antibacterial agents. Bioorganic & Medicinal Chemistry, June 2006, Volume 14, (Issue12, 15): 4227-4240.
- Ting P C, Walker S S. New agents to treat life-threatening fungal infections. Current Topics in Medicinal Chemistry, 2008, 8: 592-602.
- Lipp H P. Antifungal agents-clinical pharmacokinetics and drug interactions. Mycoses, 2008, 51 (S1): 7-18.
- Petrikkos G, Skiada A. Recent advances in antifungal chemotherapy. International Journal of Antimicrobial Agents, 2007, 30: 108-117.

参考文献

[1] John M Domagala. Structure-activity and structure-side-effect relationships for the quinolone antibacterials. J Antimicrob Chemother, 1994, 994 (33): 685-706.

[2] Stein G E. Pharmacokinetics and pharmacodynamics of newer fluoroquinolones. Clin Infect Dis, 1996, 23 (S1): 9-24.

[3] Bülent Bozdogan, Peter C Appelbaum. Oxazolidinones: activity, mode of action, and mechanism of resisance. International Journal of Antibacterial Agents, 2004, 23 (2): 113-119.

[4] Kloss P, Xiong L Q, Shinabarger D L, et al. Resistance mutations in 23S RNA identify the site of action of the protein synthesis inhibitor linezolid in the ribosomal peptidyl transferase center. J Mol Biol, 1999, 294: 93-101.

[5] Aoki H, Ke L, Poppe S M, et al. Oxazolidinone antibiotics target the P site on Escherichia coil ribosomes. Antimicrob Agents Chemother, 2002, 46 (4): 1080-1085.

[6] Bobkova E V, Yan Y P, Jordan D B, et al. Oxazolidinone mechanism of action: in hibition of the first peptide bond formation. J Boil Chem, 2003, 278 (11): 9802.

[7] Karen L Leach, Steven M Swaney, Jerry R Colca, et al. The site of action of Oxazolidinone antibiotics in living bacteria and in human mitochondria. Molecular Cell, 2007, 26: 393-402.

[8] Lizondo J, Rabasseda X, Castaner J. Linezolid, Oxazolidinone Antibacterial. Drugs of the Future, 1996, 21 (11): 1116-1123.

[9] Horatio B Fung, Harold L Kirschenbaum, Babatunde O O. Linezolid: An Oxazolidinone antibacterial agent. Clinical therapeutics, 2001, 23 (3): 356-391.

[10] Eva E Nagiec, Luping Wu, Steve M Swaney, John G Chosay, et al. Oxazolidinones inhibit cellular proliferation via inhibition of mitochondrial protein synthesis. Antimicrob Agents Chemother, 2005, 49 (9): 3896-3902.

[11] E E Mckee, M Ferguson, A T Bentley, T A Marks. Inhibition of mammalian mitochondrial protein synthesis by oxazolidinones. Antimicrob Agents Chemother, 2006, 50 (6): 2042-2049.

[12] Kavanagh K, Hervey A, Robbins W J. Antibiotic Substances from Basidiomycetes: Ⅷ. Pleurotus multilus (Fr.) Sacc. and Pleurotus Passeckerianus Pilat. Proc Natl Acad Sci (USA), 1951, 37: 570-574.

[13] Hannan P C T, Windsor H M, Ripley P H. In vitro susceptibilities of recent field isolates of Mycoplasma hyopneumoniae and Mycoplasma hyosynoviae to valnemulin (Econor®), tiamulin and enrofloxacin and the in vitro development of resistance to certain antimicrobial agents in Mycoplasma hyopneumoniae. Res Vet Sci, 1997, 63: 157-160.

[14] Hodgin L A, Hogenauer G. The Mode of Action of Pleuromutilin Derivatives: Effect on Cell-Free Polypeptide Synthesis. Eur J Biochem, 1974, 47: 527-533.

[15] 兰杨, 杜小丽. 局部外用药 Retapamulin 的药理与临床研究进展. 中国新药杂志, 2007, 16 (24): 2079-2082.

[16] M -F Odou, C Muller, L Calvet, L Dubreuil. In vitro activity against anaerobes of retapamulin, a new topical antibiotic for treatment of skin infections. Journal of Antimicrobial Chemotherapy, 2007, 59 (4): 646-651.

[17] Clements J M, Ayscough A P, Keavey K, et al. Peptide deformylase inhibitors, potential for a new class of broad spectrum antibacterials. Curr Med Chem Anti-Infective Agents, 2002, 1 (3): 239-249.

[18] 于慧杰, 周伟澄. 肽脱甲酰基酶抑制剂的构效关系研究进展. 中国新药杂志, 2005, 14 (9): 1102-1108.

[19] Christian Apfel, David W Banner, Daniel Bur, Michel Dietz, Takahiro Hirata, Christian Hubs-chwerlen, et al. Hydroxamic Acid Derivatives as Potent Peptide Deformylase Inhibitors and Antibacterial Agents. J Med Chem, 2000, 43: 2324-2331.

[20] Boularot A, Giglione C, Artaud I, et al. Structure-activity relationship analysis and therapeutic potential of peptide deformylase inhibitors. Curr Opin Invest Drugs, 2004, 5 (8): 809-822.

[21] Jones R N, Ffitsche T R, Sader H S. Antimicrobial spectrum and activity of NVP PDF-713, a novel peptide deformylase inhibitor, tested against 1837 recent gram-positive clinical isolates. Diag. Microbiol. Infect Dis, 2004, 49 (1): 63-65.

[22] Frische T, Sader H S, Cleeland R, et al. Comparative antimicrobial characterization of LBM-415 (NVP PDF-713), a new peptide deformylase inhibitor of clinical importance. Antimicrob. Agents Chemother, 2005, 49 (4): 1468-1476.

[23] Neckermann G, Yu D, Manni K, et al. LBM-415, a new oral peptide deformylase inhibitor: efficiacy in murine infection models. 44th Intersci Conf Antimicrob Agents Chemother (Oct 30 -Nov 2, Washington DC), 2004, Abst F-1964.

[24] Jain R, Chen D, White R J, et al. Bacterial peptide deformylase inhibitors: A new class of antibacterial agents. Curr Med Chem, 2005, 12 (14): 1607-1621.

[25] Sun H, Macleod C, Zheng W, et al. Single and multiple dose pharmacokinetics of LBM415, a novel peptide deformylase (PDF) inhibitor. 33rd Annu Meet Amer Coll Clin Pharmaco (Oct 3-5, Phoenix), 2004, Abst 30.

[26] Pfaller M A, Diekema D J, Gibbs D J, et al. J Clin Microbiol, 2007, 45: 1735-1745.
[27] Hof H. A new, broad-spectrum azole antifungal: posaconazole--mechanisms of action and resistance, spectrum of activity. Mycoses, 2006, 49 (Suppl 1): 2-6.
[28] Chau A S, Mendrick C A, Sabatelli F J, Loebenberg D, McNicholas P M. Application of real-time quantitative PCR to molecular analysis of Candida albicans strains exhibiting reduced susceptibility to azoles. Antimicrob Agents Chemother, 2004, 48: 2124-2131.
[29] Diekema D J, Messer S A, Hollis R J, Jones R N, Pfaller M A, Activities of caspofungin, itraconazole, posaconazole, ravuconazole, voriconazole, and amphotericin B against 448 recent clinical isolates of filamentous fungi. J Clin Microbiol, 2003, 41: 3623-3626.
[30] Perlin D S. Resistance to echinocandin-class antifungal drugs. Drug Resist Updat, 2007, 10: 121-130.
[31] Fujie A. Discovery of micafungin (FK463): A novel antifungal drug derived from a natural product lead. Pure Appl Chem, 2007, 79: 603-614.
[32] Damveld R A, Franken A, Arentshorst M, Punt P J, Klis F M, van den Hondel C A, Ram A F A novel screening method for cell wall mutants in Aspergillus niger identifies UDP-galactopyranose mutase as an important protein in fungal cell wall biosynthesis. Genetics, 2008, 178: 873-881.
[33] Ebel F, Schwienbacher M, Beyer J, Heesemann J, Brakhage A A, Brock M. Analysis of the regulation, expression, and localisation of the isocitrate lyase from Aspergillus fumigatus, a potential target for antifungal drug development. Fungal Genet Biol, 2006, 43: 476-489.
[34] Olivas I, Royuela M, Romero B, Monteiro M C, Minguez J M, Laborda F, De Lucas J R. Ability to grow on lipids accounts for the fully virulent phenotype in neutropenic mice of Aspergillus fumigatus null mutants in the key glyoxylate cycle enzymes. Fungal Genet Biol, 2008, 45: 45-60.
[35] Pedreno Y, Gonzalez-Parraga P, Martinez-Esparza M, Sentandreu R, Valentin E, Arguelles J C. Disruption of the Candida albicans ATC1 gene encoding a cell-linked acid trehalase decreases hypha formation and infectivity without affecting resistance to oxidative stress. Microbiology, 2007, 153: 1372-1381.
[36] Petzold E W, Himmelreich U, Mylonakis E, Rude T, Toffaletti D, Cox G M, Miller J L, Perfect J R. Characterization and regulation of the trehalose synthesis pathway and its importance in the pathogenicity of Cryptococcus neoformans. Infect Immun, 2006, 74: 5877-5887.
[37] Thakur J K, Arthanari H, Yang F, et al. A nuclear receptor-like pathway regulating multidrug resistance in fungi. Nature, 2008, 452 (7187): 604-609.

第34章

抗肿瘤药物

胡永洲　刘　滔

目　录

34.1　引言　/884
34.2　作用于DNA的抗肿瘤药物　/884
　34.2.1　烷化剂　/884
　　34.2.1.1　氮芥类　/884
　　34.2.1.2　亚硝基脲类　/887
　　34.2.1.3　亚乙基亚胺类　/889
　34.2.2　金属铂配合物　/890
　34.2.3　DNA拓扑异构酶抑制剂　/892
　　34.2.3.1　作用于TopoⅠ的抗肿瘤药物　/892
　　34.2.3.2　作用于TopoⅡ的抗肿瘤药物　/894
　34.2.4　抗代谢抗肿瘤药　/899
　　34.2.4.1　核苷类似物　/900
　　34.2.4.2　叶酸拮抗剂　/904
34.3　作用于激酶的抗肿瘤药物　/907
　34.3.1　酪氨酸激酶抑制剂　/909
　　34.3.1.1　Bcr-Abl激酶抑制剂　/909
　　34.3.1.2　Src激酶家族抑制剂　/911
　　34.3.1.3　Erb激酶家族抑制剂　/912
　　34.3.1.4　血管内皮生长因子受体抑制剂　/914

　34.3.2　丝氨酸/苏氨酸激酶抑制剂　/916
　　34.3.2.1　细胞周期蛋白依赖性激酶抑制剂　/916
　　34.3.2.2　Aurora激酶抑制剂　/918
　　34.3.2.3　Akt/3-磷酸肌醇依赖性激酶1抑制剂　/919
　　34.3.2.4　蛋白激酶C抑制剂　/920
34.4　作用于微管的抗肿瘤药物　/921
　34.4.1　微管聚集抑制剂　/921
　　34.4.1.1　靶向长春花结合位点的抑制剂　/921
　　34.4.1.2　靶向秋水仙碱结合位点的抑制剂　/923
　34.4.2　微管稳定剂　/926
　　34.4.2.1　紫杉烷类　/926
　　34.4.2.2　埃博霉素　/927
34.5　展望　/927
推荐读物　/929
参考文献　/929

34.1 引言

正常细胞的生长和分化是受严格控制的，各种生长刺激因子会影响细胞的分裂和增生，另外，细胞也会出现衰老和凋亡。在肿瘤部位，这些过程会变得紊乱，肿瘤细胞的生长和分裂不再具可控性。肿瘤的特征是细胞增殖和生长不受控制，在一定的条件下，肿瘤细胞会迁移、入侵并波及到其他的器官和组织。不同的环境和因素会使正常细胞转化为肿瘤细胞，从而改变细胞的调节、凋亡和信号转导途径的正常功能。由于生化过程的复杂性，要阐明肿瘤的发生、发展过程的变化仍是一大挑战。

在全世界，肿瘤引起的死亡率位列第二，仅次于心脑血管疾病。据估计，到 2020 年将有一千五百万的新增病例，死亡人数将达到一千万。目前肿瘤的治疗方法有手术治疗、放射治疗、化学治疗（药物治疗）和生物治疗等，而其中以化学治疗最为重要。自 1943 年发现氮芥可用于治疗恶性淋巴瘤后，已有近 100 种抗肿瘤药物被批准上市，肿瘤病人的存活率有所提高。在过去的 60 多年里，在肿瘤研究的各个领域也取得了一些实质性的进展，特别是对肿瘤生物学机制的进一步深入了解，与肿瘤的发生、发展相关的大量基因和蛋白被发现，新的分子靶标不断涌现，为阐明抗肿瘤药物的作用机制奠定了物质基础，也为合理设计抗肿瘤药物提供了新的思路。同时，在长期的临床实践中，医学工作者已建立了针对不同肿瘤的特异性化疗方案。随着临床技术的进步、大型合作研究的开展以及药物筛选体系的不断成熟，使得发现更为高效、低毒的药物成为现实。

本章所介绍的抗肿瘤药主要包括直接作用于 DNA 的药物、作用于微管的药物以及新型的以激酶为靶点的药物。

34.2 作用于 DNA 的抗肿瘤药物

这类药物主要通过直接与 DNA 作用，从而影响或破坏 DNA 的结构和功能，使 DNA 在细胞增殖过程中不能发挥作用。作用于 DNA 的抗肿瘤药物主要有烷化剂、含铂抗肿瘤药、DNA 拓扑异构酶抑制剂和抗代谢抗肿瘤药等。

34.2.1 烷化剂

烷化剂（alkylating agents）也称生物烷化剂，是抗肿瘤药物中最早使用的一类药物。这类药物在体内能形成缺电子的活泼中间体或其他具有活泼亲电性基团的化合物，进而与生物大分子（DNA、RNA 或某些重要的酶类）中含有的富电子基团（如氨基、羟基、巯基、羧基、磷酸基等）发生共价结合，使 DNA 分子丧失活性或发生断裂。

烷化剂属细胞毒类药物，在抑制和毒害增生活跃的肿瘤细胞的同时，对其他增生较快的正常细胞，如骨髓细胞、肠上皮细胞、毛发细胞和生殖细胞也同样产生抑制作用，因而会带来许多严重的副反应，如恶心、呕吐、骨髓抑制、脱发等。

烷化剂主要可分为氮芥类、亚硝基脲类及亚乙基亚胺类等。

34.2.1.1 氮芥类

氮芥类（nitrogen mustards）化合物最早出现是在第一次世界大战期间，那时用芥子气（硫芥，Sulfur Mustard，**1**）作为化学武器，士兵接触后会产生白细胞减少、胃肠道溃疡、骨髓发育不全和淋巴组织解体等毒性症状。在芥子气细胞毒作用的启发下，药物化学家们开始寻找新的毒性较低的氮芥类化合物，最终在 1942 年确定了硫芥的电子等排体盐酸氮芥（Mechlorethamine Hydrochloride，**2**）具有抗肿瘤活性，这也是最早用于临床的氮芥类药物。这一发现被公认为是现代肿瘤化学治疗的开端。

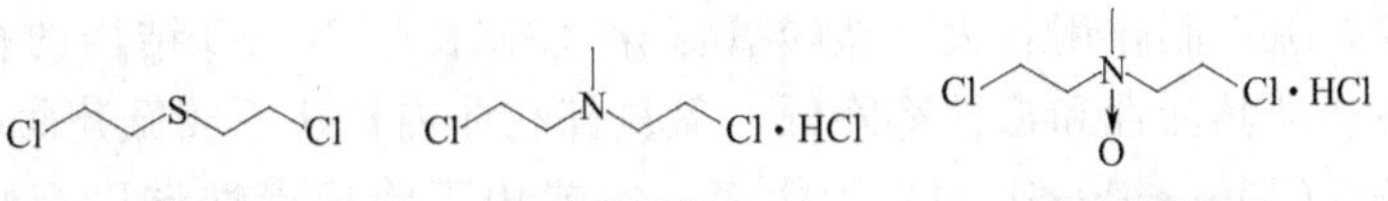

硫芥(1)　　盐酸氮芥(2)　　盐酸氧氮芥(3)

氮芥类是 β-氯乙胺类化合物的总称，结构中两个吸电子氯原子的存在使得氨基的碱性大大减弱，在生理 pH 条件下，该类化合物主要以非离子型存在，这使得它们更易形成高亲电性的亚乙基亚胺阳离子，与 DNA 中含有的富电子基团发生烷基化反应，从而使 DNA 的功能丧失。

氮芥类药物的结构可分为两部分：烷基化部分和载体部分。烷基化部分是抗肿瘤活性的功能基；载体部分主要是改善该类药物在体内的吸收、分布等药代动力学性质，提高选择性和抗肿瘤活性，也会影响药物的毒性。因此选用不同的载体对氮芥类药物的设计具有十分重要的意义。

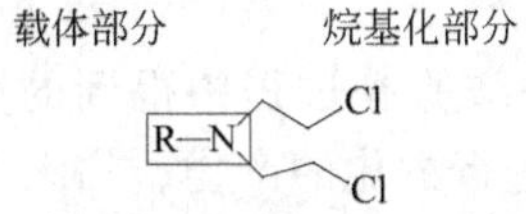

双-β-氯乙胺

（1）作用机制　首先，氮芥经分子内亲核取代形成高亲电性的季铵盐——亚乙基亚胺离子中间体。由于带正电荷的氮原子的强吸电子诱导作用，这一三元环的碳原子具高亲电性。其次，DNA 的亲核基团如鸟嘌呤（最常见）或腺嘌呤行分子间亲核进攻，使亚乙基亚胺环打开，DNA 被烷基化；随后，氮芥的另一条"臂"——β-氯乙基重复上述的反应，使另一个 DNA 分子被烷基化，因此两分子的 DNA 被"交联"。最后，水解脱碱基使鸟嘌呤从 DNA 链裂解下来。最终虽然 DNA 链能从与氮芥共价结合的状态释放出来，但其功能已受损并无法复制，从而导致细胞死亡[1]（图 34-1）。

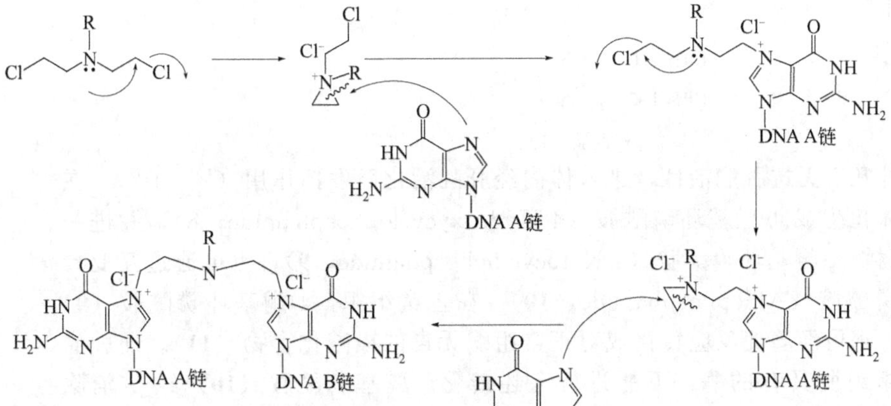

图 34-1　氮芥类药物与 DNA 鸟嘌呤碱基发生烷基化引起 DNA 损伤示意图

(2) 氮芥类药物　盐酸氮芥（2）是最早于临床使用的抗肿瘤药物，用于淋巴肉瘤和何杰金病的治疗，但毒副作用较大。盐酸氧氮芥（3）由于 N→O 结构的存在使氮原子上电子云密度减少，使其活性和毒性都降低，氧氮芥在体内被还原成氮芥而起作用。芳香氮芥以苯丁酸氮芥（Chlorambucil，4）为代表，主要用于治疗慢性淋巴细胞白血病，对淋巴肉瘤、何杰金病、卵巢癌也有较好的疗效，临床上用其钠盐，水溶性好。

为了提高氮芥类药物的活性并降低其毒性，以天然存在的化合物如氨基酸、嘧啶等为载体，以增加药物在肿瘤部位的浓度和亲和性，从而增加药物的疗效。如用苯丙氨酸为载体的美法仑（Melphalan，溶肉瘤素，5），对卵巢癌、乳腺癌、淋巴肉瘤和多发性骨髓瘤等恶性肿瘤有较好的疗效，但须注射给药。

苯丁酸氮芥(4)

R=H　美法仑(5)
R=CHO　氮甲(6)

我国在改造美法仑和合成氨基酸氮芥过程中得到的氮甲（甲酰溶肉瘤素，Formylmerphalan，6），是在美法仑的氨基上进行酰化的产物。临床上氮甲对精原细胞瘤的疗效较为显著，对多发性骨髓瘤、恶性淋巴瘤也有效。选择性较高，毒性低，可口服给药。氮甲和美法仑分子中都有一个苯丙氨酸结构，当氨基酸部分为 L-型（左旋体）时易被吸收，故活性较强，而氨基酸部分为 D-型（右旋体）时活性弱，但临床使用的为消旋体，作用介于二者之间。

环磷酰胺（Cyclophosphamide，7）是在氮芥的氮原子上连有一个吸电子的环状磷酰胺内酯结构。当时发明该药的创新思路是基于一种认识：在肿瘤组织中，磷酰胺酶的活性高于正常细胞，以此为目的合成含磷酰胺基的前体药物，希望它们在肿瘤组织中能被磷酰胺酶催化水解成活性的去甲氮芥 [HN（CH_2CH_2Cl）$_2$] 而发挥作用。另外，由于吸电子基团——磷酰基的存在，使氮原子上的电子云密度得到分散而降低氮原子的亲核性及烷基化能力，从而毒性下降。

环磷酰胺 (7)

环磷酰胺在体外几乎无抗肿瘤活性，进入体内经肝脏活化而发挥作用（图 34-2）。在肝脏，环磷酰胺被氧化生成 4-羟基环磷酰胺（4-Hydroxycyclophosphamide，8），并进一步氧化成无毒的代谢物 4-酮基环磷酰胺（4-Ketocyclophosphamide，9），也可通过互变异构生成开环的醛基磷酰胺（Aldophosphamide，10）。在正常组织，4-酮基环磷酰胺（9）和醛基磷酰胺（10）都可经酶促反应转化成对正常组织无毒的羧酸化合物（11）。而肿瘤组织中因缺乏正常组织所具有的酶，不能进行上述转化。醛基磷酰胺（10）经 β-消除（逆 Michael 加成反应）产生丙烯醛（Acrolein，12）、磷酰氮芥（Phosphamide Mustard，13）及其水解产物去甲氮芥（14）。丙烯醛（12）、磷酰氮芥（13）和去甲氮芥（14）都是较强的烷化剂。磷酰氮芥上的游离羟基（pK_a 为 4.75）在生理 pH 条件下解离成氧负离子，该负离子的电荷分散在磷酰胺的两个氧原子上，降低了磷酰基对氮原子的吸电子作用，从而使磷酰氮芥仍具有较强的烷基化能力[2]。

环磷酰胺的抗瘤谱较广，主要用于恶性淋巴瘤、急性淋巴细胞性白血病、多发性骨髓瘤、肺癌、神经母细胞瘤等，对乳腺癌、卵巢癌、鼻咽癌也有效。毒性比其他氮芥小，对一些病人观察到有膀胱毒性，可能与代谢产物丙烯醛（12）有关。

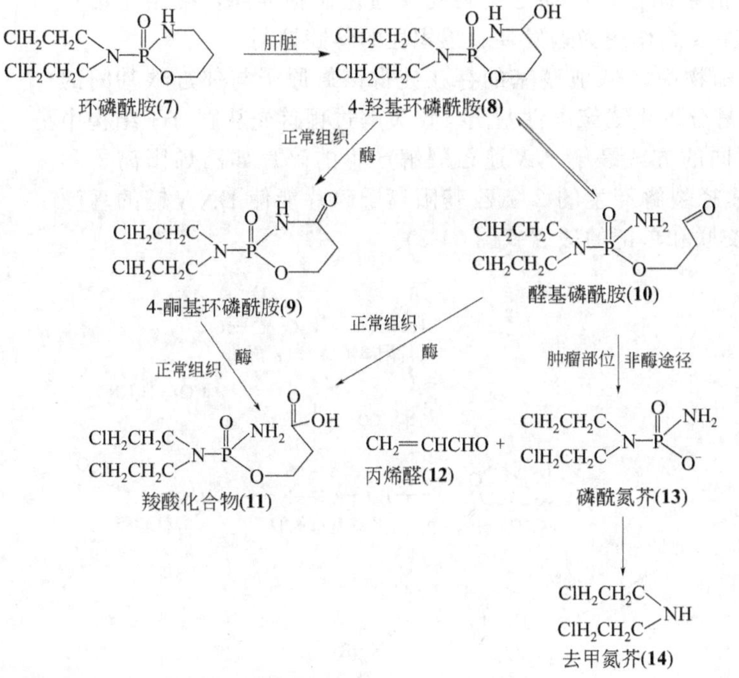

图 34-2　环磷酰胺的体内代谢途径

环磷酰胺的水溶液（2%）在 pH 4.0～6.0 时，磷酰胺基不稳定，加热时更易分解，从而失去生物烷化作用。

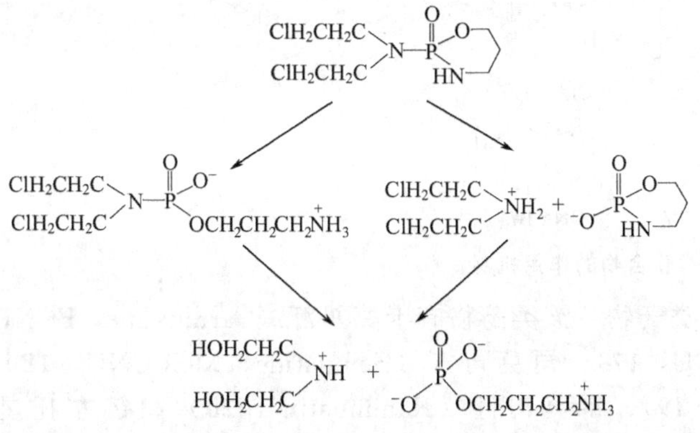

异环磷酰胺（Ifosfamide，**15**）是环磷酰胺的类似物，作用机制与环磷酰胺相似，体外对肿瘤细胞无效，需在体内经酶代谢活化（4-位羟基化）后发挥作用。异环磷酰胺（**15**）比环磷酰胺治疗指数高、毒性小，与其他烷化剂无交叉耐药性，抗瘤谱与环磷酰胺不完全相同，临床用于乳腺癌、肺癌、恶性淋巴瘤、卵巢癌的治疗。主要毒性为骨髓抑制、出血性膀胱炎等肾毒性、尿道出血等，常和尿路保护剂美司钠合用以降低毒性。

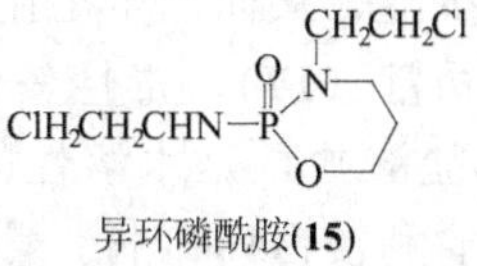

异环磷酰胺(**15**)

34.2.1.2　亚硝基脲类

亚硝基脲类（nitrosoureas）具有 β-氯乙基-N-亚硝基脲的结构，具广谱抗肿瘤活性。

由于结构中的 2-氯乙基具有较强的亲脂性，因而这类药物易通过血脑屏障，可用于治疗脑瘤和某些中枢神经系统肿瘤，主要副作用为迟发性和累积性的骨髓抑制。

（1）作用机制　亚硝基脲类药物中，N-亚硝基的存在使得该氮原子与邻近羰基间的键变得不稳定，在生理条件下极易分解生成亲电性基团。该裂解过程首先从脲分子结构中失去一个氢质子，然后以两种不同的方式裂解。A 途径裂解产生的碎片如乙烯阳离子和乙醛等均能使 DNA 烷基化。B 途径裂解产生的 2-氯乙基阳离子碎片能使 DNA 链的鸟嘌呤部分烷基化，造成 DNA 链间交联和单链的破裂（图 34-3）。

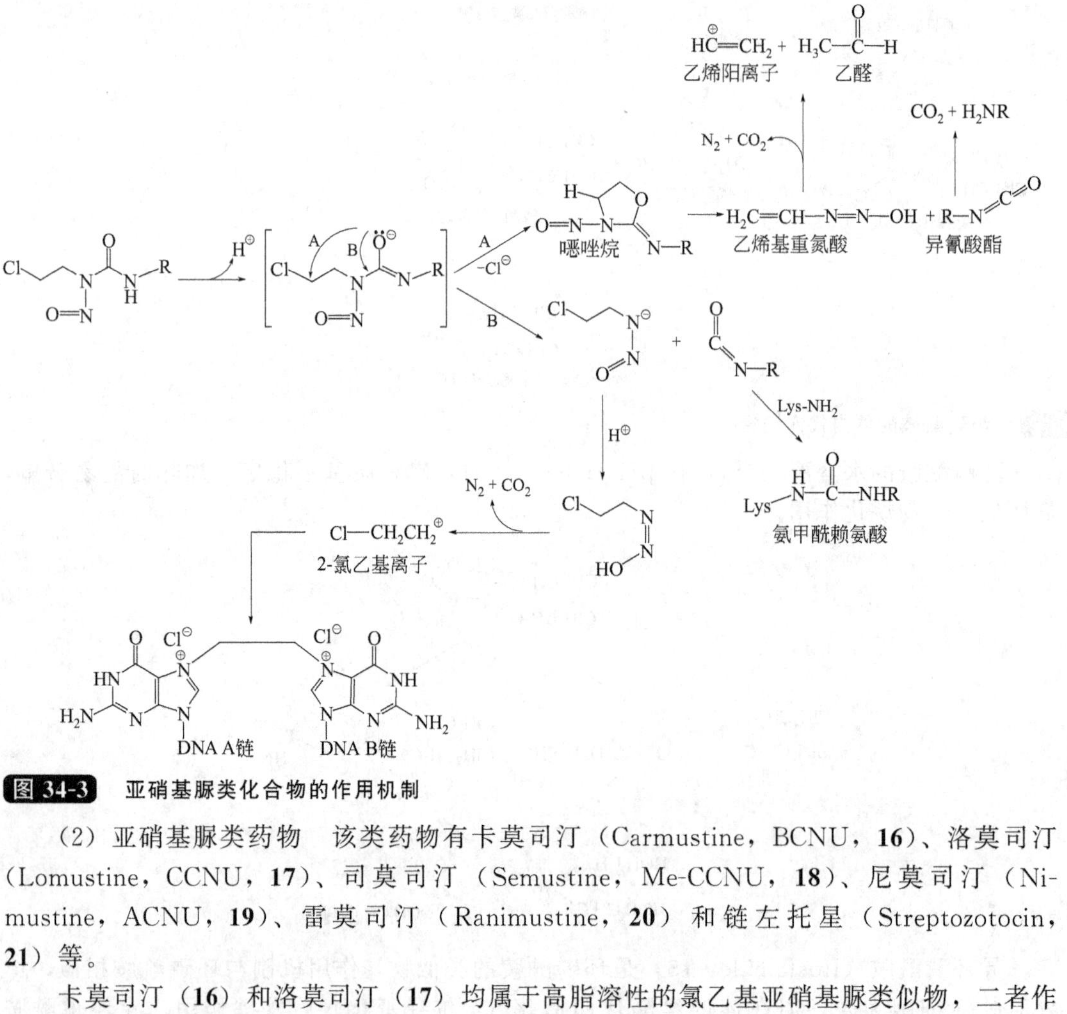

图 34-3　亚硝基脲类化合物的作用机制

（2）亚硝基脲类药物　该类药物有卡莫司汀（Carmustine，BCNU，**16**）、洛莫司汀（Lomustine，CCNU，**17**）、司莫司汀（Semustine，Me-CCNU，**18**）、尼莫司汀（Nimustine，ACNU，**19**）、雷莫司汀（Ranimustine，**20**）和链左托星（Streptozotocin，**21**）等。

卡莫司汀（**16**）和洛莫司汀（**17**）均属于高脂溶性的氯乙基亚硝基脲类似物，二者作用原理相近，均可口服，卡莫司汀（**16**）适用于脑瘤及转移性脑瘤、恶性淋巴瘤、多发性骨髓瘤、急性白血病和何杰金病，与其他抗肿瘤药合用可增强疗效。洛莫司汀（**17**）对脑瘤的疗效不及卡莫司汀（**16**），对何杰金病、肺癌及转移性肿瘤疗效优于卡莫司汀（**16**）。但二者均可引起血小板和白细胞减少症，从而产生出血和严重感染。司莫司汀（**18**）抗肿瘤疗效优于卡莫司汀（**16**）和洛莫司汀（**17**），毒性较低，临床用于脑瘤、肺癌和胃肠道肿瘤。尼莫司汀（**19**）临床上用其盐酸盐，是水溶性的亚硝基脲类抗肿瘤药，能缓解脑瘤、消化道肿瘤、肺癌、恶性淋巴瘤和慢性白血病。骨髓抑制和胃肠道反应较轻。雷莫司汀（**20**）是以糖为载体的水溶性亚硝基脲类药物，主要用于治疗成胶质细胞瘤、骨髓瘤、恶性淋巴瘤、慢性骨髓性白血病。主要毒性为胃肠道反应。链左托星（**21**）是从 Strepto *myces achromogenes* 发酵液中分离得到的亚硝基脲类化合物，结构中的吡喃葡萄糖使得该药物比同类药物具有更高的细胞特异性和高水溶性，临床上对胰小岛细胞癌有独特的作用。由于缺乏 2-氯乙基取代基，因此它对 DNA 链的烷化能力要低，骨髓毒性较轻。

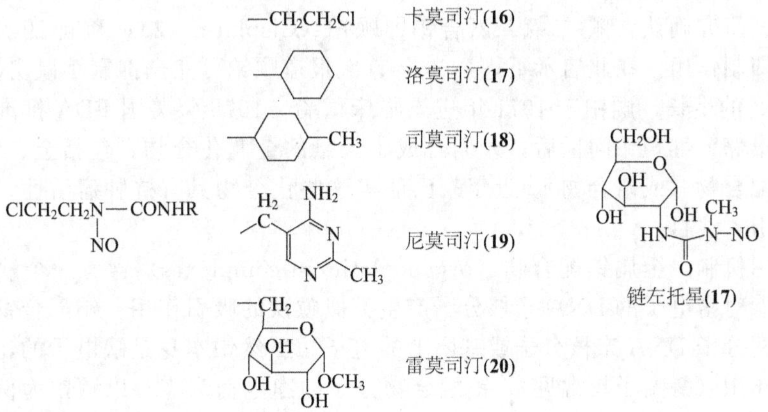

卡莫司汀(**16**)
洛莫司汀(**17**)
司莫司汀(**18**)
尼莫司汀(**19**)
链左托星(**17**)
雷莫司汀(**20**)

34.2.1.3 亚乙基亚胺类

苯醌类化合物可干扰酶系统的氧化-还原过程，通过一或双电子转移生成单氢醌和氢醌而发挥作用；还能抑制肿瘤细胞的有丝分裂。当苯醌连接到亚乙基亚胺（aziridine）的氮原子上时，降低了氮原子的电子云密度，也使毒性降低，如抗肿瘤抗生素丝裂霉素 C（Mitomycin C，**22**）。丝裂霉素 C 是从放线菌 *Streptomyces achromogenes* 培养液中分离得到的一种抗生素，结构中含有三个抗癌活性基团：氢醌、亚乙基亚胺和氨基甲酸酯。如图 34-4 所示，丝裂霉素 C 是通过生物还原过程而活化的。首先在体内 NADPH/CYP450 和/或 NAD(P)H 醌氧化还原酶（NQO1 还原酶——常在肿瘤细胞中表达）作用下将醌还原成氢醌（**22a**），同时产生过氧化物自由基，后者再经 Fenton 反应转化为细胞毒的羟基自由基，可使 DNA 单链断裂。氢醌（**22a**）脱去一分子甲醇芳构化成吲哚氢醌（**22b**），亲电的亚乙基亚胺环和氨基甲酸酯邻近的带部分正电荷的亚甲基均易受 DNA 的亲核进攻，最终导致 DNA 交联（形成加成物 **22c**），从而发生细胞死亡[3]。

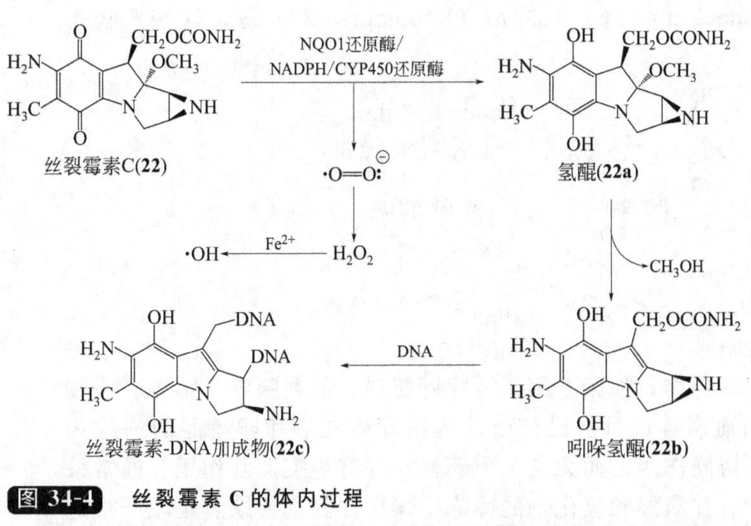

丝裂霉素C(**22**)
氢醌(**22a**)
丝裂霉素-DNA加成物(**22c**)
吲哚氢醌(**22b**)

图 34-4　丝裂霉素 C 的体内过程

丝裂霉素 C 对各种腺癌（胃癌、胰腺癌、直肠癌、乳腺癌等）有效。由于会引起骨髓抑制的毒性反应，较少单独应用，通常与其他抗肿瘤药合用，治疗胃的腺癌。

34.2.2 金属铂配合物

20世纪60年代,当时美国生理学家Rosenberg等人在研究电磁场对微生物的效应时,偶然发现在氯化铵存在下铂电极周围的微量含铂电解产物培养液可抑制大肠埃希菌的分裂增殖。经研究确认,顺-二氯二氨合铂即顺铂(Cisplatin,**23**)和顺-四氯二氨合铂对细胞增殖有抑制作用。在此启示下,1969年首次报道顺铂可完全抑制小鼠实体瘤S180和白血病L1210的生长,顺铂于1971年进入临床试验,1978年美国FDA批准顺铂治疗睾丸肿瘤和卵巢癌。继顺铂问世后,人们合成了大量的金属化合物,包括金、铂、锡、铑、钌等元素的配合物(或络合物)。近年来已证实这些化合物具有抗肿瘤活性,其中尤以铂的配合物最引人注目。

(1) 作用机制 金属铂配合物(organoplatinum complexes)含有一个缺电子的金属铂原子,它能对富电子的DNA亲核分子产生类似磁铁的吸引作用。铂配合物为双功能试剂,能接受两分子DNA亲核分子或基团上的电子。虽然铂本身是缺电子的,但由于配体的电子贡献作用(氯离子较常见),铂配合物分子的净电荷为零。以顺铂为例,铂配合物进入肿瘤细胞后水解成活性的一水合物和二水合物,后者在体内与DNA的两个鸟嘌呤碱基的N_7络合形成一个封闭的五元螯合环,从而破坏了两条DNA链上嘌呤和嘧啶之间的氢键,扰乱了DNA的正常双螺旋结构,使其局部变性失活而丧失复制能力(图34-5)。反式铂配合物则无此作用[4]。

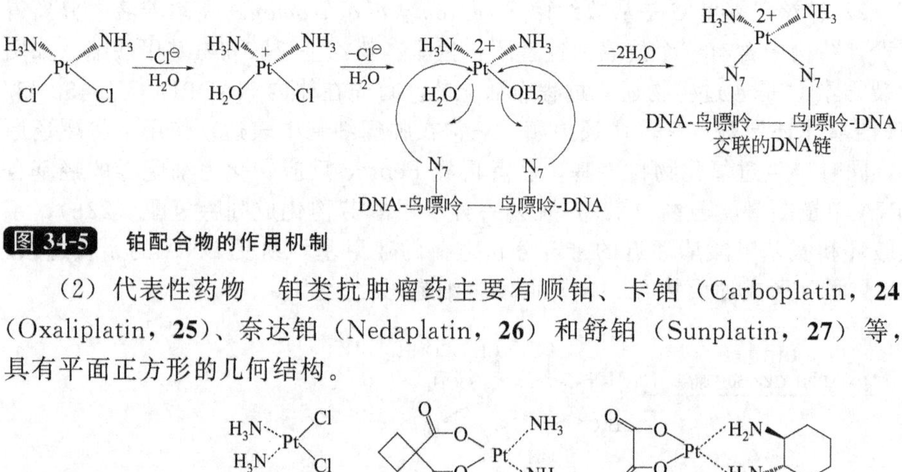

图 34-5 铂配合物的作用机制

(2) 代表性药物 铂类抗肿瘤药主要有顺铂、卡铂(Carboplatin,**24**)、奥沙利铂(Oxaliplatin,**25**)、奈达铂(Nedaplatin,**26**)和舒铂(Sunplatin,**27**)等,这些药物均具有平面正方形的几何结构。

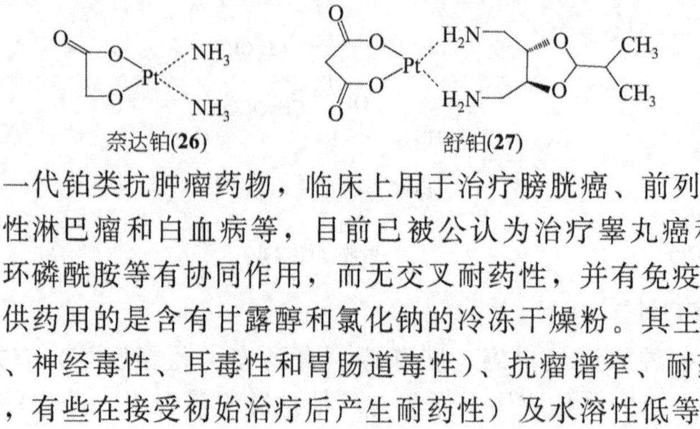

顺铂(**23**) 卡铂(**24**) 奥沙利铂(**25**)

奈达铂(**26**) 舒铂(**27**)

顺铂被称为第一代铂类抗肿瘤药物,临床上用于治疗膀胱癌、前列腺癌、肺癌、头颈部癌、乳腺癌、恶性淋巴瘤和白血病等,目前已被公认为治疗睾丸癌和卵巢癌的一线药物。与甲氨蝶呤、环磷酰胺等有协同作用,而无交叉耐药性,并有免疫抑制作用。通常采用静脉注射给药,供药用的是含有甘露醇和氯化钠的冷冻干燥粉。其主要缺点是较严重的毒副作用(肾毒性、神经毒性、耳毒性和胃肠道毒性)、抗瘤谱窄、耐药性(有些肿瘤对顺铂天生具耐药性,有些在接受初始治疗后产生耐药性)及水溶性低等,限制了给药剂量和临床应用。

卡铂是20世纪80年代设计开发的第二代铂配合物,为平面正方形复合物,结构中保留了抗癌的活性基团$(NH_3)_2Pt^{2+}$,并引入了亲水性的1,1-环丁烷二羧酸基为配体,水溶度大大改善,比顺铂的溶解度(1mg/mL)高17倍。同时由于螯合环的存在,其稳定性也大于顺铂。卡铂的肾毒性和引发的恶心呕吐副作用均低于顺铂,几乎无耳毒性。主要的毒性为骨髓抑制,尤其是血小板减少症。该药物采用静脉注射给药,与顺铂有交叉耐药性(交叉度达90%),与非铂类抗肿瘤药物间无交叉耐药性,因此可以与多种抗肿瘤药物联合使用。临床上主要用于治疗非小细胞肺癌、小细胞肺癌、膀胱癌、子宫颈癌、子宫内膜癌、生殖细胞瘤、肾癌、头颈部癌、成神经细胞瘤、成视网膜细胞瘤等。对小细胞肺癌的疗效高于顺铂,但对膀胱癌和头颈部癌则不如顺铂。

奥沙利铂是1996年上市的第一个抗肿瘤手性铂配合物。1,2-环己二胺配体有三个立体异构体[(R, R)-、(S, S)-和内消旋的(R, S)-],它们的体内外活性略有不同,但只有(R, R)-异构体被开发用于临床。奥沙利铂结构中手性的1,2-环己二胺配体通过嵌入DNA大沟,从而影响错配修复和复制分流,临床上可用于对顺铂和卡铂耐药的肿瘤株。奥沙利铂性质稳定,在水中的溶解度介于顺铂和卡铂之间。是第一个对结肠癌有效的铂类烷化剂,对大肠癌、非小细胞肺癌、卵巢癌及乳腺癌等有显著的抑制作用。

其他已上市的铂类抗肿瘤药物还有奈达铂(**26**)和舒铂(**27**),前者可用于治疗头颈部肿瘤、小细胞和非小细胞肺癌、食管癌、膀胱癌、睾丸癌、子宫颈癌等。后者用于治疗头颈癌、胃癌、肺癌、子宫颈癌和转移胃腺癌。

赛特铂(Satraplatin,**28**)目前正在进行临床试验,作为治疗激素难以控制的前列腺癌的二线药物,同时也发现它可用于治疗卵巢癌和小细胞肺癌[5]。赛特铂(**28**)是一个四价铂配合物,与平面正方形的二价铂配合物不同,它可口服活化,在血液中快速代谢为6个产物,其中以去乙酰基类似物(**29**)为主。和其他的有机铂配合物类似,二水合物(**30**)是赛特铂的活化形式。该化合物毒性相对较低,主要表现为剂量依赖性的粒细胞抑制作用——尤其是嗜中性白细胞减少症和血小板减少症。

赛特铂(**28**)　　　　(**29**)　　　　(**30**)

(3) 构效关系　在对大量的铂类化合物抗肿瘤活性研究中,总结出这类化合物的基本构效关系[6]:

① 中性配合物一般比离子配合物具有更高的抗肿瘤活性;

② 烷基伯胺或环烷基伯胺取代顺铂中的氨,可明显增加其治疗指数;

③ 双齿配位体代替两个单齿配位体一般可以增加其抗肿瘤活性,因为双齿配位体的化合物不像单齿配位体的化合物那样容易转变为反式配合物而失活;

④ 取代的配位体要有足够快的水解速率,但也不能太快,以使配合物有足够的稳定性达到作用部位,它们的水解速率和活性有如下的关系

$$NO_3^- > H_2O > Cl^- > Br^- > I^- > N_3^- > SCN^- > NH_3 > CN^-$$
　　高毒性　　活性　　　　　　非活性　　　　低毒性

⑤ 平面正方形(二价铂)和八面体构型(四价铂)的铂配合物抗肿瘤活性高于其他构型的铂配合物。

34.2.3 DNA 拓扑异构酶抑制剂

DNA 拓扑异构酶（Topoisomerase，Topo）是细胞的一种基本核酶，在许多与 DNA 有关的遗传功能中显示重要作用，例如：与细胞的复制、转录及有丝分裂有关。在天然状态时，DNA 分子是以超螺旋的形式存在，在复制和转录时，DNA 拓扑异构酶催化 DNA 的超螺旋状态与解旋状态之间相互转换。更重要的是 DNA 拓扑异构酶在催化超螺旋 DNA 链解旋时，使 DNA 分子中的结合位点暴露，从而使参与复制或转录的各种调控蛋白发挥作用。根据作用机制不同，拓扑异构酶分为拓扑异构酶Ⅰ（Topo Ⅰ）和拓扑异构酶Ⅱ（Topo Ⅱ）。Topo Ⅰ催化 DNA 单链的断裂-再连接反应：先切开双链 DNA 中的一条链，使链末端沿螺旋轴按拧松超螺旋的方向转动，然后将切口接合；Topo Ⅱ 则同时切断 DNA 双链，使一段 DNA 通过切口，然后断端按原位连接而改变 DNA 的超螺旋状态。DNA 拓扑异构酶的发现以及抗肿瘤药物对其作用的研究已成为抗肿瘤药物研究的新靶点[7]。

34.2.3.1 作用于 Topo Ⅰ 的抗肿瘤药物

以 DNA 拓扑异构酶Ⅰ为作用靶的抗肿瘤药物主要有喜树碱及其衍生物，除此之外还有吲哚咔唑类衍生物。

（1）喜树碱及其衍生物　喜树碱（Camptothecin，**31**）和羟基喜树碱（Hydroxy-camptothecin，**32**）是天然的生物碱，最早是从珙桐科植物喜树（*Camptotheca acuminata*）中分离得到的，具有较强的细胞毒性，对消化道肿瘤（胃癌、结肠癌、直肠癌）、肝癌、膀胱癌和白血病等恶性肿瘤有较好的疗效。但由于其溶解性和稳定性较差（尤其是以内酯形式存在的 E 环），毒性较大，使它们在临床上的应用受到限制。研究表明，其结构中 E 环的内酯部分是活性所必需的，但在水溶液中不稳定，在生理 pH 条件下，存在一个与其对应的羧酸盐的动态平衡，而其羧酸盐的毒性较大。在喜树碱应用于临床后，其相关类似物的研究主要集中在增加水溶性和提高生物利用度方面。

在对大量的喜树碱类似物进行筛选及评价后，拓扑替康（Topotecan，**33**）及其氨基甲酸酯型前药伊立替康（Irinotecan，**34**）脱颖而出并成功上市。拓扑替康（**33**）是一个半合成的水溶性喜树碱衍生物，主要用于转移性卵巢癌的治疗，对小细胞肺癌、乳腺癌、结肠癌、直肠癌的疗效也比较好。伊立替康（**34**）也是一个半合成的喜树碱衍生物，临床用其盐酸盐。本品在体内（主要是肝脏）经代谢生成 SN-38（**35**）而起作用，属前体药物。主要用于小细胞和非小细胞肺癌、结肠癌、卵巢癌、子宫癌、恶性淋巴瘤等的治疗。

R^1	R^2	R^3	
H	H	H	喜树碱 (**31**)
OH	H	H	羟基喜树碱 (**32**)
OH	$(H_3C)_2NH_2C-$	H	拓扑替康 (**33**)
![piperidine carbamate]	H	C_2H_5	伊立替康 (**34**)
OH	H	C_2H_5	SN-38 (**35**)

鲁比替康（Rubitecan，**36**）是将喜树碱直接硝基化得到的半合成化合物，进入体内

后被迅速还原成 9-氨基的类似物，该代谢物也是一个临床评价有活性但并没有开发成功的药物。鲁比替康本身能够诱导与细胞周期蛋白 B1 和 cdc2 上调相关的蛋白凋亡，但对细胞周期蛋白 A、E 和 cdk2 没有影响。而 P-糖蛋白的过度表达（P-gp）、多药耐药蛋白 1 和 2、乳腺癌耐药蛋白（BCRP）则对鲁比替康的细胞毒作用没有影响，这也是鲁比替康不同于喜树碱之处。Ⅱ 期临床试验报道，适用于许多肿瘤，如转移性乳腺癌、晚期小细胞性肺癌、晚期软组织肉瘤、成胶质细胞瘤、结肠癌和非小细胞性肺癌。该药耐受良好，表明可适当增加剂量。并且对于胰腺癌这一难以控制的恶性肿瘤，已经进入 Ⅲ 期临床试验[8]。鲁比替康对骨髓增生异常综合征和慢性单核细胞白血病有效，且剂量很小，因而鲁比替康是一个单用或与其他药物合用的理想候选药物[9]。

依沙替康（Exatecan，37）用一个脂肪环将 A 环和 B 环连接，并引入水溶性的伯胺。同时在 A 环有亲脂性取代基，可能有助于提高化合物的透膜能力。它稳定 Topo I/DNA 复合物的能力比 SN-38（35）约强 2.5 倍，同时还是一个广谱的细胞毒药物。它在 P 糖蛋白过量表达的细胞株内活性仍然保持。Ⅱ 期临床试验研究表明，该药物单用在胃癌、胆道和结肠癌中效果不佳，但在难治性卵巢癌和胰腺癌方面仍有治疗作用[10]。对软组织肉瘤患者，依沙替康耐受性良好。此外，该药对晚期胆管癌也有微弱的活性[11]。

CKD-602（38）是为改善喜树碱的溶解度，在 B 环 7 位引入异丙氨乙基。它对 Topo I 的体外抑制活性与喜树碱相当，溶解度要优于喜树碱。在移植了人类肿瘤（如 SKOV-3 卵巢癌、MX-1、LX-1、HT29、WIDR 和 CX-1 结肠癌）的裸鼠上显示了良好的活性，与拓扑替康在相同剂量下的活性大致相当。在最初的 CKD-602 的 Ⅱ 期临床试验的报道中，20% 的卵巢癌患者有部分的反应，而主要毒性为中性粒细胞减少症。CKD-602 还对铂敏感和耐药的卵巢癌细胞具有良好的活性。

鲁比替康(36)　　依沙替康(37)　　CKD-602(38)

吉马替康（Gimatecan，39）在 7 位上有一个亲脂性的叔丁氧亚氨甲基，它是该类化合物中活性最好的。由于能造成 G2/M 期的阻滞，活性是 SN-38 的 2～5 倍。实验表明吉马替康（39）对神经母细胞瘤细胞株活性最好，这是由于它可使大量的 DNA 被破坏所致[12]。在 Ⅰ 期临床试验中，吉马替康的口服剂量受骨髓毒性的剂量限制。该药半衰期长，且有良好的药代动力学性质。

二氟替康（Diflomotecan，40）是高喜树碱类化合物的代表，是从一系列具有七元羟基酮内酯环的高喜树碱类似物中筛选得到。由于其高活性和七元内酯环的稳定性（在 37℃ 人体血浆中其半衰期约 2h，而喜树碱则仅约 5min），已成为第一个进入临床试验的高喜树碱类化合物。由于二氟替康（40）能更有效地稳定 Topo Ⅰ 与 DNA 的复合物，所以在诱导 Topo Ⅰ 介导的 DNA 裂解中比喜树碱（31）更有效。此外，该药也具有很强的细胞毒活性，对 43 种早期人类结肠癌细胞株的抑制增殖活性比喜树碱、拓扑替康和 SN-38 更强[13]。对患有恶性实体瘤的成人患者口服（40）的 Ⅰ 期临床试验表明，其最大耐受剂量为 $0.27 \text{mg} \cdot \text{d}^{-1}$，药代动力学性质在试验剂量下呈线性相关，该药耐受良好，且对前期使用伊立替康治疗的患者有效，其主要的毒性为骨髓抑制[14]。

Karenitecin（**41**）是另一种在 7 位引入三甲基硅乙基的半合成亲脂性喜树碱衍生物，比喜树碱（**31**）具有更高的口服生物利用度和内酯稳定性。在不同的肿瘤细胞株研究中显示，**41** 比 SN-38（**35**）效果更显著，并且不受 P-糖蛋白过度表达的影响。细胞色素 P450（CYP）体外研究显示，**41** 是由 CYP3A4、CYP2C8 和 CYP2D6 共同代谢，同时也是 CYP3A4 和 CYP2C8 的抑制剂。Karenitecin 对成年及幼体无胸腺裸鼠的中枢神经系统恶性增殖也有广泛的活性，并可用于该类疾病的临床治疗。Karenitecin 在治疗转移性黑色素瘤（高表达的 Topo Ⅰ）的Ⅱ期临床试验中，静脉滴注 $1mg \cdot m^{-2} \cdot d^{-1}$，一个疗程后约 1/43 的患者痊愈，33% 的患者病情得到稳定。该药物的主要毒性是可逆性非累积骨髓抑制[15]。

吉马替康(**39**)　　二氟替康(**40**)　　Karenitecin(**41**)

（2）吲哚咔唑类衍生物　Edotecarin（**42**）是在马来酰亚胺环的 N 原子上二醇取代的化合物，该化合物能有效地通过 Topo Ⅰ 诱导 DNA 单链断裂，并形成稳定的 DNA-Topo Ⅰ 复合物。由于大体积的二醇取代基的存在，空间位阻更大，因此 Edotecarin 与同类化合物相比，马来酰亚胺环不易开环，也不易与葡萄糖醛酸结合。该化合物对接种了人 LX-1 和 PC-3 肿瘤细胞的小鼠以及 P-糖蛋白过度表达的模型有抑制活性。Ⅰ期临床试验显示该化合物对难控制和扩散的结肠癌、胃癌、乳腺癌和食道癌患者有效。Ⅱ期临床试验显示其对用伊立替康（**34**）或 5-FU 治疗无效的结肠癌患者有一定的治疗作用[16]。

Edotecarin(**42**)

34.2.3.2　作用于 Topo Ⅱ 的抗肿瘤药物

（1）蒽环类　该类抗肿瘤抗生素是 20 世纪 70 年代发展起来的。多柔比星（阿霉素，Doxorubicin，**43**）的成功应用为进一步开发蒽环类抗肿瘤活性化合物提供了有力的支持。目前该类化合物研究的方向主要集中在降低该类药物的心脏蓄积毒性上。

多柔比星（**43**）和柔红霉素（Daunorubicin，**44**）是该类药物的代表，分别从 *Streoptomyces peucctiue varcaesius* 和 *Streptomyces peucetius* 的培养液中分离得到。其结构特征为平面的四环结构（A~D）通过糖苷键和氨基糖——柔毛糖（Daunosamine）相连结。

	R¹	R²	R³	
	OH	H	OH	多柔比星(**43**)
	H	H	OH	柔红霉素(**44**)
	OH	OH	H	表柔比星(**45**)

多柔比星（**43**）具有脂溶性蒽环和水溶性柔红糖胺，又有酸性酚羟基和碱性氨基，易通过细胞膜进入肿瘤细胞，临床上常用盐酸盐。不仅可用于治疗急、慢性白血病和恶性淋巴瘤，还可用于治疗乳腺癌、甲状腺癌、肺癌、卵巢癌、肉瘤等实体瘤。

表柔比星（表阿霉素，Epirubicin，**45**）是多柔比星（**43**）在柔红霉糖 $4'$-位的 OH 差向异构体。对白血病和其他实体瘤的疗效与多柔比星（**43**）相似，但骨髓抑制和心脏毒性比多柔比星（**43**）低约 25%。

柔红霉素盐酸盐主要用于治疗急性白血病，与其他抗肿瘤药联合应用，可提高疗效。

这类抗肿瘤抗生素主要作用于 DNA。蒽醌结构嵌合到 DNA 的 C～G 碱基对层之间，每 19 个碱基对嵌入 2 个蒽醌环。蒽醌环的长轴几乎垂直于碱基对的氢键方向，9-位的氨基糖位于 DNA 的小沟处，D 环插到大沟部位。由于这种嵌入作用使碱基对之间的距离由原来的 3.4Å（1Å=0.1nm）增至 19.8Å，因而引起 DNA 的裂解。二者的毒性主要为骨髓抑制和心脏毒性。可能是由于醌环被还原成半醌自由基，诱发了脂质过氧化反应，从而引起心肌损伤。

在柔红霉素（**44**）的基础上进行结构改造得到半合成衍生物佐柔比星（Zorubicin，**46**），临床用于急性淋巴细胞白血病和急性原始粒细胞白血病，疗效与多柔比星（**43**）相似。

从放线菌（*Strepomyces galilaeus*）的代谢产物中发现了一种新的蒽环抗肿瘤抗生素阿柔比星（阿克拉霉素，Aclacinomycin A，**47**），对子宫体癌、胃肠道癌、胰腺癌、肝癌和急性白血病都有效，特点是选择性地抑制 DNA 的合成，心脏毒性低于其他蒽环抗生素，对柔红霉素产生耐药的病例仍有效。

氨柔比星（Amrubicin，**48**）是一种全合成的蒽环类抗肿瘤药物，它不同于阿霉素，无 4-位甲氧基和 14-位羟基，在糖单元上无 $3'$-位氨基，但它具 9-位氨基。该药是一个心脏毒性较小的前药，其活性代谢产物为 13-羟基氨柔比醇。这两个化合物均可通过 Topo Ⅱ 诱导 DNA 双链的断裂而发挥作用。代谢产物在肿瘤组织中的积聚较多，而在正常组织中却较少，这表明其选择性分布在治疗中起着更为重要的作用。在人肿瘤移植模型中，氨柔比星（**48**）的活性明显优于多柔比星（**43**），而且活性与 13-羟基氨柔比醇的水平呈正相关。Ⅰ期临床试验数据表明,该药的最大耐受剂量是 $50\sim100\mathrm{mg}\cdot\mathrm{m}^{-2}$,其主要毒副作用是白细胞和血小板的减少症。近期对使用氨柔比星和伊立替康的患者的Ⅰ/Ⅱ期临床研究显示,大约 10% 的患者有效[27]。此外,氨柔比星与伊立替康合用对非小细胞肺癌有效且副作用较小[18]。

奈莫柔比星(Nemorubicin,**49**)是亲脂性的多柔比星(**43**)类似物,是将多柔比星的氨基用亲脂性且碱性较弱的 2-甲氧基吗啉取代而得到的衍生物,这使得奈莫柔比星(**49**)能更快速地分布并被细胞摄取,其心脏毒性较低也与此有关。奈莫柔比星(**49**)也是一个前药,在肝脏内代谢为活性远大于母体的活性中间体。在患者体内,奈莫柔比星能很快地通过大范围的组织分布被清除,少部分经肾脏排泄。Ⅱ期临床研究中,该药作为软组织肉瘤的二线用药,对 1/28 的受试患者有效,能至少稳定 6/28 的受试患者病情 2 个月,未见明显的心脏毒性。目前正在进行其对肝癌的临床Ⅱ/Ⅲ期疗效评估[19]。

MEN-10755(**50**)是第一个可用于临床的蒽环二糖类化合物,是去 4-甲氧基、具二糖侧链的多柔比星衍生物。对 TopoⅡ的抑制作用比多柔比星更强,但它对心脏毒性却较低(这可能与它被细胞摄取的速度较慢有关,从而导致比多柔比星更高的细胞质/核比率)。MEN-10755 的Ⅰ期临床试验确立了该药物的最大耐受剂量为 $45\ \mathrm{mg}\cdot\mathrm{m}^{-2}$,另一个Ⅰ期研究认为Ⅱ期临床可采用每三周为一个疗程的方案。

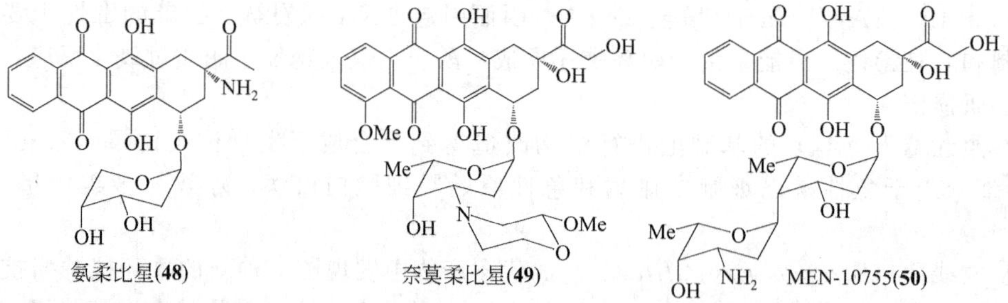

氨柔比星(**48**)　　奈莫柔比星(**49**)　　MEN-10755(**50**)

蒽环类抗肿瘤药物的构效关系表明:

① A 环的几何结构和取代基对保持其活性至关重要,C-13 的羰基和 C-9 的羟基(氨基)与 DNA 双螺旋的碱基对产生氢键作用;

② C-9 和 C-7 位的手性不能改变,否则将失去活性,若 9,10 位引入双键,则使 A 环结构改变而活性丧失;

③ 若将 C-9 位由羟基换成甲基,则蒽酮与 DNA 的亲合力下降,活性丧失。

(2)蒽醌类　这类药物是在寻找比多柔比星心脏毒性更小的嵌入剂中发展起来的,其中最成功的例子是米托蒽醌(Mitoxantrone,**51**)。米托蒽醌(**51**)与其他蒽环类化合物一样,能通过插入 DNA 并与之紧密结合,从而破坏 DNA 的结构和功能。它是细胞周期非特异性药物,能抑制 DNA 和 RNA 的合成。抗肿瘤作用是多柔比星的 5 倍,心脏毒性较小。临床上用于治疗晚期乳腺癌、非何杰金淋巴瘤和成人急性非淋巴细胞白血病复发。

Pixantrone(**52**)是一个氮杂蒽醌,对淋巴瘤和白血病的治疗指数较高。虽然 Pixantrone 的活性并不比米托蒽醌强,但其心脏毒性和骨髓抑制作用比米托蒽醌要小。该药物在非何杰金淋巴瘤的治疗中最为有效。由于其低心肌毒性,可替代米托蒽醌用于多发性硬化的长期治疗[20]。最近的多中心Ⅱ期临床试验中发现,3 周内采用的剂量是 $85\mathrm{mg/m^2}$,能使 9/33 的患者免除 17 个月会内出现的中期复发,因而推荐Ⅲ期临床研究。

KW-2170(**53**)是一个合成的吡唑吖啶酮类衍生物,是一个心脏毒性比多柔比星要低和较低交叉耐药的 TopoⅡ抑制剂。该药物已完成多种Ⅰ期临床试验,主要的毒性是嗜中性白细胞减少症,除较低的心脏毒性外,未见其他不良反应[21]。

米托蒽醌(**51**)　　Pixantrone(**52**)　　KW-2170(**53**)

(3) 放线菌素 D　放线菌素 D (Dactinomycin D，**54**) 属于放线菌素族的一种抗生素。由 L-苏氨酸、D-缬氨酸、L-脯氨酸、N-甲基甘氨酸、L-N-甲基缬氨酸组成的两个多肽酯环，母核 3-氨基-1,8-二甲基-2-吩噁嗪酮-4,5-二甲酸通过羧基与多肽侧链相连。各种放线菌素的差异主要是多肽侧链中的氨基酸种类及其排列顺序的不同。

放线菌素 D (**54**)

放线菌素 D 与 DNA 结合的能力较强，但结合的方式是可逆的，主要是通过抑制以 DNA 为模板的 RNA 多聚酶，从而抑制 RNA 的合成。此外放线菌素 D 也有抑制 Topo Ⅱ 的作用。放线菌素 D 在与 DNA 结合时是通过其平面结构的吩噁嗪酮母核嵌入到 DNA 的两个脱氧鸟苷酸的鸟嘌呤之间，结构中苏氨酸的羰基氧原子与鸟嘌呤 2-氨基形成氢键，而其肽链位于 DNA 双螺旋的小沟内 (图 34-6)。主要用于肾母细胞瘤、恶性淋巴瘤、绒毛膜上皮癌、何杰金病、恶性葡萄胎等。与其他抗肿瘤药合用可提高疗效。与放疗结合可提高肿瘤对放疗的敏感性。

(4) 吖啶类　吖啶类化合物过去曾广泛用作抗菌和抗原虫的药物，现在正逐渐在抗肿瘤领域应用。

安吖啶 (Amsacrine，**55**) 是一个很弱的 DNA 结合剂。最早是作为研究拓扑异构酶作用的探针，其作用方式是苯胺基与 DNA 小沟结合，而 1′-位取代基远离双螺旋。虽然有报道显示它可治疗各类成人白血病，但主要还是用于急性骨髓性白血病。最近的 Ⅱ 期临床试验显示安吖啶-阿糖胞苷-依托泊苷的三联治疗方案对难治性白血病的有效治愈率达到 55%[22]。

S-16020-2 (**56**) 是吡啶并咔唑类衍生物，分子中的二甲胺基乙基氨甲酰基侧链可紧密地插入 DNA 中，能有效地促使 Topo Ⅱ 介导的 DNA 裂解，且不受 P-糖蛋白介导的多药耐药的影响。对于耐药的 A549 裸鼠非小细胞肺癌模型、A549 肿瘤细胞转移的严重免疫缺陷小鼠 (SCID) 和静脉灌输 Lewis 肺癌模型，**56** 的活性优于多柔比星和环磷酰胺。Ⅰ 期临床试验报告显示，最大耐受剂量约为 $150\text{mg}\cdot\text{m}^{-2}$，主要毒性为痤疮样损伤。

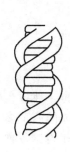  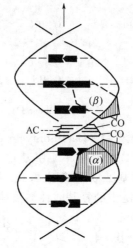

(a) 正常的DNA结构　(b) 药物(黑色部分)嵌入DNA后的情况，引起DNA的形状和长度改变　(c) 放线菌素D嵌入DNA中的情况，AC为母核嵌入DNA的碱基对之间，α，β分别为二个环肽结构，伸入DNA双螺旋的小沟内

图 34-6 放线菌素 D 嵌入 DNA 中的作用机制

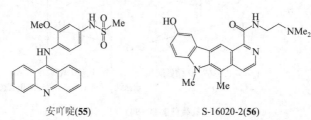

安吖啶(55)　　　　　　　　S-16020-2(56)

（5）依托泊苷及其类似物　鬼臼毒（Podophyllotoxin）是从喜马拉雅鬼臼（*podophyllum emodi*）和美鬼臼（*podophyllum peltatum*）的根茎中分离得到的生物碱，有较强的细胞毒作用。但由于毒性反应比较严重未用于临床。经对鬼臼毒的结构进行改造，得到了数百个衍生物，其中以依托泊苷（足叶乙苷，Etoposide，57）和替尼泊苷（Teniposide，58）有较好的抗肿瘤活性而用于临床。

鬼臼毒素 4-位差向异构化得到的表鬼臼毒素可明显地增强对细胞增殖的抑制作用，而毒性比鬼臼毒素低。目前临床采用的均为表鬼臼毒素衍生物。

依托泊苷（57）是半合成表鬼臼毒素衍生物。在同类药物中毒性较低，对小细胞肺癌、淋巴瘤、睾丸肿瘤等疗效较为突出，对卵巢癌、乳腺癌、神经母细胞瘤亦有效，是临床上常用的抗肿瘤药物之一。

替尼泊苷（58）为中性亲脂性药物，几乎不溶于水，由于脂溶性较高，可通过血脑屏障，为脑瘤首选药物。临床主要用于治疗小细胞肺癌、急性淋巴细胞白血病、淋巴病。在相等剂量时，替尼泊苷的活性大于依托泊苷，但依托泊苷的化疗指数较高。

依托泊苷和替尼泊苷在使用时都存在水溶性差的问题。为了增加这类药物的水溶性，研究人员在依托泊苷的 4-位酚羟基上引入磷酸酯结构，得到依托泊苷磷酸酯（Etoposide Phosphate，59）。该药物为前药，在给药几分钟后迅速水解生成依托泊苷而发挥作用，未见明显的低血压及过敏反应，其剂量限制性毒性为中性粒细胞减少。

鬼臼毒素是较强的微管抑制剂，主要抑制细胞的分裂。依托泊苷和替尼泊苷是表鬼臼毒素与糖形成的苷类化合物，对微管无抑制作用，主要作用于 DNA 拓扑异构酶 II 而发挥作用。

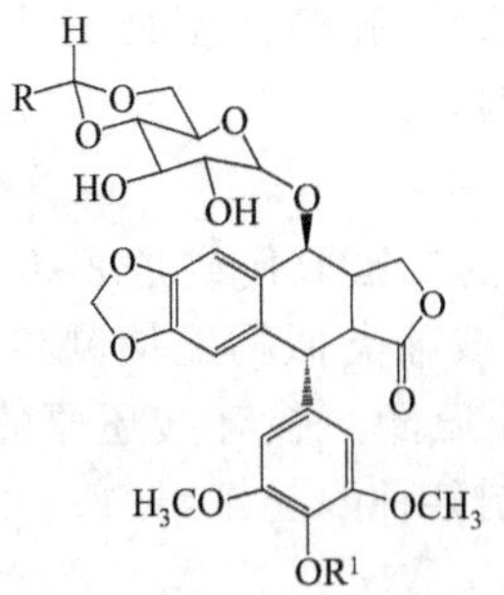

	R	R¹	
	Me	H	依托泊苷(**57**)
	2-噻吩基	H	替尼泊苷(**58**)
	Me	P=O(OH)₂	依托泊苷磷酸酯(**59**)

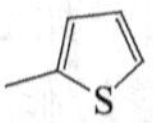

TOP-53(**60**)是一个带有碱性胺烷基侧链的表鬼臼毒素衍生物,这一侧链不仅使药物的水溶性增大,也能使药物与磷脂(尤其是磷脂酰丝氨酸)结合,从而导致其选择性地在肺部蓄积。TOP-53(**60**)能干扰 DNA 再连接酶的活性而稳定 Topo Ⅱ-DNA 复合物。该化合物具有较强的细胞毒活性,在人肿瘤细胞(NL-22 与 NL-17 结肠癌、UV2237M 皮肤纤维肉瘤和 K1735M2 黑色素瘤)移植模型,尤其是肺转移瘤有广谱的体内活性。Ⅰ期临床试验发现,最大耐受剂量约为 110mg·m⁻²,主要毒性是中性粒细胞减少症。

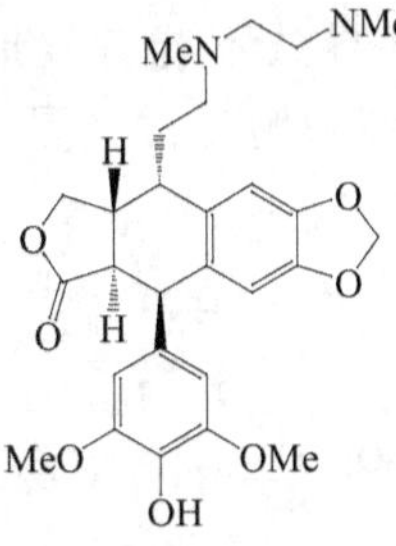

TOP-53(**60**)

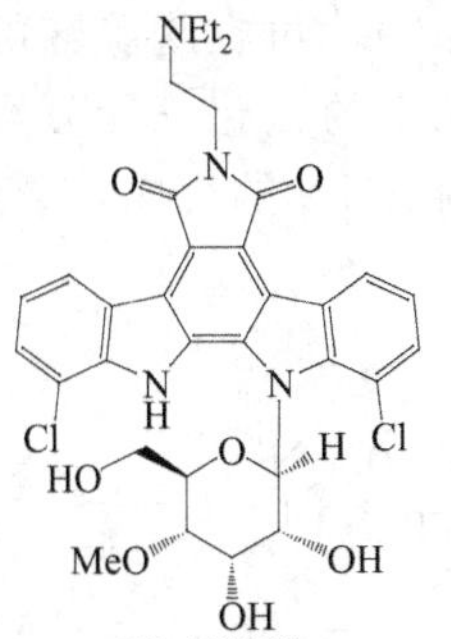

XL-119(**61**)

(6) 其他 XL-119(**61**)是天然抗肿瘤抗生素 Rebeccamycin 的乙基化衍生物,水溶性大。XL-119 在Ⅰ期临床中显示剂量依赖性的药物动力学性质,符合三室模型,并具有较长的半衰期(在两组研究中分别为 49h 和 154h)。晚期肾脏肿瘤患者的Ⅱ期临床试验显示,每天 165mg·m⁻²持续 5 天,患者耐受良好,8%的患者部分有好转,46%的患者病情得到稳定,其主要毒性是骨髓抑制[23]。此外,XL-119 对晚期乳腺癌患者有效且耐受良好[24]。

34.2.4 抗代谢抗肿瘤药

抗代谢物又称代谢拮抗剂,其化学结构与代谢物很相似,大多数抗代谢物是由代谢物的结构作细微的改变(最常用的是生物电子等排原理)而得。这类药物通过干扰正常细胞代谢物的生成或利用而起作用——通过抑制 DNA 合成中所需的叶酸、嘌呤、嘧啶及嘧啶核苷途径,从而抑制肿瘤细胞的生存和复制所必需的代谢途径,导致肿瘤细胞死亡。抗代谢药在肿瘤的化学治疗上仍占有较大的比重(40%左右)。由于正常细胞与肿瘤细胞之间生长的差别,所以抗代谢药能杀死肿瘤细胞而不影响正常的细胞,但其选择性也较小,对增殖较快的正常组织如骨髓、消化道黏膜等也呈现毒性。抗代谢药的抗瘤谱比较窄,临床上多用于治疗白血病,对某些实体瘤也有效。

最早上市的抗代谢物氟尿嘧啶和甲氨蝶呤,在临床上使用已 40 多年。近几年发现,越来越多的抗代谢药能够有效治疗实体瘤。自从 1996 年以来,五类抗代谢抗肿瘤药已经被批准临床使用:吉西他滨(Gemcitabine)、卡培他滨(Capecitabine)、培美曲塞(Permetrexed) 和阿扎胞苷 (Azacitidine)。尚有不少新抗代谢抗肿瘤药正处于Ⅱ或Ⅲ期临床研究中。抗代谢抗肿瘤药可分为核苷类似物和叶酸拮抗剂。

34.2.4.1 核苷类似物

核苷类似物大多在糖端残基进行结构修饰,如 2′-位的二氟取代或是 2′-位羟基构象的反转,还有碱基修饰,也有糖基和碱基同时进行修饰。核苷类似物能抑制核苷的合成或 DNA 复制过程中重要的酶,包括胸苷酸合成酶、腺苷脱氨酶、核苷酸还原酶和 DNA 聚合酶等。药物通常是通过与底物类似的相互作用或是抑制某种酶起作用的。

核苷类似物主要有嘧啶类拮抗剂和嘌呤类拮抗剂。

(1) 嘧啶类拮抗剂 尿嘧啶掺入肿瘤组织的速度较其他嘧啶快。根据电子等排概念,以卤素代替氢原子合成的卤代尿嘧啶衍生物中,以氟尿嘧啶 (Fluorouracil, 5-Fu, **62**) 的抗肿瘤作用最好。

氟尿嘧啶 (**62**) 是用氟原子取代尿嘧啶中的氢原子后得到的药物。由于氟原子半径和氢原子半径相近,氟化物的体积与原化合物几乎相等,加之 C—F 键特别稳定,在代谢过程中不易分解,能在分子水平代替正常代谢物。氟尿嘧啶在体内首先转变成活性的氟尿嘧啶脱氧核苷酸 (5-F-dUMP),再在胸腺嘧啶合成酶 (TS) 的作用下与辅酶 N^5, N^{10}-亚甲基四氢叶酸作用,形成稳定的氟化三元复合物,导致不能有效地合成胸腺嘧啶脱氧核苷酸,使酶失活,从而抑制 DNA 的合成,导致肿瘤细胞死亡 (图 34-7)。

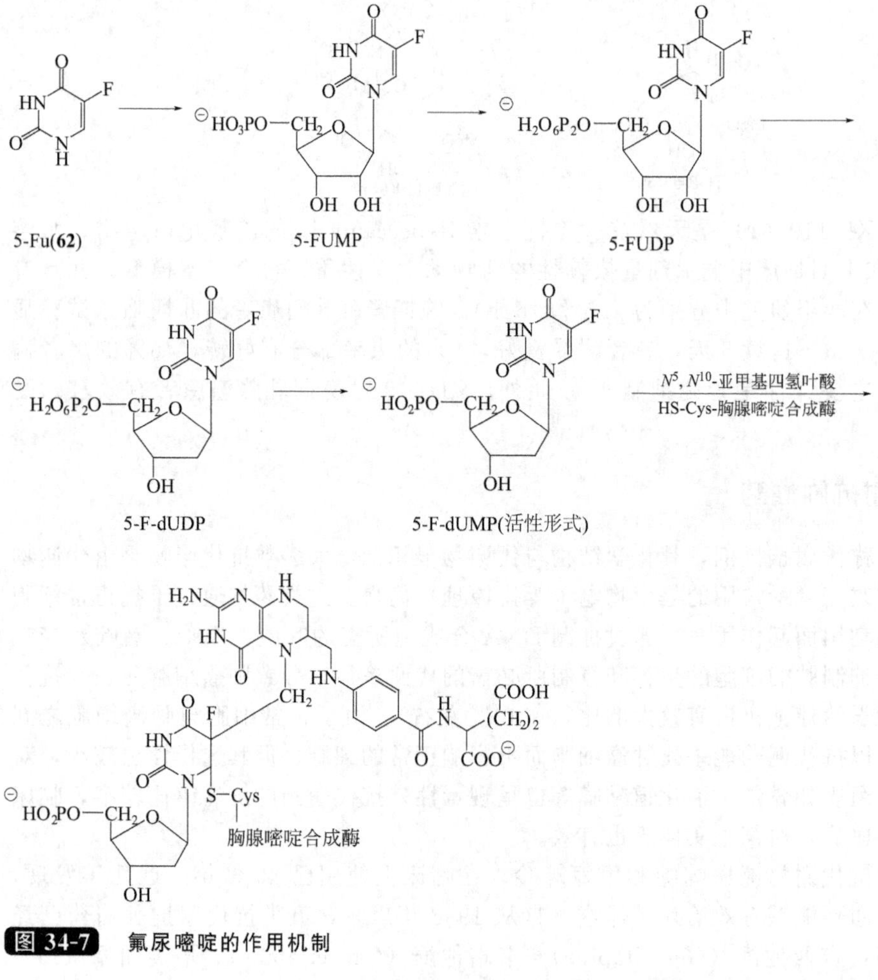

图 34-7 氟尿嘧啶的作用机制

氟尿嘧啶抗瘤谱较广，对绒毛膜上皮癌及恶性葡萄胎有显著疗效，对结肠癌、直肠癌、胃癌和乳腺癌、头颈部癌等有效，是治疗实体肿瘤的首选药物。

氟尿嘧啶曾在过去几年作为治疗多种癌症的标准药物，虽然其被广泛应用，但它的药代动力学性质并不理想。因其口服给药的生物利用度是多变的，最理想的给药方式是通过连续的静脉输液。氟尿嘧啶能快速代谢，平均消除半衰期大约为 16min，3h 后血浆中已检测不到药物。氟尿嘧啶的疗效虽好，但毒性也较大，主要是对骨髓和消化道黏膜有毒性。为了降低毒性，提高疗效，研制了大量的氟尿嘧啶衍生物。

替加氟（Tegafur，63）是氟尿嘧啶 N 上的氢原子被四氢呋喃环取代的衍生物，进入体内后可转变为氟尿嘧啶而起作用，适应证与氟尿嘧啶相同，但毒性较低，为氟尿嘧啶的 1/5～1/19，化疗指数为其 2 倍。

双喃氟啶（Difuradin，64）是氟尿嘧啶 N 上的两个氢原子被四氢呋喃环取代的衍生物，作用类似替加氟，特点是作用持续时间较长，不良反应比替加氟轻。

去氧氟尿苷（Doxifluridine，65）可在体内被尿嘧啶核苷磷酰化酶转化成氟尿嘧啶而发挥作用。由于肿瘤细胞内含有较多的磷酰化酶，故肿瘤组织内氟尿嘧啶浓度较高，而骨髓则相反。临床上用于胃癌、结肠癌、直肠癌、乳腺癌的治疗。

卡莫氟（Carmofur，66）可在体内缓缓释放出氟尿嘧啶而发挥抗肿瘤作用，抗瘤谱较广，化疗指数大。临床上用于胃癌、结肠癌、直肠癌、乳腺癌的治疗，特别是对结肠癌、直肠癌的疗效较高。

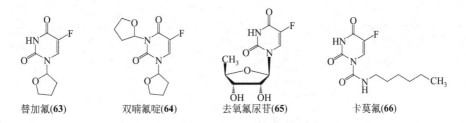

替加氟(63)　　双喃氟啶(64)　　去氧氟尿苷(65)　　卡莫氟(66)

卡培他滨（Capecitabine，67）是可口服的氟嘧啶氨基甲酸酯类药物，在体内经代谢生成 5-Fu 而发挥作用。在病人体内的药代动力学研究发现卡培他滨（67）经胃肠道快速吸收后大部分转变成 69，组织的氟尿嘧啶水平很低[25]（图 34-8）。在临床前的动物模型中，卡培他滨能选择性地将药物运送到癌细胞。临床研究发现，卡培他滨的功效与氟尿嘧啶相当或更高。卡培他滨比 5-Fu 更容易激活癌细胞，是因为在卡培他滨转化成氟尿嘧啶的过程中，胞苷脱氨酶、胸苷磷酸酶这些关键酶的作用存在组织差异性。

在卡培他滨的Ⅲ期临床研究中，消除 $t_{1/2}$ 在 0.55～0.89h 之间，2h 后达血浆浓度峰值。此外，卡培他滨按 1250mg/m² 口服的 $t_{1/2}$ 和 5-Fu 相似，但口服能给病人带来很多便利。卡培他滨可用来治疗乳腺癌和直肠癌。

在研究尿嘧啶构效关系时发现：将尿嘧啶 4-位的氧用氨基取代后得到胞嘧啶衍生物，同时以阿拉伯糖替代正常核苷中的核糖或去氧核糖，亦有较好的抗肿瘤作用。

盐酸阿糖胞苷（Cytarabine Hydrochloride，70）在体内首先转化为单磷酸阿糖胞苷（ARA-CMP，71），继而转化为活性的三磷酸阿糖胞苷（ARA-CTP，72），后者通过抑制 DNA 多聚酶并少量掺入 DNA，阻止 DNA 的合成，抑制肿瘤细胞的生长而发挥抗癌作用（图 34-9）。

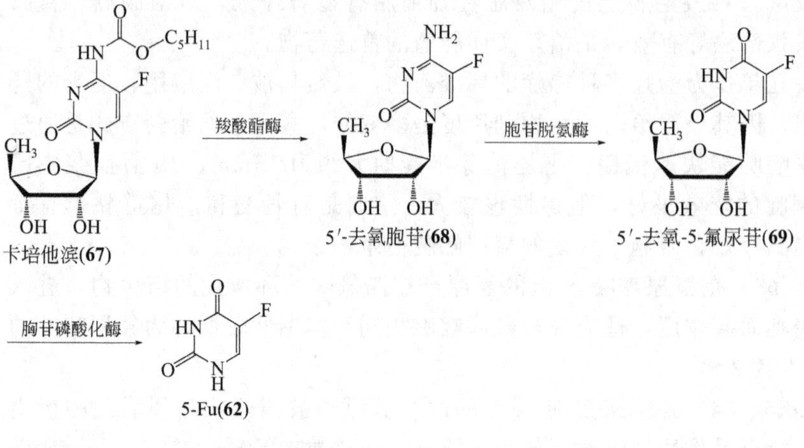

图 34-8 卡培他滨的体内代谢

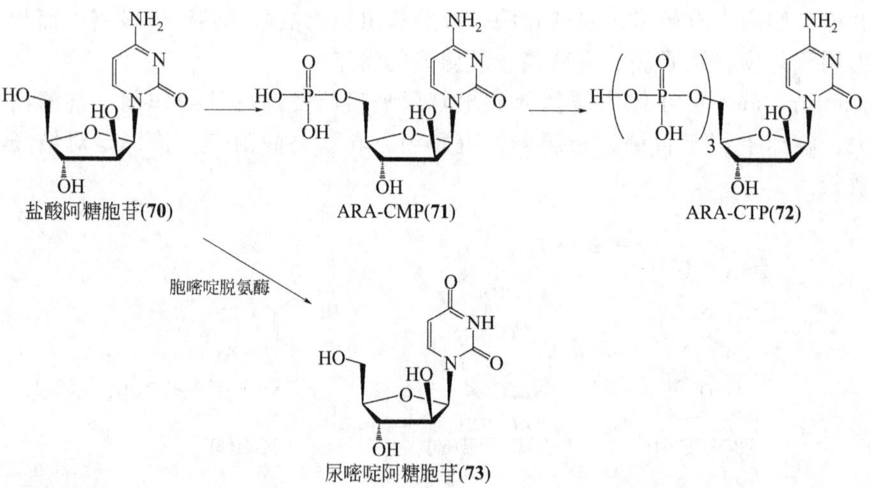

图 34-9 阿糖胞苷的体内过程

该药口服吸收较差，因为该药物可迅速被肝脏胞嘧啶脱氨酶脱氨而生成无活性的尿嘧啶阿糖胞苷 (**73**)，故临床上常用静脉连续滴注给药，主要用于治疗急性粒细胞白血病，与其他抗肿瘤药合用可提高疗效。

环胞苷（Cyclocytidine，**74**）为合成阿糖胞苷的中间体，体内代谢比阿糖胞苷慢，作用时间长，副作用较轻。用于各类急性白血病的治疗，亦可用于治疗单纯性疱疹病毒角膜炎和虹膜炎。

吉西他滨（Gemcitabine，**75**）为 $2'$-脱氧-$2'$,$2'$-二氟代胞苷，属细胞周期特异性抗肿瘤药，主要在 DNA 合成期（S 期）杀死细胞，也可通过阻止细胞周期由 G_1 期向 S 期的过渡，阻断细胞的繁殖。本品在细胞内由核苷激酶代谢成有活性的二磷酸吉西他滨和三磷酸吉西他滨。二磷酸吉西他滨可抑制核苷二磷酸还原酶（该酶催化 DNA 合成过程中生成三磷酸脱氧核苷的化学反应），从而导致脱氧核苷酸（包括 dCTP）的浓度降低；三磷酸吉西他滨可与 dCTP 竞争而掺入 DNA。由于二磷酸吉西他滨可使细胞中 dCTP 浓度降低，进而促进三磷酸吉西他滨掺入 DNA，从而抑制 DNA 的合成。另外，由于 DNA 聚合酶 ε 不能清除 DNA 链中的吉西他滨核苷酸，也不能修复该 DNA 链，因此导致 DNA 链合成中止。

在美国，吉西他滨主要用于单独或与其他药物联合治疗胰腺癌、非小细胞肺癌和乳腺癌。1996 年 FDA 第一次证实，与氟尿嘧啶相比，吉西他滨治疗晚期胰腺癌患者有更好的临床效果。1998 年 FDA 批准它与顺铂合用治疗非小细胞型肺癌。2004 年批准吉西他滨与紫杉醇联合使用治疗乳腺癌。目前还在进行其他适应证的临床研究，包括卵巢癌，膀胱癌和非何杰金氏淋巴瘤[26]。

2004 年 FDA 批准阿扎胞苷（Azacitidine，76）用于治疗脊髓发育不良综合征（MDS）。在体内，阿扎胞苷脱 2'-脱羟基生成地西他滨（Decitabine，77），它能掺入 DNA，从而抑制 DNA 甲基转移酶对 DNA 胞嘧啶及鸟嘌呤（CpG）富集区发生甲基化的过程。这种抑制作用在癌细胞中非常重要，CpG 区必须被甲基化才能激活信号传导途径，癌细胞才能增值。阿扎胞苷也可掺合到 RNA 中，形成非功能性的氮杂 RNA，影响核酸转录过程，最终抑制 DNA 和蛋白质的合成。阿扎胞苷的毒副作用是典型的细胞毒性，包括恶心，呕吐和贫血等。

地西他滨（Decitabine，77）是无 2'-位羟基的阿扎胞苷（76），它正被发展成为血癌的治疗药物。

环胞苷(74)　　吉西他滨(75)　　阿扎胞苷(76)　　地西他滨(77)

Thymectacin（NB1011，78）属核苷氨基磷酸酯衍生物，是在异常细胞中过度表达的酶（如 TS）的底物。Thymectacin 被酶催化后，释放出一种毒性物质，该物质能通过与细胞中的其他酶或蛋白质反应而抑制细胞增殖。该作用模式极有可能提高治疗指数，因为毒物能通过正常途径转运到癌细胞。初步研究证实 Thymectacin 是 TS 在体外的作用底物，也对过度表达 TS 的癌细胞有细胞毒性。目前 Thymectacin 处于直肠癌的Ⅱ期临床试验。

曲沙他滨（Troxacitabine，79）属于嘧啶核苷类似物，有两个独特的结构特点——4'-位具 L-构型的取代基和环上 3'-位 C 原子被 O 原子取代成二氧戊烷。该化合物的活性来自于它的三磷酸代谢产物对 DNA 聚合酶的抑制作用。该化合物对阿糖胞苷和吉西他滨耐药的病人有效，一是因为由于 4'-位构型的转变，它不再是脱氧胞苷脱氢酶的底物，二是由于它主要是通过被动转运而吸收。已进入Ⅱ期临床，用于治疗急性髓性白血病、急性淋巴细胞白血病和胰脏癌[27]。

Thymectacin(78)　　曲沙他滨(79)

（2）嘌呤拮抗剂　腺嘌呤和鸟嘌呤是 DNA 和 RNA 的重要组分，次黄嘌呤是腺嘌呤和鸟嘌呤生物合成的重要中间体。嘌呤类抗代谢物主要是次黄嘌呤和鸟嘌呤的衍生物。

巯嘌呤（Mercaptopurine，6-MP，80）为嘌呤类抗肿瘤药物，结构与黄嘌呤相似，在体内经酶促转变为有活性的 6-硫代次黄嘌呤核苷酸（即硫代肌苷酸），抑制腺酰琥珀酸合成酶，阻止次黄嘌呤核苷酸（肌苷酸）转变为腺苷酸（AMP）；还可抑制肌苷酸脱氢酶,阻止肌苷酸氧化为黄嘌呤核苷酸,从而抑制 DNA 和 RNA 的合成。可用于各种急性白血病的治疗,对绒毛膜上皮癌、恶性葡萄胎也有效。

由于巯嘌呤的水溶性较差,我国学者合成了水溶性的磺巯嘌呤钠(Sulfomercaprine Sodium,**81**)。磺巯嘌呤钠中的 R—S—SO_3^- 基遇酸性和巯基化合物极易分解释放出巯嘌呤,而肿瘤组织 pH 较正常组织低,巯基化合物含量也较高,因此对肿瘤有一定的选择性。

硫唑嘌呤(Azathioprine,**82**)是巯嘌呤 6-位硫原子上引入咪唑环的衍生物,进入体内后可转化为巯嘌呤而显效,口服吸收良好。曾用于治疗白血病,现主要用作免疫抑制剂,治疗血小板减少性紫癜、红斑狼疮、类风湿性关节炎和器官移植等。

硫鸟嘌呤(6-Thioguanine,**83**)可在体内转化为硫代鸟嘌呤核苷酸(TGRP),从而影响 DNA 和 RNA 的合成和复制。本品主要作用于 S 期,是细胞周期特异性药物。临床用于治疗各类白血病,与阿糖胞苷合用,可提高疗效。

巯嘌呤(**80**)　　磺巯嘌呤钠(**81**)　　硫唑嘌呤(**82**)　　硫鸟嘌呤(**83**)

喷司他丁(Pentostatin,**84**)对腺苷酸脱氨酶(ADA)具有强的抑制作用,从而影响细胞内腺苷酸水平,抑制核苷酸还原酶,进而阻断 DNA 的合成。本品也可抑制 RNA 的合成,加剧 DNA 的损害。主要用于白血病的治疗。

氯法齐明(Clofarabine,**85**)于 2004 年上市,用于治疗儿科急性淋巴细胞白血病。氯法齐明在细胞内可经代谢形成活性代谢物 5′-三磷酸衍生物,它能抑制 NDPR,从而减少细胞内脱氧核苷三磷酸的数量,阻止 DNA 合成。它还能掺入到 DNA 中,终止 DNA 的合成,并通过抑制 DNA 多聚酶阻断 DNA 修复。

奈拉滨(Nelarabine,**86**)是 9-β-D-阿拉伯呋喃糖基鸟嘌呤(Ara-G)的 6-O-甲基衍生物。水溶度比 Ara-G 大 10 倍,在腺苷脱氨酶作用下奈拉滨可迅速脱甲基生成 Ara-G,进而形成三磷酸衍生物——Ara-GTP 而对 T 细胞产生毒性。由于 T 淋巴母细胞患者体内 ara-GTP 浓度较原粒细胞或 B 淋巴母细胞患者高,因此奈拉滨更适用于治疗急性 T 淋巴细胞白血病。目前已完成奈拉滨的Ⅱ期临床试验。

喷司他丁(**84**)　　氯法齐明(**85**)　　奈拉滨(**86**)

34.2.4.2　叶酸拮抗剂

核酸前体的生物合成依赖于叶酸(Folic Acid)的代谢。叶酸参与了许多重要的生物合成过程,四氢叶酸和它的辅因子是合成胸苷和嘌呤核苷主要的一碳基团载体。二氢叶酸在二氢叶酸还原酶(DHFR)的作用下转化为四氢叶酸,再经丝氨酸羟甲基转移酶(SHMT)作用转化为 N^5, N^{10}-亚甲基四氢叶酸,经胸腺嘧啶合成酶(TS)催化提供一碳单位将单磷酸脱氧尿嘧啶核苷(dUMP)转化为单磷酸脱氧胸腺嘧啶核苷(dTMP),为 DNA 的合成提供胸腺嘧啶(图 34-10)。

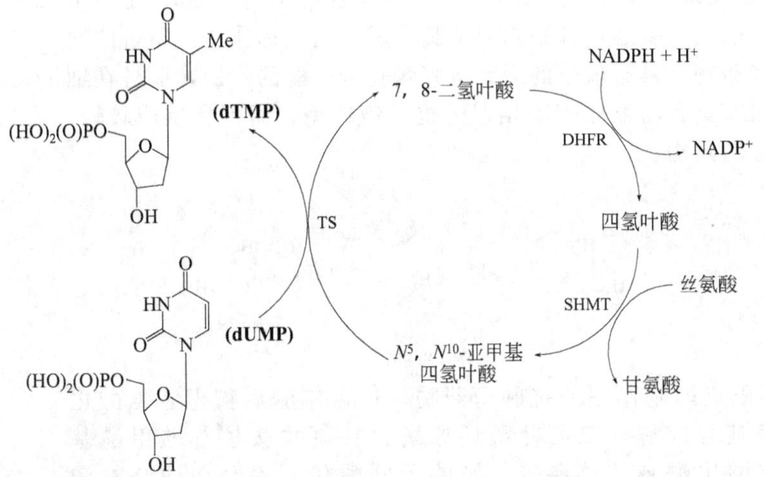

图 34-10 叶酸的体内代谢途径

叶酸缺乏时，白细胞减少，因此，叶酸拮抗剂（antifolates）可用于缓解急性白血病，如氨基蝶呤（Aminopterin，**87**）和甲氨蝶呤（Methotrexate，**88**）。

甲氨蝶呤作为叶酸拮抗剂已有 50 年的历史，广泛应用于癌症和自身免疫疾病的治疗。甲氨蝶呤通过与二氢叶酸还原酶不可逆的结合，从而阻止 DNA 合成和细胞复制所必需的四氢叶酸的形成。甲氨蝶呤与二氢叶酸还原酶的亲和力比二氢叶酸强 1000 倍，使二氢叶酸不能转化为四氢叶酸，从而影响辅酶 F 的生成，干扰胸腺嘧啶脱氧核苷酸和嘌呤核苷酸的合成，因而对 DNA 和 RNA 的合成均产生抑制作用，阻碍肿瘤细胞的生长。临床上主要用于治疗急性白血病，妊娠性绒毛膜癌，绒毛膜腺瘤和水泡状胎块。甲氨蝶呤单独或与其他药物联合应用可治疗结节状组织细胞淋巴瘤、蕈样肉芽肿病、胸腺癌、头部颈部表皮癌和肺癌，同时也可用来治疗银屑病和风湿性关节炎。其主要毒性是骨髓抑制、肾毒性及胃肠道毒性，以黏膜炎最为常见。

甲氨蝶呤大剂量引起中毒时，可用亚叶酸钙（Leucovorin Calcium）解救。亚叶酸钙可提供四氢叶酸，与甲氨蝶呤合用可降低后者毒性而不降低抗肿瘤活性。

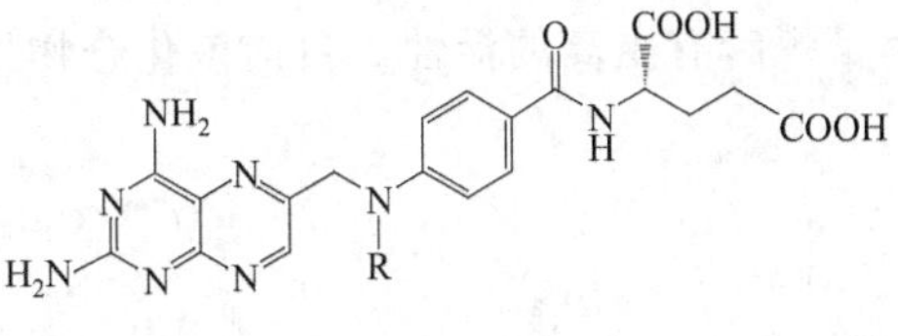

R	
H	氨基蝶呤(**87**)
CH$_3$	甲氨蝶呤(**88**)

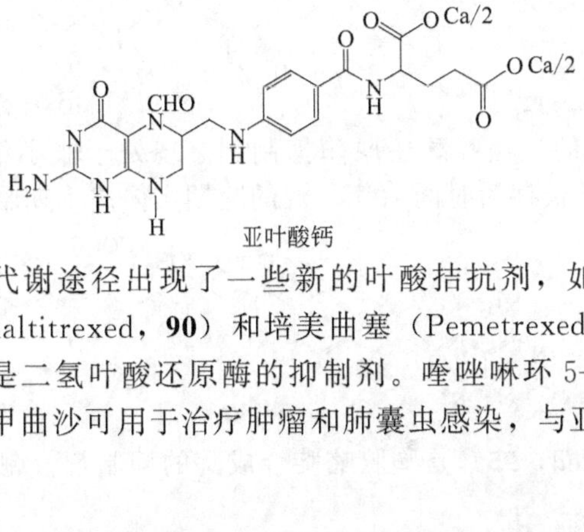

亚叶酸钙

近年来，针对叶酸代谢途径出现了一些新的叶酸拮抗剂，如三甲曲沙（Trimetrexate，**89**）、雷替曲塞（Raltitrexed，**90**）和培美曲塞（Pemetrexed，**91**）。

三甲曲沙（**89**）也是二氢叶酸还原酶的抑制剂。喹唑啉环 5-位引入适当取代基可提高整体活性，临床上三甲曲沙可用于治疗肿瘤和肺囊虫感染，与亚叶酸合用可治疗肺囊虫感染。

雷替曲塞（**90**）是1996年在英国上市的叶酸拮抗剂，与甲氨蝶呤不同，（**90**）是一个相对较弱的二氢叶酸还原酶抑制剂，主要通过抑制胸腺嘧啶合成酶而发挥作用。雷替曲塞进入细胞后被聚谷氨酸化形成代谢物，具有较强的抑制胸腺嘧啶合成酶的作用，而且在细胞中有较长的停留时间。雷替曲塞具有与氟尿嘧啶相似的抗肿瘤作用，而不良反应较轻，是治疗晚期结肠癌、直肠癌较好的药物。

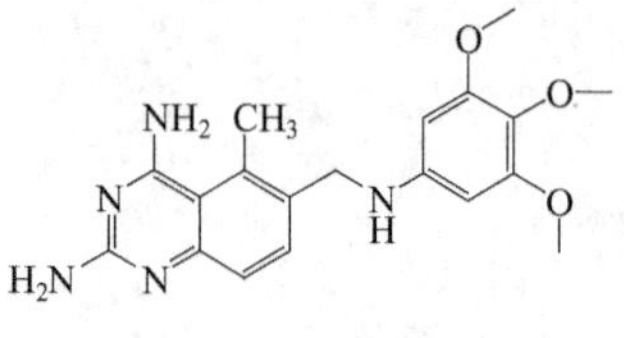

三甲曲沙(**89**) 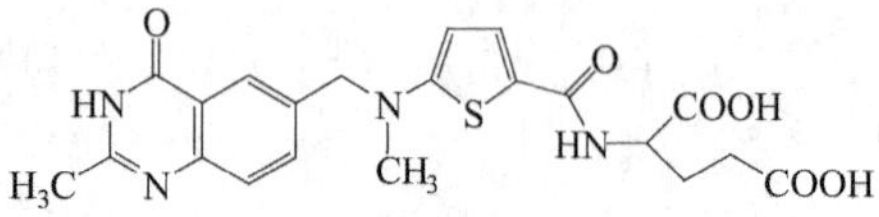　　　　雷替曲塞(**90**)

培美曲塞（**91**）是具有多靶点抑制作用的抗肿瘤药物，进入细胞后被聚谷氨酸化形成活化形式，作用于胸腺嘧啶合成酶、二氢叶酸还原酶、甘氨酰胺核苷酸甲酰基转移酶、氨基咪唑甲酰胺核苷酸甲酰基转移酶等，影响了叶酸代谢途径，使嘧啶和嘌呤合成受阻。由于具有多个靶点的抑制作用使得它的抗瘤谱与胸腺嘧啶合成酶抑制剂或二氢叶酸还原酶抑制剂不同，培美曲塞临床上主要用于非小细胞肺癌和耐药性间皮瘤的治疗。目前利用培美曲塞治疗实体瘤如胰腺癌、转移性胸腔癌、直肠癌和胃癌等正在临床试验中。

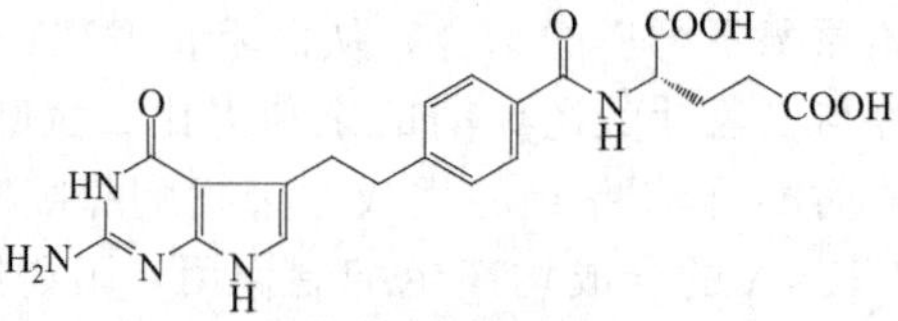

培美曲塞(**91**)

目前仍有大量的叶酸拮抗剂正进行着临床试验。

在认识到10-N-炔丙基-5,8-二去氮叶酸对胸腺嘧啶合成酶有良好的抑制作用后，对其经结构改造后获得了Pralatrexate（**92**），它是一个二氢叶酸还原酶抑制剂，对L1210细胞的活性比甲氨蝶呤强10倍。目前正处于治疗非小细胞肺癌的Ⅱ期临床试验（单药）、Ⅰ期临床试验（与多烯紫杉醇联用或与维生素 B_{12}、叶酸合用）。

MDAM（**93**）是二氢叶酸还原酶的抑制剂，结构中的γ-亚甲基完全阻碍了多聚谷氨酸化作用。在啮鼠动物模型中，它比甲氨蝶呤有更高的活性。目前该化合物处于实体瘤Ⅰ期临床试验中[28]。

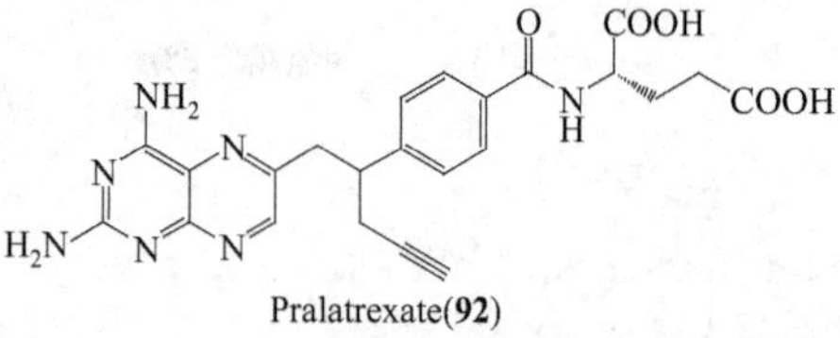

Pralatrexate(**92**) 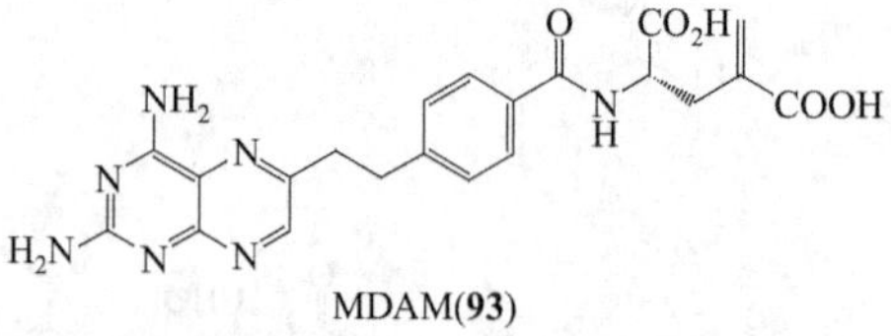　　　　MDAM(**93**)

PT-523（**94**）是强效的二氢叶酸还原酶抑制剂。现处于非小细胞肺癌的Ⅰ/Ⅱ期临床试验以及对其他药物或延长存活时间治疗失败的晚期实体瘤Ⅰ期临床试验中[29]。

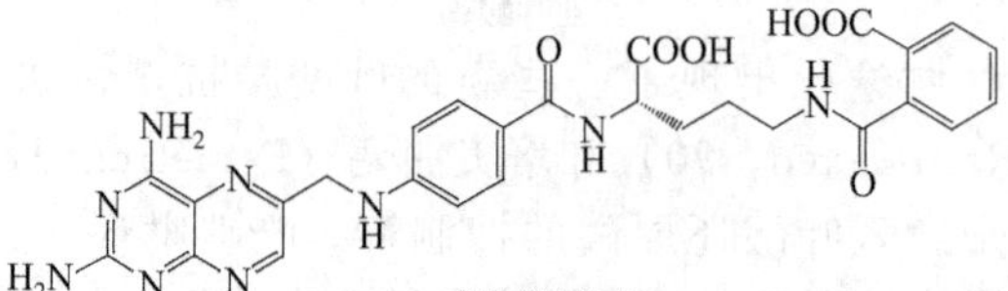

PT-523(**94**)

诺拉曲塞（Nolatrexed，**95**）是胸腺嘧啶合成酶的抑制剂，靶向叶酸结合位点。诺拉曲塞的 6-甲基采用与硫吡啶平行的最优化构像，使其活性比 6-位无甲基的类似物（**96**）提高了十倍。再将 2-位的甲基用氨基取代，活性又提高 6 倍。该化合物目前处于肝癌的Ⅲ期临床试验，乳腺癌、肺癌、头颈部癌的Ⅱ期临床试验中（与多烯紫杉醇合用）。诺拉曲塞的毒副作用主要是骨髓抑制和黏膜炎。

Plevitrexed（**97**）是含有四氮唑结构的强效的非竞争性的胸腺嘧啶合成酶抑制剂，该四氮唑结构可作为高效的 γ-羧基的模拟物。2′-F 取代能够提高结合的能力，推测有可能是因为 2′-F 和谷氨酸的亚氨基之间的氢键作用加强了苯甲酰胺近平面的优势构像。该化合物现正进行胃癌和其他实体瘤的Ⅰ/Ⅱ期临床试验，也有复发性的非小细胞肺癌的Ⅱ期临床数据显示 43% 的病人病情得到控制，而由于严重的毒副作用，有关的胰腺癌Ⅱ/Ⅲ期临床试验已终止[29]。

诺拉曲塞（**95**） （**96**） Plevitrexed（**97**）

OSI-7904L（**98**）是一个特殊的具三环（苯并喹唑啉）结构的胸腺嘧啶合成酶抑制剂。利用 X-射线分析（**98**）与大肠埃希菌的胸腺嘧啶合成酶复合物，发现三环结构与胸腺嘧啶合成酶的结合方式与其他抑制剂类似，但是为了容纳侧链，酶发生了扭曲，致使活性位点的氨基酸错位。目前处于结肠癌、胃癌和胆囊癌的多种类型肿瘤的Ⅱ期临床试验阶段。

OSI-7904L（**98**）

34.3 作用于激酶的抗肿瘤药物

上述作用于 DNA 的抗肿瘤药物，是通过影响 DNA 合成而发挥作用的，虽然这些抗肿瘤药物的作用会比较强，但缺乏选择性，毒副作用也较大。人们一直希望能通过干扰或直接作用于肿瘤细胞的特定生物过程来寻找和发现具选择性、高效低毒的抗肿瘤药物。随着生命科学学科的发展，有关肿瘤发生和发展的生物学机制逐渐被人们所认识，使得抗肿瘤药物的研究开始走向靶向合理药物设计的研究途径，获得了一些新型的高选择性药物。

随着人类基因组计划的开展，人们已成功地鉴定出 518 种人类蛋白激酶，包括 478 种真核蛋白激酶（ePKs）和 40 种非典型的蛋白激酶（aPKs）。这 518 种蛋白激酶可以分为 7 大类，分别是：TK(Tyrosine Kinase)，TKL(Tyrosine Kinase-like)，STE（homolog to yeast sterile 7，11，20 kinases），CK1 (containing casein)，AGC [containing protein kinase A（PKA），G（PKG），C（PKC）]，CAMK（Calcium/calmodulin-）和 CMGC [containing cyclin-dependent，mitogen-activated protein kinase（MAPK），glycogen synthase kinase 3（GSK-3），Cdc2-like kinase（CLK）]，这 7 大类又可以进一步分为 134 科和 201 个亚科（图 34-11）。

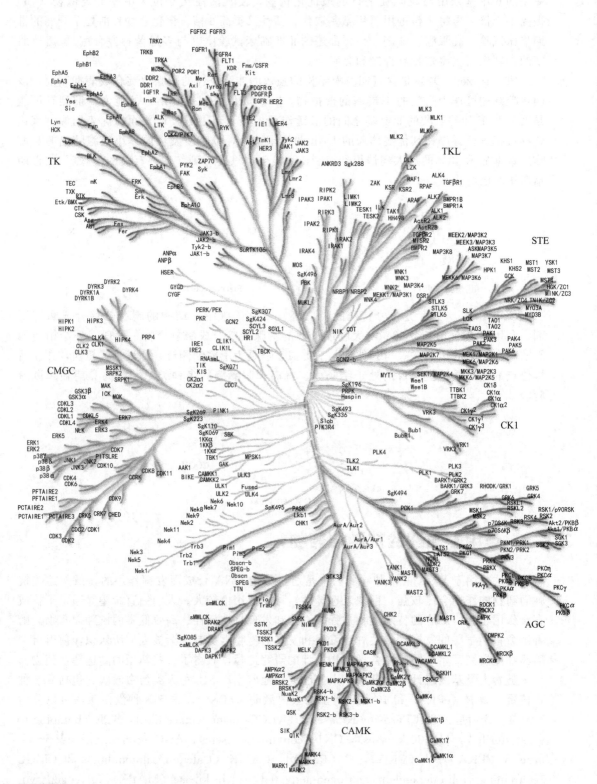

图 34-11　人类蛋白激酶树状图

蛋白激酶是一种磷酸转移酶，通过催化磷酸基团从 ATP 转移到底物蛋白的氨基酸上。蛋白质氨基酸侧链的可逆性磷酸化是酶和信号蛋白活性调节的重要机制。特异性蛋白激酶对酶的磷酸化是一种广泛存在的酶活性调节机制，通过可逆的调节方式，在真核生物的信号转导中发挥重要作用，从而对代谢、基因表达、细胞生长、细胞分裂和细胞分化等方面产生重大影响。

蛋白质的磷酸化主要发生在丝氨酸/苏氨酸（Ser/Thr）残基和酪氨酸（Tyr）残基上，也会发生在天冬氨酸（Asp）残基或组氨酸（His）残基上。Ser/Thr 残基的磷酸化对酶的活性调节非常重要，而 Tyr 残基的磷酸化不仅可以调节酶的活性，还可以使蛋白质产生特异性吸附位点。因此近年来蛋白激酶，特别是酪氨酸激酶（Tyrosine Kinases, TK）和丝氨酸/苏氨酸（Serine/Threonine Kinases）正成为药物作用的靶点，通过设计蛋白激酶的抑制剂而干扰细胞信号传导通路，从而获得肿瘤的治疗药物。

34.3.1 酪氨酸激酶抑制剂

酪氨酸激酶是一类具有酪氨酸激酶活性的蛋白质，可分为受体型和非受体型两种。受体型酪氨酸激酶直接装配在受体的胞内区，兼有受体和酶的两种作用；非受体酪氨酸激酶与受体的胞内区结合，帮助受体转导信号，这类激酶家族主要有：Src、Abl、Jak、Csk 等。蛋白质酪氨酸激酶功能的失调则会引发生物体内的一系列疾病。已有的资料表明，超过 50% 的原癌基因和癌基因产物都具有酪氨酸激酶的活性，它们的异常表达将导致细胞增殖调节发生紊乱，进而导致肿瘤发生。此外，酪氨酸激酶的异常表达还与肿瘤的侵袭和转移、肿瘤新生血管的生成、肿瘤的化疗抗性密切相关。

34.3.1.1 Bcr-Abl 激酶抑制剂

慢性粒细胞白血病（CML）是与血液干细胞有关的慢性疾病，以进行性的粒细胞增多，细胞增生和脾肿大为特点。由于 9 位和 12 位染色体位置互换形成的费城染色体上的 Bcr-Abl 基因能编码具有上调酪氨酸激酶活性的蛋白质，故 CML 患者具 Bcr-Abl 阳性的特征。针对 Bcr-Abl 阳性的白血病是由于 Bcr-Abl 具过度激活的酪氨酸激酶活性引起自身酪氨酸磷酸化而产生广泛的信号转导的病理特征，因此 Bcr-Abl 激酶被认为是治疗慢性粒细胞白血病的作用靶点。

第一个上市的 Bcr-Abl 抑制剂是由诺华公司（Novartis）开发的伊马替尼（Imatinib，**99**）。伊马替尼（**99**）是通过对一系列具苯氨基嘧啶类结构的蛋白激酶 C 抑制剂进行优化而得到的。

化合物 **100** 可以抑制多种丝/苏氨酸和酪氨酸激酶，包括 Bcr-Abl、血小板源生长因子受体 β（PDGFR-β）和 Src。在苯环上引入酰胺基后，可以产生对 Bcr-Abl 蛋白激酶的抑制活性。

化合物 **101** 对 Bcr-Abl 的抑制活性提高，对多种丝/苏氨酸激酶都没有抑制活性包括 PKC，但水溶性小、生物利用度较差。受喹诺酮类抗生素结构的启发，将 N-甲基哌嗪基引入到苯甲酸结构片段中就得到了伊马替尼（**99**），对 Bcr-Abl 激酶的抑制活性进一步提高，也获得了令人满意的水溶性（生理条件下约 50mg/L）。

通过对嘧啶环的 4-位取代基进行改造以及在苯环的 6-位引入甲基可以明显提高化合物对 Bcr-Abl 的活性。由于甲基的空间位阻，使得嘧啶环与之相连的苯环间的夹角增大到接近垂直，使化合物的构象产生了改变，更有利于与 Bcr-Abl 激酶产生紧密结合，对 Bcr-Abl 激酶的抑制活性大大提高，而原来对 PKC 的抑制活性彻底消失。

伊马替尼(99)　　　　　　　(100)　　　　　　　(101)

本品用于治疗费城染色体阳性的慢性粒细胞白血病和恶性胃肠道间质肿瘤。

虽然伊马替尼的发现为慢性粒细胞白血病的治疗带来了革命性的突破，但是在用伊马替尼治疗的过程中，一些病人逐渐产生了耐药性。其主要原因是由于这些病人体内表达 Abl 激酶的基因发生了点突变，导致了 Abl 激酶的氨基酸改变，从而使伊马替尼与 Abl 激酶相互作用时的构型发生变化，产生耐药性。针对这样的耐药情况，开发了以关键的 Bcr-Abl 突变为靶点的第二代激酶抑制剂，如化合物 PD166326（**102**）、PD180970（**103**）和 AP23464（**104**）等最近被报道对伊马替尼耐药的细胞株有抑制活性。

PD166326(102)　　　　　　PD180970(103)　　　　　　AP23464(104)

达沙替尼（Dasatinib, **105**）是美国百时美施贵宝公司研发的一类新的高效口服的针对多种激酶的药物（2006年上市），该药能抑制 Bcr-Abl、Src 家族激酶，抑制肿瘤信号传导。临床上用于治疗对伊马替尼耐药或不能耐受的成人慢性粒细胞白血病和费城染色体阳性的急性淋巴母细胞白血病。

在临床前研究中发现，尼罗替尼（Nilotinib, AMN107, **106**）作为 Bcr-Abl 酪氨酸激酶抑制剂，通过靶向作用于 Bcr-Abl，抑制含有异常费城染色体癌细胞的产生。对慢性粒细胞性白血病的抑制作用较伊马替尼高 20～50 倍。Ⅰ期临床研究表明 AMN107 对伊马替尼耐药的病人是一个相对安全的药物，主要的毒副作用是骨髓抑制、高胆红素血症等[30]；Ⅱ期临床研究也表明尼罗替尼对于伊马替尼治疗失败或不能耐受伊马替尼的慢性粒细胞性白血病患者是安全有效的[31]；该药已于 2007 年在瑞士上市。

达沙替尼(105)　　　　　　　　　　　　尼罗替尼(106)

研究者发现 Bosutinib（**107**）对多种 Bcr-Abl 变异的慢性粒细胞白血病病人有效，对伊马替尼耐药的病人具有治疗作用，对因 Bcr-Abl 变异后采用多种酪氨酸激酶抑制剂治疗无效的慢性粒细胞白血病仍有治疗作用[32]。目前正进行实体瘤和慢性粒细胞白血病的Ⅱ期临床试验[33]。

INNO-406(**108**)是通过合理药物设计得到的，具有Bcr-Abl和Lyn的双重抑制作用。Ⅰ期临床研究表明**108**对伊马替尼和尼罗替尼耐药的病人有明显的作用，毒性较低。目前打算开展Ⅱ期临床研究[32]。

Bosutinib(**107**)　　　　INNO-406(**108**)

34.3.1.2 Src激酶家族抑制剂

Src作为一个癌基因蛋白最初发现于Rous肉瘤逆转录病毒，随后发现在细胞中普遍存在高度保守并同源的V-Src。Src激酶属于非受体酪氨酸激酶，由具相同结构片段的九个成员组成（Src、Yes、Fgr、Yrk、Fyn、Lyn、Hck、Lck和Blk）。作为连接许多细胞外和细胞内重要信号途径的膜结合开关分子，Src激酶在受体介导的信号传递及细胞间通讯中具中心调节作用。研究表明Src在肿瘤的侵蚀和转移过程中起着重要作用，在转移组织中Src异常高表达，因此Src激酶也是抗肿瘤药物作用的重要靶点之一。

吡咯[2，3-d]嘧啶类化合物是最早研究的Src抑制剂之一，PP2（**109**）对Lck和Fyn显示了纳摩尔级的抑制活性。以CGP62464（**110**）为先导物，在5-位苯环引入甲氧基（增加化合物与疏水口袋的相互作用力），在7-位苯环引入极性取代基（可以进一步提高活性）得到化合物CGP77675（**111**），对Src具有较好的选择性，用脂环代替7-位芳基所得的化合物（**112**）也显示了较好的活性。

PP2(**109**)　　CGP62464(**110**)　　CGP77675(**111**)　　(**112**)

人们发现了两个结构类似的吡啶并嘧啶类衍生物（**113**和**114**）均为有效的Src抑制剂，抑制作用可达纳摩尔级。

(**113**)　　　　(**114**)

以苯胺喹唑啉为先导物,研究人员发现通过改变苯胺环上的取代基可以得到较好的 Src 抑制剂,如化合物 M475271(**115**)在人胰腺瘤裸小鼠模型中显示了较好的体内抑制肿瘤生长的活性,而且使肿瘤细胞对吉西他滨(Gemcitabine)的敏感性增加。AZD0530(**116**)为口服有效的 Src 和 Bcr-Abl 双重抑制剂,有广泛的抗癌活性。目前已进入乳腺癌的 I 期临床试验,结果证明是安全和耐受的[34]。在美国和欧洲,准备进行早期黑素瘤病人的 II 期临床试验[35,36]。前述的 Bosutinib(**107**)是优秀的 Src 和 Bcr-Abl 双重抑制剂,对 Src 依赖性的细胞增殖具有良好的抑制活性,它目前在进行实体瘤和慢性粒细胞性白血病的 II 期临床试验。

M475271(**115**)   AZD0530(**116**)

对于 Src 抑制剂的临床研究正处于初级阶段,可能还需要若干年才能正确地评价和发现用 Src 抑制剂治疗人类疾病的真正价值。

34.3.1.3 Erb 激酶家族抑制剂

(1)表皮生长因子受体(EGFR,ErbB1)酪氨酸激酶抑制剂 表皮生长因子受体家族是一类研究得比较多的酪氨酸蛋白激酶。当 EGFR 与配体(EGF)结合后,受体发生磷酸化,引起细胞内一些适配器分子与之结合,或与其他受体分子形成各种同源或异源的二聚体,从而引起下游一系列信号通路的活化,如:PI3k/Akt 和 Ras/Raf/MAP 激酶通路等,这些通路的激活会引起细胞的增殖、躲避凋亡及细胞侵入和转移。在人类多种肿瘤(肺小细胞肺癌、头颈癌、乳腺癌等)中的 EGFR 水平都很高,由此产生的不当的或增殖的信号会使得 EGFR 信号通路发生转变,导致肿瘤形成。

EGFR 有三个跨膜区域:胞外配体结合区、跨膜结构域和胞内酪氨酸激酶活性区。目前对 EGFR 抑制剂的设计主要包括两个方向:一是选择性抑制细胞外配体结合区,通过和内源性配体竞争性结合于受体膜外区,阻断信号转导。但是,由于内源性配体和受体之间作用的复杂性,用小分子阻止的方法往往不现实;另一个方向是选择性抑制细胞内酪氨酸激酶活性区,设计小分子的 ATP 或底物类似物,与 ATP 或底物竞争与酶结合,抑制酶的催化活性和酪氨酸的自磷酸化,阻止下游的信号转导。

Erbstatin(**117**)是天然的抑制剂,通过对其进行结构修饰,得到了 tyrphostin 系列的化合物,如 RG-13022(**118**)对 EGFR 有活性,静注显示了较好的耐受性,但由于选择性较差并可能被代谢消除,使得它不大可能被开发为药物。

Erbstatin(**117**)   RG-13022(**118**)

许多研究小组遂以小分子化合物为先导物来筛选 EGFR 抑制剂。在随机筛选中,人们发现喹唑啉类化合物具有很强的 EGFR 抑制能力,也是 ATP 的竞争性拮抗剂,如该类的先导物 **119** 对 EGFR 显示了较好的活性($IC_{50}=0.04\mu mol/L$),能抑制 EGF 引起的细胞生长($IC_{50}=1.2\mu mol/L$),对其他一些激酶也显示了选择性。在其 6-位和 7-位引入电负性的基团可以增加活性,通过改变苯胺上的取代基可以增加选择性和代谢稳定性,通过在烷氧基侧链上引入一个弱碱改变其物理化学性质获得了第一个用于临床的小分子 EGFR 激酶抑制剂吉非替尼(Gefitinib,**120**)。吉非替尼为可逆的 ATP 竞争性拮抗剂,通过作用于并阻断肿瘤细胞生长和存活中所需的信号转导途径,对 ErbB1 的选择性比对 ErbB2 强 200 倍,在多种肿瘤细胞系中均能有效阻止 EGFR 受体的自身磷酸化作用,临床主要用于非小细胞非癌的治疗[37]。

埃罗替尼(Erlotinib,**121**)也是可逆的 ATP 竞争性拮抗剂。在头颈部鳞癌与非小细胞肺癌的体外移植瘤模型中,埃罗替尼通过抑制肿瘤细胞生长或促进肿瘤细胞凋亡达到抗肿瘤作用,是目前唯一被证实的对晚期非小细胞肺癌具有抑制作用的药物,对各类别非小细胞肺癌患者均有效,且耐受性好,也能用于治疗胰腺癌,无骨髓抑制和神经毒性,能显著延长生存期,改善患者生活质量[38]。

(119)　　吉非替尼(120)　　埃罗替尼(121)

上述两个化合物的出现推动了 EGFR 抑制剂的临床研究。

卡奈替尼(Canertinib,**122**)与吉非替尼、埃罗替尼有所不同,它能与激酶的 ATP 片段不可逆地结合,并且可以通过类似的机制对 ErbB2 激酶产生活性。喹唑啉 6-位上的丙烯酰胺残基通过与 ATP 活性位点结合后,使能与 EGFR 的半胱氨酸 773(ErbB2 的半胱氨酸 805)紧密连接,从而产生烷基化作用。这样就可以避免为抑制激酶功能所需的频繁给药,但存在由于烷基化蛋白所引起的非主体免疫应答的危险。在 I 期临床试验中,用于治疗常规治疗未见成效的实体瘤患者,结果显示有一部分患者病情有所控制,目前已进入 II 期临床试验,与可逆的 ATP 竞争性拮抗剂相比,只显示中等的活性,但毒性更为严重[39]。

3-氰基喹啉类化合物 EKB-569(**123**)作为第二代 EGFR/ErbB2 的不可逆抑制剂已进入 II 期临床试验。

卡奈替尼(122)　　EKB-569(123)

(2) ErbB2 抑制剂　有大量的证据表明 ErbB2 受体酪氨酸激酶在对 ErbB 家族成员配体依赖性活化的信号介导中起重要作用。激酶的过表达会致癌,如很多实体瘤中都存在这种情况,尤其是在乳腺癌中,约有 30% 的激酶过表达。

ErbB2 抑制剂的小分子先导化合物是 6-呋喃喹唑啉类的拉帕替尼(Lapatinib,**124**),能可逆地与 ErbB2 激酶中的 ATP 口袋结合,同时它也能抑制 EGFR,因此是一双重抑制剂。拉帕替尼可以选择性地抑制肿瘤细胞的生长。II 期临床试验研究表明,Lapatinib 对炎症性乳腺癌患者有良好的耐受性,并发现肿瘤中的 pHER-2 和 pHER-3 的交叉表达可能预示 Lapatinib 对患者有效[40,41]。拉帕替尼用于治疗乳腺癌已被 FDA 经快速通道而批准。随机性Ⅲ期临床试验表明，与激素治疗法相比，Lapatinib 能明显延长 EGFR^{3+} 患者的总体存活数[42]。

CP-654577（**125**）是 6-苯基喹唑啉类化合物，对 ErbB2 有选择性的抑制作用。

ErbB2/EGFR 抑制剂是首批进入临床试验并获得批准的癌症治疗药物之一，它们与经典的治疗方法不同。由于吉非替尼或埃罗替尼与细胞毒试剂合用的效果并不理想，故如何最有效地应用这类药物仍有待研究。

拉帕替尼(**124**)　　　　　　　　　　　　　CP-654577(**125**)

34.3.1.4　血管内皮生长因子受体抑制剂

VEGFR 是典型的跨膜镶嵌蛋白，可分为胞外区、跨膜区和胞内区。胞外区是由 7 个免疫球蛋白样的结构域组成，跨膜区由一串精氨酸-赖氨酸-蛋氨酸-赖氨酸-精氨酸残基组成；胞内区由 558 个氨基酸组成，主要为酪氨酸激酶区。VEGFR 家族成员现已发现有 4 种，分别是 Flt-1(VEGFR-1)、KDR(VEGFR-2)、Flt-4(VEGFR-3) 和 NRP(Neuropilin-1/2)，其中前 3 种属于酪氨酸蛋白激酶受体。此外，尚存在可溶性的 VEGFR(sVEGFR)。

肿瘤生长、浸润和转移都依赖于肿瘤血管生成，而肿瘤血管生成又受多种因子影响。血管内皮生长因子（Vascular Endothelial Growth Factor，VEGF）是最重要的血管生成因子，可特异性作用于 VEGFR，通过促进内皮细胞增殖，增加血管通透性而诱导肿瘤血管生成，因而以 VEGFR 为靶点的抗肿瘤血管生成已越来越成为人们研究的热点。

SU5416（Semaxanib，**126**）是最早开发的三个吲哚酮衍生物之一，能抑制 KDR，但存在水溶性较差和大鼠及狗的血浆半衰期短（$t_{1/2} < 30$min）的缺点，在Ⅰ/Ⅱ期临床试验中发现在较高剂量时会引起血栓，由于中期分析表明该化合物缺乏临床优势，故于 2002 年终止了Ⅲ期临床试验。具有羧基的 SU6668（**127**）比 **126** 水溶性更高，对 KDR 和 FGFR1 有中等活性，对肺癌、结肠癌、黑素瘤和卵巢癌有明显的抑制作用，再加上能降低肿瘤微血管密度和诱导细胞凋亡，在小鼠 CT-26 肝转移模型能明显延长其生存时间。

舒尼替尼（Sunitinib，SU11248，**128**）是 KDR、PDGFR、c-Kit 和 Flt-3 强的抑制剂，同时具有良好的蛋白结合能力及药代动力学性质，现已被批准用于伊马替尼难治疗的胃肠道癌和肾癌[43,44]。舒尼替尼是一个多靶点酪氨酸激酶抑制剂，可选择性地抑制 VEGFR-1、VEGFR-2 和 VEGFR-3、血小板衍生生长因子受体（PDGFRα、PDGFRβ）、干细胞因子受体（KIT）、FMS 样酪氨酸激酶 3（FLT3）、集落刺激因子受体 1（CSF-1R）和胶质细胞源性神经营养因子受体（RET），具有抗肿瘤和抗血管生成的双重作用。

SU5416(**126**)　　　　　　SU6668(**127**)　　　　　　舒尼替尼(**128**)

除了舒尼替尼之外，还有一个 VEFGR 小分子抑制剂——索拉非尼（Sorafenib，**129**）也已用于临床。索拉非尼也是一个多靶点激酶抑制剂，主要作用靶点除了 VEGFR 外，还包括 Raf 激酶、PDFGRβ、Flt-3、c-Kit 和 RET 受体酪氨酸激酶。一方面通过抑制 Raf-1 激酶活性，阻断了 Ras/Raf/MEK/ERK 信号转导通路——直接抑制肿瘤细胞增殖。另一方面抑制 VEGFR、PDGFR 等受体酪氨酸激酶活性，抑制肿瘤血管生成——间接地抑制肿瘤细胞的生长。索拉非尼用于晚期肾细胞癌的治疗，能够获得明显而持续的治疗作用；对晚期的非小细胞肺癌、肝细胞癌、黑色素瘤也有较好的疗效[45,46]。

索拉非尼(**129**)

ZD6474（**130**）是一个 VEGFR2 抑制剂，对 KDR 和 EGFR 也有抑制活性，具有良好的体内外活性和药代动力学性质，它与化疗/放疗方法合用时可明显减小脑内神经胶质瘤的生长。目前正在进行Ⅲ期临床研究。

PTK787（**131**）是通过筛选得到的 VEGFR 抑制剂，它有较高的选择性抑制作用，对 EGFR 没有活性，同时具备良好的物理性质，有助于口服给药后产生较理想的药代动力学性质。但副反应较多，如恶心、头晕、乏力、食欲减退等，现正在进行转移性大肠直肠癌的Ⅲ期临床研究[47~49]。

ZD6474(**130**)　　PTK787(**131**)　　AAL993(**132**)

其他一些已经进入临床研究的小分子 VEGFR 抑制剂包括：邻氨基苯甲酰胺衍生物 AAL993（**132**），对 ZD6474（**130**）进行结构修饰而得到的活性更好的喹唑啉类衍生物 AZD2171（**133**）、CP547632（**134**）、AG013736（**135**）以及泛 VEGFR 抑制剂 GW654652（**136**）等。嘧啶衍生物 **137** 的盐酸盐 Pazopanib 是最近发现的有良好的体内外活性的 VEFGR 抑制剂，并且具有较好的药代动力学性质，现正在进行针对肾细胞癌和其他一些实体瘤的Ⅱ期和Ⅲ期临床的研究[50,51]。

AZD2171(**133**)　　CP547632(**134**)

AG013736(**135**)　　　　GW654652(**136**)　　　　(**137**)

34.3.2　丝氨酸/苏氨酸激酶抑制剂

虽然在人类蛋白激酶组中丝氨酸/苏氨酸激酶的数量远远超过酪氨酸激酶,但目前临床上还没有丝氨酸/苏氨酸激酶抑制剂用于肿瘤的治疗。在细胞周期和有丝分裂原激活蛋白激酶(MEK)的领域有一些令人鼓舞的报道,在寻找丝氨酸/苏氨酸激酶抑制剂的过程中已经取得了一些进展,这些结果能够为设计更有效的抑制剂提供有益的帮助。

34.3.2.1　细胞周期蛋白依赖性激酶抑制剂

细胞周期蛋白依赖性激酶(cyclin-dependent kinases,CDK)是调节哺乳动物细胞周期的重要激酶,CDK 与周期蛋白(Cyclin)形成的蛋白激酶复合物能对细胞周期进行调控,从而影响细胞的增殖。目前已知的 CDK 共有 13 种,均属于丝氨酸/苏氨酸激酶,其中仅 CDK1,2,4 和 6 直接参与细胞周期(图 34-12),CDK5 与神经退行性疾病有关,CDK7 与转录有关,而 CDK9 与信号转导及 RNA 转录有关。由于 CDK 在肿瘤细胞中很少过度表达,而 Cyclin 的作用增强并使 CDK 的天然抑制剂 p27 下调,结果出现了肿瘤中常见的快速增生的特征。由于肿瘤的细胞周期被阻滞后会引起凋亡,而正常的细胞仅出现细胞周期的阻滞,这一差别引起了人们对 CDK 作为肿瘤治疗的选择性靶点的兴趣。

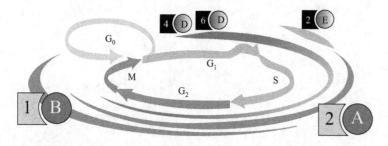

图 34-12　参与细胞周期各期的 CDKs 和 Cyclins

Flavopiridol(**138**)是半合成的黄酮衍生物,具有多种抗肿瘤机制。**138** 有广谱的 CDK 抑制作用,对 CDK 1,2,4,6 和 7 均有作用(IC_{50} 为 40~200nmol/L),对 EGFR 和酪氨酸激酶和蛋白激酶 A(PKA)有抑制作用。目前,Flavopiridol(**138**)对实体瘤的临床试验已终止,但联合其他药物应用于淋巴瘤和白血病的试验还在进行中,其中用于肾癌、前列腺癌、胃癌、食管癌、黑素瘤、非小细胞肺癌和血液疾病(包括多发性骨髓瘤)的治疗已进入Ⅱ期临床[52],用于治疗慢性淋巴细胞性白血病已进入Ⅲ期临床试验[53]。

另一个黄酮衍生物 P276-00(**139**)对 CDK1、4 和 9 的选择性更高,且对肿瘤细胞的生长抑制能力比 Flavopiridol 强 2~3 倍,因此该化合物的细胞毒活性也比 Flavopiridol 要低。目前 P276-00 正处于Ⅰ/Ⅱ期临床试验[54]。

Seliciclib(R-Roscovitine,**140**)在毫摩尔的浓度下能够抑制多种 CDK,包括 CDK1、2、7 和 CDK9,因此它能将细胞周期阻滞在 G_1/S 和 G_2/M 期。**140** 与吉西他滨/顺铂联

合用于非小细胞肺癌,并单独用于治疗包括多发性骨髓瘤等的恶性肿瘤,已进入Ⅱ期临床研究[55]。近期还有报道 Seliciclib 与其他药物联用用于治疗子宫肿瘤[56]。

Flavopiridol(**138**)　　P276-00(**139**)　　Seliciclib(**140**)

UCN-01（**141**）是选择性但非特异性的激酶抑制剂,对 CDK 具有良好的抑制活性,能使细胞周期停滞并引起细胞凋亡。另外对蛋白激酶 C 的同功酶(特别是 Ca^{2+} 依赖性的 PKC)有强效。**141** 用于实体瘤的治疗已进入Ⅰ期临床试验[57],与拓扑替康联用治疗早期再发性卵巢癌和实体瘤以及与顺铂联用治疗实体瘤的研究均进入Ⅰ期临床试验[58]。

嘧啶衍生物 PD0332991（**142**）是一个强效的 CDK4 和 CDK6 抑制剂,由于具有优越的选择性和药物代谢动力学性质,已作为实体瘤和非何杰金淋巴瘤的治疗药物进入Ⅰ期临床研究[59]。

R-547（**143**）是高效且选择性很高的 ATP 竞争性抑制剂,该化合物能有效地抑制 CDK1、CDK2 和 CDK4,而对其他 120 多种激酶都没有活性。R-547 能有效地使细胞周期阻滞于 G_1 和 G_2 期,并诱导细胞凋亡,在体内表现出显著的抗肿瘤活性。目前正处于抗肿瘤的Ⅰ期临床研究[60]。

UCN-01(**141**)　　PD0332991(**142**)　　R-547(**143**)

SNS-032(BMS-387032,**144**)属于氨基噻唑类化合物,是一个高效、对 CDK 2、7 和 9 具有选择性的抑制剂,对 EGFR、Her2、IGF-1R、PKC 等其他激酶作用弱。体内试验证明,**144** 对 P388 小鼠白血病模型和 A2780 卵巢癌、A431 人上皮细胞癌异体移植瘤模型有作用。目前正进行转移性顽固性实体瘤的Ⅰ期临床研究[61]。

AZD5438（**145**）的临床前药理学研究表明其在体外具有显著的 CDK 抑制活性,体内试验对异种嫁接多种肿瘤细胞株的肿瘤模型具有 40%~95% 的生长抑制率。目前处于Ⅰ期临床试验[62]。

SNS-032(**144**)　　AZD5438(**145**)

E7070(**146**)是氯代吲哚磺酰胺类化合物。研究表明 E7070 能抑制 pRb 磷酸化,从而降低 CDK2 和 CDK1 的表达,抑制 CDK2 的活性,并在 A549 细胞株中诱导产生 p53 和 p21 蛋白。2007 年报道 E7070 与卡铂联用的Ⅰ期临床和药物代谢动力学研究[63];另外 E7070 作为晚期非小细胞肺癌的治疗药物,其代谢动力学和药效学的研究进入Ⅱ期临床[64]。

AG-024322(**147**)是有效的 CDK1、2 和 4 的抑制剂,能使细胞周期停滞,诱导肿瘤细胞凋亡,抑制 DNA 复制和肿瘤细胞增殖,从而表现出抗肿瘤活性。**147** 可静脉注射给药,目前已完成淋巴瘤和非何杰金氏淋巴瘤的Ⅰ期临床研究[65]。

AT-7519(**148**)是在吡唑的基础上进行结构优化而得到细胞活性和药代动力学性质均良好的化合物。目前作为晚期或转移性的实体瘤以及非何杰金氏淋巴瘤的治疗药物已进入Ⅰ期临床研究[66]。

34.3.2.2 Aurora 激酶抑制剂

Aurora 激酶也是丝氨酸/苏氨酸蛋白激酶家族的一员,目前已鉴定哺乳动物细胞表达的 3 个 Aurora 激酶,即为 Aurora A、B 和 C,它们对有丝分裂的调节起着重要的作用。这类丝氨酸/苏氨酸激酶常在肿瘤细胞中过度表达。Aurora A 定位于复制的中心体和纺锤体两极,对两极纺锤体的多个形成过程有影响,如中心体的成熟与分离等。抑制 Aurora A 的活性会阻止细胞进入有丝分裂,但当其过度表达时,它会抑制胞质分裂和使细胞停滞于纺锤体的检测点。与 Aurora A 不同,Aurora B 是"染色体过客蛋白",定位于有丝分裂早期的染色体着丝粒区域,分裂后期则从着丝粒移至嵌在纺锤体赤道板的微管。随着纺锤体的延伸,细胞开始胞质分裂,Aurora B 集聚至纺锤体中央和细胞皮质的裂沟内移部位,最终在中间体聚集。Aurora B 具有调节着丝粒的功能,是纠正染色体排列和分离、调整纺锤体检测点功能和胞质分裂所必需的。Aurora C 定位于有丝分裂末期的纺锤体极点上,研究认为是染色体过客,有关其功能的研究报道较少。Aurora A N 末端催化区的晶体结构显示,Aurora A 存在一个较大的疏水口袋,现在很多的小分子抑制剂希望利用这个疏水口袋来提高激酶的选择性。

先期开发的 3 个小分子 Aurora 激酶抑制剂均非针对某一种 Aurora 激酶的特异性抑制剂。

喹唑啉类化合物 ZM447439(**149**)对 Aurora A 和 Aurora B 具有同等的抑制活性,并具有较好的选择性,可以选择性地引起处于细胞分裂期的细胞凋亡,但在体外试验时,对于停留在 G_1 期的 MCF-7 细胞基本没有作用。

VX-680(**150**)对 Aurora A、B 和 C 都有很高的抑制活性,还具有较好的选择性(除了对 Flt3 有一定的抑制活性)。该化合物可以抑制组蛋白 H3 的磷酸化,并且导致带有 4n DNA 的细胞聚积。体内外抑制肿瘤的效果均较好。但最新的资料显示,由于在Ⅱ期临床试验中有患者的心电图发生改变,导致默克公司终止该药的研发[67,68]。

Hesperadin（**151**）仅对 Aurora B 产生抑制作用，而不影响 Aurora A。

ZM447439(**149**)　　VX-680(**150**)　　Hesperadin(**151**)

MLN8054（**152**）在体外重组细胞中能抑制 Aurora A，能将细胞阻滞在 G_2/M 期，并有广泛的抗瘤谱。该化合物目前进入了实体瘤治疗的 I 期临床试验[69]。

PHA-739358（**153**）是 Aurora B 的抑制剂，通过抑制组蛋白 H3 的磷酸化过程，继而细胞分化过程被阻滞。目前正进行晚期或转移性实体瘤的 I 期临床试验[70]。

AZD1152（**154**）是选择性的 Aurora B 抑制剂，在纳摩尔的浓度下，能导致骨髓瘤细胞的凋亡。对急性粒细胞白血病、急性嗜红细胞白血病、慢性骨髓性白血病细胞有强效抑制作用。目前该化合物正处于 I 期临床试验[71]。

MLN8054(**152**)　　PHA-739358(**153**)　　AZD1152(**154**)

34.3.2.3　Akt/3-磷酸肌醇依赖性激酶 1 抑制剂

Akt（又称蛋白激酶 B，PKB）是一种丝氨酸/苏氨酸蛋白激酶，目前已知有 3 种亚型（Akt1，Akt2 和 Akt3），是 PI3′K 信号通路的激酶成员，在人肿瘤中经常被异常激活。3-磷酸肌醇依赖性激酶 1（3-phosphoinositide-dependent kinase 1，PDK1）也属于丝氨酸/苏氨酸蛋白激酶，也是 PI3′K 信号通路的激酶成员，但处于 Akt 的上游。由 PI3′K 产生的磷酸肌醇能与 Akt 的 PH(plectrin homology) 区结合，从而改变 Akt 活性区域的构象，使之被 PDK1 磷酸化并激活，从而产生一系列的生理作用。大量证据表明三种激酶（PI3′K、PDK1 和 Akt）在肿瘤异常信号转导中起重要作用，因此这三种酶都被认为是抗肿瘤的理想靶点。

虽然 Akt/PDK1 是肿瘤化学治疗的理想靶点，但寻找高效和高选择性抑制剂的进展却十分缓慢。

首先发现取代喹喔啉类衍生物（**155**）对 Akt 的各个亚型具有选择性；最近有研究小组利用探针分子与 PKA 激酶的共结晶结构以及激酶的天然抑制剂（－）-balanol 的结构，设计得到了氮杂䓬类化合物（**156**），对 Akt 有一定的抑制作用[72]。

人们发现了 PDK1 的选择性抑制剂 BX-320(**157**)，在 0.1～0.4μmol/L 的浓度下抑制细胞的生长，加速肿瘤细胞的凋亡，而对正常细胞无影响。在大鼠模型试验中，显示对黑素瘤有抑制活性[73]。

34.3.2.4 蛋白激酶 C 抑制剂

蛋白激酶 C（protein kinase C，PKC）属于丝氨酸/苏氨酸蛋白激酶家族，参与体内的多条信号通路。PKC 有多种亚型，有传统型（PKC-α，PKC-β 和 PKC-γ）、新型（PKC-δ，PKC-ε，PKC-η 和 PKC-θ）和非经典型（PKC-ξ，PKC-τ）。PKC 参与了经典的受体酪氨酸激酶（RTKs）和 G 蛋白偶联受体（GPCR）为起始的信号转导，并且在细胞核激素的信号转导中起着重要的作用。各种异构体的激活都需要辅助因子（如 1,2-*sn*-二酰基甘油、钙离子、磷脂酰-L-丝氨酸）等的参与，以及丝氨酸或苏氨酸的磷酸化和膜转运体的激活。由于人们对 PKC 在肿瘤发生和生长中的作用还不甚了解，再加上 PKC 功能和生理活性的复杂性导致了设计亚型选择性化合物还很困难。

已发现很多的天然产物具有 PKC 的抑制活性，如星孢菌素类衍生物 UCN-01(**141**)、米哚妥林（Midostaurin，**158**)、Ro 31-8220(**159**) 和 Ruboxistaurin(**160**) 都是 PKC 的抑制剂，目前均已进入临床研究。

UCN-01(**141**) 能够抑制 PKC-α，但选择性不高，对其他激酶也有广泛的活性。在肿瘤治疗的 I 期临床试验中发现，静脉给药时药物有很长的半衰期（400～1500h），这可能是与药物和人血液中的 α-酸糖蛋白的高结合有关。如前所述，**141** 用于实体瘤的治疗已进入 I 期临床试验[96,97]，与拓扑替康联用治疗早期再发性卵巢癌和实体瘤以及与顺铂联用治疗实体瘤的研究均进入 I 期临床试验。

米哚妥林（**158**）对 PKC-α 有强效的抑制作用，对转移性黑素瘤动物模型有活性。由于对 α-酸糖蛋白的高结合率（$t_{1/2}$ 达 40h），目前已经进入了 II 期临床试验，研究发现其通过抑制 FLT3 靶点对急性粒细胞白血病发挥显著生物学效应和临床疗效，主要用于白血病的治疗。

Ro 31-8220(**159**) 也进入了临床试验，该化合物具有广泛的酶抑制作用。

Ruboxistaurin(**160**) 对 PKC-$β_1$ 和 PKC-$β_2$ 有强效的抑制作用。PKC 的激活，尤其是 β 亚型，参与了糖尿病的血管综合征的发生，说明选择性地抑制 PKC-β 对预防此类综合症的可行性，该化合物作为糖尿病治疗药物在美国已完成 III 期临床研究，正在提出上市申请等待批准[74]。

Enzastaurin（LY-317615，**161**）能选择性地靶向 PKC-β 和 PI3′K/AKT 信号转导通路。它通过降低细胞增殖能力、加速肿瘤细胞凋亡以及抑制肿瘤诱发的血管生成等多种机制抑制肿瘤生长。其作为弥漫性巨型 B 淋巴细胞的维持治疗，已进入Ⅲ期临床研究阶段，该药还作为乳腺癌，结肠癌，肺癌，卵巢癌和前列腺癌的治疗药物进入Ⅱ期临床试验。

米哚妥林(**158**)　　RO 31-8220(**159**)　　Ruboxistaurin(**160**)　　Enzastaurin(**161**)

激酶抑制剂已经在肿瘤治疗药物中占有一席之地。寻找全新的蛋白激酶抑制剂也是今后肿瘤药物化学研究的重要方向之一。当然，未来还有很多困难需要克服，如寻找全新结构的化合物、解决肿瘤耐药性问题、开创除了 ATP 结合口袋以外的全新抑制策略等。

34.4　作用于微管的抗肿瘤药物

药物干扰细胞周期的有丝分裂阶段（M 期），可抑制细胞分裂和增殖。在有丝分裂中期（metaphase）细胞质中形成纺锤体，分裂后的染色体排列在中间的赤道板上。到有丝分裂后期（anaphase）这两套染色体靠纺锤体中微管及其马达蛋白的相互作用向两极的中心体移动。在有丝分裂末期（telophase）到达两极的染色体分别形成两个子细胞的核。抗有丝分裂药物作用于细胞中的微管，从而阻止了染色体向两极中心体的移动，抑制细胞的分裂和增殖。

微管（microtubule）是细胞内的丝状结构。所有真核细胞都存在微管，它是中空管状的蛋白，称作微管蛋白（tubulin），有 α 和 β 两个亚基，每个亚基的分子质量约为 50kDa，微管的直径为 22～25nm。微管蛋白及其相关蛋白是细胞骨架的组成部分，在许多细胞活动中处于核心地位，包括有丝分裂、细胞运动和细胞形态。微管蛋白的形成是通过鸟苷三磷酸（GTP）促进的自身聚合过程，首先 α-微管蛋白和 β-微管蛋白结合，杂二聚体头尾相连形成一个原纤维螺旋结构，最后，聚集卷曲成为微管蛋白。微管蛋白这种平衡受许多细胞因素（GTP 的浓度、离子浓度、温度和一些特定微管蛋白的细胞内浓度等）的影响。这种聚合过程的复杂性及其本身的特性使微管蛋白及其相关蛋白成为癌症化疗的理想靶标。

微管蛋白抑制剂靶向有丝分裂纺锤丝（而其他的有丝分裂抑制剂靶向核酸），使细胞周期停止在中期，尤其使有丝分裂终止于中期向后期的过渡期。

以微管为靶标的药物可以分为两类：微管聚集抑制剂（微管去稳定试剂）；微管聚集促进剂（微管稳定试剂）。

34.4.1　微管聚集抑制剂

34.4.1.1　靶向长春花结合位点的抑制剂

这类药物主要有长春碱类、美登素等生物碱，它们通过改变在有丝分裂中纺锤体形成期的微管蛋白增加和减少之间的动力学平衡，从而发挥微管聚集的抑制作用。近期研究表明，抗血管增生作用也许也是该类化合物抗增生活性的重要原因。

（1）长春碱类　目前已有四个长春花类生物碱被用于临床，许多长春花位点抑制剂，包括 Halichondrin，Dolastatin 和 Hemiasterlin，已进入临床试验。

长春碱类是由夹竹桃科植物长春花（*Catharanthus roseus* 或 *Vinca rosea L*）分离得到的具有抗癌活性的生物碱，主要有长春碱（Vinblastine，VLB，162）和长春新碱（Vincristine，VCR，163）。长春碱用于治疗各种实体瘤，而长春新碱主要用于治疗儿童急性白血病。

在对长春碱结构改造的过程中，合成了长春地辛（Vindesine，VDS，164），对实验动物肿瘤的活性远优于长春碱和长春新碱，对急性淋巴细胞性白血病及慢性粒细胞性白血病有显著疗效，对小细胞及非小细胞肺癌、乳腺癌也有较好疗效。

长春瑞滨（Vinorelbine，NRB，165）是近年来开发上市的另一半合成的长春碱衍生物，对肺癌尤其对非小细胞肺癌的疗效好，还用于乳腺癌、卵巢癌、食道癌等的治疗。长春瑞滨的神经毒性比长春碱和长春新碱低。

对该类化合物构效关系的进一步研究也使人们发现了一些类似物，包括长春氟宁（Vinflunine，166）和 KAR-26（167），已进入临床前研究后期和临床研究。

长春碱类药物的构效关系如下：

① 长春碱和长春新碱在 N-1 的取代基分别为甲基和甲酰基。由于 N-1 取代基的不同，造成了长春碱和长春新碱在抗瘤谱和抗肿瘤活性以及神经毒性上的差异。

② C-3 和 C-4 位酯基的修饰对长春碱类化合物和微管蛋白的结合亲和力影响较小或没有影响，但对药物在细胞内的聚集和潴留有显著的改变。如在长春碱的 4-位脱乙酰基，3-位将酯基改为酰胺后得到的长春地辛比长春碱和长春新碱疗效显著。

③ C-2′ 和 C-18′ 的上取代基类型和立体构型对长春碱类化合物的抗肿瘤活性的保留十分重要。其立体构型的改变，取代基的改变、环的破坏均会引起抗肿瘤活性的完全丧失。

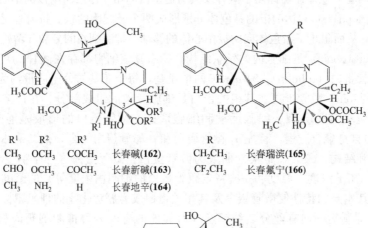

KAR-2(167)

(2) 美登素类及其他 20世纪70年代初期，Kupchan等人从东非灌木 *Maytenus serrata* 和 *M. buchananii* 中分离得到了美登素（Maytansine，**167**），它通过与长春花位点的结合，从而抑制微管蛋白聚集。虽然目前美登素类生物碱仍没有用于临床治疗，但一种DM1的免疫交联物，美登素的C-3侧链类似物，作为抗体导向治疗的手段之一，已于近期进入Ⅰ期临床试验。

力索新（Rhizoxin，**168**）是从 *Rhizopus chinensis* 的发酵液中分离得到的十六元大环内酯类化合物。研究发现它通过与微管蛋白长春花区域的美登素结合位点快速、可逆地结合，抑制微管聚合。目前力索新已通过临床前研究进入了Ⅱ期临床试验。

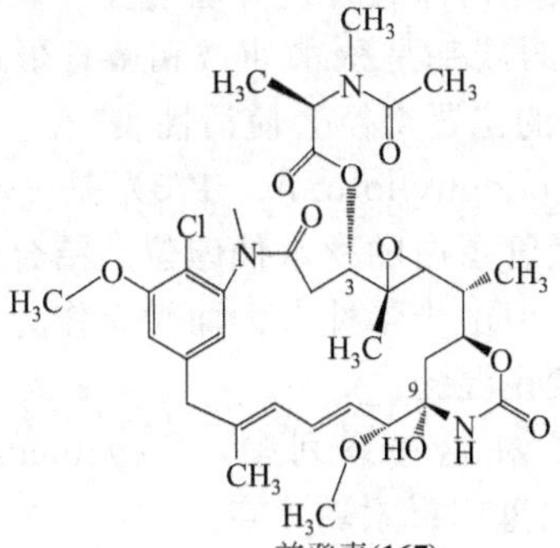

美登素(**167**)

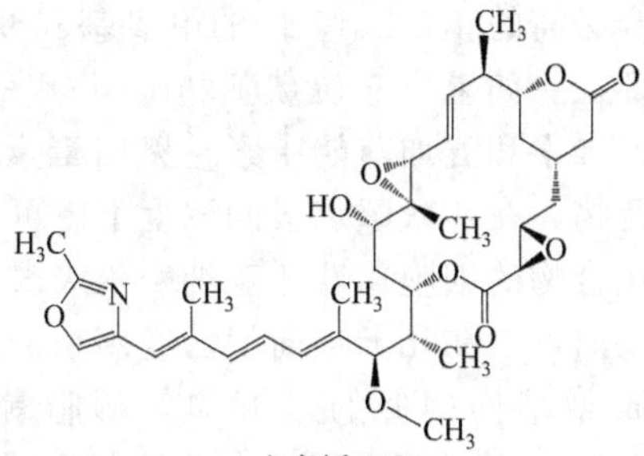

力索新(**168**)

Halichondrin B9（**169**）是从海洋海绵体中分离得到的大环内酯多醚类化合物，是Halichondrins家族中活性最强的，属于长春碱的非竞争性抑制剂，通过与长春花区域的独特位点结合抑制微管的形成。随后发现其结构简化的类似物，ER-086526（**170**）和ER-076349（**171**），对多种人类肿瘤细胞有强抑制作用。ER-086526（**170**）目前处于Ⅰ期临床试验中。

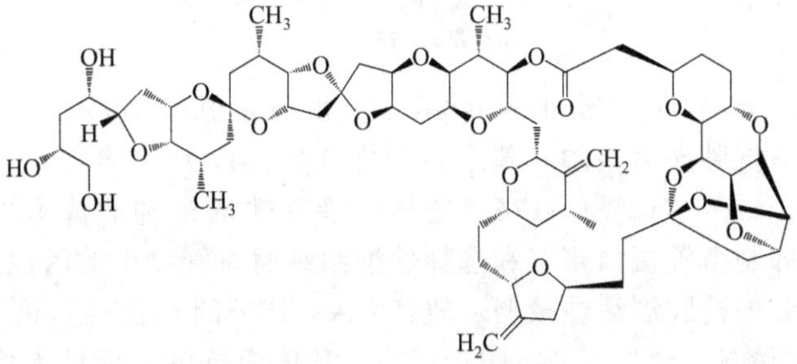

Halichondrin B9(**169**)

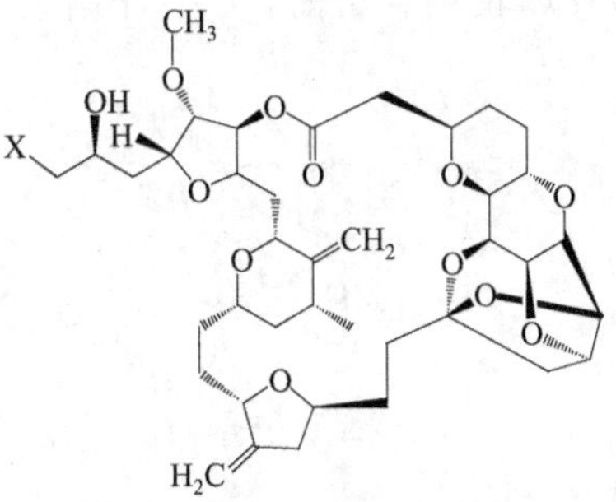

X	
NH$_2$	ER-086526(**170**)
OH	ER-076349(**171**)

34.4.1.2 靶向秋水仙碱结合位点的抑制剂

这类药物主要有秋水仙碱、秋水仙胺及鬼臼毒素等，它们作用于微管蛋白上的同一个结合位点。

（1）秋水仙碱　秋水仙碱（Colchicine，**172**）系从百合科植物秋水仙中提取得到的生物碱，是典型的抗有丝分裂药物。虽然该化合物由于其毒性没有成功地开发成为抗肿瘤药物，但它仍被用于抗痛风和抗风湿性关节痛。秋水仙碱结构中的 C 环是与微管蛋白结合的部位。在微管蛋白二聚体上有一个与秋水仙碱相结合的高亲和位点，这个结合位点在 β 亚基和 α 亚基之间。当秋水仙碱与该位点结合后，阻止微管蛋白的聚集反应，阻止纺锤丝形成，染色体不能向两极移动，最后因细胞核结构异常而导致细胞死亡。当细胞内 3%～5% 的微管蛋白与秋水仙碱结合成复合物时，细胞分裂就被阻断。

构效关系研究表明 B 环并不参与结合，但能保证 A 环和 C 环处于活性构象。秋水仙碱结构中 7 位为手性碳原子，7S-(−) 构型的对映异构体具有抗肿瘤活性，但乙酰胺基并不是微管结合必需的。1,2,10-位的甲氧基和 9-位的羰基是秋水仙碱和微管蛋白结合必不可少的结合部位。如果将 9-位羰基和 10-位甲氧基的位置交换会使活性丧失。

（2）鬼臼毒素和五加前胡脂素　鬼臼毒素（Podophyllotoxin，**173**）是一种有效的抗有丝分裂的药物，在亚微摩尔级的浓度下就可与微管蛋白的秋水仙碱位点结合。在细胞实验中发现该化合物的细胞毒性达亚纳摩尔级水平。但由于毒性太大而没有作为抗肿瘤药应用于临床，鬼臼毒素在几十年前就已经用来治疗尖锐湿疣。

与鬼臼毒素结构相似的是五加前胡脂素族。在这一系列中，Steganicin（**174**）和 Stegananin（**175**）对微管蛋白聚合的抑制作用仅比鬼臼毒素弱一点。

秋水仙碱(172)　鬼臼毒素(173)　Steganicin(174)　Stegananin(175)

（3）Combretastatins 类　Combretastatins 是由南非植物 *Combtetum caffrum* 的根皮或茎中提取分离的具抗肿瘤活性的二苯乙烯类化合物。自 1982 年始相关的化合物相继被发现，CombretastatinA-4（CA-4，**176**）是其中最有效的抗肿瘤成分之一，机制研究表明，其具有良好的抑制微管蛋白聚集和选择性抑制肿瘤血管增生的活性。但该化合物由于水溶性差的原因，体内抗肿瘤活性较弱，故将 CA-4 B 环的 3-位羟基进行磷酸化后制得水溶性前药——CA-4 磷酸二钠盐（CA-4P，**177**），其体内抗肿瘤活性大大提高，2006 年被 FDA 批准为罕见病的治疗药物，用于治疗卵巢癌。目前，CA-4P 作为肿瘤血管生成抑制剂正在美国等国进行 II 期临床试验。

CA-4(176)　CA-4P(177)

药物化学家们对 CA-4 进行了大量的结构修饰工作，主要有三方面：一是 A 环的改造，二是 B 环的改造，三为连接链的改造。在得到的一系列衍生物的基础上，总结出了初步的构效关系（图 34-13）。

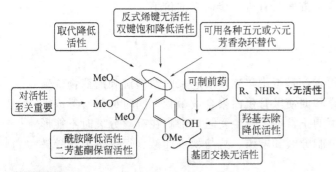

图 34-13 Combretastatin 的构效关系

(4) 合成化合物 磺胺类和芳香氨基甲酸酯类化合物是通过对微管蛋白去稳定而发挥作用的合成化合物，目前部分化合物已进入临床试验。磺胺类药物 (**178**) 是在筛选过程中发现的，若用甲氧基代替甲基，在芳环上引入氮原子和苯胺上引入羟基，得到 ABT-751 (**179**)，其体内活性大大提高，对一系列的人类肿瘤 (包括 MDR 表达的多药耐药细胞株) 有很好的活性，它是通过结合于秋水仙碱的结合位点来抑制微管蛋白聚集。该化合物已进入用于治疗非小细胞肺癌，乳腺癌和结肠直肠癌的Ⅰ期和Ⅱ期临床试验。

在 20 世纪 80 年代初期，人们已经知道芳香氨基甲酸酯类化合物具有抗有丝分裂的活性。该类化合物中有 Nocadazole (**180**)，妥布氯唑 (Tubulozole，**181**) 以及水溶性更好的 Erbulozole (**182**) 均已进入临床研究。所有的化合物都通过竞争性地与秋水仙碱位点结合而抑制微管蛋白聚集。Erbulozole 给药后有与 Wernick's 综合征相似的急性中枢神经毒性。

与微管蛋白结合，无论在长春碱还是秋水仙碱位点，都能有效地破坏微管蛋白的动力学过程，即可让细胞周期阻滞在 G_2/M 期，并最终引起凋亡。

作用于长春碱位点的药物，目前只有长春碱类双吲哚生物碱及其类似物已在临床应用。虽然秋水仙碱是第一个被发现的能与秋水仙碱位点结合的药物，但现在已经发现结构多样的化合物可以与之结合。这些化合物的结构存在一些相似性：大部分的化合物结构中具有两个或三个甲氧基取代的苯环，这个结构类似于秋水仙碱的 A 环。另外许多分子中含有另一个芳环来模拟秋水仙碱的环庚三烯官能团，许多分子具有 Michael 受体与秋水仙碱位点的 Cys-239 氨基酸残基产生作用。

秋水仙碱位点抑制剂的一个缺点是存在一定毒性。有许多抑制剂虽然进入了临床试验，但是能最终被批准上市的化合物却很少。尽管如此，最近研究发现，这类抑制剂在防止肿瘤血管生成方面非常有效，可能在这个方面具有进一步研究的价值。

34.4.2 微管稳定剂

34.4.2.1 紫杉烷类

这类微管稳定剂主要是以紫杉醇为代表，是近十年来发展起来的新型抗肿瘤药物。紫杉烷类药物的抗肿瘤作用机制是通过诱导和促使微管蛋白聚合成微管，同时抑制所形成微管的解聚，产生稳定的微管束，使微管束的正常动态再生受阻，细胞在有丝分裂时不能形成正常的有丝分裂纺锤体，从而抑制了细胞分裂和增殖。这与秋水仙碱、长春碱类诱导微管解聚的作用不同。

紫杉烷类药物和微管蛋白的结合位点是在已成为聚合状态的微管上，不是在游离的微管蛋白二聚体上，这一点也与秋水仙碱及长春碱类药物不同。

紫杉醇（Paclitaxel，184）最先是从太平洋红豆杉（Taxus breviolia）的树皮中分离得到的一个具有紫杉烯环的二萜类化合物，紫杉醇强效的抗癌特性以及其作用机制的阐明确立了该化合物作为癌症治疗先导物的地位。在过去的十多年里，紫杉醇主要用于治疗卵巢癌、乳腺癌及非小细胞肺癌。但是在使用过程中出现了两个主要问题。①在数种红豆杉属植物中含量很低（最高约0.02%）；加之生长缓慢，且树皮剥去后不能再生，树木将死亡，使来源受到限制，从而限制其在化疗方面的应用和发展。后来，发现可以利用浆果紫杉（Taxus baccata）的新鲜叶子中有含量相对较高的10-去乙酰基浆果赤霉素Ⅲ（Baccatin，183），它可再通过4步反应制得紫杉醇，上述来源不足的矛盾得以缓解。②水溶度很低（0.03 mg/mL），难以制成合适的制剂，因此开发新的具水溶性的紫杉醇衍生物也是当前的工作重点之一。

10-去乙酰基浆果赤霉素Ⅲ(183) → 4步 → 紫杉醇(184)

多烯紫杉醇（Taxotere，185）是由10-去乙酰基浆果赤霉素Ⅲ半合成得到的又一个紫杉烷类抗肿瘤药物。其水溶性比紫杉醇好，抗肿瘤谱更广，对除肾癌、结、直肠癌以外的其他实体瘤都有效。在相当的毒性剂量下，其抗肿瘤作用比紫杉醇高1倍，且同样情况下，活性优于紫杉醇。

7-甲硫甲基紫杉醇（BMS-184474，186）是第二代紫杉醇类化合物，临床前和初步临床研究都表现出了其优于紫杉醇的性质。在许多动物模型中活性强于紫杉醇和多烯紫杉醇，而且在某些对紫杉醇耐药的模型也有效。目前，已作为治疗晚期非小细胞肺癌二线用药进入Ⅱ期临床试验[75]。

多烯紫杉醇(185)　　BMS-184474(186)

通过合成大量的紫杉烷类似物，人们对紫杉烷类化合物的构效关系有了更深入的了解（图34-14）。

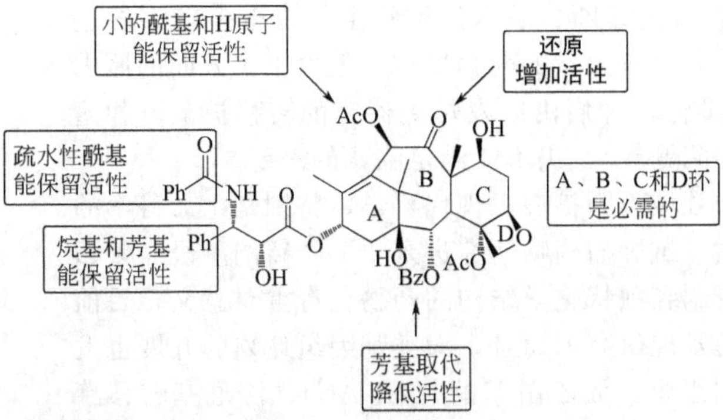

图 34-14　紫杉烷类化合物的构效关系

34.4.2.2　埃博霉素

埃博霉素 A（Epothilones A，**187**）和埃博霉素 B（Epothilones B，**188**）是从黏杆菌（*Sorangium cellulosum*）中分离得到的，具有强效的抗肿瘤活性和微管蛋白稳定作用的化合物。至今已有 7 个埃博霉素类似物进入了临床研究。临床前研究表明这些化合物对一系列敏感的和多药耐药的细胞株都均有良好的活性。

2002 年，埃博霉素 B(**188**) 进入Ⅱ期临床试验。2004 年，埃博霉素 D(Epothilones，KOS-862，**189**) 进入Ⅱ期临床研究，小鼠体内实验表明埃博霉素 D 的毒性比埃博霉素 B 低 40 倍。半合成的埃博霉素 B 内酰胺类似物依扎匹隆（Ixabepilone，BMS-247550，**190**）在 2004 年进入了Ⅲ期临床试验，2007 年底被美国 FDA 批准，用作一线药物治疗晚期乳腺癌[76]。埃博霉素 B 甲硫基类似物（**191**）最近也进入了临床研究。两个全合成的埃博霉素类似物 KOS-1584（KOS-862 的 9,10-二去氢类似物，**192**）和 ZK-epo（**193**）在 2004 年底进入了Ⅰ期临床研究。

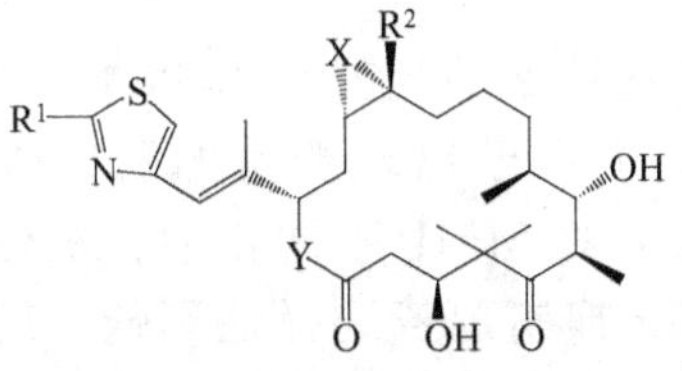

R^1	R^2	X	Y	
CH_3	H	O	O	埃博霉素A(**187**)
CH_3	CH_3	O	O	埃博霉素B(**188**)
CH_3	CH_3	双键	O	埃博霉素D(**189**)
CH_3	CH_3	O	NH	依扎匹隆(**190**)
SCH_3	CH_3	O	O	(**191**)

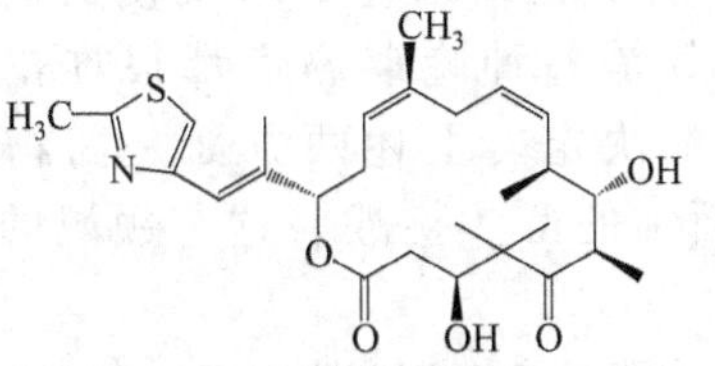

KOS-1584(**192**)

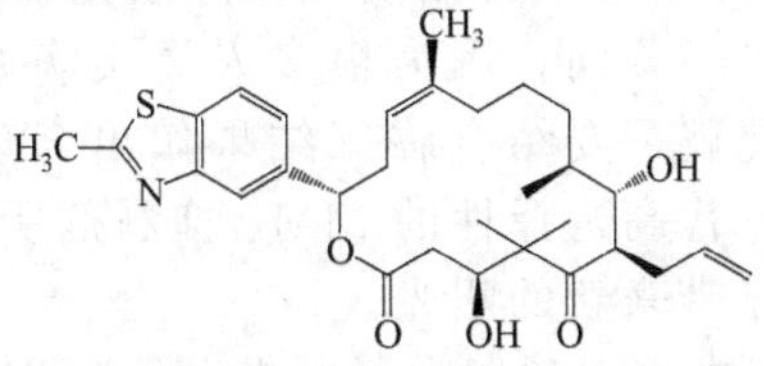

ZK-epo(**193**)

紫杉烷类的临床应用为发现新的非紫杉烷类的微管稳定剂开辟了道路，埃博霉素的临床研究结果为非紫杉烷类微管稳定剂在临床上广泛应用奠定了基础。目前已发现的一些具有细胞毒性和微管稳定作用的小分子化合物，可作为先导物进行进一步的结构修饰，期望能为癌症的化疗提供新的选择。

34.5　展望

癌症的发生和发展是一个极其复杂的过程，从正常到不典型增生到癌变的整个过程，受到多种因素的影响。几十年来，人类在肿瘤的诊断、手术及治疗上均取得了较大的进展，但肿瘤的死亡率仍然居高不下。尽管目前已有大量的药物出现，但由于多方面的原因（传统的抗肿瘤药物由于缺乏选择性所致的毒性；肿瘤由原发灶到器官的转移扩散；肿瘤的类型多达 100 种；多次化疗导致的耐药性问题等），仍不能满足临床的需要。

过去十年里，抗肿瘤药物研究的思路和领域不断扩展，现代科学，特别是生命科学的迅猛发展，正逐步揭示恶性肿瘤的发生本质，抗肿瘤药物研究进入了一个新的阶段。紫杉醇等药物的成功，表明寻找具有新型作用机制和独特化学结构的药物仍有重要意义。目前人类致力于新型抗肿瘤靶点及抗肿瘤药物的发现研究，而且，人类基因组计划的开展也发掘了大量的与肿瘤治疗相关的潜在靶点，如组蛋白脱乙酰基酶（HDAC）、法尼基转移酶（FTase）、基质金属蛋白酶（MMP）、热休克蛋白（Hsp90）和 p53-MDM2 相互作用环节，因此作用于这些靶点的抑制剂研究是近年来相当活跃的领域。

HDAC 抑制剂是一类能干扰信号转导、调节细胞周期及与细胞生长相关的途径的分子靶向药物。具强效且对造血系统恶性疾病有效的新一代 HDAC 抑制剂已进入临床应用。由于人类组蛋白有 3 种不同的亚型，故发展新型的 HDAC 亚型特异性抑制剂将为抗肿瘤药物研究提供新的方向。

蛋白法尼基化是信号转导途径中关键蛋白的定位分布和功能发挥所必需的，因此法尼基转移酶（FTase）是很好的药物作用靶点。临床 Ⅱ/Ⅲ 期试验的初步结果表明法尼基转移酶抑制剂（FTIs）单独给药时活性中等，但明显毒性比传统的细胞毒药物要低。FTIs 与其他药物合用的临床研究正在进行中，这也是 FTIs 将来的研究重点之一。对 FTIs 作用机制的深入研究将有助于优化肿瘤治疗的联合用药方案。

第一个进入临床研究的 Hsp90 抑制剂 17-AAG 的研究结果表明，在一定的剂量下能抑制 Hsp90，因此可单独给药或与细胞毒药物联用（仅显示少的靶相关毒性）。这些结果促使寻找新一类的复方药物——天然产物或合成的小分子 Hsp90 抑制剂与 Hsp90 乙酰化和泛素化调节剂合用。

基质金属蛋白激酶（MMPs）抑制剂的研究从 20 世纪 90 年以来一直非常活跃，因此也有一些小分子的抑制剂进入临床研究，但由于出现严重的肌肉骨骼疼痛和炎症或肿瘤疗效不确定而实验相继终止。由于人类对 MMP 不同亚型在机体生化调节过程中的作用认识还不深入，因此所设计的 MMP 抑制剂若选择性不佳，就可能诱发不良反应。另外，MMP 抑制剂临床疗效比临床前实验结果差的事实使人们对动物模型的可靠性提出了疑问，因为很多人类疾病尤其是各种晚期癌症都很难找到合适的动物模型，因此就需要结合临床结果作出合理的决定。上述两方面是药物化学家们进一步设计新一代高选择性的 MMP 抑制剂所面临的巨大挑战。这一领域的突破可能会对癌症的治疗带来新的曙光。

将 p53 从被 MDM2 抑制的状态中释放出来或降低 MDM2 的表达，使 p53 恢复行使正常功能，则可抑制癌细胞的发生或发展，故抑制 MDM2 和 p53 的相互作用是抗肿瘤药物研究的重要靶点，也是当前肿瘤治疗研究中的热点之一。近年来，研究发现了多种不同结构类型的小分子 p53-MDM2 结合抑制剂，其中，2,4,5-三苯基咪唑啉类化合物 Nutlin-3 已进入临床研究，苯并二氮䓬类化合物也表现出良好的抑制肿瘤活性以及体内药动学性质，螺环骨架化合物的研究前景也非常看好。

大量具高选择性的作用于新靶点以遏制肿瘤细胞恶性增生的创新性策略正在实施应用中，大都有着良好的发展前景，相信这将推动抗肿瘤药物在临床应用上的突破，并将造福于人类。

推荐读物

- Taylor J B, Trggle D J. Therapeutic areas Ⅱ: Cancer. Comprehensive medicinal chemistry Ⅱ, 2007, v.7: 55-220.
- Roche V F. Cancer and Chemotherapy//Lemke T L, Williams D A, ed. Foye's Principles of Medicinal Chemistry. 6th edition. Philadelphia: Lippincott Williams & Wilkins, 2007: 1147-1192.
- Denny W A. Synthetic DNA-Targeted Chemotherapeutic Agents and Related Tumor-Activated Prodrugs//Abraham D J ed. Burger's Medicinal Chemistry & Drug Design. 6th Edition. Vol 5. Hoboken: John Wiley and Sons, Inc, Pulication, 2003: 51-106.
- Mitscher L A, Dutta A. Antitumor Natural Products//Abraham D J ed. Burger's Medicinal Chemistry & Drug Design. 6th Edition. Vol 5. Hoboken: John Wiley and Sons, Inc, Pulication, 2003: 107-150.

参考文献

[1] Osborne M R, Wilman D E, Lawley P D. Chem Res Toxicol, 1995, 8: 316-320.
[2] Ludeman S M. Curr Pharm Des, 1999, 5: 627-643.
[3] Basu S, Brown J E, Flanoigan G M, et al. Int J Cancer, 2004, 109: 703-709.
[4] Chaney S G, Campbell S L, Bassen E, et al. Crit Rev Oncol Hematol, 2005, 53: 3-11.
[5] McKeage M J. Experit Opin Invest Drugs, 2005, 14: 1033-1046.
[6] 王联红, 尤启冬, 苟少华. 抗肿瘤铂类配合物的研究进展//彭司勋主编. 药物化学进展（2）. 北京: 化学工业出版社, 2002: 161-187.
[7] Liu L F. Annu Rev Biochem, 1989, 58: 351-375.
[8] Burris H A, Rivkin S, Reynolds R, et al. Oncologist, 2005, 10: 183-190.
[9] Quintas-Cardama A, Kantarjian H, O'Brien S, et al. Cancer, 2006, 107: 1525-1529.
[10] Chilman-Blair K, Mealy N E, Castaner J, et al. Drugs Future, 2004, 29: 9-22.
[11] Abou-Alfa G K, Rowinsky E K, Patt Y Z, et al. Am J Clin Oncol, 2005, 28: 334-339.
[12] Di Francesco A M, Riccardi A S, Barone G, et al. Biochem Pharmacol, 2005, 70: 1125-1136.
[13] Philippart P, Harper L, Chaboteaux C, et al. Clin Cancer Res, 2000, 6: 1557-1562.
[14] Scott L, Soepenberg O, Verweij J, et al. Ann Oncol, 2007, 18: 569-575.
[15] Daud A, Valkov N, Centeno B, et al. Clin Cancer Res, 2005, 11: 3009-3016.
[16] Saif M W, Diasio R B. Clin Colorectal Cancer, 2005, 5: 27-36.
[17] Sugiura T, Ariyoshi Y, Negoro S, et al. Invest New Drugs, 2005, 23: 331-337.
[18] Yanaihara T, Yokoba M, Onoda S, et al. Cancer Chemo Pharm, 2007, 59: 419-427.
[19] Quintieri L, Geroni C, Fantin M, et al. Clin Cancer Res, 2005, 11: 1608-1617.
[20] Gonsette R E. J Neurol Sci, 2004, 223: 81-86.
[21] Saeki T, Eguchi K, Takashima S, et al. Cancer Chemo Pharm, 2004, 54: 459-468.
[22] Sung W J, Kim D H, Sohn S K, et al. Jpn J Clin Oncol, 2005, 35: 612-616.
[23] Hussain M, Vaishampayan U, Heilbrun L K, et al. Invest New Drugs, 2003, 21: 465-471.
[24] Burstein H J, Overmoyer B, Gelman R, et al. Invest New Drugs, 2007, 25: 161-164.
[25] Henry J R, Mader M M//Doherty A M Ed. Annual Reports in Medicinal Chemistry. Oxford, UK: Elsevier, 2004: 161-172.
[26] Chau I W, Cunningham D. Clin Lymphoma, 2002, 3: 97-104.
[27] Ecker G. Curr Opin Investig Drugs, 2002, 3: 1533-1538.
[28] Johansen M, Zukowski T, Hoff P M, et al. Cancer Chemother Pharmacol, 2004, 53: 370-376.
[29] Kahanic S, Hainsworth J D, Garcia-Vargas J E, et al. Proceedings of the American Society for Clinical Oncology. Orlando, FL, 2002, Abstr: 2682.
[30] Kantarjian H M, Giles F, Wunderle L N. Eng J Med, 2006, 354: 2542-2551.
[31] Kantarjian H M, Gattermann N, O'Brien S G, et al. J Clin Oncol, 2006, 24: 6534-6544.
[32] Gambacorti-Passerini C, Brummendorf T, Kantarjian H M, et al. 2007 ASCO Annual Meeting Proceedings Part I, 2007, 25: 7006.
[33] Boschelli D H. Curr Top in Med Chem, 2008, 8: 922-934.
[34] Wakeling A E. Endocrine-Related Cancer, 2005, 12 (Suppl. 1): S183-187.
[35] MacPherson I R, Jones R J, Evans T R, Open Cancer J, 2007: 19-20.
[36] Hiscox S, Morgan L, Green T, et al. Endocrine-Related Cancer, 2006, 13 (Suppl. 1): S53-S59.
[37] Herbst R S, Fukuoka M, Baselga J, Nature Rev Cancer, 2004, 4: 956-966.

[38] Dowell J, Minna J D, Kirkpatrick P. Nature Rev Drug Discov, 2005, 4: 13-21.
[39] Nemunaitis J, Eiseman I, Cunningham C, Clin Cancer Res, 2005, 11: 3846-3853.
[40] Johnston S, Trudeau M, Kaufman B, et al. J Clin Oncol, 2008, 26: 1066-1072.
[41] Lin N, Carey L, Liu M, et al. J Clin Oncol, 2008, 26: 1993-1999.
[42] Ravaud A, Hawkins R, Gardner J. J Clin Oncol, 2008, 26: 2285-2291.
[43] Motzer R J, Michaelson M D, Redman B G, et al. J Clin Oncol, 2006, 24: 16-24.
[44] Faivre S, Demetri G, Sargent W, et al. J Neuro-Oncol, 2008, 88: 1-9.
[45] Roberts L R. N Eng J Med, 2008, 359: 420-422.
[46] Escudier B. N Eng J Med, 2007, 356: 125-134.
[47] Loriot Y, Massard C, Armand J P. Oncol, 2006, 8: 815-820.
[48] Weidenaar A C, de Jonge H J M, Fidler V, et al. Anti-Cancer Drugs, 2008, 19: 45-54.
[49] Giles F J, List A F, Carroll M, et al. Leukemia Res, 2007, 31: 891-897.
[50] Harris P A, Boloor A, Cheung M, et al. J Med Chem, 2008, 51: 4632-4640.
[51] Sonpavde G, Huston T E. Curr Oncol Reports, 2007, 9: 115-119.
[52] Morris D G, Bramwell V H, Turcotte R, et al. Sarcoma, 2006, 1: 1-7.
[53] Byrd J C. Blood, 2007, 15: 399-404.
[54] Joshi K S. Mol Cancer Ther, 2007, 3: 918-934.
[55] MacCallum D E, Melville J, Frame S, et al. Cancer Res, 2005, 65: 5399-5407.
[56] Coley H M, Shotton C F, Thomas H, Anticancer Res, 2007, 27: 273-278.
[57] Antonio J, Michelle R A, Cancer Chemo & Pharm, 2008, 61: 423-433.
[58] Stephen W, Hal, H W. Gynec Oncol, 2007, 106: 305-310.
[59] http://www.clinicaltrials.gov/ct/show/NCT00141297.
[60] DePinto W, Chu X J, Yin X, et al. Mol Cancer Ther, 2006, 5: 2644-2658.
[61] Heath E I, Bible K, Martell R E, et al. Invest new drugs, 2008, 26: 59-65.
[62] Camidge D R, Smethurst D, Growcott J, et al. Cancer Chemo Pharm, 2007, 60: 391-398.
[63] Dittrich C, Zandvliet A S, Gneist M, et al. Brit J Cancer, 2007, 96: 559-566.
[64] Talbot D C, von Pawel J, Cattell E, et al. Clin Cancer Res, 2007, 13: 1816-1822.
[65] http://www.clinicaltrials.gov/ct2/show/NCT00147485.
[66] http://www.clinicaltrials.gov/ct2/show/NCT00390117.
[67] Arlot-Bonnemains Y, Baldini E, Martin B, et al. Endocr-Relat Cancer, 2008, 15: 559-568.
[68] Tyler R K, Shpiro N, Marquez R, et al. Cell Cycle, 2007, 6: 2846-2854.
[69] Manfredi M G, Ecsedy J A, Meetze K A, et al. P Natl Acad Sci (USA), 2007, 104: 4106-4111.
[70] Carpinelli P, Ceruti R, Giorgini M L, et al. Mol Cancer Ther, 2007, 6: 3158-3168.
[71] Evans R P, Naber C, Steffler T, et al. Brit J Haematol, 2008, 140: 295-302.
[72] Breitenlechner C B, Friebe W-G, Brunet E, et al. J Med Chem, 2005, 48: 163-170.
[73] Feldman R I, Wu J M, Polokoff M A, et al J Biol Chem, 2005, 280: 19867-19874.
[74] Anon N L, Drugs in R &D, 2007, 8: 193-199.
[75] Camps C, Felip E, Sanchez J M, et al. Annals of Oncology, 2005, 16: 597-601.
[76] 廖斌, 丛欣, 廖清江. 药学进展, 2008, 32: 237-239.

第35章

抗艾滋病药物

龙亚秋

目 录

35.1 艾滋病的发现、定义和特征 /932
    35.1.1 艾滋病的发现和定义 /932
    35.1.2 艾滋病的特征 /933
35.2 艾滋病治疗药物的作用机理 /933
    35.2.1 HIV-1病毒的分子生物学 /933
    35.2.2 HIV-1病毒的生命周期和药物干预靶标 /935
    35.2.3 治疗艾滋病化学药物的种类 /936
35.3 现有抗艾滋病药物及其作用机理 /937
    35.3.1 常变常新的HIV逆转录酶抑制剂 /938
        35.3.1.1 核苷类逆转录酶抑制剂 /938
        35.3.1.2 核苷酸类逆转录酶抑制剂 /940
        35.3.1.3 非核苷类逆转录酶抑制剂 /941
    35.3.2 从拟肽向非肽进化的HIV蛋白酶抑制剂 /942
        35.3.2.1 HIV-1蛋白酶的结构及其抑制剂的设计原理 /943
        35.3.2.2 拟肽HIV-1蛋白酶抑制剂 /944
        35.3.2.3 第二代和非肽HIV-1蛋白酶抑制剂 /945
    35.3.3 全新作用机制的抗艾滋病新药：HIV-1进入抑制剂和整合酶抑制剂 /946
        35.3.3.1 HIV-1整合酶抑制剂 /946
        35.3.3.2 HIV-1进入抑制剂 /950
35.4 方兴未艾的抗艾滋病新药研发 /956
    35.4.1 CXCR4抑制剂 /956
    35.4.2 成熟抑制剂 /956
    35.4.3 核糖核酸内切酶H抑制剂 /957
    35.4.4 非酶病毒蛋白靶标 /957
    35.4.5 RNAi干扰HIV病毒 /958
    35.4.6 失望与梦想同行的HIV-1疫苗研究 /958
35.5 讨论与展望 /959
推荐读物 /959
参考文献 /959

35.1 艾滋病的发现、定义和特征

在当今社会,严重危害人类健康、令人谈之色变的传染性疾病莫过于艾滋病。自美国 1981 年诊断出首例艾滋病患者以来,艾滋病病毒在全球范围内的传播速度惊人,已有 200 余个国家和地区受到艾滋病的严重威胁。根据联合国艾滋病规划署公布的最新统计数据,仅 2007 年一年,艾滋病就造成了 210 万人死亡,并新增 250 万 HIV 感染者,目前全球艾滋病病毒携带者和艾滋病患者总数达 3320 万,其中南亚和东南亚成为继撒哈拉以南非洲之后的第二重灾区[1]。

中国卫生部、联合国艾滋病规划署和世界卫生组织联合对 2007 年中国艾滋病疫情进行了流行病学调查,结果显示:截至 2007 年底,中国艾滋病病毒感染者和病人约 70 万,其中艾滋病病人 8.5 万;当年新发艾滋病病毒感染者 5 万,当年因艾滋病死亡 2 万。目前,中国的艾滋病疫情处于总体低流行、特定人群和局部地区高流行的态势,中国艾滋病流行有几个特点:艾滋病疫情上升速度有所减缓;性传播逐渐成为主要传播途径;艾滋病疫情地区分布差异大;艾滋病流行因素广泛存在[2]。

35.1.1 艾滋病的发现和定义

艾滋病是怎么被发现的呢?1981 年加州大学洛杉矶分校的 Michael D. Gottlieb 医生向美国疾病控制中心(Centers for Disease Control and Prevention,简称 CDC)提交了一份报告,声称加州有 5 位年轻的男同性恋者罹患卡氏肺囊虫性肺炎(*Pneumocystis carinii pneumonia*,简称 PCP),这种情况很少见,因为 PCP 一般只出现在老年或严重免疫抑制的病人身上[3]。这份报告被视为最早期的艾滋病报告,虽然当时连艾滋(AIDS)的名称都尚未出现。几天之后,因为更多的 PCP 患者及一些罕见的具生命威胁性的机会性感染(opportunistic infection)和癌症如卡波西式肉瘤(Kaposi's sarcoma,简称 KS)在美国主要大都市的同样人群中出现[4],病人发生免疫系统功能丧失,所以美国 CDC 马上成立了一个叫"卡波西式肉瘤与伺机性感染"特别小组(Kaposi's Sarcoma and Opportunistic Infections,简称 KSOI)。KSOI 可以说是艾滋病更早的命名。

艾滋病早期被误认为只会出现在男同性恋者身上,连权威的医学杂志如《柳叶刀》(The Lancet)都以带歧视性的名称——男同性恋连累综合征(Gay compromise syndrome)描述艾滋病。有报纸甚至称艾滋病为"与男同性恋有关的免疫缺陷症"(Gay-related immune deficiency,简称 GRID)。到了 1982 年,在一群南加州的男同性恋者身上出现感染症状,艾滋病由性行为传染的假设被提出。后来陆续发现血友病人及海地人罹患 AIDS,很多异性恋者也传出罹患 AIDS。流行病学调查发现很多血友病人及接受输血者受到艾滋病感染,这推论出艾滋病极可能是经由某种血液中的传染因子所造成。此时,它先前的流行病学假说,即认为它的发生以男同性恋者为主的看法就被推翻。

1983 年 5 月,法国巴斯德研究所宣布他们分离了一种新的病毒,据信是艾滋病的病原体,并取名为 Lymphadenopathy-associated virus(LAV)。一年后,美国国立卫生研究院国家癌症研究所的 Robert C. Gallo 博士声称他们发现了称之为 HTLV-Ⅲ(Human T-cell lymphotropic virus,type 3)的病毒。1986 年艾滋病病毒的命名由国际病毒命名委员会(International Committee on Taxonomy of Viruses)统一决定,称之为"人类免疫缺陷病毒"(Human Immunodeficiency Virus,简称 HIV),属于 RNA 逆转录病毒,由 HIV

导致的疾病称为"获得性免疫缺陷综合征"（acquired immunodeficiency syndrome，简称 AIDS）。法国科学家弗朗索瓦丝·巴尔-西诺西（Françoise Barré-Sinoussi）和吕克·蒙塔尼（Luc Montagnier）因为发现了 HIV 病毒而荣膺 2008 年诺贝尔生理学或医学奖。

35.1.2 艾滋病的特征

艾滋病的命名——"获得性免疫缺陷综合征"——表达了艾滋病的完整概念，从中可以了解到艾滋病的三个明确定义。

获得性：表示在病因方面是后天获得而不是先天具有的（母婴传播是后来发现的）。

免疫缺陷：表示在发病机理方面，主要是造成人体免疫系统的损伤而导致免疫系统的防护功能减低、丧失。免疫缺陷病的共同特点是：①对感染的易感性明显增加；②易发生恶性肿瘤；③临床及病理表现多样化。

综合征：表示在临床症状方面，由于免疫缺陷导致的各个系统的机会性感染、肿瘤而出现的复杂综合征。

艾滋病病毒 HIV 直接侵犯人体免疫系统，攻击和杀伤人体免疫系统中最重要、最具有进攻性的 T4 淋巴细胞，使机体一开始就处于丧失防御能力的地位。因此，诊断艾滋病发展进程或衡量抗艾药物疗效的一个重要临床指标是患者每毫升血浆中 $CD4^+$ T 淋巴细胞的数量（$CD4^+$ cell count）。健康成年人每毫升血液中 $CD4^+$ 细胞数量为 600~1000。HIV 检测阳性或无症状的患者、有淋巴结病的患者、有 HIV 感染初期相关症状的患者，他们的 $CD4^+$ 细胞数量在 500 以上；出现由 HIV 感染引起的不太严重的广谱症状如鹅口疮、带状疱疹或外周神经痛的患者，$CD4^+$ 细胞数量在 200~499；免疫系统严重抑制的、发生最严重的机会性感染如卡氏肺囊虫性肺炎、卡波西式肉瘤、伯基特淋巴瘤、巨细胞病毒眼部感染等的艾滋病患者 $CD4^+$ 细胞数小于 200。

艾滋病主要通过性接触、血液和母婴三种途径传播。不同地区感染艾滋病的主要途径不同，美国 90 万 HIV 病毒感染者 70% 以上是通过性接触感染的，而我国前期的 HIV 感染者主要为静脉吸毒者，近年来逐渐转向以性传播为主要途径。虽然有观点认为艾滋病已经过了它的高峰期，但这并不意味着艾滋病感染人数会必然减少，而且艾滋病仍然在新的集中地带生根，感染人数在越南、乌滋别克斯坦和印度尼西亚这些国家还在增加。因此，对艾滋病的治疗和控制仍是一个长期的过程[5]。

35.2 艾滋病治疗药物的作用机理

20 世纪 90 年代以来，随着人类对病毒及其感染过程的分子生物学水平的深入了解，以及药物发现技术的不断创新，抗病毒药物有了突飞猛进的发展，尤其是抗 HIV 病毒的药物。自 1987 年第一个治疗 HIV 感染的药物齐多夫定被美国 FDA 批准上市以来，迄今治疗艾滋病药物已发展到 31 个品种（包括复方制剂）[6]，是抗病毒药物发展史上进展最迅速的药物。尤其是近两年，新结构、新作用机理的抗艾药物不断问世，为已产生抗药性或感染变异病毒的艾滋病患者提供了新的治疗途径和更多的选择，有效地控制了艾滋病的发展进程。

35.2.1 HIV-1病毒的分子生物学

HIV-1 是呈 20 面体立体对称球形颗粒，表面有刺突状结构的糖蛋白（见图 35-1）。病毒粒子直径约为 120nm，分为病毒被膜与核心两部分。被膜是磷脂双分子层构架，来自宿主细胞，其上嵌有病毒的糖蛋白 gp41 和 gp120。gp41 蛋白横跨类脂双层；gp120 位于被膜表面，并与 gp41 通过非共价作用结合。被膜下有一层基质蛋白 p17，附着于脂质双层膜的内层，形成的球形基质（Matrix）起稳定作用。病毒的核心呈锥形，核衣壳（Capsid）由核心蛋白 p24 组成，在电镜下呈高电子密度，和其它逆转录病毒基因组一样为二倍体基因，衣壳内有两条相同的单链 RNA 链，由氢键将两个 RNA 分子连接成 70sRNA。衣壳内还含有酶（逆转录酶、整合酶和蛋白酶）以及其他来自宿主细胞的成分（如 tRNAlys3，作为逆转录的引物）。

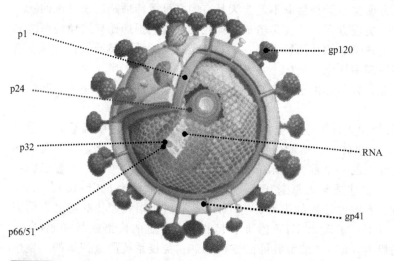

图 35-1 HIV-1 病毒粒子的结构

HIV-1 基因组由 9749 个碱基组成，含有 9 种基因，包括 3 种结构蛋白基因（*gag*、*pol* 和 *env*）以及 6 种调控基因（*tat*、*vif*、*vpr*、*vpu*、*nef* 以及 *rev*）。

其中，结构蛋白基因：

• *Gag*(group-specific antigen，群特异性抗原）基因首先编码一个 55kDa 的前体蛋白（p55），p55 随后在病毒编码的一个蛋白酶的作用下裂解形成病毒衣壳蛋白 p24、基质蛋白 p17 以及病毒核衣壳蛋白 p6 和 p7；

• *Pol*(polymerase，聚合酶）基因一部分与 *gag* 重叠，表达融合蛋白 p160，然后水解成 3 个片段，从 5′到 3′分别是 p11、p66/51 和 p32，p11 是蛋白水解酶（protease），从前体裂解后获得活性；p66/51 是逆转录酶（reverse transcriptase），具有逆转录、核糖核酸酶 H、DNA 多聚酶活性；p32 是整合酶（integrase），将病毒逆转录酶产生的 DNA 整合到宿主的基因中；

• *Env*(envelope，被膜）基因编码被膜糖蛋白，先编码一个 88kDa 的蛋白，在高尔基体中经糖基化，在天冬酰胺上被加上 25~30 个复杂的 N-连糖链，分子质量增至 160kDa，即被膜糖蛋白的前体 gp160，这个糖基化过程对病毒的感染性是必要的。该前体蛋白在蛋白酶作用下，裂解成 gp120 和 gp41。

在这些蛋白中，病毒衣壳蛋白 p24、被膜糖蛋白 gp120、被膜糖蛋白 gp41 和衣壳及基质前体蛋白 p55 是 HIV 免疫学诊断的主要检测抗原。

调控基因编码辅助蛋白，调节病毒蛋白的合成和复制，除 nef 起负调节作用，其他均有促进病毒复制的作用。

• *Tat*(trans-activator of transcription，转录反式激活因子）基因编码含有 86~101 个氨基酸（残基的个数依赖于不同的亚型）的 tat 蛋白。Tat 蛋白在 HIV-1 的转录过程中起着十分重要的调节作用。在没有 tat 的情况下，整合后的病毒 DNA 转录效率很低。Tat 蛋白与反式激活反应区（trans-activator response region，TAR）RNA 相互作用，反式激活转录，将转录效率提高几百倍。

• *Rev*（regulator of virion，病毒粒子调节因子）基因编码病毒粒子调节因子（rev）蛋白。Rev 蛋白与病毒 mRNA 的 rev 应答元件（rev response element，RRE）相互作用，加速 mRNA 向核外转运。Rev 缺乏或者不能进入细胞核，未剪接和部分剪接的 mRNA 将在核内完全降解，导致 HIV-1 的复制被阻断。Rev 蛋白在 HIV-1 复制周期中起着重要的反式调节作用，是艾滋病药物研究的新靶点之一。

• *Vpr*（viral protein R，病毒 R 蛋白）基因是 HIV 的辅助基因之一，编码含有 96 个氨基酸残基、约 14kDa 的病毒 R 蛋白（vpr）。在病毒侵犯宿主细胞的过程中，vpr 蛋白发挥着重要的作用。它参与病毒整合前复合体（pre-integration complex）的核转运，激活病毒的转录过程，诱导感染细胞周期的 G_2/M 期停滞，促进感染细胞凋亡，调节 HIV-1 的复制和发病。Vpr 部分或完全缺陷与感染者病程进展缓慢有关。Vpr 主要通过线粒体及 caspase 途径诱导细胞凋亡，但目前 vpr 在疾病的发病及进展过程的作用尚未完全弄清[7]。

• *Nef*（negative regulatory factor，负调节因子）基因编码负调节因子。Nef 蛋白在 HIV/AIDS 的致病过程中可能具有重要作用。临床研究表明，在 HIV 感染长期不发病或者病程进展缓慢的患者中，*nef* 基因产生突变或者缺失。研究艾滋病发展不同阶段 nef 的生物学特点发现：在疾病的晚期阶段，nef 不能有效地下调 MHCI（major histocompatibility complex I，主要组织相容性复合体 I），但具有高效的促进病毒复制能力；而在艾滋病早期进展阶段，nef 对 CD4 分子的下调及病毒的复制具有保持稳定或者增加的作用。Nef 的功能变化与疾病的进展密切相关[8]。

• *Vif*（viral infectivity factor，病毒感染因子）基因编码病毒感染因子蛋白（vif）大小为 23kDa。早期研究表明，vif 缺失的 HIV-1 毒株（HIV-1 Δvif）在原代人 T-细胞、巨噬细胞或某些转染 $CD4^+$ T 细胞系中不能复制，这些细胞被称作非允许性细胞（non-permissive cell），而在其他的 T 细胞系或非血细胞系中则支持 HIV-1 Δvif 毒株的复制，这些细胞被称作允许性细胞（permissive cell）。非允许性细胞表型的充要条件是载脂蛋白 B mRNA 编辑酶催化多肽样蛋白 3G（apolipoprotein B mRNA editing enzyme-catalytic polypeptide-like 3G，APOBEC3G）的表达；而在允许性细胞中则不存在 APOBEC3G。APOBEC3G 是机体内在的抗病毒因子，它在 HIV 逆转录过程中促使所形成的负链 cDNA 中的胞嘧啶脱氨，进而降低病毒的感染力。而 vif 蛋白可结合 APOBEC3G，并激活泛素-蛋白酶途径，使之降解，抑制 APOBEC3G 的抗病毒活性。因此，vif 蛋白与 APOBEC3G 间的相互作用，为抗 HIV 药物的研究提供了新靶点[9]。

• *Vpu*（viral protein U，病毒 U 蛋白）基因编码的 vpu 参与病毒的出芽（budding），能够促进病毒颗粒从宿主细胞中释放。

35.2.2　HIV-1 病毒的生命周期和药物干预靶标

抗艾滋病药物的作用机制是阻断 HIV 病毒生命周期的某一个或几个关键步骤，从而抑制病毒的复制和感染。因此，那些对病毒复制重要的酶或受体就成为抗艾滋病药物设计的靶标。一般而言，病毒编码的蛋白是理想的药物进攻靶标，但由于病毒结构简单，所编码的蛋白数量很少，而且靶向病毒蛋白的药物易诱导病毒蛋白发生变异产生抗药性，因此，那些对病毒的感染和复制非常重要、但对宿主的生理功能不重要的细胞蛋白也成为抗艾药物干预的有效靶标。

HIV-1 病毒的生命周期如图 35-2 所示，病毒粒子首先通过病毒外壳的糖蛋白与人类 T 细胞的 CD4 受体结合附着到宿主细胞上，然后与宿主细胞膜的辅受体 CCR5 或 CXCR4 进一步作用使得细胞膜融合而进入细胞，在细胞质中脱去蛋白质外壳释放出基因物质 RNA 以及三种至关重要的病毒酶：逆转录酶（reverse transcriptase，简称 RT）、整合酶（integrase，简称 IN）和蛋白酶（protease，简称 PR）。在 RT 的催化作用下，病毒 RNA 逆转录成前病毒 DNA。前病毒 DNA 与病毒编码的整合酶 IN 结合，形成前整合复合物（preintegration complex，简称 PIC）被移位进入细胞核，病毒 DNA 在细胞核内被 IN 整合进入宿主细胞的染色体，利用宿主细胞已有的基因复制和蛋白表达系统进行复制。病毒的蛋白酶 PR 将基因表达产生的多聚蛋白裂解，变成各种有活性的结构和功能蛋白，与复制的遗传物质 RNA 组装成为成熟的子代病毒，释放出来进一步感染更多的体细胞。

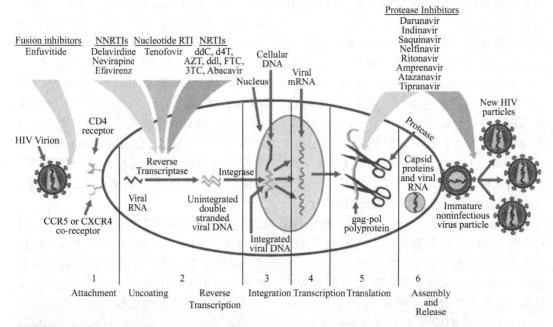

图 35-2 HIV-1 的生命周期和抗 HIV 药物靶标[10]

根据如上所述的 HIV-1 的生命周期，目前已应用或正在研制的抗艾滋病药物主要针对病毒复制过程的八个重要环节，即 HIV 对宿主细胞的依附（viral attachment，进入抑制剂），辅受体相互作用（coreceptor interaction，进入抑制剂），HIV 与细胞的融合（fusion，进入抑制剂），病毒 RNA 的逆转录（reverse transcription，逆转录酶抑制剂），前病毒 DNA 的整合（integration，整合酶抑制剂），DNA 的转录（transcription），病毒蛋白质的表达（translation），病毒的组装（viral assembly），以及病毒粒子的发芽和成熟（budding and maturation of HIV virion，蛋白酶抑制剂）[11]。这些环节中所涉及到的酶或受体就成为抗艾药物设计的靶标，例如病毒的逆转录酶、蛋白酶、整合酶、多聚酶、糖蛋白 gp41 和 gp120、病毒蛋白 gag，以及宿主细胞的 CD4 受体和辅受体 CCR5 和 CXCR4 等，通过设计这些酶或受体的抑制剂就可以阻断其介导的病毒感染或复制的重要环节，从而抑制病毒的复制和感染。

35.2.3 治疗艾滋病化学药物的种类

如前所述，以 HIV-1 复制周期的关键酶和受体为靶标，一系列 HIV-1 抑制剂被开发出来，主要有核苷类/核苷酸类逆转录酶抑制剂（NRTIs）、非核苷类逆转录酶抑制剂

(NNRTIs)、蛋白酶抑制剂（PIs）、整合酶抑制剂（integrase inhibitor）和进入抑制剂（entry inhibitor）五大类。其中 HIV 对宿主细胞的依附、辅受体相互作用以及 HIV 与细胞的融合属于病毒的入侵过程，是前后紧密相关的三个步骤，抑制这三个步骤所涉及的受体或酶的药物分子都称为 HIV-1 进入抑制剂[12]。目前上市的进入抑制剂包括融合抑制剂和 CCR5 抑制剂两种。

值得一提的是，进入抑制剂和整合酶抑制剂是最近抗艾药物研究领域的重大突破，它们拥有不同于以往抗艾药物的全新作用机制，因此在一定时间内会有效抵御对其他药物耐药的 HIV 病毒感染，并很可能由此引发和带动更多的联合治疗新药的产生，为艾滋病患者提供更多和更有效的治疗途径和选择。

目前另一种很有前景的抗艾滋病药物是成熟抑制剂，它通过抑制 HIV-1 病毒的 gag 蛋白切割的最后一步来阻止 HIV 病毒的成熟，导致生成的病毒粒子在结构上有缺陷因此不具有传染能力[13,14]。它与蛋白酶抑制剂的作用结果相似，但作用机理不同，是通过阻止 gag 蛋白的 CA-SP1 片段的断裂导致不成熟蛋白的形成。

除了发现新作用机制的抗艾滋病药物，对现有药物结构和剂型的改造也是开发新的抗艾药物的重要途径，如最近两年非肽蛋白酶抑制剂的问世克服了所有肽类蛋白酶抑制剂的抗药性问题，而第二代核苷类逆转录酶抑制剂也打破了这一类药物产生交叉抗药性的桎梏。

另一方面，固定剂量的多组分药物组合也是抗艾新药的重要组成部分，在降低药物剂量、简化疗程、提高疗效、减缓病毒抗药性的发生方面起到了显著作用。固定剂量复方制剂的组合主要是靶向蛋白不同位点的药物的组合，如核苷类逆转录酶抑制剂/核苷酸类逆转录酶抑制剂/非核苷类逆转录酶抑制剂之间的组合。

靶向不同蛋白的药物之间的组合也是临床上常用的治疗方法，如鸡尾酒疗法，基本采用三药或三药以上联合用药（常用组合为 1 个蛋白酶抑制剂加 2 个逆转录酶抑制剂），通过治疗确已降低了死亡率，延缓了艾滋病的进展，改善了患者的生活质量。这种合理且有效的联合用药被称为高效抗逆转录病毒疗法（highly active antiretroviral therapy，简称 HAART）。新结构和新作用机制的 HIV 抑制剂的研发和问世，也将大大扩大组合用药的选择范围，提高 HAART 的治疗效果。

35.3 现有抗艾滋病药物及其作用机理

目前，美国 FDA 批准用于 HIV-1 感染者临床治疗的药物共有 31 种，属于以下 7 个类别。

① 核苷类逆转录酶抑制剂（nucleoside reverse transcriptase inhibitors，简称 NRTIs）：齐多夫定（Zidovudine），去羟肌苷（Didanosine），扎西他滨（Zalcitabine），司他夫定（Stavudine），拉米夫定（Lamivudine），阿巴卡韦（Abacavir），恩曲他滨（Emtricitabine）。

② 核苷酸类逆转录酶抑制剂（nucleotide reverse transcriptase inhibitors，简称 NtRTIs）：替诺福韦酯（替诺福韦二索罗基富马酸盐）(Tenofovir Disoproxil Fumarate)。

③ 非核苷类逆转录酶抑制剂（nonnucleoside reverse transcriptase inhibitors，简称 NNRTIs）：奈韦拉平（Nevirapine），地拉韦定（Delavirdine），依法韦仑（Efavirenz），依曲韦林（Etravirine）。

④ 蛋白酶抑制剂（protease inhibitors，简称 PIs）：沙奎那韦（Saquinavir），利托那韦（Ritonavir），茚地那韦（Indinavir），奈非那韦（Nelfinavir），安普那韦（Amprenavir），洛匹那韦（Lopinavir)(是以 4∶1 的比例与利托那韦组合），阿扎那韦（Atazanavir)，福沙那韦（Fosamprenavir），以及替拉那韦（Tipranavir），地瑞那韦（Darunavir）。

⑤ 融合抑制剂（fusion inhibitors，简称 FIs）：恩福韦地（Enfuvirtide）。

⑥ 整合酶抑制剂（integrase inhibitors）：雷特格韦（Raltegravir）。

⑦ CCR5 抑制剂（CCR5 inhibitors）：马拉韦诺（Maraviroc）。

这些药物中的几个品种还构成了固定剂量的组合，主要是核苷类逆转录酶抑制剂、核苷酸类逆转录酶抑制剂以及非核苷类逆转录酶抑制剂之间的配伍组合，如：齐多夫定和拉米夫定，拉米夫定和阿巴卡韦，恩曲他滨和替诺福韦二索罗基富马酸盐，依法韦仑和恩曲他滨和替诺福韦二索罗基富马酸盐等。

35.3.1 常变常新的 HIV 逆转录酶抑制剂

如前所述，HIV-1 病毒粒子主要含有 9 种基因用于自身的感染和复制。这些重要基因包括：*gag*，编码核心蛋白 p17 和 p24；*pol*，编码三大基本酶 RT，PR 和 IN；*env*，编码被膜蛋白 gp120；*vif*，病毒感染因子，抑制宿主细胞的防御性蛋白 APOBEC3G；*nef*，负调节因子；*rev*，分化调控子（病毒粒子调节因子）；*vpu*，控制有效的病毒粒子出芽；*vpr*，弱转录活化子；*tat*，转录的反式激活因子，调控病毒基因的表达。

在病毒所编码的酶中，HIV-1 逆转录酶因在病毒复制周期中的早期和重要作用而成为第一个抗艾药物靶标。HIV-1 病毒粒子进入宿主细胞后，脱去衣壳蛋白，释放出遗传物质 RNA。病毒的逆转录酶就催化 RNA 复制出前病毒 DNA（proviral DNA），用于感染宿主细胞的 DNA。靶向 HIV-1 逆转录酶的抑制剂分为核苷类 HIV 逆转录酶抑制剂（NRTIs）、核苷酸类 HIV 逆转录酶抑制剂（NtRTIs）和非核苷类 HIV 逆转录酶抑制剂（NNRTIs）三类。

35.3.1.1 核苷类逆转录酶抑制剂

核苷类逆转录酶抑制剂是核苷的结构衍生物，作用于底物（dNTP）与 HIV 逆转录酶的结合位点，通过竞争性地抑制天然核苷与 HIV-1 逆转录酶的结合，阻碍前病毒 DNA 的合成。因此，这类化合物的结构特点是核苷的碱基上引进了取代基，或者核苷的核糖部位进行了结构修饰，作为"替身"用于 DNA 的合成，抑制逆转录酶的催化活性，破坏病毒 DNA 的结构和功能。如图 35-3 所示，大部分核苷类逆转录酶抑制剂在结构上其核糖的 $3'$ 位缺乏羟基，当它们代替天然核苷结合到前病毒 DNA 链的 $3'$ 末端时，不能再进行 $5'\rightarrow 3'$ 磷酸二酯键的结合，终止了病毒 DNA 链的延长。

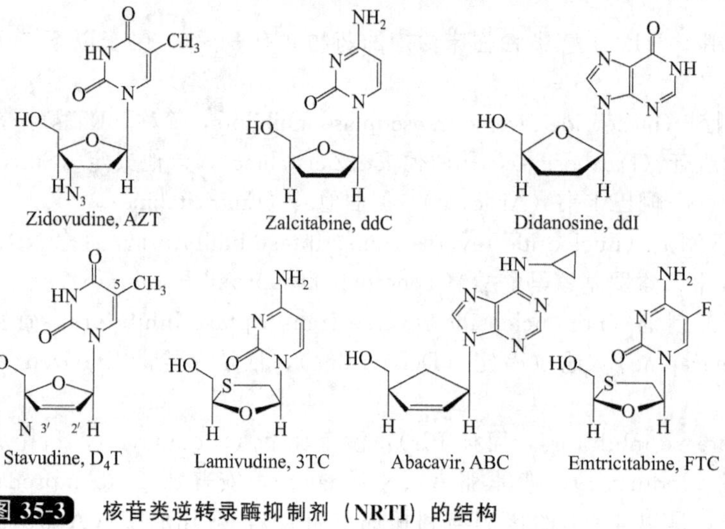

图 35-3　核苷类逆转录酶抑制剂（NRTI）的结构

1987年第一个被美国FDA批准上市的治疗艾滋病的药物齐多夫定（Zidovudine，AZT）就是核苷类HIV逆转录酶抑制剂，它对HIV的活性来源于其5'-三磷酸酯（AZTTP）对病毒逆转录酶活性的抑制[15]。齐多夫定三磷酸酯（AZTTP）是发挥抑制作用的活性品种，它是逆转录酶可接受的底物。AZTTP的形成发生在细胞内，需要两种不同激酶的催化[16,17]。首先，齐多夫定在细胞酶胸苷激酶催化下，比较容易地转化为5'-单磷酸酯，然后再在胸苷酸激酶作用下缓慢地转化为三磷酸酯。正是由于胸苷核糖单元的3'-羟基被一个叠氮基团所取代，它不能被磷酸化，所以，AZT-TP被正常地掺入不断增长的互补DNA链时，其3'-羟基的欠缺将阻断DNA多聚化的反应，从而导致前病毒DNA合成的破坏和病毒生命周期的终止，如图35-4所示。核苷类逆转录酶抑制剂基本上共享这一作用机理，当然，它们的碱基和核糖部分包含了非常广泛的结构多样性，而糖官能团与合适的核酸碱基之间具有适宜的匹配性。

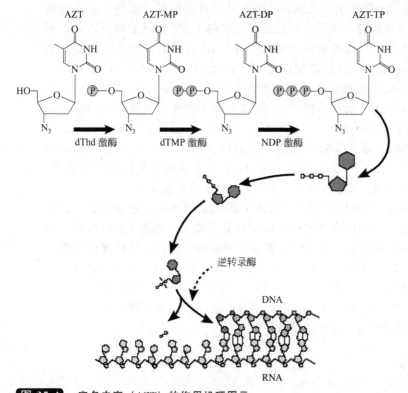

图 35-4 齐多夫定（AZT）的作用机理图示

在齐多夫定成为艾滋病治疗药物之后，陆续被批准上市的核苷类逆转录酶抑制剂有拉米夫定（Lamivudine，3TC）、扎西他滨（Zalcitabine，ddC）、司他夫定（Stavudine，D_4T）、阿巴卡韦（Abacavir，ABC）等[18]。其中拉米夫定（3TC）因其活性高、毒性低、耐受性好以及与AZT的协同作用而成为一个卓有成效的组合单元，因此成就了三个新的抗HIV复方制剂：双汰芝（Combivir，AZT＋3TC）、三协维（Trizivir，AZT＋3TC＋ABC）和Epzicom（ABC＋3TC）。这些将两个或三个核苷类逆转录酶抑制剂制成固定剂量的单一片剂的联合疗法（combination therapy）具有毒性低、用量少、病毒抗药性发展缓慢等显著优点，对HIV-1病毒的复制起到了有效的抑制作用。

由于核苷类逆转录酶抑制剂引起宿主细胞线粒体损坏，毒副作用大，而且长期单独用药促使病毒迅速产生抗药性，因此，药物学家一方面对现有逆转录酶抑制剂进行结构改造或剂型改进，发展第二代抗病毒药物，另一方面研究新结构的逆转录酶抑制剂，以应对病毒的耐药性。

2003 年 7 月被 FDA 批准上市、由 Gilead Sciences 开发的 Emtricitabine（又称作 Emtriva，FTC）就属于第二代核苷类逆转录酶抑制剂，其结构类似于已有的抗艾滋病药拉米夫定（3TC，或 Epivir），但它只需要一天服用一次，而且抗药性的发生也比较慢。Emtriva 是胞苷的硫代类似物，与 Epivir 相比，只是在碱基胞嘧啶的 5-位引进了一个氟原子。FTC 作为 3TC 的进化品种，对那些已对 3TC 产生抗药性的病毒株有效，而且也是一个优秀的联合疗法组合单元。

在对碱基或核糖单元进行结构改造产生新的核苷类逆转录酶抑制剂的同时，核糖的手性修饰也成为产生第二代核苷类逆转录酶抑制剂的重要途径[19]，而且其手性确实在药效和毒性方面起到重要作用[20]。天然的核糖是 D-构型，旋光方向是左旋的，故称 D-(−)-核糖。3TC 和 FTC 都属于将 1,3-氧硫杂环戊烷取代四氢呋喃环的胞苷类似物，并将核糖的糖苷键由 β-D 构型改造为 β-L 构型，表现出对乙型肝炎病毒 HBV 很强的抑制活性，而且能抵御脱氧胞苷氨酶的水解，对细胞生长和线粒体的 DNA 合成的毒性也较其 D-对映异构体低几十倍，这是因为天然的 D-异构体能够更加有效地插入线粒体的 DNA 中[21]。另一方面，通过调节氧硫杂环戊烷上氧原子和硫原子的位置，可以得到对 HIV-1 有强效抗病毒活性的化合物，但是对 HBV 没有活性[22]。例如由澳大利亚生物技术公司 Avexa 开发的第二代逆转录酶抑制剂 Apricitabine [(2R, 4R)-isoddC] 就是 3TC [(2S, 5R)-ddC] 的非对映异构体，在结构上是 4-硫杂取代胞苷类似物（图 35-5），它表现出提高的抗病毒活性，尤其对于对 3TC 或 FTC 产生抗药性的 HIV 病毒株具有很好的抑制活性，而且耐受性好，目前已完成临床Ⅱb 试验，进入了 FDA 快速通道审批阶段。

氧杂取代鸟苷类似物 Amdoxovir(DAPD) 目前处于临床Ⅱ期研究，它也代表了核苷类逆转录酶抑制剂结构改造的一个新的尝试方向，即将氧原子置入核糖的四氢呋喃环（图 35-5）。DAPD 由 RFS Pharm 公司开发，它在体内被腺苷脱氨酶转化成二氧环戊烷鸟嘌呤(DXG)，其活性代谢物 DXG 5′-三磷酸酯是以 HIV-1 逆转录酶备择底物/抑制剂的方式起作用的。对于齐多夫定抗药的 HIV-1 突变型以及对拉米夫定具有抗药性的 HIV-1 突变型，DAPA/DXG 都显示很好的抗病毒活性，并且对 HBV 也具有强效的抑制活性。但在临床研究中发现一些对眼睛的副作用，需要谨慎对待。

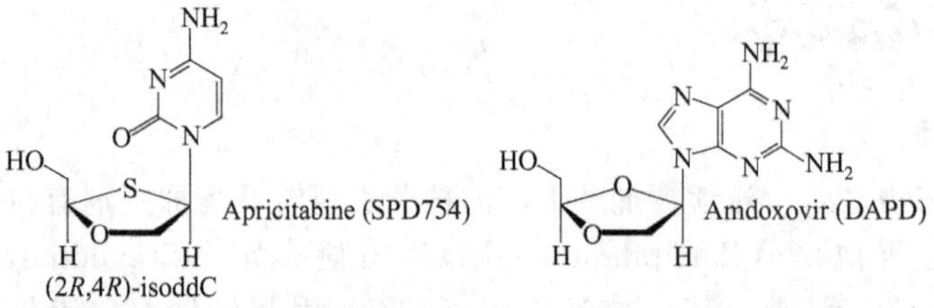

图 35-5 新结构的核苷类逆转录酶抑制剂

新型逆转录酶抑制剂的开发主要包括两类，一类是新结构的核苷类逆转录酶抑制剂，如上所述的第二代核苷类逆转录酶抑制剂，另一类就是新机理的核苷酸类逆转录酶抑制剂和非核苷类逆转录酶抑制剂。

35.3.1.2 核苷酸类逆转录酶抑制剂

核苷酸类逆转录酶抑制剂可看作是核苷类逆转录酶抑制剂的进化品种，在机理上都是作用于逆转录酶结合位点的竞争性抑制剂。不同之处在于，核苷酸类逆转录酶抑制剂（NtRTIs）含有一个磷酸酯基团，因此它只需要两步磷酸化就可以转化为活性代谢物三磷酸酯掺入到逆转录酶反应中，终止逆病毒 DNA 的合成，具有更强的抗病毒活性和口服利用度[23]。目前已用于临床的核苷酸类逆转录酶抑制剂有替诺福韦酯（Tenofovir Disoproxil Fumarate，商品名 Viread，由 Gilead Sciences 开发，2001 年 10 月 26 日获准上市）和阿德福韦酯（Adefovir Dipivoxil，商品名 Hepsera，由 Gilead Sciences 开发，2002 年 9 月 20 日批准作为抗 HBV 药物，但对 HIV 也有效），二者都属于非环核苷磷酸酯（acyclic nucleoside phosphonate）结构，对逆转录病毒和肝 DNA 病毒属都有活性（图 35-6）。

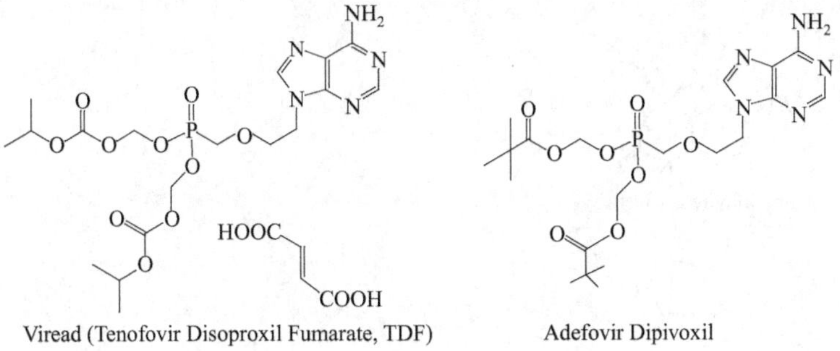

图 35-6　核苷酸类逆转录酶抑制剂（NtRTI）

核苷酸类逆转录酶抑制剂由于已经装配有一个磷酸酯基团，所以，它们只需要两步磷酸化就能转变成活性代谢物三磷酸酯，后者随后作为逆转录酶反应的竞争性底物（相应的天然底物是 dATP），通过掺入作用成为专一性的链中止剂。这样就可以避开核苷-激酶限速反应步骤，而该步骤常常限制了核苷类逆转录酶抑制剂的活性。

与拉米夫定、恩曲他滨以及 Amdoxovir 相似，核苷酸类逆转录酶抑制剂阿德福韦和替诺福韦不仅具有抗 HIV 活性，它们也同样对乙型肝炎病毒 HBV 具有活性。阿德福韦由于在抑制 HIV 的活性剂量下对肾脏有毒副作用，但它对 HBV 的活性更强，所需剂量低，毒副作用降低，因此，阿德福韦和替诺福韦以它们的口服前药形式阿德福韦（二匹伏）酯［二（2,2-二甲基丙酰氧甲基）-PMEA］和替诺福韦二索罗基［二（异丙氧羰氧甲基）-PMPA］富马酸盐被正式批准分别用于 HBV 和 HIV 感染的治疗。

35.3.1.3　非核苷类逆转录酶抑制剂

在抗击 HIV 战斗中用到的第二大类药物就是非核苷类逆转录酶抑制剂（NNRTI）。虽然这些化合物也是作用于逆转录酶，但其作用机制与核苷（酸）类逆转录酶抑制剂完全不同。非核苷类逆转录酶抑制剂不需要磷酸化，不直接掺入新生的病毒 DNA 链，而是直接靶向病毒逆转录酶的非底物结合位点（异构位点，allosteric site），通过与逆转录酶特定的结合口袋作用改变酶蛋白的构象，干扰酶与底物的结合，从而抑制病毒的复制。因此，非核苷类逆转录酶抑制剂不是天然核苷的竞争性底物，毒副作用小，但由于它们作用于逆转录酶的非保守区域，很容易诱导病毒蛋白产生变异从而发展病毒的抗药性，因此限制了它的应用。NNRTIs 诱导的最常见突变是 K103N 和 Y181C。但是，由于结合位点不同，非核苷类逆转录酶抑制剂与核苷类逆转录酶抑制剂联合使用具有协同作用，展示提高的抗病毒活性。

目前用于临床使用的非核苷类逆转录酶抑制剂有四种：奈韦拉平（Nevirapine）、地拉韦定（Delavirdine）、依法韦仑（Efavirenz）和依曲韦林（Etravirine）(结构见图 35-7）。其中奈韦拉平是第一个被 FDA 批准上市的非核苷类逆转录酶抑制剂，而依曲韦林是最近才研发上市的第二代非核苷类逆转录酶抑制剂，用于抵抗这类药物相对快速产生的病毒抗药性，并提高药代动力学性质。新结构的非核苷类逆转录酶抑制剂 Etravirine（原名 TMC125，商品名 Intelence）是由 Johnson & Johnson 收购的原比利时药业公司 Tibotec

开发，于 2008 年 1 月 18 日获准上市。Etravirine 的显著优点是它与先前使用的所有非核苷类逆转录酶抑制剂不具有交叉抗药性，因此，能用于对所有非核苷类逆转录酶抑制剂产生抗药性的 HIV 病毒感染的治疗[24]。Tibotec 公司对这类嘧啶结构进一步结构优化，开发了第二个新结构的非核苷类逆转录酶抑制剂 TMC-278，目前处于临床 II b 试验阶段。

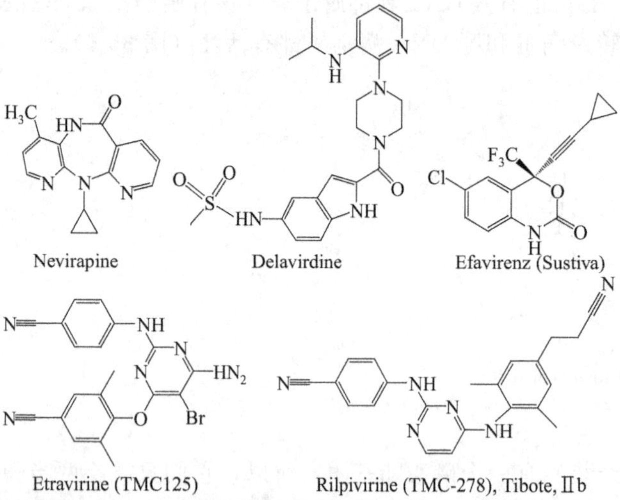

图 35-7 非核苷类逆转录酶抑制剂（NNRTI）的结构

同时，如前面提到的固定剂量的多组分组合疗法诸如 Combivir、Trizivir 和 Epzicom 等，将不同结构的核苷类逆转录酶抑制剂与非核苷类逆转录酶抑制剂、核苷酸类逆转录酶抑制剂进行有机结合，也是抗病毒新药研发的重要而且成功的方向[18,23]。在固定多组分的单一药剂研发方面，核苷酸类逆转录酶抑制剂替诺福韦酯（Viread）是一个非常好的组合疗法单元，Viread 与 Emtricitabine 组成的固定组分复方片剂 Truvada（由 Gilead Sciences 开发，2004 年 8 月 2 日被 FDA 批准上市）以及由 Viread、Emtricitabine 和非核苷类逆转录酶抑制剂 Efavirenz（Sustiva）组合而得的多重类型组合产品 Atripla（由 Bristol-Myers Squibb 和 Gilead Sciences 联合开发，2006 年 7 月 12 日获准上市）为那些对现有药物治疗产生抗药性的 HIV 感染者带来新的希望。

值得一提的是，Atripla 综合了 3 种抗艾药——依法韦仑（Efavirenz，Sustiva）、恩曲他滨（Emtricitabine，Emtriva，FTC）和替诺福韦酯（Tenofovir Disoproxil Fumarate，Viread），且每日仅需给药 1 次，被称为"the power of three, in one pill daily"。由于 Atripla 将两种核苷类逆转录酶抑制剂（NRTIs）和一种非核苷类逆转录酶抑制剂（NNRTIs）制成固定组分的单一片剂，同时靶向逆转录酶的不同位点，具有效果显著的简化疗程、提高疗效的作用，因此，Atripla 在美国上市的第一年就获得了 1.74 亿美元的喜人业绩，并于 2008 年获准进入欧盟市场。据 Datamonitor 预测，Atripla 将成为未来 HIV 市场的一线治疗药物[25]。

35.3.2 从拟肽向非肽进化的 HIV 蛋白酶抑制剂

自 1987 年第一个抗艾滋病药物齐多夫定上市，临床治疗艾滋病基本应用单药治疗，病毒复制得到了一定的抑制，但是几乎 100% 的服药者在治疗 12 周后出现病毒水平反弹。自 1995 年蛋白酶抑制剂引入临床后，迅速降低的血浆 HIV 病毒载量和突出的疗效，使人们对艾滋病的治疗加强了信心。蛋白酶抑制剂作为底物类似物竞争性地抑制 HIV-1 蛋白酶的活性，或以其对称结构干扰蛋白酶的活性位点，使得蛋白酶的活性被抑制，子粒病毒不能成熟，从而抑制 HIV-1 病毒的复制。蛋白酶抑制剂用于和逆转录酶抑制剂联合用药的 HAART 疗法开创了 HIV/AIDS 治疗的新纪元，具有革命性的意义。

35.3.2.1 HIV-1 蛋白酶的结构及其抑制剂的设计原理

蛋白酶（protease，简称 PR）是 HIV-1 病毒 *pol* 基因编码的三大基本酶之一，负责新生成病毒在出芽过程或出芽后很短时间内的成熟。由于前病毒 DNA 经转录和翻译后的产物表达为长链的多聚蛋白，所以蛋白酶需要在 9 个不同的位点进行切割以产生病毒的各个功能蛋白和结构蛋白[26,27]。HIV-1 蛋白酶属于天冬氨酸蛋白酶家族，以两个 99 氨基酸残基蛋白组成的同源二聚体存在，其晶体结构揭示其 C2 对称的三级结构（如图 35-8 所示），两条 Flap 与两个催化天冬氨酸残基 D25A 和 D25B 所构成的空腔就是结合多肽底物的催化核心区域。当酶与抑制剂结合时，两条 Flap 会明显地向下移动而关闭（图 35-8）。

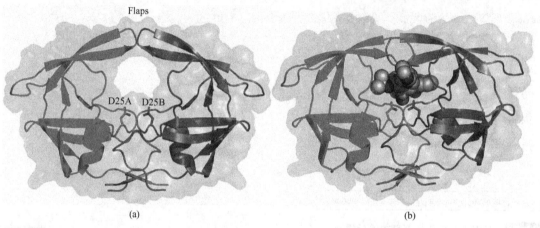

图 35-8 HIV-1 蛋白酶单独 (a) 以及与抑制剂结合的复合物 (b) 的晶体结构

天冬氨酸蛋白酶家族的机理研究表明，活性位点上的两个天冬氨酸催化水分子加成到切割位点的酰胺键上，结果形成一个四面体的过渡态（图 35-9）[28,29]，这一中间体裂解就生成两个小肽片段。HIV-1 蛋白酶就以这样的方式在多位点上切割 *gag* 和 *gag-pol* 多聚蛋白，每一切割位点两端的特殊氨基酸都已确定[30]。根据这些结构信息，蛋白酶抑制剂就可以基于过渡态电子等排体模式进行设计[29]，即以不能被水解的结构类似物（称为生物电子等排体）取代肽底物上的可剪切的酰胺键。这些生物电子等排体模拟了酰胺键水解过渡态的结构和几何形状，因此它与酶的牢固结合就导致了酶功能的强烈抑制。

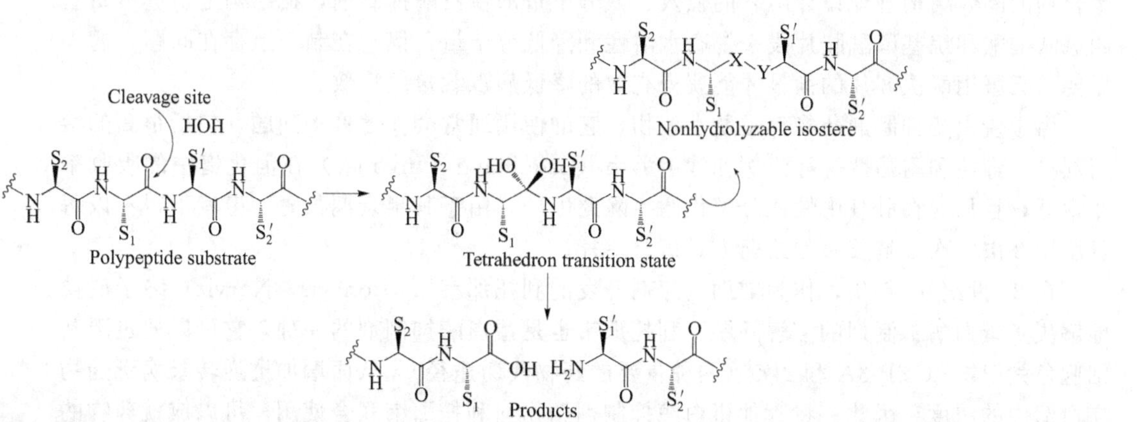

图 35-9 酰胺键被蛋白酶水解时的四面体过渡态

35.3.2.2 拟肽 HIV-1 蛋白酶抑制剂

HIV-1 蛋白酶抑制剂就是基于相应过渡态的生物电子等排体被设计出来的，其基本原理是以非剪切的羟基乙基键（hydroxyethylene bond）取代可剪切的肽键（如图 35-10 所示）。虽然 HIV-1 蛋白酶被要求在病毒蛋白体的众多氨基酸对之间进行切割，但特异性的一个切割位点是在 Tyr 或 Phe 与 Pro 之间，因此，根据 Phe-Pro 切割位点附近的多肽氨基酸序列（Leu-Asn-Phe-Pro-Ile），一系列含有羟基电子等排体的拟肽抑制剂被合成出来，其中不可水解的羟基电子等排体模拟了酶水解反应的四面体中间体，而这个关键羟基的立体化学对其抑制活性至关重要。

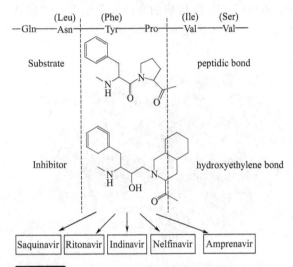

图 35-10 HIV-1 蛋白酶抑制剂的设计原理

运用这样的设计策略，第一个 HIV-1 蛋白酶抑制剂 Saquinavir 于 1995 年 12 月成功上市，次年 2 月，Ritonavir（Norvir）和 Indinavir（Crixivan）也获得了 FDA 的批准（结构见图 35-11）。值得一提的是，Ritonavir 的设计引进了 C_2 对称性元素，即应用蛋白三级结构的 C_2 对称性于过渡态的模拟，这成为 HIV-1 蛋白酶抑制剂设计的常用策略。而第四个上市的蛋白酶抑制剂 Nelfinavir 衍生于 Saquinavir 的二肽电子等排体结构，分子量进一步减小，兼顾了抗病毒活性和更好的药代动力学特征，成为第一个一天只需服用两次的 HIV-1 蛋白酶抑制剂。安普那韦（Amprenavir，商品名 Agenerase）是基于抑制剂-蛋白复合物的晶体结构合理设计出来的强效、低分子量的蛋白酶抑制剂，在结构上引进了氨基四氢呋喃酯和烷基磺酰胺片段来提高水溶性和降低分子量，但它在制剂上存在问题，病人需要一天服用两次 8 片的剂量才能获得有效的降低病毒载量的疗效。

由于蛋白酶抑制剂药物都是肽类似物，它的使用通常会伴随许多问题，包括很高的给药剂量、毒性和耐药性等等。例如沙奎那韦（Saquinavir，Invirase）在消化道中的吸收率非常低，且只能在肝脏中快速分解代谢。除此以外，由于其半衰期很短，患者不得不以每日服用 3 次每次 3 粒胶囊的给药方式进行治疗。

在 20 世纪 90 年代，作为辅助治疗剂开发的利托那韦（Ritonavir，Norvir）终于成功地解决了蛋白酶抑制剂的溶解问题。利托那韦也是蛋白酶抑制剂的一种，它可以通过阻断细胞色素 P450 CYP 3A 和 2D6（两种重要的药物代谢途径），从而增加抗逆转录病毒药物在血清中的浓度。因此，将其他蛋白酶抑制剂药物与利托那韦联合使用，可以成就药物的低剂量使用，降低患者的治疗负担。

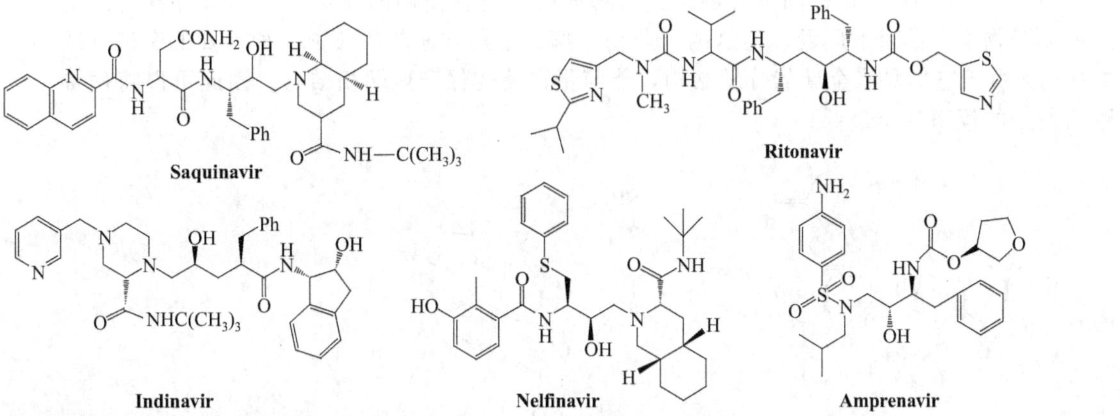

图 35-11 HIV-1 蛋白酶抑制剂的结构

针对肽类蛋白酶抑制剂的副作用及其产生的病毒抗药性，新结构的第二代蛋白酶抑制剂不断被研发出来，尤其是针对核心药效团 Phe-Pro 二肽结构的简化和优化，产生了低分子量的拟肽抑制剂；同时，结合蛋白晶体结构和自动对接计算程序，全新的非肽小分子蛋白酶抑制剂终于在 2005 年上市。

35.3.2.3 第二代和非肽 HIV-1 蛋白酶抑制剂

进入 21 世纪后，蛋白酶抑制剂的结构和性能有了很大突破，首先是含有氮杂-二肽电子等排体结构的新型蛋白酶抑制剂阿扎那韦（Atazanavir，商品名 Reyataz）于 2003 年 6 月 20 日被 FDA 批准上市，由 Bristol-Myers Squibb 公司开发。相对于其他蛋白酶抑制剂，阿扎那韦具有两个显著优点，首先它是唯一准许一天服用一次的蛋白酶抑制剂，这将大大简化剂量疗程；其次，阿扎那韦没有显示会增加病人的胆固醇和甘油三脂含量，而这是其他所有蛋白酶抑制剂不同程度都会遭遇的问题[31]。

另一个在 2003 年 10 月被 FDA 批准上市的蛋白酶抑制剂福沙那韦（Fosamprenavir，商品名 Lexiva）属于第二代改进品种，它是老的蛋白酶抑制剂安普那韦的前药，是安普那韦的磷酸酯盐形式。当福沙那韦进入体内，迅速被细胞的磷酸酯酶转化为安普那韦，成为活性的蛋白酶抑制剂。值得一提的是，剂型的改变大大提高了药物的依附性，改善了药物的药代动力学性质，使得药物的使用剂量大为降低，福沙那韦只需一天 2 片就可维持安普那韦一天 16 片的疗效。

随后，通过广谱筛选和基于结构的先导化合物优化策略[32]，具有 5,6-二氢-4-羟基-2-吡喃酮核心骨架的替拉那韦（Tipranavir，Aptivus）作为全球第一个非肽蛋白酶抑制剂由德国 Boerhinger Ingelheim 公司成功开发，于 2005 年 6 月 22 日获得 FDA 批准在美国上市，2005 年 11 月又获准在英国和德国上市。具有全新结构的非肽蛋白酶抑制剂替拉那韦由于具有完全不同于现有肽类蛋白酶抑制剂的结构，因此可以对所有对肽类蛋白酶抑制剂产生抗药性的病毒株发挥有效的抑制作用。而且替拉那韦与现有蛋白酶抑制剂 Ritonavir 的联合使用可提升其血液浓度和血液中的保留时间，并应用于那些用其他抗逆转录病毒疗法治疗无效或者感染多药耐药 HIV 病毒株、且病毒仍在体内进行复制的成年艾滋病患者[33]。

事隔一年，全球第二个非肽蛋白酶抑制剂地瑞那韦（Darunavir，商品名 Prezista，TMC-114）由 Tibotec 公司开发成功，于 2006 年 6 月 23 日首次在美国上市，2007 年 3 月在欧盟的 27 个成员国上市。Prezista 主要用于治疗感染了艾滋病病毒、但服用现有抗逆转录病毒药物未见疗效的成年人，尤其用于对鸡尾酒疗法产生耐药性的患者的治疗，其效果和安全性都令人乐观。

Prezista 和 Aptivus 的问世开创了蛋白酶抑制剂药物使用的新纪元。尽管毒性仍然是这一类药物不可回避的问题，但这两个药物在病毒耐药方面却代表了一种重要的突破（图 35-12）。由于它们具有全新的分子结构，能与蛋白酶的保守残端相结合，因此可以将病毒耐药发生的概率降至最低。

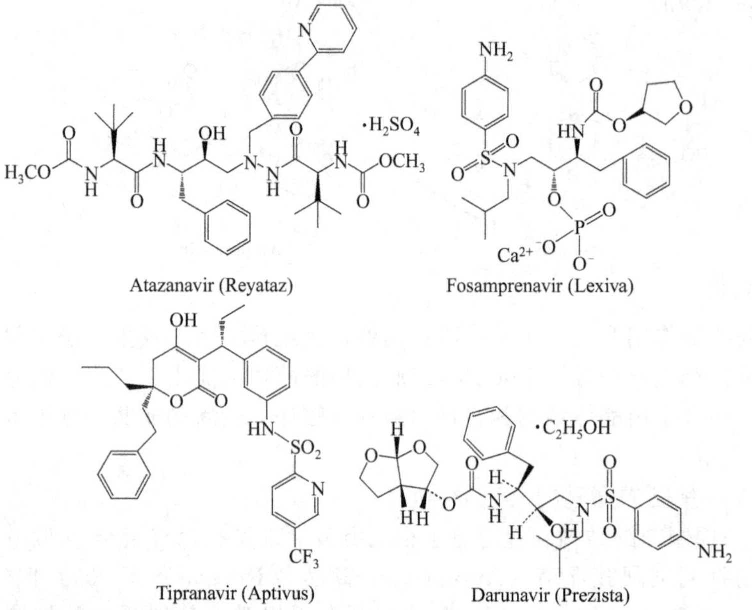

Atazanavir (Reyataz)　　Fosamprenavir (Lexiva)

Tipranavir (Aptivus)　　Darunavir (Prezista)

图 35-12　新型 HIV-1 蛋白酶抑制剂药物的结构

抗艾滋病新药的研发主要采用两种策略，一是对现有抗病毒药物进行结构改造克服其不足提升其活性和选择性发展为第二代抗病毒药物，另外一种就是针对新靶标开发具有新作用机制的抗病毒药。具有全新作用机制的抗艾滋病新药在最近几年也获得迅猛发展，为越来越多具有大量治疗经历而产生耐药性的患者带来了新的治疗希望[34]。

35.3.3　全新作用机制的抗艾滋病新药：HIV-1 进入抑制剂和整合酶抑制剂

目前，全球研究得最热并获得成功的具有新作用机制的抗艾滋病新药主要集中在 HIV-1 进入抑制剂和 HIV-1 整合酶抑制剂两个领域[35]。2003 年第一个融合抑制剂 Enfuvirtide（商品名 Fuzeon，又称 T-20）问世，打破了十多年来抗艾滋病药物市场由逆转录酶抑制剂和蛋白酶抑制剂一统天下的局面，为越来越多产生耐药性的 HIV 感染者带来了福音。2007 年辉瑞的 CCR5 抑制剂 Maraviroc（在美国的商品名为 Selzentry，在欧洲的商品名为 Celsentri）和默克的整合酶抑制剂 Raltegravir（Isentress）相继获得 FDA 的上市批准，成为具有全新作用机制的抗艾新药，它们将显著改变现有的 HIV 晚期治疗范例，且很可能会由此引发和带动更多的联合治疗新药的产生。

35.3.3.1　HIV-1 整合酶抑制剂

病毒 DNA 插入宿主细胞染色体的整合过程是 HIV-1 病毒复制的必需步骤，这使 HIV-1 得以利用宿主细胞的基因复制系统进行病毒 DNA 的复制。这一过程是由病毒编码的整合酶催化完成的。HIV-1 整合酶以单一的活性部位与病毒和宿主两种不同构象的 DNA 底物作用，有可能限制 HIV 对整合酶抑制剂药物产生抗药性；加之整合酶只存在于病毒中，哺乳动物类均无对应酶；而且整合酶抑制剂与蛋白酶抑制剂和逆转录酶抑制剂在一些检测模型中具有协同作用[36]，因此，HIV-1 整合酶成为病毒药物干预的理想靶标[37]。第一个整合酶抑制剂雷特格韦（Raltegravir，MK-0518）于 2007 年 10 月被 FDA 批准上市，成为抗艾药物领域的新突破，这也充分证实了整合酶作为抗逆转录病毒药物靶标的有效性。

（1）HIV 整合酶的结构和功能　HIV-1 整合酶（HIV-1 IN）是由病毒的 *pol* 基因编码、含有 288 个氨基酸的蛋白质，其功能结构主要分为三个区域[38]：N 端区（NTD）、催化核心区（CDD）和 C 端区（CTD），三个区域的结构分别被 X-射线晶体衍射所确定。但是由于全酶的溶解性差，难以重结晶，所以全酶空间结构仍未解决。如图 35-13 所示[39]，整合酶 N 端区由 1～49 位氨基酸组成，形成 HHCC 基序，结合锌离子形成锌指结构，此结构能促进整合酶的四聚化及增强催化活性。催化核心区（51～212）含有内核酶和多核苷转移酶的位点，其中 Asp64，Asp116，Glu152 为酶的活性中心，形成 DDE 结构，是酶的催化部位。C 端区由 213～288 位氨基酸组成，被认为是与 DNA 结合的区域。

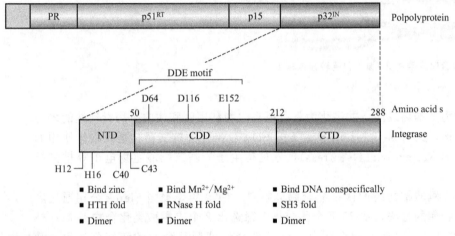

图 35-13　HIV-1 整合酶的结构组成

HIV-1 整合酶主要催化两种反应[39]：病毒 DNA 的 3′端切除及链转移反应。整合酶先特异性地在病毒的长末端重复序列（long terminal repeat，LTR）3′末端各切掉两个核苷酸，暴露出 3′-CA 末端，然后整合酶与病毒 DNA 一起移位进入细胞核。在细胞核内，整合酶再随机切割宿主细胞 DNA 产生一个交错切口，然后将病毒 DNA 缺损的 3′端与宿主 DNA 的 5′端连接，这个过程就是链转移反应。整合酶主要通过以上两个步骤完成病毒 DNA 的整合，如图 35-14 所示，其化学机理是磷酸酯水解和转移磷酸酯化的过程。

针对整合酶行使其功能的过程，可以寻找的化学切入点如下。

① 抑制整合酶的多聚化：研究表明，整合酶在催化过程中是以多聚体的形式行使催化功能的。因此干扰酶单体之间的相互作用也能抑制整合反应，达到抗病毒的目的。在研究中发现整合酶核心结构域多聚体表面是平展的，疏水性的，一般通过两对 α 螺旋相互作用结合在一起。

② 抑制整合酶与 DNA 之间的相互作用：阻断整合酶的 DNA 结合位点，化学修饰改变 DNA 表面结构或药物插入使 DNA 结构发生变化。

③ 抑制整合酶的 3′位切除和链转移反应。

④ 干扰核定位：进入宿主细胞的细胞核才能整合到宿主染色体上，此核蛋白复合物中的某个组分上含有核定位信号，将此信号阻断，则病毒 DNA 或者整合酶就不能进入细胞核，就不能与宿主染色体发生整合。

在已报道的众多整合酶抑制剂中，链转移反应抑制剂是目前最有前景的整合酶抑制剂，

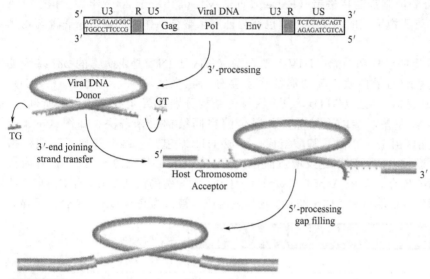

图 35-14 HIV-1 整合酶介导的 3′-加工和链转移过程

(摘自 Rev Med Virol, **2002**, 12: 179-193)

主要以芳基二酮酸为基本药效团,并进化为具有更高生物利用度和体内抗病毒活性的多种生物电子等排体结构。2007 年 10 月 12 日被美国 FDA 批准作为抗艾药物进入临床使用的第一个整合酶抑制剂 Raltegravir (Isentress),就是衍生于芳基二酮酸生物电子等排体结构的链转移抑制剂。

(2) 基于芳基二酮酸结构的 HIV-1 整合酶抑制剂　1999 年,美国 Merck 公司通过高通量筛选组合化合物库的方法,从 25 万个化合物中筛选出 2 个二酮酸类化合物 L-731988 和 L-708906 (图 35-15),发现这两个化合物能够选择性抑制整合酶的链转移过程,其 IC_{50} 分别为 80nmol/L 和 150nmol/L;而且它们的细胞内抗 HIV 活性也很高,EC_{50} 为 1~2μmol/L[40]。分析二酮酸类化合物的结构特点,它主要有两个药效团:一个是芳香环

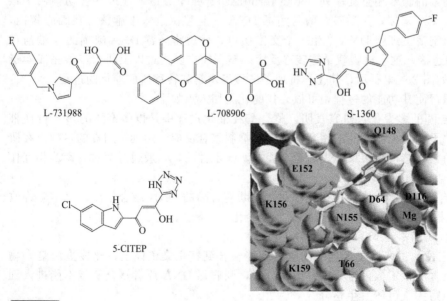

图 35-15 芳基二酮酸类 HIV-1 整合酶抑制剂

区域，被认为是与整合酶疏水性口袋结合，芳环一般为双芳环结构或者两个相连的单芳环结构；另一个药效团是酮酸结构，被认为是与催化核心的镁离子结合的区域。生物学实验表明，二酮酸类整合酶抑制剂需要在二价金属离子（Mg^{2+}，Mn^{2+}）存在下才能与整合酶相互作用，从而抑制整合酶活性。

同一时间，日本 Shionogi 公司利用生物电子等排体原理，成功地用四唑基团取代羧基，保持了化合物原有的较高的生物活性，所合成的化合物 5-ClTEP 与整合酶催化核心域形成共结晶，得到了第一个也是目前唯一的 HIV-1 整合酶与抑制剂复合物的 X-射线衍射晶体结构[41]，为整合酶抑制剂的合理药物设计提供了有益的结构基础。

日本 Shionogi 和美国 Glaxosmithkline 制药公司进一步利用生物电子等排原理，用三唑基团来取代二酮酸的羧基，同时增加芳环部分的亲脂结构，得到了化合物 S-1360，其体外抑制整合酶的活性 IC_{50} 为 20nmol/L。在 MTT 测定中（MT-4 细胞被 HIV-ⅢB 感染），S-1360 抑制 HIV-1 复制的活性 EC_{50} 和 EC_{90} 分别为 200nmol/L 和 740nmol/L，细胞毒性 CC_{50} 为 12μmol/L。S-1360 成为第一个进入临床研究的 HIV-1 整合酶抑制剂。但Ⅱ期临床试验结果显示，S-1360 在体内经非细胞色素 P450 代谢途径，其结构中与三氮唑相连的烯醇易被体内的醛酮还原酶所还原，随后很快被清除出体内[42]。这种代谢不稳定性使得 S-1360 在 2003 年被终止临床研究。

二酮酸类整合酶抑制剂的发现，第一次确定了整合酶作为抗 HIV-1 靶点的可行性。虽然二酮酸类整合酶抑制剂本身没有获得成功，但是它明确地揭示了链转移抑制剂的药效团模型，为后续开发的很多整合酶抑制剂提供了结构基础。

(3) 基于芳基二酮酸生物电子等排体结构的 HIV-1 整合酶抑制剂（图 35-16） 鉴于二酮酸结构的生物不稳定性，Merck 公司通过生物电子等排体的方法成功地将二酮酸的药效团构建在 1,6-二氮杂萘-7-羧酰胺类化合物上，并且在 1,6-二氮杂萘的 5 位引入取代基，调节化合物的抗病毒活性和改善药物的理化性质。其代表性化合物 L-870810 和 L-870812 分别进入了临床试验[43]，其中 L-870810 抑制链转移活性 IC_{50} 值为 10nmol/L 左右，在 50％人类血清中抗 HIV 活性 EC_{95} 值为 100nmol/L。研究表明在口服用药的情况下，L-870810 有适当的生物利用度（49％）和较长的半衰期，每日给药 2 次即可；在短期单一治疗实验中，L-870810 对初次以及已经接受过治疗的 HIV-1 感染病人是成功的，与已有的抗艾滋病药有协同作用，对多重耐药株有效。但是研究发现该药对实验狗有长期剂量肝肾毒性，因此终止了开发。

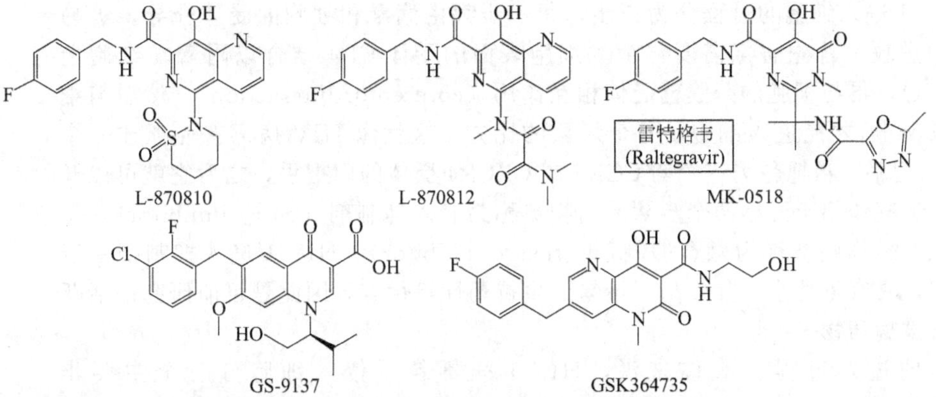

图 35-16 基于芳基二酮酸生物电子等排体结构的 HIV-1 整合酶抑制剂

在此基础上，Merck 公司进一步开发了嘧啶二酮羧酸酰胺类化合物 MK-0518（雷特格韦，Raltegravir），成为第一个被 FDA 批准上市的整合酶抑制剂。MK-0518 于 2005 年 12 月进入临床 I 期实验，2006 年进入临床 II 期实验，在 24 周的中期资料显示，MK-0518 同逆转录酶抑制剂 Efavirenz（Sustiva）一样有效，即在原有的治疗基础上加用 MK-0518 后 24 周可有效地降低病毒载量，且降低得更快。MK-0518 各剂量组在头两周内即出现病毒载量的迅速下降，然后缓慢下降持续到 24 周。2007 年初的 III 期临床试验显示，MK-0518 用于治疗对三类抗逆转录病毒疗法产生耐药性的艾滋病患者，不仅很有效果而且毒性也比较小[44]。对 MK-0518 代谢途径研究后发现，其在体内主要通过 UGT1A1 调节的葡萄糖苷酸化代谢，MK-0518 既不是细胞色素 P450 酶系的底物也不是它的抑制剂。MK-0518 也没有发现明显的药物相互作用，可以和其他抗艾滋病药物联合使用，提供治疗艾滋病的新疗法。

另一个很有前景的整合酶抑制剂是由日本 Tobacco 和美国 Gilead Sciences 公司联合开发的喹诺酮酸类化合物 GS-9137(JTK-303)，目前处于 III 期临床试验之中[45]。GS-9137 是通过对喹诺酮类抗菌化合物进行结构修饰而得到的一种口服的 HIV 整合酶抑制剂[46]，它提供了芳基 β-二酮酸类整合酶抑制剂中二酮酸的替代药效团结构，既保持了很好的活性，又提高了药代稳定性。在 I 期和 II 期临床试验中 GS-9137 都显示出很好的安全性和疗效；而且它完全通过粪便清除，而不是肾，因此对有肾脏疾病的艾滋病患者也不需要调整剂量。在剂量增加临床试验中，无论是单药治疗还是与蛋白酶抑制剂利托那韦联合使用，与安慰剂相比，GS-9137 都能显著地减少 HIV 阳性病人的病毒载量。

同样进入临床试验的二氮萘酮类整合酶抑制剂 GSK364735（由 GlaxoSmith-Kline 研发）显示对艾滋病患者很有效，其抑制链转移活性 IC_{50} 值为 8nmol/L 左右，在细胞水平的抗 HIV 活性 EC_{50} 值为 2nmol/L，在 2007 年 9 月完成 II 期临床试验。但由于发现该药物对猴子的肝脏有长期毒性[47]，所以 GSK364735 的研发不得不中止。

总之，整合酶抑制剂药物雷特格韦的成功上市，标志着整合酶抑制剂研发的一个重大突破，不但扩大了抗艾滋病药物的选择范围，而且成为 HHART 疗法的一个重要组成部分，为艾滋病患者提供新的联合用药方案。另一方面，由于整合酶催化的病毒 DNA 的整合过程是一个多步骤反应，因此，随着对整合酶作用机制研究的不断深入，未来一定会有更多的靶向不同步骤或不同位点的新结构整合酶抑制剂问市，通过协同作用增强活性、降低毒性、增加病人的耐受性、减缓病毒抗药性的产生，从而更好地控制艾滋病的进程。

35.3.3.2 HIV-1 进入抑制剂

HIV-1 进入细胞的过程对于抗病毒治疗来说是很有吸引力的靶点[48]。HIV-1 与细胞的融合或称 HIV-1 进入细胞的过程分为三步，每一步都由病毒和细胞的受体介导，极易受治疗性干预的进攻。首先病毒需要与宿主细胞表面的受体 CD4 结合以附着在细胞上（viral attachment），再与细胞的跨膜辅受体相互作用（coreceptor interaction），然后与细胞膜融合（fusion）后才能进入细胞。打个形象的比方，这就像 HIV 病毒首先抓住一个叫 CD4 受体的门把手，再抓住另一个叫 CCR5 或 CXCR4 受体的门把手，之后它就可以开门进入细胞了。那些作用于开始两个步骤的药物被称为进入抑制剂（entry inhibitor），作用于第三个步骤的药物则被称为融合抑制剂（fusion inhibitor）。HIV-1 进入抑制剂由于在细胞外起作用，具有毒性小、疗效高、不易产生抗药性等优点，因此是目前研究最活跃的新类型的抗艾滋病药物[12]。

(1) HIV-1 的进入过程 具体来说，HIV-1 病毒粒子侵入细胞分三个主要步骤[49,50]：病毒糖蛋白 gp120 和宿主细胞 CD4 受体结合、构象改变的病毒壳体与宿主细胞辅受体 CCR5 或 CXCR4 结合、融合病毒内含物进入细胞膜内，如图 35-17 所示。

病毒对人体 CD4$^+$ 细胞（T 淋巴细胞和巨噬细胞）的侵犯首先依赖于病毒壳体表面的糖蛋白[51]。HIV-1 表面糖蛋白基因编码的前体分子 gp160 经蛋白酶剪切加工后，成为成熟的外膜糖蛋白 gp120 和跨膜糖蛋白 gp41。在病毒表面，外膜蛋白 gp120 和跨膜蛋白 gp41 以非共价键结合，3 个异源二聚体组成包膜超分子结构，形成病毒表面的突起。病毒进入是通过这些蛋白的一系列构象变化实现的。

HIV-1 感染的第一步是病毒表面糖蛋白 gp120 和 T 淋巴细胞表面的 CD4 受体结合，形成 CD4 和 gp120 的复合物[52]，导致 gp120 的构象改变，暴露出隐藏在内部的疏水性中心。构象发生变化后的 gp120 可以与趋化因子辅受体（CCR5，CXCR4）的特定部位结合，引起寡聚体 gp120-CD4-gp41 的构象进一步发生改变，使得 gp120 和 gp41 分离，gp41 的两个 α 螺旋结构构象变化，形成管束状结构。接着一个疏水性的 N 末端融合肽插入胞膜内，病毒内含物释放出来，进入细胞，这样病毒体就和细胞膜连接并融合在一起。

HIV-1 的进入是一个多步骤过程，提供了对 HIV-1 复制的治疗性干预的多重机会（图 35-17），包括 CD4 结合位点抑制剂（CD4 受体抑制剂和 gp120 抑制剂）、辅受体抑制剂和 gp41 融合抑制剂等。而且 HIV-1 进入过程的协调性赋予了靶向其不同步骤的抑制剂之间具有协同作用的特性。目前已经成功上市的有小分子 CCR5 抑制剂和 gp41 融合抑制剂两类。靶向 gp120 与 CD4 受体相互作用的进入抑制剂也进入了临床 Ⅱ 期实验研究。

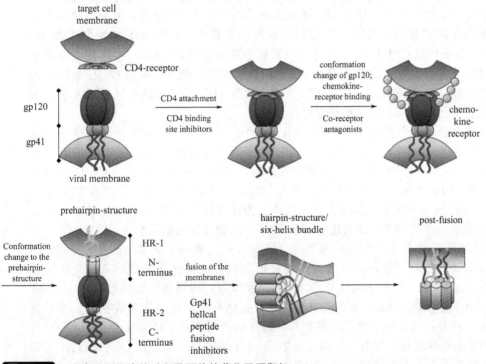

图 35-17 病毒进入细胞的过程及可能的药物干预靶标

（摘自 Mini-Reviews in Medicinal Chemistry，2006，6：557-562）

（2）小分子 CCR5 抑制剂　趋化因子受体（chemokine receptor）CCR5 属于跨膜 G-蛋白偶联受体，它是 HIV-1 进入宿主细胞必需和主要的辅受体（coreceptor），而 CCR5Δ32 缺失的个体拥有正常的免疫功能和炎症反应，并对 HIV-1 的感染表现出显著的抵抗能力，因此 CCR5 抑制剂的研究已成为当前发现抗艾滋病新药的一大研究热点[53]。

① CCR5 的结构和功能　CCR5 属于跨膜 G 蛋白偶联受体，其结构特点为七个穿越细

胞膜的 α-双螺旋结构，有 3 个胞外环（ECL1-3）、跨膜环（TM）、N 端和 C 端。其中 N 端在细胞外，拥有多个硫化酪氨酸和酸性氨基酸，负电荷较多，被认为是配体结合的关键区域，而在细胞内的 C 端对于 G 蛋白的激活非常重要。G 蛋白偶联受体识别并结合细胞外部环境中多种多样的信号分子，激活细胞内的异源三聚体的鸟苷酸结合蛋白（G-protein）。活化后的 G 蛋白结合 GTP 置换 GDP，三聚体进行解离等变化，从而将信号传递到细胞内的效应分子，引起细胞内的一系列变化。

CCR5 从生理角度看是趋化因子的受体，主要作用部位在跨膜结构域，调节钙离子的释放和 T 细胞、单核细胞、噬酸性粒细胞的趋化性；在病理上，它是 HIV-1 的重要辅助受体，参与膜融合过程，gp120 主要与其 N 末端和胞外环相互作用，而 N 末端对于 HIV-1 的感染来说是必需的[54]。在病毒感染的初始阶段，内源性趋化因子可起到抑制作用，并且在疾病进程中促使一部分具有巨噬细胞亲和性（R5 向性）病毒株向具有 T 细胞亲和性（X4 向性）病毒株转化。因此，CCR5 在 HIV-1 的传播过程中起重要作用，调节 CCR5 的物质能影响巨噬细胞亲向性 HIV-1 在人群中的传播以及把疾病控制在早期。

此外，趋化因子受体被认为是炎症反应和自身免疫性疾病的重要介导者[55]。所以，调节 CCR5 的功能可能调节 T 细胞向炎症反应损伤处的募集，从而也为治疗炎症反应和自身免疫性疾病提供了一个新的靶点。

② CCR5 作为抗 HIV-1 药靶的确认　CCR5 基因位于人类 3 号染色体（3p21）上。研究发现，当 CCR5 基因编码区域第 185 号氨基酸后面发生 32 个碱基缺失时，就不能编码产生正常的趋化因子蛋白。HIV-1 不能识别这种缺陷蛋白，所以就不能攻击 T 细胞。CCR5△32 的纯合子可以抵抗 HIV-1 的感染（无辅助受体功能的 CCR5）。这些个体的情况显示，通过阻断 CCR5 并不会引起健康方面的问题。同样，把实验鼠的 CCR5 敲除后也没有产生不良反应。而 CCR5△32 杂合子的个体常常是 HIV-1 感染的长期存活人群，而且这些个体细胞表面的 CCR5 表达水平也更低。

同样有数据显示，由于基因变异引起 CCR5 高表达的个体感染 HIV-1 以后也会加速病程，成为艾滋病患者[56,57]。黑人比白人更容易感染艾滋病的原因之一，就是黑人的 CCR5 基因变异率较低，因而其抵御艾滋病病毒的自然免疫力偏低。黑人的 CCR5 变异率仅为 1.6%，而美国白人的 CCR5 基因变异率为 10%，欧洲人则为 8%，俄罗斯的高加索人种高达 12%。这从基因水平上部分解释了临床上为什么黑人比白人对 HIV 敏感，并且病程发展快的现象。因此 CCR5 成为理想的抗 HIV-1 药物设计的新靶标。

③ 进入临床研究的小分子 CCR5 抑制剂（图 35-18）　第一个非肽类的小分子 CCR5 抑制剂是由日本武田公司（Takeda）通过高通量筛选以及结构优化获得的苯并杂环烯类季铵盐衍生物 TAK-779，它能够通过与 CCR5 的相互作用，抑制嗜巨噬细胞 R5 HIV-1 病毒株的复制。由于化合物 TAK-779 含有极性的季铵盐结构，所以口服吸收很差。为了提高口服利用度，武田公司发展了含有亚砜和芳香杂环结构的苯并杂环烯化合物 TAK-652，其抑制 R5 HIV-1 复制的 IC_{50} 和 IC_{90} 分别是 0.20nmol/L 和 0.81nmol/L。而且，TAK-652 在 10μmol/L 浓度下不影响未受感染的 PBMCs(peripheral blood mononuclear cells，外周血单核细胞）正常的功能，具有较低的细胞毒性。其药代动力学性质优良，即使在服用 25mg 化合物 24h 之后，其血浆浓度还达到了 7.2ng/mL(9.1nmol/L)[58,59]。目前 TAK-652 作为 CCR5 抑制剂处于临床Ⅱ期研究中。

武田公司又通过高通量筛选得到了哌啶-4-甲酰胺结构的 CCR5 抑制剂，通过不断的结构优化，最终获得了具有高效活性和很好代谢稳定性的 TAK-220，显示很强的 CCR5 亲和力（IC_{50}=3.5nmol/L）和强效的膜融合抑制活性（IC_{50}=0.42nmol/L）。这个化合物抑制 R5 向性的 HIV-1 在人体外周血单核细胞内复制的 EC_{50} 与 EC_{90} 值分别达到了

1.1nmol/L 和 13nmol/L，而且加入高浓度的血清也不会影响它的抗病毒活性。而且在 5mg/kg 的剂量时，TAK-220 在大鼠和猴子体内的生物利用度分别达到了 9.5% 和 28.9%[60]。值得一提的是，体外实验证明 TAK-220 通过与其他药物（比如 Zidovudine、Indinavir、Efavirenz、Enfuvirtide 等）配伍使用可以起到协同效果增强药效[61]。因此，TAK-220 很有希望成药用于治疗艾滋病。

先灵公司（Schering-Plough）的研究人员在筛选他们的毒蕈碱受体抑制剂的分子库时发现并发展了含有哌啶-哌啶核心骨架和哌嗪-哌啶核心结构的 CCR5 抑制剂，其中 Sch-C（CCR5/RANTES K_i=66nmol/L，抗病毒活性 IC_{90}=3~78nmol/L）由于其出色的抗病毒活性和药代动力学性质成为第一个进入临床试验的 CCR5 抑制剂，在 HIV-1 感染的受试者身上的抗病毒效果非常明显。但是，在测试的最高剂量（400mg 一天两次）时观察到了心血管方面的不良反应（QTc 间隔时间延长，这来源于药物与 hERG 钾离子通道的结合）。进一步的结构优化得到哌嗪-哌啶双环结构的 CCR5 抑制剂 Sch-D(Vicriviroc)[62]，4,6-二甲基嘧啶-5-甲酰胺取代烟酰胺氮氧化物片段不仅可以保持对 CCR5 的强效亲和性和抗病毒活性（CCR5-RANTES，K_i=1.6nmol/L；HIV-PBMC，IC_{90}=0.45~18nmol/L）、降低心血管副作用（hERG 钾离子通道：IC_{50}=5.8mmol/L），还可以取得良好的口服生物利用度 [%F(p.o)=27%（rat, dog, monkey）][63]。临床Ⅱ期的研究数据表明，Vicriviroc 没有严重的毒副作用，但那些从未接受过抗 HIV-1 治疗的患者用 Vicriviroc 治疗以后，病毒载量出现了反弹。Vicriviroc 用于治疗从未接受过抗 HIV-1 治疗的患者的临床试验已经终止，但用于治疗过往接受过抗 HIV-1 治疗的患者的实验还在继续进行，目前已开始临床Ⅲ期研究[64]。

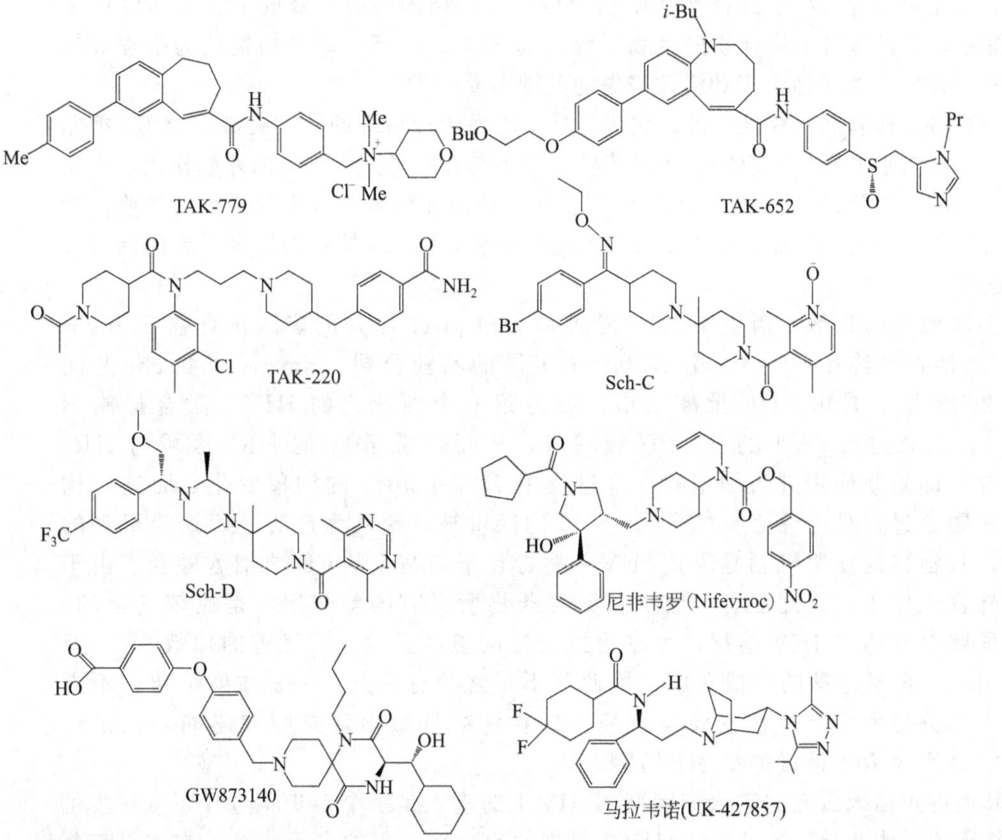

图 35-18　代表性的 CCR5 小分子抑制剂

日本的小野公司（Ono）和美国葛兰素-史克公司（GlaxoSmith Kline）共同开发的二酮哌嗪螺环类 CCR5 抑制剂 GW873140（Aplaviroc, ONO-4128）也进入了临床研究，它在细胞水平抑制 R5 HIV-1 病毒株复制的活性 IC_{50} 在 $0.1\sim 0.6$ nmol/L 之间；在连续 10 天每天两次每次 600mg 的剂量下它可以使病毒的载量平均下降 $1.5\log_{10}$[65]（单位为 copies/mL，下同），并且具有良好的药代动力学性质，药物浓度在血清中达到最大值的平均时间是 $1.75\sim 5$h[66~68]。不过，Aplaviroc 在 2005 年 10 月终止了临床试验，因为在 1% 的病人身上发生了特异性的肝脏毒性。

另一类有成药前景的 CCR5 抑制剂是由默克公司的科学家开发的 1,3,5-三取代吡咯烷类化合物，显示非常强的 CCR5 亲和力和细胞水平抑制 HIV 病毒复制的活性（CCR5/MIP-1α，$IC_{50}=0.1\sim 0.8$ nmol/L；HIV（Bal）/PBMC，$IC_{95}=31$ nmol/L）[69,70]，其中吡咯烷 3,4 位的手性对活性起关键作用。在此先导化合物结构基础上，中国的科学家巧妙地在吡咯烷 3-位引入羟基，简化了合成方法，在保持药理活性的前提下提高了化合物的生物利用度，发展了"Me too"药物尼非韦罗（Nifeviroc, CCR5 $IC_{50}=2.9$ nmol/L），目前已进入临床 II 期试验[71]。

辉瑞公司（Pfizer）在 CCR5 小分子拮抗剂研究领域处于领先地位，其开发出的（S)-N-[1-芳基-3-(哌啶-1-基）丙烷]酰胺类化合物 Maraviroc(UK-427857) 已于 2007 年 8 月 6 日被 FDA 批准上市，成为第一个进入临床使用的 CCR5 抑制剂。Maraviroc 对利用 CCR5 侵染细胞的病毒株具有强效抑制作用，其平均 IC_{90} 达到了 1nmol/L。Maraviroc 在 1000nmol/L 以及更高浓度进行了测试，结果表明它对 hERG 钾离子通道几乎没有影响。该化合物中的托烷结构提高了选择性和生物活性；三唑结构的引入降低了对 hERG 钾离子通道的抑制，并且保持了化合物的生物活性；而 4,4-二氟环己基结构被认为是强效抗病毒活性和 hERG 钾离子通道亲和活性丧失的关键因素[72,73]。

小分子 CCR5 抑制剂的获准上市，被认为是艾滋病治疗机理的重大突破。CCR5 抑制剂的作用方式不同于大部分抗逆转录病毒药物，它不是在病毒进入细胞内才起作用，而是通过阻断病毒进入细胞的主要途径（CCR5 辅受体）而阻止病毒进入未受感染的细胞。尤其对于已接受艾滋病药物治疗、产生多重抗药性的患者，CCR5 抑制剂提供了新的治疗方案和更多选择。

（3）多肽融合抑制剂 衍生于 HIV 跨膜糖蛋白 gp41 序列的多肽化合物 Enfuvirtide（恩福韦地，又称作 DP-178 或 T-20）由美国的药业公司 Trimeris 和 Roche 共同开发，于 2003 年 3 月由 FDA 批准上市，成为第一个商业化的 HIV-1 融合抑制剂（图 35-19）。它通过与 gp41 的 HR2 区域响应，从而阻断 gp41 的 HR2 区域与 HR1 区域的结合，即阻断病毒进入细胞的融合过程中 HIV-1 gp41 的构象变化，而这一构象变化对于融合过程是十分必要的[74]。T-20 的问世被广泛认为是艾滋病治疗机理的一大进步，其独特的作用机制是阻止 HIV-1 病毒粒子与宿主的 $CD4^+$ 细胞融合。由于它在细胞外发生作用，因此没有一般抗艾滋病药物所具有的副作用，是比较安全的，而且对于那些对其他抗 HIV 治疗产生多重抗药性的患者显示非常优秀的疗效[75]。但 T-20 是一个含 36 氨基酸的合成多肽，因此其不足之处有三点：一是注射给药，不方便，二是大部分患者会产生注射位点反应，即在注射区域出现红肿和疼痛，三是价格昂贵，它是迄今为止最贵的抗 HIV 药物。

（4）其他进入临床研究的进入抑制剂 HIV-1 的进入是一个多步骤过程，每一步都由病毒和细胞的受体介导，提供了对 HIV-1 复制的治疗性干预的多重机会。在 CCR5 剂和融合抑制剂相继问世后，Bristol-Mayer-Squibb 公司的研究者发现了可以抑制病毒进

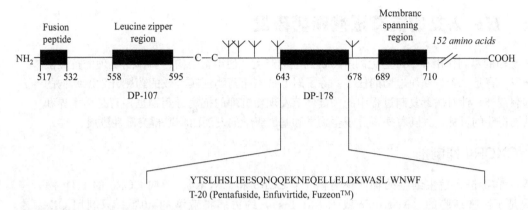

图 35-19　融合抑制剂 T-20 的结构

入细胞的第一步骤的小分子化合物（BMS-488043），该药物可以特异性地与病毒被膜上的 gp120 蛋白关键位点相结合，阻断病毒 gp120 蛋白与靶细胞 CD4 受体的结合，达到阻止病毒进入人体免疫细胞的目的。临床试验显示，在接受 1800mg 一日两次的剂量后，12 个艾滋病人中 8 个的病毒载量下降超过 $1.0\log_{10}$[76]。但它的临床研究被其结构类似物 BMS-378806 所取代（图 35-20）。BMS-378806 能和 gp120 结合，稳定 gp120 的构像，从而抑制 gp120 和 CD4 受体相互作用。BMS-378806 对 83 个 HIV-1 临床亚型病毒株的抑制活性 EC_{50} 在 1～410000nmol/L 之间变动，但对 HIV-2 和许多其他病毒没有活性[77]；没有明显的细胞毒活性，同时有很好的药理学性质。目前 BMS-378806 处于临床 I 期研究中。

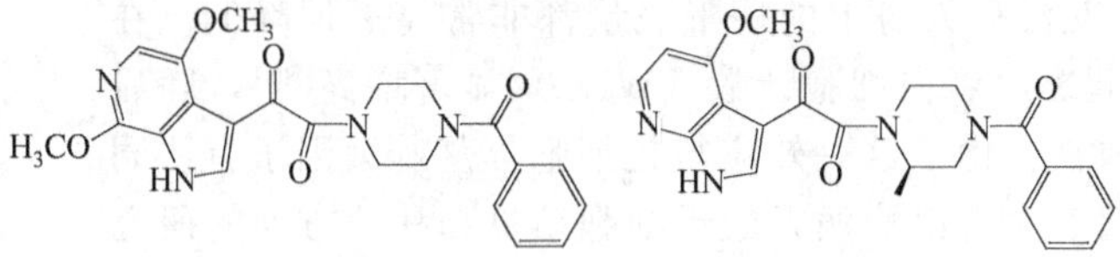

图 35-20　小分子 gp120 抑制剂

同时，靶向细胞受体的基因工程药也得到长足发展，Tanox 公司发展的进入抑制剂 TNX-355（Ibalizumab）就是一个 CD4 受体抑制剂，是一个单克隆抗体。I 期临床安全试验显示该药物有很好的耐受性，明显降低病人病毒量。使用 TNX-355 最大的优势是每两周或四周静脉注射一次，未见有明显副作用。目前已进入 II 期临床试验。

同样是人类单克隆抗体的进入抑制剂 PRO140 由 Progenics Pharmaceuticals 开发，目前处于 II 期临床阶段。PRO140 是通过结合 CCR5 受体来阻止 HIV 病毒的入侵。它是通过静脉注射和皮下注射给药，但它的抗病毒药效强而持久，注射 2mg/kg 和 5mg/kg 剂量的艾滋病人，RNA 病毒载量平均降低 $-2.5\log_{10}$；而且 PRO140 一旦进入体内，它与 CCR5 的结合能超过 60 天。因此 PRO140 已进入 FDA 快速审批通道。更令人高兴的是，CCR5 小分子抑制剂与单克隆抗体通过共结合到受体上产生强效的协同抗病毒效果[78]。

和以往的抑制病毒自我复制的药物不同，HIV-1 进入抑制剂可以阻止 HIV 病毒进入人体细胞。这些新药比起现在使用的药物具有明显的优势：它们容易使用，毒性更低，而且特别适于那些已对现有药物产生抗药性的患者。加之 HIV-1 进入过程的协调性赋予了靶向其不同步骤的抑制剂之间具有协同作用的特性，这使得联合用药的方案将进一步完善。另外，这种药物有可能用于预防 HIV 感染。

35.4 方兴未艾的抗艾滋病新药研发

抗病毒药的毒副作用和不可避免的病毒抗药性的产生，使得新结构、新作用机理的抗艾滋病新药研发一直是一个长期而迫切的任务。除了对已被临床药物证实有效的药靶开发新结构的第二代抑制剂外，针对病毒复制过程中的关键环节发现新机理的抗病毒药物也一直是学术界和工业界共同奋斗的目标，并随着病毒分子生物学和基因组学的发展而将取得突破性进展。

35.4.1 CXCR4 抑制剂

HIV-1 病毒进入宿主细胞的辅受体有两个：CCR5 和 CXCR4，靶向 CCR5 的 HIV 病毒株主要是亲巨噬细胞的（M-tropic 或 R_5 strains），约占病毒亚型的 80%；只利用 CXCR4 受体的 HIV 病毒株是亲 T 细胞的（T-tropic 或 X_4 strains），占病毒亚型的 1%；剩下的 20% 是双向性病毒株，利用两个受体入侵[79]。在 HIV 感染进程中，病毒的亲向性常常由 M-tropic 转变为 T-tropic，这些 T-细胞亲向性的病毒常常与更高的病毒载量和增加的致病性密切相关。而且，还有一种担心，对于接受 CCR5 抑制剂药物治疗的艾滋病人，选择性的 CCR5 抑制压力将促进病毒由 M-tropic 向 T-tropic 转变，因此，发展 CXCR4 抑制剂不仅可行而且必须。

加拿大的 AnorMed 生物医药公司在 CXCR4 抑制剂领域处于领先地位，它开发的两个小分子抑制剂先后进入临床试验（图 35-21）。双环拉胺（Bicyclam）化合物 AMD-3100 能特异性地结合到 T 细胞的 CXCR4 受体上，并且通过静脉注射 10 天后，那些感染了双向性 CXCR4/CCR5 病毒或混合病毒株的艾滋病人身上的病毒载量都非常显著地降低。在 I 期临床研究中，发现 AMD-3100 能引起志愿者白细胞计数（WBC）显著增高[80]，随后还发现它能动员骨髓的造血干细胞进入血液。由于这一效应与粒细胞集落刺激因子有协同效应，AMD-3100 应用于多骨髓瘤和非何杰金淋巴瘤病人的干细胞动员和移植方面的研究正在继续推进，但其针对 HIV 的临床研究已经停止。目前作为抗艾药物的 CXCR4 抑制剂处于临床研究的是具有良好口服利用度和药代动力学性质的 AMD-070。但最近，AMD-070 的临床研究由于在动物身上观察到肝毒性而处于停顿状态[81]。

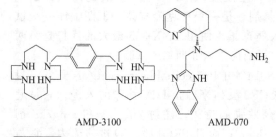

图 35-21　小分子 CXCR4 抑制剂

35.4.2 成熟抑制剂

靶向病毒成熟环节的 HIV 成熟抑制剂（maturation inhibitor）也是大有前景的新型抗艾候选药物（图 35-22）。美国 Panacos 公司的成熟抑制剂 Bevirimat(PA-457) 目前已进入临床 III 期试验，它是天然产物桦木酸的衍生物，是一个三萜结构。Bevirimat 抑制 HIV 病毒复制后期阶段的关键步骤，即 gag p25 衣壳蛋白前体（CA-SP1）水解为成熟的 gag p24 衣壳蛋白（CA）的过程，导致有缺陷的、缺乏复制能力的病毒粒子生成，因而阻止了 HIV 病毒的进

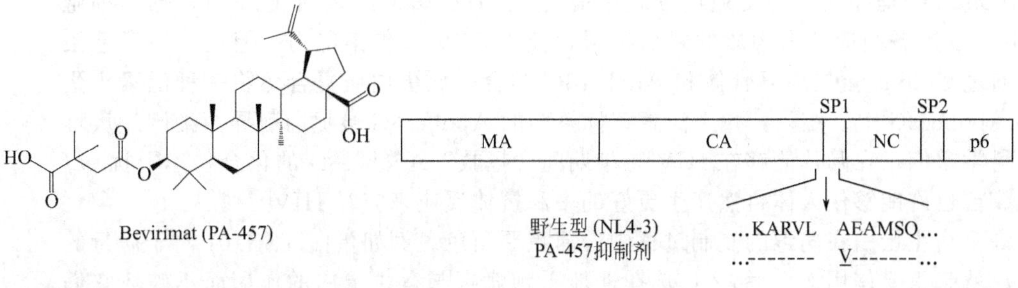

图 35-22 成熟抑制剂的结构及其作用机理

一步感染[13,14]。在临床 I 期研究中,PA-457 经 75mg、150mg 或 250mg 的口服剂量就能引起病毒载量下降到 0.7 $\log_{10}$[82]。这些新型抗艾滋病药物由于拥有不同于以往抗艾药物的全新作用机制,因此在一定时间内会有效抵抗对其他药物耐药的 HIV 病毒感染。

35.4.3 核糖核酸内切酶 H 抑制剂

HIV 逆转录酶是以一个 p51 蛋白和一个 p66 蛋白组成的异源二聚体形式存在,发挥着 RNA-依赖的 DNA 多聚酶、DNA-依赖的 DNA 多聚酶和核糖核酸内切酶(RNaseH)的功能。在逆转录过程中,将母链 RNA 从新生成的 RNA-DNA 双链杂合子上去除的步骤就是由核糖核酸内切酶 H 完成的。RNaseH 发挥核酸内切酶功能的活性位点就靠近逆转录酶 p66 蛋白域的拇指区域(见图 35-23 所示的逆转录酶蛋白晶体结构)。由于逆转录酶是被充分证实有效的治疗 HIV 的靶标,所以特异性靶向核糖核酸内切酶 H 的抑制剂可以提供新机理的抗艾药物。目前有一些小分子核糖核酸内切酶 H 抑制剂被报道[83~85],但尚无一例推进到临床研究。

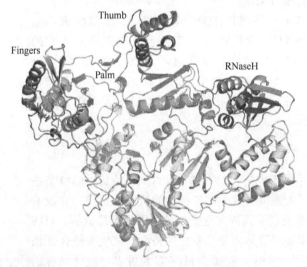

图 35-23 HIV-1 逆转录酶的 X-射线晶体结构[10]

35.4.4 非酶病毒蛋白靶标

如前所述,HIV 的蛋白质组包括许多附属蛋白,如 rev,tat,nef,vif,vpu 和 vpr 等,调节病毒蛋白的合成和复制。这些蛋白与宿主细胞生物大分子相互作用,对于体内病毒的传播繁殖起着重要作用,因此破坏这些相互作用将导致新的抗病毒药物的产生。目前一个很有前景的抗艾治疗策略就是阻断病毒感染因子 *vif* 与宿主蛋白 Apobec3G 的相互作用[86]。Apobec3G 是存在于人类免疫细胞中能抵抗 HIV 病毒的蛋白质；HIV 感染细胞后，Apobec3G 准备制造基因物质的致命错误，使 HIV 失去传染能力。但是，病毒感染因子 vif 通过 Cullin5 蛋白质复合体和 Apobec3G 结合，此蛋白质复合体将一种泛素小蛋白黏附到 Apobec3G 上。结果，贴上泛素"标签"的 Apobec3G 被提前引导至细胞垃圾堆被降解。科学家们正在筛选能够在 HIV 感染期间"拯救" Apobec3G 的化合物，干扰 vif 的药物或疫苗也许能够使人体自然产生更好的中和抗体反应来应对 HIV[87]。

还有许多宿主蛋白在病毒的复制过程中扮演重要角色。例如蛋白 TSG101 对于病毒的组装和释放就起重要作用[88]，那么，选择性地干预病毒与宿主蛋白的作用而不破坏它们正常的细胞功能是可能的，这就提供了更多新的抗病毒药物，而且这些靶向宿主蛋白的抑制剂在病毒抗药性产生方面会具有优势。

35.4.5 RNAi 干扰 HIV 病毒

RNA 干扰（RNAi）是双链 RNA（double stranded RNA，dsRNA）分子在 mRNA 水平上诱发的序列特异性的转录后基因表达沉默[89~91]。RNAi 现象广泛存在于植物、真菌、线虫、果蝇和脊椎动物等多种生物中。由于 RNAi 可以阻止外源性基因，如病毒等进入体内，可以抑制病毒基因及抑制内源基因的转录和蛋白翻译，从而成为治疗肿瘤、病毒疾病等人类疾病的新型药物。由于 RNAi 特异性抑制蛋白质的合成，所以在理论上优于任何以抑制蛋白功能为机制的传统药物。

美国科学家近日开发出了一种利用抗体将短链 RNA(siRNAs) 直接送至免疫细胞的方法，并通过 RNA 干扰极大地帮助抑制 HIV 病毒对小鼠的感染[92]。研究中利用抗体绑定 T 细胞表面的 CD7 蛋白，而 T 细胞正是 HIV 感染的主要细胞类型之一。研究人员将 siRNAs 附着在抗体上，之后被"专一"地送至 T 细胞。

研究人员使用了三种不同的 siRNAs。其中一种阻碍 HIV 借以进入 T 细胞的表面受体蛋白产生；另外两种标靶 HIV 基因，如果 HIV 设法进入了 T 细胞，它们会阻止它的复制。实验结果显示，预防和治疗方案都证明是成功的。很明显，siRNAs 阻碍 HIV 进入大部分 T 细胞，而一旦 HIV 设法溜进去了，它们也会阻止它的复制。这种多重攻击也能够降低 HIV 对治疗产生抗药性的风险。这种 RNAi 干扰策略为开发应用于人类抗艾临床治疗的新药提供了非常诱人的前景和方向。

35.4.6 失望与梦想同行的 HIV-1 疫苗研究

预防一种传染病，最理想的手段是研制并使用疫苗。20 多年来，有 75 种艾滋病疫苗进入了临床试验，但只有 3 种疫苗"坚持"到了大规模有效性临床试验的阶段。目前，尚没有一种艾滋病疫苗被证明有效。HIV 病毒的特点决定了研制艾滋病疫苗是困难且昂贵的。HIV 病毒直接攻击血液中的淋巴细胞，而淋巴细胞是调节体内免疫系统的核心，这使得机体无法控制感染和预防疾病。HIV 独特的蛋白质外壳（包膜）包被了 HIV 表面可以与抗体结合的位点，这使得体液免疫的抗体不容易识别并攻击 HIV。"传统的"疫苗都是通过使用灭活病毒株或减毒病毒株来刺激人体的免疫系统，使得免疫细胞能够识别并杀死这些病毒，但 HIV 的高突变性使得其表面蛋白序列多变；而减毒 HIV 注入人体仍然可能导致感染，因此艾滋病疫苗的试验主要以病毒的一部分为基础，这使艾滋病疫苗的研制面临更多的挑战。经过各种尝试，研究者认为，以细胞免疫为靶向的疫苗可能最有希望，这种通过细胞免疫途径研发的 HIV 疫苗包括 DNA 疫苗、活病毒载体疫苗和多肽疫苗三种[93]。

然而，2007 年 9 月 21 日，一个耗时 10 年、曾被科学界看好并被认为是最有希望的艾滋病疫苗 Ad5（复制缺陷型 Ad5 腺病毒载体疫苗）的临床试验宣告失败，因为大型临床试验（STEP 试验）的一项中期安全性分析显示，该疫苗既无法保护志愿者免遭致命病毒的侵害，也不能减少 HIV-1 感染者体内的病毒载量[94]。这使得艾滋病疫苗研究面临"重回基础"的困境[95]。

2008 年 5 月 20 日，美国国立过敏与传染病研究所正式启动一项为期 5 年、1560 万美元的 HIV 疫苗"B 计划"。该项目支持免疫 B 细胞及以 B 细胞为靶标的 HIV 抑制抗体研究，期望通过激发 B 细胞产生持久抗体来抑制多种 HIV 毒株。在免疫系统中，T 细胞的主要作用是杀灭被病原体感染的细胞。B 细胞可以识别病菌抗原，并会在 T 细胞的协助下激发特定反应，制造出抗体，锁定并清除抗原。这一另辟蹊径的疫苗研究思路为人们又带来了希望。

35.5 讨论与展望

由于艾滋病的治疗是一个长期乃至终身的过程，而 HIV 病毒又是高变异性的，所以抗艾药物会一直面临病毒的耐药性、药物的有效性和安全性、患者的耐受性等问题的挑战。随着对 HIV 病毒分子生物学和感染机制的深入了解以及新型药物发现技术的应用，抵抗 HIV-1 病毒感染的化学治疗在最近几年获得了突飞猛进的发展，尤其是新作用机制的全新结构抗 HIV-1 病毒药物的问世，为越来越多具有大量治疗经验而产生耐药性的患者带来了新的治疗希望。它们实现了机理上的突破，扩大了抗艾滋病药物的选择范围，可能在其他药物的辅助下更好地控制艾滋病病毒在人体中的复制，从而完善艾滋病的治疗。可以预期，这些新结构、新机制药物品种的问世，将会引发和带动更多的联合治疗新药的产生。因为包含这些新型药物的多重组合疗法可以靶向不同的蛋白质或者同一蛋白的不同位点，不但具有协同作用而提高疗效，而且可以大大降低病毒发展抗药性的风险，并简化治疗剂量，降低毒副作用，有利于艾滋病人的终身用药。另外，利用这些新型药物开发固定剂量多组分复方制剂也将是未来抗艾药物的一个重要发展方向。新的抗艾药靶的确认以及 RNAi 技术的应用，都将为抗艾药物带来新的突破。

推荐读物

- Lyle T A. Ribonucleic Acid Viruses: Antivirals for Human Immunodeficiency Virus//Editors-in-Chief: John B. Taylor, David J Triggle. Comprehensive Medicinal Chemistry Ⅱ. Elsevier Ltd, 2007, Volume 7: 329-371.
- Meadows D C, Gervay-Hague J. Current Developments in HIV Chemotherapy. ChemMedChem, 2006, 1: 16-29.
- De Clercq E. Antivirals: current state of the art. Future Virology, 2008, 3: 393-405.
- Greene W C, Debyser Z, Ikeda Y, et al. Novel targets for HIV therapy. Antiviral Res, 2008, 80: 251-265.
- Sarafianos S G, Marchand B, Das K, et al. Structure and Function of HIV-1 Reverse Transcriptase: Molecular Mechanisms of Polymerization and Inhibition. J Mol Biol, 2009, 385: 693-713.
- Qian K, Morris-Natschke S L, Lee K H. HIV Entry Inhibitors and Their Potential in HIV Therapy. Med Res Rev, 2009, 29: 369-393.
- Dorr P, Perros M. CCR5 inhibitors in HIV-1 therapy. Expert Opin Drug Discov, 2008, 3: 1345-1361.
- Pommier Y, Johnson A A, Marchand C. Integrase inhibitors to treat HIV/AIDS. Nat Rev Drug Discov, 2005, 4: 236-248.
- Johnston M I, Fauci A S. An HIV vaccine - evolving concepts. N Engl J Med, 2007, 356: 2073-2081.
- Richter S N, Frasson I, Palu G. Strategies for Inhibiting Function of HIV-1 Accessory Proteins: A Necessary Route to AIDS Therapy? Curr Med Chem, 2009, 16: 267-286.

参考文献

[1] 联合国艾滋病规划署与世界卫生组织 2007 年 11 月 20 日联合发布的《2007 年全球艾滋病流行状况更新报告》. http://www.unaids.org/en/HIV_data/2007EpiUpdate/default.asp.
[2] 国务院防治艾滋病工作委员会办公室、卫生部、联合国艾滋病中国专题组 2007 年 11 月 29 号联合发布的《中国

艾滋病防治联合评估报告（2007年）》. http://www.chinaids.org.cn/n435777/n443716/6399.html.
[3] CDC Morbid Mortal Weekly Rep, 1981, 30: 250-252.
[4] (a) CDC Morbid Mortal Weekly Rep, 1981, 30: 305-308; (b) Fauci A S. Ann Intern Med, 1982, 96: 777-779.
[5] McNeil D G Jr. A Time to Rethink AIDS's Grip. The New York Times, 2007-11-25.
[6] FDA 批准上市的抗艾药物信息. http://www.fda.gov/oashi/aids/virals.html.
[7] Stewart S A, Poon B, Jowett J B, Chen I S. J Virol, 1997, 71: 5579-5592.
[8] Crotti A, Neri F, Corti D, Ghezzi S, Heltai S, Baur A, Poli G, Santagostino E, Vicenzi E. J Virol, 2006, 80: 10663-10674.
[9] (a) Gaddis N C, Chertova E, Sheehy A M, Henderson L E, Malim M H. J Virol, 2003, 77: 5810-5820; (b) Sheehy A M, Gaddis N C, Choi J D, Malim M H. Nature, 2002, 418: 646-650.
[10] Lyle T A. Ribonucleic Acid Viruses: Antivirals for Human Immunodeficiency Virus. //Editors-in-Chief: John B Taylor, David J Triggle. Comprehensive Medicinal Chemistry II. Elsevier Ltd, 2007, Volume 7: 329-371.
[11] Reeves J D, Piefer A J, Drugs, 2005, 65: 1747-1766.
[12] Tomkowicz B, Collman R G. Expert Opin Ther Targets, 2004, 8: 65-78.
[13] Temesgen Z, Feinberg J E. Curr Opin Investig Drugs, 2006, 7: 759-765.
[14] Li F, Goila-Gaur R, Salzwedel K, Kilgore N R, Reddick M, Matallana C, Castillo A, Zoumplis D, Martin D E, Orenstein J M, Allaway G P, Freed E O, Wild C T. Proc Natl Acad Sci (USA), 2003, 100: 13555-13560.
[15] Mitsuya H, Weinhold K J, Furman P A, St Clair M H, Lehrman S N, Gallo R C, Bolognesi D, Barry D W, Broder S. Proc Natl Acad Sci (USA), 1985, 82: 7096-7100.
[16] Furman P A, Fyfe J A, St Clair M H, Weinhold K, Rideout J L, Freeman G A, Lehrman S N, Bolognesi D P, Broder S, Mitsuya H, et al. Proc Natl Acad Sci (USA), 1986, 83: 8333-8337.
[17] Lavie A, Schlichting I, Vetter I R, Konrad M, Reinstein J, Goody R S, Nat Med, 1997, 3: 922-924.
[18] Menéndez-Arias L. TRENDS in Pharmacol Sci, 2002, 23: 381-388.
[19] Vasu Nair V, Jahnkea T S. Antimicrob Agents Chemother, 1995, 39: 1017-1029.
[20] Coates J A V, Mutton I M, Penn C R, Storer R, Williamson C, Preparation of 1, 3-oxathiolane nucleoside analogs and pharmaceutical compositions containing them. IAF Biochem International Inc, 1991. WO 9117159.
[21] Lin T S, Luo M Z, Liu M C, Pai S B, Dutchman G E, Cheng Y C, *Biochem Pharmacol*, 1994, 47: 171-174.
[22] Mansour T S, Jin H, Wang W, Hooker E U, Ashman C, Cammack N, Salomon H, Belmonte A R, Wainberg M A. J Med Chem, 1995, 38: 1-4.
[23] Agrawal L, Lu X, Jin Q, Alkhatib G. Curr Pharm Design, 2006, 12: 2031-2055.
[24] An historic turning point arrives for HIV therapy. P I Perspective. October 2007, Issue #44. Project Inform: http://www.projinf.org/info/pip/44/index.shtml.
[25] 医药工业研究院_新闻中心: 抗 HIV 药再掀割据之争. 网址: http://www.cpri.com.cn/news/news_detail.asp?id=10875.
[26] Ratner L, Haseltine W, Patarca R, Livak K J, Starcich B, Josephs S F, Doran E R, Rafalski J A, Whitehorn E A, Baumeister K, et al. Nature, 1985, 313: 277-284.
[27] Kohl N E, Emini E A, Schleif W A, Davis L J, Heimbach J C, Dixon R A, Scolnick E M, Sigal I S. Proc Natl Acad Sci (USA), 1988, 85: 4686-4690.
[28] Dunn B M, Chem Rev, 2002, 102: 4431-4458.
[29] Wolfenden R. Annu Rev Biophys Bioeng, 1976, 5: 271-306.
[30] Tritch R J, Cheng Y E, Yin F H, Erickson-Viitanen S. J Virol, 1991, 65: 922-930.
[31] De Clercq E. J Med Chem, 2005, 48: 1297-1313.
[32] (a) Thaisrivongs S, Tomich P K, Watenpaugh K D, Chong K T, et al. J Med Chem, 1994, 37: 3200-3204; (b) Turner S R, Strohbach J W, Tommasi R A, Aristoff P A, et al. *J Med. Chem*, 1998, 41: 3467-3476.
[33] Flexner C, Bate G, Kirkpatrick P. Nat Rev Drug Discov, 2005, 4: 955-956.
[34] Moore J P, Stevenson M. Nat Rev Mol Cell Biol, 2000, 1: 40-49.
[35] Opar A. Nat Rev Drug Discov, 2007, 6: 258-259.
[36] Billich A. Curr Opin Investig Drugs, 2003, 4: 206-209.
[37] Young S D. Curr Opin Drug Discov Devel, 2001, 4: 402-410.
[38] Pommer Y, Marchand C, Neamati N. Antiviral Res, 2000, 47: 139-148.
[39] Pommier Y, Johnson A A, Marchand C. Nat Rev Drug Discov, 2005, 4: 236-248.

[40] Hazuda D J, Felock P, Witmer M, Wolfe A, Stillmock K, Grobler J A, Espeseth A, Gabryelski L, Schleif W, Blau C, Miller M D. Science, 2000, 287: 646-650.

[41] Goldgur Y, Yehuda G, Robert C, Gerson H Cohen, Tamio F, Tomokazu Y, Toshio F, Hirohiko S, et al. Proc Natl Acad Sci (USA), 1999, 96: 13040-13043.

[42] Rosemond M J, St John-Williams L, Yamaguchi T, Fujishita T, Walsh J S. Chem Biol Interact, 2004, 147: 129-139.

[43] (a) Hazuda D. Review of new antiretroviral agents [EB/OL]. 42nd International science Conference on Antimicrobial Agents and Chemotherapy (ICAAC). San Diego CA, 2002; (b) Hazuda, D A. Antivir Ther, 2002, 7: S3-9.

[44] Cooper D, Gatell J, Rockstroh J, Katlama C, Yeni P, Lazzarin A, Chen J, Isaacs R, Teppler H, Nguyen BY. Results of BENCHMRK-1, a Phase III study evaluating the efficacy and safety of MK-0518, a novel HIV-1 integrase inhibitor in patients with triple-class resistant virus. Los Angeles CA, 2007. February 25-28.

[45] Zolopa A, Mullen M, Berger D, Ruane P, Hawkins T, Zhong L, Chuck S, Enejosa J, Kearney B, Cheng A. The HIV integrase inhibitor GS-9137 demonstrates potent ARV activity in treatment-experienced patients. Los Angeles, CA, 2007, February 25-28.

[46] Sato M, Motomura T, Aramaki H, Matsuda T, Yamashita M, Ito Y, Kawakami H, Matsuzaki Y, et al. J Med Chem, 2006, 49: 1506-1508.

[47] Levin J. GSK364735 is a Potent Inhibitor of HIV Integrase and Viral Replication. ICAAC 47th Interscience Conference on Antimicrobial Agents and Chemotherapy. Chicago, IL, 2007, Sept 17-20.

[48] Este J A. Curr Med Chem, 2003, 10: 1617-1632.

[49] Chan D C, Kim P S. Cell. 1998, 93: 681-684.

[50] Eckert D M, Kim P S. Annu Rev Biochem, 2001, 70: 777-810.

[51] Wyatt R, Sodroski J. Science, 1998, 280: 1884-1888.

[52] Kwong P D, Wyatt R, Robinson J, et al. Nature, 1998, 393: 648-659.

[53] Leonard J T, Roy K. Curr Med Chem, 2006, 13: 911-934.

[54] Thompson D A D, Cormier E G, Dragic T. J Virol, 2002, 76: 3059-3064.

[55] Gerard C, Rollins B J. Nat Immunol, 2001, 2: 108-115.

[56] Martin M P, Dean M, Smith M W, Winkler C, Gerrard B, Michael N L, Lee B, Doms R W, Margolick J, et al. Science, 1998, 282: 1907-1911.

[57] McDermott D H, Zimmerman P A, Guignard F, Kleeberger C A, Leitman S F, Murphy P M. Lancet, 1998, 352: 866-870.

[58] (a) Ikemoto T, Nishiguchi A, Ito T, Tawada H. Tetrahedron, 2005, 61: 5043-5048; (b) Seto M, Aikawa K, Miyamoto N, Aramaki Y, Kanzaki N, Takashima K, Kuze Y, Iizawa Y, Baba M, Shiraishi M. J Med Chem, 2006, 49: 2037-2048.

[59] Baba M, Takashima K, Miyake H, Kanzaki N, Teshima K, Wang X, Shiraishi M, Iizawa Y. Antimicrob Agents Chemother, 2005, 49: 4584-4591.

[60] Takashima K, Miyake H, Kanzaki N, Tagawa Y, Wang X, Sugihara Y, Iizawa Y, Baba M. Antimicrob Agents Chemother, 2005, 49: 3474-3482.

[61] Tremblay C L, Giguel F, Guan Y, Chou T C, Takashima K, Hirsch M S. Antimicrob Agents Chemother, 2005, 49: 3483-3485.

[62] Tagat J R, McCombie S W, Nazareno D, Labroli M A, Xiao Y, Steensma R W, Strizki J M, Baroudy B M, et al. J Med Chem, 2004, 47: 2405.

[63] McCombie S W, Tagat J R, Vice S F, Lin S I, Steensma R, Palani A, Neustadt B R, Baroudy B M, et al. Bioorg Med Chem Lett, 2003, 13: 567.

[64] Web site: http://www.schering-plough.com 10/27/2005.

[65] Lalezari J, Thompson M, Kumar P, Piliero P, Davey R, Murtaugh T, Patterson K, Shachoy-Clark A, Adkison K, Demarest J, et al. Presentation at the 44th Interscience Conference on Antimicrobial Agents and Chemotherapy (ICAAC). Washington D C, 2004 Oct. 30-Nov 2; Abstract H-1137b.

[66] Maeda K, Nakata H, Koh Y, Miyakawa T, Ogata H, Takaoka Y, Shibayama S, Sagawa K, Fukushima D, et al. J Virol, 2004, 78: 8654.

[67] Adkison K K, Shachoy-Clark A, Fang L, Lou Y, O'Mara K, Berrey M M, Piscitelli S C. Antimicrob Agents Chemother, 2005, 49: 2802-2806.

[68] Nakata H, Maeda K, Miyakawa T, Shibayama S, Matsuo M, Takaoka Y, Ito M, Koyanagi Y, Mitsuya H. J Virol, 2005, 79: 2087-2096.

[69] Hale J J, Budhu R J, Mills S G, MacCoss M, Malkowitz L, Siciliano S, Gould S L, et al. Bioorg Med Chem Lett, 2001, 11: 1437.

[70] Hale J J, Budhu R J, Holson E B, Finke P E, Oates B, Mills S G, MacCoss M, Gould S L, et al. Bioorg Med Chem Lett, 2001, 11: 2741.

[71] Ma D, Yu S, Li B, Chen L, Chen R, Yu K, Zhang L, Chen Z, Zhong D, Gong Z, Wang R, Jiang H, Pei G. Chem Med Chem, 2007, 2: 187-193.

[72] Wood A, Armour D. Prog Med Chem, 2005, 43: 239-271.

[73] Price D A, Armour D, de Groot M, Leishman D, Napier C, Perros M, Stammen B L, Wood A. Bioorg Med Chem Lett, 2006, 16: 4633.

[74] Robertson D. Nat Biotechnol, 2003, 21: 470-471.

[75] Matthews T, Salgo M, Greenberg M, Chung J, DeMasi R and Bolognesi D. Nat Rev Drug Discov, 2004, 3: 215-225.

[76] Colonno R J. Abstracts of the 13th International Symposium on HIV and Emerging Infectious Diseases, 2005, OP4 6.

[77] (a) Wang T, Zhang Z, Wallace O B, Deshpande M, Fang H, Yang Z, Zadjura L M, Tweedie D L, et al. J Med Chem, 2003, 46: 4236-4239; (b) Si Z, Madani N, Cox J M, Chruma J J, Klein J C, Schon A, Phan N, Wang L, Biorn A C, et al. Proc Natl Acad Sci (USA), 2004, 101: 5036-5041.

[78] Ji C, Zhang J, Dioszegi M, Chiu S, Rao E, deRosier A, Cammack N, Brandt M, Sankuratri S. Mol Pharmacol, 2007, 72: 18-28.

[79] Moyle G J, Wildfire A, Mandalia S, Mayer H, Goodrich J, Whitcomb J, Gazzard B G. J Infect Dis, 2005, 191: 866-872.

[80] Hendrix C W, Flexner C, MacFarland R T, Giandomenico C, Fuchs E J, et al. Antimicrob Agents Chemother, 2000, 44: 1667-1673.

[81] Stone N D, Dunaway S B, Flexner C W, Tierney C, Calandra G B, Becker S, Cao Y J, Wiggins I P, et al. Antimicrob Agents Chemother, 2007, 51: 2351-2358.

[82] Martin D, Jacobson J, Schurmann D, Osswald E, Doto J, Wild C, Allaway G. Abstracts of the 12th Conference on Retroviruses and Opportunistic Infections. Boston, MA, 2005, Feb 22-25; Abstr. 159.

[83] Budihas S R, Gorshkova I, Gaidamakov S, Wamiru A, Bona M K, Parniak M A, Crouch R J, McMahon J B, Beutler J A, Le Grice S F. Nucleic Acids Res, 2005, 33: 1249-1256.

[84] Sluis-Cremer N, Arion D, Parniak M A. Mol Pharmacol, 2002, 62: 398-405.

[85] Shaw-Reid C A, Munshi V, Graham P, Wolfe A, Witmer M, Danzeisen R, Olsen D B, Carroll S S, Embrey M, Wai J S, et al. J Biol Chem, 2003, 278: 2777-2780.

[86] Chiu Y L, Greene W C. Annu Rev Immunol, 2008, 26: 317-353.

[87] Santiago M L, Greene W C. Science, 2008, 321: 1343-1346.

[88] Goff A, Ehrlich L S, Cohen S N, Carter C A. J Virol, 2003, 77: 9173-9182.

[89] Hannon G. Nature, 2002, 418: 244-251.

[90] Novina C D, Sharp P A. Nature, 2004, 430: 161-164.

[91] Meister G, Tuschl T. Nature, 2004, 431: 343-349.

[92] Kumar P, Shankar P. Cell, 2008, 134: 577-586.

[93] Johnston M I, Fauci A S. N Engl J Med, 2007, 356: 2073-2081.

[94] Cohen J. Science, 2007, 318: 28-29; 1048-1049.

[95] Sekaly R P. J Exp Med, 2008, 205: 7-12.

第36章

抗病毒药物

胡有洪，程 刚

目 录

36.1 抗流感病毒药物 /965
   36.1.1 流感病毒复制机理 /965
   36.1.2 血凝素抑制剂 /965
   36.1.3 M2离子通道蛋白阻滞剂 /967
   36.1.4 神经氨酸酶抑制剂 /967
   36.1.5 次黄嘌呤核苷酸抑制剂 /969
   36.1.6 RNA聚合酶抑制剂 /969
   36.1.7 其他可能治疗的途径 /969
36.2 抗乙型肝炎病毒药物 /970
   36.2.1 乙肝病毒的复制机理 /970
   36.2.2 干扰素 /971
   36.2.3 核苷类药物 /972
      36.2.3.1 拉米夫定 /972
      36.2.3.2 阿德福韦酯 /973
      36.2.3.3 恩替卡韦 /973
      36.2.3.4 其他在研的核苷类化合物 /974
   36.2.4 非核苷类化合物 /974
   36.2.5 其他可能治疗的途径 /974
36.3 抗丙肝病毒药物 /975
   36.3.1 丙肝病毒的复制机理 /975
   36.3.2 可能潜在的抗丙肝病毒作用靶点及抑制剂 /976
      36.3.2.1 NS3蛋白酶抑制剂 /976
      36.3.2.2 NS3解旋酶抑制剂 /979
      36.3.2.3 NS5B聚合酶抑制剂 /980
      36.3.2.4 其他靶点的药物 /984
   36.3.3 非病毒为靶点的药物 /985
36.4 展望 /985
推荐读物 /986
参考文献 /986

病毒感染可引起多种疾病，严重危害人类的健康和生命。迄今，全世界已发现使人类致病的病毒1200多种，数万种病毒亚型和变异株。自20世纪80年代以来，新发现的流行性传染病有2/3是由病毒感染引起的，如肝病毒所致的急、慢性肝炎；疱疹病毒引起的视网膜炎、角膜炎；呼吸道病毒感染引发的支气管炎、肺炎、脊髓灰质炎等；肠道病毒所致的急性肠胃炎；甲、乙型流感病毒导致季节性全球或局部地区大流行；多种病毒引起的肾病综合征、出血热、拉萨热、埃博拉出血热和登革热等，且死亡率高。最近，新型病毒感染性疾病的出现（如：SARS，禽流感），急需投入更多的人力和物力进行抗病毒新药的研究。

病毒可分为DNA病毒和RNA病毒。其中DNA病毒包括：小DNA病毒（parvoviruses）；多瘤病毒（polyomaviruses）；乳头状瘤病毒（papillomaviruses），主要为人乳头状瘤病毒（HPV）；腺病毒（adenoviruses）；疱疹病毒（herpesviruses），分三种亚型，α亚型——单纯疱疹病毒1型（HSV-1）、2型（HSV-2）和水痘带状疱疹病毒（VZT）；β亚型——巨细胞病毒（CMV）、人疱疹病毒6型（HHV-6）和7型（HHV-7）；γ亚型——爱泼司坦病毒（EBV）和人疱疹病毒8型（HHV-8）；痘病毒（poxviruses），包含天花（variola）、牛痘（vaccinia）和传染性软疣（molluscum contagiosum）等；肝病毒（hepadnaviruses），代表性为乙型肝炎病毒（HBV）和鸭乙型肝炎病毒（DHBV）；微小核糖核酸病毒（picornaviruses），代表种有小儿麻痹症病毒（poliovirus）、人类鼻病毒A（human rhinovirus A）、肝炎A型病毒（hepatitis A virus，HAV）、脑心肌炎病毒（encephalomyocarditis virus）和口蹄疫病毒（foot-and-mouth disease virus）等。

RNA病毒包括：虫媒病毒（flaviviruses），代表性有西尼罗河病毒（west nile）、骨痛热病毒（dengue）、森林脑炎（tick-borne encephalitis）和黄热病（yellow fever）等；丙肝病毒（hepaciviruses，HCV）；冠状病毒（coronaviruses），主要代表为严重急性呼吸道综合征病毒（severe acute respiratory syndrome coronavirus，SARS-CoV）；正黏病毒（orthomyxoviruses），代表性有甲型流感病毒（influenza A virus）、乙型流感病毒（influenza B virus）和禽流感（avian influenza）等；副黏液病毒（paramyxoviruses），主要包括腮腺炎病毒（mump virus）、人副流行性感冒病毒（human parainfluenza viruses）、犬瘟热病毒（canine distemper virus）、鼠海豚病毒（porpoise distemper virus）、牛麻疹病毒（bovine morbillivirus，MV-K1）、麻疹病毒（measles virus）、鼠肺疫病毒（pneumonia virus of mice），和人融合性呼吸道病毒（human respiratory syncytial virus）等；沙状病毒（arenaviruses），其中有D型肝炎病毒（hepatitis delta virus）；本雅病毒（bunyaviruses），其中有番茄斑点病毒（tospovirus）；炮弹（棒状）病毒（rhabdoviruses）；丝状病毒（filoviruses），包括埃博拉病毒（Ebola virus）和马尔堡病毒（Marburg virus）；呼肠孤病毒（reoviruses）；逆转录病毒（retroviruses），代表种为人类免疫缺陷病毒（human immunodeficiency virus，HIV）。

随着新型病毒的不断出现，迫切需要进行新型抗病毒药物的研发，现从十五年前的仅有几种抗病毒药物，已发展到现今的四十多种药物。基本上临床药物和在研药物主要集中在HIV、HBV、HSV、VZV（水痘-带状疱疹病毒）、CMV、RSV（呼吸道合胞病毒）、流感病毒和HCV。虽然疫苗可以避免病毒感染，但对HIV和HCV这样的病毒，疫苗的开发至今未获成功。HBV和感冒病毒虽有疫苗，但并未降低对化学疗法的需求。而对HCV来说，市场上至今还没有有效的治疗药物（仅有IFN与Ribavirin结合疗法，约30%有效）。在本章中主要阐述抗流感病毒、抗HBV和HCV的临床和在研药物。抗HIV药物作为重要内容会在另一章节单独讨论。

36.1 抗流感病毒药物

流感病毒属于正黏病毒科，系单联 RNA 病毒，由外膜和被包围于其中的核衣壳组成。外膜的主要成分是脂质（lipid），内表面为基质蛋白。外表面有血凝素（hemagglutinin，HA）和神经氨酸酶（neuraminidase，NA）两种糖蛋白突起，这些糖蛋白突起是流感病毒抗原结构的主要成分。根据核蛋白（nucleoprotein，NP）和基质蛋白（matrixprotein，MP）抗原性的不同，可为甲（A）、乙（B）、丙（C）三型。乙型主要感染人但致病力低，通常只造成局部流行；丙型主要侵犯婴幼儿或仅引起人类轻微上呼吸道感染，很少造成流行；甲型病毒的基因是由 8 个单独的单链 RNA 片段组成，可编码 10 种蛋白：膜蛋白血凝素，神经氨酸酶，基质蛋白，核蛋白，三种 RNA 多聚酶（RNA polymerase PB1、PB2 和 PA），离子通道蛋白（ionophorous protein M2）和非结构性蛋白（nonstructural protein NS1 和 NS2）。其亚型的划分是依据血凝素（HA，H1～H16）和神经氨酸酶（NA，N1～N9）的抗原性不同。HA 基因型分为 H1、H2 和 H3 以及 NA 基因型分为 N1 和 N2 的流感病毒常在人群中传播，其严重程度因病毒株的不同而有所不同。值得强调的，人类历史上四次流感大流行，其病毒来源均与禽流感病毒密切相关，近期的 H5N1 型病毒致人发病性强，致死率高。

由于流感的传播速度极快，病毒又极易发生变异，故每年流感病毒都会发生不同规模的流行。据 WHO 公布的数据报告表明，估计全球每年流感病例达 6 亿～12 亿。流感病毒流行有一定的周期性，主要是由于流感病毒的变异和人体内免疫力降低造成的。一般来说，甲型流感病毒每 2～3 年发生一次小变异，流感会出现小规模流行；病毒 10～15 年发生一次大变异，形成一个新的亚型，流感就会发生一次世界性大流行[1]。除流感疫苗外，抗流感病毒药物的研究愈来愈引起全世界的关注。

36.1.1 流感病毒复制机理

流感病毒 A 的表面由三种膜蛋白组成：血凝素（HA），神经氨酸酶（NA）和 M2 离子通道蛋白（M2）。其表面 HA 的糖蛋白可识别细胞表面的 HA 受体进行结合，流感病毒黏附在细胞表面，从而使病毒透过细胞膜融合进入宿主细胞内；在一定的酸性 pH 值下，通过 M2 离子通道蛋白 H 离子进入病毒，脱壳，释放出病毒 RNA，进入细胞核内；以此 RNA 为模板，转化为信使 RNA，在聚合酶的作用下合成更多的病毒 RNA，同时 HA 和 NA 等所需蛋白也被合成；最后包膜，溶出。病毒溶出时与细胞表面形成新的苷键，被 NA 水解除去以 α 键连接在其寡糖末端的唾液酸残基，释放病毒颗粒。现有药物研发基本上针对血凝素（HA）和神经氨酸酶（NA）为靶点。经典的金刚烷胺类化合物为 M2 的抑制剂。利巴韦林（Ribavirin）为 RNA 聚合酶抑制剂（图 36-1）。

36.1.2 血凝素抑制剂

血凝素抑制剂可以直接阻止病毒感染，是一个非常重要的靶标。但至今尚未有针对此靶点的药物研发成功。近年来，由于禽流感的危机的爆发，人们对此蛋白结构认识愈来愈深刻，除了得到唾液酸与病毒血凝素的共晶体结构外，最近也得到了 H5N1 Viet04（A/Vietnam/1203/2004）的血凝素单晶结构[3]（彩图 6），这些生物学上的发现[4]为新药研发提供了机遇。

通过对流感病毒血凝素的认识，大分子的二价唾液酸多聚物被设计合成，并显示一定的活性[5~7]。其中较为简单的化合物 1（图 36-2）的 IC_{50} 值为 3.0μmol/L[8]，具有壳聚糖骨架的唾液酸类多聚物也显示出较好的活性和安全性，有望成为新的抗流感病毒药物[9]。

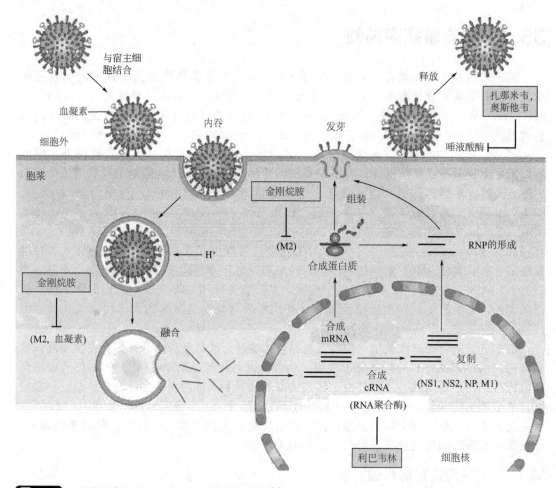

图 36-1 流感病毒的复制机理和可能的药物靶点[2]

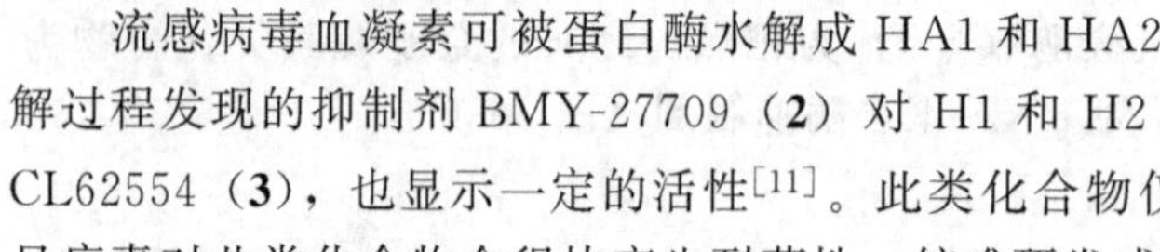

图 36-2 化合物 1 的结构

流感病毒血凝素可被蛋白酶水解成 HA1 和 HA2，可能与侵入融合机制有关。针对水解过程发现的抑制剂 BMY-27709（**2**）对 H1 和 H2 型病毒有效[10]，而后又发现类似物 CL62554（**3**），也显示一定的活性[11]。此类化合物仅对 H1、H2 和 H3 类病毒有效，而且病毒对此类化合物会很快产生耐药性，较难研发成为有效的治疗药物（图 36-3）。

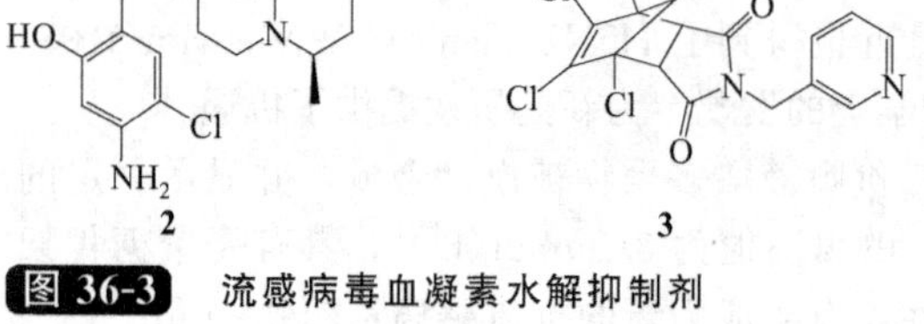

图 36-3 流感病毒血凝素水解抑制剂

36.1.3 M2 离子通道蛋白阻滞剂

M2 蛋白是 97 个氨基酸的完整膜蛋白,大量表达于感染细胞表面,其生物活性形式是一个寡四聚体。M2 蛋白包括 3 个半胱氨酸残基 Cys17、Cys19 和 Cys50,大多数 M2 通过 Cys17 和 Cys19 形成二硫键连接成 M2 二聚体,再由非共价键连接形成同源四聚体。通过测量表达 M2 蛋白的细胞膜的膜电位变化,证实其具有质子选择性离子通道功能。病毒通过内吞作用进入细胞,M2 介导质子进入病毒体内,有利于基质蛋白与核糖核蛋白(RNP)分离,只有当游离的 RNP 转移到核内,病毒 RNA 才开始复制。金刚烷胺阻止了离子通道作用,使这些反应不会发生[12]。最近,两个研究小组得到 M2 的单晶结构,进一步阐明了其在病毒复制时的作用,为针对 M2 靶点药物的设计提供了理论基础[13~14]。

已在临床上使用的药物为金刚烷胺(**4**,Amantadine)和其衍生物金刚乙胺(**5**,Rimantadine)(图 36-4),能抑制流感病毒 A 的 M2 蛋白,但对中枢神经系统和肠道具有明显的副作用,并易产生耐药性。药物化学家在不断努力进行结构优化,但无新药处在临床研究,仅已报道活性最好的衍生物 **6** 的抑制活性为 $0.24\mu g/ml$[15]。新的一类化合物 **7**(Bananin)具有抑制 SARS-CoV 的活性,其他非金刚烷胺类化合物 **8**(BL-1743)和 **9**(Bafilomycin A1)表明为 M2 的可逆抑制剂,但没有发展到临床研究[16]。

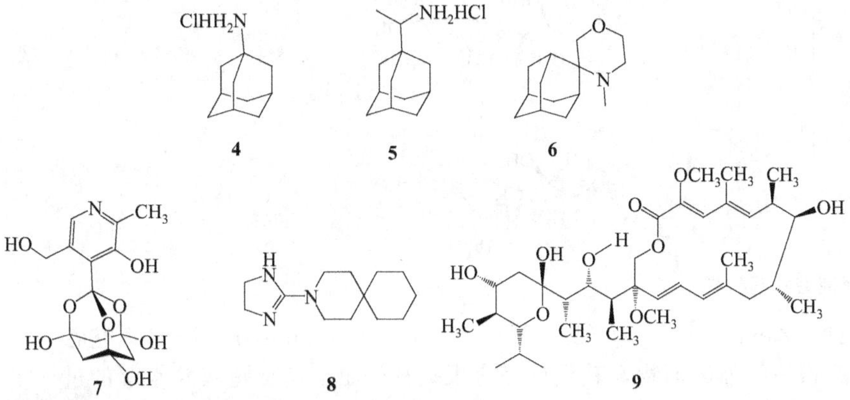

图 36-4 M2 蛋白抑制剂

36.1.4 神经氨酸酶抑制剂

神经氨酸酶(NA)的作用是切割红细胞凝集素受体的唾液酸,对于在感染细胞中新形成的病毒颗粒释放起着重要的作用。同时,NA 能促进病毒进入呼吸道黏液,增强病毒的转染性。

神经氨酸酶的结构为同源四聚体,每个单体折叠成原型 β 螺旋,流感 A 和 B 型的活性中心高度保守,与唾液酸的共结晶已表明连接催化断裂识别底物的位点,含有 10 个精氨酸(Arg),天冬氨酸(Asp)和谷氨酸(Glu)残基和 4 个疏水基团[17](彩图 7)。最近,禽流感病毒 H5N1 的神经氨酸酶的结构及突变结构的报道,有助于进一步合理地进行药物设计[18~19]。

通过同位素效应研究神经氨酸酶催化的唾液酸水解反应机理,跟其他酶催化类似,经过一个内型环状唾液酸氧正离子过渡态。在此反应过程中,首先唾液酸的羧基与酶中质子化的精氨酸残基上的胍基之间发生相互作用,然后在 Asp151 和水的参与下,OR 离去,形成氧正离子过渡态,水进攻端基碳正离子,进行一个类似 SN1 的反应,端基构型保持不变。神经氨酸酶抑制剂的设计基本上都是模拟过渡态的结构而得到[20](图 36-5)。

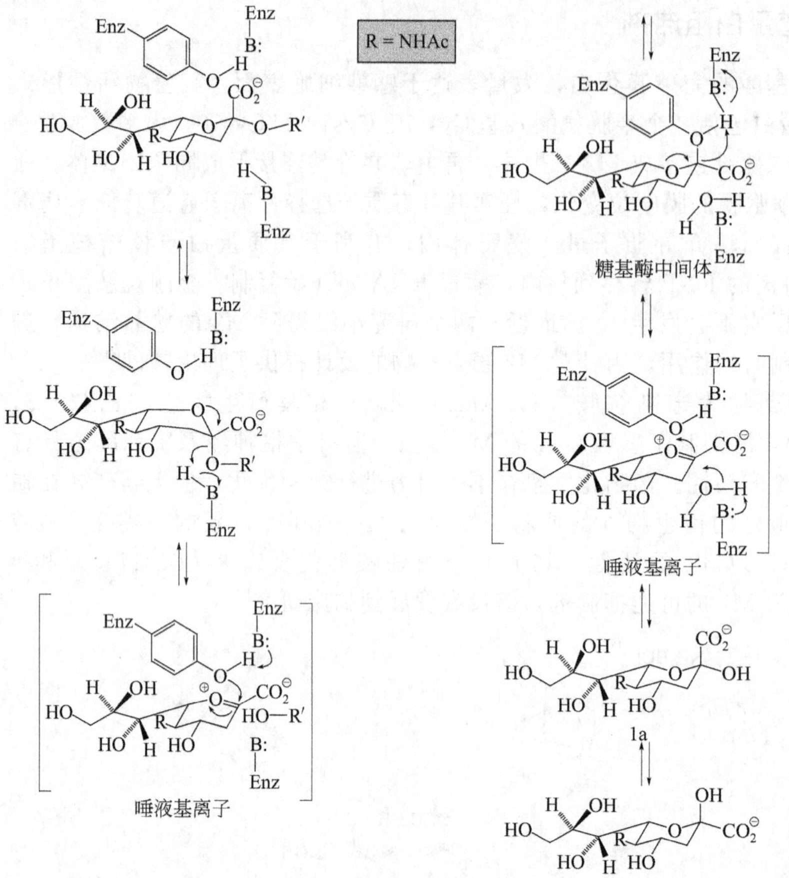

图 36-5 神经氨酸酶促唾液酸水解机理

吸入剂扎那米韦（**10**，Zanamivir）和口服制剂达菲（**11**，Oseltamivir）得到研究者的广泛关注，作为抗禽流感一线临床药物，其设计完全根据神经氨酸酶促唾液酸水解的过渡态产生。其活性、合成的改进和构效关系已有很多文章综述（参见本章“推荐读物”）。值得一提的是，从柔性的六元环结构变为刚性结构的苯环，衍生物的活性大大降低[21~22]，而进一步改造得到的五元环化合物帕拉米韦（**12**，Peramivir），口服吸收差，作为注射剂型，也体现很好的抗流感病毒效果，特别是对 H5N1 病毒[23]，有可能会得到批准在临床使用（图 36-6）。

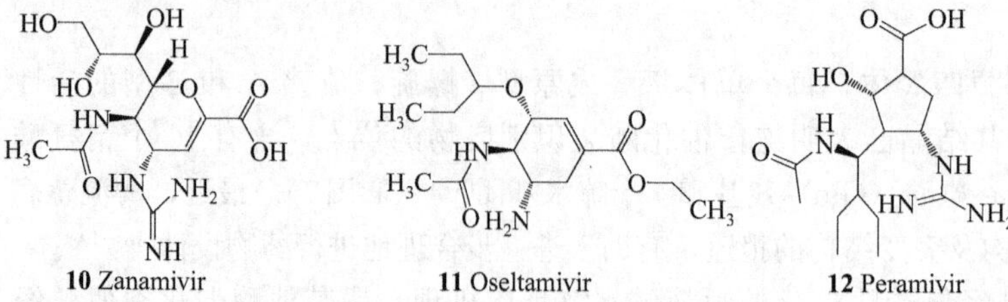

10 Zanamivir　**11** Oseltamivir　**12** Peramivir

图 36-6 临床上用的神经氨酸酶抑制剂

将五元环结构改造成吡咯烷环，得到一系列衍生物均体现良好的活性，其中化合物 **13**（A-192558）和 **14**（A-315675）与神经氨酸酶的结合比临床药物还要好[24]。进一步改造为呋喃环而得到的化合物 **15**，活性有所下降，对流感病毒 A 的神经氨酸酶的抑制活性

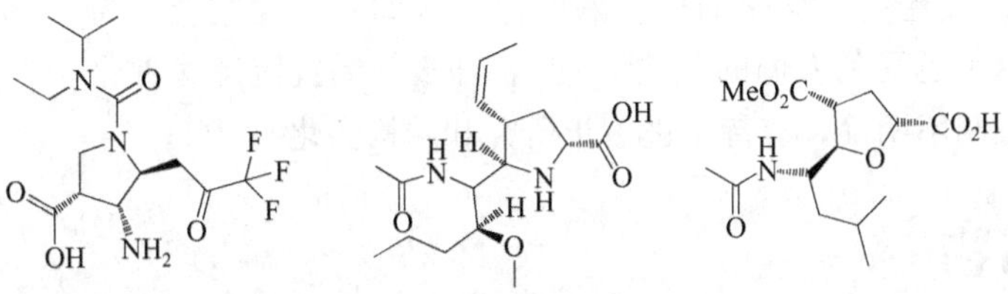

13　　14　　15

图 36-7　在研的神经氨酸酶抑制剂

IC_{50}值为 410nmol/L[25]（图 36-7）。

帕拉米韦和 A-315675 已证实对扎那米韦和达菲耐药的病毒株有效[26]。由于病毒的变异和耐药性，药物学家们还在不断努力，通过生物信息学、药物化学和分子生物学等多方面结合，寻找更多的神经氨酸酶抑制剂[27]。

36.1.5　次黄嘌呤核苷酸抑制剂

次黄嘌呤核苷酸（IMPDH）抑制剂可以减少胞内 GTP 水平，抑制 mRNA 的表达。利巴韦林（**16**，Ribavirin 病毒唑）具有广谱的抗病毒效果，但口服效果不佳。其衍生物（**17**，Viramidine）毒性低，现在Ⅱ期临床试验中，有可能用于治疗流感病毒 A 药物，其中包括 H5N1 型[28]（图 36-8）。

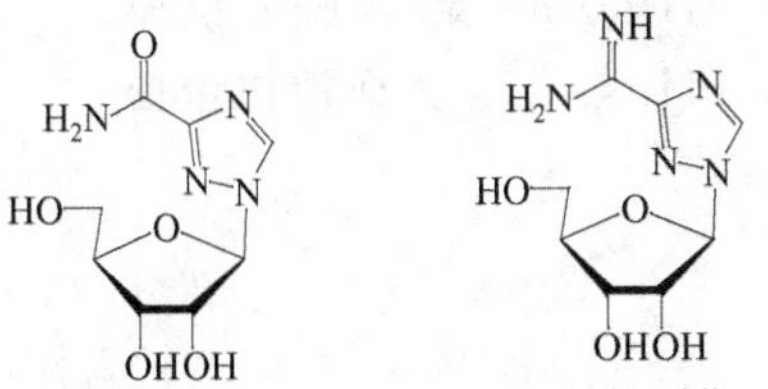

16 Ribavirin　　**17** Viramidine

图 36-8　IMPDH 抑制剂

36.1.6　RNA 聚合酶抑制剂

流感病毒的聚合转录是一个三聚结构单元，包括转录酶（transcriptase，PB1）、核酸内切酶（PB2）和其他的蛋白酶（PA）。流感病毒聚合酶的核酸内切酶，可切断细胞内 mRNA，然后组装成病毒 mRNA，此活性区间高度保守且专一[29]。核酸内切酶酶反应需要二价金属离子参与[30]，其潜在的络合物可抑制流感病毒 RNA 聚合，已发现化合物 **18**（Flutimide）可抑制流感病毒 A 和 B 的转录，毒性小，在 MDCK 细胞的 IC_{50} 为 5.1 μmol/L[31]。此外，吡嗪酰胺类化合物 **19**（T705）可识别核内聚合酶，在流感病毒 A、B 和 C 的小鼠实验上体现出比达菲更好的疗效，体外 IC_{50} 为 1.0 μmol/L，但未见对 H5N1 的活性报道[32]（图 36-9）。

36.1.7　其他可能治疗的途径

干扰素（Interferon）已发现 50 多年，在抗病毒药物中用于组合疗法，其剂型的改变

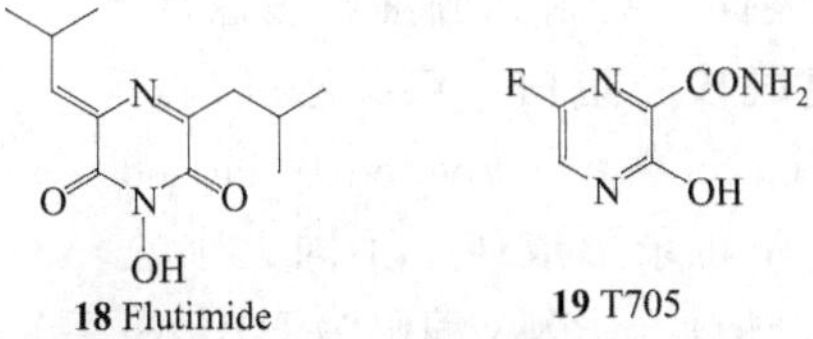

18 Flutimide　　**19** T705

图 36-9　RNA 聚合酶抑制剂

可提高治疗指数。近年，siRNA 对病毒核蛋白或酸化的聚合酶的保守区间专一性结合，为治疗流感病毒的感染带来新的契机，越来越受到人们的关注[33~36]。许多新的抗流感病毒化合物显示出较好的体外活性，但作用机制不明确，有待于进一步研究和结构优化[37~38]。

36.2 抗乙型肝炎病毒药物

乙型病毒性肝炎是严重危害人民健康的常见传染病。全世界乙肝病毒（hepatitis B virus，HBV）表面抗原（HBsAg）阳性者达 3.5 亿人，主要分布于亚洲、非洲和拉丁美洲地区。5 年后，10%~20% 的慢性乙肝患者可发展为肝硬化，其中 20%~30% 年可发展为失代偿性肝硬化，约 6%~15% 的患者经 20~40 年会发展为肝癌。据统计，全球每年约有 80 万人死于 HBV 感染的相关性疾病，占疾病死亡原因的第 9 位。我国 HBsAg 阳性者约有 1.3 亿人，其中 3000 万人为慢性乙肝患者。HBsAg 阳性的母亲可以通过垂直传播使婴儿感染 HBV，其中 90% 以上成为慢性 HBsAg 携带者。

乙肝病毒属嗜肝 DNA 病毒科，双链 DNA，基因长 3.2kb。有 4 个开放读码框架，分别为 Pre-S/S、Polymerase Precore/core、X 蛋白（与肝癌的发生有关）、cccDNA（是 HBV 复制的模板，大多数抗病毒药物对 cccDNA 的作用小或无作用）。完整的 HBV 颗粒亦称 Dane 颗粒，直径为 42nm，具有双层核壳结构；核心颗粒直径为 28nm，颗粒内部有 DNA 和 DNA 多聚酶；颗粒表面（内衣壳）含有 B 肝 c 抗原（HBcAg）和 B 肝 e 抗原（HBeAg）；外壳（包膜）厚 7nm；脂质双层含有 B 肝表面抗原（HBsAg）、人血清白蛋白受体（PHSAr）和前 S 抗原（PreSAg）（图 36-10）。

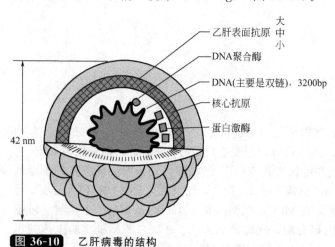

图 36-10 乙肝病毒的结构

36.2.1 乙肝病毒的复制机理

乙肝病毒感染的生物活性周期主要经过四个环节，进入体液之后通过血液带到肝脏，然后再通过前 S 蛋白与肝细胞膜上的受体结合吸附到肝细胞表面；吸附到肝细胞表面后，开始脱包膜蛋白进入到肝细胞内；进入到肝细胞内后，通过脱核壳蛋白，双股乙肝病毒 DNA 进入到肝细胞胞核内，形成共价闭合环状 DNA，也叫 cccDNA（covalently closed circular DNA），是乙肝病毒复制最原始的一个模板；cccDNA 转录形成四个不同大小的 mRNA，有 0.8kDa、2.1kDa、2.4kDa 和 3.5kDa 的模板。0.8kDa mRNA 编码为 HBxAg 蛋白，2.1kDa mRNA 编码前 S2 和 HBsAg 蛋白。2.4kDa mRNA 编码前 S1、前 S2 和

HBsAg 蛋白。最主要的是乙肝病毒前基因组 3.5kDa 的 mRNA，可编码 P 蛋白（包含 HBV DNA 多聚酶、逆转录酶和 RNA 酶 H）、C 蛋白（HBcAg）和编码 HBeAg 前体蛋白。以它为模板转录成新的正链和负链，结合形成新的 DNA，与上述编码的病毒蛋白在肝细胞内质网中装配成新的、完整的病毒颗粒。新的病毒再以芽生的方式从肝细胞膜释放出来，又开始感染到另外一个没有被感染的肝细胞，吸附之后脱包膜，进入肝细胞内脱核壳形成 cccDNA 变成四个不同的模板，前 DNA 乙肝病毒前基因组 mRNA 再转录新的正负链，而又形成一个新的完整病毒。乙肝病毒的复制机理见图 36-11。

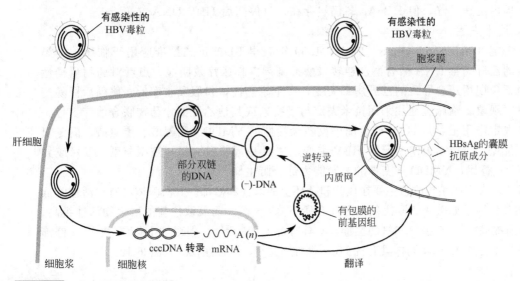

图 36-11 乙肝病毒的复制机理

乙肝病毒的 cccDNA 很难完全彻底清除，目前的抗病毒药不能清除 cccDNA。只有彻底清除 cccDNA 乙肝病人才能完全治愈。

36.2.2 干扰素

1957 年 Isaacs 和 Lindemann 发现，当病毒感染了动物细胞后，机体则产生一种蛋白质，这种蛋白质对病毒的繁殖起到干扰现象（Interference），故命名为干扰素（Interferon，IFN）。干扰素为分子质量 20kDa 的糖蛋白，根据干扰素产生的细胞不同，干扰素分为干扰素 α、干扰素 β 和干扰素 γ 三种。

1985 年，FDA 批准 IFN-α 上市，最早用于抗 HBV 感染的药物，是具有抗病毒和免疫调节功能的细胞因子，有双重治疗功效。结合于其特异的细胞表面干扰素 α 受体，诱导细胞表达多种广谱的抗病毒蛋白，包括蛋白激酶 A（protein kinase A，PKA）、2,5-寡腺苷酸合成酶（2,5-oligoadenylate synthetase，OAS）、脱氨酶（adenosine deaminase，ADAR）和抗病毒功能 Mx 蛋白等。PKA 可被细胞内病毒 RNA 激活，随后使翻译起始因子-2α（Eukaryoteinitiation factor-2，eIF-2）磷酸化而失去活性，从而阻止病毒 mRNA 的翻译，使病毒蛋白合成起始受阻；OAS 在细胞内被病毒单链 RNA 激活，合成寡腺苷酸，继而激活细胞内 RNA 酶使病毒 RNA 降解；ADAR 可催化病毒双链 RNA 中的腺嘌呤转变为次黄嘌呤，从而使病毒解聚。Mx 蛋白是一类蛋白家族，可影响细胞内病毒核壳体的转运及 RNA 的合成[39]。此外，干扰素 α 也可通过调节免疫机制抑制 HBV[40]。

聚乙二醇干扰素 α-2a（派罗欣），是不带电核、无免疫原性、无毒性的水溶性化学物质，分子质量为 40kDa。2002 年获得美国 FDA 批准，2003 年在中国获得上市，这种干扰素是利用聚乙二醇（PEG）和干扰素相结合，使得其进入人体后，干扰素缓慢得到释放，从而增加了干扰素的半衰期，这样患者就可以每周使用1次，避免1周多次注射[41]。

36.2.3 核苷类药物

核苷类药物口服进入体内后经磷酸化而活化，与自然的核苷竞争结合HBV复制时的DNA链，从而抑制HBV聚合酶，阻断新的HBV DNA产生。也可抑制HBV DNA逆转录，切断cccDNA的补给，但不能抑制cccDNA，所以90%以上患者治疗后HBV DNA水平在2周内迅速下降，但HBeAg却仍然存在，且停药后HBV DNA又可上升。

36.2.3.1 拉米夫定

拉米夫定（**20**，Lamivudine，3TC），1999年获得FDA正式批准应用于临床，是第一个有效的乙肝病毒DNA聚合酶和逆转录酶抑制剂。临床疗效明显，患者对药物耐受性好，但由于长期用药会导致的乙肝病毒突变，产生耐药性，口服吸收率低，停药后极易产生"反跳"现象。临床上往往采用拉米夫定与干扰素或其他乙肝治疗药物联合治疗[42]。

拉米夫定作用靶点是HBV聚合酶中反转录活性的YMDD（酪氨酸、蛋氨酸、门冬氨酸基序）位点。对拉米夫定耐药的HBV突变，主要是蛋氨酸（M）被缬氨酸（V）或异亮氨酸（D）替代，YMDD突变株的复制能力低于野生株[43]。

针对拉米夫定的结构改造主要在核苷和杂环上的取代和修饰。其对映体（**21**）活性降低50倍，用其他原子如碳和硒取代硫，活性有所下降[44~46]。而氧取代硫的衍生物活性提高，毒性也有所提高[47]。交换硫和氧的位置，不具有抗HBV活性，但对抗HIV有效[48]。修饰连接的核苷化合物**22~24**同样具有抗HBV活性[49~51]，但毒性较高（图36-12）。

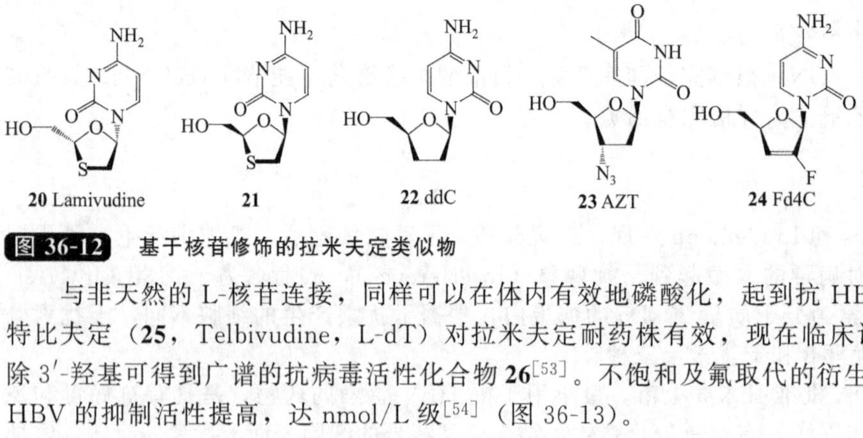

20 Lamivudine　　**21**　　**22** ddC　　**23** AZT　　**24** Fd4C

图 36-12　基于核苷修饰的拉米夫定类似物

与非天然的L-核苷连接，同样可以在体内有效地磷酸化，起到抗HBV活性，特别是特比夫定（**25**，Telbivudine，L-dT）对拉米夫定耐药株有效，现在临床评价阶段[52]。去除3'-羟基可得到广谱的抗病毒活性化合物**26**[53]。不饱和及氟取代的衍生物（**27**，**28**）对HBV的抑制活性提高，达nmol/L级[54]（图36-13）。

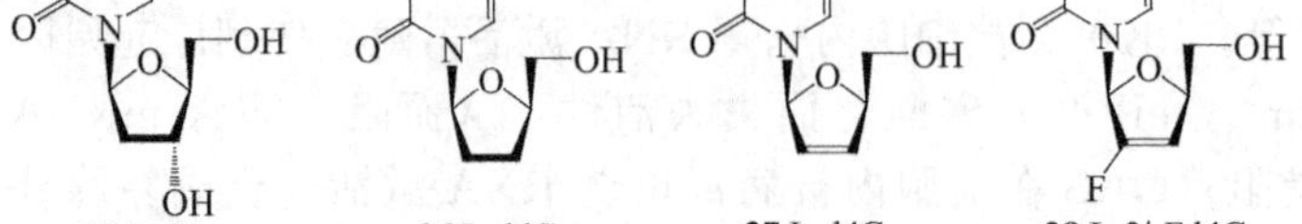

25 L-dT　　**26** L-ddC　　**27** L-d4C　　**28** L-2'-Fd4C

图 36-13　基于非天然核苷修饰的拉米夫定类似物

对胞嘧啶的取代变化主要在氨基的邻位，在甲基、氟和碘取代的衍生物中，发现恩曲他滨（**29**，Emtricitabine）活性最好，并对拉米夫定耐药株有效，现在临床评价阶段。其与其他核苷的连接得到的衍生物，构效关系与拉米夫定类似[55]（图36-14）。

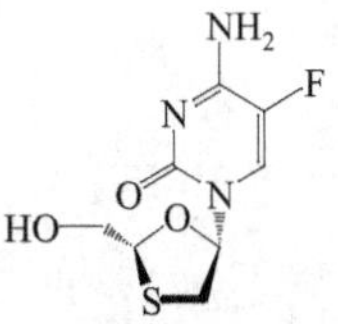

29 Emtricitabine

图 36-14　恩曲他滨的结构

36.2.3.2　阿德福韦酯

阿德福韦酯（**30**，Adefovir dipivoxil）口服给药，在体内可迅速完全代谢为母体药物阿德福韦（**31**）（图 36-15）。在细胞激酶作用下，磷酸化生成活性代谢产物二磷酸盐，与酶的天然底物三磷酸脱氧腺苷（dATP）竞争，抑制 HBV DNA 聚合酶或逆转录酶，整合到病毒 DNA 链后，使复制终止：本身也可直接整合到 HBV DNA 链中，形成 DNA 链终结子，停止复制，因而它具有较强的抑制 HBV DNA 复制的作用[56]。

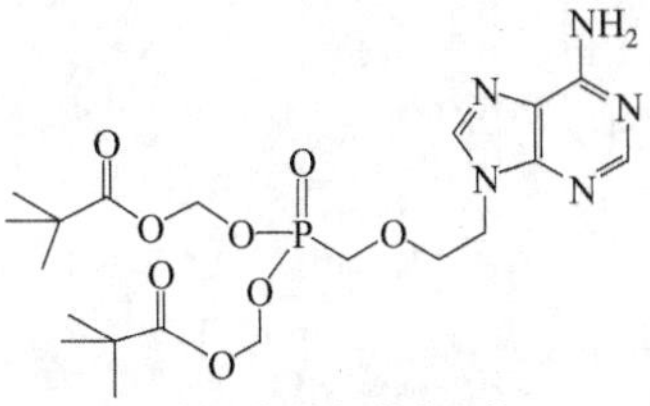

30 Adefovir dipivoxil

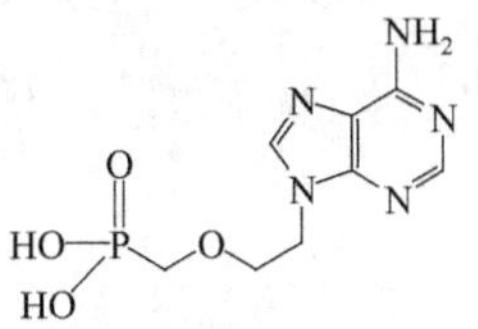

31 Adefovir

图 36-15　阿德福韦酯和阿德福韦的结构

对其侧链的修饰表明氧原子非常重要。改变腺嘌呤的结构得到化合物 **32** 和 **33**，失去抗 HBV 活性[57]，而化合物 **34** 和 **35** 活性有所增加，但毒性也增强[58]（图 36-16）。

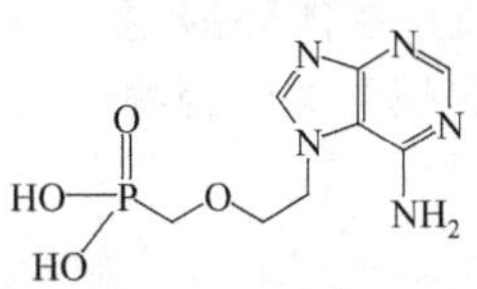

32

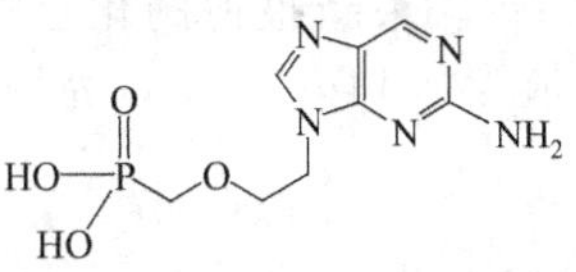

33

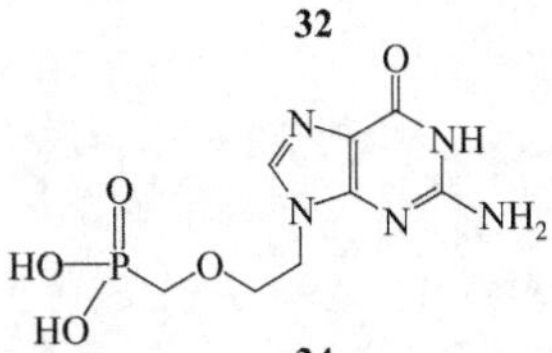

34

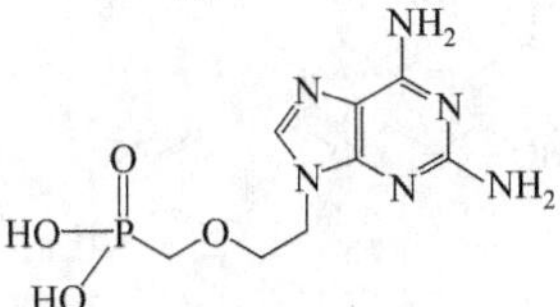

35

图 36-16　基于杂环变化的阿德福韦类似物

36.2.3.3　恩替卡韦

恩替卡韦（**36**，Entecavir）为环戊基鸟嘌呤核苷类似物，是选择性抗 HBV 的口服核苷类药物，有极强的抑制 HBV DNA 的作用，能抑制拉米夫定耐药株的复制，适用于病毒复制活跃、ALT 持续升高或有肝脏组织学显示活动性病变的成人慢性乙型肝炎患者[59]。恩替卡韦的对映体没有活性，鸟嘌呤用其他杂环取代活性降低，仅腺嘌呤取代的化合物（**37**）活性有提高[60]，由于毒性较大，没有深入研究。对其核苷的改造表明五元环上羟基的移位、双键的丢失、环上插入氧原子或减小环为四元环会使活性降低至丧失（图 36-17）。

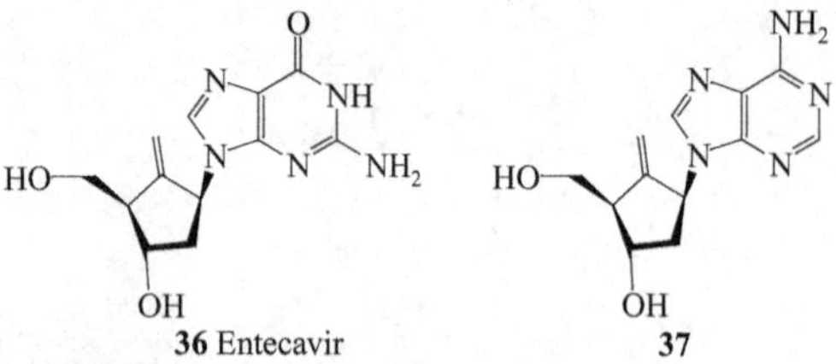

36 Entecavir　　37

图 36-17　恩替卡韦的结构

36.2.3.4　其他在研的核苷类化合物

用鸟嘌呤连接开链的化合物 **38** 和 **39**，在动物上显示一定活性，但临床效果不佳。以此为先导构建的嘧啶类衍生物 **40** 和 **41** 具有一定抗野生和变异的 HBV 病毒活性[61-62]（图 36-18）。

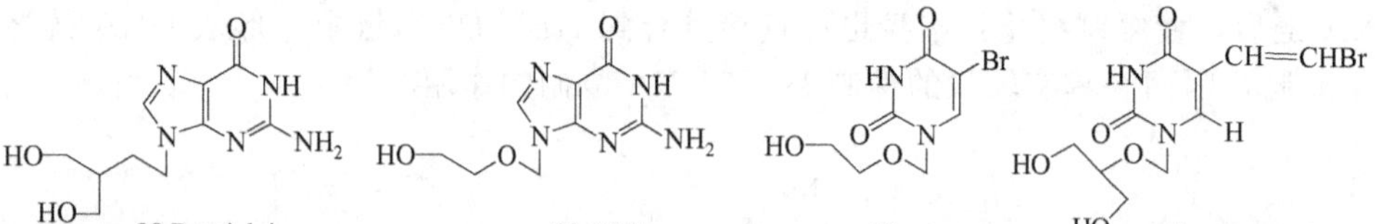

38 Penciclvir　　39 ACV　　40　　41

图 36-18　其他核苷衍生物

36.2.4　非核苷类化合物

一系列 2,5-吡啶二酰胺衍生物 **42** 可抑制 HBV 逆转录酶，活性 IC_{50} 在 0.2～0.001μg/mL，毒性低[63]。天然产物双黄酮 **43**（Robustaflavone）能抑制 HBV 聚合酶，在细胞 HepG2.2.15 的活性 EC_{50} 达 0.25μmol/L[64]。最近报道新的 6-羟基喹啉-3-羧酸酯类化合物 **44** 可抑制 HBV DNA 复制 IC_{50} 为 4.7μmol/L[65]。广泛抗病毒活性苯并咪唑衍生物 **45** 体现出抗 HBV 复制活性，IC_{50} 值为 0.7μmol/L[66]。最新报道的化合物 **46**，在体外抑制 HBV 复制活性优于临床药物拉米夫定，其 IC_{50} 值为 0.14μmol/L，为发展非核苷类化合物进入临床研究打下良好基础[67]（图 36-19）。

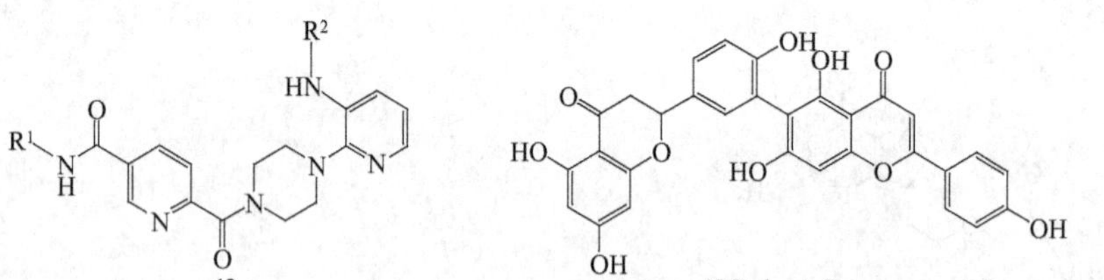

42　　43 Robustaflavone

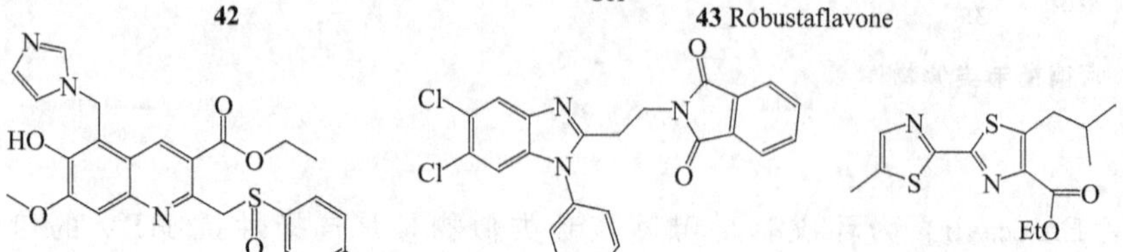

44　　45　　46

图 36-19　非核苷类化合物抑制剂

36.2.5　其他可能治疗的途径

二芳基取代的嘧啶化合物 **47**（BAY41-4109）可抑制乙肝病毒的核衣壳蛋白，在 HepG2.2.15 的抑制活性 EC_{50} 达 0.05μmol/L，优于临床药物拉米夫定，在 HBV 感染的转基因小鼠上有效，现在临床评价中[68]。苯基丙烯胺类化合物 **48**（AT-61）通过阻止前基因组 RNA 的组装，从而抑制 HBV 病毒的复制，细胞水平的活性 EC_{50} 为 0.5μmol/L，并可抑制野生和变异的拉米夫定耐药病毒株[69]。此外，氨基糖衍生物 **49** 也可以阻止前基因组 RNA 的包装[70]（图 36-20）。

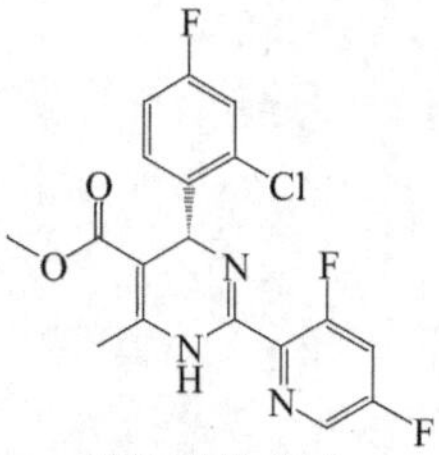
47 BAY41-4109

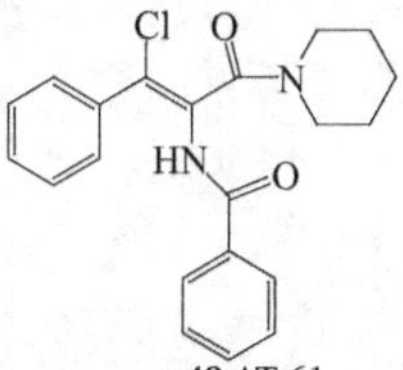
48 AT-61

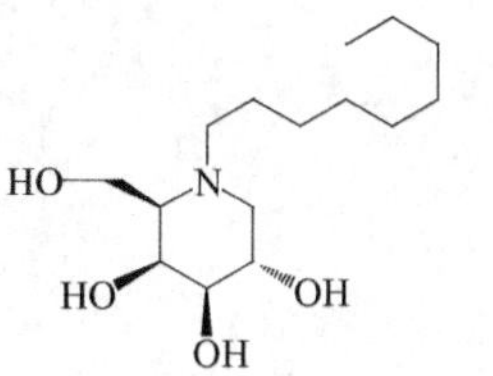
49

图 36-20　作用于其他机理的抑制剂

苦参碱（**50**）和氧化苦参碱（**51**）在中国用于治疗乙肝病人，其机理不是很清楚，现研究表明可抑制病毒的吸附、融合和复制等多方面作用[71]。从天然产物分离得到的生物碱 **52**［（—）-8-Oxotetrahydropaltine］和 **53**（Dauricumdine）也被发现具有抗 HBV 活性[72～73]。基于天然产物香豆素改造的化合物 **54** 和三萜衍生物 **55**，在 HepG2.2.15 细胞上也显现出抗 HBV 活性，成为新的先导化合物[74～75]。（图 36-21）

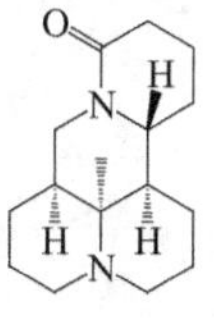
50

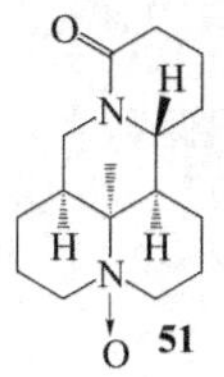
51

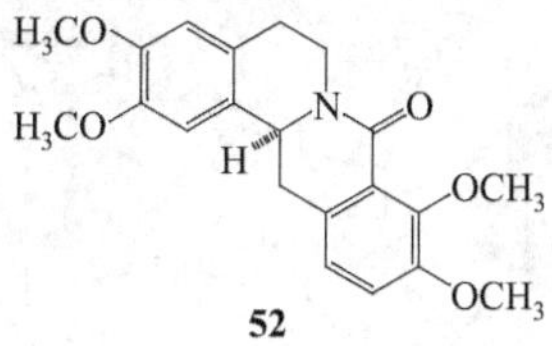
52

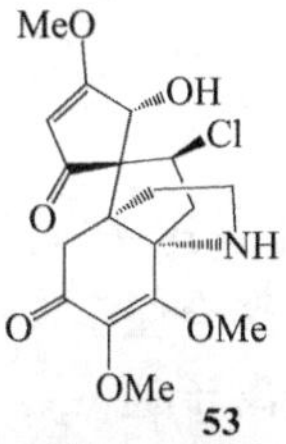
53

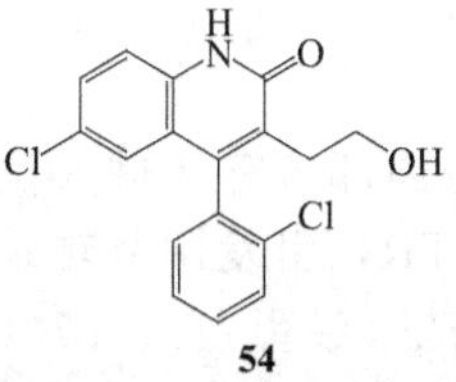
54

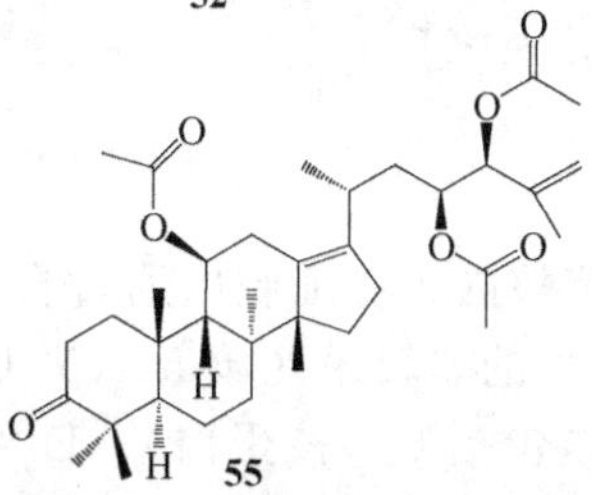
55

图 36-21　抗 HBV 活性的天然产物及其衍生物

36.3　抗丙肝病毒药物

1975 年，人们发现了非甲非乙型病毒，命名为丙肝病毒（HCV）。1989 年，才完全确定其结构为一种单股线性正链 RNA 病毒，属于虫媒病毒。世界上至少有 10 个以上基因型，其中 6 个已被表征。我国以Ⅰb（70%）和Ⅱa（30%）为主。现世界上有 1.7 亿人感染，占全世界人口的 3%，我国为 3.2%。其中 80%以上会发展成为慢性，50%以上发展为硬化，癌变率高。传染途径为血液及血制品、性接触传播、垂直传播和嗜毒。

36.3.1　丙肝病毒的复制机理

HCV 病毒颗粒直径大约 40～70nm，含有核蛋白及包膜糖蛋白 E1 和 E2，包膜蛋白形成双层液膜包裹病毒核。HCV 仅感染人类和猩猩，主要的目标细胞是肝细胞，此外还感染 B 细胞，树突状细胞和其他细胞。其进入与低密度和非常低密度酯蛋白有关，其中包括低密度酯蛋白受体（LDLR）、人糖胺聚糖（glycosaminoglycans，GAG）、B 类清道夫受体（scavenger receptor class B type Ⅰ，SR-BⅠ）、四跨膜蛋白 CD81（the tetraspanin protein CD81）和靠停蛋白 1（claudin-1，CLDN1）。在最后阶段由 CLDN1 调节内吞进入细胞，在低 pH 条件下融合释放 RNA（参见本章"推荐读物"）（图 36-22）。

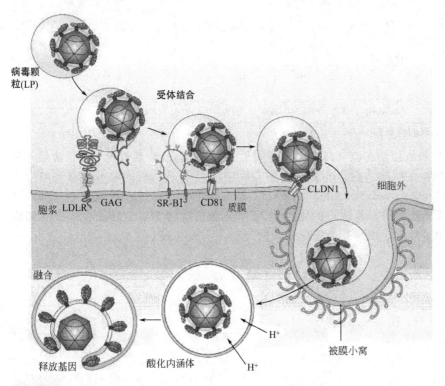

图 36-22 HCV 进入机制

HCV 病毒不直接进入细胞核内，在细胞内通过自身内部核糖体进入位点（the internal ribosome entry site，IRES）的非转录区域-5′（5′-UTR）引发调节转录并表达聚合蛋白，产生 10 种单独的病毒蛋白包括 C（核蛋白）、E1/E2（膜蛋白）、p7（可能是离子通道蛋白）、NS2（金属蛋白酶）、NS3（蛋白酶、解旋酶）、NS4A（NS3 蛋白酶辅因子）、NS4B（膜蛋白）、NS5A（磷酸化蛋白）和 NS5B（RNA 依赖的 RNA 多聚酶）。最后通过组装、包裹，释放出来。其后期的机制现尚不清楚（图 36-23）。

36.3.2 可能潜在的抗丙肝病毒作用靶点及抑制剂

现临床上治疗丙肝病人的途径仅有干扰素或加利巴韦林（Ribavirin），有效率低于 41%。作用机理与免疫调节和抗病毒相关，其抗病毒作用位点可能在 NS5A 区域。

现各大公司针对丙肝病毒的复制周期展开广泛研究，主要集中在开发蛋白酶（protease）和聚合酶（polymerase）抑制剂（图 36-24）。

36.3.2.1 NS3 蛋白酶抑制剂

HCV 蛋白酶可切断病毒蛋白 NS2/3、NS3/4A、NS4A/4B、NS4B/5A 和 NS5A/5B。其中 NS2/3 切断为自催化过程，NS2 蛋白酶的单晶结构最近揭示，为含有两个活性中心的二聚体，以此为基础的拟肽类抑制剂将会展开[77]。NS3/4A 中 NS3 为多官能蛋白，其 N 端的 1/3 属丝氨酸蛋白酶（NS3 protease），C 端 2/3 部分属于三磷酸核苷酶（NTPase）

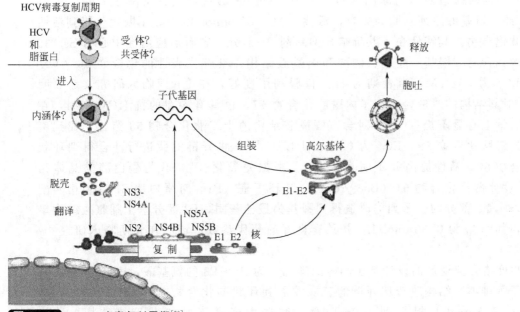

图 36-23 HCV 病毒复制周期[76]

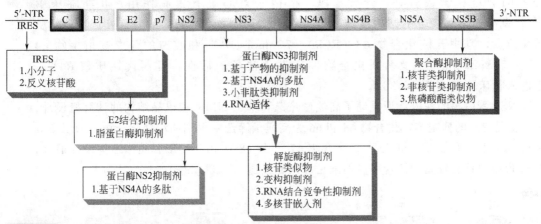

图 36-24 潜在的抗丙肝病毒作用靶点及抑制剂

和解旋酶（helicase）。NS4A 多聚蛋白为 NS3 蛋白酶的协同因子，其复合物可切断病毒蛋白的 NS4B、NS5A 和 NS5B 位点。

NS3 蛋白酶的晶体结构如图 36-25 所示，其催化活性位点为 His57、Asp81 和 Ser139。

图 36-25 NS3 蛋白酶的晶体结构

其抑制剂根据蛋白酶切断的 NS4A/4B 和 NS5A/5B 底物设计（图 36-26），选取 P1～P6 部分氨基酸序列六肽为先导，活性在 39～800μmol/L[78]，不断优化得到活性高的拟肽化合物。其特性在于共价结合抑制剂 P1 部分，含有反应活性中心与 Ser139 结合，例如含有 α 酮基、醛基、硼酸和内酰胺结构。具有代表性的化合物 **56**（VX-950），EC_{50} 为 354 nM，半衰期为 1h，口服利用度好，在Ⅰb 期临床研究，疗效明显[79]。对其结构的改造，发现了内酰胺化合物 **57**，也具有潜在的抗 HCV 作用，在药代动力学上有显著提高[80]。对含有酮酰胺结构的十二肽化合物 **58** 简化，找到更为简单的二肽化合物 **59**，EC_{50} 为 0.4μmol/L[81~82]。将开链的肽进行环合得到环状二肽化合物 **60**，活性提高并不明显[83~84]。根据先导化合物 **58** 与蛋白酶的晶体结构[85]，设计得到化合物 **61**（Boceprevir），其环丁基（P1）对蛋白酶 S1 口袋相匹配最好，末端 P3 部分的一系列的改造得到脲基为最佳基团，P2 部分基于脯氨酸结构单元衍生，其 EC_{50} 为 0.35μmol/L，并具有良好的药代参数，现已在Ⅱ期临床研究[86]（图 36-27）。

非共价结合抑制剂的设计基于同样的理念，为 P1～P3 的氨基酸，P1 部分为羧基及其电子等排体。结构改造从开链的三肽发展到环状的化合物 **62**（BILN2061），抑制活性从 7.6μmol/L 提高到 100nmol/L，改造大多基于脯氨酸母核结构。虽然 BILN2061 的药代参数较好，疗效显著，但由于对心脏有毒副作用，Ⅱ期临床中止[87]。基于 BILN2061 的结构改造，主要在 P2 部分的脯氨酸衍生物和 P1 单元的反应活性位点，其中开链化合物 **63**（EC50＝77nmol/L）[88]和改造的环戊基衍生物 **64**（EC50＝7.8nmol/L）[89]及系列化合物体现出非常高的活性，且药代性质较好[90]，有望进入临床研究（图 36-28）。

对 NS3 蛋白酶的深入认识推动了高通量筛选和基于 NMR 和单晶结构的计算机设计，但尚未发现较好的抑制剂，化合物 **65** 和 **66** 为高通量筛选中得到的活性化合物，抑制率分别为 6.5μmol/L 和 6.2μmol/L[91]。化合物 **67**[92]和 **68**[93]由 NMR 和晶体结构设计而来，与 NS3 蛋白酶具有较高的结合率，但未见深入的报道（图 36-29）。

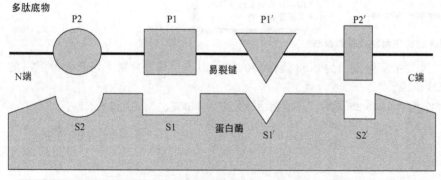

HCV 中一些可被 NS3/4a 切断的肽序列

图 36-26 NS3 蛋白酶抑制剂的设计

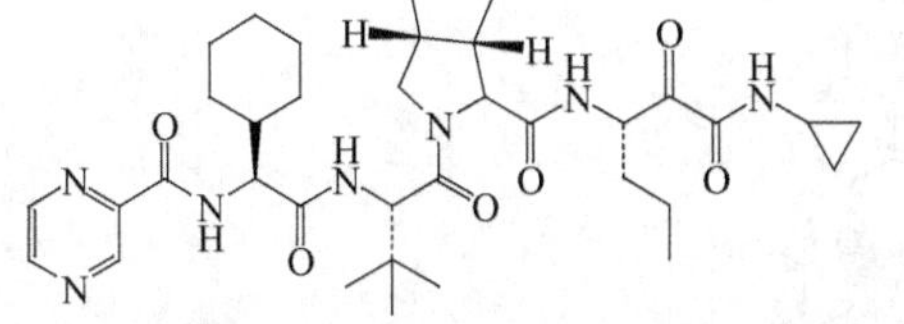

56

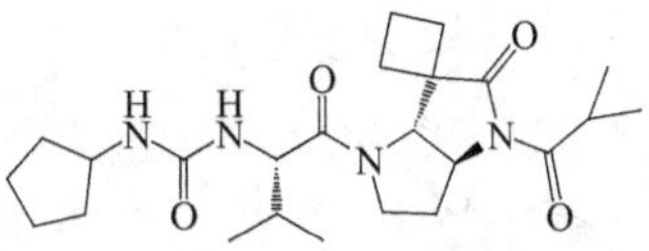

57

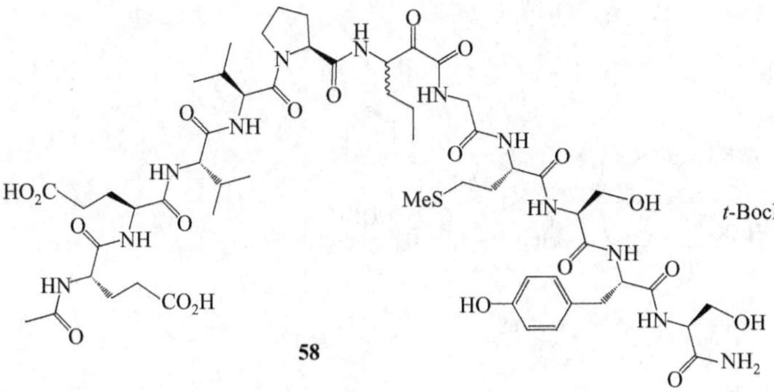

58

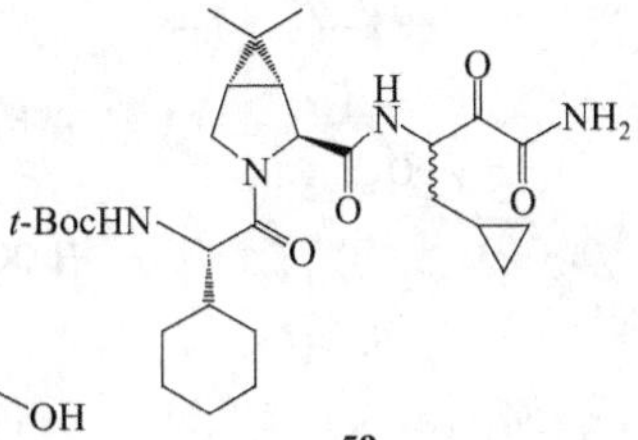

59

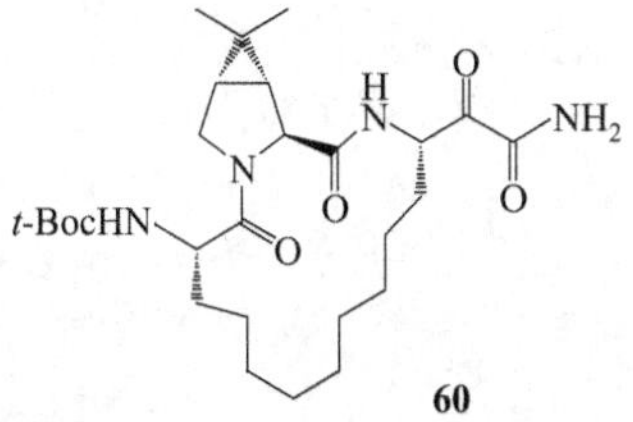

60

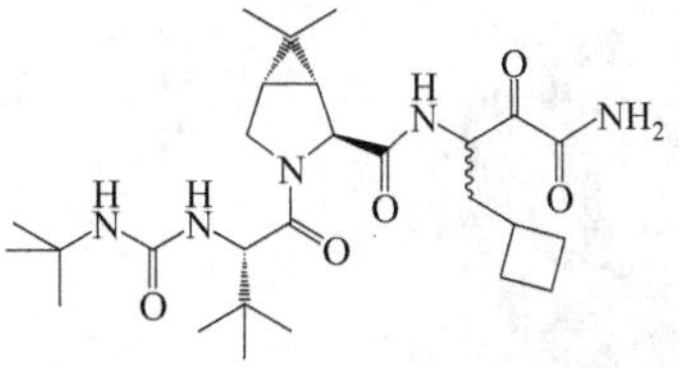

61

图 36-27　NS3 蛋白酶共价键结合的拟肽类抑制剂

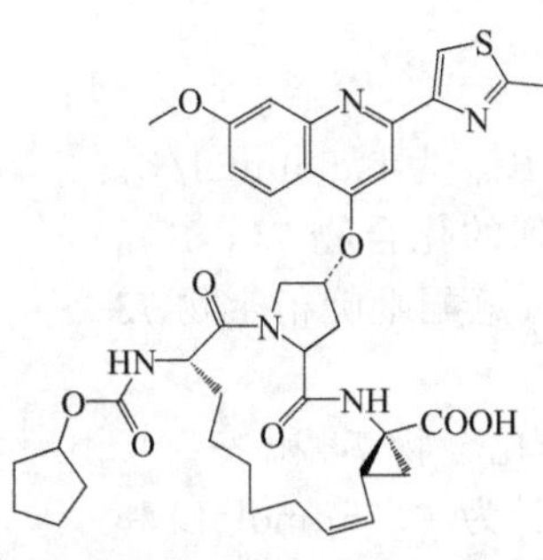

62

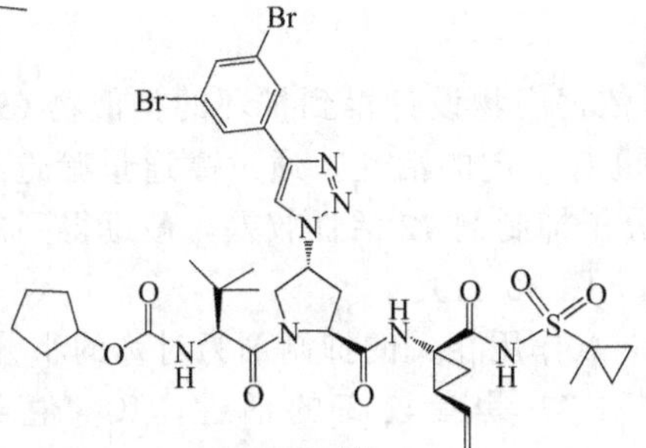

63

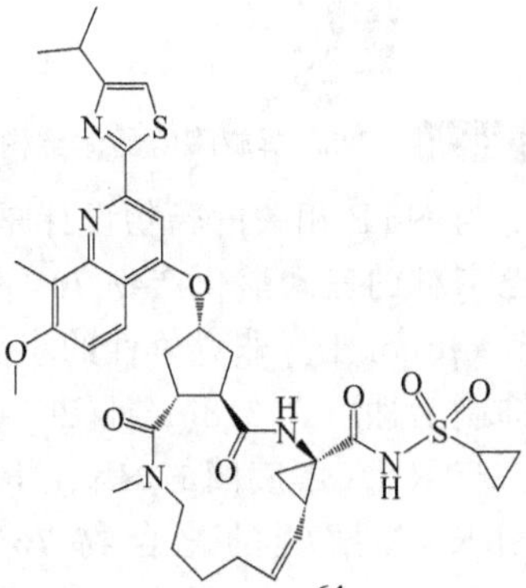

64

图 36-28　NS3 蛋白酶非共价键结合拟肽类抑制剂

36.3.2.2　NS3 解旋酶抑制剂

NS3 解旋酶（NS3 helicase）属于 DExHD-box 解旋酶家族，与三磷酸苷酶（NTPase）的结构和功能密不可分，NTPase 水解三磷酸核苷通过解旋酶参与病毒的复制工作。其晶体结构（图 36-30）已阐明，其作用位点可分为两部分，即与 NTP 结合和 RNA/RNA 作用两部分，但具体机制不是很清楚[94]。

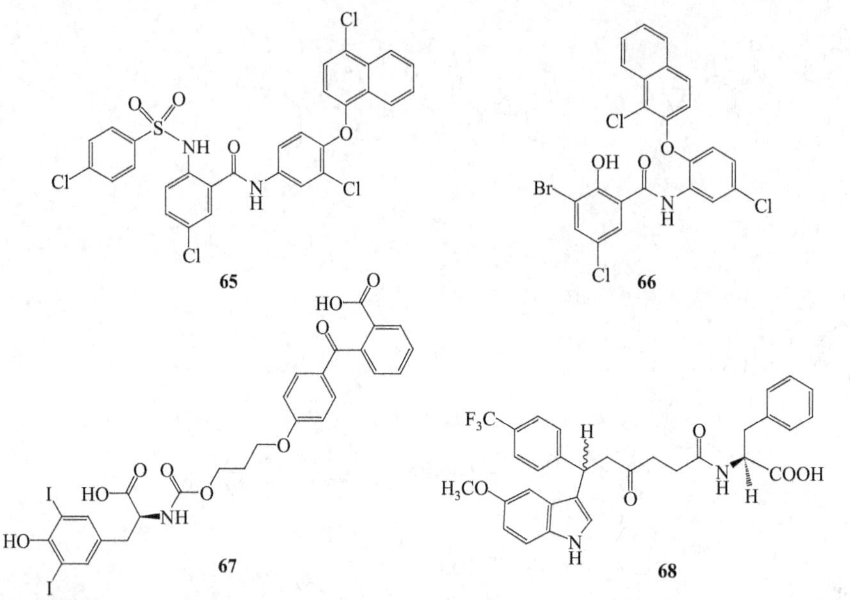

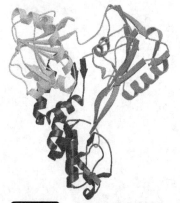

图 36-29　NS3 蛋白酶的小分子抑制剂

图 36-30　NS3 解旋酶的晶体结构

与 NTP 相关的药物设计是依据底物设计得到扩环的类似物 **69**，IC$_{50}$ 为 0.55μmol/L。利巴韦林的三磷酸化产物 **70**，也有一定的活性。通过高通量筛选得到的化合物 **71**，IC$_{50}$ 为 1.5μmol/L。非竞争性的小分子抑制剂 **72** 活性较差，最近得到的氮蒽酮吡啶衍生物 **73** 的抑制活性可达 3.8μmol/L[95]（图 36-31）。

与 RNA 解旋酶的 RNA/RNA 作用相关的抑制剂为对称的小分子化合物 **74** 和 **75**[96]。抑制 RNA 解链的化合物 **76** 和 **77** 具有较高的活性，IC$_{50}$ 值分别为 0.75μmol/L 和 0.10μmol/L，但毒性大[97]（图 36-32）。

36.3.2.3　NS5B 聚合酶抑制剂

非结构蛋白 NS5B 是 HCV RNA 复制的关键酶，含有与其他 RNA 病毒相同的保守性氨基酸模板（Motif），用于合成病毒的负链和正链，对其的抑制具有较高的选择性。其三维结构已被表征（图 36-33），是尾锚定性蛋白质（tail-anchored protein）与细胞膜形成的复合体，疏水 C 端的 21 个氨基酸为作用点，催化活性除 RNA 模板外还需要 4 种 NTP，二价的镁或锰离子，pH=7.0～8.5，温度 22～32℃最佳。NS5B 聚合酶是研究抗 HCV 药物的主要靶点，抑制剂主要分为核苷类（底物类似）和非核苷类化合物[98]。

69

70

71

72

73

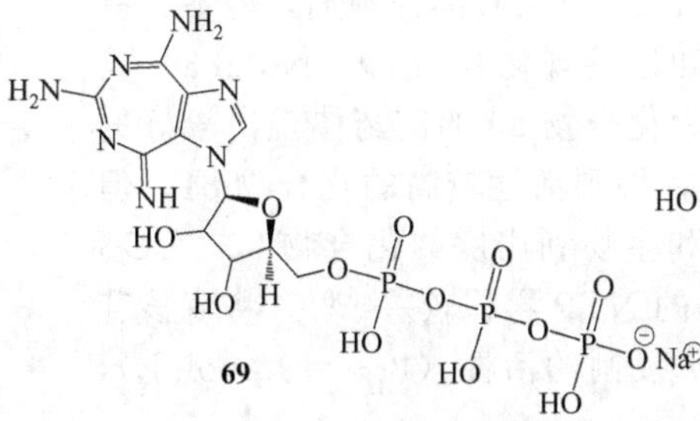

图 36-31 与 NTPase 相关作用位点的 NS3 解旋酶抑制剂

74

75

76

77

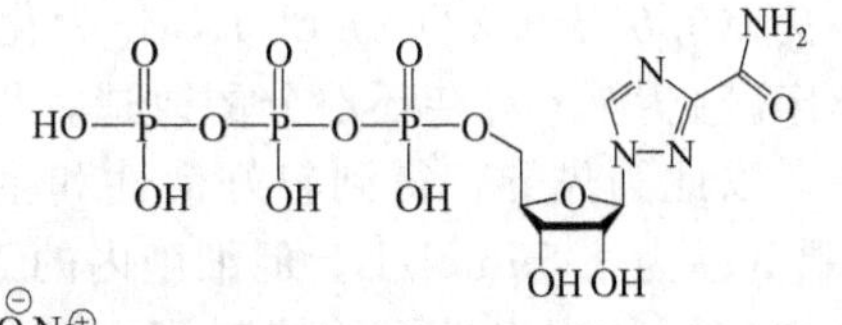

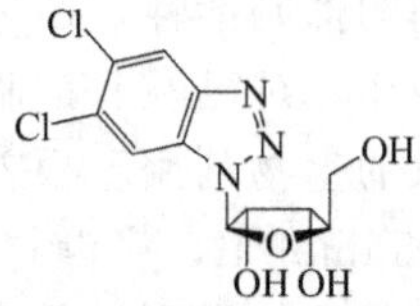

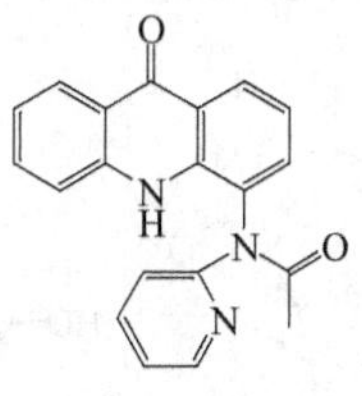

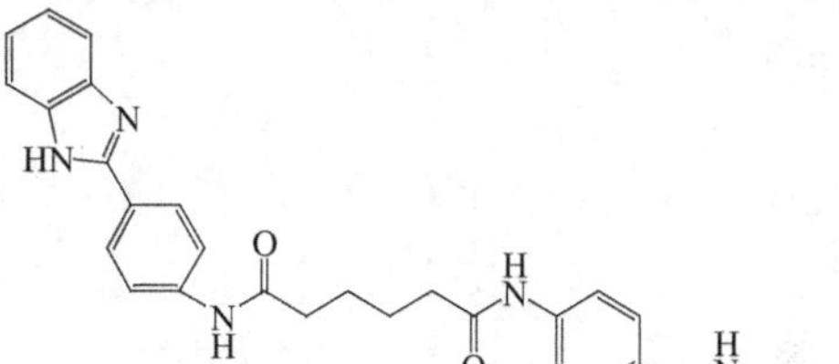

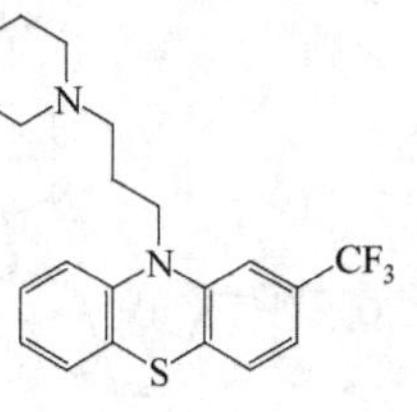

图 36-32 与 RNA 解旋相关的抑制剂

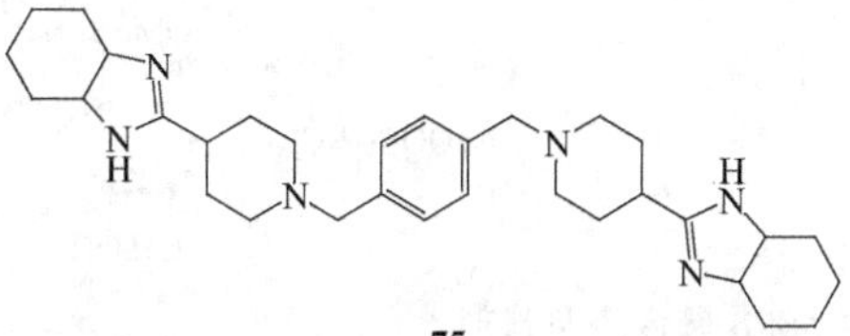

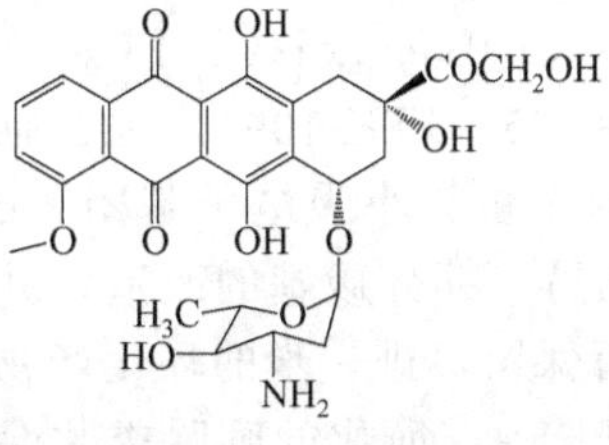

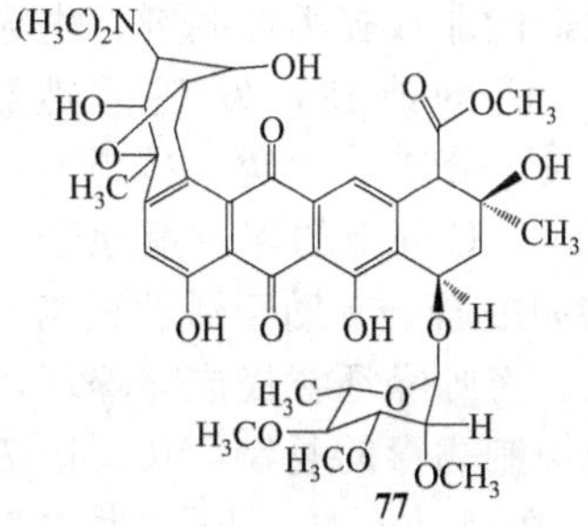

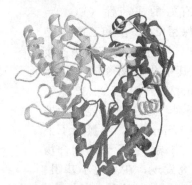

图 36-33 NS5B 聚合酶的单晶结构

根据利巴韦林进行结构改造，最先发现化合物 **78** 为 HCV NS5B 的抑制剂，但不具有抑制丙肝病毒复制的作用。经过对核苷部分的改造，成功地发现化合物 **79**（NM283）具有较高的抑制活性，EC_{50} 为 $(0.67±0.22)\ \mu mol/L$，作为化合物 **80** 的前药体现出较好的药代性质，现已在Ⅱ期临床研究[99]。对杂环部分的改造，得到活性较高的化合物 **81**，但对大鼠的生物利用度很差，以此为先导，得到较好活性和生物利用度的化合物 **82**，EC_{50} 为 $0.15\mu mol/L$，病毒复制 IC_{50} 为 $3.5\mu mol/L$，但细胞内的 NTP 累积较差[100]。将双核苷用磷酰胺连接得到的化合物 **83**，体现出良好的抑制 HCV 复制的活性（$IC_{50}=9\mu mol/L$），为新一代核苷抑制剂开辟了新思路[101]（图 36-34）。

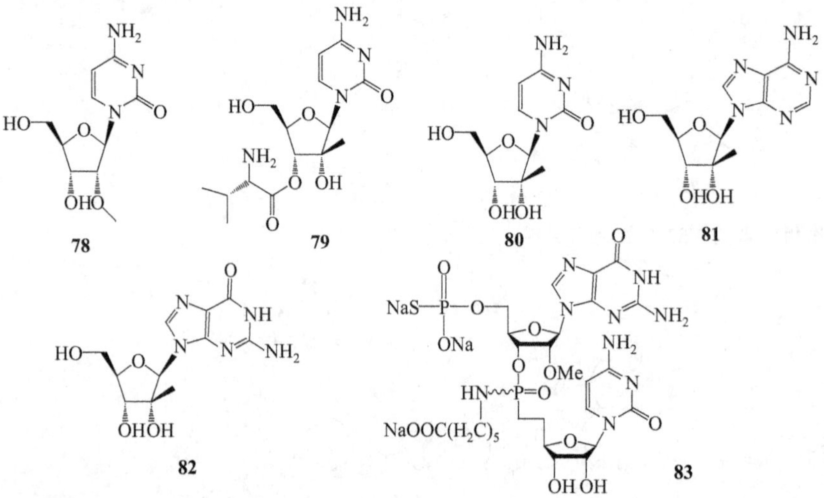

图 36-34 核苷类 NS5B 聚合酶抑制剂

苯并咪唑类化合物是最早报道的非核苷类抑制剂，先导化合物 **84**，IC_{50} 为 $0.3\mu mol/L$，对其 A、B 和 C 环进行了广泛的改造，发现活性优（$IC_{50}=0.017\mu mol/L$，$EC_{50}=0.32\mu mol/L$），ADME（吸收、分布、代谢、排泄）好的化合物 **85**（JTK-109），现在临床研究阶段。其构效关系揭示，C 环上的邻位氟原子、A 环上的 4-位为小吸电子基团、B 环上的 4-位含有羰基化合物如酰胺，有助于活性提高[102]。而在另一部分羧基的改造，并没有得到更优活性的化合物。将吲哚环替代成咪唑环，活性有所保留，进一步的环化产物 **86**，活性有所提高，有效地抑制病毒的复制，IC_{50} 达 $7.6nmol/L$[103]。简化的吲哚类化合物 **87**，分子量低，活性 IC_{50} 为 $11nmol/L$，EC_{50} 为 $0.3\mu mol/L$，其与酶的复合单晶结构表明环己基片断能很好地进入疏水空位，吲哚 2-位的芳环也处于疏水区，N-乙酰胺的侧链可根据药代性质进一步修饰[104]，依此改造的化合物 **88** 具有好的成药性（$EC_{50}=127nmol/L$，$F\%=51\%$，$t_{1/2}=5h$），有望进入临床研究[105]。保留 2, 3-位和乙酰胺结构，用羧酸的电子等排体和改变侧链，得到相近活性化合物 **89**[106]。将侧链与芳环相连得到刚性结构的四环化合物，提高了对聚合酶的抑制活性，其中化合物 **90**（$IC_{50}=9nmol/L$）在含有 HSA 的病毒中的抑制病毒复制 EC_{50} 达到 $84nmol/L$[107]（图 36-35）。

苯并噻二嗪类化合物 **91** 是通过高通量筛选发现的另一类抑制剂，为 GTP 非竞争性抑制剂，对各种亚型的 HCV 复制有效，对酶的抑制活性 IC_{50} 值为 $32nmol/L$。对氮原子上侧链的一系列改造发现烷基链均有活性，特别是含有两个 CH_2、末端为三元环的化合物 **92** 活性最佳，IC_{50} 达 $13nmol/L$。对喹啉酮芳环上各类取代的研究发现，在 4-位小基团、吸电子基的氟取代活性最好，其他位置的取代均使活性降低；喹啉酮的羟基和羰基缺失，导致活性完全丧失；其碳原子变为氮原子活性下降；同样将苯并噻二嗪环改变，活性也会

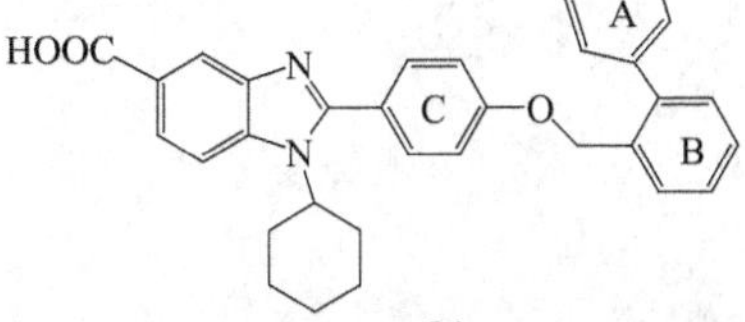

84

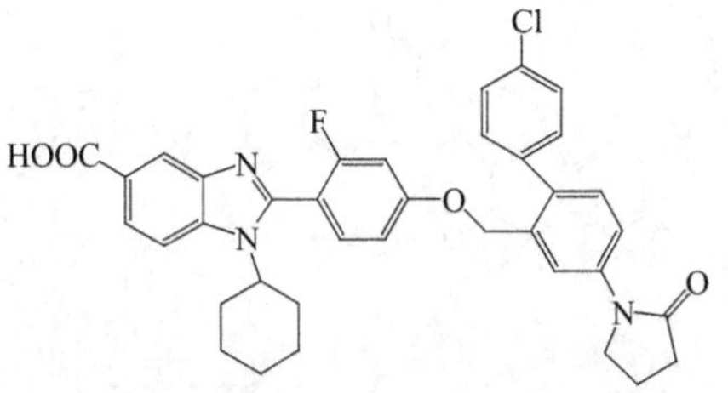

85

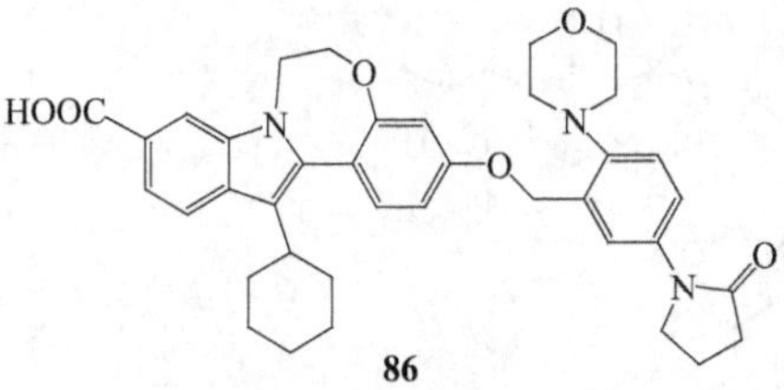

86

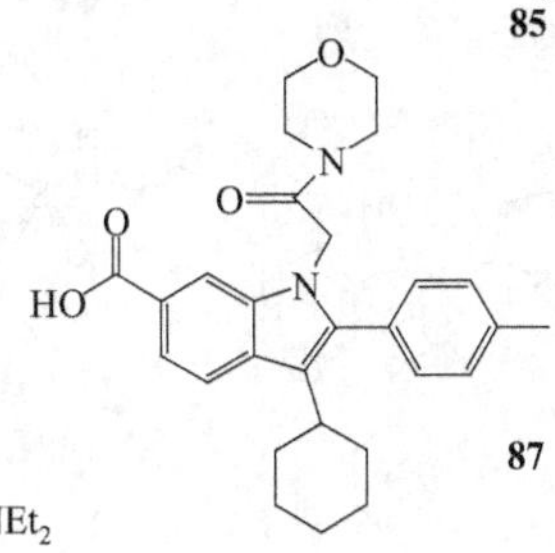

87

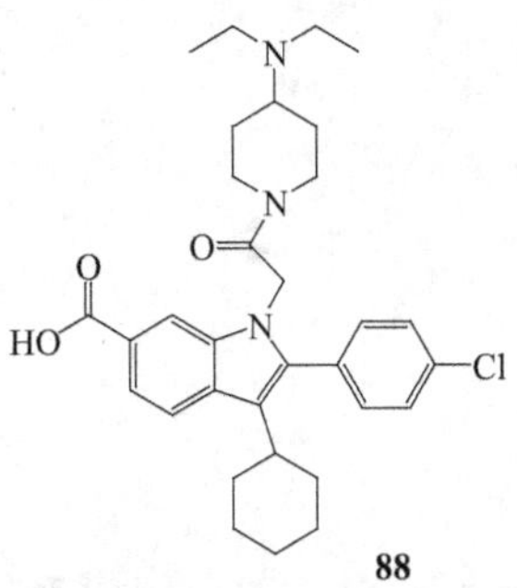

88

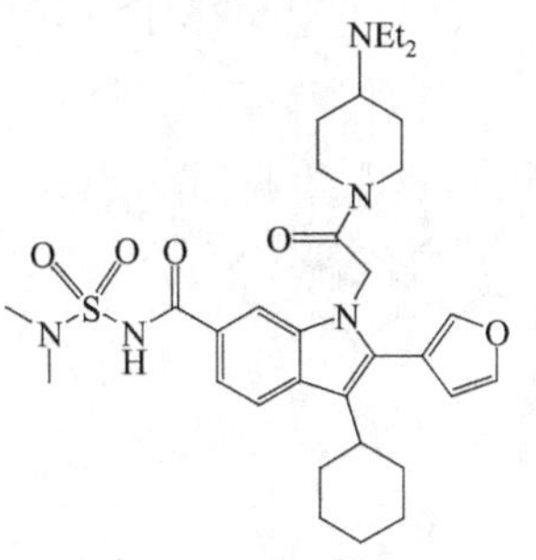

89

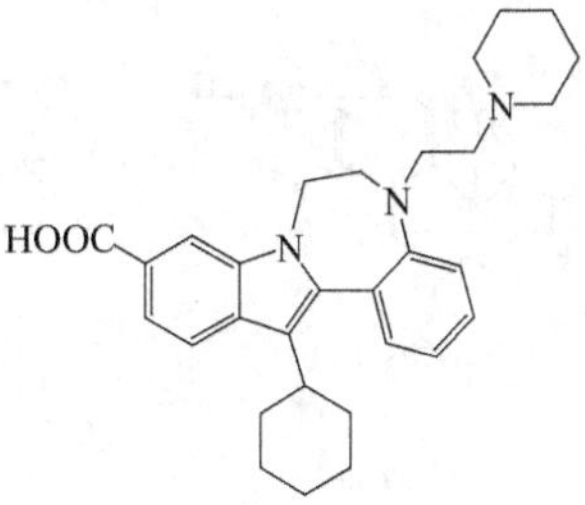

90

图 36-35 苯并咪唑及其衍生的聚合酶抑制剂

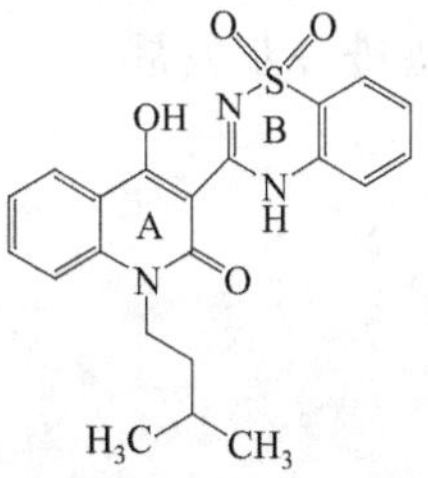

91

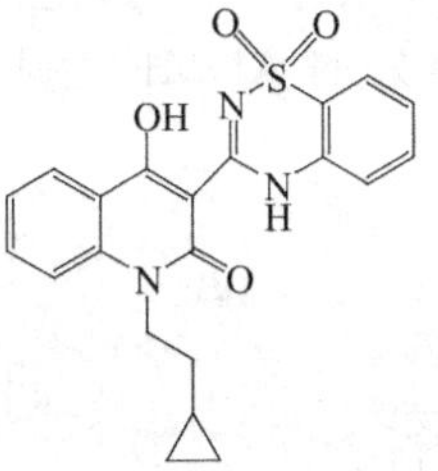

92

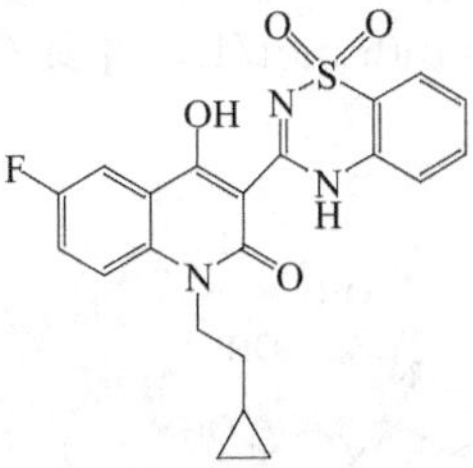

93

图 36-36 含苯并噻二嗪取代的喹啉酮类抑制剂

大大降低。根据构效关系设计合成的化合物 **93**，对酶的抑制 IC_{50} 为 10nmol/L，对病毒的抑制作用 EC_{50} 和 EC_{90} 值分别为 38nmol/L 和 207nmol/L，同时对四个亚型 NS5B 均有很好的抑制，此化合物 ADME 较好，但对膜蛋白有一定的结合，是否会在临床上有效，有待于进一步研究[108]（图 36-36）。

保留苯并噻二嗪，保留喹啉酮的羟基和羰基衍生出新一代结构类型的化合物 **94**[109] 和 **95**[110]。其中化合物 **95** 对聚合酶 1a 和 1b 亚型的抑制活性分别为 10nmol/L 和 73nmol/L，并对病毒的复制抑制也达 nmol/L 级水平。类似的改造喹啉酮变为哒嗪酮，化合物 **96** 也具有很好的抗病毒活性，其复合单晶结构表明，和酶的作用方式与化合物 **91** 相同，但 DMPK（药物代谢及药代动力学）性质较差，难以进一步发展到临床研究[111]。此外，其他衍生物 **97**～**101**，也面临同样的问题[112～116]（图 36-37）。

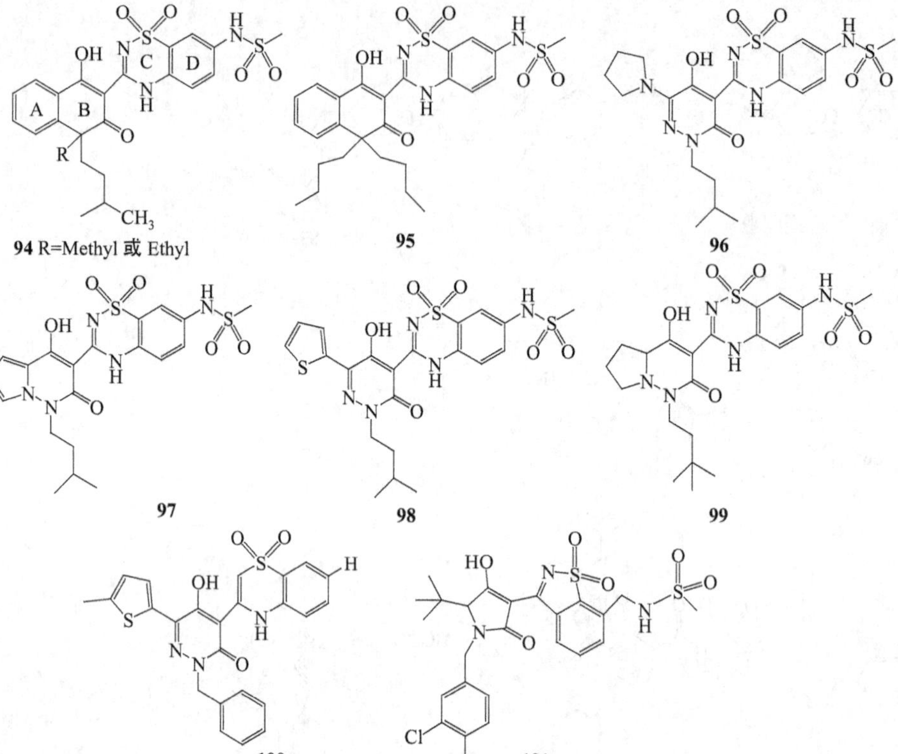

94 R=Methyl 或 Ethyl　95　96　97　98　99　100　101

图 36-37 其他基于苯并噻二嗪取代的喹啉酮类抑制剂

通过高通量筛选还发现其他几类结构各异，活性达到 nmol/L 级的化合物有 **102**～**106**，并得到与酶结合的复合单晶结构，明确了构效关系[117～121]。化合物 **106**，酶的抑制活性和病毒复制的抑制都达 400nmol/L，并具有非常好的 ADME 性质，有望进一步发展到临床研究[121]（图 36-38）。

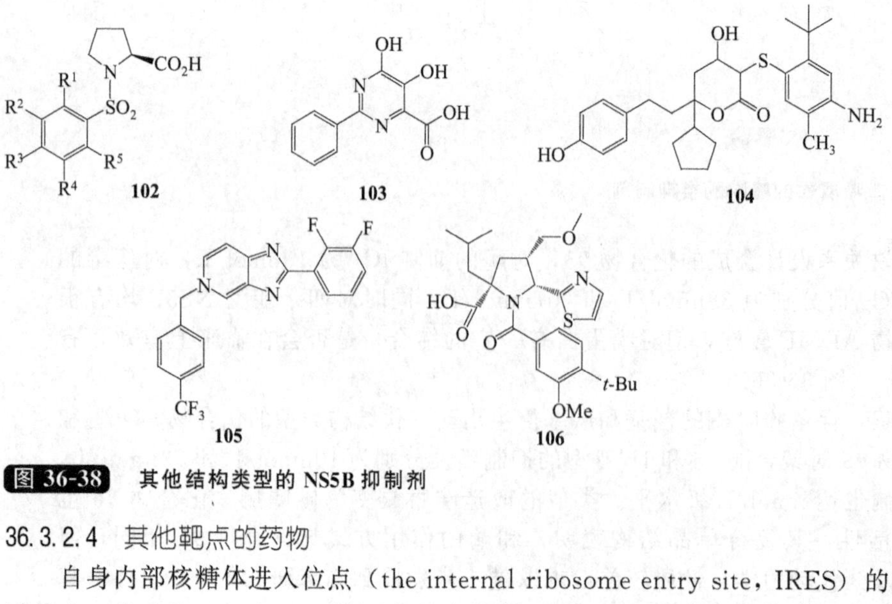

102　103　104　105　106

图 36-38 其他结构类型的 NS5B 抑制剂

36.3.2.4 其他靶点的药物

自身内部核糖体进入位点（the internal ribosome entry site，IRES）的进入抑制剂报道较少，化合物 **107** 和 **108** 被证实具有抑制 IRES 的活性[122～123]。此外，脂链连接的寡

核苷酸 **109** 可有效抑制 IRES 的活性，并在病毒感染细胞 Huh7 得到证实[124]（图 36-39）。

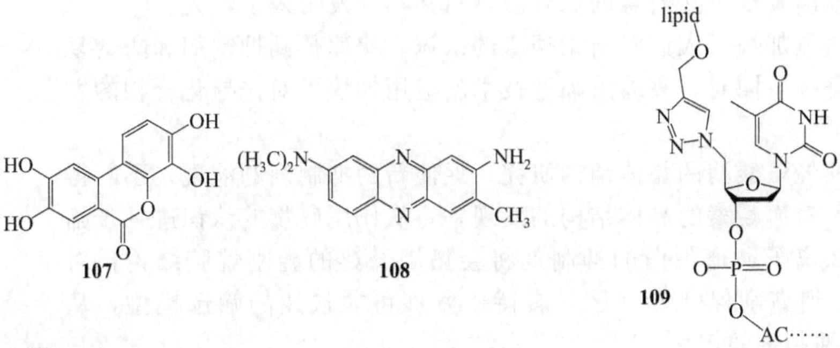

图 36-39 IRES 抑制剂

对其他 HCV 蛋白的认识，导致新的作用靶标的发现，例如基于 NS4A 发现 HCV NS2 蛋白酶多肽抑制剂。随生物学的发展，将会有所突破。

36.3.3 非病毒为靶点的药物

胸腺素是一种合成的 28 肽的非糖基化短肽，它可刺激 T 细胞成熟及 NK 细胞的活性，并促进各种与免疫调节有关的细胞因子的分泌。Sherman 等随机将 109 例慢性丙型肝炎患者用干扰素与其联合治疗和单用 IFN 治疗对比，结果表明，治疗终止生化应答分别为 37.1% 和 16.2%，HCV RNA 转阴率分别为 37.1% 和 18.9%。现已在Ⅲ期临床研究[125]。

Indun 公司的口服半胱氨酸天冬氨酸蛋白酶（caspase）抑制剂 IDN-6556（**110**）（图 36-40），每天两次给药，服用两周后能够使丙肝患者的酶学指标转为正常，该药口服安全且耐受性好，并且不加剧 HCV 感染，现在Ⅱ期临床研究[126]。

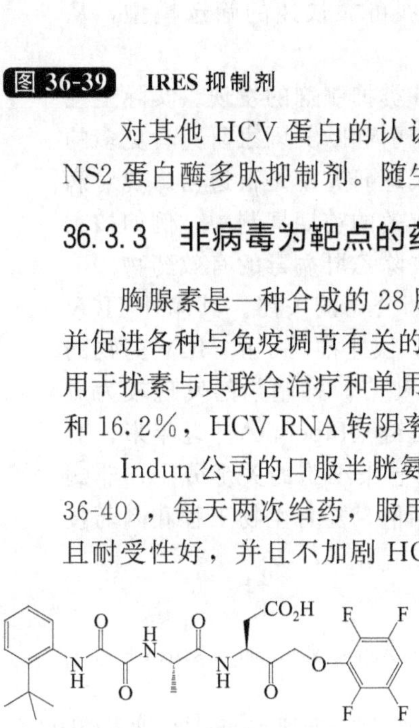

图 36-40 IDN-6556 的结构

7-硫基-8-氧鸟苷 **111**（Isatoribine）（图 36-41）对丙肝病毒本身没有作用，为免疫调节剂，作用于细胞表面 Toll 样受体 7，识别单链 RNA，可明显诱导各型慢性 HCV 患者血浆病毒负荷下降，且耐受性良好，该药口服前体制剂已进入临床试验[127]。

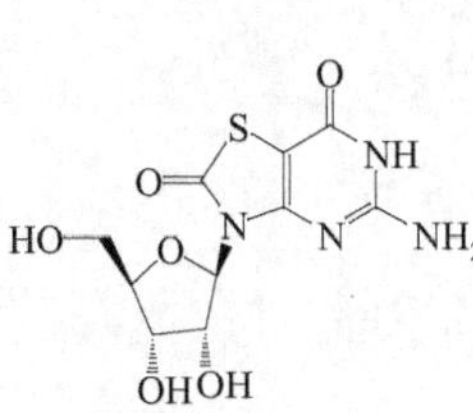

图 36-41 Isatoribine 的结构

36.4 展望

病毒变异快，易传播，越来越成为人类健康和生命的主要威胁。对疫苗的开发往往不能跟上病毒变异的速度，急需有效针对病毒非变异作用位点的药物开发，有待于对病毒复制周期的更深入认识。现已渐渐发现一些病毒的保守区，对药物开发带来了曙光。

近年的禽流感的发生，明显加快了人们对新型病毒的认识，快速得到抑制剂和酶的复合晶体结构和发现新的作用靶标。同时，高通量筛选技术的应用加快了对先导化合物的发现，提高药物研发的速度。

在流感病毒的研究中，神经氨酸酶的晶体结构研究，促使新的抑制剂的涌现，不断得到针对变异株有效的抑制剂；对血凝素的晶体结构的发现，将从作用底物的认识进一步筛选发现小分子抑制剂；对M2离子通道蛋白的抑制剂将会拓展经典的金刚烷胺结构；对RNA聚合酶认识加深，并找到高度保守专一区，有待于发展可靠快速的筛选模型，从SiRNA的发现突破到小分子抑制剂的产生。

对乙型肝炎病毒抑制剂的研究发展较慢，基本上基于核苷类抑制剂的发现。实际上主要原因在于其疫苗的开发成功，同时主要分布在亚洲，而没有引起欧美国家研究者更多的关注。在我国投入研究较多，进展缓慢，对一些重要的治疗机理研究不是很透彻。现对病毒的复制机理的认识深入，从聚合酶的作用靶点转移到更为有效的前期抑制中，例如核衣壳蛋白的抑制。此外，对cccDNA的认识，可能会发现完全去除乙肝病毒的有效药物。

丙肝病毒发现较晚，由于受感染人群较多，受到各大制药公司的关注。其体外HCV RNA复制抑制模型的建立，以及体外HCV感染模型的建立，快速推动了抗HCV药物的研发。对其机制的研究，NS3蛋白酶和HCV NS5B成为主要靶点，抑制剂的发现较为成功，有多个候选新药处于临床研究，形成有效的药物研发项目链（Pipeline）。近年来，对病毒感染进入细胞机制的研究明确了CD81和其他受体是病毒感染细胞的关键分子，非病毒本身药物靶点的发现为药物研发提供了新的思路。有理由相信，随着生物工程和制药技术的飞速进展，安全、高效的抗HCV药物将很快投入到临床应用。

推荐读物

- Lagoja I M, Clercq E D. Anti-influenza Virus Agents: Synthesis and Mode of Action. Medicinal Research Reviews, 2008: 1-38.
- Delaney I V W E, Borroto-Esoda K. Therapy of chronic hepatitis B: Trend and development. Curr Opin in Pharm, 2008, 8: 1-9.
- Moradpour D, Penin F, Rice C M. Replication of Hepatitis C Virus. Nature Review (Microbiolgy), 2007, 5: 453-463.
- Gordon C P, Keller P A Control of Hepatitis C: A Medicinal Chemistry Perspective. J Med Chem, 2005, 48: 1-20.

参考文献

[1] 徐艳利，李兴旺. 传染病信息, 2008, 21: 7-9.
[2] Itzstein M. Nature Review drug discovery, 2007, 6: 967-974.
[3] Stevens J, Blixt O, Mumpey T M, et al. Science, 2006, 312: 404-410.
[4] Itzstein M. Curr Opin Chem Bio, 2008, 12: 102-108.
[5] Lees W J, Spaltenstein A, Kingery-Wood J E, et al. J Med Chem, 1994, 37: 3419-3433.
[6] Mammen M, Dahmann G, Whitesides G M. J Med, Chem, 1995, 38: 4179-4790.
[7] Choi S K, Mammen M, Whitessides G M. Chem Biol, 1996, 3: 97-104.
[8] Glick G D, Toogood P L, Wiley D C, et al. J. Biol Chem, 1991, 266: 23660-23669.
[9] Umrmura M, Itoh M, Makimura Y J, et al. J Med Chem, 2008, 51: 4496-4503.
[10] Luo G, Torri A, Harte E E, et al. J Virol, 1997, 71: 4062-4070.
[11] Plotch S J, O'Hara B, Morin J J, et al. J Virol, 1999, 73: 140-151.
[12] 管洁，周育森. 微生物学免疫学进展, 2007, 35: 84-86.
[13] Schell J R, Chou J J. Nature, 2008, 451: 591-595.
[14] Stouffe A L, Acharya R, Salom D. Nature, 2008, 451: 596-600.
[15] Kolocouris A, Tataridis D, Fytas G, et al. Bioorg Med Chem Lett, 1999, 9: 3465-3470.
[16] Tanner J A, Zheng B J, Zhou J, et al. Chem Biol, 2005, 12: 303-311.
[17] Tu Q, Pinto L H, Luo G X J, et al. Virol, 1996, 70: 4246-4252.

[18] Russell R J, Haire L F, Stevens D J, et al. Nature, 2006, 443: 45-49.
[19] Collins P J, Haire L F, Lin Y P, et al. Nature, 2008, 453: 1258-1262.
[20] Chong A K, Pegg M S, Taylor N R, et al. Eur J Biochem, 1992, 207: 335-343.
[21] 牛有红, 曹小平, 叶新山. 化学进展, 2007, 19: 420-430.
[22] Clercq E D, Neyts J. Trends in Pharm Sci, 2007, 28: 280-285.
[23] Chand P, Babu Y S, Bantia s, et al. J Med Chem, 2004, 45: 1919-1929.
[24] Kati W M, Montgomery D, Carrick R, et al. Antimicrob Agents Chemother, 2002, 46: 1014-1021.
[25] Wang G T, Wang S, Gentles R, et al. Bioorg Med Chem Lett, 2005, 15: 125-128.
[26] Mishin V P, Hayden F G, Gubareva L V. Agents Chemother, 2005, 49: 4515-4520.
[27] Cheng L S, Amaro R E, Xu D, et al. J Med Chem, 2008, 51: 3878-3894.
[28] Sidewell R W, Bailey W, Wong M H, et al. Antiviral Res, 2005, 68: 10-17.
[29] Lamb R A, Krug R M. Fields virology, 1996: 1353-1445.
[30] Doan L, Handa B, Roberts N A. Biochemistry. 1999, 38: 5612-5619.
[31] Tomassini J E, Davies M F, Hasting J C, et al. Antimicrob Agents Chemother, 1996, 40: 1189-1193.
[32] Furuta Y, Takahashi K, Kuno-Maekawa M, et al. Antimicrob Agents Chemother, 2005, 49: 981-986.
[33] Tompkins S M, Lo C Y, Tumpey T M, et al. Proc Natl Acad Sci (USA), 2004, 101: 8682-8686.
[34] Ge Q, Filip L, Bai A, et al. Proc Natl Acad Sci (USA), 2004, 101: 8676-8681.
[35] Bitko V, Musiyenko A, Shulyayeva 0, et al. Nat Med, 2005, 11: 50-55.
[36] Li B J, Tang Q, Cheng D, et al. Nat Med, 2005, 11: 944-951.
[37] Cheng G, Li S Li J, et al. Bioorg Med Chem Lett, 2008, 18: 1178-1180.
[38] Sun C, Huang H, Feng M. Bioorg Med Chem Lett, 2006, 16: 162-166.
[39] Samuel C E. Clin Microbiol Rev. 2001, 14: 778-809.
[40] Tang T J, Kwekkeboom J, Mancham S, et al. J Heptol, 2005, 43: 45-52.
[41] Cooksley W C, Piratvisuth T, Lee S D, et al. J Viral Hepat, 2003, 10: 298-305.
[42] Jarvis B, Faulds D. Drug, 1999, 58: 101-141.
[43] Niesterm H G M, Honhop P, Hangama E B, et al. J Infect Dis, 1998: 1377-1382.
[44] Lin T S, Luo M Z, Liu M C, et al. Biochrm Pharmacol, 1994, 47: 171-174.
[45] Bryant M L, Bridges E G, Placidi L, et al. Antimicrob Agents Chemother, 2001, 45: 229-235.
[46] Chu C K, Ma L L, Olgen S, et al. J Med Chem, 2000, 43: 3906-3912.
[47] Kim H O, Shanmuganathan K, Alives A J, et al. Tetrahedron Lett, 1992, 33: 6899-6902.
[48] Mansour T S, Jin H, Wang W. J Med Chem, 1995, 38: 1-4.
[49] Gumina G G, Song G Y, Chu C K. Antivir Chem Chemother, 2001, 12: 93-117.
[50] Schröder I, Holmengren B, Öberg M, et al. Antivir Res, 1998, 37: 57-66.
[51] Zhou X X, Wǎhling H Hohnanson N G. PCT Patent WO9909031, 1999.
[52] Standring D N, Btidges E G, Placidi L, et al. Antivir Chem Chemother, 2001, 12: 119-129.
[53] Bryant M, Bridges E G, Placidi L, et al. In Frontires in Viral Hepatitis, 2003: 245-261.
[54] Lin T S, Luo M Z Liu M C. J Med Chem, 1996, 39: 1757-1759.
[55] Lee K, Choi Y, Gullen E. J Med Chem, 1999, 42: 1320-1328.
[56] Wolters L M, Niesters H G, De Man R A, et al. Eur J Gastroenterol Hepatol, 2001, 13: 1499-1506.
[57] Holy T. In Recent Advance in Nucleosides: Chemistry and Chemotherapy, 2002, 167-238.
[58] Ying C, Holy A, Hockova D, et al. Antimicrob Agents Chemother, 2001, 45: 1177-1180.
[59] Levine S, Hernandez D, Yamanaks G, et al. Antimicrob Agents Chemother, 2002, 46: 2525-2532.
[60] Bisacchi G S, Chao S T, Bachard C, et al. Bioorg Med Chem Lett, 1997, 7: 127-132.
[61] Semaine W, Johar M, Tyrrell L J. J Med, Chem, 2006, 49: 2049-2054.
[62] Kumar R, Semaine W, Johar M, et al. J Med Chem, 2006, 49: 3693-3700.
[63] Yoon S J, Kim J W, Huh Y, et al. US Patent 5968781, 1999.
[64] Lin Y M, Zebower D D E, Flavin M T, et al. Bioorg Med Chem Lett, 1997, 7: 2325-2328.
[65] Liu Y, Zhao Y, Zhai X, et al. Bioorg Med Chem, 2008, 16: 6522-6527.
[66] Li Y, Wang G F, He P L, et al. J Med Chem, 2006, 49: 4790-4794.
[67] Chen H, Wang, W, Wang G, et al. ChemMedChem, 2008, 3: 1316-1321.
[68] Deres K, Schröder C H, Paessens A, et al. Science, 2003, 299: 893-896.
[69] Perni R B, Conway S C, Ladner S K, et al. Bioorg Med Chem Lett, 2000, 10: 2687-2690.
[70] Metha A, Conyers B, Tyrrell D L, et al. Antimicrob Agents Chemother, 2002, 46: 4004-4008.
[71] 许斌, 周双窆, 黄玉仙等. 病毒学报, 2006, 22: 369-373.
[72] Yan M H, Cheng P, Jiang Z T, et al. J Nat Prod, 2008, 71: 760-763.
[73] Cheng P, Ma Y, Yao S, et al. Bioorg Med Chem Lett, 2007, 17: 5316-5320.

[74] Cheng P, Zhang Q, Ma Y, et al. Bioorg Med Chem Lett, 2008, 18: 3787-3789.
[75] Zhang Q, Jiang Z, Luo J, et al. Bioorg Med Chem Lett, 2008, 18: 4647-4650.
[76] Rehermann B, Nascimbeni M. Nature Review Immunology, 2005, 5: 215-229.
[77] Lorenz I C, Marcotrigiano J, Dentzer T G, et al. Nature, 2006, 442: 831-835.
[78] Linas-Brunet M, Bailey M, Fazal G, et al. Bioorg Med Chem Lett, 1998, 8: 1703-1718.
[79] Vertex Pharmaceticals Press Release 2005. http://www.vrtx.com/pressrelease2005/pr061705.html.
[80] Andrews D M, Chaignot H M, Coomber B A, et al. Eur J Med Chem, 2003, 38: 339-343.
[81] Bogen S L, Arasappan A, Bennett F, et al. J Med Chem, 2006, 49: 2750-2757.
[82] Venkatraman S, Bogen S L, Arasappan A, et al. J. Med Chem, 2006, 49: 6074-6086.
[83] Chen K X, Njoroge F G, Pichardo J, et al. J Med Chem, 2005, 48, 6229-6235.
[84] Chen K X, Njoroge F G, Arasappan A, et al. J Med Chem, 2006, 49: 995-1005.
[85] Prongay A J, Guo Z, Yao N, et al. J Med Chem, 2007, 50: 2310-2318.
[86] Njoroge F G, Chen K X, Shih N Y, et al. Acc Chem Res, 2008, 41: 50-59.
[87] LaPlante S R, Llinas-Brunet M. Curr Med Chem, 2005, 4: 111-132.
[88] Naud J, Lemke C, Goudreau N, et al. Bioorg Med Chem Lett, 2008, 18: 3400-3404.
[89] Raboisson P, Kock H, Rosenquist A, et al. Bioorg Med Chem Lett, 2008, 18: 4853-4858.
[90] Raboisson P, Lin T, Kock H, et al. Bioorg Med Chem Lett, 2008, 18: 5095-5100.
[91] Kakiuchi N, Komoda Y, Komada K, et al. FEBS Lett, 1998, 421: 217-220.
[92] Wyss D F, Arasappan A, Senior M M, et al. J Med Chem, 2004, 47: 2486-2498.
[93] Ismail N S M, Dine R S E, Hattori M, et al. Bioorg Med Chem, 2008, 16: 7877-7887.
[94] Kwong A D, Rao B G, Jeang K T. Nature Review Drug Discovery, 2005: 1-9.
[95] Stankiewicz-Drogon A, Palchykovska L G, Kostina V G, et al. Bioorg Med Chem, 2008, 16: 8846-8852.
[96] Phoon C W, Ng P Y, Ting A E, et al. Bioorg Med Chem Lett, 2001, 11: 1647-1650.
[97] Browski P, Schalinski S, Schmitz H. Antiviral Res, 2002, 55: 397-412.
[98] Lesburg C A, Cable M B Ferrari E, et al. Nat Struct Biol, 1999, 6: 937-943.
[99] Afdahl N, Rodriguez-Torres M, Lawitz E, et al. 40th Annunal Meeting of the European Association for the Study of the Liver. Paris, France, 2005, Apr 13-17.
[100] Eldrup A B, Prhavc M, Brooks J, et al. J Med Chem, 2004, 47: 5284-5297.
[101] Zlatev I, Dutartre H, Barvik I, et al. J Med Chem, 2008, 51: 5745-5757.
[102] Hirashima S, Suzuki T, Ishida T, et al. J Med Chem, 2006, 49: 4721-4736.
[103] Hirashima S, Oka T, Ikegashira K, et al. Bioorg Med Chem Lett, 2007, 17: 3181-3186.
[104] Harper S, Pacini B, Avolio S, et al. J Med Chem, 2005, 48: 1314-1317.
[105] Harper S, Avolio S, Pacini B, et al. J Med Chem, 2005, 48: 4547-4557.
[106] Stansfield I, Pompei M, Conte I, et al. Bioorg Med Chem Lett, 2007, 17: 5143-5149.
[107] Ikegashira K Oka T, Hirashima S, et al. J Med Chem, 2006, 49: 6950-6953.
[108] Tedesco R, Shaw A N, Bambal R, et al. J Med Chem, 2006, 49: 971-983.
[109] Bosse T D, Larson D P, Wagner R, et al. Bioorg Med Chem Lett, 2008, 18: 568-570.
[110] Hutchinson D K, Rosenberg T, Klein L L, et al. Bioorg Med Chem Lett, 2008, 18: 3887-3890.
[111] Dragovich P S, Blazel J K, Ellis D A, et al. Bioorg Med Chem Lett, 2008, 18: 5635-5639.
[112] Ruebsam F, Webber S E, Tran M T, et al. Bioorg Med Chem Lett, 2008, 18: 3616-3621.
[113] Sergeeva M V, Zhou Y, Bartkowski D M, et al. Bioorg Med Chem Lett, 2008, 18: 3421-3426.
[114] Ruebsam F, Sun Z, Ayida B K, et al. Bioorg Med Chem Lett, 2008, 18: 5002-5005.
[115] Ellis D A, Blazel J K, Webber S E, et al. Bioorg Med Chem Lett, 2008, 18: 4628-4632.
[116] Kim S H, Tran M T, Ruebsam F, et al. Bioorg Med Chem Lett, 2008, 18: 4181-4185.
[117] Gopalsamy A, Chopra R, Lim K, et al. J Med Chem, 2006, 49: 3052-3055.
[118] Koch U, Attenmi B, Malancona S, et al. J Med Chem, 2006, 49: 1693-1705.
[119] Li H, Tatlock J, Linton A, et al. Bioorg Med Chem Lett, 2006, 16: 4834-4838.
[120] Puerstinger G, Paeshuyse J, Heinrich S, et al. Bioorg Med Chem Lett, 2007, 17: 5111-5114.
[121] Slater M J Amphlett E M, Andrews D M, et al. J Med Chem, 2007, 50: 888-900.
[122] Ikeda M, Sakai T, Tsuai S, et al. JP08268890, 1996.
[123] Wang W, Preville P, Morin N, et al. Bioorg Med Chem Lett, 2000, 10: 1151-1154.
[124] Godeau G, Staedel C, Barthelemy P. J. Med Chem, 2008, 51: 4373-4376.
[125] Abbas Z, Hamid S S, Tabassum S, et al. J Pak Med Assoc, 2004, 54: 571-574.
[126] Hoglen N C, Chen L, Fisher C D, et al. J Pharmacol Exp Ther, 2003, 309: 634-640.
[127] Hormans Y Berg, T, Desager J P, et al. Hepatology, 2005, 42: 724-731.

（感谢中国科学院上海药物研究所左建平研究员对本文生物部分的审校）

第37章

抗高血压药物和利尿药物

柳 红，周 宇，冯恩光

目 录

- 37.1 引言 /990
  - 37.1.1 高血压的定义、诊断和分类 /991
  - 37.1.2 高血压的发病机制和病因 /991
    - 37.1.2.1 高血压的发病机制 /991
    - 37.1.2.2 高血压的发病病因 /991
- 37.2 抗高血压药物 /992
  - 37.2.1 交感神经用药 /992
    - 37.2.1.1 中枢神经系统用药 /993
    - 37.2.1.2 神经末梢用药 /993
    - 37.2.1.3 神经节阻滞剂 /994
    - 37.2.1.4 肾上腺素受体拮抗剂 /994
  - 37.2.2 离子通道用药 /994
    - 37.2.2.1 钾离子通道调节剂 /994
    - 37.2.2.2 钙离子拮抗剂 /995
  - 37.2.3 肾素-血管紧张素-醛固酮系统用药 /999
    - 37.2.3.1 肾素-血管紧张素-醛固酮系统 /999
    - 37.2.3.2 血管紧张素转化酶（ACE）抑制剂 /1000
    - 37.2.3.3 血管紧张素Ⅱ（AngⅡ）受体拮抗剂（ARB） /1004
    - 37.2.3.4 肾素抑制剂 /1005
- 37.3 利尿药 /1007
  - 37.3.1 高效利尿药 /1008
  - 37.3.2 中效利尿药 /1008
  - 37.3.3 低效利尿药 /1011
- 37.4 联合疗法 /1012
- 37.5 展望 /1013
- 推荐读物 /1014
- 参考文献 /1014

37.1 引言

高血压是一种动脉血压升高超过正常范围的常见的世界性疾病，是目前严重危害人类健康的疾病之一。在世界各国范围内的患病率高达10%～20%，同时伴有冠心病、心力衰竭、糖尿病、肾病、中风等多种并发症的发生，其中以心、脑、肾的损害并发症最为显著[1]。随着中国经济的发展，人民生活水平的提高，高血压已日益成为一个重要的公共卫生问题。据2004年统计，我国成年人（18岁及以上）高血压患病率已高达18.8%，与1991年相比，患病率已经上升了31%。近年来，全国患病率日益增加，尤其大城市更为显著。据2008年调查结果统计，北京市的高血压患病率已经达到了30%，上海市的高血压患病率也高达23.6%。然而，90%以上的高血压的发病原因迄今尚未阐明，但是普遍认为高血压是在一定的遗传背景下，由于多种因素参与使正常血压调节机制失衡所致。

血压的生理调节是极其复杂的，但是血压的高低主要取决于循环血量、外周血管阻力和心排出量等因素。这些因素主要通过自主神经系统、肾素-血管紧张素-醛固酮系统（RAAS）等进行调节。因此，众多的抗高血压药物往往是通过影响这些系统而发挥降压效果[2]。

神经调节是血压调节的一个重要方面，神经系统类药物主要影响去甲肾上腺素、肾上腺素、多巴胺以及5-羟色胺等神经递质来达到降压效果。这类药物发展较早，但是副作用相对较多，因此在临床上使用往往受到很大限制。但随着对高血压深入的认识和对其进一步的研发，神经系统类药物逐渐成为长期治疗高血压安全有效的药物。钙离子拮抗剂自20世纪60年代被发现以来，发展极为迅速，并在80年代发展成为首选心血管药物，被认为是心血管治疗史上继β受体阻滞剂后的又一个里程碑式的药物。但是短效钙离子拮抗剂在高血压治疗中往往会激活交感神经，从而产生心肌梗死和心力衰竭等不良反应。因此，此类药物目前正朝着长效缓控方向发展。此外，钾离子通道调节剂作为抗高血压药物，也正受到越来越多的关注。

卡托普利作为第一个口服有效的血管紧张素转化酶（ACE）抑制剂，是最早基于结构的药物设计（structure-based drug design）而开发出的药物之一。但是在RAAS系统中，ACE并非是生成血管紧张素Ⅱ（AngⅡ）的唯一酶，AngⅡ可以通过其他的酶，如糜蛋白酶、弹性蛋白酶等催化生成；因此，ACE抑制剂不能完全阻断AngⅡ的生成。在此基础上，血管紧张素Ⅱ受体拮抗剂应运而生，成为近十年发展起来的一类新型抗高血压药物。氯沙坦（Losartan）是第一个用于临床的非肽类降压药，其同类药物还有坎地沙坦（Candesartan）、替米沙坦（Telmisartan）、缬沙坦（Valsartan）和厄贝沙坦（Irbesartan）等，这些药物在受体水平有效地阻断AngⅡ作用，产生降压作用。另外，肾素抑制剂也是近几年来发展起来的另一类新型的抗高血压药物。尽管早年开发的肽类和拟肽类肾素抑制剂往往存在生物利用度低、半衰期短且需要静脉给药等缺点，但是随着新一代非肽类肾素抑制剂阿利克仑（Aliskiren）于2007年成功上市，掀起了肾素抑制剂的研究热潮。阿利吉仑的发现充分利用了基于结构的药物设计理论，获得了很好的抑制活性和药代动力学性质，其可特异性地与人类肾素结合。肾素抑制剂从源头阻断RAAS系统而发挥作用，为降压药物的发展提供了一个更加美好的前景。

利尿药用于临床20多年，但是早期临床试验发现使用大剂量噻嗪类利尿药往往会引起糖、血脂、尿酸及降低胰岛素敏感性等代谢性副作用。而近年来的临床试验发现使用小剂量噻嗪类利尿药，特别是与β受体阻滞剂、ACE抑制剂和血管紧张素Ⅱ抑制剂等联合用药以后，能够非常明显地降低冠心病和脑卒中事件的发生、逆转左室肥厚，且并不影响糖、脂肪、电解质代谢等。目前利尿药和其他药物的联合用药已成为 WHO 推荐的一线抗高血压药物。

37.1.1 高血压的定义、诊断和分类

高血压（hypertension）是指动脉血压升高超过正常值[3]。根据世界卫生组织建议使用的高血压诊断标准，正常成人收缩压≤140mmHg（18.6kPa），舒张压≤90mmHg（12kPa）；如果成人收缩压≥160mmHg（21.3kPa），舒张压≥95mmHg（12.6kPa），即定义为高血压；如果血压值介入上述两者之间，即定义为临界高血压[4]。

按病因种类分类，高血压可以分为原发性高血压和继发性高血压；其中原发性高血压约占 90%，而继发性高血压约占 10%。

37.1.2 高血压的发病机制和病因

高血压是一种多因素相互作用导致的疾病，这些因素包括功能和结构机制的改变与环境因素等。

37.1.2.1 高血压的发病机制

高血压的发病机制尚未阐明，其病理生理是多因素的。动脉压的高低不仅取决于心搏出量，也取决于总的血管阻力；另外，心脏也参与某些高血压的发病；血管的僵硬程度与血管的充盈程度也是决定血压的因素。影响血压的任何环节发生功能性病变，都将会引起血压升高。目前主要存在下列几种学说。

(1) 交感肾上腺素能系统功能亢进学说　在高血压的形成和维持过程中，交感神经活性亢进起了极其重要的作用。高血压患者血浆儿茶酚胺显著高于正常人，去甲肾上腺素的升高也较肾上腺素更明显。临界高血压交感神经活性明显增强，而稳定性高血压可能由于维持机制和各种反馈机制参与，将其与高血压的关系掩盖，故交感神经活性对高血压始动机制作用大于维持机制。长期过度紧张或精神创伤，会致使交感神经肾上腺素能系统功能亢进，血管痉挛收缩，血压升高。

(2) RAAS 学说（肾原学说）　肾素将血管紧张素原分解为血管紧张素Ⅰ，再经过肺及肾循环，在转化酶的作用下，转化为血管紧张素Ⅱ。血管紧张素Ⅱ作用于中枢，增加交感神经冲动发放或直接收缩血管；也可刺激肾上腺分泌醛固酮，引起水钠潴留。RAAS系统可调节细胞外液及血管阻力，血管紧张素Ⅱ及醛固酮是决定血压的重要因素。

(3) 心钠素学说　实验结果表明心房、肾脏和血管均含有心钠素，其主要生理效应是利尿、排钠、扩张血管、降低血压，并增加营养心肌血流量。同时可抑制血管紧张素促醛固酮的作用，并可抑制儿茶酚胺的缩血管作用。

(4) 过度摄钠学说　该学说认为钠潴留会使细胞外液增多，引起心排血量增高，小动脉壁的含水量增高，从而引起周围阻力增加；细胞内外钠浓度比值的变化引起小动脉张力增加，均使血压升高。

(5) 胰岛素抵抗学说　高血压病患者中约半数存在胰岛素抵抗现象。胰岛素抵抗指的是机体组织的靶细胞对胰岛素作用的敏感性和（或）反应性降低的一种病理生理反应。其结果是胰岛素在促进葡萄糖摄取和利用方面的作用明显受损，导致代偿性胰岛素分泌增加，发生继发性高胰岛素症，从而致使血压升高，诱发动脉粥样硬化病变。

37.1.2.2 高血压的发病病因

高血压病因尚且不明，但与发病有关的因素主要有：①遗传，大约半数高血压患者有

家族史，可能与遗传性肾排钠缺陷有关；②年龄，发病率有随年龄增长而增高的趋势，40岁以上发病率显著提高；③体重，肥胖者发病率高；④食盐摄入量，食盐摄入多者，高血压发病率高；⑤环境因素，过度紧张的脑力劳动、有噪声的工作环境等易发生高血压，其中城市中的高血压发病率要明显高于农村[5]。

37.2 抗高血压药物

高血压的药物治疗已有半个世纪的历史，上市的降压药物已经超过一百个，新药还在不断地涌现[6]。根据药理性质或者作用机制分类，抗高血压药物主要分为：交感神经用药（sympatholytic drugs）、离子通道用药、RAAS系统用药、血管肽酶抑制剂和利尿药。各类药物的作用靶点如图 37-1 所示。

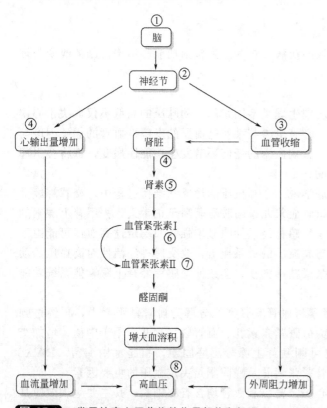

图 37-1 常用抗高血压药物的作用部位和机理

①中枢神经系统用药；②神经节阻滞剂；③血管扩张药；④肾上腺素受体拮抗剂；
⑤肾素抑制剂；⑥血管紧张素转化酶抑制剂；⑦血管紧张素Ⅱ受体拮抗剂；⑧利尿药

37.2.1 交感神经用药

神经调节是血压调节的一个重要方面。外周阻力持续增加导致血压的异常升高，并伴随着心脏与血管的结构性变化。因此，在研究高血压的总外周阻力增加机制时，人们会很自然地想到交感神经在其中的作用。交感神经活动的增强是高血压的始发因素。目前，作用于交感神经药物主要包括中枢神经系统用药、神经末梢用药、神经节阻滞剂和肾上腺素受体拮抗剂[7]。

37.2.1.1 中枢神经系统用药

此类药物主要包括甲基多巴（Methyldopa，**1**）和盐酸可乐定（Clonidine hydrochloride，**2**）及其类似物，多具有高度的脂溶性，可以通过血脑屏障，产生中等程度的降压作用。

甲基多巴经口服吸收后，通过血脑屏障，在脑内经脱羧酶代谢为甲基多巴胺（Methyldopamine），再经络氨酸羟化酶转化为 α-甲基-N-去甲肾上腺素，激活血管运动中枢的突触后膜 α_2 受体，使交感神经冲动传出减少，引起动脉和静脉血管扩张，血管阻力降低，血压下降。

甲基多巴，**1**　　　　甲基多巴胺　　　　α-甲基-N-去甲肾上腺素

盐酸可乐定是有效的中枢 α_2 受体激动剂，是高酯溶性的中度抗高血压药物，其通过神经节减少外周交感神经末梢去甲肾上腺素的释放而产生降压作用。同类型的代表药物还有胍法辛（Guanfacine，**3**）、胍那苄（Guanabenz，**4**）和洛非西定（Lofexidine，**5**）等。

盐酸可乐定，**2**

胍法辛，**3**　　　　胍那苄，**4**　　　　洛非西定，**5**

盐酸可乐定及其部分类似物由于能够非选择性地激动 α_2 受体和 I_1 咪唑啉受体而产生镇静、心动过缓和精神抑郁等副作用。为了克服这些副作用，科学家们通过生物电子等排原理进行结构修饰，得到莫索尼定（Moxonidine，**6**）[8]和利美尼定（Rilmenidine，**7**）等新型的中枢降压药。它们能够选择性地作用 I_1 咪唑啉受体，对其具有高度亲和力，降压效果可靠，副作用较少。根据不同的种属、组织和所用的配体，此类药物对 I_1 咪唑啉受体的选择性比对 α_2 肾上腺素受体的选择性可高达 600 倍。

莫索尼定，**6**　　　　利美尼定，**7**

37.2.1.2 神经末梢用药

神经末梢用药的降压机理主要为干扰交感神经末梢释放去甲肾上腺素，或者耗竭去甲肾上腺素的储存以达到降压的目的。

利舍平（Reserpine，**8**）是从印度的一种萝芙木植物（*Rauwolfia serpentina*）根中分离得到的一种降压药，也是最早用于抗高血压药物的天然产物之一[9]。1949 年，西方也作了报道，利舍平是第一个在西医中应用的有效的抗高血压药物。它能通过抑制转运 Mg-ATP 酶的活性来实现抑制去甲肾上腺素、肾上腺素、多巴胺以及 5-羟色胺进入神经细胞内囊泡存储。在正常情况下，这些神经递质作用后，除小部分被单胺氧化酶分解外，仍可被再吸收、存储和重新利用；而当其不能与囊泡结合时，就会被神经细胞内的单胺氧化酶迅速破坏失活，导致神经末梢介质耗竭、交感神经冲动传导受阻和血管舒张，因而表现出

降压作用。利舍平降压作用的特点是温和、缓慢而持久，适用于早期的高血压患者；对于晚期和严重的患者，常与肼屈嗪、双氢氯噻嗪等联合用药，以增加疗效。降压灵为国产萝芙木提取的总生物碱，主要成分亦是利舍平，且作用较利舍平更为温和，副作用小，适用于轻度的高血压治疗。这类降压药还包括地舍平（Deserpidine，**9**）和不良反应相对较少的美索舍平（Methoserpidine，**10**）等。

R^1 = H, R^2 = OMe, 利舍平, **8**
R^1 = H, R^2 = H, 地舍平, **9**
R^1 = OMe, R^2 = H, 美索舍平, **10**

胍乙啶（Guanethidine，**11**）和胍那决尔（Guanadrel，**12**）可以进入囊泡将去甲肾上腺素取代出来，进而氧化破坏，同样起到耗竭神经末梢介质的作用。这类药物作用较强，用于中度和重度的高血压。由于不能通过血脑屏障，没有利舍平的镇静、忧郁等症状，但是会造成体位性低血压、血流不足等副作用，现在使用较少。

胍尔啶，**11**　　胍那决尔，**12**

37.2.1.3　神经节阻滞剂

神经节阻滞剂的降压机理主要是通过与乙酰胆碱竞争性拮抗受体来阻断神经冲动传导，从而引起血管扩张，降低血压。这类药物主要包括美卡拉明（Mecamylamine，**13**）、潘必啶（Pempidine，**14**）、四甲喹环铵（Temechin，**15**）以及喷托铵（Pentolonium，**16**）等。

美卡拉明，**13**　　潘必啶，**14**　　四甲喹环铵，**15**　　喷托铵，**16**

此类药物降压作用较强，但是由于对肾上腺素神经和胆碱能神经均能产生较强的阻断作用，选择性较差，从而导致很强的副作用，如口干、便秘、排尿困难和视力模糊等。目前临床已经较少使用。

37.2.1.4　肾上腺素受体拮抗剂

根据药物与受体亚型的选择性不同，肾上腺素受体拮抗剂可分为 α 受体拮抗剂和 β 受体拮抗剂。α 受体拮抗剂能够降低儿茶酚胺的血管收缩作用，从而降低血压。新型的选择性 $α_1$ 受体拮抗剂可以通过扩张血管来降低血压；β 受体拮抗剂也是十分重要的降压药。相关内容参见本书第三十章。

37.2.2　离子通道用药

37.2.2.1　钾离子通道调节剂

钾离子通道复杂多样，且分布广泛，在介导各种生理生化反应中扮演着十分重要的角色。钾离子通道调节剂的降压作用是最早被发现的药理作用。目前，普遍认为钾离子通道调节剂主要通过激活 ATP 敏感钾离子通道，直接对血管平滑肌产生松弛作用来达到降压作用[10]。

早在 20 世纪 50 年代，肼苯肽嗪类衍生物代表肼屈嗪（Hydralazine，**17**）就引入临床作为降压药物，由于扩张小动脉，降低外周阻力而降低血压，适用于中等的高血压患者[11]。类似物双肼屈嗪（Dihydralazine，**18**）作用相似，毒性稍低，药效较缓慢、持久，适用于肾功能不全的高血压患者。布屈嗪（Budralazine，**19**）作用时间长，对心脏刺激作用弱，并且在胃肠道吸收较好，是一种更好的降压药物。

肼屈嗪，**17**　　双肼屈嗪，**18**　　布屈嗪，**19**

地巴唑（Dibazole，**20**）对血管平滑肌有直接的扩张作用，但是作用不强，适用于轻度的高血压患者。氯苯甲噻二嗪（二氮嗪，Diazoxide，**21**）的化学结构与噻嗪类利尿药非常相似，但无利尿作用，可以直接松弛血管平滑肌，降低血压，起效迅速。米诺地尔（长压定，Minoxidil，**22**）是作用强大的小动脉扩张剂，不良反应较少，其本身无药理活性，但在肝脏中经磺基转移酶（sulfotransferase）代谢生成活性代谢物米诺地尔硫酸酯而起效。

地巴唑，**20**　　二氮嗪，**21**　　米诺地尔，**22**

长春胺（Vincamine，**23**）是夹竹桃科植物长春花中提取出来的一种生物碱，具有血管扩张作用，主要作用于脑血管，特别适用于脑性高血压，包括高血压危象，也适用于轻度和中度高血压患者[12]。

长春胺，**23**

37.2.2.2　钙离子拮抗剂

钙离子是心肌和血管平滑肌兴奋-收缩偶联中的关键物质，胞内钙离子浓度高，心肌及血管平滑肌收缩就增强，使血管阻力增加，血压升高。钙离子拮抗剂与钙离子通道结合后，阻断钙离子由膜外进入膜内，降低细胞内钙离子浓度，从而使血管松弛，阻力减小，血压降低[13]。

钙离子拮抗剂按化学结构可分为二氢吡啶类（dihydropyridines，DHP）、苯并硫氮杂䓬类（benzothiazepine derivatives）和芳烷基胺类（aralkylamine derivatives）。

（1）1,4-二氢吡啶类　　二氢吡啶类是目前临床上特异性最高、作用最强的一类钙离子拮抗剂，具有很强的血管扩张作用，一般不抑制心脏[14]。适用于冠脉痉挛、高血压、心肌梗死等病症，可与β受体阻滞剂、强心苷、血管紧张素转化酶抑制剂等联合用药。

目前在临床上，1,4-二氢吡啶类钙离子拮抗剂应用较多，如：第一代 DHP 类代表性药物硝苯地平（Nifedipine，**24**）；第二代 DHP 类代表性药物包括非洛地平（Felodipine，

25)、尼卡地平（Nicardipine，26）、尼群地平（Nitredipine，27）、氨氯地平（Amlodirine，28）、尼索地平（Nisoldipine，29）、尼莫地平（Nimodipine，30）、拉西地平（Lacidipine，31）、伊拉地平（Isradipine，32）和贝尼地平（Benidipine，33）等[15]。

硝苯地平, 24	$R^1=CH_3, R^2=COOCH_3, R^3=CH_3, R^4=NO_2, R^5=H$
非洛地平, 25	$R^1=CH_3, R^2=COOC_2H_5, R^3=CH_3, R^4=Cl, R^5=Cl$
尼卡地平, 26	$R^1=CH_3, R^2=CH_2OCH_2CH_2N(CH_3)CH_2C_6H_5, R^3=CH_3, R^4=H, R^5=NO_2$
尼群地平, 27	$R^1=CH_3, R^2=COOC_2H_5, R^3=CH_3, R^4=NO_2, R^5=H$
氨氯地平, 28	$R^1=CH_2OCH_2CH_2NH_2, R^2=COOC_2H_5, R^3=CH_3, R^4=Cl, R^5=H$
尼索地平, 29	$R^1=CH_3, R^2=CH_2OCH(CH_3)_2, R^3=CH_3, R^4=NO_2, R^5=H$
尼莫地平, 30	$R^1=CH_3, R^2=CH_2OCH_2OCH_3, R^3=CH(CH_3)_2, R^4=H, R^5=NO_2$

拉西地平, 31　　伊拉地平, 32　　贝尼地平, 33

近年来，研究者们根据二氢吡啶类药物的构效关系，针对其作用时间、生物利用度和选择性等方面进行结构改造，取得了显著的成就，一些具有明显的化学和生物学特点的新品种不断涌现[16]。

乐卡地平（Lercanidipine，34）是由意大利 Recordati 公司研制开发的第三代二氢吡啶类钙离子拮抗剂[17]。首先于 1997 年在荷兰上市，随后分别在法国、澳大利亚、德国等十八个国家上市。盐酸乐卡地平作用机制与同类药物相似，即可逆地阻滞血管平滑肌细胞膜 L 型钙通道的钙离子内流，扩张外周血管而降低血压。体内外试验表明，本品选择性血管扩张作用所致的负性肌力作用较硝苯地平、尼群地平和非洛地平弱；而血管选择性强于氨氯地平、非洛地平、尼群地平及拉西地平。此外，本品还具有抗动脉粥样硬化和保护终末器官作用；在治疗剂量下并不干扰高血压患者的正常心脏兴奋性和传导性。盐酸乐卡地平与同类药相比具有较强的血管选择性，其独特的亲脂性使之降压作用缓慢而持久，病人乐于接受。本品安全性高，无强心作用，不影响心率，同时还有很好的抗动脉粥样硬化作用，尤其适合于伴有动脉粥样硬化的高血压病人，具有较高的临床应用价值，市场前景广阔。

依福地平（Efonidipine，35）是由日本日产公司和 Zeria 制药公司联合开发的一种新型二氢吡啶类钙通道阻滞剂，即：L-型/T-型钙通道双重阻滞剂[18]。于 1998 年首次在日本上市，用于治疗原发性、严重、肾性高血压以及心绞痛。

依高地平（Elgodipine，36）是由西班牙 IQB 公司开发的新一代二氢吡啶类钙离子拮抗剂，苯环 2,3 位有甲缩醛的氧桥连接。其主要用于治疗动脉血压过高、心功能不全以及对心肌局部缺血的短期治疗。临床前研究显示依高地平选择地作用于心肌平滑肌使之松弛，并不引发反射性的心动过速。治疗心肌局部缺血和心力衰竭比硝苯地平更有效。由于其结构的特异性，在二氢吡啶类药物的大家族中表现出特殊性质，如水溶性好、对光和热稳定、高选择性（对血管平滑肌的作用是对心肌作用的 10～100 倍）、强效的抑制钙通道作用、良好的耐受性和副作用小等优点。

来米地平（Lemildipine，37）是在对二氢吡啶类药物构效关系研究的基础上，对 2-位烷基进行改造得到了又一新型结构的二氢吡啶类药物。来米地平显示出了较突出的药理活

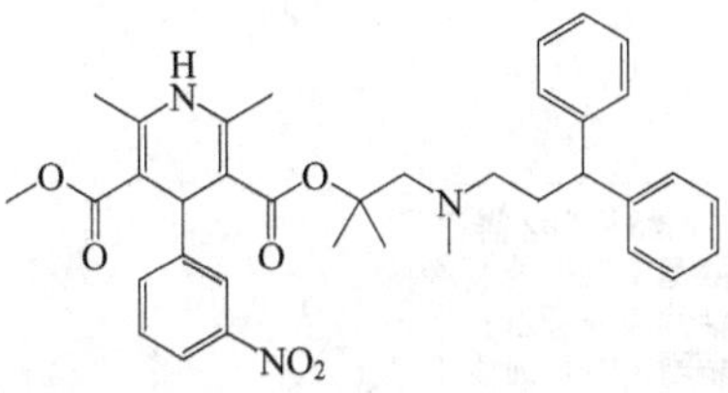

乐卡地平，**34**

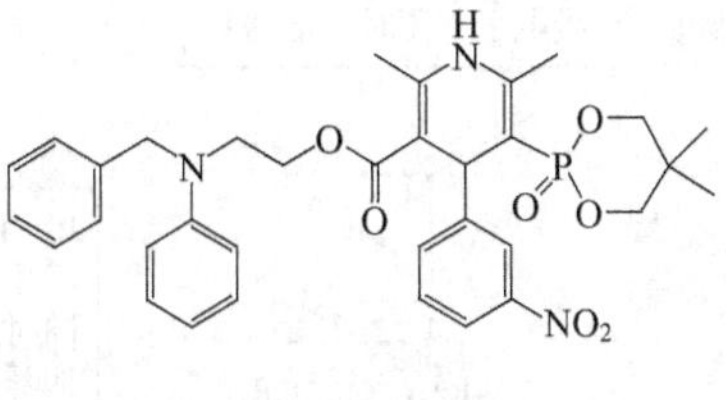

依福地平，**35**

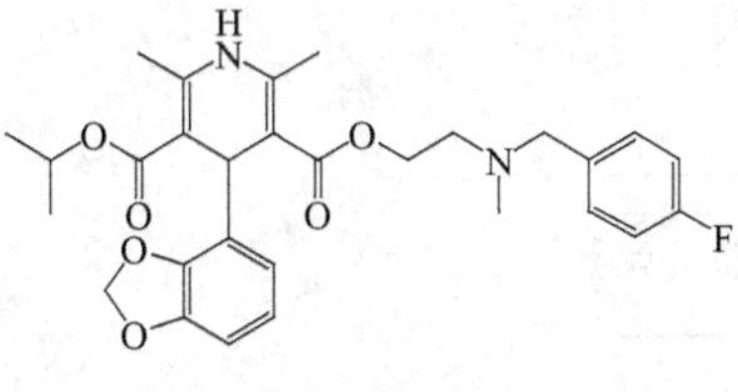

依高地平，**36**

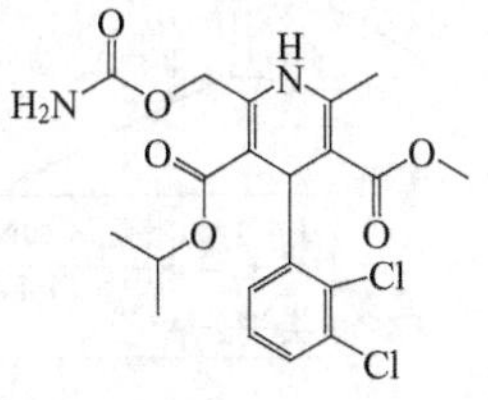

来米地平，**37**

性，其毒性小、具有良好的降压作用，目前正在进行Ⅲ期临床，可与 ACE 抑制剂或 β 受体阻滞剂联合给药用于治疗高血压；并且能选择地作用于基底椎动脉，增加脑血流量，作用较尼莫地平缓慢、长效，可阻止脑缺血后的神经损害。

此外，还有日本三共制药与宇部（Ube）株式会社联合开发的阿折地平（Azelnidipine，**38**），日本 Taiho 制药公司、Maruko 制药公司和百时美施贵宝制药公司联合研制成功的阿雷地平（Aranidipine，**39**）等。

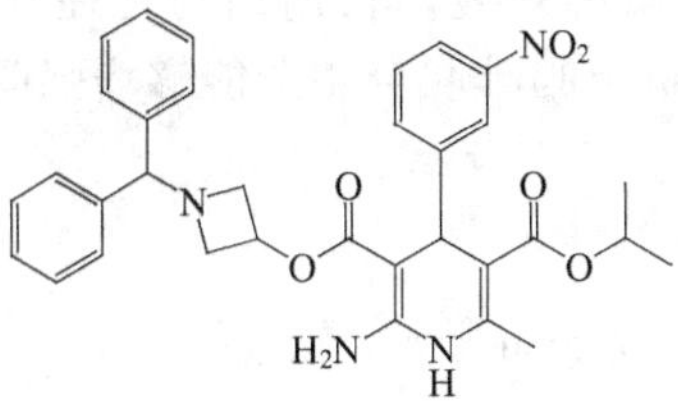

阿折地平，**38**

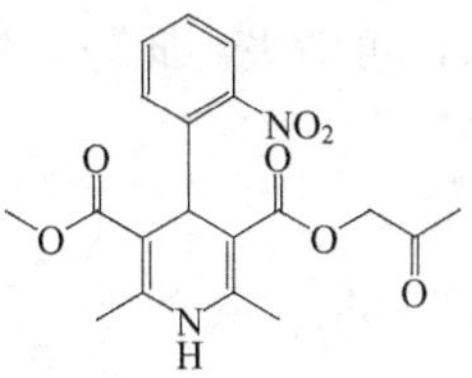

阿雷地平，**39**

二氢吡啶类钙离子拮抗剂是临床应用较广的心血管药物。长期使用可有效地控制血压，较少地引起反射性心动过速或体位性低血压。对伴有心绞痛、高血脂、心律失常、偏头痛的高血压患者，二氢吡啶钙拮抗剂可作为首选药物。近年来研制和开发的二氢吡啶类药物结构变化较多，主要特征为：①二氢吡啶类侧链酯基中烷氧基具有大而复杂的结构；②4-位苯环取代和 2-位烷基也发生变化；③某些已有的心血管药物分子中有效片断，如有机硝酸酯和环磷酸酯等已被引入新型二氢吡啶钙拮抗剂分子中。这些改变使新的二氢吡啶类药物在药动学方面显示出新的优点，同时治疗作用也各具特色。

通过多年体内、外实验和放射配体结合实验等研究，得出二氢吡啶类药物具有如下构效关系（图 37-2）：①1,4-二氢吡啶环和 NH 基是必需基团，若二氢吡啶环氧化或还原，就会失去活性；②3,5-位酯基为必需基团，酯基中烷氧基不同时活性增强，当一侧基体积增大时，则活性增强；③4-位为苯环取代，苯环邻位或间位有吸电子基团时活性增强；④2,6-位多为低级烷基，至少一侧为低级烷基时有利于增加活性；⑤X-射线衍射表明，1,4-二氢吡啶环为船式结构，苯环上的邻位或间位取代基使苯环同二氢吡啶环呈垂直状态，苯环上的取代基与 4-位 H 同侧，这种构象能增强与受体的结合能力。

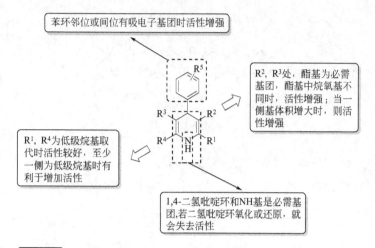

图 37-2 二氢吡啶类钙离子拮抗剂构效关系

(2) 苯并硫氮杂䓬类 20 世纪 60 年代中期至今合成了一系列苯并硫氮杂䓬衍生物，其中典型药物包括地尔硫䓬（Diltiazem，**40**）、尼克硫䓬（Nictiazem，**41**）和克伦硫䓬（Clentiazem，**42**）等[19]。地尔硫䓬是一个高度特异性的钙离子通道拮抗剂，可作用于 L-亚型的钙离子通道。其是通过阻止钙离子经细胞膜上的钙离子通道进入细胞内，减少细胞内钙离子的浓度，从而起到降压的作用。地尔硫䓬在降压的同时，可以改善心肌肥厚、室上性心律失常等情况。在临床上广泛用于心绞痛的预防和治疗，尤其是变异型心绞痛和冠脉痉挛所致的心绞痛。但是地尔硫䓬具有光敏感效应，长期用药往往会引起色素沉着过度，但停用后症状即可消失。此外，地尔硫䓬与吗啡联合用药能够增强吗啡的镇痛活性。

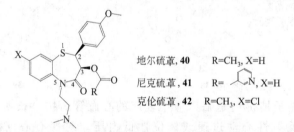

地尔硫䓬，**40**　　R=CH₃, X=H
尼克硫䓬，**41**　　R= (吡啶基), X=H
克伦硫䓬，**42**　　R=CH₃, X=Cl

通过多年的研究，发现这类药物具有如下构效关系：2-位为 4-甲基或者 4-甲氧基苯基取代时活性最强，为无取代的苯基或者多甲氧基、4-氯、2,4-二氯、4-羟基等取代的苯基时，活性减弱或者消失；5-位氮上的取代基对其活性也有较大的影响，仅叔胺取代时有效，其中以二甲氨基乙基取代时，活性最强；其他伯胺、仲胺、季铵取代或无取代时，活性减弱或消失；2,3-位手性碳原子对活性也产生重要的影响，临床上仅用顺式 *d-cis* 异构体。

此类药物口服吸收迅速完全，但是具有较高的首关效应，口服后生物利用度约为 25%，其中肾脏病人半衰期为 3~4h，与正常人无明显差异。地尔硫䓬经肝肠循环，主要代谢途径为脱乙酰基、*O*-脱甲基化和 *N*-脱甲基。

(3) 芳烷基胺类 芳烷基胺类抗高血压药物主要有维拉帕米（Verapamil，**43**）[20]、戈洛帕米（Gallopamil，**44**）、依莫帕米（Emopamil，**45**）及法利帕米（Falipamil，**46**），此类药物大多为手性药物，且不同的手性异构体会产生不同的药理活性，如左旋维拉帕米作为室上性心动过速病人的首选药物，而其右旋体则作为抗心绞痛药物；戈洛帕米在临床上使用的是其左旋体；另外，伊莫帕米的左旋体要比右旋体具有更强的药理活性。

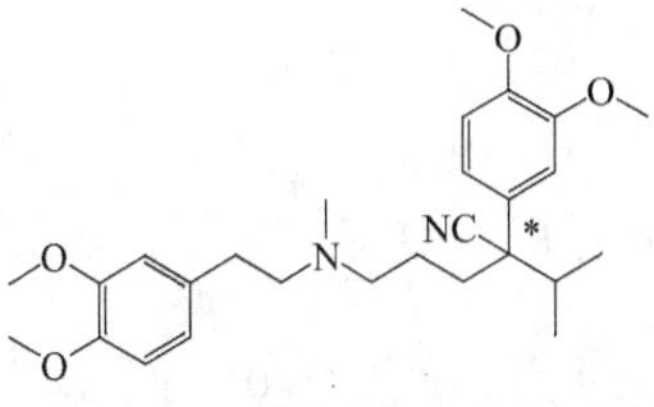

维拉帕米，43 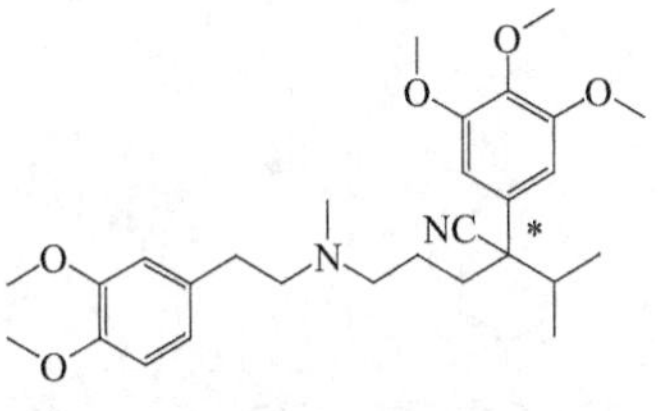   戈洛帕米，44

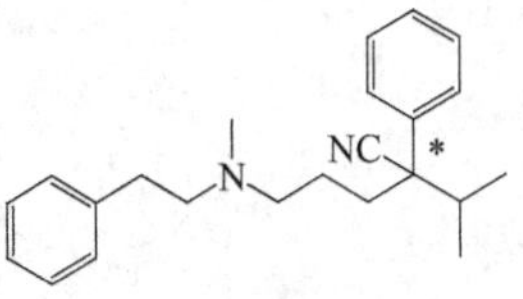

依莫帕米，45 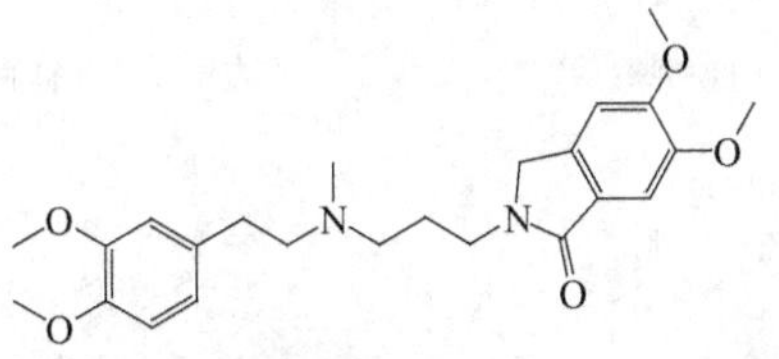   法利帕米，46

维拉帕米，一种罂粟碱的衍生物，又名异搏定、戊脉安，可以结合于钙离子通道 α-亚单位两个不同的位点，从而阻滞心脏 Ca^{2+} 通道，抑制慢反应电活动，降低舒张期自动除极化速率，减慢窦房结冲动发放频率，使房室结传导减慢。对血管 Ca^{2+} 通道也有阻滞作用，能舒张冠脉及心肌缺血区的侧枝小动脉。舒张外周血管作用弱于硝苯地平，降压和继发反射性交感兴奋较弱。对心脏的负性肌力作用特别强，除阻断 Ca^{2+} 通道外，还能阻断α-肾上腺素能受体和 5-HT 受体。

维拉帕米在临床上用于治疗阵发性室上性心动过速、快速心房纤颤或搏动、窦性心动过速、室上性和室性期前收缩及心绞痛。长期服用对肝和造血系统无明显影响，但是有时可抑制心肌，诱发心衰。

戈洛帕米作为钙离子通道拮抗剂、冠脉扩张剂和子宫收缩剂。能降低心肌需氧量，其机理为直接干预耗能代谢过程，降低血管平滑肌张力，防止冠状动脉痉挛，间接使心肌需氧量减少。此外，本品可减少周围血管阻力而降低血压（降低后负荷），有显著的抗心律失常，尤其是室上性心律失常的作用。

法利帕米对心脏有选择性作用，特别是对窦房结的抑制作用可产生明显的抗心动过速，也可减少正常心率、降低心肌氧耗量，对心肌局部缺血有保护作用。

(4) 其他类钙离子拮抗剂　二苯基哌嗪类钙离子拮抗剂能直接作用于血管平滑肌，扩张血管。代表性药物有桂利嗪（Cinnarizine, 47）、氟桂利嗪（Flunarizine, 48）、利多氟嗪（Lidoflazine, 49）、普尼拉明（Prenylamine, 50）和苄普地尔（Bepridil, 51）等。其中，利多氟嗪和氟桂利嗪主要用于脑细胞和脑血管，对缺血性脑缺氧引起的脑损伤和代谢异常，能增加脑血流量，减轻脑血管痉挛及脑水肿。

普尼拉明和苄普地尔能够阻止胞膜 Ca^{2+} 通道，同时还抑制 Na^+ 内流。普尼拉明对心脏作用明显高于血管平滑肌，抑制窦房结及房室结功能，负性肌力作用较弱，用于心绞痛、心肌梗死及冠脉粥样硬化等症；苄普地尔具有扩张外周和冠脉血管作用，用于治疗冠心病、高血压、心律失常和心绞痛等症，可以单独使用，也可以与β受体拮抗剂联合用药；派克昔林（Perhexiline, 52）具有抑制钙离子内流的作用，能明显扩张冠状动脉，增加冠脉血流量和改善心肌供氧，用于心绞痛和心律失常等症。

37.2.3 肾素-血管紧张素-醛固酮系统用药

37.2.3.1 肾素-血管紧张素-醛固酮系统

经典概念认为，肾素-血管紧张素-醛固酮系统（RAAS）属于内分泌系统，不仅在维

桂利嗪，**47**   氟桂利嗪，**48**   利多氟嗪，**49**

普尼拉明，**50**   苄普地尔，**51**   派克昔林，**52**

持水、电解质平衡中起显著作用，而且也是循环血压及各脏器血循环的重要调节系统，主要由肾素和血管紧张素转化酶两个酶，以及一个底物血管紧张素原和若干产物组成。

肾素是一种水解蛋白酶，由肾脏入球小动脉的近球细胞合成，储存并释放到血液中，它直接作用于肝脏所分泌的血管紧张素原（α_2 球蛋白），使血管紧张素原转变成血管紧张素 I。血管紧张素 I 是一种 10 肽物质，在正常血浆浓度下无生理活性，经过肺、肾等脏器时，在血管紧张素转化酶的作用下，形成血管紧张素 II（8 肽），此酶又称激肽酶 II，尚有降解缓激肽的作用。血管紧张素 II 可经酶作用，脱去一个天门冬氨酸，转化为血管紧张素 III（7 肽）。血管紧张素 II 是一种作用极强的肽类血管收缩剂，其加压作用约为肾上腺素的 10～40 倍，而且可通过刺激肾上腺皮质球状带，促使醛固酮分泌，潴留水钠，刺激交感神经节增加去甲肾上腺素分泌，增加交感神经递质和提高特异性受体的活性等，使血压升高；还可通过激活原癌基因 *c-jun*、*c-fos*、*c-myc*、*egr*-1 等表达促进血管平滑肌生长和心脏结构重构，在高血压病中产生重要的作用。这个从肾素开始到生成醛固酮为止的调节机制，称为肾素-血管紧张素-醛固酮系统（图 37-3）[21]。

RAAS 系统是一种复杂、高效调节血流量、电解质平衡以及动脉血压所必需的高效系统，对血压调节有着重要的影响。在 RAAS 系统不同阶段抑制或者阻断某些活性物质都可以达到降低血压的目的，其中血管紧张素转化酶（ACE）抑制剂已经成为治疗这些疾病的首选或一线药物，血管紧张素 II 受体拮抗剂（ARB）在作用机制上与 ACE 抑制剂有相似之处，又有极少发生咳嗽等不良反应的优点，是一类很有前途的药物；而肾素抑制剂虽然发展较晚，但已经成为近年来国际上高血压治疗领域推出的具有新型药理作用机制的药物，其中代表药物阿利克仑（Aliskiren）已成功上市，充分体现了基于结构的药物分子设计的思维策略[22]。

37.2.3.2 血管紧张素转化酶（ACE）抑制剂

目前，临床上已有多种 ACE 抑制剂在使用，通过抑制血管紧张素 I 转换为血管紧张素 II，且不灭活缓激肽，产生降压效应。其机理可以归纳为：①抑制循环中 RAAS；②抑制组织中的 RAAS；③减少神经末梢去甲肾上腺素的释放；④减少内皮细胞形成内皮素；⑤增加缓激肽和扩血管性前列腺素的形成；⑥醛固酮分泌减少和/或肾血流量增加，以减少钠潴留。对高血压合理的控制，能减缓血管动脉粥状硬化发展进程，减少心绞痛发作，同时改善肾功能及减少蛋白尿症状，还能改善胰岛素的敏感性，调节人体脂质代谢。因

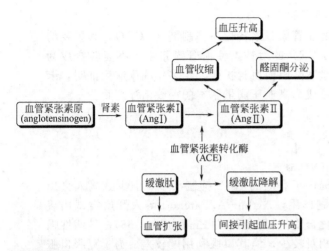

图 37-3 肾素-血管紧张素-醛固酮系统（RAAS）及药物作用靶点

此，ACE 抑制剂对患有糖尿病、心绞痛、充血性心衰和肾功能较弱的高血压患者展现出良好的前景。

基于化学组成可以将此类药物分成三类：含硫基的 ACE 抑制剂、含羧基的 ACE 抑制剂和含磷酰基的 ACE 抑制剂。所有药物都能有效地阻断血管紧张素 I 向血管紧张素 II 转化，同时都具有相似的治疗与生理作用。这些药物的主要不同之处在于它们的作用效果和药代参数[23]。

替普罗肽（Teprotide，**53**）是第一个用于临床的血管紧张素转化酶抑制剂，是 1971 年从巴西蝮蛇的蛇毒提取液中分离得到的成分，能够有效地降低继发性高血压，在治疗心脏衰竭方面也具有很好的效果。然而，由于肽类化合物自身的缺陷，口服无效，因此替普罗肽并没有获得好的临床价值[24]。

替普罗肽，**53**

通过对替普罗肽的构效关系研究和对酶解性质的了解，将替普罗肽分子切成一些小分子碎片，设计并合成了一系列的化合物，由此发现了很多具有较好口服利用度的药物分子。当把羧基（—COOH）换成巯基（—SH）时，发现了第一个可以口服的抗高血压药物卡托普利（Captopril，**54**），其对血管紧张素转化酶（ACE）的抑制效果提高了近 2000 倍。卡托普利的研发过程可以概括为以下四个阶段：①先导物发现——蛇毒液中分离得到一种九肽有效成分，但口服无效；②构效关系（SAR）研究；③合理的药物设计——进一步的构效关系（SAR）研究发现加入巯基可以改善与 Zn^{2+} 结合口袋的亲和力，得到了用于口服有效的卡托普利。该药的分子量大约是替普罗肽的 1/5，且卡托普利的每个基团几乎都是 ACE 的结合位点，与 ACE 具有很高的亲和力。

卡托普利成为第一个成功应用于临床的血管紧张素转化酶抑制剂（ACEI），其主要的药理作用是通过抑制血管紧张素转化酶（ACE）的活性，使血管紧张素Ⅰ不能转变成为活性更强的血管紧张素Ⅱ，且还能减少缓激肽降解使血管扩张。经多年临床应用证明，卡托普利降压疗效确切，副作用较少。目前已成为高血压病最基本的一线治疗药物。

卡托普利, 54

研究表明，卡托普利分子结构的巯基提供了有效的 ACE 抑制活性，但少数病人会出现皮疹和味觉障碍等副作用。为了克服其副作用，Arthur A. Patchett 等人开始尝试用羧基来替换巯基，设计出了一个不含巯基的化合物依那普利拉（Enalaprilat，55），其活性强于卡托普利，皮疹和味觉障碍等副作用也相对较少，但其口服利用度较差。为了克服口服利用度的缺陷，将分子的羧基乙酯化，得到了依那普利（Enalapril，56）。依那普利作为依那普利拉的前药，具有很好的口服生物利用度；进入体内后，经酯酶水解可以释放出活性药物依那普利拉，其比卡托普利更容易在胃中吸收。依那普利作为前药，可以明显延长药物作用时间；同时，也避免了分子中含有巯基而引起的皮疹和味觉障碍等副作用。

依那普利拉, 55　　依那普利, 56

在依那普利成功开发的基础上，通过对依那普利和卡托普利分子中的甲基和脯氨酸吡咯啉环结构的修饰，分别用体积较大的碱性残基和二环、多环或螺环结构进行取代，得到更多活性优越的含羧基片段的类似药物。如：赖诺普利（Lisinopril，57）、贝那普利（Benazepril，58）、莫昔普利（Moexipril，59）、地拉普利（Delapril，60）、喹那普利（Quinapril，61）、培哚普利（Perindopril，62）、群多普利（Trandolapril，63）、雷米普利（Ramipril，64）以及螺普利（Spirapril，65）等。这些药物结构中的不同环系使得它们与药物结合能力和作用有所增强，不同环系也使得药物在吸收、蛋白黏合、排泄、达峰时间、作用持续时间以及剂量方面有所不同。

福辛普利（Fosinopril，66）作为一种含磷酰基团的新型 ACE 抑制剂，对 ACE 直接抑制作用较弱。口服给药后，缓慢且不完全吸收，但能迅速转变为活性更强的二酸代谢产物福辛普利拉（Fosinoprilat，67）。福辛普利通过次磷酸基团与 ACE 活性部位中的锌离子结合，在体内能经肝或肾代谢而排出体外，无蓄积毒性，适用肝或肾功能不良病人使用；同时，还能够以与依那普利相似的方式和 ACE 结合，锌离子与次磷酸的相互作用与巯基和羧基与锌离子的结合方式相类似；另外，与依那普利和其他的含羧基的 ACE 抑制剂一样，能够形成离子键、氢键以及疏水键等（图 37-4）。

通过研究发现，上述 ACE 抑制剂的生物学活性与其 $\lg P$ 值和一些药代动力学参数有着较大的关系（表 37-1）。除了赖诺普利、依那普利拉、螺普利和依那普利之外，其他化合物都具有良好的脂溶性；含疏水的双环或多环的化合物，其脂溶性高于含有脯氨酸吡咯啉环结构的化合物；培哚普利、雷米普利、贝那普利、喹那普利以及群多普利的 $\lg P$ 值与卡托普利和依那普利的 $\lg P$ 值比较都说明这一点。

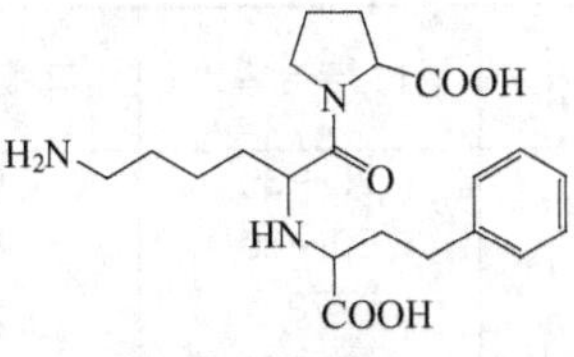

赖诺普利, 57 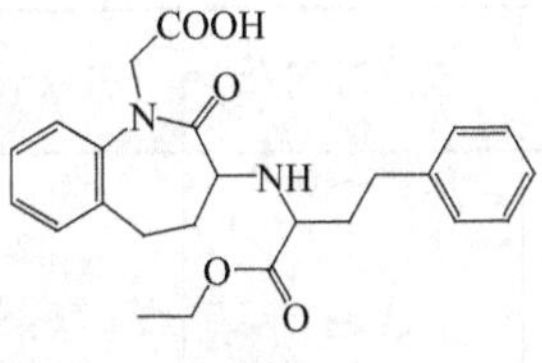　　贝那普利, 58 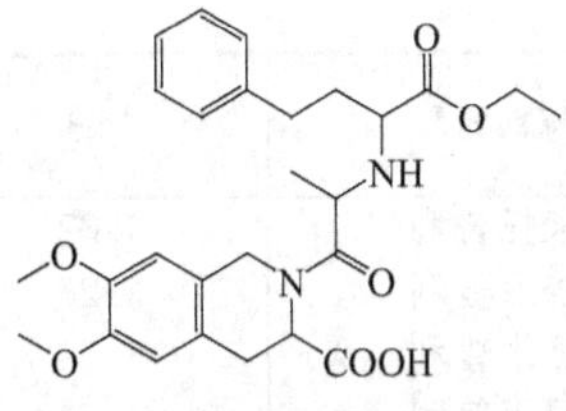　　莫昔普利, 59

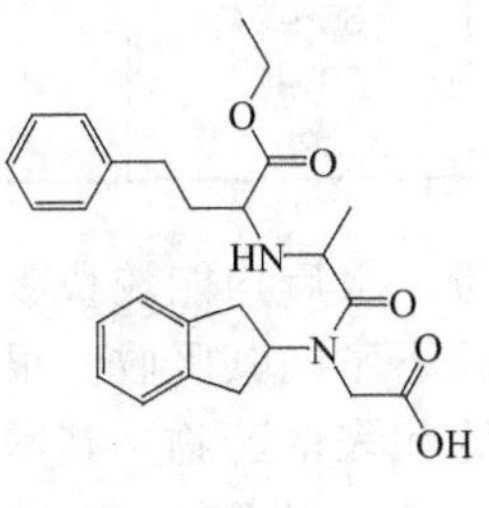

地拉普利, 60 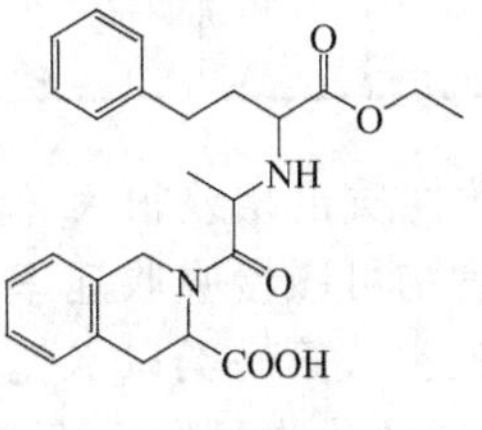　　喹那普利, 61 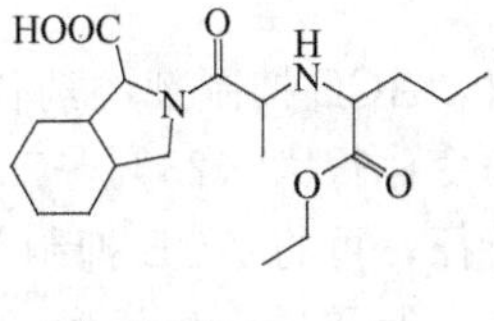　　培哚普利, 62

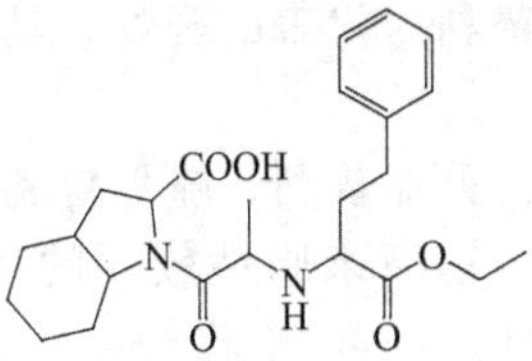

群多普利, 63 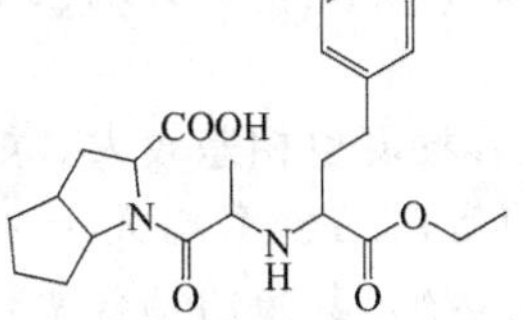　　雷米普利, 64 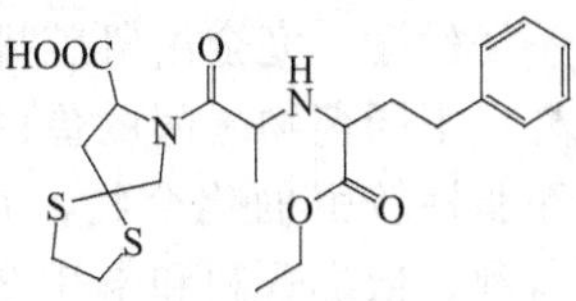　　螺普利, 65

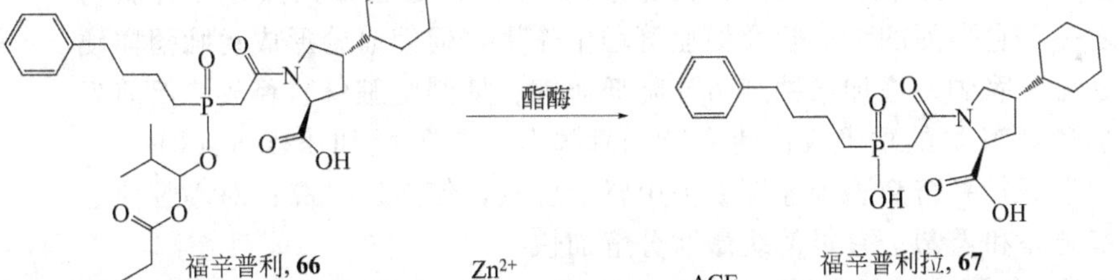

福辛普利, 66 →(酯酶)→ 福辛普利拉, 67

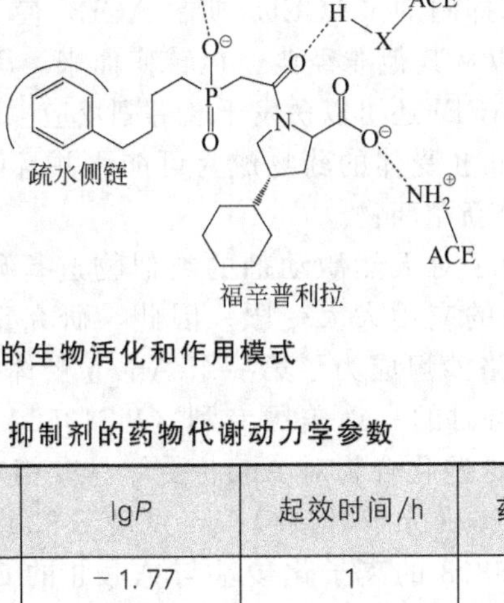

福辛普利拉

图 37-4 福辛普利的生物活化和作用模式

表 37-1 部分 ACE 抑制剂的药物代谢动力学参数

药物名称	lg$P$	起效时间/h	药效时间/h	蛋白结合率/%	口服利用度/%
赖诺普利	−1.77	1	24	25	25～30
依那普利拉	0.01	0.25	6		
螺普利	0.61	1	24		50
依那普利	0.71	1	24	50～60	60

续表

药物名称	lgP	起效时间/h	药效时间/h	蛋白结合率/%	口服利用度/%
卡托普利	1.02	0.25～0.5	6～12	25～30	60～75
培哚普利	1.26	1	24	60～80	65～95
雷米普利	1.59	1	24	73	50～60
贝那普利	1.74	1	24	>95	37
喹那普利	1.84	1	24	97	60
群多普利	2.14	0.5～1.0	24	65～94	80
莫昔普利	—	1	24	50～90	13
福辛普利	—	1	24	95	36

其次，ACE 抑制剂的药代动力学性质也相差很大。该类药口服后均能较快吸收，但其吸收率变化很大（25%～75%）；食物可减慢吸收速率，但并不影响其吸收。根据药代动力学特征，可将 ACE 抑制剂分成三类：第一类以卡托普利为代表的药物，其本身具有生物活性，但需进一步代谢，转变成二硫化物而发挥药理作用，药物原型和二硫化物均能经肾脏消除；第二类以依那普利为代表的前药，该类药物在体内经代谢转变成二酸的形式后才有活性，除福辛普利外均可经肾脏消除；第三类以赖诺普利为代表的药物，其水溶性较好，不经代谢，完全由肾脏排泄。

此外，不同药物之间的蛋白质结合程度也相差较大。如：贝那普利、喹那普利和群多普利等亲脂性较强的化合物，它们的蛋白结合率均大于 90%；而亲脂性较差的化合物，如赖诺普利、依那普利和卡托普利等药物，其蛋白结合率较低。

37.2.3.3 血管紧张素Ⅱ（AngⅡ）受体拮抗剂（ARB）

研究表明，AngⅡ的收缩血管作用是去甲肾上腺素的 40 倍，是已知天然存在升压物质中作用最强的激素之一；它强烈的缩血管及促血管增生作用，促使血管形成动脉粥样硬化；促使肾上腺皮质分泌醛固酮，增加水钠潴留，降低血钾；抑制肾脏肾素释放，促前列腺素的释放，增加肾小管对 Na^+ 的重吸收；使大脑和垂体分泌精氨酸加压素（AVP）和促肾上腺皮质激素（ACTH）兴奋交感神经释放去甲肾上腺素，使血压升高；对心脏使心肌收缩加强，引起心室肥厚和重塑；它可使缓激肽分解加快。

20 世纪 70 年代发现血管紧张素转化酶抑制剂（ACEI）抑制 ACE，使 AngⅠ不能转变为 AngⅡ而降低血压，但是 AngⅡ还可以从其他非经典途径转变而来。因此，ACE 抑制剂并不能完全抑制 AngⅡ的产生；另外 ACEI 还可以诱发干咳等副反应。随着对高血压发病机制研究不断深入，开发直接抑制 AngⅡ受体的药物成为可能，并且已有十余种药物应用于临床，作为治疗心血管疾病的一类新型药物。

早期，对 AngⅡ受体拮抗剂的研发始于对天然激动剂的类似物进行研究，但是这些化合物缺乏口服生物利用度，在临床上的应用大大受限。因此，研究重心转向了对拟肽类化合物的研究，经过多年的研究，洛沙坦成为了第一个 AngⅡ受体拮抗剂。AngⅡ受体拮抗剂的研发可追溯到 1982 年，当时的一篇美国专利（US4355040A）报导了一类新结构，具有抗高血压的作用。尽管这些化合物对 AngⅡ受体具有相对弱的拮抗作用，但是它们不具有其激动活性。通过计算机分子对接模拟，发现 S-8308 类 AngⅡ拮抗剂与 AngⅡ的三个类似的结构特征：S-8308 的离子化羧基与 AngⅡ的 C 端羧基相关联；S-8308 的咪唑环与 His_6 残基的咪唑侧链相关联；S-8308 的正丁基与 Ile_5 烃基侧链相关联；另外，S-8308 的苄基被认为位于 AngⅡ的 N 端的方向上，但它与受体没有明显的相互作用（图 37-5）。

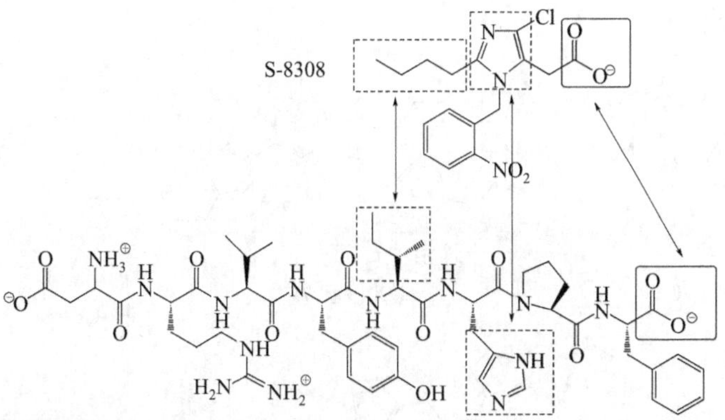

图 37-5 S-8308 类 AngⅡ 拮抗剂与 AngⅡ 的三个类似结构区域

为了提高 S-8308 与受体结合力及其脂溶性，对其进行结构修饰，获得了对 AngⅡ 受体具有高选择性的口服有效的洛沙坦（Losartan，氯沙坦，**68**）[25]。洛沙坦作用时间长，可用于高血压和充血性心力衰竭的治疗。尽管洛沙坦没有 ACE 抑制剂的咳嗽等的副作用，但是能引起血浆肾素活性及血浆 AngⅠ 和 AngⅡ 水平代偿性升高[26]。

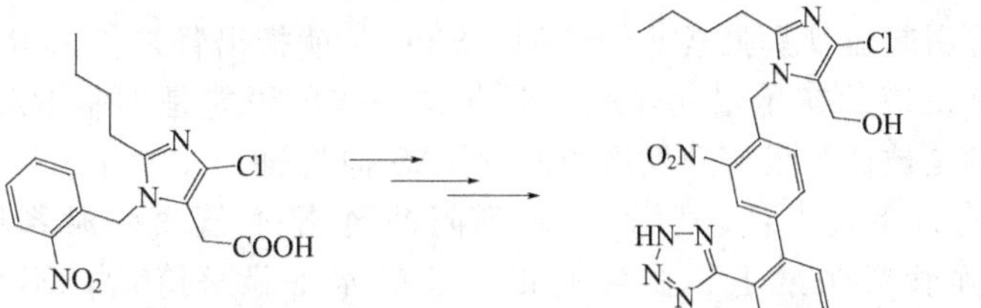

S-8303(IC_{50}=15mmol/L)   洛沙坦，**68**(IC_{50}=0.019mmol/L)

通过对洛沙坦的苄基和咪唑环的结构修饰，得到其联苯基类似物的缬沙坦（Valsartan，**69**）、依贝沙坦（Irbesartan，**70**）、替米沙坦（Telmisartan，**71**）、坎地沙坦（Candesartan，**72**）以及依普沙坦（Eprosartact，**73**）等。缬沙坦是第一个不含咪唑环的 AngⅡ 受体拮抗剂，其作用稍高于洛沙坦（$IC_{50}=8.9\times10^{-9}$mol/L），缬沙坦通过电子等排把洛沙坦的咪唑环替换成了酰胺基，同样能与咪唑环上的 N 一样，与受体形成氢键。依贝沙坦是在咪唑环上引入了羰基，与受体结合的亲和力是洛沙坦的 10 倍，羰基的氢键或离子偶极结合能模拟洛沙坦的羟基与受体的相互作用，而螺环能提高与受体的疏水结合能力。坎地沙坦西酯和替米沙坦都含有苯并咪唑环，提高与受体的疏水结合能力，并加强了药效。坎地沙坦西酯是一个前药，在体内迅速并完全地代谢成活性化合物，即坎地沙坦。而依普沙坦作为非联苯基类的AngⅡ受体拮抗剂，其口服吸收迅速，生物利用度为 13%，蛋白结合率为 98%。

血管紧张素Ⅱ受体拮抗剂抑制剂（ARB）和 ACE 抑制剂的作用机制既相似又不同。它们都能阻断 RAAS 系统，但 ACE 抑制剂的阻断作用不完全，存在着经其他非血管紧张素Ⅰ途径生成血管紧张素Ⅱ的可能性。ARB 在受体水平上阻断血管紧张素Ⅱ的作用，因此对 RAAS 系统的抑制作用更为强大。ACE 抑制剂已经广泛用于治疗高血压、慢性心力衰竭、心肌梗死以及糖尿病、肾病。但 ACE 抑制剂存在咳嗽等不良反应，易导致少数患者不能耐受该类药物。ARB 的最大优点是咳嗽的发生率远远低于 ACE 抑制剂，患者对于 ARB 的耐受性显著优于 ACE 抑制剂。

37.2.3.4 肾素抑制剂

肾素-血管紧张素-醛固酮系统（RAAS）在调节血压与体液平衡中起重要作用，并与

缬沙坦, **69**   依贝沙坦, **70**   替米沙坦, **71**

坎地沙坦, **72**   依普沙坦, **73**

器官组织结构重构密切相关。尽管 RAAS 抑制剂已广泛应用于高血压、心血管及肾脏疾病的临床治疗，但它们只能部分抑制 RAAS，且长期应用可引起血浆肾素活性（PRA）反馈性升高，最终引起血管紧张素Ⅱ的增加。Skeggs 就指出肾素作为 RAAS 反应的启动者，控制着该级联反应的初始限速步骤，阻断这一步骤可能是抑制 RAAS 的最佳途径。因此，肾素抑制剂是被认为是很有开发潜力的 RAAS 抑制剂[27]。

肾素抑制剂有以下优点：①肾素抑制剂阻断肾素-血管紧张素系统的初始步骤亦是限速步骤，使血管紧张素Ⅰ、血管紧张素Ⅱ的水平显著降低，不会激活任何亚型的血管紧张素受体；②尽管血管紧张素原水解也存在旁路，即非肾素途径，但该旁路没有生理意义，组织中的血管紧张素Ⅱ的生成是肾素依赖性的，因此，肾素抑制剂比血管紧张素转化酶抑制剂更有效地阻断肾素-血管紧张素系统；③肾素的体内底物非常单一，仅发现有血管紧张素原，因此抑制肾素不会对肾素-血管紧张素系统以外的生理过程产生影响。

人类肾素的晶体结构显示该酶含有两个类似于 β 形状的薄片区域，大约为 C2 对称（图 37-6）。其活性位点裂隙处于这两个区域及其延伸的八个残基间，每个薄片区域提供一个催化必须的天冬氨酸羧酸酯（Asp32 和 Asp215）。起初，运用基于结构的计算机辅助药物设计原则，对肾素的自然底物进行结构修饰，得到了一系列的多肽类抑制剂（第一代肾素抑制剂），但由于是肽类抑制剂，具有分子量较大，口服利用度差以及快速胆汁排泄等不足[28]。

以 CGP038560 作为先导化合物，充分地运用计算机辅助药物设计手段进行同源建模和分子对接，研究 CGP038560 在肾素中的作用模式（图 37-7）。研究结果显示化合物 CGP038560 通过 6 个氢键与肾素作用，同时存在 4 个疏水相互作用区（P1，P2，P3 和 P4），其中 P1 和 P3 的作用贡献要大于 P2 和 P4。这些信息为后续的非肽类肾素抑制剂开发提供了重要的依据[29]。

第一个重大突破是发现四氢喹啉骨架（THQ）的非肽类抑制剂，在 P3 处仍就保留有苯环，而在 P1 处引入偕二甲基代替原来的环己烷作用。这个化合物虽然没有作用到 P2 和 P4 区域，但是仍保留了 6 个氢键作用，抑制活性也达到了 0.8 nmol/L［彩图 8(a)］。对四氢喹啉骨架的非肽类抑制剂进一步的衍生改造，最终诞生了第一个肾素抑制剂类抗高血压药物阿利克仑［(Aliskiren，**74**，彩图 8(b)］[30]。

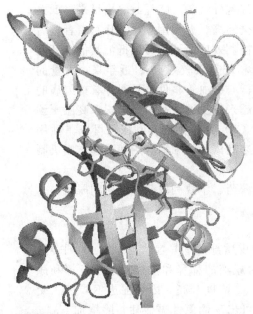

图 37-6 肾素与肽类抑制剂 CGP038560 复合物的结构（PDB No: 1RNE）

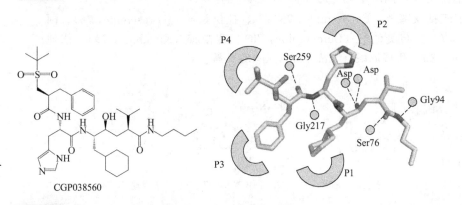

图 37-7 先导化合物 CGP038560 在肾素中的作用模式

阿利克仑是高选择性的 RAAS 抑制剂，并不影响缓激肽的代谢，所以没有血管紧张素抑制剂（ACEI）引起的咳嗽或血管性水肿的不良反应。其在肝脏疾病的患者中有很好的耐受性。Vaidy-anathan 等研究比较了阿利克仑对轻、中以及重度肝损伤的和健康受试者的安全性和药代动力学；结果显示，阿利克仑引起的肝损伤的和健康受试者无显著差异，肝损伤的严重性也无相关性，不影响它的药代动力学。

阿利克仑提供了一种新的抑制 RAAS 系统方法，不仅可降低血压，有很好的耐受性，不良反应与安慰剂和 ARB 相当，而且还能与导致反应性血浆肾素活性增加的利尿药、ACEI 或 ARB 联合用药产生协同作用。另外，阿利克仑还被证实在动物模型和临床试验中对靶器官有保护作用。这些均表明，阿利克仑是一种很有潜能的新型降压药，但这类新药的安全性还需要更多的资料研究证实。

37.3　利尿药

在临床上利尿药常常作为抗高血压药物，但是其确切的降压机制还不十分清楚。所有的利尿药起初都是通过增加尿钠排泄、减少血容量和细胞外液量、降低心输出量来降低血压。利尿药可以同时降低患者的收缩压和舒张压，安全性高，副作用少，并且对患者愈后有明显改善；与其他抗高血压药物联合用药时往往有协调效应，不仅可以抵消其他抗高血压药物引起的水、钠潴留，而且当患者伴有心衰时，利尿效果较好[31]。近年来，大量的研究资料表明，利尿药在治疗高血压时可以有效地降低心脑血管事件，且对伴有糖尿病的患者也并不例外。利尿药在高血压治疗中的基础地位越来越受到重视。美国国家高血压预防、诊断、评价和治疗的联合委员会第七次报告（JNC7）就特别推荐利尿药可以单独用药或者联合用药用于高血压患者的治疗。同时，近年来利尿药的临床应用和药理作用机制研究也均取得一定的进展。

临床上根据其利尿效能将利尿药划分为：高效利尿药、中效利尿药和低效利尿药。

37.3.1　高效利尿药

这类利尿药作用机制是抑制髓袢升支粗段髓质和皮质部的 K^+-Na^+-$2Cl^-$—共同转运系统，减少 NaCl 的再吸收（15%～25%），降低肾对尿液的稀释和浓缩功能而发挥利尿作用。Na^+ 再吸收减少，使到达远曲小管尿液中的 Na^+ 浓度升高，因而促进 K^+-Na^+ 交换导致 K^+ 排出增加。Cl^- 的排出往往大于 Na^+，故可出现低氯性碱血症。除增加 Na^+、K^+、$2Cl^-$、H_2O 的排出外，同时还可增加 Mg^{2+}、Ca^{2+} 的排出。

高效利尿药主要包括呋塞米（Furosemide，**75**）[32]、托拉塞米（Torasemide，**76**）、阿佐塞米（Azosemide，**77**）、布美他尼（Bumetanide，**78**）、希帕胺（Xipamide，**79**）、依他尼酸（Etacrynic Acid，**80**）和替尼酸（Tienillic Acid，**81**）等。

呋塞米，75　　托拉塞米，76　　阿佐塞米，77　　布美他尼，78

希帕胺，79　　依他尼酸，80　　替尼酸，81

呋塞米促进 NaCl 排泄的作用为噻嗪类利尿药的 8～10 倍，作用时间一般为 6～8h，此外还有排泄 K^+、Ca^+、Mg^{2+} 和 CO_3^{2-} 的作用，具有温和的降压作用，呋塞米大多以原型排泄，仅有少量发生在呋喃环上的代谢产物；其不良反应主要有体液和电解质的失衡、高尿酸症和胃肠道反应。布美他尼，具有速效、高效、短效和低毒性的特点，利尿作用强度为呋塞米的 40～60 倍。依他尼酸，利尿作用、临床应用与呋塞米类似，但由于毒性较大，临床现已较少使用，但对磺胺类利尿药过敏者，可选用这个药物。替尼酸有明显的肝脏毒性，并能导致急性肾衰，目前已经较少使用。

37.3.2　中效利尿药

此类药物分子中多含有噻嗪环，因此又被称为噻嗪类利尿药，主要包括氯噻嗪（Chlorothiazide，**82**）和氢氯噻嗪（Hydrochlorothiazide，**83**）等。噻嗪类利尿药利尿作用机制是抑制髓袢升支粗段皮质部（远曲小管开始部位）NaCl 的再吸收（5%～10%），产生中等效能的利尿作用。本类药物作用相似，效能相同，其主要区别在于作用开始时间、达峰时间和维持时间不同，其中以氢氯噻嗪最为常用（表 37-2）。

主要作用部位在髓袢升支粗段皮质部，即在远曲小管近段抑制 Na^+ 的主动重吸收，使小管液中 Na^+ 量增加，相应地 Cl^- 的被动重吸收也减少，结果大量 Na^+、Cl^- 进入远曲小管远段和收集管中，由于管腔中离子浓度增加，渗透压升高，伴随 Na^+、Cl^- 的排出而带走大量水，故有明显利尿作用。由于 Na^+ 重吸收减少，远曲小管、收集管中 Na^+ 增加，促进 Na^+-K^+ 交换，K^+ 从尿排出也相应增多。此外，尿中排出较多的还有 Cl^-、Mg^{2+}。噻嗪类利尿药能轻度抑制碳酸酐酶的作用，但并无临床应用价值。

表 37-2 部分噻嗪类利尿药的药效及药动学性质

药物结构和名称	相对活性	生物利用度 /%	达峰时间 /h	半衰期 /h	维持时间 /h
氯噻嗪，**82**	0.8	<25	4	1～2	6～12
氢氯噻嗪，**83**	1.4	>80	4	6～15	6～12
泊利噻嗪，**84**	2.0	Var	6	NA	24～48
氢苄噻嗪，**85**	1.3	NA	NA	NA	12～18
三氯噻嗪，**86**	1.7	Var	6	NA	24

续表

药物结构和名称	相对活性	生物利用度 /%	达峰时间 /h	半衰期 /h	维持时间 /h
甲氯噻嗪, 87	1.8	Var	6	NA	>24
苄氟噻嗪, 88	1.8	>90	4	8.5	6～12
氢氟噻嗪, 89	1.3	Inc	3～4	17	18～24

注：NA 表示未得到数据；Var 表示吸收变化大；Inc 表示吸收不完全。

噻嗪类利尿药构效关系研究表明（图 37-8）：噻嗪环 7-位的磺酰胺基是必需基团，对活性的保持具有十分重要的作用；6-位为吸电子基团，对利尿活性有利；3-位以烷基、环烷基、卤素、芳烷基、巯基等亲脂基团取代时，可以增加作用时间；2-位烷基取代时可减少整个分子的极性而延长其作用时间；3,4-位为饱和键时，其利尿作用比非饱和的衍生物强 10 倍；1-位磺酰基替换成羰基时，其活性可保持不变，代表的药物有喹唑啉酮衍生物美托拉宗（Metolazone, 90）[33]和喹乙唑酮（Quinetazone, 91）。

然而，这些利尿降压药物在临床上常常伴随有一系列的生物化学和代谢性反应改变，主要包括低钾血症、高尿酸症、高血糖、糖耐量降低和高胆固醇血症等；但是对于低钾血症，一般可以和保钾利尿药联合用药来克服。

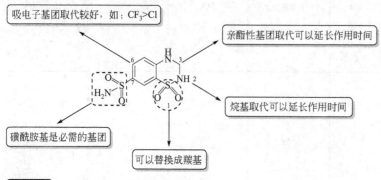

图 37-8　噻嗪类利尿药的构效关系

美托拉宗, 90   喹乙唑酮, 91

37.3.3 低效利尿药

此类药物主要作用于远曲小管末段和集合管，减少 Na^+ 的重吸收 1%~3%，利尿作用弱于上述两类药物，主要包括碳酸酐酶抑制剂和螺内酯、氨苯蝶啶及阿米洛利等保钾利尿药。

碳酸酐酶是体内广泛存在的一种酶，主要作用是催化二氧化碳和水结合生成碳酸，碳酸可解离为 H^+ 和 HCO_3^-，而 H^+ 在肾小管内可与 Na^+ 交换，使 Na^+ 被吸收。碳酸酐酶被抑制时，会使 H_2CO_3 形成减少，造成肾小管内可与 Na^+ 交换的 H^+ 减少，管腔中 Na^+、HCO_3^- 重吸收少，结果使 Na^+ 浓度增加，机体为了维持渗透压而增加尿排量。

经研究发现，凡是服用过磺胺类药物的动物或者人的尿液中 Na^+、K^+ 以及 pH 值都比正常值高，食用过磺胺类药物的母鸡也容易产软壳蛋。这些现象的产生可能是由于磺胺基团和碳酸离子结构的相似性，使得磺胺类药物可以竞争性地抑制体内的碳酸酐酶而致。由此开发出以乙酰唑胺（Acetazolamide, **92**）为代表的一类碳酸酐酶抑制剂，其抑制能力是磺胺类药物的 1000 倍，但长期使用会发生酸中毒、尿液碱化、体液酸性增加，造成代谢性酸血症，而且还易产生耐药性。目前很少单独作为利尿药物使用，主要用于治疗青光眼。临床上这类药物还包括醋甲唑胺（Methazolamide, **93**）[34]、双氯非那胺（Dichlorphen amide, **94**）、依索唑胺（Ethoxyzolamide, **95**）。

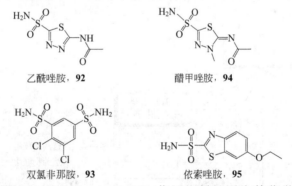

乙酰唑胺, 92   醋甲唑胺, 94

双氯非那胺, 93   依索唑胺, 95

螺内酯（安体舒通，Spironolactone, **96**）作用机制是因为其化学结构和醛固酮相似，在远曲小管和集合管细胞的醛固酮受体部位与醛固酮发生竞争性拮抗，而发挥保钾利尿作用[35]。由于螺内酯使尿液中 Na^+、Cl^- 排出增加，K^+ 排出减少，因而易产生高钾血症，且胃肠道反应较为严重，如恶心、呕吐、胃痉挛和腹泻等。另外，还具有抗雄激素样作用，对其他内分泌系统也有一定的影响。长期服用可致男性乳房发育、阳萎和性功能低下；女性乳房胀痛、声音变粗、毛发增多、月经失调和性机能下降。

氨苯蝶啶（Triamterene, **97**）和阿米洛利（Amiloride, **98**）的作用机制、不良反应和临床应用均十分相似，常常与中效或强效利尿药联合用药治疗各种顽固性水肿或腹水；既可加强排 Na^+ 利尿效果，又可减少排 K^+ 的不良反应。氨苯蝶啶口服后 1~2h 起效，能持续 12~16h，但长期服用可导致高钾血症，故肾功能不全或有高钾血倾向患者不宜使用。阿米洛利排钠保钾作用浓度为氨苯蝶啶的 5 倍，其利尿作用可持续 22~24h。

螺内酯, **96**　　　氨苯蝶啶, **97**　　　阿米洛利, **98**

37.4 联合疗法

研究表明，单一药物在高血压治疗时，其效率即使在轻度高血压病人身上也仅有 50%～60%；虽然加大剂量可提高疗效，但这同时也增加了不良反应的发生率，因此临床上通常采用联合药物疗法来治疗高血压[36]。这主要是由于高血压存在多种发病机制，单一的药物治疗只能干预一种升压机制，而联合治疗可以针对不同的发病机制而起作用。如果将不同机制的降压药小剂量联合使用，不但可以增加降压疗效，而且还可以减少不良反应的发生率；另外，联合用药从不同的机制入手，更有利于靶器官的保护；此外，由于不同峰效时间的药物联合使用还可延长整体的降压作用时间。

降低血压与心脑肾靶器官保护是抗高血压治疗的主要目的。因此，为了更好地达到这个目的，联合药物治疗已成为高血压治疗的必然选择，也得到越来越多人的认可[37]。近年来，复方制剂的研究和使用已成为抗高血压研究的一个热点，而且在国内外也已经取得了一定的突破；但是如何找到一种多种药物的科学组合，既能实现抗高血压的目标，又能提高广大患者依从性的复方药物仍是研究者们奋斗的一个目标[38]。

近年来，联合用药已取得了一定的进展，其中在欧洲高血压指南中就推荐使如下的药物联用方案（图 37-9）。

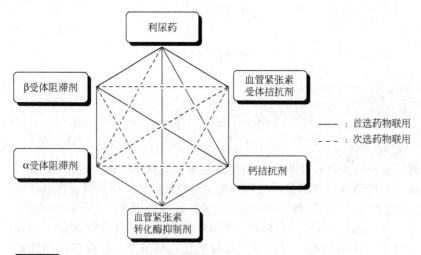

图 37-9　欧洲高血压指南推荐的药物联用方案

（1）利尿药与 β 受体阻滞剂的合用　利尿药增加交感神经冲动，激活 RAAS 系统增加心率，不利于保护靶器官，而 β 受体阻滞剂可以抵消利尿药激活交感神经及 RAAS，减轻利尿剂的心率增加。同时增加血容量是高血压的基本特征，利尿药有减少血容量、致血管壁张力降低、对缩血管物质反应性降低、抵消 β 受体阻滞剂的缩血管作用及促肾钠潴留的作用。

(2) 利尿药与 ACEI 或血管紧张素 II 受体拮抗剂（ARB）合用　单一使用利尿药后常见到血压降低到一定程度后不再继续下降，这是因为利尿剂激活了 RAAS 系统，由于血管紧张素 II 的缩血管作用和醛固酮的保钠保水作用限制了血压的进一步降低，而 ACEI 可抑制激活 RAAS 系统，并抑制醛固酮增加从而减少水钠潴留，并减轻醛固酮作为生长因子的不良作用。另外，利尿药所造成的钠相对减少状态有利于 ACEI 或 ARB 发挥更强的降压作用。

(3) 二氢吡啶类钙拮抗剂与血管紧张素转化酶抑制剂合用　2008 年美国心脏病学会（ACC）第 57 届年会上公布，联合用药（氨氯地平＋贝那普利）血压控制率达到 80%，是目前为止所有多中心临床试验中最高的。这二类药物均可扩张血管，二氢吡啶类有直接扩张动脉，降低外周阻力，从而降低血压的作用。ACEI 通过阻滞 RAAS 降低交感活性，扩张动静脉，与钙剂抗剂合用有协同降压作用，并限制钙拮抗剂所致的心动过速。ACEI 的扩张静脉作用可减少水钠潴留，能抵抗钙拮抗剂常见踝部水肿的副作用。最近研究证明，这两类药物联合应用可提高控制率、依从性和改善生活质量。因而，这一联合用药方式在临床上使用较多。

(4) 二氢吡啶类钙拮抗剂与 β 受体阻滞剂合用　二氢吡啶类钙拮抗剂可降低外周血管阻力，而 β 受体阻滞剂降压效应的血流动力学基础是降低心率、降低心输出量，β 受体阻滞剂可抑制二氢吡啶类钙拮抗剂所产生的心率加快和心肌收缩力加强，对高血压伴心绞痛者更为有利。因此，联用时降压有叠加作用，并中和彼此触发的反馈调节机制，对血压的控制率达 80% 以上。

(5) β 受体阻滞剂与 α 受体阻滞剂合用　α 受体被阻滞后，外周动、静脉扩张，血压下降，心脏前后负荷降低，其降压效应确切。服用 α 受体阻滞剂后可出现体位性低血压，并在血压下降后继发反射性心动过速，β 受体阻滞剂可抵抗反射性心动过速，而 β 受体阻滞剂的外周血管收缩和心动过缓作用可被 α 受体阻滞中和。同时，α 受体阻滞剂可改善脂代谢和糖代谢来抵消 β 受体阻滞剂所致的代谢异常。

(6) β 受体阻滞剂与血管紧张素转化酶抑制剂（ACEI）或血管紧张素 II 抑制剂（ARB）的合用　由于 ACEI、ARB 和 β 受体阻滞剂均作用于 RAAS 系统，因而一般认为二者联用在理论上收益不大。但目前有研究认为，ACEI 对非经典途径血管紧张素 II 阻断并不完全，而 β 受体阻滞剂可减少这一途径底物。

联合疗法可以平稳降低血压、更加安全有效，且对靶器官有保护作用，心血管副作用显著减少。由于小剂量药物联合使用，单一药物的副作用也随之减少；但是多药联合的治疗费用也相应增加。

另外，联合非药物治疗的作用越来越得到人们的认可，如改善生活方式等，这样不仅可以缓解长期药物治疗带来的经济负担和心理压力，而且对于缓解病情也有帮助。

37.5　展望

在高血压百年的认识过程中，高血压不再被认为是局限于心血管系统受累的疾病，而是多种心血管危险因素聚集、遗传的综合征，可称之为高血压综合征。新型抗高血压药物的不断涌现为防治高血压并发症、提高患者生活质量提供了更多选择。当今世界各国仍在大力研发新型抗高血压药物，使得降压药物朝着高效长效、高心血管选择性、多器官保护、防止高血压并发的各种代谢紊乱以及低副作用方向发展，大大改善了高血压患者的生活质量。

在当前研究热门的几类降压药，如：血管紧张素转化酶抑制剂、血管紧张素Ⅱ受体抑制剂、血管肽酶抑制剂、β受体阻滞剂和肾素抑制剂当中，其中以作用于RAAS系统的肾素抑制剂和血管肽酶抑制剂的研究最为活跃。肾素抑制剂阿利克仑的成功上市，使得从源头上阻断RAAS系统成为了可能，通过抑制肾素原向肾素转化，使血管紧张素Ⅰ、血管紧张素Ⅱ、肾素水平及肾素活性明显下降，从而实现降压效果。血管肽酶抑制剂是一个双靶点药物，既可抑制ACE，导致引起血管收缩的AngⅡ生成减少，使具有血管扩张作用的缓激肽水平升高；同时又可抑制中性内肽酶（NEP），使肾上腺髓质素（一种肾上腺髓质产生的舒血管活性物质）水平升高，这类药物生物利用度较好，可以通过不同的机制来产生强效、长效的降压作用[39]。由于这两类药物都是通过不同机制产生降压作用，人们对此寄予很大的期望，它们的出现成为近年来高血压药物治疗的重要里程碑。

随着对高血压发病和血压调控机制的深入研究，联合应用不同作用机制的降压药能产生协同作用，增强降压效果，可使治疗有效率提高到80%～90%，同时还可减少药物的不良反应。如何找到不同机制药物的科学组合，既能实现抗高血压的目标，又能提高广大患者依从性也将是抗高血压药物研究的一个热点。

现有的抗高血压药物因作用持续时间短（<24h）、毒副作用较大、特异性不强等，在一定程度上限制了其临床应用。高血压是一种多基因遗传性疾病，具有家族聚集倾向，是部分基因结构及表达异常的结果。随着人类基因组计划的完成和后基因组计划的实施，高血压基因治疗的研究已经成研究热点。近来的研究显示，相对于目前的降压药，高血压基因治疗具备长效（几周、几月甚至更长）、高效、多靶器官保护，且不良反应少等优点。尽管目前有关研究并不成熟，但其发展前景无疑是非常诱人的。

目前，抗高血压药物的研究正朝着长效、高效和高选择性的方向发展。人们通过改变剂型制成缓释或控释制剂来延长已有药物的作用时间，另外还正在积极研发新的、有效的、毒副作用小的且可以对高血压患者的靶器官损伤提供有效的保护作用的药物，使高血压患者能够获得最佳的治疗效果。

推荐读物

- Scriabine A. Therapeutic Areas Ⅱ: Metabolic Syndrome, Urology, Gastrointestinal and Cardiovascular//Taylor J B, Triggle D J, ed. Comprehensive Medicinal Chemistry Ⅱ. 2th Edition. Vol 6. Elsevier Ltd, 2007: 705-728.
- Rankin G O. Diuretics Lemke T L, Williams D A, ed. Foye's Principles of Medicinal Chemistry. 6th edition. Lippincott Williams & Wilkins, 2007: 722-737.
- Harrold M. Angiotensin-Converting Enzyme. Inhibitors, Antagonists and Calcium Blockers//Lemke T L, Williams D A, ed. Foye's Principles of Medicinal Chemistry. 6th edition. Lippincott Williams & Wilkins, 2007: 738-768.
- Chast F. A History of Drug Discovery//Wermuth C G, ed. The Practice of Medicinal Chemistry. 3th edition. Elsevier Ltd, 2008: 12-15.
- 孙铁民. 抗高血压和利尿药//尤启东主编. 药物化学. 北京：化学工业出版社，2004：269-317.
- 李长安. 心血管药物仉文升//李安良主编. 药物化学. 北京：高等教育出版社，1999：p292-296；p304-316.

参考文献

[1] Cutler J A, Sorlie P D, Wolz M, et al. Hypertension, 2008, 52: 818-827.
[2] Muntner P, Krousel-Wood M, Hyre A D, et al, Hypertension, 2009, 53: 617-623.
[3] Weisser B, Mengden T, Dusing R, et al. Normal Values of Blood Pressure Self-Measurement. View of The 1999 World Health Organization-International Society of Hypertension Guidelines, 2004.
[4] Chaturvedi S. Natl Med J India, 2004, 17: 227-227.
[5] Sirkin A J, Rosner N G. J Am Acad Nurse Pract, 2009, 21, 402-408.
[6] Abalos E, Duley L, Steyn D, et al. Cochrane Database Syst Rev, 2007, 1: CD002252.
[7] Guyenet P. Nat Rev Neurosci, 2006, 7: 335-346.
[8] Ernsberger P, Damon T, Graff L, et al. J Pharmacol Exp Ther, 1993, 264: 172-182.

[9] Rider J A, Moeller H C, Gibbs J O. Gastroenterology, 1957, 33: 737-744.
[10] Marik P E, Varon J J Clin Anesth, 2009, 21: 220-229.
[11] Shepherd A M M, Ludden T M, Mcnay J L, et al. Clin Pharmacol Ther, 1980, 28: 804-811.
[12] Juan Y P, Tsai T H. J Chromatogr A, 2005, 1088: 146-151.
[13] Hess P, Tsien R W. Nature, 1984, 309: 453-456.
[14] Triggle D J, Langs D A, Janis R A. Med Res Rev, 1989, 9: 123-180.
[15] Triggle D Biochem Pharmacol, 2007, 74: 1-9.
[16] Schwartz A, Triggle D J. Annu Rev Med, 1984, 35: 325-339.
[17] Barrios V, Escobar C, Navarro A, et al. Int. J Clin Pract, 2006, 60: 1364-1370.
[18] Tanaka H, Shigenobu K. Cardiovasc Drug Rev, 2006, 20: 81-92.
[19] Ugenti M, Bodi I, Koch S, et al. Biophys J, 2009, 96: 182-182.
[20] Singh B, Ellrodt G, Peter C Drugs, 1978, 15: 169-197.
[21] Zaman M A, Oparil S, Calhoun D A. Nat Rev Drug Discov, 2002, 1: 621-636.
[22] Vaidyanathan S, Jermany J, Yeh C M, et al. Br J Clin Pharmacol, 2006, 62: 690-698.
[23] McMurray J. N Engl J Med, 2008, 358: 1615-1616.
[24] Buikema H. Expert Rev Cardiovasc Ther, 2006, 4: 631-647.
[25] Abe M, Okada K, Matsumoto K, Expert Opin Drug Met, 2009, 5: 1285-1303.
[26] Goa K, Wagstaff A. Drugs, 1996, 51: 820-845.
[27] Basso N, Terragno N A. Hypertension, 2001, 38: 1246-1249.
[28] Evans B E, Rittle K E, Bock M G, et al. J Med Chem, 1985, 28: 1755-1756.
[29] Wood J M, Maibaum J, Rahuel J, et al. Biochem Bioph Res Co, 2003, 308: 698-705.
[30] Oh B, Mitchell J, Herron J, et al. J Am Coll Cardiol, 2007, 49: 1157-1163.
[31] Siscovick D, Raghunathan T, Psaty B, et al. N Engl J Med, 1994, 330: 1852-1857.
[32] Gimenez I. Curr Opin Nephrol Hypertens, 2006, 15: 517-523.
[33] Pridjian G, Pridjian C, Danchuk S, et al. J Pharmacol Exp Ther, 2006, 318: 1027-1032.
[34] Maren T, Haywood J, Chapman S, et al. Invest Ophthalmol Vis Sci, 1977, 16: 730-742.
[35] Nishizaka M, Zaman M, Calhoun D. Am J Hypertens, 2003, 16: 925-930.
[36] Tsareva V M, Khozyainova N Y. Kardiologiya, 2009, 49: 15-18.
[37] Kaplan N M. Nat Rev Cardiol, 2009, 6: 270-271.
[38] Crawford M H. Am J Cardiovasc Drugs, 2009, 9: 1-6.
[39] Bohacek R, DeLombaert S, McMartin C, et al. J Am Chem Soc, 1996, 118: 8231-8249.

第38章

止血药物和抗血栓药物

许佑君，张 彬

目 录

38.1 血液凝固与纤维蛋白溶解 /1017
  38.1.1 血液凝固因子与血液凝固 /1017
  38.1.2 血小板与血栓的形成 /1017
    38.1.2.1 血小板结构与血小板聚集 /1019
    38.1.2.2 血小板的活化及功能调节 /1021
  38.1.3 纤维蛋白溶解系统 /1021
38.2 止血药物 /1023
  38.2.1 血液凝固因子相关药物 /1023
  38.2.2 增加血小板、增强血小板功能药物 /1023
  38.2.3 抗纤溶药物 /1023
  38.2.4 局部止血药物 /1023

38.3 抗血栓药物 /1023
  38.3.1 抗血小板药物 /1023
    38.3.1.1 影响花生四烯酸代谢药物 /1024
    38.3.1.2 增加cAMP浓度药物 /1024
    38.3.1.3 作用于膜受体的药物 /1025
  38.3.2 抗凝血药物 /1027
    38.3.2.1 肝素类 /1028
    38.3.2.2 抑制凝血因子的药物 /1029
    38.3.2.3 抑制凝血酶药物 /1030
  38.3.3 纤维蛋白溶解药物 /1032
38.4 讨论与展望 /1034
推荐读物 /1035
参考文献 /1035

人体内各个系统、器官和组织生理机能的维持需要血液充分而不间断的供应。血液中存在着相互拮抗的凝血系统和抗凝血系统，其生理功能正常时能使血管在受损出血时止血和修复，在形成血栓后又可将其溶解。两个系统的动态平衡、相互协调，共同维持着血液的流动性、防止血液丢失，保证血管的完整和畅通，防止止血过度导致血栓，维持正常血流。

体内非正常凝血或凝血过程被无限放大，导致血液在心血管腔内凝固，形成血栓[1,2]。血栓性疾病是由于血栓引起的血管腔狭窄与闭塞，使主要脏器发生缺血和梗死从而引发机能障碍的各种疾病，临床常见的有急性心肌梗死、脑血栓、肺静脉栓塞、动脉血栓和缺血性休克等。

出血可因血管破损，血小板质、量异常，凝血障碍，抗凝物质过多，纤溶蛋白溶解机能亢进等因素引起。出血性疾病可分为遗传性和获得性两大类，也是临床常见疾病。

本章将介绍止血和抗血栓有关药理和药物。

38.1 血液凝固与纤维蛋白溶解

血液凝固是血液由溶胶状态转变为凝胶状态的过程，它是哺乳动物止血功能的重要组成部分。血液凝固是一系列凝血因子相继激活产生凝血酶，形成纤维蛋白块的过程[3]。在正常生理状态下，血液凝固后又能够在纤维蛋白溶解系统的作用下，自行溶解，保持畅通。

血液凝固受血液凝固因子（凝血因子）、血小板和血管内皮细胞等调控。

38.1.1 血液凝固因子与血液凝固

血液凝固可分为内源性凝血途径（intrinsic pathway）和外源性凝血途径（extrinsic pathway），外源性途径启动凝血反应，内源性途径维持巩固凝血反应，两条途径相互联系、同时进行。临床上常用凝血时间（clotting time，CT）或活化部分凝血活酶时间（activated partial thromboplastin time，APPT）测定来反映体内内源性凝血途径情况；外源性凝血则以凝血酶原时间（prothrombin time，PT）测定来反映。

凝血因子除 Ca^{2+} 以外，其余均为蛋白质，且多为蛋白酶或蛋白酶原。按照发现先后以罗马数字表示，如：FⅠ为纤维蛋白原，FⅡ为凝血酶原，FⅢ为组织因子等。当其被激活（activated）后，在其名称右下角加英文字母 a 表示，如：FⅫa 等。各种凝血因子的生理生化功能如表 38-1[4,5]所示。当血管部位受损，止血路径启动，有关因子序贯激活，产生凝血酶，逐步放大凝血生理效应，形成凝血的瀑布效应（cascade effect of blood coagulation），最终使纤维蛋白原转化成纤维蛋白并交联。

38.1.2 血小板与血栓的形成

在活体的心血管内，血液发生凝固或血液中某些有形成分析出、凝集形成固体质块的过程，称为血栓形成（thrombosis），所形成的固体质块称为血栓（thrombus）[2]。与血凝块不同的是，血栓是在血液流动的状态下形成的。血管内皮破损、血液流变学改变、血液凝固性增加等都会引起血栓的形成。

表 38-1　血液凝固因子及其主要功能

因子	中文(英文)名称	产生(所在)部位	生理生化功能
FⅠ	纤维蛋白原(fibrinogen)	肝(血浆)	系结构蛋白,转变为纤维蛋白(I_a),完成凝血
FⅡ	凝血酶原(prothrombin)	肝(血浆)	受凝血酶原酶($X_a + V_a$)激活成凝血酶($Ⅱ_a$);促使Ⅰ转化为I_a;激活Ⅴ、Ⅶ、Ⅷ、Ⅺ、ⅩⅢ和PC;活化血小板
FⅢ	组织因子(tissue factor),即组织凝血活素(tissue thromboplastin)	内皮、巨噬细胞等	Ⅶ的辅因子,与Ⅶ和Ca^{2+}形成复合物,催化Ⅹ成X_a
FⅣ	Ca^{2+}	饮食、骨骼(血浆)	参与凝血大部分过程
FⅤ	前加速因子(前加速素,proaccelerin)	肝、巨核细胞(血浆)	受$Ⅱ_a$激活为V_a(即Ⅵ),V_a与X_a组成凝血酶原酶,激活Ⅱ
FⅦ	前转变因子(稳定因子,proconvertin)	肝(血浆)	活化后与FⅢ和Ca^{2+}形成复合物,催化激活Ⅹ和Ⅸ
FⅧ	抗血友病甲因子(antihemophilic factor)	肝、血管内皮细胞(血浆)	Ⅸ的辅因子,受$Ⅱ_a$激活为$Ⅷ_a$,再与$Ⅸ_a$形成$Ⅸ_a$-$Ⅷ_a$复合物而激活Ⅹ
vWF	von Willebrand Factor,即血管性血友病因子	内皮细胞、巨核细胞(血小板、内皮细胞和血浆)	Ⅷ的载体,使其免受活化蛋白C(APC)和X_a的灭活;促进血小板聚集
FⅨ	血浆凝血激酶成分(plasma thromboplastin component),即Christmas因子或抗血友病乙因子	肝(血浆)	受$Ⅺ_a$激活成$Ⅸ_a$,再激活Ⅹ
FⅩ	Stuart-Prower因子	肝(血浆)	受内路径$Ⅸ_a$-$Ⅲ_a$和外路径$Ⅶ_a$-TF激活,生成X_a,再激活Ⅱ、Ⅴ、Ⅶ、Ⅷ、Ⅺ和ⅩⅢ,活化血小板
FⅪ	血浆凝血激酶前质(plasma thromboplastin antecedent, PTA),$FⅪ_a$即抗血友病丙因子	肝和巨噬细胞系统(血浆)	受$Ⅱ_a$、$Ⅻ_a$激活成$Ⅺ_a$,再激活Ⅸ
FⅫ	Hageman因子,$FⅫ_a$即接触因子(contact factor)	肝(血浆)	与Ⅺ、PK和HMWK构成接触激活系统,启动内源性凝血路径、纤溶系统和缓激肽的释放
FⅧⅢ	纤维蛋白稳定因子(fibrin-stabilizing factor)	血小板和肝(血浆)	受$Ⅱ_a$激活成$ⅩⅢ_a$,催化纤维蛋白单体交联,形成纤维蛋白多聚体
PK	前激肽释放酶(prekallikrein)	肝(血浆)	参与内源性凝血路径,辅助激活Ⅻ
HMWK	高分子量激肽原(high molecular weight kininogen)	肝(血浆)	促进$Ⅻ_a$对Ⅺ的激活
PC	蛋白C(protein C)	肝(血浆)	受$Ⅱ_a$激活成APC,在蛋白S和凝血因子Ⅴ存在下,灭活V_a和$Ⅷ_a$而起到抗凝作用
PS	蛋白S(protein S)	肝(血浆)	作为APC的辅因子;通过与X_a、V_a及磷脂表面的相互作用,不依赖于APC而直接发挥抗凝作用
ATⅢ	抗凝血酶Ⅲ(antithrombin Ⅲ)	内皮、巨噬细胞(血浆)	凝血系统中最重要的抗凝因子,与$Ⅱ_a$及X_a、$Ⅺ_a$等发生不可逆结合,形成无活性的复合物而发挥其抗凝活性
HC-Ⅱ	肝素辅因子Ⅱ(heparin cofactor-Ⅱ)	肝(血浆)	主要灭活$Ⅱ_a$,其次灭活X_a

续表

因子	中文(英文)名称	产生(所在)部位	生理生化功能
EP1	凝血外路径抑制因子	肝；内皮、巨噬细胞	抑制$Ⅶ_a$-TF 活性
TM	血栓调节蛋白(thrombomodulin)，即凝血酶调节蛋白	血管内皮细胞	TM 作为$Ⅱ_a$受体，与之结合形成复合物，进而参与蛋白 C 抗凝途径。TM 是使凝血酶由促凝因子转变为生理性抗凝因子的重要物质
PF3	血小板因子 3(Platelet Factor 3)	血小板	促进凝血酶原转化为凝血酶；提供凝血过程所需的磷脂

完整的血管内皮细胞为机体提供了一个抗血栓形成的表面，血管内皮维持正常的血流是通过释放一氧化氮（NO）、前列腺素和凝血酶受体的表达。动脉粥样硬化斑块破裂或损伤的血管，暴露了内皮下的胶原纤维，激活血小板和 FⅫ，启动内源性凝血系统。损伤的内皮细胞释放 TF，激活 FⅦ，启动外源性凝血系统。在触发凝血过程中重要作用的是血小板的活化。血小板在 vWF 的介导下黏附于内皮损伤处的胶原纤维；黏附后的血小板释放出 ADP、血栓烷 A_2（thromboxane，TXA_2）、5-HT 等，促进血小板黏集；血小板还可与纤维蛋白和纤维连接蛋白黏附，促使形成血小板黏集堆。

无论心脏或血管内的血栓，其形成过程都是以血小板黏附于内膜裸露的胶原开始，所以血小板黏集堆的形成是血栓形成的第一步，随后血栓形成的过程及血栓的组成、形态、大小都取决于血栓发生的部位和局部血流速度。由于血流减慢和产生漩涡时，被激活的凝血因子和凝血酶在局部易达到凝血所需的浓度，均可激发内源性和外源性的凝血系统。所以血栓多发生在血流较慢的静脉，静脉血栓多发于下肢、肝脏、盆腔和阴道旁等部位的静脉内，以下肢多见。

血小板是正常凝血机制的关键，但也是病理性血栓形成的重要原因。血小板由静息状态转变为生理功能状态即为血小板的激活，激活后的血小板能发生黏附、聚集和释放等反应，促进血液凝固，形成由纤维蛋白包绕血小板组成的血栓[6,7]。血小板膜磷脂、膜上受体及内容物如 ADP、5-HT 等均与血小板的激活有关。激活的血小板不但参与凝血、血栓形成，还释放各种血管活性物质、细胞因子、生长因子，参与动脉粥样硬化形成与发展，急性心肌梗死、不稳定心绞痛、血管形成术后再狭窄等心脑血管疾病病理过程。血小板抑制剂能够有效地对抗动脉粥样硬化所致的血栓栓塞性疾病，降低血管性死亡、心肌梗死和缺血性卒中的相对危险。

38.1.2.1 血小板结构与血小板聚集

血小板虽无细胞核，但具有一般细胞所含有的细胞器，还含有特殊的细胞器如 α 颗粒和致密颗粒。血小板激活后脱颗粒，各种活性颗粒内容物被释放出胞外。α 颗粒含有纤维蛋白原等蛋白、纤溶酶原激活物抑制剂 1（plasminogen activator inhibitor 1，PAI-1）、血小板因子 4（PF_4）和血小板促生长因子（PDGF）等；致密颗粒中含有 5-HT、ATP、ADP 和许多其他小分子。血小板激活后，这些活性物质参与止血、凝血、炎症及组织修复或血栓形成。

血小板膜含有多种糖蛋白受体及各种激动剂受体，与血小板聚集关系密切的受体主要有以下几种。

(1) 纤维蛋白原 GPⅡ$_b$/Ⅲ$_a$ 受体[8,9] 整合素（integrin）家族糖蛋白受体含有 α、β 两个亚型，如 GPⅠ$_a$/Ⅱ$_a$、GPⅠ$_b$、GPⅡ$_b$/Ⅲ$_a$ 等。其中 GPⅡ$_b$/Ⅲ$_a$ 受体是异二聚体细胞表面蛋白，组织分布较窄，仅见于血小板和巨核细胞谱系细胞，以血小板膜上最为丰富。

它是纤维蛋白原、vWF 及纤维连接蛋白（FN）的受体，可识别纤维蛋白原、vWF 及 FN 上的 RGD（精氨酸-甘氨酸-天冬氨酸）序列并与之结合。当血小板激活后，其空间构象发生改变，对血小板变形、黏附和聚集等起重要作用。GPⅡ$_b$/Ⅲ$_a$ 受体是不同初始激活路径导致血小板聚集的最后共同通路。GPⅡ$_b$/Ⅲ$_a$ 受体拮抗剂是一种新型抗血小板药，通过高效、特异性阻断 GPⅡ$_b$/Ⅲ$_a$ 受体与纤维蛋白原配体的结合，有效抑制各种血小板激活剂诱导的血小板聚集，防止血栓形成。

（2）ADP 受体　ADP 受体属于嘌呤型受体（P$_2$ 受体），人体血小板膜上主要有 G 蛋白偶联型 P$_2$Y$_1$、P$_2$Y$_{12}$（即 P$_2$T）受体和配体门控离子通道型 P$_2$X$_1$ 受体三种[10, 11]。P$_2$Y$_1$ 和 P$_2$Y$_{12}$ 分别激活 Gq 和 Gi 路径，前者改变血小板形状、启动血小板聚集，后者抑制 AC、完成聚集并放大聚集效应，对 ADP 诱导的血小板聚集是必需的，针对两者的抑制作用均可抑制血小板聚集，但由于 P$_2$Y$_{12}$ 受体的数量远大于 P$_2$Y$_1$，P$_2$Y$_{12}$ 是 ADP 诱导血小板聚集反应中的主要受体。P$_2$X$_1$ 受体参与 ADP 诱导的血小板的 Ca^{2+} 快速内流。ADP 诱导血小板聚集是通过 P$_2$Y$_1$ 受体启动并在 P$_2$Y$_{12}$ 受体的协同作用下放大传导信号，诱发 Ca^{2+} 由胞内储存区释放和胞质 Ca^{2+} 去除抑制的结果。ADP 受体拮抗剂主要抑制 ADP 诱导的血小板聚集，抑制血小板膜 GⅡ$_b$/GⅢ$_a$ 受体与纤维蛋白原的结合，同时还抑制花生四烯酸、胶原和凝血酶等引起的血小板聚集，对环氧化酶（COX）和磷酸二酯酶（PDE）并无抑制作用。目前 ADP 受体拮抗剂多数都属于 P$_2$Y$_{12}$ 受体拮抗剂[12~15]。

（3）TXA$_2$/PGH$_2$ 受体　花生四烯酸（AA）是膜磷脂的正常组分，为血栓素（TXA$_2$）生物前体。刺激因子或组织损伤等激活磷脂酶 A$_2$（PLA$_2$），将膜磷脂上的 AA 游离。游离 AA 主要经由环氧化酶（COX）途径、5-脂氧酶途径和细胞色素 P450 途径等代谢。AA 经 COX 途径生成不稳定的内过氧化物 PGG$_2$，PGG$_2$ 在内过氧化酶作用下产生 PGH$_2$。PGH$_2$ 经不同途径进一步代谢转化：在血栓素合成酶（TXA$_2$ 合成酶）催化下转化成 TXA$_2$，不稳定的 TXA$_2$ 快速代谢失活成稳定的 TXB$_2$；在前列环素合成酶（PGI$_2$ 合成酶）催化下转化成 PGI$_2$，不稳定的 PGI$_2$ 也迅速代谢失活成稳定的 6-keto-PGF$_{1α}$；在异构酶作用下，转化成 PGD$_2$ 或 PGE$_2$；在 PG 内过氧化物还原酶作用下转化成 PGF$_{2α}$。前列腺素类物质通过与血小板、血管壁的作用，调节止血和血栓形成。TXA$_2$ 是一种强效血小板聚集促进剂和血管收缩剂，诱发血栓形成、脑缺血、休克等。通过干预 AA 代谢的中间环节，减少 TXA$_2$ 的生成及其对血管内皮细胞的损伤，来达到治疗目的。TXA$_2$ 和 PGH$_2$ 具有血小板聚集和血管平滑肌收缩功能，通过与血小板和平滑肌膜上的共同的特异性膜受体即血栓素 A$_2$ 受体（TXA$_2$R）结合而发挥作用。TXA$_2$R 又叫 TXA$_2$/PGH$_2$ 受体（TXA$_2$/PGH$_2$R），是一种 Gq 蛋白偶联的膜受体，其介导血小板聚集作用是通过磷脂酶 C（PLC）和腺苷酸环化酶（AC）进行信号传导，脱敏主要由 G 蛋白偶联受体激酶或第二信使调节蛋白激酶如蛋白激酶 A（PKA）、蛋白激酶 C（PKC）和蛋白激酶 G（PKG）介导。

特异性 TXA$_2$R 拮抗剂可以干扰 TXA$_2$ 的药理作用。常用的有磷脂酶抑制剂、COX 抑制剂、TXA$_2$ 合成酶抑制剂和 TXA$_2$/PGH$_2$ 受体拮抗剂等。

（4）5-HT 受体　血小板的 5-HT 受体有 5-HT$_1$ 受体和 5-HT$_2$ 受体两类，分别与 5-HT 的转运及血小板聚集有关。5-HT$_2$ 通过位于细胞表面的 5-HT$_2$ 受体激活血小板，为血小板的激动剂，可促进动脉血栓的形成。但其激活作用较弱，与其他激动剂合用则有协同作用[16]。

（5）PAF 受体　PAF 即血小板活化因子，是目前报道中最强的低分子量血小板激活剂，为血小板激活过程中除 ADP、TXA$_2$ 之外的第三条途径。PAF 通过激动 PAF 受体活化血小板，使其聚集、吸附单核细胞及中性粒细胞，发挥黏附作用，促进血栓形成；促进血小板和中性粒细胞聚集、脱颗粒，释放 AA 及其代谢产物，参与血管通透性增加、脑血管微循环障碍、血栓形成等一系列病理过程[17]。

(6) 凝血酶受体　凝血酶是强的血小板聚集诱导剂，对促凝血和抗凝血起着至关重要的调节作用。凝血酶作用于蛋白酶激活受体（protease-activated receptors，PARs），PARs 主要有 PAR1～PAR4 四种，PAR1、PAR2 与 PAR3 均位于染色体 5q13，PAR4 位于 19p12。凝血酶可以激活 PAR1、PAR3 和 PAR4，胰蛋白酶与凝血因子Ⅶ$_a$ 和 X$_a$ 则可活化 PAR2。人血小板表达 PAR1 和 PAR4，小鼠血小板表达 PAR3 和 PAR4 却不表达 PAR1。凝血酶还作用于 GPⅠ$_b$-Ⅸ-Ⅴ复合物，GPⅠ$_b$-Ⅸ-Ⅴ是血小板表面的重要膜糖蛋白，是凝血酶活化的第二通路。

其他与血小板聚集有关的膜受体请参见王振义等《血栓与止血基础理论与临床》（2004 年第 3 版）（见本章"推荐读物"）。

38.1.2.2　血小板的活化及功能调节

目前认为血小板的活化主要有三种途径，即 TXA$_2$、ADP 和 PAF 途径。

(1) TXA$_2$ 途径　血小板活化早期的信号转导过程是血小板及其激动剂与受体结合，并在 G 蛋白协助下产生的一系列作用。首先在凝血酶、肾上腺素、血小板活化因子和血栓烷素等激活剂的作用下，启动血小板中磷脂酶 A$_2$（PLA$_2$）、PLC 和 AC。此时三磷酸鸟苷（GTP）途径中的 PLC 产生出三磷酸肌醇（IP$_3$）和二磷酸甘油脂（DAG）。IP$_3$ 充当第二信使促使致密管道内 Ca^{2+} 释放到胞浆，致使胞内 Ca^{2+} 浓度升高，促使定位在致密管道膜上和细胞膜上的 PLA$_2$ 活化。PLA$_2$ 使花生四烯酸（AA）从膜磷脂中释放磷脂酰肌醇。AA 通过环氧化酶生成 TXA$_2$，TXA$_2$ 与 TXA$_2$ 受体结合，引起血小板的进一步活化。浓度升高的 Ca^{2+} 也与钙调蛋白（CAM）结合，形成 Ca^{2+}/CAM 复合物，后者使肌球蛋白轻链激酶（MLCK）激活，随之使肌球蛋白轻链（MLC）发生磷酸化，启动血小板收缩和外形改变。在 DAG 与 Ca^{2+} 共同作用下，蛋白激酶 C（PKC）被激活，促使颗粒内容物释放和 GPⅡ$_b$/Ⅲ$_a$ 的纤维蛋白原受体暴露，发生构象变化从而与纤维蛋白原、vWF 结合，导致血小板的聚集，形成血栓[18]。

(2) ADP（或 AC）途径　血小板内的 ATP 经 AC 催化转化成 cAMP，cAMP 在 PDE 作用下代谢成 5'-AMP。AC 途径活化时 cAMP 水平增高，阻碍纤维蛋白原受体暴露。PKC 和 cAMP 也能调节 GPⅡ$_b$/Ⅲ$_a$ 之间的可逆性亲和力。PGI$_2$ 能激活 AC 而使 cAMP 升高，抑制血小板聚集。除 PLC 途径外，凝血酶能通过与 C 蛋白相联的 PLA$_2$ 和 AC 系统活化血小板[19, 20]。

血小板聚集本质上是一个 Ca^{2+} 的纤维蛋白原桥连过程，血小板聚集功能受到血小板内的 cAMP 含量调节，cAMP 含量增加可激活蛋白激酶，使蛋白磷酸化；可兴奋钙泵并抑制 Ca^{2+} 从储库中释放，抑制血小板的聚集；同时胞浆 Ca^{2+} 浓度的降低，可减少 PLC 和 PLA$_2$ 的激活，从而抑制 PIP$_2$ 水解为 IP$_3$ 及 AA 的释放。腺苷酸环化酶激活剂和选择性血小板磷酸二酯酶抑制剂均可增加血小板内 cAMP 含量，抑制血小板聚集。前者代表药物为 PGI$_2$，后者为双嘧达莫[16]。

(3) PAF 途径　PAF 为目前报道中作用最强的血小板聚集诱导剂，与血小板活化和动脉血栓形成有关。PAF 能增强血管的通透性，引起炎症、过敏反应；PAF 可收缩平滑肌，引起哮喘和肺动脉高压；此外，PAF 还与糖尿病、消化道黏膜损伤有关[17]。

38.1.3　纤维蛋白溶解系统

纤维蛋白是血栓形成的骨架，可通过激活纤溶系统对其溶解，从而达到血栓溶解的目的。纤维蛋白溶解系统是血液保持正常动态平衡的另一个重要系统[21]。纤维蛋白溶解系统由三部分组成，即纤维蛋白溶酶原（纤溶酶原，plasminogen）、纤溶酶原激活剂（plasminogen activator，PA）和纤维蛋白溶解系统抑制剂。人体中的 PA 有两种，组织型纤溶酶原激活剂（t-PA）和尿激酶型纤溶酶原激活剂（u-PA）。血中抑制物为纤溶酶原激活剂抑制物（plasminogen activator inhibitor，PAI）和纤溶酶抑制物。PAI 主要有三种：PAI-1、PAI-2 和蛋白 C 抑制剂（PCI）。

抗凝因子包括抗凝血酶Ⅲ（antithrombin Ⅲ，AT Ⅲ）、蛋白 C、蛋白 S 及组织因子途径抑制剂（tissue factor pathway inhibitors，TFPI）、肝素（heparin）、肝素辅助因子Ⅱ（heparin cofactor Ⅱ，HC-Ⅱ）等。AT Ⅲ是血浆中一种丝氨酸蛋白酶抑制剂（serine protease inhibitor），其分子中的精氨酸残基与 FⅡa、FⅦa、FⅨa、FⅩa 和 FⅫa 等丝氨酸蛋白酶活性中心上的丝氨酸残基结合，形成复合物，"封闭"这些酶的活性中心而使之失活。机体通过组织因子途径抑制剂（TFPI）、肝素-抗凝血酶系统、蛋白 C 系统等抗凝机制来完成抗凝作用。

随着分子生物学的发展，与凝血和抗凝血作用相关的酶、作用机制不断阐述清楚，为相应药物的研发提供了众多靶标，新型作用机制的药物不断问世。血液凝固与纤维蛋白溶解系统的作用机制如图 38-1[21~24]所示。

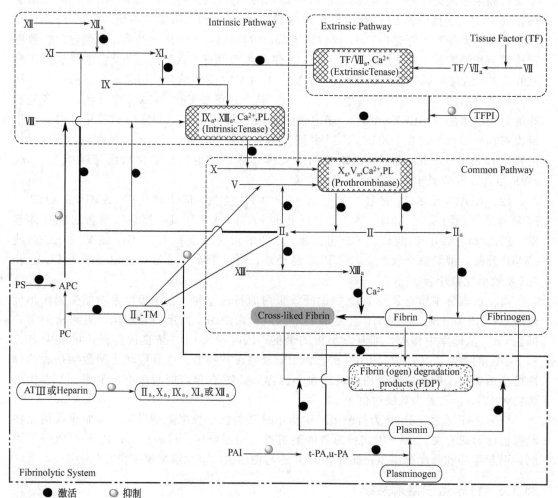

图 38-1　血液凝固系统和纤维蛋白溶解系统

本章主要介绍止血药物和抗血栓药物。抗血栓药物包括抗血小板药物、抗凝血药物和纤维蛋白溶解药物等。

38.2 止血药物

临床常用的止血药物包括血液凝固因子相关药物（血液凝固因子制剂，促进凝血因子生成、释放和激活的药物）；血小板及其功能增强剂；抗纤维蛋白溶解药物和局部止血药等。

38.2.1 血液凝固因子相关药物

血液凝固因子是血液凝固不可缺少的凝血蛋白，临床应用的包括：人纤维蛋白原浓缩物、FⅧ浓缩物、FⅨ浓缩物、凝血酶原复合物浓缩物、凝血酶原激酶（Thromboplastin，即FⅢ或TF）等。主要由人或动物新鲜血浆中纯化或通过基因重组技术获取。

促进凝血因子生成、释放和激活的药物：如维生素K类（Vitamin K，VK）能够促进凝血因子合成，增强VK依赖蛋白如FⅡ、FⅦ、FⅤ、FⅨ以及抗凝蛋白PC和PS在生物合成过程中分子上谷氨酸的羧基化[25]。类凝血因子药物有去氨加压素（Desmopressin）[26]、血凝酶（Reptilase，立止血）[27]和鱼精蛋白（Protamine）[28]等。

38.2.2 增加血小板、增强血小板功能药物

如酚磺乙胺（止血敏，Etamsylate）[29]、重组人白介素-11（Recombinant Human Interleukin-11）、重组人血小板生成素（rhTPO）等。

38.2.3 抗纤溶药物

与纤溶蛋白酶原不可逆结合，使之不再与纤维蛋白结合，也不能活化纤溶蛋白酶。常用的有抑肽酶（Aprotinin）和合成氨基酸类药物。

抑肽酶：为牛肺或牛胰中提取的多肽，与丝氨酸蛋白酶不可逆结合，通过不同途径对止血和纤溶过程产生影响。但抑肽酶可增加患者的死亡风险，引起过敏反应、过敏性休克、心悸、胸闷、呼吸困难、寒战、发热、恶心、呕吐等，我国已暂停使用抑肽酶注射剂。

合成氨基酸类药物有：氨基己酸（Aminocaproic Acid）[30]、氨甲苯酸（Aminomethylbenzoic Acid）[31]、氨甲环酸（Tranexamic Acid）[30]等。Plasminogen通过其分子中的赖氨酸结合位点特异性地与纤维蛋白结合，然后在plasminogen activator（PA）的作用下转化为纤溶酶（plasmin），该酶能裂解纤维蛋白中精氨酸和赖氨酸（Arg-Lys）肽键，形成纤维蛋白降解产物，使血凝块溶解[32]。上述三种药物均为赖氨酸类似物，与纤溶酶原及纤溶酶上的赖氨酸位点结合，竞争性阻抑纤溶酶原在纤维蛋白上吸附，防止其激活。

38.2.4 局部止血药物

除凝血酶制剂和血凝酶制剂外，临床使用的还有氧化纤维素（Oxidized Cellulose）[33]和吸收性明胶海绵（Absorbable Gelatinous Sponge）[34]等。

38.3 抗血栓药物

38.3.1 抗血小板药物

理想的抗血小板药物应只阻止与血栓形成相关的血小板凝集，而不影响血小板的止血

和伤口愈合功能，无明显副作用。满足不同给药途径的需要（静脉或口服等）、作用时间与相应的治疗目的吻合等[35]。依据作用机制，抗血小板药物可分为：影响花生四烯酸代谢药物、增加 cAMP 浓度药物、作用于膜受体的药物[36, 37]。

38.3.1.1 影响花生四烯酸代谢药物

主要针对血小板活化的 TXA_2 途径，干扰 TXA_2 的生成或拮抗 TXA_2 受体。按照药物的作用环节，可以分为：磷脂酶抑制剂、环氧化酶抑制剂、TXA_2 合成酶抑制剂和 TXA_2 受体拮抗剂等。其中磷脂酶抑制剂的抗血小板作用尚不确切，未能广泛应用。

（1）环氧化酶抑制剂　阿司匹林（Asipirin）是应用最早的抗血小板聚集药[38~40]，能够将 COX-1 中 Ser^{529} 的羟基不可逆乙酰化而使酶灭活，干扰 AA 代谢转化为 TXA_2。另外，它还可使血小板膜蛋白乙酰化，并抑制血小板膜酶，这也有助于抑制血小板功能。小剂量阿司匹林即可最大程度地抑制 TXA_2 和最低限度地影响 PGI_2。阿司匹林对稳定型和不稳定型心绞痛、心肌梗死、缺血性脑卒中均有较好的效果。其不良反应包括胃肠黏膜糜烂、溃疡及出血，颅内出血及变态反应等。阿司匹林 25mg 与缓释双嘧达莫 200mg 的复方制剂，用于预防脑卒中。

（2）TXA_2 合成酶抑制剂及 TXA_2 受体拮抗剂　特异性 TXA_2 合成酶抑制剂[41]可阻断 PG 内过氧化物在血小板内转化为 TXA_2，而不影响 PGI_2 的合成。TXA_2/PGH_2 受体拮抗剂可抑制凝血酶、5-HT、ADP 和 TXA_2 激活的血小板聚集。具有 TXA_2 合成酶抑制和 TXA_2 受体拮抗双重作用的药物也是抗血小板药物的一个研究方向。上市药物有奥扎格雷（Ozagrel，**1**）和匹克托安（Picotamide，**2**），其他如利多格雷（Ridogrel，**3**）和 Dazmegrel（**4**）等尚处于临床研究阶段。

奥扎格雷系选择性 TXA_2 合成酶抑制剂，可抑制 TXA_2 的生成，同时可促进 PGI_2 产生[42]。其钠盐注射给药，用于治疗脑梗死及其所伴随的运动障碍。而口服其盐酸盐用于治疗哮喘。

匹克托安和利多格雷为口服 TXA_2 合成酶抑制剂，并可阻断 TXA_2 受体，系双重作用药物[43~45]。前者口服用于下肢闭塞性动脉血栓，不良反应较少。后者对血小板血栓和冠状动脉血栓作用强，对降低急性心肌梗死再栓塞、反复心绞痛及缺血性中风发生率的作用较强，但对急性心肌梗死的血管梗死率、复灌率及增强链激酶的纤溶作用等与阿司匹林相当，不良反应少，易耐受，仅有轻度胃肠道反应。

38.3.1.2 增加 cAMP 浓度药物

主要针对血小板活化的 ADP 或 AC 途径，通过 AC 或抑制 PDE，或者是通过拮抗 ADP 受体尤其 P_2Y_{12} 受体，来抑制血小板聚集。其中 ADP 受体拮抗剂则放到后面的作用于膜受体药物部分详细介绍。

(1) AC 激动剂　有依前列醇（Epoprostenol，PGI$_2$）[46,47]、依洛前列素（Iloprost）、贝前列素（Beraprost）和曲前列素（Treprostinil）。这类药物主要用于治疗肺动脉高压等。

(2) PDE 抑制剂　有双嘧达莫（Dipyridamole，5）、西洛他唑（Cilostazol，6）等。双嘧达莫通过多种机制抑制血小板黏附和聚集[48]；抑制血液中的腺苷脱氢酶，减少腺苷分解，并抑制红细胞和血管内皮对腺苷的摄取和代谢腺苷再摄取，激活 AC，使血小板内 cAMP 浓度增加；抑制 PDE，减少 cAMP 分解；抑制 TXA$_2$ 的合成并增加 PGI$_2$ 的合成。同时该药能够促进 NO 释放，具有良好的血管舒张作用。临床主要用于治疗和预防心绞痛、心肌梗死及血栓栓塞性疾病。作为较弱的血小板聚集抑制剂，很少单独使用，常与阿司匹林联合用药[49]，与银杏叶提取物的复方即银杏达莫，通过不同作用机制发挥抗血小板作用。

西洛他唑是一种口服磷酸二酯酶Ⅲ（PDE Ⅲ）抑制剂，提高血小板和血管中的 cAMP 浓度，抑制血小板聚集，血管舒张，具有抗血小板和抗血栓作用[50]。用于慢性四肢闭塞症患者，改善间歇性跛行，缓解缺血性症状。该药也可用于预防复发性中风。

38.3.1.3　作用于膜受体的药物

血小板膜受体药物研究较多的就是 ADP 受体中的 P$_2$Y$_{12}$ 受体的拮抗剂和纤维蛋白原受体 GPⅡ$_b$/Ⅲ$_a$ 拮抗剂[35]，其他除了前面介绍的 TXA$_2$/PGH$_2$ 受体拮抗剂外，还有凝血酶受体拮抗剂、5-HT 受体拮抗剂等。

(1) ADP 受体 P$_2$Y$_{12}$ 拮抗剂　临床应用的有噻氯匹定（Ticlopidine，7）和氯吡格雷（Clopidogrel，8）、现正提交 FDA 优先批准的普拉格雷（Prasugrel，9）。其他如 Cangrelor（10）和 Ticagrelor（11）等尚处于临床研究阶段。

噻氯匹定[51]、氯吡格雷[52]和普拉格雷[53~57]均为噻吩并吡啶衍生物，都是前体药物，需经肝脏代谢成活性成分。噻氯吡啶能强烈抑制 ADP 诱导的血小板Ⅰ相和Ⅱ相聚集，作用持久。但副作用较多，常见有消化道反应、血小板减少、齿龈出血、皮肤红斑和肝功异常等。

氯吡格雷体内活性代谢产物对 ADP 诱导的血小板Ⅰ相和Ⅱ相聚集均有抑制作用，能选择性、不可逆地抑制 ADP 与血小板表面的 ADP 受体 P$_2$Y$_{12}$ 的结合，阻断 ADP 对腺苷酸环化酶的抑制作用，促进舒血管物质刺激磷酸蛋白（vasodilator-stimulated phosphoprotein，VASP）的磷酸化，抑制纤维蛋白原受体 GPⅡ$_b$/Ⅲ$_a$ 的活化，抑制血小板的聚集[58]。此外，氯吡格雷还能阻断 ADP 释放后引起的血小板活化扩增，从而抑制其他激动剂诱导的血小板聚集。预防和治疗因血小板高聚集状态引起的心、脑及其他动脉循环障碍疾病。大规格用于有过近期发作的中风、心肌梗死和确诊外周动脉疾病的患者。该药可减少动脉粥样硬化性事件的发生（如心肌梗死、中风和血管性死亡）。氯吡格雷联合阿司匹林，用于治疗心肌梗死等。

FDA 拟批准普拉格雷用于血栓性心血管并发症的二级预防，其效果明显优于氯吡格雷，但出血概率也更高，值得注意。该药也为前体药物，在体内经酯酶水解、再经肝脏细胞色素 P450 代谢转化成活性形式[59]。

Cangrelor 和 Ticagrelor 均为可逆性抗血小板药。Cangrelor 的钠盐静脉注射给药，快速可逆性地作用于 ADP 受体 P_2Y_{12}，影响血小板内 Ca^{2+} 浓度，该药还可与内源性血小板抑制剂作用来影响血小板功能，临床用于经皮冠状成形术（PTCA 术）的抗血小板治疗，以及心脏外科手术、不稳定型心绞痛等[37]。Ticagrelor 系口服抗动脉血栓药[60]。

（2）血小板糖蛋白受体 GPⅡ$_b$/Ⅲ$_a$ 受体拮抗剂　黏附蛋白大多含有 Arg-Gly-Asp (RGD) 肽序列，如纤维蛋白原的 Aα 链上有两个 RGD，vWF 的 C1 结构域也具有一个 RGD，是血小板糖蛋白受体 GPⅡ$_b$/Ⅲ$_a$ 受体特异性识别、结合位点，而纤维蛋白原 γ 链上的 Lys-Gln-Ala-Gly-Asp-Val（KQAGDV）肽序列也参与与 GPⅡ$_b$/Ⅲ$_a$ 受体的结合[61]。

GPⅡ$_b$/Ⅲ$_a$ 受体拮抗剂往往含有类似的肽序列结构，占据受体，干扰黏附蛋白与受体的结合，影响血小板聚集的最后通路。主要药物有：单克隆抗体类如阿昔单抗（Abciximab）；基于 Lys-Gly-Asp (KGD) 序列的肽类药物如依替巴肽（Eptifibatide, Integrilin, **12**）；小分子非肽类药物，为拟 RGD 药物，上市的有替罗非班（Tirofiban, **13**），尚处于临床研究的有珍米洛非班（Xemilofiban, **14**）、奥波非班（Orbofiban, **15**）和洛曲非班（Lotrafiban, **16**）等。

阿昔单抗（Abciximab）是一种人-鼠嵌合型的 GPⅡ$_b$/Ⅲ$_a$ 单抗 c7E3 的 Fab 片段，能够与血小板表面的糖蛋白受体 GPⅡ$_b$/Ⅲ$_a$ 受体结合而抑制血小板聚集[62,63]。临床用于经皮冠脉介入术（PCI）、24h 内计划做 PCI 的顽固性不稳定性心绞痛和无 Q 波心肌梗死。

自然界含有 RGD 序列的多肽来自于蛇毒，但因体内半衰期短、免疫反应等，临床用途有限。合成的 RGD（s）单线性肽极不稳定。依替巴肽是一种合成的含有类似 KGD（KGD 中赖氨酸 K 被高精氨酸 homoarginine 替代）序列的环七肽，通过二硫键连接，相对分子质量只有 832（阿昔单抗为 47615），克服了线性肽不稳定、效果差的缺点。依替巴肽起效快，半衰期 1.5～2.0h，阻止纤维蛋白原、vWF 和其他黏附配体与血小板膜 GP

Ⅱ$_b$/Ⅲ$_a$ 受体的结合，抑制血小板聚集。静脉给药用于急性冠状动脉综合征（不稳定型心绞痛和非 ST 段抬高的急性心肌梗死）和 PCI。该药也可用于抗血栓治疗，与阿司匹林或肝素联合使用，停止给药后，作用可快速逆转[64~66]。

替罗非班为非肽类可逆性 GPⅡ$_b$/Ⅲ$_a$ 受体拮抗剂，系拟 RGD 药物[67]。可阻断纤维蛋白原与该受体结合，抑制血小板聚集。盐酸替罗非班注射液与肝素联用，适用于不稳定型心绞痛或非 Q 波心肌梗死病人，预防心脏缺血事件，同时也适用于冠脉缺血综合征病人进行冠脉血管成形术或冠脉内斑块切除术，以预防与经治冠脉突然闭塞有关的心脏缺血并发症。

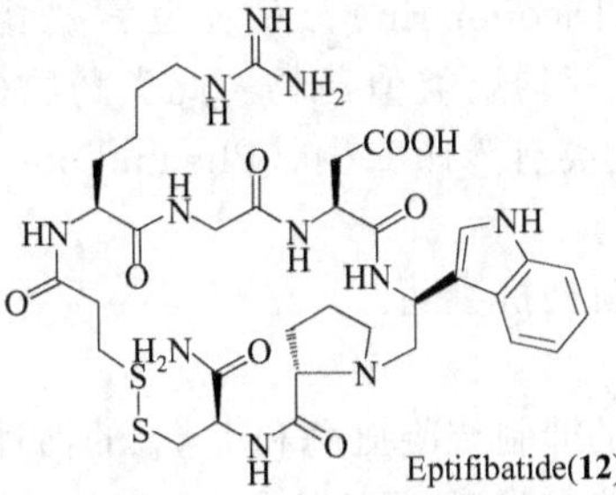

Eptifibatide(**12**)

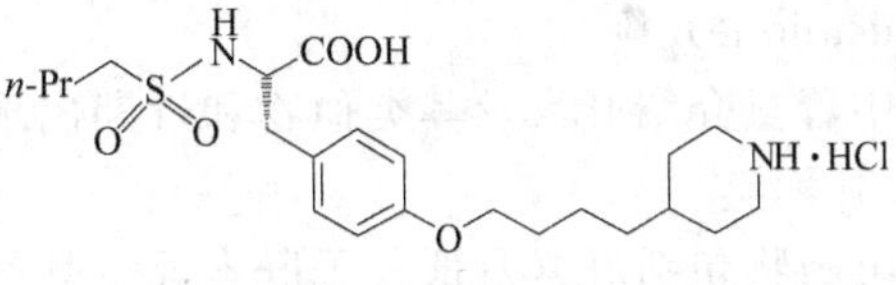

Tirofiban(**13**)HCl

其他处于Ⅲ期临床研究的还有珍米洛非班（Xemilofiban，**14**）、奥波非班（Orbofiban，**15**）和洛曲非班（Lotrafiban，**16**）等，均为非肽类、口服 GPⅡ$_b$/Ⅲ$_a$ 受体拮抗剂。一端的羧酸阴离子与另一端的阳离子要求有适宜的空间距离，间距的大小对与 GPⅡ$_b$/Ⅲ$_a$ 受体的亲和力、专属性至关重要，而不会导致与其他 RGD 依赖的整合素受体如 α$_v$β$_3$、α$_v$β$_5$ 或 α$_5$β$_1$ 作用[68]。

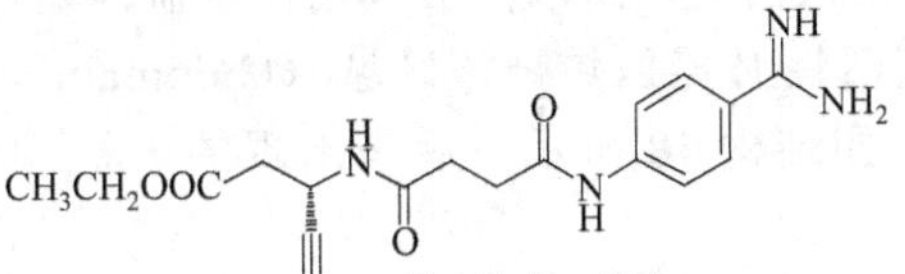

Xemilofiban(**14**)

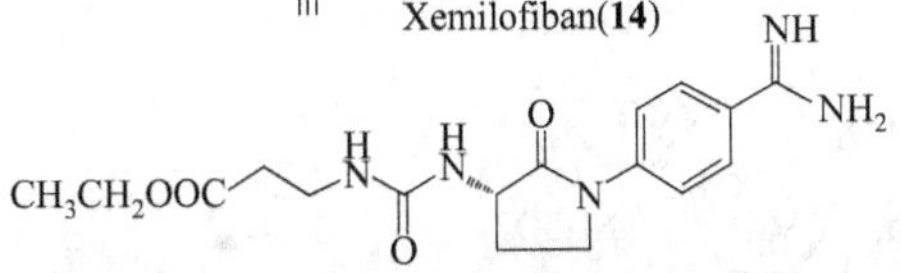

Orbofiban(**15**)

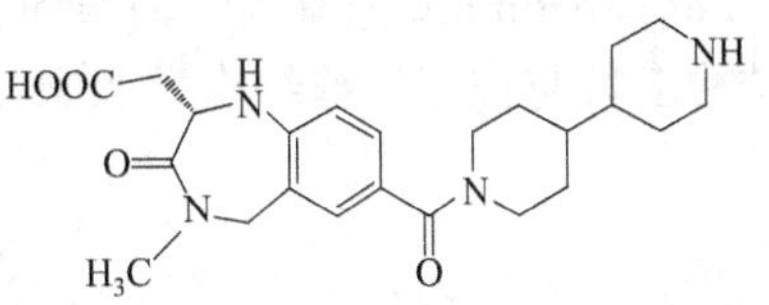

Lotrafiban(**16**)

（3）5-HT$_2$ 拮抗剂　盐酸沙洛雷酯（Sarpogrelate HCl，**17**）[69]为 5-HT$_2$ 受体拮抗剂，抑制由 5-HT 增强的血小板聚集作用和由 5-HT 引起的血管收缩作用；使血小板致密颗粒中的 5-HT 释放减少；增加被减少的侧支循环血流量，改善周围循环障碍等。口服给药，1 日 3 次，每次 100 mg，主要应用于慢性动脉闭塞症，尤其在改善溃疡、疼痛和冷感有显著效果。

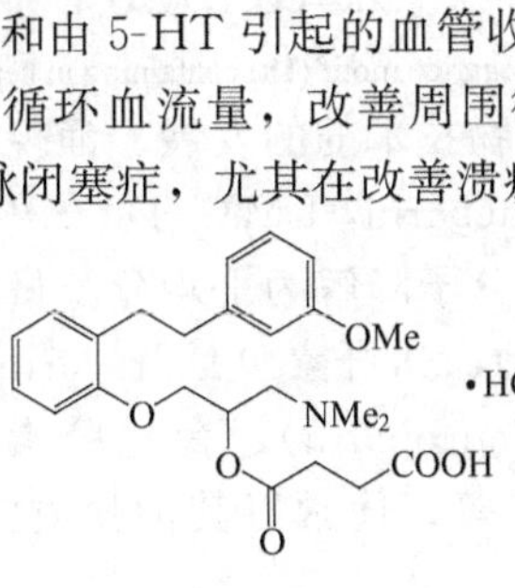

Sarpogrelate(**17**)HCl

38.3.2 抗凝血药物

抗凝血药物是一类干扰凝血因子、阻止血液凝固的药物[70]。临床主要用于急性心肌梗死、肺栓塞、静脉栓塞等血栓栓塞性疾病的预防和治疗。抗凝药物主要有：口服抗凝剂、肝素类药物及作用于凝血因子和凝血酶的药物。

抗凝药物很多，在临床上常用的几种包括口服抗凝剂、肝素类及作用于凝血因子和凝血酶的抗凝药。

传统的口服抗凝药如双香豆素类和茚满二酮类都是作用于依赖 VK 合成的凝血因子而达到抗凝血目的。华法林（Warfarin）系双香豆素类的代表药物，临床用于包括深部静脉栓塞、肺栓塞、心房纤维性震颤、心瓣膜修复或置换人工瓣膜、膝关节置换、心肌梗死和脑梗死等。VK 是肝脏合成凝血酶原和 FⅦ、FⅨ和 FⅩ时不可缺少的物质，华法林可妨碍 VK 循环再利用而产生抗凝作用。双香豆素（Dicoumarin）、双香豆素乙酯（Ethyl Biscoumaacetate）和醋硝香豆素（Acenocoumarol）等均属类似药物。此类药物的出血副作用较严重，临床使用剂量需监控[71,72]。茚满二酮类有苯茚二酮（Phenindione）和茴茚二酮（Anisidione）等。

本节中着重介绍肝素及其类似物和近期出现的新型抗凝药。

38.3.2.1 肝素类

肝素类药物包括肝素及低分子肝素等，其作用是抑制抗凝血酶和 FX_a 的活性。

肝素（heparin）最早于 1916 年发现，因从肝脏内发现而定名[73]，现主要从牛肺或猪小肠黏膜分离，相对分子质量为 5000～30000，是 2-氨基葡萄糖与葡萄糖醛酸交联而成的黏多糖酯。肝素中大量负电荷与 ATⅢ中带正电的赖氨酸结合，使其分子构象改变，精氨酸活性部位暴露并与凝血因子中的精氨酸结合，生成无活性的复合物，使凝血因子失活，抗凝作用增强。ATⅢ对含丝氨酸的 $FⅡ_a$ 及 $FⅫ_a$、$FⅪ_a$、$FⅨ_a$ 和 FX_a 等具有灭活作用。肝素通过深部皮下或静脉给药，但过量易致出血，所以一般只用作抗血栓治疗的辅助药物。肝素中分子中的特殊五聚糖片段是其活性必需区域，该区域（C-domain）与 plasma serpin antithrombin 间有很强的亲和力，如结构 **18** 所示。后来出现的 FX_a 非直接抑制剂的结构多数与该五聚糖结构类似[74]。

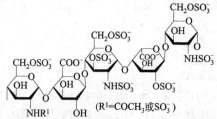

Essential pentasaccharide motif (18) containing in heparin molecule

随着生化提取、基因重组等生物技术的的发展，涌现出一些新型抗凝血药物，如低分子量肝素（low-molecular-weight heparin，LMWH）[75,76]、类肝素及抗凝血酶Ⅲ药物等。通过化学方法或酶解方法，将肝素分子降解为平均分子量为 4000～6500 的低分子量肝素，已上市的有依诺肝素（Enoxaparin）、达肝素（Dalteparin）、亭扎肝素（Tinzaparin）、帕肝素（Parnaparin）、那屈肝素（Nadroparin）、舍托肝素（Certoparin）、贝米肝素（Bemiparin）和瑞达肝素（Reviparin）等，通常以其钠盐或钙盐形式用药，其平均分子量如表 38-2 所示。

低分子量肝素能够抑制 $FⅡ_a$ 生成，防止血栓形成，还能灭活和血小板结合的 FX_a；并可灭活已生成的 $FⅡ_a$；其抗 $FⅡ_a$ 活性又有助于增强抗 FX_a 作用。肝素的小分子部分有较强的抗 FX_a 的作用和弱的抗 $FⅡ_a$ 的作用，抗血栓作用强于抗凝血作用，并且具有药效持续时间长、出血反应少的特点，主要用于静脉血栓性疾病的治疗。低分子肝素在临床

表 38-2 已上市低分子量肝素类药物

药品名	平均分子量	抗FX_a/抗FII_a活性比
依诺肝素(Enoxaparin)	4500	3.9
达肝素(Dalteparin)	6000	2.5
亭扎肝素(Tinzaparin)	6500	1.6
帕肝素(Parnaparin)	5000	2.3
那屈肝素(Nadroparin)	4300	3.3
舍托肝素(Certoparin)	5400	2.4
贝米肝素(Bemiparin)	3600	9.7
瑞达肝素(Reviparin)	4400	4.2

上尤其是心血管疾病中的应用越来越多，大有取代肝素之势。LMWH 的作用依赖抗凝血酶，引起血小板减少的概率比常规肝素小，发生出血的概率也小。

38.3.2.2 抑制凝血因子的药物

FX_a 为凝血过程中内外凝血途径共同通路的起始关键[77,78]，主要与凝血功能有关，是药物的适宜靶点，不会导致如凝血酶抑制剂引起的凝血酶反跳性提高。

FX_a 抑制剂包括直接抑制剂和非直接抑制剂两类[79]。直接抑制剂不仅与游离 FX_a 的活性位点结合，阻断其与底物作用，而且也能灭活与血小板上的凝血酶原酶复合物（prothrombinase complex，FX_a 与 FV_a 的 1:1 复合物）上的 FX_a，这可能是直接抑制剂的优势所在。

(1) FX_a 非直接抑制剂　肝素通过其分子中活性区域的五聚糖（pentasaccharide）与抗凝血酶结合，使后者构象发生改变，从而加快对 FX_a 的抑制等。近年出现一些模拟肝素与抗凝血酶结合位点的五聚糖类似物，主要有磺达肝素（Fondaparinux，**19**），Idraparinux（**20**）和 Idrabiotaparinux（**21**）等。

磺达肝素为化学合成的五聚糖化合物，是目前唯一获准上市的 FX_a 抑制剂[80~82]。该药能快速、选择性地与ATⅢ的五聚糖结合位点结合，改变其构象，进而干扰凝集级联反应。其对血小板活性无影响，与 PF4 无相互作用，未见导致自发性血小板聚集的不良生物学反应。1日1次皮下注射其钠盐的固定剂量 2.5mg，不需要进行常规凝血监测。临床广泛应用于抗血栓治疗，尤适用于预防心血管疾病和外科手术后的血栓形成。主要不良反应是严重出血。

磺达肝素的多甲基化衍生物 Idraparinux，与抗凝血酶有很强的亲和力，血浆半衰期可达 80h，1周1次皮下给药其钠盐 2.5mg，方便患者使用，用于静脉血栓（包括肺栓塞和深静脉栓塞）的二级预防以及预防房颤患者的栓塞并发症[83~85]。但本品可引起出血。将其与生物素结合后得到 Idrabiotaparinux，分子中生物素片段的存在，静脉注射卵白素（Avidin）能够使其抗凝作用快速逆转，因为生物素和卵白素结合形成稳定的络合物、数分钟内经肾清除，提高药物的治疗效益/风险比。Idrabiotaparinux 半衰期80h，1周1次皮下注射其钠盐 2.5mg 即可。

(2) FX_a 直接抑制剂　大量临床数据显示，直接作用于 FX_a 的抗凝血药有很好的抑制初期血栓形成的疗效。处于临床研究的有利伐沙班（Rivaroxaban，**22**）、Apixaban（**23**）、奥米沙班（Otamixaban，**24**）和雷扎沙班（Razaxaban，**25**）等，为口服抗血栓药。

利伐沙班直接作用于凝血因子 X_a，1日1次口服给药，用于治疗和预防深静脉血栓、预防心房颤动患者卒中和治疗肺动脉栓塞，肝脏毒性小、出血风险低，使用时不需要凝血监测[86~88]。Apixaban（BMS-562247）选择性、直接作用于游离的 FX_a 和结合在凝血酶原酶上的 FX_a[89~92]。

38.3.2.3 抑制凝血酶药物

血管内壁的损伤使血液暴露于组织因子，然后独特的级联反应产生大量的凝血酶。凝血酶是一种丝氨酸蛋白水解酶，在血栓形成过程中起着重要作用，能够将血纤维素原分解为纤维蛋白单体，将 FXIII 活化为 $FXIII_a$，并能使纤维蛋白成为共价交叉连接结构，从而达到稳定血栓的目的。凝血酶还能激活各种凝血通路：激活 FV、FVIII 和 FXI，进一步促进凝血酶生成，激活血小板并刺激其聚集和颗粒释放，将凝血过程瀑布放大。但机体内的抗凝系统却将凝血酶的形成仅仅限制在损伤的血管区域，组织因子通路抑制剂、抗凝血酶 III 和蛋白 C/蛋白 S 系统均将凝血酶的活性限制在血管损伤部位。纤溶系统可以帮助将血凝块溶解、清除。凝血酶对凝血凝固、止血起着极其重要的作用，但凝血系统与抗凝系统的平衡维持对防止血栓则起着至关重要的作用。凝血酶直接抑制剂（direct thrombin inhibitors，DTIs）可以用来防止动静脉血栓、心肌梗死等。

凝血酶抑制剂与凝血酶的催化活性部位结合，灭活凝血酶活性或减少其生成而抑制酶的凝血活性。近年来，相继研发了一些凝血酶直接抑制剂，如水蛭素（Hirudin）及其衍生物如比伐卢定（Bivalirudin, **26**）、阿加曲班（Argatroban, **27**）、希美加群（Ximelagatran, **28**）、达比加群酯（Dabigatran Etexilate, **31**）和依非加群（Efegatran, **32**）等。

水蛭素[93]是从医用水蛭唾液中分离出来由 65 个氨基酸构成的多肽，是最早的典型 DTI。作为一种高效选择性凝血酶抑制剂，它与凝血酶通过两个共价键结合：其氨基端与凝血酶催化位点结合，羧基端与凝血酶 exosite 1 位点（纤维蛋白结合位点）结合，缓慢形成1:1复合物,它与凝血酶不可逆结合。水蛭素也可与结合在纤维蛋白(血栓)上的凝血酶结合,从而阻抑血块的增大。水蛭素近年研究较多,但有较高的出血性脑卒中发生率。现已能用DNA重组技术来获取,如基因重组水蛭素来匹卢定(Lepirudin),重组水蛭素地西卢定(Desirudin)。此外,合成手段获得的水蛭素类似物(Hirulog)如比伐卢定。

与天然水蛭素相似,重组水蛭素来匹卢定或地西卢定与凝血酶结合形成1:1复合物,不可逆抑制凝血酶的活性。来匹卢定即1-亮氨酸-2-苏氨酸-63-去硫酸酯水蛭素(1-leueine-2-threonine-63-desulfohirudin),用于肝素诱发的血小板减少症患者的治疗[94]。地西卢定[95]即1-缬氨酸-2-缬氨酸-63-去硫酸酯水蛭素(1-valine-2-valine-63-desulfohirudin)。

比伐卢定[96,97]是人工合成的由20个氨基酸构成的多肽,分子量较小,能够灭活循环和结合的凝血酶,不产生抗体。比伐卢定也采用类似方式与凝血酶结合,但结合后凝血酶逐渐断开比伐卢定的-NH$_2$端的3,4-位的Arg-Pro肽键连接,凝血酶活性位点的功能恢复,只留下羧基端与凝血酶的Exosite 1位点微弱结合,故比伐卢定与凝血酶的结合是可逆、竞争性的,而且其静脉注射的$t_{1/2}$只有20~30min,较水蛭素更安全。

H$_2$N—D—Phe—Pro—Arg—Pro—Gly—Gly—Gly—Gly—Asn—Gly—Asp—Phe—Glu—Glu—Ile—Pro—Glu—Glu—Tyr—Leu—COOH

Bivalirudin (**26**)

阿加曲班是一种合成的L-精氨酸类似物[98],是一价的可逆性DTI,与游离的凝血酶或结合在纤维蛋白(血栓、血凝块)上凝血酶的活性位点结合。该药抑制凝血酶催化或诱导的各种反应,包括纤维蛋白的形成、FV和FⅧ以及FⅩⅢ的活化、蛋白C的活化、血小板聚集等,发挥其抗凝作用。临床用于慢性动脉闭塞性疾病及急性脑血栓形成等。

Argatroban(**27**)

希美加群是第一个口服DTI[99,100],为美拉加群(Melagatran, **29**)的前药。口服到体内后吸收快,并具有稳定的血浆浓度。已被证明有效地预防和治疗深静脉血栓、中风的预防和急性心肌梗死,它克服了以前所有的抗凝血酶药物的缺点,见效快,治愈率高,是一个期望值很高的药物。但因其显著的肝毒性,阿斯利康公司2006年全面召回该药,这也是凝血酶直接抑制剂研制者们难以承载的重创。

Ximelagatran(**28**,R^1=Et,R^2=OH)
Melagatran(**29**,R^1=H,R^2=H)

达比加群酯(BIBR-1048)是另一个口服DTI,为前体药物,用于接受选择性全髋关节或者全膝关节置换术的成年患者静脉血栓的预防。口服给药经胃肠吸收后,逐渐酶解转化成原药达比加群(Dabigatran, **30**)。该药的代谢在进入肠后开始,以原药和前药两种形式进入门静脉,在肝脏中完全转化成原药,约20%以结合形式自胆道排泄,80%经肾排泄。该药的代谢无需细胞色素P450参与,无药物间的相互作用。达比加群酯的口服生物利用度约为 6%，需要较高给药剂量方能达到有效血药浓度[101,102]。

其他类似机制的抗凝药物还有尚处于Ⅱ期临床的依非加群，为三肽类 DTI，灭活游离的和血凝块结合的凝血酶，同时抑制凝血酶诱导的血小板聚集[103]。

Dabigatran(**30**, $R^1=R^2=H$);
Dabigatran Etexilate(**31**, $R^1=Et, R^2=COOC_6H_{13}$-n)

Efegatran(**32**)

38.3.3　纤维蛋白溶解药物

血栓栓塞性疾病是严重危害人类健康的常见病、多发病，常见的有急性心肌梗死（AMI）、急性脑卒中、肺栓塞、周围动脉栓塞等。急性心肌梗死的最有效方法是经皮冠脉介入（PCI）治疗，可直接恢复心外膜血管的血流，血管再通率高，但该技术对人员和设备的要求高，有条件的医院方可进行，而且准备时间相对较长，常常延误患者有效治疗时机。而溶栓治疗法作为再灌注治疗的主要方法之一[104]，简便易行、快速无创，尽早使病变血管再通，恢复血运，挽救濒临坏死的心肌，尽量保护心室功能，以达到降低 AMI 的死亡率、改善幸存者的长期预后之目的，所以 AMI 的再灌注策略仍以溶栓治疗为主。溶栓疗法也是急性脑卒中最有效、最有前途的治疗方法，溶栓治疗应在发病 6h 内完成，及时获得溶栓再灌注，拯救一些脑细胞，减少脑组织损伤，使神经功能缺损在短期内得到较明显的恢复。溶栓疗法也是治疗急性肺栓塞和周围动脉栓塞的有效手段：通过溶栓，再灌注肺动脉血管，降低肺毛细管血容量，减少慢性肺动脉高压的发生，减少病死率。早期溶栓治疗可减少下肢缺血性坏疽，降低截肢风险。

溶栓药主要为纤溶酶原激活剂（plasminogen activator，PA），将纤溶酶原转化成纤溶酶，纤溶酶将纤维蛋白分解为降解产物，减少了血小板的聚集，促使已形成的血栓溶解，使血管再通。溶栓的同时，均伴有不同程度的血浆中纤维蛋白原的溶解，但正常生理条件下，抗纤溶酶原激活剂 PAI-1 等抗纤溶因子的存在可抑制、中和 PA 的作用，系统性纤溶作用不会发生。临床治疗时，如何把握最佳治疗时机，如何控制再栓塞、出血等，是溶栓疗法成功的关键。

目前溶栓药均为蛋白酶类药物，通过生化或基因重组技术获取。

第一代溶栓药物主要是早期使用的链激酶（Streptokinase，SK）、尿激酶（Urokinase，UK），这些药物能够有效溶栓，治疗费用低，但纤维蛋白特异性差，SK 和 UK 易引起全身纤溶而增加出血危险。SK 本身无活性，通过与纤溶酶原形成复合物、断裂其 Arg-Val 肽键产生纤溶酶，间接机制激活纤溶酶原。链激酶源自细菌，有免疫原性，导致药物抵抗、发热和变态反应。

第二代溶栓药物有阿替普酶（Alteplase）和沙芦普酶（Saruplase）等。组织型纤溶酶原激活剂（t-PA）能高效特异地溶解血栓而不易出现系统性纤溶状态，但 t-PA 进入血浆后易与 PAI 形成复合物而中和失活，其血浆半衰期只有 3~6min，治疗所需剂量高，颅内出血的发生率比其他溶栓药物高。阿替普酶是一种重组 t-PA，对纤维蛋白特异性高，当与纤维蛋白结合后被激活，诱导纤溶酶原成为纤溶酶，溶解血块，但对整个凝血系统各组分的系统性作用是轻微的，出血倾向小，不具抗原性[105]。

沙芦普酶（Saruplase）系重组前尿激酶（Prourokinase，Pro-UK）[106,107]，又叫重组

非糖基化单链尿激酶型纤溶酶原激活剂（recombinant unglycosylated single-chain urokinase-type plasminogen activator，rscu-PA）。天然的前尿激酶是由 411 个氨基酸构成的糖蛋白，分子质量为 54kDa，在体内蛋白酶的作用下，分子中 Lys^{158}-Ile^{159} 肽键断裂，变成有活性的尿激酶（UK），pro-UK 对纤维蛋白特异性比链激酶强，比 t-PA 弱。在无血栓时，血浆中 PAI-1 和 $α_2$-抗纤溶酶等抑制剂使其钝化，阻止其转化为 UK，但在纤维蛋白存在时，由于 Pro-UK 对纤维蛋白特异性大于 UK，使纤维蛋白原活化率增大。同时，血栓上的痕量纤溶酶将 Pro-UK 转化成 UK，在 Pro-UK 和 UK 协同作用下，血块迅速溶解。天然的 Pro-UK 是糖基化的，而沙芦普酶为重组、非糖基化的前尿激酶。

第三代溶栓药物主要是 rscu-PA 及野生型 t-PA 的突变体，代表药物有：瑞替普酶（Reteplase，r-PA）、替奈普酶（Tenecteplase，TNKase，TNK-t-PA）、孟替普酶（Monteplase）、帕米普酶（Pamiteplase）和拉诺普酶（Lanoteplase）等。瑞替普酶是一种单链无糖基化 t-PA 的缺失突变体，由重组大肠埃希菌产生，为第一个上市的 t-PA 突变体。其分子中保留了 t-PA 的 K2 结构域和蛋白酶功能域，其半衰期可达到 11~16min。瑞替普酶为 10 MU＋10 MU 分两次静脉注射，每次缓慢推注 2min 以上，两次间隔 30min。

替奈普酶是由 527 个氨基酸组成的糖蛋白[108]，与 t-PA 相比，分子中 3 个位点发生了突变，即 K1 三角区 Thr^{103} 和 Asp^{117} 分别被 Asp 和 Glu 取代，催化域上 Lys^{296}-His-Arg-Arg^{299} 被 4 个 Ala 取代。和 t-PA 相比 TNK-t-PA 对纤维蛋白的特异性增强了 14 倍，其半衰期约 18min（t-PA 约 4min），血浆清除率下降 4 倍，可单次静脉推注，持续时间长，另外对抗 PAI-1 能力比 t-PA 强 80 倍。

孟替普酶和帕米普酶分别由日本 Eisai 筑波研究所、日本 Yamanouchi 公司开发的 t-PA 突变体，均在日本上市。而拉诺普酶现已终止临床研究[109]。

其他纤溶药物还有：蛇毒制剂、蚓激酶、葡激酶、纳豆激酶、吸血蝙蝠唾液纤溶酶原激活剂。这些药物与 t-PA 的关系不大，系天然或基因工程产品。

蛇毒制剂 是由多种生物活性多肽和蛋白质组成的混和物，与凝血、纤溶及抑制血小板聚集等作用有密切关系。国外研究深入、应用广泛的有英国上市的安克洛（Ancrod）、巴曲酶（Batroxobin，即日本的东菱克栓酶），国内上市的有蕲蛇酶（Acutobin，Acutase，内含三种同工酶）和降纤酶（Defibrase，单一成分）等。这些蛇毒制剂均含有凝血酶样酶类（thrombin-like enzymes，TLEs，又叫类凝血酶）。虽然都称为蛇毒凝血酶样酶，但不同种属的 TLE 的组分、结构、对血液系统的作用都存在不同程度的差异。TLE 在体外可使血浆或血纤蛋白溶液直接凝固，而在体内选择性作用于纤维蛋白原，生成的纤维蛋白凝块结构松散，易被体内纤溶酶降解成 FDP（fibrin degradation product）碎片而清除，导致血浆纤维蛋白原浓度降低，故表现出降纤、抗凝作用[110,111]。

蚓激酶（Lumbrokinase，ePA）1983 年日本学者美原恒首次发现正蚓科蚯蚓的水提物有直接溶解纤维蛋白及纤溶酶原激活作用[112]。现有的资料认为 ePA 是一组分子质量为 20~40kDa，等电点为 3~5，具有激酶和溶酶活性的丝氨酸蛋白酶。由于 ePA 是多种同工酶的混和物，分离纯化困难，国内已有一些口服制剂上市。

葡激酶（Staphylokinase，Sak）是由溶源性金葡菌分泌的一种蛋白水解酶[113]，是含 136 个氨基酸的单链多肽，无二硫键，分子质量为 15kDa，Sak 本身不直接活化纤溶酶原（Pg）而是与纤溶酶原 1∶1 形成复合物 Sak-Pg，在有凝血块存在时，复合物中的 Sak 与血栓中的纤维蛋白结合，此时复合物中的 Pg 被激活成纤溶酶（Pm），生成的 Sak-Pm 再激活游离的 Pg 变成 Pm 参与溶解血栓。当不与血栓结合时 Sak-Pg 在血浆中能被 $α_2$-抗纤溶酶迅速清除，Sak 对纤维蛋白的选择性高于 t-PA。中国科学院上海生命科学研究院植物生理生态研究所等研制的重组葡激酶（r-Sak）已在国内批准上市，国外类似研究尚处于临床阶段。

纳豆激酶（Nattokinase，NK）是纳豆中存在的一种具有强烈纤溶活性、由 275 个氨基酸构成的相对分子质量约为 28000 的蛋白激酶。该酶能显著地溶解体内外血栓，明显缩短优球蛋白的溶解时间，并能激活静脉内皮细胞产生纤溶酶原激活剂（t-PA），从而也间接地表现其溶纤活性。纳豆粗提物除含有纳豆激酶外，还有其他蛋白酶。其口服片剂或胶囊用于改善循环、预防血栓[114]。

吸血蝙蝠唾液纤溶酶原激活剂（DSPA，bat-PA）是从吸血蝙蝠唾液中分离出来的两种活性蛋白质 $DSPA_{\alpha 1}$ 和 $DSPA_{\alpha 2}$。其中 $DSPA_{\alpha 1}$ 对纤维蛋白有高度特异性，含 477 个氨基酸，分子质量为 43kDa，与 t-PA 分子具有 85% 的同源性，但无 K_2 三角区结构域和纤溶酶切割位点。$DSPA_{\alpha 1}$ 可由哺乳动物细胞培养产生，现处于临床阶段[115]。

38.4 讨论与展望

随着诊断和手术等新技术在临床上的应用、血栓形成机制的阐明、重组 DNA 技术的进步、新型高效的抗血栓药物的不断推陈出新，对降低血栓性疾病患者的致死、致残率，提高其生存质量等均带来了翻天覆地的变化，同时也为医药行业带来了巨大的经济效益。但这类疾病的高发率和高危性，现有药物引起的出血、用药时需要临床监控、给药途径受限等，均是药物创新性研究所面临的挑战。寻找较好的疗效/危险比、疗效/价格比和便捷的抗栓药，乃未来新药研发所不断追寻的目标。

（1）**联合用药**　由于单一药物的作用机制局限性，联合用药作用于不同靶点，多种机制发挥药物的抗血栓协同作用。临床成功的例子，如阿司匹林联合双嘧达莫、阿司匹林和氯吡格雷复方制剂、双嘧达莫与银杏叶提取物的复方制剂（银杏达莫）等。其次，溶栓疗法能够裂解血栓内纤维蛋白，使血栓溶解、血管再通，但溶栓剂在降解纤维蛋白溶解血栓的同时，反激活血小板，进一步激活凝血系统，因此伴随溶栓疗法，有效的抗血小板和抗凝血酶治疗就显得特别重要。

（2）**化学药物研发相对缓慢**　随着血液凝固、纤维蛋白溶解机制的不断阐明，以血小板膜受体、凝血因子、抗凝因子等为靶点的化合物不断报道，令药物化学家们振奋不已。但初步统计不难发现，现有化学药物多数为 2000 年以前上市的新化学实体，而且，希美加群因肝脏毒性退市、FDA 延期批准普拉格雷等。更多的挑战、更高的期望等待着研发人员和制药企业。相信不久的将来，新的 ADP 受体 P_2Y_{12} 拮抗剂、$GP\, II_a/III_b$ 受体拮抗剂、FX_a 抑制剂、凝血酶抑制剂，乃至新型作用机制的抗血栓药将不断出现，造福于广大患者。

（3）**期待更多生物技术新药**　随着生化提取、基因重组等生物技术的发展，临床需要一些效果好、出血率低的新型肝素类药物。而溶栓疗法也是梗死性疾病中最有效、最有前途的治疗方法。理想的溶栓药应能够有效溶解血栓、快速实现再灌注，无促凝血作用，再栓塞率低；对纤维蛋白具选择性，颅内出血和全身纤溶发生率低；抗 PAI-1；无抗原性等。为寻找新型价廉的溶栓药物，研究者们未来仍会不懈努力，继续深入展开诸如：对已有天然溶栓药如蛇毒类、葡激酶和蚓激酶等的分离纯化、作用机理等研究，并利用基因重组等技术大规模快速、简捷制备、扩大其临床应用等；不断进行新型天然溶栓先导物的寻找及其结构改造；利用新型给药技术，在血栓处定向给药，减少给药剂量，降低全身副作用；通过重组技术等，寻找新型高效纤溶酶原激活剂的突变体，延长其体内半衰期，提高其纤维蛋白特异性、减轻全身纤溶发生率，降低出血危险；寻找不同溶栓药物的嵌合体如 K_1K_2Pu 嵌合体，发挥协同作用；研制特异性单抗导向的导向溶栓药等。

推荐读物

- 杨藻宸. 医用药理学. 第4版. 北京：人民卫生出版社, 2005: 527-569.
- 王振义, 李家增, 阮长耿等. 血栓与止血基础理论与临床. 第3版. 上海：上海科学技术出版社, 2004.
- Ajay K Wakhloo, Matthew J Gounis, Baruch B Lieber, et al. Thrombus and Stroke (Neurological Disease and Therapy). England: Informa HealthCare, 2008.

参考文献

[1] Wolberg A S. Blood Rev, 2007, 21: 131-142.
[2] Furie B, Furie B C. N Engl J Med, 2008, 359: 938-949.
[3] Rosenberg R D, Rosenberg J S. J Clin Invest, 1984, 74: 1-6.
[4] 杨藻宸. 医用药理学. 第4版. 北京：人民卫生出版社, 2005: 534-537
[5] 王振义. 血栓与止血基础理论与临床. 第3版. 上海：上海科学技术出版社, 2004: 83-84.
[6] De Meyer S F, Vanhoorelbeke K, Broos K, et al. Br J Haematol, 2008, 142: 515-528.
[7] Hagberg I A, Roald H E, Lyberg T. Arterioscler Thromb Vasc Biol, 1997, 17: 1331-1336.
[8] Woulfe D S. J Thromb Haemost, 2005, 3: 2193-2200.
[9] Fengyang H, Hong E. Curr Med Chem Cardiovasc Hematol Agents, 2004, 2: 187-196.
[10] Wang L, Ostberg O, Wihlborg A K, et al. J Thromb Haemost, 2003, 1: 330-336.
[11] Oury C, Toth-Zsamboki E, Vermylen J, et al. Blood, 2002, 100: 2499-2505.
[12] Cattaneo M. Eur Heart J, 2006, 27: 1010-1012.
[13] Storey R F. Curr Pharm Des, 2006, 12: 1255-1259.
[14] Michelson A D. Arterioscler Thromb Vasc Biol, 2008, 28: s33-38.
[15] Kunapuli S P, Ding Z R, Dorsam R T, et al. Curr Pharm Des, 2003, 9: 2303-2316.
[16] 邓云, 叶松, 徐秋萍. 江西中医学院学报, 2007, 19: 94-97.
[17] Roudebush W E. Semin Thromb Hemost, 2007, 33: 69-74.
[18] Nakamori Y, Fuse I, Hattori A, et al. Thromb Haemost, 1989, 62: 139-139.
[19] 王鸿利. 中国处方药, 2004: 58-63.
[20] Gresele P, Falcinelli E, Momi S. Trends Pharmacol Sci, 2008, 29: 352-360.
[21] Raghavan S A V, Dikshit M. Drugs Future, 2002, 27: 669-683.
[22] McRae S J, Ginsberg J S. Vasc Health Risk Manag, 2005, 1: 41-53.
[23] Weitz J I, Bates S M. J Thromb Haemost, 2005, 3: 1843-1853.
[24] Lu Q, Clemetson J M, Clemetson K J. J Thromb Haemost, 2005, 3: 1791-1799.
[25] Cranenburg E C M, Schurgers L J, Vermeer C. Thromb Haemost, 2007, 98: 120-125.
[26] Franchini M. Am J Hematol, 2007, 82: 731-735.
[27] Wik K O, Tangen O, McKenzie F N. Br J Haematol, 1972, 23: 37.
[28] Brecher A S, Roland A R. Blood Coagul Fibrinolysis, 2008, 19: 591-596.
[29] Segura D, Monreal L, Perez-Pujol S, et al. Veterinary Journal, 2007, 174: 325-329.
[30] Kumar P D. N Engl J Med, 2007, 357: 1260-1261.
[31] Markwardt F, Landmann H, Walsmann P. Eur J Biochem, 1968, 6: 502-506.
[32] Collen D. Thromb Haemost, 1999, 82: 259-270.
[33] Lucas O N. J Oral Therapeut Pharmacol, 1967, 3: 262.
[34] Olwin J H, Wahl F J. Surg Gynecol Obstet, 1948, 86: 203-212.
[35] Mousa S A. Drug Discov Today, 1999, 4: 552-561.
[36] Husted S. Eur Heart J Suppl, 2007, 9: D20-D27.
[37] Storey R F. Eur Heart J Suppl, 2008, 10: D30-D37.
[38] Evans G, Packham M A, Nishizaw Ee, et al. J Exp Med, 1968, 128: 877.
[39] Friend D G. Arch Surg, 1974, 108: 765-769.
[40] Zimmermann N, Hohlfeld T. Thromb Haemost, 2008, 100: 379-390.
[41] Wang L-H, Kulmacz R J. Prostag Other Lipid Mediat, 2002, 68-69: 409-422.
[42] Imamura T, Kiguchi S, Kobayashi K, et al. Arzneimittelforschung, 2003, 53: 688-694.

[43] Serneri G G N, Coccheri S, Marubini E, et al. Eur Heart J, 2004, 25: 1845-1852.
[44] Carty E, Macey M, McCartney S A, et al. Aliment Pharmacol Ther, 2000, 14: 807-817.
[45] Tytgat G N J, Van Nueten L, Van de Velde I, et al. Aliment Pharmacol Ther, 2002, 16: 87-99.
[46] Michel G, Seipp U. Arzneimittelforschung, 1990, 40: 932-938.
[47] Michel G, Seipp U. Arzneimittelforschung, 1990, 40: 817-822.
[48] Gresele P, Arnout J, Deckmyn H, et al. Thromb Haemost, 1986, 55: 12-18.
[49] Serebruany V L, Malinin A I, Hanley D F. Thromb Haemost, 2008, 99: 116-120.
[50] Sun B, Le S N, Lin S, et al. J Cardiovasc Pharmacol, 2002, 40: 577-585.
[51] Mouthon M A, Gaugler M H, Vandamme M, et al. Thromb Haemost, 2002, 87: 323-328.
[52] Chow G, Ziegelstein R C. Am J Cardiovasc Drugs, 2007, 7: 169-171.
[53] Matsushima N, Jakubowski J A, Asai F, et al. Platelets, 2006, 17: 218-226.
[54] Tantry U S, Bliden K P, Gurbel P A. Expet Opin Investig Drugs, 2006, 15: 1627-1633.
[55] Schror K, Huber K. Hamostaseologie, 2007, 27: 351-355.
[56] Angiolillo D J, Bates E R, Bass T A. Am Heart J, 2008, 156: S16-22.
[57] Riley A B, Tafreshi M J, Haber S L. Am J Health Syst Pharm, 2008, 65: 1019-1028.
[58] Schror K. Vascular medicine (London, England), 1998, 3: 247-251.
[59] Wiviott S D, Braunwald E, McCabe C H, et al. N Engl J Med, 2007, 357: 2001-2015.
[60] Angiolillo D J, Guzman L A. Am Heart J, 2008, 156: S23-S28.
[61] Phillips D R, Charo I F, Scarborough R M. Cell, 1991, 65: 359-362.
[62] Cohen S A, Trikha M, Mascelli M A. Pathol Oncol Res, 2000, 6: 163-174.
[63] Mazzaferri E L Jr, Young J J. Expet Rev Cardiovasc Ther, 2008, 6: 609-618.
[64] Scarborough R M. Am Heart J, 1999, 138: 1093-1104.
[65] Zeymer U, Wienbergen H. Cardiovasc Drug Rev, 2007, 25: 301-315.
[66] Hantgan R R, Rocco M, Nagaswami C, et al. Protein Sci, 2001, 10: 1614-1626.
[67] Dobrzycki S, Kralisz P, Nowak K, et al. Eur Heart J, 2007, 28: 2438-2448.
[68] Gurbel P A, Serebruany V L. J Thromb Thrombolysis, 2000, 10: 217-220.
[69] Saini H K, Takeda N, Goyal R K, et al. Cardiovasc Drug Rev, 2004, 22: 27-54.
[70] Verhamme P, Verhaeghe R. Acta Cardiologica, 2007, 62: 189-198.
[71] Wiedermann C J, Stockner I. Thromb Res, 2008, 122: S13-S18.
[72] Ma Q. Br J Clin Pharmacol, 2007, 64: 263-265.
[73] Brinkhous K M, Smith H P Jr, Warner E D, et al. Science, 1939, 90: 539.
[74] Al Dieri R, Wagenvoord R, van Dedem G W, et al. J Thromb Haemost, 2003, 1: 907-914.
[75] Gray E, Mulloy B, Barrowcliffel T W. Thromb Haemost, 2008, 99: 807-818.
[76] 高鹏, 刘胜. 中国康复理论与实践, 2008, 14: 43-45.
[77] Ansell J. J Thromb Haemost, 2007, 5: 60-64.
[78] Krupiczojc M A, Scotton C J, Chambers R C. Int J Biochem Cell Biol, 2008, 40: 1228-1237.
[79] Porcari A R, Chi L, Leadley R. Expet Opin Investig Drugs, 2000, 9: 1595-1600.
[80] Papadopoulos S, Flynn J D, Lewis D A. Pharmacotherapy, 2007, 27: 921-926.
[81] Turpie A G G. Eur Heart J Suppl, 2008, 10: C1-C7.
[82] Turpie A G G. Aging Health, 2006, 2: 731-743.
[83] Gross P L, Weitz J I. Arterioscler Thromb Vasc Biol, 2008, 28: 380-386.
[84] Drugs in R&D. 2004, 5: 164-165.
[85] Bauer K A. J Thromb Thrombolysis, 2006, 21: 67-72.
[86] Piccini J P, Patel M R, Mahaffey K W, et al. Expet Opin Investig Drugs, 2008, 17: 925-937.
[87] Kubitza D, Becka M, Wensing G, et al. Eur J Clin Pharmacol, 2005, 61: 873-880.
[88] Kubitza D, Becka M, Voith B, et al. Clin Pharmacol Therapeut, 2005, 78: 412-421.
[89] Pinto D J, Orwat M J, Koch S, et al. J Med Chem, 2007, 50: 5339-5356.
[90] Wong P C, Crain E J, Xin B, et al. J Thromb Haemost, 2008, 6: 820-829.
[91] Lassen M R, Davidson B L, Gallus A, et al. J Thromb Haemost, 2007, 5: 2368-2375.
[92] Quan M L, Lam P Y S, Han Q, et al. J Med Chem, 2005, 48: 1729-1744.
[93] Chang J Y. J Biol Chem, 1990, 265: 22159-22166.
[94] Gajra A, Husain J, Smith A. Expet Opin Drug Metabol Toxicol, 2008, 4: 1131-1141.

[95] Matheson A J, Goa K L. Drugs, 2000, 60: 679-700.
[96] Warkentin T E, Greinacher A, Koster A. Thromb Haemost, 2008, 99: 830-839.
[97] Hartmann F. Curr Pharm Des, 2008, 14: 1191-1196.
[98] Dager W E, Gosselin R C, Owings J T. Pharmacotherapy, 2004, 24: 659-663.
[99] Gustafsson D, Bylund R, Antonsson T, et al. Nat Rev Drug Discov, 2004, 3: 649-659.
[100] Ho S-J, Brighton T A. Vasc Health Risk Manag, 2006, 2: 49-58.
[101] Stangier J, Rathgen K, Stahle H, et al. Br J Clin Pharmacol, 2007, 64: 292-303.
[102] Eriksson B I, Dahl O E, Buller H R, et al. J Thromb Haemost, 2005, 3: 103-111.
[103] Klootwijk P, Lenderink T, Meij S, et al. Eur Heart J, 1999, 20: 1101-1111.
[104] Callahan K P, Malinin A I, Gurbel P A, et al. Cardiology, 2001, 95: 55-60.
[105] 郭志彩. 实用医技杂志, 2007, 14: 793-794.
[106] Michels H R. Int J Clin Pract, 1998: 21-22.
[107] Gunzler W A. Rev Contemp Pharmacother, 1998, 9: 355-362.
[108] Davydov L, Cheng J W. Clin Therapeut, 2001, 23: 982-997; discussion 981.
[109] Mohammad Y M, Divani A A, Kirmani J F, et al. Emerg Radiol, 2004, 11: 83-86.
[110] 傅宏义, 周磊. 中国药学杂志, 2008, 43: 245-248.
[111] 余瑞铭, 许云禄. 海峡药学, 2008, 20: 6-8.
[112] Ji H R, Wang L, Bi H, et al. Eur J Pharmacol, 2008, 590: 281-289.
[113] Bokarewa M I, Jin T, Tarkowski A. Int J Biochem Cell Biol, 2006, 38: 504-509.
[114] Tai M W, Sweet B V. Am J Health Syst Pharm, 2006, 63: 1121-1123.
[115] Schleuning W D. Haemostasis, 2001, 31: 118-122.

第39章

心脏疾病和血脂调节药物

柳 红，王 江，黄 河

目 录

- 39.1 强心药物 /1039
  - 39.1.1 强心苷 /1040
  - 39.1.2 磷酸二酯酶抑制剂 /1042
  - 39.1.3 β受体激动剂 /1043
  - 39.1.4 钙敏化剂 /1044
  - 39.1.5 展望 /1044
- 39.2 抗心律失常药物 /1044
  - 39.2.1 抗心律失常药物的作用机制及分类 /1044
  - 39.2.2 钠通道阻滞剂 /1045
    - 39.2.2.1 I_A 类抗心律失常药物 /1045
    - 39.2.2.2 I_B 类抗心律失常药物 /1045
    - 39.2.2.3 I_C 类抗心律失常药物 /1046
  - 39.2.3 β受体拮抗剂 /1047
  - 39.2.4 钾通道阻滞剂 /1047
  - 39.2.5 钙拮抗剂 /1048
  - 39.2.6 多离子通道阻滞剂 /1049
  - 39.2.7 展望 /1049
- 39.3 抗心绞痛药物 /1049
  - 39.3.1 概述 /1049
  - 39.3.2 硝酸酯及亚硝酸酯类 /1050
- 39.4 血脂调节药物 /1051
  - 39.4.1 概述 /1051
  - 39.4.2 脂蛋白的分类、组成、结构与功能 /1051
  - 39.4.3 脂类的合成与代谢 /1052
    - 39.4.3.1 胆固醇的合成与代谢 /1052
    - 39.4.3.2 甘油三酯和磷脂的合成与代谢 /1054
  - 39.4.4 降血脂药物 /1055
    - 39.4.4.1 降低胆固醇和低密度脂蛋白的药物 /1055
    - 39.4.4.2 降低甘油三酯和极低密度脂蛋白的药物 /1059
  - 39.4.5 讨论与展望 /1064
- 推荐读物 /1065
- 参考文献 /1065

心血管疾病是严重影响人们身体健康的疾病，尤其对中老年人，是导致死亡的常见疾病之一。

慢性充血性心力衰竭是一种复杂的临床症状群，是各种心脏病的严重阶段，其发病率高，且近年来继续增长，正在成为21世纪最重要的心血管病症。20世纪80年代以前，慢性充血性心力衰竭的主要治疗药物为强心苷类药物和利尿剂。现在慢性充血性心力衰竭治疗的目标不仅是改善症状，提高生活质量，更重要的是针对心肌重塑的机制，防止和延缓心肌重塑的发展，从而降低慢性充血性心力衰竭的死亡率和住院率。因此，以神经内分泌拮抗剂为主的几类药物的联合应用成为目前治疗慢性充血性心力衰竭的主要方案。

抗心律失常药物通常指防治快速型心律失常的药物，基本作用是影响心肌细胞膜的离子通道，改变离子流，从而改变心肌细胞的电生理特性，抑制异位起搏点的自律性，终止折返激动，抑制后除极及触发激动，起到抗心律失常的作用。目前，现有药物均有不同程度的致心律失常作用。由于钠通道阻滞类抗心律失常药的致心律失常作用使器质性心脏病患者的死亡率增加，导致房性和室性心律失常的治疗转向了钾通道阻滞类药物。但某些钾通道阻滞类抗心律失常药，特别是选择性阻滞延迟整流钾通道（即单纯阻 I_{kr}）的药物，如索他洛尔，其过度延长动作电位时程的作用极易诱发心肌早后除极、触发活动，直至尖端扭转型室性心动过速。近年来，以阿齐利特和决奈达隆为代表的多通道阻滞型钾离子通道阻滞类抗心律失常药物日渐受到重视。表明此类药物对钾离子通道的选择性并非越高越好，而具有多通道阻滞性的药物往往具有更好的安全性。

抗心绞痛药物的发展始于19世纪50年代的亚硝酸异戊酯，硝酸酯及亚硝酸酯类药物治疗心绞痛已有100多年的历史。随着钙拮抗剂和β受体阻滞剂的发展，心绞痛的治疗有了更多的选择，硝苯地平和普萘洛尔分别是此两类药物的典型代表。

动脉粥样硬化性心脑血管病是世界范围内的主要死亡原因，血脂异常是动脉粥样硬化最重要的危险因素之一。降血脂药物主要包括他汀类、苯氧乙酸类、胆固醇吸收抑制剂、胆固醇酯转运蛋白抑制剂、微粒体甘油三酯转运蛋白抑制剂、酰基辅酶A-胆固醇酰基转移酶抑制剂等。其中他汀类药物仍然是临床中的首选药物，苯氧乙酸类药物以及胆固醇吸收抑制剂在临床中也广泛使用。他汀类药物具有着辉煌的研发历史，全球著名的制药公司都研制出了"重磅炸弹"级的他汀类降脂药物，其中辉瑞公司研发的立普妥（阿托伐他汀）数年位居全球销量第一，其2006年的全球销售额达到了130亿美元。然而，虽然目前使用的药物能够有效地降低血浆中胆固醇和甘油三酯的含量，但是这些药物具有不同程度的副作用。因此，开发具有新作用机制的降脂药物，以及开发与他汀类药物联用的复方制剂仍是降血脂药物研究的主要方向。

39.1 强心药物[1]

慢性或充血性心力衰竭（chronic or congestive heart failure，CHF）是各种病因所引起的各种心脏疾病的终末阶段。是指在适当的静脉回流下，心脏排出量绝对或相对减少，不能满足机体组织所需的一种病理状态，又是一种超负荷心肌病，此时心肌储备力明显下降，收缩和舒张功能出现障碍，导致动脉系统供血不足，致体循环和肺循环淤血等症状。

CHF是一种多病因、多症状的慢性综合征，其诱发因素很多。有些药物会影响心脏功能诱发心衰竭，如保泰松、β受体阻滞剂、双异丙吡胺等。CHF传统治疗手段为改善血流动力学，如增加心排出量、心脏指数，降低左心室舒张末压。现代的治疗理念是除改善症状外，尚应防止并逆转心室肥厚、改善预后并降低病死率。

根据作用机制的不同，可将强心药物分为以下四类：①强心苷，抑制膜结合的 Na^+、K^+-ATP 酶活性；②β 受体激动剂，产生 β 受体激动作用，尤其对心脏 $β_1$ 受体选择性作用；③磷酸二酯酶抑制剂，激活腺苷环化酶，使 cAMP 的水平增高，促进钙离子进入细胞膜，增强心肌收缩力；④钙敏化剂，加强肌纤维丝对钙离子的敏感性。

39.1.1 强心苷

强心苷是一类具有强心作用的苷类化合物，由苷元（配基）和糖组成。在各种治疗心血管疾病的药物中，强心苷的历史最为悠久。含有强心苷的植物有洋地黄、康毗毒毛旋花、羊角拗、黄花夹竹桃、冰凉花以及铃兰等。临床应用的强心苷药物主要包括地高辛[2]（**1**，Digoxin）、洋地黄毒苷（**2**，Digitoxin）、毛花苷 C（**3**，Lanatoside C）、毒毛花苷 K（**4**，β-Strophanthin K），以及铃兰毒苷（**5**，Convallatoxin）等。

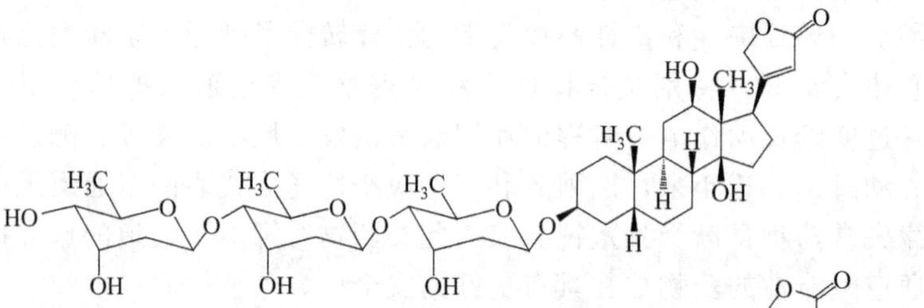

1, 地高辛

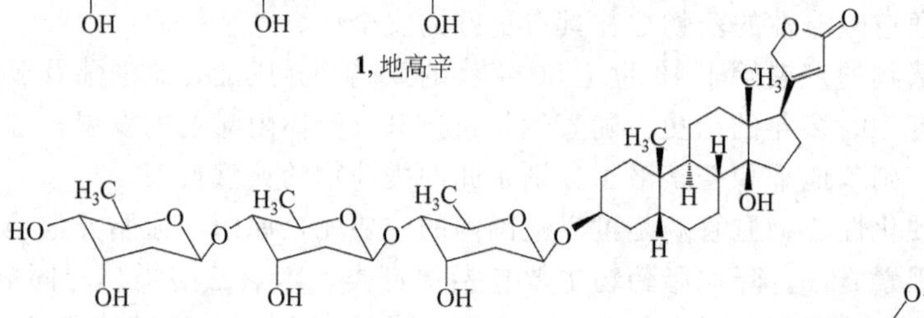

2, 洋地黄毒苷

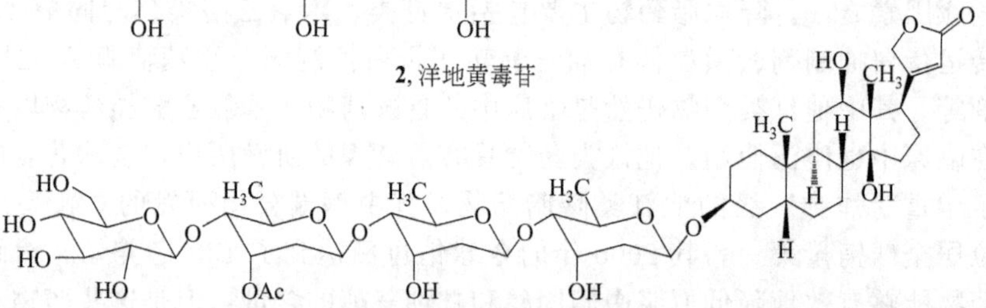

3, 毛花苷C

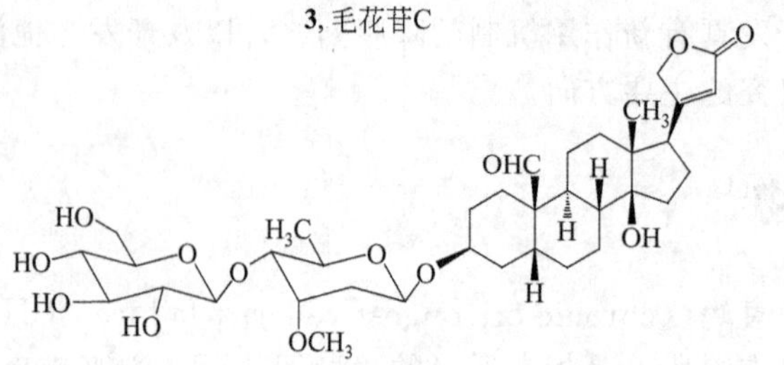

4, 毒毛花苷K

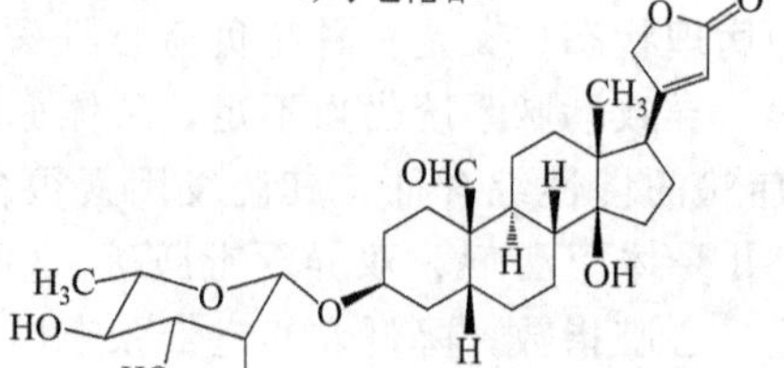

5, 铃兰毒苷

6, 氨糖洋苷

7, 甲基地高辛

此类药物作用机制基本相似，具有正性肌力作用，即加强心肌收缩性，表现为心肌收缩的最高张力和最大缩短速率的提高，使心肌收缩有力而敏捷。它们的不同主要表现在起效速度、作用强度和作用持续时间上。其主要缺点是治疗安全范围小，强度不够大，吸收、消除途径及速度方面也有缺陷。通过结构改造和构效关系研究，已找到一些更理想的衍生物，如氨糖洋苷（**6**，ASI-222）和甲基地高辛（**7**，Methyldigoxin）。前者作用比地高辛强三倍，但疗效与毒性分离方面仍不够理想；后者作用与地高辛相当，但毒性有所降低。

强心苷类药物的正性肌力作用是通过增加心肌胞浆内 Ca^{2+} 浓度来实现。Na^+-K^+ ATP 酶被称为钠泵，对于维持细胞内外的离子梯度有重要作用，它能利用水解释放的能量，使 3 个 Na^+ 逆浓度梯度主动转运出细胞的同时使 2 个 K^+ 主动转运进细胞内。强心苷能与心肌细胞膜上的 Na^+-K^+ ATP 酶特异结合而抑制该酶活性，致使 Na^+ 和 K^+ 主动偶联转运受损，心肌细胞内 Na^+ 浓度升高而 K^+ 浓度降低。心肌细胞内 Ca^{2+} 和心肌细胞外 Na^+ 的交换受这两种离子在膜内外浓度差的影响，当心肌细胞内 Na^+ 浓度升高时，细胞外的 Na^+ 与细胞内 Ca^{2+} 交换减少，致使心肌细胞内 Ca^{2+} 浓度增高，心肌细胞肌浆网内 Ca^{2+} 储量增多。当心肌兴奋时，有较多的 Ca^{2+} 释放，而兴奋心肌收缩蛋白，使心肌收缩力增强。

强心苷同其他苷类一样，由配糖基和糖苷基两部分组成。配糖基甾核的立体结构对药效影响很大，四个环呈顺-反-顺的连接构象，这种稠合方式使分子形状为 U 形。大多数情况下甾核 10-位和 13-位上都有两个角甲基，与 3 位羟基均为 β-构型。3-位和 14-位上有羟基，糖一般连接在 3-位上，14-位上的羟基通常都未被取代。另外，12-位和 16-位处也会出现羟基，如地高辛、毛花苷 C。17-位的内酯环也是强心苷药物的重要结构特征。通常，植物来源的苷为五元 α,β-不饱和内酯，称为卡西内酯（Cardenolide），动物来源的苷为六元内酯，有两个双键，称为蟾二烯羟酸内酯（Bufadienolide）。17-位上的内酯环应取 β-构型，若为 α-构型则活性降低，双键若被饱和或内酯环打开活性也会显著降低。甾核 5-、6-位间或 16-、17-位间形成双键可以保留强心作用，而在 8-、9-位间形成双键则使强心作用完全丧失。在甾核的其他位置上引入羟基，如在 1-、5-、11-、12-和 16-位可以增加强心苷极性，口服吸收率降低，作用持续时间短。若羟基酯化后则口服生效速度较快，作用持续时间变长，但静脉注射的强心作用比游离的羟基化合物弱。19-位甲基被氧化成羟甲基或醛时活性增强，氧化成酸时活性显著降低。以氢置换此处甲基也会导致活性降低。

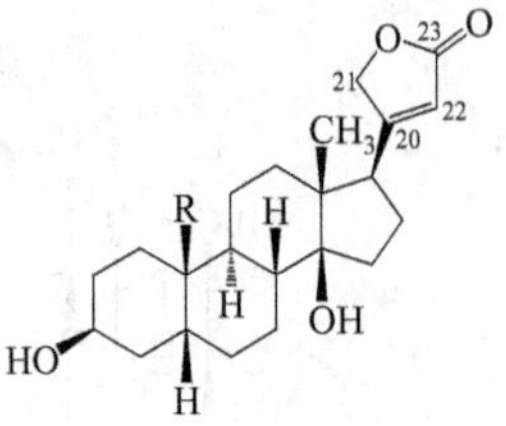

卡西内酯 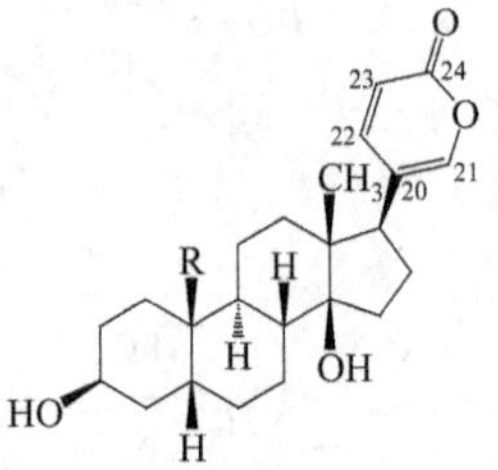　　　　　　　　　蟾二烯羟酸内酯

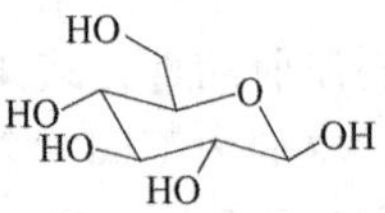

D-葡萄糖 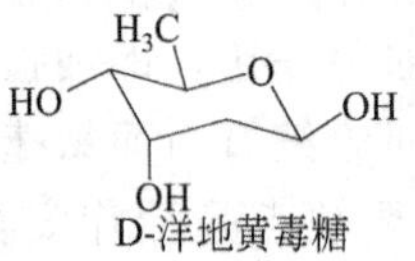　　D-洋地黄毒糖 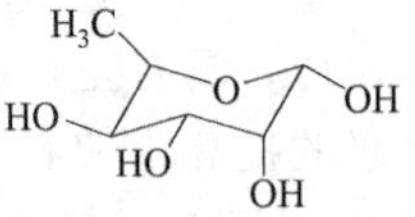　　L-鼠李糖 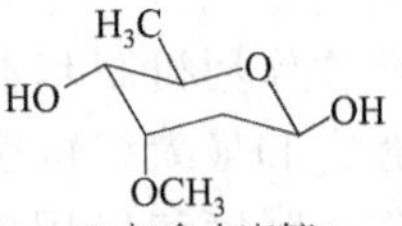　　D-加拿大麻糖

糖苷基多以 1,4-糖苷键连接，有些糖会以乙酰化形式出现，由于改变了苷的脂溶性，所以对药代动力学的影响很大。常见的糖多为 D-葡萄糖（D-Glucose）、D-洋地黄毒糖（D-Digitoxose）、L-鼠李糖（L-Rhamnose）和 D-加拿大麻糖（D-Cymarose）。糖基本身并无活性，糖苷基与配糖基相连的键为 α-体或 β-体对活性并无影响。但失糖后，配糖基 3β-OH 迅速转为 3α-OH 而失活。强心苷水解成苷元后脂溶性增大，易进入中枢神经系统，产生严重的中枢毒副作用，因此，苷元不能用作治疗药物。

39.1.2　磷酸二酯酶抑制剂

磷酸二酯酶（PDE）抑制剂是一类与强心苷作用机理不同的强心药。PDE-Ⅲ 对 cAMP 具有高亲和力和专一性。cMAP 对心肌功能的维持具有重要作用，cMAP 水平增高能导致强心作用。此类药物通过抑制 PDE-Ⅲ 而明显提高心肌细胞内 cAMP 含量，增加心肌收缩性，对血管平滑肌和支气管平滑肌有松弛作用，对血小板聚集有抑制作用，并能增加心排出量，减轻前后负荷，是一类正性肌力和扩张血管药。

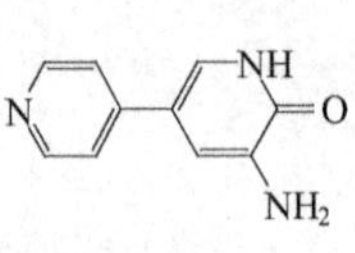

8, 氨力农 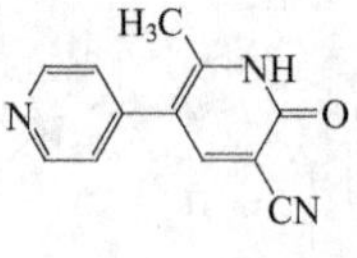　　　　9, 米力农 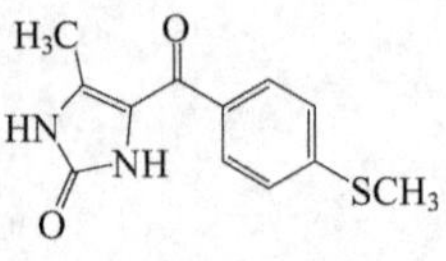　　　　10, 依洛昔酮

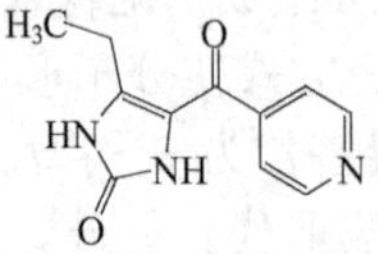

11, 匹罗昔酮 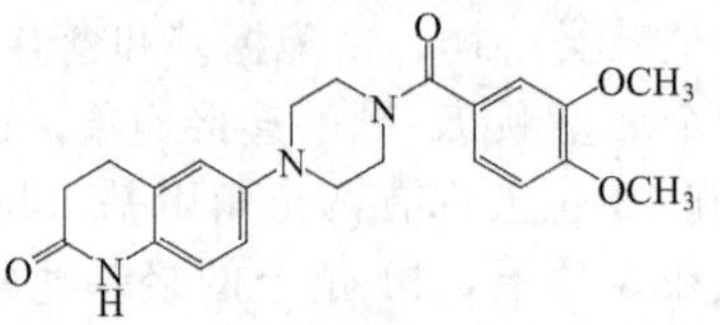　　　　12, 维司力农

20 世纪 70 年代氨力农（**8**, Amrinone）作为磷酸二酯酶抑制剂第一次在临床使用，但由于副作用较多，如血小板下降、肝酶异常、心律失常及严重低血压，使其仅限于短期治疗。氨力农的衍生物米力农（**9**, Milrinone）活性提高 10～20 倍且选择性更高、口服有效，但仍有可能导致心律失常。依洛昔酮[3]（**10**, Enoximone）和匹罗昔酮[4]（**11**, Piroximone）均为咪唑酮类衍生物，前者可长期口服，耐受性好，后者作用比前者强 5～

10倍。维司力农[5]（**12**，Vesnarinone）是一类新型强心药物，可激活细胞膜 Na^+ 通道，促进 Na^+ 内流；抑制 K^+ 通道，延长动作电位时程，也因增加 cAMP 量而促进 Ca^{2+} 内流；还有增加心肌收缩成分对 Ca^{2+} 敏感性的作用。其口服有效且毒性极低。

39.1.3　β受体激动剂

β受体激动剂有强心、扩张外周血管和松弛支气管平滑肌的作用，可兴奋心脏和加快心率，但易产生心悸、心动过速等较强的心脏兴奋副作用。因此，寻找具有正性肌力作用而无加快心率等副作用的选择性 $β_1$ 受体激动剂是此类强心药物的研究方向。$β_1$ 肾上腺素受体主要分布在心肌中，当 $β_1$ 受体兴奋时，可产生一个有效的心肌收缩作用，其机理在于能激活腺苷环化酶，使 ATP 转化为 cAMP，促进钙离子进入心肌细胞膜，从而增强心肌收缩力。因此，部分β受体激动剂在临床上被用作强心药物，许多多巴胺的衍生物是此类强心药的代表，如多巴酚丁胺（**13**，Dobutamine）。由于多巴酚丁胺在体内可由儿茶酚-O-甲基转移酶催化代谢，因此其作用时间短且口服无效。为解决口服问题，对多巴酚丁胺进行结构改造得到谷多巴胺双醋酯（**14**，Abbott-477884）、异波帕胺[6]（**15**，Ibopamine）、地诺帕明[7]（**16**，Denopamine）、多培沙明[8]（**17**，Dopexamine）和布托巴胺[9]（**18**，Butopamine）等。其中异波帕胺作用显著改进且口服有效。地诺帕明可产生明显正性肌力作用而不增加心率。

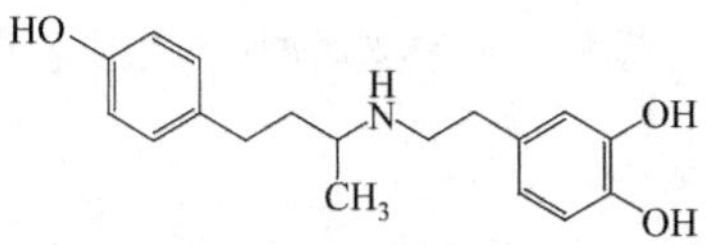

13, 多巴酚丁胺

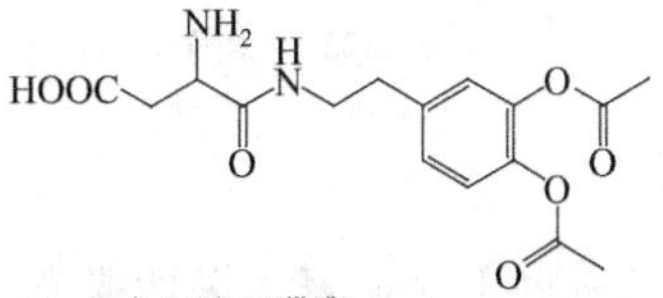

14, 谷多巴胺双醋酯

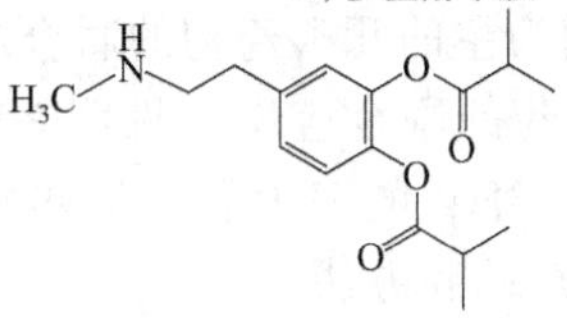

15, 异波帕胺

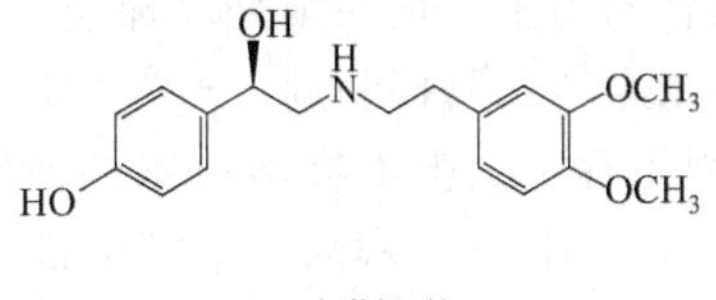

16, 地诺帕明

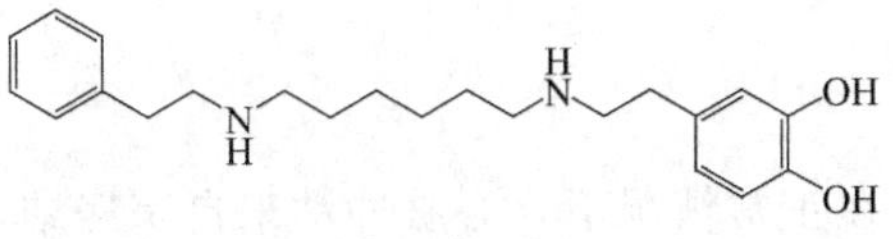

17, 多培沙明

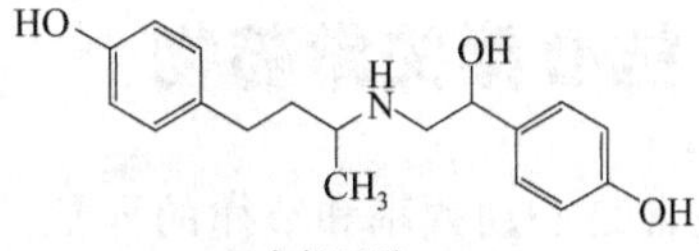

18, 布托巴胺

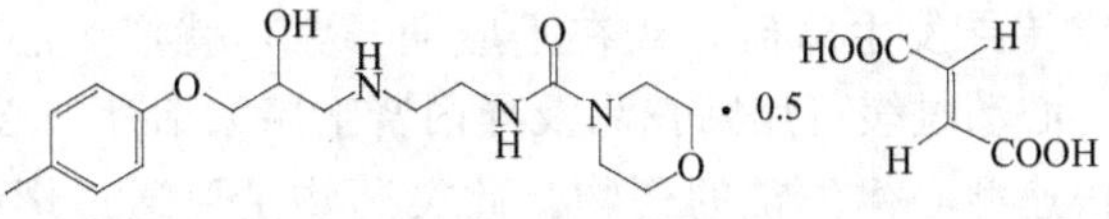

19, 扎莫特罗

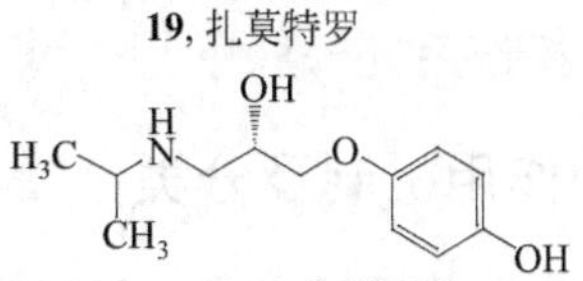

20, 普瑞特罗

非多巴胺衍生物的β受体激动剂主要是扎莫特罗[10]（**19**，Xamoterol）和普瑞特罗[11]（**20**，Prenalterol）。扎莫特罗具有选择性心脏兴奋作用，当交感神经功能低下时，可产生正性肌力作用和正性频率作用，而当交感神经亢进时，可产生负性肌力作用。普瑞特罗是选择性心脏 $β_1$ 受体激动剂，而对肺和血管 $β_2$ 受体则无明显作用，用于治疗伴有心肌梗死的心力衰竭。

39.1.4 钙敏化剂

钙敏化剂可以增强肌纤维丝对于 Ca^{2+} 的敏感性，在不增加细胞内的 Ca^{2+} 浓度的条件下，增强心肌收缩力，其代表药物为苯并咪唑-哒嗪酮衍生物匹莫苯（**21**，Pimobendan），它同时还具有 PDE-Ⅲ 抑制活性。除此之外还有硫马唑（**22**，Sulmazole）和伊索马唑（**23**，Isomazole），但它们毒副作用较大。近年来，左西孟旦[12]（**24**，Levosimendan）由于具有增加心肌收缩力而不增加心率和心肌耗氧量等优点，被认为很有临床应用前景的钙敏化剂。

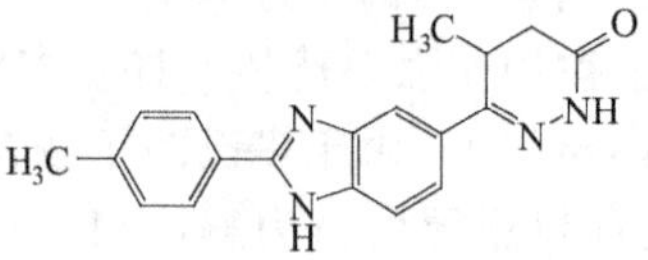

21, 匹莫苯

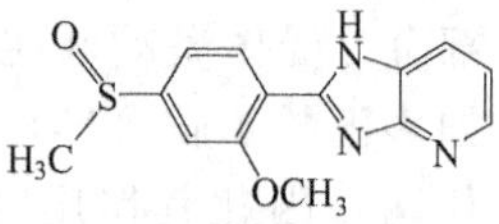

22, 硫马唑

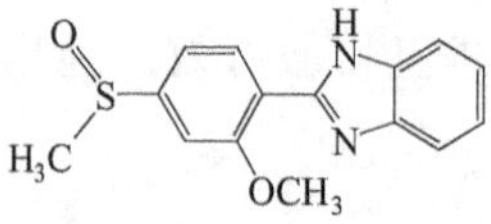

23, 伊索马唑

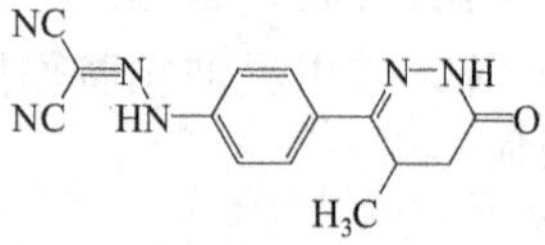

24, 左西孟旦

39.1.5 展望

强心药近年进展不太显著。慢性或充血性心力衰竭的治疗药物，过去是以强心药、利尿药、扩张血管药为主，现在则是以神经内分泌拮抗剂为主的几类药物的联合应用，即利尿剂、血管紧张素转化酶抑制剂、β 受体阻滞剂和强心药的联合应用（见第 30 章、第 37 章）。随着基因工程及细胞生物学技术的研究进展，对 CHF 的病因研究逐步深入，用基因治疗的手段对 CHF 进行病因性治疗也是今后该病治疗的新方法。

39.2 抗心律失常药物[13]

心律失常是心动频率和节律的异常。在正常情况下，心脏冲动来自窦房结，依次经过心房、房室束及浦金野纤维，最后传至心室肌，引起心脏节律性收缩。在病理或药物的影响下，冲动形成失常或传导发生障碍，或在不应期异常，就产生心律失常。它可分为两类：缓慢型和快速型。心动过缓可用阿托品及异丙肾上腺素治疗。心动过速比较复杂，本节讨论的是用于治疗快速型心律失常的药物。此类药物主要通过影响 Na^+、K^+ 或 Ca^{2+} 的转运，纠正电生理紊乱而发挥作用。

39.2.1 抗心律失常药物的作用机制及分类

抗心律失常药物的作用，主要是通过阻滞心肌细胞膜通道的粒子流、改变心肌细胞的电生理特性而实现的，其主要作用途径有以下四种：①降低自律性；②减少后除极和触发活动；③改变膜反应性而改变传导性，终止或取消折返激动；④延长不应期终止及防止折返的发生。

抗心律失常药物主要是通过对离子通道活动过程的影响来达到治疗目的。因此，按照药物对离子通道活动过程的影响将抗心律失常药物分为 4 大类（Vaugha Williams 法），其中第一类药物又被分为 3 个亚类。

Ⅰ类为钠通道阻滞剂（膜稳定剂）。主要是通过阻滞快钠通道，降低心肌细胞对 Na^+ 的通透性，使动作电位 0 相的上升速率减慢，从而减慢心肌传导速度，延迟复极过程，有效终止钠通道依赖的折返。根据Ⅰ类药物与通道作用动力学和阻滞钠通道程度的不同，又将其分为三类：$Ⅰ_A$ 类（适度阻钠），抑制钠内流，也抑制钾外流，降低心肌细胞的自律性，减慢传导速度，抑制快速除极，延长动作电位时间；$Ⅰ_B$ 类（轻度阻钠），轻度减慢除极，缩短动作电位时程；$Ⅰ_C$ 类（重度阻钠），明显抑制钠内流，对钾无影响，降低自律性，减慢传导速度。

Ⅱ类为 β 受体阻滞剂。主要通过阻滞心脏 β 肾上腺素能受体，降低交感神经效应，抑制儿茶酚胺对心肌的兴奋作用，间接影响心脏的离子通道，使动作电位时程和有效不应期延长，抑制心肌的自律性，减慢激动传导速度，延长相对不应期而发挥抗心律失常作用。

Ⅲ类为钾通道阻滞剂。能够延长复极和不应期，有抗室颤作用。

Ⅳ类为钙拮抗剂。其主要抑制慢反应细胞的除极和自律性，抑制触发活动，减轻心肌细胞内钙超负荷。

39.2.2　钠通道阻滞剂

39.2.2.1　$Ⅰ_A$ 类抗心律失常药物

奎尼丁（**25**，Quinidine）为 $Ⅰ_A$ 类抗心律失常药中的代表药物，也是最早应用于临床的抗心律失常药物。它是从金鸡纳树皮中发现的生物碱之一，用于治疗阵发性心动过速、心房颤动和早搏。临床上使用的还有局麻药普鲁卡因，但其易于水解，不宜口服，所以常使用普鲁卡因胺（**26**，Procainamide）。普鲁卡因胺是普鲁卡因的衍生物，既可口服又可注射给药。虽然其结构与奎尼丁不同，但作用机理却与之基本相同，能降低浦肯耶纤维的自律性，减慢传导速度，延长有效不应期和心肌细胞动作电位时程。丙吡胺[14]（**27**，Disopyramide）为广谱抗心律失常药，且副作用小。西苯唑啉[15]（**28**，Cibenzoline）疗效准确，副作用少，既可口服又可注射。吡美诺[16]（**29**，Pirmenol）适用于各种原因引起的室性早搏、室性心动过速，对室上性心律失常也有效。尤对低钾所致的心律失常，疗效优于其他抗心律失常药，其最大优点为不受血钾浓度的影响，且口服后吸收迅速、完全。

25, 奎尼丁　　**26**, 普鲁卡因胺

27, 丙吡胺　　**28**, 西苯唑啉　　**29**, 吡美诺

39.2.2.2　$Ⅰ_B$ 类抗心律失常药物

此类药物主要有利多卡因（**30**，Lidocaine）、妥卡尼（**31**，Tocainide）、美西律（**32**，Meixletine）和苯妥英（**33**，Phenytoin）等。利多卡因原为局麻药，后来发现其具有明显

的抗心律失常作用而得到广泛应用。它主要作用于希-浦系统，对室性心律失常疗效显著。虽口服吸收好，但很快被肝脏破坏，故常用静脉注射给药。妥卡尼和美西律亦为局麻药，可口服。前者是利多卡因的衍生物，其作用与用途均与利多卡因相似，且无明显负性肌力作用。后者对心脏的作用具有选择性，即对心脏内异常组织的作用大于正常组织。苯妥英能与强心苷竞争 Na^+-K^+-ATP 酶，抑制强心苷中毒所致的晚后除极及触发活动，恢复因强心苷中毒而受抑制的传导，为治疗强心苷中毒所致快速心律失常的首选药物。

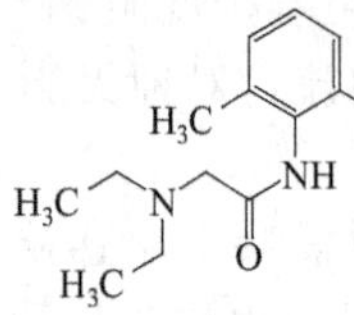

30, 利多卡因 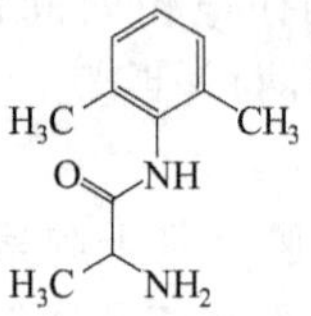　　**31**, 妥卡尼 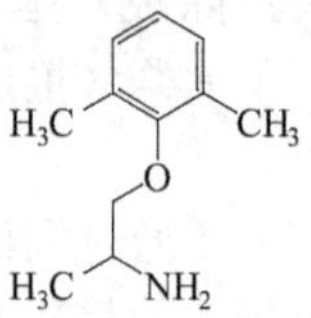　　**32**, 美西律 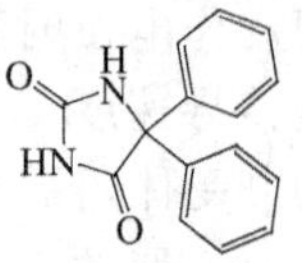　　**33**, 苯妥英

39.2.2.3　Ic 类抗心律失常药物

Ic 类药物对钠通道活性的抑制程度较重，本类药物与 IA 类药物同属于钠通道激活阻滞剂，但其阻滞钠通道激活过程和抑制 Na^+ 快速内流的作用较 IA 类药物更强，而且作用持续时间也长，可使心肌的自律性和传导性显著降低。常用代表药物有氟卡尼（**34**，Flecainide）、恩卡尼（**35**，Encainide）、劳卡尼（**36**，Lorcainide）、英地卡尼（**37**，Indecainide）、莫雷西嗪（**38**，Moricizine）、普罗帕酮（**39**，Propafenone）、常咯啉（**40**，Pyrozolin）等。

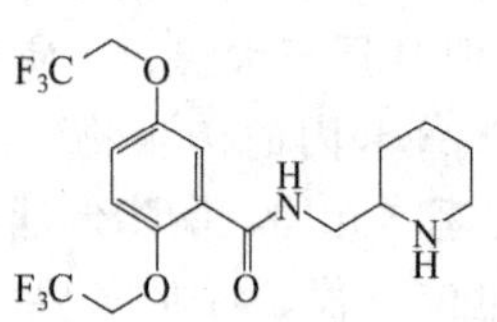

34, 氟卡尼 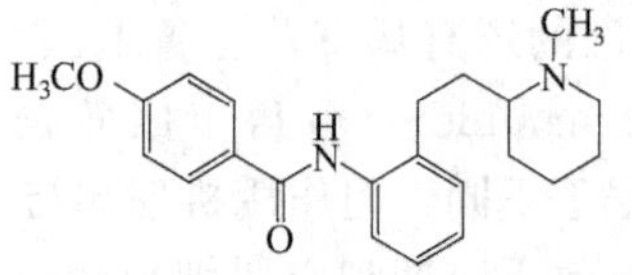　　**35**, 恩卡尼 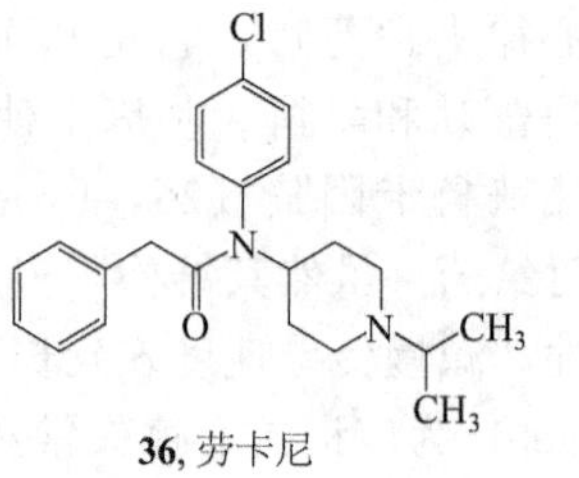　　**36**, 劳卡尼

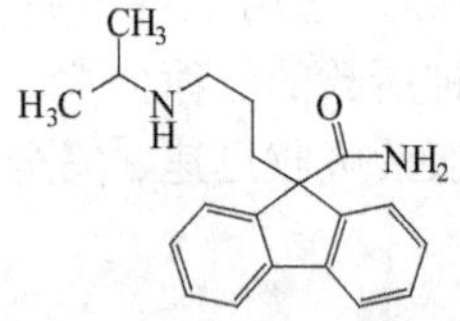

37, 英地卡尼 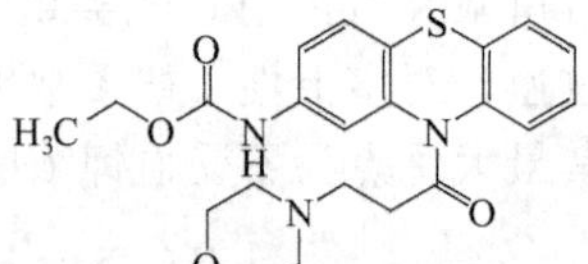　　**38**, 莫雷西嗪

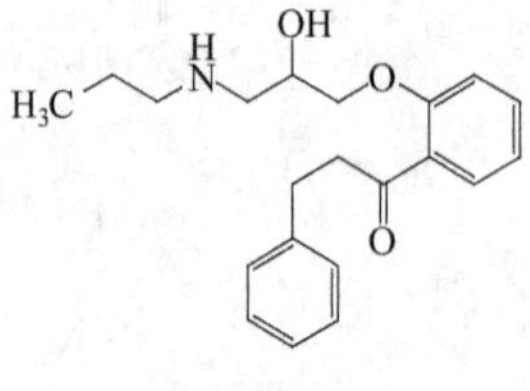

39, 普罗帕酮 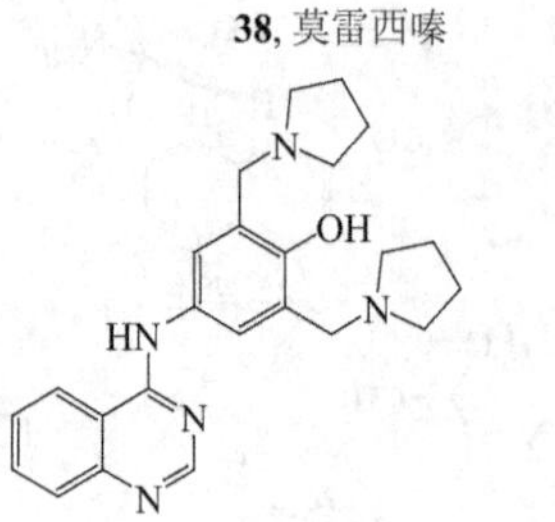　　**40**, 常咯啉

氟卡尼可明显阻滞钠通道，口服吸收迅速而完全，但有潜在致心律失常作用。恩卡尼及劳卡尼的药理作用和不良反应基本同氟卡尼，主要抑制钠通道，使快钠内流受阻，对室上性及室性心律失常均有效。英地卡尼适用于室上性早搏，作用比丙吡胺强六倍，没有副作用发生。莫雷西嗪兼有 IB 和 Ic 类抗心律失常的特性。它可抑制快 Na^+ 内流，具有膜稳定作用，缩短 2 相和 3 相复极及动作电位时间，缩短有效不应期。对窦房结自律性影响

很小，但可延长房室及希浦系统的传导。口服主要适用于室性心律失常，包括室性早搏及室性心动过速。普罗帕酮[17]对心肌传导细胞有局部麻醉作用和膜稳定作用，还有一定程度的β阻滞活性和钙拮抗活性，适用于室性和室上性心律失常。本品有两个对映异构体，在药效和药代动力学方面存在明显立体性差异。常咯啉是由常山乙素结构改造而得，原为我国研制的抗疟药，后来发现其具有Ⅰc类抗心律失常作用，口服吸收效果好，用于室性和房性心律失常，对室性心动过速效果较好。

39.2.3 β受体拮抗剂

β受体拮抗剂主要通过阻滞β受体而对心脏发挥影响，高浓度时还具有膜稳定作用。同时具有阻滞钠通道、促进钾通道及抗心肌缺血等作用。β受体拮抗剂的种类很多，但其抗心律失常的作用原理基本相同，常用者有普萘洛尔（Propranolol）、纳多洛尔（Nadolol）、噻吗洛尔（Timolol）、美托洛尔（Metoprolol）、艾司洛尔（Esmolol）和阿替洛尔（Atenolol）等，详见第30章。

39.2.4 钾通道阻滞剂

钾离子通道广泛分布于心脏、血管、神经、骨骼肌、气管、胃肠道、肾脏、血液、内分泌和腺体等部位的细胞，是迄今发现的分布最为广泛，亚型最多，作用最复杂的一类离子通道。钾离子通道蛋白基本结构是由4个结构相同的亚单位和数目不定的辅助亚单位构成（图39-1）。心房肌细胞膜上的钾离子通道功能异常和心律失常密切相关。1998年，第一个高分辨率离子通道三维结构——KcsC钾离子通道晶体结构[18]被成功解析。此结果是膜蛋白研究的又一个里程碑，使人们可以从分子水平揭示通道结构和机制。

(a) 钾离子通道KcsA-Fab复合物[19](PDB编号1K4C)

(b) 哺乳动物电压依赖型Shaker家族钾离子通道[20]复合物(PDB编号2A79)

图39-1 钾离子通道复合物

钾通道阻滞剂通过阻滞钾通道，延长心肌细胞动作电位时程、复极时间和有效不应期而不减慢激动的传导，有利于消除各种折返，从而发挥其防颤与抗颤作用，代表药物为胺碘酮[21]（**41**，Amiodarone）。胺碘酮属苯并呋喃衍生物，具有对心脏的直接膜作用和间接β受体阻滞作用，可阻滞钾通道，明显抑制心肌的复极过程，延长动作电位时程和有效不应期，它还可阻滞钠通道和钙通道。但因其含碘，长期服用会影响甲状腺功能。同类药物还有托西溴苄铵（**42**，Bretylium Tosilate）、索他洛尔（**43**，Sotalol）、乙酰卡尼（**44**，Acecainide）等。

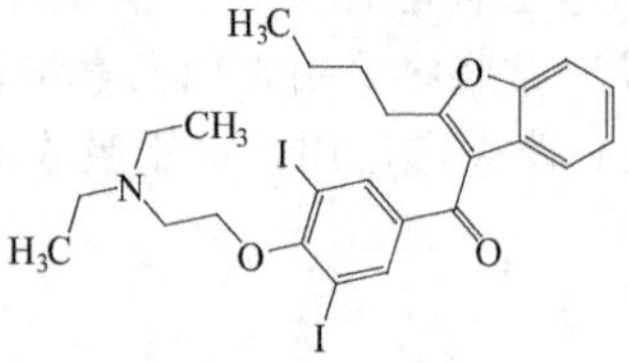

41，胺碘酮 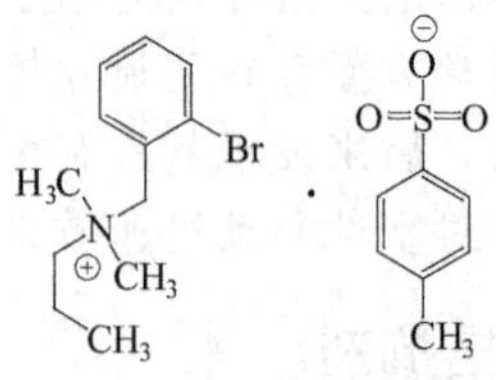 **42**，托西溴苄铵

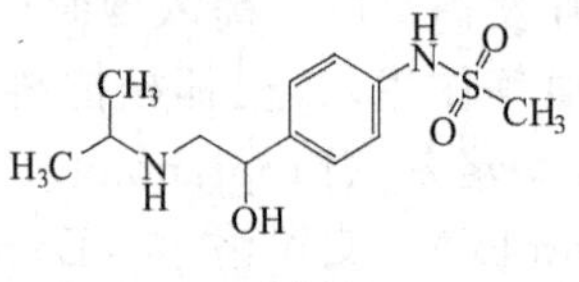

43，索他洛尔 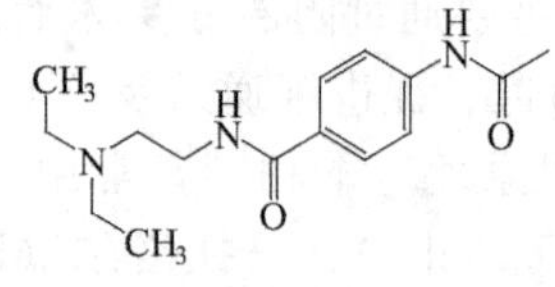 **44**，乙酰卡尼

此类药物近年来发展较为迅速。新型第Ⅲ类钾通道阻滞剂伊布利特[22]（**45**，Ibutilide）、多非利特[23]（**46**，Dofetilide）是近年开发的产品，为兼有一定Ⅰ类活性的第Ⅲ类抗心律失常的药物。新型Ⅲ类药物心外副作用比胺碘酮小，但尖端扭转型心动过速发生率不低于胺碘酮。伊布利特属于甲基磺酰胺的衍生物，是一类有效的近远期抗心律失常作用药物。平均终止心律失常时间短，优于索他洛尔和普鲁卡因胺转复成功率数倍。伊布利特没有负性肌力作用，也没有索他洛尔及胺碘酮的毒性反应。但其口服剂型具有较强的首关效应，生物利用度低，所以采用静脉注射给药。多非利特是第三代口服抗心律失常药物，与伊布利特作用机制相似。其对心房作用比心室更为明显，属于新型钾通道激动剂，临床用于治疗心房纤颤和心房扑动，口服吸收良好。2009年FDA批准的抗心律失常新药决奈达隆[24]（**47**，Dronedarone）是胺碘酮的类似物。与胺碘酮相比，因其不含碘所以没有器官毒性，且半衰期为1～2天，更便于调整药物剂量。决奈达隆的电生理作用与胺碘酮基本一致，以阻滞多种钾离子通道作用为主，也具Ⅰ、Ⅱ、Ⅳ类抗心律失常效应。

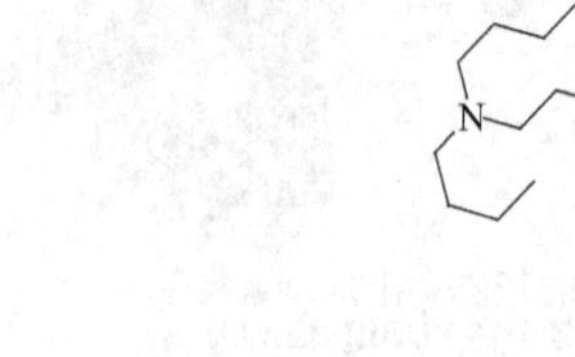

45，伊布利特 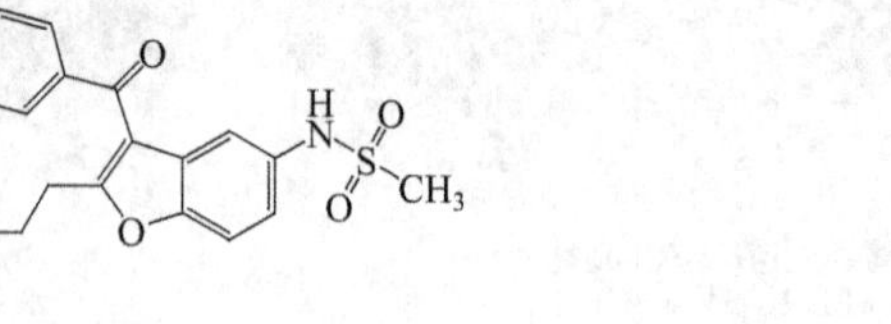 **46**，多非利特

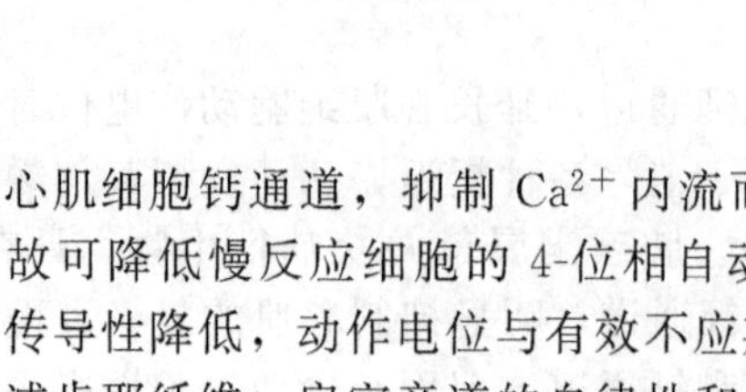

47，决奈达隆

39.2.5 钙拮抗剂

钙拮抗剂主要通过阻滞心肌细胞钙通道，抑制 Ca^{2+} 内流而发挥抗心律失常作用。由于其主要作用于慢钙通道，故可降低慢反应细胞的4-位相自动除极速度，使慢反应组织窦房结和房室结的自律性、传导性降低，动作电位与有效不应期延长，而对快反应组织如心房肌、心室肌、希氏束、浦肯耶纤维、房室旁道的自律性和传导性均无明显影响。由于

其能延长房室结的有效不应期,可有效地终止房室折返型心动过速,减慢心房颤动的心室率,但该类药物有较强的负性肌力作用。常用代表药物有维拉帕米(Verapamil)、戈洛帕米(Gallopamil)、地尔硫䓬(Diltiazem)和苄普地尔(Bepridil)等,详见第 37 章。

39.2.6　多离子通道阻滞剂

在以上介绍的四类抗心律失常药物中,有部分药物兼具两种或两种以上通道阻滞作用,如多非利特和决奈达隆。除此之外,目前还有一些同时作用于多离子通道的药物,如我国研制的盐酸关附甲素[25](**48**,Guanfu Base A Hydrochloride)。关附甲素是从黄花乌头根中分离得到具有抗心律失常活性的 C_{20} 二萜生物碱。它具有多离子通道阻滞作用,既不完全等同于现有的 I 类药,亦不同于 III 类抗心律失常药。其对钠通道的阻滞作用以及降低 V_{max} 和动作电位振幅,延长动作电位时程的作用与 I_A 类药物如奎尼丁、普鲁卡因胺类似。但它同时还具有钾通道阻滞作用(类似于 III 类药物)以及钙通道阻滞作用(类似 IV 类药物)。从离子通道作用机制及临床试验所得出的证据看,盐酸关附甲素作为一种新的抗心律失常药物具有不同于现有抗心律失常药物的特点,同时具有较好的安全性。该药可为急性期控制心律失常提供新的药物选择。

48,盐酸关附甲素

39.2.7　展望

多数抗心律失常药物都有一定的毒副作用,而且抗心律失常作用越强其毒副作用可能越明显,因此解决抗心律失常药物易导致心律失常问题,以期找到更安全、有效的药物是一个重要方向。由于抗心律失常药物效应与风险比的关系,I_A 类抗心律失常药物的应用正在逐渐减少。I_B 类抗心律失常药中的利多卡因多被应用于急诊治疗室性心动过速。I_C 类抗心律失常药普罗帕酮用于心脏无结构异常,至少心功能正常者,所以临床应用受到一定限制。II 类抗心律失常药物在治疗心律失常方面的应用正在逐渐增加,用于高交感活性患者预防心脏猝死。IV 类抗心律失常药物用于控制快速的室上性心律不齐,但由于其负性肌力作用而受到了一定的限制。近期开发的新型 III 类抗心律失常药又分为单通道阻滞剂和多通道阻滞剂两类,前者以多非利特和伊布利特为代表,后者以阿齐利特和决奈达隆为代表。多通道 III 类抗心律失常药物的研发也是今后发展的方向之一。

39.3　抗心绞痛药物

39.3.1　概述

心绞痛是冠状动脉粥样硬化性心脏病(冠心病)的常见症状,是由于冠状动脉供血不足,心肌急剧的、暂时的缺血与缺氧所引起的临床综合征。其发作的典型特点是阵发性的前胸紧缩或压榨性疼痛,主要位于胸骨后方,可放射至心前区与左上肢。临床上对心绞痛的分类尚无一致的看法。参照世界卫生组织的命名和诊断标准的意见，可分为：稳定型（劳累性）心绞痛、不稳定型心绞痛和变异型心绞痛。

心肌对氧的需求量增加以及冠状动脉供血不足，引起血氧供需失调所导致的心肌暂时缺血缺氧和冠状动脉痉挛是心绞痛发生的重要病理生理机制。因此，改善心肌的血氧供需矛盾与消除冠状动脉痉挛是目前治疗心绞痛的药理基础。药物可通过舒张冠状动脉、解除冠状动脉痉挛或促进侧枝循环的形成而增加冠状动脉供血；也可通过减慢心率以及降低收缩性等作用而降低心肌对氧的需求。抗心绞痛药物通过对这两方面的影响，恢复氧的供需平衡而发挥治疗作用。

根据化学结构和作用机理的不同，抗心绞痛药物可分为：硝酸酯及亚硝酸酯类；钙离子拮抗剂和β受体阻滞剂等。其中钙离子（通道）拮抗剂在第 37 章 37.2.2.2 节中介绍，β受体阻滞剂在第 39 章 39.2.3 节中介绍。本节只介绍硝酸酯及亚硝酸酯类药物。

39.3.2　硝酸酯及亚硝酸酯类

硝酸酯及亚硝酸酯类（nitrates and nitrites）是最早应用于临床治疗的抗心绞痛药物。自 1857 年，首次将亚硝酸异戊酯（**49**，Amyl Nitrite）引入临床，这类药物治疗心绞痛已有 100 多年的历史。虽然随着钙离子拮抗剂和β受体阻滞剂的发展，使心绞痛的治疗有了更多的选择，但硝酸酯及亚硝酸酯类仍然是治疗心绞痛的可靠药物。

本类药物都是醇或多元醇与硝酸或亚硝酸进行缩合而得到的酯类化合物，目前在临床上使用的已经超过 10 种。由于最早的亚硝酸异戊酯副作用多，目前已很少使用。现在在临床上使用的此类药物主要有：硝酸甘油（**50**，Nitroglycerin）、丁四硝酯（**51**，Erythrityl Tetranitrate）、戊四硝酯（**52**，Pentaerityrityl Tetranitrate）、硝酸异山梨醇酯（**53**，Isosorbide Dinitrate）及其代谢产物单硝酸异山梨醇酯（**54**，Isosorbide Mononitrate）等。

49, 亚硝酸异戊酯　　**50**, 硝酸甘油　　**51**, 丁四硝酯　　**52**, 戊四硝酯

53, 硝酸异山梨醇酯　　**54**, 单硝酸异山梨醇酯　　**55**, 吗多明　　**56**, 硝普钠

在确定体内一氧化氮（NO）分子的作用以后，人们普遍认同硝酸酯类药物的作用是由 NO 引起的，因此将上诉硝酸酯类药物以及吗多明（**55**，Molsidomine）和硝普钠（**56**，Sodium Nitroprusside）等统称为 NO 供体药物。

NO 是 20 世纪 80 年代中期发现并确定的一种执行信使任务的重要神经递质。研究表明：哺乳动物血管内皮细胞在一氧化氮合成酶（nitric oxide synthase，NOS），以及乙酰胆碱的作用下，可将 L-精氨酸分解产生 NO 和 L-瓜氨酸，产生的 NO 具有重要的生理活性。

硝酸酯类药物通过生物转化形成 NO，NO 脂溶性强，能通过细胞膜，激活鸟苷酸环化酶（guanylyl cyclase，GC），使细胞内 cGMP 的含量增加，激动依赖性的蛋白激酶引起相应的第五磷酸化状态的改变，最终导致肌凝蛋白轻链去磷酸化。由于肌凝蛋白轻链去磷酸化过程同时能够调控平滑肌细胞收缩状态的维持，因此，它能够松弛血管平滑肌，降低心肌耗氧量，缓解心绞痛症状。现已证明，NO 为内皮衍生的松弛因子（endothelium-derived relaxing factor, EDRF)，在冠状粥样硬化以及急性缺血时，EDRF 释放量减少，外源性硝酸酯可以补充内源性 NO 的不足，这些非内皮依赖性的 NO 供体，对冠状动脉病变处于痉挛状态血管的松弛作用远远强于对正常血管段的松弛作用。

硝酸酯类药物的基本药理作用是直接松弛血管平滑肌，尤其是小血管的平滑肌，降低心脏前后负荷，使得心肌耗氧量下降；扩张阻力血管，减轻心脏射血阻抗；同时扩张血管容量，减少回心血量，使左心室舒张期末压力和心室壁张力降低，有利于血流向心肌缺血区流动；改善冠脉侧支循环，增加缺血区血流量。

硝酸酯类药物连续用药后会出现耐受性。耐受性的发生可能与体内"硝酸酯受体"中的巯基被耗竭有关，给予硫化物还原剂能迅速反转这一耐受现象。因此，在使用硝酸酯类药物的同时，给予还原剂硫醇类化合物 1,4-二巯基-3,3-丁二醇，就可以减少耐药性的产生。

硝酸酯类药物的作用比亚硝酸酯类药物的作用强，其原因可能是由于前者较易吸收。硝酸酯及亚硝酸酯都易经黏膜被皮肤吸收，口服吸收较好，但经肝脏首关效应后大部分被肝脏代谢，因此血药浓度极低。其药物代谢动力学特点是吸收快，起效快。该类药物在肝脏中被谷胱甘肽、有机硝酸酯还原酶降解，脱去硝基成为硝酸盐而失效，并与葡萄糖醛酸结合，主要为经肾脏排泄，其次是胆汁排泄。临床上多以舌下给药，1~2min 后即能迅速终止心绞痛，持续 10~45min。

有机硝酸酯药物主要用于治疗心绞痛，也能治疗哮喘胃肠道痉挛。其副作用为用药初期头痛，连服数日后，症状可消失；初期大剂量时可引起血压下降，反射性心动过速；偶有恶心、呕吐、面红等不良反应。

39.4 血脂调节药物

39.4.1 概述

随着社会的发展，人们的饮食呈富余化趋势，因血脂升高导致的动脉粥样硬化、冠心病等心血管疾病发病率逐年升高，并有年轻化趋势。降血脂药物已经成为药物研究的重点之一。

目前临床应用的降血脂药物主要有他汀类、苯氧乙酸类、烟酸类、胆固醇吸收抑制剂、胆汁酸螯合剂类等。其中他汀类药治疗效果最好，能有效地降低血清中的低密度脂蛋白胆固醇和甘油三酯；苯氧乙酸类药物降低甘油三酯的效果显著；而烟酸类药物在升高高密度脂蛋白方面表现良好；胆固醇吸收抑制剂依泽替米贝和胆酸螯合剂考来维仑主要用于降低低密度脂蛋白胆固醇，但这些药物也有一定的不良反应。他汀类大剂量服用会产生肌毒和升高肝转氨酶；苯氧乙酸类和烟酸类药物会产生胃肠道不适、肝肾损伤等副作用。现阶段降血脂药的研发主要集中在以下两个方面：对现有药物进行结构优化，设计新作用靶点的药物，以期获得高效低毒的新药；通过联用药物减少单药剂量，降低不良反应。

39.4.2 脂蛋白的分类、组成、结构与功能

脂蛋白（lipoprotein）是由脂质和蛋白质以非共价键（疏水作用、范德华力和静电引力）结合而成的复合物。脂蛋白中的蛋白质部分称脱辅基脂蛋白或载脂蛋白（apolipoprotein, apo）。脂蛋白广泛存在于血浆中，因此也称为血浆蛋白（plasma lipoprotein）。此外，细胞的膜系统中与脂质融合的蛋白质也可看成是脂蛋白，并称为细胞脂蛋白。

血浆脂蛋白都是球状颗粒，由一个疏水脂（胆固醇酯和甘油三酯）组成的核心和一个极性脂（游离胆固醇和磷脂）与载脂蛋白参与的外壳层（单分子层）构成。外壳层将内部的疏水脂与外部的溶剂水隔离。载脂蛋白富含疏水氨基酸残基，构成两亲的α螺旋区，一方面（疏水区）可以与脂质很好地结合，另一方面（亲水区）可以与溶剂水相互作用。载脂蛋白的主要作用是：作为疏水脂质的增溶剂或脂蛋白受体的识别部位（细胞导向信号）。至今已有10多种载脂蛋白被分离和鉴定，它们主要在肝和肠中进行合成分泌。

大多数脂质在血液中的转运是以脂蛋白复合体（lipoprotein complex）的形式进行。未酯化的脂肪酸仅与血浆中的血清清蛋白和其他蛋白质简单结合而被转运，但是磷脂、甘油三酯、胆固醇和胆固醇酯都以更复杂的脂蛋白颗粒形式被转运。

血浆脂蛋白中脂质和蛋白质的含量是相对固定的，而脂蛋白的密度与复合体中脂质和蛋白质的相对含量有关。因为大多数蛋白质的密度约为 $1.3 \sim 1.4 g/cm^3$，脂质聚集体的密度一般约为 $0.8 \sim 0.9 g/cm^3$，所以复合体中蛋白质越多，脂质越少，复合体的密度越高。脂蛋白依密度增加为序，可分为乳糜微粒（chylomicron）、极低密度脂蛋白（very low density lipoprotein，VLDL）、中间密度脂蛋白（intermediate density lipoprotein，IDL）、低密度脂蛋白（low density lipoprotein，LDL）和高密度脂蛋白（high density lipoprotein，HDL）。

血浆中各种脂质和脂蛋白需有基本恒定的浓度以维持相互间的平衡。如果比例失调，则表示脂质代谢紊乱，血浆中过量脂质的存在会造成高脂血症，其与动脉粥样硬化有着密切的联系。人体高脂血症主要是VLDL和LDL增多，而血浆中HDL则有利于预防动脉粥样硬化。临床上，将血浆中胆固醇的含量高于230mg/100mL，甘油三酯高于140mg/100mL 称为高脂血症。

39.4.3 脂类的合成与代谢

39.4.3.1 胆固醇的合成与代谢

胆固醇（cholesterol）是自然界中存在最丰富的甾醇化合物，是人体的重要脂类物质之一，其结构式如图39-2所示，其结构由极性头部、甾体母核以及烷基侧链三部分组成。它是膜、血浆脂蛋白的重要组成成分，同时也是许多具有特殊生物活性物质的前体，例如：胆汁酸、类固醇激素、维生素 D_3 等。

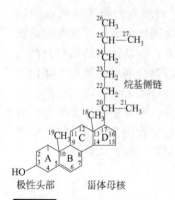

图 39-2 胆固醇的结构

血浆中胆固醇的来源有外源性和内源性两种途径。外源性的胆固醇主要来源是食物 $0.3 \sim 0.5 g/d$，可通过调节食物组成来控制胆固醇的摄入量；内源性的胆固醇主要在肝脏中进行合成 $2g/d$。它的生物合成途径如图39-3所示，是以乙酰辅酶A

为起始原料进行,其生物合成的第一阶段是由三分子的乙酰辅酶 A 合成异戊烯基焦磷酸酯。由羟甲戊二酰辅酶 A 转换成 3,5-二羟基-3-甲基戊酸,是胆固醇的生物合成的第一控制环节,这个反应被羟甲戊二酰辅酶 A 还原酶(HMG-CoA reductase)催化将其硫酯还原为伯羟基。HMG-CoA 还原酶是该合成过程中的限速酶,能够将 HMG-CoA 还原为甲羟戊酸,是内源性胆固醇合成中的关键步骤。第二阶段为由 6 个异戊烯基焦磷酸酯合成鲨烯。第三阶段由鲨烯环合得到羊毛甾醇,最后由羊毛甾醇转换到胆固醇。

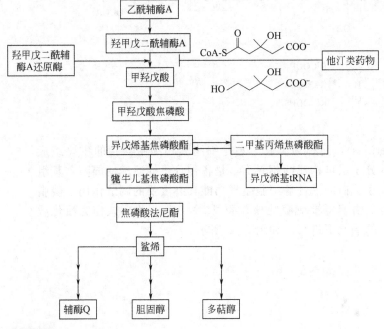

图 39-3 胆固醇的生物合成途径

胆固醇在体内有两种代谢途径,一种为代谢形成各种内源性甾体激素,另外一种为代谢形成胆汁酸及其盐。胆固醇在肝脏中的代谢主要途径是转化为胆汁酸,如图 39-4 所示。它在 7α-羟化酶的作用下转变为 7α-羟胆固醇,之后经过多步反应转化为胆汁酸。胆汁酸形成后,绝大部分都转变为胆汁酸盐(胆盐)进入肠道,它能够乳化肠内的脂质,协助消化脂质的酶对脂质进行分解。

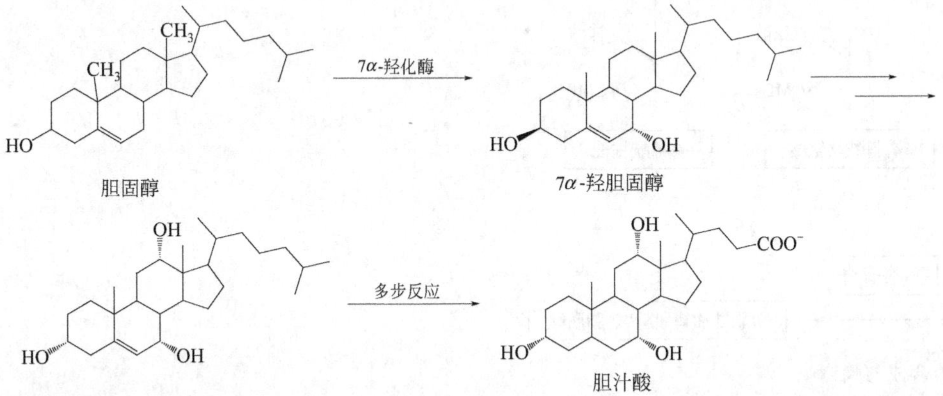

图 39-4 胆固醇的代谢

39.4.3.2 甘油三酯和磷脂的合成与代谢

甘油三酯为代谢能量的高度储备，它由 3-磷酸甘油酯与酰化的辅酶 A 作用而合成，如图 39-5 所示。当需要能量时，甘油三酯被脂酶（lipase）水解，释放游离的脂肪酸，这些脂肪酸经氧化、柠檬酸循环和氧化磷酸化等过程释放能量。

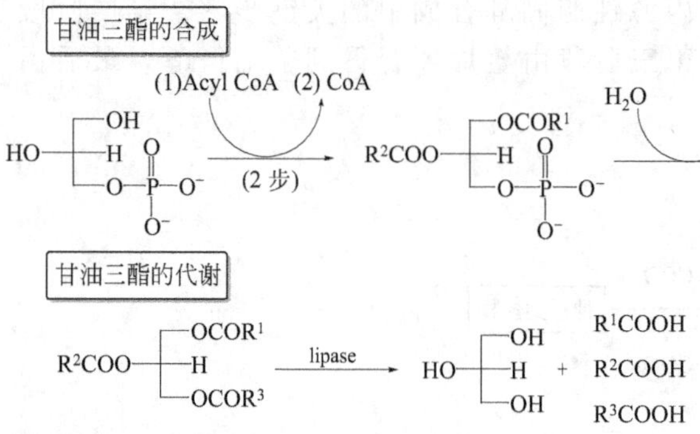

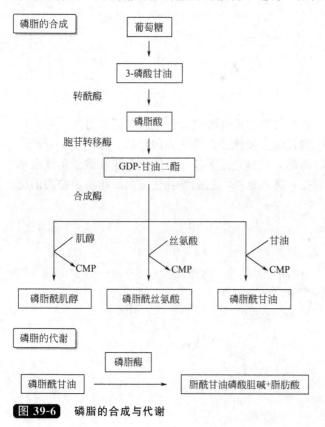

图 39-5 甘油三酯的合成与代谢

磷酸甘油酯（phosphoglycerides），简称为磷脂。它是细胞膜和细胞器膜的主要组成成分，具有两亲的性质。磷脂双分子层可构成两相界面，是各种分子的通透性屏障，其组成的变化对于细胞膜的流动性、膜蛋白的活性等细胞生理功能具有重要的调节作用。磷脂的生物合成是以磷脂酸作为前体，并且需要胞嘧啶核苷酸以 CMP 的生物形式作为活化载体进行合成，其代谢则在磷脂酶的催化下进行，如图 39-6 所示。

图 39-6 磷脂的合成与代谢

39.4.4 降血脂药物

根据药物的作用效果，可以把降血脂药物分为两大类：其中主要降低胆固醇和低密度脂蛋白的药物，包括羟甲戊二酰辅酶A（HMG-CoA）还原酶抑制剂和胆固醇吸收抑制剂；而主要降低甘油三酯和极低密度脂蛋白的药物，则包括苯氧乙酸类和烟酸类药物。除了以上这几类在临床中广泛使用的药物以外，还出现了许多作用于新靶点的药物，目前也有多个化合物处于临床研究阶段。

39.4.4.1 降低胆固醇和低密度脂蛋白的药物

（1）羟甲戊二酰辅酶A（HMG-CoA）还原酶抑制剂　近年来，羟甲戊二酰辅酶A（HMG-CoA）还原酶抑制剂类药物开发成功，是降血脂药物研究的突破性进展。这类药物可以竞争性地抑制胆固醇合成过程中的限速酶HMG-CoA还原酶，从而降低体内内源性合成的胆固醇水平，是目前治疗高胆固醇血症中疗效良好的药物。临床上主要用于原发性高胆固醇血症、杂合子家族性高胆固醇血症、Ⅲ型高脂蛋白血症、糖尿病性和肾性高脂血症，HMG-CoA还原酶抑制剂已经成为以上几类疾病的首选药物。

HMG-CoA还原酶是肝脏合成胆固醇的限速酶，它能够催化将HMG-CoA中的硫酯基还原为伯羟基，得到3,5-二羟基-3-甲基戊酸（MVA），如图39-7所示。他汀类药物对HMG-CoA还原酶具有高度的亲和力，可竞争性抑制HMG-CoA还原酶的活性，从而阻断HMG-CoA向甲羟戊酸的转化，减少肝脏中合成的胆固醇，低密度脂蛋白受体基因受抑制，使低密度脂蛋白受体表达增加，导致血浆中的低密度脂蛋白及中密度脂蛋白被大量摄入肝脏，进而降低低密度脂蛋白及中密度脂蛋白的血浆浓度。另一方面，减少肝脏中apoB100的合成，同时也使VLDL的合成下降。因此，此类药物能明显降低血浆中总胆固醇、低密度脂蛋白胆固醇、VLDL、apoB100和甘油三酯的水平，而使高密度脂蛋白胆固醇轻度升高。

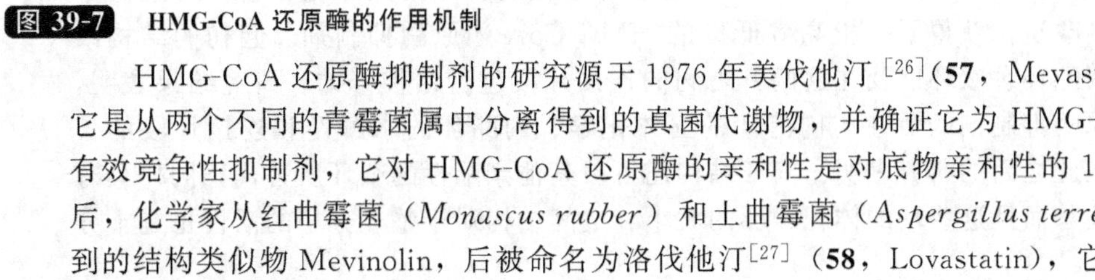

图 39-7　HMG-CoA还原酶的作用机制

HMG-CoA还原酶抑制剂的研究源于1976年美伐他汀[26]（**57**，Mevastatin）的发现，它是从两个不同的青霉菌属中分离得到的真菌代谢物，并确证它为HMG-CoA还原酶的有效竞争性抑制剂，它对HMG-CoA还原酶的亲和性是对底物亲和性的10000倍，几年后，化学家从红曲霉菌（*Monascus rubber*）和土曲霉菌（*Aspergillus terreus*）中分离得到的结构类似物Mevinolin，后被命名为洛伐他汀[27]（**58**，Lovastatin），它的作用为美伐他汀的2倍，它与美伐他汀在结构上的不同之处在于分子中的双环上增加了一个6′-甲基，美伐他汀和洛伐他汀分子中的羟基内酯结构与还原酶的四面体结构十分相似，因此它们可与HMG-CoA还原酶紧密结合。由于在狗的实验中发现肠形态学的改变，所以美伐他汀未在临床上使用，而洛伐他汀在1987年被FDA批准，成为第一个上市的HMG-CoA还原酶抑制剂。

现在临床使用的HMG-CoA还原酶抑制剂主要有9个，根据化学来源的不同可以将它们分为天然和人工合成两大类。

天然的 HMG-CoA 还原酶抑制剂有美伐他汀、洛伐他汀、辛伐他汀[3]（**59**，Simvastatin）和普伐他汀[28]（**60**，Pravastatin）。

57, 美伐他汀　　**58**, 洛伐他汀　　**59**, 辛伐他汀　　**60**, 普伐他汀

人工合成的 HMG-CoA 还原酶抑制剂有氟伐他汀（**61**，Fluvastatin）、阿托伐他汀（**62**，Atorvastatin）、西立伐他汀（**63**，Cerivastatin）、匹伐他汀（**64**，Pitavastatin）和罗苏伐他汀（**65**，Rosuvastatin）。

61, 氟伐他汀　　**62**, 阿托伐他汀　　**63**, 西立伐他汀

64, 匹伐他汀　　**65**, 罗苏伐他汀

美伐他汀和洛伐他汀成为了 HMG-CoA 还原酶抑制剂研究的先导化合物，对这两个化合物进行结构改造，获得了一批高效低毒的 HMG-CoA 还原酶抑制剂。起初的结构改造主要针对其内酯环、双环以及在这两者之间的连接片段进行结构修饰。研究结果表明，HMG-CoA 还原酶抑制剂的活性与内酯环的立体化学、内酯环的水解性和连接片段的长度密切相关。在此之后的研究表明：双环结构还可被其他亲酯性的杂环所替代，同样具有较好地抑制活性，而且这些环的体积、环的大小、空间结构对于整个分子的活性也是十分重要的。

美伐他汀具有 β-羟基-δ-内酯结构，在体内，内酯环水解形成活性的开链 β-羟基酸衍生物，由于该开链的 β-羟基酸结构部分与 HMG-CoA 还原酶的底物 HMG-CoA 的甲戊二酰部分具有相似性，因此对 HMG-CoA 还原酶具有高度的亲和力，其 K_i 值约为 10nmol/L。另一方面，美伐他汀也使极低密度脂蛋白的合成下降，所以美伐他汀能明显地降低血浆总胆固醇、低密度脂蛋白和极低密度脂蛋白水平。

洛伐他汀是由默克公司研发，于 1987 年获得 FDA 批准，成为了第一个上市的

HMG-CoA 还原酶抑制剂。临床研究结果表明：洛伐他汀能够降低低密度脂蛋白浓度，同时中等程度地降低甘油三酯的浓度，并且可以提高高密度脂蛋白的浓度。在推荐的最高剂量 80mg/d 给药时，洛伐他汀能够将低密度脂蛋白浓度降低 40%；其安全性相对较好，很少表现出严重的副作用，半衰期较长，每天只需服用 1~2 次。洛伐他汀作为一个天然的 HMG-CoA 还原酶抑制剂，具有许多优点，但仍存在着最小有效剂量较高，化学结构复杂不易合成等缺点。

辛伐他汀也是由默克公司研发获得的 HMG-CoA 还原酶抑制剂，该化合物于 1991 年获得 FDA 批准。辛伐他汀与洛伐他汀结构相似，但其 HMG-CoA 还原酶的抑制活性大约是洛伐他汀的 10 倍。辛伐他汀疗效强，半衰期长，每日服药一次。辛伐他汀和洛伐他汀均为前体药物，须在体内（主要在肝脏）进行水解，将其转化为 β-羟基酸后，产生疗效。肝细胞对辛伐他汀内酯结构的摄取率明显大于 β-羟基酸，因此将其以内酯形式进行给药可以有效地提高该药物在肝脏中的浓度。

普伐他汀由施贵宝公司（Bristol-Myers Squibb）研发，于 1991 年获得 FDA 批准。普伐他汀可以看成是美伐他汀的内酯环开环产物，并且在双环的 6 位引入羟基。因此，普伐他汀比洛伐他汀和辛伐他汀的亲水性更强，同时增加了该化合物的肝组织选择性，并减少了在辛伐他汀和洛伐他汀中出现的不良反应。普伐他汀抑制大鼠肝细胞以及成纤维细胞胆固醇合成的 IC_{50} 分别为 6.93nmol/L 和 21500nmol/L。

洛伐他汀、辛伐他汀和普伐他汀均具有六氢萘环，它们代表了第一代天然和半合成的他汀类药物。在此之后，药物化学工作者开始了全合成他汀类药物的研究工作。全合成他汀类药物研发主要集中于将第一代他汀类药物的六氢萘环用芳环或芳杂环进行替代。第二代全合成他汀类的代表药物为：氟伐他汀、阿托伐他汀、西立伐他汀、匹伐他汀和罗苏伐他汀等。

氟伐他汀是第一个上市的全合成他汀类药物，由诺华公司开发，1993 年获得了 FDA 的批准。氟伐他汀具有开环的 3,5-二羟基羧酸侧链以及吲哚环结构，羧酸侧链相当于美伐他汀的内酯环部分，而吲哚环则取代了复杂的六氢萘环。虽然氟伐他汀 HMG-CoA 还原酶的抑制活性大约是洛伐他汀的 10 倍，但其降低高胆固醇血症病人血浆胆固醇水平的能力却低于其他的他汀类药物。

阿托伐他汀[29]由辉瑞公司研发，1996 年获得了 FDA 的批准。阿托伐他汀具有吡咯环结构，其大鼠肝脏 HMG-CoA 还原酶的抑制活性大约是洛伐他汀的 3 倍，大鼠肝细胞合成胆固醇的抑制能力是洛伐他汀的 4.5 倍。阿托伐他汀可以显著地降低高胆固醇血症病人血浆中低密度脂蛋白胆固醇和甘油三酯的浓度，并对其他他汀类药物反应性较差的纯合性家族性高胆固醇血症病人具有较好的疗效。阿托伐他汀目前已经成为全世界最畅销的药物之一，其 2006 年的全球销售额达到了 130 亿美元。

西立伐他汀[30]由拜耳公司（Bayer）开发，1997 年获得了 FDA 的批准。西立伐他汀将六氢萘环改为吡啶环，在 0.03mg/kg 的剂量下即可有效地降低狗的血浆低密度脂蛋白胆固醇浓度，作用是洛伐他汀的 200 多倍，每日口服 0.2mg 即可降低原发性高胆固醇血症病人血浆低密度脂蛋白胆固醇浓度的 30%。尽管降血脂作用较好，但是由于该药物能够导致横纹肌溶解，拜耳公司于 2001 年停止了对西立伐他汀的销售。

匹伐他汀[31]是日产化学公司和三共公司研究，并与诺华公司共同开发的新型他汀类药物，于 1999 年 11 月在日本注册并在临床开始使用，2003 年获得 FDA 批准上市。它不仅具有较强的 HMG-CoA 还原酶抑制作用，而且具有较好的肝细胞选择性。该药物的药动学性质优异，具有水溶性好、半衰期长、药物相互作用少等特点，目前临床试验确认，它降低低密度脂蛋白以及升高高密度脂蛋白的水平的作用均优于已经上市的其他他汀类药物。匹伐他汀已在临床试验中显现出可使不同病型的血脂紊乱患者达到低密度脂蛋白的水平目标，具有重要的临床意义。

罗苏伐他汀[32]由阿斯利康公司开发，于 2003 年被 FDA 批准上市，主要用于高胆固醇血症、血脂代谢紊乱症及单纯高甘油三酯血症的治疗。罗苏伐他汀是在西立伐他汀的基础上进一步将杂环进行替换得到的，将吡啶环替换为嘧啶环，并将异丙基替换为甲基取代的磺酰胺基，其侧链结构保持不变。该药物通过降低血脂、减少脂质浸润和泡沫细胞形成，对延迟动脉粥样硬化病变有利，且尚有抑制血小板激活、降低血黏度、抑制凝血等作用。

通过对两大类 HMG-CoA 还原酶抑制剂的研究，将其构效关系总结如图 39-8 所示。

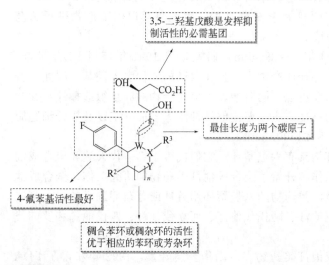

图 39-8 HMG-CoA 还原酶抑制剂类降血脂药物的构效关系

① 3,5-二羟基羧酸是产生酶抑制活性的必需基团，含有内酯结构的化合物须在体内经酶水解才能转变为 3,5-二羟基羧酸形式而产生活性。3,5-二羟基的绝对构型必须与美伐他汀和洛伐他汀中 3,5-二羟基的构型保持一致。两个羟基必须处于顺式结构，且 3-位羟基的构型必须为 R 构型，若构型发生改变则活性急剧下降。

② 环系与头部连接的最佳长度为两个碳原子，以乙烯基或乙基为最佳，若以乙炔基或氧亚甲基取代则活性明显下降，改变两个碳的距离会使活性减弱或消失，引入双键会使活性增加或减弱。当结构中环系为六氢萘环或某些杂环时，连接部分为非双键结构对活性有利；当为其他环系时，连接部分引入双键结构对活性有利。其双键必须为反式构型，若为顺式结构活性显著下降。

③ 在 3,5-二羟基羧酸链的邻位引入一个体积较大的疏水性基团，可以控制疏水性的刚性平面结构与酶进行最大程度的空间结合，同时也可以增加分子的脂溶性。它可以为取代的苯基、环己基等，当取代基为 4-氟苯基时活性最好，改为其他取代基活性下降。

④ 疏水性的刚性结构中，稠合苯环或稠杂环的活性优于相应的苯环或芳杂环。六氢萘环与酶活性部位的结合是必需的，若以环己烷基取代则活性降低至万分之一。

⑤ 在刚性平面结构中 3,5-二羟基羧酸链的邻位 R^3 引入异丙基、环丙基等烷烃取代时，能够增大化合物的抑制活性，其中异丙基和环丙基的活性最好。

⑥ 在刚性平面结构的其他位置引入极性取代基，如磺酰基或酯基，可通过这些极性基团与 HMG-CoA 还原酶之间产生氢键作用，进而增加化合物的抑制活性。

(2) 胆固醇吸收抑制剂　胆固醇吸收抑制剂[33]的降血脂机制主要是阻止肠道吸收胆固醇，使其随粪便排出，并促进胆固醇的降解，能降低低密度脂蛋白，但对甘油三酯和高密度脂蛋白的效果不明显，主要与他汀类联合治疗。主要分为单环 β-内酰胺类和植物甾醇类。

其中，单环 β-内酰胺类的代表药物是依泽替米贝。依泽替米贝[34]（**66**, Ezetimibe）是先灵宝雅公司与默克公司共同研制开发的一种新型降脂药，于 2002 年被 FDA 批准上市。依泽替米贝通过与小肠刷状缘膜小囊泡上膜蛋白结合，抑制胆固醇的吸收，减少肠道中的胆固醇转运至肝脏，并减少胆固醇的储存，同时加强血液中胆固醇的清除，从而降低血浆中胆固醇水平。目前已经广泛地与他汀类药物进行联合用药。依泽替米贝抑制肠道对胆固醇的吸收，可以同时促进胆固醇的代偿合成，临床上表现为低密度脂蛋白浓度和总胆固醇浓度的降低。

66, 依泽替米贝

植物甾醇类的化学结构与胆固醇结构类似，但其肠内吸收弱于后者，而且吸收后不被代谢而排入胆汁。研究发现，每天服用 2g 植物甾醇或甾烷醇，低密度脂蛋白浓度可降低 10%，而对高密度脂蛋白浓度无影响。Forbes Medi-Tech 公司开发了一种半合成植物甾醇 FM-VP4[35]（**67**），该药物已经进入临床 II 期研究，它由维生素 C 二氢谷甾醇磷酸酯二钠（DASP, $R=C_2H_5$）和维生素 C 氢化菜油甾醇磷酸酯二钠（DACP, $R=CH_3$）组成，比例约为 2:1。其临床 II 期实验数据显示，实验组低密度脂蛋白浓度降低 10%，最佳剂量为 400mg/d，并无明显不良反应。

R= CH_3 或 C_2H_5
67, FM-VP4

39.4.4.2　降低甘油三酯和极低密度脂蛋白的药物

(1) 苯氧乙酸类药物　苯氧乙酸类降血脂药是一类过氧化酶体增殖激活受体 α（PPARα）的配体，是目前降低甘油三酯的首选药物，同时具有较高的升高高密度脂蛋白的作用，能有效延缓动脉粥样硬化的发展过程。该类药物通过激活核膜上 PPARα，诱导脂蛋白酶表达，促进 VLDL、乳糜微粒、中密度脂蛋白等富含甘油三酯的脂蛋白颗粒中的甘油三酯水解；诱导肝细胞特异性脂肪酸转运蛋白和乙酰辅酶 A 合成酶的表达，抑制肝脏合成甘油三酯，诱导干细胞中 apo AI 和 apo AII 基因表达，增加 HDL 的合成并促进胆固醇的转运。常用的苯氧乙酸类药物包括：氯贝丁酯（**68**, Clofibrate）、吉非贝齐（**69**, Gemifibrozil）、非诺贝特（**70**, Fenofibrate）、非尼贝特（**71**, Bezafibrate）、环丙贝特（**72**, Ciprofibrate）和普拉贝脲（**73**, Plafibride）等。

自 1962 年发现苯氧乙酸类化合物可降低血浆胆固醇和甘油三酯以来，这类药物获得

68, 氯贝丁酯　　　　**69**, 吉非贝齐　　　　**70**, 非诺贝特

71, 非尼贝特　　　　**72**, 环丙贝特　　　　**73**, 普拉贝脲

了较大的发展，目前约有 30 个化学结构类似的芳氧基羧酸及其酯类化合物在临床上应用。其中氯贝丁酯是临床上使用最广泛的苯氧乙酸类药物。氯贝丁酯[36]为前体药物，在体内转化为氯贝丁酸而产生作用，因此，制备了类似的前药，如双氯贝特（**74**, Biclofibrate）及氯贝丁酯的各种盐。双氯贝特在体内代谢为对氯苯氧异丁酸的丙二醇单酯，其作用强度和持续时间都稍优于氯贝丁酯。

74, 双氯贝特

对氯贝丁酯的结构修饰主要包括以下两个方面：即芳核上的取代基，芳基的对位通常为氯原子取代，其作用是为了防止和减慢苯环上的羟基化，进而延长药物的作用时间。以烷基、烷氧基或三氟甲基进行替换，基本不影响药物的降脂活性。环丙贝特的活性强于氯贝丁酯，且副作用小。普拉贝脲是氯贝酸的吗啉甲基脲衍生物，降血脂作用同样强于氯贝丁酯，在体内分解出的吗啉甲基脲还具有抑制血小板聚集的作用。实际上普拉贝脲是氯贝酸和吗啉甲基脲拼合得到的前体药物。

分子的芳基部分保证了整个分子的亲酯性，并能够与蛋白质链的某些部分进行相互作用，增加苯基的数目，化合物的活性增强。对氯贝丁酯进行结构修饰，还得到了降血脂药物非诺贝特和非尼贝特，因其结构与甲状腺素分子相类似，可竞争性地与白蛋白结合的部位释放出甲状腺素，而甲状腺素具有促进胆固醇分解代谢的作用，致使 VLDL 和 LDL 降低，并使 HDL 升高，为较氯贝丁酯更优的一类降脂药。

吉非贝齐是近年来出现的最引人注目的降血脂药物之一，是一种非卤代的苯氧戊酸衍生物。其特点是显著降低甘油三酯和总胆固醇的浓度，使其在血浆中平均下降 40%～50%，且长期使用可持续下降。除此之外，吉非贝齐还能够降低 VLDL，而对 LDL 则影响较少，但可提高 HDL 约 20%。吉非贝齐吸收完全，可用于治疗大多数原发性高脂血症，也可治疗糖尿病及服用 β-受体阻滞剂或噻嗪类药物所引起的脂质紊乱。

另外，以硫原子取代芳基与羧基之间的氧原子可以提高降血脂作用。普罗布考（**75**, Probucol）及其代谢物都具有高度的降血脂活性。普罗布考的双叔丁基酚作用于胆固醇合成的起始阶段，可使血浆中胆固醇下降 20% 左右。构效关系表明，含硫类似物比含氧类似物的活性高；结构中的叔丁基是必需的，它增加了分子的亲脂性。普罗布考能够抑制肝脏中胆固醇乙酸酯的生物合成阶段，降低血浆中胆固醇和低密度脂蛋白，对甘油三酯无影响，但也降低高密度脂蛋白。普罗布考为治疗原发性高胆固醇血症的药物，能够阻滞动脉粥样硬化病变的发展，并具有促使动脉粥样硬化病变消退的效应。普罗布考本身为脂溶性

很强的氧化剂，容易进入机体内的各种脂蛋白，可防止脂蛋白的氧化变性，减少血脂的生成。其不良反应为胃肠道不适、头痛、眩晕、短暂性转氨酶增高等。

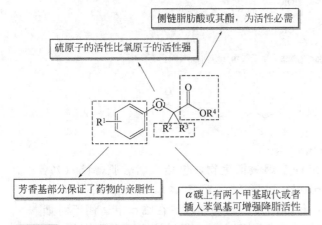

75, 普罗布考

苯氧乙酸酯类降血脂药物的化学结构可以分为三个部分，包括芳基、脂肪酸以及二者之间的链接片段，其构效关系归纳如下（图 39-9）。

图 39-9 苯氧乙酸类降血脂药物的构效关系

① 分子左侧的芳香基部分保证了药物的亲脂性，并能与蛋白质链的某些部分进行相互作用。苯环上的 2,5-位或 3,5-位以甲基、甲氧基、双氯取代具有较强的降低甘油三酯的作用，双甲基取代的降脂作用最强，三甲基、不同烃基和氯甲基取代活性减弱。芳环对位的环丙基能够增强对乙酰辅酶 A 羧化酶的抑制作用，降低或完全抑制游离脂肪酸的合成。增加苯基数目，活性有增强的趋势。

② 羧基是这类药物产生降脂活性必需基团，羧基既可以游离的形式存在，也可以酯的形式存在。酯或酰胺衍生物的活性不变，一般认为，羧基能与羟甲戊二酰辅酶 A 还原酶和乙酰辅酶 A 羧化酶等酶相互作用，也能够与甲状腺素及脂肪酸和蛋白质的结合部位发生作用。

③ 若氧原子被硫原子取代，可以增强降脂活性，提高降血脂作用，含硫的类似物较含氧的更好。普罗布考及其代谢物都具有较好的降脂活性，并有抗氧化活性。

④ 羧酸 α-碳上的季碳原子并非必需，一个烷基取代基也具有降血脂活性，有两个甲基取代或者插入苯氧基可增强降脂活性。在 α-碳原子上再引入其他芳基或芳氧基取代基得到的化合物也可提高降脂活性，使甘油三酯的水平显著降低，平均下降 45%～50%。

⑤ 中间连接部分碳原子的数目为 0～3 具有较好的降脂作用。

苯氧乙酸类降血脂药物主要降低甘油三酯而不是胆固醇酯，此类药物可明显地降低 VLDL，并可调节性地升高 HDL 的水平及改变 LDL 的浓度。例如，吉非贝齐对于甘油三酯过低的病人，可以升高其 LDL，而对于甘油三酯正常的病人，则可以降低其 LDL 的水平。尽管其机理还未阐述得十分清楚，但此类药物无疑有利于脂蛋白的代谢。

（2）烟酸及其衍生物　烟酸[37]（**76**，Nicotinic Acid）及其衍生物是另一类重要的降血脂药物。烟酸能够抑制肝脏合成和释放极低密度脂蛋白，抑制脂肪细胞释放出游离的脂肪酸，从而降低甘油三酯、胆固醇和极低密度脂蛋白的浓度，同时提高高密度脂蛋白水平，并具有扩张血管的作用。1955 年，由 Altschul 研究小组发现高剂量的烟酸能够有效地降低人体血浆中胆固醇以及血浆中甘油三酯的浓度。在此之后，人们在临床上将其用于高脂血症的治疗。但是，由于烟酸具有血管扩张作用，因此，病人在使用烟酸进行降血脂治疗的同时，常常伴有面部潮红、皮肤瘙痒以及胃肠不适等副作用，而这些不良反应主要是由于羧酸基的刺激性所引起。药物化学工作者开始针对降低烟酸副作用对该结构进行结构改造，研究发现将羧酸进行酯化，以及将羧酸基团进行还原都可以降低其副作用。

76, 烟酸   **77**, 烟酸肌醇酯   **78**, 戊四烟酯

79, 烟酸维生素E

经过一系列的结构改造与优化，开发出许多烟酸衍生物，包括：烟酸肌醇酯（**77**，Inositol Nicotinate）、戊四烟酯（**78**，Niceritrol）、烟酸维生素 E（**79**，Tocopheryl Nicotinate）等，这些药物都能在体内缓慢水解，释放出母体药物烟酸，在临床上适用于对烟酸不能耐受的患者。烟酸肌醇酯能够降低血清中的胆固醇含量，但对甘油三酯无影响。它在体内能够逐渐水解为烟酸和肌醇，其血管扩张作用较烟酸缓和而持久，无服用烟酸后的潮红和胃部不适等不良反应。在烟酸的一系列取代衍生物中，5-氟烟酸（**80**，5-Fluoronicotinic Acid）的降脂活性最强，但其降低血浆中的 VLDL 和 LDL 方面的能力弱于烟酸。烟酸类似物阿西莫司[38]（**81**，Acipimox）是一个氧化吡嗪羧酸的衍生物。临床试验表明，阿西莫司可明显降低甘油三酯和 LDL 的浓度，并无烟酸样副作用，且能够使 HDL 增加 20%，长期服用耐受性较好。吡啶甲醇（**82**，Nicotinyl Alcohol）为烟酸的还原产物，其在体内可被生物氧化为烟酸而起作用，但剂量比烟酸小，因此不适反应较少。

80, 5-氟烟酸   **81**, 阿莫西斯   **82**, 吡啶甲醇

烟酸能够抑制脂肪酶的活性，使脂肪组织中的甘油三酯不能分解释放出游离的脂肪酸，该脂肪酶具有激素敏感性，可被儿茶酚胺通过 cAMP 激活。烟酸还能抑制凝栓质的合成，增加前列腺素 PGI_2 的合成。虽然烟酸类衍生物种类较多，但是最常用的还是烟酸。烟酸可以迅速地从胃肠道吸收，服用后 45min 可达血药峰值。在体内烟酸可部分转化为 N-甲基烟酰胺、烟尿酸及羟基吡啶衍生物，主要以原药形式从尿中排泄。

（3）降血脂药物的最新研究领域　为了防止和治疗动脉粥样硬化，虽然已经开发了一系列药物，如：他汀类、苯氧乙酸类和烟酸类药物，但是这些药物在药效学和毒副作用等方面都存在许多问题。因此，从新靶点出发研究新型药物成为了药物化学工作者的研究热点。其中胆固醇酯转运蛋白（CETP）抑制剂、微粒体甘油三酯转运蛋白（MTP）抑制剂

以及酰基辅酶 A-胆固醇酰基转移酶（ACAT）抑制剂成为了目前降血脂药物研究的新领域。

胆固醇酯转运蛋白[39]（CETP）是降血脂药物研发过程中发现的一个新靶点，如图 39-10 所示。CETP 是一种肝脏合成的血浆蛋白，为疏水性蛋白，是胆固醇逆转运过程中的关键酶之一。Brown 研究小组发现遗传性 CETP 缺乏能够显著提高 HDL 水平，同时降低 LDL 水平。Tobacco 公司与罗氏公司联合开发的达塞曲匹[40]（**83**，Dalcetrapib，JTT-705）是人工合成的 CETP 不可逆型小分子抑制剂，与 CETP 蛋白的关键氨基酸残基半胱氨酸进行相互作用。其前体药物硫醇化合物 JTT-705B 对人血浆中 CETP 的抑制活性为 $IC_{50}=3\mu mol/L$，但由于该化合物稳定性差，不适合口服给药，因此将其进行前药改造。达塞曲匹是 JTT-705B 的异丁酯，对人血浆中 CETP 的抑制活性为 $IC_{50}=6\mu mol/L$，其化学稳定性好，适于口服吸收。达塞曲匹已经完成了临床Ⅱ期的研究工作，结果显示Ⅱ型高脂蛋白血症患者口服普伐他汀 40mg/d 与口服达塞曲匹 600mg/d，连用四周，CETP 活性降低 30%、HDL-C 升高 28%、LDL-C 降低 5%。安全以及耐受性良好，目前正处于Ⅲ期临床研究。

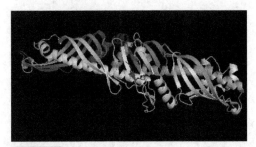

图 39-10 胆固醇酯转运蛋白 CETP 的晶体结构

辉瑞公司开发的 Torcetrapib（**84**）是 CETP 的可逆型抑制剂，其抑制活性为（$IC_{50}=0.05\mu mol/L$）。在Ⅲ期临床与阿托伐他汀联合使用，虽然能够升高 HDL-C 72.1%、降低 LDL-C 24.9%，却发现该药物的使用能够增加心脏病的发病率，已于 2006 年 12 月终止了对 Torcetrapib 的研发工作。默克公司开发的 Anacetrapib[41]（**85**，MK-0859）临床试验显示具有剂量依赖性的调脂作用。高脂蛋白血症患者口服 300mg/d，治疗 4 周，HDL-C 上升 129%，LDL-C 降低 38%。对健康人群的研究显示，口服 150mg 未升高血压，初步证实 CETP 与高血压之间无必然联系，目前该药物处于Ⅲ期临床研究。

83, JTT-705　　**84**, Torcetrapib　　**85**, Anacetrapib

在降血脂研究过程中，开发的另一个新靶点是微粒体甘油三酯转运蛋白（MTP）抑制剂[42]。MTP 是一种异源二聚体转运蛋白，能够催化甘油三酯、胆固醇和磷脂酰胆碱的跨膜转运，在肠和肝脏的 VLDL、CM 装配过程中起着重要作用。抑制 MTP 可减少小肠 CM 和肝脏中 VLDL 的分泌，从而降低血浆中 LDL、VLDL 和 TG 水平。拜耳公司开发的英普他派（**86**，Implitapide）[43]，在取出载脂蛋白 E 的小鼠体内进行的抑制动脉粥样试验中结果表明，口服 3.2mg/(kg·d)，连用 8 周，与对照组相比较，Implitapide 减少动脉硬化斑块达 83%，已进入 II 期临床。

Aegerion 公司开发的 AEGR-733[44]（**87**，BMS-201038）目前处于 III 期临床研究。由于该药抑制了载脂蛋白 B（apo B）的产生，LDL-C 明显降低，但同时出现肝转氨酶升高和脂肪积累等副作用。在随后进行的对中度高脂血症患者的实验研究中，每天 5mg、7.5mg 和 10mg，与依泽替米贝 10mg 联合用药分别减低 LDL-C 35%、38% 和 46%，实验中部分病例出现轻微的转氨酶升高，建议该药可用于对他汀类不耐受的患者。施贵宝公司发现将 AEGR-733 的哌啶环改造成取代的苯并咪唑环，得到 BMS-212122（**88**），降血脂活性有所提高。食蟹猴实验结果显示，BMS-212122 降血浆甘油三酯 50% 的剂量（ED_{50}）为 0.38mg/kg×7d（AEGR-733 的 ED_{50} 为 2mg/kg×7d），每天口服 1.0mg/kg，连用 7 天，TC、TG 和 LDL 分别降低 73%、71% 和 84%，但是 HDL 也降低了 68%。

86, 英普他派

87, AEGR-733

88, BMS-212122

酰基辅酶 A-胆固醇酰基转移酶（ACAT）[14] 是位于细胞内质网中的一种膜蛋白，广泛分布于哺乳动物的各个部位如肝脏、胃肠道、动脉、巨噬细胞等。ACAT 在体内催化胆固醇与长链脂肪酸连接从而形成胆固醇酯，调节细胞内游离胆固醇的浓度，避免细胞被过多的游离胆固醇所损害。在正常的生理条件下，ACAT 对体内胆固醇吸收与代谢平衡起重要作用，ACAT 主要有 3 方面的生理功能，即促进食物中胆固醇吸收、参与肝中脂蛋白的合成和分泌以及维持细胞内胆固醇的平衡。

抑制 ACAT 能够降低血浆中总胆固醇和低密度脂蛋白，防止胆固醇酯化，减少胆固醇在动脉壁上的积蓄，阻止动脉粥样硬化的形成。Daiichi Sankyo 公司开发研制的帕替麦布[45]（**89**，Pactimibe）是一种双效 ACAT1 和 ACAT2 抑制剂，目前处于临床 III 期研究。在动物模型实验中，实验结果表明，帕替麦布能够有效地减缓动脉粥样硬化的进程，并抑制巨噬细胞中胆固醇酯化过程。

SMP-797[46]（**90**）是处于临床 II 期研究的 ACAT 抑制剂，其类似物 SMP-500 是一个有效的肝脏 ACAT 抑制剂，其抑制活性为（$IC_{50}=0.07\sim0.08\mu mol/L$），对动物进行口服给药，能够明显降低血浆中胆固醇和胆固醇酯的水平。

39.4.5 讨论与展望

他汀类药物目前在临床上广泛使用，能够有效地降低低密度脂蛋白浓度，虽然具有一定的不良反应，但是降脂能力明显优于其他降脂药物，是降血脂药的首选药物。胆固醇吸

89, 帕替麦布   **90**, SMP-797

收抑制剂能显著降低低密度脂蛋白浓度，与其他调脂药物联合使用，能够有效地治疗高脂血症，对于那些对他汀类药物不耐受的患者来说，是一类十分有效的降血脂药物。许多新的治疗靶点成为药物化学工作者的研究热点。其中 CETP 抑制剂、MTP 抑制剂和 ACAT 抑制剂有多个药物进入临床研究。除此之外，基因药物开发方面也取得了较大进展，已有几种反义寡核苷酸的基因药物进入临床试验，为高脂血症的治疗又增添了新的方法。随着对该药物研究的深入，越来越多作用于降血脂的新靶点将被发现，动脉粥样硬化疾病的发病机制也将会变得越来越清楚，为今后更好地预防和治疗该类疾病带来希望。

推荐读物

- François C. A History of Drug Discovery//hingolipids Lipid Transport & Storage Murray R K，Granner D K，Mayes P A，Rodwell. V ed. Harper's Illstrated Biochemistry. 26th Edition. Vol 24. McGraw-Hill Companies，Inc，2003：197-204.
- Mayes P A，Botham K M. Lipid Transport & Storage//Murray R K，Granner D K，Mayes P A，Rodwell V ed. Harper's Illstrated Biochemistry. 26th Edition. Vol 25. McGraw-Hill Companies，Inc，2003：p205-218.
- 孙铁民．心脏疾病药物和血脂调节药//尤启冬 主编．药物化学．第 2 版．北京：化学工业出版社，2008：266-291.
- 李长安．心血管药物//仉文升，李安良主编．药物化学第 1 版．北京：高等教育出版社，1999：263-276；297-305.

参考文献

[1] Kaye D，Krum H. Nat Rev Drug Discov，2007，6：127-139.
[2] Ahmed A，Rich M，Fleg J，et al. Circulation，2006，114：397-403.
[3] Lowes B，Shakar S，Metra M，et al. J Card Fail，2005，11：659-669.
[4] Latimer M，Callingham B，Vuylsteke A. Ann Card Anaesth，2001，4：17-20.
[5] Kamiya K，Mitcheson J，Yasui K，et al. Mol Pharmacol，2001，60：244.
[6] Partanen J，Nieminen M，Lehto H. Clin Cardiol，2009，11：15-22.
[7] Nakajima D，Negoro N，Nakaboh A，et al. Int J Cardiol，2006，108：281-283.
[8] Pearse R，Belsey J，Cole J，et al. Crit Care Med，2008，36：1323-1329.
[9] Vasavada B，Mehta A，Santani D，et al. Indian J Pharmacol，2009，22：119-127.
[10] Heng M. Clin Cardiol，2009，13：171-176.
[11] Aass H，Hedberg A，Skomedal T，et al. Acta Pharmacol，Toxicol. 2009，53：3-11.
[12] Toller W，Stranz C. Anesthesiology，2006，104：556-569.
[13] Nattel S，Carlsson L. Nat Rev Drug Discov，2006，5：1034-1050.
[14] Campbell T，Morgan J. Intern Med J，2008，10：644-649.
[15] Komatsu T，Sato Y，Tachibana H，et al. Cir J，2006，70：667-672.
[16] Toivonen L. Clin Cardiol，2009，9：369-373.
[17] Dinh H，Murphy M，Baker B，et al. J Cardiovasc Electrophysiol，2008，4：535-545.
[18] Kreusch A，Pfaffinger P J，Stevens C F，et al. Nature，1998，392：945-948.
[19] Zhou Y，Morais-Cabral J H，Kaufman A，et al. Nature，2001，414：43-48.
[20] Long S B，Campbell E B，Mackinnon R. Science，2005，309：897-903.
[21] Zimetbaum P N. Engl J Med，2007，356：935-941.
[22] Viktorsdottir O，Henriksdottir A，Arnar D. Emerg Med J，2006，23：133-134.
[23] Spence S，Vetter C，Hoe C. Birth Defects Res. Part A Clin Mol Teratol，2005，49：282-292.
[24] Hohnloser，S，Crijns H，van Eickels M，et al. N Engl. J. Med，2009，360：668-678.

[25] Yang Y M, Zhu J, Gao X, et al. Chin J Cardiovasc Dis, 2006, 34: 329-332.
[26] Brown A G, Smale T C, King T J, et al. J Chem Soc Perkin Trans 1, 1976: 1165-1170.
[27] Heathcock C H, Hadley C R, Rosen T, et al. J Med Chem, 1987, 30: 1858-1873.
[28] Kotyla P J. Rheumatol Int, 2009, 29: 353-354.
[29] Ruf T F, Quintes S, Sternik P, et al. Clin Invest Med, 2009, 32: 219-228.
[30] Scharnagl H, Stojakovic T, Winkler K, et al. Exp Clin Endocrinol Diabetes, 2007, 115: 372-375.
[31] Grobelny P, Viola G, Vedaldi D, et al. J Pharm Biomed Anal, 2009, 50: 597-601.
[32] Reisin E, Ebenezer P J, Liao J, et al. Am J Med Sci, 2009, 338: 301-309.
[33] Sudhop T, von Bergmann K. Drugs, 2002, 62: 2333-2347.
[34] Kvaerno L, Werder M, Hauser H, et al. J Med Chem, 2005, 48: 6035-6053.
[35] Mendez-Gonzalez J, Suren-Castillo S, Calpe-Berdiel L, et al. Br J Nutr, 2009: 1-8.
[36] Penna F, Reffo P, Muzio G, et al. Biochem Pharmacol, 2009, 77: 169-176.
[37] Soudijn W, van Wijngaarden I, Ijzerman A P. Med Res Rev, 2007, 27: 417-433.
[38] Guo W, Wong S, Pudney J, et al. Arterioscler Thromb Vasc Biol, 2009.
[39] Barkowski R S, Frishman W H. Cardiol Rev, 2008, 16: 154-162.
[40] Shinkai H, Maeda K, Yamasaki T, et al. J Med Chem, 2000, 43: 3566-3572.
[41] Masson D. Curr Opin Investig Drugs, 2009, 10: 980-987.
[42] Shiomi M, Ito T. Eur J Pharmacol, 2001, 431: 127-131.
[43] Ueshima K, Akihisa-Umeno H, Nagayoshi A, et al. Biol Pharm Bull, 2005, 28: 247-252.
[44] Robl J A, Sulsky R, Sun C Q, et al. J Med Chem. 2001, 44: 851-856.
[45] Meuwese M C, de Groot E, Duivenvoorden R, et al. JAMA, 2009, 301: 1131-1139.
[46] Kitamura A, Imai S, Yabuki M, et al. Biopharm Drug Dispos, 2007, 28: 517-525.

第40章

呼吸系统药物

夏广新，沈竞康

目录

- 40.1 引言 /1068
- 40.2 平喘药物 /1068
  - 40.2.1 β₂肾上腺受体激动剂 /1068
    - 40.2.1.1 长效β₂受体激动剂 /1068
    - 40.2.1.2 β₂受体激动剂的吸入复方制剂 /1070
  - 40.2.2 M胆碱受体拮抗剂 /1070
    - 40.2.2.1 莨菪醇和东莨菪醇衍生物 /1070
    - 40.2.2.2 奎宁环衍生物 /1071
    - 40.2.2.3 哌啶、哌嗪、吡咯烷及其他环状胺衍生物 /1072
  - 4.2.3 糖皮质激素类药物 /1072
    - 4.2.3.1 软药原理在ICS设计中的应用 /1073
    - 4.2.3.2 代表性ICS软药 /1074
  - 40.2.4 磷酸二酯酶4抑制剂 /1075
    - 40.2.4.1 磷酸二酯酶4及其与炎症的关系 /1075
    - 40.2.4.2 PDE4抑制剂及其研究进展 /1075
    - 40.2.4.3 PDE4抑制剂的研究方向 /1079
  - 40.2.5 其他炎症介质拮抗剂 /1080
- 40.3 镇咳药物 /1081
  - 40.3.1 中枢性镇咳药物 /1081
    - 40.3.1.1 阿片受体激动剂/拮抗剂 /1081
    - 40.3.1.2 非依赖性镇咳药物 /1082
    - 40.3.1.3 其他作用机制药物 /1082
  - 40.3.2 外周性镇咳药物 /1083
- 40.4 祛痰药物 /1084
- 40.5 讨论与展望 /1085
- 推荐读物 /1086
- 参考文献 /1086

40.1 引言

呼吸系统疾病是指局限于呼吸系统的疾病，如上呼吸道感染、支气管炎、支气管哮喘、支气管扩张、慢性阻塞性肺病（chronic obstructive pulmonary disease，COPD）、肺气肿、肺癌、肺部弥散性间质纤维化、肺结核以及肺部感染等。呼吸系统疾病发病原因各异，治疗方案各不相同，尤其是针对呼吸系统的感染、恶性肿瘤等疾病，首先应进行抗感染和抗肿瘤治疗。但是，呼吸系统疾病表现出共同的、特性的主要症状，如喘、咳、痰，不仅给病人带来痛苦，甚至危及生命。及时应用平喘、镇咳、祛痰药物对症治疗，可有效改善患者通气功能状态，缓解呼吸困难所致痛苦，防止或减轻并发症的发生。

40.2 平喘药物

哮喘（asthma）多见于支气管哮喘和喘息性支气管炎，其主要病理特征是因气道炎症和平滑肌功能异常所致的气道狭窄。通常机体由于外在或内在的过敏原或非过敏原等因素，通过神经体液而导致气道平滑肌可逆性的痉挛；或由多种细胞特别是肥大细胞、嗜酸性粒细胞和 T 淋巴细胞参与的慢性气道炎症，支气管黏膜炎症引起分泌物增加或黏膜水肿，导致多变的呼气流速受限；同时伴有气道对多种刺激因子反应性增高。

因此临床应用的抗哮喘药物主要包括支气管扩张剂和抗炎药。针对平滑肌功能的支气管扩张剂包括 $β_2$ 肾上腺受体激动剂、M 胆碱受体拮抗剂等。磷酸二酯酶抑制剂既有抗炎作用，也有支气管扩张作用。针对气道炎症的包括肾上腺皮质激素、抗组胺药物、抗白三烯药物等。

40.2.1 $β_2$ 肾上腺受体激动剂

β受体激动剂应用临床治疗哮喘病历史久远，早期使用非选择性β肾上腺受体激动剂，如肾上腺素、麻黄碱、异丙基肾上腺素，因这些药物对 $β_2$ 肾上腺能受体选择性较差，较强的心血管副作用，现已很少用于支气管哮喘的治疗。自20世纪60年代以来，选择性较强、疗效好、副作用少的 $β_2$ 受体激动剂逐渐进入临床，此后先后发现了30余种 $β_2$ 受体激动剂，其中包括以沙丁胺醇为代表的短效 $β_2$ 受体激动剂，以特布他林为代表的中效 $β_2$ 肾上腺受体激动剂。进入20世纪80年代后期，随着长效 $β_2$ 受体激动剂的出现，使每日用药次数由过去的4～6次减为1～2次，对 $β_2$ 肾上腺受体选择性更高，作用时间更长的福莫特罗、沙美特罗等先后上市，尤其是配合吸入方式给药，在缓解哮喘症状方面取得良好疗效。同时由于这些长效 $β_2$ 受体激动剂对 $β_2$ 肾上腺能受体具有较强的选择性，大大降低了药物副作用的发生率。近年来，对 $β_2$ 受体激动剂治疗哮喘的作用机制进行了更加深入的研究，选择性更强、疗效更好的新型 $β_2$ 受体激动剂的不断问世，使选择性 $β_2$ 受体激动剂成为缓解哮喘症状的一线药物[1]。

该类药物的构效关系和代表性药物已经在第 30 章（30.3.2.3 β肾上腺素受体激动剂和拮抗剂）和参考文献 [1,2] 中详述。本节仅就该类药物研究的两方面进展做介绍。

40.2.1.1 长效 $β_2$ 受体激动剂

短效 $β_2$ 受体激动剂需要每天多次用药，特别对夜间哮喘不易控制。长效 $β_2$ 受体激动剂的代表性药物是福莫特罗（Formoterol，**1**）和沙美特罗（Salmeterol，**2**）。研究发现福莫特罗的 (R,R) 异构体活性最强，且没有 (S,S) 异构体的 M_2 受体抑制作用，对 $β_2$ 受体亲和力是消旋体的 2 倍，该手性药物已经由 Sepracor 公司开发、于 2006 年被 FDA 批准上市，通用名为阿福特罗（Arformoterol，商品名 Brovana，**3**），阿福特罗与福莫特罗在 COPD 患者体内表现出相似的药代动力学行为，两组患者气道功能的变化均与血药浓度正相关[3]。

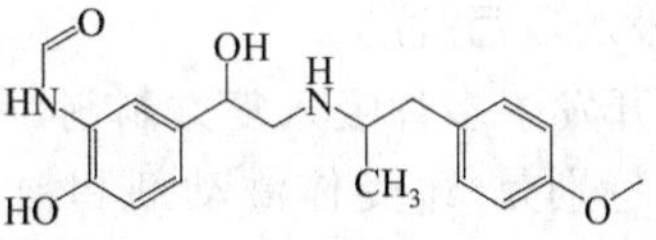

1 Formoterol

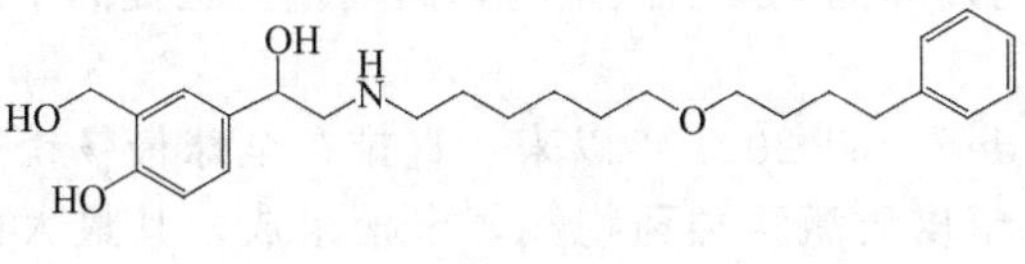

2 Salmeterol

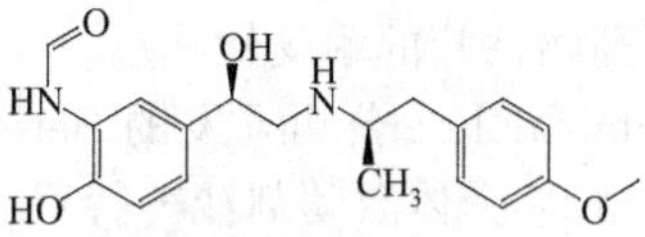

3 Arformoterol

Theravance 公司和 GlaxoSmithKline 公司分别以福莫特罗和沙美特罗为先导物，经结构优化，开发出 Milveterol（**4**）和 GSK-642444（**5**），两者均为超长效 β_2 受体激动剂，目前都已进入了 Ⅱ 期临床研究，适应证为 COPD 和哮喘[3,4]。

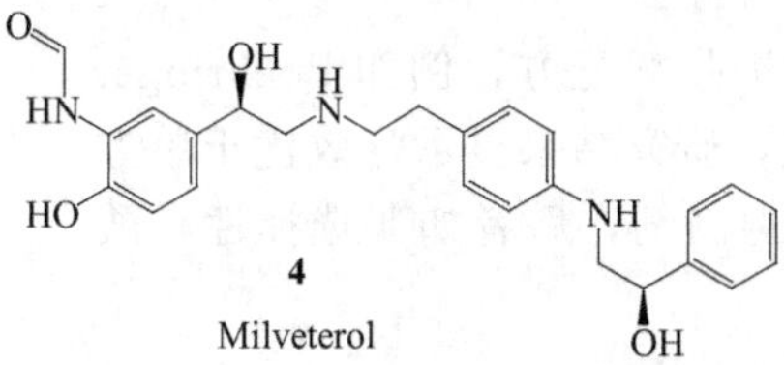

4 Milveterol

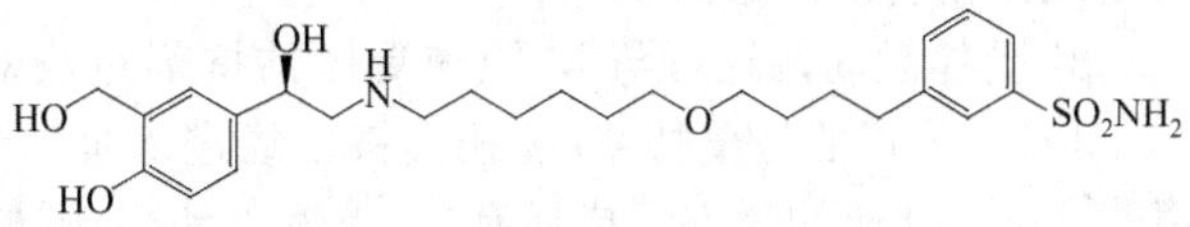

5 GSK-642444

另一类长效 β_2 受体激动剂含有氮杂环，与苯基衍生物相比，它们的 β_2 受体选择性更高，支气管扩张作用更强，作用时间也更长。

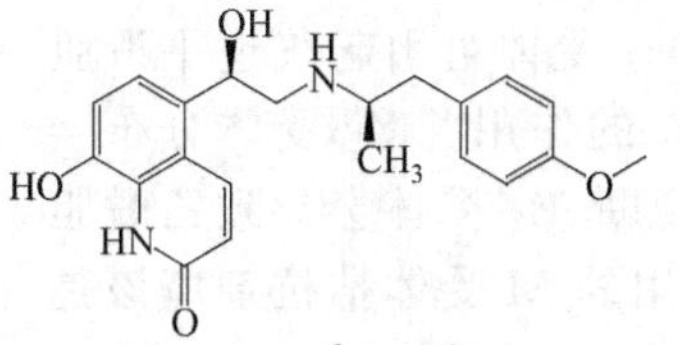

6 Carmoterol

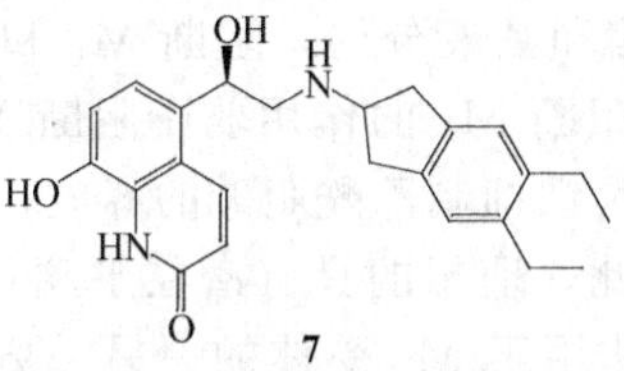

7 Indacaterol

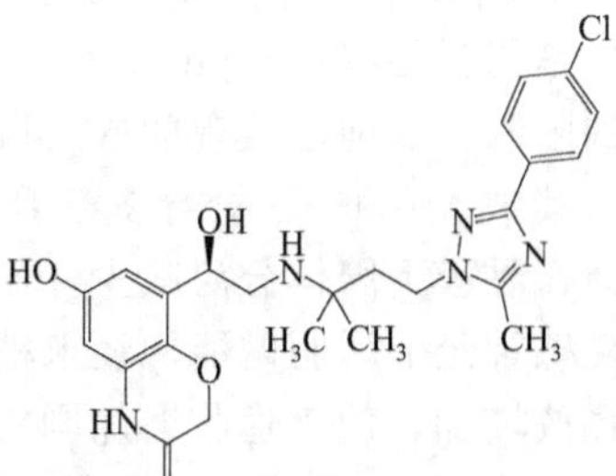

8 BI-1744-CL

Chiesi 公司的卡莫特罗（Carmoterol，**6**）为 8-羟基喹啉酮衍生物，是超长效并且速效的 β_2 受体激动剂，目前已进入 Ⅲ 期临床研究。卡莫特罗对支气管平滑肌的选择性比心肌组织高 100 倍以上，动物实验中支气管保护作用优于福莫特罗和沙美特罗。临床研究显示，卡莫特罗每天用药 1 次，可使患者第 1s 用力呼气量（FEV_1）明显增加，支气管扩张作用可维持 24h，剂量从 1.5～3mg，所有剂量均起效迅速；试验中对患者血糖和血钾没有剂量应答作用，心电图 QTc 间期和心率未发生明显变化；所有剂量中，均表现出良好的安全性和耐受性[5]。

Novartis 公司开发的 Indacaterol（**7**）是含有茚胺结构的 8-羟基喹啉酮衍生物，针对 COPD 和哮喘的 Ⅲ 期临床研究结果表明，其起效快，作用时间长，每天使用一次，对中度-重度 COPD 患者的疗效优于福莫特罗和 M 受体拮抗剂噻托溴铵（Tiotropium），安全性和耐受性良好[6]。

Boehringer Ingelheim 公司开发的 BI-1744-CL（**8**）是苯并噁嗪-3-酮衍生物，2008 年进入 COPD 治疗的Ⅲ期临床研究和哮喘治疗的Ⅱ期临床研究[7]。

40.2.1.2 $β_2$ 受体激动剂的吸入复方制剂

近些年，各大制药公司开发了多种吸入复方制剂，一般由一种或多种支气管扩张剂和一种或多种抗炎药物组成。特别是 $β_2$ 受体激动剂和糖皮质激素类药物组成的复方制剂，已经成为临床治疗中、重度哮喘和 COPD 的首选药物和黄金组合。临床研究结果证实，长效 $β_2$ 受体激动剂/糖皮质激素药物复方的疗效优于单用任何一种药物。同时两者在受体水平的协同作用使抗炎作用增强，从而允许降低糖皮质激素药物的剂量，也提高了患者对糖皮质激素药物治疗的耐受性[8]。

GlaxoSmithKline 公司开发的 Seretide®，自 2004 年以来一直排在全球最畅销药品的前 5 位，它由 $β_2$ 受体激动剂沙美特罗和糖皮质激素类药物氟替卡松组成，其最大的竞争者是 AstraZeneca 公司的 Symbicort®，后者由福莫特罗和布地奈德组成。Novartis 公司新开发的 Indacaterol/莫米松（Mometasone）复方制剂已经进入Ⅲ期临床研究，其最大优势是可以每天一次给药，预计上市后会成为最畅销的吸入复方制剂。目前处于Ⅱ期临床研究中的还有 GlaxoSmithKline 公司的 Milveterol/ GSK-685698 复方，其中 GSK-685698 为新的吸入性糖皮质激素药物[3,4]。

$β_2$ 受体激动剂还可与 M 胆碱受体拮抗剂组成双支气管扩张剂复方，例如 Boehringer Ingelheim 公司的沙美特罗/噻托溴铵已经进入Ⅲ期临床研究，研究结果显示疗效优于单方用药[3,9]。其他的复方组成还有 $β_2$ 受体激动剂/磷酸二酯酶抑制剂，后者如非选择性磷酸二酯酶抑制剂氨茶碱，或选择性 PDE4 抑制剂 Tofimilast。

40.2.2 M 胆碱受体拮抗剂

M 胆碱受体拮抗剂是另一类重要的支气管扩张剂。最早用于临床治疗哮喘的抗胆碱药物是阿托品（Atropine，**9**），它是一个非选择性 M 受体拮抗剂，不良反应较多，应用受到限制。目前已发现的 M 胆碱受体有 5 种亚型，而呼吸道中存在 M_1、M_2、M_3 三个亚型。其中 M_1 和 M_3 介导支气管收缩和黏液分泌，阻断 M_1 和 M_3 受体可引起气道平滑肌松弛、黏膜下腺体分泌减少，而且阻断 M_1 的作用弱于阻断 M_3 的作用。M_2 受体分布于副交感神经节后胆碱能神经末梢，反馈抑制乙酰胆碱的释放，阻断 M_2 受体会导致乙酰胆碱释放增加，使气道收缩加剧。因此，理想的具有潜在平喘作用的 M 受体拮抗剂应该是选择性作用于 M_1 和 M_3 受体或仅作用于 M_3 受体的。另一方面，M_3 受体还存在于泌尿系统和消化系统，M_3 受体拮抗剂根据组织选择性不同，适应证还有膀胱过动症和肠易激综合征。

下面按三个结构类型，分别介绍 M_3 受体拮抗剂或 M_3/M_1 受体拮抗剂的研究进展。

40.2.2.1 茛菪醇和东茛菪醇衍生物

早期上市的 M 受体拮抗剂是由阿托品结构改造而来，例如异丙托溴铵（Ipratropium，**10**）和氟托溴铵（Flutropium，**11**）为茛菪醇（Tropine，**12**）的羧酸酯，氧托溴铵（Oxitropium，**13**）和噻托溴铵（Tiotropium，**14**）的骨架部分为含环氧的东茛菪醇（Scopine，**15**）。其中 Boehringer Ingelheim 公司开发的噻托溴铵于 2001 年上市，临床用于 COPD 和哮喘治疗，它对 M_1、M_2 和 M_3 受体亲和力都很高，但与 M_2 受体结合后的解离速度较快，与 M_3 的解离速度极慢，因此噻托溴铵是 M_3 受体动力学选择性拮抗剂。

| 9 Atropine | 10 Ipratropium | 11 Flutropium | 12 Tropine |

| 13 Oxitropium | 14 Tiotropium | 15 Scopine | 16 |

2007 年 GlaxoSmithKline 公司报道了一类莨菪醇的氨基甲酸酯衍生物，该类化合物为选择性 M_1 和 M_3 拮抗剂，其中化合物（16）对 M_1 和 M_3 受体的抑制活性为对 M_2 受体的抑制活性 10.4 倍，并在体内表现出持久的支气管扩张作用[10]。

40.2.2.2 奎宁环衍生物

奎宁环，即 1-氮双环 [2.2.2] 辛烷，也是一类发现较早的 M 受体拮抗剂骨架结构。例如 Pfizer 开发的瑞伐托酯（Revatropate，17），对 M_1 和 M_3 拮抗作用超过 M_2 50 倍，曾进入Ⅱ期临床试验用于 COPD 治疗。Astellas 公司开发上市的索非那新（Solifenacin，18）也含奎宁环骨架，为选择性 M_3 受体拮抗剂，但对膀胱肌肉组织选择性强，因此临床用于膀胱过动症引起的尿急、尿频症状[11]。

| 17 Revatropate | 18 Solifenacin | 19 Aclidinium |

| 20 | 21 |

阿地溴铵（Aclidinium，19）是 Almirall 公司新近开发的长效、吸入性 M_3 受体拮抗剂，为奎宁环的季铵盐类。2008 年 9 月，该药在欧洲和北美通过了以 COPD 为适应证的Ⅲ期临床研究。23 个国家的 1647 例患者参加了该研究，入选者均为 40 岁以上，且有数年吸烟史，每日 1 次吸入阿地溴铵 200μg，连续用药 1 年以上，在第 12 和 28 周对两组试验进行评估。结果显示，与安慰剂组相比，治疗组的患者第 1s 用力呼气量（FEV_1）波谷改

善范围为 60～70mL，两组间有显著性差异；阿地溴铵组在第 12 周和第 28 周时，到达峰值中位时间 2h 时，FEV$_1$ 峰从基线的变化范围为 154～177mL，与安慰剂组相比具有显著性差异；阿地溴铵组与安慰剂组的严重不良事件发生率相似，两组的抗胆碱药类不良事件发生率较低。另外，阿地溴铵与 β$_2$ 受体激动剂福莫特罗（Formoterol）的复方制剂也于 2008 年进入了 II 期临床研究[3]。

GlaxoSmithKline 公司最近报道，与阿地溴铵相似的二苯基衍生物（**20**）是很强的 M$_3$ 受体拮抗剂[12]。比利时 UCB 公司报道了一类新的炔基-奎宁环衍生物（**21**），具有与噻托溴铵相似的 M$_3$ 受体动力学选择性[13]。

40.2.2.3 哌啶、哌嗪、吡咯烷及其他环状胺衍生物

Pfizer 公司的扎非那新（Zamifenacin，**22**）为含有哌啶骨架的 M$_3$ 受体拮抗剂，由于选择性作用于胃肠组织，曾进入 II 期临床用于肠易激综合征。Banyu 公司开发的 J 104129（**23**）是高选择性 M$_3$ 受体拮抗剂，对 M$_3$、M$_1$ 和 M$_2$ 受体亚型的 K_i 值分别为 4.2nmol/L、19nmol/L 和 490nmol/L，同时对支气管分布选择性较高。经过结构优化得到高活性、长效、可口服的化合物（**24**）[14,15]。

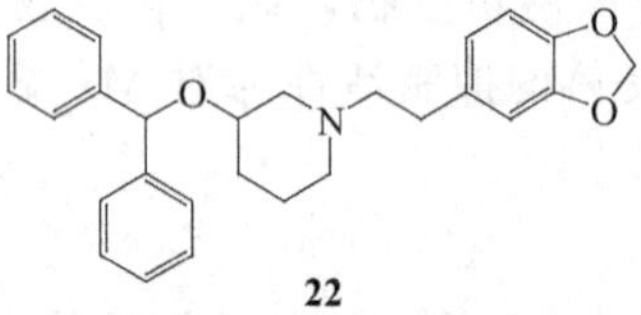

22
Zamifenacin

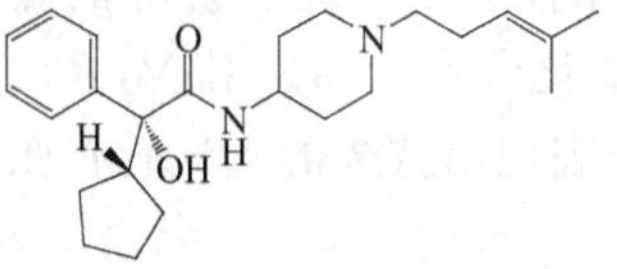

23
J 104129

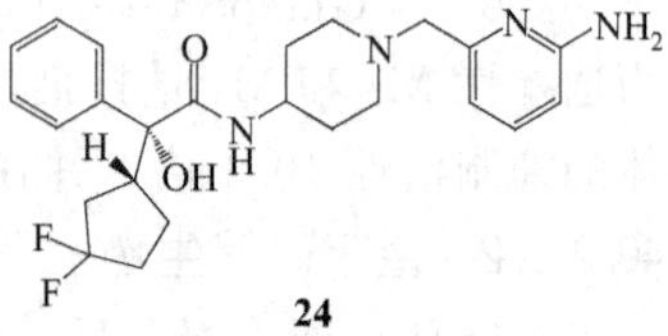

24

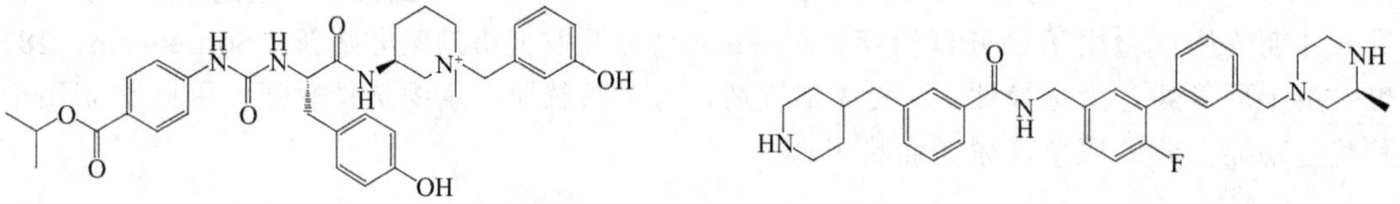

25

26

GlaxoSmithKline 公司由高通量筛选得到结构新颖的 M$_3$ 受体拮抗剂，经过结构优化发现了含有酪氨酸结构的哌啶衍生物（**25**）和含有联苯结构的哌嗪衍生物（**26**），两者均在动物模型上表现出持久、强效的支气管扩张作用[16,17]。

Vectura/Novartis 公司的 NVA-237（**27**）是一个吡咯烷季铵盐衍生物，其吸入给药的新制剂已经进入 III 期临床研究，疗效与塞托溴铵相当，但心血管副作用较少。另外，Ranbaxy 公司的 RBx-9841（**28**）含有环状叔胺结构，也已进入临床研究[18]。

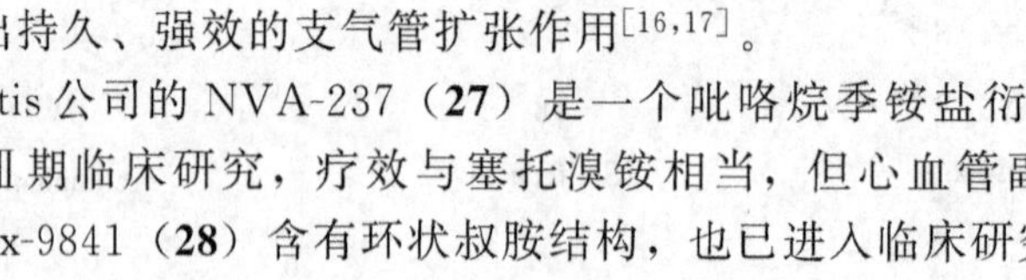

27

28

4.2.3 糖皮质激素类药物

糖皮质激素（Glucocorticoids，GCs）通过抑制免疫细胞因子和趋化因子以及干扰脂类炎性介质白三烯、血栓素、血小板活化因子和前列环素的合成与释放，发挥广泛而强大的抗炎作用，是目前最为有效的哮喘治疗药物之一。吸入皮质类固醇（Inhaler Corticosteroids, ICS）是过去几十年中 GCs 类药物治疗哮喘发展的主要方向，由于采用呼吸道吸入的局部给药方式，靶器官药物浓度较高、血中原药浓度较低，从而减轻了全身毒副作用。ICS 通常与 β_2 肾上腺素受体激动剂配伍或制成复方制剂使用，是临床治疗哮喘的首选药物疗法。目前临床常用的 ICS 药物有氟替卡松（Fluticasone, **29**）、莫米松（Mometasone, **30**）、倍氯米松二丙酸酯（**31**）、布地奈德（Budesonide, **32**）、环索奈德（Ciclesonide, **33**）、氟尼缩松（Flunisolide, **34**）、曲安奈德（Triamcinolone, **35**）等。

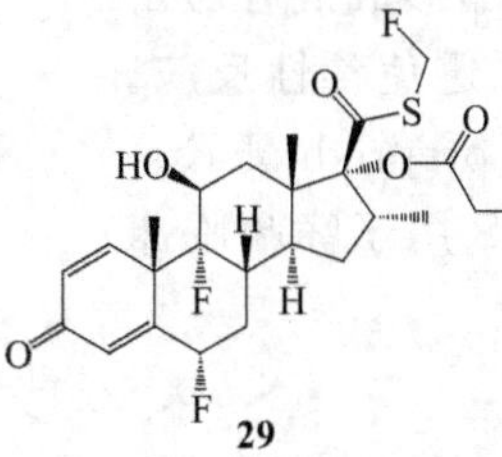

29 Fluticasone
30 Mometasone 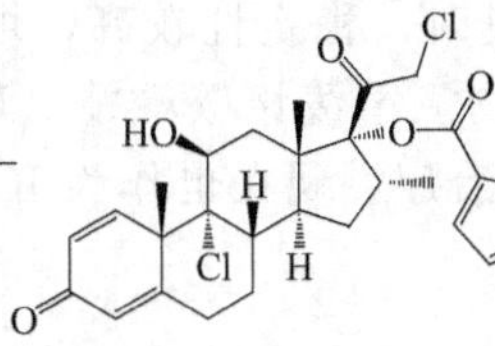
31 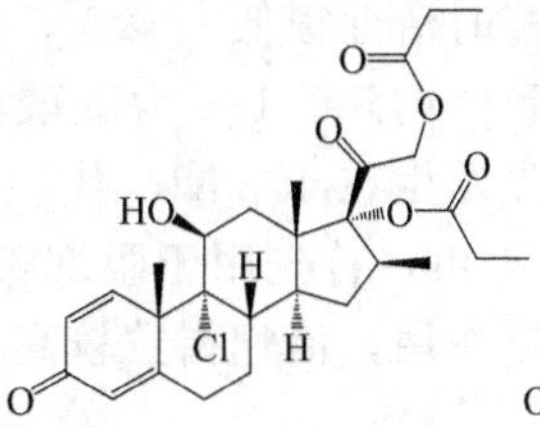
32 Budesonide 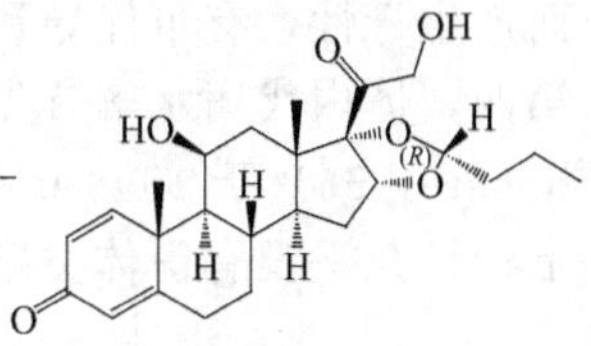
33 Ciclesonide 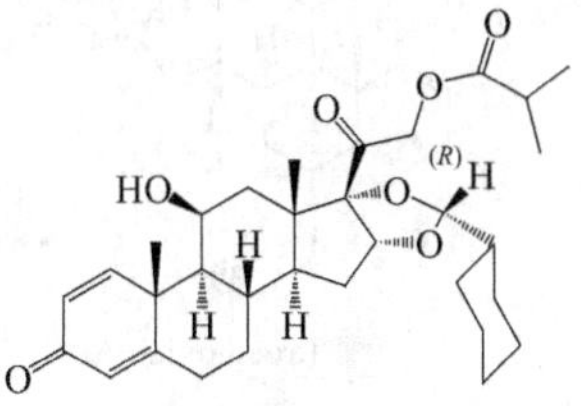
34 Flunisolide 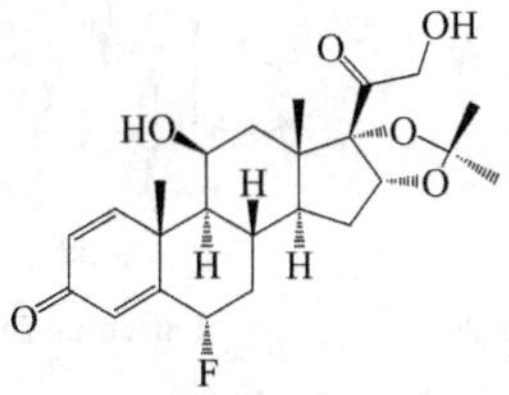
35 Triamcinolone

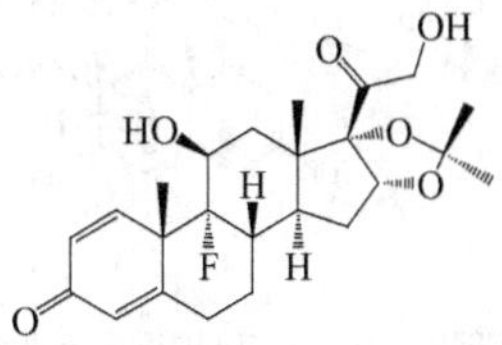

GCs 的构效关系和主要代表性药物将在第 41 章详述，本节仅着重介绍软药设计在 GCs 和 ICS 上的应用和进展。

4.2.3.1 软药原理在 ICS 设计中的应用

ICS 尽管采取了呼吸道直接给药，但仅有 10%～40% 剂量的药物进入肺部，其他 60%～90% 经吞咽进入消化系统并最终进入体循环，可引起全身毒副作用。软药的特征是在局部与靶器官的受体结合产生药效，而进入体循环后立即被代谢失活，因此软药是避免 ICS 全身不良反应的最佳选择。

在软药设计中必须平衡考虑活性、油水分配系数、组织分布、蛋白结合及代谢失活速率等性质，以达到低口服生物利用度、高血浆蛋白结合率、高清除率、短半衰期的特点。首先必须选择合适的软药母体结构（通常也就是软药的代谢产物）。例如氢化可的松（Hydrocortisone）的代谢产物 Cortienic Acid 本身没有甾体激素活性，是一个理想的软药母体[19]。

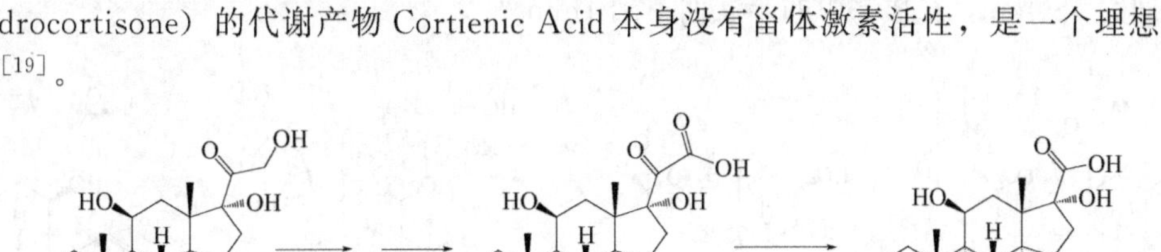

Hydrocortisone → Cortisolic Acid → Cortienic Acid

其次，必须选择合适的代谢敏感基团，以达到控制其代谢方向和速率的目的。常见的代谢敏感基团有酯、碳酸酯、酰胺、氨基甲酸酯等。在血浆或组织中，软药主要被酯酶代谢失活，而酯酶的种属差异、个体差异、组织差异很大，因此动物实验数据往往不能准确预测临床结果,这是软药的临床前评价面临的最大挑战和风险。Buchwald 等建立了一种定量结构-代谢关系(QSMR)模型,用来预测不同羧酸酯在人体血浆中的水解速率[20]。

4.2.3.2 代表性 ICS 软药

第一代软药是基于没有抗炎活性的 Cortienic Acid 设计的,经过大量衍生物的合成和筛选,得到了这类软药明确的构效、构动和构毒关系。首先,17α 和 17β 侧链的酯类基团是糖皮质激素抗炎活性必需的药效团。其次,17β 为氯甲基或氟甲基酯时活性很高;为氯乙基酯或其他简单烷基酯时活性很低。第三,17α 为羧酸酯时,易与 17β 酯形成混合酸酐而产生毒性,有可能导致白内障;17α 为碳酸酯或醚时,稳定性较高,可避免毒性反应。第四,体内代谢水解首先发生在 17β 酯。代表性药物氯替泼诺碳酸酯(Loteprednol Etabonate,**36**)于 1998 年上市,首先用于眼部炎症的治疗,现在也作为 ICS 用于哮喘临床治疗,几乎没有甾体类副作用,治疗指数较高。

36 Loteprednol Etabonate
37 Etiprednol Dicloacetate
38 Fluocortin Butyl
39 Itrocinonide

第二代软药的特点是 17α 引入含有卤素的取代基,且 17α 酯水解先于 17β 酯水解。代表性药物是进入临床研究的 Etiprednol Dicloacetate(**37**)。其对糖皮质激素受体结合力强于氯替泼诺碳酸酯,且在各种动物哮喘模型上药效优于布地奈德,安全性指标 NOAEL(有害作用剂量)高于布地奈德 40 倍。临床数据也显示其毒性很低,充分证实了软药的优势[21]。

曾经进入临床研究的软药还有氟可丁丁酯(Fluocortin Butyl,**38**)和伊曲奈德(Itrocinonide,**39**)。前者可在血浆中水解为无活性的氟可丁-21-酸,但由于软药本身的活性较弱,临床应用受到限制。后者含有 17β "甲基-碳酸酯"单元,血浆半衰期约 30min,是氟可丁丁酯和布地奈德的 1/5,但疗效低于目前常用的 ICS[19]。

另一种设计是在适当位置引入 γ-内酯基团,例如氟轻松的 γ-内酯衍生物(**40**)及 17β 位硫连接 γ-内酯衍生物(**41**)。人血清对氧磷酶(paraoxonase,E.C.3.1.8.1)是 γ-内酯基团的代谢酶,且该酶在血浆中的活性大大高于在肺组织中的活性。例如前者在肺组织中的半衰期为 480min,在血浆中的半衰期不到 1min[19]。

40 **41** **42** **43**

近来出现了"前-软药"的报道,该设计综合了前药和软药的特征。例如 **42** 和 **43**,他们在体内按照"非活性原药-活性软药-非活性代谢产物"的顺序发挥作用,有助于解决部分软药"过软",在局部代谢失活过快的问题[19]。

40.2.4 磷酸二酯酶 4 抑制剂

40.2.4.1 磷酸二酯酶 4 及其与炎症的关系[22~24]

磷酸二酯酶（phosphodiesterases，PDEs）是一个超级酶家族，根据它们对底物的特异性、酶动力学特征、对抑制剂的敏感性和氨基酸的序列，可将它们分为 11 个家族，60 多种不同的 PDE 同工酶。PDEs 催化细胞内的第二信使——环腺苷酸（cAMP）和环鸟苷酸（cGMP）水解开环分别生成非活性形式的 5′-AMP 或 5′-GMP，这是细胞内降解 cAMP 和 cGMP 的唯一途径。按底物特异性可将 PDEs 分为三类：cAMP 特异性的 PDE4、PDE7、PDE8；cGMP 特异性的 PDE5、PDE6、PDE9；非特异性的 PDE1、PDE2、PDE3、PDE10、PDE11。

在 PDEs 超家族中，PDE4 与炎症的关系最为密切。PDE4 基因家族可分为 4 个亚型，分别由相互独立的 A、B、C、D 4 个基因编码。由于每个 PDE4 基因都有多个转录单位和启动子，并且选择性地对 mRNA 进行剪接，迄今已发现了约 20 种 PDE4 同功酶。

PDE4 的组织分布十分广泛，在炎症细胞、脑、肝、肺、肾睾丸组织中丰度较高，尤其 PDE4 是中性粒细胞、单核细胞和嗜酸性粒细胞中的主要 cAMP 特异性 PDE 形式，也是巨噬细胞、嗜碱性粒细胞、肥大细胞、T 细胞和 B 细胞中主要的 PDE 形式之一。此外，炎症细胞和免疫细胞还存在 PDE3、PDE5、PDE7 和 PDE8。表 40-1 列出了 PDE4 和其他 PDE 同功酶在炎症相关细胞和呼吸系统细胞中的分布情况。

用定量 PCR 方法证实，在人单核细胞和嗜中性粒细胞中，PDE4B 亚型是 PDE4 的主要形式。在各种致炎剂中，脂多糖（lipopolysaccharide，LPS）能特异性地诱导单核细胞 PDE4B 的基因表达。小鼠基因敲除实验和选择性抑制剂实验均证明 PDE4B，对 LPS 刺激诱导的 TNF-α 的产生起重要作用。已知人 PDE4B 有 4 种变异体，PDE4B1、PDE4B3 和 PDE4B4 属于所谓的"长形"，仅 PDE4B2 是一种"短形"。其中，PDE4B2 是在嗜中性粒细胞和单核细胞（静息或 LPS 刺激时）的主要表达形式。

表 40-1 PDE4 在组织细胞内的分布

细胞类型	PDE4 亚型	抑制 PDE4 产生的生物效应	其他 PDE 分布
T-淋巴细胞 CD4、CD8	B＞A	抑制凋亡和细胞因子释放	3,7
B-淋巴细胞	B,D＞A	促进凋亡；IgE 生成	7
嗜酸性细胞	A,D＞B	抑制超氧负离子生成；延迟诱导凋亡	7
中性粒细胞	A,D＞B	抑制超氧化负离子生成和中性粒细胞弹性蛋白酶释放	7
单核细胞	B＞A,D	抑制 TNF-α 释放	7
巨噬细胞	A,B,D	抑制 TNF-α 释放	1,3,7
DCs	A＞B,D	抑制 TNF-α 释放	1,3
气管上皮细胞		增加 PGE2 产生；抑制 IL-6 产生	1,2,3,4,5,7,8
内皮细胞		抑制黏附分子表达	2,3,4,5
成纤维细胞	A,B＞D	抑制成纤维细胞的趋化；抑制金属基质蛋白酶原的释放	1,4,5,7
感受器神经元	D	抑制神经肽的释放	1,3

40.2.4.2 PDE4 抑制剂及其研究进展

PDE4 抑制剂主要作用是抗炎，仅有中等或较弱的支气管扩张作用。抑制 PDE4 活性，可增加细胞内 cAMP 水平，激活多种蛋白磷酸化途径，对炎症细胞、免疫系统、中枢神经功能、心血管功能、细胞黏附以及代谢过程都有影响。但是，在支气管平滑肌细胞内，PDE 的主要形式是 PDE3。因此，尽管 PDE4 抑制剂对气管平滑肌的松弛作用相对较弱，而 PDE3/4 双重抑制剂有更明显的支气管扩张作用。

过去 15 年间，各大制药公司投入了很大财力，开发了多个选择性 PDE4 抑制剂，其中有 20 多个先后作为抗炎药物进入临床研究，用于哮喘或 COPD 的治疗。除 Ibudilast 在日本和韩国上市，用于哮喘和眼部感染的局部治疗外，多数由于治疗指数偏低而被迫停止试验，例如 Cilomilast、CDP840、IC485、Filaminast、Lirimilast、Piclamilast、Tofimilast、AWD-12-281、CI-1018、D-4418、L-826141、SCH351391 和 V11294A 等，虽然这些 PDE4 抑制剂结构多样，但临床最常见的不良反应都是恶心和呕吐。因此，结构优化集中于降低这一副作用、提高治疗指数，发展了 Tetomilast、Oglemilast、Apremilast、Ono 6126 及 IPL-455903 等，研究结果显示，治疗窗相对较宽，基本没有致吐作用，病人耐受性较好，有望发展成为上市药物[25,26]。

按照结构类型，分别阐述如下。

(1) 儿茶酚醚衍生物 儿茶酚醚类是研究最为充分的一大类。第一代 PDE4 抑制剂咯利普兰 (**44**, Rolipram) 仅有中度抑制活性，且不良反应严重。对咯利普兰的构效关系和构毒关系研究表明，3,4 位双烷氧基是活性必需基团，对吡咯啉酮环部分的改造可提高活性和选择性、降低部分毒副作用。其中由 GSK 公司投入巨资开发的西洛司特 (**45**, Ariflo, Cilomilast) 是第二代 PDE4 抑制剂的代表药物，曾于 2005 年被 FDA 批准用于 COPD 患者的肺功能维持治疗，但后来中止临床使用，用于哮喘治疗的Ⅲ期临床也于 2006 年完成，但由于治疗指数低，FDA 至今没有批准其上市[27]。为减小中枢毒副作用，Ono Pharmaceutical 设计了西洛司特的亲水性类似物 (**46**, Ono-6126)，ClgP 是西洛司特的 1/3，不易透过血脑屏障；他们还用刚性更强的双环 [3.3.0] 辛烷代替六元环得到化合物 (**47**)，活性与西洛司特相当，并且对 PDE4 的高亲和洛利普兰结合位点 (HARBS) 的亲和力较低，从而降低了此位点相关的恶心和呕吐副作用[28,29]。

44	**45**	**46**	**47**

酰胺结构的引入发现了 Piclamilast (**48**) 和罗氟司特 (**49**, Roflumilast)，后者是 Altana 和 Tanabe 共同开发的，已经完成临床研究进入注册阶段。临床研究中，38 例 COPD 患者每日口服罗氟司特 500μg，于用药前和用药 2、4 周进行支气管扩张试验并检测痰液中中性粒细胞、嗜酸粒细胞、弹性蛋白酶和 IL-8 水平。结果显示，用药后支气管扩张试验 FEV_1 提高了 68.7mL，每克痰液中中性粒细胞和嗜酸粒细胞数量下降了 35.5%，弹性蛋白酶和 IL-8 下降 25.9%。另一项临床研究结果显示，罗氟司特治疗 12 周后，试验组支气管扩张试验 FEV_1 较对照组提高了 72mL；维持治疗 24 周后停药，患者的肺功能逐渐下降[30]。

48	**49**	**50**	**51**

在 CDP840 基础上设计的 **50**，在动物实验中显示较低的致吐作用。CC-1088（**51**）和 Apremilast（**52**，CC-10004）均为 Celgene 开发，后者进入Ⅲ期临床研究。Merck 公司发表的 L-826141（**53**）和 L-869298（**54**）为吡啶氮氧化物[31,32]。Otsuka 公司的 Tetomilast（**55**）引入噻唑环作为酰胺部分的生物电子等排体，于 2004 年进入治疗 COPD 的Ⅱ期临床试验和治疗溃疡性结肠炎的Ⅲ期临床试验[33]。Lilly 的 IPL-455903（**56**）是中枢作用的 PDE4 抑制剂，已进入治疗认知障碍的Ⅱ期临床研究[26]。

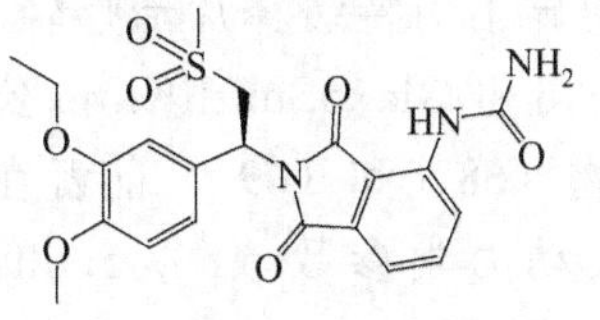

52 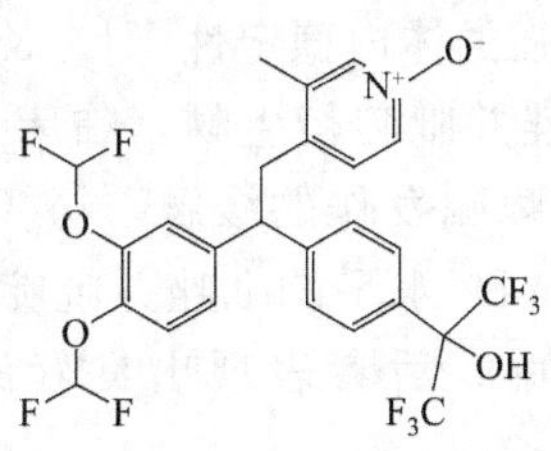 **53** 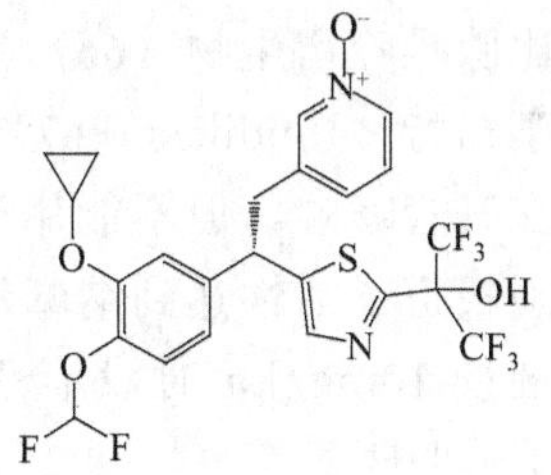 **54**

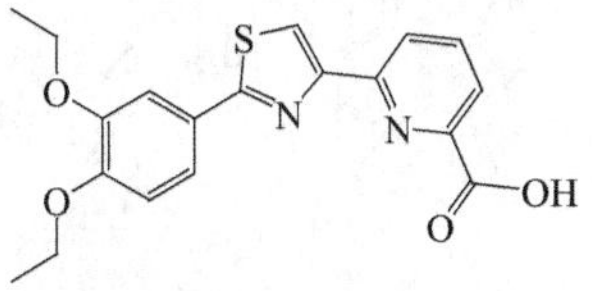

55 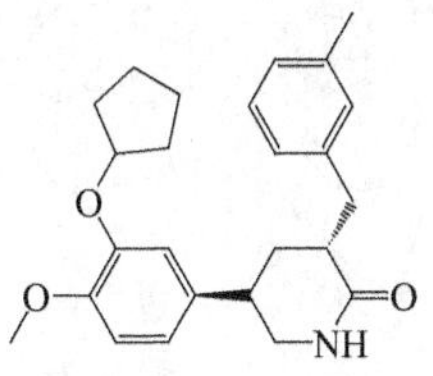 **56**

（2）儿茶酚醚类似物　McGarry 根据儿茶酚醚结构设计出双环骨架的 7-甲氧基苯并呋喃衍生物（**57**），PDE4 抑制活性 IC_{50} 达到 1nmol/L；印度 Glenmark 公司开发的 Oglemilast（**58**）具有三环结构，保留了罗氟司特的 3,5-二氯吡啶氨基甲酰部分的同时，也保留了二氟甲基醚和呋喃环，替代了儿茶酚醚的 3,4 二烷基醚结构，现已进入Ⅱ期临床试验，致吐作用很小。Schering-Plough 公司对 SCH351591（**59**）进行结构优化得到 **60**，前者抑制活性 IC_{50} 为 60nmol/L，后者达到 1nmol/L，二者均为 8-甲氧基喹啉衍生物，同样可看作儿茶酚醚结构的变换形式，其中喹啉的氮原子相当于呋喃的氧原子[34,35]。

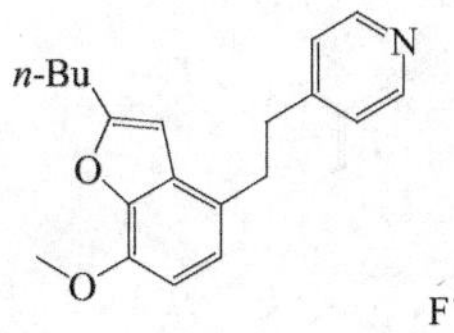

57 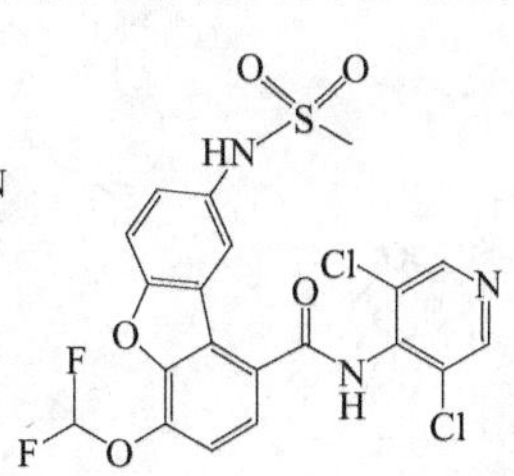 **58** 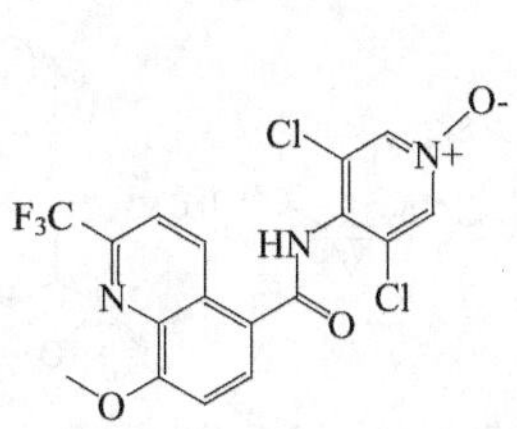 **59** 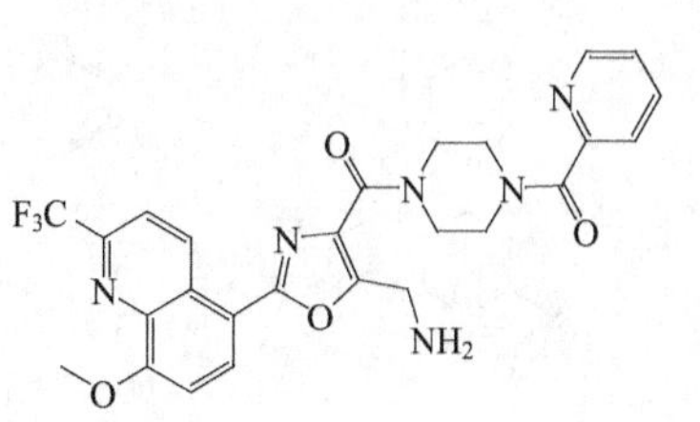 **60**

（3）嘌呤、吡唑并吡啶及其类似物　茶碱（**61**）为临床应用最早和最广的非选择性 PDE 抑制剂，其基本母核为黄嘌呤，后来开发了多个黄嘌呤类衍生物。例如，进入Ⅲ期临床的阿罗茶碱（Arofylline，**62**）和上市的多索茶碱（Doxofylline，**63**），均为非选择性 PDE 抑制剂，且活性较弱。Purdue Pharma LP 公司以腺嘌呤衍生物作为先导化合物，经结构优化得到 **64**，活性提高 47 倍，IC_{50} 为 9.3nmol/L[36]。

Raboisson 等报道了吡唑[1,5-a]-1,3,5-三嗪衍生物（**65**），IC_{50} 达到 11nmol/L，是西洛司特（30nmol/L）的 2.7 倍，能显著抑制 TNF-α 的释放，作为嘌呤的生物电子等排体，比腺嘌呤衍生物（**66**）具有更强的体内稳定性[37]。Kyorin/Banyu 公司开发的上市药物异丁司特（Ibudilast，**67**）为吡唑并吡啶衍生物，临床上使用异丁司特缓释片治疗轻、中度支气管哮喘，但不能用于急性哮喘发作的缓解[38]。Ono 公司和 GlaxoSmithKline 公司分别报道了活性达到纳摩尔（nmol）水平的吡唑并吡啶衍生物（**68**）和（**69**），前者在口服剂量 10mg/kg 时没有引起呕吐，后者表现出良好的药代动力学参数（$t_{1/2}$ 1.6h, F 35%）[39,40]。

（4）喹啉、异喹啉、喹呐啶及其类似物　Merck 公司报道的喹啉衍生物 L-454560（**70**）和 **71** 活性较高，动物实验中致吐指数低。他们进一步研究发现 1,8-喹呐啶-4-酮衍生物，具有很强的 PDE4 抑制活性，其中 **72** 的 IC_{50} 达到 0.06nmol/L，但该化合物对钾通道亲和力较强；同一系列的 MK-0873（**73**）的生物利用度高，致吐性低，现已进入 II 期临床研究[41~43]。

[6,6] 稠合的双环结构中还有 Tanabe 公司的 1-吡啶基异喹啉衍生物（**74**，IC_{50} 0.3nmol/L）和 1-吡啶基二氢异喹啉衍生物（**75**，IC_{50} 0.3nmol/L），以及 Yamanouchi 的吡啶并嘧啶酮衍生物 YM-976（**76**，IC_{50} 0.3nmol/L），但后者已经中止于 I 期临床[26,44]。

（5）其他结构类型　Pfizer 开发了吡唑并吡啶并三唑衍生物，其中 Tofimilast（**77**）为非致吐性 PDE4 抑制剂，采用吸入给药、口服生物利用度低，但 2007 年中止于 II 期临床试验。最新报道的 3,6-二苯基-7H-[1,2,4] 三唑 [3,4-b] [1,3,4] 噻二嗪是 NIH 研究人员通过高通量筛选发现的，其中含有儿茶酚醚结构的（**78**）对 PDE4A、PDE4B 和 PDE4D 抑制活性分别达到 24nmol/L、540nmol/L 和 18nmol/L[26,45]。

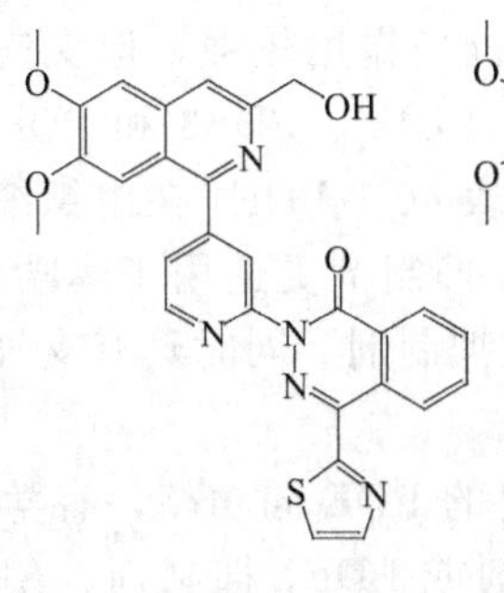

74 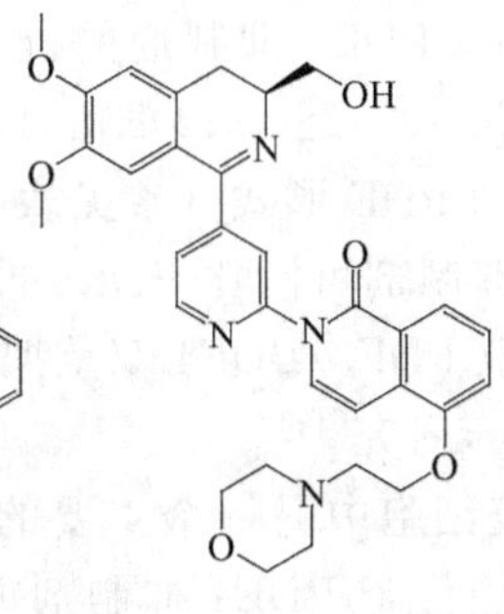　**75** 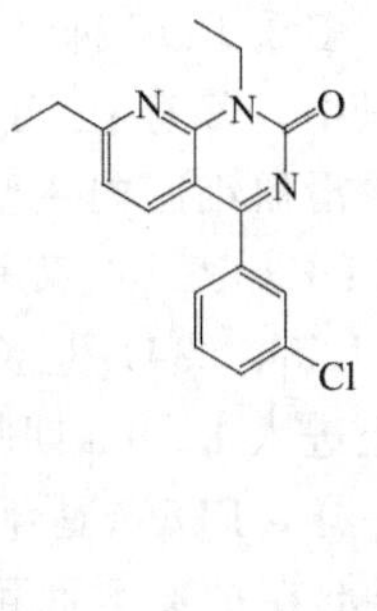　**76**

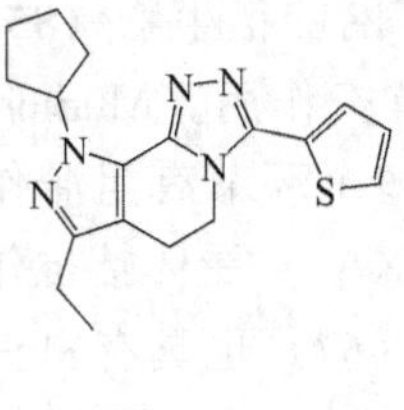

77 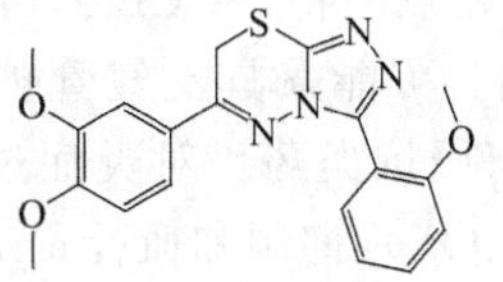　**78** 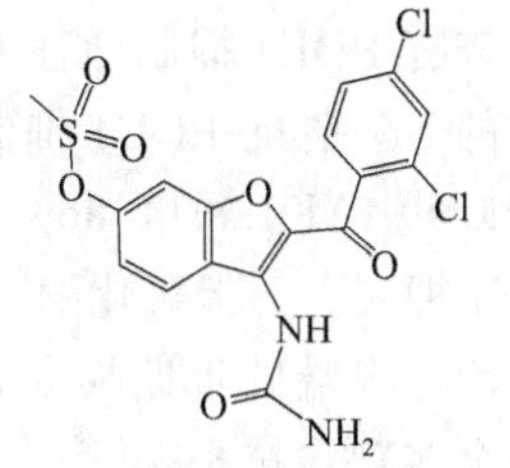　**79**

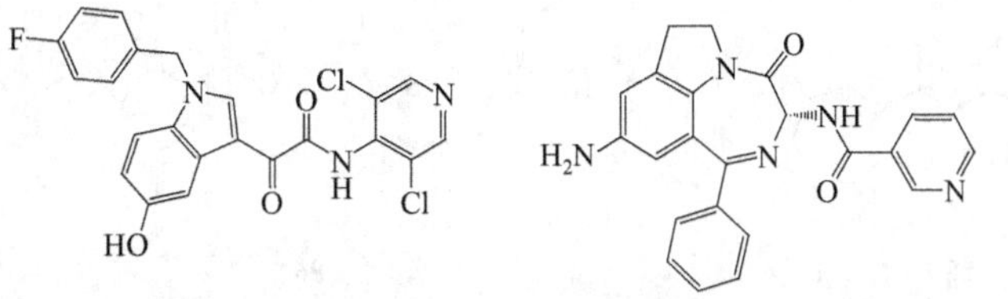

80　**81**

Bayer 公司开发的苯并呋喃衍生物 Lirimilast（**79**）和 Elbion/GSK 公司开发的吲哚衍生物 AWD-12-281（**80**）也由于治疗指数偏低，中止于Ⅱ期临床。CI-1044（**81**）是另一个具有三环骨架的 PDE4 抑制剂[26,46,47]。

40.2.4.3　PDE4 抑制剂的研究方向

新一代 PDE4 抑制剂的主要研究策略有亚型选择性抑制剂开发、双重 PDE 抑制剂开发、软药设计、理化性质改进等；药剂学方面的措施有局部（吸入）给药、控缓释技术的应用；药物治疗学方面有联合用药等。

（1）PDE4 亚型选择性抑制剂　PDE4B 亚型是人单核细胞和嗜中性粒细胞中 PDE4 的主要形式。而 PDE4D 亚型主要分布于中枢神经系统，与致吐作用相关。**82** 是首个发表的 PDE4D 亚型选择性抑制剂，Pfizer 公司报道了另一个 PDE4D 亚型选择性抑制剂 CP-671305（**83**），虽有致吐作用、不具有治疗意义，但可作为工具药物使用，同时预示着可能设计合成 PDE4B 亚型选择性抑制剂[48]。

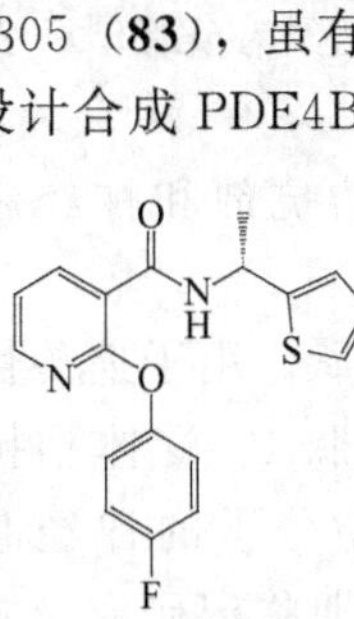

82 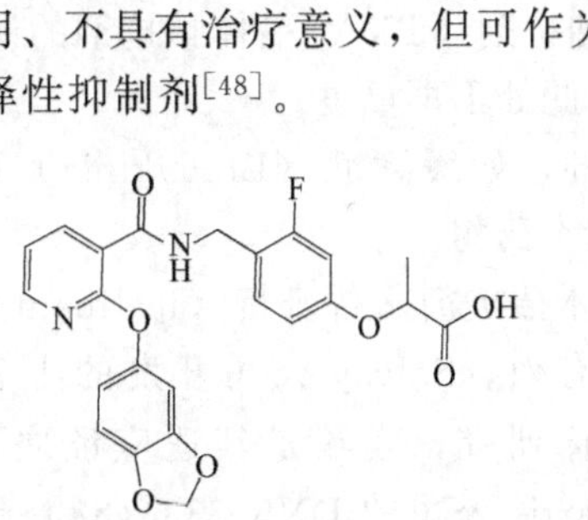　**83** 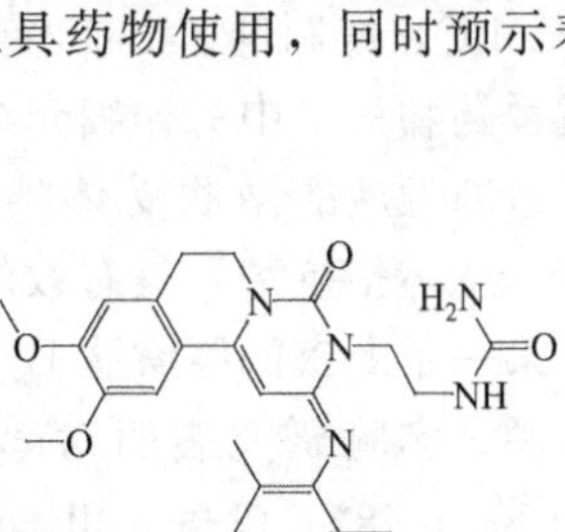　**84**

(2) 双重或多重 PDE 抑制剂　PDE4 抑制剂的抗炎作用较强，但支气管扩张作用不强。在气管组织中，除存在 PDE4 外，还有 PDE1、PDE2、PDE3 和 PDE5，PDE3 是内皮细胞和气管平滑肌细胞内主要的 PDE 形式（参见表 40-1 PDE4 在组织细胞内的分布），因此有人提出 PDE3/PDE4 双重抑制剂可能比 PDE4 抑制剂更适用于哮喘和 COPD。Verona 公司的 RPL554（**84**）是长效 PDE3/PDE4 双重抑制剂，同时具有支气管保护和抗炎作用，目前已经进入Ⅰ/Ⅱa 期临床研究[49]。

与 PDE4 一样，PDE7 是免疫细胞中另一个主要的 PDE 同功酶，有学者认为 PDE4/PDE7 双重抑制剂在抗炎方面可能优于 PDE4 抑制剂或 PDE7 抑制剂。Altana 和 Bristol Myers Squibb 等公司的 PDE4/PDE7 双重抑制剂专利申请已经公开[50,51]。

(3) 兼有 PDE4 抑制活性的多靶点药物　UCB 公司报道了嘧啶衍生物（**85**），是一类双重活性的 M_3 拮抗-PDE4 抑制剂，可能兼具支气管扩张和抗炎作用。MediciNova 开发的 Tipelukast（MN-001，**86**）为口服抗炎药，对炎症过程的多个环节有阻滞作用，同时兼具 PDE4 抑制、5-脂氧化酶（5-LOX）抑制和血栓素 A_2（TXA_2）受体拮抗作用，该药已经进入治疗哮喘的Ⅲ期临床研究[52]。已经上市的异丁司特（**67**）也具有白三烯拮抗作用，是一个多靶点抗炎药[38]。

85　　　　**86**

40.2.5　其他炎症介质拮抗剂

气道炎症有多种免疫炎症细胞的炎性介质和细胞因子参与。炎性介质包括白三烯（LTs）、血小板活化因子（PAF）、组胺、前列腺素等。主要的细胞因子如白细胞介素 4（IL_4）、白细胞介素 8（IL_8）、粒细胞/巨噬细胞集落刺激因子、γ 干扰素、细胞间黏附分子和肿瘤坏死因子对各炎症细胞的功能、细胞间信息传导以及细胞的生长、增殖和分化均起调控作用。因此，与这些炎性介质和细胞因子相关的环节都可能成为抗炎药物的靶点。

除上述介绍的糖皮质激素类药物和 PDE4 抑制剂外，临床用于哮喘治疗的抗炎药物还包括 H_1 受体拮抗剂、LTs 受体拮抗剂、5-LOX 抑制剂、PAF 受体拮抗剂、血栓素 A_2（TXA_2）受体拮抗剂等。H_1 受体拮抗剂的构效关系和代表性药物，以及 LTs 受体拮抗剂、5-LOX 抑制剂、PAF 受体拮抗剂、TXA_2 受体拮抗剂的研究进展已经在第 28 章 28.2 抗过敏药物一节中有详细介绍，此处不再重复。

最新发展的激肽受体拮抗剂，如缓激肽（Bradykinin）B_2 受体拮抗剂和神经激肽（NK）受体拮抗剂，是有效的抗炎药物。

第一个上市的缓激肽 B_2 受体拮抗剂艾替班特（Icatibant）是拟十肽，用于遗传性血管水肿，实验研究表明对哮喘有效。Solvay 公司开发的小分子缓激肽 B_2 受体拮抗剂 Anatibant（**87**）已进入Ⅱ期临床研究，哮喘是其适应证之一[53]。小分子的神经激肽 NK_1/NK_2 受体拮抗剂，如 Novartis 公司的 DNK-333（**88**）已进入Ⅱ期临床研究，主要适应证是 COPD 和哮喘[54]。

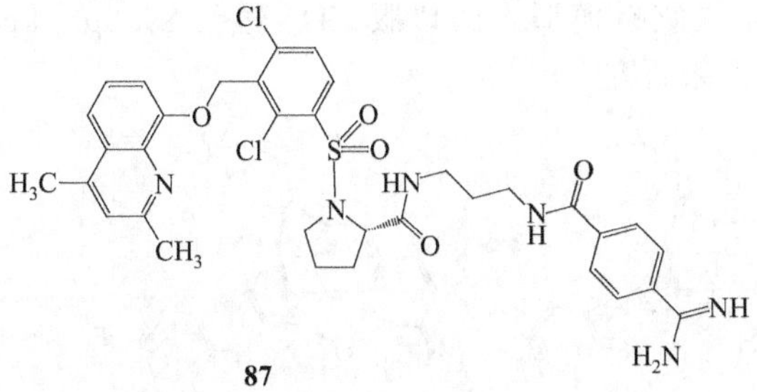

87

Anatibant

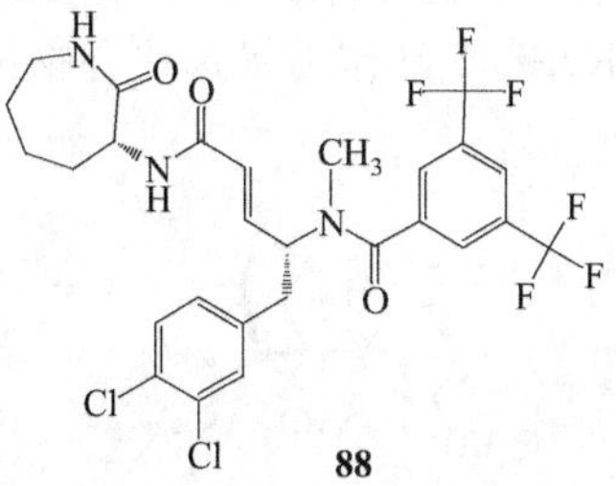

88

40.3 镇咳药物

咳嗽是人体的一种反射性保护机制，也是呼吸系统疾病的常见症状，通过咳嗽排出呼吸道内痰液或异物，保持呼吸道的通畅和清洁，从而防止感染形成，但是剧烈、持续咳嗽会导致患者痛苦，并易引起其他并发症。因此，需要选择适当的镇咳药物缓解咳嗽。内源性咳嗽通常由气管炎、哮喘、肺炎等呼吸系统疾病释放的炎症介质所引起；外源性咳嗽则由外源性化学或物理因素引起。

咳嗽反射弧包括呼吸道神经末梢感受器、传入神经、延髓咳嗽中枢和传出神经四个环节，从广义上讲，凡能抑制咳嗽反射弧中任何一个环节的物质，都具有镇咳作用。根据作用部位和机制不同，将镇咳药物分为中枢性和外周性两大类。

40.3.1 中枢性镇咳药物

40.3.1.1 阿片受体激动剂/拮抗剂

阿片生物碱具有很强的镇咳作用，代表性的吗啡 (**89**) 能直接抑制咳嗽中枢，但对呼吸中枢也有强抑制作用，且易产生依赖性，临床已极少应用[55]。吗啡甲基衍生物可待因 (**90**) 以及结构改造得到的吗啉乙基衍生物福尔可定 (**91**)，镇咳活性均为吗啡的 1/10，但依赖性较弱，对呼吸抑制作用也较弱，因此成为临床常用镇咳药物。

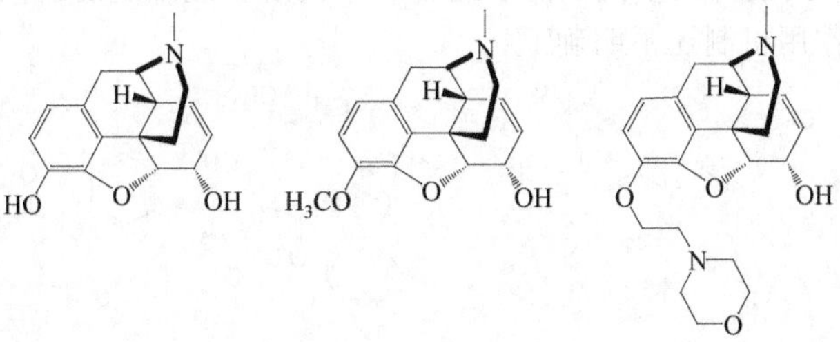

89 **90** **91**

存在于中枢神经系统的阿片受体主要有 μ 受体、κ 受体和 δ 受体三种，μ 受体激动剂和 κ 受体激动剂的镇咳作用已经被广泛的基础和临床研究所证实，如上述可待因和福尔可定均为 μ 受体激动剂。δ 受体在咳嗽反射中的作用比较复杂，δ 受体分为 δ_1 和 δ_2 亚型，最近研究发现，δ_2 受体激动剂具有 μ 和 κ 受体激动剂相似作用，但 δ_1 受体激动剂作用相反[56]。Toray Industries 的研究者发现 δ 受体拮抗剂 NTI (**92**) 在动物模型上表现出强而持久的镇咳作用；他们最近以 NTI 为起点，在吲哚环部分并入亲脂性结构得到 TRK-850 (**93**)，其血脑屏障透过增强，在小鼠咳嗽模型上表现出强的镇咳作用。但该化合物的代谢稳定性较差，于是又经结构优化得到 8'-氟衍生物 TRK-851 (**94**)，有效阻滞 8'-羟基化，代谢清除率比 TRK-850 降低 20 倍，在小鼠咳嗽模型上的口服 ED_{50} 达到 35.5μg/kg，目前 TRK-851 已作为候选化合物进入 I 期临床研究[57,58]。

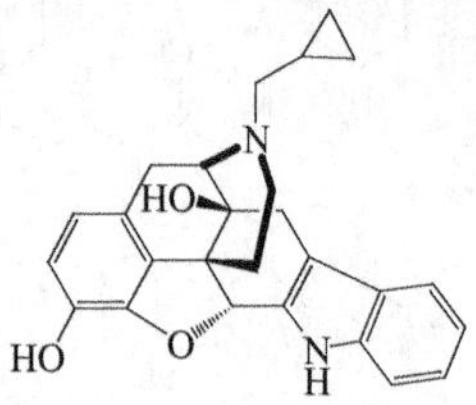

92 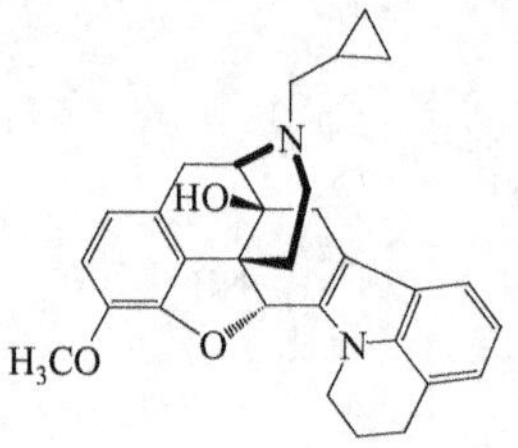 93 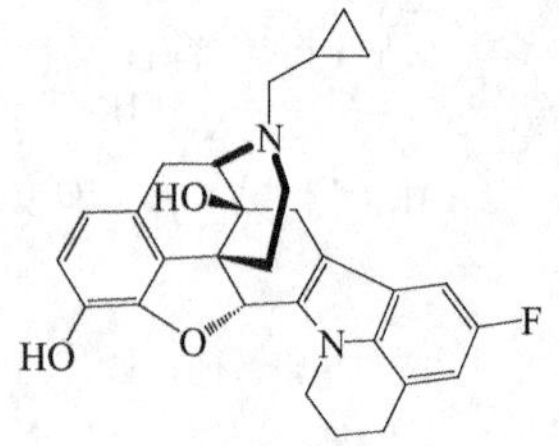 94

40.3.1.2 非依赖性镇咳药物

吗啡喃骨架是吗啡结构中去除 4,5-醚键后形成，代表性药物右美沙芬（**95**）是目前临床应用最广的镇咳药物，对呼吸中枢无抑制作用，无阿片受体作用，不易产生依赖性。其体内活性代谢产物为右啡烷（Dedextrorphan，**96**），毒性较小，耐受性较好。临床常用的吗啡喃类药物还有羟蒂巴酚（Drotebanol，**97**）和布托啡诺（Butorphanol，**98**）等，均为非依赖性镇咳药物。

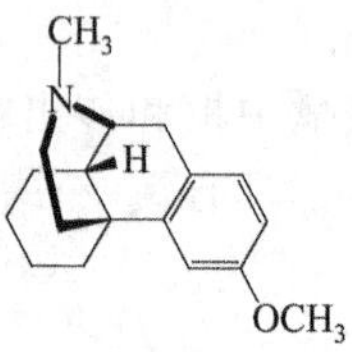

95 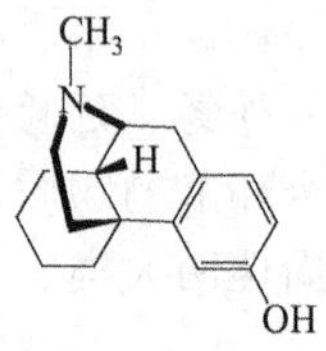 96 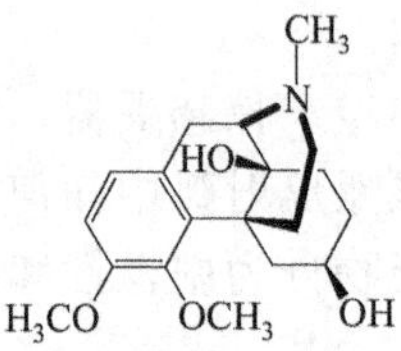 97 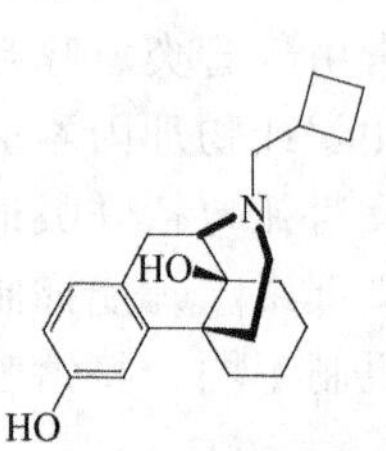 98

除吗啡喃类药物外，临床应用的其他非依赖性中枢镇咳药物还有氯丁替诺（Clobutinol，**99**）、氯哌斯汀（Chloperastine，**100**）、左丙氧芬（Levopropoxyphene，**101**）、喷托维林（Pentoxyverine，**102**）等。研究发现非依赖性镇咳药物的作用机理主要与脑区的 σ 受体有关，例如喷托维林和右美沙芬对该受体均有很强亲和力，它们作为 σ 配体可能通过抑制 GIRK（G-蛋白门控内向整流钾离子通道）来调解神经细胞的应激性从而发挥中枢镇咳作用，但是具体作用机制还不明确[59]。

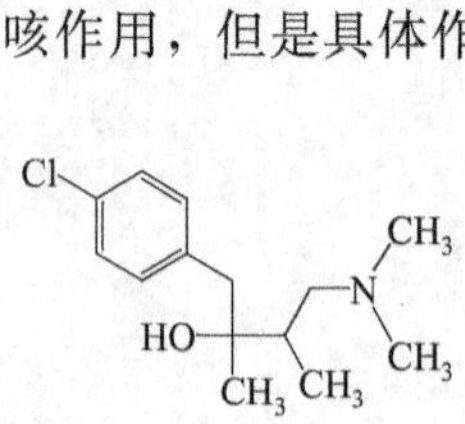

99 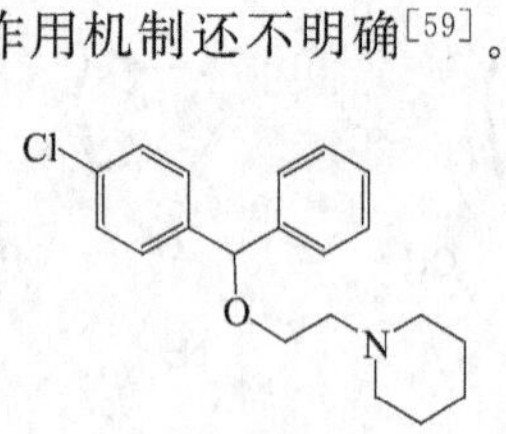 100 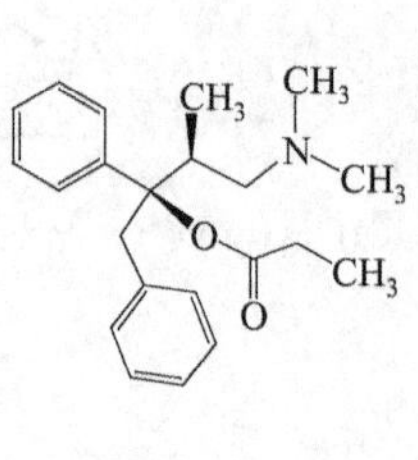 101 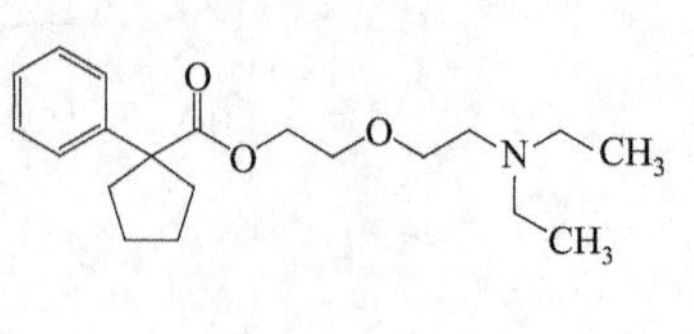 102

40.3.1.3 其他作用机制药物

（1）孤啡肽受体激动剂　孤啡肽（Nociceptin/Orphanin FQ，NOP）是 NOP 受体（也称阿片受体样受体）的内源性配基。孤啡肽同经典的内源性阿片肽在结构上有很高的同源性，但并不结合经典的 μ、κ 和 δ 受体。孤啡肽（NOP）参与介导疼痛、咳嗽、焦虑、认知等多种生理过程，NOP 和 NOP 受体激动剂在动物模型上有显著镇咳作用。

Schering-Plough 公司在先导化合物 **103**（NOP 受体亲和力 $K_i = 13\text{nmol/L}$）的基础上，得到蒈若烷衍生物 **104** 和 **105**，NOP 受体亲和力 K_i 分别达到 7nmol/L 和 1.7nmol/L，并且在动物模型上表现出剂量依赖的镇咳作用和抗焦虑作用。他们还报道了具有螺环结构

的先导化合物 **106**（NOP 受体亲和力 $K_i = 500\text{nmol/L}$），经结构优化得到一系列 NOP 受体激动剂，其中化合物 **107**（NOP 受体亲和力 $K_i = 15.1\text{nmol/L}$）是一个高选择性激动剂，对 μ、κ 和 δ 受体 K_i 分别为 977nmol/L、938nmol/L、11655nmol/L[60~62]。Johnson & Johnson 公司的 NOP 受体激动剂 Ro 64-6198（**108**）具有同样的骨架结构，对辣椒素引起的豚鼠咳嗽模型有效[63]。

（2）神经激肽受体拮抗剂　Daiichi-Sankyo 公司开发的 CS-003（**109**）是非选择性神经激肽受体拮抗剂，对 NK_1、NK_2 和 NK_3 受体亚型的亲和性都很高，在辣椒素引起的豚鼠咳嗽模型上表现出显著镇咳活性，剂量 10mg/kg 的镇咳作用与剂量 50mg/kg 的可待因相当[64,65]。

（3）GABA 受体激动剂　γ-氨基丁酸（GABA）是重要的抑制性神经递质，研究发现 GABA 受体激动剂有显著镇咳作用。Dicpinigaitis 等报道，病人服用 GABA-B 受体激动剂巴氯酚（Baclofen，**110**）一日一次，每次 10~20mg，14~28 天后，对辣椒素引起的咳嗽有显著镇咳作用。但巴氯酚有镇静作用，探索无镇静作用的 GABA-B 激动剂有助于开发新的镇咳药物[66]。

40.3.2　外周性镇咳药物

外周性镇咳药物也称末梢性镇咳药物，是通过咳嗽发射弧中的末梢感受器、传入神经或传出神经的传导而起镇咳作用。临床常用的外周性镇咳药物可分为缓和性和局部麻醉性两类。缓和性镇咳药如糖浆和甘草流浸膏，对咽部黏膜表面起覆盖保护作用，减少刺激，并促进唾液分泌和吞咽动作，但此类镇咳作用比较弱。

局部麻醉性镇咳药通过选择性抑制肺牵张感受器及感觉神经末梢的兴奋性，抑制肺-

迷走神经反射，阻断咳嗽反射的传入，产生镇咳作用。代表性药物有苯佐那酯（Benzonatate，111）、普诺地嗪（Prenoxdiazin，112）、苯丙哌林（Benproperine，113）和左羟丙哌嗪（Levodropropizine，114）等。苯佐那酯是依据局部麻醉药丁卡因（115）进行结构改造的产物，避免了局部麻醉药的支气管收缩副作用，用于哮喘、肺炎、支气管炎引起的干咳、阵咳。

莫吉司坦（Moguistein，BBR-2173，116）是 Roche 公司开发的非麻醉性镇咳药，作用机制可能通过作用于气管的快适应感受器（rapidly adapting irritant receptors）发挥镇咳作用。也有研究称莫吉司坦是一个 ATP 敏感性钾通道开放剂。

辣椒素受体拮抗剂是正在研发中的外周性镇咳药物。瞬时受体电位香草酸亚型 1（TRPV1）是辣椒素特异性受体，简称辣椒素受体。临床研究发现，慢性咳嗽患者的辣椒素受体水平上调；在哮喘、COPD、支气管炎和上呼吸道感染患者中，辣椒素引起的咳嗽反射增加，可能是辣椒素受体敏感所致。辣椒素受体拮抗剂 Capsazepine（117）可抑制二氧化硫引起的豚鼠咳嗽[67]。Johnson & Johnson 公司的 JNJ17203212（118）在临床前试验中表现出确切的镇咳作用，是一个有前景的临床候选药物[68]。

钙激活性钾通道开放剂 NS1619（119）可抑制枸橼酸引起的豚鼠咳嗽，其机理是通过激活钾通道而抑制感觉神经，导致传入和传出功能减退[69]。

40.4　祛痰药物

痰是呼吸道炎症的产物，往往与咳、喘症状密切相关。痰液可刺激呼吸道黏膜引起咳嗽；痰多阻塞气管时，不仅引起和加重气喘，还能导致继发感染。因此祛痰药物是治疗呼吸系统疾病的必备药物。

按药理作用分为三类：黏液溶解剂、黏液调节剂和恶心性祛痰药。

黏液溶解剂均为含硫化合物，是在乙酰半胱氨酸（**120**）的结构基础上经过结构修饰形成的一系列衍生物，包括厄多司坦（Erdosteine，**121**）、羧甲司坦（Carbocisteine，**122**）、来托司坦（Letosteine，**123**）等。巯基化合物能降解痰中蛋白质肽链中的二硫键，使痰液的黏滞性降低、气管黏膜纤毛活性提高；同时这类药物在细胞内释放出半胱氨酸，后者具有抗氧化和清除自由基作用。

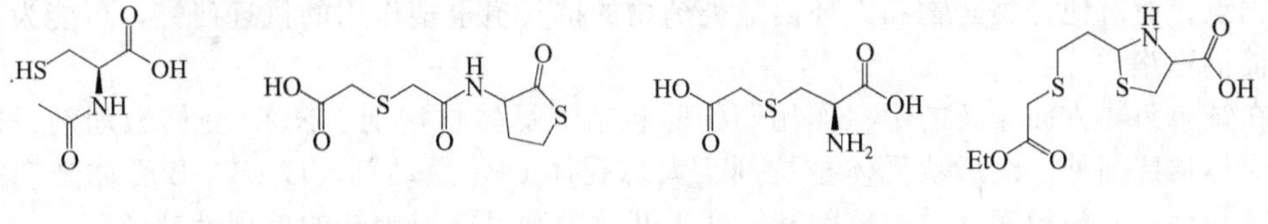

120　　**121**　　**122**　　**123**

Medea Research 开发的米地司坦（Midesteine，**124**）是人类中心粒细胞弹性蛋白酶（HNE）抑制剂，用于 COPD 治疗有效，正在意大利注册。HNE 抑制剂是一类新发展的抗炎药，用于治疗急性肺损伤（ALI）、成人呼吸窘迫症（ARDS）、COPD、囊肿性纤维化、缺血-再灌注损伤、遗传性肺气肿等 HNE 相关疾病。西维来司钠（Sivelestat Sodium，**125**）由 Ono/Eli Lilly 开发，2002 年在日本上市，是第一个上市的 HNE 抑制剂，用于治疗伴有全身性炎症反应综合征的急性肺损伤；该药在动物实验中表现出抗哮喘作用[70]。

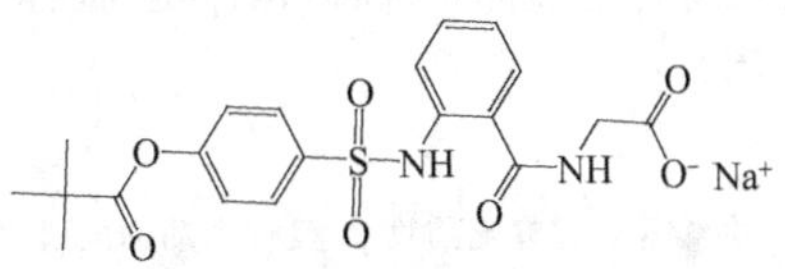

124　　**125**

黏液调节剂主要包括临床常用的溴己新（Bromhexine，**126**）和氨溴索（Ambroxol，**127**），以及氨溴索消旋体的噻吩-2-羧酸衍生物 Neltenexine（**128**）[71]。

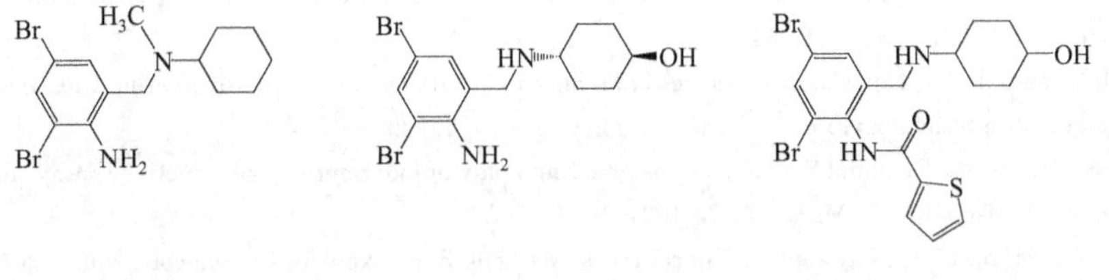

126　　**127**　　**128**

40.5　讨论与展望

β_2 肾上腺受体激动剂和 M_3 胆碱受体拮抗剂仍是最重要的支气管扩张剂，新一代长效、吸入给药方式的新药，如卡莫特罗、Indacaterol、Milveterol、阿地溴铵及其复方制剂，将成为未来哮喘和 COPD 药物治疗的一线药物。糖皮质激素抗炎药方面，软药、前药和前-软药的设计和应用，是获得新的高治疗指数药物的主要手段。PDE4 抑制剂方面，PDE4B 亚型抑制剂和 PDE3/PDE4、PDE4/PDE7 双重抑制剂是新的研究热点。LTD_4 受体拮抗剂、TXA_2 受体拮抗剂和 5-LOX 抑制剂为代表的新炎性介质拮抗剂，已成为哮喘预防和长期治疗的重要药物，而小分子的激肽受体拮抗剂即将成为新的治疗选择。

气道重塑（airway remodeling）是哮喘和 COPD 的主要病理特征，是指包括气道壁增厚、杯状细胞增生、上皮组织丧失、上皮下组织纤维化、血管生成、纤维细胞和平滑肌细胞增生肥大等一系列慢性病理改变。气道重塑引起气道不可逆狭窄和气道持续高反应性，同时与气道炎症互为因果，是哮喘和COPD反复发作和进行性发展的主要原因。尽管糖皮质激素、白三烯拮抗剂、β_2受体激动剂对气道重塑有一定抑制作用，但针对气道重塑的遗传和调控通路的药物靶点确立和药物筛选才刚刚起步。例如各种转录因子，包括核因子κ_B、活性蛋白-1（AP-1）、激活T-细胞核因子、CREB、STAT等，可能成为抗气道重塑的靶点；而对他汀类药物和大环内酯类药物的抗气道重塑作用的机理研究，可能为新药设计提供思路[72]。

在镇咳药物方面，新的中枢作用药物除包括δ受体拮抗剂、NOP受体激动剂、神经激肽受体拮抗剂外，缓激肽受体拮抗剂、大麻受体CB_2激动剂、GABA-B受体激动剂也有镇咳作用；而辣椒素受体拮抗剂和钾通道开放剂则可能成为新的外周性镇咳药。

呼吸窘迫综合征（ARDS）用药是呼吸系统疾病药物中增长最快的类型，HNE抑制剂可能成为新的ARDS治疗药物。

推荐读物

- Wermuth C G. . The Practice of Medicinal Chemistry. 2th Edition. Academic Press，2003.
- 周伟澄. 高等药物化学选论. 北京：化学工业出版社，2006：431-467.
- Dastidar S G，Rajagopal D，Ray A. Therapeutic benefit of PDE4 inhibitors in inflammatory diseases. Curr Opin Investig Drugs，2007，8(5)：364-372.
- Kaczor A，Matosiuk D. Non-peptide opioid receptor ligands-recent advances. Part II-antagonists. Curr Med Chem，2002，9(17)：1591-1603.

参考文献

[1] 赵海燕，潘莉，冀蕾等. 抗哮喘药物β_2受体激动剂的研究进展. 中国药物化学杂志，2004，14：187-192.
[2] Hieble J P. Recent advances in identification and characterization of beta-adrenoceptor agonists and antagonists. Curr Top Med Chem，2007，7(2)：207-216.
[3] Cazzola1 M，Matera M G. Novel long-acting bronchodilators for COPD and asthma. Br J Pharmacol，2008，155(3)：291-299.
[4] Bailey W C，Tashkin D P. Pharmacologic therapy：novel approaches for chronic obstructive pulmonary disease. Proc Am Thorac Soc，2007，4(7)：543-548.
[5] Acerbi D，Brambilla G，Kottakis I. Advances in asthma and COPD management：delivering CFC-free inhaled therapy using Modulite technology. Pulm Pharmacol Ther，2007，20：290-303.
[6] Rennard S，Bantje T，Centanni S，et al. A dose-ranging study of indacaterol in obstructive airways disease，with a tiotropium comparison. Respir Med，2008，102：1033-1044.
[7] Tomillero A，Moral M A. Gateways to clinical trials. Methods Find Exp Clin Pharmacol，2008，30(6)：459-495.
[8] Miller-Larsson A，Selroos O. Advances in asthma and COPD treatment：combination therapy with inhaled corticosteroids and long-acting β_2 agonists. Curr Pharm Design，2006，12：3261-3279.
[9] Bateman E D，Hurd S S，Barnes P J，et al. Global strategy for asthma management and prevention：GINA executive summary. Eur Respir J，2008，31(1)：143-178.
[10] Lainé D I，Xie H，Buffet N，et al. Discovery of novel 8-azoniabicyclo[3.2.1]octane carbamates as muscarinic acetylcholine receptor antagonists. Bioorg Med Chem Lett，2007，17：6066-6069.
[11] Naito R，Yonetoku Y，Okamoto Y，et al. Synthesis and antimuscarinic properties of quinuclidin-3-yl 1,2,3,4-tetrahydroisoquinoline-2-carboxylate derivatives as novel muscarinic receptor antagonists. J Med Chem，2005，48：6597-6606.
[12] Lainé D I，McCleland B，Thomas S，et al. Discovery of novel 1-azoniabicyclo[2.2.2]octane muscarinic acetylcholine receptor antagonists. J Med Chem，2009，52：2493-2505.
[13] Starck J，Provins L，Christophe B，et al. Alkyne-quinuclidine derivatives as potent and selective muscarinic antagonists for the treatment of COPD. Bioorg Med Chem Lett，2008，18：2675-2678.
[14] Mitsuya M，Mase T，Tsuchiya Y，et al. J-104129，a novel muscarinic M_3 receptor antagonist with high selectivi-

ty for M_3 over M_2 receptors. Bioorg Med Chem, 1999, 7: 2555-2567.

[15] Mitsuya M, Kobayashi K, Kawakami K, et al. A potent, long-acting, orally active (2R)-2-[(1R)-3,3-Difluorocyclopentyl]-2-hydroxy-2-phenylacetamide: a novel muscarinic M_3 receptor antagonist with high selectivity for M_3 over M_2 receptors J Med Chem, 2000, 43: 5017-5029.

[16] Jin J, Wang Y, Shi D, et al. Discovery of novel and long acting muscarinic acetycholine receptor antagonists. J Med Chem, 2008, 51: 4866-4869.

[17] Jin J, Budzik B, Wang Y, et al. Discovery of Biphenyl Piperazines as Novel and Long Acting Muscarinic Acetylcholine Receptor Antagonists. J Med Chem, 2008, 51: 5915-5918.

[18] Norman P. Long-acting muscarinic M_3 receptor antagonists. Expert Opin. Ther Patents, 2006, 16(9): 1315-1320.

[19] Bodor N, Buchwald P. Corticosteroid design for the treatment of asthma: structural insights and the therapeutic potential of soft corticosteroids. Curr Pharm Design, 2006, 12: 3241-3260.

[20] Buchwald P, Bodor N. Quantitative structure-metabolism relationships: steric and nonsteric effects in the enzymatic hydrolysis of noncongener carboxylic esters. J Med Chem, 1999, 42: 5160-5168.

[21] Kurucz I, Németh K, Mészáros S, et al. Anti-inflammatory effect and soft properties of etiprednol dicloacetate (BNP-166), a new, anti-asthmatic steroid. Pharmazie, 2004, 59: 412-416.

[22] Beavo J A, Brunton L L. Cyclic nucleotide research: still expanding after half a century. Nat Rev Mol Cell Biol, 2002, 3(9): 710-718.

[23] Huang Z, Mancini J A. Phosphodiesterase 4 inhibitors for the treatment of asthma and COPD. Curr Med Chem, 2006, 13(27): 3253-62.

[24] A C McCahill, E Huston, X Li, et al. PDE4 associates with different scaffolding proteins: modulating interactions as treatment for certain diseases. Handb Exp Pharmacol, 2008, 186: 125-166.

[25] Houslay M D, Schafer P, Zhang K Y. Keynote review: phosphodiesterase-4 as a therapeutic target. Drug Discov Today, 2005, 10(22): 1503-1519.

[26] Spina D. PDE4 inhibitors: current status. Br J Pharmacol, 2008, 155(3): 308-315.

[27] Kroegel C, Foerster M. Phosphodiesterase-4 inhibitors as a novel approach for the treatment of respiratory disease: cilomilast. Expert Opin Investig Drugs, 2007, 16(1): 109-124.

[28] Ochiai H, Ohtani T, Ishida A, et al. Highly potent PDE4 inhibitors with therapeutic potential. Bioorg Med Chem Lett, 2004, 14(1): 207-210.

[29] Ochiai H, Ohtani T, Ishida A, et al. Orally active PDE4 inhibitors with therapeutic potential. Bioorg Med Chem Lett, 2004, 14(5): 1323-1327

[30] Bateman E D, Izquierdo J L, Harnest U, et al. Efficacy and safety of roflumilast in the treatment of asthma. Ann Allergy Asthma Immunol, 2006, 96(5): 679-686.

[31] Côté B, Frenette R, Prescott S, et al. Substituted Aminopyridines as Potent and Selective Phosphodiesterase-4 Inhibitors. Bioorg Med Chem Lett, 2003, 13(4): 741-744.

[32] Friesen R W, Ducharme Y, Ball R G, et al. Optimization of a tertiary alcohol series of phosphodiesterase-4 (PDE4) inhibitors: structure-activity relationship related to PDE4 inhibition and human ether-a-go-go related gene potassium channel binding affinity. J Med Chem, 2003, 46(12): 2413-2426.

[33] Schreiber S, Keshavarzian A, Isaacs K L, et al. A randomized, placebo-controlled, phase II study of tetomilast in active ulcerative colitis. Gastroenterology, 2007, 132: 76-86.

[34] McGarry D G, Regan J R, Volz F A, et al. Benzofuran Based PDE4 Inhibitors. Bioorg Med Chem, 1999, 7: 1131-1139.

[35] Kuang R, Shue H-J, Blythin D J, et al. Discovery of a highly potent series of oxazole-based phosphodiesterase 4 inhibitors. Bioorg Med Chem Lett, 2007, 17: 5150-5154.

[36] Whitehead J W F, Lee G P, Gharagozloo P, et al. 8-Substituted Analogues of 3-(3-Cyclopentyloxy-4-methoxybenzyl)-8-isopropyladenine: Highly Potent and Selective PDE4 Inhibitors. J Med Chem, 2005, 48: 1237-1243.

[37] Raboisson P, Schultz D, Muller C, et al. Cyclic nucleotide phosphodiesterase type 4 inhibitors: Evaluation of pyrazolo [1,5-a]-1,3,5-triazine ring system as an adenine bioisostere. Eur J Med Chem, 2008, 43: 816-829.

[38] Rolan P, Gibbons J A, He L, et al. Ibudilast in healthy volunteers: safety, tolerability and pharmacokinetics with single and multiple doses. Br J Clin Pharmacol, 2008, 66: 792-801.

[39] Ochiai H, Ishida A, Ohtani T, et al. Discovery of new orally active phosphodiesterase (PDE4) inhibitors. Chem Pharm Bull, 2004, 52: 1098-104.

[40] Hamblin J N, Angell T D, Ballantine S P, et al. Pyrazolopyridines as a novel structural class of potent and selec-

tive PDE4 inhibitors. Bioorg Med Chem Lett, 2008, 18: 4237-4241.

[41] Macdonald D, Mastracchio A, Perrier H, et al. Discovery of a substituted 8-arylquinoline series of PDE4 inhibitors: structure-activity relationship, optimization, and identification of a highly potent, well tolerated, PDE4 inhibitor. Bioorg Med Chem Lett, 2005, 15: 5241-5246.

[42] Gallant M, Chauret N, Claveau D, et al. Design, synthesis, and biological evaluation of 8-biarylquinolines: a novel class of PDE4 inhibitors. Bioorg Med Chem Lett, 2008, 18: 1407-1412.

[43] Guay D, Boulet L, Friesen R W, et al. Optimization and structure-activity relationship of a series of 1-phenyl-1, 8-naphthyridin-4-one-3-carboxamides: identification of MK-0873, a potent and effective PDE4 inhibitor. Bioorg Med Chem Lett, 2008, 18: 5554-5558.

[44] Ukita T, Sugahara M, Terakawa Y, et al. Synthesis and biological activities of 1-pyridylisoquinoline and 1-pyridyldihydroisoquinoline derivatives as PDE4 inhibitors. Bioorg Med Chem Lett, 2003, 13: 2347-2350.

[45] Skoumbourdis A P, Huang R, Southall N, et al. Identification of a potent new chemotype for the selective inhibition of PDE4. Bioorg Med Chem Lett, 2008, 18: 1297-1303.

[46] Gutke H J, Guse J H, Khobzaoui M, et al. AWD-12-281 (inhaled) (elbion/GlaxoSmithKline). Curr Opin Investig Drugs, 2005, 6: 1149-1158.

[47] Burnouf C, Auclair E, Avenel N, et al. Synthesis, structure-activity relationships, and pharmacological profile of 9-amino-4-oxo-1-phenyl-3,4,6,7-tetrahydro [1,4] diazepino [6,7,1-hi] indoles: discovery of potent, selective phosphodiesterase type 4 inhibitors. J Med Chem, 2000, 43: 4850-4867.

[48] Kalgutkar A S, Choo E, Taylor T J, et al. Disposition of CP-671, 305, a selective phosphodiesterase 4 inhibitor in preclinical species. Xenobiotica, 2004, 34: 755-770.

[49] Boswell-Smith V, Spina D, Oxford A W. The pharmacology of two novel long-acting phosphodiesterase 3/4 inhibitors. J Pharmacol Exp Ther, 2006, 318: 840-848.

[50] Hatzelmann, A, Marx, D, Steinhilber, W (Altana Pharma AG). Phthalazinone derivatives useful as PDE4/7 inhibitors. WO 02085906, 2002.

[51] Pitts W J, Watson A J, Dodd, JH (Bristol Myers Squibb). Dual inhibitors of PDE7 and PDE4. WO 02088079, 2002.

[52] Giembycz M A. Can the anti-inflammatory potential of PDE4 inhibitors be realized: guarded optimism or wishful thinking? Br J Pharmacol, 2008, 155: 288-290.

[53] Morissette G, Bouthillier J, Marceau F. Dual antagonists of the bradykinin B_1 and B_2 receptors based on a postulated common pharmacophore from existing non-peptide antagonists. Biol Chem, 2006, 387(2): 189-194.

[54] Gerspacher M, Lewis C, Ball H A, et al. Stereoselective preparation of N-[(R,R)-(E)-1-(3,4-dichlorobenzyl)-3-(2-oxoazepan-3-yl) carbamoyl] allyl-N-methyl-3,5-bis (trifluoromethyl) benzamide, a potent and orally active dual neurokinin NK (1)/NK (2) receptor antagonist. J Med Chem, 2003, 46(16): 3508-3513.

[55] Kaczor A, and Matosiuk D. Non-peptide opioid receptor ligands- recent advances. Part Ⅰ-Agonists. Curr Med Chem, 2002, 9: 1567-1589.

[56] Kamei J. δ Opioid receptor antagonists as a new concept for central acting antitussive Drugs. Pulm Pharmacol Ther, 2002, 15: 235-240.

[57] Sakami S, Maeda M, Kawai K, et al. Structure and antitussive activity relationships of naltrindole derivatives. Identification of novel and potent antitussive agents. J Med Chem, 2008, 51(15): 4404-4411.

[58] Sakami S, Kawai K, Maeda M, et al. Design and synthesis of a metabolically stable and potent antitussive agent, a novel δ opioid receptor antagonist, TRK-851. Bioorg Med Chem, 2008, 16: 7956-7967.

[59] Calderon S N, Izenwasser S, Heller B, et al. Novel 1-phenylcycloalkanecarboxylic acid derivatives are potent and selective sigma 1 ligands. J Med Chem, 1994, 37(15): 2285-2291.

[60] Yang S W, Ho G, Tulshian D, Greenlee W J, et al. Structure-activity relationships of 3-substituted N-benzhydryl-nortropane analogs as nociceptin receptor ligands for the treatment of cough. Bioorg Med Chem Lett, 2008, 18: 6340-6343.

[61] Ho G D, Anthes J, Bercovici A, et al. The discovery of tropane derivatives as nociceptin receptor ligands for the management of cough and anxiety. Bioorg Med Chem Lett, 2009, 19(9): 2519-2523.

[62] Caldwell J P, Matasi J J, Zhang H, et al. Synthesis and structure-activity relationships of N-substituted spiropiperidines as nociceptin receptor ligands. Bioorg Med Chem Lett, 2007, 17(8): 2281-2284.

[63] Shoblock J R. The Pharmacology of Ro 64-6198, a Systemically Active, Nonpeptide NOP Receptor (Opiate Receptor-Like 1, ORL-1) Agonist with Diverse Preclinical Therapeutic Activity. CNS Drug Reviews, 2007, 13(1):

107-136.
- [64] Nishi T, Ishibashi K, Takemoto T, et al. Combined tachykinin receptor antagonist: synthesis and stereochemical structure activity relationships of novel morpholine analogues. Bioorg Med Chem Lett, 2000, 10: 1665-1668.
- [65] Tsuchida H, Takahashi S, Nosaka E, et al. Novel triple neurokinin receptor antagonist CS-003 inhibits respiratory disease models in guinea pigs. Eur J Pharmacol, 2008, 596: 153-159.
- [66] Dicpinigaitis P V, Dobkin J B, Rauf K, et al. Inhibition of capsaicin-induced cough by the gamma-aminobutyric acid agonist baclofen. J Clin Pharmacol, 1998, 38: 364-367.
- [67] Takemura M, Quarcoo D, Niimi A, et al. Is TRPV1 a useful target in respiratory diseases? Pulm Pharmacol Ther, 2008, 21(6): 833-839.
- [68] Bhattacharya A, Scott B P, Nasser N, et al. Pharmacology and antitussive efficacy of 4-(3-trifluoromethyl-pyridin-2-yl)-piperazine-1-carboxylic acid (5-trifluoromethyl-pyridin-2-yl)-amide (JNJ17203212), a transient receptor potential vanilloid 1 antagonist in guinea pigs. J Pharmacol Exp Ther, 2007, 323(2): 665-674.
- [69] Sutovska M, Nosalova G, Franova S. The role of potassium ion channels in cough and other reflexes of the airways. J Physiol Pharmacol, 2007, 58, S5 (Pt 2): 673-683.
- [70] Ohbayashi H. Current synthetic inhibitors of human neutrophil elastase in 2005. Expert Opin Ther Patents, 2005, 15(7): 759-771.
- [71] Niisato N, Hasegawa I, Tokuda S, et al. Action of neltenexine on anion secretion in human airway epithelia. Biochem Biophys Res Commun, 2007, 356(4): 1050-1055.
- [72] Takizawa H. Novel strategies for the treatment of asthma. Recent Pat Inflamm Allergy Drug Discov, 2007, 1(1): 13-19.

第41章

皮质激素类药物

王 嘉，杨春皓

目 录

41.1 引言 /1091
    41.1.1 肾上腺皮质激素的生物合成 /1091
    41.1.2 肾上腺皮质激素的代谢 /1092
41.2 皮质激素受体 /1093
41.3 作用机理及构效关系 /1093
    41.3.1 作用机理 /1093
    41.3.2 构效关系 /1094
41.4 20世纪90年代后上市的药物 /1095
    41.4.1 法尼泼尼松龙 /1095
    41.4.2 醋丙甲泼尼松 /1095

41.4.3 利美索龙 /1096
41.4.4 磺庚甲泼尼龙 /1096
41.4.5 依碳酸氯替泼诺 /1096
41.4.6 环索奈德 /1097
41.4.7 曲安奈德 /1098
41.4.8 布地奈德吸入剂 /1098
41.4.9 氟替卡松 /1098
41.5 展望 /1099
推荐读物 /1100
参考文献 /1100

41.1 引言

肾上腺皮质类激素是由肾上腺分泌的一类甾体化合物,按其分泌位点及临床作用不同又可分为糖皮质激素(glucocorticoids,GC)和盐皮质激素(mineralocorticoids,MC)两类(糖皮质激素由皮质的束状带分泌,盐皮质激素则由球状带分泌)。其化学结构与性激素类似,均以甾环为母体结构,所以又统称为甾体激素;同时又因其结构与胆固醇类似,也被称为类固醇激素。

皮质激素具有抗炎、抗过敏、抗休克及免疫抑制等多种作用,而且有可能用于治疗SARS和禽流感病毒感染的患者[1]。早在1855年,Addison就发现了一类与肾上腺分泌不足相关的慢性疾病,从而确定了皮质激素的生理重要性[2]。进入19世纪后,众多科学家投入到肾上腺皮质激素的研究。1927年,Rogoff和Stewart用肾上腺提取物经静脉注射,使切除肾上腺的犬存活;随后,Reichstein从提取物中分离出一系列化合物并进行了结构鉴定,证明了其中某些单体化合物具有高活性[3]。

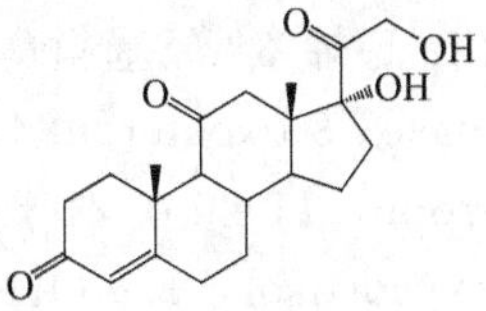

1 可的松(Cortisone) 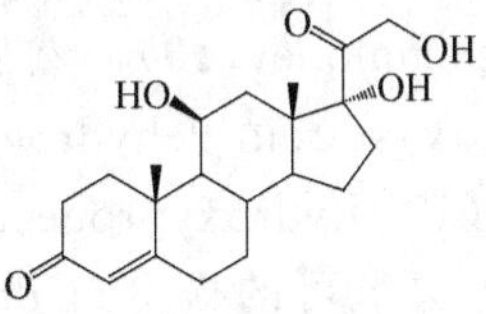   2 氢化可的松(Hydrocortisone)

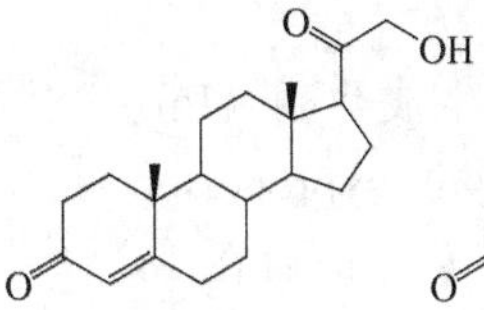

3 去氧皮质酮 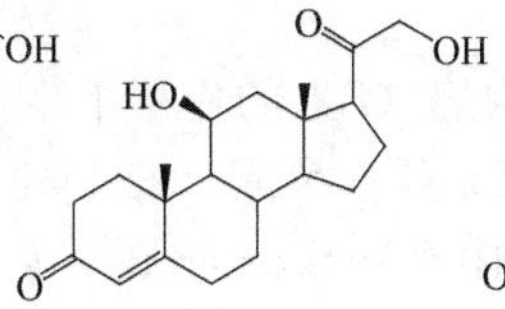   4 皮质酮 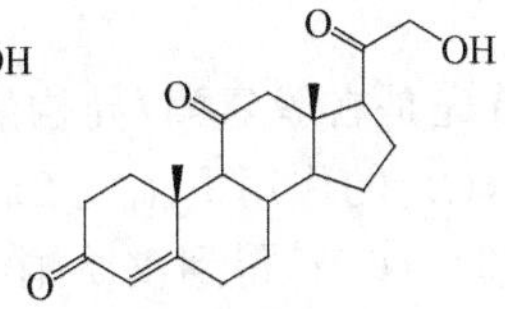   5 去氢皮质酮

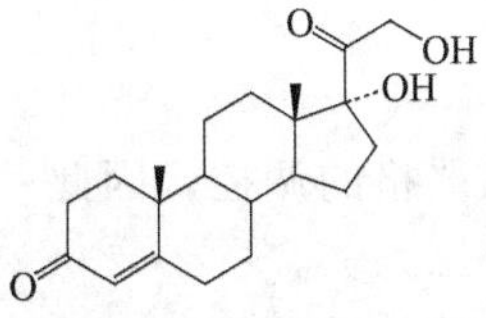

6 17α-OH-去氧皮质酮 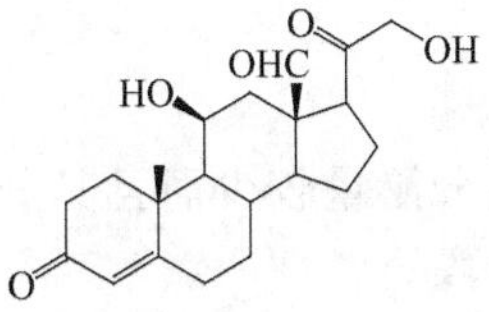   7 醛固酮

图 41-1 皮质激素的化学结构

其中可的松(Cortisone,**1**)和氢化可的松(Hydrocortisone,Cortisol,**2**)为糖皮质激素,它们可以调节脂肪、蛋白质及糖类的生物合成与代谢,同时发现其具有抗炎作用;其他化合物(3~7)为盐皮质激素,具有保钠排钾的作用,影响体内的电解质平衡,由于它们都是从肾上腺中提取出来的,所以统称为天然皮质激素(图41-1)。

由于糖皮质激素的重要生理活性及其在临床上显著的治疗作用,本章将重点介绍糖皮质激素。

41.1.1 肾上腺皮质激素的生物合成

肾上腺皮质激素主要依靠下丘脑及垂体前叶所分泌的激素所调节,在肾上腺皮质细胞中,利用线粒体和滑面内质网中的酶进行其生物合成。首先,在线粒体内胆固醇(Cholesterol,**8**)的侧链断裂形成孕烯醇酮(Pregnenolone,**9**),然后孕烯醇酮被转运到滑面内

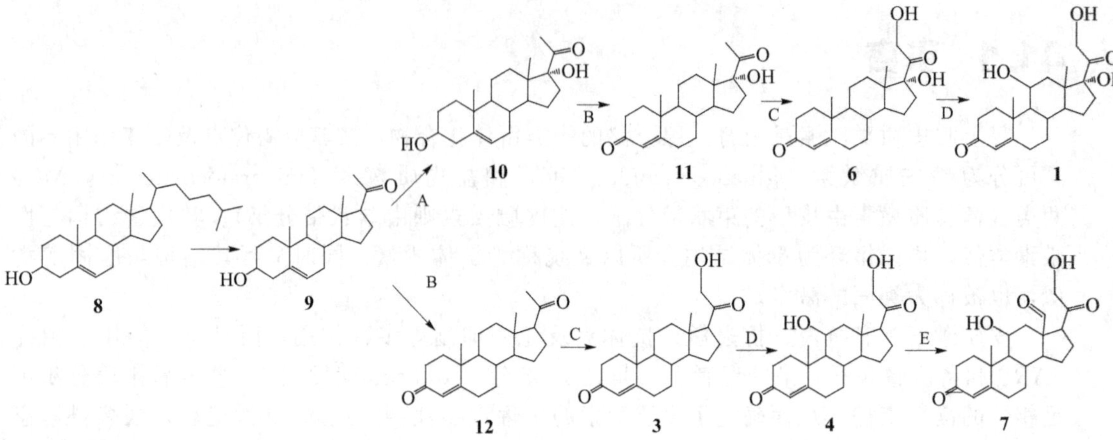

图 41-2 糖/盐皮质激素的生物合成途径

质网上进行进一步的代谢反应（图 41-2）。

糖皮质激素的生物合成途径：在 17α-羟基化酶（17α-hydroxylase，A）的作用下 **9** 首先生成 17α-羟基孕烯醇酮（17α-hydroxypregnenolone，**10**），然后在 5-烯-3β-羟基甾醇脱氢酶/3-氧代甾醇-4,5-异构酶（5-ene-3β-hydroxysteroid dehydrogenase/ 3-oxosteroid-4,5-isomerase，B）的作用下生成 17α-羟基孕酮（17α-hydroxyprogesterone，**11**），在 21-羟基化酶（21-hydroxylase，C）的作用下得到 11-去氧可的松（11-deoxycortisol，17α-OH-去氧皮质酮，**6**），最后在 11β-羟基化酶（11β-hydroxylase，D）的作用下得到氢化可的松（Cortisol，**2**）。

盐皮质激素的生物合成途径：**9** 首先是在脱氢酶/异构酶（B）的作用下生成孕酮（Progesterone，**12**），然后在 21-羟基化酶（C）的作用下生成 21-羟基孕酮（21-hydroxyprogesterone，去氧皮质酮，**3**），随后 11-位羟基化（D）得到皮质酮（Corticosterone，**4**），最后在 18-羟基化酶（18-hydroxylase，E）的作用下生成醛固酮（Aldosterone，**7**）。

41.1.2 肾上腺皮质激素的代谢

由于皮质激素的活性较高，所以在体内分泌量较少而且其分泌经过严格的调控，因此其内源性化合物的代谢就成为调控的重要手段。

正常情况下，可的松和氢化可的松可以进行相互转化，而且在排出体外前其多个活性位点均发生反应。其中比较常见的是 4,5-位双键及 3-位和 20-位羰基的还原（图 41-3），少部分还伴有 17-位和 20-位之间的碳碳键断裂，所有形成的 3-位羟基化的代谢物在肝中进行 II 相代谢，或者在肾脏中形成水溶性的葡萄糖醛苷酸结合物，随后排出体外。

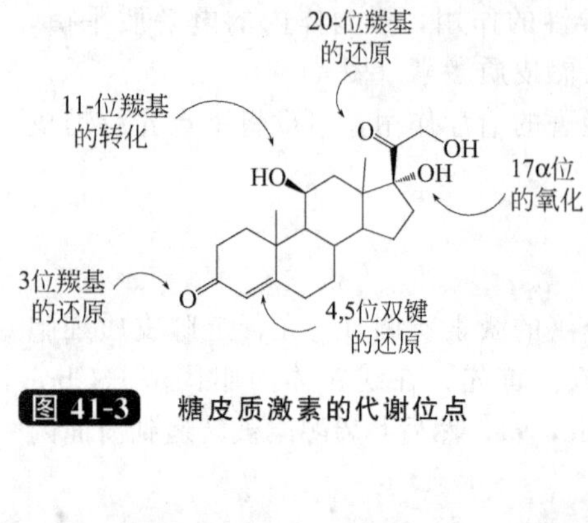

图 41-3 糖皮质激素的代谢位点

41.2 皮质激素受体

皮质激素是通过皮质激素受体起作用的。糖皮质激素受体（glucocorticoid receptor，GR）和盐皮质激素受体（mineralocorticoid receptor，MR），与其他甾体受体如雌激素受体、雄激素受体、维生素 D 受体、甲状腺受体一样，均属于激素核受体超家族（nuclear receptor superfamily）的成员，这类受体是一种配体依赖的转录活化因子[4]。

其中 GR 包括 GRα 和 GRβ 两个亚型，是 GR 基因同一转录产物通过不同的剪切方式剪切的结果。研究表明，GRβ 结构的 C 端比 GRα 少 35 个氨基酸残基，从而造成 GRβ 不能与 GC 结合，也无转录激活的功能。有报道显示，GRβ 定位于细胞核内，是 GRα 的抑制剂[5,6]。GRα 在结构上包括 3 个功能区，即氨基端的转录活化区（transcription activation domain）、羧基端的糖皮质激素结合区 [ligand (hormone) binding domain] 及中间的 DNA 结合区（DNA-binding domain）。氨基端功能区又可分为功能区 τ_1 和 τ_2，功能区 τ_1 涉及基因的转录活化以及与其他转录因子的结合，而 τ_2 是人糖皮质激素受体特有的功能区，它对受体进入核内有重要作用。由于 GRα 分布较广，在体内大部分组织中都有表达，因此研究较为广泛。在胞浆内，未与激素结合的受体通过 C 端结合在由热休克蛋白 90、70（heat shock protein 90，heat shock protein 70，hsp90 and hsp70）和一个 59kDa 的亲免素蛋白（immunophilin protein，IP）组成的蛋白复合物上，这样可以防止未结合的 GR 从胞浆转运到细胞核内并使之处于未激活状态。

MR 与 GR 类似，在结构上也包括氨基端区域（N-terminal domain）、中间的 DNA 结合区（DNA-binding domain）以及羧基端的配体结合区域（ligand binding domain）等 3 个功能区。与 GR 不同的是，MR 氨基端与配体结合区域具有一定的相互作用，这种作用表现为对醛固酮的依赖性，而这种相互作用在 GR 中几乎没有发现。同时，MR 不仅与盐皮质激素具有结合能力，而且与糖皮质激素也有结合力，实验结果表明，其与糖皮质激素的结合能力甚至强于盐皮质激素[7]。

41.3 作用机理及构效关系

41.3.1 作用机理

皮质激素的临床应用已有 50 多年的历史，但其作用机理至今没有完全阐明。糖皮质激素可以通过基因效应或非基因效应途径起作用，基因效应途径是由糖皮质激素受体和 DNA 介导的，这个过程相对较慢。

在血液中绝大部分的糖皮质激素是与皮质激素结合蛋白或白蛋白结合，当糖皮质激素从结合蛋白游离出来后，糖皮质激素通过被动转运的方式在细胞浆内与特异性的可溶性糖皮质激素受体进行结合，当 GCs 与受体结合后，受体的构象发生变化，与受体结合的 hsp90 和 IP 蛋白脱离，GC-GR 的复合物二聚并迅速转运到细胞核内。当复合物到达核内后，与 DNA 上靶基因启动子（promoter）序列的糖皮质激素应答成分（glucocorticoid response element，GRE）或负糖皮质激素应答成分（negative glucocorticoid respones element，nGRE）相结合[8,9]，并引起相应的转录，转录得到的 mRNA 翻译成酶、受体或分泌因子等蛋白质，进而调节细胞功能，引起各种反应。

非基因途径可以通过细胞膜受体和信号的级联（signal cascades）来实现，该过程比较快。如大剂量糖皮质激素的抗过敏作用可以在用药几分钟内发生，这种快速的非基因效应与细胞膜上类固醇受体密切相关。

糖皮质激素在临床上广泛用于多种炎症疾病如哮喘、风湿性关节炎、过敏性鼻炎、肠炎、肾炎、慢性阻塞性肺病等的治疗，其抗炎作用可以通过上述受体结合介导的作用机制，抑制参与炎症的一些基因转录而产生抗炎效应，也可以通过活化的 GC-GR 单体复合物直接与转录因子如核受体因子 κβ（NFκβ）、活化因子活化蛋白 1（Activator Protein-1）等结合，从而抑制与慢性炎症有关的细胞因子转录，包括多种白介素（Interleukin，IL-1、IL-2、IL-3、IL-6 和 IL-8 等）和肿瘤坏死因子-α(tumor necrosis factor-alpha，TNF-α) 等因子而起到抗炎作用[10,11]。

糖皮质激素还可通过抑制巨噬细胞中一氧化氮合成酶（NO synthase，NOS）而发挥抗炎作用。因此糖皮质激素的抗炎作用至少存在三种不同的作用机制[12]。

41.3.2 构效关系

由糖皮质激素和盐皮质激素的结构，可以看出其区别：糖皮质激素通常同时具有 17-α 羟基和 11-氧代基团（羟基或者羰基），而盐皮质激素则不同时具有以上的结构特点。

在天然糖皮质激素的研究及临床应用中，人们发现除了抗炎（anti-inflammatory）和免疫调节（immunomodulatory）等作用外，GC 还具有一部分盐皮质激素的性质，这样会造成一定的副作用，所以对天然糖皮质激素的结构进行修饰，将糖、盐两种活性分开，在提高糖皮质活性的同时降低盐皮质活性，同时结构改造的目的还包括提高效能和组织选择性，改善药代动力学参数，提高与受体的亲和力等几个方面。

已有的研究表明，3-羰基、$\Delta^{4,5}$、11-氧代基团、17α-羟基和 21-羟基是活性的关键基团（图 41-4）。

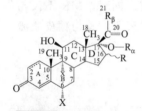

图 41-4 皮质激素结构通式

糖皮质激素的结构改造主要集中在以下几个位点。

① A 环上 $\Delta^{1,2}$ 的引入，得到的泼尼松（Prednisone）和泼尼松龙（Prednisolone）在提高 4 倍抗炎活性的同时降低了盐皮质活性，可能是由于改变了 A 环的空间构型，从而增加了与受体的亲和力，改善了药代动力学性质。由于 $\Delta^{1,2}$ 的引入效果极为明显，所以几乎所有的高效糖皮质激素药物都保留了 $\Delta^{1,2}$ 的结构特点。

② B 环上 6-位及 9-位卤原子的引入，一般引入的是氟原子（曲安西龙，Triamcinolone），也有氯原子（倍氯米松，Beclomethasone）。卤原子的引入，延长了药物的生物半衰期，但在增强糖皮质活性的同时，盐皮质活性也有提高，所以该类药物一般不作为全身用药，仅开发成局部治疗药物。

③ D 环上的改造主要集中在 16-位、17-位和 21-位，16-位羟基和甲基的引入，降低了盐皮质激素的活性，得到的地塞米松（Dexamethasone）和其 16β 的异构体倍他米松（Betamethasone），在增强抗炎活性的同时，显著地降低了钠潴留等盐皮质激素的特点，同时增强了药物的稳定性。17-位，21-位酯基的引入，在改变药物代谢性质的同时增强了药物

的活性，得到的倍氯米松二丙酸酯（Beclomethasone Dipropionate）在局部给药时，其全身性的副作用大大降低。同时，16-位和17-位的羟基形成的缩醛化合物同样改变了药物的活性、吸收及分布，曲安西龙与丙酮形成的缩醛曲安奈德（Triamcinolone Acetonide），其活性是曲安西龙的10倍，尤其在局部给药时，同样降低了曲安西龙的全身性副作用。

41.4　20世纪90年代后上市的药物

尽管糖皮质激素类药物如地塞米松、泼尼松等在临床上取得了较大的成功，但一些副作用始终限制着糖皮质激素的使用，包括体重的增加、肌肉的萎缩、加重糖尿病的发展、皮质激素诱导的骨质疏松、对下丘脑-垂体-肾上腺（HPA）轴的抑制（能降低孩子的生长速度），以及皮肤的改变和眼睛的一些症状（诱发白内障、眼压升高成为青光眼等）[13]。具有局部活性而全身副作用较小的糖皮质激素的出现促进了糖皮质激素的应用。下面主要对1993年以后上市的药物进行概述。

41.4.1　法尼泼尼松龙

法尼泼尼松龙（Prednisolone Farnesylate，PNF-21，**13**）为泼尼松龙与法尼酸所形成的酯类前药，是由日本Kuraray公司和Taiho公司联合开发，并于1998年上市的局部甾体抗炎药，临床上主要用于类风湿性关节炎和骨关节炎等疾病的治疗。与泼尼松龙相比，法尼泼尼松龙亲脂性增强，可以穿过表皮进入炎症部位，在提高活性的同时，其造成胸腺萎缩的副作用亦大大降低。

41.4.2　醋丙甲泼尼松

醋丙甲泼尼松（Methylprednisolone Aceponate，MPA，**14**）为甲基泼尼松龙的17-位与21-位分别成丙酸酯及乙酸酯的前药，是由德国Schering AG开发并于1992年上市的新药，主要用于各种湿疹的治疗，给药剂量较低，一日一次。

与其他的强效甾体药物相比，由于其结构中不含卤原子，所以许多全身性的副作用都大大降低；同时17-位和21-位的酯基增强了MPA的脂溶性，使其更容易透皮吸收并迅速通过角质层，并且由于其酯化程度较高，所以相对的血浆浓度较低，同样降低了全身性的副作用。与大多数甾体药物相比，其局部用药时造成的皮肤萎缩现象要减轻很多。

MPA经皮吸收后，在皮肤内的酯酶作用下，21-位的酯基水解，形成的代谢物（甲基泼尼松龙 17-位的丙酸酯，methylprednisolone 17-propionate，MPP）活性更高。而且在破损及炎症皮肤处，由于酯酶相对浓度较高，其水解作用更加明显，使得 MPP 在这些治疗部位的浓度同样较高，起到了一定靶向治疗的效果。

MPP 可以与葡萄糖醛酸结合，形成的葡萄糖醛酸复合物无活性，经尿液排出体外。

41.4.3　利美索龙

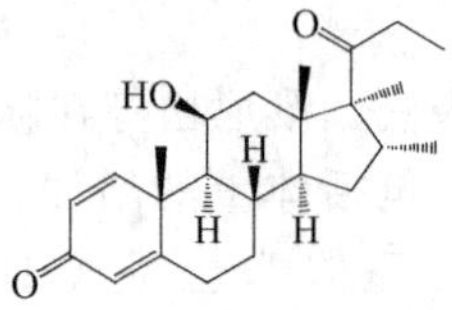

15

利美索龙（Rimexolone，**15**）由 Organon 公司首次合成，并由 Alcon 公司于 1995 年开发成眼用混悬液上市，主要用于前葡萄膜炎及术后眼部炎症的治疗。与地塞米松等传统甾体药物相比，利美索龙的一大优势就是在保持较高活性的同时，并没有显著地增高眼内压。

41.4.4　磺庚甲泼尼龙

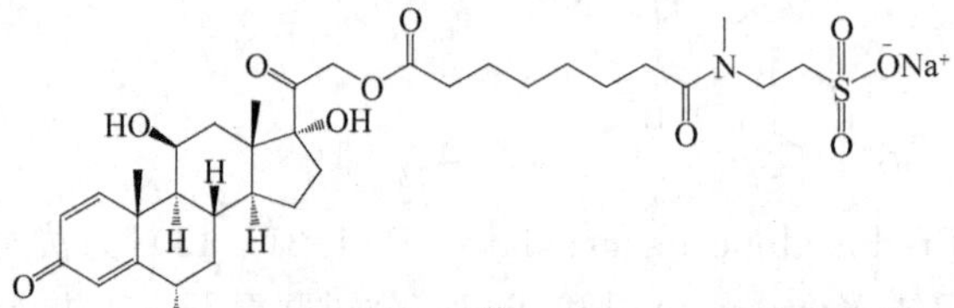

16

磺庚甲泼尼龙（Methylprednisolone Suleptanate，MP Suleptanate，Medrosol，**16**）由 Upjohn 公司开发，并于 1997 年上市，是一类水溶性的前药型糖皮质激素药物，在体内经酯酶水解释放出活性成分 MP，临床上主要用于一些免疫性疾病的治疗。

在 MP Suleptanate 上市前，MP 主要成丁二酸单钠盐（MP Succinate，Medrol），但是由于 Medrol 在水溶液中不稳定，只能开发成冻干粉针，这样就会增加生产所需要的成本与时间。经过多种尝试，最终选择了磺庚酸。实验证明，其水溶液的稳定性大大增加，同时与 Medrol 相比，其药代动力学参数无明显变化。

41.4.5　依碳酸氯替泼诺

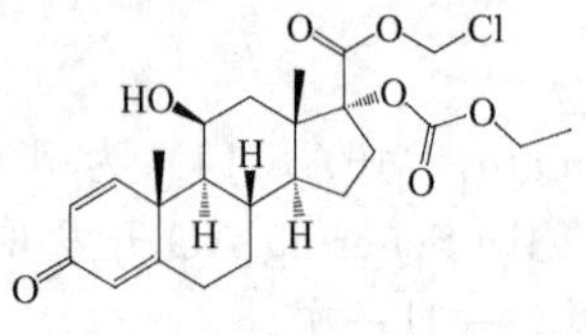

17 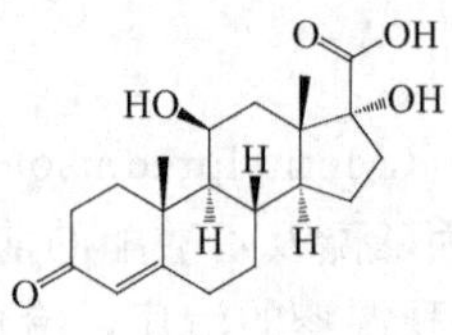　　　　　　　　　　**18** Cortienic Acid

依碳酸氯替泼诺（Loteprednol Etabonate，**17**）由 Pharmos 公司在 1998 年推出，在临床上主要用于各类眼部炎症的治疗，尤其是角膜接触性的巨乳头状结膜炎，同时也用于治疗变态性鼻炎和支气管哮喘。目前 Loteprednol etabonate 是少数被 FDA 批准用于眼部的变态反应及炎症的药物。

Loteprednol Etabonate 的设计主要基于"软药"的设计思想，由于主要作用于眼部，所以药物在起到治疗作用之后必须很快就被代谢，生成无毒、无副作用的可预测的代谢物。Loteprednol Etabonate 在作用部位发生作用后，经过酯酶的水解，迅速代谢成为 Cortienic Acid，Cortienic Acid（**18**）是氢化可的松的一种常见的代谢产物，它几乎没有任何甾体活性，主要通过泌尿系统排出体外。因此，Loteprednol Etabonate 的治疗指数大大提高。

41.4.6　环索奈德

19

环索奈德（Ciclesonide，**19**）由 Altana 研发，2004 年率先在澳大利亚上市，用于治疗 12 岁及 12 岁以上患者的哮喘。美国 FDA 于 2006 年批准上市，用于治疗成人及 12 岁以上儿童的季节性鼻炎和长年性过敏性鼻炎。该药主要通过吸入方式给药，所以是一类吸入性糖皮质激素类药物（inhaled corticosteroids，ICS）。

Ciclesonide 根据其 22-位构型的不同，有 R、S 两种异构体，它们的受体亲和性和代谢性质有一定的差别，其中 R 构型的 Ciclesonide 与 GR 的结合能力是 S 构型的 5.2 倍，所以选择 R 构型的 Ciclesonide 作为药物开发。

Ciclesonide 是一类前药性质的软药[14]，但严格意义上并不符合软药的定义[15]。实验表明，Ciclesonide 与 GR 在体外的结合能力较弱，几乎无生物活性，其受体结合能力仅为地塞米松（Dexamethasone）的 1/10；当经气管及肺部内的酯酶水解脱去异丁酰基时，生成的 des-CIC（desisobutyryl-Ciclesonide）其受体结合能力是 Dexamethasone 的 12 倍，与原型相比大约增长了 120 倍，为 Ciclesonide 的活性代谢物，能抑制淋巴细胞和单核细胞中细胞因子 IL-2，IL-4，IL-5 以及 TNFα 的增殖和释放，并抑制鼻腔表皮细胞和支气管表皮细胞释放 IL-8，从而起到肺部治疗效果。同时由于 Ciclesonide 的血浆蛋白结合率高，血浆半衰期短，口服生物利用度低，所以未进入肺部的 Ciclesonide 在体内的作用较弱，全身性的副作用较小，进入肝脏的 Ciclesonide 和 des-CIC 经 CYP3A4 的作用迅速代谢排出体外。其中降低口服生物利用度对于减少全身性副作用有重要意义，因为吸入剂量的 60%~90% 沉积在口腔和喉头，并进入肠道[16]。有两种策略可以减少口服生物利用度，一是提高给药的效能，使更多的药物被定向到肺组织中，如丙酸氟替卡松。另一个是降低药物自身的口服吸收。泼尼松和地塞米松等经典皮质激素药物其口服生物利用度都超过 80%，而吸入剂的口服生物利用度大都较低，如丙酸倍氯米松的口服生物利用度降至 41%，布地奈德为 11%，丙酸氟替卡松和环索奈德则不到 1%[17]。环索奈德抗炎活性和副作用均低于氟替卡松，临床前研究表明氟替卡松的抗炎活性是环索奈德的 7 倍，对股骨板（femoral growth plate）发育不全的诱发率是环索奈德的 22 倍[18]。

针对儿童用药，有研究表明每天 160mg 的环索奈德改善肺功能和控制哮喘的疗效与每天 400mg 的布地奈德相当，而且环索奈德对下丘脑-垂体-肾上腺（HPA）轴的副作用较低[19]。

41.4.7 曲安奈德

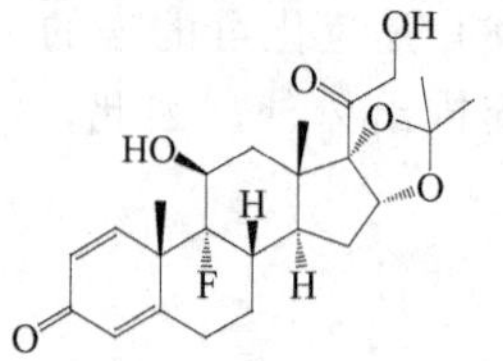

20

曲安奈德（Triamcinolone Acetonide，TA，**20**），又名丙酮氟羟泼尼松龙、曲安舒松、曲安缩松、去炎松 A 或康宁克通 A，是一个 20 世纪 60 年代开发的经典的糖皮质激素药物，是曲安西龙（Triamcinolone）的 16 位和 17 位的羟基与丙酮形成的缩醛，由于皮肤透过性好，主要用于局部给药，可治疗骨关节病、肌肉损伤、神经性皮炎及过敏性皮炎等疾病。TA 在眼部玻璃体内结晶状混悬液溶解度较小（25～30μg/mL），可保持长时间内持续有效，同时也用于眼部疾病的治疗。近年来，由于 TA 相对安全，而且在眼部疾病治疗方面的长效性，逐渐成为眼部治疗的热点药物。2008 年 6 月 FDA 批准美国 Allergan 公司的 80mg 的混悬注射液在美国上市。TA 临床上主要采取眼周或眼内注射的方式给药，用于治疗各类原因引起的黄斑水肿、增生性玻璃体视网膜病变（PVR）、脉络膜新生性血管（CNV）等疾病。

41.4.8 布地奈德吸入剂

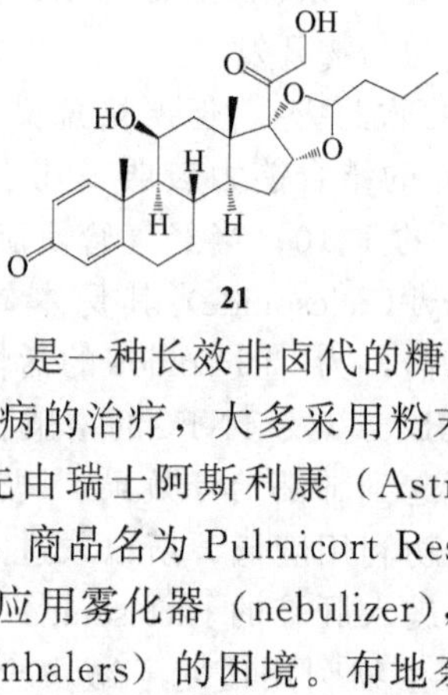

21

布地奈德（Budesonide，**21**）是一种长效非卤代的糖皮质激素，临床上主要用于局部用药，如哮喘或过敏性鼻炎等疾病的治疗，大多采用粉末吸入剂及喷雾剂等吸入给药方式。吸入用布地奈德混悬液首先由瑞士阿斯利康（AstraZeneca）公司研制生产，美国 FDA 于 2000 年 8 月批准其上市，商品名为 Pulmicort Respules，获准用于治疗 1～8 岁儿童的哮喘。这是首次在该年龄组应用雾化器（nebulizer），从而避免了学步儿童不会使用定量喷雾吸入器（metered-dose inhalers）的困境。布地奈德在肺中能形成高亲脂性的脂肪酸酯[20]，这可能有助于延长与肺组织的结合，并缓慢释放布地奈德，从而提高局部的选择性和作用时间。现在 Budesonide 主要与长效选择性 β_2 肾上腺素激动剂福莫特罗（Formoterol）采用干粉吸入的方式联合用药，与分别单独给药相比，其疗效有 2～4 倍的提高。另外动物研究表明布地奈德能有效预防肺癌，但人体实验未能得到证实，有待进一步研究[21]。

41.4.9 氟替卡松

氟替卡松（Fluticasone，**22**）为 1990 年葛兰素-史克（GlaxoSmithKline）公司开发的一类糖皮质激素药物，2000 年 9 月 FDA 批准丙酸氟替卡松的吸入式给药方式用于哮喘的治疗。丙酸氟替卡松的亲脂性高于布地奈德，对肺组织有很高的亲和力，在肺中的解离速率较慢，从而增加了丙酸氟替卡松在肺中的作用时间[22]。

22

糠酸氟替卡松[23]，亦由葛兰素-史克开发，2007 年 4 月获得 FDA 批准并于 2008 年 1 月获准在欧盟 27 个成员国上市，用于治疗过敏性鼻炎（allergic rhinitis），商品名分别是 Veramyst 和 Avamys。该药物为鼻喷剂（nasal spray），可用于成人、青少年和 6～11 岁的儿童，推荐剂量儿童为 $55\mu g$ 每天一次（每个鼻孔各一次），12 岁以上为 $110\mu g$，能有效治疗鼻子的各种过敏症状，如鼻塞、打喷嚏、瘙痒、流鼻水等。X-射线晶体衍射表明糠酸氟替卡松完全占据了受体的亲脂性口袋，3-位羰基与 Gln570 和 Arg611 形成氢键，11β-羟基与 Asn564 形成氢键，因而糠酸氟替卡松对糖皮质激素受体有很高的亲和力，约是地塞米松的 30 倍。与其他临床用皮质激素亲和力比较如下：糠酸氟替卡松＞糠酸莫米松＞丙酸氟替卡松＞丙酸倍氯米松＞环索奈德＞布地奈德＞地塞米松。在人肝细胞中糠酸氟替卡松 17-位硫酯被快速代谢为羧酸，而糠酸酯没有被水解，代谢产物的活性大大降低[24]。其对慢性阻塞性肺病（chronic obstructive pulmonary disease，COPD）和哮喘的研究正处于 Ⅱ 期临床。

丙酸氟替卡松与长效 β_2 肾上腺素受体激动剂沙美特罗（Salmeterol）的复方制剂对于哮喘、慢性阻塞性肺病的疗效明显优于单用氟替卡松的效果。沙美特罗能产生至少持续 12h 的支气管扩张作用，而氟替卡松则产生强烈的抗炎作用，改善肺功能并预防病情恶化。

另外用于治疗 12 岁以上人群的抗哮喘药物还有先灵保雅公司（Schering-Plough）的糠酸莫米松，于 2005 年 3 月获准上市。

41.5 展望

尽管皮质激素类药物的研究有了很大的发展，如在降低副作用方面，采用吸入给药方式可以使全身副作用降到最低，但仍然存在许多副作用。鉴于糖皮质激素在临床上的重要作用，寻求新型的糖皮质激素受体配体的工作必定会持续下去，其中最关键的就是如何降低糖皮质激素的副作用。随着对糖皮质激素分子机理的进一步理解，组织选择性高、系统性副作用低的化合物还是时有出现。从上市的药物可以看出，软药策略的应用在糖皮质激素类药物中有着重要作用。

软药策略就是将强效的抗炎药物尽量传输到作用位点，作用后经可控制和预测的代谢反应转变为失活代谢产物，减少全身性和局部的副作用，增加病人的耐受性。理想的软药应该和靶组织结合稳定，在血浆中迅速失活。如化合物（图 41-5）在血浆中的半衰期小于 1min，而在肺组织中非常稳定，从而大大提高了组织选择性[25]。

除了发展软药以外，发展非甾类选择性糖皮质激素受体激动剂/调节剂（nonsteroidal selective glucocorticoid receptor activator/modulator，nSEGRA）也是一个研究亮点。一些大制药公司开始寻找非甾类糖皮质激素受体激动剂，期望能降低反式激活因子（transactivator）的活性，保持与糖皮质激素受体的高亲和力以及反式阻抑因子（transrepressors）的活性，减少皮质激素的副作用，其代表性化合物有 AL-438（**23**）和 ZK-216348（**24**）。

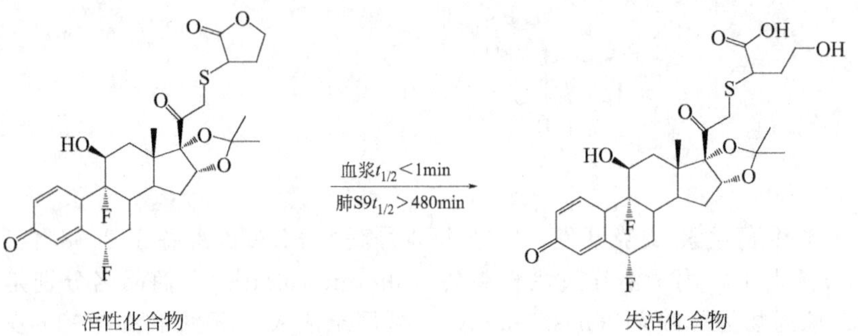

活性化合物　　　　　　　　　　　　失活化合物

图 41-5　软药的应用举例

在一系列的体外和体内筛选中，AL-438 均显示了极好的 GR 激动作用，其效能与泼尼松龙相当，而对骨骼形成方面的副作用却大大降低，同时对糖和脂肪代谢方面的影响也有很大程度的减轻。而 ZK-216348 在受体亲和力和 IL-8 的抑制作用方面也具有很好的表现，在体外研究中表明，ZK-216348 的（＋）-异构体和 GR 的亲和力与地塞米松相当，是泼尼松龙的 3 倍，而对 IL-8 的抑制作用是地塞米松的 30 倍；体内的数据也表明 ZK-216348 在抗炎方面与泼尼松龙相当，而全身性的副作用却大大减轻[26]。

由于 nSEGRA 类药物的研究尚处于起步阶段，发展空间相对较大，但也伴随着较大的风险。其发展前景还不明朗，有待进一步的研究。

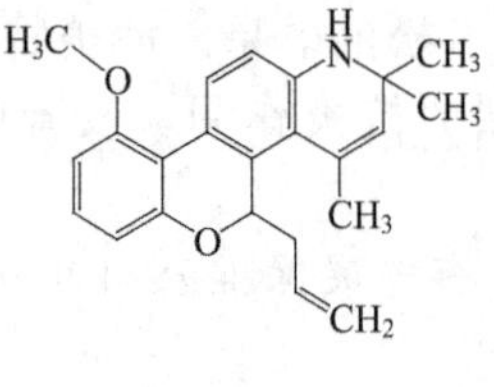

AL-438
(Ligand/Abbott)
23

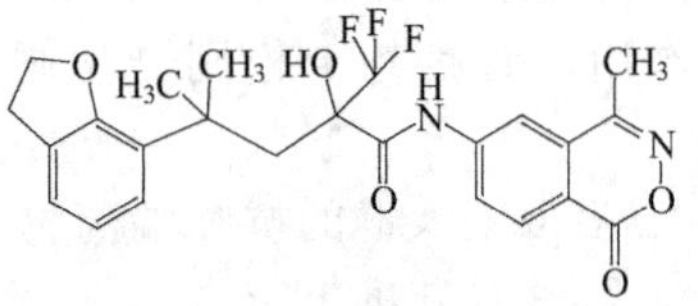

ZK-216348
(Schering)
24

有理由相信随着皮质激素生理学和药理学的进展，还是有机会对糖皮质激素进行进一步的优化，加上糖皮质激素晶体结构从分子水平第一次揭示了分子与受体的作用[27]，为药物的合理设计提供了保证，新一代的更安全的皮质激素药物必将在不久的将来出现。

推荐读物

- Chikanza I C. Mechanisms of corticosteroid resistance in rheumatoid arthritis: a putative role for the corticosteroid receptor beta isoform. Ann N Y Acad Sci, 2002, 966: 39-48.
- Schacke H, Rehwinkel H. Dissociated glucocorticoid receptor ligands. Curr Opin Investig Drugs, 2004, 5: 524-528.
- Schäcke H, Döcke W D, Asadullah K. Mechanisms involved in the side effects of glucocorticoids. Pharmacol Ther, 2002, 96: 23-43.
- Adcock I M. Molecular mechanisms of glucocorticosteroid actions. Pulm Pharmacol Ther, 2000, 13: 115-126.
- Buijsman R C, Hermkens P H, van Rijn R D, et al. Non-steroidal steroid receptor modulators. Curr Med Chem, 2005, 12: 1017-1075.
- Hudson A R, Roach S L, Higuchi R I, et al. Synthesis and characterization of nonsteroidal glucocorticoid receptor modulators for multiple myeloma. J Med Chem, 2007, 50: 4699-4709.

参考文献

[1] Carter M J. J Med Microbiol, 2007, 56: 875-883.
[2] Addison T. On the Constitutional and Local Effects of the Disease of the Supra-Aerial Capsules. London: Samuel Highley, 1855.

[3] Reichstein T, Shoppee C W, The Hormones of the Adrenal Cortex//Harris R S, Thimann K V, ed. Vitamins & Hormones. Academic Press, 1943, Vol.1: 345-413.
[4] Evans R. Science, 1988, 240: 889-895.
[5] Encio, I J, Detera-Wadleigh S D. J Biol Chem, 1991, 266: 7182-7188.
[6] de Castro M, Elliot S, Kino T, et al. Mol Med, 1996, 2: 597-607.
[7] Baker M. J Mol Endocrinol, 2001, 26: 119-125.
[8] Beato M. Cell, 1989, 56: 335-344.
[9] Akerblom I E, Slater E P, Beato M, et al. Science, 1988, 241: 350-353.
[10] Barnes P J, Adcock I. Trends Pharmacol Sci, 1993, 14: 436-441.
[11] Cronstein B N, Kimmel S C, Levin R I, et al. Proc Natl Acad Sci (USA), 1992, 89: 9991-9995.
[12] Belvisi M G, Hele D J. Pulm Pharmacol Ther, 2003, 16: 321-325.
[13] Allen D B, Bielory L, Derendorf H, et al. J Allergy Clin Immunol, 2003, 112: S1-40.
[14] Barnes P J. Nature, 1999, 402: B31-38.
[15] Bodor N, Buchwald P. Med Res Rev, 2000, 20: 58-101.
[16] Derendorf H, Hochhaus G, Meibohm B, et al. J Allergy Clin Immunol, 1998, 101: S440-4466.
[17] Crim C, Pierre L N, Daley-Yates P T. Clin Ther, 2001, 23: 1339-1354.
[18] Belvisi M G, Bundshuh D S, Stoeck M, et al. Eur Respir J, 2001, 18: S95.
[19] Weinbrenner A, Huneke D, Zschiesche M, et al. J Clin Endocrinol Metab, 2002, 87: 2160-2163.
[20] Edsbacker S, Brattsand R. Ann Allergy Asthma Immunol, 2002, 88: 609-616.
[21] Moral M A, Khurdayan V K, Bozzo J. Drug News Perspect, 2006, 19: 485-489.
[22] Esmailpour N, Hogger P, Rabe K F, et al. Eur Respir J, 1997, 10: 1496-1499.
[23] Sorbera L A, Serradell N, Bolos J. Drugs Future, 2007, 32: 12-16.
[24] Biggadike K, Bledsoe R, Hassell A, et al. 15th Congress Eur Acad Allergol and Clin Immunol. Vienna, Austria, 2006: 783.
[25] Biggadike K, Angell R M, Burgess C M, et al. J Med Chem, 2000, 43: 19-21.
[26] Schacke H, Schottelius A, Docke W D, et al. Proc Natl Acad Sci (USA), 2004, 101: 227-232.
[27] Bledsoe R K, Montana V G, Stanley T B, et al. Cell, 2002, 110: 93-105.

第42章

免疫抑制剂与器官移植药物

刘学军,沈竞康

目 录

42.1 引言 /1103
42.2 早期发展的免疫抑制剂 /1104
  42.2.1 糖皮质激素 /1104
  42.2.2 烷基化剂 /1104
    42.2.2.1 环磷酰胺 /1104
    42.2.2.2 苯丁酸氮芥 /1105
  42.2.3 抗代谢药物 /1105
    42.2.3.1 硫唑嘌呤 /1105
    42.2.3.2 甲氨蝶呤 /1106
  42.2.4 其他小分子免疫抑制剂 /1107
    42.2.4.1 金制剂 /1107
    42.2.4.2 氯喹和羟氯喹 /1107
    42.2.4.3 青霉胺 /1107
    42.2.4.4 柳氮磺胺吡啶 /1108
    42.2.4.5 米托蒽醌 /1108
  42.2.5 生物免疫抑制剂 /1109
    42.2.5.1 多克隆抗体 /1109
    42.2.5.2 单克隆抗体 /1109
  42.2.6 中药免疫抑制剂 /1110
42.3 用于自身免疫性疾病的新型治疗药物 /1111
  42.3.1 诱导 T 调节细胞药物 /1111
    42.3.1.1 抗 CD3 单克隆抗体 /1112
    42.3.1.2 血管活性肠肽 /1112
    42.3.1.3 醋酸格拉替雷 /1112
    42.3.1.4 阿巴西普 /1112
    42.3.1.5 皮质抑素 /1112
  42.3.2 消减 B 细胞的抗自身免疫药物 /1112
  42.3.3 其他保护细胞药物和干细胞 /1113
42.4 器官移植免疫抑制药 /1113
  42.4.1 钙调素抑制剂 /1113
  42.4.2 哺乳动物雷帕霉素靶体信号通路抑制剂 /1114
  42.4.3 核苷酸合成抑制剂 /1115
    42.4.3.1 次黄嘌呤单核苷酸脱氢酶抑制剂 /1115
    42.4.3.2 二氢乳清酸脱氢酶抑制剂 /1116
  42.4.4 他汀类药物 /1117
  42.4.5 趋化因子受体拮抗剂 /1117
  42.4.6 溶血磷脂质受体激动剂 /1118
  42.4.7 酪氨酸激酶抑制剂 /1119
  42.4.8 15-脱氧精胍菌素 /1119
42.5 讨论 /1120
推荐读物 /1120
参考文献 /1120

42.1 引言

免疫系统是机体重要的功能系统，担负着免疫防御、免疫监视与免疫自稳的功能。在免疫功能正常的情况下，免疫系统具有区别"自身抗原"和"外来抗原"的能力，通常只对外来抗原产生免疫应答，对自身抗原处于免疫耐受状态。但是，免疫系统因原发或继发因素造成的功能紊乱或功能不全，可导致免疫缺陷、超敏反应或自身免疫疾病[1]。

由于先天免疫器官发育不全、免疫细胞功能障碍或免疫分子异常表达等原因所致免疫缺陷，临床表现为微生物反复感染，严重者危及生命；成人免疫系统的后天损伤，如获得性免疫缺陷综合征（艾滋病）、放射线过度照射或免疫抑制剂不当使用，可损伤免疫系统导致免疫缺陷。

免疫系统对外来微生物或异物抗原作出的免疫应答常伴有局部炎症反应，当免疫应答反应过强时，可产生严重的炎症反应，导致机体的病理性损伤，即称为超敏反应。超敏反应亦称为变态反应，其主要疾病如过敏性鼻炎、过敏性哮喘、慢性阻塞性肺炎、肿瘤免疫等。免疫系统对异体移植的组织和器官也产生免疫反应（排异反应），成为器官移植的主要障碍。

在免疫功能异常的情况下，免疫系统对自身抗原产生免疫应答，亦可造成自身机体组织损伤，导致自身免疫性疾病，如类风湿性关节炎、系统性红斑狼疮、多发性硬化症、Ⅰ型糖尿病、自身免疫性溶血性贫血、自身免疫性甲状腺炎、慢性肾小球性肾炎。

免疫抑制剂是一类具有免疫抑制作用的药物，按其来源分类，包括合成小分子化合物、甾体激素、真菌微生物代谢产物、中药等天然成分等。迄今为止已研制出一批具有强效免疫抑制活性的药物，新型免疫抑制药物的不断问世，使免疫抑制药物在临床中的应用占有越来越重要的地位，远较免疫增强药物治疗令人印象深刻。

免疫抑制剂对机体免疫系统的作用缺乏特异性和选择性，既可抑制免疫病理反应，又可干扰正常的免疫应答反应；即可抑制体液免疫，又可抑制细胞免疫。因此，免疫抑制剂大多具有明显的毒副作用，主要是骨髓抑制，肝、肾毒性等，其中环孢素虽无明显骨髓抑制作用，但肝、肾毒性较大，长期使用病人不易承受。长期应用免疫抑制剂可产生共同的不良反应，如降低机体的抗感染免疫力，易诱发细菌、病毒和真菌的感染；可致畸胎和不育，女性可致卵巢功能降低和不育，男性可致精子缺乏或无精子症；长期应用可能提高肿瘤发病率。

免疫抑制剂虽可用于治疗器官移植抗排斥反应、自身免疫性疾病、变态反应性疾病，以及感染性炎症等。但是，由于其潜在的严重毒副作用，免疫抑制剂临床主要用于治疗器官移植抗排斥反应和自身免疫性疾病，并采用多种药物小剂量合用，以增效减毒。目前，免疫抑制剂已广泛应用于防止器官移植的排异反应，效果比较确切。免疫抑制剂对自身免疫性疾病的疗效，尤其是长期疗效尚难肯定，一般仅显示缓解症状、延缓病变进展的作用，但不能根治。免疫抑制剂用于抑制炎症反应，可减轻反应症状，与有效抗生素配合应用，有利于炎症的控制，临床应用较多的是激素，如强的松等，但应用激素控制细菌性炎症应注意与抗菌药物合用，以免感染扩散。

本章以治疗自身免疫性疾病和器官移植抗排异的免疫抑制剂为主进行介绍。其他治疗免疫性疾病的治疗药物已在有关章节中介绍，本章不作重复。诱导抗肿瘤免疫应答反应亦是免疫药理学研究的热点，但因主要应用生物技术治疗手段，未列入本章讨论内容。

42.2 早期发展的免疫抑制剂

免疫药物是20世纪50年代后发展起来的一类新的治疗药物。免疫抑制剂（Immunosuppressant）为自身免疫病和器官移植后的排斥反应提供了有效的治疗药物，受到广泛的重视，本节仅涉及早期发展的和典型的免疫抑制剂，其他将在后两节中介绍。

42.2.1 糖皮质激素

糖皮质激素属第一代免疫抑制剂，是临床应用较多的激素类免疫抑制剂，至今仍在临床上广泛使用。1949年糖皮质激素被发现以后不久，Kendall和Reichstein分别从肾上腺皮质中分离出几个激素[2,3]，1948年Kendall和Hench证明可的松具有治疗类风湿性关节炎的作用[4]，为此他们三位获得了1950 Nobel生理医学奖。之后，经过结构改造的各种糖皮质激素不断涌现。

糖皮质激素通过抑制巨噬细胞的吞噬功能，溶解淋巴细胞，减少针对自身抗原的自身抗体生成而抑制人体的免疫反应。进一步研究发现，糖皮质受体是一种核受体，它能调节许多基因的转录，转录后糖皮质激素仍能发挥许多作用，可降低IL-lβ mRNA的稳定性等，其药理作用较好，药效持续时间较长。糖皮质激素作为免疫抑制剂已被广泛用于严重急性感染、过敏性疾病，以及各种自身免疫性疾病和器官移植抗排异反应的治疗中。但大量服用糖皮质激素，能导致骨质疏松症、糖尿病、青光眼等疾病，也具有抑制胶原质合成的副作用等，造成应用受限。降低其治疗自身免疫疾病和移植排斥疾病的剂量，提高联合用药和改变治疗方式，是临床应用研究的方向。其代表性药物有可的松（Cortisone，**1**）、泼尼松龙（Prednisolone，**2**）、六甲强龙（Methylprednisolone，**3**）、地塞米松（Dexamethasone，**4**）等[5,6]。

42.2.2 烷基化剂

烷基化剂属于细胞毒类药物，又称生物烷化剂（bioalkylating agengts），包括氮芥、环磷酰胺、苯丁酸氮芥等。常用的烷化剂在体内能形成碳正离子或其他具有活泼的亲电性基团的化合物，进而与细胞中的生物大分子（DNA、RNA、酶）中含有丰富电子的基团（如氨基、巯基、羟基、羧基、磷酸基等）发生共价结合，破坏DNA的结构，使其丧失活性，从而阻断其复制，导致肿瘤细胞死亡。这类药物不仅能抑制增生活跃的肿瘤细胞，对增生较快的其他细胞例如骨髓细胞，肠上皮细胞等也产生抑制，有较严重的毒副作用。T、B细胞被抗原活化后，进入增殖、分化阶段，对烷化剂的作用也较敏感，因此可以达到抑制免疫应答的作用。

42.2.2.1 环磷酰胺

环磷酰胺（Cyclophosphamide，CP，**5**），又名环磷氮芥[7,8]。在烷化剂中，环磷酰胺的毒性较小，应用最广，它对 B 细胞有很强抑制作用，因此在适当剂量下可以明显抑制抗体的产生。T 细胞的不同亚类对环磷酰胺的敏感性不同，TS 细胞较敏感，TH 细胞稍差。目前环磷酰胺主要用于器官移植和自身免疫病的治疗。

环磷酰胺是较早研究的磷酰胺氮芥前药，其在体外无抗肿瘤活性，进入体内后先在肝脏中经微粒体功能氧化酶转化成醛磷酰胺（Aldophosphamide），而醛磷酰胺不稳定，其机理是在体内环磷酰胺首先被代谢氧化，转化为醛磷酰胺（**6**），再生成磷酰胺氮芥（Phosphamide Mustard，**7**）和丙烯醛（**8**），前者通过吖啶中间体与生物体内的核酸和酶，并且这种作用对淋巴细胞具有一定选择性，与 DNA 发生交叉联结，抑制 DNA 合成，对 S 期作用最明显。CP 产生具有烷化作用的代谢产物而具有强而持久的免疫抑制作用，通过杀伤免疫细胞，影响免疫过程中的各阶段。由于 B 细胞的翻转性能较 T 细胞低，CP 主要对 B 细胞起作用。CP 在适宜的剂量和时间下才对 T 细胞起作用。其在某些情况下能够介导细胞毒性。CP 作为一种免疫抑制剂用于肾病综合征、系统性红斑狼疮、类风湿性关节炎等，但它能导致白细胞减少症，出血性膀胱炎，心脏中毒和秃头症，CP 中诱导有机质突变的物质增强了癌症的突发性，因较明显的副作用使其应用受到了限制。

42.2.2.2 苯丁酸氮芥

苯丁酸氮芥[9]（Chlorambucil，**9**）具有双功能烷化剂作用，可形成不稳定的亚乙基亚胺而发挥其细胞毒作用，干扰 DNA 和 RNA 的功能。在常规剂量下，其毒性较其他任何氮芥类药物小。对增殖状态的细胞敏感，特别对 G1 期与 M 期的作用最强，属细胞周期非特异性药物。对淋巴细胞有一定的选择性控制作用。

42.2.3 抗代谢药物

抗代谢药物（antimetabolites）通过干扰细胞内关键生物分子形成来阻止酶（enzymes）的激活，从而阻断 DNA 正常复制（replication）和所导致的细胞分裂。也可干扰核糖核酸（RNA）合成或细胞其他活动。用于免疫抑制的抗代谢药物主要有嘌呤和嘧啶的类似物，以及叶酸拮抗剂两大类。硫唑嘌呤（Azathioprine，AZA，**10**）[9]主要通过干扰 DNA 复制而起作用，对淋巴细胞作用有较强的选择性抑制作用，因此在器官移植中应用较多；甲氨蝶呤（methotrexate，MTX，**13**）[10]主要通过干扰蛋白质合成起作用，被广泛用做免疫抑制剂。

42.2.3.1 硫唑嘌呤

硫唑嘌呤（Azathioprine，AZA，**10**）作为一种经典的免疫抑制剂，用于风湿性疾病治疗已有 30 余年的历史。1953 年，George Hitchings 与他的助手 Gertrude Elion 研究发现抗癌新药 6-巯基嘌呤（6-Mercaptopurine, 6-MP）[11]，治疗急性白血病和绒毛膜上皮癌。腺嘌呤上 6-位氨基被巯基取代生成 6-MP，其在体内活化成相应核苷酸后，可抑制癌细胞的 RNA 和 DNA 的合成，从而阻止癌细胞的生长。后经深入研究癌细胞核酸代谢的规律，又将 6-巯基嘌呤的结构加以改变，研制成硫唑嘌呤。

硫唑嘌呤（AZA）干扰 DNA 合成中嘌呤的利用及细胞增殖，它实际上是 6-巯基嘌呤的前药，在体内代谢后形成 6-巯基嘌呤（11）和咪唑（12），6-巯基嘌呤再整合到 RNA 和 DNA 中，对核酸合成具有特异性抑制[12]。

硫唑嘌呤和 6-巯基嘌呤的免疫抑制机制尚不完全清楚，一般认为嘌呤类药物可干扰抗原识别过程，也有体外实验证明嘌呤类药物对所有免疫细胞，包括 T 细胞、B 细胞、NK 细胞及单核巨噬细胞都有影响；如果在抗原攻击后，细胞已进入增生期用药，则抑制 DNA 的合成，抑制细胞增生，对细胞免疫和体液免疫都会产生影响。最近的研究数据说明 AZA 的作用模式相当复杂，当硫唑嘌呤与 6-巯基嘌呤等剂量时，发现硫唑嘌呤比 6-巯基嘌呤更有效，而且毒性更小，间接证明化合物 **12** 也在其中产生一些生物作用[13]。

硫唑嘌呤主要作用于 T 淋巴细胞，并抑制单核细胞的产生及其功能，抑制迟发型超敏反应和免疫球蛋白 G（IgC）的合成，较大剂量还能抑制免疫蛋白 M（IgM）的合成，使补体量升高，故能减少类风湿因子的生成，也有抗炎作用，能缓解类风湿性关节炎的关节肿胀和疼痛，疗效与金制剂、环磷酰胺相似，可改善类风湿性关节炎的病情。AZA 是抑制嘌呤合成的第一代免疫抑制药物，这种抑制作用较为广泛，使多种细胞都受到了不同程度的抑制，其临床应用的剂量对骨髓有抑制作用，会导致肝中毒，其突变作用能增加恶性肿瘤的发生率。AZA 和甾类化合物一直是较理想的免疫抑制剂，在环孢素发现之前，其免疫抑制活性是最好的[14]。

硫唑嘌呤与其他药联合应用效果更佳，在一项关于硫唑嘌呤与干扰素-β 联合治疗多发性硬化症的可靠性及耐受性初步研究结果显示，没有一例患者出现白细胞减少及其他的严重副作用，提示这种治疗的耐受性良好[15]。

42.2.3.2 甲氨蝶呤

甲氨蝶呤（Methotrexate, MTX, **13**）作为一种叶酸还原酶抑制剂[16]，其化学结构与叶酸相似，通过竞争性抑制是二氢叶酸还原酶（DHFR），阻断二氢叶酸（Dihydrofolate, FH2）还原成四氢叶酸（Tetrahydrofolate, FH4），从而使 N_5, N_{10}-甲烯四氢叶酸减少，当细胞内的 N_5, N_{10}-甲烯四氢叶酸耗竭，没有一碳单位可传递，最终减少了 DNA、RNA 和蛋白质的生物合成，致使细胞死亡。

13

MTX 能对多种类型的细胞起代谢抑制作用，MTX 能够通过抑制从头合成途径和嘧啶合成途径等多种方式抑制淋巴细胞，MTX 免疫抑制作用的另一种机制是能够诱导活化人淋巴细胞的凋亡，对胸腺核苷酸合成酶的抑制作用，但抑制 RNA 与蛋白质合成的作用则较弱，主要作用于细胞周期的 S 期，属细胞周期特异性药物，对 G1/S 期的细胞也有延缓作用，对 G1 期细胞的作用较弱，MTX 具有削弱叶酸的副作用。1956 年 MTX 作为叶酸拮抗剂被用于治疗恶性肿瘤，后被用于白血病和抑制正常淋巴组织的生长。目前更多地作为免疫抑制剂被用于风湿性关节炎、器官移植抗排异以及各种与免疫抑制相关的疾病治疗中[17]。

新的联合治疗方案（抗 TNF-α 的生物制剂和 MTX）可以减低两种药物的治疗用量，降低毒性的同时可以获得很好的治疗效果[18]。

42.2.4 其他小分子免疫抑制剂

42.2.4.1 金制剂

1929 年 Forester 首先报道了金制剂对类风湿性关节炎的可喜治疗效果，开创了现代金制剂的临床应用。临床上用的金诺芬（Auranofin，**14**）[19]，商品名瑞得（Ridaura），它是一种混合口服金制剂，其活性成分主要是四乙酰琉基葡糖金和三乙基磷金。金诺芬用于治疗类风湿性关节炎的药理作用尚不十分清楚。单核细胞/巨噬细胞似为金的主要靶细胞，巨噬细胞及滑膜细胞吞噬金盐，细胞内金浓度高于血清中浓度 5～10 倍。用药 12 周发现病人体内巨噬细胞表达的细胞因子如 IL-1、IL-6 及 TNF 的水平都下降，滑膜层中巨噬细胞减少，而 T 及 B 淋巴细胞无影响[20]。

14

42.2.4.2 氯喹和羟氯喹

抗疟药氯喹（Chloroquine，**15**）和羟基氯喹（Hydroxychloroquine，**16**）[21,22]，原为治疗疟疾药物，后来发现它具有稳定细胞的作用，能降低自身抗体对人细胞的破坏，大剂量氯喹能抑制免疫反应，因此被用来治疗系统性红斑狼疮、类风湿性关节炎等免疫功能紊乱性疾病。氯喹的免疫抑制药理作用尚不明晰，有些假设：①氯喹可能通过细胞膜进入细胞浆小泡中浓缩，使小泡中 pH 轻度增高，此情况在巨噬细胞及其他抗原呈递细胞中出现，影响自身抗原加工及自身抗原多肽与 II 型主要组织相容性抗原的结合；②可能与抑制淋巴细胞的转化和浆细胞的活性有关，使免疫球蛋白和类风湿因子的生成减少，抑制淋巴组织和成纤维细胞的增殖；也可抑制单胺氧化酶和胆碱脂酶活性，稳定溶酶体膜，还抑制吞噬细胞的趋化和吞噬功能，从而使局部炎症受到一定的抑制。

42.2.4.3 青霉胺

青霉胺（D-Penicillamine，**17**）是青霉素的代谢产物，为 β,β-二甲基半胱氨酸，因其左旋体毒性较大，故临床上使用的是其右旋体青霉胺（D-Penicillinime）。主要用于类风湿性关节炎、硬皮病口眼干燥关节炎综合征等自身免疫性疾病的治疗，有明显疗效[23]。青霉胺的作用机制目前尚明晰，实验与临床研究发现，其能抑制 IgG、IgM 的产生，也可减少血清中抗原抗体复合物和类风湿因子。其作用可能与其巯基还原作用有关，青霉胺与可形成二硫键的化合物发生反应，生成混合二硫键[24]，IgM 型类风湿因子是由二硫键相连的五聚体蛋白，青霉胺可使其解离成单个亚单位，促其降解，从而降低类风湿性关节炎病人血中类风湿因子滴度。此外，某些淋巴因子本身具有巯基，如白介素-1β，它与 α_2-巨球蛋白通过二硫键相结合，使其本身受到保护，不易被降解。青霉胺能使结合的白介素-1β 解离，使其降解加快。青霉胺无抗炎作用，对 B 细胞、$CD8^+$ 细胞及巨噬细胞功能无抑制作用，在铜离子存在的条件下青霉胺选择性抑制 CD4T 辅助/诱导细胞。此外，它还抑制试管内成纤维细胞的增殖，抑制体内新血管的形成，抑制滑膜内纤维血管组织的增殖。青霉胺结合铜后，可抑制细胞内合成前胶原所需的赖氨酰氧化酶的活力，从而抑制前胶原的交联和胶原的合成，减缓纤维化过程中的胶原沉积。青霉胺可以使体内清除氧自由基物质的活性提高，可有效地清除炎症时体内产生的氧自由基。

42.2.4.4 柳氮磺胺吡啶

1980 年 McConkey 报道[25]了 74 例类风湿性关节炎病人采用柳氮磺胺吡啶（Salicylazosulfapyridine，Sulfasalazine，SASP，18）治疗取得了令人鼓舞的结果。之后很多临床观察均证实了 SASP 的效果。英国用以治疗类风湿性关节炎很普遍，在美国虽然食品药品管理局尚未正式予以批准，但与 MTX 联合使用治疗类风湿性关节炎的研究日益增多。

SASP 的抗风湿作用机制尚不很清楚，可能是通过磺胺吡啶抑制肠道中的某些抗原性物质，如它对强直性脊柱炎和类风湿性关节炎的疗效。在服用该药 12 周后患者循环中的活化淋巴细胞下降，IgM 及 IgGRF 滴度水平亦下降。在体外试验观察到淋巴细胞对各种刺激原的反应在本药的作用下明显下降，因此认为本药有改变免疫过程的性能。其抗炎作用也可能是通过其水杨酸成分，清除氧自由基，抑制前列腺素、白三烯的合成。还有可能与 MTX 一样促进细胞中抗炎分子腺苷的积累。SASP 作为抗风湿药是目前治疗类风湿性关节炎、强直性脊柱炎及其他血清阴性脊柱关节病的常用药物，可用于幼年型慢性关节炎。有报道认为它能延缓骨质破坏，比氯喹疗效更好[26]。

42.2.4.5 米托蒽醌

盐酸米托蒽醌（Mitoxantrone，19）[27]是一个蒽环类抗生素衍生的免疫抑制药物，兼有免疫调节功能。它通过抑制 DNA 拓扑异构酶来抑制分裂的与不分裂细胞的 DNA 修复与合成。

盐酸米托蒽醌以前主要用于治疗髓细胞性白血病及前列腺癌等疾病，现已被美国食品与药品管理局（FDA）批准用于治疗病情恶化的多发性硬化患者[28]。盐酸米托蒽醌虽可见许多特异性的副反应，但明显的毒副反应并不常见，其潜在的心脏毒性限制了它的广泛使用。

42.2.5 生物免疫抑制剂

此类药物通常指非化学类或激素类药物、能抑制机体免疫应答的生物学制剂，主要指抗淋巴细胞抗体，包括多克隆抗淋巴细胞血清，如抗淋巴细胞球蛋白（Anti-Lymphocytic Globulin，ALG）、抗T细胞球蛋白（Anti T Cell Globulin，ATG）[29]；以及针对效应淋巴细胞的单克隆抗体（如OKT3、CD4McAb、CD8McAb、CD25McAb等）[30]。

42.2.5.1 多克隆抗体

生物免疫抑制剂抗淋巴细胞球蛋白ALG和抗T细胞球蛋白ATG，借助于多克隆抗体消除或抑制T细胞，已广泛用于肾、肝、心、胰腺和骨髓移植临床，能显著延长移植物的存活时间，既可以预防排斥反应又可以治疗排斥反应。

抗人T淋巴细胞免疫球蛋白（Anti-Human T Lymphocyte Immunoglobulin）是以人的淋巴样细胞作免疫抗原，使马、兔等动物免疫，然后从免疫动物采血分离抗淋巴细胞血清（als），再由als制得ALG。目前临床应用的主要是马ALG和兔ALG两种，采用兔ALG不良反应较少、较轻。ALG有较强的免疫抑制作用，进入机体后与淋巴细胞结合，经补体作用使淋巴细胞溶解，直接影响机体的特异性免疫应答。抗胸腺细胞免疫球蛋白（ATG）为兔、马、猪等动物以人胚胎胸腺细胞或胸导管淋巴细胞免疫后制得，主要为IgG淋巴细胞，针对T抑制细胞介导的免疫作用。ATG和ALG作为免疫抑制剂主要用于器官移植和与免疫系统相关的一些疾病的治疗上[31]。与其他免疫抑制剂联合使用可取得很好的抗排斥效果，如MP+ALG、ALG+Aza+Pred等，也可用于激素或化学免疫抑制剂治疗无效的排斥反应。常见的副作用有发热、畏寒、过敏反应、感染、肿瘤、白细胞和血小板减少等。

抗淋巴细胞抗体作为强免疫抑制剂在临床应用疗效肯定，可抑制抗原识别后的淋巴细胞激活过程，特异性地破坏淋巴细胞，且对骨髓没有明显的毒性作用。但个体间疗效差异，长期应用可能降低机体的免疫监视功能，导致副反应以及感染并发症等，并给癌变细胞的发展以可乘之机。

42.2.5.2 单克隆抗体

20世纪80年代以来，研制了一系列针对T细胞表面标志、黏附分子、共刺激分子、抗原受体和细胞因子及其受体的单克隆抗体，有些已经在临床应用或进入临床评估阶段。OKT3单克隆抗体是美国Ortho公司生产的一种抗人T淋巴细胞分化抗原CD3的单克隆抗体[32]。由于CD3抗原是成熟T细胞的共同分化抗原，在全部外周血T细胞和胸腺、淋巴结内接近成熟的T细胞上表达，OKT3主要通过细胞清除、不育性激活、功能性受体封阻、免疫调变、刺激抑制细胞增殖以及直接作用于效应细胞等途径杀伤成熟T细胞或阻断机体细胞免疫反应达到抗排斥目的。OKT3作为一种免疫抑制剂，主要用于预防和治疗同种异体肾移植等器官移植后的急性排斥反应[33]。

OKT4单克隆抗体是抗CD4分化抗原的单克隆抗体。CD4分子是诱导-辅助T细胞（TI/TH）以及TDTH的表面标志，$CD4^+$ T细胞为体内主要的免疫细胞之一，CD4抗原在胸腺细胞亚群与外周血T细胞中2/3的辅助性T细胞（TH）和迟发超敏反应性T细胞（TDTH）、单核细胞及巨噬细胞中有表达[34]。OKT4 可作为免疫抑制剂用于同种异体器官移植排斥反应的治疗、免疫耐受的诱导以及自身免疫性疾病的治疗等，它具有干扰发育中的 T 细胞、阻碍 CD4 分子识别、清除 $CD4^+$ T 细胞、抑制 T 细胞活化以及抑制对靶细胞的杀伤等作用。

抗 CD8 单克隆抗体，白细胞分化抗原 CD8 在胸腺细胞、外周血 1/3 的 T 细胞即细胞毒 T 细胞（CTL）以及 NK 细胞上表达，在免疫应答中作为 MHC-I 分子的配体[35]。CD8 分子是抑制性 T 细胞（TS）和细胞毒性 T 细胞（TC）的表面标志。抗 CD8 单克隆抗体常用的有 OKT8、Leu2 等，主要用于鉴别 TS 和 CTL 亚群。CD8McAb 可通过直接杀伤排斥的效应细胞-CTL 或干扰 T 细胞活化两种途径起到抗排斥作用。动物实验已证明 CD8McAb 有一定的免疫抑制作用[36]。

抗 Tac 单克隆抗体，它可选择作用于活化的淋巴细胞，干扰其免疫应答，抑制 IL-2 介导的淋巴细胞活化，从而抑制排斥反应[37]。TacMcAb 只作用于活化的淋巴细胞而不干扰其他淋巴细胞的性质决定了它作为免疫抑制剂的优势，目前已进入临床试用阶段，其免疫抑制效果较肯定。白细胞分化抗原 CD25（Tac 抗原）是白细胞介素-2（IL-2）受体的 α 亚单位（P55α，Rα 亚单位），此抗原表达在活化的 T、B 淋巴细胞和单核细胞上，抗 Tac 单抗制剂可以用于预防和治疗肾移植排斥反应。IL-2 受体仅在活化的淋巴细胞表面表达。

人源单克隆抗体，利用基因工程技术扩增出鼠抗体轻、重链可变区或将抗体的 VH 和 VL 序列人工合成或定点突变，然后与表达载体中人免疫球蛋白恒定区拼接后制备的单克隆抗体。制备的抗体具有鼠源单抗的特异性，又基本消除了鼠源单抗异种蛋白的免疫原性。人源化单克隆抗体较鼠源性的单克隆抗体副反应轻，因为引起免疫反应的主要免疫原部分——抗体稳定区已经置换为同源的人抗体。

人源化抗 IL-2 受体单克隆抗体（humanized anti-IL-2 receptormonoclonal antibody，ZENAPAX)[38]，ZENAPAX 是商品化的用重组 DNA 技术生产的人源化单克隆抗体。由 90% 的人抗体序列和 10% 的鼠源性抗体序列组成。人抗体序列是从人抗体稳定区和人骨髓瘤抗体可变区框架结构获得的；鼠源序列从鼠抗人 T 淋巴细胞抗体的互补决定区获得。该抗体特异地与人 IL-2 受体 α 亚单位（P55α，CD25）结合。IL-2 受体仅在活化的淋巴细胞表面表达。因此，ZENAPAX 选择作用于活化的淋巴细胞，干扰其免疫应答，抑制 IL-2 介导的淋巴细胞活化，从而抑制排斥反应。

理论上人源化单克隆抗体应该较鼠源性的单克隆抗体副反应轻，因为引起免疫反应的主要免疫原部分——抗体稳定区已经置换为同源的人抗体。但与鼠源性单克隆抗体相比，副反应的改善没有预期的那么明显。ZENAPAX 的疗效及副作用还有待大规模的临床综合评价结果。

42.2.6　中药免疫抑制剂

用于免疫调节的中药较多，其中免疫抑制作用确切、研究积累较多的主要包括雷公藤及白芍总苷等。雷公藤成分复杂，其免疫调节作用主要通过增强巨噬细胞及天然杀伤细胞功能、抑制胸腺、抑制 T 淋巴细胞和 B 细胞功能等实现。目前雷公藤甲素（**20**）[39]、雷公藤多苷产品等用于治疗类风湿性关节炎，属于慢作用药，疗效较好。其治疗系统性红斑狼疮（SLE）多为辅助治疗，其主要不良反应有对生殖系统的抑制、胃肠反应、骨髓抑制及循环系统损害。因雷公藤的作用较严重，应用时要慎重。

中国科学院上海药物研究所与上海医药（集团）有限公司中央研究院联合开发的雷公藤甲素修饰物 T8，已经完成临床前研究，正处于临床 I 期研究阶段。

20 **21**

白芍为中国传统中药，已应用了几千年，但其抗类风湿病有效成分及其免疫抑制药效作用，是近几年才发现的。目前国内药厂生产白芍总苷，商品名为帕夫林，其对 T 细胞及 B 细胞的增殖具有浓度依赖性双向调节机制[40]。目前，帕夫林主要应用于类风湿性关节炎，在 SLE 的应用处于临床试验阶段，尚没有用帕夫林单独治疗 SLE 的临床经验，仅可视其为治疗 SLE 的辅助药物。其主要不良反应为胃肠道反应，尚未有骨髓抑制、肝肾损害等报道。

青藤碱[41]（**21**）具有祛风除湿，活血通络，利尿消肿的作用；化学结构类似吗啡，临床对于类风湿性关节炎等各种风湿病以及心律失常等有较好疗效。最新研究发现青藤碱与霉酚酸酯、FK506 协同能抑制人 T 细胞激活和 IL-2 的合成。随着青藤碱免疫抑制作用的进一步证实，青藤碱研究方向趋于分子生物模型的建立、与其他免疫抑制药物相互协调作用的影响、剂型的改进和化学结构的修饰等方面。

42.3　用于自身免疫性疾病的新型治疗药物

自身免疫病（autoimmune disease）是指以自身免疫反应导致组织器官损伤和相应功能障碍为主要发病机制的一类疾病[42]。自身免疫性疾病可分为两大类：①器官特异性自身免疫病，即组织器官的病理损害和功能障碍仅限于抗体或致敏淋巴细胞所针对的某一器官。主要有慢性淋巴性甲状腺炎、甲状腺功能亢进、胰岛素依赖型糖尿病、重症肌无力、慢性溃疡性结肠炎、恶性贫血伴慢性萎缩性胃炎、肺出血肾炎综合征（goodpasture syndrome）、寻常天疱疮、类天疱疮、原发性胆汁性肝硬变、多发性脑脊髓硬化症、急性特发性多神经炎等，其中常见者将分别于各系统疾病中叙述；②系统性自身免疫病，由于抗原抗体复合物广泛沉积于血管壁等原因导致全身多器官损害，称系统性自身疫病。习惯上又称为胶原病或结缔组织病，这是由于免疫损伤导致血管壁及间质的纤维素样坏死性炎及随后产生多器官的胶原纤维增生所致。事实上无论从超微结构及生化代谢看，胶原纤维大多并无原发性改变，常见的系统性自身免疫病有：系统性红斑狼疮、口眼干燥综合征、类风湿性关节炎、硬皮病、结节性多动脉炎、Wegener 肉芽肿病等。

常规治疗自身免疫病的药物主要是免疫抑制剂，它对大多数病人有效，但有些病人对抗炎药物及免疫抑制药物有抗性，有些只有在高剂量情况下才能显效，此外免疫抑制剂大多毒性较高，这就需要研究新的疗效好、毒性低的药物。现已研究的新治疗药物大致有如下三个方面：①诱导 T 调节细胞药物；②消除 B 细胞的抗自身免疫药物；③其他保护细胞药物和干细胞。

42.3.1　诱导 T 调节细胞药物

针对 T 细胞自身免疫药物主要是诱导 T 调节细胞，而 T 调节细胞在保持自身耐受方面是关键的，它主要方面是关闭 T 细胞指向自身免疫并抑制自身反应 T 细胞，T 调节细胞主要有两种，一种为天然存在的 T 调节细胞（$CD4^+CD25^+FoxP3T$）源自胸腺；另一种为适应性 T 调节细胞（已知为 Tr1 细胞或 Th3 细胞）。因此诱导 T 调节细胞的产生，对抑制自身免疫，是治疗自身免疫病良好方案[43]。

42.3.1.1 抗 CD3 单克隆抗体

Ⅰ型糖尿病是一种慢性自身免疫病，缘自 T-淋巴细胞对产生胰岛素的 B 细胞的病理破坏作用，使用抗 CD3 单抗（anti-CD3 Mab）可以逆转糖尿病，并诱导对自身免疫的耐受，其作用机制是通过调节 T 细胞受体（TCR)-CD3 复合物，及或诱导自身反应 T 细胞凋亡，使 T 细胞存活及扩展，从而建立长期耐受[44]。

42.3.1.2 血管活性肠肽

血管活性肠肽（Vasoactive Intestinal Peptide，VIP）[45]，为一直链肽，在生物体内分布极广，它既作为胃肠道激素，又是神经肽。VIP 是神经系统和免疫系统之间相互作用的一种信号分子，能在体内抑制自身反应 T 细胞活性并诱导功能性 T_{reg} 细胞产生，恢复对自身耐受，已用于自身免疫肠炎 Crohn's

42.3.1.3 醋酸格拉替雷

醋酸格拉替雷（Glatiramer Acetate，GA）[46]，它是由四种不同的氨基酸按照一定的比例组成的多肽，它能模仿髓磷脂蛋白的部分抗原。它的作用机制在于使 T 细胞由 Th1 表型向 Th2 表型转化，从而促进抗炎的细胞因子的产生。GA 也诱导抗原特异性 T 抑制细胞，这些细胞与中枢神经自身抗原有交叉反应，因此它能抑制抗原递呈。

GA 的副反应通常轻微，包括注射局部的反应、血管舒张、胸痛、无力、感染、疼痛、恶心、关节痛、焦虑、肌张力过高等。临床研究已经证实了 GA 在缓解复发型多发性硬化（RRMS）中的疗效。

42.3.1.4 阿巴西普

阿巴西普（Abatacept）[47]是最近开发出的细胞毒性 T 淋巴细胞抗原 4 与免疫球蛋白 IgG1 的融合蛋白（cytotoxic T lymphocyte antigen 4 immunoglobulin，CTLA4 Ig），它可以阻断 CD28，是一种共刺激调节剂。阿巴西普是可溶性的蛋白，能够完全与抗原递呈细胞表面的 CD28 的配体 B721 和 B722 结合，激活 T 细胞需要与 CD28 结合，因此通过抑制与 CD28 的结合达到阻止 T 淋巴细胞的活化。在临床上，对甲氨蝶呤或 TNF 拮抗剂有抗性的病人，给予 Abatacept（BMS188667）[48]治疗有效，能够减缓活动性类风湿性关节炎（RA）患者关节损伤的进程。

42.3.1.5 皮质抑素

皮质抑素（Cortistatin，CST）[49]是一种新的生长抑素家族神经内分泌多肽，广泛分布于中枢神经系统、内分泌器官及免疫系统中，能够与生长抑素受体、生长素受体及 MrgX2 受体结合，发挥调节神经内分泌功能、诱导免疫耐受及抑制炎症反应的作用。作为一种抗炎因子，能参与调节免疫耐受，有两个主要作用途径，其一，调节前炎症细胞因子及抗炎症细胞因子的平衡，其二，通过诱导 T_{reg} 细胞，抑制自身反应 T 细胞的活性。

42.3.2 消减 B 细胞的抗自身免疫药物

已知涉及身体多种系统抗体的自身免疫病常与 B 细胞功能异常及产生过量 B 细胞活化因子（BAFF）有关，消减自身免疫性疾病患者身体中 B 细胞量，将有利于自身免疫病的治疗，在这方面已经发展了一些生物治疗药物[50]。

(1) 抗 CD20 单克隆抗体 利妥昔单抗（美罗华，商品名 Rituxan）[51]是人鼠嵌合的抗 CD20 单克隆抗体，它包括人 IgG1 和鼠可变区的 Kappa 恒定区。CD20 是只在前 B 细胞和成熟 B 细胞上表达的一种 B 细胞抗原，不能在干细胞上表达，在 B 细胞分化成浆细胞前丢失，因此美罗华只能暂时性、选择性地大量拮抗 CD^+20B 细胞亚群。1997 年美罗华被用于治疗复发性和难治性的 CD^+20B 细胞非霍奇金淋巴瘤，美罗华被用于治疗复发性和难治性的 CD^+20B 细胞非霍奇金淋巴瘤，现在尝试用其治疗 RA 和系统性红斑狼疮（SLE）等免疫系统疾病。

（2）抗 CD22 单克隆抗体　CD22 单抗依帕珠单抗（Epratuzumab，Emab）[52]为人单克隆抗体，CD22 抗原是表达于 B 细胞的一种跨膜唾液酸糖蛋白，对 B 细胞的生长、发育及功能的维持具有重要作用。主要针对 B 细胞表面的 CD22，临床上用于治疗中重度系统性红斑狼疮（SLE）。

（3）抗 B 细胞刺激剂　系统性红斑狼疮（SLE）患者中 B 淋巴细胞刺激剂（B-Lymphocyte Stimulator，Blys）和 B 细胞增殖诱导配体（proliferation-inducing ligand，APRIL）水平较健康人增高，而 BLys 蛋白则在 B 细胞发育成熟为浆细胞过程中发挥着重要作用。Belimumab[53]一种人源抗 B 淋巴细胞刺激剂的单克隆抗体，它可识别并抑制 BLys 蛋白的生物学活性，可抑制 Blys 对 B 细胞的刺激。

另一种生物制剂 Atacicept（TACI-IgG）是一种重组融合蛋白[54]，可以阻断 Blys 和 APRIL 对 B 细胞的刺激。

42.3.3　其他保护细胞药物和干细胞

保护细胞免受细胞因子引起的组织损伤药物，如绿茶多酚（GTP）[55]主要成分 epigallocatechin-3-gallate（EGCG）能保护唾液抗击来自 TNF-α 诱导的细胞毒，在人的 Sjogren's 小鼠模型中，口服给 GTP 可减少血清中自身抗体总水平以及能对抗自身免疫诱导的淋巴细胞向颌下腺的渗透。

造血干细胞，造血干细胞移植是新型治疗方法，自身干细胞移植研究已经证实在自身免疫条件下可以重新安排对免疫异常的调节，从而引起自身免疫系统的重建，已经用于多发性硬化症、系统性红斑狼疮、类风湿性关节炎的治疗，没有严重的副反应，病人获得全部或很好的部分缓解，但有复发病例[56]。

42.4　器官移植免疫抑制药

近半个世纪来，成功地通过健康器官的移植，代偿受者相应器官因致命性疾病而丧失的功能，对挽救患者生命和医学的发展发挥了重要的作用。除了手术重建生理功能、保持器官活性等技术难点之外，器官移植的主要障碍是移植排斥。目前尚无有效的诱导免疫耐受的方法，因此免疫抑制药物的应用是器官移植成功的关键措施之一。由于群体反应性抗体（panel reactive antibody，PRA）、人白细胞抗原（human leukocyte antigen，HLA）配型技术和免疫抑制药物的应用，使临床器官移植成功率大幅度提高。除肾移植和骨髓移植外，肝、胰、心、肺及心肺联合移植也都相继在临床开展，肾移植已是临床治疗晚期肾功能衰竭的主要手段。

42.4.1　钙调素抑制剂

钙调磷酸酶（Calcineurin，CaN）是一种蛋白磷酸酶，属丝/苏氨酸蛋白磷酸酶家族成员（又称蛋白磷酸酶 2B，PP2B）[57]，是迄今发现的唯一受 Ca^{2+}/钙调素（Calmodulin，CaM）调节的丝/苏氨酸蛋白磷酸酶。目前认为 CaN 是一种广泛分布的、参与多种细胞功能调节的多功能信号酶,在细胞因子介导的 T 细胞活化中起到调节枢纽的作用;在神经递质的释放、突触可塑性方面亦具有重要的调节作用。

环孢素(环孢菌素 A,Ciclosporin A,CsA,**12**)[58]是由真菌产生的一种由 11 个氨基酸构成的脂溶性环状多肽,它于 20 世纪 70 年代由瑞士科学家分离鉴定后被开发成免疫抑制剂,已广泛用于控制异体器官移植手术后的排斥反应,环孢素(CsA)的问世推进了器官移植的发展,因此它是该领域的一座里程碑。

目前已经发现了近 30 种环孢菌素,却只有环孢菌素 A 具有很强的免疫抑制活性,其他同系物有的抑制活性很弱,有的则根本没有抑制活性(如环孢菌素 H)。CsA 的作用机制为抑制 T 细胞活化过程中 IL-2 基因转录,与靶细胞浆受体亲环蛋白(cyclophilin)结合为复合体[59],后者与钙调磷酸酶(Calcineurin)结合并抑制其酶活性,通过抑制胞浆 NF-AT 向胞核内移动,而干扰 IL-2 转录,最终阻断 IL-2 依赖性 T 细胞生长和分化。CsA 口服吸收慢而不完全,生物利用度 20%~50%,t_{max} 为 3.5h,与血浆蛋白结合率为 90%。其大部分从胆汁中排出,主要在肝中被 CYP3A 代谢,约 10% 经尿排出,$t_{1/2}$ 为 10~30h。环孢菌素 A 最大的缺点是有效治疗剂量与肾毒性剂量十分接近。一些环孢菌素的半合成衍生物如:ISAtx-247 已被发展用于一些自身免疫性疾病的治疗[60]。

他克莫司(Tacrolimus,FK-506,**23**)[61]是从放线菌 *streptomyces tsukubaensis* 中提取的大环内酯类抗生素,其免疫抑制作用机制与环孢素相似,在体内和体外抑制淋巴细胞活性的能力分别比环孢素强 10~20 倍。他克莫司与淋巴细胞内 FK-506 结合蛋白-12(FKBP12)结合,形成药物-FKBP12 复合物,并进一步与 Ca^{2+} 钙调素、钙调磷酸酶结合,抑制后者的活性,阻断早期淋巴细胞基因表达必须的去磷酸化过程,进而抑制 T 细胞特异性的转录因子(NF-AT)的活化及白介素类(ILs)细胞因子的合成。可抑制 T、B 淋巴细胞的增殖反应,抑制细胞毒 T 细胞的产生,以及 T 细胞依赖的 B 细胞产生免疫球蛋白的能力,对激活淋巴细胞的各种细胞因子的转录也有抑制作用,同时可抑制 IL-2、IL-7 受体的表达,并可直接抑制 B 细胞的激活,抑制移植物抗宿主反应和迟发型超敏反应。其肝脏毒性较环孢素小,且具有刺激干细胞再生作用。他克莫司口服生物利用度 25%,t_{max} 为 1~3h,一般有效浓度为 5~20ng/mL,与血浆蛋白结合率 99%,大部分在肝脏中被 CYP3A 代谢,经肾排泄的原型药物不足 1%,$t_{1/2}$ 为 2h。

42.4.2 哺乳动物雷帕霉素靶体信号通路抑制剂

哺乳动物雷帕霉素靶蛋白[62](mammalian target of rapa2mycin,mTOR)是哺乳动物 PI3k/Akt 通路的下游效应物,这类蛋白激酶属于磷脂酰肌醇激酶相关激酶(PIKK),为一种丝氨酸/苏氨酸蛋白激酶。

雷帕霉素(Rapamycin)(**24**)又称西罗莫司(Sirolimus)[63],是从放线菌 *streptomyceshygroscopicus* 培养液中分离得到的三烯大环内酯化合物,其化学结构与他克莫司相似。雷帕霉素为 T 细胞活化和增殖的抑制剂，具有优于环孢素和他克莫司的免疫抑制活性。雷帕霉素（Rapamycin）与 FKBP12 结合，形成 Rapamycin-FKBP12 复合物，这一复合物抑制 mTOR 的活性，进一步抑制 mTOR 下游的一系列分子的合成或功能，它可将免疫细胞滞留于 G1 期，阻止免疫细胞的增殖，抑制 IL-2 和其他的免疫分子的合成，从而发挥其免疫抑制作用。

依维莫司（Everolimus，25）[64]是雷帕霉素的衍生物，其在第 40-位上多引入了一个 2-羟乙基。依维莫司临床上主要用来预防肾移植和心脏移植手术后的排斥反应。其作用机制主要包括免疫抑制作用、抗肿瘤作用、抗病毒作用、血管保护作用。常与环孢素等其他免疫抑制剂联合使用以降低毒性。依维莫司由瑞士诺华公司（Novartis）最先研制开发，有片剂和分散片等剂型。商品名 Certican。2003 年首次在瑞典上市，在 2006 年已全面占领欧洲市场。

研究中发现：雷帕霉素与 FKBP12 结合形成的复合物不影响钙调磷酸酶的活性，而是抑制哺乳动物的雷帕霉素靶点，即丝氨酸/苏氨酸蛋白激酶 mTOR 活性，使 40S 核糖体蛋白 S6 不能磷酸化，从而抑制蛋白质合成，阻断 T 淋巴细胞及其它细胞由 G1 期至 S 期的进程。与环孢素、他克莫司不同，雷帕霉素不仅抑制 Ca^{2+} 依赖性 T、B 细胞活化，也抑制非 Ca^{2+} 依赖性 T、B 细胞活化，也可抑制金黄色葡萄球菌引起的 B 细胞免疫球蛋白的合成及淋巴细胞激活的杀伤细胞（LAK）、自然杀伤细胞（NK）和抗体依赖性细胞毒的作用，可治疗和逆转发展中的急性排异反应。由于可抑制生长因子导致的成纤维细胞、内皮细胞、肝细胞和平滑肌细胞的增生，故对预防慢性排异反应也有效。

研究表明，雷帕霉素和依维莫司不仅适用于器官移植，同时它们还具有多重效应作用，研究发现 mTOR 抑制剂不仅具有很强的免疫抑制作用，还有抗肿瘤、抗病毒以及血管保护作用，与雷帕霉素相比，依维莫司的药物代谢动力学更加优越，常与环孢素等其他免疫抑制剂联合使用以降低毒性。

24　　　　**25**

42.4.3　核苷酸合成抑制剂

42.4.3.1　次黄嘌呤单核苷酸脱氢酶抑制剂

DNA 的合成需要嘌呤核苷酸与嘧啶核苷酸作为原料，嘌呤核苷酸的合成有两种途径，即从头合成途径和补救合成途径。绝大多数体细胞同时具备通过上述两种途径合成嘌呤核苷酸的能力，而 T、B 淋巴细胞却高度依赖从头合成途径。

霉酚酸酯（Mycophenolate Mofetil，MMF，26）是霉酚酸（Mycophenolic Acid，MPA，27）的酯类前药[65]，具有独特的免疫抑制作用和较高的安全性。MMF 在体内脱酯化后形成具有免疫抑制活性的代谢物 MPA。MPA 高效、选择性、非竞争性、可逆性抑制鸟嘌呤从头合成途径的限速酶——次黄嘌呤单核苷酸脱氢酶（inesine 5′-monophosphate dehydrogenase，IMPDH）的活性，阻断鸟嘌呤核苷酸的从头合成，使鸟嘌呤核苷酸耗竭，进而阻断 DNA 的合成，由于 MMF 选择性作用于增殖性 T、B 淋巴细胞，抑制淋巴细胞增殖所需的 MPA 浓度对大多数非淋巴细胞无抑制作用，因而极少有其他免疫抑制剂常见的肝、肾、骨髓不良反应。与 Cyclosporin 不同，MMF 能抑制 EB 病毒诱导的 B 淋巴细胞增殖，降低淋巴瘤的发生。

MMF 抑制鸟嘌呤核苷酸合成后三磷酸鸟苷（GTP）量亦随之下降，从而使糖蛋白合成受阻。这就使属于糖蛋白家族的许多黏附分子如 P-整合素、E-整合索、整合素、VCAM-1、ⅥA-4 等在细胞表面表达减少，在众多的黏附分子中，对ⅥA-4 研究较多，MPA 可抑制甘露糖向ⅥA-24 前体转移，进而抑制ⅥA-4 的合成，影响ⅥA-4 与其配体 VCAM-1 之间的亲和力。通过这种机理，MMF 可降低淋巴细胞在慢性炎症部位的聚集。

通过化学修饰、微生物修饰、生物电子等排体置换以及潜效化等方法，对 MPA 侧链、取代基、母核等进行了修饰，未获得令人满意的结果。随着 IMPDH 结构的确定，运用基于结构的药物设计方法，获得了一些新的抑制剂 VX-497（**28**）等[66]。

26　　　　　　　　　　　　**27**

28　　　　　　　　　　　　**29**

咪唑立滨（Mizoribine，MZR，**29**）[67]，为咪唑类核苷，属代谢免疫抑制剂，为嘌呤类似物，体内 MZR 在细胞中通过腺苷激酶磷酸化形成有活性的 5-磷酸 MZR，能竞争性抑制嘌呤合成系统中的肌苷酸至鸟苷酸途径，这是因为 5-磷酸 MZR 是次黄嘌呤单核苷酸脱氢酶和鸟苷酸合成酶的竞争性抑制物，故 MZR 能抑制核酸合成。体外实验研究证明，MZR 的免疫抑制作用包括：①抑制淋巴细胞增殖；②抑制各种致有丝分裂因子引起的母细胞化反应；③抑制初次免疫应答及二次免疫应答的抗体产生。

42.4.3.2 二氢乳清酸脱氢酶抑制剂

二氢乳清酸脱氢酶（DHODH）[68]是嘧啶从头生物合成途径（*de novo* pathway）中的第四酶，其存在于线粒体内膜，并同电子传递链相联系。来氟米特（LFM，**30**）[69]也是一个前药，其在体内迅速转化成活性代谢产物特立氟胺（Teriflunomide，A 771726，**31**），后者抑制蛋白酪氨酸激酶和二氢乳清酸脱氢酶（DHODH）的活性，可抑制嘧啶从头生物合成，阻断淋巴细胞的增值。

30　　　　　　**31**　　　　　　**32**

研究了 LFM 和 Teriflunomide 对纯的重组人 DHODH 活性的作用，结果表明 Teriflunomide 能与 DHODH 结合并抑制其活性，结合位点尚不清楚，其 $K_i = (179 \pm 19)$ nmol/L，它对 DHODH 的抑制强度是对酪氨酸激酶抑制强度的 100～1000 倍，为高效抑制剂。来氟米特虽然被批准作为免疫抑制剂用于 AR 的治疗，但其在人体内的半衰期（$t_{1/2}$）长达 15 天，限制了它在器官移植中的使用，新一代 DHODH 抑制剂化合物 FK-778（**32**）[70]是 Teriflunomide 的类似物，已经显示出更为合适的药代动力学性质。

另一个 DHODH 抑制剂是布列奎钠（Brequinar，BQR，**33**）[71]，它可抑制线粒体内酶系统，阻碍体内嘧啶的从头合成。该化合物具有较宽浓度范围的抗肿瘤活性，体外对 DHODH 抑制浓度范围较窄，其构效关系已被研究，其中的金鸡纳酸部分是对 DHODH 抑制活性必须的结构，当喹啉环上 3-位是甲基时，其对 DHODH 抑制活性最强，各种修饰的该类四元环化合物的拓扑结构具有相似性，其活性差异主要取决于分子的亲脂性或碱性。

42.4.4 他汀类药物

他汀类药物又名羟甲基戊二酸单酰辅酶 A（HMG-CoA）还原酶抑制剂[72]，由于 HMG-CoA 还原酶是合成胆固醇的限速酶，HMG-CoA 还原酶抑制剂通过对该酶的特异性竞争抑制，使 HMG-CoA 不能转变为甲羟戊酸（MVA），从而抑制胆固醇合成，增强细胞表面 LDL 受体表达，加速血循环中 LDL 和 VLDL 残粒清除，起到降脂作用，用于治疗高胆固醇血症。该药物可阻断甲羟戊酸的生化途径，因而不仅能抑制胆固醇的合成，还能抑制此途径中其他活性代谢物的代谢，起到其他治疗作用。在混合淋巴细胞毒性实验中，普伐他汀（Pravastatin，**34**）可使杀伤性 T 细胞对靶细胞的杀伤力显著降低。在体内实验中，服用普伐他汀的心脏和肾脏移植患者血中 NKC 的细胞毒性作用约下降 50%，他汀类药物的免疫抑制作用使其不仅可以应用于心脏和肾脏移植，也可应用于其他器官移植，以及自身免疫性疾病和慢性炎症。

42.4.5 趋化因子受体拮抗剂

趋化因子（Chemokines）是指具有趋化作用的细胞因子，属于小分子的分泌蛋白超家族（约 8~10kDa，含 70~90 个氨基酸），因其具有引导白细胞迁移、诱导其活性的功能而在免疫反应中起着重要作用[73]。如果在一定的条件下，免疫系统激活不当或以正常健康组织为靶点时，则容易导致自身免疫性疾病。趋化因子在很多种疾病的病理生理过程中起着重要作用，如多发性硬化、类风湿性关节炎、器官移植排斥、心脑血管疾病、肿瘤以及 CDE 等。

趋化因子通过与受体结合在某种程度上促进了各种炎症性疾病以及各种自身免疫性疾病的发生和发展。趋化因子受体是一类特殊的 G 蛋白偶联受体，含 7 个疏水跨膜区，已报道的趋化因子受体主要有（CCR1、CCR2、CCR5、CXCR2）等，通过抑制趋化因子与其受体结合可在一定程度上抑制相关疾病的发生。

器官移植中急性细胞排斥的典型病症是单核细胞侵入间质组织，许多研究已经证明了RANTES 在器官移植中的排斥，特别是肾移植中的作用，Richard 等研究了化合物 BX-471（**35**）[74]是一种趋化因子受体 CCR1 选择性非肽抑制剂，报道它在兔的异体移植排斥反应中具有较好的疗效，在多发性硬化症模型上也表现出活性。

35

42.4.6 溶血磷脂质受体激动剂

化合物 **36**[75]又名嗜热菌杀酵母素（Myriocin, Temmzynmciding），来源于属子囊菌家族的冬虫夏草培养的分离抽提物，在结构上与神经鞘氨醇有同源性，而与传统的免疫抑制剂截然不同。在 **31** 结构基础上，经过一系列的化学修饰合成出一种新的衍生物 FTY720（**37**）[76]，FTY720 溶于水和乙醇，有很高的生物利用度，其血药水平与剂量相关，组织分布很高，且主要在肝脏代谢，因而在药物交换作用中风险很低。

36

37

FTY720 具有免疫调节作用，为鞘氨醇-1-磷酸酯受体（sphingosine-1-phosphate receptor, S1P-R）非选择性激动剂，鞘氨醇-1-磷酸酯（S1P）是鞘磷脂分解的一种产物，在体内调节多种生理功能。FTY720 在体内经鞘氨醇激酶-2 作用转化成单磷酸酯（FTY720-P）后与体内的 S1P 受体，包括 $S1P_{1,3\sim5}$ 等受体作用，其中主要是 $S1P_1$ 受体。研究表明，S1P 不仅可促使 T 淋巴细胞和 B 淋巴细胞自外周淋巴器官流出，也可促使胸腺细胞自胸腺流入外周血，从而减少淋巴细胞到达移植物部位的概率，延长移植器官的存活时间。磷酸化后的 FTY720 就成为 S1P 的类似物，能与 S1P 竞争性地同 S1P 受体结合，产生与 S1P 相似的作用，从而达到免疫抑制的目的。而 FTY720 发挥免疫抑制作用的同时，体内外周单核细胞、粒细胞及红细胞的数目并未明显减少，也尚未发现其对肾、胃肠道和骨髓的毒性反应。

该类化合物通式（**38**）由亲水部分（氨基丙二醇）和亲脂部分（苯基与碳链）组成，分子的亲水和亲脂双重性可满足药物动力学的需要[77]。亲水部分：① $m=2$ 时，活性最高，当 $m<2$ 和 $m>2$ 时，活性均降低；②FTY720 中（pro2S）2-羟甲基是活性所必需的，(pro2R) 2-羟甲基只起辅助作用；把 FTY720 上的 1 个 —CH_2OH 换成 —C_2H_4OH、—C_3H_6OH 或低级烷基也能提高活性；③氨基是活性所必需的，酰化后活性消失。亲脂部分：①苯环是必需的药效基团，苯环的引入增加了分子的刚性，活性提高，选择性增强，毒副作用降低，当取消苯环或用其他芳杂环替代，活性消失或降低；②苯环上的侧链为烷基时（X=CH₃），$n=7$ 时活性最高，增长或缩短碳链活性均降低；当侧链引入巯基（X=SH），活性提高；当侧链引入羧基（X=COOH），$n=3,5$ 和 7 时，活性增加，其中当 $n=7$ 时活性最高。

42.4.7 酪氨酸激酶抑制剂

受体酪氨酸激酶是信号传导过程主要家族中独特的成员，Lck 和 Jak3 是免疫反应细胞信号传导的关键的物质，特异分布于淋巴系统，抑制它们的活性将避免对其他组织损伤所导致的毒副作用。对于器官移植引起的排异反应，蛋白酪氨酸激酶 3(Jak3) 抑制剂，能有效地、选择性地抑制 Jak3 并且阻断细胞因子信号和细胞因子诱导的基因表达，而对与其他细胞因子和受体磷酸化有关的 Jak 酶家族成员没有抑制作用，产生与免疫抑制相关的不良反应可能性小，可用于器官移植和治疗各种自身免疫性疾病。

化合物 A-420983 (**39**)[78] 是经过结构优化的 Lck 抑制剂，化合物 CP-690550 (**40**)[79] 为 Pfizer 公司开发的一个口服有效的 Jak3 抑制剂，$IC_{50}=1nmol/L$。由于该化合物的结构与二级信使的结构非常相似，所以也推测它可能为 ATP 的拮抗剂。

42.4.8 15-脱氧精胍菌素

精胍菌素（Spergualin，**41**)[80] 是由 Umezawa 教授于 1981 年从侧孢芽孢杆菌（Bacillus laterosporus）的培养液中首次获得，发现其有免疫抑制活性，次年通过对精胍菌素脱羟基化得到在体内外都有很强生物活性的 15-脱氧精胍菌素（15-Deoxyspergualin，DSG，**42**)。Umeda 于 1987 年成功地将其全合成，1994 年由 Nippon Kayaku 公司开发上市。

R=OH, Spergualin **41**; R=H, 15-DeoxySpergualin; **42**

在体外实验中，DSG 能够适度抑制 T 淋巴细胞的增殖，但不影响 IL22 的生成。研究显示，DSG 是通过亚精胺部分与淋巴细胞结合而发挥持久生物效应的。尽管 DSG 的分子作用机制还不清楚，但 Nadler 等发现，DSG 可以特异性地识别 2 个在免疫反应中较为重要的热休克蛋白（Hsp）：Hsp70 和 Hsp90。此外，DSG 还能促进脂酶的释放、过氧化物的产生、主要组织相容性抗原（MHC）Ⅱ 的增加、IL21 的生成以及抑制 B 淋巴细胞表面 IgM 的表达。

由于15-脱氧精胍菌素结构中含有α-羟基甘氨酸基团,其不稳定性对合成、纯化和储存造成很多困难,因此部分的结构改造是寻找具有免疫抑制活性的稳定类似物。对其构效关系研究分别从其结构中的亚精胺、α-羟基甘氨酸和胍基庚酸三个部分进行,α-羟基甘氨酸部分含有手性碳,故目标化合物是一对外消旋体,生物学研究结果表明其中(一)DSG是具有免疫抑制活性,而(十)DSG则会导致急性中毒,故α-羟基甘氨酸部分是构效和构毒关系研究重要部分;研究发现胍基脂肪酸的分子长度和亚精胺部分与生物活性密切相关,与胍基庚酸相连的酰胺键、氨基和羰基位置互换,活性依旧保持,但若将酰胺键换成尿素、氨基甲酸或2个亚甲基等基团后,失去活性。与亚精胺部分相连的酰胺键能用氨基甲酸基团替换,氨基甲酸中氨基和羧酸基团可以互换,活性将保持;两个酰胺键上的氢原子必须是氢键的供体,否则失活。亚精胺部分的结构变化与活性关联度较高,细小的微调就能造成活性较大差异。当氨基丙烷部分α位的氢被甲基取代后,得到可以皮下给药、低毒和体内活性比DSG高的化合物,已经进入临床试验[81,82]。

42.5 讨论

随着生物医学研究的不断深入,人们对类风湿性关节炎以及与各种自身免疫系统疾病相关的致病机理将有更加深刻的理解和认识,更加明确有效的治疗药物靶标不断被发现,未来该领域的治疗药物不仅治标,更多的是治本,将为广大患者带来福音。

推荐读物

- Lemke T L, Williams D A, Roche V F, Zito S W, ed. Foye's Principles of Medicinal Chemistry. 6th ed. Wolters Kluwer, 2008.
- Bijoy K. Organ Transplant Drugs//Abrham D J, ed. Burger's Medicinal Chemistry and Drug Discovery. 6th ed. Vol Ⅱ. John Wiley&Sons, 2003: 485-536.
- Chast F. A history of drug discovery from first steps of chemistry to achievements in molecular pharmacology//Wermuth C G, ed. Practice of Medicinal Chemistry. 3rd edition. Academic Press, 2008: 3-62.
- Magolda R, Kelly T, Newton R, Skotnicki J S, et al. Recent Advances in Inflammatory and Immunological Diseases: Focus on Arthritis Therapy//Taylor J B, Triggle D J, ed. Comprehensive Medicinal Chemistry Ⅱ. Elsevier, 2007: 845-872.
- Skotnicki J S, Huryn D M. Treatment of Transplantation Rejection and Multiple Sclerosis//Taylor J B, Triggle D J, ed. Comprehensive Medicinal Chemistry Ⅱ. Elsevier, 2007: 917-934.

参考文献

[1] 张崇杰.医学免疫学纲要.成都:四川大学出版社,2007:246-269.
[2] Mason H L, Myers C S, Kendall E C. J Biol Chem, 1936, 114: 613-631.
[3] Reichstein T. Helv Chim Acta, 1936, 19: 1107-1126.
[4] Hench P S, Kendall E C, Slocumb C H, Polley H F. Proc Mayo Clin, 1949, 24: 181-197.
[5] Vacca A, Martinotti S, Screpanti I, et al J Biol Chem, 1990, 265: 8075-8080.
[6] 华维一.药物化学.北京:高等教育出版社,2004:369-375.
[7] Brode S, Cooke A. Critical Reviews in Immunology, 2008, 8(2): 109-126.
[8] Zon G. Progress in Medicinal Chemistry, 1982, 19: 205-246.
[9] Ponticelli C, Passerini P. Nephrology Dialysis Transplantation, 1991, 6(6): 381-388.
[10] Neuhaus O, Archelos J J, Hartung H-P. Trends Pharmacol Sci, 2003, 24: 131-138.
[11] van Vollenhoven R F. Nature Reviews Rheumatology, 2009, 5(10): 531-541.
[12] Crawford D J K, Maddocks J L, Jones D N. Szawlowski P. J Med Chem, 1996, 39: 2690-2695.
[13] Markham A, Faulds D. Clinical Immunotherapeutics, 1994, 1(3): 217-244.
[14] El-Azhary R A. Int J Dermatol, 2003, 42: 335-341.
[15] Aarbakea J, Janka-Schaub G, Elion G B. Trends Pharmacol Sci, 1997, 18: 3-7.

[16] Sokka T, Envalds M, Pincus T. Modern Rheumatology, 2008, 18(3): 228-239.
[17] Fiehn C. Zeitschrift Fur Rheumatologie, 2009, 68(9): 747-756.
[18] Taylor P C, Feldmann M. Nature Reviews Rheumatology, 2009, 5 (10): 578-582.
[19] Glennas A, Kvien T K, Andrup O, et al. British Journal of Rheumatology, 1997, 36 (8): 870-877.
[20] Kean W F, Hart L, Buchman W W. British Journal of Rheumatology, 1997, 36 (5): 560-572.
[21] Gaffo A, Saag K G, Curtis J R. American Journal of Health-System Pharmacy, 2006, 63(24): 2451-2465.
[22] Saag K G, Teng G G, Patkar N M, et al. Arthritis & Rheumatism-Arthritis Care & Research, 2008, 59(6): 762-784.
[23] Whitehouse M W. Current Medicinal Chemistry, 2005, 12(25): 2931-2942.
[24] Rajarathnam K, Sykes B D, Dewald B, et al. Biochemistry, 1999, 38(24): 53-7658.
[25] McConkey, B. Amos, R S, Durham S. et al. British Medical Journal. 1980, 280(6212): 442-444.
[26] Axford J S, Sumar N, Alavi A, et al. Journal of Clinical Investigation, 1992, 89(3): 1021-1031.
[27] Neuhaus O, Kieseier B C, Hartung H-P. Adv Neurol, 2006, 98: 293-302.
[28] Neuhaus O, Kieseier B C, Hartung H P. Pharmacology & Therapeutics, 2006, 109(1-2): 198-209.
[29] Bacigalupo A. Bone Marrow Transplantation, 2005, 35(3): 225-231.
[30] Weiner L M. Journal Of Immunotherapy, 2006, 29(1): 1-9.
[31] Chooi M, Heathcote D. Australian Journal of Medical Science, 1996, 17(1): 31-36.
[32] McIntyre J, AmKincade M, Higgins N G. Transplantation, 1996, 61(10): 1465-1469.
[33] Chatenoud L. Current Opinion in Pharmacology, 2004, 4(4): 403-407.
[34] Kon O M, Sihra B S, Loh L C, et al. European Respiratory Journal, 2001, 18(1): 45-52.
[35] Filatov A V, Bachurin P S, Markova N A, et al. Eksperimentalnaya Onkologiya, 1989, 11(2): 28-32.
[36] Benoit L A, Tan R. Journal Of Immunology, 2007, 179(6): 3588-3595.
[37] Kreitman R J. Biodrugs, 2009, 23(1): 1-13.
[38] Delavallee L, Assier E, Denys A, et al. Annals of Medicine, 2008, 40(5): 343-351.
[39] 秦卫松. 肾脏病与透析肾移植杂志, 2007, 2: 158-161.
[40] 郭浩, 魏伟. 中国药理学与毒理学杂志, 1993, 3: 193-196.
[41] 杨庞, 杨罗艳, 罗志刚. 临床泌尿外科杂志, 2003, 10: 620-622.
[42] 杨贵贞. 医学免疫学. 北京: 高等教育出版社, 2003.
[43] Verbsky J W. Current Opinion in Rheumatology, 2007, 19(3): 252-258.
[44] Guy C S, Vignali D A A. Immunological Reviews, 2009, 232: 7-21.
[45] Gonzalez-Rey E, Delgado M. Trends in Molecular Medicine, 2007, 13(6): 241-251.
[46] Perumal J, Filippi M, Ford C, et al. Expert Opinion on Drug Metabolism & Toxicology, 2006, 2 (6): 1019-1029.
[47] Korhonen R, Moilanen E. Basic & Clinical Pharmacology & Toxicology, 2009, 104(4): 276-284.
[48] Srinivas N R, Weiner R S, Berry K, et al. Pharmacy and Pharmacology Communications, 1998, 4(7), 355-360.
[49] van Hagen P M, Dalm V A, Staal F, et al. Molecular and Cellular Endocrinology, 2008, 286(1-2): 141-147.
[50] Khan W N. Journal of Immunology, 2009, 183(6): 3561-3567.
[51] Scallon B J, Snyder L A, Anderson G M, et al. Journal of Immunotherapy, 2006, 29(4): 351-364.
[52] Anolik J H, Aringer M. Best Practice & Research in Clinical Rheumatology, 2005, 19(5): 859-878.
[53] Daridon C, Burmester G R, Dorner T. Current Opinion in Rheumatology, 2009, 21(3): 205-210.
[54] Menge T, Weber M S, Hemmer B, et al. Drugs, 2008, 68(17): 2445-2468.
[55] Aktas O, Waiczies S, Zipp F. Journal of Neuroimmunology, 2007, 184(1-2): 17-26.
[56] Rosa S B, Voltarelli J C, Chies J A B, et al. Brazilian Journal of Medical and Biological Research, 2007, 40 (12): 1579-1597.
[57] Klee C B, Crouch T H, Krinks M H. Proceedings of the National Academy of Sciences of the United States of America, 1979, 76(12): 6270-6273.
[58] Jorgensen K A, Koefoed-Nielsen P B, Karamperis N. Scandinavian Journal of Immunology, 2003, 57(2): 93-98.
[59] Matsuda S, Koyasu S M. Immunopharmacology, 2000, 47(2-3): 119-125.
[60] McIntyre J A, Castaner J. Drugs of the Future, 2004, 29(7): 680-686.
[61] Dumont F J. Current Medicinal Chemistry, 2000, 7(7): 731-748.
[62] Fox C J, Hammerman P S, Thompson C B. Nature Reviews Immunology, 2005, 5(11): 844-852.

[63] Abraham R T, Wiederrecht G J. Annual Review of Immunology, 1996, 14: 483-510.
[64] Lopez J A M, Almenar L, Martinez-Dolz L, et al. Transplantation, 2009, 87(4): 538-541.
[65] Allison A C, Eugui E M. Immunopharmacology, 2000, 4(2-3): 85-118.
[66] Jain J, Almquist S J, Shlyakhter D, et al. Journal of Pharmaceutical Sciences, 2001, 90(5): 625-637.
[67] Pankiewicz K W, Patterson S E, Black P L, et al. Current Medicinal Chemistry, 2004, 11(7): 887-900.
[68] Boyd B, Castaner J. Drugs of the Future, 2005, 30(11): 1102-1106.
[69] Herrmann M L, Schleyerbach R, Kirschbaum B J. Immunopharmacology, 2000, 47(2-3): 273-289.
[70] Jorga A, Johnston A. Expert Opinion on Investigational Drugs, 2005, 14(3): 295-303.
[71] Hurt D E, Sutton A E, Clardy J. Bioorganic & Medicinal Chemistry Letters, 2006, 16(6): 1610-1615.
[72] Chow S C. Archivum Immunologiae et Therapiae Experimentalis, 2009, 57(4): 243-251.
[73] Hallgren J, Gurish M F. Immunological Reviews, 2007, 217: 8-18.
[74] Horuk R. Mini-Reviews In Medicinal Chemistry, 2005, 5(9): 791-804.
[75] Baumruker T, Billich A, Brinkmann V. Expert Opinion On Investigational Drugs, 2007, 16(3): b 283-289.
[76] Rivera J, Proia R L, Olivera A. Nature Reviews Immunology, 2008, 8(10): 753-763.
[77] Zhang Z, Schluesener H J. Mini-Reviews In Medicinal Chemistry, 2007, 7(8): 845-850.
[78] Borhani D W, Calderwood D J, Friedman M M, et al. Bioorganic & Medicinal Chemistry Letters, 2004, 14(10): 2613-2616.
[79] West K. Current Opinion In Investigational Drugs, 2009, 10(9): 1004-1006.
[80] Yu Y, Yuzawa K, Otsuka M, et al. Transplantation Proceedings, 1993, 25(2): 2116-2118.
[81] Lebreton L, Jost E, Carboni B, et al. Journal of Medicinal Chemistry, 1999, 42(23): 4749-4763.
[82] Lebreton L, Annat J, Derrepas P, et al. Journal of Medicinal Chemistry, 1999, 42(2): 277-290.

第43章

减肥有关药物

孟 韬，沈竞康

目 录

43.1 引言 /1124
43.2 现有抗肥胖药物 /1125
  43.2.1 消化吸收阻滞剂 /1125
    43.2.1.1 脂肪酶抑制剂 /1125
    42.2.1.2 葡萄糖苷酶抑制剂 /1126
  43.2.2 食欲抑制药 /1128
    43.2.2.1 影响儿茶酚胺和/或 5-羟色胺类的药物 /1128

43.2.2.2 中枢型大麻素Ⅰ型受体拮抗剂 /1131
43.3 未来减肥药物展望 /1135
  43.3.1 中枢作用机制的药物展望 /1135
  43.3.2 外周作用机制的药物展望 /1136
推荐读物 /1137
参考文献 /1137

43.1 引言

由于生存环境的变化和饮食结构的不合理,近来年,肥胖在发达国家及经济迅速发展的发展中国家迅速蔓延,发病率逐年攀升,且出现年轻化态势,越来越引起公众的关注[1]。

作为一种受遗传与环境等因素共同影响的一种多因素流行性疾病,1999 年,世界卫生组织(WHO)将肥胖症明确宣布为一种疾病,它是一种以体内脂肪积聚过多为主要症状的营养障碍性疾病。在美国,约有 65% 的成年人(约 1.2 亿)体重过高或患有肥胖症,每年在美国与肥胖相关而造成的死亡超过 30 万人,而与之相关的花费超过了 1000 亿美元[2]。据估算,世界上肥胖病患者目前至少有 12 亿,在我国城市中有 10%~15% 左右的发病率,而且有逐年增高和年轻化的倾向。

大量资料表明,肥胖症可以诱发一些严重的并发症,如冠心病、癌症、脑血管意外等疾病、骨关节炎、睡眠性呼吸暂停等[1,3]。此外,肥胖还与一些代谢综合征有关,如胰岛素耐受性的 II 型糖尿病、高血压、高甘油三酯症、高尿酸症、低 HDL 等[4~7]。医学界还把与肥胖有关的冠心病、高血压、高脂血症、糖尿病、脑血管意外称为"死亡五重奏",因此,科学地预防和治疗肥胖,并开发出安全有效的减肥药物一直以来都是制药公司与研究机构研究的热点。

肥胖症是指机体由于生理、生化机能的改变而引起体内脂肪沉积过多,尤其是甘油三酯[甘油三(脂肪)酸酯]积聚过多而造成体重增加,导致机体发生一系列的病理、生理变化的病症。肥胖症的病因相当复杂,按其病因不同,肥胖可分为单纯性肥胖和继发性肥胖两大类,其中无明显内分泌、代谢病因和与遗传、饮食习惯等有关的称为单纯性肥胖,而某些疾病如内分泌紊乱或代谢障碍等所引起的称为继发性肥胖,肥胖只是这些疾病的重要症状和体征之一,还有其他临床表现,属于病理性肥胖,可因疾病的治愈而消除。一般的肥胖多属于前者,而目前现有减肥药物也主要针对的是单纯性肥胖。

用于测定标准体重最普遍和最重要的指标是身体质量指数(body mass index,BMI),其计算公式是身体质量指数=体重(kg)/身高(m)^2。1997 年世界健康组织根据成年人 BMI 值对肥胖症进行了分类(表 43-1)[1],西方国家一般将这个规则简化为 BMI 值为 25kg/m^2 与 30 kg/m^2 为超重与肥胖症的分界线,已经有亚洲国家的研究人员指出上述界定对于中国或一些南亚国家的人群来说过高,而对于亚洲其他地区的人来说是适用的。此外,BMI 值并不是衡量肥胖的唯一标准,评价肥胖的标准还有:①脂肪含量,即体内脂肪的百分量,如果男性>25%,女性>30%,则可诊断为肥胖症;②相对标准体重,肥胖度=(实际体重-标准体重)/标准体重×100%;③脂肪分布

表 43-1 WHO 对于超重与肥胖分类

分类	BMI/(kg/m^2)	肥胖并发症
体重过轻	<18.5	低度
正常	18.5~24.9	平均水平
超重	25~29.9	轻度增加
I 级肥胖	30~34.9	中度增加
II 级肥胖	35~39.9	高度增加
III 级肥胖	≥40	非常严重

的标准，包括腰围（waist circumference）、腰围臀围比（waist to hip ratio）、内脏脂肪面积/皮下脂肪面积（V/S）等，其中腰围是反映脂肪总量和脂肪分布的综合指标，最近亚太地区对肥胖腰围的定义为男性≥90cm，女性≥80cm。

43.2 现有抗肥胖药物

治疗肥胖症的途径专家建议主要有，达到5%~10%的减重效果可以通过减少能量摄入与增加运动，从而达到一定的降低血压、血糖、血浆甘油三酯与胆固醇水平[8]，但研究同样认识到，在日常的减肥治疗中运动和节食很难作为长期的治疗手段，而且也被证明仅仅是通过节食来降低体重的话，在后期机体会对能量的利用率大大增加并改变基础代谢率。因此，对于肥胖病人来说仅仅改变生活方式是不够的。手术治疗肥胖在临床上有一定应用，但实施比较困难，并且对于肥胖者来说有较大痛苦和危险性，通常是针对那些BMIs＞35~40 kg/m² 的人[9]。因此，近年来，药物治疗成为治疗肥胖症的有效手段之一，通过减少脂肪吸收达到治疗目的药物治疗成为了肥胖症治疗中比较切实可行的手段和方法。

43.2.1 消化吸收阻滞剂

43.2.1.1 脂肪酶抑制剂

胰脂肪酶和胃脂肪酶是肠道中脂肪消化吸收所必需的水解酶，食物中的脂肪被水解为单酰甘油和游离脂肪酸后，在肠道被吸收，然后在体内重新合成脂肪，造成脂肪堆积，最终可导致肥胖（图43-1），应用脂肪酶抑制剂可有效抑制胰腺、胃肠道中脂肪酶活性，减少脂肪的吸收，降低体内脂肪储存，从而减轻体重。

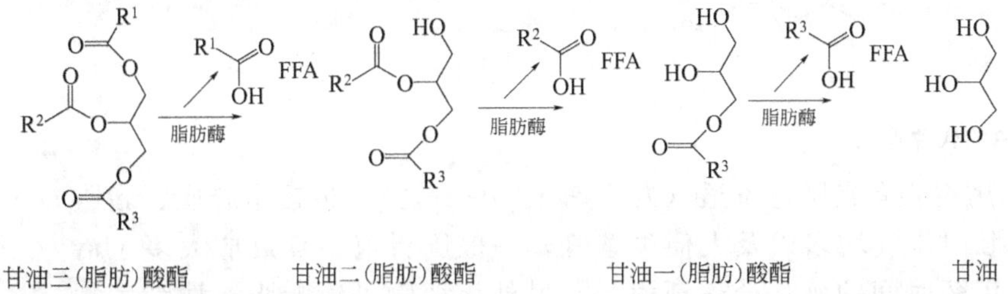

图 43-1 脂肪水解过程

脂肪酶（lipase）抑制剂目前最成功的例子是瑞士 Roche 公司于1987年从链霉素（*Streptomyces toxytricini*）所产生的内源性脂抑素 Lipstatin，其氢化后的产物 Orlistat 性质更稳定（表43-2）[10,11]，成为第一个脂肪酶抑制剂的上市药物——奥利司他（Orlistat，Ro18-0647，Tetrahydrolipstatin），通用名为赛尼可（Xenical），2007年 GlaxoSmithKline 公司将 Orlistat 作为非处方药 Alli 上市，获得 FDA 批准，成为首次在美国各商店直售的减肥药物，该药物用于肥胖症控制的长期治疗，能够专一性不可逆地抑制胰脂肪酶（Pancrelipase）及其他胃肠道脂酶的活性从而减少脂肪的吸收（图43-2）。

Orlistat 主要作用部位是胃肠道，口服生物利用度非常低（$F < 5\%$），故全身副作用少，未吸收入血液的 Orlistat 以原型排出体外，而代谢实验同时表明，Orlistat 在血浆中的代谢产物主要为 β-内酯的水解产物与 N-甲酰化亮氨酸酯水解产物（图43-3），这两个代谢产物均无脂肪酶的抑制活性。

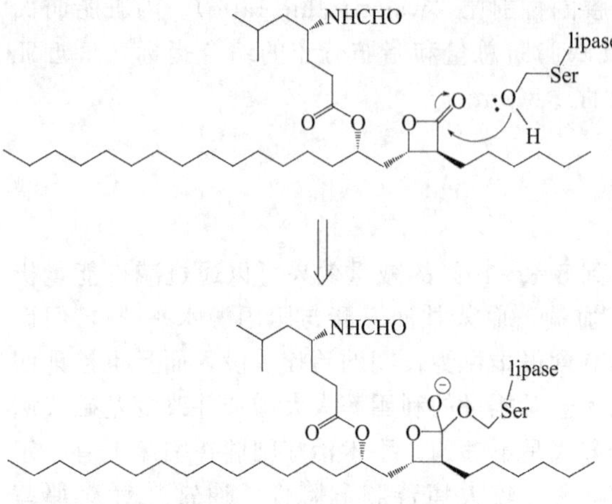

图 43-2 Orlistat 与 lipase 的作用方式

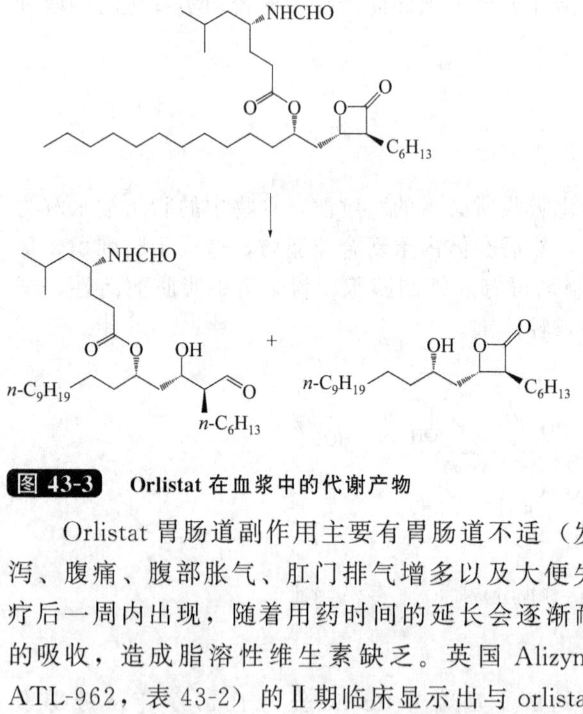

图 43-3 Orlistat 在血浆中的代谢产物

Orlistat 胃肠道副作用主要有胃肠道不适（发生率 8%~27%），包括脂肪便、脂肪泻、腹痛、腹部胀气、肛门排气增多以及大便失禁等，一般肠胃道不良反应大多于治疗后一周内出现，随着用药时间的延长会逐渐耐受，另外该药物可影响脂溶性维生素的吸收，造成脂溶性维生素缺乏。英国 Alizyme 公司开发的西替利司他（Cetilistat，ATL-962，表 43-2）的Ⅱ期临床显示出与 orlistat 相当的减重效果，相比后者副作用更小。此外，目前报道的脂肪酶抑制剂还包括 Ebelactone A、FL386、Caulerpenyne 等（表 43-2）。

42.2.1.2 葡萄糖苷酶抑制剂

部分降血糖药物同样可以用于肥胖症的治疗，如阿卡波糖（Acarbose，图 43-4）又称拜唐平，为口服降血糖药，为 α-葡萄糖苷酶抑制剂。其作用为竞争性抑制小肠刷状缘上皮细胞内的 α-葡萄糖苷酶，降低多糖及双糖分解生成葡萄糖，从而降低碳水化合物吸收，同时阿卡波糖具有降低餐后血糖及血浆胰岛素水平的作用，还可降低脂肪组织的体积和重量，减少脂肪生成和脂肪酸代谢，从而降低体脂和甘油三酯水平。在临床上用于干预治疗肥胖症。但由于该药物造成碳水化合物分解和吸收障碍，糖类在小肠被细菌酵解产气增多，从而可引起肠胀气、腹痛、腹泻等不良反应[12,13]。

表 43-2 部分现有脂肪酶抑制剂

抑制剂	来源	IC$_{50}$	注释
Lipstatin 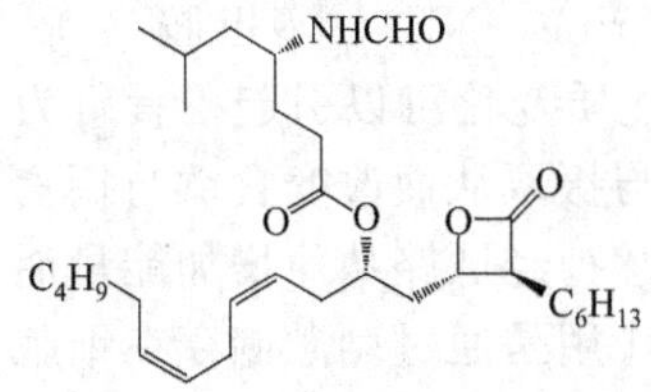	*S. toxitricini*	0.14 μmol/L	
Tetrahydrolipstatin (Orlistat) 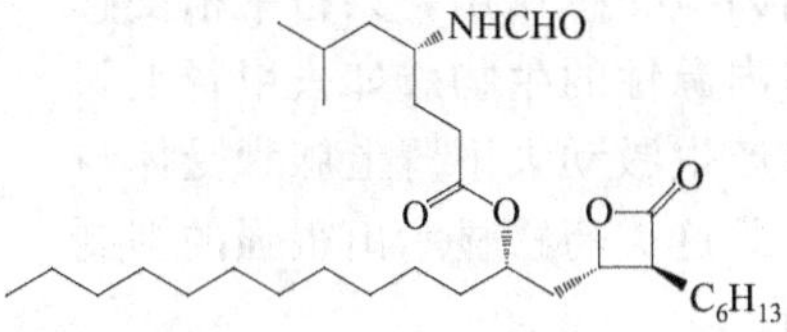	Lipstatin 氢化后产物	0.36 μmol/L	活性位点不可逆抑制剂
Cetilistat（ATL-962） 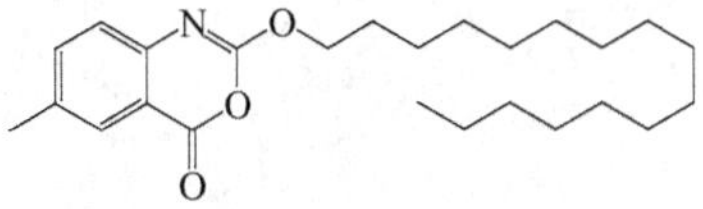	化学合成	—	临床 II 期
Ebelactone A 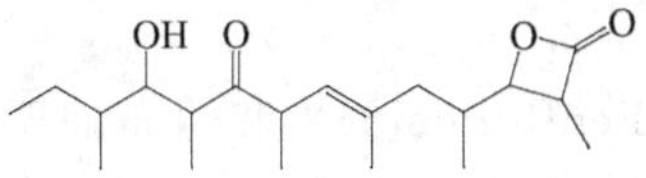	*S. aburaviensis*	~0.2 μmol/L	活性位点不可逆抑制剂
FL 386 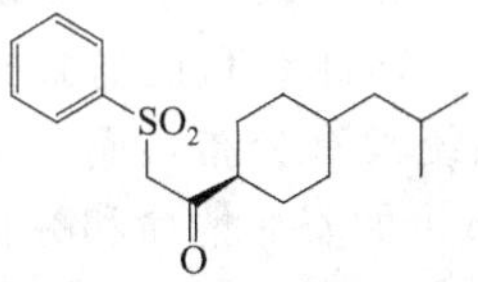	化学合成	—	—
Caulerpenyne 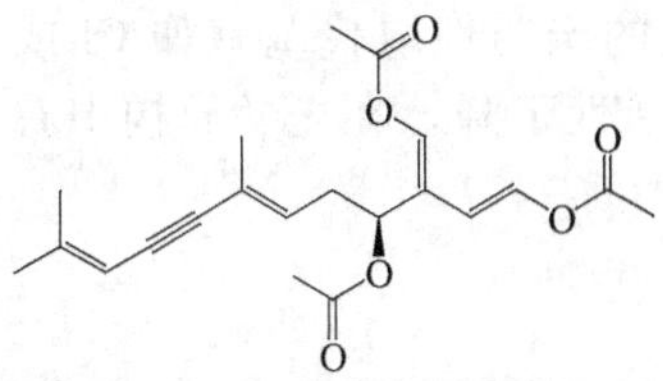	*Caulerpa toxifolia*	2.0 mmol/L	—

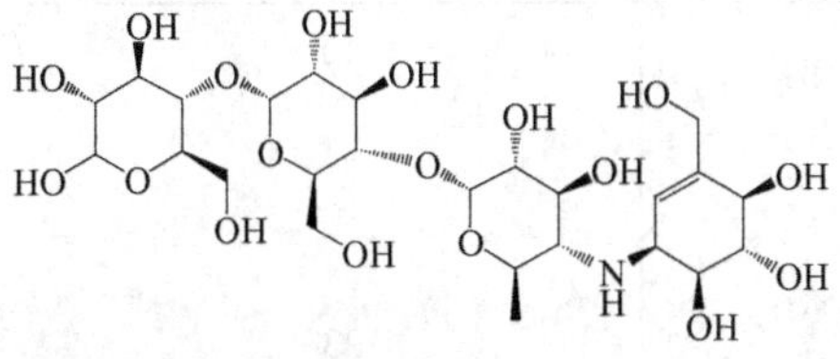

图 43-4 阿卡波糖（Acarbose）

43.2.2 食欲抑制药

43.2.2.1 影响儿茶酚胺和/或5-羟色胺类的药物

食欲由下丘脑腹内侧部的饱食中枢与下丘脑外侧部的摄食中枢共同调节。研究证明，上述中枢通路中的儿茶酚胺类，如去甲肾上腺素（Norepinephrine，NE）、多巴胺（Dopamine，DA）及5-羟色胺（Serotonin，5-HT）（图43-5）等递质变化可以引起摄食行为的改变，食欲抑制剂通过影响这些递质在下丘脑的合成、释放与摄取从而改变食欲与摄食行为，部分减肥药物还可以同时通过作用于中枢神经系统的交感神经通路从而增加能量消耗来降低体重，其作用机制包括间接作用或是直接作用。间接作用是通过刺激储存在细胞内颗粒释放神经递质，或抑制突触后膜上的传运蛋白，阻断神经递质的再摄取，增加突触间隙中神经递质的含量，从而产生拟儿茶酚胺类递质的作用即拟交感作用，兴奋中枢交感神经系统，抑制摄食行为；而直接作用是这类药物结构上与内源性的生物胺如去甲肾上腺素或多巴胺较为类似，当作用于突触前或突触后受体时可以产生激动去甲肾上腺素受体与多巴胺受体的作用，同时还可以抑制神经递质的再摄取，因此这类药物显示出很强的抑制食欲的活性，但同时也表现出很强的中枢神经系统的副作用。

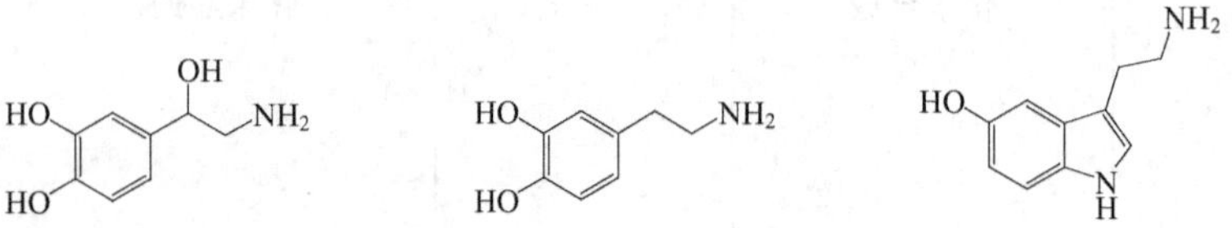

Norepinephrine(NE) Dopamine(DA) Serotonin(5-HT)

图 43-5 去甲肾上腺素、多巴胺及5-羟色胺结构

食欲抑制药物如安非他明（Amphetamine）、芬氟拉明（Fenfluramine）和西布曲明（Sibutramine）等均能刺激去甲肾上腺素、多巴胺及5-羟色胺的释放与抑制重摄取（表43-3），这类化合物均含有苯乙胺的子结构，即一个碱性的氨基通过2个碳原子长度的脂肪链与一个疏水性的芳香环连接，未取代的苯乙胺显示出弱的拟交感神经和血清素样活性，但由于其能被单胺氧化酶（MAOs）快速代谢，在中枢神经系统没有分布，而当在氨基邻位引入取代基后能够降低单胺氧化酶的代谢同时提高中枢分布，如安非他命和芬特明（Phentermine）。研究苯乙胺类化合物对人的富集血小板的血浆进行血清素重摄取抑制活性构效关系表明，氨基邻位为甲基取代时抑制活性提高，而三级胺的5-HT重摄取抑制活性下降，如西布曲明（Sibutramine），而在苯环上引入电负性的亲脂性取代基（如Cl或CF_3）可使活性大大提高，而引入一些极性基团（如羟基）使活性下降，在光学异构中右旋体（*S*构型）的活性均高于左旋体（*R*构型）（表43-4）。

表 43-3 食欲抑制药物

药品名	商品名(美国)	结构	批准时间
Phenylethylamine		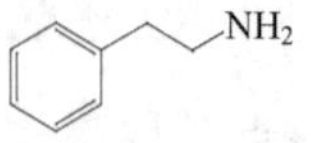	
Amphetamine	Adderall	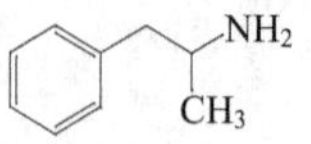	1939①

续表

药品名	商品名(美国)	结构	批准时间
Methamphetamine	Desoxyn		1943[①]
Phentermine	Pro-Fast Ionamin Adipex-P		1959
Benzphetamine	Didrex		1960
Diethylpropion	Tenuate		1959
Phendimetrazine	Bontril Melfiat Prelu-2		1959
Sibutramine	Meridia		1997

① 表示该药物最初适应证并非控制体重。

表 43-4 苯乙胺类化合物对人体血小板中 5-HT 重摄取抑制活性

化合物结构	名称	$IC_{50}/(\mu mol/L)$
	2-Phenylethylamine	280
	(+)-Amphetamine	55.1
	(−)-Amphetamine	280
	Phentermine	130.5
	(±)-Methamphetamine	54.1

续表

化合物结构	名称	$IC_{50}/(\mu mol/L)$
	(±)-Benzphetamine	59.0
	(±)-N-Ethylamphetamine	16.6
	(±)-p-Fenfluramine	2.3
	(±)-4-Chloromethylamphetamine	3.2
	Chlorphetermine	2.6
	(±)-4-Hydroxyampetamine	19.8
	(+)-Fenfluramine	4.1
	(−)-Fenfluramine	13
	(+)-Nor-Fenfluramine	7
	(−)-Nor-Fenfluramine	31.9
	Sibutramine	微量

  对于苯乙胺类化合物对去甲肾上腺素重摄取抑制活性的研究发现，从大鼠心膜中分离得到的未取代的苯乙胺显示出弱的去甲肾上腺素重摄取抑制活性（$ID_{50}=1.1\ \mu mol/L$），当在氨基邻位引入甲基取代后抑制活性提高了近 10 倍（如 Dexamphetamine，$ID_{50}=0.18\mu mol/L$），含有引入三级胺结构显示出中等的去甲肾上腺素重摄取抑制活性（如西布曲明，$K_i=350\ nmol/L$），西布曲明被细胞色素 P450 同功酶 P450 $3A_4$ 在体内代谢为其去甲基的代谢产物（±）-Desmethylsibutramine 与（±）-Didesmethylsibutramine，研究表明其中的（R）-Desmethylsibutramine 和（R）-Didesmethylsibutramine 对于神经递质重摄取显示出强的抑制活性（$K_i<20\ nmol/L$，表 43-5）[14]。

表 43-5 西布曲明代谢产物活性测试

化合物	结构	NE 重摄取抑制活性 K_i/(nmol/L)	5-HT 重摄取抑制活性 K_i/(nmol/L)	DA 重摄取抑制活性 K_i/(nmol/L)
Sibutramine		350	2800	1200
(*R*)-Desmethylsibutramine		4	44	12
(*S*)-Desmethylsibutramine		870	9200	180
(*R*)-Didesmethylsibutramine		13	140	9
(*S*)-Didesmethylsibutramine		62	4300	12

43.2.2.2　中枢型大麻素Ⅰ型受体拮抗剂

大麻类物质是最早被人类认识的成瘾性物质之一，其主要活性成分是 Δ^9-四氢大麻酚（Δ^9-THC），大约有一千年的药用历史，大麻类物质具有止痛、镇静、抗痉挛、抗呕吐、抗青光眼及抗高血压等多种药理作用，美国 Scripps 研究所的研究人员日前报告说，Δ^9-THC 延缓阿尔茨海默病恶化的效果优于现有上市药物[15]，但由于易产生耐受性和成瘾性，限制了它在治疗领域的使用。大麻类物质根据来源主要可分为三大类（图 43-6）：①从天然植物中提取的大麻类物质——植物大麻成分不下 60 几种，其共同特征是含有一个多环结构，1964 年纯化并阐明结构的 Δ^9-THC 是第一个被确认的大麻类物质[16]；②此后，许多大麻素受体的配体被合成用于进行结构和功能性的研究，这类配体在化学结构上表现出丰富的多样性，如以 CP55940 为代表的双环大麻衍生物、以 WIN55212-2 为代表的吲哚类衍生物，和选择性的 CB2 激动剂 HU-308、AM-1241、JWH-133；③与天然 THC 类似，从猪脑中分离出花生四烯酸乙醇胺（Anandamide，AN）能够通过 G 蛋白调节腺苷酸环化酶（AC）和 Ca^{2+} 通道功能，并与 THC 间存在交叉耐受，因此被认为是第一个内源性 CBRs 配体[17]，体内其他的一些多元不饱和脂肪酸衍生物，也可激动 CBRs，如 2-花生四烯酸甘油酯 (2-AG)[18]、Noladin Ether 和 Virodhamine[19]，统称为内源性大麻素，它们都可以快速透过血脑屏障，是神经免疫系统中的重要递质，这其中以 AN 和 2-AG 在体内的含量最为丰富，活性也较高[20,21]。

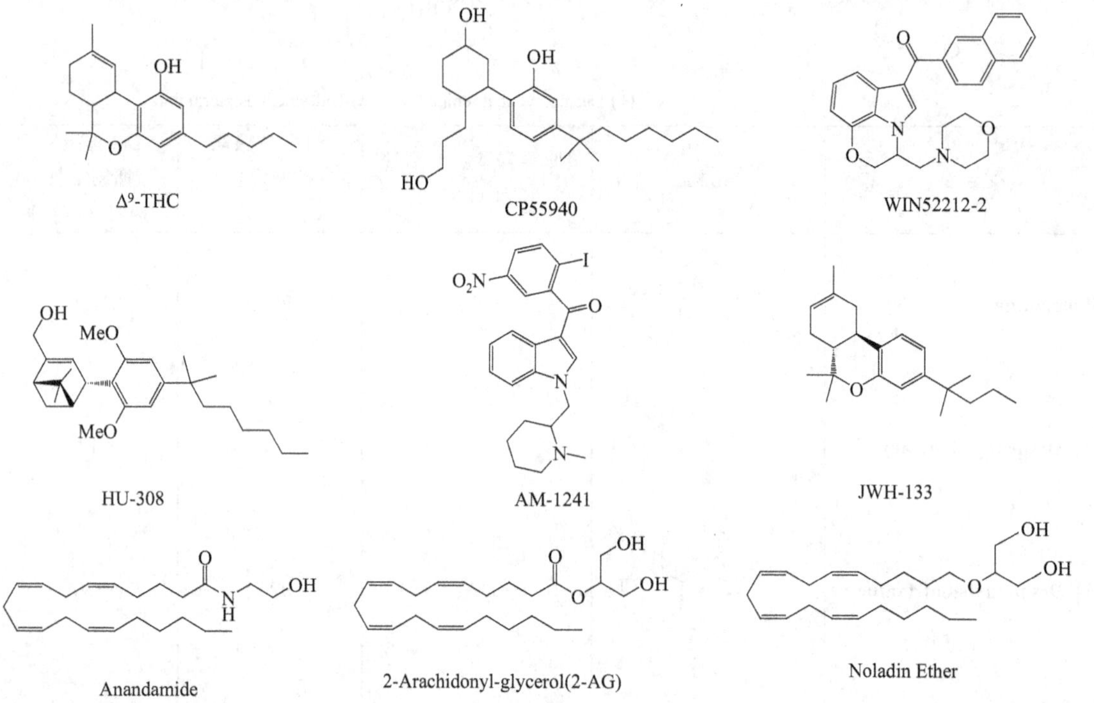

图 43-6 大麻类物质

大麻素受体是指对大麻类物质如 Δ⁹-THC 有应答的受体。现已确定了两种大麻素受体的亚型：CB1 受体和 CB2 受体。CB1 受体包含有 473 个氨基酸，由 17 个跨膜区组成，该受体在进化中有着高度保守性[22]，CB2 受体包含 360 个氨基酸，与 CB1 受体不同的是，其保守性不强[23]。CB1 受体主要存在于中枢神经系统，而 CB2 受体主要存在于外周神经元，功能之一都是阻止神经递质的释放。它们的主要区别在于：①氨基酸序列，CB1 和 CB2 受体都属于 GPCRs 视紫红质样家族 A 纲，主要为 $G_{i/o}$ 型 GPCRs，基因克隆研究发现这两种受体完整的氨基酸序列有 44% 的同源性，跨膜区氨基酸序列有 68% 的同源性[22]；②信号转导机制，CB 受体可以激活多重细胞内转导通路，包括通过抑制腺苷酸环化酶、抑制钙通道、激活钾通道和 MAP 激酶通道来抑制 cAMP 的生成；③器官分布，CB1 受体又名中枢型大麻素受体，主要位于脑、脊髓与周围神经系统中，脑内 CB1 受体主要分布于基底神经节（黑质、苍白球、外侧纹状体）、海马 CA 锥体细胞层、小脑和大脑皮层。CB1 受体的这种分布可能与大麻类物质对记忆、认知、运动控制的调节有关。目前，对于 CB1 选择性的拮抗剂的机理和功能研究比较深入，成为各大制药公司主要研究的热点。

赛诺菲（Sanofi）公司开发首个在欧洲上市的 CB1 受体高选择性拮抗剂利莫那班（SR141716，Rimonabant，Acomplia™），Rimonabant 能迅速地阻断或逆转 CB1 受体的调节作用，既有竞争性拮抗作用（competitive antagonist），又有反向激动剂（inverse agonist）的作用[24]。食物摄入体内后的吸收需要 CB1 受体参与，因此阻断 CB1 受体能够有效减少机体对食物的吸收，并增加能量的消耗，有望为肥胖患者提供减肥的新途径。迄今为止的研究资料显示，CB1受体阻滞剂的安全性高于以往的减肥药，同时还能降低患者心血管疾病、代谢综合征、高胆固醇和糖尿病的风险。研究还显示，本品引起的戒烟率显著高于安慰剂，具有与市场上戒烟药物相当的效果，同时与使用安慰剂的患者相比，使用本品具有戒烟后减少体重增加的效果[25]。临床研究还在评估本品在戒除酒精依赖性方面的潜力[26]，而在美国，饮酒过量已经位居死因的第三位。

自从1994年Sanofi-Synthélabo公司的研究人员发现第一个CB1受体拮抗剂Rimonabant后，各大制药公司与研究机构均开始对CB1受体配体进行研究，目前处于临床阶段的CB1受体拮抗剂如表43-6所示。

表43-6 目前处于临床阶段的CB1受体拮抗剂

化合物	体外活性	动物实验剂量	临床试验结果
Rimonabant	K_i = 2nmol/L (结合分析测试)[27]	0.3~10mg/kg	完成五个临床Ⅲ期实验 服用20mg/天可降低体重与减少肥胖病心血管病发生危险 增加戒烟成功机率 副作用包括：短暂性腹泻，眩晕，恶心，抑郁症和焦虑[28]
Surinabant	K_i = 0.56 nmol/L (结合分析测试)[27]	3.8mg/kg	肥胖症治疗（临床Ⅱ期） 吸烟戒断（临床Ⅱ期）
AVE-1625	IC_{50} = 25nmol/L (功能分析测试)[29]	3~30mg/kg[29]	三个临床Ⅱ期试验正在进行中，包括：肥胖症伴随动脉粥样化与血脂异常；Alzheimer病；认识损伤
Taranabant	K_i = 0.13nmol/L (结合分析测试)[30,31]	0.3~1mg/kg	临床Ⅲ期实验对于肥胖症与吸烟戒断治疗； 副作用包括：胃肠道副作用与精神方面副作用[32]
Otenabant	hK_i = 0.7nmol/L (结合分析测试) K_i = 0.12nmol/L (功能分析测试)[33]	20mg/kg	临床Ⅲ期实验对于肥胖症治疗

① hK_i为人源CB1受体的K_i值。

除上述处于临床阶段的 CB1 受体拮抗剂外，对于现有报道的 CB1 受体拮抗剂，分析其构效关系如下。

① 邻位苯基取代的五元杂环体系与苯环上卤素（特别是氯或溴取代）对于 CB1 受体活性是关键的，包括目前上市或处于临床研究的化合物，将吡唑环电子等排为二氢吡唑环[34]、咪唑环[35,36]、三唑环[37]、噻唑环[37]、苯环[37]、吡嗪环[37]、吡啶环[37] 等均表现出较好的对 CB1 受体的拮抗活性（图 43-7）。

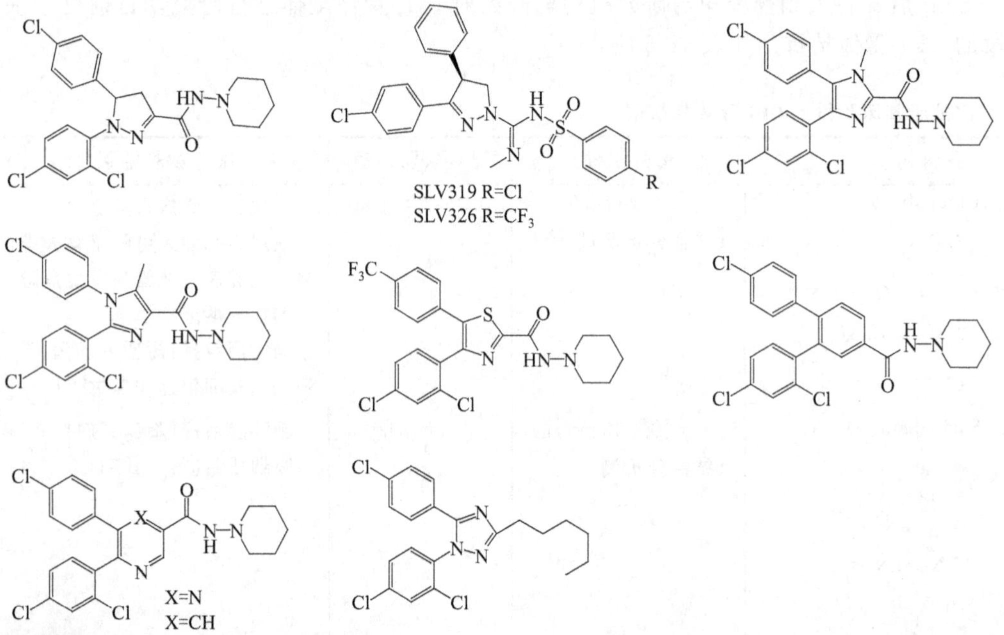

图 43-7 CB1 受体拮抗剂电子等排体

② 通过将 rimonabant 结构中的邻二芳基构象固定，获得一系列三环母体的化合物，如化合物 NESS 0327 对 CB1 受体的结合率达到 $K_i = 0.00035\text{nmol/L}$[38,39]，化合物 Ⅱ-a 对 CB1 受体也有较好的结合活性 $[K_{i\text{CB1}} = (4.11 \pm 0.22)\text{nmol/L}]$[40]。有趣的是，化合物 Ⅱ-b 对 CB2 具有非常好的选择性 $K_{i\text{CB1}}/K_{i\text{CB2}}$ (nmol/L)=9810∶1（图 43-8）[41]。

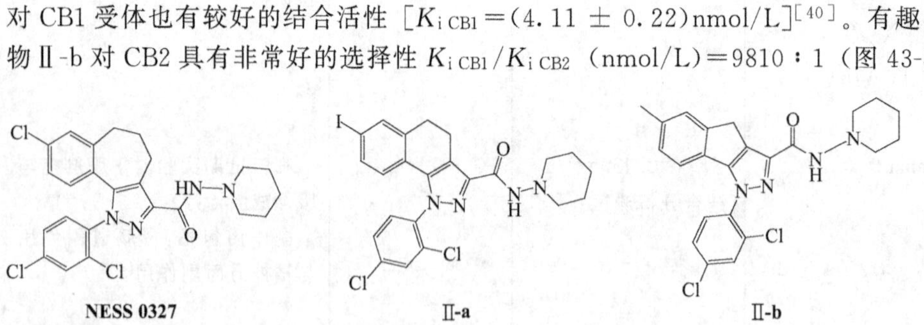

图 43-8 构象限制的 CB1 受体拮抗剂

③ 除上述结构类型外，Sanofi-Aventis 公司开发的二芳甲基吖丁啶类化合物（AVE-1625，临床Ⅱ期，表 43-6）[42]，值得注意的是 Merck 报道的化合物 MK-0364（Taranabant，临床Ⅲ期，表 43-6）较上市药物 Rimonabant 具有更好的体外（$IC_{50} = 0.3\text{nmol/L}$）和体内活性（口服 3mg/kg 有明显减重作用）[30,31]。

现有的 CB1 受体拮抗剂/反向激动剂均是同时作用于中枢与外周 CB1 受体，在中枢的作用表现出抑郁症和焦虑等神经系统方面的副作用[28]，于是 2007 年 6 月美国 FDA 顾问委员会鉴于 Rimonabant 在中枢神经系统方面的副作用，决定延长对利莫那班在美国上市申请的审查，2008年10月欧洲药物协会（European Medicines Agency）建议对其暂停销售，该药物于两年前在欧洲批准上市，Sanofi-Aventis根据建议于同年11月宣布停止Rimonabant所有在临床中的实验，同年10月Merck公司宣布停止MK-0364（Taranabant）的Ⅲ期临床试验，随后11月份Pfizer公司也宣布了CP-945598 Ⅲ期临床试验的终止[43]。

43.3 未来减肥药物展望

除上述治疗靶点外，与减肥有关的药物靶点一直以来都是各大制药公司和研究机构研究的热点，根据已有资料，近百种机制可能或多或少地参与了肥胖症的形成和发展，国外各大药厂投入了大量的人力与资金对其中一些有苗头的机制进行新药的研发，然而目前治疗肥胖的药物机制主要还是分为通过中枢或外周作用机制两条途径。

43.3.1 中枢作用机制的药物展望

从药物开发的角度讲，中枢性减肥药的研究有一定的难度，主要影响因素如下。①如何增加药物通过血脑屏障的能力，并保证药物在细胞外液中达到一定量的浓度，因为只有在细胞外液中的药物才能作用于细胞膜上的受体从而产生药理作用，水溶性高的药物通常难以透过血脑屏障，而脂溶性过高的药物却容易积蓄在细胞内，这样也很难作用于细胞膜外的受体产生药效。②药物进入中枢系统后产生的副作用，就目前的食欲抑制型的减肥药物来讲都存在有此类问题，药物在体外的选择性通常较高，然而药物在体内以及脑内的选择性远远超过人们的想象，所谓的高选择性在药物进入体内后也随之减弱，这也是大多数药物研究中常见的，此外，药物作用的受体也可能分布于不同的脑区从而产生不同的生理功能，从而产生副作用。③目前中枢作用机制的药物的研究目标是针对食欲相关的生物靶点，主要靶点属于G蛋白偶联受体，目的是寻找特异性的激动剂或拮抗剂来加强或减弱其功能，如：

a. 神经肽Y（Neuropeptide Y，NPY）是下丘脑产生的一类最强的促食欲神经肽，由36个氨基酸残基组成，NPY神经元主要分布于下丘脑中的弓状核（arcuate nucleus），其轴突分布于下丘脑中的另一个与食欲调控有关的室旁核（pareventricular nucleus），大量证据表明NPY1型受体与5型受体与肥胖症的形成有至关重要的关系，试验表明患有高脂血症的Zucker大鼠室旁核神经元过度兴奋，表现为NPY mRNA的表达增加和NPY浓度增高，调节NPY及其受体的活性有望用于肥胖症的治疗[44~46]。目前报道能够影响食欲的NPY受体拮抗剂如：神经肽Y1受体拮抗剂LY357897、NGD95-1、J-104870，神经肽Y5受体拮抗剂L-152804、CGP71683A（图43-9）[44,47]。

b. 分布于中枢系统的5-HT受体系统被证明与饮食调节有重要关系，如前所述，已上市的西布曲明（Sibutramine，5-HT与肾上腺素再摄取抑制剂）和氟西汀（选择性5-HT再摄取抑制剂）在体内可以提高细胞外5-HT水平，非选择性地刺激所有突触后5-HT亚型，然后刺激5-HT$_{2C}$受体而发挥其临床作用。用5-HT$_{2C}$受体的激动剂、拮抗剂以及转基因动物模型所进行的研究表明，该受体可控制动物的进食。激动剂通过提高食欲饱满感而减少食物的摄入[48~52]。世界各大制药公司均报道大量的5-HT$_{2C}$激动剂专利或文章，目前进入临床研究的5-HT$_{2C}$激动剂如Biovitrum公司的BVT-933（Phase Ⅱb）[53]与Arena公司的APD356（图43-10），其中APD356相对于5-HT$_{2A}$与5-HT$_{2B}$来说分别有15倍与100倍的选择性，目前该药同样处于Phase Ⅱb[54]。

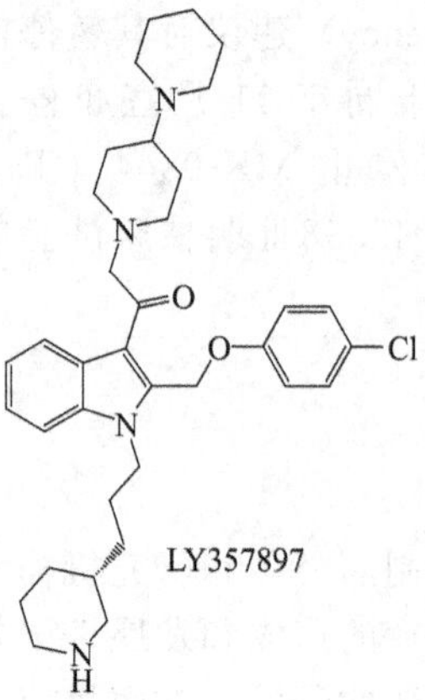

LY357897 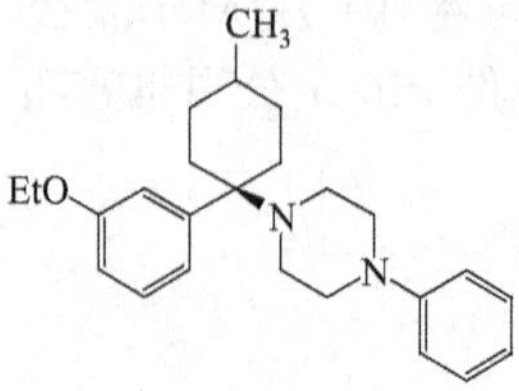   NGD95-1 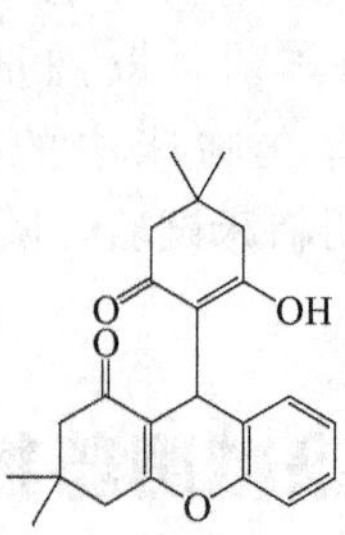   L-152804

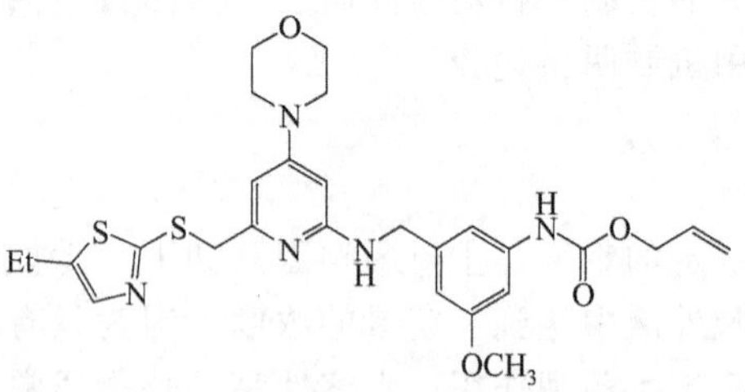

J-104870 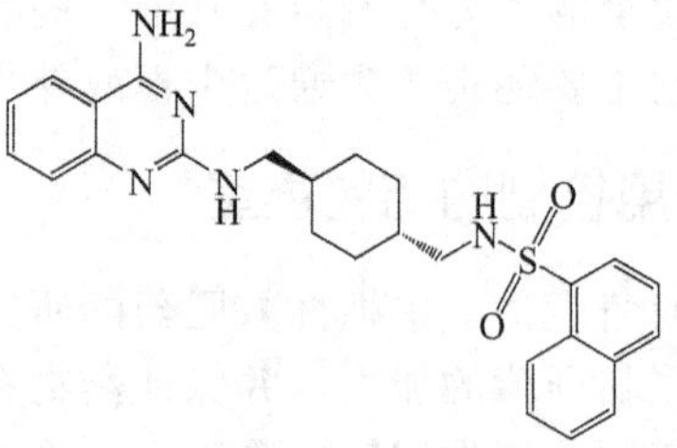   CGP71683A

图 43-9 神经肽 Y 受体拮抗剂

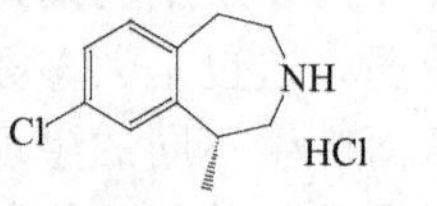

(lorcaserin Hydrochloride)

图 43-10 5-HT$_{2C}$ 选择性激动剂 ADP356

c. 此外，报道与肥胖症和能量代谢相关的药物还有 Ghrelin 受体拮抗剂（Ghrelin Antagonists）[55~57]，黑皮质素 4 受体激动剂（Melanocortin 4 Receptor Agonists）[58-59]，神经调节肽 U 受体 2 激动剂（Neuromedin U Receptor 2 Agonists）[60~61] 与阿片受体拮抗剂（Opioid Antagonists）[62] 等。然而对于受体的调节如同对于大自然的改造一样，要破坏数万年形成的体系容易，而要重新调节好这样一个复杂体系就会非常困难，这也就是近年来减肥药物研究屡屡受挫的原因。越来越多研究的研究靶点大多内源性的配体都为多肽，显然直接以多肽的方式给药很难口服吸引或直接透入血脑屏障，寻找相应的小分子调节剂很难达到与多肽等同的与受体结合力与功能，到目前为止，还没有一个神经多肽受体的激动剂或拮抗剂成功改造为小分子药物的例子，以上因素无疑对中枢型减肥药物研究和开发增加了难度。

43.3.2 外周作用机制的药物展望

外周作用机制的药物主要有 $β_3$ 肾上腺素受体激动剂，$β_3$ 受体存在于褐色脂肪组织中。褐色脂肪的功能与白色脂肪组织相反，是将体内剩余热量变为热散发到体外去的产热脏器。褐色脂肪组织机能降低是肥胖的一种成因。$β_3$ 受体激动剂促进褐色脂肪组织的产热过程，促进体内的脂肪和糖原的分解和氧化，可明显增加褐色脂肪组织且不影响食量[63]，$β_3$ 肾上腺素受体主要分布于体内棕色脂肪组织中，而在骨骼肌与白色脂肪组织中分布较少，激动该受体可使机体能量代谢增加[64,65]，如对人源 β_3 受体有特异性的激动剂 LY377604（图 43-11）能够增加肥胖或正常机体的 18％的能量代谢[63]。此外，胆囊收缩素受体（CCK_a-R）可通过小肠内分泌细胞分泌胆囊收缩素而产生饱食信号[66]，GSK 公司开发的非肽类小分子激动剂 GI 181771 作用为治疗肥胖药物目前正在进行临床Ⅱ期实验[67]。

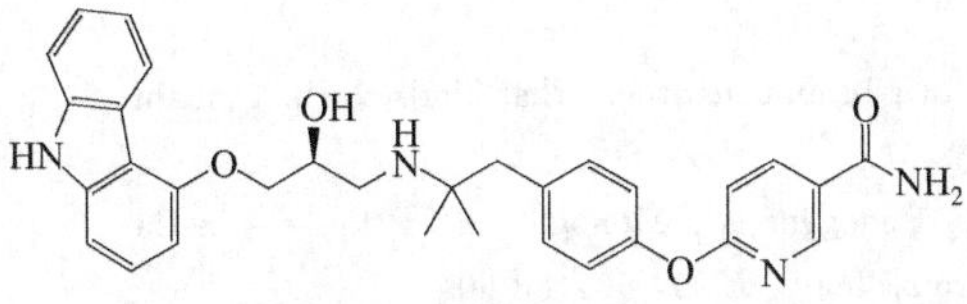

图 43-11 外周作用机制的抗肥胖药物

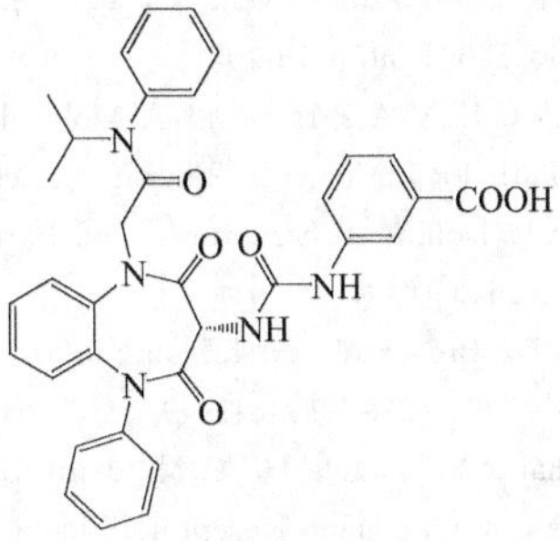

从总体上看，外周作用的药物产生的副作用轻于中枢作用的药物，而且不存在血脑屏障与中枢副作用等因素。因此，人们正越来越重视作用于外周的减肥药物的开发和研究。但这类药物的一个潜在的危险因素是药物在肝脏积累的可能性。因此，肝脏副作用是这类药物研究的重要考虑因素之一。另一个值得注意的因素是抑制某一代谢酶的活性后，酶的底物有可能通过其他的代谢途径而寻找出路，这种过程有可能抵消酶活性抑制的效果，也有可能产生一些有害的代谢产物而导致毒副作用，这也给药物研发带来了一系列问题。

推荐读物

- Philip A Carpino, John R Hadcock. Drugs to Treat Eating and Body Weight Disorders//Donald J Abraham. Burger's Medicinal Chemistry and Drug Discovery (Donald J Abraham). Chapter 15. Sixth Edition. Volume 6：Nervous System Agents. John Wiley and Sons Inc，Publication，2003：837-893.
- Per Björntorp, ed. International Textbook of Obesity. Wiley, Chichester, 2001.

参考文献

[1] Klein S, Wadden T, Sugerman H J. AGA technical review on obesity. Gastroenterology 2002，123：882-932.

[2] Melnikova I, Wages D. Anti-obesity therapies. Nature Reviews Drug Discovery，2006，5：369-370.

[3] Pendyala S, Holt P. Obesity and colorectal cancer risk. Gastroenterology，2008，134：896.

[4] Armitage J A, Poston L, Taylor P D. Developmental origins of obesity and the metabolic syndrome：the role of maternal obesity. Front Horm Res，2008，36：73-84.

[5] Beilin L, Huang R C. Childhood obesity, hypertension, the metabolic syndrome and adult cardiovascular disease. Clin Exp Pharmacol Physiol，2008，35：409-411.

[6] Hsing A W, Sakoda L C, Chua S Jr. Obesity, metabolic syndrome, and prostate cancer. Am J Clin Nutr，2007，86：s843-857.

[7] Pradhan A. Obesity, metabolic syndrome, and type 2 diabetes：inflammatory basis of glucose metabolic disorders. Nutr Rev，2007，65：S152-156.

[8] Rguibi M, Belahsen R. Clinical guidelines on the identification, evaluation, and treatment of overweight and obesity in adults：executive summary. Expert Panel on the Identification, Evaluation, and Treatment of Overweight in Adults. Am J Clin Nutr，1998，68：899-917.

[9] Wing R R, Hill J O. Successful weight loss maintenance. Annu Rev Nutr，2001，21：323-341.

[10] Hochuli E, Kupfer E, Maurer R, et al. Lipstatin, an inhibitor of pancreatic lipase, produced by Streptomyces toxytricini. Ⅱ. Chemistry and structure elucidation. J Antibiot (Tokyo)，1987，40：1086-1091.

[11] Weibel E K, Hadvary P, Hochuli E, et al. Lipstatin, an inhibitor of pancreatic lipase, produced by Streptomyces toxytricini. Ⅰ. Producing organism, fermentation, isolation and biological activity. J Antibiot (Tokyo),

1987, 40: 1081-1085.

[12] Bayraktar F, Hamulu F, Ozgen A G, et al. Acarbose treatment in obesity: a controlled study. Eat Weight Disord, 1998, 3: 46-49.

[13] Vasselli J R, Haraczkiewicz E, Maggio C A, et al. Effects of a glucosidase inhibitor (acarbose, BAY g 5421) on the development of obesity and food motivated behavior in Zucker (fafa) rats. Pharmacol Biochem Behav, 1983, 19: 85-95.

[14] Glick S D, Haskew R E, Maisonneuve I M, et al. Enantioselective behavioral effects of sibutramine metabolites. Eur J Pharmacol, 2000, 397: 93-102.

[15] Eubanks L M, Rogers C J. IV A E B, et al. A Molecular Link between the Active Component of Marijuana and Alzheimer's Disease Pathology. Molecular Pharmaceutics, 2006, 3: 773-777.

[16] Gaoni Y, Mechoulam R. Isolation, Structure, and Partial Synthesis of an Active Constituent of Hashish. J Am Chem Soc, 1964, 86: 1646-1647.

[17] Devane W A, Hanus L, Breuer A, et al. Isolation and structure of a brain constituent that binds to the cannabinoid receptor. Science, 1992, 258: 1946-1949.

[18] Mechoulam R, Benshabat S, Hanus L, et al. Identification of an Endogenous 2-Monoglyceride, Present in Canine Gut, That Binds to Cannabinoid Receptors. Biochemical pharmacology, 1995, 50: 83-90.

[19] Porter A C, Sauer J M, Knierman M D, et al. Characterization of a novel endocannabinoid, virodhamine, with antagonist activity at the CB1 receptor. Journal of Pharmacology and Experimental Therapeutics, 2002, 301: 1020-1024.

[20] 喻欣, 冯秀玲, 王嘉陵. 大麻素受体及其内源性物质. 中国现代临床医学, 2004, 3: 33-34.

[21] 刘为敏, 段恩奎. 花生四烯乙醇胺的研究进展. 生物化学与生物物理进展, 2001, 28: 152-155.

[22] Matsuda L A, Lolait, S J, Brownstein M J, et al. Structure of a cannabinoid receptor and functional expression of the cloned cDNA. Nature, 1990, 346: 561-564.

[23] Munro S, Thomas K L, Abu-Shaar M. Molecular characterization of a peripheral receptor for cannabinoids. Nature, 1993, 365: 61-65.

[24] Fernandez J R, Allison D B. Rimonabant Sanofi-Synthelabo. Curr Opin Investig Drugs, 2004, 5: 430-435.

[25] Cohen C, Perrault G, Voltz C, et al. SR141716, a central cannabinoid (CB(1)) receptor antagonist, blocks the motivational and dopamine-releasing effects of nicotine in rats. Behavioural pharmacology, 2002, 13: 451-463.

[26] Hungund B L, Basavarajappa B S, Vadasz C, et al. Ethanol, endocannabinoids, and the cannabinoidergic signaling system. Alcoholism, clinical and experimental research, 2002, 26: 565-574.

[27] Rinaldi-Carmona M, Barth F, Congy C, et al. SR147778 [5-(4-bromophenyl)-1-(2,4-dichlorophenyl)-4-ethyl-N-(1-piperidinyl)-1H-pyr azole-3-carboxamide], a new potent and selective antagonist of the CB1 cannabinoid receptor: biochemical and pharmacological characterization. J Pharmacol Exp Ther, 2004, 310: 905-914.

[28] Mitchell P B, Morris M. Depression and anxiety with rimonabant. Lancet, 2007, 370: 1671-1672.

[29] Herling A W, Gossel M, Haschke G, et al. CB1 receptor antagonist AVE1625 affects primarily metabolic parameters independently of reduced food intake in Wistar rats. Am J Physiol Endocrinol Metab, 2007, 293: E826-832.

[30] Lin L S, Lanza T J, Jewell J P, et al. Discovery of N-[(1S, 2S)-3-(4-chlorophenyl)-2-(3-cyanophenyl)-1-methylpropyl]-2-methyl-2-{ [5-(trifluoromethyl) pyridin-2-yl] oxy} propanamide (MK-0364), a novel, acyclic cannabinoid-1 receptor inverse agonist for the treatment of obesity. J Med Chem, 2006, 49: 7584-7587.

[31] Fong T M, Guan X M, Marsh D J, et al. Anti-obesity efficacy of a novel cannabinoid-1 receptor inverse agonist MK-0364 in rodents. J Pharmacol Exp Ther, 2007.

[32] Addy C, Li S, Agrawal N, et al. Safety, tolerability, pharmacokinetics, and pharmacodynamic properties of taranabant, a novel selective cannabinoid-1 receptor inverse agonist, for the treatment of obesity: results from a double-blind, placebo-controlled, single oral dose study in healthy volunteers. J Clin Pharmacol, 2008, 48: 418-427.

[33] Griffith D A, Hadcock J R, Black S C, et al. Discovery of 1-[9-(4-chlorophenyl)-8-(2-chlorophenyl)-9H-purin-6-yl]-4-ethylaminopiperi dine-4-carboxylic acid amide hydrochloride (CP-945, 598), a novel, potent, and selective cannabinoid type 1 receptor antagonist. J Med Chem, 2009, 52: 234-237.

[34] Lange J H M, Coolen H K A C, van Stuivenberg H H, et al. Synthesis, biological properties, and molecular modeling investigations of novel 3,4-diarylpyrazolines as potent and selective CB1 cannabinoid receptor antagonists. J Med Chem, 2004, 47: 627-643.

[35] Plummer C W, Finke P E, Mills S G, et al. Synthesis and activity of 4, 5-diarylimidazoles as human CB1 receptor inverse agonists. Bioorganic & Medicinal Chemistry Letters, 2005, 15: 1441-1446.

[36] Lange J H M, van Stuivenberg H H, Coolen H K A C, et al. Bioisosteric replacements of the pyrazole moiety of rimonabant: Synthesis, biological properties, and molecular modeling investigations of thiazoles, triazoles, and imidazoles as potent and selective CB1 cannabinoid receptor antagonists. J Med Chem, 2005, 48: 1823-1838.

[37] Muccioli G G, Lambert D M. Current knowledge on the antagonists and inverse agonists of cannabinoid receptors. Curr Med Chem, 2005, 12: 1361-1394.

[38] Stoit A R, Lange J H M, den Hartog A P, et al. Design, synthesis and biological activity of rigid cannabinoid CB1 receptor antagonists. Chemical & Pharmaceutical Bulletin, 2002, 50: 1109-1113.

[39] Ruiu S, Pinna G A, Marchese G, et al. Synthesis and characterization of NESS 0327: A novel putative antagonist of the CB1 cannabinoid receptor. J Pharmacol Exp Ther, 2003, 306: 363-370.

[40] Murineddu G, Rulu S, Mussinu J M, et al. Tricyclic pyrazoles. Part 2: Synthesis and biological evaluation of novel 4,5-dihydro-1H-benzolglindazole-based ligands for cannabinoid receptors. Bioorgan Med Chem, 2005, 13: 3309-3320.

[41] Mussinu J M, Ruiu S, Mule A C, et al. Tricyclic pyrazoles. part 1: Synthesis and biological evaluation of novel 1,4-dihydroindeno [1,2-c] pyrazol-based ligands for CB1 and CB2 cannabinoid receptors. Bioorgan Med Chem, 2003, 11: 251-263.

[42] Lange J H, Kruse C G. Keynote review: Medicinal chemistry strategies to CB1 cannabinoid receptor antagonists. Drug discovery today, 2005, 10: 693-702.

[43] Jones D. End of the line for cannabinoid receptor 1 as an anti-obesity target? Nat Rev Drug Discov, 2008, 7: 961-962.

[44] Kamiji M M, Inui A. Neuropeptide y receptor selective ligands in the treatment of obesity. Endocr Rev, 2007, 28: 664-684.

[45] Beck B. Neuropeptide Y in normal eating and in genetic and dietary-induced obesity. Philos Trans R Soc Lond B Biol Sci, 2006, 361: 1159-1185.

[46] Galiano S, Erviti O, Perez S, et al. Novel human neuropeptide Y Y5 receptor antagonists for the treatment of obesity. Synthesis and biological evaluation of pyridine hydrazide derivatives. Arzneimittelforschung, 2005, 55: 81-85.

[47] Fong T M. Development of anti-obesity agents: drugs that target neuropeptide and neurotransmitter systems. Expert Opin Investig Drugs, 2008, 17: 321-325.

[48] Smith B M, Thomsen W J, Grottick A J. The potential use of selective 5-HT_{2C} agonists in treating obesity. Expert Opin Investig Drugs, 2006, 15: 257-266.

[49] Miller K J. Serotonin 5-HT_{2C} receptor agonists: potential for the treatment of obesity. Mol Interv, 2005, 5: 282-291.

[50] Bickerdike M J. 5-HT_{2C} receptor agonists as potential drugs for the treatment of obesity. Curr Top Med Chem, 2003, 3: 885-897.

[51] Bickerdike M J, Vickers S P, Dourish C T. 5-HT_{2C} receptor modulation and the treatment of obesity. Diabetes Obes Metab, 1999, 1: 207-214.

[52] Heisler L K, Chu H M, Tecott L H. Epilepsy and obesity in serotonin 5-HT_{2C} receptor mutant mice. Ann N Y Acad Sci, 1998, 861: 74-78.

[53] Halford J C G, Harrold J A, Lawton C L, et al. Serotonin (5-HT) drugs: Effects on appetite expression and use for the treatment of obesity. Curr Drug Targets, 2005, 6: 201-213.

[54] Smith B M, Smith J M, Tsai J H, et al. Discovery and structure-activity relationship of (1R)-8-chloro-2,3,4,5-tetrahydro-1-methyl-1H-3-benzazepine (Lorcaserin), a selective serotonin 5-HT_{2C} receptor agonist for the treatment of obesity. J Med Chem, 2008, 51: 305-313.

[55] Wiedmer P, Nogueiras R, Broglio F, et al. Ghrelin, obesity and diabetes. Nat Clin Pract Endocrinol Metab, 2007, 3: 705-712.

[56] Matsuda K, Nishi Y, Okamatsu Y, et al. Ghrelin and leptin: a link between obesity and allergy? J Allergy Clin Immunol, 2006, 117: 705-706.

[57] Helmling S, Jarosch F, Klussmann S. The promise of ghrelin antagonism in obesity treatment. Drug News Perspect, 2006, 19: 13-20.

[58] Lam D D, Farooqi I S, Heisler L K. Melanocortin receptors as targets in the treatment of obesity. Curr Top Med Chem, 2007, 7: 1085-1097.

[59] Emmerson P J, Fisher M J, Yan L Z, et al. Melanocortin-4 receptor agonists for the treatment of obesity. Curr

Top Med Chem, 2007, 7: 1121-1130.
[60] Hainerova I, Torekov S S, Ek J, et al. Association between neuromedin U gene variants and overweight and obesity. J Clin Endocrinol Metab, 2006, 91: 5057-5063.
[61] Doggrell S A. Neuromedin U-a new target in obesity. Expert Opin Ther Targets, 2005, 9: 875-877.
[62] Cole J L, Leventhal L, Pasternak G W, et al. Reductions in body weight following chronic central opioid receptor subtype antagonists during development of dietary obesity in rats. Brain Res, 1995, 678: 168-176.
[63] Clapham J C, Arch J R, Tadayyon M. Anti-obesity drugs: a critical review of current therapies and future opportunities. Pharmacol Ther, 2001, 89: 81-121.
[64] Lafontaine J A, Day R F, Dibrino J, et al. Discovery of potent and orally bioavailable heterocycle-based beta3-adrenergic receptor agonists, potential therapeutics for the treatment of obesity. Bioorg Med Chem Lett, 2007, 17: 5245-5250.
[65] Dow R L. Beta3-adrenergic agonists: potential therapeutics for obesity. Expert Opin Investig Drugs, 1997, 6: 1811-1825.
[66] Hirsch D P, Mathus-Vliegen E M H, Holloway R H, et al. Role of CCKA receptors in postprandial lower esophageal sphincter function in morbidly obese subjects. Digestive Diseases and Sciences, 2002, 47: 2531-2537.
[67] Bayes M, Rabasseda X, Prous J R. Gateways to clinical trials. Methods Find Exp Clin Pharmacol, 2003, 25: 483-506.

第44章

性激素和生育调节药物

陈冬冬，杨春皓

目 录

44.1 引言 /1142
44.2 雄激素 /1142
  44.2.1 雄激素的药理作用 /1142
  44.2.2 雄激素拮抗剂 /1143
    44.2.2.1 雄激素受体拮抗剂 /1143
    44.2.2.2 雄激素合成抑制剂 /1144
  44.2.3 选择性雄激素受体调节剂 /1146
44.3 雌激素 /1146
  44.3.1 雌激素的药理作用 /1146
  44.3.2 选择性雌激素受体调节剂 /1147
  44.3.3 雌激素拮抗剂 /1147
    44.3.3.1 雌激素受体拮抗剂 /1147
    44.3.3.2 芳香化酶抑制剂 /1148
44.4 孕激素及女性生育调节 /1149

44.4.1 孕激素的药理作用 /1150
44.4.2 甾类孕激素受体激动剂或拮抗剂 /1150
44.4.3 选择性孕激素受体调节剂 /1152
  44.4.3.1 甾类孕激素受体调节剂 /1152
  44.4.3.2 非甾类孕激素受体调节剂 /1153
44.4.4 女用避孕药物 /1153
44.4.5 促排卵药物及其他 /1154
44.5 男性生育调节药物 /1157
44.6 讨论与展望 /1158
推荐读物 /1159
参考文献 /1159

44.1 引言

性激素是由性腺、肾上腺等组织合成的甾类激素，具有促进性器官成熟、促进第二性征的发育和维持性功能等作用。女性卵巢主要分泌两种性激素——雌激素与孕激素，男性睾丸主要分泌以睾酮为主的雄激素。

性激素有着共同的生物合成途径：以胆固醇为前体，通过侧链裂解酶将胆固醇20-位侧链缩短，产生21碳的孕烯醇酮，继而去侧链后衍变为19碳的去氢表雄酮和雄烯二酮或睾酮，再在芳香化酶作用下通过A环芳香化而生成18碳的雌激素。性激素的代谢失活途径也大致相同，即在肝、肾等代谢器官中形成葡萄糖醛酸酯或硫酸酯等水溶性较强的结合物，通过尿或粪便排出。

性激素在分子水平上的作用方式，与其他甾体激素一样，进入细胞后与特定的受体蛋白结合，形成激素-受体复合物，然后结合于细胞核，作用于染色质，影响DNA的转录活动，导致新的、或增加已有的蛋白质的生物合成，从而调控细胞的代谢、生长或分化[1]。

44.2 雄激素

雄激素可由睾丸、卵巢及肾上腺分泌。内源性雄激素主要有睾酮和二氢睾酮。睾酮由睾丸产生，是体内主要的循环雄激素，其绝大部分会被前列腺、肝、皮肤中的5α-还原酶转化为5α-二氢睾酮，仅有0.2%的睾酮会被脂肪组织、骨、中枢神经系统等处存在的芳香化酶转化成雌二醇。5α-二氢睾酮是活性最强的内源性雄激素。

44.2.1 雄激素的药理作用

雄激素兼具性和代谢两方面的活性。雄激素不仅对男性青春期的发育、生殖器官（包括前列腺、精囊、睾丸、附睾）的发育和维持、精子的生成、第二性征的维持有重要作用，而且有很强的同化活性，能促进肌肉的生长，增加骨量和骨强度。雄激素的一系列生理作用主要通过雄激素受体（androgen receptor，AR）来实现。

雄激素在临床上的应用不如雌激素广泛，主要作为内源性雄激素不足患者的替代治疗，另外还用于治疗慢性消耗性疾病、再生障碍性贫血、血细胞减少症、血小板减少症、高脂血症、骨质疏松症等。尽管雄激素对这些疾病有很好的疗效，但是许多不利因素限制了它的使用：所有睾酮衍生物的药代动力学性质较差，一般用药方式为肌肉注射。而且副作用明显，如口服的肝毒性、女子男性化等。无论男女，长期使用会出现电解质和水潴留，引起水肿，以及血脂水平的改变、贫血、痤疮等。

临床上曾用睾酮及其乙酯衍生物作为同化激素，但是由于其具有很强的雄激素作用和17-甲基代谢所产生的肝毒性，遂被其衍生物代替。其中代表性结构有19-去甲雄激素，19-位甲基去掉后，其同化作用得以保持，而其雄激素作用却大大降低。以此为基础产生的药物有17α-乙基衍生物诺乙雄龙（**1**，Norethandrolone）和乙基雌烯醇（**2**，Ethylestrenol）。

在 19-位甲基保留的情况下，也有一些甾体衍生物成功地将雄激素的同化作用和性激素作用分开，如氧甲氢龙（**3**，Oxandrolone）是将睾酮的 A 环转为内酯环，羟甲烯龙（**4**，Oxymetholone）和司坦唑醇（**5**，Stanozolol）则是对 A 环进行修饰。这些衍生物虽然雄激素作用较弱，但其 17α-甲基仍会引起肝毒性[2]。

雄激素或同化激素的基本构效关系如下：具有 5α-雄甾烷的基本骨架，3-羰基或者 3α-羟基能够增加雄激素活性。17β-羟基是活性必须基团。去掉 19α-甲基能够增加其同化活性，降低雄激素作用。另外 2 位改造也能增加同化活性。17α-烷基化能够减缓 17β-羟基的代谢，延长其半衰期并能增加其口服生物利用度，但会引起肝毒性。

44.2.2 雄激素拮抗剂

雄激素拮抗剂主要用于治疗前列腺癌、前列腺肥大、痤疮、女子男性化和肿瘤等，可分为两类：雄激素受体拮抗剂和雄激素合成抑制剂。

44.2.2.1 雄激素受体拮抗剂

该类药物主要通过与睾酮或者二氢睾酮竞争性结合雄激素受体，发挥拮抗作用。甾类雄激素受体拮抗剂有奥生多龙（**6**，Oxendolone）、环丙孕酮（**7**，Cyproterone）和螺内酯（**8**，Spironolactone），后两者原本分别作为孕激素和醛固酮拮抗剂。

非甾类雄激素受体拮抗剂有氟他胺（**9**，Flutamide）、尼鲁米特（**10**，Nilutamide）、比卡鲁胺（**11**，R-Bicalutamide）[2]。

氟他胺是第一个用于临床的雄激素拮抗剂，其口服生物利用度高，在胃肠道吸收比较完全，后在肝脏代谢成活性更强的 2-羟基氟他胺（**12**）或水解成 3-三氟甲基-4-硝基苯胺（**13**），后者具有肝毒性，限制了其临床应用。尼鲁米特是氟他胺的内酰脲衍生物，尽管环状结构阻碍了水解，但仍有肝脏毒性，可能是因为硝基代谢生成的自由基引起。

比卡鲁胺是阿斯利康（AstraZeneca）公司开发研制的一种新型的非甾体抗雄激素药物，1995 年在英国首次上市，与促黄体生成素释放激素（luteinizing hormone releasing hormone, LHRH）类似物合用或配合去势手术，用于晚期前列腺癌的治疗。比卡鲁胺吸收良好，食物对其吸收没有显著影响。R-(−)-比卡鲁胺为体内的主要活性形式，它与雄激素受体的结合能力是 S 型的 30 倍，消除速率是 S 型的 1/100，当体内药物浓度达到稳态时，R 型占总血浆药物浓度的 99%。比卡鲁胺主要在肝脏代谢，严重肝损害病人由于药物清除减慢，可能导致蓄积。S 型比卡鲁胺主要通过与葡萄糖醛酸结合后代谢。R 型原型仅少部分与葡萄糖醛酸结合，大部分则是在氧化后结合，结合后的代谢物都通过尿和粪便排泄。比卡鲁胺的主要副作用有面色潮红、瘙痒、乳房触痛和男性乳房女性化等。研究表明，服用比卡鲁胺前三天开始服用 LHRH 类似物，可减少潮红副作用。比卡鲁胺由于肝毒性低、半衰期长，遂成为同类药物中的佼佼者[3~6]。

非甾类雄激素受体拮抗剂的基本构效关系如下：在 A 环的 4 位有一个吸电子基团，硝基由于吸电子效应强于腈基，对活性可能更有利[7]；A 环以酰胺键与一个手性中心相连，在以 S 或 SO_2 连接的比卡鲁胺类似物中，R 构型对增加活性有利[8]而以氧或氮连接的类似物中，S 构型有利于活性[9]。

44.2.2.2 雄激素合成抑制剂

（1）5α-还原酶抑制剂　5α-还原酶是睾酮转化为二氢睾酮 DHT 的关键酶，而 DHT 是活性最强的内源性雄激素，因此抑制 5α-还原酶可降低体内雄激素的作用，从而抑制或减轻良性前列腺增生、前列腺癌、男性秃发等症状。5α-还原酶是依赖还原型辅酶Ⅱ（NADPH）的膜蛋白酶，它能催化 NADPH 的氢传递到睾酮（T）空间位阻较小的 α 面，产生被酶稳定的烯醇后再经质子转变成二氢睾酮（DHT）（图 44-1）。

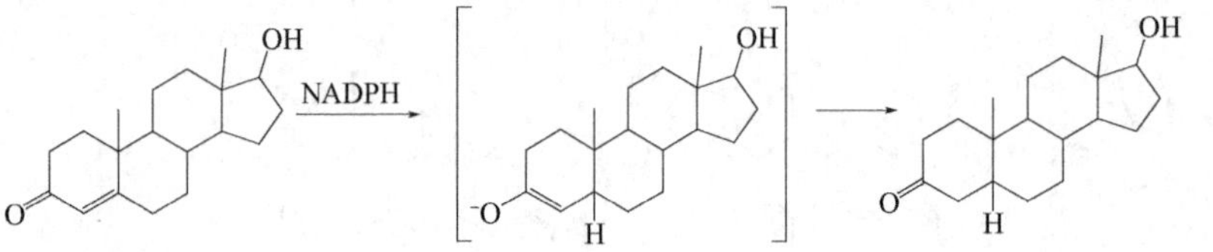

图 44-1　5α-还原酶的作用机制[13]

5α-还原酶有Ⅰ型和Ⅱ型两种异构酶，其中Ⅱ型主要存在于前列腺和其他生殖组织中，而Ⅰ型在全身分布广泛，包括肾、肝、前列腺。研究发现，在良性前列腺增生中Ⅱ型 5α-还原酶的表达高于Ⅰ型，但在前列腺癌中，Ⅰ型 5α-还原酶表达逐渐升高，而Ⅱ型的表达逐渐降低或者不变。这表明两种还原酶都和前列腺疾病有关，而Ⅰ型还原酶则与前列腺癌的发展恶化有着密切关系[10~12]。

5α-还原酶抑制剂从结构上可分为两类：甾类和非甾类 5α-还原酶抑制剂，目前上市的 5α-还原酶抑制剂均为甾类。从作用机制看，5α-还原酶抑制剂也可分为两类：一类能与睾酮竞争性地与底物 [5α-还原酶-NADPH] 不可逆结合，从而抑制睾酮的转化，代表药物有非那雄胺（**14**，Finasteride）和度他雄胺（**15**，Dutasteride）；第二类甾体烯酸类药物，模拟烯醇中间体，它的羧酸阴离子与 [5α-还原酶-$NADP^+$] 复合物的活性位点结合，形成三元复合物。它虽不直接与睾酮竞争，但能抑制 5α-还原酶的释放，从而抑制睾酮向二氢睾酮的转化[13~15]，代表药物有依立雄胺（**16**，Episteride）。见图 44-2。甾体 5α-还原酶抑制剂由于完全拮抗了雄激素在前列腺和垂体中的作用，导致血浆和前列腺中睾酮浓度明显增高，因而前列腺中雌激素的水平随之增高，刺激前列腺组织的增生，尤其是对前列

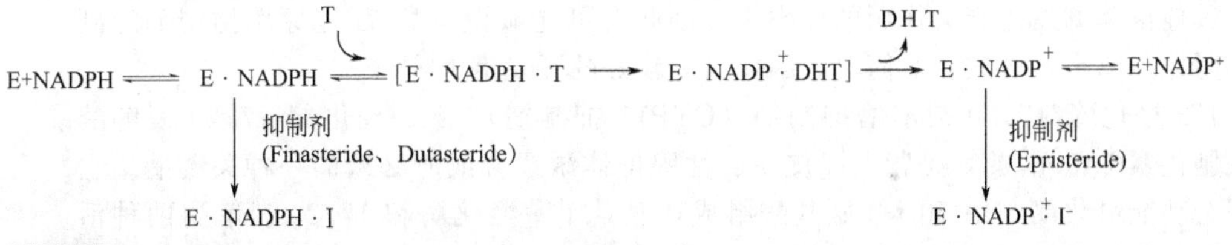

第 44 章 性激素和生育调节药物

$$E+NADPH \rightleftharpoons E \cdot NADPH \xrightarrow{T} [E \cdot NADPH \cdot T \longrightarrow E \cdot NADP^+ \cdot DHT] \xrightarrow{DHT} E \cdot NADP^+ \rightleftharpoons E+NADP^+$$

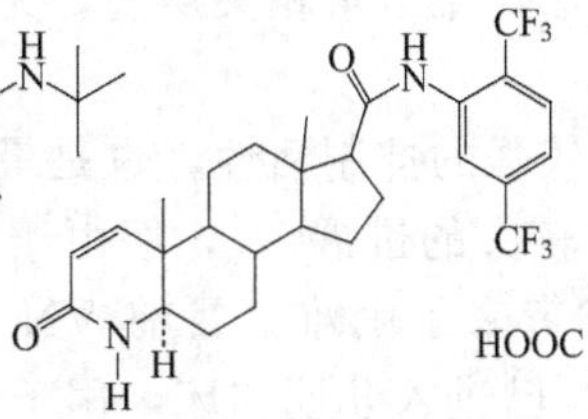

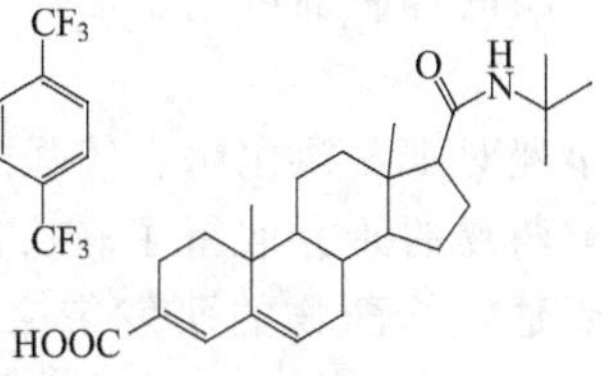

抑制剂 (Finasteride、Dutasteride) ↓ ； 抑制剂 (Epristeride) ↓

$E \cdot NADPH \cdot I$ ； $E \cdot NADP^+ \cdot I$

图 44-2 5α-还原酶抑制剂的作用机制[14]

E—5α-还原酶；T—睾酮；DHT—双氢睾酮；I—抑制剂阴离子

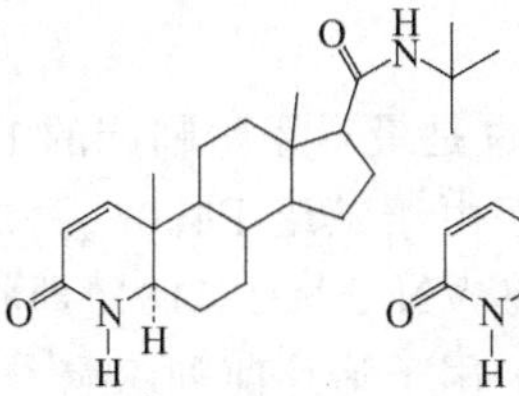

腺基质细胞的刺激[16]。另一方面，前列腺中增加的睾酮也能活化 AR 受体，尽管其结合力低于二氢睾酮，这是 5α-还原酶抑制剂的不足之处。

非那雄胺是由默沙东公司研制的Ⅱ型还原酶抑制剂，于 1991 年在意大利首次上市，并于 1992 年获得美国 FDA 批准，用于前列腺增生和脱发的治疗。由于非那雄胺对Ⅰ型 5α-还原酶亲合力较低，因此临床剂量的非那雄胺主要抑制Ⅱ型 5α-还原酶。

度他雄胺由英国葛兰素-史克（GlaxoSmithKline）研发，2003 年在英国上市，用于治疗中度至重度良性前列腺增生和降低急性尿潴留风险[17]。

度他雄胺是第一个对Ⅰ型和Ⅱ型 5α-还原酶均具有抑制作用的 5α-还原酶抑制剂。研究表明度他雄胺比非那雄胺作用更迅速、效果更显著。1 个月内即能缓解症状，2 个月就可将前列腺中雄激素水平降低约 90%，24 个月内可降低 93%。而非那雄胺在 6 个月后才有显著疗效。这种显著差异可能是由于度他雄胺具有双重作用，可同时抑制Ⅰ型和Ⅱ型两种 5α-还原酶，而非那雄胺仅抑制Ⅱ型酶，因而不能像度他雄胺那样显著地降低前列腺中雄激素浓度[10]。

依立雄胺属于非竞争性甾体 5α-还原酶抑制剂（uncompetitive inhibitor of steroid 5α-reductase），其作用机制是通过与 5α-还原酶和 $NADP^+$ 形成三元复合物，抑制睾酮向二氢睾酮转化，降低前列腺组织内二氢睾酮含量，用于良性前列腺增生（Benign Prostate Hyperplasia，BPH）的治疗。葛兰素-史克公司将该药做到Ⅱ期临床时，中国药科大学和江苏联环制药厂抢先在中国将该药注册为一类新药，商品名为爱普列特，并于 1999 年 8 月获得 SFDA 批准。依立雄胺选择性作用于Ⅱ型 5α-还原酶，其选择性优于非那雄胺，而对Ⅰ型 5α-还原酶作用较弱。副作用与非那雄胺相似，但轻于非那雄胺[18,19]。

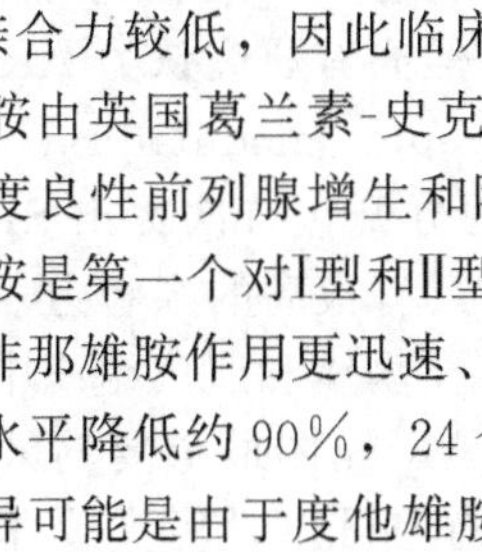

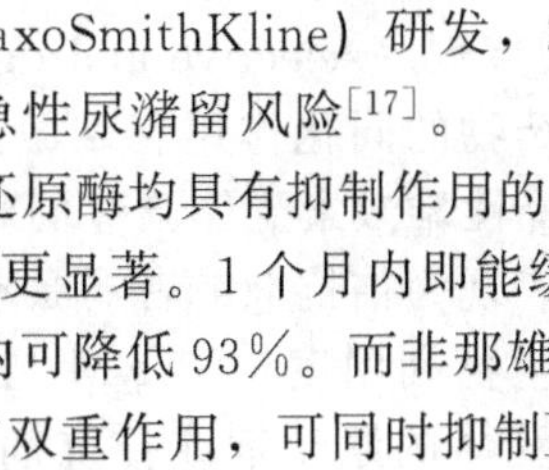

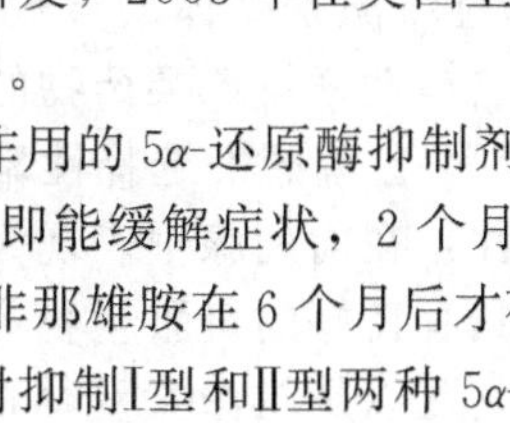

非甾类 5α-还原酶抑制剂目前尚无药物进入临床。该类化合物主要以非那雄胺、依立雄胺和随机筛选出来的 ONO-3805（**17**）为先导化合物进行改造。由于非甾类 5α-还原酶

抑制剂与其他甾体酶发生交叉作用的概率小，因此有可能减少甾类 5α-还原酶抑制剂的副作用，同时原料易得，合成相对简单，因此具有较好的开发潜力[20]。

（2）17α-羟化酶/17,20-裂解酶抑制剂（CYP17 抑制剂） 17α-羟化酶/17,20-裂解酶也称为细胞色素 $P450_{17α}$ 酶，是肾上腺皮质、性腺甾体激素合成所必须的一种关键酶。它是一种混合功能氧化酶，由 508 个氨基酸组成，兼具 17α-羟化酶和 17,20 裂解酶两种活性。前者催化孕烯醇酮和孕酮转变为 17α-羟基孕烯醇酮和 17α-羟孕酮，后者使 17,20-位碳链裂解，形成去氢表雄酮（dehydroepiandrosterone，DHEA）和雄烯二酮，为合成睾酮提供前体。该混合酶的抑制剂可用于治疗雄激素相关疾病，尤其在治疗前列腺癌方面有很好的前景。

抗真菌药酮康唑对 17α-羟化酶有较强的抑制活性，也是最早用于临床的 17α-羟化酶抑制剂。目前对该类药物的研究取得了较大的进展[21]，但由于缺乏 $P450_{17α}$ 酶的晶体结构，活性位点也不够清楚，给药物的研发带来了困难。目前 VN/124-1（**18**）即将进入临床，阿比特龙（**19**，Abiraterone Acetate）已进入 Ⅱ 期临床，用于治疗前列腺癌[22]。

44.2.3 选择性雄激素受体调节剂[7]

雄激素受体广泛分布于生殖器官和非生殖器官，包括前列腺、精囊、男女的外生殖器、皮肤、睾丸、卵巢、软骨、皮脂腺、毛囊、汗腺、心肌、骨骼肌、平滑肌、松果腺、肝、肾上腺、大脑皮层等部位，如此广泛的分布决定了每种组织和细胞里的协同因子类型和浓度也不尽相同。一般认为 AR 受体只存在一个亚型，但亦有研究认为 AR 存在两种亚型[23]。选择性雄激素受体调节剂（selective androgen receptor modulators，SARMs）就是通过组织选择性来将该类药物的同化作用和雄激素作用分开，首次提出 SARM 的概念是在 1999 年[24]。理想的选择性雄激素受体调节剂对 AR 具有很高的亲和力，有令人满意的组织选择性：在前列腺中表现为拮抗剂或者弱激动剂，在垂体和肌肉组织中表现为激动剂，同时应具有良好的口服生物利用度。SARM 与其他 AR 配体最重要的区别就在于组织选择性，它可以是雄激素受体的激动剂或拮抗剂，结构上可以是甾类或非甾类。发展 SARM 就是为了提高雄激素配体的组织选择性，减少不必要的副作用，不但可以用于治疗原发性和继发性的性机能减退，而且可用于治疗骨质疏松、肌肉萎缩、前列腺肥大和前列腺癌等。该类化合物设计主要以比卡鲁胺为先导化合物，进行结构修饰，其中有一些活性较好的化合物[2]。目前 GTXs 的 Ostarine（**20**，GTx-024）用于男性烧伤病人的治疗已经进入了临床 Ⅱ 期[25]。

44.3 雌激素

雌激素在男女体内都有，主要通过睾酮芳构化而成。内源性的雌激素主要有雌酮、雌二醇和雌三醇，其中雌二醇的活性最强。

44.3.1 雌激素的药理作用

雌激素对于女性器官的发育、成熟和维持女性第二特征有着极其重要的作用。雌激素可预防绝经前妇女的冠状动脉粥样硬化，可用于治疗各种月经障碍，还可以用于治疗更年期综合征，包括骨质疏松。雌激素最广的用途是生育控制。雌二醇虽然活性强，但是口服效果较差，一般采用其衍生物。如在 17-位引入乙炔基，得到口服强效雌激素炔雌醇；再在 3-位引入环戊醚结构，得到口服长效雌激素炔雌醚。这些药物虽然改变了雌二醇不能口服的缺点，但依然保持了对乳腺及子宫的刺激，将它们用于治疗更年期综合征时，容易诱发卵巢癌和乳腺癌。

雌激素对男性的机体和生理也有重要作用，包括对胚胎大脑的发育、男性心血管系统、生殖系统的影响。男性的前列腺癌在某种程度上就是因为雌激素功能不足引起的，因此可以用雌激素受体激动剂治疗[26]。

雌激素在体内通过刺激雌激素受体（ER）发挥作用。雌激素受体可分为 α、β 两种亚型，其组织分布和表达与性别和年龄的不同有所区别。在女性生殖系统中，ERα、ERβ 主要存在于卵巢及乳房中，而子宫中以 ERα 为主。在男性的生殖系统中，ERα 和 ERβ 主要存在于睾丸中，前列腺中以 ERβ 为主。在两性的非生殖系统中，ERα、ERβ 同时大量表达于中枢神经系统。另外 ERα 在肝组织中较高表达，ERβ 则在心血管、肺、肠、胃肠连接处含量较高。在不同组织中因为结合的辅助因子不同，雌激素配体与受体结合后就显示不同的作用：拮抗活性或激动活性[27]。

44.3.2　选择性雌激素受体调节剂

由于 ERα 和 ERβ 在不同组织中的分布不同，在同一组织中 ERα 和 ERβ 表达的功能不同，不同组织中共激活因子或共抑因子不同，基于 ERα 和 ERβ 的不同构象，可以设计一种化合物使其选择性作用于雌激素 α、β 受体，或者作用于不同的组织，在靶组织中引发不同的生物学效应[28,29]，以减少不必要的副作用。一个理想的选择性雌激素受体调节剂（SERMs）应具有以下特点：无潮热、无深度静脉曲张、减缓阿尔茨海默病、治疗乳腺癌、卵巢癌、预防冠心病、治疗骨质疏松症[30]。目前市场上雌激素受体调节剂主要有以下几种：他莫昔芬、拖瑞米芬、雷洛昔芬以及即将上市的 Bazedoxifene。该类药物详细见第 27 章抗骨质疏松药物，在此不再赘述。

44.3.3　雌激素拮抗剂

雌激素拮抗剂主要有雌激素受体拮抗剂和芳香化酶抑制剂两种。

44.3.3.1　雌激素受体拮抗剂

雌激素受体拮抗剂直接作用于雌激素受体，与雌激素产生竞争性结合，由于其本身不具有活性，因而降低雌激素的作用。代表药物有氟维雌醇（**21**，Faslodex）[31]。

21

氟维雌醇，商品名：Faslodex，由阿斯利康公司研制，其注射剂于 2002 年 4 月获得美国 FDA 批准。主要用于抗雌激素疗法治疗无效、绝经后雌激素受体阳性的转移性晚期乳腺癌治疗。氟维雌醇在体内竞争性地与 ER 结合，并使 ER 受体形态发生改变，降低

ER 浓度从而使肿瘤细胞受到损害。它单次肌注后血浆浓度约在 7 天后达峰值，并维持至少 1 个月，血浆半衰期约为 40 天。它与血浆蛋白结合率高达 99%。其在体内的主要代谢酶是 CYP3A4，可通过多种途径生物转化，包括氧化、芳香化、羟化等。粪便是主要排泄途径，经肾清除不到 1%。研究表明氟维雌醇与依西美坦对于原发性或转移的晚期乳腺癌疗效相当，没有显著差异[32]。

由于氟维雌醇有较长的侧链，可以影响 ER 受体的二聚化，抑制 ER 和 DNA 的结合，并能使 ER 受体下调，也称为雌激素受体下调剂。氟维雌醇对于他莫昔芬耐药的乳腺癌患者有效，与其他内分泌治疗药物没有交叉耐药性。氟维雌醇对于激素非依赖型的前列腺癌的 II 期临床研究以失败告终[33]。在另一项双盲对照实验中，氟维雌醇对于系统性红斑狼疮（lupus erythematosus）有较好的治疗作用，可能成为一种新的疗法[34]。

44.3.3.2 芳香化酶抑制剂

研究发现，绝经前妇女体内雌激素主要受下丘脑-脑垂体-卵巢轴控制调节，而绝经后妇女则主要通过肾上腺产生的雄烯二酮和睾酮在芳香化酶的作用下生成雌酮和雌二醇，估计绝经后妇女体内雌激素有 85%~90% 由此途径生成[35~37]。因此芳香化酶抑制剂可以用来抑制绝经后妇女体内雌激素的合成，抑制雌激素依赖的肿瘤，在乳腺癌的内分泌治疗中有重要作用。由于芳香化酶抑制剂仅单一地降低雌激素水平，因而会产生一些副作用如骨质疏松、潮热等。因此芳香化酶抑制剂一般用于耐他莫昔芬乳腺癌的二线治疗。但 Baum 等将阿那曲唑与他莫昔芬的单独或联合用药（ATAC）用于早期乳腺癌成为乳腺癌治疗历史上的转折点[38]。芳香化酶抑制剂遂成为早期或晚期雌激素受体阳性的乳腺癌的一线治疗药物。

从结构上分，芳香化酶抑制剂可分为两大类：甾类不可逆芳香化酶抑制剂（福美斯坦、依西美坦）和非甾类可逆芳香化酶抑制剂（阿那曲唑、来曲唑、法曲唑）。第一代的氨鲁米特（**22**，Aminoglutethimide，1981 年），由于减少了皮质激素的体内合成，已淘汰。目前市场上主要的芳香化酶抑制剂有第二代的法曲唑（**23**，Fadrozole）、福美斯坦（**24**，Formestane），第三代的阿那曲唑（**25**，Anastrozole）、来曲唑（**26**，Letrozole）、依西美坦（**27**，Exemestane）[39]。

阿那曲唑由阿斯利康公司研制，1995 年 12 月获 FDA 批准上市。为口服片剂，用于辅助治疗绝经后妇女激素依赖的早期乳腺癌，对于他莫昔芬治疗失效的患者也有效，可单独或与他莫昔芬联合用药[40]。该药吸收迅速，1~2h 血药浓度即达峰值，血浆清除半衰期为 40~50h。主要通过 N-去烷基化、羟化和葡萄糖醛酸化进行代谢，代谢产物主要经尿排出。研究表明绝经后妇女每日服用 1mg 阿那曲唑可以降低 80% 以上的雌二醇水平，对乳腺癌的疗效和生存率都优于他莫昔芬。该药物没有孕激素、雄激素及雌激素样活性，也没有盐皮质激素和糖皮质激素抑制作用，副作用与其他芳香化酶抑制剂相似，骨折的发生率有较明显的增加[41]。

来曲唑，1996 年由瑞士 Ciba 制药公司首次在英国上市，1997 年 7 月获 FDA 批准，商品名 Femara（弗隆）。来曲唑在乳腺癌治疗各个阶段的疗效均高于他莫昔芬。在一线治疗中，来曲唑在有效率、疾病的控制及生存时间等方面均优于他莫昔芬，耐受性也好于他莫昔芬，而且有可能克服他莫昔芬的耐药性。2004 年 8 月瑞士批准弗隆作为绝经后雌激素受体阳性（ER$^+$）的早期乳腺癌的后续强化辅助治疗。2004 年 10 月 FDA 批准绝经后妇女 ER$^+$ 的早期乳腺癌患者在他莫昔芬治疗 5 年后，继续使用来曲唑进行后续强化辅助治疗。

福美斯坦由瑞士汽巴-嘉基（Ciba-Geigy）公司开发，1993 年 1 月在英国首次上市。它是甾类的第一个芳香化酶抑制剂，用于绝经后妇女雌激素受体阳性的晚期乳腺癌，主要作为他莫昔芬治疗后复发患者的二线治疗药和少数不能耐受他莫昔芬患者的一线治疗药。福美斯坦是芳香化酶天然底物雄烯二酮的类似物，绝经后妇女雌激素的主要来源就是芳香化酶对雄烯二酮进行芳香化。福美斯坦抑制人胎盘微粒体和乳腺癌活组织样本芳香化酶的活性分别为氨鲁米特的 30 倍和 1000 倍。福美斯坦口服生物利用度差，肌注后形成药库，缓慢吸收进入血流绝经妇女每两周一次肌注 250mg，患者血浆雌激素水平能下降一半[42]。

依西美坦由 Pharmacia & Upjohn 公司研究开发，为口服制剂，用于绝经后妇女的晚期乳腺癌的治疗。1999 年 4 月在英国首次上市，2000 年 8 月被加拿大批准用于他莫昔芬治疗无效的绝经后妇女晚期乳腺癌的治疗[43]。依西美坦是雄烯二酮的类似物，通过与内源性配体竞争活性位点，能以共价健与芳香化酶不可逆地结合，从而灭活芳香化酶，即所谓的"自杀性抑制"[44,45]。共价健的生成可能是通过芳香化酶的血红素对 19-位的甲基进行羟基化，成为亲电性的中间体[46]。依西美坦对芳香化酶的选择性高，而且不抑制 5α-还原酶的活性，不与性激素受体结合，不影响皮质激素和醛固酮的合成。该药口服吸收迅速，达峰时间 1~2h，消除半衰期 24h。

第三代芳香化酶抑制剂疗效和耐受性均比较理想，不干扰其他类固醇激素的代谢，对高龄患者和一些脏器功能障碍患者也有较好的适用性，而且第三代抑制剂都是口服制剂，服用方便[36,47]。第三代芳香化酶抑制剂在安全性上孰优孰劣，还没有临床的随机双盲实验说明。但总体来说，第三代芳香化酶抑制剂血栓的发生率低于他莫昔芬，骨质的流失相对明显，来曲唑和阿那曲唑使高胆固醇血症有明显升高，而依西美坦能降低胆固醇和低密度脂蛋白[48]。

44.4 孕激素及女性生育调节

孕激素是由卵巢黄体分泌的甾体激素，其中最重要的天然孕激素孕酮（Progestrone，P_4）的发现距今已逾 70 年。孕酮在哺乳动物的生育中扮演着不可或缺的角色，主要是为胚泡着床做准备和维持妊娠。此外，它还能影响心血管系统、免疫系统和中枢神经系统。当体内孕酮水平降低时，可诱导月经，诱发流产；当孕酮浓度较高时，能够抑制排卵。孕酮是天然的避孕药物。因此孕激素及其类似物可作为避孕药。而孕激素拮抗剂能够终止孕激素的妊娠作用，用于抗早孕[49]。

44.4.1 孕激素的药理作用

无论是天然孕酮，还是合成的孕酮类似物，都是通过孕激素受体（PR）起作用。孕激素受体是配体依赖的核受体转录因子，目前已发现的孕激素受体有两种亚型，PR-A 和 PR-B。两种亚型在 N 端有差别，PR-B 含有一个 165 个氨基酸的片段，而 PR-A 的 N 端没有该片段。所以 PR-B 包含三个转录激活结构域（transcription-activating domain）：AF-1、AF-2 和 AF-3。而 PR-A 仅含两个转录激活结构域：AF-1、AF-2。尽管它们在细胞水平和基因水平上显示了一定的差异，但它们在功能上的区别还不清楚，而且几乎没有亚型选择性配体的报道[50]。自从 1970 年 Sherman 等发现孕激素受体以来，孕激素受体配体的研究得到了很大的发展。关于 PR 配体的分类有一些争议，大致可以分为三类：孕激素受体激动剂、部分激动/拮抗剂（SPRM）和拮抗剂。目前这些配体在临床上的应用并不局限于避孕和紧急避孕，在非生殖领域也有应用：如库兴氏综合征、烧伤、关节炎、青光眼等（糖皮质激素拮抗剂），阿尔茨海默病、含甾体受体的肿瘤（乳腺癌、卵巢癌、前列腺癌、胶质瘤和子宫平滑肌肉瘤等）的治疗。尽管在分类上有一些争议，但它们在女性生殖和肿瘤的治疗上都有运用[51]。

44.4.2 甾类孕激素受体激动剂或拮抗剂

人们早就发现孕酮具有避孕的功能，但是它口服无活性。因此期望对其进行结构修饰后，既能保持抑制排卵的功能，又能够口服，可惜一系列尝试都以失败告终。1938 年 Inhoffen 注意到 17α-炔基睾酮（**28**，17α-Ethynyl-testosterone）具有一定抗孕激素活性，便设想去掉其 19 位角甲基可能增强其活性。为此 Syntex 的科学家合成了 19-去甲基-17α-炔基睾酮即炔诺酮（**29**，Norethindrone），与此同时，Searle 药厂的科学家合成了炔诺酮的双键异构体异炔诺酮（**30**，Norethynodrel）。经过临床试验，两者都具有避孕的效果。异炔诺酮与炔雌甲醚的复方于 1959 年被 FDA 批准用于避孕，成为人类生育史上的第一个口服避孕药。孕激素类药物随之进入新的发展阶段，但在结构上没有太大改变，这些药物大致可分为两类：以 19-去甲睾酮为母核的雌甾烷类和以 17α-羟基黄体酮为母核的孕甾烷类。

由于该类药物作用于孕激素受体，而孕激素受体与其他荷尔蒙受体（盐皮质激素受体、雌激素受体、雄激素受体）具有很大的同源性，因此该类药物经常具有较强的副作用。如激动盐皮质激素受体引起血压升高，体重增加；拮抗雄激素受体引起性欲减退；激动雌激素受体引起乳房压痛。因为很多药物由睾酮改造而成，它们的雄激素活性相当明显，如性欲改变、多毛、脱发等。因此有必要寻找具有高度选择性的孕激素受体配体，目前孕激素受体配体已发展至第四代[52]。

孕二烯酮（**31**，Gestodene）由德国先灵（Schering）公司研发，是 18-甲基炔诺酮的衍生物，区别在于其 D 环 15 位引入了双键。孕烯二酮的孕激素活性是 18-甲基炔诺酮的 2～3 倍，没有雄激素和雌激素活性，有抗雌激素作用。与炔雌醇联用，避孕效果可靠，可接受性好，是目前为止孕激素作用最强而使用剂量较低的一种避孕药。

米非司酮（**32**，Mifepristone）为孕激素拮抗剂，是炔诺酮的衍生物，它与孕激素受体的结合能力是孕酮的 5 倍，与糖皮质激素受体的结合能力是地塞米松的 3 倍，但是它与雄激素受体的作用大大降低，与盐皮质激素受体、雌激素受体则无结合。因此具有抗孕激素和抗皮质激素活性，而雄激素活性较弱，主要用于抗早孕。由于米非司酮的抗早孕作用，使得它一度与堕胎联系在一起，使许多大型制药公司望而却步，限制了这类药物的发展。米非司酮能与糖皮质激素受体结合，对治疗库兴氏综合征（Cushing's syndrome）有治疗价值，这有待进一步的研究[22]。另外还开展了米非司酮在重型精神病性抑郁症（psychotic major depression）治疗方面的研究[53]。奥纳斯酮（**33**，Onapristone）则是一个纯孕激素受体拮抗剂，对晚期乳腺癌比较有效，但是由于肝脏毒性，在临床Ⅱ期被召回。

米非司酮与奥纳斯酮代表了两种不同类型的孕激素拮抗剂。Ⅰ型拮抗剂不但阻止孕酮与孕激素受体的作用，而且干扰孕酮-孕激素受体复合物与 DNA 的作用[54]。Ⅱ型拮抗剂并不阻止 PR 与 DNA 的结合，但是 PR-DNA 复合物形成的构象不利于转录。奥纳司酮属于Ⅰ型拮抗剂，而米非司酮属于Ⅱ型拮抗剂[55]。

地诺孕素（**34**，Dienogest），由 Schering 公司开发。与传统的 19-去甲睾酮衍生物不同，地诺孕素具有 17α-氰甲基基团。与 PR 受体结合力中等，与 ER、GR 受体亲和力较弱，与 AR 有一定的亲和力。具有孕激素和抗雄激素的双重作用，口服生物利用度高（＞90%），血浆半衰期 6.5~12h，主要经过羟基化和芳香化代谢。地诺孕素能诱导促卵泡激素 FSH 和黄体生成激素 LH 的持久分泌，剂量依赖地抑制睾酮的分泌，具有良好的抗雄性生育作用。在临床上可用于口服避孕（Valette，1995 年上市），绝经后妇女的激素替代治疗（Climodien，2005 年）和子宫内膜异位症（Endometrion，2002 年）的治疗。

屈螺酮（**35**，Drospirenone）为抗醛固酮螺内酯衍生物，与孕酮受体和盐皮质激素受体有较高的亲和力，与糖皮质激素受体和雄激素受体亲合力较低，与雌激素受体没有作用。该药口服后起效迅速，生物利用度较高（76%）。由于它对甾体受体的选择性，能拮抗雌激素诱导的系列症状：醛固酮的增高、体重的增加，缓解经期前焦虑等。在临床上可用于：口服避孕优思明（Yasmin，2001 年），绝经后妇女的激素替代治疗（Angeliq，2003 年）。

曲美孕酮（**36**，Trimegestone，TRM），为 19-失碳孕甾烷类孕激素。与孕酮受体有很高的亲和力，与糖皮质激素受体、盐皮质激素受体和雄激素受体的亲和力较弱，几乎不与雌激素受体作用。有微弱的抗雄激素、抗盐皮质激素、抗促性腺激素和抗雌激素活性，是孕激素受体激动剂。与其他传统的孕激素相比，TRM 对子宫内膜的选择性更高，作用更强，因此副作用更小。在临床上主要用于治疗更年期综合征和预防绝经后骨质疏松症（Totelle Cycle，2001 年在瑞典上市）。

44.4.3 选择性孕激素受体调节剂[56]

44.4.3.1 甾类孕激素受体调节剂

孕激素激动剂或拮抗剂是完全激动或者阻遏孕激素受体的转录功能，有些配体还与其他甾体受体如糖皮质激素受体、雄激素受体等有交叉作用，因此不可避免地会引起一些副作用。因此理想的选择性孕激素受体调节剂是一些具有组织选择性的部分激动/拮抗剂，其激动功能弱于黄体酮，而拮抗活性弱于拮抗剂，兼具激动剂/拮抗剂两者的药效，而没有或较少副作用[56]。当配体-受体-DNA 三元复合物与不同组织中的不同因子（活化因子或共抑因子）作用时，就表现出组织选择性[57]。SPRM 的定义并没有严格的限制，不同于传统孕激素并具有组织选择性的激动剂、拮抗剂或部分激动剂都可以归为 SPRM。

说到甾类 SPRM，就必然会提到先灵公司的 Asoprisnil 37。它是 11β-苯甲羟肟取代的甾体结构，曾经进入 II 期临床。它与孕激素受体的结合能力是黄体酮的 3 倍，与糖皮质激素受体的结合能力弱于地塞米松，与雄激素受体有微弱结合，而与 ER、MR 无结合。在临床，主要用于治疗子宫肌瘤，但在 2006 年中断 III 期临床研究，原因不详。

另一个孕激素受体调节剂是法国 HRA Pharma 的 CDB-2914（**38**，Ulipristal），目前正在进行紧急避孕的 III 期临床研究。该化合物与米非斯酮相比，没有抗糖皮质激素活性，与 PR 有很高的亲和力，是孕激素受体的完全拮抗剂。CDB-2914 能抑制平滑肌瘤细胞的增生，促进其凋亡，并且能下调瘤细胞的血管表皮生长因子。其对子宫肌瘤的 II 期临床研究也在进行。

Org-33628（**39**）也是一个高选择性的 SPRM，与米非司酮相比，其抗糖皮质激素活性明显下降，该化合物目前正在进行避孕的 II 期临床研究。

甾类 SPRM 的结构类似于米非司酮，都是在甾环骨架的 11β 位和 17α 位进行改造。11β 位为苯基对位取代，取代基为醛肟、二甲氨基或乙酰基；17α 位侧链对孕酮受体配体的选择性和活性影响也很大。先灵公司发现一个 17α-五氟乙基取代的化合物 ZK-23001（**40**，也有文献将其归为孕激素拮抗剂），具有很高的抗孕激素活性，并且荷尔蒙活性较低。该化合物已顺利完成 I 期临床研究。

CBD-4124（**41**，Proellex）也是在 17α 位进行改造，该化合物为强效的选择性孕激素受体拮抗剂，对 ER、AR 没有作用，具有较弱的糖皮质激素拮抗活性。目前该化合物正在分别进行子宫肌瘤和子宫内膜异位症的 II 期临床研究。

44.4.3.2 非甾类孕激素受体调节剂

甾类孕激素或多或少都与其他的甾体受体有结合，从而会引起一些副作用。因此合成非甾体的孕激素受体调节剂，发展对孕激素受体具有高度亲和力的组织选择性配体，有着极其重要的意义。

惠氏公司（Wyeth）在这方面取得较大的进展，其研制的 Tanaproget (**42**) 为口服有效的孕激素受体激动剂，对 T47D 试验的 $EC_{50}=0.15nmol/L$，对 PR 的选择性是 ER、GR 和 AR 的 250 多倍，并具有较好的口服生物利用度和半衰期，曾进入 II 期临床研究，但在 2006 年初，因会引起穿透性出血召回。Tanaproget 与孕激素受体的结合方式不同于孕酮。由于分子非常小，很容易结合到蛋白的结合口袋而不改变受体的三级结构（彩图 9）[58]。吡咯环上氰基的氮起到了甾类孕激素 3-位羰基的作用，另外 1-位氮上的氢能与受体上的氨基酸 Asn719 形成氢键，该氢键是甾类孕激素所没有的。Tanaproget 与 PR 复合物的晶体结构是目前唯一的非甾类 SPRM 的晶体结构，对设计新型的 SPRM 有非常重要的借鉴意义[59]。

44.4.4 女用避孕药物

女性现有的避孕方法种类繁多，包括口服避孕药、宫内节育装置、激素埋植、避孕针剂、避孕透皮贴膏、外用杀精剂等，其中口服避孕药物是最常用的有效措施之一。

口服避孕药不但应用范围广，而且研究也最为深入。从第一个口服避孕药 Enovid-10（炔雌醇甲醚 150μg，异炔诺酮 9.85mg）于 1960 年在美国上市以来，口服避孕药的长期安全性一直是避孕研究的重要课题。流行病学研究证实长期服用口服避孕药，女性脂代谢紊乱、心血管疾病如静脉血栓栓塞、心脏病、脑卒中的发病率增加，而这些副作用与口服避孕药中雌激素与孕激素的绝对剂量有关，而且与两种激素的配比也有关。因此口服避孕药的发展主要集中在降低雌激素的剂量、开发新型孕激素、开发多相片剂等三方面。

尽管有各种配方比例不同的复方口服避孕药不断上市，但含有新化学实体的避孕药并不多。除了妈富隆（含去氧孕烯 150μg）、敏定偶（含孕二烯酮 75μg）和诺孕酯 Cilest（含炔诺肟酯 250μg）等口服避孕药外，较近的有先灵公司的 Valette，每片含有 2mg 地诺孕素和炔雌醇 30μg，1995 年在德国上市。德国拜耳（Bayer）公司的 Yasmin 每片含有屈螺酮 3mg，炔雌醇 30μg，每个月经周期连续用药 28 天，于 2001 年获得 FDA 批准上市。2006 年该公司将炔雌醇的含量降低为 20μg，组成新的复方口服避孕药，商品名 Yaz。屈螺酮除了具有孕激素活性，还有一定的抗盐皮质激素活性，能减少水潴留，消除情感相关症状，对体重增加不明显。Yaz 是第一个也是唯一一个用于经前焦虑障碍（premenstrual dysphoric disorder，PMDD）和身体症状治疗的口服避孕药。

2007 年 FDA 批准了惠氏的利波雷尔（Lybrel），利波雷尔是低剂量的口服避孕药，每片含左炔诺孕酮 90μg 和炔雌醇 20μg，可以持续用药，能消除女性的月经周期，让女性摆脱经期的烦恼。服用利波雷尔部分妇女会出现不规则出血和点状出血，与其他口服避孕药一样，也有血栓、中风等危险，另外意外怀孕也较难发现。

由于口服避孕药很容易漏服，所以开发了不需要每天服药的新颖释药系统。欧加农（Organon）公司以单棒皮下埋置剂 Implanon 代替 Norplant 的三棒埋植系统，1998 年在印尼上市，2006 年被 FDA 批准在美国使用。Implanon 是一根长 4cm，直径 2mm 的小棒，在体内不会被生物降解。每棒含有依托孕烯 68mg，每天平均释放 40μg 孕激素就能有效避孕,有效期 3 年。而且 Implanon 不含雌激素,对雌激素有禁忌或不耐受的女性也可使用。与其他孕激素一样,Implanon 也可能引起不规则的阴道出血或闭经。皮下埋植剂还有默克(Merck)的 Uniplant,含醋酸诺美孕酮 $38\mu g$,避孕效果一年。

法玛西亚(Pharmacia)公司的避孕注射剂 Lunelle,2000 年 10 月获得 FDA 批准,每支含有 $25\mu g$ 醋酸甲羟孕酮和 $5\mu g$ 环戊丙酸雌二醇,该药每 28~33 天肌肉注射一次,避孕效果优良。醋酸甲羟孕酮进入血液后与白蛋白高度结合,其半衰期 12~15.4 天;环戊丙酸雌二醇则与性激素结合球蛋白(SHBG)、白蛋白、糖蛋白等结合,游离态仅为 3%,半衰期 8 天。副作用与一般避孕药类似,85% 的妇女在停止用药后四个月内恢复排卵。但在 2003 年 10 月辉瑞停止该药的生产,在美国市场已不再销售该产品。

欧加农公司开发了阴道避孕环 NuvaRing,2001 年获得 FDA 批准。该避孕环阴道内放置三周,取出一周,即四周为一个用药周期,无环一周会发生撤退性出血。环的置入和取出非常方便,性生活时可取出或不取出。该环置入阴道后每天释放 $120\mu g$ 的依托孕烯(Etonogestrel)和 $15\mu g$ 的炔雌醇,避孕效果好,可接受性高。研究显示该环的避孕失败率为 0.65%。由于避免了肝脏的首关效应和胃肠道的干扰,其用药剂量较低。

Ortho-McNeil 公司开发了复方激素避孕贴膏 Ortho Evra,2001 年获得 FDA 批准。该贴膏每天释放 0.15mg 诺孕明(**43**,Norelgestromin)和 $20\mu g$ 的炔雌醇,避孕失败率为 0.88%。诺孕明是诺孕酯(Norgestimate)在体内脂酶水解的活性代谢物。用法为每周一贴,连用三贴,停药一周。推荐粘贴部位有上臂、臀部、下腹部等,停药期会发生撤退性出血。该贴经皮吸收,起效迅速,避免了肝脏的首关效应,对肝脏影响小。其用药依从性优于口服避孕药物,副作用与口服避孕药物相当,有可能增加静脉血栓的形成。

另外 2000 年 FDA 批准了左炔诺孕酮宫内释放系统(IUS)。IUS 呈 T 形,其中含 52mg 左炔诺孕酮,可以控制激素的释放($20\mu g$/天,使用期 5 年)。IUS 也用于治疗如月经过多、子宫内膜异位症、痛经等。

女性外用避孕药物主要有壬苯醇醚 **44**,为非离子型表面活性剂。该药常用聚乙烯醇(PVA)作为赋形剂制成半透明药膜,药膜在阴道内迅速溶解,释放出壬苯醇醚发挥杀精作用。壬苯醇醚可能增加艾滋病病毒感染的风险。

44.4.5 促排卵药物及其他

精子或卵子发育不成熟是造成不孕不育的一个主要原因。无论男性或女性,其正常的生育功能均受促性腺激素的调节。精子的生成或卵子的释放均受到下丘脑-腺垂体-睾丸轴(卵巢轴)的调控。下丘脑分泌的促性腺激素释放激素(gonadotropin-releasing hormone,GnRH)经垂体门静脉到达腺垂体,促进腺垂体合成促性腺激素,包括促卵泡激素 FSH 和黄体生成素 LH。对于男性而言,FSH 主要作用于生精小管的各级精细胞和支持细胞,LH 主要作用于睾丸间质细胞。睾丸的生精功能受促卵泡激素和黄体生成素的双重调节,两者都有促进功能。另一方面,在促卵泡激素作用下,睾丸的支持细胞能产生抑制素,反过来作用于脑垂体,抑制促卵泡激素的分泌,从而使促卵泡激素维持一定水平。对于女性而言,月经周期主要通过下丘脑-垂体-卵巢三者之间的相互作用来调节。当上个月经周期黄体萎缩后，雌激素和孕激素的分泌随之下降，解除了对下丘脑和垂体的抑制。下丘脑产生促性腺激素释放激素，促使腺垂体分泌和释放促卵泡激素和黄体生成素。在 FSH 和 LH 的协同作用下，卵巢中卵泡逐渐发育成熟，并产生雌激素，使子宫内膜增生。卵泡发育成熟后，体内雌激素水平达到第一个高峰。大量的雌激素对下丘脑、垂体产生反馈作用，抑制 FSH 的产生，促进 LH 的分泌，触发排卵。这一过程中的任一环节出现故障都可能导致排卵障碍。在排卵障碍中由下丘脑功能障碍产生的约占 38%，垂体疾病占 17%，卵巢功能障碍约占 45%。

常用的促排卵药物有口服药物柠檬酸克罗米芬（**45**，Clomiphene Citrate）和注射的促性腺激素。柠檬酸克罗米芬，在临床上应用已有 25 年的历史。它具有较弱的雌激素功能，能够与雌激素受体结合，但结合时间较雌二醇长，从而使雌激素对垂体的负反馈功能减弱，增加了促卵泡激素的分泌。其副作用主要有卵巢过度刺激、呕吐、骨盆腔不适、多胞胎等。对男性有促进精子生成的作用，可用于男性少精症的治疗。

人绒毛膜促性腺激素（human chorionic gonadotropin，hCG）是一种含有 244 个氨基酸的糖蛋白激素，分子质量 36.7kDa，由胎盘合体滋养细胞分泌。它是由 α 和 β 两个亚基形成的杂二聚体，hCGα 亚基的氨基酸排列顺序与黄体生成素 LH、卵泡刺激素 FSH 和促甲状腺素 TSH 的亚基完全相同，β 亚基氨基末端 28～32 位氨基酸为其所特有，决定了其免疫学的高度特异性。当妇女怀孕时 hCG 作用于黄体受体，促使黄体增大，并刺激黄体产生孕激素。由于 hCG 结构与黄体生成素类似，hCG 还具有促进卵巢排卵和睾丸产生睾酮的作用。因此从孕妇尿液中提取的 hCG 在临床上可用于垂体与卵巢功能轻度减退的患者，于月经周期第 10～12 天开始，每日肌注 1000～2000IU，共 5 次，用于诱发排卵。如欧加农公司的波热尼乐（Chorionic Gonadotrophin），就是注射用高纯人绒毛膜促性腺激素。同类的药物还有保健宁（Pregnyl），Novarel，Ovidrel，以及保福赐（Profasi）等，这些药物通常与其他促排卵药一起刺激卵巢释放成熟卵子。

人绝经期促性腺激素（human menopausal gonadotropin，hMG）是由绝经期妇女尿中提取的物质，含有 FSH 和 LH，曾广泛地用来治疗不孕不育，hMG 主要靠其中的 FSH 促进卵泡发育。但由于 hMG 含有 FSH、LH 和非特异性蛋白，纯度不高，特异性、安全性较差，市场上销售的此类药物主要有普格纳（Pergonal）——雪兰诺公司（Serono）、瑞普尼克（Repronex）——（辉凌公司，Ferring），以及娩得定（Metrodin）——雪兰诺公司、高纯度娩得定（Metrodin HP）。瑞士雪兰诺公司生产的高纯度娩得定，2002 年的销售额为 5000 万美元。高纯度娩得定所含的 FSH 纯度大于 95%，杂质蛋白含量小于 5%，LH<0.1IU，因此怀孕的成功率较以往的产品高。然而由于其产品可能遭受人型疯牛病的污染，已于 2003 年停止生产和销售。

由于天然来源促卵泡激素的安全隐患，基因重组促卵泡激素成为制药公司的研发重点。促卵泡激素含有 α、β 两个亚基。α 亚基与胎盘激素如黄体生成素 LH、促甲状腺素 TSH、人绒毛膜促性腺激素 hCG 的 α 亚基相似，β 亚基与其功能相关。重组促卵泡激素利用中国仓鼠卵巢细胞经基因重组技术，得到 FSH。该 FSH 和从尿中纯化得到的促卵泡激素混合物相似，具有相同的氨基酸序列，其不同点在于其所含糖的分布不同：重组促卵泡激素糖的组分较为单一，而天然促卵泡激素其唾液酸所含糖链长短不一，活性也有差别[35]。重组促卵泡激素避免了尿蛋白杂质的污染，及其他可能的杂质或病毒污染，品质稳定，较少不利的免疫反应。目前市场上有两种重组促卵泡激素：促卵泡激素 α，果纳芬（Gonal-F）和促卵泡激素 β，保妊康（Puregon）/普丽康（Follistim）。果纳芬由雪兰诺公司研制，是全球首个以基因工程技术制造的 FSH。FSH 纯度达 99.9%，不含 LH，无尿液来源的杂质蛋白，1995年在欧洲上市。果纳芬能使有排卵障碍的84%的妇女产生排卵，对男性性机能减退和促性腺激素分泌不足的患者，63%的男性患者其精子数量能达到1500万/mL，并于1999年获准用于男性因荷尔蒙缺乏产生的不育症。欧加农的保妊康在1996年上市。基因重组的rFSHα、rFSHβ其命名与促卵泡激素亚基没有任何联系，除了在异构体的混合组成上稍有不同之外，这两种重组促卵泡激素结构和生化性能基本一样，其临床功能也无明显差别，但均优于hMG。基因重组药物的安全性是否高于天然来源的促卵泡激素？这依然有争论。FDA于2002年批准了辉凌公司的Bravelle^{Tm}，一种高纯度的hFSH，用于诱发妇女排卵，与基因重组的促卵泡激素一样安全有效。副作用主要有乳房柔软，腹泻，轻度的恶心、呕吐。

雪兰诺公司的路福瑞（Luveris）是世界上第一个也是唯一获准的重组人黄体生成素，2004年10月获得FDA批准，与果纳芬联用，用于治疗严重缺乏LH和FSH的不孕症患者。而注射用重组人黄体生成素（lutropin alfa, Luveris）与促卵泡激素α（follitropin alfa, Gonal-f）的复方于2007年4月获得欧盟的批准，成为第一个合并两种重组性腺激素的单一皮下注射剂。

在接受人工生殖技术时，一般会采用促性腺激素释放激素（gonadotropin-releasing hormone, GnRH）激动剂如醋酸亮丙瑞林（Leuprorelin Acetate）、醋酸戈舍瑞林（Goserelin, Acetate）或那法瑞林（Nafarelin）等刺激卵巢，来获得较多品质较好的卵子，增加受孕的概率。GnRH也称为黄体生成素释放激素（luteinizing hormone-releasing hormone, LH-RH），是10个氨基酸的多肽，1977年由Schally和Guillemen两人发现并确认。GnRH比较集中分布在垂体正中隆起外侧区，弓状核、下丘脑视前区、多突室管膜细胞、松果体等处也有分布。GnRH与腺垂体促性腺细胞特异受体结合，通过激活腺苷酸环化酶cAMP-蛋白激酶系统，促进腺垂体合成和释放促性腺激素，包括黄体生成素和促卵泡激素。早期的GnRH激动剂一般只置换6-位和10-位的两个氨基酸，使它们的作用增强，半衰期延长。使用GnRH激动剂时，会引起用药初期的一个短促的血浆促性腺激素高峰，由于GnRH激动剂对GnRH受体有更高的亲和力，大部分的垂体细胞表面GnRH受体被占据并转移至细胞内，使垂体细胞表面的GnRH受体数目明显减少，对内源性或外源性的GnRH不能进一步发生应答，垂体持续性兴奋可能增加垂体的无反应性，导致垂体分泌LH和FSH显著减少，用药5～7天后开始下降，14天之内降低到基础值以下，呈药物去垂体状态，随之卵巢内的卵泡停止生长和发育。体内雌激素经给药初期的上升后，随着GnRH激动剂持续使用则会降低，甚至达绝经期的水平。GnRH激动剂必须持续使用一段时间才能转为抑制作用，疗程比较长；另外不能有效减少卵巢过度刺激综合征的发生，给病人带来痛苦和危险。GnRH拮抗剂没有起始时的LH突然转高，没有雌激素不足症状，可以降低FSH和hMG的使用量，疗程较短，恢复期也短，具有较低的卵巢过度刺激综合征发生率和较少出现早发的LH高峰（premature LH surge），后者会严重影响卵子的质量。GnRH拮抗剂在用药2～3h就能抑制垂体分泌LH和FSH，而GnRH激动剂需要一周的时间。GnRH拮抗剂的作用特点：①与GnRH竞争性结合垂体细胞表面GnRH受体；②对垂体产生即时抑制效应，没有用药初期的激发现象；③抑制效果呈剂量依赖性；④保留垂体反应性。

第一代GnRH拮抗剂主要对GnRH的1,2,3-位的氨基酸进行替换，并产生拮抗作用。但由于早期拮抗剂能引起组胺的分泌导致过敏，限制了使用。第三代拮抗剂基本消除了组胺释放的特性，临床上应用的GnRH拮抗剂有加尼瑞克醋酸盐（Ganirelix Acetate,）和西曲瑞克醋酸盐（Cetrorelix Acetate）。

GnRH

p-Glu-His-Trp-Ser-Tyr-Gly-Leu-Arg-Pro-Gly-NH$_2$

亮丙瑞林

p-Glu-His-Trp-Ser-Tyr-**D-Leu**-Leu-Arg-Pro-**NHEt**

戈舍瑞林（Goserelin）

p-Glu-His-Trp-Ser-Tyr-**D-Ser（tBu)**-Leu-Arg-Pro-**Azagly-NH$_2$**

布舍瑞林（Buserelin）

p-Glu-His-Trp-Ser-Tyr-D-Ser（tBu)-Leu-Arg-Pro-NHEt

加尼瑞克（**46**）注射剂由欧加农公司研发，1999年获得 FDA 批准上市，商品名 Antagon，用于辅助生殖技术中的排卵控制。它能有效拮抗 GnRH，抑制 LH 和 FSH 的生成，并能抑制对妇女卵巢的过度刺激和早发的 LH 高峰。它对天然 GnRH 的 1，2，3，6，8，10 共六个位置的氨基酸进行了置换，为皮下给药方式，半衰期为 12.8～16.2h，生物利用度 91.1%，主要通过粪便和尿液排泄（75.1% 和 22.1%）。

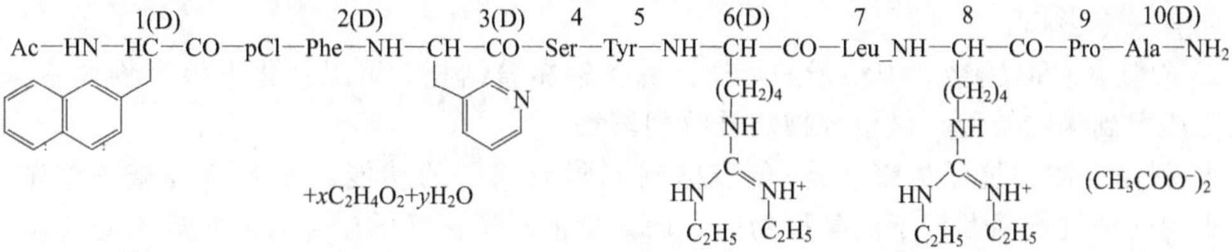

46

西曲瑞克（**47**，Cetrorelix，Cetrotide）由苏威制药厂（Solvay Pharmaceuticals）开发，2000年8月获得 FDA 批准。西曲瑞克与内源性的 GnRH 竞争垂体细胞膜上的受体，结合力是 GnRH 的 20 倍，从而抑制 LH 和 FSH 的释放，推迟 LH 峰的出现[60]，降低对卵巢的过度刺激，从而抑制不成熟卵细胞的排卵，保证成熟卵细胞的品质，增加受孕概率，可作为辅助生殖治疗的手段。西曲瑞克的作用是剂量依赖性的，西曲瑞克 3mg 可维持 4 天的药效，第 4 天的抑制作用约为 70%。半衰期长达 36h，生物利用度 85%。也用于激素敏感的前列腺癌和乳腺癌的治疗。另一个 GnRH 拮抗剂阿巴瑞克（Abarelix）2003 年获得 FDA 批准，仅用于晚期前列腺癌的治疗，由于严重的过敏反应，2005 年撤出美国市场。另外辉凌公司的 Degarelix 对前列腺癌Ⅲ期临床已完成，并于 2008 年 2 月向 FDA 提交了申请。

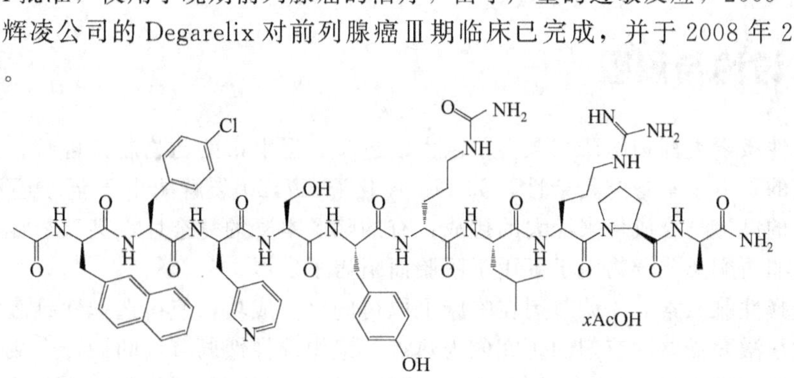

(Ac-D-Nal1-D-Cpa2-D-Pal3-Ser4-Tyr5-D-Cit6-Leu7-Arg8-Pro9-D-Ala10-NH$_2$)

47

44.5 男性生育调节药物[61,62]

与发展比较成熟的女性避孕药物相比，男用避孕药物的研究还不成熟，临床上也没有安全、高效、可逆的男用避孕药用于生育控制。随着对男性生理的进一步认识，男用避孕方法的研究主要集中在以下几个方面。

① 激素类药物。雄激素、雌激素、孕激素、促性腺激素释放激素 GnRH 等能抑制黄体生成素 LH 和促卵泡激素 FSH 的产生，从而干扰精子的生成。雄激素类药物如丙酸睾酮、庚酸睾酮能通过反馈调节抑制垂体功能，减少促卵泡激素 FSH 和黄体生成素 LH 的分泌。雄激素和孕激素联用干扰精子生成也有研究，如醋酸甲地孕酮 DMPA 和庚酸睾酮联用，能明显抑制精子的生成。促性腺激素释放激素 GnRH 的拮抗类似物有明显抑制雄性动物精子减数分裂的作用；GnRH 的激动类似物可通过免疫反应产生抗体，中和 GnRH 达到避孕目的。选择性雄激素受体调节剂 SARMs 由于减少了黄体生成素的分泌，抑制睾酮的产生而影响精子的生成。

② 非激素类男用避孕药主要有棉酚 (**48**)、雷公藤（雷公藤多甙、雷公藤甲素、雷公藤内酯酮、雷公藤内酯醇等）和昆明山海棠等。棉酚能引起生精上皮萎缩，阻碍精子生成，而且存在低血钾和不可逆性不育等副作用。雷公藤对细胞有明显的免疫抑制作用，并对睾丸有一定影响。

③ 阻断射精时输精管中精子的传送。除了输精管结扎，可以将化学聚合物如聚氨酯、有机硅注射到输精管腔，该聚合物能被溶剂溶解。

④ 利用抗体、抗原免疫活化/免疫抑制来阻断精子的功能，发展免疫避孕疫苗[63]；利用靶向的拮抗剂阻断精子的某种功能，而该功能对于正常的生育有着重要的意义。例如抗高血压药物硝苯地平（Nifedipine）能阻断精子细胞膜上的钙离子通道而具有避孕功能。

48

孕激素-雄激素复合剂、孕激素和雄激素在大剂量时都能抑制精子生成，两者合用有协同作用，能够减少各药剂量，从而减少副作用。总而言之，男性避孕药物目前尚处在研究阶段。

44.6 讨论与展望

近年来性激素类药物的研究取得了巨大的进步，但上市的药物屈指可数。其原因是多方面的，有的是由于本身的复杂性，如 17α-羟化酶/17,20-裂解酶由于至今还没有晶体结构，给药物的设计与合成带来巨大的挑战；有的除了本身的复杂性，甚至与社会习俗还有关联，如米非司酮类化合物由于可用于堕胎而阻碍了发展。

由于选择性雌激素受体调节剂在临床上取得的巨大成功，使得选择性雄激素受体调节剂和选择性孕激素受体调节剂的研究成为热点。组织选择性调节剂的设计合成依然充满挑战，如何得到组织选择性配体，如何在该组织中避免不必要的副作用，该配体在组织中显示激动活性还是抑制活性，这一点尚无法预测。尽管如此，药物化学家还是做出了令人瞩目的成绩，如已得到口服有效的肌肉选择性雄激素受体调节剂，其同化作用有望用于治疗肌肉萎缩等消耗性疾病，而没有雄激素对前列腺的副作用[4,64]。亦有研究报道有化合物对骨骼、肌肉和性功能依然有效，但对前列腺的副作用减少[65,66]。选择性雄激素受体调节剂不仅可用于男性，还可能用于女性相关疾病的治疗，包括刺激骨骼和肌肉的生长[24]。

在不久的将来必将有比较理想的雄激素受体选择性调节剂上市。

选择性雌激素受体调节剂的研究日臻成熟，除了 Bazedoxifene 可能成为第二个用于骨质疏松的选择性调节剂以外，针对潮热的 SERMs 也有报道。另外其亚型选择性的调节剂尚有较大的发展余地，尤其是 β 亚型的选择性调节剂。β 亚型的激动剂可抗抑郁、抗炎、增加卵巢的排卵功能等，在上述领域可能得到应用[67]。

SPRMs 在治疗子宫肌瘤、子宫内膜异位症、肿瘤以及生育调节等方面显示了良好的前景，也没有显示出特别的副作用。但由于大的制药公司对其兴趣不大，加之 Asoprisnil Ⅲ期临床研究的中断，选择性孕激素受体调节剂的发展还有待进一步的研究和验证。

另外男性避孕药物可能在不久的将来出现，但其长久的安全性和市场前景并不令人看好。当然，随着核受体研究的快速发展，对性和生殖的分子水平的了解日趋加深，针对核受体的药物设计会更加合理，发展副作用更小、组织选择性更强的药物成为可能。

推荐读物

- Gao W, Bohl C E, Dalton J T. Chemistry and Structural Biology of Androgen Receptor. Chem Rev, 2005, 105: 3352-3370.
- Cadilla R, Turnbull P. Selective Androgen Receptor Modulators in Drug Discovery: Medicinal Chemistry and Therapeutic Potential. Curr Top Med Chem, 2006, 6: 245-270.
- Mokbel K. The evolving role of aromatase inhibitors in breast cancer. Int J Clin Oncol, 2002, 7: 279-283.
- Kevin P M, Eugene L S, Shawn P W. The evolution of progesterone receptor ligands. Medicinal Research Reviews, 2007, 27: 374-400.
- Han S J, DeMayo F J, O'Malley B W. Dynamic regulation of progesterone receptor activity in female reproductive tissues. Ernst Schering Found Symp Proc, 2007, 1: 25-43.

参考文献

[1] Zaveri N T, Murphy B J, John B T, et al. Nuclear Hormone Receptors//Taylor J B, Triggle D J, ed. Comprehensive Medicinal Chemistry Ⅱ. Elsevier: Oxford, 2007: 993-1036.

[2] Gao W, Bohl C E, Dalton J T. Chemistry and Structural Biology of Androgen Receptor. Chem Rev, 2005, 105: 3352-3370.

[3] Kolvenbag G J C M, Blackledge G R P. Worldwide activity and safety of bicalutamide: a summary review. Urology, 1996, 47: 70-79.

[4] Szmulewitz R Z, Posadas E M. Antiandrogen therapy in prostate cancer. Update on Cancer Therapeutics, 2007, 2: 119-131.

[5] 刘雅茹, 丁勇. 抗雄激素药物比卡鲁胺. 中国执业药师, 2006, 11: 31-32.

[6] Wirth M P, Hakenberg O W, Froehner M. Antiandrogens in the Treatment of Prostate Cancer. European Urology, 2007, 51: 306-314.

[7] Cadilla R, Turnbull P. Selective Androgen Receptor Modulators in Drug Discovery: Medicinal Chemistry and Therapeutic Potential. Current Topics in Medicinal Chemistry, 2006, 6: 245-270.

[8] Mukherjee A, Kirkovsky L I, Kimura Y, et al. Affinity labeling of the androgen receptor with nonsteroidal chemoaffinity ligands. Biochemical Pharmacology, 1999, 58: 1259-1267.

[9] Yin D, He Y, Perera M A, et al. Key Structural Features of Nonsteroidal Ligands for Binding and Activation of the Androgen Receptor. Mol Pharmacol, 2003, 63: 211-223.

[10] Rittmaster R S. 5 [alpha]-reductase inhibitors in benign prostatic hyperplasia and prostate cancer risk reduction. Best Practice & Research Clinical Endocrinology & Metabolism, 2008, 22: 389-402.

[11] Thomas L N, Douglas R C, Lazier C B, et al. 5[alpha]-reductase inhibitors in benign prostatic hyperplasia and prostate cancer risk reduction. European Urology, 2008, 53: 244-252.

[12] Ranjan M, Diffley P, Stephen G, et al Comparative study of human steroid 5 [alpha]-reductase isoforms in prostate and female breast skin tissues: sensitivity to inhibition by finasteride and epristeride. Life Sciences, 2002, 71: 115-126.

[13] Metcalf B W, Holt D A, Levy M A, et al. Potent inhibition of human steroid 5[alpha]-reductase (EC 1.3.1.30) by 3-androstene-3-carboxylic acids. Bioorganic Chemistry, 1989, 17: 372-376.

[14] 蒋晟，廖清江. 甾体 5α 还原酶抑制剂的研究进展. 中国新药杂志，2000，9：438-441.
[15] 欧敏锐，戴小福，周训胜等. 5α 还原酶抑制剂研究进展. 海峡药学，2003，15：12-16.
[16] W Bruce S, Paul F, Michael H, et al. Percutaneous cryoablation of porcine kidneys with magnetic resonance imaging monitoring. The Journal of urology, 2001, 166: 289-291.
[17] Keam S J, Scott L J. Dutasteride: A Review of its Use in the Management of Prostate Disorders. Drugs, 2008, 68: 463-485.
[18] 武淑芳，屠增宏. 新型抗前列腺癌新药爱普列特的药理和毒理研究. 中国临床药理学杂志，2000，16：440-444.
[19] 吴建辉，朱焰，孙祖越. 治疗前列腺增生的国家一类新药——爱普列特. 药学进展，2002，26：55-57.
[20] 李强，廖清江. 非甾体 5α 还原酶抑制剂的研究进展. 中国新药杂志，2001，10：419-423.
[21] Moreira V M, Salvador J A R, Vasaitis T S, et al. CYP17 Inhibitors for Prostate Cancer Treatment -An Update. Current Medicinal Chemistry, 2008, 15: 868-899.
[22] Johanssen S, Allolio B. Mifepristone (RU 486) in Cushing's syndrome. European Journal of Endocrinology, 2007, 157: 561-569.
[23] 韩邦旻，夏术阶. 雄激素受体亚型的研究进展. 国外医学：泌尿系统分册，2005，25：499-503.
[24] Negro-Vilar A. Selective Androgen Receptor Modulators (SARMs): A Novel Approach to Androgen Therapy for the New Millennium. J Clin End & Metab, 1999, 84: 3459-3462.
[25] Thevis M, Kohler M, Schanzer W. New drugs and methods of doping and manipulation, Drug Discovery Today, 2008, 13: 59-66.
[26] McDonnell D P, Norris J D. Connections and Regulation of the Human Estrogen Receptor. Science, 2002, 296: 1642-1644.
[27] Jing C, Zhiyun C, Jian D. 雌激素受体的基因结构、组织分布及表达量的研究进展. 中国老年学杂志，2007，27：2468-2471.
[28] McDonnell D P. The molecular determinants of estrogen receptor pharmacology. Maturitas, 2004, 48: 7-12.
[29] Dağdelen S, Akın A, Duygu A, et al. Selective Estrogen Receptor Modulators: From Molecular Basis to Clinical Application. Turkish Journal of Endocrinology and Metabolism, 2003, 1: 53-62.
[30] Jordan V C. Selective estrogen receptor modulation: Concept and consequences in cancer. Cancer Cell, 2004, 5: 207-213.
[31] 李国星. 乳腺癌雌激素受体调节剂类药物作用机制研究进展. 国际肿瘤学杂志，2007，34：683-686
[32] Chia S, Gradishar W. Fulvestrant: Expanding the endocrine treatment options for patients with hormone receptor-positive advanced breast cancer. The Breast, 2008, 17 (Suppl3): 16-21.
[33] Chadha M K, Ashraf U, Lawrence D, et al, Phase Ⅱ study of fulvestrant (faslodex) in castration resistant prostate cancer. The Prostate, 2008, 68: 1461-1466.
[34] Abdou N, Rider V, Grennwell C, et al. T Fulvestrant (Faslodex), an Estrogen Selective ReceptorDownregulator, in Therapy of Women with Systemic Lupus Erythematosus. Clinical, Serologic, BoneDensity, and T Cell Activation Marker Studies: A Double-blind Placebo-controlled Trialhe. Journal of Rheumatology, 2008, 35: 797-803.
[35] Brodie A. Aromatase inhibitors in breast cancer. Trends in Endocrinology and Metabolism, 2002, 13: 61-65.
[36] Mokbel K. The evolving role of aromatase inhibitors in breast cancer. International Journal of Clinical Oncology, 2002, 7: 0279-0283.
[37] Briest S, Davidson N. Aromatase inhibitors for breast cancer. Reviews in Endocrine & Metabolic Disorders, 2007, 8: 215-228.
[38] Group T A T. Anastrozole alone or in combination with tamoxifen versus tamoxifen alone for adjuvant treatment of postmenopausal women with early breast cancer: first results of the ATAC randomised trial. The Lancet, 2002, 359: 2131-2139.
[39] Leonetti F, Favia A, Rao A, et al. Design, Synthesis, and 3D QSAR of Novel Potent and Selective Aromatase Inhibitors. J Med Chem, 2004, 47: 6792-6803.
[40] Sanford M, Plosker G L. Anastrozole: A Review of its Use in Postmenopausal Women with Early-Stage Breast Cancer. Drugs, 2008, 68: 1319-1340.
[41] 安富荣，崔岚，曹惠明. 阿那曲唑的药理作用及临床应用. 中国临床药理学杂志，2001，17：367-370.
[42] 彭晖. 抗肿瘤药福美斯坦. 国外医药——合成药、生化药、制剂分册，1994，15：108-109.
[43] 闫敏，江泽飞，宋三泰. 芳香化酶失活剂依西美坦治疗乳腺癌. 国外医学肿瘤分册，2002，29：443-446.

[44] Brueggemeier R W, Hackett J C, Diaz-Cruz E S. Aromatase Inhibitors in the Treatment of Breast Cancer. Endocrine Reviews, 2005, 26: 331-345.

[45] Giudici D, Ornati G, Briatico G, et al. 6-Methylenandrosta-1, 4-diene-3, 17-dione (FCE 24304): A new irreversible aromatase inhibitor. Journal of Steroid Biochemistry, 1988, 30: 391-394.

[46] Hong Y, Yu B, Sherman M, et al. Molecular Basis for the Aromatization Reaction and Exemestane-Mediated Irreversible Inhibition of Human Aromatase. Molecular Endocrinology, 2007, 21: 401-414.

[47] 刘君, 姜淮芜. 芳香化酶抑制剂治疗乳腺癌的临床研究进展. 中国现代普通外科进展, 2007, 10(6): 510-512.

[48] Ponzone R, Mininanni P, Cassina E, et al. Aromatase inhibitors for breast cancer: different structures, same effects. Endocrine-Related Cancer, 2008, 15: 27-36.

[49] Kevin P Madauss, E L S P W. The evolution of progesterone receptor ligands. Medicinal Research Reviews, 2007, 27: 374-400.

[50] Aupperlee M D, Smith K T, Kariagina A, et al. Progesterone Receptor Isoforms A and B: Temporal and Spatial Differences in Expression during Murine Mammary Gland Development. Endocrinology, 2005, 146: 3577-3588.

[51] Chabbert-Buffet N, Meduri G, Bouchard P, et al. Selective progesterone receptor modulators and progesterone antagonists: mechanisms of action and clinical applications. Human Reproduction Update, 2005, 11: 293-307.

[52] 朱焰, 孙祖越, 曹霖. 第四代孕激素研究进展. 中国药学杂志, 2006, 41: 572-575.

[53] ND N, TL S. Mifepristone, a glucocorticoid antagonist for the potential treatment of psychotic major depression. Curr Opin Investig Drugs, 2007, 8: 563-569.

[54] Wagner B L, Pollio G, Giangrande P, et al. The Novel Progesterone Receptor Antagonists RTI 3021-012 and RTI 3021-022 Exhibit Complex Glucocorticoid Receptor Antagonist Activities: Implications for the Development of Dissociated Antiprogestins. Endocrinology, 1999, 140: 1449-1458.

[55] Edwards D P, Altmann M, DeMarzo A, et al. Progesterone receptor and the mechanism of action of progesterone antagonists. The Journal of Steroid Biochemistry and Molecular Biology, 1995, 53: 449-458.

[56] Arey B J, Yanofsky S D, Claudia Perez M, et al. Differing pharmacological activities of thiazolidinone analogs at the FSH receptor, Biochemical and Biophysical Research. Communications, 2008, 368: 723-728.

[57] Smith C L, O'Malley B W. Coregulator Function: A Key to Understanding Tissue Specificity of Selective Receptor Modulators. Endocrine Reviews, 2004, 25: 45-71.

[58] Winneker R C, Fensome A, Zhang P, et al. A new generation of progesterone receptor modulators. Steroids, 2008, 7: 689-701.

[59] Zhang Z, Olland A M, Zhu Y, et al. Molecular and Pharmacological Properties of a Potent and Selective Novel Nonsteroidal Progesterone Receptor Agonist Tanaproget. J Biol Chem, 2005, 280: 28468-28475.

[60] Olivennes F, Alvarez S, Bouchard P, et al. The use of a GnRH antagonist (Cetrorelix) in a single dose protocol in IVF-embryo transfer: a dose finding study of 3 versus 2 mg. Hum Reprod, 1998, 13: 2411-2414.

[61] Tulsiani D R P, Abou-Haila A. Male Contraception: An Overview of the Potential Target Events Endocrine. Metabolic & Immune Disorders -Drug Targets (Formerly Current Drug Targets -Immune, Endocrine & Metabolic Disorders), 2008, 8: 122-131.

[62] Amory J K. Contraceptive developments for men. Drugs Today, 2007, 43: 179-192.

[63] Khobarekar B G, Vernekar V, Raghavan V, et al. Evaluation of the potential of synthetic peptides of 80KDa human sperm antigen (80KDaHSA) for the development of contraceptive vaccine for male. Vaccine, 2008, 26: 3711-3718.

[64] Sun C, Robl J A, Wang T C, et al. Discovery of Potent, Orally-Active, and Muscle-Selective Androgen Receptor Modulators Based on an N-Aryl-hydroxybicyclohydantoin Scaffold. J Med Chem, 2006, 49: 7596-7599.

[65] Li J J, Sutton, J C, Nirschl A, et al. Discovery of Potent and Muscle Selective Androgen Receptor Modulators through Scaffold Modifications. J Med Chem, 2007, 50: 3015-3025.

[66] Miner J N, Chang W, Chapman, M S, et al. An Orally Active Selective Androgen Receptor Modulator Is Efficacious on Bone, Muscle, and Sex Function with Reduced Impact on Prostate. Endocrinology, 2007, 148: 363-373.

[67] Zhao C, Dahlman-Wright K, Gustafsson JA. Estrogen receptor beta: an overview and update. Nucl Recept Signal, 2008, 1(6): e003.

中文索引

A

阿巴卡韦　937～939
阿巴西普　1112
阿拜卡霉素　381
阿贝卡星　839
阿达木单抗　415
阿德福韦　22
阿德福韦酯　22,941,973
阿地溴铵　1071,1072
阿尔茨海默病　629,640,672,680
阿伐斯汀　734
阿法罗定　595
阿芬太尼　596,609
阿福特罗　1069
阿戈美拉汀　666
阿加曲班　1030
阿卡波糖　385,700,1126,1127
阿可乐定　782,783,791
阿克拉霉素　895
阿拉伯半乳聚糖脂　831
阿雷地平　997
阿立哌唑　648,651,652,813
阿利克仑　990,1000,1006,1007,1014
阿伦膦酸钠　717,718,727
阿罗茶碱　1077
阿霉素　208,894
阿米洛利　1011
阿米替林　203,656
阿莫地喹　46
阿莫罗芬　873
阿莫曲坦　799
阿莫沙平　656,657
阿那曲唑　1148,1149
阿尼芬净　878
阿尼利定　20
阿尼西坦　641
阿帕泛　739
阿片受体拮抗剂　1136
阿片肽　591
阿朴吗啡　677,810,812,814～816
阿普洛尔　301
阿普唑仑　577,667

阿奇霉素　257,839,845
阿曲留通　739
阿曲生坦　741
阿屈高莱　677
阿柔比星　895
阿瑞吡坦　283,284,666
阿塞那平　652
阿司咪唑　734
阿司匹林　203,268,615,1024
阿斯利康公司　143,280,281
阿糖胞苷　897,903,904
阿替卡因　263
阿替洛尔　790,792,1047
阿替美唑　784,792
阿替普酶　1032
阿托伐他汀　10,262,285,286,690,1039,1056,1057,1063
阿托品　761
阿瓦司汀　415
阿西莫司　1062
阿昔单抗　1026
阿扎胞苷　900
阿扎丙宗　617
阿扎那韦　937,945
阿折地平　997
阿佐塞米　1008
埃博拉病毒　964
埃博霉素 A　261,927
埃博霉素 B　261,927
埃罗替尼　913,914
埃坡霉素　856
埃索美拉唑　746,750
艾普拉唑　746
艾司洛尔　790,792,1047
艾司唑仑　577,667
艾斯能　682
艾替班特　740
艾西酞普兰　658,661
艾滋病　462,933,939,942,950,959
艾滋病疫苗　958,959
爱康宁　567
爱波司坦病毒　964
爱维莫潘　598
爱优痛　208

安吖啶　897
安吡昔康　619
安非他明　636,1128
安非他酮　664,665,769
安非拉酮　201,202
安理申　682,683
安钠咖　635
安普那韦　937,944,945
安全阀连接链　98
安全警戒　549
安全性　507,509,531
安瑞那韦　238
安莎环类　841
氨苯蝶啶　1011
氨苄西林　256
氨茶碱　635
氨磺必利　652
氨基蝶呤　905
γ-氨基丁酸　578,591,667,688,816
氨基端区域　1093
S-2-氨基-5,6-二羟基-1,2,3,4-四氢萘　810
氨基己酸　1023
氨基甲酸酯　667
氨基甲酸酯型前药　892
α-氨基羟甲基噁唑丙酸　688
6-氨基青霉烷酸　256
GABA 氨基酸转移酶　583
氨基糖苷类　838
9-氨基喜树碱　260
氨己烯酸　582
氨甲苯酸　1023
氨甲环酸　1023
氨甲酰苯　67
氨力农　1042
氨鲁米特　1148,1149
氨氯地平　67,996,1013
氨柔比星　895,896
氨糖洋苷　1041
氨酰-tRNA　840
氨溴索　1085
氨乙异硫脲　641
胺碘达隆　202,209
胺碘酮　1047,1048
昂丹司琼　36,804,808
奥波非班　1026
奥布卡因　568
奥氮平　226,648,650,801,808,813,815
奥格门汀　842

奥卡西平　581
奥拉西坦　641
奥利司他　1125
奥利万星　834
奥美拉唑　46,201,202,280,281,302,311,313,316,
　　　　　500,501,746
奥米沙班　1029
奥纳司酮　1151
奥沙利铂　890,891
奥沙奈坦　653
奥沙西泮　577,667
奥生多龙　1143
奥司他韦　383
奥斯米韦　272,273,276
奥索方　567
奥腾折帕　764
奥昔布宁　763
奥昔康唑　874
奥昔哌汀　648
奥扎格雷　1024

B

巴比妥酸　576
巴黎公约　485,487,495
巴黎联盟　490
巴龙霉素　839
巴氯芬　315,582
靶标　362,365,373
靶点导向筛选　344
靶向库　112,123
白蛋白　301
白黑链霉菌　841
白介素　415,422,1094
白三烯　624,738
白细胞介素　422,433
白消安　56
百菌清　29
百浪多息　268
百时美施贵宝公司　143,273,287
百忧解　498
斑点合成　127
半胱氨酸天冬氨酸酶　424
半乳糖　386,391,405,407,409,410
半乳糖鞘脂　405
半衰期　44
伴刀豆凝集素　126
棒状杆菌　845
胞壁酸　831

胞壁周质葡聚糖　405
胞外多糖　850
保护工业产权巴黎公约　490,497
保护文学和艺术作品伯尔尼公约　491
保泰松　616
贝美格　640
贝美司琼　803
贝米肝素　1028
贝那普利　1002,1013
贝那替嗪　762
贝尼地平　996
贝诺酯　615
备份研发　501
倍氯米松　1094
倍氯米松二丙酸酯　1073,1095
倍美力　721
倍他罗定　595
倍他米松　1094
本雅病毒　964
苯胺　46
苯巴比妥　53,201~203,576
苯丙氨酸氮芥　13
苯丙胺　299
苯丙哌林　1084
苯并二氮　203
苯并二氮䓬　119,120
苯并呋喃　99,122
苯并硫氮杂草类　995
苯并咪唑　122
苯并噻吩　122
苯丁酸氮芥　886,1105
苯二氮䓬　576
苯二氮䓬类　667
苯酚　570
苯海拉明　12,658,734
苯环利定　687
苯甲醇　570
苯甲吗啉　636
苯甲曲秦　636
苯哌利多　647
苯叔丁胺　636
苯妥英　46,53,202,203,1045,1046
苯乙胺-N-甲基转移酶　775
苯乙肼　656
苯乙双胍　696
苯佐卡因　567
苯佐那酯　1084
苯唑西林　842

鼻喷剂　1099
比伐卢定　1030
比较分子力场分析　146
比较分子相似因子分析　147
比较基因组杂交技术　337
比卡鲁胺　1143,1144,1146
比哌立登　763
比索洛尔　790,792
比托特罗　786,792
比值比　551
吡贝地尔　676,812
吡虫啉　765
吡啶甲醇　1062
吡格列酮　686,707~709
吡考拉唑　746
吡喹酮　311
吡拉西坦　640
吡硫醇　235,641
吡罗昔康　619
吡洛芬　618
吡美拉唑　280
吡美诺　1045
UDP-吡喃半乳糖变位酶　879
边际成本效果比值　541
边际成本效益比值　543
苄普地尔　999,1049
苄丝肼　674
苄托品　677
变形杆菌　837
变形链球菌　850
变形性骨炎　716,717,719
变异株　852
表阿霉素　895
表面播散　850
表面等离子共振技术　327
表面抗原　970
表面离子共振　332
表皮生长因子受体　90,420,431
表柔比星　895
表型导向筛选　342,343
槟榔碱　758,769
丙胺卡因　299
丙吡胺　1045,1046
丙肝病毒　964,975,982
丙磺舒　53
丙基硫脲嘧啶　208
丙咪嗪　203,656
丙奈洛尔　788,792

丙泊酚 563
丙嗪 646
丙戊茶碱 635
丙戊酸 203
丙戊酸钠 581
丙烯醛 886
丙氧芬 297
病毒感染因子 935,938,957
病毒唑 969
病例报告的结果 535
病例结果测定研究 548
玻连蛋白 121
伯胺喹 258
伯尔尼联盟 490
伯利克果蝇基因组计划 88
补偿系统 846
补充保护证书规定 500
哺乳动物雷帕霉素靶蛋白 1114
不能报销目录 557
不能使肽链得到延伸的循环 840
布比卡因 35,569
布地奈德 1070,1073,1074,1097～1099
布地品 679
布康唑 874
布立马胺 744
布列奎钠 1117
布洛芬 12,37,203,296,301,304,305,312
布马佐辛 592,599,609
布美他尼 1008
布屈嗪 995
布他卡因 568
布替萘芬 873
布托巴胺 1043
布托啡诺 599,609,1082

C

参考定价 555
侧链转子库 162
策划药 633
蹭行运动 850
茶丙特罗 786,787,792
茶袋法 102,105
茶碱 46,635
蟾二烯羟酸内酯 1041
长春胺 995
长春地辛 259,922
长春氟宁 922
长春花 259

长春碱 259,922
长春碱类 244
长春瑞滨 259,922
长春新碱 259,922
长末端重复序列 947
长时程增强活性 769
肠促胰岛素 425
肠胃外全麻药 562
肠血管活性肽 419
肠血管活性肽受体 419
常咯啉 1046,1047
场匹配规则 146
超广谱 β-内酰胺酶 842
超级细菌 842
成本分析 538
成本结果/效果/效益/效用分析 541
成骨不全症 719
成骨细胞 715,720,723,725～728
成熟抑制剂 937,956
成瘾药品 561
迟发性运动障碍 645
耻垢分枝杆菌 841
虫媒病毒 964
重组蛋白 416,422,431,438,452,453
重组红细胞生成素 429
重组卵泡刺激激素 429
重组人促红细胞生成素 429
重组人绒毛膜促性腺激素 429
重组融合蛋白 422
处方费 557
处方集 535
川芎嗪 739
传染性软疣 964
串联反应 115,132,133
串联质谱 326
创新药品 557
春日霉素 839
醇脱氢酶 46,48,49
磁场共振成像 333
17β-雌二醇 55
雌二醇 52
雌激素 53
雌激素受体选择性调节剂 723
雌酮 55
雌酮受体 73
雌甾二醇 203
次黄嘌呤单核苷酸脱氢酶 1115
次黄嘌呤核苷酸 969

次级代谢 857
从头设计方法 223
从头预测 161
促甲状腺素释放因子 689
促卵泡激素 1154～1156
促卵泡激素 α 1155
促卵泡激素 β 1155
促皮质激素释放因子 666
促性腺激素释放激素 1154～1156,1158
促智药 640
醋氨沙罗 234
醋丙甲泼尼松 1095
醋丁洛尔 790,792
醋甲唑胺 1011
醋克利定 757,769
醋酸戈舍瑞林 1156
醋酸格拉替雷 1112
催化活性的寡核苷酸 394,395
错配(MM)探针 336

D

达比加群酯 1030
达非那新 763
达菲 497,968,969
达肝素 1028
达格列酮 708
达克罗宁 570
达曲班 741
达塞曲匹 1063
达沙替尼 910
达托霉素 433,836
达托霉素结合蛋白 836
大肠埃希菌 837
大分子微扰学说 33
大规模迅速遗传 89
大环内酯 118,119
大麻素受体 1132
代谢 180
代谢网络 368
代谢组学技术 332
单胺类神经递质的再摄取抑制剂 657
单胺能神经系统 665
单胺氧化酶 46,47,655,809
单胺氧化酶 B 672
单胺氧化酶抑制剂 655
单纯疱疹病毒 322
单纯疱疹病毒 1 型 964
单纯形 154

单纯形方法 169
单核苷酸多态性 324,337
CD22 单抗 1112
单克隆 IgG 抗体 433
单克隆抗体 357,358,429,430,432,452,955
单硝酸异山梨醇酯 1050
胆固醇 55,1039,1051～1053,1055～1057,1059,1060,1062,1063,1091
胆固醇酯转运蛋白 1039,1062,1063
胆红素 53,203
M 胆碱受体拮抗剂 1068,1070
胆囊收缩素 119,120
胆酸 53
蛋氨基氨肽酶 328
Tau 蛋白 683,687,690,691
蛋白 415,417,428,439,452
蛋白共缀 447
蛋白激酶 163,425～427
蛋白激酶 A 971
蛋白激酶 C 920
蛋白酪氨酸激酶 67,165,235,427
蛋白酪氨酸磷酸酶 165
蛋白酪氨酸磷酸酯酶 1B 427
NS3 蛋白酶 986
蛋白酶 66,424,435,439,936,976～978,985
蛋白酶抑制剂 433,936,937,942～946
G 蛋白偶联的膜受体家族 775,776,809
G 蛋白偶联受体 66,221,417～419,421,732,795,818
HIV 蛋白水解酶 143
蛋白水解酶 934
蛋白微阵列 343
蛋白药物 416
蛋白疫苗 430
蛋白诊断试剂 430
蛋白质沉淀技术 325
蛋白质-蛋白质相互作用网络 368
蛋白质结构创新工程 361
蛋白质晶体结构数据库 156
蛋白质芯片技术 327
蛋白质组 332
蛋白质组学 327,328
蛋白组 324
蛋白组学 324
氮甲 886
氮芥 26,56
氮芥类 884
氮唑类抗真菌化合物 880

氮唑类抗真菌药物　873,874,879
导水管周围灰质　592
道古霉素　834
德国卫生保健质量和效率研究所　537
T7 的启动子 P_{T7}　338
登布茶碱　635
低电压激活的钙离子通道　586
低密度脂蛋白　1051,1052,1055～1060,1064,1065
低密度酯蛋白受体　976
低能障氢键　28
地巴唑　995
地贝卡星　839
地尔硫䓬　998,1049
地伐西匹　120
地氟烷　562
地高辛　262,1040,1041
地红霉素　845
地棘蛙素　684,766
地拉普利　1002
地拉韦定　937,941
地氯雷他定　734
地诺帕明　1043
地诺孕素　1151,1153
地哌冬　570
地瑞那韦　938,945
地塞米松　90,1094～1097,1099,1100,1104
地舍平　994
地西泮　120,202,576,667
地西他滨　903
地昔帕明　656,658
地域性　486
地中海拟无枝酸菌　841
碘化甲腺氨酸　55
碘羟喹　687
电喷雾质谱　326
电压敏感型离子通道　71
电压敏感性钠离子通道　572
电压依赖型钙通道　586
β 淀粉样蛋白　682
淀粉样蛋白　680,690,691
淀粉样蛋白斑　680
淀粉样前体蛋白　680
叠氮胸苷　203
丁氨苯丙酮　46
丁胺卡那霉素　839
丁苯唑啉　778,779
丁丙诺啡　203,595
丁呋洛尔　46,304

丁卡因　568
丁螺环酮　667,668,797
丁四硝酯　1050
丁酰苯　813
丁酰胆碱酯酶　682
丁子香酚　570
定点突变　607
定量构效关系　143～146,148,149,180,204,371
定量结构毒性关系　210
定量结构-性质关系　180
定量逆转录 PCR　332
定量喷雾吸入器　1098
定向分类策略　105
东莨菪碱　761
动态组合化学　125～127
动物试验　507
痘病毒　964
毒理学　506,508,510,520,521
毒毛花苷 K　1040
毒性试验　506,508
毒性信息学　210
毒性研究　508
毒蕈　758
毒蕈碱受体　680,683
毒蕈碱型受体　754
杜冷丁的杂质　672
杜栋　250,253
杜塞酰胺　143
度洛西汀　661,662
度他雄胺　1144,1145
3′端切除　947
对氨基水杨酸　57
对接技术　373
3-对羟苯基乙胺　55
对羟基苯甲酸甲酯　29
对乙酰氨基酚　55,203,207
对映体垃圾　35
盾叶鬼臼　259
L-多巴　312,313
多巴胺　48,55,672～678,688,690,808～816,1128
多巴酚丁胺　36,55,297,298,792,1043
多重耐药性　843
多重耐药株　949
多非利特　1048,1049
多价疫苗　431
多联环　117
多硫平　656
多瘤病毒　964

多米曲班 741
多目标遗传算法 125
多奈哌齐 143,295,771
多尼普曲坦 799,801
多黏菌素 838
多黏菌素 B 837
多黏芽孢杆菌 838
多培沙明 1043
多柔比星 894~897
多塞平 656,657
多沙唑嗪 780,781,791
多司马酯 388
多索茶碱 1077
多态胶电泳方法 326
多肽 419
多肽药物 435
多烯紫杉醇 906,907,926
多样性导向合成 113,118,222
多样性库 112,123
多药外排 849
多元线性回归 190,191,195,200
多元线性回归方法 182
多针同步合成技术 102,106,107
多组分缩合反应 122,129

E

厄贝沙坦 990
厄多司坦 1085
厄洛替尼 143
噁唑烷酮 862
噁唑烷酮类抗菌药 865,867
恩氟烷 562
恩福韦地 433,436,938
恩格列酮 707
恩卡尼 1046
恩曲他滨 937,938,941,942,972
恩他卡明 674
恩替卡韦 973
儿茶酚 53,55
儿茶酚氧位甲基移位酶 673
二苯并氧氮䓬类 648
二苯氮杂草 232
二丁卡因 30
二氟尼柳 615
二氟替康 893
二甲胺四环素 847
二甲弗林 640
二甲基烯丙基二磷酸 717

二甲卡因 568
二甲双胍 696,701,706
L-3,4-二羟基苯基丙氨酸 808
3,4-二羟基苯乙酸 809
二羟基丙茶碱 635
二氢吡啶类 995
α-二氢麦角隐亭 676
二氢乳清酸脱氢酶 1116
二氢叶酸 1106
二氢吲哚类 648
二肽基肽酶-Ⅳ 424,439,445,701,703
二维标签编码技术 106
二维电泳技术 326
1,2-二溴乙烷 56
二氧杂芑 208
二乙基己烯雌酚 208
二乙烯基苯 96

F

发明优先 496
发明专利 486
发现库 112,123,124
法利帕米 998
法律性 487
法莫替丁 12,745
法尼醇 720
法尼基焦磷酸 717,718
法尼基焦磷酸合成酶 717,720
法尼泼尼松龙 1095
法曲唑 1148
番茄斑点病毒 964
翻译起始因子-2α 971
反密码子 840
反式激活因子 1099
反式曲马朵 298,303,305
反式阻抑因子 1099
反向激动剂 1132
反向遗传学 324
反相氟固相萃取法 111
反相液相色谱 326
反义寡核苷酸 394,395
Heck 反应 99,130
Passerini 反应 129
反应底物 96,102,108,110
泛素 338
Mosher 方法 250,252
PLS 方法 189
芳烷基胺类 995

芳香化酶抑制剂 1147～1149
芳香磺酰胺 110
放射免疫显像 450
放射受体显像 450
放线菌素 D 897
非阿尿苷 206
非常规扭曲振动 167
非单胺类受体 665
非核苷类逆转录酶抑制剂 936～938,940～942
非核糖体肽合酶 857
非磺酰脲类促胰岛素分泌剂 698
非结构性蛋白 965
非洛地平 995
非那卡因 570
非那西丁 46
非那雄胺 1144,1145
非尼贝特 1059,1060
非诺贝特 1059,1060
非普拉宗 617
非索非那定 734,736
非肽蛋白酶抑制剂 945
非天然的天然杂合产物 857
非甾类选择性糖皮质激素受体激动剂/调节剂 1099
非甾体抗炎药 613,615
非专利药药品 486
非转录区域-5′ 976
菲洛特罗 786,787,792
菲诺洛芬 618
肺泡的最低有效浓度 564
肺炎链球菌 845,853
肺炎支原体 845
费氏链霉菌 837
β-分泌酶 680,684
γ-分泌酶 684～686
分散程序 526
分枝酸 831
分子靶标 64
分子伴侣 854
分子动力学 169
分子动力学模拟 165,170,171
分子对接 143,146,150,151,153,154,157,161,165
分子轨道 173～175
分子间氢键 28
分子力场分析 199
分子力学 157,162,165～167,169
分子模拟 143,171,176
分子内氢键 28
分子全息 145,146

分子识别 125
分子形状分析法 148
分子诊断 328
分子作用场 183
芬苯扎胺 733
芬布芬 618
芬氟拉明 296,299,1128
芬太尼 262,595,596,609
吩噻嗪 232
酚妥拉明 781,785,792
奋乃静 646
粪肠球菌 844
风险比值 551
夫沙那韦 238
夫西地酸 840
呋虫胺 765
呋拉茶碱 201
UDP-呋喃半乳糖转移酶 879
呋塞米 1008
伏格列波糖 385,700,701
伏立康唑 854,876
氟比洛芬 46,618,622,686
氟标记 107,111
氟地西泮 576
氟伐他汀 262,1056,1057
氟奋乃静 646
氟伏沙明 658
氟骨三醇 725
氟固相萃取技术 111
氟桂利嗪 999
氟化物 715,724,725
氟卡尼 36,1046
氟康唑 854,874
氟可丁丁酯 1074
氟喹诺酮类 849
氟氯西林 842
氟罗布芬 304,305
氟尼缩松 1073
5-氟尿嘧啶 239
氟尿嘧啶 14,899,900,901,903,906
氟哌啶醇 647,813
氟哌噻吨 646,813
氟司必林 647
氟他胺 1143
氟替卡松 499,1070,1073,1097～1099
氟托西泮 576
氟托溴铵 1070
氟烷 562

氟维雌醇　1147,1148
氟西泮　576
氟西汀　46,658,659,662,667
氟相萃取　111
氟相有机合成　111
5-氟烟酸　1062
浮游细胞　850
福尔可定　1081
福美斯坦　1148,1149
福莫特罗　311,786,792,1068～1070,1072,1098
福沙那韦　938,945
福提霉素　839
福辛普利　1002
福辛普利拉　1002
辅助基团　10
辅助受体 CCR5　432
负糖皮质激素应答成分　1093
复合生物流体　89
复制　1105
副黏液病毒　964
富含 CpG 寡脱氧核苷酸　397

G

钙拮抗剂　1039,1045,1048
钙离子拮抗剂　990
钙敏化剂　1040,1044
钙敏受体　725,726
钙调磷酸酶　1113,1114
盖替沙星　295
概率法　159
RNA 干扰　352,357,958
RNA 干扰技术　65
干扰素　415,422,433,969,971,985
甘露糖　405～407,409
甘油醛磷酸脱氢酶　679
杆菌肽　837
杆状病毒　341
肝病毒　964
肝素　384,385,399,400,405,408,1028
肝糖合成酶抑制剂　712
肝炎 A 型病毒　964
柑橘果胶　391
感受态　853
感受态刺激因子　853
刚性对接　373
高电压激活的钙离子通道　586
高氟标记　111
高密度脂蛋白　1052,1055,1057～1060,1062

高内涵筛选　221,343
高斯型基函数集　173,174
高斯型基函数展开的 Slater 型基函数集　173,174
高通量合成　95,102,112,125,133
高通量筛选　95,104,112,121,157,164,176,220,369,371,372,375
高喜树碱　117
高效抗逆转录病毒疗法　937
高血压　980,991
睾酮　46,55,1142～1146,1148,1151,1155,1158
戈洛帕米　998,1049
戈舍瑞林　1157
革兰阳性厌氧菌　845
格拉司琼　803,808
格列本脲　697
格列吡嗪　12,697,698
格列喹酮　697
格列美脲　697,698
格列奈类降糖药　698
格列齐特　697
格隆溴铵　762
葛兰素-史克公司　143,268,280,281,1098,1099
个别分子库多样性标准　159
庚卡因　570
工程动物　350
工业产权　487
公开性　486
功能性核磁共振成像　680
功效　31,534,537
构建单元　156,157
构象限定　118
构效关系　11,857
购置成本　538
孤儿核受体　229
孤儿受体　592
孤啡肽　592
孤啡肽受体激动剂　1082
谷氨酸　583
谷胱甘肽过氧化酶　50
谷胱甘肽-S-转移酶　55,338
谷氧还蛋白　340
骨连接蛋白　728
骨桥蛋白　728
骨痛热病毒　964
骨细胞　715,720,726
骨形态发生蛋白　727,728
固定剂量复方制剂　937
固相肽合成　436

固相有机反应 98
固相载体 96,97,103,104,107,109,110,127,132
固有性耐药 848
固载捕获剂 109
固载清除剂 109
固载试剂 107,109
胍法辛 782,993
胍那苄 993
胍那决尔 994
胍纳苄 782
胍乙啶 994
寡核苷酸类药物 394
寡核苷酸芯片 336
寡核酸库 112
寡糖库 112
CpG 寡脱氧核苷酸 394
2,5-寡腺苷酸合成酶 971
冠状病毒 964
光敏感连接链 97
归因成本 538
鬼臼毒 898
鬼臼毒素 244,259,924
桂利嗪 999
国际保护文学艺术作品联盟 490
国际药物经济学与结果研究协会 534
国家处方集 524
国家药品标准 516
果蝇 355
过氧化物酶 48
过氧化物酶体增殖因子激活受体 706

H

哈密顿算符 172～175
海风酮 739
海洛因 595
海索比妥钠 562
海洋微藻 856
海藻糖酶抑制剂 879
蒿甲醚 258
FPP 合成酶 717,718,720
合成砌块 102,103,108,115,125,129,130
合成生物学 6
5-HT 和 NA 再摄取双重抑制剂 656
核磁共振波谱 363
核磁共振波谱学 362
核磁共振成像 680
核蛋白 965
核苷类/核苷酸类逆转录酶抑制剂 936

核苷类逆转录酶抑制剂 937～940,942
核苷酸类逆转录酶抑制剂 937,938,940～942
核受体 66
核受体超家族 1093
核受体因子 $\kappa\beta$ 1094
核酸配体 398
核糖核蛋白 967
核糖核酸干扰 352
核糖核酸酶 839
核糖核酸内切酶 957
核糖核酸内切酶 H 957
核糖核酸诱导的沉默复合体 352
核糖体保护蛋白 846
核糖体展示技术 359
核心酶 841
赫赛汀 421,430
黑皮质素 4 受体激动剂 1136
亨廷顿舞蹈病 672
亨廷顿症 323
红豆杉 202
红豆杉醇 201
红霉素 46,388,839
红霉素 A 388
红霉素酯酶 843
红曲霉菌 1055
红藻氨酸 583
宏基因组 856
猴病毒 40 322
呼肠孤病毒 964
槲皮黄酮 201
互补受体场匹配规则 146
护骨素 715,720
花生凝集素 126
花生四烯酸 52,613,738
S-华法林 46
华法林 45,297,301,304
化合物库 95,97～101,104～109,112～114,116～125,127,129～133
化脓性链球菌 845
化学空间 95,112,113,119
化学生物学 342,344
化学信息学 180,210,369,375
化学遗传学 342
5α-还原酶 1144,1145,1149
NADPH-P450 还原酶 49
P450 还原酶 49
环孢菌素 202,434
环孢菌素 A 1114

环孢素 1114
环胞苷 902
环丙贝特 1059,1060
环丙沙星 99,849
环丙孕酮 1143
(＋)-环己巴比妥 296
环己巴比妥 576
环加成反应 98,114,115
环磷酰胺 48,49,297,886,890,897,1104
环磷腺苷 795
D-环丝氨酸 837
环索奈德 1073,1097,1099
环腺苷酸 809
环氧化酶 613,614
环氧化酶-1 614
环氧化酶-2 614
环氧化物水解酶 50
黄花蒿 258
黄霉素 835
黄嘌呤脱氢酶 48
黄嘌呤氧化还原酶 46
黄热病 964
黄素单加氧酶 46,47
黄体生成素 1154～1156,1158
黄体生成素释放激素 1156
磺胺 57
磺胺苯吡唑 201,202
磺胺甲噁唑 862
磺胺类药物 862
磺达肝素 1029
磺庚甲泼尼龙 1096
磺硫嘌呤钠 904
磺酰脲 696
磺酰脲类 712
磺酰脲受体 696
灰黄霉素 258
灰色链霉菌 838
灰色文献 537
挥发性麻醉药 561
辉瑞制药公司 143,281,284,285
回归分割技术 372
茴拉西坦 641
荟萃分析 548
混合-均分合成法 102
活化-聚合学说 33
活化因子活化蛋白 1094
ADP(或 AC)途径 1021

J

机会性感染 932,933
机器学习方法 372
肌醇磷酰神经酰胺合酶 878
肌肉萎缩性侧索硬化症 672
基本药物 553
基因簇 846
基因打靶 323
基因工程大鼠 345,352
基因工程动物 345
基因工程动物模型 346
基因工程抗体 359
基因工程小鼠 345,350,352
基因工程小鼠模型 346
基因克隆 363
基因敲除 345,351
基因敲除动物模型 357
基因泰克/OSI 公司 143
基因组学 366
基于分子对接的虚拟筛选 223
基于结构的药物分子设计 223
基质 850
基质蛋白 965
基质辅助激光解吸附电离飞行时间质谱 326
激动剂 417,422
激发光散射检测技术 82
激光捕获显微切割 325
AMP 激酶 712
激酶 66
激素结合区 1093
激素替代疗法 721,722
激肽 740
CD 激子手性法 250
吉非贝齐 1059～1061
吉非替尼 143,913,914
吉马替康 893
吉米沙星 864
吉哌隆 797
吉他霉素 839
吉妥单抗奥唑米星 430,434
吉西他滨 899,902,903,912,916
极低密度脂蛋白 1052,1055,1056,1059,1062
极化函数基集 174
疾病的成本 541
棘白菌素 873,876,877,880
棘球白素类 854
集中程序 526

集中库　112,123
集中审批　526
集中组合库　157,158,176
己酮可可碱　635
己烯雌酚　38,55
计算过滤　374
计算过滤方法　374
计算机辅助药物设计　143
计算机模拟　365
计算机体层摄影术　680
继发性骨质疏松症　715
加巴喷丁　498
加兰他敏　113,114,682,683,771
D-加拿大麻糖　1042
加拿大药品及卫生技术机构　537
加尼瑞克醋酸盐　1156
荚膜多糖　382,405
甲氨蝶呤　37,300,890,899,905,906,1105,1106
甲苯磺丁脲　46,201,202,204,205,697
甲丙氨酯　667
甲醇诱导的醇氧化酶1　341
N-甲基安非他明　636
1-甲基-4-苯基吡啶　672
1-甲基-4-苯基-二氢吡啶　672
1-甲基-4-苯基-1,2,5,6-四氢吡啶　672
甲基苄肼　49
甲基橙　24
3-甲基胆蒽　53
甲基地高辛　1041
α-甲基多巴　296
甲基多巴　307,782,783,993
甲基多巴胺　993
N-甲基纳曲酮　598
甲基牛扁亭　769
N-甲基-D-天冬氨酸　583
N-甲基-D-天冬氨酸受体　678
甲硫氨酸脑啡肽　603
7-甲硫甲基紫杉醇　926
甲硫米特　744
甲氯芬酯　641
甲哌卡因　569
甲肾上腺素　780
甲肾上腺素再摄取转运体　775
甲酮康唑　201,202
甲酰溶肉瘤素　886
甲型流感病毒　964
甲氧胺福林　778,779
甲氧苄胺嘧啶　862

甲氧氟烷　562
4-甲氧基-补骨脂素　201
3-甲氧基酪胺　673
甲氧氯普胺　803,804
甲氧西林　257,842
甲氧西林耐药金葡球菌　834
甲状旁腺激素　715,720,723～726
甲状腺激素　53
甲状腺激素受体　73
甲状腺素　52,55
钾离子竞争性酸阻滞剂　751
钾通道阻滞剂　1045,1047
假木贼因　767
价层劈裂基组　174
价值条件分析方法　549
价值为基础的定价　556
减轻充血药　639
简化新药申请　522
间接成本　538
间羟胺　778
间羟异丙肾上腺素　786,792
建立世界知识产权组织公约　491
剑桥结构数据库　156
健康维持组织　536
降固醇酸　203
交叉相互作用项　167
交互分子库多样性标准　159
交互验证　146,147
交沙霉素　839
酵母双杂交系统　327
CCR1 拮抗剂　465～467
CCR2 拮抗剂　467,468,470,471
CCR5 拮抗剂　470～475,477
CXCR4 拮抗剂　475～477
拮抗剂　417,422
结构非特异性药物　564
结构基因组学　361,362,365
结构描述符　191,192
结构特异性药物　564
结构域　845
结果研究　534
DNA 结合区　1093
结核分枝杆菌　847
截顶八面体　171
截短侧耳素　862,868
NS3 解旋酶　979
RNA 解旋酶　980
解旋酶　977

芥子气 884
金刚烷胺 678,967,986
金刚乙胺 967
金霉素 847
金诺芬 1107
金雀花碱 684,766
金属铂配合物 890
进入抑制剂 936,937,946,950,955
近距离闪烁检测技术 85
精胍菌素 1119
精神兴奋剂 638
肼苯哒嗪 57
肼屈嗪 995
竞争性拮抗作用 1132
静脉麻醉药 561
九肽缓激肽 740
局部麻醉药 566
巨噬细胞集落刺激因子 720,721
巨噬细胞亲和性 952
巨细胞病毒 964
距离法 159
距离几何法 148
聚苯乙烯树脂 96
聚多糖 852
RNA 聚合酶 841,986
聚合酶 976,980,986
聚集体 18
聚类分析 154
聚酮 118
聚酮合酶 857
聚唾液酸 382,405
聚乙二醇 96,110,433,446
聚乙二醇化 447
决策树 187,188,193,196,372~374
决奈达隆 1039,1048,1049
军团菌 845
均方根 146,154
均相时间分辨荧光 86

K

咖啡因 46,201,202,634
咖麻黄碱或咖啡君 635
卡巴比林钙 615
卡巴胆碱 757
卡比多巴 674
卡比佐卡因 570
卡铂 890,891,918
卡芬太尼 595,609
卡拉胶 384
卡拉莫拉菌 845
卡利霉素 γ_1 856
卡马西平 581
卡麦角林 676,812
卡莫氟 901
卡莫司汀 888
卡莫特罗 1069
卡那霉素 839
卡那霉素 A 839
卡奈替尼 913
卡培他滨 239,899,901
卡泊芬净 854,877
卡托普利 12,143,261,990,1001,1004
卡西内酯 1041
(一)-卡西酮 634
坎地沙坦 990,1005
抗重吸收药物 715,716,726,728
抗代谢药物 1105
抗癫痫药物 581
抗过敏药 732
L-抗坏血酸 296
抗溃疡药 732
抗利痛 641
抗淋巴细胞球蛋白 1109
抗人 T 淋巴细胞免疫球蛋白 1109
抗体 415
抗体药 421
抗 T 细胞球蛋白 1109
抗心律失常药物 1039,1044~1046,1048,1049
抗性基因 843
抗炎松 55
抗药性 935,939,942,945,946,950,954,956,958,959
抗组胺药 732
靠停蛋白1 976
可承受性 534
可待因 262,1081
可的松 1091,1092,1104
可卡因 263,566,634
可可碱 635
可拉明 639
可乐定 779,782,783,791
可溶性细胞因子受体 422
克拉红霉素 845
克拉霉素 257
克拉维酸 256,842
克利溴铵 762

克伦硫草 998
克罗米芬 1155
克霉唑 874
克脑迷 641
口蹄疫病毒 964
奎硫平 813
奎尼丁 201,262,1045,1049
奎尼卡因 570
奎宁 258
喹核碱 684
喹硫平 648,650
喹那普利 261,1002
喹奴普丁 844
喹诺酮 99
喹诺酮类药物 864
喹乙唑酮 1010
喹唑啉 781~783
醌还原酶 50

L

拉贝洛尔 36,203,789,792
拉科酰胺 584
拉马克遗传算法 155
拉米夫定 384,499,937~939,941,972,974,975
拉莫三嗪 581
拉诺普酶 1033
拉帕替尼 913,914
拉西地平 996
拉西坦 641
辣椒素受体拮抗剂 1084
来米地平 996
来曲唑 1148,1149
来托司坦 1085
赖诺普利 1002,1004
兰索拉唑 746
劳卡尼 1046
劳拉西泮 577,667
EGFR 酪氨酸激酶 143
酪氨酸激酶 715,727,909
酪氨酸磷酸酶 76
乐卡地平 996
雷贝拉唑 746
雷氯必利 813
雷马曲班 741,742
雷米拉唑 746
雷米普利 1002
雷莫拉宁 835
雷莫司琼 808

雷莫司汀 888
雷尼酸锶 726
雷尼替丁 745
雷帕霉素 1114,1115
雷特格韦 938,947,950
雷替曲塞 905
雷扎沙班 1029
类毒素类化合物 684
类基因筛选和表型筛选 113
B 类清道夫受体 976
类肽 443
类天然产物 116,117,119
类药特征 219
类药性 95,112,123,124,180,181,186,188,191,211,374
类药性分析 187
离子化 18
离子孔道 796
离子通道 66
M2 离子通道蛋白 965,986
离子通道蛋白 965,967
离子载体类 848
礼来 274
李斯特菌 845
力场 151,154,156,157,165~169,171
力索新 923
立克次氏体 841
立托那韦 202
利巴韦林 965,976,982
利波雷尔 1153
利多氟嗪 999
利多格雷 1024
利多卡因 263,568,1045,1046,1049
利伐沙班 1029
利凡斯的明 771
利福霉素 841,847
利福平 201,202
利美尼定 993
利美索龙 1096
利莫那班 1132
利奈唑烷 865~867
利培酮 303,648~650,801,808,813,815
利平斯基"五规则" 321
利塞膦酸钠 717~719
利舍平 993
利舒脲 812
利他林 637
利坦色林 801,808

利托君 786,792
利托那韦 143,937,944
利妥昔单抗 430,432,1112
利血平 261
利扎曲坦 799
粒细胞-或粒细胞单核细胞-集落刺激因子 429
粒细胞集落刺激因子 446
连接链 96~98
连接搜寻法 156
连续生长法 156
联苯 99
联苯苄唑 874
联萘酚 311
链激酶 1032
链霉素 839
链阳性菌素类抗生素 839
链转移反应 947
链转移抑制剂 948,949
链左托星 888
两性霉素 B 257,873
亮氨酸脑啡肽 603
亮丙瑞林 690,1156,1157
量子点 452
量子化学 145,166,169,171,172,174,175
劣对映体 35
劣映体 293
裂合酶 844
β-裂解酶 56
邻甲苯海拉明 201
林可霉素 844
临床试验 507
临床研究 509,510,514
B 淋巴细胞刺激剂 1113
磷霉素 837
CA-4 磷酸二钠盐 924
磷酸二酯酶 66,77
磷酸二酯酶抑制剂 1040,1042
磷酸甘露糖变位酶 409
磷酸甘露糖异构酶 409
磷酸甘油酯 1054
3-磷酸肌醇依赖性激酶1 919
磷酸西他列汀 282,425
磷酸酯酶 425~427
磷酸转移酶 843
磷酰胺氮芥 1105
磷酰氮芥 886
磷脂酶C 68
磷脂酰甘油 405

磷脂酰肌醇 68
铃兰毒苷 1040
菱形十二面体 171
留一法 146
流感嗜血杆菌 845
流式细胞计数法 332
硫比利 647
硫代布立马胺 744
7-硫基-8-氧鸟苷 985
硫芥 884
硫卡因 568
硫康唑 874
硫磷 26
硫鲁司特 738
硫马唑 1044
硫鸟嘌呤 904
硫喷妥钠 562
硫乳霉素 855
硫酸转移酶 54
硫戊比妥钠 562
硫辛酸 24
硫氧还蛋白 338,340
硫唑嘌呤 904,1105,1106
柳胺苄心定 203
柳氮磺胺吡啶 1108
六甲强龙 1104
六氯酚 235
垄断法案 485
卢非酰胺 585
卢帕他定 737
卤噁唑仑 577
鲁比替康 892
路福瑞 1156
绿色荧光蛋白 333
氯胺酮 35,299,301
氯贝胆碱 757
氯贝丁酯 1059,1060
氯苯丁酯 203
氯苯甲噻二嗪 995
氯苯那敏 12,35,297,734
氯吡格雷 286,287,1025
氯丙嗪 203,645,646,813
氯醋甲胆碱 757
氯氮平 648,649,813,814,821
氯氮䓬 576
氯丁醇 570
氯丁替诺 1082
氯法齐明 904

氯古霉素 834
氯化十六烷基吡啶盐 240
氯磺丙脲 12,697
氯己定 235
氯喹 258,1107
氯雷他定 316,734
氯林可霉素 844
氯林可霉素类抗生素 839
氯霉素 839
氯霉素酰化酶 844
氯米帕明 656
氯哌噻吨 646
氯哌斯汀 1082
氯普鲁卡因 568
氯普噻吨 38,646
氯屈膦酸二钠 717,719
氯噻嗪 1008
氯沙坦 990
氯替泼诺碳酸酯 1074
氯硝西泮 576
氯酯醒 641
氯唑沙宗 46,201
氯唑西林 842
伦理委员会 509
轮廓图 147
罗非昔布 621
罗氟司特 1076
罗格列酮 38,46,501,707~709
罗红霉素 845
罗美昔布 623
罗哌卡因 263,569
罗匹尼罗 676,677,812
罗沙替丁 745
罗氏制药公司 143,272
罗苏伐他汀 1056~1058
罗他霉素 839
罗替戈汀 677
罗西格列酮 686
萝芙木植物 993
螺环茚羟考酮 605
螺内酯 1011,1143
螺哌隆 647
螺哌酮 813
螺普利 1002
α-螺旋 28
螺旋霉素 839
螺旋区识别分析工具 67
咯利普兰 1076

洛贝林 639
洛伐他汀 10,262,690,1055~1058
洛非西定 993
洛莫司汀 888
洛匹那韦 937
洛曲非班 1026
洛沙平 648,649,657,813
洛沙坦 202,1005

M

妈富隆 1153
麻风分枝杆菌 847
麻黄碱 634
麻疹病毒 964
麻醉药 561
马雌酚 723
马尔堡病毒 964
马尔可夫模型 544
马拉硫磷 26
马拉韦诺 938
马来酸桂哌齐特 499
马普替林 663
吗多明 1050
吗啡 53,203,231,262,593~599,609
吗氯贝胺 663,664
吗茚酮 648
麦迪霉素 839
麦角生物碱类化合物 676
麦角酰二乙胺 208
麦角溴烟酯 642
麦角乙脲 676
麦角甾醇 873,874
麦胚凝集素 126
麦芽糖结合蛋白 338
脉叶虎皮楠 252
慢病毒载体 91
慢性或充血性心力衰竭 1039
慢性阻塞性肺病 1068,1099
牻牛儿醇基牻牛儿醇 720
牻牛儿基焦磷酸 717
牻牛儿基牻牛儿基焦磷酸(GGPP) 718
毛果芸香碱 760,770
毛花苷 C 1040,1041
毛花洋地黄苷 C 262
锚优先搜寻 153
玫瑰孢链霉菌 836
H^+/K^+-ATP 酶 744
酶联免疫吸附方法 332

酶联免疫吸附实验 86
霉酚酸 1115
霉酚酸酯 1115
美布特罗 778～780
美登素 923
美发兰 56
美伐他汀 1055～1058
美法仑 13,300,886
S-美芬妥英 46,201
美国 FDA 497
美国食品药品监督管理局 598
美国卫生保健研究和质量机构 537
美国药典 499,524
美国专利商标局 489
美解眠 640
美金刚 687
美卡拉明 769,994
美罗华 1112
美罗培南 257
美罗昔康 619
美沙酮 262,297,596,609
美速胺 778
美索比妥钠 562
美索舍平 994
美他唑嗪 780,791
美托拉宗 1010
美托洛尔 790,792,1047
美托咪啶 296
美西律 263,1045,1046
蒙特卡洛模拟 548
孟鲁司特 316,738,742
孟替普酶 1033
咪达唑仑 46,201,577
咪芬替丁 745
咪康唑 874
咪唑克生 784,785,792
咪唑立滨 1116
咪唑啉 782
咪唑斯汀 734,737
弥散函数基集 174
米安色林 299,652,662,664,784
米氮平 662,663
米地司坦 1085
米哚妥林 920
米尔塔扎平 302,784
米非司酮 667,1151,1152,1158
米格列醇 385,700,701
米格列奈 698～700

米卡芬净 877
米力农 1042
米那普仑 661
米诺地尔 55,995
米喏美林 758,769
米欧卡霉素 839
米托蒽醌 896
密度泛函 175
密度感应 850
密码子 840
嘧啶衍生物 766
眠尔通 667
棉酚 291,1158
免疫黏附素 429,430
免疫球蛋白 430,434
免疫血清 358
免疫抑制剂 1103,1104
免疫荧光 332
免疫组化 332
"苗子"化合物 112
敏定偶 1153
模板 116,118,119,125～127
模仿性新药 4
模拟退火 124
模拟移动床色谱 311
ECHO 模式 534
膜过滤 85
膜孔蛋白 848
莫达非尼 637,812
莫地帕泛 739
莫格他唑 708,709
莫吉司坦 295,1084
莫雷西嗪 1046
莫米松 1070,1073
莫匹罗星 841
莫索尼定 993
莫西沙星 864
莫昔普利 1002
默克制药公司 143
默诺霉素 835
母体化合物 219
木果楝 248
木糖 403,405
目标物导向合成 112
苜蓿夜蛾核多角体病毒 341

N

那法瑞林 1156

那格列奈 698～700
那拉曲坦 799,800
那屈肝素 1028
纳豆激酶 1034
纳多洛尔 789,792,1047
纳洛肼 592
纳络酮 597,598,609
纳曲酮 597,598,601,607,609
钠-葡萄糖共转运体 711
钠通道阻滞剂 1045
奶油黄 24
奈达铂 890,891
奈法唑酮 664
奈非那韦 937
奈非西坦 641
奈拉滨 904
奈利膦酸钠 717,719
奈莫柔比星 896
奈瑟菌属 845
奈替米星 839
奈韦拉平 937,941
耐温链霉菌 857
耐药性 944,945
耐药因子 853
萘必洛尔 298
萘丁美酮 617
萘啶酸 144,849,862
萘非那韦 143
萘夫西林 842
α-萘黄酮 202
β-萘黄酮 53
萘帕咪唑 784
萘哌地尔 781
萘普生 203,297,618
萘替芬 873
萘唑啉 778
难辨梭状芽孢杆菌性肠炎 835
脑啡肽 591～594,598,603,606,610
脑酰胺 405,406
脑心肌炎病毒 964
内吗啡肽 592
内吗啡肽-1 594
内吗啡肽-2 594
内皮素 741
内皮衍生的松弛因子 1050
β-内酰胺 101
β-内酰胺类抗生素 833
β-内酰胺酶 842

β-内酰胺酶抑制剂 842
内源性凝血途径 1017
内源性配体 126
内在活性 31
内在性耐药 848
NA能和特异性5-HT能抗抑郁药 655
尼古丁 46,293
尼古丁乙酰胆碱 688
尼古丁乙酰胆碱受体 687
尼卡地平 996
尼可刹米 639
尼克硫草 998
尼鲁米特 1143
尼罗替尼 910
尼麦角林 642
尼美舒利 622
尼莫地平 301,996
尼莫纳地 813
尼莫司汀 888
尼群地平 996
尼索地平 996
尼扎替丁 745
逆合成分析 112,113
逆转录病毒 932,934,941,964
逆转录酶 934,936,957
逆转录酶抑制剂 936,939,943,946
2000年修改的该公约 488
黏细菌 856
酿酒酵母 854
鸟分枝杆菌 845
鸟苷酸环化酶 1050
鸟枪蛋白质组学 327
尿苷二磷酸 837
尿激酶 1032
凝血酶 143,384～386,408
凝血酶受体 1021
凝血酶原激酶 1023
凝血酶原时间 1017
凝血时间 1017
牛痘 964
牛顿-拉弗森 169
牛麻疹病毒 964
牛视紫红质受体 776
诺阿司咪唑 734
诺氟沙星 144
诺华制药公司 143
诺拉曲塞 907
诺乙雄龙 1142

诺孕酯 1153,1154

O

欧盟卫生技术评估网络 536
欧洲药典 499,527~529
《欧洲药典》适用性证书 528
欧洲药品评审局 525
欧洲药品主文件 527
欧洲专利局 488,489
欧洲专利授权公约 488
Suziki偶联反应 99

P

帕肝素 1028
帕金森病 672,678
帕拉米韦 384,968,969
帕罗西汀 227,658,659,667
帕洛诺司琼 804,808
帕米膦酸二钠 717,719,720,727
帕米普酶 1033
帕潘立酮 652
帕瑞昔布 621
帕替麦布 1064
排斥反应 360
排斥体积 150
排除重复 247
排他性 486
哌醋甲酯 296,637
哌仑西平 764
哌罗匹隆 652
哌迷清 647
哌替啶 262,595,596,647
哌西那朵 297
哌氧平 657
哌唑嗪 780,781,784,785,791
派克昔林 999
潘必啶 994
泮托拉唑 498,746
旁系同源 368
炮弹(棒状)病毒 964
疱疹病毒 964
培哚普利 1002
培高利特 676,812
培美曲塞 899,905,906
配体门控钙通道 586
喷司他丁 904
喷他佐辛 298,599,609
喷托铵 994

喷托维林 1082
碰撞诱导解离 326
皮质醇 55
皮质激素 1091~1093,1097,1099
皮质酮 1092
皮质抑素 1112
匹伐他汀 1056~1058
匹克托安 1024
匹罗昔酮 1042
匹马霉素 873
匹莫苯 1044
匹莫林 637
匹莫齐特 647
偏最小二乘 183
偏最小二乘法 145,147
偏最小二乘分析法 25
β-片层 28
片段组学 224
嘌呤霉素 841
拼合原理 225
平板霉素 257,855
平板素 855
平行合成法 102,108
苹果酸合成酶 879
泊沙康唑 875,876
泼尼松 1094,1095,1097
泼尼松龙 1094,1095,1100,1104
破骨细胞 715~718,720,723~728
扑炎痛 615
葡激酶 1033
葡糖脑苷脂 392
葡糖脑苷脂酶 392
葡萄球菌 845
D-葡萄糖 1042
N-葡萄糖胺 831
α-葡萄糖苷酶抑制剂 700,712
葡萄糖激酶 712
葡萄糖鞘脂 405
UDP-葡萄糖醛酸转移酶 51
普伐他汀 262,1056,1057,1063,1117
普拉贝脲 1059,1060
普拉格雷 1025
普拉克索 676,677,812,813,815,816
普拉洛芬 305
普拉西坦 641
普鲁卡因 263
普鲁卡因胺 48,568,1045,1048,1049
普仑司特 738

普罗布考　1060,1061
普罗加比　582
普罗帕酮　295,301,302,305,1046,1047,1049
普罗替林　656,657
普莫卡因　570
普萘洛尔　202,203,299～301,311,789,792,1039,1047
普尼拉明　999
普诺地嗪　1084
普瑞巴林　283～285,586
普瑞特罗　1043
普通连接链　97

Q

七氟醚　56
七氟烷　562
齐多夫定　53,937～939,942
齐格列酮　707
齐拉西酮　648,650,651,799,813,815
齐留通　739,742
P$_{BAD}$启动子　338
气道重塑　1085
器官移植　360
千金子　249
前列环素　623
前列腺素　613
前列腺特异性抗原　238
前瞻、随机、对照的临床试验　534
浅表真菌感染　872
浅蓝菌素　856
强啡肽　592,593,598,601
强力霉素　847
强心苷　1039～1042,1046
蔷薇霉素　839
羟安定　577
羟氨苄青霉素　842
羟苯哌嗪　298,299
羟蒂巴酚　1082
羟丁酸钠　564
17α-羟化酶/17,20-裂解酶　1146,1158
3-羟基苯并芘　55
6-羟基多巴胺　672
11β-羟基化酶　1092
17α-羟基化酶　1092
18-羟基化酶　1092
21-羟基化酶　1092
4-羟基环磷酰胺　886
11β-羟基类固醇脱氢酶　711

羟基氯喹　1107
4-羟基普萘洛尔　55
羟基替勃龙　55
羟基喜树碱　892
羟基亚油酸　819
羟基乙基键　944
N-羟基-2-乙酰胺基芴　55
17α-羟基孕酮　1092
21-羟基孕酮　1092
17α-羟基孕烯醇酮　1092
羟甲芬太尼　596,609
羟甲基戊二酸单酰辅酶A　1117
羟甲基戊二酰辅酶A　690
羟戊二酰辅酶A（HMG-CoA）还原酶　1055
羟甲烯龙　1143
羟普鲁卡因　568
羟嗪　734
5-羟色胺　55,227,591,649,784,795～798,803,805～807,1128
5-羟色胺能抗焦虑药　667
5-羟色胺受体　649
5-羟色胺转运蛋白　227
羟泰米芬　55
敲除　351
敲除模型　351
鞘氨醇-1-磷酸酯受体　1118
切割　96～98,104～107,120,128
侵权　486
亲电性指数　182
亲和层析　343
亲和层析免疫沉淀　327
亲和力　31
亲环蛋白　1114
亲巨噬细胞　956
亲免素蛋白　1093
亲水储存　445
亲T细胞　956
亲性　182
禽流感　964
青蒿琥酯　258
青蒿素　222,258
青霉胺　298,299,603,1107
青霉素G　256
青霉素结合蛋白　833
青霉素酶　842
青霉烷砜　842
氢化可的松　1091,1092,1097
氢键　18

氢氯噻嗪 1008
倾向得分匹配方法 548
情景分析 548
请求书 492
庆大霉素 838,839
秋水仙碱 238,924
秋水仙素 127
球簇 152
球体 151,152,153
6-巯基嘌呤 1106
巯嘌呤 903
曲安奈德 1073,1095,1098
曲安西龙 1094,1095,1098
曲格列酮 206,707
曲马朵 262,311,596,609
曲马唑嗪 780,791
曲美孕酮 722,1151
曲普利啶 38,734
曲沙他滨 903
曲妥珠单抗 421
曲唑酮 664
屈螺酮 1151,1153
趋化因子 458,461,1117
趋化因子辅受体 951
趋化因子受体 458,461
去甲阿斯咪唑 734
去甲氟西汀 659
O-去甲基甲氧萘普生 55
去甲肾上腺素 591,655,775~777,779,782,791,1128
去甲替林 656
去羟肌苷 937
去氢马烯雌酮 55
去氧氟尿苷 14,901
11-去氧可的松 1092
10-去乙酰基巴卡亭Ⅲ 273
10-去乙酰基浆果赤霉素Ⅲ 926
权利要求书 492
全反式黄酸和9-顺式黄酸受体 73
全麻原理 565
全酶 841
全人源化抗体 359
全身麻醉药 561
全息长度 145
全新药物设计 156,157
醛固酮 52,1092,1093
醛基磷酰胺 886
醛磷酰胺 1105

醛-酮还原酶 46,49
醛脱氢酶 46,49
醛氧化酶 46,48
犬瘟热病毒 964
17α-炔雌醇 55
炔雌醇 52,203
炔诺酮 1150,1151
群多普利 1002
群体反应性抗体 1113
群游播散 850

R

热不稳定延长因子 840
热点 428
热力学活性 9
热力学积分 151
热休克 853
热休克蛋白 854,1093
人白细胞抗原 1113
人副流行性感冒病毒 964
人工神经网络 185,188,200,210
人绝经期促性腺激素 1155
人类鼻病毒A 964
人类基因组计划 330
人类免疫缺陷病毒 932,964
人类中心粒细胞弹性蛋白酶抑制剂 1085
人疱疹病毒6型 964
人绒毛膜促性腺激素 1155
人融合性呼吸道病毒 964
人乳头状瘤病毒 964
人糖胺聚糖 976
人血清白蛋白 198
人血清对氧磷酶 1074
人用药物注册技术要求国际协调会议 530
人源化单抗 357
人源化抗IL-2受体单克隆抗体 1110
人源化抗体 358,359,360
人源化转基因GEM 346
人源性单抗 357
人源性抗体 359
认知增强剂 640
日本专利局 490
绒促性素释放激素 690
溶肉瘤素 300,886
溶血葡萄球菌 844
溶胀性 96
融合蛋白 430,434,447
gp41融合抑制剂 951

融合抑制剂　937,938,946,950,954
柔红霉素　894
柔红霉素盐酸盐　895
柔毛糖　894
N-肉豆蔻酰基转移酶　878
如硫喷妥钠　576
如哌喹　236
乳链球菌素　836
乳糜微粒　1052,1059
乳酸乳链球菌　836
乳铁蛋白　852
乳头状瘤病毒　964
瑞波西汀　312,663
瑞达肝素　1028
瑞伐拉赞　751
瑞伐托酯　1071
瑞芬太尼　564,596,609
瑞格列奈　698,699
瑞他帕姆林　868,869
瑞替加宾　585
瑞替普酶　1033

S

腮腺炎病毒　964
塞来昔布　621
塞利洛尔　790
塞曲司特　741,742
噻虫啉　765
噻虫嗪　765
噻加宾　581
噻康唑　874
噻氯匹定　1025
噻洛芬酸　305,618
噻吗洛尔　297,789,792,1047
噻奈普汀　664,665
噻托溴铵　1070
赛庚啶　734
赛霉　845
赛尼可　1125
赛诺菲-安万特　287
赛特铂　891
三氟丙嗪　646
三氟甲磺酸钪　101,102
三氟哌多　647
三环类抗抑郁药　655
三甲曲沙　905
三链形成寡脱氧核苷酸　394
三磷酸核苷酶　976

三磷酸脱氧腺苷　973
三维检索　371
三维药效团　371
petasis 三组分反应　130
三唑仑　577,667
色苷酸　737
森林脑炎　964
杀菌作用　840
沙丁胺醇　55,786,792
沙芬酰胺　675
沙格雷酯　801
沙可美林　760
沙奎那韦　143,937,944
沙立佐坦　679
沙利度胺　35,292,299
沙芦普酶　1032
沙美特罗　1068～1070,1099
沙门菌　837
沙瑞度坦　666,740
沙状病毒　964
山莨菪碱　761
伤残调整生命年　542
伤害感受素　592
蛇足石杉　263
舍曲林　308,658～660
舍他康唑　874
舍托肝素　1028
舍吲哚　652
射频　105,118
射频标签　105,106
X射线晶体学　362～364
申请日　486,494
申请优先　496
身体质量指数　1124
神经氨酸苷酶　143
神经氨酸酶　965,967～969,986
神经激肽　666,740
神经肽 Y　1135
神经肽类受体　665
神经调节肽 U 受体 2 激动剂　1136
肾上腺素　775～780,787,791
肾上腺素受体　777
肾素-血管紧张系统　712
肾小球滤过　444
胂凡纳明　268
生长激素　415,428,439
生长抑素　597
生长因子　420,433

生长因子受体　420
生存质量　534
生二素链霉菌　857
生技霉素　857
生命质量调整年　534,540
生物标记　328
生物标记物　331,334
生物标记物终点　335
生物催化　285
生物大分子　95,113,114,116,118,125
生物等效性　509,510
生物电子等排　232
生物碱　116,117,130,132
生物利用度　44,509,510,519～522
生物统计学　509
生物烷化剂　1104
生物信息学　366～368
生物影像学　90
十六元大环内酯类抗生素　839
石杉碱　683
石杉碱甲　263,306,315,682,772
石杉碱乙　235
时间步幅　170
时间性　486
实际治疗的证据　549
实体专利法条约　489
实用新型专利　486
实用性　486,492
实用循证决策方法　551
食品药品管理局　517
食欲抑制剂　639
屎肠球菌　844
世界贸易组织　485
世界卫生组织　497
世界知识产权组织　485,490
市场可及性　555
视紫红质家族　418
适宜性　534
嗜热菌杀酵母素　1118
嗜睡　633
噬菌体抗体库技术　359
手性翻转　37,304
手性药物　292
首关代谢　60
5-HT 受体　1020
ADP 受体　1020
CD4 受体　432,955
PAF 受体　1020

RANK 受体　716
TXA_2/PGH_2 受体　1020
受体 RANK　720
受体(蛋白)酪氨酸激酶　420
受体活化二相模型　34
NOP 受体激动剂　1086
$β_2$ 受体激动剂　1068～1070
β受体激动剂　1040,1043
Ghrelin 受体拮抗剂　1136
β受体拮抗剂　1047
CD4 受体抑制剂　955
舒巴坦　842
舒必利　647
舒铂　890,891
舒布硫胺　235
舒喘灵　849
舒多昔康　619
舒芬太尼　596,609
舒林酸　237,617
舒马曲坦　799,800
舒尼替尼　914
疏水储存　444
鼠肺疫病毒　964
鼠海豚病毒　964
L-鼠李糖　1042
鼠/人嵌合单抗　357
鼠乳腺肿瘤病毒　322
鼠源单抗　357
鼠源抗体　358,359
树枝状　110
Merrifield 树脂　97,127
Rink 树脂　99
Tenta Gel 树脂　96,101,104,127
Wang 树脂　97,99,110,120,127,132
树脂捕获-释放策略　109
HEED 数据库　551
数据库搜索　223
数量性状位点测定　323
双齿配体　601,608
双胍类　712
双黄酮　974
双肼屈嗪　995
双膦酸盐　715～717,719,720,727
双硫仑　49
双氯贝特　1060
双氯非那胺　1011
双氯芬酸　46,623
双氯芬酸钠　617

双氯西林 842
双嘧达莫 1025
双喃氟啶 901
双特异性蛋白磷酸酶 76
双脱氧胞苷 201
双乙嗪 646
水痘带状疱疹病毒 964
水解酶 851
水溶性 183,184,190,192
水杨酸胆碱 615
水蛭素 1030
顺铂 890,891,903,916,920
说明书 492
司可巴比妥 576
司来吉兰 299,675
司莫司汀 888
司他夫定 937,939
司坦唑醇 1143
丝氨酸蛋白酶 976
丝氨酸/苏氨酸 909
丝氨酸/苏氨酸激酶 427
丝氨酸/苏氨酸磷酸酶 76
丝裂霉素 C 853
丝裂原活化蛋白激酶 76,163
丝状病毒 964
思瑞康 801,808
四甲喹环铵 994
四跨膜蛋白 CD81 976
四咪唑 299
四面体的过渡态 943
四面体中间体 944
四氢叶酸 1106
四氢唑啉 778
Ugi 四组分缩合反应 115
素立芬新 763
速激肽 740
速率学说 31
酸泵拮抗剂 751
酸碱电离常数 181
α_1-酸性糖蛋白 198,301
算法 170
随机对照试验 535
随机筛选 220
随机搜寻法 156
碎片碰撞 146
梭链孢酸 840
羧甲司坦 1085
羧噻吩青霉素 842

羧肽酶 844
索非那新 1071
索拉非尼 112,915
索拉拉赞 751
索他洛尔 298,306,789,792,1039,1048
索西汀 658

T

他达拉非 274
他克林 682,683,771
他克莫司 207,1114
他奈坦 653
他沙利定 757,769
他唑巴坦 842
塌陷反应介导蛋白-2 584
β-肽 443
γ-肽 443
肽 415~417,428,439,452
肽段指纹术 326
肽聚糖 405,831
肽库 102,112
肽脱甲酰基酶 862,870
肽酰 tRNA 840
泰乐菌素 839
泰利霉素 845
泰妙菌素 868
泰妥拉唑 746
谈判价格 555
坦度螺酮 668,797
探头 846
MM 探针 336
PM 探针 336
碳霉糖 857
碳酸酐酶 143
碳酸酐酶 II 126
碳-碳偶联反应 99
羰基还原酶 46
糖胺聚糖 384,385,387,403,404,408,410
P-糖蛋白 60,192,893
糖合成酶 400
糖化血红蛋白 702,705
糖基磷脂 405
糖基磷脂酰肌醇 405
糖基转移酶 381,391,392,400,405,406,410,833
糖皮质激素 1091~1096,1098~1100
糖皮质激素受体 73,667,1093,1099
糖皮质激素应答成分 1093
糖鞘脂 405

糖肽类抗生素　834
糖原合成酶激酶-3　710
特比夫定　972
特比萘芬　873
特布他林　786,792
特非那定　46,734
特康唑　874
特拉唑嗪　780,781,791
特立氟胺　1116
特立帕肽　725
特许结构　11
替勃龙　721
替加氟　901
替加环素　847
替考拉宁　834
替拉那韦　938,945
替鲁膦酸二钠　717,719
替仑西平　764
替罗非班　1026
替螺酮　651
替马西泮　577
替门汀　842
替米沙坦　990,1005
替莫拉唑　746
替奈普酶　1033
替尼泊苷　259,898
替尼酸　1008
替诺福韦二索罗基富马酸盐　938
替诺福韦酯　937,941,942
替诺昔康　619
替扑沙林　624
替普罗肽　261,1001
替伊莫单抗　451
天花　964
天然化学连接　437
条件性和组织特异性转基因 GEM　345
条件性转基因　345
调控网络　368,369
跳跃基因　846
贴现　538
亭扎肝素　1028
通透性　852
同步加速器　364
同构算法　369,370
同时搜寻　153,154
同源模建　156,161,162,171,365,366
铜绿假单胞菌　837
4-酮基环磷酰胺　886

酮康唑　874
酮咯酸　618
酮洛芬　12,305,306,618,622
酮舍林　801
酮替芬　734,737
β-酮脂酰 ACP 合酶　257
头孢氨苄　300
头孢地尼　842
头孢呋辛　842
头孢菌素　842
头孢菌素 C　256
头孢克洛　256
头孢拉定　848
头孢拉腙　842
头孢美唑　842
头孢米诺　842
头孢噻肟　842
头孢他定　256
头孢替坦　842
头孢西丁　842
头孢唑林　848
头霉素　843
突触泡蛋白 2　586
徒托卡因　568
PAF 途径　1021
TXA_2 途径　1021
土槿皮乙酸　255
土霉素　846
土曲霉菌　1055
团簇播散　850
褪黑激素　580
吞噬细胞　852
豚鼠回肠　593,599,603
托吡酯　387,581
托卡明　674
托拉塞米　1008
托利卡因　569
托美丁钠　617
托萘酯　873
托哌可卡因　567
托特罗定　763
托烷醇酯　763
托烷司琼　796,803,808
托西溴苄铵　1048
脱氨酶　971
脱甲酰基酶抑制剂　862,872
脱甲氧四环素　847
脱氢表雄酮　55

脱氢酶　846
脱氧四环素　847
妥布氯唑　925
妥卡胺　297
妥卡尼　569,1045,1046
妥拉磺脲　697
妥普霉素　839
拓扑替康　260,892,917,920
拓扑异构酶　892
拓扑异构酶Ⅰ　892
拓扑异构酶Ⅱ　892
唾液酸　383,386～388,391,405～407,409

W

外泵系统　844
外部效度和普遍性　551
外观设计简要说明　492
外观设计图片、照片　492
外观设计专利　486
外膜　848
外排泵系统　848
7-外三角　120
外源性凝血途径　1017
完美匹配(PM)探针　336
烷化剂　884
晚霉素　382
万艾可　498
万古霉素　118,127,132,244,382,433,834
万古霉素耐药肠球菌　835
网格点　146～148,154,156
微波辅助组合合成　127
微管　921
微管蛋白　921
微管抑制剂　127
微菌落　852
微粒体甘油三酯转运蛋白　1039,1062
微扰项　175
微小核糖核酸病毒　964
DNA微阵列　335,343
DNA微阵列分析基因活性图谱技术　335
微阵列技术　90
维达格利汀　703
维拉帕米　297,306,998,1049
维生素 B_{12}　906
维生素 D　717,724,725
维生素 H　499
维生素 D 类　715
维生素 D3 受体　73

维司力农　1043
尾锚定性蛋白质　980
卫生技术评估　536
胃蛋白酶 D 族　684
文拉法辛　661,667
沃尼妙林　868
无痕迹连接链　97
无细胞(CF)表达系统　341
无形效益　541
五氟利多　647
五苷氨酸内肽桥　841
戊四硝酯　1050
戊四烟酯　1062
物料平衡　60
物有所值　538
P 物质　666

X

西苯唑啉　1045
西布曲明　1128
西地兰　262
西拉唑啉　779
西立伐他汀　262,1056～1058
西仑吉肽　424,432
西罗莫司　1114
西洛司特　1076
西洛他唑　1025
西咪替丁　12,745
西米昔布　227
西尼罗河病毒　964
西普洛　497
西曲瑞克醋酸盐　1156
西司他丁　257,313
西梭霉素　839
西他格利汀　703,705
西酞普兰　296,658,660,661
西替利嗪　36,734
西替利司他　1126
西妥昔单抗　421,430,431,452
西维来司钠　1085
西维美林　759,769
吸入皮质类固醇　1072
吸入性麻醉药　561
吸入性糖皮质激素　1097
吸收、分布、代谢和排泄　44
吸血蝙蝠唾液纤溶酶原激活剂　1034
希美加群　1030
希帕胺　1008

希司丙地芬　743
希司丁地芬　743
希司戊地芬　743
硒功能化树脂　118
烯丙胺类抗真菌药物　873,879
烯丙吗啡　597,599,609
烯醇硅醚　101,102
5-烯-3β-羟基甾醇脱氢酶/3-氧代甾醇-4,5-异构酶　1092
烯烃复分解反应　126
烯酮　101
稀有放线菌　856
喜树　260,892
喜树碱　117,260,892
Tanimoto 系数　372
系统分析　534,537,548
系统性真菌感染　872
细胞蛋白酪氨酸磷酸酶-1B　710
细胞毒性 T 淋巴细胞抗原 4 与免疫球蛋白 IgG1 的融合蛋白　1112
T 细胞亲和性　952
细胞色素 P450　365
细胞色素 P450 1A2　351
细胞因子　420
细胞因子受体　421
B 细胞增殖诱导配体　1113
细胞周期蛋白依赖性激酶　916
细菌菌膜　842,849
细菌视紫红质　811
先导化合物　95,104,112,116,118,120,124
先导物　219,220
先导物的优化　220,230
先灵保雅公司　1099
纤溶酶原激活剂　1022
纤维蛋白溶解系统　1021
纤维蛋白溶解系统抑制剂　1022
纤维蛋白溶酶原(纤溶酶原)　1022
纤维蛋白原 GPⅡ$_b$/Ⅲ$_a$ 受体　1019
纤维堆囊菌　856
纤维素酶　852
酰胺酶　50
酰基辅酶 A-胆固醇酰基转移酶　1039,1063,1064
酰基转移酶　843
线虫　355
线性自由能关系　182
腺病毒　964
腺苷环化酶　1040,1043
S-腺苷-L-甲硫氨酸　845

腺苷酸环化酶　795,796,809,810
腺苷转移酶　843
相关法　159
相互拆分　307
相似性搜索　372
香草扁桃酸　673
香草二乙胺　639
香豆素　46,201,202
响应调节物　846
R5 向性　952
X4 向性　952
相联测量　159
消费物价指数　538
硝苯地平　46,67,995
硝基地平　122
p-硝基酚　46
9-硝基喜树碱　260
硝普钠　1050
硝酸甘油　1050
硝酸异山梨醇酯　1050
硝酸酯及亚硝酸酯类　1039,1050
硝西泮　576
小 DNA 病毒　964
小单孢菌　856
小儿麻痹症病毒　964
小干扰 RNA　394,398
小诺霉素　839
小鼠输精管　593,598,603,605,607
小型发夹 RNA　354
小型干扰核糖核酸　352
哮喘　1068～1070,1076,1078,1080,1084～1086
效益风险分析　548
协同演化　245
协同作用　840
缬沙坦　990,1005
cDNA 芯片　336
辛伐他汀　262,316,690,1056,1057
辛诺昔康　619
新奥索方　567
新霉素　837,839
新药申请　518
新药研究　518
新颖性　491
信号的级联　1093
信使-地址　601,602,607
信息揭露书　494
D 型肝炎病毒　964
Slater 型基函数集　173

Ⅰ型胶原蛋白　723,728
Ⅰ型 11β-羟基类固醇脱氢酶抑制剂　712
Ⅰ型糖尿病　695
Ⅱ型糖尿病　695
雄激素　1142～1145,1150,1151,1158
雄激素受体　1142～1144,1146,1150～1152
雄性激素受体　73
修剪算法　154
溴丙胺太林　762
溴己新　1085
溴莫尼定　782,783,791
溴替唑仑　577
溴隐亭　676,812
虚拟筛选　150,151,155,156,365,369,371,373
虚拟组合库　123
旋风图　547
选凝素　386,406～408
选择性雌激素受体调节剂　715,716,722,727,1147,1158,1159
选择性雄激素受体调节剂　1146,1158
选择性 NA 再摄取抑制剂　656
选择优势　850
薛定谔方程　171,173
血管活性肠肽　1112
血管紧张素转化酶　143
血管紧张肽原酶　223
血管内皮生长因子　914
血管生成　424
血浆蛋白　1051,1063
血脑屏障　194～196,374
血凝素　965,966
血/气分配系数　564
血栓　1017
血栓素　613
血栓素 A_2　741
血栓素合成酶抑制剂　741
血栓素 A_2 受体拮抗剂　741
血细胞凝集素　409
血小板活化因子　739
血液毒性　207
血液凝固　1017
血液凝固因子　1017
循证医学　534,537

Y

鸭乙型肝炎病毒　964

雅培制药公司　143
亚胺培南　848
亚硝基脲类　887
亚硝酸异戊酯　1039,1050
亚叶酸　301
亚叶酸钙　905
亚乙基亚胺　889
烟碱　766
烟碱受体　680,683,684
烟碱型受体　754
烟碱型乙酰胆碱能受体　765
烟酸　1051,1055,1061,1062
烟酸肌醇酯　1062
烟酸维生素 E　1062
延伸十二面体　171
严重急性呼吸道综合征病毒　964
严谨型响应　841
岩藻糖　388,405,406
盐皮质激素　1091～1094
盐皮质激素受体　73,1093
盐酸阿糖胞苷　901
盐酸阿替卡因　569
盐酸苯海索　762
盐酸氮芥　884
盐酸可乐定　993
盐酸氯胺酮　563
盐酸罗格列酮　499
盐酸米托蒽醌　1108
盐酸普鲁卡因　567
盐酸沙洛雷酯　1027
厌氧菌　841
洋地黄毒苷　1040
D-洋地黄毒糖　1042
氧氟沙星　296,305,306
氧甲氢龙　1143
氧甲唑啉　778,779
氧托溴铵　1070
氧亚胺 β-内酰胺酶　842
药动团　13
药理毒理研究　507
药理学　506,508,520,521
药品　535,538
药品报销目录　557
药品价格竞争和专利权期限补偿法　500
药品生产质量管理规范　511,518
药品效果评价项目　537

药品主文件　523
药品注册　512～516,531
药物代谢动力学　508
药物代谢和药物动力学　44
药物代谢酶　44,45
药物代谢学　334
药物代谢与药物动力学　58
药物动力学　334,520,521
药物非临床研究质量管理规范　510,511,519
药物候选物　112,120
药物化学　2
药物基因组学　329
药物经济学　534
药物经济学评价指南　552
药物临床试验质量管理规范　510,511,519
药物流行病学　537
药物设计　365
药物效应动力学　508
药物-药物相互作用　44
药物遗传学　329
药物预算影响分析　548
药效构象　38
药效团　10,120,121,124,150,157
药效团模建　223
药效团模型　143,144,149,150
药效团相似性概念　25
药效学　506,508
药学研究　506,510
野生株　852
叶酸　904,906
叶酸拮抗剂　905
一锅煮　128,130,133
一氧化氮　626
一氧化氮合成酶　1050,1094
一致性读值　343
一珠一化合物　100,103
伊布利特　1048,1049
伊拉地平　996
伊拉帕泛　739
伊立替康　260,452,892,894,896
伊洛培酮　652
伊马替尼　143,226,909
伊潘立酮　801,813
伊曲康唑　304,874,875
伊曲奈德　1074
伊索马唑　1044

伊索昔康　48
衣原体　841,845
医疗成本　538
依班膦酸钠　717,718
依贝沙坦　1005
依法韦仑　46,937,938,941,942
依非加群　1030
依福地平　996
依高地平　996
依立曲坦　799,800
依立雄胺　1144,1145
依洛昔酮　1042
依米丁　208
依莫帕米　998
依那普利　12,261,314,1002,1004
依那普利拉　1002
依那西普　422,430,447
依诺肝素　1028
依帕珠单抗　1113
依普黄酮　723
依普沙坦　1005
依曲韦林　937,941
依沙替康　893
依索唑胺　1011
依他尼酸　1008
依碳酸氯替泼诺　1096
依替巴肽　1026
依替必利　813
依替膦酸二钠　717
依替米星　839
依替唑仑　577
依托度酸　617
依托拉嗪　654
依托咪酯　563
依托泊苷　240,259,897,898
依托泊苷磷酸酯　898
依托唑啉　297
依维莫司　1115
依西美坦　1148,1149
依西纳肽　701,702,712
依析替林　316
依泽替米贝　1051,1059,1064
依扎匹隆　927
胰岛素　415,416,439,695,696
胰岛素受体底物-1　710
胰岛素样生长因子　728

胰高血糖素受体 418
胰高血糖素样肽-1 425,439,701
胰泌素受体 419
胰泌素/胰高血糖素家族 418
遗传多态性 44
遗传分析 343
遗传算法 124
遗尿丁 641
乙醇脱氢酶启动子 341
乙肝病毒 970
乙基雌烯醇 1142
乙基甲烷磺酸盐 323
乙基酮佐辛 599,609
N-乙基-N-亚硝基脲 323
N-乙基-亚硝基脲 91
乙酰氨基酚 202,203
乙酰半乳聚糖胺 405
乙酰半乳糖胺 405
N-乙酰胞壁酸 831
乙酰胆碱 684,688,689,754,769
乙酰胆碱酶 672
乙酰胆碱酯酶 143,235,680,682,683,688,690,691
乙酰辅酶 A 57
乙酰卡尼 1048
乙酰螺旋霉素 857
乙酰葡萄糖胺 389,404
乙酰转移酶 57
乙酰唑胺 1011
乙型肝炎病毒 964
乙型流感病毒 964
乙溴替丁 745,749
7-乙氧异吩噁唑酮 46
以数量为基础的定价 555
异阿朴吗啡 810
异丙酚 46,203
异丙磺喘宁 786,792
异丙基-β-D-硫代半乳糖苷 338
异丙嗪 295,646,734
异丙肾上腺素 55,297,786～788
异丙托溴铵 1070
异波帕胺 1043
异丁司特 1078
异氟烷 562
异环磷酰胺 887
异黄酮 55
异卡波肼 656

异喹胍 45,46
异芦竹碱 568
异柠檬酸裂解酶 879
异帕米星 839
异氰 110,117,129
异炔诺酮 1150,1153
异戊烯焦磷酸 717,720
4″-异戊酰螺旋霉素 857
异相生化检测 85
异烟肼 57
抑菌作用 840
抑肽酶 1023
抑制 45,53,61
抑制剂 862
CCR5 抑制剂 937,938,946,951～954,956
CXCR4 抑制剂 956
GSK-3 抑制剂 712
PDE4 抑制剂 1075～1080,1085
PDF 抑制剂 871
抑制性突触后电位 818,819
易错修复 853
疫苗 415,452
益康唑 874
溢价 557
银杏内酯 B 739
吲哒品 654
吲地司琼 803,808
吲哚 99,110,116,122,130
吲哚洛尔 789,792
吲哚洛芬 618
吲哚美辛 617,686
蚓激酶 1033
茚达立酮 35
茚地那韦 143,270～272,274,937
英地卡尼 1046
英国临床研究院 537
英卡膦酸二钠 717,719
英普他派 1063
荧光共振能量转移 333
荧光偏振技术 344
蝇蕈醇 582
优对映体 35
优化算法 124
优劣比 35,293
优势结构 244
优势子结构 118

优思明　1151
优先权日　494
优映体　293
幽门螺杆菌　845
油/气分配系数　564
油水分配系数　181,185,186,189,192,194,200
油水分配系数小　187
游离基联级环合反应　117
游离脂肪酸受体　712
有丝分裂后期　921
有丝分裂末期　921
有丝分裂中期　921
有效性　507,509,531
右丙氧芬　35
右啡烷　1082
右美沙芬　46,1082
右旋多巴　300
右旋美托咪啶　783
右旋咪唑　36
诱导　45,53,61
诱导契合学说　32
鱼藤酮　672
与贸易有关的知识产权协定　485,490
α-育亨宾　784,785,792
育亨宾　244,784,785,792
预算影响的分析　549
阈值分析　548
原创新药　519
原发性骨质疏松症　715
原型化合物　219
原研药与仿制药品的区别　556
原子轨道线性组合　173,174
月桂酸　46
云芝多糖　390
孕二烯酮　1150,1153
孕酮　1092,1146,1149～1153
孕酮受体　73
孕烷 X 受体　53
孕烯醇酮　55,1091

Z

杂合抗生素　857
甾体类抗炎免疫药　613
5-HT 再摄取抑制剂　655
载脂蛋白 B mRNA 编辑酶催化多肽样蛋白 3G　935
早老性痴呆　640

藻酸盐　852
增量成本　538
增量成本效用比值　543
增量净健康效益法　549
扎非那新　1072
扎考必利　297
扎来普隆　28,578
扎鲁司特　738,742
扎螺酮　797
扎莫特罗　1043
扎那米韦　143,383,968
扎西他滨　937,939
咕诺美林　759,769
占领学说　30
樟柳碱　761
招标价格　555
β-折叠　120
γ-折叠　120
折叠模式识别　161
珍米洛非班　1026
真菌　385,390
DNA 阵列技术　330
整合酶　934,936,949
整合酶抑制剂　936～938,946,948,950
整合素　423,424,432,715,727
整合子　843
正电子发射计算机断层照相技术　680
正电子发射 X 射线断层照相术　333
正黏病毒　964
正向合成分析法　113
正向遗传学　324
正性肌力作用　1041,1043
CEP 证书　528
支持向量机　188,193,200
支持向量机器　373,374
支气管扩张药　639
支原体　841
知识产权保护　485
脂蛋白　197,198,1051,1052,1059,1061
脂多糖　405,408,848
脂肪酶　1125
脂磷壁酸　836
脂双层　848
脂糖缩酚酸肽类抗生素　835
脂氧化酶　624
脂质体　852

直接非医疗成本 538
直系同源 368
植物雌激素 55
植物内生菌 856
酯酶 50
DPP-Ⅳ制剂 701
制霉菌素 873
质粒 853
质谱系统 326
质子泵 744
质子泵抑制剂 746
治疗靶标 64
治疗指数 230
致癌试验 348
致癌性 349,351
致癌性分析 348
致癌性试验 348,349
致幻活性 633
致突变分析 348
致突变试验 348
致突变性 351
致突变性试验 348
致突变性试验GEM 348
中国仓鼠卵巢 602
中国药典 516
中间密度脂蛋白 1052
中脑导水管周围灰质 591,593
中枢神经系统 14
中枢兴奋药物 633
肿瘤 463
肿瘤坏死因子 434,721,1094
肿瘤坏死因子α 422,716
肿瘤坏死因子受体 422,430
肿瘤治疗 359
重要体积 150
周期蛋白 916
竹桃霉素 839
主动药物外排 848
注意力缺陷障碍伴多动症 633
柱晶白霉素 839
专利 485
专利保护期 486
专利法条约 488,489
专利合作条约 487,488,490,495
专利侵权 501
专利申请文件 492

GABA转氨酶 816,817
转化生长因子 728
转化医学 7
转基因 345,351,357
转录活化区 1093
转录酶 969
转录延伸因子 846
转肽酶 831
GABA转运蛋白 817
GABA转运体 583
转运体 53
转座子 843
锥体外系副反应 645
子结构 118,132
子结构检索 369
紫杉醇 46,106,119,222,244,245,258,260,261,
  273,306,310,903,926
自动化液态样品储存库 81
自动诱导方法 363
自身免疫病 1111
自身免疫性疾病 360
自身内部核糖体进入位点 976,984
自身受体 795,810
自我去卷积运算法则 84
自由能微扰 151
自组装 125
综合学科 531
足叶乙苷 898
组胺 732
组胺受体 732
组合化学 95,96,98,100,102,112,119,120,123,
  125,129,133,157,176
组合化学库 157
组合生物合成 857
组合搜寻法 156
组织蛋白酶K 715,716,728
组织矩阵 332
最大共同亚结构 12
最大可接受风险法 549
最大耐受剂量 334
最佳生物剂量 334
最小成本分析 541
左丙氧芬 35,1082
左布比卡因 569
左啡诺 595,609
左卡巴斯汀 734

左羟丙哌嗪 1084
左西孟旦 1044
左西替利嗪 36,734
左旋苯丙胺 292
左旋多巴 300
左旋咪唑 36
左氧氟沙星 36
左乙拉西坦 581

佐米曲坦 799
佐匹克隆 578
佐柔比星 895
佐替平 652
唑吡坦 578
唑来膦酸 717,719,720
唑尼沙胺 581
唑替丁 745

英文索引

A

A 771726 1116
Aβ 680~683,685~687,689,690
AA 613,738
AAC 843
AAG 198
aa-tRNA 840
Abacavir 937,939
Abatacept 1112
Abciximab 1026
a brief explanation of the design 492
absorption 180
absorption, distribution, metabolism and excretion 44
ABT-751 925
ABT-773 845
AC 795,809
Acarbose 385,700,1126,1127
Accutane 208
ACD 180,187,188,211
Acebutolol 790
Acecainide 1048
Aceclidine 757,769
Acetaminosalol 234
Acetazolamide 1011
acetylcholine 754,769
N-acetylglucosamine 831
Acetylmidecamycin 839
N-acetylmuramic acid 831
Acetylspiramycin 857
acetyltransferases 843
ACh 754
AChE 235,682
$α_1$-acid glycoprotein 198,301
acid pump antagonists 751
Acipimox 1062
Aclacinomycin A 895
Aclidinium 1071
Acomplia™ 1132
acquisition cost 538
Acrivastine 734

Acrolein 886
Actionomycin D 78
activation-aggregation theory 33
Activator Protein 1094
active drug efflux 848
AD 629,640,672,680~682,684,686,687,689~691
Adalimumab 415
Adefovir 22
Adefovir Dipivoxil 23,941,973
adenosine deaminase 971
S-adenosyl-L-methionine 845
adenoviruses 964
adenylyltransferases 843
ADH2 341
ADHD 633
ADME 374
ADME/T 180,181,211
AdoMet 845
Adrenaline 775
Adrogolide 677
ADSB 80
ADTN 810
affinity 31
affordability 534
AGC 907
aggregate 18
Agomelatine 666
AGP 198,199
AGs 838
AHRQ 537
AIDS 932,933
airway remodeling 1085
albumin 301
alcohol dehydrogenase 48
aldehyde dehydrogenase 49
aldehyde oxidase 48
aldo-keto reductase 49
Aldophosphamide 886,1105
Aldosterone 1092
Alfentanil 596,609
ALG 1109

alginate 852
Aliskiren 990,1000,1006
alkylating agents 884
Allowance 494
Almirall 1071
Almotriptan 799
Alprazolam 577,667
Alprenolol 301
ALS 672
ALSB 81
Alsterpaullone 711
Altana 1076,1080
Alteplase 1032
Alvimopan 598
Alzheimer's disease 629,640,672
Amanita muscaria 758
Amantadine 678,967
Ambroxol 1085
AMD 78
Amfetamine 292
amidase 50
Amikacin 839
Amiloride 1011
aminoacyl-tRNA 840
γ-aminobutyric acid 816
9-Aminocamptothecin 260
Aminocaproic Acid 1023
Aminoethylisothiourea 641
Aminoglutethimide 1148
aminoglycosides 838
Aminomethylbenzoic Acid 1023
6-Aminopenicillanic acid 256
Aminophylline 635
Aminopterin 905
Amiodarone 209,1047
Amisulpride 652
Amitriptyline 656
Amlodirine 996
AMN107 910
Amorolfine 873
Amoxapine 656
Amoxicillin 842
AMPA 688
Amphetamine 636,1128
Amphotericin B 257,873
Ampicillin 256
Ampiroxicam 619

AMPK 712
Amprenavir 238,937,944
Amrinone 1042
Amrubicin 895
Amsacrine 897
Amycolatopsis mediterranei 841
Amyl Nitrite 1050
amyotrophic lateral sclerosis 672
Anabaseine 767
anaerobic bacteria 841
anaphase 921
Anatibant 1080
Anatoxin 684
anchor-first search 153
ANDA 522
androgen receptor 1142
anesthetic agents 561
angiogenesis 424
Anidulafungin 878
Anileridine 20
Aniracetam 641
Anisodamine 761
Anisodine 761
ANN 185,194
Anorexiants 639
ansamacrolides 841
ANT 843
Antalarmin 666
antiallergic agents 732
anticodon 840
antiepileptic drugs 581
antifolates 905
anti-histamines 732
Anti-Human T Lymphocyte Immunoglobulin 1109
Anti-Lymphocytic Globulin 1109
antimetabolites 1105
Antiradon 641
anti-sense oligonucleotides 395
Anti T Cell Globulin 1109
antiulcer agents 732
AOX1 341
AP23464 910
6-APA 256
Apafant 739
APAs 751
APH 843
Apixaban 1029
Aplidine 260

APOBEC3G 935,938,957,958
Apobec3G 957,958
Apomorphine 677,810,812,815,816
APP 680,681,683,684,686,689
application date 486,494
application documents 492
appropriateness 534
Apraclonidine 782
Apremilast 1077
Aprepitant 283,284,666
Apricoxib 621
APRIL 1113
Aprotinin 1023
aptamer 398
Aptivus 946
aqueous solubility 183
AR 1142
arachidonic acid 613,738
aralkylamine derivatives 995
Aranidipine 997
Arbekacin 381,839
Arecoline 758,769
arenaviruses 964
Arformoterol 1069
Argatroban 1030
Aripiprazole 648,651,813
Arofylline 1077
Arteannuinum Succinate 258
Artemether 258
Artemisia annua 258
Artemisinin 222,258
Articaine 263
Articaine Hydrochloride 569
artificial neural networks 185
arylsulfonamide 110
L-Ascorbic acid 296
Asenapine 652
Asimadoline 601
Asipirin 1024
Asoprisnil 1152,1159
Aspergillus terreus 1055
Aspirin 268
association measures 159
Astellas 1071
Astemizole 704
asthma 1068
AstraZeneca 280,281,1070
Astromicin 839

Atazanavir 937,945
Atenolol 790,1047
ATG 1109
Atipamezole 784
ATL-962 1126
Atorvastatin 10,285,286,690,1056
Atrasentan 741
Atreleuton 739
Atripla 942
Atropine 761
Atrovastatin 262
attention deficit hyperactivity disorder 633
attributable cost 538
Augmentin 842
Auranofin 1107
autoimmune disease 1111
Automated Dry Sample Bank 80
Automated Liquid Sample Bank 81
autoreceptor 810
auxophore 10
available chemicals directory 180
Avastin 415
AVE-1625 1133
avian influenza 964
AZA 1105,1106
Azacitidine 900
1-Azakentapaullone 711
Azapropazone 617
Azathioprine 904,1105
Azelnidipine 997
aziridine 889
Azithromycin 257,839
Azosemide 1008
AZT 203

B

Baccatin 926
BACE 680
Bacillus polymyxa 838
Bacitracin 837
backup 501
backup system 846
Baclofen 315,582
bacterial biofilm 849
bacterial film 842
bactericidal effect 840
bacteriorhodopsin 811
bacteriostasis 840

Banyu 1072,1078
Barbituric Acid 576
basis sets incorporating diffuse functions 174
Bayer 1079
Bazedoxifene 723
BBB 194
BCR 543
bcr-abl 64,322
Beclomethasone 1094
Beclomethasone Dipropionate 1095
Bemegreide 640
Bemesetron 803
Bemiparin 1028
Benactyzine 762
Benazepril 1002
benefit-risk analysis 548
Bengamide 328
Benidipine 996
Benorilate 615
Benproperine 1084
Benserazide 674
Benzocaine 567
benzodiazepines 667
Benzonatate 1084
benzothiazepine derivatives 995
Benztropine 677
Benzyl Alcohol 570
Bepridil 999,1049
Berkeley Drosophila Genome Project 88
Berne Union 490
Betamethasone 1094
Bethanechol Chloride 757
BEVS 341
Bezafibrate 1059
BF 849
B/G 564
BIA 549
R-Bicalutamide 1143
Biclofibrate 1060
Bifeprunox 653,654
Bifonazole 874
bioalkylating agengts 1104
biocatalysis 285
bioinformatics 366
bioisoterism 232
biomaiker endpoints 335
biophotonics imaging technology 90
Biperiden 763

Bisoprolol 790
Bitolterol 786
Bivalirudin 1030
Blonanserin 653,654
blood-brain barrier 194
blood/gas partition coefficient 564
B-Lymphocyte Stimulator 1113
Blys 1113
BMI 1124
BMP 728
BMP-2 727
BMS-184474 926
BMS-387032 917
body mass index 1124
Boehringer Ingelheim 1070
Boniva 718
Bosutinib 912
bovine morbillivirus 964
BQR 1117
bradykinin 740
Brequinar 1117
Bretylium Tosilate 1048
Brimonidine 782
Bristol-Myers Squibb 273,287,580
Bromhexine 1085
Bromocriptine 676,812
Bronchodilators 639
Brotizolam 577
Bryostatin 1 260
BuChE 682
Budesonide 1073,1098
budget impact analysis 548,549
Budipine 679
Budralazine 995
Bufadienolide 1041
Bufuralol 304
building block 125,157
bulk purchasing price 555
Bumetanide 1008
bunyaviruses 964
Bupivacaine 35,569
Bupropion 664,769
Burimamide 744
Buspirone 667,668,797
Butacaine 568
Butenafine 873
Butoconazole 874

Butopamine 1043
Butorphanol 1082
Butter Yellow 24
butyrophenone 813
BZ 667

C

Cabergoline 812
CADD 143,144
CADTH 537
Cafedrine 635
Caffeine 634
Caffeine and Sodium Benzoate 635
Calcineurin 1113,1114
Calcium/calmodulin- 907
Calicheamicin γ_1 856
Cambridge structural database 156
CAMK 907
cAMP 796,809,818
Camptotheca acuminata 260,892
Camptothecin 117,260,892
CaN 1113
Candesartan 990,1005
candidate 112
Canertinib 913
Cangrelor 1025
canine distemper virus 964
CA-4P 924
Capecitabine 239,899,901
Captopril 12,261,1001
Carbachol 757
Carbamazepine 581
Carbasalate Calcium 615
Carbergoline 676
Carbidopa 674
Carbizocaine 570
Carbocisteine 1085
carbonic anhydrase Ⅱ 126
Carboplatin 890
carboxypeptidase 844
Cardenolide 1041
carE 857
Carfentanil 595,609
Carmofur 901
Carmoterol 1069
Carmustine 888

Carrageenan 384
Casopitant 666
Caspase 424,425
Caspofungin 854,877
CAT 844
catalytic oligonucleotides 394
Catharanthus roseus 259
Cathinone 634
CBA 541
CCA 541
CCK 119
CCR1 462,465
CCR2 462,463,465
CCR3 462,463,465
CCR4 461,462,465
CCR5 458,462,463,465,936,950~952
CCR6 458,461
CCR7 458,461,462,465
CCR8 463,465
CCR9 458
CCR5 inhibitors 938
CD4 950,951
CDAD 835
CDK 916
CEA 541
Cefaclor 256
Cefazolin 848
Cefbuperazo 842
Cefdinir 842
Cefmetazole 842
Cefminox 842
Cefotaxime 842
Cefotetan 842
Cefoxitin 842
Cefradine 848
Ceftazidime 256
Cefuroxime 842
Celecoxib 621
Celgene 1077
Celiprolol 790
cellulolytic enzymes 852
central stimulants 633
CEP 529
Cepacol 240
Cephalexin 300
Cephalosporin 842
Cephalosproin C 256

Cephamycin 843
CER 541
ceramide 405
Cerivastatin 262,1056
Certificate of Suitability 528
Certificate of Suitability of European Pharmacopoeia 528
Certoparin 1028
Cerulenin 856
Cethromycin 845
Cetilistat 1126
Cetirizine 36,734
Cetrorelix Acetate 1156
Cetuximab 421,431,452
Cevimeline 759,769
CGH 337
cGMP 518
chemical library 95
chemoinformatics 180
Chemokines 1117
CHF 1039
Chiesi 1069
chiral drugs 292
chiral inversion 37,304
chlamydia 841
Chloperastine 1082
Chlophenamine 734
Chlorambucil 886,1105
Chloramphenicol 839
chloramphenicol acetyltransferase 844
Chlordiazepoxide 576
Chlorimipramine 656
Chlorobutanol 570
Chlorohexidine 235
Chlorophenamine 12
Chloroprocaine 568
Chloroquine 258,1107
Chlorothalonil 29
Chlorothiazide 1008
Chlorphenamine 297
Chlorpheniramine 35
Chlorpromazine 645,813
Chlorpropamide 12,697
Chlorprothixene 38,646
Chlortetracycline 847
CHO 592,602
Cholecystokinin 119

Cholesterol 1091
Choline Salicylate 615
Chris Lipinski-"rule-of-five" 321
chronic obstructive pulmonary disease 1068,1099
chronic or congestive heart failure 1039
chylomicron 1052
Cialis 274
Cibenzoline 1045
Ciclesonide 1073,1097
Ciclosporin A 1114
Ciglitazone 707
Cilastatin 257
Cilengitide 424
Cilest 1153
Cilomilast 1076
Cilostazol 1025
Cimetidine 12,745
Cimicoxib 227
Cinepazide Maleate 499
Cinnarizine 999
Cinnoxicam 619
Cipro 497
Ciprofibrate 1059
Ciprofloxacin 99,849
Cirazoline 779
Cisplatin 890
Citalopram 296,658,660
Citrus pectin 391
CK1 907
CKD-602 893
Clarithromycin 257,845
claudin-1 976
Clauvulanic acid 256
Clavulanate 842
CLDN1 976
cleavage 97
Clentiazem 998
Clidinium Bromide 762
Clindamycin 844
clinical trial 509
Clioquinol 687
Clobutinol 1082
Clofarabine 904
Clofibrate 1059
Clomiphene 1155
Clonazepam 576
Clonidine 779
Clonidine hydrochloride 993

Clopenthixol 646
Clopidogrel 286,287,1025
clostridium difficile associated disease 835
Clotrimazole 874
clotting time 1017
Cloxacillin 842
Clozapine 648,649,813,814
clumping dispersal 850
cluster 113
CMA 541
CMGC 907
CMV 964
c-myc P1 78
CNS 14
Cocaine 263,566,634
Codeine 262
Codexis 286
codons 840
Coenzyme R 499
co-evolution 245
cognitive enhancers 640
COI 541
Colchicine 238,924
Colimycin 838
Colistin 838
com 853
combichem 157
combinatorial biosynthesis 857
combinatorial chemistry 95,157
combinatorial library 157
combinatorial search 156
CombretastatinA-4 924
CoMFA 144,146~149,199,205
comparative molecular field analysis 146,199
comparative molecular similarity indices analysis 147
competence stimulating peptide 853
competent 853
competitive antagonist 1132
complementary receptor field 146
complex biological fluid 89
computational modeling 365
computer-aided drug design 143
CoMSIA 147,148
COMT 673~675
Concanavalin A 126
conformational constraint 118
conjoint analysis method 549

containing casein 907
containing protein kinase A 907
contour map 147
Convallatoxin 1040
Convention Establishing the World Intellectual Property Organization 491
COPD 1068~1071,1076,1077,1080,1084~1086, 1099
Coramine 639
core enzyme 841
coronaviruses 964
correlation measures 159
Corticosterone 1092
corticotropin releasing factor 666
Cortisol 1092
Cortisone 1104
Cortistatin 1112
Corynebacterium 845
COS 528,529
cost analysis 538
cost-benefit analysis 541
cost-consequence analysis 541
cost-effectiveness analysis 541
cost minimization analysis 541
cost of illness 541
cost-utility analysis 541
COX 613
COX-1 614
COX-2 614
CP 1104
CP-654577 914
CpG-ODNs 394,397
CPI 538
CPT 117
CRE 91
creativity 492
Crixivan 270,271
CRMP-2 584
Cromoglicic Acid 737
cross terms 167
cross validation 146
CS-706 621
CsA 1114
CSD 156
CSP 853
CST 1112
CT 680
CTLA4 Ig 1112

CUA 541
CXCL12 460
CX3CR1 463
CXCR1 458
CXCR2 458,464
CXCR3 458,462
CXCR4 458,460,461,463~465,936,950,951
CXCR5 461
CXCR6 463
Cyclazosin 782
Cyclin 916
cyclin-dependent kinases 916
cyclization recombinationase enzyme 91
Cyclobarbital 296,576
Cyclocytidine 902
cyclooxygenase 613
cyclophilin 1114
Cyclophosphamide 297,886,1104
D-Cycloserine 837
D-Cymarose 1042
CYP450 46
CYP1A2 351
Cyproheptadine 734
Cyproterone 1143
Cytarabine Hydrochloride 901
Cytisine 684,766
cytochrome P450 45
cytotoxic T lymphocyte antigen 4 immunoglobulin 1112

D

DA 672,678,808,1128
Dabigatran Etexilate 1030
Dactinomycin D 897
Daiichi-Sankyo 1083
Dalbavancin 834
Dalcetrapib 1063
Dalteparin 1028
Daltroban 741
DALY 542
Daphniphyllum paxianum 252
Daptomycin 433,836
daptomycin bonding proteins 836
Darbufelone 625
Darglitazone 708
Darifenacin 763
Darunavir 938,945
Dasatinib 910

database search 223
dATP 973
Daunorubicin 894
Daunosamine 894
Dazmegrel 1024
2D bar-code laser-etched 106
DBPs 836
10-Deacetylbaccatin Ⅲ 273
decision tree 187,196
Decitabine 903
Decongestants 639
Dedextrorphan 1082
dehydrogenase 846
Delapril 1002
Delavirdine 937,941
Denbufylline 635
dendrimer 110
dengue 964
Denopamine 1043
de novo drug design 156,223
density functional theory 175
11-deoxycortisol 1092
dereplication 247
DERP 537
Deserpidine 994
Desflurane 562
designer drug 633
Desipramine 656
Deslanoside 262
Desloratadine 734
Desmethylastemizole 734
Devazepide 120
development 535
Dexamethasone 1094,1097,1104
Dexmedetomidine 296,783
Dextramisole 36
Dextropropoxyphene 35
DFT 175,176
DG 148
DHBV 964
DHEC 676
DHODH 1116
2,6-diamidoanthraquinone 78
Diazepam 120,667
Diazoxide 995
Dibazole 995
Dibekacin 839
Dibenzazepine 232

dibenzoxazepines 648
Dibucaine 30
DICER 352,354
Dichlorphen amide 1011
Diclofenac 623
Diclofenac Sodium 617
Dicloxacillin 842
Dictimicin 839
Didanosine 937
Dienogest 1151
Diethazine 646
Diethylstilbestrol 38
Diflomotecan 893
Diflunisal 615
Difuradin 901
Digitoxin 1040
D-Digitoxose 1042
Digoxin 262,1040
Dihydralazine 995
Dihydrofolate 1106
dihydropyridines 995
Diltiazem 998,1049
Dimefline 640
Dimethocaine 568
dimethylallyl pyrophosphate 717
Dinotefuran 765
dipeptidyl peptidase-4 439
dipeptidyl peptidase-Ⅳ 425,701
Diperodon 570
Diphenhydramine 12,658,734
Diprophylline 635
Dipyridamole 1025
directed sortting strategy 105
direct medical cost 538
direct non-medical cost 538
Dirithromycin 845
Discodermolide 244,246,260
discount 538
discovery library 112
Disopyramide 1045
dispensing fee 557
distance geometry 148
distance measures 159
distomer 35,293
distribution 180
diversity library 112
diversity-oriented synthesis 113,222
divinyl benzene 96

DMAPP 717
DMF 523,524
DNA array technology 330
DNA-binding domain 1093
Dobutamine 36,297,298,1043
Docetaxel 259
docking 373
docking and virtual screening 223
Dofetilide 1048
Dolastatin 922
Dolobid 615
domain 845
Domitroban 741
Donepezil 295,682,771
Donitriptan 799
D-Dopa 300
L-Dopa 300,808
L-DOPA 808
DOPAC 809
Dopamine 1128
Dopexamine 1043
DOS 222
Dosmalfate 388
Dothiepine 656
dot synthesis 127
DOV-216303 665
Doxazosin 780
Doxepin 656
Doxifluridine 901
Doxofylline 1077
Doxorubicin 894
Doxycycline 847
DPP-Ⅳ 439~441,445,701,703~705,712
drawing 492
drawings or photographs of the product 492
Dronedarone 1048
Dropropizine 298,299
Drospirenone 1151
Drotebanol 1082
drug-like 219
druglikeness 186
Drug Master File 523
drug metabolism and pharmacokinetics 44
drug resistance factor 853
DT 187
Duloxetine 661
Dutasteride 1144

DVB 96
Dyclonine 570
dynamic combinatorial chemistry 125

E

E7070 918
EBM 537
Ebola virus 964
Ebrotidine 745
EBV 964
Ecgonine 567
ECHO model 534
Econazole 874
EDMF 527,529
Edotecarin 894
EDRF 1051
EF 846
Efavirenz 937,941,942
Efegatran 1030
effectiveness 534,537
efficacy 31,531,534,537
efflux pump system 848
Efonidipine 996
EF-Tu 840
EGFR 420,421,431
Eisai 584
EKB-569 913
EKC 599,609
electrophilicity index 182
Eletriptan 799
Elgodipine 996
Eli Lilly 584,1085
ELISA 86,332
elongated dodecahedron 171
elongation factor 846
elongation factor thermo unstable 840
Eltoprazine 654
EM-1 594
EM-2 594
Emab 1113
EMD68843 665
EMEA 525
Emopamil 998
EMS 323
Emtricitabine 937,940,942,972
Enadoline 600

Enalapril 12,261,1002
Enalaprilat 1002
Encainide 1046
encephalomyocarditis virus 964
enchinocandins 854
Endomorphin-1 594
Endomorphin-2 594
endothelin 741
endothelium-derived relaxing factor 1051
5-ene-3β-hydroxysteroid dehydrogenase/ 3-oxosteroid-
　　4,5-isomerase 1092
Enflurane 562
Enfuvirtide 433,436,938,946
Englitazone 707
ENK 591
Enoxaparin 1028
Enoximone 1042
Entacapone 674
Entecavir 973
Enterococcus faecalis 844
Enterococcus faecium 844
entry inhibitor 950
ENU 323
Enzastaurin 921
enzymes 1105
EP 499
EPC 488
EPC2000 488
Ephedrine 634
Epibatidine 684,766
Epinephrine 775
epineurium 848
Epirubicin 895
epithelial growth factor receptor 420
EPO 429,488,489,495
epothilone 856
Epothilone A 261
Epothilone B 261
Epothilones A 927
Epothilones B 927
epoxide hydrolase 50
Epratuzumab 1113
Epristeride 1144
Eprosartact 1005
EPS 645
Eptifibatide 1026
Equol 723
ER-076349 923

ER-086526 923
Erbstatin 912
Erbulozole 925
Erdosteine 1085
ergolines 676
Erlotinib 67,913
error prone repair 853
Erythrityl Tetranitrate 1050
Erythromycin 839
erythromycin esterase 843
ESBL 842
Escherichia coli 837
Escitalopram 658,661
ESI-MS 326
Esmolol 790,1047
Esomeprazole 280,746
essential medicines 553
Estazolam 577,667
esterase 50
ET-743 260
Etacrynic Acid 1008
Etamivan 639
Etanercept 422,447
Ethoxyzolamide 1011
Ethylestrenol 1142
Eticlopride 813
Etimicin 839
Etiprednol Dicloacetate 1074
Etizolam 577
Etodolac 617
Etomidate 563
Etoposide 240,259,898
Etoposide Phosphate 898
Etozolin 297
Etravirine 937,941
eudismic ratio 35,293
Eugenol 570
Eukaryoteinitiation factor-2 971
EUnetHTA 536
Euphorbia factor L_{11} 249
Euphorbia lathyris 249
European drug master file 527
eutomer 35,293
evaporative light scattering detection 82
Everninomycin 382
Everolimus 1115
evidence-based medicine 537
Evoxac 759

Exatecan 893
exciton chirality method 250
exclusion 486
excretion 180
Exemestane 1148
Exenatide 701
exopoly saccharide 850
7-*exo-trig* 120
extended-spectrum β-lactamase 842
extrapyramidal syndrome 645
extrinsic pathway 1017
Ezetimibe 316

F

Falecalcitriol 725
Falipamil 998
Famotidine 12,745
farnesyl diphosphate synthase 717
Faslodex 1147
FDA 517,518,522,524,598
Felodipine 995
Fenbufen 618
Fenfluamine 296
Fenfluramine 299,1128
Fenofibrate 1059
Fenoprofen 618
Fenoterol 786
Fentanyl 262,595
FEP 151
Feprazone 617
Fexofenadine 734
FFA 712
FH2 1106
FH4 1106
Fhconazob 854
Fialuridine 206
field fit 146
filoviruses 964
Finasteride 1144
first to file 496
first to invent 496
FK-506 1114
flavin-coutaining monooxygenase 47
flaviviruses 964
Flavomycin 835
Flavopiridol 916
Flecainide 36,1046
Flobufen 304,305

Floxuridine 14
R-Flubiprofen 686
Flucloxacillin 842
Fluconazole 874
Fludiazepam 576
Flunarizine 999
Flunisolide 1073
Fluocortin Butyl 1074
5-Fluoronicotinic Acid 1062
fluoroquinolones 849
Fluorouracil 14,900
fluorous extraction 111
fluorous phase organic synthesis 111
fluorous solid-phase extraction 111
fluorous tags 111
Fluoxetine 658
Flupenthixol 813
Flupentixol 646
Fluphenazine 646
Flurazepam 576
Flurbiprofen 618,622
Fluspirilene 647
Flutamide 1143
Fluticasone 1073,1098
Fluticasone Propionate 499
Flutropium 1070
Fluvastatin 262,1056
Fluvoxamine 658
fMRI 680
focused library 112
Folic Acid 904
Folinic acid 301
Fondaparinux 1029
foot-and-mouth disease virus 964
force field 165
Formestane 1148
Formoterol 786,1068,1072,1098
formulary 535
Formylmerphalan 886
Forteo 725
Fortimicin 839
forward synthetic analysis 113
Fosamax 717
Fosamprenavir 238,938,945
Fosfonoycin 837
Fosinopril 1002
Fosinoprilat 1002
FPOS 111

fragment collision 146
fragonomics 224
free energy perturbation 151
free fatty acid 712
FRET 333
FSH 429,1154
FSPE 111
5-Fu 900
5-FU 239,894,900
Fucose 405
Furosemide 1008
Fusidic Acid 840
fusion inhibitor 938,950

G

GA 1112
GABA 578,591,667,691,816,817,819,822,824,826,827
GABA-T 583,816
GABA-transaminase 816
Galactose 405
galactosphinglipid 405
Galantamine 682,771
Galanthamine 113
Gallopamil 998,1049
Ganirelix Acetate 1156
GAPDH 679
GAT 583,817
Gatifloxacin 295
Gaussian-Type Orbital 173
GC 1050
GCK 712
GCP 510,511,519
G-CSF 429,446
GDRS 83
Gefitinib 913
GEM 345,346,348,350,351
Gemcitabine 899,902,912
Gemifibrozil 1059
Gemifloxacin 864
Gemtuzumab Ozogamicin 430,434
gene cluster 846
general anesthetics 561
generalizability 551
general linker 97
generic drug 486

genetic-like screens and phenotypic screens 113
Gentamicin 838
Gepirone 797
GER 345,346,348,350,351
Gestodene 1150
GFP 333
GH 428
Ghrelin Antagonists 1136
Gilead 272,276
Gimatecan 893
Gingolide B 739
GIP 701,712
Glatiramer Acetate 1112
GlaxoSmithKline 268,281,585,1069~1072,1078,1098
Glenmark 1077
Gliclazide 697
Glimepiride 697
glinides 698
Glipizide 12,697
Gliquidone 697
Global Diverse Representative Subset 83
glomerular filtration 444
GLP 510,511,519
GLP-1 425,440,701,702,705,712
glucagon-like peptide-1 425,439,701
glucocerebrosidase 392
glucocorticoid receptor 1093
glucocorticoid response element 1093
glucocorticoids 1091
Glucokinase 712
D-Glucose 1042
glucose-dependent insulinotropic polypeptide 701
α-glucosidase inhibitor 700
glucosphingolipid 405
GLUT 711
GLUT-1 711
GLUT-2 711
Glutamic Acid 583
glutathione peroxidase 50
glutathione-S-transferase 55
Glyburide 697
glycogen synthase kinase-3 710
glycopeptide antibiotics 834
glycophospholipid 405
Glycopyrronium Bromide 762
glycosaminoglycan 384

glycosaminoglycans 976
glycosphingolipid 405
glycosylphosphatidyl inositol(GPI)anchor 405
glycosyltransferase 833
glycosynthase 400
glycotransferase 400
GM-CSF 429
GMP 511
GnRH 690
gonadotropin-releasing hormone 1154
Goserelin Acetate 1156
Gossypol 291
gp41 432,934,951,954
gp120 432,934,938,950~952,955
GPCR 221,417,419,732,775~777
GPI 593,599,603
G protein coupling receptor 417,732
GRE 1093
green fluorescent protein 333
grey literature 537
grid 146
Griseofulvin 258
growth factor receptor 420
growth hormone 428
GrxA-C 340
GSK-3 710
GSK-372475 665
GST 338
GTO 173,174
Guanabenz 782,993
Guanadrel 994
Guanethidine 994
Guanfacine 782,993
guanylyl cyclase 1050
GW-679769 666

H

habitforming drugs 561
haemaglutin 409
Haemophilus influenzae 845
Halichondrin 922,923
hallucinogenic activity 633
Haloperidol 647,813
Halothane 562
Haloxazolam 577
Hamiltonian Operator 172

Hatch-Waxman 500
HAV 964
HbA$_{1c}$ 702,706,710
HBsAg 970,971
HBV 964,972~975
HCG 429,1155
hCPT 117
HCS 221
HCV 964,975,980,982,985,986
HD 672
HDL 1052
Health Economic Evaluation Database 551
health technology assessment 536
heat shock 853
heat shock protein 854,1093
heavy fluorous tag 111
Helical Domain Recognition Analysis 67
helicase 977
Helicobacter pylori 845
α-helix 28
hemagglutinin 965
hematotoxicity 207
Hemiasterlin 922
hepaciviruses 964
hepadnaviruses 964
heparin 1028
hepatitis A virus 964
hepatitis delta virus 964
Heptacaine 570
Herceptin 421
herpesviruses 964
Hetrazepine 311
Hexachlorophene 235
Hexobarbital Sodium 562
HGP 330
HHV-6 964
high content screening 221
high density lipoprotein 1052
highly active antiretroviral therapy 937
high throughput screening 95,157,220
high throughput synthesis 95
Hirudin 1030
Histabudifen 743
histamine 732
histamine receptor 732
Histapendifen 743
Histaprodifen 743

hit 112,219
hit-to-lead 219,220
HIV 463,932,933,935,939,941,942,950,955,956,958,964
HIV-1 933,934,944,952
H$^+$/K$^+$-ATPase 744
HLA 1113
hMG 1155
HMG-CoA 690,1117
HMO 536
holoenzyme 841
hologram 145
hologram length 145
Homocaptothecin 117
homolog to yeast sterile 7,11,20 kinases 907
homology modeling 161
hot spot 428
HPV 964
HQSAR 145,146
HSA 198,199,200
11β-HSD 711
11β-HSD1 711
11β-HSD2 711
HSPs 854
HSV-1 964
5-HT 227,591,1128
HTA 536
HTRF 86
HTS 157,220,371,372,375
human chorionic gonadotropin 1155
human genome project 330
human immunodeficiency virus 964
humanized anti-IL-2 receptormonoclonal antibody 1110
humanized mAb 432
human leukocyte antigen 1113
human menopausal gonadotropin 1155
human parainfluenza viruses 964
human respiratory syncytial virus 964
human rhinovirus A 964
human serum albumin 198
Huntington's disease 672
Huperzia serrata 263
Huperzine A 263,315,682,772
Huperzine B 235
HVA 586
hybrid antibiotic 857

Hydralazine 995
Hydrochlorothiazide 1008
hydrogen bonds 18
hydroindolones 648
hydrolase 851
hydrophilic depoting 445
hydrophobic depoting 444
Hydroxybutyrate Sodium 564
Hydroxycamptothecin 892
Hydroxychloroquine 1107
4-Hydroxycyclophosphamide 886
hydroxyethylene bond 944
11β-hydroxylase 1092
17α-hydroxylase 1092
18-hydroxylase 1092
21-hydroxylase 1092
hydroxylinoleic acid 819
17α-hydroxypregnenolone 1092
Hydroxyprocaine 568
17α-hydroxyprogesterone 1092
21-hydroxyprogesterone 1092
11β-hydroxysteroid dehydrogenaser 711
5-hydroxytryptamine 795
Hydroxyzine 734
hypertension 991

I

IBCR 543
Ibopamine 1043
Ibritumomab Tiuxetan 451
Ibudilast 1076,1078
Ibuprofen 12,37,296
Ibutilide 1048
Icagen 585
Icatibant 740
ICER 541
ICH 530,531
ICS 1073,1074
ICUR 543
Idazoxan 784
IDL 1052
Idrabiotaparinux 1029
Idraparinux 1029
IDS 494
IFN 985
Ifosfamide 887

Ig 430
IGFβ 728
Ilaprazole 746
Iloperidone 652,801,813
Imatinib 64,67,226,909
IMDDI 159
Imidacloprid 765
Imipenem 848
Imipramine 656
immunophilin protein 1093
Immunosuppressant 1104
IMPDH 969,1116
Implanon 1153,1154
Implitapide 1063
improper torsion 167
incremental cost 538
incremental net health benefit 549
incretins 425
IND 518
Indacaterol 1069,1070
Indacrinone 35
Indalpine 654
Indecainide 1046
Indinavir 270,272,274,937,944
indirect cost 538
individual molecular dataset diversity index 159
Indomethacin 617,686
Indoprofen 618
induced fit theory 32
industrial design patent 486
Industrial Property Rights 487
inesine 5'-monophosphate dehydrogenase 1115
influenza A virus 964
influenza B virus 964
Information Disclosure Statement 494
infringement 486,501
inhaled anesthetics 561
inhaled corticosteroids 1097
Inhaler Corticosteroids 1072
INHB 549
Inositol Nicotinate 1062
Insulin 695
intangible benefit 541
integrase 934,936
integrase inhibitors 938
Integrilin 1026
integron 843

Interferon 422,969
Interleukin 1094
interlocked rings 117
intermediate density lipoprotein 1052
intermolecular hydrogen bonds 28
International Society for Pharamacoeconomics and Outcomes Research 534
intervening sequences 91
intramolecular hydrogen bonds 28
intravenous anesthetics 561
intrinsic activity 31
intrinsically resistant 848
intrinsic pathway 1017
invention patent 486
inverse agonist 1132
in vivo 506
ion-conducting pole 796
ionization 18
ionization constant 181
ionophores 848
ionophorous protein 965
Ipratropium 1070
Ipriflavone 723
IPSP 818,819
IPTG 338
IQWiG 537
IRB 509
Irbesartan 990,1005
IRES 976
Irinotecan 260,452,892
IRS-1 710
Isatoribine 985
Isepamicin 839
Isoapomorphine 811
Isocarboxazid 656
Isoflurane 562
Isogramine 568
Isomazole 1044
isomeric ballast 35
isopentenyl pyrophosphate 717
Isoprenaline 297
Isosorbide Dinitrate 1050
Isosorbide Mononitrate 1050
Isovalerylspiramycin 857
ISPOR 534
Isradipine 996
Israpafant 739
Istamycin 839

Itraconazole 304,874
Itrocinonide 1074
Ixabepilone 927

J

Januvia 282
Johnson & Johnson 1083,1084
Josamycin 839
JPO 490

K

Kadsurenone 739
Kainic Acid 583
Kanamycin A 839
Karenitecin 894
Kasugamycin 839
Kentapaullone 711
Ketamine 35,299,301
Ketamine Hydrochloride 563
Ketanserin 801
β-ketoacyl acyl carrier synthase I/II (FabF/B) 257
Ketoconazole 874
4-Ketocyclophosphamide 886
Ketoprofen 12,306,618,622
Ketorolac 618
Ketotifen 734,737
kinetophore 13
Kinins 740
Kitasamycin 839
knockdown 351
KNR7000 260
Krestin 390
KW-2170 896
Kyorin 1078

L

Labetalol 36,789
Lacidipine 996
Lacosamide 584
β-lactam antibiotics 833
β-Lactamase 842
β-Lactamase inhibitors 842
Lactococcus lactis 836
lactoferrin 852
Lamarckian genetic algorithm 155
Lamivudine 384,499,937,939,972
Lamotrigine 581

Lanatoside C 262,1040
Lanoteplase 1033
Lansoprazole 746
Lapatinib 913
large forward genetic screen 89
Lathyranoic acid A 249
LCAO 173
LCM 325
LC/MS/MS 59
LDL 1052
LDLR 976
lead 219
lead compound 112
leader-follower model 556
lead optimization 220,230
Leap-frog 170
leave-one-out 146
legality 487
Legionella 845
Lemildipine 996
Leminoprazole 746
lentiviral vector 91
Lercanidipine 996
Letosteine 1085
Leucovorin Calcium 905
Leu-enkephalin 603
leukotrienes 738
Leuprolide 690
Leuprorelin Acetate 1156
Levamisole 36
Levetiracetam 581
Levobupivacaine 569
Levocabstine 734
Levocetirizine 36,734
Levodropropizine 1084
Levofloxacin 36
Levopropoxyphene 35,1082
Levorphanol 595
Levosimendan 1044
LFER 182
LGCC 586
lg$D$ 181
lg$P$ 374
LH 1154
LH-RH 1156
Licofelone 625
Lidocaine 263,568,1045
Lidoflazine 999

Ligand-Gated Ion Channel Database 67
ligand(hormone) binding domain 1093
Ligustrazine 739
Lilly 274,1077
Lincomycin 844
linear combinations of atomic orbital 173
linear free-energy relationship 182
Linezolid 865
linker 96
linker search 156
lipase 1125
lipid bilayer 848
Lipitor 285
lipoarabinomannan 831
lipoglycodepsipeptide 835
lipopolysacoharide 848
lipoprotein 198,1051
liposome 852
lipoteichoic acid 836
lipoxygenase 624
Lirimilast 1076,1079
Lisinopril 1002
Listeria 845
Lisuride 676,798,812
Lobeline 639
local anesthetics 566
Lofexidine 993
Lomustine 888
long terminal repeat 947
long-term potentiation 769
LOO 146
loop 162
Lopinavir 937
Loratadine 316,734
Lorazepam 577,667
Lorcainide 1046
Losartan 990,1005
Loteprednol Etabonate 1074,1096,1097
Lotrafiban 1026
Lovastatin 10,262,690,1055
low-barrier hydrogen bond 28
low density lipoprotein 1052
Loxapine 648,813
LPS 848
LSD 208
LTA 836
LTP 769
luciferase 333

Lumbrokinase 1033
Lumiracoxib 623
Lunelle 1154
luteinizing hormone-releasing hormone 1156
Luveris 1156
LVA 586
LY-2140023 653
lyase 844
Lybrel 1153
Lyrica 284

M

mAb 357,358
MAC 564
mAChR 683,754
macrolides-lincosamides-streptogramins 839
macromolecular perturbation theory 33
macrophage colony-stimulating factor 720
Malathion 26
MALDI-TOF 326
mammalian target of rapa2mycin 1114
Mannopeptimycin 257
Mannopeptimycins $\alpha \sim \varepsilon$ 254
Mannose 405
MAO 655,809
MAO-A 676
MAO-B 672,673,675,679,690
MAPK 76,163
Maprotiline 663
MAR 549
Maraviroc 477,938,946
Marburg virus 964
marine microalgae 856
market access 555
marketing 535
Markov model 544
mass balance 60
MAT 673
matrix 850
matrixprotein 965
maturation inhibitor 956
maximal common substructure 12
maximum acceptable risk 549
maximum tolerated dose 334
Maytansine 923
MBP 338
MCS 12
M-CSF 720

MD 169,171
MDAM 906
MDR 843
measles virus 964
Mec 769
Mecamylamine 769,994
mechanism of general anesthesia 565
Mechlorethamine Hydrochloride 13,884
Meclofenoxate 641
Medetomidine 791
Medicinal Chemistry 2
MediciNova 275,1080
Medrosol 1096
Megimide 640
Meixletine 1045
Melanocortin 4 Receptor Agonists 1136
Melatonin 580
Meloxicam 619
Melphalan 13,300,886
Memantine 687
Meperidine 595
Mepivacaine 569
meprobamate 667
6-Mercaptopurine 1106
Mercaptopurine 903
Merck 1077,1078
Meropenem 257
message-address 602
meta-analysis 548
metabolism 180
metagenome technology 856
metaphase 921
Metaproterenol 786
Metaraminol 778
Metazosin 780
Met-enkephalin 603
metered-dose inhalers 1098
Metformin 696
Methacholine Chloride 757
Methadone 262,297,596,609
S-(+)-Methamphetamine 636
Methazolamide 1011
Methicillin 842
methicillin resistant *Staphylococcus aureus* 834
Methohexital Sodium 562
Methoserpidine 994
methotrexate 37,300,905,1105,1106

Methoxamine 778
Methoxyflurane 562
N-methyl-D-aspartic acid 583
Methyldigoxin 1041
Methyldopa 296,782,783,993
Methyldopamine 993
Methyl p-Hydroxybenzoate 29
Methyllycaconitine 769
Methyl Orange 24
Methylphenidate 296,637
Methylprednisolone 1104
Methylprednisolone Aceponate 1095
Methylprednisolone Suleptanate 1096
Metiamide 744
Metoclopramide 803
Metolazone 1010
Metomidine 296
me-too 4
Metoprolol 790,1047
Mevastatin 1055
Mexiletene 263
Mianserin 299,652,664
Mianserine 662,784
Micafungin 877
Miconazole 874
microcolony 852
Micromonosporaceae 856
Micronomicin 839
microtubule 921
Midazolam 577
Midecamycin 839
Midesteine 1085
Midodrine 778
Midostaurin 920
Mifentidine 745
Mifepristone 667,1151
MIFs 183
Miglitol 385,700
Milameline 758,769
Milnacipran 661
Milrinone 1042
Milveterol 1069,1070
mineralocorticoid receptor 1093
mineralocorticoids 1091
minimal alveolar concentration 564
Minocycline 847
Minoxidil 995

Miocamycin 839
miRNA 352
Mirtazapine 302,662,784
Mitiglinide 698
mitogen activated protein kinase 76,163
Mitomycin C 853
Mitoxantrone 896,1108
mix-split synthesis 102
Mizolastine 734
Mizoribine 1116
MLR 182
MLS 839
MM 336
MMDDI 159
MMF 1115
MMTV-LTR 322
MN-447 275
MNTX 598
MO 173
Moclobemide 663
Modafinil 637,812
model 143,144
Modipafant 739
Moenomycin 835
Moexipril 1002
Moguistein 1084
Moguisteine 295
molecular chaperones 854
molecular docking 143,150
molecular dynamics 169
molecular interaction fields 183
molecular mechanics 165
molecular modeling 143
molecular orbital 173
molecular shape analysis 148
Molindone 648
molluscum contagiosum 964
Molsidomine 1050
Mometasone 1070,1073
Monascus rubber 1055
monoamine neurotransmitter reuptake inhibitors 657
monoamine oxidase 47,655
monoamine oxidase inhibitors 655
monoclonal antibody 357,358
Monte Carlo simulation 548
Montelukast 316,738,742
Monteplase 1033

Moraxella catarrhalis 845
Moricizine 1046
Morphine 231,262
motif 368
Moxi floxacin 864
Moxonidine 993
6-MP 1106
MPDP 672
MPP+ 672
MPPP 672
MP Suleptanate 1096
MPTP 672,673,678,679
MRI 333,680
MRSA 834
MSA 148
M. smegmatis 841
MT 580
mTOR 1114
M-tropic 956
MTX 1105,1106
Multidisciplinary 531
multidrug efflux pump 844
multipin 106
multiple drug resisitance 843
multiple efflux 849
multiple linear regression 182
mump virus 964
Mupirocin 841
Muraglitazar 708
muramic acid 831
muscarinic acetylcholine receptor 754
Muscimol 582
mutant 852
mutual molecular dataset diversity index 159
mutual resolution 307
MVD 593,603,605
mycarose 857
Mycobacterium avium 845
Mycobacterium leprae 847
Mycobacterium tuberculosis 847
mycolic acid 831
Mycophenolate Mofetil 1115
Mycophenolic Acid 1115
mycoplasma 841
Mycoplasm. pneumonia 845
Myriocin 1118
Myxobacteria 856

MZR 1116

N

Nabumetone 617
nAChR 683,684,754,765
Nadolol 789,1047
Nadroparin 1028
Nafarelin 1156
Nafcillin 842
Naftifine 873
Naftopidil 781
NAG 831
Nalidixic Acid 144,862
Nalidixix Acid 849
Nalorphine 597,609
Naloxonazine 592
NAM 831
Napamezole 784
Naphazoline 778
Naproxen 297,618
Naratriptan 799
narcolepsy 633
NaRIs 656
nasal spray 1099
NaSSAs 656
Nateglinide 698
National Formulary 524
native chemical ligation 437
Nattokinase 1034
NB1011 903
NDA 518
NE 591,1128
Nebivolol 298
Nedaplatin 890
Nefazodone 664
Nefiracetam 641
negative glucocorticoid respones element 1093
negative list 557
negotiated price 555
Neisseria 845
Nelarabine 904
Nelfinavir 937,944
Neltenexine 1085
Nemonapride 813
Nemorubicin 896
Neomycin 837

Netilmicin 839
neuraminidase 965
neurokinin 666,740
Neuromedin U Receptor 2 Agonists 1136
Neurontin 498
Neuropeptide Y 1135
Nevirapine 937,941
New Orthoform 567
Newton-Raphson 169
NF 524
NF κβ 1094
nGRE 1093
Nicardipine 996
NICE 537
Nicergoline 642
Niceritrol 1062
(一)-Nicotine 766
Nicotine 294
nicotinic acetylcholine receptor 754,765
Nicotinyl Alcohol 1062
Nictiazem 998
Nifedipine 122,995
Nikethamide 639
Nilotinib 910
Nilutamide 1143
Nimesulide 622
Nimodipine 301,996
Nimustine 888
Nisin 836
Nisoldipine 996
Nisoxetine 658
nitrates and nitrites 1050
Nitrazepam 576
Nitredipine 996
nitric oxide 626
nitric oxide synthase 1050
9-Nitrocamptothecin 260
Nitrogen Mustard 26
nitrogen mustards 884
Nitroglycerin 1050
nitrosoureas 887
Nizatidine 745
NK 740
NMDA 678,679,687,688,691
NME 519
NMR 362,363
NMT 878,880
Nocadazole 925

nociceptin 592
Nolatrexed 907
none ribosomal peptide synthases 857
nonnucleoside reverse transcriptase inhibitors 937
nonproductive-cycle 840
nonspecific drug 564
nonsterodial anti-inflammatory drugs 613
nonsteroidal selective glucocorticoid receptor activator/modulator 1099
non-structural protein 965
non-sulfonylureas 698
nootropics 640
noradrenergic and specific serotonergic antidepressant 655
Norastemizole 734
Norepinephrine 655,775,1128
norepinephrine 655,775
norepinephrine transporter 775
Norethandrolone 1142
Norethindrone 1150
Norethynodrel 1150
Norfloxacin 144
Norfluoxetine 659
Nortriptyline 656
NOS 1050,1094
NO synthase 1094
Novartis 584,1069,1070,1072,1080
novelty 491
NPY 1135
NRPSs 857
NS-2359 665
NSAIDs 613
NS3 protease 976
NTPase 976
nuclear receptor superfamily 1093
nucleoprotein 965
nucleoside reverse transcriptase inhibitors 937
NuvaRing 1154
Nystatin 873
NZI 592

O

OAS 971
occupancy theory 30
odds ratio 551
Ofloxacin 296

6-OHDA 672,678
Ohmefentanil 596,609
oil/gas partition coefficient 564
oil-water partition coefficient 185
Olanzapine 226,648,650,801,813,815
Oleandomycin 839
2,5 -oligoadenylate synthetase 971
oligonucleotide therapeutics 394
Omeprazole 302,500,501,746
Ondansetron 36
one bead one compound 103
Ono 1078
Opioid Antagonists 1136
opportunistic infection 932
optimal biological dose 334
Orbofiban 1026
Org-34517 667
organoplatinum complexes 890
Oritavancin 834
ORL 592
Orlistat 1125
orphanin-FQ 592
orphan nuclear receptors 229
orphan opioid receptor 592
Ortho Evra 1154
Orthoform 567
orthomyxoviruses 964
Osanetant 653
Oseltamivir 272,273,276,277,383,968
OSI-7904L 907
osteoblast 715
osteoclast 715
osteocytes 720
osteonectin 728
osteopontin 728
osteoprotegerin 720
Otamixaban 1029
Otenabant 1133
Otenzepad 764
Otsuka 1077
outcome research 534
Oxacillin 842
Oxaliplatin 890
Oxandrolone 1143
Oxazepam 667
Oxcarbazepine 581
Oxendolone 1143

Oxiconazole 874
Oxiracetam 641
Oxitropium 1070
Oxybuprocaine 568
Oxybutynin 763
oxyimino-β-lactamases 842
Oxymetazoline 778
Oxymetholone 1143
Oxypertine 648
Oxytetracycline 846
Ozagrel 1024

P

P276-00 916
P450 45,47
PAB 255
Paclitaxel 222,258,926
Pactimibe 1064
PAF 739
PAG 591
Paliperidone 652
Pamiteplase 1033
panel reactive antibody 1113
Pantoprazole 746
papillomaviruses 964
parallel synthesis 102,108
paramyxoviruses 964
paraoxonase 1074
Parathion 26
Parecoxib 621
parent 219
parenteral anesthetics 562
Paris Convention 485
Paris Union 490
Parkinson's disease 672
Parnaparin 1028
Paromomycin 839
Paroxetine 227,658,659
partial least square analysis 25
partial least squares 145,183
parvoviruses 964
Patent 485
patent claim 492
Patent Cooperation Treaty 487
Patent Law Treaty 488
patent request 492

patent specification 492
patent summary 492
patient outcomes measurement study 548
patient-reported outcomes 535
Paxdaphnine A 252
Pazopanib 915
PBPs 833
PCABs 751
PCP 687
PCT 487,489~491,495
PD 334,672,676~679,690,691
PD0332991 917
PD166326 910
PD180970 910
PDB 156,161,171,364,365,373
PDB(Protein Date Bank) 361
PDF 870,872
PDK1 919
Peanut Lectin 126
PEG 96,110,446
Pemetrexed 905
Pemoline 637
Pempidine 994
Penfluridol 647
penicilin bonding proteins 833
D-Penicillamine 1107
Penicillamine 298,299,603
penicillinase 842
Penicillin G 256
Pentaerityrityl Tetranitrate 1050
pentaglycin interpeptide bridge 841
Pentazocine 298
Pentolonium 994
Pentostatin 904
Pentoxifylline 635
Pentoxyverine 1082
pepsin family D 684
β-peptide 443
γ-peptide 443
peptide deformylase 870
peptide mass fingerprint 326
peptidoglycan 405,831
peptidyl tRNA 840
peptoid 443
Peramivir 384,968
Pergolide 676,798,812
Perhexiline 999

Perindopril 1002
permeability 852
Permetrexed 899
Perospirone 652
peroxidase 48
peroxisome proliferators activated receptor 706
Perphenazine 646
perturbation 175
perylene 78
PET 333,680
Pethidine 262,595,647
Pexacerfont 666
Pfizer 281,284,285,1072,1078,1079
PG 96
PGI$_2$ 623
P-glycoprotein 192
P-gp 192,193,893
PGs 613
phagocyte 852
Pharmaceutical Chemistry 2
pharmacodynamics 508
pharmacoeconomic evaluation guidelines 552
pharmacoeconomics 534
pharmacoepidemiology 537
pharmacogenetics 329
pharmacogenomics 329
pharmacokinetics 508
pharmacokinetics/pharmacodynamics 58
pharmacology 508
pharmacophore 10,143,144,149
pharmacophore modeling 223
pharmacophoric conformation 38
pharmacophoric similarity concept 25
Phenacaine 570
Phenbenzamine 733
Phendimetrazine 636
Phenelzine 656
Phenformin 696
Phenmetrazine 636
Phenobarbital 576
Phenol 570
Phenothiazine 232
Phentermine 636
Phentolamine 781,785
Phenylbutazone 616
Phenylephrine 778
phenylethanolamine N-methyl transferase 775

Phenytoin 1045
philicity 182
Phosphamide Mustard 886,1105
phosphatase 425
phosphoglycerides 1054
3-phosphoinositide-dependent kinase 1 919
phosphomannomutase 409
phosphomannose isomerase 409
Phosphonomycin 837
phosphotidylglycerol 405
phosphotransferases 843
Picenadol 297
Piclamilast 1076
Picoprazole 746
picornaviruses 964
Picotamide 1024
Pilocarpine 760,770
Pimaricin 873
Pimobendan 1044
Pimozide 647
Pindolol 789
Pinoxepin 657
Pioglitazone 686,707
PIP_2 68
Piperaquine 236
Piracetam 640
Pirenzepine 764
Piribedil 676,812
Pirmenol 1045
Piroprofen 618
Piroxicam 619
Piroximone 1042
Pitavastatin 1056
Pixantrone 896
PK 163,334
PKA 907
pK_a 181~183,211
PKC 920
PKSs 857
Plafibride 1059
planktonic cell 850
plant endophyte 856
plasma lipoprotein 1051
plasmid 853
plasminogen 1022
plasminogen activator 1022
platelet activating-factor 739

Platencin 855
Platensimycin 257,855
Plavix 286
PLC 68
Pleuromutilin 868
Plevitrexed 907
PLS 145~148,183,191,192,195,199
PLS-QSAR 205
PLT 488
PM 336
PMF 326
pneumonia virus of mice 964
PNF-21 1095
Podophyllotoxin 259,898,924
Podophyllum pealtatum 259
polarized basis sets 174
poliovirus 964
polyethylene glycol 446
polyketide synthases 857
polymerase 976
Polymyxin 838
Polymyxin B 837
polyomaviruses 964
polysaccharide 852
polystyrene resin 96
poly-value vaccine 431
POMS 548
porin 848
porphyrins 78
porpoise distemper virus 964
Posaconazole 876
pose clustering 154
positive list 557
potassium-competitive acid blockers 751
poxviruses 964
PPAR 706,712
PPARα 706,709
PPARβ 706
PPARγ 706,709
PPARδ 706
PPI 746
PRA 1113
practicability 492
pragmatic evidence-based approaches 551
Pralatrexate 906
Pramipexole 677,812,813,815,816
Pramiracetam 641

Pramocaine 570
Pranlukast 738
Pranoprofen 305
Prasugrel 1025
Pravastatin 262,1056,1117
Prazosin 780
Prednisolone 1094,1104
Prednisolone Farnesylate 1095
Prednisone 1094
Pregabalin 283~285,586
pregnane X receptor 53
Pregnenolone 1091
Premarin 721
Prenalterol 1043
Prenoxdiazin 1084
Prenylamine 999
Prezista 946
price premium 557
Prilocaine 299
Primaquine 258
principle of hybridization 225
priority date 494
privileged structure 11,244
privileged substructure 118
PRO 535
probabilistic measures 159
Probucol 1060
Procainamide 568,1045
Procaine 263
Procaine Hydrochloride 567
α-Prodine 595
β-Prodine 595
Proellex 1152
Progabide 582
Progesterone 1092
Progestrone 1149
proliferation-inducing ligand 1113
Promazine 646
Promethazine 295,646,734
Pronethalol 788
Prontosil 268
Propafenone 295,1046
Propanolol 789
Propantheline Bromide 762
propensity score method 548
Propentofylline 635
Propofol 563

Propoxyphene 297
Propranolol 299,301,1047
prostacyclin 623
prostaglandins 613
protease 424,934,936,976
protease inhibitors 937
protection of intellectual property 485
Protein Data Bank 161
protein databank 156
Protein Kinase 163,425,971
protein kinase C 920
Protein Structure Initiative 361
protein tyrosine kinase 165,235,427
protein tyrosine phosphatase 165
protein tyrosine phosphatase-1B 427,710
Proteus 837
prothrombin time 1017
Protonix 498
proton pump 744
proton pump inhibitors 746
prototype 219
Protriptyline 656
Prozac 498
pruning algorithm 154
PSA 238
Pseudolaric acid B 255
Pseudomonas. aeruginosa 837
PSI 361
PSM 548
Psychostimulants 638
PT-523 906
PTH 720,723
PTK 67,165,235,427
PTP 165
PTP-1B 427,710
ptRNA 840
T. pubescens 253
publicity 486
Puromycin 841
Pyritinol 235,641
Pyrmetazole 280
Pyrozolin 1046

Q

QALY 534,540
qRT-PCR 332

QS 850
QSAR 143~146,148,180,185,189,200,204~206,210,371,374
QSPR 180,204
QSTR 210
QTL 323
Quadazocine 601,603
Quality 531
quality-adjusted life-year 540
quality of life 534
quantitative structure-activity relationship 143,144,180
quantitative structure-property relationship 180
quantum chemistry 171
quantum dot 452
Quetiapine 648,650,813
Quinapril 261,1002
Quinetazone 1010
Quinidine 1045
Quinine 258
Quinisocaine 570
quinone reductase 50
Quinuclidine 684
Quinupristin 844
Quipazine 802
quorum sensing 850

R

R-547 917
RⅡ 450
Rabeprazole 746
-racetams 641
Raclopride 813
radical cascade annulation 117
radiofrequency 105
radiofrequency tags Rf 105
radio immuno imaging 450
radio receptor imaging 450
Raltegravir 938,946~948,950
Raltitrexed 905
Ramatroban 741,742
Ramipril 1002
Ramoplanin 835
Ranbaxy 1072
random screening 220
Ranimustine 888

Ranitidine 745
RANK 716,721
Rapamycin 1114,1115
rare actinomycetes 856
RAS 712
rate theory 31
Rauwolfia serpentina 993
Rauwolscine 784
Razaxaban 1029
RCT 534
real-world evidence 549
Reboxetine 312,663
receptor-essential 150
receptor-excluded 150
receptor for activator of nuclear factor-κB 716
receptor(protein)tyrosine kinase 420
reference price 555
regionality 486
reimbursement 535
Rejection 494
Remifentanil 564,596,609
remodeling 715
renin 223
renin-angiotensin system 712
reoviruses 964
Repaglinide 698
replication 1105
Reproterol 786
research 535
Reserpine 261,993
resin-capture release strategies 109
resisitant gene 843
response regulator 846
Retapamulin 868
Reteplase 1033
Retigabine 585
retrasynthetic analysis 112
retroviruses 964
Revaprazan 751
Revatropate 1071
reverse fluorous solid-phase extraction 111
reverse transcriptase 934,936
Reviparin 1028
Rf 105
RFSPE 111
rhabdoviruses 964
L-Rhamnose 1042
Rhizoxin 923

rhodopsin 776
rhombic dodecahedron 171
Ribavirin 965,969,976
ribonuclease 839
ribonucleic acid-induced silencing complex 352
ribosomal protection proteins 846
rickettsia 841
Ridogrel 1024
Rifamycin 841,847
Rilmenidine 993
Rimantadine 967
Rimexolone 1096
Rimonabant 1132,1133
RISC 352,354
risk ratio 551
Risperidone 303,648,649,801,813,815
Ritalin 637
Ritanserin 801
Ritodrine 786
Ritonavir 937,944
Rituxan 1112
Rituximab 432
Rivaroxaban 1029
Rivastigmine 682,771
Rizatriptan 799
RMS 146
RNAi 352,353,958
RNA interference 352
RNA polymerase 841
RNaseH 957
RNP 967
Ro 31-8220 920
Ro18-0647 1125
Robustaflavone 974
Roche 272
Rofecoxib 621
Roflumilast 1076
Rokitamycin 839
Rolipram 1076
Ropinirole 676,812
Ropivacaine 263,569
Rosamicin 839
Rosiglitazone 38,686,707
Rosiglitazone Hydrochloride 499
Rosuvastatin 1056
Rotamer Library 162
Rotenone 672
Rotigotine 677

Roxatidine 745
Roxithromycin 845
RPPs 846
RRI 450
Rubitecan 892
Ruboxistaurin 920
Rufinamide 585
Rupatadine 737

S

S-16020-2 897
Sabcomeline 760
Saccharomyces cerevisiae 854
Safety 531
safety-catch linker 98
safety vigilance 549
Safinamide 675
SAIDs 613
Salbutamol 786,849
Salicylazosulfapyridine 1108
Salmeterol 1068,1099
Salmonella 837
Salvarsan 268
Sanamycin 839
Sanofi-Aventis 287
Saquinavir 937,944
SAR 11
Sarcolysin 300
Saredutant 666,740
Sarizotan 679
Sarpogrelate 801
Sarpogrelate HCl 1027
Saruplase 1032
SASP 1108
Satraplatin 891
Saxagliptin 703,704
SBDD 223
scavenger receptor class B type I 976
scenario analysis 548
Schering-Plough 1077,1082,1099
Schwarz BioSciences 584
Scopolamine 761
SDF-1 460
secondary metabolism 857
selective advantage 850
selective noradrenaline reuptake inhibitors 656
selective serotonin reuptake inhibitors 655
Selegiline 299,675

selenium functionalized resin   118
self-deconvoluting algorithm   84
Semaxanib   914
Semustine   888
sensor   846
Sepracor   1069
sequential growth   156
Seratrodast   741,742
Serine/Threonine Kinases   427,909
SERMs   715,722
Seroquel   801
serotonergic anxiolytics   667
Serotonin   649,795,1128
serotonin noradrenergic reuptake inhibitors   656
serotonin receptor   649
SERT   227
Sertaconazole   874
Sertindole   652
Sertraline   308,658,659
severe acute respiratory syndrome coronavirus   964
Sevoflurane   562
SFV   341
β-sheet   28
Shengjimycin   857
shRNA   354,356
Sialic Acid   383,405
Sibutramine   1128
signal cascades   1093
simplex method   154,169
simulated moving-bed chromatography   311
simultaneous search   153
Simvastatin   316,690,1056
Simvastin   262
Sindbis   341
Sinomin   862
SIOM   605
siRNA   352,355~357,394
Sirolimus   1114
Sisomycin   839
Sitagliptin   703
Sitagliptin phosphate   282,425
Sivelestat Sodium   1085
Slater-Type Orbital   173
SLV-314   653,654
SNaRIs   656
SNP   324,337
SNS-032   917
Soarngium cellulosum   856

sodium-glucose cotransporter   711
Sodium Nitroprusside   1050
Sodium Valproate   581
solid phase peptide synthesis   436
Solifenacin   763,1071
Solvay   1080
somatostatin   597
Sorafenib   112,915
Soraprazan   751
Sotalol   298,789,1048
Soterenol   786
SP1   78
SPA   85
SPC   500
Spergualin   1119
sphingosine-1-phosphate receptor   1118
Spiperone   647,813
Spiradoline   599
Spiramycin   839
Spirapril   1002
Spiro-indanylnaltrexone   607
Spiro-indanyloxymorphone   605
Spironolactone   1011,1143
split-valent basis set   174
SPLT   489
Sporaricin   839
SPPS   436
S1P-R   1118
SPR   332
Squalamine   260
SR141716   1132
SSRIs   655
Stanozolol   1143
Staphylococcus haemolyticus   844
Staphylokinase   1033
Statute of Monopolies   485
Stavudine   937,939
STE   907
steroid anti-inflammatory-immunity drugs   613
STK   427
STO   173
stochastic search   156
STO Expanded in GTO's   173
STO-GTO   173,174
Streptococcus mutans   850
Streptococcus pneumoniae   845,853
Streptococcus pyogenes   845
Streptokinase   1032

Streptomyces alboniger 841
Streptomyces ambofaciens 857
Streptomyces fradia 837
Streptomyces griseus 838
Streptomyces roseosporus 836
Streptomyces thermotolerans 857
Streptomycin 839
Streptozotocin 888
strigent response 841
Strontium Ranelate 726
β-Strophanthin K 1040
structural specific drug 564
structure-activity relationship 857
structure-based drug design 223,365
structure descriptor 191
substance P 666
substructure 118
Sudoxicam 619
Sufentanil 596,609
Sulbactam 842
Sulbuthiamine 235
Sulconazole 874
Sulfasalazine 1108
Sulfomercaprine Sodium 904
sulfonylurea 696
sulfotransferase 54
Sulfur Mustard 884
Sulindac 237,617
Sulmazole 1044
Sulpiride 647
Sulukast 738
Sumatriptan 799
Sunitinib 914
Sunplatin 890
super bacterial 842
support vector machines 188
SUR 696,698
surface dispersal 850
surface plasmon resonance 332
Surinabant 1133
SV2 586
SVM 188,196,373
swarming dispersal 850
swelling 96
synaptic vesicle protein 2 586
synergism 840
synthetic biology 6
systematic review 537,548

T

tachykinins 740
Tacrine 682,771
Tacrolimus 207,1114
Tadalafil 274
tail-anchored protein 980
Takeda 580
Talnetant 653
Talsaclidine 757,769
Tamiflu 272,276,497
Tanabe 1076,1078
Tanaproget 1153
tandem MS 326
tandem reaction 115
Tandospirone 668,797
Taranabant 277～279,1133
tardive dyskinesia 645
targeted library 112
target-focused combinatorial library 157
target oriented synthesis 112
Tau 680～682
Taxoids 106
Taxol 222,273,310
Taxotere 926
Tazobactam 842
Tebufelone 625
Tegafur 901
Teicoplanin 834
Telbivudine 972
Telenzepine 764
Telithromycin 845
Telmisartan 990,1005
telophase 921
Temazepam 577
Temechin 994
Temmzynmciding 1118
template 125
Tenatoprazole 746
Tenecteplase 1033
Teniposide 259,898
Tenofovir Disoproxil Fumarate 937,941,942
Tenoxicam 619
Tepoxalin 624
Teprotide 261,1001
Terazosin 780
Terbinafine 873
Terbutaline 786

Terconazole 874
Terfenadine 734
Teriflunomide 1116
Teriparatide 725
N-terminal domain 1093
terms of patent protection 486
Tetomilast 1077
Tetracaine 568
Tetrahydrofolate 1106
Tetrahydrolipstatin 1125
Tetrahydrozoline 778
Tetramisole 299
TGFβ 728
Thalidomide 35,292,299
the internal ribosome entry site 976,984
Theobromine 635
Theophyline 635
therapeutic index 230
Theravance 1069
thermodynamic activity 9
thermodynamic integration 151
the tetraspanin protein CD81 976
the two-state(multistate) model of receptor activation 34
Thiaburimamide 744
Thiacloprid 765
Thiamethoxam 765
Thiamytal Sodium 562
Thiocaine 568
Thioctic Acid 24
6-Thioguanine 904
Thiolactomycin 855
Thiopental Sodium 562
Thioridazine 646
threshold analysis 548
Thromboplastin 1023
thromboxane A_2 741
thromboxanes 613
thromboxane synthetase inhibitors 741
thrombus 1017
Thymectacin 903
TI 151
Tiagabine 581
Tiamulim 868
Tianeptine 664
Tiapride 647
Tiaprofenic Acid 305,618
Tibolone 721
Ticagrelor 1025

Ticarcillin 842
tick-borne encephalitis 964
Ticlopidine 1025
Tienillic Acid 1008
Tigecycline 847
timeliness 486
Timentin 842
time step 170
Timolol 297,789,1047
Timoprazole 746
Tinzaparin 1028
Tioconazole 874
Tiospirone 651
Tiotropium 1070
Tipelukast 1080
Tipranavir 938,945
Tirofiban 1026
TK 907,909
TKL 907
TKs 740
TNF-α 1094
Tobramycin 839
Tocainide 297,1045
Tocopheryl Nicotinate 1062
Tofimilast 1070,1076,1078
Tolazamide 697
Tolbutamide 697
Tolcainide 569
Tolcapone 674
Tolmetin Sodium 617
Tolnaftate 873
Tolterodine 763
Tolycaine 569
TOP-53 899
Topiramate 387,581
Topo I 892
Topo II 892
Topo 892
Topoisomerase 892
Topotecan 260,892
Torasemide 1008
Toray Industries 1081
tornado diagram 547
tospovirus 964
toxicity 180
toxicoinformatics 210
traceless linker 97
Tramadol 262
trans-Tramadol 298

Trandolapril 1002
Tranexamic Acid 1023
transactivator 1099
transcriptase 969
transcription activation domain 1093
transformation 853
translational medicine 7
transpeptidase 831
transposable elements 846
transposon 843
transrepressors 1099
Trazodone 664
TRH 689
Triamcinolone 1073,1094,1098
Triamcinolone Acetonide 1095,1098
Triamterene 1011
Triazolam 577,667
tricyclic antidepressants 655
Trifluperidol 647
Trifupromazine 646
Trihexyphenidyl Hydrochloride 762
Trimazosin 780
Trimegestone 722,1151
Trimethoprim 862
Trimetrexate 905
triplex-forming oligodeoxyribonucleotides 394
Triprolidine 38,734
TRIPS 485,490
Troglitazone 206,707
Tropacocaine 567
Trospium 763
Troxacitabine 903
truncated octahedron 171
TrxA 340
T-tropic 956
tubulin 921
Tubulozole 925
Tumor Necrosis Factor 422
tumor necrosis factor-alpha 1094
β-turn 120
γ-turn 120
turnover 715,720
Turraea pubescens 250
Turrapubesic acids A~C 250
Turrapubesin A 253
Tutocaine 568
twitching motility 850
TXA_2 741

TXA_2R antagonists 741
TXs 613
Tylosin 839
type I collagen 728
Tyrosine Kinase 907,909
Tyrosine Kinase-like 907

U

UCN-01 917,920
UDP 837
UDP-glucuronosyltransferase 51
Ulipristal 1152
uniform readout 343
United States Pharmacopeia 524
unnatural natural hybrid compounds 857
uridine diphosphate 837
Urokinase 1032
USP 499,524
USPTO 489
utility 486,539
utility model patent 486
5'-UTR 976

V

vaccinia 964
Valeant 585
Valette 1151,1153
Valnemulin 868
Valsartan 990,1005
value-based pricing 556
value of money 538
Vancomycin 382,433,834
Vancomycin-resistant enterococci 835
Varenicline 766
variola 964
Vascular Endothelial Growth Factor 914
Vasoactive Intestinal Peptide 1112
vasoactive intestinal polypeptide 419
VBP 556
VDCC 586
Vectura 1072
VEGF 914
Venezuelan equine encephalitis 341
Venlafaxine 661
Verapamil 297,306,998,1049
very low density lipoprotein 1052
Vesnarinone 1043
Viagra 498

vif 935,938,957,958
Vigabatrin 582
Vilazodone 665
Vildagliptin 703
Vinblastine 259,922
Vincamine 995
Vincristine 259,922
Vindesine 259,922
Vinflunine 922
Vinorelbine 259,922
Vioxx 621
VIP 1112
virtual combinatorial library 123
virtual screening 150
Vitronectin 121
VLDL 1052
VMA 673
Voglibose 385,700
volatile anesthetics 561
voltage-sensitive sodium channels (VSSCs) or nav channels 572
volume-based pricing 555
Voriconazole 854,876
VRE 835
VX-680(150) 918
VZT 964

W

Warfarin 297,301
west nile 964
Wheat Germ Agglutinin 126
WHO 497
wild type 852
willingness-to-pay threshold 547
WIPO 485,490
World Intellectual Property Organization 485
wound-healing model 90
WTO 485,497

X

Xamoterol 1043
Xanomeline 759,769
xanthine dehydrogenase 48
Xemilofiban 1026
Xenical 1125
Ximelagatran 1030
Xipamide 1008
XL-119 899
Xylocarpus granatum 248
Xylogranatins A~D 248,249
Xylometazoline 778
Xylose 405

Y

Yasmin 1151
year of life saved 542
yellow fever 964
Yohimbine 784
YOLS 542

Z

Zacopride 297
Zafirlukast 738,742
Zalcitabine 937,939
Zaleplon 28,578
Zalospirone 797
Zaltidine 745
Zamifenacin 1072
Zanamivir 383,968
ZENAPAX 1110
Ziconotide 262
Zidovudine 937,939
Zileuton 739,742
Ziprasidone 648,650,799,813,815
ZM447439 918
Zolmitriptan 799
Zolpidem 578
Zometa 719
Zonisamide 581
Zopiclone 578
Zorubicin 895
Zotepine 652